木材工业实用全书 · 综合卷

「十三五」国家重点图书出版规划项目

木材工业手册 I

主　编／谭守侠　周定国
执行主编／黄润州

中国林业出版社

图书在版编目（CIP）数据

木材工业实用全书．综合卷 / 谭守侠，周定国主编．-- 北京：中国林业出版社，2020.12
（木材工业手册）
ISBN 978-7-5219-0975-3

Ⅰ．①木… Ⅱ．①谭… ②周… Ⅲ．①木材加工工业－技术手册 Ⅳ．① TS6-62

中国版本图书馆 CIP 数据核字 (2020) 第 271480 号

策划编辑：纪　亮
责任编辑：李　顺　陈　惠　王思源

出版发行　中国林业出版社（100009 北京市西城区刘海胡同 7 号）
网　　址　http://www.forestry.gov.cn/lycb.html
电　　话　（010）83143614
印　　刷　河北京平诚乾印刷有限公司
版　　次　2021 年 1 月第 1 版
印　　次　2021 年 1 月第 1 次
开　　本　710mm×1000mm　1/8
印　　张　146.5（全套）
字　　数　3000 千字
定　　价　580.00 元（全套）

本书编委会

主　　编：谭守侠　周定国
执行主编：黄润州
主编助理：朱剑刚

第 1 章　徐魁梧	第 14 章　梅长彤	第 29 章　许柏鸣
徐永吉	第 15 章　徐咏兰	第 30 章　张彬渊
第 2 章　潘　彪	第 16 章　王国超	第 31 章　李　军
第 3 章　徐永吉	第 17 章　卢晓宁	第 32 章　周捍东
潘　彪	第 18 章　周定国	徐长妍
第 4 章　顾炼百	第 19 章　邓玉和	第 33 章　倪正荣
李大纲	古野毅	第 34 章　孙霖芳
第 5 章　石如庚	第 20 章　金菊婉	孙　军
杨焕蝶	第 21 章　周晓燕	第 35 章　梅玉春
第 6 章　曹平祥	第 22 章　张　洋	徐咏兰
第 7 章　郑雅各	第 23 章　刘启明	第 36 章　周定国
童雀菊	第 24 章　张勤丽	梅长彤
第 8 章　张彬渊	第 25 章　王卫东	徐长妍
第 9 章　孙友富	第 26 章　朱一辛	赵　明
第 10 章　陆肖宝	蒋身学	第 37 章　陆肖宝
第 11 章　朱典想	第 27 章　张晓东	第 38 章　申利明
第 12 章　华毓坤	关明杰	第 39 章　承国义
第 13 章　徐咏兰	第 28 章　许柏鸣	第 40 章　林　晓

前 言

在人类发展的历史长河中，森林作为一种可以再生的资源，除了发挥保护环境，保持水土，涵养水源，防风固沙，净化大气及调节气候的生态效益外，还向人类社会提供了适用于各种不同场所和用途的木材和木材制品，从而形成了包括多种木材加工分支在内的木材工业技术体系。

随着时代的发展、科技的进步，木材及其制品与人类生活、文化和环境的关系日趋紧密，随之而来的是木材制品的品种逐渐丰富，木材工业的科技含量不断提升，新兴的木材行业方兴未艾。为此，重新编写出版一部实用、简练、科学、先进的专业性工具书便成为业界同仁义不容辞的责任和义务。在有关出版界、学术界、企业界的支持和鼓励下，全体编写人员经过长时间的努力，完成了《木材工业实用全书·综合卷（木材工业手册）》的编写，本书也被列入"十三五"国家重点图书出版规划项目。这是我国木材工业界的一件幸事，对于促进我国木材工业科技进步和人才培养具有重大的现实意义。

本书共分40章，总字数300万，包括木材资源、材性、加工工艺、木材制品、质量检测、机械设备以及环境保护等，基本上涵盖了木材加工的所有技术分支。作为一部专业工具书，它可以为实际生产、管理及质检提供科学的依据，也可以为本领域的技术研发、产品创新以及专业学科教学提供思路和参考。另外，本书全面系统地论述了木材工业领域的技术理论、专业知识和实用技术，所以也不失为一部严谨的学术专著。

本书的作者都是从事木材工业教学与科研多年的专家学者，他们大多长期深入工厂，参与木材生产实践，积累了丰富的经验。本书的编写是在我国木材工业领域众多前辈们所做的大量工作的基础之上完成的。在编写出版过程中，也得到了国内外木材工业界众多专家、学者、企业家的大力支持与帮助。从这个意义上讲，它更是全业界的专家学者、技术人员等共同努力的结晶。

愿本书的出版发行对推动我国木材工业的科技进步、林业和林业产业的可持续发展发挥积极作用。由于编写时间、条件及编写人员的水平所限，本书难免存在疏漏及不足之处，恭请读者惠予指正。

本书编委会
2020年12月

1 木材资源　　1/28

1.1 木材分类　1
1.2 木材宏观构造与识别　3
1.3 常用木材　8

2 木材保护　　29/48

2.1 木材败坏的原因　29
2.2 木材物理保护　37
2.3 木材化学保护　38

3 木材改性　　49/86

3.1 木材材色处理　49
3.2 木材尺寸稳定化处理　55
3.3 木材软化处理　65
3.4 木材强化处理　70
3.5 木塑复合材(WPC)　75
3.6 木材塑料化　81
3.7 木材脱脂处理　83

4 木材干燥　　87/128

4.1 木材干燥介质及其规律　87
4.2 木材干燥窑及其主要设备　94
4.3 木材常规窑干工艺及其操作　114

5 木工机械　　129/218

5.1 木工锯机　129
5.2 木工刨床　141
5.3 木工铣床　150
5.4 开榫机　160
5.5 木工钻床　164
5.6 木工榫槽机　170
5.7 木工多工序机床　173
5.8 旋切机　177
5.9 削片、刨片和打磨设备　179
5.10 纤维分离机　186
5.11 单板、刨花和纤维干燥机　188
5.12 施胶设备　194
5.13 铺装成型机　195
5.14 人造板热压机　200

5.15 宽带式砂光机　205
5.16 二次加工设备　208

6　木材切削刀具　219 / 260

6.1 名称及术语　219
6.2 木工刀具磨损及刀具材料　223
6.3 铣刀　228
6.4 锯子　241
6.5 钻头　246
6.6 旋切与旋刀　250
6.7 磨削与磨具　255
6.8 木工刀具的修磨　256

7　制　材　261 / 306

7.1 制材生产的原料和产品　261
7.2 原木锯解工艺　267
7.3 制材企业设计　290
7.4 制材企业面临的问题及其解决的办法　304

8　木质地板　307 / 336

8.1 榫接地板(企口地板)　307
8.2 集成地板　316
8.3 镶嵌地板块(俗称木质马赛克拼花地板, MP型)　318
8.4 竖木地板(俗称立木地板, VP型)　320
8.5 三层实木复合地板　324
8.6 单板层压实木复合地板(多层实木复合地板)　329
8.7 浸渍纸层压木地板(强化地板)　331

9　木质门窗　337 / 352

9.1 木质门窗的结构与种类　337
9.2 木质门窗的生产技术　343
9.3 木质门窗的技术要求　347
9.4 木质门窗附件及紧固件　347

10　胶合板　353 / 392

10.1 胶合板的种类和物理力学性能　353
10.2 胶合板生产工艺　354
10.3 特种胶合板　388

11 细木工板　　　393 / 404

11.1 细木工板的性能　393
11.2 细木工板的生产工艺　394
11.3 蜂窝结构夹芯板（蜂窝板）　401

12 集成材　　　405 / 414

12.1 集成材的性能　405
12.2 集成材生产工艺　408

13 单板层积材　　　415 / 434

13.1 单板层积材的性能　416
13.2 单板层积材生产工艺及设备　420
13.3 单板层积材技术定额　432

14 木材层积塑料　　　435 / 442

14.1 木材层积塑料的性能　436
14.2 木材层积塑料生产工艺及设备　437

15 干法纤维板　　　443 / 474

15.1 干法纤维板的原料　443
15.2 干法纤维板生产工艺　444
15.3 干法纤维板性质　466
15.4 干法纤维板的用途、贮存加工和施工方法　471

16 湿法纤维板　　　475 / 492

16.1 湿法纤维板的性能　475
16.2 原料及其选择　477
16.3 纤维制备　479
16.4 纤维处理　481
16.5 板坯成型　483
16.6 热压　486
16.7 后期处理　488
16.8 软质纤维板　490

17 刨花板　　　493 / 524

17.1 刨花板产品与性能　493
17.2 刨花制备　497

17.3 刨花干燥与分选　505
17.4 胶黏剂配制和刨花拌胶　506
17.5 板坯铺装及输送　513
17.6 板坯预压和刨花板热压　515
17.7 后期处理　520

18 定向刨花板　525 / 542

18.1 定向刨花板生产工艺　525
18.2 定向刨花板性能检测　539

19 石膏刨花板　543 / 570

19.1 石膏板的种类和特性　543
19.2 原料制造、贮存和运输　544
19.3 刨花和石膏分选　553
19.4 拌石膏　554
19.5 铺装　557
19.6 预压　560
19.7 加压　561
19.8 干燥和加工　563
19.9 石膏刨花板生产工艺　564
19.10 石膏纤维板　565
19.11 质量控制和质量检验　565

20 水泥刨花板　571 / 588

20.1 水泥刨花板的分类、性能和应用　571
20.2 生产工艺　573
20.3 原辅材料　574
20.4 备料　580
20.5 混合搅拌　581
20.6 成型　582
20.7 板坯堆垛　583
20.8 加压　583
20.9 干热养护　584
20.10 脱模（拆垛）、卸板　584
20.11 自然养护　584
20.12 干燥（调湿）处理　584
20.13 锯边　585
20.14 砂光　585
20.15 检验、分等、入库　585
20.16 其他水泥制品　586
20.17 技术进展　587

HANDBOOK OF Wood INDUSTRY 第 II 卷

21	刨花及纤维模压	589 / 600
22	农作物人造板	601 / 616
23	胶黏剂	617 / 682
24	人造板二次加工	683 / 734
25	木材及人造板阻燃处理	735 / 748
26	竹材人造板及竹木复合人造板	749 / 772
27	其他竹制品	773 / 780
28	木质家具	781 / 798
29	家具五金配件	799 / 804
30	木材涂装	805 / 848
31	其他木制品	849 / 864
32	物品输送与物料处理	865 / 888
33	木材加工自动化	889 / 942
34	计算机在木材工业中的应用	943 / 968
35	木材工业主要能源与节能	969 / 1002
36	木材工业环境保护	1003 / 1050
37	木材工业质量管理与控制	1051 / 1086
38	木材工业的劳动保护	1087 / 1098
39	木材工业项目工程设计	1099 / 1120
40	木材工业企业管理	1121 / 1152

木材资源

木材是来自森林的自然产品，是一种木质化了的具有生物、物理和化学性质的天然材料。并非所有的森林植物都生产木材，狭义的木材仅指产自通常所说的树木(即乔木)，甚至只是把树木中树干的木质部称为木材；广义的木材是指木质材料，既包括森林采伐工业产品，如原木、原条，也包括木材机械加工半制成品，如胶合板、刨花板和纤维板等。

1.1 木材分类

木材分类的方法很多，可以从不同的角度，即采用不同的分类标志进行分门别类。为使分类适合特定的需要和发挥其应有的作用，必须根据木材的特点来选定分类标志，这样才能明确地表示木材各类别之间的区别，并在生产、贸易等方面具有实际作用。常用的分类方法有树种分类、商品材分类和材种分类。

1.1.1 树种分类

木材的树种分类，沿用了植物分类学的分类标准。

1.1.1.1 植物分类单位

植物分类是根据植物的花、果、叶、茎、根等外部形态和内部的组织结构、细胞染色体等的异同进行的。它依据植物间的亲缘关系及其演化过程，通过比较、分析和归纳的方法，使品目繁多的各种植物都可在其中找到自己的位置。

界、门、纲、目、科、属、种是植物分类学上的各级分类单位。有时根据实际需要还加入了亚门、亚纲、亚目、亚科、亚属等级别，种以下也有亚种、变种和变型等。种是植物分类学上的基本单位。所谓种，是指具有相似的形态特征，表现一定的生物学特性，要求一定的生存条件，能够产生遗传性相似的后代，并在自然界中占有一定分布区域的无数个体的总和。如银杏、杉木、水曲柳、毛白杨等，都是以一定的本质特性互相区别的不同的种。亲缘相近的种集合为属，相似的属组成科，合科为目，合目为纲，如此类推。

植物界可划分为藻菌植物、苔藓植物、蕨类植物和种子植物四大门。其中以种子植物的种最多，达20万种以上，我国约有3万种。木材来源于种子植物。

1.1.1.2 种子植物

种子植物与蕨类植物都有起输导和机械作用的维管组织，具明显的根、茎、叶的分化和直立，合称为高等植物。而种子植物具有更复杂的根、茎、叶的分化，并具有构造复杂的花，它利用种子进行繁殖。

种子植物按习性，可分为木本植物和草本植物。木本植物一般具有多年生的根和茎，维管系统发达，并由形成层形成次生木质部和次生韧皮部。次生木质部的细胞组织木质化。高大的木本植物是木材的来源。

木本植物又可分为乔木、灌木和木质藤本三种类型，但其间并无严格界线。有些木质藤本年久会变成乔木状，许多木本植物在寒冷或高海拔地带为矮小灌木，而在其他地区则可能生长成参天大树(乔木)。乔木通常是指具有单一主干，树高可达7m以上的木本植物，即树木。而灌木较矮小，通常具多个茎，木质藤本植物则为攀缘的木质藤蔓，为许多热带雨林的特征。木材主要来源于乔木。

1.1.1.3 针叶树材和阔叶树材

按植物分类学，种子植物可分为裸子植物亚门和被子植物亚门。

裸子植物包括四类(目)，其中只有银杏和松杉类属于乔木。习惯上把银杏和松杉类称为针叶树，来自针叶树的木材，即所谓的针叶树材；因木材不具导管(即横切面不具管孔)，故又称为无孔材。由于针叶树材材质一般较轻软，国外通称软材。需要指出的是，并非所有针叶树材材质都轻软。

被子植物包括单子叶植物纲和双子叶植物纲，只有木本的双子叶植物中的乔木树种才能生产木材，习惯上称为阔叶树材、有孔材，国外通称硬材。由于阔叶材种类繁多，故亦统称为杂木。至于单子叶植物中的棕榈和竹子，虽然也是木本植物，且干高、用途广，但与木本双子叶植物有着本质的区别，其利用方式与木材也有显著的不同。

综上所述，木材是指针叶树材和阔叶树材，即来源于裸子植物和被子植物中双子叶植物的木本乔木(图1-1)。

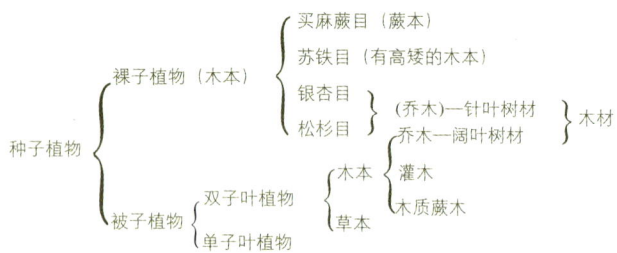

图1-1 木材的来源

1.1.1.1.4 树种命名

每种植物在全世界通用的名称称为学名。学名由拉丁文或拉丁化的其他外文组成。每一学名包括属名和种名，即采用"双名法"，种名后附命名人姓氏。属名的首字母大写。为简便起见，常可略去命名人姓氏。如马尾松的学名为 *Pinus massoniana*。

1.1.2 商品材分类

供应市场，用于交换的木材称之为商品材。商品材类别的科学、合理的划分及统一、规范的命名，有利于深入研究木材的构造、性质和品质，更好地解决木材商品的流通、利用、鉴定和检验等问题。

1.1.2.1 木材名称

木材的名称大致可分为学名、俗名和商品名。同一树种的木材，常常因地区等的不同而有不同的叫法。如学名为 *Pinus massoniana* 的树种，其通用的中文名为马尾松，商品名为松木，而俗名有丛树、松柏和本松等。

俗名或别名为非正式名称，往往具有地方性，故又称地方名。如龙脑香科婆罗双属（*Shorea* spp.）的木材，在菲律宾称 *Lauan*(柳桉)；马来西亚、印度尼西亚和沙捞越称 *Meranti*(梅兰蒂)；沙巴称 *Seraya*(塞拉亚)。再如市场上所谓的"榉木"(红、白榉)，实际上指的是壳斗科水青冈(山毛榉)属（*Fagus* spp.）的木材；而真正的榉木则属于榆科榉属（*Zelkova* spp.)树种。可见，各种不统一、非规范的俗名的使用，势必造成同物异名或同名异物的混乱，给木材的生产、贸易和科学研究等带来了很多困难，阻碍了木材的市场流通和合理利用。

学名是每个树种的全世界统一的通用名称，或称拉丁名。各学名的树种有些具有相对应的通用中文名，有些则没有。学名固然具有科学性等优点，但由于语言文字上的障碍和木材树种过于繁杂，且在实际应用中仅凭肉眼不易确定到种，故在木材生产、贸易和使用等领域受到一定的限制。再者，就通常用途而言，外貌特征和材质相差不大的木材，其使用价值也近乎相同，区分到种也是不必要的。

木材的商品名（或商用名）是指在生产、贸易等领域较广泛使用的商品材名称。

1.1.2.2 商品材归类与命名

商品材主要依据木材的构造特征和材质的异同来进行归类和命名。通常以植物分类学的属为基础，以材质为主要依据，将原木外貌相似、木材材质相近、现场难以区别的商品材树种归为一类；并以树种的属名作为木材的商品名。

一种商品材是指特性相近的一类木材，有的包括全"属"的树种，如泡桐属的各树种，其商品名均为泡桐；有的则只是属内的部分树种，如松木（或硬松）就仅为松属中马尾松、樟子松等树种的商品名；有的还包括不同属的树种，如白青冈就包括青冈栎属中的青冈栎等和麻栎属中的乌冈栎。

我国国家标准《中国主要木材名称》(GB/T 16734-1997)收载了380类木材名称(商品名)，包括970个树种(拉丁名、中文名)。

商品材的分类仅适用于木材通常的用途。具有同一商品名的不同树种，其木材的构造和材质仍会存在某些差异，由于用途的特殊性或使用观念的不同，有时仍需确定木材的树种。此外，商品材的归类及名称，仅适用于一定的国家或地区。木材商品名，无论是某一地区的习惯俗成，还是某个国家的标准性规定，都具有不同程度上的地方性。因此，在木材贸易，尤其是在木材进出口业务中，买卖双方对木材的商品名的含义，应达成共识。对某些特殊用材或大宗货物，如有可能，采用木材的学名(拉丁名)是很有必要的。

1.1.3 材种分类

凡是属于森林采伐工业产品和木材机械加工半制成品的种类，都称为材种。材种的分类方法很多，如按木材产品的加工程度可分为原木、原条、锯材、人造板等；按木材商品的外观形态可分为圆木、方材、板材等；按用途分，如胶合板有航空胶合板、船舶胶合板、装饰胶合板等，原木有直接用原木、加工用原木等；按制造工艺分，如刨花板有平压刨花板、挤压刨花板等，纤维板有干法纤维板、湿法纤维板等；按材性分，如根据密度大小，纤维板可分为硬质纤维板、软质纤维板等；按产地分，如北美火炬松和智利(火炬)松；按品质分，如加工用原木根据其缺陷限度可分为一、二、三等和等外材。此外，还有按规格、胶种(人造板)等所作的分类。

1.2 木材宏观构造与识别

1.2.1 树干

树木由树根、树冠和树干三部分组成。乔木的树干是木材的主要来源。树干有4个主要部分，即树皮、形成层、木质部和髓。

1.2.1.1 树皮

树皮是形成层以外各种组织的总称，是贮藏养分的场所，是把树叶所制造的养分向下输送的渠道，同时它还是树干的保护层，可防止树木生活组织受外界温湿度剧烈变化或机械损伤的影响。

1.2.1.2 形成层

树木根、茎顶端分生细胞群(顶端分生组织)的分生作用引起树木的高生长(初生长)。而形成层(侧向分生组织)的分生活动导致了树干的直径生长(次生长)。形成层向内分生次生木质部，向外分生次生韧皮部，它是产生木材的源泉。形成层介于树皮和木质部之间，是一层很薄的组织，只在显微镜下才可见到。

1.2.1.3 木质部

木质部位于形成层和髓之间。根据细胞组织的来源不同，木质部可分为初生木质部和次生木质部。初生木质部起源于顶端分生组织，围绕在髓的周围，量很少。次生木质部由形成层分生而来，常常简称木质部，它是木材利用的主要部分。

1.2.1.4 髓

髓位于树干的中心，为木质部所包围，通常直径很小。髓和初生木质部合称为髓心。

1.2.2 木材三切面

木材是指树木的次生木质部(简称木质部)。作为生物体，木材是由大小、形状和排列各异的细胞组成。构成木材的细胞大多数沿树干轴向(纵向)排列，显示出木材的"纹理"；也有少量的细胞构成组织带，沿树干半径方向排列(木射线)。从不同的方向锯切木材，可以得到不同的切面。利用各切面上细胞及组织所表现出来的特征，可识别木材和研究木材的性质、用途。木材的三个标准的切面是：横切面、径切面和弦切面。

1.2.2.1 横切面

与树干轴向或木材纹理方向垂直锯切的切面。在这个切面上，木材纵向细胞或组织的横断面形态及分布规律能反映出来；横向组织木射线的宽度、长度方向等特征，亦能清楚地反映出来。横切面较全面地反映了细胞间的相互联系，是识别木材最重要的切面，也称基准面。在原木特征中所谓的树干断面，实际上就是木质部(木材)的横切面。

1.2.2.2 径切面

与树干轴向相平行，沿树干半径方向(即通过髓心)所锯切的切面。在该切面上，能显露纵向细胞的长度方向和横向组织的长度和高度方向。

1.2.2.3 弦切面

与树干轴向相平行，不通过髓心所锯切的切面。在该切面上，能显露纵向细胞的长度方向及横向细胞或组织的高度和宽度方向。

径切面和弦切面统称为纵切面。

1.2.3 木材宏观构造特征

1.2.3.1 生长轮（年轮）

树木在一个生长周期内所产生的一层木质环轮，称为生长轮。在横切面上，生长轮呈同心圆的圈层。温、寒带地区的树木，一年仅有一度生长，形成层每年向内生长一层木质部，故亦称之为年轮。在热带或亚热带，因全年温差小，树木生长与雨季和旱季相关，一年之内可形成几圈木质层。因此，年轮应指温带或寒带的树木，称热带树木的生长轮为年轮是不恰当的。但在生产上常习惯以年轮概括生长轮。

每个生长季节早期形成的木材，其颜色较浅，组织较松，材质较软，称早材；生长季节后期所形成的木材，其颜色较深、组织较密，材质较硬，称为晚材。每个生长轮或年轮均由早材和晚材两部分组成。早材位于生长轮内侧，晚材位于外侧。在木材识别时，主要观察生长轮的下列特征。

1. 年轮的明显度

由于早、晚材的结构不同，相邻年轮交界处内、外侧的组织有差异，因此出现一个界限，称为轮界线。年轮明显度即轮界线的明显程度可分为：明显(如杉木、红松)、略明显(如银杏、女贞)和不明显(如枫香、杨梅)。

2. 早晚材转变度

在一个年轮内，从早材向晚材的过渡，其变化有缓有急，因树种而异。早晚材转变度可分为：急变（早材与晚材间界线明显，如马尾松、落叶松等）；缓变（早、晚材间无明显界限，过渡缓慢，如红松、银杏等）；稍急变（介于急变和缓变之间，如杉木、云杉等）。

年轮的明显度和早晚材转变度都是由早、晚材的结构差异所引起的。前者为年轮间特征，后者为年轮内特征，两者既有区别又有关联。如早晚材急变的树种，年轮必定明显，而年轮明显时，早晚材未必急变。

3. 年轮的形态

年轮在横切面上通常为同心圆圈；在径切面上沿纵向呈条状；在弦切面上呈抛物线状或"V"字形。

多数树种的年轮在横切面上近似圆圈，少数树种呈不规则波浪形(如米槠、栲树等)。

4. 年轮的宽度

年轮的宽窄随树种、树龄和生长条件而异。如泡桐、臭椿的年轮很宽，而黄杨木、紫杉的年轮通常窄。有些树种在同一横切面上的同一年轮的宽度也有差异。这种特性可用年轮均匀度来表示。如云杉年轮均匀，柏木年轮不均匀，而银杏年轮宽度略均匀。

5. 晚材率

依树种不同，早、晚材宽度的比例有很大差异，常以晚材率来表示，其计算公式如下：

$$P = \frac{b}{a} \times 100$$

式中：P——晚材率，%

a——年轮的宽度，mm

b——年轮中晚材的宽度，mm

针叶树材的晚材率是识别木材的依据之一，也是衡量木材强度大小的重要标志。

6. 假年轮

树木在生长季节内，由于遭受病虫、火灾、霜冻或干旱等危害，致使生长暂时中断，经短时期的恢复，又会重新生长。因此，在同一生长周期内，将形成两个或更多的年轮，其中界线不明显，同时也不显现完整的圈层，称为假年轮。常出现假年轮的树种有马尾松、杉木、柏木等。

1.2.3.2 心材、边材

有些树种树干断面中心部分的木质部颜色较深，称为心材；外围部分颜色较浅，称边材。边材由具有生理活动功能的细胞组成，而心材是由边材转化而来，其细胞已死亡，细胞腔内出现沉积物，从而形成多种颜色，又因渗透性减低，故含水量较少。

1. 心、边材明显度

心、边材在材色上有区分的树种，称为心材树种，或显心材树种；树干断面中心部分和外围部分材色和含水量无差别的树种，称为边材树种；材色无差别，但心部含水量比边部含水量少的树种，称隐心材树种，或熟材树种。

心材和边材之间颜色有明显界限者称为心边材明显；心材和边材颜色区别不甚明显，过渡缓慢者为心边材略明显；心部和边部材色无区别者称为心边材不明显。

有些边材树种(如桦木、杨木)，当遭受真菌侵害时，出现类似心材的颜色，称为假心材。假心材边缘不规则、色调不均匀。而有些心材树种，由于真菌危害，在心材部分偶尔出现材色较浅的环带，称为内含边材。假心材和内含边材均属木材缺陷，识别木材时要注意区别。

2. 边材宽度

心材形成的早晚因树种而异，因此心材树种心材的大小或边材的宽窄各有差异，边材宽者如马尾松、银杏等，边材窄者如刺槐、红豆杉等。边材转变为心材有一定的起点年限。因此在判定心边材明显度和边材宽度时，应考虑年轮数。

1.2.3.3 木射线

在木材横切面上，有许多由内向外呈辐射状的浅色线条，与年轮垂直。这些线条有的从髓心放射出来，称为髓射线；有的位于木质部，称为木射线；有的位于韧皮部，称为韧皮射线。

1. 木射线的形态

木射线在横切面上呈辐射状细线，显示其长度和宽度方向；在径切面上呈横行带状或片状，显露其高度和长度方向；在弦切面上则顺着木纹方向呈点状、细线状或纺锤状，反映其高度和宽度。

2. 木射线的宽度

在木材的宏观识别中，以观察木射线的宽度为主，并以横切面的射线宽度为分级标准。通常粗分为三级。

(1) 细木射线：宽度在0.05mm以下，肉眼下不见至可见。如所有的针叶树材和阔叶材中的杨木、柳树等。

(2) 中等木射线：宽度在0.05～0.2mm之间，肉眼下可见至明晰，弦切面呈细纱纹或网纹。如冬青、槭树等。

(3) 宽木射线：宽度在0.2mm以上，肉眼下明晰至极显著，有光泽，弦面呈纺锤形。如栎木、青冈栎等。

针叶树材木射线均细，阔叶材中有些树种仅有细或中等木射线，而有些树种具宽和细两类木射线，如栎木类。

1.2.3.4 管孔

1. 管孔的分布类型（图1-2）

(1) 环孔材：指在一个生长轮内，早材管孔明显大于晚

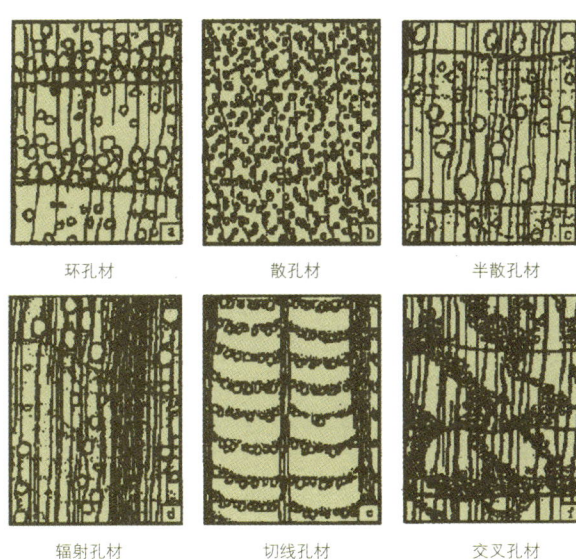

图1-2 管孔的分布类型

材管孔,并沿年轮方向呈环状排列。如水曲柳、檫树、刺槐、栲树等。

(2) 散孔材:指在一个生长轮内,早材和晚材管孔大小无明显差异,分布均匀或比较均匀。如桦木、椴树、枫香等。

(3) 半散孔材:也称半环孔材。指在一个生长轮内,管孔分布介于环孔材和散孔材之间,即从早材至晚材的管孔逐渐变小,但早材开始部分的管孔比晚材末端的管孔明显大,而分布比较均匀。如枫杨、乌桕、香樟等。

(4) 辐射孔材:指早晚材管孔的大小无显著差别,分布不均匀,而呈辐射状(径向)排列,可穿过一个或数个生长轮。如青冈栎、薄叶栎、拟赤杨等。

(5) 切线孔材:指在一个生长轮内全部管孔呈数列切线状(弦向)排列,并在宽木射线间向髓心方向凸起。如银桦、大果山龙眼、红叶树等。

(6) 交叉孔材:指一个生长轮内的管孔有规律呈交叉状排列。如鼠李、桂花等。

2. 管孔的排列

这里所讲的管孔排列是指环孔材早材管孔和晚材管孔的排列方式。

环孔材早材管孔按径向列数的多少可分为:一列(如刺楸)至数列(如檫木2~4列);按弦向疏密程度可分为:密集(如刺槐)、稀疏(如树参)、连续(如锥栗)、不连续(如米槠)等。

环孔材晚材管孔的排列有三种类型(图1-3):

(1) 星散型:晚材管孔多数单独散生,近均匀分布,如水曲柳等。

(2) 弦列型:晚材管孔呈弦向倾斜排列,与生长轮近平行或呈波浪型。如榆木、榉树等,亦称榆木状。

(3) 径列型:晚材管孔径向排列成一至数列。有的树种晚材管孔排列与木射线成一定角度,称斜列状,如化香、梓树等;有的管孔聚集径列,形似火焰状,如苦槠、槲栎等。

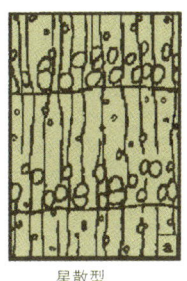 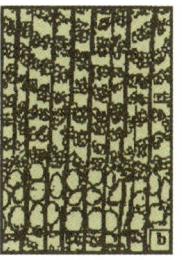 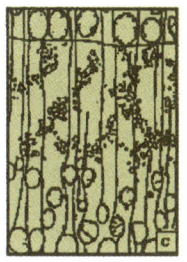

图1-3 环孔材晚材管孔的排列

3. 管孔的大小

通常以管孔弦向直径来衡量管孔的大小。木材宏观识别中则根据肉眼能见度进行分级。

(1) 小:指管孔弦向直径在0.1mm以下,肉眼下不见至可见。如石楠、枫香等。

(2) 中:管孔弦向直径在0.1~0.3mm,肉眼下易见至略明显。如黄檀、柿树等。

(3) 大:管孔弦向直径在0.3mm以上,肉眼下明晰至极显著。如麻栎、水曲柳的早材管孔。

4. 管孔的内含物

管孔内含物常有侵填体、树胶和其他沉积物。侵填体是管孔中含有的一种泡沫状填充物,在强光下呈现亮晶晶的光泽。在纵切面的导管槽内也可见。常含侵填体的树种有麻栎、檫树、刺槐等。

某些阔叶材管孔中常具有树脂或其他沉积物。树胶呈褐色或红褐色胶块状,光泽弱或无光泽。如苦楝、红椿等。热带木材导管中常具白色沉积物,如桃花心木、柚木等。

1.2.3.5 轴向薄壁组织

轴向薄壁组织是指在横切面上所见的一部分材色较周围的材色浅,并能形成各种形态的组织。用水湿润则更为明显。针叶树材的轴向薄壁组织不发达或根本没有,宏观下一般不可见。多数阔叶材有较丰富的轴向薄壁组织。

根据木材中轴向薄壁组织的量的多少和明显程度,可分为:不发达(在扩大镜下不见或不明显,如针叶树材和桦木、木荷等部分阔叶材树种);发达(在扩大镜下可见或明显,如枫杨、乌桕等);很发达(在肉眼下可见或明显,如泡桐、黄檀等)。

根据轴向薄壁组织与管孔的连生关系,可分为离管型和傍管型两大类。

1. 离管型

指轴向薄壁组织不与管孔连生者。一般又可分为以下几种:

(1) 星散状:轴向薄壁组织量少而分散,肉眼下一般不见。如枫香、木荷等。

(2) 切线状：轴向薄壁组织弦向相连，呈浅色短线。根据弦线的长短、间距，可进一步细分为短切线状（如麻栎）和网状（如柿树）。

(3) 轮界状：轴向薄壁组织呈浅色细线位于轮界线处。如木兰、杨木等。

(4) 离管带状：轴向薄壁组织相连成与生长轮相平行的同心细线。如黄檀等。

2. 傍管型

指轴向薄壁组织围绕于管孔周围，即与管孔连生。又可分为：

(1) 环管束状：轴向薄壁组织紧围管孔成一圆圈，宏观下在管孔周围呈一浅色环。如香樟、楠木等。

(2) 翼状：轴向薄壁组织围绕管孔周围并向两侧延伸，形似眼睛。如泡桐等。

(3) 聚翼状：翼状轴向薄壁组织相互连接在一起。如肥皂荚、毛叶红豆树等。

(4) 傍管带状：聚翼状轴向薄壁组织呈弦向宽带状。如花榈木、榕树等。有些树种的轴向薄壁组织不易分清是傍管带状或是离管带状，或两者都有，则可统称为带状。

上述各类型轴向薄壁组织，有的树种仅具其中一种，有的树种则可具两种或两种以上。

1.2.3.6 胞间道

胞间道为分泌细胞围绕而成的长形孔道。它不是细胞，而是细胞间隙。胞间道是树脂道和树胶道的统称。

1. 树脂道

某些针叶树材的胞间道中充满树脂，故称树脂道。树脂道有轴向树脂道、径向树脂道；还有正常树脂道和创伤树脂道之分。

正常轴向树脂道在横切面上为浅色小点，大的似针眼，多见于晚材，一般星散状分布，间或也有切线状分布的，如云杉。在纵切面上，呈深色纵向的线条状。径向树脂道（也称横向树脂道）出现在纺锤形木射线中，非常细小，在木材弦切面上呈褐色小点，肉眼下不易见。

创伤树脂道（也称受伤树脂道或不正常树脂道）是在树木生长过程中，受机械损伤、菌类侵袭、干旱、火灾等影响而形成的树脂道。创伤树脂道也有轴向和径向之分。轴向创伤树脂道在横切面上弦向排列，常位于早材。

具正常树脂道的树种有松科中的松、落叶松、云杉、黄杉、银杉、油杉等属。一般松属的树脂道大而多，落叶松属次之，而油杉属无径向树脂道。创伤树脂道可能发生在具有正常树脂道的树种中，也可能发生在无正常树脂道的树种中。如冷杉、铁杉、雪松、红杉、水杉等属。

2. 树胶道

在某些阔叶材树种的木材中，贮藏树胶的胞间道，称为树胶道。树胶道也有轴向、径向及正常、创伤树胶道之分。

正常轴向树胶道为龙脑香科或豆科（即苏木科、含羞草科和蝶形花科）某些树种的特征。正常径向树胶道见于漆树科、橄榄科等木材中。创伤树胶道常存在于金缕梅科、楝科、桃金娘科、芸香科、杜英科、梧桐科等某些木材中。

1.2.4 辅助特征

识别木材除上述构造特征外，还可通过看、嗅、尝、触等方法，研究木材的其他特征。这些特征称为辅助特征。如颜色、光泽、质量、硬度、结构、纹理、花纹、气味、滋味、髓斑等。

1.2.4.1 颜色、光泽

木材的颜色称为材色。木材细胞本身无明显的颜色，但因木材的内含物，如色素、单宁、树脂、树胶等，致使木材呈现各种颜色。材色反映了树种特征，尤其是心材树种。如红豆杉心材红褐色，木蜡心材姜黄色，柿木心材黑色等。

材色作为木材识别特征时，必须考虑到其变化大的特点。如木材的干湿、空气中暴露时间长短、受菌类侵袭与否及树龄、部位等，都会导致材色不同。材色的变异，加上各人感觉不同，对材色的描述很难准确和一致。

木材的光泽是材面（纵切面）对光线吸收和反射的结果。凡对光线反射能力强的，材面就光亮悦目，反之则暗淡无光。如云杉光泽强，冷杉光泽弱。

木材表面的光泽会因长期暴露在空气中或真菌侵染的影响而减弱乃至消失，前者仅限于表面，后者可能会深入内部。因此，观察木材的光泽，应以新刨切的正常木材纵切面为准。

1.2.4.2 质量、硬度

木材的质量和硬度属于木材物理、力学性质的范畴，但通常情况下，也可用于鉴别某些外貌特征相似的木材。

严格地说，木材的质量应以密度来表示。按气干密度大小可分为：轻——气干密度小于 $0.4g/cm^3$，如泡桐；中——气干密度在 $0.4 \sim 0.8g/cm^3$ 之间，如枫桦；重——气干密度大于 $0.8g/cm^3$，如蚬木。

木材硬度的精确判断，需用力学试验机测定。也可分为软、中、硬三类：端面硬度在 5000N 以下的为软；5000~10000N 之间为中；10000N 以上为硬。

在木材识别中，对质量和硬度的要求通常较粗放，一般无需精确测定。质量可由手持的轻重感觉判断，而硬度则可用指甲刻划测试。木材的质量与硬度有一定的关系，通常重者硬，轻者软。

1.2.4.3 结构、纹理和花纹

木材结构系指组成木材的各种细胞的大小和差异程度。

细胞大者称结构粗糙(如泡桐);小者则结构细致(如圆柏)。细胞大小一致者为结构均匀(如椴木);差异明显者则结构不均匀(如麻栎)。

木材纹理简称木纹,指木材纵向组织排列的方向。可分为:直纹理——纵向组织与树干轴向平行,如杉木、山榆等;斜纹理——纵向组织与树干轴向成一定角度,如香樟、圆柏等。斜纹理又因纵向组织倾斜的方式、程度等可细分为螺旋纹理(如桉树)、交错纹理(如紫树)、波浪纹理(如樱桃)、皱状纹理(如杨梅)等。

木材花纹系指年轮、管孔、管线、木射线、轴向薄壁组织、材色、节子、纹理等构成的各种图案。花纹与木材构造有密切关系。

1.2.4.4 气味、滋味

木材本身无滋无味,但因木材细胞内含有树脂、树胶、单宁、挥发性油类及其他化学物质,故某些木材会有一种特殊的气味和滋味。如松木有松脂气味,香樟有樟脑气味,杉木有杉木香气;栎木有涩味,黄连木有苦味等。

1.2.5 木材识别的方法

不同科、属、种的木材,都有不同的构造;木材构造的不同,决定了其性质的差异;而木材的经济利用价值,多与木材的性质有关。因此,识别木材是合理利用木材的必要条件;而木材构造的差异,使得木材识别成为可能。

1.2.5.1 木材构造特征的观察

观察木材的各种特征,一般应由表及里,由原木到木材;由简及繁,由宏观特征到微观特征;由主要特征到次要特征,逐步识别。

1. 原木特征与木材特征

应该说,在木材识别过程中,原木特征和木材特征之间没有绝对的界限。这里只是根据工作现场的识别对象(如原条、原木、板材、胶合板等)及其通常所表现出来的特征来划分的。

在伐区和贮木场,识别对象主要为原木、原条。由于受条件限制,一般以树皮、材表、树干断面、心边材等特征作为识别的重点。

树皮有外皮和内皮之分。外皮特征主要有:颜色、质地(松软或坚硬)、皮孔形状(圆形、菱形和线形)、开裂与否及开裂方式(纵裂、横裂、纵横裂和不规则裂)、外皮脱落形状(块状、条块状、环状、薄片状和不规则状)。内皮特征主要有:韧皮纤维发达与否及其质地、石细胞的排列类型(星散、层状和混合状),以及内皮断面花纹等。

树干断面特征主要有:断面形状(圆形、椭圆形、多边形和梅花形)、髓心的大小、形状(圆形、三角形、四边形等)和结构(实心、空心和分隔),以及心、边材和木材构造特征。

材表是指圆木去皮后裸露出来的木材表面。大多数针叶树材的材表较平滑,而阔叶材的材表可呈现出各种形态特征(图1-4)。材表特征主要有:波痕、细纱纹、网纹、槽棱、棱条、枝刺等。

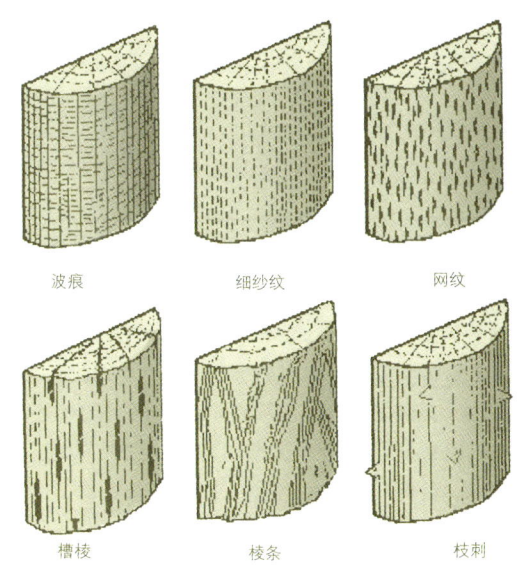

图1-4 材表特征的类型

鉴定锯材或木制品时,一般见不到树皮、材表、树干断面,心边材也不易完全显示出来,因此,主要以木材的三切面所表现的特征等作为识别依据。

2. 宏观特征与显微特征

木材识别通常以宏观特征,即以肉眼和放大镜能看到的特征为依据。这种方法具有简易、快速的优点,能满足一般要求,生产上有实用价值;但准确度较差,特别对有些外貌特征相似的木材难以区分,往往只能确定到属、类。有时,为进一步确定树种,需利用显微镜进行区别。在某些特殊的情况下,可能还需要应用电子显微镜,观察木材的超微构造特征。

3. 主要特征与次要特征

木材种类很多,构造特征也相当复杂,识别时要善于观察和分析各种木材间的共同点和不同点。通常共同点决定它们同属于某一级别上的类(如科、属等),不同点则决定各自独立的种。要抓住主要特征,不断进行分析、归类,并利用一些次要特征作为辅助依据,才能正确区分树种。例如在区分马尾松与檫树时,管孔的有无是主要特征,因为它们分属于无孔材(针叶树材)和有孔材(阔叶材)。而在区别马尾松和红松时,早晚材转变度则成为识别的主要特征。

4. 针叶树材与阔叶材的识别特征

在识别木材的过程中,首先应区别针叶树材和阔叶材。针叶树材和阔叶材的主要宏观识别特征差别如表1-1。

如已确定被鉴定的木材为针叶树材,则应进一步观察和记载下列特征:年轮明显度;早晚材转变度,树脂道的有无及明显度、大小、数量、分布等;心边材明显度及边材宽窄;

表 1-1 针、阔叶树材宏观识别特征比较

特征项目	针叶树材	阔叶树材
生长轮	明显或略明显	明显至不明显
管孔	无(无孔材)	有(有孔材)
木射线	很细,肉眼下不易见	很宽至很细
轴向薄壁组织	不见或不发达	发达或不发达
胞间道	松科部分树种有树脂道	部分树种具树胶道
质量和硬度	多数木材比较轻软	从很硬重至很轻软
材表	平滑或近平滑	类型多样

10 种木材宏观构造简易检索表

```
1 木材横切面不具管孔(无孔材,软材,针叶树材)......2
1 木材横切面具管孔(有孔材,硬材,阔叶树材)......5
2 具正常树脂道......3
2 不具正常树脂道......4
3 早材至晚材急变,年轮不够均匀......马尾松
3 早材至晚材急变,年轮颇均匀......红松
4 早材至晚材急变,有浓郁的杉木香味......杉木
4 早材至晚材缓变,新切面有难闻气味......银杏
5 环孔材,早晚材急变......6
5 散孔材或半散孔材,早晚材缓变......8
6 晚材管孔星散状......水曲柳
6 晚材管孔径列状或弦列状......7
7 晚材管孔径列状,轴向薄壁组织линя状......麻栎木射线宽
7 晚材管孔弦列状(波浪状),轴向薄壁组织傍管状,木射细傍管状,木射细线......白榆
8 半散孔材,具浓厚樟脑气味......香樟
8 散孔材......9
9 轴向薄壁组织轮界状,弦切面不具波痕......毛白杨
9 轴向薄壁组织不明显,弦切面可见波痕......椴木
```

以及材色、气味、滋味、质量、结构及假年轮等。

如确定被鉴定的木材是阔叶材,则进一步观察下列主要特征:管孔分布类型;环孔材管孔排列;管孔大小、数量及内含物;木射线的宽度及木射线线在纵切面上的特征;轴向薄壁组织的发达与否及分布类型;以及心边材、材色、气味、滋味、结构、纹理、花纹、质量、硬度等。

1.2.5.2 木材树种检索

1. 对分检索表

木材对分检索表是在多种待鉴定木材特征中根据某个特征的有无,反复按顺序划分成相对称的二类特征,最后划分出每个树种的区别。对分检索表的优点是制法简单,应用方便。其缺点是检索表所用特征必须依一定次序检索,且检索表一经编制,除非重新修订,否则不可任意增减树种。

编制和使用检索表时,首先必须明确检索表的适用范围,包括木材产地、分类等级和木材特征范围。

不同地区,其树种分布不同,即使是同一树种,因产地不同,木材构造特征也可能有一定的差异。因此,无论哪一种检索表,都应就地取材,当地使用。

检索表可按门、纲、目、科、属、种各分类等级编制,也可按一般特征(如树皮、材表、木材宏观构造等)或显微特征编制,既可分别编制,也可综合编制。一般来说,将各分类等级以及一般特征与显微特征分别列表,更便于检索对照。

下面以杉木、红松、马尾松、银杏、水曲柳、麻栎、白榆、香樟、椴木和毛白杨等 10 种木材的宏观构造特征简易检索表来说明对分检索表的编制方法。

2. 穿孔卡片检索表

穿孔卡片检索表是把木材全部特征分列在卡片四周的圆孔里,每个树种制作一张卡片。每张卡片将该树种所具有的特征所在的圆孔剪成"V"形缺口。使用时,根据所鉴定木材的各种特征,用钢针穿取卡片,反复淘汰。

穿孔卡片检索表使用方便,克服了对分检索表的缺点。但它不便携带,不宜处理大量材料。

3. 木材识别的计算机化

从国内现有的软件来看,它主要是结合了对分检索表和穿孔卡片检索表两者的优点,利用微机数据库管理系统来编制软件。它具有处理信息能力强,运行效率高等特点。

1.2.5.3 模式标本

为了准确识别木材,在运用检索工具初步鉴定出木材的属、类或种后,需要对照更完整、准确的记载资料,尤其是有正确定名的木材标本(称之为模式标本)进行进一步的核对。

模式标本通常包括带皮的原木标本、木材三切面标本,若需要显微识别的,还应有标准定名的显微切片。模式标本的积累,是准确鉴定木材的有力保证,同时也有利于不断丰富实践经验,加深对木材特征的认识,提高木材识别能力。

1.3 常用木材

1.3.1 国产木材

1.3.1.1 针叶树材

1. 银杏 *Ginkgo biloba* 银杏科 Ginkgoaceae

别名: 白果树、公孙树、鸭脚树。

产地: 除新疆、青海、宁夏外,全国各地均有栽培,为孑遗树种,仅存我国及日本。

识别特征: 树皮灰白至灰褐色,质软,呈纵裂或龟裂;内皮黄白色,外皮和木质部间呈明显浅色的轮层。边材黄白

色，甚宽；心材黄褐色，日久转深。生长轮略明显，早晚材渐变，晚材带极窄。木射线数少，甚细，径面射线斑纹不明显。横切面扩大镜下可见白色结晶斑点，新鲜材具特殊气味。主要显微特征：交叉场纹孔杉型，具轴向分室异细胞，内含特大晶簇。

材性：纹理直，结构细而匀。质轻，木材气干密度0.44g/cm³。易干燥，无翘曲、开裂等缺陷，易切削，切面光滑，油漆和胶合性能良好。

用途：木模、雕刻、文具、玩具、砧板、高级家具和细木工等用材。

2. **红豆杉** *Taxus chinensis* **红豆杉科** Taxaceae

别名：血柏、赤柏松、紫杉、榧子树。

产地：鄂、甘、陕、湘、桂、皖。

识别特征：树皮带紫色，纤维质，韧而不易脱落，纵裂成薄片状。心边材区别明显，边材浅黄色，窄；心材红褐色，日久转深。生长轮明显，呈现波浪状，早晚材渐变。木射线极细，色浅。主要显微特征：交叉场纹孔柏型，管胞壁螺纹加厚明显。

材性：纹理直至斜，结构甚细。材质均匀略硬重，木材气干密度0.62g/cm³。干燥缓慢，干缩小。木材耐久性强。易加工，切面光滑，油漆和胶合性能好。

用途：高级家具、车辆、船舶、铅笔、乐器、文具和雕刻等。作为商品材红豆杉，还包括南方红豆杉、东北红豆杉和云南红豆杉等树种。

3. **杉木** *Cunninghamia lanceolata* **杉科** Taxodiceae

别名：杉树、杉条、江木、东湖木、西湖木。

产地：系我国特产，长江流域及以南各省，川、黔、滇、豫、陕。

识别特征：树皮灰褐色，浅纵裂，长条状剥落，内皮红褐色。心边材区别明显，边材浅黄褐色；心材浅栗褐色。生长轮极明显，早晚材急变，晚材带窄。径面射线斑纹略明显。具杉木味。主要显微特征：交叉场纹孔杉型，具星散及间位型轴向薄壁组织。

材性：纹理直而均匀。材质轻软，木材气干密度0.38g/cm³。干燥性能好，干后尺寸稳定。易加工，切面粗糙，油漆性差，胶合性能好。木材耐久性强。

用途：门窗、屋架、地板、船舶、桥梁、电杆、家具、农具和包装箱等。

4. **柳杉** *Cryptomeria fortunei* **杉科** Taxodiaceae

别名：天杉、孔雀杉、大杉。

产地：分布在我国长江流域以南至华南、西南。国外产日本。

识别特征：树皮红褐，纵裂呈长条状剥落。心边材区别明显，常以深紫色线为界；边材黄白色至浅黄褐色；心材浅红褐至红褐色带紫。生长轮明显，早晚材急变，晚材带窄而色深。轴向薄壁组织在年轮外部呈褐色斑点，扩大镜下可见。木材具香气。主要显微特征：同杉木，两者难以区分。

材性：纹理直、结构粗。国产柳杉较杉木轻软，木材气干密度0.34g/cm³。易干燥，少开裂及翘曲。易加工，切面欠光滑，油漆、胶合性能好。日本柳杉与本种为同属异种，材质远优于本种，为日本主要用材树种。

用途：一般家具、包装用材、木模、盆桶、笼屉、室内装修材等。

5. **红松** *Pinus koraiensis* **松科** Pinaceae

别名：海松、果松、朝鲜松。

产地：黑、吉、辽。国外产朝鲜、俄罗斯远东沿海地区、日本。

识别特征：外皮灰红褐色，皮沟不深，鳞状开裂；内皮浅驼色。心边材区别明显，边材浅黄褐色，断面可见明显树脂圈；心材黄褐色，微带肉红色。生长轮明显，窄而均匀。早晚材缓变，树脂道多而明显，主要分布于晚材带内。主要显微特征：具纵横树脂道，具射线管胞，内壁平滑，交叉场纹孔窗格状。

材性：纹理直，结构均匀。材质略轻软，木材气干密度0.44g/cm³。易干燥，干缩小，不易开裂和变形。木材较耐腐。易加工，切面光滑，油漆、胶合性能好。

用途：建筑、车辆、船舶、桥梁、家具、雕刻、木模和乐器等。商品材属软松类。

6. **马尾松** *Pinus massoniana* **松科** Pinaceae

别名：本松、松树、青松。

产地：长江流域以南各省区、黔、豫、陕、台等。

识别特征：外皮深红褐微灰，纵裂呈长方形剥落；内皮枣红色微黄。心边材区别明显，边材甚宽，断面具明显油脂圈，浅黄褐色，有时具青变；心材深黄褐色微红。生长轮宽而明显，早晚材急变。树脂道大而多。主要显微特征：具纵、横树脂道；具射线管胞，内壁锯齿状；交叉场纹孔窗格状。

材性：纹理直或斜，结构略粗，不均匀。材质中，木材气干密度0.54g/cm³。干燥较易，斜纹理者易产生表面裂纹。切削略难，易夹锯。边材不耐腐，常青变。油漆、胶合性能欠佳，握钉力强。

用途：枕木、坑木、胶合板、火柴、包装箱、普通家具、造纸等。

7. **铁杉** *Tsuga chinensis* **松科** Pinaceae

别名：刺柏。

产地：川、黔、鄂、赣、陕、甘、豫。

识别特征：树皮深灰褐色，薄而软，鳞片状剥落。心边材区别不明显，木材浅褐略带红色。生长轮明显，宽窄不均匀，早晚材急变。扩大镜下有时可见白色小点，为管胞内含草酸钙结晶，生材有令人不愉快的气味。主要显微特征：交叉场纹孔柏型，具射线管胞和轮界状薄壁组织。

材性：纹理直，结构中，略均匀，材质略硬重，较脆，木材气干密度 $0.50g/cm^3$，强度中等。易干燥，干缩小至中。易切削，切面光滑，无树脂，油漆、胶合性能好。握钉力中等，不易劈裂。商品材铁杉类尚有南方铁杉、丽江铁杉和云南铁杉等，后者材质略轻软。

用途：建筑、枕木、电杆、车辆、家具、地板、墙裙、百页窗等。

8. 柏木 *Cupressus funebris* 柏科 Cupressaceae

别名：柏树、扫帚柏、垂柏。

产地：川、鄂、湘、赣、黔、粤、桂、闽、浙、甘、陕等。

识别特征：树皮深褐色，平滑、纤维质呈窄长条状剥落。心边材区别明显，边材黄白色，略宽，心材浅桔黄色带微红。生长轮略明显，早晚材缓变，常具假年轮和髓斑。木材具油质感，具柏木香气。主要显微特征：交叉场纹孔柏型，间位型薄壁组织。

材性：纹理直或斜，结构细，有光泽。材质略硬重，木材气干密度 $0.59g/cm^3$。干燥较慢，易裂，耐久性强。易加工，切面光滑。韧性强，耐磨损。油漆、胶合性能及握钉力均佳。

用途：高级家具、车辆、船舶、木模、文具、雕刻及细木工用材。

1.3.1.2 阔叶树材

1. 槭木 *Acer mono* 槭树科 Aceraceae

别名：色木（槭昔发音为色）、水色树、五角枫（目前市场误称枫木）。木材商品名硬槭类。

产地：东北、华北，以及陕、川、鄂、豫、鲁、皖、赣、苏、浙、黔。

识别特征：树皮灰褐色，浅纵裂，裂沟近于平行或交叉状，呈块状剥落。内皮浅橙黄色，质脆易折断。心边材区别不明显，木材浅红褐色，初腐材常呈现灰褐色斑点或条纹的假心材。生长轮略明显，散孔材，管孔多而小。木射线略细，较管孔大。轮界状薄壁组织和髓斑显著。主要显微特征：导管具螺纹加厚。同形射线，多列射线宽 2～6 个细胞。轮界状薄壁组织宽 1～2 列。

材性：本种商品材属硬槭类。纹理直，结构细致均匀，材质硬重，木材气干密度 $0.71g/cm^3$。力学强度较高，弹性和耐磨性好。加工性能好，切面光滑，不易胶合。油漆和着色性能佳。

用途：家具、地板、纺织、乐器、车旋材、室内装饰、运动器材及建筑等用材。

2. 酸枣 *Choerospondias axillaris* 漆树科 Anacardiaceae

别名：山枣、南酸枣、流鼻枣、五眼果。木材商品名山枣。

产地：闽、赣、粤、桂、湘、浙、鄂、皖及西南各省区。

识别特征：外皮深灰至紫褐色，片状剥落；内皮棕黄色。心边材区别明显，边材窄，浅黄褐色或灰白色；心材红褐色。生长轮明显，环孔材，早材带宽 2～3 列，心材侵填体明显；晚材管孔散生，短径列及斜列。轴向薄壁组织不见，木射线细而少。主要显微特征：异Ⅱ型射线，具径向树脂道。

材性：材质软硬适中，纹理直或斜，结构中，木材具光泽。木材气干密度 $0.57g/cm^3$。易加工，切面光滑，干燥不易开裂。心材耐久性强，油漆、胶合性能好。

用途：家具、地板、车辆、船舶、装饰胶合板及室内装饰材。

3. 野漆 *Toxicodendron succedanea* 漆树科 Anacardiaceae

别名：漆树、木腊、山漆树。木材商品名漆木。

产地：华南、华东、西南，以及冀、鄂、湘等省区。

识别特征：树皮薄，灰褐或灰褐带粉白色，不规则纵裂。心边材区别明显，边材黄白或浅黄褐色，极宽；心材深黄色。木材有光泽，味苦。生长轮略明显，散孔材，有半散孔趋势，心材管孔具侵填体。轴向薄壁组织轮界状及傍管束状。木射线少而细。主要显微特征：异Ⅱ型射线，单列射线极少，多列射线宽 2～3 个细胞。

材性：纹理斜或交错，结构细而均匀。质量适中，木材气干密度 $0.61g/cm^3$。木材干缩小，强度中等。心材耐腐。易切削及钉钉，易胶合，油漆后光亮性中等。

用途：家具、农具、雕刻及房屋建筑，叶含单宁，树皮可提染料。

4. 黄连木 *Pistacia chinensis* 漆树科 Anacardiceae

别名：黄连木、黄楝树、楷木。商品材名黄连木。

产地：长江流域及冀、豫、陕、甘、鲁、桂、粤、台、闽。

识别特征：树皮暗褐色，龟裂。心边材区别明显，边材宽，黄灰色；心材黄褐色，带灰，日久转深色。木材具光泽，味苦。生长轮明显，环孔材，早材带常 2 列，心材侵填体丰富；晚材管孔排列成人字，波浪形。轴向薄壁组织傍管状。木射线少而细。主要显微特征：小导管具螺纹加厚，异Ⅲ型射线，具径向胞间道。

材性：材质略硬重，多为斜纹理，结构中至粗，不均匀。木材气干密度 $0.71g/cm^3$。易干燥，天然耐久性强。加工不难，切面光滑，油漆和胶合性能良好。

5. 紫油木 *Pistacia weinmannifolia* 漆树科 Anacardiceae

别名：清香木、香叶树、细叶楷木、昆明乌木。商品材名紫油木。

产地：滇、川、黔、桂。

识别特征：树皮暗灰色，质硬，小矩形开裂，少剥落。心边材区别明显，边材黄褐色；心材紫褐色，含油脂，日久呈黑褐色，常夹杂有多数黑褐色纵间带状条纹，与条纹乌木相类似。生材具酸香味，味苦，生长轮不明显，散孔材，管孔小，大小略一致，分布均匀，心材管孔侵填体丰富。轴向薄壁组织环管状，木射线略细，小于管孔径。主要显微特征：小导管具螺纹加厚，异Ⅲ型射线，具径向胞间道，射线具含晶异细胞。

材性：木材色泽和花纹具极高装饰价值，材质极硬重，木材气干密度达 $1.19g/cm^3$，纹理交错，结构甚细而均匀。干缩中，强度高。加工困难，但切面极光滑。天然耐腐性极强。干燥困难，干后尺寸稳定。油漆及胶合性能优良。

用途：可代替红木、乌木等作家具、雕刻、乐器、工艺等高级用材。为我国特产的珍稀高级用材树种。

6. 冬青 *Ilex purpurea* 冬青科 Aquifoliaceae

别名：青头公、四季青、红冬青。木材商品名冬青。

产地：长江流域以南各省区。

识别特征：树皮青灰至灰白色，幼时平滑，老时细纹裂，皮孔多而不显著；内皮棕褐色。心边材区别不明显，材色灰白。生长轮略明显，宽而匀。散孔材，管孔小，管孔链状径列。轴向薄壁组织不见。木射线稀，细至略宽。具髓斑。主要显微特征：导管及木纤维具螺纹加厚，梯状穿孔。异Ⅱ、稀异Ⅰ型射线。

材性：木材色白，纹理直，结构细而均匀。木材硬重，气干密度 $0.78g/cm^3$，强度中等。不易干燥，有翘裂现象。木材易变色，不耐腐。易切削，切面光滑。油漆、胶合性能佳，握钉力中等。

用途：家具、建筑、雕刻、镶嵌、乐器、车旋、室内装饰等用材。

7. 刺楸 *Kalopana spetemlobus* 五加科 Araliceae

别名：刺枫木、鼓钉树、刺儿楸。木材商品名刺楸。

产地：华中、华南、西南、华东、华北、东北。

识别特征：树皮厚，外皮灰褐色，具深槽及横裂，内皮黄褐色，纤维质。心边材区别不明显，木材黄白色，日久呈浅黄褐色。生长轮明显，宽而匀。环孔材，早材管孔 1 列，有时含侵填体；晚材管孔集团状或波浪状。轴向薄壁组织环管状，与管孔连成波浪形。木射线少而细。髓心大而柔软。主要显微特征：具环管管胞，木纤维分隔，异Ⅱ型射线。

材性：纹理直，结构略粗。材质轻柔，木材气干密度 $0.45g/cm^3$，易干燥，不耐腐。易切削，切面光滑。油漆后光亮性一般，容易胶合，握钉力弱。

用途：家具、车辆、船舶、建筑、室内装饰、胶合板等。

8. 白桦 *Betula platyphylla* 桦木科 Betulaceae

别名：粉桦、兴安白桦、桦皮树。木材商品名桦木。

产地：东北、西北、西南、华北、中南。

识别特征：外皮平滑，粉白色，有横生纺锤形或线形皮孔，成横纹多层纸片状剥落；内皮浅褐色。心边材区别不明显，木材黄白色略带褐，假心材红褐色。生长轮略明显，宽窄不均。散孔材，管孔小，略多。轮界状薄壁组织。木射线细，常具髓斑。主要显微特征：梯状穿孔，横隔数 10～30 条。轮界状薄壁组织，通常仅一个细胞宽。同形射线。

材性：纹理直，结构甚细而匀。质量、硬度及强度均中等，木材气干密度 $0.61g/cm^3$。干缩小，干燥过快易翘曲，立木心腐严重，木材不耐腐。易切削，切面光滑，油漆、胶合性能好。

用途：胶合板、木材层积材、家具、地板、纺织、车旋及包装箱等。

9. 西南桦 *Betula alnoides* 桦木科 Betulaceae

别名：化桃、桦皮树、蒙自桦树。木材商品名桦木。

产地：滇、川、粤。

识别特征：树皮青褐或红褐色，纸状横向反卷剥离。心边材区别不明显，木材红褐色。生长轮略明显，宽度略均匀，轮界以细线。散孔材，管孔略小至中，分布均匀，同光皮桦；区别于红桦的短径列。轮界状薄壁组织。木射线细，少至中，髓斑较少。主要显微特征：梯形穿孔，横隔数 4～10，少于白桦。轮界状薄壁组织带宽于白桦，管孔数和单列射线数较少。

材性：木材气干密度 $0.64g/cm^3$，余同白桦。西南桦是国产桦木属中分布较南的一种，也是干形最好、径级最大的一种，心腐少，木材耐腐性优于白桦。目前我国家具和地板市场假冒樱桃木者，多数为西南桦和老皮桦(*B.cylindrostachya*)。后者木材密度和强度略高于西南桦。两者都偶具树瘤与鸟眼花纹，具极高的装饰价值。

用途：同白桦。

10. 西南桤木 *Alnus nepalensis* 桦木科 Betulaceae

别名：冬瓜木、旱冬瓜、蒙自桤木。木材商品名桤木。

产地：滇、黔、川、藏、桂。

识别特征：树皮幼时暗绿色，老时深灰褐色，不规则深纵裂。心边材区别不明显，木材浅红褐色。生长轮略明显，遇宽射线处内凹，轮界成波浪形。散孔材，管孔略小，略多，单独及径列复管孔。轴向薄壁组织肉眼下不见，木射线分宽、窄两类。宽射线少，肉眼下极明显。髓心近三角形。主要显微特征：梯状穿孔，横隔数 10～30，窄射线宽 1～2 列，宽射线为聚合射线极宽，同形射线。

材性：纹理直，结构略细；不均匀。材质轻软，木材气干密度 $0.50g/cm^3$，与江南桤木(*A.trabeculosa*)相似，强度略低，易干燥，干缩小。不耐腐。易切削，切面光滑。易胶合，油漆性能中等，握钉力弱。

用途：作为常见的速生材，用于家具、胶合板、铅笔、火柴、车木、雕刻箱盒、装饰线条、室内装饰材。

11. 滇楸 *Catalpa duclouxii* **紫葳科** Bignoniaceae

别名：楸木、老叶楸、紫花楸、云南楸树。木材商品名梓木。

产地：滇、川、鄂、黔、闽、陕。

识别特征：树皮暗灰色，不规则纵裂，片状剥落。心边材区别明显，边材灰黄褐色，窄；心材深灰褐色，木材具强烈光泽。生长轮明显，宽度不均。环孔材，早材管孔大，宽数列，管孔内侵填体常见；晚材管孔小，略少，斜列或弦列。轴向薄壁组织束状，在轮末与晚材管孔连成弦线。木射线少，略细。主要显微特征：小导管具螺纹加厚，同形与异Ⅲ型射线。

材性：纹理直，结构中至粗；不均匀。材质轻柔，木材气干密度 $0.47g/cm^3$。易干燥，干缩小，无干燥缺陷，干后尺寸稳定。天然耐腐性强。易切削，切面光滑。油漆和胶合性能极佳，握钉力中等。

用途：为速生珍贵用材树种。用作高级家具、室内装饰材、造船、车辆、乐器、木模等。马王堆汉墓四层棺木均用本属木材，经二千余年未见任何腐朽现象，天然耐久性极强。

12. 南华木 *Bretschneidera sinensis*
　　南华木科 Bretschneide

别名：伯乐树、冬桃、钟萼木。木材商品名南华木。

产地：滇、黔、湘、浙、桂、粤、赣、鄂、川。

识别特征：树皮略厚，质硬脆，横断面呈锯齿状；内皮呈层状，石细胞可见，槽棱均匀。心边材区别不明显，木材黄褐色，易蓝变呈灰黄褐色。生长轮略明显，轮界具深色纤维层。散孔材，管孔团常见，分布略均匀。轴向薄壁组织轮界状，傍管束状。木射线中至很宽，肉眼下明显，径切面射线斑纹明显。主要显微特征：单穿孔和梯状穿孔共存，具分隔木纤维，多列射线宽2～9列，异Ⅱ型射线。

材性：纹理直，结构细而均匀。木材质量、硬度中，木材气干密度 $0.60g/cm^3$。易干燥，干缩中，稍有翘裂。易切削，切面光滑。径面有射线斑纹构成花纹，油漆性能和握钉力中等，胶合性能良。

用途：家具、旋切及刨切单板、室内装饰及农器具等。

13. 黄杨 *Buxus sinica* **黄杨科** Buxaceae

别名：黄杨木、千年矮、瓜子黄杨。木材商品名黄杨木。

产地：我国中部、南部及北部。

识别特征：树皮灰色，栓皮质呈不规则剥落。心边材区别不明显，木材浅黄褐色，有光泽。生长轮略明显，甚窄。散孔材，管孔甚多，极小。轴向薄壁组织不见。木射线略密，极细，比管孔略大。主要显微特征：梯状穿孔，横隔数6～10。轴向薄壁组织星散及星散聚合状，多列射线宽2～3列，异Ⅱ型射线。

材性：斜纹理，结构甚细而均匀，略硬重。干燥缓慢，易劈裂。耐腐、耐虫。锯解不难，车旋及雕刻性能极佳，切面光洁。油漆、胶合性能好，握钉力高。

用途：本属木材我国有17种，种间无大的差别，结构细致，材色均匀雅淡悦目，切削无坚硬感。适宜作雕刻、车旋用材、乐器、工艺美术和家具装饰用材。

14. 柿树 *Diospyros kaki* **柿树科** Ebeneceae

别名：乌材、柿枣、柿子树。木材商品名柿木。

产地：全国各地均有栽培。

识别特征：树皮灰色，纵横裂，长方形槐状剥落，近韧皮部有黑色薄层；内皮暗褐色。心边材区别不明显，木材浅红褐色带灰，或灰褐色，时有黑色斑纹。生长轮略明显，散孔至半散孔材，管孔少，略小。轴向薄壁组织网状。木射线甚细，略少，弦面可见波痕。主要显微特征：网状薄壁组织常宽仅一个细胞，具菱晶。射线宽1～3列，叠生，异Ⅱ稀异Ⅲ型射线。

材性：纹理斜，结构略细。材质硬重，木材气干密度 $0.82g/cm^3$。干燥困难，干缩大。易加工，切面光滑，车旋性好，耐磨损。胶合性能不佳，油漆后光亮性好，握钉力强。

用途：家具、雕刻、纺织器材、车旋、工艺、工具柄、箱盒等用材。

15. 乌桕 *Sapium sebiferum* **大戟科** Euphorbiaceae

别名：木子树、柏子树、腊子树。木材商品名乌桕。

产地：赣、湘、浙、皖、川、苏、滇、闽、台、桂、鲁、粤、黔、甘、陕。

识别特征：外皮灰黄褐色，纵裂，块状剥落；内皮灰黄色。心边材区别不明显，木材浅灰褐色，常带青变。生长轮略明显，半散孔材，轮末管孔少而略小。轴向薄壁组织切线状，细而密，扩大镜下可分辨。木射线细而不匀。主要显微构造：射线为同形单列与异形单列共存，偶见2列。轴向薄壁组织具菱形结晶。

材性：纹理斜，结构中。材质轻软，木材气干密度 $0.56g/cm^3$。干燥快，略有翘曲，不耐腐。不易锯解，易夹锯，材面易起毛。油漆性能欠佳，易胶合，握钉力弱。

用途：雕刻、玩具、砧板、木履、洗衣板、鞋楦、纱管、家具等。

16. 橡胶木 *Hevea brasiliensis* **大戟科** Euphorbiaceae

别名：三叶橡胶、三叶胶。木材商品名橡胶木。

产地：原产巴西。我国台、粤、琼、滇、桂、闽等少量栽培。

识别特征：树皮灰色、平滑、石细胞砂粒状及片状。心边材区别不明显，木材浅黄褐色。生长轮明显，轮界呈深色带。散孔材，管孔甚少，分布略均匀。轴向薄壁组织离管带状及傍管状。木射线细，径面具射线斑纹。主要显微特征：带状薄壁组织宽1~4个细胞，含菱晶。异Ⅰ、Ⅱ型射线，含菱晶。

材性：斜纹理，结构细至中，均匀。木材轻软，气干密度0.56g/cm³。不耐腐，易干燥，不开裂。易加工，切面光滑，油漆性中等，易胶合，握钉力弱。

用途：家具、建筑、室内装修、包装箱、造纸等。部分厂商为了促销将橡胶木说成是橡木，属误导。橡木为壳斗科栎属树种，环孔材，木材硬重，有宽射线。两者在外观、材色、构造材质完全不同。

17. 红豆树 Ormosia hosiei 蝶形花科 Papilionaceae

别名：黑樟丝、乌樟丝、鸡翅木、红木。木材商品名红豆木。

产地：鄂、川、桂、闽、陕、苏。

识别特征：树皮幼时绿色，光滑；老时灰色，浅纵裂。心边材区别明显，边材略宽，浅黄褐色；心材栗褐色。生长轮略明显，散孔材，管孔中，分布均匀。轴向薄壁组织发达，聚翼状、带状及轮界状，弦面呈现鸡翅状花纹。木射线略稀，宽度中。主要显微特征：单列射线，甚少，多列射线宽多数3~4个细胞，异Ⅲ型射线，带状薄壁组织较宽，可达数至近10个细胞。

材性：纹理直或斜，结构细而匀。木材气干密度0.76g/cm³，干燥缓慢，干缩小。加工不难，切面光滑，弦面鸡翅状花纹颇具装饰价值，油漆、胶合、握钉力佳。

用途：作高级家具、地板、装饰材、工艺美术、乐器、玩具等。

18. 小叶红豆 Ormosia microphylla 蝶形花科 Papilonaceae

别名：黄姜丝、鸭公青、红心红豆。木材商品名红心红豆。

产地：粤、桂、闽等省区。

识别特征：树皮硬，粗糙。心边材区别明显，边材浅黄褐色；心材生材时为鲜红色，久则呈深红色。生长轮不明显至略明显，宽度略均匀，散孔材，管孔大小中等，略一致。轴向薄壁组织翼状、聚翼状、带状、轮界状。木射线稀及略细。主要显微特征：单列射线少，多列射线宽常2~3列，异Ⅲ型射线。

材性：纹理直，结构细而匀。木材气干密度0.83g/cm³，木材较红豆树硬重。干缩小，加工不难，切面光滑。心材材色艳丽，做高级家具及装饰用材较红豆树更好。

用途：高级家具、工艺美术及装饰用材。广西曾列为特类材，有紫檀之誉。真正紫檀为紫檀属中檀香紫檀（Pterocarpus santalinus）。

19. 降香黄檀 Dalbergia odorifera 蝶形花科 Papilionaceae

别名：降香、花黎母、花梨。木材商品名香红木。

产地：粤、琼，粤、桂有栽培。

识别特征：树皮灰色、浅纵裂。心边材区别明显，边材灰黄褐色或浅黄褐色；心材红褐至深红褐或紫红褐色，杂有黑色条纹，木材具香气。生长轮不明显，半环孔至散孔材，管孔少，散生或斜列，常含红褐或黑褐色树脂。轴向薄壁组织带状、翼状及轮界状。木射线细，略密，弦面具波痕。主要显微特征：各类组织叠生排列；多列射线宽2~3列，高5~10个细胞，同形射线。

材性：纹理斜和交错，结构细而匀。木材气干密度0.94g/cm³，甚硬重，强度高。木材干燥缓慢，干缩大，心材耐腐。加工稍难，切面光滑，车旋、油漆、胶合性能均佳，握钉力强。

用途：红木家具、工艺美术、雕刻、乐器等用材。据称是明代黄花梨家具用材，是否属实，尚待考证。

20. 黑黄檀 Dalbergia fusca 蝶形花科 Papilonaceae

别名：牛角木。木材商品名黑檀木。柿科的乌木也有黑檀之称，而本种为蝶形花科，属酸枝中的黑酸枝类。

产地：滇产于西双版纳和思茅地区，越南、缅甸亦有分布。

识别特征：外皮灰褐色，老龄木呈薄条块状剥落。心边材区别明显，边材浅黄色或灰黄褐色；心材黑褐色，间有黑色条纹，具光泽。生长轮不明显，散孔材，管孔少，大小中等，星散分布，管孔内黑色树胶常见。轴向薄壁组织多傍管带状，同心层弦列。木射线细，略密，弦面具波痕。主要显微特征：各类组织叠生；单列射线偶见，多列射线宽2~4列，高4~11个细胞，同形射线。

材性：纹理斜或交错，结构细而匀。木材气干密度1g/cm³以上，极硬重，强度大，耐久性好。木材干燥缓慢，干后尺寸稳定。锯解不难，刨削困难，切面光滑，车旋、胶合性能好，油漆性能局部欠佳。

用途：为红木中黑酸枝类用材，作红木家具、雕刻、乐器、工艺品等高档用材。

21. 槐树 Sophora japonica 蝶形花科 Papilionaceae

别名：国槐、中槐、豆青槐、细叶槐。木材商品名槐木。

产地：黄河流域以南，全国南北均有栽培。

识别特征：树皮灰褐色，木栓层质软，内皮浅黄色。心边材区别明显，边材窄，黄白色；心材深灰褐色。生长轮明显，环孔材，早材2~3列管孔，心材含褐色树胶；晚材管孔成团状或短切线。轴向薄壁组织翼状及聚翼状。木射线略细而少，色浅。主要显微特征：同形，偶异Ⅲ型射线。具分隔木纤维。多列射线宽多数为4～6列。

材性：纹理直，结构略粗。木材硬度、质量中等，气干密度$0.72g/cm^3$。边材易虫蛀，心材极耐腐。易加工，切面光滑。干燥宜缓慢，油漆、胶合性能良好。

用途：农具、家具、车辆、运动器材等。

22. 刺槐 Robinia pseudoacacia 蝶形花科 Papilionaceae

别名：洋槐、刺儿槐。木材商品名刺槐。

产地：原产美洲，我国各地均有栽培，北方生长良好。

识别特征：树皮暗褐色，有深裂，内皮纤维质。心边材区别明显，边材窄，浅黄色，心材暗褐色带绿。生长轮明显，环孔材，早材管孔2至数列，侵填体丰富；晚材管孔中部星散，轮末弦列。轴向薄壁组织傍管束状、翼状、聚翼状、木射线细至中。主要显微特征：小导管具螺纹加厚，射线与轴向薄壁细胞具菱形晶体，同形射线。

材性：纹理直，结构略粗。材质硬重，木材气干密度$0.80g/cm^3$。切削困难，切面光滑，耐久性强。油漆、胶合性能良好，钉着力强。

用途：农器具、室外及水工用材、家具、车旋、车辆、运动器材等。

23. 米槠 Castanopsis carlesii 壳斗科 Fagaceae

别名：米锥、白锥、白栲。木材商品名白锥。

产地：台、闽、浙、赣、粤、琼、湘、鄂、黔。

识别特征：树皮暗灰色，皮薄，具小瘤状皮孔。心边材区别不明显，浅红褐或栗褐色微红。生长轮略明显，遇聚合射线处下凹成波浪形。环孔材，早材管孔略大，排列不连续；晚材管孔小，径列火焰状。轴向薄壁组织傍管状短切线及带状。木射线具宽窄两类，宽线为聚合射线，径面射线斑纹明显。主要显微特征：小导管偶见梯状穿孔，具环管管胞，具链状结晶，异Ⅲ及同形射线。

材性：纹理直，结构粗，不均匀。木材略轻软，气干密度$0.53g/cm^3$，强度弱至中。干燥宜缓慢，易裂、变形及皱缩。木材不耐腐。切削容易，胶合、油漆性能良好，握钉力不大。

用途：家具、建筑、各种农具、薪炭材等。

24. 苦槠 Castanopsis sclerophylla 壳斗科 Fagacea

别名：株树、槠树、苦槠子。木材商品名苦槠。

产地：除滇、粤、台、琼外，广布长江流域以南及陕。

识别特征：外皮暗灰色，纵裂；内皮浅黄色，细麻丝状。心边材区别明显，边材灰褐色；心材灰黄色微红。生长轮明显，略呈波浪形。环孔材，早材管孔大，单独，晚材管孔小，呈火焰状。轴向薄壁组织环管状及切线状。木射线极细。主要显微特征：木射线单列同形，偶异形，具环管管胞，木纤维壁具缘纹孔多而明显。

材性：纹理直或斜，结构略粗。木材气干密度$0.60g/cm^3$，强度略低至中。不耐腐，边材常具橙黄色变色和杂色条纹。干燥时少开裂，干缩小。加工易，切面光滑，胶合、油漆性能良好，握钉力中。

用途：家具、车辆、室内装修、建筑、农具等。

25. 红锥 Castanopsis hystrix 壳斗科 Fagaceae

别名：红栲、红柯、栲树。木材商品名红锥。

产地：闽、粤、桂、湘、黔、滇、藏。

识别特征：外皮灰褐色，皮沟浅而窄；内皮棕褐色，纤维发达，质脆。心边材区别明显，边材灰褐色；心材暗红褐色至红褐色。生长轮明显，宽而不匀，呈波浪形。环孔材，早材管孔大小渐变，略少；晚材管孔甚小，呈斜列状。轴向薄壁组织离管细带状。木射线略密，具宽、窄两种，以窄射线为主，聚合射线偶见。主要显微特征：具环管管胞；链状结晶明显；同形偶异形单列射线，聚合射线宽5～20个细胞。

材性：纹理斜，结构中，不均匀。木材气干密度$0.73g/cm^3$，质量中至略重，耐腐性强。干燥略难，干缩中，微裂。强度中，韧性高。加工易，切面光滑。油漆、胶合性能好，握钉力中至大。

用途：用于船舶、车辆、运动器械、雕刻、文具、建筑、农具、工具、鞋楦等，亦为优良的家具用材。

26. 青冈栎 Cyclobalanopsis glauca 壳斗科 Fagaceae

别名：大叶青冈、铁槠。木材商品名白青冈。

产地：长江流域及以南各省区，滇、台、藏。

识别特征：外皮深灰色，薄而光滑；内皮似菊花状。心边材区别不明显，木材灰褐至红褐色，边材略浅。生长轮不明显，轮界有时具深色纤维带。辐射孔材，管孔径列，穿越生长轮。轴向薄壁组织离管带状及环管状。木射线具宽、窄两类。主要显微特征：具环管管胞；射线与薄壁组织内含菱晶；同形单列及多列射线。

材性：纹理直，结构粗，略均匀。木材硬重，气干密度$0.9g/cm^3$。木材加工困难，切面光滑。干燥时易裂和翘曲，干缩大，耐腐。油漆、胶合性能良好，握钉力高。

用途：家具、拼花地板、车辆、船舶、运动器材、楼梯及走廊扶手等。

27. 福建青冈 Cyclobalanopsis chungii 壳斗科 Fagaceae

别名：黄槠、黄槠、黄丝槠、红槠。木材商品名红青冈。

产地：闽、粤、桂、赣、湘。

识别特征：外表暗灰或灰黑色，纵裂；内皮黄褐色，质软呈棕刷状。心边材区别略明显，边材黄褐色；心材红褐或砖红色，较白青冈类色深而不匀。生长轮略明显，波浪形，辐射孔材。轴向薄壁组织离管窄带状及环管状。木射线具宽、窄两类。主要显微特征：轴向薄壁组织带窄，仅1~2个细胞宽，余同青冈栎。

材性：纹理直，结构粗而匀。木材气干密度0.95g/cm³，红青冈类的木材硬度、强度、干缩、耐腐、耐磨性等均略高于白青冈类。干燥难，加工不易。油漆、胶合性能良好，握钉力强，有劈裂倾向。

用途：纺织器材、造船、车辆、水工建筑、嵌木地板、工具柄等。

28. 石栎 *Lithocarpus glaber* 壳斗科 Fagaceae

别名：柯树、红槠、白槠。木材商品名椆木。

产地：长江流域及以南各省区。

识别特征：树皮青灰色，常具粉白色块斑，平滑而不裂。心边材区别明显，边材浅红褐色；心材红褐带紫。生长轮略明显，略呈波浪形，辐射孔材。轴向薄壁组织离管带状及环管状。具宽窄两类射线。主要显微特征：具环管管胞；聚合射线明显；具异Ⅲ型射线。

材性：纹理直或斜，结构中，均匀。木材气干密度0.79g/cm³，强度中，韧性高。干缩差异大，干燥易翘裂，耐腐性差。切削不难，切面光滑，油漆、胶合性能好，握钉力强。

用途：硬木家具、贴面单板、胶合板、地板、室内装修、乐器、船舶、车辆、运动器材和车旋用材等。

29. 柞木 *Quercus mongolica* 壳斗科 Fagaceae

别名：蒙古栎、柞栎、柞树、橡树。木材商品名槲栎。

产地：东北、蒙、晋、冀、鲁。

识别特征：树皮灰褐至暗灰褐色，深纵裂。心边材区别明显，边材浅黄褐色；心材黄褐至栗褐色。生长轮明显，略呈波浪状，宽度略均匀。环孔材，早材带宽1~3列管孔；晚材管孔火焰状，心材管孔侵填体明显。轴向薄壁组织多为离管细带状。木射线宽、窄两类，宽射线矮而宽，呈纺锤形。主要显微特征：宽射线全为复合射线，单列和多列同形射线；具环管管胞；射线和薄壁组织均含菱晶。

材性：纹理直，结构略粗而不均匀。木材硬重，气干密度0.78g/cm³，强度和韧性高。木材不易干燥，易翘裂，干缩略大。耐水湿，耐腐，耐磨。加工困难，切面光滑，胶合略难，油漆性能好，握钉力高。

用途：硬木家具、地板、车辆、船舶、胶合板、建筑、室内装饰、纺织器材、酒桶等。

30. 麻栎 *Quercus acutissima* 壳斗科 Fagaceae

别名：橡树、青冈、细皮栎。木材商品名麻栎。

产地：华东、中南、西南、华北。

识别特征：树皮暗灰色，不规则深纵裂，质硬，石细胞丰富。心边材区别明显，边材浅黄褐色；心材浅红褐色。生长轮明显，略呈波浪形。环孔材，早材带宽2~5个管孔；晚材管孔圆形，径列，壁厚，可区别于槲栎类多角形，壁薄。心材管孔内侵填体不明显。轴向薄壁组织离管细带状，环管状。木射线宽、窄两类，宽射线较窄，高，呈线形。主要显微特征：同柞木，射线同形单列及多列，偶异Ⅲ型。

材性：纹理直，结构粗。木材硬重，气干密度0.92g/cm³，强度大，耐腐，耐磨。干燥难，易径裂和翘曲。加工难，切面光滑。油漆、胶合性能好，握钉力强。

用途：家具、地板、车辆、船舶、建筑、室内装饰、纺织器材、工器具柄、运动器具等。

31. 水青冈 *Fagus longipetiolata* 壳斗科 Fagaceae

别名：长柄山毛榉、麻栎青冈、石灰木。木材商品名水青冈，又称山毛榉。市场误称红榉、白榉。而真正的榉树为榆科树种。

产地：鄂、川、滇、黔、湘、赣、桂、粤、闽、浙、皖、陕。

识别特征：树皮浅灰色，薄而光滑。心边材区别不明显，木材浅红褐色。生长轮明显，轮间呈深色带。散孔至半散孔材，晚材管孔小而少。轴向薄壁组织细弦线，扩大镜下可分辨。木射线有宽、窄两类，有中间类型的多列射线。主要显微特征：梯状穿孔，偶具网状；管间纹孔对列及梯状；异Ⅲ型射线。

材性：纹理直或斜，结构中，均匀。木材气干密度0.79g/cm³，强度中，韧性高。干缩差异大，干燥易翘裂，耐腐性差。切削不难，切面光滑，油漆、胶合性能好，握钉力强。

用途：高级家具、贴面单板、胶合板、地板、室内装修、乐器、船舶、车辆、运动器材、车旋用材等。

32. 枫香 *Liquidambar formosana* 金缕梅科 Hamamelidacea

别名：枫木、枫树、三角枫、路路通。木材商品名枫香。

产地：长江流域以南，直至台湾。

识别特征：幼树皮灰色平滑，老树皮灰黑色，深纵裂。心边材区别不明显，木材灰褐至灰红色，边材易蓝变色。生长轮不明显，散孔材、管孔多而小，均匀分布。轴向薄壁组织不见。木射线细，略密。横切面有时可见轴向受伤树胶道，呈现长弦线，含白色沉积物。主要显微特征：梯状穿孔，管间纹孔梯状及对列。异Ⅱ型射线，有时含菱晶。

材性：纹理交错，结构甚细，均匀。木材气干密度0.60g/cm³，质量、硬度、强度、干缩中等，干燥时易翘曲。易加工，切面欠光滑。油漆性能中，易胶合；握钉力较强，不易劈裂。

用途：家具、食品包装、纺织纱管、线轴、胶合板，昔日作房梁。

33. 核桃楸 *Juglaus mandshurica* 核桃科 Juglandaceae

别名：楸子木、胡桃楸、山核桃。木材商品名核桃木。

产地：东北各省及冀、陕。

识别特征：树皮暗灰色，交叉纵裂。心边材区别明显，边材较窄，浅黄褐色；心材浅褐至栗褐色。生长轮明显，半散孔材，管孔大小中等，管孔数由轮内侧向外侧减少，具侵填体。轴向薄壁组织离管切线状。木射线细。髓心分隔状。主要显微特征：网状薄壁组织宽1列；射线宽1~4列；同形单列及多列射线。

材性：纹理直或略斜，结构细，略均匀。木材略轻软，气干密度0.53g/cm³，强度、韧性中。干燥不易翘曲，干缩中。易加工，切面光滑，性耐腐。胶合、油漆性能好。

用途：家具、雕刻、细木工、室内装修、枪托、装饰贴面、胶合板等。

34. 核桃木 *Juglans regia* 核桃科 Juglandaceae

别名：胡桃。木材商品名核桃木。

产地：华北、西北、华中、华南、西南栽培。

识别特征：树皮较厚，浅灰色，具深槽纵裂；内皮纤维质，柔韧。心边材区别明显，边材浅黄褐色带灰；心材红褐略带紫黑，间有深色条纹，日久呈巧克力色。生长轮明显，半散孔材，单独或径、斜列复管孔，呈之字形排列。轴向薄壁组织离管切线状、轮界状。木射线细而多，径面具射线斑纹，髓心隔膜状。主要显微特征：同形射线，宽1~4列；木纤维具分隔。

材性：纹理直或斜，结构细，略均匀。木材气干密度0.68g/cm³，硬度、强度中，韧性高。干燥缓慢，干缩中，干后尺寸稳定。易加工，切面光滑，色泽美观。油漆、胶合性能良，握钉力佳。

用途：作枪托等军工用材；高级家具、乐器、雕刻、镶嵌、车旋及胶合板贴面等细木工用材。

35. 化香 *Platycarya strobilacea* 核桃科 Juglandaceae

别名：化果树、返香、山麻柳。木材商品名化香。

产地：华东、华中、华南、西南及陕、甘。

识别特征：树皮黄褐色至灰黑色，不规则浅纵裂。心边材区别明显，边材浅黄褐色至黄褐色；心材浅栗褐色至栗褐色。生长轮明显，环孔材。早材管孔数列，侵填体常见；晚材管孔斜列，略呈之字形。轴向薄壁组织离管带状、轮界状和傍管束状。木射线略细，小于管孔径。主要显微特征：具导管状管胞，螺纹加厚明显；异Ⅱ型稀异Ⅰ型射线，菱晶常见。

材性：纹理斜，结构细至中，不均匀。木材气干密度0.72g/cm³，硬度、强度中。不易干燥，干缩大，耐久性不强。易加工，切面光滑。油漆、胶合性能良，握钉力强。

用途：家具、胶合板、车厢、农具，木材密度小者作火柴、纤维原料。

36. 枫杨 *Pterocarya stenoptera* 核桃科 Juglandaceae

别名：麻柳、溪沟树、泛柳、元宝枫。木材商品名枫杨。

产地：长江流域及以南各省区；陕、甘、豫、鲁等省；华北、东北栽培。

识别特征：外皮灰褐色，浅裂；内皮黄白色。心边材区别不明显，木材褐色至灰白色。生长轮明显，宽，不匀。半散孔至散孔材，单管孔及复管孔斜列，略呈之字形。轴向薄壁组织呈断续切线状、轮界状。髓心隔膜状。主要显微特征：多列射线宽2列，稀3列，同形射线；切线状薄壁组织宽通常仅1个细胞。

材性：纹理交错，结构略细，略均匀。木材气干密度0.39g/cm³，材质轻软，强度低。干燥时易翘曲，干缩小，不耐久。切削容易、切面光滑，油漆、胶合性能良，握钉力弱。

用途：家具、胶合板、火柴、茶叶箱、包装箱、假肢、农用水车等。

37. 黄杞 *Engelhardtia roxburghiana* 核桃科 Juglandaceae

别名：山榉、黄久、黄皮皂、溪榉。木材商品名黄杞。

产地：粤、桂、台、湘、川、黔、滇。

识别特征：树皮暗灰褐色，纵裂。心边材区别不明显，木材浅灰褐色或浅灰红褐色，常具蓝变色杂斑。生长轮略明显，散孔至半散孔材，管孔略少，斜径列。轴向薄壁组织离管带状，呈断续弦线及傍管状。木射线细，略密。主要显微特征：单穿孔，稀梯状穿孔；多列射线宽2列，极少3列，异Ⅱ型射线。

材性：纹理斜，结构细，略均匀。木材气干密度0.57g/cm³，硬度、强度、韧性中。木材干燥不难，略翘曲，干缩小，不耐腐。易加工，切面光滑，油漆性能中，胶合性能良，握钉力中。

用途：门、窗、家具、胶合板、车厢及漆器木胎或脱胎漆器木模。

38. 香樟 *Cinnamomum camphora* 樟科 Lauraceae

别名：小叶樟、细叶樟、红樟、乌樟、樟树。木材商品名香樟。

产地：赣、闽、台、桂、粤、湘、皖、浙、鄂。

识别特征：树皮灰黄褐色，纵裂，石细胞层状排列，有持久的樟脑气味。心边材区别略明显，边材宽褐至灰褐色；心材浅红褐色。生长轮明显，轮末具深色纤维层。散孔至半散材，早材至晚材管孔渐小，径斜列，具侵填体。轴向薄壁组织傍管束状，轮末翼状。木射线细，径面可见斑纹。主要显微特征：射线和轴向薄壁组织具油细胞；射线主为2列，异Ⅱ、稀异Ⅲ型；木纤维具分隔。

材性：纹理交错，结构细。木材气干密度 0.54g/cm³，耐腐，抗虫。干燥时易翘裂，干缩小。易加工，切面光滑，油漆、胶合性能良，握钉力强。

用途：高级家具、衣箱、船舶、雕刻、木模、装饰薄木等。

39. 黄樟 *Cinnamomum porrectum* 樟科 Lauraceae

别名：大叶樟、油樟、香叶子树。木材商品名黄樟。

产地：粤、桂、赣、湘、黔、滇。

识别特征：外皮灰褐色，质软，裂沟宽而深，樟脑味强烈，但不持久。心边材区别略明显，边材窄；心材深红褐色。生长轮呈波浪形，散孔至半散孔材，管孔数少。轴向薄壁组织傍管束状明显。木射线细。主要显微特征：单穿孔兼有梯状穿孔；射线和轴间薄壁组织均具油细胞；主为2列的异Ⅱ型射线。

材性：本种较香樟质软，强度小，香气弱。纹理直，径面带状花纹不明显。木材气干密度 0.51g/cm³。余同香樟。

用途：同香樟。

40. 广东钓樟 *Lindera kwangtungensis* 樟科 Lauraceae

别名：山苍树、广东山胡椒、黄浪木。木材商品名钓樟。

产地：粤、琼、桂、黔、川、闽、赣。

识别特征：树皮灰白色，浅纵裂。心边材略明显，心材草褐或草绿色；边材黄褐色微红或灰红褐色，木材有光泽，湿材具药味。生长轮明显，轮界有深色带。散孔材管孔小，分布略均匀，散生或斜列，管孔内有时含黄色内含物。轴向薄壁组织傍管束状。木射线略细。主要显微特征：单穿孔及少数梯状穿孔；具分隔木纤维；多列射线2～3列，异Ⅱ及异Ⅲ型射线；轴向薄壁组织油细胞明显。

材性：纹理直，结构细，均匀。木材气干密度 0.68g/cm³，强度、硬度中。干燥易开裂，不变形，干缩中，耐久性强。易加工，切面光滑，油漆、胶合性能良，握钉力中。

用途：家具、室内装修、仪器箱盒、建筑、胶合板、车木、木雕等。

41. 大萼木姜子 *Litsea baviensis* 樟科 Lauraceae

别名：番椒槁、黄槁、毛丹。木材商品名木姜。

产地：粤、琼、桂、滇。

识别特征：树皮暗灰褐色，略粗糙。心边材区别不明显，木材黄绿、草绿或绿褐色，有光泽。生长轮略明显，轮界呈深色带。散孔材，管孔略少，大小一致，散生或斜列。轴向薄壁组织傍管束状、翼状。木射线细。主要显微特征：多为单穿孔，间或梯状穿孔。轴向薄壁组织油细胞常见。射线宽1～3列，异Ⅲ型。

材性：纹理直，结构细，均匀。木材轻软，气干密度 0.49g/cm³，强度低，不耐腐。易干燥，易加工，切面光滑。

油漆、胶合性能良，握钉力小。在本属中，心边材区别明显者及新木姜属树种Neolitsea两者均属乌心木姜类，密度材质均优于木姜类树种。

用途：胶合板、木模、包装、家具、农具等。

42. 润楠 *Machilus pingii* 樟科 Lauraceae

别名：毛楠、黑皮楠。木材商品名润楠。

产地：四川。

识别特征：树皮灰黑色，皮孔圆至椭圆形，树皮内石细胞多而明显，且有白色纤毛，可区别于桢楠属。心边材区别明显，边材灰褐或灰黄褐色；心材浅红褐色。生长轮明显，轮末具深色纤维层。散孔材，管孔略少，散生或斜列。轴向薄壁组织傍管束状。木射线细。主要显微特征：束状薄壁组织较厚可达5列，轴向薄壁细胞油细胞明显；单穿孔及少数梯状穿孔；多列射线宽2～3列，异Ⅱ及Ⅲ型射线。

材性：纹理斜或直，结构细而匀。木材略轻软，气干密度 0.57g/cm³。易干燥，干缩中。余同桢楠。

用途：略同桢楠。

43. 桢楠 *Phoebe zhennan* 樟科 Lauraceae

别名：楠木。木材商品名楠木。

产地：川、黔、鄂、滇、藏。

识别特征：树皮浅黄黄或浅灰褐色，平滑，具有明显褐色皮孔；内皮与木质部交界处有黑色环。心边材区别不明显，木材黄褐色带绿，有光泽。生长轮明显，宽度均匀。散孔材，管孔小而少，散生或斜列，具侵填体。轴向薄壁组织傍管束状。木射线细而稀。主要显微特征：单穿孔，偶具梯状穿孔。多列射线宽2～3列，异Ⅲ及Ⅱ型。木纤维具分隔。油细胞明显。

材性：纹理斜或交错，结构甚细，均匀。木材气干密度 0.61g/cm³，质量、硬度中。干缩小，干燥性良好。木材耐磨，易加工，切面光滑，油漆、胶合性能及握钉力均佳。该种为桢楠属中最佳树种，而桢楠属的树种一般优于润楠属树种。

用途：高级家具、雕刻、装饰等，适作造船、车辆、乐器、木模、箱盒、胶合板、车旋等用材。

44. 檫木 *Sassafras tzumu* 樟科 Lauraceae

别名：檫树、梓木、枫荷桂。木材商品名檫木。

产地：粤、滇、闽、赣、鄂、湘、黔、浙、川、皖、苏、桂、陕。

识别特征：树皮灰褐色，深纵裂，内皮红褐色，分层有香气。心边材区别明显，边材浅褐或浅黄褐色；心材栗褐色带红。生长轮明显，环孔材，早材带2～4列，侵填体丰富；晚材管孔斜弦列，呈短波浪状。轴向薄壁组织环管状和翼状。木射线细。髓心常呈空洞。主要显微特征：射线和轴向薄壁组织均具油细胞、射线宽1~3列，异Ⅲ及异Ⅱ型。

材性：纹理直，结构中至粗，不均匀。木材气干密度0.53g/cm³，质轻软。易干燥，少翘裂，耐腐、耐水湿。易切削，切面光滑。油漆、胶合性能好，握钉力中。

用途：船舶、家具、车厢、室内装饰、建筑等。

45. 鹅掌楸 *Liriodendron chinense* 木兰科 Magnoliaceae
别名：马褂木、遮阳树、鹅脚板。木材商品名鹅掌楸。
产地：长江流域以南各省区及西南。
识别特征：树皮厚，浅灰褐色，深纵裂。心边材区别略明显，边材黄白或浅红褐色；心材灰黄褐微带绿色，木材有光泽。生长轮略明显，轮间呈浅色线。散孔材，管孔略多，略小，大小一致，分布均匀，散生或斜列。轴向薄壁组织轮界状。木射线细，略稀。主要显微特征：梯状穿孔，管间纹孔对列-梯状。单列射线少，多列射线宽2~4列，异Ⅲ型，具少量油细胞。
材性：纹理交错，结构甚细，均匀。木材气干密度0.56g/cm³，强度低。干燥快而不开裂，干缩大，易变形，不耐腐。木材锯解易起毛，刨面光滑，径面带状花纹颇具装饰效果。油漆、胶合性能好，握钉力小。
用途：家具、室内装饰材料、胶合板、车厢材、包装材等。

46. 厚朴 *Magnolia officinalis* 木兰科 Magnoliceae
别名：油朴、赤朴。木材商品名木兰。
产地：鄂、桂、湘、赣、陕、黔、川、闽。
识别特征：树皮灰褐或灰紫褐色。心边材区别不明显，木材灰褐色，有光泽。生长轮略明显，轮界呈浅色细线，宽度略均匀。散孔材，管孔小而多。轴向薄壁组织轮界状，木射线细。主要显微特征：多为单穿孔，偶见梯状穿孔。本属其他种为梯状穿孔。管间纹孔对列和梯状。多列射线2~3列，异Ⅲ型射线，油细胞未见。
材性：纹理直，结构甚细，均匀。木材轻软，气干密度0.48g/cm³。易干燥，略有翘曲开裂，不耐腐。易加工，切面光滑，油漆、胶合性能良，握钉力弱。
用途：家具、车厢、门窗、玩具、雕刻、包装材等。

47. 木莲 *Manglietia fordiana* 木兰科 Magnoliaceae
别名：绿楠、龙兰、黑杞木。木材商品名木莲。
产地：赣、桂、湘、滇、浙、皖、粤、闽、黔。
识别特征：外皮薄，浅褐色，微纵裂，有凸出略大皮孔。心边材区别明显，边材浅黄色；心材小，浅黄褐色微绿。生长轮明显，均匀。散孔材，管孔略多，甚小，分布均匀。轴向薄壁组织轮界状。木射线少，略细，分布不均匀。主要显微特征：梯状穿孔模隔数少于10，管间纹孔梯形。射线宽1~3列，通常2列，异Ⅱ及Ⅲ型。
材性：纹理直，结构细而均匀。木材气干密度0.44g/cm³，材质轻，强度低。易干燥，干缩小。心材耐腐，易加工，切面光滑。油漆、胶合性能良，握钉力中。
用途：家具、箱盒、室内装饰、文具、木模等。

48. 毛苦梓 *Michelia balansae* 木兰科 Magnoliaceae
别名：绿楠、苦梓含笑。木材商品名白兰。
产地：粤、滇、桂、闽。
识别特征：树皮浅灰色，通常具灰白色块斑，浅纵裂。心边材区别明显，边材浅黄褐色；心材浅黄绿色。生长轮略明显，宽窄不匀。散孔材，管孔小而少。轴向薄壁组织轮界状。木射线细。主要显微构造：梯状穿孔；木射线1~3列，异Ⅱ及Ⅲ型。油细胞少见，本属其他种为常见。
材性：纹理直，结构甚细，均匀。木材气干密度0.63g/cm³，质量、硬度、强度中。干燥较难，速度缓慢，干缩大，心材耐腐。易加工，切面光滑，油漆、胶合性能好，握钉力强。
用途：家具、室内装修、车厢、建筑、胶合板、雕刻、车旋工艺等。

49. 苦楝 *Melia agedarach* 楝科 Meliaceae
别名：楝树、森木、楝枣。木材商品名楝木。
产地：华东、华北、华中、华南及川、滇、黔、甘等省。
识别特征：外皮薄，棕褐色，纵裂，锈色皮孔显著。髓心大，色白而柔软。心边材区别，边材浅黄色，甚窄；心材浅暗红褐色。生长轮明显，宽而不匀。环孔材，早材管孔带2~5列。含红褐色树胶；晚材管孔短径列或簇状，外部短斜列或弦列。轴向薄壁组织束状、翼状及聚翼状。木射线中。主要显微特征：小导管具螺纹加厚，链状结晶明显；木射线宽4~6列常见，异Ⅲ型。
材性：纹理斜，结构中，不均匀。木材气干密度0.54g/cm³，硬度、强度略低。干缩小，干燥性好，不易翘裂，心材较耐腐。易加工，切面光滑，油漆、胶合性能良，握钉力中。
用途：家具、胶合板、室内装饰、箱盒、农具、文体用品、包装材。

50. 香椿 *Toona sinensis* 楝科 Meliaceae
别名：椿树、通木、椿芽、通枣。木材商品名香椿。
产地：黄河、长江流域及浙、闽、粤、桂、黔、川、滇。
识别特征：树皮灰褐色，呈不规则长片状剥落。心边材区别明显，边材灰红褐色；心材红褐色。木材有光泽，具芳香味。生长轮明显，环孔材。早材带宽2~4列，含红色树胶；晚材管孔略少，小，散生。轴向薄壁组织傍管束状、轮界状。木射线略少，略细。主要显微特征：小导管螺纹加厚，射线宽1~5列，异Ⅲ型。

材性：纹理直，结构中，不均匀。木材气干密度0.59g/cm³，硬度、强度中。干燥良，干缩小，尺寸稳定，无缺陷，耐腐、抗虫性好。易加工，切面光滑，油漆、胶合性能好。

用途：高级家具、木模、室内装修、乐器、雕刻、文体、雪茄烟盒。

51. 红椿 *Toona sureni* 楝科 Meliaceae

别名：红楝子、赤昨工、桃花森。木材商品名红椿。

产地：川、鄂、滇、黔、闽、桂、粤。

识别特征：树皮灰褐色，小片状剥落。心边材区别明显，边材灰红褐色；心材深红褐色，木材具光泽，具较浓芳香味。生长轮明显，宽度略均匀。半散孔材，管孔数少，中至大，散生，含树胶及侵填体。轴向薄壁组织傍管束状和轮界状。木射线略稀，略细。主要显微特征：合生纹孔口；具链状结晶；射线宽1~6列；异Ⅲ型；轴向创伤树胶道弦列。

材性：纹理直，结构较粗，略均匀。木材气干密度0.48g/cm³，质轻软，硬度、强度低，干燥性良。易加工。光洁性略差。材质不如香椿，与小果香椿同属红椿类商品材。

用途：家具、文具、文体用品、室内装修等。

52. 合欢 *Albizia julibrissin* 含羞草科 Mimosaceae

别名：绒花树、马缨花、夜合槐。木材商品名合欢。

产地：华东、华南、西南及冀、豫、陕、辽、晋。

识别特征：外皮薄，棕褐色，微纵裂，长椭圆形皮孔。心边材区别极明显，边材浅黄褐色；心材栗褐或栗褐色带红。生长轮明显，宽窄不匀。环孔材、早材带宽3~6列；晚材管孔星散，轮末略呈弦列。轴向薄壁组织傍管束状、翼状及轮界状。木射线细。主要显微特征：管间纹孔附物型，常合生；具链状结晶；射线宽1~3列同形。

材性：纹理斜，结构粗，不均匀。木材气干密度0.57g/cm³，硬度、强度中，干缩小、耐腐。易加工，切面光滑，油漆、胶合性能良，握钉力强。本属商品材分三类，本种与小合欢归合欢类，木材密度和材质优于楹木类，而次于硬合欢类。硬合欢类更适于作家具材。

用途：农具、家具、日常用具、细木工、工具柄。

53. 水曲柳 *Fraxinus mandshurica* 木樨科 Oleaceae

别名：秦皮、水曲吕木。木材商品名水曲柳。

产地：东北、华北、陕。

识别特征：树皮灰白色微黄，皮沟纺锤形；内皮浅黄色，味苦，干后浅驼色，水溶液绿蓝色。心边材区别明显，边材窄，黄白色；心材褐色，略黄。生长轮明显，环孔材。早材带管孔数列，含侵填体；晚材管孔星散或略呈短斜线。轴向薄壁组织傍管束状，晚材部位聚翼状。木射线细。主要显微特征：木射线宽1~3列，单列少，同形射线。

材性：纹理直，结构粗。木材气干密度0.69g/cm³，材质略硬重，质坚韧。干燥不易，干缩性大，木材耐水、耐腐、耐磨。易加工，切面光滑，油漆、胶合性能好，握钉力强。

用途：胶合板、家具、室内装修、嵌木地板、运动器械、车辆、船舶、乐器等。

54. 女贞树 *Ligustrum lucidum* 木樨科 Oleaceae

别名：蜡树、大叶女贞、水蜡树、虫树。木材商品名女贞。

产地：长江流域以南及黔、甘、陕。

识别特征：树皮幼时灰绿色，老龄灰黑褐色，粗糙。心边材区别不明显，木材浅黄褐至黄褐色，有光泽。生长轮略明显，半散孔材管孔小而多。轴向薄壁组织肉眼下不见。木射线宽度中、多。主要显微特征：导管螺纹加厚明显；具环管管胞；分隔木纤维；多列射线宽2~3列，具菱形晶体，异Ⅱ型射线。

材性：纹理直或斜，结构甚细，略均匀。木材气干密度0.66g/cm³，硬度、强度中。木材干燥不难，干缩小，易切削，切面光滑，车旋、油漆、胶合性能好，握钉力中。

用途：车旋、雕刻、建筑、家具、车木、器具用材。

55. 白腊树 *Fraxinus Chinensis* 木樨科 Oleaceae

别名：白腊条、腊条、白荆树、楸，木材商品名白腊木。

产地：黄河、长江流域及桂、闽、粤、吉、陕、辽等省区。

识别特征：树皮灰黄色，细纹裂，具不明显的锈色皮孔。心边材区别不明显，木材黄褐色至浅褐色。生长轮明显，环孔材(四川)或半环孔材(广东)。早材带管孔1~2列；晚材管孔略少，散生或斜列。轴向薄壁组织傍管束状及轮界状。木射线细至中。主要显微构造：单列射线甚少，多列射线宽2~4列，同形射线。

材性：纹理直，结构略细，略均匀。木材气干密度0.66g/cm³，强度中，韧性高。干燥宜缓慢，易翘曲和内裂。易加工，切面光滑，耐磨损。油漆、胶合及握钉力佳。

用途：四川人工栽培，树枝放养白蜡虫，取白蜡；枝条柔韧，用于编织器具。木材作胶合板、家具、门、楼梯扶手及弯曲部件、船舶、车厢、乐器和运动器具等。

56. 桂花树 *Osmanthus fragraus* 木樨科 Oleaceae

别名：木犀、桂花。木材商品名木犀。

产地：西南及黄河、长江流域以南各省区。

识别特征：树皮灰色至暗灰色，不规则纵裂。心边材不分，木材黄褐色或栗褐色微红。生长轮略明显，轮界常呈浅色线。交叉孔材，管孔小，大小一致，成斜之字形或树枝状分布。轴向薄壁组织轮界状、带状及傍管状。木射线极细。主要显微特征：导管螺纹加厚明显；具环管管胞；

单列射线少，多列射线宽 2~3 列，常 2 列，异 II、稀异 III 型射线。

材性：纹理斜，结构甚细而均匀。木材气干密度 0.97g/cm³，甚硬重，强度大，耐腐。干燥缓慢，干缩大。加工难，切面光滑，纵切面管孔呈浅色花纹甚美丽。油漆、胶合、握钉力均佳。

用途：高级家具、地板、装饰材、工艺美术、乐器、玩具等。

57. 山龙眼 *Helicia* spp. 山龙眼科 Proteaceae

别名：羊屎果、黑灰树、越南山龙眼、小叶山龙眼。木材商品名山龙眼。

产地：我国长江流域以南及滇、台、粤、琼等；国外越南、日本均有分布。

识别特征：树皮薄，质硬，灰褐色，微纵裂，皮底有棱。心边材区别略明显，边材灰黄褐色；心材灰红褐色。生长轮不明显，切线孔材。管孔呈花彩状弦列，宽 1~2 管孔。轴向薄壁组织远轴单侧环管带状，细而密。木射线具宽、细两类，细射线少，径面宽射线斑纹明显。主要显微特征：导管螺纹加厚明显；仅单列射线和宽射线，后者宽可达 20 列，异 II 型射线。

材性：纹理直，结构略粗，略均匀。木材气干密度 0.63g/cm³，木材不耐腐。干燥宜慢，干缩大，易开裂变形。易加工，切面略光滑，径面和弦面射线花纹均美观。油漆和胶合性能好，握钉力中。

用途：家具、细木工、室内装修材、农器具。

58. 银桦 *Gervillea robusta* 山龙眼科 Proteaceae

别名：银橡树。木材商品名银桦。

产地：原产大洋洲，我国粤、滇、川、闽、桂、浙、台栽培。

识别特征：树皮暗黑褐色，纵裂，皮底有棱。心边材欠明显，边材黄褐色；心材红褐色。生长轮不明显，切线孔材。管孔呈花彩状弦列。轴向薄壁组织为远轴单侧傍管带状。木射线具宽、细两类，细射线多。主要显微特征：细射线宽 1~4 列，宽射线极宽，异 III 型射线；导管壁通常无螺纹加厚。

材性：纹理直，结构粗，均匀。木材气干密度 0.54g/cm³，质略软。干燥宜慢，边材易蓝变和虫蛀。易加工，刨面欠光滑，径面似栎木般的射线斑纹非常美观，油漆、胶合性能好，握钉力低。

用途：胶合板、装饰贴面、家具、箱盒、室内装饰材等。

59. 大叶樱 *Prunus macrophylla* 蔷薇科 Rosaceae

别名：光皮树。木材商品名野樱，俗称樱桃木。

产地：粤、桂、闽、川、陕、台等。

识别特征：树皮红褐色，具灰白色斑纹，呈不规则片状剥落，有杏仁味。心边材区别不明显，木材红褐至浅紫红褐色。生长轮略明显，轮间呈深色带，散孔至半散孔材。管孔略小，由内向外有渐小趋势，斜列或径列。轴向薄壁组织傍管状、轮界状及短切线状。木射线略密。主要显微特征：导管螺纹加厚明显；射线宽 1~7 列，多列射线通常为 3~5 列，异 II 型射线。

材性：纹理斜，结构细，均匀。木材气干密度 0.63g/cm³，略硬重。干缩大，易翘裂。易加工，切面光滑，车旋、油漆、胶合性能均优，握钉力强。

用途：木材细致、材色高雅。家具、地板、雕刻、车旋、乐器、箱盒、工艺品、印刷木板等用材。

60. 药乌檀 *Nauclea officinalis* 茜草科 Rubiaceae

别名：乌檀、胆木、黄胆。木材商品名黄胆。

产地：粤、桂。

识别特征：外皮灰白色，内皮鲜黄色，味苦。心边材区别不明显，木材鲜黄色，久则转深黄色。生长轮略明显，轮间呈深色带。散孔材，管孔略少，分布不匀，斜列或径列。轴向薄壁组织稀少，短弦线。木射线细，略密。主要显微特征：导管具螺纹加厚，附物纹孔；多列射线宽 2~3 列，异 I 型射线。

材性：纹理略交错，结构略细，均匀。木材气干密度 0.52g/cm³，质轻软。易干燥，干缩小，尺寸稳定，心材耐腐。易加工，切面光滑，油漆、胶合性能好，握钉力弱。

用途：材色鲜黄美观，适宜作家具、胶合板、室内装饰、箱盒、雕刻、车旋等。

61. 楝叶吴茱萸 *Evodia meliaefolia* 芸香科 Rutaceae

别名：山苦楝、秤星材。木材商品名吴茱萸。

产地：滇、粤、桂、闽、台、陕。越南、菲律宾也产。

识别特征：树皮暗灰或灰褐色，皮孔扁圆形或横向裂开凸出。心边材区别明显，边材浅黄褐色，易蓝变；心材深黄褐或栗褐色，微具辛辣味。生长轮明显，半环孔材。管孔由轮内向外逐渐变小，在外部成簇集状。轴向薄壁组织轮界状、傍管状。木射线细，稀少。主要显微特征：小导管具螺纹加厚；链状结晶；同形至异 III 型射线，多列射线多数宽 3~7 列。

材性：纹理直或斜，结构中，略均匀。木材气干密度 0.47g/cm³，边材易变色。易干燥，少开裂，干缩小。易加工，切面光滑，油漆、胶合性能好，握钉力弱。

用途：家具、车厢、地板、胶合板、包装箱、木模、建筑用材等。

62. 黄波罗 *Phellodendron amurense* 芸香科 Rutaceae

别名：黄檗、黄柄南木、黄罗。木材商品名黄波罗。

产地：大小兴安岭、长白山及华北。

识别特征：树皮灰白至灰褐色，木栓层发达，内皮黄色味苦。心边材区别明显，边材浅黄褐色；心材栗褐色。生长轮明显，环孔材。早材带管孔宽1~3列，含树胶；晚材管孔甚小，簇集，分布不均匀，在外部呈斜列或波浪形。轴向薄壁组织傍管状、轮界状。木射线甚少、细。主要显微特征：导管具螺纹加厚；多列射线宽2~5列，同形、稀异Ⅲ型；具链状结晶。

材性：纹理直、结构中、不均匀。木材气干密度0.45g/cm³，质轻。易干燥，干缩小，不易翘裂。易加工，加工面光滑，油漆、胶合性能好，钉钉不劈裂。

用途：家具、船舶、车厢、胶合板、枪托和室内装饰材。

63. 毛白杨 *Populus tomentosa* 杨柳科 Salicaceae

别名：大叶杨。木材商品名杨木。

产地：西北、华北、华东及辽宁。

识别特征：外皮青白至灰白色，光滑有白粉，老龄变暗，具菱形皮孔，质坚，内皮黄褐色。心边材区别不明显，木材浅黄褐色。生长轮略明显，散孔材，具轮界状薄壁组织构成浅色细线。管孔多而小，肉眼下不见。木射线甚细，肉眼下不见。主要显微特征：同形单列射线，常含胶质木纤维。

材性：纹理直，结构细而均匀。木材气干密度0.53g/cm³，质轻软。易干燥，不翘曲，耐久性差。具应拉木胶质纤维，锯解时易夹锯，旋切、刨切困难，易起毛，胶合、油漆性能中。

用途：本种为杨属中木材力学强度最高的树种，可作建筑材、家具、胶合板、食品包装箱、火柴、造纸原料等。

64. 大青杨 *Populus ussuriensis* 杨柳科 Salicaceae

别名：幌测力南(朝语)。木材商品名杨木。

产地：小兴安岭、长白山。

识别特征：树皮暗灰褐色，内层橙黄色，交叉纵裂，沟深，皮层坚硬；内皮浅黄色至粉黄色。心边材区别不明显，木材奶黄色至浅驼色。生长轮略明显，轮界具浅色细线。散孔材，管孔小。具轮界状薄壁组织。木射线甚细，肉眼下不见。主要显微特征：同形单列射线，胶质木纤维明显。

材性：本种木材气干密度0.39g/cm³，在东北林区与香杨(*P.koreana*)(木材气干密度0.42g/cm³)在生产和使用上不分，统称为大青杨。木材密度和强度远低于毛白杨，材性略同杨属其他树种。

用途：除不能用作建筑材外，余同毛白杨。

65. 毛泡桐 *Paulownia tomentosa* 玄参科 Scrophularicee

别名：水桐树、紫花泡桐。木材商品名泡桐。

产地：豫、冀、鲁、皖、赣、苏、浙、辽。

识别特征：树皮暗灰色，平滑，皮孔显著。心边材区别不明显，木材浅灰褐色。生长轮明显，极宽，环孔材。早材带宽2~3列，侵填体明显；晚材管孔散生，轮末呈切线状。轴向薄壁组织翼状、聚翼状，木射线略细，髓心大而中空。主要显微特征：多列射线宽2~3列，同形射线。

材性：纹理直或斜，结构粗，不均匀。木材气干密度0.28g/cm³，耐火、耐腐、耐水湿。易干燥，干燥后尺寸稳定，不翘裂。易加工，刨面光滑，油漆、胶合性能好，握钉力弱。

用途：家具、室内装饰、乐器、胶合板、贴面薄木、模型、箱柜、食品包装箱等。

66. 槭叶悬铃木 *Platanus acerifolia* 悬铃木科 Platana

别名：英国梧桐、二球悬铃木。木材商品名悬铃木。

产地：原产欧洲，我国各地城市栽培。

识别特征：树皮深灰或青灰白色(脱皮处)，纵横开裂成长方形或方形，呈不规则大片状脱落。心边材区别不明显，木材黄白至浅灰红褐色，有光泽。生长轮明显，宽度不匀。散孔至半散孔材，管孔小。轴向薄壁组织不见。木射线稀，细至略宽。主要显微特征：梯状穿孔和单穿孔；多列射线宽2~12列，同形偶异Ⅲ型，含菱晶。

材性：纹理交错，结构中。木材气干密度0.70g/cm³，略重。干燥较困难，速度缓慢，易翘裂，不耐腐。易锯解、旋切，切面光滑，径面有美丽的射线斑纹，油漆、胶合性能好，握钉力中。

用途：家具、胶合板、室内装饰、薄木贴面、箱盒及包装材料。

67. 荷木 *Schima superba* 山茶科 Theaceae

别名：荷树、木荷、拐木。木材商品名荷木。

产地：赣、闽、湘、粤、桂、台、浙、黔、皖。

识别特征：外皮灰褐色至黑褐色，不规则剥落；内皮棕红色，含草酸盐结晶，针状结晶使皮肤过敏。心边材区别不明显，木材浅黄褐至浅红褐色。生长轮明显，轮间具深色纤维层。散孔材，管孔甚多而小。轴向薄壁组织不见。木射线细，略密。主要显微特征：导管梯状穿孔，梯形纹孔；射线宽1~2列，异Ⅱ稀异Ⅰ型。轴向薄壁组织星散至短切线，具菱晶。

材性：纹理斜，结构甚细，均匀。木材气干密度0.61g/cm³，易干燥，易翘裂，稍耐腐。易加工，切面光滑，油漆、胶合性能好，握钉力中。

用途：家具、胶合板、车旋材、茶叶箱、车辆、船舶、农具、文体、军工用材。

68. 厚皮香 *Ternstroemia gymnanthera* 山茶科 Theaceae

别名：秤杆木、秤杆红、猪血柴。木材商品名厚皮香。

产地：川、湘、鄂、赣、滇、黔、粤、琼、桂、闽、台。

识别特征：树皮暗灰褐色，光滑；内皮灰红色，块状脱落。心边材区别不明显至略明显，木材红褐色，边材略浅。生长轮不明显至略明显，散孔材。管孔甚多，小、均匀分布。轴向薄壁组织不见。木射线细，略密。主要显微特征：导管梯状穿孔，对列及梯状纹孔，尾部具螺纹加厚；多列射线2～4列，异Ⅱ型射线。

材性：纹理直，结构甚细，均匀。木材气干密度0.72g/cm³，质硬重。干燥易翘曲，干缩大。切削不难，切面光滑，油漆、胶合性能好，握钉力中。

用途：家具、地板、雕刻、车旋、装饰品、玩具、仪器箱盒、建筑、车辆、胶合板。

69. 紫椴 *Tilia armurensis* 椴树科 Tiliaceae

别名：籽椴、小叶椴、椴树。木材商品名椴木。

产地：小兴安岭、长白山、冀、晋、豫、鲁。

识别特征：树皮灰黄色，平滑，浅纵裂；因皮厚粉黄色。心边材区别不明显，木材浅黄褐色，有光泽，略具腻子味。生长轮略明显，散孔材，管孔小，数多，径斜列或散生。轴向薄壁组织轮界状。木射线稀，略细，弦面有时可见波痕。主要显微特征：导管具螺纹加厚；射线宽1～4列，同形，稀异Ⅱ型射线；星散—聚合型薄壁组织。

材性：纹理直，结构甚细，均匀。木材气干密度0.49g/cm³，质轻软，不耐腐。干燥快，干后尺寸稳定。易加工，切面光滑，油漆性能中，易胶合，握钉力弱。

用途：胶合板、铅笔、火柴、包装箱、雕刻、蜂箱等。

70. 春榆 *Ulmus davidiana* var. *japonica* 榆科 Ulmaceae

别名：白皮榆。木材商品名榆木。

产地：东北、华北、西北。

识别特征：树皮浅灰褐色，老时灰白色，因常披白粉故称白皮榆。心边材区别略明显，边材浅黄褐色，心材浅栗褐色。生长轮明显，环孔材。早材带宽1～3列管孔，晚材管孔小，呈弦向带或波浪状排列。轴向薄壁组织傍管状与管孔一起成弦向带。木射线略稀，宽度中，径面射线斑纹明显，主要显微特征：具导管状管胞；小导管具螺纹加厚；射线宽1～6列，同形。

材性：纹理直，结构中，不均匀。木材气干密度0.59g/cm³，干燥困难，易翘裂。易加工，切面光滑，弦面与水曲柳一样，具抛物线花纹，油漆性能良。

用途：家具、室内装饰、弯曲木、车辆、船舶、胶合板等。

71. 榔榆 *Ulmus parviflera* 榆科 Ulmaceae

别名：掉皮榆、秋榆、榔树、鸡公桐。木材商品名榔榆。

产地：华东、中南及冀、陕、川、黔。

识别特征：树皮褐色，不规则鳞片状剥落，水浸液具粘性。心边材区别明显，边材窄，浅褐色，木材红褐至暗红褐色。生长轮明显，环孔材。早材带宽1～4列管孔；晚材管孔呈弦向带或波浪形。轴向薄壁组织傍管状，与晚材管孔相连呈波浪形。木射线略稀，细至中。主要显微构造：具导管状管胞；与小导管一样具螺纹加厚；射线宽1～7列，同形；链状结晶较短。

材性：纹理直或斜，结构中，不均匀。木材气干密度0.90g/cm³，较榆木属其他树种硬重。干燥困难，易翘裂。加工略难，切面光滑，油漆、胶合性能好，握钉力强。

用途：农具、车辆、曲木家具、地板、工器具及建筑等。

72. 榉树 *Zelkova schneideriana* 榆科 Ulmaceae

别名：血榉、红榉、大叶榉。木材商品名榉木。

产地：秦岭、淮河流域、长江流域中下游及粤、闽、桂、滇、黔。

识别特征：树皮灰褐色带暗红，平滑而不裂，皮孔显著。心边材区别明显，边材宽，黄褐色；心材栗褐色或红褐色，后者俗名血榉。生长明显，环孔材。早材带宽常2～3列，多达5列；光叶榉（*Z.serrata*）常仅1列；晚材管孔呈弦向带或波浪形。轴向薄壁组织傍管状，与晚材管孔相连，呈波浪形。木射线稀，细至略宽。主要显微特征：具导管状管胞，与小导管一样，具螺纹加厚；多数射线宽8～12细胞，异Ⅲ型和同形；具鞘状细胞和菱晶。

材性：纹理直，结构中，不均匀。木材气干密度0.79g/cm³，质硬重，干缩大，花纹美丽，光泽性强。加工不难，切面光滑，油漆、胶合性能好，握钉力强。

用途：高级家具、装饰、船舶、车辆、纺织、乐器等。在江、浙一带为明清家具民间主要用材，在日本作为神树、宫殿建筑和日本大鼓的主要用材。

1.3.2 进口木材

1. 柚木 *Tectona grandis* 马鞭草科 Verbenceae

商品名：迪克（Teck）、梯克（Teak）、迪卡（Teca）。

产地：印度中部、南部、缅甸、泰国、越南等地分布。印尼、非洲西部、热带美洲及我国台、琼、粤、滇、桂等地均有栽培。

识别特征：心边材区别明显，心材新鲜时金黄色，日久转深呈浅褐、褐至暗褐色。生长轮明显，环孔至半环孔材，管孔内具白色或褐色沉积物。轴向薄壁组织环管状和轮界状。木射线细。木材有油性感，略有皮革气味。主要显微特征：具分隔木纤维；木射线宽1～5列，同形，稀异Ⅲ型射线。

材性：为世界装饰名材，花纹自然，色泽美观，切面光滑，木材含天然油质，胀缩性小，不变形。木材耐腐、抗虫、耐酸、耐磨等天然耐久性好。木材气干密度0.60g/cm³，强重比高。干燥性能良好，易加工，胶合、油漆和上蜡性能良好，握钉力佳。

用途：高级家具、地板、室内装饰、薄木贴面、木模、乐器、船舶。

假冒树种：国产树种有檫木(*Sassafras tzumu*)、山槐(*Maackia*)、桑木(*Morus*)。进口材有梢木(*Shorea*)、克隆(*Dipterocarpus*)；桉树(*Eucalyptus*)称澳洲柚；白兰(*Michelia*)称金丝柚；蚬木(*Excentrodendror*)称越南柚；陆均松(*Dacrydium*)称金边柚；台湾相思木(*Acacia richij*)称相思柚。

2. 桃花心木 *Swietenia* spp. 楝科 Meliaceae

商品名：麦荷根（Mahogany）。

产地：原产热带美洲。菲律宾、印尼、斐济和越南先后引种栽培。我国南方各地也有栽培，生长良好。

识别特征：树皮红至褐色，呈鳞片状。心边材区别明显，边材白至浅黄色；心材浅红褐色至红褐色。生长轮略明显，散孔材。管孔单独，或2～3径向复管孔，管孔内含红色树胶及白色沉积物。环管状和轮界状薄壁组织。木射线略细，叠生，弦面能见波痕。主要显微特征：具轴向树胶道；分隔木纤维；木射线宽1～5列，异Ⅲ和异Ⅱ型射线。

材性：木材材色悦目，纹理交错，径面具带状花纹。材质适中，结构均匀，干缩小，尺寸稳定，为世界装饰名材。木材气干密度0.6～0.8g/cm³，易加工，切面光滑、胶合、油漆和钉着性能均优。

用途：高级家具、室内装饰、镶嵌板、乐器、木模、车旋、雕刻、箱柜等。

假冒树种：真正桃花心木为桃花心木属树种，有7～8种，主要有桃花心木(*S.mahogani*)，大叶桃花心木(*S.macrophylla*)。广义的桃花心木可包括楝科卡雅楝属(*Khaya*)和非洲楝属(*Entandrophragma*)的树种。前者称非洲桃花心木，后者代表树种为色皮（*Saple*）和色比利（*Sapelli*）。市场名巴西桃花心木为玉蕊属(*Cariniana*)和加蓬桃花心木为粤堪美榄属(*Aucomea*)，菲律宾桃花心木是红柳桉(*Shorea*)，中国桃花心木是香椿属(*Toona*)的树种。

3. 黑核桃木 *Juglans nigra* 核桃科 Juglandaceae

商品名：美洲黑核桃（America black walnut）。

产地：美国、加拿大东部。

识别特征：心边材区别明显，边材宽，浅黄褐带灰；心材红褐至黑褐色，略带紫色，间有深色或浅色条纹，日久呈巧克力色。生长轮明显，半散孔材，管孔间轮末有渐少渐小的趋势。轴向薄壁组织离管切线状。木射线细至略细。主要显微特征：多列射线宽2～5列，同形，偶异Ⅲ型射线。

材性：木材浅黑褐色带紫，材色悦目、雅致；径面具黑褐色条纹；具树瘤等奇特花纹，装饰价值极高，为世界装饰名材。木材气干密度0.62g/cm³，软硬适中，尺寸稳定，冲击韧性好，加工性质良。

用途：高级家具、装饰薄木、乐器、枪托、装饰箱盒等。

假冒树种：有称非洲核桃木的虎斑楝(*Lovoa trichilioides*)；澳洲核桃木的昆士兰土楠(*Endinodra palmerstoni*)；巴西核桃木的巴西楠(*Phoebe porosa*)；东印度核桃木的大叶合欢(*Albizzia lebbek*)；墨西哥核桃木的环果象耳豆(*Enterolobium cyclocarpum*)；菲律宾和几内亚核桃木的人面子属(*Dracontomelondao*)；洪都拉斯核桃木的黑毒漆木(*Metopium brownii*)；称红核桃和黄核桃的为琼楠属(*Beilschmiedia*)的树种。

核桃木应为核桃属的树种，该属约有15种，以黑核桃为最有名。我国有4种：核桃木(*J.regia*)、野核桃(*J.cathayensis*)、麻核桃(*J.sigillata*)和核桃楸(*J.mandshurica*)。其中核桃木的密度与强度最大，作为商品材核桃楸最常见。

4. 古夷苏木 *Guibourtia* spp. 苏木科 Caesalpiniaceae

商品名：卜宾佳（Bubinga）、凯娃津戈（Kevazingo）。

产地：热带非洲、热带美洲。

识别特征：树皮浅茶色至红褐色，外皮呈圆形小鳞片状脱落。心边材区别明显，边材白色，厚5～7cm，心材桃褐至红色，具紫色条纹。生长轮略明显，散孔材，单管孔和2～4径列复管孔，管孔内含红色树胶。束状、短翼状及轮界状薄壁组织。木射线细，径面能见射线斑纹。主要显微特征：射线宽1～4列，同形射线；具链状结晶。

材性：木材桃色至红褐色并带有紫色不规则条纹，材色高雅而富于变化。纹理直，结构细而均，木材气干密度0.80～0.95g/cm³，材质致密硬重，强度大，并具相当弹性。干燥宜缓慢，干缩中等，干后尺寸稳定。加工不难，易刨削，切面光滑，并具良好光泽，涂装和胶合性能良好。

用途：高级家具、装饰薄木、地板、天花板、墙裙等室内装饰材，琴弓、台球棒、工艺雕刻、镜框、相架等细木工制品。在欧洲作为高档家具和装饰用材早已享有盛誉；在日本选作为唐木用材；在我国作为红木工艺用材，并称巴西花梨木。虽材质不逊于花梨木，但它不属于花梨。

本属美洲有4种，非洲有11种。产巴西的琴弓苏木(*G.echinata*)是举世公认制琴弓最好的材料。商品名卜宾佳者产非洲，主要有特氏古夷苏木(*G.tessmannii*)、佩尔古夷苏木(*G.pellegriniana*)和德米古夷苏木(*G.demeusei*)。本属尚有爱里古夷苏木(*G.ehie*)，心材为黑褐至灰黄色；阿诺古夷苏木(*G.arnoldiana*)，心材为黄褐至灰黄色，两者材色有别于卜宾佳。木材密度佩尔略高于特氏，两者一般均高于德米，德米木材密度变异较大。

5. 印茄 *Intsia* spp. 苏木科 Caesalpiniaceae

商品名：波罗格(中国)、梅包(Merbau)(印尼、马来西亚)。

产地：菲律宾、泰国、缅甸、马来西亚、印尼、新几内亚、索罗门、斐济。

识别特征：心边材区别明显，边材白色至浅黄色；心材褐色至暗红褐色。生长轮明显，散孔材、管孔数少，管孔内含黄色沉积物。轴向薄壁组织翼状，少数聚翼状及轮界状。木射细略稀，细。主要显微特征：具附物纹孔；链状结晶；射线宽1~3列，同形。

材性：纹理交错，径面具带状花纹，结构中，均匀。木材气干密度0.8~0.94g/cm³，材质硬重，木材耐腐。干燥性能良好，干燥速度慢，干缩小，锯刨困难，易沾树胶；车旋、油漆、胶合性能好，钉钉易裂。

用途：高级家具、车辆、造船、细木工、拼花地板、刨切薄木、室内装修、雕刻。

本属有9种，常见树种有帕利印茄（I.Palembanica）、印茄（I.bijuga）和微凹印茄（I.retusa）等。国内有进口用作红木工艺的高级家具及地板。

6. 缅茄 *Afzelia africana*. 苏木科 Caesalpinoideae

商品名：道塞（Doussia)(科特迪瓦、喀麦隆）、阿菲泽利亚（Afzelia)(利比里亚）、库克帕利克（Kukpalik)(加纳）、阿林嘎（Alinga)(尼日利亚）、博伦古（Bolengu)(扎伊尔、刚果）。

产地：主产西非至中非广大地区。本属有30种，热带亚洲地产。非洲常见商品材为该种。

识别特征：心边材区别明显，边材浅黄白色，心材红褐色。生长轮略明显，界以轮界状薄壁组织。散孔材，管孔大小中等，数少，斜列。轴向薄壁组织翼状、聚翼状及轮界状。木射线窄，略密。主要显微特征：具附物纹孔，链状结晶；射线宽1~3列，同形。

材性：木材纹理交错，结构细，略均匀。木材气干密度0.83g/cm³，硬重，强度大，耐腐性强，抗白蚁。干缩小，干燥性能良好，锯、刨等加工性能中等，加工面光滑，钉钉难，握钉力强，胶合性和耐候性强。

用途：高级家具、地板、室内装修、刨切单板、造船及房屋建筑。

7. 葱叶铁木豆 *Swartzia fistuloides*
苏木科 Caesalpiniaceae

商品名：潘罗萨（Pao Rosa)(刚果、扎伊尔）、博托（Boto）(科特迪瓦）、阿克特（Akite)(尼日利亚）、阿翁（Awong)(加蓬）、地纳（Dina）。

产地：本属有100种，产热带美洲和非洲。非洲常见商品材有马达加斯加铁木豆（S.madagascariensis）及本种。本种分布从科特迪瓦、加纳、尼日利亚、喀麦隆、加蓬到刚果等地的热带雨林中。

识别特征：心边材区别明显，边材浅褐色，心材红褐色，日久呈紫褐色，具深浅相间条纹。生长轮不明显，散孔材。管孔中等大小，数略少，管孔内具白色沉积物。傍管带状和环管状。木射线略密，甚窄。弦面波痕明显，主要显微特征：各类组织均叠生排列；多列射线宽2细胞，同形单列及多列；带状薄壁组织明显，具分枝。

材性：纹理交错，结构细，略均匀。木材气干密度1.04g/cm³，硬重，强度高。干燥易产生面裂和端裂，干缩中，木材耐腐、抗虫。加工困难，因交错纹理刨面欠光滑。胶合性能良，钉钉困难，握钉力强。

用途：高级家具、地板、雕刻、乐器、车旋制品、造船和房屋建筑。

8. 摘亚木 *Dialium* spp. 苏木科 Caesalpiniceae

商品名：左阿依（Xoay)(越）、克拉老（Kralanh)(柬）、克然吉（Keranji)(沙、印）。

产地：本属有40余种，分布于美洲热带、非洲热带、马达加斯加和东南亚地区。东南亚常见商品材有越南摘亚木（D.cochinchinensis）、摘亚木（D.indum）和阔萼摘亚木（D.platysepalum）等数种。

识别特征：心边材区别明显，边材浅黄色，心材浅红褐，褐色至紫红褐色。生长轮不明显，散孔材。管孔单独及稀径列复管孔，数少，内含白色或浅色沉积物。轴向薄壁组织规则带状和环管状。木射线窄，略密，弦面波痕可见。主要显微特征：各类组织叠生排列，轴向薄壁组织单侧傍管带状。射线宽1~3列，同形，长链状结晶明显。

材性：纹理交错，结构细я而匀。木材气干密度0.92-1.10g/cm³。甚硬重，强度和韧性极高。干缩大，易出现面裂和端裂。木材耐腐、抗虫。生材锯解不难，加工面光滑，刨面欠光滑，旋切性能良好，胶合性能中。

用途：高级家具、室内装修、刨切装饰单板、农业机械、房屋建筑及造船用材。

9. 甘巴豆 *Koompassia* spp. 苏木科 Caesalpiniceae

商品名：门格里斯（Mengaris)(印、沙、沙捞），康巴斯（Kempas)(沙），通（Thong)(泰）。

产地：本属有4种，产马来半岛、婆罗洲及新几内亚等地。常见商品材有大甘巴豆（K.excclsa）和马来甘巴豆（K.malaccensis）。

识别特征：心边材区别明显。边材灰白至浅黄色；心材大甘巴豆为栗褐色，马来甘巴豆为桔红色。生长轮略明显，界以轮界状薄壁组织。散孔材，单独及径列复管孔，数少，略大。轴向薄壁组织大甘巴豆主为聚翼状、带状；马来甘巴豆主为翼状；此外尚具轮界状。木射线中，弦面可见波痕。有时可见同心式内含韧皮部。主要显微特征：各类组织叠生排列；单列射线少，多列射线宽2~5细胞，异Ⅱ、异Ⅲ型射线；链状结晶明显。

材性：纹理交错，结构粗，均匀。木材气干密度0.76~0.90g/cm³，质硬重，强度高。木材干燥性能良好，干缩小，略耐腐，易受虫害。锯、刨、车旋性能中，油漆、胶合、染色性能良好。木材微酸性，易腐蚀金属。

用途：家具、地板、车辆、造船及房屋建筑等。具带状纹理，可制旋切单板及胶合板。

10. 木荚豆 *Xylia* spp. 含羞草科 Mimosaceae

商品名：品卡托（Pyinkodo）(缅)，卡妞贼（Camxe）(柬、泰、越)，依茹尔（Irul）(印)，邓（Deng）(泰)。

产地：本属有12种，产热带亚洲、非洲及马达加斯加。亚洲常见商品材为木荚豆（*X.xylocarpa*）。

识别特征：心边材区别明显，边材浅红白色，心材红褐色，具深色带状条纹。生长轮明显，界以轮界状薄壁组织。散孔材，管孔大小中等略少，含红色树胶或白色沉积物。轮界状及环管状翼状薄壁组织。木射线密，甚窄。主要显微特征：具分隔木纤维及链状结晶；同形单列及多列射线，多列射线宽主为2列。

材性：纹理不规则交错，结构细而匀，富有油性。木材气干密度 $1.05 \sim 1.18 g/cm^3$，甚硬重，强度甚高。木材耐腐，干燥困难，易出现面裂和端裂。加工困难，切削面光滑，钉钉和胶合均困难。

用途：家具、地板、车辆、造船及重型结构材。

11. 孪叶苏木 *Hymenaea courbaril* 苏木科 Caesalpiniceae

商品名：惹托巴（Jatoba）(巴西)，洛库斯脱（Locust）(加勒比海岛和中美地区)。

产地：墨西哥南部、中美地区、巴西、玻利维亚和秘鲁。

识别特征：心边材区别明显，边材宽，浅灰色或浅玫瑰色；心材新鲜时橙褐色，日久红褐色，有时有深色条纹，生长轮略明显，散孔材。管孔单独及2~3径列，内含红色树胶。轴向薄壁组织轮界状及短翼状。木射线中等宽度，弦面未见波痕。主要显微特征：多列射线宽多为3~5列，同形偶异Ⅲ型射线。具链状结晶和受伤树胶道。

材性：纹理直或斜，结构中。木材气干密度 $0.75 \sim 1.05 g/cm^3$，质硬重，强度大，有韧性。干缩中，易变形，心材耐腐。加工略难，旋切性能良，加工面光滑，抛光性差，耐磨性强，易胶合，握钉力差。

用途：家具、地板、纺织机械、体育用具、建筑和船舶用材。边材较宽的木材适于生产单板。

12. 卡雅楝 *Khaya* spp. 楝科 Meliaeac

商品名：非洲桃花心木（African Mahogany）。

产地：本属有8种，产热带非洲地区。常见商品材有白卡雅楝（*K.anthotheca*），红卡雅楝（*K.ivorensis*）等。

识别特征：心边材区别明显，边材黄褐色，窄，心材红褐色。生长轮不明显，散孔材。管孔大小中等，数少，常含树胶和白色沉积物。轴向薄壁组织环管束状。木射线稀，略宽，波痕无。有时横切口可见轴向受伤树胶道弦列。主要显微特征：具分隔木纤维；异Ⅱ型射线，多列射线宽2~6细胞，直立细胞常具菱晶。本属中大叶卡雅楝（*K.grandifola*）同形射线，多列射线宽2~3细胞，具单侧翼状和带状薄壁组织等，构造有明显差异。

材性：纹理交错，结构略细而均匀。木材气干密度 $0.5 \sim 0.6 g/cm^3$（大叶卡雅楝为 $0.7 \sim 0.8 g/cm^3$），木材轻至中，强度中等；木材干燥易，干缩小，需防变形。木材耐腐性中等，易受虫害。木材加工易，旋刨性能良好。胶合、钉钉、染色、油漆性能良好。

用途：高级家具、船舶、车辆的装饰面板，以及室内装修、微薄木、胶合板、乐器、雕刻、玩具、家具等。

13. 筒状非洲楝 *Entandrophragma cylindricum* 楝科 Meliac

商品名：萨佩莱（Sapele）、塞比利（Sapelli）(喀麦隆)。

产地：从西非的科特迪瓦，经加纳、尼日利亚、喀麦隆到东非的乌干达和坦桑尼亚。

识别特征：心边材区别明显，边材浅黄色，心材新的切面粉红色，日久呈典型桃花心木的红褐色。生长轮不明，散孔材。管孔中等大小，散生，略少，内含红色树胶或白色沉积物。轴向薄壁组织环管束状、带状、稀波状。木射线窄，略密，有波痕。主要显微特征：具分隔木纤维；异Ⅱ型射线，多列射线宽2~4细胞，具菱晶。

材性：纹理交错，径面具黑色条状花纹。结构略细至中，均匀。木材气干密度 $0.67 g/cm^3$，强度略高。木材耐腐性中，心材抗白蚁，干燥快，干缩略大，易加工，胶合、握钉力、油漆、砂光、着色性能均好。

用途：高级装饰材、刨切单板、胶合板、高级家具、壁板和地板，以及船舶、门窗、乐器、雕刻、细木工、车旋制品。

1.3.3 红木

红木作为明清家具的特定用材，是目前国内高档家具用材约定俗成的一类木材的名称。国家标准中将红木分成：紫檀木、花梨木、黑酸枝、香枝木、红酸枝、乌木、条纹乌木和鸡翅木8类。隶属于紫檀属、黄檀属、柿属、崖豆属及铁刀木属。其中主要是紫檀属和黄檀属，除香枝木为产于我国海南的降香黄檀（*D.odarifera*）外，其余绝大多数是从东南亚、热带非洲和拉丁美洲进口。

1. 檀香紫檀 *Pterocarpus santalinus* 蝶形花科 Papilionaceae

商品名：紫檀（Red sanders）。

产地：印度南部。

识别特征：心边材区别明显，边材窄，白色；心材新鲜时橘红色，日久为紫黑色至黑色，常带浅色和深色条纹。划痕明显，水浸出液略具萤光反应。管孔肉眼下难分辨，极小，数少。轴向薄壁组织主为带状，同心层状或略带波浪形，早材部稀少。木射线极细，稍密，弦面波痕略明显。主要显微特征：同形单列射线；带状薄壁组织宽1~2细胞，常含菱晶。

材性：纹理交错，局部卷曲；结构甚细，均匀。木材气干密度1.05~1.266g/cm³，木材硬重、坚韧，强度甚大。心材对木腐菌及虫害有免疫力，耐久性极强。干燥困难，难以加工，加工后需表面处理，切面光滑，雕刻性和磨光性佳。

用途：材质坚硬，材色和光泽美观，为明清宫廷家具的主要用材，为红木类中最高级别的木材。用作贵重家具、工艺雕刻制品和镶嵌花纹图案等。

2. 大果紫檀 *Pterocarpus macrocarpus*
　　蝶型花科 Papilionaceae

商品名：花梨木（Burma padauk）。

产地：泰国、缅甸和老挝等。

识别特征：心边材区别明显，边材灰白色，窄；心材浅红到深砖红，带深色条纹。生长轮略明显，有半散孔材趋势。管孔略大，少至略少，管孔内具深色树胶。轴向薄壁组织多为傍管带状（晚材部位更明显）及翼状、聚翼状、木射线甚窄，中至略密，弦面波痕明显，水浸出液萤光反应明显。主要显微特征：轴向薄壁组织具菱晶；射线同形单列，叠生。

材性：纹理交错，结构中，略均匀。木材气干密度0.80~0.86g/cm³，硬度和强度高且耐腐。木材干燥性能良好，干燥速度宜慢。干后加工略难，切面光滑，油漆和胶合性能良。

用途：花梨木家具、细木工、镶嵌板、地板、工艺雕刻、室内装饰、薄木饰面等。

3. 阔叶黄檀 *Dalbergia latifolia* 蝶形花科 Papilionaceae

商品名：黑酸枝（Bombay black-wood）。

产地：主产印度、印尼的瓜哇等。

识别特征：心边材区别明显，边材浅黄白色，常带紫色窄条纹；心材材色变异极大，从金黄褐色到深紫色，并带有深色条纹，日久变成黑色。生长轮略明显，散孔材。管孔中等大小，略少，部分管孔内含浅色沉积物。轴向薄壁组织断续带状、翼状及轮界状、木射线窄，较管孔小，中至略密。弦面具波痕。主要显微特征：各类组织均叠生；同形射线，多列射线宽2~4细胞；具链状结晶。

材性：纹理交错，结构细而匀。木材气干密度0.85g/cm³，材质硬重，强度高。木材干燥性能良好，干缩中，窑干易加速材色变深。木材耐腐、抗虫。锯解困难，易钝刀具，切削面光滑。胶合、油漆性能良。

用途：木材材色、花纹美观，强度大且耐腐。用于黑酸枝家具、装饰单板、胶合板、高极车厢、钢琴外壳、镶嵌板、护墙板、地板等。

4. 东非黑黄檀 *Dalbergia melanoxylon*
　　蝶形花科 Papilionaceae

商品名：黑酸枝（African blackwood）。

产地：非洲东部。

识别特征：心边材区别明显，边材黄白色；心材黑紫色至几乎黑色，有时具条纹。生长轮略明显，散孔材有半散孔趋势。管孔单独及短径向复管孔，略小，分布不匀，含深紫色内含物。轴向薄壁组织轮界状、环管状、翼状。木射线窄，弦面具波痕。主要显微特征：各类组织叠生排列；射线宽1~2列，同形至异Ⅲ型；具链状结晶。

材性：纹理直，结构细。木材气干密度1.21~1.33g/cm³，甚硬重，强度甚大，非常耐腐。干燥较慢，心材易裂。木材虽硬，加工容易，加工面光滑，锯解较困难，着钉时需先钻眼。油漆和胶合性能良。

用途：黑酸枝家具、装饰制品、雕刻用品、工艺手杖、木制镶饰品、木制马赛克、刀柄、棋子、木制管乐器等。

5. 交趾黄檀 *Dalbergia cochinchinensis*
　　蝶形花科 Papilionaceae

商品名：红酸枝（Siam rosewood）。

产地：散生于泰国东北部的落叶或常绿混交林中，越南和柬埔寨亦产。

识别特征：心边材区别明显，边材灰白色；心材从浅红紫色至葡萄酒色，具深褐或黑色条纹，久材色加深，有时近黑色。生长轮不明显，散孔材。管孔大小中等，略少，有时含树胶。轴向薄壁组织带状、环管状和翼状。木射线甚窄，密。弦面可见波痕。主要显微构造：各类组织叠生排列；射线宽1~2列，同形射线。链状结晶和纺锤形薄壁细胞可见。

材性：纹理直，结构细而匀。木材气干密度1.01~1.09g/cm³，材质硬重，强度甚高，耐腐性好。干燥性能良，极少翘曲变形，有时会产生轻微端裂。木材虽硬重，但锯、刨加工不难，刨面光洁，油漆、胶合性能良。

用途：红酸枝家具、装饰性单板、雕刻、乐器、拐杖、刀把、算盘珠和框、工艺制品等。

6. 榄色黄檀 *Dalbergia oliveri* 蝶形花科 Papilionaceae

商品名：红酸枝（Burma tulipwood）。

产地：泰国、缅甸和老挝。

识别特征：心边材区别明显，边材黄白色，窄；心材红褐色或浅红色。生长轮略明显，散孔至半散孔材。管孔中至略大，大小不一，分布不匀，数少，具树胶及沉积物。轴向薄壁组织多为同心层带状及翼状。木射线窄，中至略密，弦面波痕明显。主要显微特征：各类组织均叠生排列；多列射线宽2~3细胞，同形，稀异Ⅲ型射线。链状结晶长而明显。

材性：木材具香气，纹理交错，结构细而匀。木材气干密度1.04g/cm³，材质甚硬重，强度高，很耐腐，能抗白蚁，油性强，耐磨性良好。木材干燥有开裂、翘曲倾向，窑干宜缓慢，需采取适当措施。锯解略困难，加工后表面很光洁，油漆、胶合性能良。

用途：红酸枝家具、精密仪器、装饰单板、室内装修、车辆、运动器材、雕刻及车旋制品。

7. 厚瓣乌木 *Diospyros crassiflora* 柿树科 Ebenaceae

商品名：乌木（Ebene）。

产地：主产中非和西非地区，如尼日利亚、喀麦隆、赤道几内亚等。

识别特征：心边材区别明显，边材红褐色；心材黑褐色或漆黑色。生长轮不明显，散孔材。管孔小，扩大镜下略可见，数少，内含深色树胶。轴向薄壁组织网状。木射线密，甚窄，弦面未见波痕。主要显微特征：轴向薄壁组织断续离管带状，带宽多为1列，具星散聚合状及环管状，链状结晶明显；异形单列射线，非叠生。

材性：纹理直或略交错，结构甚细。木材气干密度1.05g/cm³，材质甚硬重，性脆，强度高。木材极耐腐；抗蚁性好。干燥速度中等，干燥性能良好，几乎无翘曲和开裂。易加工钝刀具，切面光洁。易弯曲、胶合和磨光性佳，钉钉宜先钻孔。

用途：乌木因无大料，主要用作工艺制品、乐器、车工制品、雕刻及刀柄、剑柄等。

8. 苏拉威西乌木 *Diospyros celebica* 柿树科 Ebenaceae

商品名：条纹乌木（Macassar ebony）。

产地：主产印度尼西亚的苏拉威西。

识别特征：心边材区别明显，边材红褐色；心材黑色或巧克力色，具深浅相间条纹。生长轮不明显，散孔材。管孔略小，略少，径列，树胶常见。轴向薄壁组织波浪形网状，扩大镜下可分辨。木射线甚窄、密，弦面未见波痕。主要显微特征：轴向薄壁组织带状宽1~2细胞，具星散聚合状；多为单列，稀2列，偶3列射线，异形单列射线为主，直立细胞内常含菱晶。

材性：纹理直或略交错；结构细而匀。木材气干密度1.09g/cm³，材质硬重，具韧性，强度高，木材耐腐，干燥慢，干缩甚大，易开裂。木材加工不易，车旋、刨切、胶合性能良好。

用途：条纹乌木家具、乐器用材、装饰单板、车旋制品、雕刻、艺术装饰等。

9. 白花崖豆木 *Millettia leucantha* 蝶形花科 Papilionaceae

商品名：鸡翅木（Thinwin）。

产地：缅甸和泰国。

识别特征：心边材区别明显，边材浅黄色；心材紫褐色或深巧克力褐色。生长轮略明显，轮界具深色纤维层。管孔中等大小，数少，分布不匀，散生，有时含浅色或褐色沉积物。轴向薄壁组织为同心带状，环管状及轮界状。木射线窄至略宽，弦面具波痕。主要显微特征：各类组织均叠生排列；带状薄壁组织宽2~8细胞，链状结晶长而明显；同形射线，宽1~6细胞。

材性：纹理直至略交错；结构中，略均匀。木材气干密度1.02g/cm³，甚硬重，强度高，木材很耐腐，心材不受菌、虫危害。干燥性能良好，表面有细裂纹。木材锯解困难，最好生材时就进行加工，刨面光滑。钉钉易劈裂，需预先钻孔。

用途：弦面具深浅相间的羽状条纹，用作鸡翅木家具、地板、墙裙、车旋制品、雕刻、刨切装饰单板、室内装饰。

10. 非洲崖豆木 *Millettia laurentii* 蝶形花科 Papilionaceae

商品名：鸡翅木（Wenge）。

产地：主产扎伊尔，其次喀麦隆、刚果、加蓬等中非地区。

识别特征：心边材区别明显，边材浅黄色；心材黑褐色，具黑色条纹。生长轮不明显，散孔材。管孔略大，数少，散生。轴向薄壁组织多为傍管带状，少数翼状及环管状。木射线密度中等，窄至中，弦面具波痕。主要显微特征：各类组织均叠生排列；带状薄壁组织极宽，具链状结晶；同形射线，宽1~5细胞。

材性：纹理直，结构中，不均匀。木材气干密度0.80g/cm³，材质硬重，强度高，木材耐腐、抗虫。木材锯刨并不困难，但锯齿易钝，刨面光滑，钉钉需先钻孔，油漆、胶合性能良。非洲崖豆木的密度略低于东南亚产崖豆木。

用途：鸡翅木家具、刨切装饰单板、室内装修、地板、车旋制品、雕刻、车辆、运动器材等。

11. 铁刀木 *Cassia siamea* 苏木科 Caesalpiniaceae

商品名：鸡翅木（Cassia siiamese）。

产地：印度、缅甸、斯里兰卡、越南、泰国、马来西亚、印度尼西亚及菲律宾等。我国云南有栽培。

识别特征：心边材明显，边材浅黄白色，易蓝变，生长轮不明显，散孔材。管孔略大，数少，散生，常具沉积物。轴向薄壁组织聚翼状带状，常与机械组织带等宽。木射线密度中、窄，弦面无波痕。主要显微特征：链状结晶长而明显；同形射线，多列射线宽2~3细胞。

材性：纹理斜或交错；结构中，略均匀。木材气干密度0.82~1.02g/cm³，木材硬重，强度高，心材耐腐，能抗白蚁。木材干燥困难，干缩大，易产生翘裂。刨削困难，刨面光滑，油漆及胶合性能良好；握钉力强。

用途：鸡翅木家具、工艺美术、房建及交通用材。

参考文献

[1] 张景良编著. 木材知识. 北京：中国林业出版社，1983
[2] 汪秉全编著. 木材识别. 西安：陕西科学技术出版社，1983
[3] 成俊卿主编. 木材学. 北京：中国林业出版社，1985
[4] 龚耀乾，王婉华编著. 常用木材识别手册. 南京：江苏科学技术出版社，1985
[5] 原田浩. 木材の构造. 文永堂株式会社，1985
[6] (美)潘欣等著. 张景良等译. 木材学. 北京：中国林业出版社，1987
[7] 徐永吉主编. 家具材料. 北京：中国轻工业出版社，2000

木材保护

木材是一种天然的有机材料，具有吸湿性、尺寸不稳定性，如果保护不善，会产生开裂、变形、腐朽、虫蛀、火灾等危害，导致木材败坏变质，降低以至丧失原有的利用价值。木材从立木伐倒到最终使用的全部过程，都存在着损害的问题。

所谓木材保护是指采取各种措施，使木材不受菌害、虫害、火灾危害、机械损害、气候风蚀等，保持其原有质量或提高其抵御灾害的能力。

尽管木材具有天然耐久性，对不同的侵蚀因子有一定程度的抵抗力，但很显然，没有一种木材可在任何情况下能令人满意地使用而最终不会损坏。通过木材保存处理，可延长木材的使用寿命。如经防腐油加压浸注处理的电杆可使用45～60年，而未经处理的只能用6～12年。另外，随着劳动力成本的不断提高，更换变质木材所花的劳动费用常常大于被替换材料本身的价值。所以经处理的木材，在使用期内不但安全，且能减少更换次数和延长使用时间，降低维修费用。

妥善的保管，及时干燥、正确的堆垛存放等，可控制木材的含水率，减少木材的开裂、变形、变色、腐朽、虫蛀等各种损害，防止木材降等，提高木材利用率。

经过防腐处理的次等木材，可提高其使用价值。随着速生材占用材比例的增加，与相同树种的天然林木材相比，边材比例也在增加。而边材含淀粉、糖类较多，易遭受菌害和虫害，因而对其进行保护处理就更显必要。

木材经过适当的保存处理，不但能延长使用寿命，而且可减少如建筑物因虫蛀而发生坍塌等意外损失。经阻燃滞火处理，还可减低木材遭受火灾的危险性。

2.1 木材败坏的原因

木材损害、败坏的原因主要有三个方面：生物败坏、物理破坏和化学降解。其中最主要的是生物败坏，即真菌变色、腐朽和虫害。它们不但侵害立木以及贮存和运输过程中的原木和锯材，还能破坏气干木材的制品。据统计，全世界每年因菌、虫害造成的木材损失相当于木材年采伐量的10%。物理破坏主要是指因水、热和火的作用而引起的开裂、变形和燃烧。化学降解则主要是指受酸、碱、盐的作用而引起的破坏。

木材遭受火灾危害也是木材败坏的重要原因之一，与有害生物以及气候风化对木材造成的相对缓慢的破坏相比，火灾的破坏则是迅速的，每年都有大量的木材在森林、贮木场、木材厂和建筑物中遭受火灾焚毁。有关木材在燃烧及高温作用时引起的变化，以及如何提高木材的阻燃滞火性能见本手册第25章，本章中不再叙述。

2.1.1 木材的菌害

木材的菌害是指由微生物引起的木材降解。通常将木材的微生物降解分为五类，即腐朽、软腐、变色（又称边材变色或蓝变）、霉变和细菌降解。腐朽、变色、霉变和大多数软腐都是由真菌引起的。

2.1.1.1 木材的腐朽

由于木腐菌的侵入，木材逐渐改变其颜色和结构，细胞壁受到了破坏，物理力学性质随之发生变化，最后变得松软易碎，呈筛孔状或粉末状等形态，此种状态即称为腐朽。

根据腐朽引起木材的物理、化学变化和外观上的差异，木材腐朽可分为褐腐、白腐和软腐。不同类别的腐朽由不同种类的真菌引起。木腐菌的酶可分解木质化的组织，不同真菌种类腐蚀细胞壁不同成分，如褐腐菌主要破坏细胞壁的碳水化合物，白腐菌对纤维素和木质素都有危害，以后者为主。

1. 木腐菌的繁殖和传播

危害木材的真菌以孢子进行大量繁殖。孢子犹如高等植物中的种子，但其构造要简单得多，且很微小。每个孢子能变成一个新的真菌个体，孢子发芽长成菌丝，而菌丝分裂也可产生新的真菌个体。

真菌孢子成熟后，通过内在的压力或环境因子的压力被释放出来。释放出来的孢子主要靠风、水分、昆虫及其他动物，以及人类的活动而传播，孢子又轻又小，可以被风吹得很远很远，使得有些真菌分布于全世界。孢子在适宜的温、湿度条件下，能够立即在木材中萌发，长成菌丝，菌丝能分泌多种酶以溶解和破坏木材，从中吸取生长繁殖所需营养。当潮湿的木材与已经感染真菌的木材接触时，真菌就会扩散到潮湿的木材上，通过这种方式，真菌得以蔓延。

2. 木腐菌的生长繁殖条件

木腐菌必须有适宜的生长繁殖条件，即需要营养物质、适当的水分、适宜的温度、氧气和pH值，否则或死亡，或保持休眠状态，直到条件适当而复苏。

(1) 营养：木材是真菌天然的营养物质，木材细胞壁由纤维素、半纤维素和木质素组成，这些物质在自然状态下虽不适于木腐菌的食用，但菌丝分泌的酶能把它们分解成简单的养料。如纤维素经过菌丝分泌的酶作用后，形成葡萄糖，葡萄糖是木腐菌最适宜的养料。但并非所有树种的木材都适合于木腐菌作为养料，有的木材很耐腐，有的木材却很容易被木腐菌所腐蚀。这主要是由于不同树种木材的组织构造、木材特性以及木材内含物的化学成分不同，如有些木材含有树脂、芳香油、生物碱、鞣质、脂肪酸、色素等，这些内含物对有些木腐菌有一定毒性或抑制能力，因而有些木材抗腐力强。

(2) 水分：水是构成木腐菌菌丝体的主要成分，而木腐菌酶分解木材时又必须以水作媒介。所以木腐菌能不能在木材内生活，水分是必要条件之一。一般来说，当木材的含水率为35%～60%或80%时，最适宜木腐菌的生长。含水率小于20%或大于150%时，即不利木腐菌的生长。木材最易腐朽的含水率上限随木材密度而异，因为这影响到木材细胞腔中能否有足够的空气通道供应腐朽菌生长所需的氧气。

有时，干燥的木材也会发生腐朽，这是由一类称干朽菌的木腐菌引起的。这类真菌具特别发达的菌丝束，有主干，又有分枝。水分通过菌丝的干、枝吸收由远处（如土壤）输送至木材上，使木材湿润而造成腐朽。

软腐菌对木材的危害能力随木材含水率的增高而增大。

真菌不仅在它们生长时需要水分，而且也能在气干的木材中生存，大多数腐朽菌能在气干的木材中生存2～3年。一旦木材重新受潮，它们又恢复降解木材的能力。

(3) 温度：各种木腐菌只在一定的温度范围内生长，并各有其最适、最高和最低生长温度。随温度升高，真菌生长速度随之加快，达到最适生长温度时生长速度最快，达到最高生长温度时，生长速度则显著下降。一般真菌生长的最适温度为20～30℃，当温度低于10℃或高于30℃时，降解木材的速度很慢；当温度低于0℃或高于38℃时，降解作用完全被抑制。所以在许多地区，春夏季节最易引起木材腐朽，而从晚秋至初春季节因温度低足以抑制真菌降解木材。

自然寒冷气候不可能致死真菌（表2-1），有的真菌在-175℃还能生存。低温只能抑制其生长，使其处于休眠状态。但是炎热气候下的日晒，或在木材加工过程中直接加热，高温可以杀死真菌。

表 2-1 致死生材中腐朽菌的温度和时间关系

保持温度（℃）	持续时间（min）
66	75
77	30
82	20
93	10
100	5

(4) 氧气：木材腐朽菌是好氧菌，它们必须有氧气才能生长繁殖，但所需的氧气量很少，只需空气中存在1%的氧气（比空气中正常含氧量20%低得多）就能维持木腐菌的生长，木材中的孔隙率只要达到5%就能满足其最低氧气需要量。软腐菌生长所需氧的低限比木腐菌低得多。所以想用控制氧气量办法来控制真菌对木材的降解，比较实际的方法是将木材浸泡在水中，或用喷水的方法使木材中所有空隙都充满水，以排除木材中所有的空气，即木材的水存。

(5) pH值：木腐菌喜于在酸性环境中生长发育，其最适宜pH值为4.5～6.0。而大多数木材是呈微酸性的，pH值为4.0～6.5之间，正好适于木腐菌的需要。此外，酶在最适pH条件下才有活性，各种酶有不同的pH要求，大多数酶的最适pH值为4.0～8.0。软腐菌对弱碱有较大的忍受能力，其适宜的pH值为6.0～9.0。

3. 腐朽的类别

(1) 白腐：因受害木材多呈白色或浅黄白色而称之。白腐菌主要破坏木材细胞壁中的木素，同时也能破坏纤维素。腐朽材干燥时，表面保持不开裂，有的材质松软，状如海绵，称海绵状腐朽；有的腐朽部分呈筛孔状，孔中显露出白色纤维，称筛孔状腐朽；有的腐朽部分夹以褐色的条纹，如大理石纹彩或间有褐色斑点，称大理石状腐朽；还有的早被腐蚀，随年轮呈层状剥落，称层状腐朽。白腐常发生于阔叶树材中。

(2) 褐腐：因受害木材呈褐色、红褐色或棕褐色而称之。褐腐菌破坏木材细胞壁中的碳水化合物（纤维素和半纤维素），腐朽材为残留变性木素和抗性较大的结晶纤维素构成的网络，材质脆，干燥后表面开裂呈特征性的立方块状，中间有纵横交错的细裂隙，并伴随着严重的收缩和崩溃。腐朽后期，腐朽材成褐色粉块，很容易用手捻成粉末，故又称粉末状腐朽，或叫破坏性腐朽。这是最危险的腐朽。褐腐以发生于针叶树材为常见。

(3) 软腐：因受害木材的表面典型特征是柔软，所以这种腐朽类型称软腐。针、阔叶树材都容易感染，但阔叶材遭受软腐后，分解更迅速、更广泛。这是因为针叶材细胞壁中木素含量较高，而木素对软腐菌酶作用的抵抗力大于纤维素、半纤维素。软腐菌属于子囊菌亚门和半知菌亚门的真菌，它们和一般木腐菌（引起白腐和褐腐的担子菌）有很大的区别，软腐菌对环境的适应性强，它对比较高的温度、湿度、pH值、对防腐化学药剂都有较强的耐力。在担子菌所不能忍受的长时间高含水率的木材表面，如水贮原木，都会受到软腐菌的侵蚀。

软腐菌的菌丝在细胞壁中沿着纹理方向开凿孔道，这与担子菌不同，后者是横着纹理通过细胞腔蔓延。软腐的菌丝常局限在木质化程度较低的次生壁 S_2 层，由它分泌的酶在细胞壁中沿平行于微纤丝方向形成空穴。软腐的深度较浅，在受湿时，腐朽材表面变软并脱落，流露出下面相对健全的木材。干时，腐朽材表面呈轻微烧焦状，且有许多细裂纹。含软腐的木材破坏时常脆断。

2.1.1.2 木材的真菌变色

木材真菌变色有三种：木腐菌造成的木材腐朽初期的变色，变色菌引起的变色以及霉菌引起的变色。初期腐朽变色与霉或变色菌引起的变色不同，表2-2所列特征有助于区分它们。

1. 变色菌变色

变色菌贯透木材，渗入木材表面，形成渗入性变色。因它差不多仅局限于边材，故又常称边材变色。变色由具暗色菌丝的真菌引起，少数分泌着色物质，引起胞壁染色。

变色菌对环境条件的适应比腐朽菌范围广。木材含水率在50%～90%，变色菌发育最好，在20%～25%以下，木材不容易被侵害；其最适宜的温度为20～25℃，当温度高于35℃时，就停止生长，但短时间可耐66～71℃温度。

变色菌作用于木材后，仅轻微损害木材，木材胞壁物质不降解。它们从边材贮藏营养物质的薄壁细胞中得到养分。所以，变色菌的菌丝，在针叶材中沿着木射线细胞、树脂道向木材内部和纵向延伸繁殖；在阔叶材中菌丝主要集中在纵向细胞中。典型的变色真菌的菌丝能深入到木材的较深处，所以一旦遭受真菌变色，很难脱色，除进行强漂白外，别无它法，但漂白也会使木材失去它的正常颜色。

变色真菌造成的边材变色有各种颜色，如蓝变、褐变、黄变、绿变或红变，这取决于木材和真菌的种类。从经济损失的观点来看，蓝变色影响最大，它也是最常见和最严重的一种变色。

蓝变色常见于针叶树材的边材，在有利于真菌生长的条件下，全部边材可变色。蓝变色沿顺纹和横纹延伸，其端部向着髓心。其着色自蓝灰至近黑，有时近于暗棕色。阔叶材中也见有蓝变色，如杨木、白蜡木和橡胶木等，且菌丝可穿入木材全部种类的细胞

新采伐的木材锯成板材后，如在非常潮湿条件下贮存或没有及时处理，则可能发生内部变色现象，这种情况下材表几乎无菌丝，即使有，也可能因菌丝无色，使材表看不到变色现象。内部变色是由于感染变色真菌的木材表面很快地干燥，干燥的木材表面没有足够的水分提供给真菌使其菌丝发展成有色菌丝，或使它不能再生长。但干燥的木材表面并不能阻止真菌菌丝向木材内部蔓延，如果木材内部是潮湿的，那么变色菌就能继续繁殖、发展成有色菌丝，造成木材内部变色。

2. 霉菌变色

霉菌变色是边材表面由霉菌的菌丝体和孢子侵染所形成，主要是有色孢子产生的，简称霉变或俗称发霉。变色木材呈绿色、黑色、蓝紫色等。

霉菌比木腐菌对环境条件的忍受力更强，对化学药剂也有较强的抵抗力。有些霉菌可在含水率为20%以下的气干木材上生长繁殖。

霉菌在温和、潮湿和通风不良环境下发展很快，在空气相对湿度约90%或以上时繁殖迅速。所以堆垛不当的气干锯材、运输中的生材以及潮湿气候条件下的室内木制品等均易遭受霉菌侵害。

许多霉菌对高温有特殊适应能力，这对低温窑干的木材不利，因木材长时间处于高湿下，易产生发霉，为防止这种现象的发生，最好在干燥前进行表面防霉处理。

霉菌在木材结构上造成的变化与变色菌相似，它们主要以木材表层细胞内的贮藏物作为养料，一般不浸染木材纤维的胞壁组织，但能侵蚀薄壁组织。霉菌造成的变色范围比变

表2-2 宏观下区分初期腐朽和霉或变色菌变色

	初期腐朽变色	霉或变色菌变色
分 布	边材虽常较严重，但并不总局限于边材，通常呈块状或条纹	通常限于边材，甚至全部在材表，一般呈延散分布，常在木射线中，横切面上常呈楔形
材 色	针叶材常暗或红褐，有时略带紫色；阔叶材呈白色或暗褐斑点或条纹	蓝灰、绿或黑，偶粉红、黄或桔黄
外 形	可呈现为黑色或暗色的条纹	绝不会呈现有明显分界的条纹
破 坏	用螺丝起子可感觉纤维脆弱	用螺丝起子感觉不出纤维变弱

色菌更浅,木材表面的变色常可用刨子刨去或用毛刷刷去霉孢子的方法除去。

2.1.1.3 木材的细菌降解

木材中常存在细菌,并常和真菌在一起,细菌的存在将有利于真菌侵入木材,促进木材的最终生物降解。除了在比较特殊的环境中,或经过很长的时间,否则细菌对木材的破坏作用并不大。

细菌生长所需要的水分要远高于真菌,危害木材的细菌大量存在于水和土壤中,由水传播,细菌的繁殖则由其营养细胞反复分裂进行。

高湿是细菌降解木材的重要条件,所以潮湿的木材,例如水贮原木、喷水保存的木材、在水下使用的木材,都易感染细菌。如果原木贮存在不流动的死水中,细菌生长所需营养物质积累愈多,就愈有利于细菌繁殖,细菌降解木材就愈严重,当原木表面聚集了大量细菌时,常会发出特殊的酸味。土壤中的细菌会侵害某些活树,如云杉、冷杉、榆木、桦木等,造成立木的湿心材。

细菌破坏木材的薄壁组织,常沿着木射线、树脂道进入木材内,同时它能够降解木材细胞间的纹孔膜,从一个细胞进入另一个细胞。因而受细菌侵害的木材,其渗透性会大大增加,但对木材的细胞壁实质影响甚微。

2.1.1.4 菌害对木材性质的影响

木材遭受菌害后,若干物理力学性质发生改变,如木材的外观、质量、渗透性、强度等都发生改变,其改变程度因菌种、败坏程度而异。

1. 木腐菌对木材性质的影响

木材腐朽是木材材性受影响最严重的一种微生物危害。

腐朽木材的颜色或多或少发生变化,影响程度随腐朽类型和程度而异,如褐腐使木材颜色变暗并失去光泽,白腐变浅,软腐变黑。在腐朽的初期,木材质量、强度、化学成分几乎没有发生变化,而木材自然色泽已发生了变化。

腐朽木材的化学成分发生变化是因为木材腐朽是在木腐菌分泌各种酶的作用下形成,它们可降解纤维素、半纤维素和木素。含纤维素酶多的真菌分解破坏大量纤维素,剩下大多是木素,如褐腐;含木素酶多而纤维素酶少的真菌则大量破坏木素而几乎不溶解纤维素,这样的腐朽剩下的大多是纤维素,如白腐。

腐朽木材质量的变化常被看作是木材腐朽程度的表征,腐朽愈严重,木材密度降低愈大,腐朽后期,一般只有正常材的40%~65%。在某些情况下,初期腐朽材的密度还较正常材高,其原因是木材内聚集有菌丝分泌的色素,因此,如用密度来估计初期腐朽材的强度,将会导致错误。软腐菌对木材质量的影响很小,木材的质量损失只有3%~6.8%。

在腐朽初期腐朽材的吸水性与正常材相比,即有一定差异,并随腐朽程度的加重而差异显著,由于腐朽材的吸水性大,所以易于浸注无机盐类防腐剂,其原因是细胞壁由于酶的溶蚀而产生很多孔隙。

褐腐造成木材强度的降低比白腐更明显,即便在褐腐初期,木材的冲击韧性也显著降低,原因是纤维素受分解后材质变脆。冲击韧性是最易受影响的木材力学性质,其次分别是抗弯强度、抗压强度、硬度和弹性模量。在腐朽初期,除了冲击强度外,对其他力学性质影响甚微,因此,测定韧性指标是检查木材是否腐朽的最灵敏的方法。腐朽材力学强度的降低与腐朽时密度的减少有密切关系,但强度的降低比密度的减少要快得多,当密度还在一定数值时,强度已接近于零,这是因为腐朽材质量的损失还不很大时,木材的组织却已遭到严重破坏。

2. 其他菌害对木材性质的影响

变色菌、霉菌和细菌对木材材性的影响范围比木腐菌要小得多。主要改变木材的正常颜色,同时大大增加了木材的渗透性;对木材的力学性质,则主要影响木材冲击韧性,对其他力学强度影响很小。值得注意的是,遭受此类菌害的木材,常常伴随着木腐菌、软腐菌的侵害,所以还应考虑到腐朽对木材的影响。

2.1.2 木材的虫害

危害木材的害虫很多,可分为两大类:陆地生长的木材钻蛀性害虫,即危害木材的昆虫;浸没于海水中木材的害虫,即海生钻孔动物。

2.1.2.1 昆虫对木材的危害

危害木材的昆虫种类很多,对木材危害最普遍的有二类,即鞘翅目(Coleoptera)蛀虫类如天牛、蠹虫、吉丁虫等;等翅目(Isoptera)的如白蚁等。它们多以木材为生长场所进行繁殖,且繁殖力极强。木材害虫的传播除了靠其本身的爬行或飞翔外,还会随着木材或木制品的运输传播到世界各地。

依害虫对木材危害情况和危害习性,大致分为两类:第一类害虫危害使用前的木材,如未剥皮的贮存原木、矿柱、新伐倒木等,有的把它归属为湿原木害虫,这种害虫通常侵害高含水率(纤维饱和点以上)的原木,并在其中产卵,如小蠹科蛀木虫等;第二类害虫主要侵害锯材、堆放的气干原木、建筑构件或家具等,有的把它归属为干材害虫。这两类害虫的活动有重叠现象。

昆虫在整个生长发育过程中,形态会发生显著变化,称变态。昆虫变态可分为完全变态和不完全变态。完全变态的昆虫经由卵、幼虫、蛹最后变为成虫;不完全变态则缺少蛹期。绝大部分木材害虫是完全变态的,但白蚁则属于不完全变态,且其幼虫和成虫的体形没有显著变化,为渐变态昆虫。

昆虫对木材危害最严重的主要是幼虫造成的(有时成虫

也可危害木材），幼虫在木材中钻孔，常形成各种穴道或穿孔，称虫眼或虫孔。它不但破坏木材的完整性，降低力学强度，影响使用价值，而且为腐朽菌的传播、蔓延创造了条件。在虫害严重时，木材布满虫眼，或伴随着严重腐朽，使木材丧失其使用价值。房屋或其他工程由于受虫害还会危及到财产和生命的安全。

对木材或木制品危害最严重的昆虫主要有以下一些：

1. 鞘翅目昆虫及其对木材的危害

鞘翅目是动物界中最大的一目，占昆虫纲昆虫的40%，在已知的该目147科35万种中，有9科是主要危害木材的昆虫。鞘翅目昆虫体壁坚硬，故通称甲虫，具有两对翅膀，前翅较厚，呈角质，称为鞘翅，左右鞘翅在背侧中央相遇成直线形，后翅膜质，藏于鞘翅下，有时消失；头部发达，复眼显著。该目的昆虫变态完全，并且其口器发育良好，咀嚼式。

（1）天牛科（Cerambycidea）：是鞘翅目中最大的一科，世界上已知该科有1000属约7500种，在我国已知约120属近600种，全世界危害木材的天牛有2000多种。

初孵化的幼虫一般先在树皮下蛀蚀，经过一定时期才深入到木质部，少数种类仅在皮下蛀蚀，也有的穿凿不深，仅在边材危害。幼虫蛀成的虫孔呈椭圆形，虫道大小变化很大，主要取决于虫体大小，大者可达3~6cm。幼虫蛀蚀时，有的在坑道内充满虫粪和纤维质木屑，有的从虫道中排出。天牛科中一些对木材危害较大的种类及其分布和危害树种列于表2-3中。

（2）粉蠹科（Lyctidae）：成虫体微小，细长而扁，体长2~7mm，暗褐色至红褐色或黄褐色。体表平滑或微毛，头倾斜突出前方，触角短，足细。

粉蠹是对干材危害特别严重的害虫，幼虫主要蛀食阔叶树材的边材部分和新砍伐的竹材，针叶树材显然不易受其损害。因为这类害虫需要糖和淀粉作为其食料。栎木、杨木、山核桃和白蜡树等最易受其所害。幼虫在木材、竹材下面钻蛀纵向不规则的坑道，表面有许多圆形虫孔，直径1~2mm。危害严重时，因所蛀坑道相互紧密，边材部分化为细粉状，只剩下表面一薄层外壳，受害木材内部和周围堆积着粉状物。

我国粉蠹科害虫主要有褐粉蠹（Lyctus brunneus）、栎粉蠹（Lyctus linearis）、鳞毛粉蠹（Minthea rugicollis）和中华粉蠹（Lyctus sinensis），其中前两种分布于全世界，危害最为严重。

（3）长蠹科（Bostrichidae）：成虫形体略小，种间大小差异略大，长3~15mm，呈长圆筒状，污暗而带赤褐或带黑色。头部下口式，背面不可见，触角短。

该科与粉蠹科生态上有近缘关系，对木材的破坏类型也相似。幼虫孵化后在木材内部形成纵向坑道，在竹材内部则横向蛀食。在受害材表面留下许多圆形小孔。长蠹害虫主要危害新砍伐的阔叶树材和竹材，同时也危害家具和木建筑构件。

我国长蠹科危害最严重的是竹长蠹（Dinoderus minutus），主要分布于华南、西南、江浙等省区。此外还有双齿长蠹（Sinoxylon spp.）、日本长蠹（Dinoderus japonicas）、斑翅长蠹（Lichenophanes carinipenni）等。

（4）小蠹科（Scolytidae）：昆虫体小，成虫长1~8mm，大多数为3~5mm。小卵形或圆筒形，黄褐色黑色。该科昆虫口吻很短而阔，触角短而有头状部。

小蠹虫分布于世界上所有有森林的地方。根据其侵害木材的部位不同，分树皮穿孔虫和养菌穿孔虫，前者仅危害韧皮部，后者的虫道可深入到边材甚至心材内部。小蠹虫主要危害贮木场带皮针叶树原木，也危害阔叶树材边材，建筑木构件和家具等。在虫道中培育的真菌常引起木材变色，促进木腐菌的感染，造成木材腐朽。

我国危害木材的小蠹科害虫主要种类及其分布和危害情况见表2-4。

（5）窃蠹科（Anobiidae）：成虫体小，长约4mm，呈土黑褐色，密生灰色微毛。成虫的生活大部分在受害材的虫道中，但可以爬出转移到其他木材上，然后在木材缝中产卵，孵化后蛀入木材中继续生活。这类蛀虫喜欢蛀食干燥的陈旧木材，如家具、地板、木结构建筑等。其损害与粉蠹虫相似，幼虫在木材内部纵横穿孔，严重时，受害材仅残存一薄层表面，虫道里积满虫粉和蛀屑。

表2-3 常见天牛种类及其分布和危害情况

天牛种类	寄蛀情况	破坏情况	主要分布地区
家 天 牛 *Stromatium longicorne*	干燥针叶材和部分阔叶材的木构件	虫道深达3cm	广东湛江、海南等
云杉大黑天牛 *Monochamus urussovi*	干燥或新伐倒的针叶材	内皮或木材	东北、华北
刺槐天牛 *Megacyllen robiniae*	刺槐活树	大虫孔、蜂窝状	南、北各省
杨 天 牛 *Saperda calcarata*	杨树活树	树 干	南方各省
黑杨天牛 *Plectrodera scalator*	黑杨活树	树 干	南方各省
松皮天牛 *Stenocorus inguisitor*	红松、鱼鳞松的活树和死树	树 皮 下	东北各省
樱桃虎天牛 *Chlorophorus diadema*	刺槐、樱桃、桦木		长江流域及以北地区
松褐天牛 *Monochamus alternatus*	马尾松活树	韧皮及木质部	南方各省

表 2-4 常见小蠹虫种类及其分布和危害情况

小蠹种类	危害情况	主要分布地区
松横坑切梢小蠹 Blastophagus minor	马尾松、油松的树干、树枝	浙江、湖南、陕西等省
松纵坑切梢小蠹 Blastophagus piniperda	松类树干及枝梢	全国各地
松六齿小蠹 Ips acuminatus	松、云杉、落叶松等针叶材	全国各地
落叶松八齿小蠹 Ips supelongatus	落叶松、红松、云杉等	东北、陕西、新疆等
黑条木小蠹 Xyloterus lineatus	松、杉均可危害	全国，以东北最为严重
材 小 蠹 Xyleborus spp.	阔叶材、家具和胶合板	以南方各省区为严重

表 2-5 常见窃蠹虫种类及其分布和危害情况

窃蠹种类	危害情况	主要分布地区
浓毛窃蠹 Nicobium castaenum	松木、扁柏、樟木及其他旧的木制品和木建筑构件	世界各地
松 窃 蠹 Ernobius mollis	红松、黑松、落叶松、冷杉、云杉等针叶树的干材和枯木	东北地区
窃 蠹 Ptilinus pectinicornis	水青冈、冷杉、云杉、柳杉、厚朴等树种及家具与建筑物	江西等省

表 2-6 常见象虫种类及其分布和危害情况

象虫种类	危害树种	主要分布地区
松瘤象虫 Sipatus hypocrta	松 类	淮河、秦岭以南
松大象虫 Hylobius abietis	松 类	南方地区
松黑象虫 Hyposipalis gigaus	松 类	南方地区
松白象虫 Shirahoshizo patruelis	松 类	南方地区
绿鳞象虫 Hypomeces squamosas	乌桕、楠木、柏木、油桐、壳斗科树种	南方地区
栎 象 虫 Curculio arakawai	栎木类	南方地区

我国危害木材严重的窃蠹科害虫主要有三种，见表 2-5。

(6) 吉丁虫科（Buprestidae）：成虫体小至大，差异大，常具鲜艳的金属光泽。触角短，生于额上，锯齿状。成虫生活于木本植物上，产卵于树皮缝内，幼虫先在树皮下形成层部分蛀木生长，然后蛀入木质部化蛹，虫孔一般呈扁圆形。吉丁虫种类分布广，危害木材的有 200 多种，一般危害干材或伐倒木，有些也侵害活树。我国常见的危害木材的有：金吉丁虫（Chrysochroa fulgidissima），能危害活树、新伐材及干燥木材；柳潜叶吉丁虫（Trachys minuta），其幼虫潜食柳类树木的叶子中，分布东北地区；杨十斑吉丁虫（Melanophila decastigma），严重危害杨树，分布于甘肃、新疆一带。

(7) 象虫科（Curculionidae）：体形小至大，体坚硬，体色变化大，多为暗色，有的具金属光泽，被鳞片或毛等。许多种尖的头部延长或呈管状，状如象鼻（因而又叫象鼻虫），长短不一，口器着生于头端，触角多为棒状，有时成肘状弯曲。

象虫多在伐倒木、枯木的树皮中产卵，幼虫孵化后即蛀入木质部，在边材部位穿凿圆形弯曲的孔道，从入口处排出虫粪、木屑，虫孔直径 5~6mm，深可达 10cm。我国主要象虫及其危害情况见表 2-6。

2. 等翅目昆虫（白蚁）及其对木材的危害

等翅目昆虫是群体生活的社会性昆虫，在每个群体里的白蚁具有不同的形态，不同的职能。白蚁有翅成虫的中胸和后胸背面各生翅一对，翅为膜质，狭长，前后翅形状、大小几乎相等，故称为等翅目。该目昆虫变态简单，口器咀嚼式。等翅目通常分为 6 个科：鼻白蚁科（Rhinotermitidae）、木白蚁科（Kalotermitidae）、白蚁科（Termitidae）、原白蚁科（Termopsidae）、澳白蚁科（Mastotermitidae）和草白蚁科（Hodotermitidae），它们均危害纤维质植物，全世界已知白蚁 2000 多种，我国约有 150 种。

白蚁的胃液里不含纤维素酶，但却以纤维质植物为食物，这是由于在其后肠中存在着细菌和原生动物，它们能分解纤维素和半纤维素作为营养物质吸收。所以白蚁几乎能危害所有的木材，但危害程度有别，这与木材的物理、化学因素有关，如白蚁更喜食软材、边材、早材，最喜食松类木材。

我国危害木材严重的白蚁种类及其分布和危害情况见表 2-7。

表 2-7 主要白蚁种类、危害情况及分布

白蚁种类	危害情况	主要分布地区
铲头堆砂白蚁 *Cryptotermes declivis*	危害干燥木材（木结构和家具），在木材内部蛀食，外表仅见小型孔洞，虫道上可见砂粒状粪便	福建、广东、广西、海南等
家白蚁 *Coptotermes formosanus*	在建筑木材、墙壁或地下构筑大型巢穴，危害多从接触土壤的木材开始，向上蔓延，严重时，木材外表完整，内部为蜂窝状、隧道状	长江以南省区危害最严重的白蚁
散白蚁 *Reticulitermes* spp.	主要危害接近地面的木材，如枕木、电杆，及室内地板、木柱、门框、墙基楼梯，有时也达屋面	华北以南地区均有分布，长江以北更严重
黑翅土白蚁 *Odontotermes formosanus*	筑巢于地下 1～2m 处，危害与土壤接触的木材或树，常危害河堤或水坝的安全	南方地区
黄翅大白蚁 *Macrotermes barneyi*	筑巢于地下，危害树木、电杆、建筑基部与土壤接触的木材	南方地区

2.1.2.2 海生钻孔动物对木材的危害

浸没在海水中的码头桩木、护木、木船以及沿海木质建筑物等，常受一些海生钻孔动物的蛀蚀。这些动物主要是软体动物的船蛆和海笋，甲壳动物的蛀木海虱和团水虱。

1.软体类海生蛀木虫对木材的危害

（1）船蛆：船蛆是在海水中对木材破坏最严重的一类动物，是船蛆科（Teredinidae）钻木软体动物的总称，尤指船蛆属（*Teredo*）和节铠船蛆属（*Bankia*），它们主要分布于以热带为中心的近海区，我国沿海有节铠船蛆（*Bankia salli*）、长柄船蛆（*Teredo parki*）、列铠船蛆（*Teredo manni*），但分布最广、危害最严重的则是通常所称的船蛆（*Teredo navalia*）。船蛆身体细长、白色，外形如蛆，在其前端有一对贝壳，用以锉割或蛀咬木材，开掘孔洞。

船蛆在幼虫时期就钻入木材，以后随着身体的增长逐渐深入，终生不外出。被船蛆蛀蚀的木材表面只有很小的孔洞，而内部则是孔道纵横交错、千疮百孔。船蛆在木材内钻蛀的孔道随木材的大小和船蛆的数量而不同，若被害木材较大，而钻蛀的船蛆数量又较少，则船蛆能够长得较大（长可达 50cm 以上），孔道也较大；相反若在一块小的木材上，可能会有很多船蛆孔，但因船蛆的生长受到限制，船蛆长得很小（长近几厘米），蛀成的孔道也很小。

（2）海笋：又称笋蛤，危害木材的主要是马特海笋属（*Martesia*）的软体蛀木虫。海笋形似蛤蜊，长仅 3～4cm，整个身体都包含在两片贝壳内。海笋种类很多，但蛀蚀木材的种类并不多，在我国发现有两种能危害海水中的木材：马特海笋（*Martesia striata*）和江马特海笋属（*Martesia rivicola*），后者也能在江河中生活。

海笋钻入木材后，身体并不延长，所以虽然穿凿，深度不如船蛆，但蛀孔直径较大，对木船、桩木的危害也较严重。

2.甲壳类海生蛀木虫对木材的危害

（1）蛀木海虱（*Limnoria*）：属于等足目（Isopoda）的甲壳动物，又称海虫，其个体很小，最长不过 5mm，分布很广。

蛀木海虱开始侵入木材时孔道很小，不太深，孔是圆形或卵圆形，由于不断穿凿，使洞穴逐渐加深，并在穴壁上又穿凿很多小孔道与木材表面相通，以便交换海水。在各孔道之间也凿孔相通，使整个木材表层呈海绵状，一旦受波浪冲击，木材表面即被冲蚀剥落，此时虫体又再继续深入穿凿，这样木材就被成层地破坏，久而久之，使桩木折断，建筑结构倒塌。蛀木海虱多危害浸于海水中桩木接近水面的部位。

（2）团水虱（*Sphaeroma*）：也属等足目，与蛀木海虱形态相近，不过形体较大，体长 10mm 左右，因其身体能卷成一团，故称团水虱。该属中的有些种类能在盐度很低的海湾或河口活动，生活力很强，生活习性及危害木材的情况与蛀木海虱相似。在船底或距海湾很远的海中很少见到它们的危害。

2.1.3 木材的风化

木材未经油漆或其他涂层保护而暴露在室外，因日晒、风吹、雨打、冰冻和空气湿度的综合影响，使得表面发生粗糙和降解，这种作用称为风化。木材的风化过程使其表面产生物理、化学变化，观察到的现象是这些变化的累积结果。

木材风化首先是颜色的改变，最初，深色的木材变浅或浅色的木材变深，长期暴露后，材色由各种悦目的色泽变成了灰色并失去原有的光泽，灰色层厚约 0.075～0.254mm。这一变色过程主要是由于木材受光氧化，特别是紫外光的作用，木素和抽提物发生降解，接着分解产物在大气水分中慢慢淋溶或沥出，木材细胞间的联结及其本身都会受到破坏，木材表面呈现出疏松、暗淡和粗糙的灰色纤维层，它们主要是抗雨水淋溶的纤维素部分。针、阔叶材相比，一般阔叶材的变化较大一些，因其半纤维素含量稍高，而半纤维素的性质多不稳定。

在潮湿气候条件下，风化木材的外观由于真菌孢子和菌

丝体在表面开始着生而又有变化，形成不明显的污浊色，木材表面常为深灰色。

因为木材具有天然的吸湿性，其未加保护的表面在潮湿和雨水作用下，吸收水分而膨胀；在干燥气候下，散失水分而收缩。这一过程随着气候的变化而频繁变化，在木材中由于水分扩散慢，木材含水率和尺寸的变化多限于表层，使得木材表层遭受压缩和拉伸应力的交替作用，最终在木材的暴露面上形成细微裂纹。

长期暴露于室外的木材，由于早、晚材的收缩差异及其风化速率不同，木材表面常粗糙不平、材面变软。

风化是上述各种因素作用的综合，最终因风、水及其冰冻和融解等的机械磨损，会逐渐消蚀已受降解和破坏的木材表面，木材厚度减少。在排除生物作用的情况下，整个过程是相当缓慢的，没有受防护处理和涂层保护的木材，其厚度风化消失的速率大约每百年6.4mm。

2.1.4 木材的开裂与变形

木材的开裂与变形是木材固有的缺点，它是木材本身所具有的各向异性、吸湿和解吸性，以及生长特性决定的。它对木材的利用影响极大，但可通过人为控制来减少开裂和变形的产生或程度。

木材吸湿和解吸会引起木材干缩和湿胀。当木材含水率在纤维饱和点以下时，水分的变化，是细胞壁中吸着水的变化，木材含水量的增减，会引起木材细胞壁纤丝、微纤丝晶区间的靠拢和润胀，从而导致细胞壁乃至整个木材尺寸的收缩和膨胀。产生木材开裂与变形的原因是，木材在干燥过程中，由于表层水分失去过快，木材内外含水率差异很大，造成木材内外尺寸干缩不均匀，伴随着应力（外部受拉伸，内部受压缩）的产生和发展，当表层拉伸应力超过木材横纹抗拉强度时，引起木材开裂；各部位收缩不均匀引起变形。

当木材含水率在纤维饱和点以上时，水分量的变化只是细胞腔中水分的增减，对木材的形体不造成影响。但值得注意的是，虽然原木或锯材的整体平均含水率在纤维饱和点以上，但表层局部的含水率仍可能在纤维饱和点以下。

木材的各向异性，主要是木材径向和弦向的干缩不均匀，使得锯材中的弦切板和带髓心的大方材，因板厚的两侧或方材的内外收缩不一致，不可避免地将产生应力，从而导致开裂和变形。

树木生长过程中积蓄着生长应力，在伐倒后的锯解和干燥过程中，因生长应力的释放，也会导致木材的开裂和变形。

2.1.5 木材的化学损害

木材在加工过程中、木制品及木结构的连接等难免不了与金属相接触，此外由于木材具有一定的抗化学药品的腐蚀，常用于制造各种贮液罐、桶、管道和化学设备，金属、酸、碱和盐溶液等都会对木材有所影响，严重的会发生损害。

2.1.5.1 金属与木材的相互影响

木材与铁金属之间的作用，主要与木材含水率、树种和存放条件有关，它们之间的影响往往是相互的。木材含水率小于10%时，一般不会发生相互作用；如木材含水率较高或潮湿，与之接触的金属会遭到锈蚀。这种损害主要是稀酸作用的结果，因为大多数木材呈弱酸性，且大多木材的水溶性抽提物能使金属生锈。

不同树种与金属接触产生的相互作用差异很大，这主要是木材内含物和酸度差异所引起的。如枫香、栗木、橡木等木材极易使金属生锈；相反，杨木和桃花心木对金属损害较小。橡木等含鞣质较多的木材与金属接触使木材颜色变暗，特别是边材，严重时成泥沼状，呈暗绿状。同时，在长时间接触后，会使木材抗拉强度略有降低，但对抗压强度几乎没有影响。抗拉强度的降低是由于金属锈蚀产物使多糖（特别是木聚糖）分解造成的。

在没有空气的情况下，金属对木材的影响甚微，产生的一些变化实际上是细菌的作用。如海水中打捞上来的古旧木材，原铁钉部位很少受到严重损害。

2.1.5.2 酸、碱和盐溶液对木材的损害

1. 酸和碱溶液对木材的影响

酸和碱溶液对木材的影响与树种、酸碱的种类、浓度、pH值、作用时间和温度有关。

酸溶液作用初期使木材润胀，进一步作用下使木材多糖水解，力学强度降低。在酸的长期作用下，木材的结构被完全破坏。

硫酸浓度为20%时，室温下即可使多糖水解，抗拉强度降低；浓度超过40%时，纤维素开始分解，木材抗弯强度大大降低；浓度为60%时，室温下，木材糖化；浓度达到72%时，温度在10℃以下，木材纤维素全部分解，同时生成硫酸木质素。硫酸浓度大于90%时，木材直接碳化。

盐酸浓度为5%时，室温下木材几乎不受影响；浓度大于15%时，作用20d，木材抗弯强度大大降低；盐酸浓度大于40%时，木材纤维素分解为葡萄糖，发烟盐酸作用下，碳水化合物分解，同时生成盐酸木质素。

高浓度硝酸在高温下使木材多糖和木质素分解，在其他条件下，还会生成蚁酸、醋酸和草酸。硝酸与木质素作用则会生成硝基木质素。

铬酸在低浓度时对木材强度不产生影响，一般作水溶性复合防腐剂的组成成分。

碱溶液首先使木材润胀，然后使木聚糖分解，在长时间（超过60d）作用下，会大大降低木材的机械强度和抵抗生物危害的能力。氢氧化钠在室温下，随浓度升高木材抗拉强度迅速降低。在5%浓度，160~170℃温度的溶液中，多糖和木质素分解。

2. 盐溶液对木材的影响

许多无机盐在水溶液中水解为强酸或强碱，盐溶液对木材的影响实际上是酸碱的影响。溶液对木材影响的大小与盐溶液的浓度和水解程度有关。因此，盐溶液对木材的化学腐蚀程度可以通过测量溶液的pH值来判定。在高温、高压下，盐溶液使木材部分地出现离析。与碱性盐类作用，使木质素分解，而对多糖影响不大；中性盐在高温时可使多糖水解，对木质素无影响。盐类的氧化作用（如碱金属、次氯酸盐、过氧化物和高锰酸钾等）使木材变色。

在低浓度下，硫酸钠、碳酸钠和硫酸氢钠等在室温下即能浸蚀木材，使之遭受损害。氯化钠、钙盐和铵盐等能在细胞中聚集，会使木材产生膨胀，而对木材组成成分的影响很轻微。铬盐对木材没有损害，而且可以作为无机复合木材防腐剂的组成成分。

2.2 木材物理保护

造成木材败坏的因素多种多样，对于木材保护来说，要同时防止各种损害的发生是十分困难的。因为针对某一种木材损害的最有效防范措施，对其他木材危害的防止往往作用不大，甚至会加速其对木材的损害。所以木材保护是一项十分复杂的工作，需要根据不同的危害类型，采用不同的保护方法和措施。

木材各种危害的产生，都需要一定的条件。木材的物理保护，就是通过一定的措施来控制这些条件，以阻止各种损害的发生和发展。在木材的各种败坏中，变形、开裂、菌害、虫害是木材遭受损害的主要因素，而这些损害的发生与木材含水率有着密切的关系。因此，控制木材含水率是保护木材的主要物理方法。

物理保护方法很多，采用什么方法，决定因素很多，主要从木材的树种、材种、规格、质量、加工特征、用途、地理环境和保存时间等综合考虑。如对于原木，大多采用干存法、湿存法和水存法；对于锯材则采用干燥方法。

2.2.1 干存法

干存法是使木材含水率在短期内尽快降到25%以下，达到抑制菌、虫生长繁殖和侵害的目的。适于干存法的原木含水率一般在80%以下，且尽可能剥去树皮，或树皮损伤已超过三分之一。原木剥皮时尽量保留韧皮部，并在原木两端留存10~15cm的树皮圈，以及在端面涂防裂涂料，如10%石蜡乳剂、石灰水、煤焦油、聚醋酸乙烯乳液与脲醛树脂（30：70）混合液，或钉"S"形钉子等措施，以防止原木开裂。对有损伤和树节的木材，要涂刷防腐剂（如氯化锌、硫酸铜、硫酸锌、氟化钠、五氯酚钠等），以免菌、虫的侵入和蔓延。

干存法保管木材的场地应选地势较高、地位空旷、通风良好的地方；堆垛时要清除场地内的枯枝、树皮、木屑和腐木等杂物，保持清洁；场地以水泥地面为佳，或煤屑碎石铺平压实，防止潮湿或杂草丛生。

干存法堆楞的原则以利于垛内空气流通，使木材迅速干燥为目的，堆楞方法如不合理，将会引起木材的败坏和降等。归干燥楞的楞基高度在30~50cm为宜，在楞基上第一层原木彼此相距30~40cm排列，自第二层开始相互紧靠或距4cm左右空隙，楞中每层原木之间用健全剥皮原木作垫条隔开，垫条小头直径应不小于归楞原木的三分之一，楞堆不宜过高，自楞基以上算起在2m左右；每个楞堆之间的距离不小于2m。为了防止日晒和雨淋，在楞堆顶部应加盖遮棚，棚盖的材料可用树皮、草袋、草帘、芦席等，遮棚应向楞堆两侧各伸出30cm以上，与楞堆顶部间要留有空隙，以利通风。

干存原木归楞后，原则上不必进行消毒，如发现有白色菌丝则应进行适当消毒处理。在连雨、潮湿天气，为避免真菌侵蚀已剥皮原木，应该用防腐剂处理原木后再进行归楞。

2.2.2 湿存法

湿存法是使原木边材保持较高的含水率，以避免菌害、虫害和开裂的发生。此法适于新伐材和水运材，原木边材含水率通常高于80%。已气干和已受菌、虫害的原木以及易开裂、湿霉严重的阔叶树材原木不可采用此法，南方易遭白蚁危害的地区也不宜采用湿存法。

湿存保管的原木应具有完整的树皮，或树皮损伤不超过三分之一。楞堆的结构是要密集堆紧并尽量堆成大楞。新伐或新出河源木应立即归密集大楞，归楞前的原木不应在露天存放5d以上，归楞后的原木立即封楞，施行遮阴覆盖。密集大楞的高度应在5m以上，楞间的距离不超过1.5m，楞基高度20~30cm。楞腿应使用已剥皮且无菌、虫害的原木，楞垛顶端可用草帘、席子或板皮、木板等材料遮盖，每个楞的间隔处也要覆盖，楞垛的四周要遮阴。

为了防止霉变现象发生，针叶树材归楞后，楞堆每隔10~15d消毒一次，消毒时应达到全楞木材浸湿为止；消毒一般在5~8月进行，根据各地气温高低不同，菌、虫活动情况确定消毒时间长短。为了防止阔叶材原木断面失水而发生开裂或菌、虫感染，可用防腐护湿涂料涂刷端面；还可在涂料上面再涂一层石灰水，以避免日光照射使涂料熔化流失。如有水源条件或有喷雾装置的地方，可使用喷水法，施行喷水的木材，可不必覆盖和遮阴。喷水时要均匀地喷射在楞垛内，使每根原木都能浸湿，喷浇时间一般在4~9月。归楞后10d内开始喷水，第一次喷浇时间要长，以使楞垛全部浸湿，以后每次喷浇10~20min，每昼夜3~4次。

2.2.3 水存法

原木水存保管是将原木浸入水中，以保持木材最高含水率，防止菌、虫危害和避免木材开裂。水存法利用流速缓慢的河湾、湖泊、水库以及制材车间旁的贮木池等贮存原木，但海水中因有船蛆等，不适于贮存木材。

水存保管原木作法有水浸楞堆法和多存木排水浸法等，目的是尽可能使原木存入水中，层层堆垛或扎排，并注意捆扎牢固，用木桩、钢索等加固拴牢，以防被流水或风浪冲走。楞堆露出水面的部分，还应定期喷水，以保证原木湿度。

2.2.4 木材干燥

木材干燥是锯材保管的最重要和最有效的措施，这不仅可防止变色菌、腐朽菌和昆虫的危害，还可以减少开裂和变形，减轻木材质量，增强木材的韧性、机械强度、硬度和握钉力，改善木材表面涂饰性能。

2.3 木材化学保护

木材的化学保护是指用化学药剂对木材进行处理，使木材具有毒性，能防止菌、虫及海生钻孔动物对木材的破坏，或使木材具有耐火性，从而达到有效保护木材，延长木材使用寿命和节约木材资源的目的。

2.3.1 木材防腐剂

防腐剂是指那些能保护木材免受微生物危害的化学药剂，一般说来，能有效地防止木材腐朽的药剂，也能有效地防止木材害虫和海生钻孔动物的危害。木材防腐剂的种类繁多，但常用的有效防腐剂却不很多，有些防腐剂具有广谱性，对危害木材的生物都有毒效，但有些有选择性，应根据实际情况选用。

一种优良的防腐剂，一般应符合下列要求：①对危害木材的各种生物（菌类、昆虫和海生钻孔动物等）具有足够的毒性；②在木材中有很好的渗透性；③在木材中的毒性持久稳定，不易流失或挥发；④不影响木材的进一步加工（如胶黏、油漆、着色），对金属无腐蚀性，不降低木材物理力学性能；⑤使用安全，对人畜无毒或低毒，不污染环境；⑥原料来源丰富，价格经济合理。

事实上很难有一种药剂能同时满足上述全部要求，各种药剂都有自己的特点和适用范围，强求每种药剂都符合所有条件也会造成不必要的浪费。选用时要根据具体情况，如木材本身特性、处理材使用环境和年限、处理方法等，从实际出发，选用药剂，既能兼顾经济性，又能取得满意的效果。

常用的木材防腐剂大致可分为三类：油质防腐剂、有机溶剂型防腐剂和水溶性防腐剂。

2.3.1.1 油质防腐剂

指具有足够毒性和防腐性能的油类。木材防腐工业常用的油类防腐剂主要为煤杂酚油（克里苏油）和煤焦油，后者主要用于与前者混合使用以降低成本。

1. 煤杂酚油

习惯叫防腐油，它是一种最古老的木材防腐剂，它的发展历史与木材防腐工业的历史紧密地联系在一起，至今仍是世界上用量最大的木材防腐剂，全世界每年用量大约在150万t左右。广泛地用于枕木、电杆、横担、桥梁结构用材、桩木、海港工程用材、木船壳材等。

煤杂酚油是烟煤经高温（1350℃）或低温（450~650℃）热解得到的焦油，取其200~400℃之间的蒸馏产物（馏分），它是黑色油状液体，密度1.03g/cm³以上。溶于有机溶剂，有特殊的刺鼻气味，会刺激皮肤引起损伤，会污染环境。

煤杂酚油的成分非常复杂，已被鉴定的化合物就达200多种。主要成分有四类：芳香烃化合物（如萘、甲基萘、蒽、甲基蒽等），约占80%~90%；含氧化合物，即焦油酸（如酚、甲酚、联苯酚、萘酚等），约占5%~18%；含氮化合物，即焦油碱（吡啶、喹啉、吖啶和咔唑等），约占2%~3%；含硫化合物（如硫茚等），所占比例很小。

煤杂酚油对木腐菌、天牛、蠹虫、白蚁等都有很好的毒杀和防治作用，对海生钻孔动物中的船蛆有很好的预防效果，但对蛀木水虱、团水虱和海笋没有显著的预防效果。这类防腐油具有较好的稳定性和持久性，耐气候，抗雨水和海水冲刷能力强，如处理后的枕木可使用25~30年，为未处理材的3~5倍；对金属腐蚀性小，处理后木材吸湿性小，绝缘性能好；而且来源广，价格便宜。主要不足之处是颜色和气味令人不愉快，使其使用受到一定的限制；高温作用时，会发生溢油现象，处理材胶着和油漆性能不好。

煤杂酚油可用涂刷、喷射、浸泡、热冷槽法和加压法浸注。用涂刷、喷射或浸泡时多将防腐油加温到60~70℃，用量每次为0.2~0.4kg/m³，若用热冷槽法或加压法浸注，用量80~150kg/m³，高的达300kg/m³以上。

2. 煤焦油

是高温炼焦时从煤气中冷却得到的黑色粘稠状液体。它的黏度大，杂质多，不易透入木材内部，且毒性亦低。粗煤焦油很少单独用作木材防腐剂，一般都与煤杂酚油混合使用，其混合比例可高达1:1。混合使用不仅能降低成本，而且还可以增加防水性，减少处理材在使用期间的开裂程度。

2.3.1.2 有机溶剂型防腐剂

指一类具有杀菌、杀虫毒效的有机化合物，又称油溶性防腐剂。药剂以有机溶剂为浸注载体进入木材，然后有机溶剂挥发，药剂保留在木材内。常用的有机防腐剂有五氯苯酚、环烷酸铜、8-羟基喹啉铜、有机锡化合物、苯基苯酚等，有机溶剂则以石油产品为主。

1. 五氯苯酚（PCP）

分子式：C_6Cl_5OH，为无色至白色结晶，或颗粒状固体，工业品为灰褐色颗粒或粉末，熔点191℃，密度1.98g/cm³。不溶于水，易溶于丙酮、苯、乙醚和醇类等有机溶剂中。

五氯苯酚对担子菌、细菌、子囊菌、藻类等微生物都有毒性，对白蚁和其他害虫也有毒效，是有机防腐剂中最重要、用途最广的一种杀菌防霉剂，其毒性比防腐油毒性大25倍，因此，常在防腐油中加入少量五氯苯酚以强化其防腐防虫效果。又因常温下不易挥发、不溶于水，所以处理木材时，性质稳定，抗流失性好；且木材不着色或着色很浅，无恶臭，可以油漆；处理材尺寸稳定，处理方法简单，可用涂刷、喷雾、浸渍或双真空法；对金属无腐蚀。被广泛用于电杆、枕木、建筑用材、细木工制品等的防腐，因毒性较大，不适于做室内用材的防腐处理。近年来，对五氯苯酚的使用呈下降趋势。

五氯苯酚的石油溶剂分重油和轻油两类，采用何种溶剂视用途而定，对于露天用材的防腐处理，宜采用重油溶解；用于处理需表面涂饰的细木工制品时，可采用轻油溶解，但轻油溶解能力差，需加丙酮、醇类等作辅助溶剂。

五氯苯酚对皮肤和粘膜有强烈刺激，通过皮肤吸入，对肝、肾有损害。操作时应做好劳动保护，避免与皮肤直接接触，操作后用植物油、水、肥皂彻底清洗。

2. 环烷酸铜

分子式：$[C_{10}H_{19}COO]_2Cu$，它是氧化铜或氢氧化铜溶解在热的环烷酸中制得。环烷酸是芳香族石油产品精制时得到的饱和脂肪酸的总称。为深绿色黏稠的蜡状物，具特殊气味。难溶于水，能溶于多数有机溶剂，如苯、甲苯、松节油和松香水等，25℃时能以任何比例与石油产品混溶，但微溶于乙醇。

环烷酸铜是一种重要的溶剂型木材防腐剂，对人畜毒性低，化学性质稳定。还可作电缆、布匹、皮革等的防腐、防霉剂。与煤杂酚油混合使用，对预防海生钻木动物的危害有特效。实验表明，环烷酸铜与防腐油以3:7的比例混合，将混合物溶于柴油中，至含铜量为5%，用以涂刷木船（2~3遍），药剂透入5~8mm，则木船使用寿命可达2年以上，若采用加压浸注法，则寿命可达10~15年，而未处理的木船仅3个月就遭船蛆危害。

用环烷酸铜处理木材时，一般将含铜量为9%的原液在溶剂中稀释至含铜量1%~3%，一般用量为96~160kg/m³。

环烷酸的其他金属盐，如环烷酸锌、环烷酸钙和环烷酸钡等也可作木材防腐剂。

3. 8-羟基喹啉铜

分子式：$Cu[C_9H_6NO]_2$，为8-羟基喹啉与硫酸铜反应制得。它是近年来使用的一种溶剂型防腐剂，已逐渐替代了环烷酸铜。该药剂为黄棕色固体，无特殊气味，不溶于水和大多数溶剂，可溶于脂肪族和芳香族石油溶剂中，通常是用矿物油作载体配制成一种油溶性处理液。性质一般较稳定，在高温下易分解变色。对人畜毒性很低，可用于粮食仓库、畜棚以及食品包装用材的防腐处理，也可用作织物、皮革和乙烯基塑料的防霉剂。

8-羟基喹啉铜对木腐菌有良好的毒效，且有防蓝变功能，但对防治白蚁效果不佳。使用时载体溶剂可用轻油，也可用重油。使用重油溶剂时，同样的吸药量，则木材使用年限要比使用轻油作溶剂的长。

4. 有机锡化合物

有机锡化合物有数百种，但防腐防虫效果较好的仅有三丁基氧化锡和三丁基醋酸锡，前者在欧、美已用于工业防腐处理。三丁基氧化锡简称TBTO，分子式：$[(C_4H_9)_3Sn]_2O$，为无色或微黄色透明液体，沸点186~190℃，密度1.17g/cm³，溶于苯和溶剂汽油，pH值呈碱性，与酸性物质会起化学反应，故不能和酸性化学药剂混合使用。

三丁基氧化锡对危害木材的生物毒杀能力强，不仅能预防木腐菌和昆虫对木材的损害，而且抵抗海生钻孔动物的效果也很好。据测定，它的毒性比煤杂酚油大几百倍，比五氯苯酚大20倍，且毒效较长。三丁基氧化锡对防治褐腐有特效，试验表明，用0.1%三丁基氧化锡溶液完全浸注松木，木块不会腐朽，用较低浓度（0.1%~0.5%）来处理木材，保持量达到1kg/m³时，即能有效地防治家天牛和木材蠹虫的危害。工业上常用1%的溶液来处理，或当有其他杀菌剂存在时，可采用0.5%的浓度来处理。

三丁基氧化锡主要用作建筑木材的杀虫、防虫、防腐等处理，如用浸渍或涂刷来处理门窗；也可用于野外使用的木材，如可采用双真空法处理室外细木工制品。因它抗软腐效果不佳，不适合于处理与地面接触的木材。常与其他药剂，如五氯苯酚、邻羟基苯酚和硼酸盐等混合，作木构件的维修和木制品修复使用，效果很好。

三丁基氧化锡对人畜有害，2%以上的浓度属剧毒剂。在保管、运输和排放时须采取专门的保护措施。药剂会损伤皮肤，可引起喷嚏和流泪；避免直接接触皮肤和吸入蒸汽，做好劳动保护，注意及时清洗皮肤。

2.3.1.3 水溶性防腐剂

水溶性防腐剂一般由具毒性离子的盐类溶液组成。它是目前世界各国应用广泛、种类最多的一类防腐剂。这类防腐剂以水为溶剂，所以成本较低，处理材干后无特殊气味，表面整洁，不影响油漆、胶合，但处理后的木材会吸水膨胀，对安装尺寸要求较高的处理材，干后需进行再加工。

水溶性防腐剂分两类，即单一防腐剂和复合防腐剂。单一防腐剂是一种盐类作为毒杀菌、虫的有效成分，但其毒性和抗流失性能较差。复合防腐剂是二种或二种以上盐类按一定比例混合，除了有效的毒性成分外，一些非活性成分也起着重要作用，它们能促使盐类的溶解，提高盐类的渗透性和增加药剂在木材中的保持量。

1. 水溶性单一防腐剂

（1）氟化物：氟在历史上曾经是最重要的木材防腐剂组成元素之一，至今在许多国家仍常用氟化物或与其他药剂混合作为木材防腐剂。主要的氟化物有氟化钠、氟化钾、氟硅酸盐（如氟硅酸钠、氟硅酸锌、氟硅酸镁、氟硅酸铵等）和一些双氟化物（如氟化氢钾、氟化氢铵）。主要氟化物的性质、特点和应用如表2-8所示。氟化物对人畜有毒，能腐蚀胃、肠等软组织，与皮肤长时间接触，会引起皮肤灼伤。

(2) 硼化物主要有以下三种：①硼酸（H_3BO_3），为无色半透明晶体或白色粉末，密度1.43g/cm³，熔点185℃；稍溶于冷水，随水温升高溶解度迅速提高，易溶于含羟基的有机溶剂（乙醇、乙醚、甘油等）。对人畜无毒。②硼砂（$Na_2B_4O_7·10H_2O$），为无色晶体或白色粉末，密度1.72g/cm³，熔点75℃；稍溶于冷水，水温升高，溶解度迅速增加，溶于甘油，微溶于乙醇。对人畜无毒。③八硼酸二钠（$Na_2B_8O_{13}·4H_2O$），由硼砂和硼酸按1:1.54比例混合，经熔融而成。对人畜无毒。

硼化物有很好的杀菌、杀虫（特别是木材蠹虫）效果，还具有阻燃滞火的性能。单独使用也是一种很好的防腐剂。硼酸的防菌效果较硼砂好，而硼砂在防治家天牛、蠹虫方面有很好的效果。硼酸对变色菌的防治也非常有效，特别是在pH值较高的情况下，但对防治表面霉菌（如木霉 Trichoderma spp.、青霉 Penicillium spp.）基本无效，此时必须和其他毒性剂（通常是五氯酚钠）混合使用。

硼酸对金属有强烈的腐蚀作用，故一般与硼砂混合使用，这样不但可消除对金属的腐蚀作用，而且对菌、虫的毒性也有提高。

八硼酸二钠是一种良好的扩散型防腐剂，以高浓度浸渍湿木材后密堆，用塑料薄膜覆盖2、3周后，药剂可渗透到木材深处100~250mm。处理时木材的含水率最好在50%~70%，药剂用量一般在1~1.5kg/m³。

硼化物常用于建筑用材、食品包装材、生活住房和家具等防腐、防虫处理，木材保管也可采用。其主要缺点是易流失、易风化结霜；对白蚁的毒效较差。

(3) 铬化物：主要是重铬酸钠（$Na_2Cr_2O_7·2H_2O$）和重铬酸钾（$K_2Cr_2O_7$）。重铬酸钠为红色结晶，密度2.52g/cm³，熔点357℃；易溶于水和乙醇。重铬酸钾为桔红色结晶，密度2.68g/cm³，熔点398℃；稍溶于冷水，易溶于热水，难溶于乙醇。铬化物对人畜有毒，灼伤皮肤后会引起溃疡，且难痊愈。操作工在操作时必须做好劳动保护，避免直接接触皮肤和吸入粉尘。

铬化物本身不具备防腐、防虫效果，一般都与其他药剂混合，制成抗流失的固定型防腐药剂。原理是：在酸性环境中，6价铬化物通过木素的作用生成3价铬，铜、氟、砷盐等与3价铬化物生成难溶于水的化合物，从而使防腐剂中的有效成分在木材中固定下来。一般木材用这一类防腐剂处理后，要防止雨淋，放置2~4周，以使药剂得以充分固定。期间药剂从桔红转变为橄榄绿色。重铬酸钠会刺激皮肤引起炎症，但经过药剂固定后，对人畜没有任何毒性。这类药剂最有名的如CCA（铜铬砷合剂）。

(4) 铜化物：主要有硫酸铜（$CuSO_4·5H_2O$）、氢氧化铜[$Cu(OH)_2$]、氧化铜（CuO）以及碱式碳酸铜[$CuCO_3·Cu(OH)_2$]。它们的基本物理性质如表2-9。

铜盐对真菌有一定的毒性，特别是对软腐菌的毒性很

表2-8 氟化物的性质、特点和应用

氟化物	物理性质	溶解性	处理效果
氟化钠 NaF	外观：无色晶体 密度：2.79 熔点：992℃	微溶于水，最大溶解度3.8%，难溶于乙醇	杀菌能力强，但只对天牛等少数昆虫有毒杀作用；单独使用，不抗水流失，且溶解度低，难于常压处理，一般用于复合防腐剂
氟化钾 KF	外观：无色晶体 密度：2.48 熔点：860℃	易溶于水，溶解度约48%，不溶于乙醇	对菌虫有毒杀作用；不抗水流失；有吸湿性；价格高，较少采用
氟硅酸钠 Na_2SiF_6	外观：白色晶体 密度：2.68	溶解度低，冷水中约0.7%，热水中约2.0%，难溶于乙醇	对菌虫有毒杀作用，但毒性较低；成本低，常与碱混合使用，或制成其他氟硅酸盐（锌、镁、铵盐）使用，以提高溶解度
氟化氢钾 KHF_2	外观：无色晶体 密度：2.37 熔点：225℃	易溶于水，常温下大于25%，不溶于乙醇	对菌虫毒效好，渗透性好，但不抗水流失；常用作防虫、防腐复合药剂的成分

表2-9 铜化物基本物理性质

铜化物	外观	比重	热学性	溶解性
硫酸铜	蓝色晶体	2.28	熔点200℃	溶于水与乙醇
氧化铜	黑色晶体	6.32	熔点1026℃	溶于稀酸、氰化钾和碳酸铵溶液，难溶于水和乙醇
氢氧化铜	天蓝色晶体	3.37	加热分解成氧化铜	溶于酸及氨水，不溶于水
碱式碳酸铜	浅绿色无定形粉末	4.0	在200℃分解成氧化铜	溶于稀酸及氨，不溶于水与乙醇

强，1%的溶液即可有效地抑制软腐菌的生长，但对其他木腐菌和木材害虫毒性较差。此外，铜盐处理到木材内部后，不能在木材中固定，容易被水流失，对铁金属也有强烈的腐蚀性，会使木材变色，所以，现在已很少作单一防腐剂使用，而常与铬、砷、氟盐和硼酸配制成复合防腐剂，铜离子与复合防腐剂中其他成分能形成多种不溶性铜盐，如铬酸铜、亚砷酸铜、氟化铜和硼酸铜等，具有较高的抗菌杀虫效力和较大的持久性。

(5) 五氯酚钠（PCP-Na）：分子式C_6Cl_5ONa，为白色针状或鳞片状结晶，工业品为灰色或淡红色鳞片状结晶。其熔点378℃，易溶于水、甲醇、乙醇和丙酮中，不溶于甲苯、二甲苯和石油溶剂。水溶液呈弱碱性，加酸酸化时析出五氯酚（PCP）。

五氯酚钠对木腐菌有较好的毒效，对防治木材、织物和皮革的霉菌有良好的效果，如板材或竹材经2%五氯酚钠溶液浸泡处理就可以不生霉。由于木材多呈酸性，所以当用五氯酚钠处理木材时，往往进入木材的浅层后便已生成了五氯酚，从而影响了药剂的透入度，因此，一般五氯酚钠都被用作木材表面处理的防霉、防腐剂。当需要进行深层浸注时，多与氟化钠、硼砂、碳酸钠等混用。五氯酚钠还具有防止变色的功效，若将1份五氯酚钠与3份硼砂组成防腐剂，在防变色方面有特效。

对室外用材作防腐处理时，可先用五氯酚钠溶液浸泡木材，然后用重金属盐（常用硫酸铜）浸泡，使两者在木材中反应，生成难溶于水的五氯酚铜而固着在木材中，可用作防治船蛆的药剂。

五氯酚钠对人畜毒性较低，对人的最小致死量约13g，但长期接触也会发生中毒，此外，对粘膜及皮肤有刺激性，常引起皮炎，操作时仍应做好劳动保护。

(6) 烷基铵化物（AAC）：它是长链季铵盐和叔铵盐类化合物的总称，是20世纪80年代才开始应用的一类高效低毒的新型木材防腐剂。这类药剂可制成水溶性防腐剂，溶液性质稳定，在木材中固着良好，能抗流失；处理后木材保持本色，不影响油漆，对金属无腐蚀。

烷基铵化物是一种广谱木材防腐剂，有的对常见的木腐菌有出色的防治效能，如烷基二甲基苄基氯化铵、二烷基二甲基氯化铵、烷基二甲基乙酸铵，它们对木腐菌的毒性比铜铬砷防腐剂（CCA）高得多。一些烷基铵化物对蠹虫、白蚁也有很好的毒效，如烷基二氯苄二甲基氯化铵、二烷基二甲基氯化铵、烷基苄基二甲基氯化铵、烷基二甲基乙酸铵等。但目前的应用主要局限于不与土壤接触的木材上。

烷基铵化物对人畜无毒害，它时常作灭菌剂、眼药水、烫发剂和其他化妆品等应用于人们的生活中，另外由于它不易挥发，对环境也无污染。

2. 水溶性复合防腐剂

(1) 氟酚（FP）、氟铬酚（FCP）和氟铬砷酚（FCAP）合剂：初期的氟酚合剂是氟化钠和二硝基酚的混合物，之后为增加抗流失性和减少二硝基酚的腐蚀性，加入了重铬酸盐，主要用于木材的防腐。国内常用五氯酚钠代替价格较贵的二硝基酚，配制成氟酚合剂：氟化钠35% + 五氯酚钠60% + 碳酸钠5%。加碳酸钠可以增加溶液碱性，使五氯酚钠在接触木材后不致于产生沉淀。该合剂用于原木保管和建筑材防腐，使用浓度为5%，用量$5\sim8kg/m^3$，效果良好。

为了增加氟盐的固定作用，在氟酚合剂中加入适量的重铬酸钠，成为氟铬酚合剂：氟化钠50% + 五氯酚钠30% + 重铬酸钠20%。一般使用浓度为4%，用量为$4\sim8kg/m^3$。可作室内建筑用材防腐剂，具有抗白蚁和不腐蚀金属的性能。

为了增加防白蚁功效，在氟铬酚合剂里加入砷的成分，成为氟铬砷酚合剂，国外常用的配方如表2-10。

表2-10 国外常用的FCAP配方

药剂成分	含量(%)	
	英 国	美 国
氟 化 钠（NaF）	25	22
砷酸氢二钠（Na_2HAsO_4）	25	25
重铬酸钠（Na_2CrO_7）	37.5	37
二硝基酚钠[$C_6H_3(NO_2)_2$]ONa	12.5	16

FCAP是常用于扩散法的防腐剂，可对湿材进行处理，防腐、防虫效果良好，由于二硝基酚钠对人畜毒性较大，且价格贵，可用五氯酚钠代替，则此时处理液的pH值要求大于7.0，呈弱碱性。该药剂用于地面以上建筑材的处理量为$5.6kg/m^3$，与土壤接触木材的处理量为$8kg/m^3$。

(2) 硼酚合剂（BP）：又叫硼硼酚（BBP）合剂，为硼酸、硼砂和五氯酚钠的复合剂。其中硼盐对木腐菌和变色菌有一定毒效，对木材蠹虫也有良好毒效，但对白蚁和霉菌毒效较差。与五氯酚钠混合使用可以起到增效作用。国外多以1份五氯酚钠与2或3份硼砂混合使用，有时为了增加药剂的透入性，加入少量的硼酸，但要求溶液的pH值必须在8以上。主要用于成品材的防霉防虫。

国内常用的BBP合剂配方为：硼砂40% + 硼酸20% + 五氯酚钠40%。该配方既可用于原木保管，也可用于室内建筑材的防腐，国内有用于橡胶木的防霉、防虫处理，效果良好。它的优点是对人畜毒性小，对菌、虫毒效较高，处理材颜色浅，气味小；缺点是野外使用时抗流失性能差，同时，药剂透入不均匀，木材外层五氯酚钠含量高，中层几乎是外层的十分之一，内层则更少。原因是木材本身呈微酸性，药剂注入木材后与酸作用生成不溶于水的五氯酚，沉积于木材外层，从而阻碍了五氯酚钠向内层的渗透。

(3) 酸性铬酸铜（ACC）：是国际上常用的一种水溶性防腐剂，其主要配比是：硫酸铜45% + 重铬酸钠50% + 醋酸5%。该药剂的特点是透入木材后醋酸挥发，铜与铬盐生成不溶于水的铬酸铜，沉积于木材细胞中，当真菌分泌微酸性酶液时,药剂又变成溶解状态而起杀菌作用。一般使用浓度为2%~3%,用药量为8~12kg/m³。

除了少数几种抗铜的真菌外,这种药剂对绝大多数真菌都有明显毒效,但对昆虫和海生钻孔动物无效,该药剂另一缺点是处理后木材呈褐色。为了增加杀虫能力而加入适量的砷盐,就成了在各方面都有优良性能、闻名世界的铜铬砷复合剂(CCA)。

(4)氨溶砷酸铜(ACA):这是一种不用铬盐固定的防腐剂,主要成分是氧化铜、氧化砷、醋酸和氨水。利用氨来缓冲砷酸铜的沉淀和防止铜对处理设备的腐蚀,药液渗入木材处理,氨液挥发,形成难溶的砷酸铜沉淀在木材细胞中。

按美国1960年标准,ACA中氧化物成分的配比为:氧化铜(CuO)49.8%~47.7%(最小量)+氧化砷(As_2O_5)50.2%~47.6%(最小量)+氨(NH_3,为CuO的1.5~2.0倍)+醋酸(CH_3COOH)1.7%(最大量)。

ACA复合剂对木腐菌、木材害虫(包括白蚁)及海生动物等均有很好的毒效,对金属腐蚀性小,不被水流失,无臭味,处理材呈蓝绿色。可用作室内和露天用材的防腐、防虫处理。药剂透入度好,可用于难浸注木材处理。缺点是药剂固定较慢。用药量通常为4~8kg/m³。

ACA对人畜的毒性比CCA低,处理材对人畜无毒,不过对于含砷防腐废材应掩埋处理而不要焚烧,以防砷的挥发,造成环境污染。

(5)铜铬砷合剂(CCA):是目前世界上最著名的水溶性复合防腐剂。已有60多年的应用历史,有30多个国家在使用。该药剂由含砷化合物(三氧化二砷、五氧化二砷、亚砷酸钠、砷酸氢二钠、砷酸)、含铬化合物(铬酸、铬酸钾、铬酸钠、重铬酸钾、重铬酸钠)及铜化合物(硫酸铜、氧化铜、氢氧化铜、碱式碳酸铜)等组成。其中砷是木腐菌和害虫的主要毒性物质;加入硫酸铜不但能增加毒效,而且能显著提高抗流失性;铬化物是氧化剂,能与其他金属盐作用,生成不溶于水的化合物,使药剂固定在木材组织中。

当CCA浸注到木材中后能很快地相互作用,生成如铬酸铜、砷酸铜、砷酸铬、铬酸铬等不溶于水的化合物,固着在木材细胞中,不被雨水或土壤水分所流失,是一种快速固定型药剂,具有较高的杀菌、杀虫(包括白蚁)和船蛆的毒性。处理后的木材为灰绿色,无臭味,能油漆。药剂本身属中等毒性,对人畜有毒,但充分固定后(一般需4周以上时间),因具抗流失强的特点,故处理材不会对人畜造成危害。

目前世界上广泛使用的CCA根据其成分配比不同可分为A、B、C型,如表2-11。

从表2-11中可以看出,A型中铬的含量最高,所以A型固定最好,抗流失能力强;B型砷含量最高,对菌、虫毒效最好;C型兼具A、B型优点,配比较恰当,目前应用较多的是CCA-C型。

CCA配方还有很多,表2-12所列的不同国家采用的配

表2-11 各种CCA防腐剂的组成

组分及pH值	CCA-A	CCA-B	CCA-C
氧化铬(CrO_3)	65.5	35.3	47.5
氧化铜(CuO)	18.1	19.6	18.5
五氧化二砷(As_2O_5)	16.4	45.1	34.0
pH值	1.6~3.2	1.6~3.2	1.6~3.2

表2-12 CCA防腐剂的配比

国 别	硫酸铜 $CuSO_4 \cdot 5H_2O$	重铬酸钠 $Na_2Cr_2O_7 \cdot 2H_2O$	五氧化二砷 $As_2O_5 \cdot 2H_2O$
中国	22	33	45
中国	33	56	11
中国	35	40	25
美国	23.4	34.5	42.1
英国	35	45	20
印度	37.5	50.0	12.5

方供参考。

CCA可广泛用于电杆、枕木、坑木、桥梁木结构、室内外建筑用材及冷却塔用材等防腐、防虫处理。一般用量为4.0kg/m³,当处理材用于地面以下时应达到6.4kg/m³,用于海水中时应达到40.0kg/m³。

(6)铜铬硼合剂(CCB):CCA防腐剂含砷,对人畜有毒,且固定速度太快,使得其在处理难渗透木材时透入性较差铜铬硼合剂是CCA的替代品。该防腐剂中有毒成分的浓度为:氧化铜(CuO)10.8%,氧化铬(CrO)26.4%,硼酸(H_3BO_3)25.5%。

CCB防腐剂也是当前各国通用的优良防腐剂之一,它的杀菌效果与CCA相同,对害虫,特别是白蚁的效果略低于CCA。CCB中的硼有很强的渗透性,而且在木材中的固定速度较慢,因此适于如云杉一类难浸注材的防腐处理。在国外,特别是北欧国家,普遍用于木结构的防腐处理,处理后的木材干净,无嗅,不影响油漆。

2.3.2 木材的防虫剂

木材防虫剂或称杀虫剂是指那些能毒杀或预防木材害虫的药剂。一般说来,常用的木材防腐剂多少都有一些防虫作用,有时为了增加防腐剂对某种害虫的毒杀能力,可在防腐剂中加入一些防虫剂。

防虫剂种类很多,按虫体对药剂的吸收部位不同,可分为以下三类:

触杀剂:药剂粘附在虫体表面,溶解于表皮脂肪中,从而进入体内组织使昆虫死亡。如氯丹、有机磷药剂。

胃毒剂:害虫蛀食用药剂处理过的木材后,通过害虫的消化系统中毒致死的药剂。如硼化物、氟化物等药剂。

熏蒸剂:药剂以气态通过害虫的呼吸系统进入虫体,使其中毒死亡,如溴甲烷等。

木材杀虫剂很多，有些已在防腐剂中涉及，下面主要介绍几种经试验和使用表明防虫效果较好的药剂。

2.3.2.1 氯丹

为黄色或褐色粘稠状液体，沸点175℃，密度1.56g/cm³（60℃）。不溶于水，溶于酯、酮、醚等有机溶剂，遇碱分解成无毒产物，高温下易分解，失去毒效。

氯丹可用浸渍、涂刷、喷涂法对木材进行表面处理，通常使用的方法是用2%浓度的氯丹油剂，将木材浸泡其中10~20min，或用该药剂涂刷、喷雾在木材表面，用量约200~300g/m²。

氯丹是目前使用的木材杀虫剂中比较经济有效的一种。它属于有机氯防虫剂，类似的还有六六六、滴滴涕（DDT）、艾氏剂、狄氏剂、毒杀芬等，这类杀虫剂虽具杀虫作用强、性质稳定残效期长、合成简单成本低等优点，但它们对人畜可积蓄中毒，对环境污染严重，有的已被淘汰，禁止生产使用，总的应用情况呈下降趋势。

2.3.2.2 辛硫磷

浅黄色，常温呈油状。熔点5~6℃，沸点102℃，密度1.18g/cm³（20℃）。难溶于水，易溶于醇、酮、芳香烃，较难溶于脂肪烃，对酸稳定，遇碱分解。

辛硫磷是一种新型、高效、低毒的广谱性有机磷杀虫剂，具有胃毒和强烈的触杀作用。在无阳光直射时降解速度缓慢，残效期长。辛硫磷对白蚁、蠹虫和天牛有很好的毒杀效果。实验表明，防治白蚁的最低剂量为500~700g/m³，蠹虫为14g/m³，天牛为12g/m³。在日本，将辛硫磷加入胶合剂中制造防虫胶合板，用量为800g/m³，胶合板表面残效性极佳。

属于有机磷杀虫剂的还有氯化辛硫磷、倍硫磷、乙酰甲胺磷、溴硫磷、杀螟腈等，它们的药效高，对人畜无积累中毒，木材处理后，对热、光、水等降解因素的稳定性好，也具有较好的残效性。

2.3.2.3 硫酰氟（SO_2F_2）

无色、无嗅、无味、不燃、不爆的气体。熔点-122℃，沸点-55℃，液体密度1.34g/cm³，气体3.52g/cm³。微溶于水，在碱性溶液中水解快。

硫酰氟是一种优良的熏蒸剂，具有渗透力强、毒性低、不腐蚀、不变色、电绝缘性能好、使用温度范围广、用量小、吸附量少、解吸快等特点。-5℃时的蒸气压相当于40℃时溴甲烷的3倍。因此较溴甲烷更易扩散和渗透。对人畜毒性低，人长期接触的安全浓度应低于5mg/L，当浓度为5mg/L时，每天接触8h，或浓度为200mg/L时，每星期接触8h都是安全的。

硫酰氟广泛地用于仓库、港口船舶、木材、农产品、日用商品及文书档案等的熏蒸。对消灭白蚁也有效。使用浓度为300g/m³，熏蒸时间为48h。

2.3.2.4 合成除虫菊脂类

除虫菊脂类药物是一种植物性制剂，它是从除虫菊中提取出的有效杀虫成分的制剂。根据化合物的结构，人工合成的一系列杀虫剂，统称合成菊酯。自20世纪70年代以来，由于它的高效低毒，已成为发展迅速的一类杀虫剂。目前已有二氯苯醚菊酯、三氯杀虫菊酯、灭杀菊酯、氯菊酯、氟氢菊酯等合成药剂，它们具有杀虫能力强、击倒快、残效期长、对人畜毒性低的特点，对防治白蚁也有一定效果。

如二氯苯醚菊酯，常温下为油状液体，熔点35℃，沸点200~203℃，密度1.2g/cm³，不易挥发，难溶于水，能溶于丙酮、甲醇、乙醇、乙醚、氯代乙烷、二甲苯等有机溶剂中，对空气和日光较为稳定，遇碱会分解。对防治木材中蠹虫很有效，据报道，它对昆虫的活性比狄氏剂高30倍，比DDT高100倍。

合成菊酯是一类高效、广谱的仿生杀虫剂，目前虽价格仍较高，生产工艺较复杂，但由于有机氯、有机磷杀虫剂的大量使用而引起环境污染日益严重，所以这类杀虫剂的应用会有广阔的前景。

2.3.3 木材的耐风化药剂

为了提高木材的耐候性能，改善木制品的涂饰效果，近年来，一些研究者采用无机化合物水溶液处理木材表面，它具有以下优点：①可以阻止由于紫外线辐射引起的木材表面光降解；②改善了透明有机涂料对紫外线的耐久性；③改善了油漆和染色剂的耐久性；④提高了木材表面的尺寸稳定性；⑤提高了木材表面和表面涂料的耐腐性；⑥固定木材中的水溶性抽提物，这样可以减少乳胶漆的变色；⑦兼作木材的表面涂料，勿需再行处理；⑧与某些有机处理剂相比，价格低廉，来源方便。

常用的无机处理剂有：三氧化铬、铬酸铜、氨溶铬酸铜和氨溶氧化锌等。其中以三氧化铬和氨溶铬酸铜效果最好。据研究资料报告，采用八种无机处理剂处理了美国侧柏木材的早材，并将处理后的木材置于耐候性试验机中进行人工模拟加速风化试验，得到如表2-13所示结果。

表2-13 木材处理后的耐候性试验结果

处理剂	不同风化时间（h）后的木材表面磨蚀尺寸（μm）			
	440 (h)	840 (h)	1240 (h)	1700 (h)
未处理材	20	80	155	310
铬酸铜	10	15	25	115
氨溶铬酸铜	5	10	15	90
铬酸氨	5	10	40	120
重铬酸钠	5	10	35	130
三氧化铬	0	5	5	20
二氧化锡	25	80	145	250
氨溶氧化锌	20	40	130	260

2.3.4 木材化学保护处理方法

木材化学保护的成功与否，有效的药剂和适当的处理方法是两个缺一不可的关键因素。处理方法的选择既要使药剂进入木材，并尽可能地使之分布均匀。因此处理效果的质量标准是木材的吸药量、药剂的透入深度与分布程度。

木材的吸药量是指木材经处理后，单位体积的木材中所保留的药剂数量，一般用 kg/m^3（木材）来表示。水溶性和有机溶剂型药剂由溶液换算成干质量。采用涂刷、喷淋法作表面处理时，吸药量用单位面积木材吸收药剂的数量表示，记作 kg/m^2（木材）。

透入度和分布程度是指药剂进入木材的深度及其分布状况。透入度可以用化学方法检测，也可在处理材的横切面上用染色的方法测定。分布程度要根据不同需要来确定，有些处理材要求药剂均匀地分布在整块木材中，有些则仅要求在木材浅层分布，还有的要求在边材全部浸透。

2.3.4.1 木材化学处理前的预处理

所要处理的木材不经过适当的预处理就不能获得满意的渗透效果。对大多数保存处理方法来说，都要求清理木材表面，圆木去树皮，木材要干燥，并进行适当的机械加工。对表面光滑程度要求不高的产品，如枕木、电杆、桩木等，用刻痕的方法也是比较普遍的。

1. 选材与剥皮

由于各种木材有不同的防腐要求，所以首先应作的预备工作就是根据不同树种、干燥程度等选材；然后必须将原木的树皮和板方材钝棱外残留的树皮全部剥净，以免影响药剂的透入，剥皮最好在干燥前进行，这样有利于加速木材干燥。

2. 木材干燥

木材的含水率与吸药量有密切关系。如木材含水率很高，木材细胞腔充满水分，即使在较高压力下浸注，木材对药剂的吸收量也受到很大的限制，影响了药剂的透入深度，因此木材处理前必须进行干燥。

处理前木材含水率一般要求在22%左右，采用压力浸注法，含水率可稍高于22%；但用扩散法处理木材，含水率可比较高，即40%～150%。

3. 刻痕

对于难浸注的木材（如心材及落叶松等树种），在室外使用而防腐质量要求较高时，可采用木材表面刻痕法，以提高防腐剂的吸收量和注入深度，同时也可减少素材、防腐材的开裂，并能增加气干速度，特别是采用减压干燥时，其效果更好，可使干燥速度大大提高。

刻痕是在木材表面用类似凿子形状的刃具，按适当的间距刻成一定大小的裂缝状凹穴，它是在刻痕机上完成的。有的木材只在一个表面刻痕，对于难浸注的枕木则要四面刻痕；电杆则在其接触地面部位附近刻痕。

2.3.4.2 常压处理法

常压处理方法就是对处理材不施加人为的压力。药剂浸注木材的理论基础是充分发挥木材的毛细管作用，在常压下通过木材本身的毛细管吸收透入木材内。常压处理法的效果要比加压法差，但这类方法比较简单，不需要复杂的、成套的工业设备，便于现场操作。若严格按规程操作，也能达到满意的效果。

1. 涂刷法

这是一种最简单的表面处理方法。其特点是简便，所需工具仅刷子和容器，但劳动强度大。该方法适用于手工处理少量木材、建筑上已被危害木材的现场处理，以及无法采用其他方法时的处理。为了使药液尽量从木材表面渗透到内部，木材必须充分干燥，表面要干净，涂刷的药量尽可能多，最好涂刷两次以上，而且第二遍涂刷要待上一遍涂刷的药液干燥后进行。粗糙表面的木材比光滑面可多吸收药剂，浸透深度也略可增加。用此法处理的木材，药剂透入的深度约2mm，因此在木材完成最后加工后再进行处理比较经济。

涂刷法常用于油溶性防腐、防虫剂，高浓度（8%～10%）水质防腐、防虫剂或低黏度油类防腐剂。对于注入深度要求较深的室外用材，以及与地面接触的用材，不适合采用此法。

2. 喷淋法

该方法是用喷淋设备将配制成一定浓度的药液直接喷洒（射）到处理材的表面，所以也是一种表面处理方法。与涂刷法相比，工效有较大提高，但因操作时药液飞散，在操作安全性、环境污染和药液损失方面带来一些问题。适用于新锯板方材、新伐原木的防腐、防虫、防霉等短期保管以及建筑工地、正在使用着的木材等现场处理。

为了提高效率和减少药液损失，可采用一种称为隧道喷淋法的机械化处理方法。处理过程是板材在运输机械上缓慢地（15～60m/min）通过一条短的隧道（1～1.5m）时，药液从木材周边喷淋出来。多余药剂从隧道底部排出，由泵送回贮槽，可重复利用。这种方法的优点是方便、快速、药液利用率高、无污染。

3. 浸渍法

该方法是将木材放在盛有药剂的敞口处理槽中浸泡，浸泡时间根据用材要求、树种、断面尺寸、药剂类型等决定，从几秒钟到几天不等。短时浸渍一般由数秒到数分钟，主要用于新锯板方材及木结构成品或部件的防霉、防腐和防虫；长期浸泡时间可为数小时到数天，主要适用于桩木、柱材、坑木等圆材的防腐、防虫处理。

在浸渍过程中，对升高温度能降低黏度或易于溶解的药剂（如防腐油、硼酸等），则在浸渍槽中配置加热装置，以提高浸泡效果。为防止木材浮起，可制铁框，将浸泡木材放入框中，加重物压住或用螺杆固定在药液中。

4. 热冷槽法

这是一种常压处理中十分有效的方法。其工艺原理是将木材置于药液中加热，随着木材内温度的上升，木材中的空气膨胀，内部水分蒸发，此时木材内部的压力高于大气压，空气和水蒸气从木材中排出，随后使之快速冷却，木材内的空气因冷却而收缩，未排出的水蒸汽也冷凝，这样木材内部就产生部分真空。由于在木材内和冷液之间存在着压力差，使得药剂被吸入木材。

热冷槽处理因设备不同有三种操作方式：一是单槽定置式，即木材在同一个处理槽内加热蒸煮，然后冷却至常温；一是单槽交流式，即木材在一个槽内蒸煮加热到一定程度后，很快地将热药液排至热液贮槽中，然后立即向热的木材注入冷的药剂；另一种是双槽交替式，即盛热药液的热槽和冷药液的冷槽各一个，木材先在热槽中加热到一定程度后，很快地转移至冷槽中冷却。这三种操作方式中，第一种设备简单，但作业时间长，后两种处理时间短，生产效率高，以第三种方式较为实用，处理质量也较好。

热冷槽法适用于各种用材，既可就地处理，也可设置车间处理，可用于建筑木构件、桩柱、坑木的防腐、防虫处理。热冷槽蒸煮浸渍的时间因树种、尺寸、药剂以及热冷系统的效能而定。一般热槽的时间6h以上，对于小尺寸、干而易注入的木材2~3h即可；冷槽的时间2~5h，而对于单槽定置式，冷浸时间可达15~20h。处理温度主要因药剂种类而定，采用防腐油，热槽温度90~110℃（干材取下限，湿材取上限），冷槽温度30~35℃；采用水溶性药液时，热槽温度80~90℃，冷槽温度以大气温度为准（但在冬季时不能低于4℃）；若用含铬盐防腐剂，热槽温度不超过78℃；含铵或醋酸成分的药剂，不超过45℃；有些水溶性药剂不适合采用热冷槽法。

5. 扩散法

该方法利用水溶性药剂的分子从高浓度向低浓度扩散的作用达到药剂透入木材的目的。因此，它要求木材有相当高的含水率，一般要求在45%以上，有的木材可达60%~80%。处理溶液浓度一般在5%以上，有时可高达10%~20%。扩散法多用来处理云杉、冷杉等难浸注木材，它可以达到边材的全浸透，但需要较长的时间。处理圆材要先剥皮，对新锯解的板材，最好在锯解后立即处理，以保持板材的高含水率。处理药剂为水溶性盐类防腐剂，如八硼酸钠、氟铬砷酚、铜铬砷、硫酸铜、氯化锌、氟化物等。

扩散法的操作过程是把高浓度的药液涂刷在木材表面（或制成浆膏涂布），也可进行浸泡，使药液附着在木材上，然后把木材堆起来，用塑料薄膜包裹密封，至少放置4周以上（长的可达2~3个月以上），让药剂以木材中的水分为介质向内部渗透。这种方法适合于室内或室外涂刷油漆的木材，但不能用于经常水湿或接触地面的木材。

6. 熏蒸法

在适当的温度、密闭的场所内，利用低沸点的药剂（可以为气体、液体或固体）挥发所产生的蒸汽扩散到木材中，毒杀木材菌虫的方法为熏蒸法。熏蒸的药剂称熏蒸剂，常用的有磷化铝、磷化氢、氯化苦、硫酰氟、溴甲烷、二硫化碳、四氯化碳等。

熏蒸法在木材保护中主要用于已受昆虫危害的木材的杀虫处理，如带虫原木、板方材、木器制品、木结构建筑等，处理时将虫害木材置于密闭场所，如密封容器、帐幕、房屋等，短期内使熏蒸剂蒸发的气体达到菌虫死亡的浓度。这种方法虽能同时杀虫灭菌，但大多只能暂时起到杀虫、灭菌作用，等这些药剂挥发后，如木材保存条件不当，仍将遭受虫害和菌腐。

2.3.4.3 加压处理法

加压浸注是将木材放入特制的密闭罐内，用压力将处理药剂注入木材内部。此方法能取得较好的注入深度，并能控制药剂的吸收量，生产效率高，适用于量大、质量要求高及难浸注木材的处理，是当前最有效、最重要的工业处理方法。

加压处理需要一些专门的设备，它包括一个能承受一定压力的圆筒形钢罐，在两端或一端具有能启闭的罐门，罐内有加热管、道轨和防浮装置等。必要时另设一个全封闭的机动罐，用以加压注液，还有贮药液罐、计量罐、药液调制罐等。并附有泵、空气压缩机、真空系统、控制仪表和其他装备。常见的木材加压处理装置原理如图2-1所示。

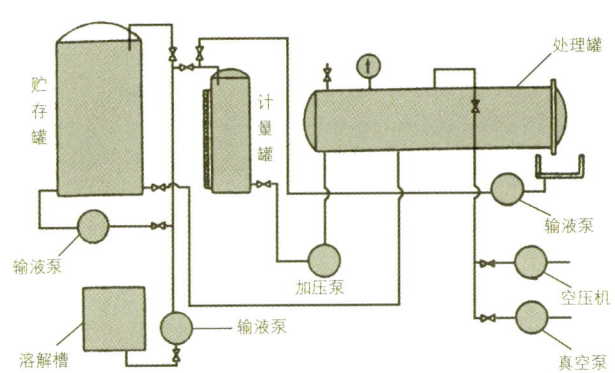

图2-1 加压处理装置原理图

常用的压力处理法有满细胞法、空细胞法和真空法三种形式：

1. 满细胞法

又称全吸收法和真空—加压法。该法能使木材细胞最终全部被药液充满，所以木材内能保留最大数量的药剂。一般适用于水溶性药剂，使用条件恶劣（如海港桩木）的煤杂酚油处理的木材，而不用于有机溶剂型药剂。适于处理木建筑材、枕木、坑木、海水中的桩柱等。

满细胞法的处理过程如图2-2所示。整个处理过程可分为以下五个阶段：

（1）前真空：木材装入处理罐，关闭罐门后，向处理罐抽真空，使木材内部空气逸出，便于药液注入后能很好地透入木材。一般真空度为-80~-85kPa，保持时间15~60 min或更长，决定于木材浸注的难易程度，难处理材需加长

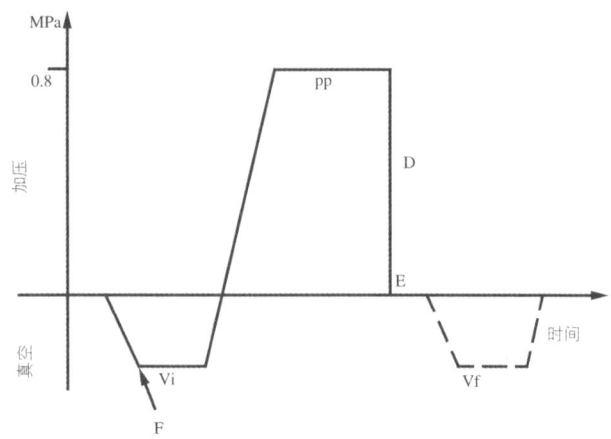

图 2-2 满细胞法操作曲线图

真空保持时间。

(2) 加入药液：在保持真空度不变的情况下加入药液，直到溶液注满处理罐为止。为了保证处理效果，有时还需加温，水溶性防腐剂不应超过50℃，防腐油温度为95~110℃。

(3) 加压：当处理罐全部被药液充满后，解除真空，开始升压，压力逐渐提高到0.8~1.6MPa，然后保持该压力至规定的药剂量注入木材为止。通常压力过程需保持至少90min，难浸注材可达数小时。

(4) 药液排出：加压阶段完成后，解除处理罐中的压力，排空罐中的防腐剂溶液，包括从处理材中冒出、滴落的防腐剂。从处理材中排出药液是不可避免的，大约占防腐剂总吸收量的10%左右，因为木材组织内部始终存在着压力的反作用，一旦卸压，已被木材吸收的部分药剂会被作用力排出木材。排出的药液被泵回贮存罐。

(5) 后真空：这一阶段在满细胞法处理时并非必须。仅当处理材要求表面干净和处理罐周围少滴落防腐液时，才需这一阶段。处理药液排空后，立即向处理罐抽真空，一般真空度-60~-80kPa，时间大约为15min。

2. 空细胞法

顾名思义，用该方法处理后，木材细胞腔内的药液基本被排出，是空的，仅使细胞壁浸透或涂上一层药剂。这种处理方法又称定量吸收法，有两种作业方式：劳莱（Lowry）法（半定量法）和李宾（Rueping）法（定量法）。

劳莱法是处理罐在大气压下输入药液，然后加压，最后抽真空。李宾法是在处理罐输入药液之前先加压，使一部分空气进入细胞腔，以阻止部分防腐剂的透入，同时能增加抽真空过程中药液的排出反应。引入药液后的加压和真空过程与劳莱法相同。

空细胞法的处理过程如图2-3所示。整个处理过程包括以下几个阶段：

(1) 前空压：木材装入处理罐后，将压缩空气引入密闭的处理罐中，压力约0.2~0.4MPa，目的是迫使一部分空气进入木材并压缩之。预压持续时间15~30min。压力的大小和持续时间的长短视树种浸注难度及对防腐剂吸收量的要求而定。如果是易浸注树种，又要求低的吸收量，则要求较高的压力和持续较长的空压时间。此阶段为李宾法专有。

(2) 加入药液：李宾法在加入防腐剂过程中要一直保持预压力。防腐剂可从罐底部压入，罐中的压缩空气以适当的速度从罐顶部排出，以保持罐内压力不变。如工厂装备良好，可在处理罐上方安装一个李宾罐，李宾罐内的压力与处理罐中一致，操作时，使防腐剂自李宾罐依靠重力向下流入处理罐，同时压缩空气回流入李宾罐。劳莱法是在常压下完成加药液过程。若处理药剂为防腐油，则入罐前应加热至95~110℃，并把这一温度保持到整个处理过程结束。

(3) 加压：当处理罐全部被防腐剂充满后，开始加压，压力逐渐提高到0.8~1.2MPa，保持该压力至规定的总吸收量达到为止。一般需3~5h，对于针叶材和较轻软的阔叶材，压力取低限。

(4) 药液排出：加压阶段完成后，解除处理罐中的压力，此时木材细胞腔中被压缩的残留空气迅速膨胀，反冲出大量的防腐剂，有时可达总吸收量的60%。排出的药液被泵回贮存罐。

(5) 后真空：主要作用是部分地从木材中抽出过量的防腐剂，确保木材从处理罐中取出时无滴液现象。一般真空度-66~-80kPa，时间30~60min。

空细胞法适用于易浸注木材和边材宽的木材，而较少地用于难浸注树种的处理。如今该作业法常用于防腐油处理枕木、桩柱和电杆等，也能用于处理水溶性和有机溶剂型药剂。最大的优点是节约防腐剂，特别是使用成本较贵的防腐剂处理时，效果更明显；处理材表面较干净。

3. 真空法

真空法的原理是在真空下使木材中的空气排出，成为负压，然后，利用大气压与真空的压力梯度差使药剂进入木材细胞。有时为了增加透入度，也施以较低的间歇压力。双真空法是在第一次真空处理后再抽一次真空，使处理木材中多

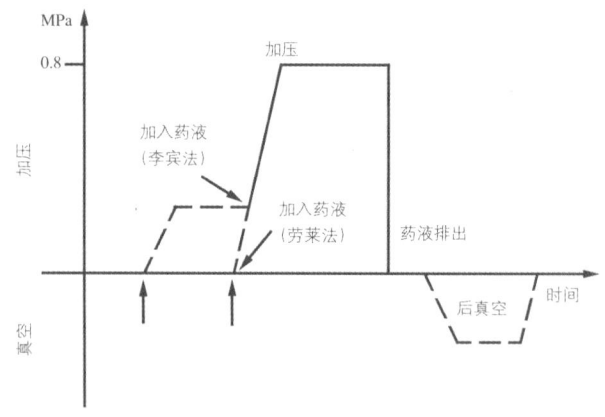

图 2-3 空细胞法操作曲线图

余的防腐剂被抽出。如果在真空处理中使用了极低的压力，则这种方法也称低压处理法。

真空法处理过程分几个阶段，如图2-4所示。单真空法和双真空法仅有很小的区别，双真空法只是在药液排出阶段之后再进行第二次抽真空。

(1) 前真空：木材放在处理罐中，用重物压住，向处理罐抽真空，使木材组织中空气逸出，一般真空度为－84kPa，时间10~15min。

(2) 加入药液：在输入药液过程中，处理罐中一直保持同样的真空度。在真空条件下，药液产生空气、蒸气或有机溶剂挥发的气体，注意不要使它聚集在容器顶部，否则会使木材暴露在气体中，影响处理药剂的吸收。

(3) 空压或低压：只有当处理罐全部为溶液所充满，或木材全部为溶液浸没后，空气才能进入整个系统。空气压力（大气压）维持20~60min。对于难浸注树种，有时还需要附加10~30kPa的低压。在这一过程中，要注意使溶液没过木材，并保持足够的液面高度，以避免木材吸收药液后，液面下降而露出木材，影响处理效果。

(4) 药液排出：待所需的总吸收量达到后，处理罐中的药液全部排空，溶液被泵回贮存槽。

(5) 真空：真空度约－66kPa，时间约20min。后真空抽出木材中多余的药液，并使木材表面干净。待木材中多余药液滴落干净后，将罐中药液泵回贮存槽。

真空法处理效果好，设备比加压法简单。处理罐不一定是圆形的耐压罐，而可以是壁上焊有加强筋的方形槽罐，以提高有效装载容积。处理成本比加压法低。

真空法适用于有机溶剂型药剂的处理，处理材一般不用于与地面接触部位，而用于中等危害区域，如门、窗、结合件、屋架和椽子等，非常符合木材工业的要求。这类药剂处理的优点是避免了木材在水溶液中的膨胀，防腐剂不溶于水，避免了使用中防腐剂的流失，溶剂挥发快，木材处理后几天就可进行胶合、油漆和砂光等后续加工。

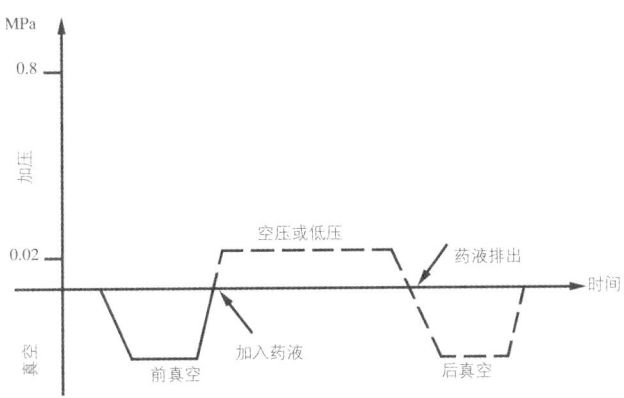

图2-4 真空法操作曲线图

参考文献

[1] 周慧明主编. 木材防腐. 北京：中国林业出版社，1991
[2] 成俊卿主编. 木材学. 北京：中国林业出版社，1985
[3] 中国林学会主编. 木材防腐和防虫. 北京：中国林业出版社，1983
[4] 尹思慈编著. 木材品质和缺陷. 北京：中国林业出版社，1990
[5] 陈允适，李武编著. 古建筑与木质文物维护指南. 北京：中国林业出版社，1995
[6] F.F.P. 科尔曼等著，江良游等译. 木材学与木材工艺学原理实体木材. 北京：中国林业出版社，1991
[7] 南京林产工业学院主编. 制材学. 北京：中国林业出版社，1981
[8] 陆继圣主编. 制材学. 北京：中国林业出版社，1998
[9] 王维章等编. 贮木场. 北京：中国林业出版社，1984
[10] 屋我嗣良等编. 木材科学讲座12 保存.耐久性. 日本：海青社，1997
[11] 日本木材保存协会. 木材保存学入门. 日本：平成10年

木材改性 3

木材是天然材料，本身有很多优点，但也存在许多缺点。主要缺点为其吸湿性，尺寸不稳定，各向异性，易腐、易燃、材色不均匀和强度不够高等。木材改性的目的就是通过一系列物理、化学处理使木材的优点得到进一步加强，使木材缺点得到不同程度的改进。我们将能改进木材性能的各种处理称为木材改性。木材工业范围内的木材改性主要包括以下几方面的内容：①材色处理；②尺寸稳定性处理；③软化处理；④强化处理；⑤木塑复合材；⑥木材塑料化；⑦木材脱脂处理；⑧防腐处理；⑨阻燃处理；⑩防风化处理等。

3.1 木材材色处理

3.1.1 木材的材色和变色

木材作为加工材料时，选择的标准通常从以下三方面来考虑：①材性好；②形体足够大；③材色好。在满足前两者条件下，考虑如何处理材色，这就是材色问题的出发点。

3.1.1.1 材色问题及其背景

木材是天然材料，就材色问题大致可归纳为三类：①即使在同一树种上也存在色差；②木材受光线照射后，材色变化过大，且不稳定；③因材色不好，想改变原有的材色。

木材的颜色是木材中化学成分吸收光所造成的，即光被木材吸收，残留的光再反射到人的眼睛里作为颜色而呈现的。此外，光的变色也是从木材中化学成分吸收光线开始，化学成分由于吸收了能量而改变了颜色。能吸收阳光和萤光灯的木材化学成分几乎都是抽提物，也与木素有点关系，而与纤维素和半纤维素无关。因而对于解决上述提出的三类材色问题的基本理念是采用何种方法来取出抽提物。

第一种方法是取尽全部抽提物。它应用于材面出现斑点的场合。但用现有的技术要把细胞壁中牢固吸着的抽提物全部除去是困难的，此外，在方材等内部的抽提物更难除尽。

第二种方法是把抽提成分破坏。这是采用漂白的方法，用漂白剂处理后，抽提物被破坏，材色变白。这与欲保留一定颜色的要求并不一致，此外在现有漂白技术下，随时间的推移，被破坏了的抽提物尚有化学活性，而重新成为着色物质，即材色的回复仍不能完全避免。

第三种方法是采用化学反应，抽提物能变成稳定的聚合物质。采用这种方法可以防止光变色。化学着色的原理也是采用这种方法，抽提成分附着在细胞壁上，利用它来作化学着色，条件是只能在木材上着深颜色。此外抽提成分是随树种而异的，在某一树种上成功的方法，不能推广到所有树种上。

第四种方法是必须弄清抽提成分作用的限界，控制在限界之内。若超出限界的处理，会产生出所不希望的着色效果，例如材色发暗等。因此在处理材上如何能保持原有亮度的处理，是该方法的重要课题之一。

3.1.1.2 材色的组成和色散

向水桶中滴入一滴绘图墨水，水会着色。木材的色素也是同样，沾上极少的物质，就能使木材的材色变化。材色问题是与这极少的物质有关联，本段仅考虑色素是如何产生的，以及改变色素量方面的各种因子。

1. 由个体而引起的材色差异

木材的材色问题主要是指心材问题。如花榈木边材几乎是白色的，心材由赤色向咖啡色转变。木材中能产生树脂、色素等抽提成分的是薄壁细胞。树木在生长时，树皮内侧的形成层每年能生产出各类细胞，其多数当年即死亡，活细胞不足20%，仅薄壁细胞能生存近10年。薄壁细胞在死亡前出于某种需要，开始制造出抽提成分，这时木材中就出现树脂和色素等抽提成分，薄壁细胞一死亡，该部分木材即成为心材，抽提成分即成为木材的着色物质，使心材染上颜色。

薄壁细胞制造抽提物的工作，随个体不同而不同。即使是同一树种所产生的色素量也不同。此外多数树种这种工作在一年中的秋季至冬季期间进行，因而木材的材色深浅不一是普遍的。确切地说薄壁细胞制造出的物质，在多数情况下是色素的前身，在心边材交界处的酚氧化酶等的作用下，将前身变成色素。氧化酶不仅在心边材交界处有，在心材中也存在。树木伐倒后相当长时间内心材继续变色可说明这问题。某些树种伐倒后如立即制材，酶接触空气后，由于发挥活力，使木材表面颜色变得显著。氧化酶在伐倒木内部慢慢丧失活力与多种因子有关，空气逐渐替代水分，抽出成分染进细胞壁的情况随个体的情况不同，因而所产生的颜色也不同。

2. 由树种引起的颜色不同

由树种引起材色的不同和由同一树种因个体引起的不同，两者是完全不同的原因。如把后者作为量的问题，而前者是质的问题，即是抽出成分种类不同的问题。该问题不仅是由树木的生长环境的不同而产生，而且由遗传因子所决定。抽出成分的种类大体上由包含该树种的属所决定的。为此必须正确确定木材的命名及其分类。所谓抽出物对针叶树来说常统称为树脂。如在松树上抽出的树脂，严格地说是近100种化合物的总称。树脂普通是无色的，而在这些中间也有沾上颜色者，因而对于针叶材来说树脂是材色的起因物。对于阔叶树材来说还没有像针叶材树脂作为抽出物那样代表的名称。如果说较多者则是单宁。单宁是有明确定义的词，普通作为酚类的代名词。酚类使用的最小单元是石炭酸，这类构造在化合物构造的一部分上存在时，把这种化合物称为酚类。单宁的构造上有酚类，其自身也常显示颜色，而且易变成着色者也是酚类的特征。因而在阔叶树中，单宁是颜色的起因物的说法，是相当正确的。

3.1.1.3 木材的光变色

1. 光变色、空气变色、酶变色

树干中与变色有关的化学成分很多，可统称为变色关联成分。此外树干中存在许多酶，与变色关联的酶也很多，其中之一是氧化酶。这些酶在树木伐倒后尚有一个月至一年的时间仍能在木材上显示活性。酶的作用如一接触空气就会变激烈起来。在酶具有活力时，原木材面一接触新鲜空气，就会急剧地变颜色。又如黑核桃、铁力木、榆木等树种，在不接触空气时，由酶而产生的变色似乎也在缓慢地进行。尽管与变色相关联成分的种类很多，而因酶的作用而变色的关联成分与光和空气的作用而变色的关联成分，在很多场合似乎是同样的。有以下几点可以证明：

(1) 铁力木等在酶的活性已丧失后，光照射后产生的颜色，与因酶和空气作用所产生的颜色非常相似；

(2) 采用立枯和叶枯等把酶的作用尽可能长期保持的那些伐木方法，自古以来在防止木材的光变色方面也被采用；

(3) 在酶的活性消失了的木材上，在空气中不见光的场所放置一年后，木材和一年前相比，光变色的程度减半。

2. 光变色的官能团

光变色是木材吸收光，从化学反应开始，进行到眼睛能见为止。木材所吸收的阳光是波长比290nm长的波，而人眼能见的光是波长比400nm更长的光。因而眼睛不能见到的化学成分，即不感受颜色的物质，它也能吸收光，反应形成光变色的化学键，产生了木材颜色的改变。眼睛不可见的光，如近紫外线，在光变色中似乎起重要的作用。当光线照射75种树种的木材时，试验结果表明：由近紫外光变色的占62%，可见光变色的占28%，结果不明确的占10%。

在化合物的构造中，能起化学反应键的部分称为官能团，在吸收近紫外光的官能团中间，在木材中含有最多的一种是羰基(>C=O)，而羰基在吸收光而赋予反应状态的时间，一般来说较长。另一方面如羰基组合在特殊的构造之中时，在其周围如不给予氢的物质，即使进行了光的吸收，也不能起化学反应，而又重新回到原来状态者也很多。处在木材之中的羰基的设置状况，如从木材使用环境等方面来考虑，羰基在木材变色中所起的作用，远比一般光反应中羰基的重要性要小，在由木素而引起的变色中起重要的作用。

酚羟基也是易引起光反应的官能团。酚是含酚羟基的最简单化合物，吸收约350nm为止的近紫外线。酚羟基组合于更复杂的构造之中时，那种化合物就能明显地吸收可见光，酚类容易发生光变色。木材是酚类的丰富库藏，酚羟基也是光变色的化学键。

对于光变色的有深色化和浅色化，前者称变色，后者称褪色。变色是由紫外光引起，褪色是由可见光引起，变色似乎是由酚(近紫外光吸收物)引起的为多，褪色是由醌(可见光吸收物)引起的为多。

3. 光变色进行的方式和原因物质

光变色可分成二类：

第一类是变色以非常快的速度进行的。光变色的快慢随树种而异。光变色快慢的测定是采用以一定时间的光照射下吸光度的增量△E(Lab)作为基准。通常的木材如柏木、椴木、水青冈等△E为0.3以下，而最容易变色的木材如桃花心木为1.2～1.5。光变色随树种而异是因为木材中所含与变色有关联的抽出成分不同。如菲律宾异翅香(阿必通的一种)等光变色严重的树种，用其木粉将有机溶剂抽提后的光变色，出现与普通木材同样程度的变色。故这类树种的变色可看作是由抽提成分而引起。而桃花心木、蚌壳树等的光变色与抽提处理与否关系较小 (表3-1)。

第二类变色是向人们不喜欢的颜色方向变化。如南洋假漆树(*Gluto* ssp.)当光线照射后呈红色，因而失去了装饰价值，

表 3-1 素材和抽提处理木材的光变色

树　种	抽提前 △E(Lab)	抽提后
扁柏	0.34	0.39
日本大叶椴	0.10	0.12
棱柱木	0.26	0.30
菲律宾异翅香(阿必栋)	0.80	0.30
桃花心木	1.50	1.20
蚌壳树	1.30	1.50

注：表中数值是经 6h 光照后的吸光度的增量 △E(Lab)

多数可采用预先染红。该木材光变色的大小用吸光度的增量 △E 表示时为 0.5，用有机溶剂预先抽提木材的 △E 为 0.3，所以认为抽出成分是光变色的主因物。南洋假漆树中有二种聚丙烯腈纤维(奥伦)，其含量约为 0.5%。这种黄色的奥伦被光照射后，就会形成赤变，因此它是形成不良赤变的原因物。如预先破坏奥伦的羟基，由奥伦造成的赤变能得到防止。所以可以认为酚羟基在变色中起了重要的作用。作为不良变色的其他代表例子如非洲柚木等，往往由白色的木材褐变而带黑色，在木材中都含有反式二苯乙烯(芪)。

4. 光变色的机理

光变色因何种化学构造进行变化，目前尚不十分清楚，光异常变色大体可认为有以下两种形式：①是含酚类的聚合，如两个简单的酚分子结合起来。如花旗松、香肖楠等木材符合这类情况；②是起因于官能团的特殊配置。和花颜色变浓时的变色一样，例如查尔酮(苯丙烯酰苯)是属在同一分子内变化而形成的变色。

3.1.1.1.4 色斑

木材的颜色部分的改变是经常所见，也是很讨厌的。常以"斑点""污点""石灰点""脂点"等形式出现，统称为色斑，产生原因是多种多样的。

1. 树木生理与色斑

树木生长时边材部受微生物侵蚀，为了保护自身，细胞活动按包裹伤痕的形状形成，并制造出多种抗菌物质，而其中之一是总称为酚类的着色物质，它在接触空气后形成颜色物质。化学物质从微生物侵入部位逐渐形成向周围扩大的形状，构成带状，在木材上就呈现断续的色斑。这种色斑在一种称为高含水率材(Wet wood)上是经常出现的，如冷杉、南洋杉、杨树等树木伐倒后，在其横断面部分木材呈黑色，且较周围木材更湿润。更湿润部分的木材是细菌(bacteria)侵入的部位，该部位除水分多外，抽出成分也多，而水分蒸发后，残存抽出成分，多数情况下经氧化成成浅黑色的条纹带。

此外树木边材部如果产生裂纹时，抽出成分与微生物侵入所形成的略有不同，与心材化过程中形成的几乎是一致的。而积存于裂隙中的抽出物的颜色可以是白、红、黑等多种多样的。这些在树木生长时，边材中所出现的色素，随心材化进入到心材中，这就是在利用过程中所见的色斑。

2. 木材加工与色斑

树木心材中具有抗菌物质，伐倒后随环境的改变逐渐失去抗菌能力，微生物能从木材横断面侵入，形成断面色斑。

加工中木材与铁接触，在接触面也能形成色斑。这种着色与木材中的单宁含量和木材含水率有关，这种色斑是木材中的单宁与铁结合成螯形物而生成的。在制材干燥时产生色斑的原因是抽出成分在表面集结而成。干燥时溶于水或溶于松节油的抽出物随水分和油类向材表移动，水分和油类挥发后，抽出成分残存表面。抽出成分如含有酚类等时，由于受空气的氧化，成为着色物。花旗松上的色斑就属于这类干燥色斑。此外，加工中如果木材处于酸或碱性状态时，木材也会形成酸变色或碱变色的色斑。

3. 由无机物造成的色斑

由无机物造成的斑点在热带材中是经常出现的。根据其程度和无机物种类，又可称为"全部色斑"、"石灰色斑"、"硅色斑"等。无机物积聚在细胞中被认为是树木生理异常现象。因而即使是同一树种，由于个体的不同，亦有含有者或不含有者之分。但根据树种的不同是明显不同的。出现率高的树种有南洋假漆树、小杬果、菲律宾娑罗双树、龙脑香树、柚木等。而无机物的种类是以硅(二氧化硅)、草酸钙、碳酸钙、琥珀酸铝等四种为主。其中硅和草酸钙占过半。可利用碳酸钙溶于醋酸，草酸钙溶于稀盐酸，硅仅能溶于氢氟酸之中等方法进行鉴别。

3.1.2 变色的防止

变色是材质劣化的最初状态。它和腐朽、开裂等相比，强度没很大降低，一般认为是表层的轻微变化，但变色使木材的纹理和色调的美观程度受到极大的损伤。变色的防止是在抑制木材劣化的同时，防止审美价值的降低，具有双重意义。

引起变色的要因有生物的、化学的和物理方面等多种原因。关于其出现的时期，有立木时已存在，也有伐木后和污染源接触立即发生，或经长时间接触才呈现等多种形式。关于变色的原因不仅是因为木材中固有的物质，也有从外面所给予的。

在考虑防止变色方面，首先考虑的是处理方法要简单、安全、价廉、有效。以下分别概述。

3.1.2.1 光变色的防止

光变色在日常生活中是常见的。诸如木质板壁上挂日历，日后有痕迹残留等。光变色现象根据树种的不同是各色各样的，有光照后颜色变深的材，有褪色的材，也有深色和褪色反复进行的材等。表示颜色的指标如色相、彩度、明度等也会有各种各样的变化。这显示了与变色关联的成分和构造不是单一的，因而对光变色防止的方法也应作多样性的要求。

作为光变色之一的机理，木材吸收紫外光引起光化学反

表 3-2 光变色的原因和对策

原　因	对　策
紫外光的照射	紫外光的遮挡
存在有光的吸收构造	羰基()C=O)和碳碳双键()C=C()的变性
有氧的存在	氧的遮挡和臭氧的捕捉
反应基的生成	反应基的捕捉
着色物质的生成	分　解
有变色前驱物的存在	抽出去除

表 3-3 氨基脲对光变色的抑制效果

树　种	光照射10h后的光变色度 $\triangle E$(Lab)	
	未处理	添加氨基脲处理
樱　树	15.55	0
胶　木	15.5	3.8
紫　杉	15.0	5.9
花旗松	12.0	3.2
库页冷杉	10.4	4.0
北美红杉	9.1	3.1
日本扁柏	7.9	2.3
北美云杉	7.5	2.1
榉　树	7.4	3.2
美国铁杉	6.2	2.5

注：照射源：碳电弧光衰减计，氨基脲添加量 $11g/m^2$

应，生成着色物质已为明确。在反应的过程中产生反应基，而空气中的氧像接受交联的催化剂那样发生作用。从这些出发作为光变色的防止方法，可考虑如表3-2那样的对策。

1. 紫外光遮挡

可用吸收紫外光的物质作表面覆盖。如2,4－二羟基二苯甲酮这类紫外光的吸收剂，可把400nm以下的光吸收，而可见光几乎不吸收。这类物质因吸收紫外光能改变构造，而把吸收的光能马上作为热能放出，恢复到原来形状。因为它是可溶解于有机溶剂的粉末材料，使用时可溶于甲苯和酒精中，再混入涂料中涂刷。此外木材本身也是一种紫外线的吸收剂，这种混入涂料法是遮挡紫外线的较好方法。另有利用白色颜料如氧化钛和氧化锌，不仅对紫外线有100%的遮盖率，对可见光也有60%的遮盖率，因而这种涂布也起到抑制变色的作用，又由于其本身是白色的，故对白色材有效果。而添加量过多时，会使木纹模糊，涂布量以固体成分为 $0.5g/m^2$ 为限。再者如含有紫外光吸收剂或混入颜料的维尼龙薄膜也能作为木制品的包装和展示标本的覆盖材料。

2. 光吸收构造的变性

作为光吸收构造的羰基和碳—碳间双键，把这些改变成光不吸收构造的方法之一是添加氨基脲。使它和羰基反应，生成缩氨基脲。氨基脲是一种无色无臭的粉末，也不受剧毒物的限定，可制成30%的水溶液，用 $35g/m^2$ 的用量涂布，在常温下放置一昼夜。这种方法对初期变色的抑制是特别有效的。见图3-1，表3-3。光变色度 $\triangle E$ 的数值在3以下的变色肉眼下不能识别。

此外利用氢硼化钠(NaHB)、维生素C、亚硫酸钠、亚硫酸氢钠等还原剂，溶于水中涂布也有效果。氢硼化钠发生反应后，因产生碱性，有使材面变黑的情况。变性处理有时也会使材色稍微变白，这是由于变性构造也能吸收可见光的缘故。

3. 氧的隔绝和游离基的捕捉

引起变色的紫外光仅能进入到木材表面以下的0.075mm的深度，因而把最表层组织和氧隔绝就可以，后述的用塑料把木材表层细胞间隙填充的WPC处理能达到此目的。

作为捕捉游离基的物质，有如2,4,6－三甲基酚那类氧化防止剂，将它溶于有机溶剂之中，在材面上涂布。为了避免溶剂挥发后，该防止剂超出表面，添加量限于 $5g/m^2$ 为止。

4. 着色物质的分解

涂布聚乙烯乙二醇后，经光照材面逐渐变白。图3-2是表示在菲律宾柳桉材上的应用结果。曲线起段白色度下降是光照初期的暂时着色。然后开始白色化，聚乙烯乙二醇因光分解生成过氧化物。经光照把木材中产生的着色物质逐渐分解。实验表明，涂布聚乙烯乙二醇对虾夷云杉等本来是材色浅的材是有效的，而对于原来材色深的材是没有效果的。为

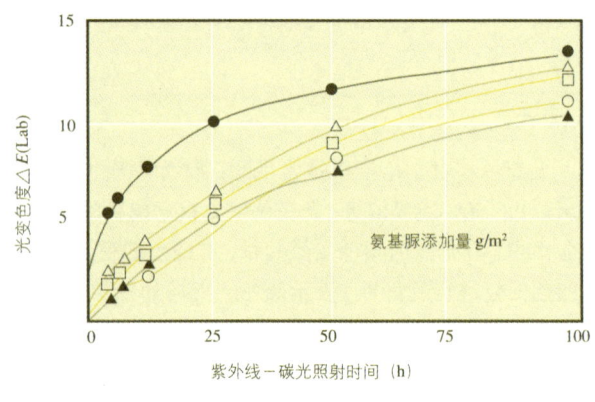

图 3-1 氨基脲对落叶松光变色的抑制效果

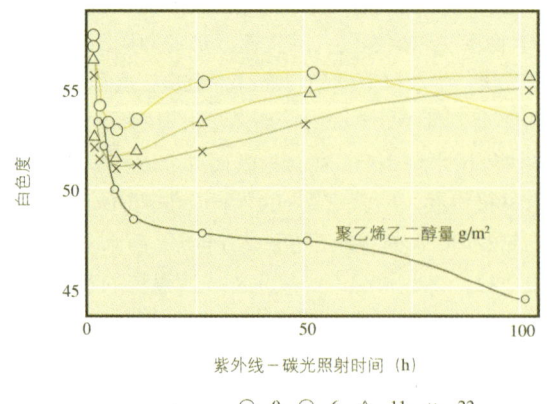

图 3-2 添加聚乙烯乙二醇的菲律宾柳桉材随光照后白色度的变化

了提高渗透性，避免产生湿润色，聚乙烯乙二醇用平均分子量4000者，在水和酒精（1∶9）的混合液中溶解成30%的浓度，使用35g/m²的量作涂布。当涂布木材接受透过玻璃的光时，因具有浓色化影响的紫外光部分被切断，而具有浅色化作用的450nm左右的光相对地被突出，所以白色化的倾向能越发加强。

5. 变色前驱物质的抽出

引起变色的物质是属于溶剂可溶成分时，可采用预先在溶剂中浸渍去除的方法。如花旗松、铅笔柏可用酒精抽提使变色减少，抽提温度从抑制热变色的角度出发用50℃左右。用新的溶剂反复抽提，如果抽提不完全，使变色成分集积于表面，反而会引起大的变色。此外伴随抽提处理，往往会把该材原来的着色成分除去。如大洋洲蔷薇木用苯抽提后，不再具有特有的赤茶色。

3.1.2.2 微生物污染的防止

原木和制材后的生材中，因含有淀粉类的碳水化合物，也有适量的水和氧，在温暖的空气条件下，菌类能急剧地繁殖。其结果因菌自身的颜色、菌的分泌物和木材成分的反应等原因，在木材繁殖部分呈现特有的色调。在短期内能繁殖，而使木材着色的微生物，大致可区分为子囊菌类、担子菌类和不完全菌类。

子囊菌类：引起木材青变的青变菌是该类代表菌种，在边材内部繁殖，因不分解木材细胞壁物质，木材强度并不降低，侵入后木材呈青、红等颜色。

担子菌类：如伏果圆柱菌（干腐菌）等贮木时从横断面侵入风化木材的菌类，统称为木材腐朽菌，侵入后木材呈茶褐色及灰褐色等，强度也逐渐降低。

不完全菌类：被称为霉菌者是其中之一，并不侵入到木材内部，多在表面繁殖，呈黑、紫、赤等色彩鲜艳的颜色。

为了防止这些污染，在生理方面有以下几种方法：

1. 水分和温度的降低及氧气的隔断

可进行人工干燥来降低水分，或选择通风良好的堆积。菌类发育一般在10~50℃时盛行，故可在制材后采用低温保管。作为氧气的隔绝，对原木可采用水中贮木和喷水贮木等。

2. 添加菌类生长发育阻碍物质

采用防腐、防菌剂，使微生物体内的蛋白酶联结起来，使其代谢功能降低。这类药剂可分有机类和无机类。考虑到以多种微生物为对象，混合使用比单独使用效果更好。选择时还应优先考虑对人体毒性小，不使木材着色者。

作为无机系列的药剂有砷、铬、铜、氟的化合物，以水溶液使用。铬和铜的化合物因有颜色的缘故，被限定使用。有机系列的药剂有酚类、有机锡化合物、有机碘化合物，能溶于有机溶剂，渗透性高，无色者也多。添加的方法有涂布、喷雾、浸渍、扩散、加压注入等。

3. 减少和菌接触机会和杀菌处理

洁净作业环境，用紫外灯照射杀菌外，作为原木防止污染的方法还可有断面覆盖，洒水处理和防腐剂的涂布等，洒水处理效果最好。在防腐剂涂布时，为了防止涂布面的裂纹、光劣化和雨水溶脱，有的在涂布面上再加一层覆盖膜。覆盖膜有聚氨酯树脂、丙烯类乳液、乳胶漆等作涂布，特别是聚氨酯树脂其主要成分的异氰酸酯和水反应形成有弹性和耐候性高的覆盖膜。

3.1.2.3 加热和酶引起变色的防止

当生材进行人工干燥时，温度高，材面就变色。变色的原因是木材中含有酚类成分，因热和氧化酶的作用和空气中的氧起反应变成着色物质；以及因半纤维素的水解生成暗色物质；加上水分蒸发过程中，这些成分在木材表面移动和集积，也使这种变色变得更为严重。

产生变色的温度随树种而异，一般来说阔叶树比针叶树低。

赤变：槭（$t=50℃$，$\phi=65℃$以上）、泡桐

褐变：栎木（$t=80℃$，$\phi=65℃$以上）；

核桃、赤杨叶（蒸汽处理）；

云杉、冷杉（90℃以上）；

糖松（$t=65℃$，$\phi=65℃$以上）

黄变：椴木、库页冷杉

像柳杉等树种的木材作花板、装饰薄木、快餐筷等用途时，干燥是作为最终过程，木材表面变色将成为极大的问题。作为该类变色的防止法可由以下几方面来考虑。

1. 伐木后尽快干燥

伐木后随时间的推移，木材成分分解加剧，糖类的低分子化和氨基酸的增加，这些都是生成着色物质的原因，所以伐木后宜尽快进行干燥。

2. 低温、低湿度下的干燥

人工干燥时放置隔条，防止木材相互紧挨着。提高风速，不让湿气滞留，尽可能在低温、低湿度下进行。

3. 还原剂和酶去活剂的使用

用亚硫酸氢钠、亚硫酸钠、维生素C、乙硫尿素、尿素、半脲等化合物制成5%~20%浓度的水溶液涂布一次。添加半脲后樱桃木的热变色见图3-3。用氨、碳酸铵、氧化锌各5%浓度调制成的混合水溶液，或3%的硼酸钠水溶液，或硼酸钠+碳酸氢钠（5∶1）的3%水溶液，对北美乔（*Pinus strobus*）的褐色污染的防止都有效。

椴木在旋切单板时，刀刃溢出的液迹在单板上成橙色污斑，被认为是氧化酶和酚类物质的反应。作为防止法可将切削后的单板随即置于90℃的热水之中浸渍数秒，可使酶失去活性。这种热水浸渍还可提高胶着力，这是由于胶着阻碍成分的抽出和表面组织构造变化的缘故。此外也可切削后立即进干燥机干燥，或增加刀刃的锐利度等来减少这类变色。

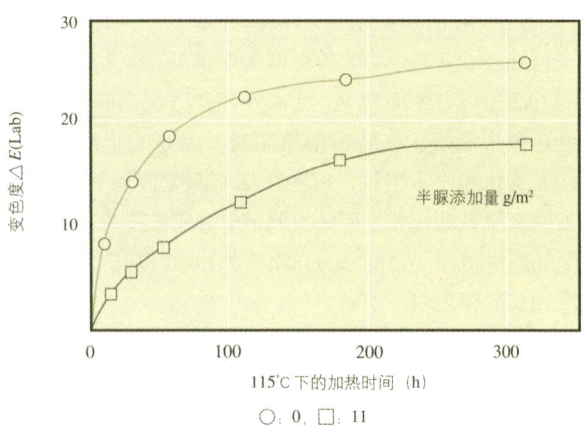

图3-3 添加半脲的樱桃木的热变色

4. 变色成分的抽出和除去

如使用天然干燥不充分的毛泡桐材时，有时会产生赤变，这是由于雨水使着色前驱物质溶脱不完全的缘故。把溶脱过程在更短时期内进行完全的方法是把蒸发水分与减压工艺结合起来。具体实例见图3-4。减压干燥如能再结合尿素水溶液的浸渍法，将使周期更短。

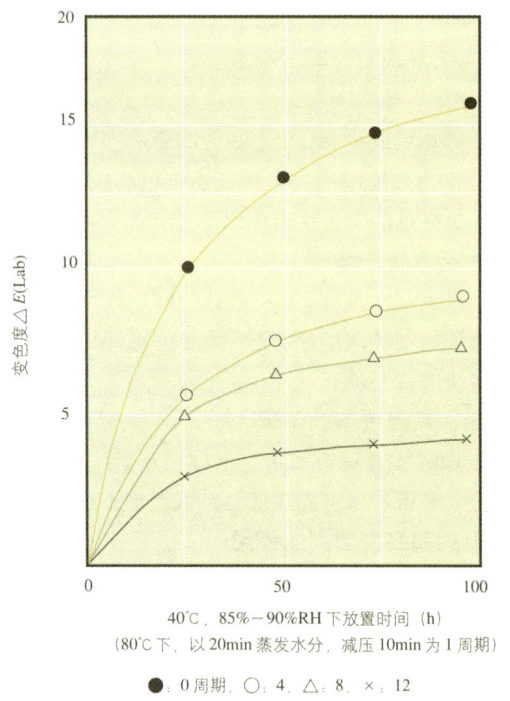

图3-4 蒸发、减压给泡桐材赤变防止的效果

5. 作打枝处理

立木时产生的污染是由于打枝后处理不完全所致，往往见到从节的部分向下方沿着纤维方向呈筋状污染。这是打枝部位上产生的着色物质溶解在雨水中，沿着打枝时的裂缝向下方伸展的缘故。防止方法是作切断面不劈裂的修枝，和在树木生理活动休止期进行修枝等。

3.1.2.4 铁、酸和碱污染的防止

1. 铁污染的防止

铁钉打入木材的四周处会变黑，这是木材中的酚和铁离子起化学反应，生成黑色的络合物的原因。铁和木材干燥状态时即使接触也不产生污染。铁呈离子溶于水，和酚反应时才开始产生污染。产生污染的铁离子的量，随树种而异。在易出现污染的栎木上，以0.8mg/m²添加时，即能成为肉眼下能识别的污染。只要木材的含水率达纤维饱和点或超过30%时就会发生污染。

铁污染防止法可归纳为：①铁离子捕集剂的使用；②离子化的抑制；③与铁制品相隔离；④代替品的使用。

在铁污染中最成问题的是装饰薄木的污染。含有多量水分的原木或毛方在切片机上刨削时，在刃上的毛刺散落后，造成黑色斑点的情况较多。可将有可能产生污染的刨刀进行修正处理；采用亚磷酸钠和六甲基酸钠这类弱酸性的含磷化合物，或乙二胺四醋酸二钠的螯合剂的水溶液，进行涂布或浸渍处理。亚磷酸钠是价廉、安全的工业药品，每1g铁离子用30g的量大体能防止污染。在铁离子测定有困难时，约使用10%浓度的水溶液即可。有时根据树种的不同，使用时往往也可追加1%的草酸。使用螯合剂时，每1g铁离子约使用7g的量。在冬季蒸煮原木或毛方时水蒸气附着在刃具上，凝集的水滴沾在单板上，也可使用上述方法避免污染。从切削到干燥为止的输送皮带接缝的金属铁构件，可用油漆或维尼龙薄膜覆盖来避免污染。对蒸煮槽、蒸汽阀等尽可能不使用铁制品。对于水、泥土、混凝土中而来的铁离子，使用磷酸盐和螯合剂大体都能除去。关于水中铁离子处理，可采用离子交换树脂等处理法。这对于泡桐材用赤杨叶煮汁染色时尤为重要。对于铁钉等污染，可用低黏度的涂料作表面涂刷，或采用不锈钢、黄铜、铝制成的环形钉。

此外铜污染的防止法与铁污染大致相同。处理可用亚磷酸苏打、乙二胺四酸二钠等与铜离子易起反应的化合物。对于1g铜离子，前者约4g，后者约用3g，就能得到良好的防止效果。

2. 酸和碱污染的防止

用氨基醇酸树脂涂料的材面，或用脲醛树脂胶合的胶合层有时会发生赤变。这是因在促进树脂硬化时，使用了强酸的缘故，这类酸污染是发生在pH值在2以下时。作为酸污染的防止法有将硬化剂的添加量抑制到最小限量；或采用热压和升温养护等促进硬化；也可采用预先热水抽出处理等方法。

碱污染主要发生在混凝土地基上采用沥青作胶合的木地板上，以及在水泥板上胶合装饰单板上。木材表面有时会产生暗褐色的碱污染。这类污染在碱附着后立即产生。作为防止法，首先要使碱没有接触的机会。因碱难以溶于有机溶剂之中，可预先涂刷溶剂型的防碱保护层进行覆盖。在使用

碱性胶合剂时，为了使碱向材面的浸出尽量减少，可使用糊液增粘，或减少涂布量和压力的方法来实现。

3.2 木材尺寸稳定化处理

由于细胞壁中吸着水的增减，将使木材产生湿胀或干缩。由此而发生翘曲、变形、开裂等木材尺寸的不稳定。此外还伴随水分的增加，使木材强度降低和发生腐朽现象等。改善木材吸湿、吸水性，给予木材尺寸稳定化的同时，防止材质的劣化，在木材利用上是极其重要的，也是木材改性的主要内容之一。

3.2.1 尺寸稳定化的分类和评定指标

3.2.1.1 分类

根据帕尔卡(Palka)就木材尺寸稳定化的分类方法归纳列于表3-4。可概括为物理方法和化学方法两大类。表中所列尺寸稳定化处理属广义定义来考虑的。物理方法中所列的1~3点为木材学和木材加工工艺范畴内的问题，在本节中从略，4~6点在本节第二条叙述。化学方法限于与木材起化学反应的尺寸稳定处理，在本节第三条作叙述。物理方法和化学方法有时也很难严格区分，如WPC(塑合木)有在木材细胞腔内以均聚物充填，也有与细胞壁化学物质形成化学接枝的，在此归入物理方法栏。另WPC处理及化学方法中交联处理等不仅能使木材尺寸稳定，而且能使木材的主要强度等性质得到改善。故尺寸稳定化处理与木材强化等其他改性，在处理方法上也有相互交叉。

3.2.1.2 评定指标

尺寸稳定和与此有关的评定指标的定义如下所述。

1. 抗膨润(收缩)能(ASE)

表3-4 尺寸稳定化的方法

| 物理方法 | 1.选择尺寸稳定性好的木材
2.作适合于使用条件的调湿处理
3.作有均衡的纤维方向的组合
　(1) 相互垂直配置——胶合板，定向刨花板
　(2) 无定向配置——刨花板，纤维板
4.覆盖处理
　(1) 外部表面覆盖——涂刷防水涂料，覆盖
　(2) 内部表面覆盖——浸透性脱水剂处理，WPC
5.细胞内腔充填
　(1) 非聚合性药剂充填——聚乙烯乙二醇处理
　(2) 聚合性药剂充填——WPC
6.细胞壁的充胀
　(1) 非聚合性药剂充胀——聚乙烯乙二醇，各类盐和糖液处理
　(2) 聚合性药剂充胀—酚醛树脂 | 化学方法 | 1.亲水基的减少——加热
2.亲水基的置换——醚化(氰化基化)
　　　　　　　　　 酯化(乙酰化)
3.聚合物的接枝
　(1) 附加反应——环氧树脂处理
　(2) 游离基反应——采用乙烯单体的WPC
4.交联——γ射线辐照，甲醛处理 |

$$ASE = \frac{V_c - V_T}{V_c} \times 100\%$$

式中：V_c——未处理材的体积膨润(收缩)率
　　　V_T——处理材的体积膨润(收缩)率
　　　V_T 可由测定弦向或径向的膨润(收缩)率来算出

2. 抗吸湿能(MEE)

$$MEE = \frac{M_c - M_T}{M_c} \times 100\%$$

式中：M_c——未处理材的吸湿率
　　　M_T——处理材的吸湿率

3. 抗吸水能(RWA)

$$RWA = \frac{W_c - W_T}{W_c} \times 100\%$$

W_c——未处理材的吸水率

式中：W_T——处理材的吸水率

4. 充胀效果(B)

$$B = \frac{V_T - V_c}{V_c} \times 100\%$$

式中：V_c——未处理材的绝干体积
　　　V_T——处理材的绝干体积

5. 聚合物含量(PL)

$$PL = \frac{G_T - G_c}{G_c} \times 100\%$$

式中：G_c——未处理材的绝干质量
　　　G_T——处理材的绝干质量

$$PL = \frac{(1+B)D_T - D_c}{D_c} \times 100\%$$

式中：D_c——未处理材的密度

D_T——处理材的密度

6. 相对效率(RE)

$$RE = \frac{ASE}{PL}$$

单位聚合物含量抗膨润(收缩)能,是就 ASE 作为比较各种效果的一个指标。在能得到大的充胀效果处理时 RE 值变低,而在作交联处理时 RE 变高。

7. 理论的最大聚合量(TML)

$$TML = (1 - \frac{D_C}{D_W} \cdot \frac{D_M}{D_C}) \times 100\%$$

式中:D_C——未处理材的密度

D_M——单体密度

D_W——木材实质密度 1.40g/cm³

8. 聚合物充填效率(EPL)

$$EPL = \frac{PL}{TML} \times 100\%$$

9. 细胞壁中(RW)和细胞腔中(RL)的聚合物含量

$$RW = \frac{B \cdot D_M}{PL \cdot D_C}, \quad RL = PL - RW$$

10. 聚合物填充空隙容积分率(VEP)和聚合物质量分率(WFP)

$$VFP = \frac{D_W \cdot D_C \cdot PL}{D_M[D_W(1+B) - D_C]}$$

$$WFP = \frac{PL \cdot D_C}{(1+B) \cdot D_T}$$

3.2.2 物理方法的尺寸稳定处理

3.2.2.1 防水处理

所谓防水处理是包括赋于对水抗湿润、抗浸透性能的耐水处理和仅抵抗湿润性能的憎水处理两个部分。对于木材来说,至今为止把防水和憎水严格地区分研究者甚少,主要是进行憎水处理。

憎水现象是固体表面和水滴之间产生的相对界面现象,是和湿润相反的现象。其性质和程度受固体表面的化学性、吸着分子的存在与否、光洁度和空隙性等因子的影响。根据用各种憎水剂处理后的木材经一年室外暴露试验的结果,含有石蜡成分的憎水剂显示了最大耐久性。此外亚麻仁油类(和石蜡的混合溶液是良好的)、清漆和硅树脂类的憎水剂,由于暴露室外,憎水效果会渐减;另外有效的憎水剂因吸着大气中的污染物,透明度会减低。

采用各种憎水剂的处理材,就防水率和 ASE 的结果来看,硅油、蜂蜡、链烷烃石蜡油等防水率可达 75%~90%,ASE 为 70%~85%。

使用憎水剂处理时,①混合憎水剂比单一憎水剂有效;②链烷烃石蜡油浓度越高,防水率越大;③憎水剂处理材使用于室外时含水率变化很小,因而用于门、窗框有很好的效果。

采用辐射松、黑松、赤松和荆树的树皮的苯抽出物时,这种抽出物的憎水性很高,且与木材能有亲合性,见图 3-5。产生这种憎水性的原因是由于脂肪酸和含氧酸(羟基酸)的分子定向排列的缘故。据报导,将扁柏材于 5% 浓度的赤松树皮的苯抽出物溶液中浸渍 3min,气干后,取得良好的防水效果。

防水处理在木材工业上的几个应用实例,如将胶合板表面作憎水处理,能减少表面的裂纹;刨花板为了防水,常常

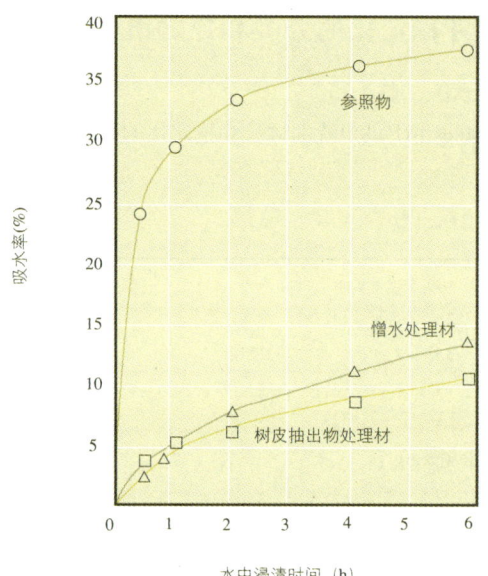

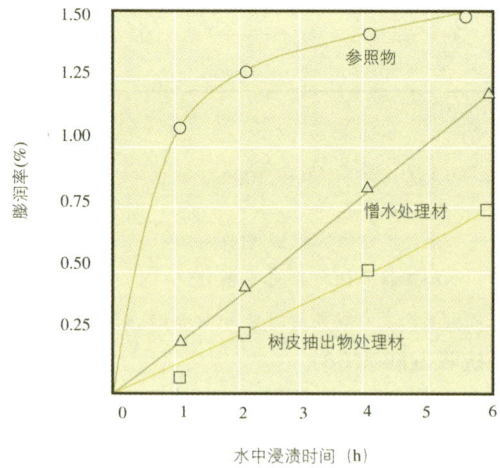

抽出物:辐射松树皮的苯抽出物
处理材:20% 苯溶液中浸渍 3min,气干
试材:25.4×25.4×6.4(mm),横断面试片

图 3-5 树皮抽出物处理材的水浸情况

添加石蜡乳化剂或熔融石蜡防水剂。作为石蜡防水剂添加量过多,将使胶合性和力学性都降低。另把憎水性防腐剂在上胶板的背面作处理后,因下雨而引起板背面的湿润现象几乎没有再发生。

3.2.2.2 防湿处理

防湿处理方法有:①把湿气向木材中扩散速度延缓的涂布和加覆盖层等覆盖的方法;②采用将木材中亲水基封闭、置换和交联等化学的方法。第一种覆盖法因不能解决木材自身的吸湿性问题,仅在短时间湿度变化的情况下有效。可分为外部表面覆盖和内部表面覆盖两种形式。而前者仅有简单效果,不如用铝板涂刷底漆的防湿效果好。此外还有用合成树脂清漆或透明漆等涂刷,可用薄层多次反复涂刷,涂膜厚度越大,防湿效果越好。

由于表层涂刷,使水分移动受到抑制,故与树种和板厚关系不大。用硝基纤维素腊克作涂刷,防湿效果约为素材的2～3倍。用氨基醇酸树脂涂刷,约为1.2～1.8倍。但这种表面涂刷在受机械磨损后,或恶劣暴露的条件下,防湿效果会逐渐减少。

如仅在木材表层乙酰化,或用烯烃类树脂薄膜覆盖,或用链烷烃石蜡涂刷,都能达到阻止水分透过的不同效果。详见表3-5。链烷烃石蜡涂刷效果最为明显。试验表明,用硅树脂等憎水处理,不能获得好的防水效果。

关于防湿处理的第二种化学法将在下一节中介绍。

3.2.2.3 酚醛树脂处理

将低缩合的可溶性酚醛树脂注入到木材之中后,如加热,会进行缩聚反应,成为不溶性树脂。在给予木材尺寸稳定性的同时,还能改良其他特性。

1. 尺寸稳定性

脲醛树脂和酚醛树脂处理时,如图3-6所示,木材中的含脂率至30%～40%,尺寸稳定性ASE随含脂率的增大而升

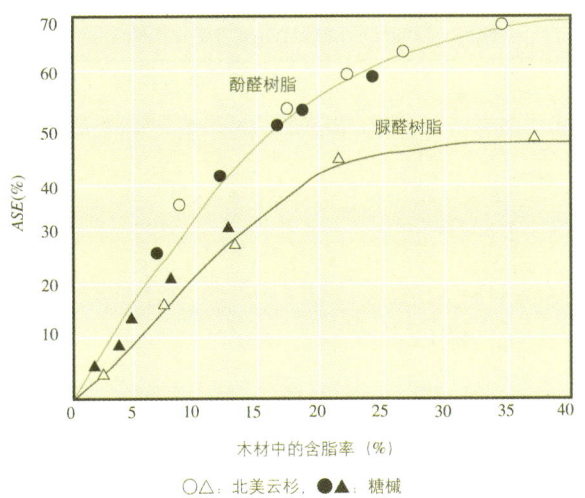

图3-6 脲醛树脂和酚醛树脂处理材的含脂率和ASE的关系

高,当含脂率继续升高时,ASE几乎仍维持一定。

根据戈德斯坦(Goldstein)等对酚醛树脂的研究表明,羟甲基酚的数目对尺寸稳定的影响极大。即树脂缩合度低,羟甲基酚的量就多,ASE就越高。随树脂调制后的天数的延长,因逐渐缩合的缘故,ASE会渐减。如用低分子量的树脂处理,也能产生比水大的膨润,即是所谓的充胀效果的缘故,使所得的ASE高。此外低分子量树脂因含有较多成分的羟甲基酚的缘故,受高温而硬化,木材中羟基和低分子量的树脂形成氢键等化学键。从上述事实出发,低分子量树脂的尺寸稳定化是由于充胀效果和与木材组成分形成氢键而造成 -OH 基的封闭所形成。高分子量树脂在木材细胞内腔上有很多的沉积,和内部涂刷同样,在尺寸变化速度的抑止上有效果,而在尺寸稳定性上没大的效果。处理后树脂的硬化度和ASE有关系,当硬化状态处于A和B状态能时,对尺寸稳定性不起作用,在未达C状态之前,有必要进一步提高硬化度。此外由于进行酚醛树脂的处理,表面裂缝和透湿性会显著地减少。

2. 力学性质

根据所用树脂的分子量、缩合度和硬化状态等的不同,力学性质也不同。采用低分子树脂来处理木材ASE的原因是细胞次生壁中层的非结晶部分,能被硬化后的树脂所强化。细胞壁中有聚合物存在,充胀比未处理材单位断面上纤维素纤丝数变少,因此拉伸强度是随处理的充胀度越大而降低。再者硬化了的酚醛树脂自身有着高的弹性模量,因而对应力集中有高感受性的聚合物,拉伸强度不会有较大地提高,见表3-6。

另一方面由于细胞壁中存在聚合物,当受压缩载荷时,抑制了纤维素纤丝系挫屈现象的发生,因而压缩强度为未处理材的2倍以上;弯曲强度和弯曲弹性模量增大1.3倍以上;冲击弯曲比能量因过早产生拉伸破坏和脆性破坏的缘故仅为素材的1/2;横向拉伸和横压强度由于壁中聚

表3-5 乙酰化材和合成树脂处理的水分透过速度比较

材 料	厚度 (mm)	水分透过速度K (g/hr/cm²/mmHg)	透过阻力比值
未处理材①	0.114	270×10⁻⁶	0.25
乙酰化材①	0.114	65×10⁻⁶	1
聚乙烯对苯二甲酸酯②(密度1.35)	0.114	1×10⁻⁶	65
聚乙烯(密度0.98)	0.114	0.25×10⁻⁶	260
链烷烃石蜡油③(融点72℃)	0.013	0.04×10⁻⁶	1600

注:1.未处理材和乙酰化材是黄桦单板;
2.相对湿度范围:①为58%～90%,②为0～100%,③为0～50%

表 3-6 酚醛树脂处理对木材力学性质的影响

性　质	未处理材	高分子量树脂	低分子量树脂
弯曲比例极限应力(MPa)	27.4	52.5	55.3
弯曲破坏强度(MPa)	45.5	65.1	57.8
弯曲弹性模量 1000(MPa)	5.3	7.5	7.2
冲击弯曲比能量 (kg·cm/cm^3)	0.49	0.34	0.26
顺纹压缩强度(MPA)	23.9	48.9	55.3
韧性(悬臂梁附凹口) (kg·cm/cm)	19.3	15.7	7.8
顺拉强度(MPa)	94.5	85.4	82.6
拉伸弹性模量 1000(MPa)	8.5	9.9	10.4

注：杨木(1.3cm × 1.3cm × 20.3cm)；试验时试件含水率：12%

合物的存在，横向荷重下细胞壁变形变小；同样硬度和耐磨性也增大；但是韧性和未处理材相比为 1/2 以下，在冲击载荷下显示出明显的脆性破坏。

用高分子量的树脂处理比低分子量树脂处理韧性降低较少，弯曲强度、冲击弯曲比能量和拉伸强度是良好的。

对提高各种力学性质绝对值方面，有必要与压缩处理并用，采用高温高压处理时木材中的树脂能起可塑剂的作用，压缩性是良好的，木材中的空隙几乎没有，比重接近于实质比重。

一般来说，酚醛树脂处理适用于单板方面，作层积材和高温高压下层积压缩的所谓硬化层积材。

3. 电学性质

酚醛树脂处理材因吸湿性小，加之树脂本身电绝缘好，故电气绝缘性得到改良。与未处理材相比，在相对湿度为 30% 和 90% 时，固有的体电阻分别增大 10 倍和 100～1000 倍。

4. 耐腐、防虫性

ASE 为 60%～70% 的处理材，不产生腐朽现象，此外也具有防蚁和防虫性。

5. 其他

用羟甲基酚处理后再用 THPC(四羟甲基氯化磷)和溴化铵作后处理，另在树脂中添加磷酸铵可成为难燃性材料，且具耐酸性，但对强碱的抵抗性低，热传导率比未处理材略有提高。

酚醛树脂与胶合刨花的树脂合并使用，能使刨花板的回弹量变小，尺寸稳定性增加。对纤维板进行树脂处理能使尺寸稳定性增加，并使湿润时强度的降低减少。

3.2.2.4 乙烯类树脂处理

就尺寸稳定性方面，WPC 与其他处理材相比较是不太经济的。它是以较多药剂量使材料的比重增加，而在尺寸稳定化中起重要作用的充胀效应较少，相反在聚合时还产生体积收缩，所得中等水准的 ASE，在相对湿度较高情况下还有所降低。从图 3-7 可见，乙烯类 WPC 的尺寸稳定性比聚乙二醇处理材要低，另在聚合物含量增加时，在膨胀压力方面，前者增加，而后者减小。

用乙烯类单体——溶剂与乙烯类纯单体处理相比，前者聚合物量少，所得尺寸稳定性高。此外细胞壁中的聚合物也能赋于 WPC 较大的体积稳定性。

在用甲基丙烯酸甲酯(MMA)处理刨片时，经射线使之在刨花板中聚合而使板的物理性能得到改良。此外用 MMA 和木纤维接合的纤维板的尺寸稳定性得到改善。

3.2.2.5 聚乙二醇(PEG)处理

用 PEG 浸渍或涂刷木材后，减少了干缩和湿胀，因而也防止由此而引起的开裂、弯曲和翘曲。聚乙二醇在处理被水膨胀的古老木质遗物方面是卓有成效的。

1. PEG 的性质

PEG 是由环氧乙烷对水或乙二醇的附加反应所得的链状聚合物。在 PEG 上把 CH_2OCH_2 的总数称为聚合度，例如 PEG-1000，就意味着 PEG 的平均分子量为 1000。PEG 各种分子量的性质见表 3-7。吸湿性见图 3-8。

2. 尺寸稳定性

PEG 是浸透于膨润的细胞壁中，在低的相对湿度下取决于胞壁中的 PEG；在高的相对湿度下，胞壁中的 PEG 和其成为的水溶液，保持膨润状态，由于单位质量的 PEG 比单位质量水对木材的体积增加更大，所以在相当于木材纤维饱和点含水率的 70%～80%PEG 含量时，就能给予高的木材尺寸稳定性。PEG 处理木材的尺寸稳定化认为是以充胀效应为主。即一定分子量的聚乙二醇溶于水，但其蒸汽压低。当聚乙二醇进入到细胞壁中，去掉水分，它仍以蜡状物质留在细胞壁，使细胞壁处于膨胀状态，维持木材的尺寸稳定性，但

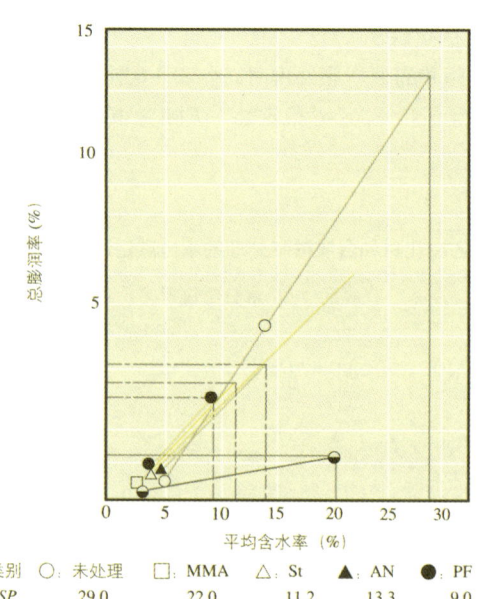

图 3-7 尺寸稳定性为参数的膨润率相对于含水率的斜率

类别	○ 未处理	□ MMA	△ St	▲ AN	● PF	◐ PEG
ESP	29.0	22.0	11.2	13.3	9.0	20.0
斜率	0.56	0.36	0.38	0.41	0.39	0.06

表 3-7 PEG 的各种性质

分子量		密度	凝固点(℃)	黏度(cst),(100℃)	水溶性(%),(20℃)	外观
平均	分布					
200	190~210	1.13(20/4℃)	过冷液	4.2	可溶	无色透明液体
300	285~315	1.13(20/4℃)	−18~−3	5.9	可溶	无色透明液体
400	380~420	1.13(20/4℃)	2~14	7.3	可溶	无色透明液体
600	570~630	1.10(50/4℃)	20~25	10	可溶	无色透明液体
1000	950~1050	1.10(50/4℃)	35~39	17	80	白色固体
1500	1500~1600	1.10(50/4℃)	37~41	13~18	—	白色固体
1540	1300~1600	1.10(60/60℃)	42~46	25~30	70	白色固体
4000	3000~3700	1.09(70/4℃)	58~61	120~160	60	白色薄片
8000	7800~9000	1.09(70/4℃)	61~64	600~900	50	白色薄片
300/1500*	—	1.10(50/4℃)	39~42	14~18	75	—

注：*PEG-300/1500 是各自分子量的 PEG 的等量混合物，pH：4.5~7.0(5% 水溶液)

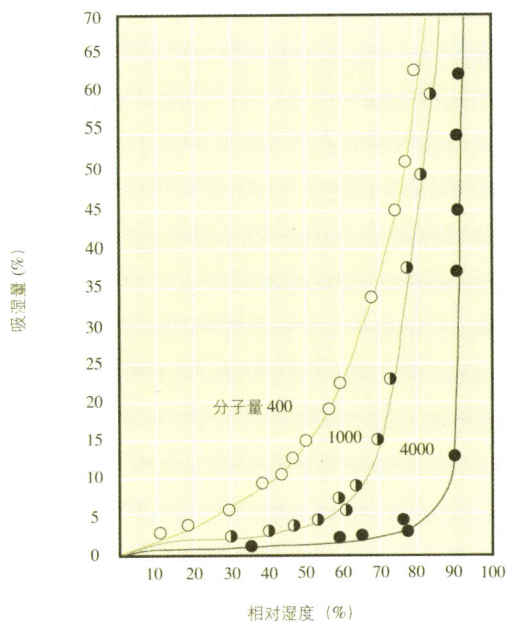

图 3-8 分子量不同的 PEG 的吸湿等温线，20℃

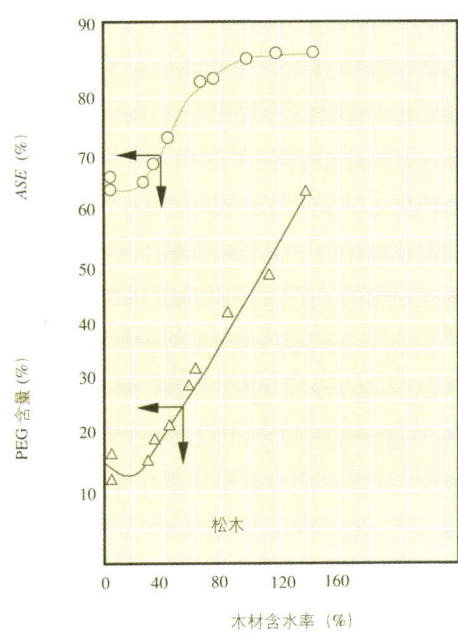

试样：径切板 6.4cm × 203cm

图 3-9 47%PEG1000 时，木材含水率和 PEG 含量、ASE 的关系

材性与未处理的生材相仿。

PEG 和酚醛树脂是不挥发性的膨胀剂，能给予比乙烯类单体处理获得更良好的体积稳定性。

不同分子量 PEG 处理效果不一，低分子量者在同一相对湿度下吸湿量会增多，另一方面随分子量变高，水溶性会降低，所得的尺寸稳定性也降低，因此一般使用最多的分子量是 1000 和 1500，水溶液的浓度为 25%~30%。

处理时木材含水率越高，如图 3-9 所示，PEG 的含有率越多，而 ASE 也就变高，即在生材上浸渍或涂刷 PEG 能得到比干燥材更良好的尺寸稳定性。

PEG 处理材不论其相对湿度如何，都有较高的 ASE，但相对湿度大于 35% 时，抗吸湿能 MEE 会成负值，为了解决这一问题，可使用变性的 PEG，即用磷酸三苯交联 PEG 来作改良。这种变性 PEG 能得到稳定的 ASE，即使在较高的相对湿度下，也能得到高的抗吸湿能 MEE。

PEG 处理主要是液相处理，如采用环氧乙烷也可作气相处理，即由环氧乙烷−三甲胺催化系处理时，环氧乙烷在木材中聚合，在细胞壁中形成乙二醇和 PEG，能得到 22%~26% 的质量增加率和 65% 的 ASE。遗留的问题是未反应的三甲胺会使材质劣化。马恩斯(Barnes)采用加压增减方法比加压、减压后维持一定加压状态的处理方法相比，减少未反应三甲胺的量，从而减少材质劣化，并在低的单体量下能得到高的 ASE。

3. 力学性质

观察伴随吸湿的应力松弛，应力是通过相对于未处理材上的极大值，在处理材上作单调的减少。PEG 处理和酚醛树脂处理一样具有充胀效应。因为不强化细胞壁，使纤丝的移动比未处理材更为容易，滑移现象在拉伸、压缩两应力作用下很易产生。再者细胞壁由于横向的荷重很容易变形的原因，使泊松比变高。

木材的压缩强度、弯曲强度和抗磨损随PEG含有量的增加而增加，此外如相对湿度变高，则强度、抗磨损略有降低，而韧性稍有上升。再者PEG-1000中加热处理材与熔融金属加热处理材相比，伴随 *ASE* 提高的韧性和抗磨损的降低，前者比后者更少。用变性PEG(商品名Modomel)处理的胶合板硬度比用聚氨酯涂刷胶合板要高。

4. 干燥性

PEG处理材易吸湿，脱湿困难。膨润压在PEG处理材上，单体量越多将越降低，这与PMMA的WPC的上升成了鲜明的对照。因此在PEG处理材上，即使快速或高温干燥时裂纹也很少发生。此外干燥时体积干缩小，单板干燥后，成品合格率大大提高。再者在PEG溶液中进行生材干燥，由于热扩散系数比空气中大，所以含水率降低也快。

5. 胶合性和附着性

根据斯坦姆(Stamm)的研究，各种浓度的PEG-1000水溶液处理的黄桦单板上，采用各种胶合剂胶合，结果表明：用酪素胶、脲醛树脂胶(汽压)和酚醛树脂胶(热压)时，常态时的胶着力和木材部位的破坏率不受PEG含量的影响，而用其他胶合剂时，PEG含量越多，胶合性能越坏。Moren在欧洲赤松木材上也得到同样结果。

分子量低的PEG和水溶性树脂类胶合剂有着相溶性，在水溶性酚醛树脂中，即使添加30%PEG-200，硬化过程和单纯的酚醛树脂几乎是同样的。添加后因湿润性好，能防止在干燥时就胶合的危险。采用PEG处理后，由于充胀效应，木材自身的凝集力变小，加在木面上水分吸着量变多的缘故，即使是反应性高的胶合剂，在冷水或沸水中浸渍后的胶着力，以及木材部位的破断率都变低。

用PEG-300和PEG-500处理过的木材，对于油性涂料和醇酸涂料的附着性，与未处理材相比，稍变坏。

6. 耐腐性、难燃性

用各种浓度的PEG-1000水溶液处理的北美云杉，用密粘革祠菌(Lenziles trabea)进行三个月标准块培养试验，当PEG的含有量在18%以上时，由于PEG的水分吸着，菌生长时所必须的细胞壁中的生理水分变少的缘故，不发生腐朽现象。此外用磷酸三苯酯交联的PEG处理木材，能提高耐菌、耐虫和难燃性。

7. 在木质材料方面的应用

PEG应用于防止光变色；提高漂白材耐光性；防止室外用胶合板表面裂纹；提高WPC的尺寸稳定性和硬度、耐磨性；木质门板的尺寸稳定化以及刨花板贴面装饰单板裂纹防止等方面都是卓有成效的。

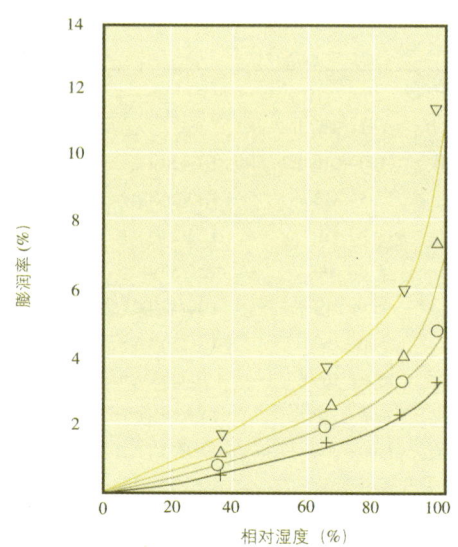

图3-10 加热材和柚木未处理材的尺寸稳定性

3.2.3 化学方法的尺寸稳定处理

所谓化学方法是指木材中的成分能产生化学反应的方法。因此本节中使用的方法都限于通过处理木材，生成另一种生成物，来达到木材尺寸稳定的目的。由于木材中发生化学反应与否，常并不十分明确，故前述的物理方法，也不可能说完全不带有化学反应，两者常很难严格区别。

3.2.3.1 加热处理

加热能赋予纤维素类材料尺寸稳定性。其机理有多种说法，但起主要作用的是半纤维素，特别是多糖醛酸苷发生了化学变化，变成为吸湿性弱的单体；以及由于产生氢键使纤维素分子链相互结合等。

1. 加热处理的尺寸稳定性

伯梅斯特(Burmester)等发现柚木尺寸稳定性高的主要原因是加热后易分解的半纤维素含量少。其他木材采用加热处理使半纤维素含量减少，吸湿性和膨润性能比柚木更小(图3-10)。乔乌(Chow)等将白云杉单板在大气中进行加热处理，使材面色差变大的同时，发现羟基数量减少，此外产生纤维素的解聚和结晶度的降低。

由加热处理所得的尺寸稳定性，随处理时气体介质的不同而不同，如质量减少率降到20%以上时，*ASE* 在大气介质中就降低，在氮气介质中不变，在密闭容器中还提高。加热处理时气体介质从优至劣的顺序为真空、大气、蒸煮排列的。在熔融金属中处理得到与在真空中相近的结果。

加热处理材的 *ASE* 和 *MEE*，在低的相对湿度范围内显示达45%～55%的较高值，而在高的相对湿度下都是降低的。

在采用短时间加热想得到尺寸稳定方面，可预先在低浓度的金属盐中浸渍或喷涂。

2. 加热处理材的性质

加热处理是伴随质量的减少和暗色化的同时，改善了吸湿性，提高了尺寸稳定性。而其他性质的变化如下：

(1) 力学性质：在利用加热处理达到尺寸稳定化的条件下，力学性质会降低。把厚度为3.2mm的白云杉单板在熔融金属之中加热，获得40%ASE时，各类强度的降低与未处理材相比，弯曲强度为17%，硬度为21%，韧性是40%和耐磨性约为60%。一般来说，阔叶材的强度降低比针叶材还要多。

木材中的木素是成为可塑化的条件。即在高温高压（$t=165\sim175℃$，$P=10\sim11MPa$，$M=6\%\sim10\%$）下，如将木材加压，压缩后的平衡膨润和弹性回复少。特别是与酚醛树脂浸渍的硬化层积材相比，能得到具有良好韧性的材料。

(2) 耐腐性：白云杉材在180℃的热板之间加热处理，若ASE能达到40%时，该材就不会发生腐朽现象。其原因之一为由于吸湿性的降低，使菌生长所需的生理水分不足而成。

(3) 胶合性：当单板在高温干燥机中干燥时，由于加热处理的影响，材面成为疏水性，特别是在天然树脂多的木材上，这种现象能明显看到，这将使胶合困难，胶合性能下降。

3. 木质材料和加热处理

在刨花板制造中，把接近纤维饱和点水分的刨花，采用在密闭中加热处理，能制出具有良好体积稳定性的板。此外将板材在约175℃的饱和蒸汽中处理10min，板材的厚度膨润和反向回弹会变小。在湿法和干法制造硬质纤维板时采用加热处理或油处理能提高尺寸稳定性。

3.2.3.2 乙酰化

1. 概述

木材乙酰化是采用乙酰剂中疏水性乙酰基(CH_3CO-)，去置换木材中亲水性羟基(-OH)，从而不仅减少了羟基，而且由于乙酰基的导入，产生酯的增容，形成充胀效应，来达到木材的尺寸稳定。羟基减少和乙酰基充胀，两者之中后者起决定作用(表3-8)。

乙酰化不仅用于木材上，而且在刨花板、硬质纤维板的尺寸稳定化上也能应用。乙酰化反应气相、液相都能进行。如在乙酰化处理前，增加前膨胀工序，能使处理均一化。在木材处理方面，如乙酰量少，仅在纤丝表面进行；如量多，纤丝内部也能乙酰化。在低乙酰量时随相对湿度的增加，抗吸湿能(MEE)减少；在高乙酰量时相反，抗吸湿能增加。

2. 处理药剂

可分乙酰剂和催化剂两大类，前者有醋酸酐、硫代醋酸和乙酰氯等；后者有吡啶、二甲替甲酰胺和无水高氯酸镁等。

(1) 乙酰剂：①醋酸酐[$(CH_3CO)_2O$]，为无色液体，有强醋酸味，熔点$-73℃$，沸点139℃。与木材化学反应式为：

$$Wood-OH+(CH_3CO)_2O \rightarrow Wood-O-COCH_3+CH_3COOH$$

反应产生醋酸残存于木材中，会使木质受损，并会腐蚀金属。且乙酰基利用率仅50%，如用吡啶催化，以后分离吡啶很困难。

②硫代醋酸(CH_3COSH)，反应式为：

$$Wood-OH+HSCOCH_3 \rightarrow Wood-O-COCH_3+H_2S$$

③乙酰氯(CH_3COCl)，在空气中发烟的无色液体，有室息性刺鼻气味，溶点$-112℃$，沸点$51\sim52℃$。反应式为：

$$Wood-OH+CH_3COCl \rightarrow Wood-O-COCH_3+HCl$$

反应生成HCl，对木材腐蚀性较大。

(2) 催化剂：①吡啶(C_5H_5N)，又称氮杂苯，是许多有机化合物的优良溶剂。蒸汽与空气混合会形成爆炸，爆炸体积极限1.8%～12.4%。

②二甲替甲酰胺(DMF)[$HCON(CH_3)_2$]，无色液体，有氨的气味。熔点$-61℃$，沸点15.3℃。

③高氯酸镁[$Mg(ClO_4)_2$]，白色易潮解的颗粒或粉末。

3. 处理方法

处理方法可分液相法、气相法和综合应用法。

(1) 液相法：①用吡啶作催化剂，将木材浸入醋酸酐和吡啶的混合液中，置于密闭的处理缸中，加热到$90\sim100℃$，保持几小时(按木材厚度而定)，然后排出未反应的处理液，最后对木材进行干燥处理。

处理效果与树种有很大关系，对针叶材来说，乙酰增重率$PL=25\%$，抗缩率$ASE=70\%$，而阔叶材达同样的ASE，其$PL=18\%\sim20\%$，就足够了。处理后的木材尺寸稳定性很好，经测试，在$t=27℃$，$\phi=30\%\sim90\%$的环境中周期性变化，每周期为4个月，经10个周期后，试样的ASE未变。又如浸在9%的硫酸水溶液中，$t=25℃$，$T=18$小时，ASE值也未受影响。当温度上升至40℃时，ASE从75%下降到65%，通过处理后的木材，不受海洋钻孔动物的侵蚀。

上述处理后要从木材中排除所吸取过量的处理液，及回

表3-8 白云杉乙酰化材的容积变化

性　质	未处理材	乙酰化
处理前的绝干容积(CC)	5.71	5.73
乙酰化量(%)	0	28.6
乙酰化后的绝干容积(CC)	5.71	6.23
在水中的容积膨润(CC)	6.45	6.47
水浸渍的容积变化量(CC)	0.74	0.24
ASE(%)	0	70
总容积变化量	0.74	0.74

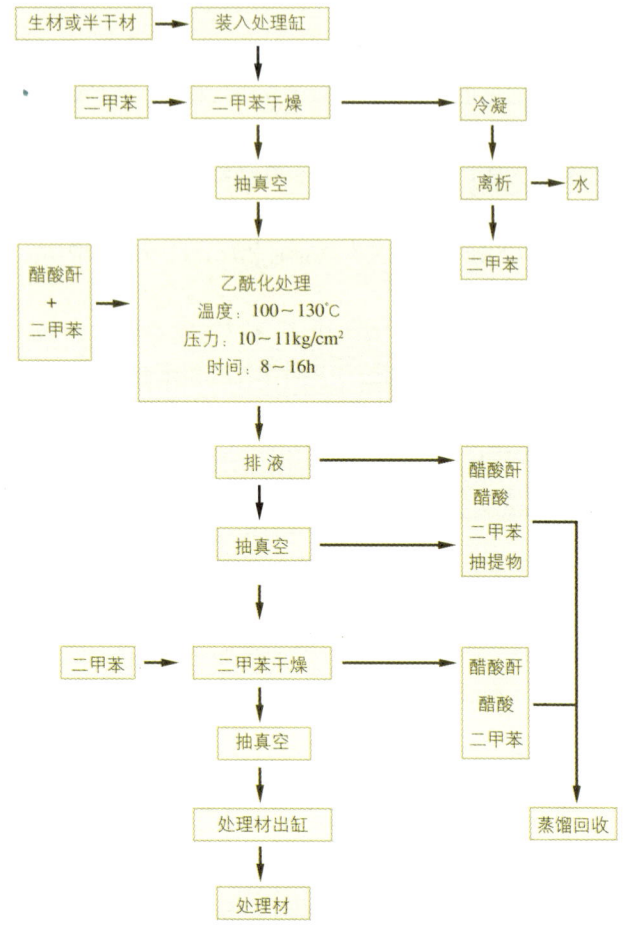

图3-11 醋酸酐加二甲苯使木材乙酰化的流程示意图

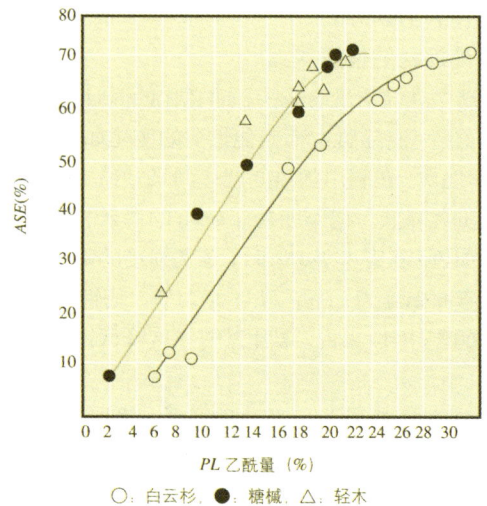

图3-12 乙酰化单板的乙酰量和ASE的关系

收催化剂吡啶有一定困难。以下液相法解决了这些问题。

②不用催化剂，用二甲苯或氯化烃等溶剂作稀释剂，将醋酸酐稀释成25%浓度的稀释液作处理液。在温度为100～130℃时能使木材很好地乙酰化。因芳香烃不会使木材膨胀，所以木材吸收处理液能减少，此外回收二甲苯的过程比分离催化剂要简单得多。二甲苯与醋酸酐乙酰化木材的方法是液相法中较好的方法。其工艺流程示意图见图3-11。

(2) 气相法：气相法适宜于单板及厚度较小(小于3mm)的材料。乙酰化速度取决于木材样品的大小、形状、渗透性、混合蒸汽的成分和温度等。

①吡啶前处理→80%醋酸酐和20%吡啶混合汽(或两者等量混合汽)中，0.16mm厚的桦木单板在90℃下处理6h，PL可达20%，ASE可达70%；白云杉需处理10h，PL达26%，ASE也可达70%；②用尿素和硫酸铵的混合液前处理→干燥→醋酸酐蒸汽中气相处理；③用醋酸钾溶液前处理→干燥→等量的二甲替甲酰(DMF)和醋酸酐混合、蒸汽处理。

(3) 综合应用法：①在电场频率21～25MHz的高频电场下，进行液相乙酰化，可大大缩短处理时间；②乙酰化与热处理联合应用，无论是乙酰化后热处理，还是热处理后乙酰化，均可提高耐水性和尺寸稳定性；③乙酰化后再作环氧(交联)处理，如再在真空下，$t=100～120℃$，用环氧乙烷处理2～4h，可进一步提高尺寸稳定性；④磨木浆乙酰化处理后制纤维板。

木材含水率对乙酰化有很大影响，一般认为含水率2%～5%为好。含水率过高，醋酸酐会水解成醋酸，增加1%，醋酸酐要损剪断强度。乙酰化对应力松弛的影响明显，在短时间内，由于温度上升造成松弛模量的降低，随乙酰化程度的提高而变小。

图3-12显示白云杉、糖槭、轻木的乙酰化单板的乙酰量与ASE的关系。

4. 乙酰化材的性质

(1) 物理性质：①MEE比ASE小一些。此外在一定相对湿度的范围内两者几乎都不变；②透气性和水分的扩散速度减少；③在有机溶液中的膨润量变小；④热膨胀系数变大；⑤紫外光线照射后稍被漂白，而亮度几乎不变；⑥由干燥所引起的纹孔闭锁变少；⑦孔隙径的分布几乎不变，而空隙量减少；⑧乙酰量(PL)和处理材密度的增加率大致成比例，而在高度密度材的处理上，因容积增加率变大的缘故，比重的增加反而变小。

(2) 力学性质：根据所用的膨润剂、催化剂的有无和种类，反应条件以及树种的不同，力学性质稍有不同。一般横压强度、硬度和韧性等稍有增加，增重率PL和抗缩率ASE的关系曲线，在达到同样的ASE时，阔叶材所需的乙酰化率（%）比针叶材要低。

(3) 化学性质：根据吡啶前处理后，用醋酸酐和吡啶的等量混合液进行气相处理的结果如下：①乙醚、乙醇、苯和热水的抽出物是和综纤维素、木素同样的，随处理时间而减少，在处理8～12h后，大致稳定；②碱的抽出物随处理时间而增加，但聚戊糖和灰分不变。

(4) 胶合性：采用热固性树脂作胶合剂胶合时，因-OH基的减少，而胶合性降低，界面破坏变多。

(5) 耐腐性：用1%的氯化锌溶液作前处理，再用醋酸酐在120℃下进行气相处理的白云杉材上，ASE(乙酰量30%以上)达70%时，不产生腐朽，且具有防蚁防虫性。

3.2.3.3 异氰酸化

1. 异氰酸化反应

异氰酸化是利用木材中的羟基和异氰酸酯反应，生成含氮的酯来达到木材胶合和尺寸稳定化的目的。

$$\text{Wood-OH} + \text{R-N=C=O} \xrightarrow{\text{催化剂}} \text{Wood-O-}\overset{\text{O}}{\underset{\|}{\text{C}}}\text{-NHR}$$

反应所用的催化剂是挥发性的有机胺，如二甲基甲酰胺(DMF)等。所谓异氰酸酯为各种酯的统称，有一异氰酸酯(R-N=C=O)，和二异氰酸酯(O=C=N-R-N=C=O)，通常均为具难闻气味的液体。

在胶合方面，使用氨基甲酸酯，水性乙烯氨基甲酸酯等作为新的胶黏剂已被实用化。其优点是与水、酒精、胺、酸等容易反应，缺点是有毒性。

在木材尺寸稳定化方面，使用异氰酸苯酯(TDI)，4,4-二苯甲烷二异氰酸酯(MDI)，异氰酸甲酯，异氰酸丁酯，氨基甲酸酯的预聚合物或异氰酸甲酯——MMA的混合相，处理方法可用气相法或液相法进行。由于这些化合物对木材的膨胀作用较小，所以常常先用催化剂，如二甲基甲酰胺(DMF)膨胀木材，然后再用异氰酸酯类浸透处理。具体方法为：

(1) 全干木材样品放在DMF中浸泡，然后放到130℃的异氰酸酯中浸泡2h，$PL=20\%\sim30\%$，$ASE=50\%\sim70\%$，但当$PL>35\%$时，所增加的化学试剂导致细胞壁结构的破坏，反而丧失尺寸稳定性。在电子显微镜下观察$PL>35\%$时，在细胞壁上出现了裂纹，木材新破裂的细胞壁暴露出的羟基将和水结合，引起了木材的超膨胀。

(2) 用二异氰酸酯和二氯甲烷的等量混合液处理。

(3) 用异氰酸丁酯—DMF混合相在130℃下气相处理。木材含水率越高，PL减少；若PL增加，则ASE也增加。

(4) 用异氰酸苯酯(TDI)为处理剂，氮气为介质，在20℃下气相处理。该方法处理，越是木材表面层，反应越容易，所生成的氨基甲酸酯几乎全部和木材成分的表观结合，并在反应初期很快产生结合。再者MEE和ASE随氮气量的增加而变高。通常处理材在低相对湿度下，表现出高的MEE和ASE；在高相对湿度下，则有较大的降低。

(5) 用乙二醇(EG)—MDI—二噁烷的液相处理，生成的氨基甲酸酯和游离乙二醇共存。而处理材的MEE和ASE在MDI的摩尔分率为0.5时出现最大值。有可能不损坏吸湿性

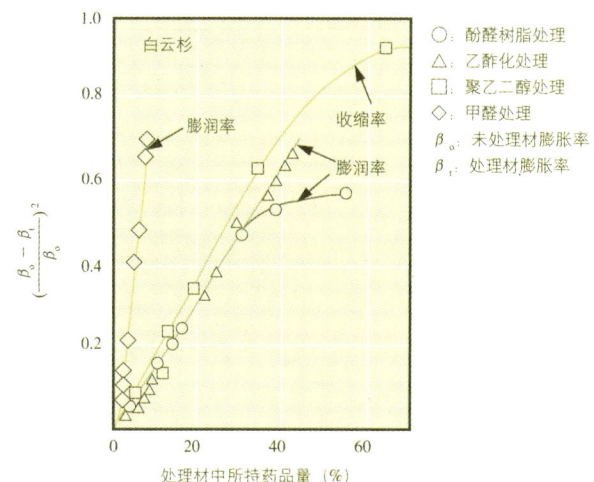

图 3-13 各种处理材中所持药品量和尺寸稳定性

的尺寸稳定化。

2. 异氰酸化处理材的性质

(1) 异氰酸酯处理材$PL=20\%\sim30\%$时，具有很好的尺寸稳定性外，还有很好的抗生物侵害的能力。处理材在海洋环境中也有很好的性能。试验表明，大部分异氰酸酯都能进入到细胞壁，和木材中的羟基起反应，而不是填充在细胞腔内。因改变了木材中碳水化合物的成分，所以增加了木材抗生物降解的能力。

(2) 二异氰酸酯处理材的压缩和弯曲强度都有所提高，并随聚合物含量的增加而增加。未见到像酚醛树脂处理后韧性下降现象，相反还稍有增加。但在异氰酸丁酯——DMF处理材上，韧性和耐磨性约降低25%。二异氰酸酯处理材上耐腐性未见到明显改善。

3.2.3.4 甲醛处理

采用强酸或无机盐催化，在甲醛(FA)蒸汽中把纤维素材料处理，进行甲缩醛化反应，很早就已应用。对于木材的尺寸稳定化作甲醛处理的报告也很多。处理成功者$PL=2\%\sim4\%$，能得到$ASE=60\%\sim70\%$。见图3-13。

1. 甲醛(FA)的膨润

伯姆斯特(Burmester)采用甲醛和水对木材不同的膨润结果，见表3-9。

据表可知，木材吸着FA蒸汽后，在径向和弦向的膨润

表3-9 欧洲赤松水和甲醛的膨润

膨润剂	剂量(g)	膨润量(mm)		膨润量/g	
		径向	弦向	径向	弦向
水	2.58	0.18	0.07	0.070	0.027
甲醛	4.52	0.60	0.24	0.133	0.053

注：多聚甲醛的蒸汽在真空下吸收

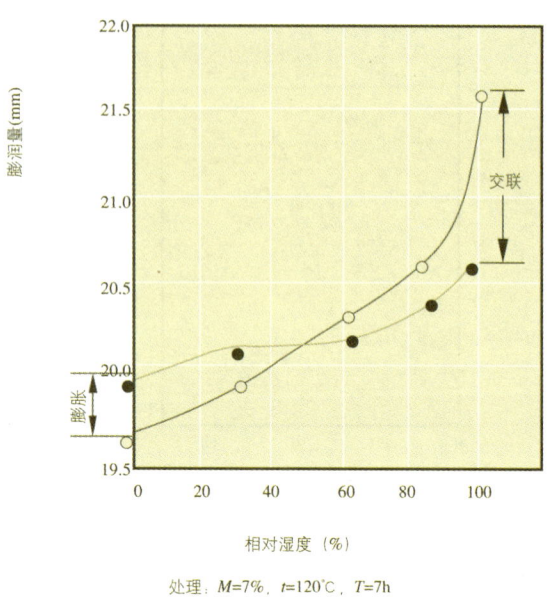

图 3-14 甲醛处理材的膨润
处理：$M=7\%$，$t=120℃$，$T=7h$
欧洲赤松边材 ○—未处理材 ●—处理材

量均为吸着同量水蒸气的2倍。处理温度在95～120℃以下时，随着温度的升高和时间的加长，材内持有量将不断增加，膨润量也随之加大。

2. 甲醛交联反应

FA(HCHO)一般是取水溶液或固态聚合体使用。多聚甲醛是FA聚合体的一种，用$HO(CH_2O)_nH$表示。n为聚合度，10～100。FA一般是和具有活性氢的化合物反应，生成羟甲基化合物。在有酸催化时，生成甲基(甲撑)化合物。荒木曾以氯化氢为催化剂，将棉花纤维素在95℃下，使它和FA的蒸汽反应7～12h。就其生成物进行构造确定，生成物以亚甲基醚为主，$Cell-O-CH_2-O-Cell$。一般在分子间的交联是在(1) 6-6′，(2)6-2′，或(3)2-2′之间进行，而有时部分处如(4)环状的FA在同一吡喃葡萄糖残基上形成交联。结合在2、3、6位上羟基之间FA的结合克分子比为C_6-OH：C_3-OH：C_2-OH=43：2：14。即FA和C_6-OH起反应者为最多，C_2-OH次之，C_3-OH最少。

木材中的纤维素和FA的反应结果明确地产生了上述交联结合。对于FA处理材的ASE如图3-14所示。主要由未反应的FA的充填，仅少量有充胀效应的作用，而亚甲基醚的交联结合起了大作用。

3. 甲醛处理条件

(1) 催化：FA处理即使无催化也能进行，以氯化氢(气相)和氯化锌(1%～2%浓度)作为催化剂是有效的。催化一般是采用前处理，而和FA蒸汽同时处理(氯化氢)，或者作后处理将FA固定有时也采用。使用氯化铝和氯化铵催化和FA同时作用时，能得到较高的ASE，析出的FA也少。ASE约为40%时，木材稍有劣化。

(2) 反应温度和时间：以氯化氢作为催化时，反应温度在95℃，处理2h以上，能得到较好的ASE。扁柏心材用浓度为0.15g/l的氯化氢前处理3h，FA处理10h，在温度为70℃时，ASE=55%；而温度95～100℃时，ASE=60%～70%。当以浓度为1%～2%的氯化锌催化时，最适应的反应温度是120℃。利用氯化锌作催化剂要比氯化氢需要更高的反应温度和更长的时间，才能达到预期的目的。

(3) 处理时木材含水率：氯化氢催化(0.25g/l，2h)，FA处理(95℃，8h)的条件下，扁柏和岳桦含水率为8%时出现最高的ASE。

(4) 木材树种：伯姆斯特就8种针阔叶材的心边材，用氯化氢催化(60℃，15h)，FA处理(120℃，5h)，结果由于树种的不同，所结合的FA量和ASE也不同。柚木对FA处理的效果不明显，欧洲水青冈处理效果大，甚至比未处理的柚木的膨润量还要小。

(5) 醛化物：二元乙二醛、戊二醛和α-羟基醛由强酸催化能充分反应，但木材不能得到高的ASE。三氯乙醛水合物处理能得良好的尺寸稳定性，但由于水的原因这种效果会迅速丧失。

(6) 与蒸煮处理并用：伯姆斯特认为FA处理前将木材蒸煮，或FA处理后蒸煮的方法，都是有实用性的处理方法。这种方法加大FA处理充胀效应的同时，和单宁等次要成分的交联也变多。此外对于FA蒸汽浸透困难的心材，也容易做到化学结合。结果表示见图3-15。图中3是由于蒸煮，木材变得活性化，使FA的保持量增加。充胀效应和交联相结合，在尺寸稳定化方面起了巨大的作用。ASE可高达80%。

(7) 复合FA处理：一般FA处理材韧性有较大的降低，为了使这一现象有所改善，在FA处理时用单宁、蔗糖和PEG等用前处理，而使木材充胀变大的同时，有助于交联结合减少，来达到减少韧性降低的目的。

单宁前处理材的ASE和MEE在低的相对湿度区域显示出低的值，而在高的相对湿度区域分别显示出其高的值。

(8) FA-γ线辐照并用处理：本方法是无催化的FA处理方法，可分前辐照，同时辐照和后辐照。绝干的欧洲赤松边材在FA处理后，减压下γ辐照的效果见表3-10。辐照总剂量达10^7rad才见成效。与未照射材相比结合的FA量约增加1.6倍，吸湿性得到改良，韧性的降低也减少。

4. 物理性质

甲醛处理材的ASE和MEE，在整个相对湿度范围是较稳定的。相对湿度变高，ASE和MEE各自有些提高。其原因是：①结晶区的增加；②由于链状分子间的交联结合，使初期吸着点减少；③防止了二次吸着点的新生。

FA处理材即便在干湿交互反复的环境中，也有永久的

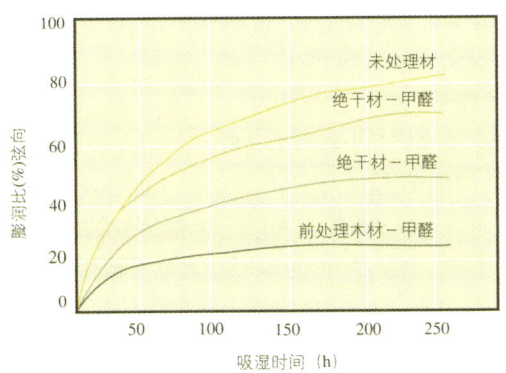

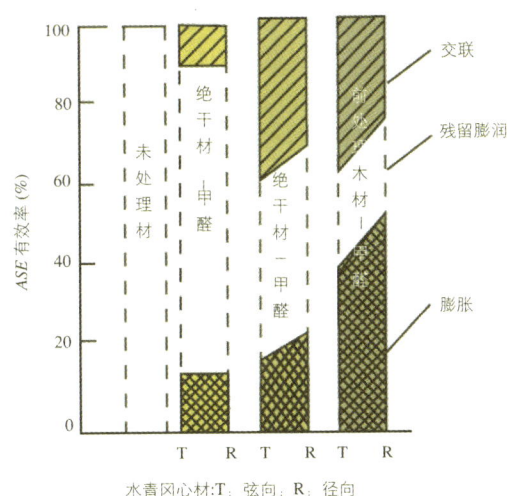

图 3-15 各种甲醛处理材膨胀状态和 ASE 的构成比例

表 3-10 由 γ 辐照所结合的甲醛量

照射总剂量(rad)	结合甲醛量(mg/cm³)木材
0	2.752
10^3	2.669
10^5	2.431
10^7	4.393

注:用 OXim 法测定。减压下 100℃,70h 多聚甲醛气体中处理后 γ 射辐照

稳定性,能看到具有疏水性,纤维饱和点比未处理材要低 12~13,对于膨润和收缩的异向性未见到有意义的变化,处理质量和比重略有增加。

5. 力学性质

FA 处理材的压缩和弯曲强度的绝对值没有很大的提高。因为处理材即使在相对湿度升高时,含水率的增加很少,所以在未处理材上所见的随含水率增加强度降低的现象,在处理材上不明显。就日本扁柏 FA 处理材压缩强度在干湿两状态下,特别是饱水状态,比未处理材约高 2.6 倍。弯曲强度在气干状态下几乎是同样的,破坏挠度约为未处理材的 60%,处理后刚性增加了。

在饱水状态下,处理材和未处理材相比,强度为 1.6 倍,弹性模量为 1.3 倍。硬度也由于处理而增大,硬度随含水率的增加而减少。

FA 处理材的韧性和耐磨性,随 ASE 的增加呈指数函数关系急剧地减少。这主要是 FA 处理时加热造成的影响,另处理采用强酸性的催化剂与游离的水分子作用,使木材水解,也能产生木材材质的劣化。克服 FA 处理脆性的主要方法是采用和 γ 线辐照并用的方法。就高分子的分子构造和物性的关系而言,产生交联结合时,拉伸强度、弹性模量、硬度、耐水、耐膨润、耐酸、耐碱等性能得到改善。而相反耐冲击、伸长和胶合等性能有所劣化。在木材 FA 处理材上所见的现象是以构成成分间产生交联结合为依据的。

6. 耐腐性

在用氯化锌催化的 FA 处理材上,ASE 达 50% 以上时,未见到密粘革裥菌(Lenziles trabea)的腐朽现象。此外如图 3-16 所示,FA 处理材比 WPC 有更大的耐朽性。

FA 处理材优点有:①能气相处理;②用少量药剂能得到大的尺寸稳定性;③尺寸稳定性有永久性;④质量增加少;⑤耐久性好。

FA 处理材缺点有:①未反应的 FA 除去困难;②在有酸性催化剂的处理材上韧性和耐磨性有较大的降低。

从以上事实出发,FA 处理至今尚未能见到实用化。但在对尺寸稳定和耐腐性有要求的特殊用途材的开发,及 FA 处理方法等方面,今后仍是要研究的课题。

3.3 木材软化处理

木材由于缺乏塑性,所以在加工成形时,以切削和胶合的组合为主。这与塑性加工容易的金属、陶瓷、塑料等有很大的不同。

但在某种特定的条件下,木材的塑性有时也相当明显。利用这种性质可将木材进行某种程度的塑性加工。本节主要介绍木材的塑性在何种条件下出现,能利用于何处,如何利

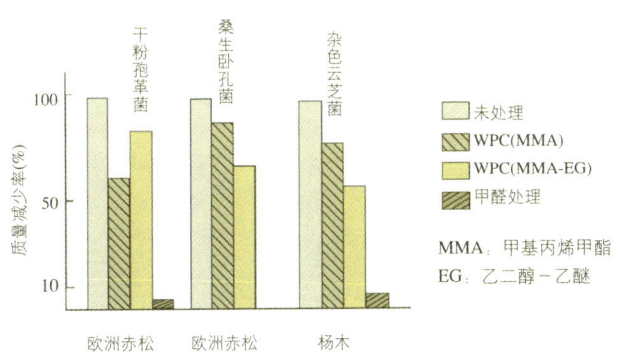

图 3-16 WPC 和甲醛处理材的耐腐性

用等问题。

3.3.1 软化的机理和处理

3.3.1.1 软化的机理

1. 塑性和可塑性

在表示材料力学性质的应力应变图上，对于许多材料在应力小的区段，应变对应于应力成比例的增大，但是到达某一应力(比例极限应力)以上时，应变变化的比例变大，随后如超出该应力数值以上，即使不再加大应力，应变也能增加，通常把这点叫做屈服点，把即使不增加力，变形也继续进行的性质称为塑性。

即使本来是弹性材料，由于条件的改变能够呈现塑性，称做可塑化。材料由于可塑化会出现以下几个特征：

(1) 弹性模量(刚性)的降低——变柔软；
(2) 弹性区域的减少或消失——变形之后难以恢复；
(3) 破坏应变的增大——大的变形成为可能；
(4) 破坏能的增大——脆性材料出现发黏。

木材由于力作用的方向、施加力的种类不同，能得到各种形状的应力-应变图，在通常的温、湿度条件下的破坏，不能清楚地看到屈服点。此外干木材的应力应变线随温度的不同，不太有变化，因为木材的软化点在热分解温度以上，所以认为木材是缺乏塑性的材料。

2. 由膨润而引起的变形性能的变化

木材由吸着水、氨或低分子醇、酚、胺等极性气体或液体作用，会产生膨润。这些膨润剂进入到构成木材的高分子的分子链之间时，因分子间的结合变弱，在施加外力时，由于分子链相互移动，容易成为变形。在这种状态下如升高温度，变形变得更加容易。即木材由于膨润，弹性模量变小，转化的起始温度也降低。其程度根据膨润剂的种类、膨润率的不同而异(图3-17)。

给予这种变形性能的，除膨润效果之外，在施加一定外力的状态下，如湿润了的木材，边干燥，边升高温度，要比木材含水率和温度为一定时，能得到更显著的变形性能。其量可达初期变形量的3倍以上。但这种变形量大部分在除去外力之后，作为永久变形残留。该种现象在用水之外而用膨润剂膨润了的木材上也能见到。

3. 木材化学成分可塑化效果

纤维素的非晶区和半纤维素对水和其他膨润剂具有强的亲合性，所以对膨润起巨大作用。水分子不能进入到纤维素的结晶区，而液态氨和胺能进入到纤维素结晶区之中，能引起微晶内的膨润，在施加外力时，纤维素分子相互移动将变得容易。但是用乙二胺水溶液膨润了的木材，因乙二胺浓度增加而膨润率增加，与此同时刚性将变低。但是破坏应变在不产生微晶内膨润的范围内，随膨润率的增加而增大，产生微晶内膨润后的膨润量比水的膨润量还要小。因而在实用可塑化方面微晶内的膨润尽量避免为好。

木素是与木材可塑化相关联的极其重要的成分。纤维素的软化点是不论水分子吸着的有无，约为230℃，而木素的软化点由于水的存在，从190℃起降低到70～116℃为止。氨对于木素也具有强的亲合能力。木素的溶解性、膨润性随溶剂的氢键能力的增大而增大，其最大值是在凝聚能密度为10～12时，氨比水更接近于最佳值。

综上所述，木材用膨润剂处理时，其塑性变形也许是纤维素的非晶区、半纤维素和木素分子相互间的移动；还有从这些成分在细胞壁中的分布出发，在胞间层内细胞间的相互移动也是一重要的因子。

4. 形状的固定

在木材的塑性加工中，使木材变形的同时，形状固定工艺也是极为重要的。木材一发生变形，内部就会产生应力，一旦解除变形约束，就会产生回弹，用外力按变形木材形状进行约束时，所需的约束力随时间的延长而慢慢减小，这种现象称应力松弛。

含水率一定时，经约几个小时的时间应力松弛在10%以内，而最初所加的力，大部分仍残留着。为此湿润的木材保持着所要求的变形状态下进行干燥，至干燥终了为止，保持原变形所需的约束力，减少到最初约束力的5%以下。解除变形后反向回弹的大小，是决定于解除约束时的残留力和木材此时的弹性模量。所以在采用一边变形约束一边干燥的工艺处理后的木材上，反向回弹可以降低到2%～3%以下，即最初所给予的变形，几乎可以全部作为残留变形固定。在干燥时这样形状被固定的现象被称为干燥硬化。用干燥硬化所固定的形状，含水率限定保持在10%以下时，才大致是稳定的。含水率超过10%，由于吸湿将部分回复到原状，由于吸水将大部分回复到原来形状。在干燥过程中变形量的显著增加和产生应力松弛，其结果而产生的干燥硬化是一种塑性变形。此时的变形量和松弛速度受应力的大小、含水率及变化速度所支配。

把成形工艺中力和变形的基本关系表示在图3-18中。

干燥材产生OA'的变形，需要外力A；按原状约束时间为T内的变形，所需的力是B，仅稍有松弛。在这时如解

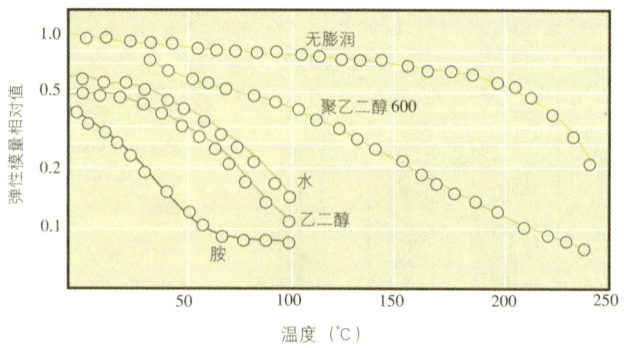

纵轴：无膨润木材在0℃的剪切模量为1.0的相对值

图3-17 用各种膨润剂饱和了的木材上，剪切模量和温度的关系

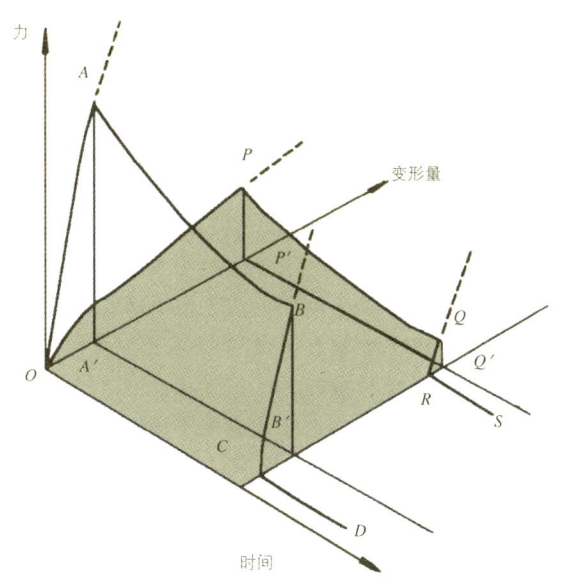

图3-18 成形工艺中的力和变形的关系

除约束，变形将沿 OA 的平行线 BC 作弹性回复，在这以后也仅残留微量残余变形 D。

高温下湿润木材变形时，为了将变形量达到 OP' 的程度时，必须要有一外力 P，因为是在高温和高含水状态，仅需较小的力就能得到较大的变形，按原状约束变形的时间 T 内，进行干燥的话，外力大部分得到松弛，约束所需的力仅为 Q，在这时如解除约束，变形将沿 QR 线进行弹性回复，而 QR 线是平行于干燥材开始线 OA 的。变形的反向回弹是极小的，大的残留变形 S 被硬化下来。

用水之外挥发性的膨润剂，膨润后的木材在外力或变形下进行干燥时，也能看到类似的过程，此外用比水膨润能力大的膨润剂膨润过的木材进行约束变形，按原样用水溶脱膨润剂后，也产生类似的硬化。

3.3.1.2 软化处理

1. 木材软化的目的

(1) 成形加工：将木材暂时软化，按所要求的形状成形，然后在成形状态下重新回复到木材原有的刚性，为达此目的有自古以来就采用的蒸煮后的曲木，有将饱水木材应用现代科学技术微波加热成形，也有采用液体氨和气态氨处理等种种方法。这些方法和切削、胶合、接合等成形有所不同，是一种不损木材纤维连续性的成形加工的方法。

(2) 压密化：为了提高木材的强度和弹性模量，采用将木材加压，用压缩的方法使其密度增大。在压缩过程中木材暂时软化，目的是使木材容易做到压密化，如将木材表面层压密化可提高抗磨性能；此外利用刻花的模具将木材表面压密化能对木材进行特殊的压花加工。对于这些方法使木材暂时软化，可使用含水状态下的加热处理，也可用氨水浸渍等方法。

(3) 碎料成型：将木材刨花等碎料或纸浆、纤维等在一定形状下加工成形，也有软化的过程，与此同时进行了表层压密化，刨花板、纤维板制造等正是如此。

(4) 永久性软化：在木材中适当地添加可塑剂，能把木材的软化点降低到常温以下，就是想在常温附近就能得到柔软性的木材。已知将胺作为基体的不挥发性膨润剂有这种功能。但真正做到实用，尚有几个具体问题需解决。

2. 使用水和热的软化

(1) 特征：水作为木材的可塑剂在生材中就普遍存在，且无臭、无害，此外即使排出也不会成为公害。水作为木材的可塑剂，加热之后，可达到同样的软化效果，即使从外部热到木材内部，所需的时间也比用可塑剂浸透或使其扩散到木材之中要短。如采用微波加热时在极短的时间内就能完成。采用水和热的可塑化往往仅限于木材实质中的含湿区域，所以硬化后往往产生由水分引起的反向回弹。

(2) 蒸煮曲木：采用热水的浸渍，或是在高温下气蒸，均能使木材具有柔软性，曲木加工即是利用了这种性质。木材的刚性随着水的膨润而降低，与此同时最大变形量将会增大，这种作用由于加热会变得更明显。水和热给予木材的变形性能的效果对压缩和拉伸是大不相同的。压缩较敏感，稍微施加一点压缩力，就能得到极大的压缩变形；而拉伸破坏变形相对地减少。当弯曲半径小于30倍材厚时，采用Thonet法，即在曲木凸侧（拉伸侧）上使用金属带，移动中心轴，拉伸力让金属带承担，在木材上仅承受压缩应力。

曲木的树种一般选择温带产的阔叶材，如白蜡树属、枫香属、桦木属、山毛榉属、刺槐属等树种易弯曲，且破损较少。

采用蒸煮软化的木材，易于成形（主要指弯曲），成形后有必要恢复木材原有的高刚性状态，为此用成形时的原样进行干燥。成形后的干燥是极为重要的工艺，它不仅是为了除去木材中的水分，也为了防止反向回弹。为此有必要在成形的原样下，使含水率下降到10%以下。蒸煮曲木是采用干燥硬化的方法，由于强烈的干湿反复和吸水，有必要注意由此而形成的反向回弹问题。

(3) 微波曲木：这是20世纪80年代才开发的曲木新工艺。采用饱水材，在弯曲变形过程中用2450MHz的微波照射，材温在短时间内急剧上升，水分通常保持在非平衡状态，在弯曲加工时，最大应力作用在材表层部，而含水率在表层部要比内部高等木材塑性变形容易的条件，全部能得到满足。微波曲木与传统的蒸煮曲木法相比，它能在短时间内完成，且能作较小弯曲半径的弯曲。

如把厚度1cm饱水材用微波照射，加热1~2min后取出，沿着用金属带做的模具弯曲。刺槐和火炬松（$Pinus\ taeda$）通过一次操作，曲率半径能弯至3cm。对于多数树种，采用顺次减小曲率半径的多次反复操作，能将曲率半径弯至3～7cm，并能达到在压缩侧几乎不出现折皱的现象。

(4) 刨花板：刨花板是将胶料喷涂到刨花上，通过热压制成板的一种板状材料。制造过程中刨花在板坯中的受压过程，即是木材塑性变形的过程。它是干燥中载荷引起的塑性变形和干燥硬化结合的结果。因而在原料刨花中必须含有一定程度的水分，作为胶合剂的溶剂也要根据所含的水分而添加。在工艺过程中，压缩初期刨花在铺装板坯中，由于滑动、再排列、弯曲等首先填没了刨花相互间的空隙，其次在温度、含水率、干燥速率等条件齐备的情况下，以刨花为主进行由横压塑性变形的压密化，最终在各自状态下由干燥硬化和胶合剂硬化而被固定。刨花板制造时，根据压缩的不同时期压力是变化的，在板坯厚度方向上刨花的温度、含水率也不同，所以板坯中的各部分在不同的时间点上要作出相应的变形，在近热压板的两表层，在压力高的阶段中，因含水率和温度都高，且干燥速率也大，所以急剧地产生显著的塑性变形，在刨花板的表层出现高密度层。相反在中心层，由于塑性变形的条件不齐全，而没有压密化。刨花板厚度方向密度分布和材质，除取决于原料的种类(树种、形状等)和性质外，根据上述理由，还取决于板坯的含水率分布、加压速度、压力和温度。

从刨花板形成的机理出发，了解到刨花板吸水后，在厚度方向比木材有更明显膨胀的原因，使得干燥硬化后的刨花由于水分而引起的回复。

3. 氨的软化作用

1955年斯担姆(Stamm)首先提出用液氨来使木材软化。它与使用水和热的软化相比有以下优点：①几乎所有阔叶材用氨法均能得到充分软化；②成型时所需的力小，时间短，破损少；③成型后制品恢复原状的趋向较小，是一种受商界重视，极有前途的可塑化方法。但因刺激性和臭气较强，操作必须在封闭系统中进行。

(1) 氨对木材的溶剂作用：氨塑化木材有良好效果是氨与木材中主要成分的溶剂特性有关。液氨的塑化作用表现在它对木素和多聚糖类都是很好的膨胀剂。木素在木材中是具有分枝状交联的球形高聚物。氨塑化时，木素分子发生扭曲变形，但分子链不溶解或不完全分离，并松懈木素与多聚糖类的化学联结，呈现软化状态。而水虽能进入木素结构的一定范围内，在同样的温度和压力下，木素分子不产生明显的变形。

巴里(Barry)、潘欣(Peterson)等论证了液氨膨胀纤维素的非结晶结构。纤维素非结晶区形成溶剂化合物的能力和纤维素晶格的扩大和疏松能力无疑对木材的塑化是十分重要的。液氨能与纤维素的羧基发生强烈的酸—碱反应，由于它的分子太小，难于溶解纤维素。而水仅能进入到纤维素的非晶区，故塑化能力远不如氨。半纤维素在液氨中类似于低分子量的纤维素，半纤维素在25℃用液氨处理5h，也有脱乙酰作用和形成乙酰胺，糖醛酸基也可变成铵盐或氨化物。这些变化对木材大分子来说比较小。在低温下这些变化将会减小，半纤维素在液氨中的溶解性可能导致它们在细胞壁中的重新定向。

(2) 液态氨的软化：用液态氨使木材软化是可塑化加工方面较为普遍的方法。氨的液化温度为－33℃，在该温度以下氨成为液态氨。处理方法为：将气干或绝干的木材放置于盛有液态氨的冷却槽中浸渍，或先将木材放入处理缸中冷却，抽真空后将液态氨注入。待液态氨充分浸透木材之后，然后取出，进行成型加工。

为了促进液态氨的渗透，也有采用预先将木材细胞腔中的空气用气态氨或二氧化碳气等置换的方法。厚度为3mm的单板，在液态氨中浸渍4h，在弯曲加工方面就能得到足够的可塑性。当然如果浸渍24h，可塑性能够得到更大地提高。从液态氨中取出的木材宜立即成型加工，在常温下木材易于变形的时间仅8～30min。

该方法与采用蒸煮软化相比较其优点是：①曲率半径能更小；②对于变形所需的力，在较小情况下就能完成；③木材破损率小；④受反复干湿时的反向回弹几乎没有；⑤几乎所有的树种都能适用等。一般蒸煮曲木加工适用的树种，采用液态氨曲木加工也适用。液态氨处理桦木的物理力学性见表3-11。

在液氨处理中，因细胞壁极度软化，在氨挥发时易产生细胞的溃陷。有时这种收缩可为原尺寸的百分之几至30%左右。为了防止这种收缩，可考虑在液态氨中添加不挥发性的膨润剂，如以聚乙二醇为添加剂是有效的，不影响可塑性的效果而防止收缩。

(3) 气态氨的软化：液态氨必须在低温下处理，而气态氨常温下就能处理，也能得到同样的软化效果。

向木材中进行气态氨的扩散、渗透时，气干材比全干材要来得快。所以木材含水率为10%～20%处理效果较好。把0.3～2cm厚的气干材放入处理缸中，排气后导入饱和气态氨(26℃时约10个大气压，5℃时约5个大气压)，对应于不同的板厚如作2～4h处理，能进行曲率半径与板厚之比为4的弯曲。气态氨与液态氨处理的不同之处为气态氨没有在细胞腔中滞留，所以用量较少即能完成。

(4) 氨水的压密化：压密化是将木材作垂直于纤维方向

表3-11 液态氨处理桦木的物理力学性能

物理力学性能	处理前	处理后	
		处理2h	处理16h
体积收缩	－17.0	17.8	
从绝干至温度24.5℃相对湿度70%的膨润(%)	5.1	8.1	8.6
动弹模量(10^4GPa)	1.52	1.25	1.22
动成损耗(tgδ)	0.08	0.15	0.16

的热压，以达到提高密度，改良材质的目的。进行压密化前，如将木材放入氨水中预先浸渍，可增加软化的效果。当施加一定载荷时，氨水的浓度越高，用较短的浸渍时间即能达到预定的压缩率。将密度为0.63 g/cm³的木材，放置在浓度为25%的氨水之中，根据板厚决定浸渍时间，经浸渍、软化，在8.0MPa的压力下经3min压缩，除去压力后能得到密度为1.2～1.3 g/cm³的压缩木材(图3-19)。如使用曲面模具也能曲面成形。这种处理材顺纹弹性模量约为处理前的2.6倍，横向弹性模量约为4倍，各类强度有很大提高。如拉伸强度可达428MPa，压缩强度为173MPa，弯曲强度为281.9MPa。

此外还有把木材纤维、锯屑用20%氨水中浸渍后，在190～200℃，4～5MPa的条件下热压10min，能制成密度为0.9～1.1的板材等诸如此类的报导。

3.3.2 影响氨软化木材的因素及性质

3.3.2.1 影响氨软化木材的因素

影响氨软化木材的主要因素有时间、温度、压力、后处理和树种等。

1. 时间

氨软化时溶剂和聚合物间的反应为氢键反应，也是酸碱反应。因此氨分子一靠近羟基反应马上发生，木材的大分子结构重新排列，以能容纳溶剂的体积。对于木材来说软化木材所需要的时间不仅仅取决于反应过程的时间，而更主要是决定于氨扩散到木材中的速率，也就是取决于木材的渗透性。厚度为1.6mm的木片，15～30min内可完全软化，尺寸为3.2mm×10mm×1100mm的木材试样，需4～5h才能软化至适合弯曲的程度。如在加入氨之前先向木材抽真空，或用加压浸注的方法，可大大减少软化所需的时间。软化速度很大程度上还受到有效的液体通路结构的影响，为了用最短的时间达到软化目的，应该避免太大程度的大分子重新排列，细胞壁的崩溃，以及纤维素的脱乙酰化作用等。

2. 温度

温度对软化的影响，反映了两个相反的作用。一方面降低温度能促进氢键连接，并有利于纤维的膨胀和软化。另一方面，降低温度会严重抑制分子的运动，增加刚性。例如当氨处理的木材在-50℃情况下，它是非常坚硬的，只有当温度升高后其塑性才能展现出来，但温度升高后，氨将释放出来，纤维素分子间的氢键又会出现产生木材的刚性结构。所以考虑到这两个相反作用，必须选择木材成形最适合的温度范围，一般以室温和液氨沸点(-33℃)之间的温度最为合适。

3. 压力

如果软化操作是在较高的压力下进行，那么在较高的温度下有可能得到最佳柔韧性。但是压力最重要的影响是增加了浸注速度。对于处理厚的木材最佳的方案是对木材抽一次以上的真空，用氨气来清除细胞腔中的空气，然后在氨本身的蒸汽压下进行浸注。在常温下液氨的蒸汽压力1.05MPa。可在标准的设备中进行处理。

4. 后处理

可塑化木材的力学性质主要取决于软化的方法和后处理。取厚度为1.6mm，宽度为19mm，长度为150mm的桦木试片，经汽蒸1h，弯曲成直径为19mm的双圆形，然后用木夹固定其形状。另外用同样2个木片都用液氨软化半小时后，作同样的弯曲。其中一个用蒸汽扩散法除去氨，而另一个将它放入水中，用水将氨滤出。将这三种处理后的样品进行气干，并和大气平衡几天后，都放到温度为80±2℃的水中，结果汽蒸方法软化的样品展开角度为163°；液处理蒸发扩散的样品展开角度为74°,再干燥后角度减小到54°,有20°的变化是可逆的。液氨处理后水滤的样品表面有些变质，但在热水中展开角度很小。很明显后一种方法使重新结晶作用延长到足够长的时间，以致将所产生的应变几乎完全释放，故仍保持双圆形。

从潮湿和干燥木材上所观察的角度差别，表示处于压缩状态的内表面要比处于拉伸状态的外表面对水分的敏感性要大。说明机械处理已改变了木材重新吸收水分的性能，证实了软化后的木材比软化前有较多的无定形区。

5. 树种

所有木材的细胞壁都能发生软化。木材化学组成上微小差别不会导致塑性溶剂—聚合物相互作用有很大改变。但是弯曲某些树种确实比另一些要容易一些。低密度的树种比高密度的树种易受压缩破坏。栎木等树种的环孔部位最可能发生损坏，且变形范围也很有限。用直纹理美国白蜡树、山毛榉、桦木、核桃木、樱桃木等都能弯曲做成较复杂的形状。

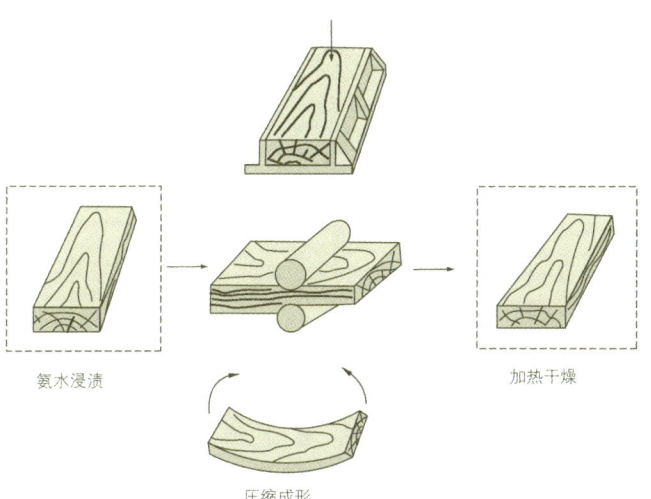

图3-19 用氨水处理的压缩成形加工

3.3.2.2 氨软化处理木材的性质

1. 膨胀和收缩

各种木材在氨中膨胀速率都比水中快,这是因为氨在木材中的扩散速率超过水的缘故。在达到平衡时,用氨浸泡,几乎所有木材都出现弦向超膨胀现象,少数树种出现径向超膨胀现象。超膨胀是与木材结构疏松,以及细胞壁滑移区有关。当氨从饱和蒸汽压中除去时,所有树种的木材都严重地收缩,这将造成细胞结构的瓦解。用氨处理的木材重新放在水中浸泡,将促进这种尺寸的下降。

氨处理木材的水中膨胀和收缩要比未处理的木材明显。但是水渗透到用氨处理后的木材中的速率却比未处理材要慢。

氨处理材和未处理材吸湿试验表明,开始氨处理材吸收水分稍多,但达平衡状态时,处理材吸收水分反而少些。膨胀与吸湿具有相似的现象,这可能与木材中纤维重新结晶现象有关。氨处理材对水蒸气的敏感程度可认为与未处理材基本是一样的。

2. 密度

一次较长时间氨处理的结果,能使密度上升10%~40%,多次重复处理将促进其密度的增加。

3. 颜色

木材颜色变化程度随处理时间和温度的不同而不同。通常可通过控制处理时间和温度来控制处理材的变色问题。

4. 力学性质

用无水液氨处理后,木材绝大多数的力学性质都有所提高,但韧性都下降30%~40%。氨处理木材干燥后抗压、抗拉强度提高10%~40%,弯曲强度提高3%~30%,两者提高幅度都与树种有关,弯曲弹性模量约降低10%~20%。

氨对木材力学性质的不同影响还取决于处理的过程,有些降低了强度,有些则提高了木材的强度。引起力学性质降低的原因是:①氨处理在木材中引入了较弱的次价键,降低了结晶度;②细胞壁中成分的位移使木材实质变得较为疏松;③卷曲和细胞壁的微小破裂破坏了主价键和次价键的结合等。

引起力学性质增加的原因是:①由于细胞和细胞壁的压扁,增加了木材的密度;②由于组织的疏松和蠕变,使组织内的应力得到最大限度的消除及径、弦向异向程度的减少等,其中以密度的增加影响为最大,如在相对蒸汽压较高,延长处理时间,那么最大的影响作用将会被突出出来。

5. 流变性质

氨对抗压强度的影响明显高于抗拉强度的影响,因抗压强度主要取决于木素的含量,这表明氨塑化时首先是从木素开始的。

用氨处理的木材呈线性,还是呈非线性型的粘弹性的问题至今尚未完全解决。在软化状态下载荷作用后的应变恢复较小,载荷作用时间越长,弹性应变越小。这就提出了在载荷作用下的塑性流动和延缓的弹性应变转换成不可逆的变形。

3.4 木材强化处理

木材经物理的或化学的方法,也可两者并用,提高木材的密度,使木材强度得到增加的处理称为木材强化处理。强化处理的产品有压缩木(Staypak)、浸渍木(Impreg)、胶压木(Compreg)、强化木(Densified)和塑合木(WPC)等。本节就前四种作简单介绍,塑合木由下节作重点介绍。

3.4.1 压缩木

木材是天然弹塑性材料,在一定条件下可不破坏其结构,而塑化压缩密实,以提高其密度。木材的强度和密度有着极其密切的关系,强度随密度的增加而增加。在19世纪30年代初德国就生产压缩木,并以Lignostone为商标在市场销售。压缩木最大缺点是尺寸不稳定,当将压缩木浸入水中,或放在潮湿的空气中,会吸收水分,有恢复原来尺寸的趋势。借助于各种处理工艺可减少这种趋势,但并不能完全消除这种趋势。

3.4.1.1 压缩木的制造方法

水分和热量可以看作是木材压缩时的增塑剂,所以木材在湿热的情况下会增加可塑性,使材质软化。在这种条件下不仅便于压缩,而且不会在木材压缩时造成细胞壁的破坏。经过压缩的木材当冷却和干燥后,就能使其形状得到固定。

木材压缩的永久恢复率与加压温度、水分含量、压力大小、压缩时间有密切关系,见图3-20。如果压缩前板坯的初始厚度为t,压缩后的厚度为t_c,压缩木浸入水中至压缩方向完全润胀为止,从润胀后的试件上锯下2mm厚的薄片,气

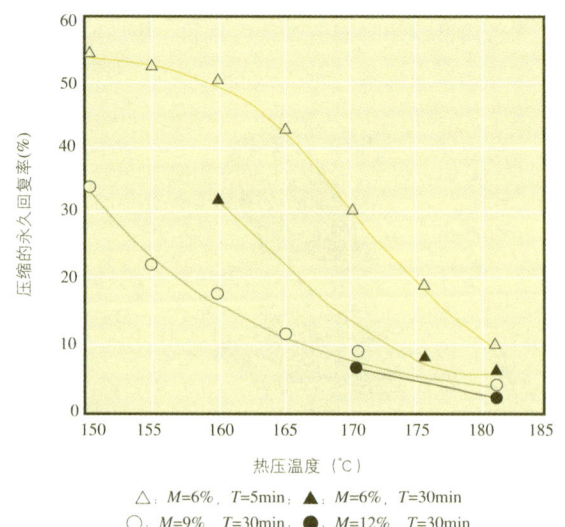

注:压缩木由21层,厚度为1.6mm的单板平行层,在压力为14.1MPa下压制而成

图3-20 未处理桦木在不同含水率和加压时间下压缩永久回复率与热压温度的关系

△:$M=6\%$,$T=5\min$ ▲:$M=6\%$,$T=30\min$
○:$M=9\%$,$T=30\min$ ●:$M=12\%$,$T=30\min$

干、烘干后测得最大回复后压缩木的厚度为 t_r，则压缩的永久回复率 r 可按下式计算。

$$r = \frac{t_r - t_c}{t_c} \times 100\%$$

图中曲线都是在14.1MPa的压力下进行的。由此可见，回复并不是压缩程度的函数，而是压缩木的内残余应力的函数。

图中表明回复主要受温度的影响，温度越高，则压缩的永久回复率越小。而压缩时水分含量越高，回复率也越小。当温度升高时，含水率和热压时间对回复率的影响将逐渐减小。

图中还可看到当温度升到180℃时，压缩永久回复率极小，这是由于木材中的木素在该温度下，产生轻微的塑性流动，减轻了由压缩而产生的内应力，木材润胀时的回复趋势变小，因而干燥后压缩永久回复率也变小。分离木素的塑性流动温度为125℃以上，木素含量高的水解木材约为170～180℃。实践表明在180℃下制成的压缩木表面会出现开裂。实际制造压缩木的温度常采用175～180℃之间，当压制厚度为2.5cm以上的板时，热压温度下降到165～170℃之间，时间为1h，板中心能得到充分加热。能允许木材中木素有塑性流动，以此来消除压缩而引起内应力的压缩木材叫稳态压缩木(staypak)。意思能保持压缩状态。这种稳态压缩木尺寸稳定性较好，外观上颜色变深，呈金黄色至深褐色，可根据颜色概略判断压缩永久回复率的大小。

压缩木树种以选择材质均匀、纹理直、水不溶性提取物含量低的木材如桦木等为好。提取物含量高的木材如松木、花旗松等并不适宜制作压缩木，因树脂状物质对木素的流动和充分压缩有干扰作用，不易得到稳定的产品。坯料可用实木或单板，最好是用锯制的平板来制造。通常压力为10.5～17.6MPa，制得压缩木的干容积比重为1.3～1.35，当小于该比重时产品膨胀快，且回复率也高。

热压时木材细胞壁中应含有不少于6%的水分，水分可减少在压缩变形过程中的内摩擦系数，而温度起着特殊的催化作用。图3-20还表明，当对尺寸稳定有一定要求时，未处理压缩木应尽可能在靠近使用含水率的条件下，以及在与允许韧性相适应的高温下压制。板坯热压时间需30min以上，为了使塑化木材所需的水分不会很快地逸出，可将板坯在压缩前先经常压蒸汽处理1～1.5h，使板坯中心温度提高到85℃以上，沸点以下。在制厚的压缩木时，加热时水分是从板边缘，特别是纵向边缘散失，当温度上升到木素能发生塑性流动时，水分含量可能已降到木素塑性流动所必须的最小含水量6%以下，造成从端部向内2.5～8cm，从边缘向内0.3～0.6cm区域内木素没有塑性流动区域，该区域木材颜色未见变深，要产生膨胀，会像未压缩的木材一样的反弹，因此制作应留有余量，使用前裁去。

压缩木制作是在很高压力下进行的，使木材存在向周边延伸的现象，为了防止木材延伸，可将板坯放入压模中，或用厚度稍厚，长度为6～15cm的废木材用端部顶住板坯侧边的方法进行压缩，以达到定位和防延伸的目的。

制作压缩木另一重要的问题是在热压过程结束后，在保持压力的情况下冷却，冷却后解除压力，取出压缩制品。木素与酚醛树脂不同点是其热塑性，如不在冷却后卸压，被压缩的木材将产生反弹的趋势。薄单板在制成压缩单板时，可不需冷却就卸压，不产生反弹现象。压缩单板可用作制造桌面和拼花用。

制造压缩木的具体步骤是：先将含水率为12%～17%的木材，在常压下汽蒸1～1.5h，使木材的含水率增加到17%～20%左右，木材中心温度达85℃左右，然后立即装入热压机的压板上。热压板的温度升高到120～125℃，使木材中心温度达105℃左右。接着以每分钟3～4mm的速度加压，压力通常14MPa，温度为160℃左右。保温、保压40～60min，以达到规定的压缩率。然后冷却热压板，使木材中心的温度下降到30～40℃(约需60min)，解除压力，取出压缩制品。制成的压缩木毛坯放在室内一周以上，以解除木材内可能存在的内应力，以免以后使用时发生变形。

3.4.1.2 压缩木的性质

木材经压缩密实所制成的压缩木，不仅解剖构造起很大变化，而且物理、力学性质也完全不同于原来天然木。压缩木的力学强度比天然木材要大得多，其增加值与压缩的程度成比例，三种木材压缩与未经压缩的物理力学性质的比较见表3-12。

压缩木不用树脂处理，其压缩密度、韧性为素材的1.5～

表3-12 未处理压缩木与素材的物理力学性质

项目		桦木		杨木		松木	
		素材	压缩木	素材	压缩木	素材	压缩木
密度(g/cm³)		0.61	1.4	0.50	1.4	0.44	1.4
含水率(%)		8	8	8	8	8	8
顺压强度(MPa)		76.5	146.5	53.5	111	63	123
横压强度(MPa)	弦向	4.8	45	2.7	52	4.9	28
	径向	7.2	102	3.6	72	4	98
抗弯强度(MPa)	弦向	100	216	67	175	67	197
	径向	107	230	80	200	63	185
冲击韧性(KJ/m²)	弦向	39	75	30	65	24	35
	径向	42	85	33	70	32	60
硬度(KN)	端向	5.35	15.5	4.05	13	4.1	12.3
	弦向	1.9	13.2	1.5	11.6	1.9	11.8
	径向	2.25	14.2	1.75	12.2	1.5	12.3
磨损量(cm³)	端向	0.84	0.05	2.06	0.08	1.57	0.19
	弦向	—	0.30	—	0.35	—	0.35
	径向	—	0.30	—	0.45	—	0.50

2倍，是其他化学改性材无可比拟的。压缩木本身抗腐力并没增加，但由于密实化能减缓微生物侵害的速度。

压缩木较难克服的缺点是吸湿后的膨胀和回复，目前大规格制造的未处理压缩木，几乎都是在比制造稳态未处理压缩木低得多的温度下压制的，因此这些压缩木不适宜在会引起显著回复的条件下使用，如有调湿设备的纺织厂内使用，表面加防水层后能取得满意的效果。

稳态未处理压缩木主要缺点是需要留出相当大的端部和边部余量，以便除去不稳定的浅色部分。对于层压制品，只要将各层单板用低达5%的能形成酚醛树脂的混合物溶液浸渍，就能避免这种缺点。

压缩木吸湿膨胀回复过程中释放出的能量所产生的强大压力可用于挤紧材料。

3.4.2 浸渍木

当木材在水溶性的低分子量的酚醛树脂的水溶液中浸渍，树脂就进入木材细胞壁并充胀木材。树脂扩散到木材中后，水分可借低温干燥作用蒸发掉，树脂则由加热作用而固化，生成不溶于水的聚合物，这样的处理木材叫做浸渍木(Impreg)。

3.4.2.1 浸渍木的制造方法

目前已有许多不同类型的树脂能成功地在木材细胞壁内聚合，即酚醛树脂、间苯二酚树脂、三聚氰胺甲醛树脂、脲醛树脂、苯酚糠醛树脂、糠醛苯胺树脂、糠醇树脂等。这些树脂中使用最成功的是酚醛树脂。它比间苯二酚树脂和三聚氰胺甲醛树脂价格便宜；比脲醛树脂抗缩率和耐老化性能要好；比糠醛苯胺和糠醇树脂在干燥过程中化学药剂损失小等优点。因此作为浸渍木使用的树脂，目前基本上仅采用市售的A阶段酚醛树脂，这种树脂的固体含量为33%～70%，pH值为6.9～8.7。当固体含量为33%时，其相对黏度为3.5～4.7。

用A阶段树脂处理相当大的木材试件时，树脂在木材内很难达到均匀分布，以往仅用易于浸渍的美国西部黄松和椴木的边材制成浸渍木。目前大量的浸渍木均是由单板浸渍层压制成的。

单板可采用多种不同的方法，使用A阶段酚醛树脂处理。制造家具用的厚度为0.8mm的湿单板，或小于此厚度的单板，在30%～60%的固体含量树脂溶液中浸渍1～2h，由扩散所吸收的树脂量为单板干质量25%～30%，对于厚单板，其浸渍时间需特别长，因扩散时间和厚度的平方成正比。湿材扩散的问题是化学药剂扩散进去时，水分将被析出，常需用新鲜药剂增浓浸泡溶液。薄而干的单板有较多的横断纹理，毛细管容量吸收溶液，可使用60%～70%的树脂溶液，一次或二次通过涂胶机达到所需树脂量。

较厚的直纹理单板，通常需要强力处理，中、低密度的单板厚度为3mm时，单板含水率最好控制在20%～30%左右，可以用压缩辊装置进行压缩处理。处理时，单板在处理液面之下的压缩辊之间通过，在压缩辊处单板被压缩到原来厚度的一半。当单板离开压缩辊时，即有回复它原来厚度的趋向，此时就吸收处理溶液。

处理1.6mm以上的单板，其主要方法是采用处理罐加压浸渍。标准处理方法是将单板浸渍在灌满30%～35%的树脂溶液的槽内，每次加一片，单板两面被浸湿之后，通长紧密堆成一叠，然后在单板堆顶上加压，并浇淋处理溶液，使单板堆在浸渍后仍浸在溶液中，然后用辊筒等装有单板堆的托架送入处理罐内。根据单板渗透性的不同，施加0.15～1.5MPa的空气压。保压时间为10min至6h。厚度为1.6mm的椴木或杨木的心材单板在0.2～0.3MPa压力下处理15min，其吸收溶液量为其本身质量的30%，桦木心材单板在0.53MPa压力下需处理2～6h。

处理过的单板应密实堆垛并覆盖，存放1～2d，以使树脂通过扩散，在整个木材内均匀分布。然后单板在连续式干燥机内或干燥窑内进行干燥。干燥时干燥速率不宜过高，以防树脂过多转移到单板表面。合理的工艺规程应在60℃温度下干燥8h或在72℃温度下干燥3h。干燥的目的只是去除水分，而不是使树脂聚合。为了确保树脂聚合固化，窑干温度应当上升到95℃，干燥一天，或者将单板干燥机升温至150℃，干燥1.5h，以免后续的层压阶段中，单板在热压机中被压缩。

3.4.2.2 浸渍木的性质和用途

1. 浸渍木的材性

浸渍木抗缩率ASE，随木材细胞壁内酚醛树脂含量的增加而增加，最高ASE可达70%。该原理在"木材尺寸稳定化处理"这节中已阐述过。

胶合板和平行纹理层压板的面板用25%～30%的树脂处理后，在室内使用能基本消除面板的裂纹，室外使用能使面板裂纹和风化显著减少。酚醛树脂浸渍木的耐腐、耐酸、电阻抗等性能均获得很大提高。虽然酚醛树脂处理不能使木材获得真正的耐火性，但是它改善了炭的集结度，从而隔断了火势的蔓延。浸渍木和普通木材相比，其耐热性显著增加。将处理过的试件在205℃的温度下加热，随之冷却，反复循环超过50次，不会出现损伤，而未处理的对照试件，在相同条件下仅数次循环之后，就发生炭化和严重剥离。

由酚醛树脂浸渍平行纹理层压桦木板和未处理对照材的强度性能见表3-13。处理后抗拉强度略有下降，而抗压强度有所提高，弯曲强度没多大变动。处理后的剪切性能略有下降，韧性和悬臂梁式冲击性能显著下降，而后者尤甚。因此浸渍木不能用于对冲击强度有严格要求的场合。

2. 浸渍木的用途

浸渍木主要用作汽车模具。模具的面板需整张浸渍木制作，并需要在任何相对湿度下能紧密吻合。用酚醛树脂处理过纹理平行的豆科树种的单板被层积热压成厚为25.4mm的板子，这些板用冷固性胶组装到所需的厚度，然后刻制成模具。如制成汽

表 3-13 平行纹理的层压桦木和由厚度为 1.6mm 的 17 层桦木
旋切单板制成的浸渍木的力学性①

性 能		未处理对照材②	浸 渍 木③
比重		0.67	0.9
顺纹抗拉	比例极限(MPa)	104	97
	极限强度(MPa)	156	119.5
	弹性模量(GPa)	16.2	17.6
顺纹抗压	比例极限(MPa)	45	55.5
	极限强度(MPa)	68.9	109.7
	弹性模量(GPa)	16.2	18.3
静曲强度	比例极限(MPa)	80.9	102.5
	断裂模量(MPa)	143.4	145.5
	弹性模量(GPa)	16.2	17.6
顺纹剪切(MPa)		19.7	18.1
韧性(kg/cm)		248	174
悬臂式冲击性能 (英尺磅/每英寸切口)		10～12	1～3

注：① 全部数值为 12 次试验的平均值；
② 用酚醛树脂胶在 1.2MPa 压力下组坯，含水率为 9%～10%；
③ 树脂含量以未处理木材绝干质量 50% 计

车顶模，经若干次相对湿度变化的循环试验，尺寸没有明显的改变，表面亦没有变粗糙。由于浸渍木具有良好的耐久性能，亦可以用来制作各种壳体压模。加热过的模具被埋在含有热固性树脂的砂中，在固化和冷却后，从砂床中除去模具，然后在砂床型腔中浇注金属。处理过的模能够重复使用达 50 次。

3.4.3 胶压木

利用预聚合的酚醛树脂能渗透至木材细胞壁中，对木材起增塑效应，在不使树脂固化的条件下干燥，经这类处理后的木材在压力低于 7.0MPa，温度为 120～150℃ 条件下，很容易地压缩到比重为 1.2～1.35 的制品，当加热和加压同时进行时，木材的压缩反应比树脂的固化更为迅速，所以在压缩过程中不会破坏树脂。将这种材料称胶压木(Compreg)，它既被树脂浸注，又进行压缩处理。

3.4.3.1 胶压木的制造方法

关于浸注树脂也曾试用过其他热固性的树脂，但都不比酚醛树脂好。可以用两种酚醛树脂制造胶压木。一种是水溶性的，能充分渗透木材纤维，制品尺寸稳定性好，但抗冲击强度较低。另一种是聚合度稍大的酚醛树脂，使用时将它溶解于乙醇之中，这种树脂充胀木材纤维不如水溶性树脂那么完全，因此尺寸稳定性较差，但抗冲击强度较好。可根据不同需求选择树脂。

从实木制造胶压木很困难，这不仅是实木树脂浸注困难，而且在后续干燥工序中难以保证树脂在加压前不过早固化。所以实际上胶压木都是由单板制造的。单板树脂含量高于 35% 时，平行层压的各层单板间不需再施胶，因各层中渗出树脂已足够供胶合之用。当垂直层压，或树脂含量小于 30% 时，需涂胶，胶量为 73g/m²，略低于正常值。涂胶后在配坯前应将各层浸渍单板干燥至 2%～4% 的含水率。该措施特别重要，因胶压木使用中平衡含水率在该范围，含水率过高，表层失水收缩，外表面受拉伸应力会造成胶压木表面开裂。浸渍单板预干时的干燥温度和时间必须控制在使树脂不固化的前提下。在烘箱内于 55℃ 温度过夜，在单板干燥机内于 85℃ 温度下干燥 45min 左右。压缩和热固化的过程，在制较薄的胶压木时，在 150℃ 温度下加压 10～20min 就能完成压缩和固化。对于厚板，温度应低到 125℃，以免超过树脂放热反应温度，否则热量得不到散失，树脂会自然地到达炭化点，为此胶压木厚度一般不应超过 2cm，当需要制作较厚的胶压木时，可以将几块胶压木再胶合在一起。

胶压木还可以利用"扩张模压"进行工艺模压成型。将干燥而未固化的酚醛树脂处理单板，在热压机中迅速加热到 120～150℃，或利用高频加热，而不使树脂有明显的进一步固化。将热单板转送入冷压机中，在 3.5～7.0MPa 的压力下，各层单板迅速压缩到它原来厚度的 1/2～1/3。各层单板一经冷却到室温，就从压机中卸下，热固性树脂此时还处于热塑性状态，因此不会出现回复。压缩单板若保持干燥状态，可以在室温下贮存数月，不会出现回复。成型模压时，将压缩单板截成模型规格，然后装入金属压模中，至装满为止，将压模固定并加热，在持压缩状态下使各层单板中的树脂软化。因此各层单板往往会回复原来的厚度，但是各层单板由于受压模的限制，于是形成一个内部回复压力，其值约等于原来压缩力的一半。当温度、时间共同作用，达到适合于热固性树脂固化时，将压模冷却，取出模压制品。

3.4.3.2 胶压木的性质和用途

胶压木的尺寸稳定性显著优于未处理压缩木。它在纵向的尺寸稳定性接近于浸渍木，而厚度方向的润胀却比浸渍木大 2～3 倍。因它在厚度方向被压缩，而这时的尺寸改变是以压缩程度为依据的。

胶压木具有天然光泽的表面，可用砂光、抛光修饰表面。使用金属切削刀具易于切削和车旋，切削速度小于木材加工的正常速度。胶压木之间或和木材能进行胶合，用酚醛树脂热压和间苯二酚树脂室温胶合均可。当厚的胶压木表面胶合时，表面应微量加工，以确保良好的接触，因胶料溶剂渗入木材较慢，开式存放时间应长些。

胶压木可抗腐朽、白蚁、海生钻孔动物的侵蚀。它的电阻与浸渍木一样，比普通木材为大。因木材渗透性减少了，耐酸性比浸渍木好；由于它具有较大密度，所以耐火性也比浸渍木好。

对浸渍木来说，只有横纹抗压强度和硬度有较大增加，而胶压木的大部分强度性能均大于木材，其增大程度与比重的增加约成正比。对于桦木和槭木来说，绝大多数的力学强度约增加 1 倍；对于鹅掌楸和加拿大杨来说，约增加 2 倍。横纹理的抗压强度的增加超出比重的增加。表 3-14 列出比重为

表 3-14 醇溶性和水溶性酚醛树脂处理，1.6mm 桦木单板制得平行纹理的半胶压木、胶压木与素材的强度比较

性 质	素材	醇溶性树脂		水溶性树脂		稳态压缩木
		胶压木	半胶压木	胶压木	半胶压木	
树脂含量(%)	0	28.5	28.0	29.7	30.2	0
比 重	0.67	1.36	1.22	1.36	1.24	1.4
顺拉强度(MPa)	156.1	377.5	306.5	371.9	321.3	307.2
拉伸弹性模量(GPa)	16.2	29.0	26.1	29.6	27.4	32.3
顺压强度(MPa)	68.9	170.1	160.0	180.0	168.7	155.4
压缩弹性模量(GPa)	16.2	29.0	26.8	29.9	28.1	32.3
顺剪强度(MPa)	19.7	34.1	25.6	30.9	27.6	39.9
悬臂梁式冲击(m·kg/cm)槽口	10~12	10	8.3	8.6	6.3	11~14
膨 胀(%)①	—	14.2	13.9	10.6	11.0	—
回 复(%)②	—	2.90	2.97	2.02	2.11	—

注：① 厚为 3.2mm 横切面试片在水中浸泡 48h 后，压缩方向的膨胀 %；
② 润胀试件干燥后，横切面厚度超过原来绝干厚度的 %

1.2 半胶压木和比重为 1.36 全胶压木的强度性质。从表中的数据可看出全胶压木强度都大于半胶压木。悬臂梁式冲击强度，水溶性酚醛树脂制成胶压木低于半渗透的醇液性树脂制成胶压木，胶压木低于压缩木。

由于胶压木硬度太高，用钢球压痕测硬度的方法已无法实现，可采用测量不同压力下标准钢球陷入胶压木中的深度，用陷入深度(变形)—荷重曲线中的直线部分的斜率，即硬度模量来作为硬度指标。该方法适应范围较大，对松软的和致密的木材，胶压木都适用。试验结果见表 3-15。由表中数据可见，浸渍木其硬度模量的增加比其比重的增加要多。胶压木的硬度模量的增加很多，约为原始木材硬度模量的 10~20 倍，而压缩木的硬度模量也有很大增加。表中还列出用硫磺和低熔点金属浸注的木材硬度模量的增加，但均远不如胶压木和压缩木。

胶压木的用途，在第二次世界大战期间，就被大量用作飞机木制螺旋桨的根部和船的螺旋桨的各种轴承。二次大战后，它的用途就大大受到限制，在用作成型模、夹具、编织梭子、刀具柄、玻璃门拉手，以及在自动控制信息系统中需高度绝缘的铁轨自动控制接线盒时，成本都很高。

3.4.4 强化木材

强化木材是采用低熔点合金以熔融状态渗入到木材细胞腔中，冷却后固化，与木材共同组成复合材。它提高了木材强度和硬度，并使软金属的蠕变减小到最小值。

3.4.4.1 强化木材的制造方法

强化木材是德国 H.Schmidt 提出，1930 年作专利公开。该方法最适宜的木材是壳斗科栎木那样环孔材的边材。导管浸渍处理最迅速，射线细胞浸渍较困难。例如核桃木正常绝干比重为 0.6 或 0.6 以下，处理后比重增加到 0.95~3.83 之间，比重的增加取决于处理条件和试件规格；松木比重可增加达 4.83，硬度可增加 2~3 倍，某些情况下可以超过纯金属的硬度。

使用合金的配方有：① 50%(Bi)铋，31.2%(Pb)铅，18.8%(Sn)锡，这种合金在 97℃熔融；② 伍德合金，50%铋，25%铅，12.5 锡，12.5%(Cd)镉，在 65.5℃熔融。

上述合金在各自熔融温度以上时，可以对木材小型试件

表 3-15 四种素材和其各类改性材硬度模量的比较

树 种	处理情况	比重	相对硬度模量
北美黄杉	素 材	0.60	1.0
	浸渍木①	0.67	1.3
	胶压木①	1.35	19.8
	稳态未处理压缩木	1.32	11.5
	熔化硫浸渍	1.30	3.5
	低熔点合金浸渍②	6.14	7.4
红桦	素 材	0.61	1.0
	浸渍木	0.79	2.0
	胶压木	1.30	10.0
	稳态未处理压缩木	1.36	11.6
	熔化硫浸渍	0.98	2.6
	低熔点合金浸渍	4.31	2.9
火炬松	素 材	0.60	1.0
	甲基丙烯酸甲酯浸渍		7.0
	苯乙烯—丙烯腈③浸渍		4.0
美国鹅掌楸	素 材	0.57	1.0
	甲基丙烯酸甲酯浸渍		6.9
	苯乙烯—丙烯腈浸渍		6.0

注：① 浸渍木、胶压木均为 30% 酚醛树脂；
② 低熔点合金：50%铋，31.2%铅，18.8%锡；
③ 60%苯乙烯，40%丙烯腈

的高度浸渍充填。使用这类特殊的合金，因为它从熔融状态凝固时将会有2%左右的膨胀，Stamm在研究结合水的扩散时曾用它来封闭木材的空隙。在5cm×5cm×0.3cm的试件中，90%以上的空隙可以通过下列方法被充填：将绝干试件放入能加压的容器内，其位置放在用来固化处理的合金之上，试件上压一非熔化的金属重物，保证试件能没入熔融合金之中。密闭压力容器抽高度真空，加热到130~150℃，使金属熔化。解除真空，施加4.2~17.6MPa的气压，保持20min至1h。然后卸压，打开压力容器，冷却到一定程度。恰好在熔化金属凝固之前取出试件，倒掉粘附在表面的残余金属。

3.4.4.2 强化木材的性质和用途

由于熔融合金进入木材细胞腔中，强化木材比重有很大提高，如北美黄杉比重可达6.14，随着比重的提高，各类强度都有相应的提高，硬度尤为明显，北美黄杉表面硬度模量可比素材提高7.4倍。

强化木材放至火中会炭化，但是大部分金属被熔化，并由于所含空气的膨胀而将其从木材结构中排出之前，它不会燃烧发生火焰。在最初阶段由于金属熔化吸热以及它的导热系数高等原因，降低了它的温度。

当木材只是部分被合金浸渍充填下，强化木材的各向异性性能即有显著增加。如在纤维方向的导热系数比横向的增加明显，纵向与横向导热系数之比，由一般木材的2∶1增加到10∶1。对电导率的影响也与上述相似。

目前强化木材的使用范围还是极有限的，但是对于特殊用途方面具有极大的发展可能性。

3.5 木塑复合材(WPC)

木塑复合材(WPC)是木材和塑料复合材料的简称。它一方面仍有效地利用了木材的特色，另一方面改良其缺点，使木材具有塑料的性质。WPC是英名Wood-plastic Combination或Wood-palymer Composite等的简称。WPC广义来说像前章所述把树脂注入到木材中制成浸渍木、胶压木等木材和合成树脂所组成的复合体均属此范围。狭义来说在木材中用乙烯类单体(或低聚体、预聚物)为主体的树脂液注入，使其在材内聚合所得的新材料。本章就狭义的WPC作介绍。

3.5.1 木塑复合材的制造方法

3.5.1.1 原材料

WPC是木材和塑料(树脂)为主体的复合材。作为原料，选择什么样的树种和树脂液，必然会影响到WPC的特性和产品价格。此外根据产品用途的不同，制造中还要使用着色剂、交联剂、阻燃剂等不同的添加剂。

1. 木材

应选择树脂液容易注入的树种作原料，通常以桦木属、槭木属、水青冈等阔叶散孔材较为适宜。除此之外栎木、水曲柳、桤木、杨木等也能使用。椴木的注入性为最好，作为研究用是非常合适的树种，但由于木材纹理不突出，在实用性方面受到限制。针叶树材一般由于心材的注入性较低，要做到向材内均匀的浸渍有困难，多数情况仅作为薄的单板使用，而整块木材处理时，针叶材并不适用。

除树种之外，由于边材、心材、早材、晚材的部位及形状不同，浸注的情况有差异，所以材种的选择也很重要。供浸注用的木材通常含水率小于10%，而且希望含水率尽可能的低。

2. 树脂液

作为浸注的树脂液可使用苯乙烯(St)、甲基丙烯酸甲酯酸(MMA)、醋酸乙烯(VAc)、丙烯腈(AN)等乙烯类单体，不饱和聚酯(UPE)，丙烯类低聚体等，上述树脂液单独使用或混合液使用都可以。WPC用的主要树脂液的特性见表3-16。

St是WPC在开发初期作研究时经常使用的单体。经试验，尚存在聚合所需的能量较大，聚合不够完全等缺点，故目前已不单独使用，而是和其他树脂液组成混合液来使用。作为代表的混合液有和UPE的混合液称UPS和AN的混合液称SAN等。这两种和MMA一起作为WPC通用的三大树脂。

MMA是在WPC中应用最多的树脂液，具有许多特征，

表3-16 WPC用的主要树脂液的特性

树脂液	优点	缺点
苯乙烯(St)	沸点较高，黏度适当，比较便宜	聚合须较多的能量，难以完全聚合，单体气味易残留
不饱和聚脂——苯乙烯(UPS)	聚合热小，聚合所需能量少，制品力学性优良	黏度高，向材中注入量稍低。聚合材有收缩，尺寸稳定性低
苯乙烯——丙烯腈(SAN)	制品尺寸稳定性高，聚合物强度大，聚合热稍大	丙烯腈有毒，操作需特别注意
甲基丙烯酸甲酯(MMA)	聚合所需能量少，聚合完全，隔断单体气味容易，毒性低，使用染料的染着性好，向材料浸注性好，其沸点、蒸汽压和水一样，操作容易	由于聚合造成聚合物收缩较大，制品被固定于膨润时，故材内空隙稍多
丙烯类低聚体	无气味，不挥发，作业性好，在聚合过程中不需留有余量，聚合速度大	价格在现阶段较高，黏度高，为了能做到均一的浸渍，有必要用分散剂和溶剂

除单独使用外,与其他单体混用的共聚合的性能也很好。例如采用是同族酯的甲基丙烯酸=羧基乙酯(HEMA)或甲基丙烯酸缩水甘油酯(GMA)那样的极性单体和MMA共聚合,也能期望得到WPC的改性。近年来各种类型的低聚体被开发,在WPC方面讨论了苯基缩水甘油酯和丙烯酸(或甲基丙烯酸),二氧酸无水化合物和乙二醇、丙烯酸反应所生成的低聚酯丙烯酸酯类。除以上所述之外,还有用氯化乙烯、偏二氯乙烯、丁基苯乙烯、甲基苯乙烯等的研究例子。

3. 添加剂

(1) 着色剂:在树脂液中预先把着色剂作调和后添加进去,能使WPC着上符合目的的色调,作为着色剂通常是使用偶氮类、蒽醌类油溶性染料。油溶性染料在树脂液中的溶解性好,着色鲜明;其缺点是有些在聚合中出现阻聚作用,且缺乏耐光性,为了避免这类现象的发生,常使用着色鲜明性稍差,而耐光性较好的醇溶性染料。

(2) 交联剂:为了加快聚合反应的速度,并能提高WPC的力学性质,常添加交联剂。作为交联剂可使用过氧化类化合物和二甲基丙烯酸1,3-丁烯,三甲基丙烯酸三羧甲基丙烷等交联性单体。

(3) 阻燃剂:WPC作为建材使用时,根据使用场所的特殊要求,必须进行阻燃性处理。作为阻燃剂可使用含卤的有机磷化合物(如三氯乙基磷酸酯)和偏二氯乙烯,含磷单体等阻燃性单体类。

3.5.1.2 注入法

树脂液向木材中的注入遵循常规的防腐药液的注入方法。

1. 注入操作顺序

(1) 把原材料木材放入浸注罐之中;
(2) 用真空泵尽可能抽真空,排除材内的空气;
(3) 保持真空状态下导入树脂液,用处理液将木材完全浸没;
(4) 将空气或氮气引入浸注罐,使罐内恢复到大气压(减压法);
(5) 根据材料注入的难易程度,选择空气加压或氮气加压,并保持压力;
(6) 加压终了后,缓慢地解除压力(减压—加压法)。

减压、加压的压力和压力保持时间,对应于树种,材料的形状、尺寸,目标含浸量等作适当的选定。一般减压用1~20mm Hg,0.5~2h;加压用0.1~2.0MPa,2~20h的范围。

2. 注入装置

在实验室内的注入用真空贮存器和真空泵连结的简单装置就能够进行。在工业应用方面,为了使木材和树脂液能在较大的范围内操作,要求能自由地进行加压、减压操作的装置如图3-21。它是WPC用的注入处理的管路图。

3. 注入性的评定指标

(1) 单体率ML为注入木材的单体(树脂液)的质量相对于木材的质量百分率。可用下式计算:

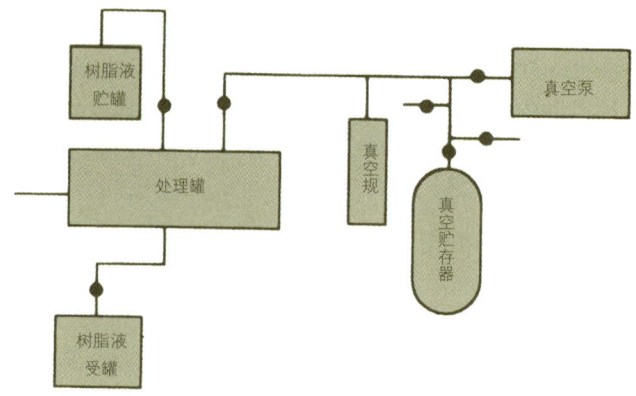

图3-21 WPC用注入处理装置

$$ML = \frac{注入材的质量-未处理材的质量}{未处理材的质量} \times 100\%$$

(2) 理论最高单体率TMML即把木材中空隙容积全部被单体注满时的单体率。用下式计算:

$$TMML = (1-\frac{r}{D}) \times \frac{dm}{r} \times 100\%$$

式中:r——木材比重

D——木材的实质比重($D \approx 1.5$)

dm——单体比重

(3) 相对单体率PTM是ML相对于TMML的百分率。表示单体充填木材空隙的百分率。作为注入性的指标。

$$PTM = \frac{ML}{TMML} \times 100\%$$

图3-22是表示主要阔叶材的甲基丙烯酸甲酯(MMA)和不饱和聚酯——苯乙烯(UPS)的注入性。

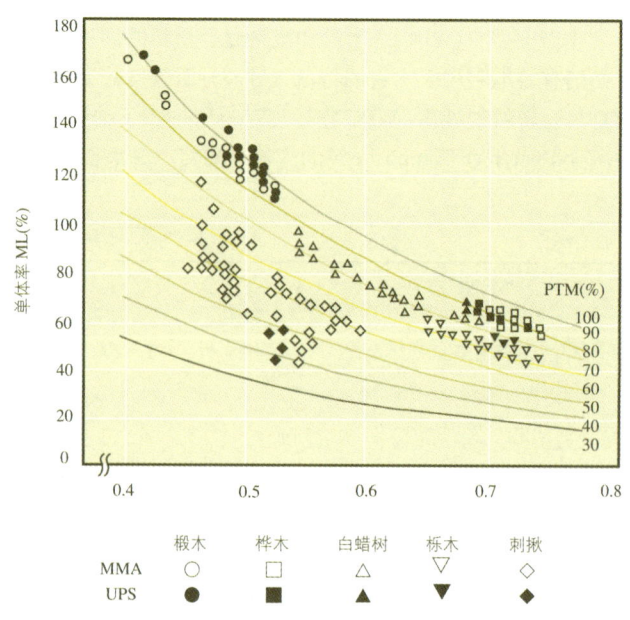

试片:0.5×6×6(cm),减压法注入

图3-22 MMA、UPS对木材的注入性

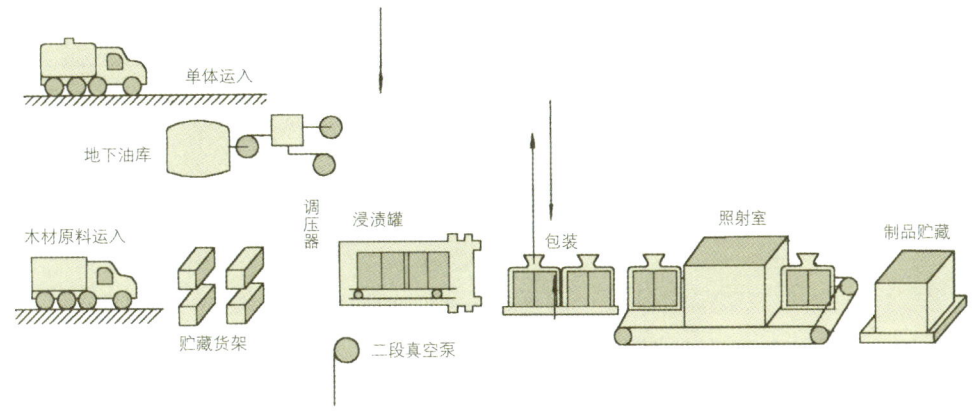

图 3-23 采用 γ 射线照射法的 WPC 制造工艺

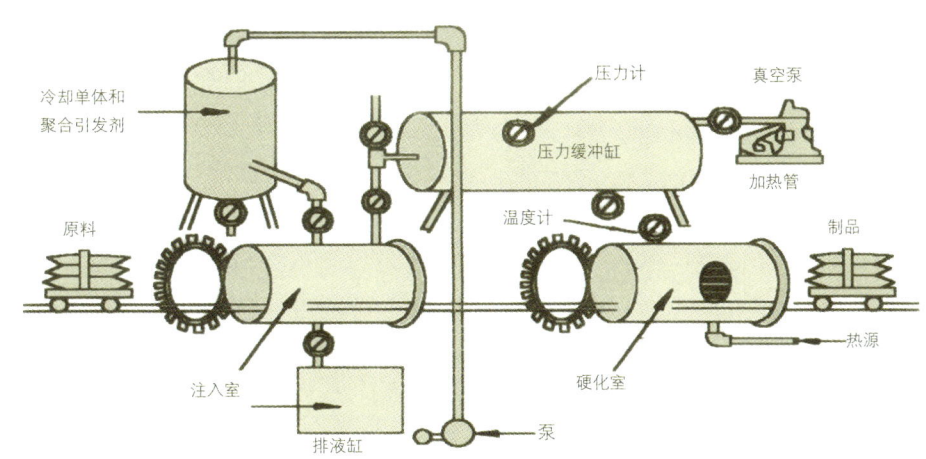

图 3-24 采用催化加热法 WPC 的制造设备

3.5.1.3 聚合方法

向木材中注入树脂液,使其聚合的方法大致可分射线照射法和催化剂加热法。

1. 射线照射法

以美国原子能委员会为中心对该方法进行了详尽的研究和探讨。照射用线源有 ^{60}Co、^{137}Cs、^{24}N、电子加速器和原子反应堆使用过的燃料。从输出恒定、供给稳定、价廉、安全性高、操作容易等要求出发,现阶段主要使用 ^{60}Co 发射出的 γ 线和电子加速器发射的 β 线。

^{60}Co 是放射半衰期为 5.27 年 γ 线的同位素。通常用的所谓剂量率是 10.3~10.6rad/hr。为了使木材内的树脂液完全聚合所要的总剂量如图 3-22 所示。总剂量是根据树脂液、剂量率而变动的。例如在标准剂量率 0.1Mrad/hr 下,对于 MMA,总剂量为 1M rad,对于 St-AN(SAN)为 2.7M rad。

γ 线的穿透性非常大,如注入木材的密度为 $1.0g/cm^3$,其半价厚(能量减半的距离)是 11.5cm,能有 10% 能量透过的试料厚度约为 38cm,因而 γ 线照射法适于断面尺寸较大的块材的处理。

另一方面,电子射线和 γ 射线相比穿透性较小,使用 0.5Mer 的电子射线照射法仅适用于单板的 WPC 化和涂料的硬化方面,图 3-23 是表示采用 γ 射线照射法的 WPC 的制造工艺。

2. 催化加热法

该方法是在树脂液中预先添加溶解的催化剂(聚合引发剂),注入后加热,用聚合硬化的方法。该方法比射线照射法后起,由美国首先提出。图 3-24 是采用催化加热法的 WPC 制造设备的例子。

聚合引发剂常采用过氧化苯甲酰(BPO)、过氧化甲乙酮(MEKPO)那类有机过氧化物,和偶氮二异丁腈(AIBN)等。对于 MMA 常用 BPO 和 AIBN。而 AIBN 分解速度大,使用着色剂时,不像过氧化物那样会影响着色性,所以比较多的使用。对于 UPS,多数使用 MEKPO。在这种情况下与聚合促进剂(环烷酸钴)并用,多数能进行低温聚合。

聚合引发剂的添加率一般是 0.2%~1%(相对于树脂液),其添加量根据木材中抽提成分对聚合的阻碍程度而定。着色时的染料对聚合也有影响,因此必须考虑反应后残液的保存和稳定性等问题。

对注入材进行加热时,必须考虑防止树脂液挥发的措施。使用射线照射法时也是同样的。在处理块材时可密封在金属制的容器之中,也可用铝箔或聚乙烯薄膜包裹。对于薄

表 3-17 射线照射法和催化加热法的比较

项 目	射线照射法		催化加热法	
	γ 线法	电子线法	聚合引发剂法	引发剂—促进剂法
聚合时加热	不要	不要	必要	稍加热为好
树脂液可使用时间	长	长	短	用一液法时极短
对象材料	断面大的材可均一处理	薄单板	断面大的材易处理不均匀	同左
材内部效果	透过度大	透过度小	热在材内易滞留	同左
技术要求	射线操作有特殊技术	同左	不要特殊技术	同左
设备要求	照射防御的设备需大而多的投资	同左, 能连续化进行	不需多大设备	同左
对人体危险程度	大	稍有	无	无

单板，多数不作包裹，直接插入热压机中加热。加热在 50～80℃的温度范围中，进行 1～20h 聚合反应。反应一开始，材内温度由于放热反应而急剧上升。材内温度根据材料的大小和聚合速度的不同而不同。反应最激烈时，比加热温度高出 40～50℃。这种材内温度的上升，常成为树脂液向材面溢出的原因。在温度超过 100℃时，会引起材的开裂和材质的劣化，为此有控制聚合速度的必要。

以上各种聚合方法的比较列在表 3-17 中。

3. 聚合工艺的改进

作为其他的聚合方法还有射线照射和催化加热并用的方法，微波加热和超声波照射等方法。在采用射线照射法时，为了取得较快的聚合速度，在树脂液中往往添加四氯化碳(CCl_4)等增感剂。这时如加入氯化锌($ZnCl_2$)，氯化镍($NiCl_2$)等有进一步促进聚合的效果。作为催化加热法的改进方法有采用聚乙烯醇、聚酰胺类溶液或醋酸乙烯乳化液，在注入材的表面形成皮膜，用皮膜来防止树脂液挥发。也有采用熔融金属和聚乙二醇中浸渍加热来替代包裹密封，并抑制材内升温的方法。

4. 聚合性的评定指标

(1) 聚合物含量 PL 以质量增加率表示。所谓聚合物是指树脂液在材内聚合硬化物，而聚合物含量是指聚合处理后的 WPC 内聚合物的质量与未处理材的质量的比值。

$$PL = \frac{聚合材质量 + 未处理材质量}{未处理材质量} \times 100\%$$

(2) 转化率（聚合率）以 CL 表示。即聚合硬化的聚合物量相对于注入的树脂量的百分率。亦可表示为聚合物含量与单体量的比值。转化率在实用上极为重要。

$$CL = \frac{聚合材质量 + 未处理材质量}{注入材质量 + 未处理材质量} \times 100\%$$
$$= \frac{PL}{ML} \times 100\%$$

3.5.2 木塑复合材的性质

WPC 的性质宏观上取决于树种、聚合物种类和含浸量，而微观上则取决于材内聚合物的分布状态，以及木材细胞壁和聚合物相互作用性。关于后者在下一节中叙述。

3.5.2.1 吸湿、吸水性和尺寸稳定性

WPC 的性质中首先期望的是减少吸湿和吸水性，提高尺寸稳定性，表 3-18 表示采用催化加热法 MMA、UPS 系的椴木 WPC，在吸湿、吸水的初期和达到平衡时的吸湿率、吸水率和体积膨胀率，由表中可见 WPC 对水的抵抗性比素材要大，在吸水、吸湿初期这一倾向更明显。

对吸湿性、尺寸稳定性的评定指标一般用未处理材的值作基准的改善度来表示。即如第二节所述抗吸湿能 MEE 和抗膨润能 ASE。图 3-25 表示各种 WPC 吸湿平衡时的 MEE 和聚合物含量 PL 的关系。MEE 是随 PL 的增加，由急剧增加至渐增，取决于 PL。总之 WPC 吸湿性减少的原因主要是由于聚合物在材内对水蒸气扩散起巨大的防湿作用。另一方面尺寸稳定性根据所用的树种、树脂液、聚合条件等的不同而不同，除聚合物含量 PL 之外，由于 WPC 材的充胀，体积增加，充胀量越大，尺寸稳定性越高，即尺寸稳定性取决于充胀程度。图 3-26 至图 3-28 表示在各种 WPC 上的 ASE 和 PL 的关系。图 3-26 可得出单体溶剂系比单独 St 单体有高的 ASE。图 3-28 是 MMA、UPS 系的 WPC

表 3-18 椴木 WPC 及素材的吸湿（水）率 $\triangle W$，体积膨润率 $\triangle V$ 的比较

材 料	吸湿(20℃, 94%RH)				吸水(20℃水中)			
	$\triangle W(\%)$		$\triangle V(\%)$		$\triangle W(\%)$		$\triangle V(\%)$	
	第1日	57日	第1日	57日	第1日	72日	第1日	72日
MMA 系 WPC(PL=104.6%)	1.88	6.27	0.48	5.27	7.8	28.4	3.74	9.52
UPS 系 WPC(PL=135.2%)	0.20	5.25	0.10	5.42	2.6	11.7	1.65	11.71
椴木素材	4.45	18.01	1.52	9.54	66.4	169.2	15.34	16.70

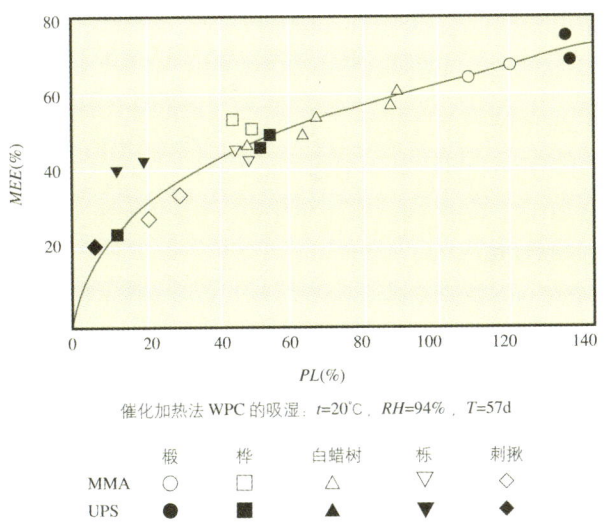

催化加热法 WPC 的吸湿；$t=20℃$，$RH=94\%$，$T=57d$

	椴	桦	白蜡树	栎	刺揪
MMA	○	□	△	▽	◇
UPS	●	■	▲	▼	◆

图 3-25 各种 WPC 的 MEE 和 PL 的关系

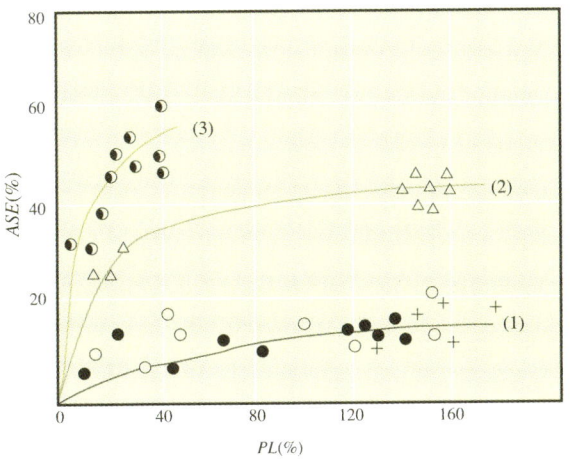

(1)St 系；(2)St：乙醇：水 =95：5：0；(3)St：乙醇：水 =76.2：24.5：0.485

图 3-26 St 系和 St- 溶剂系的 ASE 的差异
（杨木催化加热法 WPC）

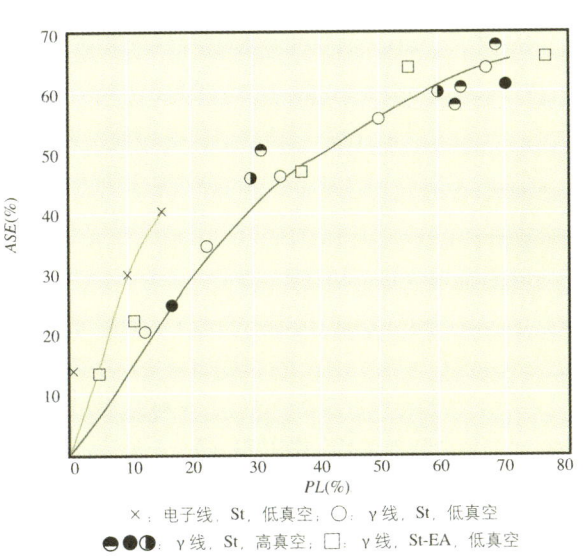

×：电子线，St，低真空；○：γ 线，St，低真空
◐●◑：γ 线，St，高真空；□：γ 线，St-EA，低真空

图 3-27 电子线法和 γ 线法的 ASE 的差异
（St- 水饱和二恶烷系）

的例子。在该图中可看到 ASE 和 PL 为 30%～70% 这一范围内出现极大值。比这高的 PL 区域有降低的倾向。这种 ASE 相对 PL 的极大值现象是基于前述的充胀现象，即在 WPC 化过程中由于有树脂液的膨润作用和随聚合受到收缩作用是两种不同的作用。而在高的 PL 情况下，聚合物的收缩量变得更大，使木材也有较大的收缩。充胀量在 PL 的中间区域显示极大。这种倾向在如 MMA 那样的树脂中是显著的。因为这类树脂液对木材膨润作用为中等程度，而聚合物则收缩较大。此外这种现象出现在催化加热法中比射线法更为明显。在前面表 3-18 中 UPS 系的 WPC，吸湿(水)后的膨润率在初期较低，而在平衡时比 MMA 系高的原因，也是充胀效应的缘故。一般来说 UPS 系的 WPC 比 MMA 系的充胀量低，而 ASE 也低。如从吸湿性、尺寸稳定性出发，WPC 在 PL 为 20%～50% 范围内能给予有效的改善。

3.5.2.2 力学性质

木材用 3～4Mrad γ 线照射和用温度为 80℃ 加热处理时，因未产生明显的劣化，所以 WPC 的力学性质和附加聚会物的体积百分率(或 PL、比重)几乎是平行增大的。图 3-29 表示弯曲强度、硬度、剪断强度等都是按照比重或 PL 的增加而直线增加。而其增加的程度，随树种、聚合物种类而异。表 3-19 是桦木类材和 WPC 的力学性质的比较。力学性质有很大提高的是横压强度和硬度。其他性质的提高率，大致为素材的 1.5～2 倍左右。

表 3-19 WPC 和素材力学性质的比较

力学性质	桦木素材	桦木 WPC*	WPC/素材
弯曲强度 MPa	115	150～200	1.3～1.7
弯曲模量 GPa	9.2	14～15	1.5～1.7
顺压强度 MPa	48	70～100	1.5～2.5
横压强度 MPa	16	70～100	4.4～6.3
剪断强度 MPa	11	15～40	1.4～3.6
硬度 KN	1.5	4～15	2.7～10
冲击韧性 kJ/m^2	37.5	30～62	0.8～1.7

注：*MMA 系 PL=40%～60% 采用射线照射法

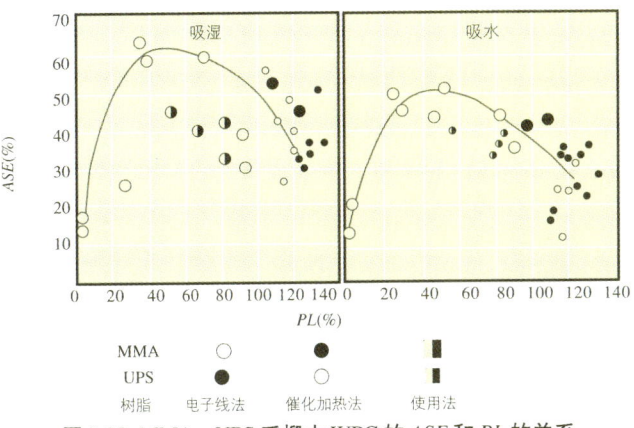

	树脂	电子线法	催化加热法	使用法
MMA	○	●	◐	▮
UPS				

图 3-28 MMA、UPS 系椴木 WPC 的 ASE 和 PL 的关系

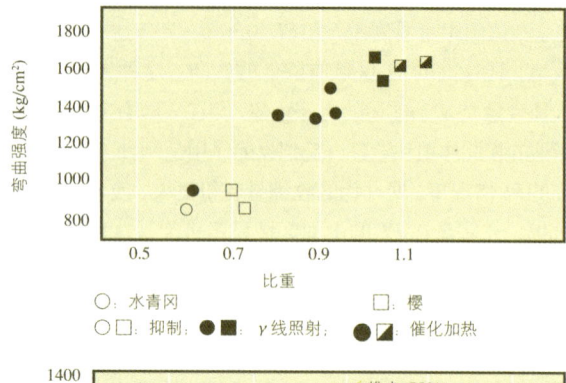
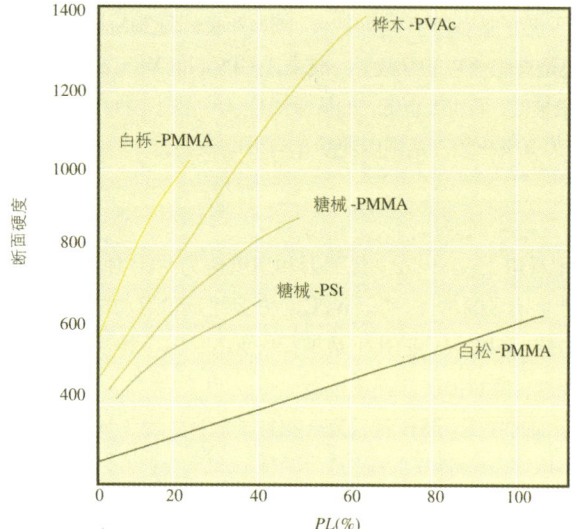
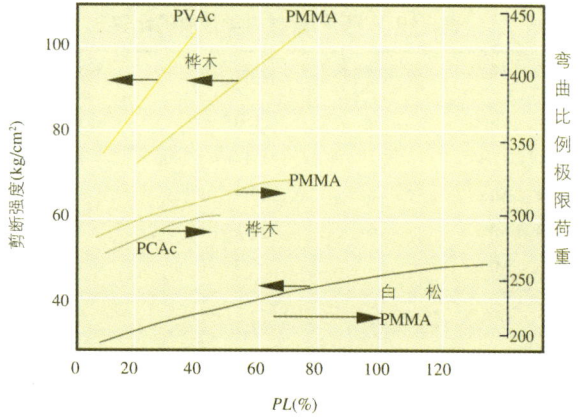

图3-29 WPC的力学性质

3.5.2.3 实用性质

1. 表面性能

WPC即使不作表面涂刷，由磨光、抛光也能得到独特的有光泽的表面。此外采用着色能得到高级的色调。在硬度增加的同时使耐磨性也得到显著的提高。

2. 加工性

与素材相比，加工性相对变坏。就切削性而言，由于PL的增加，切削阻力增加，使刀具的使用寿命大大减短。进刀量、进给速度和前角有必要考虑变小。钉的钉着随PL的增加逐渐变得困难，可使用木螺钉，木螺钉的握钉力比素材提高1.3~1.5倍。磨光或锯削时，聚合物因摩擦热被软化，磨具的孔隙和锯口被填塞，此外聚合物附着锯上的现象也时而发生。采用交联剂将聚合物立体化等，能解决上述问题。

3. 胶合性

胶料对WPC的浸润比木材小，所以胶合性比木材要差。应将WPC的胶合面预先磨光以提高其胶合力。作为WPC的胶合剂推荐酚醛树脂和环氧树脂，此外水性乙烯聚氨基甲酸酯树脂也能给予良好的胶合性。

4. 耐腐性

伴随WPC吸湿(水)性的减少，耐腐性也提高了，采用白腐和褐腐的腐朽性试验结果可以看出，随着WPC的比重的增加，褐腐和白腐其质量减少率都直线地减少。

5. 耐气候性

和素材相比耐气候性有较大的提高，而按WPC的原样还不能说已有充分的耐气候性。而WPC作为室外用途时，有必要用涂料保护剂作表面处理。WPC－聚氨酯涂装材的涂膜与未处理—涂装材的涂膜相比，有特别高的耐久性。

3.5.3 官能性树脂的效果

WPC如前所述具有许多优良的特性，但从不同角度出发，仍有许多需进一步研讨的问题。天然木材和合成的聚合物原来两者是难以相互溶合的材料，在复合化过程中，两者间的相互作用大为加强了，是否有必要进一步考虑期望得到更大复合效果的方法，在本节中对此作一尝试，叙述官能性树脂的适用问题。

3.5.3.1 高含浸WPC的改良

通常所用St、MMA、UPS等树脂液是疏水性的，它和亲水性的木材缺乏亲合性。此外树脂液在成聚合物时有体积收缩。这两种特性都暗示了在WPC内木材—聚合物之间难以形成理想的复合系。为了期望得到比通常WPC有更大的复合效果，想给予树脂液极性，以此为手段，来达到提高木材和聚合物亲合性的目的，从该点出发，把乙醇，以及二噁烷等极性溶剂和树脂液并用方面的试验逐渐变多。以最终能被固定在WPC中，并直接有助于构造形成的极性官能型树脂，如甲基丙烯酸二羧基乙酯(HEMA)、甲基丙烯酸缩水甘油酯(GMA)那样的树脂相并用更为实用。以下介绍在MMA系并用HEMA、GMA的WPC的例子。表3-20表示这种共聚合系的WPC其弯曲性能和尺寸稳定性。

从表所知，添加极性单体系的弯曲比例极限应力(σ_{bp})、弯曲强度(σ_b)、弯曲弹性模量(E)都是提高的。另外抗吸湿(水)能ASE，在添加极性单体系中也是相对提高的。ASE的差异不大，即使在MMA单独系中充胀量也在4%以上，而WPC的尺寸稳定性与充胀效应有着极大的关系。无论采用什么样的极性单体作少量添加，MMA系WPC的物理力学性能都得到

表 3-20 极性单体并用的 MMA 系 WPC 的弯曲性能和尺寸稳定性

极性单体添加浓度		PL(%)	比重	σ_{bp}(MPa)	σ_b(MPa)	EGPa	PL(%)	充胀(%)	吸湿 ASE(%)	吸水 ASE(%)
HEMA	5%	130	0.901	62.0	108.5	9.9	126	6.08	69.9	73.5
	10%	127	0.894	62.2	105.7	9.7	130	5.13	66.3	71.5
	15%	127	0.883	57.4	98.7	9.3	129	5.48	58.3	59.8
GMA	5%	141	0.938	54.5	97.2	9.1	130	4.60	58.1	66.0
	10%	130	0.933	57.8	103.1	9.5	124	5.44	59.9	64.9
	15%	138	0.963	58.8	100.4	9.4	123	5.42	65.4	71.6
MMA 单独		B	141	0.965	53.3	91.5	8.0	133	4.39	64.0	63.2

注：椴木偶氮 = 异丁腈(AIBN)0.3%，63℃，24h

提高，这一点是明确的。这种提高可认为是木材和聚合物有更紧密的联系有关。从 MMA 单独系和 10%HEMA 添加系的 WPC 聚合物存在状态的扫描电子显微镜照片中可以看到，在 MMA 单独系的 WPC 上，细胞壁和聚合物的界面上存在相当大的间隙，两者之间不是紧密联系着的。而在 HEMA 添加系的 WPC 中，由聚合物所产生的空隙，并不在和细胞壁的界面上形成，而在聚合物自体的内部，以孔间的形式存在。从现实到 HEMA 添加系其细胞壁和聚合物密着性良好，证明了添加极性单体的 MMA 系比 MMA 单独系的复合效果更好。

3.5.3.2 低含浸 WPC 的应用

把 PL 降低到 5%～30% 的程度，选择价廉且改性效果好的树脂，低含浸处理也是 WPC 今后发展的一个方向。对于低含浸用树脂液，从含浸的手法来看，可以认为低聚体型比单体更有利。具体在本章第一节中所述的具有极性基的丙烯类低聚体。低聚体的分子量不那么高，向木材中注入有这种可能。此外一般无气味，不挥发，作业环境也好，聚合后没有必要作抛光等，具有操作方便的优点。作为低含浸的方法可采用低聚体和水的乳液或水、有机溶剂的溶液，用浸渍法、减压法、减压—加压法注入木材。采用预热，除去分散剂和溶剂，用后加热使之聚合。这种低含浸 WPC 化是以木材尺寸稳定化作为主要着眼点的，就是采用少量的极性树脂，期望得到良好的复合效果。低含浸 WPC 有不改变素材原来质感，在实用方面，这种性能在油漆处理和组合加工时能充分显示出其优越性。含浸的极性树脂在低的 PL 时，对于木材耐湿性和尺寸稳定性方面有改进价值。此外尚能起到木材和涂料两者之间的桥梁作用，由于它使木材和涂膜物理性的间隙趋于缓和，所以含浸材的油漆涂膜的耐久性显著的增加了。这种技术，特别是作为面向外部装饰的耐久性技术期望能得到广泛应用。

WPC 经几十年的研制，目前机理和工艺已基本成熟并日趋完善，某些国家已形成小规模工业生产能力，以装饰地板、家具、纺织器材为主，各国的研究的方向和侧重有所不同。

3.5.4 WPC 的利用

WPC 的利用有着极为广泛的范围，由于 WPC 的尺寸稳定性、力学性质、耐磨性、耐腐性等都有提高，所以在建筑材料、工业材料、家具、工艺材料、运动用品等方面应用的例子不断增加。

1. 建筑材料

目前 WPC 作为工业化制品的主体是地板和护板。它有各种色彩，不需油漆，尺寸稳定好，耐磨、耐腐等优点，因而颇受人们喜爱。应用在体育馆、商店、机场休息室等公共设施中的板材，及住宅大门的护侧板上。除板材之外，窗扇、门、楼梯、扶手等也是很适宜利用的范围。

2. 工业材料

要求耐腐蚀、耐药性，而金属材料不适宜的部件材料上，WPC 的利用得到较大发展。可以用于纺织用木梭、线轴、铁道枕木、成型窗材、体育馆看台等。

3. 家具、工艺材料

应用于制家具、橱柜的顶端、面板、器具柄、门把手等。着色的 WPC 也应用于工艺雕刻制品、笔杆、打火机、纸刀等。

4. 运动用品

有弓箭、轮体、高尔夫的夹板、台球用的球杆等。

5. 乐器用材及其他

用于音响的箱体、二胡杆、板胡杆、扬琴滚板、琵琶背板等乐器用材，也可作电视机箱体、算盘、钮扣、戒指和别针等装饰品等用材。

3.6 木材塑料化

木材塑料化是通过酯化、醚化和衍生物化等化学改性的方法，将木材转化成热流动性材料，用模铸、挤压加工成各种形状的木材产品。

木材塑料化在采伐、造材、加工剩余物，间伐材和小径木等低值原料开发利用方面有深远意义及巨大经济价值。木材塑料化的研究近年来尽管已取得了长足的进展，但离工业化生产尚有不少距离。

3.6.1 木材塑料化机理

3.6.1.1 木材的热塑性

木材的热塑性取决于木材的主要成分纤维素、半纤维素和木素，不同的主要成分热塑性不一。木材中的纤维素是部分结晶化的高聚物，而木素和半纤维素是热塑性比纤维素大得多的无定形高聚物。干燥状态下三种主要成分的热软化点：木素为127~235℃；半纤维素为167~217℃；纤维素为231~253℃。在湿润状态下，木素和半纤维素的热软化点下降幅度较大，木素为72~128℃；半纤维素为54~142℃；纤维素的软化温度仅下降6~9℃。上述软化温度降低程度不同，表明水对木素和半纤维素有强烈增塑作用，对纤维素增塑有限，其原因在于水不能进入到纤维素的结晶区，由此看出结晶化纤维素的热塑性不大。

整体木材与单一成分的热软化不相同，木材的热塑性，并不取决于单个主要成分性质的叠加。木材加热到180℃开始热软化，至380℃时达最大值。尽管木素和半纤维素热塑性较大，但由于受纤维素大分子间的次价键力的相互作用，它们对整体木材热塑性的影响有限。影响木材热塑性的主要因素是纤维素，水对木材热软化的影响受纤维素结晶度的限制，因此可以认为纤维素结晶度很大程度上限制了木材的热塑性，因此木材为热塑性极低的材料。

3.6.1.2 木材塑料化的机理

木材热塑性低，无热流动性，难于塑料化，其主要原因是纤维素热塑性低，此外纤维素、半纤维素、木素之间形成相互交叉渗透的高分子网状结构。而纤维素的衍生物与纤维素性质不同，它具有高的热塑性，如硝酸纤维素、醋酸纤维素、苄基纤维素等都是众所周知的纤维素塑料，如果将木材中的纤维素，变成纤维素衍生物，就能将木材变成具熔融性的材料。因此，木材塑料化是将木材细胞壁三种主要成分全部衍生物化，破坏原细胞壁的结构，将木材变成新的材料，使其具有塑料的性能和特点。

为了使木材具有热流动性，必须改变细胞壁微纤丝的结晶构造，破坏基质的网状结构。为此，可将木粉经非水溶性纤维素溶剂，如四氧化二氮—二甲替甲酰胺(DMF)处理后，引入高级脂肪酸，如月桂酸，经酯化处理后的木粉显示出热流动性。这种处理可使纤维素大分子的羧基被体积大的取代基置换，纤维素大分子间的氢键被破坏和消失；基质的网状结构被切断，使木材具有热流动性。

另如采用引入如乙烯基、烯丙基等小取代基，去置换羧基，松散和破坏基质的网状结构，并添加增塑剂、合成高分子或热塑性分子的接枝共聚；或氯水处理使木素活化，使基质的网状结构进一步破坏等辅助处理手段，可制得热流动性极好的材料，完成木材塑料化。

3.6.2 木材塑料化

木材通过化学改性，使木材内部产生增塑作用，包括热塑性在内的基本性质的改变。这种木材向塑料化转化程度的高低，决定于取代基分子大小，取代程度和反应方式。

3.6.2.1 大取代基改性

1. 高级脂肪酸酰基的引入

该方法是利用一系列高级脂肪酸在非水溶性溶剂DMF中，与木材发生酰化反应而实现。木材中的羧基只要有1/3以上被酰化，改性木材即可具热流动性。木材塑料化早期研究多数是从大取代基改性开始的。脂含量为92%的月桂酰化后的桦木改性材，经扫描电镜观察其木材的组织和细胞均已消失并融合，若酰化处理后，再经完全皂化的试样，由于取代基得而复失，处理材的胞壁构造基本恢复原状，热软化性则同未处理的木粉。

大取代基热塑化木材通常由三氟酯酸—脂肪酸混合物(TFAA)为取代基，在反应温度30~50℃，时间0.5~24h条件下制得。也可以DMF为溶剂，用脂肪酸氯化—吡啶(氯化法)反应制备，反应温度100℃，时间2~6h。上述两种方法均可制备具热流动性的酰化木材。

由TFAA法制备的月桂酰化木材、丙酰化木材和乙酰化木材都具有完全流动状态，而月桂酰化木粉的玻璃化转变温度T_g为195℃；丙酰化木粉为272℃；乙酰化木粉为316℃。经过验证用TFAA酰化木材的热流动性为所有主成分的热流动引起。高级脂肪酸酯化的木材为无定型的高聚物，它与结晶型高聚物不同，无确定的熔融点，只有表观熔融点，即热流动温度，熔融点根据测试条件而变化，不同取代基引入，木材热流动温度不同，即使同种取代基也会因反应方法和条件不同而异。

2. 苄基引入

苄基取代基引入的醚化木材，在醚含量小于40%时，并不呈完全流动。当醚含量在40%~50%范围内，300℃是出现热流动的温度。随醚含量进一步增加，热流动温度不断降低。当醚含量超过60%时，热流动温度可降至200℃左右。

3.6.2.2 小取代基改性

1. 乙酰基的引入及转化

乙酰化木材的热塑性因乙酰化的方法及取代程度而异。只有用TFAA法制备的乙酰化木材具有较高的热塑性，其他常规方法制得乙酰化木材不显示热流动性。对缺乏热流动性的乙酰化木材转化成塑化材料的方法如下：

(1) 部分皂化处理：通过部分皂化处理，提高木材内部纤维素醋酸脂的塑化程度。

(2) 混合酰化处理：将乙酰基与其他酰基，如丙酰、丁酰，按不同比例混合酰化木材。混合可赋于木材热塑性，混合酯可减缓结晶性,并提高纤维素的塑性。

(3) TFA乙酰化处理:在预处理阶段用三氟酯酸TFA代替醋酸。预处理条件为温度50℃,处理时间2~6h,药剂用量每g木材TFA4.6mg,醋酸酐0.28mg。乙酰化条件:温度50℃,处理时间3h。这种乙酰化木材表观熔融温度210℃,比纤维素三醋酸酯的表观熔融温度降低了90℃,温度骤降的原因为乙酰化木材细胞壁内乙酰化木素和纤维素醋酸酯塑化的共同作用造成的。

在三氟醋酸TFA作用下,木素大分子内出现苯—醚键的裂解和酯键连接的减少,而TFAA虽起同样作用,而乙酰化或部分裂解的木素在纯化阶段被除去,故用TFAA法制备乙酰化木材表观熔融温度高达300℃左右。

(4) 爆破预处理:用爆破木材作为乙酰化的预处理,爆破预处理可活化木素。为了防止乙酰化过程中在酸性介质作用下,活化木素间发生自身缩聚,添加亲核剂,如β-萘脂乙醚。具体条件为爆破预处理温度179℃,时间10min。乙酰化处理条件:温度50℃,处理时间3~6h,β-萘酸乙醚为木材中每mol苯丙烯添加0.1mol。

(5) 外部增塑辅助处理:该方法系用外部添加增塑剂、合成高聚物或两者的混合物,使乙酰化木材具热流动性。如用高氯酸催化制备的乙酰化木浆,不具热流动性,不能模压成薄片,但通过添加等量的聚甲基丙烯酸甲酯(PMMA)可以模压成薄片。同样乙酰化木浆与PMMA和邻苯二甲酸二甲酯(DMP)按5:3:2混合,能模压成薄片,其效果较前者更好。

又如羧甲基化处理木粉(CM),与间苯二酚混合,可变成热流动性材料。

(6) 接枝共聚辅助处理:乙酰化处理材再导入乙烯单体,进行接枝共聚处理,由乙烯单体形成聚合物在木材内部起增塑作用。如高氯酸催化法制得乙酰化木材,经苯乙烯接枝共聚反应后呈热流动性。这种内部增塑处理与外部增塑处理相似,高聚物增塑剂应与乙酰化木材高聚物组分,在分子水平上具有良好的兼容性。接枝共聚法较外部增塑法更优越,外部增塑产品有多个玻璃化转变温度Tg,接枝共聚产品只有一个玻璃化转变温度,说明接枝共聚是在分子水平上的作用,而达到真正兼容。

2. 氰乙基化木材的氯化改性

氯化对氰乙基化改性木材的热流动性有极大影响,能使热流动温度降低100~120℃。温度降低的原因有:①氯化导致木素结构的松弛;②在改性木材内部氯化木素起到氰乙基纤维素外部增塑剂的作用;③氯化反应产生纤维素解晶。此外氯化对其他化学改性材也有类似的结果,氯化可降低苄基化木材的热流动温度,使羟乙基化木材具有热流动性。

3.6.3 木材塑料化的研究方向及应用

3.6.3.1 研究方向

木材塑料化初始阶段研究是导入高级脂肪酸或苯甲基等大的取代基,与木材中纤维素大分子发生酯化反应,变成具热塑性的纤维素衍生物,从而使改性木材具有热流动性。随后改性研究的重点转为导入成本低,来源丰富的乙酰基或羟甲基等小取代基。从初始增加改性木材热流动性,到以能模压薄膜成型的热可塑性为目标。单纯导入小取代基已难以达到塑化的目的,为此采用改性木材外部增塑处理,适当添加PMMA、DMP等增塑剂,间苯二酚等合成树脂,创造增强改性木材塑料化的外部环境。以后采用改性木材内部增塑处理,用TFA预处理、氯化、爆破预处理等使木素活化,使木素分子内部分的键断裂,或氯在苯环上取代,从而增加木材内部塑料化。此外,注入乙烯类单体与处理材发生接枝共聚,形成具增塑作用的高聚物。这两类增塑处理注入或生成的高聚物,必须与改性木材中原有高聚物具有良好的兼容性。

总之,探求高热塑性,低热流动温度,小取代基,低导入度的优质改性木材的制备方法是木材塑料化能走向工业化应用的当务之急。

3.6.3.2 热塑化木材的应用

1. 制备立体成型曲面塑料状木质板

使用羧基—酯化木材为基料,如马来酸半酯化木材,邻苯二甲酰半脂化木材与增塑剂—双酚A双甘油脂混合,在热压成型过程中,不仅发生木材热塑化,还进行交联反应,制得表面光滑,具光泽和塑料状外观的各种模压板。板材颜色随不同酯化而异。马来酸酯化木材为红褐色,琥珀酸酯化木材为黄褐色,酞酸酯化木材为黑褐色。当木粉含量高达60%~70%时,板材具高耐水性,物理力学性也优于纤维板和刨花板。

2. 制备热熔胶

将热塑化木材与合成高聚物混合共溶,可制备膜类热熔胶。将丁酰基热塑化木材与聚酯酸乙烯脂(PVAC)以不同的比例混合,可制备木材胶黏剂。

3.7 木材脱脂处理

木材脱脂主要是针对针叶树材松科松属、落叶松属、黄杉属和云杉属的木材进行脱脂处理。因为这类木材的构造上含有正常树脂道,木材中含有树脂成分,特别是松属的硬松类木材,国内商品材名称为松木,其树脂含量丰富,部分树种生长的立木为采集松脂的来源。

我国硬松类木材主要树种有马尾松、樟子松、云南松、思茅松、黄山松、赤松、高山松,以及国外引种的湿地松、火炬松等。

松木类木材资源丰富,但因木材树脂含量高,颜色深,影响了木材加工,气温高时,树脂还会渗至木材表面,污染木材制品,应用受到限制,通过脱脂处理,不仅可以提高木材的加工性能、表面质量，还可提高木材的尺寸稳定性，从而扩大该类木材的使用范围。

3.7.1 树脂的组成及其对木材加工的影响

松木类的树脂又称松脂，因树种不同，树脂含量变化在0.8%~25%之间，同一树株不同部位，含脂量也有很大差异，通常心材含脂量远高于边材，如马尾松材平均含脂量约为7%，边材树脂含量约1%~3%，而心材树脂含量约7%~10%，近根株部分的心材则可高达15%~20%。

树脂是固体树脂酸(松香)溶解在萜烯类(松节油)中所形成的溶液。除松香和松节油外，还有少量水分和杂质。表3-21为马尾松树脂的平均组成。

松脂的比重在0.997~1.038之间，具有一种特殊香气，纯松脂无色，但因含一定量杂质以及与空气接触氧化，颜色变深，常呈淡黄、黄褐和褐色等。不溶于水，溶于乙醚、酒精、甲苯和松节油等溶剂中。

松香是一种硬脆的、折断面似贝壳且有玻璃光泽的固体物质，颜色从微透明的黑褐色到完全透明的淡黄色，或几乎无色；比重为1.05~1.10，软化点70~85℃；不溶于水，微溶于热水，溶于酒精、乙醚、苯、松节油、汽油和煤油中，遇碱溶液可产生皂化反应。松香会产生结晶，且因结晶而变得混浊，结晶松香熔点较高，难于皂化。松香是一种复杂的混合物，主要由各种同分异构树脂酸(分子式为$C_{19}H_{29}COOH$)组成，还有少量脂肪酸和中性物。如天然马尾松树脂的松香主要由85%~90%的枞酸型和海松酸型树脂酸、3%~6%的脂肪酸、5%~8%的中性高沸点萜烯化合物组成。

松节油是一种透明、无色、流动的液体，易挥发、干燥，具有特殊的芳香气味；比重0.850~0.875；不溶于水，能溶于酒精、苯、乙醚、二硫化碳、四氯化碳等，还能溶于有机物的树脂和汽油中，是一种优良的溶剂。松节油本身无酸性，受到氧化作用会生成游离酸，因其含水含酸，致使颜色加深，黏度增大。松节油由许多不同沸点的萜类混合物组成，主要是单萜烯($C_{10}H_{19}$的α-蒎烯和β-蒎烯)，约占90%左右，此外还有少量的长叶烯、香叶烯和β-水芹烯等。松节油化学性质活泼，能进行异构化、氧化、酯化、聚合等化学反应，α-蒎烯和β-蒎烯是工业上合成樟脑和多种香料的原料。

松木树脂主要是液体的松节油和在常温下呈固体的松香组成，虽然在温度低时很粘稠不易流动，但因松香软化点低(70~85℃)，且松节油能溶解固体的松香，因而具有流动性，如马尾松等高含脂的木材，在60~80℃温度下即会出现树脂渗出现象，在锯、刨或砂光过程中，因机械热，树脂渗出会堵塞刀口和砂带；即使经过人工干燥的木材制品，在日光直射烤晒下(温度可达70℃以上)，或在采暖设备附近，树脂也会渗出污染木材表面，使木材颜色加深或在漆膜下产生色斑，因松节油溶解涂层而引起漆膜的鼓泡和剥落，对于含锌或铅的涂料，木材中的树脂酸还能与氧化锌作用，致使涂膜早期破坏。

3.7.2 脱脂方法的机理

脱脂处理有多种方法，最常见的是洗涤法，其原理是选择能与树脂酸进行化学反应的化学药剂，使松香反应后生成能溶于水的化合物，排出木材；同时利用松节油易挥发的特性，使之蒸发排出木材。第二类是溶剂萃取法，以能溶解树脂的有机溶剂，如丙酮、酒精、苯、甲氯化碳、石油醚等处理木材，将木材中的树脂浸提出来；该方法由于溶剂价格高，又易着火或具毒性，且溶剂回收成本高，所以除对少量、特殊用材作处理外，工厂很少采用。第三类，采用高温湿热处理，使松香软化从木材中溢出，松节油挥发。第四类，不属于脱脂，而是降低树脂对木材涂饰的不良作用，在涂饰处理前，采用催化剂对木材进行预处理，与树脂作用生成一种粘性和不易流动的聚合物，固定或结合在木材内，以减轻对涂饰处理的影响。

既能与松香反应并生成可溶于水的化合物的化学药剂很多，如氨液或氨盐溶液(氨水、碳酸氢铵)，含氮杂环化合物及其盐(六次甲基四胺)，碱液(纯碱、苛性钠、碳酸甲)等。从经济性、对材质的影响、毒性和污染方面考虑，通常选用碱液处理效果较好。以氢氧化钠水溶液作处理剂为例，当板材中的树脂酸与水溶液的氢氧化钠反应，生成可溶于水的树脂酸钠而排出板材，反应机理如下：

$$C_{19}H_{29}COOH+NaOH=C_{19}H_{29}COONa+H_2O$$

松节油各组分的沸点在150~250℃之间，其中占主要的α-蒎烯和β-蒎烯的沸点分别为155℃和162℃，但如果松节油与水共存，则其沸点可降低到100℃以下(约95.2℃)。利用松节油、水的共沸现象，从木材中排除松节油，既不要化学药剂，也不要特殊设备。

3.7.3 脱脂处理工艺

3.7.3.1 碱液皂化处理

树脂与碱可以反应，生成可溶性皂化物，用水洗涤清除。常用的碱有碳酸钠、碳酸钾和苛性钠等。根据被处理板材的具体情况(板材厚度、树脂含量、处理要求等)，选择一

表3-21 马尾松树脂的平均组成

组 分	比例(%)
树脂酸(包括脂肪酸)	62~70
松节油	16~22
中性物质(二萜醛、二萜醇等)	6~12
水 分	2~4
杂 质	0.5~1

定的工艺条件，对其进行药液煮沸处理。

药液(碱液)浓度直接影响碱液的扩散速度，浓度高，进入板材的碱含量也多，有利于与板材中的松香进行反应。在选择碱液浓度时，宜适当加大浓度值，药液的扩散速率和深度也能增大，能够较好地提高脱脂效果，同时也有利于消除脱脂不均匀现象。但浓度太高会破坏木材纤维素，降低木材力学强度。根据木材的渗透性和含脂量，所选碱液的浓度在0.5%～1.5%为佳。

蒸煮的温度会影响松脂的软化、松节油的蒸发，以及碱液的注入速率和均匀性。由于松香的软化点温度为70～85℃，松节油与水共存时其沸点在95℃左右，所以处理温度通常控制在95～120℃之间。随着处理过程进行，碱液温度逐步上升，板材中的松香逐渐软化，容易与碱液产生皂化反应，同时随着温度进一步上升，松节油也会从板材中蒸发出来。在较高温度作用下，有利于药液的注入速率。但木材在高温碱液作用下，半纤维素易分解，会降低木材的强度。

蒸煮处理时间则取决于多种因素：处理材的树种构造，板材厚度，含脂量，脱脂率，药液的温度、浓度和有无表面活性剂，以及处理过程中有无施加压力及压力大小等等。处理时间可在8～24h之间，根据具体情况，试验确定。

在条件许可的情况下，采用加压蒸煮处理，可以大大缩短处理时间和改善脱脂效果。因为加压可增加药液进入板材的速度和深度。压力大小可依据板材情况(厚度、密度、心边材情况等)选取，通常在120～200kPa之间，可满足脱脂要求。加压处理对设备要求较高，需要有耐碱液腐蚀的压力蒸煮容器，加压设备等。

药液中可添加少量表面活性剂，有十二烷基磺酸钠、十二烷基苯磺酸钠、六次甲基四胺等，用量0.5%～1.2%，能起到加速药液向木材内部渗透的作用。

木材在高温高压碱液浸渍下，由于多糖类被溶解，减少了木材的羟基，木素比例相应增加，纤维之间更加紧密，木材的变形会减小，有利于提高木材的尺寸稳定性，但木材的强度有所下降，木材的颜色会有所加深(泛黄)，光泽减弱。

3.7.3.2 汽蒸干燥处理

在松木板材窑干过程中，辅以汽蒸处理，达到一定的脱脂效果。汽蒸干燥处理脱脂效果略差于碱液蒸煮处理，适于对树脂含量较低，或脱脂要求稍低的松木进行脱脂处理。该方法适于工厂中原具有干燥窑，则只要作工艺改进，即可达到要求，因此投资少，易被部分企业所采用。

汽蒸干燥处理采用高温饱和水蒸气(100～160℃)，在干燥初期即对窑内板材进行加热、喷蒸处理。在汽蒸过程中，板材逐步升温，且因水蒸气凝结含大量自由水，部分松脂软化溢出，松节油在与水共存下因沸点降低而能够有效地蒸发。失去了松节油的部分树脂便是固体松香，保留在木材内部，不会向外渗出。

汽蒸时间越长，脱脂效果越好，但高温汽蒸时间过长，材色变深严重。根据板材厚、树种、蒸汽温度，控制在2～8h，也可依每cm板厚汽蒸0.5～1h估算。

汽蒸结束后，让窑内板材缓慢冷却，这样在温度梯度作用下，板材内水分向外移动剧烈，松节油随水蒸气继续蒸发。当窑内温度降至50℃左右，即可进入板材窑干的连续升温的干燥过程。

3.7.3.3 催化聚合处理

通过催化剂的作用，使松节油中的主要成分 α- 和 β- 蒎烯产生聚合，形成一种具粘性而不易流动的物质，使其固定或缔合在木材内。能产生催化作用的有氯化铝、氯化血红素、三氟化硼等。据报道，用三氟化硼处理含脂木材，可有效地降低树脂渗出。方法是将三氟化硼调制成浓度为26%的酒精溶液，然后涂刷在含脂木材表面。三氟化硼酒精溶液能改变树脂中萜的组成，使之形成不易挥发、不易流动的聚合物。

由于这种方法只对木材表面进行处理，内部的松节油成分未受到催化剂的作用，没有产生变化；木材细胞壁成分未受影响，不会降低木材的强度。但处理材在遇热或较高温度下，树脂依然会向表层移动。该方法的处理对象为干燥后含水率较低的木材，在木材涂饰前进行。

参考文献

[1] 成俊卿主编. 木材学. 北京：中国林业出版社，1985
[2] 胡淑宜. 马尾松含脂及改性研究. 林业科学，1999，35(1)：90~93
[3] 苗平等. 松木脱脂技术研究进展. 林业科技开发，1999(4)：7~9
[4] 陆文达等.落叶松脱指技术及效果分析. 林产化工，1988(5)：18~20
[5] 李宝权.木材抽提物与涂饰质量.家具，1990，5(57)：13~14
[6] 奈良直哉，沙绮霞译. 脱脂干燥. 林产工业，1985(2)：10~12
[7] 郭幼丹. 马尾松脱脂技术研究. 林产工业，1987(5)：26~28
[8] (日)今村博之.木材利用の化学. 共立出版株式会社，1983
[9] 葛明裕. 木材加工化学.哈尔滨：东北林业大学出版社，1985

木材干燥

木材干燥这个学科是木材学的一个分支,在应用方面,这个学科关系到充分利用森林资源、选择造林树种、综合利用木材和提高木制品质量等问题;在理论方面,它须从木材学的若干基本概念出发,探讨木材由湿变干的内在规律,以便在保证质量的前提下,运用适当的干燥技术与设备,提高干燥速度。

4.1 木材干燥介质及其规律

4.1.1 干燥介质

4.1.1.1 湿空气

木材干燥过程是典型的传热传质过程。在干燥过程中,能在干燥室内不断循环流动,在经过加热器表面时吸收热能,在经过木材表面时把热能传给木材,同时吸入从木材表面蒸发出来的水分并把此水分带往别处的媒介物质称作干燥介质。在常规窑干中,干燥介质为湿空气;在过热蒸气干燥中,干燥介质为过热蒸气;在炉气直接加热干燥中,干燥介质为炉气。

1. 湿空气的状态参数

由干空气和水蒸气所组成的湿空气,其状态参数之间的关系,可用理想气体状态方程式来描述。即

$$pv = RT$$

气体常数 R 与气体的性质有关,对于干空气,$R = 287J/kg \cdot k$;对于水蒸气,$R = 461J/kg \cdot k$。

2. 总压力与分压力

按照道尔顿定律,湿空气的总压力应等于干空气的分压力与水蒸气的分压力之和。

在木材干燥中,作为干燥介质的湿空气就是大气,湿空气的总压力即为大气压力。在一定温度条件下,空气中水蒸气的含量越多,空气就越潮湿,水蒸气的分压力也越大。如果空气中水蒸气的含量超过某一限度时,空气中就有水珠析出。这说明,在一定温度条件下,湿空气中容纳水蒸气的数量是有一定限度的,也就是说,湿空气中水蒸气的分压力有一个极限值。达此极限值时,水蒸气处于饱和状态,湿空气就是干空气和饱和水蒸气的混合物,称为饱和空气,相应的水蒸气的分压力称为该温度时的饱和分压力。一般来说,在湿空气中水蒸气的分压力都低于其温度下的饱和分压力,或是说,在一定的水蒸气分压力下,湿空气的温度高于其饱和温度时,水蒸气处于过热状态。在这种状态下湿空气是干空气和过热水蒸气的混合物,称为未饱和空气。

由以上分析可以看出,在一定温度条件下,湿空气中水蒸气分压力的大小,是衡量水蒸气含量即湿空气干燥与潮湿的基本指标。

3. 湿度

(1) 绝对湿度:每 $1m^3$ 湿空气中所含水蒸气的质量,称为空气的绝对湿度。其数值等于水蒸气在其分压力与温度下的密度。绝对湿度只能说明湿空气中实际所含水蒸气的多少,而不能用它直接说明湿空气的干、湿程度。因此,还必须引入相对湿度的概念。

(2) 相对湿度:空气中水蒸气的实际含量对最大可能含量的接近程度称为相对湿度。相对湿度用未饱和空气的绝对湿度与同温度下饱和湿空气的绝对湿度之比来表示,符号 ψ 为即

$$\psi = \frac{未饱和空气的绝对湿度}{同温度下饱和湿空气的绝对湿度}$$

显然,相对湿度反映了湿空气中所含水蒸气的分量接近饱和的程度,故也称为饱和度。ψ 值小,表示空气干燥,吸收水分的能力强;ψ 值大,表示空气潮湿,吸收水分的能力弱。当 ψ 为 0 时,则为干空气,ψ 为 100% 时,则为饱和空气。所以不论空气的温度如何,由 ψ 值的大小,就可直接看

出它的干、湿程度。

4.1.1.2 水蒸气

水蒸气在状态上可分为湿饱和蒸气、干饱和蒸气和过热蒸气。湿饱和蒸气和干饱和蒸气都是饱和状态的蒸气，无蒸发水分的能力，因此不可能作为干燥介质。只有水蒸气中的过热蒸气是未饱和蒸气，在空间中还可容纳更多的蒸气分子而不致引起凝结。因此，能作为干燥介质的只是水蒸气中的过热蒸气。

1. 湿饱和蒸气

湿饱和蒸气简称湿蒸气，是在汽化过程中形成的汽、水两相混合物，亦即含有浮悬沸腾水滴的蒸气，白色、雾状。湿蒸气状态的确定，需知道其中汽、水的成分比例，通常用干度表示。干度是指1kg湿蒸气中干蒸气的相对质量，用符号 x 表示，即：

$$x = \frac{\text{干饱和蒸气质量}}{\text{湿蒸气质量}} = \frac{\text{干饱和蒸气质量}}{\text{饱和水质量} + \text{饱和蒸气质量}}$$

显然，饱和水的干度 $x=0$，干饱和蒸气的干度 $x=1$，而湿蒸气的干度介于0和1之间。干饱和蒸气简称干蒸气，是与沸腾水处于相平衡的蒸气，无色、透明。饱和蒸气的压力叫做饱和压力，相应的温度叫做饱和温度，二者有对应关系。蒸气的饱和温度等于在该压力下水的沸点温度。

2. 过热蒸气

过热蒸气是温度高于相同压力下饱和蒸气温度的蒸气，无色、透明。过热蒸气的温度与同压力下饱和蒸气温度的差值称为过热度，它的大小说明蒸气过热的程度。

过热蒸气是未饱和蒸气。压力为一个大气压的过热蒸气称常压过热蒸气。用作干燥介质的过热蒸气一般为常压过热蒸气。木材干燥室内的过热蒸气在开始时的极短时间内来自锅炉供给的蒸气，以后则由于木材中的水分经汽化、过热而成。干燥室内的过热蒸气因经过排气道和室外大气相通，其压力和大气压力基本相等，因而它是常压过热蒸气。常压饱和蒸气的温度约为100℃，常压过热蒸气的温度则高于100℃。

4.1.2 木材与水分

4.1.2.1 木材中水分的状态

一棵活树，其须根不间断地把土壤中的水分通过树干输送到树叶，所以树干里含有大量的水分。活树被伐倒并锯制成各种规格的锯材后，水分的一部分或大部分仍然保留在木材内部，这就是木材中水分的由来。用新采伐的树木制成的板材和方材叫生材。

木材可按干湿程度分为6级：

湿材：长期放在水内，含水率大于生材的木材；

生材：和新采伐的木材含水率基本一致的木材；

半干材：含水率小于生材的木材；

气干材：长期在大气中干燥，基本上停止蒸发水分的木材，此类木材含水率因各地气候干湿条件的不同，变化范围一般在8%～18%之间；

窑干材：经过窑干处理，含水率约为7%～15%的木材；

全干材：含水率等于0的木材。

木材是由为数极多的各种细胞组成的。每一个细胞都具有细胞壁和细胞腔。细胞壁上的纹孔与导管末端的穿孔使多数细胞的细胞腔并联或串联地相互沟通，构成大毛细管系统。细胞壁的主要组成成分是纤维素，其次是半纤维素和木素。在组成细胞壁的纤维素链、基本纤丝、微纤丝及纤丝等之间，都有极为细微的间隙。它们相互连通，构成多级的微毛细管系统。木材中的水分就包含在这两大类毛细管系统之内，并可沿着系统的通路向纵横方向移动。由细胞腔与纹孔等组成的大毛细管对水分的束缚力不大，其中水分的蒸发比较容易。因之，大毛细管系统内的水叫做自由水。细胞腔不能从空气中吸取水分。若不把木材浸泡在河、池之中，其自由水的含量不会增多，只会由于向外界蒸发而减少。细胞壁内的各级微毛细管系统具有从空气中吸取水分(即吸湿)的能力。微毛细管系统中的水分叫做吸着水。吸着水的改变会影响木材体积和尺寸的变化；而自由水的减少只会影响木材的质量。

4.1.2.2 木材平衡含水率

木材平衡含水率是制定干燥基准，控制和调节干燥过程，控制仓库中已干材和成品的尺寸，拟定各种木制品用材所需干到的终含水率标准等所必须考虑的问题。

当细胞腔中不含有或极少含有自由水时，每逢周围气候状态(温度，相对湿度或水蒸气相对压力)发生变化，木材细胞壁中的吸着水含量也相应地变化。若细胞壁中微毛细管系统内的水蒸气分压力比空气中的大，则水蒸气从细胞壁内向木材外部移动，并向大气中蒸发，使得吸着水含量减少。此现象叫做解吸。相反地，若微毛细管系统内的水蒸气分压力比空气中的小，则水蒸气从空气往细胞壁中渗透，即木材从空气中吸湿，使得吸着水含量增大。此现象叫做吸湿。木材含水率在解吸过程中达到的稳定值叫做解吸稳定含水率，在吸湿过程中达到的稳定值叫做吸湿稳定含水率。细薄木料在一定空气状态下，最后达到的吸湿稳定含水率或解吸稳定含水率，叫做平衡含水率。一块木材不可能沿着全厚度同时受到气候条件变化的影响，因之，木材表面比内部先达到平衡含水率。在指定的温度下，木材的吸湿量随着空气相对湿度(即空气中水蒸气相对压力)的升高而加大。当相对湿度升高到接近于100%时，吸湿量达到最大值，此时的平衡含水率叫做纤维饱和点。纤维饱和点随着温度的升高而降低。例如，纤维饱和点在温度为0℃时约为30%，在70℃时降低为26%，在100℃时降低为22%。一般认为，我国多种木材在20℃时的平均纤维饱和点为30%。干木材在吸湿时达到的稳定含水率，低于在同样气候条件下湿木材在解吸时的稳定含水率。此现象叫做吸湿滞后，或吸收滞后。在相对湿度变异范围为60%～90%时，多种木材的吸湿滞后的平均值约为2.5%。细薄木料及气干材的吸湿滞后很小，生产上可忽略。高温窑干材吸湿滞后较大。

4.1.3 木材在气体介质中的对流干燥过程

4.1.3.1 木材干燥曲线

当木材在一定的温度和湿度的气态介质中干燥时，若每隔一定时间测定木材含水率的变化，并且以时间为横座标，以含水率为纵座标画出的曲线图，叫做干燥曲线（图4-1）。

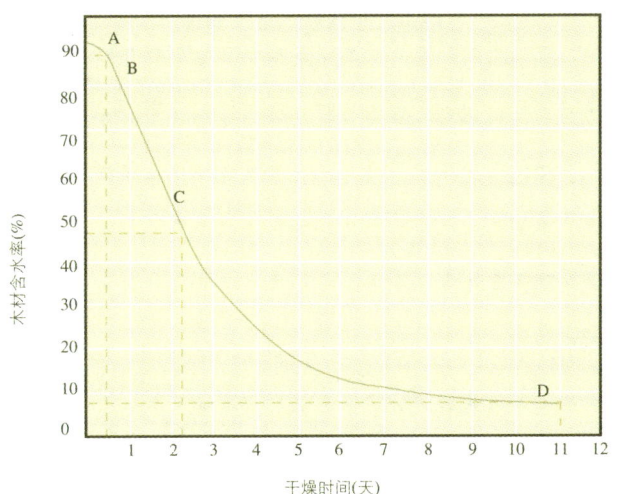

图4-1 木材干燥曲线

在干燥曲线图上可以分析干燥过程。木材干燥的全过程可以分为三个阶段。

1. 预热阶段

曲线图上的AB阶段是木材的预热阶段。在此阶段内一方面提高干燥窑内介质温度，同时要把它的湿度提高到90%～100%。目的是暂时不让木材中的水分向空气中蒸发，从表层到中心均匀地把温度提高到干燥基准要求的值。预热所需要的时间依树种和锯材的厚度而异。

经过预热以后，木材的温度和含水率沿断面分布均匀一致，此时就可以按照预定的干燥基准降低介质的温度和湿度，开始进行干燥过程。

2. 等速干燥阶段

曲线图上向下倾斜的直线BC表示等速干燥阶段。此阶段是自由水蒸发时期。只要介质的温度、湿度和循环速度保持不变，含水率的降低速度也保持不变。由于木材表层的自由水蒸发完毕后，内部还有自由水，所以，曲线图上向下倾斜直线线段的终了，并不等于说木材内的自由水已经完全排除干净了。

在等速干燥阶段内，空气温度越高，湿度越低，自由水蒸发越强烈，若气流以较大的速度吹散并破坏木材表面上的饱和蒸气边界层，则蒸发速度将相应得到提高。

3. 减速干燥阶段

自由水蒸发干净以后，吸着水开始蒸发，随着吸着水的蒸发，蒸发过程逐渐向微毛细管部分深入，微毛细管系统对吸着水吸附力越大，水分蒸发时所需吸收的热量越多，干燥过程的时间越长，含水率降低的速度也越慢。因此，纤维饱和点以下的干燥阶段叫减速干燥阶段，曲线图上的CD线段即表示该阶段。

在减速干燥阶段，要提高水分蒸发速度必须提高介质温度，降低湿度并保持较高的气流循环速度。但是水分蒸发速度受木材内部水分传导速度的制约，而且内部水分传导速度决定了总的木材干燥速度。

4.1.3.2 木材内部水分的移动

木材中的水分在一定条件下可在木材内部移动，这称为木材的水分传导性。就大多数板材而言，长度远大于厚度、宽度；侧面积远大于端面积。因此尽管水分顺纤维传导比横跨纤维的传导为易，但对木材干燥起决定作用的是横跨纤维的传导。

木材干燥过程中，木材内部水分移动的动力主要是含水率梯度和温度梯度。

4.1.3.3 木材表面水分的蒸发

木材表面水分的蒸发总是在一定的温度、湿度和气流速度下进行。在一般情况下，干燥窑内空气的湿度总是小于100%，而空气的温度则大大高于常温。因此空气的平衡含水率低于木材表面的含水率。木材表面的水分就会向空气中蒸发。木材表面水分蒸发的快慢取决于空气的温度和湿度。当空气温度升高或湿度降低时，木材表面水分蒸发速度就加快。反之，空气温度越低，湿度越大，表面水分蒸发的速度就慢。

木材表面的循环气流速度对木材表面水分蒸发也有重要影响。如果木材表面空气不是流动的，则随着水分的蒸发，很快会在木材表面出现一个不流动的饱和水蒸气薄膜，称为界层，其相对湿度为100%。它把木材表面包围着，木材表面水分要继续蒸发只能靠缓慢的扩散作用穿过界层才能进入空气中。同时界层也阻碍了热的传递，从而使干燥速度减慢。为此需要加大木材表面的气流循环速度，吹散木材表面的水蒸气饱和层，减少其厚度，使木材表面的水分蒸发速度能继续保持在适当的范围内。

木材表面水分蒸发还与木材的含水率有关，当木材含水率在纤维饱和点以上时，即以蒸发自由水为主的期间，蒸发面位于木材表面及稍下的各层，在此期间若空气的温度、湿度不变，则水分蒸发强度不变。当自由水蒸发完毕，吸着水开始蒸发时，表面的水分蒸发强度便逐渐由木材表面移入木材内部，转变为以吸着水的蒸发为主，单位质量水分蒸发所需要热量越来越多，而蒸发强度则趋于减少。

表 4-1 干燥介质湿度表（ψ, %）

干燥介质温度 t(℃)	干、湿球温度差																														干燥介质温度 t(℃)
	0	1	2	3	4	5	6	7	8	9	10	11	12	13	14	15	16	17	18	19	20	22	24	26	28	30	32	34	36	38	
30	100	93	87	79	73	66	60	55	50	44	39	34	30	25	20	15	—	—	—	—	—	—	—	—	—	—	—	—	—	—	30
32	100	93	87	80	73	67	62	57	52	46	41	36	32	28	23	19	16	—	—	—	—	—	—	—	—	—	—	—	—	—	32
34	100	94	87	81	74	68	63	58	54	48	43	38	34	30	26	22	19	15	—	—	—	—	—	—	—	—	—	—	—	—	34
36	100	94	88	81	75	69	64	59	55	50	45	40	36	32	28	25	21	18	14	—	—	—	—	—	—	—	—	—	—	—	36
38	100	94	88	82	76	70	65	60	56	51	46	42	38	34	30	27	24	20	17	14	—	—	—	—	—	—	—	—	—	—	38
40	100	94	88	82	76	71	66	61	57	53	48	44	40	36	32	29	26	23	20	16	—	—	—	—	—	—	—	—	—	—	40
42	100	94	89	83	77	72	67	62	58	54	49	45	42	38	34	31	28	25	22	18	16	—	—	—	—	—	—	—	—	—	42
44	100	94	89	83	78	73	68	63	59	55	50	46	43	40	36	33	30	27	25	21	18	—	—	—	—	—	—	—	—	—	44
46	100	94	89	84	79	74	69	64	60	56	51	47	44	41	38	34	31	29	27	23	20	16	—	—	—	—	—	—	—	—	46
48	100	95	90	84	79	74	70	65	61	57	52	48	45	42	39	36	33	30	28	25	22	17	—	—	—	—	—	—	—	—	48
50	100	95	90	84	80	75	70	66	62	58	54	49	46	44	41	37	34	32	29	27	24	19	14	—	—	—	—	—	—	—	50
52	100	95	90	85	80	75	71	67	63	59	55	51	47	45	42	38	36	33	31	29	25	20	16	—	—	—	—	—	—	—	52
54	100	95	90	85	80	76	72	68	64	60	56	52	48	46	43	39	37	34	32	30	27	22	18	14	—	—	—	—	—	—	54
56	100	95	90	85	81	76	72	68	64	61	57	53	49	47	44	40	38	35	33	31	28	23	19	15	—	—	—	—	—	—	56
58	100	95	91	86	81	77	73	69	65	61	58	54	50	48	45	42	39	36	34	32	30	25	21	17	14	—	—	—	—	—	58
60	100	95	91	86	82	77	73	69	66	62	59	55	51	49	46	43	40	37	35	33	31	26	22	18	15	—	—	—	—	—	60
62	100	95	91	86	82	78	74	70	67	63	60	56	53	50	47	44	41	38	36	34	32	27	23	19	16	14	—	—	—	—	62
64	100	96	91	87	82	78	74	70	67	64	60	57	54	51	48	45	42	39	37	35	33	28	24	20	17	15	—	—	—	—	64
66	100	96	91	87	82	78	75	71	68	64	61	58	55	52	49	46	43	40	38	36	34	29	25	22	18	16	14	—	—	—	66
68	100	96	92	87	83	79	75	72	68	65	62	59	56	53	50	47	44	41	39	37	35	30	26	23	19	17	15	—	—	—	68
70	100	96	92	87	83	79	76	72	69	65	62	59	57	54	51	48	45	43	40	38	36	31	27	24	20	18	16	14	—	—	70
72	100	96	92	88	83	80	76	73	69	66	63	60	57	54	52	49	46	44	41	39	37	32	28	25	22	19	17	15	—	—	72
74	100	96	92	88	84	80	77	73	70	67	64	61	58	55	53	50	47	45	42	40	38	33	29	26	23	20	18	16	—	—	74
76	100	96	92	88	84	80	77	74	70	67	64	61	59	56	53	51	48	45	43	41	39	34	30	27	24	21	19	17	—	—	76
78	100	96	92	88	84	81	77	74	71	68	65	62	60	57	54	52	49	46	44	42	40	35	31	28	25	22	20	18	16	—	78
80	100	97	93	89	85	81	78	74	71	68	65	63	60	57	55	53	50	47	45	43	41	36	32	29	26	23	21	19	17	—	80
82	100	97	93	89	85	82	78	75	72	69	66	63	61	58	56	54	51	48	46	44	42	37	33	30	27	24	22	20	18	15	82
84	100	97	93	89	85	82	79	75	72	69	66	64	62	59	57	54	51	49	47	45	43	38	34	31	28	25	23	21	19	16	84
86	100	97	93	89	85	82	79	76	73	70	67	64	62	59	57	55	52	50	48	46	44	39	35	32	29	26	24	22	20	17	86
88	100	97	93	89	86	82	79	76	73	70	67	65	63	60	58	56	53	50	48	46	44	40	36	32	30	27	25	23	21	18	88
90	100	97	93	90	86	83	79	76	74	71	68	66	63	61	58	56	54	51	49	47	45	41	37	33	31	28	26	24	21	19	90
92	100	97	94	90	86	83	80	77	74	71	68	66	64	62	59	57	55	52	50	48	46	42	38	34	32	29	27	25	22	20	92
94	100	97	94	90	86	83	80	77	74	72	69	67	64	62	60	58	55	53	51	49	47	43	38	35	33	30	28	26	23	21	94
96	100	97	94	90	87	83	80	77	75	72	69	67	65	63	61	58	56	54	51	49	47	44	39	36	33	31	29	27	24	22	96
98	100	97	94	91	87	84	81	78	75	72	69	67	65	63	61	59	56	54	52	50	48	45	40	37	34	31	30	27	25	23	98
100	—	97	94	91	87	84	81	78	75	73	70	68	66	64	62	59	57	55	53	51	49	45	41	38	35	32	30	28	26	24	100
102	—	—	—	—	88	84	81	78	76	73	70	68	66	64	62	60	57	55	53	51	49	46	42	38	35	33	31	28	26	24	102
104	—	—	—	—	88	85	81	78	76	73	71	68	66	64	62	60	58	56	54	52	50	46	43	39	36	33	31	29	27	25	104
106	—	—	—	—	—	85	82	79	76	74	71	69	67	65	63	61	58	56	54	52	50	47	43	40	37	34	32	30	27	25	106
108	—	—	—	—	—	—	82	79	76	74	71	69	67	65	63	61	59	57	55	53	51	47	44	40	38	35	32	30	28	26	108
110	—	—	—	—	—	—	—	79	77	74	72	69	67	65	63	61	59	57	55	53	51	48	44	41	38	35	33	31	29	27	110
112	—	—	—	—	—	—	—	—	—	—	—	—	—	—	64	62	60	58	55	53	51	48	45	42	38	36	34	31	29	27	112
114	—	—	—	—	—	—	—	—	—	—	—	—	—	—	—	—	—	—	—	—	—	49	45	42	39	36	34	32	30	28	114
116	—	—	—	—	—	—	—	—	—	—	—	—	—	—	—	—	—	—	—	—	—	—	—	—	—	—	—	—	—	—	116
118	—	—	—	—	—	—	—	—	—	—	—	—	—	—	—	—	—	—	—	—	50	46	—	—	—	—	—	—	—	—	118
120	—	—	—	—	—	—	—	—	—	—	—	—	—	—	—	—	—	—	—	—	50	47	—	—	—	—	—	—	—	—	120
125	—	—	—	—	—	—	—	—	—	—	—	—	—	—	—	—	—	—	—	—	—	—	—	—	—	—	—	—	—	25	125
130	—	—	—	—	—	—	—	—	—	—	—	—	—	—	—	—	—	—	—	—	—	—	—	—	—	35	33	31	28	26	130

表 4-2 木材平衡含水率表

干球温度(°C) \ 温度计差(°C)	0	1	2	3	4	5	6	7	8	9	10	11	12	13	14	15	16	17	18	19	20	21	22	23	24	25
120																					4.5	4	4	4	3.5	3.5
118																			4.5	4.5	4.5	4	4	4	4	3.5
116																	5	5	5	4.5	4.5	4	4	4	4	3.5
114														5.5	5.5	5.5	5	5	4.5	4.5	4.5	4	4	4	4	3.5
112													6.5	6.5	6	5.5	5.5	5	5	4.5	4.5	4.5	4.5	4	4	3.5
110											7.5	7	6.5	6.5	6	5.5	5.5	5	5	5	4.5	4.5	4.5	4	4	4
108									8.5	8	7.5	7	6.5	6.5	6	5.5	5.5	5	5	5	4.5	4.5	4.5	4	4	4
106							10	9.5	8.5	8	7.5	7	6.5	6.5	6	5.5	5.5	5	5	5	4.5	4.5	4.5	4	4	4
104						11.5	11	10	9.5	8.5	8	7.5	7	6.5	6	5.5	5.5	5	5	5	4.5	4.5	4.5	4	4	4
102				14.5	13	11.5	11	10	9.5	9	8.5	7.5	7	6.5	6.5	6	5.5	5	5	5	4.5	4.5	4.5	4	4	4
100	22	16.5	15	13	12	11	10	9.5	9	8.5	7.5	7	6.5	6.5	6	5.5	5.5	5	5	5	4.5	4.5	4.5	4	4	4
98	22.5	17	15	13.5	12	11	10	9.5	9	8.5	8	7.5	7	6.5	6	5.5	5.5	5	5	5	4.5	4.5	4.5	4	4	4
96	23	17	15	13.5	12	11.5	10	10	8.5	8	7.5	7	6.5	6.5	6	5.5	5.5	5	5	5	4.5	4.5	4.5	4	4	4
94	23	17.5	15.5	14	12	11.5	10.5	10	9	8.5	8	7.5	7	6.5	6	5.5	5.5	5	5	5	4.5	4.5	4.5	4	4	4
92	23.5	18	15.5	14	12	11.5	10.5	10	9	8.5	8	7.5	7	6.5	6	5.5	5.5	5	5	5	4.5	4.5	4.5	4	4	3.5
90	24	18	1.5	14	12.5	11.5	10.5	9.5	9	8.5	7.5	7	7	6.5	6	6	5.5	5	5	5	4.5	4.5	4*	4	4	3.5
88	24	18.5	15.5	14	12.5	11.5	10.5	9.5	9	8.5	7.5	7	7	6.5	6	6	5.5	5	5	5	4.5	4.5	4	4	4	3.5
86	24.5	18.5	15.5	14.5	12.5	11.5	11	10	9.5	8.5	8	8	7.5	7	6.5	6	5.5	5	5	5	4.5	4.5	4	4	4	3.5
84	24.5	19	16	14.5	12.5	11.5	11	10	9	8.5	8	7.5	7	6.5	6	6	5.5	5	5	5	4.5	4.5	4	4	4	3.5
82	24.5	19	16	14.5	13	12	11	10	9	8.5	8	7.5	7	6	6	6	5.5	5.5	5	5	4.5	4.5	4	4	4	3.5
80	25	19	16	14.5	13	12	11	10	9	8.5	8	7.5	6.5	6.5	6	6	5.5	5.5	5	5	4.5	4.5	4	4	4	3.5
78	25	19	16	14.5	13	12	11	10	9	8.5	8	7.5	7	6.5	6	6	5.5	5.5	5	5	4.5	4.5	4	4	4	3.5
76	25	19.5	16.5	1	13	12	11	10	9	8	8	7	7	6.5	6	6	5.5	5.5	5	5	4.5	4.5	4	4	4	3.5
74	25.5	19.5	16.5	15	13	12	11	10	9.5	8	8	7	7	6.5	6	6	5.5	5.5	5	5	4.5	4.5	4	4	4	3.5
72	25.5	20	17	15	13.5	12.5	11	10	9.5	8	8	7.5	7	6.5	6.5	6	5.5	5.5	5	5	4.5	4.5	4	4	4	3.5
70	26	20	17	15.5	13.5	12.5	11	10.5	9.5	8	8	7.5	7	6.5	6.5	6	5.5	5.5	5	5	4.5	4.5	4	4	4	3.5
68	26	20	17.5	15.5	13.5	12.5	11.5	10.5	9.5	8.5	8	7.5	7	6.5	6	6	5.5	5.5	5	5	4.5	4.5	4	4	4	3.5
66	26.5	20.5	17.5	15.5	13.5	12.5	11.5	10	9.5	8.5	8	7.5	7	6.5	6	6	5.5	5	5	5	4.5	4.5	4	4	4	3.5
64	26.5	20.5	17.5	15.5	13.5	12.5	11.5	10	9.5	8.5	8	7.5	7	6.5	6	6	5.5	5	5	5	4.5	4.5	4	4	4	3.5
62	27	21	17.5	15.5	13.5	12.5	11.5	10	9	8.5	8	7.5	7	6.5	6	6	5.5	5.5	5	5	4.5	4.5	4	4	4	3.5
60	27	21	18	15.5	13.5	12.5	10.5	10	9	8.5	8	7.5	7	6.5	6	6	5.5	5	5	5	4.5	4.5	4	3.5	4	3.5
58	27	21	18	15.5	14	13	10.5	10	9.5	8.5	8	7.5	7	6.5	6.5	6	5.5	5	5	5	4.5	4.5	4	3.5	3.5	3.5
56	27.5	21	18	15.5	14	13	11.5	10.5	9.5	8.5	8	7.5	7	6.5	6.5	6	5.5	5	5	5	4.5	4.5	4	3.5	3.5	3.5
54	27.5	21.5	18	16	14	13	11.5	10.5	9.5	8.5	8	7.5	6.5	6.5	6	6	5.5	5	4.5	4.5	4	3.5	3.5	3	3	3
52	28	21.5	18	16	14	13	11.5	10.5	9.5	8.5	8	7	6	6	5.5	5.5	5	5	4.5	4.5	4	3.5	3.5	3	3	2.5
50	28	21.5	18.5	16	14	12.5	11	10.5	9	8.5	7	7	6	6	5.5	5.5	5	5	4.5	4	4	3.5	3	3	3	2.5
48	28	21.5	18.5	16	14	12.5	11	10	9	8.5	7.5	7	6	6	5.5	5.5	5	4.5	4.5	4	3.5	3.5	3	2.5	2.5	2
46	28.5	21.5	18.5	16	14	12.5	11.5	10.5	9.5	8.5	7.5	7	6.5	6	5.5	5	4.5	4	4	3.5	3	2.5	2.5	2		
44	28.5	22	18.5	16	14	12.5	11.5	10.5	9.5	8.5	7.5	7	6.5	6	5.5	4.5	4.5	4	3.5	3	2.5	2.5	2			
42	28.5	22	18.5	16	14	12.5	11.5	10.5	9.5	9	8	7.5	7	6.5	6	5.5	4.5	4	4	3.5	3	2.5	2			
40	29	22	18.5	16	14	12.5	11.5	10.5	9.5	9	8	7.5	7	6.5	5.5	4.5	4.4	4	3.5	3	2.5	2				

例:
干球温度 = 82°C
温度计差 = 11°C
平衡含水率 = 8%

4.1.3.4 影响木材干燥速度的因素

1. 介质温度

介质温度是决定木材干燥速度的主要外因。当木材被高温空气包围时,通过对流传热,提高木材及其内部水分温度和水分蒸发所需的热量。介质温度越高,木材及其内部水分的温度也越高,这就加快了水分子的热运动,提高了水分蒸发的速度和强度。

因此介质温度的升高可以加快木材干燥的速度,但温度太高会造成木材强度和性能的降低。

2. 介质湿度(表 4-1)

当温度不变时,介质湿度的降低会使木材的水分更容易向空气中蒸发,干燥速度也就加快;反之,介质湿度增加,干燥速度减慢,如果介质湿度达100%,水分停止蒸发,干燥速度为零。

3. 气流循环速度

干燥介质气流速度的大小,直接影响木材表面水分的蒸发,气流速度过小会降低干燥速度,过大则会消耗能源过多。经验表明:通过木材表面的气流速度超过1m/s时,气流呈紊流状态,空气对木材传热和从木材表面吸收水蒸气的能力提高，但一般不超过 3 m/s。

表 4-2 为木材平衡含水率表。

4.1.4 木材干燥过程中的应力与变形

4.1.4.1 木材的干缩

木材干燥时，其尺寸和体积随着水分的散失而减少称为干缩。

木材之所以发生干缩是由于木材干燥时水分向外蒸发，细胞壁纤维之间的吸着水减少，水层减薄，纤维之间互相靠拢致使细胞壁以至整个木材尺寸缩小。

木材干缩不是发生在木材干燥的整个过程。当含水率在纤维饱和点以上时，自由水蒸发，木材尺寸无变化。而只是在纤维饱和点以下，即自由水蒸发完毕，吸着水开始蒸发时木材才发生收缩。在纤维饱和点以下，木材干缩随含水率减少而增大。当含水率达到零时，干缩也达到最大。我们把木材干缩前后的尺寸差值与生材尺寸的比值的百分数称为干缩率。把木材纤维饱和点以下，含水率每减少1%所引起的干缩率称干缩系数。

干缩系数是衡量木材干缩大小的重要参数。干缩系数越大则干燥时收缩越大，反之则越小。不同树种的木材干缩系数是不同的。同一树种的各个方向的干缩系数也是不同的。一般来说，纵向干缩率极小，平均为0.1%～0.3%，在应用上可以忽略不计。弦向干缩率最大，约6%～12%。径向干缩率为弦向干缩率的1/3～2/3。体积干缩率一般为9%～14%。

由于木材在干燥后会发生干缩，所以湿板尺寸必须留有干缩余量才能保证干板有足够的尺寸。干缩数值可由下列公式计算：

$$干缩数值 = \frac{干缩系数 \times (30 - 含水率) \times 生材尺寸}{100}$$

4.1.4.2 木材干燥的内应力及其产生原因

在外力作用下，木材断面上出现的应力叫外应力，而在没有外力作用下木材内部的应力叫内应力。木材在没有任何外力的作用下会发生开裂变形就证实了木材内部确有内应力存在。例如木材的开裂就是由于木材内部的拉应力超过了木材的抗拉强度极限而使木材组织受到破坏而引起的。

刚砍伐下来的湿木材的内部水分分布均匀，没有含水率梯度，也不存在内应力。但是木材在大气中自然干燥，就会发生不均匀的干缩而产生内应力。例如木材表面水分蒸发得快，其含水率首先降到纤维饱和点以下，表面开始干缩。但是内层含水率仍在纤维饱和点以上，不发生干缩，这样外层要收缩，内层不收缩就产生了外部受拉、内部受压的内应力。木材的弦向干缩与径向干缩不同造成的差异干缩也会发生内应力。

干燥过程中木材产生内应力的原因是由于在纤维饱和点以下木材细胞腔和细胞壁的变形而引起的。干燥过程中，木材产生弯曲、开裂等缺陷是内应力存在的具体表现。

木材的内应力是由于木材内部含水率不均匀以及由此而引起的不均匀干缩所造成的。木材由于含水率分布不均匀会引起暂时的应力和变形，等到含水率均匀后应力与变形也随着消失，这种应力叫做含水率应力或弹性应力，这种变形叫做含水率变形或弹性变形。木材除了有弹性以外，还有塑性。在含水率应力与变形的继续期间，由于热湿空气的作用，木材外层或内层会发生塑性变形。在含水率分布均匀之后，塑性变形的部分会固定下来，不能恢复原来的尺寸，也不能减少到应当干缩的尺寸，并且保持一部分应力，这种变形也叫残余变形，这种应力也叫残余应力。

木材内部的含水率应力和残余应力之和等于木材的全应力。

在木材干燥过程中影响木材干燥质量的是全应力。在干燥过程结束后，继续影响木材质量的是残余应力，为了保证木材质量，两种应力都是越小越好。

4.1.4.3 不同干燥阶段的木材内应力

木材干燥过程中的内部变化可分为四个阶段（图4-2）。

1. 干燥开始阶段

这时木材还未产生应力，木材内部各部分的含水率都在纤维饱和点以上，如果从材料的中间截取试验片，试验片锯成梳齿形，每个齿的高度和锯开之前原来的尺寸一样，如果把试验片剖成两个半片，每片都保持直线形状，这表明，木材内不存在含水率应力，也没有残余应力。

2. 干燥初期阶段

在这个阶段，木材表层的自由水已蒸发完毕，开始排出吸着水并开始干缩，但木材内部水分移动远远跟不上表面水分的蒸发，内层的含水率仍高于纤维饱和点，因此外部已干缩，而内部不干缩，内层受到外层的压缩，表层受到拉伸。

所以，木材干燥初期阶段的内应力是外层受拉应力，内层受压应力，如果这时在木料中间截取试验片并刻成梳齿形，可以看到表面几层齿由于干缩尺寸减少，内部各层的齿仍保持干燥前的尺寸而没有发生干缩。如果把从木料上锯下的试验片剖成两片，刚刚剖开后它们各自向外弯曲，说明外部尺寸比内部短。如果把这两片放入恒温箱内或放在通风处使含水率降低并变均匀，由于木材的塑性使木材在刚一产生内应力就同时出现塑性变形，原来在表面的木材已经在一定程度上塑化固定，而原来靠内层的木材在含水率降低时，还可以自由干缩，因此两半片的含水率降低并分布均匀后，两片的形状就转化成和原来的相反，由向外弯变为向内弯。

这种应力在干燥中是允许存在的，因为木材内部水分的移动要借助于含水率的梯度，而含水率梯度必然造成内应力，但是这种应力不宜过大，时间不应过长，否则会引起木材表面开裂。

在这个阶段既要利用含水率梯度，又不能使木材的应力过大，这就需要采取定期的喷蒸处理，并维持一段时间的高

图 4-2 干燥过程中含水率和应力的变化

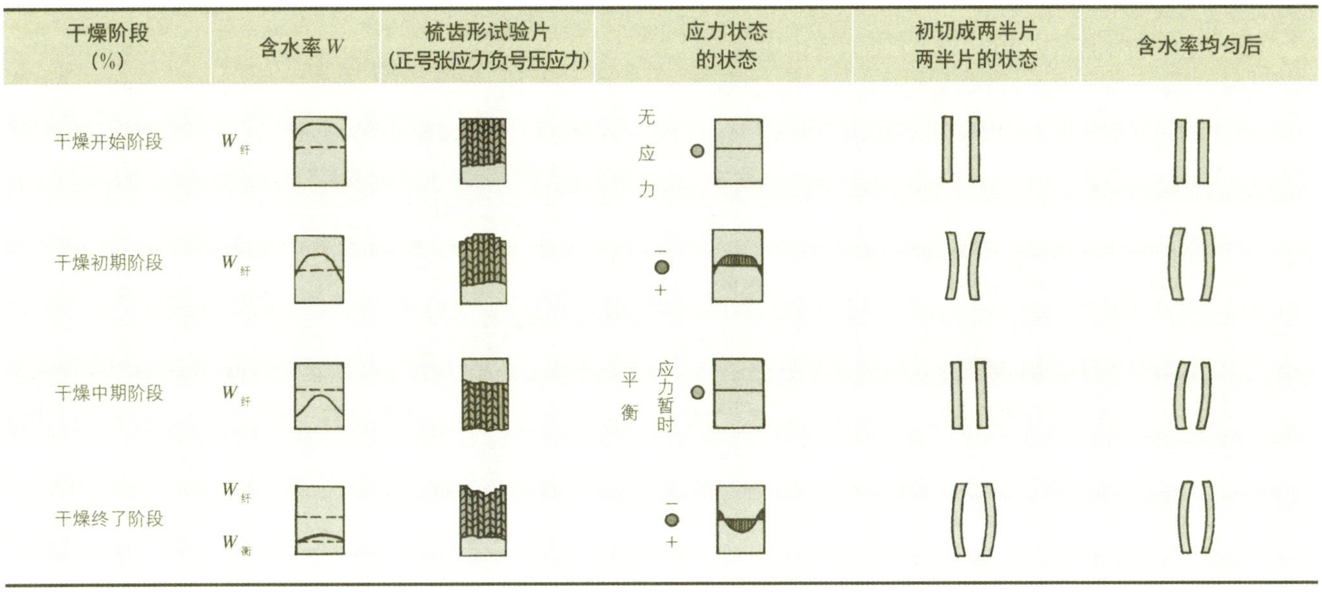

干燥阶段	含水率 W	梳齿形试验片 （正号张应力负号压应力）	应力状态 的状态	初切成两半片 两半片的状态	含水率均匀后
干燥开始阶段	$W_纤$			无应力		
干燥初期阶段	$W_纤$			− +		
干燥中期阶段	$W_纤$			平衡 应力暂时		
干燥终了阶段	$W_纤$ $W_衡$			− +		

注：$W_纤$——纤维饱和点；
　　$W_衡$——平衡含水率

湿度来提高木材表层的含水率,使已固定的塑性变形的部分重新软化并湿胀伸长,从而消除或减小表层的拉应力及内层的压应力。

总的来说,干燥初期阶段是干燥过程中比较易产生表裂的阶段。

3. 干燥中期阶段

在这个阶段,木材内部的含水率已低于纤维饱和点。

如果在上阶段没有进行喷蒸处理,则外层木材早已失去正常的干缩条件,而固定于伸张状态,这时尽管内部含水率还高于外层的含水率,但是内部木材干缩的程度就像外层木材的塑化固定以前所产生的不完全干缩,内部尺寸与外层尺寸暂时平衡,因此木材的内应力也暂时处于平衡状态。这时如果把试验片锯成梳齿状,各个齿的长度暂时是一样的,但在放置以后含水率下降,试验片中的一些齿会因干缩而变短。

如果把试验片剖为两片,两片在当时会保持平直,但在含水率降低并分布均匀后,原来的内边的木材由于干缩而变短,使两片向内弯曲。这说明在这个阶段内尽管暂时观察不到木材中的应力,但在干燥终了后,木材内的残余应力仍将表现出来。

在这个阶段,木材内部水分向表面移动的距离更长,木材干燥更缓慢。

如果外层干燥过快,内部水分来不及移到表层,会造成外部很干、内部很湿的所谓"湿心",表层由于含水率极低又处于固定的拉伸应变状态,成为一层硬壳,它不仅使木材内部水分难以通过木材表面进入空气,而且还影响内部木材的干缩,这种现象称为"表面硬化"。如不及时解除表面硬化,则干燥难以继续进行并将导致严重的干燥缺陷,因此在这一干燥阶段必须采用喷蒸处理,用高温高湿空气把已塑化固定的木材表面重新吸湿软化来解除表面硬化。

4. 干燥终了阶段

这时木材含水率沿着木材断面各层已分布得相当均匀,由内到外的含水率梯度较小,如果在上个阶段没有进行喷蒸处理,由于外层木材塑化变形的固定并早已停止收缩,而内层木材随着吸着水的排除应当干缩,这样内层木材的收缩受到外层木材的限制,就产生了内层受拉伸,外层受压缩的应力,这个内应力的情形和干燥初期正好相反,这时如果把试验片锯成梳齿形,试验片中间的一些齿脱离了外层的束缚后得到自由干缩,它们的尺寸比外层短些。

如果把试验片剖为两片,刚剖开时两片向内弯曲,说明内边尺寸比外边短,内部受拉,外部受压,当它们的含水率降低并分布均匀后两片向内弯曲的程度更大,说明存在相当大的残余应力。

这个阶段的含水率梯度虽然不大,但是随着干燥的继续进行,内应力随之增加,如不及时消除,当内应力超过木材的强度极限时就会出现内裂,即木材内层的拉应力超过内层的抗拉强度极限使内层木材破坏,内裂的木材将失去使用价值,造成严重浪费,因此这阶段的应力非常危险,要及时消除。

通常采用的方法仍是喷蒸处理,使表层木材在窑内高温高湿空气的作用下重新湿润软化并得到补充的干缩,从而使表层木材能与内层木材一起收缩,减少了内层受拉,外层受压的应力,在整个木材干燥过程结束后,木材内部还可能有残余应力,为了消除这些残余应力,使木材在以后的加工和使用过程中不会发生变形、开裂等缺陷还必须进行一次喷蒸处理，才能保证最终的干燥质量。

总之，在木材干燥的过程中，各阶段都存在内应力，这是无法避免的，它是造成各种干燥缺陷的原因，因此，为了保证干燥质量应随时掌握木材内应力的变化情况并采用有效措施使之降到安全程度。

4.1.4.4 木材各向异性引起的应力变形

实际上，木材是各向异性体。干燥时，除含水率梯度会引起应力外，因径弦向干缩不一致，也会引起应力，这就是附加应力。它的大小只与木材断面上年轮分布有关，和含水率梯度无关。一般来说，径切板几乎不产生附加应力，因为虽然径切板的径向干缩与弦向干缩也不同，但在木料厚度的不同层次上不会引起不均匀变形。而弦切板正面（距髓心较远的材面）接近于弦向，它干缩大于接近径向的背面（距髓心较近的材面），结果板子向正面翘曲（图4-3），如果板材受外加载荷（如材堆质量和顶部压块）作用，则板材会产生附加应力，板材正面为拉应力，背面为压应力，板材正面的这种拉应力与木材含水率不均匀引起的拉应力相叠加，这样弦切板的正面受的拉应力更大，很容易超过木材的横纹抗拉强度而引起表面开裂。

在干燥原木或带髓心的方材时，因圆周方向（弦向）的干缩大于径向干缩，结果在表层区域产生附加拉应力，在中心区域产生附加压应力（这种应力与含水率应力无关），在干燥过程第一阶段，表层的这种附加拉应力与含水率不均匀引起的拉应力相叠加，超过木材横纹抗拉强度时，就会引起径裂（图4-4）。所以干燥原木或带髓心方材时要特别小心。

图4-3 木材各向异性引起的变形

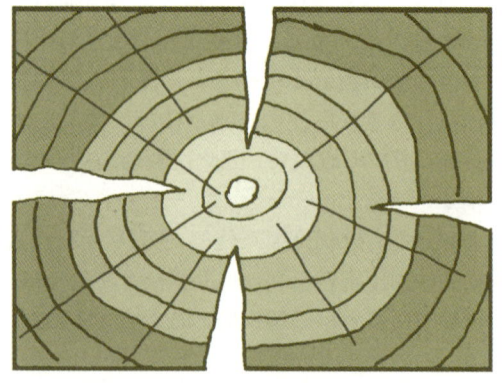

图4-4 方材径裂

4.2 木材干燥窑及其主要设备

4.2.1 木材干燥窑的分类

木材干燥窑有许多不同类型，适用于不同的生产条件。可按照下列主要特征来分类。

1. 按照作业方式

分为周期式干燥窑和连续式干燥窑。周期式窑呈分室状，因此，也叫分室式窑。干燥作业系周期式进行，即材堆一次性装窑，干燥结束后一次性出窑。连续式窑呈隧道状，窑体较长，两端都设有窑门。湿木料由一端装入，干燥过程中材堆定时前移，干木料由另一端卸出。干燥作业定向连续进行，故称为连续式或前进式干燥窑。

2. 按干燥热源

木材干燥的热源主要有蒸气加热、炉气加热、电加热和热水加热等。

蒸气加热干燥窑是采用低压饱和水蒸气作载热体（热源），通过蒸气加热器来加热窑内的湿空气或常压过热蒸气，再由这些热湿气体，加热干燥木材。炉气加热干燥窑，主要是燃烧木废料或煤，生成炉气体，再以炉气体直接或间接加热干燥木材，前者是以炉气体为干燥介质，后者以炉气体为载热体，以湿空气为干燥介质。电加热干燥窑主要指除湿干燥窑。热水加热干燥窑是以热水或高温热水（100℃以上亦称120℃以上）为载热体，其余同蒸气干燥窑。

3. 按气流循环方式

分为自然循环干燥窑和强制循环干燥窑。自然循环靠冷热空气密度的差异，产生窑内材堆内气流的垂直运动。强制循环靠通风机鼓动窑内气体强制流过材堆。

强制循环干燥窑又依通风机配置方式不同分为顶部风机短（横）轴型窑、顶部风机长（纵）轴型窑、侧风机型窑、端风机型窑及喷气式窑等。

干燥窑的类型是按其主要特征组合起来称谓的：如周期式强制循环蒸气加热干燥窑，连续式强制循环干燥窑等。目前，国内外普遍采用的是周期式强制循环干燥窑，周期式自然循环窑和连续式干燥窑使用较少。

4.2.2 常用木材干燥窑

4.2.2.1 周期式强制循环干燥窑

周期式窑与连续式窑相比，它灵活性大，适应性广，温、湿度容易调节；而强制循环窑又比自然循环窑干燥均匀，且装载量大，干燥周期大幅度缩短。因此，生产上多采用周期式强制循环窑。这类窑有多种结构类型，下面分别介绍国内外常用的几种。

1. 顶部风机短（横）轴型窑

结构特征是窑内空间由"假天棚"分成上部风机间和下部干燥间两部分。风机、加热器、喷蒸管和进排气道都布置在上部风机间内，下部干燥间主要装材堆及设置温、湿度计和含水率检测装置。电动机安装在窑外，用横轴传动窑内风机，如图4-5所示。加热器和进排气道设置在风机的前后。风机为可逆循环的，当风机转向改变时，进排气道的功能也随之互换。这类窑内气流循环较均匀，木料干燥也较均匀，能满足高质量的干燥要求。但需要侧向操作夹间，建筑面积利用率不高。且横轴和皮带轮的加工和安装也较麻烦。针对以上问题，新建的顶部风机窑多为电动机置于窑内，风机直接传动式窑。图4-6所示为顶部风机直接传动轨道车装材式窑；图4-7所示为叉车装材式窑。这两种窑结构特征相似，都不需要侧向操作夹间，节约占地面积。但由于装材方式不同，窑内木材的堆积方向和气流循环方向也不同：前者木料纵向堆积，气流横向循环；后者木料横向堆积，气流纵向循环。工厂可根据场地情况及装载设备情况选择窑型。

2. 侧风机型窑

结构特征是风机、加热器、喷蒸管及进排气道都装在窑内侧边。由于风机靠近材堆一侧（通常位于侧下方），故只能用吸风式单向循环。因此，材堆宽度不能太宽，否则木料干燥不均匀。图4-8所示为南京林业大学设计的侧下风机型窑。12号铸铝风机安装在一侧下部，铸铁肋形管加热器水平布置，气流为吸风式垂直横向循环，不可逆。近来新建的侧下风机窑多采用双金属轧片式加热器，且倾斜安装在材堆两侧，如图4-9所示。这种加热器散热面积大，且安装方便，得到越来越广泛的应用。

3. 端风机型窑

这类窑的风机和加热器通常位于窑内一端，并有挡风板与材堆隔开，只留下两侧的循环气道。为使气流沿材堆长度方向均匀流过，通常窑壁沿窑长方向作成倾斜的，即一头宽，一头窄。这类窑既可建成单轨的，如图4-10，也可建成双轨的，如图4-11。端风机型窑结构简单，风机可逆循环，干燥均匀性较好，在中、小型企业广为采用。但这类窑的材堆长度一般不超过6m，否则沿长度方向干燥的均匀性较差。因此，窑的容量通常不大。

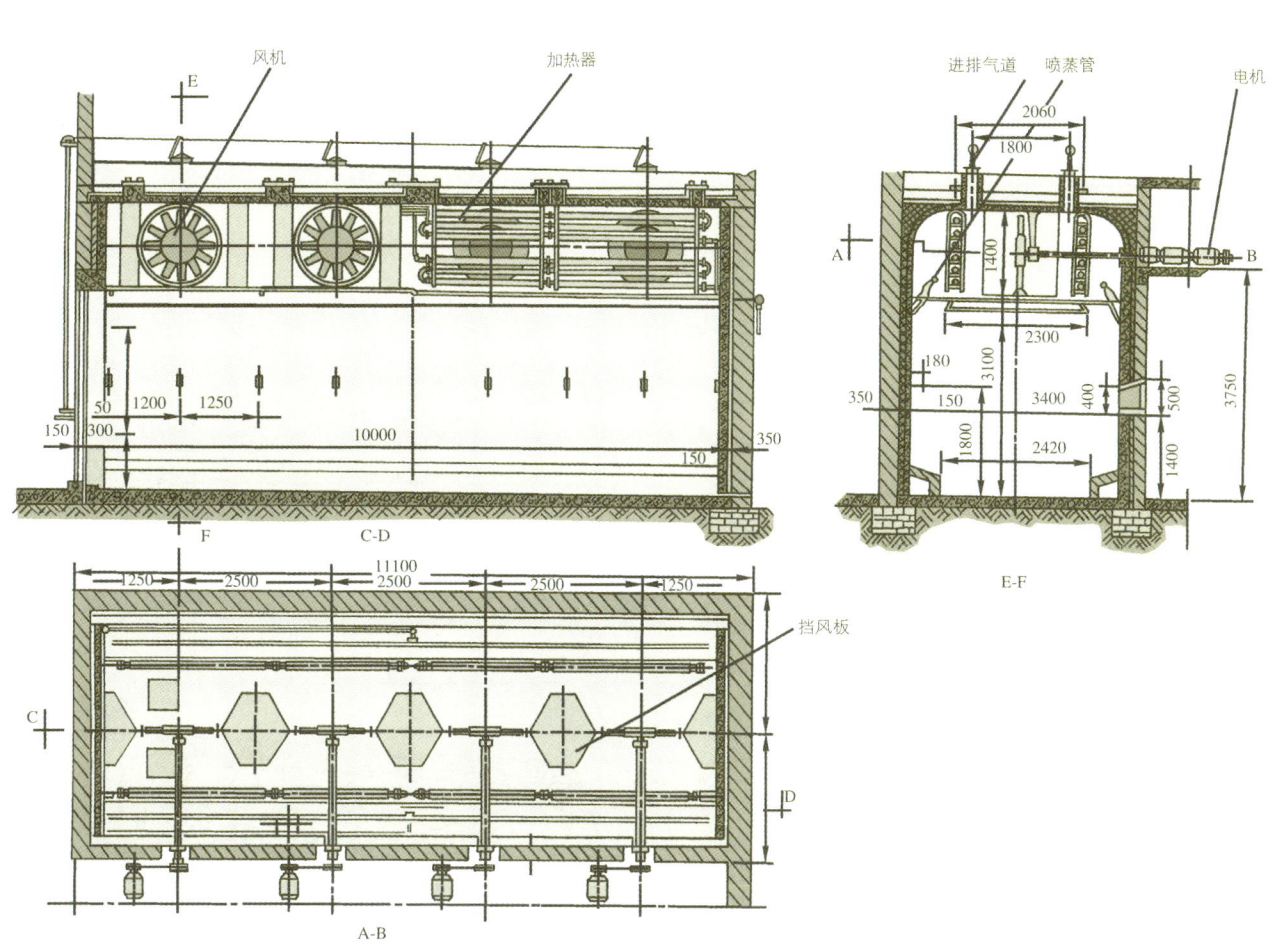

图4-5 顶部风机横轴型窑（单位：mm）

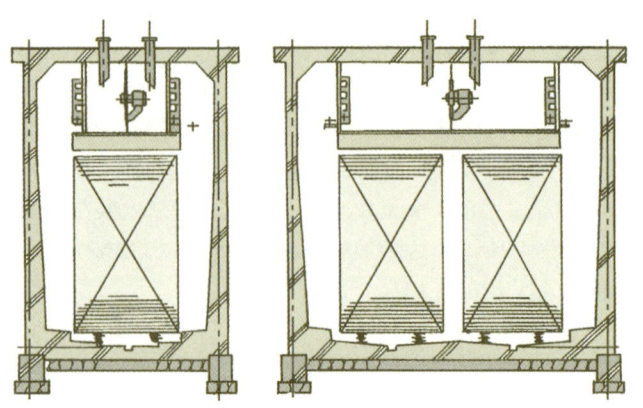

图4-6 顶部风机直接传动轨道车装材式窑

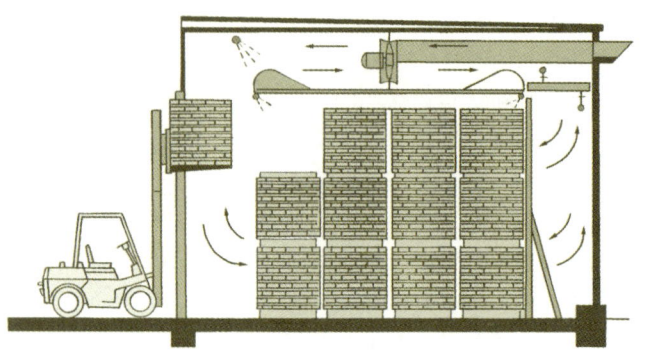

图4-7 顶部风机直接传动叉车装材式窑

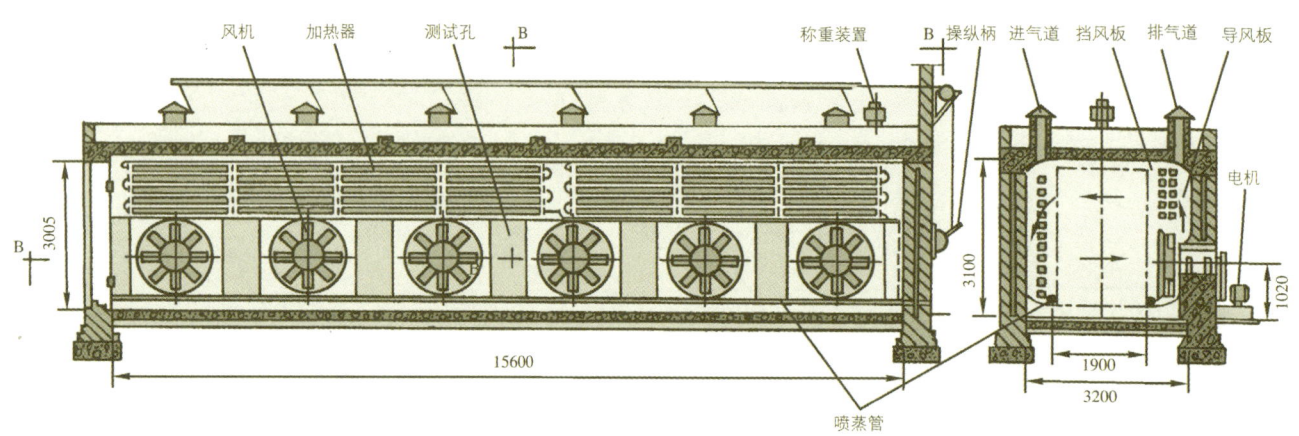

图4-8 侧下风机型窑（单位：mm）

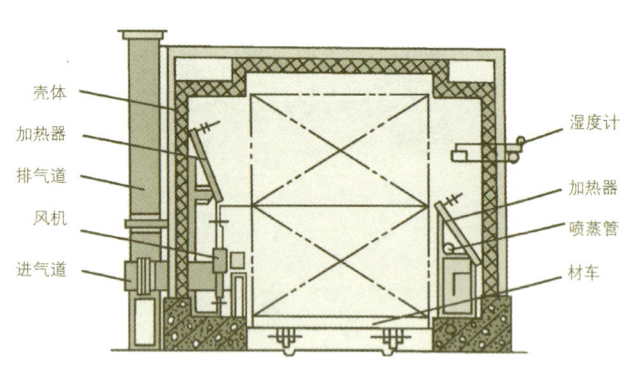

图4-9 散热器斜装的侧下风机窑

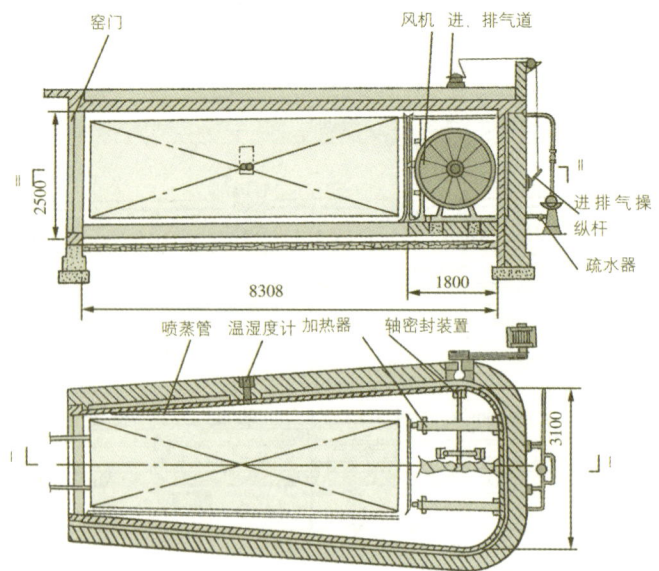

图4-10 端风机型单轨窑

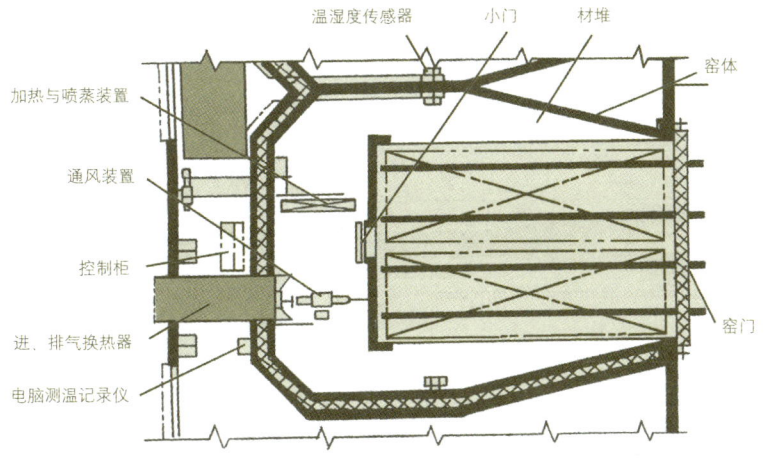

图 4-11 端风机型双轨窑

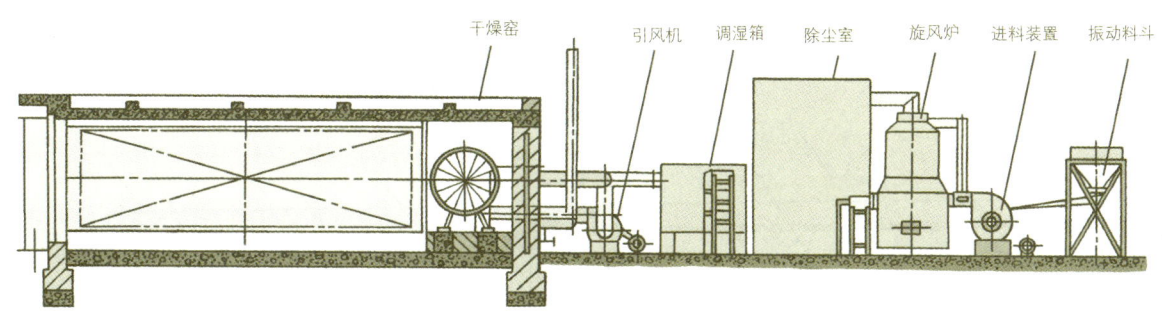

图 4-12 端风机炉气干燥窑

上述几类干燥窑通常以蒸气为热源（载热体），也可用热水或高温热水作热源。窑的结构及窑内设备没有什么改变，只要将加热器的管径及加热面积适当增大即可。壳体结构目前常用砖和混凝土混合结构，也有用全金属装配式结构的，虽然全金属装配式窑造价较高，但这是干燥窑的发展方向。

4. 端风机炉气干燥窑

炉气干燥窑不需要蒸气锅炉，且利用本厂的木废料作燃料，做到能源自给，大大降低设备投资和干燥成本。为中、小型企业较普遍地采用。图4-12为南京林业大学设计的一种炉气窑——旋风燃烧法干燥窑。细碎的木废料通过振动料斗和鼓风进料风机，被送入旋风炉中，燃尽后生成的炉气经除尘和多次增湿后，送入端风机窑内直接加热干燥木材。窑内结构很简单，无需加热器，只有一台至两台轴流风机。前者窑的容量达 $10m^3$ 木料，后者容量可达 $25m^3$。

5. 端风机炉气间接加热干燥窑

这类窑（图4-13）与炉气干燥窑不同的是燃烧炉产生的炉气，经除尘后，送入窑内的炉气加热管中，加热窑内的湿空气，再用湿空气加热干燥木材。这类窑内虽然增设了炉气加热管，稍增加了设备投资，但由于炉气与木材不直接接触，消除了木料表面的烟尘污染。若工艺操作适当，木材干燥质量可赶上蒸气干燥窑。

图4-14为南京林业大学研制的炉气间接加热联合干燥窑。这一组窑由容量 $40m^3$ 的预干窑和容量 $20m^3$ 的二次干燥窑组成。前者为6台轴流风机置于两列材堆之间的侧向通风双轨窑，气流为垂直横向循环。材堆之间及两侧都装有炉气加热管，对木料间接加热。后者为3台轴流风机置于材堆一侧下部的侧向通风单轨窑。联合干燥窑很适合于人工林速生材的干燥。即木料先在预干窑中采用较低的温度干燥至30%的含水率，再送入二次窑中，用较高的温度，干燥到指定的终含水率。当然，木料也可分别在两窑中进行从头到尾的干燥。

4.2.2.2 连续式干燥窑

图4-15为一种典型的强制循环连续式干燥窑。窑内上部风机间内，布置有3台轴流风机（用耐高温电机直接驱动），及加热器、进排气装置等。可以利用排气余热加热吸入的新鲜空气。下部为干燥间，可装10个材堆。材堆由湿端定时装入，不断推进，由干端卸出。气流为逆向循环，即经加热器加热后的湿空气由干端流入材堆，由湿端流出材堆。材堆中温、湿度的变化靠各区段自然位置调节，即干端温度最高，湿度最低，而湿端温度最低，湿度最高。

连续式干燥窑内介质温、湿度的调节不方便，适用于批

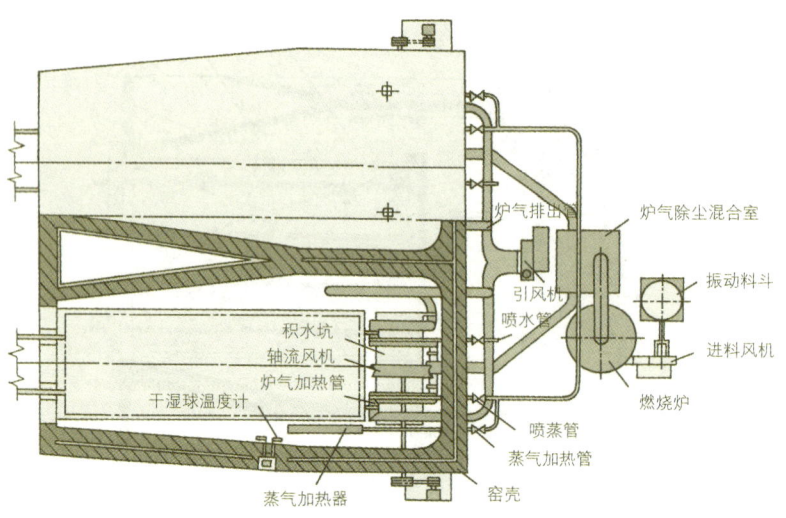

图 4-13 端风机炉气间接加热干燥窑

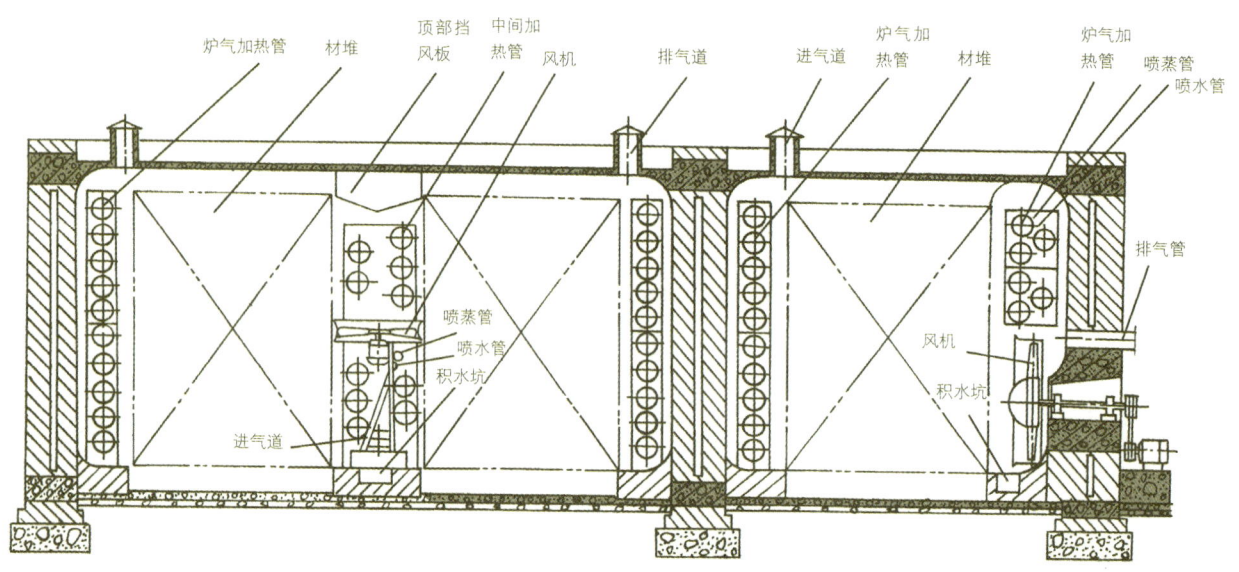

图 4-14 炉气间接加热联合干燥窑

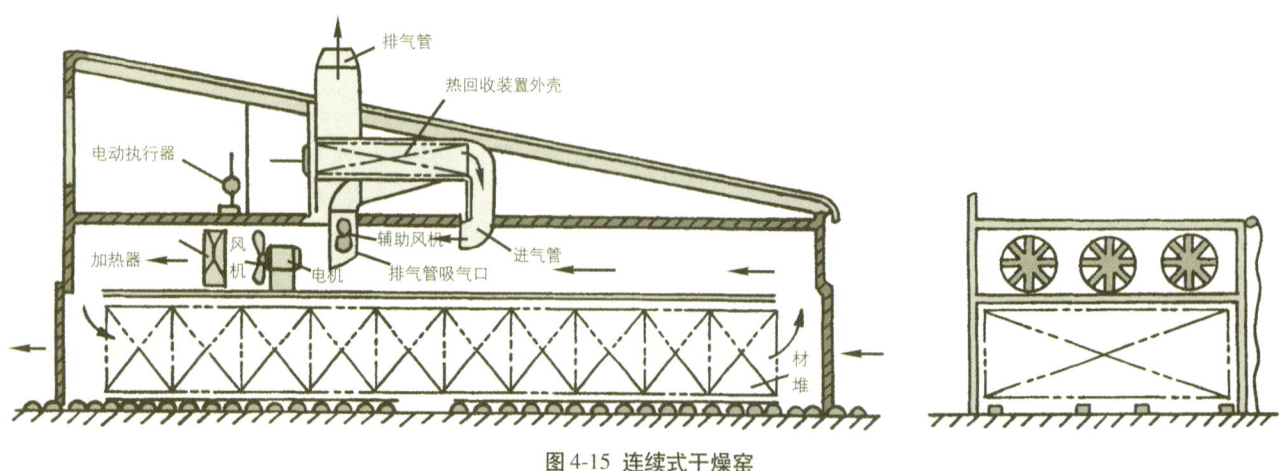

图 4-15 连续式干燥窑

量大，且树种、规格比较单一的针叶树材的干燥。在我国很少采用，在前苏联和北欧国家应用较多。

4.2.3 木材干燥窑的主要设备

木材干燥窑的主要设备有窑壳，供热和调湿设备，气流循环设备等。为了正确选用或制造这些设备，必须了解它们的类型、结构特点及性能。

4.2.3.1 窑壳

干燥窑的壳体通常有两种主要结构类型，即砖混结构的土建壳体及全金属装配式壳体。前者造价较低，施工容易，是最常用的窑壳结构。后者构件先在机械厂加工预制，再到现场组装，施工期短，便于规格化、系列化，但造价较高。

1. 砖混结构窑壳

干燥窑内气体介质的温度在室温至100℃范围内变化，高温干燥温度可达120℃甚至更高。相对湿度最高达100%。窑内介质中还含有从木材中蒸发出来的酸性气体，并以一定的速度在窑内循环。因此，要求窑壳应有较好的保温、气密和耐腐蚀性能。

（1）窑壁：为加强窑壁的整体坚固性，大、中型窑最好采用框架式结构，即窑的四角用钢筋混凝土柱与基础圈梁、顶棚圈梁及窑门框浇连成一体。窑壁采用带保温层的复合结构，即外墙一砖(204mm)，内墙一砖（240mm），中间夹60～100mm的膨胀珍珠岩保温层。墙内表面抹1:2水泥砂浆加1%防水剂，粉层厚20mm。干透后刷黑色酚醛烟囱漆两度。

（2）顶棚：必须采用现浇钢筋混凝土板，厚100mm，视窑的跨度在顶板上设反梁。顶板上刷高温沥青隔气层一度，再铺膨胀珍珠岩保温层厚120～160mm（高寒地区适当加厚），上抹1:3水泥砂浆找平层20mm，再铺细石混凝土层50mm，最上是两布三油及绿豆砂表层。顶棚应与顶部圈梁浇成一体。窑顶的保温层须在侧面留出气孔。

（3）基础：必须稳定，不许有不均匀沉降。通常采用刚性条形基础。最下是素混凝土垫层，然后砖砌放大脚，并在室内地坪以下5cm处做一道钢筋圈梁，圈梁上设防潮层，再往上砌砖墙。基础深度南方取0.8～1.2m，北方取冻结线以下10cm，若是虚土地层，则基础应特殊处理。

2. 全金属装配式窑壳

这类窑壳多数用铝合金材料建成，也有用不锈钢或彩色钢板的。

通常建造方法是先捣制混凝土基础和地坪，然后在基础上安装铝合金预制框架，框架的连接可用焊接或用螺栓连接。再用螺栓把复合保温板紧固到框架上。复合保温板内壁通常为铝板，外壁为波纹铝板或彩色钢板，中间填超细玻璃棉毡或耐高温泡沫塑料。窑壳内表面的拼缝都用硅橡胶密封。

3. 窑门

干燥窑门是窑壳的薄弱环节，通常高度为2.4～5m，宽度为2～13m，要求保温、平整、气密、耐腐且有一定刚性。而且要开启灵活、安全、可靠。

窑门型式主要有4种类型：铰链门、吊挂门、折叠门和升降门，如图4-16所示，以前两种使用较多。

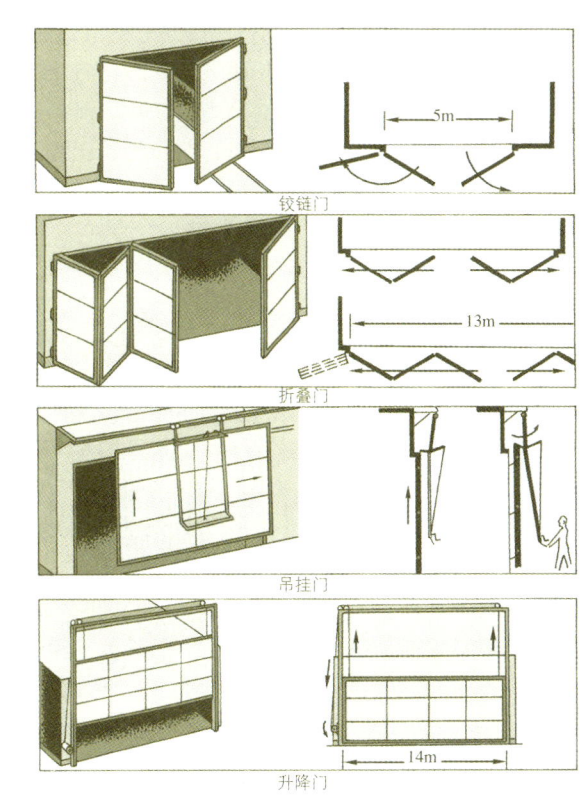

图4-16 各种窑门型式

窑门的材料多为铝合金：用特种铝型材作骨架，用铝合金板作内表板，瓦楞铝板或彩色钢板作外面板，内填超细玻璃棉或泡沫塑料保温层。门的厚度通常为120mm。有"Ω"型空心氯丁橡胶圈作门四边的密封。为保证门的气密，对铰链门常用螺旋或凸轮紧门器把门扇紧固在门框上；吊挂门当门放下时，靠门的自重贴紧在门框上。

4.2.3.2 供热和调湿设备

按载热体（热媒）的种类，木材干燥的供热设备分为蒸气散热器（载热体为蒸气）和火力散热器（载热体为炉气）。

散热器应满足下列要求：①应能均匀地放出足够的热量，以保证窑内温度合乎干燥基准的要求；②应能灵活可靠地调节被传递的热量；③在热、湿干燥介质的作用下，应有足够的坚固性。

调湿设备的作用是向干燥窑内补充水蒸气，或排除窑内过多的水蒸气，以调节窑内干燥介质的湿度。在蒸气加热的窑内，调湿设备是喷蒸管和进排气道。炉气窑中调湿设备是水管水箱、蒸气发生器及与之相配合的进排气道。

1. 蒸气供热和调湿设备

蒸气供热设备主要有：片式散热器、肋形管散热器和平滑管散热器

(1) 片式散热器：片式散热器分为螺旋绕片散热器、套(串)片散热器及双金属轧片式翅片管三类。

螺旋绕片式散热器由一至两排螺旋翅片管组装而成，见图4-17。这类散热器在我国各地暖风机厂已有定型产品。按使用的金属材料分，有钢管绕钢翅片，然后镀锌的SRZ型；钢管绕铝翅片的SRL型；钢管绕镶铝翅片的SXL型及铜管绕铜翅片然后镀锡的S型、B型和U型等，见表4-3。

散热面积的大小依型号和规格而异。散热器的传热系数K值及对气流的阻力H值，不仅与散热器的型号有关，而且与流过散热器表面的干燥介质的质量流速(介质的密度与流速的乘积)有关。在一定范围内，质量流速越大，则传热系数以及对气流的阻力也越大。各种型号的散热器的规格、性能、传热系数及对气流的阻力见表4-4至表4-7。

套(串)片式散热器(又称板状散热器)，由直径20~30mm的平行排列的钢管束紧密套上许多薄钢片或薄铝片，然后组装而成(图4-18)，薄钢片的厚度一般为0.75~1mm，片距为5mm左右。钢管束两端各与一集管箱(连箱)相通。一端进蒸气，另一端排水。

我国也有工厂生产单根的套(串)片式散热管。由用户根据需要自己组装。这种散热管有单联箱和双联箱两类(图4-19)，规格及技术数据见表4-8和表4-10。

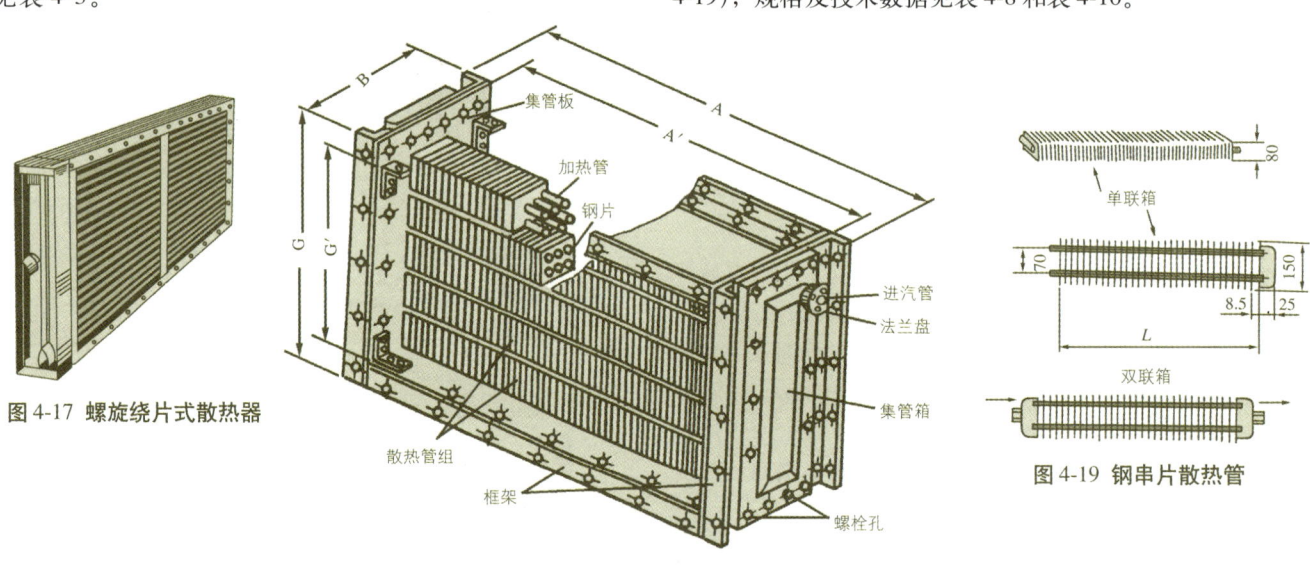

图4-17 螺旋绕片式散热器

图4-18 套片式散热器

图4-19 钢串片散热管

表4-3 螺旋绕片式散热器性能范围

序号	散热器型号	散热面积(m²)	通风净截面积(m²)	结构特点	适用范围
1	SRZ型	6.23~81.27	0.154~1.226	钢管绕钢翅片	蒸气或热水系统
2	SRL型	11.0~127.5	0.11~0.85	钢管绕铝翅片	蒸气或热水系统
3	SXL A型	4.4~115.0	0.144~1.944	钢管绕铝翅片	蒸气系统
	SXL B型	8.0~115.0	0.144~1.944		热水系统
	C型	7.3~112.0	0.132~1.890		蒸气、热水系统
4	S型	9.0~90.0	0.144~1.44	紫铜管绕紫铜翅片	蒸气系统
5	B型	1.5~13.13	0.029~0.22		
6	U型	9.0~90.0	0.144~1.44		
7	I型	6.32~63.2	0.152~1.52	钢管绕钢翅片	蒸气或热水系统
8	GL型	1.35~46.2	0.048~1.53	钢管绕钢翅片	

表 4-4 SRZ 型散热器主要技术参数

规格 型号 (长×宽) (10^{-1}m)	散热面积 (m^2)	通风净截面积 (m^2)	热介质通过截面积 (m^2)	管排数	螺旋翅片管根数	连接管接头尺寸 (in)	外形尺寸 (mm) 长	宽	厚	质量 (kg)
5 × 5D	10.13	0.154								54
5 × 5Z	8.78	0.155					573			48
5 × 5X	6.23	0.158								45
10 × 5D	19.92	0.302	0.0043	3	23	1.25		562	460	93
10 × 5Z	17.26	0.306					1067			84
10 × 5X	12.22	0.312								76
12 × 5D	24.86	0.378					1316			113
6 × 6D	15.33	0.231					675			77
6 × 6Z	13.29	0.234								69
6 × 6X	9.43	0.239					1067			63
10 × 6D	25.13	0.381								115
10 × 6Z	21.77	0.385	0.0055	3	29	1.5		688	160	103
10 × 6X	15.42	0.393					1316			93
12 × 6D	31.35	0.475								139
15 × 6D	37.73	0.572					1571			164
15 × 6Z	32.67	0.579								146
15 × 6X	23.13	0.591								139
7 × 7D	20.31	0.320					776			97
7 × 7Z	17.60	0.324								87
7 × 7X	12.48	0.329								79
10 × 7D	28.59	0.450					1067			129
10 × 7Z	24.77	0.456	0.0063	3	33	2				115
10 × 7X	17.55	0.464								104
12 × 7D	35.67	0.564					1316	772	160	156
15 × 7D	42.93	0.678					1571			183
15 × 7Z	37.18	0.685								164
15 × 7X	26.32	0.698								145
17 × 7D	94.90	0.788								210
17 × 7Z	43.21	0.797					1816			187
17 × 7X	30.58	0.812								169
22 × 7D	62.75	0.991	0.0063	3	33	2.5	2268			260
15 × 10D	62.14	0.921					1571			255
15 × 10Z	52.95	0.932								227
15 × 10X	37.48	0.951								203
17 × 10D	71.06	1.072	0.0089	3	47	2.5	1816	1066	160	293
17 × 10Z	61.54	1.085								260
17 × 10X	43.56	1.106								232
20 × 10D	81.27	1.226					2068			331

注：D 为大型，Z 为中型，X 为小型；
in 为英寸，1 in=25.4mm

表 4-5(a) SRZ 型散热器技术性能

型号	$\omega_j \cdot \gamma$ (kg/m²s)	2	4	6	8	10	12	14	16	18	20
SRZ5、6、10	D	16.9	23.2	27.3	32.5	36.3	39.7	42.9	45.7	48.5	51.0
	Z	18.0	26.0	32.4	37.8	42.5	47.1	51.0	55.0	58.4	62.0
	X										
SRZ7	D	17.5	25.0	30.5	35.5	39.8	43.7	47.3	50.6	53.7	56.6
	Z	19.3	28.7	36.0	42.6	48.4	53.7	58.7	63.4	58.0	72.0
	X										

注：热介质为蒸气时，在不同空气质量流速下的传热系数 K 值(1.163W/m²·℃)

表 4-5(b) 在不同空气质量流速下的空气通过阻力 h (9.81Pa)

型号	$\omega_j \cdot \gamma$ (kg/m²s)	2	4	6	8	10	12	14	16	18	20
SRZ5、6、10	D	0.72	2.86	6.42	11.15	17.80	25.62	34.90	44.50	61.20	69.75
	Z	0.59	2.32	5.18	9.15	14.25	20.55	27.70	36.30	45.35	56.20
	X	0.39	1.72	4.03	7.38	11.90	12.00	34.30	32.40	41.40	51.80
SRZ7	D	0.82	3.15	7.16	12.65	19.80	27.00	37.00	46.70	58.50	73.00
	Z	0.86	2.46	4.57	7.08	10.00	13.05	36.75	20.10	24.30	28.50
	X	0.53	2.02	4.36	7.56	11.60	14.45	22.15	28.60	35.70	43.20

注：SRZ 型号里的 5、6、7、10 是表示规格尺寸的净宽系列

表 4-6 SRL 型散热器

型号	通风净截面积 (m²)	热介质通过面积(m²)	散热面积 (m²)	管根数	热媒	受热面积 (m²)	外形尺寸（长×宽×高）(mm)	重量	参考价格 (kg/元)
SRL-5×5/3	0.11	0.0070	16.7	35		0.88	605×570×200	51	509
SRL-5×5/2	0.11	0.0064	11.0	23		0.58	605×570×160	38	394
SRL-10×5/3	0.22	0.0070	34.0	35		1.76	1070×605×200	83	826
SRL-10×5/2	0.22	0.0064	22.3	23		1.16	1070×605×160	50	614
SRL-12×5/3	0.27	0.0070	42.6	35		2.20	1320×605×200	99	979
SRL-12×5/2	0.27	0.0064	28.0	23		1.45	1320×605×160	71	720
SRL-6×6/3	0.15	0.0082	23.6	41		1.24	695×675×200	86	662
SRL-6×6/2	0.15	0.0054	15.6	27	蒸气或热水	0.82	695×675×160	43	509
SRL-10×6/3	0.26	0.0082	39.8	41		2.06	1070×695×200	95	960
SRL-10×6/2	0.26	0.0054	26.2	27		1.36	1070×695×160	59	710
SRL-12×6/3	0.32	0.0082	49.9	41		2.58	1320×695×200	113	1133
SRL-12×6/2	0.32	0.0054	32.9	27		1.70	1320×695×160	81	800
SRL-15×6/3	0.39	0.0082	60.0	41		3.09	1570×695×200	131	1310
SRL-15×6/2	0.39	0.0054	39.5	27		2.04	1570×695×160	94	970
SRL-24×6/3	0.60	0.0082	95.8	41		4.89	2470×695×200	197	2004
SRL-24×6/2	0.60	0.0054	63.1	27		3.23	2470×695×160	138	1610
SRL-7×7/3	0.21	0.0094	31.7	47		1.65	785×770×200	83	816
SRL-7×7/2	0.21	0.0062	20.9	31		1.09	785×770×120	60	634

表 4-7 S 型散热器

表面管数	B(mm)	表面管长 排数 基本参数	A(mm)	24	30	36	42	48	54	60	66	72	78	84	90	96	102	108	114	120
				830	980	1130	1280	1430	1580	1730	1880	2030	2180	2330	2480	2630	2780	2930	3080	3230
12	53	散热面积(m²)	2	6.6	11.9	14.3	16.65	19	21.36	23.75	26.11	28.45	30.81	31.5	33.75	36	38.25	40.5	42.75	45
		受风表面积(m²)	1.2	0.277	0.345	0.413	0.481	0.549	0.617	0.686	0.754	0.822	0.890	0.91	0.975	1.04	1.105	1.17	1.234	1.3
		通风净截面积(m²)	1.2	0.153	0.191	0.266	0.229	0.304	0.342	0.380	0.418	0.455	0.493	0.504	0.54	0.576	0.812	0.648	0.684	0.72
		进气接头(in)	1	2	2	2	2	2	2	2	2	2	2	2	2	2	2	2.5	2.5	2.5
		进气接头(in)	2	2	2	2	2	2	2	2	2.5	2.5	2.5	2.5	2.5	2.5	2.5	2.5	2.5	2.5
		净重(kg)	1	29	33	40	37	44	48	51	55	59	62	66.1	69.8	73.5	77.2	80.9	84.6	88.3
		净重(kg)	2	37	43	48	54	59	65	70	76	81	87	92	98	103	109	114	120	125
16	636	散热面积(m²)	2	11.84	14.75	17.65	20.56	23.47	26.38	29.18	32.19	34.96	38.08	39.38	42.19	45	47.81	50.63	53.44	56.25
		受风表面积(m²)	1.2	0.324	0.426	0.510	0.594	0.678	0.762	0.846	0.930	1.01	1.1	1.137	1.219	1.3	1.381	1.462	1.544	1.625
		通风净截面积(m²)	1.2	0.189	0.236	0.282	0.329	0.376	0.422	0.469	0.515	0.559	0.609	0.63	0.675	0.72	0.765	0.81	0.855	0.9
		进气接头(in)	1	2	2	2	2	2	2	2	2	2	2	2	2.5	2.5	2.5	2.5	2.5	2.5
		进气接头(in)	2	2	2	2	2	2.5	2.5	2.5	2.5	2.5	2.5	2.5	2.5	2.5	2.5	2.5	2.5	2.5
		净重(kg)	1	34	38	43	47	51	56	60	64	68	73	77	81	86	90	94	9	102.89
		净重(kg)	2	43	50	57	64	71	78	85	92	99	106	113	120	127	134	141	148	155
		散热面积(m²)	2	14.5	17.52	20.98	24.44	27.9	31.36	34.96	38.42	41.89	45.35	47.25	50.63	54	57.38	60.75	64.13	67.5
		受风表面积(m²)	1.2	0.406	0.506	0.606	0.700	0.806	0.906	1.01	1.11	1.21	1.31	1.37	1.068	1.566	1.664	1.762	1.86	1.958
		通风净截面积(m²)	1.2	0.225	0.28	0.336	0.391	0.446	0.502	0.559	0.615	0.67	0.726	0.756	0.81	0.576	0.918	0.972	1.026	1.08
		进气接头(in)	1	2	2	2	2	2	2	2.5	2.5	2.5	2.5	2.5	2.5	2.5	2.5	2.5	2.5	2.5
		进气接头(in)	2	2	2	2	2	2.5	2.5	2.5	2.5	2.5	2.5	2.5	2.5	2.5	2.5	2.5	2.5	2.5
		净重(kg)	1	39	44	49	54	59	64	69	74	79	84	89	94	99	104	109	114	119
		净重(kg)	2	50	57.8	66	74	81	89	97	105	112	120	128	135.8	143.6	151.4	159.2	167	174.8

注：1 in = 25.4mm

表4-8 钢串片散热管规格型号表

型号	联箱数	钢串片式散热管的长度 L（m）									
Ⅰ	单联箱	0.4	0.6	0.7	0.8	0.9	1.0	1.1	1.2	1.3	1.6	1.8
Ⅱ	双联箱	0.4	0.6	0.7	0.8	0.9	1.0	1.1	1.2	1.3	1.6	1.8

表4-9 钢串片散热管结构尺寸及技术参数

串片材料	钢片尺寸(mm)	片厚(mm)	片距(mm)	管子材料	子外径(mm)	管壁厚(mm)	散热面积(m^2/m)	质量(kg/m)	工作压力(Pa)	试验压力(Pa)	表面处理
薄钢板	150×80	0.5	8~8.5	无缝钢管	25	2.5	2.576	9~9.2	81×10^5 至 11.77×10^6	72×10^5 至 17.66×10^5	电镀锌

注：这种散热管的传热系数 K 可按表4-10的公式计算

表4-10 钢串片散热管的传热系数 K

热媒种类	散热管的安装形式		传热系数 K（W/m^2·℃）
蒸气	单排	平放	$K=3.20\triangle t^{0.156}$
		竖放	$K=2.38\triangle t^{0.175}$
	双排	平放	$K=2.38\triangle t^{0.183}$
		竖放	$K=1.33\triangle t^{0.285}$

注：1.表中的 K 值计算式适用于空气自然循环的情况；
2.$\triangle t$ = 管中蒸气温度——管外空气温度（℃）

螺旋绕片式散热器和套（串）片式散热器的主要优点是散热面积大，结构紧凑，质量轻，安装方便。缺点是对气流的阻力大；翅片间容易被灰尘堵塞；钢质翅片（或套片）很容易腐蚀，铜质翅片耐腐蚀性及传热性能都好，但材料紧缺，造价高；铝质翅片较耐腐且经济。

双金属轧片管是将铝管紧套在基管（通常为钢管）上，然后在铝管上经粗轧、精轧等多道工序，轧出翅片。两层管壁间结合牢固，传热性能很好。此外双金属轧片管防腐蚀性能好，强度高，是一种性能理想的散热管。在国外木材干燥窑中普遍采用。国内现在也已定型生产，目前国内的木材干燥行业使用渐多，主要技术特性见表4-11，其结构示意图见图4-20。

(2) 肋形管散热器：木材干燥中使用的肋形管散热器的材料大都为铸铁，有圆翼管（圆形肋片）和方翼管（方形肋片）两种。铸铁肋形管散热器的优点是坚固、耐腐蚀；散热面积较大，与平滑管相比，当管径和长度相同时，散热面积比平滑管大6~7倍，总散热量大3倍。缺点是质量大，耗用金属多；另外，受管长限制需分段连接，法兰接头多，安装和维修不便。

铸铁肋形管散热器的规格见表4-12。

安装肋形管时，应使管子的长度方向与气流方向垂直，冷凝水管应装在法兰盘的下侧，以免冷凝水淤积在管内，见图4-21。

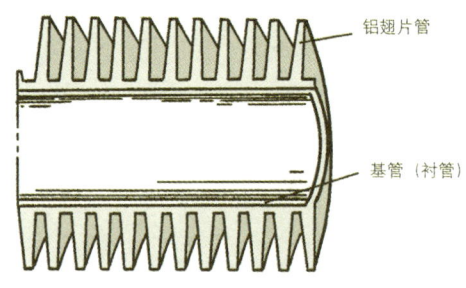

图4-20 双金属轧片管

(3) 平滑钢管散热器：平滑钢管散热器构造简单，接合可靠，制造与检修方便；承受压力的能力较大；传热系数较大；不易积灰。缺点是散热面积小；易生锈，使用寿命不长。其规格见表4-13、表4-14。

散热器的散热面积可按下式计算：

$$F = \frac{Q \cdot C}{3.6K(t_汽 - t_介)}$$

式中：F——散热器的表面积，m^2
$t_介$——干燥介质的平均温度，℃
Q——散热器应放出的热量，kJ/h
C——后备系数，取为1.1~1.3
$t_汽$——管道内蒸气的平均温度，℃
K——散热器的传热系数，W/m^2·℃

表4-11 双金属轧片管的主要技术特性

序 号	衬管外径 (mm)	翅片片距 (mm)	翅片外径 (mm)	翅片根径 (mm)	翅片片厚 (mm)	单位长度换热面积 (m²/m)	最高工作温度 (℃)
1	16	5.1	34	17.2	0.64	0.332	250
2	16	3.2	34	17.2	0.33	0.506	250
3	16	2.3	34	17.2	0.31	0.676	250
4	16	1.8	34	17.2	0.31	0.844	250
5	19	2.8	44	20.4	0.38	0.926	250
6	19	2.3	44	20.4	0.43	1.125	250
7	22	2.3	44	23.5	0.43	0.855	250
8	22	2.8	44	23.5	0.38	1.015	250
9	25	5.1	50	26.4	0.56	0.625	250
10	25	2.8	50	26.4	0.43	1.112	250
11	25	2.3	50	26.4	0.38	1.341	250
12	25	2.5	57	26.4	0.41	1.648	250
13	25	2.3	57	26.4	0.38	1.791	250

表4-12 铸铁肋形管散热器的规格

名 称	长度 (mm)	肋片数	肋片外径 (mm)	法兰盘直径 (mm)	管内径 (mm)	肋片间距 (mm)	从法兰到第一个肋的距离 (mm)	片散热面积 (m²)	质 量 (kg)
圆翼管	1	44	170	150	70	20	53.5	1.81	36
	1	44	175	160	70			2	37.5
	1	43	167	146	51			1.81	36.5
	1	43	165	135	50			1.81	32.5
	1.5	69	175	160	70			3	59.5
	2	93	175	160	70		63.5	4	73.5
方翼管	2	74	146	146	76	25	75	3	/
	2.5	94	146	146	76			3.7	

表4-13 平滑管（无缝钢管）的规格

外径(mm)	16	22	28	34	42	48	60	75	90
壁厚(mm)	2.2	2.8	2.8	3.2	3.2	3.5	3.5	3.5	4.0
理论质量(kg/m)	0.747	1.33	1.74	2.43	3.07	3.84	4.83	6.17	8.47
1m 长管子的表面积(m²)	0.0502	0.0692	0.0880	0.107	0.132	0.151	0.188	0.236	0.272

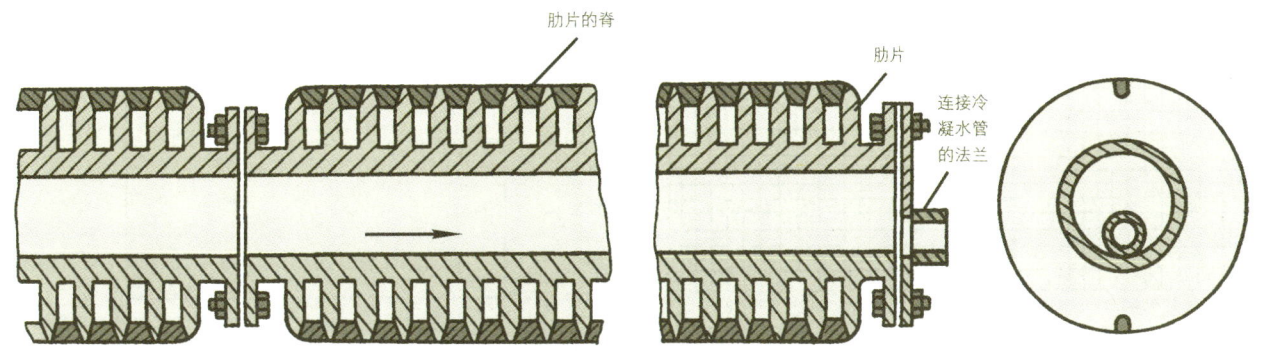

图4-21 圆翼管的结构及其与冷凝水管的连结

表4-14 平滑管（水、煤气钢管）的规格

公称管径 (mm)	外径 (mm)	钢管 普通 管壁厚度 (mm)	钢管 普通 质量（不含管接头）(kg/m)	钢管 加厚 管壁厚度 (mm)	钢管 加厚 质量（不含管接头）(kg/m)	1m长管子的表面积 (m²)
8	13.5	2.25	0.62	2.75	0.73	-
10	17.0	2.25	0.85	2.75	0.97	0.0534
15	21.25	2.75	1.25	3.25	1.44	0.0667
20	26.75	2.75	1.63	3.50	2.01	0.0840
25	33.50	3.25	2.43	4.00	2.91	0.1050
32	42.25	3.25	3.13	4.00	3.77	0.1330
40	48.00	3.50	3.83	4.25	4.58	0.1510
50	60.00	3.50	4.88	4.50	6.18	0.1880
70	75.5	3.75	6.64	4.50	7.88	0.2370
80	88.5	4.00	8.34	4.75	9.81	0.2780
100	114.00	4.00	10.85	5.00	13.44	0.3580
125	140.00	4.50	15.04	5.50	18.24	0.4400
150	165.00	4.50	17.81	5.50	21.63	0.5180

传热系数K和许多因素有关，如管内蒸气的温度、散热器的几何形状和结构、散热器与系统管路的连接方式、窑内干燥介质的温度及流动情况、散热器的安装位置等。为方便使用，通常将各种散热器的传热系数用曲线图或表格表示。肋形管散热器的传热系数见图4-22和图4-23，平滑钢管的见表4-15。

以上三种散热器以片式散热器使用较广。平滑钢管因其散热面积小，只见于老式的干燥窑中，新建窑中很少使用。

（4）喷蒸管：喷蒸管是干燥窑内喷射蒸气提高窑内介质湿度的设备。喷蒸管是两端封闭（从中间进汽）或一端封闭（从另一端进汽）的钢管。管上钻有直径2～4mm、孔间距为150～250mm的小孔。喷蒸管的直径通常为40～50mm，安装喷蒸管时要注意不把蒸气直接喷射到木材上，以免使木材产生污染或开裂。

炉气干燥窑内也应安装喷蒸管或喷水管，此时可在炉灶上安装水箱或蒸气发生器。

操作时要注意，当打开喷蒸阀门，向窑内喷射蒸气时，窑的进、排气道上的风门一定要关闭，以免蒸气流失，浪费热能。

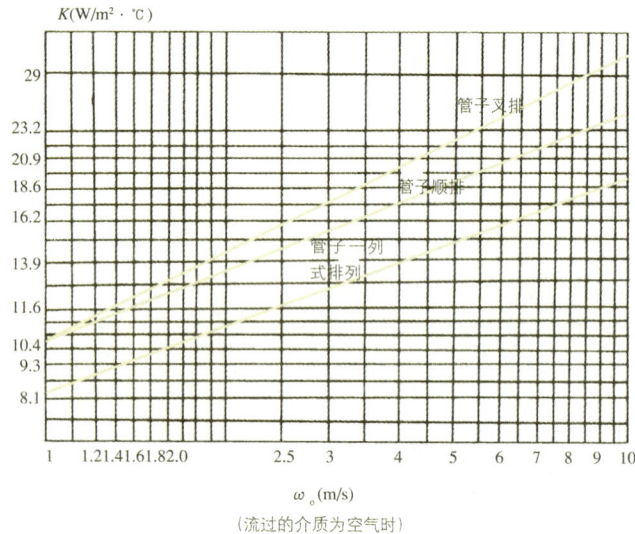

图4-22 圆翼铸铁肋形管的传热系数
（流过的介质为空气时）

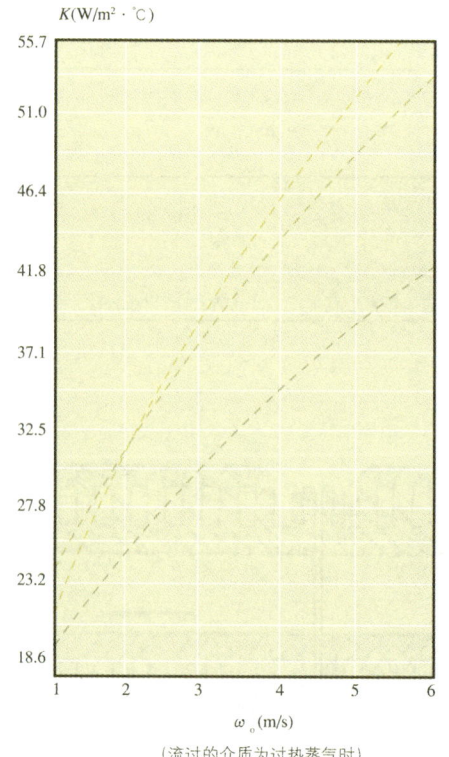

图4-23 铸铁肋形管的传热系数图
（流过的介质为过热蒸气时）

表 4-15 平滑钢管的传热系数(W/m²·℃)(流过的介质为空气时)

管子公称直径 (mm)	空气速度 (m/s)								
	1	2	4	6	8	10	12	16	20
25	16.3	24.4	37.2	48.8	55.8	65.1	75.6	86.1	98.9
40	15.1	22.1	31.4	41.9	47.7	55.8	64.0	74.4	84.9
50	14.0	19.8	29.1	38.4	44.2	52.3	59.3	68.6	77.9
70	12.8	17.4	26.4	34.9	40.7	48.8	54.7	62.8	72.1
100	11.6	15.1	24.4	31.4	37.2	45.4	50.0	57.0	66.3

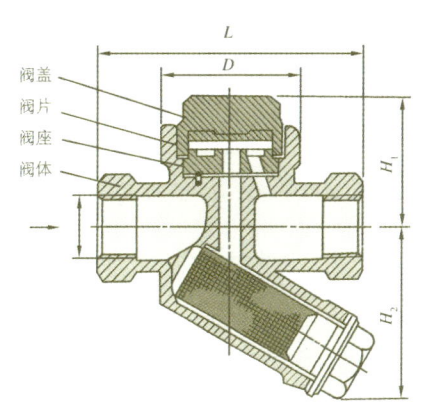

图 4-24 热动力式疏水器结构

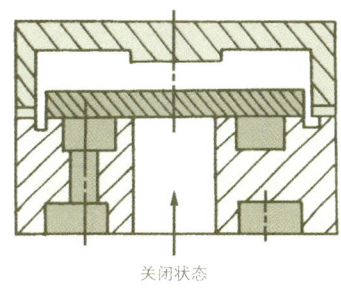
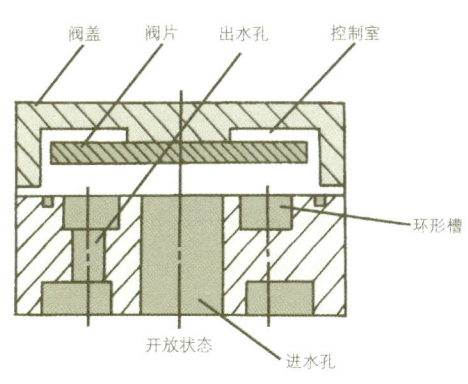

图 4-25 热动力式疏水器工作原理

(5) 疏水器：又叫疏水阀，其作用是排水阻汽，即排除散热器及蒸气管道中的凝结水，同时阻止蒸气的漏失，从而提高加热设备的传热效率，节省蒸气消耗。疏水器的类型较多，木材干燥中常用的有热动力式和静水力式两类。

热动力式疏水器是一种体积小排水量大的自动排水阀门。常用的有S19H-16C型，适用于蒸气压力不大于1570kPa，温度不大于200℃的蒸气管路及蒸气设备上。安装位置一般在室外，其结构见图4-24。工作原理见图4-25。

当进口压力升高时，通过进水孔使阀片抬起，凝结水经过环形槽从出水孔排出，随后由于蒸气通过阀片与阀盖间的缝隙进入阀片上部的控制室，控制室的气压因而升高，使阀片上部所受的压力大于进水孔压力，于是阀片下降，关闭进水孔，阻止蒸气向外漏逸；随后又由于疏水器向外散热，控制室内的汽压因冷却而下降，进口压力又大于控制室内的压力，阀片又被抬起，凝结水又从疏水器排出。

此种疏水器的性能曲线见图4-26。疏水器的选用主要根据疏水器的进出口压力差$P=P_1-P_2$，及最大排水量而定。进口压力P_1采用比蒸气压力小1/10~1/20表压力的数值。出口压力P_2采用如下数值：若从疏水器流出的凝结水直接排入大气，则$P_2=0$；如排入回水系统，则$P_2=(0.2~0.5)$表压。疏水器的最大排水量：因蒸气设备开始使用时，管道中积存有大量的凝结水和冷空气，需要在较短时间内排出，因此按凝结水常量的2~3倍选用。

静水力式疏水器有自由浮球式、倒吊桶式、钟形浮子式等。它们的工作原理都是利用凝结水液位的变化而成引起浮子（球状或桶状）的升降，从而控制启闭件工作。

S41H-16C型自由浮球式疏水器的结构见图4-27，其在不同压力差下的最大连续排水量度见表4-16。这种疏水器适用于工作压力不大于1570 kPa、工作温度不大于350℃的蒸气供热设备及蒸气管路上，它结构简单，灵敏度高，能连续排水，漏汽量小但抗水击能力差。

CS15H-16型钟形浮子式疏水器（图4-28）的性能曲线见图4-29。它适用于工作压力小于1570kPa，工作温度不大于200℃的蒸气管路及设备上。

疏水器应安装在室外低于凝结水管的地方。地点要宽敞，以便维修。疏水器进出口的位置要水平，不可倾斜，以免影响疏水器的阻汽排水动作。为了使疏水器检修期间不停止散热器的工作，须在疏水器的管路上装设旁通管（图4-30），且装在疏水器的同一平面内。正常使用时，关闭阀门2，打开阀门1，使疏水器正常工作。检修时，关闭阀门1，打开阀门2，使加热系统不停止工作。开始通汽时，管道中积存的大量凝结水也通过旁通管排除，以免疏水器堵塞。定期检查疏水器的严密性。定期清洗滤网和壳体内污物。冬季要做好防冻工作。

2. 炉气供热和调湿设备

(1)炉灶：炉气加热的干燥窑须配有炉灶，以煤或木材加工剩余物作燃料，产生炉气体，作为传热、传湿的介质，加热

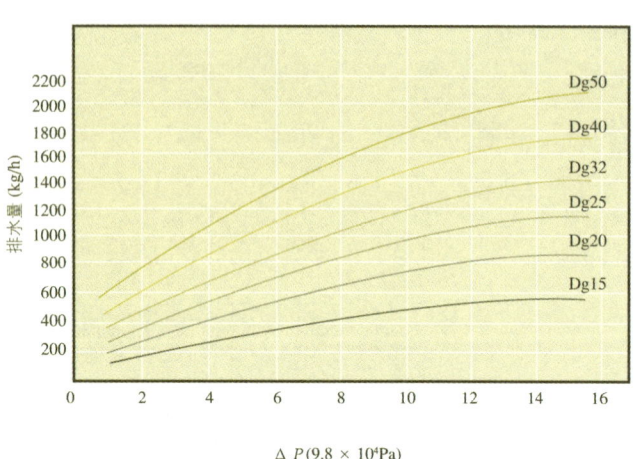

图 4-26 S19H-16 热动力式疏水器的性能曲线

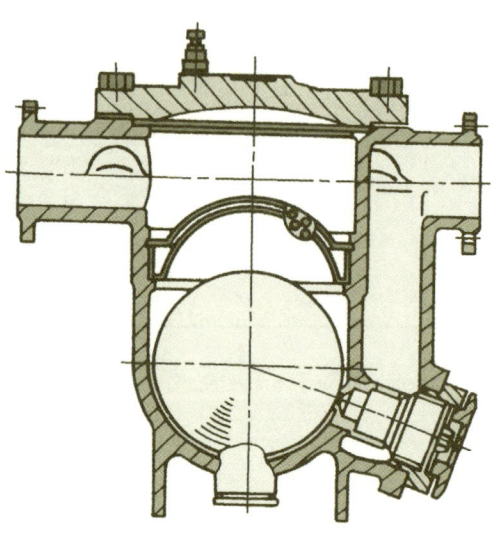

图 4-27 S41H-16C 型自由浮球式疏水器的结构

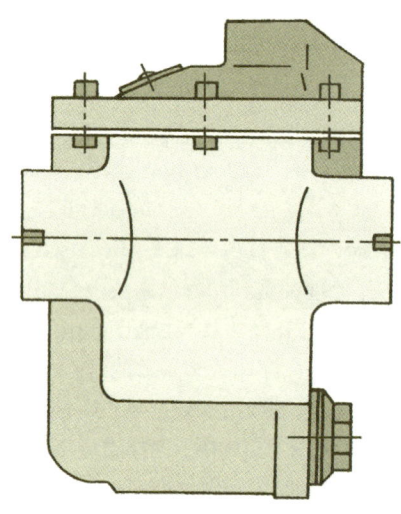

图 4-28 CS15H-16 型钟形浮子式疏水器

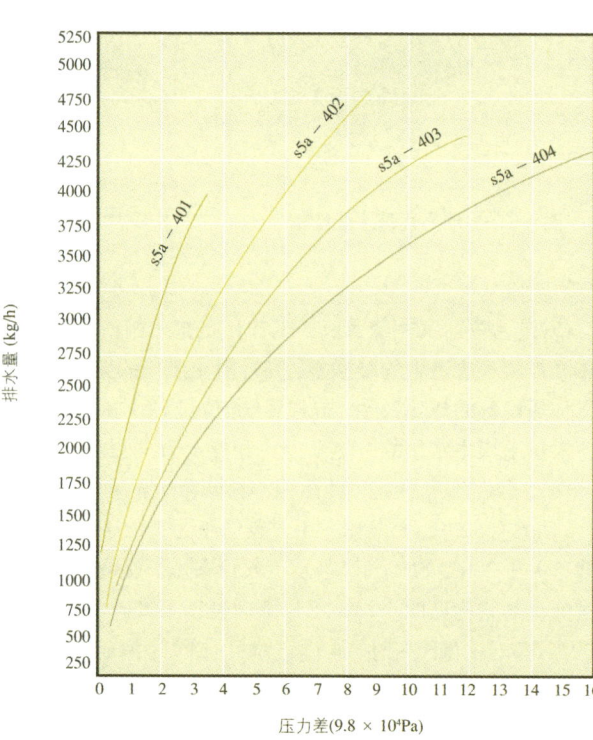

图 4-29 CS15H-16 型钟形浮子式疏水器性能曲线

表 4-16 不同压差的最大连续排水量

通径（mm）		最大排水量(kg/h)			
		B	D	F	G
		15、20、25	25、40、50	50、80	80、100
最高工作压力差（kPa）	150	1110	5640	19500	27600
	250	1000	5350	18000	25100
	400	950	4700	17000	22700
	640	810	3590	14300	18200
	1000	660	3190	11870	16600
	1600	550	2740	9180	12900

注：B、D、F、G 为球体的类型

并干燥木材。

炉灶为砖砌体（外层为普通砖，内层为耐火砖），由燃烧室、沉降室、火星分离器及炉气道等部分组成，见图4-31。对炉气的要求是无烟、无火星、无燃烧不完全物质。

燃料由装料斗定期装在倾斜炉箅及水平炉箅上，燃烧生成的炉气和半炉气上升并和由二次进风口来的空气相遇，以保证完全燃烧。炉气在一上一下的曲折流动中，夹杂着的灰尘逐渐沉降。然后在离心风机的吸引下，炉气沿火星分离器的外壁高速环流而下。使火星和烟尘沉降于底部，清洁的炉气由矩形气孔流入火星分离器内部，并经过炉气道流至混合室。炉气道上有总闸控制炉气流量。在炉灶生火期间，应关闭总闸，使烟气由位于火星分离器顶部的烟囱排出。烟囱上装有闸板，可调节排烟的数量。

炉灶应能长期连续使用，建造必须严密，避免漏气。炉灶在使用前须用文火烘干；停烧或重新使用时，应当缓慢冷却或加热，以免炉灶的开裂和剥落。

木燃料完全燃烧时，炉灶燃烧室的温度应达到900℃，总闸前温度应达到600～700℃。过剩空气系数应为2左右。

为了保持燃烧室的正常工作条件，延长使用寿命，每年需要检修一次。检修的主要工作是清灰去渣、检查炉体、校正仪表、修复或革新设备等。

(2) 卧式旋风炉：卧式旋风炉以木材加工剩余物木碎料（尺寸不大于3mm的木屑、木粉等）作燃料，且木碎料的相对含水率不能大于15%。水平安装的卧式旋风炉（见图4-32）一端封闭，一端开口，以排出炉气体。木碎料经过计量装置定量地沿切向喷入炉膛。燃烧所需的新鲜空气由离心风机鼓入集风管，再分三路沿切向鼓入环形的空气预热室。空气流量的大小由三只蝶形阀分别控制。空气被炉壁预热后，沿炉壁上的许多矩形孔吹入炉膛，并与木碎料相遇，使木碎料在旋转和悬浮的状态下充分燃烧。生成的炉气体由炉子的一端排出，经过沉降除尘后由离心风机鼓入窑内。

炉子生火时，需要通过辅助燃烧器向炉膛喷射辅助燃料（如丁烷、天然气等），把炉膛烧热，然后才能转入正常燃烧。

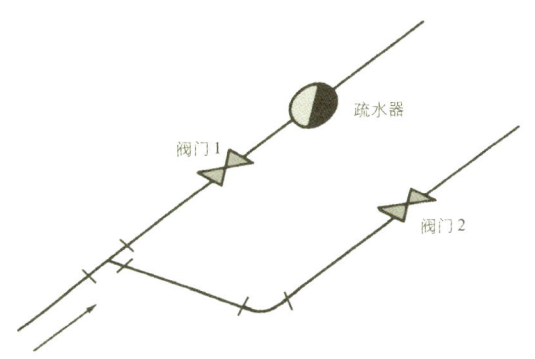

图4-30 装有旁通管的疏水器管路

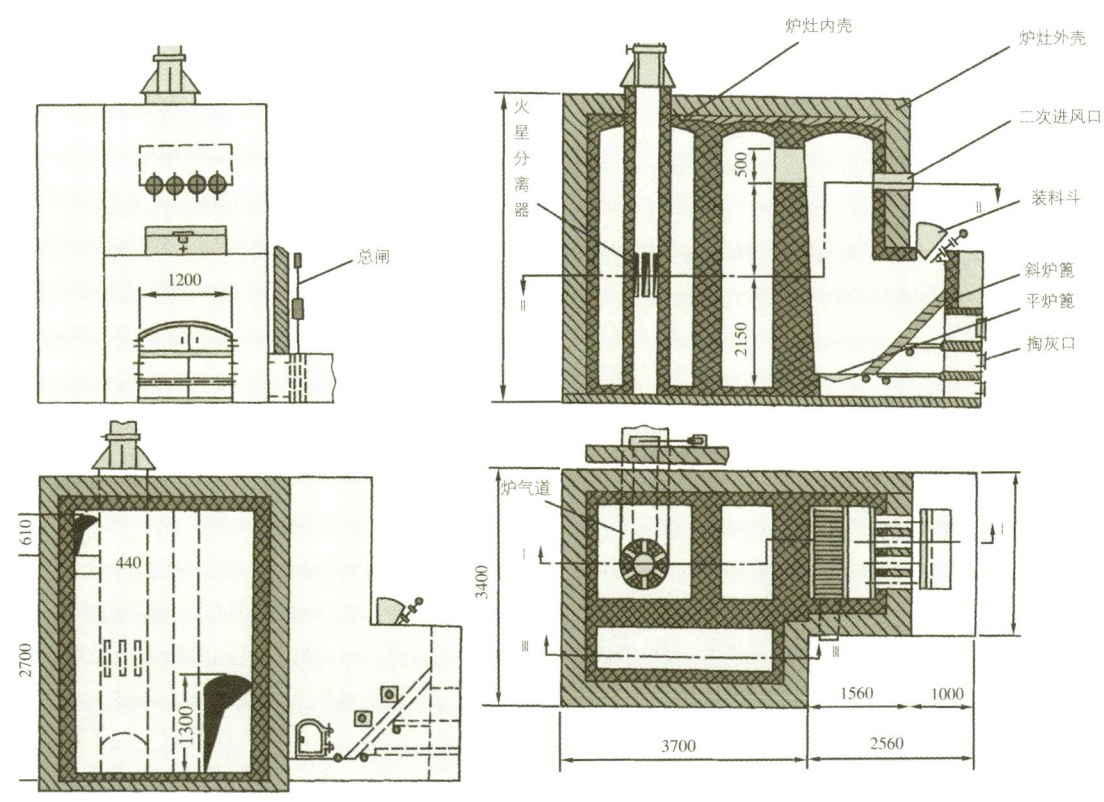

图4-31 炉灶的结构（单位：mm）

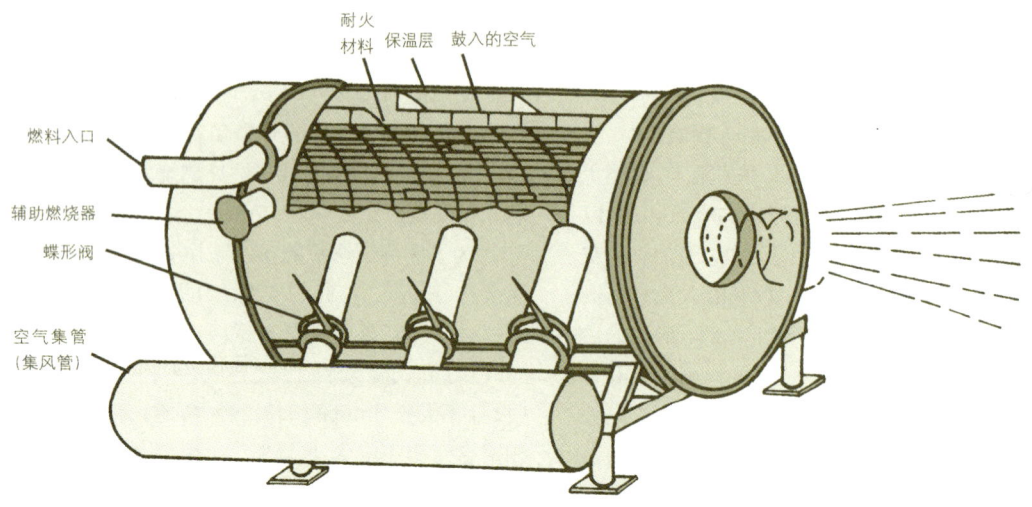

图 4-32 卧式旋风炉

(3)可烧多种木废料的立式旋风炉：由南京林业大学设计的这种旋风炉，由主燃烧室、二次燃烧室、顶部蒸发器、螺旋进料管和二次进风管等部分组成（图 4-33）。

木碎料（刨花、木屑等）与空气一道通过离心风机送入螺旋进料管，绕炉膛旋转，木碎料和空气都被预热干燥。然后沿切向吹入炉膛，在旋转和浮动的状态下燃烧。少数没有烧完的木碎料，与炉气一道向上流入二次燃烧室，与切向鼓入的二次进风（空气）相遇，使之充分燃烧。旋风炉上端有水箱（蒸发器），产生的蒸气沿管道流入除尘室。与炉气相混合，提高炉气湿度（炉气直接加热型）；或蒸气直接喷入干燥窑，提高窑内空气湿度（炉气间接加热型）。炉壁由耐热钢板卷焊而成，内衬耐火砖，以延长使用寿命。

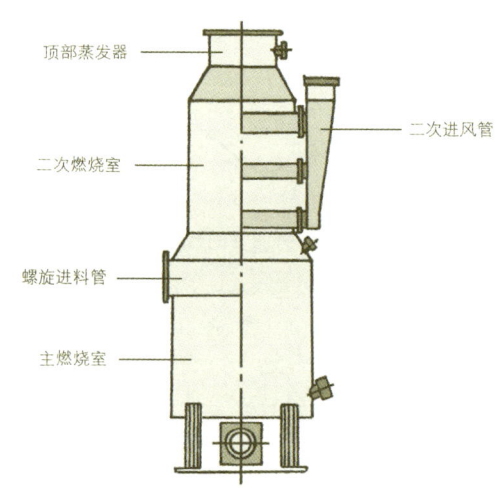

图 4-33 立式旋风炉

边皮等大块木废料可通过炉门手工进料，也可用打碎机粉碎与刨花、锯屑一道送入料斗机械进料。

这种旋风炉现有 A、B、C、D 四种系列，发热量分别为 19.7 万、34.4 万、83.9 万和 167.9 万 kJ/h；木废料消耗量分别为 17kg/h、30kg/h、65kg/h、124kg/h。这种旋风炉适合于没有蒸气锅炉的中小型木材加工企业干燥木材之用。

(4)炉气窑的调湿设备：炉气窑中介质湿度的调节没有蒸气加热窑方便，因此常被忽视，从而产生各种干燥缺陷。其实，只要设计人员认真考虑，炉气窑的湿度调节，还是不难实现的。常用的几种方法如下：

窑内设喷水管——这是最简单的湿度调节方法。在窑内通风机的前后，或材堆两侧各装一根一端封闭的自来水管，管径 15～25mm，沿管长每间隔 200～300mm 钻有直径 3mm 左右的小孔。当窑内湿度太低或温度过高时，把喷水管上的阀门（装在窑外）打开，向窑内喷水，可提高湿度。若在喷水管上加雾化喷头，自来水以 294～490kPa 的压力喷出呈雾状，增湿效果更好。

安装时要注意，喷水孔不要直接对着材堆，以免弄湿和污染木材。

这种调湿方法操作很简便，但冷水喷入窑内后，为了使水分蒸发，需要吸收大量热能，引起窑内温度降低，使干燥时间延长。

在炉上方或一侧设置水箱——利用炉灶的热量将水箱内的水加热成蒸气，通入窑内提高介质的湿度。

在旋风炉与干燥窑之间安装调湿箱（图 4-34）——旋风炉生成的炉气体迁回流过调湿箱中三层敞口水槽，使水加热蒸发，水蒸气与炉气一道流入干燥窑。水槽中的水位高度，靠调湿箱外的三只浮球阀自动调节。三层水槽分别装有进、排水管，由阀门分别控制，从而较灵活地调节产生水蒸气的多少。此法调湿若与窑内喷水调湿相结合，可使窑内介质达到 95% 以上的相对湿度。

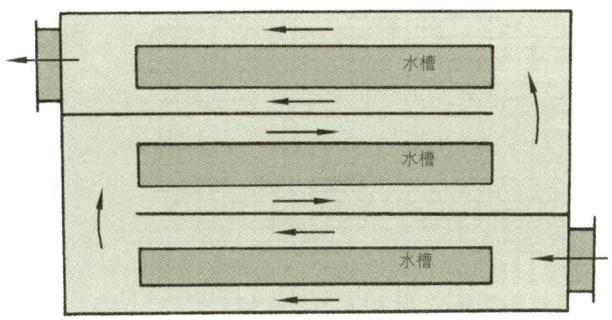

图 4-34 调湿箱

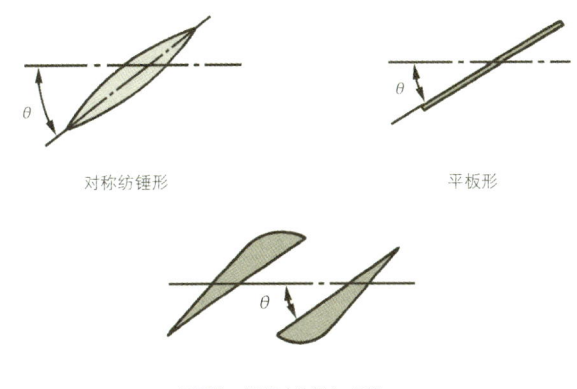

图 4-35 可逆风机叶片横断面的几种类型

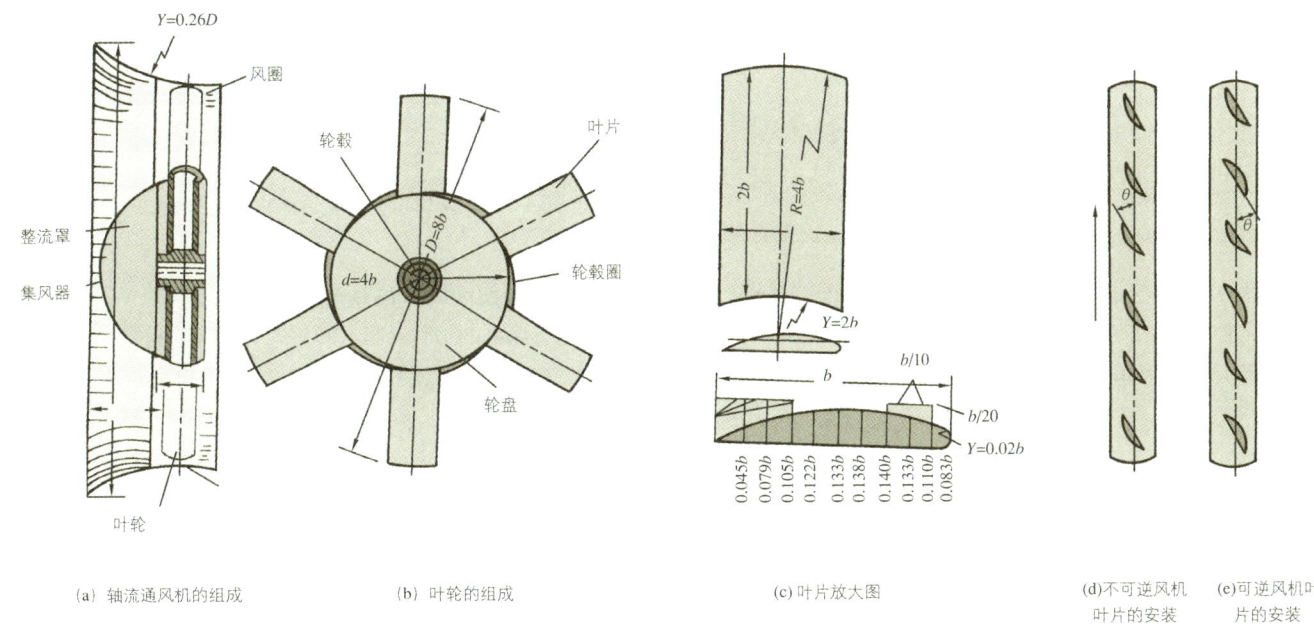

图 4-36 Y 型轴流通风机

4.2.3.3 气流循环设备

木材干燥中，通常采用通风机驱动窑内气流循环，以加速干燥介质与散热器之间及介质与木材之间的热交换，加速木材表面的水分蒸发。实际生产中，多用轴流式风机，离心式风机使用较少。

轴流通风机中，气流方向和旋转轴平行。此类风机风量大，风压较低，可以直接装在干燥窑内，驱动气流循环。在木材干燥业务中使用较广。

轴流风机有可逆转的与不可逆转的。可逆转的又有叶片横断面形状对称的（对称纺锤形和平板型）；或叶片横断面形状不对称，但相邻叶片安装时倒向180°（图4-35）。可逆转风机无论正转或反转时，都产生相同的风量和风压。不可逆转的风机叶片横断面的形状是不对称的，它的效率比同号的可逆风机高。设计时要根据干燥窑的类型选择可逆或不可逆的风机。

木材干燥生产上采用的轴流风机多为各工厂自行设计或仿制，也有些定型产品。使用较广的轴流风机有下面几种：

1. 机翼形叶片的轴流风机（仿 Y 型或 50B 型）

这类风机由叶轮、集风器、风圈和整流罩等几部分组成，见图 4-36(a)。叶轮又由叶片、轮毂、轮盘和轮毂圈等组成，见图 4-36(b)。这种风机的毂比（轮毂圈直径与叶轮直径之比）为 0.4～0.5。干燥窑中采用 0.5。

叶轮上的叶片数为 6～12 片。叶片数越多，风压越高。叶片可用 2mm 厚的铝板敲成中空的机翼形状，铆接到销轴上与轮盘相连接；也可用铝合金整体浇铸。叶片应当以大头和平面向前旋转，见图 4-36(d) 中的箭头方向。叶片相对于叶轮旋转平面的安装角度越大，则风压和风量越大，但功率消耗也越大。

叶轮的外围加风圈，吸入口加集风器和整流罩以提高风压和效率。叶轮与风圈之间的径向余隙S一般不超过叶片长度的1.5%。

Y型风机有可逆转或不可逆转两种，前者风量和风压比同号后者的约小10%。设计时可根据窑型选用。

Y型12叶片的轴流通风机的外形见图4-37。其规格尺寸见表4-17。

叶片安装角θ为20°的12叶片Y型通风机的性能曲线见图4-38。

图中粗斜线表示通风机的机号（No10、12、20），图中的风压H是根据密度为1.2kg/m³的标准空气来确定的。若介质的密度不是1.2kg/m³，则需要按下式将实际风压H_c换算成规格风压H，然后才能按图4-38选择风机。

换算公式：

$$H = H_c \cdot \frac{1.2}{\gamma_c}$$

[例] 介质密度$\gamma_c=0.6$kg/m³，需要的风量为30000m³/h，风压为200Pa，试选用风机。

[解] 先换算风压，$H = H_c \cdot \frac{1.2}{\gamma_c} = 200 \cdot \frac{1.2}{0.6} = 400$ (Pa)。

在图4-38的下部横坐标上，从风量为30000m³/h处向上作垂线，和风压400Pa的水平线相交，即可查出No12风机，叶轮转数$n=1000$r/min。

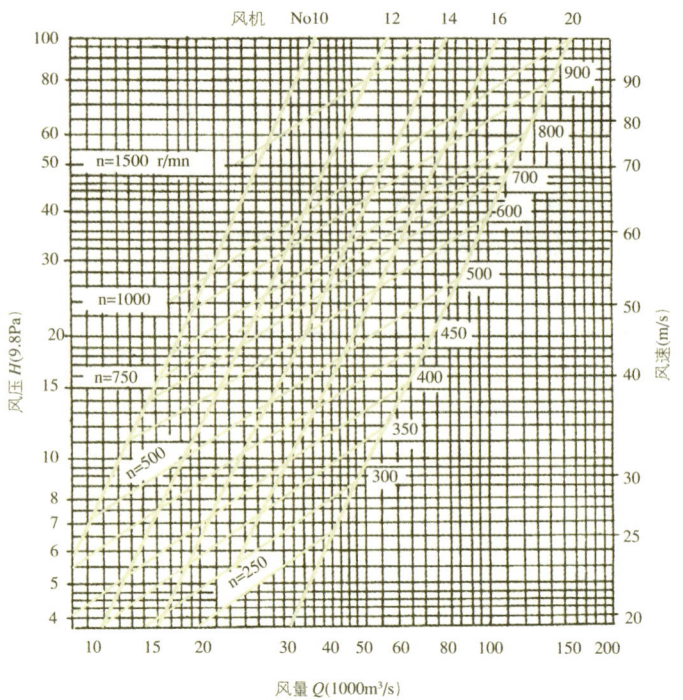

图4-38 Y型12叶片轴流通风机性能曲线

2. 机翼型扭曲叶片的轴流风机(50A型)

这类通风机的结构（图4-39）与Y型风机相似，但叶片为扭曲机翼型，故效率高，噪音小。叶片采用高强度低合金钢制成。叶片角度15°～35°，毂比0.5。

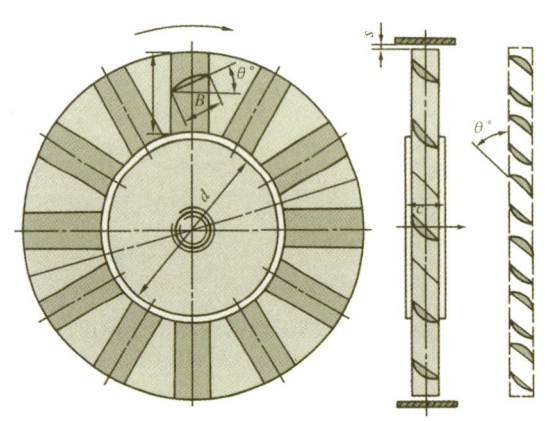

图4-37 Y型12叶片轴流通风机外形

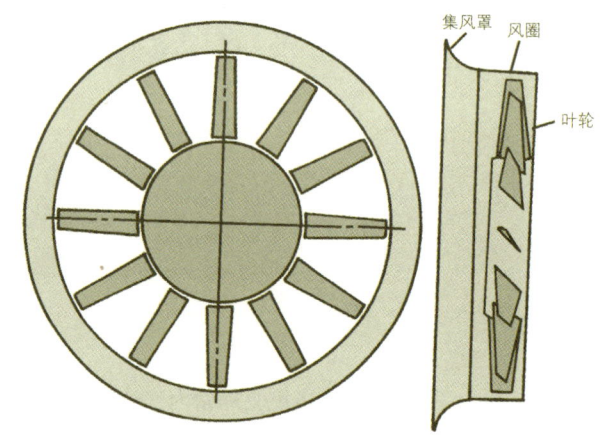

图4-39 50A型轴流通风机

表4-17 Y型12叶片轴流通风机的规格

机号 No	6	8	9	10	12	
通风机直径 D(mm)	600	800	900	1000	1200	$d=0.5D$
轮毂直径 d(mm)	300	400	450	500	600	$l=0.5d$
轮毂宽度 C(mm)	60	80	90	100	120	$b=0.5l$
叶片长度 l(mm)	150	200	225	250	300	$s=0.015l$
叶片宽度 b(mm)	75	100	112.5	125	150	$c=0.1D$

注：s为叶轮与风圈之间的间隙

此类风机的性能曲线见图4-40。No12风机的性能参数见表4-18。

3. 平板型扭曲叶片的轴流风机（T30型）

这类风机是一种结构简单，噪音较小的低压轴流风机（图4-41）。叶轮直径250～1000mm，依叶轮直径的大小分为No 2.5、3、3.5、4、5、6、7、8、9、10等10种机号。干燥窑常用No 8～10。叶片安装角度有10°、15°、20°、25°、30°、35°等6种。叶片数3～8片。

风机由叶轮、风圈、集风器组成。叶轮又由叶片、轮盘和轮毂组成。毂比为0.3，见图4-41。这类风机在我国已有定型产品，可根据性能规范表来选用。

4. 对称纺锤形轴流风机

这类风机在我国尚无定型产品。木材干燥生产中使用的这类风机，材料通常为铸铝。叶轮直径常为1200mm（No12），轮毂直径600mm（毂比0.5）。

叶片数8～12，以8叶片使用较多，叶片安装角度通常为

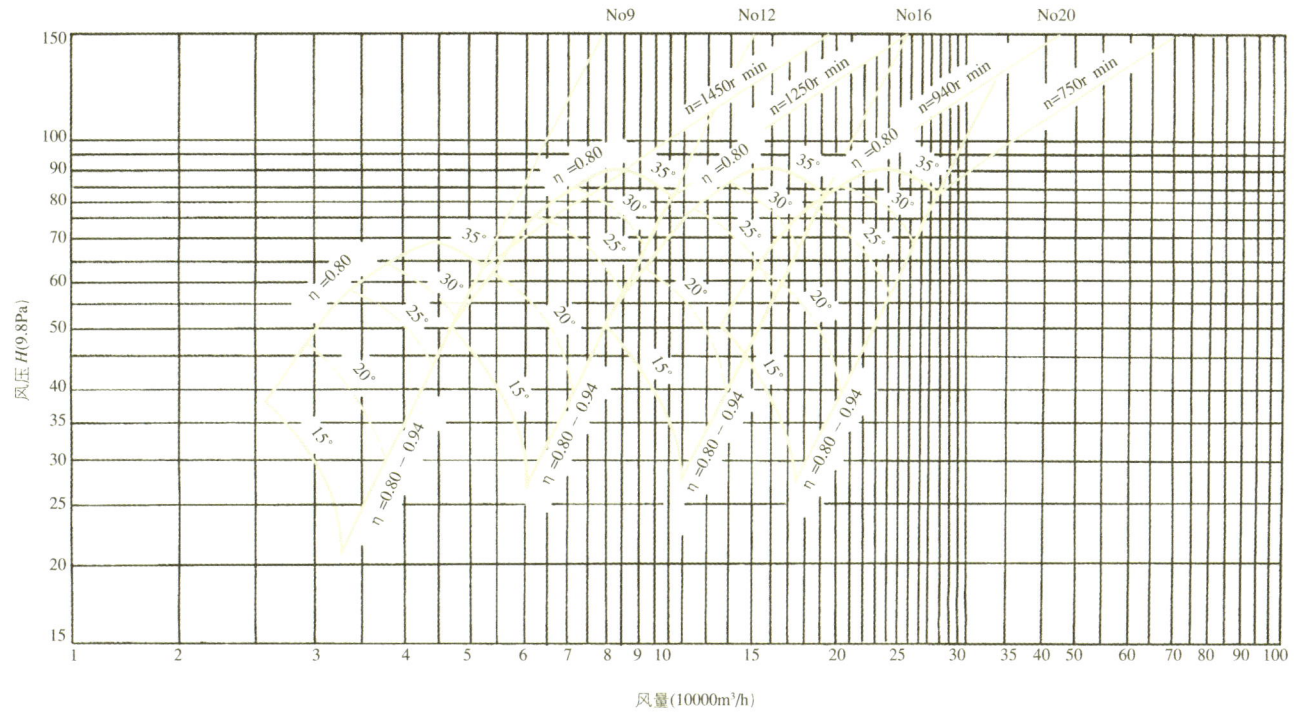

图4-40 50A11型轴流通风机性能曲线

表4-18 50A2-12型 No12轴流风机性能 (n=910r/min)

叶片安装角	序号	风压 (Pa)	风量 (m³/h)	风压效率 (η,%)	理论功率 (kW)	所需功率 (kW)	选用电动机 型号	功率 (kW)
15°	1	217.8	36700	81.0	2.7	3.0	Y100L2-4	3.0
	2	285.0	33600	77.5	3.3	3.6	Y112M-4	4.0
	3	330.0	31300	73.0	3.95	4.35		
20°	1	233.0	54500	82.0	4.3	4.9	Y132S-4	5.5
	2	295.3	49500	78.0	5.0	5.75	Y132M-4	7.5
	3	333.0	45700	74.0	5.6	6.44		
25°	1	321.8	66900	83.0	7.2	8.3	Y160M-4	11
	2	347.3	59000	79.0	7.3	8.4		
	3	387.5	56000	74.5	8.1	9.3		
30°	1	423.8	72600	84.7	10.1	11.6	Y160L-4	15
	2	459.1	67800	79.5	10.9	12.5		
	3	475.8	59700	75.0	10.5	12.1		
35°	1	483.6	80500	84.5	12.8	14.7	Y180M-4	18.5
	2	492.5	72600	78.5	12.6	14.5		
	3	500.3	66400	74.5	12.5	14.4		

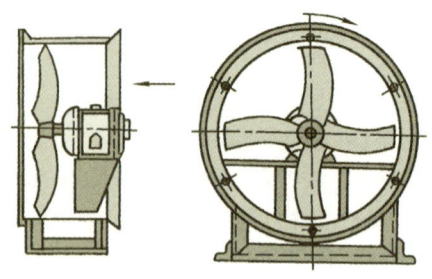

图 4-41 T30 型轴流风机

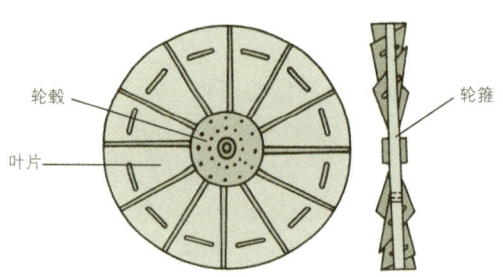

图 4-43 扇形平板叶片的轴流风机

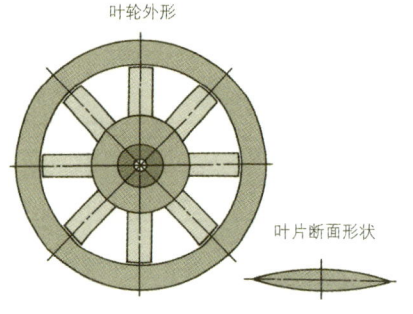

图 4-42 对称纺锤形轴流风机

20°和 25°。这类风机的形状见图 4-42，其性能参数（实测）见表 4-19。

以上实测数据表明：这类风机叶片角度为 20°，叶轮转数 800r/min 时风机效率最高，而叶片角度为 25°，则叶轮转数 600r/min 时风机效率最高。

5. 扇形平板叶片的轴流风机

这类风机多为使用工厂自行制造。叶轮直径为 1000～1680mm，常用的为 12 叶片直径 1680mm 及 1400mm 的大风机。叶片安装角为 35°，叶轮转速较低：叶轮直径 1680mm 的，为 300r/min，风量约为 36000m³/h，采用的电动机功率为 4kW；直径 1400mm 的，转速为 550r/min，风量为 40000 m³/h，采用的电动机功率为 7.5kW。

叶轮结构是装配式的，由轮毂、叶片和轮箍三部分组成（图 4-43）。轮毂的材料为铸铁；叶片的材料可为 2mm 厚的钢板，也可用 3.5mm 厚的铝合金板。叶片呈扇形，并在大头处冲成弧形突起，以增加刚性。叶片用螺栓紧固在轮毂上。轮箍由 3～4mm 厚的扁钢制成，紧固在叶片的外圈。这类风机结构简单，制作方便，可以逆转。这类风机宜采用大直径、低转数，叶轮转数最好不超过 550r/min，否则风机效率会降低。

4.3 木材常规窑干工艺及其操作

木材常规窑干，是指干燥温度不超过 100℃的传统窑干法。就其干燥原理而言，它是一种对流干燥。即被干木料按一定要求垛成具有水平气道（用于强制循环干燥）或竖直气道（用于自然循环干燥）的材堆，置于干燥窑内。干燥介质（热、湿空气或炉气体）在窑内有规律地流动，先通过加热器吸收热量后，以一定的流速穿过材堆，将热量传给木材，并把木材中蒸发出来的水分带走，然后进、排气道排出部分废气，同时吸入一些新鲜空气补充，使相对湿度维持在一定的水平。如此周而复始地进行热、湿交换，使木材变干。常规窑干的干燥介质通常保持常压，气流可以是单向循环，也可以是可逆循环，可为恒速，也可变速（当木材含水率低于 30%以后，可逐渐减低气流速度，以便节省电能消耗，而对干燥速率几乎没有影响）。干燥工艺主要根据特定的干燥基

表 4-19 对称纺锤形轴流风机的性能（实测）

叶片角度	叶轮转速 (r/min)	效率范围 (%)	功率范围 (kW)	最高效率时的各基项数值			
				最高效率 (%)	风量 (m³/h)	风压 (9.81Pa)	功率 (kW)
20°	300	10.41～23.24	0.172～0.365	23.24	10184	1.595	0.185
	500	13.34～31.40	0.61～1.78	31.40	20639	4.059	0.726
	600	11.25～35.70	0.864～2.32	35.70	21485	7.775	1.224
	700	10.97～35.29	1.42～3.482	35.29	24865	11.808	2.366
	800	28.80～38.95	1.94～3.53	38.95	37260	7.563	2.00
	900	26.23～23.75	2.981～3.686	33.75	32357	14.113	3.686
25°	400	14.53～35.73	0.598～1.108	41.47	25376	3.584	0.598
	600	21.63～39.00	1.273～2.219	39.00	25916	9.311	1.672
	700	20.85～37.50	1.822～3.497	37.5	32965	8.321	1.992

注：叶轮直径 1200mm，8 叶片

准，调节和控制干燥介质的温度和相对湿度，使之与木材表面水分蒸发和内部水分扩散相适应，达到控制木材干燥速度和干燥质量的目的。

4.3.1 木材干燥基准

窑干基准就是规定对应于被干木料各不同含水率阶段的介质状态参数－温度和相对湿度的窑干操作程序表。由于窑内介质相对湿度通常是用干、湿球温度计测量的，因此，常见的干燥基准主要规定对应于各含水率阶段的介质干球温度和湿球温度，或干球温度和干、湿球温度差（或称湿球温度降）。有些比较完善的基准还列出对应的相对湿度及平衡含水率值，以便于分析比较，也便于在其他场合应用。

4.3.1.1 木材干燥基准的种类和内容

目前生产上使用的干燥基准有三大类：按含水率变化阶段操作的含水率干燥基准（其中包括按含水率阶段操作的波动式干燥基准、半波动式干燥基准）；按时间阶段操作的时间干燥基准；连续升温干燥基准。

1. 含水率基准

按含水率划分阶段的窑干基准，称为含水率基准，是应用最普遍的常规窑干基准。表4-20是我国的部颁窑干基准示例。中华人民共和国林业行业标准LY/T1068-92《锯材窑干工艺规程》设定有17组共41个窑干含水率基准，前7组共14个基准适用于针叶树锯材，见表4-21，基准的选用见表4-22。后10组共27个基准适用于阔叶树锯材，见表4-23，而表4-24为阔叶树锯材基准表的选用。

采用该系列基准时应注意以下问题：

（1）凡是第一阶段的含水率为40%以上的基准，如锯材的实际初含水率高于80%，则基准第1、2阶段的含水率应分别改为50%以上和50%～30%；若锯材初含水率高于120%，基准第1、2、3阶段含水率应分别改为60%以上，60%～40%，40%～25%。

（2）选用表中有＊号者，表示需要进行中间调湿处理。

（3）若锯材的厚度不是选用表中规定的厚度，可采用相近厚度的基准，例如当材厚为20mm时，如对干燥质量要求较高时，可用材厚25mm的基准，若干燥质量要求不太高，可用材厚15mm的基准。锯材较薄的，干燥基准较硬，锯材较厚的，干燥基准较软。如被干锯材不是选用表中的树种，可初选材性相近的树种且偏软的基准试用，再根据试用结果进行修正，或另行制订。判别基准的软、硬程度，可比较相同含水率阶段的平衡含水率和温度水平，平衡含水率高和温度低者，干燥较缓慢，便是相对较软的基准，反之，便是相对较硬的基准。

（4）对于风速1m/s以下的强制循环干燥窑及自然循环干燥窑，采用该系列基准时，干湿球温度差均应增加1℃。

（5）干燥半干材时，可在相应含水率阶段干球温度的基础上，进行充分预热处理后，再缓慢地过渡到相应含水率的干燥阶段。过渡阶段的介质状态可取相应含水率阶段的干球温度，和比相应含水率低1阶段的干湿球温度差。过渡时间不小于12～24h，锯材较厚的，过渡时间应长一些。

（6）没有喷蒸设备的干燥窑，应适当降低干球温度，以保证规定的干湿球温度差。

（7）表列基准多数均以材堆进风侧的介质状态参数为准。若干、湿球温度计不是装在材堆进风侧，干燥基准必须根据具体情况进行修正。介质进出材堆的温度差一般为2～8℃，干湿球温度差将会降低1～4℃，与材堆宽度、气流速度大小和木材含水率高低等因素有关。若材堆较宽、气流速度较小，木材含水率较高，介质穿过材堆后的温度将有较大的下降，湿度将有较大的提高。

（8）由于木材干燥性能的复杂性和干燥设备的多样性，对干燥工艺都有影响。因此，干燥基准不能生搬硬套。首次选用时，操作要多加小心，并注意总结经验加以修正。

波动式干燥基准——这种干燥基准不像其他基准那样随着木材含水率的降低而升高介质的温度、降低介质的湿度，它是利用木材的热湿传导性，在总的升温降湿趋势中，周期地用高温高湿（超过基准正常阶段的温度、相对湿度）多次处理木材，使之热透，然后降低温度，促使木材内的水分由内部温度较高处向表面温度较低处移动。

半波动式干燥基准——在生产实践中，对于厚板或特厚板的阔叶材，当含水率在35%以上时常用含水率基准，当含

表4-20 4.8～6.7cm水曲柳含水率干燥基准（示例）

干燥阶段	干球温度（℃）	湿球温度（℃）	相对湿度（%）	干燥时间系数
40以上	65	61	82	
40～35	67	61	75	8
35～30	69	61	68	9
30～25	72	62	62	10
25～20	75	62	54	11
20～15	78	61	45	12
15～10	82	61	38	14
10以下	87	62	32	

表4-21 针叶树锯材窑干基准表

1-1				1-2				1-3				2-1			
W	T	△t	EMC	W	T	△t	EMC	W	T	△t	EMC	W	T	△t	EMC
40以上	80	4	12.8	40以上	80	6	10.7	40以上	80	8	9.3	40以上	75	4	13.1
40~30	85	6	10.7	40~30	85	11	7.5	40~30	85	12	7.1	40~30	80	5	11.6
30~25	90	9	8.4	30~25	90	15	8.0	30~25	90	16	5.7	30~25	85	7	9.7
25~20	95	12	6.9	25~20	95	20	4.8	25~20	95	20	4.8	25~20	90	10	7.9
20~15	100	15	5.8	20~15	100	25	3.2	20~15	100	25	3.8	20~15	95	17	5.3
15以下	110	25	3.7	15以下	110	35	2.4	15以下	110	35	2.4	15以下	100	22	4.3

2-2				3-1				3-2				4-1			
W	T	△t	EMC	W	T	△t	EMC	W	T	△t	EMC	W	T	△t	EMC
40以上	75	6	11.0	40以上	70	3	14.7	40以上	70	5	12.1	40以上	65	3	15.0
40~30	80	7	9.9	40~30	72	4	13.3	40~30	72	6	11.1	40~30	67	4	13.5
30~25	85	9	8.5	30~25	75	6	11.0	30~25	75	8	9.5	30~25	70	6	11.1
25~20	90	12	7.0	25~20	80	10	8.2	25~20	80	12	7.2	25~20	75	8	9.5
20~15	95	17	5.3	20~15	85	15	6.1	20~15	85	17	5.5	20~15	80	14	6.5
15以下	100	22	4.3	15以下	95	25	3.8	15以下	95	25	3.8	15以下	90	25	3.8

4-2				5-1				5-2				6-1			
W	T	△t	EMC	W	T	△t	EMC	W	T	△t	EMC	W	T	△t	EMC
40以上	65	5	12.3	40以上	60	3	15.3	40以上	60	5	12.5	40以上	55	3	15.6
40~30	67	6	11.2	40~30	65	5	12.3	40~30	65	6	11.3	40~30	60	4	13.8
30~25	70	8	9.6	30~25	70	7	10.3	30~25	70	8	9.6	30~25	65	6	11.3
25~20	75	10	8.3	25~20	75	9	8.8	25~20	75	10	8.3	25~20	70	8	9.6
20~15	80	14	6.5	20~15	80	12	7.2	20~15	80	14	6.5	20~15	80	12	7.2
15以下	90	25	3.8	15以下	90	20	4.8	15以下	90	20	4.8	15以下	90	20	4.8

6-2				7-1			
W	T	△t	EMC	W	T	△t	EMC
40以上	55	4	14.0	40以上	50	3	15.8
40~30	60	5	12.5	40~30	55	4	14.0
30~25	65	7	10.5	30~25	60	5	12.5
25~20	70	9	9.0	25~20	65	7	10.5
20~15	80	12	7.2	20~15	70	11	8.0
15以下	90	20	4.8	15以下	80	20	4.9

注：W为木材含水率（%）；
T为介质干球温度（℃）；
△t为介质干、湿球温度差（℃）；
EMC为表征介质状态的木材平衡含水率（%）

表4-22 针叶树锯材基准表的选用

树 种	材厚（mm）				
	15	25, 30	40, 50	60	70, 80
红松	1-3	1-3	1-2	1-2*	2-1*
马尾松、云南松	1-2	1-1	1-1	2-1*	
樟子松、红皮云杉、鱼鳞云杉	1-3	1-2	1-1	2-1*	2-1*
东陵冷杉、沙松、冷杉、杉木、柳杉	1-3	1-1	1-1	2-1	3-1
兴安落叶松、长白落叶松		3-1	4-1*	5-1*	
长苞铁杉		2-1	3-1*		
陆均松、竹叶松		6-1	7-1		

注：1. 初含水率高于80%的锯材，基准第1、2阶段含水率改为50%以上及50%~30%；
2. 有*号者表示需进行中间调湿处理；
3. 其他厚度的锯材参照表列相近厚度的基准

表 4-23 阔叶树锯材窑干基准表

11-1				11-2				11-3				12-1			
W	T	△t	EMC	W	T	△t	EMC	W	T	△t	EMC	W	T	△t	EMC
60以上	80	4	12.8	60以上	80	5	11.6	60以上	80	7	9.9	60以上	70	4	13.3
60~40	85	6	10.5	60~40	85	7	9.7	60~40	85	8	9.1	60~40	72	5	12.1
40~30	90	9	8.4	40~30	90	10	7.9	40~30	90	11	7.4	40~30	75	8	9.5
30~20	95	13	6.5	30~20	95	14	6.4	30~20	95	16	5.6	30~20	80	12	7.2
20~15	100	20	4.7	20~15	100	20	4.7	20~15	100	22	4.4	20~15	85	16	5.8
15以下	110	28	3.3	15以下	110	28	3.3	15以下	110	28	3.3	15以下	95	20	4.8

12-2				12-3				13-1				13-2			
W	T	△t	EMC	W	T	△t	EMC	W	T	△t	EMC	W	T	△t	EMC
60以上	70	5	12.1	60以上	70	6	11.1	40以上	65	3	15.0	40以上	65	4	13.6
60~40	72	6	11.1	60~40	72	7	10.3	40~30	67	4	13.6	40~30	67	5	12.3
40~30	75	9	8.8	40~30	75	10	8.3	30~25	70	7	10.3	30~25	70	8	9.6
30~20	80	13	6.8	30~20	80	14	6.5	25~20	75	10	8.3	25~20	75	12	7.3
20~15	85	16	5.8	20~15	85	18	5.2	20~15	80	15	6.2	20~15	80	15	6.2
15以下	95	20	4.8	15以下	95	20	4.8	15以下	90	20	4.8	15以下	90	20	4.8

13-3				14-1				14-2				14-3			
W	T	△t	EMC	W	T	△t	EMC	W	T	△t	EMC	W	T	△t	EMC
40以上	65	6	11.3	40以上	60	3	15.3	40以上	60	4	13.8	40以上	60	6	11.4
40~30	67	7	10.5	40~30	62	4	13.8	40~30	62	5	12.5	40~30	62	7	10.6
30~25	70	9	8.8	30~25	65	7	10.5	30~25	65	8	9.8	30~25	65	9	9.1
25~20	75	12	7.3	25~20	70	10	8.5	25~20	70	12	7.5	25~20	70	12	7.5
20~15	80	15	6.2	20~15	75	15	6.3	20~15	75	15	6.3	20~15	65	15	6.3
15以下	90	20	4.8	15以下	85	20	4.9	15以下	85	20	4.9	15以下	75	20	4.9

15-1				15-2				15-3				16-1			
W	T	△t	EMC	W	T	△t	EMC	W	T	△t	EMC	W	T	△t	EMC
40以上	55	3	15.6	40以上	55	4	14.0	40以上	55	6	11.5	40以上	50	3	15.8
40~30	57	4	14.0	40~30	57	5	12.7	40~30	57	7	10.7	40~30	52	4	14.1
30~25	60	6	11.4	30~25	60	8	9.8	30~25	60	9	9.3	30~25	55	6	11.5
25~20	65	10	8.5	25~20	65	12	7.5	25~20	65	12	7.7	25~20	60	10	8.7
20~15	70	15	6.3	20~15	70	15	6.4	20~15	70	15	6.4	20~15	65	15	6.4
15以下	80	20	4.9	15以下	80	20	4.9	15以下	80	20	4.9	15以下	75	20	4.9

16-2				16-3				17-1				17-2			
W	T	△t	EMC	W	T	△t	EMC	W	T	△t	EMC	W	T	△t	EMC
40以上	50	4	14.1	40以上	50	5	12.7	40以上	45	2	18.2	40以上	45	3	15.9
40~30	52	5	12.7	40~30	52	6	11.5	40~30	47	3	15.9	40~30	47	4	12.6
30~25	55	7	10.7	30~25	55	9	9.3	30~25	50	5	12.7	30~25	50	6	10.7
25~20	60	10	8.7	25~20	60	12	7.7	25~20	55	9	9.3	25~20	55	10	8.7
20~15	65	15	6.4	20~15	65	15	6.4	20~15	60	15	6.4	20~15	60	15	6.4
15以下	75	20	4.9	15以下	75	20	4.9	15以下	70	20	4.9	15以下	70	20	4.9

17-4				18-1				18-2				18-3			
W	T	△t	EMC	W	T	△t	EMC	W	T	△t	EMC	W	T	△t	EMC
40以上	45	7	10.6	40以上	40	2	18.1	40以上	40	3	16.0	40以上	40	4	14.0
40~30	47	9	9.1	40~30	42	3	16.0	40~30	42	4	14.0	40~30	42	6	11.2
30~25	50	13	7.0	30~25	45	5	12.6	30~25	45	6	11.4	30~25	45	8	9.7
25~20	55	18	5.2	25~20	50	8	9.8	25~20	50	9	9.2	25~20	50	10	8.6
20~15	60	24	3.7	20~15	55	12	7.6	20~15	55	12	7.6	20~15	55	12	7.6
15以下	70	30	2.7	15~12	60	15	6.4	15~12	60	15	6.4	15~12	60	15	6.4
				12以下	70	20	4.9	12以下	70	20	4.9	12以下	70	20	4.9

表 4-23（续）

19-1				20-1			
W	T	△t	EMC	W	T	△t	EMC
40 以上	35	2	18.0	60 以上	35	6	11.0
40~30	37	3	15.8	60~40	35	8	9.2
30~25	40	5	12.4	40~20	35	10	7.2
25~20	45	8	9.7	20~15	40	15	5.3
20~15	50	12	7.8	15 以下	50	20	2.5
15~12	55	15	6.3				
12 以下	60	20	4.8				

注：W 为木材含水率（%）；
T 为介质干球温度（℃）；
△t 为介质干、湿球温度差（℃）；
EMC 为表征介质状态的木材平衡含水率（%）

水率降低到 35%~25% 以下时，采用波动式基准。这种基准表叫做半波动式干燥基准，生产中这样做是因为在木材干燥的前期，由于含水率在纤维饱和点以上，使用木材的含水率作为水分移动的动力是安全的，而且可以加快干燥速度。当含水率降低到 35%~25% 或以下时，对阔叶树材的厚板或特厚板，容易发生严重的表面硬化，木材中间的水分很难移动到表面，这时采用半波动基准，借助于温度梯度，促进木材中间的水分向外表移动。表 4-25 是半波动式干燥基准的示例。

2. 时间基准

按时间来划分干燥阶段的干燥基准，称为时间基准。可以按自然时间，例如每 8h，或 12h，或 24h 甚至更长的时间为一阶段。也可按干燥时间的比例系数来划分，例如，规定各干燥时间的比例，再由全干燥过程的总干燥时间来确定各干燥阶段的具体时间。时间基准是在含水率基准的基础上总结出来的。即对于某种特定的干燥设备，当干燥同一树种同一规格的锯材，采取含水率基准干燥已取得丰富的经验，操作者对各个含水率阶段分别干燥多少时间已心中有数，只要干燥窑性能稳定、控制可靠，只根据时间来掌握，不需要测定木材在窑干过程中的含水率变化，同样可获得满意的干燥结果，从而将含水率基准演变成时间基准。用时间基准，窑

表 4-24 阔叶树锯材基准表的选用

树 种	材 厚（mm）				
	15	25,30	40,50	60	70,80
椴 木	11-3	12-3	13-3	14-3*	
沙兰杨	11-3	12-3(11-2)	12-3		
石梓、木莲	11-2	12-2(11-2)	13-2		
白桦、枫桦	13-3	13-2	14-2*		
水曲柳	13-3	13-2*	13-1*	14-1*	15-1*
黄波罗	13-3	13-2	13-1	14-1*	
柞 木	13-2	14-2*	14-1	15-1*	
核桃楸	13-3	13-2*	14-2*	15-1*	
色木、白牛槭		13-2*	14-2*	15-1*	
甜锥、荷木、灰木、枫香、拟赤杨、桂樟		14-1*	15-1*		
樟叶槭、光皮桦、野柿、金叶白兰、天目紫茎		14-1*	15-1*		
樟木、苦楝、毛丹、油丹		14-2*	15-1*		
野 漆		14-2	15-2*		
橡胶木		14-2	15-2	16-2*	
水青冈、厚皮香、英国梧桐		16-1*	17-2*		
马蹄荷		17-1*			
米老排		18-1*			
麻栎、白青冈、红青冈		18-1*			
高山栎		18-1*			
裂叶榆、春榆	14-3	15-3*	16-2*		
毛白杨、山杨	14-3	16-3	17-3		
毛泡桐	17-4	17-4	17-4		
兰考泡桐	20-1	20-1	20-1		

注：1. 选用 13 号至 18 号基准时，初含水率高于 80% 的锯材，基准第 1、2 阶段含水率分别改为 50% 以上和 50%~30%；初含水率高于 120% 的锯材，基准第 1、2、3 阶段含水率分别改为 60% 以上、60%~40%、40%~25%；
2. 有 * 号者表示需进行中间处理；
3. 其他厚度的锯材参照表列相近厚度的基准；
4. 毛泡桐、兰考泡桐窑干前冷水浸泡 10~15d，气干 5~7d。不进行调湿处理

表 4-25 半波动式干燥基准示例 (厚 6.8~7.7cm 桦木、色木、水曲柳)

干燥阶段		干球温度 (℃)	湿球温度 (℃)	相对湿度 (%)	干燥时间系数
50以上		65	61	82	
50-45		67	61	75	8
45-40		69	61	68	9
40-35		72	62	62	10
35-30		75	62	54	11
30-25		78	61	45	12
	周期	干球温度 (℃)	湿球温度 (℃)	相对湿度 (%)	延续时间 (h)
	升温	85	81	85	16
25-20	冷却	60	47	48	20
	常温	78	67	60	60
	升温	87	82	83	18
20-15	冷却	60	44	39	20
	常温	78	65	55	60
	升温	90	83	76	18
15-10	冷却	65	47	37	24
	常温	80	62	38	60
	升温	90	83	76	18
10以下	冷却	65	47	37	24
	常温	83	62	38	60
终了		90	85	82	16

表 4-26 4.7cm 以下水曲柳时间系数干燥基准 (示例)

干燥阶段	干球温度 (℃)	湿球温度 (℃)	相对湿度 (%)	干燥时间系数
1	68	63	79	30
2	75	66	66	20
3	82	67	51	20
4	90	69	41	30

内无须放置含水率检验板,窑干过程中不测量木材的含水率变化。在一些树种和规格比较单一的老企业中,时间基准的应用也是比较普遍。只要操作人员经验丰富,干燥窑性能稳定,尤其是干燥易干树种,或对干燥质量要求不太高时,采用时间基准是可行的。表 4-26 为时间干燥基准的示例。

3. 连续升温和连续变化工艺

工艺要点是干球温度从接近于环境实际温度开始,在干燥过程中等速上升(上升的速率取决于树种、锯材厚度和干燥质重要求等),无须控制相对湿度,但要求介质以层流状态通过材堆(气流速度为 0.5~1m/s)。这种工艺的原理是:

(1) 干球温度等速上升,使窑内空气(干燥介质)与木材表面之间保持明显的温度梯度,从而确保介质源源不断地供给木材蒸发水分所需的热量,并尽量使热量消耗于蒸发水分而不是提高木材本身的温度。

(2) 介质以层流状态通过材堆,使木材表面具有饱和程度较高的气流稳定层,因此,无须控制相对湿度,就能维持木材表面相对湿度较高的状态。

4.3.1.2 干燥基准的制订

对于新建的干燥窑,或当要干燥新树种、新材种时,都需要制订窑干基准。首先可由表 4-22 至表 4-25 中选用。若不能选到合适的基准,可参照以下办法制订。拟定试验基准时要注意以下原则。

(1) 前期阶段干燥温度应偏低,湿度应偏高,尤其是对那些容易发生表面裂纹的木材(如栎木等硬阔叶树材),开始时应避免高温。在含水率未降至2/3以前,不可使湿度急剧下降。

(2) 当含水率降至2/3左右时,表面张应力一般可达到最大值。这时,如果木材没有发生表裂,随着纤维饱和点"湿线"的内移,表面张应力开始逐渐递减。因此,这时可适当提高温度、降低湿度而不会影响木材干燥质量。

(3) 当平均含水率降到35%~25%附近时,木材内应力处于暂时平衡的相对稳定阶段,提高温度和降低湿度的幅度可大一些,这时一般不会发生开裂。但随后要注意解除表面硬化(通过中间调湿处理)。

(4) 当平均含水率降到25%~20%以下时,如果表面硬化已解除,可以较大幅度地提高干燥温度和降低湿度。对于不容易发生内裂的树种,如针叶材和软阔叶材,后期可用较硬的干燥条件,并以提高温度为主。但对容易发生内裂的树种,如栎木、水曲柳等,后期温度不能太高,主要以降低湿度来提高基准的硬度。

4.3.2 窑干木材的选择和堆垛

4.3.2.1 选材

不同树种和厚度的锯材应分别干燥,木材数量不足一窑时,允许将干燥特性且初含水率相近的树种同窑干燥。初含水率不同的锯材应分别干燥。除易表裂的树种(如落叶松等)外,应创造条件实行气干预干。不同材长的锯材应合理搭配,使材堆总长与窑长一致。

4.3.2.2 装堆方式与材堆尺寸

装堆方式主要有两种,一种是材堆内部既留水平气道,又留竖直气道,即用隔条将每一层板隔开,留出水平气道,同时在每一层板中,每块板之间保留一定的侧向间隔,留出竖直气道。这种装堆方式适用于自然循环窑干和气干,空气干燥介质可借材堆内外温差造成的密度变化,形成"小气候"的自然对流循环,流动穿过材堆中的竖直气道和水平气道。另一种装堆方式是留水平气道,不留竖直气道。即每一块板相互紧靠,只由隔条将每一层板相互隔开,留出水平横向气道。这种装堆方式适用于各种强制循环干燥。即干燥介质在通风装置的驱动下，以一定的气流速度从材堆的一侧进入穿过材堆中的水平气道，与每块锯材的上、下板面进行充分热湿交换，即进行对流干燥。

材堆的尺寸大小是根据干燥窑的型号规格决定的，是在设计干燥窑时就确定下来的技术参数之一。装堆时一定要符合干燥窑的这一具体要求。对于轨车式窑，材堆的宽度与材车等宽，长度与材车等长，若材车较短的，也可两部车连接起来装垛较长木料的材堆。

单线车（只有纵向车轮梁，没有横梁的两轮车）装堆时需要配用方木（100mm×100mm）做横梁，横梁的长度即为材堆宽度，须确保材堆侧边与门框柱的距离为100mm。材堆的高度也由门框决定，应使堆顶距离门框梁也为100mm。若材堆不太高，可以将锯材直接装在材车上，如材堆较高，则可先将锯材装在专用的垫板上，将材堆分成2~3叠单元小堆然后再用叉车叠装在材车上。后一种装堆方法装、卸速度快，劳动强度低，而且安全，并不受场地限制，灵活机动，在现代木材干燥作业中应用越来越多。对于叉车装窑式窑，不用轨车，将被干木料在垫板上装成单元小材堆后，直接将材堆装入窑内。叉车装窑式窑的材堆横向装窑，干燥窑的内部宽度即为大材堆的总长度，而窑的纵深方向上"假天棚"下方部分，即假天棚的宽度，便是大材堆的总宽度。堆顶至假天棚的距离为200mm。通常单元小堆的尺寸是长2m或3m，宽1.2m或1.5m，高1.2m或1.5m。窑内宽度方向通常装2~4节，纵深方向装3~4列，高度方向装3叠。采用单元小材堆的叉车装窑式窑适用于锯材长度一致的整边板，若锯材长度不一致，最好采用轨车式窑，以便装成材堆两端齐平的尺寸较大的材堆。

被干木料靠与其垂直放置的隔条装垛成材堆。隔条的作用是：①将每层锯材隔开，留出水平气道；②使材堆在宽度方向上稳定；③使材堆中的各层锯材互相挟持，以防止或减轻木材翘曲变形。隔条的长度等于材堆的宽度。隔条的厚度，对于强制循环窑，取25mm，对于自然循环窑或用于气干，当锯材板宽在200mm以内时，隔条厚度可为25mm，若板宽超过200mm，隔条厚度应为40mm。隔条的宽度可为25mm或40mm。若被干木料的宽度不超过50mm时，也可用被干木料作隔条。

隔条在材堆中的间距，与树种及锯材的厚度有关，阔叶材一般为板厚的15~18倍左右，针叶材为板厚的20~22倍左右，宜小不宜大。若隔条间距太大，锯材未被挟持部分太长将容易变形。但在实际操作中，隔条的间距常常与小车的横梁保持一致。因材车的横梁间距通常是以最小厚度的被干木料作为设计依据的，一般为400~500mm。若材车横梁间距太大，应加放方木横梁。对于窑干来说，锯材是装成材堆进行干燥的，木料在材堆中层层受压。在窑内温、湿度的作用下，会使木材的塑性提高。因此，在均匀受压的情况下，具有塑性性质的木材发生各向异性收缩时便不可能自由变形，而是保持受压时的形状并发生塑性变形而固定下来。因此，窑干材是否翘曲变形，主要取决于装堆的好坏。

装堆时应注意以下事项：①同窑被干木料应为同一树种或材性相近的树种，并厚度相同，初含水率基本一致。如不得不混装时，干燥工艺应以难干的树种，或较厚的锯材，或含水率较高的为准；②当锯材厚度有明显偏差时，应保同一层板，尤其是相毗邻的锯材厚度必须严格一致，以确保每块板都能被隔条压住；③隔条应上下对齐，并落在材车横梁上，或垫板的方木支上，材堆两端的隔条应向端头靠齐；隔条两端不应伸出材堆之外；④材堆端头应齐平，两侧不伸出材车或垫板边缘，并不歪不斜，成一正六面体。若木料较短，相邻板应彼此向两端靠齐，将空档留在堆内；⑤装堆时还要考虑含水率的检测，如采用窑用含水率测定仪或用电测含水率法的自动控制时，应在窑内至少布置3个以上的含水率测量点，即先选3块含水率检验板，分别装好电极探针和引出导线后，按编号将检验板装入材堆中设定的位置。若是通过检验窗放取含水率检验板的手动操作，装堆时应在对着检验窗的位置，预留放取检验板的孔洞，即将该位置上的一层隔条断开两块板的距离，在该宽度上少放两层板，作为放置含水率检验板和应力检验板的位置；⑥装好材堆后，应在堆顶加压重物或压紧装置，防止堆顶的锯材翘曲变形。可用钢筋混凝土做成断面尺寸为100mm×100mm，长度为隔条同长或为其一半或1/3，并带有提手筋的专用压块，压在堆顶对着隔条的位置。如无压顶，最上面的2~3层应堆放质量较差的木料。

4.3.3 木材含水率的测定

含水率检验板是用于观察、测定干燥过程中木材含水率变化情况的。由于它的长度比被干材短，为使检验尽量接近所代表的木材的实际情况，生产上把检验的两个端头，清除干净后，涂上高温沥青、白蜡、铅油等不透水的涂料，防止从端头蒸发水分。

经过处理后的检验板，用天平或普通台秤称出其最初质量，然后放在材堆中预先留好的位置，使含水率检验板与被干木材经受同样的干燥条件，如放置几块检验板，应分别放在干燥窑内干燥最快、适中和缓慢位置处；如放置一块检验板，应放在干燥速度适中的位置，以提高其代表性，这样，干燥过程中木材含水率的变化情况就可以通过测定含水率检验板的含水率变化情况来了解。

1. 木材初含水率的测定

锯取检验板时，在其两端各锯取厚度为10~12mm的含水率试片，清除附着的杂物，迅速、准确地分别在感应量1/100g的天平上称量并记录初重，用$G_初$代表。然后把试验片放在恒温烘箱中烘干，烘箱温度控制在(103±2)℃，直至试验片烘到绝干状态（全干状态），再迅速、准确地称出质量并记录绝干质量，用 $G_干$ 代表。根据下面公式计算木料的最初含水率。

$$W_当 = \frac{G_初 - G_干}{G_干} \times 100\%$$

上面计算出来的含水率，叫绝对含水率。为了更正确地反映检验板的最初含水率情况，一般是取两块试验片的含水率平均值。由于是抽样检验，就认为该含水率代表该批木材的初含水率。

2. 木材干燥过程中的含水率测定

木材干燥过程的含水率可通过含水率检验板来测定。其方法如下：根据检验板已知的 $W_初$ 和 $G_初$，按下列公式算出检验板的全干质量，用 $G_干$ 代表。

$$G_干 = \frac{100 \times G_初}{100 + W_初}$$

推算出检验板全干质量的目的，是为了计算干燥过程任何时刻检验板的含水率。此含水率就是检验板当时的含水率。假设 $W_当$ 为测定当时的检验板含水率，则当时含水率可用下面公式计算：

$$W_当 = \left(\frac{G_当 - G_干}{G_干}\right) \times 100\%$$

若要了解干燥过程中任何时刻被干木材的含水率情况，只须把含水率检验板从干燥窑中取出，迅速、准确地称其当时的质量 $G_当$，把 $G_当$ 的数值代入公式，就可称出检验板当时含水率 $W_当$。$W_当$ 的数值可以认为大约代表被干木材当时的含水率。

4.3.4 木材窑干过程的实际操作

1. 干燥窑的启动程序

(1) 关闭进、排气道；

(2) 启动风机，对有多台风机的可循环干燥窑，应逐台启动风机正转，不能数台风机同时启动，以免启动电流（是正常工作电流的4~6倍）叠加使电路过载；

(3) 打开疏水器旁通管的阀门，然后缓慢打开加热器阀门，使加热管路系统缓慢升温，并排出管系内的空气、积水和锈污，待旁通管有大量蒸气喷出时，再关闭旁通管阀门，打开疏水器阀门，使疏水器正常工作；

(4) 当窑内干球温度升到40~50℃时，须保温0.5h，使窑内壁和木材表面预热，然后再逐渐开大加热器阀门，并适当喷蒸，使干、湿球温度同时上升到预热处理要求的介质状态。处理结束后进入干燥阶段时，须打开进、排气道。然后按工艺要求进行操作。

2. 窑干操作及其注意事项

(1) 干燥窑要求供汽表压力为0.4MPa，应尽量使供汽压力稳定。

(2) 干球温度由加热阀门调节，相对湿度或干湿球温度差由进、排气道和喷蒸管调节。即通过关闭进排气道或打开喷蒸管来提高湿度（降低干湿球温度差），降低温度也可提高湿度。反之，停喷蒸，开大排气或升温，则湿度降低。

(3) 要求基准的控制精度为：干球温度不超过±2℃，干湿球温度差不超过±1℃。

(4) 为使介质状态控制稳定，并减少热重损失，操作时应注意加热、喷蒸、进排气三种执行器互锁。即在干燥阶段，加热时不喷蒸；喷蒸时不加热，喷蒸时进排气道必须关闭，进排气道开着时不喷蒸。

(5) 应尽量减少喷蒸，充分利用木材中蒸发的水分来提高窑内相对湿度。当干湿球温度差大于基准设定值1℃时，就应关闭进排气道，大于2℃时再进行喷蒸，若大于3℃，除采取上述措施外，还应在停止加热的同时打开疏水器旁通阀，排净加热器内的余汽，用紧急降温的办法来提高相对湿度（降低干湿球温度差）。

(6) 如果干、湿球温度一时难以达到基准要求的数值，应首先控制干球温度不超过基准要求的误差范围，然后再调节干湿球温度差在要求的范围内。

(7) 注意风机运行情况，如发现声音异常或有撞击声时，应立即停机检查，排除故障后再工作。如电流表读数偏离正常值太大时也应检查原因。工作电压若超出380V±10%范围，也应暂停工作，以保护电机。

(8) 注意每4h改变一次风向，先"总停"3min以上让风机完全停定后，再逐台反向启动风机。风机改变风向后，温、湿度采样应跟着改变，即始终以材堆进风侧的温、湿度作为执行干燥基准的依据，老窑内只装一对温湿度计，应注意改变风向后引起的温、湿度读数的变化，在执行基准时注意修正。因为气流穿过材堆后，干球温度一般会降低2~8℃，干湿球温度差会降低1~4℃，与材堆宽度、含水率高低和气流速度的大小有关。

(9) 如遇中途停电或因故停机，应立即停止加热或喷蒸，并关闭进排气道，防止木材损伤等。

(10) 若在供汽压力正常的情况下，操作也正常，但却升温、控温不正常，这有可能是疏水器工作不正常所致。若疏水器的排水量较小，可通过旁通阀辅助排水，或更换疏水器。如疏水器出故障，如疏水器后面的管段温度较低，可能是因疏水器堵塞，一般可通过清除过滤网的污垢或内部污垢即可恢复正常工作；如疏水器漏汽严重，则需修理或更换。

(11) 采用干湿球温度计的干燥窑，应注意保持湿球温度计水杯的水位，定时加水。

(12) 根据记录情况注意及时改变基准阶段和实施调湿处理。

(13) 对于自动控制干燥窑，除应正确设定输入参数外，还应注意经常检测各含水率测量点的读数，如出现异常读数（因电极探针与木材接触不良造成个别读数远低于其他测量点的读数），应立即将其取消，待以后检测如恢复正常时再重新输入。还要注意当出现报警时的应急处理。并注意监测控制装置和执行机构的正确运行。

(14) 对于半自动控制的干燥窑，应注意基准改变阶段时立即调整控温仪表的控温控湿范围。

在实施干燥过程之前，应做的最重要工作是检查设备，重点是检查窑体、加热系统、通风系统和测量仪表系统，以确保窑体密封，门能灵活开启，控制阀能灵活控制，加热器、喷蒸管和管道不堵塞，风机运转平稳以及测量仪表能准确测量。

当做好干燥设备检查、窑内装好待干木材、选择好干燥基准工作后，就可实施干燥过程了。木材干燥过程一般可分为四个阶段，即预热阶段、干燥阶段、终了阶段和冷却阶段。

4.3.4.1 预热阶段

木材进窑后不能立即干燥，而必须进行喷蒸处理，使木材在不蒸发水分的情况下进行预热，称之为初期处理或预热处理。

预热的目的如下：①让木材在不失水的条件下热透，使木材在下面的干燥阶段中形成表面温度低、内部温度高的温度梯度，使木材整体热透、温度均匀，促使木材内部水分重新分布，提高木材的可塑性，防止木材开裂。②消除木材在气干阶段已经形成的表面硬化和残余应力，减少干燥缺陷。

开始预热时，应把窑门排气口关紧，使窑内处于封闭状态。然后慢慢打开加热器和喷蒸阀门，同时打开疏水器的旁通管，排除存留在管路系统中的凝结水，经10min左右，再关闭旁通管。

刚锯开的生材，各层含水率均在纤维饱和点以上，木材内无应力，此时宜选用相对湿度为100%的介质预热。经短期气干的木材，外层含水率低于纤维饱和点，内层含水率高于纤维饱和点，应力呈外张内压状态，此时宜用相对湿度为100%介质预热。若木材的初含水率接近纤维饱和点时，选定的相对湿度可大于96%，允许木材表面少量的吸湿，以降低木材表面的含水率梯度，恢复塑性变形能力，改善木材中已存在的应力状态。

温度：应略高于基准开始阶段温度。硬阔叶树材可高出5℃，软阔叶树材及厚度60mm以上的针叶树材可高出8℃。

湿度：新锯材，干湿球温度差为0.5~1.0℃，经过气干的木材，干湿球温度差以使窑内木材平衡含水率略大于气干时的木材平衡含水率为准。

处理时间：应以木材中心温度不低于规定的介质温度3℃为准，也可按下列规定估算：

针叶树材及阔叶树材夏季材厚每1cm约1h；冬季木材初始温度低于−5℃时，增加20%~30%。硬阔叶树材及落叶松，按上述时间增加工20%~30%。

预热处理后，应使温度逐渐降低到相应阶段基准规定值。

经较长时刻气干的木材，各层含水率均低于纤维饱和点，应力呈暂时平衡状态，宜用相对湿度100%并和木材含水率相平衡的介质预热，表层有限度的吸湿。

经长期气干的木材，各层含水率均低于纤维饱和点，应力呈外压内张状态，此时如使表层吸湿，则会加剧内层所受张应力，因此宜用相对湿度与木材表层含水率相平衡的介质预热，尽量不使表层吸湿。

预热阶段又由升温和维持两个阶段组成，升温阶段应紧闭进气，起初只开加热器，待窑温升至约35℃时可同时开喷蒸管和加热器使湿球尽可能接近干球温度，如二者相差较大，可适当关小加热器阀门。加热升温阶段只要能使湿球温度十分接近或等于干球温度，升温速度可不受限制。维持阶段进排气门仍要始终紧闭，反复调节喷蒸管和加热管，使干球温度和湿球温度维持要求的水平。

预热阶段所消耗的蒸气量和热量是干燥阶段的1.5~2倍，因此需注意，当有几个干燥窑时，应尽量相互错开，不要同时进行预热。

从开始预热时，就应开动风机，直至干燥结束。如系可逆循环，风机应定时反转。因为反转能使木材预热均匀，也能提高干燥阶段木材干燥的均匀性。

4.3.4.2 干燥阶段

预热阶段结束后，关闭喷蒸管，使干湿球温度缓缓降至干燥基准第一阶段所要求的温度。

在干燥过程中，干燥窑内的温度和相对湿度应按干燥基准规定进行调节和控制，基准阶段转换时应缓慢过渡，不允许急剧升高温度和降低湿度。否则，会使木材表面水分强烈蒸发，产生木材开裂等干燥缺陷。

干燥过程中，对表层残余伸张应力显著的锯材应进行中间处理，防止后期发生内裂或断面凹陷。

温度：高于该干燥阶段温度8~10℃，但最高温度不超过100℃。

湿度：按窑内木材平衡含水率比该阶段基准规定值高5%~6%确定。

处理时间：参照表4-27。

处理后，温、湿度逐渐降低至干燥阶段基准规定值。

干燥窑内温度调节误差不得超过±2℃，相对湿度调节误差不得超过±5%。

在调节和控制干燥窑内的温度和相对湿度时，要适时适量地开启和关闭进气道和排气道。

操作时，不适量地使用进、排气道，既浪费热量，又使工艺过程偏离干燥基准，故在任何情况下，都不允许敞开进、排气道，而打开喷蒸管的阀门，向干燥窑内喷蒸。干燥过程中，如不需要进行中间处理，喷蒸管应始终关闭。只需要调节加热器和开关排气门可满足基准所要求的干球温度和湿球温度。当基准由一个含水率阶段向另一个含水率阶段转变时，同样应缓慢进行，任何时候都应避免干、湿球温度的大起大落。

干燥过程中，应定时通过含水率检验板测定木材含水率的变化情况。测定时，将检验板从材堆中取出，称重后再放回材堆中干燥。由所称质量和入窑前推算出的全干重即可算出检验板当时的含水率。此时认为是整窑的木材含水率。

对难干材或厚板，当干燥到木材纤维饱和点阶段，木材内产生的应力和应变会很大，此时应暂时停止执行干燥基准，对木材进行喷蒸处理，也即中间处理。在干燥过程中所进行的处理可统称为中间处理。中间处理的根本目的是及时消除木材的表面硬化及在木材内部形成的过大的含水量梯度及内应力，减少干燥缺陷，加速干燥过程。

中间处理次数依具体情况而定，处理时介质的状态是：温度略高于干燥基准上相应含水率阶段规定温度或相当，相对湿度应和木材当时含水率相平衡，这既能防止木材处理时蒸发水分，也能防止干燥到这种程度的木材过分吸湿回潮。

中间处理的主要参数是介质的温湿度和处理时间，它们根据被干材的树种、规格和干燥阶段而不同，根据干燥阶段可将中间处理分为三个时期。

1. 前期的中间处理

一般将木材含水率为35%以上的阶段称为干燥前期。此时木材含水率状态相当于短期气干的木材。中间处理的主要目的是解除木材的表面硬化，消除表面张力，防止表面开裂。由于木材很湿，水分蒸发能力很强，所以必须用高湿使木材表面水分尽量不蒸发，因此宜用相对湿度为100%的湿度处理，处理温度不必太高，一般比处理前的干燥阶段高5~8℃即可，喷汽和维持时间也不必过长，根据经验，一般仍以板材厚度每1cm喷汽和维持时间总共2h计算。

2. 中期的中间处理

一般将木材含水率为25%左右的阶段称为干燥中期。这时的木材分层含水率和应力状态与经过较长时期气干、应力暂时平衡的木材相近。此时木材已有湿心，处理的温度要求高一些，一般比处理前干燥阶段的温度高8~10℃，介质状态应和木材含水率相平衡，相对湿度不宜过大，可取95%左右。由于此时表面硬化层较厚，所以处理时间应适当加长。

3. 后期的中间处理

一般将木材含水率为20%以下的阶段称为干燥后期。此时木材的分层含水率状况和应力状态与前述经过长期气干且已越过应力暂时平衡阶段的木材相似。如不及时处理，可能发展到内部开裂的严重程度。处理的温度一般比处理前干燥阶段的温度高10℃。由于此时木材表层含水率也很低，为避免表层过分吸湿，所以介质的相对温度不能太高，一般为90%~95%即可，处理时间应有更大增加。

中间处理的过程是先喷蒸气升温升湿，达到要求后保持高温高湿一段时间，然后降温降湿恢复原来干燥阶段的温湿度继续进行干燥。也就是喷蒸、维持、冷却三个阶段。

在中间处理过程前后，要用应力检验板检验应力状态。处理前检验的目的是为了确定处理时所用介质的状态和所需处理时间；处理后检验的目的是判断处理效果。

严格地说，终了处理可分为两个阶段，一是终了平衡处理阶段，另一是终了调湿处理阶段。由于被干木材的初含水率不尽相同，干燥窑内各处的干燥速度不同，以及心边材的差别，都会引起整批被干木材含水率不均匀。通过终了平衡处理，可以消除这种干燥不均匀现象。木材在干燥过程中，会产生残余应力，同时木材厚度上也存在含水率偏差，通过终了调湿处理，可消除或减轻残余应力和木材厚度上的含水率偏差。

平衡处理应从窑内最干检验板的含水率比要求终了含水率低2%时开始，处理时介质的温度与干燥最后阶段的温度相当；湿度与最干木材的含水率相平衡，处理到最湿木材的含水率达到要求的终含水率为止。

平衡处理后紧接着进行调湿处理。处理时介质温度与干燥最后阶段的温度相当；湿度视木材的种类而定，如为针叶材，则应与比终含水率高3%的含水率相平衡。处理时间应根据木材厚度而定，一般说来，每厚1cm，处理2h左右；如为阔叶材，则应与比终含水率高4%的含水率相平衡，每厚1cm处理3~4h。当然还应视被干木材的最终用途而定，用途较重要的木材，处理时间可略长些，否则时间可短些（表4-27）。

4.3.4.3 冷却阶段

终了处理结束后即木材干燥结束。但此时木材还不能出窑，因为此时木材温度很高，和窑外温度相差很大，如立即出窑会引起木材炸裂。因此干燥过程结束以后，应关闭加热器和喷蒸管的阀门，让风机继续运转，进、排气道呈微开状态，以加速木材冷却。冬季待木材冷却到30℃左右，夏季待到木材冷却到60℃左右才能出窑。

4.3.4.4 应力的检验

含水率应力及残余应力之和等于全应力。在干燥过程中，应力的发展会使木材发生不同程度的干缩，结果会影响木材质量（开裂、翘曲等），应力的大小和方向可根据刚刚锯制的应力试验片的齿形变化来分析。

在干燥刚开始阶段，因木材内外层含水率均很高，木

表 4-27 终了调湿处理时间 (h)

树　种	材厚（mm）			
	25、30	40、50	60	70、80
红松、樟子松、马尾松、云南松、云杉、冷杉、杉木、柳杉、铁杉、陆均松、竹叶松、毛白杨、山杨、沙兰杨、椴木、石梓、木莲	2	3～6	6～9*	10～15*
拟赤杨、白桦、枫桦、橡胶木、黄波罗、枫香、白兰、野漆、毛丹、油丹、檫木、苦楝、米老排、马蹄荷	3	6～12*	12～18*	
落叶松	3	8～15*	15～20*	
水曲柳、核桃楸、色木、白牛槭、樟叶槭、老皮桦、甜锥、荷木、灰木、挂樟、紫茎、野柿、裂叶榆、春榆、水青冈、厚皮香、英国梧桐、柞木	6*	10～15*	15～25	25～40*
白青冈、红青冈、稠木、高山栎、麻栎	8*			

注：1. 表列值为一、二级干燥质量锯材的处理时间，三级干燥质量锯材处理时间为表列值的 1/2；
　　2. * 号者表示需要进行中间调湿处理，中间调湿处理时间为表列值的 1/3

材的外层还未产生收缩，木材内无应力存在；干燥终了时，若前面干燥过程操作合理，则木材内水分分布均匀，存在的应力就很小而不足以使试验片齿形发生弯曲，试验片齿形保持不变。

木材干燥时，表层的水分最先蒸发，外层含水率较内层先降到纤维饱和点以下，外层的木材先收缩。随着含水率梯度的增加，木材收缩产生的应力就更大，木材外层受内层的拉伸作用而产生拉应力，内层受到外层的压缩作用而产生压应力，此时应力齿形向外弯曲。这种情况一般发生在干燥的初期阶段。应力很大时，木材会产生外裂和翘曲。

当木材内外层含水率均降到纤维饱和点以下时，因外层木材长期处于受拉状态，失去了部分塑性变形的能力，而内层木材发生干缩，此时，木材内应力分布正好与第二种情况相反，齿形向内弯曲。这种情况一般发生在干燥后期。应力很大时，木材内会产生内裂。

4.3.5 干燥质量及缺陷防止方法

4.3.5.1 干燥质量的检验

木材出窑后，应按中华人民共和国锯材干燥质量国家标准 GB6491-1999 的有关规定进行干燥质量检验。该标准根据我国具体情报况对窑干材进行了干燥质量分级，适用于仪器、模型、乐器、航空、纺织、家具、车辆、船舶、建筑、鞋楦、钟表壳、包装箱、文体用品及其他用途的干燥锯材。

干燥锯材含水率即锯材经过干燥后的最终含水率，按用途和地区考虑确定。以用途为主，地区为辅。干燥锯材含水率按用途确定，见表 4-28。干燥锯材含水率按地区确定，应比使用地区或处所的木材平衡含水率低 2%～3%。该值可作为确定干燥锯材含水率的依据。

干燥锯材的干燥质量规定为四个等级：

一级——指获得一级干燥质量指标的锯材，基本保持锯材固有的力学强度。适用于仪器、模型、乐器、航空、纺织、精密机械制造、鞋楦、钟表壳等生产。

二级——指获得二级干燥质量指标的干燥锯材，允许部分力学强度有所降低（抗剪强度及冲击韧性降低不超过 5%）。适用于家具、建筑门窗、车辆、船舶、农业机械、军工、文体用品等生产。

三级——指获得三级干燥质量的干燥锯材，允许力学强度有一定程度的降低，适用于室外建筑用料、普通包装箱等生产。

四级——指气干或室干至运输含水率（20%）的锯材，完全保持木材的力学强度和天然色泽。适用于远道运输锯材，出口锯材等。

含水率及应力质量指标见表 4-29。

干燥锯材的干燥质量指标见表 4-30。

干燥锯材的干燥质量指标，包括平均最终含水率（$\overline{W}_z$）、干燥均匀度（即木堆内不同部位木材的含水率偏差）、锯材厚度上的含水率偏差（$\triangle W_h$）、应力和可见干燥缺陷（弯曲、干裂、皱缩、炭化、变色等）。

测定每批干燥锯材的平均最终含水率及其偏差、厚度上的含水率偏差及应力等干燥质量指标，对于材种规格、干燥设备及干燥工艺等条件基本固定并掌握了干燥规律等情况，采用 5 块含水率试验板。对于新材种规格、新建干燥设备、探索新的工艺，检查对比或科研试验等情况，采用 9 块含水率试验板进行 1～3 次检验测定。

含水率试验板由被干锯材选取，于两端锯制两块最初含水率试片，用以测定试验板的最初含水率。含水率试验板干燥后，锯制最终含水率试片、分层含水率试片及应力试片。

含水率试验片的平均最终含水率（$\overline{W}_z$）及其标准差（σ）用下式和计算：

$$\overline{W}_z = \frac{\sum W_{zi}}{n}$$

$$\sigma = \sqrt{\frac{\sum_{i=1}^{n}(W_{zi} - \overline{W}_z)^2}{n-1}}$$

式中：W_{zi}——每块试片最终含水率，%
　　　n——试片数量

干燥锯材厚度上的含水率偏差（$\triangle W_h$）按下式计算：

$$W_h = W_s - W_b$$

式中：W_s 及 W_b——心层及表层含水率，%

干燥锯材的应力指标（Y）按下式计算：

$$Y(\%) = \frac{S - S_1}{2L} \times 100$$

式中：S 及 S_1——应力试片在锯解前及含水率平衡后的齿宽
　　　L——齿的长度

4.3.5.2 干燥缺陷产生的原因和纠正方法（表4-31）

表4-28　我国不同用途的干燥锯材含水率　　　　　　　　　　　　单位：%

锯材用途	平均	范围	锯材用途	平均	范围
飞机内饰	7	5～10	木材精密仪器盒	7	5～10
农业机械零件	11	9～14	客车内饰	10	8～13
农具	11	9～15	货车	12	10～15
枪托用材	8	6～12	客车	10	8～13
箱壁	11	9～14	框架滑枕	14	11～18
船舶	11	9～15	普通包装箱	14	11～18
乐器包装箱	10	9～11	胶拼部件	8	6～11
文具	7	5～10	玩具	8	6～11
实木地板	10	8～13	体育用品	8	6～11
缝纫机台板车	9	7～12	运动场用具	10	8～13
建筑门窗	10	8～14	电气器具及机械装置	6	5～10
室外建筑用料	14	12-17	铅笔板	6	3～9
采暖室内用料	7	5-10	鞋楦	6	4～9
机械制造用料	7	5～10	火柴	10	8～13
木桶	6	5～8	梭子	7	5～10
电缆盘	14	12～18	纱管	8	6～11
铺装道路用木料	20	18～30	织机木构件	10	8～13
远道运送锯材	20	16～22	乐器	7	5～10
钟表壳	7	5～10			

表4-29 含水率及应力质量指标

干燥质量等级	平均最终含水率$\overline{W_z}$(%)	干燥均匀$\triangle W_z$(%)	均方差σ(%)	厚度上含水率偏差$\triangle W_h$(%) 锯材厚度(mm)				残余应力指示（叉齿相对变形）Y(%)	平衡处理
				20以下	20～40	41～60	61～90		
一级	6～8	±3	±1.5	2.0	2.5	3.5	4.0	不超过2.5	必须有
二级	8～12	±4	±2.0	2.5	3.5	4.5	5.0	不超过3.5	必须有
三级	12～15	±5	±2.5	3.0	4.0	5.5	6.0	不检查	按技术要求
四级	20	+2.5 －4.0	不检查	不检查				不检查	不要求

表 4-30 干燥缺陷质量指标

干燥质量等级	弯曲（%）								干裂		
	针叶树材				阔叶树材				纵裂（%）		内裂
	顺弯	横弯	翘弯	扭曲	顺弯	横弯	翘弯	扭曲	针叶树材	阔叶树材	
一级	1.0	0.3	1.0	1.0	1.0	0.5	2.0	1.0	2	4	不许有
二级	2.0	0.5	2.0	2.0	2.0	1.0	4.0	2.0	4	6	不许有
三级	3.0	2.0	5.0	3.0	3.0	2.0	6.0	3.0	6	10	不许有
四级	1.0	0.3	0.5	1.0	1.0	0.5	2.0	1.0	2	4	不许有

表 4-31 干裂产生的原因和预防纠正方法

缺陷名称		产生原因	预防、纠正方法
表面裂纹	外裂	1.多发生在干燥过程的初期阶段，基准太硬，水分蒸发过于强烈； 2.基准升级太快，操作不当。干燥室内温度和相对湿度波动大； 3.被干木材的内应力未及时消除或者中间处理不当； 4.平衡处理不当，被干木材有残余应力； 5.平衡处理后，被干木材在较热的情况下，卸出干燥窑； 6.干燥前原有的裂纹在干燥过程中扩大	1.选用较软基准，或者采用湿度较高的基准； 2.改进工艺操作，减小温度和相对湿度的波动； 3.及时进行正确的中间处理，消除内应力； 4.进行正确的平衡处理； 5.被干木材冷却至工艺要求后，卸出干燥窑； 6.作好预热处理
	端裂	1.基准较硬，木材水分蒸发强烈； 2.被干木材，顺纹理的端头蒸发水分强烈； 3.堆积不当，隔条离木材端头太远； 4.原有的端裂在干燥过程中扩大	1.选择较软的基准进行干燥； 2.被干木材端头涂上涂料； 3.正确堆积材堆； 4.材堆端部的二行隔条，一部分突出在材堆之外，以减弱端部气流的速度； 5.严格按照工艺操作
	径裂	这种缺陷发生在髓心板上，主要为弦向收缩和径向收缩的差异	对于大髓心板材，无论在气干还是在窑干过程中都会产生这种缺陷。而这种缺陷只能防止，主要是在锯材时，将髓心部分去除或者使髓心位于木材的表面，方可预防这种缺陷的产生
内部裂纹	蜂窝裂	1.发生这在干燥后期，当木材内部的拉伸应力超过了它的横纹抗拉强度，木材内部形成内裂； 2.基准太硬，干燥前期过快，表面塑化固定； 3.被干木材的材质构造，较易开裂	1.做好被干木材的中间处理； 2.选择较软的基准，控制前期干燥速度。及时进行前期处理； 3.对于易产生内裂木材，采用较软的基准，干燥时加强检查，及时调节好温度和相对湿度
	弯曲	1.主要由于径向和弦向干缩不一致而产生，尤其是弦面板易发生弯曲； 2.被干木材的材堆，堆积不正确，隔条厚度不均匀，隔条上下位置不在同一条直线上； 3.被干木材厚度不均匀； 4.终含水率不均匀，有残余应力； 5.材堆上部弯曲	1.按堆装工艺要求，严格配置隔条； 2.使用厚度一致的隔条，按工艺要求堆积木材； 3.改进锯材，使被干木材厚度一致； 4.做好平衡处理； 5.在材堆上部加压重块
	翘曲	1.主要由于木材之间干缩不一致造成的板面扭翘不平； 2.干燥窑的温度、相对湿度波动大	1.在材堆上部，加压重块； 2.按基准操作，在干燥后可采用高温、高湿空气使木材的塑性变形能够恢复原形
	生霉	干燥窑温度低，相对湿度高，干燥介质循环速度缓慢	1.对已生霉的木材，可用在较高湿度的情况下，把空气加热到60℃，并将木材热透若干小时，可以消除生霉现象； 2.加快介质循环速度
	皱缩	主要是木材受高温的作用，微毛细管排除水分后处于真空状态，在毛细管压力的作用下，细胞被压扁而造成	对于易产生皱缩的木材，一般采用低温缓慢的干燥，对已经发生皱缩的木材，可用82～95℃的温度和100%的相对湿度进行长期（约一昼夜）喷蒸处理，使木材含水率重新湿润到纤维饱和点，然后进行低温干燥。 在被干木材含水率没有降到30%以前，不采用超过70℃的温度干燥

表 4-31(续)

缺陷名称		产生原因	预防、纠正方法
干燥不均匀	沿木材长度方向	主要是因为加热系统,沿干燥窑长度方向对气流加热不均匀	检查加热管的安装坡度,排除加热管中的冷凝水和空气,检查疏水器是否失灵,回水管是否堵塞,使加热管能够正常工作
	沿木材宽度方向	主要是由于通过材堆的气流速度太慢	在强制循环干燥窑内,通过材堆内的气流速度应保持保持在 1m/s 以上。对于干燥较慢的木材,可适当地堆积稀疏些或者增加隔条的厚度
	沿木材高度方向	主要原因是气流沿材堆高度不均匀	要做好气流的导向,在自然循环干燥窑内,材堆高度不均匀是因为垂直气道不合理,或者没留垂直气道。对自然循环干燥窑来说,加热管最好放在材堆底部,在强制循环干燥窑内,要注意使空气沿材堆高度方向均匀分布,如设置挡风板,干燥窑做成斜壁等
	沿材堆整个断面上	1.材堆内木材的规格,厚度不统一; 2.干燥薄板时,二块木材重叠堆积或者是多块木材重叠堆积; 3.宽木材在自然循环干燥窑干燥时往往会产生干燥不均匀	1.在制材时统一规格,使厚度一致; 2.合理堆积; 3.对于有条件的单位来说,可将宽木材改用强制循环干燥窑来干燥

参考文献

[1] 梁世镇. 木材干燥. 北京：中国林业出版社，1981
[2] 朱政贤主编. 木材干燥. 北京：中国林业出版社，1992
[3] 王恺、梁世镇、顾炼百主编. 木材工业实用大全木材干燥卷. 北京：中国林业出版社，1998
[4] 林梦兰编. 木材干燥. 北京：中国林业出版社，1985
[5] 杜国兴编. 木材干燥质量控制. 北京：中国林业出版社，1997

木工机械

本章全面地介绍了各类木工机械设备的结构与工作原理、性能、用途和维护等知识。主要介绍的设备有木工锯机、木工刨床、木工铣床、开榫机、木工钻床、木工榫槽机、木工多工序机床、旋切机等。

5.1 木工锯机

木工机床按照国家标准GB12448-90《木工机床型号编制方法》规定，共分13类；人造板机械按林业部标准LY521-81《人造板机械设备型号编制方法》规定共分48类。该两项标准规定，通用木工机床和人造板机械型号分别以M(木)和B(板)开头，具体的表示方法如下：

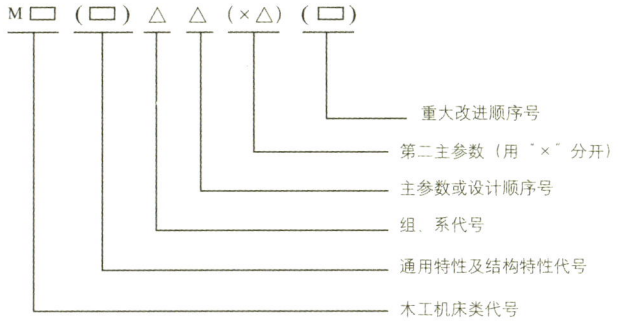

注：1.有"□"符号者，为大写的汉语拼音字母
2.有"△"符号者，为阿拉伯数字
3.有"( )"的代号或数字，当无内容时，则不表示。若有内容时，应不带括号

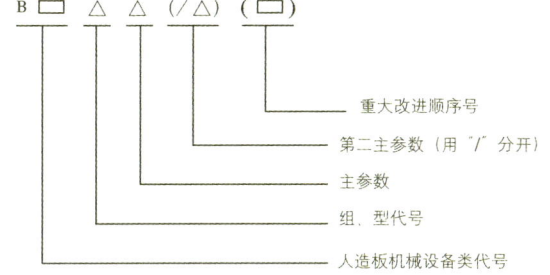

13类木工机床及代号为：木工锯机MJ，木工刨床MB，木工铣床MX，木工钻床MZ，木工榫槽机MS，木工车床MC，木工磨光机MM，木工联合机ML，木工接合组装和涂布机MH，木工辅机MF，木工手提机MT，木工多工序机床MD，其他木工机床MQ。

人造板机械的主要类型及其代号如下：削片机BX，铺装成型机BP，干燥机BG，压机BY，裁边机BC，砂光机BSG，施胶机BS，旋切机BQ，刨切机BB，纤维分离机BW，装卸机BZX，胶膜纸机BJM等。

锯机在木工机械中所占比重甚大，制材、木制品、家具、建筑、装修、车辆车厢、造船等行业中均有广泛应用。

锯机按锯具的不同，主要分为带锯机、框(排)锯机和圆锯机。

5.1.1 带锯机

带锯机的主参数是锯轮直径，其大小决定着带锯机的用途、主要结构和加工能力，它是选用带锯机时首先应考虑的参数。

带锯机按工艺用途的不同可以分为原木带锯机，如图5-1(a)所示，主要用于将原木锯解成方、板材；再剖带锯机，如图5-1(b)、(d)所示，用于将毛方、厚板材、厚板皮等再剖成薄板材；细木工带锯机，如图5-1(c)所示，主要用于较小零件或外形为曲线的零件加工。

通常带锯机两轮中心连线是垂直布置的称为立式；也可水平布置，如图5-1(d)，称为卧式。一般锯机为"右式"——站在进锯处观察，锯轮按顺时针方向回转；反之为"左式"，并在型号中加结构特性代号(z)。选用时应注意，右式还是左式要与工艺布置相配合。

传统使用的带锯机是单锯带锯机。近年来，为提高生产率，开始实行在一个进给机构条件下，用多台锯机同时

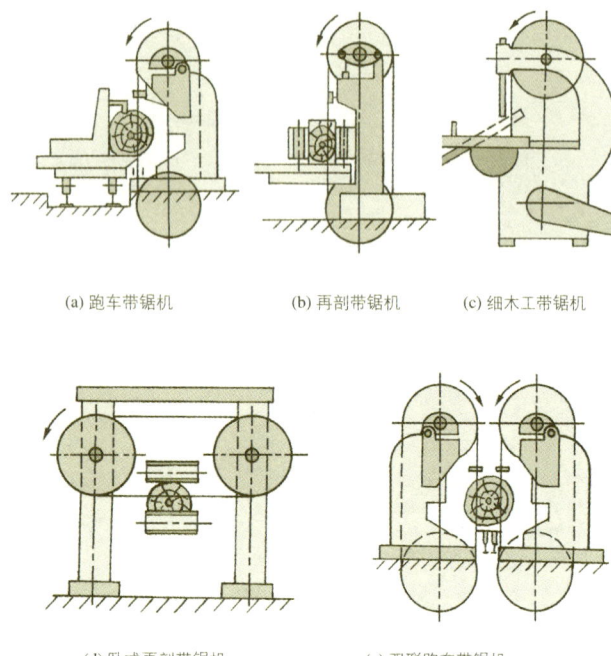

图 5-1 木工带锯机分类

(a) 跑车带锯机 (b) 再剖带锯机 (c) 细木工带锯机
(d) 卧式再剖带锯机 (e) 双联跑车带锯机

锯剖木材,称为多联带锯机,其中多数呈对称布置的,称为多联对列带锯机,也有顺序布置前后偏位的,称多联纵列带锯机。图 5-1(e)为双联跑车带锯机。

带锯机组系的划分如表 5-1 所示。

表 5-1 带锯机组系名称及其代号

组		系代号	木工锯机名称
名称	代号		
带锯机	3	1	普通木工带锯机
		2	跑车木工带锯机
		4	细木工带锯机
		5	自动进给木工带锯机
		7	卧式木工带锯机
		8	(多)联对列木工带锯机
		9	台式木工带锯机

5.1.1.1 原木带锯机

国内锯解原木应用最广泛的是跑车木工带锯机。其特点是与圆锯机、框锯机相比所用锯条较薄,锯路损失较小,成材出材率较高;锯解中便于观察,易实现"看材下锯",得材等级率较高。

跑车带锯机通常由两大部分组成:完成主运动的锯机主体(或称锯机本身)和夹持原木并完成进给运动的跑车。在一些更为完善的锯机上还设有上木、翻木以及锯材、板皮的运输等装置。国外有时还扩大到包括原木测量等附属设备。

1. 锯机本身

图 5-2 为跑车木工带锯机锯机主体的外形简图。它主要由床身,上、下锯轮装置,锯轮升降装置,锯条张紧装置,锯卡装置,传动机构以及其他辅助装置等组成。现择主要装置的功用简介如下。

(1) 锯轮:锯轮是安装带锯条的一对轮子,是实现主运动的主要部件。下锯轮由主电机,经三角皮带传动。一般线速度在 45~60m/s。下锯轮通过带锯条带动上锯轮转动。

(2) 上锯轮升降及倾斜装置:上锯轮升降,可调节上下锯轮间的中心距,以便更换和张紧锯条;上锯轮向进料方向适当倾斜,有利于锯条抗衡锯切木材时的压力,使其稳定在锯轮的一定位置上,防止它从锯轮上滑落。目前,该装置大多具有机动操纵装置。

(3) 带锯条张紧装置:带锯条必须保持适当的张紧度,才能保证锯解工作顺利进行。多数带锯机都设有灵敏可靠、能自动调节锯条张紧力的张紧装置,保证锯条在工作过程中能自动维持合理的张紧力。

目前国内最常用的是杠杆重锤式张紧装置。它结构简单,使用方便,但灵敏度稍低。气动张紧的摩擦阻力小,反

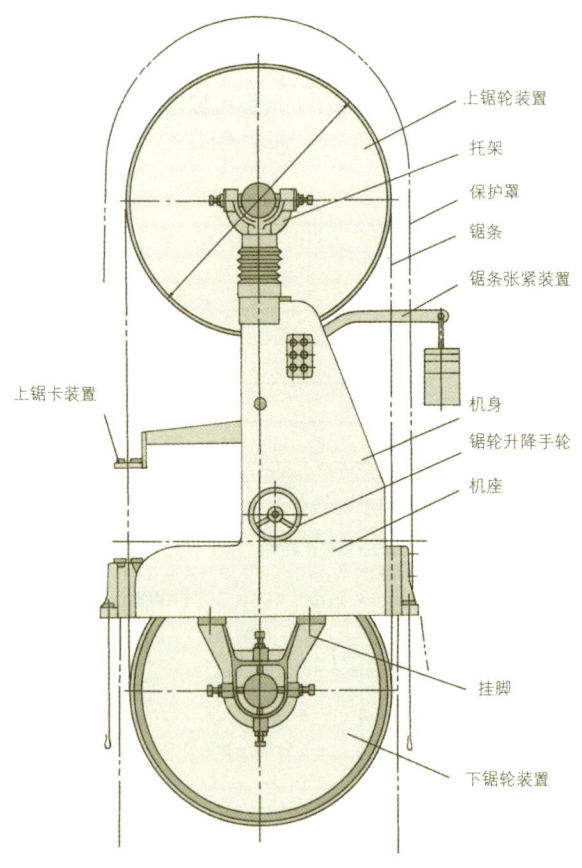

图 5-2 跑车木工带锯机主机外形

应迅速,尤其适合于应用薄锯条、高张力的带锯机,国外已广泛采用。

(4) 锯卡装置:锯卡是锯条的导向装置,安装位置应接近锯割的木材,其作用可提高锯条本身的刚度,保持锯路平直。锯卡有上、下之分。下锯卡固定于机座;上锯卡装于机身专设的导轨上,可随锯路高度不同而随时调节。上锯卡升降频繁,要求调整灵活,操作方便。通常普通锯卡内衬端面与锯条侧面的缝隙应控制在 0.1~0.15mm,过紧则摩擦过大,锯条发热易产生弯曲;过松则会失去锯卡的作用。

随着带锯机张紧力和进料速度的提高,对锯条锯切时的平直度和刚度提出了更高要求,出现了压力锯卡。

压力锯卡用机械接触的方式,以一定的压力将锯条的切削边沿侧向向外推出一距离(一般为 6~15mm)。这可提高锯条的刚度,增强锯条抵抗侧向摆动的张力,保证锯条位置不受上锯轮侧向移动的影响,使锯条在切削区内成一垂直线并保持平直度,这些因素都有利于提高锯切精度和成材质量。但另一方面压力锯卡调整要求高,上、下锯卡使锯条切削边推出的距离必须相等,衬垫摩擦系数要小,且耐磨,这在选择应用时均应注意。

2. 跑车

图 5-3 为国产 MJ3215 型锯机的数控液压机械化跑车的侧面视图。它主要由车轮、车架、车桩部件、侧向进给及其控制装置(图中未标)、自动退避装置、跑车纵向行走拖动装置(图中未标)、车上翻料装置、卸料装置以及数控和液压系统等组成。

(1) 车桩:车桩又称卡木桩,由原木夹紧和为适应原木尖削度而设的立桩微调等机构组成,用于原木的定位和夹紧,同时也是原木侧向进给的执行机构。原木夹紧和立桩微调可以采用手工、机械、气动和液压等多种方式。车桩数量根据需锯解原木的长度而定,一般有 3~5 组。如为锯解 2~8m 规格的原木,跑车可设 4 组车桩,车身长度约为 6m。

(2) 侧向进给装置:又称"摇尺",用于控制立桩进退,是跑车的关键机构之一。锯解尺寸精度在很大程度上是由它决定的。它可以采用机械、液压(如步进油缸)、气动等多种方式驱动。目前国内应用最广的是采用双速电机,经减速器带动齿轮齿条机构,驱动立桩和原木实现侧向进给。进给量即立桩位移的控制主要有三种形式:①用标尺和行程开关直接控制。它结构简单制造方

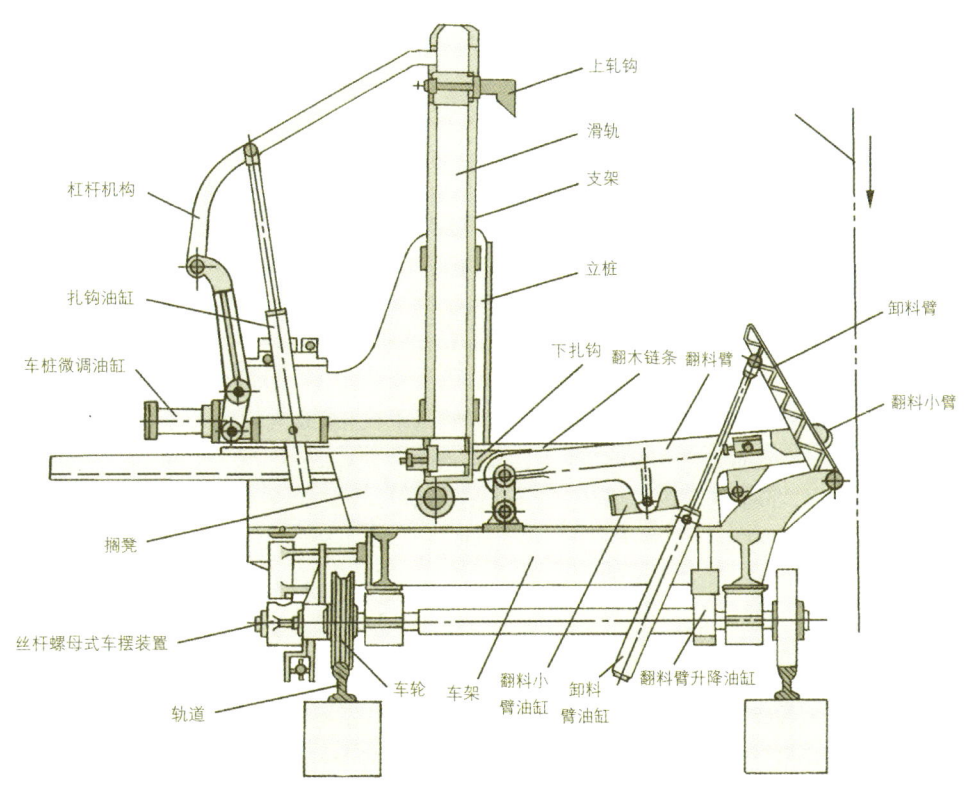

图 5-3 MJ3215 型带锯机数控液压传动跑车

便，但精度差，工人需在跑车上操纵，不甚安全，宜少用；②自整角机同步传动系统控制。这在目前国内应用十分普遍。它制造、维修比数控方式简单，但它包括一定视差，且机械升速、降速等环节较多，也会造成一定的误差；③简易数控方式通常可采用光栅或回转光码盘作为机一电转换装置，精度较高。但锯机工作环境恶劣，应有很好的防震、密封措施，维修要求也较高。上述②、③控制精度虽较高，但若驱动采用立桩到规定尺寸再制动的方式，往往仍得不到满意的进尺精度。这主要是受惯性的影响。目前拉开高、低速差（低速/高速可取1/6~1/10）的侧进系统，能保证获得较满意的锯解精度。这在选购时应注意。国外采用步进油缸或步进马达驱动立桩，可获高的侧进精度。

（3）自动退避装置：又称"车摆"。其作用在于当跑车刚开始返程时，能使车架和原木相对于锯条横向移动（退避）一个小距离（一般在10~15mm），避免带锯条因和原木锯解表面摩擦、碰撞而造成损坏或脱落等事故。而当跑车重新进入工作行程时，该装置又可以使车架自动反向横移，以补偿上述退避的距离。因此，车摆装置是跑车上重要的特殊装置，它常被安装在跑车下面两端的车轮轴上，并有适当机构保证该两组车摆同步动作。

常见的车摆的结构形式有：斜齿啮合式、平面摩擦式、丝杠螺母式以及液压、气动等方式。

车摆装置必须设有"停摆"机构，以防锯解过程中发生故障，需停车并让跑车沿原锯路退回时使用。

（4）跑车纵向行走传动装置：这是使跑车沿轨道纵向进给和快速返回的传动装置。常用的形式有摩擦轮式，通过摩擦轮的正反转，以及正压力的变化来改变跑车行走的方向和速度。通常需人工操纵，也可用油马达驱动钢丝绳轮，由钢丝绳拖动跑车，还可采用可控硅控制的直流电机驱动。后两种方式提高了跑车的自动化程度，并可设置自动定程装置（该装置能保证跑车在设定的行程范围内自动往返），与侧进装置联动，组成简单的程序控制系统。能自动完成以下动作顺序：跑车在规定的起始位置进锯，锯解木材至规定位置后自动快速返回，到起始位置停止；立桩由侧进装置驱动按一定的尺寸（即需锯解板材的厚度）侧移；到位后跑车又自动进锯。如此循环，直至将一根原木全部锯解。这种自动循环，对于毛板下锯法中的薄板锯解是非常实用的。

为减少进锯时的冲击，有些跑车还设有光电减速装置。在原木将进锯前可使纵进速度降至5m/min；锯条切入工件20cm后，再恢复正常进给速度。

（5）车上翻料装置：因原木形状和加工工艺的要求，原木需在跑车上作一定的翻转。故在有些跑车上设有车上翻料装置。其形式有链条式、滚轮式和象牙式等。选用时应注意实用、可靠且不损伤加工材的棱边。如图5-3为具有大小翻料臂的链条式翻料装置。可用按钮控制电机转向，使得翻木链条作正反向运动翻转原木；小臂可上摆60°，保证方材顺利翻转，而不损伤其棱边。

（6）卸料装置：用于锯解结束、卡钩放松后，能顺利地从跑车上推下最后一块板皮（或板材）。

（7）抱料装置：在有些大型跑车上设置抱料装置。在锯解大直径原木时起扶抱作用。

3. 上料装置

采用上料装置可大大减轻工人的劳动强度，使跑车锯机的机械化、自动化程度进一步提高。上料装置主要有止料、抬料和上料三部分组成。其驱动方式有机械、气动和液压等形式。

4. 下料台

锯解的锯材经下料台运出。下料台大多采用辊筒输送形式。

表5-2列出了一些国产跑车木工带锯机的主要技术参数。

表5-2 国产跑车木工带锯机主要技术参数

型 号		MJ3210	MJ3212	MJ3212F	MJB3212	MJ3215	MJ3215C	MJ3218A
锯轮直径（mm）		1060	1250	1250	1250	1500	1500	1800
锯轮转速（r/min）		720	600	610	600	600	498	410
锯轮宽度（mm）		115	140	150	140	180	180	254
锯木最大直径（mm）		约850	约1000	1200	1060	1500	1500	1800
锯木最大长度（m）		8	8	8	8	8	8	9
跑车最大速度（m/min）	前进	约46	约60	50	60	60	50	50
	后退	约55	约100	100	90	90	100	100
电动机总功率（kW）		约40	约55	92.2	72.75	117.5	116.7	156.6
机床总质量（t）		3	约7	12.4	8	20.5	22.8	34.7

注：表中技术参数随各生产厂不同而略有出入

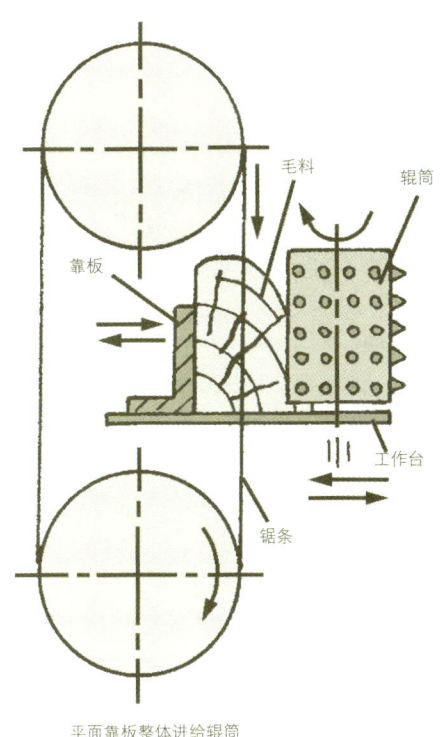
平面靠板整体进给辊筒

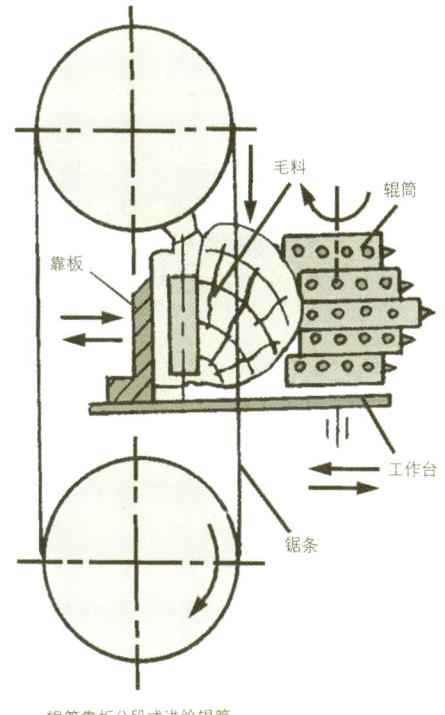
辊筒靠板分段式进给辊筒

图 5-4 立式辊筒进给再剖带锯机

表 5-3 国产再剖木工带锯机主要技术参数

型 号	MJ319	MJ3110	MJ3110A	MJ3110B	MJ3510	MJ3512	MJ3710	MJ3712
锯轮直径（mm）	900	1070	1067	1067	1060	1200	1060	1250
锯轮宽度（mm）	115	115	115	115	110	140	110	140
锯轮转速（r/min）	850	720	750	850	850	700	800	750
最大锯切高度（mm）	450	450	450	450	560	250	250	240
锯条最大长度（mm）	6220	7150	7000	6990	7150		6800	7930
工作台尺寸（mm）		825×805	825×750	825×750	1070×960	—	—	—
电机功率（kW）	10	22	24	33	33.2	35.5	33	47
机床质量（t）	1200	1950	2250	2150	2850	3750	3800	10500

5.1.1.2 再剖带锯机

1. 立式再剖带锯机

立式再剖带锯机的主要切削机构与原木带锯机相近似。区别较大的是其进给装置。目前，国产的再剖带锯机中，采用手工方式进给者仍占相当比例。手工进给对加工工艺变化的适应性强；但工人的劳动强度高，易得职业病，故应尽可能采用机械进给的方式。机械进给的类型很多，有辊筒式、履带式和小型跑车等方式，国内均有应用。图 5-4 所示为立式辊筒进给，它利用带尖刺的辊筒（俗称"菠萝密"）的回转，带动毛料实现纵向进给。这对处理板皮较为方便，结构又较简单，故应用广泛。

2. 卧式再剖带锯机

卧式带锯机既有用于原木锯解，也有用于再剖锯解。其中后者应用较多。特别是在板皮加工中，它以已锯解平面作基准面，锯解平稳，加工质量较好。通常机床能实现自动进料、锯解、分板，把锯下的毛边板从卸料台送出，需再锯剖的板皮，经分板器、横向运输链、由回料台返回，再经横向运输链送至上料台继续锯剖。这种卧式带锯机的主要缺点是占地面积稍大。国外应用小规格卧式带锯机锯剖小径级材，效果颇好。

表 5-3 列出了部分国产再剖木工带锯机的主要技术参数。

5.1.1.3 细木工带锯机

细木工带锯机主要用于板、方材的直线、曲线以及小于30°～40°的斜面锯切，广泛应用于细木工家具及木模等车间。这类锯机结构较简单，大部分采用手工进料。但随实木家具的发展，各种曲线配料的需求大增，目前已有数字控制的曲线锯切细木工带锯机可供选用。

表5-4列出了部分国产细木工带锯机的主要技术参数。

5.1.1.4 带锯机选用提示

跑车木工带锯机选用可根据加工原木的直径和长度，选定锯机的锯轮直径和跑车长度；依据生产率及投资额的大小选择机床机械化、自动化的程度。其中尤其要注意原木侧向进给机构的驱动与控制方式，它直接关系到今后锯材的精度和成材的得率。选用时还应注意不能光看型号，因跑车带锯机组成部分较多，繁简程度相差甚远，有的还带装料机构，所以有时型号虽然相同，但内容、质量、功率等却相差很大，价格也相去甚远。如MJ3215、MJ3218A分别为气动和液压，且都带有装料机构，机床的质量、功率相差也就特别大。

再剖带锯机主要考虑生产率、功能及机械化程度，同时应注意侧向导板的驱动方式和定位精度。

细木工带锯机主要考虑加工对象的大小和加工曲线的最小曲率半径，选用合适的锯轮直径。

在验收带锯机时，有关带锯机精度和结构安全方面的现行国标和行业标准主要有：JB／T8088-95木工带锯机和跑车精度；JB／T3555-93木工带锯机和跑车技术条件；JB／T6552-92细木工带锯机技术条件；ZBJ6501-89卧式木工带锯机精度；JB6108-92普通木工带锯机结构安全；JB5721-91细木工带锯机结构安全；JB5722-91跑车木工带锯机结构安全等。其中结构安全标准是属强制性标准。

5.1.1.5 带锯机常见故障分析

1. 锯条窜动或掉条

这可能是张紧重锤过轻、张紧力不足或锯条自动张紧装置动作不灵敏；也可能是锯轮轮缘过度磨损；还可能是锯条修整不符合要求，与锯轮接触不良；操作不当，如进料速度过快，或被锯切的木材完全越过锯背并立即返程时也可能造成掉条。

2. 锯机晃动

这主要是平衡度超差和各结合面不严所造成。具体原因可能是上下锯轮静平衡度超差；机座与机身、挂脚与机座、机座与基础等结合面不严密、连接螺栓松动；锯轮轴弯曲或锯轮轴承损坏。若上述原因都排除仍然晃动则应考虑基础不够稳固。

3. 立桩侧向进给量不均匀

原因可能是立桩齿条与传动齿轮磨损不匀造成间隙不匀，或齿轮与齿条啮合间隙中进入异物，或立桩与搁凳导轨结合面磨损造成间隙不匀；通轴上扭力弹簧失效，不能有效地消除齿轮和齿条之间的间隙；制动器制动块磨损或调整不当。

4. 木材锯割面不平或弯曲

原因包括：使用锯条齿形不规则、锯料不均匀(一侧大、一侧小)、锯条适张度不均或不足、锯卡衬板装偏或间隙过大、张紧机构失灵或重锤过轻、跑车的导向用梯形轨道弯曲或高低不平或磨损超限、或梯形槽轮过度磨损等。

5. 自整角机接收机电磁铁动作不灵敏

这可能是磁铁和衔铁接触面间有污物；也可能磁铁有剩磁或衔铁表面不平或有锈蚀；还可能是衔铁定位销磨损或变形，造成衔铁移动困难。

5.1.2 框(排)锯机

框锯机亦称排锯机，主要用于将原木或毛方锯解成方材或板材，是框锯制材的主要设备。

表5-4 国产细木工带锯机主要技术参数

型 号	MJ343	MJ344	MJ346	MJ346A	MJ346B	MJ346C	MJ348A
锯轮直径 (mm)	300	400	610	600	630	630	800
锯轮宽度 (mm)	25	30	34				55
锯轮转速 (r/min)	1100	900	870	800	875	870	800
最大锯切高度 (mm)	150	230	220	220	230	230	600
锯条最大长度 (mm)	2450	2950	4100	4130	4100	4100	5900
工作台尺寸 (mm)	400×400	825×480	660×660	700×700	660×680	610×680	660×783
电机功率 (kW)	1.5	1.1	2.2	3	2.2	2.2	5.5
机床质量 (t)	250	220	650	900	550	550	950

框锯机的主要优点是：生产率较高，锯框上可安装多片锯条，在一次进给中能锯得较多的锯材；现代框锯机自动化程度较高，所用锯条刚性好，锯得的板面质量亦较好；对操作工的要求低于带锯机。

框锯机的主要缺点是：所用锯条较厚，锯路损失较大，出材率不及带锯机；其次，框锯机主运动是直线往复运动，有空行程损失，且换向时惯性较大，这限制着切削速度的提高；由于框锯机是群锯法制材，故在尽可能减少原木缺陷对锯材质量的影响方面，不如带锯机灵活。

框锯机按锯框运动方向可分成立式和卧式两类，立式应用较多。"立式"是指锯框在垂直方向作往复运动。按其结构又可以分为双层和单层。前者生产率高，适用于大型机械化制材企业；后者生产率较低，适用于小型制材厂。

图 5-5 为立式双层框锯机的示意图。电动机通过皮带传动，带动曲轴，由连杆使装有若干片锯条的框架沿着机架导轨作往复运动——主运动。被锯切原木的进给由前后两对带槽纹的辊筒来带动。可以沿轨道进退的前后支承小车对原木起导向和支承作用。

框锯机的主参数是锯框的开档，一般在 500~750mm，宽者可至 1000mm，可按加工原木的最大直径选定。通常加工原木直径范围 14~60cm，长度为 3.5~7m。

国外有些先进的框锯机，如瑞典柯肯(Kockums)生产的 261RV-20A 型，使锯框按"8"字形轨迹运动，可避免限制框锯进给速度的"回程刮锯"现象，使框锯进给速度和生产率大为提高。

表 5-5 列出了国内外部分框锯机的主要技术参数。

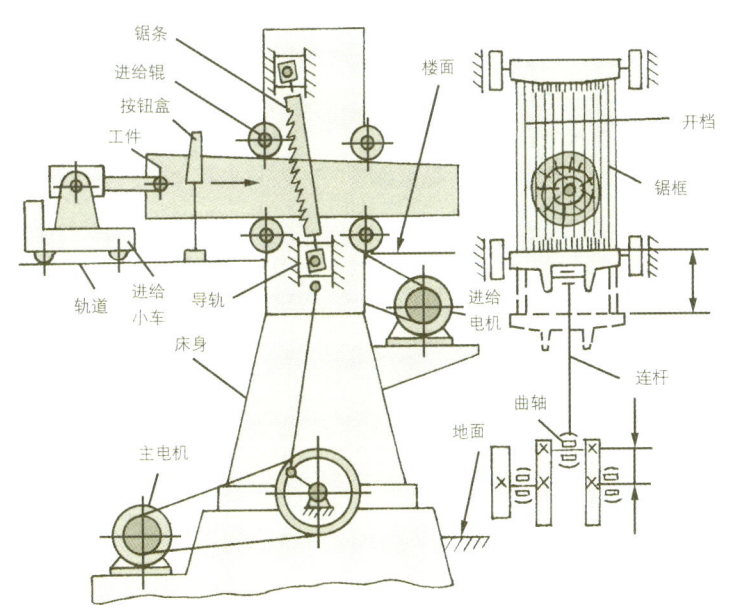

图 5-5 立式双层框锯机

表 5-5 部分框锯机主要技术参数

厂商	型号	锯框开档 (mm)	锯框行程 (mm)	主轴转速 (r/min)	进给速度 (m/min)	电机功率 (kW)	结构特点
国产	MJ425	550	350	250	0~30	50.1	连续进给
	MJ427	750	600	250	0~30	81.2	连续进给
前苏联	2P80-1	800	700	320	3.2~22.4	138	
前苏联	2P100-2	1000	700	250	1~10	168	双层、连续进给、锯框倾斜
芬兰 Alhstrom 公司	OTSO700	500	700	360	~28.8	95	
		700		320	~25.6	125	
德 Esterer 公司	HDS600/SV	660	700	300	~18	110~115	重型、锯框倾斜度能自动调节
	HDS700/SV	700	600	310	~18.6	110~115	
德 Braun 公司	DHGB71/75/70	750	700	310	~21		
瑞典 Kockums 公司	261RV-20A	700	500	380	~52.5	110~132	锯框按8字形轨迹运动

5.1.3 圆锯机

圆锯机结构简单，效率较高，类型众多，应用广泛，是木材机械加工中最基本的设备之一。

按照切削刀具的加工特征，圆锯可分为：纵锯圆锯机、横截圆锯机和万能圆锯机。若按工艺用途分则有：锯解原木、再剖板材、裁边裁板等形式。按照安装锯片数量又有单锯片、双锯片及多锯片之分。

5.1.3.1 纵剖圆锯机

纵剖（或称纵锯）圆锯机主要用于对木材进行纵向锯解。有单锯片、多锯片，手工进给和机械进给等不同类型。如裁边圆锯机，再剖圆锯机和原木圆锯机等都是不同工艺用途的纵剖圆锯机。

1. 手工进给纵剖圆锯机

它结构简单，制造方便，有时也可作横截，适用于小型企业或小批量的生产，应用颇广。图5-6所示为国产MJ104型手工进给木工圆锯机。圆锯片由主电机经传动带驱动，手工推送工件，沿纵向导板进给可作纵剖；工件由横向导板推进，则可作横截。工作台还可作适当倾斜调节。

2. 机械进给纵剖圆锯机

在大量生产中应尽量采用机械进给圆锯机。根据工艺用途的不同，有多种类型。纵剖板、方材时，以履带进给和辊筒进给应用最为普遍。国产MJ154型为单锯片履带进给纵剖圆锯机，设有可靠的压紧和防护机构，能保证工件顺利进给，防止工件反弹伤人。国产MJ143型为多锯片履带进给纵剖圆锯机，其生产效率高，加工质量好，应用广泛。

当多锯片纵锯机用作再剖毛方或厚板材时，国外常常设计成双锯轴的型式。两根主轴上、下排列，两轴上的锯片相应对准，各承担每条锯口锯路高度的一半。其明显的优点是在锯切同样厚度工件时所需锯片直径大为减小，锯切中与工件的摩擦面积缩小，功率消耗降低，通常生产率可提高一倍，锯路损失可下降30%。

3. 裁边圆锯机

裁边机专门用于将毛边板裁成整边板。有单和双锯片、手动和机械进给等形式。在大型的机械化流水作业制材厂内常用双锯片裁边机，放置在大带锯或框锯机的后面。通常要求裁边机操作方便，调整迅速。具有较大（50～100m/min）的进给速度，以适应各种宽度毛边板的处理和生产率的要求。

现代裁边圆锯机上常设置激光对线装置，以提高出材率。

5.1.3.2 横截圆锯机

横截圆锯机用于对工件进行横向截断。有单或多锯片，手动或机动进给、工件或刀架进给等多种类型。它们的结构在很大程度上取决于加工件的尺寸和对机床生产率、自动化程度等方面的要求。例如 对小批量、小而轻的工件可采用手动进给；对大批量则应考虑采用机械进料；而对批量不大的笨重大件，可采用工件固定，由刀架实现进给运动；但如批量很大则又应考虑采用具有专门运输带进给的多锯片截断锯等等。

5.1.3.3 摇臂式万能木工圆锯机

摇臂式万能木工圆锯机工艺用途广泛。它既可以装圆锯片用于纵锯、横截或斜截各种板方材，又可以安装其他木工刀具完成铣槽、开榫和钻孔等多项作业。图5-7为这类机床

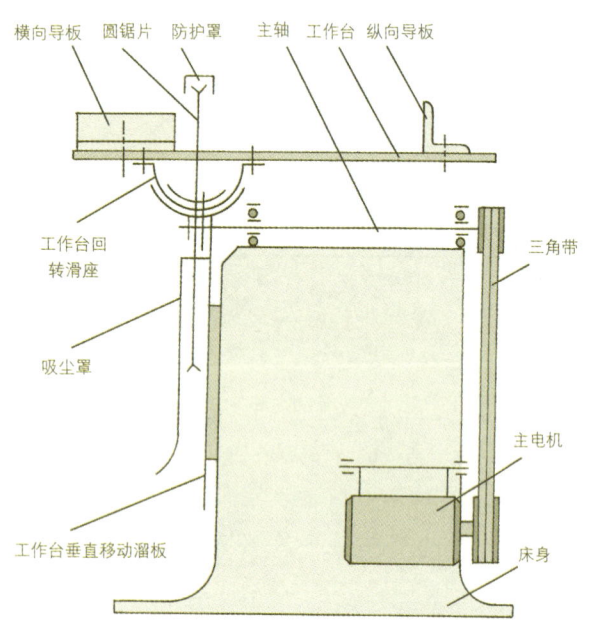

图5-6 MJ104型手工进给木工圆锯机

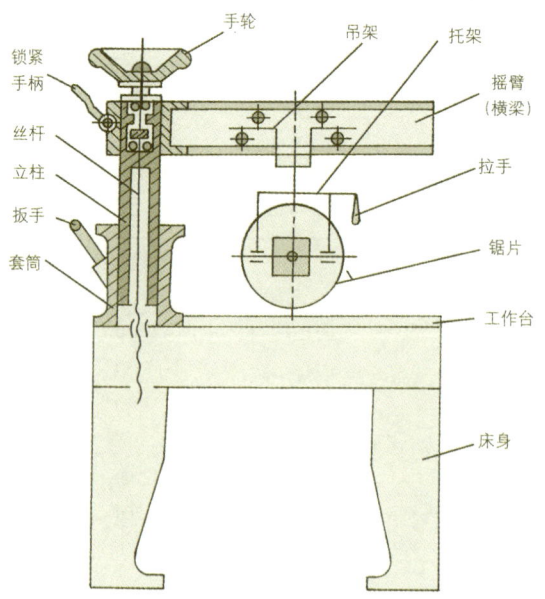

图5-7 摇臂式万能木工圆锯机

的示意图。横梁装于立柱的上部，并可绕立柱在水平面内按需要调整为与工作台导板成30°、45°、90°或（有的机床）可在360°范围内任意调节。吊架与托架组成特殊的复式刀架。托架可绕轴线相对于吊架作0°、45°、90°或任意角度的调整。吊装在托架上的专用电机与其轴上的锯片还可绕轴线相对于水平面0°、45°、或90°的调整。拉动手柄，刀架锯片沿摇臂内的导轨移动，加工工件。国产MJ223，MJ224型圆锯机均属此类。

表5-6、表5-7分别列出了部分国产手工进给及机械进给圆锯机的主要技术参数。

5.1.3.4 锯板机

用于板材开料的圆锯机称为木工锯板机或称裁板机，它品种规格繁多，广泛地应用于家具、建筑内装修、电视机壳、音箱等加工业。

木工锯板机按结构特点分成带移动工作台木工锯板机(MJ61)，锯片往复木工锯板机(MJ62)和立式木工锯板机(MJ63)。这几种系列是目前生产中最常用的机型。此外，还有多锯片纵横锯板机，以及由两台或数台锯板机组成的纵横锯板系统或板件自动生产线。

1. 带移动工作台木工锯板机

它应用广泛，除作裁板加工外，有些机床还附设有铣削装置，可进行宽度在30～50mm之内的沟槽和企口等加工。这类机床的回转件都经过平衡，大多不需要地基。加工时，工件放在移动工作台上，手工推送工作台，使工件实现进给运动，十分方便，机动灵活。机床规格已成系列，图5-8所示是这类锯板机的典型布局。机床主要由床身、固定工作台、移动工作台、切削机构、导向装置、防护和吸尘装置等组成。

锯板机的切削机构大多设有主副锯片。其中副锯片仅作预裁口用，通常仅露出工作台面1～3mm，并采用顺向锯切，在主锯片锯切之前，先在工件底部锯出一口子，以免在主锯片锯切（用逆向锯切）处造成工件底面起毛，有些锯片可作0°～45°的倾斜调节。

表5-6 国产手工进给木工圆锯机主要技术参数

型 号	MJ104A	MJ106	MJ223A	MJ224	MJ263	MJ264A	MJ283	MJW904
锯片直径（mm）	400	600	315	400	275	400	300	400
最大锯切宽度（mm）	280	280	530	630	220	600	220	500
最大锯切厚度（mm）	100	220	80	100	40	140	65	100
工作台尺寸（cm）	77×61	100×66	110×88	97×63	65×52	90×70	70×62	100×54
锯片转速（r/min）	3000	1500	2860	2930	5700	4142	5100	300
主电机功率（kW）	3	4	3	3	2.2	3	2.2	3
机床质量（kg）	330	400	296	475	300	1800	510	490
结构特点	手工进给		摇臂式		移动工作台		移动靠板	移动工作台

表5-7 国产机械进给圆锯机主要技术参数

型 号	MJ143A	MJ144	MJX123A	MJ144-2A	MJ154	BC459	MJ274	MJB294A
锯片直径（mm）	355	400	315	450	400	300	400	450
最大锯切宽度（mm）	280		380	900	300		550	300
最大锯切厚度（mm）	110	130	40	75	120	60	80	100
进给速度（m/min）	5.5～30	6～30	25/33/50	10～70	8～35	9～35	0～30	
主电机功率（kW）	22	47	7.5×2	7.5×2	11	5.5	3	3.5
进给电机功率（kW）	0.85	3	3	2.2	1.5	0.85/1.5	气动	气动
机床质量（kg）	1900	3100	3800	2500	1500	1163	905	250
机床外形尺寸（cm）	192×152 ×154	221×165 ×168	163×233 ×200	551×166 ×154	184×150 ×182	164×120 ×150	400×276 ×130	90×84 ×118
结构特点	多锯片履带进给纵锯		数显裁边	双锯片裁边	单锯片履带进给纵锯		气动横截	气动横截

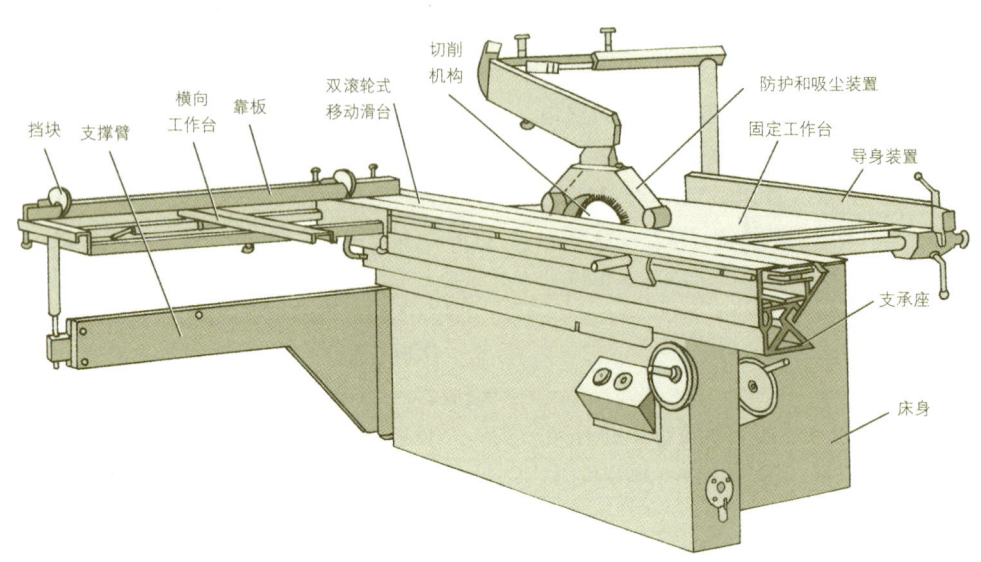

图5-8 带移动工作台木工锯板机

表5-8 部分带移动工作台木工锯板机主要技术参数

型号		MJ612	MJ613	MJ164	BC4124	BJC1125	F90 或 F45
最大锯切长度（mm）		2500	2500	3200	2500	2500	2500~5000任选
最大锯切宽度（mm）		800	800	1100		800	800~1250
最大锯切深度（mm）		80	40	120	60	60	55~155任选
主锯片直径（mm）		305	350	400	350	300	250~400
电机功率 (kW)	主锯片	3	4	4	4	4	4~11
	副锯片	0.75	0.75	0.75	0.75	0.75	0.75
机床外形（cm）		280×250×100	280×234×91	304×319×105	300×258×152	285×261×103	
质量（kg）		1200	1000	1800	1000	1000	960~1080

这类锯板机根据需要可以装上一些附件，以改善加工或工作条件。①可装辊筒式自动进料器，使工件在固定工作台上获得机械进给，以减轻劳动强度；②对加工成叠的单板或薄工件，可在移动工作台上设手工或气动压紧装置，以改善加工质量；③遇需加工很长的工件，双滚轮滑台很长时，可在其支承座的两端增设附加支撑，以防止床身、支承座和滑台等在加工中产生变形；④对于基材幅面过大、质量过重（但长度不超过3200mm、质量不超过250kg）的板材，机床可以增设第二个横向滑台，与机床原有的横向滑台共同支承工件。

表5-8列出了国内外部分带移动工作台木工锯板机的主要技术参数。

2. 锯片往复式木工锯板机

这种锯板机具有通用性强，生产率高，原材料省，锯切质量好，精度高，易于实现自动化和电脑控制，可实现两台或数台机床的组合，能纳入板件自动生产线等特点。机床最大加工长度(主参数)通常为1500~6500mm，机床的操作和控制，包括装卸和推送工件等，有手工、机械以及应用电子程序装置和微机控制等多种方式。机床实行预裁口，具有较高的锯切精度。一般锯切面的直线度为0.1~0.5mm，锯切面平行度为0.2mm。机床允许多块板材叠合锯切，单机使用时常可同时对多叠板材进行锯切，进给速度也较高，故其生产效率比带移动工作台锯板机要高得多。

图5-9所示为手工装卸和推送工件的锯片往复式木工锯

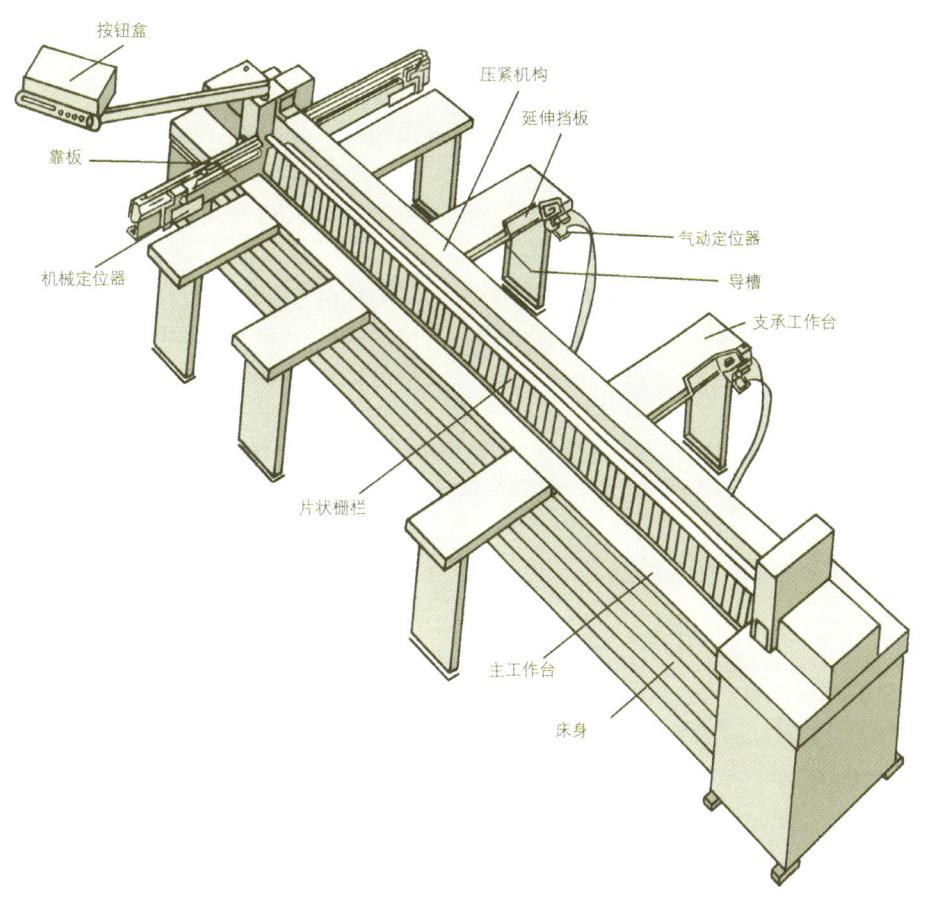

图 5-9 锯片往复式木工锯板机

板机,它由床身、工作台、切削机构和进给机构(均在床身内,图中未标出)、压紧机构、定位器以及气电控制系统等组成。

选购机床时应注意其电气控制系统的功能以及安全防护方面的措施。

锯板机的电气控制系统随机型不同而异,但通常都能保证机床具有如图5-10所示的基本工作循环:压梁下降压紧工件;起动装于小车和锯架上的主副锯片,提升锯架;小车进给实现锯切,至规定或末端位置,停止进给;锯架下降;小车返回;同时压梁上升、复位。

为保障人身和设备安全,较完善的锯片往复锯板机除具有常规的电气过载及短路保护外,还常设置以下一些机电连锁保护:

(1) 压缩空气工作压力小于规定数值时(如0.4MPa),机床电机不能启动。

(2) 进给电机作进给运转时,压紧机构气缸不能放松,即使误按压紧缸放松按钮也不应放开。

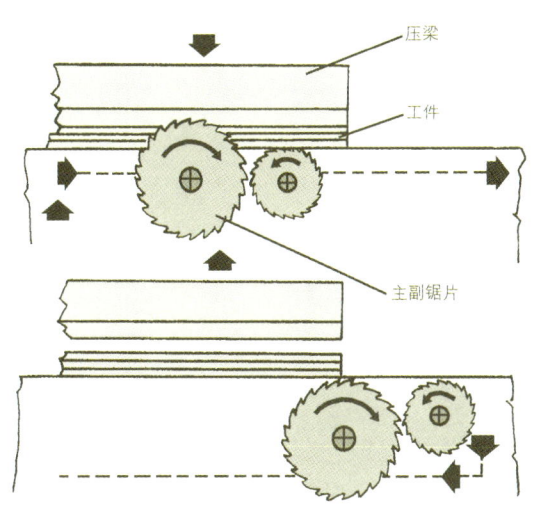

图 5-10 锯片往复式木工锯板机工作循环简图

(3) 进给电机使切削机构小车返回时，锯架只能处下位，保证锯片切削圆在工作台面之下。

(4) 压梁两侧应装有安全挡杆。停机时压梁处上位，手可伸入锯切区。这时若意外启动机床，压梁下降，安全挡杆首先触及人手，触动安全开关，使机床立即停止运行，压梁升至上位，可避免发生事故。

(5) 控制板应设急停按钮，遇事故，按下急停按钮，锯机立即停止工作，锯架下降、压梁上升。

此外从安全出发，机床应设置一些机械防护装置：

(1) 在压梁架的两侧悬挂片状栅栏，它可在锯切过程中护围切割区域，覆盖未被工件占用的切割线部分，防止手意外伸入而造成伤害事故；

(2) 设有锯轴固定装置，以便安全地更换锯片；

(3) 沿工作台锯切通道的两侧应镶嵌有塑料条板，以防锯片碰到工作台造成损伤，同时可避免产生危险的火花，利于防火。

锯片往复式锯板机还可常配备一些标准装备，以提高机床的机械化和自动化程度。

(1) 推料器

它常用于机械化程度较高、生产能力较大的锯板机。其中自动推料器常具有快、慢两档进给速度，送料时对锯切线具有良好的平行度，一般能保证±0.15mm的定位精度。

(2) 数控装置

锯片往复锯板机常采用各种电子程序装置。它可以数字形式预先设定锯路宽度，所需板件的尺寸规格及其数量，并以此发出指令控制自动推料器和机床动作，实现自动锯切。一般可储存200~500个锯切尺寸。有的还可以用微机按基材尺寸、所需板件尺寸和数量对裁切方案进行优化处理，并按优化方案控制机床工作。

锯片往复式锯板机可以由两台或多台与一些辅机组成纵横锯板生产线(生产系统)。

表5-9列出了国内外几种锯片往复式木工锯板机的主要技术参数。

(3) 多锯片纵横联合锯板机

这种锯板机是由多个纵切锯片与一个横切锯片组合而成，主要用于裁板和齐边。纵、横锯的布局，可以都安置在工作台的上方，也可都安置在工作台的下部，或横锯在上、纵锯在下。可以是工作台移动式；也有工作台固定，全由锯片移动。国内信阳木工机械厂，国外日本平安、菊川等公司有此类产品。

(4) 立式木工锯板机

按锯片位于工作台前(上)或后(下)，可分为下锯式和上锯式。其中下锯式的工作原理与锯片往复式锯板机相同，区别仅在于工作台由卧式改为立式。加工时，工件贴靠在稍后倾的立式工作台上，锯片沿着垂直布置的导轨作进给运动。上锯式的锯片则通常可在垂直和水平两个方向进行锯切。这类锯板机最主要的优点是占地面积小，其次是工件的装卸、放置比较方便，调节、操作也较简便灵活，尤其适用于生产能力要求不大，现场装修等场合。

(5) 锯板机选用提示

锯板机类型的选定主要考虑生产力要求，生产规模不大可选用移动工作台式，现场装修可选用立式，大规模生产选用锯片往复式或由其组成的锯板生产线。各类锯板机的主参数都是最大加工长度，选用时一定要符合加工工艺的要求；在机床精度方面尤其要注意锯切面的直线度要求。现行有关标准有：GB/T10953-89带移动工作台木工锯板机精度；GB/T10960-97锯片往复木工锯板机精度等。

5.1.3.5 圆锯机常见故障分析

1. 振动大、噪声高

这可能是锯轴轴承座与床身结合面不严密；也可能是锯轴弯曲或锯片轴径处径跳和锯片夹盘端面跳动超差或轴承损坏；锯片夹盘过小，造成锯片振动，影响机床的振动；锯片转速过高，切削速度过快也会造成机床振动和噪声增大。

表5-9 部分锯片往复式木工锯板机主要技术参数

型号	最大锯切尺寸 (mm)		锯片直径 (mm)		电机功率 (kW)		进锯速度 (m/min)	进板方式	生产厂
	长度	深度	主锯	副锯	主锯	副锯			
BJC2125	2500	60,70	350	150	4,5.5	0.55	7,14	手工	
Z30	3050	90	350	150	7.5	1.1	13.5~27	自动	意SCM
Z45	4540								
LNA	1000~7500	95	350	180	7.5~11	0.75	12,24,48	自动	德Anthon
LNB		150	500		11~12.5	1.1	9,18,36		
锯板系统17/19	X向~6000	115	400	125	7.5~15	1.1	进7~21 返10~31	自动	意Giben
	Y向~2200								

2. 锯齿磨损、锯齿开裂、锯切面起毛刺或发生烧焦现象

这些故障常与锯片的处理有密切关系。锯料过小，则锯齿与被切木材之间的摩擦加剧，甚至会发生夹锯现象；齿刃过钝，锯齿磨损加剧，锯切面起毛，甚至烧焦；锯片不平整、适张度过大也易造成锯齿磨损，甚至产生开裂。

3. 锯切面不直

可能是工作台面不水平或导板不垂直；锯片两侧锯料不对称；进料速度过快。

4. 进料困难、进给履带或进给辊筒运行不平稳

对履带进给可能是支承履带的导轨磨损或变形；也可能是履带的连接销轴或与之相配的孔磨损，或销轴弯曲、锈蚀，或履板变形；对辊筒进给，可能是辊筒的压紧弹簧过度变形或折断，也可能是辊筒过度磨损。

5.1.4 新型制材机械

为提高制材生产的效率，提高成材出材率和木材的综合利用率，出现了双联带锯机、多联带锯机和削片制材联合机等现代化新型高效制材机械，并已成为现代化制材厂的主要生产设备。

5.1.4.1 双联、多联带锯机

多联木工带锯机根据组合在一起的锯条数，可分为双联、三联、四联、五联和六联带锯机等多种组合形式，各锯条之间的距离可根据所需板、方材的宽度，按指令自动、快速和准确地调整，它既具有锯条薄、锯路窄、出材率较高的优点，又具有可以连续进料，一次能完成多道锯口，生产率较高且锯切精度好的优点。常配置在机械化、自动化程度较高的制材车间。它可以作为主锯机把原木剖成毛方和毛边板；或起主力再剖锯的作用，将毛方、方材、厚板锯剖成较薄的板材。

双联带锯机是多联带锯机中应用最为普遍的一种机型。图5-11所示为典型的双联带锯机。该机型由两台单锯条锯机组合而成。利用步进油缸（或用其他能准确定位的机构）将两单锯条锯机在底座的导轨上按锯剖规格快速、准确、对称地（或一个固定，一个移动）进行调整。两单锯的锯轮锯条分别由各自的主电机驱动。锯轮部件采用悬臂式静轴结构，上锯轮可进行水平（左右）、垂直（上下）和倾斜调整。采用高张力液压或气动张紧装置，反应灵敏迅速，并具有良好的吸振作用。锯机采用压力锯卡。原木由进料机构送进。

双联带锯机常可与其辅助装置组成一个自动化制材系统。系统设有摄像、数据处理、优化锯剖、预定位装载等机构，自动化程度高，能保证原木按理想的锯剖图进行锯解。国产MJK3812数控双联带锯机，锯轮直径1200mm，两锯条间距103～500mm，进给速度10～90m/min，总功率120kW。

四联带锯机可以作主锯机，也可作再剖锯。在锯剖原木时常采取对称布置；在作再剖时常取顺序布置。

5.1.4.2 削片制材机和削片锯切制材联合机

这是一种新型的制材机械，以削片代替锯切或将削片与锯切组合在一起进行制材。它可以将经剥皮的原木外围不适宜于制成成材的部分，即在一般制材中成为板皮板条(包括部分锯屑)的部分，削制成有用的工艺木片，供造纸或人造板生产使用；而原木中间的主料可锯成成材，从而使木材的综合利用率大为提高。

以削片代替锯切的削片制材机主要有四面削片制方机、三面削片裁边机和双面削片裁边机等形式；削片与锯切组合形式主要有四面削片与圆锯机或四联带锯机组合，双面削片与双联带锯机或四联带锯机组合，单面削片与跑车带锯机或原木圆锯机组合等。

5.2 木工刨床

木工刨床按工艺用途分为平刨床（MB5）、压刨床（MB1）、双面刨床（MB2）、三面刨床（MB3）、四面刨床（MB4）和精光刨床（MB6）等。各种类型刨床的主参数均为最大刨削宽度。

5.2.1 平刨床

木工平刨床最主要的功能是对工件进行平面刨削，使其成为后继工序所要求的平整的基准面；也可用于加工与基准平面成90°～135°的邻面；还可用作实木拼缝、组件修正等加工。有些新型平刨床还具有裁口、刨槽等附加功能。

平刨床按结构可分为(普通)木工平刨床、裁口木工平刨床和斜口木工平刨床等；按进给方式可分为手工进给和机械进给。其中手工进给的普通木工平刨床数量最多（图5-12）。机床主要由床身、刀轴及其传动机构、前后工作台及其典型升降机构、导向板和防护装置等组成。

选购时，前工作台宜稍长些，这在刨削长木料时能获较

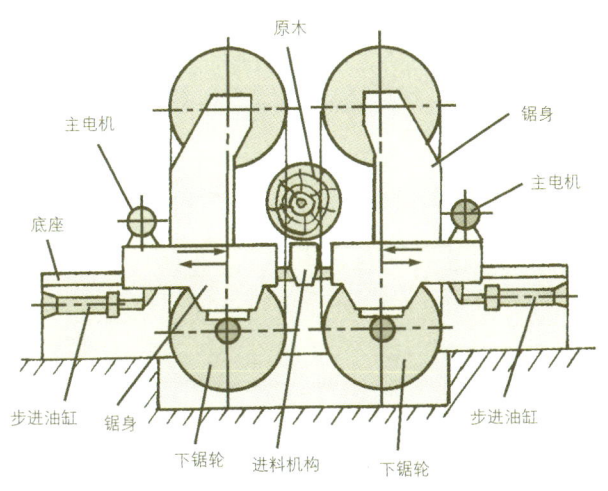

图5-11 双联带锯机

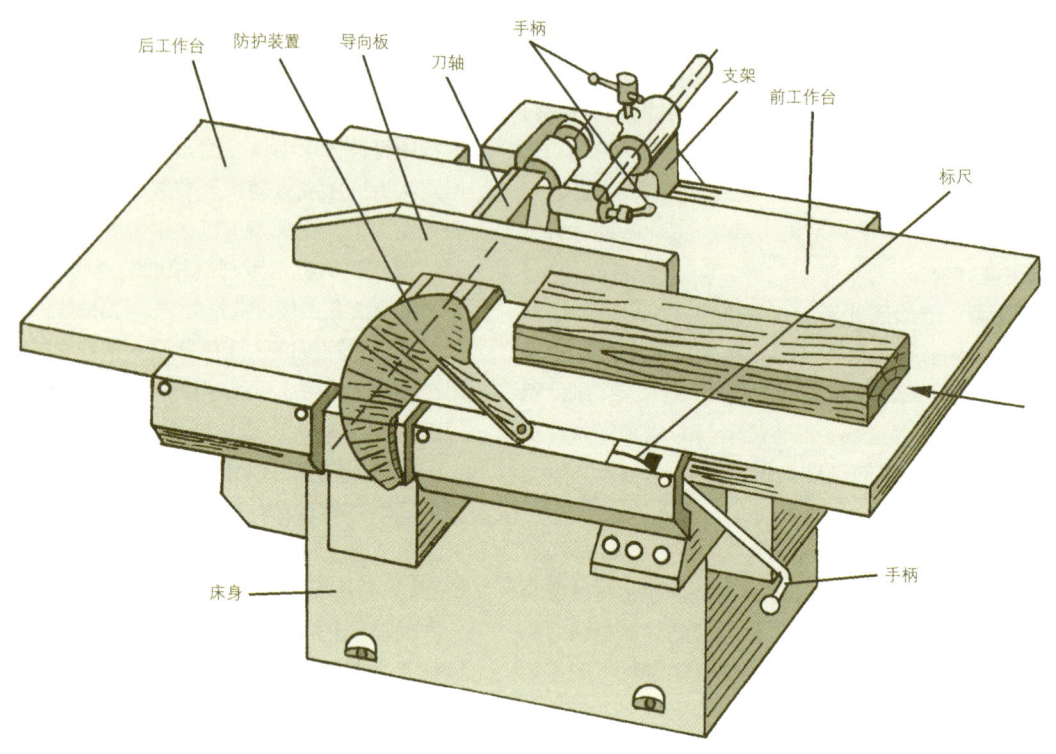

图 5-12 平刨床

好的稳定性,有利于工件获得准确、平直的加工表面。前工作台随刨削深度的变化,需经常作升降调节。常用的调节机构有斜导轨、偏心轮和四连杆等多种形式。当所需刨削深度<5mm,可选用偏心轮式;当刨削深度>5mm,尤其是需具有裁口功能时,宜选购四连杆式。刀轴出厂前都经动平衡试验,在使用中压刀条、压刀螺钉切勿随便更动,刀片刃磨后装刀前应经秤重,一般刀片间质量误差不应超过2g。这些措施有利于保证刀轴平衡,减小机床噪声,延长轴承寿命,有利于安全生产。

手工进给平刨床在加工工件时,操作工的手经常频繁地通过高速旋转着的刀口区,尤其在加工短斜、薄料或带有节疤、腐朽等缺陷的工件时,稍不慎极易产生事故,造成手指被切等严重工伤。因此,一方面操作工要严格遵守操作规程,实行持证上岗;另一方面选购时应注意安全防护装置的可靠,工作台零切削位置的开口量要尽可能小,尽可能配置机械进料机构。

为节省辅助时间,减轻劳动强度,不少平刨床附设有对刀装置,使装刀准确而快速;有的机床还有装在专用立柱横梁上的刨刀刃磨装置,这特别适用于使用螺旋刨刀轴的平刨床,既方便又准确。此外,还有一些平刨床设有开榫槽和磨刀片的附件,以扩大平刨床的功能。

表 5-10 列出了国产平刨床的主要技术参数。

表 5-10 国产平刨床的主要技术参数

型 号	MB502A	MB503A	MB504B	MB504C	MB506B	MB573A
最大刨削宽度（mm）	200	300	400	400	630	300
最大刨削深度（mm）	5	5	5	20（可裁口）	5	5
前后工作台总长度（mm）	1400	1600	2100	2500	2400	
刀轴切削圆直径（mm）	90	115	115		128	96
刀轴转速（r/min）	6000	5000	6000	5000	6000	4500
电动机功率（kW）	1.5	3	3	3	4	1.5
机床质量（kg）	200	300	800	600	910	175

5.2.2 单面压刨床

单面木工压刨床主要用于刨削板材和方材,使其获得精确的厚度。机床最大加工宽度在250~350mm称为窄型,适用于小批量生产,加工较窄的工件;400~700mm为中型,适用于中批量生产,它基本上能满足各种宽度工件的加工,应用最为广泛;800~1800mm者为宽型,适用于各种宽板件或框型零件等专门化大批量生产。

单面木工压刨床,主要由床身、切削机构、压紧装置、进给机构、工作台及其升降机构,以及操作和传动等机构所组成,如图5-13所示。

工作台是工件加工时的基面,设有两个托辊,分列于刀轴中心线的两侧,它通常是空转辊,作用可减小工件进给时的摩擦阻力。在与托辊位置相对应的上方设有前、后进给辊,它们带有动力,在弹簧的作用下压向工件,并可带动工件实现进给运动。通常前进料辊做成分段弹性式,外表面带有沟槽。分段弹性式允许同时通过数块厚度略有差异的工件,以充分发挥机床的生产效率;表面沟槽可以增加其对工件的咬合系数,从而增大牵引能力。后进料辊则与已加工面接触,故要求表面光滑,且都为整体式。刀轴是切削机构,其前后设有前、后压紧器,靠弹簧和自重作用向工件施加一定的压紧力,抵消切削力的垂直分力,保证工件在切削过程中不产生跳动。前压紧器还具有断屑作用,可使刨花迅速折断,防止木材切削时产生超前裂缝。同时,它与排屑罩一起能引导刨花朝预定的后上方排出。止逆器可防止工件在切削过程中产生反弹伤人。挡板起限制切削深度h的作用,防止加工余量过大的工件进入机床。为适应所需工件厚度H的变化,机床一般用调节工作台高度的方法来改变工作台面至刀轴切削圆下母线的间距。可用标尺或应用数显技术(如国产MBX105型压刨床)显示刨得工件之厚度。

传统单面压刨床都是单工作台形式。MBS106型为双工作台单面木工压刨床。机床具有主、副两个工作台;当主、副工作台面调成同一水平面时,就相当于单个工作台;而当副工作台相对于主工作台下降一定的距离时,工件可以主工作台的侧面作为导向靠板在副工作台上进行加工,这就特别适宜宽、薄板材的侧面加工。有的机床还在右立柱的内侧设有侧向辅助导板,更可增加较窄侧面工件加工时的稳定性。这种机床还可用于基面为台阶形的工件加工;以及方便地实现同批内两种规格相差较大工件的加工。

与平刨床一样,目前不少压刨床都带有对刀器。有些还附带有刃磨装置。

表5-11列出了国产单面木工压刨床的主要技术参数。

5.2.3 双面刨床

双面刨床可在一次进给中完成对工件两个面的刨削加工。它由两个刀轴组合而成。根据组合形式的不同,双面刨床主要有三种类型:平刨-压刨组合,称为平压双面木工刨床;平刨-侧面刨组合,称为直角二面木工刨床;压刨-侧面刨组合,称为压刨侧面刨二面木工刨床。其中,第一种类型应用较多。

图5-14所示为国产MB2045型平压双面木工刨床。机床主要分上下两大部分,上部机架固定在四个立柱上,机架上

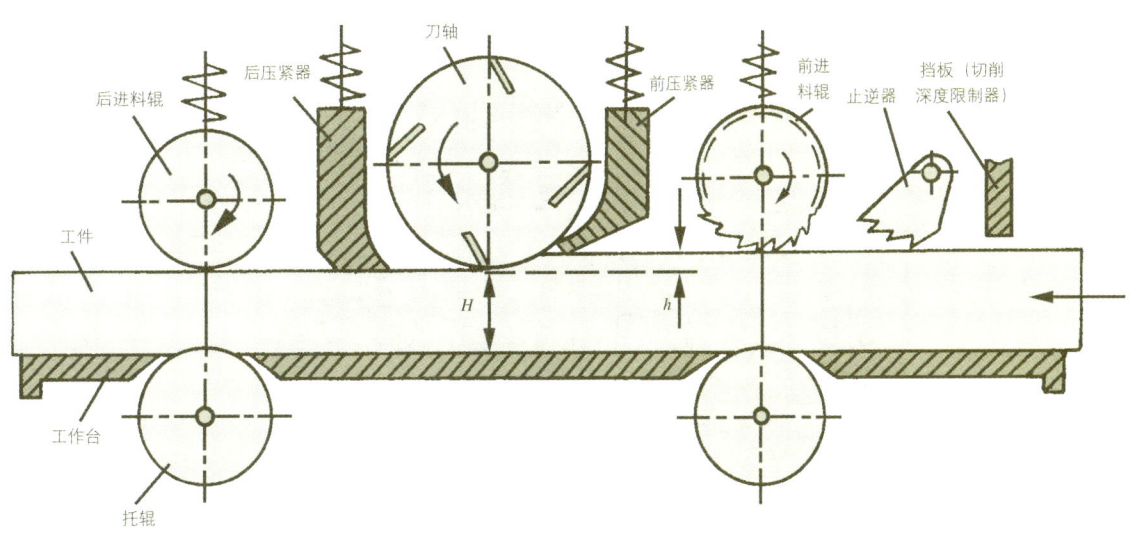

图5-13 单面木工压刨床

表 5-11 国产单面木工压刨床主要技术参数

型 号		MB103A	MB103B	MB104	MB104A	MBX105（数显）	MB106	MB106A
最大刨削宽度（mm）		350	300	400	400	500	600	630
加工厚度（mm）		5~230	5~120	10~120	5~200	10~200	10~200	10~200
最小工件长度（mm）		250	235	210	210	250	330	290
最大刨削量（mm）		10	8	8	10	7	5	7
进给速度（m/min）		6, 18	8, 18	8~16	9~18	10, 20	10, 20	7~32
刀轴切削圆直径（mm）		115	115	90	100	110	125	128
刀轴转速（r/min）		5500	5000	5000	5000	4500	4000	5000
电机功率（kW）	主	4	4	4	4	5.5	7.5	7.5
	进给	0.8						0.85/1.5
机床外形尺寸（cm）		85×75×128	72×69×110	79×74×107	92×79×108	113×110×130	131×127×119	120×136×147
机床质量（kg）		600	450	550	590	730	950	1450
型 号		MB106D	MBS106（双工作台）	MB108	MB1010A	MB1013	MB1310（螺旋刀轴）	MB1313（螺旋刀轴）
最大刨削宽度（mm）		630	630	800	1000	1300	1000	1300
加工厚度（mm）		10~200	~300	~200	10~200	10~200	10~200	
最小工件长度（mm）		300			400	400	400	400
最大刨削量（mm）		10		10	8	8	1	3
进给速度（m/min）		7~32	6~26.6	8, 12, 16, 18	8, 12, 16	7.9, 10.5, 15.8	6, 8, 12	6, 8, 12
刀轴切削圆直径（mm）		128	110	140		140	138	148
刀轴转速（r/min）		5000	5070	5000	4500	4100	4700	4760
电机功率（kW）	主	7.5	5.5	7.5	11	11	11	11
	进给	1.5	0.65/0.7	1.5	3	2/2.6/3	1.8/2.6/3	
机床外形尺寸（cm）		137×134×147	119×120×119	131×151×147	131×186×143	141×220×125	168×131×148	220×130×148
机床质量（kg）		1430	1200	1550		2265	1911	2200

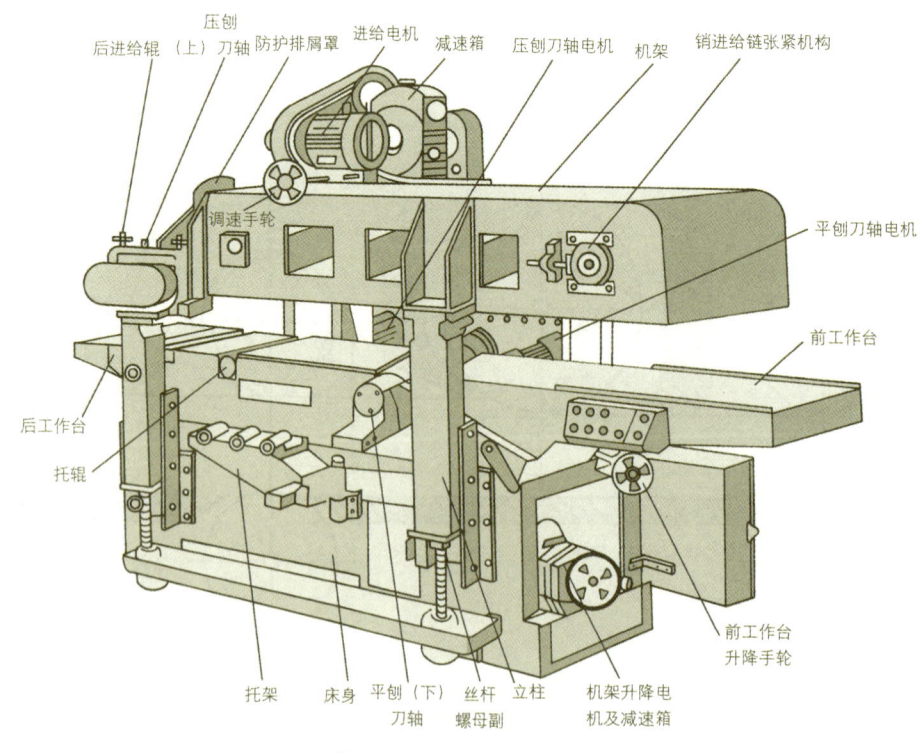

图 5-14 平压双面木工刨床

设置有上刀轴、进给辊、销进给链以及它们的传动机构；机床下部是床身，其上设有固定的后工作台和可调的前工作台，两工作台间为下刀轴。机架立柱与床身之间通过丝杆副联系起来。下刀轴传动以及机架升降等传动均设置于床身内。托架可以摆动，下刀轴需换刀时，托架可以向右摆至适当位置，把下刀轴拉出搁置在托架的滑轨上进行换刀。

日本庄田DSP-311D型双面刨床机架的升降应用了步进电机和数控系统，调节更为简便快速和准确。

表5-12所列为部分平压双面木工刨床的主要技术参数。

5.2.4 四面刨床

四面刨床在一次进给中可以加工工件的四个表面，其刀轴数至少为四根——上下左右各一根。如图5-15所示，上下两根为水平刀轴，左右两根为垂直刀轴。通常先由刀轴分别加工出工件的两个相互垂直的基准平面，再由刀轴使工件获得适当的宽度与厚度。但立刀轴也可用于槽和企口等简单型

表5-12 部分平压双面木工刨床的主要技术参数

厂商	型号	MB2045	（日）庄田DSP系列			（日）菊川PW-18	MB206C	MB206D	（前苏联）C2P12-2
			121	132G	141G				
最大加工宽度（mm）		450	450	600	890	450	630		1250
加工厚度（mm）		8～180	6～100	12～150		～200	6～200	10～200	10～125
刀轴切削圆直径（mm）		124	111	127	165		125	128	160，165
刀轴转速（r/min）		5000		5000		5000	5300	4500	4050
进给速度（m/min）		7.5～1.5		6～15		7.5～15	8，12.5，25	7～32	5～25
电机功率（kW）	上刀轴	7.5	5.5	7.5	30	7.5或11	5.5	7.5	22
	下刀轴	5.5	3.7	5.5	22	5.5或7.5	4	4	17
	进给	2.2	1.5	2.2	5.5	1.5或2.2	1/1.3/1.7	1.5	3
	升降	0.75	0.4	0.75	1.5	0.75	0.37	0.37	0.6
机床外形尺寸（cm）		318×170×170	252×116×154	295×1453×160	14×270×187	273×170×180	125×132×124	144×134×147	280×185×170
机床质量（kg）		3300	2500	3700	7900	2500	1800	1670	6000
结构特点			销－辊进给				辊筒进给		

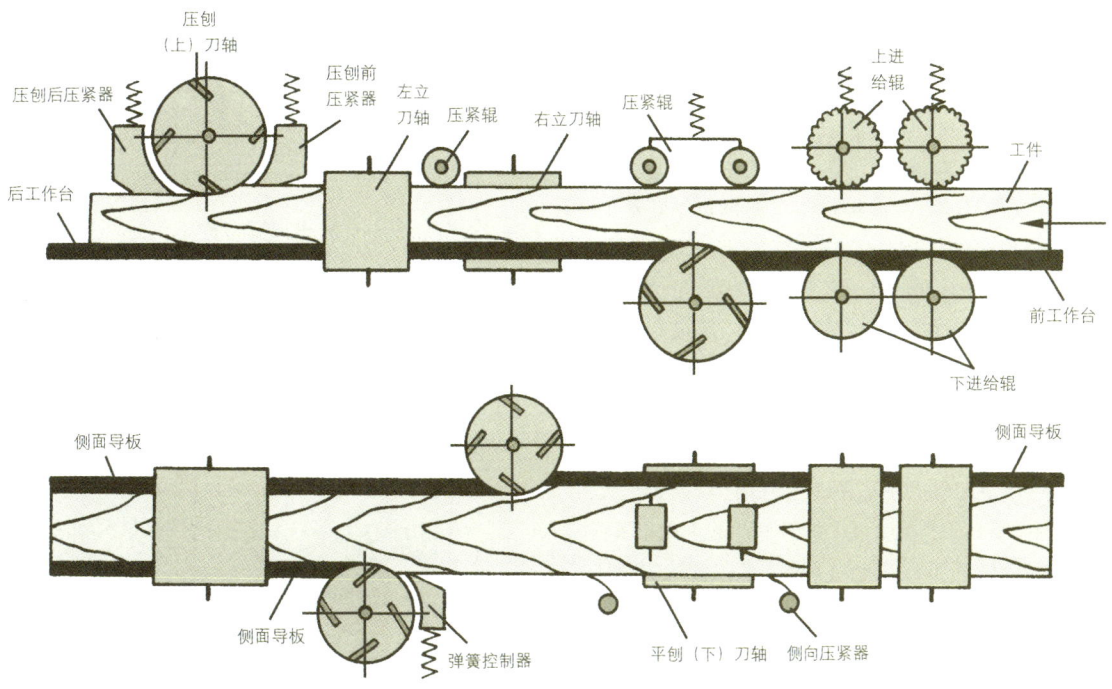

图5-15 4轴四面刨床刀轴布置

面的加工。

大多数四面刨床不仅用于平面工件的加工,更主要的是用于各种型面工件的加工,其刀轴数通常也多于四个。根据刀轴多少,结构繁简以及最大加工宽度范围,四面刨床常可分为轻、中、重等类型。轻型四面刨加工宽度一般在150mm以下,有4~5个刀轴,对5刀轴者,其最后一个常为"万能"刀轴,用于成型面的加工。中型四面刨加工宽度一般为150~300mm,具有5个刀头。重型四面刨的最大加工宽度超过200~300mm,具6个或更多个刀头,常采用贯穿式(或称全程)进给,具有较大的功率,生产率高、加工精度好,但调整环节多、调整较费时,适用于大批量生产。

四面刨床用途广泛、发展迅速,尤其是在诸如门窗、地板、拼板、车辆、建筑内装修、家具、玩具等需采用成型木条的木制品生产行业中。

下面着重介绍与加工工艺密切相关、使用和选购时应着重考虑的,四面木工刨床的刀轴形式及常见的布局方式。图5-16所示为现代四面刨床常用刀轴的基本形式及其布局的一些典型例子,可供用户选购时参考。图中表明,四面刨床除图(a)4轴式所采用的最基本的平刨(下)刀轴、压刨(上)刀轴以及左右立刀轴之外,常用的还有以下一些基本形式的刀轴:

1. 万能刀轴

图5-16(b)所示为5轴四面刨床的典型布局形式,实际上是在图(a)4轴式的基础上增设了万能刀轴。该刀轴常设置在四面刨床的最后,安装成型刀片,加工各种成型表面。为满足工艺需要它不仅可作上下、左右移动调整,而且它还可作90°或180°范围内的回转调整,故称为万能刀轴。在轴数更多的四面刨床上,该刀轴还常装上锯片用于最初的锯分,使一次加工可获得两根成型木条。

2. 可倾立刀轴

如图5-16(c)所示,这是在图(b)基础上又增加了可倾立刀轴,该刀轴常作为右侧第二立刀轴,用于解决某些复杂型面的加工。在某些场合下,使用可倾立刀轴对于减小刀具切削圆直径能起很大的作用。图5-17所示为两种立刀轴加工同一型面所需刀具形状的对比图。图中实线所示为使用不可倾立刀轴所需刀片形态;双点划线则表示用可倾立刀轴加工时所需刀片形态,两者切削圆直径相差甚大。

3. 平压刨两用刀轴

图5-16(d)又在图(c)方案中增加了上下位置可调整,既可作上刀轴又可作下刀轴的平压刨两用刀轴。根据工艺需要,可以将该刀轴调整在工作台上方,加工工件的上成型面;也可以调节到工作台之下加工工件的下成型面,甚为灵活。

4. 预平刨槽刀轴

在毛料的基准面弯曲较大时,经过一道平刨往往不能获得理想的基准平面,而采用预平刨槽刀轴在工件底部开出导槽,可以获得较好的加工基准,减少毛料弯曲的影响。如

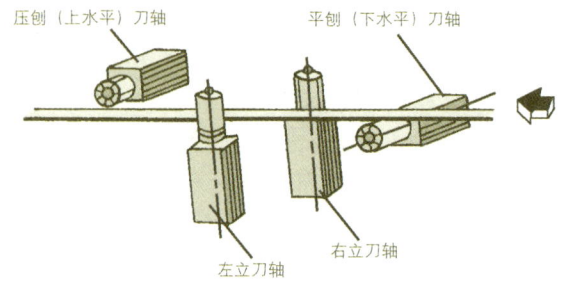

(a) 4轴式

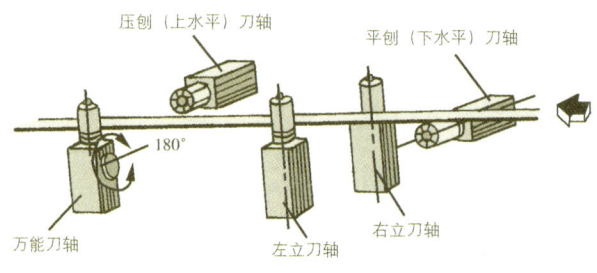

(b) 5轴式

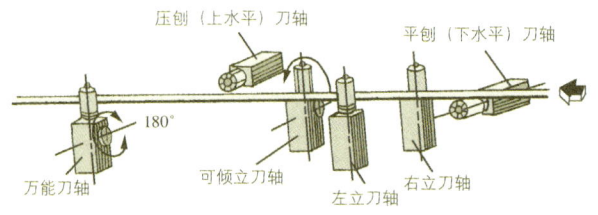

(c) 6轴式

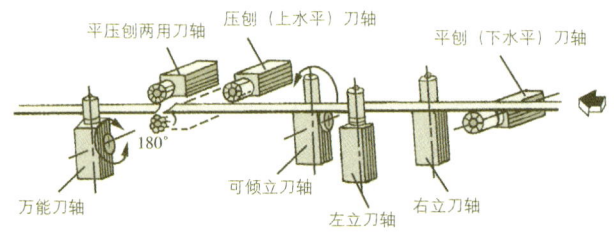

(d) 7轴式

图5-16 四面刨床刀轴的基本形式及其典型布局

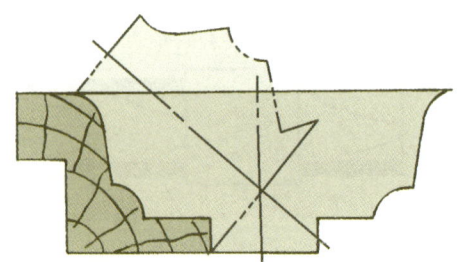

图5-17 不可倾与可倾立刀轴刀具切削圆直径对比

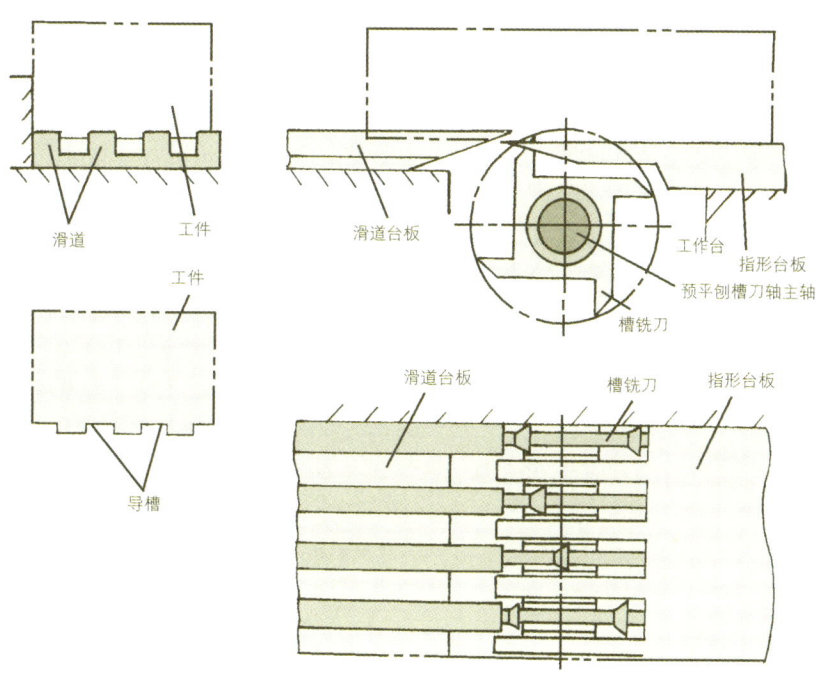

图5-18 预平刨槽刀轴与滑道工作台

图5-18所示,预平刨槽刀轴主轴上装有一组镶硬质合金的槽铣刀,各槽铣刀间有隔圈定位,其位置及刃口宽度与刀轴后面的滑道工作台台板上的滑道的位置和宽度相对应。刀轴前面的工作台上固定有指形台板,且其指形部分通过主轴上各槽铣刀的间隔部分嵌入滑道台板的槽口中。通常工件由上、下辊送进,通过预平刨槽刀轴后,其底部就加工出一排导槽,之后,工件以导槽作为基准进行各个面的加工,至最后一根下刀轴再切去导槽,而使工件获得准确的尺寸和形状。

5. 可沉式立刀轴

这种刀轴大多设置在左立刀轴位置上,能使整个左立刀轴下降到工作台面以下,这就扩大了机床工作台宽度方向的空间,以适应有些窗框需在装配后进行某些加工的需求。

除图5-16所列的典型布局外,利用上述各种基本刀轴还可以根据工艺要求进行更多样的组合。一些生产四面刨床的公司都有自己的标准刀轴以及由其组成的系列产品,可供用户选用。

刀轴的调整运动,目前大多为手工。但在一些先进的现代化四面刨床上已采用机动方式或配有电子数字显示装置,能快速准确地表明各刀轴的位置以及加工工件的宽度和厚度。更先进的机床所有调整均可由微机控制,采用步进电机驱动,快速简便而准确,大大节省了机床调整所需的辅助时间,为高生产率四面刨床在小批量多品种加工方面的应用铺平了道路。

6. 可编程多刀盘叠合型长主轴的立刀轴

控制手段的发展,促使各刀轴在结构上的进一步发展。如在某些现代化的四面刨床上,设有可编程的多刀盘叠合型长主轴的立刀轴。如图5-19所示,它相当于一个很小的刀具库,把多个加工不同形状成型面用的刀盘叠合安装在同一主轴上,应用数控技术,可在数秒钟内自动准确地变换立刀轴的轴向位置,把需要用的某个成型刀盘调至工作位置。

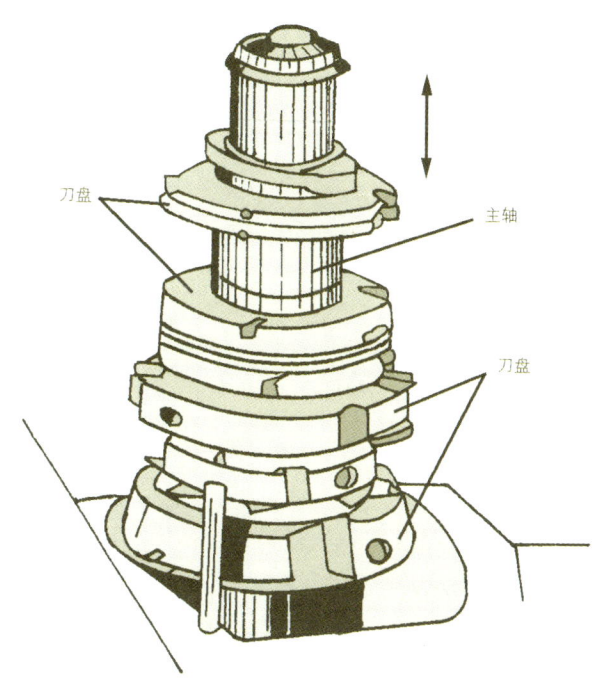

图5-19 可编程多刀盘叠合型长主轴的立刀轴

7. "跃动式"上水平刀轴

该刀轴由微机控制,能自动作断续的刨削加工。它只在需要时才下降到工作位置,参与规定的切削,之后又立即升起,离开加工面。这在加工某些倒角或不贯通的槽时,特别方便。

四面刨床各刀轴的刀体大多做成圆柱形可拆式,以便从主轴上取下,作修磨处理。较先进的四面刨床各刀轴还设有刀具修磨器,对刀轴上各刀片进行同心研磨,并可遥控进行。

表5-13列出了国内外部分四面木工刨床的主要技术参数。

5.2.5 精光刨床

精光刨床是按刨切原理进行加工的,刀片固定,由工件作直线运动来完成切削。其切削量甚小,主要作用是刨去工件表面由前道精加工所留下的波纹,以进一步提高表面光洁度,为油漆饰面作准备。它特别适用于各种宽度不大的板材和杆件的修整加工,不仅可以替代手工刨,而且可以部分替代砂光。

图5-20所示为国产MB602型木工精光刨床。机床主要由床身、工作台、刀床、进给和调整机构等组成。底座上设有工作台升降机构,摇动手轮,可使工作台沿立柱上的导轨作升降调节,以适应工件厚度变化的要求。工作台中部有一圆形凹槽,内装刀座,刀座上装有刨刀并可随刀座一起在凹槽内作回转运动,调整刀刃与进料方向之间的夹角,一般可在0°~60°范围内任意调节。立柱顶部设有工件进给机构。

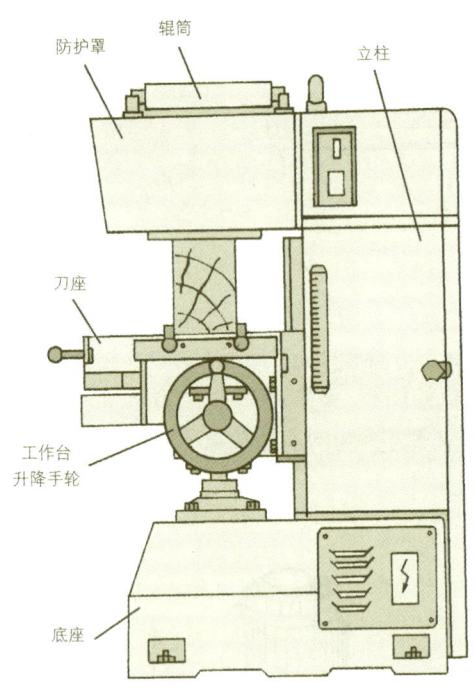
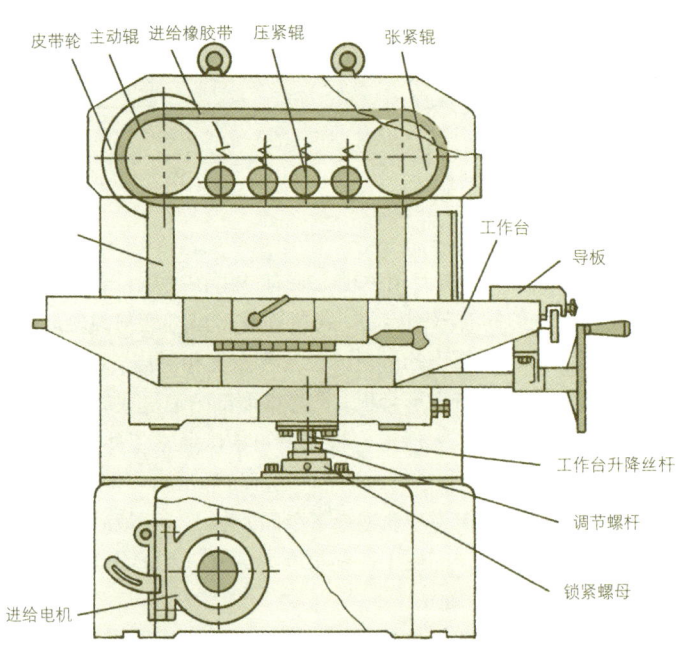

图5-20 MB602型木工精光刨床

表5-13 部分四面木工刨床的主要技术参数

厂商	型号	MB402E	MB404	MB402D	(德) Weinig			(德) Gubisch BS系列		(意) SCM P系列		(英) Wadkin GA系列	
					23E	25N/R	30N/R	170	230	170	230	170	220
最大加工宽度(mm)		200	400	200	230	250	300	170	230	170	230	170	220
最大加工厚度(mm)		80	120	120	120	140		115		120		120	
进给速度(m/min)		6~30	8~24	7~3.5	5~24	6~60		5~30		5~50		6~28或选6~36	
电机功率(kW)	下刀轴	4	4	4	5.5	5.5		3	3			各4或可选 5.5、7.5、11	
	上刀轴	5.5、4	7.5	5.5	7.5	5.5		3	3	各4			
	立刀轴	4	3	5.5、4	7.5	5.5		3	3				
	进给	4	1.5	4	2.2	15		2.2		3		2.2或选4	
结构特点		5~8轴	4轴	6轴	5轴,液压型,轴数按需而定			4~7轴		4~12轴		4~8轴	
		贯穿式进给	推进式进给	贯穿进给	贯穿式进给			贯穿式进给		贯穿式进给		贯穿式进给	

进给元件是采用宽橡胶带形式。在与工件接触的橡胶带内侧设有多个压紧辊，给工件施加一定的正压力，保证工件顺利地进给和刨切。工件一次通过不再返回，一次只切一个面，属单面刀座下置通过式精光刨床。

精光刨床发展迅速，形式甚多。除单刀座式外，还有双刀座式。它具有顺序排列的粗、细精光两个刀座，工件一次通过机床即可完成粗细两道精光刨削，从而可获得更好的表面质量。刀座除下置外，亦可上置。上置的优点是加工表面朝上，操作者易于观察，发现问题可及时处理；但排屑不如下置式畅快。工件进给除通过式外，还有自动返回式。其优点是工件自动返回可节省操作人员。但返程不切削会影响生产效率。所以，常做成往程作粗光刨；返程作细精刨。这时，刀座必须作相应的运动，以保证工件往返时能实现粗、细精光加工。

精光刨还可以与平刨床或压刨床等组合。工件在经过平刨床或压刨加工后，直接进行精光刨加工。

以上所述各种类型的精光刨床每次进给都只加工一个表面。有些精光刨床设计成一次进给可加工两个相对的面，称为双面精光刨床。两个面可以上、下相对，也可以两侧相对。两者组合可以成为四面精光刨床。

表5-14列出了部分精光刨床的主要技术参数。

5.2.6 选购与验收木工刨床时可供参考的主要标准

现行木工刨床的主要标准有：GB/T13569-92木工平刨床精度；GB/TB572-92二、三、四面木工刨床精度；GB/T14384-93单面木工压刨床精度；JB3291-83木工精光刨床精度；JB5727-91单面木工压刨床结构安全；JB6112-92二、三、四面木工刨床和铣床结构安全；JB/T6548-93二、三、四面木工刨床和铣床技术条件；JB/T6550-93木工平刨床技术条件等。

5.2.7 刨床常见故障分析

1. 振动大、噪声高

这大多是由于刀轴平衡问题或其轴承损坏造成的。平衡问题主要有两方面原因，一是刀体（包括皮带轮）动平衡超差；二是装刀时各组刀片、压刀楔铁和压力螺钉不等重。

2. 刨削表面有明显的波形刀痕

造成原因可能是切削速度过低，各刀片装刀高度不一致。

3. 平刨床加工难以获得平直的基准面

除操作原因外，可能是前后工作台面平面度超差，前工作台不够长，加工长料时，毛料伸在前工作台面外过多；此外还可能是调整不当，毛料前端被切量过多，说明后工作台过低；若末端被切过多，则后工作台过高。

4. 压刨加工后工件厚度不均匀

这大多是调整不当所致。两下支承辊位置过高，工件易出现中凹现象；前下支承辊调得过高，断屑器位置调得过低，则易产生"啃头"（工件前端切除过多）；后下支承辊过高，后压紧器调位过低，则易产生"啃尾"现象。此外工作台升降丝杆磨损、间隙过大也影响工件厚度的均匀性。

5. 断屑器、压紧器不起作用或调节困难

这可能是相应的调压弹簧折断或太软，导轨磨损，调位螺钉滑丝，断屑器销轴弯曲或断屑器压紧器磨损不匀或局部碎裂。

表5-14 部分精光刨床的主要技术参数

型号 / 厂商		MB602	（日）丸仲 Royal系列		Kaytain 25-Ⅲ	（日）丸仲 Slider-25Ⅲ	GS·20A	MT·25W	MZB·25W·Ⅲ	MZS·BW
			14FX	18FX						
最大工作尺寸 (mm)	宽度	250	350	450	250	250	200	250	250	140
	厚度	180	180	180		180	160	160	180	140
进给速度		47, 84	25, 50	38, 75	55	55	100	82	60	58.1
刀座旋转角度		60°	60°	60°		固定42°	固定35°		固定40°	
电机功率 (kW)		2.2	3.7	5.5	2.2	2.2	1.5	2.2	2.2×2	2.2×4
机床外形尺寸 (cm)		110×70×110	133×103×140	160×130×173	133×87×135	133×123×144	125×70×105	107×88×114	435×87×132	347×121×130
机床质量 (kg)		800	630	1100	465	530	380	400	1250	2260
结构特点		工作台升降 单刀座下直	进给机构升降		回转型 往返切削	移动型	往返型	下置双刀座	上下面精光	四面精光

5.3 木工铣床

木工铣床是应用十分广泛的万能性设备,能完成各种不同的加工,其中最主要的是用于各种型面的加工。加工的型面可以是直线也可以是曲线,可以是内封闭曲线也可以是外封闭曲线,可以贯通也可以不贯通。此外,还常可作裁口、起线、企口、开榫、锯割等用。因而木工铣床是各种木制品加工企业不可缺少的主要设备之一。

木工铣床形式很多,按主轴数可以分为单轴、双轴和多轴。按主轴的布局可以分为立式和卧式。立式中又可分为上轴和下轴。按进给方式分有手工进给和机械进给。机械进给中按进给元件的不同又可以分为辊筒、履带、链条、滚轮及转台等形式。按照仿形维数可分为模板仿形(二维)和模型仿形(三维)等形式。按控制方式可分为手控和数控等等。

木工铣床下分四组:接口铣床(MX3),这实际上是指以铣削方式加工的某些开榫机(见后);立式铣床;双面、三面、四面铣床和仿形铣床。具体分类如表5-15所示。

5.3.1 单轴木工铣床

单轴木工铣床,即MX51组系是指木工下轴铣床,机床主轴从工作台下部伸出工作台面,是铣床最常用的布局形式。根据主轴具有的调整运动,它又可分为主轴可倾斜式与不可倾斜式两种。主轴可倾者,其工艺用途就更为广泛。

图5-21所示为主轴不可倾立式下轴木工铣床。机床主要由床身、工作台、主轴部件、导板、主轴升降机构、主轴传动机构以及防护装置等组成。铣刀轴由防护板、止逆器、前后导板等护围。工件以工作台和导板为基面,手工推送通过铣刀切削区进行加工。

铣床工作台是加工时的重要基准面。根据工艺的需要,工作台可以与辅助工作台和移(活)动工作台进行组合,派生出多种工作台形式的铣床,选购时应予以注意。手工进给的下轴铣床常可利用靠模夹具进行仿形加工。

表5-16列出了国内外部分手工进给单轴(下轴)木工铣床的主要技术参数。

5.3.2 镂铣机

MX50组系镂铣机,是立式上轴铣床,其主轴置于工作台上方,通常使用直径2~30mm带柄端铣刀,可对工件进行各种花纹铣刻、浮雕、内外曲线的仿形加工、钻孔、扩孔以及各种槽形等加工。机床一般由床身、工作台、切削机构、操纵机构以及传动系统等组成。按刀具工件相互趋近时运动元件的不同可分为刀架升降和工作台升降两种形式。

表5-15 铣床分类 (按GB/T12448-99)

组名称	代号	系代号	木工锯机名称
立式铣床	5	0	镂铣机
		1	单轴木工铣床
		2	立式万能木模铣床
		3	双轴木工铣床
双面	6	1	双面可调双轴铣床
三面		2	双面仿形铣床
四面铣床		5	三面铣床
		7	四面铣床
仿形铣床	7	3	转台式单轴仿形木工铣床
		4	转台式(多)轴仿形木工铣床
		6	仿形雕刻机
		7	直列式(多)轴仿形木工铣床

表5-16 部分手工进给下轴木工铣床的主要技术参数

厂商 型号	MX518	MX5110	MX5112	MX5112A	(美)Delta RS10	RS12	(意)SCM T120C	T160	(前苏联) ΦC-1	ΦCⅢ-1	ΦCⅢ-2
最大铣削厚度 (mm)	80	100	120	120						100	
工作台尺寸 (cm)	100×80	106×80	112×90		70×70	100×95	110×90	100×100		100×80	
主轴转速 (r/min)	4200, 6000	2000~10000	6000, 10000		4200, 5100	4000, 6000	2900, 4400, 6000, 7800, 10000			3500, 4800, 7100, 9000	
主电机功率 (kW)	4	5.5	4		1.5	4	4	5.5或7.5		4.7/5.5	3.3/4.1
外形尺寸 (cm)	168×132×125	113×88×158	218×108×141	112×90×120			112×90×85		108×115×125	155×155×132	132×150×132
机床质量 (kg)	550	800	1200	950	174	500	730	790	800	870	980
结构特点	带托架工作台	带辊筒式进料器	主轴可倾45°带托架工作台	无移动工作台	无移动工作台主轴不可倾		工作台带滑槽	主轴可倾45°、带托架工作台	无滑台	带移动滑台可开榫	带机械进给滑台

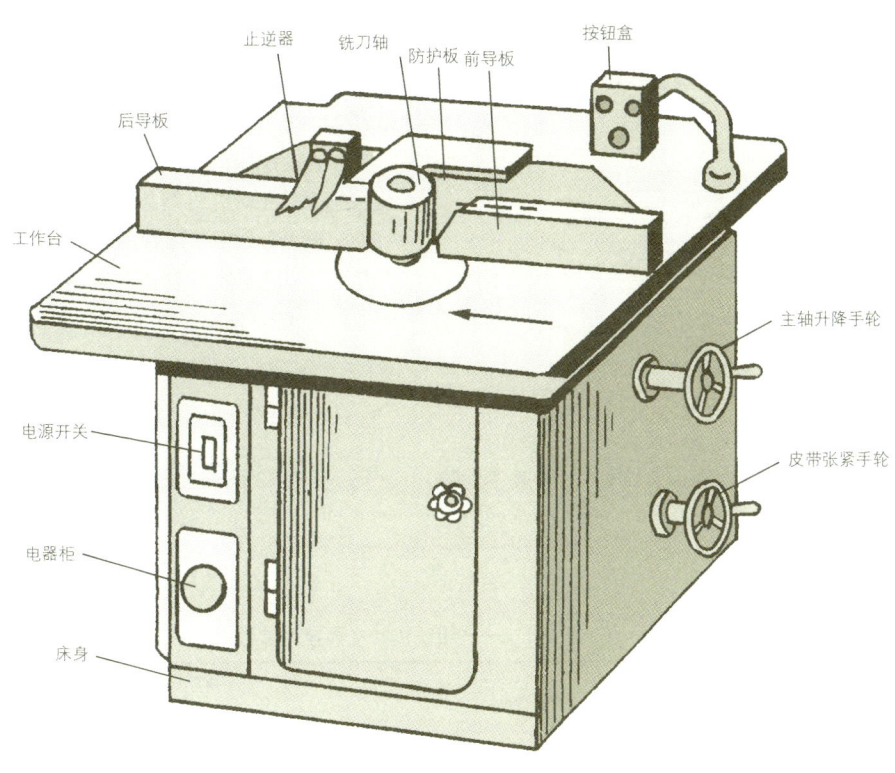

图 5-21 主轴不可倾立式下轴木工铣床

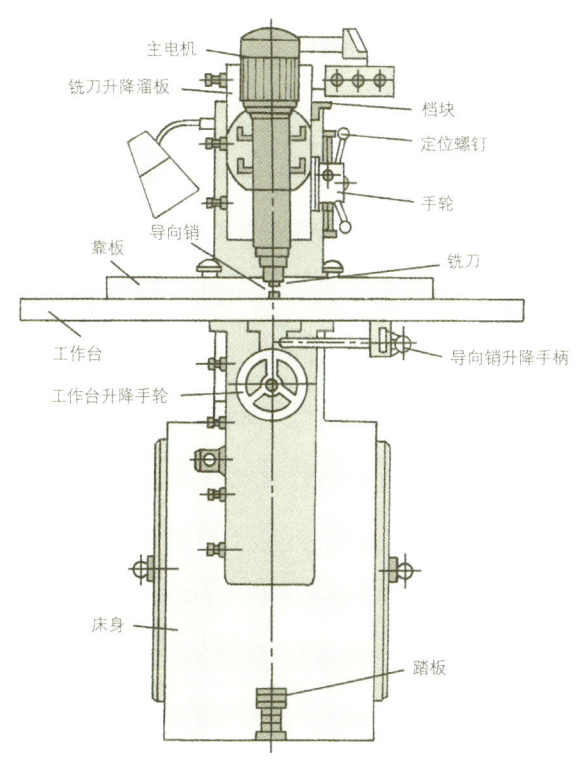

图 5-22 刀架升降式镂铣机

图5-22所示为刀架升降式镂铣机。铣刀由高频电机直接带动,一般转速在12000~18000r/min。整个切削机构装在溜板上,由气动系统使刀架上下移动,铣刀下降位置可由可调挡块定位。刀架升降速度可由节流阀调节。工作台置于床身上,通过手轮可调节升降。工作台上设有靠板,在作沟槽、直线型花边加工时可作为工件进给的导向元件。工作台上还设有导向销,通过手轮可使其升降,需要时伸出工作台面,在仿形加工时作为靠模移动的导向元件。

图 5-23 所示为在镂铣机上利用靠模夹具作模板仿形加工的典型示例。工件利用挡块定位,由带偏心弧的手柄通过

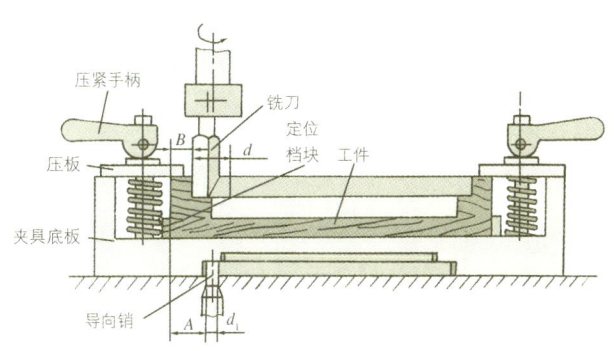

图 5-23 镂铣机作模板仿形加工

压板压紧。夹具底部设有靠模曲线。工作时，夹具置于机床工作台面上，手工使夹具的靠模曲线紧贴导向销，铣刀即可在工件上加工出与靠模曲线相对应的所需曲线。机床调整时，导向销至定位档块和至切削圆周面的距离A和B应符合以下关系：

$$A = B + \frac{d - d_1}{2}$$

式中：d——铣刀切削圆直径，mm

d_1——导向销直径，mm

有些镂铣机导向销伸出工作台的高度做成逐级可调的形式，可使工件在不同深度处按不同形状进行仿形加工。

一些表面经过精加工或作过表面装饰处理，外表不允许损坏以及某些难以装夹的工件，可以采用真空吸附方式进行夹持。它具有不损坏工件，安全可靠以及速度快捷等特点。

表5-17列出了国内外一些镂铣机的主要技术参数。

5.3.3 单轴铣床的机械进给

单轴铣床的机械进给方式很多。最简便的是在下轴铣床上装辊式自动进给装置。除此之外，铣床的机械进给大多是服务于仿形加工。通常所采用的有链条进给、辊轮进给、移动工作台进给和回转工作台进给等方式。

表5-18列出了国内外一些机械进给单轴铣床的主要技术参数。

5.3.4 单面双轴铣床

具有二根(或二根以上)主轴的铣床有单面和双面之分。

表5-17 一些镂铣机的主要技术参数

厂商 型号	BQ5114B	MX505	MX509A	（日）庄田 RO-116	（日）庄田ROA系列 113	151	（意）SAOM P5	P6	（前苏联）BφK-2
工作台尺寸（cm）	81×50	80×50	100×90	81×51	90×60	90×60	80×80	100×85	118×80
工作台或主轴升降距离（mm）	140	90	90	95	70	120	120	140	130
主轴转速（r/min）	18000	20000	~18000	20000	20000	~20000	~18000	~18000	18000
主电机功率（kW）	2.2	2.2	3	1.5	2.2	2.2	3	3.3/4.4	2.2
机床外形尺寸（cm）	104×94×134	134×176×150	145×100×166	145×79×145	156×90×147	175×90×150	135×93×192	167×100×195	118×145×160
机床质量（kg）	600	750	600	750	750	920	590	980	910
结构特点	主轴升降可倾45°	工作台升降式	工作台升降式	工作台机动升降	主轴升降	主轴升降可倾±45°	主轴升降	主轴升降可倾90°	气动主轴升降

表5-18 一些机械进给单轴铣床的主要技术参数

厂商 型号	（意）SCM R9	R10	MX7612	（德）Knoevenagel FO 300	（意）Sipest 1200V/S	（日）饭田 RSC-1500SO	（日）协荣 KCS-603
工作台尺寸（mm）	1510×1170	2600×1250	φ1100	φ300	φ600	φ1500	φ600
主轴转速（r/min）	10000,20000	8000~20000	6000	10000	7000	6500	7600
进给速度（m/min）	1.5~1.2	0.85~8.5	3.5~17	3.7~11.3		1.4~8.5	1.8~13.2
主电机功率（kW）	4	4	总7	4或5.5	5.5	3.7或5	5.5
进给电机功率（kW）	0.14/0.51	0.55/0.9		0.38		0.75或1	1.5
机床外形尺寸（cm）	114×163×166	270×235×175	150×150×165			300×236×179	
机床质量（kg）	700	1600	1800			3500	1100
结构特点	辊轮进给	移动工作台进给	回转工作台进给				

其区别在于在一次进给中机床各铣刀是否加工工件的同一个加工表面。加工同一面者称为单面铣床；加工不同的两个面者则称双面铣床。一般不特别说明则常指单面铣床。

单面双轴铣床主要有主轴固定式和主轴可移（或摆）动式两种。

主轴固定式双轴铣床相当于两台下轴铣床拼合，但两主轴转向相反。如图5-24所示，由于机床具有两个转向相反的左右刀轴，操作人员便可根据工作曲线和木纹走向选择加工刀轴，使各段曲线均能实现顺纹铣削，达到有效地防止木材纤维劈裂的目的。该特点在制作某些高档实木家具时尤为明显，常被大量采用。

主轴可移(或摆)动式单面双轴铣床的两主轴可作前后伸缩移动或绕定轴摆动，以适应靠模样板及工件形状变化的需要。两主轴常依次作粗铣和精铣加工。图5-25所示为回转工作台双轴铣床加工靠背椅的实例。粗铣刀轴用于粗铣，精铣刀轴用于精铣。工位Ⅰ和Ⅲ的靠模样板符合椅背部曲线；Ⅱ、Ⅳ工位样板符合椅面曲线。工件转至工位时，压紧器自动压紧工件，可进行铣削加工；转出后，压紧器自动放松，可装卸工件。

主轴摆动型与伸缩型相比，机床更易布局，占地面积亦省。

表5-19列出了国内外部分单面双(多)轴木工铣床的主要技术参数。

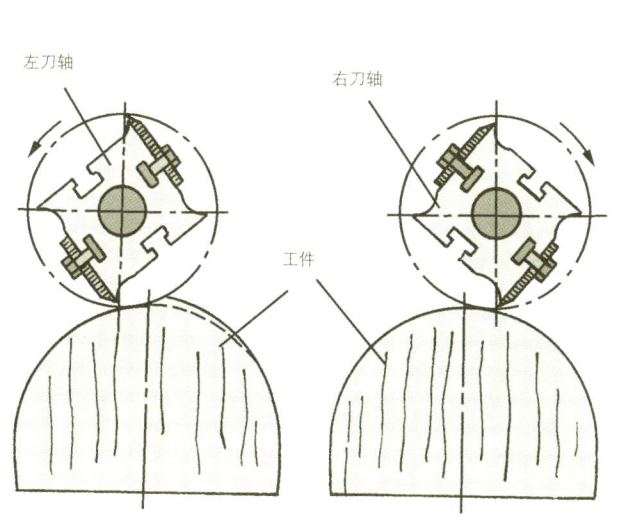

图5-24 主轴固定式双轴铣床

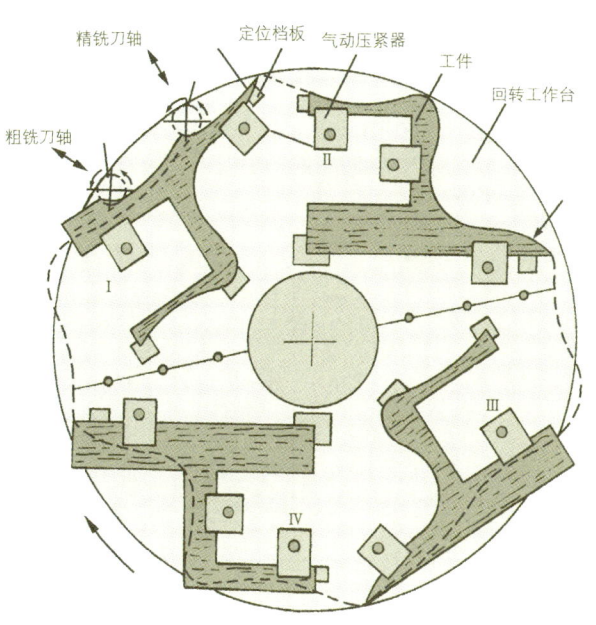

图5-25 回转工作台双轴铣床

表5-19 一些单面双（多）轴木工铣床的主要技术参数

厂商\型号	(日) 庄田 WM-112	MX7520	(意) Sipest 3500VV	(德) Konevenagel FO600	FO800	FO1100	FSO1850	(日) 饭田 RCS 系列 800DO	1500DM
工作台尺寸 (mm)	1270×1080	φ1500	φ2350	φ600	φ800	φ1100	φ1850	φ800	φ1500
主轴数	2	2	2	2	2	3	5	2	2
铣刀最大直径 (mm)	60~145			60, 75	60, 75	70, 125	75, 125	140	140
主轴转速 (r/min)	~10000	7000	7000	8000	8000	~12000	~9000	5400	5400
进给速度 (m/min)		2.4~16.5		0.5~8	0.5~8	1~4	0.5~2.5	0.4~1.25	0.25~1.5
主电功率 (kW)	2.2×2	总14.5	5.6×2	5.5×2 或 7.5/11	5.5/7.5	11/15	3.7×2	3.7×2
进给电机功率 (kW)				0.2	0.2	0.2	2.2	0.4	0.4
机床质量 (kg)	1200	3200						1100	4000
结构特点	双轴固定 转向相反		回转工作台进给、主轴摆动型						

5.3.5 双面铣床

双面铣床具有两个或多个铣刀轴,可同时对工件相对应的两个面进行仿形加工。按进给方式分,主要有辊筒进给和工作台进给两种方式。前者一般仅有两个刀轴;后者则常可设置两个或更多个铣刀轴,并还可与横截圆锯、带式磨削头等组合,使机床具有更多的功能和获得更好的表面加工质量。

图5-26为辊筒进给式双面双轴铣床作仿形加工的典型图例。毛坯固定在样板上,由前后进给辊推送样板和工件通过铣刀轴,工件的左右两侧可按样板侧面形状获得仿形加工。若应用特殊样板还可对某些上下面为弧形零件作仿形加工。

图5-27为典型工作台进给式双面仿形铣床原理简图。机床主要由床身、工作台、前后铣削头、磨削头、横截圆锯、气动定位、夹紧以及液压进给系统等组成。

工件装在靠模样板上,可由横截圆锯按所需长度自动截断,两侧面经前后铣削头与前后磨削机构作仿形铣削和磨削,可获得很好的加工精度和表面粗糙度。机床采用行程开

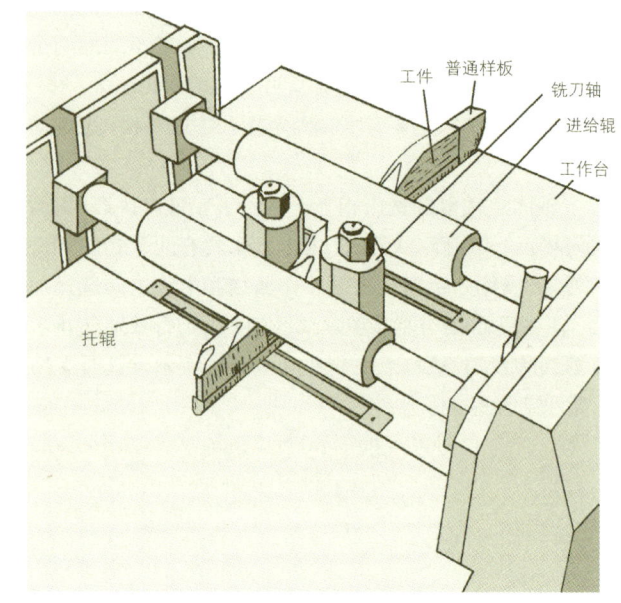

图 5-26 辊筒进给式双面铣床

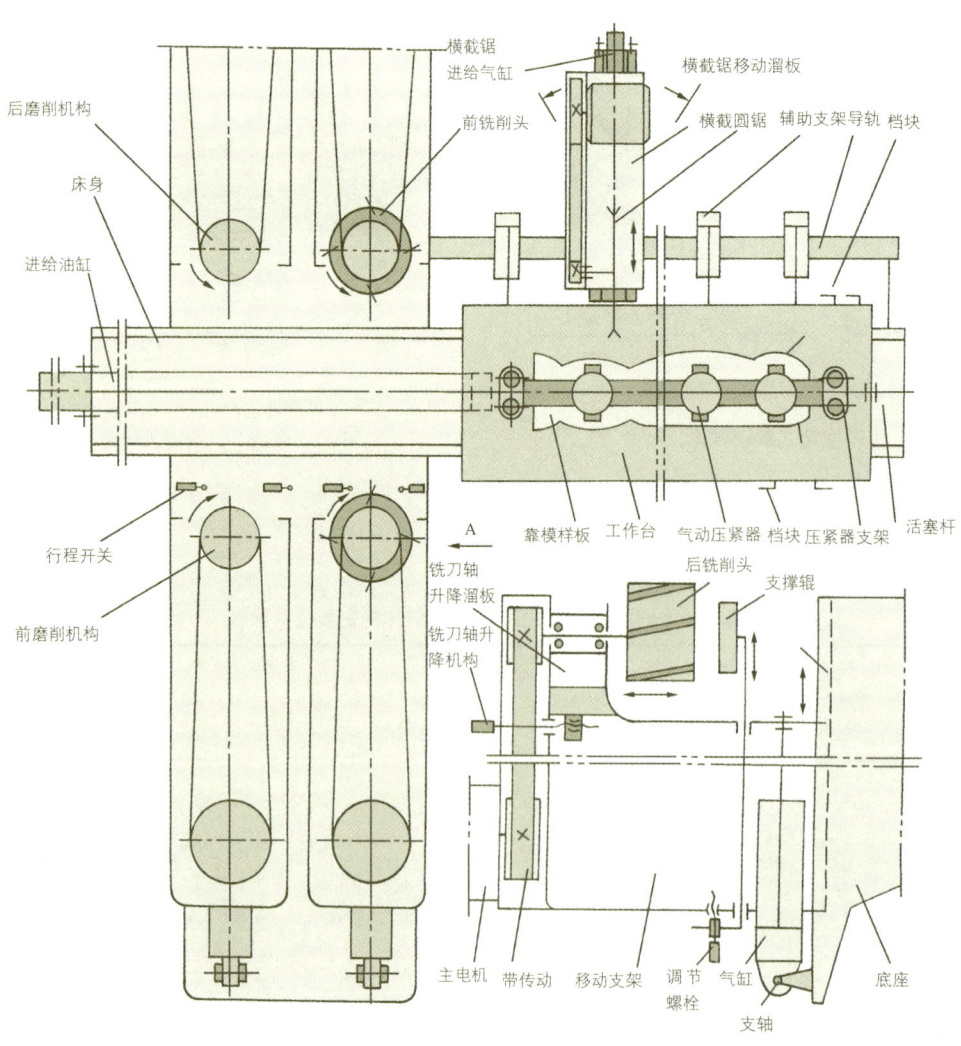

图 5-27 工作台进给式双面仿形铣床

关控制,加工结束,工作台能自动返回起始位置。工人只需装卸工件。

表 5-20 列出了国外部分双面铣床的主要技术参数。

5.3.6 多轴模型仿形铣床

前面所讲述的铣床大多只能用于模板仿形,即样板曲线只能限制一个平面内的两个自由度。而模型仿形则允许靠模曲面在三维空间内变化。对工件作立体仿形加工。它在家具及木制品的各类橱柜型脚、异形椅腿椅背、工艺雕刻以及军工枪托、假肢、鞋楦等生产中得到广泛应用。模型仿形铣床大多做成多轴形式,主轴布局方式有立式,主轴中心线垂直布置;也有卧式,主轴水平布置。卧式中又有各主轴水平左右布置和各主轴水平上下布置等形式。

图 5-28 所示为卧式四轴模型仿形铣床。各主轴与铣刀轴均为水平上下布置。每次可同时加工 4 个同样的工件。尾架尾部的压紧油缸驱动顶针可与主轴一起夹持工件,并由电机经齿轮箱减速驱动各主轴带动工件作慢速回转,一般转速在 20~60r/min 范围内。由夹紧油缸驱动靠模夹紧轴,与位于尾架的靠模顶针一起夹持靠模,并与工件同步回转。

铣刀轴由电机通过平皮带驱动,转速约 8000~9000r/min,机床常采用装配式仿形铣刀。4 根铣刀轴和靠模滚轮可在油缸作用下紧贴靠模,并随靠模各处径向尺寸的变化而作

表 5-20 国外部分双面铣床的主要技术参数

型号 厂商	最大加工宽度 (mm)	最大加工高度 (mm)	加工长度 (mm)	主轴数	主轴转速 (r/min)	进给速度 (m/min)	主电机功率 (kW)	进给电机功率 (kW)	外形尺寸 (cm)	机床质量 (kg)	结构特点
(意)Balestrini C70/N	360	120	最小 240	2	8000	1~8	5.5	0.73	135×125×110	1050	双辊筒进给
(德)Digo 1092	300	150.200	最大 2450	6	7500	0.5~16	4、5.5、7.5 或 11	4			4 铣 2 磨工作台进给
(奥)Z.M. SNR super 44	200	130	最大 1250	4	6000,9000	0~14 返回 60	75、5.5		550×230×180	1800	2 铣 2 磨工作台进给
(前苏联)φКД	170	100	最大 1000	5	6000	0.25~16	5.5	1	440×187×170	3500	5 铣工作台进给

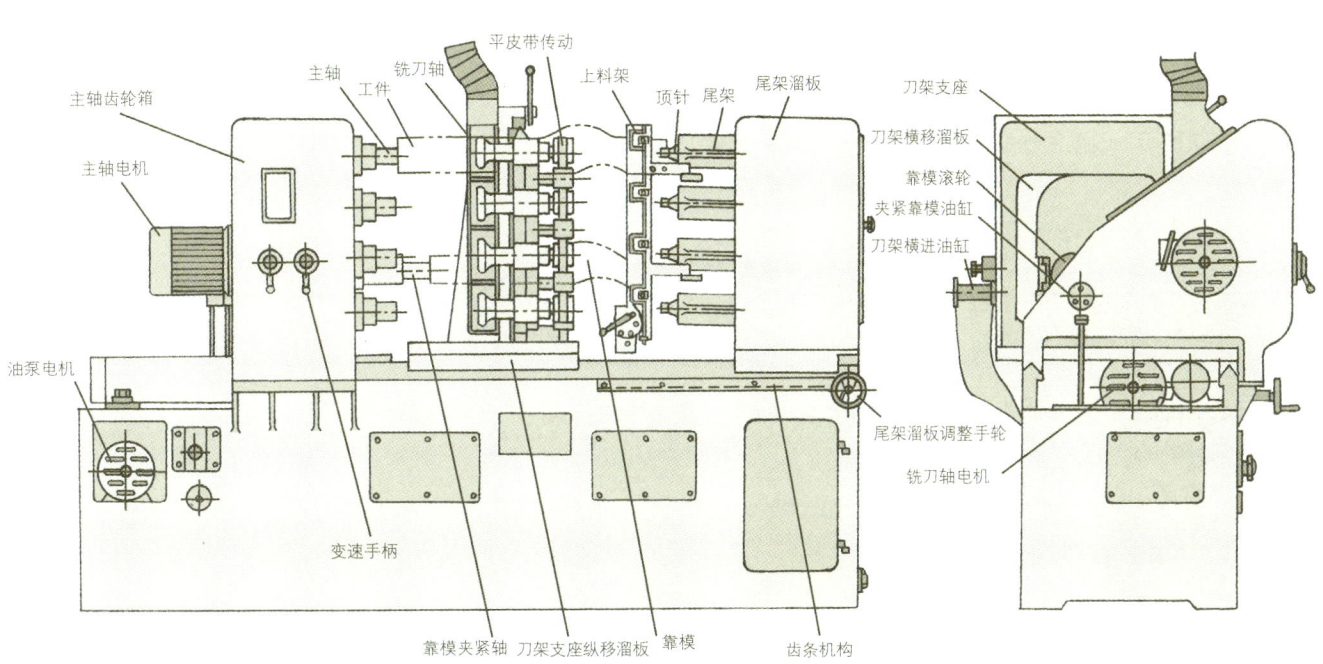

图 5-28 卧式四轴模型仿形铣床

横向进退移动,实现横向进给运动。同时它们又置于纵移溜板上,并由油缸驱动可作纵向进给。综合靠模滚轮和铣刀轴的纵、横向移动,靠模和工件的慢速回转,以及铣刀本身的高速旋转运动即可完成模型仿形铣削加工。

各轴水平左右布置用杯形刀加工的多轴模型铣床的运动和工作原理与上述主轴上下布置铣床基本相同,应用亦很广泛,而且它还常与带式磨削机构组合在一起。可以铣削头在上、磨削头在下;也可以磨在上铣在下。通常刀架前进时,由铣削头作粗铣;刀架返回时铣削头作精铣,同时磨削头加入,跟随在铣削头之后对工件进行磨光。机床的生产效率和加工质量均佳。

采用柄铣刀加工的模型铣床主要用于对扁平和圆形零件作工艺雕刻。通常有2~16根主轴,大多为水平平行布置。

表5-21列出了国内外部分多轴模型仿形铣床的主要技术参数。

5.3.7 数控木工铣床

数控木工铣床主要是指数控镂铣机,是应用数控技术最为广泛的木工机床。

5.3.7.1 数字控制机床

数字控制机床简称数控机床(NC,Numerical Control)。它把零件加工的要求、步骤与尺寸用代码化的数字表示,通过信息载体(如穿孔纸带)输入专用电子计算机。经过处理与计算,发出各种控制信号,控制机床的动作,按图纸要求的形状与尺寸,自动地将零件加工出来。它不仅能进行程序控制和辅助功能控制,而且能进行坐标控制,是四十多年来综合应用计算技术、自动控制、精密测量和机床设计等先进技术发展起来的一种新型机床。

数控机床使用的是数字信号,当被加工零件改变时,只要改用一条"描写"该零件加工的纸带即可,而不需要对机床作其他调整。因而它较好地解决了复杂、精密、小批、多变的零件加工问题,是一种灵活、高效的自动化机床,很适合家具等木制品造型别致、批量小、更新变化快的要求,是实现自动化、乃至革新整个生产过程的一个重要发展方向。

数控机床一般由四个基本部分组成:程序编制、数控装置、伺服系统和机床(图5-29)。程序编制就是根据图纸作成穿孔带、穿孔卡片或磁带等信息载体。它虽不是数控机床的一个具体部件,但却有很重要的作用,它是人—机之间联系的媒介。尤其对于复杂零件的加工,程序编制往往是能否有效地使用数控机床的关键。数控装置是数控机床的运算和控制系统。它接受信息载体带来的信息,经处理计算去控制机床的动作:将程序控制和功能控制的指令传递给机床的有关操纵系统,而将坐标控制的指令经伺服系统传递给机床执行部分。伺服系统是数控机床在机床结构方面有别于一般机床的一个特殊部分,是坐标控制的执行机构,能将数控装置输出的位移指令迅速、准确地转换为坐标运动。它不仅能控制机床执行的速度,而且能精确地控制其位置和一系列位置所形成的轨迹。由上述几部分组成的系统即所谓开环控制系统。如果要进一步提高机床的加工精度和生产率,可以在上述系统中再增加一套位移测量装置,将机床运动部件的实际

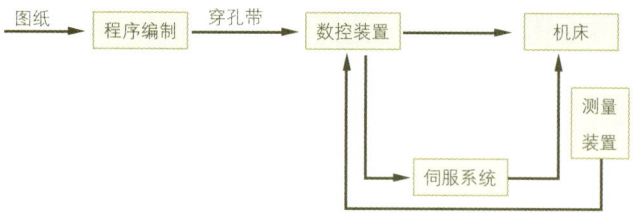

图5-29 数控机床的组成

表5-21 多轴模型仿形铣床的主要技术参数

厂商\型号	(中国台湾) Win Shine			(奥)	(德) Reichenbacher			(德) Schleicher	
	MX7416×10	CSM8/1000	CSM4/1000	ZM Optima 8/1500S	RT-225	R-632	R-Profi230	50/25	80/35
最大加工直径 (mm)	160	200	200	200	250	~1000	300	250	350
最大加工长度 (mm)	1000	1000		1500	500	~6000	900	500	800
主轴数	4	8	4	8	2	2~16	2	2	2
刀轴转速 (r/min)	5000			6000	12000,18000		18000	18000	
电机功率 (kW) 铣刀轴	7.5	1.5		4	0.5	0.5~1.5	0.5	0.5	
电机功率 (kW) 砂带	2.5	2.2		2.2	—	—	—	—	
机床质量 (kg)	1200	7000	5800	6000	850				
结构特点	卧式,杯形铣刀,带砂削装置,气动夹紧				采用柄铣刀,主轴水平平行布置				
	轴上下布置	主轴左右布置							

位移量测量出来，反馈给数控装置，即组成闭环控制系统。测量装置一般可视为伺服系统的一部分。

数控机床与一般机床在结构上是有原则区别的。数控机床结构的主要特点表现为以下几个方面：

(1) 采用刚性和抗振性较好的机床新结构。主要是改进床身、立柱和横梁等机床基础件的刚性和抗振性，以及提高主轴的刚度和精度。

(2) 采用高质量的伺服系统。主要是包括选用合适的伺服马达；采用无间隙传动的伺服传动链，提高各传动元件的刚度，消除传动装置反向时的空程死区；采用高精度、高效率的精密滚珠丝杠—螺母副；采用摩擦系数很低的滚动导轨或其他形式导轨，提高机床运动的灵敏性等。

(3) 提高机床生产率。通常采用较大功率的电动机和先进的标准刀具，以提高切削质量；采用多主轴多刀架的结构，以提高切削效率，减少停工时间等。

(4) 提高机床自动化程度，减少辅助时间。主要是合理安排刀具和工件的装夹，并采用自动换刀和自动更换工件装置，以减少停机时间；采用自动排屑、自动润滑等措施，以保证数控机床自动操作的顺利实现。

木工机床中应用数控技术最典型最广泛的是数控木工铣床。

5.3.7.2 数控木工铣床的分类

数控木工铣床有多种不同的分类方法。从伺服系统的原理不同可分为开环、闭环和半闭环控制系统；按同时控制的坐标数，可分为两、三、四、五坐标等；按刀架结构可分为并列式和转塔式；按刀轴工作位置可分立式(垂直布置)和卧式(水平布置)；按主轴数分单、双、多轴等；按机架结构分单臂(单立柱)式和门式等。按功能分又有单纯铣削和以铣为主，并组合有圆锯、排钻、刨削等加工头的数控复合(又称多功能)铣床等等。

5.3.7.3 数控木工铣床的运动分配与机床布局

这里的运动分配是指坐标运动的分配，即如何把数控木工铣床所需要的坐标运动分配到刀具系统和工件系统，运动分配不同也就影响到机床总体布局的不同。

1. 两坐标数控木工铣床

它所具有的两个相互垂直的直线坐标运动一般由工作台完成。工作台在水平面内沿 X、Y 两个方向作平面运动。

2. 三坐标数控木工铣床

这是最常见、应用最广的一类数控木工铣床。三个直线坐标运动可以由刀具系统单独完成，也可由刀具系统与工件系统共同完成。最常见的运动分配方式有以下几种：

(1) 工作台固定，三个直线运动均由刀具系统完成，如图 5-30(a)和(b)所示。这种运动分配方式欧美应用较多。图(a)中固定工作台上装有工件，横梁上装有刀架，它由 Y 向、Z 向移动溜板和转塔以及铣削头所组成，能完成 Y、Z 向坐标运动；转塔一般可装 4~8 个铣削头，根据各加工工序所需刀具形式的不同可作自动回转调整。横梁与左右立柱组成门式(或称桥式)结构，可沿床身导轨完成 X 方向的坐标运动。图(b)所示为单立柱式。

(2) 工作台完成 X 向运动，刀架完成 Y、Z 向运动，这种

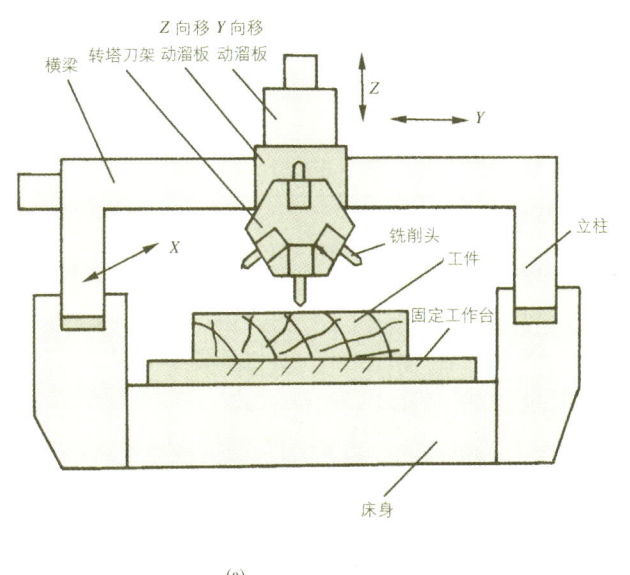

(a)

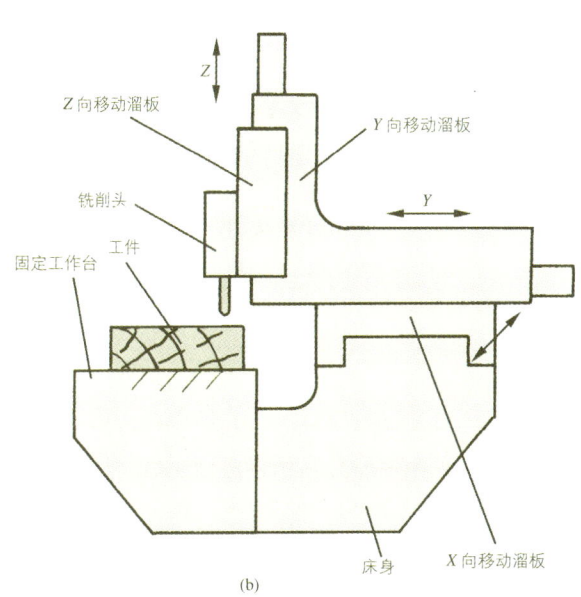

(b)

图 5-30 三坐标数控木工铣床的运动分配

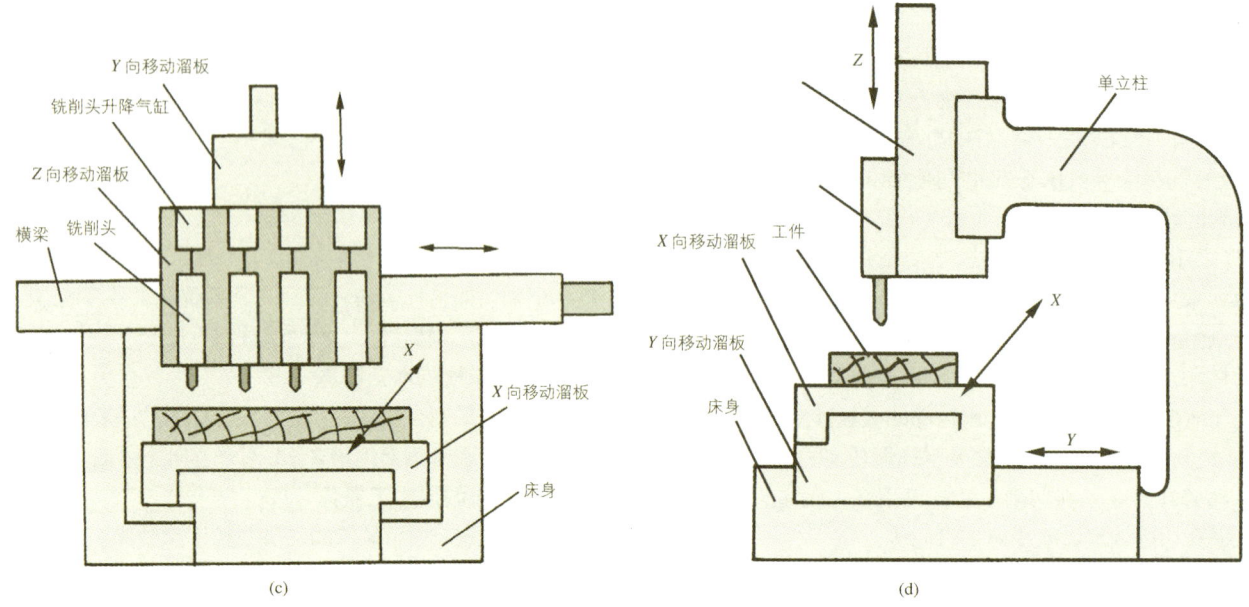

图 5-30 三坐标数控木工铣床运动分配

分配方式机架大多采用门式结构。如图5-30(c)所示，刀架在横梁上能完成 Y、Z 方向的坐标运动，在升降溜板上设有4个并列布置的铣削头，它们可以由各自的气缸控制单独作升降调节，以便适应各工序对变换刀具的需要。铣削头并列的优点是可实现多工件同时加工。如工件仅需作镂铣加工，工作过程中不必换刀，则可以实现4个工件同时装夹，同时加工，以充分发挥机床的生产效率。但与转塔式相比其结构稍大，且轴数受到一定的限制。图中工件装在工作台上，可完成 X 方向的坐标运动。

(3) 工作台完成 X、Y 方向的坐标运动，刀架仅完成 Z 方向升降运动，如图5-30(d)所示，机床大多采用单立柱结构。

后两种运动分配方式各国都有采用，日本庄田、平安等厂家所生产的数控木工铣床几乎都采用这两种方式。

3. 四坐标、五坐标数控木工铣床

它们的运动分配随加工零件和具体机床而异。

5.3.7.4 三坐标数控复合木工铣床

数控复合铣床又称数控多功能铣床，是指以铣为主并组合有圆锯、排钻或刨削等加工头的数控木工铣床。图5-31所示为日本庄田公司生产的 NC-163C-1 型三坐标复合木工铣床。机床为门式结构，各主轴并列布置，由气动装置驱动按需要自动升降。应用庄田富士通微机数控装置可同时控制 X、Y、Z 三个坐标运动；工作台完成 X 向、刀架完成 Y 和 Z 向运动。

机床除有铣削头可作镂铣、成型铣、开槽打孔等加工外，还设置了20轴排钻动力头和可作90°回转调整的锯切动力头，可分别用于加工孔间距以30mm为模数的成排圆榫孔和对工件作长、宽方向的锯切。这种机床特别适用于各种柜类的板件加工，工件一次装夹就可以按数控装置指令自动完成纵横锯切、成形铣边、镂刻花纹、锯铣沟槽以及加工榫孔等所有工序。从而可减少中间运输环节和所占用车间的面积，避免工件因工序间的运输而损伤和污染，且加工精度高，尺寸准，试切调整方便，操作简单，生产能力极高。这些特点对多品种小批量生产十分有利。

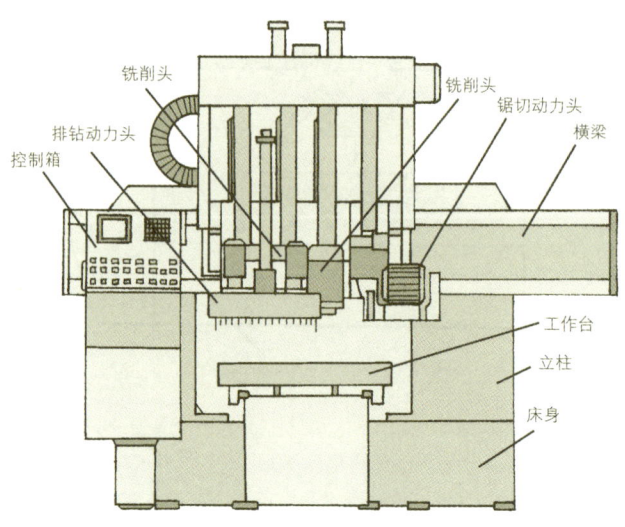

图 5-31 数控复合铣床

5.3.7.5 数控木工铣床的主要技术参数

表 5-22 列出了部分数控木工铣床的主要技术参数。

表 5-22 数控木工铣床的主要技术参数

厂商	型号	工作台尺寸 (cm)	坐标运动行程 (mm)			A	主轴转速 (r/min)	进给速度 (m/min)	主电机功率 (kW)	结构特点
			X	Y	Z					
(美)EC公司	444MC-1	180×60	1800	600			11500		5.5/10	单轴 单柱式，工作台
	444MC-2	270×90	2700	900	200	—	23000			多轴 固定
	333	315×162	3150	1625			10800 18000	X、Y: 0~3 Z: 0~5	7/10	桥式，工作台固定，4轴并列
(美)PH公司	CFC1	122×61	660	1270	127	—	10000 20000	X、Y: 0~15 Z: 0~5	5.5	单臂式，工作台完成X、Y，刀架完成Z
	CFC2	244×122	1270	2490	152		10000 18000		11	桥式，工作台完成X，刀架完成Y、Z
(意)BG.MEC.公司	PN200	244×96	2050	1050	150	—	9000 15000	0~10	4/7.5	桥式单轴，工作台完成X，刀架完成Y、Z
	NP300		2400	1400	250		12000 18000	0~12	4、11	
(意)SCM集团 Routomat 系列 (单柱式)	1	170×90	1600	800	250	—	8000 12000 16000 20000	0~8	5.5	单头工作台完成X、Y，刀架完成Z
	2						12000 18000		7.5	转塔刀架自动换刀
	2/CU				250		2000			工作台X、Y，刀架完成Z
	2/CUTilting	260×130	2500	1250	320	±45°		0~10 快速20	7.5	4坐标，工作台完成X、Y，刀架Z、A
	2P、3P、4P				180	—	18000			工作台完成X、Y；刀架Z
(意)SCM集团 Routomic 系列 (门式)	1	350×125					12000			4坐标，多轴并列式，工作台X；刀架Y、Z、A
	2	170×125	3500	1250	330	±45°		0~15 快速20	7.5	
	2S	(双工作台)					18000			
	NC 163S-20	220×142	2000	1200			9000	0.1~15		门式，4轴并列，工作台X；刀架Y、Z
	NC163S-24		2450		250				5	
	NC526SP	260×130 (双工作)	1300	2600			18000	0.1~15 快24		
(日)庄田	NC-163C-1	200×100	2450	1700	250	—	锯、钻 3000		总21.7	5主轴铣、锯、钻复合
	NC-163-2	265×142	2450	2450	250	—	刨4000	0.1~15	总29.7	6主轴铣、锯、钻复合
	NC-361L	130×200	1300	2000	400	360° B ±30°	铣9000、18000		总29.7	5坐标铣刨复合
(日)平安	NR-431T	180×80	1800		250					单柱式，工作台完成X、Y；刀架完成Z 单转塔 双转塔
	NR-842T	360×80		800	300	—	18000		4.5、5.6	
	NR-1242T	300×80	1500		250					

表 5-22（续）

厂商	型号	工作台尺寸 (cm)	坐标运动行程 (mm) X	Y	Z	A	主轴转速 (r/min)	进给速度 (m/min)	主电机功率 (kW)	结构特点
（中国台湾）如隆公司	HPC-362	180×95	1800	950						双轴并列，桥式，工作台固定
	HPC-482	245×125	2460	1300	250	—		12 快速 20	5.5 或 7.5	双轴并列，单臂式，工作台 X，刀架 Y、Z
	HPC-584	250×150	2460	1350						4轴并列，门式，工作台 X；刀架 Y、Z
牡丹江	MXK5821	210×110	2100	1100	200	—	18000		35	门式，4轴并列，工作台完成 X，刀架 Y、Z
上家机	MXK108	140×80	1400	800	200	—	18000	8	5.5	门式单轴，工作台完成 X，刀架 Y、Z
佳纳	MXH2513B	250×130	2500	1300	350	—	24000	50	7.5	单臂单轴有刀具库，属加工中心

5.3.7.6 木材切削加工中心机床

加工中心机床是指具有自动换刀装置的数控机床。自动换刀装置的形式有多种，最简单的自动换刀装置是多主轴的转塔刀架。如一般转塔有6个工位，但只有处于水平(或垂直)工作位置上的主轴其运动链才接通，等该工序加工完毕，转塔按照数控装置的指令转过一个或几个位置，完成自动换刀程序，转入下一工序的加工。其优点是结构较简单、换刀时间短，仅需1～2s左右。主轴并列式数控铣床实际上也可以自动换刀。但目前各国大多仍把它们(包括转塔式和主轴并列式)称为数控木工铣床，它们换刀数一般不超过6把；而把设有专用刀具库，可自动更换更多数量(通常在10～20把)刀具的数控木工机床称为木材切削加工中心机床。最常见的刀库形式主要有径向盘形刀库和单排链式刀库。如意大利 SCM 公司生产的 ROUTRONIC HPC 型机床所用刀库属前者；日本庄田生产的 NCV-211 型机床刀库形式属后者。该两加工中心机床均可自动更换20把刀具。

5.3.8 铣床的选用及适用的标准

选购铣床时特别要注意工艺适应性，所选类型与其生产中的作用必须相配。类型选择之后主要看铣削高度是否满足要求；其次要注意工作台面尺寸大小或主轴离立柱距离等适应加工件的尺寸范围。选购数控木工铣床时，除考虑应满足工艺要求外，还应考虑加工时的工时成本是否经济合算。

目前国内有关木工铣床的现行标准主要有GB/T13570-90 单轴木工铣床精度，JB/T6359-92 木工镂铣机精度；JB6109-92 单轴木工铣床结构安全；JB5724-91 木工镂铣机结构安全；JB6112-92 二、三、四面刨床和铣床结构安全；JB/T6549-93 二、三、四面木工刨床和铣床技术条件等。

5.3.9 铣床常见故障分析

1. 主轴升降不灵活或抖动

可能是各配合间隙中进入了污物或导向键变形；也可能是各相对运动件磨损，包括升降用丝杆、齿轮、轴套与轴套座之间、传动轴与轴套之间的磨损等。

2. 主轴倾斜动作不灵活，定位复位不准确

除可能是各配合间隙中有污物外，主要是机件磨损引起的。可能磨损的机件包括三角形圆弧导轨、调主轴倾斜用丝杆、与其相配的螺母铰销轴、定位销、垂直位置挡块等。

3. 活动工作台移动阻力增大，移动不灵活

主要是导轨或与之相配的滚轮磨损或圆导轨弯曲所致，再可能是导轨与滚轮接触面存污过多。

4. 活动工作台相对于固定工作台不平行

这可能是圆导轨支架松动，造成圆导轨倾斜；托架铰接处结合件和支承导轨磨损，可引起活动工作台朝另一个方向倾斜。

5. 铣削面起毛或产生撕裂

通常是进给速度过快或刀片过钝所致，此外与铣削方向亦有关。

5.4 开榫机

在各种木制品生产中，广泛地采用各种榫结合。其主要形式有：木框榫，主要用于门窗、家具柜橱等框架结合；箱结榫，包括直角箱结榫和燕尾形箱结榫，主要用于箱板、抽屉板等结合；长圆榫，主要用于实木桌、椅的接口；梳齿榫，主要用于短材接长，还常与圆榫联合应用于实木桌椅等接口处；圆榫，主要用于板式家具板件间的连接，由于它结构简单、使用方便,在不少场合还可以部分地取代其他形式的榫结合。这些榫的加工大多采用铣削的方法,但也有一部分开榫机,如直榫开榫机,它采用多工序方式加工,不但有铣削,还有其他如锯切等工序。因而,我国《木工机床型号编制方法》根据榫头形状和加工方式的不同,把采用单工序铣削方式加工的开榫机归入铣床类第3组"接口铣床";把采用多工序加工的开榫机归入多工序机床类,其中第2组为直榫开榫机,第3组为圆榫加工机。详见表5-23。

5.4.1 直榫开榫机

直榫又称木框榫。加工木框榫有多种方法,如图5-32所示。其中图(a)表示多工序加工法。首先对工件进行截头,以确保加工出榫长度的一致性;然后,可由水平圆柱形铣刀作横向铣削来完成直角形的榫颊榫肩。若榫肩成一定角度,则需再通过垂直布置的端向铣削刀头来获得。如果还需开榫沟,则可用端向铣削的圆盘铣刀来完成。这是在大批量加工木框榫时常用的方法。第二种方法如图(b)所示,采用端向铣削的圆盘铣刀进行加工,这在现代双面开榫机上常常采用。第三种方法如图(c)所示,均由锯切来完成,一般多用于要求不太高的框架结构中。

5.4.1.1 单头直榫开榫机

MD2116A型单头直榫开榫机是一种采用多工序加工法的典型的木框榫开榫机,其外形如图5-33所示,它主要由床身、工作台、压紧机构、六个切削机构和电气装置等组成。工件压紧在工作台上,由手工推动依次通过截头圆锯、上下水平刀头、上下垂直刀头,以及中槽刀盘完成直榫加工。

这类开榫机刀头众多,调整环节也多,工作台还可倾斜。使用时若能灵活掌握,则可节省调整时间。

5.4.1.2 双头直榫开榫机

双头直榫开榫机大多为工件通过链条挡块进给或履带进给。其一侧的各刀头布置在床身固定支架上,与单头直榫开榫机相似;而另一侧的各刀头则安置在移动支架上,且按照加工件长度或板件宽度的需要,可进行调整。

随着家具制造业发展的需要,现代双头开榫机的功能大为扩大。除作常规截头开榫之外,更多地应用于板件的定尺寸齐边或铣边、倒棱,加工各种企口,开槽、切割并可作指接榫、斜榫和斜榫槽、燕尾槽和燕尾棱边等加工,具有更为广泛的工艺应用范围。为满足这些工艺要求,其刀架刀头的设置具有一系列特点:

①截头或锯边用圆锯常采用主、副(又称划线)锯片的形式,以确保锯边时工件不产生任何劈裂现象;②主锯片常采用粉碎组合型锯片,以利于排屑和吸尘;③除截头外,大多采用端向铣削的圆盘铣刀进行各种加工,具有较好的适应性;④圆盘铣刀除可上下左右调整外,增加回转溜板,以扩大工艺适应性;⑤根据工艺需要,生产机床的厂家可按用

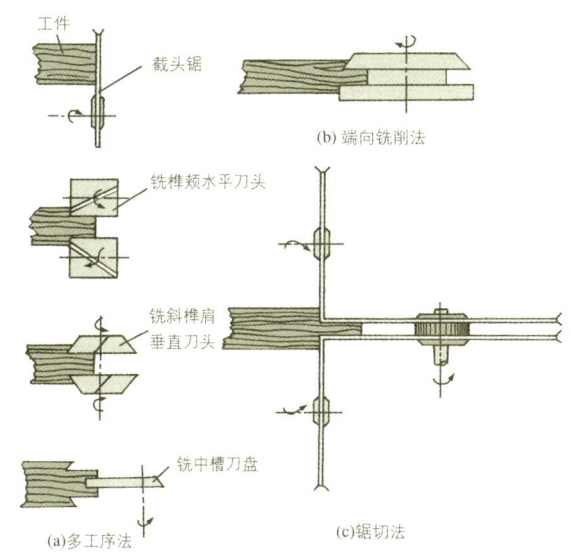

图5-32 木框榫主要加工方法

表5-23 开榫机分类 (按GB/T12248-90)

铣床类(MX)				多工序机床类(MD)			
组名称	代号	系代号	木工锯机名称	组名称	代号	系代号	木工锯机名称
接口铣床	3	1	立式单轴燕尾榫开榫机	直榫开榫机	2	1	单头直榫开榫机
		2	立式多轴燕尾榫开榫机			2	双头直榫机开榫机
		4	卧式单轴燕尾榫开榫机	圆榫加工机	3	1	圆榫制榫机
		5	梳齿榫开榫机			3	多工序圆榫钻床
		6	直角榫开榫机			4	单面多工序圆榫连接机
		7	长圆榫开榫机			5	双面多工序圆榫连接机
						6	圆榫制榫装榫机

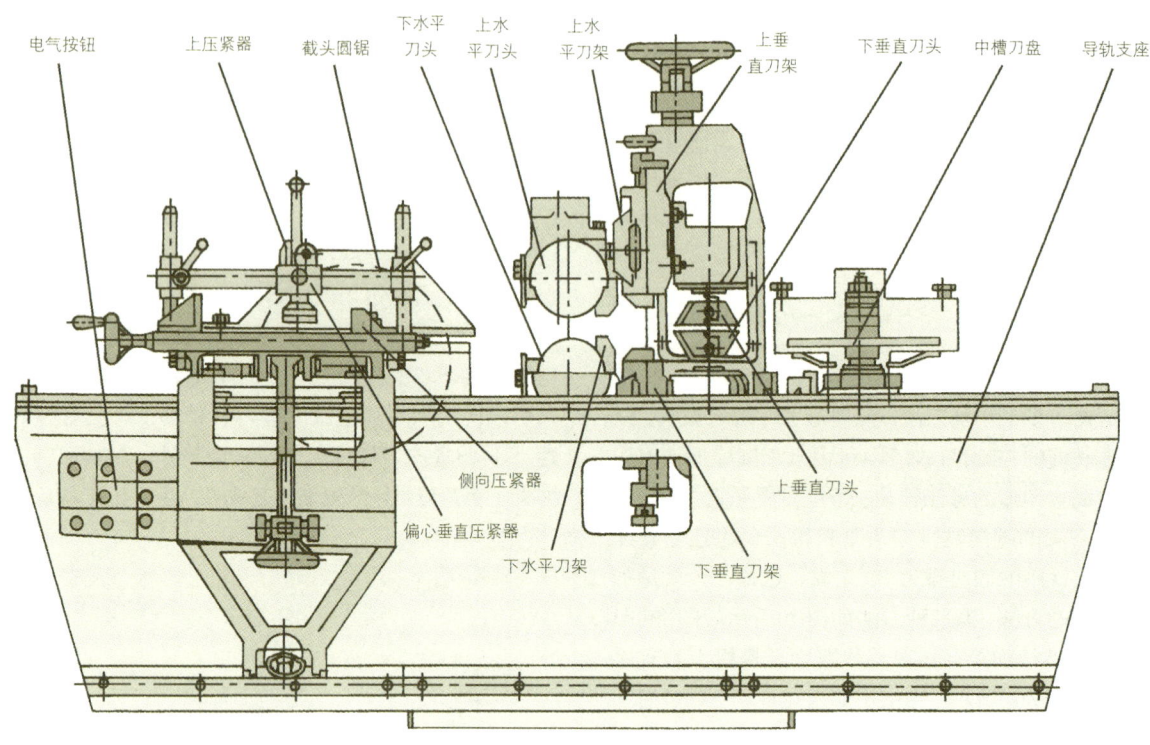

图 5-33 MD2116A 型单头直榫开榫机

户要求调整刀头的数量和布置形式；⑥根据需要可增设某些特殊刀头，以满足特殊的工艺要求。

最新的数控双面开榫机，对于活动支架的移动，各刀头上下、左右位置的调节，工件压紧装置以及导板位置等都可以由储存在微机中的数据进行控制，根据指令使上述各种位置调整同时完成。这可使调整操作时间减少9/10，操作效率可提高3～10倍，且调整精度高，移动距离可以0.01mm计。此外，某些数控开榫机还可以设置可编程多刀盘叠合型长主轴立刀轴，并与数控四面刨床、运输系统以及数控系统组成"柔性制造系统"。该系统所有各项调整、定位均由计算机控制，保证整个加工系统精确高效地运行，极适合于小批量工件的自动化生产。

表 5-24 列出了部分国产直榫开榫机的主要技术参数。

表 5-24 部分直榫开榫机的主要技术参数

型号	MD2109	MD2116A	MD2116B	MD2210	MDZ315A	MDB3814
最大榫头长度 (mm)	90	160	160	100		
榫头厚度 (mm)		6~100	6~100	5~80		
最大榫槽深度 (mm)	90	125	125	80		
最大榫槽宽度 (mm)	30	20	20	20		
工件最大厚度 (mm)	120	150	125	80		
工件最大宽度 (mm)	400	350	350	600	600	500
工件长度 (mm)	—	—	—	260~2500	500~1500	300~1400
刀轴数	5	6	6	8	6	6
工作台最大行程 (mm)		1900	1900	—	—	—
进给速度 (m/min)	—	—	—	4~14	6.4, 7.8	6
活动支架移动速度 (m/min)				0.5		
截头锯片直径 (mm)	300	420	400	350		
电机总功率 (kW)	7	9.8	11.2	23.25	9.98	12.25
结构特点		单头、手工进给			双头、机械进给	

5.4.2 梳齿榫开榫机

梳齿榫可以在直榫开榫机上加工。但对于短料接长等大批量加工时，常用专门设计的梳齿榫开榫机。其基本构造与直榫开榫机相似，只是刀头设置除截头锯外就是一个装有梳齿榫铣刀的立刀头。图5-34为典型的手工进给梳齿榫开榫机。工件置于工作台上紧靠靠板，由侧向压紧器和上压紧器压紧。手工推动工作台，使工件依次通过截锯和铣榫刀头，即完成一端的梳齿榫加工。工作台往返运动也可以采用机械或液压方式。

表5-25所列为部分国产短材接长用梳齿榫开榫机的主要技术参数。另还可参阅5.7.3表5-43。

5.4.3 长圆榫开榫机

图5-35所示为长圆榫的主要形式。一般长圆榫开榫机能加工长圆榫的尺寸范围：榫宽 $B+D=4\sim130mm$；榫长 $E=10\sim90mm$；榫厚 $A=4\sim30mm$。图(b)表示榫头绕Y轴线转过了α角，通常α角可在0°～90°范围内调节。图(a)所示 $\alpha=0°$；图(c)所示 $\alpha=90°$。图(d)所示的榫称为圆柱榫。图(f)所示的榫头绕X轴线转过β角，通常 $\beta=0°\sim30°$。图(g)所示为榫头绕X、Y、Z轴都过了一定角度，常被称之为立体斜位榫，而图(b)、(f)所示则通常称为平面斜位榫。

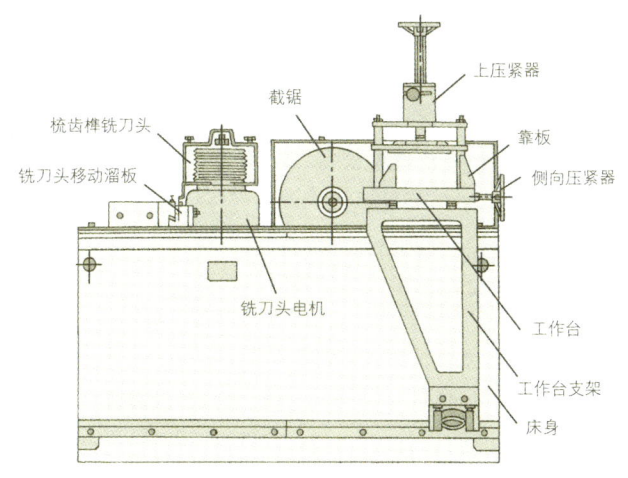

图5-34 手工进给梳齿榫开榫机

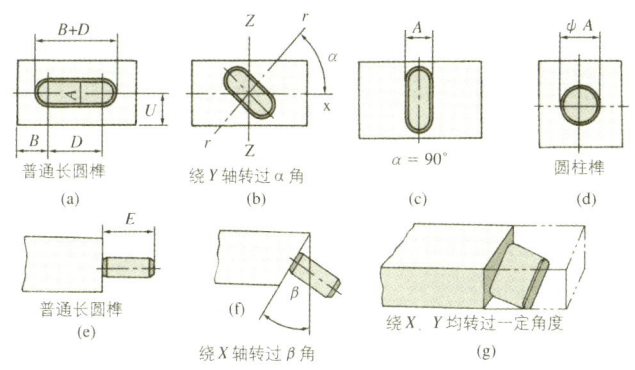

图5-35 长圆榫的主要形式

表5-25 部分国产梳齿榫开榫机主要技术参数

型号	加工厚度 (mm)	最大加工宽度 (mm)	锯片直径 (mm)	铣刀直径 (mm)	电机功率 (kW)		机床外形寸 (cm)
					截锯	铣刀	
MX3510	100	350～400	350	160	2.2	7.5	
MX3512	120	200～400	350	180	1.1	7.5	138×140×140
MX3515	150	400	300	160	2.2	11	220×121×148

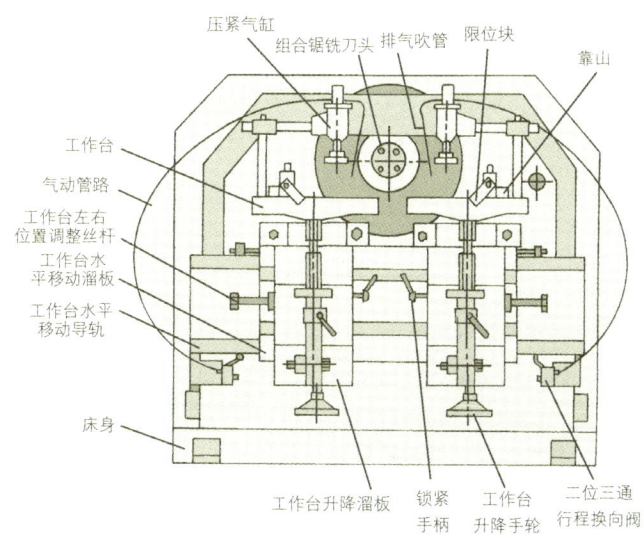

图5-36 MX378型长圆榫开榫机

长圆榫开榫机大多为半自动形式。图5-36所示为国产MX378型长圆榫开榫机的外形简图。它主要由床身、双工作台、组合铣刀头、气动系统及压紧机构、靠模(在机床内部)以及传动装置等组成。机床的主运动，受靠模制约的进给运动，以及压紧、工作台工位转换等辅助运动，三者依靠机械电气系统协调动作，能自动完成所需工作循环，操作工只需装卸工件。

长圆榫开榫机所用刀具都为锯铣组合型，其中锯片用于截头，铣刀片分别用于切榫颊和为榫的头部和根部倒角。

表5-26所列为部分长圆榫开榫机的主要技术参数。

5.4.4 开榫机的选用及有关标准

开榫机的选用取决于榫头的形状。对于木框榫批量大时应选用木框榫开榫机，量少时也可用铣床代替；若为一般直榫选四刀头(截锯、两水平刀头、中槽刀盘)，若需开有斜榫

表 5-26 部分长圆榫开榫机的主要技术参数

型号	MX378	2-TAO	SCD	型号		MX378	2-TAO	SCD
榫长（mm）	6~80	6~80	10~120	电机功率（kW）	主运动	3	3	2.2
榫宽（mm）	~100	~100	~55		进给	0.75	0.75	0.75
榫厚（mm）	6~30	4~30	4~30		工作台移动	0.75	0.75	0.75
工作台倾角（°）	0~20	0~20	0~30	机床外形尺寸（cm）		140×143×125	140×125×125	
靠山倾角（°）	0~45	0~45	0~45	机床质量（kg）		900	900	
靠模可调角度（°）	0~90	0~90	0~90	生产厂商			意 Baleslrini	意 Pade

肩制宜选用六刀头（增加两垂直立刀轴）。对要求不高的，可采用以锯代刨的形式。

梳齿榫开榫机常用于短材接长，应注意这时对机床和刀具有较高的要求。

对长圆榫开榫机选用时一定要与长圆形榫槽机相匹配。

可供参考的标准有 JB/T3105-92 木工单头直榫开榫机精度；JB/T3292-83 燕尾开榫机精度等。

5.4.5 开榫机常见故障分析

1. 各切削刀头调整费力、不灵活、定位不准确

其原因除相对滑动面间有污物外，大多可能是导轨磨损、调整用丝杆磨损或弯曲、镶条变形等引起。

2. 工作台倾斜调整不灵活

这可能是调倾斜用丝杆磨损或弯曲；或丝杆端部与工作台铰接处销子弯曲变形或锈蚀。

3. 加工出榫颊面凹凸不平

主要原因可能是上下水平铣刀刃磨弧度不均，造成刀刃各点不在同一切削圆上。工作台的上压紧器松动，切削中工件跳动。

4. 加工出的榫肩不对称

除调整不当的原因外，水平和垂直刀头的调整机构磨损，使对称移动的调整变得不对称。

5. 加工出的榫颊面起毛

这通常是进给速度过快或刀具刃口过钝所致。

5.5 木工钻床

木工钻床主要按单轴多轴或立式卧式来分。其中多轴排钻床应用广泛，品种较多，故另列一组。具体分类如表5-27所示。

5.5.1 单轴木工钻床

立式单轴木工钻床结构简单，通用性强，大多为手工操作，生产率及加工精度较低。图 5-37 为国产 MZ515 立式单轴木工钻床。机床主要由床身、切削机构、工作台、压紧机构和操纵机械等组成。

表 5-28 列出了国产的 MZ515 型立式单轴木工钻床的主

表 5-27 木工钻床分类（按 GB/T12448-90）

组名称	代号	系代号	木工机床名称	组名称	代号	系代号	木工机床名称
立式多轴钻床	4	1	立式多轴木工钻床	多轴排钻床	7	1	单排多轴木工钻床
		2	立式多轴可调木工钻床			2	多排多轴木工钻床
立式单轴钻床	5	1	立式单轴木工钻床			3	多排多轴木工钻床
		9	台式木工钻床	专用钻床	8	0	节疤钻床
卧式钻床	6	0	卧式单轴木工钻床			1	单轴圆榫孔钻床
		4	卧式多轴木工钻床				

表 5-28 国产 MZ515 立式单轴木工钻床主要技术参数

最大钻孔直径（mm）	50	工作台垂直移动量（mm）	400
最大钻削深度（mm）	120	工作台尺寸（mm）	600×400
最大铣槽长度（mm）	200	工作台绕立柱中心旋转角度	360°
最大铣槽深度（mm）	60	机床外形尺寸（cm）	135×60×90
主轴转速（r/min）	2900, 4350	机床质量（kg）	420
主电机功率（kW）	1.5		

要技术参数。

卧式单轴木工钻床,其钻轴轴线为水平布置,主要用于工件侧面或端面的孔加工。为扩大工艺用途,国外常把这种产品设计成主轴可作附加的摆动运动。这样,它不仅可用于钻孔,还可用于钻铣长圆孔。

5.5.2 多轴木工钻床

多轴木工钻床分主轴中心距固定和可调两类。主轴中心距可调多轴钻床有立式和卧式之分。这类钻床的主运动大多采用一个电机,通过皮带传动带动多个钻轴。根据需要,这些轴间距可以在一定的范围内进行调节。调节的方式主要有螺栓调节式、丝杆调节式和导板式等类型。台湾丰钧、日本东洋等厂商这方面产品较多。

这里介绍的"小型钻削动力头式"木工钻床属主轴中心距固定的多轴钻床。

主轴中心距固定,但并不排成一列,或虽排成一列但轴数较少的钻削动力头称为"小型钻削动力头",由这些动力头组成的钻床称为"小型钻削动力头式木工钻床",以区别于5.5.3要介绍的多轴排钻床。这种由小型动力头所组成的钻床可以根据需要进行组合,机动灵活,使用十分方便。

图5-38所示为一种标准化的小型钻削动力头。它主要由三部分组成:电机,进给气缸和齿轮钻轴箱,而钻轴箱可根据工艺需要选用二轴式、三轴式或五轴式。日本庄田、台湾丰钧等公司有此类产品。

欧洲一些公司所采用的小型钻削动力头的钻轴箱常做成圆形结构,如图5-39所示。这种钻削头的特点是结构紧凑,调整方便,只要转过相应的角度就能满足孔间距的尺寸变化要求,加工出两个或数个中心距不同的孔。尤其适合于各种孔间距不按一定模数要求,而由桌椅本身尺寸要求所决定的圆榫孔加工。意大利Pade公司生产的250型单动力头多轴木工钻床、500/N型锯钻组合机、1000/N型锯钻铣组合机以及Balestrini公司生产的FTA型锯钻铣组合机都使用这种钻削动力头。

5.5.3 多轴排钻床

随着圆榫在各种木制品,尤其是在板式家具生产中被大量采用,各式多轴木工排钻应运而生,并得到了快速发展。

所谓"多轴排钻床"是指由多主轴的钻削动力头所构成的各种木工钻床,这些钻削头主轴的中心距固定不变,按一定的模数均匀地一字排开,主轴的数目一般在6~8根以上。我国和世界大多数国家取主轴中心距标准模数为32mm,仅日本有30mm和32mm两种规格。因此板式家具或其他板件

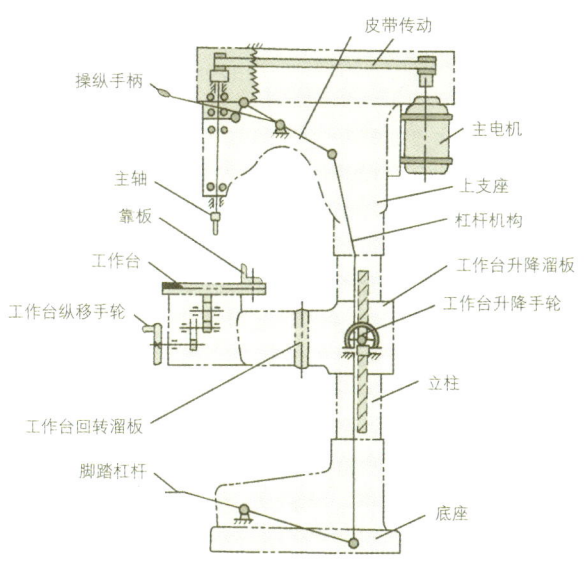

图5-37 立式单轴木工钻床

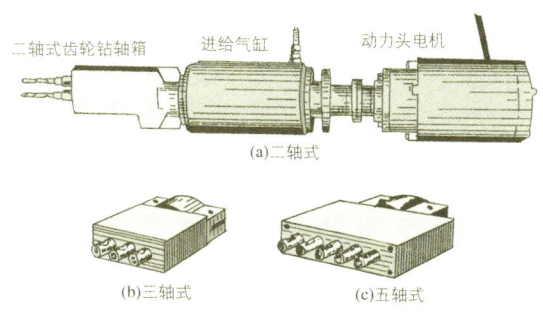

图5-38 小型钻削动力头

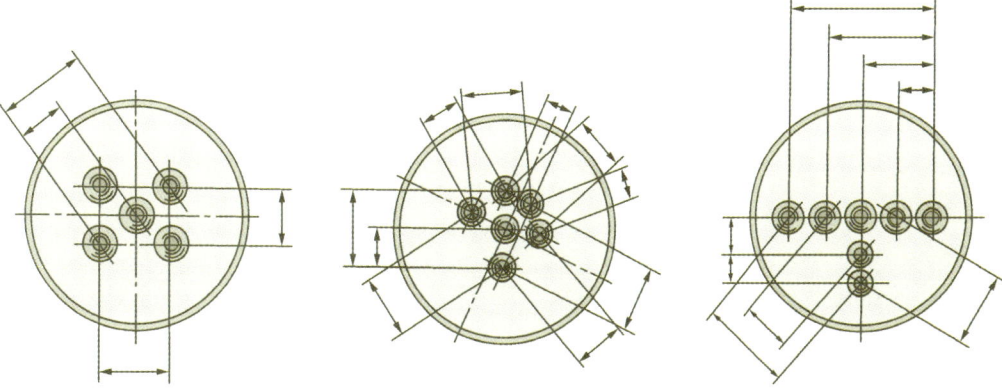

图5-39 五轴、六轴、七轴圆形钻轴箱

间采用圆榫结合或需作孔加工时,只要孔间距取32mm的整倍数,就很容易在这些排钻床上进行加工并能获得良好的加工质量。

5.5.3.1 单排多轴木工钻床

单排多轴木工钻床通常具有一个钻削动力头,其钻轴处于垂直位置,对水平位置的工件进行钻削加工。钻削头相对于工作台的布局位置常有两种方式:钻削头在上称为上置式,如国产MZ7121型和日本东洋SB-600型等单排多轴木工钻床均属此类。其优点是便于观察加工情况,缺点是排屑条件稍差;另一种为下置式,钻削头置于工作台之下,如国产MZ7139型、意大利SCM公司FM系列等单排多轴木工钻床。其优点是机床结构紧凑、排屑条件较好。但对加工情况的观察无前者方便。目前后一种方式占多数,欧洲各主要厂商的单排钻大多属下置式。

为扩大单排钻的应用范围,钻削动力头常常设计成可以使钻轴由垂直位置翻转至水平位置或这两者间的任意(通常是45°)位置,对工件进行钻削加工。如图5-40所示,单排多轴木工钻床主要由床身、切削机构——钻削动力头、钻削头回转装置、气动进给装置、工作台、压紧机构以及气、电控制系统等组成。

单排钻结构紧凑,体积小,人工上料,操作方便灵活,主要用于生产批量较小和加工件较小的场合。

单排钻以排的最多轴数作为主参数,且已形成系列。我国行业标准规定主轴数的系列为21、29和39。

表5-29所列为国内外部分单排多轴木工钻床的主要技术参数。

5.5.3.2 双排多轴木工钻床

双排多轴木工钻床具有两排钻轴,一般由2个钻削动力头

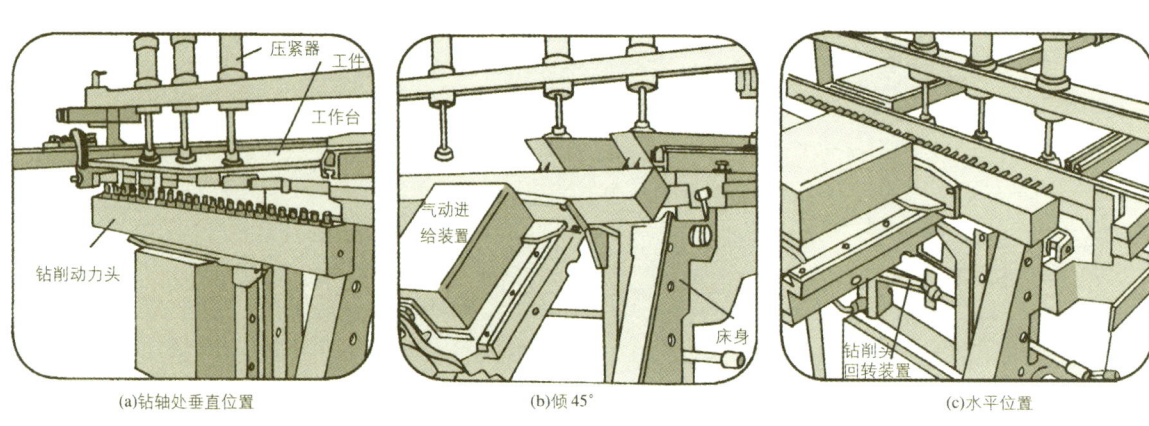

图5-40 单排多轴木工钻床常用的三种加工位置

表5-29 部分单排多轴木工钻床主要技术参数

厂商	型号	主轴数	最大孔间距(mm)	最大钻深(mm)	主轴功率(kW)	机床外形尺寸(cm)	机床质量(kg)
中国	MZ27121	21	640	65	0.75×2	140×87×152	
	JBK21	21	640	70	2.2	101×85×150	
	JBD1021	21	640	80	1.5	97×82×122	300
	MZ27121	21	640	65	1.5	122×85×137	450
	MZ27121	21	640	60	1.5	102×127×125	480
	MZ7139	23	704	60	2.5	131×90×149	550
	MZ7139	39	1216	50	2.2	170×140×100	770
意 SCM FM系列	25	25	786	60	3	138×78×135	620
	29	29	896				
	35S	35	1088	100	3	172×98×140	750
	39S	39	1216				
意 Morbidelli	M20A	20	608	70	2.2	80×105×135	500
	M35A	35	1088	70	2.2×2	130×125×135	650
意 LM V-2000		21	60	70	1.84	120×103×94	430
日 东洋SB-600D		21	620		1.5	155×320×120	550

表 5-30 部分双排多轴木工钻床主要技术参数

型 号	BK423	MZ7221	(日)东洋 BHB 系列			(日)东洋 BPM-21	(德)Scheer DB22
			600	900	1200w		
主轴数	26×2	21×2	21×2	31×2	21×4	15×8	21×2
动力头个数	2	2	2	2	4	8	2
主轴间距（mm）	32	32	30	30	30	30	32
最大孔间距（mm）	800	640	600	900	1200	1800	640
最大排间距（mm）	700		450	450	450	600	
主电机功率（kW）	1.5×2	1.5×2	1.5×2	1.5×2	1.5×4	1.5×8	1.8×2
主轴转速（r/min）	2800	2800	2800	2800	2800	2800	2800
结构特点	下置式	左下式	上置式			上置式	上置式

所组成，大多为垂直布置，亦可分为上置和下置等形式。对于工件尺寸较大，要求每排孔数较多则可采用多个钻削头共同组成两排的形式。通常钻削头不能作倾斜调节。主要适用于需同时加工两排孔的板材，生产率高，加工精度好。

表 5-30 列出了国内外一些双排多轴木工钻床的主要技术参数。

5.5.3.3 多排多轴木工钻床

多排多轴钻床的布局主要有两种方式：一为"左下组合型"，这类钻床左置一排水平钻轴，下置数排(通常2～3排)垂直钻轴，工件在一次装夹中可以完成板件表(或底)面和一侧(或端)面的孔加工。另一类可称为"大型门式排钻"。机架大多做成门式，主轴数可多至上百个。通常机床左、右侧各设置一排水平钻轴，数排下置或上置的垂直钻轴，个别机床在后侧还设有一排水平钻轴。工件在一次装夹中可以完成对板件的表(或底)面以及2或3个侧(端)面的钻削加工。常用于各种板件生产的流水线或自动线中，生产效率极高。

1. 左下组合型多排多轴木工钻床

图 5-41 所示为三排多轴木工钻床。"["形床身由立柱、底座导轨和横梁等组成。左侧立柱上装有一水平钻削动力头；底座导轨上装有两排垂直钻轴，每排钻轴是一个动力头，它由2个分动力头组成，称"二列组合式"。各列均可绕自身的动力输入轴回转，变换成多种组合形式。如垂直排钻轴的轴心连线可以排成方形，可与水平排钻轴心连线相垂直，也可以相平行，以适应板件表面各种孔加工的需要。机床钻削头进给、工件定位夹紧等大多由气动系统完成。

表 5-31 所列为国产的三排多轴木工钻床的主要技术参数。

表 5-32 所列为国外一些公司生产的三排多轴木工钻床的主要技术参数。

2. 大型门式多轴木工钻床

大型门式多排多轴木工钻床型号众多，但基本组成相似，仅在某些功能、具体结构以及控制方式等方面有所不同。

图 5-42 所示为典型的手工进给多排多轴木工钻床。它主要由床身，左、右水平钻削机构，下置两组垂直钻削机构，压紧器以及气动、电气系统等组成。各钻削机构的位置、钻削头的进给速度、行程以及压紧器的位置等均可以按加工要

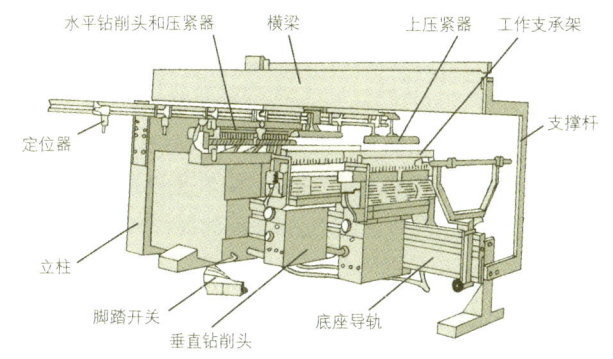

图 5-41 三排多轴木工钻床

表 5-31 国产三排多轴木工钻床主要技术参数

型 号		MZ7321×3	MZ7321×3	MZ7321×3	MZ7321×3	MZ7321×3	MZ7321×3	MZ7321×3
水平钻削头轴数		21	21	21	21	21	21	21
垂直钻轴轴数×排数		21×2	21×2	20×2	21×2	21×2	21×2	21×2
电机功率（kW）	水平钻削头	1.5	2.2	1.1	1.5	2.2	1.5	1.1
	垂直钻削头	2.2×2	2.2×2	1.1×2	1.5×2	2.2×2	1.5×2	1.1×2
主轴转速（r/min）		2800	2800	2700	2800	2840	2800	2800
机床外形尺寸（cm）		252×320×145	210×103×143	216×300×157	215×130×153	220×190×142	200×125×129	190×300×130
机床质量（kg）		900		1000			750	750

表 5-32 国外一些公司生产的三排多轴木工钻床主要技术参数

型号	意 BS Forecon51	Beaver	意 Vitap SIGMA 系列	意 LB Jolly -2000	意 SCM MB51	FMA3T	意 Morbidelli 60/32	意 ZB MP3	德 Koch OMEGA
排数	3	3	3 或选 2	3	3	3	3	3 或 4	3
水平钻轴数	21	21	21	21	21	21	20	21	21
垂直钻削头 轴数×排数×列数	15×2	20×2	21×2 或 21×1	21×2 或 11×2×2	15×2	21×2 或 9×2×2	20×2 或 9×2×2	21×2 (或3) 9×2×2	15×2
垂直钻排间距 (mm)	150~750	150~1600	150~1040	160~800	150~750		160~950	150~850	
最大钻削深度 (mm)			80	70	75	85		85	
电机功率 (kW) 水平钻头	2.2	1.5	2.5	1.84	1.5	1.8	1.84	1.84	2.2
电机功率 (kW) 垂直钻头	1.5×2	1.5×2	2.5×2	1.84×2	1.5×2	1.8×2	1.84×2	1.84×2	1.5×2
机床外形尺寸 (cm)	314×150 ×150	284×97 ×151	165/215/265 ×130×155	160×162 ×135	150×314 ×143	193×284 ×143	200×110 ×145		150×314 ×150
机床质量 (kg)	590	890	1000	620	550	900	900	900	590

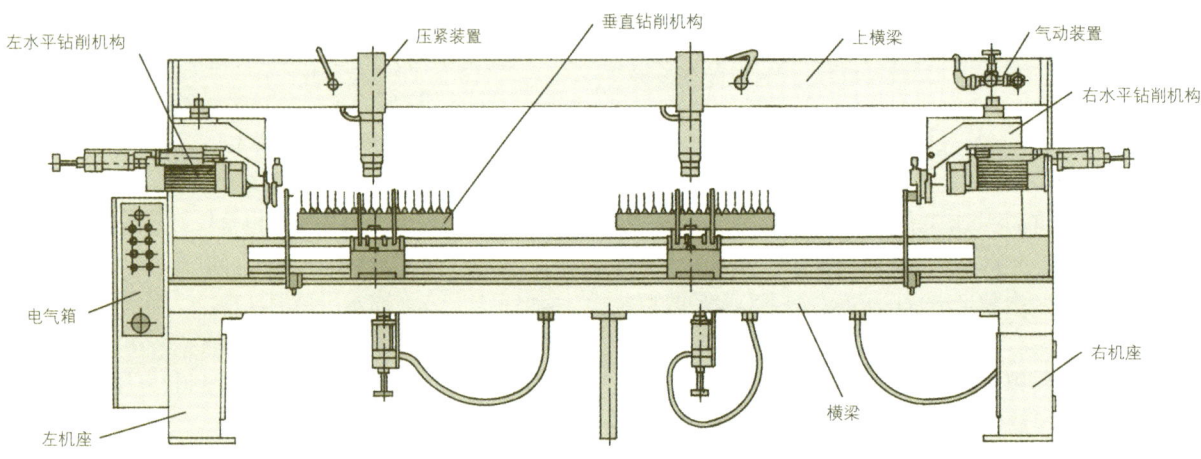

图 5-42 国产 PE2000 型多排多轴木工钻床

求进行调节,垂直钻削头的组数还可根据需要增加。

现代多轴排钻床均采用快换钻夹。其作用是:一消除钻头制造或刃磨造成的长度误差;二装卸快捷,节省辅助时间。

大型排钻床各钻削头的进给运动,以及各定位和夹紧等机构大多采用气动方式;而其电气系统随具体型号不同而异,繁简程度相差甚远。通常电气系统应满足各钻削头的进给运动,至少有两种组合可供选择:水平钻组与垂直钻组顺序进给,以及两者同时进给。同时进给时,要求垂直钻组钻头的中心线离工件边缘的距离应大于45mm,以免造成水平与垂直钻组间的钻头相碰。

大型门式多轴排钻床生产厂家众多,尤其是意大利,机型甚多,有半自动型、自动型,有配有程序转换器,可任意

表 5-33 部分大型门式多排多轴木工钻床主要技术参数

型 号		(意)BS 公司					(意)Vitap		(意)Morbidelli	
	PE2000	Compact 系列			Logic 系列		Elite 系列		Multipr- gram131	Extra 80
		R-6	E-7	T-8	Logic	Logic Contral	133	132		标准型	高速型
总排数	4	6	6	7 或 8	8	9	6	10	6~10	12
水平钻削头*	20×2		20×2		20×2		20×2	20×2	20×2	20×2
垂直下置钻削头*	20×2	10×2 ×4	10×2 ×4	10×2 ×(4 或 5)	10×2 ×4	10×2 ×7	9×2×4		9×2 ×(4~6)	9×2×6 或 20×6
垂直上置钻头*	—	—	—	0~2	10×2 ×7		9×2 ×4		9×2× (1~2)	9×2×4 或 20×4

表 5-33（续）

型 号	PE2000	Compact 系列			Logic 系列		Elite 系列		Multipr-gram131	Extra 80	
		R-6	E-7	T-8	Logic	Logic Contral	133	132		标准型	高速型
加工能力（p/min）	5	20~30			20~30		20~30		25~30	20	30
两水平钻头间加工宽度（mm）	160~25000	180~32000			180~3200		240~3200		240~3200	200~3000	320~3100
垂直钻削头加工宽度（mm）		150~3200			150~3200		150~3200		150~3200	160~3200	
相邻两钻轴中心距（mm）	32	32			32		32		32	32	
电机功率(kW) 各水平钻削头	1.5	2.2			2.2		1.84		2.2	2.2 或 3	
各垂直钻削头	1.5	2.2			2.2		1.84		2.2	2.2 或 3	
运输装置	—	0.25			0.25		0.26		0.36	0.37	0.55/0.73
右支架移动	—	0.25			0.37		0.37		0.36		
运输速度（m/min）	—	57			57		57		50	43	43/70
压缩空气工作压力（MPa）	0.6	0.6~0.7			0.6~0.7		0.6~0.7		0.6~0.7	0.6	
机床外形尺寸（cm）	410×200×145	516×136×156	516×162×156	517×162×165	530×164×180		484×170×155	470×170×182	535×190×205	495×321×175	495×341×175
机床质量（kg）	1800	2250	2340	1950	3600		2800	4100	6000	3900	4400

注：* 无乘号表示排数；1 个乘号表示每排轴数×排数；2 个乘号表示每列轴数×列数×排数

选择各钻削头的工作顺序，或采用微机可自动调节各部件的工作位置，能自动显示工作循环，以及在出现故障时表明故障发生的部位等。选用时，应充分了解所选设备的功能。

表 5-33 列出一些公司生产的大型门式多排多轴木工钻床的主要技术参数。

5.5.4 专用木工钻床

在家具生产中，桌、椅、抽屉等由于结构及数量等原因，常常采用专用的木工钻床或钻削与其他加工方式，如锯、铣等组合的专用机床来进行加工。下面举两个常见实例。

5.5.4.1 抽屉专用钻床

常见的抽屉专用钻床设有水平和垂直各 2 组 5 轴钻削头，可以对抽屉面板和旁板的表面以及两个端面同时进行孔加工，生产率高；相配精度好。各钻削头的位置可以任意调节，加工工件长度范围一般为 180~1280mm，工件压紧、钻头进给均采用气动。工件装上工作台后，只要脚踏开关，机床就能自动完成压紧工件-钻孔-钻头返回-松开工件的工作循环。日本东洋公司有此类品。

5.5.4.2 锯、钻，铣组合桌椅加工专用机床

这类机床主要用于桌椅零件连接处的加工，桌椅零件连接采用圆榫，但为增加接合强度，还常在这些部位铣出梳齿状榫，因而该机床组合有锯切、钻孔和铣削三个动力头。工件置于工作台上，由靠板定位，压紧器压紧。工作台送进，首先由圆锯按要求锯截，以保证加工件定长；然后由钻削头钻出所需的圆榫孔；最后由铣削头加工出梳齿状榫。机床所用钻削头的钻轴箱可作 360°调整，能完成多种孔间距加工的需要，机床工作台还可作倾斜调整。有的公司在此机床上再增设上置的垂直钻削动力头，以扩大机床的功能，使某些桌椅零件的加工更加方便。如意大利 Balestrini，台湾建承等公司的产品。

5.5.5 钻床选用及可供参考的主要标准

木工钻床，特别是多轴排钻床的选用，应特别注意机床的工作精度，即孔间距的公差，它影响到家具组件的装配和互换性。其次，由于排钻床机型众多，功能、自动化程度、生产能力以及投资额相差甚远，因此，选择机型一定要适合自身工艺及生产率的要求。

国内现行标准主要有 GB/T13571-92 立式单轴木工钻床精度，JB/T5729-91 单排多轴木工钻床精度等。

5.5.6 钻床常见故障分析

1. 排钻床钻削头进给有卡阻或不均

这可能是压缩空气气压不足，通常要求气压在 0.4MPa 以上；也可能是换向阀阀口有污物堵塞造成气流不畅或阀芯受污物等影响移动不到位，还可能是钻削头移动溜板与导

轨的间隙调整不当，或导轨磨损不均匀，或过度磨损。

2. 钻孔尺寸偏大、孔间距超差

这可能是快速钻夹头的定位孔磨损，也可能是主轴轴承间隙过大或轴承损坏，这通常可以采用电脑轴承分析仪或机械故障检查仪等机械设备状态监测仪器进行检查。

5.6 木工榫槽机

木工榫槽机是木家具制造的基本设备之一，其基本功能是在工件上加工出各种长方形、长圆形等非圆柱形的榫孔。

榫槽加工的形式较多，所用刀具也不尽相同，故榫槽机类型较多，分3组，具体如表5-34所示。

5.6.1 普通木工榫槽机

国内的普通榫槽机主要是指方凿榫槽机，是采用木凿来开长方形榫槽的机床。机用木凿是一种复合榫槽切削工具，如图5-43所示。它由方壳(又称方凿)和钻芯(即钻头)两部分组成。钻芯装在方壳内。主壳端部为圆锥形表面，具有短棱边的刃口。开榫槽时，钻芯先钻出孔；由方壳端部刃口凿出四周方角。钻削时切屑由方壳侧面长圆形排屑口中排出。钻芯的旋转运动可由电机直接带动或通过皮带传动。钻芯与方凿的轴向进给运动可采用手动、机动或液压等方式实现。

普通榫槽机大多做成立式单轴的形式。图5-43为国产MS362A(即原MK362A)型立式单轴榫槽机。钻芯的旋转运动由2极电机直接带动，工作台纵、横向的移动由手工转动手轮实现。机床具有水平压紧油缸、2个垂直压紧缸以及刀架往复运动油缸。工件的压紧和刀架的往复运动均由液压系统完成。

我国生产的普通立式榫槽机厂家甚多，主要型号及技术参数列于表5-35。

5.6.2 长圆槽榫槽机

长圆槽榫槽机采用柄铣刀作榫槽切削刀具，其铣刀大多具有摆动运动，故可得到长圆形榫槽。根据刀具摆动形式的不同，主要有柄铣刀绕定点摆动和作平行摆动两种形式，后者应用较多。

采用柄铣刀作平行摆动开榫槽时，所得榫槽各面都较平整，这种形式的榫槽机在欧洲和目前国内的实木家具生产中应用颇广。机床常设计成双出轴的形式。图5-44所示为国产MK428型双出轴半自动榫槽机。主轴的两端均装有柄铣刀，两边均设有工作台和压紧器，采用交替进给的方式，使装卸工件的辅助时间与机工时间重合，以提高机床生产效率。每

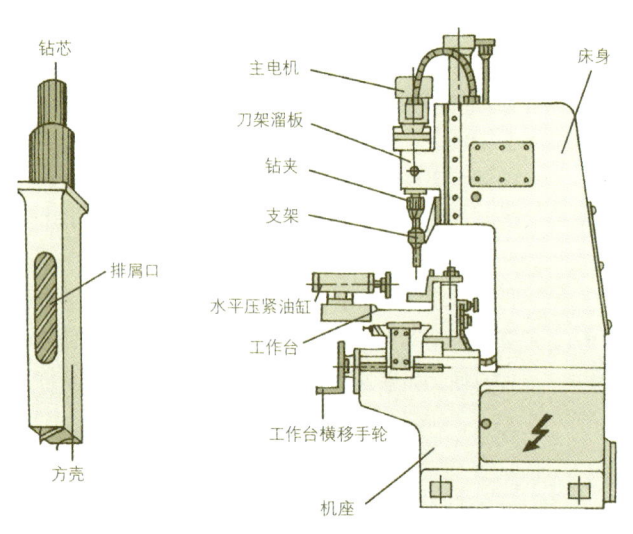
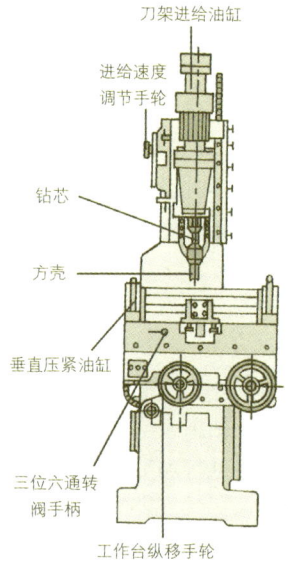

图5-43 立式单轴榫槽机及机用木凿

表5-34 木工榫槽机分类 (按GB/T12448-90)

组名称	代号	系列号	木工机床名称	组名称	代号	系代号	木工机床名称
摆动式榫槽机	1	7	卧式摆动榫槽机	普通榫槽机	3	0	卧式单轴榫槽机
						1	卧式多轴榫槽机
链式榫槽机	2	0	立式单轴链式榫槽机			2	长圆槽榫槽机
		1	立式多轴链式榫槽机			6	立式单轴榫槽机
						7	立式多轴榫槽机
		6	卧式多轴链式榫槽机			9	台式单轴榫槽机

表 5-35 部分普通立式单轴榫槽机主要技术参数

型号		MS312	MS361A	MS362	MS362A	MS362-1		FHC-26
最大榫槽尺寸（mm）		20×20	16×16	22×22	22×22	22×22	25×25	19×19
最大榫槽深度（mm）		100	100	80	120	120		100
工作台移动最大距离（mm）	纵向	400		200	400	300		450
	横向	100		80	200	100		125
	垂直	250				300		300
电机总功率（kW）		2.7	1.5	1.5	3	3		1.5
机床外形尺寸（cm）		115×60 ×165	92×64 ×163	94×42 ×170	124×70 ×190	102×128 ×152	91×63 ×162	89×81 ×178
机床质量（kg）		650	250	500	900	1500	240	260
刀具进给方式		机动	手动	手动	液压	机动	手动	气动
生产厂商								(中国台湾)丰钧

表 5-36 部分长圆槽榫槽机的主要技术参数

型号		MS428	2CAP	SM	2/CAP	CRПГ-2	CRПГ-3	MDO	MSO	COM8	COM12/HF	COM14
最大榫槽尺寸（mm）	深度	80	80	80	80		55～90			50	50	50
	长度	120	120	150	125		120			100	100	100
工作台可倾角度		20°	20°	20°		15°	25°					
主轴转速（r/min）		9100	9000	9000	10000		10000		10000		12000	1000
主电机功率（kW）		2.2	2.2	2.2	2.2		2.2		2.2 4个	1.5 2个 0.55 8个		1.1、1.5 2.2各2个
摆动电机功率（kW）		0.75	0.75	0.9			0.73			0.75,1.1	1.75	2.2
机床外形尺寸（cm）		126 ×133 ×130	100 ×130 ×125	80 ×85 ×125	130 ×110 ×130	132 ×81 ×150	97 ×75 ×150	141 ×110 ×130	150 ×190 ×135	160 ×200 ×170	200 ×200 ×180	
机床质量（kg）		500	500	400	500	875	680	520		850	1900	2150
结构特点		卧式双出轴	卧式双出轴	卧式单出轴	卧式双出轴	卧式双出轴	卧式双出轴	卧式双出轴	卧式双出轴	卧式8轴	水平4个轴 垂直8轴	水平6轴 垂直8轴
生产厂商			(意)Balestrini		(日)庄田	(前苏联)				(意)Pade		

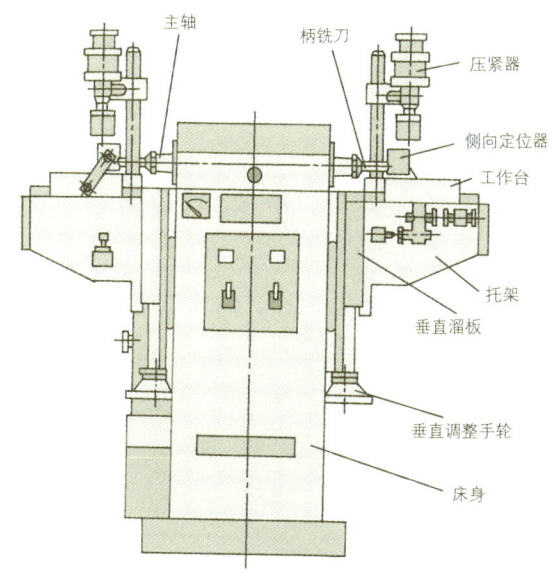

图 5-44 MK428 型双出轴半自动长圆槽榫槽机

分钟约可加工 8～18 个榫槽。调整工作台的进给行程可控制榫槽的深度，调节主轴的摆幅可控制榫槽的长度；榫槽宽度则由柄铣刀直径决定，一般在 16～20mm，大的可达 35mm。

表 5-36 所列为国内外部分长圆槽(铣刀平行摆动)榫槽机主要技术参数。

5.6.3 L 型摆动切刀榫槽机

L 型摆动切刀榫槽机采取专用 L 形榫槽切刀(又称榫铣刀或榫槽锯子)进行榫槽加工。切刀的端部和一个侧面有齿，但切削木材的仅是端齿，而侧面的辅助齿仅起把切屑从槽底送出槽外的作用。榫槽切刀通常由曲柄机构带动，其主运动轨迹为一封闭的椭圆曲线。可完成刀齿切入、切削木材以及切屑的输送等运动。切刀本身刃部的厚度即为榫槽宽度；榫槽长度为切刀水平摆动的摆幅和切刀刃部宽度之和；榫槽深度则由切刀相对于工件在槽深方向的位移决定。

L 形摆动切刀榫槽机的加工精度好，精度可达 0.01mm，

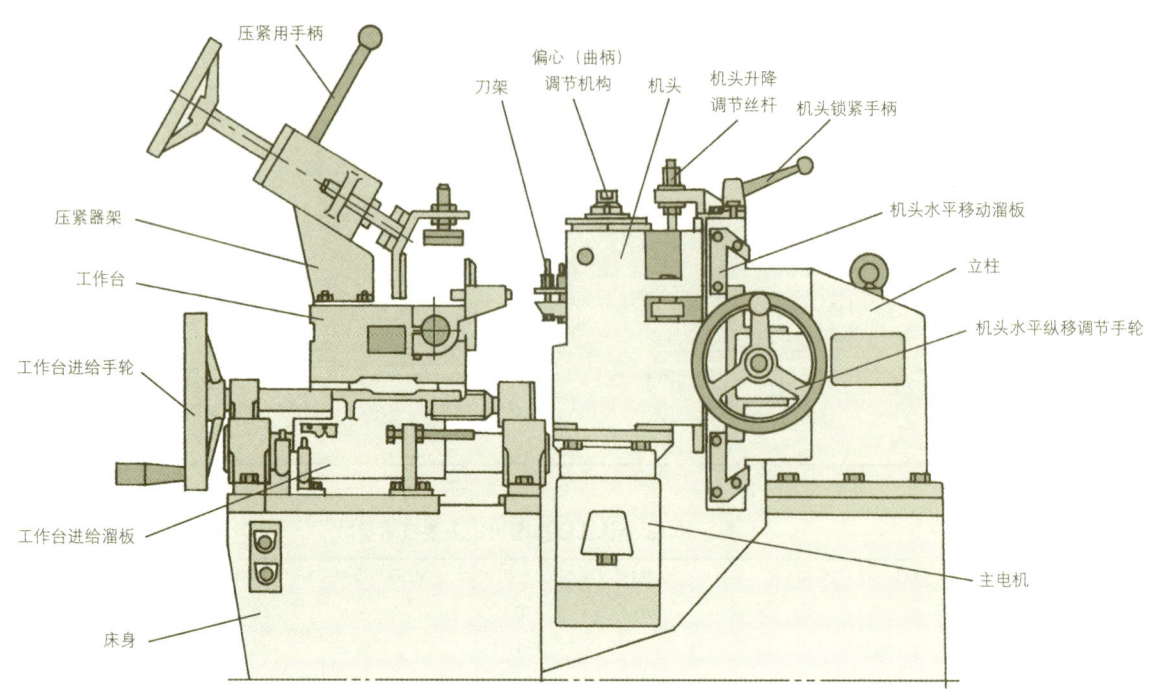

图 5-45 MS172 型单头 L 形摆动切刀榫槽机

能保证加工质量,槽底接近于平面;生产效率较高,能组成多刀多头切削,易于实现机械化、自动化和程序控制。这类机床发展迅速,应用广泛,它不仅能加工长方形榫槽,还可以加工梯形榫槽,台阶形榫槽,尤其适用于需加工双排榫槽以及一个工件上有多处需加工榫槽的场合。

这类榫槽机可以设计成单切削头或多切削头,切削头可以上置也可以下置。

图 5-45 所示为国产 MS172 型单头 L 形摆动切刀榫槽机。该机主轴下置,切削机构安置在机头内,由主电机,经可调曲柄摆杆机构,使刀架连同其上的 L 形榫槽切刀(图中未显示)获得主运动。机头根据加工件榫槽位置要求,通过手轮可在工件长度方向调整;通过调节螺杆可在垂直方向作调整;机构可调节曲柄摆杆机构中曲柄的大小,亦即调整了 L 形切刀的摆幅。手轮用于使工作台沿导轨作工作进给,并由挡块控制其行程。工作台上设有凸轮压紧机构。

较新型的意大利 MUTI 公司生产的 OM·B3 型三头榫槽机,刀头下置使其布局更趋合理,各部件配置恰当,外形美观,调整方便。机床设有可靠的挡块和液压驱动的水平、垂直两个方向的压紧器,使工件的定位和压紧更为可靠。机床操作简便,工人只需装卸工件,机床能自动完成工作循环,生产率较高。

表 5-37 所示为国内外一些 L 形摆动切刀榫槽机的主要技术参数。

表 5-37 部分 L 形摆动切刀榫槽机主要技术参数

型 号		MS172	OM·B1	OMB1·ECOS	OM·B3
加工榫槽尺寸 (mm)	最大长度	80		180	
	最小长度	25		25	
	最大深度	100		130	
机头垂直调整行程 (mm)		130		100	
主电机功率 (kW)		2.2	2.2	2.2	2.2 (3个)
油泵电机功率 (kW)		—	0.75		1.5
主轴转速 (r/min)		2840		2840	
工作台尺寸		920×24	1000×310	1000×250	3200×350
机床外形尺寸 (cm)		313×127×117			
机床质量 (kg)		500	70	550	2200
结构特点		偏心夹紧,手动进给	液压夹紧,半自动	气动夹紧,半自动	3机头,液压,半自动
生产厂商				(意)MUTI 公司	

5.6.4 榫槽机选用及可供参考的有关标准

选用榫槽机取决于使用榫结合的类型,即所需榫槽的形状,并应注意与所选用的开榫机相匹配。对于木框榫,可选用普通木工榫槽机或L形摆动切刀榫槽机,要求不高时,还可以选用链式榫槽机。其机械化、自动化程度应取决于产量和投资额;对长圆榫则必须选用长圆槽榫槽机。

除普通木工榫槽机外,目前国内对榫槽机的标准尚不够完善。可供参考的有 JB3290.2-82 立式单轴榫槽机精度等。

5.6.5 榫槽机常见故障分析

该处以 MS362A 型液压榫槽机为例说明其常见故障。

1. 刀架不能换向

这可能是先导阀没动作,也可能是换向阀没动作,则应检查驱动油压是否达到规定压力;如达到,可检查换向阀两端通道是否有脏物堵塞;再不然可能是换向阀咬死,应检查阀芯头部有无起毛。

2. 刀架换向冲击大

这可能使刀架往复移动油缸内混入空气,可使刀架全程快速往复多次,使缸内空气从回油管中排除;如还不见效,则可能换向速度太快,可调节换向主阀上的节流螺钉,控制换向速度,减小冲击。

3. 刀架快速行程达不到速度要求

应检查油箱中液面高度,油箱中油量不足,油泵会吸不上油而造成系统中有大量空气;再检查油液黏度,过稠也会影响吸油;若均无问题,则可检查溢流阀,有无污物停留在阀内影响阀芯运动,溢流阀弹簧是否失灵,阀芯与阀体或阀座接触是否良好,主阀芯与阀体间隙是否过大,针对问题逐一解决;若仍不能达到速度要求,则可能泵的泄漏过大,应检查齿轮泵有关端面和径向的磨损情况,并按齿轮泵修理办法重配间隙。

5.7 木工多工序机床

木工多工序机床是指工件在一次装夹和进给中,能够完成多种不同的加工工序的木工机床。在5.4.1节中已介绍过的直榫开榫机,以及有些圆榫加工机等均属此类。本小节主要介绍家具生产中常用的封边机以及目前应用广泛的指接材用的指形接合机。

5.7.1 封边机

封边机属多工序机床第5组(MD5),其功用是将板件(通常是人造板)的各边缘用单板条、实木条、浸渍纸封边条、塑料封边条等封边材料封贴起来,以提高产品外观质量,达到美观、耐用的目的,是板式家具生产中不可缺少的主要设备之一。通常,工件在一次进给中能完成涂胶、封边胶合、前后截头、上下齐边、倒棱、刮胶以及砂光等工序。封边机的分类如表5-38所示。其中单面直线、双面直线及曲直线封边机所封的表面均为"直面",即被封表面的断面是个平面。曲面封边机则常用于直线成型曲面的封边。

5.7.1.1 直线封边机

直线封边机有单面和双面之分。单面直线封边机每次进给对板件的一个直线形平侧面进行封边。图5-46为典型的单面直线封边机的外形图。它主要由床身、涂胶系统、封边材料输送与剪切装置、压合系统、前后截头刀架、上下粗精修边刀架、磨削系统和工件进给系统等组成。

工件常采用履带进给,进给速度一般可在 8~30m/min 范围内无级调速。涂胶系统的作用是向工件封边面均匀涂胶,一般包括胶罐、胶辊、涂胶量调节以及加热等装置。常应用电加热,并设有连锁装置,保证热熔胶达一定温度后才允许机床进入运行状态。封边材输送大多采用辊筒式,并应用气动方式夹紧封边材实现送材。当使用成卷塑料封边带时,气动剪切装置能保证定长切断。压合系统的主要作用是

表 5-38 封边机分类 (按GB/T12448-90)

组		系代号	木工机名称
名称	代号		
封边机	5	1	单面直线封边机
		2	双面直线封边机
		3	曲直线封边机
		4	曲面封边机

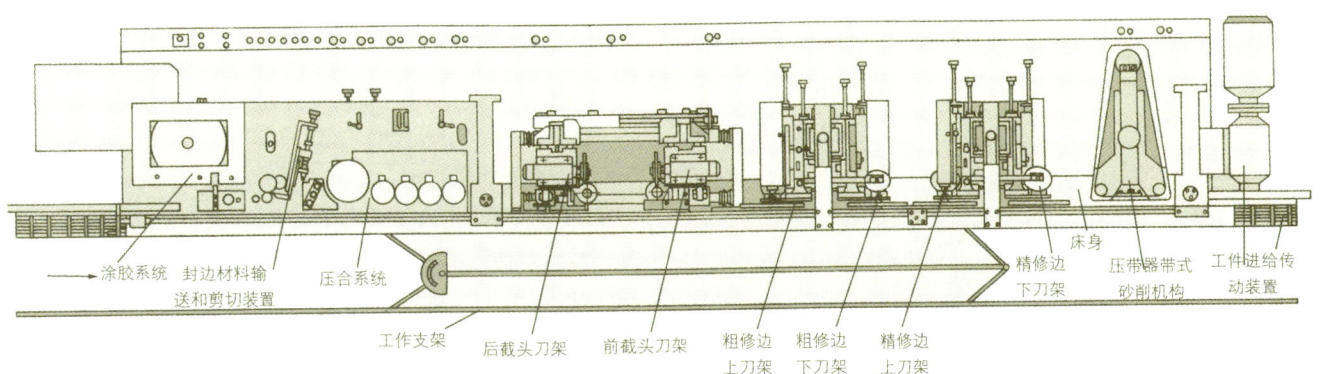

图 5-46 单面直线封边机

表 5-39 部分直线封边机主要技术参数

型号	牡丹江 KS23	信阳 BQB416	青岛木机 MF114	青岛千川 EB50	青岛华盛昌 MD514B	南通国全 ZHF-1435	(德)Hong HAC83	(意)OLMPIC N300
最小工件宽度 (mm)		50	65	100	150		65	80
最小工件长度 (mm)	60	250	250		160	180	160	120
工件厚度 (mm)	8~55	10~60		9~50	10~40	10~50	8~55	10~60
封边条厚度 (mm)	0.4~20	~5	0.4~1.5	1.5	0.5~3	0.45~3	0.4~12	0.3~12
进给速度 (m/min)	16	4.4、8.7	7	7	~11.5	5	13	12~18
电机总功率 (kW)	11	6	3	1.01	6.2	4.5	9	15
机床外形尺寸 (mm)	450×175 ×130	245×108 ×146	186×100 ×123	175×80 ×150	380×90 ×148	268×110 ×120	长 500	长 474
机床质量 (kg)	1600	600	450	200	1500			

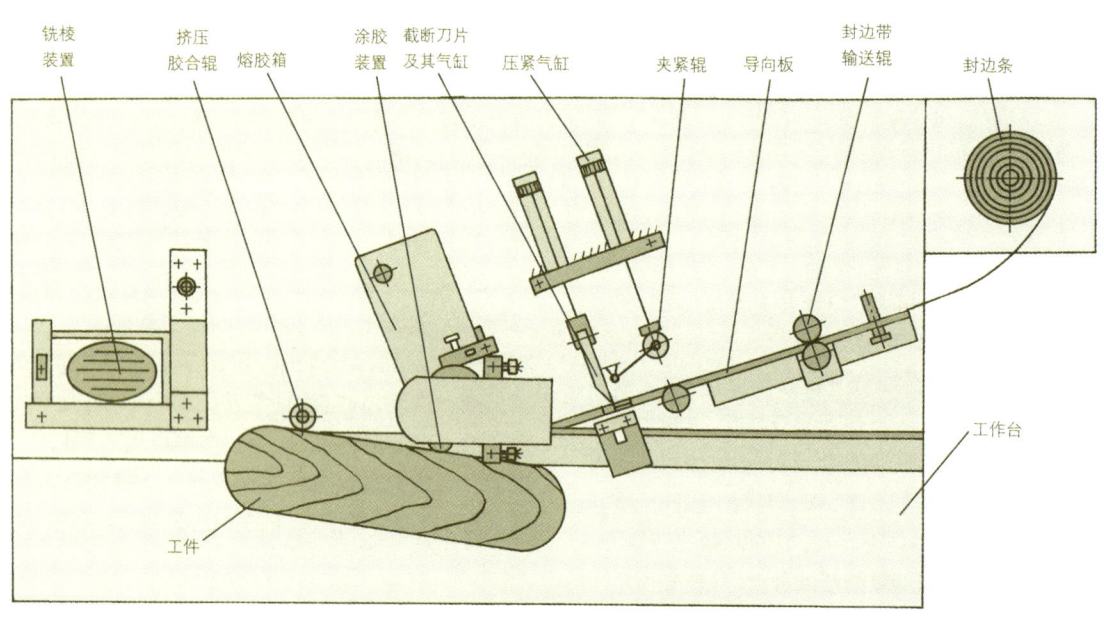

图 5-47 曲直线封边机的组成和工作过程示意图

利用主压力辊和辅助压力辊把封边材料压向工件涂胶面,进行加压胶合,实现封边。其中主压力辊有动力,并保证与履带进给同步。各压辊的加压均由气动实现。前、后截头刀架上装有由高频电机带动截头锯片,并设有同步跟踪装置,可使截头锯片和工件在纵向保持相同的运动速度,以保证正确地截去工件两端多余的封边材料。上下粗精修边刀架上设有高频电机带动的铣刀,用以铣去上下边多余的封边材料。机构设有上导轮和侧导轮,保证封边面平整。

以上是一般直线封边机的必备部分。此外封边机根据需要通常还有一些可供选择的项目,如带式砂光、布轮抛光、精细修边刮光、多用铣头等,以满足用户的特殊要求。如本例就有带式磨光机构。该磨光部分用于封边后的侧表面砂光,以提高其表面光洁程度。通常采用具有压带器的带式砂削机构,砂带可作轴向窜动,整个砂架根据需要还可作适当的倾斜调整。砂带的张紧、轴窜运动等都由气动实现。

双面直线封边机实际上可以看作是由两台单面直线封边机组合而成。其中一台固定在一边,另一台装在另一边可移动的机架上,根据需封边的工件的宽度,可相对于固定边一台进行调节,以同时完成对板件两相对应侧面的封边。

表 5-39 列出了国内外直线封边机的主要技术参数。

5.7.1.2 曲直线封边机

曲直线封边机大多采用手工进给,因而无论板件的侧边是直线还是曲线都可以在这机械上实现封边作业。机床主要由床身、工作台、封边条输送和切断装置、熔涂胶和胶合装置、铣削倒棱机构以及气动系统等组成。图 5-47 是曲直线封边机的组成和工作过程(俯视)。封边条输送辊,涂胶辊和胶合辊是由同一电机带动。熔胶箱内装有电热器,热熔胶通过

表 5-40 部分曲直线封边机主要技术参数

型 号	MF50	MDJ536	JBH165	ZHF-350 Ⅱ	(中国台湾)建承 YMC	(日)丸仲 KCB-888	(日)樱华 MFB-503	(意)Manea BCM/2
工件宽度（mm）	50~600	75~600		≥65				40~600
封边条厚度（mm）	0.5~5	0.4~6	0.4~3	0.45~3	0.4~3	0.45~3	0.3~3	0.4~2
工件最小曲半径（mm）	20	20	20	20	20	20	20	20
进料电机功率（kW）	0.75	0.75	0.75	0.12	0.75	0.1	0.12	0.73
倒棱电机率（kW）	0.25	—	—	—	—	—	—	0.25
进给速度（m/min）	3、6、12	2.5~13	5.5、10、20		5、10、20	15	12	3、6、12
外形尺寸（cm）	165×130×111	128×76×87	152×80×100	100×73×105	122×91×119	100×73×105	100×73×105	
机床质量（kg）	900	400	350		350	230	210	

涂胶辊涂到工件上，经辊挤压，实现胶合。封边条由截断刀按规定长度截断，封边后工件的倒棱由倒棱装置实现。倒棱装置是由上、下对应的两台高频电机带动铣刀组成，转速高达 12000r/min 保证倒棱光洁。

通常曲直线封边机是用于曲直线直面封边，但有些封边机的挤压辊可以根据需要进行更换。若采用与工件侧表面形状相适应的成型挤压胶合辊，则可实现曲直线曲面封边。如意大利 Manea 生产的 BCM/2 型曲直线封边机即有此功能。

还有些曲直线封边机的胶合封边与铣棱机构是分开的，即胶合封边是一台机，铣棱为另一台机，如表5-40中的丸仲、樱华、建承等产品属此类。

表5-40列出了国内外一些曲直线封边机的主要技术参数。

5.7.1.3 曲面成型封边机

曲面成型封边机或称曲面封边机或直线曲缘封边机，也有单面与双面之分。其所封之边的断面可以是各种形状的成型面(图5-48)。曲面封边机的基本组成与直线封边机相似，主要差异在压合系统。它设有专用的压轮架，压轮架上设置数组压轮，每组压轮都可以根据所封边成型面的形状，在相关方向任意调节，并使该组压轮的排列所得轮廓曲线与所封边成型面曲线形状相适应，保证封边条能与板件封边成型曲面很牢固地压合。

还有些封边机是铣成型边与封边结合在一起的，它结构紧凑，使用更为方便。

表 5-41 所列是曲面封边机的主要技术参数。

表 5-41 CFSP 曲面封边机主要技术参数

型 号		CFSP 单面	CFSP 双面
板材最大宽度（mm）		2500	2200~3200
板材最小宽度（mm）	单面	70+ 成型面宽	130+ 成型面宽
	双面		280+ 成型面宽
板材厚度（mm）		10~60	10~60
封边材厚度（mm）		0.6~1	0.6~1
进给速度（m/min）		8~24	8~24

5.7.1.4 贴面后延续式曲面成型封边机

贴面后延续式曲面成型封边机简称后成型封边机或称边缘包覆封边机。主要用于人造板表面的已包覆贴材料向预先铣削成型的边缘(板的侧面)进行包折，造成一个无缝口的连结面。其工艺过程如图5-49所示，铣削头为覆贴材料按规定尺寸作修整加工→喷胶装置为覆贴材料和板件侧边施胶→由红外线加热装置为覆贴材料表面作软化处理，保证其包覆覆贴材料时能紧贴在经成型加工的板侧面→红外线加热使胶活化→折叠包覆材料并加压实现胶合→除去覆贴材料的余量并作精细修正。

也有一些后成型封边机仅有折叠包覆加压胶合部分，使用也很广泛。

表5-42列出了部分国内外后成型封边机的主要技术参数。

图 5-48 曲面封边机封边面的断面形状

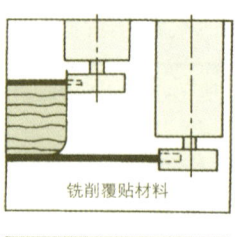
铣削覆贴材料

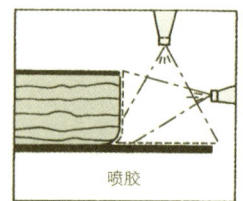
喷胶

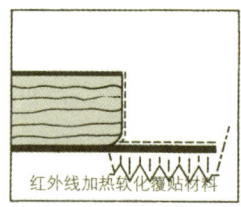
红外线加热软化覆贴材料

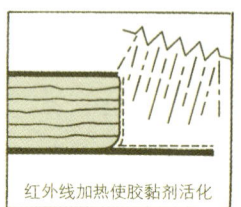
红外线加热使胶黏剂活化

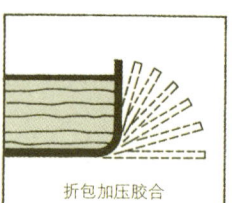
折包加压胶合

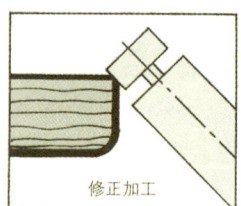
修正加工

图 5-49 贴面后延续式曲面成型封边机包折工艺过程

表 5-42 部分后成型封边机主要技术参数

型号	上海步精 JBH4125	上海木工所 BJF1820	南通国全 HF-2600	青岛正仁 RL2600	青岛长江 HB-260	(日)丸仲 MPF-2430
板材厚度（mm）	~70	16~200	~120	12~100	~60	~76
最大板长（mm）	约2500	2600、3100	2600	2600、3100	2500	2430
最大加热温度（℃）	220	250	300	290		200
加热器功率（kW）	5	6.5		6	总7	4.5
机床外形尺寸（cm）	400×110×170	570×256×200	360×122×175	350×80×136	340×140×170	350×110×170
机床质量（kg）	750		1300	750	1500	

5.7.1.5 封边机选购

选购封边机时，首先封边机的类型应满足工艺要求。此外，由于同类型封边机中繁简程度、贴合质量、控制方式、可靠性等相差甚远，因此，选购时一定要考虑其价格性能比，适合自身经济实力，同时可靠、实用。

5.7.2 指形接合机

指形接合机在国标 GB/T12448-90 中属多工序机床第6组第0系(MD60)。指形接合机常利用数台单机及运输设备组成指接材生产线，以充分利用小径材和加工剩余的小料，生产线通常需2台梳齿榫开榫机，分别为短材的两头加工出梳齿榫；其中第二台带有涂胶装置，便于以后的胶接；再经高速运输机送到指接机加压接合，然后由该机设置的圆截锯按一定长度自动截断。各机间有适当的运输装置连结。简单的也可以把铣榫、涂胶、接长和截断等分开，用手工进给的方法在单机上生产。

指接机最常见的形式是由气动系统在接长材上方加一定的压力，在纵向用液压力使各短材的梳齿榫获得紧密的胶合，达到一定长后由气动截锯进行定长截断。

指形接合机的选择主要考虑规格、参数是否能满足接长材的要求；其次是考虑生产规模，若组成生产线则应注意铣榫机、接长机以及中间运输机构的配套性。

表 5-43 列出了一些指形接合机(包括配套的梳齿榫开榫机)的主要技术参数。

表 5-43 部分指形接合机的主要技术参数

铣榫机型号		MD6010	MX3810	MX3512	MXB3512	MX3560	JMX528	MX3560	MX3510	MX3508
铣齿范围（mm）	高度	100	100	120		80	80	100、150	100	80
	宽度	150	400	400	380	600	450	400		300
总功率（kW）		—	13.29	7.7	15.75	8.5	6.6	11.2~14.7	9.7	79

表 5-43(续)

铣榫机型号	MD6010	MX3810	MX3512	MXB3512	MX3560	JMX528	MX3560	MX3510	MX3508
外形尺寸（cm）	–	165×180×145	178×101×141	175×160×150	220×120×130	150×80×120	220×121×148		152×110×130
机床质量（kg）	–	790			1200	500	1280		
结构特点	与指接机组成整线	与MH1650配套使用	分别与MH1545、MHB1545配套		与MH1645配套	与JBHG9112配套	与HFJ-4500配套要	可与MHB1500或1525配套	与MH1525配套
指接机型号	(MD6010)	MH1650	MH1545	MHB1545	MH1645	JBHG9112	HFJ-4500		MHB1550/1525.
最大加工范围（mm） 长度	6000	5000	4500		4500	5000	4500	5000/2500	2250
高度	150	120	150	120	170	120	150	150/120	150
最大指接压力（Pa）		77300			70000		55000	75400/40000	
总功率（kW）	49.6	3.7	5.5	6.2	7.75	1.5	6.35	5.25/1.5	1.5
外形尺寸（cm）	2100×345×170	605×124×142	593×115×136	610×210×147	586×75×165	575×78×150	690×95×170		280×85×151
机床质量（kg）	8500	1400			1500	850	1600		
特点说明	程控自动	半自动	液压拼接	半自动	液压拼接	液压拼接	半自动	半自动/液压拼接	液压拼接

5.8 旋切机

旋切机是将一定长度和直径的木段加工成连续单板带的设备，是胶合板生产线上的主要设备之一。

旋切机按木段的尺寸可分为大型、中型和小型，其旋切木段最大长度分别为2m以上（最大直径可达1.6m）、1～2m和1m以下（直径在0.5m以下）。

旋切机在结构上可分为有卡轴旋切机和无卡轴旋切机。有卡轴旋切机按卡轴对木段的夹紧方法可分为机械夹紧和液压夹紧旋切机；按每端的卡轴数，又可分为单卡轴和双卡轴旋切机。

5.8.1 旋切机的结构

有卡轴旋切机主要由机座，左、右卡轴箱，刀床，进给机构，主传动系统及操纵控制系统等部分组成，如图5-50所示。左、右卡轴箱夹持木段，并带动木段旋转。刀床上装有旋刀和压尺，通过进给机构相对于旋转的木段作进给运动，以旋出连续的单板带。微调刀门间隙(压尺相对于旋刀的位置)及调节进给机构中进给箱的传动比，就可改变单板的旋切厚度。

现代先进的数控旋切机（图5-51），取消了机械的进给机构和旋刀后角调整机构，采用了伺服液压机构控制刀床的进给和旋刀的后角，可实现单板无级调速，也可根据木材树种和单板厚度任意选择后角曲线，提高单板质量。在有的旋切机上使用(动力)滚动压尺替代了斜棱压尺，并加设了动力压辊，减小了木段的弯曲和木芯旋切时的刀门堵塞，更适于软材、速生材的旋切。

无卡轴旋切机采用一对摩擦辊驱动木段旋转，并带动其向旋刀进给，如图5-52所示。因省去了卡轴，故旋切后剩余的木芯很小，主要用于普通旋切机剩余木芯的旋切或小径木经旋圆以后的旋切，还可以旋切腐心材、空心材及环裂材等劣质材，以提高木材的利用率。

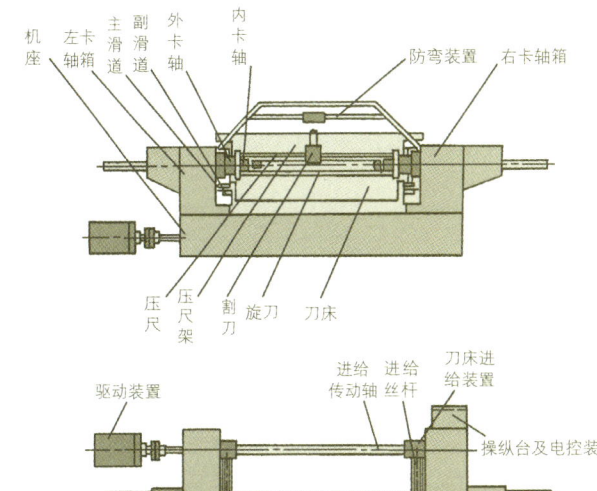

图 5-50 有卡轴旋切机

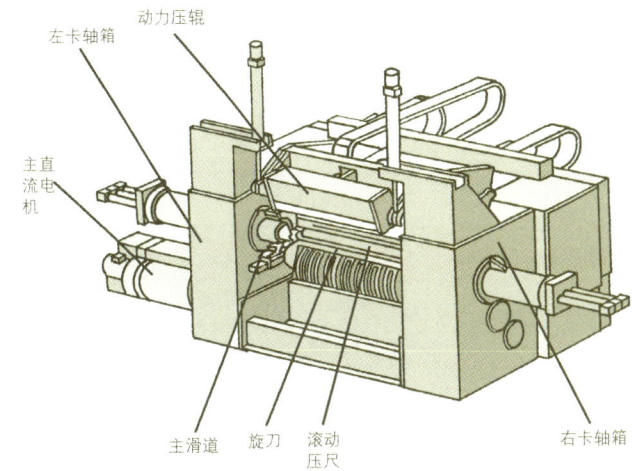

图 5-51 芬兰 Raute 公司的 VH 型数控旋切机

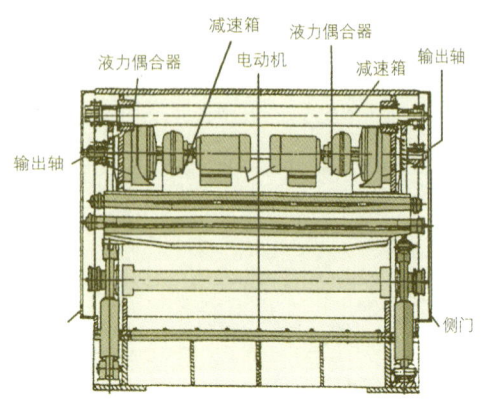
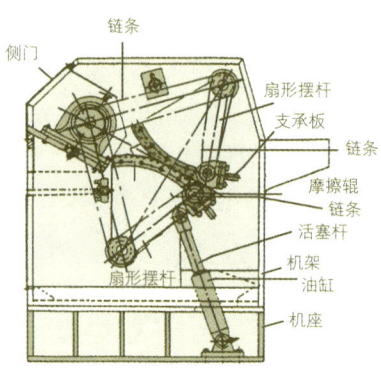

图 5-52 无卡轴旋切机

表 5-44 旋切机旋切过程中常见的缺陷及可能的原因（以有卡轴旋切机为例）

常见的缺陷	可能的原因	改进方法
单板厚度变化大，超出允许误差范围	1.装刀高度过高，造成外圈单板厚，里圈单板变薄； 2.后角过大，刀刃"切入"木段； 3.辅助滑道倾斜度不适当； 4.主滑道严重磨损； 5.进刀丝杆与螺母机构间隙过大	1.调整装刀高度，一般 $h=0\sim1mm$； 2.稍稍减小后角，使刀刃与木段产生摩擦的明亮部分宽度保持 $3\sim4mm$； 3.辅助滑道应前倾，倾斜适当调整； 4.检修主滑道，使之恢复水平； 5.调整双螺母机构，减小间隙
旋出单板产生松紧边产生紧边	1.刀门间隙不一致，中间小、两端大，单板产生松边；中间大、两端小，单板产生紧边； 2.压尺棱不直，或刀刃不平直； 3.卡轴夹紧力过大，外圈单板产生松边，内圈单板产生紧边； 4.刀刃对卡轴中心线不平行，旋出单板出现扇形； 5.刀架偏斜，进刀丝杆单边磨损，或伞齿轮磨损，造成单板出现扇形； 6.卡轴轴套磨损，两卡轴中心线不一致，使单板出现扇形	1.调整刀门的间隙，使之大小一致； 2.重新研磨旋刀或压尺，使之平直； 3.略微减小卡轴对木段的夹紧力； 4.调整刀刃，使之与卡轴中心线平行； 5.维修磨损部分，必要时更换； 6.检修卡轴箱，使左、右卡轴中心线一致
旋出的单板两头厚中间薄	1.刀门大小不一致，两端大、中间小，造成中间压榨力过大； 2.压榨过大，木段受推力弯曲； 3.木段温度高，使刀刃中间膨胀	1.调整刀门的大小； 2.适当减小压榨力； 3.控制蒸煮温度，待冷却至50℃以下再进行旋切
旋切过程中"跳刀"，单板表面波浪形	1.后角过大，旋切时旋刀在木段压力下产生颤振，即刀刃循环地变形与恢复； 2.后角过小，旋切时旋刀挤压木段，产生弯曲，并恢复，循环进行，使板面成波浪形； 3.木段蒸煮不充分，近木芯处出现振动，引起板面成波浪形	1.减少后角，调整辅助滑道的倾斜度； 2.适当加大后角，调整辅助滑道的倾斜度； 3.对于硬材，宜增加蒸煮时间，使木段芯部温度提高，里外基本一致
单板表面毛刺沟痕明显	1.旋刀刃口有崩刃或卷口； 2.压尺安装位置不当，压榨率不够； 3.木段蒸煮软化不够	1.油刀，或重新研磨旋刀； 2.调整压尺位置及刀门大小； 3.增加蒸煮时间，或提高蒸煮温度
单板表面起毛	旋刀刃口不锋利，研磨角过大	适当减小研磨角，软材旋切可小至18°，并仔细进行
单板表面粗糙，背面裂隙大	1.压尺安装不正确，未起到压尺作用； 2.硬材木段软化不充分； 3.刀门过大，起不到压榨作用； 4.旋刀研磨角过大，刀刃不锋利； 5.刀门间有碎屑	1.调整压尺位置，使压榨线通过刀尖； 2.延长蒸煮时间，使芯部温度提高； 3.调整刀门大小，使之符合工艺要求； 4.选择合适的研磨角度，勤换刀和油刀； 5.操作中应及时清理

5.8.2 常见的缺陷与可能的原因

旋切机旋切过程中常见的缺陷及可能的原因见表5-44。

5.8.3 旋切机的精度标准

据GB5050-85，旋切机的几何精度和工作精度的检验项目与公差应符合表5-45、表5-46中的规定。

据GB5049-85，国产有卡轴旋切机的规格尺寸如表5-47。国产无卡轴旋切机的主要型号与技术参数如表5-48。

5.9 削片、刨片和打磨设备

削片机、刨片机和打磨机是生产各种纤维板、刨花板的主要设备，这些设备处于纤维板、刨花板生产线上的备料工段，其结构、性能和制造质量直接影响到成品板的质量、动力消耗和生产成本。

5.9.1 削片机

削片机是将原木、采伐与抚育剩余物（如枝桠、梢头木、树根、小径木等）以及木材加工剩余物（如板皮、枝条、碎单板、木芯等）加工成一定规格长度木片的设备。其切削特征为纵端向切削，主要工艺参数为削出木片的长度。

削片机按切削机构的形状可分为鼓式削片机和盘式削片机。其中，鼓式削片机按其刀鼓的形状分为圆柱形鼓式削片机和圆锥形鼓式削片机，前者又有轴型和筒型之分。盘式削

表5-45 有卡轴旋切机的几何精度标准

序号	检验项目	公差（mm）
1	左右卡轴的径向跳动：A.外卡轴（卡轴）；B.内卡轴	A.0.1 B.0.25
2	左右卡轴轴线与主滑道的等距误差	0.15
3	左右卡轴轴线的同轴度：A.水平度；B.铅垂度	0.20
4	左右卡轴公共轴线与装刀平面的平行度	0.15
5	左右卡轴公共轴线与装刀平面平行度的变化量	0.10
6	装压尺面与左右卡轴公共轴线的平行度	0.15
7	装压尺面与左右卡轴公共轴线的平行度	0.20

表5-46 有卡轴旋切机的工作精度

序号	检测项目	公差（mm）
	单板厚度的精确度	板厚小于2为0.05　板厚2~4为0.10

表5-47 国产有卡轴旋切机产品的规格尺寸　　单位：mm

旋切木段最大长度	旋切木段最大直径	旋切刀片		卡轴直径			左右卡轴顶尖距离变化范围	旋切单板厚度范围
		长度	宽度	单卡轴	双卡轴			
					外卡轴	内卡轴		
1060	500	1250		70	—	—	650~1200	
	650			85	150	75		
1320	500	1500		70	—	—	900~1450	
	650			85	150	75		
	800、1000			110	200	95		
	1250、1600		200	—	220	120		0.25~5
2000	650	2150		85	150	75	1500~2100	
	800、1000			130	200	100		
	1250、1600			—	220	120		
2300	800、1000	2450		130	200	100	1800~2400	
	1250、1600			—	220	120		
2600	800、1000	2750		130	200	100	2100~2700	
	1250、1600			—	220	120		

表 5-48 国产无卡轴旋切机的主要型号与技术参数

型 号	BQ1806A	BQ1813B	BQ1820	BQ1821A	BQ1827A
最大旋切长度(mm)	650	1320	2050	2100	2650
额定旋切直径（mm）	ϕ210	ϕ240	ϕ240	ϕ250	ϕ250
最大旋切直径（mm）	ϕ230	ϕ240	ϕ240	ϕ360	ϕ320
旋切单板厚度（无级 mm）	0.5～3	0.5～3.5	0.6～2.2	0.6～4	0.6～4
剩余木芯直径（mm）	<40	<50	<50	<50	<50
旋切速度（m/min）	20	20	18.6,28	18～35（无级）	20～35（无级）
振动刀床频率（r/s）	4	4	6.9	4	4.7,6.4
电机总功率（kW）	5.5	13.95, 14.75（出口）	20.4	25.7	49.4
净重（t）	2.5	5.8	13.4	10	14.5
外形尺寸(长×宽×高)(cm)	185×105×118	204×140×142	316×221×187	509×140×155	380×210×176

片机按其刀盘工作端面的形状分为平盘式盘式削片机和螺旋面式盘式削片机；按在刀盘面上安装飞刀的多少有少刀盘式削片机和多刀盘式削片机；按刀盘的布置方式又有立式、倾斜式和卧式之分。

另外，削片机按其进料的方式有强制进料的削片机和非强制进料的削片机；按其进料槽的布置有倾斜进料的削片机和水平进料的削片机；按其安装方式还有固定式的削片机和移动式的削片机。

5.9.1.1 削片机的结构

鼓式削片机主要由机座、进料机构、切削机构、底刀座、送料部分和液压系统等组成（图5-53）。进料机构夹持物料并带动其作均匀进给，刀鼓上的飞刀与底刀座上的底刀形成剪切机构，将送进的物料剪切成一定长度规格的木片。切削木片的理论长度由每刀进给量和飞刀的伸出量确定。

盘式削片机主要由刀盘、进料槽、制动器、传动装置和机壳等部分组成，如图5-54所示。飞刀安装于刀盘的端面（通常普通盘式削片机为3～5把，多刀盘式削片机为8～12把）。料槽内有底刀和旁底刀。高速回转的刀盘使飞刀与底刀形成剪切机构，将料槽内的物料自动牵引进料切削成木片。普通盘式削片机切削木片的长度主要取决于飞刀的伸出量。

盘式削片机与鼓式削片机相比较，通常盘式削片机切出的木片质量较好，生产率较高，但对原料要求也较高，适宜加工原木、劈木、木芯、较厚的板皮和成捆的枝桠材，主要用于生产规模较大的人造板企业和造纸企业；而鼓式削片机适于加工板皮、板条、碎单板、小径木、枝桠材等厚度较小、径级不大的木材和竹材，对原料的要求相对较低。因目前鼓式削片机的削片质量完全能满足人造板生产的工艺要求，因此鼓式削片机得到中小型人造板企业的广泛应用。

5.9.1.2 常见的故障与可能的原因

（1）鼓式削片机的常见故障和原因以及排除方法见表5-49。

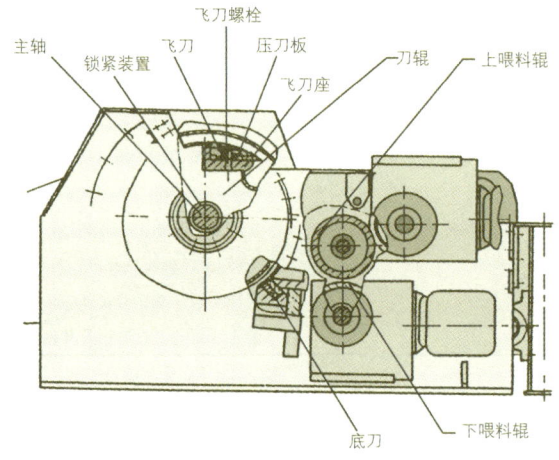

图 5-53 BX218型鼓式削片机

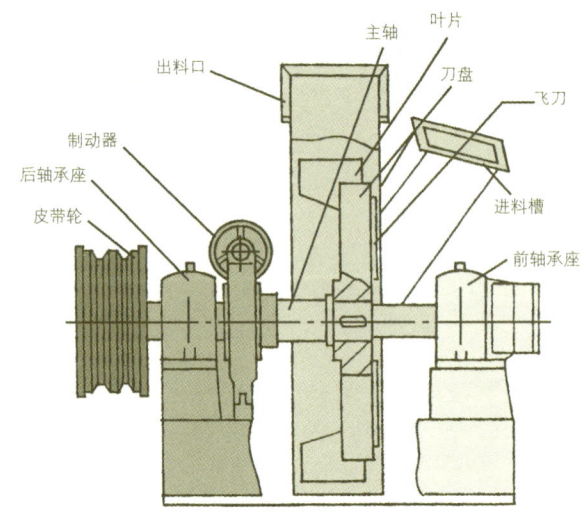

图 5-54 盘式削片机

(2) 盘式削片机常见的故障和原因以及排除方法见表5-50。

5.9.1.3 国产削片机的主要技术参数

据GB6196-86、GB10011-88，国产鼓式削片机、盘式削片机的主要技术参数如表5-51、表5-52。

5.9.2 刨片机

刨片机是将小径级的长材（如原木、木芯、枝桠材、采

表5-49 鼓式削片机的常见故障和原因以及排除方法

故障	可能的原因	排除方法
木片规格不符合要求	1.飞刀与底刀间隙过大； 2.飞刀磨损变钝或刃口崩裂过多； 3.底刀磨损； 4.筛网破损	1.调整间隙； 2.更换飞刀（成套更换）； 3.变换底刀刃口或刃磨底刀； 4.修理或更换筛网
飞刀飞出	1.金属物进入削片机，飞刀螺栓断裂； 2.飞刀螺栓材料或制造不符合要求； 3.飞刀螺栓未拧紧或预紧力过大； 4.底刀松动与飞刀相碰； 5.筛网筋板与飞刀相碰	1.尽量避免金属进入，最好设金属探测器； 2.必须使用制造厂提供的高强度螺栓； 3.用力要均匀，对BX218、216型削片应用专门工具； 4.检查底刀螺栓是否松动； 5.检查筋板与飞刀间距
主轴弯曲或断裂	1.切削直径过大的硬木或金属； 2.刀辊偏重； 3.主轴内部伤痕扩展	1.木料直径不得超过削片机规定的喂料高度； 2.刀辊检修后，应作静平衡试验； 3.更换主轴
空转振动大，轴承跳动	1.主轴弯曲； 2.刀轴偏重	1.校直主轴或更换之； 2.校静平衡
轴承发热	1.轴承磨损或缺油； 2.轴承座安装不同心	1.加润滑油，或更换； 2.校正轴承座的同心度
电机发热	1.电机受潮或灰尘进入； 2.机械运转不正常； 3.进料量过大	1.检修电机； 2.检查机械运行情况； 3.喂料应力求均匀
喂料辊轴断裂	1.进料量过大； 2.轴的强度不够； 3.轴的内部伤痕扩展	1.喂料应力求均匀； 2.采用更好的材料代之； 3.更换轴

表5-50 盘式削片机常见的故障和原因以及排除方法

故障	可能原因	排除方法
飞刀脱开飞出	1.金属物进入削片机，紧固螺栓断裂； 2.飞刀螺栓材料不符合要求或紧固时用力不均，螺栓松开； 3.底刀螺栓松动与飞刀相碰	1.操作人员注意，喂料处堵塞不能用金属棍捅； 2.要用制造厂提供的专用螺栓及专用工具紧固螺栓； 3.要经常检查底刀螺栓是否松动
风翼脱落	1.风翼螺栓松动； 2.削片机外壳焊缝脱开	1.经常检查风翼螺栓是否松动； 2.及时修复外壳
削片机主轴弯曲或损坏	1.切削大块硬木或金属，冲击过猛； 2.刀盘偏重	1.防止金属进入削片机，大块木需劈开； 2.检查刀盘静平衡
空转时振动大，轴承跳动	1.主轴弯曲； 2.刀盘偏重或装刀后偏重	1.检查主轴，如不能校正应更换； 2.检查刀盘摆动量，校静平衡
轴承发热	1.轴承缺油或磨损； 2.两侧轴承座不同心	1.检查轴承、添油或更换轴承； 2.检查同心度
电机发热	1.电机受潮或灰尘多； 2.运行超负荷； 3.电机接线脱开	1.检查和清理电机； 2.检查机械运行情况和进料情况； 3.检查接线，及时修复

表5-51 国产鼓式削片机的主要技术参数

刀辊直径 (mm)	喂料口尺寸 (高×宽)(mm)	飞刀数量 (把)	生产能力 (m³/h)	主电机功率 (kW)	削片长度 (mm)
315	100×300	2	4~5	11~30	
	100×400		6~7	11~37	
	100×500		7~8	11~45	
500	140×400	2	7~8	15~37	
	140×500		8~10	15~45	
	140×650		10~12	18.5~55	
650	180×400	2	8~10	30~75	
	180×500		10~12	30~90	15~35
	180×650		14~16	45~110	
800	225×400	2	10~12	45~90	
	225×500		12~15	45~110	
	225×680		16~20	55~132	
1000	270×680	3~4	21~26	90~160	
	270×800		26~32	90~160	
1250	350×800	3~4	34~42	132~50	
	350×1000		42~52	160~315	

表5-52 国产盘式削片机的技术参数

刀盘直径（mm）	950	1600(1670)	2650(2600)	3350
生产能力（m³/h）	5.5~8	30~50	70~100	180~240
最大切削原木直径（mm）	150	300	500	70
飞刀数（把）	6	6	8	10
主电机功率（kW）	55	310	500	800
理论削片长度（mm）	22	25	25	25

伐与加工剩余物)、截成一定长度的短料、削片机削出的木片或木材加工剩余物中的小块碎料等原料加工成一定厚度规格的刨花的设备。其切削特征为横向或纵向切削，主要工艺参数：刨花的厚度一般为0.1~0.8mm。

刨片机按其切削机构的结构可分为鼓式刨片机、盘式刨片机和环式刨片机；按其加工原料的不同，可分为短料刨片机、长材刨片机和木片刨片机，如图5-55所示。

5.9.2.1 刨片机的结构

鼓式短料刨片机主要由进料机构、刀鼓、底刀、机座及其传动系统等部分组成，如图5-56所示。

链式（也有油缸式的）进料机构夹住物料向刀鼓进给。刀鼓周面上间隔开有装刀槽和排料槽，飞刀装于装刀槽中（一般飞刀数有6~16把），与底刀座中的底刀保持约0.4~0.5mm的间隙。刨切下的刨花存于排料槽后落下。刨花的厚度由物料的进给速度和飞刀伸出量确定。

鼓式长材刨片机按布置方式有水平布置和倾斜布置两种方式。水平布置的鼓式长材刨片机主要由送料机构、重压装

图5-55 刨片机的类型

置、侧压装置、室压装置、刀轴部件及其传动装置、换刀装置、电控及液压系统等部件组成，如图5-57所示。送料装置按要求的节拍向切削室送料，重压、侧压及室压装置在切削室内外把送入的物料夹紧，确保刨切时不致产生窜动。刀轴周面上倾斜（与轴心线成14°左右的夹角）装有一组飞刀，与底刀座上的底刀构成切削机构。刀轴部件及其传动系统、室压装置和换刀装置均固定在滑座上，由油缸推动实现刨切进给（也有刀轴不动、物料与料槽作刨切进给运动的）。

倾斜布置的鼓式长材刨片机，刀鼓与进料槽倾斜布置（图5-58），物料靠自重作纵向进给，通过油缸使料槽绕上端

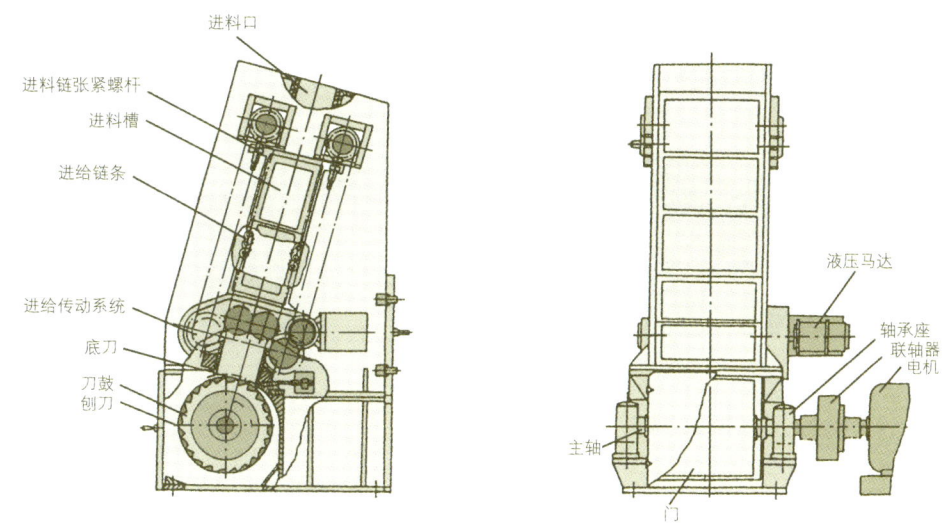

图5-56 BX456型鼓式刨片机

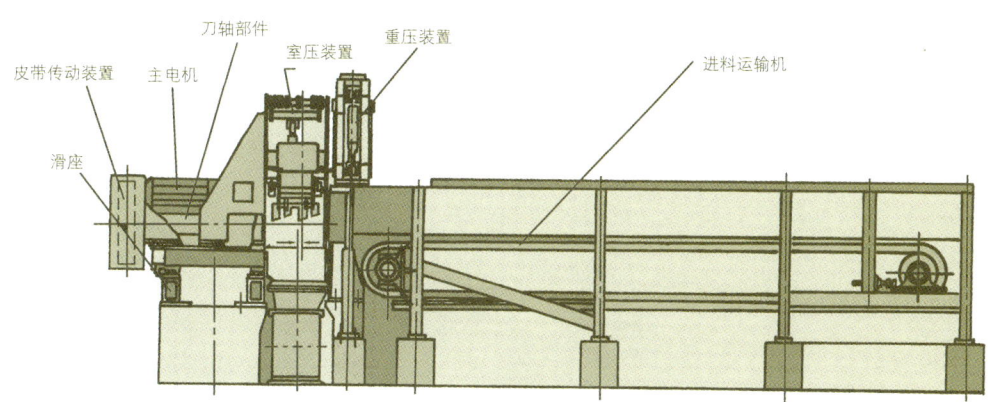

图5-57 BX446型鼓式长材刨片机

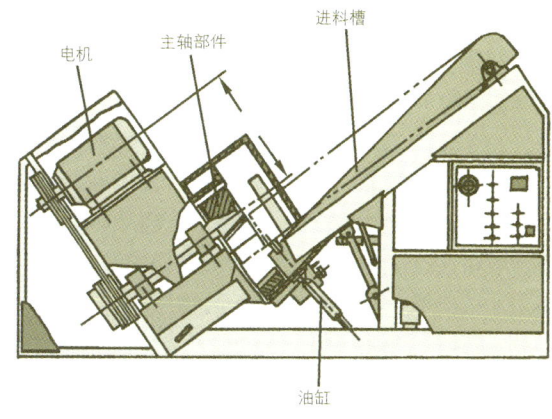

图5-58 BX445型鼓式长材刨片机

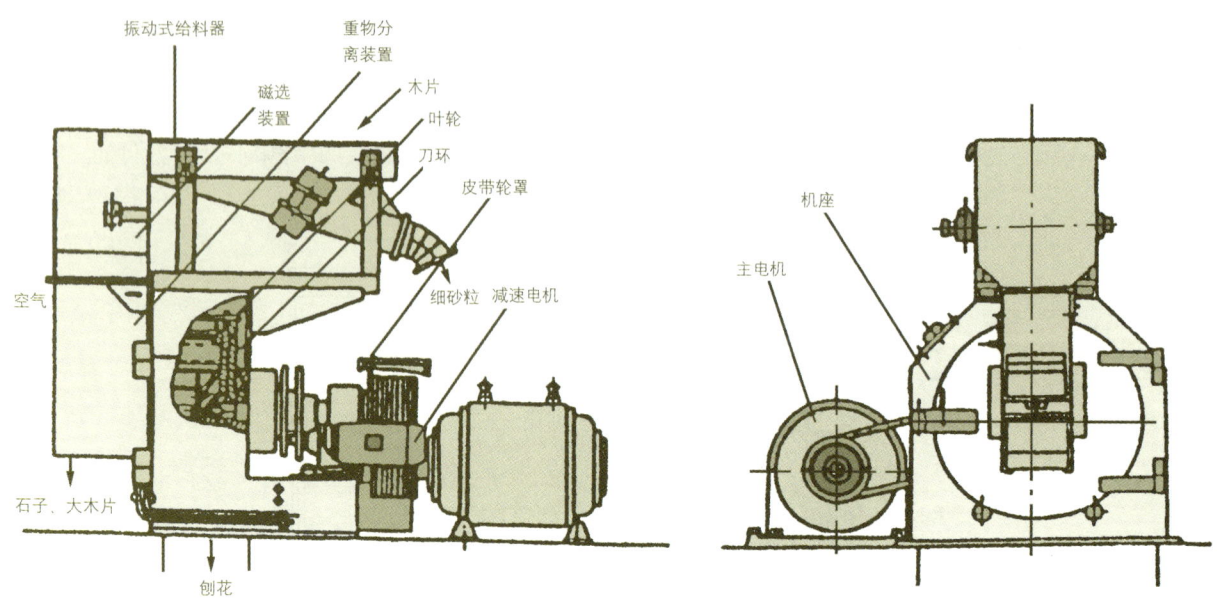

图 5-59 BX468 型环式刨片机

表 5-53 国产鼓式长材刨片机的型号与技术参数

序号	主要技术参数	BX444	BX445	BX445	BX446	BX446	BX448
1	刀轴直径×长度 (mm)	$\phi 350 \times 53$	$\phi 548 \times 320$	$\phi 500 \times 251.8$	$\phi 620 \times 370$	$\phi 620 \times 370$	$\phi 750 \times 370$
2	刀数（把）	6	12	8	14	2×16	16
3	刀轴转速 (r/min)	~1300	1300	1315.5/775	1330	1116	761.5
4	刨花长度 (mm)	18 或 36	26.5	18	38	—	—
5	刨花厚度 (mm)	0.2~0.7	0.2~0.7	0.2~0.45	0.2~0.7	—	0.2~0.6
6	平均生产能力 (kg/h)（中等密度木材，理论刨花厚度 0.4~0.5mm）	400（绝干）	1500（绝干）	2500（绝干）	—	—	—
7	布置方式	水平	水平	倾斜	水平	水平	倾斜
8	主电机功率 (kW)	30	90	55	132	176.5	—
9	机重（含运输机）(t)	—	13	4.3	22	21.4	6.4
10	外形尺寸（长×宽×高)(cm)	346×99×205	694×593×197	446×134×271	830×595×251	934×737×299	435×247×288

支点摆动（8°左右），推动物料进行刨切。倾斜布置式的鼓式长材刨片机结构相对比较简单，但其刨切性能不如水平布置式的。

环式刨片机（或称双鼓轮刨片机）主要由进料系统、刨切机构、机座、传动系统及液压系统等部分组成，如图 5-59 所示。进料系统包括振动给料器、磁选装置和重力分离器三部分组成，以保证均匀进料，并清除木片中的杂质。刨切机构主要包括刀环和叶轮两部分，其上分别装有飞刀和叶片，工作时相向转动进行刨切。刨花的厚度主要由飞刀的伸出量确定。另外，刀门间隙、径向间隙、飞刀、叶片、耐磨垫板等的磨损程度都对刨花厚度和质量有一定的影响。

由于森林资源质与量的下降和林区木片工业的发展，以木片为原料的环式刨片机目前应用得较为普遍，但其切削出的刨花形态较差；原料需先截短的短料刨片机虽切出的刨花质量较好，但因生产率低，对原料的要求较高，因此用户日趋减少；而长材刨片机因其具有切出的刨花形态好，原料的适应性广的优点，逐步受到人造板生产企业的欢迎。

5.9.2.2 国产刨片机的主要技术参数

国产鼓式长材刨片机、环式刨片机的主要型号与技术参数如表 5-53、表 5-54。

表 5-54 国产环式刨片机的型号与技术参数

型号	BX466	BX468	BX4612
刀环直径(mm)	600	800	1200
飞刀数(把)	21	28	42
刀片长度或刨切室宽度(mm)	225	300	375
刀环转速(r/min)	50	50	50
叶轮转速(r/min)	1960	1500	840
刀环电机功率(kW)	7.5	10	18.5
叶轮电机功率(kW)	75	135	200
刨花厚度(mm)	0.4~0.7	0.4~0.7	0.4~0.7
生产率(t/h)	0.7~0.9	1.5~3	3
机重(t)	~3.0	~5.8	~7.8
外形尺寸(cm)	280×226×211	313×251×238	215×240×279

5.9.3 打磨机

打磨机是将刨花宽度上再分的设备,用以制作表层刨花。

打磨机按其结构和工作原理可分为锤击式、鼓轮式、筛环式、研磨式和涡轮式等多种形式。在刨花板生产中采用较多的是筛环式打磨机。

5.9.3.1 筛环式打磨机的结构

筛环式打磨机主要由进料装置、打磨机构和机壳等部分组成,如图 5-60 所示。进料装置包括振动给料器、磁选装置和重力分离器三部分,起均匀进料和清除杂质的作用。打磨机构包括叶轮和磨筛环两部分,其上分别装有叶片和磨片与筛网。物料在叶片与磨片之间磨碎后从筛网网孔落下。获得的刨花粗细程度和生产率与磨齿的形状和磨片的安装方向有关。

5.9.3.2 国产筛环式打磨机的主要技术参数

国产筛环式打磨机的型号与技术参数如表 5-55。

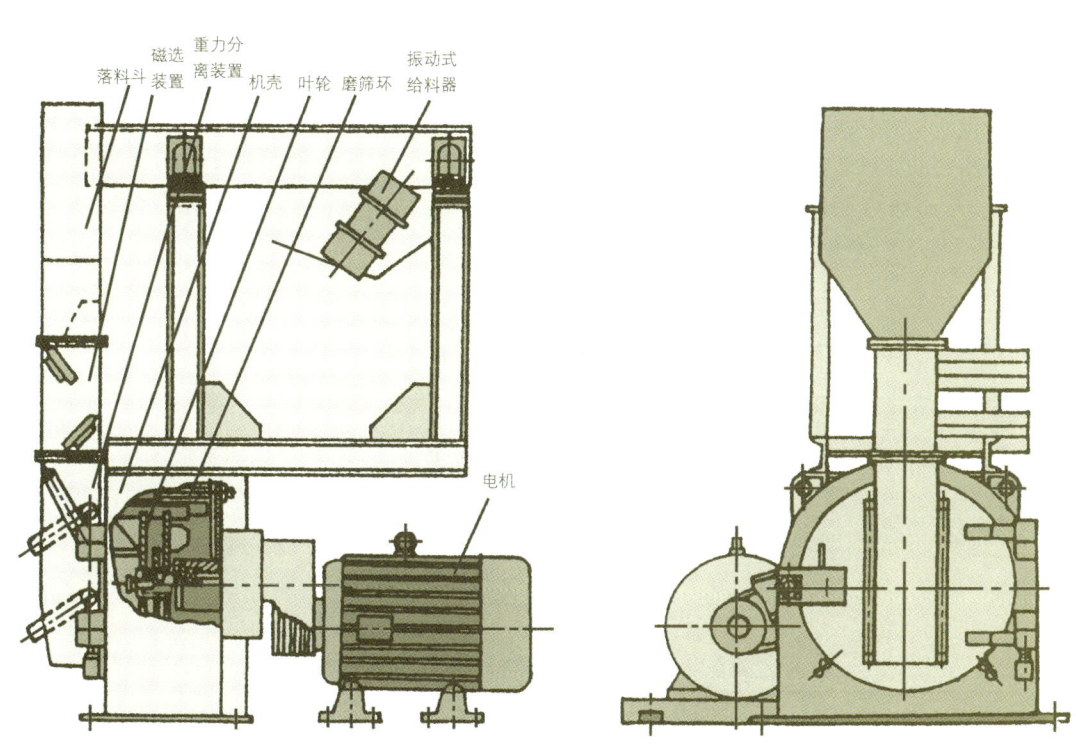

图 5-60 BX568 型筛环式打磨机

表 5-55 国产筛环式打磨机的型号与技术参数

型号	磨环直径(mm)	磨环宽度(mm)	筛环宽度(mm)	叶轮转速(r/min)	主电机功率(kW)	生产能力(kg/h)	质量(kg)	外形尺寸(长×宽×高)(cm)
BX566	600	150	100×2	2970	55	300~800	~1500	177×150×215
BX568	800	175	90×2	2320	90	1200	~2050	129×58×203

5.10 纤维分离机

纤维分离机是纤维板生产线上的关键设备之一，其技术性能的好坏直接影响到产品的质量和产量。

目前采用的纤维分离机主要有热磨机、精磨机和高速磨浆机。

热磨机是在高温高压的条件下将木片等植物原料分离成纤维的一种连续式分离设备。它具有加工出的纤维结构完整、损伤少、纤维得率高及耗电量低等优点，因此获得广泛的应用。

精磨机主要用于粗纤维的进一步分离和精整，以改善纤维的性质，提高成品的质量。其结构与热磨机的主体部分基本相同。

高速磨浆机（又称盘磨机）是将预先经软化处理的原料，在（较）低温低压的条件下分离成纤维的一种纤维分离设备。它有单磨盘、双磨盘和三磨盘等类型。因其动力消耗较高及其他一些原因，目前国内应用得不普遍。

5.10.1 热磨机的结构

热磨机主要由进料装置、预热蒸煮装置、研磨装置和排料装置等四部分组成（图5-61），分别起均匀进料、预热蒸煮、纤维分离和排料的作用。蒸煮时间可通过料位计设定料位的高度来控制。研磨室内设有固定、转动两磨盘（图5-62），物料在进料翼轮的作用下，甩入两磨盘之间，分离成纤维。

5.10.2 常见的故障与可能的原因

热磨机常见的故障和原因以及排除方法见表5-56。

5.10.3 热磨机的技术精度标准

据GB6923-86，热磨机的几何精度和工作精度的检验

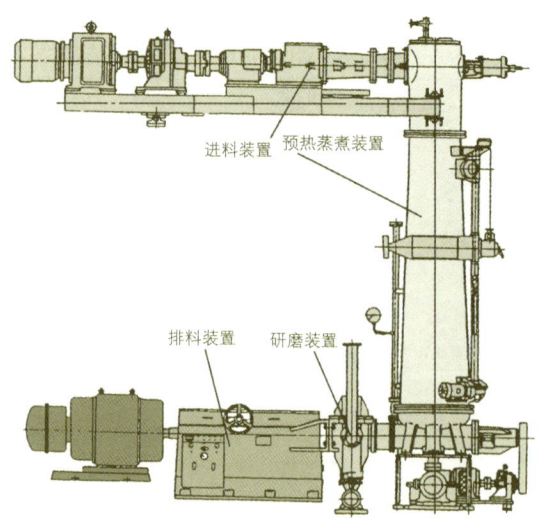

图 5-61 BW119/10D 型热磨机

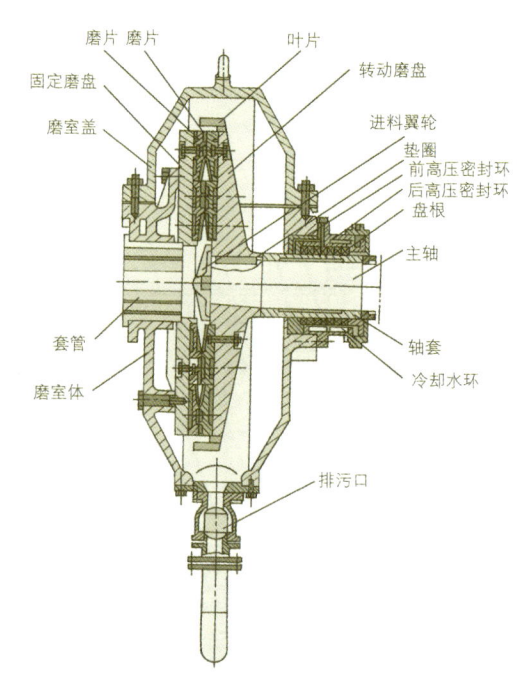

图 5-62 热磨机的研磨室部分

表 5-56 热磨机常见的故障和原因以及排除方法

故障	可能的原因	排除方法
纤维质量不符要求	1.原料树种没有合理搭配好； 2.木片质量差，粉尘或碎单板含量多； 3.木片含水率过低； 4.木片蒸煮不充分（或过分）； 5.磨片不锋利； 6.因主轴部件未达到动平衡，或温升过高，或径向余隙消除装置失效或漏装等原因使主轴部件的径向和轴向振摆超差； 7.磨盘间隙或研磨压力调节不当； 8.排料口开度调节不当	1.针、阔叶树材（软、硬材）按工艺要求合理搭配； 2.降低粉尘或碎单板的含量； 3.调节木片的含水率在40%~50%范围内； 4.提高（或降低）蒸煮温度或时间； 5.更换磨片； 6.采取校正动平衡，检查并排除主轴的温升，更换或加设余隙消除装置等措施使主轴部件的径向和轴向振摆控制在允许的范围内； 7.适当地调节磨盘间隙或研磨压力； 8.适当地调节排料口开度

表5-56（续）

故障	可能的原因	排除方法
进料口蒸气反喷	1.振动器失灵，造成振动槽下料中断，进料不均匀； 2.防反喷装置失灵，不能封闭预热罐的进料口； 3.进料螺旋或螺旋管（或纵向筋条）磨损； 4.蒸气压力过高； 5.冬季木片冻冰； 6.大块木片含量过多	1.检查振动器，是否正常工作； 2.检查防反喷装置有无故障，气压是否正常； 3.及时更换进料螺旋或螺旋管（或纵向筋条）； 4.降低蒸气压力； 5.用温水洗木片，融化冻冰； 6.清除过多的大块木片
进料螺旋打滑	1.木片容重小或太湿； 2.进料不均匀； 3.螺旋管排水孔堵塞； 4.螺旋或螺旋管（或纵向筋条）磨损	1.合理搭配使用木片，降低含水率； 2.保持均匀下料； 3.及时排除堵塞； 4.及时更换
进料螺旋堵塞	1.木片容重大或太干； 2.进料量太大； 3.螺旋磨损	1.合理搭配使用木片，提高含水率； 2.调整进料量； 3.更换螺旋
输送内螺旋超负荷	1.预热罐料位计控制失灵，木片堆积过高； 2.输送内螺旋磨损	1.检查料位计，并暂时停止进料； 2.更换螺旋
研磨室堵塞	1.上次停车时留有未排净的木片或纤维； 2.进料量太大； 3.排料阀失灵； 4.蒸气压力过低； 5.开动热磨机时未及时闭合磨盘	1.分开磨盘，辅以人工排料； 2.减少进料量； 3.检查排料阀，调整开度； 4.提高蒸气压力； 5.加大磨盘间隙，辅以人工排料
金属物进入磨盘	1.水洗机或磁选装置失灵； 2.工具或零件落入料仓	1.检查或修复水洗机或磁选装置； 2.小的金属块可随浆料排出，大的金属块需打开研磨室取出
热磨机主轴超负荷	1.进料量过大； 2.蒸气压力过低； 3.磨盘磨损或沟槽堵塞； 4.排料阀开度太小	1.减少进料量； 2.提高蒸气压力； 3.更换磨盘或清理沟槽； 4.调整排料阀开度
主轴填料盒发热	1.填料太紧或位置不正； 2.耐磨套磨损； 3.蒸气或水密封有问题，纤维进入填料盒； 4.冷却水不足； 5.蒸气压力太高	1.检查或调整填料； 2.更换耐磨套； 3.检查密封水及蒸气压力； 4.检查冷却水泵； 5.调整蒸气压力
轴承烧毁	1.循环油泵（或冷却水泵）有故障； 2.循环油管（或冷却水管）堵塞或失灵； 3.油（或冷却水）流量阀失灵，不能起保护作用； 4.未开油泵（或冷却水泵）先开电机或先停油泵（或冷却水泵）后停电机	1.检查油泵（或冷却水泵）； 2.检查油管（或冷却水管）； 3.检查油（或冷却水）流量阀开关； 4.按规程操作
磨盘间隙不能正确调整	1.油压系统故障或调整不正确； 2.磨盘间隙指示器有故障	1.检查并正确调整； 2.检查并正确调整
油缸漏油	1.密封圈失效； 2.油管接头泄露	1.更换密封圈； 2.更换密封圈
设备振动过大	1.轴承有故障； 2.转子及磨盘的动平衡有问题； 3.电机与主轴的联轴节安装不正确	1.检查并更换； 2.检查并调整； 3.检查并调整
排料阀堵塞	1.排料阀失灵； 2.排料阀开度太小； 3.蒸气压力太低	1.检查修整； 2.调整开度； 3.提高蒸气压力

项目与公差应符合表5-57、表5-58中的规定。

5.10.4 国产热磨机的规格尺寸

热磨机以转动磨盘直径为主参数，转动盘转速（主轴转速）为第二主参数。据GB6922-86，国产热磨机规格如表5-59。

表5-57 热磨机的几何精度与公差

序号	检验项目	公差(mm)
1	主轴锥面斜向圆跳动	0.02
2	转动盘平面对主轴轴线的端面圆跳动	0.05（转动盘直径小于800） 0.07（转动盘直径等于、大于800）
3	固定盘平面对主轴轴线的端面圆跳动	0.08（固定盘直径小于100） 0.10（固定盘直径等于、大于800）

表5-58 热磨机的工作精度

检验项目	检验方法	滤水度（s）
纤维分离质量	用滤水度测定仪测定	≥16

注：工作精度应在符合制造厂规定的有关热磨机调整、工艺、原材料、产量等条件下测定

表5-59 国产热磨机的规格尺寸

转动盘直径(mm)	800	900	1010	1120	1250
转动盘转速(r/min)	1000,1500				

5.11 单板、刨花和纤维干燥机

人造板生产中使用的干燥机按用途可分为单板干燥机、刨花干燥机和纤维干燥机等。干燥的目的是降低组坯单元（单板、刨花或纤维等）的含水率，使其控制在一定的范围内，以利均匀施胶，稳定产品的产量和质量。干燥机所消耗的热量在人造板生产中占很大的比例。因此干燥机的结构和技术性能直接影响到人造板生产的产量、质量和成本。它是人造板生产线上的主要设备之一。

5.11.1 单板干燥机

单板干燥的方法很多，但目前用于工业化生产的主要方式仍是采用热风循环的干燥方式。此外，还有热压式、红外线、微波和高频等干燥方法，但目前这些方法的实际应用尚不普遍。

单板干燥机按单板的传送方式可分为辊筒式和网带式两种。按传热方式分，单板干燥机又有对流式、接触式、辐射式和复合式等之分。其中，对流式干燥机常用的干燥介质有热空气和燃气两种；干燥介质在干燥机内的循环方式又有纵向循环和横向循环两种方式。

5.11.1.1 单板干燥机的结构

喷气式辊筒或网带单板干燥机是目前国内外普遍采用的单板干燥机，它主要由干燥室、冷却室、单板进出传送装置及其传动系统和控制装置等部分组成，如图5-63，图5-64所示。单板由单板进出传送装置（辊筒或网带）输送，经各干燥分室加热干燥，再经冷却分室冷却后出板。每节干燥分室都由散热器、风机及其传动系统、喷箱、传送辊筒或网带、排湿装置、机架等部件组成。干燥机上的测湿仪及其控制系统可根据机内热空气的实际湿度大小自动控制排湿量。设在出板端的含水率测定仪连续测取含水率，自动控制风机转速（高、低档）或用手动调整网速，确保干燥质量。

喷气式干燥机由于同时对单板上下表面喷射均匀的热气流，干燥效率高，单板干燥均匀，减少了因含水率偏差而引起的翘曲和开裂，提高了单板质量；对单板进行高温快速干燥，可减少单板的干缩率，因而可提高出材率。除此之外，喷气辊筒式单板干燥机还具有以下特点：

①由于辊筒能对单板起烫平作用，因而干燥的单板平整。当单板位于两组辊筒之间时，横向可以自由收缩，减

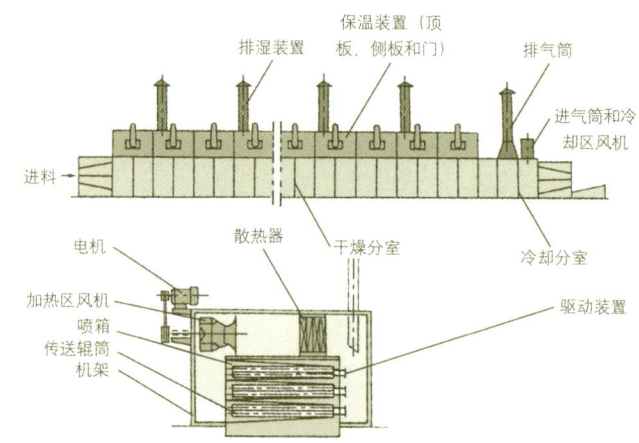

图5-63 喷气辊筒式单板干燥机

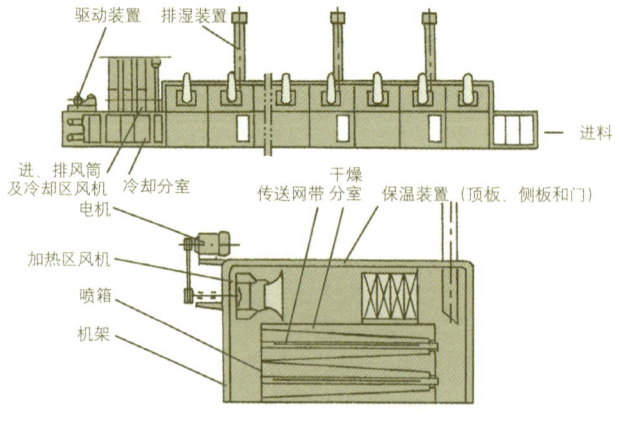

图5-64 喷气网带式单板干燥机

表 5-60 单板干燥机常见的故障与可能的原因

故障	可能的原因	排除方法
全机空气温度下降	1.蒸气压力降低； 2.蒸气管中的水量增多； 3.保温不严，门未关紧； 4.风机或保温层损坏； 5.散热器或蒸气回水阀故障	1.恢复正常气压，检查蒸气管道； 2.打开回水管，排除冷凝水，并检查送汽管的保温层和汽水分离情况； 3.严闭加热分室门和排汽阀门； 4.修理风机，或保温层； 5.检查散热器与蒸气回水阀，并加以排除
从上层向下空气温度显著降低	1.散热器或回水阀故障； 2.机内检查通道被打开； 3.风量不足	1.检查散热器是否被木屑堵塞，检查回水阀的工作情况； 2.关闭机内的检查通道； 3.检查风机转速及风机工况
机内相对湿度较高	1.机内空气温度下降； 2.通风不足尤其是单板初含水率很高时； 3.机内蒸气散热器或蒸气管接头漏汽	1.检查干燥机各部分情况； 2.开放排湿孔； 3.修理散热器或蒸气管接头
网带跑偏，磨损严重	1.调网装置有故障； 2.网带使用过久严重变形和磨损	1.检查调网装置； 2.修补或更换网带
单板冷却不够	1.冷却通风机的风量下降； 2.冷却空气温度偏高	1.检查风机工作状况； 2.检修冷却系统，使冷风温度不超过 25℃

少了裂纹的产生。因而干燥质量较网带式的好；②辊筒式单板干燥机采用的是纵向进料，旋切后的湿单板要经过裁剪后才能进行干燥，对湿单板的裁剪会增大单板损失，因而降低了出材率又难以实现旋切、干燥工艺的连续化生产；③辊筒式单板干燥机不适合干燥过薄的单板，单板过薄容易被辊筒挤碎；另外，薄单板前端下垂也不易于顺利通过辊筒，因此一般多用于干燥厚度为 1mm 以上的单板；④清理机内碎单板屑比较麻烦，特别是当松脂污染干燥机辊筒时，清洗更为困难；⑤辊筒式单板干燥机的钢材用量大、造价高。

喷气网带式单板干燥机具有以下特点：

①可以采用横向进板方式，实现单板卷向干燥机连续进料；采用先干后剪工艺可减少对单板的剪切损失；同时由于原棵搭配，拼缝的色泽、木纹基本上可以取得一致；②由于单板的干燥速度大大加快，可实现"旋—干—剪"工序的连续化生产，为进而实现胶合板生产的全部连续化创造了条件；③整机动力消耗大，结构比较复杂，造价高。

5.11.1.2 常见的故障与可能的原因

单板干燥机常见的故障和原因以及排除方法见表 5-60。

5.11.1.3 单板干燥机的精度检测标准

据 GB6198-86、GB6260-86，辊筒式和网带式单板干燥机的精度检测项目和公差应符合表 5-61、表 5-62 的规定。

表 5-61 辊筒式单板干燥机的精度检测项目和公差

序号	检验项目	公差（mm）	
1	辊筒长度相互差	5.0	
2	辊筒的径向圆跳动	辊筒长度	
		≤3400	>3400
		1.0	1.5
3	各层下辊筒的平面度	1.5	2.0
4	相邻辊筒的平行度	1.0	
5	相邻干燥节之间辊筒的平行度	3.0	
6	机架对干燥机纵向中心线垂直度	2.0	
7	机架对干燥机纵向中心线对称度	3.0	
8	整机机架对角线差	干燥节数	
		≤10	>10
		15	20
9	辊筒对干燥机纵向中心线的垂直度	1000:1.0	

表 5-62 网带式单板干燥机的精度检测项目和公差

序号	检验项目	公差（mm）	
1	辊筒长度相互差	5.0	
2	辊筒的径向圆跳动	辊筒长度	
		≤2900	>2900
		1.5	2.0
3	全机各工作层辊筒平行度	≤10 节	>10 节
		3.0	4.0
4	辊筒水平度	1000:0.4	
5	机架对干燥机纵向中心线垂直度	2.0	
6	机架对干燥机纵向中心线对称度	3.0	
7	机架安装铅垂度	1000:0.8	
8	整机机架对角线差	干燥节数	
		≤10	>10
		15	20
9	辊筒对干燥机纵向中心线的垂直度	1000:1.0	

表 5-63 国产干燥机的主要规格

	辊筒式单板干燥机						网带式单板干燥机			
最大工作宽度(mm)	2000	2500	2800	3150	4000	4500	1400	2000	2600	3800*
辊筒长度(mm) 基本尺寸	2200	2750	3050	3400	4250	4750	—			
公差	±10		±20		±30					
层数	热气流循环辊筒式 3、4、5、6			横向循环喷气辊筒式 2、3、4			横向循环网带式 4、5		横向循环喷气网带式 1、2、3	
干燥节数目	3 以上			4 以上			4、5、6		4 以上	

注：* 仅用于循环网带式单板干燥机。

5.11.1.4 国产单板干燥机的规格尺寸

据标准 GB6197-8 和 GB6199-86，国产单板干燥机的主要规格如表 5-63。

5.11.2 刨花干燥机

刨花干燥机的种类很多，按干燥机使用的介质分有蒸气、热水和燃气等。我国多数采用蒸气的加热方式。

按传热和刨花运动方式分，刨花干燥机有间接传热为主的机械传动干燥方式、直接传热为主的机械传动干燥方式和直接传热为主的气流传动干燥方式。

按设备的结构和工作原理分，主要有回转圆筒式、转子式、喷气式、气流式等。

目前国内外常用的刨花干燥机有以下几种形式。

5.11.2.1 转子式刨花干燥机

转子式刨花干燥机主要由机壳、转子及其传动系统、蒸气管路、预热器、排湿装置、回转阀式供料器、排料装置和灭火装置等部分组成，如图 5-65 所示。工作时转子不断回转，其上的料铲翻起刨花与加热管接触加热，并推动刨花前移。刨花在热传导、辐射和对流的作用下被干燥，从出料口出料。测定排湿口的温度，自动调节进汽管路上的调节阀，可控制干燥机内的温度。转子式刨花干燥机有以下特点：

①刨花干燥质量较好，生产能力较高（与辊筒式干燥机相比）；②干燥温度较低，不易发生火灾；③结构简单，易损件少，管束可拆卸，便于维修；④由于转子上的管束一端固定，另一端浮动，因此焊缝不易开裂；⑤刨花在机内摩擦

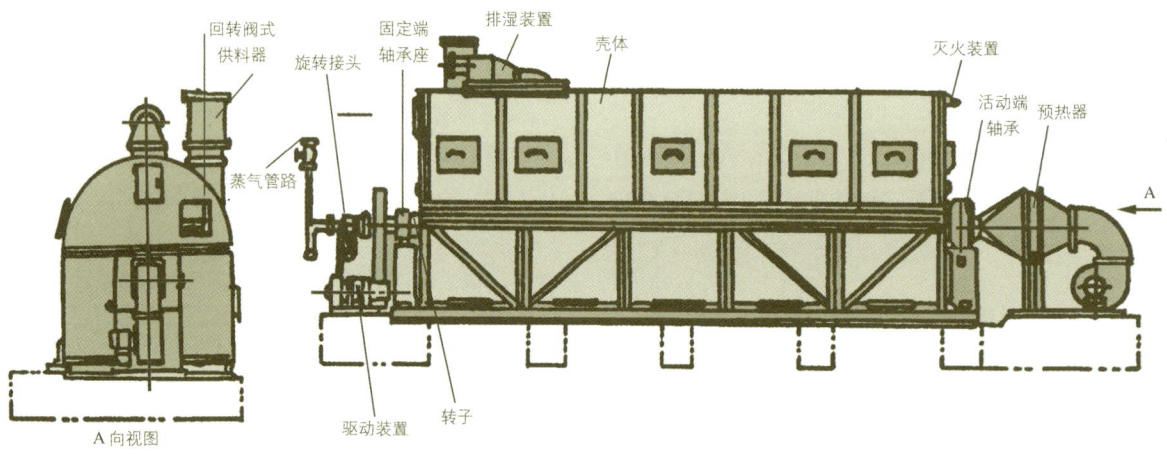

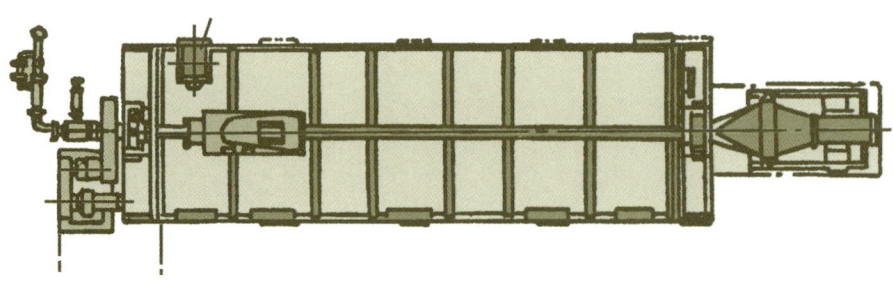

图 5-65 转子式刨花干燥机

厉害，刨花破损严重。

国产转子式干燥机的主要技术参数见表5-64。

转子式干燥机目前在国内应用较普遍。

5.11.2.2 辊筒式刨花干燥机

辊筒式刨花干燥机主要由干燥筒及其传动系统、蒸气管道、出料器和排湿系统等部分组成，如图5-66所示。干燥时刨花的加热、移动方式与转子式的相似，只是干燥辊筒与蒸气管道一起回转。尾部的吸风系统将湿空气吸出，少量碎屑从旋风分离器清除。筒内的气流促使轻小刨花快速移动，使干燥出的刨花含水率均匀一致。辊筒式刨花干燥机的特点有：

①刨花的干燥质量较好，工作可靠，不易发生火灾；②刨花在干燥机内摩擦厉害，刨花破损严重；③筒内蒸气管道较多，且两端焊缝多，容易开裂，一旦漏汽，维修很困难；④由于进、出汽总管在两端，很难保证同心，致使密封困难，容易漏汽；⑤干燥机的生产能力相对较低，热效率也很低。

国产辊筒式刨花干燥机的主要技术参数如表5-65。

5.11.2.3 三套筒式刨花干燥机

三套筒式刨花干燥机主要由燃烧室、干燥筒及其传动系统、气流输送系统等部分组成，如图5-67所示。大、中、小三个同心筒套装在一起组成干燥筒。中心筒与燃烧室固定炉气管相连，大、中筒回转。干燥时，根据刨花的干湿、轻重不同，干燥时间也不同。较微小的刨花很快地随气流排出，而较湿、重的刨花在干燥筒内停留的时间较

表5-64 国产转子式干燥机的主要技术参数

转子直径(mm)	1600	1900	2350	2700	2800	2900
生产能力(m^3/d)	18	36	55	72	110	180
蒸发能力(t/h)	0.5	1.0	1.5	2.0	3.0	5.0

表5-65 国产辊筒式刨花干燥机的主要技术参数

辊筒直径(mm)	1600	1900	2100	2350	3000
辊筒长度(mm)	7500	8500	8800	10000	12500
生产能力(m^3/d)	18	27	36	55	110
蒸发能力(t/h)	0.30~0.45	0.5~0.7	0.8~1.0	1.5~1.8	2.0~3.0
蒸气工作压力(MPa)	1.2			1.3	

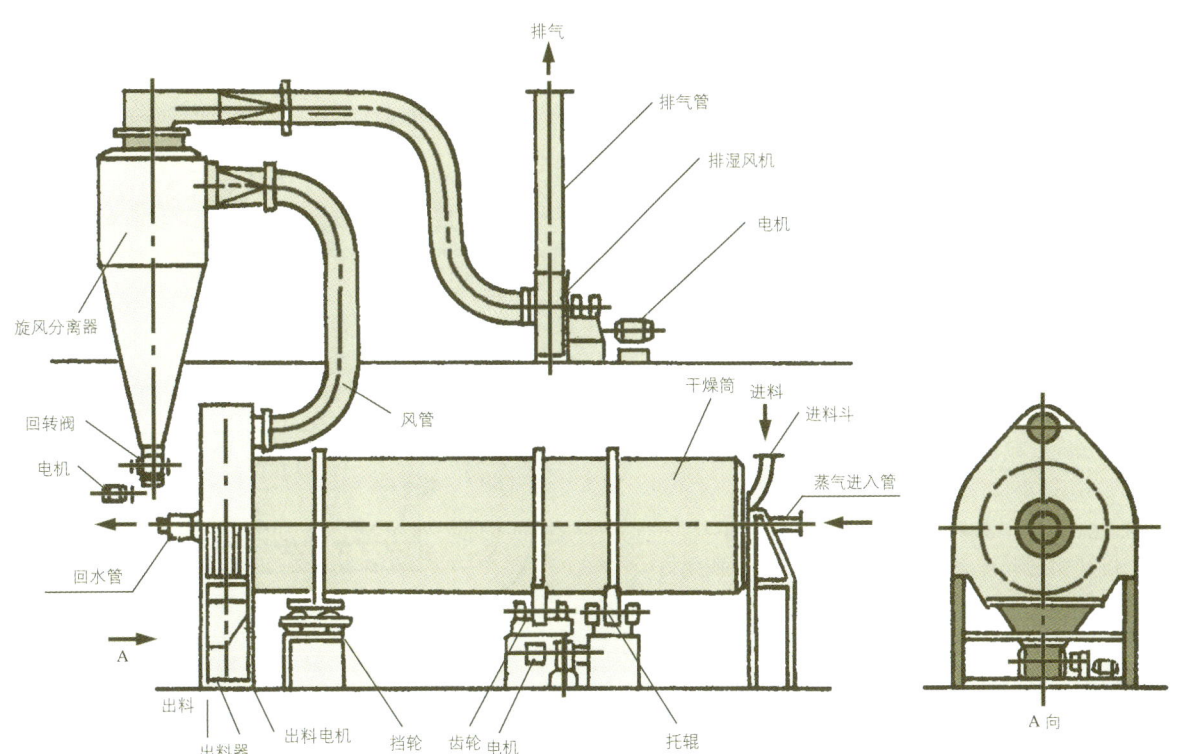

图5-66 辊筒式刨花干燥机

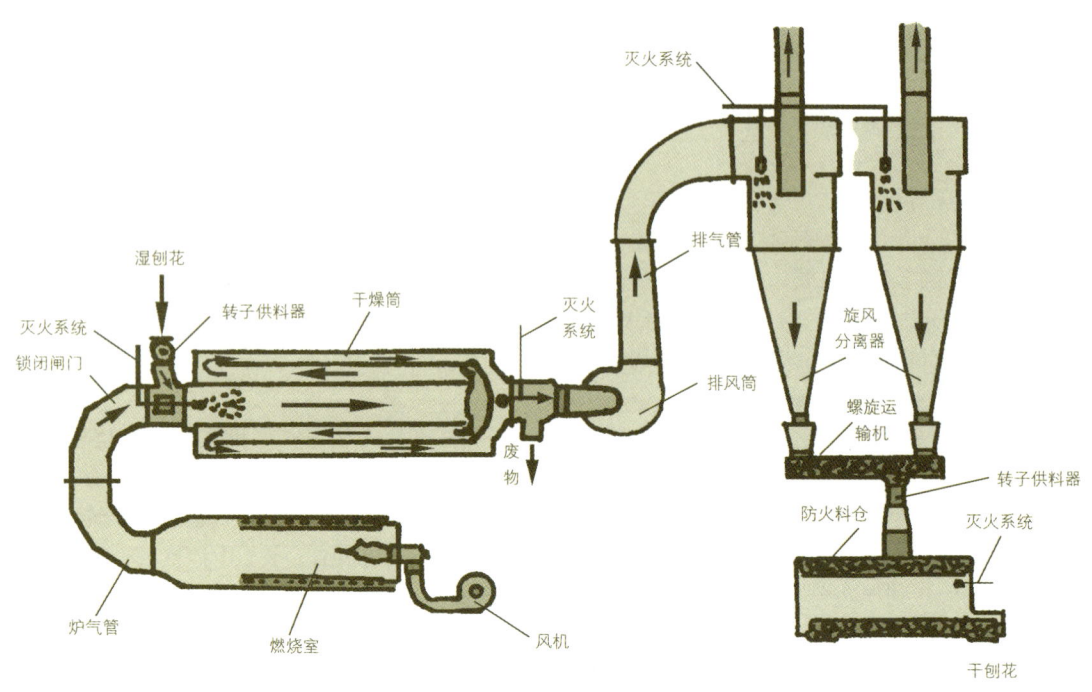

图 5-67 三套筒式刨花干燥机

长，使刨花的干燥更为均匀。三套筒式刨花干燥机的特点如下：

①结构紧凑，占地面积小；②充分利用干燥机内的辐射热，热效率和干燥能力较高；③由于这种干燥机中热气流多次转向，气流阻力大，因此动力消耗大；④干燥温度高，易引起火灾，因此必须设置有效的放火系统。

"比松" 80 型三套筒式刨花干燥机主要技术参数：

生产能力 8000kg/h　　（$W_初$=100%，$W_终$=3%）
蒸发水分 7760kg/h　　干燥筒转速 5.5r/min
干燥筒直径 3.4m　　　总装机容量 148kW
干燥筒长度 10m　　　机组质量 68.6t

炉气空气混合气流温度：

干燥筒入口 430~550℃　干燥筒出口 110~125℃

三套筒式刨花干燥机在国外应用较广泛，国内也研制了这种形式的干燥机，只是干燥介质采用的是热空气。

5.11.2.4 喷气式刨花干燥机

喷气式刨花干燥机主要由燃烧室（或空气加热器）、干燥圆筒、搅拌机轴、导向叶片及气流系统等部分组成，如图 5-68 所示。湿刨花由转阀加入筒体的一端，燃气（或热空气）从干燥筒底部的导向叶片切向喷入，随后携同刨花一起一面旋转，一面前移，使刨花干燥。导向叶片的倾角可调，以控制刨花在干燥筒内的干燥时间，确保刨花终含水率的均匀一致。

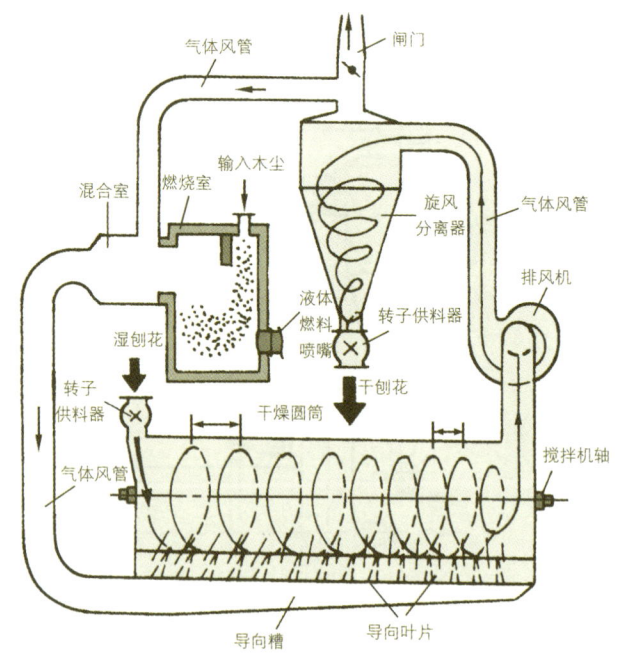

图 5-68 喷气式刨花干燥机

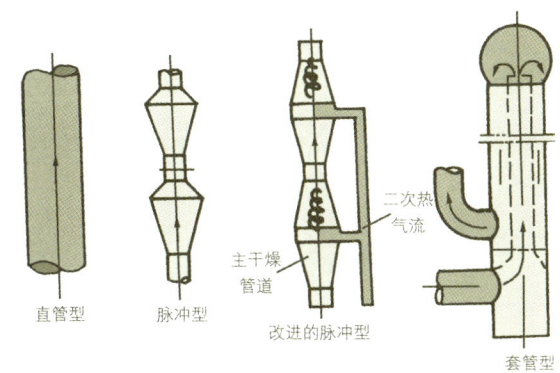

图 5-69 气流干燥管道的类型

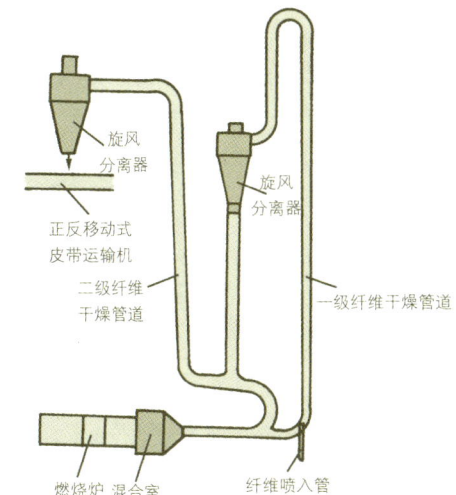

图 5-71 气流式两级纤维干燥机

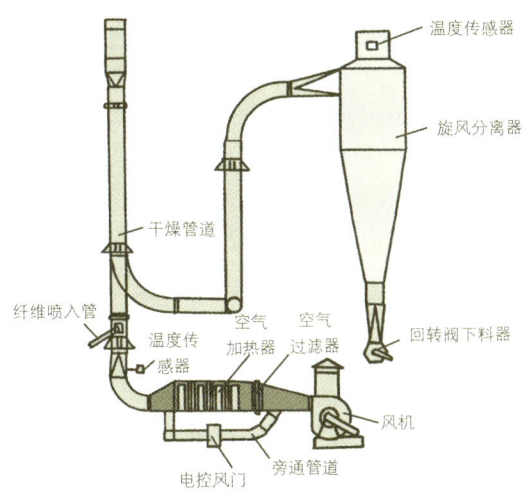

图 5-70 气流式一级纤维干燥机

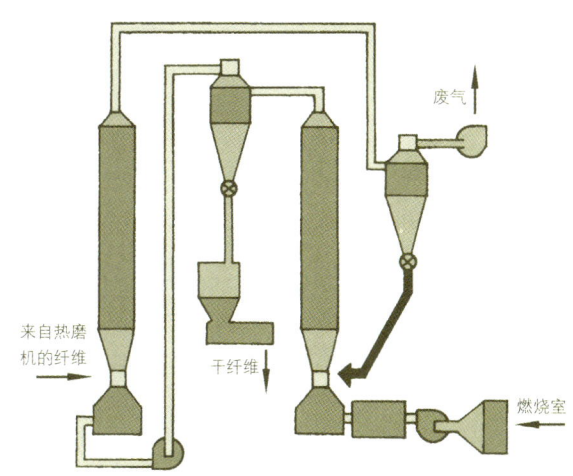

图 5-72 节能型气流式两级纤维干燥机

"比特涅尔"喷气式刨花干燥机的主要技术参数：

生产能力 6400kg/h　　　（$W_{初}=100\%，W_{终}=3\%$）
圆筒直径 3.2m　　　　　总装机容量 178.1kW
重油需要量 600kg/h　　　（热值 $4×10^7$J/kg）
圆筒长度 12m　　　　　　总重 49t

喷气式刨花干燥机在国外使用较普遍，主要用于干燥刨花，近年来也用于干燥纤维。

5.11.3 纤维干燥机

纤维的干燥一般采用气流干燥，其结构型式主要有管道式和喷气式两种。管道式气流干燥机干燥系统的级数有一级和两级之分；干燥管道的型式有直管型、脉冲型和套管型之分（见图5-69）；风压的型式有压出型和吸入型之分。

图5-70所示为气流式一级纤维干燥机，主要由风机、加热装置、干燥管道、旋风分离器、自动控制装置和灭火系统等部分组成。风机产生的高压气流经空气过滤器过滤后由加热器加热进入干燥管道，施过胶的湿纤维从纤维喷入管喷入与热气流混合，并随气流边高速运行边干燥。干纤维从旋风分离器的转阀下料器排出。控制旁通管道上的电控风门的开度，来调节干燥管道内热空气的温度，使纤维干燥均匀一致。调节风机风口的导流叶片的风门，可调节干燥管道内的气流速度，即以调节纤维在干燥管道内预定的停留时间，以获得良好的干燥效果。

上海人造板机器厂制造的用于年产3万m³中密度纤维板生产线的气流式一级纤维干燥机的主要技术性能和工艺参数为：干燥能力4.3t/h；干燥管道总长98m，直径1.25m，气流速度21.5m/s；风机的风量26.4m³/s，风压4700Pa；旋风分离器的直径4.5m，高17m，干燥机进口温度170℃，出口温度约70~80℃；纤维含水率从60%降至5%~10%的时间不超过12s。

图5-71所示为气流式两级纤维干燥机，可用于国产1.5万t/a中密度纤维板生产线。该干燥系统利用宽带式砂光机产生的大量木粉尘为燃料，燃烧后产生的气体与空气混合作为干燥介质。经一级纤维干燥后，纤维的含水率从80%降到18%左右；经二级纤维干燥后，纤维的含水率由18%降到6%左右。

图5-72所示为节能型气流式两级纤维干燥机。湿纤维在此系统内由第二级干燥系统排出的废气进行第一级预干燥，

而第二级才用新鲜的热气。这种干燥机热能消耗少、热效率高，可显著减少干燥系统的着火机率，并结合回收系统，可减少废气中纤维和甲醛的含量。欧洲一些新投产的中密度纤维板生产线的纤维干燥机已采用这种方案。

喷气式纤维干燥机的结构与工作原理见5.11.2.4喷气式刨花干燥机。

5.12 施胶设备

施胶设备是将一定数量的胶黏剂均匀施加在单板或刨花板表面上的设备。它对成品板的质量和生产成本有着重要的影响。

5.12.1 单板施胶机

单板施胶的方法可分为干状施胶和液态施胶两大类。其中干状施胶又分为胶膜法和粉状法两种，而液态施胶又分为喷胶、淋胶、挤胶和接触式辊筒涂胶等几种。目前，在胶合板生产中接触式辊筒涂胶仍是单板主要的施胶方法。

5.12.1.1 单板施胶机的结构

图5-73所示为"Z"型排列的四辊涂胶机的结构，其主要由机架、上涂胶辊、下涂胶辊、上挤胶辊、下挤胶辊及调整机构、传动装置、清洗槽和供胶系统等组成。

上、下涂胶辊表面包覆两层硬质橡胶，并根据使用的胶种在其表面加工出一定形状和尺寸的沟槽。涂胶辊的一端装有链轮由电机驱动旋转，使单板通过上、下涂胶辊进行双面涂胶；另一端通过齿轮带动挤胶辊运动。挤胶辊的线速度低于涂胶辊的线速度，起到刮胶作用。调整挤胶辊和涂胶辊间的间隙可以控制涂胶量。上、下涂胶辊间的间隙根据单板厚度进行调整。

图5-74所示为我国研制的"C"型排列的四辊涂胶机。其基本结构与前述的相同，但与前述的涂胶机相比，具有结构紧凑，传动平稳，操作调整方便，不但适用于单板双面涂胶，而且也能用于单板贴面的单面涂胶等优点。

5.12.1.2 国产单板涂胶机的主要技术参数

单板涂胶机以最大加工宽度为主参数，其部分型号与技术参数如表5-66所示。

江西第三机床厂、信阳木工机械厂、牡丹江木工机床厂、上海人造板机器厂等单位生产单板涂胶机。

5.12.2 刨花拌胶机

刨花拌胶机按拌胶方法分有涂布法拌胶机、摩擦法拌胶机和喷雾法拌胶机；按拌胶过程分有连续式拌胶机和周期式拌胶机；按刨花在拌胶机内的流向分有卧式拌胶机和立式拌胶机，卧式拌胶机按刨花在拌胶机内的运动状态不同又可分为重力式拌胶机、抛料式拌胶机和环式拌胶机。

5.12.2.1 刨花拌胶机的结构

目前，国内外刨花板生产线上应用最为广泛的是环式拌胶机，其主要由机体、拌胶轴体、供胶装置、水冷却系统、传动系统和安全开关等部分组成，如图5-75所示。

拌胶轴体上装有拌胶桨叶，通过传动系统高速回转。进

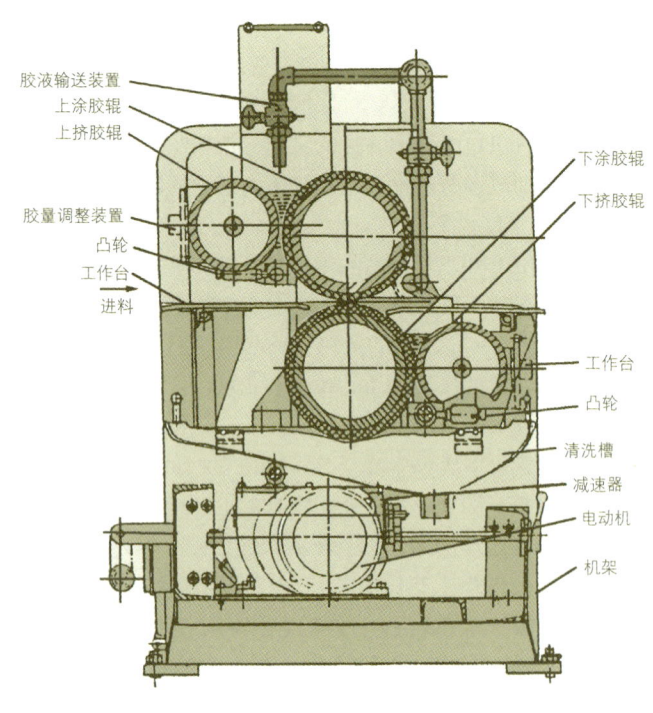

图5-73 "Z"型排列的四辊涂胶机

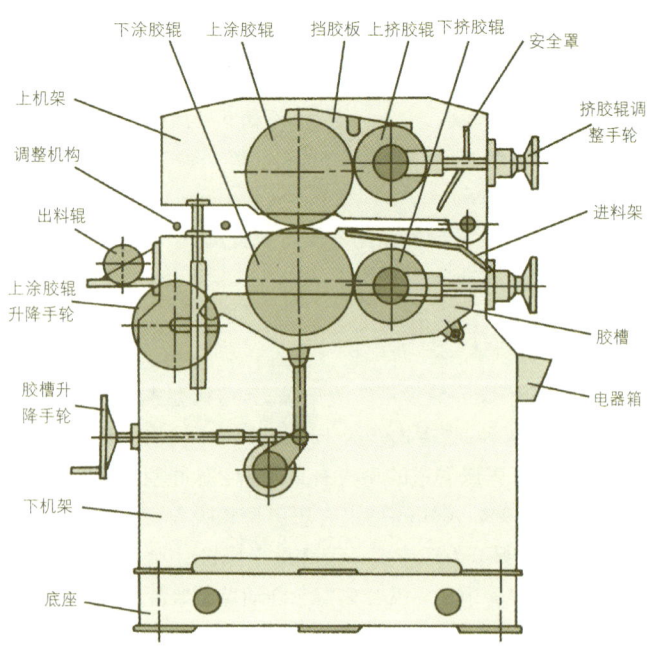

图5-74 "C"型排列的四辊涂胶机

表 5-66 国产单板涂胶机的部分型号与技术参数

项目	BS3213	BS3415	BS3415A	BS3420	BS3427	BS3427A	BS3428
涂胶辊直径（mm）	φ300	φ195	φ300	φ300	φ300	φ300	φ290
工作面长度(mm)	1330	1530	1500	2000	2700	2700	2836
上、下胶辊开放最大间距(mm)	70	70	60	70	70	70	—
进料速度(m/min)	30、61	26、51	41、64	26、51	26、51	41、64	16~28
机床总功率（kW）	0.85/1.5	0.85/1.5	2.5	1.5/2.4	1.5/2.4	2.5	5.5/3.7
净重（kg）	1300	1650	1305	2050	2550	1700	3255
外形尺寸（长×宽×高)(cm)	201×102×143	241×115×163	243×101×145	288×115×163	358×115×163	363×101×145	456×130×168

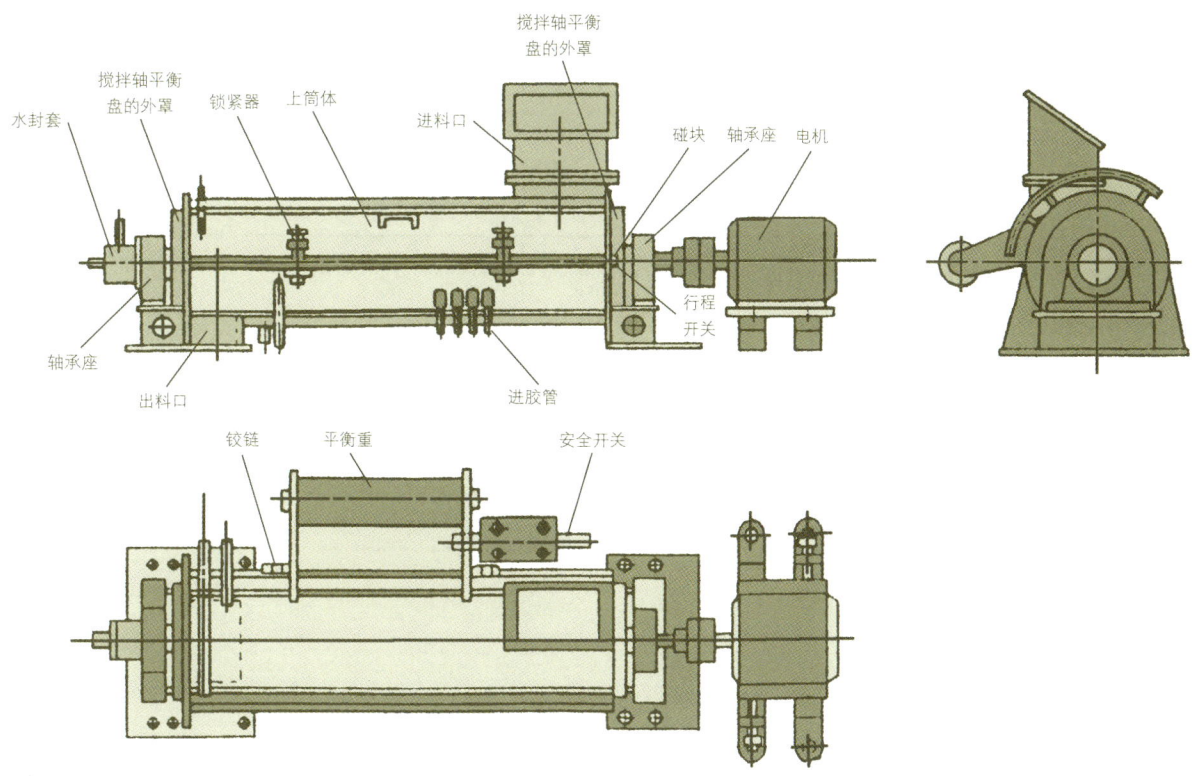

图 5-75 BS121 型环式拌胶机

入机体内的刨花由拌胶桨叶带动在机体内周形成环流并逐渐前移。胶黏剂通过进胶管（或甩胶管）从机体上（或轴体内）加入，均匀散布在刨花环流上，并通过刨花之间的摩擦进一步分布均匀。拌胶桨叶据轴向所处区段的不同，其倾斜角度、与机体内壁间的间隙也不同，确保刨花均匀施胶和进、出料。机体和轴体均为夹套式结构，内通循环冷却水冷却。

近年来，国内外又出现了一些较为先进的新型拌胶机，如锥鼓式拌胶机、高速双轴拌胶机和意大利PAL公司研制的新型环式拌胶机等，这些拌胶机在提高拌胶质量、节省胶料和减少刨花破损率方面有很大程度上的改进。

5.12.2.2 常见的故障与可能的原因

刨花拌胶机常见的故障和原因以及排除方法见表5-67。

5.12.2.3 国产刨花拌胶机的主要技术参数

刨花拌胶机以生产能力为主要技术参数，国产刨花拌胶机的部分型号与技术参数见下表5-68。

5.13 铺装成型机

铺装成型设备是将施过胶的刨花或纤维按规定的容重均匀地铺装成一定厚度和宽度的连续板坯的设备，是刨花板或纤维板生产线上的最重要设备之一。

铺装成型机按铺装产品的不同，有刨花铺装机和纤维成型机两大类。刨花铺装机据铺装板坯的结构不同，有单层结构板、多层结构板、渐变结构板和定向结构板等铺装机；据

表 5-67 拌胶机常见的故障与可能的原因（以环式拌胶机为例）

故障类型	故 障	排除方法
刨花供料方面的故障	1.刨花进料槽堵塞； 2.拌胶筒内刨花过量造成堵塞； 3.施胶效果不规则，刨花供料不连续； 4.由于漏水造成刨花过湿	1.调整进料段搅拌桨叶的倾斜角度和伸出量，使之有利于进料； 2.微小地调整全部搅拌桨叶与搅拌筒内壁的间隙，使刨花顺畅地流动； 3.调整刨花的供料量，使刨花的进料均匀连续； 4.更换冷却水O形密封圈
胶黏剂供料方面的故障	1.胶泵工作不正常造成施胶效果不规则； 2.因喷胶管组装置不当造成施胶区有残存胶黏剂； 3.供胶管道堵塞造成供胶故障	1.检修胶泵； 2.微小地调整喷胶管组的装配，或调整施胶段的搅拌桨叶； 3.疏通胶管，并用水或压缩空气冲洗、吹通
水冷却系统方面的故障	1.冷却水系统泄漏； 2.拌胶筒内壁有残存胶黏剂或胶结物	1.更换O形密封圈； 2.调节冷却水开关，保证足够的冷却水量

表 5-68 国产刨花拌胶机的部分型号与技术参数

型号	BS121	BS122	BS123	BS125A
拌胶能力（kg/h）	1200	200~1800	3000	1700~3000
拌胶轴转速（r/min）	1470	—	1470	—
冷却水用量（kg/h）	1500	1600	2500	—
电机功率（kW）	18.5	22	22	30
外形尺寸（长×宽×高）(mm)	2495×730×835	2090×1470×980	2794×810×935	—
质量（kg）	1000	1060	1200	1800

铺装头铺放型式的不同，有机械式、气流式和辊筛式等铺装机，其中气流式铺装机又有无管式和排管（风栅）式之分。纤维成型机据加工工艺的不同，有湿法（长网）成型机和干法成型机，后者又有机械式和气流式之分。

5.13.1 刨花铺装机

5.13.1.1 刨花铺装机的结构

机械式铺装机一般有两至四个铺装头组成，每个铺装头的结构基本相同，均有料仓、计量系统和铺放装置（铺装辊）等部分组成，如图5-76所示。为确保均衡铺装，计量系统通常采用一次体积计量—质量计量—二次体积计量的综合计量办法。计量后的刨花由铺装辊铺放。

气流式刨花铺装机常用的是排管式气流铺装机，主要由水平计量料仓和气流分选铺装室两大部分组成，如图5-77所示。水平计量料仓主要起缓冲作用，并对出料的刨花进行体积—质量综合计量。对称布置的风栅对下落的刨花吹散并进行分选，使其均匀地铺放在成型带上，形成对称的渐变结构板。排管式气流铺装机铺装的板坯表层比较细腻，结构比较

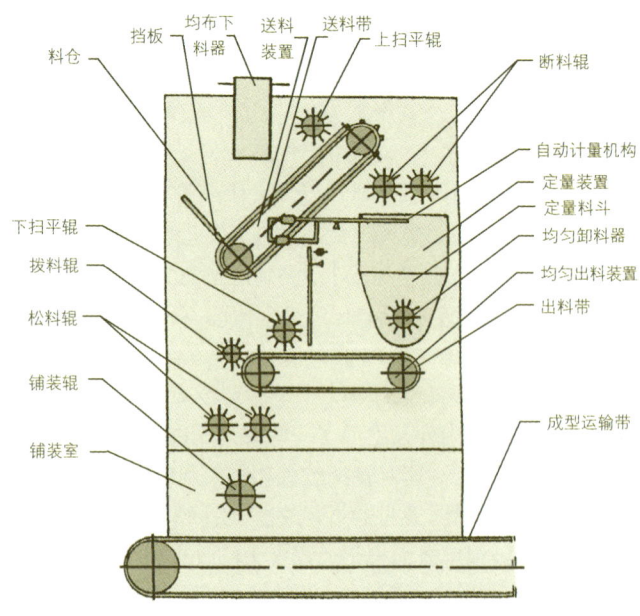

图 5-76 BP3213型铺装机表层铺装头结构

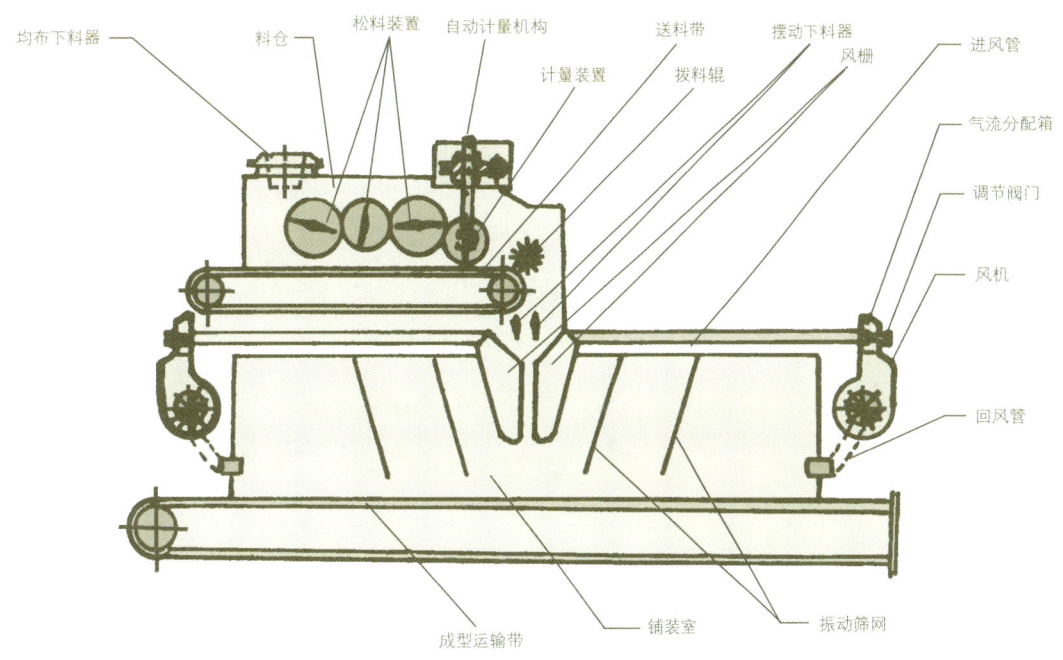

图 5-77 排管式气流铺装机

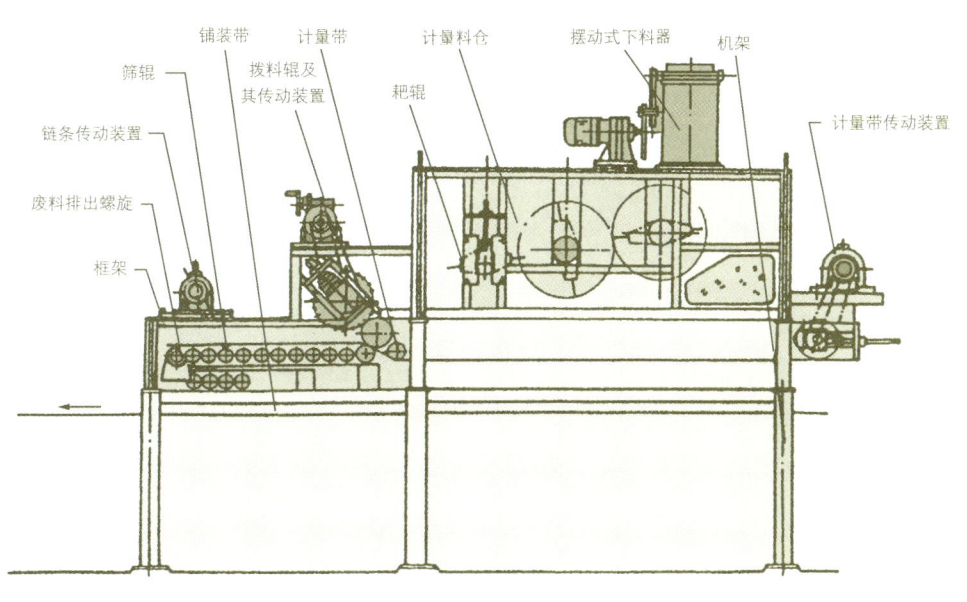

图 5-78 辊筛式铺装机

均匀，但动力消耗大，需昂贵的过滤系统控制粉尘的外扬，而且工艺上控制和调整比较困难。它是目前用得比较普遍的一种铺装机。

辊筛式铺装机是最新研制的刨花铺装机，主要由计量料仓、辊筛式铺装头和真空系统等部分组成（图 5-78）。它利用辊筒式筛选机分选物料的基本原理，铺装时对刨花进行精确分选，使得细小刨花在头部辊间间隙较小处就落下，而较大的刨花至末端辊间间隙较大处再落下，过大的刨花和胶团被分离出来后排除，因此铺装出的板坯表层光滑、均匀性好。另外，真空系统既确保细小刨花有效地铺撒在板坯的表面，又可将铺装室的粉尘吸走，有效地防止粉尘的外扬。这种铺装机目前在国内外逐渐被广泛采用。

5.13.1.2 常见的故障与可能的原因

刨花铺装机常见的故障和原因以及排除方法见表 5-69、表 5-70。

表 5-69 机械式铺装机常见的故障和可能的原因（以 BP3213B、P31113 型为例）

故障	可能的原因	排除方法
板坯纵向凹凸不平	1.下扫平辊针刺间缠绕了棉纱等物； 2.下扫平辊尼龙刺折断； 3.下扫平辊带料严重； 4.铺装辊上方的导流板凹凸不平，刨花经拨料辊下来碰在导流板上的反射角度不一致	1.清理缠绕物； 2.修理下扫平辊； 3.调整下扫平辊高度或检查信号板灵敏度，使扫平辊处的刨花堆减小； 4.修理导流板，调整导流板或拨料辊的位置、角度
板坯纵向出现规则波纹状	1.铺装辊端面与侧板间的间隙被刨花堵塞； 2.下扫平辊严重带料	1.清除铺装辊与侧板间隙中的刨花并张紧传动皮带； 2.调整下扫平辊高度和信号板
板坯表面有粗刨花	1.铺装辊上方的导流板角度不对； 2.缓冲料仓与出料带的密封不好； 3.铺装辊尼龙刺折断	1.调整导流板的角度； 2.采取相应措施加强其密封性能； 3.修理铺装辊筒
自动秤开关不灵	1.机械故障； 2.气路中的油雾器不良或气水分离器工作不正常；压缩空气水分过高，造成换向阀阀芯锈蚀而导致卡死或动作失灵	1.检查并消除之； 2.修理有关元件并使压缩空气中含油适中
自动秤重不准确	1.秤斗与外部零件相碰； 2.刀刃、刀承接触不良； 3.秤门开启量过小，秤斗内刨花未能卸完	1.采取相应措施排除； 2.采取相应措施修理或更换之； 3.清除秤门、秤斗中的刨花

表 5-70 气流式铺装成型机常见的故障与可能的原因（以排管式气流铺装机为例）

故障	可能的原因	排除方法
横向分配螺旋不工作	1.电机不工作，链条断开或滑脱； 2.螺旋槽底不移动；电机或传动系统故障；螺旋槽滑道堵塞	1.检查电气，修理更换或张紧链条； 2.检查电机线路，修复传动系统；清理滑道
供料中断	供料设备出现故障	检查供料设备并清除之
料仓空（空仓灯亮）	料位计可能出现故障或灵敏度降低	空仓灯亮，自动停止铺装，如料仓仍有料，应检查料位计并提高其灵敏度
满仓	1.料位计失灵； 2.出料带因驱动部分故障或本身滑脱而不工作	1.供料应自动停止，检查料位计； 2.检查并修复之
板坯断裂或破裂	1.料仓出料不均匀； 2.卸料辊因传动部分故障或辊刺折断或折断而不转； 3.清扫刺辊因传动故障或出料带积污太多而不转	1.调高计量耙，清理堵塞物或侧壁上的粘附物； 2.检查或修理传动部分，修复卸料辊筒； 3.检查修复传动部分，检查修理刺辊和出料带
出料带跑偏或滑脱	出料带与传动辊间夹进杂物	放松出料带，清理辊筒表面后张紧出料带
料位计不反应或部分不起作用	料位计和观察窗口堵塞，灵敏度下降或损坏，电气故障	清理料位计和观察窗口，调整灵敏度，检查电气，更换损坏的元件
耙运转不稳定	传动链条太松、滑脱或损坏	检查并修理传动部分。更换链条时要注意保持耙的正确位置，以免互相相碰
摆动下料器不动作	1.电机不工作； 2.传动链滑脱或断了； 3.偏心轮或连杆损坏； 4.调节法兰螺钉松动	1.检查修复电气； 2.张紧或修复链条； 3.修理或更换之； 4.调节并重新紧固
风机不能启动	1.电机不工作； 2.三角皮带损坏	1.检查并修复电气； 2.修理更换皮带

5.13.1.3 刨花铺装机的精度检测标准

据GB5052-85,刨花铺装机的几何精度和工作精度应符合表5-71、表5-72、表5-73中的规定。

5.13.1.4 国产刨花铺装机的规格尺寸

刨花铺装机以铺装宽度为主参数,生产能力为第二主参数,据GB5051-85,刨花铺装机的规格尺寸如表5-74、表5-75。

5.13.2 纤维铺装成型机

5.13.2.1 纤维铺装机的结构

多辊式铺装机是目前中小型中密度生产线上常用的一种机械式铺装机,它由计量料仓、成型室和扫平装置等部分组成,如图5-79所示。成型头为10个不同方向旋转(右侧5个顺时针旋转,左侧5个逆时针旋转)的铺装辊。从料仓排料口散落下的纤维落到成型头的中间,由铺装辊纤维前、后抛散洒落在成型带上进行铺装。铺装的板坯无分选能力。这种成型机结构简单,铺装长度大,铺装角小,成型质量和生产能力比以往的机械式铺装机要高。

脉冲式真空气流成型机是目前中密度纤维板生产中应用较广泛的一种真空气流成型机,它由成型头、扫平装置、成型网带及其传动系统、真空系统、机架和自动控制系统等部分组成,如图5-80所示。该机的特点是在成型室两侧设有脉

表5-71 机械式刨花铺装机几何精度

序号	检验项目	精度
1	铺装辊轴线对出料带传动辊轴线在水平和垂直方向的平行度	1000:1
2	上扫平辊轴线对送料带传动辊轴线在水平和垂直方向的平行度	1000:1
3	下扫平辊轴线对出料带传动辊轴线在水平和垂直方向的平行度	1000:1
4	铺装辊轴线对铺装室内壁纵向中心线的垂直度	1000:2
5	铺装辊轴线对成型运输带托板平面的平行度	1000:2

表5-72 气流式刨花铺装机几何精度

序号	检验项目	精度
1	拨料辊轴线对送料带传动轴轴线在水平和垂直方向的平行度	1000:2
2	风栅口对称平面平行度	2
3	风栅口平行间隔差	2
4	风栅口平面对成型运输带托板平面的垂直度	1000:2

表5-73 刨花铺装机的工作精度

序号	检验项目	公差
1	横向均匀度公差	±5%
2	纵向均匀度公差	±4%
3	表面平整度公差	10%

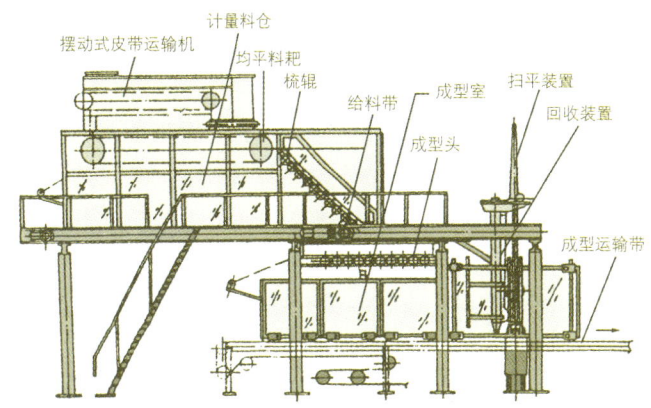

图5-79 多辊式铺装机

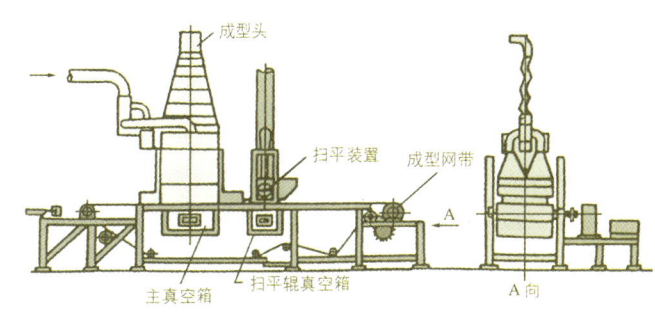

图5-80 脉冲式真空气流成型机

表5-74 刨花铺装机铺装宽度

刨花板幅面尺寸		915	1000	1220	1830	2000	2135	2440
铺装宽度	第一系列	945	1030	1250	1860	(2030)	(2165)	2470
	第二系列	965	1050	1270	1880	(2050)	(2185)	2490

表5-75 刨花铺装机生产能力

序号	1	2	3	4	5	6
生产能力(m³)	18	27	36	55	110	180

注:生产能力的计算,按刨花板的厚度为19mm,每天工作三班(22h)计

冲气流箱,使从"之"字形布料器下落的纤维在成型室内形成振幅逐渐扩大的正弦波形,均匀地撒在成型网带上。两侧脉冲气流的大小可据板坯宽度上的厚度均匀性调整。这种成型机铺撒的纤维量大,生产率高;成型后的板坯密实,成型质量好。

国产的真空气流成型机,通过气流摆嘴在成型宽度上左右摆动,使纤维均匀地铺撒在成型带上进行成型。

5.13.2.2 常见的故障与可能的原因

纤维板铺装机常见的故障和原因见表5-76。

表5-76 纤维铺装机常见的故障与可能的原因

常见的故障	可能的原因
板坯纤维不足	1.料仓中的料位是否过低; 2.料仓排料机构的排料速度是否过慢; 3.均平辊高度不合适
纤维流量过大,刷平辊刮出的纤维量大	纤维料仓的排料速度过快
板坯表面不平整,板坯一侧高于另一侧	1.脉冲式真空气流式的成型机调整总阀和平衡阀的开启度 2.气流摆嘴式真空气流式的成型机的摆嘴行程不合适
板坯刷平后的表面上有抛出的纤维	1.刷平辊的纤维吸口形成木塞; 2.气流输送系统有堵塞; 3.纤维的含水率过高
板坯表面形成纵向的条纹	刷平辊针刺折断或堵塞
刷平辊振动	1.刷平辊弯曲变形 2.刷平辊轴承紧固螺栓松动或轴承损坏

5.14 人造板热压机

人造板热压机是人造板生产中的关键设备,其生产能力和技术性能直接制约或影响到企业的生产规模及产品质量。

人造板压机的种类较多,按压机的工作方式,可分为周期式压机和连续式压机。周期式压机按其层数又有单层压机和多层压机之分;连续式压机按其结构形式也有连续平压式压机和连续辊压式压机之分。

按压制产品的种类,可分为胶合板压机、纤维板压机、刨花板压机、装饰板(塑料贴面板、覆贴板等)压机等。

按压制产品的形状可分为普通平压机和成型压机。

按加工工艺的不同,可分为预压机、冷压机、热压机等。

按压机机架的结构型式,可分为柱式、框式和箱式压机。

按压板板面单位压力的大小,可分为低压、中压和高压压机。

按压机的压板幅面和总压力的大小,可分为大、中、小型压机。

5.14.1 人造板热压机的结构

多层热压机成套设备由装、卸板系统和压机主机组成。压机主机主要由机架,上、下顶板,热压板,加压油缸及液压系统,蒸气管道及加热系统,同时闭合机构、平衡机构等部分组成,如图5-81所示。多层压机通常加压油缸设在压机的下侧,为上顶式结构,热压周期一结束,加压油缸放油,压机便张开。

单层压机板坯的装卸由钢带或网带进行。加压油缸通常设在压机的上侧,为下顶式结构。压机需另设有提升缸,使

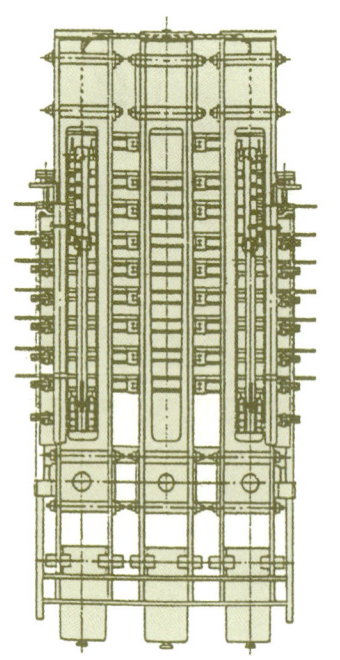 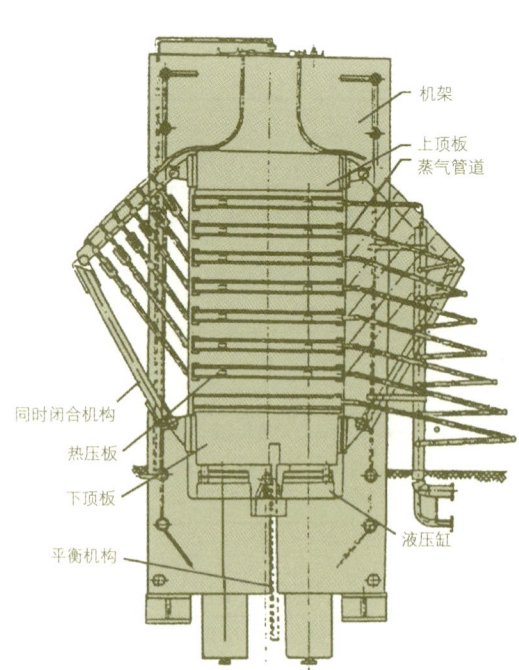

图5-81 多层热压机

其张开，如图5-82所示。单层热压机与多层压机相比，压出板子的质量较好、裁边损失小、总体设施较为简单，因此，得到了越来越广泛的应用。

平压连续式热压机设有上、下钢带，工作时拖动板坯连续通过压机，如图5-83、图5-84所示。加压油缸有的设在压机的上侧，有的设在压机的下侧，也有的压机上下侧均设有加压油缸。通过改变压机全长上的油缸分布或油压的大小来调整板坯在一热压周期内所受的压力的变化。钢

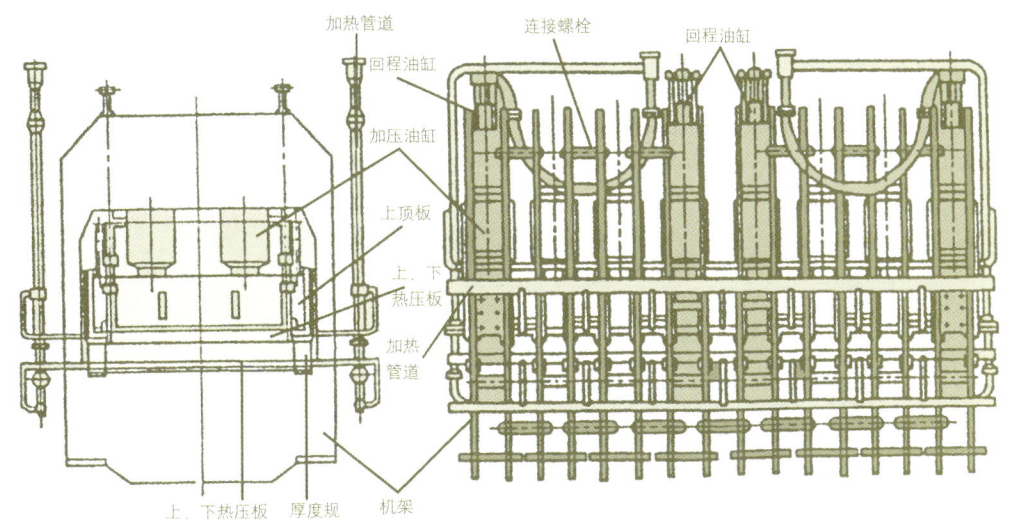

图 5-82 BY168×24 型单层热压机

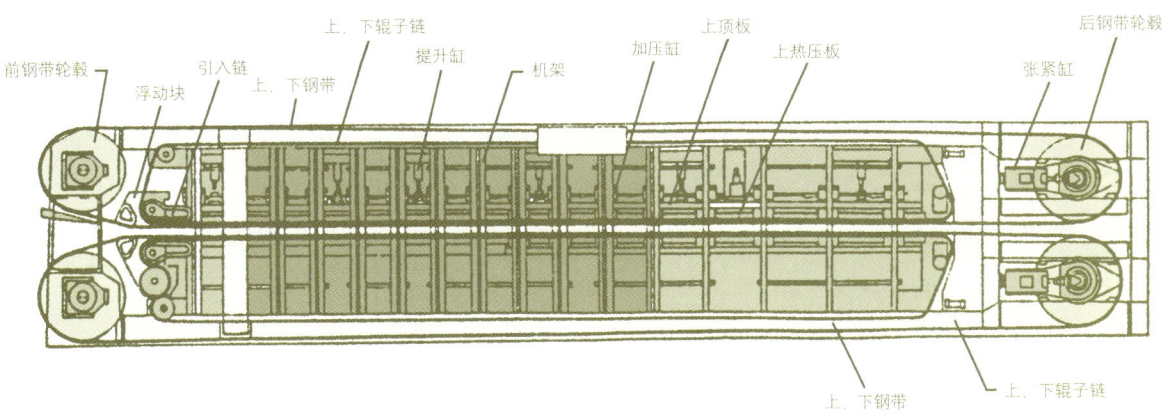

图 5-83 Contiroll 连续式热压机

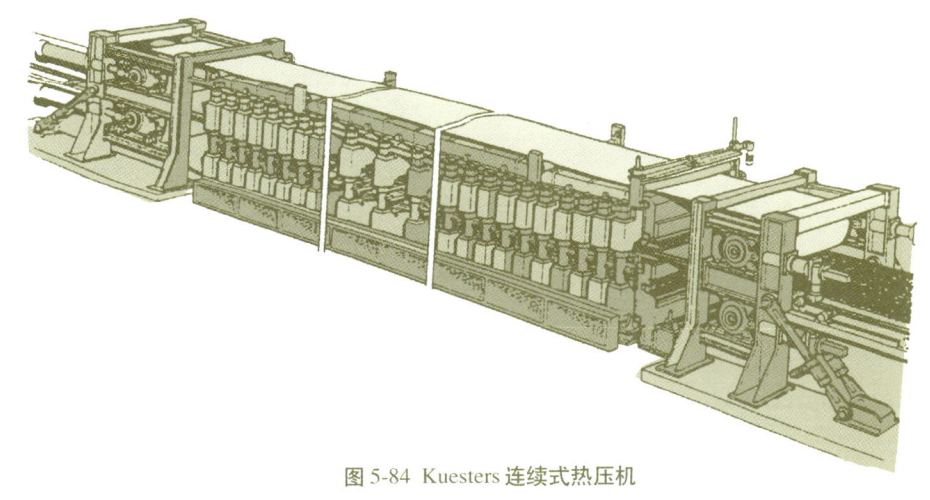

图 5-84 Kuesters 连续式热压机

带与热压板之间通过加设辊子链或润滑油来减少摩擦和钢带的拖动阻力。

因生产的产品质量好、规格多，生产率高，原材料消耗率低，节电、省热，连续化、自动化程度高等优点，故平压连续式热压机被越来越广泛的采用，成为人造板企业先进性的标志。但平压连续式热压机价格昂贵，零、部件的制造精度及安装都要求很高，保养、维修也比较困难。

辊压连续式热压机（图5-85）主要用于生产2～12mm的刨花板或中密度纤维板的薄板。

5.14.2 常见的故障与可能的原因

热压机常见的故障与可能的原因以及排除方法见表5-77。

5.14.3 热压机的精度检测标准

据GB5856-86，热压机的工作精度和几何精度应符合表5-78、表5-79中的规定。

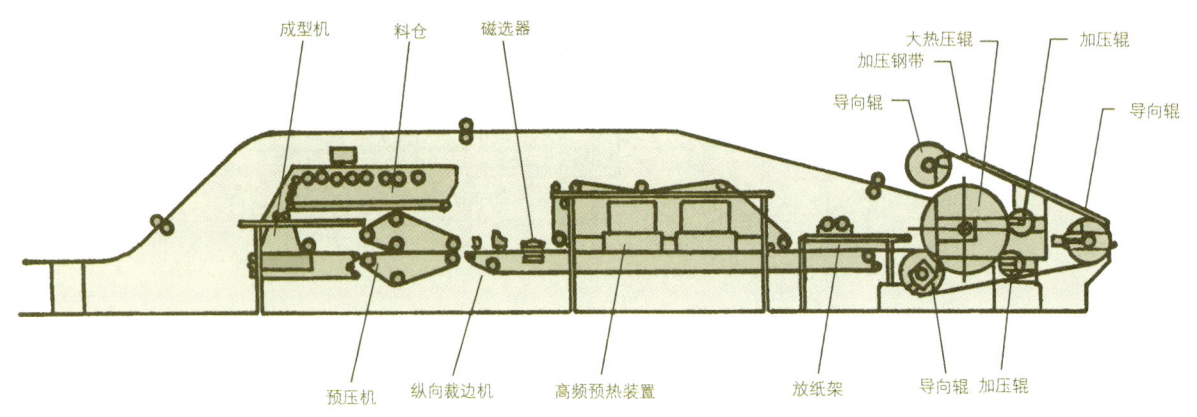

图5-85 辊压连续式热压生产线

表5-77 热压机常见的故障与可能的原因（以间隙式压机为例）

故障	可能的原因	排除方法
各种管道的法兰漏油	1.法兰固定螺栓松动； 2.密封垫损坏	1.紧固螺栓； 2.更换垫片
无缝钢管焊接处漏油	焊接有砂眼和气孔	焊接泄露处
热压机不能按预定速度闭合	1.总阀失灵，引起自动回油； 2.低压泵不送油；蓄压器送油阀未打开或气压太低； 3.管路破裂或接头脱开； 单层热压机： 4.高位水箱里的水位太低； 5.预充阀不能打开	1.检查总阀回油情况，进行检修； 2.检查低压泵，蓄压器阀门和气压，进行检修； 3.检查管路，进行检修； 4.水箱里增添乳化液，到溢流口流液为止； 5.找出预充阀打不开的原因
工作缸漏油	1.密封圈密封不严或损坏； 2.活塞表面腐蚀，特别是在密封圈部位	1.调整或更换密封圈； 2.检查活塞表面，腐蚀严重的要更换
热压机不能达到预定的高压	1.总阀、高压单向阀或管路单向阀密封不严，产生漏油； 2.高压泵失灵，压力上不去； 3.高压安全阀弹簧压力低，自动回油； 4.管道漏油； 单层热压机： 5.预充阀没有打开； 6.压力油进口的换向阀 S_1、S_2 没打开或压力油出口的换向阀 S_3、S_4 没有闭合； 7.大闸阀没有打开； 8.流量调节阀 D_1、D_2 没有打开	1.检查各阀门，进行检修； 2.检查高压泵的活塞与阀门； 3.检查高压安全阀，调整压力； 4.检查管路，进行检修； 5.找出没有关闭的原因； 6.检查换向阀 S_1、S_2 或 S_3、S_4 以及控制它们的先导阀； 7.打开闸阀； 8.调整 D_1、D_2 到合适的升压速度

表 5-77（续）

故障	可能的原因	排除方法
不能在预定的时间内保持一定范围内的压力	1.高压泵失灵，压力上不去； 2.油缸密封圈漏油； 3.活塞（中空的）或油缸有砂眼，渗漏油液；单层热压机； 4.换向阀泄漏； 5.预充阀泄漏	1.进行检修； 2.调整或更换密封圈，检查活塞表面腐蚀情况和压环是否压紧； 3.检查活塞（中空的）的上端是否渗漏出来油，检查油缸外面是否有渗漏，进行修补或更换； 4.先导阀关闭是否灵活，换向阀阀口是否保压； 5.检查预充阀
升压较慢或上升时间歇跳动	1.油缸内有空气； 2.低压或高压泵吸入空气； 3.蓄压器气压不足或存气量不足	1.打开油缸的放气螺栓，放出油缸内空气； 2.检查油泵的吸油情况，加以纠正； 3.检查蓄压器的气压和存气量
几个油缸柱塞上升不一致	1.上升迟缓的活塞的密封圈压得太紧； 2.密封圈的尺寸不对单层热压机； 3.气控单向阀失灵； 4.等量缸有泄漏	1.松开该活塞的密封圈压环； 2.更换尺寸不对的密封圈； 3.检查气控单向阀； 4.检查等量缸
压板不能上，也不能下	1.油缸活塞粘坏了； 2.油缸（或提升缸）中压力不合适	1.修理缸和活塞； 2.调整缸内压力
热压板温度达不到预定值	1.热压板内积水； 2.热压板蒸气管道堵塞	1.检查蒸气疏水阀，排出冷凝水； 2.检查温度上不去的热压板

表 5-78 热压机的工作精度

序号	检验项目	0级	1级	2级	3级
1	加压厚度均匀度公差(mm)	0.04+(0.10/1000)L_2	0.05+(0.15/1000)L_2	0.06+(0.20/1000)L_2	0.06+(0.30/1000)L_2

注：条状人造板厚度差应不大于0.1mm，若加压后铅条厚度最大差大于加压前条状人造板厚度最大差，按表中公差要求，若小于则为合格（L_2为热压板长度）

表 5-79 热压机的几何精度

序号	检验项目	0级	1级	2级	3级
1	热压板的平面度公差(mm)	0.02+(0.03/1000)L	0.03+(0.04/1000)L	0.05+(0.05/1000)L	0.05+(0.07/1000)L
2	热压板的平行度公差(mm)	0.03+(0.03/1000)L	0.03+(0.05/1000)L	0.05+(0.06/1000)L	0.05+(0.08/1000)Z
3	热压板表面温度的均匀度公差(℃)	2	3	3	5
4	各热压板表面温度的均匀度公差(℃)	3	5	5	7
5	热压板的表面粗糙度Ra(μm)	3.2	3.2	3.2	6.3
6	各热压板间的开度均匀度公差(mm)	2	2	2	2
	带有同时闭合机构的热压机，热压板处于任意位置时的开度均匀度公差(mm)	3	3	4	4
7	活动横梁台面的平面度公差(mm)	0.02+(0.03/1000)L	0.03+(0.04/1000)L	0.05+(0.05/1000)L	0.05+(0.07/1000)L
8	固定横梁台面的平面度公差(mm)	0.02+(0.03/1000)L	0.03+(0.04/1000)L	0.05+(0.05/1000)L	0.05+(0.07/1000)L
9	活动横梁台面对固定横梁台面的平行度公差(mm)	0.5+(0.50/1000)L	1+(0.50/1000)L	1+(0.80/1000)L	1+(1.00/1000)L
10	活动横梁的运动轨迹对固定横梁台面的垂直度公差(mm)	1+(0.05/100)L	1+(0.08/100)L	1.5+(0.80/100)L	2+(0.08/100)L
11	立柱对柱塞缸上平面的垂直度公差(mm)	1000：0.20	1000：0.20	1000：0.20	1000：0.20

注：L为实际测量长度

5.14.4 热压机的主要技术参数

据GB1571-88,国产多层热压机的主要技术参数如表5-80。国产刨花板单层热压机的主要技术参数如表5-81。部分连续式热压机的主要技术参数如表5-82。

表5-80 国产多层热压机的主要技术参数

类型		热压板尺寸(mm)		总压力(MN)	层数
		长度	宽度		
纤维板热压机	湿法 1	2250	1150	12.5	
	2	2650		20	
	3	3250	1360	25	10、15、20、25
	4	5150		40	
	5	5700		42.5	
	干法 6	2720	1400	26.5	10、15
	7	2720		12.5	
	中密度 8	4000	1650	20	6、8、10、12、14
	9	5300		25	
刨花板热压机	10	2650	1500	12.5	5、(7)、10、15
	11	2100	1370	5	
胶合板热压机	12	2400	1070	4.5	5、(7)、10、15、20、25、30、40、50
	13	2700	1370	6.7	
塑料贴面板、绝缘材料板、玻璃钢板热压机	14	2240	1120	20	5、10、15、20
	15	2650	1360	30	
贴面热压机	16	2650	1360	1.4、10	5、10、15

注:胶合板热压机参数只适用于生产普通胶合板

表5-81 国产刨花板单层热压机的主要技术参数

热压板尺寸(mm)			总压力(MN)	面压(MPa)
长度	宽度	厚度		
12395	2610	(90)	107	
7495			64.5	
7500			33	(3.5)
5000	1400	(80~90)	22	
2650			11	

表5-82 部分连续式热压机的主要技术参数

序号	参数	压机型号		
		Kuesters	Contiroll	Hydro-Dyn
1	生产规模(m³/a)	50000	100000	100000
2	产品	MDF	MDF	MDF
3	加热时间(s/mm)	10	11.5	11
4	板材规格①(b × h,mm)	2457 × 3~32	2600 × 3~35	2490 × 3~30
5	热压板(l × h,mm)	12574 × 62	23000 × 95	23390 ×
6	各压力区段压力(MPa)	5、3.5、2.5	5、4、3、2、1.5	4.0、2.5、1.5
7	钢带运行速度(m/min)	1.0~36	1.8~36	3~4
8	钢带最大开度(mm)		100	

表 5-82(续)

序号	参数	压机型号		
		Kuesters	Contiroll	Hydro-Dyn
9	热压板温度(℃)	220	225	200
10	加热回路(段)	3	6	
11	驱动辊直径(mm)	1640	2250	
12	辊子链辊子直径(mm)	12.4	18	油膜
13	钢带厚度(mm)	2	2.2	2
14	钢带长度(mm)	39500	67000	61000
15	系统压力(MPa)	30	30	30
16	机架单元（付）	30	23	
17	油缸数（付）	210	115	
18	热耗量(kJ/m³)	5.65×10^5	5.02×10^5	5.86×10^5
19	电机容量(kW)	450	745	750
21	冷却水耗量(l/h,25℃)	5000		
22	润滑油耗量[2](l/h)	20	24	
23	抽除废气量(m³/h)	$5 \times 10^4 \sim 1 \times 10^5$	3×10^4	
24	总质量(t)	400		700
25	总体尺寸($l \times b \times h$,mm)	$28520 \times 7300 \times 6000$		
26	总压力(kN)	~91700	~182000	

注：[1]板材长度不限；[2]辊子链用润滑油

5.15 宽带式砂光机

宽带式砂光机是指砂带宽度大于600mm以上的带式砂光机，用于人造板、板式家具零件等大幅面板子的表面砂光，以提高板子的厚度精度和（或）表面光洁度。

宽带式砂光机的砂架，有辊式砂架、压带式砂架和组合式砂架三种形式，如图5-86。将砂架按不同的方式进行配置，可组合成不同形式的宽带式砂光机，以满足不同砂削工艺的要求。图5-87所示为几种典型的砂架配置形式。

宽带式砂光机有单面砂和双面砂两种形式。单面砂光机又有上砂式和下砂式之分。通常，上砂式单面砂光机用于胶合板或板式家具零部件的表面光整磨削，或与下砂式单面砂光机组合成一条双面砂光生产线。单独的下砂式单面砂光机一般用于塑料贴面板的背面砂光。双面砂光机一般用于刨花板或中密度纤维板的定厚砂削和表面光整。

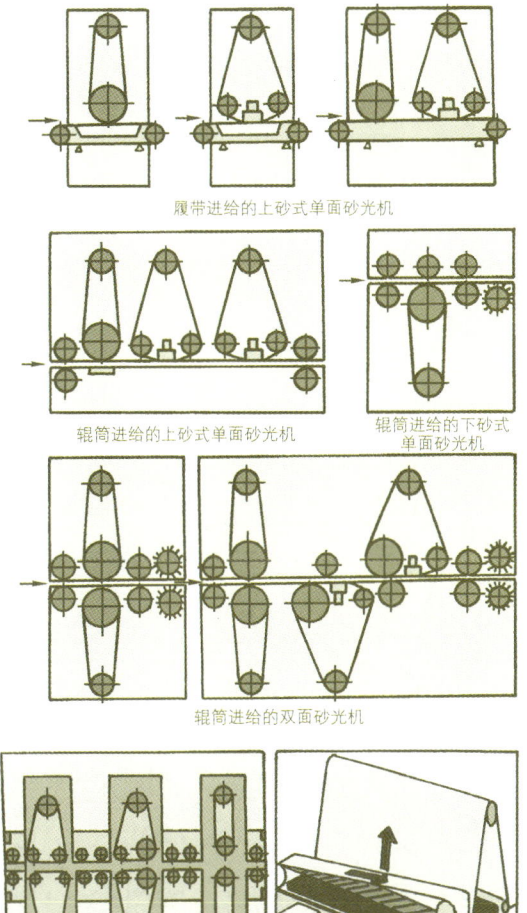

图 5-87 几种典型的砂架配置形式

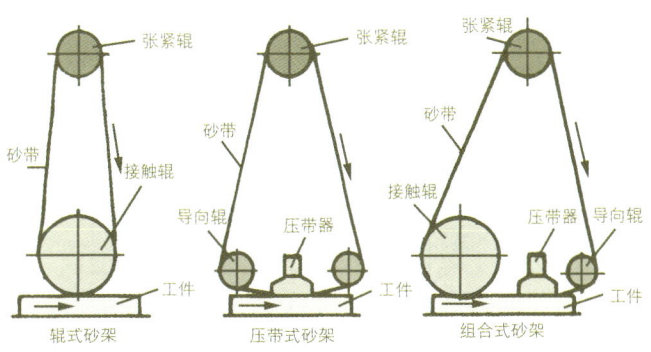

图 5-86 宽带式砂光机砂架形式

双面砂光机的上下砂架有对置式布置的和偏置式布置的。辊式砂架一般按对置式布置，以防止砂削时的板材变形，有利于实现对称砂削，保证板子的厚度精度。压带式砂架或组合式砂架有采用对置式的，也有采用偏置式的。偏置式的布置有利于板面的散热，并可满足板件上下表面不同砂削量的要求；对置式的布置可减小机床的结构尺寸。

宽带式砂光机的进给机构有辊筒进给的和履带进给的。除上砂式单面砂光机有采用履带进给的以外，其他一般采用辊筒进给。

纵横交叉布置的砂架，它可使有横向木纹、纵向木纹或年轮之间有明显硬度差的工件均能获得均匀的表面砂削精度。

在考虑砂光机选型时，除了注意不同砂削板材的特点外，还应注意砂光工艺所应遵循的规则。

(1) 前后砂光之间的砂带粒度级差不应超过两级，否则前道砂光的痕迹很难被后道彻底清除。

(2) 在粗、精砂光的余量分配上，为保证精砂的板面光洁度，粗砂应首先削除80%的总砂量。

(3) 受砂粒容屑空间的限制，砂光量大小应与砂带粒度相适应，不应以细粒度的砂带去作大余量砂光，否则将使砂带堵塞从而严重影响砂带的使用寿命。美国Kimwood公司所提供的资料表明，在相同的进给速度下，80目砂带砂光深度仅为40目砂带的1/4。另一方面对相同粒度的砂带，进给速度提高1倍，砂光深度则减小一半。

(4) 以接触辊为主进行砂光时，由于砂带和工件的接触面积小，故砂削能力大，适用于以去除余量为主的定厚砂光。以压带器（或称磨垫）为主进行砂光时，由于砂带和工件的接触面积大，仅适用于以提高表面砂光质量为主的精细砂光，砂削深度以不超过0.15mm为宜。这两种砂光部件必须相辅相成，不可偏废。

5.15.1 宽带式砂光机的结构

宽带式砂光机主要由机架、砂架、进给机构、控制机构、传动机构及除尘装置等部分组成。

图5-88所示为BSG2713Q型双面宽带式砂光机。被砂削的工件经限板装置由上、下输送辊送入。对置式布置的上、下辊式砂架首先同时对工件的两面定厚粗砂，然后依次通过偏置式布置的组合式砂架，完成工件两面的精砂或联合砂光。最后通过出料端的一对清扫辊清除工件表面的残余粉尘。砂削或清扫下的木粉由设在砂架或清扫辊侧边的强力吸尘口吸除。砂带在作主运动的同时还由摆动气缸控制其沿轴向左右窜动，以提高砂削表面的质量，并防止砂带的跑偏。上、下砂架横梁内侧的两端设有张紧气囊，下砂架横梁外侧的两端还设有放松气囊，控制张紧气囊和放松气囊的充排气，可使张紧辊张紧或放松（也有的砂光机采用气缸来张紧或放松张紧辊），实现砂带的更换。

上、下机架的开距可根据砂削工件的厚度和砂削量调整。调整时，机床四个角上的油缸抬起上机架，然后将厚度调整尺拉到所需规格，降下上机架即可。

履带进给的上砂式单面砂光机，工作台和前压力规尺有固定和浮动两种状态，可根据不同的砂削工艺来调整：当作定厚砂削时，工作台固定，前压力规尺浮动；当作表面磨光时，工作台调成浮动，前压力规尺固定。

辊筒进给的上砂式单面砂光机，工作台一般不能浮动。表面砂光用的这种形式的砂光机，为了保证工件表面的磨光质量，在工作台内与接触辊和压带器所对应的位置上，分别装有如气压分段底垫和分段板形底垫的弹性机构，并将压带

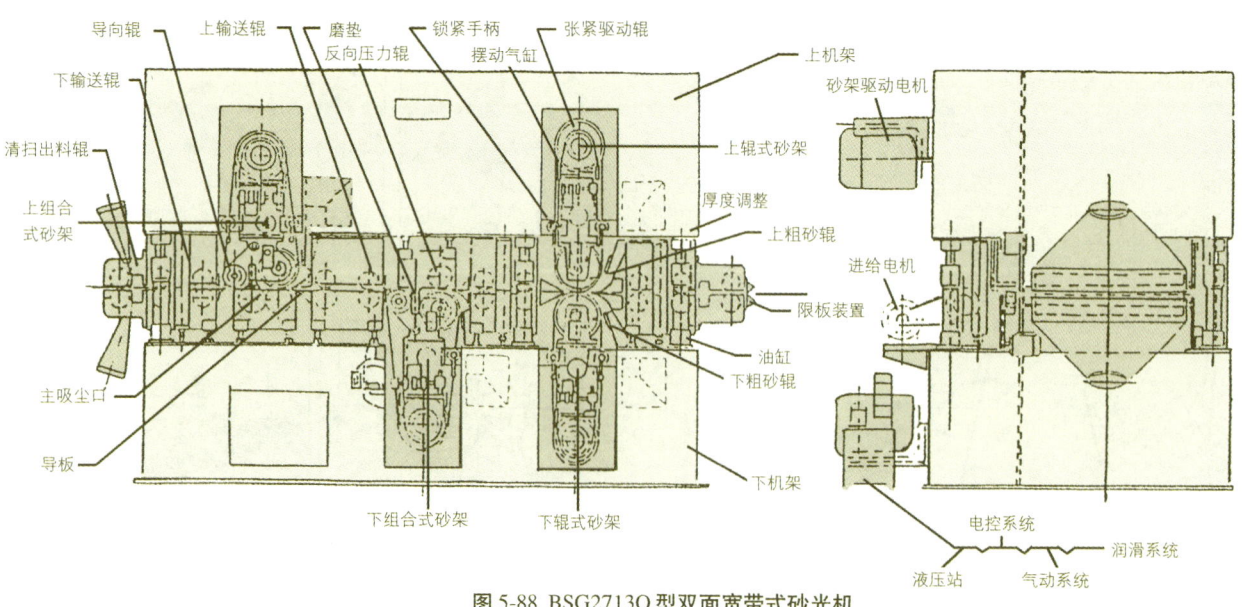

图5-88 BSG2713Q型双面宽带式砂光机

器制成具有弹性的结构,以消除工件厚度不均对砂削压力的影响,确保工件表面各处均匀磨削,提高表面质量。

上砂式单面砂光机,一般通过调节工作台的高度来满足工件不同厚度的要求。

5.15.2 常见的故障与可能的原因

宽带式砂光机常见的故障和原因及排除方法见表5-83。

5.15.3 宽带式砂光机的精度检测标准

据GB6203-86,宽带式砂光机的几何精度和工作精度应符合表5-84、表5-85中的规定。

5.15.4 国产宽带式砂光机的主要技术参数

宽带式砂光机以最大加工宽度为主参数,其系列为:

表5-83 宽带式砂光机常见的故障及可能的原因

故障	可能的原因	排除方法
砂带超出正常的窜动行程	窜动气缸行程调节不当或联接件松动	调节窜动气缸行程或紧固松动件
机器停转	砂带超出正常的窜动行程	调节窜动气缸行程
工件进给时快时慢速度不均	1.进料压紧辊筒的压力不足或位置不当; 2.传动件磨损或松动	1.调整压紧辊筒的压力或位置; 2.修复或紧固传动件
工件宽度方向上厚度不均匀（呈楔形）	1.接触辊下母线或压带器工作面与进给履带工作面与进给履带工作面不平行; 2.上、下砂架平行度超差	1.测量和调整接触辊下母线或压带器工作面与进给履带工作面的平行度; 2.测量和调整上、下砂架的平行度
工件表面出现横向波纹	1.压力规尺、导向板位置不当; 2.进给传动链的张紧装置松动	1.调整压力规尺、导向板的位置; 2.调紧张紧装置
工件某一部位突然变厚或变薄	进给履带与工作台之间木粉积聚过多	清除木粉并检查除尘系统的效果
工件某一部位经常地过厚或过薄	进给履带或进给辊筒局部严重磨损	检查并修复磨损处
工件表面产生周期性波纹	张紧辊或驱动辊磨损不平衡,运转振动大	分别检测每个辊子的振动情况并予以排除
工件表面突然产生周期性波纹	某个辊子受到意外损伤或轴承损坏	修复损伤的辊子或更换轴承

表5-84 宽带式砂光机的几何精度

序号	检验项目		公差 (mm) 最大加工宽度	
			≤1000	>1000
1		接触辊、驱动辊、张紧辊、导辊、承压辊	0.03	0.04
		进料辊	0.04	0.06
2	辊筒的径向跳动	接触辊、驱动辊、张紧辊、导辊、承压辊	0.03	0.04
		进料辊	0.04	0.06
3	基准板工作面的直线度		1000:0.03	
4	刚性压磨板工作面的直线度		1000:003	
5	工作台上升运动时不同位置的平行度（纵、横向）		1000:0.03	

注: 1. 进行第四项检验时,刚性压磨板工作面外不包覆石墨布;
2. 按机种类别,不具备表中某一性能者,可不进行检验

表5-85 宽带式砂光机的工作精度

序号	检验项目	公差 (mm) 最大加工宽度	
		≤1000	>1000
1	厚度精度	0.08	0.10
2	厚度的均匀性	≥0	
3	砂光面的表面状态	要求:表面砂光的机种:表面应光滑、无明显波纹;定厚砂光的机种:表面应无明显波纹;背面砂光的机种:表面粗糙程度应均匀	

注: 1. 非定厚砂光的机种,可不进行1项检验;定厚砂光的机种,可不进行2项检验;
2. 木质试件应是含水率不超过12%,表面平整的优质板材;在进行厚度精度检验时,如试件的基准有局部缺陷时,应先砂光基准面

表5-86 国产宽带式砂光机的其他基本参数

最小加工厚度，mm ≥		2.5
最大加工厚度，mm ≥		50
辊式砂架	砂带宽度，m/min ≥	20
压带式砂架		15
组合式砂架		18
最大进给速度，m/min ≥		20

630mm、800mm、1000mm、1250mm、1300mm、1600mm。国产宽带式砂光机的其他基本参数见表5-86。

5.16 二次加工设备

5.16.1 刨切机

刨切机是将一些珍贵树种的毛方，经蒸煮处理后，在径向刨切成一定厚度的薄木（单板）的设备。因刨切的单板花纹美观、纹理清晰、具有较高的装饰价值，并能扩大珍贵树种的使用范围，故广泛用作人造板表面的覆贴材料。

根据刨切机据刨刀与木纹相对运动方向的不同，可分为横向刨切机和纵向刨切机。前者又可分为立式、卧式和倾斜式，其中卧式又有仰卧和俯卧之分。

5.16.1.1 刨切机的结构

立式横向刨切机主要由机身、刀床、滑床、进刀机构和传动系统及液压系统等部分组成，如图5-89所示。刀架和压尺架组成刀床（其结构与旋切机的刀床类似），安装在滑座上，沿水平导轨作进给运动。滑床上设有卡紧装置，沿机身上的两条立式轨道作上下往复运动。工作时，卡紧装置夹紧毛方进行刨切。

图5-90所示为仰卧式横向刨切机，主要由机架、升降横梁、刀床及传动机构等部分组成。刀床由摆动机构或曲柄连

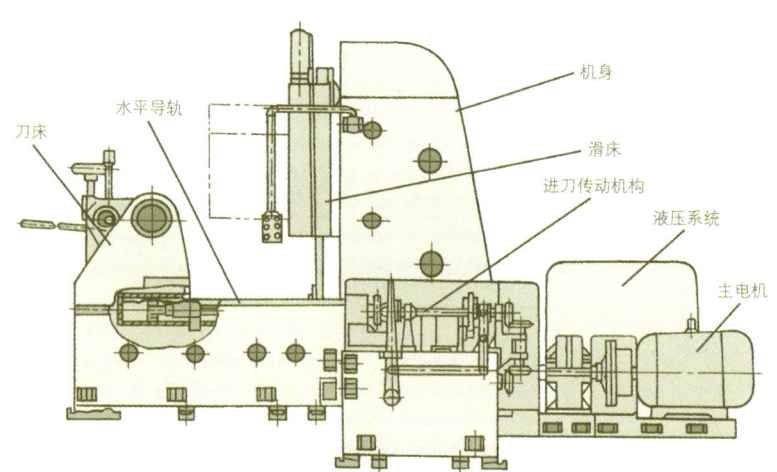

图5-89 BB1320型立式横向刨切机

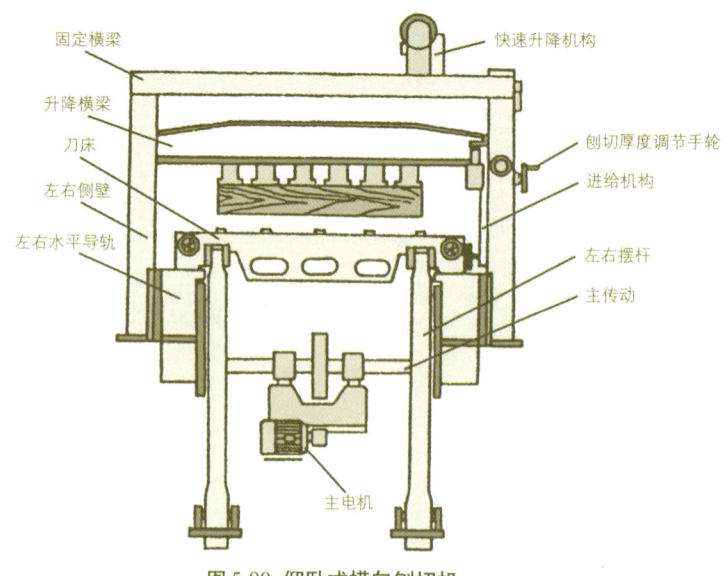

图5-90 仰卧式横向刨切机

杆机构带动，沿左右水平导轨往复运动。装有卡木装置的升降机构，可沿侧壁上的垂直导轨向下作进给运动。刀床每往复运动一次，横梁带着毛方下降一个薄木厚度的距离。

卧式刨切机与立式刨切机相比较，工作运动比较平稳，刨切薄木质量较好，毛方固定比较容易，并可以把多个毛方固定在一起同时刨切。但卧式刨切机占地面积大，刨刀和压尺安装、更换以及接取刨切薄木均不方便，也不容易实现与后工序的连续化生产。

纵向刨切机的刨刀和压尺分别装在前、后工作台上，由皮带进料机头压住并驱动置于工作台上的毛方，进行刨切（图5-91）。刨切单板的厚度由刨刀与压尺的高度差确定。

5.16.1.2 国产刨切机的主要技术参数

国产刨切机的主要技术参数见表5-87。

5.16.2 浸渍纸生产设备

浸渍纸生产设备是将装饰纸、牛皮纸和绝缘纸等纸张连续地浸以合成树脂（酚醛、三聚氰胺等类树脂），然后经过干燥，再剪切成所要求的尺寸（或收卷）的成套设备。

根据干燥部分浸渍纸是水平运行的还是垂直运行的，浸渍纸生产设备有卧式和立式之分，前者又有单层和双层之分。

5.16.2.1 浸渍生产设备的结构

单层卧式浸渍纸生产设备有送纸机、松纸机、接纸机、蓄纸机、浸渍纸机、干燥机、调偏装置、水冷装置、剪纸机、运输机、堆纸机（或收卷机）等单机组成。这些单机的布置方式可根据用户的具体要求，组成一次浸渍（适用于做塑料贴面板）或二次浸渍（一次浸渍干燥后加二次浸渍干燥机，适用于做直接覆贴用胶膜纸）的方式，以满足不同工艺、不同行业的用户使用要求。图5-92所示为BJM2214B型单层卧式浸渍纸生产设备。

工作时，送纸台将纸卷升至松纸机的装夹位置，由松纸机夹住纸卷，并调节纸张松卷时的张力。松纸机同时可装夹两筒纸卷，当一筒纸卷用完时，由接纸机将其末端与另一筒

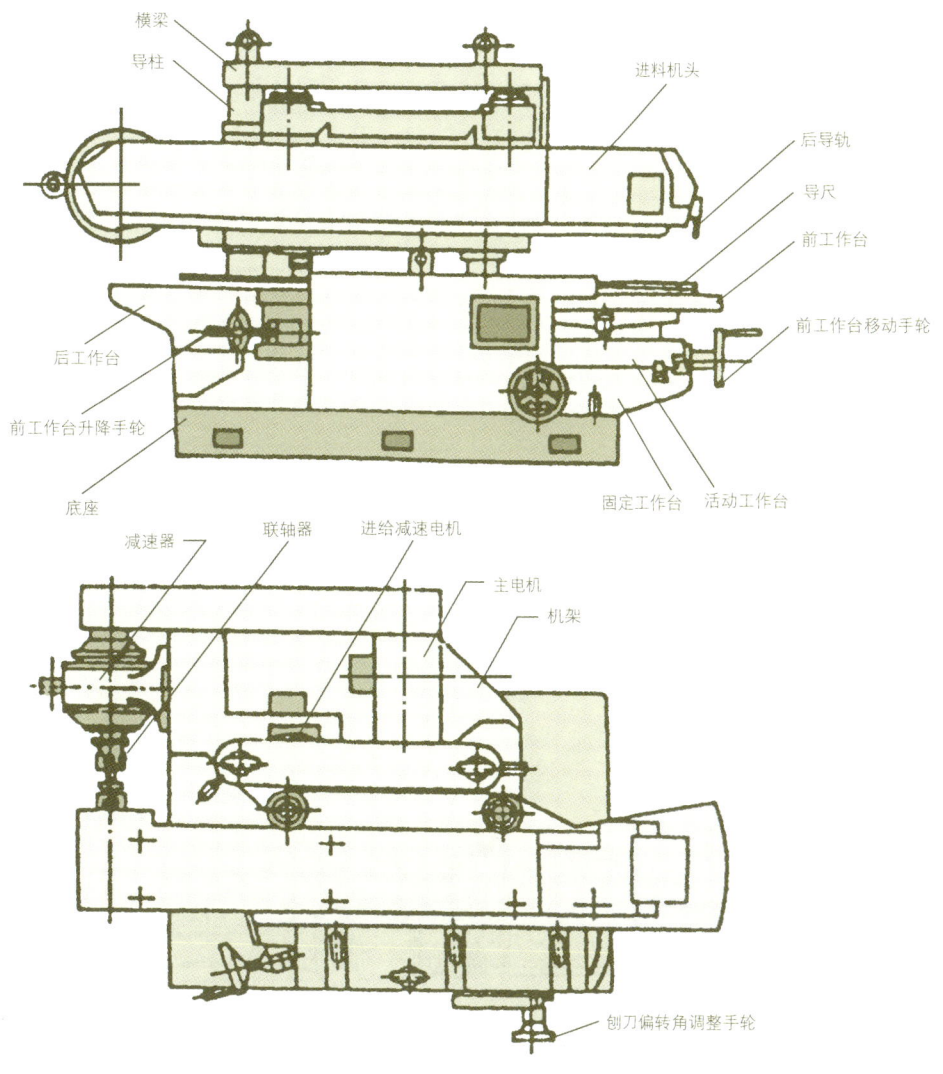

图5-91 纵向刨切机

表 5-87 国产刨切机的技术参数

型号	最大加工尺寸 (mm)	最大加工厚度 (mm)	压缩空气需要量 (kg/cm³)	进料速度 (m/min)	总功率 (kW)	机床外形尺寸 (L×W×H,mm)	质量 (kg)
BB1127	2700×650	400	0.2~2.2	13~25	15	778×387×244	15100

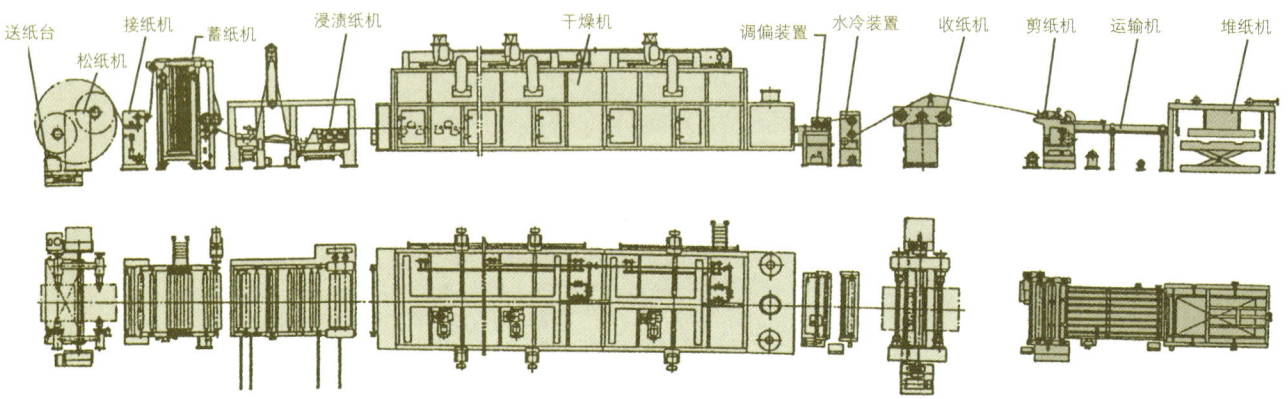

图 5-92 BJM2214B 型单层卧式浸渍纸生产设备

备用纸卷的始端对接。接纸过程中，送纸略有停顿，此时生产线完全靠蓄纸机供纸，并由蓄纸机调节纸张的张力大小，以实现不停机接纸。纸张经浸胶机均匀浸胶、干燥机悬浮干燥后，由冷却装置冷却并消除静电，最后由剪纸机剪切成一定长度规格后至堆纸机堆放（或收卷）。纸张在运行时由调偏装置确保纸张不跑偏。

立式浸渍纸生产设备的干燥部分按垂直布置，如图 5-93 所示。原纸纸筒放在送纸装置上，传动装置牵引纸张通过浸渍槽浸胶。胶槽上方的刮胶辊控制浸胶量。浸渍纸垂直地通过干燥室干燥后，经顶部的排风装置进行冷却、排湿，再由

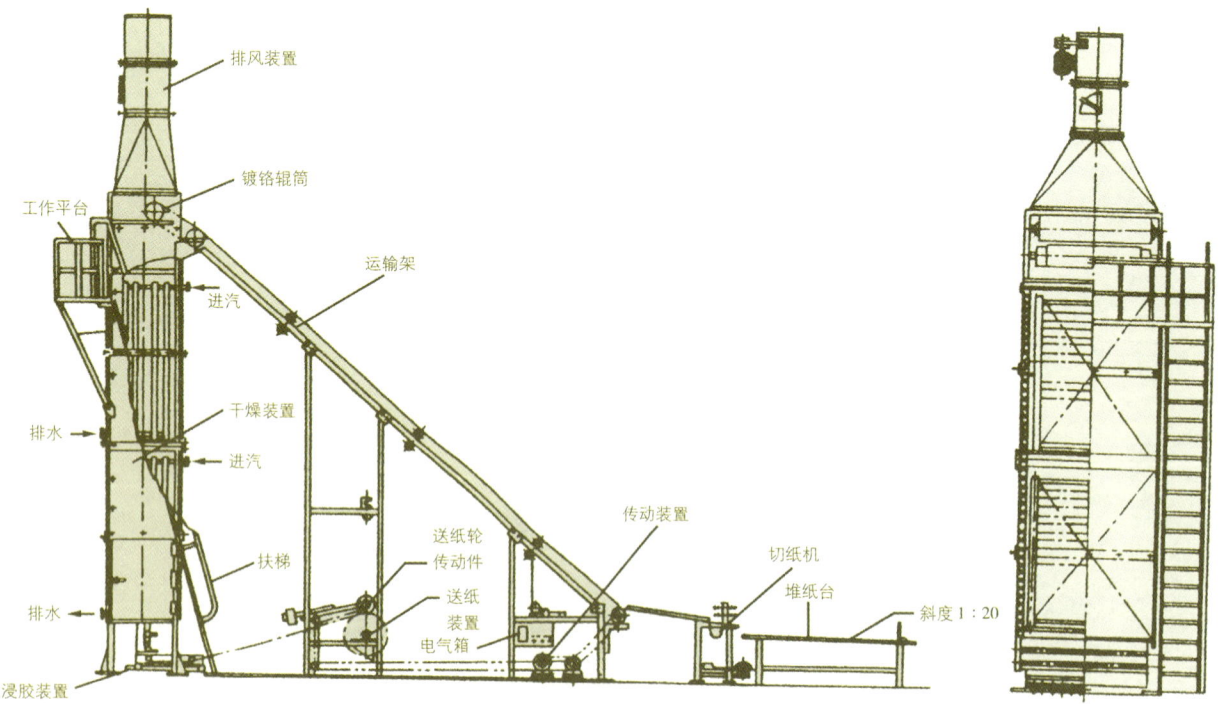

图 5-93 BJM 2114 型立式浸渍纸生产设备

帆布传送带传送到裁剪台剪切成一定的长度规格。立式浸渍纸生产设备与卧式浸渍纸生产设备的比较见表5-88。

5.16.2.2 常见的故障与可能的原因

浸渍纸生产设备常见的故障和原因以及排除方法见表5-89。

5.16.2.3 国产浸渍纸生产设备的主要技术参数

BJM2214B型浸渍纸生产设备的主要技术参数：

工作宽度	1400mm
工作介质温度	110～160℃
运行速度	3～30m/min（无级可调）
电机总容量	～76kW
工作层数	1
外形尺寸（长×宽×高）	4800×455×382cm
蒸气压力	8×10^5～12×10^5Pa
总质量	约60000kg

表5-88 立式浸渍纸生产设备与卧式浸渍纸生产设备的比较

比较项目	BJM2114型立式浸渍纸生产设备	BJM2214B型卧式浸渍纸生产设备
工作速度	1～5m/min	3～30m/min
干燥室温度	110～150℃	110～160℃
开卷机构	固定单轴开卷机构每次上一卷纸	卡轴翻转机构同时上两卷纸
纸张接头	用电熨斗加热	在接纸机上进行
蓄纸机构	无	最大蓄纸量为30m
树脂垂流现象	严重，因胶膜纸处于垂直工作状态	无此现象，胶膜纸处于水平工作状态
热损失	较大，干燥室顶部和下部不易密闭	较小，干燥室密闭保温性能较好
干燥形式	胶膜纸由顶部导向辊支持，利用热空气对流干燥	胶膜纸借助高速气流产生的气垫托起胶膜纸带进行干燥
干燥室排湿方法	靠空气对流，自然排湿	用离心风机排入大气
冷却方式	靠外界空气自然冷却	强制冷却
裁纸机构	手工裁纸或机构裁纸	自动裁剪
成品质量	较差	好
对建筑物要求	要有一定的平面面积和建筑高度	要有一定的平面面积
其他	结构简单，操纵维护要求较低，价格便宜	结构复杂，操纵维护要求较高，价格昂贵

表5-89 浸渍纸生产设备的常见故障与可能的原因（以单层卧式浸渍纸生产设备为例）

设备名称	故障部位	故障现象	故障原因	排除方法
送纸台		1.噪声异常，无法正常升降，液压部分严重渗油； 2.噪声增大，起升速度慢	1.电磁阀动作错误； 2.液压站缺油或油压太低	1.交换阀接线 2.按规定加油或调高油压
松纸机	气动夹紧及阻尼装置	不动作	气压太低；气管脱落；旋转接头漏气	检查管路、转阀，增大气压
接纸机	拉纸辊加热部分	1.接纸不能制动； 2.不发热； 3.温控失灵	1.制动离合器不通电或损坏； 2.电热管或接线不通，或电热管内部烧坏； 3.温控表失灵或测温元件松脱	1.检查离合器及电路，必要时更换； 2.检查接线及电热管，必要时更换； 3.检查仪表及温控元件
接纸机	蓄纸辊张力调节浮动架	1.不起作用； 2.只升不降或只降不升	1.传感电位器开路或调速电路故障； 2.浮动架配重不合适	1.检查电路及电位器传感机构； 2.按情况增减配重块
浸渍纸机	胶槽升降装置	1.升降不到位； 2.胶槽无法拉出清洗； 3.刮胶不干净	1.限位开关或挡块位置变化或松动； 2.升降吊臂初始位置不合适； 3.刮刀片与辊接触不均匀，刀片磨损	1.调整行程开关位置，固定牢； 2.调整行程开关位置或挡块位置，调整吊臂位置； 3.调整刀片位置或取下重磨刃口；
	计量装置	4.计量辊跳动明显； 5.计量辊转动不平稳，有顿挫	4.两端精密轴承磨损； 5.万向节不灵活，齿轮箱有故障	4.更换轴承； 5.万向节加油，检查齿轮箱
干燥机	干燥段	1.横断面各点温度不均匀； 2.干燥能力下降； 3.机内断纸； 4.风机噪声明显增大	1.两侧风机风量不等，保温密封不好； 2.喷嘴堵塞，排湿口开度太大； 3.同步性能变坏，调偏不起作用； 4.轴承无油，损坏或安装错位	1.调整两侧风机进风量使其相同，搞好密封； 2.清除喷嘴污物，减小排湿口开度； 3.校正速度同步及微调，检查调偏性能

表 5-89（续）

设备名称	故障部位	故障现象	故障原因	排除方法
干燥机	进、出口部分温控系统	5.机内热气外溢； 6.温控失灵； 7.温度升不上去	5.风帘及冷却风机未开，排湿蝶阀完全关闭； 6.仪表故障，阀门定位器不灵活，气动阀卡死； 7.蒸气管道积水太多，管道有堵塞，蒸气质量不高	4.按规定加油，更换轴承或进行调整； 5.启动风帘及冷却风机，保持排湿蝶阀以一定开度； 6.检查控制仪表，阀门定位器，气动阀并加注润滑油； 7.打开旁通阀清除积水，疏通管道减少蒸气中的水分
调偏装置		1.遮挡探头时，油缸不动作； 2.调偏无效果	1.电机转向反了； 2.油缸动作反了	1.电源接线反相； 2.对调油缸进出油管
水冷装置	引纸动力 除静电装备 水冷辊	1.引纸链轮不转； 2.不除静电或产生负静电； 3.旋转接头漏水	1.离合器断线或损坏，链条卡死； 2.静电消除器输出电压过低或过高； 3.接口螺纹松开，接头外壳别劲	1.检查离合器，引纸链条，适当给链条加油； 2.调节输出电压； 3.旋紧密封接头使接头外壳呈自由状态
剪纸机	甩刀 拉纸辊		1.离合器零件磨损； 2.气动系统失灵，电控失灵，气缸憋劲； 3.切刀严重磨损，刀门间隙变动； 4.小压辊单边拉纸	1.取出零件修整或更换； 2.检查电路、气路，调整气缸位置； 3.重新刃磨，调整刀门间隙； 4.使两只小压辊平均压住下辊
运输机	皮带轮轴	1.皮带跑偏； 2.轴断裂或变形	1.张紧轮位置不合适，张力不合适； 2.皮带张紧力太大	1.调节张紧轮位置及张力； 2.减小张紧力
堆纸机	排纸机构 升降台部分	1.不拍纸； 2.频率太慢	1.气路故障，时间继电器损坏； 2.气压不够，延时太长	1.检查气路及气动元件，调整或更换时间继电器； 2.增加气压，缩短延时时间 见送纸台部分
收卷机	收卷部分	1.收卷太松或太紧； 2.电机正常，但收卷轴不转	1.控制转钮调节不当； 2.离合器有气动或机械故障	1.重新调到适当位置太松时可将旋钮比例调大，反之调小； 2.检查调整气动离合器结构及气动系统

BJM2214 型立式浸渍纸生产设备的主要技术参数：

浸渍纸最大宽度	1400mm
工作速度	1～5m/min
生产率	（按 V=2.5m/min 工作 7h 计）1200m/班
蒸气工作压力	5～7×10⁵Pa
干燥温度	110～150℃
蒸气耗用量	250kg/h
翅片散热器	2 组
电力耗用量	
YCT132-4A 型电磁调速电机	1.1kW
T301 型 6 号轴流通风机	0.8kW
外形尺寸（长×宽×高）	1140×290×834（cm）

5.16.3 贴面设备

贴面设备是将装饰材料（三聚氰胺浸渍纸、装饰纸、微薄木或 PVC 薄膜等）覆贴于胶合板、刨花板、中密度纤维板等人造板表面的一种设备。近几年来，国内外人造板表面装饰技术发展较快，方式多种多样。从贴面部位来看，有板子表面的贴面和板子边缘的封边。板子表面的贴面，就其贴面板的表面形状，有普通平面贴面和异形柔性贴面之分。普通平面贴面据贴面压机的结构和工作原理又有辊压式贴面和平压式贴面两种。其中，辊压式贴面根据胶黏剂固化的方式，分冷压式和热压式；平压式贴面根据贴面压机的工作方式，分间隙式和连续式。

5.16.3.1 辊压式贴面压机

图 5-94 为辊压式贴面热压机，主要由机架、上机架、辊筒、加压气缸、传动系统及热油循环系统等部分组成。前面两对为橡胶辊筒，起预压作用，后六对辊筒的上辊筒为加热辊筒（热油加热），下辊筒为支撑辊筒。两只气缸对上加热辊两端施加压力。板坯一边由辊筒输送前移，一边受热受压，使装饰材料稳固覆贴于基材表面。

辊压式贴面冷压机的结构略为简单（图 5-95），只设两对加压辊筒。工作时，卷筒装饰材料放在储纸架上，拉出后经张紧机构贴于涂好胶的基材表面，然后同时进入辊筒间，使装饰材料贴于基材上。

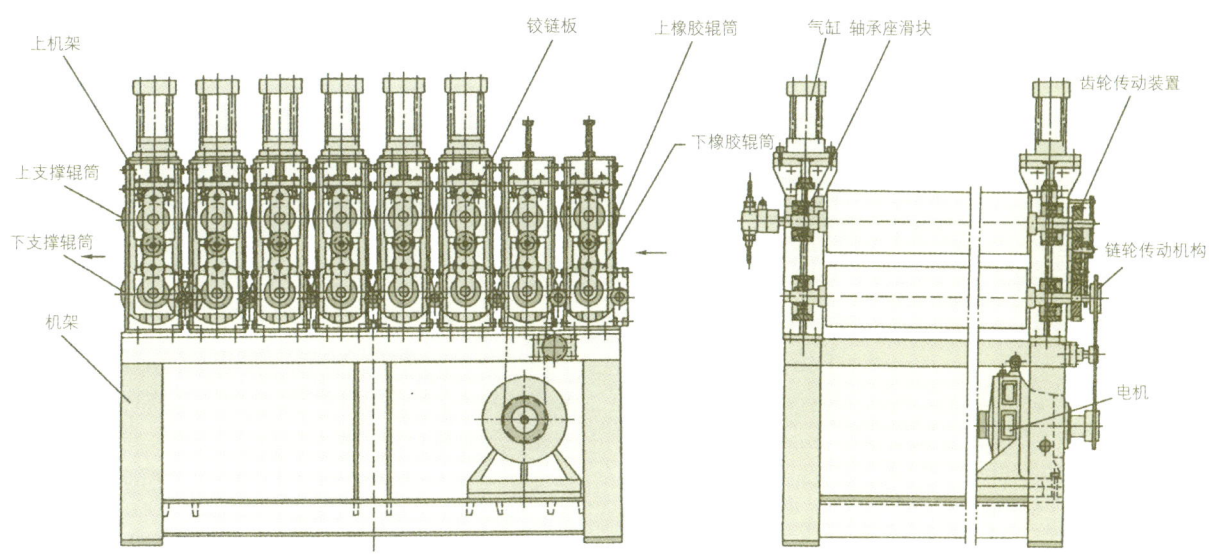

图 5-94 JC703A 型辊压式贴面热压机

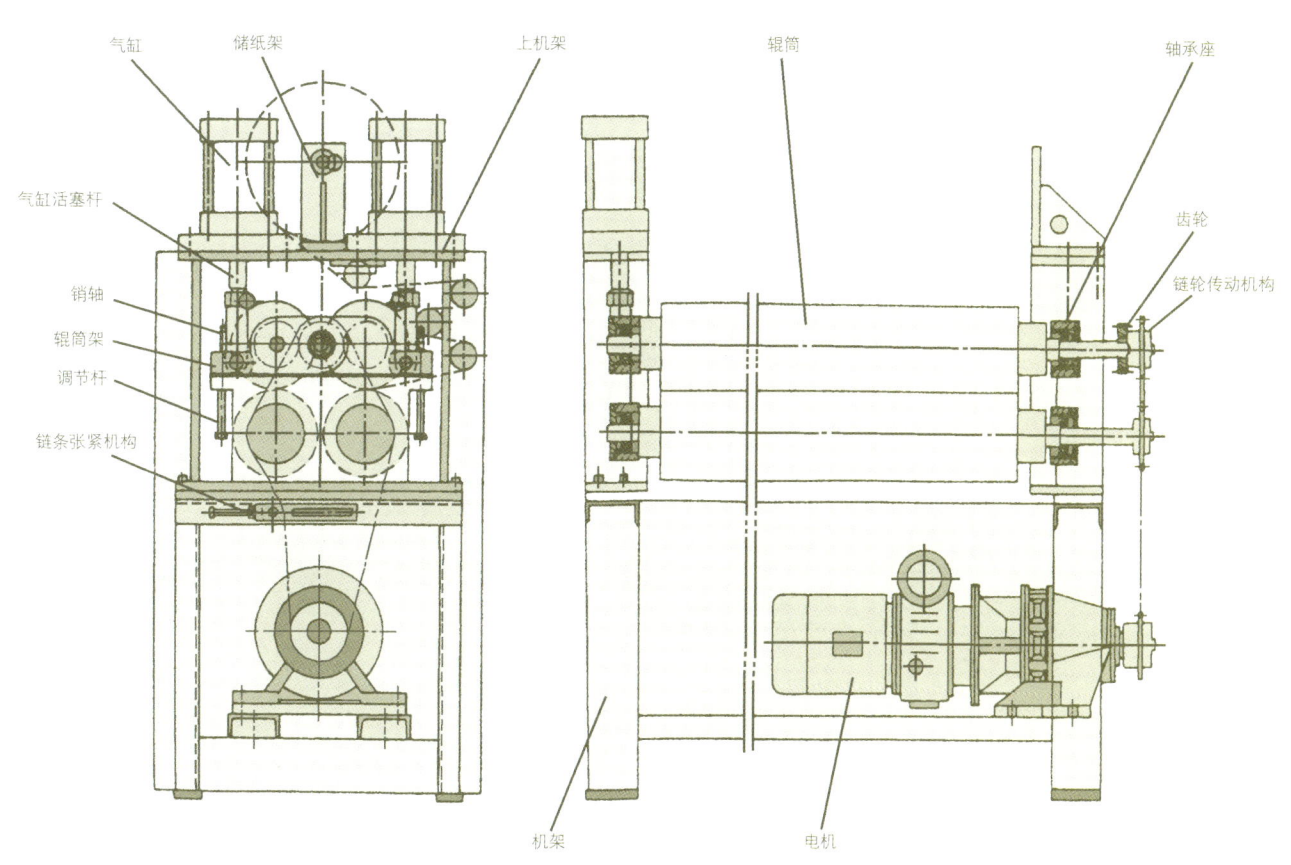

图 5-95 JC704 型辊压式贴面冷压机

辊压式贴面压机的特点是可连续化生产、劳动强度低、投资小。

上海捷成白鹤木工机械有限公司生产的 JC703A 型辊压式贴面热压机主要技术参数：

板坯最大加工宽度	1220 mm
板坯最大加工厚度	40 mm
板坯最小加工长度	250 mm
压辊直径	200 mm
贴面进板速度	0.8~24 m/min
压辊最大线压力	12 kg/cm

气路最大工作压力　　　　0.7 MPa
加热系统工作温度　　　　≤180℃
主电机功率　　　　　　　5.5kW
最大加热功率　　　　　　30kW
循环泵功率　　　　　　　1.5kW
质量　　　　　　　　　　~7500kg

上海捷成白鹤木工机械有限公司生产的JC704型辊压式贴面压机的主要技术参数：

贴面板最大尺寸（长×宽×高）　2440×1220×40 (mm)
辊筒直径　　　　　　　　φ200 mm
进板速度　　　　　　　　12~28 m/min
外形尺寸（长×宽×高）　　220×85×155(cm)
压辊最大线压力　　　　　18000 N/m
主电机功率　　　　　　　2.2 kW
整机质量　　　　　　　　2000 kg

5.16.3.2 平压式贴面压机

1. 单层贴面压机

图5-96所示为快速装卸贴面单层热压机组。表5-90为热压机的主要技术参数。压机上、下热压板的内侧各设置了一块抛光垫板，用以增加贴面板表面的平整度与光泽度，并在下热压板与下垫板之间设有缓冲衬垫，确保板坯表面均匀加温加压。板子的装卸由安装在运输小车上的装卸板机构来完成。进口的单层贴面压机采用涤纶薄膜来替代抛光垫板，可循环回转的下压板上的涤纶薄膜同时兼作单层热压机的进、出料机构。

2. 平压连续式贴面压机

平压连续式贴面压机的钢带与压板之间有一框形特种塑料密封垫，密封垫所包围的密封空间内充有压缩空气，构成加压气垫，对板坯表面均匀加压。在热压板内，通有循环导热油，使压板加热。热量通过加压气垫、钢带传至板坯（夹套式结构的辊筒也对钢带补充加热）。由于钢带刚性较低，因此与被加压材料能完全接触，使板坯在加压区内各点均能承受相同压力与热量。图5-97所示为德国Hymmen公司生产的平压连续式贴面热压机生产线。

该机除用作人造板贴面外，也可用于连续生产塑料贴面板。

5.16.3.3 柔性贴面热压机

柔性贴面热压机（或称膜片压机）可将装饰材料（如PVC薄膜、低压三聚氰胺装饰纸、薄木等）有效地覆贴于基

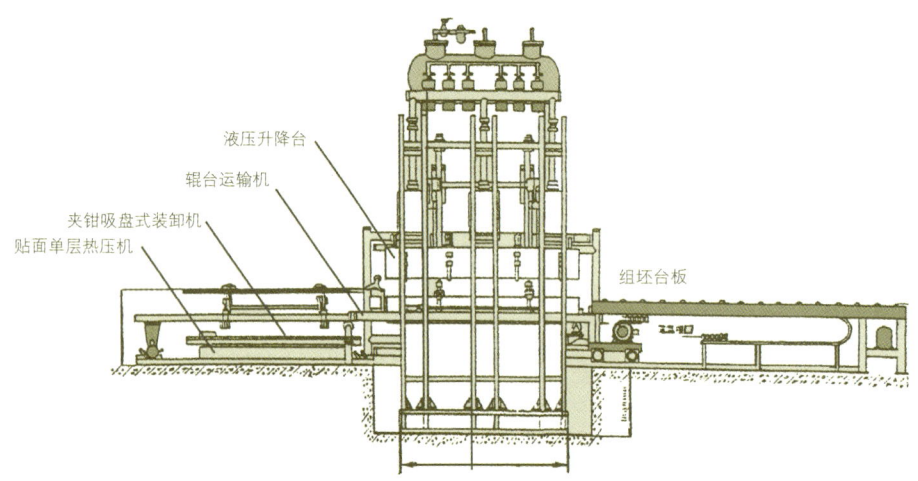

图5-96 快速装卸贴面单层热压机组

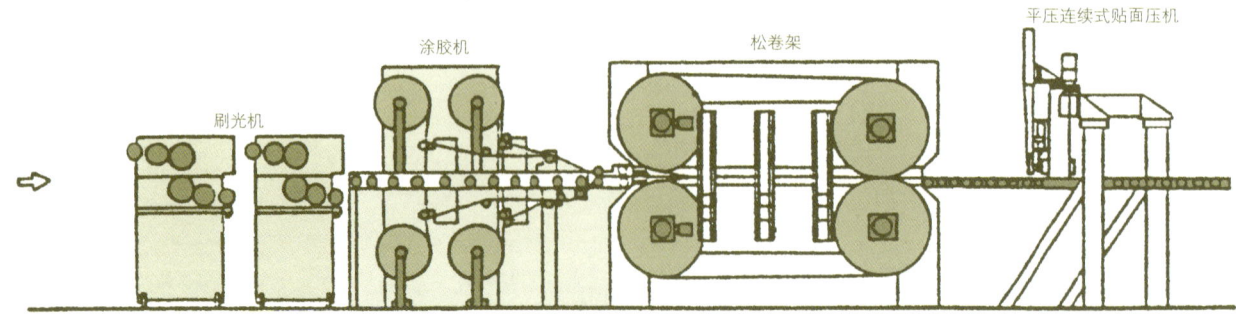

图5-97 Hymmen平压连续式贴面热压机生产线

表5-90 BY614x8/9型单层贴面热压机的主要技术参数

公称总压力(kg)	900000	900000
热压板尺寸(mm)	2600×1320×100	2850×2520
热压板间距(mm)	250	300
压制板面规格(mm)	2400×1220	2400×1220
压机电机功率(kW)	37	
压机外形尺寸(mm)	3860×2800×5410	2800×2520×3870
压机质量(kg)	~47000	27000

材的凹凸表面和异形边缘，经装饰后的板材可用以制作异形的木门、卧室家具的门面、抽屉面等。柔性贴面技术是国内外近几年发展起来的一种新型贴面技术。

下面介绍两种典型的柔性贴面热压机。

1. 水床式柔性贴面压机

水床式柔性贴面压机是最早出现的柔性加压系统，它以水作为传递压力和热量的介质，如图5-98所示。它属于上顶式压机（其他贴面压机一般都为下顶式）。下顶板与可移动的槽壁组成水床。在水床内设有盘管，内通循环热油，对水床进行加热。水床式柔性贴面压机是靠压力将贴面材料被动覆贴于基材的表面，其工作压力较高约1.8MPa。

水床式贴面压机因水床加热时要求有规律地放掉一些蒸气，以减少蒸气压力，因而它的升温受到一定的限制。在胶合面上只能达到65～70℃，而聚胺树脂胶反应温度最低为75℃，正常为90℃。也可用油床替代水床，但安全性较差。

2. 充气式柔性贴面压机

充气式柔性贴面压机是由热压缩空气将塑化后的薄膜压贴在工件表面的。如图5-99所示，压机内设有一膜片，贴面时，首先将膜片贴向上热板加热，然后使其降到中间位置紧贴于热塑性贴面薄膜，使贴面薄膜受热塑化，再将热压缩空气引入膜片室，压贴薄膜至工件表面。

柔性压机所使用的膜片材料有天然橡胶，也有含硅橡胶。天然橡胶经济实惠，但它只能耐120℃的持续高温，使用寿命有限，有时可使PVC贴面变黄；硅橡胶使用寿命较长，裂纹容易修复，能耐受大约180℃的持续高温，但很贵。因此，有的压机上索性取消了价格昂贵的膜片，直接用热塑性贴面材料有选择地替代膜片，即为无膜片充气式柔性压机。但这种柔性压机在贴面时容易将基材上很细小的微粒在贴面表面反应出来，且薄膜塑化时因产生纵横向延伸，贴面时容易形成皱纹。

德国的Friz充气式柔性贴面压机（或称膜片成型压机），可据压贴材料的不同在有膜片和无膜片之间变换，转换时间只需几秒钟。

也有采用红外线辐射加热（或热网加热）膜片的柔性贴面压机，这种柔性贴面压机不需要上热板，取而代之的是一块红外线辐射板（或热网）。

当工件要求一道工序饰贴两面，或背面必须要支撑以防止压坏时，可使用双面柔性贴面压机，大多数柔性贴面压机都可以改变为双面贴面压机。

5.16.3.4 后成型封边机

后成型封边机是把适于成型的装饰材料（装饰纸、PVC薄膜等）根据基材边缘形状包覆压贴在边缘表面上的一种封边设备。它由机架、工件夹紧装置、热压板部件及主传动系统等部分组成，如图5-100所示。工作时，工件夹紧装置夹紧工件，热压板紧贴在工件表面，由主传动系统带动在回转的同时对工件加热加压进行封边。

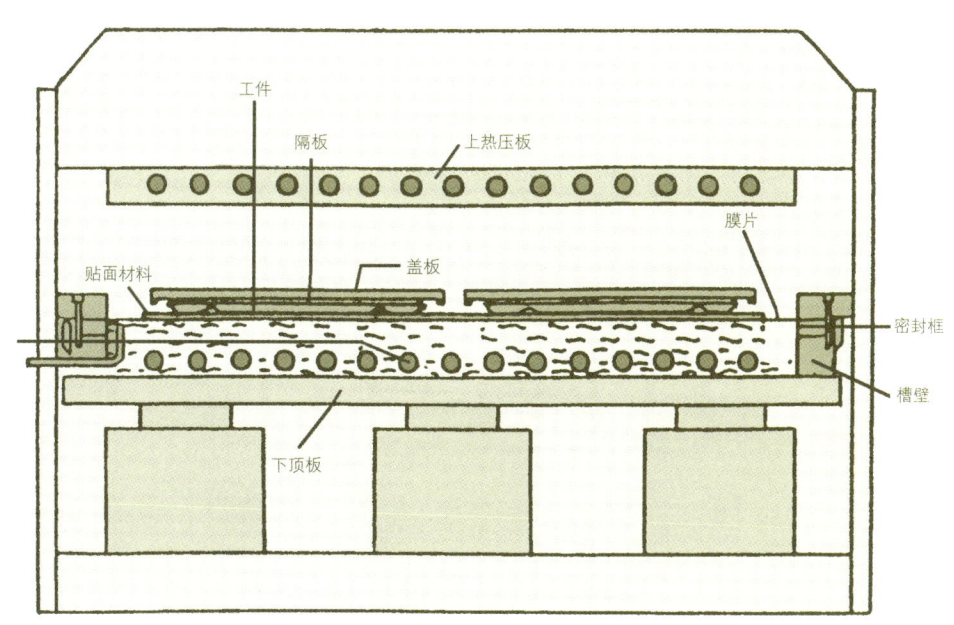

图5-98 水床式柔性贴面压机的结构原理

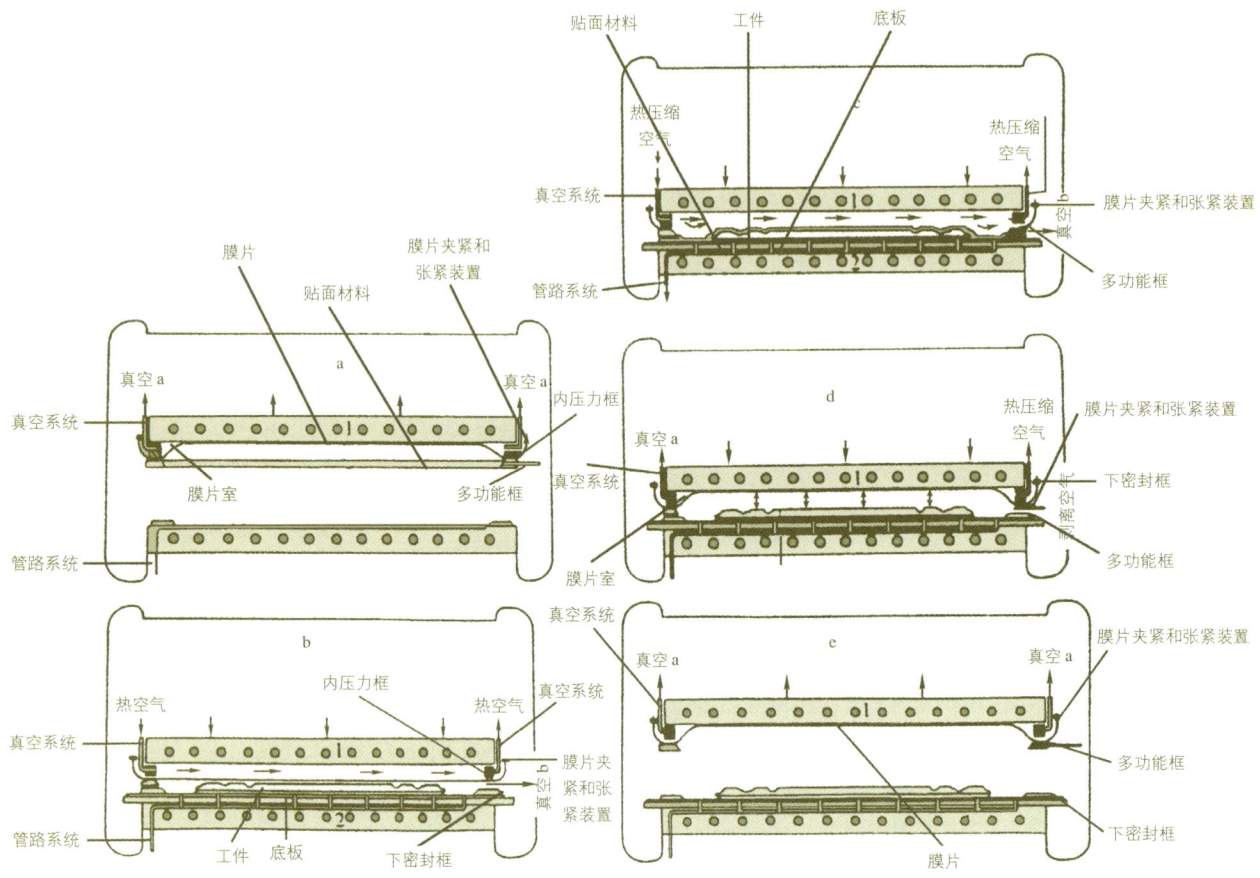

图 5-99 充气式柔性贴面压机

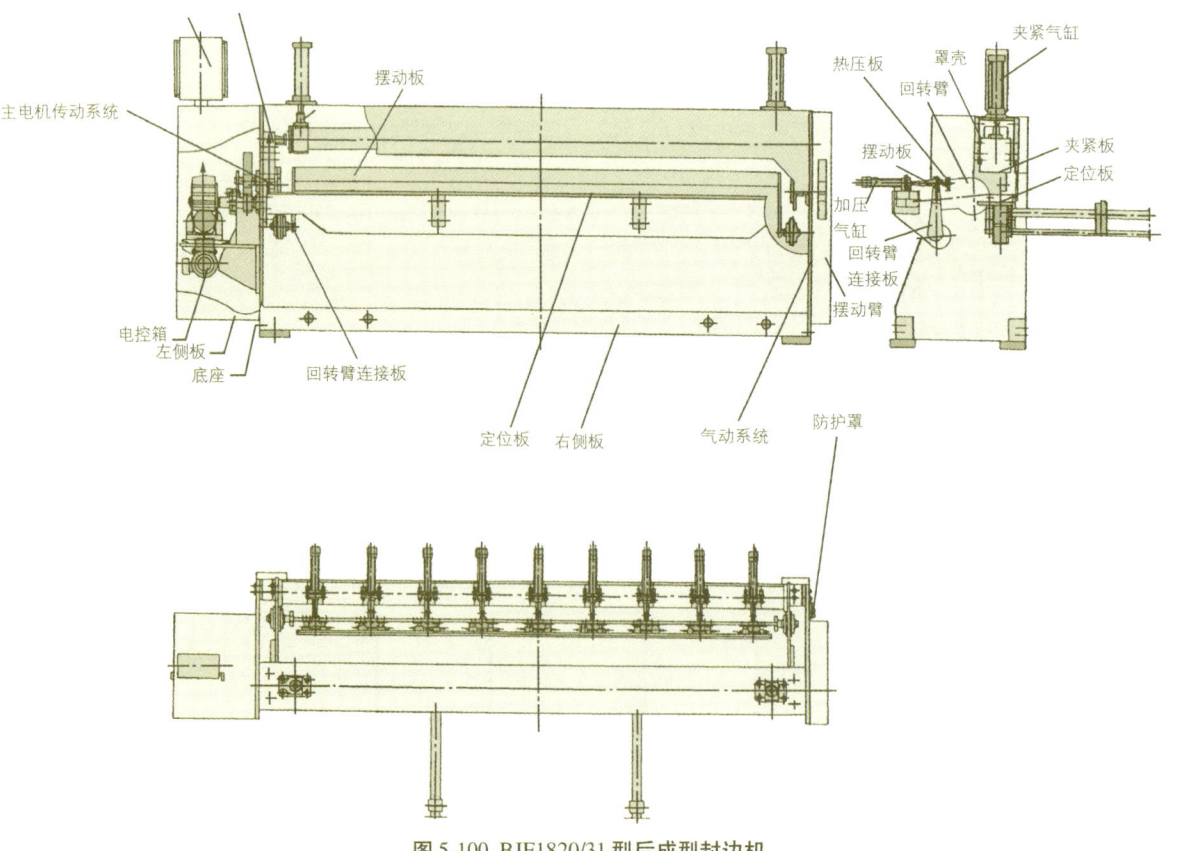

图 5-100 BJF1820/31 型后成型封边机

后成型封边技术可适应多种复杂的异形边缘，且无接缝。因此，经后成型封边的家具具有装饰效果好，线条柔和，不易渗水脱胶，易于清洁保养等优点。它是目前较受国内家具（如办公家具、厨房家具等）生产厂及装饰行业欢迎的一种二次加工新工艺。

上海木材工业研究所生产的 BJF1820/31 型后成型封边机的主要技术参数：

成型长度	~3100mm
生产能力	40 次/h
电　源	380V，50Hz
总功率	6.1kW
成型高度	16200mm
气　源	0.7MPa
外形尺寸	4495×2045×1957(mm)

参考文献

[1] 姚秉辉, 石如庚. 木材加工机械. 北京：中国林业出版社, 1998

[2] 曹志超, 俞一鸣. 乡镇企业机电实用技术手册(下册). 北京：化学工业出版社, 1997

[3] 石如庚. 柄铣刀榫槽机. 木工机床, 1992 No.2

[4] 石如庚. L形摆动切刀榫槽机. 木工机床, 1993 No.1

[5] 石如庚. 数控木工铣床的运动分配和加工中心简介 木工机床, 1996 No.1

[6] 石如庚. 现代四面刨床结构原理剖析, 木工机床 1998 No.2

[7] 石如庚, 潘宇琪. 国外锯板机综述. 木工机床, 1998 No.4

[8] GB 12448-90 木工机床型号编制方法. 北京：中国标准出版社, 1991

[9] Technical Guide to Japanese Wood Working Machinery JWMA 1989

[10] 福州木工机床研究所. 全国木工机床产品样本大全. 福州, 1995

[11] 林业部科技司编. 林业标准汇编. 北京：中国林业出版社, 1960

[12] 庞庆海主编. 人造板机械设备. 哈尔滨：东北林业大学出版社, 2000

[13] 谭守侠编. 德国木材加工机械工业. 北京：中国林业出版社, 1995

[14] 姚秉辉, 那振鹏主编. 人造板机械与二次加工. 北京：中国林业出版社, 1998

木材切削刀具

刀具沿着预定的工件表面,切开木材之间的联系,从而获得要求的尺寸、形状和粗糙度的制品,该工艺过程,称为木材切削。在实际生产中,会遇到各种木材切削的方式,如车削、铣削、刨削、锯切、旋切和钻削等,无论采用哪种切削方式,都需要刀具和切削运动来完成。因此,工件、刀具和切削运动是木材切削的三要素。从切削运动和刀具几何形状的基本组成来看,大多数木材切削都可以看成一把楔形切刀和一个直线运动所构成的直角自由切削。直角自由切削是指刀刃和主运动方向垂直,刀刃上参加切削各点的切屑移动方向相同的切削方式,它是最简单、最基本的切削方式,能反映各种复杂的切削方式和切削机理的共同规律。木材切削过程实质上是切削区木材在刀具作用下的破坏过程,因而切削区木材变形是研究木材切削的基本手段。

6.1 名称及术语

6.1.1 工件上的表面(表6-1)

6.1.2 切削运动

欲从工件上切除一层木材,刀具或工件必须作直线运动(如刨削)或回转运动(如铣削)。切削运动是指刀具切削木材过程中刀具和工件之间的相对运动,可分为主运动和进给运动。有关切削运动的名称及术语见表6-2。

当主运动为回转运动时,主运动速度为:

$$v = \frac{\pi D n}{6 \times 10^4}$$

当主运动为往复运动时,主运动速度为:

$$v = \frac{k(\varepsilon+1)l}{6 \times 10^4}$$

表6-1 工件上的表面

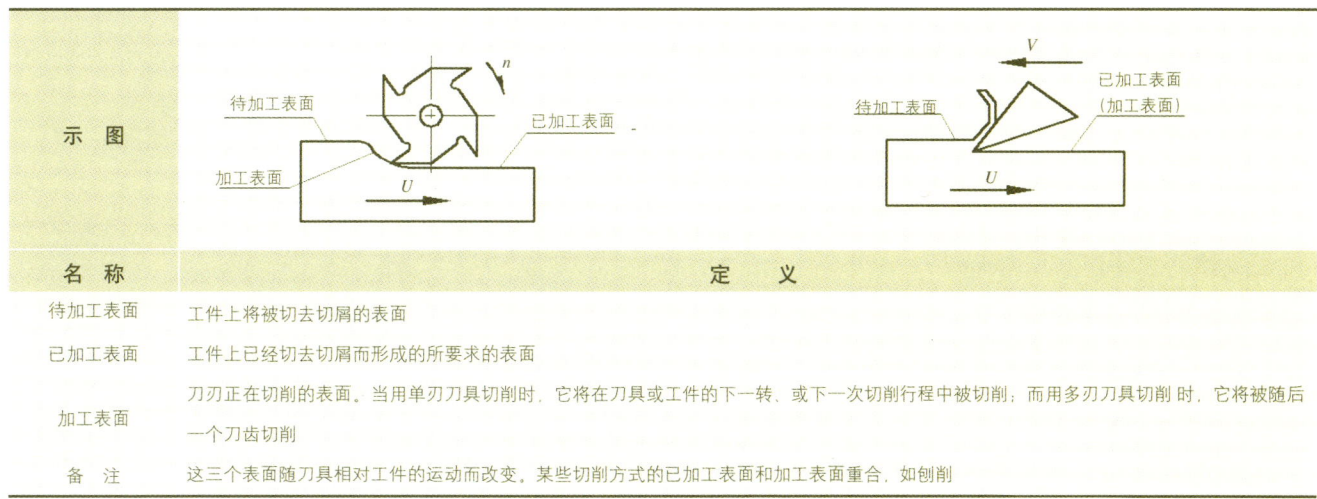

名称	定义
待加工表面	工件上将被切去切屑的表面
已加工表面	工件上已经切去切屑而形成的所要求的表面
加工表面	刀刃正在切削的表面。当用单刃刀具切削时,它将在刀具或工件的下一转,或下一次切削行程中被切削;而用多刃刀具切削时,它将被随后一个刀齿切削
备注	这三个表面随刀具相对工件的运动而改变,某些切削方式的已加工表面和加工表面重合,如刨削

式中：n——刀具或工件的转速，r/min

d——刀具切削圆或工件的直径，mm

k——每分钟刀具或工件往复行程的次数，str/min

ε——工作行程、空行程平均速度之比

l——行程长度，mm

每转进给量 U_n、每齿进给量 U_z 和进给速度 U 的关系为：

$$U = \frac{U_z n Z}{1000} = \frac{U_n n}{1000}$$

式中：n——刀具或工件的转速，r/min

Z——每转参加切削的刀齿数

典型木材加工方式的切削运动见表6-3。

表6-2 切削运动

名称		符号	定义
示图			
主运动		V	使刀具前刀面切入工件而产生切屑所需要的最基本运动。通常主运动是切削运动中速度高，消耗功率大的运动，如圆锯片的旋转运动、刨刀的直线运动、旋切中木段旋转运动
主运动方向			完成主运动的刀具或工件在切削刃上选定点的运动方向
进给运动	每转进给量	U_n	从工件上连续或逐步切除切削区的木材，从而形成已加工表面的运动。进给运动可以和主运动同时进行，如铣削；也可以和主运动间隙交替进行，如单板刨切
	每齿进给量	U_z	每转一周，刀具或工件沿进给方向上的相对位移，单位为mm/min
	每双行程进给量	U_{str}	每转过一个刀齿，刀具或工件沿进给方向上的相对位移，单位为mm/z
			刀具或工件往返一次，沿进给方向上的相对位移，单位为mm/str
进给运动方向			完成进给运动的刀具或工件在切削刃上选定点的运动方向
切削运动		V_e	同时进行的主运动和进给运动的合成运动
切削运动方向			切削刃选定点相对于工件的合成切削运动的瞬时方向
运动遇角		θ	切削运动方向和进给运动方向之间的夹角
动力遇角		Ψ	切削运动方向和木材纤维方向之间的夹角

表6-3 典型木材加工方式的切削运动

加工方法		主运动	进给运动	备注
锯切	圆锯	圆锯片的连续回转运动	工件的直线运动	
	带锯	带锯条的直线运动	工件的直线运动或曲线运动	锯轮回转运动，驱动带锯条作直线运动
	排锯	排锯条的往复直线运动	工件的直线运动	
铣削		铣刀的连续回转运动	工件的直线运动或回转运动	仿形铣削的工件作回转运动
刨削		刨刀或工件的往复直线运动与主运动交替进行的直线运动	刨刀或工件垂直于主运动方向	主运动可由刨刀完成，如单板刨切；也可由工件完成，如精光刨
钻削		钻头的连续回转运动	对于单轴钻床，钻头还作轴向直线进给运动	对于多轴钻床，工件作轴向直线进给运动
旋切		木段的连续回转运动	旋刀的直线移动	
磨削	砂轮	砂轮的连续回转运动	工件的直线或曲线运动	
	砂带	砂带的连续直线运动	垂直于主运动方向，与主运动交替进行的直线运动	
	砂辊	砂辊的连续回转运动	工件的连续直线运动	

6.1.3 刀具的角度

6.1.3.1 刀具的各组成部分（表6-4）
6.1.3.2 参考系及定义

刀具角度分为两类：一类是在静态参考系下，刀具在制造、刃磨及测量时的定位角度，即刀具生产图纸上的标注角度；另一类是在工作参考系中，正在切削的刀具的切削刃、刀面相对于工件几何位置的角度，是实际的切削角度，即刀具的工作角度。表6-5列出了静态参考系的各平面和刀具的标注角度。

在实际切削木材过程中，刀具的角度将受到进给运动的影响而偏离刀具的标注角度。如带锯锯切时，带锯齿的工作后角将小于锯齿的标注后角，工作前角将大于锯齿的标注前

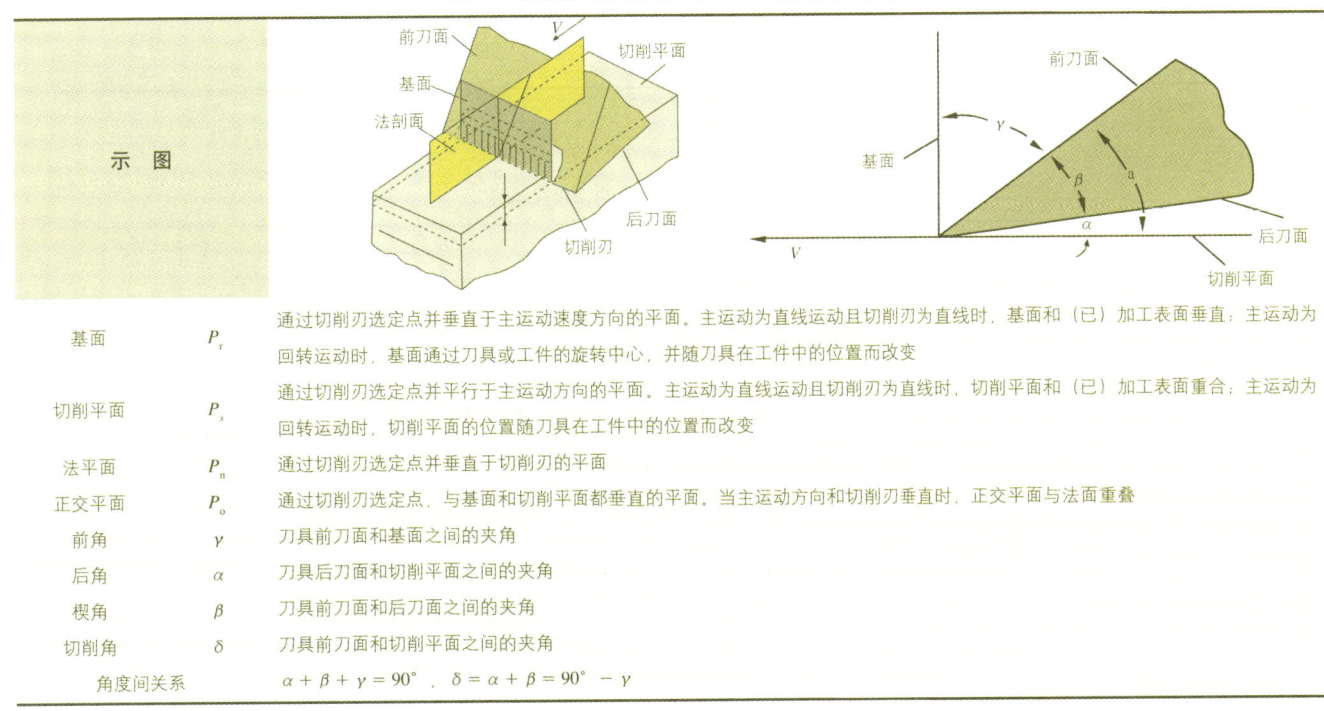

表6-4 刀具的各组成部分

名 称	符号	定 义
切削部分		由切削刃和刀面所构成的刀具的工作部分。多刃刀具的每一个刀齿都有一个切削部分
前刀面	A_γ	刀具切削部分上，切屑直接接触的，并沿其排出的表面
后刀面	A_α	刀具切削部分与工件上被切成的表面相对的表面
切削刃	E	刀具前刀面上起切削作用的边缘
主切削刃（主刃）	E_m	前刀面和后刀面的相交部分
副切削刃（侧刃）	E_s	前刀面和侧面的相交部分
切削刃圆弧半径	ρ	在垂直于切削刃的法平面内，前、后刀面之间的过渡圆弧的半径
刃尖		主切削刃和副切削刃相交的微小部分

表6-5 静态参考系的各平面和刀具的标注角度

名称	符号	定 义
基面	P_r	通过切削刃选定点并垂直于主运动速度方向的平面。主运动为直线运动且切削刃为直线时，基面和（已）加工表面垂直；主运动为回转运动时，基面通过刀具或工件的旋转中心，并随刀具在工件中的位置而改变
切削平面	P_s	通过切削刃选定点并平行于主运动方向的平面。主运动为直线运动且切削刃为直线时，切削平面和（已）加工表面重合；主运动为回转运动时，切削平面的位置随刀具在工件中的位置而改变
法平面	P_n	通过切削刃选定点并垂直于切削刃的平面
正交平面	P_o	通过切削刃选定点，与基面和切削平面都垂直的平面。当主运动方向和切削刃垂直时，正交平面与法面重叠
前角	γ	刀具前刀面和基面之间的夹角
后角	α	刀具后刀面和切削平面之间的夹角
楔角	β	刀具前刀面和后刀面之间的夹角
切削角	δ	刀具前刀面和切削平面之间的夹角
角度间关系		$\alpha + \beta + \gamma = 90°$，$\delta = \alpha + \beta = 90° - \gamma$

角。表6-6列出了工作参考系的各平面和刀具的工作角度。

6.1.3.3 刀具几何角度的作用及选用(表6-7)

6.1.4 切削层尺寸参数

在工件上,正在切削的刀齿的切削轨迹和上一个刀齿(或上一次切削)切削轨迹之间的木材,称为切削层。切削厚度和切削宽度是切削层的两个基本尺寸参数,见表6-8。主运动为直线运动时,切削厚度在刀具切削木材过程中为一常数,等于相邻两加工表面之间的垂直距离;主运动为回转运动(旋切和车削除外)时,切削厚度随着刀齿在工件中位置的不同而变化。当主切削刃垂直于主速度方向时,切削宽度等于工件宽度;当主切削刃不垂直于主速度方向时,切削宽度大于工件宽度。

6.1.5 木材主要切削方向

根据刀刃及刀刃运动方向相对于木材纤维方向的不同,木材直角自由切削分为纵向、横向和端向三个主要方向及它

表6-6 工作参考系的各平面和刀具的工作角度

示 图		图示
工作基面	P_{rw}	通过切削刃选定点并垂直于切削运动速度方向的平面
工作切削平面	P_{sw}	通过切削刃选定点平行于切削运动方向的平面
工作法平面	P_{nw}	通过切削刃选定点垂直于切削刃的平面。与静态参考系中法平面相同
工作正交平面	P_{ow}	通过切削刃选定点,与工作基面和工作切削平面都垂直的平面。当主运动方向和切削刃垂直时,工作正交平面与工作法面重叠
工作前角	γ_w	刀具前刀面和工作基面之间的夹角
工作后角	α_w	刀具后刀面和工作切削平面之间的夹角
运动后角	α_w	切削运动方向和主运动方向之间的夹角
工作切削角	δ_w	刀具前刀面和工作切削平面之间的夹角
标注角度和工作角度间关系	$\alpha_w = \alpha - \alpha_m$, $\gamma_w = \gamma + \alpha_m$, $\delta_w = \delta - \alpha_m$	

表6-7 木工刀具几何角度的作用及选用

角度名称	作 用	选用原则
前角 γ	前角大,切削层的木材变形小,前刀面上摩擦力变小,切削力、切削温度和刀具磨损也因此变小,有利于产生连续的螺旋状切屑。前角小,切屑变形和破坏程度增大,切削力变大,易形成间隙的多角形(有超越裂缝)或皱折的切屑。在后角一定时,前角不宜过大或过小。前角过大,刀具切削部分强度降低,易产生卷刃或崩刃;前角过小,切屑变形和切削力增大	1.加工硬阔叶材(如黄檀等)时,应取较小的前角(15°～20°)。加工软材(如杉木)时,可选较大的前角(30°～40°); 2.刀具材料的抗弯强度及冲击韧性高,可选取较大的前角(如高速钢刀具),反之前角较小(如金刚石刀具); 3.若切屑为制品,如单板旋切、刨切,宜采用很大的前角(63°～70°),以获得光滑连续状的单板; 4.成形铣刀的前角应根据具体的加工要求来选择
后角 α	减小刀具的后刀面和工件加工平面上的木材层的摩擦	铣刀的后角一般为8°～15°。当加工硬阔叶材,后角宜取小值,当加工软材尤其是树脂含量较高的木材时,后角宜取大值。因考虑锯子齿室的容屑能力,锯齿的后角比铣刀大,为15°～30°
楔角 β	决定了刀具切削部分的强度	刀具材料冲击韧性好,楔角可小一些,反之楔角大一些。通常钢质刀具的楔角小于硬质合金刀具,硬质合金刀具的楔角小于金刚石刀具

表 6-8 切削层的尺寸参数

尺寸参数	符号	定 义	计算公式
切削厚度	a	相邻两切削轨迹之间的垂直距离	$a = U_z \cdot \sin\theta$
切削宽度	b	沿主切削刃测量的切削层的尺寸，也就是主切削刃的工作长度	
切削面积	A	切削层在基面内的截面积	$A = a \cdot b$

表 6-9 三个主要切削方向及其过渡方向

切削方向	代号	示图	切削力	定义纵向
纵向	∥ 90~0		中	刀具在纤维平面内，刀刃和主运动速度分别垂直和平行于纤维方向的切削
横向	# 0~90		小	刀具在纤维平面内，刀刃和主运动速度分别平行和垂直于纤维方向的切削
端向	⊥ 90~90		大	刀具在垂直于纤维平面内，刀刃和主运动速度都垂直于纤维方向的切削
纵横向	∥~#		介于#和∥之间	刀具在纤维平面内，刀刃和主运动速度方向与纤维方向倾斜的切削
纵端向	∥~⊥		介于∥和⊥之间	刀具不在纤维平面内，刀刃和纤维方向垂直而主运动速度和纤维方向倾斜的切削
横端向	#~⊥		介于#和⊥之间	刀具不在纤维平面内，刀刃和纤维方向倾斜而主运动速度垂直于纤维方向的切削

们的过渡切削方向。木材是各向异性材料，在不同的切削方向下，切削层木材的变形、切削力、刀具磨损和工件表面加工质量等各种物理现象都有差异。三个主要切削方向及其过渡方向见表6-9。

因木材有径切面和弦切面之分，因此三个主要的及其过渡的切削方向都存在径切面切削和弦切面切削。在木材径切面上，因早晚材在刀刃长度方向上相间分布，切削力波动小，切削平稳。因而，工件表面加工质量好。在木材弦切面上，早晚材在主运动方向上相间分布，刀具时而遇到早材，时而遇到晚材，切削力波动大，切削平面以下的木材有时会发生破坏。因而，工件表面质量较差。

6.2 木工刀具磨损及刀具材料

6.2.1 刃口参数

刀具磨损是指刀具与工件材料发生机械、热和化学腐蚀作用，刀具前后面金属材料的消失。刀具磨损后，改变了原有的刀刃微观几何形状，刀具必然钝化。刀具钝化到一定程度后，如果继续使用，切削力和切削温度就会急剧上升，那么工件表面加工精度迅速下降，这时必须重磨刀具或更换刀片（转位刀具）。

在研究刀具磨损时，通常在垂直于刀具刃口的平面（刀刃的横截面）内观察和测量刃口磨损。微观几何形状的参数（称为刃口参数）较多，不同的研究者选择不同的刃口参数，如图6-1所示。包括前刀面刃口缩短量f、后刀面刃口缩短量b、分角线刃口缩短量d、前刀面磨损带宽度w_f、后刀面磨损带宽度w_b、前刀面刃口高度h_f、后刀面刃口高度h_b、负间隙量C、刃口钝半径ρ和磨损面积F等。其中常用的是后刀面刃口缩短量b、负间隙量C和刃口钝半径ρ。用后刀面刃口缩短量b表示刀具磨损；用负间隙量C或刃口钝半径ρ衡量刃口钝化。

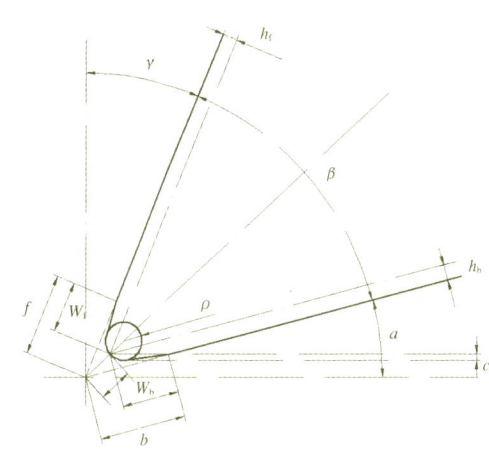

图 6-1 表示刀具磨损和刃口钝化的几何参数

木工刀具在正常磨损时，分为两种情况：

1. 前、后刀面同时磨损

后刀面磨损量大于前刀面，刃口呈圆弧形，前刀面可能出现月洼。这是木工刀具磨损的典型情况。如铣刀在切削厚度小时，后刀面磨损大于前刀面；若切削厚度大时，前、后刀面一起磨损。铣刀断屑器的限制作用，往往在前刀面形成月洼。

2. 后刀面磨损为主，刃口钝半径变化较小

在加工人造板时，往往会出现这类磨损情况。由于后刀面磨损严重，因此后角不断变小，甚至负后角切削。

6.2.2 刀具磨损原因

刀具磨损实际上是机械、热和化学三种作用的综合结果。刀具磨损原因见表6-10。

木工刀具磨损与一般机械零件磨损相比，具有以下特点：

①由于切屑和切削的木材平面对前后刀面摩擦，因此前后面经常是新形成的、活性很高的新表面；

②刀具前后面上的接触压力很大；

③刀具的转速很高，摩擦发热造成的刃口温度也很高，有的高达800℃。

6.2.3 刀具磨损阶段及耐用度

6.2.3.1 刀具磨损阶段

刀具磨损分为正常磨损和异常磨损。在刀具正常磨损情况下，刀具刃口由锋利状态逐渐磨损变钝；但在异常磨损情况下，刀具刃口是突然破损的，如刀刃折断、崩刃、卷刃等。异常磨损使刀具切削性能过早丧失，应尽可能避免。典型的刀具磨损曲线如图6-2所示，磨损过程可分为三个磨损阶段。

初期磨损阶段——磨损曲线的OA段。在这一阶段内，刀具磨损较快，刃口几何形状变化迅速。这是因为刀具刚刃磨后，表面微观不平度较大，并且刃口锋利，刃口上易产生应力集中，刀具前后面很快出现磨损带。随着磨损的扩展，磨损将会逐渐减慢而进入正常磨损阶段。初期磨损量和刀具刃磨质量有很大的关系，刃磨好的刀具经油石研磨后，可以降低刀具的初期磨损量。

正常磨损阶段——磨损曲线AB段。刀具经过初期磨损后，表面微观不平及不耐磨组织已被磨耗，前后刀面也出现了磨损带。因此，在这个阶段内，刀具磨损已进入了稳定状态，磨损量基本上随切削时间成正比增加。这是刀具磨损的基本阶段，刀具使用应该控制在这阶段内。

急剧磨损阶段——磨损曲线的BC段。经过正常磨损阶段后，刀具磨损量已达到一定的数值，刃口已经钝化。若继

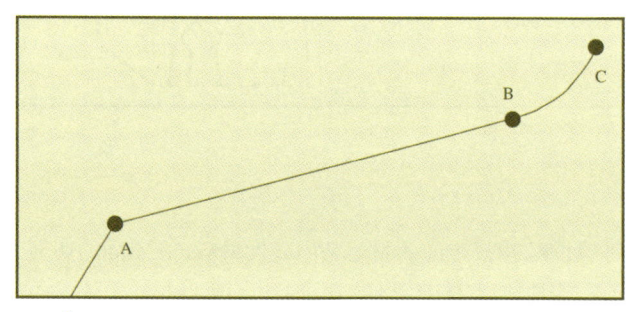

图6-2 刀具磨损阶段

表6-10 刀具磨损原因

磨损原因	说　明
磨料磨损	磨料磨损是工件中的硬质点在外力作用下，擦伤或磨损切削刀具而在前后面上留下垄沟或擦痕，所造成的刀具磨损。磨料磨损在很大程度上取决于工件中硬质点的硬度H_a和刀具材料的硬度H_m之比。当$H_a/H_m>0.8$时，就会形成明显的磨料磨损。以磨料磨损机理为主的刀具磨损量与下列因子有关： ①切削长度：刀具磨损量随着切削长度而线性增加； ②刀具材料的屈服强度：刀具磨损量与刀具材料的屈服强度成反正比例关系； ③切削力：刀具磨损量随着正压力的增大而线性提高
氯、氧化腐蚀磨损	木工刀具在切削人造板时，当温度分别高达400℃或650℃时，工具钢或硬质合金中的某些元素就会与氯气（来源于人造板中的固化剂）和空气中的氧发生化学反应，生成易挥发的氯化物（$FeCl_2$、$FeCl_3$、$CoCl_2$和$CoCl_4$）和疏松的氧化物（WO_3、TiO_2、CoO和Co_3O_4）。当这些反应物被机械作用擦去后，就造成了刀具的磨损
化学腐蚀磨损	工具钢或硬质合金中的某些元素能和木材中的有机弱酸及多元酚化合物发生化学反应，被酸中氢离子夺去电子，形成金属离子，然后进一步在空气中氧化成更高价离子如Fe^{3+}，多元酚化合物和Fe^{3+}发生螯合反应，生成疏松的螯合物覆盖在刀具表面而被机械作用带走，从而加快刀具磨损
电化学腐蚀磨损	当刀具切削木材时，刀具材料各组分与木材中的水溶液、有机弱酸、多元酚化合物接触，除了会发生化学反应外，还会构成许多微小的原电池，发生电化学反应，电极电位高的元素失去电子，造成刀具的电化学腐蚀。化学腐蚀、电化学腐蚀磨损和氯氧化腐蚀，都属腐蚀机理范畴，统称腐蚀磨损机理。以腐蚀磨损为主的刀具磨损量和切削时间有关，切削时间长，刀具磨损就越大

续使用，则磨损速度很快地增加，切削力和切削温度均显著上升，工件表面加工质量严重恶化。

显然，在刀具磨损进入急剧磨损阶段之前，就应及时换刀。通常对粗加工的刀具，以正常磨损阶段的终点 B 处的刃口缩短量作为合理的磨损限度；对于精加工的刀具，往往以满足工件的加工精度或表面粗糙度而规定磨损限度，因而磨损限度小于 B 处的刃口缩短量。

6.2.3.2 刀具耐用度

刀具耐用度是指新刃磨过的刀具从开始使用至磨损量达到磨损限度为止的总的实际切削时间。刀具使用寿命和刀具耐用度含义不同，它是指一把新刀具从开始使用起，经过若干次刃磨到报废为止的总的实际切削时间。在磨损限度确定之后，耐用度和磨损速度有关。磨损速度越慢，耐用度就越高。因此，影响刀具磨损的因素均影响刀具的耐用度。表 6-11 列出了影响刀具耐用度的因素。

6.2.4 木工刀具抗磨技术

根据木工刀具磨损原因，要提高刀具的耐磨性，主要有两条途径：一是提高刀具耐磨料磨损（机械擦伤磨损）的能力；二是提高刀具抗腐蚀磨损的能力。常用的木工刀具抗磨技术见表 6-12。

6.2.5 刀具材料

在木材切削过程中，直接担负切削工作的是刀具的切削部分。刀具材料在很大程度上决定了刀具的耐用度、刀具消

表 6-11 刀具耐用度影响因素

因素名称		作　用
刀具加工条件	材料	刀具材料对耐用度影响很大。在刀具具有足够强度和韧性条件下，通常刀具硬度愈高，耐热性愈好，则耐磨性愈好，耐用度也就愈高
	角度	在后角相同时，小楔角（能降低前刀面的磨损，从而提高刀具耐用度。当楔角不变时，大后角能降低后刀面的磨损，从而提高刀具耐用度。因此，对于以后刀面磨损为主的情况，可选择较大的后角
	切削速度（V_c）	在刀具达到耐用度时的切削长度为切削速度和耐用度的乘积。切削长度增大，通常刀具磨损也相应变大。因此，切削速度提高会降低刀具耐用度
	进给速度（U）	当刀具转速不变时，进给速度提高，一般情况下刀具耐用度都会降低
	切削厚度（a）	因为切削厚度增加，切削力相应提高，加大了切削区木材对刀具摩擦。因此，刀具耐用度也相应降低
	工件材料	木材纤维方向、木材中硬质点（如节子、树脂和石英砂等）、木材中酸性的浸提物（如醋酸、单宁和多酚类化合物等）和人造板中胶合材料及其他添加剂都会影响刀具的耐用度

表 6-12 木工刀具抗磨技术

磨损原因	说　明
表面热处理	金相组织对工具钢刀具的耐磨性有一定的影响。通过恰当的表面热处理方法，可以使金属组织转变，使刀具表面硬度提高，增加耐磨性。常用的表面热处理方法包括：①激光淬火；②高频淬火；③电接触淬火。刀具表面经以上方法热处理之后，淬火层的硬度可提高 HRC2-4，耐用度可提高一倍左右
渗层技术	渗层技术是改变刀具表面的化学成分，提高刀具耐磨性和耐腐蚀性的一种化学热处理方法。木工刀具表面常渗入硼、钒等元素。渗硼是元素渗入到刀具的表层，形成硬度高、化学稳定性好的保护层。渗硼层的硬度为 HV1200~1800，渗硼的深度为 0.1~0.3mm，渗硼具有硬度高、摩擦系数低、耐腐蚀性好等优点。 在熔融的硼砂浴中，加入钒粉或钒的氧化物及还原剂，刀具加热到 850~1000 ℃，保温 3~5h，可获得厚 12~14 μm，硬度为 HV1560~3380 极硬的碳化钒层。据研究介绍，渗钒刀具磨损最小，其次是渗铬刀具，未渗层刀具磨损最大。切削云杉（容积重为 0.42g/cm³）的试验表明，在切削长度为 500m 时，渗钒刀具磨损量比渗铬刀具小 20%，比未渗层刀具小三倍
镀层技术	电镀是一种传统的材料保护方法。研究人员曾在合金工具钢刀具表面镀铬，进行切削研究。刀片的尺寸为 30mm × 12mm × 1.5mm，硬度为 HRC60，磨损形貌分析表明镀层均有程度不同的龟裂，19 μm 厚的镀层有剥落现象，和未镀刀具相比，镀层刀具改进了耐磨性，并且 8 μm 厚的镀层刀具具有最长的使用寿命
涂层技术	化学气相沉积法（CVD）和物理气相沉积法（PVD）是将较硬的材料涂到硬质合金、高速钢刀具表面，以提高刀具耐磨性和化学稳定性等性能的一种方法。在刀具表面上通常涂覆 TiN、TiC、TiCN、TiAlN、TiAlN$_2$ 和 Al$_2$O$_3$—TiC 等，刀具耐磨性都有不同程度的提高。硬质合金刀具经过涂层后，耐磨性提高幅度不如高速钢刀具，这是因为基体和涂层之间形成脆性的粘结相，造成刃口附近的涂层材料过早地剥落

耗、加工成本、工件尺寸精度和表面粗糙度。因此，了解和合理选用刀具材料，对于降低生产成本、提高机床利用率和生产效率，都具有十分重要的意义。

6.2.5.1 刀具材料应具备的性能

和金工刀具相比，木工刀具具有以下特点：

① 旋转速度高，铣刀转速一般3000～8000r/min，某些铣刀，如柄铣刀，转速可达20000r/min。

② 加工对象质地不均匀性和各向异性，如木材中有节子、树脂和矿物质如SiO_2等；纵向、径向和弦向之分；人造板厚度方向的密度差异和胶层。

③ 加工对象的多样性，木工刀具除了切削不同种类的木材之外，还要切削各种人造板和复合地板。

可见，木工刀具在切削过程中，要承受的振动和冲击要比金工刀具大。此外，在切削过程中还要承受摩擦、切削力和切削温度的作用。因此，木工刀具切削部分的材料应具备表6-13中的性能。

6.2.5.2 常用的刀具材料

各种刀具材料的物理机械性能见表6-14。

1. 碳素工具钢

含碳量为0.65%～1.36%的优质碳素钢。这类材

表6-13 木工刀具切削部分的材料应具备的性能

名称	说明
硬度和耐磨性	一般刀具的常温硬度应在HRC44-62。硬度越高，耐磨性（主要是抗磨料磨损的能力）也越好。此外，刀具材料组织中的化学成分、显微组织及碳化物的硬度、数量、颗粒尺寸和分布也影响耐磨性
热硬性	刀具材料在高温下应保持其硬度、耐磨性、强度和韧性。热硬性越好，所允许的切削速度就越高
强度和韧性	木工刀具冲击较大，要求刀具具有足够的强度和韧性，这样，刀具在大的机械冲击下，不致崩刀
化学稳定性	木材中水分、浸提物等能使刀具发生腐蚀磨损。因此，要求刀具材料化学性能稳定
工艺性	刀具材料应具有较好的工艺性，使刀具制造容易，成本低，刀刃能磨锋利，砂轮消耗少

表6-14 各种刀具材料的物理机械性能及应用范围

种类	碳素工具钢	合金工具钢	高速工具钢	硬质合金（钨钴类）	陶瓷材料（包括Si_3N_4）	立方氮化硼（CBN）	金刚石
密度(g/cm³)			8.7～8.8	14～15	3.2～4.3	3.48	3.52
硬度	HRC60～64 (HRA81～83)	HRC60～65 (HRA81～83.5)	HRC62～69 (HRA82～87)	HRA89.5～91	HRA91～94	HV8000～9000	HV10000
维持切削性能的最高温度(℃)	<250	300～400	540～650	800～900	1200～1300	1000～1300	700～800
抗弯强度(MPa)			2000～4000	1500～2000	400～900	500～800	600～1100
冲击韧性(MJ/m)			18～30	10～15	3.0～7	6.5～8.5	6.89
导热系数(W/m·K)			20～30	80～110	17～35	130	210
弹性模量(GPa)			210	610～640	280～420	710	1020
常用牌号	T8A、T10A、T12A	9SiCr、CrWMn、6CrW₂Si	W18Cr4V W6Mo5Cr4V2 W6Mo5Cr4V2Al	YG6、YG8、Yg11、YG15、YG6X	Al₂O₃-TiC Si₃N₄		
适用范围	一般用于手动刀具和切削速度慢的机动刀具如刨刀片等	一般用于手动或切削速度较低的机动刀具，如刨刀片、圆锯片和带锯条	一般用于制造切削速度较高的刀具，如平刨床、压刨床上的刀片、各种成形铣刀，还用于刀刃形状较复杂的刀具	用来制造圆锯片、铣刀、柄铣刀、钻头、转位刀片等，也是应用较广泛的木工刀具材料之一	尚在试验研究阶段	尚在试验研究阶段，在铣削刨花板时，立方氮化硼铣刀的耐磨性比硬质合金高20倍	用来制造刀刃形状简单的柄铣刀、地板铣刀

料热处理变形大、淬透性差、热硬性差，但刀刃容易磨锋利。

2. 合金工具钢

含有铬、钨、镍、硅、钒、锰等合金元素的低合金钢。这类材料的热处理变形、淬透性和热硬性都比碳素工具钢好。有些木工刀具，如带锯条，还采用弹簧钢65Mn制造。

3. 高速钢

钨、钼、铬、钒等合金元素含量较高的高合金钢。这些合金元素和碳形成高硬度的合金碳化物，故高速钢具有较高的硬度和耐磨性。钨和钒等合金元素和碳的结合能力很强，提高了钢的热稳定性，在500~600℃下仍能维持较高的硬度，故能在较高的切削速度下使用。高速钢的抗弯强度是硬质合金的2~3倍，冲击韧性是硬质合金的2倍左右，并且具有制造工艺简单、易磨成锋利的刀刃和热处理变形小等特点。因此，可用来制作各类木工刀具。

高速钢按切削性能分为通用高速钢和高性能高速钢；按化学成分分为钨系（W=18%或12%）、钨钼系（W=8%或6%）和钼系（W<2%）。几种典型高速钢的物理机械性能见表6-15。

4. 硬质合金

硬质合金是由难熔的金属碳化物（WC、TiC、TaC等）和金属粘接剂（Co、Ni等）烧结而成的粉末冶金。硬质合金含有大量的碳化物，这些碳化物熔点高、硬度高、化学性能稳定和热稳定性好，因此硬质合金具有硬度高、耐磨性好和热硬性好等优点。硬质合金中碳化物含量越高，硬度越高，但抗弯强度和冲击韧性就降低了；粘接剂含量高，则抗弯强度和冲击韧性较高，但硬度降低。和高速钢相比，常用硬质合金的硬度比高速钢高得多，并且在600℃时的硬度还超过了高速钢的常温硬度。因此，硬质合金刀具耐用度为高速钢的几倍到几十倍。然而硬质合金的抗弯强度和冲击韧性远不如高速钢，在切削振动和冲击大的场合，不宜选用硬质合金。

硬质合金种类较多，我国常用的有三类：钨钴类（WC-Co）、钨钛钴类（WC-TiC-Co）和钨钛钽（铌）钴类（WC-TiC-TaC(NbC)-Co）。其代号分别为YG、YT和YW。因木工刀具转速高、振动冲击大，所以使用钨钴类硬质合金（YG）。常用的牌号为YG6、YG8、YG11、YG15和YG6X等，牌号中数字大致表示粘接剂（钴）的含量，X表示细颗粒。

5. 陶瓷

以氧化铝为主要成分，加入TiC、ZrO_2、SiC等，在高温下烧结而成的材料就是陶瓷材料。陶瓷材料的硬度、耐磨性、耐热性和化学稳定性都比普通的硬质合金好，但抗弯强度很低，冲击韧性很差。冷压制成的纯Al_2O_3陶瓷的抗弯强度约500MPa。随着陶瓷制造工艺和方法的改进，在Al_2O_3中加入TiC等碳化物、ZrO_2等氧化物和SiC晶须等，使陶瓷材料的抗弯强度提高到800~1000MPa。陶瓷材料的木工刀具还在试验研究阶段，随着高韧性、高抗弯强度的新型陶瓷材料的开发、研制，如Si_3N_4基陶瓷，不久将会应用于实际生产中。

6. 金刚石

金刚石分为天然单晶金刚石和人造金刚石。因天然金刚石价格昂贵等原因，所以采用人造金刚石制造木工刀具。人造金刚石分为两种，一种是高温高压下合成的单晶（MCD）、聚晶（PCD）金刚石；另一种是气相沉积的金刚石薄膜。人造聚晶金刚石是在高温高压下通过合金的触媒作用由石墨转化而成；金刚石薄膜是在低真空状态下，加热含有碳的反应气体(如烷类、酮类、醇类)，使之分解，碳原子或甲基基团相互结合，生成金刚石结构并抑制和刻蚀石墨等其他碳结构的生长，在基体上析出纯净的多晶态的金刚石膜。

金刚石刀具具有下述特点：

①有极高的硬度和耐磨性，是目前最硬的物质，耐磨性是硬质合金的100~250倍；

②摩擦系数低于其他刀具材料；

③有很高的导热系数和很低的热膨胀系数；

④刀具刃口非常锋利，能切下很薄的切屑。

表6-15 几种典型高速钢的物理机械性能

类型		牌号	硬度 (HRC)	抗弯强度 (MPa)	冲击韧性 (kJ/m^2)	高温硬度 (600℃)
通用高速钢		W18Cr4V	63~66	3000~3400	180~320	48.5
		W6Mo5Cr4V2	63~66	3500~4000	300~400	47~48
高性能高速钢	高钒	W6Mo5Cr4V3	65~67	3200	250	51.7
	高碳	CW6Mo5Cr4V2	67~68	3500	130~260	52.1
	含钴	W6Mo5Cr4V2Co8	66~68	3000	300	54
	超硬	W2Mo9Cr4V2Co8	67~69	2700~3800	230~300	55
		W6Mo5Cr4V2Al	67~69	2900~3900	230~300	55

注：牌号中元素符号后面的数字表示该元素含量

金刚石刀具的主要缺点是冲击韧性低和热稳定性差。切削温度不宜超过700~800℃,否则就会碳化而失去硬度。

7. 立方氮化硼

立方氮化硼是由软的六方氮化硼在高温高压下加入催化剂制成的高硬度刀具材料,硬度仅低于金刚石。它具有硬度高、耐磨性好、热稳定性好、化学稳定性好和低摩擦系数等优点。

6.3 铣刀

铣刀是一种在回转体的圆周上或端面上拥有多把刀齿的回转刀具,在木材加工中种类最多、应用最广泛。它安装在以铣削方式工作的各类机床上,如平刨、压刨、铣床、镂铣机、木线形机、四面刨等。

6.3.1 铣削

6.3.1.1 铣削的加工范围及特点

铣削是木材加工中应用很广的一种切削方式,其加工范围见表6-16。

表6-16 铣削加工范围

名称	平面	侧面	榫槽	线形	仿形
实例	平刨、压刨	镂铣机、封边机	开榫机、四面刨的企口	线形机、铣床的成形铣	仿形铣

6.3.1.2 铣削的分类（表6-17）

6.3.1.3 铣削的特点

和其他木材切削方式相比,铣削具有下述特点:

① 木工铣刀的旋转速度高,柄铣刀可达20000r/min,套装铣刀也可达2000~6000r/min。

② 铣削时,切削厚度随着刀齿在工件中的位置不同而变化。逆铣时,切削厚度由零增加到最大值;顺铣时,切削厚度由最大减小到零。

③ 铣削是个断续切削过程,在工件表面留下有规律的波纹（运动不平度）。在一个切削层内,切削力起伏大,刀齿受到的机械冲击也大。

④ 在不完全铣削情况下,某一瞬间通常是一个刀齿在切削木材。刀齿切削时间短,在空气中冷却时间长,故散热较好。

表6-17 铣削分类

(1) 按刀齿相对于铣刀的旋转轴线来分		
名称	圆柱铣削	锥形铣削	端面铣削
示图			

(2) 按刀齿接触木材时的主运动方向和进给运动方向	
名称	顺铣	逆铣
示图		

(3) 按刀齿和工件的接触角来分	
名称	完全铣削	不完全铣削
示图		

6.3.1.4 影响工件表面粗糙度的主要因素

铣削时，工件表面粗糙度主要由下列因素构成：由运动轨迹产生的运动波纹；工件表面的木材被撕裂、崩掉、劈裂、搓起和刃刀不平整而引起的破坏不平度；因刀具—工件—机床系统的振动所引起的震动不平度；因加工表面木材材质差异造成的组织结构不平度。

1. 运动波纹

当铣刀各刀齿在同一铣削圆上时，运动波纹高度 y 由下式计算：

$$y = \frac{U_z^2}{4D} = 2.5 \times 10^5 \frac{U^2}{Dn^2Z^2}$$

式中：U——进给速度，m/min

U_z——每齿进给量，mm

D——铣刀铣削圆直径，mm

n——铣刀转速，r/min

Z——铣刀的齿数

由上式可知，当 D、n 和 Z 一定时，降低 U 可减小运动波纹；当 U 一定时，增大 D、n 或 Z 也可降低运动波纹。

刀轴、铣刀的制造精度和装备精度下降，会增加铣刀的径向跳动，波纹间距和高度也随之发生变化。在极端情况下，只有一把刀齿参加切削。这时波纹间距等于每转进给量，波纹深度 y 增加了 Z^2 倍，并和 Z 无关。

2. 破坏不平度

在纵向逆铣时（动力遇角 $\Psi<90°$），U_z 在 0.3~1.6mm/Z 范围变大，工件表面破坏不平度也变大。$\Psi=30°$ 左右时，在不同的 U_z 下，工件表面破坏不平度达到最大。前角 $\gamma=10°$ 时，工件表面破坏不平度达到最小。

在端向铣削时，若没有末端压紧器，工件末端的劈裂是最主要的破坏不平度（开裂深度）。工件末端开裂深度随着 U_z 增加而增大，随着前角的增加而降低。

在横向铣削时，工件表面破坏不平度随着刀齿的倾斜角增加而降低。在纵向铣削时，刀齿倾斜能够降低振动引起的不平度。

工件表面不平度都会因刀具磨损变钝而增加。当刀具磨损变钝时，造成工件加工表面的木材被搓起、撕裂、挖切，从而增加表面不平度。

纵向铣削时，钝刀切削不平度大约是锐刀的 10 倍；横向铣削时，钝刀切削不平度大约是锐刀的 1.5~2 倍；端向铣削时，钝刀切削不平度大约是锐刀的 2~3 倍。

6.3.2 木工铣刀分类

按装夹方式，铣刀分为套装铣刀和柄铣刀。套装铣刀的中央有安装用的中心孔，直接或通过装刀轴套装在机床主轴上。柄铣刀一端具有多把刀齿，另一端为安装用的尾部。尾部形状根据机床主轴上的装夹方式不同而不同，常有圆柱形、圆锥形或带螺纹的。

按结构形式，铣刀分为整体铣刀、装配铣刀和组合铣刀。整体铣刀的切削部分和刀体的材料可以相同，也可以不同（切削部分焊在刀体上），但两者为一体，不可拆卸。装配铣刀是指切削部分（刀片）通过机械夹固方法安装在刀体上，刀片是可以拆装的。组合铣刀是由两把或两把以上的刀具（整体铣刀或装配铣刀）用机械方法装夹在一起的复合刀具。

按刀齿的后刀面，铣刀分为铲齿铣刀、尖齿铣刀和非铲齿铣刀。铲齿铣刀刃口上选定点的后刀面为阿基米德螺旋线或轴线与铣刀轴线偏移的圆弧曲线；尖齿铣刀刃口上选定点的后刀面为直线；非铲齿铣刀刃口上选定点的后刀面为圆弧曲线，靠适当的装刀来调整后角。非铲齿铣刀一般为装配铣刀。

按加工的工件形状，铣刀分为平面铣刀、成形铣刀、槽铣刀、开榫铣刀等。

6.3.3 刀齿廓形和工件截形

成形工件横断面的剖面图形称为工件截形，它是设计成形铣刀廓形的依据。工件截形分为单面截形和双面截形。单面截形是指工件截形各点高度向一侧依次降低或增高，如图 6-3(a)、(b) 所示；双面截形是指工件截形较高点或较低点位于截形的中部或两侧，如图 6-3(c)、(d)。

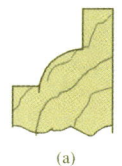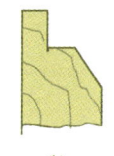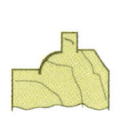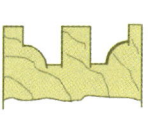

(a)　　　　(b)　　　　(c)　　　　(d)

图 6-3 工件截形

刀齿刃口曲线在前刀面的形状称为刀齿前刀面廓形，在制造和修磨铣刀时，它通常用来检验铣刀的准确性。铣刀轴向平面（通过铣刀的轴线）剖切整个刀齿实体所得的图形称为刀齿轴向剖面截形。木工铣刀都有较大的前角，因此成形铣刀前刀面的廓形高度、工件的截形高度和刀齿轴向剖面的截形高度存在一定的差异。假设要加工如图 6-4 所示形状的工件，则刀齿前刀面的廓形高度 h_f、工件截形高度 h_w 和刀齿轴向剖面的截形高度 h_r 分别为：

$$h_w = R_A - R_C$$

$$h_f = R_A\cos\gamma_A - R_C\cos\gamma_C$$

$$h_r = h_w - \triangle k$$

式中：R_A——刀齿廓形最高点 A 的回转半径，mm

R_C——刀齿廓形最低点 C 的回转半径，mm

γ_A——刀齿廓形最高点的前角，(°)

γ_C——刀齿廓形最低点的前角，(°)

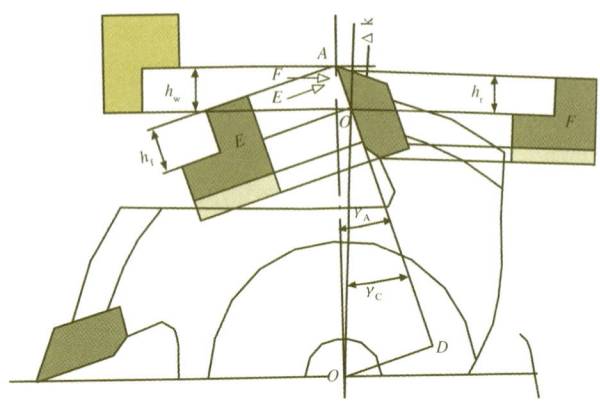

图 6-4 刀齿廓形、工件截形及角度关系

$\triangle k$——在 OA 与 OC 所夹中心角内，后刀面的下降量，mm

可按下式计算：

铲齿铣刀：

$$\triangle k = \frac{K \varepsilon_c Z}{360}$$

尖齿铣刀：

$$\triangle k = \frac{R_A \operatorname{tg}(\gamma_c - \gamma_A)\sin \alpha_A}{\cos(\gamma_c - \gamma_A + \alpha_A)}$$

式中：K——铲齿铣刀的铲齿量，mm

ε_c——OA 与 OC 之间的夹角，(°)

Z——铣刀的刀齿数

α_A——刀齿廓形最高点的后角，(°)

由上式可知：$h_f > h_w > h_r$。因此，刀齿前刀面的廓形不同于工件的截形。在刀具修磨时，刀齿前刀面必须满足上述关系，否则工件加工形状会发生变化。此外，在制造铲齿铣刀时，成形铲刀的廓形应符合刀齿轴向剖面的截形高度，以保证刀齿前刀面的廓形高度。

刀齿廓形上不同点的前、后角随着其半径的不同而不同。刀齿廓形不同点（如最高点 A 和最低点 C）的前、后角可由下式计算：

前角：

$$\sin \gamma_c = \frac{R_A}{R_c} \sin \gamma_A$$

后角：

$$\operatorname{tg} \alpha_c = \frac{R_A}{R_c} \operatorname{tg} \alpha_A$$

对尖齿铣刀而言，上式仅近似计算 α_c。

可见，刀齿廓形上不同点的前、后角随着半径的减小而增大，楔角随着半径减小而减小。因此，刀齿廓形最低点的楔角最小。

6.3.4 铣刀主要几何参数及选择

6.3.4.1 铣刀直径 D 和孔径 d

铣刀直径越大，运动波纹越小，但切削力矩增大，易造成切削振动，而且刀齿和工件的接触弧长增加，使铣削效率降低。因此，尽可能选用小直径规格的铣刀。一般根据机床动力、刀轴转速、工件、刀具材料、铣削深度、铣削宽度和工件表面质量确定铣刀直径。铣刀切削速度和工件、刀具材料的关系见表 6-18。通常情况下，机床动力、刀轴转速已定，是在现有的机床上设计或选用铣刀。所以，根据工件和刀具材料选择切削速度，然后可用下式计算铣刀直径：

$$D = \frac{6 \times 10^4 V}{\pi \cdot n}$$

式中：D——铣刀直径，mm

V——切削速度，m/s

n——铣刀转速，r/min

表 6-18 切削速度 m/s

工件	高速钢铣刀	硬质合金铣刀
针叶树材	50~80	60~90
阔叶树材	40~60	50~80
刨花板	—	60~80
硬质纤维板	—	60~80
塑料贴面板	—	60~120

铣刀直径也可根据下列经验值选取：

轻型铣床：60，80，100，120(mm)

中型铣床：120，140，160(mm)

重型铣床：180，200，220，250(mm)

铣刀孔径 d 根据铣刀直径来确定，铣刀直径越大，孔径也越大，常选用 30、40、50mm。

6.3.4.2 铣刀齿数 Z

铣刀齿数可按下式计算：

$$Z = \frac{1000U}{n \cdot U_Z}$$

式中：U——进给速度，m/min；

n——铣刀转速，r/min；

U_z——每齿进给量，mm/z

每齿进给量 U_z 大小决定了工件表面的运动不平度。当 $0.3\text{mm}<U_z<0.8\text{mm}$ 时，工件表面光滑；当 $0.8\text{mm}<U_z<2.5\text{mm}$ 时，工件表面质量中等；当 $U_z>2.5\text{mm}$ 时，工件表面粗糙。因此，当进给速度和刀具转速一定时，铣刀齿数可以根据上式算出。一般情况下，手工进料时，铣刀齿数宜少；机械进料时，齿数宜多。常用铣刀齿数为：2，3，4，6，8，10，12。

6.3.4.3 角度参数

铣刀后角 α 的主要功用是减小后刀面和切削平面木材的摩擦，通常在 8°～15°范围内选取。铣刀前角 γ 根据工件材性和工件截形高度决定。当切削硬阔叶材时，要求刀具刃口强度高，在后角 α 一定条件下，应适当降低前角以增大楔角 β。当工件截形较大时，应该验算刀齿廓形最低点的楔角 β。对于碳钢（碳素工具钢、合金工具钢和高速钢）铣刀，$\beta\min>30°$；对于硬质合金铣刀，$\beta\min>45°$。通常情况下，铣刀前角可根据表6-19中值选取。在最低点楔角不满足要求时，可降低选定的前角和后角，以增大最低点的楔角。

6.3.5 整体套装铣刀

6.3.5.1 铲齿铣刀

铲齿平面铣刀的后刀面为阿基米德螺旋面或轴线与铣刀轴线偏移的圆柱面，铲齿成形铣刀刃口上选定点的后刀面为阿基米德螺旋线或轴线与铣刀轴线偏移的圆弧曲线，如图6-5所示。因铲齿铣刀后刀面为曲线，因此铲齿铣刀刃磨前刀面。根据阿基米德螺旋线特点，当铣刀多次刃磨前刀面后，后角会稍微增大，但增大量很小。到铣刀正常报废时，后角增大量不大于1.5°，这是其他类型铣刀无法达到的。铲齿铣刀是在铲齿车床上铲削后刀面而形成的。故铲齿铣刀通常采用碳素工具钢和合金工具钢。当加工特别硬的木材时，切削部分也使用高速钢或硬质合金。但刀体部分仍为碳钢或低质量的合金材料。

通常任何复杂的单面截形工件都可以用铲齿铣刀来加工。但当工件截形存在与铣刀轴线垂直的边或圆弧时，为了增大这些刃口的法面后角 α_n，铲齿方向要与径向偏斜一个斜铲角 τ。否则，法面后角 α_n 为零，摩擦很大，使铣刀无法正常切削。斜铲角 τ 一般为2°～4°，也可取得再大一些，以提高 α_n，然而刃磨前刀面后刀刃宽度变化较大。当加工双面截形工件时，单把铲齿铣刀无法加工，必须选用两把或两把以上的铲齿铣刀装夹成组合铣刀，如加工榫槽和榫簧的地板企口铣刀。

6.3.5.2 尖齿铣刀

尖齿铣刀刃口上选定点的后刀面为直线，是在磨床上磨出的。整体尖齿铣刀切削部分材料可以和刀体相同，也可以选用高速钢、硬质合金或金刚石，镶焊在刀体上。和铲齿

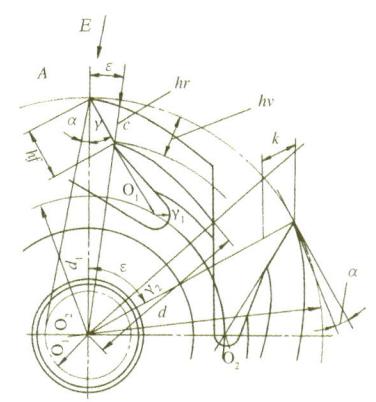

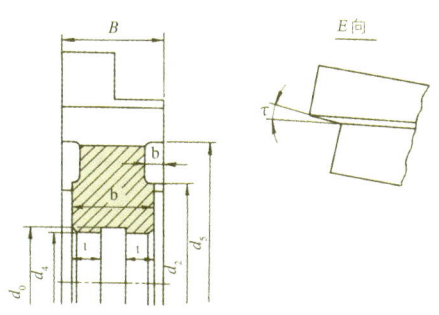

图 6-5 铲齿铣刀

表 6-19 铣刀常用前角

铣刀材料	工件材料	前 角 (γ)					
		纵向铣削		横向铣削		端向铣削	
		软材	硬材	软材	硬材	软材	硬材
碳 钢	木材	20°～30°	10°～25°	35°～40°	30°～35°	30°～35°	25°～30°
硬质合金	木材	20°～30°	10°～25°	30°	25°	30°	25°
	刨花板	密度>0.7g/cm³				20°～25°	
		密度<0.7g/cm³				15°～20°	
	硬质纤维板	15°～20°					

成形铣刀相比，尖齿成形铣刀刃磨前刀面后，后角改变（减小）幅度较大，但尖齿铣刀制造方便，并且硬质合金和金刚石整体铣刀重磨次数少，因此硬质合金和金刚石铣刀多为尖齿铣刀。根据工件截形，尖齿铣刀分为平面铣刀、榫槽铣刀和成形铣刀。

尖齿平面铣刀，如图6-6所示，刃磨后刀面并保证后角不变，那么前角因切削圆变小而变大。设刃磨前的前角为 γ_A，刃磨后的前角为 $\gamma_{A'}$，则 γ_A 和 $\gamma_{A'}$ 之间的关系为：

$$\sin\gamma_{A'} = \frac{R_A}{R_{A'}}\sin\gamma_A$$

式中：R_A——刃磨前铣刀半径，mm

$R_{A'}$——刃磨后铣刀半径，mm

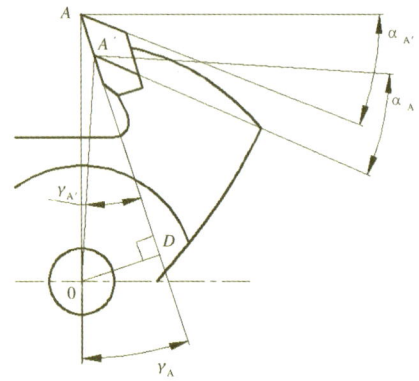

图6-6 尖齿平面铣刀刀齿

图6-7为尖齿成形铣刀刀齿。尖齿成形铣刀刃口磨损钝化后，为了保证刀具重磨后加工的工件截形不变，需要刃磨前刀面并保持刀齿廓形最高点A的前角 γ_A 不变，但后角会变小。刃磨前、后刃口最高点后角之间的关系为：

$$\cos\alpha_{A'} = \frac{R_A}{R_{A'}}\cos\alpha_A$$

式中：α_A——刃磨前刃口最高点A的后角，(°)

$\alpha_{A'}$——刃磨后刃口最高点A′的后角，(°)

R_A——刃磨前铣刀半径，mm

$R_{A'}$——刃磨后铣刀半径，mm

由上式可知，$\alpha_{A'}$ 取决于铣刀直径、刃磨量和初始后角 α_A。为了使 $\alpha_{A'}$ 不低于最小值8°，当铣刀经过多次刃磨之后，应该验算后角，小于8°时，铣刀应报废。

6.3.6 装配铣刀

装配铣刀的刀体和切削部分（刀片）分开，刀片用机械方法夹固在刀体上。

在平刨床、压刨床、削片机、刨片机等重型木工机床上均采用装配式铣刀。平刨床、压刨床上装配铣刀的轴向尺寸较大，有的兼做机床的主轴。因此，常称为刀轴。刀体采用碳钢或低质量的合金钢制造，刀片则采用高速钢或硬质合金。刀体结构常有方刀头和圆刀头。因方刀头噪声大、装刀调刀麻烦、不安全，因此很少使用。圆刀头噪声小、调刀方便、安全性好，并可带限料齿限制每齿进给量，切削平稳，现广泛使用。圆刀头刀片装夹结构形式较多，根据刀片结构分为普通刀片装夹和转位刀片装夹。

普通刀片常见的装夹方式如图6-8(a)所示。普通刀片磨损钝化后，可以刃磨后刀面。在装刀时，使用调刀螺钉、弹簧或其他调刀方法，保持刀片水平并使每把刀片在同一切削圆上，维持原有的切削圆直径。通常情况下普通刀片廓形最低点高出刀体不得超过2mm。普通刀片采用高速钢或硬质合金制造，因硬质合金材料较贵，故在刀片切削部分镶焊硬质合金。普通刀片分为平刨、压刨床上使用的直刃刀片和铣床上使用的成形刀片。前者结构简单，刀片较长；后者刃口形状复杂，刀片较短，用来加工工件上各种形状的线形。直刃刀片的规格和参数见表6-20。成形刀片具有各种形状，可以配备在同一个铣刀头上，因此该铣刀头称为多功能铣刀头。多功能铣刀头有几种不同的结构形式，图

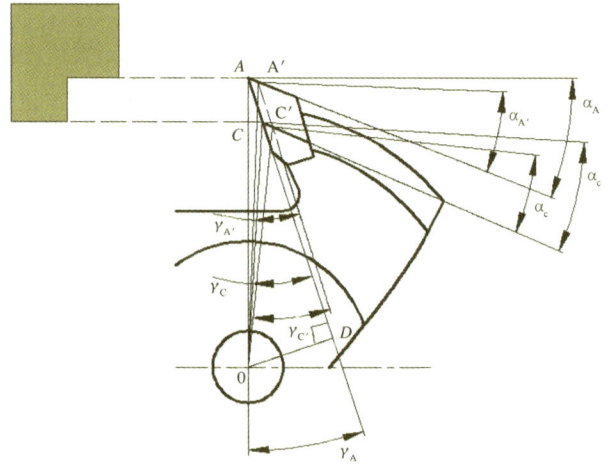

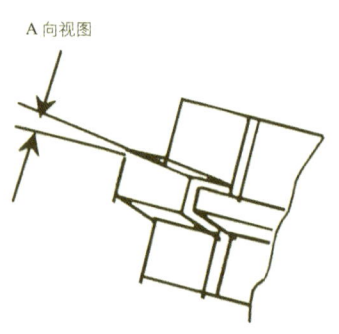

图6-7 尖齿成形铣刀刀齿

表 6-20 刀具切削部分的材料应具备的性能

示图				
刀片材料	刀片厚度 S(mm)	刀片宽度 H(mm)	刀片长度 B(mm)	
合金工具钢	3	30	60,100,130,150,160,180,210,230,260,310,320	
		35	60,100,160,230,320	
高速钢	3	30	60,80,100,110,120,130,150,170,180,190,210,230,240,250,260,270,310,360,400,410,460,500,510,600,610,630,640,710,810,840	
		35	60,100,160,230,320	
司太立合金	3	30	60,80,100,110,120,130,150,170,180,210,230,240,260	
硬质合金	3	30	60,80,100,110,120,130,150,170,180,210,230,260,310,320,330,360,410,450,460,510,610,630,640,710,740,810,1010	
		35	310,320,330,360,400,410,450,460,500,510,600,610,630,635,640,700,710,740,810,1010	

6-8（b）为其中一种，有两个刀槽，安装两把完全一样的刀片。根据要求，一个刀头可以配带 12 对、24 对、36 对形状各异的刀片，刀片材料为合金工具钢或高速钢。常用多功能刀头的技术参数见表 6-21。

表 6-21 多功能刀头的技术参数

	刀片厚度 S (mm)		
	4	5	8
刀头直径 D (mm)	92	100	120
	100	120	140
刀片最大伸出量 t (mm)	15	20	25
最大工件截形高度 h_w (mm)	14	19	24
刀片最小宽度 H (mm)	33	40	50
最小夹紧长度 L (mm)	20	20	20

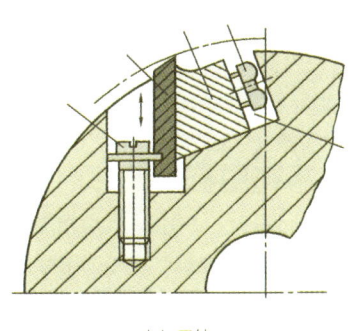

(a) 刀轴

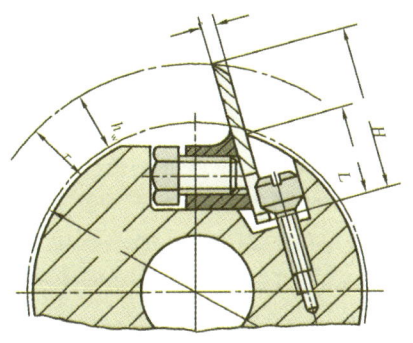

(b) 多功能刀头

图 6-8 普通刀体装配铣刀

转位刀片，见表6-22中示图，分为圆孔定位（a）和沟槽定位（b）（c）两种结构，圆孔定位转位刀片磨损钝化之后，不需要重磨，而是将刀片旋转90°（四边带刃口）或180°（两边带刃口）。这就要求转位刀片拥有很高的耐磨性。因而，圆孔定位转位刀片采用硬质合金制造。沟槽定位转位刀片分为不重磨（b）和重磨刀片（c）。不重磨刀片材料为硬质合金，厚为1.5mm；重磨刀片材料为高速钢或硬质合金，厚为3mm左右，刃磨前刀面，当刀片达到2mm时，刀片不可再磨。当沟槽定位重磨转位刀片一个刃口磨损钝化之后，首先转位180°，使用另一个刃口。只有两个刃口钝化之后，方可重磨。圆孔定位转位刀片和沟槽定位转位刀片常见装配方式如图6-9(a)、(b)和（c）所示。和圆孔定位刀片相比，沟槽定位刀片装卸方便。转位刀片的规格和参数见表6-22。

6.3.7 组合铣刀

木制品加工中经常遇到地板、墙板、门框、门板和装饰

表 6-22 转位刀片规格及参数

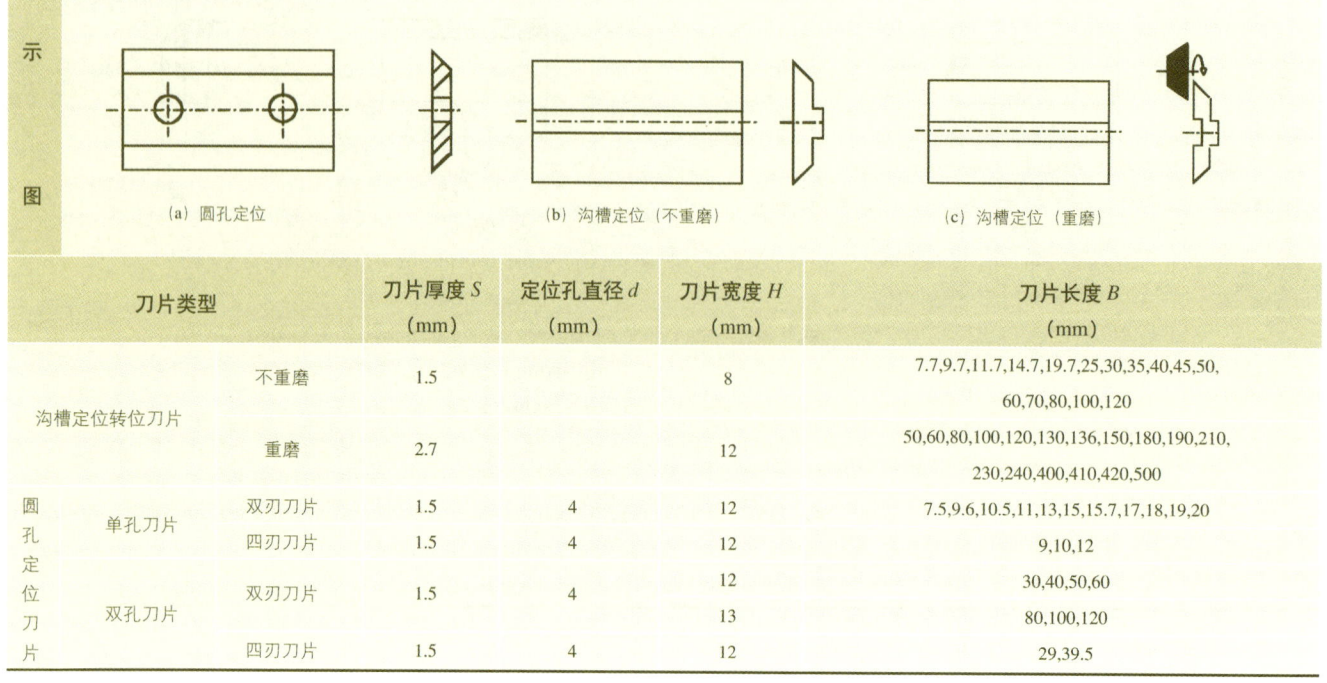

刀片类型		刀片厚度 S (mm)	定位孔直径 d (mm)	刀片宽度 H (mm)	刀片长度 B (mm)
沟槽定位转位刀片	不重磨	1.5		8	7.7,9.7,11.7,14.7,19.7,25,30,35,40,45,50,60,70,80,100,120
	重磨	2.7		12	50,60,80,100,120,130,136,150,180,190,210,230,240,400,410,420,500
圆孔定位刀片	单孔刀片 双刃刀片	1.5	4	12	7.5,9.6,10.5,11,13,15,15.7,17,18,19,20
	单孔刀片 四刃刀片	1.5	4	12	9,10,12
	双孔刀片 双刃刀片	1.5	4	12	30,40,50,60
				13	80,100,120
	双孔刀片 四刃刀片	1.5	4	12	29,39.5

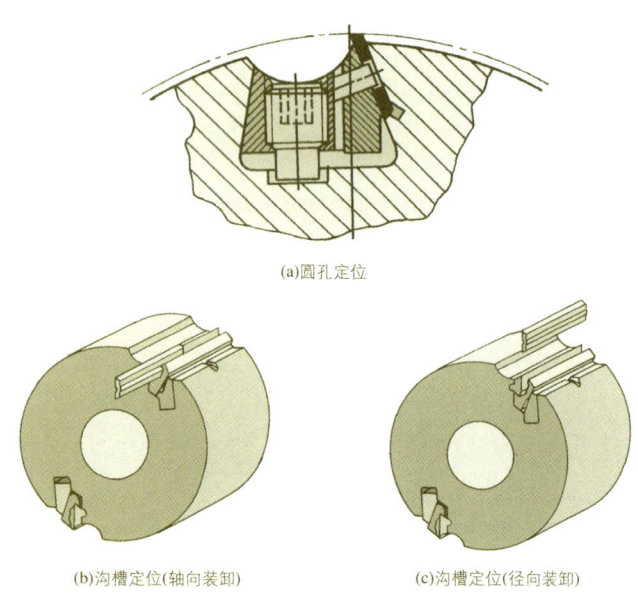

图 6-9 转位刀片装配铣刀

木线等复杂工件截形。当工件为单面截形,可以采用铲齿铣刀或尖齿铣刀;当工件为双面截形且存在与铣刀轴线垂直的边或圆弧时,如地板的榫槽和榫簧,为了保证铣刀修磨后满足工件的尺寸精度和配合精度,必须用组合铣刀加工。根据工件截形,组合铣刀分为地板企口组合铣刀、墙板企口组合铣刀、门框企口组合铣刀和木线形组合铣刀等。

组合铣刀由两把或两把以上的铣刀组成,单片铣刀可以是铲齿铣刀,也可以是尖齿铣刀;可以是整体铣刀,也可以装配铣刀。为了保证组合铣刀重磨后工件截形不变,组合铣刀一般设计成可以调节铣削宽度,以补偿刀齿重磨后廓形的变化。常用的调节方法为:①自身并拢调节;②螺纹套筒调节;③垫圈调节。

图 6-10(a)为自身并拢调节的榫槽组合铣刀,两片铲齿铣刀由三个销钉连接在一起。左右两片铲齿铣刀交错配制高低齿,高齿切削槽底,低齿切削槽的两肩。榫槽存在垂直于铣刀轴线的两面,两片铣刀需要斜向铲齿,左铣刀为左向斜铲;右铣刀为右向斜铲,并且斜铲角相等。两片铣刀仅在前刀面接触,在后刀面上观察,存在间隙。间隙形似楔形,顶角为斜铲角的2倍。铣刀重磨前刀面后,刀齿沿前刀面的接触部分将存在间隙。并拢左右铣刀后,因两铣刀斜向铲齿的角度相等,因此铣刀总铣削宽度尽管变小,榫槽宽度却保持不变,见图 6-11。

螺纹套筒调节的企口组合铣刀,见图 6-10(b),由左铣刀、右铣刀、套筒、分度盘和定位销钉组成。左右两片铣刀交错配制高低齿。两片铣刀的高齿均要斜铲,斜铲方向相反。和自身并拢组合企口铣刀不同的是高齿斜铲部位不在两片铣刀贴合处,因此贴合处没有楔形间隙。左铣刀中心孔有内螺纹,套筒一端有外螺纹,另一端有轴肩。右铣刀从套筒轴肩端装在套筒上,再套上分度盘,用紧定螺钉将分度盘和套筒固定为一体,转动分度盘带动套筒旋入左铣刀,直到两片铣刀贴合在一起。铣刀重磨前刀面后,高齿口宽度变小。为了满足榫槽宽度的尺寸要求,旋转分度盘使左、右铣刀的高齿沿宽度方向的总尺寸不变。

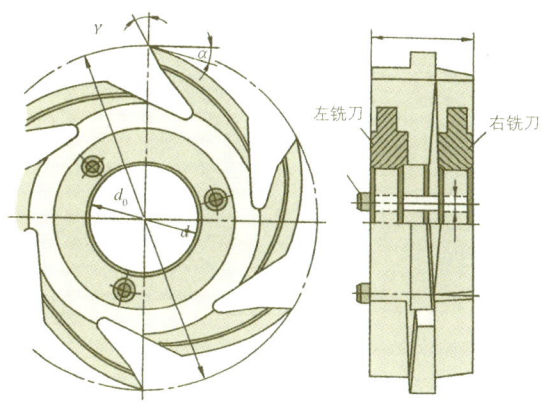

(a) 自身并拢调节

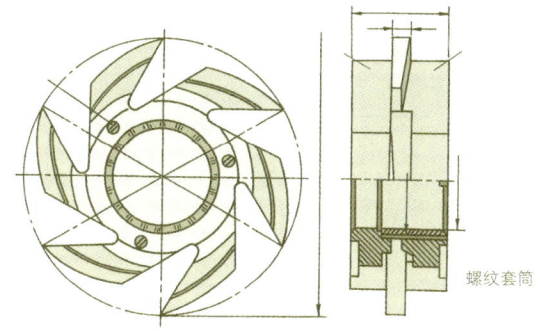

(b) 螺纹套筒调节

图 6-10 组合企口铣刀

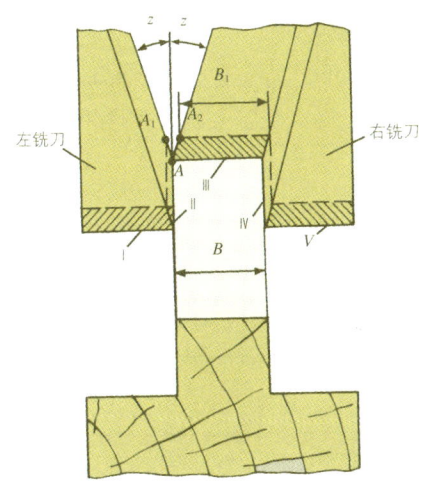

图 6-11 组合铣刀刃磨后廓形尺寸变化

垫圈调节企口组合铣刀高低齿的配制和斜铲方法同螺纹套筒调节的榫槽组合铣刀，不同的是用垫圈取代螺纹套筒来调整铣刀重磨前刀面后，左、右铣刀的高齿沿宽度方向的总尺寸。垫圈孔径同铣刀孔径，常用垫圈直径为 $\phi 45$、$\phi 60$、$\phi 70$、$\phi 90$、$\phi 100mm$ 等，厚度为 0.1、0.3、0.5、1.0、3.0、4.0、5.0mm 等。

常见地板和墙板的榫槽组合铣刀的规格和参数见表 6-23。

6.3.8 典型套装铣刀介绍

6.3.8.1 指接榫铣刀

指接榫接合是目前采用最多的拼板和短材接长方式，指接榫分为横向拼板的小型指接榫和纵向接长的大指接榫，对应的铣刀为拼板指接榫铣刀和接长指接榫铣刀，分别见图 6-12（a）和（b）。指接榫铣刀有整体的也有装配的，接长指接榫铣刀还有组合的。拼板指接榫铣刀一般配置两把刀齿，材料为高速钢或硬质合金。直径为 $\phi 120$、$\phi 140mm$，刀齿齿距一般为 8mm，刀齿长为 5mm。拼板指接榫铣刀刀齿"短"而"胖"；接长指接榫铣刀刀齿"长"而"瘦"。铣刀宽度取决于指接榫数量，指接榫越多，铣刀宽度也越大，一般为 18～84mm。

接长指接榫尺寸较大，榫长为 10～22mm，齿距为 3.8～6.2mm。根据榫肩形式，接长指接榫分为无榫肩榫、单面榫肩榫和双面榫肩榫，对应的指接榫铣刀刀齿也有三种形式。指接榫铣刀的规格和参数见表 6-24，切削部分的材料为高速钢或硬质合金。当板材厚度大于铣刀宽度时，可以将两把或两把以上的铣刀叠加在一起。指接榫装配铣刀分为安装单刃刀片的和安装双刃转位刀片的。组合指接榫铣刀是由数把单片指接刀或（和）两把边刀组成，每把刀片只能加工一个指接榫，边刀刃口宽度大于单片指接刀，用来加工榫肩。单片组合指接榫铣刀的规格和参数见表 6-25。

6.3.8.2 硬质合金整体成形铣刀

硬质合金整体成形铣刀是指在切削部分镶焊了硬质合金成形刀片的铣刀，其刀体选用了与硬质合金热膨胀系数相近

表 6-23 常用企口铣刀的规格和参数

铣刀直径 D (mm)	铣刀孔径 d (mm)	最大转速 n (r/min)	齿数 Z	切削部分材料	榫槽深 (mm)	榫簧长 (mm)
160	40	9000	6	高速钢、硬质合金	8.5、7	8、6
180	40、60	9000	6	高速钢、硬质合金	8.5、7	8、6
200	60	8000	6、8	高速钢、硬质合金	8.5、10.5	8、10
220	60	7000	8、10	高速钢、硬质合金	8.5、10.5	8、10
240	60	6000	10、12	高速钢、硬质合金	8.5、10.5	8、10
250	60	6000	12	高速钢、硬质合金	8.5、10.5	8、10

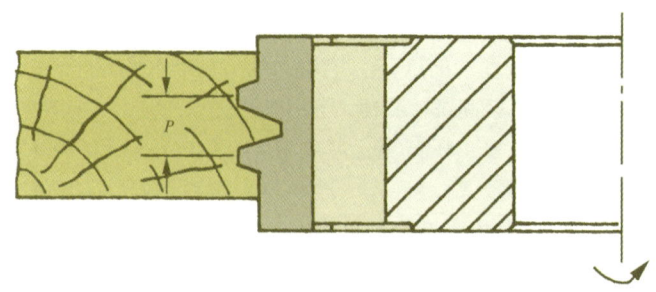
(a) 拼板指接榫铣刀

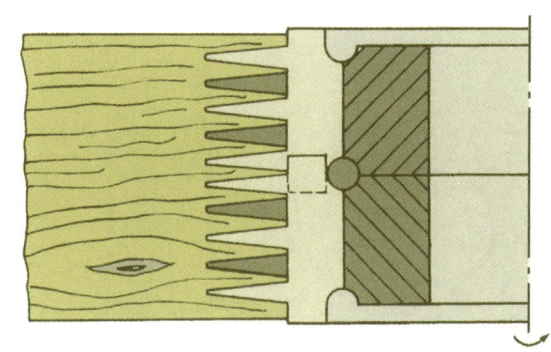
(b) 接长指接榫铣刀

图 6-12 指接榫铣刀

表 6-24 常用接长指接榫铣刀的规格和参数

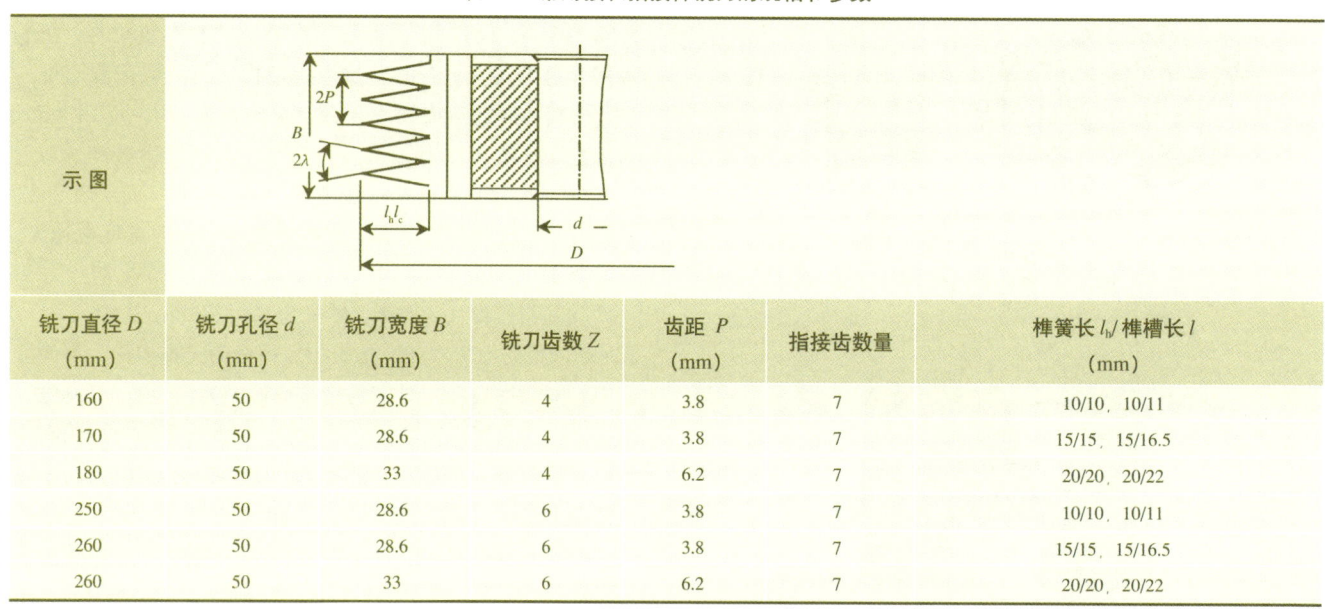

铣刀直径 D (mm)	铣刀孔径 d (mm)	铣刀宽度 B (mm)	铣刀齿数 Z	齿距 P (mm)	指接齿数量	榫簧长 l_b/榫槽长 l (mm)
160	50	28.6	4	3.8	7	10/10、10/11
170	50	28.6	4	3.8	7	15/15、15/16.5
180	50	33	4	6.2	7	20/20、20/22
250	50	28.6	6	3.8	7	10/10、10/11
260	50	28.6	6	3.8	7	15/15、15/16.5
260	50	33	6	6.2	7	20/20、20/22

表 6-25 常用单片组合接长指接榫铣刀的规格和参数

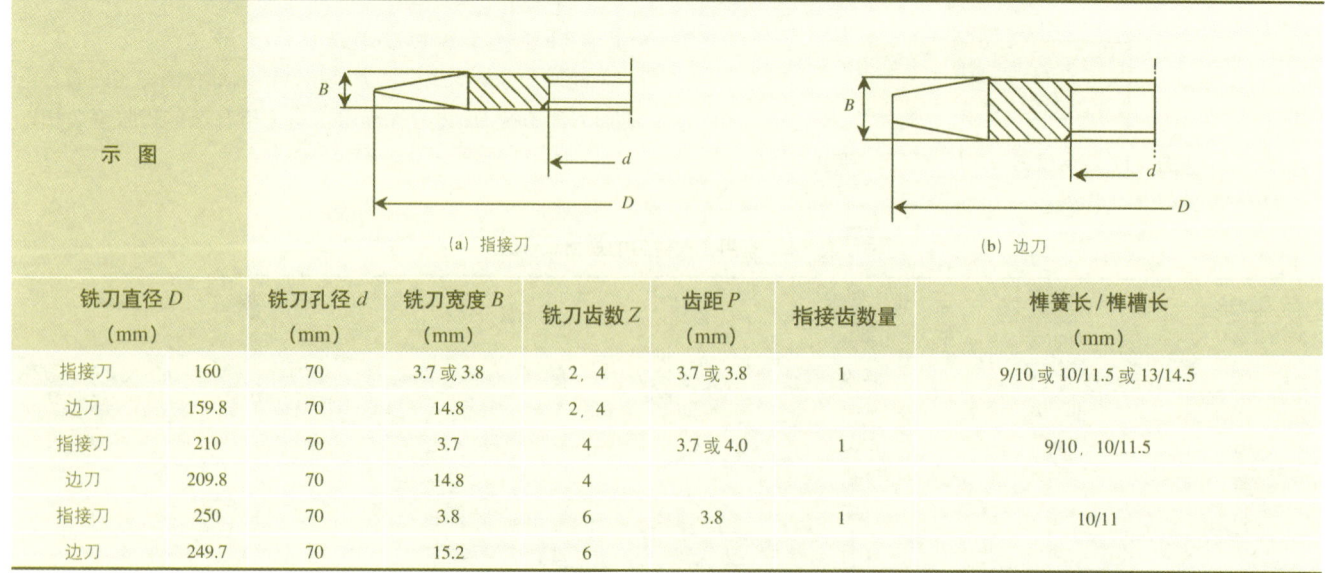

(a) 指接刀　　　(b) 边刀

	铣刀直径 D (mm)	铣刀孔径 d (mm)	铣刀宽度 B (mm)	铣刀齿数 Z	齿距 P (mm)	指接齿数量	榫簧长/榫槽长 (mm)
指接刀	160	70	3.7 或 3.8	2、4	3.7 或 3.8	1	9/10 或 10/11.5 或 13/14.5
边刀	159.8	70	14.8	2、4			
指接刀	210	70	3.7	4	3.7 或 4.0	1	9/10、10/11.5
边刀	209.8	70	14.8	4			
指接刀	250	70	3.8	6	3.8	1	10/11
边刀	249.7	70	15.2	6			

的钢材。因硬质合金耐磨性好，耐用度高，因此刀具通常做成尖齿铣刀，刀体的齿背也无需铲齿而是做成圆弧线或直线。硬质合金整体铣刀具有两种结构，如图6-13所示。图(a)铣刀具有限料齿，它是刀体的一部分，其轴向剖面的形状和刀齿廓形相似，但低0.8~1.1mm，用来限制工件的进给量。若工件进给速度大，限料齿就会碰到工件，故进给速度均匀、切削力变化小和操作安全，适用于手工进给的铣床。图(b)铣刀无限料齿，适合于机械进料的铣床。

刀片厚度和工件截形高度有关，通常在2.5~7mm范围内选取。刀片后刀面最低点在半径方向高出刀体相应点1~2mm，前刀面突出刀体尺寸取决于刀片厚度，一般为2~4mm。为了保证刀具重磨后加工的工件截形不变，硬质合金整体铣刀规定按原有的前角刃磨前刀面，铣刀报废时刀片厚度不得小于1mm。

这类铣刀多数用来加工各种直线木线形和曲线木线形，刀齿廓形复杂。因目前国内尚无木线形标准，因此刀齿廓形也无相应的标准。刀具制造单位除了生产常用木线形刀具之外，特殊木线形刀具需要根据工件截形定做。铣刀直径一般为120、140、160、180mm等，孔径为30、35、40mm，铣刀宽度为40、60、80mm等。若铣刀在立铣床上使用，并且刀轴上还安装导向用的滚轮，工件进给时，工件基准面应紧靠在滚轮。在这种情况下，铣刀直径应由导向滚轮和工件截形来确定。例如若导向滚轮直径为ϕ112mm，工件截形高度为6mm，则铣刀直径为118mm。该类铣刀常用的直径有118、122、128、132、142、152、162、172mm。

6.3.8.3 开槽铣刀

根据木材纤维方向，开槽铣刀分为顺纤维开槽铣刀（进给方向和纤维方向平行）和横纤维开槽铣刀（进给方向和纤维方向垂直）。为了改善槽壁加工质量，横纤维开槽铣刀两侧面要配置数把沉割刀，沉割刀高出主刃0.5~0.8mm，先将木材纤维割断，然后主刃切削槽底木材。

1. 开槽锯片

开槽锯片[图6-14(a)]是一种专门用于在工件上切割沟槽的硬质合金圆锯片。锯齿形状不同于圆锯片的锯齿，前齿面没有内凹而是矩形。为减少锯齿侧面和槽壁的摩擦，锯齿侧面需要斜磨，斜磨角τ为2°。可将数把开槽锯片装在同一根锯轴，锯片之间用垫圈隔开，从而满足多条沟槽加工的需要。为了保证槽宽不变，开槽锯片刃磨锯齿的后齿面。

开槽锯片锯齿的前角γ为15°，后角α为15°。常用的直径为150、180、200mm，齿数Z为12和18，孔径为30mm，加工的沟槽宽度为4.0、4.5、5.0、6.0、7.0、8.0、9.0、10.0mm等系列。

除此之外，还有摆动锯片。摆动锯片是将锯片倾斜安装在锯轴上的一种锯片铣刀[图6-14(b)]。摆动锯片的开槽宽度取决于锯片的倾斜角和锯片直径。调节锯片的倾斜角，就能改变沟槽的宽度，因锯片受侧向力较大，锯身变形较大，因此加工质量较差。

2. 尖齿槽铣刀

尖齿槽铣刀常在切削部分镶焊硬质合金片，后刀面做成平面（图6-15），刀齿侧面斜磨1°~2°以减小侧面和槽壁的摩擦。横纤维槽铣刀刀齿侧面交错镶焊了一把沉割刀，沉割刀除了先于主刃把木纤维割断外，还能起到修整槽壁的作用。常用尖齿槽铣刀的直径为120、140、150、200、220mm，齿数Z为4、6，孔径为30、35、50mm，加工的槽宽为4、5、6、8、10mm。

3. 组合开槽铣刀

组合开槽铣刀由两片刀片组成，通过两个定位销钉连接在一起。借助垫圈，可以调节切削宽度，但加工的最大宽度不得大于主刃宽度的两倍。每片刀片配有两片主刃和两片沉

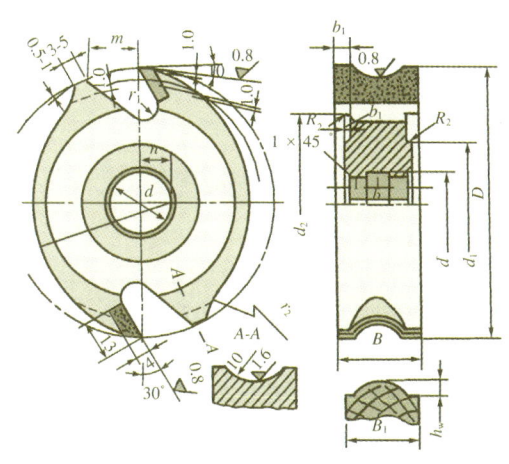

(a) 有限料齿

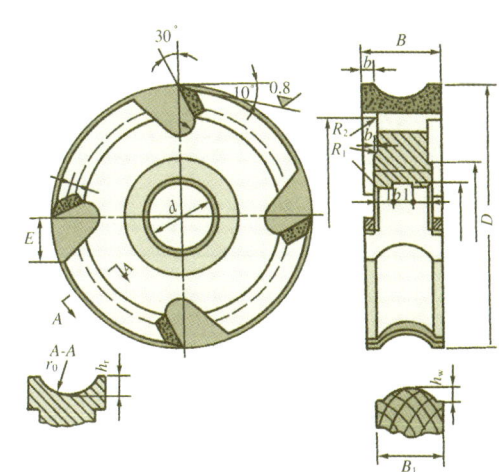

(b) 无限料齿

图6-13 硬质合金整体铣刀

割刀,同一片刀片上沉割刀配制在同一面。常用组合开槽铣刀的规格和参数见表6-26。组合开槽铣刀的刀片还可以机械方式安装在刀体上,即装配式开槽铣刀。主刀片一般是双刃转位的,沉割刀为四刃转位。

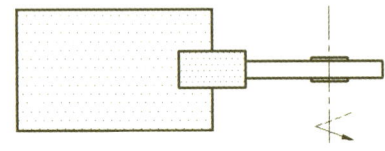

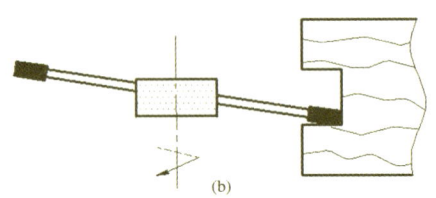

图6-14 开槽锯片

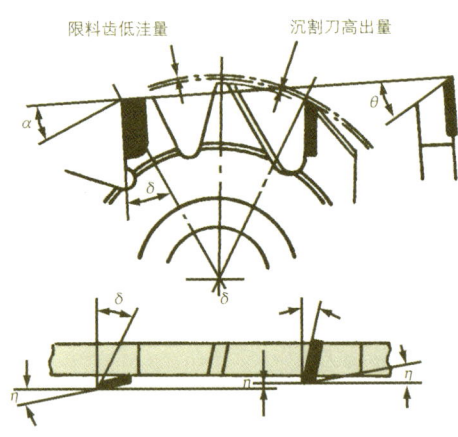

图6-15 尖齿槽铣刀

表6-26 常用组合开槽铣刀的规格和参数

铣刀直径 D (mm)	槽宽 B (mm)	铣刀孔径 d (mm)	槽深 H (mm)
140	1.8/3.4	30,40	20
	2.2/4.0	30,40	20
150	4.0/7.5	30	37.5
	7.5/14.5	30	37.5
	12.0/23.5	30	40

6.3.9 柄铣刀

6.3.9.1 概述

柄铣刀主要用来开槽和加工榫眼(含盲榫眼),仿形铣削、雕刻和加工工件的周边。用柄铣刀加工线槽或榫眼时,工作过程包括铣刀沿铣刀轴线方向的钻进和垂直于铣刀轴线的进给,因此这类柄铣刀的端面和侧面都有刃口;而加工工件侧面或周边的柄铣刀无钻进过程,故该类柄铣刀端面无刃口。CNC加工中心一般都采用柄铣刀。

柄铣刀常由柄部、颈部和切削部分组成。柄铣刀主要类型如图6-16所示。根据后刀面形状,柄铣刀分为铲齿的、尖齿的和非铲齿的三大类;按切削部分形状,柄铣刀分为圆柱柄铣刀、燕尾柄铣刀和成形柄铣刀;按刃口配置,柄铣刀分为直刃和螺旋刃;根据刃口数量,柄铣刀分为单刃、双刃和三刃柄铣刀;根据结构形式,柄铣刀分为整体柄铣刀和装配柄铣刀。

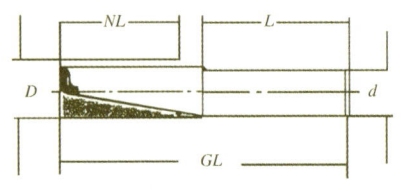

直刃柄铣刀

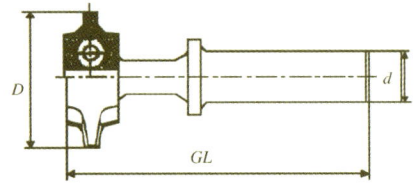

装配柄铣刀

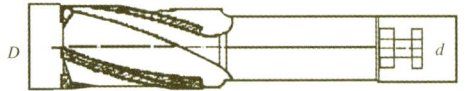

螺旋刃柄铣刀

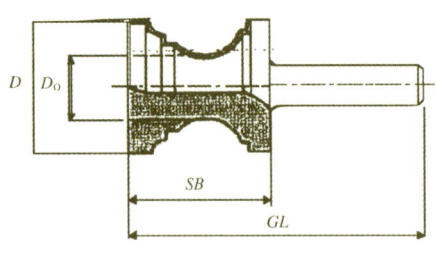

成形柄铣刀

图6-16 柄铣刀种类

和套装铣刀相比,柄铣刀直径小。为了满足切削速度的要求,柄铣刀转速较高。一般都在10000r/min以上,高的可达20000r/min。即使如此,柄铣刀的切削速度也比套装铣刀小得多。例如,柄铣刀直径为18mm,转速 n 为18000r/min;另一套装铣刀直径为180mm,转速为6000r/min。套装铣刀的切削速度是柄铣刀的3.33倍。因此,柄铣刀的运动后角(2°~8°)要比套装铣刀的大得多,从减小后刀面和切削平面木材的摩擦考虑,柄铣刀主刃后角 α 应选大一些,为15°~20°。柄铣刀主刃的其他角度参数为：前角 $\gamma =15°\sim 25°$，楔角 $\beta =45°\sim 60°$。柄铣刀端刃从外缘向中心内凹 $1°\sim 2°$，后角 α 为 $20°\sim 25°$，端刃前角 γ 根据刀齿配置的不同而不同。柄铣刀主刃有四种结构形式：①直刀刃（含带缺口的直刀刃），刀刃平行于柄铣刀的轴线，端刃前角 γ 为零；②螺旋刃，刀刃和柄铣刀轴线倾斜，端刃前角取决于刀刃螺旋角；③斜刀刃，刀刃和柄铣刀轴线倾斜；端刃前角取决于刀刃倾斜角；④主刃和端刃单独配置（装配柄铣刀），端刃前角为 $10°\sim 15°$，和主刃无关。

6.3.9.2 偏心装夹柄铣刀

这类柄铣刀的后刀面，如图 6-17 所示，为圆弧曲线，铣刀以一定的装刀角偏心固定在装刀卡头上，以获得适当的后角。该柄铣刀只有单个刀齿，制造方便。主要用于镂铣机上铣槽或加工工件的周边。因铣刀回转轴线和铣刀轴线偏移，切削圆直径 D_c 大于柄铣刀直径 D。因此，不仅增大了容屑空间还调节刀具后角。在铣刀刃磨之后，可以通过调节偏心距来保持切削圆直径不变。

切削圆直径 D_c 和铣刀后角 α 由偏心距 e 和安装角 ϕ（铣刀切削圆中心 O 和铣刀中心 O_1 的连线 OO_1 和过铣刀刃尖 A 的半径线 O_1A 之间的夹角）决定。它们之间的关系如下：

$$\sin\alpha =\frac{2e}{D_c}\sin\phi$$

$$\sin(\phi -\alpha)=\frac{D}{2e}\sin\alpha$$

$$D_c=\sqrt{D^2+4e^2+4De\cos\phi}$$

可见在 $\phi =0°\sim 180°$ 范围内，D_c 随着 ϕ 的增加而变小。当 $D_c=D$ 时，$\phi =180°-\arccos(e/4D)$；当 $\phi =90°$ 时，α 达到最大。因此，安装角 ϕ 至少应在 $0°\sim [180°-\arccos(e/2R)]$ 范围之内，但 D_c 必须大于 D，故安装角一般 ϕ 为 $30°\sim 50°$。在实际使用过程中，对于一定铣刀直径 D 和偏心距 e，在保证后角 α 的前提下，安装角 ϕ 和切削圆直径 D_c 之间的关系见表 6-27。后角 α 越大，D_c 和 ϕ 也越大。

偏心装夹柄铣刀各参数间的关系见表 6-27。

6.3.9.3 整体柄铣刀

常见的整体柄铣刀有双直刃、斜刃和螺旋刃柄铣刀。刀体和切削部分的材料可以相同如碳素工具钢、合金工具钢和高速钢，也可以在刀体上镶焊硬质合金和金刚石刀片。

1. 直刃柄铣刀

一般配制两个刀齿，有主刃和端刃，主刃平行于柄铣刀的轴线；端刃有两部分，一是主刃端部形成的前角为零的端刃，另一是位于直径线上的两主刃之间的部分，见图 6-18。

$$\sin\gamma =\frac{2k}{D}$$

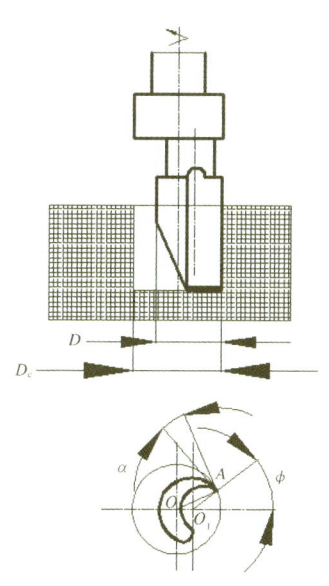

图 6-17 偏心装夹柄铣刀

表 6-27 偏心装夹柄铣刀各参数间的关系

柄铣刀直径 D (mm)		3	3.5	4	4.5	5	5	5.5	6	6.5	7	7	8	8	8.5	9
偏心距 e (mm)		1.5	1.5	1.5	1.5	1.5	2	2	2	2	2	2.5	2.5	3	3	3
切削圆直径 D_c (mm)	$\alpha =15°$	5.6	6.0	6.4	6.8	7.2	8.3	8.7	9.1	9.4	9.8	11.0	11.7	12.9	13.2	13.6
	$\alpha =20°$	5.8	6.2	6.7	7.1	7.5	8.6	9.1	9.5	9.9	10.3	11.4	12.3	13.4	13.8	14.2
安装角 ϕ	$\alpha =15°$	30	33	35	38	41	34	36	38	40	42	36	39	35	37	38
	$\alpha =20°$	40	44	47	51	55	45	48	51	54	57	49	53	47	49	51
柄铣刀直径 D (mm)		9.5	10	10.5	11	11	12	13	13	14	15	15	16	17	17	
偏心距 e (mm)		3	3	3	3	4	4	4	5	5	5	6	6	6	7	
切削圆直径 D_c (mm)	$\alpha =15°$	14.0	14.3	14.7	15.0	17.4	18.1	18.9	21.2	21.9	22.7	24.9	25.7	26.5	28.7	
	$\alpha =20°$	14.7	15.1	15.5	15.9	18.1	19.0	19.8	22.0	22.8	23.7	25.8	26.7	27.6	29.7	
安装角 ϕ	$\alpha =15°$	39	41	42	43	36	38	40	35	36	38	34	35	37	33	
	$\alpha =20°$	53	55	57	59	48	51	54	46	49	51	45	47	49	45	

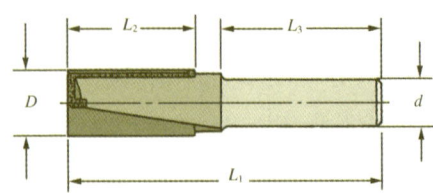

图6-18 双刃直刃柄铣刀

式中：γ——主刃的前角，(°)

2k——两刀片之间的垂直距离，mm

D——柄铣刀直径，mm

在铣刀直径一定情况下，要提高铣刀前角，必须增大2k。但2k值受到刀体尺寸和强度的限制，2k值不宜过大。通常 2k/D 为 0.25～0.3，对应的前角前角 γ 为 14.5°～17.5°。此外，镶焊柄铣刀刀片厚度S与铣刀直径D之比约为0.13。

这类铣刀的切削力比螺旋刃大，铣削宽度受到了限制，不宜超过铣刀的直径D。当铣削宽度较大时，应降低进给速度，否则会引起铣刀变形甚至折断。常用直径为3～30mm，切削部分长度L_2为5～42mm，柄铣刀全长L_1为34～94mm。柄部尺寸(直径×装夹长度)为 8mm × 30mm、9.5mm × 20mm、12mm × 40mm。

2. 成形柄铣刀

成形柄铣刀（图6-19）装在镂铣机或数控机床上，加工木线形、曲线木线形和零件周边的圆弧曲面。成形柄铣刀配制两把刀齿，一般都没有端刃。为了减小刃口最高点的前角$γ_A$和最低点$γ_C$前角的差异，刀刃和铣刀轴线倾斜。倾斜角的大小由工件截形高度和截形宽度确定。若 $γ_A = γ_C$，则：

$$\frac{k_1}{k_2} = \frac{D - 2h_w}{D}$$

式中：$2k_1$——两刀片刃口最低点之间的垂直距离，mm

$2k_2$——两刀片刃口最高点之间的垂直距离，mm

D——柄铣刀直径（刃口最高点切削圆直径），mm

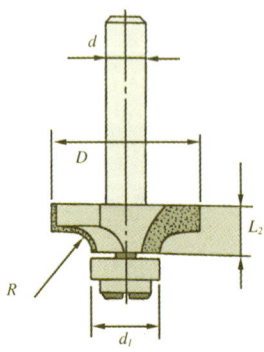

图6-19 成形柄铣刀

h_w——工件截形高度，mm

因受刀体尺寸限制，成形柄铣刀的前角都比较小，一般为10°～15°。

有些装在镂铣机上使用的柄铣刀，端部还安装了导向用的滚轮。加工时，工件紧靠在滚轮上用手工进给。因而，可加工曲线木线形或曲线边框。导向滚轮直径d_1和刀齿廓形最低点的直径相同，故铣刀直径D就由导向滚轮直径d_1和工件截形高度h_w来确定，常用导向滚轮的直径为12、14、16等系列。柄部直径一般为6、6.35、8mm等系列。

3. 螺旋刃柄铣刀

铣刀通常有三把刀齿，刀刃为螺旋形，工作时相当于螺旋圆柱铣削，切削力均匀，切削平稳，并且端刃有一定的前角，改善了加工条件。因此，铣刀弯曲变形小，加工精度高，进给速度高，铣削宽度比直刃柄铣刀大。但制造和刃磨都比较麻烦。

螺旋刃柄铣刀（图6-20）有两种结构形式，图（a）刃口光滑，图（b）刃口为锯齿形。前者切削质量好，用来精加工；后者切削效率高，用来粗加工。

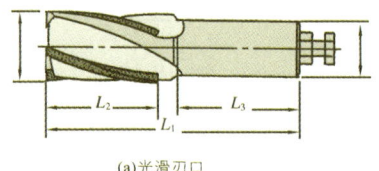

(a)光滑刃口

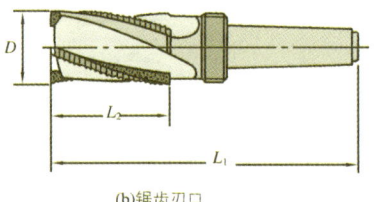

(b)锯齿刃口

图6-20 螺旋刃柄铣刀

6.3.9.4 装配柄铣刀

套装铣刀有装配式，柄铣刀也可以做成装配式的。刀片可为单刃重磨刀片，也可为多刃转位刀片。和套装铣刀一样，柄铣刀刀片装夹方式也较多。常见的为螺钉夹紧和螺钉楔块夹紧。螺钉夹紧的刀片多为转位不重磨刀片，根据使用要求，有两种结构：

(1) 两把转位刀片均为主切削刃，只能用来加工工件的周边；

(2) 一把主切削转位刀片，另一把钻削用的端刃，主要用来加工孔眼和榫槽。

螺钉楔块夹紧柄铣刀装夹部分的结构和套装铣刀类似。因刀体上需要加工安装槽，因此柄铣刀尺寸较大，铣刀直径一般都大于φ40mm，大的可达φ145mm。能够满足铣刀前角的要求，主要用于加工工件的成形边。

6.4 锯子

6.4.1 锯子的种类

根据锯子形状，锯子分为带锯条、圆锯片和排锯（框锯）。带锯条根据宽度，分为宽带锯条和窄带锯条。宽带锯条用于原木锯解和板方材再剖，窄带锯条用于板材再剖和细木工。此外，带锯条还有单边和双边开齿、普通张紧和高张紧之分。

圆锯片的种类较多。按锯身截面形状，圆锯片分为平面锯身、内凹锯身和锥形锯身；按锯切方向相对于木材纤维方向，分为纵锯圆锯片、横锯圆锯片和纵横圆锯片；按锯子结构，分为整体圆锯片和装配圆锯片；按切削部分材料，分为普通圆锯片、硬质合金圆锯片和金刚石圆锯片。因碳钢锯齿的耐磨性较差，在加工纤维板、塑料贴面板等人造板时，耐磨性显得明显不足，甚至无法正常加工。硬质合金是一种耐磨性高、热硬性好的刀具材料，用它制造的圆锯片在锯切人造板时，耐磨性可以近百倍地提高。因此，硬质合金圆锯片广泛用于木质人造板加工中。硬质合金圆锯片均为平面锯身。

排锯条使用较少，不作介绍。

为了避免锯子在锯切时锯身平面和锯路壁木材的摩擦，产生夹锯，锯路宽度必须大于锯身厚度。为了满足这一点，锯子的锯齿都需要锯料。通常采取压料、拨料或内凹等方法获得锯料。压料是用压料机构将锯齿齿尖压扁成"青蛙嘴"状，然后磨成等腰梯形；拨料是用拨料机构将锯齿交错向两侧拨弯，以获取锯料；内凹是指锯身内凹（如内凹锯身圆锯片）或锯齿内凹（如硬质合金圆锯片）。

根据进料方向相对于木材纤维方向，锯齿分为纵锯齿和横锯齿；根据锯齿刃磨方式，锯齿分为直磨齿和斜磨齿。纵锯时，主刃接近端向切削木材，侧刃接近横向切削木材。主刃应先于侧刃将木材纤维切断，才能使锯切顺利进行。所以纵锯齿的前角大于零。横锯时，主刃接近横向切削，侧刃接近端向切削。侧刃应先于主刃将木材纤维切断，木材纤维才不致于被拉断。因而横锯齿的前角小于零。纵锯齿多数为直磨齿，横锯齿都是斜磨齿。直磨齿以压料为主，斜磨齿只能拨料。锯切特征及术语见表6-28。

6.4.2 锯子的结构及参数

6.4.2.1 带锯条

带锯条坯料为一定宽度和厚度的薄钢带。其长度取决于带锯机规格型号。在薄钢带边缘开出一定形状规格的锯齿，然后采用银焊、气焊（氧气乙炔焊）或闪光对焊等焊接方法，把薄钢带两端焊接在一起，就形成了无端带状的锯条。带锯条需要经过粗磨齿形、整料（压料或拨料）、锯身修整、辊压适张度和精磨齿形等工序，才能用于锯切。带锯条由锯身和锯齿两部分组成，见图6-21。

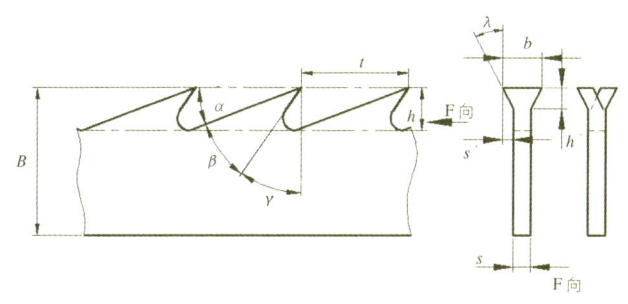

图6-21 带锯条锯身和锯齿参数

表6-28 锯切特征及术语

	带锯条	圆锯片
特征	呈无端带状，其边缘开有锯齿。锯条张紧在上、下锯轮；下锯轮驱动带锯条而切削木材	呈圆板状，其周边开有锯齿。圆锯片依靠左、右法兰盘夹紧在锯轴上，作匀速回转运动而切削木材
齿顶线	连接各齿尖所得的直线（带锯条）或圆（圆锯片）	
齿底线	连接各齿底（锯齿的最低部分）所得的直线（带锯条）或圆（圆锯片）	
齿距(t)	相邻两齿对应位置沿齿顶线之间的距离，单位为mm	
齿高(h)	齿顶线和齿根线之间的距离，单位为mm	
锯料	为了消除锯切木材时的夹锯现象，通常把锯齿的切削部分压宽（称为压料齿）或交错拨向两侧（称为拨料齿），从而使锯子有效地完成切削过程，该工艺过程称为锯料	
锯料量(s')	锯齿刃尖到锯身平面的距离，单位为mm	
锯料宽度(b)	压料锯为单一锯齿两刃尖之间的距离，拨料锯为相邻两锯齿的外刃尖沿锯身厚度方向的之间距离，单位为mm。因锯路壁木材有一定的弹性恢复，所以锯料宽度略大于锯路宽度。$b=S+2S'$，S为锯身厚度	
切削厚度(a)	若进给速度不变，切削厚度为常数，每转参加锯切的齿数为：$Z_n = \pi D/t$，即使进给速度不变，切削厚度也随着锯齿在切削层木材中的位置而改变。D为锯轮的直径，t为齿距。在计算U_z时，应代入Z_n	

1. 锯身

锯身的尺寸参数为长度 L、宽度 B 和厚度 S，其大小和锯机型号有关。通常锯轮直径 D 为 914~1524mm，相应的锯条长度为 6~9m。锯身初始宽度 B 为锯轮宽度、齿高 h 和余量（5~10mm）之和。国产带锯条宽度规格为 6.3、10、12.5、16、20、25、32、40、50、63、75、90、100、125、150、180、200mm。带锯条使用后，宽度会变小。报废时的尺寸一般为初始宽度的 1/2~1/3。

锯身厚度 S 一般根据锯轮直径 D，凭经验选取。当 $S \leq 1.45$mm 时，$S \leq D/1000$；当 $S \geq 1.45$mm 时，$S \leq D/1200$。带锯条厚度有两种表示方法："mm"和英国伯明翰铁丝规格"B.W.G."。两者对比值见表6-29。我国常用制材带锯条的厚度规格为 0.9~1.25mm（B.W.G.，18~20）。

表6-29 "B.W.G." 和 "mm" 对照

B.W.G.	mm	B.W.G	mm
13	2.40	20	0.90
14	2.10	21	0.80
15	1.85	22	0.70
16	1.65	23	0.65
17	1.45	24	0.55
18	1.25	25	0.50
19	1.05	26	0.45

表6-30 带锯条齿距 t 和齿高 h

锯厚 S (mm)	齿距 t (mm) 压料齿	齿距 t (mm) 拨料齿	齿高/齿距 h/t 硬材	齿高/齿距 h/t 软材
1.25	38	32	0.35	0.4
1.05	35	28	~	~
0.89	32	25	0.32	0.37
0.81	28	23	0.30	0.35
0.71	25	22	~	~
0.64	22	20	0.27	0.32

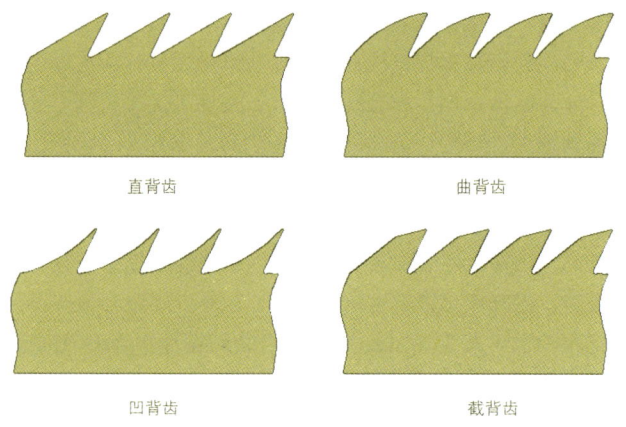

图6-22 带锯条齿形

2. 锯齿

带锯条锯切时木材进给方向和木材纤维方向平行，锯齿的前角必须大于零度，并且都采用直磨齿（前齿面和后齿面均与锯身平面垂直），锯齿结构简单。其参数分为尺寸参数和角度参数。尺寸参数，如图6-21所示，主要是齿距 t 和齿高 h。角度参数主要是前角 γ、后角 α 和楔角 β。此外，还有有关锯料的一些参数，如锯料宽度 b（或锯料量 s'）、锯料高度 h'（或锯料角 λ）。

齿距是相邻两齿尖之间的直线距离，是锯齿最基本的尺寸参数。根据锯条厚度 S、锯料形式和加工的材种，按表6-30中数据选取。具体选择时，还应考虑锯路高度、锯切速度和进给速度的作用。通常锯路高度小、锯切速度大、进给速度低，宜采用小齿距。

齿形主要是指后齿面、前齿面和齿底所包纳范围的形状。常用的齿形有直背齿、曲背齿、凹背齿和截背齿等齿形，见图6-22。直背齿的齿背为直线，其他齿形是这种齿形演变而来的。这种齿形较为合理，适合锯切一般的软硬材。曲背齿的后齿面为弧形突起，增加了锯齿的抗弯强度，可用于锯切大直径的原木和硬材。凹背齿和曲背齿相反，后齿面弧形凹洼，排屑流畅。但锯齿强度低，适宜锯切杨木、泡桐、杉木等软材。截背齿齿高比标准齿高稍低，锯齿后角小，锯齿强度提高。适合锯切山毛榉等硬材。

在齿形一定的情况下，齿高和齿距决定了齿室的面积 A（$A=ht/1.75$），而齿室面积和齿室容屑能力有关。通常锯屑在齿室占有率不超过60%~75%，否则会造成齿底开裂。因此，齿高和齿距密切相关。

带锯条锯齿采用压料或拨料获取锯料。制材用的锯条多选用压料，细木工用的多为拨料。在选择锯料量或锯料宽度（若不考虑锯路壁木材的弹性恢复，锯料宽度等于锯路宽度）时，锯路宽度不宜超过2S，锯料量在（0.25~0.45S）范围内变化，参考表6-31中数据选取。

锯料高度 h' 通常为齿高 h 的 1/3~1/4。为了减小锯齿侧面与锯路壁的摩擦，前齿面的锯料角 λ_f 应该小于后齿面的 λ_b。一般 $\lambda_f=10°~15°$，$\lambda_b=15°~25°$。

表6-31 带锯条锯料量 S

锯厚 S (mm)	压料齿 软材	压料齿 硬材	拨料齿 软材	拨料齿 硬材
1.25	/	/	0.31	0.28
1.05	0.33	0.30	0.30	0.27
0.89	0.32	0.29	0.29	0.26
0.81	0.32	0.28	0.28	0.26
0.71	0.31	0.27	0.27	0.25
0.64	0.30	0.26	0.26	0.24

6.4.2.2 圆锯片

圆锯片为一定直径和厚度的圆钢盘，中心开有安装孔，外缘开有锯齿或镶焊硬质合金锯齿。锯身需修整和辊压适张度，锯齿要整料或镶焊合金块和修磨。

圆锯片也由锯身和锯齿组成。

1. 锯身

圆锯片锯身的尺寸参数为直径 D、厚度 S 和孔径 d。

圆锯片直径 D 根据锯机的型号和最大锯路高度来确定。由于在同一锯切条件下，小直径的圆锯片具有木材损失小、能量消耗低和稳定性好等优点，因而在满足锯切要求的前提下，尽量选用小直径的圆锯片。平面锯身的圆锯片直径为 150～1500mm；内凹锯身的圆锯片直径为 200～500mm。制材用的圆锯片直径较大，为 700～1200mm；人造板锯切用的圆锯片直径较小，为 200～450mm。

圆锯片厚度 S 和圆锯片的直径、锯身材料和加工对象有关。同一直径的圆锯片有 3～5 种不同的厚度规格。根据圆锯片旋转速度、锯切质量、锯切对象和锯钢性能来选择圆锯片厚度。尽管薄锯片可以降低锯路损失，但锯片稳定性下降，适得其反。因此，选择锯片厚度时，应在保证锯切质量前提下选用薄圆锯片，以降低锯路损失。常用的锯片厚度在 0.9～4.2mm 范围内变化。

理论上锯片中心孔的孔径 d 取决于锯片的直径，锯片直径越大，孔径也越大。但实际上，锯片孔径由锯轴直径来确定。因而，先根据锯轴确定孔径，然后选择锯片直径。孔径 $d=25$mm，则 $D=100$～300mm；$d=30$mm，则 $D=350$～550mm；$d=40$mm，则 $D=600$～750mm；$d=50$mm，则 $D=800$～1100mm；$d=60$mm，则 $D=1150$～1500mm。有些圆锯片的中心孔单面或双面开有键槽，如多锯片圆锯机上的圆锯片，那么孔径较大。

2. 锯齿

圆锯片既可以纵锯，又可以横锯或纵横锯，对应的锯齿为纵锯齿、横锯齿和组合齿，如图 6-23 所示。圆锯片的纵锯齿和带锯条的锯齿结构类似，既可压料又可拨料。但圆锯片的纵锯齿常采用拨料，有时还斜磨后齿面。横锯齿一定要斜磨，并只能采用拨料。用斜磨角 ε（前齿面或后齿面和锯身平面之间所夹的锐角的余角）表示锯齿的斜磨程度。横锯齿的斜磨角 ε 为 25°～35°；纵锯齿锯切软材时的斜磨角为 15°～20°，锯切硬材时的斜磨角为 10°～15°。

（1）齿数 Z：圆锯片修磨后，直径变小，若按原来齿数刃磨锯齿，齿距也相应减小。可见齿距 t 不能作为圆锯片锯齿的基本尺寸参数，而用齿数 Z 表示锯齿的基本尺寸。在锯片直径一定的情况下，齿数增加，则每齿进给量降低，锯切表面光滑。然而，齿距减小，齿室容屑能力降低。在选择齿数时，应考虑：①横锯片齿数大于纵锯片齿数；②拨料齿齿数大于压料齿齿数；③锯路高度大，锯片齿数少；④锯切硬材的锯片齿数大于锯切软材的锯片齿数。

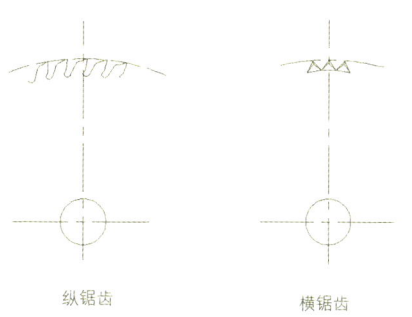

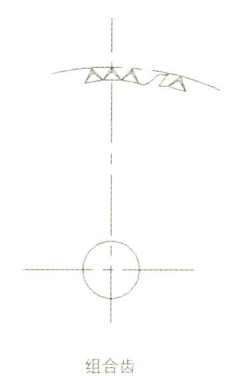

图 6-23 普通圆锯片锯齿类型

（2）齿高 h：在锯片直径和齿数一定的条件下，纵锯齿的齿高和后齿面的形状决定了齿室的容屑能力；横锯齿的前角 γ 和楔角 β 决定了齿高和齿室的容屑能力。纵锯齿的齿高 h 和齿距 t 之间的关系见表 6-32。

（3）角度参数：圆锯片角度参数比带锯条复杂，锯切木材时的锯齿角度可参照表 6-33 中值选取。

（4）锯料：木工圆锯片通常采用拨料加宽锯路，平面锯身的圆锯片，有时也使用压料增大锯路。在截断、再剖硬材时，锯料量为 0.35～0.50mm；在截断、再剖软材时，锯料量取大一些。

表 6-32 圆锯片纵锯齿齿高 h 与齿距 t 的比值

锯厚 S（mm）	软材	硬材
2.10～1.85	0.50～0.44	0.45～0.40
1.65～1.45	0.40～0.35	0.35～0.30
1.25～1.05	0.32～0.30	0.27～0.25

6.4.3 锯子修整

锯子需要经过开齿、接锯、锯身修整和适张度处理等修整工序。

6.4.3.1 开齿

带锯条用冲齿法开齿。在锯身带毛刺、锈斑、龟裂和不平的一边开齿。圆锯片用冲齿法或磨齿法开齿。开齿前，先

表 6-33 圆锯齿角度参数

	齿　名	直背齿	截背齿	截背斜磨齿	曲背齿	
纵锯齿	示图	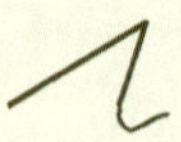	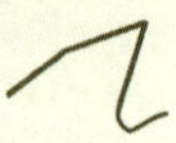	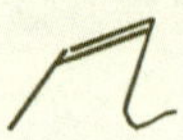	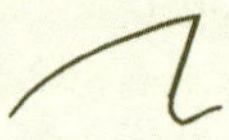	
	前齿角	20°～26°	20°～35°	25°	30°～35°	
	楔角	40°～42°	40°～45°	45°	40°～45°	
	用途	锯边	粗锯	再锯	粗锯	
横锯齿	齿　名	等腰三角斜磨齿	不等腰三角斜磨齿	直背斜磨齿	截背斜磨齿	
	示图		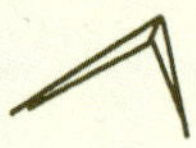	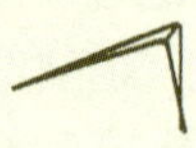	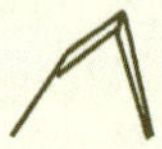	
	前齿角	－25°～－35°	－15°	0°	－10°～－20°	0°
	楔角	50°～60°	45°	40°	80°～85°	70°
	用途	软材原木截断	横锯	板材横锯	硬材原木截断	板材横锯

除去圆盘边缘上的锈斑，并保证圆盘的圆度。齿距由开齿决定，其他锯齿参数可用磨锯机调整。因此，开齿时应该确保齿距均等。

6.4.3.2 接锯

带锯条需要接锯。接锯方法有银焊、气焊（氧气—乙炔火焰）、低压短路焊、惰性气体保护焊和闪光对焊。无论何种方法，都应确保焊缝的强度、硬度和韧性。

银焊是传统的接锯方法，但操作麻烦，不易掌握，并且需要贵重金属—银作为焊料，现使用不多。目前，气焊和CO_2气体保护电弧焊应用较为广泛。

气焊所采用的设备比较简单，操作方便，成本较低，焊缝强度（85～100kg/mm^2）和硬度（HRC17-21）都较高。

气焊使用的设备和工具主要有：氧气瓶和减压器；乙炔发生器或乙炔瓶；微型焊枪（H0Z-1，3号焊嘴）；焊接平台和手锤等。

焊接时采用中性焰或轻微的碳化焰。焊丝（焊料）是从被焊锯条上剪下的，其宽度约等于锯条厚度的1.5倍。焊缝应选择在两齿尖间的中部。对接处应留微小间隙（锯齿留0.5S，锯背留1.5S）。焊接时，一般先在锯条背部和齿部点焊固定，然后从背部向齿部移动进行焊接。焊枪倾角为25°～45°，为了防止烧穿锯条，焊接开始和结束时，倾角宜小一些。焊接速度以溶池（溶池为半流状态）宽度来判断：20号锯条，溶池宽度为3.5～4mm；19号锯条为4～4.5mm；18号锯条为4.5～5mm。

因焊缝凹凸不平，金相结构也有破坏。所以对焊缝要进行加热锤打和整平，温度约700～750℃。接头部位经过焊接和加热锤打，会产生淬火组织和内应力。因此，焊缝需要回火处理，消除内应力和提高韧性。回火温度为400～500℃，使用5～6倍的碳化焰。

CO_2气体保护电弧焊是利用CO_2气体作为保护介质，使熔化的锯条焊缝与空气隔开。焊接时，电弧在CO_2气流作用下，热量集中，锯条变形小，焊缝质量较高。但所用的设备较复杂。焊接的设备和工具主要有：CO_2气体保护电弧焊机；焊枪和送焊丝机构；CO_2贮气瓶和减压器；焊接平台和手锤等。

焊接电流根据焊丝直径和锯条厚度确定，约为(50～60)dA（d为焊丝的直径，mm）。电弧电压应与焊接电流配合恰当，一般为20V左右。焊丝接正极，锯条接负极。CO_2气流压力为1.5～2.2kg/cm^2。焊接时，焊枪倾角为45°～60°，焊枪移动速度为5～10mm/s。

6.4.3.3 锯身修整

带锯条和圆锯片在制造和使用过程中，其表面产生不平，包括小块突出、凹洼和扭曲。此外，带锯条锯背还会内凹和突起。因此，在修整适张度之前，要对锯身进行锯背校直、锯身整曲和锯面修平，见图6-24。

6.4.3.4 适张度修整

1. 带锯条

带锯条在工作时，受到以下应力的作用：

(1) 张紧应力：带锯条通过上锯轮张紧在上下两锯轮上。尽管锯齿部位的张紧应力和锯腰的张紧应力相同，均为拉应力，但锯齿抵抗侧向力的能力比锯腰差。因此，锯齿稳定性较锯腰差。普通带锯条的张紧应力为78～118N/mm^2，高张紧带锯条的张紧应力为196MPa。

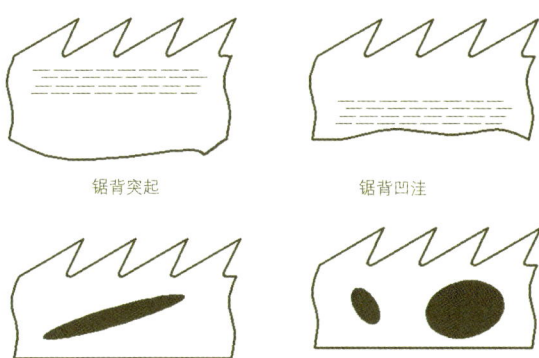

图 6-24 锯身修整

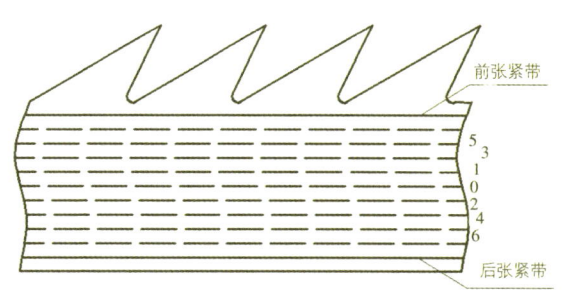

图 6-25 带锯条适张度辊压线

(2) 切削应力：在切削力和法向力作用下，锯齿部位受到压应力，锯背受到拉应力。一般工作条件下，锯齿的压应力为 12N/mm²，锯背的拉应力为 14MPa。

(3) 温度应力：锯齿温度高于锯腰和锯背，因而锯齿温度应力大于锯腰和锯背。通常温度应力为 21~65MPa。

(4) 上锯轮前倾应力：上锯轮前倾角一般为 30′，造成锯齿受压，锯背受拉。应力约为 5MPa。

以上各应力的作用结果是锯齿所受的拉应力小于锯腰和锯背，使得锯齿稳定性进一步降低。为了提高锯齿的稳定性，可以通过提高带锯条的张紧力或其他措施，但受到锯身强度和尺寸限制。目前，行之有效的办法是辊压锯身即适张度修整，使得锯齿部位预先有一定的残余拉应力，以补偿工作时拉应力的不足。

辊压适张度时，先在锯齿和锯背附近留出带锯条的前张紧带和后张紧带，然后从两张紧带之间的中心向两边辊压，见图 6-25。压力中间较大，并朝两边逐渐降低。带锯条一面辊压完之后，辊压带锯条的另一面。辊压线在前两辊压线之间。修整好的带锯条应该是"口紧、腰软和背弓"，即锯齿部位张紧，锯腰伸长松弛，锯背拱起。锯腰伸长的程度用圆势表示；锯背拱起的程度用弯势表示。圆势的大小用一端抬起法检查。带锯条抬高 150mm 左右，用直圆势尺在 650mm 处紧贴锯身平面，则直圆势尺和锯身平面之间有月牙形间隙，最大间隙就是圆势。弯势的大小用三爪式弯势尺来检查。一定长度的弯势尺，如 900mm，有三爪：两端各一个，在一条直线上；中间一个，凹入。检查时，若三爪和锯背吻合，则弯势恰当。反之，弯势不足或弯势过大。适张度修整好的带锯条，张紧在锯轮上，锯腰能很好地和锯轮表面贴合，锯齿和锯背受到张紧，保证锯切时不跑锯。带锯条圆势和弯势推荐值见表 6-34。

2. 圆锯片

圆锯片依靠法兰盘固定在锯轴上，锯齿部分没有外加的张紧力而是靠材料自身的结合力。因此，圆锯片刚性不如带锯条（这也是圆锯片比带锯条厚的原因）。当圆锯片高

表 6-34 带锯条适张度辊压线

带锯条宽度 (mm)	圆势值 (mm)	弯势值 (mm)（弯势尺：900mm）
50	0.10~0.12	
75	0.21~0.26	0.7~0.75
100	0.35~0.42	
125	0.50~0.59	
150	0.67~0.78	0.5~0.6
180	0.86~1.00	

速旋转时，因离心力的作用，锯身半径上各点的应力和变形，都弦向大于径向。锯切时，锯齿的温度高于锯子其他部位的温度，并且温度造成的弦向变形比径向变形大。这就进一步加大了弦、径向变形的不协调。也就是说锯齿部分的金属材料在产生较大的弦向变形时，却无法沿径向产生相应的变形。因此，锯切时锯齿部分松弛，向两侧游动，导致锯材表面波浪不平。解决的办法是锤打或辊压锯身腰部，即适张度处理。圆锯片的圆势大小用半径尺或直径尺在锯身平面上检查，其推荐值见表 6-35。在锯身厚度小或锯片转速高或锯切硬材或进给速度高等情况下，圆锯片适张度宜大一些。

6.4.4 硬质合金圆锯片

锯齿上的合金片为圆锯片的切削部分，是硬质合金圆锯片的心脏。锯齿的角度指的是这块硬质合金片的角度。这些角度除了普通锯齿的前角 γ、后角 α、楔角 β 和内凹角 λ 之外，还有前、后齿面斜磨角 ε_γ、ε_α。后齿面斜磨还分主斜和次斜磨。合金齿的类型、斜磨角和用途见表 6-36。

硬质合金纵锯齿后角 α 一般为 10°~15°，横锯齿后角 α 一般为 20°，但前角 γ 随着锯切对象的不同而有不同的取值，楔角 β 也随之改变，可参见表 6-37。

硬质合金圆锯片的直径 D、孔径 d 和齿数 Z 根据应用场合和锯切对象而定，可参见表 6-38。硬质合金圆锯片的切削速度比普通圆锯片高，其推荐值见表 6-39。硬质合金圆锯片锯身上还有热胀槽、降声槽和侧面刨齿等特殊结构，见图 6-26。

表 6-35 圆锯片适张度值

圆锯片直径（mm）	半径尺检测（mm）			直径尺检测（mm）		
300	0.22	0.18	0.15	0.9	0.72	0.60
450	0.35	0.28	0.23	1.40	1.12	0.92
600	0.63	0.50	0.42	2.54	2.03	1.70
750	0.98	0.79	0.65	3.94	3.15	2.63
900	1.40	1.12	0.91	5.65	4.52	3.77
1050	1.95	1.55	1.29	7.82	6.25	5.21

6.5 钻头

6.5.1 概述

利用旋转的钻头，在工件上加工圆孔的工艺过程，称为钻削。不同类型的钻头可以在工件上加工各种规格的通孔、盲孔和阶梯孔；还可用于钻圈或钻去木材中节子等缺陷，实现嵌补。

表 6-36 合金齿的类型和用途

类型		示图	斜磨角度	说明及主要用途
内凹齿	直磨齿		前、后齿面与锯身平面垂直	软硬木材的纵锯和横锯，锯切表面粗糙
	后齿面斜磨齿		$\varepsilon_\alpha=10°\sim20°$ 相邻两齿交错斜磨	软硬木材的纵锯和横锯，软质纤维板和刨花板粗加工锯切表面质量中等
	前、后齿面斜磨齿		$\varepsilon_\gamma=10°$，$\varepsilon_\alpha=10°\sim20°$ 相邻两齿交错斜磨	实木、胶合板、细木工板、中密度纤维板和高压层积木，锯切质量高
梯形齿	直磨齿		前、后齿面与锯身平面垂直	起线锯，先于主锯片在各种贴面板、层积材、纤维板（MDF、HF 和 WF）、石膏板和矿渣板等材料表面加工 1.50~2mm 的线槽，防止加工表面撕裂和起毛刺
	后齿面斜磨		$\varepsilon_\alpha=10°$ 相邻两齿交错斜磨	
梯形内凹齿			单齿的后齿面双向斜磨。斜磨角为 44°	和内凹齿交错配置，并在径向突出 0.3mm，先于内凹齿切削，用于薄木贴面板、塑料贴面板和中密度纤维板的加工，锯切质量好
三角齿	等腰		单齿的后齿面双向斜磨。ε_α 为 25°	再碎锯，人造板生产线上板坯的齐边，两头开榫机截断圆锯片和其他裁边用圆锯片，还可以精加工板材、刨花板、中密度纤维板和三聚氰胺树脂贴面板
	不等腰		斜磨角一边为 15°，另一边为 44°	
	圆弧齿		前齿面和（或）后齿面磨成圆弧	与等腰三角齿交错配置，并在径向低凹 0.3mm，可纵、横向锯切单板层积材、细木工板、胶合板和纤维板等板材，锯切质量好

表 6-37 硬质合金圆锯片锯齿的前角 γ 和后角 α

序号	主要应用场合	锯切对象	α 参考值	γ 参考值	锯切质量
1	多锯片圆锯机	纵锯木材、软质纤维板和刨花板	12°~15°	12°~20°	粗糙
2	手提锯机、多功能锯机	纵、横锯切木材和软质纤维板和刨花板	15°	10°	粗糙
3	截断圆锯机	横向截断木材	20°	-6°	中等
4	手提锯机、纵锯圆	板材下料：包括单板贴面、塑料贴面、细木工板、纤维板、胶合板和层压板等	15°	10° 或 15°	依锯齿类型而定
5	锯机、多功能锯机、裁边锯机	板材、单板层积材、塑料贴面板等	15°	8°	好
6	起线锯片	贴面板层积材、纤维板（MDF、HF 和 WF）、石膏板和矿渣板	15°	0°	好

表6-38 硬质合金圆锯片直径、齿数和孔径

圆锯片类型	直径 D (mm)	齿数 Z	孔径 d (mm)
起线锯	120,125,150,180,200,215	16,20,24,28,32,36,40,44,48	20,22,30,45,50,55,65
粉碎锯	200,220,250	24,28,30,32,36,40,44,48,54,60	80,100
多锯片圆锯机上锯片	180,190,200,210,220,225,250,300,315,320,350,380,400,420	16,20,24,28,34,36,48	30,40,60,70,75,80
横锯片	450,500,550	54,60,72,120	30
纵横锯片	180,190,200,210,240,250,280 300,315,350,400,450,500	12,14,16,18,20,24,28,32,36,40 44,48,54	30,60
人造板加工用锯片	220,250,300,350,400,450	36,40,48,54,60,64,72,80,84,96,108,120,132	30,35,50,60

表6-39 硬质合金圆锯片锯切速度 v(m/s)

锯切对象	实木、软质纤维板	单板	高压木石膏板	细木工板	单板贴面	胶合板、碎料板、硬质纤维板	刨花板、MDF、塑料层积板
速度 m/s	60~100	70~100	40~65	50~90	60~90	50~80	60~80

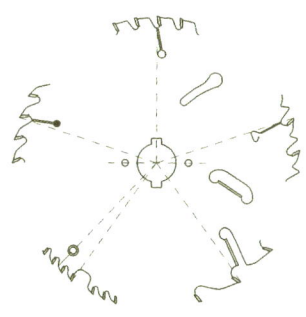

图6-26 硬质合金圆锯片的特殊结构

根据进给方向相对于木材纤维方向，钻削分为纵向钻削和横向钻削（图6-27）。进给方向和木材纤维一致的钻削称为纵向钻削；进给方向和木材纤维方向垂直的钻削称为横向钻削。纵向钻头的切削部分为锥形，两主刃作横端向切削而不是纯端向切削。横向钻头具有导向中心、沉割刀和锋角为180°三个主要结构特点。导向中心保证钻削方向；沉割刀先于主刃把木材纤维割断，提高孔壁的质量；两主刃作纵横向切削切除孔内的木材，从而保证孔的加工精度。

按工作部分的形状，钻头分为直杆钻、螺旋钻和空心圆柱钻。直杆钻，如圆柱头中心钻，没有导屑槽，排屑和容屑较差。适合加工直径大而浅的孔，如锁孔、铰链孔等。螺旋钻，如麻花钻，有导屑槽，排屑和容屑较好。宜加工直径小而深的孔，如销孔。按切削部分材料，钻头分为碳钢钻头、硬质合金钻头和金刚石钻头。此外，钻头还有左旋和右旋之分。根据钻头工作部分的形状，钻头分为圆柱体钻头和螺旋体钻头。

根据钻头各部分的功能，钻头由尾部、颈部和工作部分

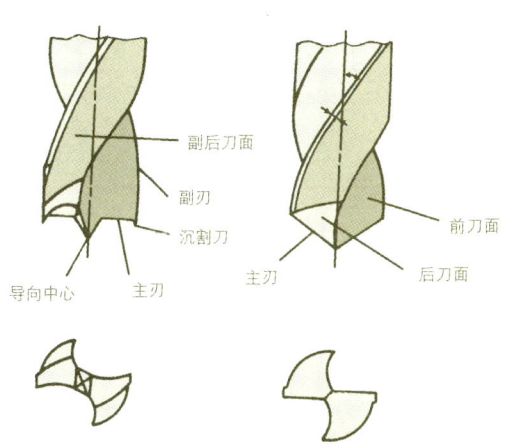

图6-27 钻头切削部分形状

组成。钻头各部分组成和术语参见表6-40。

6.5.2 钻削运动特点

钻削时主运动 V 和进给运动 U 同时进行，切削运动为两者的向量和，主切削刃各点的运动轨迹为螺距相同但升

表6-40 钻头的组成及术语

名 称		说 明
组成	尾部	包括钻柄和钻舌。除了供装夹外,还用来传递钻孔所需要的扭矩。钻柄形状有圆柱形或圆锥形之分
	颈部	位于钻头尾部和工作部分之间,供磨削钻头尾部时退砂轮
	工作部分	包括切削部分和导向部分。切削部分担负主要的切削工作;导向部分起引导钻头切削和补充切削部分的作用。导向部分外缘的棱边称为螺旋刃带
螺旋角(ω)		螺旋刃带展开线和钻头轴线之间的夹角
前刀面		切屑沿其流出的表面。当工作部分为螺旋体时,前刀面为螺旋槽表面
后刀面		位于钻头的切削部分,与工件加工表面(孔底)相对的表面
锋角(2ϕ)		钻头两条主切削刃之间的夹角。纵向钻削时,锋角<180°;横向钻削时,锋角=180°
横刃		钻头两后刀面的交线,位于切削部分的前端
沉割刀		横向钻头周边切削部分的刀刃。横向钻削时先于主刃将木材纤维割断
导向中心		钻头切削部分中心的锥形凸起,用以保证横向钻削时的钻削方向

角不同的螺旋线。因为钻头的直径较小,并且主切削刃上各点回转半径从钻头周边向中心逐渐减小,因此主切削刃的运动后角 α_m 较大并且钻头中心处的运动后角 α_m 最大。运动后角 α_m 可由下式计算:

$$\alpha_m = \mathrm{arctg}\frac{U}{V} = \mathrm{arctg}\frac{U_n}{2\pi R}$$

式中：U——进给速度,m/s

V——主切削刃某点的线速度,m/s

U_n——每转进给量,mm/转

R——主切削刃某点的回转半径,mm

因工作后角 $\alpha_w = \alpha - \alpha_m$,在 α 不变情况下,靠近钻头中心处的工作后角 α_w 最小。为了保证钻头中心处刃口有正常的切削条件,钻头主切削刃必须有足够大的标注后角 α。纵向钻头后刀面采用锥形刃磨,使标注后角 α 从钻头周边向中心处逐渐增加。横向钻头选用较大的标注后角($\alpha=15°\sim 20°$),以满足切削要求。

6.5.3 钻头的典型结构

6.5.3.1 工具钢销孔钻

销孔钻是螺旋钻的一种,与其他螺旋钻相比,螺旋棱带较宽,螺旋角较小。根据尾部结构,销孔钻分为三种形式:结构Ⅰ钻头尾部直径和工作部分的直径相等;结构Ⅱ尾部有装夹平面;结构Ⅲ尾部有装夹螺纹。其结构形式和规格尺寸见表6-41。

工具钢销孔钻通常用合金工具钢(如Cr12V等)或高速钢(如W6Mo5Cr4V2和W18Cr4V等)制造。工作部分热处理后的硬度为HRC62~65。适合在软材或中硬材上钻削各种规格的孔。

6.5.3.2 硬质合金销孔钻

硬质合金销孔钻是在切削部分镶焊一块硬质合金。硬质

表6-41 销孔钻结构和规格尺寸

尾部结构形式	结构Ⅰ	结构Ⅱ	结构Ⅲ
切削部分直径 D (mm)	2,2.5,3,3.5,4,,4.5,5,5.5,6,6.5,7,7.5,8,8.5,9,10,11,12	6,7,8,9,10,12,13,14,15,16,18,20	5,6,8,10,12,14
尾部直径 d (mm)	同 D	8,10,13,16	8,10
总长 L_1 (mm)	49,57,61,70,75,80,83,90,98,105,113,120,130,140,150,155	140,145,150,155,160,165,170,175,180,185,190,200,210	60,61,63
工作部分长度 L_2 (mm)	22,25,30,35,40,45,50,55,60,70,75,80	75,80,85,90,95,100,105,110,120,125,130,140	40,43
尾部长度 L_3 (mm)		20,25,30,50	

合金可锥形修磨成纵向钻头,也可磨出导向中心和沉割刀,成为横向钻头。钻杆由40Cr或40号钢制造;切削部分采用钨钴类硬质合金(如YG8、YG10X等)制造,宜用于钻削硬材或木质人造板。按其尾部分类,结构也有三种形式,其结构和规格尺寸见表6-42。

6.5.3.3 硬质合金中心钻

硬质合金中心钻是在圆柱头中心钻(工具钢横向钻头)基础上发展起来的,工作部分除了两条主刃之外,具有导向中心和沉割刀,用于横向钻削不深的通孔和盲孔如铰链孔和锁孔等。沉割刀高出主刃0.5~0.9mm,导向中心高出主刃2~2.5mm。主刃的后角 α 为15°~20°,楔角 γ 为50°,对应的前角 γ 为20°~25°。

中心钻切削部分的硬质合金块可以镶焊在钻杆上,也可以通过螺钉夹固在钻杆上,成为装配式钻头。后者优越性在于导向中心伸出量可通过螺钉调整,并可更换因异常磨损损坏的单个刀片。但其排屑不如镶焊钻头流畅。

根据尾部结构,中心钻也有三种形式,其结构和规格尺寸见表6-43。

6.5.3.4 扩孔钻和扩孔套

扩孔有两种情况:一是在已有的孔上加工锥形孔;二是钻孔和扩孔同时进行,一道工序完成钻孔和扩孔。与此对应的钻头有锥形扩孔钻和复合扩孔钻。锥形扩孔钻的锥角为90°,如图6-28(a)所示。复合扩孔钻有整体和组合两种。整体复合钻,见图(b),其钻头和扩孔钻做成一体,加工一定尺寸规格圆柱阶梯孔。组合扩孔钻的钻头和扩孔套各为一体,见图(c),通过螺钉把扩孔套装夹钻头上。扩孔套有锥形和圆柱形两种,可实现锥形扩孔和阶梯圆柱扩孔。

锥形扩孔钻和复合扩孔钻可参照表6-44选用。

表6-42 硬质合金麻花钻结构和规格尺寸 单位:mm

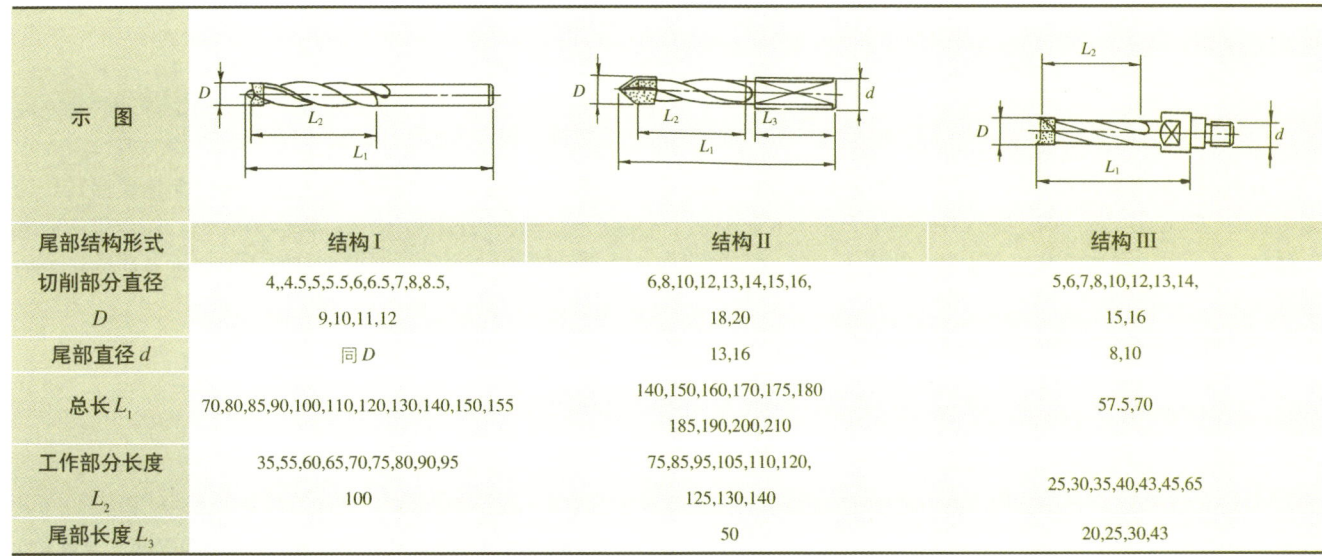

尾部结构形式	结构Ⅰ	结构Ⅱ	结构Ⅲ
切削部分直径 D	4,4.5,5,5.5,6,6.5,7,8,8.5,9,10,11,12	6,8,10,12,13,14,15,16,18,20	5,6,7,8,10,12,13,14,15,16
尾部直径 d	同 D	13,16	8,10
总长 L_1	70,80,85,90,100,110,120,130,140,150,155	140,150,160,170,175,180,185,190,200,210	57.5,70
工作部分长度 L_2	35,55,60,65,70,75,80,90,95,100	75,85,95,105,110,120,125,130,140	25,30,35,40,43,45,65
尾部长度 L_3		50	20,25,30,43

表6-43 硬质合金麻花钻结构和规格尺寸 单位:mm

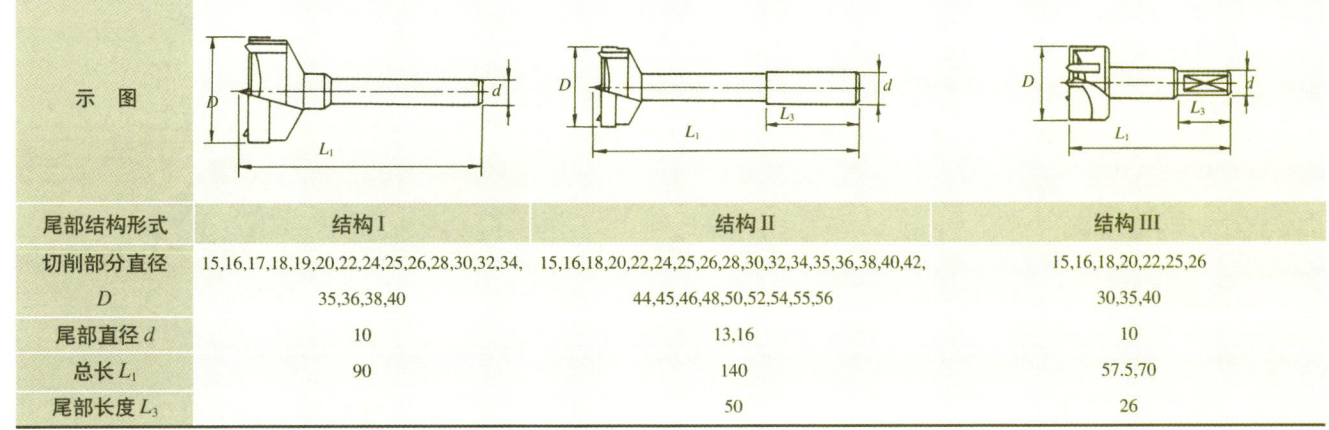

尾部结构形式	结构Ⅰ	结构Ⅱ	结构Ⅲ
切削部分直径 D	15,16,17,18,19,20,22,24,25,26,28,30,32,34,35,36,38,40	15,16,18,20,22,24,25,26,28,30,32,34,35,36,38,40,42,44,45,46,48,50,52,54,55,56	15,16,18,20,22,25,26,30,35,40
尾部直径 d	10	13,16	10
总长 L_1	90	140	57.5,70
尾部长度 L_3		50	26

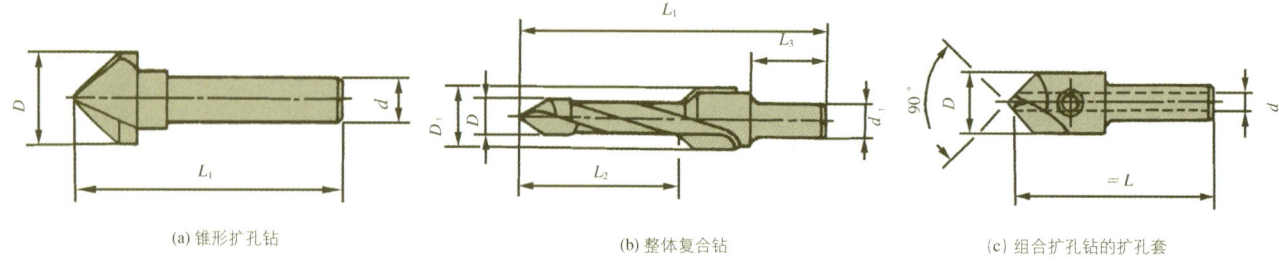

(a) 锥形扩孔钻　　　　　　　　　(b) 整体复合钻　　　　　　　　　(c) 组合扩孔钻的扩孔套

图 6-28　扩孔钻

表 6-44　锥形扩孔钻和复合扩孔钻结构和规格尺寸　　　　　　　　　　　　　　　　　　　　　　　单位：mm

参数	锥形扩孔钻	整体复合钻	锥形扩孔套	圆柱形扩孔套
钻头直径 d		5.5,6.2,7.5	3,4,5,6	5,6,8,10,12
扩孔直径 D	16,20	7.1,7.7,8.8	16	15,16,20,25,30
钻头总长 L_1	58,75	120		
扩孔套长 L			55	22,25,28,

6.6 旋切与旋刀

6.6.1 概述

旋切是应用最广泛单板制造方式，能够从木段上生产连续带状的弦切单板。旋切时，旋刀刀刃平行于木材纤维方向作横向切削，以木段的等角速度旋转运动为主运动，旋刀匀速直线运动为进给运动。

单板旋切时，切屑为制品（单板）。为此，应尽量降低单板反向弯曲产生的背面裂隙，形成光滑螺旋状单板。为了获得厚度均匀、表面平整和背面无裂隙的单板，和其他木材切削方式相比，单板旋切具有下列特点：

(1) 主运动和进给运动必须严格协调，使得单板厚度等于每转进给量 U_n；

(2) 旋切前木段需要蒸煮处理，提高木材的韧性和降低切削力；

(3) 旋刀切削角 δ（19°~27°）小，则楔角（18°~23°）和后角（1°~4°）也小；

(4) 旋切时，压尺压紧切屑，使切屑外表面预先压缩，内表面预先伸展；

(5) 旋刀相对于卡轴有严格的安装关系，压尺和旋刀的相对位置也严格要求。

6.6.2 旋切运动关系

因单板名义厚度 s 和每转进给量 U_n 相等，所以：

$$s = U_n = \frac{6 \times 10^4 U}{n}$$

式中：s——单板名义厚度，mm

U——旋刀进给速度，m/s

n——木段旋转速度，r/min

旋切过程中，旋刀刃口在木段横截面上移动的轨迹线称为旋切曲线，如图 6-29 所示。旋切时，旋刀刃口由 A 点移动到 A′ 点，木段同时作顺时针方向等角速度回转。为了便于分析，假设刀刃由 A′ 点移到 A 点，而木段作逆时针方向等角速度回转。则可推导出旋切轨迹曲线的极坐标方程为：

$$R^2 = \alpha^2 \varphi^2 + h^2$$

式中：R——木段的瞬时半径，mm

φ——极角，rad

h——旋刀装刀高度（mm），即旋刀刀刃距卡轴轴线水平面的距离。低于卡轴轴线的水平面时 h 为负值，高于水平面时 h 为

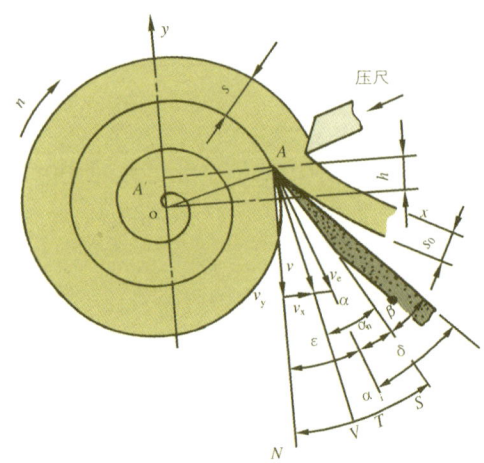

图 6-29　旋刀切削角度参数

正值

a——常数，$a=s/2\pi$，s 为旋切单板的名义厚度（mm），π 为圆周率

由上式可知：

（1）当装刀高度 $h=0$ 时，$R=a\psi$。则旋切曲线为阿基米德螺旋线，a 是阿基米德螺旋线的极次法距；

（2）当装刀高度 $h=\pm a$ 时，$R^2=a^2(\psi^2+1)$。则旋切曲线为圆的渐开线，a 是渐开线的基圆半径；

（3）当装刀高度 $h\neq 0$ 和 $\neq \pm a$ 时。则旋切曲线为广义渐开线。

因此，旋切曲线随着旋刀装刀高度 h 的不同而不同。但单板的名义厚度 s 为 $2\pi a$。不随 h 变化而改变。

6.6.3 旋切角度

6.6.3.1 角度术语

旋切时，旋刀有楔角 β、切削角 δ、后角 α 和工作后角 α_w 和补充角 ε 等角度，见图6-29。

1. 楔角 β（又称研磨角）

楔角是指旋刀前刀面和后刀面之间的夹角。为了获得优质单板，在满足旋刀强度的前提下，尽可能选用小楔角。通常 $\beta=18°\sim 23°$。旋切厚单板和硬木材时，β 应取大值。我国常用树种旋切时的 β 见表6-45。

表6-45 常用树种旋切时的楔角 β *

树种	松木	椴木	水曲柳	杨木	桦木
楔角 β（°）	18~21	18~19	20~22	17~18	19~20

注：* 旋刀硬度>HRC63时，β 取下限值

2. 后角 α 和工作后角 α_w

旋刀后角 α 是指旋刀的标注后角，它是木段在刃口A点处的主运动速度方向AV与旋刀后刀面AS之间的夹角。在旋切过程中，因主运动速度方向随着木段半径的变化而改变。因此，当 $h>0$ 时，随着木段直径变小，旋刀标注后角 α 逐渐降低；当 $h<0$ 时，α 变化则相反。工作后角 α_w 是指旋切曲线上刃口A点的切线AT与后刀面AS之间的夹角。因此，影响旋刀后刀面与木段接触及摩擦的是工作后角 α_w 而不是 α。为了保证旋刀后刀面与木段必要的接触面积，工作后角应随木段直径的减小而减小。

3. 切削角 δ

旋切时，旋刀的切削角 δ 为楔角 β 和工作后角 α_w 之和。因此，切削影响到单板的反向弯曲程度。旋切时，切削角越大，单板反向弯曲的程度就愈大，单板背面出现裂隙的可能性也就愈大。因而减小切削角就可以降低单板背面裂隙。这就是旋切时采用小楔角和小后角的缘故。此外，随着旋切过程的深入，木段直径逐渐减小，单板反向弯曲的程度就越来越大。所以，切削角应随木段直径的减小而减小。由于旋刀的楔角 β 在刃磨后就为定值，因而只有通过降低工作后角来实现减小切削角的目的。

可见，在旋切过程中，要求 α_w 随着木段直径的减小而减小，一是为了保证旋刀后刀面与木段必要的接触面积；二是降低单板的反向弯曲。通常工作后角推荐值见表6-46。

表6-46 木段径级 D 与工作后角 α_w 的关系

D（mm）	260~300	320~420	440~600	620~800
α_w（°）	0.5~1	1~2	2~3	3~4

（1）补充角 ε：补充角是切线AT和铅垂线AN之间的夹角。

（2）装刀后角 α_1：装刀后角是铅垂线AN和后刀面AS之间的夹角。

6.6.3.2 工作后角的变化规律

1. 装刀高度 $h=0$

旋切曲线为阿基米德螺旋线，其极坐标方程为：$R=a\psi$，则在直角坐标系内的参数方程为：

$$\begin{cases} x=a\psi\cos\psi \\ y=a\psi\sin\psi \end{cases}$$

因为 $h=0$，即 $y=0$。所以： $a\psi\sin\psi=0$

则：

$\psi=n\pi$，n 为 1，2，3，4，……

在刃口A点的切线斜率 K_A 为：

$$K_A=\mathrm{tg}\zeta=\left.\frac{dy}{dx}\right|_{y=0}=\left.\frac{\mathrm{tg}\psi+\psi}{1-\psi\mathrm{tg}\psi}\right|_{\psi=n\pi}=n\pi$$

表6-47列出了根据上式的计算结果。可见，切线AT随着木段直径的增大而逐渐接近垂直于OX轴，即与后刀面AS之间的夹角逐渐变大。因此，当按阿基米德螺旋线旋切时，工作后角 α_w 随着木段直径的增大而变大，满足单板旋切时工作后角变化的要求。

表6-47 切线AT斜率

n	2	10	25	50	100	500
K_A	2π	10π	25π	50π	200π	1000π
ξ（°）	80.95	89.09	89.64	89.82	89.91	89.98

2. 装刀高度 $h=\pm a$

旋刀刃口高出卡轴中心线，则 h 为正；反之 h 为负。旋切曲线为圆的渐开线，其极坐标方程为：$R^2=a^2(\psi^2+1)$。当 $h=+a$ 时，圆的渐开线展开方向和单板旋切曲线相反。故只讨论 $h=-a$ 的情况。其在直角坐标系内的参数方程为：

$$\begin{cases} x = \alpha\phi\cos\phi \\ y = \alpha\phi\sin\phi \end{cases}$$

当 $y=h=-a$ 时，则：

$$\phi = 2n\pi + 3\pi/2, \quad n 为 1, 2, 3, 4, \cdots\cdots$$

在刃口 A 点的切线 AT 斜率 K_A 为：

$$K_A = tg\zeta \left.\frac{dy}{dx}\right|_{y=\pm a} = tg\phi|_{\phi=2n\pi+\frac{3\pi}{2}} = \infty$$

所以，刃口 A 点的切线 AT 始终是一条铅垂线。工作后角 α_w 不随木段直径的变化而改变。从 $a=s/2\pi$ 式中可以看出，a 随着旋切单板名义厚度的变化而变化，则 h 也随之变化。此外，希望旋刀工作后角（或切削角）应随木段旋切直径的减小而自动减小。这样使问题变得复杂了。所以，在设计旋切机时，若用圆的渐开线作为旋刀与木段相互间的运动关系是不合适的。

与此相反，阿基米德螺旋线的特性是较理想的。不管单板的名义厚度如何变化，h 值总是零，并且工作后角 α_w 随着木段直径的减小而减小。因此，它被作为设计旋切机时旋刀与木段之间的运动关系的理论基础。

3. 装刀高度 $h\neq 0$ 和 $h\neq -a$

木段在 A 点的主运动方向 AV 和半径线 OA 垂直，速度计算公式为：

$$V = \frac{2\pi Rn}{6\times 10^4}$$

主运动速度 V 分别沿着 OX 方向和 OY 方向分解，得分量 V_X 和 V_Y。如图 6-29 所示。

则：

$$V_X = V\sin\sigma = V\frac{h}{R} = \frac{2\pi hn}{6\times 10^4}$$

$$V_Y = V\cos\sigma = V\frac{\sqrt{R^2-h^2}}{R} = \frac{2\pi n\sqrt{R^2-h^2}}{R}$$

旋刀进给速度 U 为：

$$U = \frac{sn}{6\times 10^4}$$

式中：n——木段转速，r/min
R——木段在 A 点的半径，mm
h——装刀高度，mm
s——单板名义厚度，mm

假设旋刀不动，木段应沿着旋刀进给的反方向进给。这样，木段在 A 点的主运动速度和木段沿旋刀进给的反方向进给速度的合成，就是 A 点切削运动。其方向也就是旋切曲线在 A 点的切线 AT。则补充角 ε 可由下式计算：

$$tg\varepsilon = \frac{U+V_X}{V_Y} = \frac{a+h}{\sqrt{R^2-h^2}}$$

式中：$a=s/2\pi$，当旋刀刃口高出卡轴中心线时，h 为"+"；反之 h 为"-"。由图 6-29 可知，工作后角 α_w、补充角 ε 和装刀后角 α_i 三者关系如下：

$$\alpha_w = \alpha_i \pm \varepsilon$$

当 $h<0$ 且 $|U|>|V_X|$，或 $h>0$ 时，α_w 为：

$$\alpha_w = \alpha_i - \arctan\frac{\alpha+h}{\sqrt{R^2-h^2}}$$

当 $h<0$ 且 $|U|<|V_X|$ 时，α_w 为：

$$\alpha_w = \alpha_i + \arctan\frac{\alpha+h}{\sqrt{R^2-h^2}}$$

对上面式中的 R 求偏导数，得：

$$\frac{\delta\alpha_w}{\delta R} = \pm\frac{(\alpha+h)R}{(R^2+2ha+\alpha^2)\sqrt{R^2-h^2}}$$

令 $\delta\alpha_w/\delta R=0$，得 $h=-a$。可见，当 $h>-a$ 时，$\delta\alpha_w/\delta R>0$；当 $h<-a$ 时，$\delta\alpha_w/\delta R<0$。因此，可归纳下面三个结论：

(1) 当 $h=-a$ 时，旋切削曲线为阿基米德螺旋线。工作后角 α_w 不随木段直径的变化而改变；

(2) 当 $h>-a$ 时，工作后角 α_w 随着木段直径的增大而变大；

(3) 当 $h<-a$ 时，工作后角 α_w 随着木段直径的增大而变小，这不能满足单板旋切要求。

6.6.3.3 旋切机刀架与工作后角

生产中使用的旋切机刀架基本上可分为两种类型。旋刀和压尺装在刀架上，刀架带着旋刀和压尺只作直线进给运动，这类刀架称为第一类刀架。具有这种刀架的旋切机，旋刀工作后角仅依靠旋切曲线特性而自然改变。工作后角变化范围较小，故只适合旋切直径较小的木段。

当旋切的木段直径较大时，为了提高单板的表面质量，要求工作后角的改变范围较大，靠自然改变工作后角的方法不能满足生产需要。因此，必须采用机械方法，使工作后角能在较大范围内变化。要达到这一点，旋刀和压尺在旋切过程中不仅做水平的进给运动，而且能通过卡轴轴心线的水平面与旋刀前刀面的延伸面相交的直线作转动。具有这种结构的刀架称为第二类刀架，如图 6-30 所示。

第二类刀架有两条滑道：水平的主滑道和倾斜的辅助滑道。刀架装在主滑块的半圆环的凹槽内。刀架的尾部通过偏心轴和辅助滑块相连。当旋刀向卡轴移动时，刀架尾部沿着辅助滑道作下坡运动，则旋刀就会顺时针转动，从而达到工作后角均匀改变的目的。

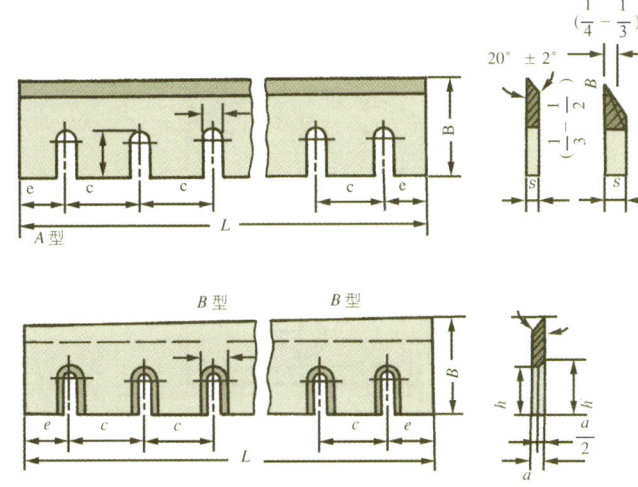

图 6-31 旋刀结构

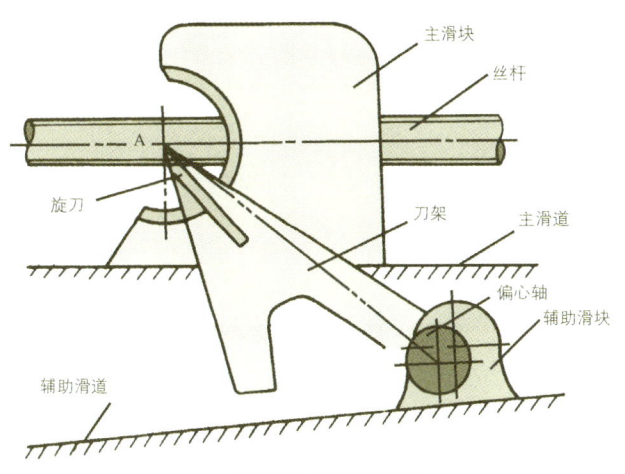

图 6-30 第二类刀架

表 6-48 推荐的装刀高度

刀架类型		装刀高度 h (mm)	
		$D < 300$	$300 < D < 800$
第一类		0～0.5	0.5～1
第二类	$\mu = 1.5°$	0～-0.5	0～-1
	$\mu = 3°$		

注：D 为木段直径(mm)

6.6.4 旋刀及安装

6.6.4.1 旋刀结构

旋刀有两种基本结构：一是刀体上开有安装槽；二是刀体没有开安装槽。安装槽有两种形式，见图 6-31，一种是平面槽；另一种是阶梯槽。旋刀材料通常由两种钢材制造：刀体由 10 号或 15 号优质碳素结构钢制造，切削部分采用合金工具钢如 CrWMn、6CrW2Si 等材料。旋刀切削部分热处理后的硬度为 HRC57-62，同一把旋刀在切削部分的硬度差不超过 HRC3。

旋刀长度为 1050～2800mm，共有 12 种规格。旋刀长度不超过被旋木段长度的 50～70mm。旋刀宽度有 150，160，180mm，厚度有 15，17mm。切削部分的厚度是旋刀厚度的 1/4～1/3，宽度是旋刀宽度的 1/3～1/2。旋刀刃口直线度，每 100mm 长度不应大于 0.1mm。

6.6.4.2 旋刀安装

旋刀在安装过程中，要测量装刀高度 h 和装刀后角 α_i。根据旋切机刀架的结构，旋刀安装高度 h 见表 6-48。装刀高度 h 是否符合要求，要用图 6-32 所示的高度计进行检测。测量 h 时，尽量做到旋刀和卡轴之间的距离等于所旋木段的平均直径。除两端测量外，中部还可测 3～4 点。

旋刀安装后角 α_i 可采用图 6-33 所示的倾斜计测量。根据公式，可分别算出旋刀补充角 ε 和旋刀工作后角 α_w。若算出的 α_w 和要求的 α_w 不符，就需要调整装刀后角 α_i。

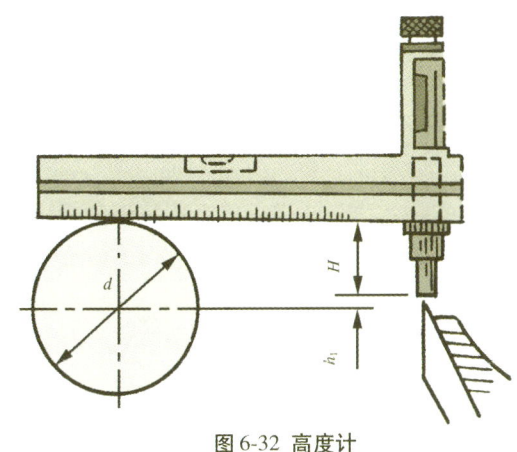

图 6-32 高度计

6.6.5 单板压紧

旋切时，为了提高单板表面质量，在旋刀的前面要用压尺压紧木段。

6.6.5.1 压紧程度

压紧程度可用下式表示：

$$\Delta = \frac{S - S_0}{S} \times 100\%$$

(3) 压尺前刀面与旋刀前刀面之间的夹角((压尺安装角)。通常 $\sigma=70°\sim90°$，当压尺棱高度 h_0 等于零或接近于零时，σ 取小值；反之取大值。

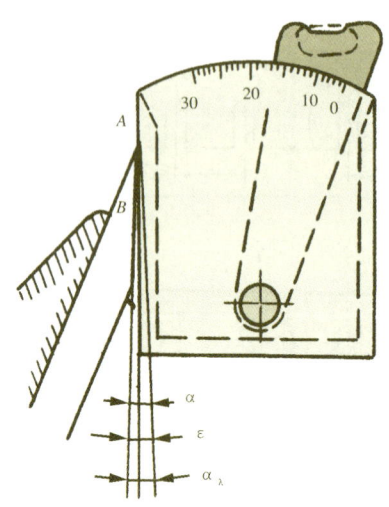

图 6-33 倾斜计

单板的压紧程度与单板的厚度、树种和木材蒸煮的温度有关。

6.6.5.2 压尺种类和结构(表 6-49)

压尺的结构有三种：①没有槽口的压尺；②具有埋头螺栓沟槽压尺；③特殊形状沟槽的压尺。压尺用碳素工具钢如 T8A、T9A 或合金工具钢如 6CrW2Si、9SiCr 等制造，热处理后压尺棱附近的硬度为 HRC28-48。压尺长度和旋刀相当，宽度为 50～80mm，厚度为 12～15mm。

6.6.5.3 压尺安装

压尺相对于旋刀的位置，应该满足两点：①单板具有合适的压紧程度；②压尺对木段作用力的合力通过旋刀的刃口。圆棱压尺和斜棱压尺相对于旋刀的位置，如图 6-34（a）(b) 所示，由下列三个参数确定：

(1) 压尺棱与旋刀刀刃平行，并用塞尺沿刃口按一定间隔测定若干点，使之等于 s_0；

(2) 压尺棱相对于旋刀刃口的高度 h_0（压尺棱高度）；

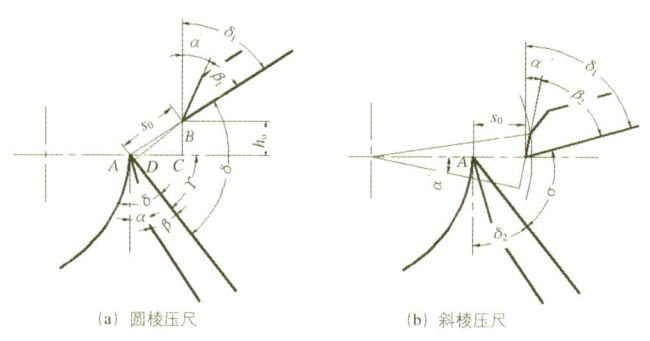

图 6-34 压尺相对于旋刀的位置

斜棱压尺的压尺棱高度 $h_0=0$。圆棱压尺的 h_0 可根据下式来计算：

$$h_0=s(1-\frac{\triangle}{100})(\sin\delta_i-\frac{\cos\delta_i}{tg\sigma})$$

式中：s——单板名义厚度

$\triangle$——单板压紧程度

σ——压尺安装角

δ_i——旋刀安装切削角（旋刀前刀面和铅垂线之间的夹角，$\delta_i=\alpha_i+\beta$）

辊柱压尺相对于旋刀的位置（图6-35）取决于两个参数：①辊柱压尺表面到刃口的水平距离 X；②压尺中心到旋刀刃口的垂直距离 Y。其计算公式为：

$$X=(s_o+\frac{D}{2})\cos\delta_i-\frac{D}{2}$$

$$Y=(s_o+\frac{D}{2})\sin\delta_i$$

表 6-49 压尺种类和应用范围

示 图	圆棱压尺	斜棱压尺	辊柱压尺
应用范围	硬阔叶材、横纤维抗拉强度较大的树种和1mm以下单板	软阔叶材（如杨木、椴木及横纤维抗拉强度较小的树种）和松木及厚单板	软材和厚单板

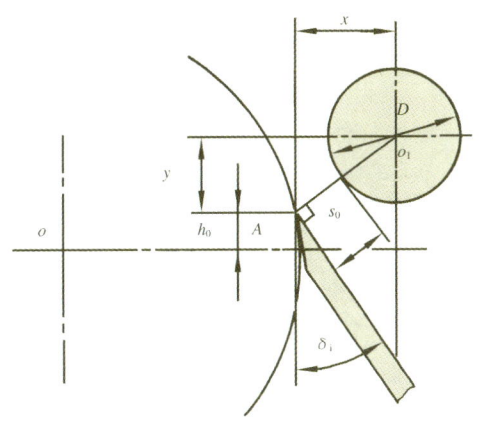

图 6-35 辊柱压尺相对于旋刀的位置

6.7 磨削与磨具

6.7.1 磨削的种类(表 6-50)

6.7.2 磨具

木材磨削用的磨具分为砂布（或砂纸）和砂轮，前者使用更为广泛。砂布由基体、磨料、结合剂和气孔四部分组成；砂轮由磨料、结合剂和气孔三部分组成，如图 6-36 所示。

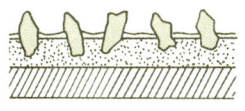 

砂布　　　　　　　　砂轮

图 6-36 磨具的组成

6.7.2.1 磨料

木材磨削用的磨料分为刚玉类、碳化物类和玻璃砂（SB）三种类型。刚玉磨料的主要成分为 Al_2O_3。根据添加物类型和含量，刚玉磨料又分为棕刚玉（GZ）、白刚玉（GB）、单晶刚玉（GD）、微晶刚玉（GW）和铬刚玉（GG）等。根据碳化物类型和成分，碳化物磨料分为黑碳化硅（TH）、绿碳化硅（TL）、和碳化硼（TP）。

刚玉类磨料硬度和锋利度不如碳化硅，但韧性大，抗弯强度高，适合于磨削量大的场合，如宽带砂光机的粗磨。碳化硅磨料硬度和锋利度都高，且韧性小，适合于磨削量小的场合，如宽带砂光机的精磨。玻璃砂韧性差，易碎裂但锋利，适合于制造砂轮。

6.7.2.2 粒度

粒度是指磨料的尺寸。用筛选法获取的磨料，其粒度号是用1英寸（25.4mm）长度上有多少个孔眼的筛网来确

表 6-50 木材主要磨削种类

类型	示 图	说 明	用途和特点
砂盘		把砂布或砂纸固定在旋转的圆盘上对工件进行砂光	平面砂光、角砂光，结构简单，砂盘刚性强，砂盘中央和周边的磨削速度不同，工件表面磨削不均匀
砂带		将一根无端砂带张紧在两个带轮上，通过带轮驱动砂带作直线运动，磨削工件。分为窄砂带磨削和宽砂带磨削	窄砂带用于砂光曲面、小幅面的平面。宽砂带用于砂光大幅面木板和人造板定厚强力磨削等。磨削幅面大，磨削速度高（可达25m/s），故生产效率高，砂带长，散热较好，使用寿命长
砂辊		把砂布包裹在辊筒上构成磨削砂辊。砂辊作回转运动，磨削工件。分为单辊磨削和多辊磨削	单辊磨削可砂光平面和曲面。多辊磨削可磨削拼板、框架及人造板，磨削幅面大，磨削速度高，生产效率高，单位时间磨料参加切削的次数多，散热较差，使用寿命较短
砂轮		砂轮是用粘结剂把磨料粘结成一定形状的回转体。根据工件截面形状，修整砂轮形状	可磨削木线型及木框等。工件磨削精度高，磨具使用寿命长，更换方便，但散热条件差，不宜大面积的磨削和大的磨削量
磨刷		将砂布剪成窄条状并固定在磨刷头上，磨刷头上的弹性毛束把砂布抵压在工件表面	能磨削门框、镜框等复杂的木线形

定；用 W 表示的磨料称为微粉，它的粒度以微粉的实际尺寸表示。常用的磨料粒度见表 6-51。粒度的选择通常根据待磨工件表面的粗糙度、工件要求的表面粗糙度和木材材性来确定。为了提高生产率和满足工件表面质量，可以采用多头砂光机，分几次磨削。各头砂带应隔号选用，粗砂的粒度最低，细砂的中等，精砂的最高。如粗砂用 30 号、36 号、60 号，则细砂用 80 号、100 号，精砂用 120 号、150 号、180 号。

表 6-51 磨料粒度及颗粒尺寸

粒度（号）	磨料尺寸（μm）	粒度（号）	磨料尺寸（μm）	粒度（W）	磨料尺寸（μm）
8	3150～2500	70	250～200	W40	40～28
10	2500～2000	80	200～160	W28	28～20
12	2000～1600	100	160～125	W20	20～14
14	1600～1250	120	125～100	W14	14～10
16	1250～1000	150	100～80	W10	10～7
20	1000～800	180	80～63	W7	7～5
24	800～630	240	63～50	W5	5～3.5
30	630～500	280	50～40	W3.5	3.5～2.5
36	500～400			W2.5	2.5～1.5
46	400～315			W1.5	1.5～1.0
60	315～250			W1	1.0～0.5

6.7.2.3 结合剂

结合剂是把磨料粘合在一起而构成磨具的材料。磨具的强度、耐热性和耐用度等性能很大程度上取决于结合剂的性能。木材磨削用的磨具结合剂习惯采用动物胶和树脂胶。动物胶柔软性好，工件磨削表面质量高，但耐热、耐水差。适合于磨削温度低、工件含水率低的场合。树脂胶价格尽管较贵，但热固性、防水性均优于动物胶，适合于磨削温度高和工件含水率高的场合。

6.7.2.4 磨具的硬度

磨具硬度和磨粒本身硬度是两个不同的概念，磨具硬度是指磨具工作表面的磨粒在外力作用下脱落的难易程度。磨粒易脱落，则磨具的硬度就低，反之硬度就高。磨具硬度分为超软（CR）、软（R）、中软（ZR）、中（Z）、中硬（ZY）、硬（Y）和超硬（CY）。其中 R 还细分为 R1、R2 和 R3，ZR 细分为 ZR1 和 ZR2，Z 细分为 Z1 和 Z2，ZY 细分为 ZY1、ZY2 和 ZY3，Y 细分为 Y1 和 Y2。

选用磨具硬度时，应视具体情况而定。通常磨削软材要选用硬度高的磨具，磨削硬材要选用硬度低的磨具。磨削人造板时，因胶合材料、添充材料易于堵塞磨具表面，应选用硬度更低的磨具。精磨时的磨具硬度应高于粗磨时的磨具硬度。

6.7.2.5 磨具的组织

磨具组织是指磨具中的磨粒、结合剂和气孔三者体积的比例关系。磨粒在磨具中所占比例越大，则磨具的组织越紧密；反之，磨具的组织越松。磨具的组织对磨削生产率和表面质量有直接影响。磨具组织一般分为紧密、中等和疏松三种。组织疏松的磨具，因有较多的气孔可容纳磨屑，离开磨削区后，磨屑又易排出，磨具不易堵塞，散热也好。因此，适合磨削软材、含树脂多的木材或磨削面积大的场合，但磨具使用寿命较低。组织紧密的磨具，其气孔易堵塞，但单位体积的磨粒多，磨削质量高。因而，适合磨削硬材或磨削表面不平度要求低的场合。为了保持砂轮的形状和磨削表面光洁度，砂轮组织要求中等或紧密。

6.7.3 磨削过程的特点

磨粒在磨具表面上的分布很不规则，各磨粒的高度和间距差异较大。此外，磨粒形状各异。磨粒顶角约为 90°～120°；切削刃及前刀面形状不规则，通常是不规则的曲线和空间曲线；切削刃有一定的圆弧半径。

因此，磨具在磨削过程中，表现出下述特点：

(1) 磨粒往往以负前角和（或）负后角切削。因此，磨粒对磨削表面会产生刮削、挤压作用，使磨削区木材发生强烈的变形。

(2) 各磨粒切削情况不尽相同。其中比较凸出和锋利的磨粒，切削厚度较大；有些磨粒的切削厚度较小；有些磨粒只在工件表面擦滑。

(3) 磨削区发热大，而木材导热性较差。故温度高，工件表面时有烧焦现象。

(4) 磨削过程的能量消耗大。

6.7.4 影响磨削表面质量的因素(表 6-52)

6.8 木工刀具的修磨

6.8.1 砂轮特性和选择

砂轮特性是指磨料、粒度、硬度、结合剂、组织、砂轮形状和尺寸等。砂轮特性的标记顺序为：

磨料—粒度—硬度—结合剂—砂轮形状—尺寸(外径×厚度×孔径)

例如：GB60#ZR$_2$AD125×20×20，其含义分别是：磨料 GB—白刚玉，粒度—60 号，硬度 ZR$_2$—中软 2，结合剂 A—陶瓷结合剂，砂轮形状 D—碟形砂轮，尺寸—外径 125mm、厚度 20mm、孔径 20mm。

木工刀具修磨用的砂轮的磨料主要根据刃磨的刀具材料而定，白刚玉（GB）和铬刚玉（GG）常用于合金工具钢和

表6-52 影响磨削表面质量的因素

因素	说 明
粒度	粒度号越大，工件表面粗糙度越小。此外，还应考虑磨具的硬度和组织，以免磨粒变钝不易脱落或气孔堵塞，造成磨削温度升高，工件表面质量降低
磨削压力	磨削压力大，磨削深度增加，工件表面质量下降。对湿木材尤为明显
磨削速度	磨削速度提高，单个磨粒的切削厚度变小，作用在单个磨粒上的力也变小，磨粒变钝减慢。另外，单位时间内参加切削的磨粒数量增多，磨削表面的擦痕数增加，相邻两擦痕间的残留面积减小。因此，磨削表面质量提高
进给速度	进给速度越大，单位时间内参加切削的磨粒数量减小，磨削表面的擦痕数降低，相邻两擦痕间的残留面积增加。因此，磨削表面质量降低
木材材性	同一树种的工件，含水率越高，磨削表面质量降低，软材表面绒毛较多
振动	砂带或砂辊的轴向振动，使磨粒运动方向频繁改变，从而单个磨粒不在预定的轨迹上切削，擦痕分布趋于均匀。因此，磨削表面质量提高

高速钢刀具的刃磨。单晶刚玉（GD）砂轮可用于刃磨高钒高速钢和含钨高速钢。金刚石（JR）绿色和碳化硅（TL）砂轮主要用于刃磨硬质合金刀具。

砂轮粒度主要依据刀具的刃磨精度和粗糙度来选择。刀具前、后刀面的粗糙度一般要求 $Ra \leqslant 0.8 \mu m$。刀具粗磨时，砂轮粒度号小一些，常选用46号～60号；精磨时，为了使刀具表面光洁，砂轮粒度号大一些，常选用 $80^\#$～$120^\#$。

结合剂的种类较多，有陶瓷结合剂（A）、树脂结合剂（S）和橡胶结合剂（X）等。砂轮的硬度主要与结合剂粘结磨粒的强度有关。结合剂的粘结强度高，数量多时，磨粒不易脱落，砂轮的硬度就高，反之，砂轮的硬度就低。砂轮表面上的磨粒在钝化后应能及时脱落，以保持砂轮始终具有良好的磨削性能。因此，砂轮硬度应该适中。刃磨高速钢和合金工具钢刀具的砂轮，常用陶瓷结合剂（A），砂轮硬度多为软2（R2）—中软1（ZR1）范围内。

砂轮的强度是指砂轮在高速旋转时抵抗破坏的能力。习惯以安全使用的旋转线速度的极限值表示。如刀具刃磨常用的碟形砂轮和碗形砂轮的安全线速度为30m/s。

砂轮的形状和尺寸主要根据所用机床和刀具形状来选择。刀具刃磨用的砂轮形状见表6-53。其中碟形、碗形、平形和单斜边砂轮使用较多。

6.8.2 常用木工刀具的刃磨

6.8.2.1 铣刀的刃磨面及选用的砂轮

各种木工铣刀的刃磨面见表6-54。装配铣刀的刀片通常都是刃磨后刀面，成形刀片需要用靠模实现刃磨。有一种装在方刀头上的成形刀片，刃磨前刀面。

6.8.2.2 直刃平刀片

直刃平刀片在木材加工中应用较多。如平刨床和压刨床刀轴上的刀片、旋刀、刨刀、削片机飞刀及刨片机刀片等都是直刃平刀片。这类刀片均是刃磨后刀面，只是刀片要求的楔角 β 不同。根据磨床结构，通常采用杯形砂轮或平形砂轮刃磨这类刀片。

用杯形砂轮刃磨时，如图6-37所示，砂轮轴线应与刀片后刀面略微倾斜（2°～5°），使得砂轮端面的圆环面一边磨

表6-53 刀具刃磨常用的砂轮形状和代号

名称	平形	小角度单斜边	双斜边	单面内凹	双面内凹
代号	P	PX	PSX	PDA	PSA
简图					

名称	碟形	杯形	碗形	单斜边	薄形
代号	D	B	BW	PDX	PB
简图					

表6-54 木工铣刀的刃磨面及砂轮

铣刀名称		刃磨面	砂轮形状
直刃平刀片		后刀面	杯形或平形砂轮
铲齿铣刀		前刀面	小角度单斜边或碟形砂轮
尖齿铣刀	成形	前刀面	小角度单斜边或碟形砂轮
	平面	后刀面	碟形、杯形或平形砂轮
装配铣刀刀片		后刀面	薄形砂轮或薄的双斜边砂轮
柄铣刀		前刀面	碟形砂轮或平形砂轮

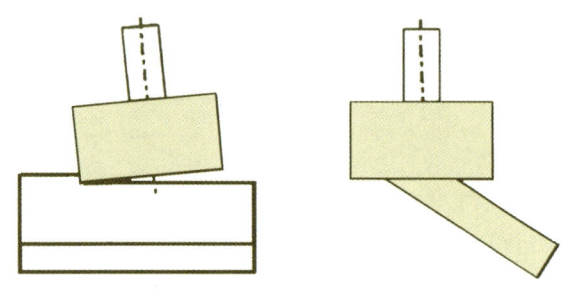

图6-37 杯形砂轮刃磨直刃平刀片

削。否则圆环面同时有两边在磨削，磨削面因两磨削点线速度方向相反，导致刀片刃磨质量下降。刀片刃磨面会因砂轮轴线略微倾斜而略呈凹弧形，实际楔角稍小一些，但利于用油石研磨，使得刃口更显微锋利。

用平形砂轮刃磨刀片时，见图6-38（a）和（b），有两种情况：①砂轮回转轴线平行于刀刃，此时刃磨好的后刀面略微呈凹弧形；②砂轮回转轴线和刀刃异面正交。

刀片经砂轮刃磨之后，表面会留下细小擦痕和毛刺，刃口有时出现卷刃。因此，需要用油石研磨刀片表面，增加刀

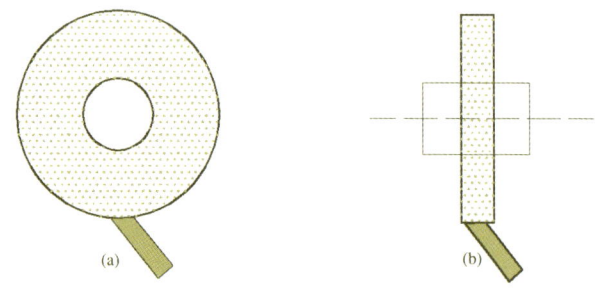

图6-38 平形砂轮刃磨刀片

片锋利度和降低表面粗糙度。首先研磨后刀面。对于旋刀和刨刀，后刀面刃口应磨出0.5～1mm棱带，这有利于延长刀片的耐用度。然后，轻微研磨前刀面。

6.2.8.3 铲齿铣刀

由于铲齿铣刀的后刀面为阿基米德螺旋线或圆弧曲线，因此铲齿铣刀无论是成形的还是平面的都要刃磨前刀面。为了保证铣刀修磨后加工的工件截形不变，应维持原有的前

角。铣刀中心O到前刀面的垂直距离a可用下式计算：

$$a = \frac{D}{2}\sin\gamma$$

$$a_h = \frac{D_h}{2}\sin\gamma_h$$

式中：D、D_h——铣刀刃磨前、后的直径，mm

γ、γ_H——铣刀刃磨前、后前角，（°）

a、a_h——刃磨前、后铣刀中心O到前刀面的垂直距离

因为$\gamma = \gamma_H$，所以：

$$a_h = \frac{a}{D}D_h$$

铣刀刃磨后的铣刀直径D_h可根据铣刀耐用度来计算，从而算出a_h。把铣刀套在磨刀机上的心轴上并予以夹紧。刃磨时，首先调整砂轮，使砂轮工作面为铅垂面（图6-39）。然后，移动水平拖板，调节铣刀轴线水平位置，使铣刀中心到砂轮工作面的垂直距离等于a_h并记下水平移动刻度值。转动磨刀机心轴，使要刃磨的前刀面和砂轮工作面略微偏斜，如图6-39（a）所示。刀刃紧贴砂轮工作面并记下分度盘刻度值，固定磨刀机心轴。反向移动水平拖板，使铣刀前刀面和砂轮工作面分开。启动砂轮，移动水平拖板，让铣刀慢慢接近砂轮工作面。开始时，磨削量可大一些，当快接近a_h的刻度值时，磨削量减小，以提高刃磨质量。一个刀齿刃磨完之后，转动磨刀机心轴，转过的角度等于铣刀的中心角，刃磨第二个刀齿。重复上述过程，直到所有刀齿刃磨好。可见，成形铲齿铣刀刃磨时，刃磨前的前刀面和刃磨后的前刀面不平行，见图6-39（b）的虚线。

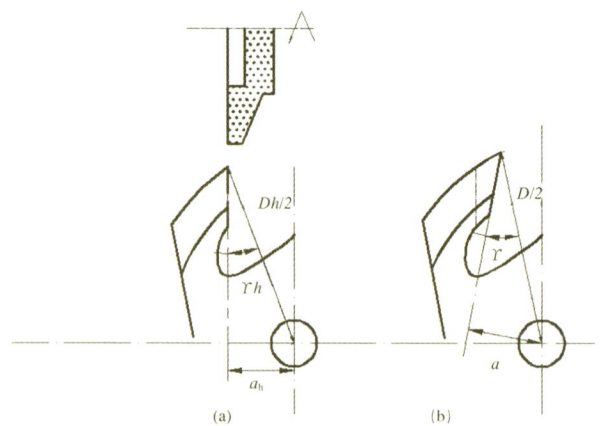

图6-39 铲齿铣刀前刀面的刃磨

6.8.2.4 尖齿铣刀

尖齿平面铣刀刃磨后刀面并保持后角α的规定大小。多次修磨后刀面之后，要以大于铣刀后角6°～8°的角度磨去刀体部分，使硬质合金裸露在外。在用碗形或碟形砂轮刃磨

时，如图6-40，砂轮轴线低于铣刀轴线一定距离 h，这是铣刀后刀面为铅垂面。h 可用下式计算：

$$h = \frac{D}{2}\sin\alpha$$

式中：D——铣刀直径，mm
α——铣刀后角，(°)

调整 h 就可改变铣刀的后角 α。

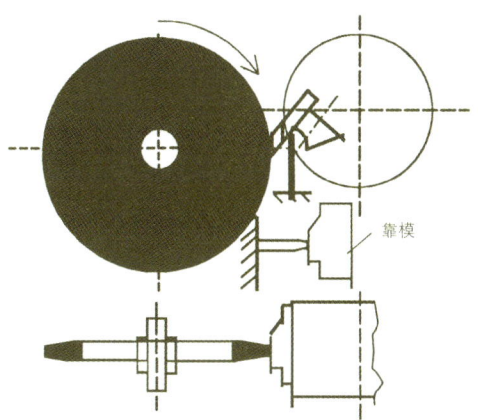

图6-41 装配铣刀整体刃磨刀片

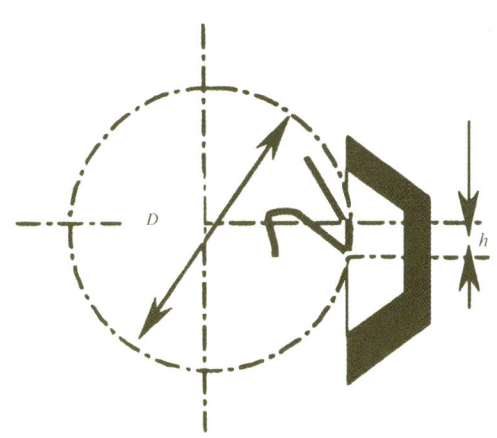

图6-40 尖齿铣刀前刀面的刃磨

6.8.2.5 装配铣刀刀片

装配铣刀刀片刃磨有两种情况：一是刀片装在刀体上进行刃磨；二是刀片从刀体取下来单独刃磨。

第一种情况为装配铣刀的整体刃磨，省去了卸刀、装刀和调刀的麻烦，并且易保证所有刀片在同一切削圆上。刃磨直刃平刀片时，采用碗形或碟形砂轮，可参考尖齿平面铣刀的刃磨。刃磨成形装配铣刀，需要专门的靠模磨床。图6-41所示的为成形装配铣刀的刃磨简图。因刀片伸出量较大，当刃磨后刀面时，要顶板支撑前刀面以增加刀片稳定性。靠模廓形是正确刃磨刀片的前提，故靠模制作至关重要。根据工件截形和铣刀前角，先画出刀齿前刀面廓形，然后求出刀齿在垂直于后刀面的平面上投影。该投影即为靠模的廓形。

刃磨时，应选用较大直径的薄形砂轮或薄双斜边砂轮。砂轮水平轴线低于铣刀水平轴线一定距离 h，h 值由铣刀后角 α 和切削圆半径 R 决定，即 $h=R\sin\alpha$。因刀片伸出量较大，刀片可重磨5~6次而不调节刀片伸出量。这样重磨后的铣刀前角略微变大，工件截形高度也有微小的改变。因此，需要定期调节刀片伸出量，维持原有的切削圆直径。

第二种情况为装配铣刀刀片的单独刃磨。刃磨后刀面的成形刀片（多为刃磨后刀面）也需要在靠模磨床上刃磨。刃磨时，保证原有的后角不变。刃磨后，装刀和调刀比较麻烦，各刀刃的对应点在径向应在同一切削圆上，端向应在同一平面上。其优点是切削圆直径和前角没有变化，因此工件截形不会改变。

6.8.2.6 硬质合金锯片

硬质合金锯齿可在专门的硬质合金锯齿刃磨机或多功能磨刀机上采用碟形砂轮修磨。硬质合金锯齿的后齿面面积较小，并斜铲角较大。刃磨前齿面之后，锯料宽度很快变小，增加锯身平面和锯路壁木材的摩擦。因此，硬质合金锯齿刃磨时以修磨后齿面为主，前齿面为辅。一般后齿面重磨2~3次，前齿面才重磨1次（图6-42）。锯齿两侧一般不磨。当锯身材料影响刀锯齿后齿面刃磨时，要刚玉或碳化硅砂轮磨去锯身。

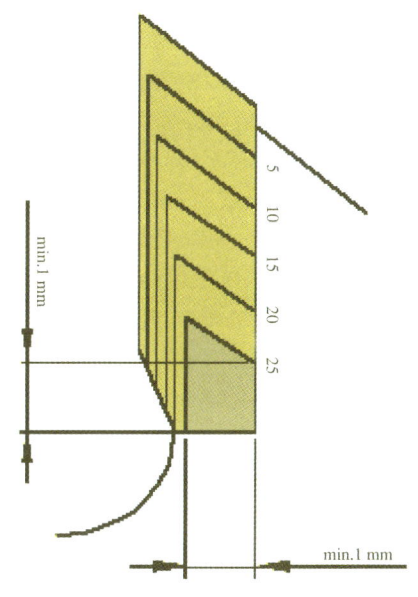

图6-42 硬质合金锯齿刃磨

参考文献

[1] 南京林业大学主编. 木材切削原理与刀具. 北京：中国林业出版社, 1983
[2] 肖正福. 刘淑琴. 胡宜萱. 木材切削刀具学. 哈尔滨：东北林业大学出版社, 1992
[3] 周之江. 木工修锯技术. 北京：中国林业出版社, 1981
[4] 傅朝臣. 制材修锯技术. 哈尔滨. 黑龙江省科学技术出版社, 1983
[5] 上海市金属切削技术协会编. 金属切削手册. 上海：上海科学技术出版社, 1982
[6] 习宝田. 木工刀具的磨损与变钝. 木材加工机械. 1989（1）、（2）
[7] 宋增平. 刀具制造工艺. 北京：机械工业出版社, 1987
[8] 王文华、吴永清. 气焊接锯最佳工艺条件探讨. 南京林产工业学院学报, 1983（1）
[9] 曹平祥. 木工刀具材料新发展. 木工机床, 1989（1）
[10] 曹平祥. 木工刀具的腐蚀磨损. 木工机床, 1990（2）
[11] 曹平祥. 低速切削时的木工刀具磨损机理. 木工机床, 1990（3）
[12] 曹平祥. 木工成形铣刀设计计算. 木工机床, 1992（2）
[13] 曹平祥. 木工刀具抗磨技术进展. 林业科技开发, 1997（6）
[14] 田中千秋，喜多山繁. 切削加工. 海青社, 1992
[15] PETER KOCH. WOODMACHINING PROCESSES. 1964
[16] LEUCO OERTLI. HANDBOOK. 1995
[17] LEITZ. HANDBOOK. 1997
[18] FREUD. HANDBOOK. 1997

7 制材

制材是把原木锯解成板材、方材等的工艺过程。本章所介绍的内容包括制材生产的原料和产品、原木锯解工艺、制材企业设计、制材企业面临的问题及其解决方法。

7.1 制材生产的原料和产品

7.1.1 原木

原条经过量材，截成符合要求的木段称为原木。

7.1.1.1 原木种类

原木按树种分针叶树材和阔叶树材；按用途分直接用原木、加工用原木和特级原木。

1. 特级原木

适用于高级建筑装修、装饰及各种特殊需要的优质原木。

(1) 树种：红松、云杉、樟子松、华山松、柏木、杉木，长4～8m，检尺径自26cm以上，柏木、杉木自20cm以上，长4～8m。

水曲柳、核桃楸、檫木、樟木、楠木、榉木，长4～6m，检尺径自26cm以上。

(2) 尺寸、公差(表7-1)

(3) 缺陷限度(表7-2)

表7-1 特级原木尺寸、公差

树 种	检尺径(mm)	检尺长(m)	长级公差
红松、云杉、樟子松		5、6、8	
水曲柳、核桃楸	26以上		+6cm
樟木、楠木		4、5、6	0
杉木	20以上	4、5、6、8	

注：原木两端断面截齐，不留下楂

表7-2 特级原木缺陷限度

缺陷名称	检量方法		限 度
活节、死节	在全材长范围内，尺寸不超过检尺径15%的只允许	针叶树种	4个
		阔叶树种	2个
裂纹	纵裂长度不得超过该检尺长的	杉木	15%
		其他树种	5%
	弧裂拱高或环裂半径不得超过检尺径的		20%
弯曲	最大拱高不得超过弯曲内曲水平长的	针叶树种	1%
		阔叶树种	1.5%
扭转纹	小头1m长范围内的纹理倾斜高(宽度)不得超过检尺径的		10%
偏心	小头断面偏心位置不得超过断面中心		5cm
外伤	在全材长范围内的任意一处，深度不得超过		3cm

注：上表以外，除大头断面允许有不超过检尺径断面面积1%的心腐外；其他缺点如：漏节、边腐、偏枯、贯通断面开裂、风折、抽心、双心、树瘤及足计算起点的虫眼、外夹皮均不允许有；劈裂面宽度超过6cm或劈裂长度超过20cm的不允许有；节子打平

2. 加工用原木

适用于建筑、枕木、车辆、船舶、家具、乐器、体育器具、包装箱、胶合板、机台木等。

(1) 加工原木树种、主要用途可参阅 GB/T143.1-1995。

(2) 针叶树加工用原木尺寸、公差、分等可参阅 GB/T143.2-1995。

(3) 阔叶树加工用原木尺寸、公差、分等可参阅 GB/T4813-1995。

3. 小径原木

(1) 尺寸检量，可参阅 GB/144.2。

(2) 材质评定可参阅 GB144-3。

4. 直接用原木

用于坑木、桁架、脚手杆架及其他柱、架等。

5. 原木材积表

可参阅 GB4814-84。本标准适用于所有树种的原木材积计算。

(1) 检尺径自 4~12cm 的小径原木材积计算为：

$$V = 0.7854L(D+0.45L+0.2)^2 \div 10$$

(2) 检尺径自 14cm 以上的原木材积计算为：

$$V = 0.7854L \left[D+0.5L+0.005L^2+0.000125L(14-L)^2 \cdot (D-10) \right]^2 \div 10$$

两式中：V —— 材积，m^3

L —— 检尺长，m

D —— 检尺径，cm

(3) 原木的检尺长、检尺径按 GB144.2-84 的规定检量。

(4) 检尺径 4~6cm 的原木材积数字，保留四位小数，检尺径自 8cm 以上的原木材积数字保留三位小数。

常用原木材积表，见表 7-3。

7.1.1.2 原木断面形状

原木断面形状可归纳为近似椭圆形、蛋圆形、三角形、四边形、五边形和圆形 6 种，见表 7-4。表中圆形最少；具

表 7-3 常用原木材积表

小头直径 (mm)	材 长 (m)												
	1.0	1.5	2.0	2.5	3.0	3.5	4.0	4.5	5.0	6.0	7.0	7.5	8.0
14	0.017	0.026	0.036	0.047	0.058	0.070	0.083	0.097	0.111	0.142	0.176	0.195	0.214
16	0.022	0.034	0.047	0.060	0.075	0.090	0.106	0.123	0.139	0.179	0.220	0.242	0.265
18	0.027	0.043	0.059	0.074	0.093	0.112	0.132	0.152	0.174	0.219	0.268	0.294	0.321
20	0.034	0.052	0.072	0.092	0.114	0.137	0.160	0.185	0.210	0.264	0.321	0.351	0.383
22	0.041	0.063	0.086	0.111	0.137	0.164	0.191	0.220	0.250	0.313	0.379	0.414	0.450
24	0.048	0.075	0.1102	0.131	0.161	0.193	0.225	0.259	0.293	0.366	0.442	0.481	0.522
26	0.057	0.087	0.120	0.153	0.188	0.225	0.262	0.301	0.340	0.423	0.509	0.554	0.600
28	0.066	0.101	0.138	0.177	0.217	9.259	0.302	0.345	0.391	0.484	0.581	0.632	0.683
30	0.075	0.1116	0.158	0.202	0.248	0.295	0.344	0.393	0.444	0.559	0.658	0.714	0.771
32	0.085	0.131	0.180	0.230	0.281	0.334	0.389	0.445	0.502	0.619	0.740	0.802	0.865
34	0.096	0.146	0.202	0.258	0.316	0.376	0.437	0.449	0.562	0.692	0.827	0.895	0.965
36	0.108	0.166	0.226	0.289	0.353	0.420	0.487	0.556	0.626	0.770	0.918	0.993	1.069
38	0.120	0.185	0.252	0.321	0.393	0.466	0.541	0.617	0.694	0.852	1.014	1.096	1.180
40	1.133	0.204	0.278	0.355	0.434	0.514	0.597	0.680	0.765	0.938	1.115	1.204	1.295
42	0.146	0.225	0.306	0.391	0.477	0.565	0.656	0.747	0.840	1.028	1.221	1.318	1.416
44	0.161	0.247	0.336	0.428	0.522	0.649	0.717	0.817	0.918	1.123	1.331	1.436	1.542
46	0.175	0.269	0.367	0.467	0.570	0.675	0.782	0.890	0.999	1.221	1.446	1.560	1.674
48	0.191	0.293	0.399	0.508	0.619	0.733	0.849	0.966	1.084	1.324	1.566	1.688	1.811
50	0.207	0.318	0.432	0.550	0.671	0.794	0.919	1.045	1.173	1.431	1.691	1.822	1.954
52	0.224	0.343	0.467	0.594	0.724	0.857	0.992	1.128	1.265	1.542	1.821	1.961	2.101
54	0.241	0.370	0.503	0.640	0.780	0.923	1.067	1.213	1.360	1.657	1.955	2.105	2.255
56	0.259	0.398	0.541	0.688	0.838	0.991	1.145	1.302	1.459	1.776	2.094	2.254	2.413
58	0.278	0.426	0.580	0.737	0.898	1.061	1.226	1.393	1.561	1.899	2.238	2.408	2.577
60	0.298	0.456	0.620	0.788	0.959	1.134	1.310	1.488	1.667	2.027	2.387	2.567	2.747

表 7-3（续）

小头直径(mm)	材 长(m)												
	1.0	1.5	2.0	2.5	3.0	3.5	4.0	4.5	5.0	6.0	7.0	7.5	8.0
62	0.318	0.487	0.661	0.841	1.023	1.209	1.396	1.586	1.776	2.158	2.540	2.731	2.922
64	0.338	0.519	0.704	0.895	1.089	1.287	1.486	1.687	1.889	2.194	2.699	2.900	3.102
66	0.360	0.551	0.749	0.951	1.157	1.367	1.578	1.791	2.005	2.434	2.362	3.075	3.288
68	0.382	0.585	0.794	1.009	1.227	1.449	1.637	1.899	2.125	2.578	3.029	3.254	3.479
70	0.405	0.620	0.841	1.068	1.300	1.534	1.771	2.009	2.248	2.726	3.202	3.439	3.675
72	0.428	0.655	0.890	1.129	1.374	1.621	1.871	2.123	2.375	2.879	3.380	3.629	3.877
74	0.452	0.692	0.939	1.192	1.450	1.771	1.975	2.239	2.505	3.305	3.562	3.823	4.084
76	0.477	0.730	0.990	1.257	1.528	1.803	2.081	2.359	2.638	3.196	3.749	4.023	4.297
78	0.502	0.768	1.043	1.323	1.609	1.898	2.189	2.482	2.775	3.360	3.940	4.228	4.515
80	0.528	0.808	1.096	1.391	0.691	1.995	1.301	2.608	2.916	3.529	4.137	4.438	4.738
82	0.555	0.849	1.151	1.461	1.776	2.094	2.415	2.737	3.060	3.702	4.338	4.654	4.967
84	0.582	0.890	1.208	1.532	1.862	2.196	2.532	2.870	3.207	3.879	4.545	4.874	5.201
86	0.610	0.933	1.265	1.605	1.951	2.300	2.652	3.005	3.358	4.061	4.755	5.099	5.441
88	0.638	0.977	1.325	1.680	2.042	2.407	2.775	3.144	3.512	4.264	4.971	5.330	5.686
90	0.668	1.021	1.385	1.757	2.134	2.516	2.900	3.285	3.670	4.436	5.192	5.565	5.936
92	0.697	1.067	1.447	1.835	2.229	2.627	3.028	3.430	3.831	4.629	5.417	5.806	6.192
94	0.725	1.114	1.510	1.915	2.326	2.741	3.159	3.578	3.996	4.827	5.647	66052	6.453
96	0.759	1.161	1.574	1.996	2.425	2.858	3.293	3.729	4.146	5.029	5.882	6.302	6.720
98	0.791	1.210	1.640	2.080	2.526	2.976	3.429	3.883	4.336	5.235	6.121	6.558	6.992
100	0.824	1.260	1.707	2.165	2.629	3.098	3.569	4.040	4.511	5.446	6.366	6.819	7.269
102	0.857	1.310	1.776	2.252	2.734	3.221	3.711	4.201	4.690	5.660	6.615	7.085	7.552
10	0.891	1.362	1.846	2.340	2.841	3.347	3.855	4.364	4.872	5.879	6.869	7.357	7.840
106	0.925	1.414	1.917	2.430	2.950	3.475	4.003	4.531	5.058	6.101	7.128	7.633	8.134
108	0.960	1.468	1.990	2.522	3.062	3.606	4.153	4.701	5.247	6.328	7.391	7.914	8.483
110	0.990	1.523	2.064	2.615	3.175	3.740	4.306	4.874	5.439	6.559	7.699	8.201	8.737
112	1.033	1.578	2.139	2.711	3.290	3.875	4.462	5.050	5.635	6.794	7.932	8.492	9.047
114	1.070	1.635	2.216	2.808	3.408	4.031	4.621	5.229	5.834	7.034	8.210	8.789	9.362
116	1.107	1.693	2.294	2.906	3.527	4.154	4.782	5.411	6.037	7.277	8.493	9.091	9.682
118	1.146	1.751	2.373	3.007	3.649	4.297	4.947	5.596	6.244	7.525	8.780	9.398	10.008
120	1.185	1.811	2.454	3.109	3.773	4.442	5.113	5.785	6.453	7.776	9.073	9.710	10.339

表 7-4 原木断面形状的比率（%）

树种	断 面 形 状						注
	椭圆形	蛋圆形	三角形	四边形	五边形	圆形	
红松	59.7	13.0	11.7	10.2	2.6	2.8	黑龙江木工所实测带岭地区原木
红松	55.66	9.5	1.88	23.3	4.78	5.08	绥化木材厂实测桃山原木
榆木	47.57	10.68	2.84	2.88	11.2	2.84	绥化木材厂实测铁力地区原木

有长、短径的近似椭圆形的占 50%，在下锯时可利用其长短径多出宽材，提高出材率。

7.1.1.3 常见原木缺陷

常见的有节子、腐朽、裂纹、扭转纹等，对木材强度和质量都有影响。次要缺陷如虫眼、夹皮、树脂囊、偏枯，对木材强度影响不大，但在某种用途上受到一定限制。

原木在锯解时，应掌握合理下锯和原木缺陷的分布情况，可将缺陷剔除或集中在少数锯材上或使缺陷缩小并分散在多数锯材中，以利获得部分优质锯材和提高锯材等级。

各种缺陷在原木断面上的分布规律：

(1) 从原木中心到外材面逐渐减少的缺陷，是大多数树种的根段和中段原木的节子；

(2) 从原木中心到外材面逐渐增加的缺陷，是扭转纹、青变、干裂等；

(3) 限制在原木外部的一定深度的缺陷，是外腐、青变、虫眼、外夹皮等；

(4) 限制在原木中心部分的缺陷，是心腐、心裂、轮裂、红斑、内夹皮等；

(5) 沿着原木断面均匀分布的缺陷，是梢段原木的节子。

掌握各种缺陷在原木断面上的分布情况，锯解时可采取不同的下锯法来提高锯材的等级。特级原木、加工用原木、枕资、次加工原木的缺陷限度汇总表，见表7-5。

表7-5 制材原料特级原木、加工用原木、枕资、次加工原木缺陷限度、规格汇总表

类别	缺陷名称	检量方法	特级原木	针阔叶材加工用原木			枕资	东北次加工原木
				一等原木	二等原木	三等原木		
缺陷	活节、死节	最大尺寸不得超过检尺径的	15%	针叶15%；阔叶20%	40%	不限	不限	不限
		在全材长内的个数只允许	针叶4个；阔叶2个	针叶5个；阔叶2个	针叶10个；阔叶4个	不限	不限	不限
		任意材长1m范围内的个数不得超过						
	漏节	在全材范围内的个数不得超过	不许有	不许有	1个	2个	不许有	不计
	边材腐朽	厚度不得超过检尺径的	不许有	不许有	10%	20%	检尺径26~28cm：不许有，检尺径：30~38cm：5%；检尺径40cm以上：10%	任意一处优质部分直径不得小于：检尺径18~38cm：10%；检尺径40~58cm：15%；检尺径60cm以上：20%
	心材腐朽	面积不得超过检尺径断面面积的	大头允许1%；小头不许有	大头允许1%；小头不许有	16%	36%	检尺径26~38cm：不许有，检尺径自40cm以上：1%	与腐朽边缘相切优良部分拱高不小于：检尺径18~38cm：5(6)cm；检尺径40~58cm：6(9)cm；检尺径60cm以上：7(12)cm
	虫眼	任意材长1m内的个数不得超过	不许有	不许有	针叶20个 阔叶5个	不限	不计	不计
	纵裂、外夹皮	纵裂、外夹皮长度不得超过检尺长的	纵裂不得超过检尺长的：杉木15%，其他树种5%，弧裂拱高或环裂半径不超过检尺径的20%，外夹皮：不许有	纵裂、外夹皮 杉木20%，其他针叶10%，阔叶20%	纵裂、外夹皮 针叶40%，阔叶40%	不限	不计	不许
	弯曲	最大拱高不得超过该弯曲内曲水平长的	针叶1%；阔叶1.5%	针阔叶1.5%	针阔叶3%	针阔叶6%	针阔叶5%	不计
	扭转纹	小头1m长范围内的纹理倾斜高(宽度)不得超过检尺径的	10%	20%	50%	不限	不计	不计
	偏心	小头断面偏心位置不得超过该断面中心	5cm	不计	不计	不计	不计	不计

表7-5（续）

类别	缺陷名称	检量方法	特级原木	针阔叶材加工用原木 一等原木	针阔叶材加工用原木 二等原木	针阔叶材加工用原木 三等原木	枕资	东北次加工原木
缺陷	外伤偏枯	深度不得超过检尺径的	外伤深度不超过3cm，偏枯不许有	20%	40%	不限	不计	不计
缺陷			1.树种、尺寸 树种　检尺长(m)　检尺径(cm) 红松、云杉、樟子松　5、6、8　26以上 水曲柳、核桃楸、樟木、楠木　4、5、6 杉木　4、5、6、8　20以上 2.检尺径2cm进级 3.长级公差允许 $^{+6}_{-0}$ cm 4.原木两端须切齐	1.树种、尺寸 树种：所有针、阔叶树种 尺寸：针叶：检尺长2～8m； 阔叶：检尺长2～6m 2.进级公差 检尺长：按2cm进级，同时有2.5cm长级； 检尺径：按2cm进级 长级公差：允许 $^{+6}_{-2}$ cm			目前，但红松不做枕资，检尺长：2.5、5、7.5m	与针、阔叶加工用原木同，检尺长：2～6m大小头已贯通成空洞的优良部分拱高执行括弧内数

7.1.1.4 原木平均尺寸计算

原木和锯材的平均尺寸是设计制材厂(车间)的依据；原木平均直径直接影响锯机的锯解速度和锯材平均宽度，原木和锯材的平均长度是计算厂内外运输设备生产率的依据。原木平均材积是计算原木楞场面积，运输机械生产率和装卸设备的依据。

1. 原木平均材积 Q_P

$$Q_P = \frac{q_1 n_1 + q_2 n_2 + \cdots + q_n n_n}{n_1 + n_2 + \cdots + n_n} = \frac{\sum q_n}{\sum n}$$

式中：$q_1, q_2 \cdots q_n$——单根原木的材积，m^3

$n_1, n_2 \cdots n_n$——相同材积的原木根数

2. 原木的平均长度 L_P

$$L_P = \frac{L_1 n_1 + L_2 n_2 + \cdots L_n n_n}{n_1 + n_2 + \cdots + n_n} = \frac{\sum L_n}{\sum n}$$

3. 原木的平均直径 d_P

$$d_P = \sqrt{\frac{d_1^2 n_1 + d_2^2 n_2 + \cdots + d_n^2 n_n}{n_1 + n_2 + \cdots + n_n}}$$

式中：$L_1, L_2 \cdots L_n$——单根原木的长度，m

$n_1, n_2 \cdots n_n$——相同长度原木根数

$d_1, d_2 \cdots d_n$——单根原木的直径，cm

$n_1, n_2 \cdots n_n$——相同直径的原木根数

7.1.2 锯材

7.1.2.1 锯材分类

(1) 按树种分针叶材和阔叶材；

(2) 按锯材的断面形状和锯解程度分为等边毛方、不等边毛方(两面加工的Ⅱ类型枕木)、毛边板、整边板、梯形板等；

(3) 按锯材在原木断面上的位置分为：

髓心板——板材位于原木髓心区，髓心落在该板上；

中心板——通过原木髓心下锯，所锯出的两块各带部分髓心的板材；

边板——除髓心板和中心板以外所锯得的板材。

(4) 按加工特征和程度分为：

整边板——板材两侧经过裁边，并且两侧毛边全长都着锯；

毛边板——未经裁边的板材；

缺棱板——毛边板裁边时，板边的一部分未着锯(不足板边一半)，这部分称缺棱。缺棱按板边的着锯程度又分为钝棱和锐棱。

(5) 按板材断面年轮走向与板面所成角度不同分为径切板、弦切板。

径切板其特点是板材端面上的年轮切线与材面之夹角 $\alpha > 45°$。

锯材尺寸检量和等级评定参阅GB4822。

锯材材积表参阅GB449。

表7-6 针叶树锯材材质等级

缺陷名称	检量与计算方法	允许限度			
		特等锯材	普通锯材		
			一等	二等	三等
活节	最大尺寸不得超过材宽的	15%	25%	40%	不限
死节	任意材长1m范围内的个数不得超过	4	6	10	
腐朽	面积不得超过所在材面面积的	不许有	2%	10%	30%
裂纹夹皮	长度不得超过材长的	5%	10%	30%	不限
虫眼	任意材长1m范围内的个数不得超过	1	4	15	不限
钝棱	最严重缺角尺寸，不得超过材宽的	5%	20%	40%	60%
弯曲	横弯最大拱高不得超过水平长的	0.3%	05%	2%	3%
	顺弯最大拱高不得超过水平长的	1%	2%	3%	不限
斜纹	斜纹倾斜高不得超过水平长的	5%	10%	20%	不限

注：1.长度不足2m的不分等级，其缺陷允许不低于三等材
2.摘自 GB/T153-1995

表7-7 阔叶树锯材材质等级

缺陷名称	检量与计算方法	允许限度			
		特等	普通锯材		
			一等	二等	三等
死节	最大尺寸不得超过材宽的	15%	25%	40%	不限
	任意材长1m范围内的个数不得超过	3	5	6	
腐朽	面积不得超过所在材面面积的	不许有	5%	10%	30%
裂纹夹皮	长度不得超过材长的	10%	15%	40%	不限
虫眼	任意材长1m范围内的个数不得超过	1	2	8	不限
钝棱	最严重缺角尺寸，不得超过材宽的	10%	20%	40%	60%
弯曲	横弯最大拱高不得超过水平长的	0.5%	1%	2%	4%
	顺弯最大拱高不得超过水平长的	1%	2%	3%	不限
斜纹	斜纹倾斜高不得超过水平长的	5%	10%	20%	不限

注：1.长不足2m的不分等级，其缺陷允许不低于三等材
2.南方裂纹在表中允许限度基础上，各等均放宽5个百分点
3.摘自 GB/T4817-1995

7.1.2.2 锯材缺陷

国家标准中锯材常见缺陷有节子、腐朽、夹皮、虫眼、弯曲、斜纹、钝棱等。

针、阔叶树锯材材质分等表，见表7-6、表7-7。

7.1.2.3 锯材平均尺寸计算

1. 锯材的平均材积 V_P

$$V_P = \frac{V}{N}$$

式中：V——锯材总材积，m^3

N——锯块数

2. 锯材的平均厚度 A_P

$$A_P = \frac{V}{\dfrac{V_1}{a_1} + \dfrac{V_2}{a_2} + \cdots + \dfrac{V_n}{a_n}} = \frac{V}{\sum \dfrac{V_n}{a_n}}$$

式中：V——锯材总材积，m^3

$a_1, a_2 \cdots a_n$——锯材不同厚度；cm

$V_1, V_2 \cdots V_n$——相同厚度锯材材积；m^3

3. 锯材平均宽度 B_P

$$B_P = \frac{V}{\dfrac{V_1'}{b_1} + \dfrac{V_2'}{b_2} + \cdots + \dfrac{V_n'}{b_n}} = \frac{V}{\sum \dfrac{V_n}{b_n}}$$

式中：V——锯材总材积，m^3

$b_1, b_2 \cdots b_n$——锯材的不同宽度，cm

$V_1', V_2' \cdots V_n'$——相同宽度的锯材材积，m^3

4. 整边板、方材材积计算

$$V = B \times H \times L \frac{1}{1000000}$$

式中：B——锯材宽，mm

H——锯材厚，mm

L——锯材长，m

$\dfrac{1}{1000000}$——单位换算系数

5. 毛边板材积计算

毛边板的宽度是检量材长中央部位外材面和内材面的宽度，相加后除以2，但此宽度为实际尺寸，还需按一定进位尺寸进舍后算得其标准宽的尺寸。材积按整边板公式求之。

6. 枕木材积的计算

枕木一般是以根数计算的。如需计算材积可按枕木标准宽、厚、长尺寸相乘而得。

一般每立方米原木折算Ⅰ型枕木(0.22m × 0.16m × 2.5m)11.4根；Ⅱ型枕木(0.2m × 0.145m × 2.5m)13.8根。

7. 板皮材积计算

板皮材积一般按层积立方米计算，如计算单块板皮材积可按下式计算：

$$V = \dfrac{2}{3} \times B \times H \times L \dfrac{1}{1000000}$$

式中：B——离大头 4/10 材长处的宽度，mm

H——离大头 4/10 材长处的厚度，mm

L——材长，m

$\dfrac{1}{1000000}$——单位换算系数

7.2 原木锯解工艺

7.2.1 原木准备

原木在锯解前的工艺准备工作包括：原木分选；原木冲洗和金属探测；原木截断；原木剥皮和整形；原木调头(使小头朝向锯机)，原木小头进锯。做好原木锯解前的准备工作，对提高出材率和锯材质量具有很大意义。

7.2.1.1 原木分类

原木在锯解前根据定制锯材的用途和规格，按原木径级、材长、等级和树种进行分选，对于"按产供料"、"材尽其用"以及提高出材率、提高锯材质量有很大关系。

陆运到材的原木分类，主要在原木楞场进行，一般采用原木纵向运输机并设有自动卸载装置通过电控系统，使原木自动卸载落入楞堆。

在水上进行原木分选时，先将已拆散的原木运到区分网，然后在区分网进行原木的区分。

区分网的形式，主要根据水流速度、河流地形、河流宽度、水位涨落差和原木在区分网中是纵向移动还是横向移动等情况而定。

在水流速度不超过0.4m/s时，常采用通廊式区分网。先将原木由停排场进行拆排，然后将散置的原木送入区分网，按树种、径级、长级和等级进行分类，然后分别出河去贮木池和车间进行加工。综合式区分网见图7-1。

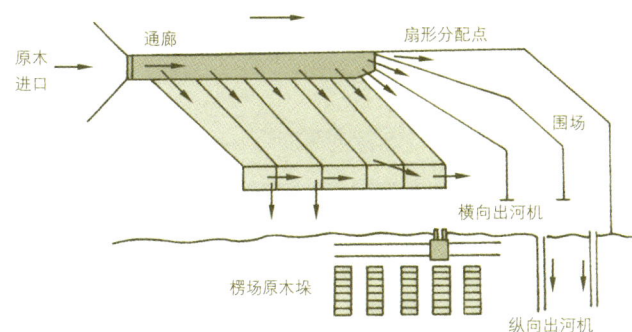

图7-1 综合式区分网

7.2.1.2 原木调头

运到制材厂的原木，在原木楞场堆放过程中，一般没有按大小头分别归楞，而在实行小头进锯时，必须将大头调转方向后，使小头朝向锯机。原木90°调头设备见图7-2。

7.2.1.3 原木截断

为了多出长材，在锯解前，原木一般不进行截断。但为了提高出材率、合理使用原木和完成订制任务，对下列原木需在截断后再进锯，一般原木截断可使用电动链锯。

一般弯曲在大于2%时必需截断，因 $f > 2\%$ 以上每增加1%，出材率要降低10%。对弯曲原木截断，可见表7-8。

7.2.1.4 原木冲洗和金属探测

1. 原木冲洗

在原木锯解前，应将原木表面的泥砂冲洗掉，冲洗的方法是在原木纵向运输链上安装一排喷水龙头，对准原木进行喷射。水流方向应与原木前进方向相反，并与原木轴线成45°夹角，效果较好。

表7-8 弯曲原木截断

原木材长 (m)	径级 (cm)	弯曲高 (cm)	一般截断长度(m)	特殊截断长度 (m)
4	18~28	3	2+2	2.5+1.5
4	30~38	4	2+2	2.5+1.5
4	40以上	5	2+2	2.5+1.5
6	18~28	4	2+4	3+3
6	30~38	5	2+4	3+3
6	40以上	6	2+4	3+3
8	18~28	6	4+4	6+2
8	30~38	6	4+4	6+2
8	40以上	7	4+4	6+2
5 枕资	26以上	5	2.5+2.5	2+3
7.5 枕资	26以上	6	2.5+5.0	2.5+2.5+2.5

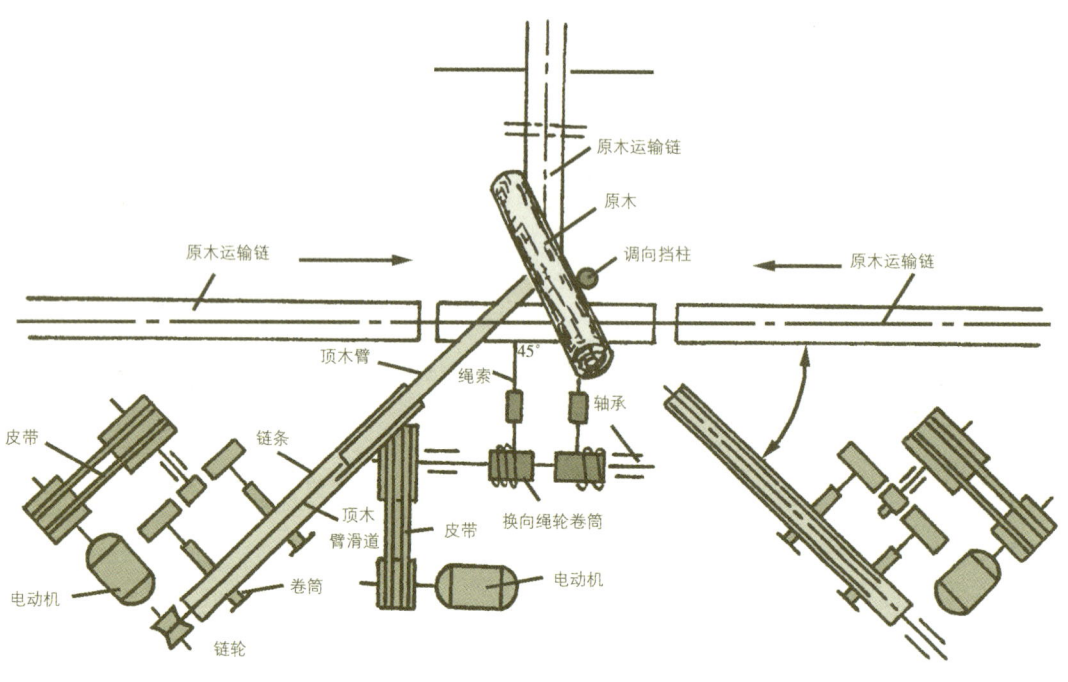

图 7-2 原木 90°调头设备示意图

2. 金属探测

水运到厂的原木，在锯解过程中经常碰到铁钉，易使锯条撕裂，并会发生工伤事故，因此，在锯解前必须将铁钉排除。

为防止锯条锯解带有铁钉的原木，可采用金属探测仪。该仪器应安装于分段驱动的两段纵向原木运输链端部间隙之中，以防运输链对它的干扰。在原木被清除金属物后，再由运输链送入车间锯解，见图 7-3。

7.2.1.5 原木剥皮和整形

制材剩余物用作于削片、造纸纸浆和人造板原料。

剥皮机可选用瑞典制造的 Cambio 型剥皮机，见图 7-4。加拿大采用的高压水力喷射剥皮，水压在 8~10MPa，见图 7-5。这种剥皮机效果较好，完全没有砂石树皮的痕迹，木材损失小，缺点是动力消耗很大，约在 500kW 以上，剥皮能力为 200~400m³/a。

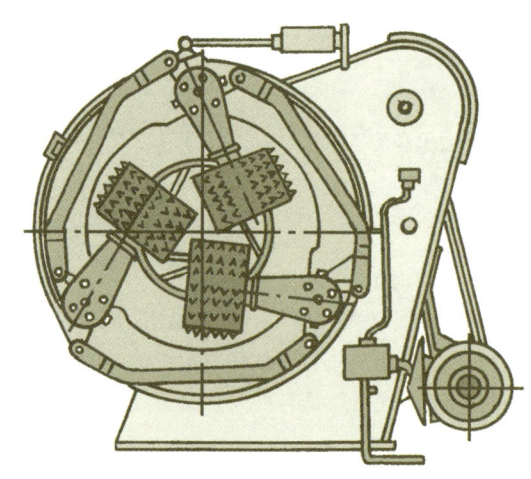

图 7-4 轮环式剥皮机

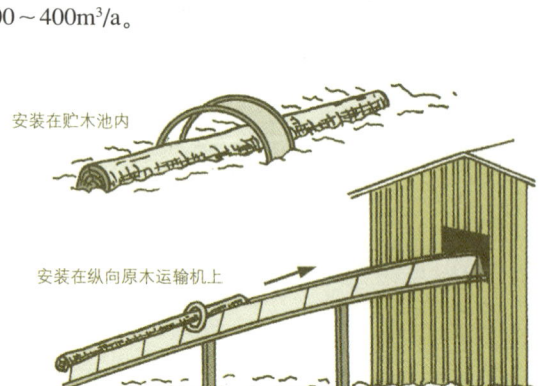

图 7-3 原木金属探测器

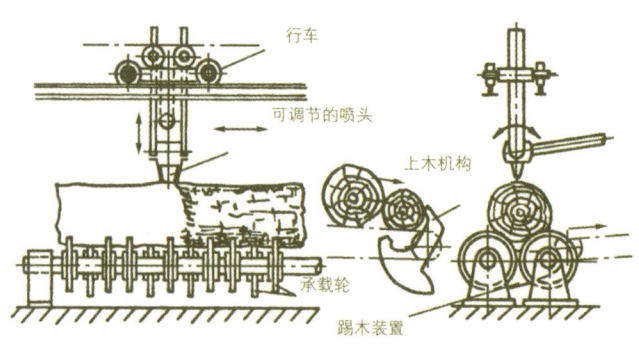

图 7-5 高压水力喷射剥皮机

7.2.1.6 原木尺寸和外部几何形状以及原木内部质量的检测

国外用电子扫描器测量原木直径；用电子计数装置记录输送机上脉冲数，测量原木长度。在原木外部几何形状扫描方面，我国于20世纪70年代末也曾研制抛物镜式原木激光扫描装置的试验样机，测量原木几何尺寸。至于原木内部缺陷检测及其装置，仍然是当前制材生产中的一项重要课题。

7.2.2 原木锯解基础

制材是将原木加工成板材、方材、枕材及其他锯材。从一根原木中可锯得主产品、连产品、短材和小规格材。

主产品是指原木中部锯得的厚板、方材、枕木等。

连产品是指在原木边部锯得的与原木同长的锯材。

短材是指在原木边部锯得的,长度小于原木长度但大于1m的锯材。

小规格材是指长度在0.5～1m之间的短小锯材。

7.2.2.1 原木出材率和锯材质量指标

1. 原木出材率的计算

原木出材率是指锯材材积与所耗用的原木材积的百分比，用公式表示为：

$$P = \frac{V}{Q} \times 100\%$$

式中：P——原木出材率，%

V——锯材材积，m^3

Q——所耗用原木的材积，m^3

在我国制材生产中，原木出材率分主产出材率、综合出材率、调运出材率以及毛边板出材率。

上述各种出材率的锯材材积依次是指：主产品的材积；全部锯材材积(包括主产品、连产品、小规格材、成套包装箱板材在内)；材长1m以上的锯材材积；毛边板的材积。其中，毛边板出材率系指企业内部的生产指标，一般较少使用。

若为削片制材，还可用原木综合利用率来衡量原木的出材情况。

2. 锯材质量指标

锯材质量指标包括锯材合格率和锯材质量系数。

(1) 锯材合格率：

$$锯材合格率 = \frac{符合国家标准尺寸公差和材质的锯材材积}{被抽查的100块锯材材积}$$

其中，被抽查的锯材是指在板院堆垛待调拨的锯材，其中50块为随机抽查，其余一半为指定材种若干块。

国家林业局规定，锯材合格率应达到95%。

(2) 锯材质量系数：锯材质量系数表示所锯锯材质量的优劣，它反映所锯锯材与所用原木的质量关系，用国家规定的锯材等级价格差率表示。现行的锯材质量系数见表7-9。

表 7-9 锯材质量系数

锯材等级	特等	一等	二等	三等
针、阔叶锯材质量系数	1.5	1.3	1.0	0.8

根据我国制材生产中混合进锯的情况下，用锯材平均质量系数来衡量锯材质量的高低。锯材平均质量系数为各等级锯材质量系数的加权平均。

平均质量系数可用来衡量工人的技术水平，评定锯材质量指标完成的好坏。

7.2.2.2 原木下锯法

原木制材时，按锯材种类、规格，确定锯口部位和锯解顺序进行下锯，这种锯解方法称为下锯法。

合理下锯就是根据原木大小、形状、质量等条件和锯材规格、质量等要求，按工艺设计和使用的锯解设备，在获得最大出材率和最高经济效益的前提下，合理安排锯口位置和尺寸进行下锯。

1. 合理下锯的目的和要求

合理下锯的目的：提高出材率，以一定数量的原木，得数量最多的锯材；提高锯材质量，以一定等级的原木，锯出最多高等级锯材；锯材规格尺寸符合锯材明细表或订制任务的要求。

合理下锯的要求：原木锯解前作好下锯计划，即根据原木条件和生产锯材任务，在原木小头端面上合理设计锯口位置，实行合理用料、合理配制、套裁下锯、合理裁边截断，以达到提高出材率、质量和经济效益的目的。设计锯口位置时，第一个锯口位置必须正确无误，同时合理确定其他锯口的位置。

2. 下锯法的分类和特点(表7-10)

3. 原木下锯图的编制

原木锯割前，按锯材规格在原木小头端面上划出的锯口排列图式称下锯图。下锯图有以下各种类型：

(1) 按下锯方法，可分为四面下锯图、三面下锯图和两面下锯图，见图7-6。

(2) 按锯口在端面排列的位置，有对称下锯图、不对称下锯图，见图7-7。

(3) 按材种对年轮、木纹的要求，可分为一般材下锯图和特殊材下锯图，见图7-8。

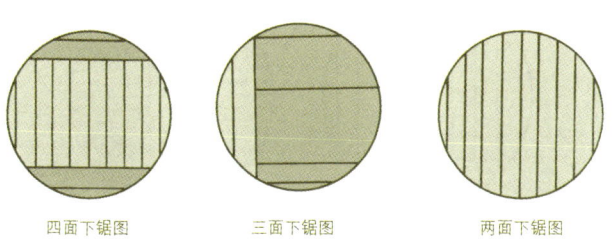

图 7-6 四面、三面和两面下锯图

表7-10 下锯法的分类和特点

分 类		工艺方法	优缺点及适用范围	
按锯数分类	单锯法	用单锯片圆锯机、单锯条带锯机，一次锯一个锯口，依次一块一块地锯解板、方材	优点：	可以翻转下锯，集中剔除缺陷，提高质量和出材率，能套裁下料。用一根原木生产几种不规锯材，带锯条锯路小，木材损耗少。适用于有缺陷原木、大径原木、珍贵材和特殊用材的生产
			缺点：	锯材规格较差，要求有较高技术，生产效率低
	组锯法	用多锯片圆锯机、多联带锯、排锯机，一次锯出数块板材或毛方	优点：	锯材规格较好，生产效率高，工艺流程短，易于机械化、自动化，产品规格少，简化分选堆积工作。适用于人工林原木质量均一、专业化制材厂
			缺点：	不能看材下锯，套裁下料，锯路较大，出材率低
按下锯顺序分类	四面下锯法	在带锯机上先锯解成毛方或依次翻转下锯，在锯取4块完整板皮的同时，有选择地锯取	优点：	利用边材优质部分生产优质材，得到4块完整板皮，消灭三角子，出材率高，板宽一致，裁边工作量减少，生产效率高。适用于大中径各种质量的原木，生产大方、厚板、枕木订制材
			缺点：	要求有较高的技巧快速计算，不适于奇数方材小径木生产
按下锯顺序分类	三面下锯法	在带锯机上先锯去一块板皮或带一块板材，然后90°翻转扣下，依次平行下料或锯板材	优点：	翻转次数少，生产效率高，剔除缺陷较好，板宽较宽，裁边量居中，出材率居中，适用于大中径级各种质量原木，生产奇数枕木、中方、门窗及家具材
			缺点：	与四面下锯比较，三角板皮多，增加裁边工作量，减少边材部优质材的产量
按下锯顺序分类	毛板下锯法	也称两面下锯法，原木上跑车后，依次平行锯取毛边板	优点：	工艺简单，可得到最宽的板材，便于机械化、自动化，适用于小径原木，生产家具材、箱板材、木芯板、毛边板，利用率较高
			缺点：	不能剔除缺陷，材质差，生产整边板出材率低，裁边工作量大，三角板皮多
	翻转下锯法	原木在带锯机上依次翻转90°下锯	优点：	充分利用边材优质部分生产优质材，且以不易透水的弦切板居多，有时也叫弦切下锯法。依次翻转能剔除缺陷，适用于生产弦切板及有心材缺陷或其他缺陷的原木的锯割
			缺点：	翻转次数多，不能保证每块锯材的质量

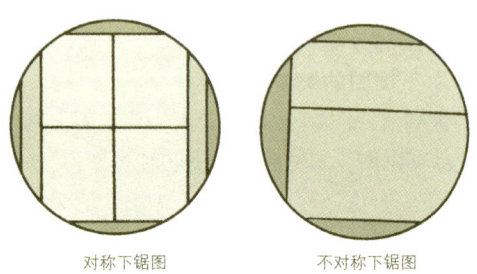

图7-7 对称和不对称下锯图

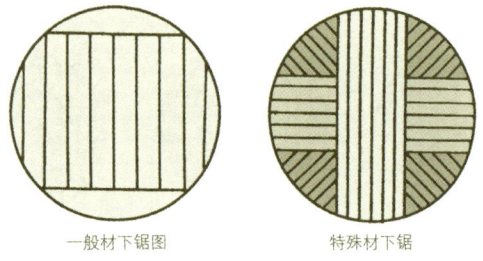

图7-8 一般材和特殊材下锯图

(4) 按生产的规格品种，可分为专制下锯图和套制下锯图，见图7-9。

下锯图的表示方法有两种：图示法和数字表示法，见表7-11。

4. 特殊用材下锯法

特殊用材是指航空、造船、车辆、乐器等生产上需用的一些加工较细、材质较好的一些专业用材。由于特殊用材要求木材年轮在材面上分布位置和木材纹理被割断程度有一定的规定，必须采用不同的下锯法。

根据木材年轮在材面上的分布位置，特殊用材下锯法中分为弦切材下锯法、径切材下锯法和集成材下锯法。

(1) 弦切材下锯法：板材端面宽、厚中心线交点所在年轮的切线与板面所成的夹角。小于45°的为弦切材，如图7-10(b)所示。

弦切材是沿着原木的边材部分与原木直径平行或接近平行锯割而成的，可用作桶板材、船甲板等，不易透水，年轮在材面上呈峰状花纹。

弦切材下锯法常采用带制弦切下锯和完全弦切下锯见图7-11。

表 7-11 下锯图的表示

图示法	数字表示法
四面下锯法	15-25-180-25-15 15-30-40-40-40-40-30-15 (第一行数字表示在厚度为180mm的毛方两边锯得15、25mm毛边板各2块。第二行表示毛方的锯解状况)
	12-15-180-15-12
三面下锯法	25-250 40-50-220-160-40
	[30] -40-210 15-30-40-40-40-40-30-15 (方括号内数字表示板皮厚度，接着又表示在锯下一块40mm的板后，将余料210mm翻转90°。第二行数字表示90°翻转后锯解一边毛边板的状况)
毛板下锯法	$\dfrac{40}{2} \quad \dfrac{30}{2} \quad \dfrac{15(5.5)}{2}$ (圆括号内数字表示该板截断后的长度，分子表示锯材厚度，分母表示该厚度锯材的块数)

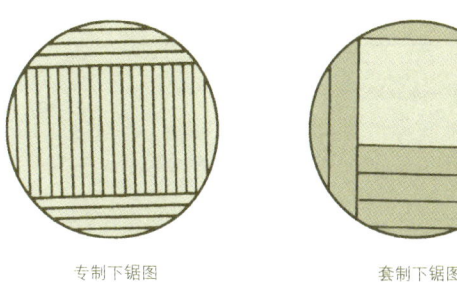

图 7-9 专制下锯图和套制下锯图

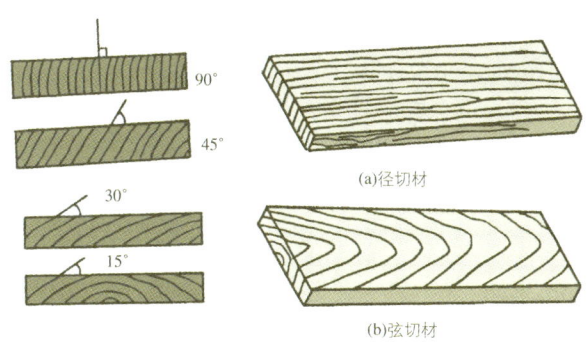

图 7-10 径切材与弦切材木纹特征

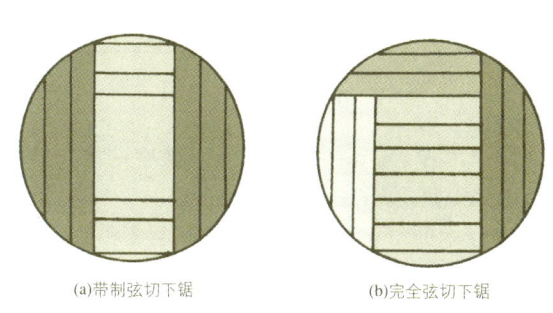

图 7-11 弦切材下锯法

图 7-12 径切材下锯法

(2) 径切材下锯法：径切材是板材端面中心处年轮的切线与板面垂直或接近垂直的锯材，其径向角大于45°，年轮在板面上呈平行的直线条纹理，如图 7-10 (a)。

通过或接近通过木材髓心，沿半径或直径方向下锯，可锯得径切材。径切材可用大径原木的边材部分带制见图 7-12(a)或用完全径切下锯法专制，见图 7-12(b)(c)(d)。

(3) 集成材下锯法：集成材是通过特殊下锯法，把小径木锯得的长度较短，宽度较窄，厚度为 10～30mm 的锯制板材，在端部或侧面用胶黏剂拼接起来的胶合成材，用集成材下锯法，可将小径木的出材率由普通下锯法的 30%～50% 提高到 55%～60%，并能提高使用价值。见表 7-12。

(4) 缺陷原木下锯法：影响锯材质量等级的主要缺陷是：节子、腐朽、裂纹、虫害、钝棱、弯曲、斜纹等。

表 7-12 集成材下锯法

下锯方法	下锯图
桔瓣形下锯法	将小径木截成普通长度，旋成圆柱体，锯成四开材，再剖成桔瓣形材。将桔瓣形材彼此颠倒，沿长度方向面与面胶拼在一起，拼成任意宽度的板材。将桔瓣形端头与端头采用指接法，可制成任意长度的板材。所得拼板材面上不露节子和其他缺陷，结构强度大
梯形材下锯法(1)	将小径原木(约10~14cm)锯成短木段(2.4m长)，旋成直径相同的圆柱体，用带锯机剖分三个锯口，得到边侧呈弧形的毛方，如右图。毛方上下两面刨平，边侧弧形铣削成斜面，使材端呈现等腰梯形。直径稍大的锯5个锯口，将梯形材上下底颠倒对齐，侧边胶拼在一起
梯形材下锯法(2)	将原木两侧锯成等厚毛边板，顺着毛边板的削度成斜角裁边(或铣边)成斜面梯形，材端为等腰梯形，将板材宽端与窄端，上下材面调转胶拼成斜面梯形材

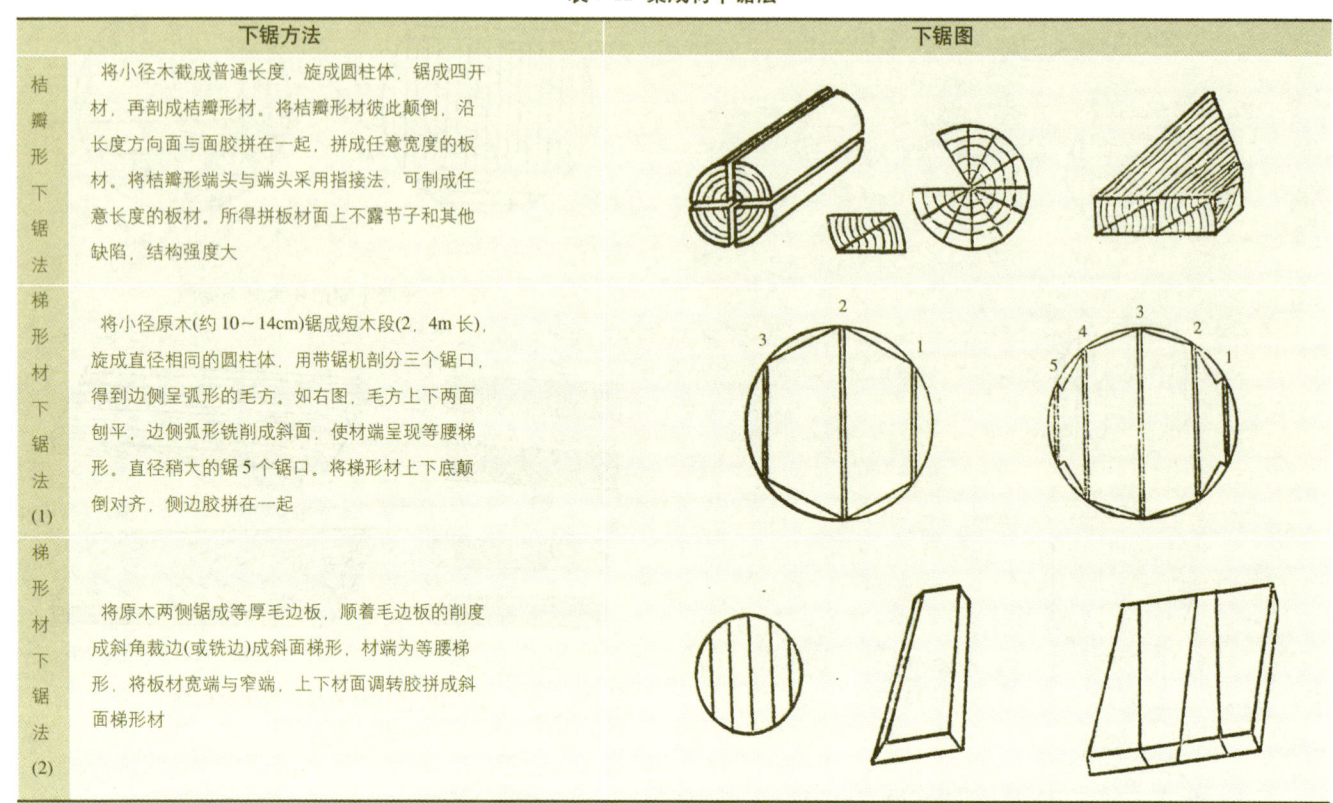

缺陷原木的下锯原则是：严重缺陷集中剔除，一般缺陷适当分散到少数几块板上。

缺陷原木的下锯要求：根据原木径级和缺陷分布及程度，特别要找准第一锯口，提高出材率和质量；根据材质缺陷情况，正确判断锯材等级，合理带钝棱。见表 7-13。

7.2.2.3 原木锯割优化理论

原木锯割优化，也叫最大出材率理论，即在原木小头端面上设计下锯图，使出材率达到最大。在理想状态下，原木是抛物线回转体，且沿原木纵轴剖开，材面呈抛物线的情况下，按照表 7-14 可获得最大出材率。

7.2.2.4 四分圆图

四分圆也叫象限图，是按 1/4 原木断面形状绘制的图。横坐标表示材宽，纵坐标表示材厚，按正常尖削(1cm/m)计算。实际生产中常用四分圆图进行下锯图设计，是设计下锯图的简便工具，可用于制材划线设计、套裁下料各项设计计算。

根据四分圆图，可以从已知原木直径，求出方材、板材宽度的最大尺寸，同时确定方材、板材有无缺棱，以及缺棱尺寸，据此，便可以进行下锯设计，见图 7-13。

利用四分圆图，还可以根据方材、板材断面尺寸和在下锯图中的位置，求出所需原木的直径，也可以根据原木的削度值，求出削度区域内所能锯出的短材和小规格材的板材尺寸和出材块数。

7.2.3 带锯制材

7.2.3.1 带锯制材的特点

带锯机属单锯制材，其特点是下锯灵活，可任意翻转达到看材下料的目的；按料下锯，便于集中剔除原木中的缺

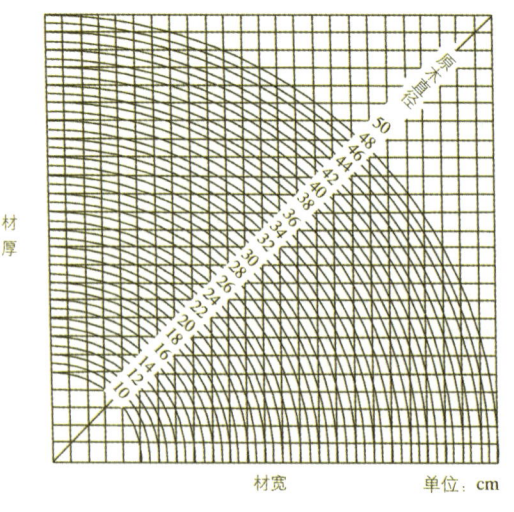

图 7-13 四分圆图

陷，提高锯材质量；加工精度较高；能充分利用原木外围部分锯制质量高的薄板，锯条薄从而减少锯屑量，可生产特种用材，如径切板和弦切板；出材率较高。

我国带锯机直径系列为36″、42″、48″、54″、60″、66″、72″。一般为6″进级。但个别锯机也有38″、44″。42″以下的为小带锯；42″～60″为跑车大带锯；66″、72″为重型跑车大带锯。目前，带锯制造厂已改为公制系列，大多生产1000，1200和1500mm跑车大带锯。锯轮直径是带锯机的主要参数，它决定带锯机的性能。

由于锯轮直径和锯轮中心距决定着所能锯解的原木最大直径，所以一般在选用带锯机规格时，可应用如下的经验公式，即：锯轮直径 $D=(1.2\sim 1.4)d_{max}$。

表 7-13 缺陷原木下锯法

原木缺陷	下锯方法	下锯图
节子	1. 原木无节区与有节或多节区分开锯割； 2. 大节子原木平行于节子下锯，将大节子集中在一块板材上，并尽量使宽材面不露节子； 3. 节子小而多的原木，应垂直于多数节子下锯，使材面上节子呈现圆形； 4. 节子大、个数多的原木，宜锯成枕木或方材	
腐朽	具有"铁眼"或心腐的原木，采用抽心下锯法或楔形剔除法将腐朽部分全部剔除。 心腐原木第一块板皮下小些，取料时尽量取厚料，将优良部分一次取出。 边腐原木下料时将腐朽部分按厚度下板皮，不使锯材中部带腐朽	
裂纹(夹皮)	裂纹包括纵裂和环裂，下锯时应平行于裂纹下锯，使裂纹集中在一两块锯材上，避免每块板材都带裂纹	
偏心或双心	偏心原木年轮一边密集，一边疏散，木质较硬，其疏散的一边硬度更大，此种原木宜锯割成方材。锯割板材以长径为准，把年轮疏密部分分别锯割。双心原木与偏心原木下锯相同，沿长径方向下料，小带锯沿短径方向锯割板材	
尖削	1. 偏心下锯法，俗称"一边挤"下锯法：沿原木外缘一侧平行纹理依次锯割，充分利用削度肥大部分，多生产各种长度薄板，综合出材率可提高3%左右，缺点是半数板材具有斜纹； 2. 平行纹理下锯法：从两面或四面平行原木外缘纹理下锯，把心材锯成短材。优点是可得平行木纹锯材，缺点是常常需搬垫，效率低，不常用； 3. 平行原木轴心下锯法：沿原木长轴心从两侧平行锯割，产品质量较好，使用价值较高，出材率较"一边挤"下锯法稍低	偏心下锯法 平行纹理下锯法 平行原木轴心下锯法

表7-13（续）

原木缺陷	锯方法	下锯图
弯曲	原木弯曲度严重影响出材率。弯曲度较大的原木必须截断后进锯。 1. 侧面下锯法：使原木弯曲方向上下垂直，在弯曲的两侧先锯掉两块板皮，然后90°翻转，与弯曲方向垂直锯割板材。适用于一般无腐朽的一般弯曲原木，也适用于锯割毛边板； 2. 腹背下锯法：使原木弯曲方向水平，从弯曲腹面和背面先锯掉两块板皮，然后90°翻转锯割板材。锯出的板材稍窄，但长材多，适用于有腐朽的弯曲原木	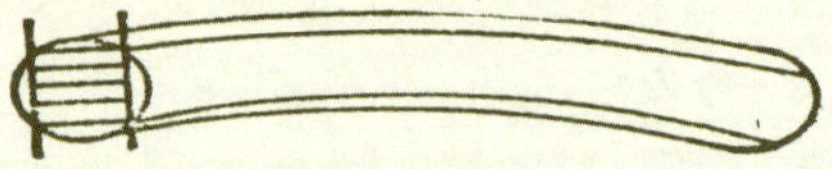 侧面下锯法 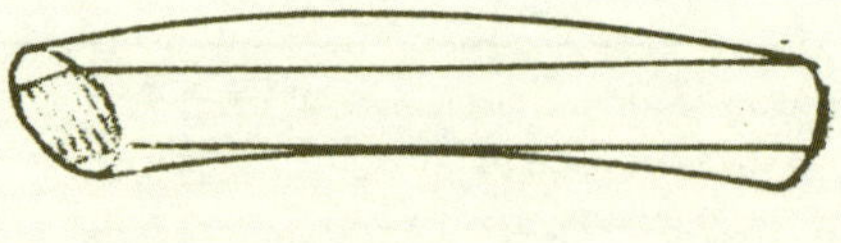 腹背下锯法
扭转纹	扭转纹是原木的严重缺陷，锯出的板材均为斜纹，木材强度低。 扭转纹原木宜锯割枕木大方材，尽量不用于生产板材	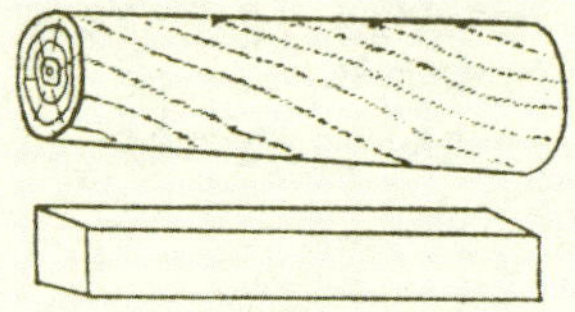 扭转纹下锯法
虫害	虫蛀原木一般是边材严重，下锯时按虫眼的深浅锯去边材制成一般材，心材优良部分制成高质量用材。 虫眼大、数量多的原木，宜锯割成枕木。 虫眼分散的原木，宜锯成材面较窄的板材，以提高等级	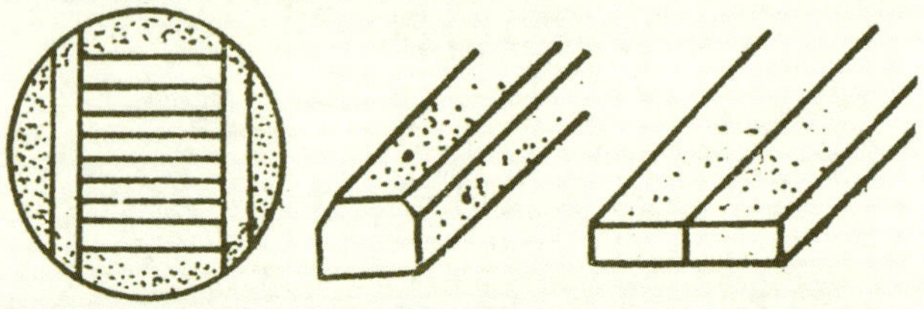

表7-14 原木锯割优化理论计算公式及适用范围

最大出材率计算内容	图示及计算公式	公式符号及适用范围
小头直径d与最大方材一边a的计算	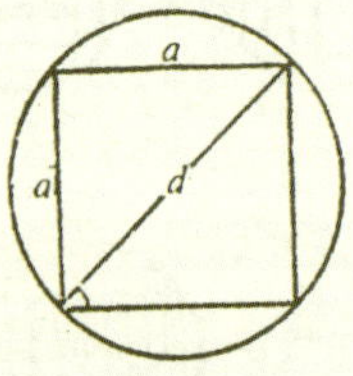 $a=0.707d$	d——小头原木直径按圆形计算； a——内接最大方材的一边 适用于主产出材率的计算
椭圆形断面与最大扁方出材量的计算	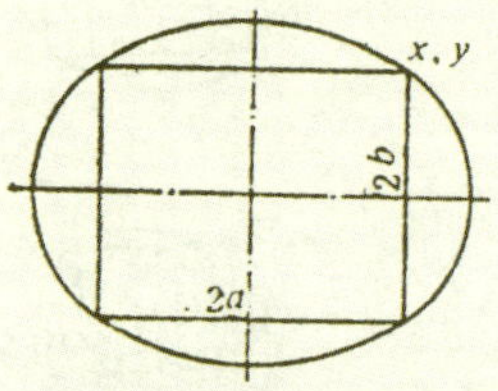 $s=4xy$ $2x=0.707\times 2a$ $2y=0.707\times 2b$	$2a$——长轴； $2b$——短轴； s——最大扁方断面积； 适用于椭圆形断面最大出材宽、厚的计算
小头直径d与带钝棱正方材一边a即最大出材宽度计算	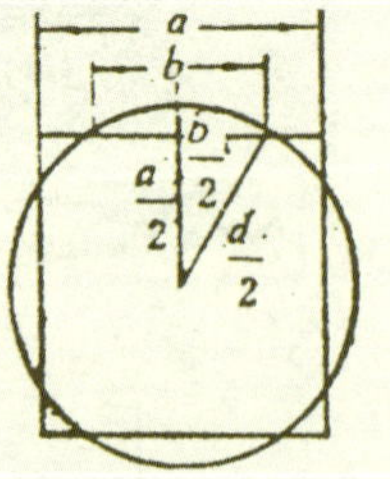 $\dfrac{a-b}{a}\leq k$ $a=\dfrac{1}{\sqrt{1+(1-k)^2}}k$	a——带钝棱正方材的材宽； b——着锯面的宽度 K——国标各等锯材允许的钝棱限度； 适用于圆形断面最大带钝棱正方材的计算
椭圆形原木与带钝棱扁方材材厚h即最大出材厚度计算	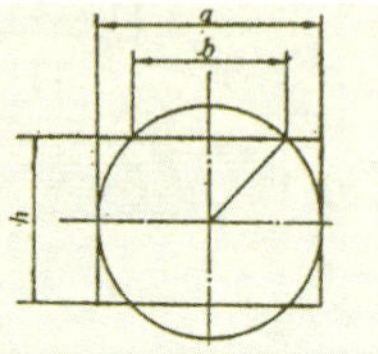 $\dfrac{a-b}{a}\leq k$ $h=\sqrt{1-(1-k)^2}\,d$	a——带钝棱扁方材的材宽； b——着锯面的宽度 K——国标各等锯材允许的钝棱限度； 适用于最大带钝棱扁方材厚度计算，材宽$a<d$，即窄材面着锯为限

表 7-14（续）

最大出材率计算内容	图示及计算公式	公式符号及适用范围
小头直径 d 的断面方材厚度与最大出材宽度的计算	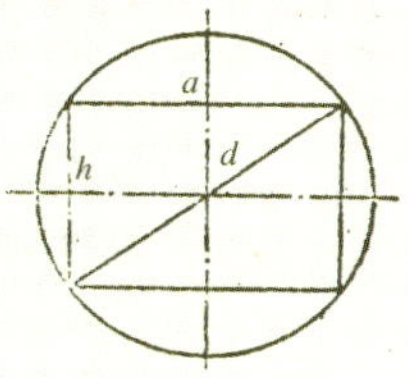 $a=\sqrt{d^2-h^2}$	a——不带钝棱方材或方料的材宽； h——不带钝棱方材或方料的材厚； 适用于板、方材、枕木下锯时，方料的宽度与厚度关系的计算
板皮厚度与材面宽度计算	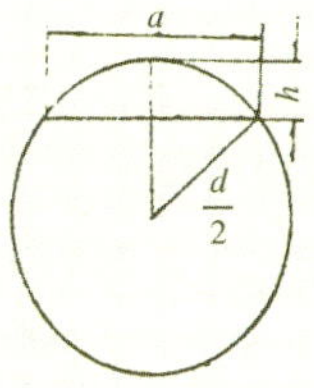 $a=2\sqrt{h(d-h)}$	a——板皮的宽度； h——板皮的厚度； d——小头直径； 适用于下锯图计算板皮宽厚关系，方料宽厚关系，以及板方材钝棱尺寸大小，出材数量等的计算
板材最大的出材块数的计算	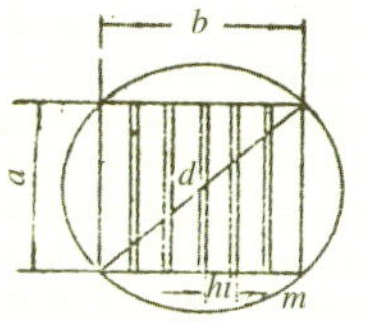 $n=\dfrac{\sqrt{d^2-a^2}+m}{h+m}=\dfrac{h+m}{h+m}$	a——板材宽度； h——板材厚度； b——板材下料总厚度； m——锯口（大带锯 3mm，小带锯 2mm）； n——出材块数； 适用于板材下锯图的计算
原木边部最大出材率计算	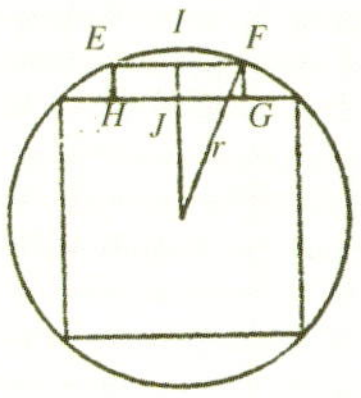 $IJ=0.2r=0.1d$ $FE=0.87r=0.43d$	□$FEHG$——边部最大内接板材面积； IJ——最大板材的厚度； FE——最大板材的宽度； 适用于副产出材量的计算
椭圆形原木边部最大出的材率计算	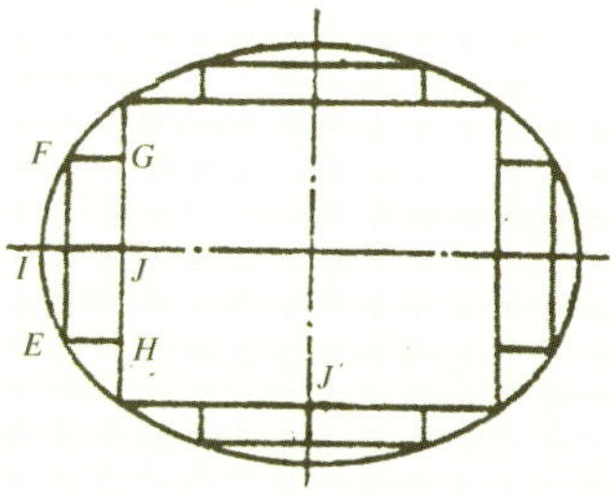 $IJ=0.2a$ $IJ'=0.2b$	□$FEHG$——椭圆边部最大内接板材面积； IJ——长径方向最大板材的厚度(mm)； IJ'——短径方向最大板材的厚度（mm）； 适用于椭圆形原木副产出材量的计算
两面下锯法理论上最大出材率的计算	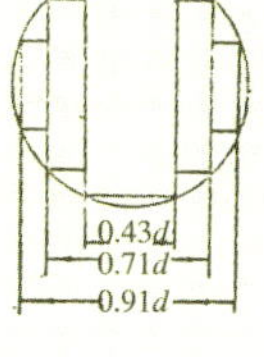	$(0.71d)^2$——主产最大出材量； $(0.43d\times 0.1d\times 4)$——副产最大出材量； 适用于两面下锯、四面下锯最大出材量计算
毛边板截头最大出材率的计算	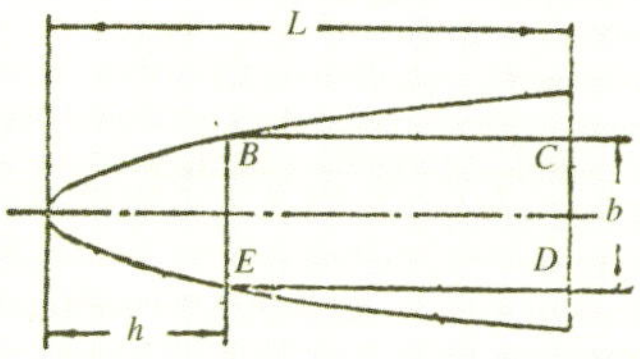	□$BECD$——抛物线面内接矩形面积； L——材长； h——截头高度，$h=1/3$； 适用于毛头的毛边板截头时，以截去抛物线高度 1/3 后裁边，所得到的内接矩形为最大

式中：d_{max}——原木最大直径，mm

通过锯轮直径还可选择锯机型号、锯轮转数及跑车的规格等。

7.2.3.2 制材带锯机技术特性

带锯机的技术特性包括锯轮直径；锯轮中心距与轮径的比例；轮缘宽度；锯条切削速度；跑车进料速度；锯条的尺寸；锯机功率以及锯机外形尺寸和锯机质量等。

1. 锯轮直径 D

一般情况下，增大锯轮直径则锯轮转速减小，而锯条的尺寸、传动功率和机床的进料速度则相应的增加。

2. 锯轮的中心距与轮径的比值 $\frac{L}{D}$

锯机锯轮轴之间的距离 L 与轮径之比，一般 $\frac{L}{D}=1.4\sim1.9$。锯轮轴间距越小，带锯机振动也小，但如要锯解大原木，轮轴之间距离就要大。目前国外大带锯，尽量增加锯轮直径，而 $\frac{L}{D}$ 保持在1.5左右，这就保证锯条工作平稳，不产生跑锯现象。最大原木直径 d 大体上由轮轴间距离 L 和锯轮直径之间的关系来决定的。可用下式表示：

$$\frac{d}{D}=\sqrt{1+(\frac{L}{D})^2}-1$$

由上式可看出，要提高锯机锯解大直径原木的能力，应保持 $\frac{L}{D}$ 值不变，增加 D 值。

由于 $\frac{L}{D}$ 值是决定带锯机形状的重要依据，同时又是和机械振动、刚性密切相关，因而在设计带锯机时应予以充分考虑。

3. 锯轮轮缘宽度 B

锯轮轮缘宽度和锯轮直径的关系可用下式表示：

$$B=(0.1\sim0.15)D$$

4. 锯条的切削速度 $V_{切}$

$$V_{切}=\frac{\pi \cdot D \cdot n}{60 \times 1000}$$

式中：D——锯轮直径，mm

n——锯轮转速，r/min

带锯条欲提高产量，必须提高切削速度，以便在使用同样锯条厚度的情况下可提高进给速度。切削速度与锯条的厚度有关，可按表7-15选用。

在选择进料速度时，要既能达到最大的生产率，又不影响锯材加工质量。

原木直径和跑车进料速度之间的关系在正常情况下原木直径越大，则进料速度越低。

另外，在同一作业条件下，硬材比软材的进料速度约降低30%；节子多的木材比节子少的进料速度降低，一般近似地呈直线下降；树脂多的或纹理复杂以及冻结的木材，进料速度要慢，含水量较大的木材比含水量少的木材进料速度

表7-15 锯条厚度与切削速度

锯条厚 (B.W.G)	切削速度（m/min）	
	软材	硬材
10以下	2400	1650
20	2550	1800
21	2700	1950
22	3000	2100
23	3300	2250

大，但对冻结的木材，恰好相反。

5. 跑车的进料速度 V

跑车的进料速度根据原木的规格、材质、树种、锯条尺寸、修锯技术、锯机的切削速度而不同。进料速度过大易产生跑锯现象，过小又影响锯机的生产率。在选择进料速度时，要既能达到最大的生产率，又不影响锯材加工质量。

6. 修锯技术

修锯技术不好进料速度也降低。欲提高进料速度必须有易于排除锯屑的齿形，即齿的高度和前角皆应增大。动力不足也会降低进料速度。

如果其他条件良好，对原木直径为30cm的软材，进料速度可达50m/min，而硬材可达40m/min。

7. 跑车回程速度

跑车的回程速度通常比进料速度高80%左右，新型跑车可达100m/min左右。

8. 带锯条尺寸

带锯条的尺寸与锯轮的尺寸、线速度、所锯解木材的材质和尺寸、锯条锉修质量等因素有关。

带锯条的长度：

$$l=\pi D+2L+h$$

式中：D——锯轮直径，mm

L——上下两锯轮之间的距离，一般为1500～2000mm

h——带锯条焊接部分的搭头长度，一般取30～50mm

带锯条的宽度 b 取决于锯轮轮缘宽度，如果锯条过宽，则易使木材发生摩擦；如果锯条过窄，则又影响锯条本身的强度，既容易断裂，又容易脱离锯轮，造成事故。

一般带锯条最初使用的宽度可按下式选取：

$$b > B+25mm$$

式中：B——锯轮轮缘宽度，mm

通常大带锯所用的锯条厚度：

$$\delta \leq \frac{D}{1250}$$

对中、小型带锯所用的锯条厚度：

$$\delta \leq \frac{D}{1000}$$

从上式可看出，锯条适当薄些，不但可以提高出材率，也可减少锯条的龟裂。

9. 锯条的许用扭转力矩 M

$$M = \frac{\sigma \beta t b^3}{\sigma L}$$

式中：σ——在直线段内带锯条的许用应力(包括进给应力、锯条张紧时的张应力和初期整锯时的压应力等)，MPa

β——带锯轮上锯条的包角

b——带锯条的宽度，cm

t——带锯条的厚度，cm

L——直线段内带锯条的长度，m

从上式可看出，许用扭曲力矩与锯齿齿形、齿数、锯条的厚度与宽度、锯轮轴之间的距离、张紧力的大小、修锯技术以及锯轮直径有关。如果进给力过大以及进给力方向不正确而超过了锯条许用扭曲力矩，就迫使带锯条不能在固定的直线上运行，势必产生扭曲现象。

10. 锯机所需动力 W（表7-16）

7.2.4 排(框)锯制材

7.2.4.1 排锯制材的特点

排锯也是大型制材设备之一，它主要用来将原木锯解成方材或板材。

按工艺上的用途可分为通用排锯和专用排锯。通用排锯用来锯解长度2m以上，直径14～60cm的原木，其型式见图7-14。专用排锯机：有锯短原木的排锯机、剖分用排锯机、单锯框双开档排锯机、移动式排锯机和双锯框双开档排锯机，见图7-15。

排锯机的优点是生产率高，在原木外形较正规、削度正常、等级高，且在原木缺陷较少的情况下，锯解质量好，适合四面下锯即毛方下锯。其缺点是不能看材下料，不能锯解特种锯材，如完全径向下锯和弦向下锯。由于排锯路较宽，出材率低，国内用得很少。

国外有些排锯机械化程度很高，在排锯前后采用了下列辅助设备，如：

(1) 激光瞄准器：为了使木料对准锯条，保证合理下锯；

(2) 排锯后的导向装置：锯解原木时起导向作用，防止原木横向移动或扭转，同时可提高锯材的材面质量；

(3) 毛方调整进料器：用在第二道排锯上，调整毛方对准锯条以便进行合理下锯；

(4) 排锯后的分板器：用来把锯解后的板皮和锯材自动分开；

(5) 液压或弹簧销的锯条张紧装置：它能保证均匀地张紧锯条，液压张紧装置能在锯条工作时有松动的情况下自动校正拉紧程度，而由现在的 B.W.G.16、17、18 号锯条改用 B.W.G.20 或 21 号锯条，在保证锯材加工质量的情况下减少了锯路的损耗；

(6) 锯条开档调节系统：为了改进旧式排锯机不能适应毛方高度需要经常变化的缺陷，可设置液压式或机械式开档调节系统。采用这种调节系统的排锯机通常在锯框上安装左、右对称的两组排锯条，其中一组固定，一组可以通过油缸或丝杆螺母相对于固定锯条组的侧向移动，以便调整开档的大小(即毛方的高度)，也有的采用两组锯条都可以移动的形式。在采用这种机构的同时，必须使出料端的分板装置作与开档大小的同步变化，这一技术要求也可由液压系统来实现。

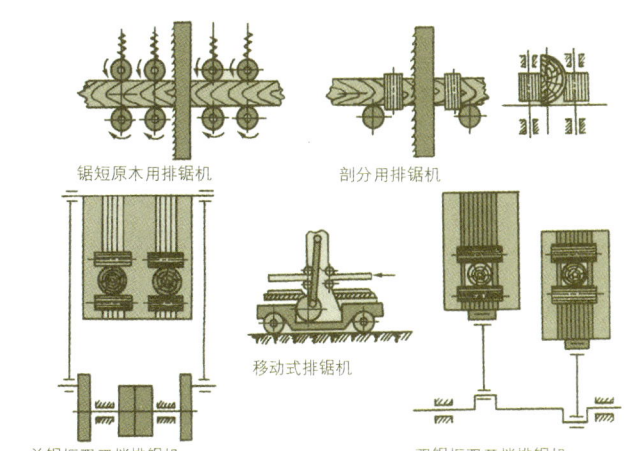

图7-15 专用排锯机

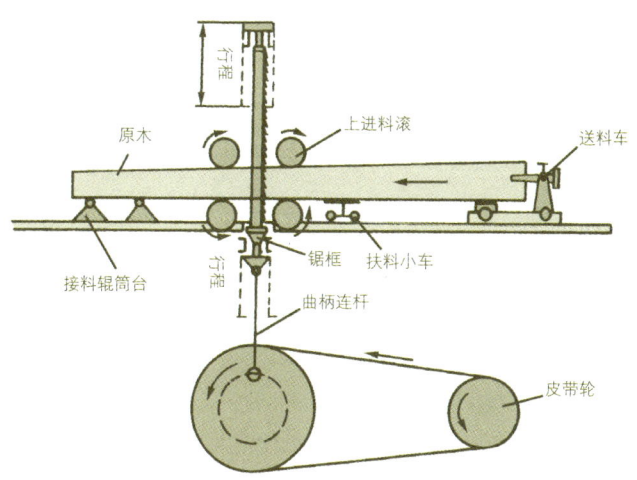

图7-14 通用排锯机

表7-16 带锯机所需动力

锯轮直径(mm)	800	1000	1100	1200	1300	1500	1800
锯轮每分钟转数	1000～1600	900～1500	800～1300	700～1100	650～900	600～850	500～700
所需动力(kW)	7.5～15	11～22	15～22	22～37	30～37	37～56	56～75

7.2.4.2 排锯机的技术特性

排锯机的技术特性是指它的型式、开档、锯机曲柄转速、锯框行程的高度、切削速度、安装的最多锯条数和锯条尺寸、进料机构的型式、锯轴每转的进料量和进料速度、传动功率、机床外形尺寸和机床总质量等。

1. 型式

通用的或专用的；固定的或移动的；单层的、一层半的或双层的；单连杆或双连杆的。

2. 开档

开档的宽度决定了锯解原木的最大直径。

$$S=d+aL+2C$$

式中：S——开档宽度，mm

d——原木最大直径，mm

L——原木最大长度，m

a——原木尖削度，通常为1cm/m

C——原木根端与锯框立柱间的后备量，cm

一般C值取5cm。排锯开档一般为50～70cm，最大可达150cm。

3. 锯机曲柄的转速

一般为250～350r/min。

4. 排锯行程的高度

一般为450～700mm。

5. 切削速度

现代排锯切削速度为390～420m/min。

6. 允许安装的最多锯条数

一般可装12～16根，中、小功率的排锯可装6～8根。

7. 锯条的尺寸

排锯条的长宽，见表7-17。

锯条的宽度可按下式计算：

$$B=(0.10\sim 0.15)L$$

表7-17 排锯条长度表

原木大头直径或方材最大高度(cm)	带有夹板锯条长度(mm)	不带夹板锯条长度(mm)	锯框高度(mm)
行程500mm 的排锯			
24	1100	1043	1525
39	1250	1193	1675
54	1450	1343	1825
64	1500	1500	1925
行程600mm 的排锯			
29	1250	1193	1675
44	1400	1343	1825
54	1500	1443	1925
64	1600	1543	2025

式中：L——锯条的长度（连夹紧板），mm

锯条厚度，对锯解硬木和切削速度高时，可取2～2.4mm，而锯路高度不大和传动功率小时，可取1.6～2mm。

8. 进料机构的形式和进料量

进料机构的形式有连续的和间隙的两种，它决定了排锯机的结构和锯条的安装形式。

$$实际进料量\triangle_0=\frac{H\cdot t}{2(d_0+30)}$$

式中：H——排锯锯框行程，mm

t——锯条的齿距，mm

d_0——原木小头直径，mm

9. 进料速度

$$V=\frac{\triangle\cdot n}{1000}$$

式中：$\triangle$——主轴每转进料量，mm/r

n——排锯每分钟锯轴的转数，r/min

高速排锯进料速度可达15～21m/min。

10. 传动功率

$$N=0.00256\cdot m\cdot d\cdot n$$

式中：0.0025——皮带轮的直径为1m，每分钟一转时，每层皮带在宽度为1cm时所需的最大功率

b——皮带的宽度，cm

m——皮带的层数

d——皮带轮的直径，m

n——皮带轮的每分钟转数，r/min

7.2.5 圆锯制材

7.2.5.1 圆锯制材的特点

国内圆锯机大多用在小料剖分、毛边板裁边和横截等工序上。林区简易制材厂也有用单圆锯机作为主锯机进行制材生产的，所以圆锯机也可按工艺要求分为锯原木用的圆锯机、剖分圆锯机、裁边圆锯机和截断圆锯机。

7.2.5.2 圆锯机技术特性

1. 锯原木用的单锯片圆锯机的技术特性

锯原木用的圆锯机的技术特性包括：能锯解原木的最大直径、圆锯片直径和厚度、锯片的转数、切削速度、进料速度、机床所需的功率、机床外形尺寸和质量等。

（1）锯解原木的最大直径d

$$d=\frac{D_j-D-40}{2}$$

式中：D_j——锯片的直径，mm

D——锯片垫圈的直径，mm；为了保证锯片有足够的稳定性，垫圈的直径D不小于$5\sqrt{D_j}$

40——由于原木形状不规则，在垫圈和原木之间必须留出

的后备量

(2) 圆锯片的厚度 t

$$t=R\sqrt{D_j}$$

式中：t——锯片的厚度，mm

R——锯片系数，可按表 7-18 选用

D_j——圆锯片直径，mm

表 7-18 圆锯片系数 R 参考值

圆锯片直径(mm)	150～750	610～1200	1220～2130
R	0.065	0.075	0.1

从上式可以看出，随着锯片直径的增加，锯片的厚度也增大，导致木材损耗增加。在实际工作中，圆锯片的直径不宜超过 1200mm，否则锯片锯解稳定性不好，影响到锯材的加工质量。制材常用的圆锯片直径及厚度见表 7-19。

(3) 圆锯机的切削速度

切削速度决定于锯片的直径和每分钟锯轴的转数。通常圆锯片的切削速度保持在 40～60m/s 之间。

(4) 圆锯机的进给速度

进料速度根据原木的材质、尺寸、修锯技术、机械性能而不同，一般单锯片圆锯机可达 60～80m/min；多锯片圆锯机可达 30～60m/min。

(5) 圆锯机的传动功率 N

$$N=\frac{9.8K\cdot B\cdot H\cdot V\cdot m\cdot x}{60\cdot 102\ \eta}$$

式中：K——单位切削比功，(N·m/cm²)，根据树种、切削速度和锯口高度而不同

B——锯路宽度，mm

H——锯解的原木直径或方材高度，mm

V——进料速度，m/min

m——锯齿磨钝系数，查表 7-20

x——同时在机床上工作的锯片数

η——机床的机械效率，可取 0.7～0.8

2. 剖分圆锯机

主要用于毛方、厚板的剖分，常见的有单圆锯机、双轴多锯片圆锯机。

图 7-16 是双轴多锯片圆锯机示意图，它与普通圆锯不同之处就是由上、下两组小直径的锯片取代一组大直径的锯片。前后进出料辊以及进出料装置可使木材无级变速进给，上、下主电机分别驱动上、下锯轴回转。

双轴多锯片圆锯机的主要优点是：

(1) 锯片高度由两个锯片分担，因而锯路小；

(2) 锯片直径为大锯片的一半，因而锯材尺寸稳定；

(3) 由于锯片运转稳定，锯材具有较高的材面质量；

(4) 生产率高。

3. 裁边圆锯机

主锯机及剖分锯出来的毛边板需经过裁边锯进行裁边，以便获得所需的锯材宽度，在大、中型厂，毛边板需连续不断地通过裁边锯，因而必须具有较大的进料速度，通常都设计成双锯片的，其中一个锯片是固定的，而另一个锯片可以移动的，以便裁制不同宽度的板材。

表 7-20 锯钝系数表

锯片连续工作小时数	m 值	锯片连续工作小时数	m 值
0	1.00	2.0	1.70
0.5	1.20	2.5	1.80
1.0	1.40	3.0	1.90
1.5	1.55	4.0	2.20

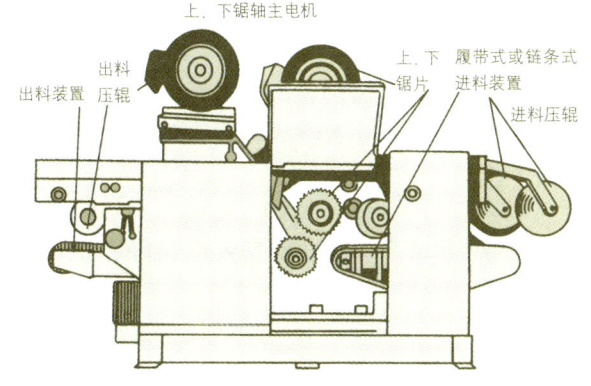

图 7-16 双轴多锯片圆锯机

表 7-19 圆锯片的直径、厚度和齿数表

锯片直径 (mm)	锯片厚度 (mm)	锯片孔径 (mm)	锯片齿数 纵解用	锯片齿数 横截用
700～750	1.8 2.0 2.2	40	70～72	80～120
800～850	2.0 2.2 2.4	50	70～72	80～120
900～950	2.2 2.4 2.6	50	72～74	90～100
1000～1050	2.4 2.6 2.8	50	74～76	80～90
1100	2.6 2.8 3.0	50	74～76	
1200	2.6 2.8 2.8 3.0	60	78	

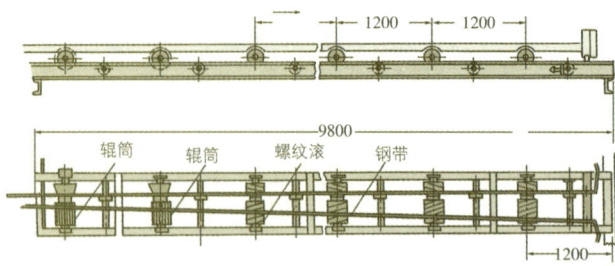

图 7-17 裁边锯后的分板

裁边锯的分板器，可采用带有分板器的辊筒运输机，见图7-17。其中一根钢带和固定锯片处在同一个平面内，另一根钢带则和可移动的锯片处在同一平面内，并可随它一起移动。这样就能使各种不同宽度的板材在裁边后自动地把整边板和板条分开。整边板通过辊筒运输机从两钢带之间运走，而钢带外侧的边条在碰到挡板后，借助辊筒螺纹的侧向分力，推入投材口内。分板器的运输速度比裁边机的进料速度大11%左右。

4. 截断(端)圆锯机

截断圆锯机常用于截断不齐的材头；对一些板材上带有天然的缺陷影响到锯材的质量和出材率，也需截断或截端；为使锯材获得使用单位所指定的长度，也需将原木余量截除或将长锯材截成数块短锯材。

7.2.6 削片制材

7.2.6.1 削片制材的特点

随着原木直径的日益减小和木片生产的日益扩大，为了提高锯材和木片的生产率和经济效益，应简化制材工艺流程，减少锯屑，增加木片产量，提高木材综合利用率，使削片制材得到较快的发展。它的特点是产量高、劳动生产率高、木材利用率高、简化制材工艺流程及减少车间面积。

7.2.6.2 削片制材联合机

1. 由一台机组完成削片、锯解全部工序的削片制材联合机

图7-18为四面削片、多锯片圆锯联合机外形图，进料机构采用履带链和齿滚，木片的铣削使用筒状铣刀，用液压装置控制铣刀间的距离。加工相近直径的原木可连续进料。锯解部分可采用竖轴和横轴多锯片圆锯机，用锯解锯材厚度确定锯片数量，锯轴是空心的，可通入冷却水冷却锯片。

2. 由削方机和圆锯机组成的联合机

它的削方是由两台削片机进行串联作业而实现的。这种削片制材联合机的作业图如图7-19。当原木进入第一台削片机后，得到毛方及由圆锯片锯得的边板；毛方经翻转90°定心后送入后削片机，制得方材及几块边板，方材送到圆锯机制成板材。

3. 由双圆盘削方机和双联带锯组成的联合机

由图7-20可见，两个削片圆盘装在双联带锯前面，首先

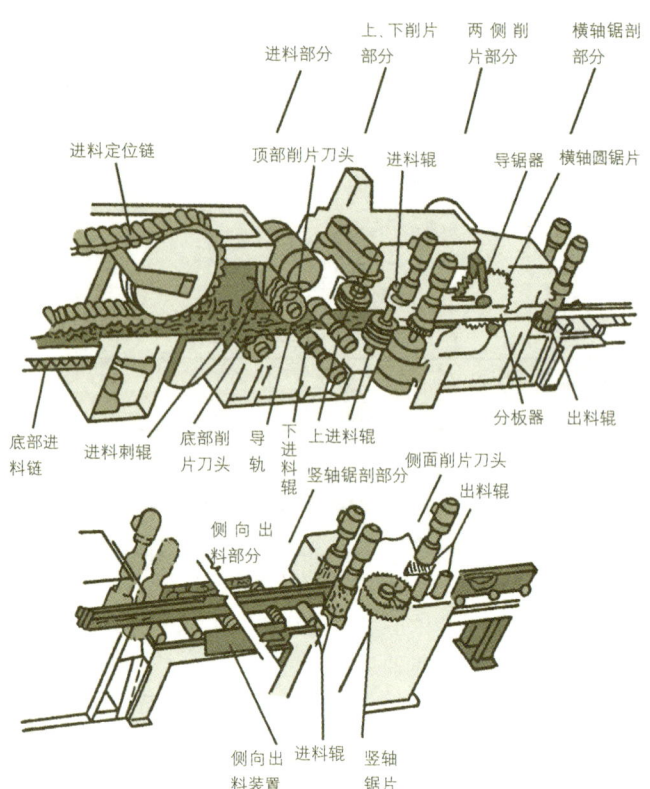

图 7-18 四面削片、多锯片圆锯联合机

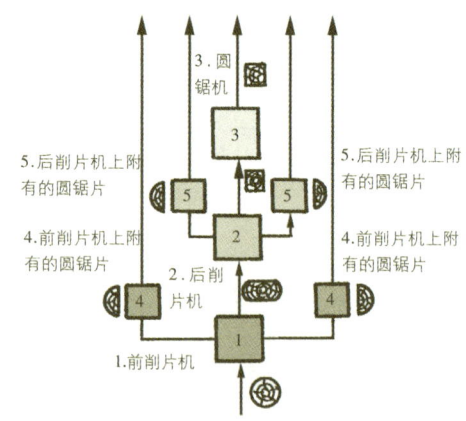

图 7-19 由削方机和圆锯机组成的联合机的作业图

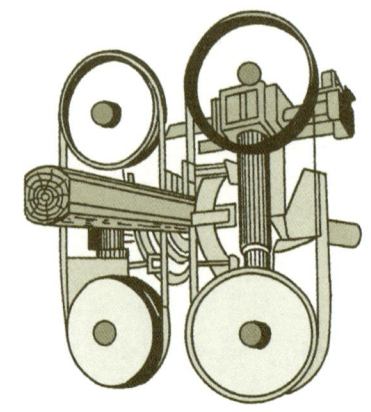

图 7-20 由双圆盘削方机和双联带锯组成的联合机

将剥去树皮的原木两边削成平面,然后由双联带锯锯出两块边板。削片圆盘和带锯条之间的距离均可调整。

在中、小型厂,如果采用一台这种设备并在后面配置两台排锯,产量可提高一倍左右。

4. 由单削片圆盘和普通跑车带锯组成的联合机(图7-21)

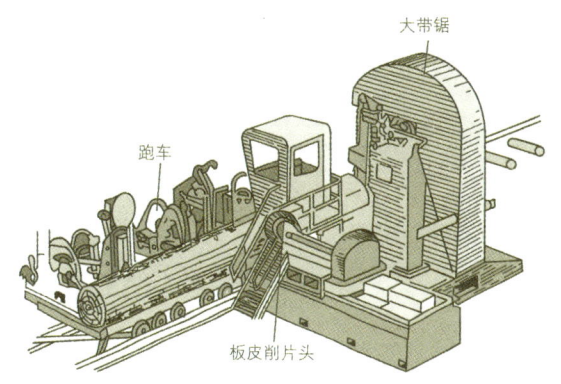

图 7-21 装有削片圆盘的跑车带锯机

它在跑车带锯的前面安装一个削片圆盘,当跑车向大带锯送料时,圆盘先将一侧的板皮削成木片,接着带制一块毛边板,然后向里翻转180°,将另一侧的板皮削成木片,接着带制一块毛边板,然后向外翻转90°,按次序削片和锯解锯材。这种联合机既保留了大带锯的看材下锯及使用薄锯条,同时能将板皮削成木片,简化了制材工艺并提高了劳动生产率,又能增加木片数量。

7.2.6.3 削方机

它主要由顶部和底部削片头和两侧的削片头组成。在加工小径木时可制成无缺棱的方材;而在加工大径木时,为了提高出材率,可制成带缺棱的方材。

国外用得较多的是瑞典柯肯240型削方机,它有两种类型:240-12型用于小径木;240-15用于大径木,其技术特性见表7-21。

表 7-21 240-12 和 240-15 型削方机技术特性

型 号	240-12型	240-15型
重量(kg)	2800	5800
最大进料速度	—	—
双螺旋线圆盘(m/min)	35	—
三螺旋线圆盘(m/min)	52	50
圆盘最大转速(r/min)	700	700
圆盘最大间距(mm)	400	400
圆盘最小间距	0	0
原木最大直径(mm)	500	600
最大铣削量(mm)	2×150	2×190
木片尺寸(mm)	5×25	5×25

7.2.6.4 铣边机

铣边机综合了双锯片裁边锯及削片机的优点,使毛边板的边条直接加工成工艺木片,简化了工艺流程,也缩短了车间长度。

图7-22为铣边机的结构示意图。

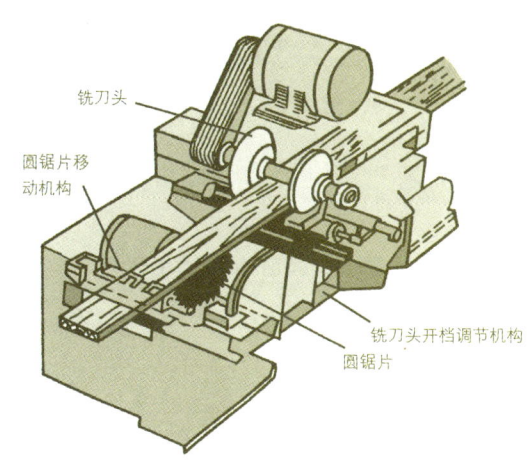

图 7-22 铣边机

7.2.6.5 型削制材

型削制材技术是在削片制材的基础上发展起来的,是一种使原木规格分类简化的常见的现代化制材方法。

型削制材是在木材锯割成板材之前,先由一组铣刀头将原木的板皮部分及毛方的边皮部分削成工艺木片,并将原木削成具有阶梯状端面的型面,再通过锯割设备将其剖分成规格板。

目前,型削制材技术基本可分为两种类型,第一种类型为常规的型削加工,不带优化系统,第二种类型为采用包括边板在内的优化技术,包括配套的检测系统及计算机控制系统。

1. 常规型削制材工艺

原木通过第一台削片机(或削片刀头)削去两侧板皮;通过90°翻转后,通过第二台削片机削去另两侧板皮,接着毛方通过第一个成型铣刀头,铣去边板的边皮,然后由剖分锯锯出边板;通过90°翻转后,由第二台成型铣刀头铣去另两边板的边皮,最后通过双轴多锯片锯机或排锯机剖分得到主产和两块边板,见图7-23。

型削制材比常规制材能在原木的每边多锯出一块边板,共多得4块边板,可提高出材率。同时,由于削片机的一次削片量比普通的削片机少,对材面的质量有利。

2. 带优化系统的型削制材工艺

这种型削制材工艺与常规制材工艺相比是它带有原木侧面边板的优化削边和截断系统,见图7-24。原木经过削片机削去板皮后,借助于检测系统测定已削片表面的形状及尺寸,由计算机对检测数据运算后得出最佳边板长度和宽

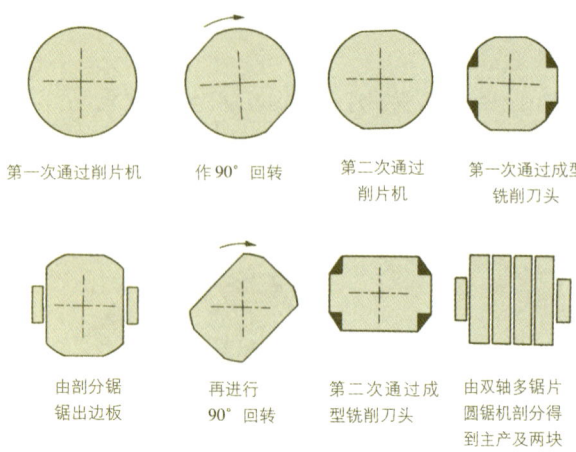

图 7-23 型削制材基本工艺

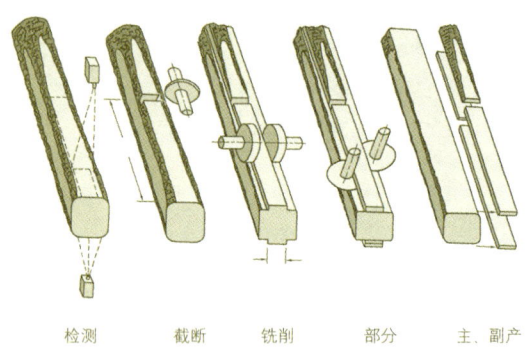

图 7-24 具有优化系统的型削制材工艺

表 7-22 德国 Linck 公司型削制材设备的技术参数（型削部分）

型号	V25	V40
能加工的最大原木直径(cm)	40	60
能加工的最小原木直径(cm)	8	10
最大原木长度(m)	6(8)	6(8)
最小原木长度(m)	2.5(2)	2.5
走刀(进料)速度(m/min)	50	50
削片长度(mm)20～28	20～28	
每边切削深度(mm)	125	150
重量约(t)	12	27
承运体积约(m^3)	44	45

度，然后控制型面铣刀和截断锯的位置，将边板先行截断，然后通过型面刀头。其他过程与常规型削制材加工过程无多大差别。

德国 Linck 公司型削制材设备的技术参数(型削部分)见表 7-22。

7.2.7 提高出材率的工艺措施

1. 小头进锯

(1) 可确切看清小头断面，有利于看材下料和按料下锯，因而有利于提高出材率。

(2) 有利于大带锯后面的其他锯机的看材下料且便于锯解和提高锯材质量。

(3) 可减少材端偏大和跑锯现象。

(4) 给划线下锯创造条件，可按理想的下锯图进行锯解。

小头进锯与大小头混合进锯相比较，可提高综合出材率 1% 以上，一等品率可提高 3%。

2. 划线下锯

可提高主产出材率 5%，综合出材率 1%，一等品率 3%～5%。

3. 一边挤偏心下锯法

可充分利用原木削度部分，其出材率比轴心下锯法提高 3% 左右。

4. 弯曲原木合理截断

林区制材厂的弯曲原木通常占 20%～25%，实行合理截断，可提高出材率 2% 以上。原木在截断时要遵循缓弯中间截，急弯截拐点，多面弯截其严重部位。对 8、6、4m 原木，从中间截断，经济效益较好。

5. 按主产选配原木，实行按产供料

如锯割普枕时应选配 24、34、40、46、52cm 直径的枕资，在割制岔枕时应选 28、38、44、50cm 直径的原木，其主产出材率比其他径级原木要提高 13.5%，在割制 120mm × 120mm 方材，应选 20、26、34、40cm 直径的原木，其出材率比用其他径级原木提高 8%，用 7m 长原木割制岔枕要比 4、6、8m 原木提高主产出材率 15% 左右。优质根段原木比中、梢段原木平均出材率要提高 2% 左右。

6. 枕资合理截断入锯

5m 材长的枕资截断为 25 入锯，其综合出材率可提高 2%，主产出材率可提高 3.5%，凡截断后不能多出一根枕木的均要以 5m 进锯，即 32、38、44、50cm 原木均应截后进锯，其他径级都要 5m 进锯，在锯成连二普枕后再行截断。

7. 合理留钝棱

各种板、方材在符合国家标准所规定的缺棱限度内可留缺棱，能提高出材率 2%～5%。

8. 合理裁边与截断

一般小径原木为了生产宽一些的板材，可采用毛板下锯；中径原木可采用三面下锯；大径原木可采用四面下锯。要充分利用优质边材部分，生产主产品和优质产品。

大板皮必须剖成毛边板而后裁边，以提高出材率。削度大的毛边板，先按一边挤裁取宽长板，然后把余料裁成短窄板。

毛头板的截断，以截除抛物线高度 1/3 出材率最高。凡不能提高等级的不得裁截。

9. 加强修锯，使用薄锯条

修锯质量好坏，直接影响锯材质量和出材率。在夏季锯解松木可使用薄一号的锯条，可提高出材率1.5%左右。

10. 提高锯机精度，减少改锯材

采用大带锯高精度摇尺机和小带锯高精度摇尺进料装置，可提高出材率3%左右。

11. 梯形板斜拼及用毛边板做特种木箱

梯形板斜拼及用毛边板裁成梯形板用作包装箱生产，比用整边板做原料，可提高木材利用率4%～5%。

7.2.8 提高锯材质量的工艺措施

切实贯彻执行国家木材标准，加强产品质量检验；加强锯机检修，确保修锯质量，提高锯材加工精度；按产供料，确保原木质量；合理下锯，提高锯材质量；精选根段原木，提高优质锯材比率；实行专业生产，按树种分别进锯，对提高锯材质量、劳动生产率、出材率，降低成本，增加经济效益起着重要的作用；改革生产工艺和设备。下面列举锯割缺陷产生的原因及纠正方法，见表7-23。

7.2.9 锯材分选

7.2.9.1 锯材分选方式及条件

确定选材方式，主要是根据制材厂的生产规模、锯材区分的细致程度，在选材时，应按一定的速度连续选材、抽分，有利于实现机械化生产。

不论以哪种选材方式建立的选材场，都必须具备下列条件：

(1) 采用选材装置时，应尽量以减轻工人的体力劳动，提高劳动生产率为标准；

(2) 根据制材生产规模、场地条件，确定选材场的类型；

(3) 选材场的通过能力，应满足制材车间的生产率，锯材在选材台上移动的速度要与选材工评定锯材等级时间相适应；

(4) 光线应充足，保证选材工看清锯材表面的缺陷，提高选材的准确率；

(5) 对不合格的锯材便于返回车间改锯；

(6) 在整个选材工段应注意操作工人的安全。

由于选材场是产品质量把关的一道重要工序，在很大程度上将直接影响锯材的出材率和产值，因此，必须由熟悉国家锯材标准并具有生产实践经验的选材工来承担这项工作。

7.2.9.2 锯材分选设备

1. 锯材横向移动选材装置

这种选材装置是链条式的，板材在链条上横向移动，板材的运行方向与选材装置的长向相一致，选材线的长向与车间的长向相垂直。板材从纵向运输线运出车间变为横向移动，其运行速度可减小到纵向运输的1/10～1/15。因此，当锯材以高速度由制材车间运到选材场时，也能来得及对板材进行选等区分而不破坏车间生产和选材的连续性。

表7-23 锯割缺陷产生原因及纠正方法

缺陷名称	产生原因	纠正方法
端部突出 (鲇鱼头)	1. 锯条邻近齿根处有膨瘤； 2. 锯轮歪斜； 3. 进锯过猛； 4. 锯卡子调整的不好，一面松、一面紧，或螺丝没拧紧，致使进料时锯条左右摆动	1. 在有膨瘤处四周用压锯机碾压或在平台用手锤修整； 2. 需要挂线校正锯轮，进锯方向跑车轨道与锯轮本应90°直角相交，可改为89°54′相交； 3. 开始进锯时，可适当减缓速度，进锯速度以20m/min左右为宜，进锯20cm后再提高速度； 4. 将锯卡子稍拧紧些，约束锯条不使其左右摆动
偏沿子	1. 车盘与车桩或锯比子与锯台平面不成直角； 2. 材面未靠紧车桩即挂勾，小带锯的料子平面与锯比子没有全面接触	1. 要经常检查各接触面是否保持直角，发现误差要及时校正； 2. 精心操作，提高技术熟练程度
水波纹	1. 锯条辊压适张度不当或不足； 2. 锯料不均（一边大、另一边小）； 3. 锯机上轮缘不在一条线上，锯割时串条	1. 提高修锯质量，锯条的适张度应与锯条的线速度相适应，一般线速度高的，锯口宜紧些，锯背挠度宜大些，腰要软，其次挂锯调整锯轮时，应将锯口拉紧些； 2. 调整锯轮，使轮缘在一直线上
凸腹 (材面凸肚)	1. 锯料或锯齿向一面偏倚或锯身向一侧凸起； 2. 锯卡子调整不当； 3. 遇大节子时未减缓进料速度	1. 修整偏倚锯料或锯齿；将向一侧凸起的锯身修平； 2. 使锯卡子木块与锯条间隙调整一致； 3. 遇大节子时，应提前减缓进料速度
洗衣板纹 (间隔条纹)	1. 个别锯齿凸出、偏斜、脱落或飞齿； 2. 锯料角磨损	1. 提高锉锯质量； 2. 补接脱落齿

表 7-23（续）

缺陷名称	产生原因	纠正方法
板面起毛刺	1. 齿刃过钝，切削不良； 2. 齿端角大，齿喉角小的锯齿也容易起毛刺	1. 勤研磨锯齿，使其经常保持锐利； 2. 采用齿喉角大些的锯齿
入口小或入口大	1. 开始进锯时木料偏于锯条方向，偏斜进锯后才贴紧锯卡子； 2. 进锯时用力过猛或锯卡子松动，锯条左右摆动	1. 进锯前就要将料子端正，并贴紧锯卡子，以直线方向进料； 2. 进锯时不宜猛力推料； 3. 要校正锯卡子

选材台上安设 4~5 条间距不等且相平行的运输链，越靠近选材工的一边，运输链的间距越小，其最小距离要保证长度最短的板材能搭在两条运输链上运走。选材台的宽度要小于最长板材的长度，以便于选材的抽分。

在选材台上两边设置有高度低于台面 0.75~0.8m 的通廊，通廊两侧设有活动滚子，便于抽分锯材。

横向链式选材装置由三部分组成，即板材接纳部分、选材划等部分和板材抽分部分。

2. 锯材纵向移动选材装置

锯材纵向移动选材装置是沿着生产流水线方向在车间外面盖一选材棚。板材由纵向皮带运输机运出车间。首先由抽分工人按成材树种、规格、材长抽分归堆，然后由选等工人选等划号，再堆成叉车运输的卡垛，最后由叉车运至板院归垛。

这种纵向选材装置，可在运输线两侧抽分堆放板堆，板堆的配置是与运输线纵向平行堆放，成材区分越细，板堆越多，占地面越长，整个选材场也越长。

为便于成材抽分，运输线成材运送速度不宜快，一般为 15~20m/min，故生产率低。这种选材装置适合于成材种数少，场地允许的条件下采用。

3. 自动化成材分选机

自动化成材分选机如图 7-25 所示。

图 7-25 表示出上行分选运输机、下行输出运输机以及分布其间的料仓 C_1 至 C_{36}。其选材区分过程是：板材从车间加工出来后，经工人视力分等和用规格仪器测定规格，计算机的记忆装置把每块板材的等级和规格与相应的料仓联系起来，并通过仪器给料仓上面的放料点发出指令，当"Γ"形托钩从板材横向输送机上接纳板材后，便沿着料仓 C_1~C_{36} 受料口上方的运输路线运行，当板材到达相应的料仓受料口时，料仓上面的放料机构下降，板材落入料仓的吊架内。

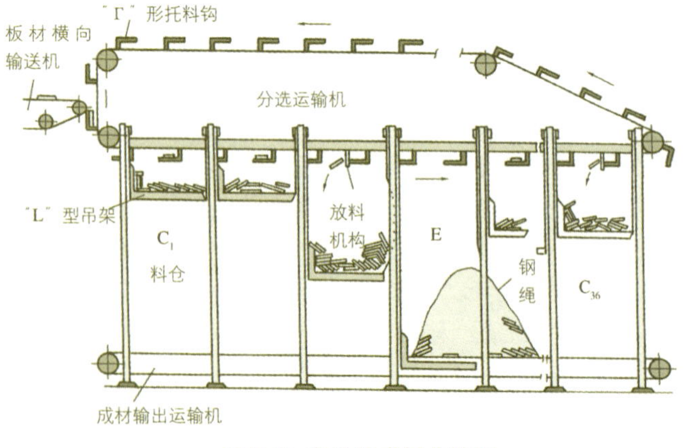

7.2.9.3 锯材合理堆垛

1. 板垛的气流循环

空气在板垛内的流动方向有水平方向和垂直方向。水平方向是由风的流动引起，而垂直方向决定于板垛结构，首先决定于通风口的大小和方向以及基础高。垂直气流对干燥质量有决定性意义。

气流循环见图 7-26。

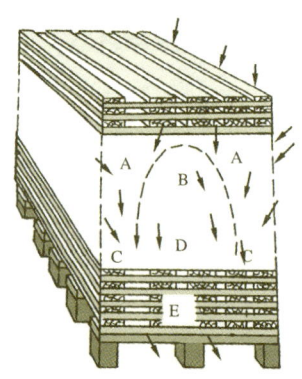

图 7-26 板垛气流循环情况

外界温度较高、湿度较低的热空气首先从板垛顶端以及两侧进入板垛，从板垛的垛隙及垂直通风口吸取成材的水分，从而空气的湿度增高，温度降低，气流就向下流动，一直到垛底流出，在板垛内形成了由上而下继续不断地气流循环。

从气流循环可看出，板垛上层及两侧，因通风好，接触空气气流较多，易干燥，而底部和中央的下部通风不良不易干燥。

由于各个位置成材干燥程度不一，因此在一定的间隔时间，板垛内板材也须捣垛，使干燥均匀。

2. 锯材合理堆垛

(1) 板材垛积法，见表 7-24。

图 7-25 自动化成材分选机

(2) 方材、枕木垛积法，见表 7-25。

3. 锯材堆垛作业

锯材堆垛的方法有块堆法和垛堆法两种。块堆法可采用连续式锯材运输机，横向链式板材提升机；垛堆法可采用塔式起重机、桥式起重机等，见表 7-26。

4. 锯材装车作业

堆装法装车作业是实现锯材装车作业机械化的一种方法。板院的锯材装车，是板院作业的最后一道工序。采用堆装法装车效率最高，即预先做好一个板捆，或几个板捆连在一起，使其尺寸符合铁路平车的大小，采用机械手段装进平车，这种装车法速度快，设备费低，如图 7-27。

7.2.10 制材剩余物处理

7.2.10.1 制材剩余物的种类

在原木加工成锯材过程中，有大量的树皮、边条、板皮、

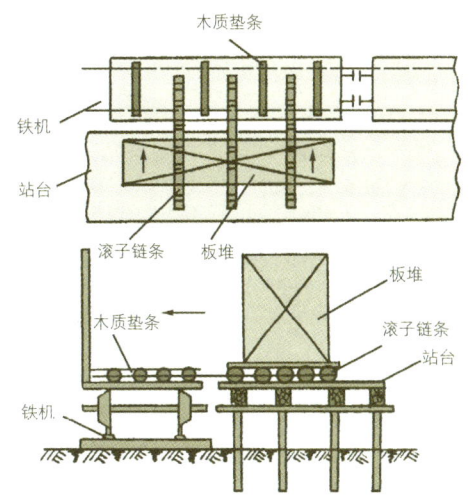

图 7-27 堆装法装车设备

表 7-24 板材垛积法

名 称	垛 积 方 法	适 用 范 围
单板纵横垛积法	1. 板材从第一层起按规定横向间隔依次铺放，然后转 90°，依次铺第二层，如此纵横交叉堆垛到预定高度，如图所示； 2. 俯视板垛为正方形，如 2m×2m、3m×3m、4m×4m 等，可把短的板材、毛边板拼为较长的大板垛	1. 适用于针、阔叶材中、厚板的天然干燥堆垛； 2. 垛积方法简单易行，不用垫木，但需留好横向间隔
两板错综和三板品字形垛积法	1. 两板错综垛积法 ① 第一层靠近的两块板摞在一起，从第二块板起两块板则错缝叠放，上下板宽度仅接触一半，第二层与第一层交叉堆放，也错缝叠放，如此反复直至堆到预定高度如图(a)所示； ② 板垛为正方形，边部叠放的两块板材，应为较干燥的板材，并要求从上到下四角对齐 2. 三板品字形垛积法 堆积的板材放在下层两板之间，压在下层两板各四分之一处，如图(b)所示 (a)两板错综垛积法　　(b)三极品字形垛积法	1. 适用于针、阔叶材中、厚板的自然干燥堆垛； 2. 三板品字形垛积法较两板错综垛积法稳定性好； 3. 易发霉的松木薄板慎用

表 7-24（续）

名 称	垛积方法	适用范围
叠放纵横垛积法	1. 两板叠放纵横垛积法 ①每两块板材为一摞，纵横交叉垛积，要留好横向间隔，此法能扩大容量，但干燥效果较差，如图(a)所示； ②板垛为正方形，要求每摞板材宽度相同，板垛四角上下垂直对齐 2. 多板叠放纵横垛积法 ①板材每3～8块为一摞，纵横交叉垛积，横向间隔要大，如图(b)所示； ②每摞板材的宽度应相同，此法便于检尺、验收、拨付； ③工作效率高，但干燥速度慢  (a) 两板叠放纵横垛积法 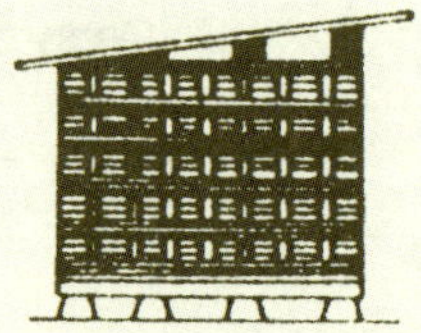　　(b) 多板叠放纵横垛积法	1. 适于经过天然干燥后，含水率小于22%的板材，也适用于东北林区冬季生产但明春拨出的锯材； 2. 适于阔叶树半干材的缓慢干燥或长期保存
抽屉式及平立垛积法	1. 抽屉式垛积法 ①用两块本垛的板材叠放做隔条，中间铺放一层单块的板材，如此纵横垛积，如图(a)所示。其优点是可随时抽出检查每块平铺的板材，干燥速度快，但费工； ②做隔条的板材，应选较干燥的板 2. 平立垛积法 ①用多板叠放做隔条，中间板材立着摆放如图(b)所示。优点是可随时抽取立放的板材，通风口应大些； ②含水率大的湿板不宜采用 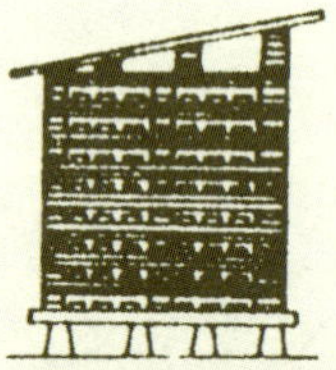 (a)抽屉式垛积法 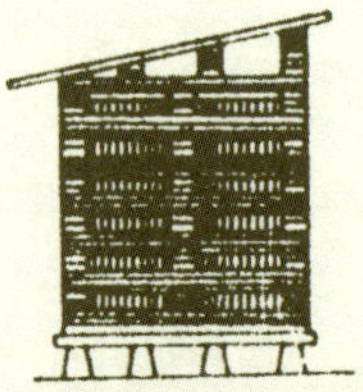　　(b)平立垛积法	1. 适用于中、厚板的自然干燥； 2. 通风效果好，适于高级针叶树锯材，不适于阔叶树锯材，因易产生翘弯和顺弯； 3. 适于半干材，可作为长期保存的板垛
垫木垛积法	1. 每铺放一层板材后，交叉地摆一层干燥隔条，铺放的板材相互间留横向间隔，通常为材宽的20%～100%，如图示； 2. 薄板、中板隔条的厚度一般为25mm，需快干的板材，隔条厚度为30～60mm； 3. 隔条间隔：薄板0.6m、中板1～1.5m、厚板最多2m； 4. 垛积成长方形或方形：6m以上长板多采取6m×4m、8m×4m、8m×6m的长方垛 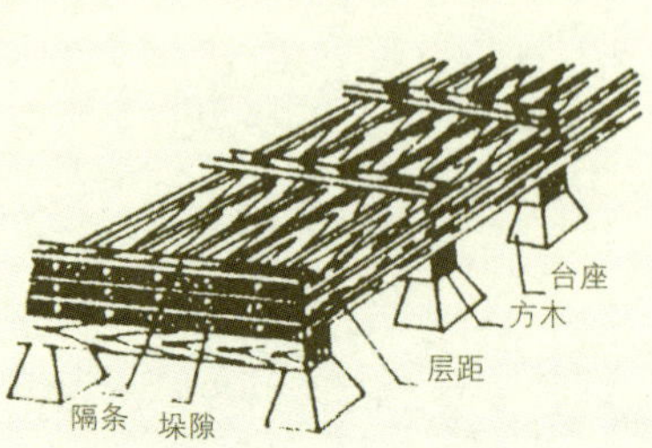	1. 适于锯材的天然干燥； 2. 干燥，无发霉、霉变，效果好； 3. 需缓慢干燥的硬阔叶板材，其板材的横向间隔可适当减小

表 7-24（续）

名　称	垛积方法	适用范围
倾斜垛积法	1. 采用倾斜式垛基的垛积法，即垛基台座及底楞具有4%～5%的倾斜度，从第一层起按此坡度平铺板材，板与板之间留有横向间隔，第二层交叉铺放隔条，依次垛积到规定的高度如图示； 2. 板垛为长方形或正方形，长方形垛底效果更好； 3. 排水、通风效果好，但容量小，费工，成本高，需熟练的技术 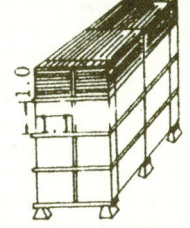	1. 适于高级锯材的干燥堆垛，干燥效果好； 2. 如能采用强制通风，效果更好，适于人工干燥前段的自然干燥
延宽垛积法	1. 每层板材横向不留间隙，依次平铺，使板材的总宽等于固定整数宽，如2、3、4、5、6m等，最好与材长相等，每层板之间用本垛几块板材或隔条交叉摆放，如此堆垛至预定高度，如图示； 2. 垛积时，由于板垛总延宽固定，可从两侧向中间铺放，最后放进一块宽度相当的板材； 3. 板垛的每层板材的材积是固定的，因而对于检尺、验收、拨付等均很方便，可提高效率，且很少出现材积误差； 4. 每层可用隔条捆成一定尺寸的小垛如断面为1.1m×1m，材长2m～6m的小垛，用叉车或吊车装卸，很方便，可用于天然干燥与人工干燥的连续作业 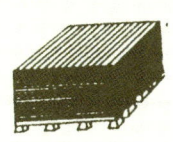　　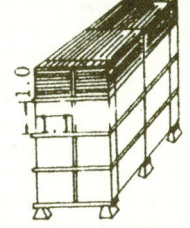 （a）以本垛板为隔条的延宽码垛　　（b）以干燥隔条延宽码垛的成捆小垛	1. 适于各树种、厚度的板材堆垛，尤其适于大中城市木材转运站，大量贮存和随时拨付板材使用； 2. 便于拨付，可避免材积误差； 3. 成捆的延宽小垛，适于木材加工的连续作业
双长堆垛垛积法	1. 将两个板垛的材长方向相连的双长垛可减缓干燥速度，提高干燥质量，如图(a)所示； 2. 每层板材放入隔条，并采用隐头垛积法如图(b)所示，防止端头开裂，必要时在端头涂以防裂剂； 3. 堆垛时，易开裂的弦切板放在垛中央，不易开裂的径切板放在垛的外侧； 4. 密度大的板材，要采用矮垛基、较薄的隔条、较窄的通风口，通风口上下可错开，以减缓干燥速度，防止变形开裂，提高质量 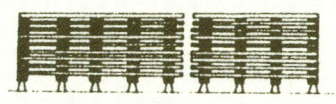　　 (a)双长垛积法　　(b)隐头堆积法	1. 适于珍贵阔叶板材，如核桃楸、黄波罗和难干的麻栎、柞木等密度大的板材； 2. 不适于快速干燥的针叶板材

表 7-24（续）

名　称	垛积方法	适用范围
荫棚垛积法	1. 具有活动遮荫板的简易棚架，如图(a)所示。可调节日照、通风、防止雨淋，其板垛采用垫木垛积法； 2. 密度大的难干燥的珍贵锯材，应减小通风口，以防开裂变形； 3. 针叶树板材及中密度易干燥的阔叶树板材，在荫棚内采用自动往复强制通风机，进行强制通风自然干燥，效果更好，如图(b)所示  (a)活动遮荫棚 　　(b)自动往复风机强制通风荫棚	1. 适用于高级珍贵板材及特殊难干燥的板材、毛坯等； 2. 可作为人工干燥作业前的准备工序的自然干燥
毛边板材垛积法	1. 堆积同一厚度，不同宽度和长度的阔叶树毛边板材时，垛隙不少于板宽的1/2。在垂直方向按毛边板中心轴线排列或按毛边板一边对齐排列，如图(a)所示； 2. 板垛两侧放置长毛边板，中间用短毛边板接起来，每层要用垫条隔起来，如图(b)所示； 3. 堆放针叶树毛边板时，可用本垛毛边板作垫条 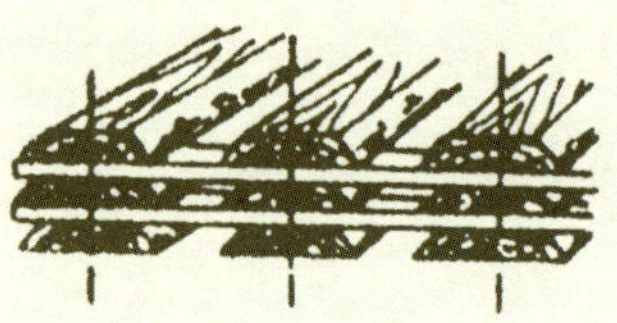 (a)按中心轴线法 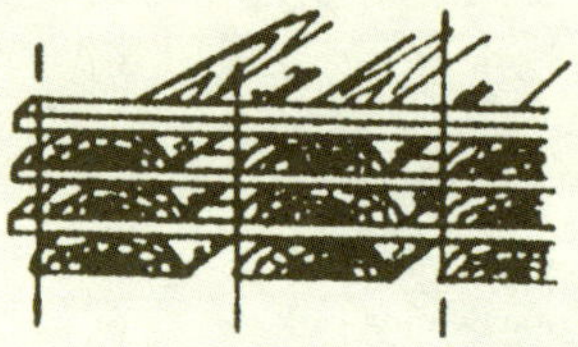　　(b)边对齐法	1. 南方生产毛边锯材供各用材部门使用，用途较广，制作木船的工厂常用； 2. 适用于东北、内蒙古地区，箱板车间、家具车间等采用，毛边板应加强保管，合理垛积

表 7-25　方材、枕木垛积法

材种		垛积方法	适用范围
方材	大、中方材	大方、中方单根纵横垛积法 ①大、中方应采用单根垛积法，如图所示，一般不用特备隔条，使用本垛方材做隔条，纵横垛积； ②垛隙大小，依树种、材种、季节不同，一般为方材宽度的 $\frac{1}{3} \sim \frac{1}{5}$； ③大、中方的垛积可不设垂直通风口及水平通风口 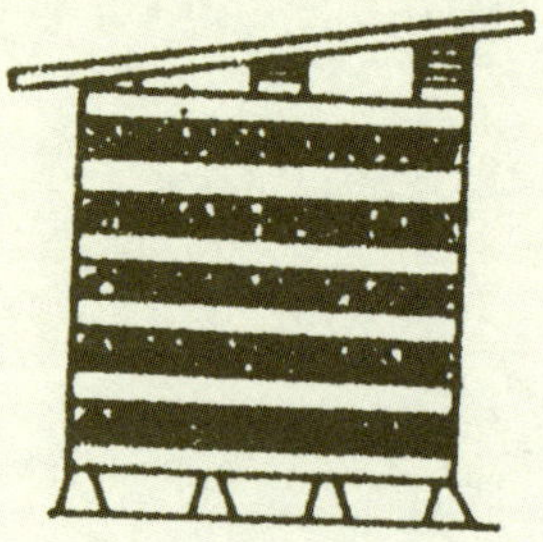	1. 适用于大、中方材的自然干燥通风垛； 2. 针叶材垛积的垛隙要大，而阔叶材垛积的垛隙要小，以防开裂变形

表7-25（续）

材料	垛积方法	适用范围
小方材	小方材成捆纵横垛积法 ①为防止变形和运输、保管方便，小方材采取按捆垛积法，如图所示。用铁丝捆成方形木捆，每捆为4、6、9、12、16、25根等，每捆应同树种、同规格、同根数； ②成捆的小方材采用纵横垛积的方法，每捆垛隙应不小于木捆宽度的1/3； ③普通锯材规格的中小方，根据规定，可垛在相应中、厚板垛中	1. 适于小方材的垛积，短小方可拼长为一捆； 2. 在易发霉变质的季节，应减少每捆的根数并加垛隙
枕木	1. 一顺水垛积法(图a) 垛积在具有二根长条垛基上，以便于装卸，应采用长条混凝土垛基台面，并把钢轨固定其垛基上； 2. 实积垛积法(图b) 此法为每层各9根枕木，纵横排列为无垫木密垛，用于枕木湿存，每日喷水三次，如锯屑加25%食盐铺在垛上，则防裂效果更好； 3. 一横九纵斜垛法(图c)和二横九纵平垛法(图d) 这两种方法是枕木自然干燥通风垛的主要垛积法，因其通风口大，可防止虫害和腐朽，加速自然干燥，此两法以二横九纵平垛法的效果最好	1. 一顺水垛积法适于生产枕木的制材厂，可边生产，边装运； 2. 实积垛积法适于枕木的湿法保存，多用于易开裂的榆木和硬阔叶树； 3. 一横九纵斜垛法和二横九纵平垛法适用于枕木的自然干燥，枕木防腐前常用这两种方法垛积

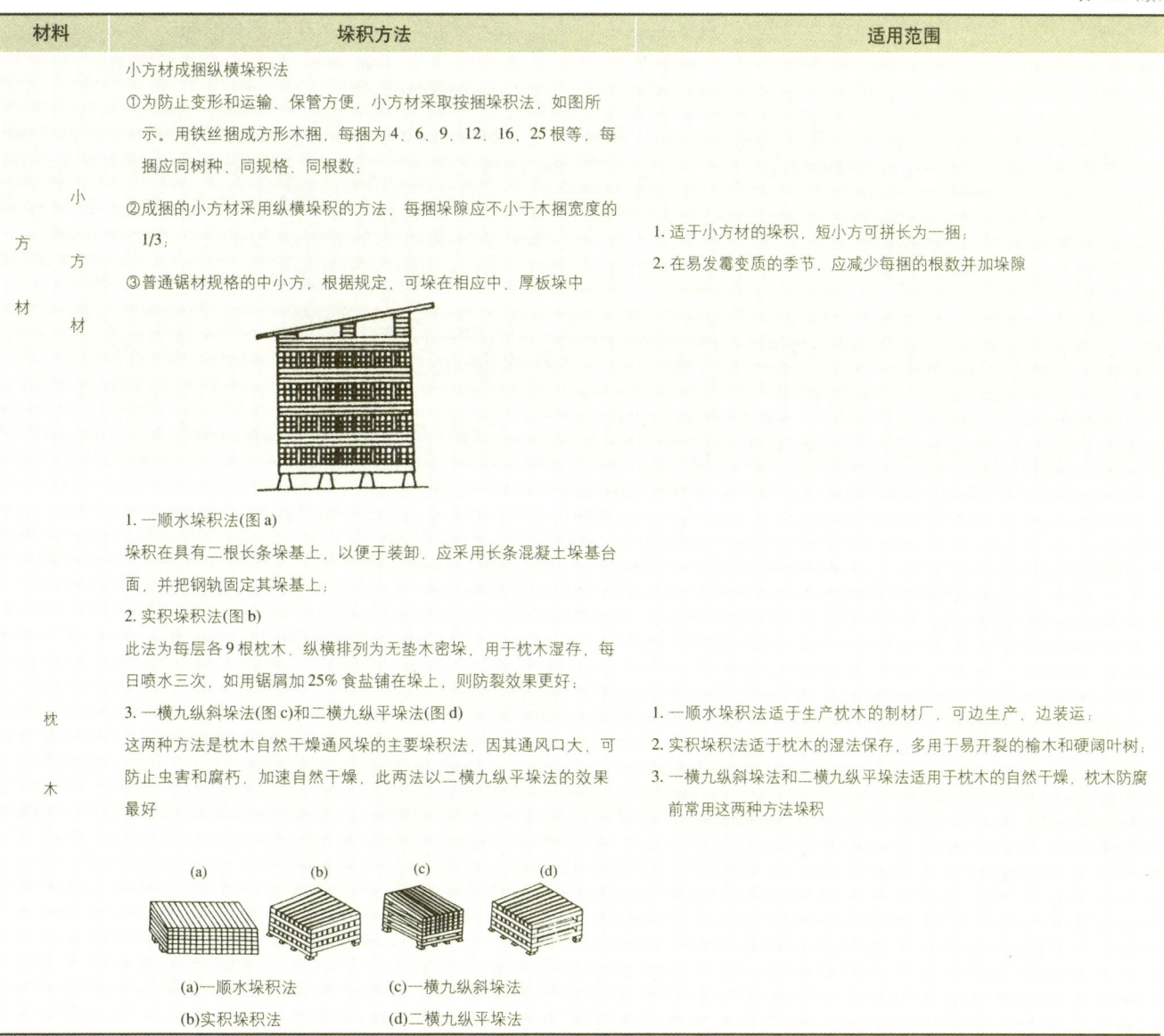

(a)一顺水垛积法 (c)一横九纵斜垛法
(b)实积垛积法   (d)二横九纵平垛法

表7-26 锯材堆垛方法

堆垛方法	设备名称	内容
块堆法	锯材垛积运输机	这种运输机可以堆垛也可装卸，装板的高度可以升降，运输速度可调，生产效率比人工高20倍，制造简单，操作方便
	横向链式板材提升机	1. 是板方材垛积、装车的机械，主要由送板系统、机架升降系统和行走系统等组成； 2. 可沿轨道运行或无轨运行； 3. 通过电机传动使垂直的两条链条作循环运动，链条上每隔1.4~1.6m设有一个托架，顶端有装载装置； 4. 垛积时，板材由工人依次将锯材放到车托架上，在板垛上的工人依次把越过顶端从导板滑下的板材取下，进行垛积。工作效率高，每小时可垛积4000块左右
垛堆法	塔式起重机	1. 可把选材场上成捆的锯材直接运到板垛上进行垛积； 2. 可在6m宽的轨道上往复运行，通过悬臂上移动的载重小车及小车上垂下的起重钩把成捆的锯材进行垛积或装上火车
	桥式起重机	1. 桥式起重机的跨度比塔式起重机大； 2. 桥式起重机的悬臂不能作回转运动，只能使载重小车在悬臂上作直线运动； 3. 稳定性比塔式起重机好

截头、木屑等加工剩余物，约占原木材积的25%～30%。在林区制材厂除上述剩余物外，还有采伐、造材中的截头，4cm以上的枝桠、树梢和一些不宜锯制的锯材的下脚料或等外原木，若在木材综合加工厂，制材车间下来的小料用作木制构件，在加工过程中尚有不少刨花、碎料、木屑等剩余物，也可充分利用，使企业获得更好的经济效益。

7.2.10.2 制材剩余物的运输

制材车间加工过程中的锯屑、刨花、木片、碎料等必须及时运走以免引起车间内部堵塞，影响流水作业。

(1) 带式运输机：制材部门加工过程中的锯屑、边条、截头、刨花、木片等可通过带式运输机运输和集中。

通用的带式运输机是定型生产的，可根据所运物品、运输距离、计算所需功率等，选用标准的零件进行组装。

(2) 辊筒运输机：在制材车间可用于板皮的运输。一组辊柱由驱动装置集中驱动。驱动方式有圆锥齿轮驱动和链驱动。

(3) 纵向链式运输机：用作传送原木。

(4) 横向链式运输机：用作传送原木、锯材、半成品及板皮。

(5) 刮板运输机：用作传送散状物料，如锯屑、刨花和木片等。

(6) 气力运输机：气力运输机是利用气流和动能在管道中运输散粒状、小块物料的一种装置，如锯屑、刨花等碎料的输送。

(7) 斗式提升机：在年加工几千至1万 m³ 的小型制材车间或简易制材车间，考虑到降低成本，也有用斗式提升机来将锯屑直接提升至兜袋内，集中处理。

7.2.10.3 制材剩余物的利用

1. 工艺木片的生产

为了提高木材综合利用率，应该最大限度地将采伐剩余物、原木加工中的截头、无用板皮、边条、碎料、各种针、阔叶薪炭材供生产木片。

木片可作纸浆和人造板原料，木片价值比碎燃料高，而纸浆木片又高于刨花板木片，可获良好的经济效益。

2. 简单木制品生产

利用制材剩余物加工成简单木制品，如家具零部件、各种车木工具手柄、装饰用把手、弯曲线条、梯形胶拼包装箱、各种电器和金属材料的底座和垫块、各种雕刻及绘画镜框及装饰底盘、玩具、菜板、卫生筷、牙签、铅笔板等。

3. 锯屑的利用

可制造活性炭，通过炭化和活化制成。锯屑用作制造活性炭，其孔隙度大，反应活性大，且灰分少，活性炭的质量高。

锯屑可制造酒精，在制作前，先用稀酸水解成糖液。工业生产上是稀酸渗滤水解法，除锯屑外，还需用一部分木片。生产酒精的副产品是甲醇和杂醇油。

锯屑也可经干燥、挤压成型，制成燃烧炭棒。

4. 树皮的利用

树皮可利用其天然的粘合能力制作保暖隔板；也可用于花园、音乐咖啡茶室等作为装饰材料；将少量树皮掺合在木片中可用作制造纸浆和刨花板，不会影响强度；也可用作肥料，先将其粉碎，得到适合于沤肥和生长培基的颗粒尺寸，由于树皮缺乏氮，所以应掺入一定数量的氮、磷等。

7.3 制材企业设计

7.3.1 制材企业设计的目的和任务

7.3.1.1 设计的目的

制材企业设计的目的，是在新建或改(扩)建一个企业之前，根据已经批准的设计任务书的内容，研究技术上和经济上的各项问题，正确选择厂址，规划和组织整个企业的生产、生活和福利设施等，并提供建设所需的图纸以及经费和材料的预算，使新建或扩建的企业能顺利地按照计划建成投产，并能获得良好的经济效益。

在设计中，要结合我国国情，使新建或扩建的企业立足于技术先进，要采用科学的管理手段、先进的技术和设备，引进和技术改造相结合，提高机械化和自动化程度，提高原木的出材率、锯材质量、劳动生产率和降低成本。

设计一个制材企业包括的项目很多。如可行性调查研究、工艺、土建、运输、动力、给排水、取暖、通风、卫生、福利设施、经济和总体规划等。各部分设计必须互相配合。对扩建设计，必须充分利用原有设备、建筑物、构筑物和其他有用的设施。工艺设计部分是其他各部分设计的基础。因此其他各部分设计必须满足工艺设计的条件和要求，也要符合本部分设计规范的要求。

本手册制材部分中企业设计内容主要叙述制材车间工艺设计的方法和步骤。

7.3.1.2 设计的任务

设计一个制材企业要解决三项基本任务，即技术任务、组织任务和经济任务。

1. 技术任务

根据设计任务书所指定的生产能力编制生产大纲并确定建设规模、原料供应和锯材销售、其他协作条件、建设地点的建设工期、投资控制数、定员、经济效益及要求达到的技术水平和管理水平等。

制定原料、半成品的锯解工艺过程。根据原木和锯材的技术条件制定合理的工艺流程；选择锯机和运输设备的类型，计算其数量和所需要的动力；拟定照明、取暖、通风、给排水等；确定车间工艺布置及工作位置组织；计算辅助车间设备数量及其面积；制定基本工人和技职人员数并确定工资等级；确定厂房建筑类型、层数及面积；拟定安全技术和防火措施；确定拟建或扩建企业的总体规划布置等。

2. 组织任务

确定企业科、室和车间管理人员的编制；拟定合理的生产劳动组织和工作位置；制定车间各工序规程和技术报表以及有利于改善工人的劳动条件和安全、卫生等方面的措施。

3. 经济任务

选择最合适的建厂地点；确定原料来源和锯材销售市场；拟定企业的生产计划；拟定各类人员工资总额；燃料、水电和动力的来源和预算；确定总投资额、固定资产和必要的流动资金总额；产品成本核算；福利设施的建设以及企业的主要技术经济指标等。

7.3.2 制材车间工艺设计的方法和步骤

制材车间工艺设计，它包括设计任务、设计依据、下锯法、制材工艺生产线的确定、锯机设备和运输设备的选择与计算、修锯间设备的确定、车间平面布置图、总体规划和设计说明书等。

在改建设计或扩建设计过程中，必须结合委托单位的建厂条件，尽量利用原有厂房和部分现有设备，根据年加工原木量、原木和锯材的技术条件、采用的下锯方法等条件，最后确定符合委托单位生产实际的工艺生产线和技术设备，通过计算可明确主锯机的年实际生产能力。按照工艺流程图设计出车间平面布置图。在说明书中要阐述此工艺设计的特点，它必须符合原木和锯材的技术条件；符合生产实际的需要；整个车间布局要合理；要合理解决重体力劳动的机械化问题以及给工人创造良好的工作条件并达到连续化生产。

在生产条件改变的情况下，下锯法也能适应，并能提高生产率和锯材质量。在车间平面图上可留有适当余地（根据厂方规划要求）用作今后扩大生产。

7.3.2.1 设计任务和条件

1. 设计任务

年加工_____万 m^3 原木的制材车间工艺设计。

2. 设计依据

确定原木树种、原木直径、长度、等级和尖削度。

编制原木和锯材规格和数量表，见表7-27、表7-28。

3. 已知条件

(1) 建厂地址

(2) 选用主锯机类型

(3) 锯材用途

(4) 采用下锯方法，锯材允许带有缺棱程度，小规格材最小长度

(5) 天然干燥率

(6) 到材方式和保存方法

(7) 年工作日、日工作班、班工作小时

(8) 可行性调查报告

7.3.2.2 原木下锯法的确定及计算

(1) 根据表7-27和表7-28编制原木明细表7-29和锯材明细表7-30。

(2) 根据原木明细表求原木平均直径 d_p。

$$d_p = \sqrt{\frac{\sum d^2 n}{\sum n}}$$

式中：$d_1, d_2, \cdots\cdots d_n$——单根原木直径，cm

$n_1, n_2\cdots\cdots n_n$——相同直径原木的根数，根

(3) 根据锯材明细表计算锯材平均宽度 b_p。

$$b_p = \frac{V}{\sum \frac{V_n}{b_n}}$$

式中：V——锯材总材积，m^3

$b_1, b_2\cdots\cdots b_n$——锯材不同宽度，cm

$V_1, V_2\cdots\cdots V_n$——相同宽度的锯材材积，m^3

(4) 根据原木平均直径和锯材平均宽度按下式验算原木

表7-27 原木规格和数量

原木直径 (cm)	占总材积的百分比 (%)	单根原木材积 (m^3)
	100	

表7-28 锯材规格和数量

宽度×厚度 (mm×mm)	占总材积的百分比 (%)
	100

表7-29 原木明细表

原木直径 (cm)	占总材积百分比(%)	该径级原木总材积(m^3)	单根原木材积(m^3)	原木根数(根)
	100			

表7-30 锯材明细表

宽度 (mm)	厚度 (mm)	占总材积百分比(%)	该规格锯材总材积(m^3)	每块锯材材积(m^3)	锯材块数(块)
		100			

明细表所列原木是否能完成锯材明细表中锯材的规格。

$$d'_P = b_P\left(\frac{C}{\alpha'} + \frac{C_1}{\alpha'} + \frac{C_2}{0.95\alpha}\right)$$

式中：d'_P——完成锯材明细表中锯材平均宽度为 b_P 所需要的原木平均直径，cm

b_P——锯材明细表中的锯材平均宽度，mm

C——毛方下锯百分比

C_1——毛板下锯百分比

C_2——三面下锯百分比

α'——毛方下锯法系数

α——毛板下锯法系数

当 $\frac{h}{d} = 0.71$ 时，$\alpha' = 0.64$（由企业设计手册查得）；

当 $d_P = 30\text{cm}$ 时，$\alpha = 0.70$（由企业设计手册查得）。

三面下锯法系数等于毛板下锯法系数乘以 0.95。

当采用 100% 毛方下锯法时，$d'_P = \frac{b_P}{\alpha'}$；

当采用 100% 毛板下锯法时，$d'_P = \frac{b_P}{\alpha}$。

假设 $C=1\text{cm/m}$，计算结果，若 $d_P > d'_P$ 说明这批原木能完成这批成材，且可完全采用毛方下锯法(单方下锯)。

若 $d_P >> d'_P$ 说明在 100% 毛方下锯法中不能完全采用单方下锯。因为 $h=(0.6\sim0.8)d$，由于 d'_P 比较小，所以求得的 h 值也小，若完全采用单方下锯，则降低了木材的利用率，尤其大径级原木更是如此。在这种情况下，部分原木可采用双方下锯。

反之，若 $d_P << d'_P$ 说明这批原木不能完成这批锯材的加工，可根据原木和锯材的特点和用途，将部分原木采用毛板下锯（即减小 C 值，加大锯材的平均宽度，或在毛方下锯法中增大 h/d 的比值，但不能超过 0.8）。

(5) 若计算所得 $d_P >> d'_P$ 则知道部分原木需要采用双方下锯，故需确定单方、双方下锯原木分配百分比。

$$b'_P = \alpha' \beta d_P$$

式中：b'_P——单方、双方下锯锯材平均宽度，mm

α'——毛方厚度对锯材宽度的影响系数，当 $h/d=0.71d$ 时，$\alpha'=0.64$

β——原木直径对锯材宽度的影响系数，见表 7-31

求单方和双方下锯百分比：

$$b'_P = \frac{1}{\frac{x_1}{b_1} + \frac{1-x_1}{b_2}}$$

式中：b_1——单方下锯锯材平均宽度，mm

b_2——双方下锯锯材平均宽度 $b_2=2b_1$，mm

x_1——单方下锯所占百分比

$1-x_1$——双方下锯所占百分比

(6) 单方、双方下锯原木分配表，见表 7-32、表 7-33。

(7) 单方、双方下锯原木平均直径和出材率的计算。

① 求单方、双方下锯原木平均直径 d_{p1} 和 d_{p2}；

② 原木尖削度一般 $C=1\text{cm/m}$，分别作下锯图。

在设计下锯图时，必需考虑锯路宽度 b。髓心板 $b=0$，中心板为 $b/2$，边板为 b。主产规格要符合明细规格。

下锯图与原木直径的关系，见表 7-34。

纵向锯口材积计算；

横向锯口材积计算；

单方下锯原木出材率，$P_1 = \frac{V_1}{Q_1} 100\%$

双方下锯原木出材率，$P_2 = \frac{V_2}{Q_2} 100\%$

式中：V——锯材平均材积，m^3

Q——原木平均材积，m^3

综合出材率，$P=P_1+P_2$

(8) 编制毛方下锯锯材材积表，见表 7-35。

7.3.2.3 编制木材平衡表

木材平衡表反映了木材的利用程度，如表 7-36，它受各种因子的影响，如原木径级、长度、尖削度、弯曲度、材质、锯材的材种、规格、等级、锯路、下锯法和所采用的设备等。

按锯材明细表中各种规格锯材的比例分配锯制得到的锯材。如表 7-37。

$$\text{平均每班锯解原木根数} = \frac{\text{年加工原木总根数}}{\text{年工作班数}}$$

$$\text{平均每班锯解原木材积} = \frac{\text{年加工原木量}}{\text{年工作班数}}$$

7.3.2.4 制材工艺流程

制材企业的生产过程，按照产品的加工性质可分为三个阶段：

原木供应阶段（原木锯解前的准备工作），原木加工阶段（原木锯解到锯材评等区分）；锯材处理阶段（锯材保存和调拨）。

国内绝大多数制材企业或木材综合加工厂的制材车间常用一台跑车带锯配 4~6 台小带锯组成工艺流程，俗称"一行多带"，简称"长工艺"，由剖料、剖分、裁边和截断(截端)等工序组成。

剖料工序——原木通过跑车带锯锯去外围板皮两块，或顺带两块毛边板。

剖分工序——毛方通过主力小带锯锯解成方材、整边板和毛边板；板皮通过板皮小带锯锯解成毛边板。

表 7-31 原木直径对锯材宽度的影响系数（β）

d_P(cm)	14	16	18	20	22	24	26	28	30
β 值	1.04	1.025	1.01	1.0	0.987	0.975	0.966	0.957	0.943

表 7-32 单方下锯原木分配表

原木直径(cm)					
所占百分比(%)					
百分率换算(%)					100

表 7-33 双方下锯原木分配表

原木直径(cm)					
所占百分比(%)					
百分率换算(%)					100

表 7-34 下锯图与原木直径的关系

原木直径 d(cm)	14	16	22	26	30	40
下锯图宽 A 与 d 之比	0.87	0.92	0.99	1.02	1.04	1.06

表 7-35 毛方下锯锯材积表

原木直径 (cm)	锯材厚度 (mm)	锯材块数 (块)	木材消耗 (m³)	锯材宽度 (mm)		锯材长度 (m)		一根原木锯出的锯材材积 (m³)		备注
				计算	标准	计算	标准	计算	标准	
第一次下锯										
第二次下锯										
总计										

注：双方下锯锯解锯材材积表格同上

表 7-36 木材平衡表

名 称	百分比(%)
锯材	
主产	
副产	
小规格材	
边条及碎板皮	
截头	
锯屑	
自然损耗	
总计	100

表 7-37 锯材材积分配表

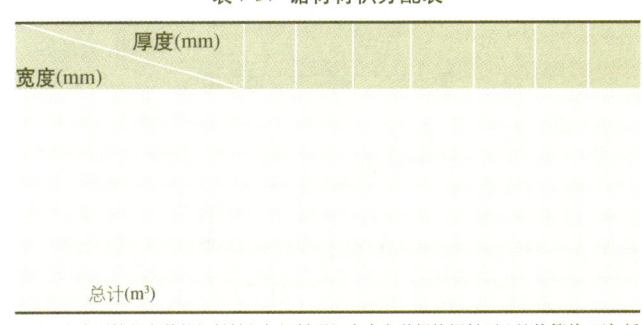

注：上表所填数字是按锯材材积与锯材明细表中各种规格锯材百分比换算的(不包括小规格材)

裁边工序——将毛边板裁成整边板。

截断工序——将锯材的毛头截齐;有时为了提高等级,将锯材的某些缺陷切除或将长的锯材截成符合国标的长度尺寸。

20世纪70~80年代,黑龙江、吉林等省新建和改建的一些制材企业在"一行多带"长工艺的基础上改革而成了"多行少带"的工艺流程,简称"短工艺",由剖料和剖板、板皮剖分、裁边和截断(端)等工序组成。

剖料和剖板——原木通过跑车带锯锯去外围两块或三块板皮,同时将毛方锯解成整边板和毛边板。

板皮剖分——板皮通过板皮小带锯锯解成毛边板。

裁边工序——将毛边板裁成整边板。

截断工序——将锯材的毛头截齐,有时为了提高等级,将锯材的某些缺陷切除或将长的锯材截成符合国标的长度尺寸。

1. "长工艺"流程(又称"狭长型")

这种工艺流程采用四面或三面下锯法锯解不同质量、径级和等级的原木。产品按直线形流水线来移动,机床工作地的排列属于纵向排列,即机床的纵轴平行于主要通道。锯机配比为1:3、1:4、1:5、1:6。

"长工艺"锯机配比为1:4的工艺流程,见图7-28。

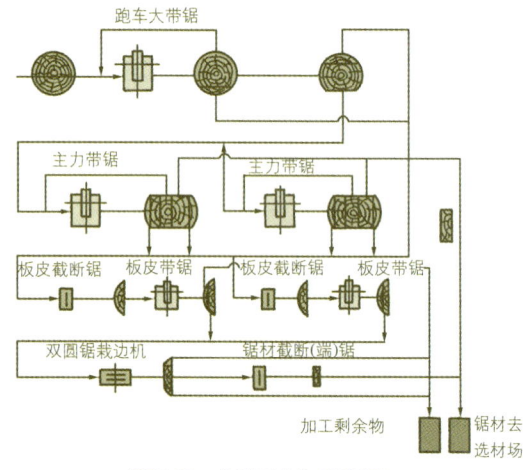

图7-28 "长工艺"流程图

(1) 原木由纵向原木运输链运进二楼车间,经踢木机卸到承木台上,通过上木、台料、翻木和固定,然后进行锯解。在跑车带锯上主要把原木锯解成毛方或带制少量锯材;

(2) 毛方通过二台主力带锯(如辊台式进料装置的主力带锯)锯解成方材、整边板、毛边板和板皮;

(3) 跑车带锯下来的板皮及主力带锯下来的板皮通过二台板皮小带锯剖成毛边板。

(4) 以上锯机下来的毛边板通过裁边锯裁边;所有需要截断的板皮、毛边板和锯材通过截断锯截断。所有锯材经辊筒运输机和皮带动输机运出车间去选材直至板院;

(5) 所有短板皮、边条和截头等送小规格材加工车间加工成小规格材;

(6) 锯屑可用气流运输集中。

工艺流程的优缺点:

优点:在锯解锯材规格较多的旧"板方材标准"时灵活性较大,二组产量较高。

缺点:①跑车带锯只起供应后面小带锯半成品作用,一般大带锯所完成的锯口数只占总锯口数的10%~15%;机床利用系数仅0.25~0.30左右,因此单机效率低。②半成品、锯材流转距离长,纯生产时间少。③产品质量差、合格率低,从而改锯材多。④劳动强度大,劳动生产率低。

2. "长工艺"下锯图 (图7-29)

(1) 锯口分配:

48″跑车带锯:1、2、3、4

42″主力带锯:5、6、7、8、9、10

42″板皮带锯:11、12、13、14

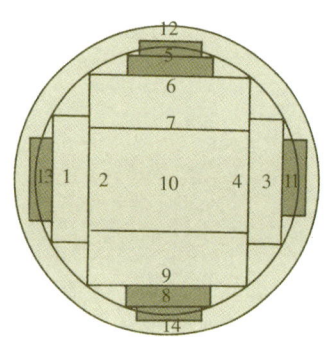

$d_p=36cm$,$L=5m$,一等42%,二等52%,三等6%,原木总材积155m^3

图7-29 "长工艺"下锯图

(2) 下锯图式:

$$(2.4)\frac{25}{100}-\frac{50}{180}-\frac{220}{1}-\frac{50}{180}-\frac{25}{100}(2.4)$$

$$(2.4)\frac{12}{100}-\frac{30}{120}-\frac{60}{220}-\frac{160}{220}-\frac{60}{220}-\frac{30}{120}-\frac{12}{100}(2.4)$$

上面下锯图式中,第一对板材材长2.4m,其他板材长5m。

3. "短工艺"流程(又称"短宽型")

"短工艺"流程跑车带锯与小带锯的配比为1:1、2:1、3:1、3:2、4:2、4:4等,采用四面或三面下锯法锯解不同质量、径级和等级的原木或锯解专用材的毛板下锯。产品按直线流水线来移动(图7-30)。

"短工艺"锯机配比为4:2的工艺流程简述如下。

(1) 原木由纵向原木运输链运进车间,通过上木、台料、翻木和固定,然后进行锯解。跑车带锯除锯解原木外围两块或三块板皮外,也锯解锯材。例如:遇到直径过大的原木,在规格大的跑车带锯锯解下来的连料,也可通过横链送至规

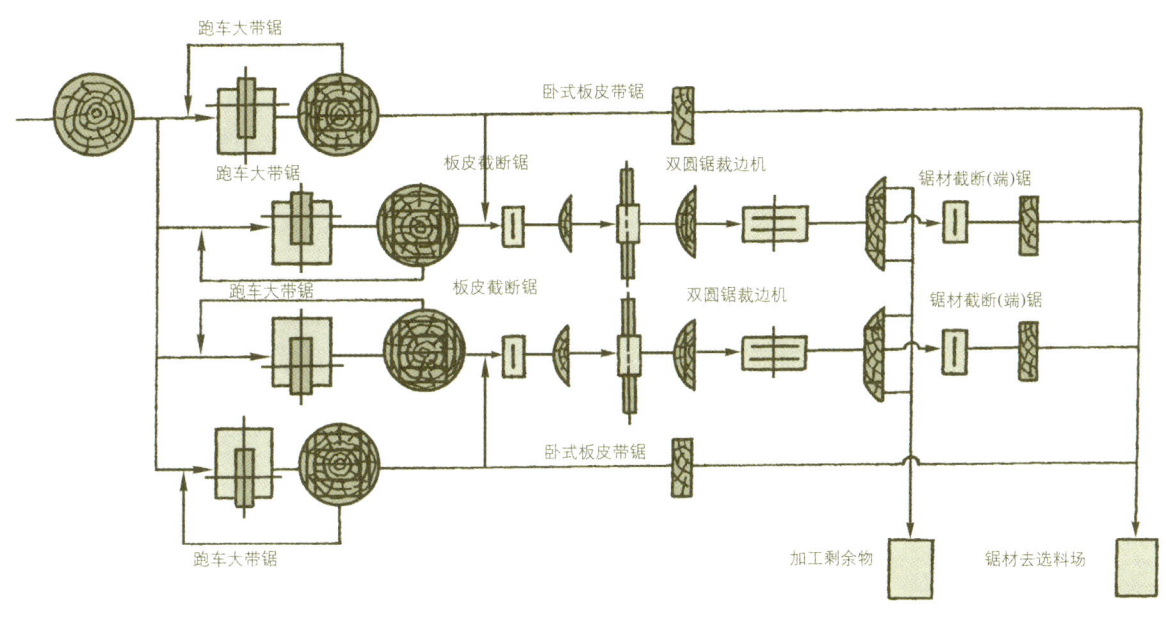

(若此图7、8采用立式板皮带锯,则其锯机配比为4:4,两个小组)

图 7-30 "短工艺"流程图

格小的跑车带锯锯解成锯材。

(2) 跑车带锯所下少量板皮,通过板皮小带锯(卧式或立式)锯剖成毛边板。

(3) 以上锯机下来的毛边板通过裁边锯,所有需要截断的锯材通过截断锯截断;所有锯材经辊筒运输机和皮带运输机运出车间去选材场直至板院。

(4) 所有短板皮、边条和截头等送小规格加工车间加工成小规格材。

(5) 锯屑可用气力运输集中。

这种"短工艺"工艺流程,跑车带锯除剖料外还锯解锯材。所下板皮厚度较小,供板皮带锯剖1~2块毛边板。

这种工艺流程的特点:

(1) 充分发挥了机械化程度高、加工质量好的大带锯作用;

(2) 半成品和锯材的转载、运输环节少,从而缩短了工艺流程;

(3) 节省人力,减轻了劳动强度,提高了出材率、劳动生产率、产品质量和合格率,并降低了成本;

(4) 有利于实现连续化生产。

4. "短工艺"下锯图(图7-30)

锯口分配:

48″跑车带锯:1、2、3、4、5、6、7、8、9、10

42″板皮带锯:11、12、13、14

5. 长、短工艺比较分析

在原木和锯材的技术条件基本相同的情况下,通过试验和计算,从下述几方面进行分析比较。

(1) 锯材质量

①平均合格率:"长工艺"为71.6%,"短工艺"为88.5%。"长工艺"由于多次装卸及定位,导致质量下降。"短工艺"70%~80%的锯口用跑车带锯锯解,由于跑车立桩、搁凳和扎钩限制六个自由度,因此加工质量好。

②质量超额系数:"长工艺"为0.294;"短工艺"为0.325。"短工艺"比"长工艺"大0.031,其原因之一是由于"长工艺"比"短工艺"改锯材多。

(2) 生产率

通过计算(成都厂)"长工艺"劳动生产率为28m³/人·班,锯机生产率为22m³/台·班;"短工艺"为3.02m³/人·班和28m³/台·班;"长工艺"着锯系数为0.35,"短工艺"为0.42。主要是由于"短工艺"锯机纯工作时间长,辅助时间少。

(3) 出材率

按平均下锯图(图7-30)计算,"短工艺"综合出材率为75.9%;"长工艺"为72.8%。"长工艺"出材率低的原因主要是改锯材多。

(4) 能耗

"长工艺"为6.4kW·h/m³锯材;"短工艺"为5.9kW·h/m³,"长工艺"由于半成品、锯材在车间内横向转移次数多,流转距离大,重复运输次数多,整个车间动力消耗比"短工艺"多。

(5) 劳动强度

"短工艺"充分发挥了精度高、机械化程度高的跑车带锯，实现了上料、卡木、翻木、摇尺、进锯机械化，运输、转载环节少，因而劳动强度较"长工艺"轻。由于不少厂的长工艺采用辊台式进料主力带锯，摇尺采用手工搬靠尺，劳动强度更大。

(6) 安全性

由于"长工艺"的一些辅助环节人工操作比重大，因而安全性差。

(7) 适应性

① 当原木径级较大，产品规格繁杂以及连料生产所占比例大时，"长工艺"具有一定的灵活性；

② 当锯解中、小径级原木比例大，以单方下锯为主，尤其在锯解专用材时，"短工艺"能充分发挥其优越性，可提高着锯利用系数、生产率、质量、劳动生产率和减少改锯材，从而提高经济效益。

生产实践和理论分析证明，带锯制材"短工艺"优于"长工艺"。制材企业(车间)的发展方向，应该是工艺从简、工序从少、设备集中单一化。从当今总的趋势来看，原木径级越来越小，外形复杂多变，次等材比例增加，中、薄板比例增加，这样就更能发挥"短工艺"的优势。

(1) 为了弥补"短工艺"在连料生产时的局限性，在占有一定比例的大径原木双方下锯制材车间，可采用轻、重跑车带锯配合的综合性"短工艺"，它既能独立锯剖原木，又能锯剖第一台大带锯下来的毛方。

(2) 用一台大带锯作为剖料锯，最好选用右式带锯，便于操作。若用两台，则采用左、右式各一台，其中一台大的，一台小的，在车间两侧对称布置，以便较好地利用光线。

(3) 小型制材车间可选用42″跑车带锯，既可加工原木，也可剖板。

(4) 剖分毛方、板皮的小带锯，可选用MJK3512型自动进料的带锯。

(5) 大带锯若为右式(或左式)，则下面小带锯应与大带锯相适应。如果采用带跑车的小带锯锯原木或毛方，其左式、右式应与大带锯相反，便于工艺布置、毛方转运和向小带锯上料。

(6) 小径原木剖料，在城市制材厂宜采用MJK3812型双联带锯。

(7) 毛边板厚度小于60mm，可选用轻型裁边锯；超过60mm的，应选用重型裁边锯。

(8) 在流水线上截断板材，宜选用脚踏圆截锯；在车间外面截断板材，可选用吊截锯。要求快速横截原木时，可选用电动链锯。

7.3.2.5 制材车间机床设备的选择与计算

1. 制材机床设备的选用原则

根据国内制材生产和设计经验，对制材机床设备的选用归纳如下几项原则，供制材工艺设计选择机床设备的参考。

(1) 大、中径级原木，材质缺陷较多，要求下锯灵活，既能加工一般用材，又能加工特殊用材时，可选用跑车带锯作为主锯机。

(2) 可按原木平均直径来选择大带锯的锯轮直径，并确定其规格、型号，见表7-38。

(3) 主产锯材为板材，对板材规格要求严，且主产板材宽度一致，原木材质和等级较好，宜选用大带锯和排锯配合，采用四面下锯，或完全选用排锯，采用四面下锯。

表7-38 大带锯的规格和型号

原木平均直径(cm)	大带锯锯轮直径(mm)
28以下	1067
20~40	1219
40~80	1524
80~120	1829

2. 跑车大带锯台数计算

(1) 生产能力计算

以每班锯解原木的材积表示：

$$A = \frac{T \cdot q \cdot K}{t}$$

以每班锯解原木的根数表示：

$$A = \frac{T \cdot K}{t}$$

以每班锯解原木的总长度表示：

$$A = \frac{T \cdot l \cdot K}{t}$$

式中：T——班工作时间，s

q——一根原木材积(一批原木取平均材积)，m³

K——机床工作时间利用系数，$K=0.8 \sim 0.9$

t——锯解一根原木所须时间，s

l——原木平均长度，m

(2) 锯解一根原木所需时间

$$t = t_1 + mt_2 + n(t_3 + t_4 + t_5) + t_6$$

式中：t_1——原木装上跑车时间，s

m——根据下锯图确定的原木翻转次数

t_2——原木翻转一次所需时间，s

n——锯口数

t_3——跑车往程时间，s

t_4——锯解时间，s

t_5——跑车返程时间，s

t_6——卸料时间，s

(3) 跑车大带锯安装台数

$$n_a = \frac{1.1a}{A}$$

式中：1.1——生产不平衡系数

a——平均每班锯解原木根数，根/班

A——大带锯生产率，根/班

(4) 大带锯负荷系数

$$\eta = \frac{n_a}{n_b}$$

式中：n_b——采用台数

3. 排锯机台数计算

根据原木的最大直径来选择排锯机的开档，参照排锯机的技术特性来选择排锯机型号。

(1) 排锯机生产能力的计算

$$A = \frac{\triangle \cdot n \cdot t \cdot K}{1000 l_p}$$

式中：$\triangle$——排锯轴每转进料量，mm/行程

n——排锯轴每分钟转数，r/min

t——班工作时间，min

K——排锯机机动时间利用系数，取0.9

l_p——原木平均长度，m

(2) 排锯机安装台数

$$n_a = \frac{1.1 a}{A}$$

式中：a——平均每班锯解原木根数，根/班

1.1——生产不平衡系数

(3) 排锯机负荷系数

$$\eta = \frac{n_a}{n_b}$$

式中：n_b——采用台数

4. 主力带锯机台数计算

(1) 主力带锯班生产能力计算

$$A = t \cdot v \cdot K_1 \cdot K_2$$

式中：t——每班工作时间，min

v——进料速度，m/min

K_1——机床工作时间利用系数，0.8~0.9

K_2——机床机动时间利用系数，机械进料取0.8；手工进料取0.6

(2) 锯口总长度

$$a = n \cdot n_1 \cdot l_P \cdot K$$

式中：n——平均每小时锯解毛方根数

n_1——下锯图中每根毛方锯口数

l_P——平均长度，m

K——生产不平衡系数，取1.1

(3) 主力锯安装台数

$$n_a = \frac{a_0}{A}$$

(4) 主力带锯负荷系数

$$\eta = \frac{n_a}{n_b}$$

式中：n_b——采用台数

5. 双轴多锯片圆锯机台数计算

(1) 生产率计算

$$A = t \cdot v \cdot K_1 \cdot K_2$$

式中：t——班工作时间，min

v——进料速度，m/min

K_1——机床工作时间利用系数，0.9

K_2——机床机动时间利用系数，0.9

(2) 锯口总长度

$$A_0 = n \cdot n_1 \cdot l \cdot K$$

式中：n——每小时锯剖毛方根数

n_1——下锯图中每根毛方锯口数

l——毛方长度，m

K——生产不平衡系数，1.1

(3) 安装台数

$$n_a = \frac{a}{A}$$

(4) 负荷系数

$$\eta = \frac{n_a}{n_b}$$

式中：n_b——采用台数

6. 板皮带锯台数计算

由于板皮的数量约占原木材积的15%～25%，因而板皮带锯的锯解任务是较重的。一般采用1067mm的带锯机。板皮带锯有立式侧向压辊小带锯、人工进料小带锯和卧式带锯。

(1) 生产率计算

$$A = t \cdot v \cdot K_1 \cdot K_2$$

式中：t——每班工作时间，min

v——进料速度，m/min

K_1——机床工作时间利用系数，0.9

K_2——机床机动时间利用系数，0.8

(2) 各台锯机下来的锯口总长度

$$a = n \cdot n_1 \cdot l_P \cdot K$$

式中：n——平均每班锯解的原木根数

n_1——每根原木从板皮中平均剖分的锯口数

l_P——板皮中每个锯口的平均长度，m

K——板皮进入带锯的不均匀系数，1.1

(3) 板皮带锯安装台数

$$n_a = \frac{a}{A}$$

(4) 负荷系数

$$\eta = \frac{n_a}{n_b}$$

式中：n_b——采用台数

7. 裁边锯台数计算

(1) 生产率计算

$$A = t \cdot v \cdot K_1 \cdot K_2$$

式中：t——班工作时间，min

v——进料速度，m/min

K_1——机床工作时间利用系数，0.85

K_2——机床机动时间利用系数，0.90

(2) 每班需裁毛边板总长度

$$L = P_f \cdot A_f \cdot K_1 \cdot K_2$$

式中：P_f——下锯图中每根原木毛边板块数

A_f——每班加工原木总长度，m

K_1——生产不平衡系数，1.1

K_2——裁边系数，双片圆锯机取1，单片圆锯机取2

(3) 安装台数

$$n_a = \frac{L}{A}$$

(4) 负荷系数

$$\eta = \frac{n_a}{n_b}$$

式中：n_b——采用台数

8. 截断圆锯台数的计算

(2) 截断锯每分钟截切的任务量

$$M_2 = \frac{N \cdot P_f}{480}$$

式中：N——每班原木根数

P_f——每根原木所下锯材的截断锯口数

(3) 安装台数

$$n_a = \frac{M_2}{M_1}$$

(4) 负荷系数

$$\eta = \frac{n_a}{n_b}$$

式中：n_b——采用台数

7.3.2.6 车间内运输设备的选用

1. 纵向原木运输机

在大、中型制材车间，特别是双层制材车间，它是用作向车间供应原木。原木链的坡度不大于23°，链条运行速度在0.2~0.3m/s，就足以满足主锯机所用原木量。

2. 踢木机

由纵向运输原木转为横向运输原木的踢木机，一次工作循环仅需4s。因此足以保证能及时将原木从运输机上踢下，不需进行计算。

3. 楞台上原木横向运输链

除了向跑车带锯供应原木外，还起贮存、缓冲、备料等作用。链条运行速度一般为0.2~0.3m/s即可满足需要；

4. 锯材和半成品运输设备

一般采用辊筒运输机，其圆周速度为0.5m/s，在不经常卸载的情况下，采用皮带运输机，运行速度可取0.5~0.7m/s。

5. 锯材和半成品横向运输链

传送锯材的横向运输链速度可取0.3m/s，传送板皮、边条的横向运输链速度可取0.2~0.3m/s。

6. 碎料、锯屑运输设备

一般常用刮板运输机输送锯屑，也可用气力运输机；皮带运输机可用作输送碎料和边条；斗式提升机用于小型车间提升集中锯屑用。大型制材车间可用气力管道运输锯屑和木片，它的生产率高，有利于车间卫生。

7.3.2.7 制材车间工艺布置

目前以带锯机为主的制材生产在我国占绝大多数，以排锯和圆锯作为主锯的制材生产仅在南方地区有一定数量。制材生产比较典型的工艺方案基本有三种，即以带锯为主的、以带锯和排锯相配合的和以圆锯为主的。

1. 以跑车大带锯为主锯的工艺布置

该制材工艺方案为我国带锯制材的典型长工艺方案（图7-31）。它由两个工组组成，双班生产，年生产能力为20万m³原木（双班制），每一个工组组成独立的流水作业线，中间由一条公用的辊台运输机运送两条流水线生产的成品和半成品，锯机配比为1∶3。

该工艺布置图适用于锯解不同质量与规格的原木，采用三面或四面下锯，灵活性较大，产品按直线型流水线移动，锯机的排列属于纵向排列，即机床的纵轴平行于主要通道。两条流水线作对称布置。

这种工艺流水线适合锯解原木直径18~100cm、长4~8m的不同树种和不同等级的原木，能生产普通锯材，又能加工特种用材。

2. 跑车大带锯和卧式带锯组成的双层制材车间工艺布置

图7-32是年加工15万m³原木，以跑车带锯自剖自割锯材为主的短工艺。原木以松、杂木为主，等内材占90%，原木平均直径为28cm，平均长4m，主产品为枕木、汽车材、

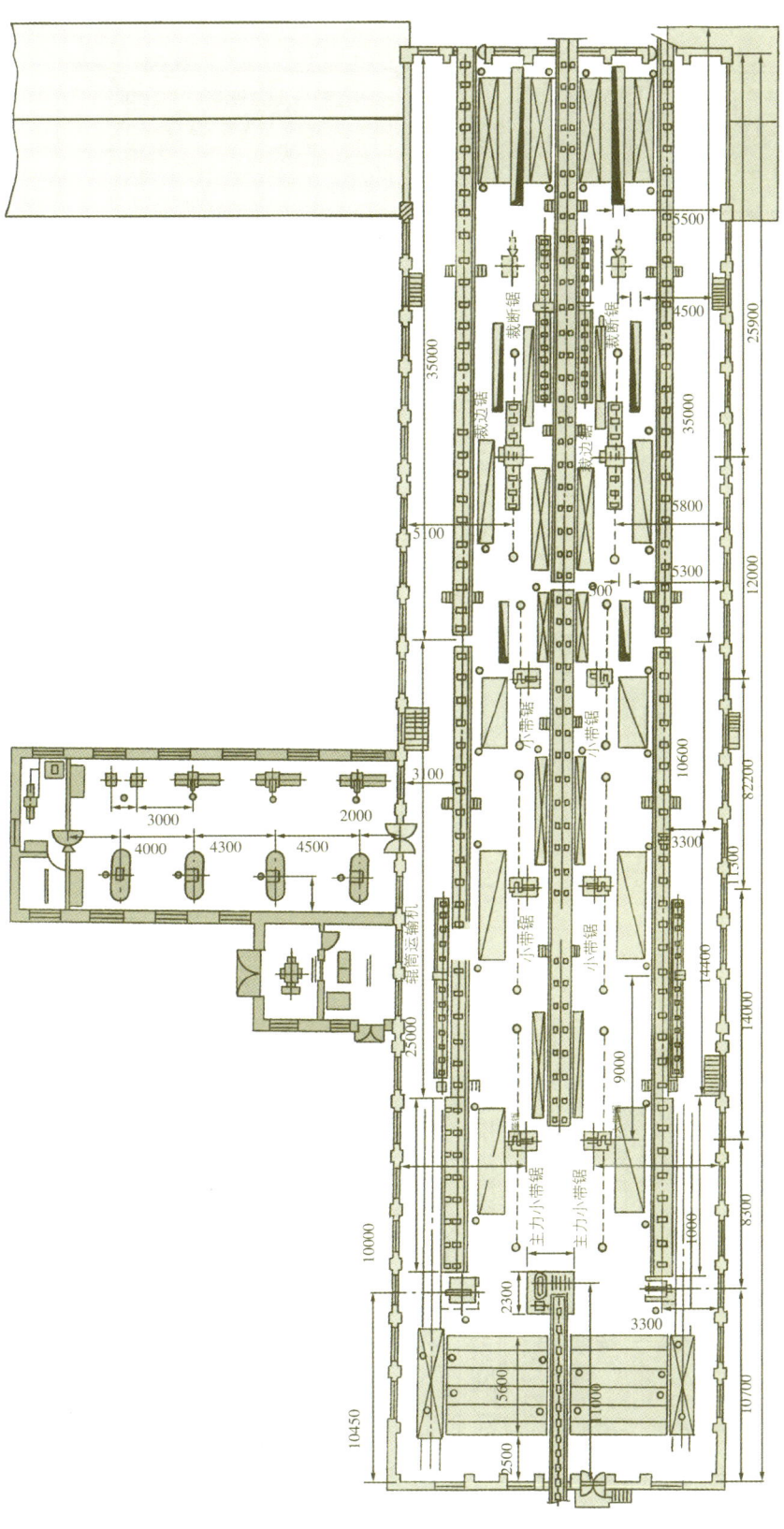

图 7-31 跑车大带锯为主锯机配合主力小带锯、板皮小带锯的双层制材车间工艺布置图

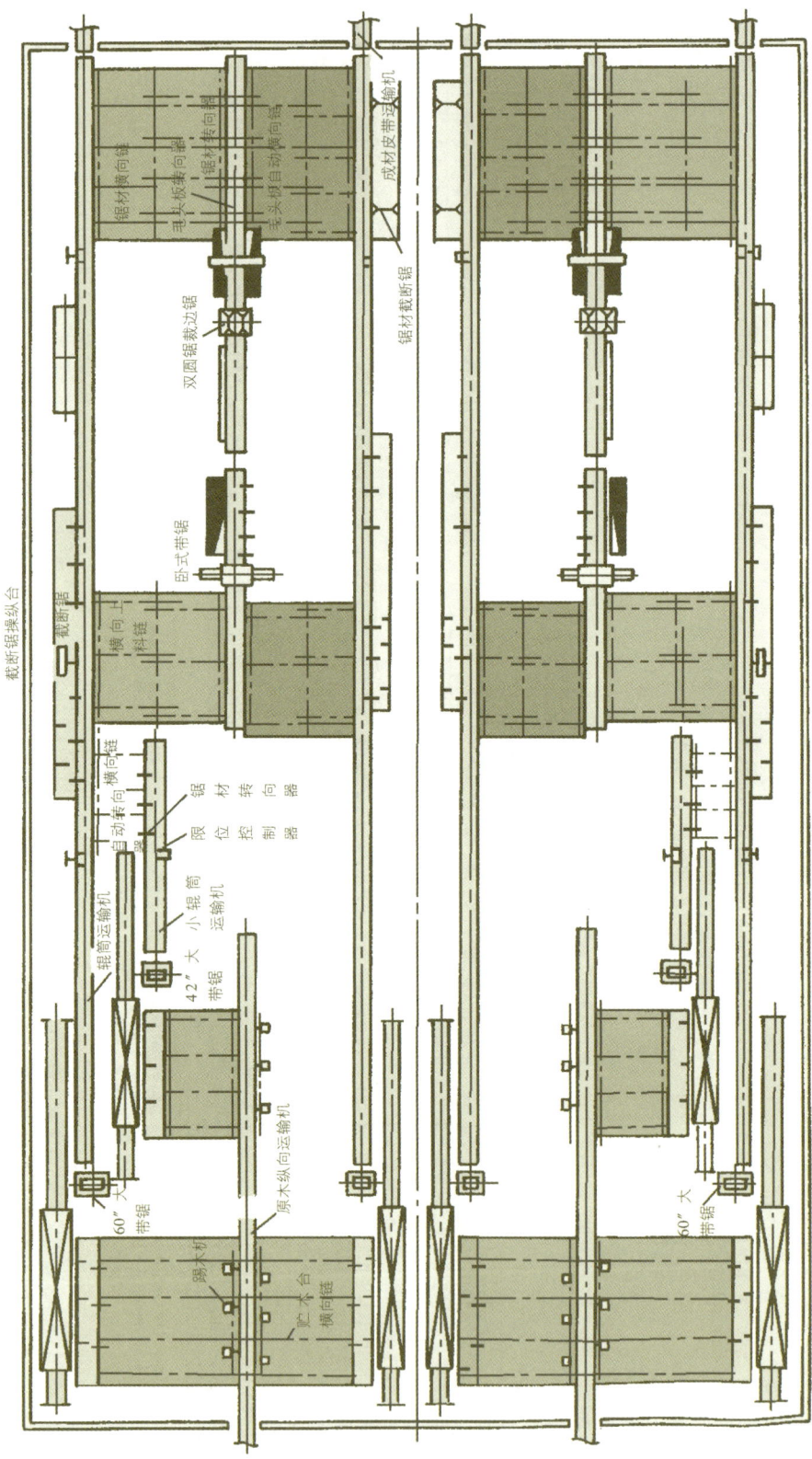

图 7-32 跑车大带锯和卧式带锯组成的双层制材车间工艺布置图

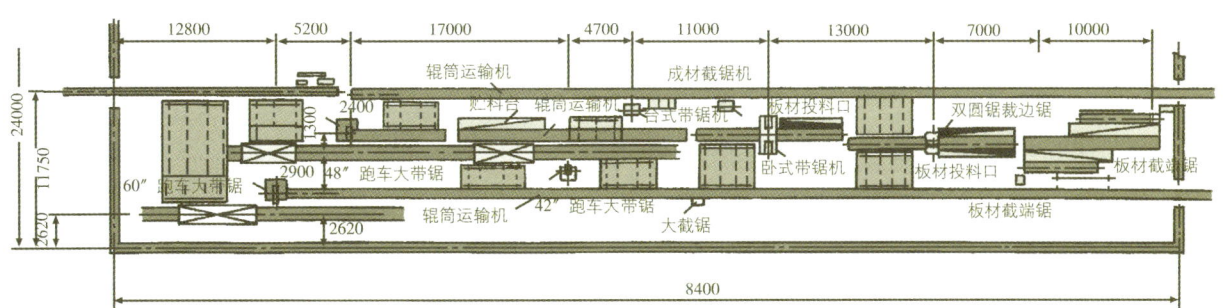

图 7-33 带锯制材长、短工艺结合的制材车间工艺布置图

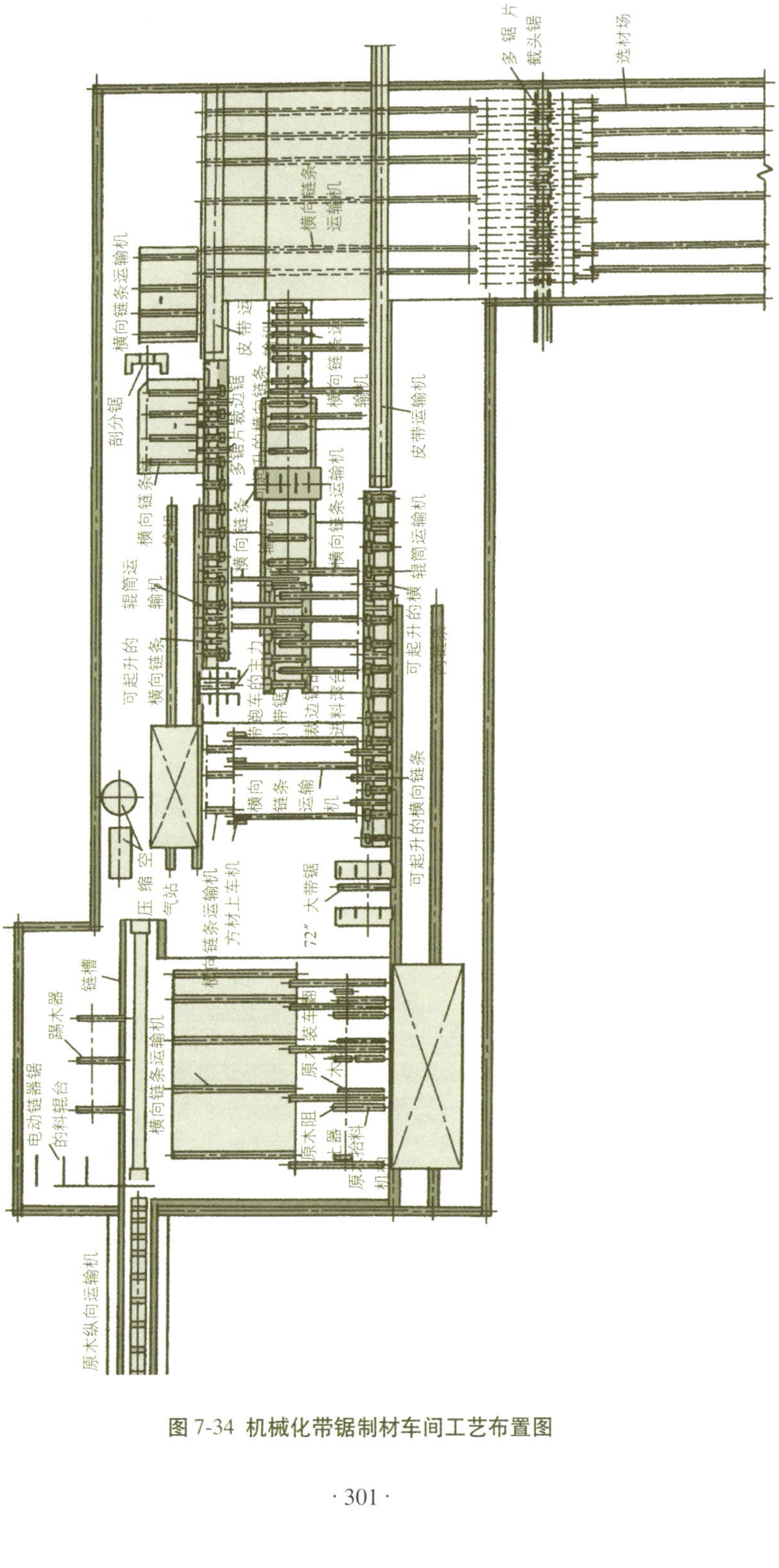

图 7-34 机械化带锯制材车间工艺布置图

火车材及工厂自用毛边板。每3台跑车带锯下设1台卧式带锯。采用四面下锯。原木一锯到底,仅下少量板皮供卧式带锯以及适量的毛边板供裁边锯。

三台跑车带锯下来的成品、半成品和板皮,均由两条纵向运输机运送,板皮和毛边板运送给卧式带锯。卧式带锯起着锯解和运输作用,从而节省了三条横向链(一个卧式带锯出料横向链;两个裁边锯上料横向链)。

3. 其他工艺布置

(1) 带锯制材长、短工艺结合的制材车间工艺布置(图7-33)

其特点是工艺灵活,跑车主锯可以自剖自割,提高了工效;能适应各种树种、径级、质量复杂的情况,发挥各锯机效率,提高经济效益,车间机械化程度较高。

图中设置一台式带锯有利于加工带弯曲毛方、畸形板皮、心腐、铁眼原木以及跑车带锯无法割净割细的毛料,同时也有利于不合格产品及时改锯。

(2) 机械化带锯制材车间工艺布置(图7-34)

其特点是工艺过程较简单,机械化程度高,下锯法灵活,车间面积紧凑。主锯机若以生产成品为主,可充分发挥主锯机的效能,减少了辅助工作时间的比重。主力小带锯采用跑车进料,板皮部分采用卧式带锯,机构精确能保证产品的规格质量。

(3) 带锯和排锯配合的制材车间工艺布置(图7-35)

其特点是它比完全用两台排锯毛方下锯来得灵活。对形状不规则的原木或带有缺陷的原木可做到看材下锯。

(4) 排锯为主锯机的制材车间工艺布置(图7-36)

排锯制材的特点是采用毛方下锯法,由排锯、截锯、裁边锯组成一个工组;排锯制材规格好、精度高;操作技术要求不高,生产管理方便;对原木质量要求高,应选择好后进锯;锯条较厚,锯路宽,锯屑多,出材率稍低。

(5) 圆锯制材车间工艺布置(图7-37)

该工艺方案是由圆锯锯解小径原木的双片圆锯机、剖分毛方的多锯片圆锯机、裁边锯等组成的一条制材流水线,采用毛方下锯。其特点是锯机少;机械化程度较高;车间前面设一台截锯,对弯曲原木合理截断;车间工人少;劳动生产率高。

(6) 双联带锯一通到底制材车间工艺布置(图7-38)

其特点是采用了原木一通到底的锯解过程,因而使纯锯解时间增加到70%,辅助时间减少到30%。调整一对带锯机仅需3s,机床进料速度为40~60m/min,流水线平均生产率为每分钟锯6根原木;最多可锯9根原木。年产7万m³锯材仅需4人。由于广泛应用电子技术,从而使制材生产进一步实现自动化。

(7) 大带锯、多联带锯和卧式带锯配合的制材车间工艺布置(图7-39)

其特点是该布置图用三台卧式带锯串联,使板皮连续通过卧式带锯剖成毛边板。这样就不需要返料滚,可大大减少每台卧式带锯所占庞大的面积,并减少了重复劳动和返回运输的辅助装置。

(8) 锯削联合制材车间工艺布置(图7-40)

其特点是该布置图为双层建筑的锯削联合制材车间。二层为主车间,一层为设备基础、半成品锯解、锯材截断和区分归类。

(9) 以铣方机为主锯机的制材车车间工艺布置(图7-41)

它是由铣方机、双锯片圆锯机、铣边机等组成的制材生产线,采用毛方下锯。原木首先通过在带锯机上的两个锥形圆盘铣刀将原木削成毛方或方材,原木周围部分削成工艺木片。然后用多锯片圆锯机再将方料锯成锯材。

(10) 以铣锯机为主锯机的制材车间工艺布置(图7-42)

它是由铣锯和铣边机以及多锯片圆锯机等组成的制材生产线,采用毛方下锯。

原木第一次通过铣锯机得到等边毛方、两块毛边板和工艺木片;毛方通过第2台铣锯机得到两块毛边板、净方和工艺木片;净方通过多锯片圆锯机一次锯成多块板材,直接

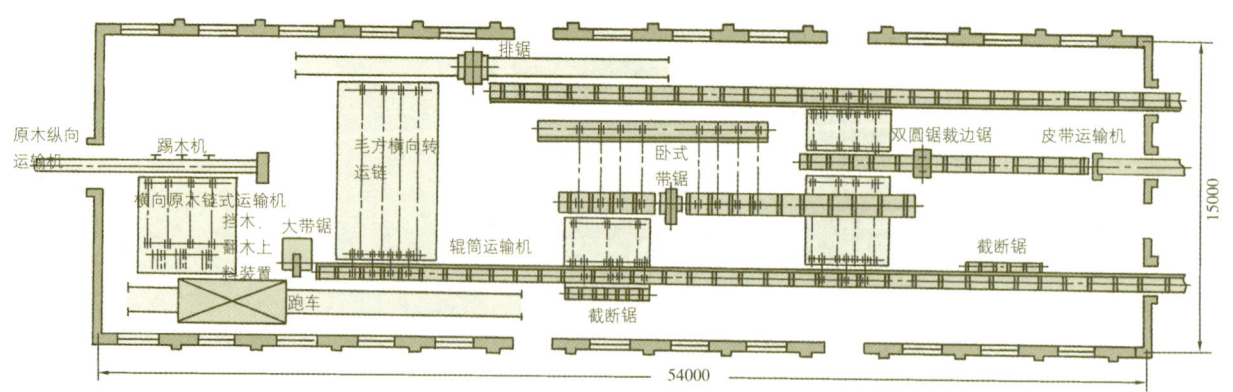

图7-35 带锯和排锯配合的制材车间工艺布置图

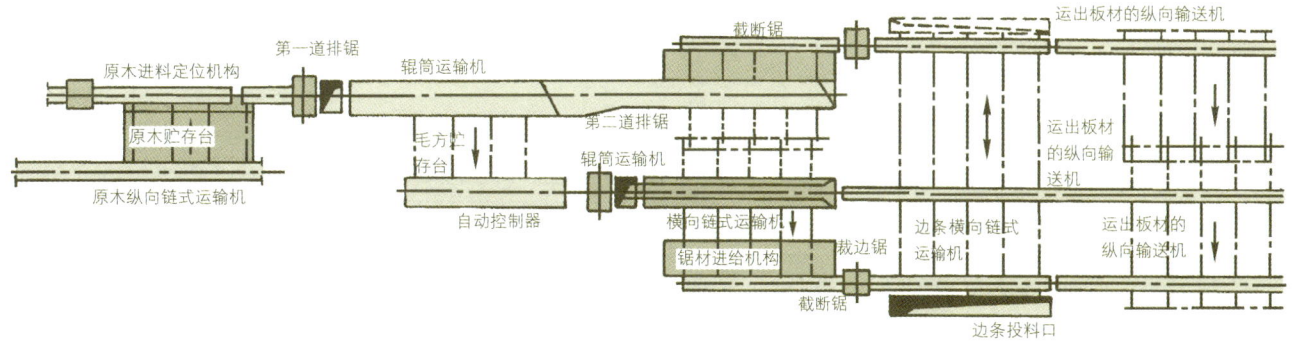

图 7-36 排锯为主锯机的制材车间工艺布置图

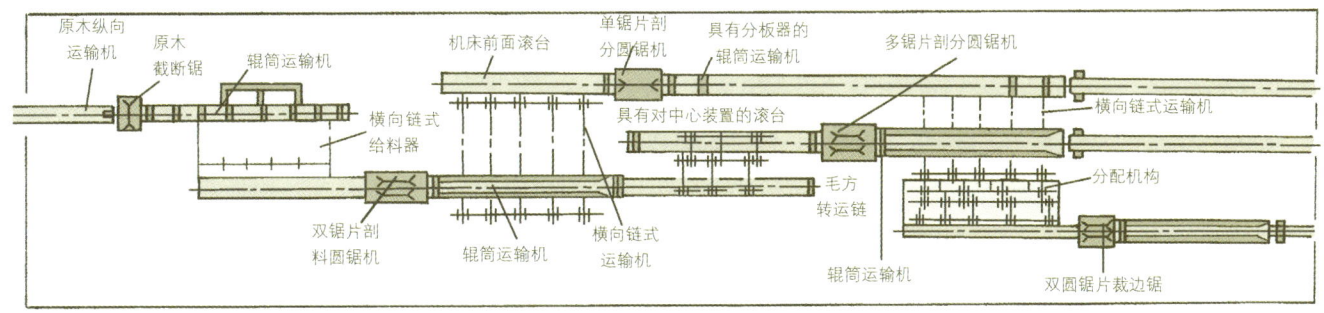

图 7-37 圆锯制材车间工艺布置图

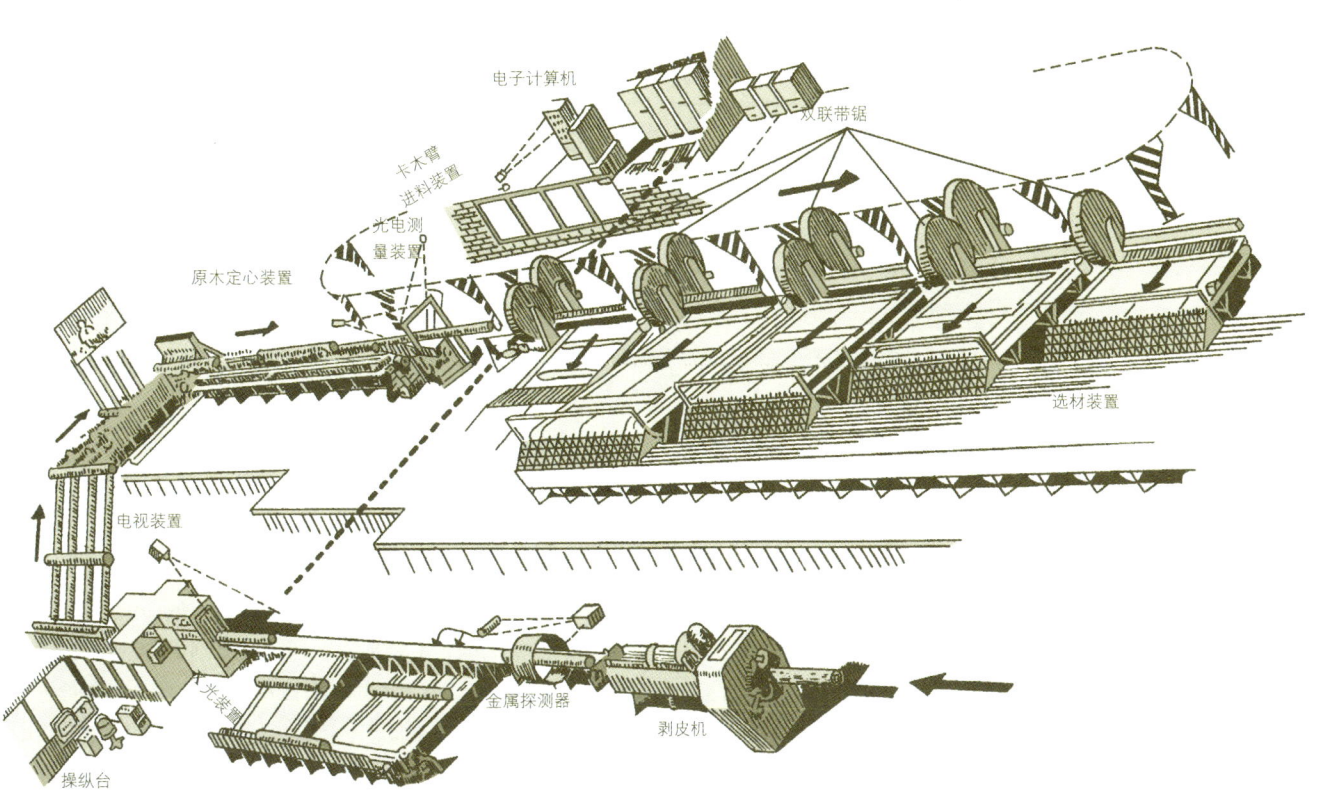

图 7-38 双联带锯一通到底制材车间工艺布置图

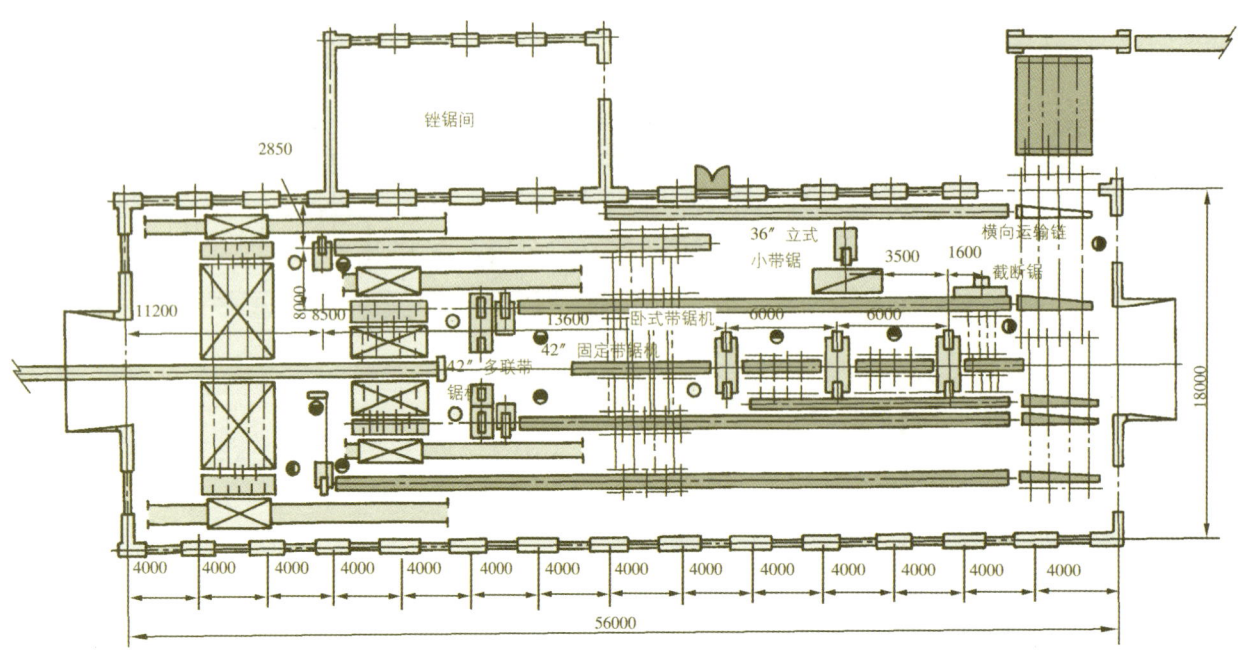

图 7-39 大带锯、多联带锯和卧式带锯配合的制材车间工艺布置图

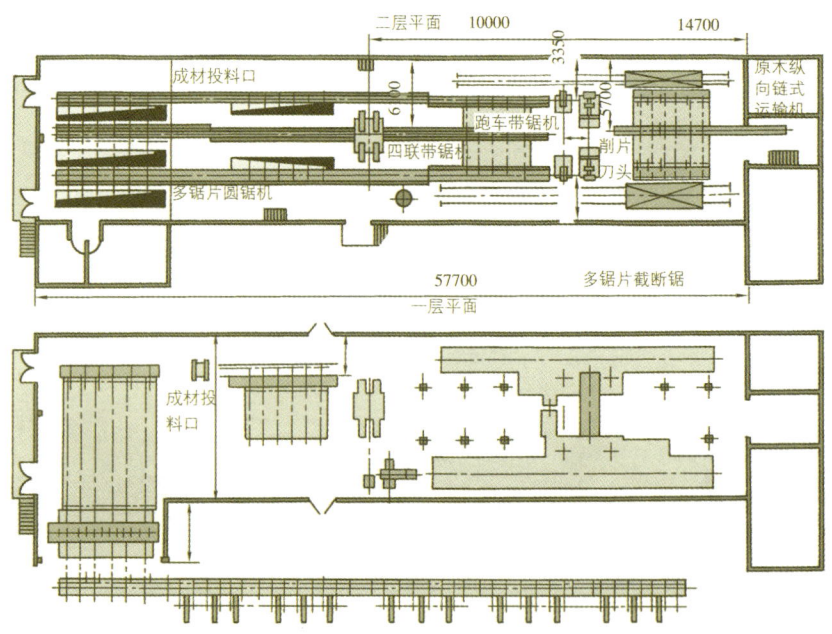

图 7-40 锯削联合制材车间工艺布置图

送往选材场;所有锯机削成的木片,都由气力运输装置送到木片仓贮存。

7.4 制材企业面临的问题及其解决的办法

(1) 目前我国制材企业中,大、中型厂开工率严重不足,尤其一些大城市中的厂处于停、转产和倒闭的状态,经济效益很差,大多亏损。但加工1万或几千立方米的集体和个体小厂,虽设备简陋,加工质量差,合格率低,但生产却十分火红。究其原因,主要是缺乏科学的管理。随着大径优质材减少,次材小径木比例增加,而使用的多是大型跑车带锯,劳动生产率低,出材率低。工人平均文化水平较低,技术素质较差。

(2) 特别在这十几年来制材企业过于分散,小型厂占了80%以上,从机械化自动化又回到手工操作,加工成本低,

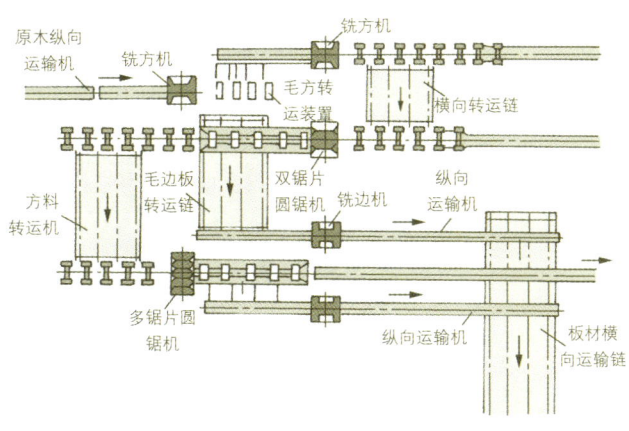

图 7-41 铣方机为主锯机的制材车间工艺布置图

设备陈旧,产品质量差,木材浪费严重。

为了提高木材综合利用率,必须将为数很多的小型厂合并或兼并。欲将25%～30%的加工剩余物得到充分利用,只有大、中型厂才有可能。小型厂由于加工剩余物有限,不可能另设小规格加工车间及人造板及化学加工车间,也没有技术和工艺设备条件。另外小型厂产品结构单纯,设备不定型,剩余物分散无法合理利用,木材资源浪费严重。

(3)增加深加工比重,才能避免制材生产原料高消费、产品低使用的现状。大、中型厂可将梯形板和短而小的材料进行胶拼和胶接作为木制构件及建筑材料;树皮、边条、截头等废料可用于造纸及人造板原料;除加工普通锯材外,也可生产市场需要的实木地板和复合地板以及装修、装饰用的小木制构件、踢脚板、木线板、各种装饰板、家具零件和各种花面、扶手及拉手等,并对产品的不同要求分别进行干燥、刨光、防火、防腐、防裂、防虫处理。这种组合形式解决了企业布局不合理,产品结构不合理的问题。

(4)为发展林区经济和集中大量加工剩余物,避免原木和剩余物长途运输,可在林区建设大型木材综合加工企业,对提高技术和开发新产品都是有利的,并可解决林区工人的就业问题。

(5)锯材平均合格率仅为50%～60%,改锯材量很大造成木材损失严重,合格率大大低于先进国家水平。原因是锯机摇尺进料装置不理想,尤其是台式小带锯,再加上操作水平低而造成锯材合格率和质量下降。

(6)要将小厂合并在林区建设大、中型企业,一般可建年产5万～10万 m³ 锯材的制材厂或木材综合加工厂,以半成品运往城市或以半成品出口。欲保证加工质量,尽量进行专业化生产,简化锯材规格,提高自动化和机械化水平,加强原料、产品、工艺、设备管理等环节,研制新工艺、新设备,提高锯机加工精度和生产能力。少数厂在可能的条件下全面应用电子技术,向微机群控化方向发展。

(7)为合理利用小径木,可采用小型跑车带锯和多联带锯;小型跑车带锯和双轴多锯片圆锯;小型跑车带锯和小排锯;削片—制材联合机等组成工艺流水线,其特点是简化了工艺流程。

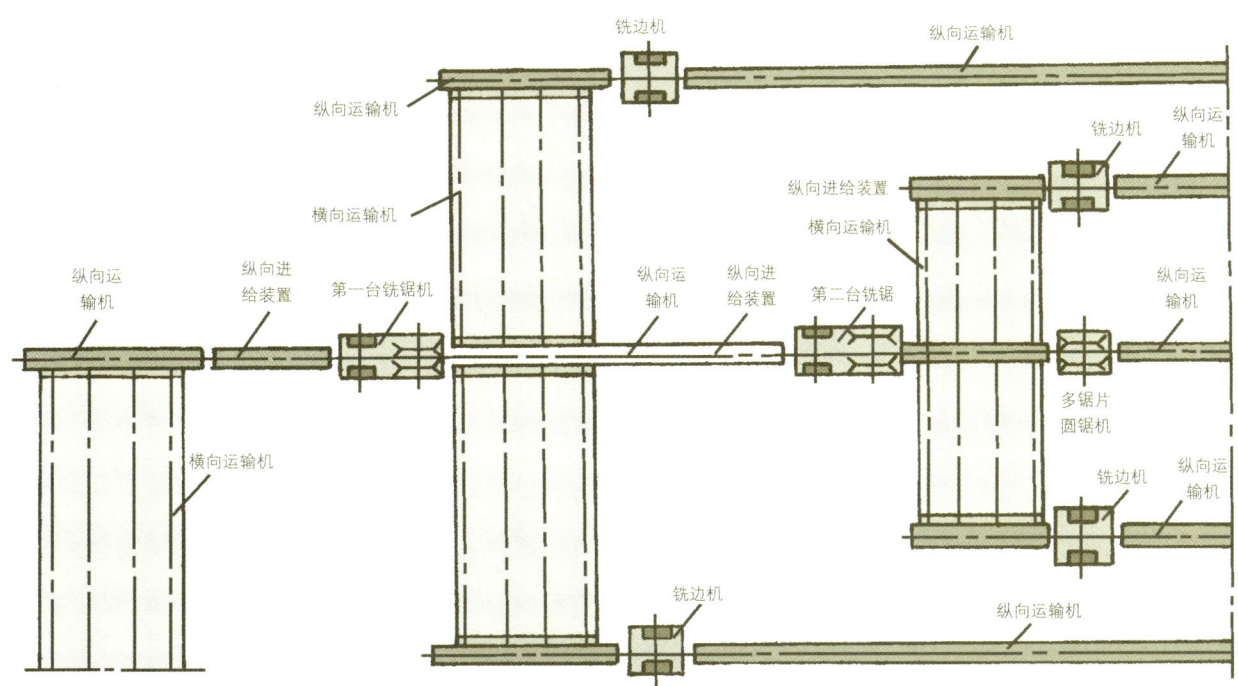

图 7-42 铣锯机为主锯的制材车间工艺布置图

参考文献

[1] 南京林业大学主编. 制材学. 北京：中国林业出版社，1981

[2] 南京林业大学主编. 木材工业气力输送及厂内运输机械. 北京：中国林业出版社，1983

[3] 王凤翥主编. 制材手册. 北京：中国林业出版社，1998

[4] 王恺主编. 木材工业实用大全制材卷. 北京：中国林业出版社，1999

[5] 朱国玺等著. 中国现代制材生产线的研究. 哈尔滨：东北林业大学出版社，1989

[6] 高家织主编. 制材工艺与设计. 哈尔滨：东北林业大学出版社，1993

[7] 王凤翥. 制材改革的探讨. 林产工业，1987，2

[8] 陈宝德等主编. 木材加工工艺学. 哈尔滨：东北林业大学出版社，1998

[9] 谭守侠编. 德国木材加工机械工业. 北京：中国林业出版社，1995

[10] 郑雅各. 带锯制材长、短工艺技术经济指标的分析比较. 木材工业 1992，4

[11] 郑雅各. 制材厂(车间)工艺设计. 木材工业，1991，4

[12] 郑雅各. 跑车带锯为主锯机的制材车间工艺布置. 木材工业. 1991，2

[13] 谭守侠. 现代制材技术(一)～(四). 南京：南京林业大学制材教研组，1989

[14] 刘志福等主编. 带锯制材的合理下锯. 哈尔滨：黑龙江科学技术出版社，1984

[15] Hram Hallock, Best Opening Face for second growth timber, Modern Sawmill Techniques, vol 1. 1993; 116. San Francisco: Miller Freeman Publications

木质地板 8

木质地板指以木材或木质材料为主要原料，通过干燥、切削加工、胶合、涂饰等一系列加工制成的各类铺地板块。

木质地板按材料结构分类如下：

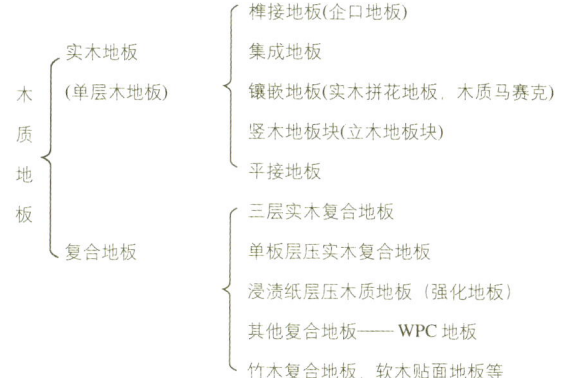

木质地板还可以按使用场所分成室内用和室外用的地板；按其性能分为普通木地板，耐热、隔热、阻燃地板，防音、隔音、吸音地板以及能屏蔽电磁波的地板等。

木地板具有自重轻、保温隔热性好、有弹性和一定耐久性，易于加工，强重比大，强度符合使用要求等优点，而且纹理美观，自然多变，色彩宜人，特别是涂饰以后，更显得雅致宜人。此外，木地板还具有调节室内湿度的功能，易清洁护理，不藏灰尘和螨虫等过敏源，利于人们的健康。

木质地板与其他铺地材料性能比较见表8-1。

8.1 榫接地板(企口地板)

8.1.1 定义、分类、规格、质量要求

8.1.1.1 定义

侧、端面为榫槽或榫舌的矩形六面体木条称为榫接地板。它以木材纵剖面为耐磨面。

8.1.1.2 分类

榫接地板如图8-1所示，可以按树种、尺寸规格和涂饰情况来分。就涂饰而言可分为素板和涂漆板（又称免漆免刨

表8-1 铺地材料性能比较

铺地材料	硬度	弹性	保温性	耐水性	易损度	视觉特性	卫生状况
花岗岩	硬	差	差	好	不易、会碎	纹理美、冷感	易清洁
大理石	硬	差	差	好	不易、会碎	纹理美、冷感	易清洁
地砖	硬	差	差	好	易碎	纹理颜色多样、冷感	易清洁
水磨石	硬	差	差	好	不易碎	一般	一般
水泥地	硬	差	差	好	不易碎	不美观	会起灰
涂漆水泥地	硬	差	差	较差	易损伤	有色彩、一般	较好
木质地板	适中	适中	好	较差	不易	纹理自然、色彩宜人	好
塑料地贴	适中	适中	好	好	会老化、不耐烫	有纹理、色彩	较好
化纤地毯	软	适中	好	好	不耐烫	柔软感、美丽	差、易长螨虫积灰
羊毛地毯	软	好	好	差	易虫蛀、损伤	柔软感、美丽	差、易长螨虫积灰

地板）；透明与不透明；本色与着色透明漆；亮光与哑光等。

8.1.1.3 地板树种

木地板用材树种对木地板的装饰性、耐磨性、硬度、弹性等物理力学性能以及价值、加工性能等均有重要影响，因此，成品出厂销售时，一定要标明树种。常用的木地板树种如下：

(1) 针叶材：杉木、落叶松、云杉、花旗松、红松等。

(2) 阔叶材：

国产材——水曲柳、柞木、西南桦、桦木、楸木、橡胶木、山毛榉、色木、楮树、锥木；

进口材——山毛榉、橡木、枫木、柚木、甘巴豆、印茄木、重蚁木、李叶苏木、番龙眼、绿柄桑、蒜果木、铁线子、龙脑香、木荚豆、樱桃木、厚皮香、白兰等。

8.1.1.4 规格及质量要求

1. 外形尺寸及极限偏差

榫接地板的主要尺寸及极限偏差，见表8-2，图8-1。

2. 构造尺寸及极限偏差

榫接地板块构造尺寸及极限偏差，可参考表8-3，图8-1。实木地板的物理力学性能指标见表8-4。

3. 含水率

各型实木地板块出厂交货时的含水率为8%～13%。

4. 等级

MJ型地板块分为优等品、一等品、合格品三个等级。

5. 加工工艺要求和加工缺陷限值（表8-5）

6. 材质缺陷限值

表面材质缺陷限值见表8-6，背侧端面材质缺陷限值见表8-7。

8.1.2 榫接地板块加工工艺

8.1.2.1 工艺流程

榫接地板块加工通常包括干燥、配料、成型加工、涂饰、检验分等、包装等工段，其加工工艺流程见图8-2。由于原料情况、产品质量要求、产量和设备条件、投资条件等不同，因此，榫接地板可以采用不同加工方案进行。图8-3是榫接地板加工工艺举例。

8.1.2.2 木材干燥

木材干燥是保证榫接地板质量的关键之一。实木地板成品的含水率一般在6%～13%之间，但要与使用场所的平衡含水率相应。在全空调星级宾馆内，地板含水率≤8%；南方地区的平衡含水率要高些；兰州以西的西北和西藏地区要低些，≤10%。此外地板的含水率要均匀，加工时要注意含水率变动。

地板生产中木材干燥分板材干燥和地板毛料干燥，因后者窑的容积利用较充分，小尺寸的地板毛料干燥周期较短，生产率较高，所以实际生产中应用较多。

8.1.2.3 配料

1. 毛料加工方案

将板方材加工成一定尺寸和质量要求的地板毛料可由多种方案供选择：

(1) 干燥薄板：(板厚＝地板坯厚)进行横截、纵解；

(2) 湿厚板经天然干燥后截断、纵解成毛料，再进行人工干燥；

(3) 将湿板材横截、纵解成湿地板毛料后，再进行天然

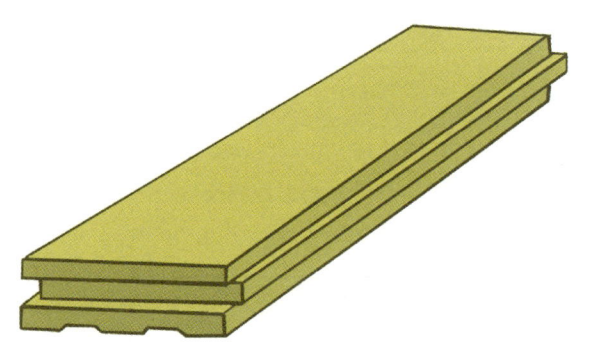
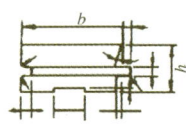
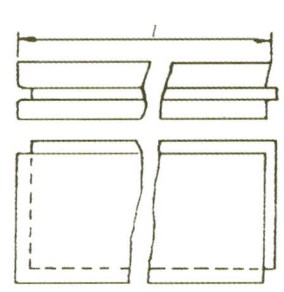

图8-1 榫接地板块

图8-2 榫接地板块加工工艺流程

表 8-2 实木地板的主要尺寸及极限偏差
单位：mm

名　称	偏　差
长　度	长度≤500时，公称长度与每个测量值之差绝对值≤0.5 长度＞500时，公称长度与每个测量值之差绝对值≤1.0
宽　度	公称宽度与平均宽度之差绝对值≤0.3，宽度最大值与最小值之差≤0.3
厚　度	公称厚度与平均厚度之差绝对值≤0.3 厚度最大值与最小值之差≤0.4

说明：
1. 实木地板长度和宽度是指不包括榫舌的长度和宽度；
2. 镶嵌地板只检量方形单元的外形尺寸；
3. 榫接地板的榫舌宽度应≥4.0mm，槽最大高度与榫最大厚度之差应为0～0.4mm

注：摘自 GB/T15036.1-2001

表 8-3 榫接地板块构造尺寸及极限偏差
单位：mm

类型	名　称	单位符号	尺　寸					极限偏差
	地板块厚度	h	10～12	13～15	16～18	19～20	21～22	±0.2
	表层厚度	h_1	5	6	7	85	10	±0.1
	榫槽高度	h_2	3	4		5		+0.2，0
	榫舌厚度	h_3	3	4		5		0，-0.2
	榫槽深度	B_1			6			+0.3，0
MJ	榫舌宽				5			0，-0.3
	背面狭槽宽				0.25b			±1
	背面狭槽高	h_6	2			3		±0.5
	榫及榫槽的圆角半径	r	0.5			1		±0.2
	榫侧底层凹进尺寸	f			1			±0.2
	榫侧表层斜角 (°)	a			3			30′

注：1. 地板块宽度≥50mm，可有两个或两个以上等距排列的狭槽，h_3、h_6 不作为产品主要检评指标
2. r、f、a 等参数值不作为主要产品检评指标
3. 摘自 GB/T 15036.3-94

表 8-4 实木地板的物理力学性能指标

名　称	单　位	优　等	一　等	合　格
含水率	%	7	≤含水率	≤我国各地区的平衡含水率
漆板表面耐磨	g/100r	≤0.08且漆膜未磨透	≤0.10且漆膜未磨透	≤0.15且漆膜未磨透
漆膜附着力	—	0～1	2	3
漆膜硬度	—	≥H		

注：含水率是指地板在未拆封和使用前的含水率，我国各地区的平衡含水率见 GB/T6491-1999 的附录A

表 8-5 加工工艺要求和加工缺陷限值

名　称		偏　差
翘曲度	横弯	长度≤500mm时，允许≤0.02%；长度＞500mm时，允许≤0.03%
	翘弯	宽度方向：凸翘曲度≤0.2%，凹翘曲度≤0.15%
	顺弯	长度方向：≤0.3%
拼装离缝		平均值≤0.3mm，最大值≤0.4mm
拼装高度差		平均值≤0.25mmm，最大值≤0.3mm

注：摘自 GB/T15036.1-2001

表8-6 实木地板的外观质量要求

名称	表面			背面
	优等品	一等品	合格品	
活节	直径≤5mm 长度≤500mm，≤2个 长度＞500mm，≤4个	5mm＜直径≤15mm 长度＜500mm，≤2个 长度＞500mm，≤4个	直径≤20mm，个数不限	尺寸与个数不限
死节	不许有	直径≤2mm 长度≤500mm，≤1个 长度＞500mm，≤3个	直径≤4mm ≤5个	直径≤20mm 个数不限
蛀孔	不许有	直径≤0.5mm ≤5个	直径≤2mm ≤5个	直径≤15mm 个数不限
树脂囊	不许有		长度≤5mm 宽度≤1mm ≤2条	不限
髓斑	不许有		不限	不限
腐朽	不许有			初腐且面积≤20%， 不剥落，也不能捻成粉末
缺棱	不许有			长度≤板长的30% 宽度≤板宽的20%
裂纹	不许有		宽≤0.1mm 长≤15mm，≤2条	宽≤0.3mm 长≤50mm，条数不限
加工波纹	不许有		不明显	不限
漆膜划痕	不许有		轻微	—
漆膜鼓泡	不许有			
漏漆	不许有			
漆膜上针孔	不许有		直径≤0.5mm，≤3个	—
漆膜皱皮	不许有		＜板面积5%	—
漆膜粒子	长≤500mm，≤2个 长＞500mm，≤4个		长≤500mm，≤4个 长＞500mm，≤8个	—

说明：
1. 凡在外观质量检验环境条件下，不能清晰地观察到的缺陷即为不明显；
2. 倒角上漆膜粒子不计

注：摘自 GB/T15036-2001

干燥、人工干燥。

其中横截、纵解的加工程序先后和采用的设备亦有多种方案供选择：

(1) 用高速截断圆锯截成板段后再用小带锯进行纵解成毛坯；

(2) 用多锯片机剖分成板条，再用横截圆锯机截成地板毛坯；

(3) 将板材先横截成板段，再用多锯片圆锯机剖分成地板毛坯。

2. 加工余量

地板毛料要留有足够的加工余量，当用干板材配料时，地板宽、厚度的加工余量与地板的树种、长度等有关，一般宽度余量为3～4mm，长度余量为10～15mm。

用湿板材配料时，必需同时考虑加工余量和木材的干缩余量。如购入厚板材，则板材的厚度即为地板毛料的宽度，一般可按下式计算：

$$B=(D_k+h_1)/(1-\delta)$$

式中：B ——板材厚度，mm

D_k ——成品地板条宽度，mm

h_1 ——地板榫头凸出长度，一般为5mm

δ ——地板木材干燥收缩率，一般取0.06

如购入地板毛料，则地板毛料的规格可按以下公式确定：

$$B_k=(D_k+h_1)/(1-\delta)$$

$$B_h=(D_h+h_2)/(1-\delta)$$

式中：B_k ——地板毛料宽度

B_h ——地板毛料厚度

表 8-7 背侧端面材质缺陷限值

项 目		优等品	一等品	合格品
健全边材和内含边材		≤地板块厚的1/3	≤地板块厚的1/2	不限
钝棱		最大允许限度地板块长度的20%	30%	40%
		地板块宽度的10%	20%	30%
		地板块底层厚度的1/3	1/2	不限
背面缺木		最大允许限度地板块长度的10%	20%	30%
		地板块宽度的5%	10%	20%
		厚度10mm	1.5mm	2mm
材色			色差不限	
纵裂		不许有	宽≤05mm，长≤25mm	宽≤01mm，长≤35mm
节子		健全活节直径<3mm，非脱落，非簇生死节直径<2mm的节子不计		
	活节	直径≤5mm	直径≤15mm	直径≤25mm
	死节	直径≤3mm	≤5mm	≤10mm
虫眼		不许有	针孔虫眼直径≤2mm	
腐朽			不许有	

注：1.未注明异常情况及缺陷，凡不影响地板坚固性和耐久性允许有
2.不同长度的地板块，每块允许的节子个数为：0.5m及以内，1个
0.51～0.8m～2个；0.81～1.2mm，3个
3.摘自 GB/T 15036.3-94

D_k——成品地板宽度

h_1——地板榫头长度，一般取 5mm

h_2——地板刨削量一般为 3mm，用硬质合金圆锯片加工的地板毛料，其刨削量可减少到 2mm

δ——地板的干燥收缩率，一般取 0.06

3. 配料设备

配料中所用的横截锯、纵解圆锯、小带锯和多锯片圆锯机等均为常用木工机械。地板用材以硬阔叶材居多，选用多锯片圆锯机时应保证其足够大的切削功率以及允许锯解的板材最大厚度。某些多锯片圆锯机的技术特性见表 8-8。硬质合金圆锯片的规格见表 8-9。

8.1.2.4 地板成型

地板成型加工要保证地板成品具有符合标准要求的形状尺寸精度和表面粗糙度。特别是免漆免刨地板要求尺寸偏差≤±0.3mm，故必须选用高精度有足够功率的四面刨和双端铣，并要及时换刀。

成型加工包括地板条四面刨光、长边铣榫槽、两端铣榫槽、底面开平衡槽和表面磨光等。地板成型加工举例如下：

(1)（四面刨刨光四个面）→四面刨加工长边榫槽和底面铣平衡槽→双端铣铣榫槽→宽带砂光和表面磨光。

(2) 用平刨加工地板条基准面、边→用压刨加工相对面边→在立式铣床上长边开榫、槽→在开榫机上加工两端榫、槽。

方案(1)是目前广泛使用的成型加工方法，如果地板毛料尺寸精度较高，可以省去四面刨刨光四个面这道工序。但是若毛料厚、宽加工余量过大时，则需有刨光工序，以保证下道工序的加工质量和防止损伤设备。

方案(2)加工精度差，效率低，不宜采用。

四面刨、双端铣和宽带砂光机的技术特性举例见表 8-10，表 8-11 和表 8-12(1)、(2)。

8.1.2.5 涂饰

1. UV 漆涂饰

地板漆膜按装饰效果可分为：半显孔本色亚光清漆，填孔本色亚光(或亮光)清漆，着色填孔(或半显孔)亚光(或亮光)清漆等。涂饰工艺随装饰效果、木材树种及涂饰设备等不同而异，因此涂装工艺是技术含量较高、工艺性强、较复杂的，施工中需根据具体情况进行设计、制定工艺。例如涂装水曲柳、橡木等导管槽（木孔）大的木材时，为获得平整的漆膜，涂装工艺中应安排用腻子填孔的工序；而枫木、印茄木等导管槽较小的木材，就可以不涂腻子，只用中层（砂磨）底漆就可；对于龙脑香、重蚁木等油性重的木材，因它木材中含的某些成分对UV漆有阻聚作用，影响附着力，因此必须用聚氨酯(PU)封闭底漆进行封底，然后再涂装其他涂料。从漆膜的色彩、木质感、层次感等效果考虑，可以采用底着色或底着色和涂层着色相结合进行漆膜着色，采用薄层多次涂饰的工艺。考虑到地板背面和榫槽边线的防潮，就需安排背底涂和喷边工序。当漆膜要求厚实感、耐磨性、光泽平滑性等时，就可在面漆施工方面考虑，采用淋涂或辊涂，或淋、辊涂结合。当前从环境保护，健康安全角度出发，市售油漆木地板大部分采用光固化（UV）涂料涂装。实际生产中涂饰工序较多，有的采用 4 底 3 面工艺，甚至 6 底 4 面工艺。2 底一面，填孔亚光 UV 漆涂饰工艺流程见图 8-4。地板 UV 漆涂饰流水线技术特性见表 8-13。

2. 现场涂饰

安装地板白坯后，必须在施工现场进行磨光和涂饰。常用的涂料是聚氨酯漆。例如本色亮光水晶地板漆涂饰涂料：D1018B透明水晶地板漆，硬化剂D100HB，调配比例主：硬 =1：1。该漆特点高亮度，高硬度，韧性、流平性好，耐磨损，耐高温。现场涂饰工艺见表 8-14。

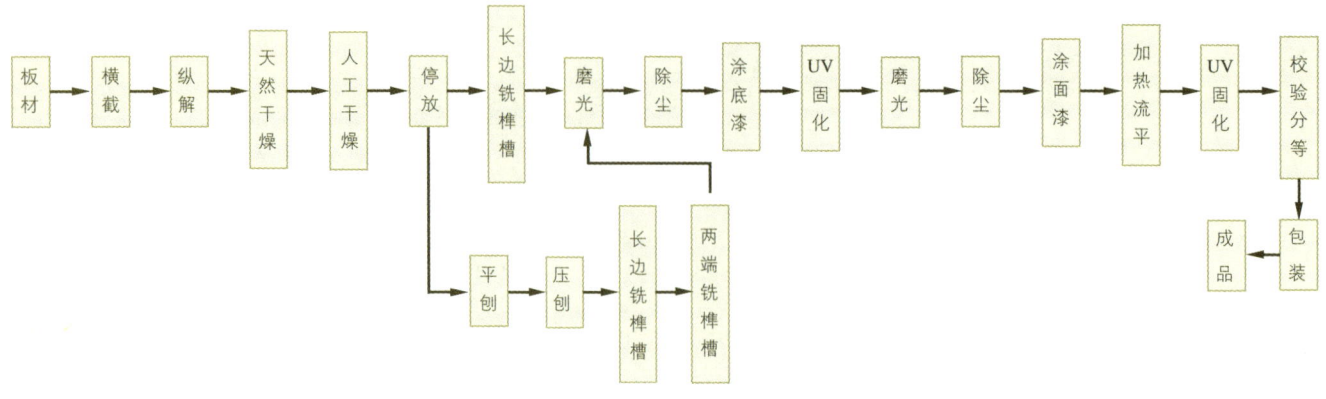

先配料得地板毛料后干燥，板材的厚度＝地板毛料厚度

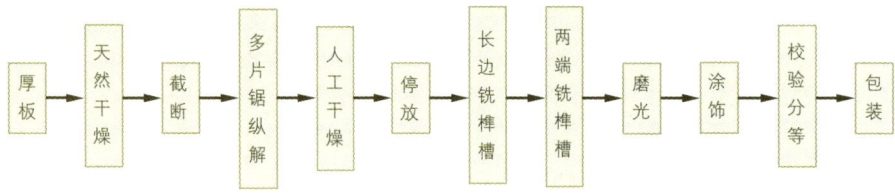

板材厚度＝地板毛料的宽度

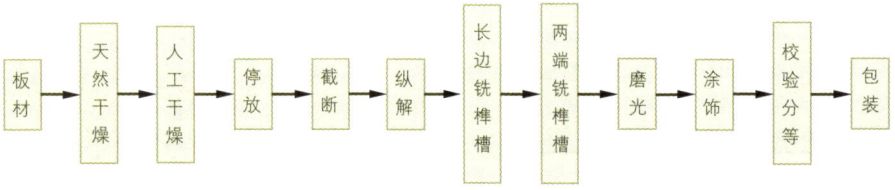

先干燥后配料成地板毛料

图 8-3 榫接地板块加工工艺举例

表 8-8 多锯片圆锯机技术特性

型式	MJ143	MJ143A	300
最大加工厚度 (mm)	60	110	110
最大加工宽度 (mm)		300	
最短加工长度 (mm)		500	
锯片直锯(mm)	ϕ 300	ϕ 350	ϕ 250~350
主轴直径(mm)		70	
送料速度 (m/min)	8,12,16,24	8、12、16、24	7.5~3.0
主轴功率 进给功率	总 24.2kW	总 39.4kW	30.4hP 2hP
机械尺寸(cm)	227×137×134	232×148×146	170×180×160
机床重量(kg)	1858	2011	1700

注：1hP=735W

表 8-9 硬质合金圆锯片规格

直径 (mm)	锯齿厚度 (mm)	孔径 (mm)	齿数
100 160	2.5	20	32、24、20、16、10、8 48、40、32、24、16、12
200	2.5,3.2	30、60	64、48、40、32、20、16
250	2.5,3.2,3.6	30、60、(85)	80、64、48、40、28、20
315	2.5,3.2,3.6	30、60、(85)	96、72、64、48、32、24
400	2.8,4.0,4.5	30、60、(85)	128、96、80、64、40
500	4.5		128、96、80、48

注：符合 JB3379-83《木工硬质合金圆锯片》标准

表 8-10 地板条四面刨技术特性

型号	MMD881	MMD911	JL-615	JL-720	P23EC
最大刨削宽度（mm）	65	120	150	200	200
最大加工厚度（mm）	30	80	100	125	120
刀轴数目			6	7	5
最大刨削量(产量)	22.5m²/小时	35～4m³/班			
进料速度（m/min）	8	6～30	6～25	6～25	5～24
总功率	8.9kW	25.1kW	42hP	61hP	47.2kW
机床外形尺寸（cm）	249×86×147	398×148×144	370×150×165	480×165×170	
机床总重量（kg）	1100	2650	2800	4200	

注：1hp=735w

表 8-11 双端铣技术特性

型号	MMD882A	MMD912	RH-46A	RH-66A	NDP-250-A6
最大加工厚度（mm）	30	50			50
最大工件长度（mm）（小）	350	1200	1200 (300)	1800 (300)	1850
最大生产能力		21～96 块/min			
进料速度(m/min)	5	4～18	1～15	1～15	3～12
总功率	6kW	97kW	15hP	15hP	19hP
机床外形尺寸(cm)	148×110×114	181×265×135	220×230×140	298×230×140	375×240×155
机床重量(kg)	610	2400	1100	1230	

表 8-12(1) 修整用宽带砂光机技术特性

型号	ALFACTV-1350	C-720	CS1100
板件最大(宽×厚)(mm)	1320×160	690×160	1100×160
板件最小厚度(mm)	2	2	18
砂带速度(m/s)	20	20	
进料速度(m/min)	5～20	5～20	4.5～23
砂带(宽×长)(mm)	1350×2450	720×2450	1115×2300
总功率(kW)			15.8
外形尺寸(cm)	218×267×215	180×202×215	179×174×205
重量(kg)	2500	1500	1870

表 8-12(2) 定厚砂光宽带砂光机技术特性

型号	BSG2613型	KSD602	CYM-111，2
板件最大(宽×厚)(mm)	1350	610	600
工件最大厚度(mm)	120	100	120
工件最小长度(mm)	800		
砂带尺寸(长×宽)(mm)	2615×1400	609×1219	635×1524
砂带速度(m/min)	1900		
工件进给速度(m/min)	10～40	4～16	
总功率(kW)	164.5	27	28
外形尺寸(cm)	510×230×300	183×122×160	213×173×198
总重量(kg)	13380	600	1000

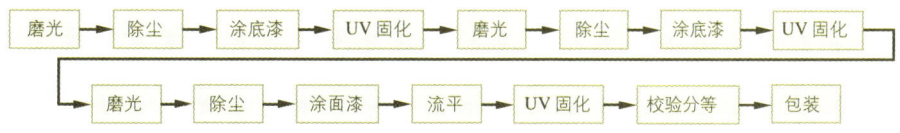

图 8-4 填孔亚光 UV 漆涂饰工艺流程

表8-13 地板UV漆涂饰流水线技术特性

序号	工序	设备及技术特性	工艺要点
1	白坯磨光	JL-600,宽带砂光机 最大加工宽度600mm 最大加工厚度150mm 进给速度47m/min 总功率11kW	白坯表面出新砂带用240号
2	除尘机	JL-60A除尘机 有效清粉宽度620mm 工件最大厚度75mm 工件最小长度300mm 进给速度0～32m/min 功率1.5kW	清除工件表面的木屑、粉尘,刷子与吸尘结合作用
3	涂底漆	JL-60B辊涂机 有效涂饰宽度630mm 工件厚度25～75mm 工件最小长度450mm 进给速度0～32m/min 功率1.5kW 涂料泵气助式隔膜泵3/8	涂紫外线固化底漆 涂漆厚度可<10μm 双辊筒,上位式供漆
4	UV固化	UV-300紫外线固化装置 有效照射宽度600mm 固化速度0～32m/min 工件最大厚度75mm 进给速度(无级变速)0～32m/min 总功率19kW	注意防止紫外线泄漏最好用紫外线照度计调整照距,定期检验高压汞灯的紫外线辐射效率。 底漆用2支灯
5	底漆漆膜磨光	JL-600A底漆平面宽带砂光机 最大工作宽度600mm 最大工作高度120mm 进料速度1～22m/min 砂带尺寸610mm×2616mm 总功率23kW	磨光底漆漆膜用320号砂带
6	除尘	同2	同2
7	涂底漆	同3	同3
8	UV固化	同4	同4
9	底漆磨光	同5	同5
10	输送	JL-60输送带 有效宽度600mm 输送速度0～32m/min 功率0.4kW 长度2000mm	
11	除尘	同2	同2
12	涂面漆	JL-60C淋涂机 有效涂饰宽度600mm 涂料流下宽度720mm 工件涂饰厚度200mm 工件最小长度230mm 进给速度0～32m/min	UV面漆内不含体质颜料 漆涂涂层>30μm
13	加热流平	JL-60输送带 有效宽度600mm 输送速度0～32m/min 长度4000mm	使淋涂的涂层流展平整;输送机运行要非常平稳;宜用红外线或其他加热器对涂层低温(30～40℃)加热,以利涂料流平
14	UV固化	UV-300紫外线固化装置 同3	用3支灯

注:据中国台湾省计利机械工业有限公司资料

表8-14 木地板现场涂饰工艺

序号	工序	材料	施工要点	干燥时间(30℃)
1	涂封闭底漆	D1018B 配比1:1	涂布量120～150g/m²,均匀刷涂	6h
2	磨光、除尘	240号干砂纸	手工砂磨、磨去毛刺,整平地板	
3	涂底漆	D1018B 配比1:1	涂布量150g/m²,均匀刷涂	4h
4	涂底漆	D1018B 配比1:1	涂布量120～150g/m²,均匀刷涂	隔夜干燥
5	磨光、除尘	280号～400号干砂纸	砂磨整平,并吸尘整理干净	
6	涂面漆	D1018B 配比1:1	涂布量120～150g/m²,涂料要过滤干净后才可刷涂	48h后方可使用

注:1.本表摘自易涂宝(idopa)公司工艺资料①为强化漆膜耐磨及抗撞击性,底面漆全部采用D1018B透明底面通用型水晶地板漆、刷涂。②以上涂布量是配漆后平均用量、包括损耗
2.如用其他牌号涂料请按该公司提供的工艺施工。如德国聚酯王地板漆工艺为:涂封闭底→涂腻子→磨光→涂底漆→修色→涂底漆→磨光、除尘→涂面漆

表 8-15 木地面的分类

种类		结构特点	例图	特点及适用场合
架空式	高型 单层 双层	木地板面的标高比基底高出较大，通过坡墙或砖墩的支撑，再架上龙骨、木搁栅等来达到设计要求的标高。地板条铺在搁栅上，有单层、双层之分		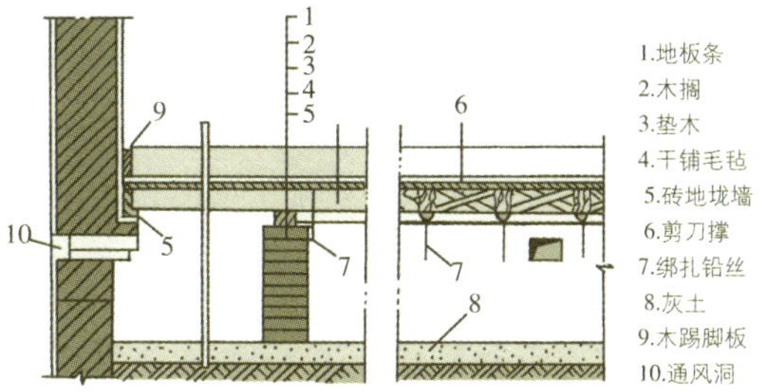 1.地板条 2.木搁 3.垫木 4.干铺毛毡 5.砖地垅墙 6.剪刀撑 7.绑扎铅丝 8.灰土 9.木踢脚板 10.通风洞	适用于体育比赛场地、舞台、地下需铺设管道的场合。结构较复杂，费用较高，现已少用
	低型 单层	木搁栅直接固定在地面基层上在木搁栅上再铺设木地板条		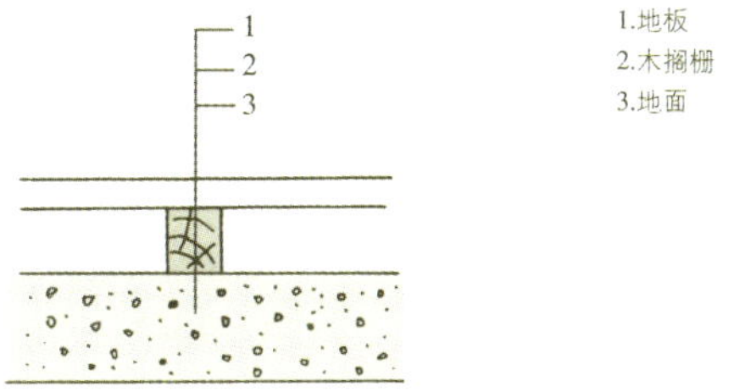 1.地板 2.木搁栅 3.地面	适用于住宅、宾馆、办公室等。单层应用普遍
	低型 双层	搁栅固定于地面，上面则按一定角度铺钉毛地板，然后再与毛地板成一定角度铺钉拼花地板块		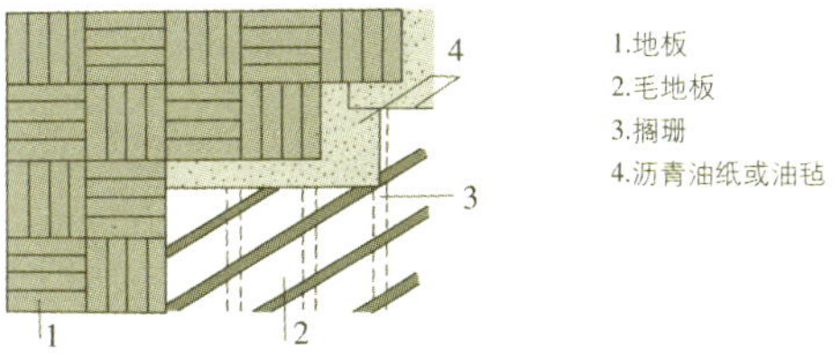 1.地板 2.毛地板 3.搁栅 4.沥青油纸或油毡	
实铺(贴)式	单层	用粘结剂将地板条(块)浮贴或直接粘贴在地面基层上		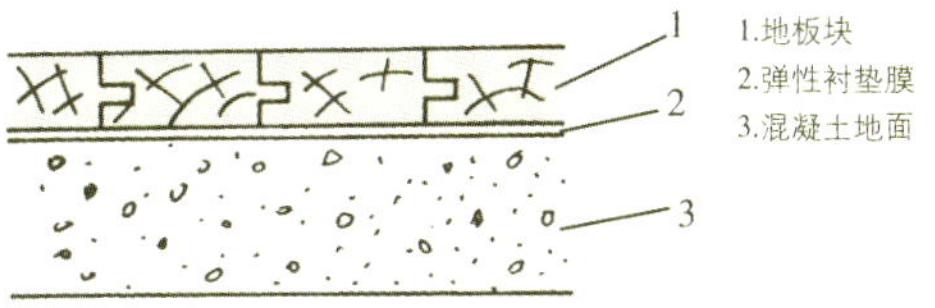 1.地板块 2.弹性衬垫膜 3.混凝土地面	简单易行，省工省料宜用于二楼以上地面。适于住宅、宾馆、办公室
	双层	在地面基层上先粘贴铺设毛地板(多层胶合板或细木工板)，再在毛地板上胶贴木地板块		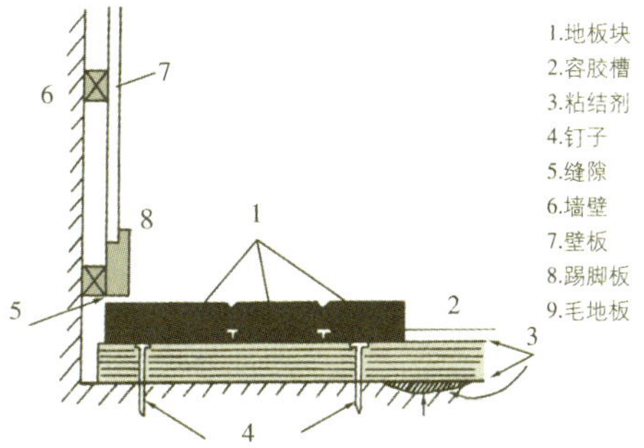 1.地板块 2.容胶槽 3.粘结剂 4.钉子 5.缝隙 6.墙壁 7.壁板 8.踢脚板 9.毛地板	基本同单层，但其弹性、保暖性等优于单层

8.1.3 铺装方法

8.1.3.1 木地面的分类（表 8-15）
8.1.3.2 架空式木地板条的铺装（表 8-16）
8.1.3.3 实铺(贴)式地板块的铺装

1. 粘结剂的种类及调配

实铺式地板块粘贴用粘结剂举例如下：

(1) 425 号水泥加 107 胶

直接用 5%～10% 的 107 胶搅拌水泥成浆糊状即可使用。粘结剂随配随用，不能隔日使用。这种粘结剂粘结性好，成本低，工程应用较普遍。

(2) 乙烯—醋酸乙烯共聚乳液胶(EVA胶)与冷固性脲醛胶按 6：4(或 7：3)调配，再加入适量固化剂氯化铵，调匀即可使用。贴好地板后室温下约干 2～3d，即可磨光。

它使用方便，粘贴牢固、耐久，工具等可用水清洗。

(3) 8123 型粘结剂

由氯丁胶乳加入填充料和助剂后制成。

(4) 沥青玛帝脂胶

施工时，先在找平层上刷一道冷底子油，并把木地板浸蘸热沥青，浸入深度达板厚 1/4，然后在基层上刷一道热沥

表 8-16 架空式木地板铺装工艺

序号	工 序	施工内容	注意事项
1	地面基层准备	待铺地面用水泥砂浆抄平	要保证待铺地面的平整度；要保证水泥砂浆的强度
2	划线	按木搁栅铺设要求进行划线，并定出固定搁栅的钉孔位置	用墨线进行。木搁栅相邻间距400~500mm，搁栅间有横撑，横撑间距约1200mm。
3	钻孔	在地面上用手枪电钻钻木楔孔	
4	钉木楔	将木楔钉入地面孔内，并切除凸出地面部分的木楔	
5	铺木搁栅	木搁栅就位，并用圆钉将它钉在木楔上进行找平、固定，同时搁栅间加横撑，用钉固定	木搁栅上表面要在同一水平面上木搁栅为松木等30mm×40mm的小木方
6	铺装木地板条	按房间的长边、自左向右铺设。第一行地板以墨线为基准，凹槽均匀向墙面铺设，地板边与墙面间卡入木楔，以保持10~12mm间距。地板有暗钉固定在木搁栅上，地板凹槽上先预钻斜孔，钉子以45°或60°，穿过地板上的孔、钉入搁栅中	地板边与墙面间距为伸缩缝，10~12mm预钻孔孔径取圆钉直径的0.7~0.8，钉长度为地板厚的2~2.5倍拼缝接头要严密
7	装踢脚板	踢脚板可用钉子或专用挂钩固定在墙面上，前者需事先在墙上钻孔、钉木楔，挂钩可用钢钉直接固定在墙上	相邻钉子在长度方向的间距为40~50cm；踢脚板端头接缝要留2mm缝隙；踢脚板底边与地板表面要留约2mm间隙
8	磨光	地板白坯铺装好的地面必须进行磨平磨光，消除地板接缝的高差和表面不平。免漆免刨地板不需要本工序	分别用180号、240号砂带各磨一次。大面利用专用的电动地板磨光机磨光，边角处可用小型手提式磨光机进行磨光

青，厚度<2mm，随涂沥青随铺地板块。地板拼缝和接头要严密，干24h后才能进行磨光加工。

2. 单层实铺式木地板的铺装工艺

单层实铺式木地板的铺装工艺较架空式的简单，铺装工艺包含地面基层准备、清洁、划线(铺装基准)、涂胶铺地板，要留8~12mm的伸缩缝，胶牢后再磨光、安装踢脚板。具体要求可参考表8-16有关内容。

8.2 集成地板

8.2.1 定义、分类、规格、质量要求

8.2.1.1 定义

集成地板指将短小木块通过齿榫接长，或接长后侧边平拼集成为一定尺寸的地板坯料，进而成型加工、涂饰制成的实木地板条(块)。

8.2.1.2 分类

集成地板分为齿榫接长两面榫接地板条和四面榫接集成地板条(块)，见图8-5。

8.2.1.3 规格及质量要求

集成地板规格及质量要求可参照榫接实木地板。

齿接两面榫接长条地板长度可达6m；四面榫接集成地板的长宽度较大，与三层实木复合地板的尺寸相近；集成地板的规格尺寸也可根据客户需要确定。

8.2.2 集成地板加工工艺

8.2.2.1 工艺流程

集成地板制造工艺因原材料、地板品种、规格以及设备加工条件不同等，可以作多种考虑，制订出不同的加工方案。图8-6是齿榫接长两面榫接地板条和四面榫接集成地板条的加工工艺流程举例。

8.2.2.2 齿接

1. 齿榫接合

齿榫接合的优点是可用较小接合长度达到较高的接合强度，木材利用率高，便于机械生产，故广泛用于木地板生产中。

齿榫接合如图8-7所示，齿榫接合尺寸主要有齿接斜率$t/2l$、齿长l、齿距t、齿底宽b等。木地板广泛采用微形梯形齿，各厂家设计的齿形有所差异，齿榫尺寸举例见表8-17，通常斜率$\dfrac{t}{2l} = \dfrac{1}{7.5} \sim \dfrac{1}{10}$，齿长小于20mm的为微齿，常用10mm左右。

齿榫接长时，需涂胶，可采用脲醛胶，聚醋酸乙烯酯胶和水基聚氨酯胶。生产地板时，要求胶接合耐久，并有较好的耐水性，因此最好用水基聚氨酯胶(俗称集成材胶)。榫

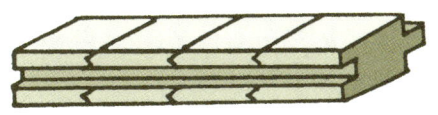
齿接两面榫接地板条

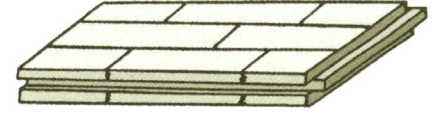
四面榫接集成地板条

图8-5 集成地板

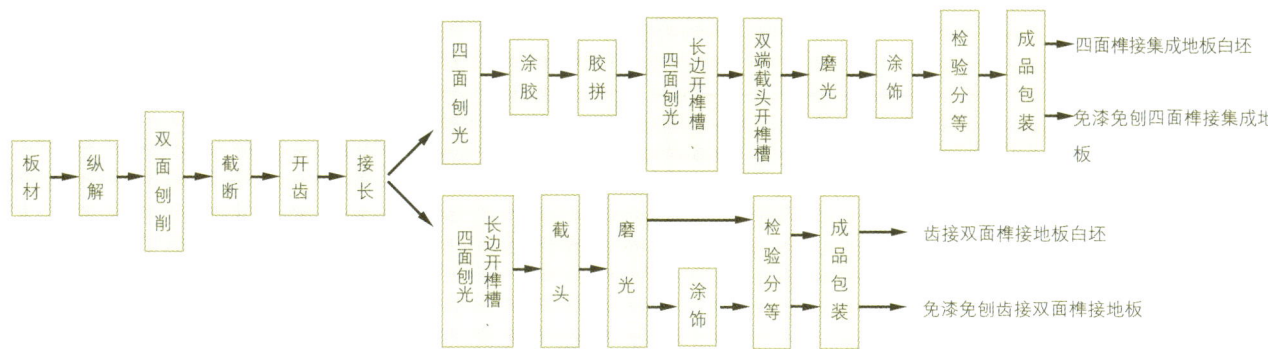

图8-6 集成地板加工工艺流程

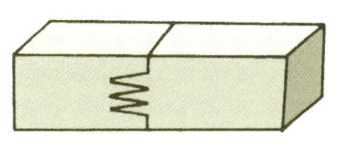
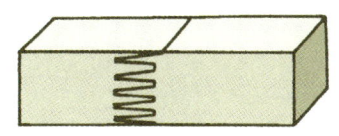
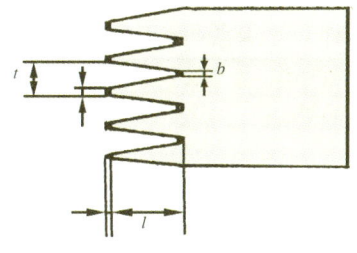

图8-7 齿榫接合示意图

表8-17 齿榫接合尺寸

适用	齿长 l(mm)	齿距 t(mm)	齿底宽 b(mm)	减低率 $v=b/t$
结构材和装修材	7.5	2.5	0.2	0.08
	10	3.7	0.6	0.16
	20	6.2	1	0.16
	50	12	2	0.17
	60	15	2.7	0.18
装修材	4	1.6	0.4	0.25
	15	7	1.7	0.24
	30	10	2	0.2

表8-18 齿榫接长纵向加压限值

齿长(mm)		10	12	15	20	25	30	35	40	45
限值(MPa)	木材气干密度≤0.69	12	11.6	11	10	9	8	7	6	5
	木材气干密度=0.7~0.75	15	14	13	12	11	10	8	7	6

齿面上涂胶可以手工涂胶或在专用涂胶机上用齿形辊涂胶，涂胶要均匀。齿榫接长时需在顺纤维方向进行加压，纵向加压的压力为2~12MPa。齿长越短所需压力越大，加压时间为10~30s。卸压后工件需放置1~2昼夜，待胶固化。齿榫接长纵向加压限值见表8-18。

2. 开齿机与接长机

开齿机与接长机分手工进给，半自动和自动进给，种类型号很多，加工质量也有差异，表8-19、表8-20介绍几种开齿机、接长机的有关参数。

3. 齿榫接长生产线

木地板和集成材用生产线有多种不同型号、规格，可供我们选用。

8.2.2.3 胶拼

当生产宽幅的集成地板时，例如宽度近190mm的地板，需将已接长的木条进行四面刨光，再涂胶平拼组坯，侧边加压拼宽。拼宽时通常用集成材胶。

表8-19 开齿机技术特性

型号	FTN-600T-S	FTN-600T-2S	FJ-800T-C
台面尺寸（mm）	600	600	800
工件长度范围(mm)	150～900	150～900	150～900
工件厚度范围(mm)	15～150	15～150	15～150
工件宽度范围(mm)			25～200
总功率（hP）	27	27.5	27
外形尺寸(m)	2.6×1.6×1.3	2.9×1.6×1.3	2.7×1.4×1.3
总重量（kg）	1600	1750	1700
备注	右式	左式，附涂胶机	程控自动

表8-20 接长机的技术特性

型号	TTC-46-T-$\frac{H}{P}$	TTC-60-2T-$\frac{H}{R}$	HPC-46-T-$\frac{H}{R}$
加工尺寸(mm)	4600×200×80	6000×200×80	4600×160×80
功率(hP)	8	8	5.25
生产率（次/min）	2～3	4～5	
外形尺寸(m)	5.4×0.9×1.4	6.8×0.9×1.4	5.4×0.7×1.4
总重量(kg)	1300	1700	1200
备注	单层式，程控	双层式程控	单层式，非程控

表8-21 水基聚氨酯木材胶合工艺参数

涂胶量（g/m²）	陈放时间(min)	压力(MPa)	加压时间(min)	养护时间(h)
250～300	<20	针叶材 0.7～1 阔叶材 1.2～1.5	30～60	24

表8-22 夹具式扇形木材拼板机技术特性

型号	CWH（或CWA）
工作开口尺寸	36″，42″，48″（36″为标准型）
每排夹具数	标准型为6只夹具依客户需要选择而定
夹具锁紧方式	1. 用气动板手；2. 用油压马达
机器总排数	12，16，20，30，40，60排，依客户需要选择

1. 水基聚氨酯胶（俗称集成材胶）

水基聚氨酯胶是以水基聚合物为主剂，以改性异氰酸酯为交联剂组成的双组份胶黏剂。

水基聚氨酯木材胶的特点：初黏度大、固化快、胶合强度高；耐水、耐热和耐老化性优异；不含苯酚、甲醛等有毒物质；以水为分散介质，使用安全方便；对木材无污染；可常温固化。

使用时，按主剂：交联剂=100：15～20将两组份混合均匀，呈均一的淡黄色，即可供使用。配好的胶要在0.5～1h内用完。被胶合木材含水率宜在10%左右，将胶涂在胶接面上，胶合工艺参数见表8-21。

2. 胶拼机

集成材生产用拼板机有夹具式扇形拼板机，液压运转鼓式拼板机和高频拼板机等。

(1) 夹具式扇形木材拼板机：在拼板机履带的每一横梁上装有一组(排)加压支架，上有若干个夹具用于对拼板侧边加压。履带间隙式运转，每转过一排时就可将已胶好的拼板取下，再放上新的胶坯加压。加压机构分气动板手锁紧式和油马达锁紧式两类。拼板机上加压排数多，则拼板机生产率高。夹具式扇形拼板机技术特性见表8-22。

夹具式扇形拼板机型号表示方式：CW$_A^H$—排数—开口长度—总夹具数，H为油马达锁紧。如CWA—20，36—100A，表示气动板手锁紧、20排，工作开口36″，共100个夹具。

(2) 液压运转鼓式木材拼板机：该机主体呈四面或五面可以回转的鼓形，每一面即是一个胶拼台，上面配有对板材侧边(胶合面)加压的若干个油缸，以及对板面加压的液压装置。鼓间隙性进行运转，每转一个面，即可将已胶好的拼板取下，再放上待胶的板坯，加压胶拼。该机适宜胶拼大幅面的拼板。

液压运转鼓式木材拼板机技术特性见表8-23。

8.2.2.4 集成地板的成型加工与涂饰工艺

与榫接实木地板相同。

8.2.3 铺装方法

与榫接实木地板相同。

8.3 镶嵌地板块(俗称木质马赛克拼花地板，MP型)

8.3.1 定义、分类、规格、质量要求

8.3.1.1 定义

镶嵌地板块（图8-8）指由榫接或平接矩形六面体木条组成方形单元，再由一定数量的这些单元纵横拼装为方格图案的地板。

表8-23 液压运转鼓式木材拼板机技术特性

型式	台面长度(mm)					
	2100	2450	3100	4600	5000	6200
工件长度（mm）	2100	2450	3100	4600	5000	6200
工件宽度（mm）			1000		1220	
工件厚度（mm）			120		150	
侧压力（kg/cm²）	低压：70 中压：140 高压：210					
上压力（kg/cm²）	低压：70 中压：140 高压：210					
油泵马力（hP）	7.5					
净重 HRC-4(kg)	6000	7000	10500	13500	14500	17500
净重 HRC-5(kg)	6000	7600	11200	14500	16000	18700

注：HRC—4(或5)，4表示鼓的面数；型号，HRC—4—L×W×T—70K—NC（或HC），表示HRC—旋转面数—工件长×宽×厚—压力70K(低压)—NC，无上压缸；210K(高压)HC，有上压缸。

表 8-24 MP I 型镶嵌地板块外形尺寸及极限偏差   单位：cm

厚度		地板条				方形单元									对角线差值
		宽度		长度		宽度				长度					
					组成方形单元的条块数		其中两侧开槽		面层净宽		总值	其中		面层净长		
						总值					两端榫舌	两端开榫			
值	极限偏差	值	极限偏差	值	极限偏差		加工余量	极限偏差	值	极限偏差		各宽	极限偏差	加工余量	极限偏差	值	极限偏差	
6.0		18.9				8		±0.4		0,−0.8								
		21.6				7		±0.35		0,−0.7								
8.0	±0.2	18.9	0-0.1	157.5	+0.20	8	151.2	1.2	±0.4	150	0,−0.8	157.5	3	−0.2	1.5	±0.2	150	+0.2	0≤0.8
		21.6				7			±0.35		0,−0.7							
10.0		18.9				8		±0.4		0,−0.8								
		21.6				7		±0.35		0,−0.7								
12.0		18.9				8		±0.4		0,−0.8								
		21.6				7		±0.35		0,−0.7								

注：1. 方形单元长度与地板条长度均与纤维方向平行
2. 上表以外的外形尺寸，可由供需双方按协议执行。组合商品单元尺寸应为方形单元的整倍数
3. 摘自 GB/T 15036.2-94
4. 按 GB/T15036.1-2001 要求执行，镶嵌地板只检量方形单元的外形尺寸，可参见表 8-2

8.3.1.2 分类

镶嵌地板块(MP型)图8-8 { 铝丝榫接镶嵌地板块 (MP I 型) / 胶网平接镶嵌地板块 (MP II 型) / 胶纸平接镶嵌地板块 (MP III 型) }

8.3.1.3 规格

（1）MP I 型镶嵌地板块外形尺寸及极限偏差见表8-24，MP I 型镶嵌地板块构造尺寸见表8-25，图8-9。

（2）MP II、MP III 镶嵌地板块外形尺寸及偏差见表8-26。

8.3.1.4 质量要求

1. 含水率

各型实木镶嵌地板块出厂时的含水率为6%~13%。

表 8-25 MP I 型镶嵌地板块构造尺寸   单位：cm

部位名称	符号	尺寸				极限偏差
面层净长	l	150				±0.2
面层净宽	b	150				±0.2
厚度	h	6.0	8.0	10.0	12.0	±0.2
表层槽沿厚	h_1	2.4	3.0	4.0	5.0	±0.1
槽宽	h_2	2.2	2.8	3.8	4.5	+0.2
槽深	b_1	3.0	3.0	3.0	3.0	+0.3
榫舌厚	h_3	2.2	2.8	3.8	4.5	−0.2
榫舌宽	b_2	3.0	3.0	3.0	3.0	−0.2

注：摘自 GB/T 15036.2-94

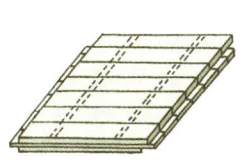
(a)-MP I 型

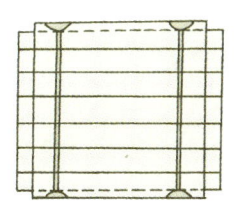
(b)-MP II 型

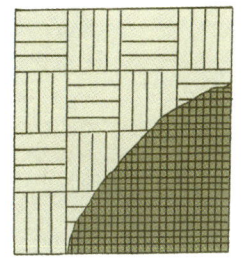

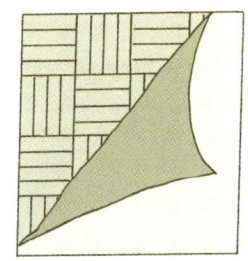
(c)-MP III 型

图 8-8 镶嵌地板块

表8-26 MPⅡ、MPⅢ镶嵌地板块外形尺寸及偏差　　　单位:cm

厚度		地板条				方形单元				
		宽度		长度		组成方形单元的条块数	宽度		长度	
值	极限偏差	值	极限偏差	值	极限偏差		总值	极限偏差	值	极限偏差	对角线极限偏差
6.0		20		100			100		100		
		20		100			100		100		
8.0		22.4		112			112		112		
	±0.2	23	0-0.1	115	+0.30	5	115	0~0.08	115	+0.50	0≤0.8
10.0		22.4		112			112		112		
		25		125			125		125		
12.0		30		150			150		150		

注:1.方形单元长度与纤维方向平行
2.上表以外的外形尺寸，可由供需双方按协议执行
3.地板条参数值不作为主要检测指标
4.摘自GB/T 15036.2-94
5.按GB/T15036.1-2001规定执行，见表8-2

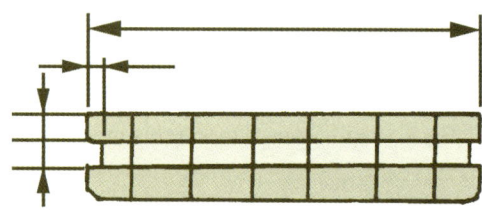

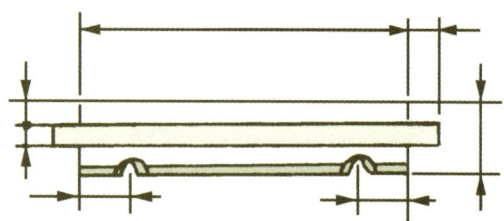

图8-9 MPⅠ型镶嵌地板块构造尺寸

2. 等级

实木镶嵌地板块分为优等品、一等品和合格品三个等级。

3. 加工缺陷限值（表8-27）。

4. 材质缺陷限值

(1) 表面材质缺陷限值，见表8-28。

(2) 背侧端面材质缺陷限制，见表8-29。

5. 主要辅助材料质量要求

(1) MPⅠ型地板用铝线

直径12~15mm，含10%硅亚共晶铝合金或相近材质，20℃时剪切强度不小于20N。

(2) MPⅡ型地板用胶网

浸胶双纬单尼龙(聚酰胺)网，网眼10mm×10mm及以下，可选用聚氨酯类胶或聚氯乙烯——乙酸乙烯胶。

(3) MPⅢ型地板连接用纸

单面浸胶80~100g牛皮纸，可选用热塑性树脂类胶，胶种不限，但要符合环保要求。

8.3.2 镶嵌地板生产工艺

8.3.2.1 工艺流程（图8-10）

8.3.2.2 生产工艺及设备

镶嵌地板生产与一般木地板生产原理相同，大部分加工可以通用的木工机床进行，但其特点在于镶嵌地板条尺寸规格很小，生产单一，因此在生产线中配用了一些短小尺寸木条加工的专用设备，此外，地板条组成方形单元时，要嵌铝线或贴纸(或贴胶网)。表8-30是镶嵌木地板生产线举例。

8.3.3 铺装方法

镶嵌地板铺装采用实铺(贴)式，详见8.1.3。

8.4 竖木地板(俗称立木地板，VP型)

8.4.1 定义、分类、规格与质量要求

8.4.1.1 定义

矩形、正方形、正五角形、正六角形、正八角形等多面体或圆柱体铺地用木块称为立木地板。它以横切面为正表面(耐磨面)。

8.4.1.2 分类

按竖木地板块断面形状分有矩形、正方形、正五角形、正六角形、正八角形、圆形等。

按使用场所分为室内使用和室外使用。

8.4.1.3 规格尺寸及极限偏差

VP型竖木地板块外形尺寸及极限偏差见图8-11、表8-31。

8.4.1.4 质量要求

1. 含水率

室内：7%~13%，室外：15%~20%

2. 尺寸极限偏差（表8-31与表8-32）

3. 等级

VP型竖木地板分为优等品、一等品、合格品三个等级。

4. 加工及材质缺陷限值（表8-33）

8.4.1.5 竖木地板的特点

竖木地板由垂直纤维方向的横断面构成地板使用面，耐

表 8-27 镶嵌地板块加工缺陷限值

项　目		优等品	一等品	合　格　品
切　面		以径切面为主，弦切面≤40%且木纹斜度不大于1/10	各切面均可，但木纹斜度不大于1/10	各切面均可
未刨部分和刨痕	表、侧面	肉眼看不出	局部允许有	
	背面		允许有	
	MPⅠ型榫舌	肉眼看不出	任一条块：≤舌宽的20% ≤舌长的10%	任一条块：≤舌宽的25% ≤舌长的15%
	深度限值	0.3mm		0.5mm
刨光面波纹	表、侧面	肉眼看不出	局部允许有	
	背面		允许有	
MPⅠ型榫舌残缺	任一条块榫舌长的	≤1/5		≤1/3
	残榫宽	≥25mm		≥2mm
任一条块两相邻面不垂直度			≤0.4%	
方形单元条间缝隙	MPⅠ		≤0.1mm	
	MPⅡ、Ⅲ型	—	—	—
表面对角线差值		≤0.5mm	≤0.7mm	≤0.9mm

注：1.摘自 GB/T 15036.2-94
　　2.MPⅠ型方形单元条间最小缝隙可根据用户要求按协议执行

表 8-28 镶嵌地板块表面材质缺陷限值

项　目		优等品	一等品	合格品
髓心（健全心材）		不许有		
健全边材和内含边材		不许有		只允许健全边材
纹理		规则纹理		各种非缺陷纹理均可
材色		允许轻微色差，无变色		允许色差
裂纹	纵裂	不许有		宽≤0.1mm,长≤15mm
	环裂	不许有		允许非贯通,长≤10mm
节子		健全活节直径＜3mm，非脱落、非簇生死节直径＜2mm的节子不计		
	活节		直径≤5mm 个数≤3	直径≤10mm 个数≤5
	死节		直径≤3mm 个数≤1	直径≤5mm 个数≤3
虫眼		不许有		针孔虫眼直径≤1mm
腐朽		不许有		
钝棱		不许有		
弯曲	顺弯		不许有	
	横弯		不许有	

注：1.摘自 GB/T 15036.2-94
　　2.限值以每方形单元计算

表 8-29 镶嵌地板块背侧端面材质缺陷限值

项　目		优等品	一等品	合格品
健全边材和内含边材		不许有	≤地板块厚的1/3	≤地板块厚的1/2
钝棱		最大允许限度		
	地板块长度的10%		20%	25%
	地板块宽度的5%		10%	20%
	地板块底层厚度的1/5		1/3	1/2
背面缺木		最大允许限度		
	地板块长度的10%		20%	25%
	地板块宽度的5%		10%	20%
	厚度10mm		15	2mm
材色		色差不限，无化学变色和真菌变色		
纵裂		不许有		宽≤0.2mm, 长≤20mm
节子		健全活节直径＜3mm，非脱落、非簇生死节直径＜2mm的节子不计		
	活节	直径≤5mm	直径≤10mm	直径≤15mm
	死节	直径≤3mm	直径≤5mm	直径≤10mm
虫眼		不许有	针孔虫眼直径≤2mm	
腐朽		不许有		

注：1.摘自 GB/T 15036.94
　　2.MPⅠ型方形单元两外侧条块及全部条块的两端不许有钝棱和背面缺木
　　3.未注明异常情况及缺陷不影响地板块坚固性和耐久性允许有
　　4.限制以每方形单元计算。每个方形单元的节子允许个数：活节个数不超过7个，死节的个数不超过5个

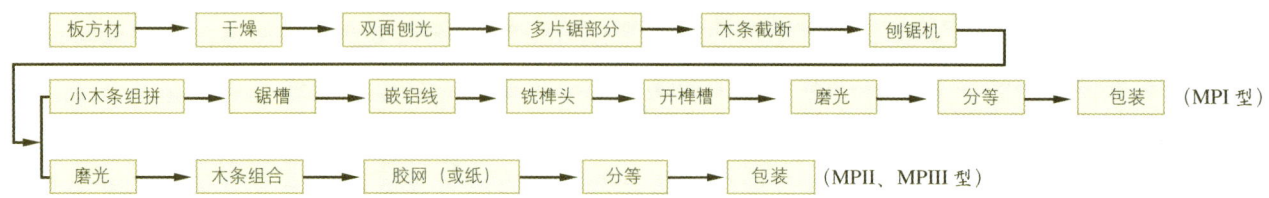

图 8-10 镶嵌地板生产工艺流程

表 8-30 镶嵌地板生产线主要工序一览

序号	工序名称	设备及其技术特性	工艺要点
1	双面定厚刨光	MB-300 型压刨 最大加工宽度（300mm） 最大加工厚度（100mm） 进料速度（12m/min） 功率（3kW）	将板材刨光并加工成定厚
2	纵解	MJ4-250 型多锯片机 加工最大厚度（60mm） 加工最小长度（300mm） 锯片直径（150mm） 进料速度（5～10m/min） 总功率（9kW）	装 3～5 个硬质合金圆锯片，锯片间距即木条厚度或宽度锯片间距大小用垫圈调节尺寸偏差 ± 0.4mm
3	刨锯加工	MBJ-125 型、225 型刨锯两用联合机床 加工工件长度（120～300mm） 加工工件宽度（20～50mm） 加工工件厚度（8～25mm） 总功率（107kW）	用于刨锯不同厚度和宽度小木条的一个正、侧面，是加工超短小木条的专用设备。加工尺寸偏差 ± 0.2mm
4	纵向铣榫槽	MQL-501 型纵向铣榫机 加工工件尺寸范围长(120～300)×宽(20～50)×高（8～25）(mm) 铣刀主轴转速（7000r/min） 加工能力（120～150m²/班） 总功率（45kW）	用于将地板条加工成统一宽度的凹凸榫槽或平口型拼花地板块。加工尺寸偏差 ± 0.2mm
5	横向铣榫槽	MQL-501 型横向铣榫机 加工工件尺寸范围：长（120～350）×宽(20～50)×高(8～25)(mm) 铣刀主轴转速（7000r/min） 加工能力（120～150m²/班） 总功率（56kW）	能自动进料，两端锯截两端横向铣削成平口或凹凸榫槽
6	磨光	PHKSG-3 型三带定厚砂光机 粗精三条砂带、磨光上下面进给 速度（7m/min）总功率（125kW） 外形尺寸 3200 × 900 × 1450（mm）	加工尺寸偏差 ± 0.15mm 粗砂带 160 号～180 号细砂带 240 地板正面粗精砂各一道，地板背面粗砂一道，达定厚

注：据江苏溧阳市第二机械厂提供资料

表 8-31 室内用竖木地板尺寸及极限偏差

类别	直径 d (mm)			边长 b (mm)			高 h (mm)			内角(°)	
	值	级差	极限偏差	值	级差	极限偏差	值	级差	极限偏差	值	极限偏差
VPⅠ型				50～100	5	±2	60～120	20	±0.5	90	±30′
VPⅡ型											
VPⅢ型										108	
VPⅣ型				25～100	5	±2	50～120	20	±0.5	120	±30′
VPⅤ型										135	
VPⅥ型	60～120	10	±5				60～120	20			

注：1.摘自 GB/T 15036.5-94
2.上表以外的外形尺寸，可由供需双方按协议执行
3.VPⅡ型长边 a 的值为 15b，其极限偏差为 ±2
4.VPⅢ、VPⅣ、VPⅤ型限值可有 100mm

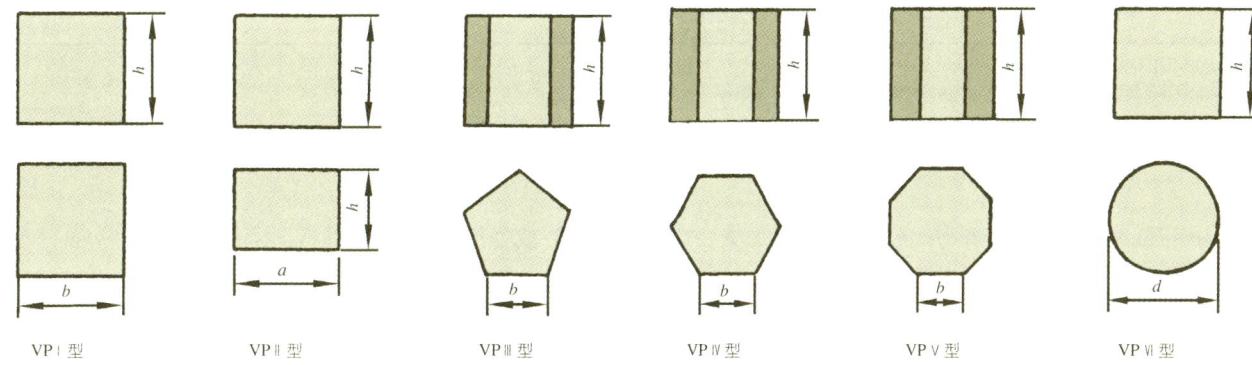

图 8-11 竖木地板块

表 8-32 室外用竖木地板尺寸及极限偏差

类别	直径 d (mm)			边长 b (mm)			高 h (mm)			内角(°)	
	值	级差	极限偏差	值	级差	极限偏差	值	级差	极限偏差	值	极限偏差
VPⅠ型				60～120	5	±2	80～120	20	±1	90	±30′
VPⅡ型											
VPⅢ型										108	
VPⅣ型				25～100	5	±2	60～120		±1	120	±30′
VPⅤ型										135	
VPⅥ型	80～160	10	±5				80～120	20	±1		

注：1.摘自 GB/T 15036.5-94
2.上表以外的外形尺寸，可由供需双方按协议执行
3.VPⅡ型长边 a 的值为 15b，其极限偏差为 ±2

表 8-33 加工及材质缺陷限值

区分	项目		等级		
			优等品	一等品	合格品
加工缺陷	纹理		各种非缺陷纹理均可		
	任意着锯面锯		痕痕深≤0.5mm	痕深≤1mm	痕深≤2mm
	横截面与纵轴不垂直度		≤0.2%	≤0.3%	≤0.5%
	健全边材		允许有，但不超过竖木地板块长、宽、高或直径的20%		
	健全心材		不许有		允许有
	材色		允许轻微色差，无变色	允许轻微色差和库存变色	允许色差和非化学、非真菌变色
材质缺陷	裂纹	径裂	不许有	≤05mm且非贯通、非炸裂	≤1mm且非贯通、非炸裂
		环裂	不许有	允许非贯通，长≤20mm	允许非贯通，长≤30mm
			不许有	≤所在圆周的1/5	≤所在圆周的1/3
		纵裂	不许有	宽≤05mm，长≤块高1/5宽	≤1mm，长≤块高1/3
	节子	活节	允许有，直径≤15mm，个数不限，但必须距任一横截面20mm及以上		
		死节	不许有	直径≤10mm，全长个数不超过2个，且距任一横截面20mm及以上	
	夹皮		不许有		距横截面20mm以下允许有，长＜25mm
	斜纹		不许有	轻微，倾斜高≤水平长的5%	倾斜高≤水平长的10%
	虫眼		不许有	距横截面20mm以内不许有，每面允许有直径≤3mm虫眼3个	
	钝棱		横截面不许有，其余＜材宽10%	横截面不许有，其余＜材宽20%	横截面不许有，其余＜材宽的30%
	腐朽(含闷腐及霉变)		不许有		
	弯曲		不许有		

注：1. 摘自 GB/T 15036.5-94
2. 未注明异常情况及缺陷，凡不影响竖木地板块坚固和耐久性的允许有

磨性好，抗压强度大，纵向变形小；能拼嵌出多种图案，美丽高雅，自然质朴；富有弹性、保温、防潮、隔音；可利用小径材、间伐材等。

竖木地板适于住宅、商场、办公室、娱乐场所等地使用。

8.4.2 竖木地板加工工艺

8.4.2.1 工艺流程（图8-12）

8.4.2.2 加工工艺

(1) 竖木地板原料是硬杂木小径材、枝桠材等，对原料必须按树种和径级分选归类。为保证产品质量，应截去扭曲、腐朽、节疤等缺陷部份，锯截成所需长度的木段。

(2) 木材进行干燥。

(3) 成型加工时，用圆棒机、木工铣床(专用的)等将木段加工成一定尺寸的圆柱状、正方形断面方材、六角柱状、八角柱状等。

(4) 按地板块的厚度要求，将成型的木段锯截成片状地板块，即切片加工。

(5) 定性处理：小径材干燥时收缩性大，易裂口，严重影响了产品质量。除了进行干燥处理外，还需对地板块用药剂进行定性处理，以保证地板块的尺寸稳定性，防止开裂。地板块厚度小，处理剂易于从端头渗入。

(6) 后期处理：对已定性处理过的地板块、进行进一步尺寸、形状加工以保证质量。

8.5 三层实木复合地板

以实木拼板或单板为面层、实木条为芯层、单板为底层制成的企口地板和以单板为面层、胶合板为基材制成的企口地板均称实木复合地板，前者称为三层实木复合地板，后者俗称多层实木复合地板。以面层树种确定地板树种名称。

8.5.1 定义、结构、规格与质量要求

8.5.1.1 定义

三层实木复合地板是以硬木作表层、软材作芯层和旋切

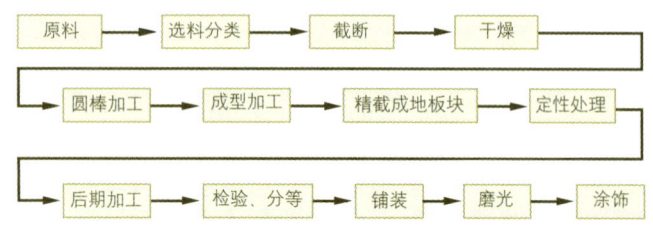

图 8-12 竖木地板加工工艺流程

软材作背板，芯层与表背板的木纹相垂直，表背层木材顺纹向为长度方向，经胶压，成型加工和涂饰等而制成的木质复合地板。

8.5.1.2 结构

三层实木复合地板的结构，见图 8-13。

8.5.1.3 规格

三层实木复合地板的规格尺寸为 (2100，2200)mm × (180、189、205)mm × (14、15)mm。经供需双方协议，可生产其他幅面尺寸的产品。

8.5.1.4 质量指标

(1) 各层材料技术要求（见表 8-34）。
(2) 三层实木复合木地板的尺寸偏差：三层实木复合木地板的尺寸偏差见表 8-35。

(3) 外观质量要求：三层实木复合木地板根据外观质量分为优等品、一等品和合格品三个等级，外观质量要求见表 8-36。
(4) 物理力学性能指标。

实木复合地板的理化性能指标见表 8-37。

8.5.1.5 三层实木复合木地板的特点

(1) 合理利用木材资源：三层结构合理，将珍贵的阔叶材作表层，既耐磨、又美丽，而芯背层用软材速生材。适材适用，有效地利用木材资源。

(2) 理化性能和力学性能优良：复合木地板既保持了实木地板的天然木质感，弹性、硬度、强度也符合使用要求，表面涂光敏涂料，性能良好。

(3) 易于安装：三层实木复合木地板加工精度高，免漆免刨，铺设方便，省时省力，不会污染施工环境。

(4) 易清洁，利健康：木地板易于打扫清洁，不会滋生

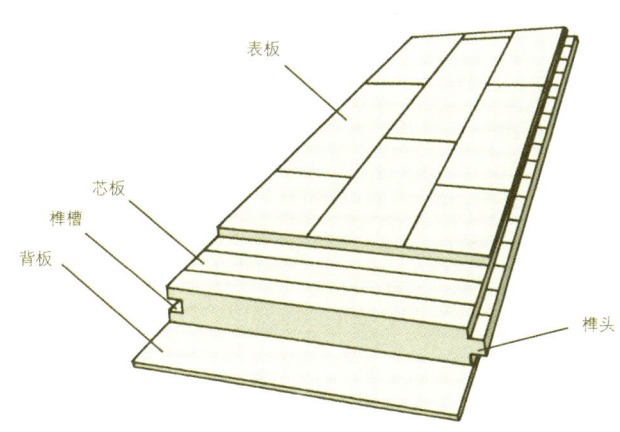

图 8-13 三层实木复合木地板的结构

表 8-34 各层材料技术要求

层次	树 种	技术要求
表层	桦木、山毛榉、柞木枫木、樱桃木、水曲柳、印茄木、李叶苏木等	同一块地板表层树种应一致，表层板条宽 50~76mm，厚 4mm 左右，外观质量见表 8-36
芯层	杨木、松木、杉木等	芯条厚度不小于 7mm，一般 8~9mm，芯条宽度不大于厚度的 6 倍，宽 25~35mm，芯条间缝隙不大于 5mm，芯条不允许有钝棱、严重腐朽等，外观质量见表 8-36
背层	杨木、松木、桦木等	厚度常见规格为 2.0mm 外观质量见表 8-36

表 8-35 实木复合地板的尺寸偏差

项 目	要 求
厚度偏差	公称厚度 t_n 与平均厚度 t_a 之差绝对值 ≤ 0.5mm；厚度最大值 t_{max} 与最小值 t_{min} 之差 ≤ 0.5mm
面层净长偏差	公称长度 l_n ≤ 1500mm 时，l_n 与每个测量值 l_m 之差绝对值 ≤ 1.0mm 公称长度 l_n ≤ 1500mm 时，l_n 与每个测量值 l_m 之差绝对值 ≤ 2.0mm
面层净宽偏差	公称宽度 ω_n 与平均宽度 ω_a 之差绝对值 ≤ 0.1mm 宽度最大值 ω_{max} 与最小值 ω_{min} 之差 ≤ 0.2mm
直角度	q_{max} ≤ 0.2mm
边缘不直度	S_{max} ≤ 0.3mm/m
翘曲度	宽度方向凸翘曲度 f_w ≤ 0.20%；宽度方向凹翘曲度 f_w ≤ 0.15% 长度方向凸翘曲度 f_l ≤ 1.00%；长度方向凹翘曲度 f_l ≤ 0.50%
拼装离缝	拼装离缝平均值 o_a ≤ 0.15mm 拼装离缝最大值 o_{max} ≤ 0.20mm
拼装高度差	拼装高度差平均值 h_a ≤ 0.10mm 拼装高度差最大值 h_{max} ≤ 0.15mm

表 8-36 实木复合地板的外观质量要求

名 称	项 目	表 面 优 等	表 面 一 等	表 面 合 格	背 面
死 节	最大单个长径，mm	不允许	2	4	50
孔洞（含虫孔）	最大单个长径，mm	不允许	不允许	2，需修补	15
浅色夹皮	最大单个长度，mm 最大单个宽度，mm	不允许	20 2	30 4	不限
深色夹皮	最大单个长度，mm 最大单个宽度，mm	不允许	不允许	15 2	不限
树脂囊和树脂道	最大单个长度，mm	不允许	不允许	5，且最大单个宽度小于 1	不限
腐 朽	—	不允许	不允许	不允许	①
变 色	不超过板面积，%	不允许	5，板面色泽要协调	20，板面色泽要大致协调	不限
裂 缝	—	不允许	不允许	不允许	不限
拼接离缝 横拼	最大单个宽度，mm 最大单个长度不超过板长，%	0.1 5	0.2 10	0.5 20	不限
拼接离缝 纵拼	最大单个宽度，mm	0.1	0.2	0.5	
叠 层	—	不允许	不允许	不允许	不限
鼓泡、分层	—	不允许	不允许	不允许	
凹陷、压痕、鼓包	—	不允许	不明显	不明显	不限
补条、补片	—	不允许	不允许	不允许	不限
毛刺沟痕	—	不允许	不允许	不允许	不限
透胶、板面污染	不超过板面积，%	不允许	不允许	1	不限
砂 透	—	不允许	不允许	不允许	不限
波 纹	—	不允许	不允许	不明显	—
刀痕、划痕	—	不允许	不允许	不允许	不限
边、角缺损	—	不允许	不允许	不允许	②
漆膜鼓泡	$\phi \leq 0.5$mm	不允许	每块板不超过 3 个	每块板不超过 3 个	—
针 孔	$\phi \leq 0.5$mm	不允许	每块板不超过 3 个	每块板不超过 3 个	—
皱 皮	不超过板面积，%	不允许	不允许	5	—
粒 子	—	不允许	不允许	不明显	—
漏 漆	—	不允许	不允许	不允许	—

① 允许有初腐，但不剥落，也不能捻成粉末；
② 长边缺损不超过板长的 30%，且不超过 5mm；端边缺损不超过板宽的 20%，且宽超不过 5mm
说明：凡在外观质量检验环境条件下，不能清晰地观察到的缺陷即为不明显

注：摘自 GB/T18130-2000

表 8-37 实木复合地板的理化性能指标

检验项目	单 位	优 等	一 等	合 格
浸渍剥离	—	每一边的任一胶层开胶的累计长度不超过该胶层长度的 1/3（3mm 以下不计）		
静曲强度	MPa	≥ 30		
强性模量	MPa	≥ 4000		
含水率	%	5~14		
漆膜附着力	—	割痕及割痕交叉处允许有少量断续剥落		
表面耐磨	g/100r	≤ 0.08，且漆膜未磨透		≤ 0.15，且漆膜未磨透
表面耐污染	—	无污染痕迹		
甲醛释放量	mg/100g	A 类：≤ 9；B 类：> 9~40		

注：摘自 GB/T18130-2000

螨虫从而优化了生活环境，利于人们健康。

8.5.2 三层复合木地板制造工艺

8.5.2.1 工艺流程（图8-14）

组坯胶合可分为三层胶合和五层胶合。后者表板取2块

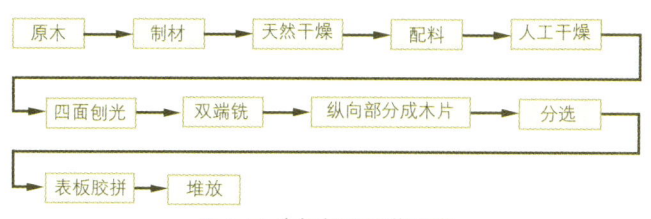

图8-15 表板加工工艺流程

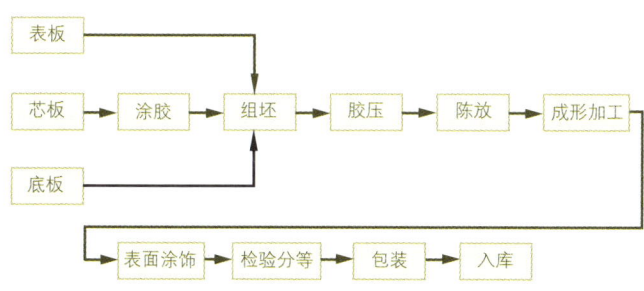

图8-14 三层复合木地板制造工艺流程

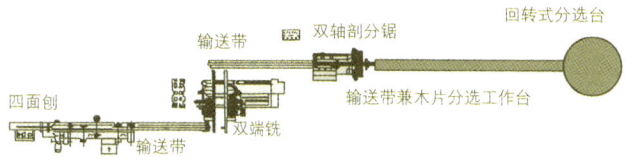

图8-16 表板加工生产线

以上的厚度，芯板底板对称于表板组坯、胶压，然后将板坯对剖成两块三层的地板毛坯。

8.5.2.2 木材干燥

表板用湿板材自然干燥至含水率30%～40%，然后入窑人工干燥达终含水率为5%～8%。也可在自然干燥后将板材锯截成表板木片的倍数毛料再进行人工干燥。已出窑的材料应放在干料库中备用。

芯板木条用湿板材同样经自然干燥和人工干燥至终含水率5%～8%。

8.5.2.3 表板加工工艺

1. 工艺流程（图8-15、图8-16）
2. 加工工序（表8-38）

8.5.2.4 芯板加工工艺

1. 工艺流程（图8-17、图8-18）
2. 工艺流程（表8-39）

8.5.2.5 底板加工工艺

三层复合木地板的底板是2～3mm厚的单板，要求厚度偏差±0.1mm，树种为针叶树材或软阔叶树材，含水率要求6%～10%，单板用旋切法制备。

8.5.2.6 板坯胶合工艺

1. 工艺流程

(1) 板坯胶合工艺流程见图8-19。
(2) 三层实木复合地板胶压生产线见图8-20。

表8-38 表板加工主要工序

序号	工序名称	设备及其技术特性	工艺要点
1	横截	横截圆锯	用于截断板材、除去缺陷板段 长度＝面板木片长度＋加工余量
2	四面刨光	MTSIRAL/PA-6-C型6轴四面刨工件最大厚度160mm，加工宽度5～100mm，最小工件长度200mm 进给速度8～24m/min 总功率34kW	将毛料四面刨光、定厚、定宽加工尺寸偏差±0.1mm
3	双端铣削	ASTRA/PA-4型双端铣	将木方两端铣削平整，端面与其他面垂直，尺寸偏差±0.1mm
4	剖分	MAR21A/PA-2C型双轴剖分锯机工件最小长度200mm 工件宽度40～100mm 工件厚度25～80mm 进给速度15～40m/min 总功率63hP	将木方剖分成4mm厚的表板木片厚度误差±0.1mm，表面光洁，符合胶合要求每一立轴上装4～5个锯片，锯片间距为表板片厚度
5	表板胶拼	手工拼板机，回转鼓式（五面）最大拼板尺寸200mm×2500mm 气缸加压行程纵向25mm，横向10mm 手工放板，边排坯，边控制表板片质量	表板片厚3.2～4mm，占地板总厚约20%～25%胶拼后表板尺寸＝地板成品尺寸（长、宽）+15～20mm加工余量，用PVAC胶，板片侧边涂胶，电加热底板，以缩短胶固化时间

注：1.资料来源：意大利A·COSTA公司
2.表板胶拼也可利用自动高频胶拼设备进行，其工作宽度为800mm，工作速度5m/min，压缩空气压力6×10⁵Pa

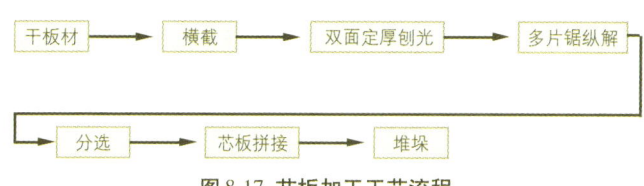

图8-17 芯板加工工艺流程

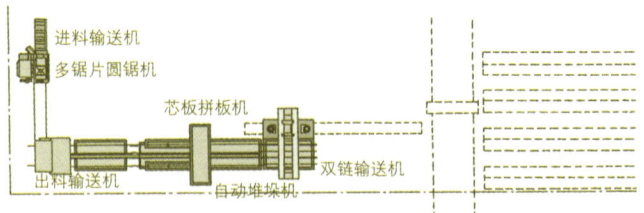

图 8-18 芯板加工生产线

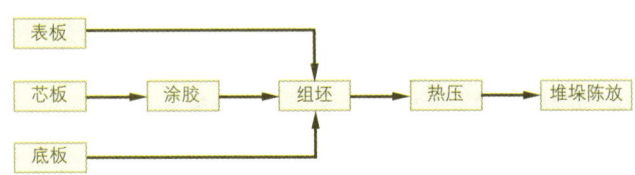

图 8-19 三层实木复合地板胶合工艺流程

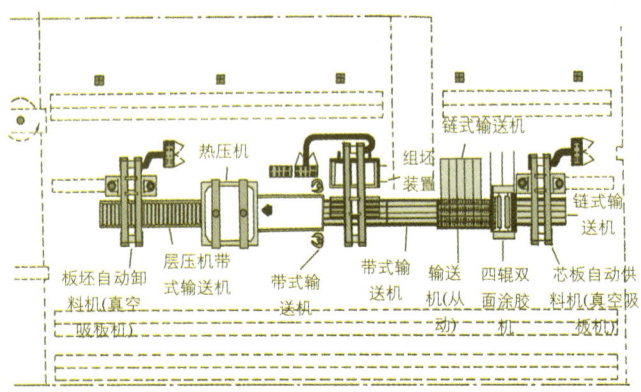

图 8-20 三层实木复合地板胶压生产线

表 8-39 芯板加工主要工序

序号	工序名称	设备及其技术特性	工艺要点
1	横截	高速截断圆锯	将干板材(含水率的5%~8%)截成板段,板段长度=地板胶坯宽度+15~20mm
2	定厚刨光	平压刨	刨光后的板材厚度偏差为±0.2mm,板段刨光后的厚度是芯条的宽度,芯条宽厚比一般为2~3:1
3	剖分	KS310型多片锯圆锯机 最小加工长度700mm 最大加工宽度310mm 进给速度8~35m/min	芯板条厚度范围为7~10mm,常取9mm 剖分后芯条厚度偏差为±0.2mm 复合地板的压缩率通常为5%~15%,取10%计算,压缩率大部分由芯板产生
4	芯板组拼	芯板拼机由双链式运输机、开槽机、嵌绳机、控制设备等组成。工件宽度750mm 进料速度5~30m/min 压缩空气压力6×10⁵Pa	芯板条侧边不涂胶,合芯板条在芯板上排好挤紧后,垂直芯条方向开2~3条嵌绳用的槽,嵌绳后就成芯板

表 8-40 地板板坯胶合主要工序

序号	工序	设备及其技术特性	工艺要点
1	芯板涂胶	FIF300型四辊双面涂胶机在芯板双面涂胶 工作宽度1300mm 工作最大厚度100mm 进给速度17m/min	用热固性脲醛胶,以氯化铵为固化剂,双面涂胶量300~320g/m²
2	组坯	涂胶芯板先与底板组坯,再由真空吸盘将表板覆在芯板上,组坯过程在生产线上进行,组坯装置包括底板纵向输送机、面板输送机、供料机(真空吸盘式)	表板与芯板的相对位置要正确,在移动和装入压机时,表芯板不错动
3	陈放	以间隙式堆放进行闭合陈放	
4	热压	自动进料卸板的多层热压机LAS230型总压力200t 最大单位压力836kg/cm² 热压板复面尺寸2300×1300 热压层数10层 总功率25kW	热压温度100~110℃;单位压力0.8~12MPa;热压时间8~12min(40~69s/mm板坯厚)压机可用水蒸汽或热油供热
5	陈放	中间贮存室,要保持室温,相对湿度较低,使坯内含水率进一步均匀,减少内应力和翘曲变形	大尺寸地板毛坯堆垛要整齐,中间贮存室宜保持20℃、75%左右相对湿度,至少存放24h后才能再加工

注:1.资料来源,意大利 A·COSTA 公司
2.热压机可以采用单层压机,其他机型的多层压机,但单位压力宜适当提高。胶压也可采用高频介质加热压机

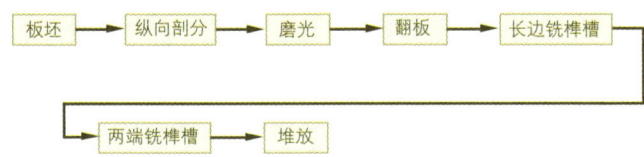

图 8-21 地板成形加工流程

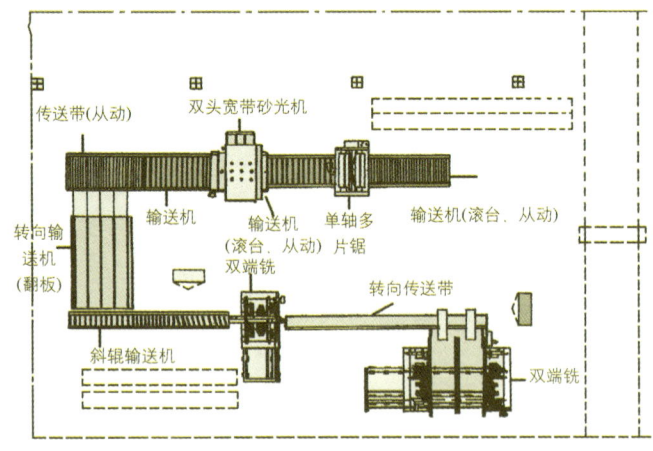

图 8-22 地板成形加工生产线

2. **胶合工序**(表 8-40)

8.5.2.7 成形加工工艺

1. **工艺流程**

(1)地板成形加工工艺流程见图 8-21。

(2) 地板成形加工生产线见图8-22。

2. 加工工序

三层复合木地板的成形加工与实木企口地板的加工基本相同。主要差别在于要将胶压好的地板坯料进行纵向剖分成地板条毛料，并进行定厚磨光。地板成形加工主要工序情况见表8-41。

8.5.2.8 涂饰工艺

三层复合木地板的涂饰种类、质量要求和涂饰工艺技术与实木榫槽(企口)地板的相同，涂料也是用UV漆。可以参见8.1.2.5。因涂饰种类多样，漆膜质量涉及到漆膜的硬度、耐磨性、耐候性等理化性能，以及颜色、光泽、透明度、木材质感等视觉审美要求，影响涂饰工艺的因素较多，包括木材种类，涂料品种，施工条件等。所以涂饰工艺和涂饰生产线应根据具体情况进行设计。

在大批量生产时，若考虑地板着色和半显孔装饰等要求，地板涂饰生产线举例如图8-23。

8.5.2.9 包装

为保证成品地板在贮存运输过程中不受损伤，以及因含水率变动产生变形，所以必须对成品地板进行包装。地板包装通常用带子捆扎，热收缩薄膜包覆，外加纸箱包装。

8.5.3 铺装方法

三层复合木地板用悬浮法铺装，即在已抄平的地面上先铺厚约2mm的聚乙烯薄膜，在膜上再铺装复合木地板，榫槽上要涂防水性的胶，以保证接缝严密，防止水分渗入。

具体的铺装方法与浸渍纸层压木质地板（强化地板）的相同。

8.6 单板层压实木复合地板（多层实木复合地板）

8.6.1 定义、结构、规格、质量指标

8.6.1.1 定义

以多层胶合板为基材，表面覆贴锯切或刨切的装饰薄木，经切削成形、表面涂饰制成的实木复合地板称为单板层压实木复合地板。

8.6.1.2 结构

(1) 表层：表层为装饰薄木，包括天然薄木、集成薄木、人造薄木等。常用的树种：水曲柳、山毛榉、栎木、核桃木、枫木、印茄木、柚木、绿柄桑以及其他装饰性好的阔叶材。

(2) 基材：多层胶合板。

8.6.1.3 规格

单板层压复合地板的规格尺寸为：长2200×宽(189、225)mm和长1818mm×宽(180、225、303)mm，厚度为8、12、15mm。经供需双方协议可生产其他规格的多层实木复合地板。目前大量按榫接地板的规格尺寸生产表板为2～4mm锯切珍贵硬木的实木复合地板。

8.6.1.4 质量指标

(1) 单板层压复合地板的尺寸偏差及外观质量要求同三层复合木地板。参见表8-36。

(2) 物理力学性能指标应符合表8-37规定。

基材用多层胶合板质量不低于GB9846-88和GB/T13009-91中二等品的技术要求。

8.6.1.5 单板层压复合地板的特点

(1) 尺寸稳定性好：基材是多层胶合板，层积复合结构因含水率变动而引起的地板尺寸变化比实木的小得多。

(2) 理化性能，力学性能较好：保持天然木材的质感，弹

表8-41 地板成形加工主要工序

序号	工序名称	设备及其技术特性	工艺要点
1	纵向剖分	MLS130型单轴多片锯 最大工作宽度1300mm 最大加工厚度50mm 进料速度2～24m/min 电动机功率22kW 压缩空气压力	将宽度为地板宽倍数的胶合坯料纵向剖分成地板条毛料地板坯料进给要稳，定向要准。地板条毛料尺寸偏差为±0.2mm
2	定厚磨光	宽带砂光机(双头) 工作宽度1350mm 最小加工长度330mm 砂带尺寸2620mm×1380mm 进料速度4～20m/min 砂带速度20m/s	磨光表板，使其达定厚，同时表板平整、光洁。砂带150号～180号，磨削量约0.5mm
3	翻板	将地板条毛料翻转使其表面朝下	以地板条表面作加工基准面
4	长边铣榫槽	K210型双端铣 加工宽度180～1200mm 最大加工厚度170mm 进给速度3～36m/min 总功率30kW	一边加工榫头，另一边开榫槽尺寸偏差≤±0.1mm采用专用刀具，耐磨性好
5	两端铣榫槽	K252型双端铣 加工宽度180～2700mm 最大加工厚度170mm 进给速度3～36m/min 总功率37kW	一端开槽，一端做榫头，端面与长边要呈直角尺寸偏差±0.1

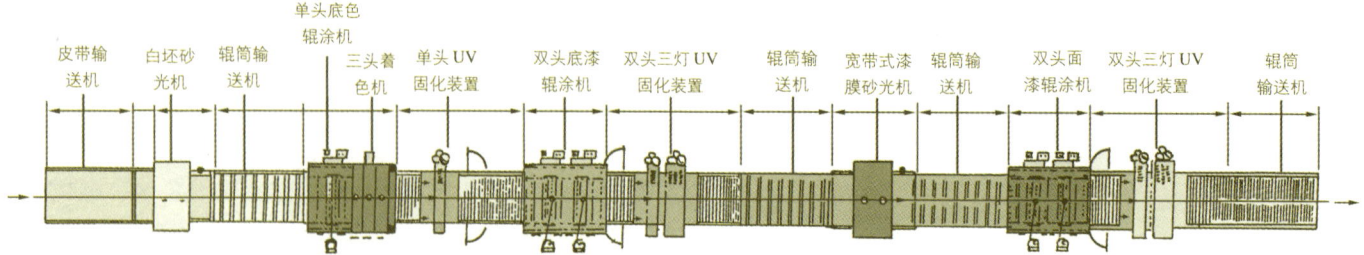

图 8-23 UV 漆涂饰生产线举例

性、硬度，胶合强度等力学性能符合使用要求。

(3) 装饰性好：天然木材纹理优雅多变、色彩丰富宜人，透明涂饰更好地突显木质感。通过薄木拼花，图案变化使地板艺术化。

(4) 易于安装：可采用悬浮法铺装，铺装快捷，不污染室内环境。

(5) 便于清洁，利于健康。

(6) 用料合理、节约珍贵材：表层薄木用优质阔叶材刨切或将木块胶合成集成木方后再刨切制得，无切屑产生，提高了木材利用率。集成薄木使薄木整张化，提高了贴面生产率。

8.6.2 单板层压实木复合地板的制造工艺

8.6.2.1 工艺流程（图 8-24）

8.6.2.2 薄木制备（图 8-25）

单板层压实木复合地板表层用的薄木可以用多种薄木，如天然薄木、集成薄木、人造薄木、染色薄木和拼花薄木等。不同薄木的制造工艺不同，装饰效果也有差别。目前国内外大尺寸地板多用集成薄木作表板，其制造工艺见图 8-24。而小规格实木复合地板多用 2~4mm 厚的锯切薄木做表板。

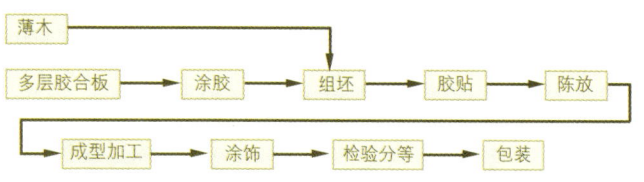

图 8-24 单板层压实木复合地板制造工艺流程

(1) 配料：配料时，用同一树种木块或使材性较接近的木块进行搭配组合，易裂树种的木块应配置在集成木方的内部，而不易开裂树种的木材放在外围；要选用纹理平直的木材。

(2) 含水率：集成薄木制造过程中要保持木块含水率在纤维饱和点以上，即 30% 以上，通常为 40% 左右，这样可保证小木方不干缩，不膨胀和不变形。

(3) 涂胶：使用湿固化聚氨基甲酸酯胶，它吸收木方表面的水分而固化。单面涂胶量为 250~300g/m²，陈化时间因室温、胶种和含水率而异，如 7057 聚氨酯胶，冬季陈化 60min，夏季陈化 40min。

(4) 胶压：按设计的图案组坯，冷压胶合，压力 5~15×10⁵Pa，胶压时间，7057 聚氨酯胶冬季压 16h，夏季压 8h。

(5) 养生卸压后立即将集成木方用热水泡或蒸煮，进行养生，以保持木方含水率在 50% 以上，胶层充分固化、软化。

(6) 刨切集成木方在养生后立即进行刨切，刨切工艺和设备与普通薄木的相同。地板用集成薄木的厚度通常为 1mm 左右。

8.6.2.3 多层胶合板制备

多层胶合基材即普通多层胶合板。

8.6.2.4 胶贴工艺

薄木在多层胶合板上的胶贴工艺请参考第 24 章的有关内容。

贴面用胶黏剂：国内大部分用脲醛胶，或脲醛胶与聚醋酸乙烯酯胶的混合胶；胶贴 2~4mm 厚锯切薄木时，也可采用集成材胶即水基聚氨酯木材胶。

8.6.2.5 成形加工和涂饰工艺

单板层压实木复合地板的成形加工与涂饰工艺和三层实木复合地板的相同。

8.6.3 铺装方法

单板层压实木复合地板的特点是表层用薄木，厚度小，

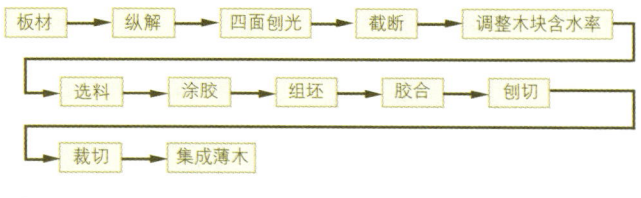

图 8-25 集成薄木制造工艺

通常为 0.8~4mm 厚，因此这类地板适宜于住宅的卧室、书房及人流量少的办公室使用。

这类地板也采用悬浮法铺装，铺装方法与强化地板相同。

8.7 浸渍纸层压木地板（强化地板）

8.7.1 定义、结构、规格与质量指标

8.7.1.1 定义

用浸渍三聚氰胺树脂的耐磨表层纸、装饰纸、底层纸及高密度纤维板(或刨花板)层积热压制成的板材，再经切削加工而成的企口地板称为浸渍纸层压木地板，也称强化地板。

8.7.1.2 结构

强化地板为三层复合结构。

(1) 表层(贴面层)：由装饰层和耐磨层(有的还有衬底层)组成，厚度一般为 0.2mm 以上；

(2) 芯层(基材层)：高密度纤维板(HDF、HF)、中密度纤维板(MDF)或刨花板；

(3) 底层(平衡层)：由浸渍树脂的平衡纸或低成本的层压板(防火板)或单板组成，前者厚度一般为 0.2mm 或 0.3mm。

8.7.1.3 尺寸规格及偏差

(1) 强化地板常用的尺寸规格见表 8-42。厚度为 6，7，8 (8.1，8.2，8.3)，9mm，另外也可根据供需双方协议，生产其他规格的强化地板。强化地板的榫舌宽度应 ≥ 3mm。

(2) 强化地板的尺寸偏差见表 8-43。

8.7.1.4 外观质量与理化、力学性能

(1) 根据产品的外观质量、理化性能分为优等品、一等品和合格品。

(2) 外观质量要求可参考表 8-44。

(3) 理化及力学性能要求参考表 8-45。

(4) 强化地板的等级划分与应用场合见表 8-46。

8.7.1.5 强化地板的特点

(1) 装饰效果多样、良好。强化地板可模拟各种木材纹理、大理石纹或抽象图案，色泽丰富宜人。

(2) 理化性能和力学性能优良。具有较高的耐磨性、硬度、耐划痕、耐冲击、耐香烟灼烧、耐污染性能。产品内结合强度、表面结合强度较高，冲击韧性较好。

(3) 尺寸稳定性较好。具有三层对称结构，温、湿度变化引起的产品尺寸变化较实木地板小，吸水厚度膨胀率较小，不易变形。

(4) 能高效利用木材，利于生态保护。强化地板的甲醛释放量可达 E_1 级。

表 8-42 浸渍纸层压木质地板幅面尺寸　　　单位：mm

宽 度	长 度						
182	—	1200	—	—	—	—	—
185	1180	—	—	—	—	—	—
190	—	1200	—	—	—	—	—
191	—	—	1210	—	—	—	—
192	—	1208	—	—	1290	—	—
194	—	—	—	—	—	1380	—
195	—	—	—	1280	1285	—	—
200	—	1200	—	—	—	—	—
225	—	—	—	—	—	—	1820

表 8-43 浸渍纸层压木质地板尺寸偏差

项 目	要 求
厚度偏差	公称厚度 t_n 与平均厚度 t_a 之差绝对值 ≤ 0.5mm； 厚度最大值 t_{max} 与最小值 t_{min} 之差 ≤ 0.5mm
面层净长偏差	公称长度 l_n ≤ 1500mm 小时，l_n 与每个测量值 l_m 之差绝对值 ≤ 1.0mm； 公称长度 l_n ≤ 1500mm 小时，l_n 与每个测量值 l_m 之差绝对值 ≤ 2.0mm
面层净宽偏差	公称宽度 ω_n 与平均宽度 ω_a 之差绝对值 ≤ 0.1mm； 宽度最大值 ω_{max} 与最小值 ω_{min} 之差 ≤ 0.2mm
直角度	q_{max} ≤ 0.2mm
边缘不直度	S_{max} ≤ 0.3mm/m
翘曲度	宽度方向凸翘曲度 f_w ≤ 0.20%；宽度方向凹翘曲度 f_w ≤ 0.15% 长度方向凸翘曲度 f_l ≤ 1.00%；长度方向凹翘曲度 f_l ≤ 0.50%
拼装离缝	拼装离缝平均值 o_a ≤ 0.15mm 拼装离缝最大值 o_{max} ≤ 0.20mm
拼装高度差	拼装高度差平均值 h_a ≤ 0.10mm 拼装高度差最大值 h_{max} ≤ 0.15mm

注：摘自 GB/T18102-2000

表 8-44 浸渍纸层压木质地板各种等级外观质量要求

缺陷名称	正面			背面
	优等品	一等品	合格品	
干、湿花	不允许	不允许	总面积不超过板面的3%	允许
表面划痕	不允许			不允许露出基材
表面压痕	不允许			
透底	不允许			
光泽不均	不允许	不允许	总面积不超过板面的3%	允许
污斑	不允许	≤3mm²，允许1个/块	≤10mm²，允许1个/块	允许
鼓泡	不允许			≤10mm²，允许1个/块
鼓包	不允许			≤10mm²，允许1个/块
纸张撕裂	不允许			≤100mm，允许1个/块
局部缺纸	不允许			≤20mm²，允许1个/块
崩边	不允许			允许
表面龟裂	不允许			不允许
分层	不允许			不允许
榫舌及边角缺损	不允许			不允许

表 8-45 浸渍纸层压木质地板理化性能表

检验项目	单位	优等品	一等品	合格品
静曲强度	MPa	≥40.0		≥30.0
内结合强度	MPa	≥1.0		
含水率	%	3.0~10.0		
密度	g/cm³	≥0.80		
吸水厚度膨胀率	%	≤2.5	≤4.5	≤10.0
表面胶合强度	MPa	≥1.0		
表面耐冷热循环	—	无龟裂、无鼓泡		
表面耐划痕	—	≥3.5N 表面无整圈连续划痕	≥3.0N 表面无整圈连续划痕	≥2.0N 表面无整圈连续划痕
尺寸稳定性	mm	≤0.5		
表面耐磨	转	家庭用：≥6000 公共场所用：≥9000		
表面耐香烟灼烧	—	无黑斑、裂纹和鼓泡		
表面耐干热	—	无龟裂、无鼓泡		
表面耐污染腐蚀	—	无污染、无腐蚀		
表面耐龟裂	—	0级		1级
表面耐水蒸气	—	无突起、变色和龟裂		
抗冲击	mm	≤9		≤12
甲醛释放量	mg/100g	A类：≤9 B类：>9~40		

注：摘自 GB/T18102-2000。甲醛释放量应按国家有关强制性标准的要求执行

表 8-46 强化地板应用分等及场合

地板等级	耐磨转数	推荐应用场合	举例
HW1	>2000	轻度耐磨的家中	卧室
HW2	>4000	中度耐磨的家中一般使用	起居室、走廊
HW3	>6000	强耐磨的家中、商用场合、高级写字楼	起居室、走廊、宾馆卧室、会议室、小型办公室
HW4	>10000	一般或重度使用的商用场合、公共场所	教室、小型办公室、宾馆、走廊、学校公共场合
HW5	>15000	重度使用商用场合	走廊、开放式办公室、公共场合、商店

注：这里介绍的是某公司的有关指标，仅供参考

(5) 易于安装。安装方便，干法施工，快捷，可自己安装。

(6) 易于清洁。给人们生活提供良好的环境，利于健康。

8.7.2 强化地板制造工艺

8.7.2.1 工艺流程

强化地板制造过程中涉及到基材的选择、装饰纸树脂浸渍工艺、树脂浸渍纸贴面工艺、地板成型加工及检验包装等。其生产工艺流程见图8-26。

8.7.2.2 基材质量要求

基材质量的好坏直接关系到地板质量，十分重要。欧洲中密度纤维板制造协会技术委员会制订的覆塑地板以及单板饰面地板用高密度纤维板标准EMB/PS/HDF：1997，对高密度纤维板的性能要求如表8-47、表8-48。

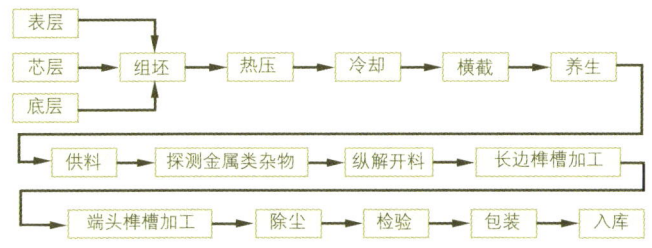

图8-26 强化地板生产工艺流程

8.7.2.3 树脂浸渍纸生产线

强化地板用的装饰纸、耐磨的表层纸和底层的平衡纸都用三聚氰胺树脂浸渍，地板用浸渍纸为达到要求的树脂含量，应通过二次浸渍来完成。第一次浸渍用三聚氰胺树脂或脲醛树脂改性三聚氰胺树脂，第二次浸渍用三聚氰胺树脂。

低压短周期浸渍纸的要求是：缩聚的高度一致性，极好的均匀性，无皱，极好的和一致的成形性能，3个月的贮存稳定性以及以30～40m/min的速度，宽达2700mm的经济化生产等。

浸渍生产线由原纸开卷机、第一次浸渍装置、第一次干燥装置、第二次浸渍装置、第二次干燥装置、冷却辊、重卷设备和在线切割系统等设备组成。

8.7.2.4 树脂浸渍纸贴面生产线

强化地板采用低压短周期法进行树脂浸渍纸贴面复合，将表面耐磨层、饰面层及底层热压贴合在基材两面。其加工工艺与一般的人造板二次加工工艺基本相同。

强化地板要求平整、尺寸形状稳定性好和表面高耐磨，所以热压覆面时有以下特点：

(1) 强化地板结构要对称：每一种型号的耐磨纸加上装饰纸都应配置相应重量和拉伸力的平衡纸。纸张的质量和树脂的调配必须要适合这种生产方法。由于装饰纸的选择余地特别大，只要装饰纸变换，就要调整贴面条件和平衡纸的参数。

表8-47 对高密度纤维板的性能要求(干状态)

性能	试验方法	单位	公称厚度（mm）					
			≥40	≥50	≥60	≥70	≥80	90
24h吸水厚度膨胀率	EN317	%	30	25	17	15	13	12
内结合强度	EN319	N/mm²	120	120	120	120	120	120
静曲强度	EN310	N/mm²	40	40	40	40	40	40

注：在EN319的43条款中，不推荐使用阔叶材饰面材料，在EN319的55条款中，不推荐使用聚醋酸乙烯酯(PVAC)胶与阔叶材饰面材料

表8-48 对高密度纤维板的性能要求(湿状态)

性能	试验方法	单位	公称厚度（mm）					
			≥4.0	≥5.0	≥6.0	≥7.0	≥8.0	9.0
24h吸水厚度膨胀率	EN317	%	28	23	15	13	11	10
内结合强度	EN319	N/mm²	1.20	1.20	1.20	1.20	1.20	1.20
静曲强度	EN310	N/mm²	40	40	40	40	40	40
选择1	EN317	%	20	17	15	15	15	15
循环后厚度膨胀率	EN321							
选择1	EN319	N/mm²	0.35	0.35	0.35	0.30	0.30	0.30
循环后内结合强度	EN321							
选择2	EN319	N/mm²	0.20	0.20	0.20	0.15	0.15	0.15
煮沸试验后内结合强度	EN1087-1							

注：EN1087-1 其操作过程见EMB工业标准1995版第二部分附录B

在短周期压机上对特殊三聚氰胺浸渍纸进行贴面,热压温度(抛光不锈钢板的温度)为160～180℃,压贴时间为30～50s,压力为30～40N/mm²。贴面时必须根据具体情况设定热压参数。热压板的温度为190～200℃,加热用油温为200～210℃。

(2) 要及时更换不锈钢垫板:耐磨层中含有三氧化二铝,它对镀铬不锈钢垫板有较强的侵蚀作用,导致生产的强化地板表面光泽不断降低,为保证产品光泽度在一定公差范围内,一般在热压15000～20000次后,垫板就需更换,旧垫板翻新后再供使用。

8.7.2.5 成型加工及包装生产线

成型加工是保证强化地板尺寸形状精度及拼接质量的关键工段,其工艺流程同竖木地板。有关问题择要分述如下:

1. 时效处理(养生)

热压贴面后的强化地板坯处于干燥状态,边缘极易吸湿。若热压后立即开料、加工榫槽,则因吸湿导致产生纵向变形,呈"香蕉形状"而成不合格品。因此,热压后的地板坯需经8天以上时效处理后再进行成型加工。板材较长时,可截短后进行时效处理,以缩短处理时间。

2. 探测金属夹杂物

用金属探测器探测板中是否会有金属夹杂物,并自动将含金属板材从生产线上卸下,以免损伤刀具。

3. 纵解开料

用多片锯将大幅贴面板纵解成长条状地板毛料。利用光学系统根据板材装饰层上的切割线(纹理)调整板材的位置进行纵解。这样可保证地板的纹理和正确锯边。锯片用金刚石锯片,锯片直径ϕ250～273mm,孔径100mm。锯路宽通常为32mm。

4. 成型加工

强化地板长边的榫槽和两端的榫槽都用双端铣进行加工,加工精度为±0.1mm。榫槽加工时板面朝下,工件以稳定的状态高速进给,同时进行切削榫槽。榫槽成型加工用多把金刚石刀具组合进行,将成型加工分解在多个彼此连接的加工工位上,以延长刀具耐用度,并简化榫槽密封配合调整等。

5. 包装

为防止强化地板在贮存、销售、运输中受潮和碰伤,需用硬纸壳箱或瓦楞纸箱包装,并用聚酯或聚乙烯热收缩膜包装,达到全封闭效果。每箱装7～8块地板,约2m²。包装箱上或里面应附有铺装和保养说明。

8.7.3 铺装方法

8.7.3.1 铺装前的准备

1. 场地准备

强化地板用悬浮式铺装,铺装地面要平坦。铺地板前应把地面打扫干净,不可洒水扫地。用15m长硬木直尺在整个地面检查高点及低凹点,超过2mm的不平地面需做平整处理,用扁钢凿凿去凸出地面的水泥渣。门底与地面间隙应为12～15mm,门套下部应切除,确保该处地板的伸缩。

2. 室内设施准备

为顺利安装及有效保护安装的地板,必须有安装用220V电源、洗抹布用水源。门窗和空调机预留孔不可侵入雨水,上下水系统不可漏水,地面保持干燥。

8.7.3.2 铺装程序、方法及工艺要求

1. 铺地膜

地膜一般为宽1m、厚2mm的聚乙烯薄膜,铺在地板与地面之间。地膜与地板长度方向相垂直铺设。相邻地膜对接,用单面胶带固定。潮湿场合或底楼,为防潮,地膜可搭接,宽10cm。楼底层为更好防潮,可在地膜与地面间加铺一层塑料膜。

2. 试铺(不涂胶)

按房间长边、自左向右铺设,第一块板的凹槽均向墙面,地板与墙面间垫入木楔,使地板边与墙保持1～1.4cm,榫槽相接,依次铺成第一行板。

第一行的最后一块板画线后锯开(当手工锯切时、地板正面向上;用电锯时地板正面朝下以减小锯齿对面层的剥裂)。A板段转动180度拼完第一行,B板段如长过30cm时,可作下一行的左边第一块。相邻二行板的端头接缝间距应大于30cm。试铺二行后,无意外、拆开相接的榫槽,即可正式铺装。

3. 正式铺装

(1) 正式铺装时,在准备相拼接的榫头与槽上要均匀适量涂胶,在拼接合缝后,必须在面层上有余胶挤出,在板面上形成一条白色均匀胶线,以确保合缝的防水性,余胶用半湿抹布随时擦去,或胶半干时用小刀铲除。选用专门的防水地板胶,用量1kg/30m²地板。

(2) 第一行与第二行地板的纵向拼缝是以后各行地板的平直基础,其直线度不能大于0.5mm,用细直线二端拉紧,校正地板纵向直线度。每块刚拼装的地板,在纵向和横向都应使用小槌和垫块轻敲,每行的末块地板的端头需用专门回力钩轻敲,确保地板接头缝严密。

(3) 从第三行开始,要使用拉紧器在纵横方向拉紧地板,使地板接缝有持续合紧力。拉紧器最大长度为5m。在整幅地板铺完后,当室内温度在20℃以上时,经2h即可拆除拉紧器,若室温较低时,应延长拉紧器处理的时间。地板接缝处缝隙宽度一般不能超过0.2mm,相邻两块地板高差不能大于0.1mm。

(4) 通常最后一行板宽较小,铺设时要把整块地板纵向裁开,如墙面不平时,板锯开的边同样应作与墙面弯曲相适应的修整,以确保安装好的地板与墙保持10～12mm间隙。

(5)安装地板时如碰到管道、柱子等地面障碍物,地板要作相应的开口。要确保地板边与管道、柱子等有10mm的间隙。

4. 单边收口线安装

在房间各门口、阳台推拉门等处应安装单边收口线以解决地板的收口及提供伸缩空间。先用钢钉将单边收口线底板固定在地面上(并注意离边留有15mm空隙、以便上盖插入),单边底板内筋与地板间留有10～12mm地板伸缩空间,盖板筋槽内灌玻璃胶用以固定盖板。盖板亦可用螺钉固定在底板上。

5. 双边收口线安装

在不同地面材料(如强化地板与瓷砖、大理石)相接处、不同排列方向的地板交接处或是整块地板面积过大、长与宽过长等,均需使用双边收口线收口,并扩大地板伸缩余地。先用钢钉将底板固定在地面上,地板与内筋间距为10～12mm。在地板铺设完、拆除拉紧器后,在底板筋槽内灌入玻璃胶,以固定斜边盖板。

6. 斜边收口线安装

当地板与其他相邻铺地材料有高度差(如客厅为地砖、房间用强化地板)时,采用斜边收口线收口,作两种不同高度地面的平滑过度,并提供10～12mm的伸缩余地。安装时,先用钢钉将底板固定在地面上,待地板铺完、拆除拉紧器后,在斜边盖板内筋槽内灌入玻璃胶,进行安装,固定斜边盖板。

7. 踢脚线安装

踢脚线(又称踢脚板)在最后安装。安装前,先沿墙摆放备装踢脚线,接点位置要恰当,长短搭配,然后从进户门一侧开始按顺时针(或逆时针)方向逐一连续安装。每个接头处按踢脚线长度不同留 1-3mm 空隙,以免吸湿膨胀起拱。

踢脚线用专用挂钩固定在墙面上,相邻两挂钩间的间距为500mm,但在接头二侧相邻踢脚线50mm以内必须有挂钩。

在墙面拐弯的阳角或阴角(一般为90°)处安装时,踢脚线均需按墙角度1/2的角度加工踢脚线端头,合缝时不留空隙、并无高低差。直线部分全部遮盖地板的伸缩缝。安装完后用玻璃胶均匀灌封踢脚线与墙面及地板的缝隙。缝隙宽度不能超过2mm。

8.7.3.3 使用和注意事项

(1) 强化地板在安装完后,24小时内避免在地板上行走,以确保地板胶的完全干固。

(2) 强化地板的基材由木纤维热压而成,若地板长时间受潮、甚至泡入水中,则会引起接合缝膨胀而产生破坏。轻微的膨胀在干燥的环境下会慢慢自然收缝。因此应防止洗衣机失控、地漏不畅,夏天空调漏水、门窗未关雨水入室或用湿拖把拖地板等造成水分对地板的损害。

(3) 这种地板表面不需油漆或打蜡,地板密封面层能防止污迹和尘埃的侵入。清扫地板时,可用软质扫把扫地或拧干水的拖把轻轻擦拭即可。一般的污染如墨水、汤汁、饮料渍、油渍等很易擦除,极易保持地板干净清洁。如地板被指甲油、油漆等弄脏地面,仅需倒少许酒精、丙酮或一般清洁剂清除。

(4) 如地板上掉落燃着的烟头,也不会烧焦地板,只要用布抹去烟油,即可恢复地板原有的光泽与花纹。

参考文献

[1] 中国标准出版社第一编辑室编. 木地板 技术标准汇编(第2版). 北京：中国标准出版社，2004

[2] 刘忠传主编. 木制品生产工艺学（第2版）. 北京：中国林业出版社，1993

[3] 顾炼百主编. 木材加工工艺学. 北京：中国林业出版社，2003

[4] 林梦芝等. 木材工业实用大全. 木制品卷. 北京：中国林业出版社，2003

[5] 徐永吉. 木材学. 北京：中国林业出版社. 2000

[6] 杜国兴等. 木材干燥技术. 北京：中国林业出版社，2004

[7] 高振忠. 木质地板生产与使用. 北京：化学工业出版社，2004

[8] 张运康. 复合地板生产技术. 林产工业，1992，No6

[9] 杨家驹等. 红木家具及实木地板. 北京：中国建材工业出版社，2004

[10] 吴晓金. 强化木地板的翘曲变形及其预防. 林产工业，2000，No4

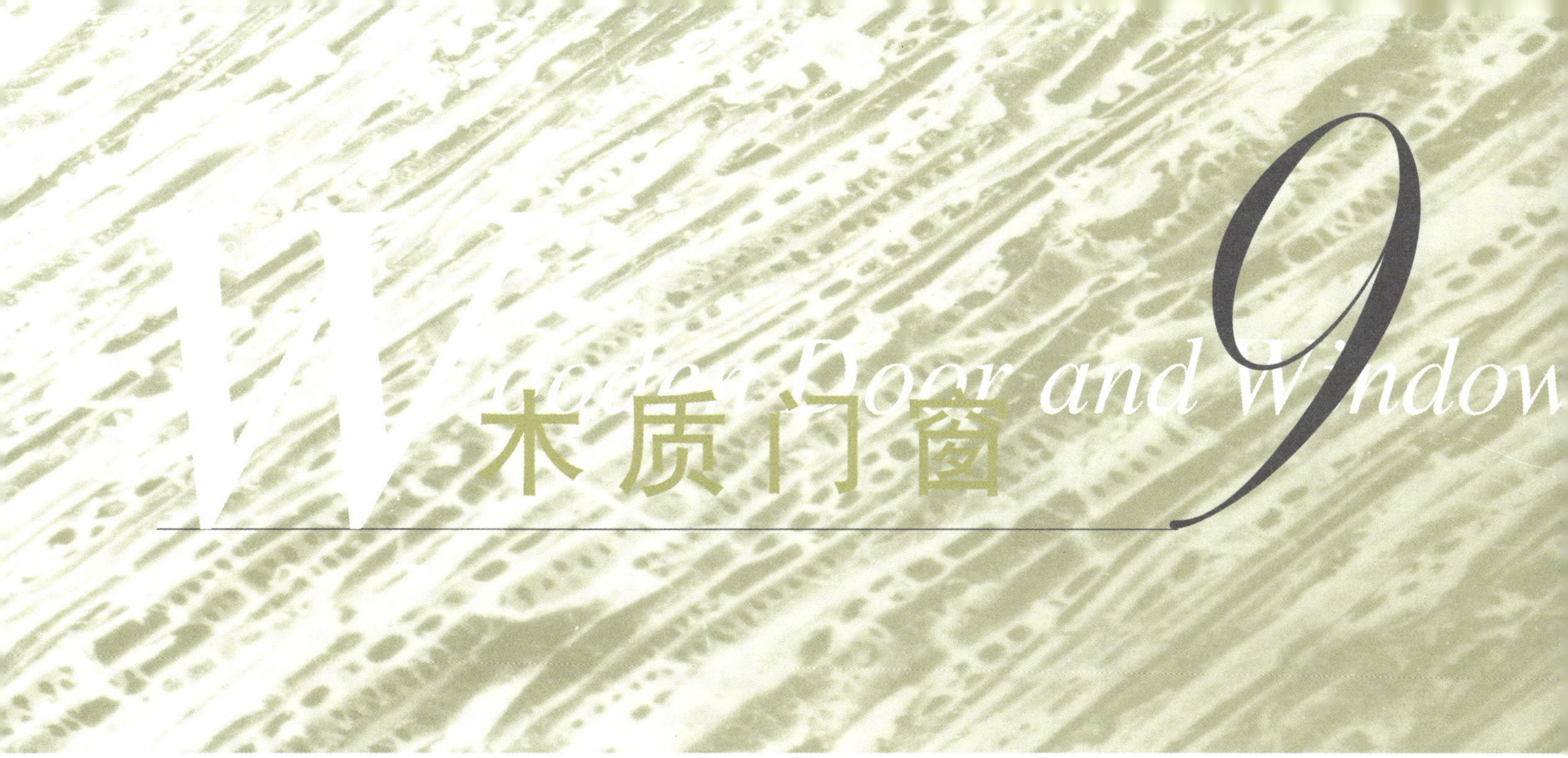

9 木质门窗

Wooden Door and Window

门窗是建筑的重要组成部分，它能集中地表现出建筑的艺术风格，是建筑活的灵魂，也是建筑用以通风、采光和保安等功能必不可缺的。

随着中国古建筑，特别是木架结构的发展，木质门窗作为其重要组成部分，也有着相应的历史演变和发展，其结构形式变得多种多样。如城有城门，里坊有里坊门，宫城有路门、应门、皋门、雉门、库门及外廓门等；而独立门的品种更多，如大门、二门、垂花门、棂星门、牌坊门、砖券门和城阙门等，整座建筑上有屏门、房门、格门和板门等，每种门都有其不同的功用及制度。窗有直棂窗、斜交棂窗、锁纹窗、落地窗及门联窗等。

近年来，人们追求归真反璞、回归自然，豪华的实木门和高档的门窗满足了人们要求安全、自然、豪华的心理。特别是木材具有吸音、保温、调湿、花纹美丽、强重比高和易于加工等独特的优点，深受人们的喜爱。此外，进行必要的阻燃处理和防变形改性，加之现代的生产工艺和油漆技术，为木质门窗的应用开辟了广阔的空间。

9.1 木质门窗的结构与种类

9.1.1 木门的结构与种类

9.1.1.1 木门的结构

木门由门套（亦称门框）、门扇两部分组成，常用木门各部件名称如图9-1所示。门套是围绕门四周的框子，它起固定门的作用。它的外缘与墙壁紧密相连，内侧均需做出裁口，以便门扇关闭时靠严。门套两边垂直于地面的竖木称立边，顶上的横木称为上槛，当门比较高时（超过2100mm），在门的上端设置一根横木，称为腰槛（装置门亮子用）。门的底边着地的横木称为下槛，有的门套没有下槛，没有下槛的称为扫地门。贴脸板（也称门脸子）起遮盖门套周围与砖墙交接处的作用。为了美观，在狭长的木条上可做成不同形状的线条，钉在接缝处。

门套子的立边与上下槛结合，通常是在立边上做榫头，上、下槛打榫眼，并且两端留出走头。如果是塞套子式的（即砌墙后再把套子塞进出），则不留走头，榫头做成燕尾槽形式。立边与腰槛接合是在立边上打榫眼，腰槛两端做榫头（图

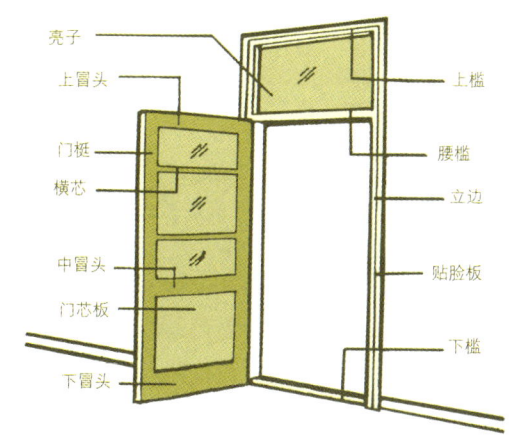

图9-1 常用木门各部名称

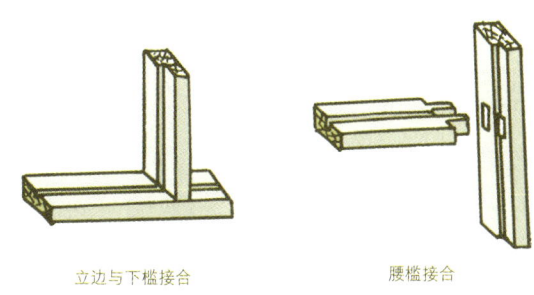

图9-2 门套子接合

9-2)。如果是固定亮子,则在上槛与腰槛上打榫眼,窗棂子两头做榫。

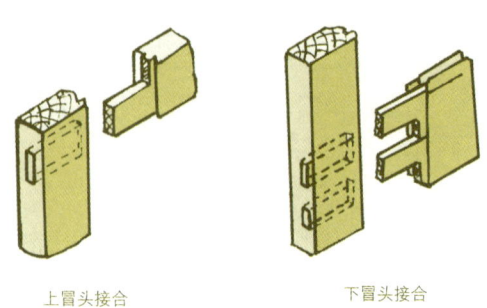

上冒头接合　　　下冒头接合

图9-3 门冒头接合

门扇是由门梃、上冒头、中冒头、下冒头(也称上、中、下马头)和门芯板等组成的。为了采光,有的门扇在上部分安装玻璃,做成半玻璃门。

门扇的组成也是用榫眼接合的,上冒头与门梃的接合,是在上冒头的两端做榫,上半部三分之一做半榫,下半部三分之二做透榫,在门梃上打眼。下冒头与门梃的结合与上冒头方向相反,上半部是透榫,下半部是半榫。如下冒头较宽,一般采用大小榫(图9-3)。即在下冒头两端各做两个半榫和透榫,在门梃上打两个半眼和透眼,主要是考虑到门扇较重,增加其抗下垂的重力。门芯板镶嵌在门梃和冒头之间的凹槽里,槽宽10～12mm,槽深10mm,门芯板镶入槽中,板边离槽底有2mm间隙。板边如较厚,需刨成斜棱且与槽宽相同,并可做成各种形状。门芯板可采用薄木板或胶合板、纤维板等。

9.1.1.2 木门的种类

木门的种类繁多,形式各异。现依据其结构形式、开启方法、造型、用途和特殊功用进行分类。

木门按其构造形式不同,可分为镶板门、镶面门、实心门、空心门、拼板门、玻璃门、带窗保温门、实木门和传统门等,如图9-4所示。此外,还可依据门的组成分为带亮子、不带亮子和单扇门、双扇门、带固定扇的双扇门、四扇门等。

1. 镶板门

它是门的一种最普通形式。门梃尺寸一般厚为45mm,宽为90～120mm,门冒头尺寸与门梃相同,但为了改善下冒头的承重状况,其宽度可增加到120～240mm。门芯板的厚度用15mm以上的木板或五层以上的胶合板,也可用中、高密度纤维板、刨花板及其他材料。当门洞宽度大于1000mm时,最好做成三七扇门或双扇门等。此种门适用于民用建筑及工业辅助建筑的内门及外门。

2. 镶面门

又称胶合板门。它是用小规格材做成骨架,在门梃与上、下冒头两面均做成裁口,裁口的深度和胶合板的厚度相同,然后两面镶装胶合板(也可用硬质纤维板)。这种门表面光洁,轻巧灵便,适宜于作民用建筑的内门。如在潮湿环境中,覆面材料应采用防水胶合板。

3. 实心门

它在门的木框架中,加填刨花板、硬质或中密度纤维板、细木工板作为门的芯板,在其两面胶贴优质的胶合板作面板,然后用实木或薄木封边。此种门造价不高,但较为牢固,可用于民用建筑的内、外门。

4. 空心门

它在门的木框架中,采用纸板格、蜂窝格、环状格或空心,两面覆贴胶合板面板于框架上,同样采用实木或薄木封边。此类门自重轻、用料省、造价低。它适用于民用建筑及其他建筑的内门。

5. 拼板门

它是由100～150mm宽的木板,采用平口、裁口或企口拼合而成的。木板可以利用边角料拼成多种花纹图案,钉装于门梃和冒头上。如果用于仓库、车间时,则可不用门套,在上下冒头装置铁板铰链与墙体连接。一般拼板门构造简单,坚固耐用,特别是双层拼板门保温隔音性能较好,但门扇自重大,用木材较多。此种门一般用于民用建筑及工业辅助建筑的外门。

6. 玻璃门

它的结构形式基本与镶板门相同,区别是门扇部分或全部镶装玻璃,所用玻璃厚度为4～6mm,其门梃、冒头的用料尺寸也与镶板门大致相同。此门的特点是外形简洁美观、采光好,但对木材质量及制作要求较高。半截玻璃门适用于民用建筑的内外门及阳台门;大玻璃门适用于公共建筑的入口大门或大型房间的内门。此种门一般装有弹簧铰链,推开后,门扇借铰链中弹簧的作用自动返回,最后关闭,故多用于进出频繁之处。

7. 带窗保温门

此种门多用于楼房建筑中的阳台进出口处,可增加房间的采光效果。其结构与镶板门近似,只是在门的两边用木板钉合,板中间用防寒毡或玻璃棉毡等保温材料填充。在填放保温材料时,靠两面木板里边需各铺一层油纸,以防雨防湿。

8. 实木门

一般用料较好,造型别致,多为铣削、雕刻成形,近年来用于高档建筑和店铺门面的大门装修。此种门结实牢固,给人以高雅豪华的感觉。其式样和风格多以欧美式的为主,如图中的实木门各有名称。此种门的生产和油漆技术要求高,造价也高。

9. 传统门

也称古典式门。它的造型别致,古色古香,具有不同的时代、地域和民族特色及风格,是中国传统文化宝库中的优

图 9-4 木门的种类

中国传统门

图 9-4 木门的种类

秀遗产。其做工精湛，图案繁多。在古时主要是靠手工制作，现在一些乡镇民居、古典建筑及仿古装饰中仍在应用。如何借鉴古人的造型风格，采用现代化的机械生产，发扬光大传统文化之精华，做到古为今用，仍是值得我们研究的课题。

木门按其开启的形式不同，可分为平开门、推拉门（交叠式、面板式和内藏式）、分段开启门、折叠门、旋转门、上推门、卷帘门和光电感应门等（图 9-5）。

1. 平开门

它包括单开门、双开门和母子门、带固定扇的双门和四扇门等。此种门安装简单，开启方便，是应用最为广泛的一种普通门。

2. 推拉门

它包括交叠式、面板式和内藏式三种。此种门占地面积省，开启轻便，可用于室内空间的隔断。交叠式只能开启一半，故用于门面规格较大处；面板式会对室内布置有影响；内藏式相对前两种较合理，但加工和安装稍微复杂。

3. 分段门

此种门可分为上、下两段，上段可单独开启，以便室内的通风、采光。如用于套房的大门，上半段可开启部分应加防护网，以满足安全需要。

4. 折叠门

它与平开门相比，可节省开启空间，特别适用于大规格门面，可减少单扇门的尺寸。此种门还可用于商业店铺的外门。开启灵活、方便，但关闭、锁牢时应闩死或用五金插销固定。

5. 旋转门

可用木框架，内镶玻璃，用于公共建筑的大厅门等。其特点是封闭性好，对室内空调的冷、暖气与室外有较好的隔

离作用。其加工制作要求较高，安装相对复杂。

6. 上推门

此种门不占地面空间，但现代建筑层高有限，故应用较少。

7. 卷帘门

此种门克服了上推门占用空间的缺点，通过旋转将木条片卷于门的上方。由于木片防护能力差，除用于内部装饰外，大多采用铝合金片制作，广泛应用于商业店铺的防护门。

8. 感应门

分为两种：一种为电子感应门，需用微波探测传感器，自控探测装置通过微波捕捉物体的移动，传感器固定于门的上方正中，在门前形成半圆形的探测区域；另一种为光电感应门，该系统的安装方式为内嵌式或表面安装，光电管不受外来光线的影响，最大安装距离为 6100mm。安全踏板器应安装在平开门的开启方向，安全踏板的长度应超出门板宽度 127mm，所有踏板应适合于门框的宽度。

木门依据其造型可分为：普通门、装饰门、传统门（古典门）、西式门等，可分别归类。

木门依据其用途可分为：外门、分户门（如楼道间的）、内门、阁楼门和地下室门等。

除此之外，木门按照其特殊功用还可分为防火门、防护门（纱门、防盗门）、密闭门、隔音门和通风门（如百页门）等。

9.1.2 木窗的结构与种类

9.1.2.1 木窗的结构

木窗的结构是与其形式、开启方式和功用相关的，且各不相同。在此以最普通的玻璃窗为例来描述其结构。如图

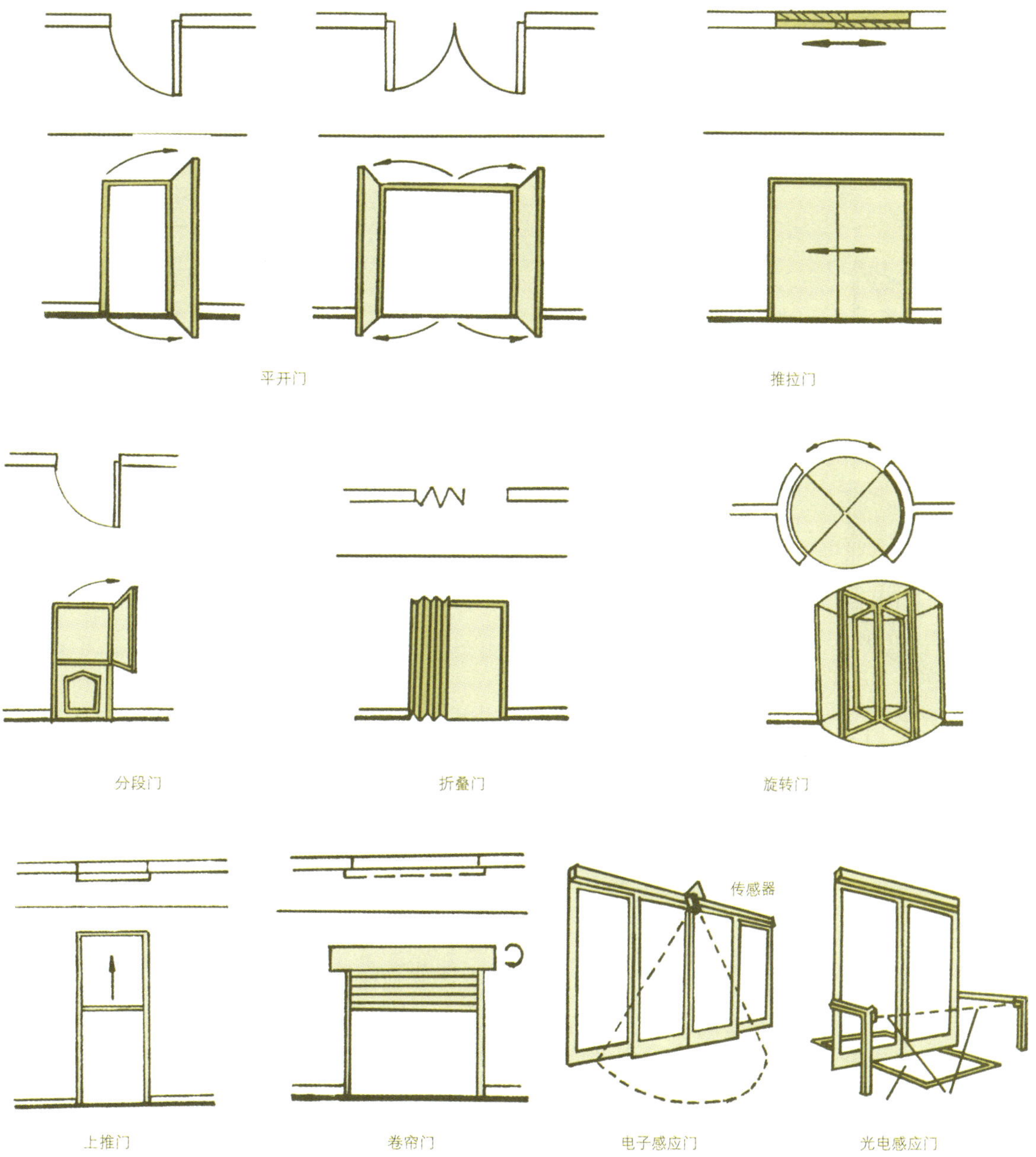

图 9-5 门的开启方式

（图中门的类型：平开门、推拉门、分段门、折叠门、旋转门、上推门、卷帘门、电子感应门、光电感应门）

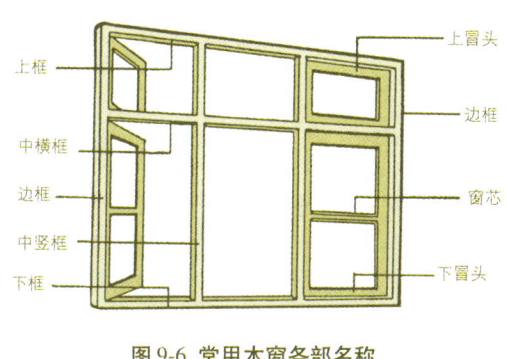

图 9-6 常用木窗各部名称

（标注：上框、中横框、边框、中竖框、下框、上冒头、边框、窗芯、下冒头）

9-6 所示，此种窗主要由窗框、窗扇、五金件和附件四部分组成。

窗框（又称窗樘）是由上框（上槛）、下框（下槛）、边框（樘子梃）、中横框、中竖框等组成。

窗扇是由上冒头、下冒头、窗棂（窗芯）、边梃以及玻璃（或窗纱、百页）等组成。

窗户常用的五金件有：铰链、风钩、插销、拉手、滑轮、滑道和开关定位器等。

窗户常用的附件有：贴脸板、筒子板和木压条等。

9.1.2.2 木窗的种类

木窗根据其开关形式、构造、造型和功用等可分为：封闭窗、平开窗、上悬窗（下悬窗）、水平推拉窗、立转窗、中国传统窗、外国传统窗、百页窗（固定式、转轴式）、遮篷内平开窗的窗扇向内开启,这种窗便于擦洗玻璃,而且有利于窗扇免受风雨的袭击,或因大风损坏玻璃和造成掉扇而引起伤害事故。但在开启状态时要占用室内空间,又不便于安装窗帘,如设计不当,容易造成雨水淌入室内或使窗扇受潮而影响使用。因此,通常在内开窗的下冒头处装钉一块铁皮披水,这样就可以使雨水由披水流到窗台上。

外平开窗的窗扇向外开启,它的排水问题容易解决,开窗时不占用室内空间。但窗扇有被风刮落或损坏的缺点,当窗扇为奇数时,擦外侧玻璃不便。楼层窗的擦窗问题现有新型的擦窗工具可以解决。此种窗相对应用较为普遍。

双层平开窗多用于寒冷地区或有特殊需要的建筑(如采用空调的建筑等)。一般可分为子母窗、内外开扇、大小框式及采用中空玻璃等几种形式。一般平开窗均带有开启式的气窗,打开气窗可供室内通风用。

2. 悬窗

它有上悬窗、下悬窗、中悬窗等形式。此形式除用于窗扇外,还常用于门亮子与窗亮子。

上悬窗是将铰链装在上冒头上,向外撑开启。此种窗防雨效果较好,但受开启角度限制,其通风效果较差,常用于高窗。下悬窗是将铰链装在下冒头上,向里撑开启。它不能防雨,占室内空间,多用于特殊要求的房间或室内头窗。中悬窗是在窗梃中部安装转轴,开启时,窗扇的上半部向里旋转,下半部向外旋转。其构造简单,通风效果好,故此种窗除用于门、窗亮子外,还多用于楼道采光窗及工业建筑的高侧窗。

3. 推拉窗

它是沿轨道或滑槽进行推拉而实现开启,故又分为水平和垂直推拉两种。这种窗是互相叠合的,优点是不占空间,窗扇受力状态好,且防风效果好,适合于安装大幅面玻璃,采光效果好,但开启时只能拉开二分之一的面积,使通风受一定的影响,五金及安装较复杂。它是在窗套上下槛或边框上做凹槽,在窗扇上下冒头上做凸榫,凸榫嵌入凹槽内,向左右或上下拉动。

4. 立转窗

此种窗的窗扇绕竖轴旋转。其引风效果好,开关方便,但防雨及密闭性差,多用于低侧窗。

5. 固定窗

此种窗也称封闭窗,不设窗扇,一般将玻璃直接安装于窗框上,仅供采光、观赏和装饰用。其构造简单、密闭性好,但不能通风。它多用于橱窗、风景窗和需采光而要求隔音、防尘处的地方,如在窗框中加上窗棂或彩绘各种图案,具有极好的装饰效果。

6. 百页窗

它由若干个小窗扇或页片组合而成,可分为固定式和转动式两种。固定式百页窗没有窗扇,一般是固定不开的,常

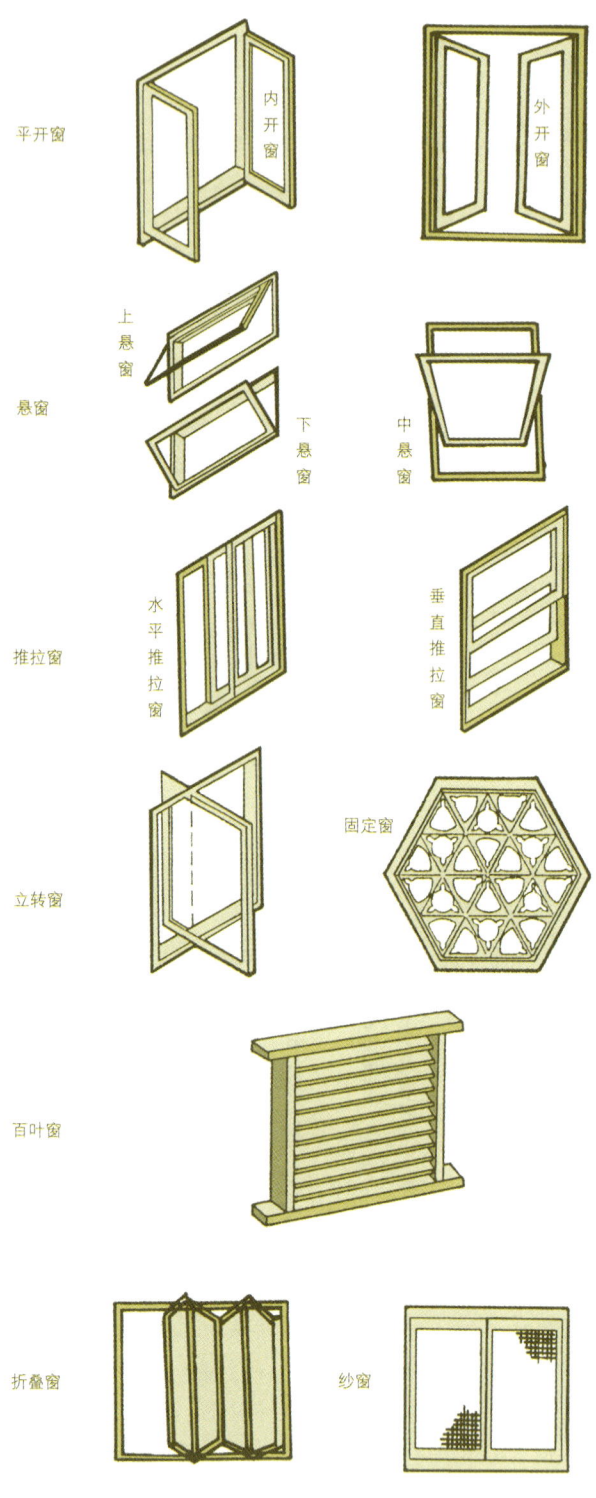

图9-7 木窗的种类

窗和各式服务窗、天窗(图9-7)等。

1. 平开窗

它是在民用建筑中使用最为广泛的一种窗。其构造简单、开关灵活,维修方便。窗扇用铰链与窗框连接,水平开启,故又可分为内平开窗和双层平开窗。

用在天窗的两面或房屋的山墙上，起通风、防雨的作用。这种窗的百页板装于窗套中，与水平成45°角，各板之间留一定空隙。转轴式百页窗通过转轴和附件进行同时开启和关闭，其通风效果较好，用于需要通风或遮阳的地方。

7. 折叠窗

它由若干小窗扇组成，可向一边或两边开启，全开启时，其通风效果好，视野开阔，所占空间小，但需要特殊的五金联接件。

8. 纱窗

纱窗由窗边、冒头、窗棂和窗纱组成，中间嵌装的窗纱可用铁丝纱或塑料纱等。纱窗装置在窗套内，用来流通空气，防止蚊蝇进入室内，通常与窗扇配套使用。

9. 中国传统式窗

据史料记载，中国最早窗的形式为西汉的直棂窗，经过长期的改进和发展，现按其功能及式样可分为槛窗、支摘窗、什锦窗和横披、楣子窗等。它们是中国传统式窗的常见装饰棂条的花格形式。

槛窗通常与隔扇门共用，可保持建筑物整个外貌风格的和谐一致。但它有笨重、开关不便、实用性差的缺点，多用于宫殿、坛庙和寺院等。

支摘窗多用于民居、住宅建筑，安装于建筑物前檐金柱或檐柱之间。一般做成内外两层，外层为棂条窗，糊纸或装玻璃，以保持室温，内做纱屉，天热时将外层棂条窗支起，凭纱窗通风。

10. 外国传统窗

不同的国家、地域和宗教等因素，使外国传统窗的形式、风格各不相同，如扇形窗、圆窗、八角窗和帕拉第奥式窗。

11. 天窗和服务窗

天窗主要是用来增加采光面积，多用于民用建筑或有特殊要求的工业建筑的房顶。它是一种古朴的形式，随着现代新型玻璃和五金材料的应用，使其焕发了新的活力。天窗分开启与不开启两种形式，开启的又分不同结构形式而各不相同。天窗设计的关键技术就是要如何提高其防水抗渗能力。

服务窗其主要作用是对外服务的窗口，如车站售票窗、售货窗、咨询窗、医院交费及取药窗和银行隔离窗等。其结构形式依据其用途和要求而定，通常有单向推拉式、双向推拉式、垂直推拉式、旋转式和隔离式等。

由于型钢、铝合金和塑料等材料的应用，使天窗和服务窗的木材用量相应地减少，故在此不详述。

12. 什锦窗、牖窗

什锦窗与牖窗基本相同，只是牖窗是开在公园、庭院的墙上，故有较强的装饰性和很浓的园林气氛。什锦窗还可分为镶嵌什锦窗、单层什锦漏窗和夹樘什锦灯窗三种。

镶嵌什锦窗通常镶在墙壁一面，不具有通风、透光功能，只用于墙面装饰。单层什锦漏窗用作庭院、园林内陷墙

图 9-8 什锦窗与牖窗的形式

上的装饰花窗。通过在墙上设漏窗，使隔墙两侧景观既分隔又联系，在窗框内只居中安装一樘子屉。夹樘什锦灯窗除与单层什锦漏窗具有相同的功能外，在窗框内装两层仔屉，在框内镶玻璃或糊纸，上面可提字或绘画。每逢佳节除夕，各种形状窗内灯火齐明，映照两壁诗画，具有无限意趣。各种牖窗与什锦窗的式样参见图 9-8。

9.2 木质门窗的生产技术

木质门窗品种多样，结构各异，其加工方法也千差万别。现以普通门窗的生产过程为例，简述其制作方法、技术要求和生产过程等。

1. 选材

木材是门窗的基础，只有使用好的木材才能制作出好的门窗。因而，木质门窗要求选用的木材应具有容易干燥、材质好、质量轻（而外门则要求质量重的硬质材）、变形小（干燥后应不变形）、易于加工和油漆及胶粘性能良好。有的实木门则要求木材具有较好的天然纹理和材色，有的高档装饰对原木的树龄、年轮疏密程度都有要求。

高档的实木门窗有用花梨木、柚木和楠木等珍贵树种制作，也有用榉木、樱桃木和水曲柳等优质树种制作。普通门窗适用的针、阔叶树种有：罗汉松、黄杉、铁杉、云杉、冷杉、油杉、杉木、柏木、红松、华山松、落叶松、鱼鳞松、白松、辐射松、槭树、桦木、柳桉、柞木、榆木、山核桃、山毛榉和枫杨等。通常用于装饰门窗的几种木材特性，列于表9-1。

2. 制材

门窗配料的加工余量可参照表9-2。锯解毛料时应考虑到其加工偏差、干缩余量和刨削加工余量等。余量的大小要依据锯解精度、树种性质和含水率高低而定，通常取3～5mm。锯解方法应尽量采用径向下锯法或毛板下锯法，因径切板纹理通直、美观，且不易变形。对有节子或含有其他缺陷的原木，要采用合理的下锯法，以便后期在配料工序中对其避开或剔除。

3. 干燥及处理

尽管门窗料多用变形小的树种，而规格尺寸较大，还是应进行干燥和其他方面的处理，以防木材变形，而影响门窗的开启及美观。从原木锯解出的规格锯材应先进行自然干燥，使含水率降到40%以下；然后送入干燥窑人工干燥，使含水率达到10%以下即可。对易变形、含树脂或较软的材料，要进行改性、脱脂或硬化处理，使其达到使用要求。

4. 配料

按照门窗详图上的零、部件的规格和数量要求，将锯材锯剖成所需规格、形状的毛料过程，称为配料。配料工作的水平直接影响到产品的质量、材料的利用率和劳动生产率。配料时要做到按产品的质量合理选料、合理确定加工余量，且含水率要符合产品要求。

门窗料的规格多在制材时确定，配料时仅考虑合理套裁其长度，做到先下长料，后下短料；先下套子料后下扇子料，并将木料一次截配齐。下料时还应考虑其允许缺陷应符合标准及规范的规定，防止大材小用、长材短用及优材劣用而造成浪费，对大死节、漏节、斜纹及腐朽的木材不得使用。凡有节子、裂纹和缺棱的锯材，要酌情使用。也就是要在榫头、榫眼的位置上尽可能地避开节子，榫头处可允许有不大的裂纹，带缺棱的边可用于裁口边。总之，要做到看材下料，使木材得到充分的利用。门窗构件长度的加工余量可参照表9-2进行合理留取。配料方案的确定可采用电子扫描或划线设计，以获得最高的出材率和质量。

5. 刨削加工

经配料后的零、部件毛料，要进行刨削加工才能得到其最终尺寸，即净料尺寸。

在刨削加工前，先应选好基准面。对门窗料的加工，通常选取一个大面和侧面作为基准面，即框子料选侧面、扇子料选宽面作基准面。基准面多由平刨加工而得，然后通过压刨或四面刨加工另外的相对面。在机械刨削操作中，宜选纹理清晰的内材面作为正面，将较为平直的大面顺木纹紧贴台面刨削，边刨边用目测，使其达到平直，然后紧贴导尺将相邻的小面刨成直角的基准面。门窗套的立边及槛头只刨三面，不刨靠墙的一面。套子料如稍有弯曲时，应将料的凹面用在裁口面上，料的凸面用在套子的外面，当砌墙时套子用砖挤紧、挡住，这样可纠正翘曲变形。

6. 划线

划线是根据门窗的构造要求，在每根刨好的木料上划出榫眼线和榫头线。

门窗套划线时（应尽可能将节子、钝棱、髓心等缺陷安排在构件的背面或截削处），为了提高划线的效率，最好采用变形小的树种做出1～2根样件。样件应四面刨光、平直，厚度取40mm，长宽等于套子料的长和断面宽，将线脚、槽口、榫头、孔眼和看角等部位用顺横线划全。为了防止尺寸混乱，立边的榫头线，槛头的榫眼线可分别划在样件的两个小面上。划线时，将两根木方横在工作台面上，把

表9-2 门窗配料长度的加工余量表

项 次	项 目	长度加工余量（mm）
1	门框立梃	3～7
2	门窗框冒头	无走头3～4，有走头放5～7
3	门窗框中冒头	20～24
4	门窗扇梃	1～1.5
5	门扇冒头和窗芯	2～4
6	门芯板	0.5～1
		两个方向各放4～5

表9-1 常用装饰门窗的木材特性

树种名称	颜 色	材 质	装饰效果
非洲花梨木	红色	硬性	显示高贵，在古代是皇家贵族的特选用材
加拿大枫木	白色	硬性	木质有放射点，灯光照射有反射线，使面积小的房间有宽阔、明朗的效果
欧洲榉木	红、白色	硬性	木质有放射点，质感好，效果华丽高贵
缅甸柚木	深褐色	硬性	适用于面积大的客厅，配合古典家具效果更佳
樱桃木	红色	较硬	质感好，装饰效果强
水曲柳	浅色	较硬	纹理清晰，自然美观，用于普通装饰
云 杉	白色	较软	径切面纹理直密，易于配色，经济实用

刨好的木料以迎面与迎面相对合，放置在木方上，平正归方。然后用大方尺紧贴样件，依次将各榫头和榫眼的横线一齐划出。若是双层里开窗套，里套子高度必须大于外套子50mm，宽度大于70mm，这样开启时，外窗不致于碰上里套方木而打不开。

在划门窗扇线时，要量好实际门窗口尺寸，以免口扇发生偏差。当划带气窗扇墨线时，尤其加以注意，防止划错。空档相等的门窗扇料，划出横线后，应当将两根料颠倒并列进行校核，线条空档是否准确无误，如有差别应立即纠正。

榫头如无特殊要求时，划线时可考虑门窗框用平肩平插。框子梃宽超过80mm时划成双夹榫；门扇梃厚超过60mm时划双头榫，若在60mm以内则划单榫即可。上、下冒头料宽大于180mm时，应划上、下双榫。无下冒头的门框梃子，划线时应按设计高度划出下脚标高横线。在净光前锯2～3mm深的锯痕，用作安装记号。榫眼厚度一般为料厚的1/4～1/3，中冒头大面宽度大于10cm者，榫头必须大进小出。门窗芯子厚度一般为料厚的1/3，半榫眼深度一般不大于料断面的1/3，冒头拉肩应和榫相吻合。

大批划门窗料榫眼墨线时，可先做一个划线匣（图9-9），这种划线匣是很容易制作的。用两根刨光的门边或窗边料（断面的宽度比门窗边略大些），正面与背面先划好榫眼线，然后分开归方，两面斜着钉上拉杆。再按各个榫眼的宽度分别将刨好的成对的木条钉在两面榫眼的位置上。把刨好的门窗料成束地放在划线匣内，沿着木条边将榫眼的横线划出后，取出门窗边，用榫勒子逐个划出纵线。

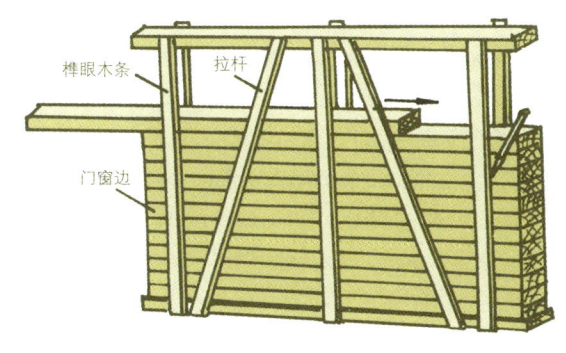

图9-9 划线匣

图9-10 划线板

划门窗冒头线时，倒角的门窗须划插肩，起线的门窗必须划硬肩。划线时可钉个划线板，划线板是由木方、木方端头挡板及侧木条所组成。侧木条断面尺寸为9cm×9cm，嵌在木方里，与木条的边缘成90°角。划线时，冒头料紧贴侧木条划出墨线。为了把墨线移到相邻的面上去，须将冒头料相应的面转到侧木条上来。这样划冒头线不但提高了划线效率，而且还准确可靠，划线板形式见图9-10。

7. 打眼

门窗扇在使用过程中，经常出现下垂或开关不灵现象，这主要是制作门窗扇时眼大榫小，接合不紧密的原因而造成的。为了使门窗经久耐用，打眼工序一定要使榫眼与榫头配合恰当，定位准确。

打眼是在打眼机上进行，因机床不同又分为单个打眼和并排打眼。打眼时，应先打背面，后打正面；先打两端，后打中间。眼的正面要留出半条墨线，打得比正面略宽，以免拼装时冲击挤裂眼口四周。打半眼要深度一致。

8. 开榫

开榫就是按划好的榫头线开出榫头来。常用的开榫设备有单头或双头开榫机，采用带割刀的铣刀头、切槽铣刀和圆盘铣刀等进行加工，也有采用由圆锯片和铣刀组成的自动开榫机。

加工榫头时应采用基孔制的原则，即先加工出与它相配合的榫眼，然后以榫眼的尺寸为依据来调整开榫刀具，使榫头与榫眼之间具有规定的公差与配合。因为榫眼是用固定尺寸的刀具加工的，同一规格的新刀具和使用后磨损的刀具尺寸之间常有误差，如果不按照榫眼尺寸来调节榫头尺寸，就必然会产生榫头过大或过小，因而出现接合太紧或过松的现象。

榫头的规格必须符合榫眼尺寸，平肩方正，斜肩符合线型。开榫应留出半边墨线，如果开半榫其长度将比榫眼的深度短2～4mm，这样不会因榫头端部加工不精确或由于木材膨胀而触及榫眼底部，而使榫肩与方材间形成缝隙，影响榫结合强度和门窗制品的外观。榫头厚度应接近门窗梃厚度的1/2，同时根据其软、硬材质不同，比榫眼宽度小0.1～0.2mm，以便带胶增加抗拉强度。榫头的宽度应比榫眼长度大0.5～1.0mm，以提高结合强度。榫头端部两边或四边削成30°的斜棱，以便装配时榫头易于插入榫眼。

开榫头时最好先开出样件进行试装，经试装合格后才能批量生产。

9. 裁口与起线

门窗套的裁口是在其内侧的棱角处去一部分，以使门窗扇的四边能够嵌入此裁口内。一般使用四面刨或铣床进行加工。裁口的两个面应平直、光滑，且与门窗扇配合的尺寸应精确。门窗扇裁口是在木料棱角处裁出缺口（有的采用开槽的形式），供装玻璃、人造板及薄木板用。裁口要求裁得平直，深浅宽窄一致，遇有节子的地方，用凿子剔平，阴角处要清根，成90°角。

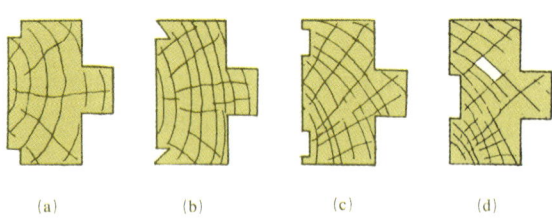

图 9-11 几种不同的门窗灰口形式

起线是在门窗扇的棱角处开出各种形状的线型,以达到美观的目的。起线须平整光滑,不可坎坷不平。起线通常是按照要求的线型,采用相应的成型铣刀或端铣刀在各种铣床上加工。现行铣刀的花型较多,能满足各种不同线型生产的需要。

门窗套裁口开好后,为了使套子与抹灰粘牢,套子背面两边各刨一条宽约 9 mm 的灰口。抹灰时,灰浆就可嵌入灰口中,使套子与灰层结合牢固,并可防止木材变形。此道工序,如采用四面刨,可与裁口一次成型。常见灰口形式如图 9-11 所示,其中(a)、(b)两种灰口对墙面抹灰有利。

10. 装配

木门窗的装配工作大致可分为拼装、加楔子和校正等工序。

拼装应先检验各零、部件是否符合设计要求,选出门窗框扇各组成零件的正面,使拼装后的零、部件正面同在一面,先里后外地进行拼装。

机械化拼装是采用各种不同形式的机械对相接合的零件施以力的作用来实现的。常用的装配机械有:螺杆机构的装配机、杠杆机构装配机、偏心机构装配机、凸轮机构装配机和使用最广泛的气压或液压传动的装配机。机械化装配要求门窗零件要有互换性,否则需人工修整,且费工费事,难以与现代化生产条件相适应。因此,生产中通常采用分选装配法,即将制造精度低的、不符合互换条件的接合零件,预先按尺寸分组,使每组零件的尺寸差异都处在互换性条件允许的范围内。

在规模不大的门窗生产拼装中,也可人工进行拼装。将门窗套扇各组合部件的正面方向一致,榫头对准榫眼,用斧头轻击拼合,敲打处要垫好硬木块,并在下面放置垫木。所有榫头全部拼好后,再行敲实。如果拼合不严,应找出原因,采取有效措施,不可硬击。拼装门套时,应先将腰槛与立边装好,再把上下槛头装上去。拼装门扇时,先把冒头、窗棂装在门窗边上,门扇待冒头装入后再安装门芯板(门芯板边至凹槽底留有 2 mm 左右的间隙为宜),然后将另一根门窗边装上,一面用视力检查扇的平面是否有翘曲及歪扭,边打紧边扳正,直至两边靠严为止。

加楔子能使榫头接合更为结实,门窗的整体性更好。木楔多用硬木制作,其长度稍短于榫头(即楔入深度为榫长的 2/3),宽度比榫眼略窄些,否则敲入时会使榫眼开裂。加木楔时,先用斧头或凿子在榫头上劈一槽口,然后将木楔沾上

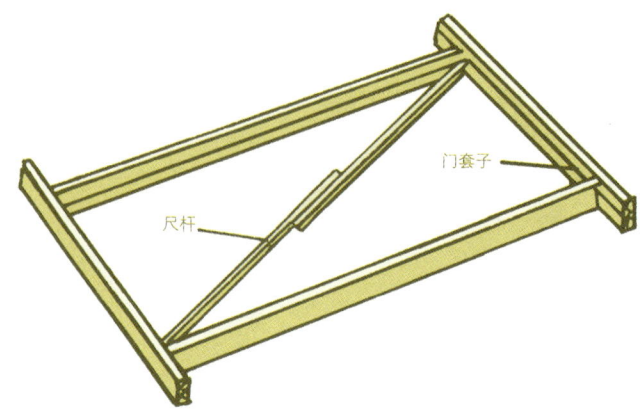

图 9-12 校正归方

胶敲入凹槽中。加木楔前用直尺反复比量校正对角线,以保证门窗的几何尺寸正确,如果门窗扇有不归方现象,应在加楔子的同时,加以修正。

在一般情况下,木窗一个榫中加一个楔;门窗套、门扇一个榫加两个楔。门窗套的加楔位置偏外一些,门窗扇上冒头加楔位置偏上边,下冒头加楔位置偏下边,这样木楔加好后,冒头、槛头都会向里挤压紧。

门窗套拼装后如果不够方正,对角线呈一边长一边短的现象,则应进行校正。校正的方法是采用两根短木杆相叠成尺杆,两端做成扁尖状,用手把木杆的两端触到套子的两对角线里,再用这个长度来衡量另外两个对角的距离是否相等,如果相等,这四个角就是直角归方了(图 9-12)。

校正后,需在两个角临时钉两根八字形拉杆,以防止套子变形。此外,对扫地门套子下端应加钉一根直拉杆,直拉杆两端锯有缺口,缺口卡在套子裁口面上,这样可避免套子下部发生变形。拼装完成后门窗的整个框或扇,都应成为一个平整结实的整体。

11. 静面和砂光

拼装后的门窗套、扇接合处,有时会稍有不平,应用框扇刨光机或手刨进行刨平,称为静面。刨削时应该注意刨削深度不应大于 0.5mm,以防刨削面起毛或多刨。静面时,先用粗刨刨削,基本刨平直时再用细刨净光或用砂纸砂光。

经砂光后的成品,应在明显处编写号码,用楞木四角垫起,水平放置,加以覆盖。经检验部门验收合格后,应立即涂刷半中性熟桐油一层或浅色底油(如清漆等)一层,待油干后,用塑料膜包装密封,以防产品受潮变形。入库后,门窗产品应分类堆垛,以待发运调拨。

12. 门窗的涂饰

此道工序一般在安装完毕后,结合建筑风格和室内装饰效果的需要,选用不同颜色和档次的涂料。目前室内门窗的涂饰多同家具、墙裙等一道进行,涂料大多选用虫胶清漆、硝基漆、聚氨酯或聚酯油漆等;室外门窗仍选用各种颜色的调和漆为多。前者光泽好、漆膜坚硬、装饰效果佳;后者遮

盖力强、漆膜耐久，但光泽差，干燥时间长。

涂饰方法目前多为手工涂刷。涂刷前，应用油灰刀清除门窗上的残物，如石灰点、胶迹等，扫净浮尘。涂刷清漆作底层，从框的上部左端开始，顺纹涂刷，不得污染墙边，厚薄要均匀，不可漏刷。漆刷采用鬃厚、毛齐、根硬头软的扁刷或圆刷。底油干后，用刮腻子刀抹腻子，刮平钉眼、裂缝、节疤及虫眼等。刮腻子刀有牛角刀、油灰刀、橡胶刮刀等。腻子有油性与水性之分，可依据涂料的要求选择。腻子要分两遍刮，第二遍比第一遍稍稀些。等腻子干后，用砂纸打磨擦净。将配好颜色的调和漆掺入 5%～10% 的稀释剂（如松节油、汽油、香蕉水等），搅拌均匀，过滤后先刷门窗外面，再刷里面，注意不要刷到墙边和玻璃上，每个门窗扇要一次连续刷完，待第一遍干后再刷第二遍，其后再刷第三遍，大面上最后要垂直刷一遍。非调和漆的涂刷方法与家具、墙裙相同，且同时进行为宜。

9.3 木质门窗的技术要求

木质门窗的技术要求所包含的项目较多，有关内容的国家标准正在制定之中，待其颁布后可参照执行。在此列出生产中所采用的门窗断面用料尺寸、门窗框扇的接合关系、门窗有关的技术指标和涂料表面的质量要求等主要内容，以供参考。

9.3.1 门窗断面用料尺寸

尽管木门窗种类、规格较多，但其主要零、部件断面的用料尺寸相差不大。断面用料尺寸的确定主要是由其力学强度、各地的使用习惯和结构及特殊需要而定。几种常见门窗的框、扇断面形状和尺寸列于表9-3、表9-4。以镶板门为例，从现行的标准图或通用图取出门框用料尺寸（表9-5），以此说明不同地区在用料习惯上的差异。

9.3.2 门窗框扇的接合关系

门窗框扇的接合关系主要有门框与门扇的接合、窗框与窗扇的接合、窗扇交缝的盖口，以及外窗的防水措施等。

门框与门扇接合的四种基本形式见表9-6。

窗框与窗扇的接合，要求关闭紧密，开启方便，防风雨。通常在窗框上做裁口，深约10～12mm。也有钉小木条，形成裁口，以减少用料或不削弱窗框强度。也可适当加大裁口深度（约15mm）或在窗框口留槽，形成空腔的回风槽，以提高防风雨的能力。窗框与窗扇的接合关系如图9-13所示。图中盖口式和带回风槽两种形式的裁口可减少渗透风速的6%～8%，加大裁口深度至12～15mm，相应可减少渗透风速5%～8%。

对于外开窗的上口和内开窗的下口是防水的薄弱环节，一般须做挡水用的披水条和滴水槽及排水小孔，以利于将渗入的雨水排出，其结构形式参看图9-14。

在两扇窗的接缝处，为了关闭严密，一般要做成高低盖缝口，必要时可加钉盖缝条，其接合形式见图9-15。

9.3.3 门窗基本技术要求

不同形式的门对其隔声性能、保温性能、防水等级、气密性和防盗等技术指标均有不同的要求，特将有关基本技术要求列于表9-7。

为了对不同结构窗户透光率的了解，便于依据不同用途合理选用，特将同面积的钢、木窗和不同结构的木窗的透光率比较，列于表9-8，以供参考。

9.3.4 涂料表面的质量要求

涂料表面的质量要求主要根据装饰要求的等级而异，为了便于施工中的质量检验，特将有关的技术质量指标列于表9-9。

9.4 木质门窗附件及紧固件

门窗的各种附件和紧固件主要有门锁、拉手、门环、铰链、插销、门定位器、自动闭门器以及各种铁钉、木螺钉等。它们与门窗相辅相成，如配合得当，不仅起到点缀的效果，更重要的是起到重要的开关和定位功能，是门窗不可缺少的组成部分。

9.4.1 门锁

在各种五金附件中，门锁最为重要。随着门的造型变化日益增多，门锁在结构和款式上也新颖多变。

门锁的内部构造精密，门把通常与门锁相连，较讲究外观形状，一般有蛋形、圆边平顶形，也有长方形伸出的转扭。除了传统的金属设计外，更有复古的黄铜设计。各类不同形状的门锁，可作为装饰品配合门的风格，较为精致的门锁上雕刻古典花纹，更加美观，一些较古老的欧式门锁，的确具有观赏价值。

除了专用和新型门锁外，普通门锁按安装方式可分为复锁和插锁两种。

复锁即为外装门锁，其特点是安装、拆卸和维修更换都比较方便，价格适宜，是建筑门锁中选用最广的锁型。插锁（插芯门锁）是锁体嵌插安装在门扇边梃内，安装较繁，但美观、坚固、不易损坏。根据锁体外形尺寸将其分为宽型、中型和狭型三种。宽型适用于边梃较宽、较厚的门扇，即扇梃厚度在38～45mm范围；中型最常用于一般门扇；而狭型多用于边梃较窄、较薄的门扇。

门锁安装在门梃表面上拉手的下端，距地面800～1000mm的门边处，不许安在中冒头的榫眼位置。如果将门锁安装在中冒头的位置上，就会使中冒头的榫头破坏，影响了门扇的整体强度。

表9-3 常见门框、扇断面形状和尺寸　　　　　　　　　　　　　　　　　　　　　　　单位：mm

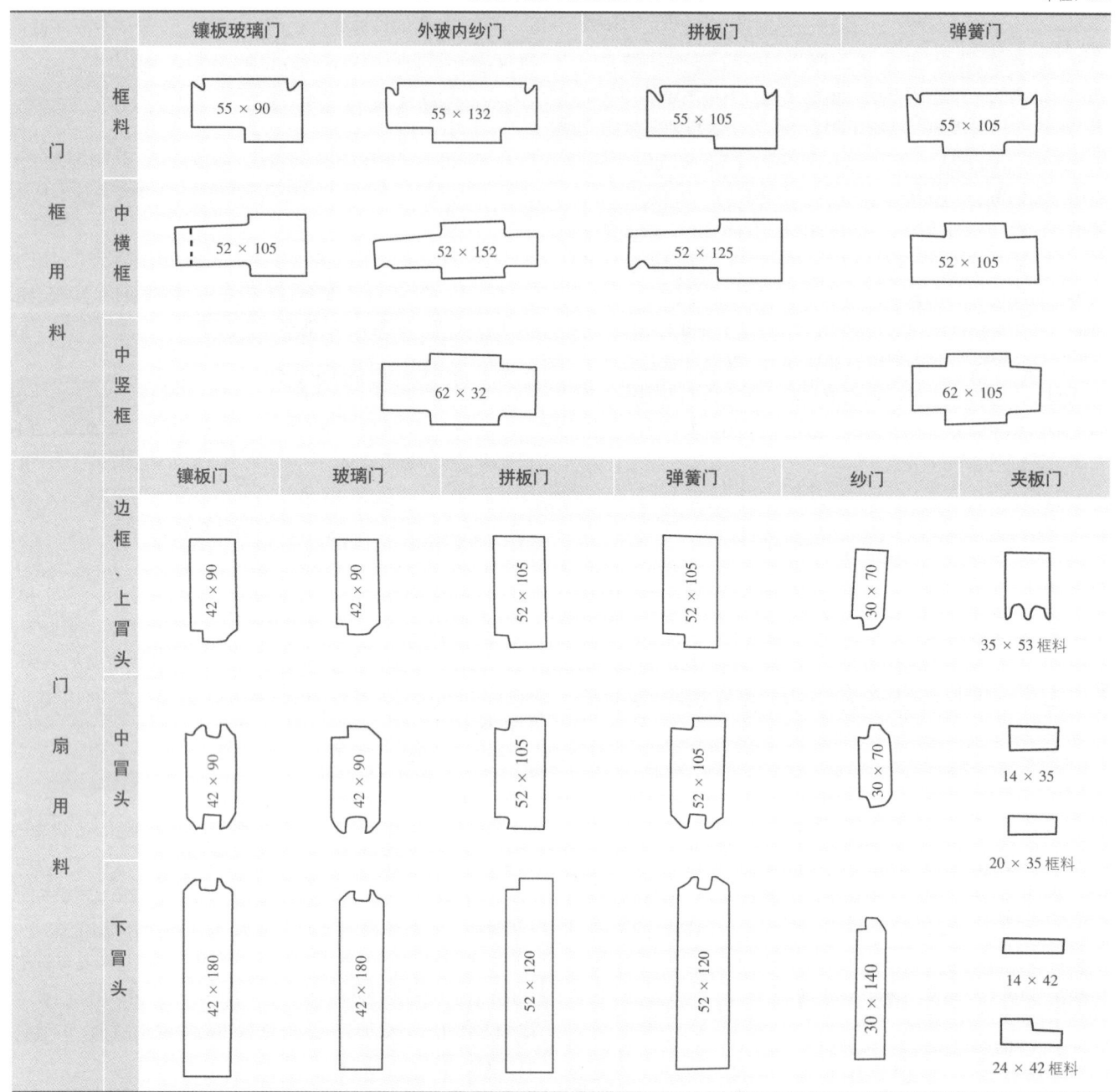

表9-4 常见木窗断面用料尺寸　　　　　　　　　　　　　　　　　　　　　　　　　单位：mm

窗类型	断面等级	窗框			窗扇				适用范围
		边框	中横框	中竖框	上冒头	下冒头	窗芯	腰窗	
平开窗	Ⅱ	52×115	60×115 60×135	60×155	40×60	40×70	40×30	40×60	用于高大的窗和有窗
	Ⅲ	52×95	60×95 60×115	60×95	40×60	40×70	40×30	40×60	用于普通窗
	Ⅳ	52×80	60×80 60×95	60×80	40×60	40×70	40×30	40×60	用于民宅的窗
纱窗					30×60	30×70		30×60	

表 9-4（续）

窗类型	断面等级	窗框			窗扇				适用范围
		边框	中横框	中竖框	上冒头	下冒头	窗芯	腰窗	
楼道翻窗	Ⅱ	52×115	60×115 60×135	60×115	40×60	40×70	40×30	40×60	用于较高大的翻窗
工业翻窗	Ⅲ	52×95	60×95 60×115	60×95	40×60	40×70	40×30	40×60	用于厂房、车间的普通窗

表 9-5 不同地区门框用料尺寸的差异　　　　　　单位：mm

类型	单裁口					双裁口（带纱窗）		
地区	华北	黑龙江	陕西	西南	湖南	华北	浙江	湖南
上框、边框	55×90	57×95	55×75	42×95	55×85	55×132	52×127	55×110
中横框	52×105	55×95	55×75	40×95	60×85	52×152	60×127	60×130
中竖框	—	—	—	—	60×85	62×132	—	60×110

表 9-6 门框与门扇的接合关系

内　门	外开外门	内开外门	外玻璃内纱门

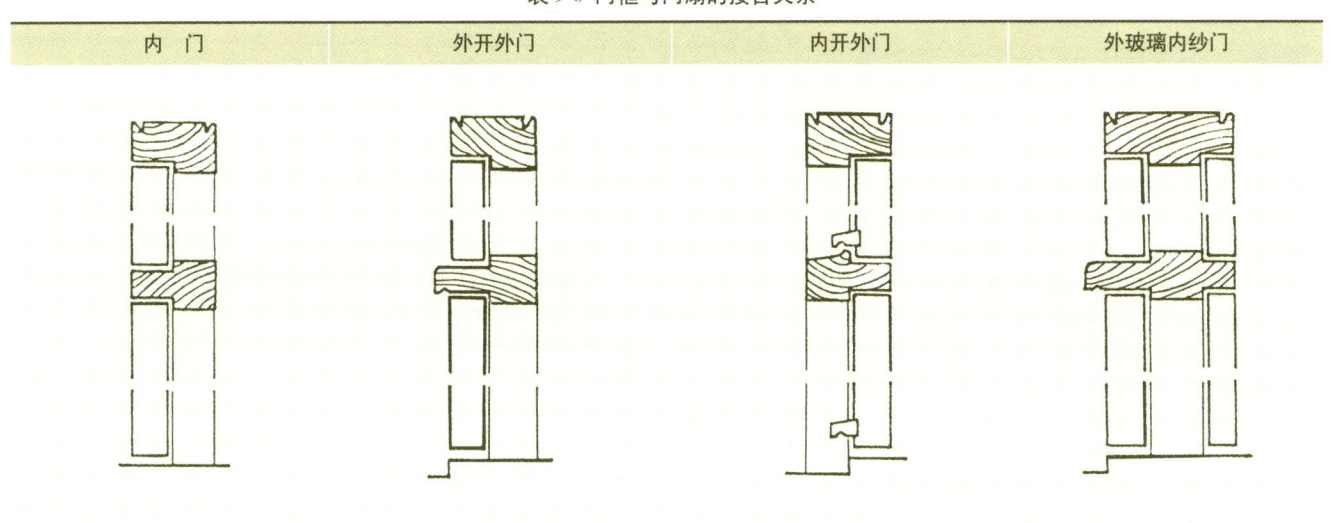

9.4.2 门拉手（执手）

门拉手主要用于协助门的开关，同时起到装饰作用。新型的门拉手，可用木材、不锈钢、黄铜和有机玻璃等制作，造型新颖别致，如在庄重的大门上装配得当，具有画龙点睛之功效。其种类有配锁门拉手、普通门拉手和管子拉手等。

9.4.3 门窗铰链

门窗铰链是用来连接门扇与门框的金属附件，一边固定在门框上，另一边与门一起可转动开合。常用铰链的形式有普通铰链（合页）、折页、摇皮、门顶铰链、关节铰链、铁皮铰链以及各种门转轴等，大多数是180°的旋转角度，少数只旋转90°或270°、360°。最常用的是各种防锈铁、不锈钢和黄铜制作的普通铰链，其结构形式见图9-16。

9.4.4 门窗插销

门窗插销的形式有普通型钢插销、封闭型钢插销、蝴蝶型钢插销、管型及暗插销等。一般装在门扇边的上部或下部，对扇门窗安装在最后关闭扇上，单扇门则安装在中冒头上。

9.4.5 门窗定位器

门窗定位器是用来固定开启的门扇，使其暂时停在某个位置不能关闭，方便出入。它的种类有：脚踏门钩、脚踏门制、门轧头和带磁性的门吸等。窗扇的定位器主要是风钩和各种专用定位器等。

9.4.6 自动闭门器

自动闭门器也是门定位器的一种，即门扇被开启后，在

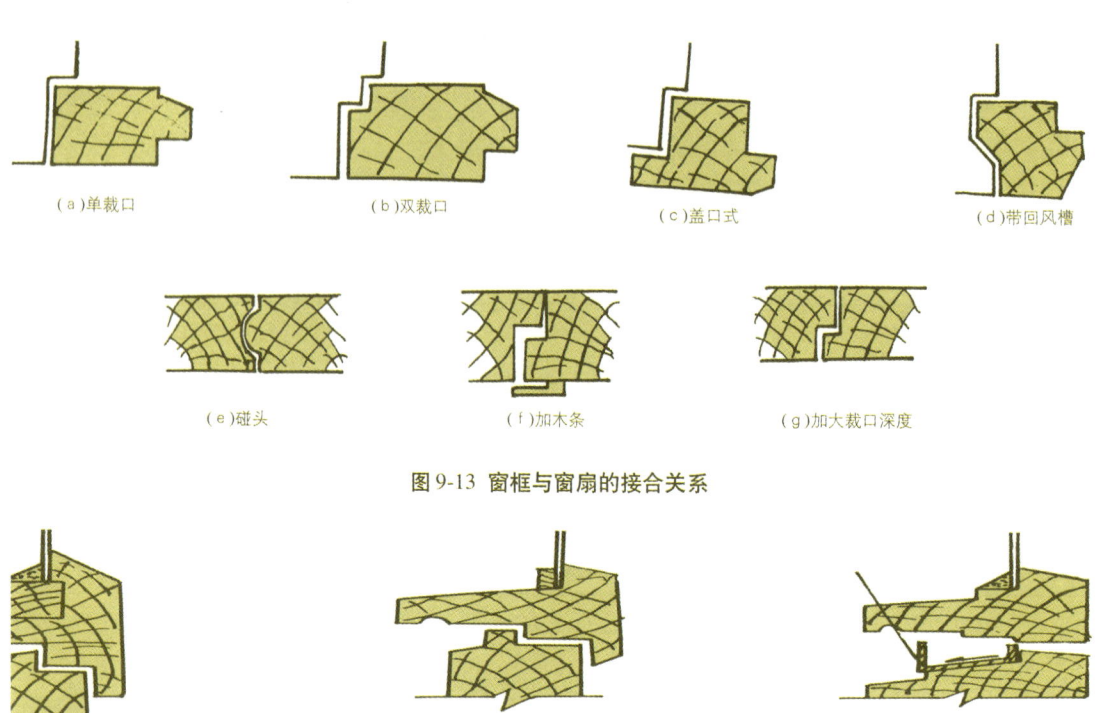

图 9-13 窗框与窗扇的接合关系

(a)、(b)、(c) 下冒头加披水条　　　(d)、(e) 下冒头带披水条

图 9-14 几种不同形式的防水措施

图 9-15 窗扇的交缝盖口

表 9-7 门的基本技术要求

类别		产品名称	基本技术要求
外门		分户门	隔声性>30dB，保温性能好[严寒地区 K=1.5~2.0W/(m²·k)，寒冷地区 K=2.0~2.7W/(m²·k)]，防水等级达到乙级，气密性Ⅱ级，防盗性能好，具有一定的装饰效果，门洞尺寸标准化，密封材料，门框封边（条），五金零件配套
		阳台门	具有采光保温[严寒地区下部门芯板 K≤1.35W/(m²·k)，寒冷地区下部门芯板 K≤1.7W/(m²·k)]，隔声（>20dB），抗风压，气密性Ⅱ级，五金件应配套
内门		卧室门	隔声性>20dB，装饰效果好，开启性能好，门框压边材料与五金件应配套
		厨卫门	具有耐油污、耐水、防腐等性能，开启形式各样（平开、上悬挂、推拉、折叠等）

没有外力的作用时，可由自身的作用使门扇自动恢复到关闭位置。此种装置多用于商店、酒店及办公楼等出入人多且有空调的场合。其种类有：地弹簧、门顶弹簧、门底弹簧和鼠尾弹簧等。

1. 地弹簧（也称门地龙或落地闭门器）

用于比较高级建筑物的重型门扇下面的一种自动闭门器，作用是使门扇开启后能自动关闭。当门扇向内或向外开启小于90°时，它能使门扇自动关闭；当开启到90°时，则能开启一段时间，暂时失去关闭功能；当需要关闭时，可将门扇略微推动一下，它又恢复自动关闭的功能。这种闭门器的主要机构埋入地下，门扇上也不需要铰链和定位器等的配合，因此它能保持门扇的美观。

2. 门顶弹簧（也称门顶弹弓）

是安装于门顶上的一种液压式自动闭门器。其特点是内部没有缓冲油泵，只是通过液压油的压缩和恢复而实现功能，主要用于机关、学校、宾馆和写字楼等处的高级内门上。

表9-8 不同结构窗的透光率比较

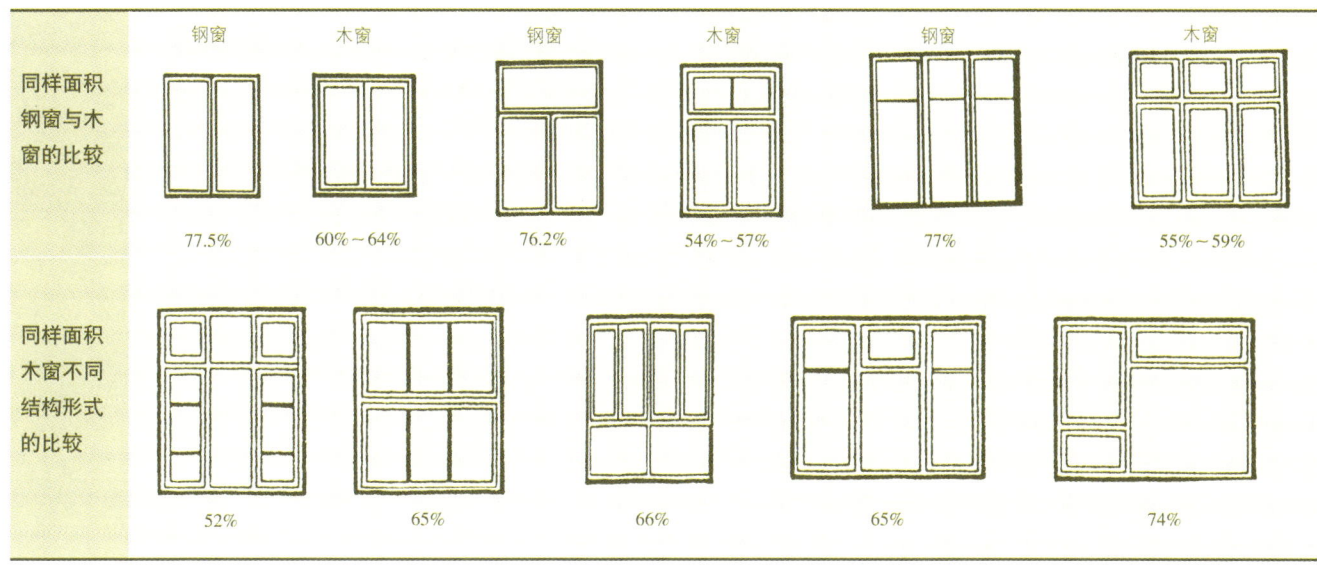

表9-9 油漆、薄涂料表面的质量要求

项次	项　目	普通级薄涂料	中级薄涂料	高级薄涂料
1	掉粉、起皮	不允许	不允许	不允许
2	漏刷、透底	不允许	不允许	不允许
3	反碱、咬色	允许少量	允许轻微少量	不允许
4	流坠、疙瘩	允许少量	允许轻微少量	不允许
5	颜色、刷纹	颜色一致	颜色一致，允许有轻微少量砂眼，刷纹通顺	颜色一致，无砂眼，无刷纹
6	装饰线、分色线平直（拉5m线检查，不足5m拉通线检查）	偏差不大于3mm	偏差不大于2mm	偏差不大于1mm
7	门窗、灯具等	洁　净	洁　净	洁　净

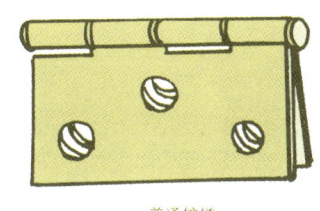 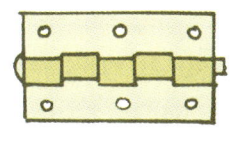 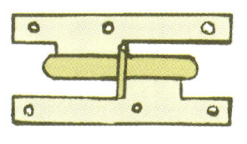

普通铰链　　　长脚铰链　　　抽心铰链　　　H型铰链

图9-16 铰链的各种形式

3. 门底弹簧（地下自动门弓）

分横式和竖式两种，原理与双管式弹簧铰链近似，适用于内外开启的门扇，依靠其地轴和顶轴的轴心与门梃连接，无需用铰链。

4. 鼠尾弹簧

此装置安装在门扇的中部，如将臂梗放下，即可失去自由关闭的功能。

9.4.7 其他附件

五金附件的安装，需要用到各类钢钉、木螺钉、膨胀螺栓和铆钉等，这些金属件通常称为紧固件，它是门窗安装必不可少的，具体可根据实际情况合理选用。

除上所述，随着科学技术的进步，很多新型的装置越来越多地应用于门窗的生产之中，如微波探测传感器、踏板式传感器和光电感应传感器等用于门的自动开关。用于窗扇和窗帘自动开关的电动遥控装置，也在研制、应用之中。最近从德国引进的隔音、隔热双层密封窗，无论是造型设计，还是开关形式，特别是其功能，都给人耳目一新之感觉。

参考文献

[1] 建筑艺术工作室绘编．门窗装饰．合肥：安徽科技出版社，1999

[2] 张绮曼，郑曙旸主编．室内设计资料集．北京：中国建筑工业出版社，1991

[3] 丛传书编著．实用木工．哈尔滨：黑龙江科学技术出版社，1992

[4] 李子朴，柯烈等编著．图解居室装璜制作大全．上海：上海科技出版社，1992

[5] 刘忠传主编．木制品生产工艺学．北京：中国林业出版社，1993

[6] 马炳坚著．中国古建筑木作营造技术．北京：科学出版社，1991

[7] 姜丽荣，崔艳秋等主编．建筑概论．北京：中国建筑工业出版社，1995

[8] 徐锦华，徐培毅著．室内装潢木工工艺详图．上海：上海交通大学出版社，1993

胶合板 10

胶合板是由三层或多层旋切（或刨切）单板，通过胶黏剂胶合而成的平板状材料。通常相邻层单板的木材纹理纵横交互配置，单板层数一般为奇数。胶合板的最外层单板称为表板，其中用作胶合板正面的表板称为面板，用作胶合板背面的表板称为背板，胶合板的内层单板统称为芯板，对顺纹胶合板而言，芯板中木纹方向与表板相同的称为长芯板，而木纹方向与表板木纹相互垂直的称为短芯板或简称为芯板。对横纹胶合板而言，情况正好相反（图10-1、图10-2）。

所谓顺纹胶合板是指表板的木纹方向与胶合板的长度方向一致的胶合板；而横纹胶合板是指表板的木纹方向与胶合板宽度方向一致的胶合板。

对复合板而言芯板不完全是单板，它有一部分芯层材料是由木刨花、纤维或碎料构成的，但也称之为芯板。

10.1 胶合板的种类和物理力学性能

10.1.1 胶合板的种类

胶合板的种类很多，通常我们根据胶合板结构和加工方法来对其分类，可简单地分为普通胶合板及特种胶合板两大类。

普通胶合板是由奇数层单板根据对称原则组坯而生产出的胶合板。这类胶合板结构最为典型、产量最多、使用最广泛。按普通胶合板使用胶料的耐水、耐久性能可将它分为室外用胶合板和室内用胶合板两种类型（表10-1）。

除了普通胶合板以外的胶合板，统称为特种胶合板。根据结构、加工方法和用途，它们又可分以下几种：

1. 细木工板

利用窄木条、空芯格状木框、纸质蜂窝或发泡合成树脂等作芯层材料，在其上、下各组合两张纹理互相垂直的单板或胶合板胶合而成的产品。它具有工艺简单，结构稳定，密度小，隔音、隔热性能好，木材利用率高等优点。广泛应用于家具、建筑等部门。

2. 装饰胶合板

在普通胶合板表面贴装饰纸（制成宝丽板或华丽板）、直接印刷木纹等天然纹理、覆贴刨制薄木、三聚氰胺装饰纸或金属板等制成的产品称装饰胶合板。也可在胶合板表面钻孔、开"V"型槽、模压花纹等达到装饰效果。

3. 塑化胶合板

每一层单板都涂酚醛树脂并在较高的压力（通常为2～

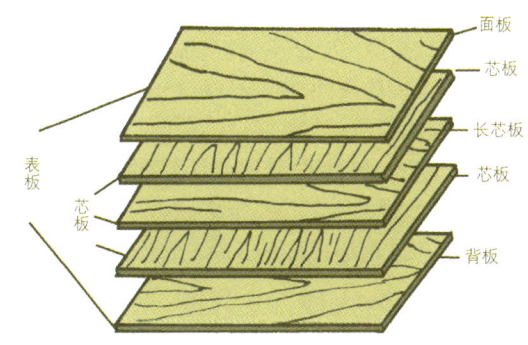

图10-1 五层顺纹胶合板的结构

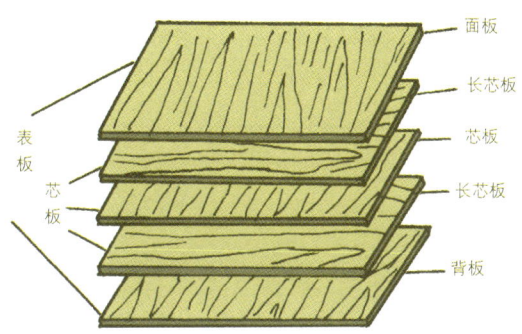

图10-2 五层横纹胶合板的结构

表 10-1 普通胶合板种类和使用场合

使用场所	胶层类别	相当于国外产品代号	使用胶种及产品性能	用途
室外	I类（NQF）耐气候、耐沸水胶合板	WBP	具有耐久、耐煮沸或蒸汽处理和抗菌性能，用酚醛类树脂胶或其他性能相当的优质合成树脂胶制成	用于航空、船舶、车厢、混凝土模板等要求耐水性、耐气候性好的地方
	II类（NS）耐水胶合板	WP	能在冷水中浸泡，能经受短时间热水浸泡，用脲醛树脂胶或其他性能相当的胶粘剂制成	用于车厢、船舶、家具及室内装修等场合
室内	III类（NC）耐潮胶合板	MR	能耐短期冷水浸泡，适于室内常态下使用。用低树脂含量的脲醛树脂胶、血胶或其他性能相当的胶粘剂胶合制成	用于家具、包装及一般建筑用途
	IV类（BNC）不耐潮胶合板	INT	在室内常态下使用，具有一定的胶合强度，用豆胶或其他性能相当的胶粘剂制成	主要用于包装，茶叶等食品包装箱用豆胶胶合板制成

注：1. NQF、NS、NC、BNC 为耐气候、沸水，耐水，耐潮，不耐水等词的汉语拼音首写字母
2. WBP（Weather and boil proof grades）：耐气候、沸水等级；WP（Water proof grades）：耐水等级；MR（Moisture resistant grades）：耐潮等级；INT（Interior grades）：室内不耐水等级

3MPa）下热压而成的一种胶合板。在产品表面形成一层光滑的固化树脂层，可防止水分进入，有较高的强度。

4. 木材层积塑料

用浸过酚醛树脂胶的单板，在高温、高压下压制成的新产品。该新产品有高尺寸稳定性、高绝缘性和高强度等特点。由于该产品为多层的厚板，所以又称层压板。

5. 异形胶合板

用胶合板板坯在异形压模内直接压制出的曲面形胶合板产品，以供特殊需要。如用作椅背、扶手和椅后腿等。

6. 阻燃胶合板

又称防火（滞燃）胶合板。该产品是经无机或有机化学阻燃剂处理的具有防火性能的胶合板。

7. 防腐胶合板

经化学防腐剂处理的，有防腐性能的胶合板。

8. 防虫胶合板

经化学药剂处理的，具有防虫蛀蚀性能的胶合板。

10.1.2 胶合板的物理力学性能

胶合板的物理性能有：密度、吸水和吸湿性、干缩和湿胀、含水率等等。而其中含水率一项对产品的使用性能影响很大，所以国家产品标准中规定要对胶合板成品的含水率进行检测。对胶合板只检测其绝对含水率。计算公式如下：

$$W = \frac{G_1 - G_2}{G_2} \times 100$$

式中：W——试件的绝对含水率，%
G_1——干燥前试件的质量，g
G_2——干燥到恒重（绝干）时的试件重，g

试件裁取和检测方法参照 GB/T9846.7-2004 和 GB/T17657-1999。

胶合板的力学性能有：胶合强度、抗弯强度、抗冲击强度和强重比等。而其中胶合强度与产品使用性能关系密切。所以国家对普通胶合板规定了胶合强度的检测。胶合强度按下式计算：

$$S = \frac{P}{A \times B}$$

式中：S——试件的胶合强度，MPa
P——试件的破坏载荷，N
A、B——试件破坏面的实际长、宽尺寸，mm

试件裁取和检测方法参照 GB/T9846.7-2004 和 GB/T17657-1999。

10.1.3 胶合板生产的出材率

胶合板出材率是指 1m³ 原木能生产出成品胶合板的材积数。通常以百分数表示：

$$A = \frac{1}{Q} \times 100 \quad \text{或} \quad A = \frac{Q_1}{Q_2} \times 100$$

式中：A——胶合板出材率，%
Q——生产 1m³ 成品胶合板所耗用的原木材积量，m³
Q_1——工厂一定时间内生产的胶合板成品量，m³
Q_2——生产 Q_1 数量成品胶合板所耗用的原木量，m³

胶合板生产出材率与树种、原木等级、工厂生产条件有关。通常为 30%～50%。

10.2 胶合板生产工艺

10.2.1 胶合板生产工艺流程

胶合板的制造方法可分为湿热法、干冷法和干热法。湿

热法是指用湿单板经涂胶、组坯热压成胶合板。干冷法是用干单板经涂胶、组坯，用冷压的方法制造胶合板。干热法是用干单板通过热压生产胶合板。这三种方法中因干热法生产效率高、产品质量好而得到广泛应用。

以上工艺流程不是一成不变的。各生产单位可根据设备、原材料和地区的气候条件而有所增减，有的工序也可前后调换。南方地区，如果原木是软材且是水运材或新伐材则可不必水热处理；水热处理与剥皮也可前后调换；可根据所用单板干燥设备的不同来决定工艺流程是先干后剪还是先剪后干。胶合板三种制造方法的工艺流程见下图。

10.2.2 胶合板用材与原木贮存

10.2.2.1 主要用材树种

我国常用的胶合板树种有：樟子松、落叶松、马尾松、云南松、水曲柳、椴木（糠椴、紫椴）、桦木（枫桦、白桦）、荷木、核桃楸、枫香、拟赤杨、杨木、泡桐等等。这些材料中现在有的树种贮量已很小，如水曲柳、椴木等已不成为主要树种；杨木、泡桐等速生树种的用量日渐增多而成为主要用材树种。枫香、荷木等因木材有扭转纹及涡纹，易造成单板干燥后严重的翘曲变形，影响到涂胶质量和产品质量，生产时应注意。

目前我国的胶合板生产普遍采用芯层单板用国产树种，表层单板用进口材（柳桉等），为了节省表板，胶合板结构普遍采用厚芯板和薄表板，表板厚度仅为0.5mm左右。

进口材主要有：柳桉、阿必东、克伦、桃花心木、门格力斯、奥古曼等。此外尚有一些国内材和进口材因树种珍贵仅用于刨切薄木的生产。如：水曲柳、黄波罗、柞栎、核桃楸、香樟、柚木、桃花心木等。

10.2.2.2 原木的质量要求

胶合板生产用的原木质量直接关系到胶合板生产的出材率和产品质量。因而要求胶合板生产用的原木等级在二等材以上，原木最小径级不小于26cm，检尺直径按2cm进级。航空胶合板用原木为桦木一等材，但小头直径自22cm起。

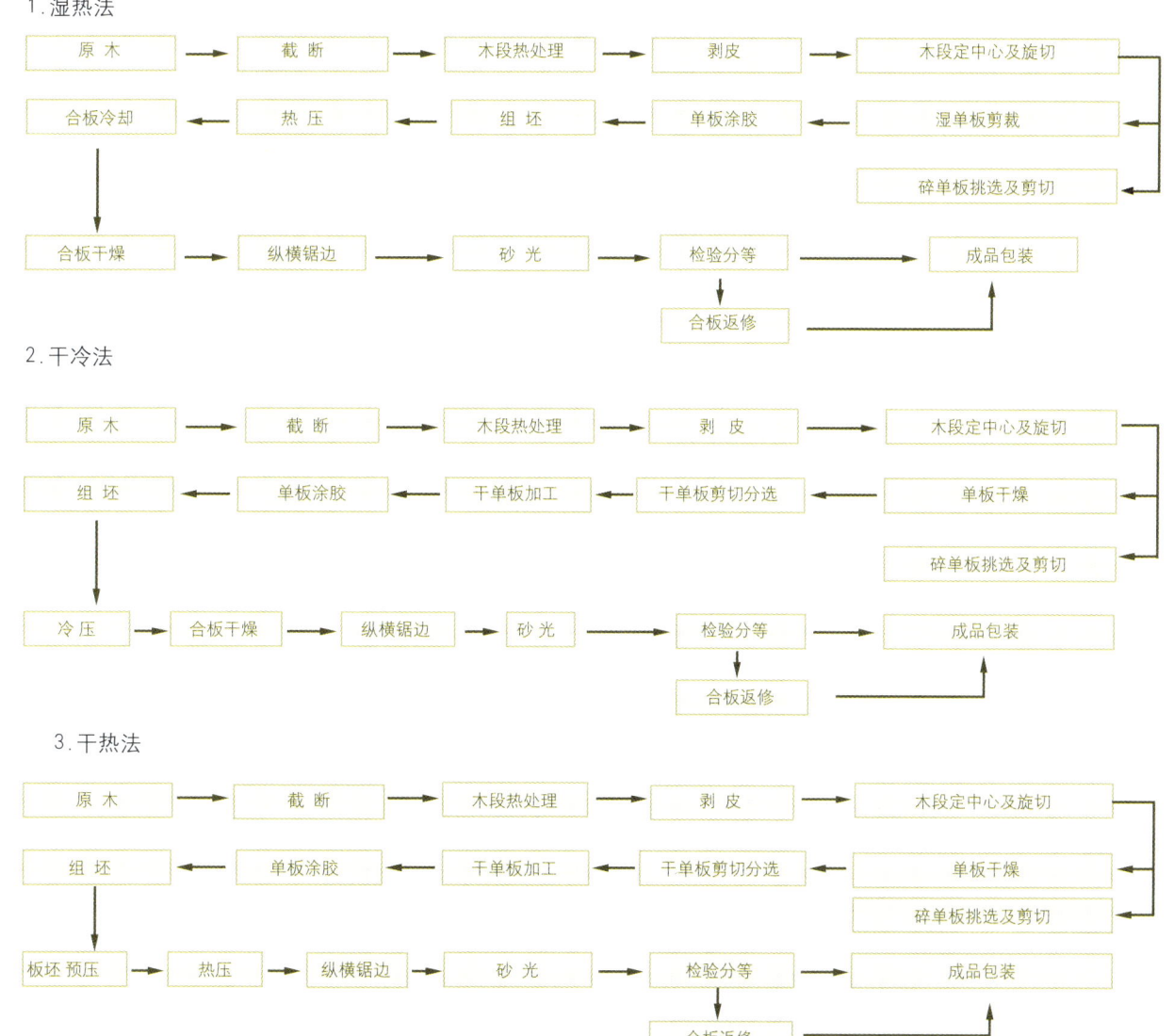

1. 湿热法

2. 干冷法

3. 干热法

原木长度为2、4、5、6m；长度公差为$^{+6}_{-2}$cm。长度检尺按0.2m进位。原木缺陷解释、检量方法、原木检尺和材积计算按国家标准进行。

10.2.2.3 原木材质结构及缺陷对胶合板生产的影响

原木的材质缺陷对胶合板生产有两方面的影响：一是影响胶合板出材率；二是影响胶合板质量。归纳如表10-2。

10.2.2.4 原木的贮存和保管

为了保证胶合板生产过程的连续进行，需要有一定的原木贮备，并应保管好，不能因贮存而变质。

贮木场的选择，应由工厂地理条件来决定。靠近河流、湖泊的工厂以采用水上贮木场为好。水贮木材可防止原木开裂、腐朽，节省堆垛、倒垛和搬运费用，并能防止楞场火灾。北方地区工厂多缺水源，冬季冰冻期又长，所以多采用陆地贮木。

1. 水贮原木

水上贮木场是利用天然河道、湖泊，或挖水池引入河水贮木。利用天然河流作水上贮木场，应选择流速较缓的地方，并注意水位，防止涨潮和洪水期冲散木材以及枯水期妨碍水上贮木作业。采用挖池引入河水的，要有闸门控制水位。

水贮木材时，水的深度应根据木排厚度来确定，使木材尽量没入水中，露出水面部分宜用低等级木材覆盖，保证优等级木材在水面以下，否则木段端部易产生水渍纹，椴木夏季漂浮在水上水渍纹最为严重，而且半干半湿的木材也易腐烂。贮木池水深以3~4m为宜。

新采伐的或长期浸水的木材，常沉入水底，因此，修建水池时，池底最好铺上片石或混凝土，每年定期清理树皮、污物及打捞零散沉木。利用江河、湖泊贮木应考虑到对水源及环境的污染，首先要着重考虑环境保护问题。

贮木池的容积按照木排数量或散放木材量而定。存放木排时每m²面积可容纳1m³原木，散放时仅能容纳0.2~0.3m³原木。散放原木露出水面部分易变质，不宜作长时间的贮存。

水贮原木运输较方便，木排由河道引入，原木出水用卷扬机拖曳，或用门式起重机和出河机出河。

采用卷扬机拖曳原木时，出水场所的河岸用水泥砌成30°左右的斜坡。为护坡和减少原木在坡上的滑动阻力可在坡上铺垫薄钢板或几根小铁轨。

采用门式起重机出河时钢丝绳可一次吊起数根或单根原木。每日出水原木数量大的，也可采用链上附有挂钩的链式出河机。

2. 陆贮原木

陆地贮存的原木易腐朽、开裂和遭受虫害。柳桉、水曲柳、枫香等易端裂；泡桐、桦木、拟赤杨等易腐朽。特别贮存过夏天更易产生这些缺陷。贮存红松、马尾松等针叶材，不剥树皮易受天牛、松象鼻虫和蠹虫等侵害，这些都会使原木降等、变质，影响到胶合板的质量和出材率。所以在林区或工厂陆地贮存原木超过一个月时，应根据当地条件，因地制宜地加强科学保管措施。

（1）端头涂料法：在原木两端涂刷涂料，既能防止端部

表10-2 原木材质结构及缺陷对产品质量的影响

材质结构及缺陷名称	木质状况	影响情况
年轮	早材疏松、晚材紧密 散孔材材质均匀密实	环孔材在单板面上形成大花纹，很美丽。但热压时易透胶；散孔材旋得单板均质光滑
心、边材	边材木质好，心材木质差	由于心、边材的含水率、硬度、干缩湿胀都有差异，因而影响旋切、干燥、热压等工艺
木射线	横向薄壁细胞，强度差	木射线增加单板（或薄木）表面的美观程度，但影响单板（或薄木）的强度
树脂道	木材中含树脂	旋切和干燥时松脂会沾污刀和干燥机，影响旋切加工和污损单板表面，热压时影响胶合质量
尖削度	木质正常	有尖削的木材旋出的单板纹理美观，但由于割断纤维过多而影响单板强度和出材率
弯曲度	木质健全	旋切外圆碎片多，整板和出材率降低
腐朽	木质松软，呈棕褐、灰白或淡黄白色，硬度大为降低	边材腐朽，旋切时单板破碎，木屑易堵塞刀门，妨碍旋切，单板出材率低。心腐：易使卡头陷入木段，使旋切无法进行
节子	活结、死结、腐朽结	活节不影响旋切，死节、腐朽节影响单板等级率，增加单板干加工的工作量
变色	木材硬度不变，但颜色改变，呈现红、蓝、棕等色条或色斑	影响单板外观质量，即影响单板等级率，变色范围大的只能作背板和中板
水渍纹	木材物理机械强度未改变，只是呈黄黑色斑或色条	影响单板美观，降低单板等级
扭转纹	木质健全	使单板及合板产生翘曲变形
夹皮	木质不健全	影响单板等级率和出板率，增加单板修补工作量
端裂	木质健全但沿端头径向有开裂	旋切时无法形成连续单板带，木段易劈裂，妨碍旋切且降低了单板的出材率
环裂	原木端头沿圆周开裂	常形成木材整块剥落，使旋切无法正常进行

水分蒸发过快而产生端裂，又能防止雨水从原木端头渗入而发生腐朽。如木材贮存时间较长，需经过夏季或干燥季节，尤应加强保护。这种方法虽会增加原木保管的人工和费用，但对保持原木等级不受损失和节约木材大有好处。

常用涂料可为沥青或焦油与黏土混合物，或为石灰与桐油的灰泥混合物。下面举例为涂抹涂料的配方：

沥青或焦油	约50%
黏土(细筛)	约15%～20%
水	约30%～35%

将上述混合物搅拌均匀后，用刷子或机械进行端部涂刷，形成一层薄膜，涂刷一至二次，待干后再刷上一层石灰液，可防止日晒。

对于易腐树种，可在端头先涂一、二次防腐剂（如3%浓度的氟化钠溶液）作底子，然后再涂保湿层。对于未涂保湿层的截面，仅刷石灰液是不起作用的。

(2) 人工喷水保存法：这种方法是在原木堆垛两边，铺设喷水管，喷洒细雨，以保持原木堆垛中木材的水分，可防止原木端裂。每昼夜喷6～10次。这种方法设备费用较高，只有在水源充足的情况下使用。

(3) 搭棚覆盖的方法：这种方法仅适用于量小贮存期又长的贵重木材，如樟木、楠木等。

(4) 防虫害方法：剥皮是防止虫害的有效方法。对于剥皮后不会产生严重干裂的木材，如马尾松等易受虫害的针叶材，在伐倒后即剥去外皮，这样才能防虫蛀。陆贮未剥皮原木，如是易腐朽树种，需长期贮存的均需先喷杀虫剂，然后再喷防腐剂。

10.2.3 原木截断

10.2.3.1 尺寸要求

原木截断是根据胶合板生产所需的木段长度尺寸，结合原木的外部特征和各种缺陷，将原木锯断成所需长度木段。锯断时既要保证单板质量，又要尽量提高木材利用率。锯断时做到缺点集中，好材好用，尽量减少断头，做到材尽其用。根据上述原则，锯断时应做到下列五点：

(1) 截掉腐朽、纵裂、大环裂等不允许的缺陷；

(2) 尽量多出通直或小弧度木段；

(3) 尽量将缺陷集中在一根木段上，而且应尽量集中在用于旋切芯板的短木段上。

(4) 画线时应留出足够的余量，以备后面工序加工所需；

(5) 原木锯断时，先将端头截去一截，因为端头通常有歪斜、斧伤或水渍变色等。

旋切木段锯断长度应为胶合板成品尺寸加上旋刀割刀余量再加上胶合板裁边余量。两余量之和约为100mm。具体长度见表10-3至表10-5。

10.2.3.2 锯截设备

通常用的原木锯截设备有往复式截锯机（又称狐尾锯）、平衡式圆截锯和链锯。

(1) 往复式截锯是由电动机带动曲柄连杆机构工作，生产效率低，目前已极少使用。

(2) 平衡式圆锯的生产率也低，锯断原木直径受到一定的限制，主要用于锯截小径级材。

(3) 链锯机有移动式和固定式两种。切削链由电动机带动，也可由汽油发动机带动。链锯锯断速度快，生产效率高，锯截原木直径大，因此使用很普遍。其技术参数如下：

锯身长度(mm)	1750
锯切木段最大直径(mm)	1400
锯路宽度(mm)	7
生产率(m³/班)	70～80（木段直径为300～500mm）
	150～200（木段直径为800mm以上）
电动机功率(kW)	5.5
电动机转速(r/min)	1420

10.2.4 木段水热处理和剥皮

10.2.4.1 木段水热处理的目的和方法

木段水热处理的目的是软化木材，增加木材的塑性和水分，以提高旋切单板的质量。因为木段如果温度过低、含水率过低其塑性就差，旋切时单板易破碎。虽然南方地区夏季软阔叶材可不经水热处理，但如木段温度低于15℃就不能旋出质量好的单板。所以通常在旋切前用室温水浸泡。含水率

表10-3 旋切木段的长度

胶合板规格尺寸(mm)	表板木段(mm)	芯板木段(mm)	表、芯板同旋切时木段长(mm)	备 注
915 × 915 (3' × 3')	1000	980		
915 × 1830 (3' × 6')	1930	980	1990	中间下割刀可出两张980mm
915 × 2135 (3' × 7')	2230	980	2290	中间下割刀可出一张970mm和一张1270mm芯板
1220 × 1220 (4' × 4')	1320	1320		
1220 × 1830 (4' × 6')	1930	1320	1990	中间下割刀可出两张980 mm芯板
1220 × 2135 (4' × 7')	2230	1320	2290	中间下割刀可出一张970mm和一张1270mm芯板
1220 × 2440 (4' × 8')	2540	1320	2590	中间下割刀可出二张1270mm芯板

表 10-4 旋切木段长度的允许偏差

木段小头直径（cm）	允许偏差（mm）
30 以下	+15 / −10
30~50	+25 / −10
50~80	+30 / −10
80 以上	+40 / −10

表 10-5 木段锯截时锯割面歪斜限制

木段小头直径（cm）	歪斜限制（mm）
30 以下	不得超过 15
30~50	不得超过 20
50~80	不得超过 30
80 以上	不得超过 40

高的新鲜非冰冻软材可直接旋切，而不必经水热处理。

硬阔叶材材质较硬，需经水热处理，很好地软化后才适于旋切。

松木等针叶材，树节多且硬，有的还含有丰富的树脂。这种木段经水热处理后节子硬度大幅度下降，旋切时不易损坏旋刀；树脂和细胞液经水热处理后会渗透出来，这样有利于单板的旋切、干燥、胶合和合板油漆。

目前木材水热处理的主要方法有三种：水煮、蒸汽热处理、水与空气同时加热处理。

1. 水煮法

设备简单，操作方便，是国内胶合板生产中广泛采用的方法，处理时将木段放入钢筋混凝土池中，加入自来水淹没木段，加盖，通蒸汽于水中，使水逐渐升温，通过热水来加热木段。这种方法较为经济，但操作时应注意安全，还应注意环境保护，搞好废水处理。

2. 蒸汽热处理法

将木段堆积在密闭的蒸煮池中，喷以 0.15~0.20MPa 压力的饱和蒸汽，喷汽时间 40~60min，间歇 3h 再喷一次，直至木段（或木方）内部达到所需的旋切（或刨切）温度。这种方法所需时间长，消耗蒸汽量大，且由于加热猛，易使木段开裂。故这种方法一般不采用，仅在水煮易变色的树种热处理时采用。

3. 水与空气热处理法

这种方法适宜于木段要求温度较低、生产要求连续性较强的车间，在小径木生产胶合板时可考虑采用此法。有时为了运送木段前进，在池中装有横向运输机械。

10.2.4.2 木段水热处理工艺

因为我国工厂采用的多是水煮方法，所以这里仅介绍水煮法的处理工艺，工艺根据下列原则确定：

(1) 水热处理的程度应使木芯表面达到适宜旋切的温度。温度太低，木材塑性不足，旋切单板易产生背面裂缝和破碎；温度太高则木材塑性太高，旋切时纤维不易被割断，单板表面易起毛。适宜的温度见表 10-6 中。因此，水池中的最高水温比要求的木芯温度高 10~20℃。

(2) 对于易端裂的树种，水煮时应特别注意，水的升温不宜过快，水温也不宜过高，否则端裂会扩大。

(3) 为了使同一蒸煮池中的木段处理质量均匀，因而对木段应分等级和径级进行处理。

胶合板材树种较多，近年来尤其是进口材品种不断增加，因此对新材种应做好热处理工艺的试验工作，才能制定出适用的工艺。

对同一属木材，树种不同时材质结构和软硬差异较大，如常用的枫桦和白桦，同属桦属，枫桦比白桦材质硬，易端裂。所以应根据各地使用的胶合板材树种的特点，制定出适宜的木段水热处理工艺。

表 10-6 中所列蒸煮时间是指木芯表面达到规定温度所需的时间，对同一树种而直径不同时，其保温时间可用下式近似求得。再通过实践来修正：

$$Z_2 = Z_1 \left(\frac{D_2}{D_1}\right)^2$$

式中：D_1——已知热处理时间的木段直径，cm

D_2——需求出热处理时间的木段直径，cm

Z_1——直径为 D_1 木段的保温时间，h

Z_2——直径为 D_2 木段的保温时间，h

保温终了时木段不能立即出池中取出，否则会因骤然冷却而导致木段开裂。因此，在木段处理停止供热后，再经 1.5~2h 的自然冷却匀温，木段才能出池。

煮木池水每月应更换一次，并清除池中树皮、污泥等杂物，池水不常更换易使木段变色或污染。

10.2.4.3 木段蒸煮池数量计算

我国木段热处理主要是热处理法，采用较高的水温（60~80℃），适用于大径级材，而且常为原木截成木段后处理。因而热处理装置常为煮木池。煮木池尺寸通常为长 6m、宽 3m、深 2.5~3m。每池处理木段量约为 20m³。煮木池的生产率可用下式计算：

$$Q = \frac{T}{(T_1 + T_2)} H \cdot L \cdot K \cdot l$$

式中：T——每班工作时间，h

T_1——木段水热处理时间，h

T_2——木段装卸，清洗煮木池时间，h

H——池深，2.5~3m

L——池长，约为 6m

K——池充实系数，约 0.5~0.6

l——木段长，m

10.2.4.4 木段剥皮的方法和注意点

为保证木段的正常旋切和单板质量，木段在旋切前必须先剥去树皮。

1. 剥皮的方法

（1）手工剥皮：使用的刀具是扁铲，其刃口为外凸圆弧形。此种方法劳动强度大，生产效率低，但剥皮质量好。

（2）机械剥皮：目前采用的机械型剥皮机主要是切削型的。大致有两种：一种是用旋切机剥皮（去掉压尺），对木段旋圆，以去掉树皮。此法浪费木材，很少采用。另一种是使用专门的剥皮机，其中以简易的刀具切削型剥皮机应用较广。它是利用旋转刀具与木材之间的相对运动，从木段上切下树皮。效率高，但对木材有一定的损伤。

2. 剥皮时应注意的几点

（1）木段出池后要立即剥皮，要剥净外皮与韧皮，但不能伤及木质部。要全部清除木段上的钉子、泥沙等杂物。

（2）木段剥皮滚台及剥皮原木的存放地点应经常用水冲洗，保持剥过皮的木段表面干净。

（3）木段剥皮后，应根据木段的径级大小与水热处理程度，在旋切前停放1～3h，使木段内部温度均匀，利于旋切。

10.2.5 木段定中心

10.2.5.1 木段定中心的目的和方法

所谓旋切木段定中心就是在旋切木段的两端面上找出旋切时最大内切圆的圆心，确定卡轴的正确夹持位置。该位置定得越正确，旋切单板的整幅出材率越高；对木材的边材利用越充分；旋出的碎单板和窄长单板越少，单板的加工量也随之减少。由于定心偏差造成的整幅单板材积损失见图10-3和图10-4。

定中心的方法有人工法和机械法两种。人工法误差较大，操作不便，生产率较低；机械法操作方便，生产率高，定中心准确，与人工定中心相比，机械定中心可提高出材率约2%～4%，而若采用计算机扫描定中心可提高出材率5%～10%，整幅单板比例可增加7%～15%左右。

10.2.5.2 人工定中心及注意点

先观察木段弯曲情况。木段小头从中对分在这对分线上找出中心点，然后找出大头中心，将木段小头中心对准旋切机夹紧卡轴，夹持木段大端中心，定心即告完成。定中心的操作工应根据木段弯曲程度来修正中心位置，而不能简单地把木段端面的几何中心作为旋切时木段的回转中心，修正原理和方向可参阅图10-4。

10.2.5.3 机械定中心

1. 机械式三点定心机

它的设计原理是利用三个相互交叉成120°角，并且始终与回转中心O保持等距离的点来确定该断面的中心（图10-5）。

因大部分木段的横断面不是圆形，因此该法尚不能得到满意的结果。但该法定心简便，对小径木很适用。芬兰Raute公司生产的PK型定心机就是利用三点定心。

表10-7所列为PK型定心上木机的技术数据。

2. 光环投影定中心装置

光环定中心利用光环发生器形成一组同心圆的多圈光环，将光环投射到木段两端面上。调整木段的上下位置，使光环中心与木段最大内接圆柱体中心重合，则定心完成。然后由上木行车的夹木卡头向内卡住木段，将木段送到旋切机卡轴中心，由旋切机卡头卡住木段，上木行车的夹木卡松开，行车退回，定心上木即告完成。

光环的中心是与旋切机卡轴中心在同一水平面上，上木行车的行程一定是预先调整好的，一次定中心操作时间约为45～50s。

表10-6 我国胶合板生产所用的部分树种木材的水热处理工艺

类别	树种	木段直径(cm)	水热处理工艺 夏	水热处理工艺 冬	木芯温度(°C)	备注
软阔叶材	杨木、椴木	40	陆贮材用20～35°C水浸泡24h，新鲜材、水运材不需处理	最高水温60°C，升温速度为3°C/h，保温10h，冰冻材用30～40°C水化冻，不少于8h	25～35	椴木陆贮材水温超过60°C端裂扩展
中硬阔叶材	桤木、红桦、荷木	36	最高水温60°C，升温速度3°C/h，保温14h	最高水温60°C，升温速度为3°C/h，保温20h，冰冻材用30～40°C水浸泡化冻，不少于8h	36	陆贮材，枫桦的陆贮材，水温超过65°C，端裂有扩展
硬阔叶材	水曲柳、枫香、色木	40	最高水温65°C，升温速度陆贮材2～3°C/h，水贮材6～8°C/h，水贮材16h	最高水温65°C，升温速度陆贮材2～3°C/h，水贮材6～8°C/h，陆贮材保温40h，冰冻材用30～40°C水浸泡化冻24h	44	水曲柳陆贮材，水温超过65°C，端裂有扩展
硬阔叶材	栎木	40	最高水温80°C，升温速度6～8°C/h，保温时间24h	最高水温80°C，升温速度6～8°C/h，保温时间30h	45	陆贮材

表 10-6（续）

类 别	树 种	木段直径(cm)	水热处理工艺 夏	水热处理工艺 冬	木芯温度(℃)	备 注
针叶材	马尾松、云南松、陆均松、红松	40	最高水温80℃，升温速度5~6℃/h，保温时间24h	最高水温80℃，升温速度5~6℃/h，保温时间30h，冰冻材用40~50℃水化冻，8h	45	陆贮材红松不易端裂。未剥皮时易遭天牛虫害
针叶材	落叶松	36	最高水温70℃，升温速度5~6℃/h，保温24h	最高水温70℃，升温速度5~6℃/h，保温24h，冰冻材用30~40℃水化冻，不少于8h	45	剥皮后陆贮材，边材纵裂。树种多，差异大，宜
进口材	柳桉	60	水贮材不蒸煮，陆贮材用40℃水浸泡24h	最高水温60℃升温速度6~8℃/小时，保温20h	36	根据具体材质来确定蒸煮工艺
进口材	白阿必东、桃花心木	60	最高水温65℃，升温速度6~8℃/h，保温30h	保温36h，其他如夏季工艺	44	
进口材	柚木、伊迪南	60	最高水温75~80℃，升温速度6~8℃/h，保温54h	保温60h，其他同夏季工艺	45	陆贮材
进口材	红阿必东、克伦、山樟	80	最高水温80~90℃，升温速度6~8℃/h，保温54h	保温60h，其他同夏季工艺	55	陆贮材

注：表中未包括的树种，可根据其材质软硬参照表中的分类处理

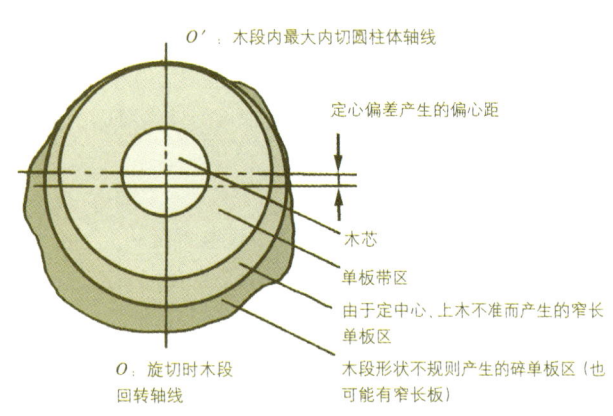

图 10-3 旋切时木段横断面上的分区

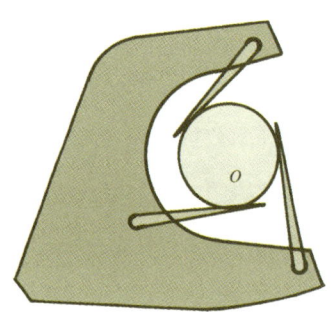

图 10-5 三点定中心原理

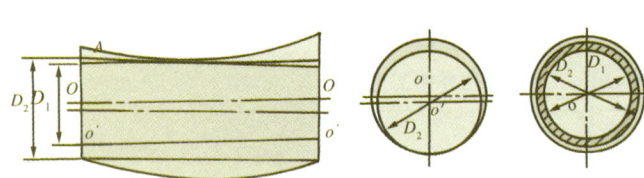

图 10-4 定心偏差引起的整幅单板材积损失
图中阴影部分所示为定心偏差造成的整幅单板损失

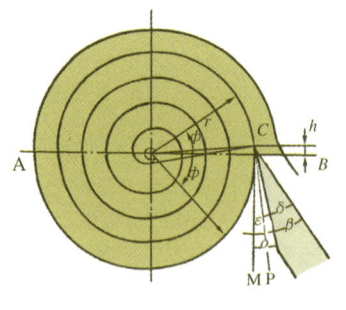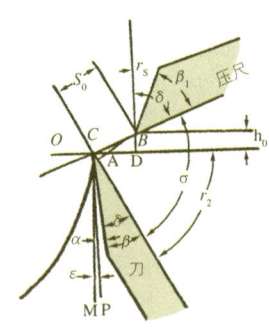

图 10-6 木段的旋切

这种定心装置适于直径大、弯曲度小的木段，对进口的阿必东、柳桉、奥古曼等原木很适用。

10.2.6 单板旋切

为保证得到等厚度的连续单板带，必须保证木段每转过一周的同时，旋刀水平进给距离等于一个单板厚度。两者之间必须保证严格的运动关系。

单板质量的好坏，直接影响到胶合板生产的出材率和成品的质量，因此，把握好单板的旋切，对胶合板生产至关重要。

10.2.6.1 旋切工艺参数

单板旋切工艺参数见图 10-6。

表 10-7 PK 型定心上木机技术参数

技术性能 型号	木段最大直径(mm)	木段最小直径(mm)	木段最大长度(mm)	木段最小长度(mm)	一根木段所需的压缩空气（工作压力下）(dm³)	最小工作压力(MPa)	动力装置容量（约）(kW)	净重(kg)	总重(kg)	装载体积(m³)
Pk20×57500	150	1400	1180	65	0.5		2300	2750		5.5
Pk20×66500	150	1630	1350	65	0.5		2400	2900		6.0
Pk20×78500	150	1930	1500	65	0.5		2500	3150		7.0
Pk30×57750	200	1400	1100			2×4	4000	4505		20
Pk30×66750	200	1630	1350			2×4	4100	4100		22
Pk30×78/38	750	200	1930	950		2×4	5300	5900		18
Pk30×108/56	700	200	2690	1430		2×4	5700	6300		20
Pk35×66900	200	1630	1180			15	9500	10500		35
Pk35×110/68	900	200	2750	1750		15	10500	11500		40

β——是旋刀的研磨角（楔角），它是旋刀前面（单板流经的旋刀表面）与后面（旋刀对着木段的表面）之间的夹角。

α——切削后角，是旋刀后面与 CP 平面（过旋刀切削刃，与木段表面相切的平面）之间的夹角。当切面 CP 位于旋刀后面的左侧时，α 值为正；当切面 CP 位于旋刀后面的右侧时，α 值为负。

δ——切削角，是旋刀前面与切平面 CP 之间的夹角，$\delta = \alpha + \beta$。

ε——补充角，是切平面 CP 与铅垂面 CM 之间的夹角。当切平面 CP 位于铅垂面 CM 右侧时，ε 值为正；当切平面 CP 位于铅垂面 CM 左侧时 ε 值为负。

θ——安装角，是旋刀后面与铅垂面 CM 之间的夹角，$\theta_0 = \varepsilon + \alpha$ 当铅垂面 CM 位于旋刀后面左侧时，θ 值为正，当铅垂面位于旋刀后面右侧时，θ 值为负。

h——旋刀安装高度。是旋刀刃至通过卡轴中心水平面的垂直距离，刀刃在卡轴中心水平面上方时，h 值为正；刀刃在卡轴中心水平面以下时，h 为负值。

h_0——压尺安装高度，是压尺棱至通过旋刀刃水平面的垂直距离。

10.2.6.2 旋切参数的选择

单板旋切时工艺参数的选用直接影响单板质量，因此正确地选用参数很重要。

首先应确定的是旋刀研磨角（β），研磨角是根据旋切木段的树种来决定的，它既要保证刀的锋利，又要保证刀的强度。表 10-8 提供的数值可供参考。

为了提高旋刀的耐用程度和单板旋切质量，在旋刀刃口处还应研磨出微研磨角（图 10-7）。图中的数据供参考，各工厂可根据加工对象、刀具材料和操作工的经验加以修正。

切削后角（α）对单板的旋切质量有重要影响，α 值的大小应适当。

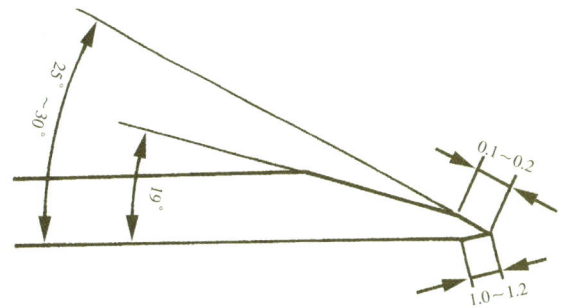

图 10-7 带有微研磨角的旋刀

α 值过大，在单板形成的瞬间会产生很大的反向弯曲，单板就会形成很深的背面裂纹，甚至折断；同时刀架发生颤动，旋刀撕下木纤维，产生"啃丝"，单板表面产生节距约 10mm 的瓦楞。

α 值过小，旋刀后面与木段的接触面增大产生较大的压力，导致木段弯曲或劈裂，造成单板厚度变化，并形成节距为 30～50mm 的波浪形。

为保证旋切质量，旋切过程中要求切削后角（α）随木段直径的减小而变小，一般在旋切过程中后角的变化范围为 1°～3°之间；木段直径大时后角可为 3°～4°，直径小时可为 1°，甚至可为负值。生产中要根据听声音和观察旋刀后面的磨擦亮带来检查后角是否合适。旋硬材时，旋刀后面的磨擦亮带宽 2mm 左右较适宜；旋软材时亮带宽 3mm 左右较适宜。

安装角（θ）可用专用量具测得。专用量角器如图 10-8、图 10-9 所示。

使用图示量角器时，将量角器贴在旋刀后面上，然后调整量角器的游标尺（或游动水平仪）。使水泡处于水平位置，这时即可从量角器上读得安装角（θ）的数值。

补充角（ε）可用下式求得：

$$\varepsilon = \mathrm{tg}^{-1} \frac{a+h}{\sqrt{r^2-h^2}} \quad a = \frac{S}{2\pi}$$

式中：S——旋切单板的名义厚度，mm

表10-8 旋转刀研磨角（β）参考值

树种	β值	备注
软阔叶材	18°30′～19°30′	旋刀硬度58～62RC，旋刀质量好的，β值可采用下限
硬阔叶材	19°～21°	
特硬阔叶材	21°～23°	
针叶材	20°30′～21°	节子硬的针叶材如马尾松，β值为22°左右

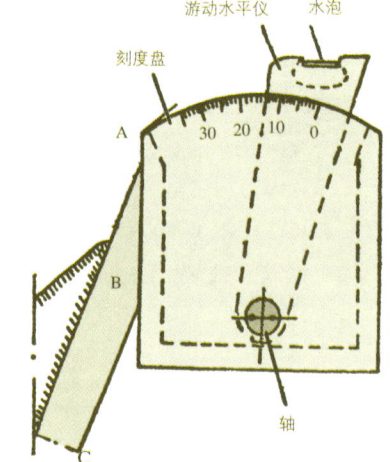

图10-9 测量旋刀后角的量角器

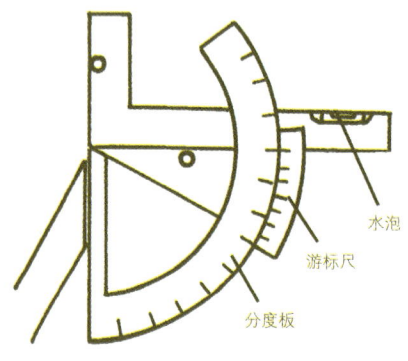

图10-8 改装的万能测角仪

h——旋刀安装高度，mm

r——旋切过程中木段的瞬时半径，mm

表10-9中列举了在两种常用单板名义厚度时，随装刀高度而变化的补充角 ε 数值。

装刀高度(h)。影响到旋切过程中后角的变化规律，因此它对旋切亦是一个重要的工艺参数。其数值的测量亦有专用量具（图10-10）。

测量装刀高度时可用等高器或刀高测定器。等高器一般作为旋切机的附件配置的，等高器的臂高 H' 等于旋切机卡轴中心线到机座基准面的距离。

使用刀高测定器测装刀高度时，将水平尺一端放于旋切机卡轴表面，然后调整千分尺螺旋，控制千分尺伸缩杆的进退，最终使水准器的水泡处在正中位置，由千分尺读数可知

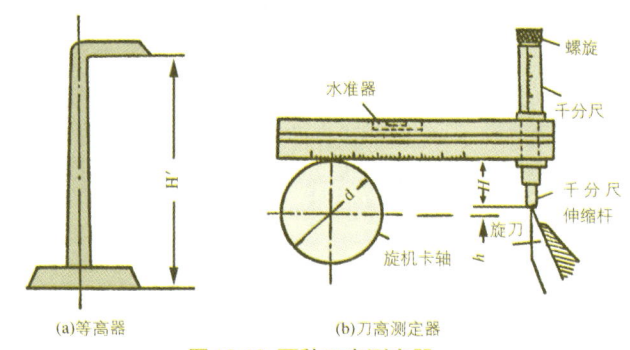

图10-10 两种刀高测定器

H值，通过H和卡轴半径可算出装刀高度h。

$$h = \frac{d}{2} - H$$

压尺安装高度(h_0)是根据单板厚度(s)、压榨程度(Δ)、切削角(δ)及旋刀与压尺间夹角(σ)所定。图10-11所示是压尺对旋刀的相对位置。

切削角一般在25°以内，σ由机床结构而定，一般在70°～90°之间。在不同的 Δ、σ、δ 时，h_0/s之比值参见表10-10。

表10-9 补充角 ε 值

单位：mm

单板厚度	木段瞬时半径	装刀高度h值					
		-1.0	-0.5	0	+0.5	+1.0	+2.0
0.5	50	-0°63′	-0°29′	+0°6′	+0°40′	+1°74′	+2°23′
	100	-0°32′	-0°14′	+0°3′	+0°20′	+0°37′	+1°11′
	150	-0°21′	-0°10′	+0°2′	+0°13′	+0°25′	+0°48′
	200	-0°16′	-0°7′	+0°1′22″	+0°10′	+0°19′	+0°36′
	300	-0°11′	-0°5′	+0°1′	+0°7′	+0°12′	+0°24′
1.8	50	-0°49′	-0°15′	+0°20′	+0°54′	+1°28′	+2°37′
	100	-0°25′	-0°7′	+0°10′	+0°27′	+0°44′	+1°18′
	150	-0°16′	-0°5′	+0°7′	+0°18′	+0°29′	+0°52′
	200	-0°12′	-0°4′	+0°5′	+0°15′	+0°22′	+0°39′
	300	-0°8′	-0°3′	+0°3′	+0°10′	+0°15′	+0°26′

注：ε值为负值时，表示在木段一边；ε值为正值时，表示在单板一边

例如：旋切1.8mm厚的意杨单板，压榨率取20%。切削角 δ =20°，旋切机旋刀前面到压尺前面间的夹角 σ =80°，由表中可知 h_0/s 值为0.14，即 h_0=0.14 × 1.8=0.25mm。

图10-11知：压尺倾斜角 $\delta_1=\alpha_1+\beta_1$，可用下式近似计算 δ_1=180° − ($\delta+\sigma$)，如 σ =70°，δ =25°则 δ_1=85°。旋切时，常用的圆棱固定压尺 α_1=15°～10°，当旋切单板厚度大于2mm时，应采用斜棱压尺，这时压榨角 α_1 应为5°～7°。

10.2.6.3 两种不同类型的旋切机刀床

目前，旋切机刀床基本上有两类(图10-12)。一类刀床只有水平主滑道，旋切过程中旋刀只作水平移动，旋刀安装角（θ）无法变化。这类刀床称第一类刀床。另一类刀床除了有水平的主滑道外，还有倾斜的辅助滑道，旋刀架端部通过轴等与偏心圆盘相连，偏心圆盘放在辅助滑块上，辅助滑块置于辅助滑道上，由于辅助滑道和滑块的作用，使旋刀在旋切过程中不仅作水平移动，还要绕刀前面的一个定点转动，因此旋切过程中旋刀的安装角（θ）会产生变化。

第二类刀床还有两种不同的形式（图10-13）。A类型第

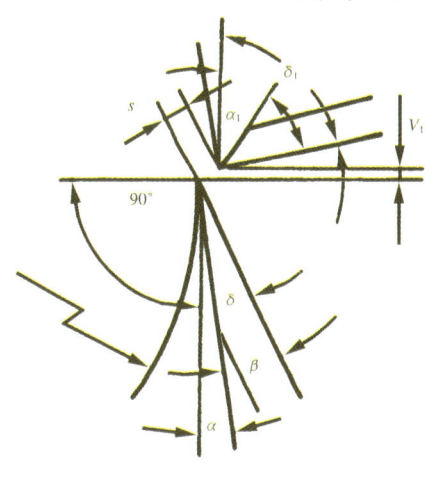

($h=\dfrac{s}{2\pi'}h$—旋刀安装高度)

图10-11 压尺相对于旋刀的位置

表10-10 在不同 Δ、σ、δ 时 h_0/s 之比值

压榨程度 Δ (%)	切削角 δ	在不同的 σ 角度值时 h_0/s 之比值			
		70°	75°	80°	85°
10	20°	0	0.08	0.16	0.23
	25°	0.08	0.16	0.24	0.31
20	20°	0	0.07	0.14	0.21
	25°	0.07	0.14	0.21	0.28
30	20°	0	0.06	0.12	0.18
	25°	0.07	0.13	0.18	0.24

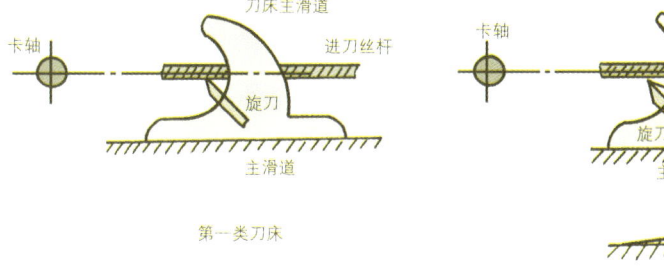
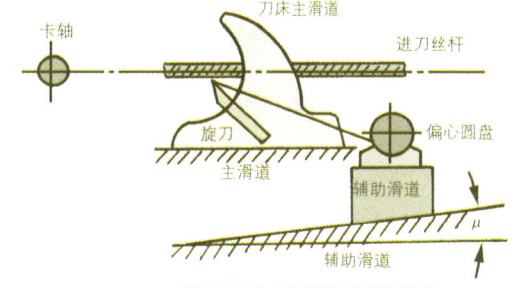

图10-12 两类旋切机刀床

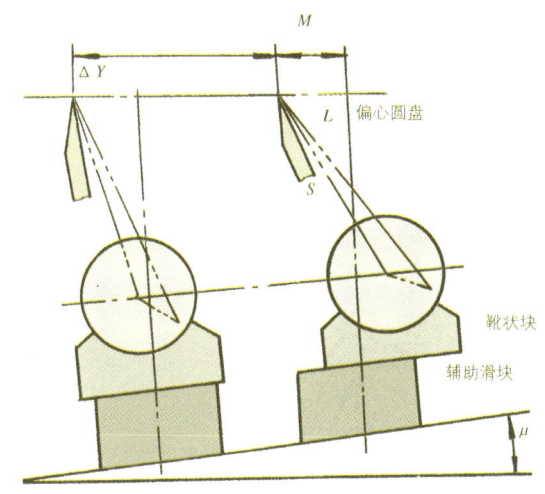

(a) A类型（偏心圆盘通过靴状块与辅助滑块连接）

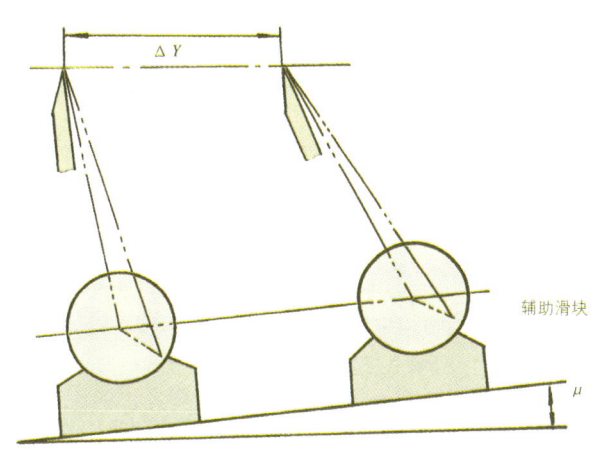

(b) B类型（偏心圆盘直接与辅助滑块相接）

图10-13 第二类旋切机刀床的工作原理

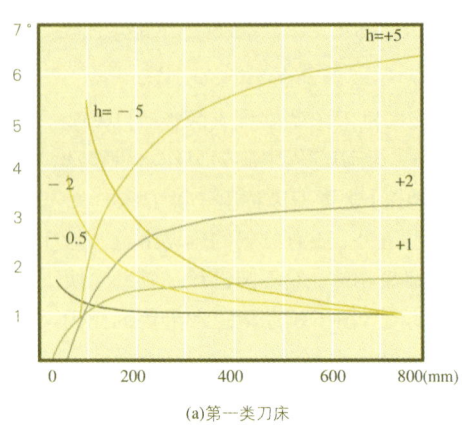
(a) 第一类刀床

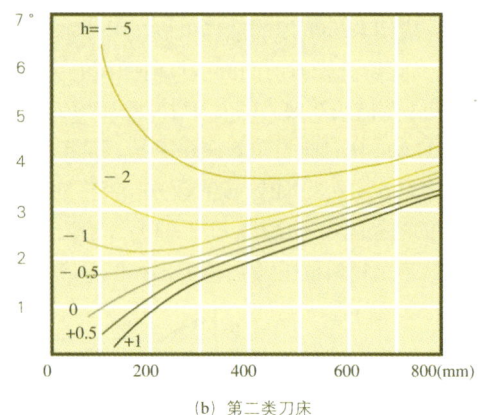
(b) 第二类刀床

图 10-14 旋切过程中后角变化与旋切半径及装刀高度间的关系

二类刀床。它的偏心圆盘间接放在辅助滑块内，中间由靴状块连接。旋切过程中由于偏心圆盘的作用迫使旋刀回转。而辅助滑块在沿辅助滑道移动的同时，还沿着滑座上的铅垂轨道滑动。靴状块在辅助滑块的水平面上移动，铅垂轨道至旋刀回转中心的水平距离为定值 M。B 类型第二类刀床，无靴状块，偏心圆盘直接置于辅助滑块上。

第一类刀床的后角变化规律完全取决于旋刀安装高度（h），从图 10-6 可知 $\theta = \alpha + \varepsilon$，第一类刀床 θ 是不变的。因此后角（α）的变化取决于补充角（ε）的变化规律。由公式 $\varepsilon = \mathrm{tg}^{-1}\dfrac{a+h}{\sqrt{r^2-h^2}}$ 可看到 ε 的变化规律是由装刀高度（h）决定的。由图 10-14(a) 中可看到这类刀床的后角变化情况不理想，但是这类刀床的旋切机结构简单，价格便宜，所以常用来旋芯板和短木段，如火柴厂生产所用的都是第一类刀床的旋切机。

第二类刀床的后角变化不仅受装刀高度（h）的影响，还受旋刀回转的影响，因此，这类刀床的后角变化是两者的综合作用。由图 10-14(b) 中可见，这类刀床的后角变化范围较大且缓和平滑。这类旋切机的结构较复杂，价格高，但能保证旋切单板的质量，所以生产中广泛应用。国产旋切机都为 B 类型刀床。

10.2.6.4 旋刀与压尺的正确安装

在旋制单板的过程中为了抵消切削劈力，必须使用压尺。它使旋出的单板表面光洁、背面裂缝浅而少。压尺的种类可分为机械式的和喷射式的。机械式的为接触型，喷射式的为非接触型。机械式的又包括固定压尺（木段与压尺间的运动为滑动）和辊柱压尺（木段与压尺间的运动为滚动），这些压尺见图 10-15。

国内旋切机常用带圆棱或带斜棱的固定压尺。

固定式压尺是由厚度为 12～15mm，宽 50～80mm 的钢板条制成。圆压棱压尺的压棱半径（ρ）为 0.1～0.2mm。其作用是防止压尺因刃口锐利而切入木材。圆压棱压尺的压力集中，适于旋切薄单板和硬质木材，能使单板的表面光滑。若用圆压棱压尺来旋切厚单板或软木材，则易发生纤维压溃与剥落，旋出的单板表面粗糙。

棱尺斜压的压榨角小，对木材的压缩面较大，压力分散。所以适合旋切厚单板和软木材。

在生产中，由于旋切单板的厚度和树种多变，更换压尺费工费时，斜面压棱压尺的研磨又较麻烦，所以生产中多采用单斜棱（圆棱）压尺。斜棱刃部用油石磨圆（圆弧半径 0.2mm），斜棱研磨角（β_1）采用 60°～65°。

固定压尺的安装必须调整好压尺压棱与旋刀前面之间缝隙的宽度（S_0）和压棱至通过旋刀刃水平面之间的垂直距离 h_0（图 10-16）。

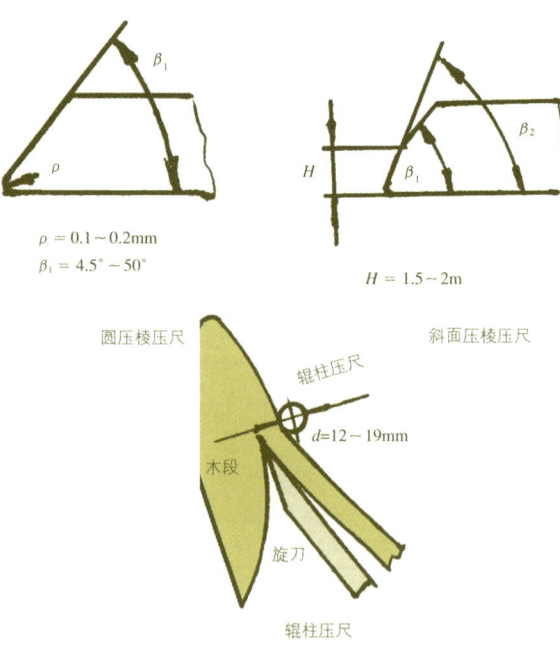

图 10-15 压尺形状

表10-11 压尺安装位置对单板质量的影响

图注号	压尺安装情况	旋切效果
1	压尺压榨线低于刀尖，压力不作用于切削点	不能防止单板劈裂，单板通过狭小刀门易挤碎
2	压尺压榨线高于刀尖，压力不作用于切削点	不能防止单板劈裂
3	压尺压榨线通过刀尖，位置正确，但刀门大于单板厚度	压尺不起作用，仍有劈裂产生，单板背面裂隙度大；单板松软，表面粗糙，单板厚度大于规定厚度
4	压尺压榨线通过刀尖，刀门大小适当	压尺作用适当，单板紧密，光滑背面裂隙深度小

S_0 可根据压榨程度来确定，由下式求得。

$$S_0 = S\frac{(100-\Delta)}{100}$$

式中：S——旋切单板名义厚度，mm

Δ——压榨程度，%

适宜的压榨程度，可根据单板名义厚度(S)由下式求出。

对桦木、松木：$\Delta = (7S+9)$ %

对椴木、杨木：$\Delta = (7S+14)$ %

固定压尺的安装可能出现的四种情况见图10-16，安装位置对质量的影响见表10-11。

生产中常用的压榨率（Δ%）、刀门宽（S_0）和压尺安装高度（h_0）的参考值列于表10-12。

压尺安装位置的测量没有专用量具，通常用片状塞尺测量（图10-17）。

测量S_0时片状塞尺应紧贴旋刀前面插入。测量h_0时因水平面位置无法准确定位，所以用这种方法测得的h_0只是一个近似值。

辊柱压尺的安装见图10-18。

图中：D——辊柱压尺直径，mm

X——辊柱压尺距刀刃的水平距离，mm

W——刀刃到辊柱压尺的径向距离，mm

T——辊柱压尺到刀前面的垂直距离，mm

h_0——辊柱压尺距刀刃的垂直距离，mm

旋刀的正确安装由装刀高度（h）和初始后角（α_0）两个参数来保证。h的测量用图10-10所示的高度测量装置进行。

对第一类刀床的旋切机通常用$h=0\sim1$mm的装刀高度，当旋切机用旧后装刀高度取1mm或更大些的值。对第二类刀床的旋切机可取$h=-0.5\sim-1$mm的装刀高度，此时从图10-14可见后角变化较平缓，对旋切有利。

旋切初始后角（α_0）的值，可通过测量旋切开始时安装角的值（θ_0）。再算出初始补充角ε_0的值，然后求得：$\alpha_0 = \theta_0 - \varepsilon_0$。如求出的$\alpha_0$值不满足要求，可通过调整第二类刀床的偏心圆盘来调整。表10-13是信阳木工机床厂产的BQ1626/13型旋切机在各种条件下所算出的旋切后角值。以供参考。

装刀时，将刀放入刀槽中，先拧上两端螺母各一个，用测高计测刀高。先定两端刀高，然后再定中间高度，逐渐检查校正，紧固所有旋刀夹紧螺母，装刀完成。

无防弯压辊的旋切机，刀刃中部应比两端顶高0.1~0.2mm，以适应木段旋细时，由于卡轴夹紧和刀床挤压而造

表10-12 单板旋切相关参考表

树种	单板旋切厚度 S (mm)	压尺压榨率 Δ (%)	刀门间隙 (mm) S_0	刀门间隙 (mm) h_0	备注
杨木、椴木	1.00	5	0.95	0.30	
	1.20	10	1.02	0.30	
	1.50	15	1.27	0.35	
	2.00	18	1.64	0.40	
	2.20	20	1.76	0.45	
	2.50	22	1.95	0.50	
	3.20	25	2.40	0.60	
	3.75	28	2.60	0.70	
	4.50	30	3.25	0.70	软阔叶树种
桦木、荷木	0.40	5	0.38	0.25	
	0.55	5	0.52	0.25	
	0.80	8	0.74	0.28	
	1.00	10	0.90	0.28	
	1.20	15	1.02	0.28	
	1.50	18	1.23	0.32	
	1.80	20	1.44	0.35	
	2.00	25	1.50	0.40	
	2.50	25	1.87	0.50	
	3.20	28	2.30	0.60	
	3.75	30	2.65	0.70	
	4.50	30	3.15	0.70	
水曲柳	1.12	10	1.02	0.25	
	1.20	15	1.02	0.28	
	1.50	18	1.23	0.30	
	1.80	20	1.44	0.35	
	2.00	25	1.50	0.40	包括其他硬阔叶树种
	2.50	25	1.87	0.50	
	2.80	28	2.02	0.55	
	3.20	30	2.24	0.60	
	3.75	30	2.62	0.70	
	4.50	33	3.00	0.70	
阿必东	1.20	15	1.00	0.25	
	1.50	18	1.20	0.30	
	1.80	20	1.45	0.35	
	2.20	25	1.50	0.40	包括其他特硬阔叶树种
	2.80	28	2.02	0.50	
	3.20	30	2.24	0.55	
	3.75	33	2.51	0.60	
	4.50	33	3.00	0.70	

注：针叶树种可根据其材质软硬参照上表

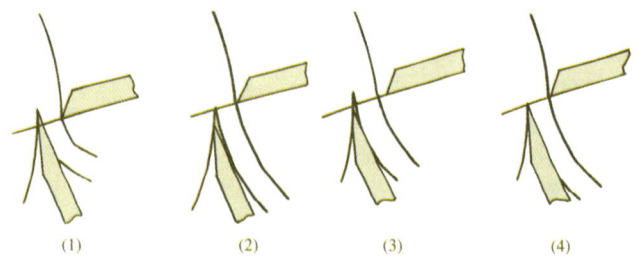

图 10-16 压尺安装位置的四种情况

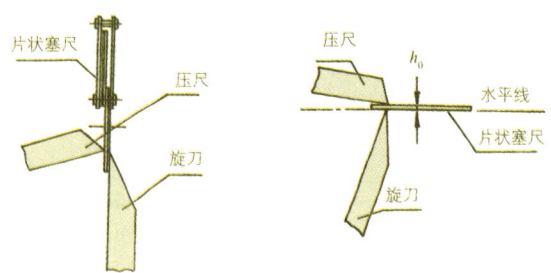

图 10-17 压尺安装位置的测量

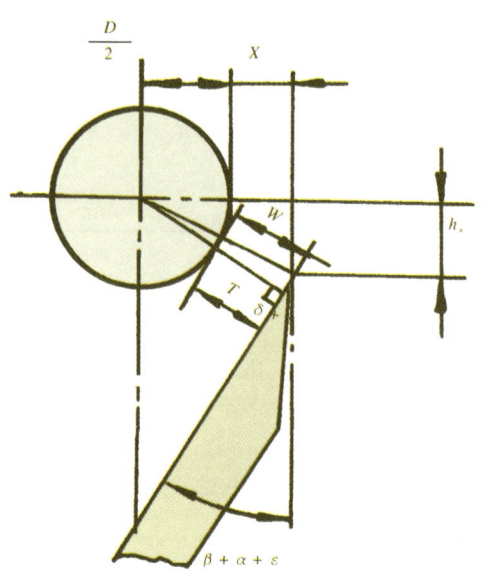

图 10-18 辊柱压尺安装图

表 10-13 取不同的 ϕ、h_{500} 和 s 值的旋切后角值（$\alpha°$）

ϕ	r (mm)	h_{500}(mm)	-3		-1		0		1		3	
		S (mm)	1	3	1	3	1	3	1	3	1	3
180°	500		3.6982	3.6618	3.4690	3.3128	3.3545	3.3180	3.2399	3.0234	3.0107	2.9742
	250		3.1387	3.0658	2.6772	2.6042	2.4464	2.3735	2.2156	2.1427	1.7541	1.6812
	50		5.0616	4.6973	2.7392	2.3744	1.5791	1.2143	0.4190	0.0544	-1.9028	-2.2666
45°	500		1.7404	1.7039	1.5112	1.4748	1.3967	1.3602	1.2821	1.2456	1.0529	1.0164
	250		1.0665	0.9936	0.6049	0.5302	0.9678	0.3009	0.1433	0.0704	-0.3287	-0.3912
	50		2.8944	2.5300	0.5713	0.2066	0.5891	-0.9539	-1.8395	-2.1141	-4.0791	-4.4357
0°	500		-0.3859	-0.4224	-0.6151	-0.6515	-0.7296	-0.7661	-0.8442	0.8807	-1.0734	-1.1099
	250		-1.0845	-1.1575	-1.6189	-1.6189	-1.7036	-1.8459	-2.0073	-2.0802	-2.4686	-2.5415
	50		0.7192	0.3548	-1.9661	-1.9661	-2.7605	-3.1253	-3.9197	-4.2842	-6.2396	-6.6033

注：ϕ——偏心圆盘相对转角，h_{500}——旋切半径为500mm时的装刀高度，S——单板名义厚度，r——旋切半径

成的木段弯曲。

有防弯曲压辊的旋切机，在木段旋细至300 mm以下时，放下压辊。因此，旋刀中部不需顶高。

10.2.6.5 有关单板旋切厚度的计算

随着世界性的木材资源短缺，现在国内采用的表板厚度为0.5～0.6mm。芯板厚度为1.5～2.0mm。

生产中可根据用户对成品胶合板定货要求，确定成品板的厚度，再根据有关工序中的加工余量来算出板坯厚度，由板坯厚度和旋切机所能加工的厚度规格，再定出板坯层数和各层单板的厚度。定单板厚度时可对计算值略加修正。因为算出的单板厚度值不一定正好符合旋切机上的厚度齿轮的搭配。计算方法如下：

$$\sum S_\text{单} = \frac{S_\text{成} + \Delta_1}{(100-\Delta)\%}$$

式中：$S_\text{成}$——胶合板成品厚度，mm

Δ——胶合板板坯厚度热压损耗率，%

Δ_1——胶合板砂光（包括刮光）余量，mm

10.2.6.6 旋切单板封边

胶合板表板改薄是改革胶合板结构的方向，能节约珍贵木材，而芯板加厚可采用材质较差的速生工业用材。相关工作有原木的管理和挑选、旋切机精度的保证、胶黏剂质量及涂胶量等等。首先要做的是单板封边。即在表板旋切出来的同时就在单板带两端各贴上一条胶纸带。其作用是增加单板带的横纹抗拉强度，防止干燥过程中单板带端头开裂，从而减少单板的破裂，提高表板的整板出材率。

封边的方法很多，可用热熔树脂线粘接、或玻纤线缝纫、或胶纸带封边。国内使用最普遍的是再湿性胶纸带封边。

这种封边法是在卷板装置的上方，左右各悬挂一卷再湿性胶纸带，胶纸带宽9mm，卷板开始时就拉下胶纸带贴到单板卷上，靠单板内水分与卷板压力。胶纸带紧贴单板带两端。胶纸带的收缩率应与单板一致，否则影响封边效果。

胶纸带粘贴位置不可离两端太远，否则胶合板锯边时胶纸带会残留在合板胶层内，这样会影响胶合强度。胶纸带离板端10mm为宜。

10.2.6.7 单板质量与评定

评定旋切单板质量的指标有：单板厚度偏差、单板背面裂缝、单板表面粗糙度和单板横纹抗拉强度四个。这些指标中前两个是主要的。

1. 单板厚度偏差

理论上讲旋切出来的单板厚度应该是均匀一致的，而实际上由于切削条件、树木本身结构、机床精度等影响，因此旋出的单板厚度总是有差异的。实际的厚度在名义尺寸两边摆动。我们希望摆动越小越好，也就是厚度偏差小些好。生产中用厚度均方差（σ）来反映尺寸偏差程度。各工厂条件各有差异，因此，制定的生产工艺或企业标准中对单板厚度允许偏差的要求略有不同。各企业可根据自身情况，在正常的条件下加工一批单板，然后求出单板厚度偏差的均方差（σ），再根据 $\pm 3\sigma$，制定出单板厚度允许偏差。允许偏差应比 $\pm 3\sigma$ 略宽。允许偏差制定后可依此来检查以后旋出的单板厚度偏差是否在允许的范围内，若 $|\pm 3\sigma| \leq |$允许偏差$|$，则说明生产满足要求，即现行设备和工艺能满足生产要求。若检查出单板的 $\pm 3\sigma$ 超出了允许偏差范围，则说明现有工艺条件和设备不能满足要求，应采用质量管理方法进行检查，找出问题根源，予以解决。一般工厂规定的各种单板厚度允许偏差范围见表10-14。

检查单板厚度时，检查部位是：

(1) 整幅单板的左右两边和中间。

(2) 对一根木段则检查边材、中部和近木芯部位的单板厚度偏差。

换旋刀后要进行上述两项检查，合格后再大量旋切。

2. 单板背面裂缝

单板旋切时由原始的圆弧状变成平面状，在单板背面出现了很大的横纹拉应力。当这力超过了木材横纹抗拉强度时就在单板背面拉出了很多细小的裂缝，这就是背面裂缝。它降低了单板的质量。

裂缝的密度、深度和形状，在一定程度上反映了旋切工艺的合理性。观察时可在单板带的长度方向与宽度方向上取若干块 10cm × 10cm 大小的试件，使它气干至含水率接近30%，再在单板背面涂以适量的绘图墨水，干后用锋利刀片沿试件纤维的横向切开，即可在切面上看到染有墨水的裂缝。观察项目有：裂缝最大和最小深度及平均裂隙度；裂缝形状；裂缝与单板旋出方向间的夹角（用中位值表示）。

$$平均裂隙度 P = \frac{裂缝高度（h）总和}{裂缝条数 \times 单板厚度(s)} \times 100\%$$

对裂缝深度与夹角只能用眼观察，得到的是粗略数据。

不同的树种，旋切单板背面裂缝的特征也不同。表10-15给出了一些观察例子。

表10-14 一般工厂规定的各种单板厚度允许偏差范围

	单板厚度（mm）					
	0.5	0.6	0.8	1.00～2.00	2.20～3.75	4.00以上
	厚度允许偏差（mm）					
椴木	±0.02	±0.03	±0.04	±0.05	±0.10	
柳安	±0.02	±0.03	±0.04	±0.05	±0.10	±0.20
水曲柳				±0.10	±0.15	

注：表中单板厚度自0.8mm以下的数据是根据日本产V-27旋切机加工精度制定的

表10-15 不同树种的裂缝特点

树种	试样数	单板名义厚度（mm）	裂缝平均条数（条/cm）	平均裂隙度（%）	最多裂缝形状（中位值）	裂缝夹角（中位值）	备注
水曲柳	174	1.25	7.5	90	斜曲形		未煮
	5	2.20	5.0	90	斜折形	45°	未煮
椴木	48	1.25	8.0	40	斜曲形	30°	未煮
	15	2.20	5.0	80	斜曲形	30°	未煮
柳桉	70	1.25	6.4	50	斜线形	40°	未煮
白阿必东	150	1.25	7.7	80	斜线形	40°	未煮
	2	3.50	5.0		斜曲形	60°	未煮

3. 单板表面粗糙度

表面粗糙度是指单板表面留下的切削痕迹。由于旋切产生超越裂缝，所以在单板表面留下许多高低不平的凸凹痕迹。这就形成了单板表面粗糙度。除旋切机参数影响粗糙度外，树种对表面粗糙度也有影响。

确定表面粗糙度的参数有：轮廓算术平均偏差R_a，微观不平度十点高度R_z和轮廓最大高度R_y，计算方法如下：

R_a仅用于数值不大于100μm的场合，因而一般不宜用于木材工业；R_y由于计算较粗糙，也不常用；R_z的数值可从0.025μm起直至1600μm，因而国内外木材工业常用R_z方法来确定表面粗糙度。一般试样长可取为0.8、2.5、8、25mm。

$$R_z = \frac{\sum_{i=1}^{5} y_{pi} + \sum_{i=1}^{5} y_{vi}}{5}$$

式中：y_{pi}——第i个最大的轮廓峰高，μm

y_{vi}——第i个最大的轮廓谷深，μm

测定表面粗糙度的仪器有三大类：对照鉴定法（样块）；非接触测定法（用双筒显微镜）；接触测定法（用表面轮廓测定仪）。

样块对照是评定表面粗糙度的最简单方法，按不同树种，做成不同级别的样块，将被加工物与其对照，确定加工表面的粗糙度级别。这种方法完全凭检验工的经验，误差较大。

应用双筒显微镜观察：光线从光源通过缝隙照射到工件上。显微镜与单板和照明管成一定角度。从显微镜中可看到单板表面轮廓的放大光象，然后通过显微镜上的目镜千分尺来测量轮廓的峰谷值，再求出微观不平度的高度值。

表面轮廓仪是一种电测非电量的方法：通过传感器上的金刚石探针在单板表面的滑动，探针随工件表面产生电动势，经放大后进入电流计，将峰谷的高低通过电流大小反应出来。若与电子计算机连接则可直接打印出R_z值。

现在一般工厂生产的单板，其背面的粗糙度如下：

椴木，R_z为70μm以上（未煮）

水曲柳，R_z为100μm以上（未煮）

柳桉，R_z为100μm以上（未煮）

4. 单板横纹抗拉强度

生产中只要单板不易破损，对此项不作测定。旋切后的单板封边能提高单板横纹抗拉强度。

10.2.6.8 旋切单板常见缺陷及原因分析

影响单板质量的因子很多，因子之间又互相关联，是较为复杂的问题，当单板出现某一缺陷时可能关联到几个原因，往往要从原材料、刀具、设备和工艺各方面来寻找原因。表10-16列出了缺陷、产生原因及改进方法。

10.2.6.9 旋切机的维护和保养

单板旋切机是胶合板生产的主机，它的工作状况影响到单板质量，也影响到胶合板的质量。旋切机维护保养工作的好坏，直接影响到单板的质量和产量。

1. 机床的维护措施

这些措施包括：清洁机床，按规定上润滑剂，调整部件和定期检修。具体做法是：

（1）开车前检查机床的润滑情况，检查机床的滑动部分（如主滑道、辅助滑道、进刀丝杆等）有无杂物进入，特别要防止砂粒等硬物进入这些运动部分，始终保持机床清洁。

表10-16 单板旋切常见的缺陷、产生原因及改进的方法

缺陷名称	产生原因	改进方法
单板厚度不均匀（厚度波动大）	1.旋切机精度差： 卡轴径向跳动大，卡轴及刀架的半圆环与滑块间有间隙； 滑道不平，进刀丝杆与螺母间有磨损，造成间隙过大。 2.压尺长度方向压榨程度不均匀 3.木段弯曲	1.检查机床，制订和执行设备维修制度 2.检查压尺全长的压榨程度并进行调整 3.控制卡紧木段的轴向压力，旋长木段用带压辊的旋切机
单板厚度偏差大（外圈单板厚，里圈薄）	1.装刀高度不正确（过高）； 2.后角过大，旋切切入木段； 3.主滑道磨损呈马鞍形 4.辅助滑道倾角不合适	1.调整刀高，参考前面10.2.6.4 2.对第一类刀床旋切机，此时应提高装刀高度； 对第二类刀床旋切机，可调整装刀高度和偏心圆盘，检查时可观察旋刀后面摩擦亮带的宽度是否合适 3.进行检修，恢复机床主滑道的平整 4.减小辅助滑道倾角
单板出现松紧边	1.压尺压棱或旋刀刃口研磨不好，不平直。 2.刀门间隙不一致；刀门间隙中间大、两端小，出现紧边；刀门间隙中间小、两端大，出现松边。 3.旋软材时，卡轴卡得太紧，产生外圈单板有松边，里圈单板有紧边的现象。 4.开始旋切时单板平整，后来出现松边	1.更换压尺或旋刀，并检查磨具是否合格，检查压尺旋刀安装是否平直。无防弯压辊的旋切机，旋刀中部应调高0.1mm。 2.调整压尺与旋刀之间的刀门间隙，使全长上压榨均匀。 3.稍减小卡轴夹紧力。 4.增加两端压榨率

表10-16（续）

缺陷名称	产生原因	改进方法
单板出现扇形无法正常卷板	1.刀刃与卡轴中心线不平行。 2.进刀丝杆磨损或进刀伞齿轮磨损。 3.刀或压尺位置不正，一头高，一头低。 4.卡轴轴套一头磨损	1.脱开进刀伞形齿轮，调整刀床对卡轴中心线的平行度。 2.检修机床磨损部分。 3.检查刀高，正确装刀。 4.及时检修机床
单板"鼓包"（两头厚、中间薄）成拱形或波浪形	1.后角小，旋到木芯时木芯呈鼓形。 2.压尺压榨率不一致，两端小、中间大。 3.木段轴向压力太大，或压尺压榨力太大，木段出现弯曲。 4.木段旋切温度太高，手摸木段有烫手感觉（超过55℃），使刀刃中间膨胀	1.稍调大后角。 2.检查并调整压尺压榨程度。 3.适当减小卡轴压力和压榨率。 4.控制木段蒸煮温度，出池木段停放一段时间待温度降到50℃以下再旋切
发生"跳刀"，单板板面出现楂衣板似的波浪形（即所谓瓦楞板）	1.刀刃低，后角大，刀在木段压力下循环变形与恢复，产生板面波浪形，节距8～12mm。 2.后角过小，近木芯处，刀挤压木芯，使木段弯曲，板面产生节距为30～50mm的波浪形。 3.硬材软化不好，近木芯处旋切性震动（跳刀）	1.调整装刀高度或调整偏心圆盘转角，使安装角变小，刀刃与木段的摩擦亮带保持为3～4mm的宽度。如偏心到头，在旋近木芯时仍有"跳刀"现调象，则调整辅助滑道倾角（加大），在1°30′～3°范围内，适当升高刀刃，使刀高为0～0.5mm。 2.稍加大后角，观察整个旋切过程是否平稳，里外圈单板厚度是否相等。旋刀后面的摩擦亮带宽度是否合适（3～4mm宽）。调小辅助滑道倾角，调低装刀高度；机床长期使用后，检查主滑道是否磨损。 3.增加木段蒸煮软化时间，提高木芯温度
板面有毛刺沟痕	1.压尺安装不正确，压榨程度不够。 2.木段水热处理不足。 3.旋刀不锋利，油刀不够。 4.刀架与压尺间的连结部分磨损，压尺后退，失去压榨作用。 5.后角过大	1.调整压尺位置。 2.调整木段水热处理工艺。 3.及时换刀，仔细油刀。 4.检查机床，进行必要的维修。 5.调整旋切初始后角或提高装刀高度
板面发毛	1.木段热处理过度，木材塑性太高，旋刀不易切断木纤维。 2.刀钝，油刀不够	1.降低木段蒸煮温度，减少处理时间，木段冷却后再旋切。 2.旋切软材时用小研磨角的旋刀。（19°的研磨角），并细致油刀
单板光洁度差，单板松软（背面裂缝深）	1.压尺安装位置不正确，h_0偏高，压尺未起压榨作用。 2.硬材、特硬材的水热处理不足。 3.刀门缝隙S_0过大，压尺作用不明显或压尺不起作用。 4.旋刀不锋利或油刀不够。 5.压尺棱磨损严重	1.降低压尺的h_0，使等于刀门缝隙的1/4～1/3。 2.延长木段水热处理时间，使木芯温度达到45℃以上。 3.调小刀门，使压尺起适当的作用。 4.勤油刀，换刀（水曲柳每班换二把刀，椴木每班换三把刀）。 5.更换压尺，新换上的压尺棱要磨圆
板面有擦伤和划痕或出现凹凸棱	1.木段外圆粘附泥沙。 2.刀刃上有崩口或卷刃。 3.刀门被垃圾堵塞	1.旋切前清扫木段表面。 2.油刀，崩口严重的要更换旋刀。 3.消除刀门碎屑

(2) 开车前检查机床各部分有无不正常现象，起动后观察电动机和指示仪表是否正常，各运转部分有无噪音和振动等异常现象。

(3) 木段的大节疤应先砍除，避免旋切时旋刀局部磨钝和对机床的冲击震动。旋大节疤时应降低车速。

(4) 下班时擦净旋刀、压尺、丝杆、卡轴和滑道等部位的水渍和木屑，用棉纱擦净机床，对应上润滑油处注油润滑。

(5) 定期检修机床。检查机床的回转部分，如有异常音响、发热、震动等现象时应立即检修，不允许机床带病工作；检查机床规定的润滑部分有无漏油、缺油和油道堵塞等毛病；检查机床主滑道、滑座、进刀丝杆和螺母、卡轴和轴承有无严重磨损；检查电机的发热情况、炭精刷和滑环间的火花以及电机的润滑情况。

(6) 尽量不用大旋切机旋短木段，因为大旋机旋短木段时会造成机床偏载，使一边的卡轴和轴承、旋刀与压尺、进刀丝杆与螺母易磨损，对刀具的使用寿命及机床精度都不利。如一定要使用大旋切机来加工短木段，则一定要装上旋切机中心扶架（随机配的附件）。

2. 旋切机的磨损对单板质量的影响

生产中对旋切机的维护保养影响到机床的精度、使用寿命和旋切单板的质量。如维护保养不好，会造成卡轴和轴承磨损松动、压尺架与刀架磨损松动、进刀丝杆与螺母磨损松动，主滑道呈马鞍形等,这些都严重影响单板质量,使单板出现厚度超差、表面粗糙度增加、背面裂隙度加大、松紧边等不良后果。表10-17列出了旋切机磨损对单板质量的影响及改进措施。

10.2.7 旋切机与后工序的连接

为了保证生产流水线的正常有序运转,旋切机与前后工序的配合很重要。

旋切的前工序为木段运输和上木定心,为了保证足够的木段供旋切机生产,因此旋切机前的剥皮木段,应有1~2h生产所需的贮量。根据这一贮量,考虑在旋切机前留出足够的场地来堆放剥好皮的木段。

旋切的后工序为单板剪切或单板干燥。有的工艺流程是将旋出的有用单板先送到剪板机裁成一定宽度的单板,然后将裁好单板送至单板干燥机去烘干。这种安排工厂称为"先剪后干"工艺流程;另一种是将旋切出的有用单板先送至单板干燥机干燥,而后再将干好的单板按规格剪裁,这种方法称之为"先干后剪"。前者多用于厚芯板和变形较大的单板生产,后者多用于薄表板的生产。

不论哪种工艺流程,由于旋切机的线速度高于干燥机或剪板机,它们的速度不会一致的,所以在旋切机到干燥机之间的连接,总有一个缓冲贮存。连接的方式(包括缓冲贮存)有:带式输送器,单板折叠输送器和卷筒装置。

10.2.7.1 带式输送器

带式输送器或称式传送装置,它是用皮带运输器将旋切机旋下的单板直接运送到后工序。这种输送装置的贮存架可为一层或多层。单板在贮存和输送过程中保持平展,这有利于保护单板,减少破损,适于多树种和多种单板厚度的生产,尤其适合小径木的旋切。能适应零片单板贮存和输送,使零片单板也能连续化自动生产线。

单板生产连续化中,零片单板的处理是困难的工序之一。旧的方法是用输送带或人工将零片单板送到湿板剪切机前理板、齐边,然后再送到干燥机前进行干燥。这种方法要人工理板、铡板,干燥机进、出板也是人工操作。手工搬运使单板破损率增加,降低了木材利用率和劳动生产率。采用多层贮存架方法为零片单板连续化生产创造了条件。其方法是在旋切机上增加收取零片单板的输送带,使单板出刀门后在输送带夹持下输送,用升降输送带按旋切速度送上贮存架,贮满一层后用手控按钮或自动转换到另一层。位于贮存架后的升降输送带接引零片单板,按干燥机速度的需要,送进干燥机底层网带进行干燥。出干燥机后再送至横拼机进行加工。这样使零片单板生产实现了整张化、连续化和自动化。这种方法的缺点是占用车间的场地较大。

10.2.7.2 单板折叠输送器

带式输送装置需要很长的输送带和占了很大的车间面积,因此,它的应用受到限制。而另一种输送器能使单板在其上面形成波浪形状,贮存于旋切机与干燥机间的输送带上,是一种缓和旋切机速度高于干燥速度这一矛盾的方法,它大大地缩短了输送器运输带的长度。

单板折叠输送器由三段单板输送带组成:

第一段为平皮带组成的接受段。它的作用是接受由旋切机来的单板带。因此线速度与旋切速度相等约为60m/min,此段长度约3m。

第二段是平皮带组成的折叠段。它的作用是贮存单板。该段的速度仅是旋切速度的1/6~1/7。由于接受段速度快,折叠段速度慢,产生一个速度差。结果使单板形成一个个大的波浪状皱折,在折叠段上堆放起来,折叠段起了储存单板作用。但必须使折叠的顶峰倒向旋切机,这样到后面,单板才能顺利展平,否则由于折叠相压,单板容易拉断。

单板折叠段长度可用下式计算:

$$L = \frac{L_{单}}{n} \qquad n = \frac{V_{旋}}{V_{带}}$$

$$L_{单} \approx \frac{\pi (D_{木} - D_{芯})^2}{4S}$$

式中:$L_{单}$——一根木段旋出的单板带长度,m

L——单板折叠段长度,m

n——在1m长的单板折叠段上可存放的折叠单板的长度,一般$n=6~7$,薄单板n值取大些,厚单板n值取小些

$V_{旋}$——平均旋切速度,m/min

表10-17 机床磨损对单板质量的影响及改进措施

机床状态	对单板质量的影响	改进措施
压尺架与刀架装配间磨损。有间隙,产生水平滑动,两端滑动距离相等	旋切开始时,木段把压尺顶回,刀门增大,压尺压榨作用减小,单板显得紧松不平	若整个压尺被顶回,则测定顶回距离,关小刀门以补偿此距离。更换或修理磨损部分
压尺架与刀架磨损产生水平滑动,两端滑动距离不均匀,一端大,一端小	单板带一边紧,一边松,成扇形;木段旋成锥形,单板一边薄,一边厚	调小滑动大端的刀门。滑动太大时,找出原因,进行检修

表 10-17（续）

机床状态	对单板质量的影响	改进措施
压尺滑道磨损，调好的压尺垂直高度下降	使压尺的压力不作用在旋刀刃的切削处，因此不能防止旋切劈裂，旋出的单板表面粗糙，"啃丝"多，旋出的单板厚度波动大，质量差	修理滑道磨损部分，进行研磨找平
进刀丝杆的螺母磨损，旋切时刀床松动、后退		检修，更换新螺母
卡轴轴承磨损	卡轴松动，木段旋转不圆，旋出单板厚薄不匀，质量差	更换轴承，校正卡轴中心在一条直线上
主滑道磨损，成马鞍形	使装刀高度在旋切过程中发生变化，切削后角不按所需规律变化	进行大修，使主滑道恢复水平

$V_{帯}$——单板折叠输送器折叠段速度，m/min
$D_{木}$——木段直径，mm
$D_{芯}$——木芯直径，mm
S——单板厚度，mm

单板折叠输送器的贮存方法，适于径级小、单板横纹强度高、厚度薄的单板，如桦木单板的生产。而横纹强度低的树种（如柳桉等），或者单板厚度大时易出现板边裂口。

第三段为单板展平段，这一段的作用是将折叠的单板展平，送入干燥机或单板剪切机。速度比旋切速度略大些。这段长度约为5m。

单板折叠段可为单层，也可为多层，主要依据木段直径、旋出单板带的长度和干燥机前空地的大小来定。

采用二层或多层折叠段时，在接受段后应增加一个摆动的皮带运输段来将单板分配至各层。

10.2.7.3 用卷筒卷单板

对径级大的原木，以上两种单板贮存方法就不合适，应采用单板卷筒方式，将单板卷成卷，贮存于贮存架上，单板卷的直径可达60~80cm。用这种贮存方式，旋切机1~2班的产量即可满足干燥机三班生产的需要。

这种贮存方式，贮存量大，占地面积小，因而目前为国内胶合板生产厂普遍采用。

该方法要求卷筒的转速随旋切过程而变化，即转速由快变慢，卷板的线速度要与旋切速度一致，以免拉断单板带。这可通过卷板机皮带的恒定速度来保证。

卷筒放在开式轴承上，取下、放上很方便。

10.2.7.4 单板出板率

旋切时可把木段分成四个部分：

第一部分是由于木段形状不规则（弯曲、尖削和横断面形状不规则）而形成的长度小于木段长的碎单板部分（也可能由于木段断面椭圆而生成窄长板）。

第二部分是由于定中心或上木的偏差，使旋切机的卡轴中心线与木段最大内切圆柱体的轴线不重合，从而产生出一部分窄长板（单板长度等于木段长，宽度小于木段圆周）。

第三部分是连续单板带部分。这部分是木段"旋圆"以后才能得到的。

第四部分是剩余的木芯部分。一般木芯直径为100~140mm。

由上述四部分可知，要想提高旋切时单板的出材率有以下三个途径：

(1) 充分利用可用的碎单板；
(2) 尽可能将定心和上木偏差产生的窄长单板消除；
(3) 尽量减小木芯直径。

对上述三个方面各有具体的做法来实施。

1. 合理挑选碎单板和窄长单板

用人工运送碎单板和窄长板易使单板破损，而且当产量高、旋切速度快时，无法满足生产需要。改进的方法有两种：一种是把木段旋圆和旋切分开，分别各用一台旋切机进行，这种方法能提高单板质量，但第二次旋切上木时会产生定位误差，使优质的边材多产生一部分尾巴板。因此这种方法只在生产航空胶合板和木材层积塑料时采用。另一种方法是将旋切出的碎单板和窄长板分别用两台皮带运输机运走。到一个地点集中后再进行整理加工。对此需配置剪裁机和截断圆锯。

2. 减少定心、上木偏差

减少这部分偏差的最好方法是使用先进的定心、上木装置。这样能使木段回转中心基本与其最大内切圆柱体轴心一致，使边材部分多出整幅优质单板。

3. 减少木芯直径

当2m(6′规格用)和2.5m(8′规格用)的木段在无压辊的旋切机上加工时，旋切到木段直径小于200mm时，木段就会弯曲，使旋切无法进行，留下较大的木芯。水曲柳等硬材的木芯达140mm，意大利杨木等软材的木芯将达180mm。而这时应该还能旋出一部分芯板，为了充分利用这部分木材，通常对木芯截断后进行再旋，再旋后木芯直径可降至55~60mm。

如果用带防弯压辊的旋切机则可直接将木芯旋至直径为

65~80 mm。这种旋切机一般为液压双卡轴，在木段直径大时用大卡轴（带大卡头）以产生大的驱动力矩，在木段旋至小直径时大卡轴退出，留下小卡轴连续工作。当旋切进行到木段直径为150mm左右时（具体尺寸根据木段树种、长度而定），防弯压辊自动压下，防止木段弯曲，使旋切可连续进行。压辊可为气、液压施加压力或机械施加压力。机械压辊的压力是利用与刀床连在一起的滑道，把力传给压辊，力的大小与滑道曲面形状有关。气、液压压辊的压力能与木段弯曲形状相适应。另外国内产旋切机还有一种靠人力通过杠杆作用施加压力的压辊装置。这种压辊效果差，工人劳动强度大。

10.2.8 单板干燥

旋切单板含水率很高，单板的初含水率与原木的含水率、树种、运输和储存方式以及木段的热处理方法等因素有关（表10-18）。

表10-18 单板初含水率与木材树种和运输方法的关系

运输方法	单板初含水率（%）		
	阔叶树材	针叶树边材	针叶树心材
陆运	60~80	80~120	30~50
水运	80~100	100~150	40~60

注：经水热处理后的阔叶材，一般含水率均超过100%

单板初含水率很高，对当前胶合板的生产工艺不合适，同时也不适合贮存，夏季易发霉，单板边缘易开裂翘曲。因此，对旋出的单板必须进行干燥加工，使其含水率降至适宜的范围，以符合胶合工艺的要求。

10.2.8.1 单板干燥的最终含水率要求及测定方法

单板干燥的终含水率与干燥工艺参数有关。而终含水率直接影响单板干缩率和胶合质量。从生产成本、经济效益看终含水率高些好；但为保证胶合质量则对含水率有一定的范围要求。也不是含水率越低越好。过度的干燥会使单板表面的木材活性基团减少，反而影响胶合强度。而且过干的单板发脆易破损。所以生产中综合考虑各方面因素，定出适宜的终含水率非常重要。

根据当前的生产情况，认为适宜的终含水率如下：

厚度为0.6mm左右的表板，终含水率为12%~15%为宜；厚度在1.5mm以上的芯板，终含水率为6%~8%，不能超过8%，否则会影响胶合质量。具体情况结合各生产企业的经验、单板树种、所用胶种、涂胶量等来确定。

水曲柳单板易破碎，含水率宜高于12%；松木单板热压胶合时透水性差，含水率宜采用下限，否则胶层易鼓泡。

胶合板生产中所用的含水率均为绝对含水率。因此，测定单板含水率也是绝对含水率。

生产中测定单板含水率采用含水率测定仪。这些测量仪器都是通过电量来检测非电量。如：介质常数测湿法、微波测湿法、电阻（或电容）测湿法。最常用的是电阻、电容测量仪（又称木材含水率测定仪）。测定的含水率范围从6%~30%。这种测湿仪结构简单，使用方便。在国内几乎所有胶合板生产厂都用这种仪表来检测单板含水率。测量时把测头钢针插入单板，即可在仪表上读得单板含水率数值。单板才从干燥机出来时不要立即测量，待单板温度下降，表面水分蒸发掉，再进行测量。用这种仪器测量约有1%的误差，但这个精度在生产中使用已足够了。

实验室中使用质量法来测定单板含水率。测定方法是：先将被测单板上取下的试件称重，再将试件烘至绝干后称重，通过下式可求得单板的含水率。

$$W = \frac{G - G_0}{G_0} \times 100$$

式中：G——试件初重，g

G_0——试件绝干重，g

这种方法简单可靠，但不能用于流水线的检验。只能作抽样检验用，因为试件干至绝干重的周期长，不能立即反映出流水线上单板的含水率。

在生产中单板含水率的测定最好在干燥机后连续测量，找出大面积单板上局部的高含水率湿斑，以便及时进行再干燥，使胶合板质量得到保证。美国采用的横向倾斜式电极装置就具有这种功能。

10.2.8.2 单板干燥方法、干燥设备及使用注意点

木材中水分可沿着细胞腔纵向通道从纵向端面排出，也可经细胞壁上纹孔贯通从侧面排出。对单板来说，因为厚度小，纵向端面小，而横向幅面大，所以以横向幅面上排出为主。单板干燥时，水分在木材内走的途径比成材短得多，因此，对单板干燥可用高温、高风速低相对湿度进行干燥。

单板干燥的方法有天然干燥和人工干燥两种。天然干燥是将单板置于大气中晾晒，这种方法效率低、质量差，风干的单板变形严重，含水率只能达到平衡含水率。这种方法不宜采用。

人工干燥是利用干燥设备（干燥机或干燥窑）对单板进行干燥。从干燥质量和生产效率考虑，干燥机具有显著的优越性。

按照热传导的方式，干燥方法可分为：对流传热、接触传热、辐射传热和混合传热。

根据这些传热方法制成了各种单板干燥机，最常用的是：空气对流传热、接触传热和接触、对流混合传热的干燥机。

现在生产中普遍采用的是网带传送喷气式单板干燥机和辊筒传送喷气式单板干燥机。

1. 喷气式单板干燥机的结构和原理

喷气式单板干燥机是一种连续式的单板干燥设备。一台喷气式干燥机由加热干燥段和冷却段两部分组成。加热干燥

段由若干分室（可为5～13个分室）组成，作用是加热单板，蒸发单板中的水分。冷却段（1～2个分室）的作用是使单板在夹平的状态下冷却定形，同时利用温度梯度继续蒸发水分。组成喷气式干燥机的每个分室长约2m。

单板的传送可用上下两层镀锌铁丝网带夹住送进。也可用上下成对辊筒，靠辊筒与单板间的磨擦力送进。下辊筒的一端有链轮，另一端有长齿齿轮，由链条带动下辊齿轮转动，再带动上辊转动。上辊筒利用其自重放置在下辊筒上。上下辊转动时驱使单板前进。上辊筒一端轴承放在槽型轴承座内，另一端传动端装有长齿齿轮。因此，上辊筒可在一定范围内上下移动。由于上辊筒的重力作用，无论单板厚度如何变化，上辊筒永远会与单板表面接触。

网带传送的单板干燥机，正确的网带长度很重要。张得过松，传动不平稳，网带下垂程度大，使传送的单板变形；张得过紧则网带被拉伸变形，缩短了网带的使用寿命。合适的张紧度是两相邻传动辊间网带下垂度为10mm。

网带传动另一个重要的问题是网带纠偏。因为网带长度大，精度又有限，所以在运转过程中会出现网带跑偏现象，网带跑偏时，网带边缘会在干燥机机架上刮擦，网带边缘铜焊处会脱开，而使边缘成鱼刺状，影响网带寿命。所以现在的网带传送干燥机都有网带调偏（纠偏）装置。调偏可以用气动，也可用电动。网带跑偏时，网带边缘触及传感器的挡板，使挡板位置发生变化，通过气开关，使气缸的一端进气，气缸运动，带动调偏辊在水平面内绕支点转动，使网带回到正常位置。

干燥机的热量通常是由蒸汽通过散热器提供。加热装置有片状和管状两种。片状散热器散热面积大，结构紧凑，为一般干燥机普遍采用。

热空气的循环现在普遍采用喷气式横向循环。热风由风机吹入喷箱，再由喷嘴将热气流垂直吹向单板表面。旧式的横向气流循环干燥机的热气流是平行流过单板表面，单板表面有一层饱和蒸汽的临界层，它阻碍了热量向单板的传递，也阻碍了单板表面水分向周围空间蒸发，所以干燥效率很低，而喷气式的因为热气流高速垂直冲击单板表面，打破了临界层，加快了单板的干燥速度。因此，干燥效果最好。

喷气式网带干燥机用于干燥连续单板带，因此，干燥机的进口端应设单板卷自动松卷装置，不能靠网带的进给力来拉开单板卷，否则单板带会被拉断，另外还应设置单板卷贮存及空卷回送的贮存架。在干燥机出口端应设置皮带输送机，将干好的单板带送至剪切机剪裁。

辊筒传送的干燥机因层数多（一般为4～5层），而且单板为纵向进料，是零散片，所以在进料端要设机械进料装置，出板端要设卸板台。

喷气式网带干燥机用于"先干后剪"的工艺，多用于干燥表板，这样剪出的表板余量精确，拼板可做到原棵搭配，拼出的单板色泽、纹理一致。

喷气式辊筒干燥机只能使用"先剪后干"工艺，但因为辊筒式干燥机的传热除了对流传热外，还有接触传热，所以干燥效率高。辊筒式干燥机多用于干燥胶合板的芯板，薄木干燥也用喷气或辊筒干燥机。

如果采用喷气式网带干燥机要干燥厚单板，通常用"S"型干燥机，以节省车间面积。直进型的喷气网带干燥机用于干燥薄单板。

连续式干燥机的传动装置必须采用无级变速机构，因为单板的树种、厚度、初含水率、要求的终含水率等因素的变化，只有无级变速才能满足工艺要求。

下面列举的是我国现在生产的两种连续式单板干燥机的主要技术特性。

(1) BG183A型网带传送喷气式单板干燥机

网带宽度	2750mm
工作层数	3层
网带速度	3.5～35 m/min
热风机电动机功率	13×7.5=97.5 kW
冷却风机电动功率	2×4.2+2×2.2=12.8 kW
传动电机功率	3×7.5=22.5kW
装机容量	132.8kW
蒸汽压力	0.8MPa
单板厚度	0.85mm
单板初含水率	90%
单板终含水率	8%±2%
蒸汽耗量	平均3800kg/h
干燥能力	4.4 m³/h
年产量（两班制）	约20,000 m³
外形尺寸（长×宽×高）	36300×4780×4485（mm）

(2) 辊筒传送喷气式单板干燥机

工作宽度	4400mm
工作层数	3层
散热器型式	椭圆管
单板厚度	1.25mm
单板初含水率	85%
单板终含水率	8%±2%
蒸汽耗量	3247kg/h
蒸汽压力	0.8MPa
单位时间产量	4.2m³/h
蒸发1kg水所需耗热	3.85MJ
外形尺寸（长×宽×高）	20915×6850×3090（mm）

2. 其他类型干燥机

(1) 红外——对流混合加热式干燥机

红外线是一种波长为0.76～400μm的电磁波，具有光的特性，能辐射、定向、穿透和被吸收转变为热能。对木材的最大穿透深度为1～2mm。

辐射源可采用功率为250～500W的专用红外灯，或燃烧气体加热多孔陶瓷或金属网以产生红外线辐射，用来加热单板，加热迅速。美国将这种红外加热用在喷气式干燥机的进板端，使冷湿的单板迅速升温，提高干燥效率。在我国因这种方法耗电多（蒸发1kg水，耗电1.6～5kW·h），目前使用受到限制。

(2) 微波——对流混合加热式干燥机

微波是一种波长为2～30cm，频率为1000～10000MHz的电磁波。其干燥原理类似高频电介质干燥，利用木材偶极分子在微波电场中急速改变排列方向，分子间摩擦发热而蒸发水分，达到干燥的目的。单板在微波电场中，吸收微波能量的多少与含水率成正比。因此，微波干燥单板的过程中有选择性。含水率高处吸收能量多，升温快，水分蒸发多；含水率低处吸收能量少，升温慢，水分蒸发少。利用这一特性，可将微波加热设计在对流加热的后面，对已干过的单板进行补充加热，以缩短单板干燥时间，并消除单板幅面的含水率偏差。

(3) 单板热压干燥机

在胶合板工业中一般都采用热空气为介质的干燥方法。但这类干燥机在干燥厚单板时速度慢、效率低。尤其现在胶合板采用"厚芯薄表"结构后这矛盾更突出。为了提高干燥机的生产率和干燥质量，国内外都研制了一种热板干燥机，设备的工作原理类似热压机，利用上下两热平板，将单板夹在中间进行干燥，热平板以一定的压力作用在单板上，以保证单板与热平板间的紧密接触，增强传热效果。这种干燥机可为多层，也可为单层，但它是周期式的，热平板"闭合—张开"间歇工作。闭合的作用是向单板传递热量，张开时单板蒸发水分，并自由收缩。否则单板会产生横向的干缩开裂。为了使热板闭合时单板内水分亦能逸出，需在热板与单板间加一块开有沟槽的铝合金垫板。金属垫板的沟槽与单板背面接触。

热平板施加在单板上的压力为0.2～0.35MPa，热平板温度为150～180℃，试验证明：短时间的高温干燥不会造成单板的表面"钝化"，也就不会影响胶合强度。据试验，美国的南方松单板，厚度为3.2mm，温度为180℃可在105s内干燥至含水率为1.5%，这种干燥速度是喷气式干燥机无法与之相比的，从发展来看，这种热压式干燥机将成为干燥厚单板的有效设备。

国内对这方面的研制工作也早就进行了。南京林业大学与常熟林机厂合作研制出了单层热板干燥机，昆山达华机器厂研制出了多层热压干燥机，该机暂定名为BG-MC25脉动触压式干燥机。

技术性能如下：

热压板层数	25层
热压板幅面	900×1280（mm）
总功率	14.75kW
饱和蒸汽压力	0.6MPa
饱和蒸汽耗量	1000kg/h
干燥能力（单板厚1.6mm）	10～12m³/班
单板的初含水率	80%
单板的终含水率	6%～8%
干燥温度	150～160℃
总质量	23000kg

类似的热压式干燥机有美国的"旋转木马"式的热压干燥机，苏联的呼吸式干燥机，德国的辊筒式压平干燥机等。热压式干燥机的热源可为饱和蒸汽，也可为导热油，用导热油温度高且可省去庞大的锅炉压力设备。

3. 喷气式网带传送单板干燥机的使用要注意点

(1) 安装干燥机网带时，机架两端支承网带的轴辊要平行，否则会使网带跑偏，造成网带边部磨损。

(2) 干燥机开车前打开直通阀，放掉管路内冷凝水，防止蒸汽冲击，损坏管路与阀门。冷凝水排除后关上阀。

(3) 每周要清除散热器肋片上的锯屑灰尘，可用压缩空气吹除。锯屑灰尘的积聚会影响散热效果和引起锯屑自燃。

(4) 经常清除机内碎块、杂物和喷箱内的锯屑、灰尘。

(5) 经常对传动部分，如变速箱、轴承等部位加油润滑。

(6) 经常检查风机皮带的松紧程度，防止皮带过松打滑而降低风量。

(7) 定期检查机内防锈、防腐蚀漆的状况，如有剥落，应及时重新漆好。

喷气式网带传送单板干燥机的常见故障及排除方法见表10-19。

10.2.8.3 单板干燥的工艺参数及影响单板干燥速度的因子

1. 以热空气为介质的干燥机

喷气式干燥机是以热空气为介质的，它的主要工艺参数是：气流速度、气流温度和气流的相对湿度。

气流速度以15～20m/s为宜，速度低，干燥效果不好；而风速超过这界限，干燥效果改善不明显，但动力消耗却增加很多，不经济。

介质温度通常为140～180℃，热源为饱和蒸汽，饱和蒸汽压为0.4～1.0MPa，也有用直接燃烧煤气、石油、轻质柴油等来加热空气。但采用这种直接燃烧法的干燥机，内部要装防火隔离装置。如果喷气式干燥机用来干燥薄的连续单板，则温度不宜过高，否则干燥速度太快，单板边缘易开裂；后面的剪切速度也跟不上。

介质相对湿度为10%～20%，相对湿度高，介质容纳水分的能力就低，影响单板的干燥速度；相对湿度低，意味着干燥机要经常排湿换气，这样热量损耗大，不经济。

2. 热压式单板干燥机

热压式单板干燥是接触传热，不需热空气作为介质。热压式干燥机的工艺参数是：板面压力，热平板温度和热平板间歇闭合时间。

板面压力以热压板与单板良好接触为宜，压力过大则会造成单板厚度方向的压缩损耗。一般板面压力取0.2～0.35MPa。

表 10-19 网带传送喷气单板干燥机常见故障、原因及排除方法

故 障	产生故障的原因	排除方法
全机介质温度低	1.蒸汽压力降低。 2.蒸汽管中积水多。 3.空气隔绝不严,门未关好。 4.风机或保温层损坏。 5.散热器或蒸汽回水阀故障	1.恢复正常气压,检查蒸汽管道。 2.打开回水管直通排气阀,排除冷凝水,检查送气管的保温层和检查汽水分离器是否有故障 3.关严加热段各分室的门,排湿结束即关闭排气管阀门。 4.修理风机或保温层。 5.检查散热器或蒸汽回水阀,排除故障
从上层往下层介质温度显著下降	1.散热器或回水阀故障。 2.机后检查通道被打开。 3.风量不足	1.检查散热器是否为木屑阻塞,检查回水阀状况。 2.关闭检查通道。 3.检查风机转速和是否有故障
机内空气相对湿度增高	1.机内温度下降。 2.排湿不足,尤其是单板初含水率很高时。 3.机内散热器或蒸汽管接头漏气	1.检查机内各部分状况。 2.打开排气管阀门。 3.修理接头
网带跑偏	1.网带两端的支承轴辊不平行。 2.自制的干燥机上无网带跑偏调整机构。 3.网带用旧,变形严重	1.检查,调整两端轴辊的平行度。 2.增加纠偏装置。 3.更换新网带
单板冷却不够	1.冷却风机风量不足。 2.冷却空气温度高	1.检查风机工作状况。 2.检修冷却系统,使冷风温度不超过25℃

注:介质是指机内热空气,它起了把热量传递给单板,又把单板排出的水分带走的媒介作用

表 10-20 不同厚度单板的干燥时间

干燥机类型	单板厚度(mm)	加热温度(℃)		单板干燥时间(min)		
		进板端	出板端	椴木	水曲柳	柳桉
网带传送喷气式干燥机 (风速 15m/s)	1.25	140	110	4.5	3.5~4	2.5
	1.50	140	110	6~7		3
	2	140	110	10	8	
	1.25	125	140	8~10[①]	7~8[①]	
网带式横向气流干燥机 (风速 2m/s)	1.25	125	140	10~13[①]	10~12[②]	
	1.50	125	140	20~25	18~20	红柳桉 18
	1.50	125	140			黄柳桉 20~25
	2.50	140	140	40	30	
	3.75	140	140			40

注:1.单板初含水率 80%~120%,终含水率 8%~12%
2.[①]为陆贮材、边材和早材多的单板;[②]为水贮材、心材和晚材多的单板

热平板温度可为 150~190℃,温度高,干燥速度可大为提高,通常取 170~180℃。温度低,干燥速度慢,热压干燥的优越性不能充分体现出来。

热平板的间歇闭合时间,通常要压紧 30s 至 1min 松开热板一次,接着再压紧,重复这过程,直至单板达到需要的终含水率。

3. 影响单板干燥速度的因子

单板的干燥速度是指单位时间内单板通过单位表面积所蒸发的水分量。影响单板干燥速度的因子很多,但归纳起来不外乎两个方面。一个是干燥机的工艺参数,一个是单板本身的情况。这些因子列举如下:

(1) 热空气或热压板温度的影响:温度是影响单板干燥速度的重要因素,温度越高,干燥速度越快,但过高的温度会影响单板表面的胶合性能,一般认为温度不超过 200℃ 为好。

(2) 热空气相对湿度的影响:这因素只是指空气对流传热的干燥机。空气的相对湿度只是当单板在高含水率范围内干燥时,它的影响显著。即当木材蒸发自由水时,介质的相对湿度起的作用大,而当单板干至含水率较低时,相对湿度的影响就不那么明显了。干燥机内空气的相对湿度以 10%~20% 为宜。

(3) 热空气气流速度的影响:气流速度对干燥速度也有很大的影响。气流平行吹过单板表面的,以 2m/s 为最经济。而喷气式的气流速度应达到 15~20m/s,这样才能有效打破临界层,得到满意的干燥速度。

(4) 单板树种的影响:在相同的干燥条件下,不同树种的单板,干燥速度不同。一般情况下,密度大的树种其干燥速度低于密度小的树种。

(5) 单板厚度的影响:单板厚度越大,水分传导和水蒸气扩散的路程越长,阻力也越大,干燥速度越低,表 10-20

中列出的一些例子供参考。

10.2.8.4 单板干缩率、单板干燥缺陷及消除方法

1. 干缩率

木材的干缩弦向最大，径向次之，纵向最小。弦向的干缩比径向高出将近一倍。单板的宽度方向正好是木材的弦向。单板的厚度方向则是木材的径向。因而在加工中就要考虑单板的干缩。单板的干缩变形以干缩率来衡量。定义如下：

$$\Delta_b = \frac{B_m - B_d}{B_m} \times 100 \quad \Delta_s = \frac{S_m - S_d}{S_m} \times 100$$

式中：Δ_b、Δ_s——分别为单板的宽度与厚度干缩率，%

B_m、S_m——分别为干燥前单板宽度与厚度，mm

B_d、S_d——分别为干燥后单板的宽度与厚度，mm

Δ_b 的值一般在6%～12%，Δ_s 的值约为3%～6%，具体数值根据树种、终含水率等因素而定。

2. 单板干燥缺陷和消除方法

单板由于本身木材结构和旋切加工中的问题，因此在干燥过程中会产生一些缺陷，这些缺陷影响单板质量和出材率，必须设法消除。单板干燥过程中的缺陷、原因分析及改进方法见表10-21。

3. 单板的整平（柔化）

由于旋切时单板会形成背面裂缝，因此使单板出现一面松、一面紧的现象，即俗称的松紧边。这样单板在干燥时两面的应力不一样，会使单板产生翘曲，厚单板尤其严重；另一方面有些树种的木材在生长过程中就形成了应力木，因此制成单板亦会翘曲。翘曲的单板给生产操作带来不利，同时影响胶合板的成品质量。

解决这问题的方法是人为地在紧面制造一些刻痕，或将单板正面（紧面）的纤维结合放松，以消除正面的应力。常用的整平（柔化）方法原理如下：

(1) 切痕法（图10-19）：这种方法是在辊筒上安装了一些与轴平行的刻刀，单板在刀辊与工作台间行进时，在紧面被刻出许多刀痕，从而达到柔化紧面的目的。

(2) 大、小辊挤压法（图10-20）：该柔化装置是由大、小两挤压辊组成。小辊为刚性辊，大辊为外包硬度为40°橡胶的柔性辊。当单板在大、小辊间通过时会产生局部变形，而在紧面上制造出一些裂缝，使该面得到柔化。大辊直径为300mm，小辊直径为18～20mm，小辊可用不锈钢、青铜或硬塑料制成。

(3) 弹性体挤压法（图10-21）：这种方法是利用弹性体（如橡胶）挤压变形所产生的拉力，在单板表面拉出裂纹。在两个加压辊之间单板横向进入，两块弹性体接触单板，受压部分产生变形，从C部分向D部分移动时单板两点的移动速度有差值（即 $V_2 > V_1$），在加压位置上单板受到拉力，在前进过程中连续产生小裂缝，达到了单板被柔化的目的。

4. 使喷气式单板干燥机上下均匀干燥的方法

在喷气式干燥机中，由于经过强制通风加热室的热气流

表10-21 单板干燥过程中的缺陷、产生原因和改进方法

缺　陷	产生原因	改进方法
板面翘曲不平	1. 木材本身为应力木或有涡纹、扭转纹等缺陷。 2. 旋切过程中单板出现"鼓包"	1. 对单板进行柔化或整平。 2. 见表10-16中所述
单板带边缘翘曲或出现"荷叶边"	1. 旋切时刀门压缩率不一致，压尺和旋刀不平直，刀门两端间隙太大，产生松边。 2. 单板薄，干燥速度快	1. 调整刀门，增加两端压榨率。 2. 改进干燥条件，增加机内湿度
板端裂缝	1. 木段有端裂。 2. 单板边缘干燥速度快。 3. 湿单板堆放时间过长，板边已气干。 4. 单板松软，背面裂隙大。 5. 水曲柳单板旋切有紧边或鼓泡	1. 旋切单板封边。 2. 旋切单板封边。 3. 存放过久的湿单板，干燥前板端用水湿润一下。 4. 增加压尺的压榨作用。 5. 提高旋切质量，水曲柳单板旋切应稍带松边
部分单板过干或过湿	1. 单板初含率相差大。 2. 各干燥层的干燥条件不一致	1. 不同树种的单板及心、边材应分开干燥。 2. 可在干燥机内设置挡风板，停机检修
单板各部分含水率不匀	1. 初含水率不一致。 2. 沿喷箱长度方向气流不匀。 3. 干燥机故障，局部喷嘴堵塞	1. 检查湿单板含水率。 2. 将老式的等截面喷箱改换成变截面喷箱，在喷箱上设计合理的喷嘴配置。 3. 检修设备
单板带易断裂	1. 单板带端裂严重。 2. 干燥机上压网未分段或虽分段，但前后速度调整不当。 3. 单板背面裂隙大。 4. 机内温度高，湿度小，与单板树种的材质不相适应	1. 旋切前去除原木端裂、旋切时封边。 2. 干燥机超过8节时上网带要分段，以适应单板带的干缩。如上网带速度不正确可调快进板端压网的速度。 3. 检查旋切工艺。 4. 检查机内温、湿度，找出适合该树种单板的温、湿度

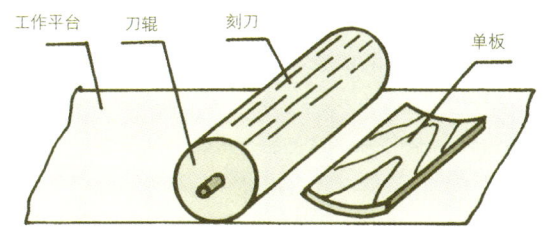

图10-19 切痕法单板整平

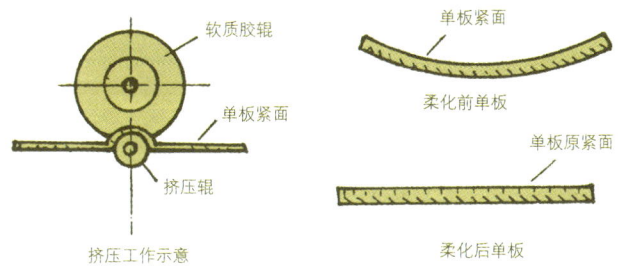

图10-20 大、小辊挤压柔化

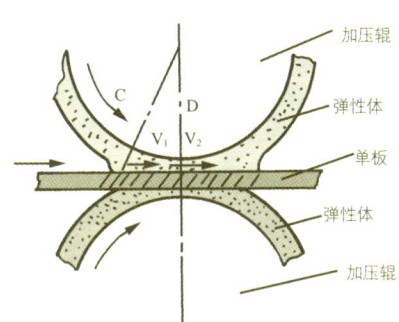

图10-21 弹性体挤压法柔化单板

不能急转弯进入上部喷箱,这样下部喷箱就得到更多的热风喷向单板,因此使干燥机下层烘出的单板比上层烘出的干,造成了干燥机层次上的干燥不均匀。解决这一问题可采用挡流板。

采用挡流板有两种做法:

(1) 急转弯导流板:这种挡流板沿加热室部高度分布在干燥机长度方向。并从干燥机一侧以30°～45°向下延伸。它使风机吹来的正常气流破坏,形成更多的涡流,从而使热空气更均匀地进入上下各层喷箱,上下各层干燥更均匀。

(2) 梯形或楔形挡流板:采用梯形或楔形挡流板,挡住下部喷箱口的部分面积,限制了进入下部喷箱的热空气流量,以达到上下均匀干燥的目的。这两种挡流板上都开有很多孔,以便于调节。

10.2.8.5 干燥机生产率的计算

要计算单板干燥机的生产率首先需确定单板所需的干燥时间,生产中可根据经验对不同树种、不同初含水率和不同厚度的单板先估算出一个干燥时间,然后在实践中校正。

干燥时间确定后,干燥机的生产率可由下式求得:

$$Q = Z \cdot K \cdot K_1 \cdot N \cdot S \cdot W \cdot \frac{L}{T}$$

式中:Q——干燥机班产量,m^3/班

Z——干燥机每班工作时间,以8h计,连续工作时$Z=8h$,二班制生产$Z=(8-T)h$,一班制$Z=(8-2T)h$

K——传送单板的面积利用系数(实际用于传递单板的面积与可传送单板面积之比),一般为0.7～0.8

K_1——干燥机工作时间利用系数,约为0.95～1

N——干燥机层数

S——单板厚度,m

W——干燥机的有效工作宽度,m

L——干燥机的长度,m

T——单板通过干燥机所需的时间,h

若干燥连续单板带则W改为单板带的宽度,而K则约为1。

10.2.9 单板剪切

单板剪切工序是影响单板等级和出材率的主要工序。操作工应熟悉国家标准中对单板的材质要求,尽量裁取特等和一、二等级的面板,不允许存在的节子、腐朽、变色、夹皮等缺陷应截去。

10.2.9.1 单板剪切尺寸的确定

在单板剪切时首先要确定单板的宽度尺寸,留出最合理的加工余量,以获得最高的出材率。单板宽度尺寸要根据工艺来确定。

(1) 采用先剪后干的工艺,整幅湿单板宽度B_m为:

$$B_m = B_p + \Delta_1 + b$$

式中:B_p——胶合板的成品尺寸(宽度或长度)mm

Δ_1——胶合板的锯边余量,约为40～60mm

b——单板的干缩余量,mm

(2) 采用先干后剪的工艺,整幅干单板宽度B_d为:

$$B_d = B_p + \Delta_1$$

式中符号意义同上。

如果是先剪后干的窄长板,干燥后需胶拼,所以还应留出20～25mm的二次齐边余量。

10.2.9.2 提高单板出板率的对策

随着原木价格的上涨,原木成本在胶合板成本中所占的比例也增加了,而16%～25%的木材在单板剪切机上变成了废单板,这损失是相当惊人的,因此千方百计提高单板出板率意义重大。提高单板出板率的影响因素很多,大致可归纳为:

1. 木段准备

原木锯断应去除端裂,控制余量;木段热处理严格按工艺进行,保证热处理质量;采用先进的木段定心设备,提高

定心精确度。

2. 旋切控制

减少卷板时单板破损、断裂；做好碎单板的挑选工作，能用的小尺寸单板都应挑拣加以使用；采用带液压双卡轴和压辊的较先进的旋切机；加强操作者的责任心，完善经济、质量指标和奖惩制度。

3. 干燥和剪切

单板干燥时要防止过干现象，因为过干会引起过量的收缩，同时还影响单板的胶合，因此，一批单板经过干燥机后，不可能百分之百地达到规定的终含水率要求，否则如果全部低于或等于要求的终含水率时，其中必定有部分单板过干了，这也造成了干燥能量的浪费。

合理的做法是保证绝大部分单板经干燥后达到所需的含水率，而另一小部分单板含水率偏高，需再干燥，最好的再干率是15%～20%，亦即1m³的湿单板经干燥后，其中0.15～0.20m³需再次干燥，具体数值取决于单板种类、干燥条件和工厂。要控制好单板含水率和再干率，必需在干燥机出板端装置一台优质的连续含水率测定器。

另一个提高单板出板率的关键是单板剪切。必需确定合理的剪切余量，每节约1cm剪切余量对全年的产量来讲就是巨大的经济效益。确定了余量后，剪切时必须提高剪切精度，避免剪出梯形的表板，控制好尺寸误差，应用质量控制图（X-R图）做好工序控制。

单板剪切时不能单独追求整幅高等级单板，因为这样必定会造成一些材料的浪费。合理的做法是根据定货要求，结合生产成本来力争获取足够量的高等级单板。单板剪切时应结合后工序的修补工作来考虑。

10.2.9.3 单板剪切设备

单板剪切设备有机动和手动的两类，手动剪板机精度差，但设备结构简单、价格便宜，所以工厂一般都用于芯板整理。机动剪切设备结构较复杂、效率高、精度高，用于面背板和中板的剪切。机动剪切设备有机械传动和气动两种。

1. 机械传动剪板机

剪板机的机架由左右机架、刀架和横梁组成。底刀水平地固定在机架上。刀架上有垂直滑杆，装在导管内，能上下滑动。机床两侧有偏心轮，能将转动变为刀架的上下运动。偏心轮与传动轴相连接。传动轴上有离合器和大齿轮。踩下踏板，离合器闭合，离合器摩擦环张开与大齿轮接触，电动机通过齿轮带动传动轴回转，使刀架上下运动。离合器分开时大齿轮在主轴上空转，刀架不动。

底刀用钝后刀口变圆，影响剪切，这时需取下刃磨。重新安装时要调整好剪刀与底刀口之间的间隙。

2. 气动式剪板机

气动剪板机由机架、机械进出料装置和气动剪切部分组成。不剪板时转动主轴转向一边。曲臂被提升，剪切刀处于最高位置，离开砧辊，单板带经进料辊进入砧辊，需剪切时按动气开关，气管里的压缩空气经气体分配箱进入气缸，推动滑阀，带动主轴转动。这时主轴由一侧向另一侧转动，转动时带动曲臂上端由一边偏向另一边，剪切刀由最高位置沿导管向下运动，经最低点，再提升至最高点。经最低点时剪切刀切断单板带完成一次工作。剪好的单板由出料辊运走，出料辊的速度是进料辊的2倍，砧辊表层包有氯丁橡胶。气动剪板机，剪切刀动作快，适宜于安装在喷气式网带传送干燥机的出料端，气动式剪板机的剪切频率最高达到400次/min，而机械传动的仅120次/min。气动剪板机以砧辊替代了底刀，所以仅需更换砧辊的橡胶层，省却了研磨和安装底刀的麻烦。

10.2.10 单板加工

干燥后的单板上保留有一定的材质缺陷和加工缺陷，等级也混杂，因此，对干燥后剪切好的单板要进行等级和用途的分选。有缺陷的单板及窄幅单板需经修补和胶拼，然后才能入单板仓库备用。

10.2.10.1 单板分选

单板分选应根据国家标准中对面、背板的质量要求来进行，将需修补的整张板拣出，将需胶拼的窄单板选出来，以便进一步加工。

组配先剪后干的窄长板时应做到"原棵搭配"，干燥后需经再齐边后才能胶拼。

分选工作最好在干燥机后的传送带上进行。因为单板干燥后很脆，横纹强度差，多次的翻动和搬运易造成单板破损。

分选后的单板应根据树种、尺寸规格和面背板分别堆放，并留有标签。

10.2.10.2 单板修理和挖补

单板的修补工作包括修理和挖补两种工作。单板修理主要是对单板上的小裂缝用胶纸带贴合，使裂缝弥合，不再扩展。用作中板或芯板的小裂缝（不超过胶合板离缝要求）不进行修理。面板上的裂缝必须修理，修理用湿贴胶纸带，胶带贴在单板的正面，以便以后砂光时除去。若要贴在背面（即所谓内贴）则必需用穿孔胶纸带。尽量减小胶带对胶合强度的影响。

单板上的死节、虫眼、孔洞等超过国家标准允许范围的缺陷必须挖去，再补上一块好的单板片。挖和补的工作可以在自动挖补机上一次完成，也可分为挖孔和补孔两次完成。

用挖补机工作时挖和补都由机械完成。挖补分开进行时，挖孔可用手工或机械；补孔则用手工进行。

手工挖孔用冲头将缺陷冲去或用小刀将缺陷挖去。

机械挖孔多采用回转式刀头将孔挖出。刀头上可装小割刀或盘成圆筒形的细齿锯条，刀头中心有装在弹簧上的压片，挖孔时压片先压住单板，然后刀头下移挖去缺陷。补片也用同一回转刀头挖制。用手工将周边涂上胶后镶入补孔或用胶纸带贴在补孔中。芯板修补时最好用周边涂聚醋酸乙烯酯乳液（俗称乳白胶）的方法，如用胶纸带贴的话，只能用穿孔胶纸带（但结构胶合板不宜使用）。

自动挖补机工作时，用凸轮机构控制的上冲头冲掉单板缺陷，与上冲模形状一致的下冲模冲出补块。工作台下有单板条自动供料系统供下冲模冲制补块。靠补块的正公差将补片嵌入孔内，最大补块尺寸为80mm × 40mm。冲头为菱形或椭圆。补片的尺寸比孔大0.10mm左右。补片的含水率比表板低，约为4%～5%。如果单板上冲的孔非圆形时，应使孔的长轴方向与单板的纤维方向一致。所用补片的厚度、树种、木纹、颜色应与被补单板一致。

10.2.10.3 单板端、侧胶拼

把窄长单板拼接成整幅单板的操作称为胶拼，这种胶拼是在单板的宽度方向进行，即对单板的侧面进行胶拼。

还有一种是在单板端头进行胶拼，将单板接长，也叫端接。

1. 宽度胶拼

按单板的进板方向与纤维方向间的关系，可分为纵拼与横拼两种。按胶拼所用的材料可分为有胶带胶拼与无胶带胶拼。下面分别介绍几种纵向进料和横向进料的胶拼机。

(1) 纵向纸带胶拼机：主要用于面板胶拼，在拼缝处单板侧面紧密接触，然后在面上拼缝处贴上胶纸带。胶纸带是由涂有动物胶的牛皮纸组成。胶纸带经水湿润再贴到拼缝上，接着由电加热辊紧压加热，使纸带中水分蒸发，紧紧贴到单板上。加热辊温度为70～80℃。温度过低，胶纸带贴不牢；温度过高，胶纸带焦糊、变脆。工作台下方对着加热辊的位置，有一对锥形辊，产生一定的侧向推力，使两片被拼接的单板侧面紧靠。使用时应再调整好锥形辊，否则推力不足，拼缝不严；推力过大，挤破单板。

(2) 横向有带胶拼机：横向有带胶拼可用压敏胶粘纸带或热熔性树脂线，如聚乙烯——醋酸乙烯共聚物（简称EVA树脂）等。

将未齐边的板条连续送入横拼机，机床能自动检测厚度、齐边、胶拼、等规格剪裁和堆垛，整个过程只需一人操作。每班生产率约为1200张（915mm × 1830mm芯板）。机床的主要结构为：机座、砧辊、进料输送带和厚度检测装置组成的进给装置，凸轮机构控制胶拼机构和堆板机构。

纸带式横拼机主要用于拼接芯板，使芯板整张化，也可用于拼接背板，这种拼接机拼成的单板形状整齐，无扇形等缺陷。生产中用得较多。另外还有缝纫式的连续横拼机，用于拼接长芯板和背板。

无胶带纵向胶拼机现很少采用，因为随着表板厚度的减薄，已不适合用无带胶拼了。而大部分工厂对长芯板则尽量用整幅的，以修补工作来取代胶拼。

2. 单板的长度拼接

在胶合板生产中对短单板应加以充分的利用，在长度方向将它接长则可用作长芯板或背板。但长度方向的拼接应不影响单板的顺纹强度，所以拼接应采用指接或斜面搭接。接长的单板也可用作LVL的材料，还可在水泥模板、结构胶合板等对表面美观要求不苛刻的产品中用作面板。由南京林业大学与江苏省东台市木工机械厂联合研制出了这类单板纵向接长机组。它由双头单板斜铣锯机、斜接压机、单板剪切和单板堆垛机组成。先将短单板两端铣出斜面，而后首尾胶压成连续的单板带，再按需要剪切成任意长度规格的单板。机组的主要技术规格及参数见表10-22和表10-23。

斜面搭接时斜面角以3°～5°为宜。

10.2.10.4 芯板整张化

所谓芯板整张化有两个方面：一是单板剪切时尽量多剪出整幅的芯板，对单板上的缺陷采用以补代拼；另一做法是将窄单板拼成整幅的芯板，目前工厂中采用的方法可以用手工拼也可以用单板横拼机拼。

芯板实现整张化后可减少组坯时的叠芯离缝缺陷。也是实现芯板涂胶——组坯连续化的必要措施。

但是对变形大的树种（如枫香、速生杨），芯板整张化

表10-22 BJC单板接长机组主要技术规格及参数

BJC1213型双头单板斜铣锯机				BJC2114型斜接压机		
名称		单位	参数	名称	单位	参数
加工单板长度		mm	470～1350	斜接单板最大宽度	mm	1450
加工单板厚度		mm	1～4	温度可调范围	℃	65～200
单板输送速度		m/min	2.5～25	加热方式		电加热
锯轴移动速度		r/min	4800	工作油压	MPa	4
拖板移动速度		m/min	2.5	液压系统		7.5
	刀盘		3 × 2	电机功率 加热	kW	4
电机功率	进料	kW	3			
	调整		0.75	板面压力	MPa	1.5
机床外形尺寸		mm	2910 × 2000 × 1400	机床外形尺寸	mm	2800 × 1800 × 1600
机床质量		kg	4000	机床质量	kg	3000

表 10-23 国外单板接长机的一些技术参数

斜面铣削机						
指标名称	Yc	2Yc	劳特公司斜面铣削机			
			FVs2	2FVs185	2FVs240	2FVs265
最大工作宽度(mm)	–	1870	–	1850	2400	2650
最小工作宽度(mm)		470	–	450	450	450
斜接单板厚度(mm)	0.5~6	0.5~6	0.5~6	0.5~6	0.5~6	0.5~6
进料速度(m/min)	12~18	6~24	8~25	8~25	8~25	8~25
铣刀转速(r/min)	6000	5600	5000	5000	5000	5000
电动机功率(kW) 铣刀	4.5	5.5×2	6.0	5.5×2	5.5×2	5.5×2
电动机功率(kW) 进料	2.8	3	2.2	2.2	2.2	2.2
电动机功率(kW) 调整	–	–	0.75	0.75	0.75	0.75
外形尺寸(mm) 长度	1630	3190	1150	2000	2000	2000
外形尺寸(mm) 宽度	830	1890	850	3000	–	3800
外形尺寸(mm) 高度	1130	1415	–	–	–	–
重量(kg)	1100	3580	1150	2125		2300

窄板压机				
指标名称	YCПГ	菲勒金格公司（英国）	YP/MI-66（劳特公司）	IP/IS-56
热压板长度(mm)	1700	1700	1700	1700
热压板宽度(mm)	70	70	60	70
单位压力(MPa)	1.8	2.4	1.18	1.18
电加热功率(kW)	4.4	蒸汽加热	6.8	6
液压系统功率(kW)	2.8	3	3.3	3.3
温度调节范围(℃)	100~200	80~150	100~200	65~230
外形尺寸 长(mm)	3900	3658	3000	
外形尺寸 高(mm)	2380	1067	2550	
外形尺寸 宽(mm)	1452	2057	1400	
重量(kg)	1442	3000	2000	1850

仍不能避免叠芯离缝的出现。因此，现在工厂中采用的多数做法是将芯板拼成半幅或三分之一幅来使用。而且采用二次涂胶或预压后修理来解决叠离心问题。

正确的做法是对单板进行整平（柔化）然后才施行芯板整张化工艺。且在芯板胶拼（手工）前应进行齐边。另外重视芯板旋切质量，不使它出现松紧边，也是芯板整张化的必要措施。芯板的挖补都采用手工进行，要注意挖补质量，不使补片与孔间产生较大的空隙。

10.2.11 合板制造

胶合工序是胶合板生产中的一个重要部分。在这阶段，要进行单板施胶、组坯、预压，最后热压成胶合板。胶合质量的好坏直接影响到产品质量。同样锯边和砂光的失误也会使产品报废。

10.2.11.1 表芯板厚度的搭配

胶合板的面、背板及芯板的厚度，可以是等厚板，也可以不等厚。各层单板等厚，生产管理方便，产品纵、横结构均匀，但浪费较好的表板材料。所以现在都不采用等厚结构，而采用"厚芯薄表"结构，对非结构用的普通胶合板各层比不作规定，而对作结构用的水泥模板则规定了纵、横纹单板的厚度比。

胶合板板坯厚度和表芯板厚度的搭配，根据成品厚度要求、胶合过程的厚度压缩率和表面加工余量来定，单板干燥过程中的干缩余量不另作考虑，因为胶合板成品尺寸允许很大的厚度负偏差。

常用的普通胶合板表板厚度为 0.5~0.8mm，芯板厚度为 1.5~2.0mm。各层单板厚度可在此范围内搭配。

水泥模板的各层单板厚度比有特别要求，考虑到产品结构均匀性，与表板同纤维方向的各层单板厚度之和不得小于板坯总厚度的 40%，并且不大于 60%。胶合板产品的热压厚度压缩率见表 10-24。

表 10-24 几种胶合板产品的热压厚度压缩率

胶合板品种	板坯热压压缩率（%）
普通胶合板	8~10
混凝土模板用胶合板	8~10
航空胶合板	20~25
船舶胶合板	30~35
木材层积塑料	50

10.2.11.2 芯板施胶

单板施胶的方法有多种，根据胶黏剂的形态分干状施胶和液态施胶。干状施胶有胶膜纸和粉状胶黏剂两种，胶膜纸施胶质量好，但成本高，因此仅用于航空胶合板的生产。粉状施胶尚在试验阶段。液态施胶有淋胶、喷胶、挤胶和辊筒涂胶。

淋胶是从油漆行业借鉴的一种方法。工作原理是使胶液形成均匀的胶膜，淋到单板上。淋到单板上的胶量与胶的黏度、流量、单板行进速度等有关。

挤胶是将高黏度胶经过挤胶器小孔成条状地施加到单板上。

喷胶法是将胶液成雾状地喷到单板表面。这种方法要求胶液清洁，否则喷嘴易堵塞。国内胶合板生产未采用此法，而刨花板和中密度纤维板生产多采用喷胶。

我国的胶合板生产都采用辊筒涂胶的方法。辊筒涂胶法的历史较长，是接触法涂胶，通过辊筒将胶液施到单板的两个面上。

辊筒涂胶机有双辊和四辊两种。

1. 双辊涂胶机

这是一种比较陈旧的设备，工作时上辊靠下辊供胶，由上辊的压力来控制涂胶量，因此胶量不易控制，经常会出现挤破单板，这种设备的胶辊大，转速低，生产率低。下辊浸入胶槽的深度以直径的1/3为宜。这种设备现很少采用，它已被四辊涂胶机取代。

2. 四辊涂胶机

四辊涂胶机由上、下涂胶辊和上、下挤胶辊组成，挤胶辊与涂胶辊相向转动，但线速度比涂胶辊低15%～20%，起刮胶的作用。胶液存放在挤胶辊与涂胶辊之间，通过调节挤胶辊与涂胶辊间的间隙来调整涂胶量。这种涂胶机的涂胶辊直径小，转速高，涂胶速度快，生产率高，涂胶质量好。

四辊涂胶机下方的槽不作贮存胶液用，而是用于涂胶机的清洗、收集和排除污水。为了保护涂胶机的良好性能，应避免胶辊不均匀磨损，当零片单板（随机宽度）涂胶时，应在胶辊的全长上进行，不能始终在某一局部位置进给。涂胶机要定期用温水清洗，如遇局部胶固化，可用3%～5%的氢氧化钠溶液和毛刷除垢。如果用于涂脲醛树脂胶，还需用醋酸中和，然后再用清水洗净。辊筒有磨损应及时修复，外覆的橡胶包层应送至橡胶厂重包新层。

为配合芯板整张化工艺，现辊筒的长度作了加长（达2700mm）；为了均匀涂胶且不压坏单板，采用了软辊筒，在橡胶覆面内加一层软橡胶。涂胶辊的线速度提高到80～100m/min。

3. 施胶量（表10-25）

每平方米单板面积上所施加的胶黏剂量称为施胶量。可

表10-25 不同树种、不同胶种、不同单板厚度时的施胶量

树种	单板厚度	施胶量（双面）(g/m²)			
		血胶（扣水胶）	豆胶	UF胶	PF胶
椴木 杨木 松木 云杉	1.25	480～520	550～600	250～280	220～240
	1.25～1.50	480～520	550～600	250～280	220～240
	1.50～1.75	550～600	600～660	280～300	220～240
	1.75～2.00	550～600	660～730	300～320	240～260
	2.00～3.00	600～650	660～730	320～340	260～280
	3.50～4.00	600～650	660～730	380～400	300～320
	4.50	600～650	660～730	380～400	320～360
水曲柳 柳桉	1.25	500～550	600～660	280～320	260～280
	1.25～1.50	500～550	600～660	280～320	260～280
	1.50～1.75	550～600	600～730	280～320	260～280
	1.75～2.00	550～600	600～730		280～300
	2.00～3.00	660～730	660～730		300～320
	3.00～4.00	660～730	660～730		320～340
	4.50	660～730	660～730		380～400
桦木 荷木	1.25			220～250	200～220
	1.25～1.50			220～250	200～220
	1.50～1.75			220～250	220～240
	1.75～2.00			250～280	220～240
	2.00～3.00			300～320	240～260
	3.50～4.00			340～360	260～280
	4.50			340～360	280～300

注：1. 血胶的固体含量13%～15%，豆胶的固体含量30%～35%，UF胶树脂含量60%～65%，PF胶树脂含量45%～48%
2. 软阔叶材参照椴木一类的施胶量，环孔材参照水曲柳一类的施胶量，散孔硬阔叶材参照桦木一类施胶量

用下式定义：

$$q = \frac{G}{F} \text{（双面或单面）}$$

式中：F——单板的施胶幅面大小，m^2

G——施加到 F 面上的胶液重，g

现在指的施胶量（涂胶量）都是指的液态胶质量，科学的做法是根据胶液内干物质的含量折算成固态的。但这样较繁，所以通常都用液态施胶量。

施胶量的大小对胶合板质量有直接影响。施胶量太小，无法形成完整的胶层，影响胶合强度；施胶量太大，胶层厚，固化时内应力大，且相邻单板不能紧密地接触，同样影响胶合强度。决定合适的施胶量要综合考虑下述因素：

(1) 胶种：胶种不同，固含含量不同，胶层的性能也不同，因此施胶量不同。

(2) 树种：树种不同，木材的结构疏密不同，所需涂胶量也不同。在相同条件下，水曲柳单板涂胶量比椴木单板要多出 30～50 g/m^2（双面）；而桦木单板则比椴木单板少 30～50 g/m^2（双面）。

(3) 单板厚度：单板厚度不同，对胶液的有为收量不同。厚单板胶液渗入木材多，要在单板表面形成一定的胶层，施胶量就需加大。

(4) 单板表面粗糙度和背面裂缝：表面越粗糙、背面裂缝越深，需要的施胶量越大。

10.2.11.3 组坯及预压

1. 组坯

胶合板组坯时应根据胶合板成品厚度要求来确定板坯的厚度，然后确定组坯方案。板坯厚度的计算见 10.2.6.5 中所述。

组坯可为机械化组坯或手工组坯。机械化组坯的前提是芯板要整张化，单板要平整，组坯生产线由施胶设备、传送设备和堆垛设备组成。我国胶合板生产以手工组坯为主。

用涂胶机施胶、组坯机械化生产线由以下几部分组成：

(1) 贮放芯板垛的升降台和芯板自动进料系统。

(2) 叠放面板和背板的送板车及面、背板自动进料系统。

(3) 组坯台旁的中板自动供料系统。

(4) 具有自动升降机构的组坯台。

它的操作程序是吸板箱从芯板垛吸起一张芯板，自动送进涂胶机前的进料辊筒，进料辊筒的速度与涂胶机涂胶辊筒速度同步，并使芯板前端平整地进入涂胶辊筒间，避免单板被挤破。

上了胶的芯板，落在预先放好背板的组坯台上，由于挡块的作用，与背板一边靠齐。

在芯板进料的同时，送板车两侧的面、背板自动进料系统工作，将面板传送到送板车下层，背板传送到送板车的上层。送板车的上层结构是可以开合的栅状结构，它的作用是将面、背板重合，送板车由于气缸的推动可以沿轨道往返运行。面、背板叠合后，由送板车运送到组坯台上方，它的位置稍高于涂胶芯板。组坯台一侧的挡块可由电气控制升降，当送板车接近时挡块下降，而低于背板，当面、背板过后，复又上升，因此在送板车抽回时，面、背板即被阻留在涂了胶的芯板上，这样一次组坯操作就完成了。送板车回到原位，碰到限位开关，又进行了第二次涂胶、面背板进料叠合和组坯操作。所有操作都是按程序自动控制的。

以上是三层板的组坯过程，多层板组坯时中板自动供料装置也加入程序操作。

手工组坯时要有一直角的基准边，做到"一头一边齐"。零片芯板间应留出涂胶芯板的湿胀余地，避免叠芯离缝。窄条芯板不放在边缘，否则搬动板坯时，窄条板容易错动。

多层板的长中板在长度方向不允许用短芯板对接，但可用斜接机搭接后的接长单板。

组坯后的板坯可陈放一般时间（约 15 min），称之为闭口陈化，也可以是涂过胶的单板陈放一段时间（15～20 min）再来组坯，这称之为开口陈化。

陈放的作用是使板坯或芯板蒸发水分，使树脂胶逐渐向 B 阶段过渡，以增强预压的效果，同时也可减少叠芯离缝。

2. 预压

预压是使胶合板坯中各层单板相互粘合，以达到板坯坚挺、板面平整的效果。这样热压时，用无垫板机械装板，装板容易，特别适应了目前的小间隔的多层热压机。

预压是板坯在冷压机中冷压。采用的板面压力为 0.8～1.0 MPa，预压时间 15～20 min。检查预压效果要看各单板层间粘合是否良好。粘合良好的板坯，掀开单板时可见到胶层有些微拉丝的现象（注意涂胶时不能出现"拉丝"）。

为获得良好的预压效果，胶黏剂中加入了豆粉、小麦粉等增粘材料，有的甚至加入少量聚乙烯醇来增粘。通常是加工业用的面粉，面粉除了增粘还起了填充剂的作用。

预压机应采用上压式的，这样可方便地安排板坯垛进出预压机。

一次预压的板坯数量不宜过多，否则预压效果不好，每次预压的板坯总厚度以不超过 60 cm 为宜。

10.2.11.4 胶合板的热压胶合

胶合板的胶合是板坯在一定的温度和压力的作用下，经过一段时间，使胶层完成固化的过程。在这过程中蛋白胶逐渐凝固，树脂胶的分子逐渐缩聚，最后形成立体状结构的大分子。

胶合的方法有：湿单板热压胶合（简称湿热法）、干单板冷压胶合（简称干冷法）和干单板热压胶合（简称干热法）。

1. 湿热法

旋切单板未经干燥（含水率在 60%～120%），直接用来涂胶、组坯和热压。做成合板后合板含水率高，需经干燥后使用，因此胶层内应力大，胶合强度受影响。热压后胶合板表面有干缩龟裂现象，合板质量差。这种方法仅用于血胶，现在已很少采用。

2. 干冷法

这种方法是将单板干燥至含水率为8%～12%，然后涂胶、加压。在室温下使胶固化，或在50～60℃的环境中养护。使用的胶种有：豆胶、干酪素胶、脲醛树脂胶和酚醛树酯胶中的冷压胶。用这种方法生产，胶的固化周期长达4～8h，生产率低，而且合板的含水率往往达不到要求而需进一步干燥，耗胶量也较大。

这种方法生产的胶合板，板坯厚度不受限制，厚度对胶合时间也没有影响。对透气性较差的树种及厚度大的产品，干冷法更为适宜。这种方法多用于家具工厂、细木工门、单板贴面及小规模的胶合板生产。

3. 干热法

用这种生产法是先将单板干至含水率为6%～12%，在加热、加压的条件下使板坯内胶层固化。使用这种方法生产效率高、产品质量好。使用热压法生产时，板坯厚度应限制在25mm以下。干热法是胶合板生产的主要方法。

干热法生产时板坯内各层单板在一定的压力下互相紧密接触，胶液在压力的作用下也布展得更均匀。在加热的作用下，木材塑性变形增大，单板间接触更紧密；蛋白胶在加热作用下凝固，树脂胶受热缩聚，树脂分子由A阶段的链状，变化到C阶段的立体交叉，是不可逆的过程。树脂固化后成为不溶于水的固体物质，同时形成牢固的胶着力。树脂胶的固化率要求达到80%～90%。

干热法生产时，热压三要素为温度、压力和时间

(1) 温度根据所用的胶种来确定。为了缩短热压周期，一般各胶种都采用高于胶层固化所需的温度，但对排除水蒸汽困难的针叶树材，例如含松脂量多的松木胶合板，则不能采用过高的温度。对于薄胶合板和每个热板间隔压合张数少的可以采用较高的温度，但对于多层胶合板和每间隔压合张数多的往往采用较低的温度，以防卸压时出现"鼓泡"及表层胶层老化。

蛋白胶所用的热压温度为95～120℃，脲醛树脂胶为105～120℃，酚醛树脂胶为130～150℃。

(2) 压力在胶合过程中起的作用是使木材—胶层—木材紧密接触，使胶料部分渗入到木材，为胶合创造条件。这里指的压力是指压机通过压板施加在胶合板板坯面上的单位压力，它的大小是由产品决定的。具体如表10-26所列：

生产中看到的压机压力表数值反映的是压机油缸内的压力，即所谓表压力（$P_表$），它可用下式求得：

$$P_表 = \frac{P \cdot F}{\frac{\pi d^2}{4} \cdot n \cdot K}$$

式中：P——根据工艺要求需施加在板坯上的单位压力，MPa

表10-26 各种胶合产品的单位压力

产品种类	单位压力（MPa）
普通胶合板	0.8～1.5
航空胶合板	2.0～2.5
船舶胶合板	3.5～4.0
木材层积塑料	15

F——板坯幅面大小（长×宽），cm²
d——压机油缸活塞直径，cm
n——压机油缸数
K——压力损失系数0.9～0.92（板坯重、压板重和摩擦损耗）

预压机的表压力值也可用上式计算。

在热压过程中压力应随时间而变化，以适应工艺要求，压力变化大致分如下三段，见图10-22。

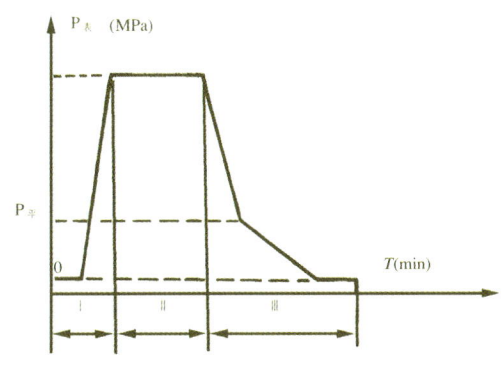

三层板

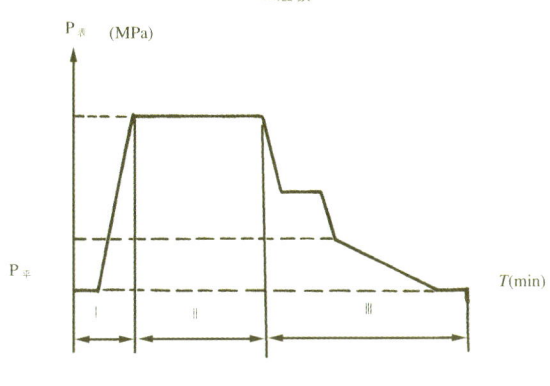

多层板
Ⅰ——装板、压板闭合、升压　Ⅱ——保压　Ⅲ——降压、压板打开

图10-22 普通胶合板热压曲线

第一段压机闭合，升压。压力从零升至规定值。这一阶段从板坯装入压机就开始了，为了防止板坯在自由状态下胶层固化，所以这段时间应越短越好，对手工装卸板坯的10层热压机，从装板开始至压板闭合、完成升压的时间不应超过2min。当压机层数超过15层时应采用机械装卸板。对一台30层的压机，用机械装卸板装置，其装板、闭合和升压总时

间约 30s。

第二段是当压力升至规定值后保持一段时间，称为压机保压阶段。

第三段是热压完成，压力下降，称为降压段。为了防止出现"鼓泡"缺陷，降压要分段进行，第一次，把压力从规定压力降至平衡压力（$P_{平}$），即此时压机压板施加在板坯表面的单位压力与板坯内的蒸汽压力相平衡。由对应的温度可查到蒸汽压力，也就知道了需施加在板坯上的单位压力，第二次把压力从平衡压力降至零。接着压板全部打开，降压完成。

(3) 时间的确定与胶层固化速度、板坯厚度及板坯中水分的排出速度等因素有关。

装板与压板闭合时间应尽可能短。因此采用板坯预压和机械装卸板最好。

压力保持时间通常因合板成品的厚度而异。对三层薄板，成品每厚1mm保压40s。五层以上的厚板，成品每厚1mm保压 1min。

降压速度根据板坯厚度和胶种来定，蛋白胶涂胶量大，板坯含水率高，降压速度要慢；板坯厚度大，中心水分向外移动路线长、阻力大，降压亦应慢。第一段降压时，板坯中心的蒸汽和过热水受外界压力控制，因此降压速度可快，约为10s；第二段降压要慎重，多层板的降压时间控制在40~80s内；第三段合板全部打开的速度是由油缸回油速度决定的，这时的速度快慢对胶合板质量已无影响。在合板打开时，板坯内水分以蒸汽形态大量逸出。这时是板坯排除水分的主要时期。在这时期可使板坯含水率下降 3%~6%。

整个热压过程中，压力与时间的关系可用直角坐标表示，称之为热压曲线。生产中可根据此曲线来进行操作。

为保证胶合质量、减少胶合板厚度偏差，建议热压时压机的每个间隔压一张板坯，即"一张一压"的工艺。

4. 板坯含水率的计算

为了正确制定热压工艺，事先可根据组坯方案算出板坯含水率，计算方法如下：

(1) 算出单板中和胶液中水的质量（Q_w）

$$\sum_{i=1}^{m} Q_i = \frac{1000 S_i F W r_i}{1000 + W_i}$$

式中：$\sum_{i=1}^{m} Q_i$ ——板坯中单板所含的水分重，g

m ——胶合板层数

S_i ——单板厚度，mm

F ——胶合板板坯幅面面积（长×宽），m²

W_i ——单板含水率，%

r_i ——含水率为 W_i 时的单板密度，g/cm³

$$Q_j = \frac{qF(m-1)\left(1-\dfrac{n}{\sum_n}\right)}{2}$$

式中：q ——双面涂胶量，g/m²

F ——板坯幅面面积（长×宽），m²

m ——胶合板层数

n ——一张板坯用胶，胶内的干物质质量，g

$\sum_n$ ——一张板坯所用的胶液质量，g

一张板坯内所含的水分总质量 Q_w 为：

$$Q_w = \sum_{i=1}^{m} Q_i + Q_j$$

(2) 算出板坯中干物质的质量

绝干单板质量为：

$$\sum_{i=1}^{m} G_i = \frac{10^5 \cdot S_i \cdot F \cdot r_i}{100 + W_i}$$

式中：$\sum_{i=1}^{m} G_i$ ——板坯中单板的绝干重，g

m ——胶合板层数

S_i ——单板厚度，mm

F ——单板幅面大小（长×宽），m²

r_i ——含水率为 W_i 时的单板密度，g/cm³

W_i ——单板含水率，%

胶液中绝干物质质量为：

$$n(n = n_1 + n_2)$$

胶液中固体树脂质量 n_1

$$n_1 = qF(m-1)(1-R) - P/2$$

式中：q ——双面施胶量，g/m²

F ——芯板幅面大小，m²

m ——胶合板层数

R ——胶液中增粘剂、填充剂等所占的质量百分比（以小数表示）

P ——胶液中树脂的固含量（以小数表示的）

胶液中增粘剂等物质的绝干质量 n_2

$$n_2 = \frac{q \cdot F(m-1)R}{2(1+W_R)}$$

式中：W_R ——增粘剂、填充剂的绝对含水率（小数表示）

板坯中总的干物质质量 G_0

$$G_0 = \sum_{i=1}^{m} G_i + n$$

$$n = n_1 + n_2$$

胶合板板坯含水率 W 为：

$$W = \frac{Q_w}{G_0} \times 100 \, (\%)$$

压制蛋白胶的胶合板时，由于板坯含水率很高，所以卸出压机后要将合板插在架子上,用风机吹风冷却,使板子继续蒸发水分。表10-27、表10-28列出了一些热压工艺条件,供参考。

5. 松木胶合板的热压工艺

马尾松、云南松和红松都是良好的胶合板材。但这些树种的单板在热压过程中水蒸汽排除速度慢,有的树种富有松脂,热压时在高温下气化,容易产生鼓泡,因此应采取相应的热压工艺。

(1) 严格控制单板含水率,要求表板为8%～10%,芯板为6%～8%。

(2) 用Ⅱ、Ⅲ、Ⅳ类胶热压时,热压温度应低于120℃,多层厚合板或每格中压张数超过两张时,热压温度应低于110℃。

(3) 尽量减少胶料带入芯板的水分,血胶应用扣水的配方,或者在胶中加入少量豆粉以吸收水分。

(4) 降压时,注意从平衡压力往下降时(从0.4 MPa降至零)要徐徐降压,不能出现气啸声。

10.2.11.5 常见胶合缺陷及分析

胶合板胶合过程中往往会出现一些缺陷,轻则增加了返工修理的麻烦;重则使合板降等甚至成为废品。造成这些缺陷的原因不外乎原材料(单板和胶黏剂)及热压工艺。表11-29对常见缺陷、产生原因和改进方法作了概述。

10.2.11.6 胶合板的加工和分等检验

热压出的胶合板是毛边板,板面也粗糙,为了使其幅面具有一定的尺寸,板面粗糙度符合质量要求,需对胶压后的板坯进行裁边和砂光(磨光)。然后根据国家标准进行检验和分等。

1. 锯边

胶合板的裁边是用圆锯机进行,裁边即是锯边。锯边首先应保证胶合板的幅面尺寸符合国家标准中的规格要求,锯边余量约20～30mm。锯边的顺序是"先纵向后横向",即先沿着胶合板的长度方向锯切,再沿着胶合板的宽度方向锯切。锯边要满足下述质量要求:

(1) 锯边光滑、平直、无毛刺、无焦痕;
(2) 锯好的板子应四边平直,四角方正;
(3) 板面尺寸应符合国家标准,不允许超差。

机械进料的双圆锯锯边机,是目前采用最广泛的设备。通常是两台锯边机,成90°配置,组成纵、横锯边机组。前面有自动进板装置,后面有翻板堆垛装置,成为自动化的锯边机组。

江苏省常熟林业机械厂生产的纵向锯边机(LJJ901.2.00)和横向锯边机(LJJ 901.5.00)技术参数如下:

(1) LJJ901.2.00纵向锯边机:锯切尺寸915～1220mm;锯切最大厚度25mm;锯片直径305mm;锯片数2片;锯片转速7000r/min;锯片进料速度25～70m/min;锯片电机功率5.5kW;进料电机功率4kW;升降电机功率0.75kW。

(2) LJJ901.5.00横向锯边机:锯切尺寸1830～2440mm;锯切最大厚度25mm;锯片直径305mm;锯片数2片;锯片转速7000r/min;锯片进料速度25～70m/min;锯片电机功率5.5kW;进料电机功率4kW;升降电机功率0.75kW。

纵横锯边机组的生产率计算如下:

$$Q = \frac{T \cdot V \cdot K_1 \cdot K_2 \cdot n}{L}$$

式中:Q——纵、横锯边机组的生产率,张/班

表10-27 酚醛树脂胶胶合板热压条件

树种	合板层数	合板厚度(mm)	每格板坯数	单位压力(MPa)	温度(℃)	时间(min) 保压	时间(min) 降压
椴木 杨木 水曲柳 桦 荷 桉 其他硬阔叶材	3	3	1	1.2～1.3	130～140	3	1.0
	3	3	2	1.2～1.3	130～140	6	1.5
	5	5	1	1.2～1.3	130～140	5	1.0
	5	5	2	1.2～1.3	130～140	12	2.0
	3	3	1	1.4～1.5	130～140	5	1.0
	3	3	2	1.4～1.5	130～140	6	1.5
	5	5	1	1.4～1.5	130～140	5	1.0
	5	5	2	1.4～1.5	130～140	14	2.0
	7	9	1	1.4～1.5	130～140	9	2.0
	9	12	1	1.4～1.5	130～140	13	2.5
	9	19	1	1.4～1.5	130～140	20	3.5
	11	13	1	1.4～1.5	130～140	14	3.0
马尾松	3	3	4	1.3～1.4	130～135	14	
	5	6	2	1.3～1.4	130～135	7	
	7	12	1	1.3～1.4	130～135	14	
	9	16	1	1.3～1.4	130～135	18	

注:改性酚醛树脂胶,涂胶芯板经陈放,不经干燥

表10-28 脲醛树脂胶胶合板热压条件

树种	胶合板层数	胶合板厚度(mm)	每格张数	压力(MPa)	温度(℃)	时间(min)
椴木 杨木	3	3	1	0.8～1.0	110～120	2
	3	3	2	1.0～1.2	110～120	5
	5	5	1	1.0～1.2	110～120	5
	5	5	2	1.0～1.2	110～120	11
	5	6	1	1.0～1.2	110～120	6
	5	6	2	1.0～1.2	110～120	13
	5	7	1	1.0～1.2	110～120	8
	5	8	1	1.0～1.2	105～110	9
	5	9	1	1.0～1.2	105～110	10
	7	12	1	1.0～1.2	105～110	14
	7	15	1	1.1～1.2	105～110	17
	7	16	1	1.1～1.2	105～110	18
	9	18	1	1.1～1.2	105～110	22
	11	20	1	1.1～1.2	105～110	23
马尾松	3	3	1	1.2	110～120	2
	3	3	1	1.3	110～120	5
	5	6	1	1.4	110～120	5
	5	6	1	1.4	110～120	10
	7	12	1	1.4	110～120	10

表 10-29 胶合过程中常见缺陷分析

缺陷名称	产生原因	改进方法
大开胶	1. 胶黏剂变质。 2. 胶层固化不足。 3. 胶料水分多。 4. 单板含水率不合格。 5. 热压板温度太低或部分温度不均匀	1. 更换胶料。 2. 提高热压温度，延长热压时间。 3. 选用含水量少的配方或适当添加面粉、豆粉以吸收水分。 4. 严格控制单板含水率，延长热压时间。 5. 检查热压板蒸汽通路及供汽情况
边角脱胶	1. 陈化时间过长，边角胶已干涸。 2. 边角缺胶。 3. 一格压二张或二张以上合板时，板坯边角未对齐，部分边角受不到力。 4. 大幅面压机，压小幅面板时，各层装载位置偏移，造成加压不均。 5. 热压板翘曲变形	1. 缩短陈化时间。 2. 注意涂胶操作。 3. 一格压多张合板时一定要使板坯边角对齐；最好用"一张一压"的工艺。 4. 大压机不压小板，即使压小板一定使各层的受压位置对齐。 5. 胶合板压机不能用来压刨花板等产品，长期偏载亦会造成压板翘曲。翘曲变形小时可通过刨平热压板来修理；变形量大时需更换压板
鼓泡和局部脱胶	1. 板坯含水率高。 2. 降压时从平衡压力往下降得太快。 3. 松木单板透气性差，热压温度过高，松脂气化，造成开胶。 4. 热压时间不足或压板局部温度低	1. 降低单板含水率；提高胶浓度或减少涂胶量。 2. 控制降压第二段的速度。 3. 采用低于 110℃ 的热压温度，放慢降压速度。 4. 延长热压时间；检查热压板
胶合强度低	1. 胶黏剂变质。 2. 热压压力低，温度低或时间短。 3. 单板含水率高。 4. 涂胶量不足或陈化时间长，胶黏剂过多地渗入单板。 5. 胶黏度太小，渗入单板过多。 6. 单板旋切质量差，表面粗糙度大，背面裂缝深	1. 更换胶黏剂。 2. 修正热压工艺条件。 3. 检查单板含水率，控制在规定的范围内。 4. 增加涂胶量，控制好陈化时间。 5. 检查胶黏剂质量。 6. 提高单板旋切质量
芯板叠芯离缝	1. 手工排芯，零片单板间膨胀间隙掌握不准确。 2. 装板或搬动时芯板错位。 3. 预压效果不好，单板间未能良好粘合。 4. 芯板边缘不平直。 5. 芯板边缘有荷叶边和裂口	1. 实现芯板整张化，涂胶芯板开口陈化时间适当。 2. 板坯实行预压后装机，搬动板坯应平稳。 3. 掌握好预压的适宜时机。 4. 芯板采用整平，先剪后干的芯板干燥后应齐边。 5. 提高芯板旋切质量和干燥质量
面板叠层离缝	1. 拼缝单板裂口或脱胶开裂。 2. 单板鼓泡（紧边）或荷叶边（松边）	1. 提高拼缝质量和单板封边质量。 2. 检查压尺安装情况，提高单板旋切质量
板面透胶	1. 胶液太稀，水分过多。 2. 涂胶量太大。 3. 单板背面裂隙太深。 4. 单板含水率太高。 5. 板坯陈化时间不足。 6. 热压时压力太大。 7. 环孔材年轮割断	1. 检查胶质量，胶的黏度；提高胶液的树脂含量；选用含水量少的配方。 2. 降低涂胶量，更换磨损的涂胶辊。 3. 改进单板旋切质量，调整压尺位置，增加旋切压榨率。 4. 降低单板含水率。 5. 增加陈化时间，使胶挥发一部分水分。 6. 减少压力，检查热压机压力表。 7. 增加胶粘度
合板厚薄不一，超出公差范围	1. 每格中压合张数过多，中间或上下两边的压缩率不一致。 2. 单板旋切厚度超差。 3. 合板坯厚度计算不准确，选用的热压压力不适当	1. 减少每格中压的张数，尽量采用一张一压（一个间格压一张）。 2. 检查旋切机精度和旋切质量。 3. 调整板坯厚度的配置；选用适宜的压机压力
合板翘曲	1. 组坯时不符合对称原则。 2. 组坯时面、背板正反方向不对。 3. 单板从应力木制得。 4. 热压板翘曲变形。 5. 合板堆放不平	1. 组坯时应使对应层对称。 2. 组坯时面、背板均应正面朝外。 3. 旋切出的单板应经整平（柔化处理）。 4. 修理或更换压板。 5. 合板应平整堆放

T —— 班工作时间，480min

V —— 胶合板进料速度，m/min

K_1 —— 机床利用率约，0.8～0.85

K_2 —— 工作时间利用率，约0.9～0.95

L —— 胶合板长度，m

n —— 一次进板张数（自动进料 $n=1$）

常见的锯边缺陷分析见表10-30。

表10-30 胶合板锯边常见缺陷的分析

缺陷	造成的原因	改进方法
板边弧形两锯切边不平行	1.履带或辊筒的两边压力不一致。 2.胶合板一边夹锯。胶合板翘曲过大。	1.调整进料机构压力。 2.检查、更换锯片，合板压平后再锯边。
夹锯	1.进料速度快。 2.锯齿拨齿量不够，锯齿齿槽太浅。 3.锯片切削速度低（锯片转速低或锯片直径小）。 4.两面锯片不平行。	1.调整进料速度。 2.换锯片，修锯齿。 3.调整切削速度，换锯片或检查皮带是否打滑。 4.调整锯位，检查平度。
板面粗糙不平	1.锯片安装偏心。 2.锯齿高度不在同一圆周上，锯片不平，抖动。 3.个别锯齿拨料不正确。 4.进料速度太快。	1.检查锯片安装情况。 2.检查锯片，修齐锯齿，正确修整锯片。 3.纠正锯齿拨料量。 4.降低进料速度。
锯口歪斜、弯曲	1.挡板安装不正确。 2.锯片中部刚性差、抖动。	1.调整挡板位置。 2.更换锯片，重新修整锯片适张度。
板边毛刺或破碎	1.锯齿变钝。 2.胶合板压得太紧。 3.锯片拨料太大。 4.胶合板太干。	1.重新锉锯，更换锯片。 2.调整压紧装置。 3.检查锯片。 4.检查合板含水率，锯水曲柳合板时含水率宜为14%～15%。

2. 砂光

胶合板的表面有拼缝的胶纸条、毛刺沟痕和胶料污渍，影响板面美观和油漆装饰，所以在胶合板出厂前都需除去，胶合板的表面加工有刮光和砂光两种方法，刮光生产率低，加工对象受限制，现在多不采用。因为现在用宽带式砂光机，可完成以前需由刮光机和辊筒式砂光机完成的工作。

砂光机有辊筒式砂光机和宽带式砂光机两种。辊筒式砂光机因加工余量小、生产率低、调整困难和更换砂布麻烦等缺点，现已被宽带式砂光机所取代。

宽带式砂光机是新型的砂光设备，加工质量好、效率高，进料速度可高达90m/min，切削余量可超过0.5mm，更换砂带容易，机床操纵简单，加工质量好。

宽带砂光机的砂带有1～3条，使用不同结构的机床，对胶合板可只砂光一面，也可两面同时砂光。通常国内市场销售的胶合板只砂正面。

单带式宽带砂光机的进料传送，是由交流电动机通过无级变速传动装置来实现的，进料速度可以在20～90m/min范围内变换。三带式宽带砂光机则采用直流电动机调速，进料速度可在18～90m/min范围内调节。

单带式宽带砂光机的技术性能：

最大工作宽度	1450(mm)
最小加工长度	750(mm)
最大加工厚度	50(mm)
最小加工厚度	3(mm)
砂带速度（计算值）	1550(m/min)
砂带尺寸（宽度×周长）	1280×2660(mm)
进料速度	20～90(m/min)
电动机功率(kW)　砂辊	30
机架升降	0.5
进料	2.2
空气压缩机	3
总功率	35.7(kW)
机床外形尺寸（长×宽×高）	1300×2350×1700(mm)

双带式宽带砂光机有上带式和下带式，它是由两条砂带、三块压板、压紧器（磨垫）、工作台、机座和除尘器组成。前砂带用于粗磨、砂带粒度大，对材料压力大，砂带运动速度高，磨削量大。粗砂辊上覆以天然橡胶，并刻有45°的螺纹，使空气流通，冷却砂带。后边的砂带用于精磨。

压板作用是压紧工件，前压板可调，中、后压板是固定的，且在同一高度。前压板与中压板的高度差即为磨削量。调整以后粗砂辊比中压板低0.05～0.20mm，接触工件后受挤，便与中压板在同一高度。

根据工件厚度，工作台可作垂直调整，工作台上装有宽带进料机构，进料电机可调速，用以改变进料速度。

砂光机砂带宽度1330mm，长度2620mm，进料速度6～40m/min，砂带磨削速度分别为25m/min和18m/min，总功率50kW。

3. 胶合板检验、分等

对成品胶合板要进行检验、分等，合格的产品在板背面加盖印章，按规定包装才能出厂。

检验、分等按国家有关标准进行，现在使用的标准是GB/T9846-2004。首先胶合板应满足含水率和胶合强度的要求，然后根据胶合板的材质缺陷和加工缺陷进行分等。

含水率与胶合强度是破坏性检验，采用抽样检验，外观检验分等则应全数检验。

10.2.12.7 热压机生产率的计算

生产某一规格胶合板时，热压机的生产率 Q 可用下式计算：

$$Q = \frac{T \cdot n \cdot m \cdot S \cdot F}{t_1 + t_2} \cdot K$$

式中：T——班工作时间，60min

n——热压机层数

m——每间格中压的板坯数

S——胶合板成品厚度，m

F——成品胶合板幅面（长×宽），m²

t_1——热压时合板在压机中压制时间，min

t_2——辅助操作（装机、压板闭合、升压和卸板）时间，人工装卸板 t_2=2min，机械装卸板、压机快速闭合 t_2=0.5min

K——时间利用系数，约为 0.9～0.95

用上式算出的是针对某一种产品的产量，有时一班中生产的产品不止一种，这时的产量就要用加权平均生产率表示。要计算加权平均生产率，先要编出生产大纲。生产大纲是企业生产各种规格、品种胶合板的计划，可制成表10-31。

根据此大纲再把各种树种、胶种和规格产品占总产量的百分比算出，见表10-32。

由此计算热压机的加权平均生产率：

$$Q_P = \frac{100}{\dfrac{a_1}{Q_1} + \dfrac{a_2}{Q_2} + \cdots + \dfrac{a_i}{Q_i}}$$

式中：Q_P——热压机加权平均生产率（热压机在一个工作班次中按生产大纲规定的百分比，生产各种规格产品时的平均生产率）

$Q_1 \cdots Q_i$——热压机单独生产该种产品时的生产率

$a_1 \cdots a_i$——各种规格胶合板占总产量的百分比

计算设备时应使热压机的负荷系数尽可能接近1。

表10-31 生产大纲

产品名称	占总产量的百分比（%）	合计（%）
柳桉	80	100
马尾松	20	
树脂胶	90	100
蛋白胶	10	
3mm厚（三层）	80	100
5mm厚（五层）	10	
7mm厚（五层）	10	

表10-32 各种胶合板占总产量的比例

名称	树脂胶占总产量的百分比（%）		蛋白胶占总产量的百分比（%）	
	柳桉	马尾松	柳桉	马尾松
3mm（三层）	57.6	14.4	6.4	1.6
5mm（五层）	7.2	1.8	0.8	0.2
7mm（五层）	7.2	1.8	0.8	0.2
合计	72	18	8	2
总计	90		10	
共计	100			

10.3 特种胶合板

习惯上把除了作一般装饰或装修用途外的胶合板都称为特种胶合板。

10.3.1 航空胶合板

航空胶合板是用酚醛树脂胶胶合的室外型胶合板，可使用于受力或不受力结构，供航空工业和其他工业部门使用。

10.3.1.1 航空胶合板使用的原材料

航空胶合板使用的树种有桦木、槭木、山毛榉、椴木和赤杨，可根据产品使用时的强度要求来选择树种，以枫桦和白桦为主。

制造航空胶合板的胶料为热固性酚醛树脂胶胶带纸。它是用特制浸渍纸浸透酚醛树脂胶，经干燥而成胶膜。用时将胶膜夹在单板间代替胶层，施胶质量好。浸渍纸为100%硫酸盐木浆，定量为20～22g/m²，厚0.03～0.04mm，含水率6%以下。

浸渍用酚醛树脂胶液可为水溶性或醇溶性的酚醛树脂，应符合下列技术指标（表10-33）。

表10-33 航空胶合板生产用酚醛树脂胶技术特性（浸渍胶膜纸用）

项目	浸渍用酚醛树脂	
	醇溶性	水溶性
树脂浓度（%）	28～32	35
溶液粘度（恩格拉度）（20℃）	3～15	45
碱度（%）	不限	不大于2.5
树脂聚合速度（s）	55～90	

胶膜质量要求如下：

单板厚度在0.75mm以下所用胶膜的质量为60～75g/cm²

单板厚度在0.75mm以上所用胶膜的质量为75～85g/cm²

可溶性树脂含量不少于85%（干树脂量）

胶合后胶合强度，沸水煮1h不低于1.9MPa

10.3.1.2 航空胶合板的生产工艺

航空胶合板的生产工艺基本与普通胶合板相同，只是单板制造要求和施胶要求较高。

1. 木段热处理

生产航空胶合板用的桦木，处理时水温不超过65℃，木芯温度要求达34～36℃，处理时水温在40～60℃阶段，升温速度为3～4℃/h，水温在60～65℃时保温20～24h，径级36cm以上和以下的木段分池处理，采用不同的保温时间。

2. 单板旋切

单板"旋圆"和旋切分别在两台精度不同的旋切机上进行。旋切在高精度的旋切机上进行，"旋圆"在普通旋切机上进行。

旋刀研磨角（β）为18°～19°压尺用圆棱（单斜棱）压尺，单板厚度允差为±0.02mm（单板厚度小于1.0mm）和±0.05mm（单板厚度大于1.2mm）。

3. 单板干燥

单板干燥终含水率要求为8%～12%，干燥设备采用喷气式网带传送单板干燥机。干燥工艺参照桦木单板。表10-34中的干燥温度和时间供参考。

4. 单板整理和分选

单板干燥后逐张进行检验分等，单板的分等和修理按航空用桦木胶合板标准LY/T1417-2001。

5. 热压胶合

单板含水率为6%～12%，多层板的芯板含水率为6%～8%，胶膜按板坯大小裁剪，直接放在单板间进行组坯。热压机为普通胶合板压机。热压条件：温度150～155℃，压力2.0～2.5MPa，时间要保证胶层树脂固化率达到90%以上。表10-35的数值仅供参考：

航空胶合板不需要砂光，只要按规格裁边就行了。产品规格尺寸见表10-36。

10.3.1.3 航空胶合板的性能要求

航空用桦木胶合板的技术条件测试方法等见林业标准LY/T1417-2001。检验的主要项目有含水率、顺纹胶层剪切强度。具体指标如下：

含水率为4%～10%（绝对含水率）

力学性能要求见表10-37。

表10-36 航空胶合板规格尺寸 单位：100

长度L	宽度B	厚度S
915,1220,1525,1830,2135	750,915,1220,1525	1.0,1.5,2.0,2.5,3.0,4.0,5.0,6.0,8.0,10.0,12.0

表10-37 桦木航空胶合板强度要求

合板厚度	顺纹抗拉强度 σ≥(MPa)		胶层剪切强度 σ≥(MPa)	
	一级	二级	一级	二级
1.0	~		~	2.0
1.5～4.0	78.4	66.2	2.2	1.8
5.0	73.5	63.7	2.5	
6.0	68.6	58.8		1.5
8.0～12.0	63.7	49	2.7	

注：湿状胶层剪切强度是试件经沸水煮1h，取出后在室温下冷却10min进行强度测试

10.3.2 船舶胶合板

船舶胶合板是一种具有高耐水性能的塑化胶合板，表板浸渍或涂布醇溶性酚醛树脂胶，芯板涂水溶性酚醛胶，经较高压力热压得到的产品。

10.3.2.1 船舶胶合板使用的原材料

生产船舶胶合板采用的主要树种是桦木、色木等材质均匀的散孔材。

表板浸渍或涂布醇溶性酚醛树脂胶，用作防水层；芯板涂水溶性酚醛树脂胶。单板为厚度不超过1.5mm的旋切单板，毛刺沟痕不大于0.3mm。单板含水率6%～8%，单板顺纹抗拉强度不低于100MPa。单板材质及等级标准按船舶胶

表10-34 桦木单板干燥时间（初含水率80%～110%，终含水率8%～12%）

单板厚度(mm)	介质温度(℃)	干燥时间(min)
0.4	80	5.5
0.6	90	7.0
0.8	110	8.5
1.1	140	9.0
1.2	140	10.0
1.5	140	11.0

表10-35 桦木航空胶合板的热压时间

合板厚度(mm)	合板层数	单板厚度(mm)	每间隔压制张数	板坯总厚度(mm)	热压时间(min)
1.0	3	0.4	8	9.6	12
1.5	3	0.6	6	10.8	13
2.0	3	0.8	5	12.0	16.5
2.5	5	0.6	4	12.0	17
3.0	3	1.2	2	7.2	9
4.0	3	1.5	2	9.0	12
5.0	3	2.0	2	12.0	16
5.0	5	1.2	2	12.0	16
6.0	3	2.2	2	13.2	18
6.0	5	1.4	1	7	11
9.0	5	2.0	1	10	13
12.0	1	1.1	1	13.2	16

合板标准处理。

10.3.2.2 船舶胶合板的生产工艺

1. 单板制造、涂胶、浸胶及干燥

单板用精度较高的旋切机制造,旋切工艺参照航空胶合板部分。

表板浸或涂胶,芯板涂胶。两种胶料的技术指标及消耗定量见表10-38、表10-39。

涂胶单板的干燥可用简易干燥室或简易干燥机进行,温度不应超过90℃,风速为2m/s。干燥后的质量要求应为:

(1) 单板表面胶层不起泡;

(2) 水分和挥发物含量为6%～12%(薄单板为8%～12%,厚单板和多层板为6%～8%);

(3) 树脂固化率不大于2%。

传送式干燥机将涂了胶的单板落在回转的网篾上,立起夹持传送,在干燥机中通过。机内热风横向循环,干燥区两段,两段的气流方向相反。机内温度进板端为70℃,出板端为85℃。风速2m/s,蒸汽耗量350～380kg/h。机内介质相对湿度:第一阶段为30%～35%,第二阶段为10%～20%,干燥时间为8～14 min,根据涂胶量多少或浸胶单板的厚度而变化,以达到规定的挥发物含量。

水溶性酚醛树脂干燥条件见表10-40。

表10-38 生产船舶板用的酚醛树脂特性

项 目	醇溶性树脂	水溶性树脂
树脂含量(%)	50～55	45～50
比重(15～20℃)	1.03～1.08	1.15～1.17
黏度(恩格粒度)	50.70	100～150

表10-39 酚醛树脂耗量

树脂特性及单板厚度	树脂消耗量(g/m², 单面)	
	表板	芯板
醇溶性树脂		
单板厚1.15mm	85～90	85～95
单板厚1.50mm	95～100	95～105
水溶性树脂		
单板厚1.15mm	90～95	90～100
单板厚1.50mm	100～105	100～110

表10-41 船舶板力学性能要求

胶合板厚度(mm)	极限强度不低于(MPa)		
	顺纹抗拉强度	垂直纤维方向静曲强度	与纤维成45°的抗剪强度**
5～7	80*	65	2
10～12	～	70	2
14～16	～	80	2

注:* 合板接长时,斜形搭接头处的抗拉强度允许不低于65MPa。** 为沸水煮1h后的试验结果

2. 热压

热压工艺条件如下:

热压温度:140～150℃,单位压力:3.5～4.0MPa。

热压时间:每层压一张7mm板时,热压时间为13min,其他厚度参照增减。

加压完毕,关闭蒸汽,通水冷却至70～80℃,然后缓慢卸除压力。

热压时用不锈钢板或铝板作垫板,并在垫板上涂以油酸作脱模剂,以防板坯在热压时与垫板粘连。

3. 船舶胶合板接长

船舶板需要的规格大,如一次压成需压机幅面很大。没有大幅面压机时可分段压制,然后采用端头斜形搭接来接长。

接长的方法是在需接长的部位,用专用铣床加工成斜面,两搭接斜面应密合,不得有空隙,在搭接面上涂布酚醛树脂胶,干燥后用窄板压力机进行热压胶合,搭接热压工艺条件如下:

热压温度:140～150℃,单位压力 2.5～3.0MPa

热压时间:12min,卸压操作采用胶合板工艺

为了防止热压加压时搭口上滑,可在板边两侧锯边余量部位钻孔,加上竹销。钻孔时搭接斜口的尖端要高出板面0.25～0.40mm。如图10-23所示。

也可以采用室温固化钡剂酚醛树脂胶来搭接,待溶剂挥发后用中温(80～100℃)热压。

搭接头强度按胶合板抗拉强度方法测定。

船舶胶合板需要的板面压力大,不能用普通的胶合板热压机来压制。要用专门的大吨位、大幅面和带垫板回送装置的热压机。

船舶胶合板的力学性能要见表10-41。

船舶板热压后只需接长、锯边,不需表面加工。

表10-40 水溶性酚醛树脂干燥条件

风量(m³/h)	空气流速(m/s)	导向遮风板出口处干球温度(℃)	相对湿度(%)	干燥时间(min)	小车回转180° 时间
20000～25000	2.3～3	60～70	10～15	10	6
18000～20000	1～2	65～75	8～10	20	12
10000～13000	1.2～1.8	61～70	10～15	20	12
10000～13000	1.2～1.8	71～76	8～12	16	9

注:干燥时间系干燥到挥发物含量10%～12%的时间,如干燥到挥发物含量6%～8%,则表中时间增加1/4

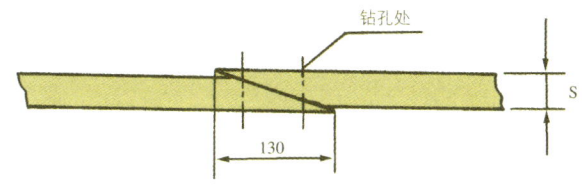

图 10-23 船舶胶合板搭接头

10.3.3 混凝土模板用胶合板

随着国民经济的发展,建筑市场日益兴旺,混凝土模板的需求也不断增加。用胶合板做模板来替代传统的木板,能起到节约木材、便于施工和混凝土浇灌表面质量好等优点。与钢模板相比,胶合板模板有幅面大、质量轻的优点。混凝土模板用的胶合板除了可作混凝土浇注用的模板,还可用作其他建筑方面用的结构板材。

10.3.3.1 混凝土模板用胶合板的原材料

生产用的树种可为针叶材或阔叶材。常用的有马尾松、云南松、落叶松、桦木、荷木、枫香、拟赤杨、阿必东、柳桉、克隆等。

胶种为酚醛树脂或其他性能与之相当的胶黏剂,应符合Ⅰ类胶的条件。因产品是在户外使用,要具有耐水、耐气候性能。

10.3.3.2 混凝土模板用胶合板生产工艺

混凝土模板用胶合板的生产工艺采用普通胶合板中Ⅰ类胶胶合板的生产工艺。只是它用作结构材料,所以对组坯有要求,要考虑产品结构的均匀性。与表板纤维方向相同的各层单板的厚度总和应不小于板坯总厚度的40%,不大于60%。

单板拼接允许在长度方向端接,但端接必须用斜面搭接或指接。

10.3.3.3 混凝土模板用胶合板的性能要求

胶合板出厂时的绝对含水率应低于14%。强度指标和力学性能要求见表10-42、表10-43。

弹性模量与静曲强度按下面公式计算:

$$E = \frac{L^3}{4bh^2} \times \frac{P'}{y} \quad ; \quad \sigma = \frac{3PL}{2bh^2}$$

式中: E——弹性模量,MPa

L——支座距离,mm

b——试件宽度,mm

h——试件厚度,mm

P'/y——压力挠度曲线的斜率,以压力 p' 为纵坐标,对应的挠度为横坐标,取比例极限内三点可绘出斜率线,求出斜率值 P'/y

σ——静曲强度,MPa

P——试件的破坏压力,N

混凝土模板用胶合板按材质和加工要求分为A、B两个等级。具体分级标准可参阅GB/T17656-1999。

表10-42 混凝土模板用胶合板胶合强度指标

树　种	胶合强度(单个试件指标值)MPa
桦　木	≥1.00
克隆、阿必东、马尾松、云南松、荷木、枫香	≥0.80
柳桉、拟赤杨	≥0.70

注:胶合强度测试按GB/T17657-1999进行

表10-43 混凝土模板用胶合板的弹性模量和静曲强度

树　种	柳桉	马尾松、云南松、落叶松	桦木、克隆、阿必东
弹性模量(MPa)	3.5×10^3	4.0×10^3	4.5×10^3
静曲强度(MPa)	25	30	35

注:弹性模量和静曲强度这两个项目的指标值目前仅用于指导生产,不作考核

参考文献

[1] 人造板生产手册（下）中国林业科学院木材工业研究所编著. 北京：中国林业出版社，1981

[2] 胶合板制造学 陆仁书主编. 北京：中国林业出版社，1993

[3] 胶合板国家标准 GB/T9846.1～9846.8-2004-1999

[4] 林产工业国外胶合板生产技术专辑（一、二、三、四）. 林业部林产工业设计院

[5] Richard F.Baldwin Plywood manufacturing practices

细木工板

利用窄木条、空心格状木框、纸质蜂窝或发泡合成树脂等作芯层材料,在其上、下各组合两张纹理互相垂直的单板或胶合板胶合而成的产品称之为细木工板。

根据芯板结构的不同,细木工板又分为实心细木工板及空心细木工板两大类。实心细木工板的芯板可采用等宽等厚的木条胶拼而成,也可采用不胶拼木条制成。前者的力学强度大于后者;而后者的制造工艺则比前者简单。空心细木工板的芯板有木质空芯结构、轻木、软质纤维板、木丝板、泡沫橡胶或泡沫玻璃等。

根据表面加工状况细木工板又分为一面砂光细木工板、两面砂光细木工板、不砂光细木工板。

根据所使用的胶黏剂细木工板还可分为I类胶细木工板和II类胶细木工板。

细木工板是应用很广的一种产品,胶拼木条的实心细木工板可应用于车厢、船舶装修的壁板和高级家具;不胶拼木条的实心细木工板亦可用于家具工业、建筑壁板、门板等方面。空心格条式细木工板常用于门板、壁板、家具侧立板;空心轻木芯材细木工板还可应用于航空工业等部门。

11.1 细木工板的性能

细木工板和木材一样,具有各向异性,因此应测定其各个方向的力学性能。

11.1.1 胶合强度

胶合强度(胶层剪切强度)是细木工板质量的重要标志,所有细木工板产品都必须测定其胶合强度。根据胶黏剂种类的不同,国家标准规定细木工板试件需经如下处理后再测定其胶合强度。

1. I类胶细木工板

在沸水中煮4h,然后分开平放在63±3℃的干燥箱中干燥20h,再在沸水中煮4h,取出后在室温下放置10min。

2. II类胶细木工板

试件放在搁架上,浸于63±3℃的水中,水面高于试件20mm。使试件既不浮于水面,又不沉入水底,相互之间有一定间隙。浸泡时间为3h,然后在室温下放置10min。

11.1.2 横向静曲强度

横向静曲强度也是衡量细木工板质量的主要标志之一,因为大多数细木工板作为受力构件(例如桌面、搁板、支承板)来使用。测定细木工板静曲强度装置如图11-1所示。

(1)图中L为支座距离,B为试件公称厚度,R为压头半径。

(2)支座距离为试件公称厚度的10倍,但不得小于150mm。

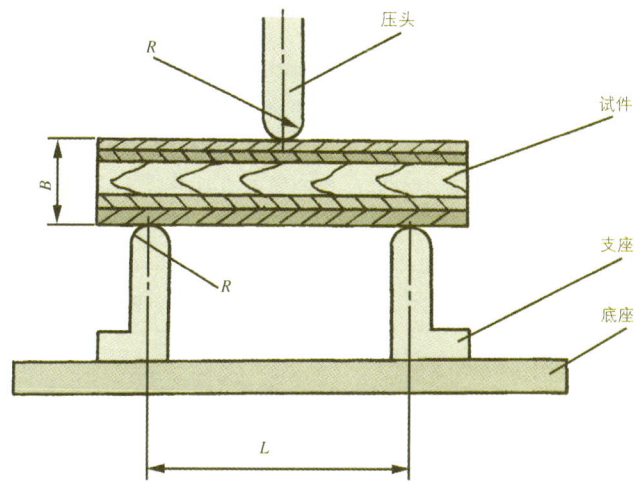

图11-1 细木工板静曲强度测定装置

试件长度不小于200mm，压头和支座的半圆弧曲面半径R应为15mm，试验时压头必须与试件长度中心线重合。

（3）测试时加荷载应缓慢均匀，加荷载时间可控制在30~90s之间，从计力盘上读出破坏载荷，并将其精确至1N。

细木工板的胶合强度和横向静曲强度应符合表11-1的规定值。

表11-1 细木工板的力学性能指标

性能指标名称		规定
横向静曲强度（MPa）	板厚度为16 mm 不低于	15
	板厚度>16 mm 不低于	12
胶层剪切强度（MPa）	不低于	1
备注：①表面胶贴胶合板或其他装饰材料的细木工板，其力学性能指标应符合本表之规定；②芯板胶拼的细木工板，其横向静曲强度应在本表规定值上各增加10MPa		

11.2 细木工板的生产工艺

细木工板与实木拼板相比，它具有结构稳定、不易变形、节约优质木材、幅面大、板面美观、力学性能好等优点。

细木工板与刨花板、胶合板等其他人造板相比，其生产工艺和设备配置有以下一系列突出的优点：

细木工板生产设备比较简单，投资少，以年产量相同的厂来比较，细木工板厂的设备投资仅为胶合板厂的1/4左右。

生产细木工板所需原料的要求，要比生产胶合板低得多。制造单板要优质原木，而生产细木工板仅需表层单板，它占板材材积的比重很小，大量的是芯条。芯条可利用小径木、圆木芯棒、加工剩余物等。

细木工板生产中耗胶量少，仅为同厚胶合板的50%。

细木工板生产所耗能源较少。

细木工板和刨花板、纤维板相比，具有美丽的天然木纹、质轻且易于加工、握钉力好等性能。

简言之，细木工板将天然木材与胶合板的优良特性综合为一体，是一种很有发展前途的人造板产品之一。

11.2.1 细木工板的芯板类型

细木工板的芯板可用胶拼木条、不胶拼木条、格条空心板、轻木芯材、泡沫玻璃、醋酸纤维素泡沫塑料、聚氨基甲酸酯泡沫塑料、聚苯乙烯泡沫塑料等材料制成。其常用的芯板类型和制造方法如表11-2所示。

11.2.2 细木工板的生产工艺

细木工板表层材料的制造方法与普通胶合板相同，这里主要介绍芯板制造和细木工板的胶合及加工。

11.2.2.1 空心结构细木工板的生产

空心结构细木工板，是用两张薄胶合板作面板和背板，中间夹着一块较厚的轻质芯板。制成的产品具质坚、体轻等特性。它可用于制造装配式房屋、临时建筑、活动车间的屋面板和墙壁板，也可用于家具、车厢、船舶和飞机制造等方面。

抗弯强度高和硬度高等特性，是夹芯结构板的主要特点，大部分负荷应力由面板承担，芯板的厚度与面板厚度的比例决定结构的性能。面板厚，结构物就强固，但质量亦稍增加。

夹芯结构板的表面平整性和抗压强度，是设计这类制品时要着重注意的。首先应确定该类产品所采用的材料，然后正确地选定表板和芯板的厚度比例。

夹芯结构板所需的材料包括面板、芯板和胶黏剂。面板可采用0.8~3.5mm厚的普通胶合板，也可采用层压胶合板或混合结构板。胶黏剂视产品使用环境和芯板材料而定。常用的胶黏剂有脲醛树脂胶、三聚氰胺树脂胶、聚酯树脂胶等，也有的采用环氧树脂胶。

芯板材料有木质空心结构、轻木、软质纤维板、木丝板及空心刨花板、泡沫玻璃或泡沫橡胶等。

下面以单板和板材联合制造的夹芯材料、轻木夹芯材料为例，介绍制造空心板的方法。

1. 单板和板材联合制造夹芯材料

原料是单板和板材，由于制造方法简单，所以应用比较广泛。生产这种产品时，把涂胶的小单板条（厚1.5~1.8mm、宽20~25mm）垂直于板材纤维方向排列，然后在单板上放一层单板条。这些单板条要互相错开，距离为200~300mm，

表11-2 细木工板常用的芯板类型

类 型	芯板结构	制 造 方 法
实心细木工板	胶拼木条	用等宽等厚木条侧边涂胶，用汽压法或通过拼板机拼成整张芯板后在热压中胶合成最终制品
	不胶拼木条	木条侧边不涂胶，靠上下面中板涂胶借助垫板送入热压机中胶合成最终制品
空心细木工板	格条空心板	用木条组成方格框架作细木工板中心层
	轻木芯材	用密度很轻的木材作芯材

其上再放大单板,直到规定的厚度为止。最后放上板材。这种混合坯子在单位压力0.4~0.8MPa下冷压胶合,然后干燥。经干燥后的板坯,按芯板要求的厚度顺着板材纤维方向锯开。把锯下的芯板拉开,再在两个板条间用横向方材撑住,并在纵横方才接头处钉上金属联结物,这样就制成了芯板材料。

单板和板材联合制造夹芯材料的工艺流程见图11-2。

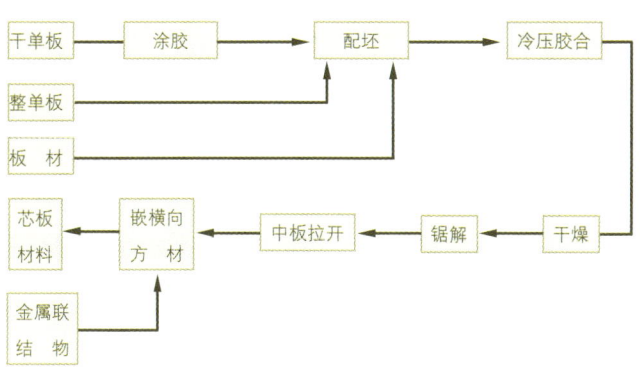

图11-2 单板和板材联合制造夹芯材料工艺流程

2. 轻木夹芯材料

生产夹芯结构板时,可以用密度很小的木材作为夹芯材料。轻木密度很小,只有0.06~0.4g/cm³,抗拉强度为38.1MPa,抗压强度为13.4MPa,抗弯强度为16.7MPa,抗剪强度为3.1MPa。

轻木是一种散孔材,心边材无区别,淡红色,具有光泽。轻木易干燥,干燥后它具有良好的耐朽性、保存性;还具有良好的隔热、吸音、吸震等性能。所以,它是一种极好的夹芯结构材料。

轻木是一种很好的吸震材料,它受冲击载荷而变形后的恢复变形能力很强。如果用薄铝板作表层材料,用轻木作芯材,制成的特殊夹芯结构板具有特殊的性能,可应用于航空工业方面。

轻木芯材的特点是轻木芯材的纤维方向与表板是垂直的,即轻木的端向和表板胶合,可采用环氧树脂胶黏剂胶合,这样的配制方法可提高成品的抗压强度。

轻木还可以和玻璃纤维制造复合材料,以聚酯树脂作它的胶黏剂。这种夹芯结构板具有较高的刚度,可作绝缘内衬、浮动机具、飞机的骨架及地板等。

夹芯结构板与工字梁相似,表板像工字梁翼缘那样直接承受压缩和拉伸载荷。芯层犹如工字梁腹,承受剪切载荷。利用厚而轻的芯层与薄的表板胶合而成的夹芯板,具有很高的强重比。

由于轻型芯层的有效抗剪弹性模量低,结构方式应当考虑芯层剪切变形。

11.2.2.2.2 实心拼板细木工板的生产

实心细木工芯板,所用的树种以针叶树材及软阔叶树材为主。常用的有松木、杉木、桦木、椴木、黑杨、泡桐木等。这些均可利用小径木或木材加工厂的加工剩余物。硬性木材加工比较困难,制成细木工板后密度较大,受潮易变形。材质过分松软的杉木、杨木、泡桐木等,强度太低,加工时应采取有别于硬性木材的相应措施。为了节约木材,通常可用废单板、木条、木板条、板皮、短材等废料,经锯割后使用。但所有材料均必须经过干燥,使木材含水率控制在12%以内,最好为6%~8%。

细木工板芯板的厚度应为细木工板总厚度的60%~80%,按这种比例制得的产品,强度最大,尺寸稳定性最好。

实心细木工板生产工艺流程如图11-3(此为常规工艺,高档细木工板则采用两压两砂甚至两压三砂生产工艺)。

实心细木工板的芯板结构稍有不同,其常用的芯板结构如图11-4所示。

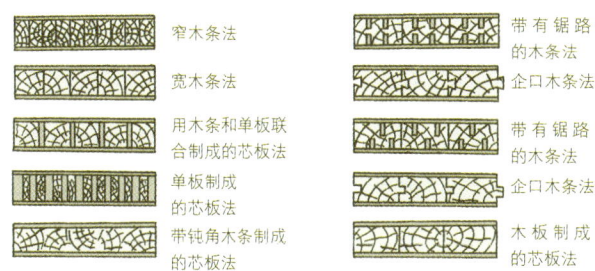

图11-4 实心细木工板的芯板结构

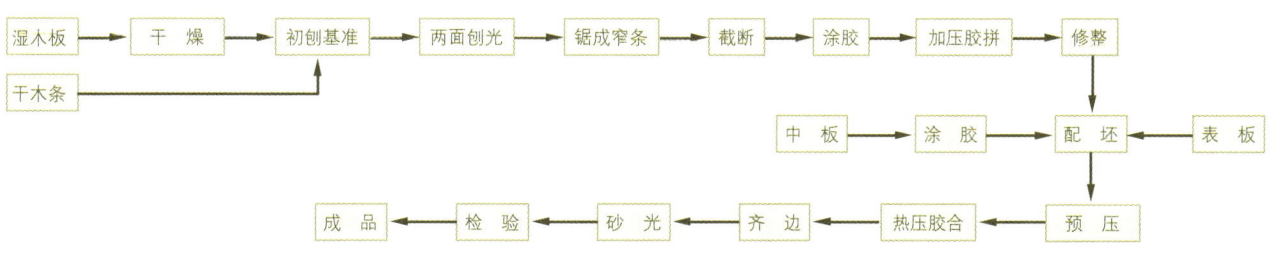

图11-3 实心细木工板生产工艺流程

概括起来，芯板制造方法可分为三类：联合中板法、胶拼木条法和不胶拼芯板制造法。

1. 联合中板法

先用板材胶合成木方，其相邻层板材的年轮分布应对称，木方高度500-600mm，胶合用冷固性胶黏剂，加压压力0.9~1.0MPa，加压后停放6~10h。胶压后，可把它锯割成胶拼的板材，然后在45~50℃的温度下干燥，再横拼成所需要的芯板宽度，其工艺流程如图11-5。

采用这种方法，芯板质量很高，但耗胶多，原料是板材，所以其生产成本较高。此法也可以单板作为原料制成。

2. 胶拼木条法

胶拼木条使用的主要原料为小径木、圆木芯棒、毛边材、整边材以及其他木材加工剩余物。其常用的生产工艺分为"先制条后干燥"和"先干燥后制条"工艺。具体参见图11-6、图11-7。

图11-6所示的工艺流程具有设备投资少、上马快、制作成本低等优点。缺点是木条的质量（尤其是木条的等宽等厚和含水率）较难保证。这是因为采用手工进料直接在锯机中锯剖木条，木条的直线度无法保证。如果第一锯下锯稍有偏差，则接下来锯出的木条仿形误差就很大。该工艺的第二个问题是"先制条后干燥"，干燥木条的生产周期比干燥板材要短，因此干燥费用也较低。然而，由于木材（特别是美洲黑杨这类速生材），其生长应力、含水率应力和干缩应力综合作用的结果将使干燥后的板条发生严重变形，即使采用蒸汽干燥其变形程度也会大大超过板材，这给后续工序的刨条、拼板带来麻烦。目前多数工厂采用将长条截短的办法来解决木条变形问题。但为了保证拼板两面都能刨光，仅仅采用上述方法是不够的，只有加大木条的加工余量才能较好地保证成品芯板木条的等宽等厚。这样一来，势必降低木材的出材率，显然，这在经济上也不是很合算的。

图11-7所示的工艺流程设备投资较大，但能保证制品质量。其主要的工艺特点是"木材先干燥后制条"，制成的木条尺寸稳定性好，不易翘曲变形。由于采用平刨初刨基准面，故可以较好地保证压刨的加工精度，同时木材的加工余量可以留得稍小一点。制条使用多片圆锯机，其定厚盘可根据工艺需要调整。板材通过多片锯同时锯成数根木条，其宽度即为细木工芯板的厚度，因此生产效率较高。

3. 不胶拼芯板制造法

上面的两种方法均需消耗胶料，因此芯板加工就较复杂。不胶拼芯板的制造方法，原料也是用木条，但其间不用胶，而是用镶嵌物或夹具把它们连接起来制造的。

镶纸带的不胶拼芯板制造法用板材作原料时，应先将它两面刨光，再锯解成木条，木条不再进行表面加工，它是使板材的厚度变成木条宽度来使用。挑选好的木条，在缝合机上配芯板。由运输链把木条送入锯切机开槽，在槽内嵌入细绳，即制成芯板，其工艺流程如图11-8。

（1）框夹法：此法是利用金属框夹把配好的芯板夹紧。芯板两端铣出凹槽，嵌入金属横向拉紧器，利用框夹来夹紧。为了更好地夹紧芯板，用二根弯曲木条放在芯板边上，利用它的弹性，使之紧固在框夹内，其工艺流程如图11-9。框夹法设备简单，操作方便，应用较多。

（2）散排法：此法最简单。经过刨光的等宽等厚的木条

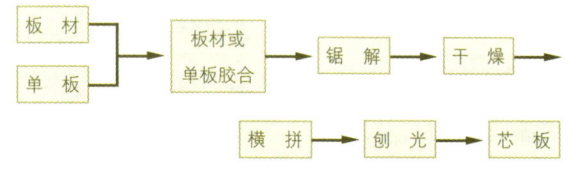

图11-5 联合中板法工艺流程

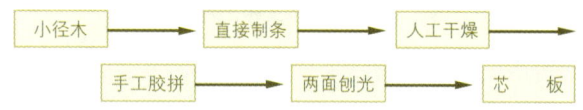

图11-6 胶拼木条"先制条后干燥"生产工艺流程

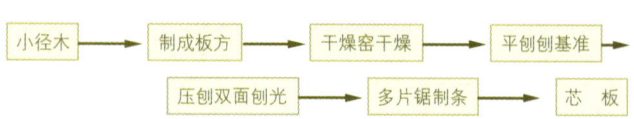

图11-7 胶拼木条"先干燥后制条"生产工艺流程

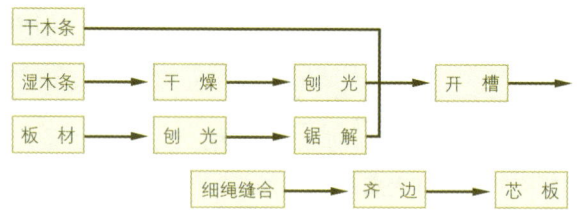

图11-8 镶纸带的不胶拼芯板制造工艺流程

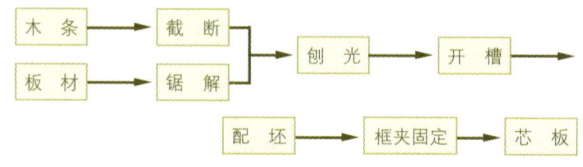

图11-9 框夹法生产工艺流程

直接排放在涂过胶的单板上，然后再在其上覆盖一张涂胶单板，与面、背板组成五层结构，最后连同垫板一起送入热压机中胶合成细木工板。为防止搬运过程中紧密排列的木条分离，进入压机前一般先应进行预压。其生产工艺流程如图11-10。

4. 细木工板胶合工艺

胶合是制造细木工板的一个重要工序。在胶合前，要对单板（或芯板）涂胶、组坯，后胶压成细木工板。细木工板板坯组合和胶合板生产相同，它一般为五层结构，胶涂在二、四层（中板）上，如果三层结构则涂在芯板上。三层结构产品的质量较低，涂胶也较困难，目前应用不多。然而，对特殊要求的三层结构细木工板，其芯板应经过宽压刨再一次刨削至精确的厚度尺寸（有的甚至在刨削以后再经定厚砂光），最后再涂胶并与面、背板一起组成三层结构细木工板。这种细木工板在国外经过二次加工以后被广泛应用在高级家具及建筑、装潢等方面。

细木工板胶合的方法也可分为热压及冷压两种，热压法生产效率高，质量容易保证，故通常以热压法为主要生产方法。

热压胶合，压板间隔中，每次压一张细木工板，在其上下可衬铝板（也可不衬铝板）。热压工艺条件见表11-3。

板坯由压机上卸下后，蛋白质胶制成的细木工板应放在垫条上冷却，上下垫条应成一垂直线。用酚醛胶制成的细木工板可叠在一起，借余热使胶黏剂进一步固化。

冷压胶合的细木工板，卸压后，应进行干燥，一般可用小型周期式干燥室，干燥至含水率12%以内，然后取出紧密堆放5~6d，使内部水分达到平衡，以免产生翘曲变形。

细木工板可用胶合板齐边设备齐边，锯片可用密齿，单边拨料。锯片速度为40~60m/s。齐边后，用砂光机砂光。为解决"啃头啃尾"问题，亦可先砂光后齐边。

实心细木工板的结构如图11-11。

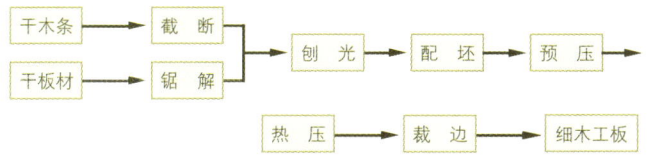

图11-10 散排法生产工艺流程

表11-3 细木工板的热压胶合工艺条件

胶种	热压温度（℃）	单位压力（MPa）	热压时间（min）
豆胶	105~110	1.0~1.2	12~20
脲醛胶	115~120	1.0~1.2	10~12
酚醛胶	135~140	1.2~1.4	10~12

备注：热压时间是以表板厚度1.25mm，涂胶中板厚2.0mm为依据确定的，单板和中板厚度及含水率变化时，可根据实际条件增减

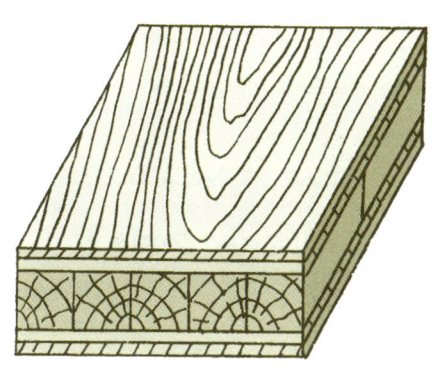

图11-11 实心细木工板的结构

11.2.3 细木工板的检验分等

细木工板的检验分等执行GB5850-86的规定。

11.2.3.1 细木工板的技术要求

1. 分等

细木工板按面板的材质和加工工艺质量分"一、二、三"三个等级。

2. 规格及公差

各类细木工板的厚度尺寸为16、19、22、25mm。其他厚度的细木工板，经供需双方协商后生产。

各类细木工板厚度尺寸公差执行表11-4的有关规定；实测细木工板每一点的厚度与公称尺寸的误差都不能大于表11-4规定的公差值。

各类细木工板的幅面尺寸执行表11-5的规定。

执行表11-5的有关规定时还应注意：细木工板的芯条顺纹方向应为细木工板的长度方向；长度和宽度允许公差为+5mm，不许有负公差；细木工板应锯成方规，四边平直齐整，两对角线误差不得超过0.2%，其四边的不直度不得超过

表11-4 细木工板厚度尺寸及公差 单位：mm

公称厚度	公差值	
	不砂光	砂光
<16	±0.8	±0.6
>16	±1.0	±0.8

表11-5 细木工板幅面尺寸 单位：mm

宽度	长度					
	915	1220	1520	1830	2135	2440
915	915	—	—	1830	2135	—
1220	—	1220	—	1830	2135	2440

0.3%；经供需双方协商，亦可生产其他幅面尺寸的细木工板。

3. 翘曲度
细木工板的翘曲度不能超过表11-6所规定的数值。

4. 波纹度
细木工板的波纹度不能超过表11-7所规定的数值。

表11-6 细木工板的翘曲度　　单位：%

细木工板类别	翘曲度
砂光细木工板	0.2
不砂光细木工板	0.3

表11-7 细木工板的波纹度　　单位：mm

细木工板类别	波纹度
砂光细木工板	0.2
不砂光细木工板	0.5

5. 物理力学性能指标
细木工板的物理力学性能指标应符合前述的表11-1所规定的数值，且其含水率应控制在10±3%，为保证细木工板在使用过程中的尺寸稳定性和受力的均匀性，芯板两面对称层的单板应具有同一厚度，同一或近似树种；与芯板胶贴的两层中板应具有相同的纹理方向，并与芯板的纹理方向相垂直。

6. 材质缺陷
细木工板的面板和背板的材质缺陷不得超过表11-8所规定的范围。

7. 加工缺陷
细木工板的面板和背板的加工缺陷不得超过表11-9所规定的范围。

8. 表板修补范围
细木工板的面板和背板，可以进行修补，其修补范围参

表11-8 细木工板的材质缺陷

木材缺陷名称	检量项目		面板			背板
			细木工板等级			
			一	二	三	
节子、夹皮、补片	每平方米板面上的总个数不超过		4	5	6	允许
	尺寸(mm)	不健全节	10 5以下者不计	25	5 以下者不计	允许
		死节	4 2以下者不计	6 4以下者不计	12 4以下者不计	50
		浅色夹色	10	40	允许	
		深色夹色	10	20	100	允许
			浅色夹皮个数不计	长度10以下者不计	长度10以下者不计	
		补片	—	40	60	120
	注：①补片与本板的纹理方向应基本一致，二等板上还应木色相近 ②其缝隙，二、三等板分别不得大于0.1和0.4mm　③背板上应小于1mm					
变色	总面积占板面积，%不得超过		5	20	允许	
				浅色		
	注：①桦木允许有伪心材； ②环孔显心材（如水曲柳）的异色边心材，按浅色变色计； ③髓斑按斑条计，但二等板面上不得相互交织密集					
裂缝	长度(mm)		100	200	300	不限
	宽度(mm)		0.5	0.5	1.5	3
	注：①一、二等板不允许有密集的发丝干裂 ②水曲柳、桦木和南方阔叶树材制成的细木工板，其裂缝限度可适当放宽一倍					
虫孔、排钉孔	尺寸(mm)(量径)		2	4	8	—
	每平方米板面上的个数不超过		4	4 直径2mm以下者 不太影响美观时不计		不密集
腐朽	总面积占板面积(%)不得超过		不许有		1 不会剥落	30

表 11-9 细木工板的加工缺陷

加工缺陷名称	检量项目	面板 细木工板等级 一	面板 细木工板等级 二	面板 细木工板等级 三	背板
拼缝	缝隙宽度（mm）	0.1	0.2	0.3	1.5
	拼缝条数不超过	2	3	允许	
	注：①一、二等板的拼板需木色相近，纹理方向一致；②宽度自1000mm以上的细木工板，拼缝条数可按上述规定增加一条；③二等板上允许有长度不大于200mm，宽度不大于0.5mm的局部缝隙不密				
变色	总面积占板面积(%)不得超过	1	3	允许	允许
裂缝	—	深度不大于0.4mm 直径不超过4mm，每平方米板面上不超过3处	深度不大于0.4mm，面积不超过5cm²，深度不大于0.4mm，每平方米板面不超过5处	面积不超过30cm²	允许
虫孔、排钉孔	总面积占板面积(%)不得超过	1	3	20	允许
腐朽	长度（mm）	不允许		300	允许
	宽度（mm）			5	

表 11-10 细木工板的表板修补范围

检量项目	面板 细木工板等级 一	面板 细木工板等级 二	面板 细木工板等级 三	背板
补条宽度不得超过（mm）	—	6	12	40
补条与木板的缝隙不得超过（mm）	—	0.2	0.6	1

见表 11-10 的规定。另外需要注意的是：补条与本板纹理应基本一致；二等板的补条还应与本板木色相近；必要时，细木工板的周边应进行修补处抛光磨平。

9. 其他要求

细木工板的两面胶贴单板的总厚度不得小于 3mm。

细木工板的芯板条可为适应胶合的各种树种，但同一张细木工板的芯板条必须是同一树种或物理力学性能相近似的树种，不许软材、硬材混拼。

细木工板的芯板条必须进行干燥，其含水率为6%～12%。

细木工板的芯板条宽度对于一般用途的细木工板来说，不能大于其厚度的3倍；对于高质量要求的细木工板不能大于20mm。

在相邻两排芯板条之间，其沿长度方向上两条端接缝的距离不得小于50mm，芯板条不允许有长度大于200mm的裂缝，不允许有钝棱、严重腐朽和树脂。

芯板条中脱落节的孔洞直径如果大于10mm，必须用同一树种的木材进行补洞或用腻子添平，以保证单板与芯板条的牢固胶合。

芯板条之间的缝隙，在细木工板端面检量不能大于1mm；在侧面检量不能大于3mm。

细木工板生产，只能使用GB738-85《阔叶树材胶合板》中规定的Ⅰ类或Ⅱ类胶。

细木工板不许有开胶和鼓泡。

细木工板紧贴面板的中板叠离在一等板上其叠离宽度不超过1mm；二等板上不得超过3mm；三等板上不得超过6mm。局部叠离在板面上检量长度不超过100mm时，一等板上允许宽度为2mm；二等板上为4mm。

紧接背板的中板叠离，各等级的细木工板不得超过10mm。

各类细木工板的边角缺损，在公称幅面以内的宽度不得超过5mm，长宽不得大于200mm。

各类细木工板中不得保留有影响使用的夹杂物，其面板上不得留有胶纸带和明显的纸痕。

11.2.3.2 细木工板的检验分等

1. 检验分等规则

细木工板应成批进行检验，检验时应根据标准对质量的要求，标出每批木工板的类别、树种和尺寸等。

检验时为核对每批细木工板的外观质量、外形尺寸、锯制误差、翘曲度、波纹度和标记的准确性，在每批拨交的细木工板中任意抽取5%（不能少于20张）进行检验。如检验结果不合格率仍超过5%，则应对该批细木工板逐张返检。

为核对每批细木工板的物理力学性能指标，抽取0.1（不能少于2张）进行检验。物理力学性能检验必须在卸压24h后进行。所有抽取样板的各项物理力学性能指标的平均结果应符合表11-1的规定。如不符合表11-1的规定，则应加倍取样进行复检。若复检后仍不合格时，则该批产品按不合格产品论处。

验收时，细木工板以立方米来计算，每批细木工板的测算体积要精确到0.001m³。

2. 检验分等依据

细木工板外形尺寸（含锯制误差、翘曲度、波纹）的检验分级执行GB5855-86。

细木工板试样尺寸的规定（GB5851-86），规定了检测细工板物理力学性能样板的选择、试件的制作以及试件厚度，长度和宽度的测量方法。

细木工板含水率的测定执行GB5852-86。

细木工板横向静曲强度的测定执行GB5853-86或按（11.1.2）中介绍的方法作为检测依据。

细木工板胶层剪切强度的测定执行GB5854-86的规定或按（11.1.2）中介绍的方法作为检测依据。

3. 检测步聚和方法

外形尺寸的测定用钢卷尺（长3000mm，精度1mm）在板子长度和宽度的中心线外测量，精确至1mm。厚度的确定使用游标卡尺（精度0.02mm）测量四个点，其位置分别在长度和宽度的中心线距板边20mm处，每点读数精确至0.1mm，取算术平均值，精确至0.1mm。确定细木工板对角线锯制误差时，首先将细木工板放平，用钢卷尺测其两对角线长度，精确至1mm，再按下式计算（精确至0.01%）：

$$n = \frac{L_{max} - L_{min}}{L} \times 100\%$$

式中：n——对角线的锯切误差，%

L_{max}——较长对角线的长度，mm

L_{min}——较短对角线的长度，mm

L——被测量的细木工板对角线公称长度，mm

测量细木工板板边不直度时，先将长度为500 mm的直边尺（不直度≤0.1%）的平直边紧靠测量边，用塞尺量其板边与直尺边的最大缝隙宽度，精确至0.05 mm。其板边的不直度可用下式计算（精确至0.01%）：

$$U_n = \frac{\delta}{L} \times 100\%$$

式中：U_n——细木工板的不直度，%

δ——最大缝隙宽度，mm

L——直尺边的长度，mm

将细木工板放在平台上（凸面朝下），用长度为1000mm的直边尺（不直度≤0.01%）沿两对角线放在板面的任意边，其直边紧靠板面，用塞尺测量其最大弦高并按下式计算（精确至0.01%）可得出细木工板的翘曲度为：

$$W = \frac{H}{L} \times 100\%$$

式中：W——细木工板的翘曲度，%

H——对角线弦高，mm

L——对角线公称长度，mm

细木工板波纹度的确定，是将长度为300 mm的直边尺（不直度≤0.1%）平直边靠紧细木工板的面板，用塞尺测出直边尺与板面波纹处的最大距离。测量时，直边尺距离板边要大于20mm，选择波纹度大的地方任意测三处，取最大值，并精确至0.05mm。

细木工板含水率的测定先按GB5851-86《细木工板试件尺寸的规定》的规定进行试件的取样和锯断。取样后立即进行称重（如不可能当即称重，应注意避免含水率在取样到称重期间发生变化），称重精确至0.01g。称重后将试件放进干燥箱里，在103±2℃条件下，干燥至恒重（干燥3h后每隔1h试称一次质量，至最后两次质量差不超过0.01g，试件即视为恒重）。烘干后，将试件放进干燥器内，在干燥空气条件下冷却至室温。然后按前述精度尽快对试件进行称量，以防试件含水率增高超过0.1%。试件的含水率W应按下式计算（精确至0.1%）：

$$W = \frac{M_0 - M}{M} \times 100\%$$

式中：W——试件的含水率，%

M_0——取样时试件的质量，g

M——试件干燥后的质量，g

4. 标志、包装、运输和贮存

细木工板出厂时，应具有生产厂质量检验部门的质检鉴定证书，并在细木工板的背面距板边30mm处打上清晰不退色的号印，其号印的内容包括细木工板的类别，执行的环保标准，生产日期，生产厂代号和检验员代号等。

细木工板必须按不同类别、树种、规格分别捆包。为了防止板面污损，各类细木工板的面板应朝向包里，每包的边角，应用草织品或其他包装物遮垫。

细木工板在运输过程中，其运输工具要清洁干燥，并能防止雨淋和机械损坏。

细木工板应保存在干燥有盖的场所，堆放时要用垫脚，垫脚应保持水平。

11.2.4 细木工板拼板机

拼板机是把经过刨床、多片锯机制得的规格木条拼成整张芯板的一种设备。常用的细木工板拼板机有两种：一种是半自动拼板机，先将规格木条按要求拼在拼板盒内，一般采用手工操作。然后使用涂胶辊对木条进行涂胶，接着将拼板盒扣在拼板机的进料部位，利用气缸（或油缸）夹紧涂胶木条。在推料油缸冲头的作用下，将最下层的木条送进拼板机，如此反复动作，就可拼出连续的板带。拼接的板带通过加热装置（该装置同时可调整和控制拼板时的压力），使得胶液迅速固化。木条在冲头的作用和加热条件下，侧边紧密接触，连续成带状的胶合芯板。由于拼板机一边为基准，另一侧边过长的板条则通过圆锯机锯成所要求的尺寸，即制得所需尺寸的芯板。这种拼接方式对板条材质要求可适当放宽，长短木条均可拼在拼板盒内，因此原材料利用率高，应用广泛。还有一种拼板机，木条进料可实现连续，自动化程度较高，在进料的同时木条侧边可自动涂胶。这种拼板机生产效率较高，但对木条的规格和材质要求均较严，若木条局部有节疤或腐朽进料时易折断。生产中常用PPB-25型拼板机，其主要技术参数见表11-11。

11.3 蜂窝结构夹芯板（蜂窝板）

蜂窝结构夹芯板是一种优质的空心结构材料，它是用纸或其他材料制成蜂窝方式的芯材，而后两面再覆盖单板或纤维板等制成的空心结构板，如图11-12所示。该板有质轻、耐压强度好、节约木材的优点。多应用于家具、壁板、侧立板等方面。有的高级家具和飞机制造也用铝箔或浸胶玻璃纤维布模压制成的蜂窝芯子。

11.3.1 纸质蜂窝芯子的生产方法

纸质蜂窝芯子是具有一定大小的蜂窝状孔格芯板。目前选做蜂窝的纸张有两种：一种是原浆草纸板；另一种是牛皮纸。前者主要用于制造活动房屋的空心结构材料；后者主要用于家具制造空心结构材料。牛皮纸的定量为130～140g/m²。纸蜂窝由蜂窝纸机及纸芯张拉机等设备制造。

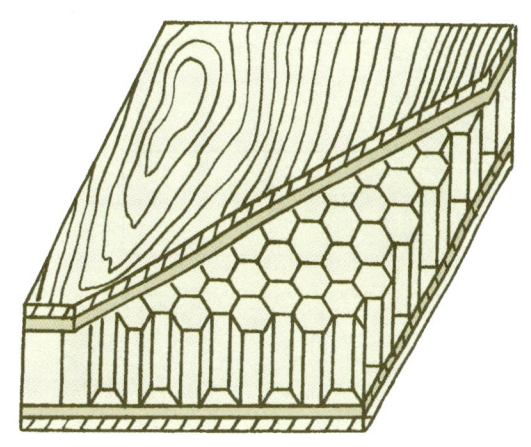

图11-12 蜂窝结构夹芯板芯子结构

蜂窝纸机主要由一套上胶和卷纸机构所组成，原纸通过涂刷滚两面涂胶与另一原纸相合后，用卷纸机构卷成一定长度和厚度的纸卷，经冷压和切纸就可得到未拉伸的蜂窝纸条。卷纸速度为36～46m/s。调整涂刷滚的胶合距离和切纸的宽度，就可得到不同大小孔格不同厚度的纸芯。

为了使纸蜂窝拉开和使其定型，纸蜂窝由张拉烘干机将其拉开和干燥。一般张拉速度为4.6～6m/s，干燥温度120～130℃，干燥出来的定型纸蜂窝成一定的规格尺寸，以便堆放备用。

制造纸质蜂窝板的主要工艺流程如图11-13。

11.3.2 纸质蜂窝结构所用的胶料

在纸质蜂窝板的制造中，为了构建蜂窝板的基本结构，应当采用耐久的胶黏剂。国内蜂窝纸的粘接常用聚乙烯醇类合成胶糊，使用时加水稀释，根据生产条件和气候条件来调整加水量。也有工厂使用聚醋酸乙烯酯乳液、室温固化脲醛树脂胶或室温固化酚醛树脂胶作胶黏剂的。纸质蜂窝板覆面材料与纸质蜂窝贴接则采用热固性脲醛树脂，由热压机胶压，其热压工艺条件见表11-12。

覆面材料可以是胶合板、纤维板或厚单板等材料。胶合后的纸质蜂窝板，要根据需要经过齐边、打孔、涂饰处理等加工，以便制造不同用途的产品。纸质蜂窝板成本较低，其抗压强度能满足一般用途要求，但其抗剪强度较差。这类纸质蜂窝板一般仅用于家具制造、门扇及间壁板等方面。

11.3.3 其他空心结构

随着蜂窝材料和结构的改进，蜂窝板的用途日趋广泛，

表11-11 PPB-25型拼板机的主要规格与参数

序号	主要规格	技术参数
1	加工板条宽度	30～50 mm
2	加工板条厚度	12～40 mm
3	加工板条长度	>200 mm
4	拼板幅面	1220×2440(mm)(4′×8′)
5	推料油缸往复运动速度	40次/min
6	理论生产率	1～4 m³/h
7	总功率（电机功率）	9.2kW
8	液压系统压力	4MPa
9	气动系统压力	0.6MPa
10	蒸汽系统压力	0.2～0.4MPa
11	工作台标高	920mm
12	外形尺寸（高×长×宽）	500mm×3150mm×2200mm

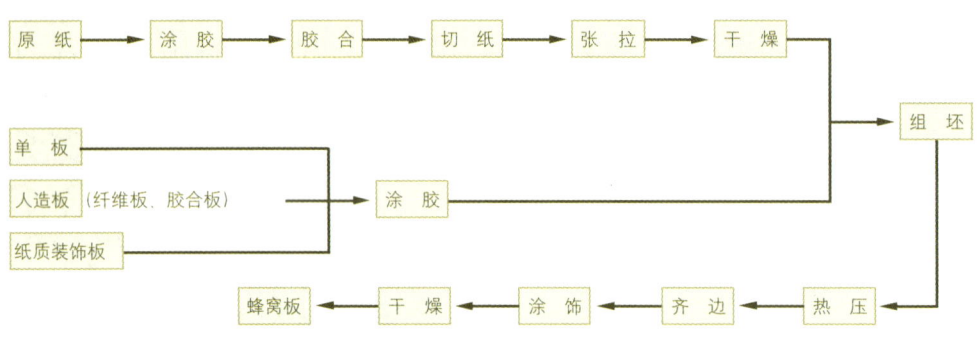

图 11-13 纸质蜂窝板的生产工艺流程

表 11-12 覆面材料与纸质蜂窝贴接的热压工艺参数

热压温度(℃)	105~120
单位压力(MPa)	0.2~0.3
热压时间(min)	5

如铝蜂窝和特种合金蜂窝夹芯,可用于使用要求和温度非常高的地方,这种蜂窝夹芯成本高,主要用于飞机和宇宙飞行器中。

改变蜂窝格子的尺寸、格子的壁厚和所使用的材料,可得到具有不同密度和机械性能的各种蜂窝芯材,如图 11-14 所示。

夹芯材料可以是铝蜂窝、特种合金蜂窝,也可以采用泡沫玻璃、聚苯乙烯泡沫塑料、聚氨基甲酸酯泡沫塑料等材料制成的蜂窝。对上述蜂窝结构的设计,还必须考虑下列非结

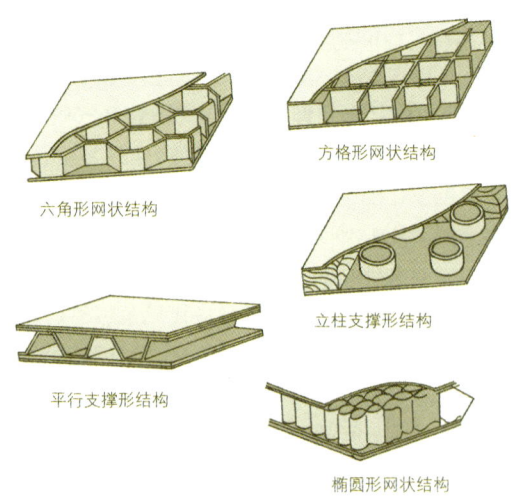

图 11-14 不同空心结构的蜂窝板

构性的特性:质量、可成形性、渗透性、导热系数、导电性能、吸湿性能或特殊性能等。最后选择芯层时,和表板一样,还必须考虑到可获得性和生产成本。

芯层的性能诸如刚度和强度,对于任何特种材料,通常都是随着密度的增加而增加。蜂窝状芯层的弹性性能可用芯层密度、带条材料的弹性和芯层蜂窝的形状估算之。与层压面垂直的压缩弹性模量,随着芯层密度对带条材料的密度之比乘带条材料的弹性模量的数值而成比例地变化。"带条"是指弯曲成为六角形或方形蜂窝的条子。对于平行于芯层蜂窝壁方向的有效抗剪弹性模量,计算时可以只考虑按平行于抗剪应力方向的部分蜂窝壁估算之。六角形蜂窝芯层的剪切性能,沿芯层带条方向比垂直于芯层带条方向为大。如果蜂窝为正方形,则剪切性能在两个主要方向上几乎相同。

芯层的非结构性的一种重要特性是对建筑结构设计极有价值的热导率。如果芯层的单个蜂窝的尺寸大于9.5mm时,由于通过蜂窝的直接辐射损失(在垂直于表板方向)和对流循环损失小,其绝热性能不怎么好。具体而言,泡沫芯层的绝热能力与其密度成反比;木料芯层的导热性能大致是一样,但不同的是木料芯层的传导性还取决于木材的纹理方向。

不同空心结构的蜂窝板,为了适应某些专门的要求,例如须在板中安装加热管、燃料管和布置电线等。因此,制造这些类型的板子时,就应该在表板间安放上适当的承载档子或边条,这样有利于施工,免除以后使用时在加工好的板子上再加工。用空心结构蜂窝板的最麻烦的困难是由板子的侧边、嵌片和连接引起的。通常,采用比较简单的结构就能获得满意的效果,几乎不需要加入嵌片和折叠构件。关键是这些板片必须装配得当,以达到良好的胶合和贴接。板子侧边的各种处理形式见图 11-15。

11.3.4 家具用蜂窝结构夹芯板的热压

热压的目的是将表板与蜂窝夹芯胶合在一起,这个工序可以在热压或冷压机中予以解决,此工序与用高压制造层积

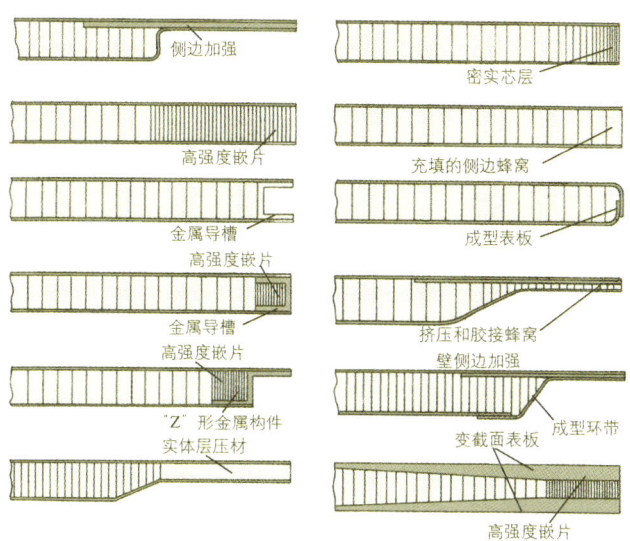

图 11-15 空心结构蜂窝板侧边连接处的各种处理形式

表 11-13 家具用蜂窝结构夹芯板的热压工艺参数

热压温度(℃)	110~120（脲醛树脂胶）
单位压力(MPa)	0.25~0.3
热压时间(min)	5

塑料或胶合板等的其他生产工序大不相同。蜂窝板的加压设备仅需低压，否则芯层可能会压皱。另外，诸层压板必须精确平行，否则甚至是轻轻的施加压力，也会引起整个蜂窝夹芯板芯层皱纹的扩散。如果夹芯板没有封边，则在压机中可使用限厚挡块或限位木框。我国的一些工厂在制造蜂窝夹芯板时通常使用后者。具体操作程序是：在木框中放入芯子，木框的厚度与芯子相同，蜂窝芯子做中板，上下面各覆一层涂胶芯板和一层表板，然后加上垫板，送入热压机中加热和加压胶合。家具用蜂窝结构夹芯板的热压工艺参数见表 11-13。

参考文献

[1] 朱典想，俞敏. 胶合板生产技术. 北京：中国林业出版社，1999

[2] 陆仁书. 胶合板制造学. 北京：中国林业出版社，1993

[3] 朱典想. 浅析实木细木工板芯板制造中存在的问题及解决措施. 建筑人造板，1997，No.4

[4] 中华人民共和国林业部科技司编. 人造板标准汇编. 北京：中国林业出版社，1993

[5] Barney Klameckl, 1978, Optimization of Vereer Lathe Settings-A Nonlinear Programing Approach. Wood Science 10C4

集成材

集成材是2层或多层木板或小方材拼板，所用各层的纹理几乎是平行胶合而成的一种木材。木板和小方材的树种、数量、尺寸、形状、结构和厚度等可以变化。结构用集成材单块木板，厚度一般不超过51mm，常为25mm或50mm。

集成材主要用于建筑业，如用于直径为176mm，高52m的圆屋顶建筑；还有的建筑物采用曲线集成材梁，跨距超过60m，除此之外集成材也广泛用于非结构用材及装饰用材（表12-1）。

集成材的种类基本上可以形状、所用胶种、应用场所等来分类，如图12-1所示。

集成材的形状和使用的胶种主要取决于该类产品的最终用途。一般室内装饰的形状常为直线形，胶黏剂为脲醛树脂胶或乳白胶；结构用集成材一般采用酚醛树脂胶，形状可直线形或曲线形（图12-2）。

集成材的优点：

(1) 很容易用商业用木材制成大的结构用部件，开辟了由小径木制得的小板材最经济用途。

(2) 能获得最佳的建筑艺术效果和独特的装饰风格，如曲线形。

(3) 可使木材生长缺陷的影响降到最小，而得到的集成材变异系数较小。

(4) 依强度要求可设计成变截面的建筑构件。

生产集成材应注意的方面：

(1) 木板的准备和胶合会增加最终产品的成本。

(2) 集成材是用胶黏剂胶合而成的，因此胶黏剂质量特别重要；同时要增加一些专用设备及熟练的技术工人。

12.1 集成材的性能

12.1.1 国内外标准

国外有JAS日本集成材标准；美国国家标准院的ANSI A 190.1结构集成材，ANSI O 5.2用于公共事业建筑用结构集成材，美国试验和材料协会ASTM D 3737评定集成材应力的标准方法等；加拿大标准协会CSA标准O 122结构集成材；欧共体标准EN 386胶合层积木。

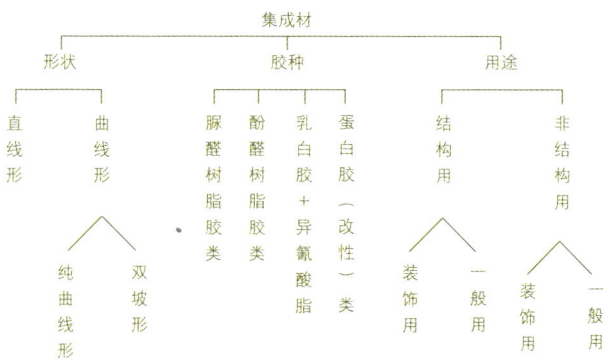

图12-1 集成材的分类

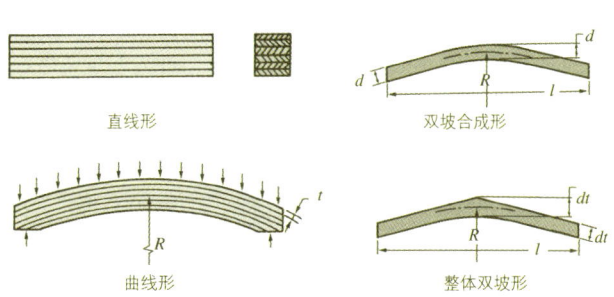

图12-2 集成材外形

国内尚未正式公布标准，不少厂家依日本JAS标准生产。

12.1.2 日本JAS标准简介

1. 主要物理力学性能（表12-2）

2. 板材材质及表面质量要求（表12-3）

3. 物理力学性能测试和规定值

(1) 含水率测定：在集成材中取2个试件称重，在100～105℃的干燥箱中干燥到恒重，可求出其绝对含水率，其平均值应＜15%。

(2) 表面开裂实验：在集成材中抽取长为150mm试件2块，在其端面贴上铝箔，在60±3℃的干燥箱中干燥24h，观察其表面，表面不开裂，或有轻微开裂。

(3) 浸渍剥离试验：在集成材中取顺纹长75mm试件3块，在室温水中浸6h后，放入40±3℃的恒温干燥箱中干燥18h，在试件两端面测定胶层剥离长超过3mm以上的剥离值，同一胶层的剥离总长应小于同一胶层的总长的1/3，总的剥离长应小于总胶长的1/10。

(4) 煮沸剥离试验：把75mm顺纹长试件3块放入沸水中煮5h，再在室温水中浸泡1h，水中取出后放入60±3℃的恒温干燥箱中干燥8h，然后用浸渍剥离试验相同方法测定剥离，其相应值分别为＜1/3和＜1/10。

(5) 剪切试验：用剪切强度和木破损率来评定胶层的质量，其值与树种有关（表12-4）。

(6) 静曲强度：静曲强度和静曲弹性模量值见表12-5；各种应力计算公式见表12-6。

表12-1 集成材的特点及用途

集成材分类	特　点	用　途
一般用集成材	木板或小方材等其纤维方向基本平行，在厚度、宽度及长度方向上集成胶合起来的材料	拼板，用作细木工芯板，家具的部件体等
非结构用装饰集成材	用具美丽纹理的木材(小方材为主)，依一般集成材加工方法制成的材料；或在一般用集成材表面贴上装饰薄板(或薄木等)，或一般用集成材表面进行装饰加工的材料	建筑内部装饰材料及实木家具的表面材料
结构用集成材	为了达到预定的力学性能，锯材预先经过截去影响强度的缺陷(如死节、大节等)，在其宽度上经拼接，长度方向上进行斜接或指接成长板，再把长板依同一纤维方向层积而成的结构用材料	建筑物受力构件，如梁、托梁、搁梁等
装饰用结构集成材	在结构集成材表面贴上装饰用薄板的集成材	用于建筑物内既要装饰又受力的部分

表12-2 主要物理力学性能

名称＼指标	建筑用集成材	装饰集成材	结构用集成材	装饰结构用集成材
胶合强度				
浸渍后	✓	✓	✓	✓
煮沸后			✓	✓
剪切			✓	✓
含水率(%)	平均值<15	同左	同左	同左
MOR			✓	✓
尺寸差（mm）				
厚度	±1.0	±1.0	±1mm	±1mm
宽度	±1.0	±1.0	±1mm	±1mm
长度	+不限 0	+不限 0	+不限 0	+不限 0

表 12-3 板材材质及表面质量要求

材质缺陷名	建筑用集成材 一等	建筑用集成材 二等	贴面建筑用集成材 一等	贴面建筑用集成材 二等	结构用集成材 一等	结构用集成材 二等	装饰结构用集成材 一等	装饰结构用集成材 二等
节	1.长径10mm以下；2.不允许空心节、腐朽节及易脱落节	同左	不允许	1.长径30mm以下；2.不允许空心节、腐朽节及易脱落节	总节径比① <1/4	总节径比 <1/3	不允许	1.表径<30mm；2.不允许空心节、腐朽节及易脱落节
油脂、夹皮	极轻微	轻微	极轻微	轻微	轻微	轻微	极轻微	轻微
伤痕	极轻微	轻微	不允许	轻微			不允许	轻微
腐朽	不允许	轻微	不允许	轻微	不允许	不允许	不允许	极轻微
变色、污染	极轻微	不显著	极轻微	轻微	轻微	轻微	不允许	不显著
孔	极轻微	不显著	不允许	轻微			不允许	轻微
接合处缝隙	极轻微	不显著			不允许	不允许		
其他缺陷	极轻微	不显著	极轻微	不显著	极轻微	轻微	极轻微	不显著
纤维倾斜比②					<1/14	<1/12	不允许	极轻微
表面开裂					不允许	不允许		
平均年轮宽					≤6mm	≤6mm		

注：①总节径比，在板长15cm板面上所有节的直径之比值 $\left(\dfrac{\text{所有节径}}{15}\right)$

②纤维倾斜比，在板长度方向上，纤维的倾斜高度之比 $\left(\dfrac{\text{在某段板长内纤维倾斜高}}{\text{某段板长}}\right)$

表 12-4 剪切强度和木破损率规定值

树种划分	剪切强度(MPa)	木破损率(%)
针叶树 A-1(赤松、黑松、花旗松、包括具有与这些树种同等强度的树种)	7.5	50
针叶树 A-2(落叶松、罗汉柏、柏树、美洲花柏、包括与此有同等强度的树种)	7.0	
针叶树 B-1(铁杉、美国铁杉及与此有同等强度的树种)	6.0	60
针叶树 B-2(枫树、针枞、红松、杉、美杉、云杉及与此有同等强度的树种)	5.5	
阔叶树 A(橡树、桦树、水曲柳、榆木、山毛榉及与此有同等强度的树种)	7.5	40
阔叶树 B(柳桉及与此有同等强度的树种)	6.0	60

表 12-5 集成材的静曲强度和静曲弹性模量值

树种划分	1级 静曲弹性模量(10^3MPa)	1级 静曲强度(MPa)	2级 静曲弹性模量(10^3MPa)	2级 静曲强度(MPa)
针叶树 A-1	11	43.5	10	36.5
针叶树 A-2	10	40.5	9	33.0
针叶树 B-1	9	37.5	8	31.5
针叶树 B-2	8	34.5	7	28.5
阔叶树 A	7	45.0	8	37.5
阔叶树 B	8	39.0	7	33.0

表12-6 各种应力计算公式

弯曲应力	曲线集成材的径向应力	剪切应力	变形	倾向稳定性
$F'_b \geqslant \dfrac{m}{I}$ $n = \dfrac{M}{S}$ I——惯性矩 M——弯矩 n——梁最外边距中性轴之距 S——断面模数 F'_b——允许工作应力 $F'_b = F_b K_D K_F K_L K_X$ F_b——在正常载荷持久条件 F_D——载荷持久系数 K_F——滞火处理系数 K_L——侧向支持系数 K_X——仅对弯曲部分的弯曲系数 对针叶树材 $\dfrac{t}{R} \leqslant 1/125$ 对阔叶树材 $\dfrac{t}{R} \leqslant 1100$ $K_X = 1 - 2000 \left(\dfrac{t}{R_{\min}}\right)^2$ $R_{\min}$——最小半径	$F'_r = \dfrac{3}{2} \times \dfrac{M}{bdR}$ b——集成材宽 d——集成材厚 R——曲率半径 $F'_r = F_t K_D K_F = K_S$ F_t——集成材的垂直纤维上的允许拉应力和压应力 K_S——尺寸系数	梁断面 $db \geqslant 640 \cdot L^{0.22}$ $\left(\dfrac{w}{n k_1 k_3 k_f k_v}\right)^{1.22}$ W——总载荷(kN) $n = 0.924 + 1.52 d 1000 L$ L——梁总长 b——断面宽 d——断面厚 K_1——承载条件系数	变形值计算用修正的 E' $E' = E K_F$ E——胶合木弹性模量 K_F——阻燃处理系数	依断面比值 $\left(\dfrac{板厚}{板宽}\right)$ 采用相应的修正系数 K_L 来修正弯曲允许单位应力

注：有关具体计算和系数值等请参见 Canada wood construction 《Design Lumber and Glued Laminated Timber》

12.1.3 结构集成材设计原则

设计基本假定是集成材受外力作用下，应力和应变之间为线性关系，即在比例极限范围内。当集成材受力弯曲变形时将受到弯曲和侧向稳定性、剪力、变形，曲线形集成材的径向应力或承受力的控制。通常认为一般载荷和跨距下受弯曲应力为主；重载短跨距(如胶合梁桥)剪应力为主；轻载长跨距(如地板搁梁)限制变形为主。

12.2 集成材生产工艺

12.2.1 工艺流程

集成材的工艺流程如下：

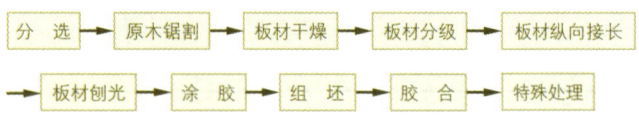

12.2.2 主要生产工序

1. 原木锯剖

依生产集成材的基本要求来制订对原木锯剖方案，一般结构用集成材常用普通下锯法，对装饰用集成材一般用径切下锯法。锯得的板材在干燥堆垛之前应以板厚、树种等分别堆放干燥。

2. 板材干燥

为了保证集成材的胶合质量，板材必须干燥到含水率 7%~15%。

3. 板材分级

结构集成材在使用时，在外力作用下它产生内力——压应力、拉应力、剪应力，这些内力将由组成的各层板材所承受，而且距集成材中性层的距离不同其内力大小也不同，为了充分发挥每块板材的作用，在组坯前应把每块板材按力学性能或表面质量进行分级。分级方法有木材机械应力分级和目测分级两大类。

(1) 机械应力分级(MSR)

当板材受外力而发生变形，把板材每隔150mm记录下其变形值，求得变形和弯曲弹性模量(f-E)之间相关系数。

加拿大 MSR 木材依"加拿大木材标准分级规则"进行，利用板材应力分级机，分成14个级别(f-E分类)，并直接给出允许值，例 1800f-1.6E级，允许值：弯曲应力(MOR)12.4MPa，MOE 11000MPa。在正常载荷下的允许应力值见表12-7，不同树种的顺纹剪切，垂直纤维方向抗压强度见表12-8。

表12-7 对板厚38mm各种宽度下MSR允许应力值（MPa）

级别	MOR	MOE	平行纤维方向抗拉强度		平行纤维抗压强度
			89~184mm	>184mm	
1200f-1.2E	8.3	8300	4.1	—	6.5
1450f-1.3E	10.0	9000	5.5	—	7.9
1500f-1.4E	10.3	9600	6.2	—	8.3
1650f-1.5E*	11.4	10300	7.0	—	9.1
1800f-1.6E*	12.4	11000	8.1	—	10.0
1950f-1.7E	13.4	11700	9.5	—	10.7
2100f-1.8E*	14.5	12400	10.8	—	11.7
2250f-1.9E	15.5	13100	12.1	—	12.4
2400f-2.0E*	16.5	13800	13.3	—	13.3
2550f-2.1E	17.6	14500	14.1	—	14.1
900f-1.2E	6.2	8300	2.4	2.4	5.0
1200f-1.5E	8.3	10300	4.1	4.1	6.5
1350f-1.8E	9.3	12400	5.2	5.2	7.4
1800f-2.1E	12.4	14500	8.1	8.1	10.0

注：*表示近期引入的数据

下列各表分别提供各种MSR木材用途的允许荷载和变形（见表12-9、12-10）。

(2) 目测分级

分级工根据看到板材上节子性质和大小、斜纹理等缺陷的大小和位置来判断板材的强度并进行分级。现将主要国家分级主要指标列于表12-11中。

日本集成材标准中的1级及2级板材相当于表12-11中的L_2和L_3等级；美国用L_1、L_2和L_3级用于集成材生产。

日本集成材用的板材许用应力如表12-12所示。

4. 板材纵向接长

用作装饰用集成材，必须把板材或小方材中的节子等缺陷锯掉，然后在长度方向上接长；同理，结构用材的板材内缺陷严重影响强度，也应截去而接长。接长时基本要求是接头处强度不低于无节材的90%以上。在纵向接长时不要用对接，而采用指接或斜面接合(图12-3和12-4)。一般在集成材纵向接长时，常采用指形接合(表12-13)。其齿形尺寸与接合部的力学性能密切相关。

表12-8 各种树种的顺纹剪切和垂直纹理的抗压强度（MPa）

树种	顺纹剪切强度	垂直纹理的抗压强度
花旗松、西部落叶松	0.62	3.17
西部铁杉	0.50	1.61
沿海树种	0.42	1.61
云杉、火炬松	0.46	1.67
西部冷杉	0.49	1.92
北方树种(上述所有树种)	0.42	1.61
北部杨木	0.43	1.23

表12-9 对搁栅和椽木的设计荷载和极限变形

建筑构件	动荷载(kPa)	雪荷载(kPa)	静载(kPa)	极限变形	
				石膏板和塑料天花板	其他天花板
天花板搁栅	0.5	—	0.3	L/360	L/240
地板用搁栅(生活房)	1.9	—	0.5	L/360	L/360
地板搁栅(居室)	1.4	—	0.45	L/360	L/240
屋顶搁栅	—	2.5	0.5		
	—	2.0	0.5	L/360	L/240
	—	1.5	0.5		
	—	2.5			
椽木	—	2.0	0.3		L/180
	—	1.5	0.3		无天花板
	—	1.0	0.3		

齿形接合常用胶黏剂见表12-14。

一般齿形接合常为冷压，时间较长，约6h以上。为了加快胶合可采用高频快速胶合，板材断面为120mm×30mm，若用频率为27MHz，功率为3kW，端压0.5MPa，场强0.9kV/cm，胶固化时间仅20″左右，具体见表12-15。

5. 表面刨光

经分等和配料将锯材按集成材技术要求锯成毛料。干燥后的毛料会有变形、尺寸公差和表面粗糙不平，因而必须进

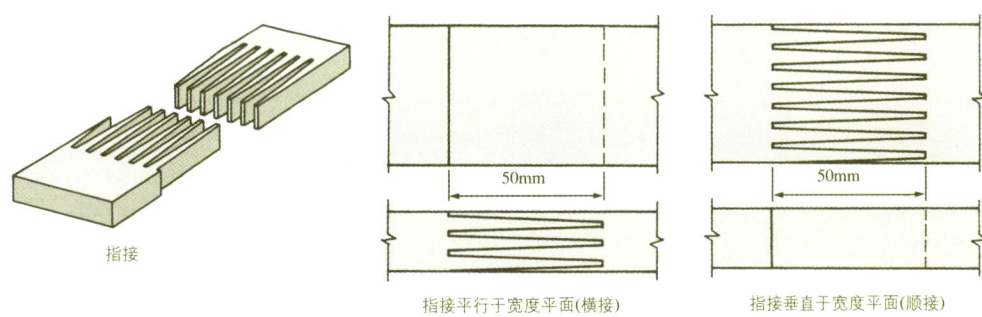

图12-3 典型指形端接

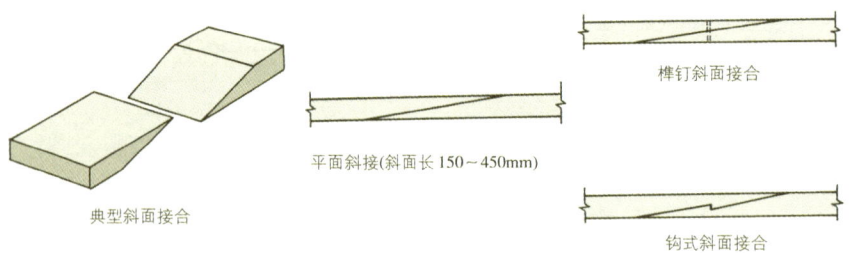

图 12-4 斜面端接（接合长 180~450mm）

表 12-10 在活动住宅中动荷载 1.9KPa 时，MSR 木材用地板搁栅

商用设计	级 别	断面尺寸 (mm)	各种天花板 搁栅间距		
			300(mm)	(m)	(m)
MSR	1200f-1.2E	38 × 89	1.90	1.73	1.51
		38 × 140	2.99	2.72	2.37
		38 × 184	3.94	3.58	3.13
		38 × 235	5.03	4.57	3.99
		38 × 286	6.12	5.56	4.86
	1450f-1.4E	38 × 89	1.96	1.78	1.55
		38 × 140	3.08	2.80	2.44
		38 × 184	4.06	3.69	3.22
		38 × 235	5.18	4.70	4.11
		38 × 286	6.30	5.72	5.00
	1500f-1.4E	38 × 89	2.00	1.82	1.59
		38 × 140	3.14	2.86	2.50
		38 × 184	4.15	3.77	3.29
		38 × 235	5.29	4.81	4.20
		38 × 286	6.43	5.84	5.11
	1650f-1.5E	38 × 89	2.05	1.86	1.63
		38 × 140	3.22	2.93	2.56
		38 × 184	4.24	3.86	3.37
		38 × 235	5.41	4.92	4.30
		38 × 286	6.59	5.98	5.23
	1800f-1.6E	38 × 89	2.09	1.90	1.66
		38 × 140	3.29	2.99	2.61
		38 × 184	4.34	3.94	3.44
		38 × 235	5.53	5.03	4.39
		38 × 286	6.73	6.12	5.34
	1950f-1.7E	38 × 89	2.14	1.94	1.70
		38 × 140	3.36	3.05	2.67
		38 × 184	4.43	4.02	3.51
		38 × 235	5.65	5.13	4.48
		38 × 286	6.87	6.24	5.45
	2100f-1.8E	38 × 89	2.18	1.98	1.73
		38 × 140	3.42	3.11	2.72
		38 × 184	4.51	4.10	3.58
		38 × 235	5.76	5.23	4.57
		38 × 286	7.01	6.36	5.56
		38 × 89	2.22	2.02	1.76

表 12-10（续）

商用设计	级 别	断面尺寸(mm)	各种天花板 搁栅间距 300(mm)	(m)	(m)
MSR	2250f-1.8E	38 × 140	3.49	3.17	2.77
		38 × 184	4.60	4.18	3.65
		38 × 235	5.87	5.33	4.66
		38 × 286	7.13	6.48	5.66
	2400f-2.0E	38 × 89	2.26	2.05	1.79
		38 × 140	3.55	3.22	2.82
		38 × 184	4.68	4.25	3.71
		38 × 235	5.97	5.42	4.74
		38 × 286	7.26	6.60	5.76
	2550f-2.1E	38 × 89	2.30	2.09	1.82
		38 × 140	3.61	3.28	2.86
		38 × 184	4.76	4.32	3.78
		38 × 235	6.07	5.51	4.82
		38 × 286	7.38	6.71	5.86
	900f-1.2E	38 × 89	1.91	1.69	1.38
		38 × 140	3.00	2.65	2.17
		38 × 184	3.95	3.50	2.86
		38 × 235	5.04	4.46	3.64
		38 × 286	6.13	5.43	4.43
	1200f-1.5E	38 × 89	2.05	1.86	1.60
		38 × 140	3.22	3.86	2.51
		38 × 184	4.24	2.93	3.30
		38 × 235	5.41	4.92	4.22
		38 × 286	6.59	5.98	5.13
	1350f-1.8E	38 × 89	2.18	1.98	1.69
		38 × 140	3.42	3.11	2.65
		38 × 184	4.51	4.10	3.50
		38 × 235	5.76	5.23	4.46
		38 × 286	7.01	6.36	5.43
	1800f-2.1E	38 × 89	2.30	2.09	1.82
		38 × 140	3.61	3.28	2.86
		38 × 184	4.76	4.32	3.78
		38 × 235	6.07	5.51	4.82
		38 × 286	7.38	6.71	5.86

表 12-11 按外观特征区分板材强度等级

日 本			美 国			英 国		
等级	集中节径比	纤维斜率	等级	集中节径比	纤维斜率	等级	集中节径比	纤维斜率
L_1	1/10	1/18	—	—	—	L_A	1/10	1/18
L_2	1/5	1/16	L_1	1/4	1/14	L_B	1/4	1/14
L_3	3/10	1/12	L_2	1/3	1/12	—	—	—
L_4	1/2	1/8	L_3	1/2	1/8	L_C	1/2	1/8
L_5(等外)	7/10	1/6	—	—	—	—	—	—

表 12-12 普通结构用板材的许用应力 （MPa）

树种		长期受载时应力值				短期受载时应力值
		压缩	弯曲拉应力	剪切	压缩	
针叶树材	日本赤松、黑松、美松	7.5	9.6	0.8	3.0	为长期受载值的1倍
	落叶松、日本罗汉松、日本扁柏、美国扁柏	7.0	9.0	0.7	2.5	
	日本铁杉、异叶铁杉	6.5	8.5	0.7	2.0	
	日本冷杉、鱼鳞松、红松、云杉、日本柳杉	6.0	7.65	0.6	2.0	
阔叶树材	栎木	9.0	13.0	1.4	4.0	
	日本栗、日本山毛榉、光叶榉	7.0	10.0	1.0	3.5	

表 12-13 集成材纵向接长特征

特征	接长型式	平面斜接	指接	
			非结构用	结构用
优缺点		木材损失多、接合后表面不平 加工精度难保证，很少应用	木材损失较少，接合后表面较好 加工精度较好，广泛采用	
齿形特征		斜接平面倾斜率 $\frac{1}{10} \sim \frac{1}{12}$	短 钝 用于型料、门窗框、侧板 招牌 门梃、槛	长 尖 层积梁 板材厚5cm 宽30cm

表 12-14 常用木材胶黏剂的工艺性

性能	黏合剂								
	聚醋酸乙烯乳液	脲醛类	三聚氰胺甲醛类	酚醛类	间苯二酚甲醛类	合成橡胶类	环氧类	皮、骨胶	酪素胶
外观	乳白色液体	A	A	褐色液体	褐色液体	琥珀色液体	琥珀色固体	琥珀色液体	蛋黄色粉末
溶剂	水	水	水	水或醇	水或醇	苯、酮	有机溶剂	水	水
树脂含量（商品）	40%～50%	45%～70%	50%～60%	40%～60%	50%～60%	20%～30%	100%	100%	100%
树脂含量（商品）	40%～50%	45%～70%	50%～60%	40%～60%	50%～60%	20%～30%	100%	33%～40%	30%～40%
配置	原液或稀释	原液100 固化剂10	原液100 固化剂5～10	原液100 固化剂10	原液 固化剂	苯、酮溶液	原液100 固化剂8	1.5～3倍 水60℃溶解	2倍水加碱 溶解
涂胶量（g/m²）	120～200	120～200	120～150	100～150	100～150	150～250	150～200	150～250	150～200
活性期（h）	不限	1～2	2～4	2～4	2～4	不限	2～4	不限	3～6
使用难易	易	易	易	稍难	易	易	稍难	稍难	易
污染性	无	无	无	大	大	中	无	中	大
耐水性	可	良	优	优	优	良	优	劣	可
耐热性（℃）	70～80	100	100～120	100～120	100～120	60～70	90～100	70～80	80～90
应用范围	室内	室内	室内外	室内外	室内外	室内外	室内外	室内	室内

注：脲醛类、聚醋酸乙烯乳液有季节别；皮、骨胶加温至60～70℃使用

表 12-15 高频加热齿形接合规程

齿形状态	空气间隙 (mm)	材料断面尺寸(mm)		电极尺寸(mm)				电极上电压 (kV)	场强 (kV/cm)	胶合时间 (min)
		宽	厚	下电极板		上电极板				
				宽	长	宽	长			
				脲醛树脂胶						
	10	50	22	22	70	80	80	6	0.67	1.6
顺接	10	100	22	22	70	130	130	7	0.5	2.75
顺接	10	150	22	22	70	180	180	7	0.37	4
顺接	10	100	38	38	70	140	140	7	0.5	2.75
顺接	10	100	48	48	70	150	150	7	0.5	2.75
顺接	10	150	48	48	70	200	180	7	0.37	4
横接	0	100	38	100	70	120	80	5.3	1.4	1
横接	0	100	48	100	70	120	80	5.5	1.15	1.5
横接	0	100	22	150	70	170	80	3.5	1.6	1

注：* 高频频率 10MHz，介电系数为 4

行表面刨平(即基准面加工)。平面基准面加工常用手工或机械进料的平刨机。每次加工量为 1.5～2.5mm，若超过 3mm 将会降低加工质量。其厚度加工误差应小于 0.5mm，表面波长小于 5mm，端头撕裂小于 30mm。通过表面刨平，胶合可节省 25% 的胶黏剂。

6. 涂胶

集成材胶合用的胶黏剂种类很多。作为结构材使用常为酚醛树脂胶，间苯二酚树脂胶；其他脲醛树脂胶，改性乳白胶常用于室内用材。这些胶黏剂内各组分在使用时应均匀混合，并且保持温度在 18℃ 以上。

涂胶可采用机械涂胶，常为辊筒涂胶机，结构相似于胶合板涂胶机，但辊筒长度较短，因为板材宽度较小。涂胶量一般在 300～500g/m²。

7. 组坯

板材涂胶后，马上按集成材设计组坯方案依次堆放在一起。等级高的板材应放在集成材的表面。

8. 胶合

由于集成材长度、厚度尺寸较大，形状可是直线和曲线，一般不能用类似热压机进行胶合，而主要采用夹具夹住冷压。依夹具的分布位置可分成立式加压夹具装置和卧式加压夹具装置。大多数夹住的集成材是在不加热状态下保持数小时甚至一夜，让胶黏剂固化达足够胶合强度时，再卸压。

9. 加速胶合过程

由于冷压受天气变化而不能控制胶合质量，同时冷压时间过长影响生产率。加速胶合方法主要有热空气法、喷蒸气法、辐射法和高频加热法等。

热空气法和喷蒸汽法，其工作原理基本相似，在集成材加压夹具装置外用防水防气帆布罩住并留有对流空间，然后用移动式蒸气管或固定式蒸气管按要求喷出蒸汽，通过对流传热给加压段集成材加热；热空气法是使空气通过固定的加热器加热后，再加热加压的集成材；使其加热升温。

辐射法是利用一系列发热灯管照射被加压集成材侧面胶缝，使其加热升温。虽然辐射波有一定穿透力，但深度仍很小。集成材板坯的内部温度升高，仅借板坯表面和内部温度差产生的热扩散，因而加温时间也很长。

高频加热法是借集成材板坯在高频交变的电场下使板坯内极性分子振荡、相互间产生摩擦热的内部加热法，因而升温较快，可大大缩短胶黏剂固化时间。但必须有一套高频加热装置。

10. 后期加工

集成材胶压完后，要经过下列工序：表面和四边刨光；端头截去；表面嵌填和修补；表面砂光，刷防水涂料和打印包装入库。这些工序可根据合同规定、等级而调整。

参考文献

[1] Forest Service, Agricuture Handbook 72, Wood Handbook: Wood as an Engingering Material-Chapter 10 Glued Structural Members.1987
[2] Canadian Wood Constiuction,1979
[3] Губенко А. б., Изгстовленые Клееных Деревниных констру к ι ийГослебумиздАТ,1957

单板层积材

单板层积材(Laminated Veneer Lumber，简称LVL)是把木材加工成较厚的单板，经干燥、施胶、顺纹组坯，层积胶合而制得的一种结构材料。由于基本为顺纹组坯，故又称平行胶合板。因为近似胶合木的性能，故也称为单板胶合木。其制造方法与胶合板非常相似。

该制品有如下优点：LVL可利用小径木、弯曲木、短原木生产，出材率可达60%～70%；由于单板可纵向接长，因此制品长度不受限制；生产周期短，可实现连续化生产；原木旋切成单板，可分散、错开接头，降低对强度的影响，因此，LVL强度均匀，尺寸稳定性好；可根据制品用途进行单板组坯，亦可很方便地对单板进行处理，使制品具有防腐、防虫、防火等性能。不足之处：制品的成本取决于胶黏剂的种类和用量；制品主要使用厚单板，厚单板的背面裂隙较为严重，会影响材质，造成强度的降低。

LVL具有美丽的木材纹理，强度均匀，尺寸稳定，耐久性好，不需干燥，规格尺寸范围广等性能优势。其用途可分为三类：木建筑中结构材；家具、门窗、内外装修材；工业用材。表13-1系LVL的用途及相应的性能要求。

表13-1 LVL的用途及相应的性能

应用范围	强度① 大	强度① 中	强度① 小	装饰性	尺寸稳定性	耐久性	耐候性	表面加工性	高档次加工性	材料尺寸② 层积厚	材料尺寸② 板材长(cm)
建材	※	※			○	○		○			长尺寸
地板		※			○						365左右
框架材			※		○						365左右
家具		○		※	※	△		※	※	厚	181左右
门				※	△	○		○		厚	
窗				※	△			○		厚	365、181
装饰材		○		※	△	△		○		厚	271～365
地板		○		○	○	※		○	※	厚	181
窗框		○		※	※		※	△	※	中	181～365
车厢	※				○		※				长尺寸
枕木	※				○		※		△	中	
脚手架	※				○				△		长尺寸
托板		※			○				△		
模板		※			○		○		△		

注：※特别重要；○重要；△一般

① 大：针叶锯材上等以上；中：容许应力强度范围；小：容许应力强度以下
  车厢 σ_b=90MPa
  脚手架 σ_b=65MPa $\}$ 基准值

② 必要尺寸范围或最小尺寸：厚：30cm以上；中：10～20cm

目前LVL的产量和制品的种类尚少，并无统一分类方法。根据结构形式，LVL有全顺纹结构：由数层至数十层单板，全部按木材顺纹方向平行堆积压制成板，这是LVL的主要结构形式。混合结构：在顺纹单板板坯中，有几层木材纹理相垂直的单板，目的是提高LVL的纵向强度。

根据制造LVL的树种可分为针叶材LVL和阔叶材LVL。针叶材LVL的树种主要有铁杉、花旗松、辐射松、落叶松、柳杉、白松等。阔叶材LVL主要有柳桉、阿必东、椴木、桦木、榆木、水青冈等。

根据是否承重可分为结构用及非结构用LVL。结构用LVL分特级、1级和2级，厚度要求大于25mm，宽度300~1200mm，长度根据需要而定；非结构用LVL厚度为9~50mm，宽度300~1200mm，长度1800~4500mm。

另外，LVL还可根据单板的切削方法分为刨切和旋切；按使用场合分室内用和室外用；按用途可分为室内装修用和作结构材用等。

13.1 单板层积材的性能

单板层积材（LVL）大部分作为方材使用，因此对其质量要求主要是尺寸稳定性、耐久性、强度性能等。

13.1.1 尺寸稳定性与耐久性

1. 尺寸稳定性

与锯材的变形和开裂相比较，LVL的尺寸稳定性非常出色。表13-2为1.5mm厚的旋切单板覆面，由脲醛树脂制成日本椴木LVL，由表中得知：多层层积、涂胶量少的LVL变形较小。

2. 耐久性

为了考证LVL的耐久性，有人对LVL和层积木进行加速老化对比试验，试验结果胶层破坏最小。在老化试验前，LVL的剪切强度比原木低得多，但加速老化试验后，两者差别就不太明显。这可能是旋切单板的暴露表面是弦切面，当胶合时，各层类似于年轮方向，应力相对自由；然而，成材胶合时，年轮方向很可能反向配置，受潮后，膨胀引起的各层间不同运动，造成层积木的严重分裂。为提高LVL的耐久性，可对其涂饰，特别是进行端部处理。

13.1.2 强度性能

LVL作为木质结构材料，强度性能对其应用有很大影响。虽然LVL某些性能不如成材，但其加工过程可使原木本身的缺陷（节子、裂缝、腐朽等）均匀分布于制品中，平均性能优于成材。此外，LVL的强度性能变异小、均一，因而它的许用应力值较高，而成材做木结构时，由于其机械性质变异系数大，设计时必须采用下限值，造成材料浪费，表13-3为红桦木及其LVL的机械力学性能。

1. 静曲强度、弹性模量和抗拉强度

LVL在作桁架中的拉伸桁弦和工字梁翼缘使用时，抗拉强度是个重要的指标，表13-4列出的不同树种、等级、单板厚度制成LVL后的三项强度指标和变异系数。

LVL做结构材时，将受到纵向或横向压缩，如柱材、底材等，而LVL的纵压强度最具特征，不论是心材LVL，边材LVL，还是混合材LVL，它们之间无明显差别，而且比成材高。一般木材的纵压强度比静曲强度、拉伸强度都低，而LVL却不那么显著，说明LVL的压缩强度性能比较均一。但LVL的纵压弹性模量比弯曲弹性模量和纵拉弹性模量均有所降低。

2. 胶合强度和抗剪强度

通常木材抗剪强度较低，这是木材作为结构材料的一大弱点，然而，通过对LVL水平剪切试验(表13-5)发现，边材LVL与芯材LVL结果很接近；层积面的剪切强度略大于胶层面，纤维方向的剪切强度与成材相同，但在垂直纤维方向上要比其他方向的小得多，这是由于单板背面裂隙影响所造成的。

表13-2 LVL的变形

树 种	日本椴木						真 桦					
层积数	3			5			3			5		
热压压力(MPa)	4	6	8	4	6	8	4	6	8	4	6	8
涂胶量 (g/30cm^2) 19	小	中	大	/	/	/	小	大	大	/	/	小
24	小	中	大	/	/	/	小	大	大	中	/	小
20	中	中	大	小	小	小	大	大	大	大	中	中

表13-3 红桦木及其LVL的机械力学性能

项 目	单 位	红桦木	红桦木LVL	备 注
密 度	g/cm^3	0.627	0.67	层积材由七层1.6mm厚旋切单板组成，采用酚醛树脂胶膜，压力为1.18MPa，含水率为9%~10%
顺纹抗拉极限强度	MPa	119.27	152.29	
顺纹压力极限强度	MPa	44.0	67.23	
静曲极限强度	MPa	99.37	139.94	
静曲弹性模量	GPa	9.60	15.78	

表 13-4 LVL 强度性能

试件尺寸(mm)	单板接合	树种	单板厚度(mm)	材料等级	MOR(MPa) 平行 X	MOR(MPa) 平行 CV	MOR(MPa) 垂直 X	MOR(MPa) 垂直 CV	MOE(GPa) 平行	MOE(GPa) 垂直	抗拉强度(MPa) X	抗拉强度(MPa) CV
37.5×87.5	无	花旗松	6.25	无选择	60.7	3.0	71.4	1.1	16.9	17.9	42.2	1.7
				低级	59.5	2.9	59.2	1.2	15.6	15.8	38.7	1.5
				中级	55.2	1.9	66.9	1.3	17.2	17.4	42.7	1.7
				高级	63.7	1.4	73.1	1.2	19.7	19.6	47.1	1.1
37.5×57.5	搭接	花旗松	3.13~2.15	C级-D级	80.3	1.1	/	/	16.4	16.2	45.2	1.2
37.5×87.5	对接	南方松	6.25	混合	/	/	65.4	2.0	/	13.4	/	/

注：CV 为变异系数(%)；MOE 为弹性模量

表 13-5 LVL 的胶合强度和抗剪强度

树种(切削方法)	柳桉(旋切)	落叶松(旋切)	落叶松(刨切)	柳桉(旋切)	娑罗双(旋切)	落叶松(旋切)	落叶松(刨切)
胶黏剂	酚醛	酚醛	间苯二酚	酚醛	酚醛	酚醛	间苯二酚
含水率(%)	10.0	10.0	8.2	10.0	8.0	10.0	8.0
密度(g/cm³)	0.62	0.50	0.52	0.60	0.53	0.50	0.52
单板厚(mm)	4.2	4.0	6、10、14	5.8	4.2	4.0	6、10、14
层积数(层)	2	2	2	18	9	8	9、5、4
试件厚(mm)	8.2	8.0	12、20、28	104	37	32	54、50、56
条件	常态 沸煮	常态 沸煮	常态 沸煮	常态 沸煮	常态	常态 沸煮	常态
加力层	胶层	胶层	胶层	胶层	弦面 径面	胶层	弦面 径面
胶合强度或抗剪强度(MPa)	5.1 3.4	5.1 3.6	5.4 3.5	8.8 5.7	9.0 7.0	8.4 4.1	12.5 12.9
范围(MPa)	2.8~5.5 / 2.7~4.5	3.3~6.8 / 2.6~4.5	3.1~6.7 / 2.6~4.0	6.5~11.5 / 4.4~7.1	5.9~12.4 / 5.2~8.3	4.8~11.9 / 2.8~5.6	9.6~15.0 / 8.1~15.1
试验法	拉伸 剪切 剪切	拉伸 剪切 剪切	拉伸 剪切 剪切	木块剪切	木块剪切	木块剪切	木块剪切

由于受单板背面裂隙等的影响，LVL 的胶合和剪切性能比层积木和成材要差。表 13-5 列出了类似胶合板的拉伸型和类似层积木的压缩型的胶合强度试验与剪切强度试验的结果。

由上表可看出：拉伸型胶合强度是压缩型剪切强度的 1/2 左右，煮沸处理后将进一步降低 10%~30%。虽然 LVL 剪切强度较低，但许用设计值超过了原木本身。

表 13-6 为原苏联落叶松制材与 LVL 的静曲强度(MOR)和许用应力的比较。

从表中可看出：LVL 的 MOR 已接近无节材，而且变异性小，其许用应力远远超过有节材及混合材，而接近无节材。使木材强度得到充分利用。

3. 握钉性能

LVL 的握钉性能参见表 13-7。由表得知，钉子直径小时，LVL 因单板背面裂隙的影响，握钉力小，弦切面的握钉力比径切面的小；但钉子直径大时，几乎不存在和成材握钉力的

表 13-6 落叶松制材与 LVL 性能比较

	锯材		LVL	
	MOR (MPa)	许用应力 (MPa)	MOR (MPa)	许用应力 (MPa)
无节材	62.0(11.2)	19.3	52.1(8.7)	16.5
有节材	33.7(12.8)	3.9		
混合材	49.2(18.9)	5.4		

注：( )内为标准偏差

差别。此外，LVL 因钉钉而产生开裂的几率要高得多，即使用小直径的钉子，产生开裂的几率也很高。

13.1.3 阻燃性

LVL 大量用在建筑领域的建材上，有些是明文规定必须具备一定的防火性能。一般结构用 LVL 制造时都采用酚醛树脂，该胶种有较好阻燃性。以下试验说明 LVL 的阻燃性

表13-7 LVL的握钉性能

钉子直径 (mm)	钉入长度 (mm)	握钉力(N)				开裂*			
		柳桉LVL		娑罗双成材		柳桉LVL		娑罗双成材	
		弦切面	径切面	弦切面	径切面	弦切面	径切面	弦切面	径切面
1.8	22	12	17	22	19	−	−	−	−
2.2	22	22	20			−	−	−	−
2.4	34	24	24	34	41	+	−	−	−
2.8	34	43	31			+	+	−	−
3.1	34	36	34	36	36	+	+	+	+

注：* 在5cm × 4.2cm，厚1.4cm的板中央钉钉子时，裂两个的表示(+)，不裂的表示(−)

表13-8 LVL梁燃烧试验结果

燃烧时间(min)	木材表面温度(℃)	梁的表面状况及变形量(最大挠度)	
		LVL梁	钢梁
5	538	燃烧剧烈	无明显变化
10	705	继续燃烧	热胀变形
15	760	表面炭化，变形量25.4mm	变形量达216mm
20	795	变形量50.8mm	温度693℃，开始熔化，变形量305mm，此后挠度平均按63.5mm/min增加，因熔化而塌陷
25	821	仍未塌陷	
30	843		

表13-9 一般用LVL表面质量的JAS标准

项目	基准	
	一等	二等
活节或死节	< φ 10mm	/
脱落节或孔	无，但可以修补	脱落的部分或孔 < φ 10mm，但超过此值时，还可修补
夹皮、树脂囊或裂纹	长径 < 15mm	不显著
腐朽	无	无
开口裂纹、离缝或破损	无，但可以修补	长度 < 20% 材长，宽度 < 1.5mm，且不 > 2个
横向开裂	无	无
其他缺陷	极轻微	极轻微

表13-10 装饰用一般LVL表面质量的JAS标准

项目	标准
天然木材的美观(只限用于实木装饰)	木材特有纹理美感
涂饰状态(只限于涂饰加工)	良好
节、树瘤痕、夹皮或变色	突出木材材质特有的性状，在赋予其特征时，数量、大小、程度、位置等要调配好。另外，φ < 10mm
虫眼	无
腐朽	无
开裂、横向裂缝、逆纹、碎屑或脏污	极轻微
树脂道或树脂囊	轻微
修补	修整得较好
沟槽及其他加工	整齐，良好
其他缺陷	极轻微

能。将宽为17.78cm，厚度为53.34cm的LVL梁和等强度工字钢梁，简单支撑于煤气燃烧窑中进行燃烧试验。其上各负重1.915kPa(相当于屋顶的承重负荷)的均布负荷。燃烧时自动记录梁的最大挠度和温度，同时记录燃烧时间，试验结果如表13-8所示。

燃烧试验进行30min后，LVL梁表面木炭层厚为19.1mm，烧去25%，仍有75%的木质保存，由此说明LVL梁阻燃抗火性能优于钢材；必要时单板进行阻燃处理，可使LVL达到难燃级水平。

13.1.4 LVL的JAS标准

日本于1978年制订了一般用LVL的JAS标准，1986年9月20日进行修订；1988年制订了结构用LVL标准，并于1991年12月27日进行了修订。在两个标准中对LVL的外观均有明确的要求，如活节、死节、脱落节、夹皮、树脂囊、腐朽、裂纹、虫孔等缺陷均有规定，分别参见表13-9、表13-10和对制造结构用LVL的单板要求(表13-11)。

LVL的厚度是指单板层积方向的高度，其宽度是指表板或背板短边的长度，日本JAS标准对LVL规格尺寸及其偏差见表13-12。

JAS标准对LVL的物理力学性能都作了详细的规定。一般用LVL主要对含水率、胶合强度(用浸渍剥离试验)、对温度变化的耐候性(仅限表面装饰加工过的，采用冷热反复试验)等有相应规定。含水率要求 < 14%。胶合强度测定是将试件截成边长75mm的正方形，放在70 ± 3℃的温水中浸泡2h，在60 ± 3℃的恒温箱中干燥至试样含水率小于8%，测定试件胶层的剥离长度，要求同一侧面剥离长度应小于1/3。耐候性测定是边长150mm正方形试块固定在金属框中，在80 ± 3℃的恒温箱中放置2h，然后移至 − 20 ± 3℃的恒温箱中放置2h；以上过程反复2次后，试件置于室温，观察试样表面有无产生开裂、鼓泡、皱纹、变色、凹凸及尺寸变化等现象，如若不明显，则为合格。

结构用LVL物理力学性能测试方法及标准见表13-13。

结构LVL胶合强度，采用煮沸剥离法测定，它是将75mm×75mm的试件放入沸水中煮5h，然后在常温水中浸渍1h，再在63±3℃条件下干燥24h，观测胶层的剥离程度。试件四个侧面剥离率应小于10%，同一胶层的剥离长度应小于该胶层长度1/3(长度小于3mm除外)。胶层的胶合强度还需测定水平剪切强度，试件分两种，一种为载荷方向平行单板层积方向的，试件宽度40mm，长度为试件厚度6倍的长方体；另一种为载荷方向垂直于单板层积方向的，试件宽度与试件厚度相等，试材长度为试件厚度的6倍，但若试件厚度超过40mm时，则通过加工保留中间层，使试件厚度为40mm；按图13-1所示，测定最大载荷，并按下式计算水平剪切强度。

$$水平剪切强度 = \frac{3P_b}{3bh}$$

式中：P_b——最大载荷，N

b——试件的宽度(当载荷⊥层积方向时，为试件的厚度)，m

h——试件的厚度(当载荷方向⊥层积方向时，为试件的宽度)，m

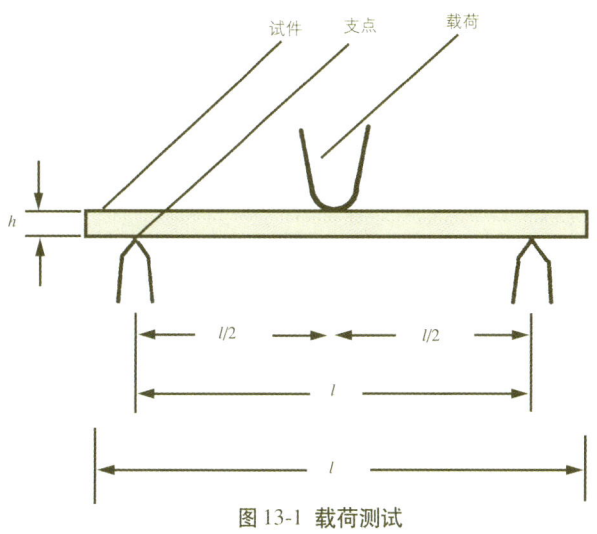

图13-1 载荷测试

表13-11 结构用LVL单板质量的JAS标准

项目	标准
活节、死节、脱落节或孔	宽度方向的 ϕ < 75mm
修补单板	宽度方向的 ϕ < 100mm
夹皮、树脂囊、树瘤或破裂	不妨碍应用
腐朽	无
开口裂缝 (包括破损或离缝)	①从板面长度方向的利用线到25mm以内的部分，宽度<6mm； ②除①以外的部位： （a）从板面宽度方向的利用线到相距200mm宽度内小于25mm裂缝，并且前端狭窄 （b）从板面宽度方向的利用线到200mm内的部分，宽度<75mm裂纹
横向开裂	极轻微
虫眼	不妨碍应用
其他缺陷	不显著

表13-12 LVL规格尺寸及偏差要求

项目		一般用LVL	结构用LVL
规格(mm)	长度	1800~4500	不限
	宽度	300~1200	300~1200
	厚度	9~50	>25
尺寸偏差 (mm)	厚度 ≤20	±0.3	厚度×7%， 但不得超过3mm
	厚度 >20, ≤40	±0.4	
	厚度 >40	±0.5	
	宽度 ≤20	±0.3	±1.5mm
	宽度 >20, ≤40	±0.4	
	宽度 >40	±0.5	
长度		A	不允许负偏差，正偏差不限

表13-13 结构用LVL标准

序号	项目	特等	一等	二等
1	含水率	≤14%		
2	胶合强度	煮沸剥离强度试验，减压加压试验或水平剪切试验		
3	弯曲性能	符合特等弯曲试验	符合一等弯曲试验	符合二等弯曲试验
4	单板质量	符合表13-11中单板质量标准		
5	单板层积数(层)(当用⊥相交单板时，最外层单板除外)	≥12	≥9	≥6
6	相邻单板长度方向接合部位的间隔	在相邻层单板中，单板胶接间隔应大于30倍单板厚度 (当单板厚度不同时，以最小单板厚度计算，下同)		
7	同一横断面上单板长度方向接合部的间隔	除⊥相交单板外，相隔 6层	除⊥相胶单板外，相隔 4层	除⊥相交单板外，相隔 2层
9	材料	酚醛胶或与其性能相同的胶		
10	翘曲或扭曲	极轻微		
11	尺寸及其偏差	见表13-12		

水平剪切强度和剪切容许应力的要求见表13-14。

LVL弯曲性能的测试，试样同样有两种取法：一种是载荷平行于层积方向，试样宽度为90mm，长度为23倍试样厚度的长方体；另一种是载荷垂直于层积方向，试样宽度与试件等厚，长度为23倍试样厚度的长方体。

测试方法见图13-2。

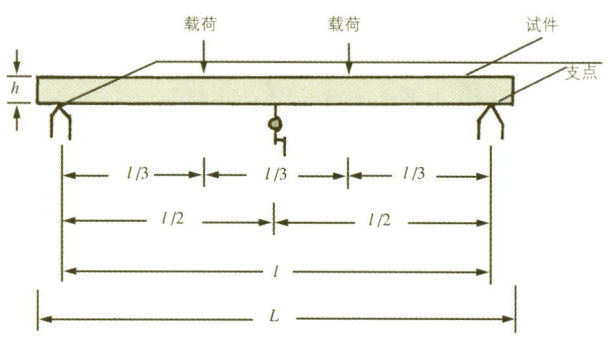

图13-2 MOR和MOE的测试方法

测定在比例极限内，上限载荷和下限载荷的对应挠度和最大载荷，按下式计算静曲强度(MOR)和弹性模量(MOE)：

$$MOR = \frac{P_b l}{bh^3}$$

$$MOE = \frac{23 \triangle P l^2}{108 b h^3 \triangle y}$$

式中：P_b——最大载荷，N

l——跨距，m

b——试样宽度(载荷垂直于层积方向时，为试样的厚度)，m

h——试样的厚度(载荷垂直于层积方向时，为试样的宽度)，m

$\triangle P$——比例极限内上、下限载荷差，N

$\triangle y$——上下限载荷对应的挠度差，m

LVL的JAS对弯曲性能的要求见表13-15。

结构用LVL的容许应力见表13-16。

13.2 单板层积材生产工艺及设备

13.2.1 工艺流程

单板层积材(LVL)的工艺流程与胶合板生产相类似，但每道工序的具体工艺要求与胶合板又有很大的差别。本文介绍几个具有代表性流程。图13-3为单板热板干燥——连续压制工艺流程。首先将原木经蒸煮池浸渍加温，接着由旋切机旋切成较厚的单板，经剪切机剪裁后，单板被送入多层热板干燥机干燥，至含水率5%～6%，接着放入100℃左右保温室中贮存待用；再接着在热单板上涂胶，通常为间苯二酚树脂，涂胶单板经拼接、组坯后，直接送入连续压机冷压。加压时间的长短随单板预热温度高低和胶种而异。压制成的LVL毛板再经纵横锯边机将其裁成一定规格的制品，最后由堆板机堆置。本工艺生产线，从单板旋切到加工成制品，总需时间约为20～30min。

表13-14 水平剪切强度及剪切容许应力(MPa)

水平剪切性能等级	水平剪切强度		容许应力	
	平行胶层受载	垂直胶层受载	长期载荷	短期载荷
65V-55H	6.5	5.5	1.3	相应长期载荷的2倍
60V-51H	6.0	5.1	1.2	
55V-47H	5.5	4.7	1.1	
50V-43H	5.0	4.3	1.0	
45V-38H	4.5	3.8	0.9	
40V-34H	4.0	3.4	0.8	
35V-30H	3.5	3.0	0.7	

表13-15 MOE和MOR的标准要求

弯曲弹性模量等级	MOE(GPa)		MOR(MPa)		
	平均值	最低值	特级	1级	2级
180E	18.0	15.5	67.5	58.0	48.5
160E	16.0	14.0	60.0	51.5	43.0
140E	14.0	12.0	52.5	45.0	37.5
120E	12.0	10.5	45.0	38.5	32.0
100E	10.0	8.5	37.5	32.0	27.0
80E	8.0	7.0	30.0	25.5	21.5

表13-16 结构用LVL承载后的容许应力(MPa)

MOE等级	分等	长期载荷对LVL的容许应力			短期负载容许应力压缩		
		压缩	拉伸	弯曲	压缩	拉伸	弯曲
180E	特	155	120	195			
	1	150	100	170			
	2	140	85	140			
160E	特	140	105	175			
	1	135	90	150			
	2	125	75	125			
140E	特	120	90	155	为相应长期载荷容许应力的2倍		
	1	120	80	130			
	2	110	65	110			
120E	特	105	85	130			
	1	100	65	95			
	2	95	55	95			
100E	特	85	80	110			
	1	80	55	95			
	2	55	45	80			
80E	特	70	50	85			
	1	65	45	75			
	2	65	40	65			

上述工艺流程中，若将多层热板干燥机改为连续热板干燥机，则可省去保温室，干燥后的干热单板直接经涂胶机送入连续单板组合机组坯，整个生产线快速、顺畅，干燥温度可适当提高，也不会产生胶料提前固化，而且可缩短酚醛树脂的压制时间。

下面介绍与上述单板胶合不同的一种制备流程，图13-4为利用该法将6张单板层积胶合制备6层LVL的加工过程。首先将两张单板辊压胶合，胶固化后，再在其两面各胶合一张单板，因一次胶合后，板内部已有一定温度，因此胶料固化速度快，接着再胶合外面两张单板，胶合层可充分固化。若厚度为0.9mm六层单板板坯一次压制，热压温度180℃，各层胶料完全固化所需热压时间为20min左右；然而，当采用上述三步压制时，则仅需6min左右。

日本北海道林产试验所的LVL制造流程见图13-5。该系统较为完整，下面基本按此流程分工序讲述。

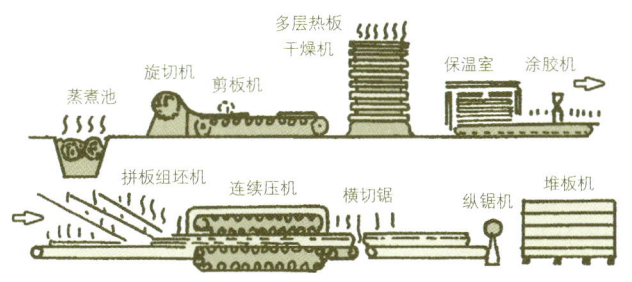

图13-3 热板干燥——连续压制LVL的工艺流程

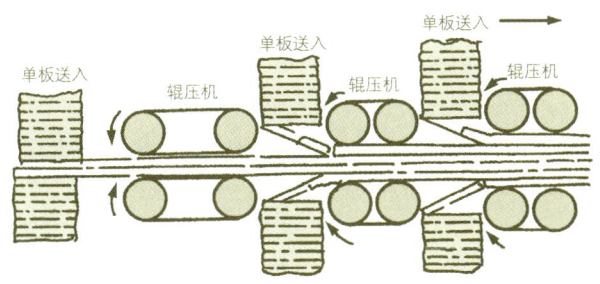

图13-4 LVL分段加热加压法的原理

13.2.2 主要生产工序

1. 备料和预处理

制造LVL原料多以中小径级、低等级的针、阔叶材为主，径级一般为8～24cm。如在日本以落叶松为主，美国主要用俄勒冈松，我国主要研究开发了速生人工林材种有意杨、速生杉木，由上述材种制造的LVL均具有良好的物理性能，与其天然生长的相应树种的成材等级性能接近，甚至还要好一些。

为获得高质量的单板，提高单板的出材率，原木需经锯截、热处理、剥皮和定中心等一系列和胶合板生产相类似的工序。

原木的锯截不仅是满足旋切机所需的木段长度，而且要注意到木材的合理利用。

考虑到单板质量和对刀具的影响，使用针叶材和高容重的阔叶材，如落叶松、速生杉木等材种时，则需要对原木进行蒸煮或浸渍等处理，使木段软化，增加其可塑性。

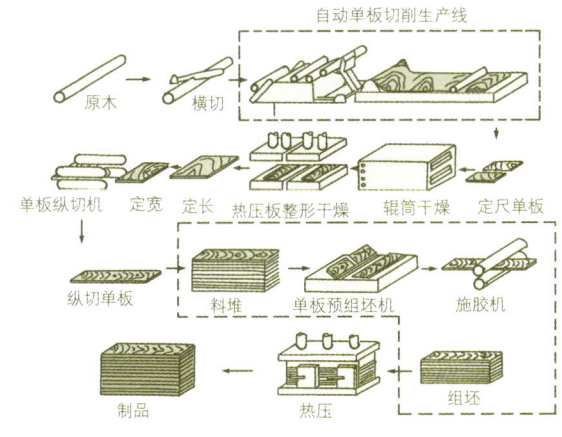

图13-5 LVL生产工艺流程

单板在木段上原为圆弧形，旋切时被拉平，并相继反向弯曲，结果产生压应力，背面产生拉应力。单板厚度越大，木段直径越小，则这种应力越大。当拉应力大于木材横纹抗拉强度时，背面形成裂缝，降低单板强度，造成单板表面粗糙。因此，一般采用控制和降低木材弹性模量的办法，如提高木材的本身的温度和增加含水率，使弹性变形减小，塑性变形增加。另外原木的水热处理，又可使节子硬度下降，旋刀损伤减小，同时还可使部分树脂与浸提物去除，因而有利于单板的干燥和胶合。原木水热处理，同胶合板制造类同。

由于木段并不是标准的圆柱体，所以在正式旋切之前，还必须将木段进行旋圆处理，以保证旋切时获得连续的带状单板。木段旋圆后，应准确选定木段在旋切机上的回转中心，保证单板的最大获得率。圆木定中心，通常有机械、激光以及人工等方法。

2. 单板制造

单板制造是生产LVL的一个重要工序，单板质量直接关系到成品性能。日本有关学者曾研究，通过改变旋切条件，如倾角、切削量等，观察对单板质量的影响，发现在80°倾角切削单板时，背面裂隙要比50°倾角的少，且前者制取单板加工LVL的MOE较大。由于原木有早晚材、心边材之分，在株间又有成熟材和幼龄材之分，同时加工成单板，将其混合使用时，因为其材质不同，不仅单板质量不同，同时会造成制品材性的不均匀、不稳定，影响其强度性能。例如，意杨原木，心材含水率为50%～70%，在干燥、压制时，由压力造成的单板压溃程度较轻；相反，边材含水率高达130%～150%，单板加工时压溃现象则较为严重。对成品板质量带来不利的影响。另外，人工速生材，幼龄材占的比例较大，幼龄材本身材质较差，比如我国南方速生杉木，节子多、材性极脆，单板质量不够理想。有学者做过仅含心材、仅含边材及心边材适当比例混合的三种LVL试验，通过强度性能测定发现，仅含边材的LVL，其弯曲强度和抗拉强度均好于其他两种情况，混合材LVL又优于仅含心材的LVL。下面为一试验实例，由于组成LVL边、心材单板比例不同，产生对LVL强度性能的影响(表13-17)。

由表13-17中看出，因为木材的边材与心材存在着固有的质量差异，所以用边材、心材单板制取LVL的弯曲强度有较大的不同，边材制得LVL的MOR是心材的1.7倍，MOE为1.3倍。因此，在工业生产中应注意合理搭配。

由于边、芯材单板的质量，直接关系到LVL的性能，所以应重视边材单板率，边材的单板率除与原木径级、原木质量有直接关系外，还与平均单板厚度也有显著影响(图13-6)。

由图中可看出边材出板率提高，单板厚度则应减小，呈负相关性。在图示条件下，边材单板的平均厚度应小于3.7mm，并与加工的LVL性能有重大影响。试验结果平均单板厚度与MOR的回归方程为：$y=-782x+3287$，相关系数$(r)=-0.878$；平均单板厚度与MOE的回归方程$y=-118x+551$，相关系数$(r)=-0.909$，边材单板率大于75%，单板厚小于3.7mm，当边材单板率在25%～75%之间时，单板厚为3.7～3.8mm；若材质差，边材单板率小于25%，单板厚度大于3.8mm。平均单板厚度增加，LVL的MOR、MOE性能出现负相关性，即不断降低，所以应根据对LVL弯曲强度要求考虑单板厚度和出板率。

表13-17 边、心材单板混合比对LVL弯曲强度性能的影响

混合比 (边材:心材)	指标	平均值 ($\bar{x}$)	标准偏差 (S)	变异系数 (%)
1.0:0	MOR	467	42	8.9
	MOE	123	5.1	4.3
	密度	0.55		
0.7:0.3	MOR	357	21	6.6
	MOE	108	2.3	2.2
	密度	0.53		
0.5:0.5	MOR	334	25	8.3
	MOE	115	2.1	2.1
	密度	0.55		
0.3:0.7	MOR	298	11	4.2
	MOE	92	3.4	3.8
	密度	0.52		
0:1.0	MOR	272	27	10.1
	MOE	96	4.7	5.1
	密度	0.53		

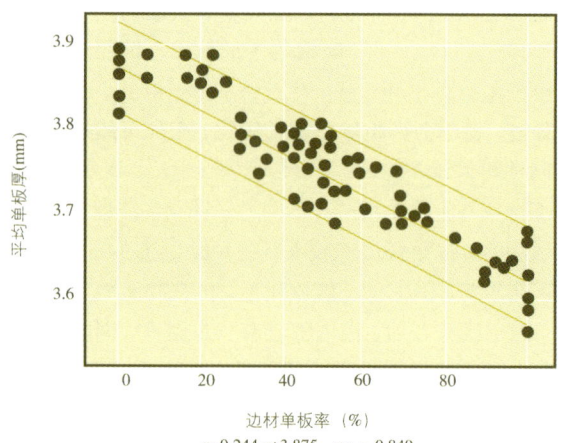

图13-6 边材单板率与平均单板厚度的关系
$y=0.244x+3.875$，$r=-0.849$

上述旋切单板厚度的选择，是很重要的，它直接关系到产品的成本和性能。一般以尽可能减少胶合层数，确保单板质量与干燥速率等为原则。鉴于目前对开发LVL制品利用的目的：一是降低成本，考虑主要是利用低等级小径原木，切削出厚单板(厚度在6～12mm)；二是制造高性能材料，将成本问题则放置第二位，因此生产厚度较小(4～6mm)的长尺寸单板。因为单板越薄，层数越多，木材的缺陷及纵向接缝的分散性越好，LVL的强度则高，制品的变异性小；反之单板越厚，层数越小，强度均匀性差，强度随之降低，因此作为结构用LVL，单板厚度应取下限值。由于目前多使用小径木，为提高出材率，又不过分影响单板质量，厚度一般控制在4mm左右。

据有关资料介绍，原木经热处理后旋切的单板，对防止单板背面裂隙和表面粗糙有显著效果。旋切时又以采用辊柱压尺代替普通固定压尺，适当施加压力，可使单板背面裂隙减轻，但应注意防止厚度偏差加剧和表面割裂的产生。如果条件控制适当，甚至可使单板厚度达25mm。此类压缩率通常控制在单板厚度的1/10左右。

原木旋切时，切削速度对单板质量特别是单板背面裂隙有一定的影响。切削速度低，背面裂隙较少，随切削速度的增加，裂隙程度相应增大；因考虑到实际生产时，切削速度又不能太低，所以，一般旋切单板的背面裂隙率在30%～80%。

图13-7为柳杉材与其加工LVL试件的MOE与l/h的关系曲线(l：跨距长，h：试片厚)。由图中可看出，LVL的MOE随l/h变小的降低要比柳杉材显著，这可能就是因为LVL单板的背面裂隙所产生挠曲的增大，造成MOE的减小。

由图13-8中LVL的水平试样(胶合层与载荷方向垂直者)和垂直试样(胶合层与载荷方向平行者)的弯曲(a)和剪切破坏(b)，结合图13-6可看出LVL水平弯曲的MOE较垂直弯曲的MOE要高，在(b)表示的剪切破坏中，水平试样的剪断在中心胶层处，而此胶合层为两张单板背面裂隙相互接触部,裂缝相连结而成很深的割裂;垂直试样是中间部分的裂隙成横向传递,而发生剪切破坏。所以单板的背面裂隙对LVL的剪切强度影响是很大的。另外,对握钉力影响也很显著,所以在LVL制造中,如何提高单板旋切质量,减轻单板背面裂隙,对保证制品质量是至关重要的。

3. 单板干燥

旋切后的单板含水率较高,不能满足胶合工艺的要求,必须进行干燥。在影响LVL生产能力的因素中,单板干燥是最重要的工序之一,一般对干燥的要求是在不影响单板质量的前提下,有较高的生产能力。

单板干燥的终含水率与干燥时间、干燥方式、胶合质量以及单板质量有关。由于LVL的单板厚度比胶合板的厚得多,如果完全采用胶合板生产中的辊筒干燥或网带干燥,不仅达不到干燥质量的要求,而且周期很长。单板干燥采用喷气式干燥是可以的,但当单板厚度过大时,干燥慢、易开裂,而且干缩大,因此,在美国、日本等国多采用热板式整形干燥,既保证干燥效果,又能减少单板的干缩和损耗,而且提高单板的平整度。表13-18所列是单板厚度相同的情况下,采用两种不同干燥方式,干燥所需时间和最终单板含水率的比较。从表中可看出,采用热板干燥可在较短时间内使单板达到要求的含水率。

在LVL生产的原料中特别是幼龄材、心材加工所得的单板,干燥时的破裂、弯曲、溃陷等缺陷,对后续工序的自动化操作造成一定障碍,采用热板干燥对防止单板上述缺陷有显著的效果,并可提高单板干燥效率。但整个干燥过程中,都用热板干燥,则会造成设备投资较大,所以仅在易产生弯曲的后半段使用,在前段干燥中,可用辊筒干燥机或网带式干燥机,通常认为较为理想的还是辊筒干燥作为预干燥,将单板含水率降至25%~30%,再由热板干燥,使单板含水率达5%左右。热板干燥时,为使水蒸汽顺利排除,应在干燥期间多次打开压板,或在热板与单板间放置排气垫网,以利水汽排出。

一般热板干燥条件:单位压力不超过350kPa,温度可高达200℃以上,干燥时间视单板初、终含水率和单板厚度而定。如11mm厚单板,在150℃下干燥,单板含水率从105%干燥至3.4%,仅需7min。现推荐美国林产品研究所热压板单板干燥时间的计算公式:

$$t = \frac{M_0(209 - 116.1M^{0.1238})d^{1.429}}{T - 181.8}$$

式中:M_0、M——分别为单板初、终含水率,%

d——单板厚度,in (1in=2.54cm)

T——压板温度°F,(1°F=0.55655℃)

表13-18 喷气式干燥和热板干燥的比较

干燥方法	单板厚度(mm)			
	4.5		9.0	
	干燥时间(min)	终含水率(%)	干燥时间(min)	终含水率(%)
喷气式干燥	10	21.6	50	20.6
热板干燥	9	2.2	26	5.4

从上式中可看出:干燥时间与单板厚度的1.4次方成正比,因此在干燥同体积材料时,若单板厚度较薄时,干燥效率较高。

热压板干燥时,因单板表面直接与高温金属热板接触,水分能快速被去除,但可能会随材质降低影响胶合性能。

此外,干燥后的单板,在吸湿后还会产生膨胀,辊筒干燥的单板,吸湿后其厚度方向与宽度方向大致相同,但热板干燥的单板,宽度方向会显著减少,说明这种干燥形成永久变形。关于热板干燥压力大小的控制,一般当压力较大时,干燥速度可提高;但压力加大,单板厚度压缩率亦会增加。以南方松为例,压力在0.3~0.4MPa时,对单板厚度减少影响不显著,当压力超过0.5MPa时,则变化显著。

4. 干单板加工

制造LVL通常使用厚单板,因而通常采用辊筒式、网带式和热板式等几种类型干燥机,迫使对湿单板采用先剪切

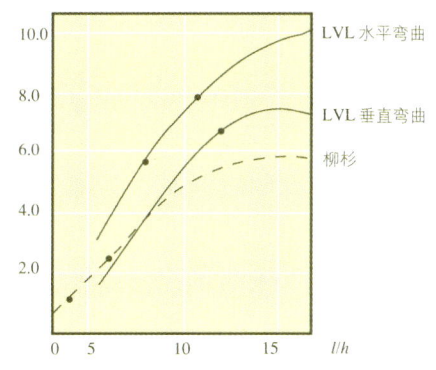

图13-7 MOE与l/h的关系

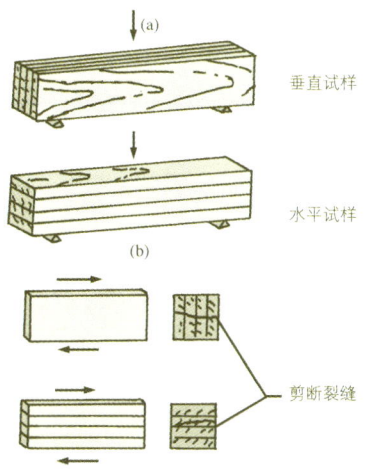

图13-8 (a)垂直水与平弯曲 (b)剪切破坏

后干燥的工艺流程。干燥后的干单板经纵横齐边处理。

生产LVL的原料多为小径级材,为提高出材率,通常加工成4英尺*长的单板,所以单板必须纵向接长。单板接长目前主要有对接、斜面搭接和指接等几种,不同的接合方式及接头的不同分布,都对产品性能有不同程度的影响。图13-9为单板的几种接合形式。

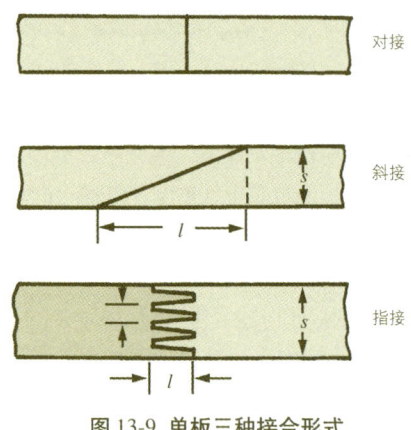

图13-9 单板三种接合形式

对接的接合面是端面,所以又称端接,对接接合时一般不用胶。在单板厚度大于2.5mm时,对接接缝为5mm,各层单板接缝错开对强度影响不大;但单板厚度小于2.5mm时,要求缝隙小于5mm,操作就比较困难。相对而言,对接接合生产操作比较简单。

如图13-9所示,为达到一定胶合强度,斜接的斜面长度与单板厚度,应达到一定倍数关系,通常用斜率表示,斜率:

$$i = tg\alpha = \frac{d}{l}$$

式中:α——单面铣削倾角

d——单板厚度,mm

l——单板斜接的斜面长度,mm

单板的端头锯铣成一定的斜面后,根据LVL用途决定喷涂或淋涂合适的胶种。脲醛树脂或酚醛树脂,涂胶量一般在220~250g/m²范围,最后再由单板斜面压机压制,其热压工艺参数为:

胶种	热压温度(℃)	热压压力(MPa)	热压时间(s)	备注
UF	140~150	1~1.2	5~10	若i=d/l大,
PF	140~150	1~1.2	40~45	则相应延长时间

图13-10所示为单板使用斜接接合,在胶种、胶合工艺不同时,斜率与抗拉强度之间的关系曲线。

在一般使用条件下,单板使用斜接时斜率为1:6至1:12,而在重要使用场合时可高达1:20至1:25,过高斜接斜率加工是比较困难的。

注:1英尺=0.3048m

斜接加工可以将单板放在圆锯上,此时锯片须倾斜安装,或者使工作台面倾斜,也可采用楔形垫板,使单板倾斜放置来进行锯切。此外,也可利用压刨或铣床进行加工,但需有专用的样模夹具。图13-11为在压刨上加工斜面的示意图。

指接则是在单板端部开出指形,在另一张单板端部开出指槽。指接可增加胶合面积达到较高的接合强度,也较容易实现机械化生产。指榫接合强度受指距(t)及指长(l)的影响,由图13-12可看出,指接的斜率t/2l在1:8至1:6时,抗拉强度和静曲强度达到最大,通常取1:8至1:10。

图13-13表示接合强度与指距的关系。当t=4~10mm时,接合强度达到最大,为了便于加工,一般取6~10mm。

指接必需在专门的指榫开榫机或带推车的铣床上加工,所用的刀具是镶嵌在刀头上的单刃或双刃的铣刀片,刀片需用高速钢制造,为了保证指榫的形状正确和要求的接合强度,刀片的刃必须仔细研磨,并正确安装。图13-14为指榫加工的示意图。

单板接长常用的胶料为脲醛树脂胶和间苯二酚胶,用胶刷或胶辊涂刷,胶压时采用端面加压和接合处上方同时加压的方式如图13-15所示。加压机构可采用气压、液压、螺旋加压等方式。用脲胶进行斜接时,须在压力下保持4~8h。指接胶合时端向压力2.5MPa左右,上方压力0.3~0.5MPa。若采用常温固化的酚醛树脂胶,需在70~80℃温度和加压条件下放置8h。

在接合方式上还有搭接和碳纤维加强的对接,特别是后者对提高制品抗拉强度有利,据报导可提高10%左右。

在LVL制造中选用上述几种接合方式中的一种或两种

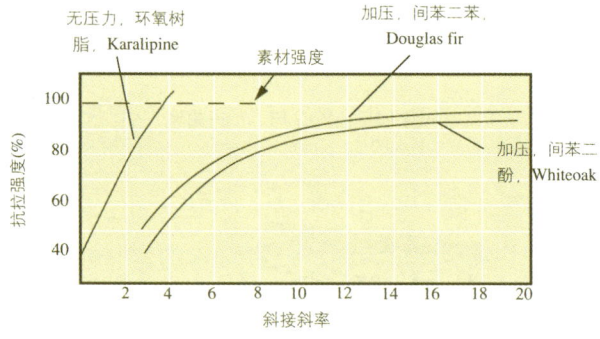

图13-10 斜接斜率与抗拉强度之间的关系

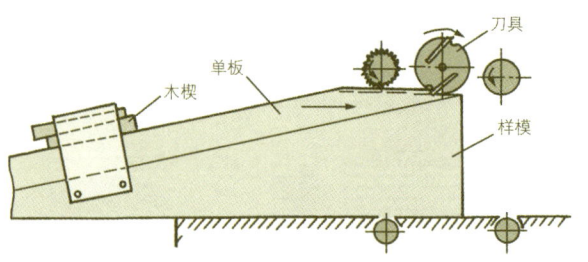

图13-11 压刨上加工斜面

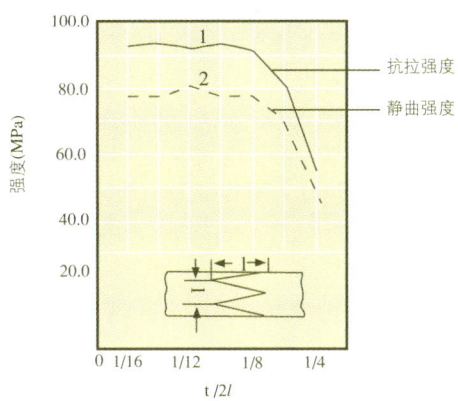

图 13-12 接合强度 $\frac{t}{2l}$ 与的关系

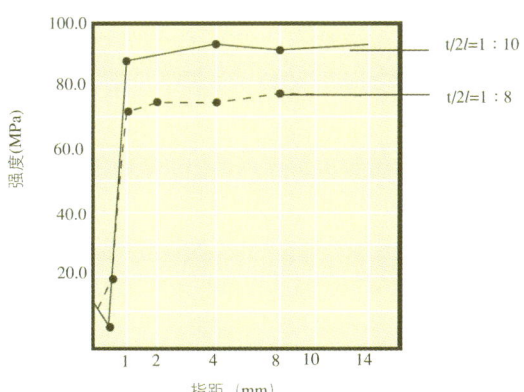

图 13-13 接合强度与指距的关系

组合，分布得合理，对改善和提高制品性能是有利的。

5. 施胶和组坯

施胶是将一定数量的胶黏剂均匀施加到单板上的一道工序。板坯胶合后，要求在相互胶合的单板间形成一个厚度均匀的连续胶层，胶层越薄越好，因此施胶质量也是影响胶合质量的重要因素之一。LVL 施胶工艺技术与普通胶合板生产基本相同，仅是涂胶量要高些，因此目前 LVL 生产中需要开发价格低、固化速度快的胶种，解决 LVL 由于厚度大而带来胶料固化困难的问题。现在常用的胶种有：脲醛树脂胶、酚醛树脂胶、间苯二酚树脂胶或苯酚改性的间苯二酚树脂胶、三聚氰胺脲醛树脂和醋酸乙烯脲醛树脂等。

施胶方法很多，根据不同的工艺安排可采用不同的施胶方法。干状施胶，由于成本较高，不易被接受，目前一般采

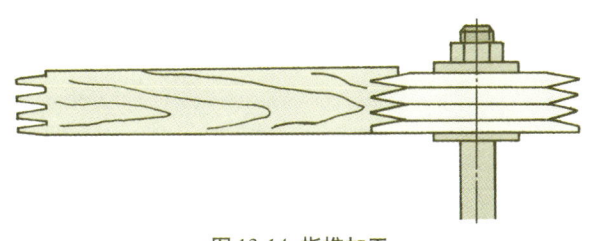

图 13-14 指榫加工

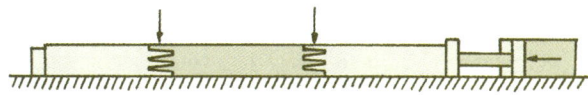

图 13-15 指接加压方式

用的为液体施胶。根据使用设备，施胶方法可分为：辊筒涂胶、淋胶、喷胶和挤胶等。辊筒涂胶有双辊筒和四辊筒涂胶机等多种型式保证施胶均匀和稳定，但此法仍属接触涂胶方法，是目前采用的主要方法。后三种适用于大规模连续化生产，是配合组坯连续化、自动化所采用的新型施胶方法。

施胶量是影响胶合质量的重要因素，涂胶量过多，胶层厚度必然增加，不仅不一定会提高胶合强度，反而会提高成本。然而施胶量过少，单板表面不能被胶液湿润，加之 LVL 旋制单板厚度较大背面裂隙较为严重，不能形成均匀胶层，则会出现缺胶而影响胶合质量，所以应在保证胶合强度的前提下尽量减少施胶量。施胶量与胶种、胶液黏度，单板厚度与质量、胶合工艺以及涂胶后的陈化时间等因素有关，一般 LVL 涂胶量在 $200\sim250g/cm^2$（单面），表 13-19 为部分示例。

表 13-19 不同胶种、树种和单板厚度的施胶量

胶种	树种	单板厚度 (mm)	液胶施胶量 (g/m²)	备注
酚醛树脂胶	桦木	1.75～2.00	220～240	
		220～240	240～260	
	椴木	1.75～2.00	240～260	胶液浓度 45%～48%
		2.20～3.00	260～280	
	水曲柳	1.75～2.00	280～300	
		2.00～3.00	300～320	
脲醛树脂胶	桦木	2.00～3.00	300～320	胶液浓度 60%～65%
	椴木	2.00～3.00	320～340	

组坯 LVL 在胶合压制前与胶合板一样，对单板进行组坯，所不同的是单板顺纹组坯。大量研究结果表明：LVL 最主要的结构性质之一就是通过控制单板组坯来保证产品质量。

组成板坯的厚度通常根据成品厚度和加压过程中板坯压缩率大小可按下式计算。

$$板坯厚度 = \frac{100(S_h+C)}{100-\triangle}$$

式中：S_h——LVL 厚度，mm

$\triangle$——板坯压缩率，%

C——LVL 表面加工余量，mm

根据材种、材性，特别是对 LVL 性能和用途要求，板坯压缩率一般在 10%～15% 范围。

LVL 组坯主要应考虑板坯的对称性，防止制品变形，根据制品的厚度要求，决定单板层数组成板坯。单板组坯除注意表层单板应选择质量较好的边材和心材分散搭配外，同时应将单

板紧边与紧边、松边与松边分别相对，使板坯构成对称结构。

前已述及LVL的单板是顺纹组坯，然而旋切单板的长度一般不会超过2.5m，要想满足一定结构长度要求的LVL，单板接长或组坯时，进行各种纵接。不同接合方式则结合力大小不一样，在组坯中如何正确分布对制品性能的影响很大。

表13-20表示了用意大利速生杨为原料，采用对接、斜接制造LVL的试验结果。从表中看出：对接性能比斜接差；对接接头分布对MOR和MOE影响显著，当分布在内层时对MOR、MOE值影响不显著，而在表层时则数值明显降低。

表13-21、表13-22分别表示单板采用对接，及其在板坯中的分布对抗弯、抗拉、抗压强度的影响。

假如将LVL的抗弯强度与按无缺陷成材的JIS(日本工业标准)标准试验值相比较，两者的弯曲弹性模量差异不大，对接接头引起的强度降低率在10%以内。但是，随着断面尺寸的增加，抗弯强度的降低率增大。在垂直单板层积方向作用载荷时，对每隔2层有对接接头的38mm×38mm材，其强度降低45%左右，同样每隔2层的38mm×189mm材，强度降低为47%，112mm×105mm材，降低为53%左右。另外，在层积面上作用垂直载荷时，受拉侧存在对接接头，强度降低大，而且，其降低率随相邻层对接接头的相互间距不同而不同。图13-16在38~50mm厚，4~9层的LVL上，对接接头相互间距在单板厚度的20倍以内时，强度下降明显，但是大于30倍时，强度变化不大，具有60%以上的强度剩余率(强度剩余率=100－降低率)。此外，由表13-22中所示，对接引起抗拉强度的降低率比垂直抗弯强度的大10%左右，相反，抗压强度的降低率变得相当小。

日本大熊干章曾对两相邻对接接头间的距离(l)与单板厚度(d)之比l/d对LVL强度的影响进行研究，得出如图13-17所示之结果。图中以l/d为横轴，$\sigma_{l/d}/\sigma_0$为纵轴，分别为含有对接的LVL的弯曲强度和无纵接的LVL的弯曲强度，当$l/d=0$时两邻层单板的对接接头的距离为0。$l/d=\infty$时，表示只在最外层的单板有对接，结果表示如下：

当单板无对接接头时，垂直试件与平行试件的弯曲强度(σ_0)相同，且随层数增加(或单板厚度减小)，σ_0增大。在垂直试件中，当$l/d>10$时，σ_0的降低仅10%左右，即在第二层存在的对接产生强度降低可不考虑，六层、九层也无降低，但四层约降低15%；在平行试件中，当l/d至30时，曲线出现上

表13-20 单板接合方式及其分布对强度性能的影响

接合方式	分布状态	MOR(MPa)	MOE(MPa)
对接	I	36.3	4654
	II	37.4	5039
	IV	66.1	5658
斜接1:9	I	54.6	5719
	II	63.4	5578
	IV	67.7	5443
斜接1:12	I	57.3	5673
	II	65.1	5485
	IV	68.3	5375
斜接1:15	I	58.1	5684
	II	63.9	5307
	IV	68.2	5440

注：I 代表接头在第一层，II 代表在第二层中部，IV 代表在第四层中部；
胶种：脲醛胶；斜接斜率分别为1:9、1:12、1:15

表13-21 LVL的抗弯、抗拉强度

树种	单板厚(mm)	层积数(层)	制品尺寸(mm) 厚	制品尺寸(mm) 宽	对接接头数[1]	MOE[2](MPa) 垂直	MOE[2](MPa) 平行	MOR[2](MPa) 垂直	MOR[2](MPa) 平行
娑罗双	4.2	4	16	16	0	117200(117)	17500(118)	101.6(102)	104.2(105)
					(1)	17000(115)	16100(108)	83.5(84)	83.3(84)
					1	16500(112)	15100(102)	83.6(84)	49.5(50)
		9	37	38	0	14100(96)	14600(99)	93.0(93)	92.7(94)
娑罗双	4.2				(2), 3	13700(93)	14700(99)	63.6(64)	78.8(79)
					(3), 2	14000(95)	14400(97)	67.4(67)	64.3(65)
					(4), 1	14000(95)	14600(99)	50.4(51)	59.1(59)
					1	14400(98)	14200(96)	77.4(78)	68.7(69)
					5, 1	13400(91)	14100(95)	44.9(45)	39.3(40)
					0	12100(98)	12300(95)	80.8(96)	85.9(102)
娑罗双	4.2	28	112	105	(9), 2	14900(101)	15000(101)	53.2(53)	50.7(51)
					10, 2	15200(103)	14800(100)	50.2(51)	48.9(49)
	6.0	9	54	50	0	12400(110)	12200(108)	81.0(84)	76.5(79)
落叶松	10.0	5	50	50	0	11200(99)	11600(103)	67.8(70)	83.9(87)
	14.0	4	56	50	0	11400(100)	11300(100)	75.4(78)	69.9(72)

注：[1] ( ) 前面数字是在同一断面内对接接头的个数，( )内数字是在外侧单板上接头的个数，( ) 后面数字是夹在对接接头中的无接合单板的层数
[2] ( ) 内数字是按JIS标准试验的测定值，即抗弯强度的降低率(%)

表 13-22 板坯中对接接合对 LVL 抗拉和抗压强度的影响

树种	含水率(%)	单板厚(mm)	层积数(层)	试件尺寸(mm)		对接接头数[①]	抗拉强度[②](MPa)	抗压强度[②](MPa)
				厚	宽			
娑罗双	11.2	4.2	9	36	5	0	95.4(100)	57.6(100)
						(1)	78.0(72)	50.3(97)
						1	66.0(68)	49.5(91)
						(2), 3	64.2(67)	45.8(78)
						(3), 2	55.9(55)	46.8(78)
						(4), 1	43.1(50)	36.9(63)
						5, 1	31.9(35)	42.8(71)

注：①、②数字含义同表 13-21

升趋势，但不能排除第二层对接产生的影响，六层与九层的 LVL 弯曲强度是 σ_0 的 85%，而四层对接的 LVL 的弯曲强度值为 σ_0 的 65%；九层 LVL 的垂直试件，当 $l/d > 10$ 时，其 MOE 值与无接长的 LVL 相同，不会受到对接的影响，而平行试件，当对接接头在压缩侧要比拉伸侧 MOE 的降低要少。根据上面讨论，要使 LVL 承受弯曲载荷时，是以垂直试件的使用方法为佳，此种场合仅需 $l/d > 10$。但当水平方向受载时，即使 $l/d > 30$，其强度降低仍很大，单板厚度最理想 < 6mm。

斜接接头的分布对 MOR、MOE 的影响小或者无影响。板的 MOR 取决于外层单板性质，质量好，可提高制品的性能，若斜接接头处于内层，MOR 下降很少，尤其在中心层时，几乎与无接头材料相同。有人做过以下试验：用 6.35mm 厚单板采用斜率 1:12 斜接纵向接长单板，接头不论放到哪一层，或者各层都用斜接的六层 LVL，以及内层采用对接而外层采用斜接的 LVL 的强度，与一般无对接单板的 LVL 强度非常接近。如果表层采用薄单板，可使承受垂直于胶层的弯曲载荷

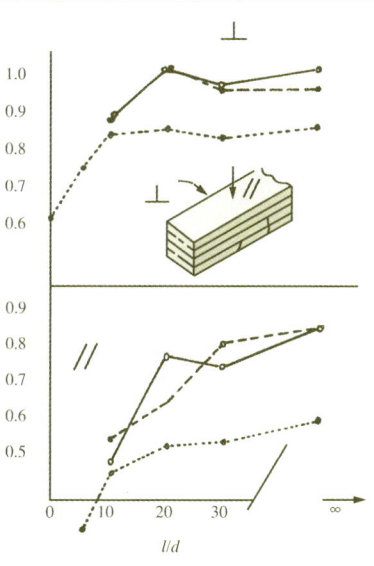

σ_0——无对接 LVL 的弯曲强度
$\sigma_{l/d}$ 对接的间距为 l/d 时的弯曲强度

图 13-17 对接的间隔与弯曲强度

增加 35%。同样表层配置质量好、强度高的单板，内层配置质次的单板，也能保证 LVL 的弯曲强度，并且还有效利用了原料，提高制品的外观质量。如将高刚度的单板组坯在 LVL 的外层，作梁使用，可使梁的刚度提高 1/3，许用弯曲应力增加 1/3，因此，在组坯前对单板进行分等是有必要的。目前有三种分级方法：一是目测，通过外观质量，根据有无缺陷及缺陷的程度进行分等；二是弹性模量的机械测试，根据测定值大小分等；三是应力波的测试分等，因为固体材料，其弹性模量 E 与应力波速度 V 和材料密度 D 之间存在以下关系：

$$E = V^2 \cdot D \cdot \frac{1}{g}$$

式中：g——重力加速度

通过检测应力波速度来确定弹性模量，在美国已是一种商业化的分级系统，采用单板应力波时间(SWT)分析，将单板按刚度分级，通过这种测试，可预示 LVL 的弯曲强度的性能。

采用人工方法将纵接的单板，施胶并组坯是难以进行的，图 13-18 则是将单板组合、涂胶和组坯堆置等工序构成一个自动连续生产工段的示例，过程简述如下：纵向接长的单板堆置在堆板机上，其上设有可横向移动的多个吸盘，被

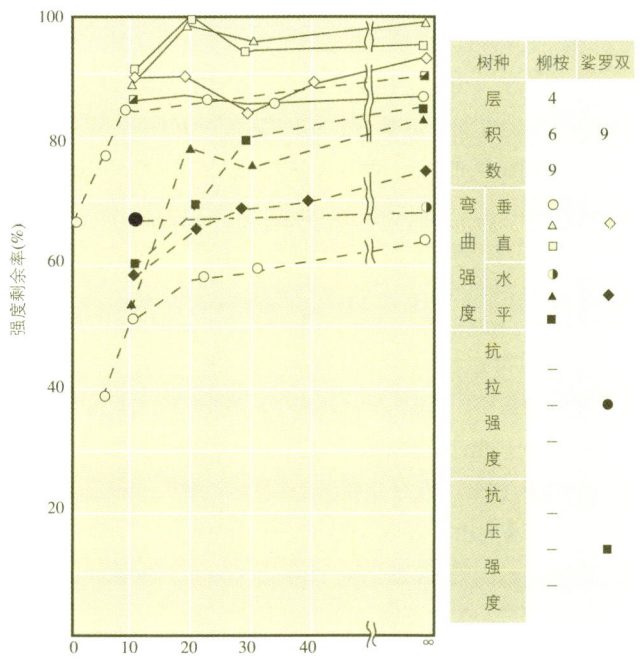

图 13-16 外侧 2 层对接接头 LVL 的强度剩余率

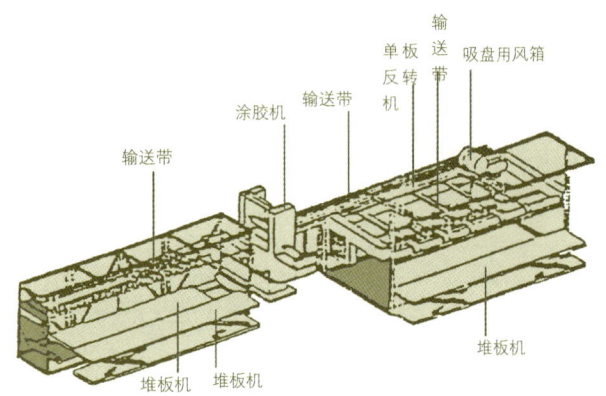

图 13-18 单板组合、施胶、组坯自动工段

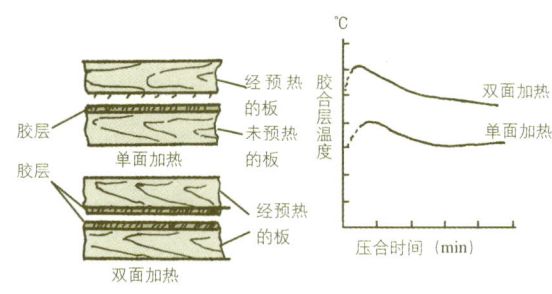

预热时间 5min，热板温度 180℃，板厚 25mm

图 13-19 预热胶合的类型与胶合层的温度

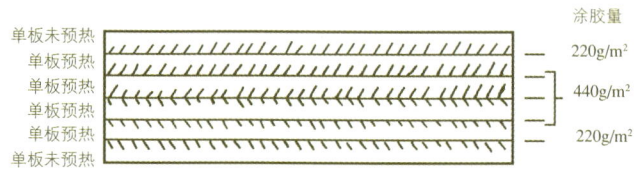

图 13-20 LVL组坯与施胶量

吸上的单板放置到运输带上，在运输过程中可被单板反转机反转，并移动，其动作是根据涂胶单板的组坯方案，单板是直接从涂胶机方向过来，由与输送带直角相交的输送带送上。涂胶机有两个底架，一个为表面涂胶用的，另一个为无胶单板输送用的，根据组合需要，可左右移动，涂布或未涂胶单板任意组坯，并经单板堆积输送带，送至堆板台上，输送带本身由装载部分和卸载部分构成，板坯在装载部分被水平平移，并一边送入卸载部，同时又从堆板台移至堆板台上，再送往下道胶合工段。

6. 预处理

在13.2.1的LVL生产工艺流程中，已述及采用干燥单板保温室、连续热板干燥机将涂胶热单板直接送入连续压机，先将内部数层热压胶合后，再向外部追加单板的分步热压的胶合方法。上述工艺共同点都是考虑压制LVL，特别是厚规格的LVL在热压前先对单板预热或使板坯适当提高温度。如图13-19所示，预热胶合有单面加热和双面加热两种基本形式。双面加热效率高，但不同胶黏剂固化温度和时间要求不同，如图所示，双面涂胶加热热压时间RF胶为3min，PF+RF胶为6min，但仅使用PF胶即使延长时间胶也不能固化，通常要求温度200℃左右，时间5min以上才能固化。

对旋切单板进行预热处理更合适，因为制造LVL使用的厚单板，其表面平滑性较差，且厚度偏差较大，借助热与压力，可使其平整，有利胶合。P.R.Steiner等进行过单板预热温度与板坯闭合时间和热压时间对LVL性能影响的研究，采用胶合板PF的树脂压制6层32mm厚的LVL，单板组坯与施胶见图13-20。

试验内容：单板预热温度范围为80～120℃，板坯闭合陈放时间在10～30min之间，采用不同热压时间制得LVL，其剪切强度和木破裂测定结果见表13-23。

由表中数据可看出，单板预热处理可缩短热压时间，在本试验条件下，单板最优预热温度为100～110℃，闭合陈放30min。另外，若板坯不经预热，板坯必须陈放30min。热压时间缩短一半，仍可获得合格产品。

陈放时间和方式对胶合强度的影响，下面是一个很好例证。25mm厚的单板，在180℃下预热5min，再涂布胶黏剂进行闭合陈放，陈放时间不同，胶合剪切强度也不一样（表13-24）。

又例：不同的陈放时间(10min和30min)与LVL最外胶层木破裂的关系（表13-25）。

由表13-25看出陈放时间与单板温度亦有关系，单板温度略低，可适当延长陈放时间；相反，若单板温度偏高，则要缩短陈放时间，由LVL最外胶层的木破裂得到了证实。

通常提出的预处理工艺为：预热时间30s以内，开式陈放时间20～40s，闭合陈放10～20s，压制时间60～120s，制得LVL的胶合强度能与素材相同（或接近）。

为了缩短热压周期，减小热压机压板间的开档，提高压机的生产能力；为减少热量的消耗，可对板坯热压胶合前进行预压，此工序对产品质量也更有保证。预压一般采用冷压机，工作间隔高度1～1.5m，一般单位压力为0.8MPa。

7. 热压

LVL厚度一般可达50～60mm，因而它的胶合工艺有其特殊性。目前，胶合工艺可分为冷压和热压。

冷压法通常利用价格较高的苯酚改性的间苯二酚树脂胶，利用干燥单板的余热就可使胶料固化。此法虽流程简单、设备投资少，但因所用胶种使生产成本提高；再是冷压压制时间长，生产率较低。

热压法制备LVL有连续法（又称一次加热加压法，见图13-3）和分段加热加压法（目的是缩短热压周期）。分段法又有两种方式，一种纯热压法，见图13-4；另一种是热压加冷压的制备方法，即第一段以数层涂有酚醛树脂胶的单板组坯热压胶合；第二段再将第一段制得的LVL(如18mm厚)二张通过间苯二酚胶冷压胶合，制得36mm厚的LVL制品。

因为LVL较厚，要想使芯层的胶完全固化需要的热压时间较长，用普通压机制造六层36mm厚的LVL，热压周期长达20min，为了解决这个问题，国内外研究开发分步热压的方法：即先热压芯层两张单板，然后在压好板材的两面各贴一张涂胶单板经热压成四层LVL，如此方法可压出多层的LVL，由于胶层离热压板的距离始终为一张单板厚，传热快，胶合时间缩短，这种工艺是将多台单层热压机串联起来进行连续热压(图13-21)。如每层需2min，若压制六层厚LVL分3次总的热压时间仅为6min。国外有些国家如日本习惯高频加热胶合工艺，用高频热压机，在单位压力1.4MPa下压制100mm厚的LVL时间仅为7min，所以采用高频热压厚规格LVL是很适宜的。

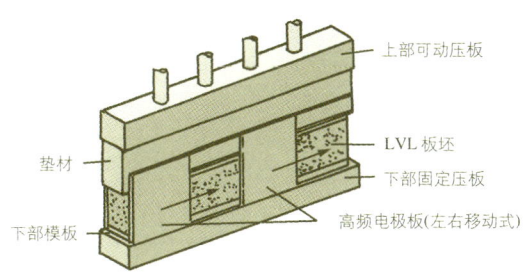

图13-21 高频加热胶合压机

图13-21所示为高频加热压机，上部为可动压板，下部是固定压板，侧面为左右移动的高频电极板，中部为放置被加热的LVL板坯，在其上下分别设有垫板、模板均为绝缘材料。在下部固定压板上配置有加热板坯进出的输送带，当板坯送入高频压机后，上压板则下降并施加压力至板坯上，高频极板1组或数组在板坯长度方向上可移动定时加热，重复移动几次可使板坯全长温度均匀。极板大小是根据被加热板坯的断面尺寸和高频功率大小，主要保证加热均匀为准则。如图13-21所示的高频压机，上压板为500mm×390mm，下压板附输送带与上压板尺寸一样。加压方式系液压加压式，最大单位压力1.5MPa，压板最大间隔1350mm，油缸最大位移400mm，高频功率30kW，高频频率13.56MHz，极板尺寸高800mm×长760mm，使用UF或PF胶，每次仅需5~6min就可得到充分胶合作用。

LVL也有采用称之谓连续压机，日本使用的连续压机实际是由3台4m长的热压机串联而成，第一台用高频加热，使板坯芯层在短时间内达到规定的温度，后两台则用蒸汽或热油加热。板坯在热压机内压制数分钟后打开压机，板坯前进2m，然后再闭合加压，板坯从压机入口至压机出口要开启六次，LVL长度上尺寸不受限制，但生产效率不高，为适应此热压工艺，胶黏剂还需要进行适当改性。

除上述压制工艺外，还可利用普通的胶合板生产技术压制LVL，然后利用指接技术，根据需要将尺寸接长。

预热可缩短压制周期且通过指接提高LVL强度性能。单板厚为6.4mm的六层LVL使用PF树脂胶合。不同压板温度、压制时间和接合方式制得LVL的MOR、MOE性能见表13-26。

表13-23 LVL中心胶层剪切强度和木破裂

单板温度(℃)	热压时间(min)	闭合时间(min)	剪切强度(MPa)	木破裂(%)
25	10	10	5.57	25
	12	10	6.36	81
	14	10	8.33	81
	14	30	8.39	64
	16	10	7.35	86
	16	30	7.77	85
	18	10	6.29	94
	20	10	8.46	60
	22	10	7.12	92
80	10	10	7.25	92
	12	10	7.29	100
90	10	10	7.65	77
	10	30	6.65	76
	12	10	7.28	99
	12	30	7.87	95
100	10	10	8.92	99
	10	30	9.11	98
	12	10	6.74	97
	12	30	7.18	100
110	10	10	8.88	96
	10	30	7.44	100
120	10	10	8.15	100
	10	30	6.38	91

表13-24 闭合陈放时间与胶合强度的关系

闭合陈放时间(S)	压制时间(S)	胶合剪切强度(MPa)
8	30	9.8
	60	9.3
16	30	5.7
	60	6.5

表13-25 陈放时间对LVL最外胶层木破裂的关系

单板温度(℃)	热压时间(min)	木破裂(%)	
		陈放时间10(min)	陈放时间30(min)
90	10	94	95
	12	96	100
100	10	81	99
	12	95	100
110	8	100	60
	10	100	56
120	8	100	87
	10	84	42

表13-26 对接和指接LVL的MOR与MOE性能比较

接头方式	压板温度(℃)	压制时间(min)	MC(%)	密度(g/cm³)	MOR(MPa)	MOE(MPa)
对接	178	35	8.5	0.53	59.6(10.0)	11680(6)
指接	178	8	6.6	0.45	58.1(12.8)	12780(1470)
		10	6.8	0.46	61.7(12.5)	12540(760)
		12	6.4	0.46	63.3(6.5)	12300(1060)
		14	6.2	0.47	61.2(10.8)	13340(1190)
指接	204	8	6.3	0.48	71.5(11.0)	14530(1740)
		10	6.1	0.49	64.2(8.7)	14190(2250)
		12	6.0	0.50	67.3(13.6)	14150(1480)
		14	5.8	0.49	68.9(11.4)	14490(1320)

注：()偏差

由表13-26、图13-22看出：LVL采用指接接长形式优于对接形式。在相同温度条件下压制，延长加压时间也无法改善胶合强度；在一定温度范围内(如表中178~204℃)，LVL采用指接接长，随着压制温度的提高，不仅可缩短加压时间，同时又能改善MOR和MOE的性能，但当温度达到一定水平时(如表中204℃)，应掌握好压制时间，否则会产生对板性的不利影响。图13-23同样说明不同压制温度指接LVL，加压时间与胶层木破率的关系。由此可见，温度和加压时间是确保指接胶合质量的主要因素，由木破率再一次得以证实。JUNG和YOUNGQUIST对指接LVL和对接LVL的强度性能的研究是用6.75mm厚花旗松单板制造6层LVL，通过试验，分散配置对接的LVL拉伸强度平均为30.4MPa(变异系数13.6%)，而指接的(指长27.8mm)强度为41.5MPa(变异系数14.8%)。由此可见：指接LVL的强度性能优于分散配置对接的LVL。这种生产工艺可以降低设备投资。

通过热压获得胶层固化所需的压力和温度 温度取决于胶种、板厚及加热介质种类等因素，一般温度为140~180℃，压板可由热水、蒸汽或热油加热。热压压力同样取决于树种板坯含水率以及对LVL材性要求，而对于一般树种单位压力在1.4~1.8MPa。热压开始时施加较高的压力，随着热压的进行压力逐渐降低，以便水分汽化蒸发，保证胶料充分固化。

热压曲线现都采用微机编程控制，有些还装备监控热压过程中产品厚度的变化，并据此调整热压机的压力，这样可保证产品的最终厚度。

用各种方法制得的LVL都是毛边板，板面较粗糙，为了使其规格尺寸和板面粗糙度满足使用要求，胶压后制得的LVL进行后处理，包括冷却、规格锯裁、砂光等工序。由连续压机出来的LVL板带，首先经横截锯裁切成适当的长度，再由多锯片圆锯机纵向锯解成适当的宽度，用堆板机堆放；由普通压机压制的LVL毛板可直接经裁边，待砂光后作板材使用；或用多锯片圆锯机锯解，然后依据规定的标准进行检验，分等及入库。

13.2.3 主要设备

1. 旋切机

原木旋切单板是LVL生产中的关键工序之一。旋切机是将一定长度和一定直径的木段加工成连续的单板带，经剪切后成为一定规格的单板。旋切机的性能和操作对LVL的产量和质量有着直接的影响。提高旋切机的生产效率，改进旋切质量和提高出板率，是旋切机发展的总趋势。

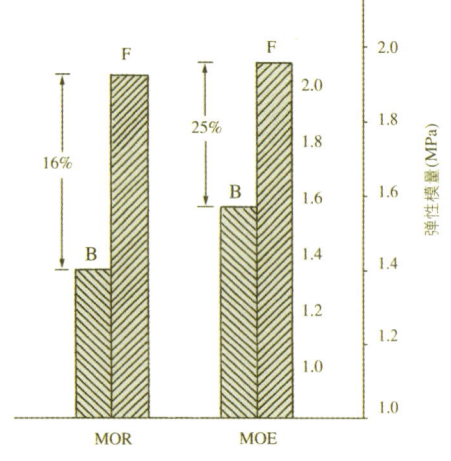

图13-22 指接(F)和对接(B)LVL的MOR与MOE比较

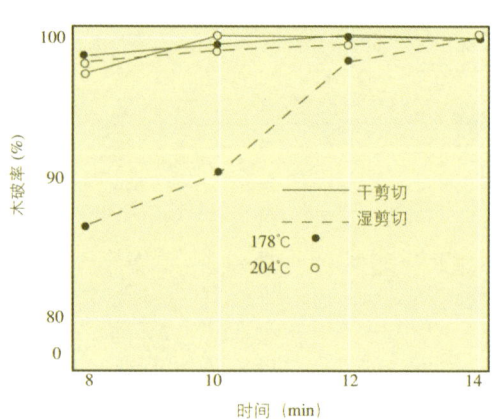

图13-23 不同压板温度指接LVL，压制时间对胶层木破率的影响

制造 LVL 所用单板的特点是厚度大于一般胶合板用单板，所以用于旋切厚单板的旋切机通常采用旋转的辊柱压尺代替传统的平面压尺，从而降低旋切功率，防止单板开裂，提高了旋切质量。由于旋切厚单板时阻力矩加大，因而有的旋切机采用了一个或三个附加驱动压辊，这样既可防止木段弯曲，又增加驱动木段的力矩。

提高木段出板率的有效方法是减小旋切后木芯的直径，尤其是LVL制造就是为开发小径材的利用，所以新型旋切机普遍采用防止木芯弯曲的压辊装置，使木芯直径可降至50~60mm。无卡轴旋切机在结构上与传统旋切机有较大的变化，木段的旋转运动靠摩擦辊或齿辊在外周上驱动。由于不存在卡轴，旋切后木芯的直径可减小至40mm左右。

旋切机的主要技术参数，是可加工木段的规格，即木段的长度和直径。根据加工木段的规格，旋切机可分为：重型、中型和小型旋切机，一般用于制造LVL的主要为中、小型旋切机。随着科学技术的发展，尽管旋切机的基本工作原理未有根本性的变化，但结构上却进行了大量的改进，根据夹持木段使之旋转运动的方法不同，旋切机可分为：机械夹紧卡轴、液压夹紧卡轴和无卡轴旋切机。

鉴于制造LVL使用原料的情况和对单板质量和出板率的要求而言，目前认为理想的单板旋切采用无卡轴旋切机。

2. 单板接长机械

在LVL生产中，单板的纵向接长是主要工序之一，它对于LVL的质量、产量和出材率有着相当重要的影响。

单板机械纵向接长的设备按接长的方式分为两种类型：一种是指榫式拼接机，利用冲压的方法，在两张单板的端头加工成指形榫，而后将其拼接起来；一种是斜接式拼接机，先后在单板的端头分别铣削加工出斜面，并在一个斜面上涂覆胶黏剂，然后使之搭接起来，在LVL生产中，使用后者接长方法的较多。

接长后的单板带可根据需要的长度尺寸，剪切为规格单板。

单板纵向接长机组主要由单板斜面锯铣机和单板斜接压机组成。单板纵向接长机组主要由机座、左右斜面铣削头、单板进料与压紧装置、涂胶装置及传动装置等部分构成。

单板斜接压机的结构主要由送料机构、压机和液压系统等部分构成。送料小车可在送料机架的导轨上移动，小车前部装有两根轴，一根用以对单板的前沿限位；另一根轴用以压紧单板，并可通过手柄推动小车前后移动。压机由型钢焊接成的机架，压力由油缸提供，窄长的热压板，采用电加热，在压机的出料一侧装有推板器，当下压板上升时，推板器的滚轮可将前一张单板向前推送一定的距离，以使两张单板的斜接面在压机的热压板中心位置完成对齐。

剪切刀装在压机的出料侧，用于接长后的单板带进行规格剪切。压机的压力和温度，可根据工艺要求设定，并从仪表盘上读出。

单板斜面锯铣机技术参数：

斜面锯铣头工作距离	0.5~6.0mm
单板进料速度	12.0~18m/min
圆锯直径	210mm
圆锯转速	6000r/min
电机功率	
进料电机	2.8kW
圆锯电机	4.5kW

单板斜接压机主要技术参数：

最大工作压力	1.8MPa
热板尺寸	1700mm×70mm
热板间隙	50mm
泵功率	28kW

3. 单板干燥机

前已述及，用于LVL厚单板干燥的设备主要有下列两大类：

(1) 辊筒式单板干燥机：它是利用一系列上、下对置的辊筒输送单板通过干燥机。所有下辊筒是由电动机经变速装置通过一根链条来驱动的，而上辊筒则由下辊筒通过一对长齿齿轮来驱动，因此，上辊筒随着不同的单板厚度可在一定的范围内上、下浮动。辊筒轴心线水平方向的间距通常在135~245mm之间，可根据干燥单板厚度选择辊筒间距。干燥机的层数，即干燥机高度方向的辊筒对数，有2、3、4、5、6层多种规格。干燥机的有效工作长度，即单板加热干燥区域，通常为8~32m。辊筒长度、层数和有效工作长度等工作参数与干燥机的生产能力有关。该种机型的优点是干燥的单板较平整，这是由于单板在上、下辊筒之间运行，上辊筒的质量对单板具有有效的压紧作用，因此可避免因单板的初含水率不同或木材纹理的差异而引起不均匀的收缩。由于单板在上下辊筒夹持下运行，故除了流动的热空气将热能以对流形式传递给单板外，也通过辊筒的接触传热至单板。辊筒干燥机必须纵向传送单板，适于散张单板，采用先剪后干的工艺，这与LVL生产工艺是吻合的。辊筒式干燥机造价较高，材料消耗大，对干燥树脂含量高的单板易于污染辊筒，清洗困难。

辊筒干燥机是由进板段、干燥段、冷却段和出板段四部分组成。但其加热装置的安装位置、循环热空气的流动方向、排湿管的位置以及由电动机至辊筒的传动装置的形式等不完全相同而分为多种形式。

纵向循环气流通常用于辊筒干燥机，这是因为纵向循环气流的流速较低，对流传热效果差。而辊筒式干燥机具有接触传热的特点，对接触传热来说，气流的速度对传热系数没有影响，故采用纵向循环气流。但温度对接触传热的影响较大，因此通常采用较高的温度。纵向循环气流辊筒式干燥机，因为辊筒妨碍热空气从单板表面通过，单板表面气流流速低，因此对一般低温干燥树种才采用横向循环气流式辊筒气流式干燥机。

横向循环气流辊筒式干燥机与纵向循环气流辊筒干燥机的主要差别是加热系统的区别，横向循环气流采用的风机较多，总风量增加几倍、十几倍，气流通过单板的速度较高，所以除了辊筒接触传热外，对流传热效果也很好，不论高温或低温干燥均具有较大的干燥能力，应用较普遍。

图13-24介绍一种结构较简单的横向循环气流式辊筒干燥机。离心式风机和加热器安装在每一分室的顶部，并用隔板构成风道。风机压出的空气沿顶道、经热交换器从右侧压入干燥室，横向流过单板表面至干燥室左侧风道进入风机的吸入口。排湿管安置在顶棚中间。这种干燥机结构简单，加热装置的安装、清理和维修均较方便。

(2) 热板干燥机：前已述及，用于LVL制造的厚单板的干燥，通常是先采用辊筒干燥机，而后使用热板干燥机，此工艺不仅可确保单板质量，而且可提高单板干燥的效率。热板干燥机与普通平面热压机主机结构是基本相同的。为了缩短干燥时间，节约干燥热能，采用热板干燥时，除定时(30～40s)打开热板排除水蒸汽外(故又称呼吸式压机)，还有在热板和湿单板间放置带有沟槽的垫板和60目/寸左右铜网(或不锈钢网)，目的是更好排除水蒸气，带有沟槽垫板起到保护热板表面的作用。现国外通常设计成单板热压干燥机组，即以一台装板机给多台热板干燥机装板，卸板方式是干燥结束后，干燥机倾斜，单板依次滑落到一块光滑的金属接收板上，再进入单板运输带送至下道工序。热板式干燥机组呈同心圆排列，根据生产规模大小，有两种布局，对于规模大的以8至14台干燥机为好，装板机固定，干燥机转动，对规模小的企业，装板机组用旋转式，干燥机1至3台为宜。热板干燥机单位工作压力0.3～0.4MPa，热板温度140～180℃，具体视树种、单板厚度、单板含水率及干燥工艺条件等因素而定。

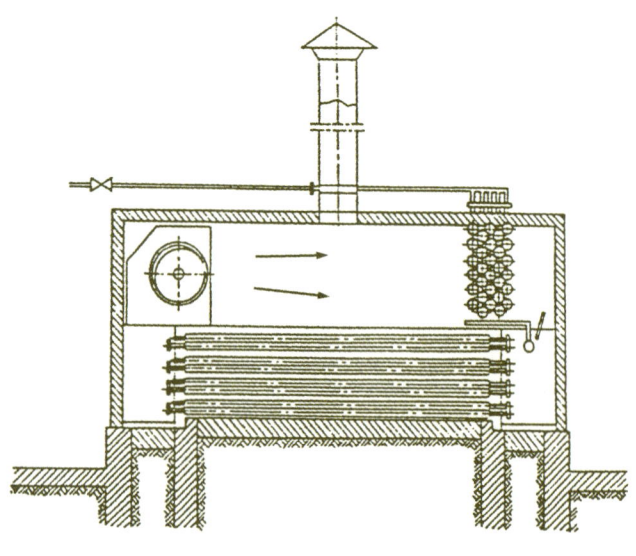

图13-24 横向循环气流辊筒式干燥机横断面

13.3 单板层积材技术定额

13.3.1 出材率

单板层积材(LVL)的成品出材率，主要受原木制得单板的出板率的影响。举例：旋切所得的原木芯直径为15cm，若原木直径30cm可得到68%的单板，如若原木直径为50cm则可得到89%的单板。如果旋切后木芯直径仅为10cm时，则30cm和50cm直径原木，其单板出板率可提高到85%和95%；相反，如木芯直径为20cm，同样上述两种规格原木的单板出板率则降为45%及82%。旋切所得单板还会受原木的形状、原木的品质、单板的质量和厚度等因素的影响。根据美国、加拿大等国对制材和LVL单板利用率的考证见表13-27。

表13-27 LVL和制材原料利用率

项目	制品(%)	木片(%)	锯屑(%)
制材	42	39	19
LVL	62	33	5

从上表原料利用率来看，LVL比制材要高。

在LVL制造过程中，木材损失约占原木量的40%或更少。它分为有形损失(如加工剩余物)和无形损失(干缩和压缩)。这些损失有些是无法避免的，有些则可通过技术工作的改进，可大为减少的。

LVL生产过程中，各主要工序的木材损失大致如下：

(1) 锯断损失(截头、锯屑)：一般为2%～3%。

(2) 旋切损失(木芯、碎单板)：木芯和碎单板所占的比例与材质和原木直径有关，LVL利用的是低等级材和小径材，但因为通常采用单板接长和无卡轴旋切机，所以损失可减少到15%。

(3) 干缩损失：与单板的树种、单板终含水率、单板厚度和干燥厚度等因素有关，因为LVL单板后段干燥通常采用热板干燥机，且单板厚度较大，所以干缩损失较小，约2%～4%。

(4) 热压损失：又称压缩损失(率)，可用下式计算。

$$\frac{热压前板坯总厚度-热压后LVL实际厚度}{热压前板坯总厚度}\times100\%$$

(5) 裁边损失：该项损失与LVL的压制设备、加工余量和幅面大小有关，特别当采用连续压机时，仅存在纵向齐边，裁边的损失一般仅为3%左右。

(6) 砂光损失：该项损失与砂削余量、LVL厚度、LVL板种等因素有关，当LVL用作建筑结构材时可不砂光，但用作制家具时则要砂光处理，砂光损失约为2%～3%。

上述各工序损失率是以该工序加工前的材积为基数的，

表13-28 LVL各主要工序损失率

工序	损失率(%)	剩余材积(m³)
原木		100
锯断	2~3	98~97
旋切	15~20	82.3~77.6
干缩	2~4	81.6~74.5
热压	10	73.5~67.1
裁边	3	71.3~65.1
砂光	2~3	69.8~63.1

若原木100m³，其工序损失率见表13-28。

再考虑技术组织方面的损失，其剩余材积(出板率)还要降低。根据材质、径材、加工技术等不同因素，一般制造1m³LVL需用1.8~2.0m³原木。

13.3.2 制造费用

LVL制造费用首先取决于原木和主要辅料(胶黏剂)的价格，其次是基本制造费用。如对制材、LVL和胶合板三种制品加以比较，制造费用的排列次序为胶合板＞LVL＞制材(按原木的体积计)。但因LVL能将木材的缺陷分散，材质均匀，许用应力得以提高，在使用时材料用量会相应减少，所以大大增进其使用前景。

LVL与胶合板的基本制造费用的不同在于，首先因为胶黏剂的用量与单板厚度是成反比的。所以LVL用胶量相对低于胶合板，而这二者生产能力大小与单板干燥效率有关，单板厚度愈薄，干燥效率愈高，生产量增大，因此，设备折旧等固定费用会按比例减少。但胶黏剂费用对LVL制品成本的影响是很大的，综合单板的制造，干燥单板的平整性，加工难易，以及制造费用等，LVL单板厚度应以6mm为宜，这就使LVL的制造费用大大小于胶合板的制造费用。

表13-29为国外某厂LVL生产线主要成本构成。

生产原料以小径木为主，原木消耗量25000m³/a，LVL产量15000m³/a，成品长度3.6m，厚度30~40mm，生产定员54人，工作制度300d/a，24h/d。

表13-29 LVL生产线主要成本构成

项目	成本构成比例(%)	UFPF
原料	48.5	41.5
辅料	18.0	25.0
工资	17.0	17.0
企业经营	16.5	16.5

参考文献

[1] Maloney T. M., Laminated veneer lumber view. FAO expert consultation on wood-based panels, Rome: FAO, UN, 1987

[2] Lehtonen M., Laminated veneer lumber-properties and uses. FAO expert consutatior on wood-based panels Rome: FAO, UN, 1987

[3] Hoover W. L., Material design factors for hardwood laminated veneer lumber, fores Prod. J., 1987,37(9),5-23

[4] 杜国兴. 意杨单板层积材热压工艺研究.南京林业大学学报. 1991

[5] 陆从进. 论小径级速生树材生产单板层积材技术的推广. 木材工业. 1991

[6] 张勤丽. 日本的LVL生产，中国木材，1996

[7] Shuichi Kawai., Properties of compressed laminated veneer lumber produoed by steam pressing, Mokozai gakkaishi, 1993, 39(5): 550-554

[8] Michol O. Hunt, Longitudinal shear strength of LVL via the five-point ben lingt Forest Prod. J., 1994, 43(718): 39-44

[9] H. J. Zheng. Compression control and its significance in the manufacture and offects properties of popular LVL. Wood Science and Technology, 1994 (28): 285-200

[10] 傅峰. 人工林杨木材性对单板层积材强度的贡献率. 中国林科院博士后论文

[11] JAS 协会. 结构用单板层积材标准. 日本农林水产省. 1991

[12] 王金林等. 杨木旋切及单板质量与木材性质关系的研究. 木材工业. 1995

[13] Tomoynki Hayashi Probabilistic properties of structural LVL. [日]木材工业

木材层积塑料

木材层积塑料，是用浸渍合成树脂(主要是酚醛树脂或甲酚醛树脂)的旋切单板，在高温高压下压制而成的一种层压材料。它具有耐水、耐湿，电绝缘性能好，强度高，形状稳定性好等优点，是一种很好的工程材料，能代替某些有色金属、夹布塑料和特种硬质木材，而成为机械、电气、船舶、航空、纺织工业采用的一种非金属材料。

木材层积塑料的力学强度，取决于木质纤维的排列方向，它是根据产品所要求的性能和用途来确定的。

按照产品规格和性能，木材层积塑料可分为三类。

1. 木材层积塑料

浸过酚醛树脂或甲酚醛树脂的旋切单板，干燥后经高压（15～20 MPa）、高温（140～150℃）压制而成的板材或成型零件。

2. 化学精制层积板

旋切单板先经碱液处理（碱液浓度3%～5%），干燥后浸渍酚醛树脂或甲酚醛树脂，再经干燥，然后经高温高压制成层积板板材。由于经过碱液处理的单板，在同样压力下压缩率比未经处理的单板高，所以要达到同样压缩率，可以采用低于前一品种所需的压力，而且经碱液处理过的单板浸渍树脂后，压制的层积塑料强度有明显提高。这种层积板主要用于制造航空工业的结构零件。

3. 增强层积塑料

浸胶后的单板在组坯时，每隔一层或几层夹入一层浸胶棉布、玻璃布或金属网，压制而成的塑料板材，具有形状稳定、耐水、耐磨、耐冲击、强度高等优点，可做为机械、船舶、航空、电气工业的材料。

木材层积塑料的品种、牌号和用途见表14-1。

木材层积塑料中，单板纤维方向排列有四种类型（图14-1）：

Ⅰ型——各层单板纤维方向平行，或四层平行单板中，有一层纤维方向与之成20°～25°夹角的单板。

表 14-1 木材层积塑料的品种、牌号和用途

牌 号	用 途
MCS-1	船舶制造中用作轴承
MCS-2-h	飞机制造与零件材料
MCS-3	精密量具及计算尺材料
MCS-2	作为机械结构材料、耐磨材料、轧钢机轴承
MCS-4	作为结构材料（如齿轮）和抗磨材料（轴套、轴承和轴瓦）
MCS-2-d	作为制造高压电气设备的结构零件和电气绝缘零件
MCS-3-d	电机、变压器、汞弧整流器等的结构零件
MCS-2-y	自动润滑和含油轴承、耐磨材料
MCS-3-y	排锯机滑道
MCS-4-y	自动润滑传动零件
MCS-2-f	纺织机械零件

注：1. MCS是牌号的代号，M——木材，C——层积材料，S——塑料
2. MCS后面的数字表示各层单板纤维方向的排列类型（图14-1）
3. h——表示航空工业用，d——表示电气工业用，y——表示含油润滑用，f——表示纺织工业用

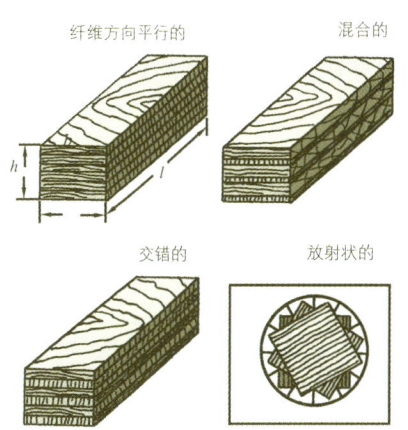

图 14-1 木材层积塑料单板纤维排列类型

2型——每隔5～20顺纹方向单板夹一层横纹单板。

3型——各相邻层单板纤维方向互相垂直。

4型——相邻层单板纤维方向互成25°～30°夹角。

14.1 木材层积塑料的性能

14.1.1 物理性能

1. 密度

木材层积塑料的密度和单板中干树脂的质量和数量、压缩程度和热处理的条件有关。

使用醇溶性酚醛树脂的木材层积塑料，其平均密度为1.30g/cm³，使用水溶性树脂的为1.35～1.40g/cm³。

2. 吸湿性

木材吸湿时，其体积膨胀可达10%～20%，而木材层积塑料的吸湿性要小得多，并且与树种有关系，见表14-2、表14-3。

3. 热力学性质

用比热、热传导、温度传导的热系数以及在高温及低温作用下的耐热性，可以说明木材层积塑料的热力学性质。

比热（kJ/kg·K）	1.55～2.39
热传导（kcal/m·h·℃）	0.13～0.26
温度传导（m²/h）	0.3×10^{-4}～5.15×10^{-4}

随着木材层积塑料含水率的增加，其热传导性也提高。例如，含水率提高到12%时，热传导系数即增加8%～10%。

温度在-50℃～+50℃范围内变化时，不致引起木材层积塑料的变形。

4. 耐磨性

木材层积塑料具有很好的耐磨性，通常用摩擦系数来描述。

在往复运动和蒸汽中同其他材料工作时的干摩擦条件下，木材层积塑料的滑动摩擦系数见表14-4。

木材层积塑料和钢进行干摩擦时，其摩擦系数较高，但当使用润滑剂时摩擦系数会大大降低，并且不超过高级巴比特合金、青铜、夹布胶木的摩擦系数。

当单位负荷很大，并用水润滑时，摩擦系数的最小值接近于轴承的滚动摩擦系数值。木材层积塑料的摩擦系数和润滑条件的关系如下：

无润滑剂时	0.20～0.25
用索里多作为润滑剂时	0.02～0.05
用液体油作为润滑剂时	0.01～0.064
用水作为润滑剂时	0.008～0.004

木材层积塑料轴承的特点是起动转矩和起动摩擦系数较高，相当于正常运动状态下的4～8倍。

5. 介电性

由于木材层积塑料具有较高的强度和绝缘性能，因此可在电气工业中作为结构材料或绝缘材料。

例如，MCS-2-d和MCS-3-d牌塑料的介电性为单位表面的电阻（Ω）、单位体积的电阻（Ω·cm）不小于：

在60±2℃下放置4h，随后在15～35℃下放置24h后，相对湿度45%～75%：10^{11}

在20±2℃蒸馏水中放置24h后：10^3

频率50Hz、3mm厚度上1kV时，介电损耗角正切，不大于：0.1

频率50Hz时介电常数，不大于：8

频率50Hz时，在变压器油中5min的耐压试验：

20±2℃（和厚度3mm）时垂直于各层（$kV_{\alpha\Phi}$），不小于：25

0±2℃（和厚度3mm）时垂直于各层（$V_{\alpha\Phi}$），不小于：10

电极中心距离15mm和20±2℃时垂直于各层（$kV_{\alpha\Phi}$），不小于：16

电极中心距离15mm和90±2℃时垂直于各层（$kV_{\alpha\Phi}$），不小于：8

环形电极间距离420±2mm、温度60±5℃、时间60min时，

表14-2 木材层积塑料与天然木材的吸湿性和膨胀性对比

（观察20天）

材　料	吸水性（%）	厚度膨胀（%）
木材层积塑料	6.2	6.7
天然木材	20.0	16.1

表14-3 树种与吸湿性和膨胀性的关系

材　料	50h内的吸水性（%）	50h内的膨胀性 厚度上	50h内的膨胀性 宽度上
50层的桦木层积塑料	8.0	1.85	0.18
45层的山毛榉层积塑料	8.8	1.05	
桦木	43.3	5.18	6.5
山毛榉	38.5	5.8	3.5

表14-4 干摩擦条件下木材层积塑料和其他材料之间的摩擦系数

材　料	滑动摩擦系数			
	木材层积塑料	表面磨光的木材层积塑料	夹布胶木	结构钢
木材层积塑料	0.41±0.02	0.36±0.08	0.38±0.02	0.22±0.02
表面磨光的木材层积塑料	0.36±0.08	0.35±0.03	—	—
夹布胶木	0.38±0.02	—	—	0.23±0.02
结构钢	0.22±0.02	—	0.23±0.02	0.19±0.01

环形电极间正方形、矩形或者圆形断面试棒的耐压试验,无加热、无飞弧和击穿($kV_{\alpha\phi}$),不小于:140

环形电极间距离100mm、温度20±2℃、时间5min时,环形电极间正方形、矩形或者圆形断面试棒的耐压试验,无加热、无飞弧和击穿($kV_{\alpha\phi}$),不小于:40

木材层积塑料的介电性和一系列因素有关,如含水率、温度、含胶量、每层厚度、相邻层木材纤维方向的配置等。同时,介电性还与电场强度向量有关。

14.1.3.2 力学性能

木材层积塑料的各项力学性能指标都优于同树种的胶合板材和实木板材,其力学性能指标见表14-5。

14.1.2 国内外标准

1. 国内标准

国产木材层积塑料的牌号和构成见表14-6,我国木材层积塑料产品的物理力学性能指标见表14-7。标准名称及编号为木质层积塑料技术条件(ZZB70003.1-87)。

2. 国外标准

前苏联在木材层积塑料的研制和生产方面都较早,生产规模较大,而且产品牌号和规格齐全。参见表14-8。

14.2 木材层积塑料生产工艺及设备

14.2.1 原材料

1. 木材原料

木材层积塑料生产使用的树种主要为材质均匀的阔叶树种散孔材,如桦木、色木、荷木、杨木等,其中以桦木(枫桦、白桦等)为主。

各种牌号木材层积塑料使用单板要求见表14-9。

几种树种的旋切单板顺纹抗拉强度如表14-10所示。

2. 胶黏剂

木材层积塑料生产中一般使用醇溶性酚醛树脂胶黏剂,

表14-5 木材层积塑料的力学性能

指标	I 型塑料	II 型塑料	III 型塑料	IV 型塑料
顺纹抗拉强度极限(MPa),不小于	—	260	140	—
顺纹抗压强度极限(MPa),不小于	180	160	125	125
静弯曲强度极限(MPa),不小于	—	280	180	150
冲击强度(kg·cm/cm²)	—	80	30	30
胶层抗剪强度极限(MPa),不小于	15	15	14	14
断面泊氏硬度(kg/mm²),不小于	25	25	25	—

表14-6 产品牌号及构成

牌号	构成
MCS-2	每隔10~15层顺纹单板配置一层横纹单板
MCS-2-1	每隔10~15层顺纹单板配置一层横纹单板,每三层顺纹单板配置一层含油单板

注:本标准适用于桦木旋切单板制成的层积塑料板

表14-7 产品物理力学性能

序号	指标名称	单位符号	标准值 MCS-2	标准值 MCS-2-1
1	密度,≥	g/cm³	1.3	1.23
2	含水率,≤	%	7	7
3	冲击韧性,≥	kJ/m²	78	59
4	顺纹胶层剪切强度,≥	MPa	15	12
5	静曲强度,≥	MPa	274	216
6	顺纹抗拉强度,≥	MPa	255	196
7	顺纹抗压强度,≥	MPa	157	127
8	24h吸水率,≤	%	5	
9	端面硬度(布氏),≥	MPa	196	
10	极限吸水率,≤	%	20	
11	极限体积膨胀率,≤	%	22	

注:1.序号1~9为必测项目
2.序号10、11为生产厂分析质量的不定期测定项目

表14-8 前苏联木材层积塑料标准

指标名称	MCS-1	MCS-2		MCS-3		MCS-4	MCS-2-d		MCS-3-d		MCS-2-y	MCS-3-y	MCS-4-y		MCS-2-f	
	整体	整体	集成	整体	集成	集成	整体	集成	整体	集成	整体	整体	整体	集成	整体	集成
密度(kg/m³),≥	1300	1300	1300	1300	1300	1300	1300	1300	1300	1300	1230	1230	1230	1230	1280	1280
含水率(%),≤	6	7	7	7	7	7	6	6	6	6	7	7	7	7	10	10
24h 吸水率(%),≤																
15～20mm 厚	–	3	3	3	3	3	3	3	3	3	–	–	–	–	–	–
25～50mm 厚		2	2	2	2	2	2	2	2	2						
55～60mm 厚		1	1	1	1	1	1	1	1	1						
极限吸水率(%),≤	18	20	–	–	–	–	–	–	–	–	–	–	–	–	–	–
极限体积膨胀率(%),≤	20	22	–	–	–	–	–	–	–	–	–	–	–	–	–	–
顺纹抗拉强度极限(MPa),≥	–	255	216	137	108	–	255	216	137	108	196	127	–	–	–	–
顺纹抗压强度极限(MPa),≥	176	157	152	122	118	122	157	152	122	118	127	98	–	–	–	–
顺纹静曲强度极限(MPa),≥	–	274	255	176	147	–	274	255	176	147	216	137	82	–	–	–
表层顺纹弯曲冲击韧性(kJ/m²),≥	–	78	69	29	29	29	78	69	29	59	24	16	69	69	69	88
胶层抗剪强度极限(MPa),≥	7.8	6.9	6.9	6.9	6.9	7.8	7.8	6.9	6.9	5.9	4.9	4.9	4.9	4.9	4.9	3.9
端面硬度(MPa),≥	–	196	196	–	–	–	–	196	–	–	–	–	–	–	–	–
空气温度105±2℃时耐热性(h)	–	–	–	–	–	–	–	24	–	–	–	–	–	–	–	–
变压器油温度105±2℃时耐油性(h)	–	–	–	–	–	–	–	6	–	–	–	–	–	–	–	–

表14-9 木材层积塑料牌号与单板要求

型号	单板厚度(mm)	单板含水率(%)	上胶方法
MCS-1	0.5～0.6	4～8	浸胶
MCS-2-h	0.4～0.55	4～8	浸胶
MCS-2-d	0.4～0.6	4～8	浸胶
MCS-3-d	0.4～0.6	4～8	浸胶
MCS-2-y	0.5～0.6	4～8	浸胶
MCS-3-y	0.5～0.6	4～8	浸胶
MCS-4-y	0.5～0.6	4～8	浸胶
MCS-1-f	0.8～1.5	4～8	浸胶
MCS-2-f	0.8～1.5	8～12	涂胶

表14-10 几种树种的旋切单板顺纹抗拉强度

树种	单板厚度(mm)	顺纹抗拉强度(MPa)
桦木	0.5	130～210
荷木	0.5	99.6～143.3
杨木	0.5	78～119.3

树脂的物理化学性能如下：

树脂外观色泽	微红到褐色透明液体，无不溶性微粒
树脂液密度	0.965
树脂含量（%）	50～55
游离酚含量不大于（%）	14
树脂聚合度（s）	55～90
树脂中水分含量不大于（%）	7
在乙醇中的溶解度	全溶
20℃时黏度（恩氏度）	
浸渍用	15～40
涂胶用	40～100
成品胶层抗剪强度不低于(MPa)	3.0(沸水煮1h后测试)

14.2.2 木材层积塑料生产工艺流程

木材层积塑料生产工艺流程如图14-2所示。其中，单板旋切和单板干燥可参照胶合板部分。

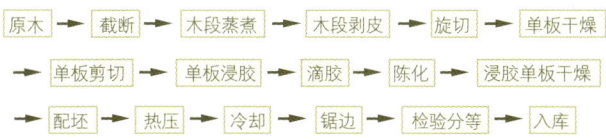

图 14-2 木材层积塑料生产工艺流程

1. 单板浸胶

单板浸胶,就是将一定尺寸的干单板浸入胶槽中,让单板充分吸收酚醛树脂胶。浸胶时,干单板垂直立在浸胶用的吊笼中,浸渍一定时间后提起吊笼,把多余的胶液淋掉。

表 14-11 为酚醛树脂胶与黏度的关系。

醇溶性酚醛树脂浸胶液技术指标:

溶液温度(℃)	15~20
溶剂	工业酒精
20℃时密度	0.93~0.94
溶液中干树脂含量(%)	28~36
溶液黏度(恩氏度)	18~24

单板浸胶的方法有两种:普通胶槽浸渍法和真空-加压浸渍法。

(1) 普通胶槽浸渍法:在室温条件下,要浸胶的单板装在吊笼内,15~20 张为一摞。单板厚度为 0.75mm 时,一摞数量不超过 15 张;厚度 0.55mm 时,一摞数量不超过 20 张。单板与单板之间由金属丝网隔开。金属丝网由直径 5~6mm 的金属丝编成,网孔尺寸为 100mm×100mm。吊笼中单板的数量,决定于浸胶槽的尺寸,而且吊笼的装料密度,应该保证浸渍胶液在单板之间顺利地渗透。装料后,吊笼同单板浸没于胶槽的浸渍液中。为避免乙醇蒸发,要盖上槽盖。这种方法操作简单,劳动量少,设备投资小,因此应用较广泛。较大工厂的浸胶设备流程,如图 14-3 所示。

树脂向木材内部渗透的速度决定于单板的树种、厚度、含水率和树脂的特性(表 14-12)。

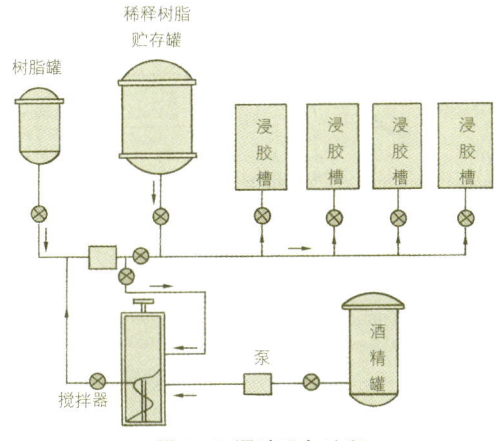

图 14-3 浸胶设备流程

表 14-11 酚醛树脂胶液在不同温度下密度与黏度的关系

(固含量 28%~36%)

温度(℃)	5	10	15	20	30	40	50
密度 0.930(20℃) 黏度 1.59 恩氏度							
密度	0.950	0.940	0.938	0.930	0.928	0.927	0.922
黏度	2.27	1.96	1.80	1.59	1.45	1.33	1.27
密度 0.945(20℃) 黏度 1.68 恩氏度							
密度	0.960	0.956	0.952	0.945	0.940	0.937	0.935
黏度	2.39	2.20	2.06	1.68	1.51	1.35	1.29
密度 0.970(20℃) 黏度 1.92 恩氏度							
密度	0.978	0.977	0.975	0.970	0.965	0.960	0.953
黏度	2.98	2.68	2.33	1.92	1.69	1.43	1.31

表 14-12 单板的树种和含水率对吸胶量的影响

树 种	单板含水率(%)	吸收干树脂量(%)
枫 桦	2.5	15.2~17.6
	9.6	13
	15.3	8.8
白 桦	2.5	22.25
	9.6	19.2
	15.3	14

注:浸胶时间 4h,室温 20℃,胶液挥发物含量 3%~6%

单板越薄,树脂越容易渗透到木材内部,渗透深度也越大,而且单板断面上树脂含量比较均匀,由此制成的制品性能也较好。如果单板厚度太小,由于树脂含量过多,塑料易发脆。单板厚度以 0.35~0.60mm 最为适宜。

单板含水率对制品性能也有影响,单板含水率低时,树脂胶液渗入木材孔隙中的深度就深些,并且分布也均匀。但是,单板含水率过低,树脂吸入量过多,制得的木材层积塑料会发脆。单板含水率以 6%~8% 为宜。

浸胶程度取决于单板在胶槽内的时间,浸胶时间又依单板厚度而定,一般为 1~3h(表 14-13)。浸胶后,单板必须

表 14-13 树脂密度和浸胶时间对吸收干树脂的影响

树脂密度(20℃)	浸胶时间(h)	吸收干树脂量(%)
0.938	1	18.04
	2	18.73
	4	22.38
	6	22.07
0.943	1	10.36
	2	11.76
	4	12.00
	6	16.69
0.975	1	8.35
	2	9.58
	4	10.02
	6	10.44

注:桦木单板厚度 0.55mm,含水率 6%~8%

滴去表面上多余的胶液,这个过程可在浸胶槽或滴胶槽上进行。滴胶时间约为 30～60min。

(2) 真空—加压浸渍法：将单板放入密封的耐压罐内,先抽真空,真空度达到 500～600mmHg 后,保持 15min,使单板细胞腔空气抽出,以便加速吸收胶液。然后将胶液放入罐内,通过观察孔注视胶液放满,即关闭真空泵和胶槽阀门,再向压力罐中注入空气,使罐内压力达到 4～6 个大气压,保持约 30min,打开压力罐下部阀门,使胶液流出,待流完后,关闭流出胶的阀门和加压阀门,此时单板的细胞腔隙已吸满胶液。再次抽真空,使木材细胞腔隙内过多的胶液排出,以节省胶料,关闭真空泵,放出罐内胶液,取出浸渍好的单板。此法在很短的时间内能使单板大量吸收胶液,而且胶液分布均匀。当压力为 4～6 个大气压时,浸胶时间仅需 30min,而且单板的含水率可放宽到 12%。但此法要求树脂快速压入单板内,需将胶液浓度降低,因此比常压浸渍法增加了酒精的消耗量,且设备较复杂。真空—加压浸胶设备如图 14-4 所示。

真空—加压浸渍法干单板吸收树脂量取决于压力、加压时间以及单板含水率,如表 14-14 所示。

真空—加压浸渍法与普通胶槽浸胶方法相比浸胶效果要好,因而在其他条件相同的状况下,采用真空—加压浸渍法生产的木材层积塑料质量明显优于采用普通胶槽浸胶方法制得的产品（表 14-15）。

浸胶单板内树脂含量的测定：浸胶前,浸胶干燥后均要称量板堆重量,按下式计算单板中干树脂的含量。

$$Q = [1 - \frac{q_1(100+W_2)}{q_2(100+W_1)}] \times 100$$

式中：q_1——浸胶前单板重量,g
q_2——浸胶干燥后单板重量,g

表 14-14 不同压力下加压时间和单板含水率对吸收干树脂量的影响

压力(大气压)	加压时间(min)	吸收干树脂量（%）		
		单板含水率		
		4.6	10.2	14.5
4	30	22.49	20.27	18.48
	60	23.45	21.03	20.87
	90	25.36	22.18	20.79
	120	26.49	22.14	21.30
6	20	24.15	20.26	19.85
	40	24.49	21.45	21.04
	60	25.66	22.80	21.74
	80	28.35	24.38	22.35
8	10	26.63	19.61	16.50
	20	24.51	21.21	17.44

W_1——浸胶前单板含水率,%
W_2——浸胶干燥后单板含水率,%

如果浸胶前和浸胶干燥后的单板含水率之差不大于 2%,干树脂含量允许按下式计算：

$$Q = \frac{q_2 - q_1}{q_2} \times 100$$

浸胶单板内干树脂含量应在 16%～24%。

2. 浸胶单板的干燥

制造木材层积塑料,单板浸胶后必须先进行干燥,然后才能组坯热压。因为单板中布满树脂胶,其中大量的溶剂（酒精和水）和一部分挥发物（游离酚和醛）热压时,在高压下不易排出,在卸压时容易产生"鼓泡"或"分层"现象,从而产生废品。为了保证产品质量,在热压之前必须先对浸胶单板进行干燥,降低浸胶单板中的酒精和其他挥

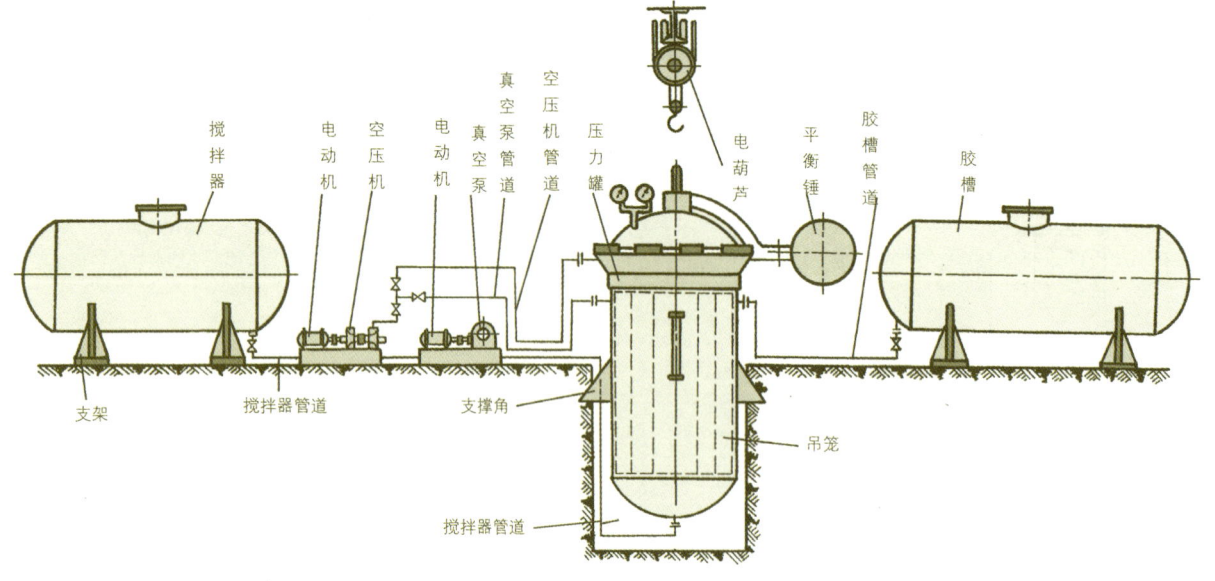

图 14-4 真空—加压浸胶设备

表 14-15 两种浸胶方法对木材层积塑料质量的影响

指标名称	木材层积塑料牌号 MCS-2	
	加压浸渍法	普通浸渍法
密度 (g/cm³)	1.36	1.3
含水率 (%)	5.0	7.0
24h 内膨胀率 (%)	0.83	3.8
吸水极限 (%)	14.4	21.5
膨胀极限 (%)	13.3	22.4
24h 内吸水率 (%)	1.07	3.5
抗拉强度 (MPa)	284.2	254.8
抗压强度 (MPa)	205.8	156.8
胶层剪切强度 (MPa)	15.68	13.72
静曲强度 (MPa)	323.4	274.4
抗冲击强度 (MPa)	12.25	7.84

发物的含量。

干燥后浸胶单板应达到下述要求：

(1) 达到规定的挥发物指标。

(2) 单板表面胶层无气泡，无缺胶。

(3) 树脂固化率不大于 2%（MCS-2-d 许可略大于 2%）。

(4) 单板不发生开裂。

牌号不同的木材层积塑料在生产中对浸胶单板在干燥后的挥发物含量要求不尽相同，如表 14-16 所示。

为了保证浸胶单板干燥质量，应分两个阶段进行干燥：第一阶段，为防止溶剂和挥发物猛烈排出而使浸胶单板表面产生气泡，醇溶性树脂浸渍的单板干燥温度应不大于 75℃（酒精沸点为 78℃），水溶性树脂浸渍的单板不大于 90℃（水沸点 100℃）；在浸胶单板含水率降到 15% 左右后，干燥进入第二阶段。在第二阶段可以提高干燥温度，但应防止树脂固化超过 2%。一般干燥设备设计采用的空气参数见表 14-17。

浸胶单板干燥可采用连续式浸胶单板干燥室。干燥室设计为两个分室，如见图 14-5 所示。

第一分室气流横向循环。室间有转盘，供小车转 180° 用。第二分室轨道上可停放 2~4 台装有单板的小车，气流循环为纵向。

在生产中，浸渍醇溶性树脂单板的干燥条件见表 14-18。

浸胶单板干燥后，含水率（包括挥发物）应在 3%~6% 之间。

浸胶单板干燥后，应在温度 25℃，相对湿度不大于 70% 的场所保存 4~5 天。浸胶单板也应分等，用优质单板作表板，浸胶不完全和凝胶过多的单板不能使用。

3. 配坯

单板经过浸胶和干燥以后，应按照木材层积塑料的品种牌号规定的单板纹理方向进行配坯。在配坯之前，首先应计算出单板需要多少层，才能满足所制产品的要求厚度。根据单板厚度和木材的压缩系数，按下式计算单板层数：

$$N = \frac{S}{(1-K)S_1}$$

式中：S——成品板厚度，mm

S_1——单板的厚度，mm

K——压缩系数，见表 14-19

根据产品的要求及塑料的结构不同，板坯配制的方法也各不相同。当塑料的尺寸小于单板尺寸时，可以按整体方案配坯。当层积塑料的长度超过单板的尺寸时，应按集成方案配坯，可采用搭接或对接，最好的方法是在木材层积塑料长度方向上采用纵向单板搭接的办法，但必须保证在同一断面上不能有两个搭接缝。横向单板宽度不够时，

表 14-16 木材层积塑料对浸胶干燥后单板的挥发物含量要求

牌号	单板中干树脂含量（%）	挥发物含量（%）	备注
MCS-1	16~24	3~6	
MCS-2	16~24	3~6	
MCS-3	16~24	3~6	
MCS-4	16~24	3~6	
MCS-2-h	18~24	3~5.5	
MCS-2-f		8~12	打梭棒
MCS-2-d	20~24	2~5	
MCS-3-d	20~24	2~5	

表 14-17 干燥浸胶单板的最合适的空气参数

参数	不同阶段参数值	
	第一阶段	第二阶段
空气温度（℃）		
醇溶性酚醛树脂	70~75	90~95
水溶性酚醛树脂	65~75	85~90
风速（m/s）	1.5~1.8	0.8~1.0
相对湿度（%）	10~25	10~25

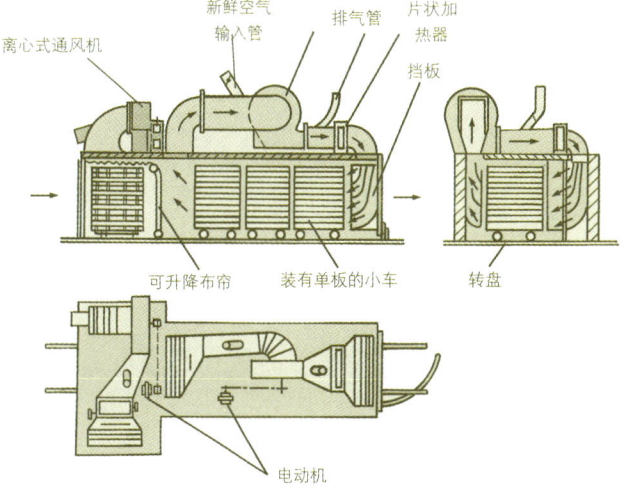

图 14-5 浸胶单板干燥室

表 14-18 浸渍醇溶性树脂单板的干燥条件

干燥分室	空气温度（℃）	空气速度（m/s）	相对湿度（%）	干燥时间（min）	备注
第一分室	65~72	1.5~1.8	10~25	20~30	10~12min，小车转180°
第二分室	80~90	1.0	10~25	40~70	

注：小车上单板每张隔开干燥，总时间60min；如每两张重叠码放在小车上，干燥总时间100min。隔条为25mm×25mm

可用对接的办法，因为单板横纹强度本身就很低，所以无需搭接。

按集成方案组坯时，单板以搭接方式连接。搭接尺寸按照下式计算：

$$a = \frac{L}{(n+1)}$$

式中：n——板坯中的纵向层数

L——单板长度，mm

板坯配好后，在金属垫板上涂以油酸或矿物油，以防止粘板。由于板坯较重，最好用机械装卸。装料时，压板温度为40~50℃为宜，以防板坯表层的树脂过早固化。

4. 热压工艺

制造木材层积塑料时的温度一般为145~150℃，单位压力为15MPa左右。单位压力越大，木材压得越密实，传热速度也就越快，这样就促使树脂本身和木材间的物理化学作用快速进行，使木材塑化，降低了产品的吸水性和膨胀性。研究证明，吸水性和膨胀性是单位压力的函数，当单位压力超过15MPa时，函数曲线趋于平缓，即单位压力的增加对产品的物理力学性能的影响不大。所以，制造木材层积塑料的单位压力以15~16MPa为宜。

木材层积塑料热压工艺条件：

装板时热压板温度	40~50℃
热压时热压板温度	145~150℃
卸板时热压板温度	40~50℃

装板时板坯中心要对准热压板中心，以免倾斜、偏移和压力分布不均。然后开始升温和闭合压板，从热压板温度上升到145~150℃起开始计算热压时间。

木材层积塑料热压时间，见表14-20。

当单位压力及温度达到规定值时开始计算热压时间。

第一阶段终了时，板坯中心温度约达130~132℃，加热到这个温度所需时间可以用实验公式计算：

$$t_1 = 3.9 S^2$$

式中：S——压紧后板坯厚度，cm

热压完成以后，为了消除板坯在热压时所产生的内部应力，必须使加热材料在压紧的状态下冷却下来。否则，不但会翘曲变形，甚至会完全破坏。所以在胶压结束前10~20min时，就开始停止供汽，通冷水进行冷却。

当热压板温度冷却至40~50℃时，继续放置一段时间。一般按1mm板厚放置1min计算。放置结束后，然后降压张开压板，木材层积塑料由卸板机卸出。

木材层积塑料的生产，根据产品的用途，工艺上应采取不同的措施，以提高产品的质量。

热压时间长，提高了树脂固化率，改善了产品的吸湿膨胀性能，但降低了抗拉、抗压、抗冲击强度。因此用作工程结构材料和要求以力学强度性能为主的产品，可以适当缩短热压时间。

作为工程结构材料的木材层积塑料，为了提高力学强度，年轮割断太多的单板要加以限制。

要求绝缘性能好的电工材料，树脂含量应不低于20%，热压时间要长，以保证绝缘和耐热性能好，体积稳定性好，加压时间可比规定时间每mm增加1~2min。

耐磨材料要求体积稳定性好，耐压强度高，这就要提高树脂含量，加大单位压力。或浸渍单板涂布石墨，或者用二硫化钼粉末混合于树脂内，也可以单板先浸矿物油，再浸酚醛树脂，使木材层积塑料具含油性质，起自动润滑作用。

表 14-19 单位压力不同时的 K 值

产品种类	单位压力（MPa）	K值
木材层积塑料	15.0	0.45~0.48
塑化胶合板（水溶性树脂）	3.5~4.0	0.33~0.35
塑化胶合板（醇溶性树脂）	4.0~4.5	0.35~0.45

表 14-20 木材层积塑料板厚度与热压时间的关系

工艺操作	成品板厚度（mm）	时间（min）	备注
第一阶段升温	小于25	20~25	应严格控制升温时间
	大于25	30~40	
第二阶段保温	小于25	5/mm板厚	温度和压力达到后计算时间
	大于25	4/mm板厚	
第三阶段通冷水	小于25	不少于40	第二阶段终了前10min关闭蒸汽
降温和卸压	大于25	不少于50	通冷却水使板坯温度下降

干法纤维板

纤维板是以木材或其他植物纤维为主要原料，成型压制而成的板状制品的总称。由不同种类、不同规格的原料，解离成纤维，以空气为工作介质铺装成板坯，纤维之间结合借助于胶黏剂，经干状板坯热压而制成的板材，称为干法纤维板。其密度范围很广。为提高制品的强度、耐水性，在制造过程中，通常施加树脂、防水剂；为进一步赋予制品防火性、隔音性、防腐性，有时还添加其他化学药剂；还有对板进行各种浸渍、涂饰、覆贴等加工处理。

1. 按密度分类

(1) 根据GB 12626.1-90硬质纤维板(Hard Fiberboard，简称HF)，以植物纤维为原料，加工成密度大于0.80g/cm³的纤维板(又称高密度纤维板)。

(2) 根据GB/T1718-1999中密度纤维板(Medium Density Fiberboard，简称MDF)，以木质纤维或其他植物纤维为原料，施加脲醛树脂或其他适用的胶黏剂，制成密度在0.45～0.88g/cm³的纤维板。

2. 按纤维板的结构分类

(1) 两面光(S-2-S)纤维板；一面光滑，一面带网痕(S-1-S)纤维板。

(2) 单层纤维板；三层纤维板；多层纤维板。

(3) 定向纤维板；非定向板。

3. 按原料分类

可分为木质纤维板和非木质纤维板(如棉秆纤维板、甘蔗渣纤维板等)。

15.1 干法纤维板的原料

15.1.1 原料的要求

制造纤维板的主要原料是所谓的纤维质原料，主要是木材。纤维板制造业是以有效地、合理地利用木材加工的废料、低质材、未利用材为目的而开发发展起来的工业，根据板的种类、制造工艺、设备及用途等虽然在使用的树种、原料的形状、树皮含量、含水率等方面有一定要求，但是从生产技术上来说，几乎所有的木材都可以用来做原料。

湿法用原料几乎都能用于干法，但干法与湿法的不同是因为干法完全不用工艺水，所以蒸煮时生成的低分子糖类未经去除，而全部附着在纤维上。这些糖类在热压过程中易产生焦糖化而造成板面污染、鼓泡、粘板等缺陷，因此，希望使用溶解物质，特别是溶于热水的物质比较少的原料。

干法生产使用气流或机械成型，能够生产多层结构制品，表层和中层可用不同种类原料，因此，原料的来源比湿法更为广泛。

干法原料的材种可以单独或搭配使用。混合使用时，要特别注意原料的密度，应尽量选择密度相近的材料。因为干法生产中，纤维输送和成型多数以气流做介质，纤维本身的悬浮速度与原料的密度和混合配比有直接关系。如果原料密度相差太大或混合配比变异较大，纤维在输送过程中会产生分离现象，纤维干燥后含水率偏差会增大，甚至造成铺装板坯的密度不均，厚度不稳定等等问题。

干法制造多层结构板，中层原料可不剥皮，在技术上难以去皮树种或劣质材，可做中层原料。表层原料一般要求树皮含量不超过10%，在此范围内不影响强度。但使用加工废料、采伐剩余物、小径材、枝桠材时，树皮含量往往高达25%左右，如不采取去皮措施，单独使用，不仅影响板的外观，而且会降低制品的物理力学性能。因此，生产质量较高的干法纤维板，树皮含量不宜超过10%～15%。

15.1.2 原料的种类

干法纤维板制造所用原料,其纤维素含量一般要求在30%以上。植物纤维原料种类很多,大体可分为木质纤维和非木质纤维两大类。

1. 木质纤维

包括采伐剩余物(如小径材、枝桠材、薪炭材)、造材剩余物(截头)、加工剩余物(边皮、木芯、碎单板),以及回收的废旧木材等。也可直接以林区加工木片为原料。

用作生产的树种很多,北方多为红松、落叶松、云杉、桦木、椴木、水曲柳、杨木、榆木等;南方多为马尾松、杉木、枫香等,以及各种野生的灌木条、藤类等。

2. 非木质纤维

除木材以外,大多数茎秆作物,也都可以制得质量较好的纤维板。我国已开发利用的非木质原料有:甘蔗渣、竹材、芦苇、棉秆等十多种。但茎秆作物存在质量轻、体积大、不便运输和贮存,收购季节性较强等问题。

15.1.3 原料对干法纤维板的影响

1. 纤维形态与制品性能

原料中纤维形态与板中的纤维形态虽然不完全相同,但关系密切。

板的强度取决于单个纤维本身的强度和纤维之间的结合强度。板中单个纤维的强度取决于原料中纤维细胞的强度和它在生产过程中所受的破坏程度。纤维细胞的强度,除与纤维素的聚合度、结晶度有关外,还与它的微观形态有直接联系如纤维细胞的长宽比、壁腔比,以及细胞壁次生壁中层内的微纤维丝与纤维轴之间的夹角等。纤维之间的结合强度取决于纤维之间的交织性能和结合时的工艺条件。长宽比大的纤维有好的结合性能;长与短、粗与细的纤维搭配,可以填补纤维之间的空隙,扩大接触面,提高制品的强度。

2. 化学组成对产品质量的影响

植物纤维细胞的三个主要化学组成及抽提物在构成纤维板的强度中所起的作用各不相同。纤维素是组成纤维细胞的骨架和主体,因此,是决定板强度的根本因素。半纤维素由于它的吸湿、润胀性使纤维的塑性增加,有利于提高纤维之间的结合力。木素在温度高于软化点后,可以发挥很强的粘结作用,此外,木素还能改善制品的耐水性。抽提物对纤维之间的结合有一定的阻碍作用,影响制品的强度。考虑树种的化学组成,适当配合使用,会对制品性能有利。表15-1表明以马尾松、杉木为主,适当搭配枫香和泡桐,对中密度纤维板性能的影响。

15.2 干法纤维板生产工艺

干法生产纤维板工艺过程,一般是由下列工序组成:备料、纤维分离、调胶和施胶、纤维干燥、纤维分级和计量、成型和预压、板坯纵向齐边和横向锯裁、热压,以及毛板冷却、砂光、规格锯裁等后期处理。工艺流程如图15-1、表15-2、表15-3。

图15-1是利用较好的原料,经热磨后再精磨、干燥,供给成型所需的表层纤维。同时,利用较差的原料,在另一条流程上,通过纤维分离、干燥,制备成型所需的中层纤维。

图15-2为MDF多层压机生产流程。该流程采用的是管道施胶、直管管道气流干燥、机械铺装、间歇式多层压机热压制板方式。

图15-3为纤维板连续热压生产流程。

15.2.1 中密度纤维板制造工艺

中密度纤维板主要采用干法生产工艺,具体工艺应根据原料、制品的质量要求、设备条件等来制定。一般由下列工序组成:备料、纤维分离、施胶、干燥、铺装成型、预压、热压、冷却、锯裁、砂光以及产品分等入库等。

1. 备料

备料工段是把木材或其他原料,按纤维分离工艺和设备的要求,加工成一定规格和质量要求的碎料。

(1) 原料的贮存:为保证生产的正常进行,需要有一定数量的原料贮备。原料贮存量由生产规模、原料供应及运输条件等因素决定。

表15-1 不同树种配比与MDF性能的关系

树种配比 性能指标	马尾松 100%	杉木 100%	泡桐 30%		泡桐 10%		枫香 30%		枫香 10%	
			马尾松 70%	杉木 70%	马尾松 90%	杉木 90%	马尾松 70%	杉木 70%	马尾松 90%	杉木 90%
密度(g/cm^3)	0.72	0.72	0.74	0.75	0.74	0.70	0.72	0.71	0.69	0.67
MOR (MPa)	21.4	37.1	32.5	37.2	26.3	35.1	30.7	35.6	28.7	35.6
IB (MPa)	0.29	0.46	0.74	0.41	0.44	0.51	0.57	0.68	0.46	0.62
吸水率(%)	53.3	17.4	23.8	20.4	39.7	21.9	43.8	17.7	66.3	14.0
厚度膨胀率(%)	25.6	6.2	12.6	7.6	23.8	7.2	14.9	9.0	22.1	4.2

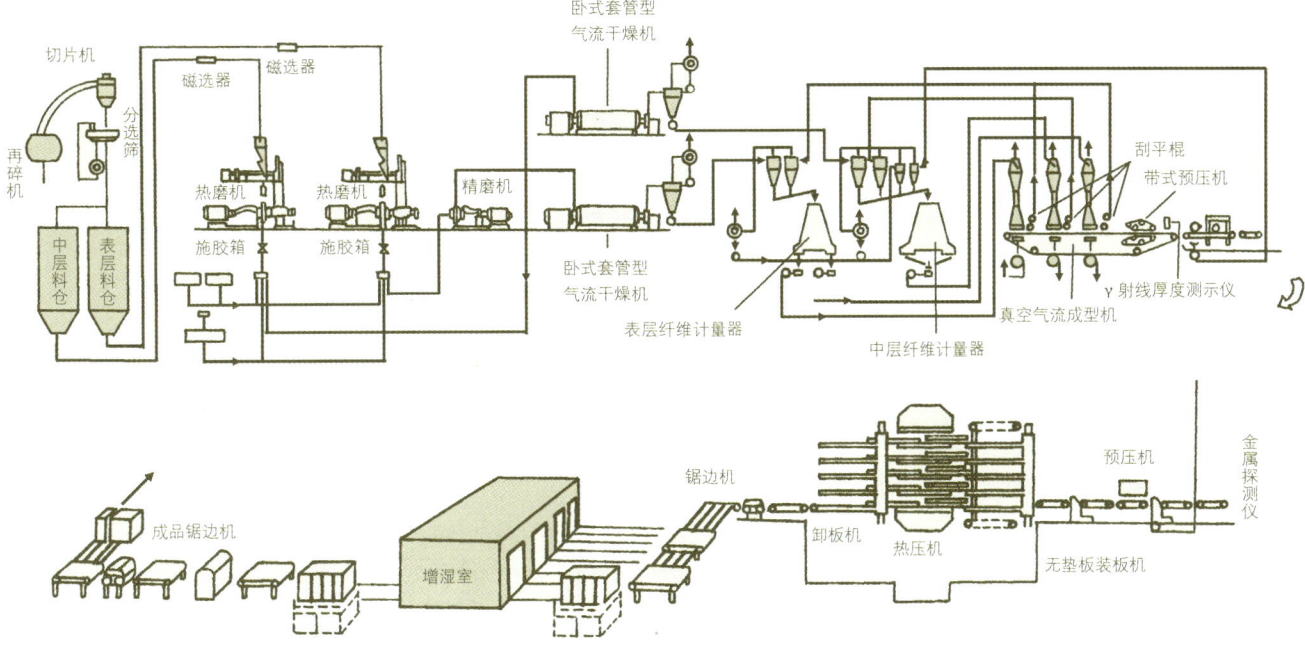

图 15-1 干法纤维板工艺流程

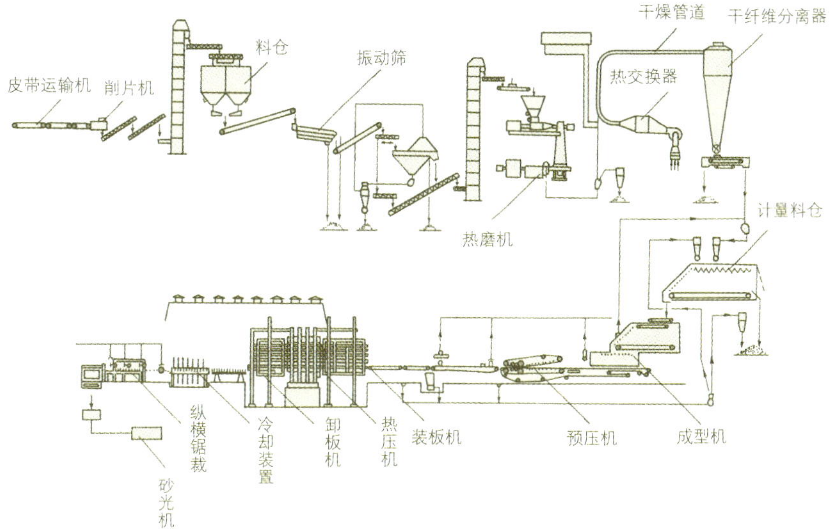

图 15-2 MDF 多层压机生产流程

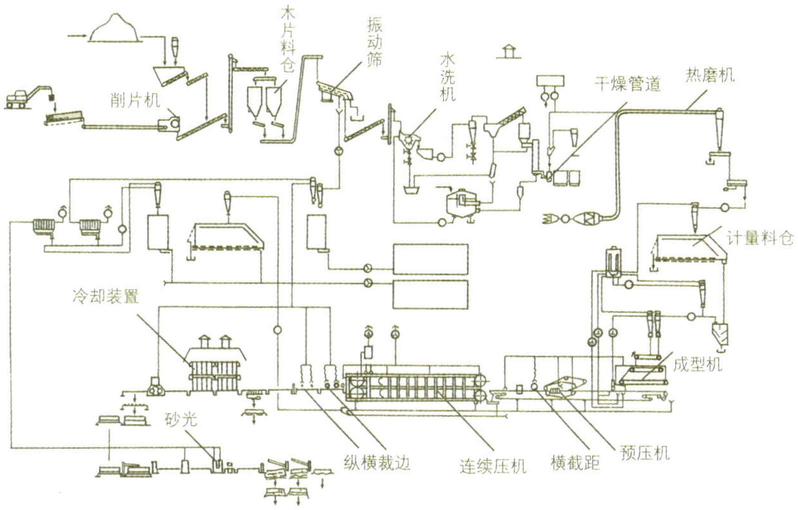

图 15-3 纤维板连续热压生产流程

原料的贮存场地应干燥、平坦，并且要有良好的排水条件。为了保证原料的良好通风与干燥，还要考虑装卸工作的方便，原料堆垛之间必须留出一定的间隙。堆垛的大小，随堆垛方式而定，由人工推垛，一般高度达 2.0～2.5m，由机械操作，允许达 10m 以上。

各种原材料的木愣，按实积立方米计算，可将其容积乘上实积换算系数(表15-2)，就可知道它的实积立方米或质量。

表15-2 各种原材料的换算系数表

原料种类	实积(m³)	下脚料换算(m³)	木片层积(m³)	换算重量(kg)
制材厂下脚料	1.000	2.000	2.850	400
	0.500	1.000	1.425	200
	0.350	0.700	1.000	140
	2.500	5.000	7.143	1000
间伐材	1.000	2.500	2.667	400
	1.400	1.000	1.067	160
	0.375	0.937	1.000	150
	2.500	6.250	6.667	1000
枝桠材	1.000	3.333	2.848	450
	0.00	1.000	0.854	130
	0.351	1.170	1.000	158
	2.222	7.407	6.329	1000
薪炭材	1.000	1.429	2.667	520
	0.700	1.000	1.867	364
	0.375	0.536	1.000	195
	1.942	2.747	5.128	1000

茎秆作物堆垛，必须保持原料含水率在10%～15%，含水率过高，会引起腐烂发热，甚至导致自燃。

(2) 备料工艺流程：备料是纤维板生产的第一个工段，制备原料的质量和规格直接关系到纤维和纤维板的质量。

不同的原料应有不同的备料工艺流程和相应的设备。以薪炭材、小径材为原料时，较完整的备料工段包括以下工序。

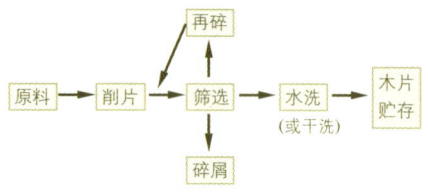

因为生产纤维板多数利用各种剩余物和未剥皮的原料，因此，必须要排除杂物。原料通过水洗，清除金属、泥沙等，以延长磨盘磨片、锯片等使用寿命。木片水洗能有效清除杂物，还能提高、均匀原料含水率，但在水洗过程中，吸收过多的水分，必然增加纤维干燥的负荷。因此，有些生产线用"干洗"替代水洗，这类设备的原理是振荡筛选与重力分离相结合的处理方式(称干洗)。

大中型MDF生产线，一般为多种原料，相应采用多条备料流水线，其工艺流程如图 15-4。

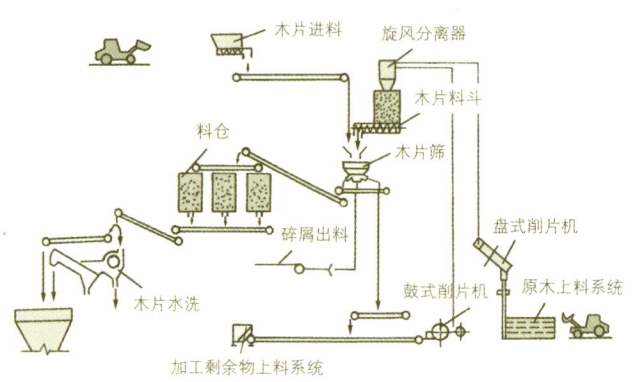

图15-4 备料工艺流程

若非木质原料时，则选择专用切削机械，强化筛选，并应注意除尘和降低环境噪声，确保文明生产。

(3) 削片：对木片切削要求是大小合格、均匀、切口平整。木片规格通常在16～30mm、宽15～25 mm、厚3～5mm，筛选后的组成要求见表15-3。影响木片质量的因素：

①原料质量：最好外形规整，含水率不低于35%～45%，无腐朽材。这样所生产的木片整齐均匀、合格率高、碎屑少。

②削片机类型：常用的有盘式削片机和鼓式削片机。由于其切削作用力的不同，因此适于加工的原料种类则不一样，切削质量亦不同，应予以考虑。

③刀具的锋利程度：切削刀片有单刃和双刃两种。单刃刀片锋利易产生碎料，双刃适用于切削硬材和冰冻材。刀片的研磨角要根据钢材质量而定，切削硬材，角度应大些，以防刀具损伤。刀片要经常更换和研磨，以保持刃口锋利。在正常的情况下，飞刀每切削4～8h 应换一次，底

表15-3 木片的组成

木片类型	木片长度(mm)	组成(%)	备注
大型木片	大于 30	不超过 6～8	不得混入金属物质
标准木片	16～30	不少于 70～76	木片含水率35%～50%
小型木片	6～15	不多于 8～12	经筛选进入再碎机的大型木片，不得超过木片总
碎　　料	小于 5	不多于 3～5	量的 10%～20%

刀每 10～15 天更换一次。

④刀片安装：木片的长度与厚度由刀片的安装位置所决定。普通盘式削片机的飞刀与底刀之间的距离为 0.3～0.5mm；国产鼓式削片机飞刀与底刀之间的距离为 0.8～1.0mm。

(4) 木片的筛选和水洗（或干洗）

①筛选：切削后木片中的碎屑应该筛除，大木块必须分离再碎，否则影响纤维质量。

木片筛选机有平筛、圆筛和摇筛等。圆筛因效率低、占地大，用得较少。现中小型厂，多采用平筛。摇筛效率高，产量大，适于产量较高的厂使用(图15-5)。木片落到筛帽上，经导板均匀向边缘移动，然后落到多边形筛板上，筛板以低速、大振幅作平面振动，筛底有三个出口，分别出细碎料、合格木片、大块木片。筛板振幅40～50mm，筛板的面积视产量而定。该机结构简单、坚固，操作方便，易于安装，且有较好的机械性能。

②木片水洗（或干洗）：合适的原料含水率使纤维分离时能顺利进料，研磨时吸收磨擦热，降低原料软化的温度。原料中的泥沙影响产品质量，夹杂石块、金属等会损坏磨片，故木片在纤维分离前，应设置木片水洗工序，可替代磁选并减轻筛选负担。

木片水洗现一般采用上冲水流式水洗系统，图15-6为此类水洗机示意图。

木片进入杂物分离器后，在鼓式搅拌叶片的搅拌下被浸入水中，由下部进水口进入的水流搅拌，使木片中的石子、金属碎片以及木片上的泥沙被分离出来，落到搅拌器底部的管道内，下部用两个交替开闭的阀门进行定期排出杂物。洗涤过的木片用倾料螺旋运输机运出，多余的水分由带孔的倾斜螺旋外壳排出。水的循环系统，由给水管道、泵及除渣器、浮子、控制阀组成。从倾斜螺旋运输机底部的水流入水槽，液位由浮子控制，水量不足，清水控制阀开大；水量超过，可关小水阀，或另设溢流口排出。水经泵送到除渣器，除渣器连续排渣，经除渣后的澄清水继续循环使用。

经水洗木片的含水率约56%。鼓式搅拌器下反冲水流速每秒不超过0.8m，从而保证木片与杂物的分离效果。

干洗现采用如图15-7风洗机进行。木片由风洗机分级箱后部进入，由于分级箱与振荡器固定在一起，所以，分级箱和振荡器一起作上下振荡，从鼓风机出口的管道，通过转阀装置，分成两股气流，交替吹出分级箱底部，分级箱上下、前后振动，分级箱内的木片随着分级箱作上下、前后运动，木片内的细砂、小石块，经分级箱内的网孔，由分级箱前面孔口排出，灰尘、细小杂质被吹浮起，通过吸尘罩进入管道，再进入旋风分离器内，灰尘杂质等被分离出来，由回转出料器排出，干净空气由旋风分离器上出口再进入鼓风机进风口，重新进入下一个循环，分级箱前部还装有一个横向分级箱，用于去除特大尺寸木片，有一部分合格木片通过循环装

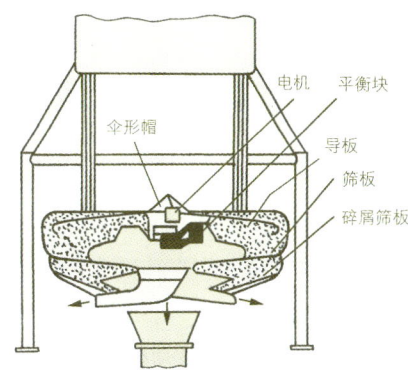

图15-5 木片筛

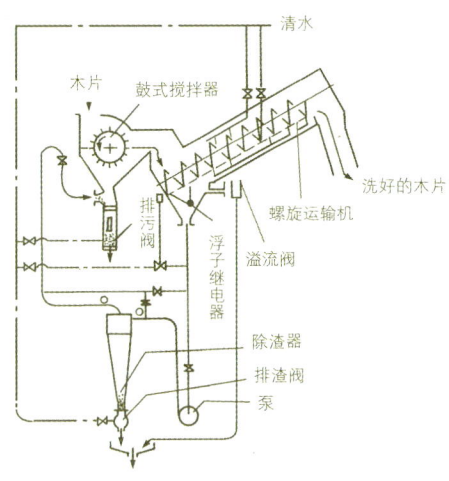

图15-6 木片水洗机

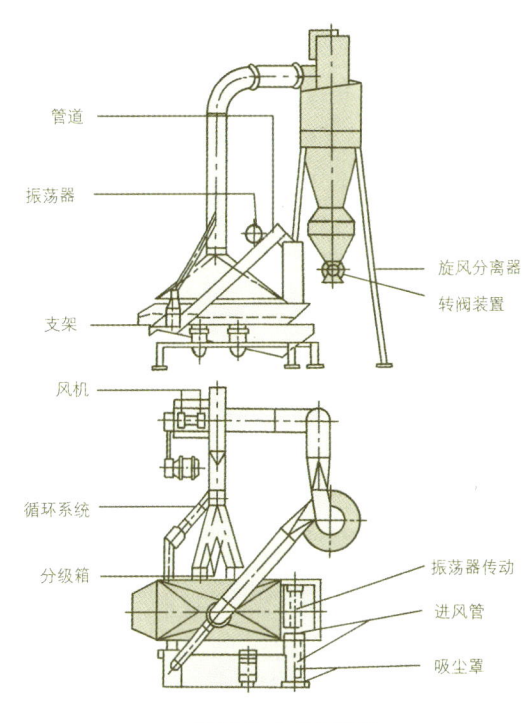

图15-7 木片风洗机

置重新进入分级箱。在吸尘罩头部装有磁性吸铁,用来去除木片中的铁丝、小铁块等杂物,经过以上步骤,木片基本上达到清洗目的。

(5) 剥皮与去皮:树皮中纤维含量极低,在纤维分离后,基本成为粉末,既影响板面美观,又影响产品物理力学性能。当原料内树皮含量超过20%时,一般要求对原料进行剥皮或木片去皮处理。小径木和枝桠材的剥皮比较困难,但国内外已研制出多种适于小径木剥皮机械。

枝桠材、小灌木条及加工剩余物中木片的去皮,除加强筛选、水洗分离已剥落的树皮外,剩下大量附着在木片上的树皮,现介绍以汽蒸压缩木片去皮处理工艺(图15-8),提高木片去皮效果。

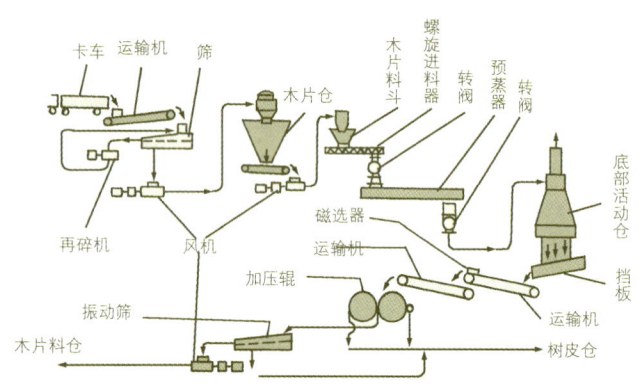

图15-8 汽蒸压缩木片去皮工艺流程

2. 纤维分离

纤维分离是MDF制造的关键工序之一,它关系到产品质量,同时又是能耗最多的工序,接近产品总能耗的50%,所以,本工序工艺制定和设备选型都很重要。

MDF制造对植物纤维来说是一个先分离而后重新结合的变化过程。所谓纤维分离,是指采用一定的方法,将植物纤维分离成细小纤维的工艺过程。

(1) 纤维分离目的、方法与纤维质量

1) 纤维分离的目的与要求

MDF制品的强度和性能,与纤维被分离的状态有直接关系。在MDF制品中,纤维之间结合型式有多种:来自胶黏剂的化学键结合、氢键结合以及木素的胶合。不论何种结合方式,首先必须使纤维表面拥有足够数量的游离羟基,这是纤维之间形成结合的前提和内因。很显然,纤维表面游离羟基数量与纤维比表面积有关。纤维分离越细,比表面积越大,纤维表面上游离羟基数量越多,则为纤维之间结合提供内在条件。因此,纤维分离的基本要求是:在纤维尽量少受损失的前提下,消耗较少动力,将植物纤维分离成单体纤维,使纤维具有一定的比表面积和交织性能,为纤维重新结合创造必要的条件。

2) 纤维分离的方法

纤维分离方法可分为机械法和爆破法两大类。其中,机械法又分为加热机械法、化学机械法和纯机械法三种。不同纤维分离方法,对原料适应性不同,纤维质量也不一样。因此,选择纤维分离方法时,必须根据原料种类、制品质量、生产工艺和设备条件综合考虑后加以选择。根据MDF对纤维质量的要求,现国内外主要采用加热机械法进行纤维分离。该法是将纤维原料通过汽蒸,使纤维胞间层软化或部分溶解,然后在常压或高压的条件下,经机械外力作用分离成纤维。纤维损伤小、得率高,可达95%左右。加热机械法中主要有热磨机法和高速磨浆机法。前者在高压条件下分离纤维,动力消耗低于后者;后者为常压分离,纤维质量优于前者。

3) 纤维质量与要求

纤维比表面积大小与MDF物理力学性能密切相关,亦与加工性能有关,图15-9、图15-10、图15-11分别表示纤维比表面积与纤维滤水性、透气性以及容积之间的关系。

图15-9表明纤维分离度与滤水性呈反比关系。比表面积大,细小纤维多,滤水性差。纤维比表面积与透气性的关系,由图15-10中清楚看出:纤维越粗(28/48目),空气阻抗越小;

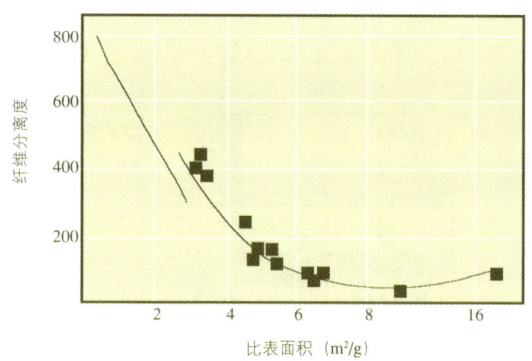

图15-9 纤维比表面积与滤水性关系

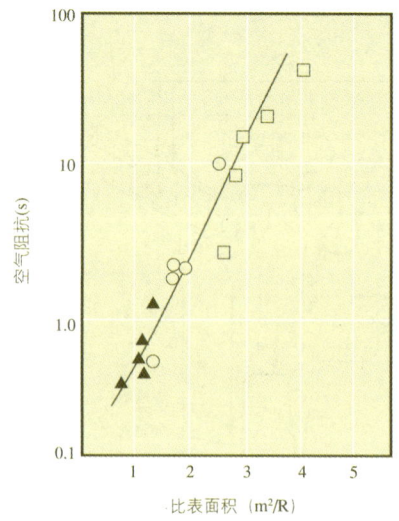

图15-10 纤维比表面积与透气性之间的关系

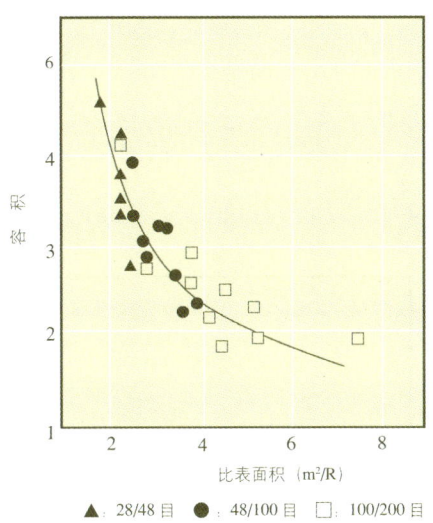

图 15-11 纤维比表面积与容积的关系
▲: 28/48 目 ●: 48/100 目 □: 100/200 目

纤维分离度越高(100/200 目)，透气性越差，充填性能越好，中等粗细(48/100 目)介于两者之间。由图 15-11 纤维比表面积与容积关系，同样说明上述问题。因此，MDF 对纤维分离的具体要求，通过哪些指标表示，如何快速测定以便及时指导生产，尤为重要。现一般通过纤维分离度、筛分值及纤维松散系数等，借以衡量纤维分离质量。

①纤维分离度：即纤维解离后分离的程度。纤维分离越细，比表面积越大，因此纤维滤水性越差，正如图 15-9 所示。因此，纤维的滤水性在一定程度上可反映纤维的分离程度，即纤维分离度。一般采用滤水度测定仪测定，其结构如图 15-12 所示。

纤维分离度是重要的纤维质量指标。在一定范围内，纤维分离度越高，纤维间接触面越大，板的物理力学性能越好。但在干法 MDF 生产中，纤维分离度过高，不仅降低纤维本身的强度，增大施胶量，而且在板坯加压时，会因排气困难而破坏板坯结构。实践得知，MDF 的纤维分离度以 20～25s 为宜。

②纤维筛分值：反映纤维大小、长短、粗细及配比的纤维质量指标，是通过筛分仪测定的，称为纤维筛分值。所谓纤维筛分值就是纤维中留于或通过各种规格筛网的纤维质量所占的百分比值。

③通过纤维筛分值对纤维板质量影响的研究得知：纤维分离度相同，筛分值不同，板制品的性能不同；纤维的不同筛分，分别制板，制得板性不同，这可能与纤维形态有关。

④纤维的筛分值为：粗纤维(留于 14 目/时)含量不宜超过 20%，中长纤维(留于 28 目/时和 100 目/时之间)含量为 50%～60%，细小纤维(留于和通过 200 目/时)含量不宜超过 30%。表 15-4 列出几种不同树种、不同纤维分离情况的纤维与所制 MDF 板性能之间的关系。

⑤结果表明：不同原料在同样的纤维分离工艺条件下，分离质量不同，则所得板性也不一样。

测定纤维筛分值的仪器种类很多，应用比较广泛的是 HS 型筛分仪。HS 型筛分仪如图 15-13 所示。筛分圆筒中装

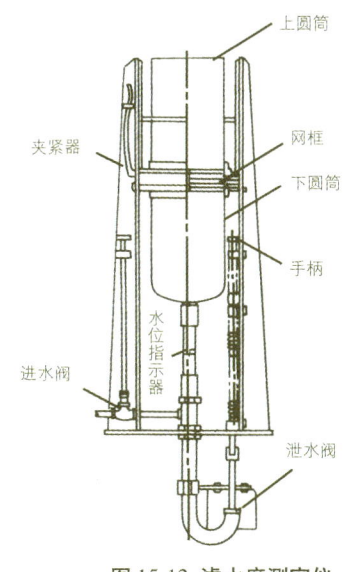

图 15-12 滤水度测定仪

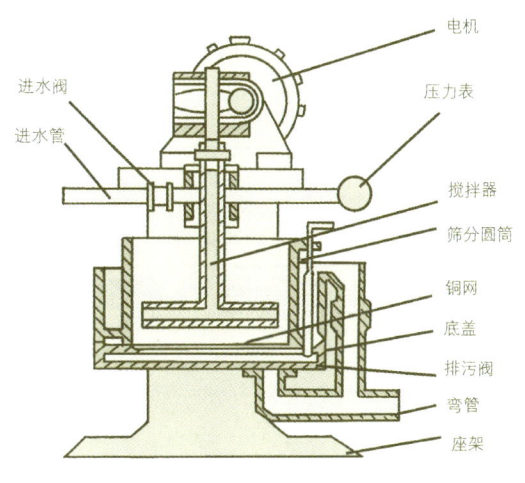

图 15-13 HS 型筛分仪

表 15-4 纤维分离质量与 MDF 性能的关系

树种	纤维分离度(s)	得率(%)	中小筛分累加值(%)	密度(g/cm³)	MOR(MPa)	IB(MPa)	吸水率(%)	厚度膨胀率(%)
马尾松	11.3	88.8	58.7	0.72	21.4	0.30	52.3	25.6
杉木	17.6	89.2	59.0	0.72	27.1	0.46	17.4	6.2
枫香	21.8	89.1	74.5	0.70	29.0	0.61	19.3	8.6
泡桐	24.9	86.4	71.3	0.71	32.5	0.76	18.4	5.8

有搅拌器,搅拌器的下方钻有许多小孔。铜网有多种规格,每次只能测定一种筛网的筛分值。

⑥纤维松散密度(或堆积密度) 指松散物料(如纤维)的堆积效果,未压实物料的密度。测定单位体积纤维质量的方法,即为纤维的松散密度,具体为1m³纤维(未压实)的质量。通过生产实践得知:制备合格MDF制品,纤维松散密度在16~22kg/m³(纤维含水率8%左右)范围。如纤维松散密度过大,纤维短、细,则会造成板强度低,耐水性能差。

(2) 压力蒸煮的软化处理

1) 压力蒸煮处理的目的

原料在机械研磨前进行预处理,目的提高原料的塑性,确保纤维质量,减少动力消耗,缩短分离时间,称软化处理。植物纤维在原料中以化学键、氢键、范德华引力及机械交织等作用力牢固地结合在一起,因此,原料在纤维分离前,进行蒸煮处理,使原料中某些成分受到一定程度的破坏或溶解,使纤维间的结合力受到削弱,提高原料的可塑性,使纤维易于分离。

2) 压力蒸煮工艺条件的制定

压力蒸煮工艺中,正确选择蒸煮温度和蒸煮时间是很重要的。蒸煮温度的高低和时间长短,直接关系纤维的质量、得率和动力消耗。蒸煮温度越高,木片塑性越好(表15-5)。蒸煮温度与板性能之间的关系见表15-6。

表15-5 蒸煮温度与木片弹塑性关系

蒸煮温度(℃)	塑性(形变恢复时间*)(10⁻⁴s)
未经蒸煮木片(含水率60%)	1400
135	3660
155	4523
175	3501

注:*指高频范围内弹性变形恢复时间

表15-6 蒸煮温度与MDF的MOR关系

蒸煮温度(℃)	纤维得率(%)	纤维分离度(s)	板密度(g/cm³)	MOR(MPa)
145	96.2	14.3	0.72	19.3
155	94.1	18.5	0.71	24.5
165	92.7	19.1	0.72	27.6
175	90.3	19.4	0.71	25.2

上表得出:在一定温度范围内,随蒸煮温度提高,纤维间联接削弱,分离时纤维损伤小,纤维形态好,有利于纤维结合,板强度高。但是,当温度过高,纤维受到严重破坏,强度降低,板强度将受到影响。高温(160~180℃)热磨法与相对低温TMP法(110~130℃)相比,前者纤维分离完全在胞间层,后者则在次生壁的外层、中层上,这与蒸煮温度造成木素、半纤维素软化程度密切相关。

蒸煮温度高、时间长,蒸煮软化程度好,但抽提物增加,原料得率降低(表15-6),因而提高产品成本。蒸煮温度与纤维分离时动力消耗的关系见图15-14。160~180℃时,为木素热可塑区域,胞间层被软化,动力消耗最小。这也是热磨法动力消耗小的原因所在。

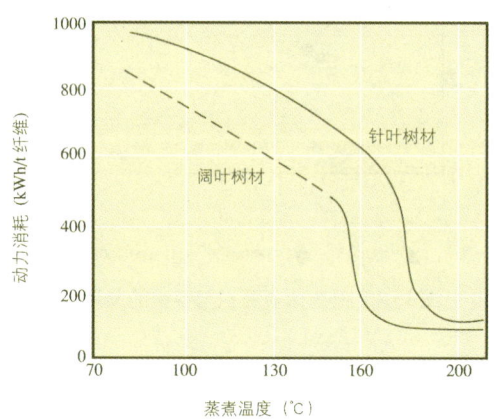

图15-14 蒸煮温度与动力消耗的关系

因此,制定蒸煮工艺,必须根据生产条件,按树种、纤维质量、得率、动力消耗、板性等因子综合加以考虑。

(3) 纤维分离

1) 纤维分离理论与影响纤维分离的主要因子

①纤维分离理论:热磨机的纤维分离是将软化处理后的木片,送入热磨机的磨盘中,受到压缩、拉伸、剪切、扭转、冲击、磨擦和水化等多次混合的外力作用,导致纤维解离,现较公认的是用松弛理论解释。松弛理论的模型如图15-15。纤维受外力作用时,会产生变形。当作用力小时,纤维产生的纯弹性变形,外力消失后,变形则随之迅速、完全消失,纤维恢复原状。作用力大到超过纯弹性变形极限时,纤维产生高弹性变形,当外力消失后,纤维虽然仍可恢复原状,但周期较长(几秒至几分钟)。当作用力再大到纤维产生塑性变形时,即使外力消失,纤维已不能恢复原状,

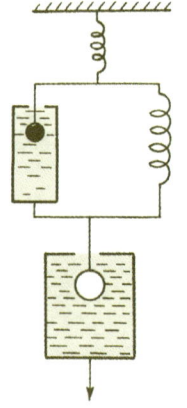

图15-15 高聚物受力变形示意

显然要使纤维分离必须达到塑性变形的程度。但纤维一次受力即产生塑性变形是困难的。热磨机分离纤维是在对纤维施加较小的压力和剪力，使其产生弹性变形，但在其未完全恢复变形之前，使纤维再一次受外力，多次重复，直到纤维产生"疲劳"，才最终导致分离。

②影响纤维分离的主要因素：在保证纤维质量的前提下，缩短分离时间和降低电耗，以提高设备的生产率和降低产品的成本。

原料受力变形后的恢复速度和两次作用力的时间间隔，是影响纤维分离速度的两个基本因子。即原料的弹塑性和外力作用频率是纤维分离过程的两个主要因子。此外，分离时的单位压力和木片含水率等，也都直接影响纤维质量和产量。

2) 热磨法纤维分离工艺的特点

①热磨法工艺原理：热磨法纤维分离的主要理论基础是：充分利用植物纤维胞间层木素含量高、木素软化点低的特点，用饱和蒸汽将原料加热到160～180℃；所谓木素的热塑性，即木素受热软化，冷却后又硬化，所以，必须在加热软化的同时进行纤维分离。

②热磨纤维的特性：纤维结构基本上是完整的，细胞壁很少损伤，甚至阔叶材纤维导管也很少破坏，纤维的弹性、拉伸强度与天然木材相近。纤维较长，细纤维很少，纤维呈游离状，滤水、透气性能好。由于是在高温条件下纤维分离，纤维颜色较原料深。纤维较粗，有少量纤维束存在。为了改善纤维的分离质量，现通过设备的改进，逐渐向降低蒸煮蒸汽压(0.4～0.6MPa)，适当延长蒸煮时间(5～10min)，以期达到次生壁的表面破裂，因而有利于纤维的细纤化。

3) 纤维分离设备

热机械法纤维分离设备主要有：热磨机、高速磨浆机两大类型。我国基本上使用热磨机进行纤维分离。

①热磨机是MDF生产线上最复杂、最关键的设备之一。

目前，世界上有瑞典Defibrator、美国Spront-Bauer、德国Pallmann和日本等公司的产品。我国也有多种型号的热磨机投入使用，如M101、QM6B、QM9D等。

热磨机的发展趋势是大型化、高速化、自动化和增设热回收系统。比如增大磨盘直径、提高动盘转速、加大功率。先进的热磨机控制已高度自动化，操作全过程实现计算机控制。螺旋进料器转速、磨盘压力、纤维含水率、pH值、纤维分离度等均由计算机控制，并实现了监测报警或自动调整。已做到恒负荷、恒间隙、恒比能耗地进行运转。

热磨机结构见图15-16。木片由备料工序送入贮料斗内，料斗上设有振动出料器，用光电装置控制其开闭，不能连续供料时则打开，以使贮料斗中的料不致震实，木片形成"搭桥"时则震动，使"桥"破坏。下部电磁震荡器是常开的，均匀向进料螺旋供料，其供料量，靠调节转速来改变，由水平螺旋发出讯号，以达到产量的平衡。木片经进料螺旋压

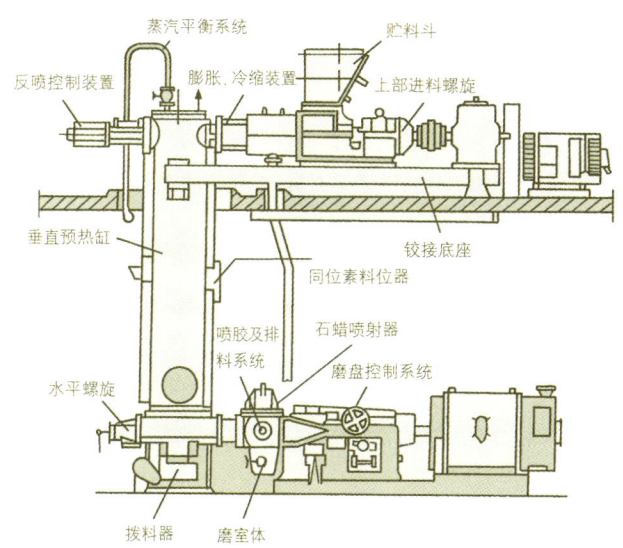

图15-16 热磨机

缩，形成木塞，以防止蒸汽从预热缸向外喷出(俗称"反喷")。为防止反喷，在垂直预热缸的上部，有一防反喷装置，是一锥形头的活塞缸活动装置，其压力为0.2MPa。当没有形成木塞时，锥形头始终关闭住出口，当形成木塞后，木塞把锥形头顶开，而锥形头把木塞顶碎而落入垂直预热缸中。

垂直预热缸受热时膨胀，冷却时收缩，将上部进料螺旋置于铰接的底座上，同时在木塞管一端装有膨胀、冷缩装置。在预热缸外部装置了可以自动上下移动的γ-射线料位控制器，根据不同的原料需要不同预热时间决定原料在预热缸内的要求堆积高度(即停留时间)。γ-射线料位器由进料螺旋自动控制其上升、下降的位置来达到生产的要求。垂直预热缸底部有拨料器，使木片不断拨入磨室体。木片进入磨室体，经旋转磨盘和固定磨盘的相对运动，而使木片解纤获得所需的纤维。在解纤的同时，在磨室体上安有石蜡液喷嘴，这样的方式能均匀地使石蜡附着于纤维表面上。热磨后纤维的排放，是通过一板式孔阀连续排放，可由手控或气动装置控制阀的开度。这种阀结构简单、维修方便、产量高、耗电少。在阀的出口处设有喷胶嘴(图15-19)。

热磨机使用一定蒸汽压的饱和蒸汽预热木片，故设有一套蒸汽平衡系统，以控制垂直预热缸、磨室及排料阀处的压力差，从而稳定热磨机的产量及质量。

在蒸汽管路上，设一旁通接磨室体的密封装置，压力高于磨室体内的蒸汽压力约0.2MPa。蒸汽密封后面还设有水密封，水密封的压力为0.3MPa，供水量约50l/min，此部分水可排放或循环使用，循环水量的大小，以热磨机主轴温升小于70℃为准。

热磨机主电机一般采用高压电机，以6kV或10kV高压电启动。转动盘安装于主轴上。主轴及其液压缸安装在热磨机机体上。固定盘安装在磨室体上。固定盘与转动盘上用螺栓各安装由6片磨片组成的圆形磨环。两磨盘间隙通过液压

系统与磨盘间隙指示器来自动调节。最大开档达50mm左右，当热磨机主轴温升超过允许值时，温升保护装置则使设备停止运行，从而保证设备安全运转。

②高速磨浆机：高速磨浆机主要由进料装置、磨室和调整装置三大部分组成(图15-17)。磨室内的两个磨盘，分别由两个电机带动，互成相反方向旋转。由于两个磨盘以相反方向等速旋转，如果设想原料形态为球形，则原料在磨盘间将处于相对静止状态。因为原料不呈球形，所以在离心力的作用下，原料按螺旋线轨迹从磨盘中心向边缘移动。尽管如此，原料在磨盘间的停留时间和所经路线是比较长的(可达25~30m)。此外，因两磨盘互为反转，磨齿对原料的作用频率很高，为降低盘面压力提供了条件。

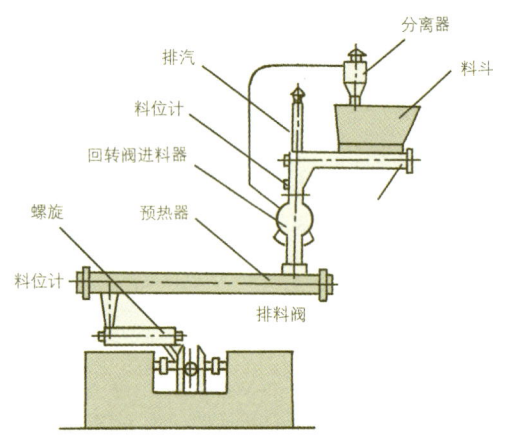

图15-17 高速磨浆机

高速磨浆机分离纤维均匀、纤维损伤少、分离度较高。这对利用阔叶材或短纤维原料生产中密度纤维板是非常重要的。高速磨浆机纤维一般无需精制即可直接用于制板。

无论是针叶材或阔叶材，还是采伐剩余物或加工剩余物，甚至是提取单宁和松香后的废料、纸浆筛渣、锯屑、刨花等都可用高速磨浆机解纤，即此法对原料的适应性较大。

选择不同的预处理方法，不同处理温度与时间，更换磨片齿型、调整磨盘间隙和压力等，就可将各种原料制出符合制品要求的纤维，在生产上有较大的灵活性。

高速磨浆机在常压下工作，故结构比热磨机简单，操作可靠，维修方便。

高速磨浆机的磨浆温度比热磨机低，纤维得率高、颜色浅；原料适应性强，但惟一不足是耗电量较大。

3. 纤维处理

纤维处理是为满足干法制板工艺的需要，同时也是使MDF制品具有一定强度、耐水性、尺寸稳定性以及使制品获得阻燃、耐腐等特殊性能的主要处理方法，从而扩大MDF应用范围、延长其使用寿命，因此纤维处理成为不可缺少的工序。纤维处理工序具体包括：MDF的防水处理、纤维施胶、纤维干燥以及纤维阻燃、防腐等其他处理。

(1) 防水处理

1) 防水处理的目的与措施

植物纤维是一种亲水性材料，由植物纤维制成的未经防水处理的MDF，同样具有很大的吸湿性、吸水性，制品的尺寸稳定性差。板吸水后即发生变形，降低强度，增加传热、导电性，易腐朽，影响使用范围和使用寿命，因此必须对MDF进行提高耐水性的处理，以满足各方面的需要。

根据MDF吸湿、吸水机理分析，板中的水分可分为表面吸附水、微毛细管凝缩水、毛细管水和渗透水。其中表面吸附水是引起板尺寸变化和变形的主要因素。因此，要从根本上解决吸水变形问题，关键在于减少板的吸附水，即降低纤维表面的吸附作用。为此，必须减少存在于纤维表面和纤维素无定型区的游离羟基的数量和降低纤维表面的负电荷。

为了提高MDF的耐水性能，目前生产中采用的主要措施有：施加防水剂、施加合成树脂胶黏剂、产品浸油、贴面等二次加工。

① 施加防水剂：目前纤维板生产中应用最广的一种防水措施。其实质是在纤维上施加石蜡等憎水性物质。当纤维表面吸附憎水性物质颗粒后，可产生以下作用：部分堵塞了纤维之间的空隙，截断了水分传递的渠道，增大了水与纤维之间的接触角，缩小了接触面积；部分遮盖了纤维表面的极性官能团(如羟基)，降低了吸附作用。但是憎水物质从胶体化学观点来说为油，因此过多施加会阻碍纤维之间的结合，降低产品强度。需适当施加防水剂提高耐水性。防水剂种类很多，有石蜡、沥青、合成树脂、干性油等，目前国内外采用的主要是石蜡。

②加合成树脂胶黏剂：这种防水方法是将合成树脂施加在纤维表面。使用比较广泛的是热固性树脂。它与施加防水剂不同，分散在纤维表面的热固性树脂的功能团(如羟甲基、羟基)，热压时能与纤维表面的游离羟基形成化学键和氢键，降低纤维表面的吸附能力，也能使部分纤维之间的空隙受堵，水分传递渠道被截，因而也降低了凝结、毛细和渗透作用。

③产品浸油及贴面：油是憎水性物质，且能形成耐水薄膜，以覆盖表面和堵塞毛细管。因为干性油具有不饱和键和极性官能团，故能与纤维产生强的结合键与吸附力，且薄膜本身亦具有一定的强度，所以产品浸油的结果增加产品的耐水性和提高强度。但该项防水措施，必须增添浸油槽及板的干燥设施，不但工艺、设备复杂化，而且大大提高产品的成本，因此，除有特殊需要，尽量不予考虑。

表面喷涂防水涂料或者用塑料薄膜、金属薄膜覆贴，不但可以使产品美观，而且能防止水分从表面渗入板内。

石蜡是一种疏水、易熔、柔软的物质，按其外观分黄色和白色，通常用作纤维板防水剂的石蜡，熔点在48~58℃，含油量不超过1.3%，它的主要成分是含有18~35碳原子的直链和支链烷烃的混合物。通常分子式为C_nH_{2n+2}，化学性能稳定，不能被碱皂化，能溶于多种有机溶剂，在乳化剂的作用下易被乳化成乳液。

石蜡防水性能好,来源丰富,价格便宜。石蜡的施加方式有两种:一种是将石蜡制成粒径小于4 μm小颗粒的石蜡乳液;另一种是将石蜡融熔呈液状蜡液,喷施、涂复到纤维表面。在干法生产中前者已渐被淘汰。

将固体石蜡先融熔成液状石蜡,直接加入热磨机或精磨机的进料螺旋、磨室体,使石蜡在纤维分离过程中,利用高速旋转的磨盘将其分散成极微小的液滴,与分离的纤维均匀地混合并附着在表面上(图15-18)。

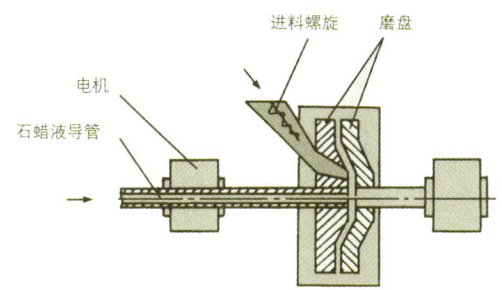

图15-18 液状石蜡施加方式

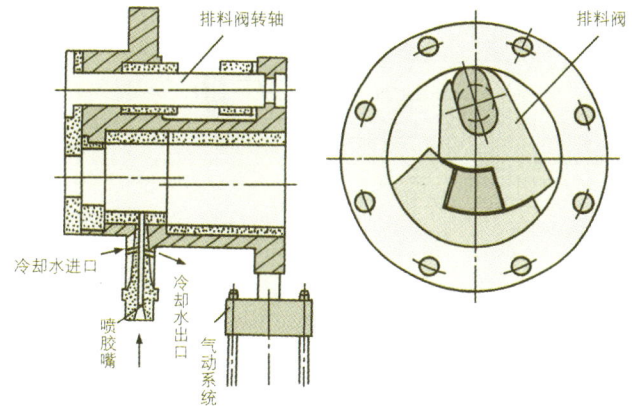

图15-19 排料及喷胶系统

此外,也有采用将融熔石蜡,借助于压缩空气将其雾化,喷入热磨机排料管道中处于悬浮分散状态的热磨纤维上(图15-19),从而达到石蜡较均匀的分布。

这种施加方法不会增加纤维的含水率,能提高干燥的效率,所以应用比较广泛。

2)防水剂用量

石蜡用量一般在1%~2.5%范围内(按固体石蜡对绝干纤维质量计)。当施加量在2%以下时,防水效果随石蜡用量的增加而提高;但超过2.5%以后,不但防水效果不显著,有时反而影响纤维之间的胶合性能,同时还会增加生产成本。

(2)纤维施胶

干法制造MDF,因为纤维含水率低、可塑性差;板密度中等,纤维间空隙大,仅靠一定温度和压力,达到纤维间结合,满足板性的要求是比较困难的。因此,在MDF制造中,施加一定量胶黏剂是必要的。

1)施胶方式

在干法MDF的生产中,施加胶黏剂有多种方式,各有其特点,且有相应的适应范围或局限性。开始有主磨室体内加入,纤维与胶料能混合得很均匀,但高温会引起部分胶料的提前固化,所以,一般仅限于酚醛树脂。另一种是将纤维分离所得纤维先经干燥,干纤维再由高速搅拌施胶机施加胶黏剂。干纤维体积蓬松、易结团,加之MDF施胶量较大,若胶黏剂浓度高,黏度则高,胶料难以渗透,易结团,从而影响胶的均匀分布,产生一系列板的内在、外观质量问题;反之,若胶黏剂浓度低,黏度小,则纤维含水率过高,会增加热压的负荷,所以,现在主要采用纤维先施胶黏剂,然后再进入纤维干燥的工艺流程。胶黏剂通过输胶泵送入热磨机排料阀(图15-19)或气流管道(干燥机前端),纤维借助高压蒸汽高速喷出时,处于较好分散状态,从而使胶黏剂与纤维得到均匀混合,称为管道施胶。上述两种施胶方式比较见表15-7。

2)胶种和对胶料的要求

目前,MDF使用的胶种有:脲醛树脂(UF)、酚醛树脂(PF)、三聚氰胺甲醛树脂(MF)等。胶种的确定,主要根据

表15-7 管道施胶和拌胶机施胶的比较

项 目	管道施胶	拌胶机施胶
同等板强条件下,胶黏剂用量	比后者多1/10	
板面斑点	无	有
施胶纤维黏性	无	有(取决于树脂性能与用量)
气流管道与旋风分离器的状况	清洁	不清洁,需要经常清理
干燥机状况	在管道弯曲处有少量纤维	无纤维
气候变化的影响	轻微	当湿度接近饱和时有影响
回弹	明显,较后者约高20%	
干燥后纤维的含水率	14%	4%~5%
干燥机产量	比后者约高20%	
板面预固化	质硬、粗糙	质硬、光滑
甲醛味	无	有,有时严重

胶合性能、板的性能、用途及成本等综合考虑。目前国内生产的MDF主要为室内型，用作家具、室内装修、家用电器。因UF胶合性能不差，且颜色浅，成本低，能满足上述使用要求，故而现使用最为广泛。部分企业根据需要，通过三聚氰胺进行改性处理，可改善产品耐水性。

若产品做室外用材，可选用耐水性较高的酚醛树脂或三聚氰胺树脂。图15-20为不同树脂的MDF制品，在不同环境条件下，静曲强度的比较。由图表明：不同胶种，适合于不同的使用条件，应该根据制品的用途，正确选择胶种。

3) 对胶料要求

用于MDF的胶黏剂，除满足干法生产工艺、价格合理外，还应满足以下要求：有一定固化速度，如在170℃或更高时，固化时间不超过1 min；胶黏剂酸碱度可随纤维的酸度加以调整；施胶纤维在干燥时，胶料不会产生大量提前固化；胶黏剂与防水剂、防火剂等同时施加时，有好的混溶性。所以，一般要求胶黏剂为低的黏滞性和大的渗透性，黏度低于100cp，固体含量在50%～60%。

4) 施胶工艺

MDF的施胶量是根据胶黏剂种类、原料质量、板材性能要求和用途等来确定的。通常情况下，制品随施胶量增加，板的各项指标提高，但增幅在一定范围后，增量减小(表15-8)。现一般MDF施胶量在8%～12%(按固体树脂对绝干纤维重)为宜。

MDF施胶工艺为，采用管道施加脲醛树脂时，其浓度一般控制在40%～45%；而采用拌胶机施加，胶料浓度则为50%～55%。用管道施加酚醛树脂时，浓度取15%～20%。采用先施胶后干燥的工艺流程，因有少量胶料在纤维干燥时的提前固化，所以施胶量较采用先干燥后施胶的工艺高5%～10%。此外，固化剂的用量，在一定的范围内，对纤维板的板性影响不大，常规用量为0.5%～1.0%(按固体树脂计)。

纤维干燥前施胶是在热磨机纤维喷放管道上配置一孔径2.5～3mm的特殊构造的喷嘴，用计量泵将固含量稳定的胶料送入喷嘴，同时输入压缩空气。胶液的压力为0.3～0.4MPa，气体压力为0.5～0.6MPa，喷胶压力应大于热磨机排料管道压力0.2 MPa。喷出的胶液为雾状，与排放出的纤维在管道内均匀混合。胶料是否均质分布和保持最佳配比，

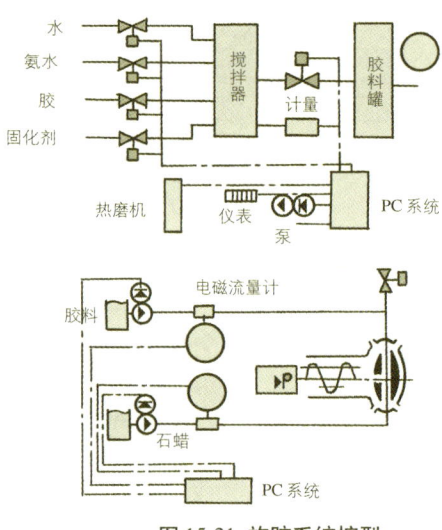

图15-21 施胶系统控型

可通过自动监测、控制和调节系统来完成(图15-21)。

比较粗略的计量和控制施胶量是根据热磨机进料螺旋的转速进行估算纤维量。

(3) 纤维干燥

干法生产MDF，热压时板坯含水率要求在5%～10%，然而，通常纤维分离所得纤维含水率在3%～40%，施胶(液体胶)纤维含水率会更高一些，纤维不经干燥，无法满足干法工艺的要求，也很难保证均匀铺装成型，因此，湿纤维必须进行干燥处理。

植物纤维原料被分离成纤维后，蒸发表面加大，纤维又为热敏性物质，所以，极适宜于用高温气流快速干燥。在干燥过程中，湿纤维在常压的管道中流动，受到了高速热气流的冲击，使结团的纤维分散呈悬浮状态。纤维整个表面暴露在热气流介质中，而气流介质又不断地高速更新，这样就大大地提高了湿纤维与介质的热传导，强化了干燥过程，使干燥可在瞬间完成。

纤维在常压管道中运行，与高温热介质短暂的接触，热量主要用于纤维中水分的蒸发汽化，在水分完全蒸发前，纤

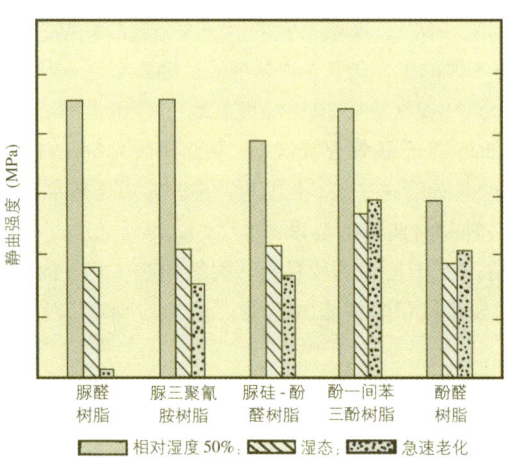

图15-20 在各种环境下MDF的MOR与胶种的关系

表15-8 施胶量对MDF性能的影响

施胶量 指标	6%	8%	10%	12%
密度(g/cm³)	0.73	0.74	0.73	0.74
MOR(MPa)	17.3	25.7	32.5	35.8
IB(MPa)	0.29	0.60	0.75	0.77
吸水率(%)	36.5	18.6	17.7	16.5
厚度膨胀率(%)	20.3	9.3	8.1	7.1

维本身的温度不会急剧上升，故不会出现纤维过热损伤，也不会出现大量胶料的缩聚和提前固化现象。

现MDF生产线广泛使用的一级或二级管道气流干燥系统。这种干燥系统主要由长70～100m，直径1～1.5m管道为主干燥部分，而管道端部与旋风分离器相连接，使干纤维与干燥气体相分离，整个干燥时间为5～10s，由于时间极短，所以又称之谓"闪击式"管道干燥机。

此系统主要由燃烧炉、空气预热器、干燥管道、风送系统、旋风分离器、监测控制装置与防火安全设施等装置构成（图15-22）。

1) 闪击式干燥系统分一级和二级干燥两种形式（图15-23）

一级干燥系统，具有干燥时间短，生产效率高，设备简单、投资省，热损失小等优点。但它存在着由于干燥温度高，着火几率大的危险性，所以，要特别重视火警监测和防护系统。一级干燥系统虽不分级，但前后管径还是有变化的，前段为加速段，后段为干燥段。可实现均匀稳定的干燥效果。

纤维二级干燥介质温度低于一级干燥，干燥管道较长，以保证得到优质纤维，降低热耗，也可避免纤维损伤和胶料提前固化；另外可灵活控制和调整纤维干燥程度，使纤维含水率均匀。但干燥系统较复杂、投资高、占地面积大。

图15-24为新型节能型二级干燥系统流程。湿纤维在此系统内由第二级干燥排出的废热气进行一级预干燥；二级干

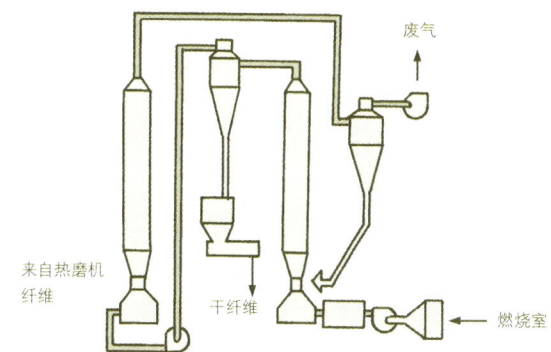

图15-24 节能型二级干燥系统流程

燥才用新鲜热空气。这种干燥机热能需要量小，仅为700～80kcal/kg水。结合废热回收，又可降低废气中的纤维量和甲醛浓度，减轻对环境的污染。

纤维采用干燥管道，按干燥管道的结构，分直管型、脉冲型和套管型三种。直管型是最简单一种，管径一般在1m左右，管道长度根据需要。因其结构简单，易加工，投资省，所以普遍使用。

无论一级或二级干燥系统，根据风机安装在干燥管道前或后的位置，纤维在气流管道中受力不一样，前为正压式（又称压出式），后为负压式（又称吸入式），分别见图15-25和图

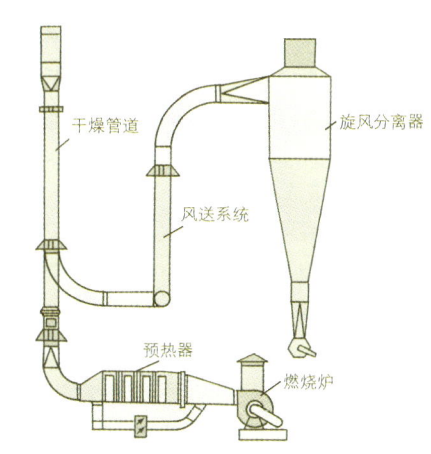

图15-22 纤维气流干燥系统

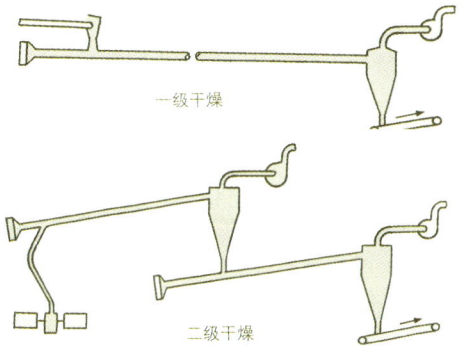

图15-23 纤维一级和二级干燥系统

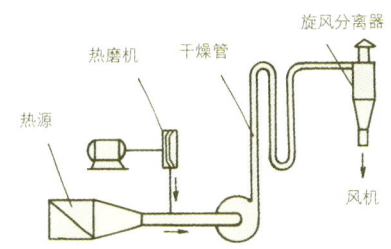

图15-25 一级气流干燥系统（正压式）

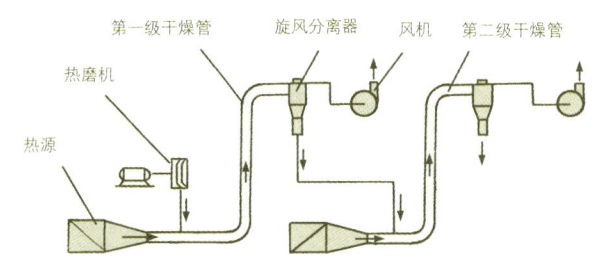

图15-26 二级气流干燥系统（负压式）

15-26。各有利弊，在MDF生产线均有采用。

2) 纤维干燥工艺

纤维干燥质量，主要取决于：干燥介质温度和流速、纤维初含水率、纤维质量和送料浓度等，要获得好的干燥效果，必须对上述因子进行最佳控制。

干燥介质温度主要取决于干燥时间和纤维含水率，采用较高的温度，既能使干燥时间缩短，又能减小干燥管道的长

度和降低动力的消耗。然而，对于纤维干燥前施胶，而且施加脲醛树脂时，一定要防止纤维在高温干燥的条件下，产生树脂的提前固化，从而影响产品的质量。

目前生产中采用的有高温和低温两种。干燥介质温度选择，除与干燥方式有关外，也与所用介质的类型和性质有关。采用高温热油烟气，多取高温，进口介质温度可高达310℃，在旋风分离器出口处温度降为90℃。这可以达到充分利用热能，而且烟气中氧气含量低，高温且不易产生火警等问题。低温干燥热介质进口温度为110～120℃，出口为60℃；目前常采用160℃左右的干燥温度。

干燥终点纤维含水率对板性有着十分重要的影响。试验结果得知：在一定含水率范围内，随纤维含水率增加，产品质量有明显的提高，其强度提高的幅度尤为明显。对于先施胶后干燥工艺，要求干燥后纤维含水率为8%～12%；如若表、芯层分别干燥，则表层纤维含水率为9.5%～11%，芯层8%～9%。对于先干燥后施胶的工艺，则要求干燥后纤维含水率在2%～4%范围内。较先进、完善的纤维含水率自动控制系统，误差可控制在±0.75%范围内。

克服纤维自重，支持其不下沉的最小气流速度称为悬浮速度。据实测当热磨纤维(滤水度15s左右)在含水率50%左右时，平均悬浮速度约8.5～10.0m/s，欲使湿纤维在管道中流动，气流速度必须大于悬浮速度。但是为了延长纤维在管道中的停留时间，提高干燥效率和缩短干燥管道的长度，最好气流速度略大于悬浮速度。因为这两个速度差与干燥时间和管道长度有直接的关系。通常以气流速度为悬浮速度的1.3～1.5倍，即生产中气流速度取20～30m/s。

气力输送装置工作时，管道中是物料和空气的混合物。在气流干燥的过程中，被干燥的纤维和输送空气组成了一混合物。

送料浓度是指输送1kg绝干纤维所需要标准状态下的空气量(用m³表示)。对某台纤维干燥机来说，其干燥管道的管径、长度和风机都是固定的。在保证达到一定的纤维含水率条件下，应选定合适的干燥温度及送料浓度，否则，就直接影响干燥机的热效率和产量。同时，也影响纤维干燥的质量。

一般热介质与纤维的混合比为12(m³):1(kg)，即1kg(绝干)纤维，需要12m³的热介质包容。纤维在管道内的停留时间为3.5～4.0s。

为了实现纤维快速干燥，干燥介质采用高温载热体，对空气直接加热，如使用天然气或液体燃料；另一类是利用蒸汽加热空气，由热空气再干燥纤维的间接式干燥。利用生产过程中产生的粉尘、锯末、碎料等为燃料，建立工厂独立的能源供应系统已被越来越多的工厂所采用。在中密度纤维板生产线上，采用生产中的废料、粉尘为燃料，作为干燥机的主热源，而由蒸汽预热空气，仅作为干燥介质的辅助热源，如图15-27为某厂纤维干燥系统图。

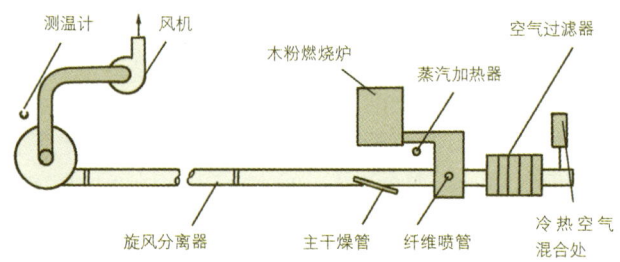

图15-27 纤维干燥系统示例

3) 纤维干燥过程中引起着火的主要因素

纤维干燥过程中的着火是干法生产存在的严重问题。干燥过程中引起着火的主要因素有：气流中含氧量高、干燥温度高、管壁上粘挂纤维的过分干燥，以及金属异物进入风送系统撞击产生火花等原因。

针对上述着火的主要原因，采取相应的防护措施，着火几率是可以减少和消除的。

4) 主要防护措施

①定点防护：在各危险点使用高敏防火探测器来控制。这种探测器一般装有对红外光源的敏感元件或其他光电敏感装置。其灵敏度比任何物料的运输、燃烧和爆炸速度都快，能在0.002～0.003s以内发出火警信号。并通过放大器推动执行机构控制灭火系统喷射灭火剂，以及自动切断风机电源，关闭阀门及其他一系列作业系统，不使火源蔓延。

②控制干燥介质的含氧量：当热空气中含氧量超过17%时，就给燃烧创造了条件，只要含氧量低于17%就不易着火。实际干燥介质中含氧量达到18%～20%，所以必须采取特殊的控制措施，如将危险干燥区与其他系统隔离，在干燥循环系统中安装氧化锆探测仪不断报告系统含氧量，以便及时采取措施，防止火警发生。

③采用烟道气作干燥介质：采用烟道气作为干燥介质，虽可降低干燥介质中的含氧量，但由于采用的是具有明火的热介质源，所以会由于温度高、纤维在管内的沉积、外界金属的混入，以致静电火星等，引起火灾，甚至爆炸事故。为此，首先必须加强粉尘过筛，严格控制大粒径木屑进入燃烧炉木粉仓。正确调整燃烧炉的木粉进量和进风量之配比，既保证木粉燃烧完全彻底，也不会因风量过大，造成动力上的浪费。再有先进的火星探测、监控系统相配合，确保系统正常、安全运行。

4. 成型

铺装成型是MDF制造中的重要工序，它不仅影响到制品的物理力学性能，而且与制品密度分布、厚度偏差以及翘曲变形等问题有关。显然只有合格的板坯才能获得优质的MDF。

(1) 纤维分级、贮存与计量

1) 纤维分级

为了提高产品外观和生产多层结构板的需要，有时需对干纤维进行分级。目的除去粗大的纤维束、胶团，以便将稍粗的作为多层板的中层原料，较细的作表层原料。

2) 纤维分级有两种基本方法

预分级和自然分选两类。预分级需增加专用设备、料仓等，工艺流程复杂，投资加大，适于表面质量要求高以及规模较大的企业。自然分选是在铺装时同时完成的，这种方式主要利用粗、细纤维不同自重，再借助机械或风压对不同质量的纤维产生的离心力或浮力大小不同，实现自然分级。

3) 纤维贮存的作用

为保证干燥与成型工序间的生产平衡，要有一定贮存量；为纤维质量相对稳定；为齐边、扫平及废板坯等纤维的回收提供贮存的地方。

干纤维的贮存极不方便，贮存1t干纤维要40m³以上的容积，因为纤维的自重、相互挤压而出现结团和"架桥"现象，则会造成出料困难和不均匀，所以料仓不宜过大，备用20～30min的纤维量即可。纤维的贮存在夏季不能超过1h；冬季低温时，不宜超过8h。另外，贮存量的大小，还应根据胶料的特性而定。

料仓有"立式"和"卧式"两种型式，但由于立式料仓易产生出料困难和"架桥"现象，所以干纤维贮存通常采用卧室料仓。卧式料仓构造如图15-28。纤维由水平螺旋从料仓上部正前方送入后，经料仓内运输螺旋水平地推向料仓尾部。而料仓底部装有密闭的焊接刮板链，可使整个料堆平衡向前推进。再通过卸料辊抛松打散，使纤维均匀地离开刮板链，并由运输带或各类辊筒送往成型系统，这样就没有大的结团和"架桥"现象产生。

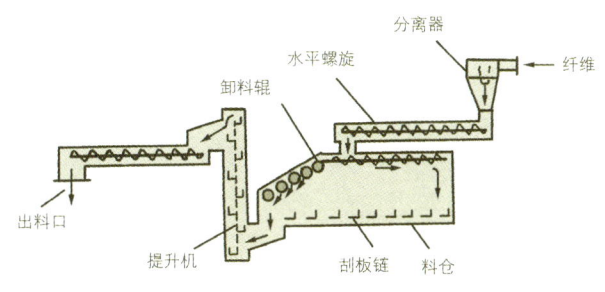

图15-28 卧式料仓构造

为了均匀、稳定地出料，料仓应该随时保持装满到最高点。因此，料仓内设有水平指示器，这是一种插入料仓壁的振动探针，当探针被纤维覆盖时，振动衰减，就发出信号。通常还与干燥机、成型机等前后设备进行电气联锁控制。

料仓还设有防爆通风口，尾部的门可用手动或气动方式开启，当出现火情或其他事故时，可以方便地使底部刮板链反转，把着火的物料卸出。计量为了保证铺装板坯，即板制品的质量和厚度的均一，在成型前、后应设置纤维计量或板坯称量装置。计量装置一般分容积计量和质量计量两种。

①容积计量：容积计量的方法受纤维含水率的影响比较小，铺装成型前纤维一般用容积计量；这种计量方法，比较适用于大规模的连续化生产。容积计量方法的不足在于，纤维本身的均匀程度、气流速度大小，对计量精度会产生影响；另外，计量箱的机械振动，也能带来误差。容积计量装置的结构种类很多，通常认为针带和刮板带计量装置效果较好。

②质量计量：由于含水率与纤维质量有直接的关系，故含水率的均匀程度对质量计量的精度有很大的影响。如果一批纤维含水率相差很大，水分蒸发后，则会造成严重的厚度或密度偏差。质量计量现常安装于成型机上，对板坯带进行连续计量—电子皮带秤。

干法纤维板成型时是干纤维，纤维含水率很小，上述的两种计量方法都可以使用。在现生产线上，往往成型前用容积计量，成型后再用质量计量校正。如板坯超过预定值则由自动系统调整纤维的进给量，三层结构纤维板计量流程如图15-29所示。

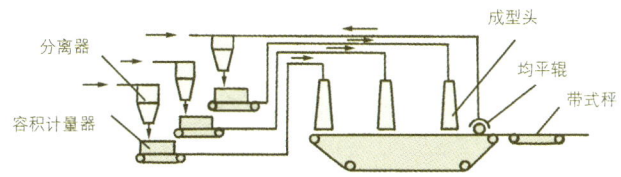

图15-29 计量流程

(2) 成型

干法MDF铺装成型工段，主要包括板坯铺装、预压、纵横锯裁等工序。具体工艺要求是板坯密度均匀稳定、厚薄一致，具有一定的密实度，并保证达到足够的厚度和规格尺寸，以满足产品质量要求。

为此，铺装成型设备包括：铺装头、成型网带、机架、驱动及其他铺助装置组成。其中最主要且最复杂的是铺装头部分，而铺装机一般也就是根据铺装头的成型原理进行分类，现一般分为：机械成型、气流成型、机械—气流成型以及定向成型等几大类。

①机械成型：机械成型机型式较多，它是利用机械作用将经计量后的纤维松散，再均匀铺装成板坯。原理是由各种运输带均匀定量供料，各种辊、刷、针刺将纤维抛松打散，在离心力和纤维重力的作用下沉降到网带上，形成板坯带。

但纯机械成型的板坯蓬松、强度低，板坯难以高速运输；板坯带密度小，预压和热压时，要排除大量空气，所以，会带走不少细小纤维，造成一定原料浪费。控制不好，也会产生空气污染；再有，纤维仅靠自身的重力沉降速度慢，成型速度低，生产率亦小。但是，机械铺装机结构简单，动力消耗小，调整、操作和维修方便，相对于气流铺装，粉尘飞扬扩散对环境影响小，机械铺装方式更适合于薄板生产。下

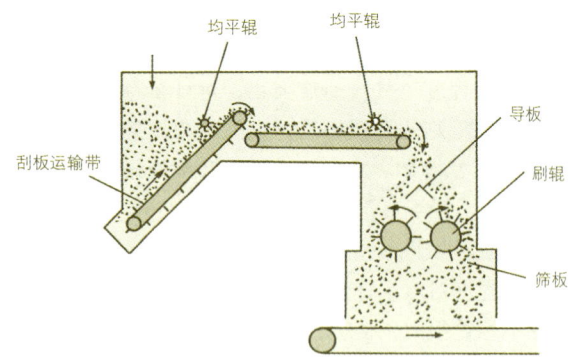

图 15-30　双辊筛网成型机

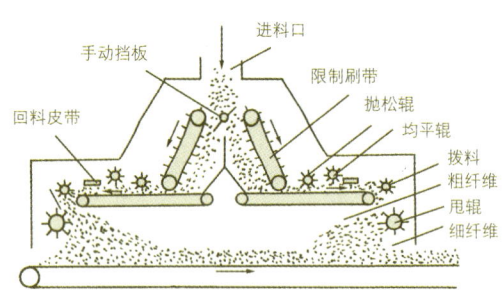

图 15-31　带式多层铺装机

面介绍两种类型机械铺装机：双辊筛网成型机(图15-30)和带式多层铺装机(图15-31)。

双辊筛网成型机的工作原理如图 15-30，未经分选的纤维通过均平辊定量掉进一对反向旋转的毛刷辊之间，将纤维抛起，细纤维分别从毛刷辊两边穿过筛板，落到运动的成型传送带上，形成上下表层纤维。粗纤维不能穿过筛板，只能通过两块筛板之间的空隙，铺撒在中层。因此，这种装置可以在铺装时同时进行分级，形成多层结构的MDF。

带式多层铺装机工作原理如图 15-31，从定量器来的未经分选的混合纤维，经相反方向相对铺装。纤维在进入成型传送带之前，经带毛刷的运动带和辊筒多次抛松，打散结团，再利用甩辊的离心力，将粗纤维抛得较远，构成板坯中层，而细纤维惯性小，就近落下，部分细纤维被甩辊转动时所产生的气流带至甩辊的后方，构成板坯的表层。于是，一对方向相反的铺装装置，就形成渐变结构的多层结构板。

②气流成型：纤维借助气流的作用，均匀分散而沉积在成型网带成为板坯的铺装方式称为气流成型。气流成型通常分为普通气流成型和真空气流成型，MDF生产使用多为真空气流成型。所谓真空气流成型是气流铺撒纤维借助真空的负压作用，使纤维沉降而铺装成板坯。其板坯密实，具有一定的支撑强度，有利运输；预压、热压时排除空气量少，不致损害板坯结构。由于纤维沉降又借助于真空负压，所以纤维沉积速度加快，不仅可提高铺装速度，生产效率较高，而且可适应生产较厚的板制品。但其能耗较大，气动特性相对复杂，工艺控制调整难度加大，这是气流铺装不足之处。现介绍图 15-32和图 15-33两种真空气流铺装成型机。

图15-32是常见的纤维经预分选过的真空气流铺装成型头型式，它的工作是干纤维与空气均匀混合后，以高速气流通过成型网上部的摆动喷嘴，均匀地铺撒在运动的网带上。网下有负压箱不让纤维由于气流的冲击而飞溅，被真空吸附在网上，逐步形成均一的板坯。在成型室外边有均平辊将多余的纤维吸走，回到计量箱重复再用。

一般安装三至五个同样的铺装头。其中二至三个铺装中层粗纤维(比例占纤维总量的60%)，另外两个分别铺装上下表层的细纤维(比例各20%)，或者在预压机后再铺一薄层精细纤维，以提高表面光洁度或利用不同原料。成型箱下部进出口高度可调整，以适应不同板厚的要求。同样，它的沿板宽方向的距离也是可调的，以此来适应不同板宽的要求。图 15-33为真空箱的剖面图。从图中可以看出，真空箱的中间部分是低真空区，两侧是高真空区，两部分的风门及风机的风门均可调整，两层真空壁的角度要适当，以保证纤维不致附着其上。由于两边较高的真空度造成板坯两边的密度较中间部分为高，这样板坯便于运输和锯裁，而且加压后密度比较均匀。

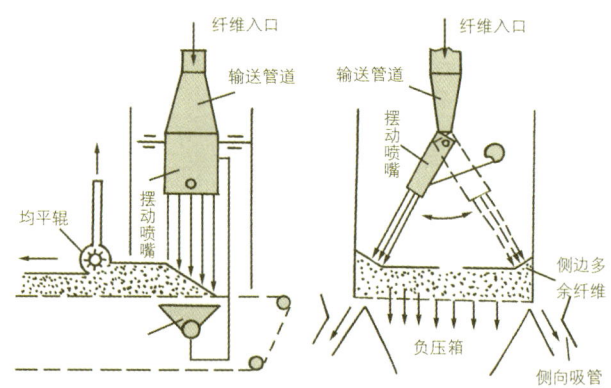

图 15-32　真空成型铺装头

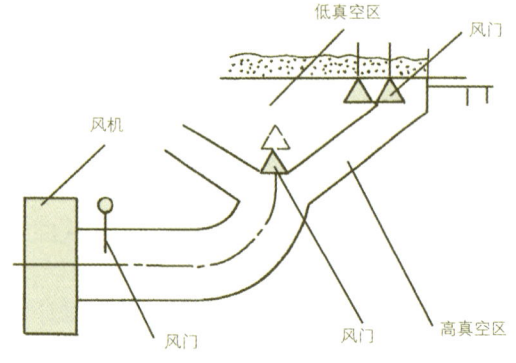

图 15-33　真空箱剖面

图15-34为改进型真空气流成型头结构示意图。成型纤维经旋风分离器，降低沉降速度，风机(1)把旋风分离器的排气送至除尘室，克服细小尘埃对空气的污染；而风机(2)使摆嘴通入适量气流以粉碎可能结团的纤维，改善板坯的成型质量。

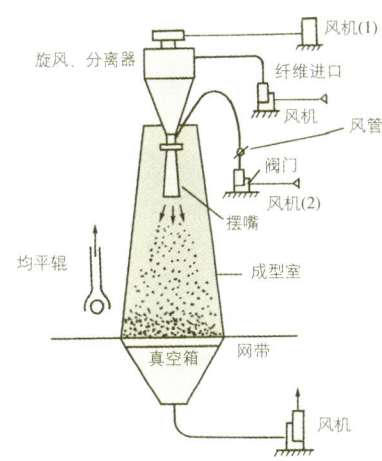

图15-34 改进型真空流成型头

此类成型机的生产率决定于空气—纤维的混合比和气流速度。混合比过大，则会因空气量过大降低生产率和增加动力消耗；混合比太小，纤维浓度大易结团，一般常取3m³空气/kg纤维。若气流速度太小，生产率降低，如气流速度取20～30m/s，达板坯表面的速度细纤维为：9～12m/s，粗纤维为12～14m/s；吸风管产生速度为14～16m/s，但因为板坯的阻力，真空箱入口处的实际速度只有1.4～1.8m/s。

潘迪斯特(Pendistor)铺装机铺装成型头结构如图15-35。

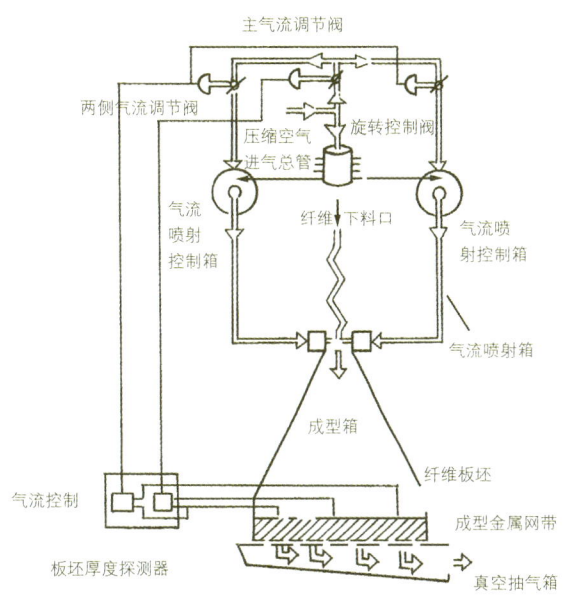

图15-35 潘迪斯特铺装机铺装成型头结构

由纤维料仓送来的纤维料，无需将气流与纤维分离，直接从成型头上方的"之"字形进料管进料，"之"字形管段是为保持纤维落料均匀而设置的，管中纤维流速从25m/s降至10m/s。即纤维在成型头进口处的流速为10m/s，气压为200mm水柱左右，当纤维经成型头进口处下落时，受到来自两侧喷气箱内脉冲气流的喷射使纤维在成型箱的箱体范围内形成一个振幅逐渐扩大的正弦波形的纤维流，均匀地下落在传送网带上。此时纤维流速为1m/s左右。网带下设有真空箱，以便于纤维下落，空气由真空系统排出。这种用脉冲气流使纤维作非定向铺装的方法是"潘迪斯特"成型机的最大特点。真空箱的真空度为400mm水柱左右，脉冲喷气箱内的气压为700～900mm水柱。喷气量为落纤空气量的10%。脉冲频率为5～10次/min。气流可由自动与手动调节，控制空气量的压缩空气由进气总管进入。分两路进入系统，一路由二条相同的管道经调整二侧空气量的调节阀进入气流喷射控制箱，其空气喷射量的大小，由板坯厚度探测器发出指令来调节，以解决板坯成型宽度上的厚薄不均。两气流喷射控制箱内的气流由另一路旋转控制阀来的脉冲气流经调节后，进入气流喷射箱向从纤维下料箱来的纤维喷射，使纤维呈正弦波下洒，旋转控制阀是使二侧气流产生脉冲的主要元件，旋转控制阀是一个圆形空筒，一头有进气口，另一头是堵死的，在圆柱面上开有若干个通气口，和气流喷射控制箱的喷射口数量相对应。孔口的排列是按照正弦波效果设的，所以当旋转阀转动时，不是简单的脉冲气流，这主要是阀在旋转时，旋转阀的孔口相对于接通管口的开闭度是变化的，有几个喷射口相对应的就是几个接收的喷射控制箱，而喷射控制箱接各自的喷射箱它是常开式的。当从主气流来的气流，经喷射控制箱，直通喷射箱，喷向落下的纤维，但当旋转阀孔口接通控制气流进入喷射控制箱造成一旋转气流，当产生闭锁时使喷射气流不能进入喷射箱，喷射箱则停止喷气，形成了两侧喷射箱的脉冲气流。

铺装头下面的真空箱，在沿着板宽方向上被分隔成几个格仓。可按照板坯在宽度方向上的不同密度要求把各格仓调节为不同真空度，见图15-32。一般板坯在宽度方向上的密度偏差小于2%。出成型箱的板坯经刮平辊，其上设抽气装置把刮去的纤维送回纤维料仓。在抽气装置中还装有静电排除装置，避免纤维静电结团。板坯最终成型厚度是由刮平辊的高度及其后的计量秤控制的。刮平辊下，设有负压装置。在刮平辊的前面板坯的宽度方向上，并列设置了三个接触式的密度探测器，用来控制宽度方向上板坯厚度的均匀性。

③定向成型：常规成型的板，纤维排列的方式是随意的。因此，板面的强度属于各向同性。由于纤维排列杂乱无章，彼此交错重叠，使纤维间的接触面减小，空隙率增大。部分胶黏剂用于填充空隙，未能充分发挥胶合作用。如果要进一步提高产品的力学性能和尺寸稳定性，如前所述，仅靠增加胶黏剂用量的办法是达不到目的的。

为此，如使纤维呈有规律的排列，则情况就发生显著的变化。纤维之间的接触面加大，减少纤维交叠形成的空隙率。不仅胶黏剂能充分发挥作用，而且能很好的利用纤维本身的纵向强度。定向排列的中密度纤维板沿纤维纵向的强度成倍地增加。尺寸稳定性也大为改善。正因为如此，定向铺装已成为当前提高板子质量的有效途径之一。

使纤维定向的主要手段是利用静电电场的作用。静电定向的条件：纤维应粗直，细而扭曲的纤维对定向不利，纤维的细长比，即直径：长度≥1：10；纤维含水率在10%～20%范围。含水率过高电极间会产生电弧；含水率过低，纤维不容易极化。纤维应成高度松散状态，才能保证定向效果。

对于纤维物料一般都采用高压电场静电定向。

干燥的细纤维均匀地、高度分散地送入高压静电场的两块定向极板之间。于是，纤维在高压电场的作用下，迅速极化而带上电荷。极板分别对不同的极性加以吸引，使无规则的纤维在两极之间呈有秩序的排列。由于纤维的自重顺着极板下滑到移动的板坯表面。板坯离开电场以后，电荷消失，从而完成表层纤维定向铺装的全过程。

静电发生器一般采用负高压输出，电压在10万～15万V之间。考虑到极板的端部有尖端放电现象，电场强度比较大。为了防止板坯离开极板的瞬间，定向纤维的电荷未完全消失会竖起，可以在负极的下面再加一个负极板产生等电位来克服。

④成型工艺的控制：PC(微机)已在纤维板生产线上应用较广，尤其在铺装成型工段，不论是机械铺装、真空气流以及机械—气流铺装等成型方式都已普遍应用，这不仅使控制调节操作大大简化，而且可以节省原料、降低能耗，同时保证产品的均质，减少生产事故，因此，在成型线的PC系统中，按合适工艺进行设计，再由先进的自动控制、监测和调整系统相配合。

根据成型原理已在设备结构中予以考虑，然而由于成型工艺参数的变化，如何调整与控制确保制品的质量，却是比较复杂的。比如：铺装厚度一般为成品板厚度的15～28倍，而板坯的厚度与原料的种类、纤维质量、含水率、施胶量以及成型方式等因素有关。每一成型头均配有刮平辊，以刮去多余和厚度不均的纤维，刮平量约为板坯厚度的20%～25%。

另外，纤维的风送速度、风压、纤维与空气的混合比、真空度等工艺参数均需合理匹配，选用最佳的工艺参数。

在铺装成型线上，主要用于严格控制纤维含水率和板坯质量。电脑控制中心一头安装于预压机后的质量扫描传感器，另一端安装于铺装头后测定纤维板坯含水率的传感器。质量传感器系采用γ-射线吸收原理，将射线吸收率，通过电压——频率转换器转换为数据输入电脑中心，经运算得出板坯的质量，核对与标准要求的差异。控制中心调整铺装机最后刮平辊的高度，使板坯质量合乎要求。

检测板坯质量可用称重法或β、γ射线探测仪检测。质量法是用电子皮带秤称重。β、γ射线探测仪属非接触性检测，前者是固定式、后者是移动式。β射线探测仪，每隔六秒把板坯质量输入计算机一次，γ射线探测仪是对板坯连续横向扫描，测量单位面积板坯的质量，监测灵敏度极高。

成型线上，有的还安装4C—NI含水率测定仪，可在板坯通过时，不必接触，即可测出其含水率，其测量范围为0～15%。另外，在生产线上，还可通过安装超声波探测板内的鼓泡、分层等缺陷的无损检测手段，及时发现制板中的质量问题，确保产品的质量。

(3) 预压与纵横锯裁

① 板坯预压：干法铺装成型后的板坯比较蓬松、厚度大，一般为成品板厚度的15～28倍，故需压实。因此，预压的目的在于：排除板坯内留存的空气，防止板坯热压时大量空气外逸冲破板坯；通过预压，使板坯具有一定的密实度，提高自身的支撑强度，以保证板坯在输送、切割、装板时不致产生断裂和破损；可适当提高热压速度，特别在连续热压工艺中；由于减小板坯厚度，亦可缩小压机压板间的开档。还可降低压机的压力，减小板厚度方向上的密度误差，并可缩短热压周期。

板坯预压的压缩程度主要决定预压机的压力、纤维含水率、纤维分离程度、树种、施胶量等因素，当然，也与成型工艺与方式有关。

板坯预压后会有回弹，不同原料有差异，对于木材原料，压缩率一般在60%～75%，回弹率则多在15%～30%。对于甘蔗渣原料，压缩率比木材原料要高70%～90%。然而，预压后板坯宽度方向要伸张约5%。

MDF的预压工艺在一定程度上取决于所用预压机的类型。预压机有间歇式平面预压机和连续式带式预压机。后者应用得较普遍(图15-36)。

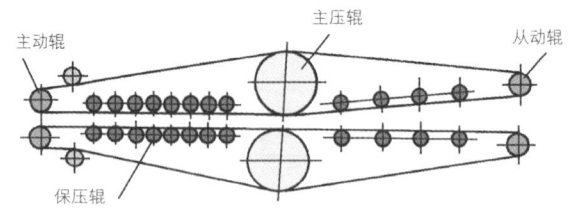

图15-36 连续带式预压机

在连续带式预压机中，板坯在被压缩状态下移动，故需保持预压运行速度与成型网带速度同步。

一般预压机主要可分为三部分：首先为具倾斜度的引导部，它用最小的倾斜角(倾角可调)来缓慢地降低板坯厚度，比如由真空气流铺装板坯所需预压机，其最大开度可在410mm至127mm范围，引导辊的直径为150mm，由自调密封轴承支承。第二部分是由上、下辊构成的主要加压部，压辊逐渐增压，最大线压力在140～250kg/cm范围。由液压缸提供。第三部分为保压段，由于板坯的纤维含水率低、弹性大，较难压缩，为了减少回弹量，板坯要经一定长度的保压段保压，保压段的线压力，可与加压段相同，亦可低于加压段的线压力。保压时间6~7s。压辊间隙在150~250mm之间，各辊的开度调整与加压，均通过液压系统来实现。预压时间的长短，几乎不影响板坯最终厚度，一般加压和保压时间在10~30s。

②板坯的纵横锯裁：铺装的板坯，经预压后边部不整齐，甚至呈松散状，而且规格尺寸也不符合压机压板的要求，需裁齐到合适的宽度，称为齐边；对板坯带横向锯截到压板的尺寸，通常采用横截锯。

因为MDF制品一般厚度较大，板坯亦厚而密实，因此，一般采用带齿圆锯片对板坯进行纵横向切割。

预压后的板坯进入截锯运输机，由可调间距的纵向截边锯裁边，裁下的纤维边条送回纤维计量料仓。截边后的板坯经过同位素监测密度、金属探测器检查是否有金属物夹带，不合格的板坯均在此给予剔除，合格的板坯送往加速运输机。

以图15-37连续辊压生产线为例，铺装的板坯连续经预压、称重、齐边、金属探测、高频预热、铺放装饰纸(或薄膜)，直接送入连续辊压机，出板后，再进入横向锯截的连续加工

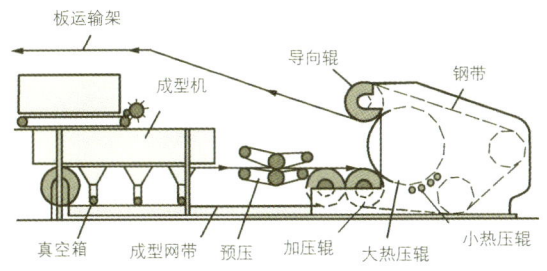

图15-37 连续辊压生产线

生产线的工艺流程。

5. 热压

热压是中密度纤维板制造的一道重要工序，对产品质量和产量起着决定性的作用。

热压是指在热量和压力的联合作用下，板坯中的水分汽化、蒸发、密度增加、胶黏剂固化、防水剂重新分布，原料中的各组分发生了一系列物理化学变化，从而在纤维间形成各种结合力，制成符合质量要求制品的过程。

在干法MDF中，除主要靠纤维表面胶黏剂胶合外，也还存在纤维之间的结合力，即由木素(包括半纤维素)的胶合力、纤维素之间的氢键等作用力。分析所有作用力的目的，是为了寻找提高纤维结合强度的途径。现MDF生产中，常用的具体措施有：施加合成树脂、提高纤维的塑性、增加纤维的比表面积、保持板坯一定的含水率、保证木素和半纤维素的塑化温度和时间、提高热压的单位压力等来达到提高制品强度和耐水性。

(1) 热压工艺中几个主要工艺因子对板性的影响

①热压温度：热压温度的选择主要根据板的性能要求、胶黏剂的种类以及压机的类型和工作效率等来确定。

热压过程中，温度提高了纤维的塑性，为各种键的结合创造了条件；热量使板坯中的水分汽化；热固性树脂在短暂受热时间内，由于摩擦力的减小，流动性增加，有利于胶黏剂加速固化。

MDF制品密度中等，板坯中的纤维含水率不高，板坯厚而膨松，导热性能差，特别采用接触传热的加热方式时，板坯表、芯层温差大。为了确保板坯中胶黏剂的完全固化，必须强化传热，达到缩短热压时间、提高热压机的生产率，因此，在根据不同胶种固化温度的前提下，一般选择较高的热压温度。通常脲醛树脂为160~180℃，个别情况也可采用更高的温度；酚醛树脂为185~195℃。选用温度的高低，还取决于原料、树种、板坯含水率、胶黏剂性能、板坯厚度、加热方式、加热时间以及压力大小等其他因素。

热压温度对MDF制品性能的影响见表15-9。

表15-9 热压温度与板性的关系

板性能 热压温度	密度 (g/cm³)	MOR (MPa)	IB (MPa)	吸水率 (%)	厚度膨胀率 (%)
140℃	0.74	29.2	0.43	29.2	18.0
160℃	0.72	32.3	0.64	18.0	15.3
170℃	0.72	31.8	0.96	17.9	8.2
185℃	0.73	30.0	1.02	22.4	9.3

由表15-9结果表明：MDF板性与热压温度关系密切。制品强度提高和耐水性改善是随着热压温度提高而产生的。

这是因为热压温度升高，板坯的表芯层温度梯度加大，热传导加快，芯层温度快速上升(图15-38)，胶料能较好流动和均匀分布于纤维之间，从而得到充分固化。

此外，温度的升高，增强纤维化学组分的降解，从而提

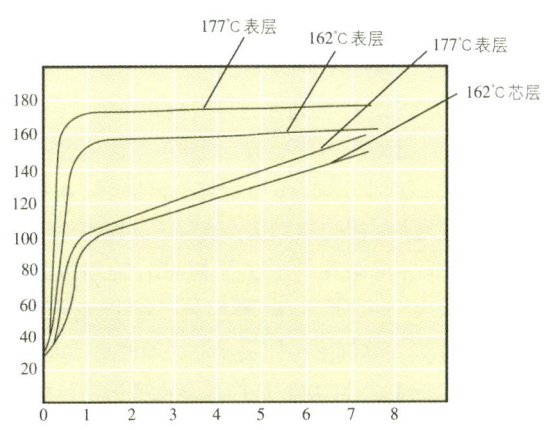

图15-38 热压时板坯表芯层温度的变化

高了纤维的活性，有利于纤维之间的结合。但若温度过高，则出现板强度和耐水性降低的现象，这可能是树脂降解、脆化所致。板坯温度对 MDF 制品的质量关系密切，现在特别在加热介质技术方面，又进行了不少新的开发，如在板坯进行接触加热的同时，增加高频加热，采取喷蒸措施等，都对快速提高板坯温度，缩短热压时间，改善制品的性能起到积极的作用。

图 15-39 为热压时板坯内部温度与时间的关系曲线。在喷蒸加压中，喷射蒸汽的瞬时，板内部温度达到接近喷射温度，而喷射停止时，达到与热压相同的温度。

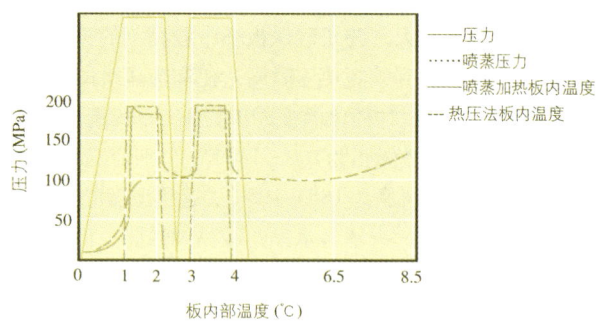

图 15-39 板坯内部温度、加压压力与时间的关系曲线

② 热压压力：干法热压过程中压力的作用主要是克服纤维板坯的反弹力，进一步排除板坯中的空气，增大纤维之间的接触与交织，达到制品厚度和密度的要求。板坯反弹力的大小又与制品厚度、原料种类、纤维分离度、纤维含水率、施胶方式与施胶量、热压温度、加压方式及加压速度等因素有关。

为了保证产品的厚度和密度要求，干法 MDF 的热压压力，一般在 2.5~3.5 MPa 范围。为适应某种需要，有时也有低于 2.5 MPa 或高于 3.5 MPa。如高强度建筑用 MDF 的热压压力为 5.0~5.5 MPa。

以上所指的压力，均为热压过程中的最高压力。实际热压过程中，由于板坯含水率、产品厚度、幅面不同，所用的压力曲线也不同。例如，板坯含水率在 5% 以下时，选用一段加压曲线；板坯含水率大于 5% 时，一般采用二段加压曲线。其中高压段仅使板坯结构紧密和排除空气，故高压段的时间不宜太长。因为水分蒸发汽化、胶黏剂固化、纤维之间各种结合力的形成，主要是在低压段内完成的。

最后，应注意卸压速度要慢。因为整个热压过程都在一定温度和压力的条件下进行的，板坯下无垫网，水蒸汽只能从板坯的周边逸出，阻力比较大，故加压过程中蒸汽的实际排出量很少，而主要是在卸压过程中排出，这时板坯内部饱和水蒸汽量较大。如突然减压，蒸汽剧烈膨胀，轻则板鼓泡、重则破裂、分层。故卸压操作要小心，即使是 3mm 厚的薄板卸压时间也应不少于 10s，如产品厚度增加则只延长热压时间，其余辅助时间基本相同。

③ 热压时间：MDF 板坯在热压时，不论采用多高温度和压力，都需要一定的时间，才能保证热量的传导和压力的传递，以获得胶料的固化，同时制得预定密度和不同密度梯度分布的板制品。在保证最佳质量的同时，热压时间宜短。热压时间确定与胶料性能、纤维质量、板坯含水率、热压的温度、压力、加热方式以及板坯厚度有关。

采用热压板接触加热方式，每 mm 板厚的热压时间为 30s 左右；采用高频加热，则热压时间仅为接触式加热的 1/3 至 1/2；喷蒸加热仅为接触式加热时间的 1/5 到 1/10，并且不受制品厚度的影响。

现以 MDF 二段热压曲线（图 15-40）为例，分析二段加压时间 T_1 和 T_2 的分配及制定依据。

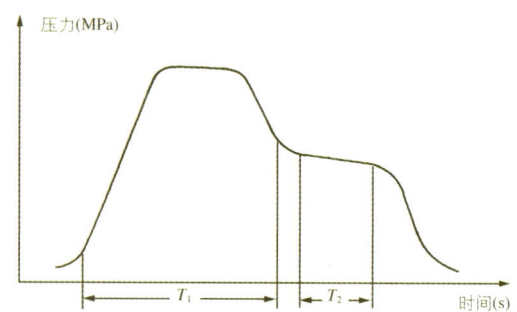

图 15-40 典型 MDF 热压曲线

高压段 T_1 制定：若 T_1 时间太长，由于胶液的固化，板坯表面形成硬壳，不利于导热和汽化，产品往往产生鼓泡；相反若 T_1 太短，由于板坯压缩不足，在 T_2 段时厚度有较大的回升，从而影响产品质量。所以，T_1 要依板坯的压缩状态、板坯厚度和热压温度等因素来决定。

低压段 T_2 的制定：若 T_2 时间太短，干燥不充分，树脂没有完全固化，会引起制品物理力学性能的降低；若时间过长，则树脂过分固化，产品变脆，降低了质量，所以，T_2 要以树脂固化和板坯水分汽化为准。表 15-10 是以 10mm 厚 MDF 为例，分析热压时间长短和时间分配对板性的影响。

从表中结果得出，延长热压时间，对提高产品各项物理学性能均有利。这是因为热压时间延长，使得胶料充分固化。一般认为热压第一阶段（T_1）在板坯芯层温度上升至 105~

表 15-10 热压时间长短和时间分配对板性的影响

热压时间		板性能				
热压时间 (min)	时间分配 (min)	密度 (g/cm³)	MOR (MPa)	IB (MPa)	吸水率 (%)	厚度膨胀率 (%)
6	2~4	0.71	25.1	0.52	27.7	14.0
	3~3	0.72	29.6	0.54	24.9	13.8
	4~6	0.71	27.8	0.49	26.4	13.5
8	2~6	0.73	31.9	0.68	18.4	9.6
	3~5	0.72	34.6	0.68	17.5	6.2
	4~4	0.71	36.2	0.72	14.8	8.6

110℃时，再稍延长1~2min，待胶初步固化，即可结束。第二阶段(T_2)则以保证胶料完全固化为准。

④板坯含水率：在热压过程中，板坯内水分的作用：增加纤维的可塑性和导热性；参与纤维素和半纤维素的水解反应；促使木素树脂化和降低熔点，所以，适当的板坯含水率，对板的质量有保证作用。过多的水分对干法生产工艺带来不利，因为干法热压不使用垫网，大量水蒸汽很难排除，造成纤维的强烈水解，有机酸类分解物增多，引起板面污染和鼓泡等缺陷。生产中，对于连续热压工艺生产线板坯含水率控制在5%左右；而对于多层压机工艺，板坯含水率控制在10%左右。为了强化传热效率和提高板面硬度，可允许表层纤维含水率比芯层高2%左右。

压机的闭合和升压速度：对于间歇式热压还存在必要的辅助时间。这些辅助时间指的是闭合时间、升压时间、卸压时间及压板张开时间等等。这些时间的掌握其实质是速度的控制，对MDF的性质、质量和断面结构有显著影响。

压机的闭合速度对板制品断面密度分布影响很显著。图15-41为热压温度在168℃条件下，制备19mm厚的MDF，采用不同的闭合时间，所得到板断面的不同密度分布，相应板强度则有明显的差异。升压速度对板性及板的断面密度分布亦有影响。图15-42为A、B两块名义密度相同的MDF，断面密度分布的情况(C为名义密度)。热压板快速升压，则产生如图中曲线A的密度分布；压板慢速升压，板的断面密度分布差异小，如图中曲线B所示，比较均匀。

升压速度对板性的影响，如表15-11。

表15-11 升压速度与板性的关系

压机闭合时间(s)	压力从"0"到额定压力(s)	板 性			板面质量	备注
		密度(g/cm³)	MOR(MPa)	IB(MPa)		
17	13	0.72	26.9	0.82	未起毛	未施蜡
17	35	0.69	22.7	0.99	严重起毛	施蜡

结果得出：压机升压速度快，板的静曲强度高，表面松软层厚度小，板面质量好，但板的平面抗拉强度低。反之，压机升压速度慢，板的静曲强度下降，表面松软层加厚，板面质量差，但板平面抗拉强度提高。在上表试验条件下，升压速度快与慢相比，静曲强度提高15.7%，平面抗拉强度降低17.4%。

(2) 制品表面的预固化层

制品表面的疏松层，称为预固化层(或称软层)。它影响板面质量和光洁度，因此，要在后续工序中除去，否则将影响制品装饰加工。预固化层越厚其需要砂去量则越大，对于多层热压工艺显得越突出，一般要除去1~1.5mm，甚至高达2mm，这对原料、辅料、动力、能耗等都受损失，因此，要尽量减少和控制预固化层的厚度。分析产生原因主要可能与下列因素有关：

第一，板坯在热压板中尚未闭合时，已受到热的影响，表层纤维的水分开始蒸发，部分胶黏剂开始缩聚、固化，即表层纤维在较低的压力下，纤维已胶结，所以表层密度低、疏松，产生了预固化层(图15-43)。因此，热压板闭合速度、升压速度越慢，这层厚度也就越大。

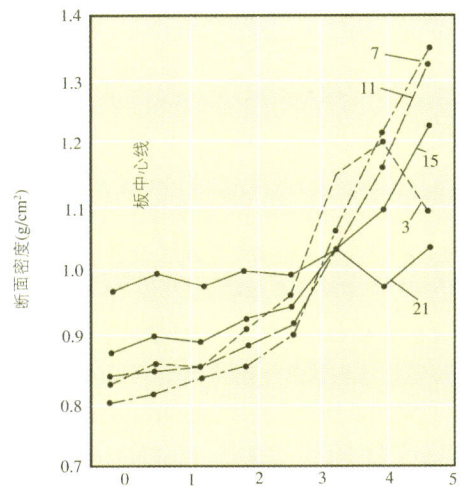

序号	预压压力(MPa)	压力(MPa)	闭合时间(s)
3	0.42	1.7	128
7	0.2	3.4	32
11	0.42	5.8	10
15	0.42	10.5	2
21	未预压	10.5	128

图5-41 压板的闭合时间与板断面密度分布的关系

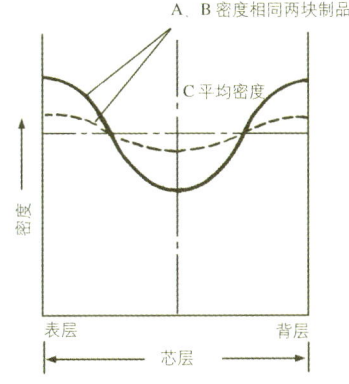

图15-42 板的断面密度分布

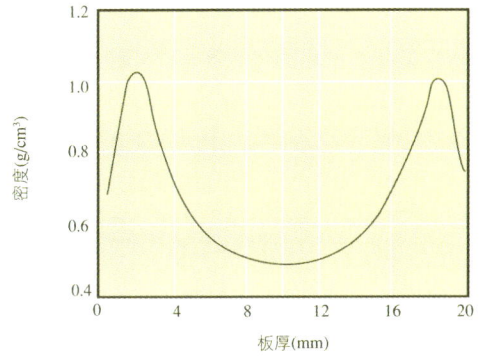

图15-43 未砂20mm厚MDF断面密度分布

第二，热压温度的影响：热压温度越高，和板坯表层直接接触的热压板温度也就越高，对板坯表层纤维影响越大，越易产生预固化层。

第三，板坯含水率的影响：当板坯含水率低时，纤维弹性大，则会增加预固化层的厚度，所以，表层纤维含水率以10%～12%为宜。现有一些成型线上，对板坯上、下表层增设喷雾装置，这是有效的控制措施。

第四，施胶量的影响：当施胶量比较低时，纤维之间的胶结力亦较小，从而也会导致预固化层增厚。

第五，除上述工艺因素外，压机的结构，特别是加压方式亦有密切关系。

根据以上诸多因素分析，若采取相应的措施是可以减轻预固化层的，但要综合考虑生产能力和经济效果。

(3) MDF的热压设备

热压设备是MDF生产中最重要设备之一。目前，在我国的MDF生产中，多层压机仍占主要地位。然而，连续式压机在国外已广泛使用。不论何种压机，板面最宽已达2.5m，多层压机的板面最长达10m，层数6～12层，因为生产MDF压机的压板开档较大，因而层数相应较少。

压机热压板的加热，通常采用饱和蒸汽，也有采用热水、热油和电等加热热源。高频介质加热、喷蒸加热等新技术在MDF热压中的应用，对改善板的断面密度分布，提高板的内部结合强度，缩短热压周期等有显著效果，今后将会逐渐被推广。

间歇式多层压机相对于连续平面压机而言，设备结构简单、工艺成熟、生产板厚范围大。MDF用多层热压机一般采用纵向进出板，应力柱式结构的型式，设有同时闭合机构、线性电位控制器等装置，具有操作方便，使用可靠等优点。

所谓连续压机，就是铺装后的板坯，不经横向锯断，就以连续板坯带的形式，直接进入到压机中，板坯带在压机中，一边受热、受压，一边不断向前移动，从压机的另一端连续不断地制得无端的板带，这样的压机称为连续压机。按连续压机对板坯的加压方式分为：辊压式和双钢带平板式连续压机。

6. MDF的后期处理

(1) 冷却

刚从热压机出来的MDF温度较高，不可直接堆置，需经冷却处理，原因有：板降温至胶黏剂热解温度之下，对于UF的MDF，一般应低于60℃；通风冷却，消除板中的残留的游离醛；利用气流中的水分平衡板中的含水率。图15-44表示未经冷却和经冷却处理MDF内部温度随堆垛时间的变化曲线。规格为1290×5918×19(mm)，热压温度165℃，热压时间5.5min，堆垛高度760mm，堆放52h。图中Ⅰ为未经强制冷却的板制品，垛中温度从75℃缓慢升高到85℃，再很慢地在52h后降至67℃。发现板面颜色变深，经测试板的平面抗拉强度降低近1/3，翘曲变形严重。图中Ⅱ为经冷却后板内的降温情况。说明由热压机卸出的板制品必须通过冷却处理。

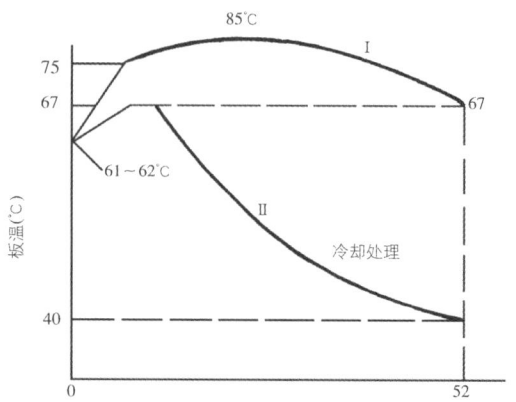

图15-44 堆垛时间与板内温度的变化情况

MDF的冷却，一般是在专用的翻板冷却机中进行的，多为轮式。主轴上装有许多幅条，将整个圆周分为若干间隔。一般考虑能放置1～2车板。板进入间隔后，由一排幅条托起，转动180°后卸出。在冷却机上方最好装有抽风罩，强制空气流通，亦可改善操作环境。

(2) 调质(湿)处理

冷却后的MDF含水率较低，当它与大气相接触时，会吸收空气中的水分，直到接近并与大气湿度相平衡。然而由于板各部位的不均匀吸湿，极易产生翘曲变形。为了提高板的稳定性，增加板的强度，需要调质(湿)处理。

调质(湿)处理通常有两种方法：一种是自然调湿，特别是UF的MDF，冷却后板表层含水率为2%～3%，芯层为6%～7%，可采用自然调湿处理。即冷却后的板材经自动堆垛机堆置后，用叉车送进热贮存区，堆放一定时间，使板内水分均匀分布并与大气湿度趋于平衡，堆置时间大约为48～72h。另一种是采用调湿处理，主要是为PF的MDF，一般将板存放在70～80℃、相对湿度75%～90%的循环空气处理室中，处理时间根据板的厚度而定，约需5～6h，使板的含水率达到7%～8%。吸入板中的水分，在板内均匀分布也还需2～3d时间。

MDF堆置时应注意平直，四角要整齐，最好在上面压一块平坦的板，防止因堆放不好而发生变形。而热贮存区不能设在日光直射，过分通风或潮湿、漏雨的地方。

(3) 锯裁与砂光

冷却后的MDF板边不齐有时还松软，为了保证产品的规格和板边的强度，必须规格锯裁。一般单边锯裁量为25～40mm，个别也有少至15mm。MDF的纵横锯机，一般均采用圆锯机。锯机设有吸尘罩，锯屑通过负压系统吸走。

锯片经过一段时间工作后，要注意及时更换，否则会由于齿变钝，而使板边拉毛，影响锯裁质量。锯裁的质量不仅跟锯齿锐钝有关，而且与锯片的转速、锯齿形状、锯齿的齿数有关。在一定的条件下，转速越高、锯齿越多、齿形短，锯裁效果就越好。所以，在锯裁工艺中，选择适宜的齿长、齿数及锯片转速，可提高锯裁质量。

热压后的MDF毛板表面不够平整，有预固化层，板面密度低,密度最大值位于表层下1.0~2.0mm处(图15-43),因此影响板性能和板表面质量,给表面加工带来了困难。为了得到坚实、平滑的板面,控制好成品的厚度,符合厚度公差的要求,故需对板面进行砂光处理。

经冷却后的MDF,一般放置二昼夜后,再进行砂光处理。砂光量视制品预固化层和厚度偏差量而定。对于多层压机通常砂光量在1.5~2.0mm(双面),一般采用宽带式砂光机,宽带式砂光机按砂架多少,可分为单砂架式和多砂架式。现广泛使用的为三砂架宽带式砂光机(图15-45)。

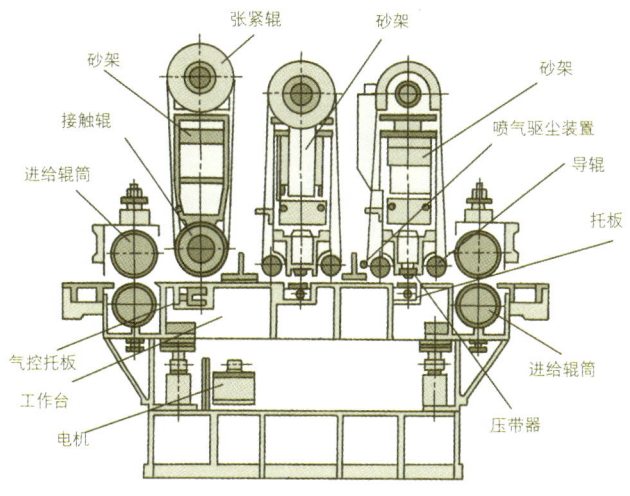

图15-45 三砂架宽带式砂光机

该机砂带速度可达1100m/min,板的进给速度18~60m/min,使用压力0.07~0.14MPa,相应磨削压力为36~77MPa。通常根据对板的质量要求决定砂削量,可根据需要采用二道或三道砂光流程。一般第一道为粗砂,究其作用称之谓定厚砂削,砂带粒度40~60号,砂削余量(双面,下同)为0.5~0.8mm。第二道细砂,砂带粒度60~80号,砂削余量0.4~0.7 mm。第三道为精砂,砂带粒度100~120号,要求高时可达150~180号,砂削余量0.10~0.13mm。砂光后,19mm厚的制品厚度偏差要求达到±0.10mm。

砂光质量与进给速度、砂带粒度、砂带运行速度等因素有关。表15-12为进料速度、砂带粒度与砂光量之间的关系。

砂光是MDF的最后一道工序,如操作不当,可导致板子报废,因而应精心操作,注意以下几点:

表15-12 进给速度、砂带粒度与砂光量的关系

进料速度	砂光量(mm)			
砂带粒径	15(m/min)	30(m/min)	46(m/min)	61(m/min)
40号	1.27	0.64	0.51	0.38
50号	1.02	0.51	0.41	0.30
60号	0.64	0.38	0.25	0.23
80号	0.30	0.20	0.13	0.10

① 砂光量应计算准确,保证砂削后板密度的对称分布,厚度偏差达到标准要求;② 要连续进料,一块紧接一块;工作中砂光机不能中途停机,否则会造成板面凹坑;③ 砂带应与砂光机工作面保持平行,防止振动,以免板面产生波纹;④ 砂带应完好无损。

15.2.2 硬质(高密度)纤维板制造工艺特性

干法硬质纤维板(HF)与干法MDF制造流程基本上是相同的。用气流(或机械)做工作介质,不存在废水污染问题,制得结构平衡的两面光产品。但通常必须使用胶黏剂,易产生空气污染和潜在着火的可能性。HF制造同样包括:原料制备、纤维分离、纤维处理、成型和热压等工序组成。

用于制造HF的原料与MDF一样,无特殊要求,木质与非木质的植物原料皆可,因此,备料流程和设备与MDF无多大区别。同样在后续的纤维分离、纤维施胶、纤维干燥,板坯铺装以及热压等工序,流程安排和机械设备也与MDF基本上一致。二者的主要区别在于每道工序的工艺技术参数的差别。本节仅就干法制造HF的主要技术特点及有关参数分述如下:

1. 纤维分离与纤维处理

(1) 纤维分离的要求:HF的纤维分离通常亦采用热磨机法或高速磨浆机法,一级分离纤维。这是因为HF密度高,若纤维分离度过高,纤维比表积较大,不仅增大胶黏剂消耗量,而且影响板坯成型和热压时的排气性能,故干法HF的纤维分离度要求小于MDF,一般要求滤水度在15~20s。

(2) 纤维施胶:干法HF制造,可采用无胶胶合,但一般还是有胶胶合。选用胶黏剂种类和施加方式与MDF制造无多大差别,主要不同是施加量远小于MDF,一般在3%~5%范围。具体取决于对板性的要求、纤维分离度以及热压工艺等多种因素。

(3) 纤维干燥:干法HF的纤维干燥采用管道气流干燥的方式。可选用一级干燥或二级干燥工艺,对干燥后纤维含水率的要求,与纤维处理流程有关,若纤维先施胶后干燥,则干纤维含水率可在8%~12%;若先干燥后施胶;则干燥后纤维含水率应为3%~5%范围。

2. 制板

干法HF的制板,同样由板坯铺装、预压、板坯纵横锯裁、热压及毛板的后处理等工序组成。

板坯的铺装、预压和板坯纵横锯裁与干法MDF制造工艺、设备等也是基本类同。两者的热压工艺参数则是有较大的区别。

(1) 热压温度:因为HF板坯传热阻力大,板坯表、芯层间有较大的温差(图15-46),为了提高热效率,缩短热压周期,一般采用较高的温度,温度的选择主要取决于胶种的固化温度和纤维间结壳物质的粘合,因此对于软材原料使用180~220℃,硬材原料为220~260℃。

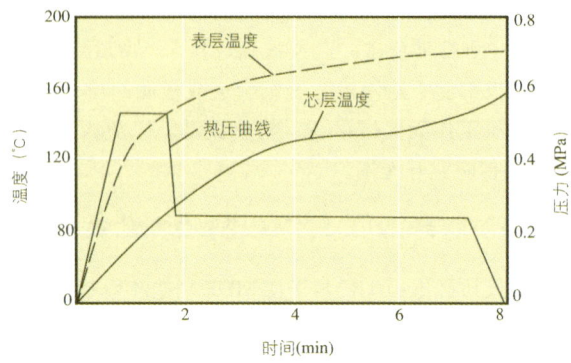

图 15-46 热压时板坯断面温差

(2) 热压压力：干法 HF 板坯弹性大，故采用较大的压力。通常采用高压和低压的二段加压法。高压段除克服板坯反弹、强化板坯热传导外，达到制品的厚度和高密度要求，所以高压一般在 7.0～8.0MPa。低压段主要是胶料固化，板坯中水分畅通地汽化、蒸发，压力高低对板性影响不显著，通常为 2.0～2.5 MPa。

(3) 热压时间：是一个复杂的变量，只能根据具体情况来确定(图 15-47)。高压段时间长短，主要与制品厚度有关，即取决于板坯芯层温度；低压段时间与制品质量和压机生产率有关，主要根据胶黏剂固化和水分蒸发的时间为准。制造 2.4～6.0mm 厚的 HF，通常高压段在 5～30s，低压段为 150～360s。热压过程所需辅助时间，见表 15-13。

15.3 干法纤维板性质

纤维板的性质随原料种类、板的密度不同而不同。但与其他木质制品相比，其共同的特性可概括如下：

(1) 因为纤维在板坯中的排列是各向异性，所以能得到纵横向强度和膨胀收缩率相同的板材，而且使用后不会产生裂缝、变形、开裂等问题。

(2) 热力学、声学性能好。MDF 保温绝热性能优良，因其组织结构均匀，吸音性好，因此在建筑物内的音响和室内温度的调节方面起到很好的作用。HF 作分隔墙有好的隔音效果。

MDF 更以优良性能，促使其形成强劲发展优势。MDF 有如下特点：

(1) 内部结构均匀、密度适中，尺寸稳定性好，变形小。

(2) 有一定的机械力学性能，MOR、MOE、IB、握钉力、表面结合强度等均高于刨花板。

(3) 表面平整光滑，可覆贴各类薄木或薄页纸，以致直接进行油漆或涂饰加工。

(4) 机械加工性能好，锯裁、钻孔、开榫、铣槽、雕刻等加工性能类似木材。经加工成异形边，不需封边即可直接油漆等涂饰处理。

(5) 易于进行防水、防潮、防火、防腐等化学药剂的处理，制取特种功能的 MDF。

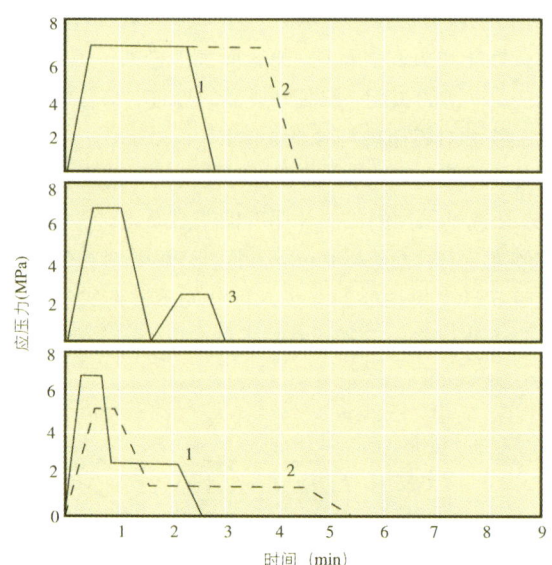

1：2.4mm；2：3.2mm；3：6.0mm

图 15-47 不同厚度干法 HF 的热压曲线

表 15-13 热压过程所需辅助作业时间

项目编号	热压过程	时间(s)
1	热压板闭合时间	9
2	压力从 "0" 升至 8.0MPa 的时间	30～40
3	从 8.0MPa 降至 2.0MPa 的时间	12～14
4	从 2.0MPa 降至 "0" 的时间	15～20
5	热压板张开时间	40～45

15.3.1 物理性质

1. 吸湿性

纤维板密度越高，则在一定温、湿度大气中的平衡含水率越低，在标准状态(20℃，相对湿度65%)下，MDF 的含水率为 7%～10%，HF 为 6%～8%，通常都比木材小(图 15-48)。

纤维板，特别是 HF，厚度、长度均随湿度的变化而膨胀或收缩，其厚度变化更明显，以绝干时的厚度作基准，其变化率可认为大体接近平衡含水率。

2. 吸水性

通常，纤维板的耐水性随着板密度的增大而提高。HF 是高密度的板材，耐水性较好。但吸水引起的厚度膨胀率与密度成正比地增大。长度膨胀率与密度无关，膨胀率也很小。

3. 传热性

纤维板的导热系数随着密度的增大而增加。与木材密度相同的 MDF，其导热系数要低于木材，这是由于 MDF 结构

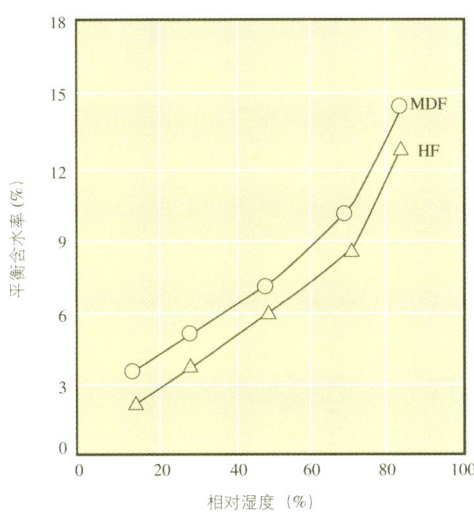

图 15-48 纤维板的含水率和相对湿度的关系

均匀。HF因密度较高,绝热性比木材略高。在一般情况下,纤维板的含水率增加,则导热系数也相应增加。

4. 声学性质

通常密度越小,吸音率越高,所以MDF吸音性良好。然而吸音率随频率不同而变化,如因施工方法、背面空气层的厚度、衬里材料等不同而产生不同的效果。进行钻孔加工的吸音纤维板能很好吸收从低频到高频的声音,未加工的HF能较好吸收高频的声音。

5. 耐候性

纤维板用于室内装修时,不易受气候的影响,在长期的使用中可以观察到由日光照射而引起的变色,但作室外用时,应采用酚醛树脂等耐水性胶黏剂或对板进行浸渍或涂饰处理,因其没有导管孔等的伸缩,故涂料的附着稳定性好。

15.3.2 机械性质

1. 强度与密度的关系

纤维板的强度与密度之间存在着密切的关系。在一般情况下,强度随着密度的增大而增加,特别是静曲强度、弯曲弹性模量、内部结合强度大体与密度成比例变化(图15-49),但密度大于1.0g/cm³则此趋势逐渐减小。

冲击强度与密度无关,相反,则应注意高密度使板材的脆性增大。

中密度纤维板的密度对产品质量和用途有着极为重要的影响。板的密度增加,产品各项物理力学指标均有显著提高,见表15-14。

不过板的密度也不宜过高,这是因为板的密度越高,板的变形也就越大,此外,密度高,板质量大,原料消耗量也随之加大。

图15-50为中密度纤维板的密度与板的静曲强度(MOR)、

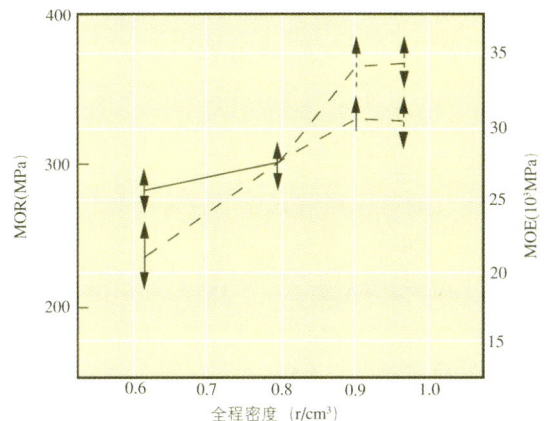

图 15-49 纤维板的密度与MOR、MOE的关系

表 15-14 中密度纤维板的密度与板性

密度 板 性	0.55 (g/cm³)	0.65 (g/cm³)	0.75 (g/cm³)	0.80 (g/cm³)
MOR(MPa)	20.85	32.04	38.70	43.04
IB(MPa)	0.44	0.63	0.85	0.94
吸水率(%)	40.17	27.06	18.59	14.79
厚度膨胀率(%)	11.54	9.60	7.70	6.15

内部结合强度(IB)、弹性模量(MOE)等指标间的关系。

由图15-55所示16mm和19mm厚MDF在密度0.70~0.75g/cm³时,MOR为25~33 MPa、IB为0.5~0.7MPa、MOE在2.6~3.2×10³ MPa,MOR与MOE间有极好的相关性。

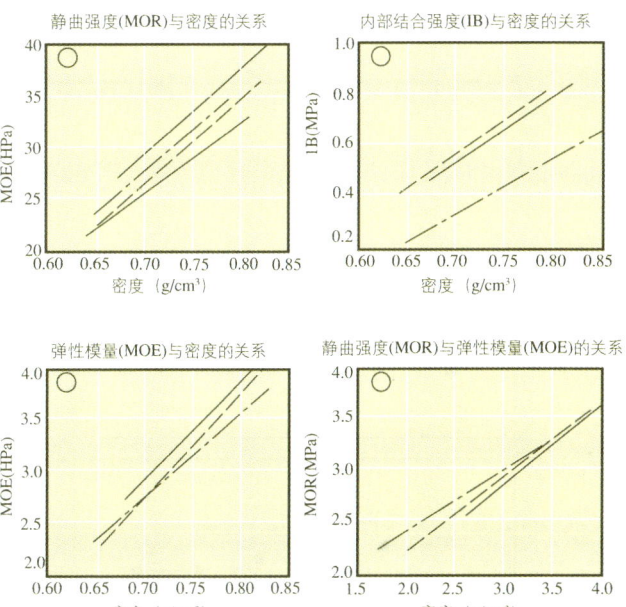

图 15-50 中密度纤维板性能

为了对不同密度的中密度纤维板制品进行对比分析,有如下经验换算关系,供参考。实测某密度下的 MOR 或 IB 值,可换算为 $0.75g/cm^3$ 的中密度纤维板的 MOR 或 IB 值。

$$X_0 = X \left(\frac{D_0}{D}\right)^n$$

式中: X——试样实测密度时 MOR 或 IB 值

D_0——平均密度,$0.75g/cm^3$

D——试样实际密度

n——指数,换算 MOR 时用 2.7,换算 IB 时用 3.0

2. 强度与含水率的关系

水分对纤维板的静曲强度(MOR)和内部结合强度 IB 影响非常大(图 15-51)。

3. 纤维板各强度性能

(1) MOR:除受密度、含水率较大的影响外,也受试件形状,试验条件的影响。厚度相同时,跨距小,MOR 增大(图 15-52)。

(2) 冲击弯曲强度:冲击弯曲强度与密度无特别的关系。通常冲击强度较高、韧性好的纤维板在弯曲、拉伸加工时效果良好。HF 测定冲击弯曲强度,可使用摆锤式试验机,一般为 $4\sim 8kg\cdot cm/cm^2$。

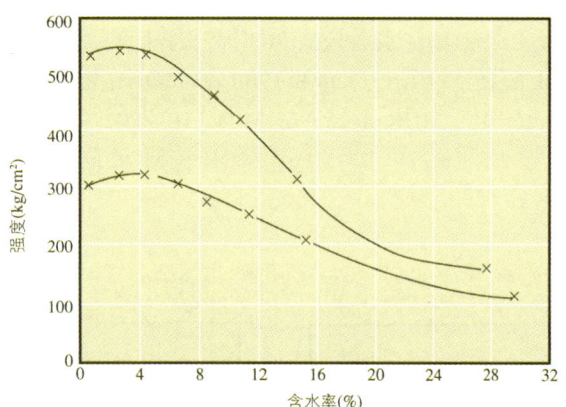

图 15-51 纤维板的 MOR、IB 与含水率的关系

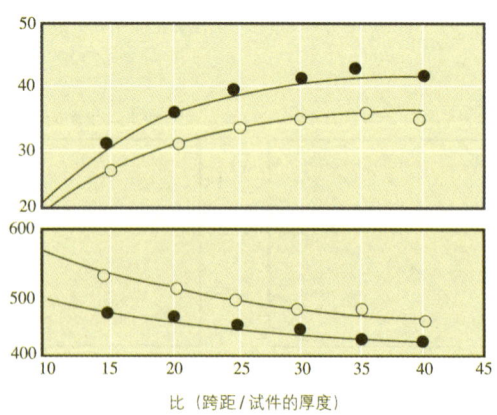

图 15-52 MOR、MOE 与跨距的关系

(3) 表面硬度:表面硬度因测定方法和装置不同有很大差异,载荷 30kg 时,HF 的布氏硬度约为 $0.3\sim 0.4kg/mm^2$(图 15-53)。该值受密度的影响很大。

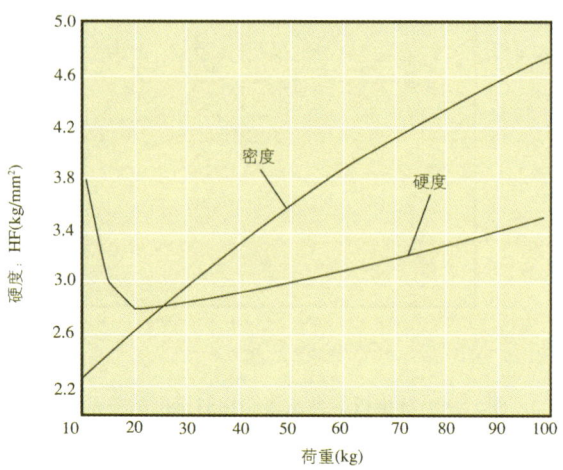

图 15-53 纤维板的布氏硬度、密度与载荷的关系

(4) 耐磨性:纤维的耐磨性是当其用作地板、外墙板等时的重要性能。据有关资料记载认为:HF 可与水泥砂浆、油毡地砖、水青冈拼花地板相匹敌。纤维板经热处理、浸油处理,耐磨性可提高 1~2 倍。

15.3.3 干法纤维板标准

1. 我国现行纤维板标准

(1) 中密度纤维板标准:我国现行 MDF 标准具体技术要求,见表 15-15 至表 15-19,其他内容参见该标准细则。

(2) 硬质纤维板标准:我国现行 HF 标准(GB12626-90),表 15-20 为我国现行 HF 物理性能要求。

2. 美国 MDF 标准(ANSIA208.2-1994MDF)(表 15-21)

3. 欧洲 MDF 工业协会 MDF 标准(EMB/IS-1995)(表 15-22~表 15-25)

4. 家具用 MDF 和阻燃 MDF 性能要求(表 15-26、表 15-27)

表 15-15 厚度尺寸偏差要求　　　　单位:mm

等级	特级	一级	二级
	±0.25	±0.30	0.35
尺寸偏差	每张板内各测点的厚度值不超过其算术平均值的 ±15%		

表 15-16 幅面规格与尺寸偏差　　　　单位:mm

幅面尺寸	长、宽度偏差	备注
1220×1830 1220×2135 1220×2440	±3	两对角线长度差<6mm 边缘不直度<1mm/1000mm

表 5-17 翘曲度要求　　　　　　　　　　　　　　单位：mm

检测尺寸	允许范围		
	特级	一级	一级
1000	≤5	≤10	≤15

表 15-18 板面外观质量要求　　　　　　　　　　单位：mm

缺陷名称	具体规定	允许范围		
		特级	一级	二级
局部松软	直径≤80	不允许	1个	3个
边角缺损	宽度≤10	不允许		允许
分层、鼓泡、炭化		不允许		

表 15-20 HF 性能指标

性能	单位	特级	一级	二级	三级
厚度偏差	mm	0.30			
板边不直度	mm/m	<1.5			
对角线长度差	mm/m	<2.5			
对边长度差	mm/m	<2.5			
密度	g/cm³	>0.80			
MOR	MPa	>49.0	>39.0	>29.0	>20.0
吸水率	%	<15.0	<20.0	<30.0	<35.0
含水率	%	3.0~10.0			

表 15-19 物理力学性能指标

项目 单位 等级 类型	静曲强度 MPa			弹性模量 MPa			平面抗拉强度 MPa			正面握钉力 N			侧面握钉力 N			物理性能指标
	特级	一级	二级	特级	一级	二级	特级	一级	二级	特级	一级	二级	特级	一级	二级	
80型	29.4	24.5	19.6	2070	1960	1850	0.62	0.55	0.49	1450	1350	1250	900	820	740	密度偏差<10% 吸水厚度膨胀率<12% 甲醛释放量<70mg/100g板
70型	19.6	17.2	14.7	1850	1740	1630	0.49	0.44	0.39	1250	1150	1050	740	660	/	
60型		14.7			1630		0.39	0.34	0.29	1050	950	850	/	/	/	

表 15-21 尺寸偏差、物理力学性能

制品等级		高密度>800kg/m³		中等密度 640~800kg/m³				低密度<640kg/m³	
名义厚度(mm)				≤21		>21			
长和宽公差(mm/m)		室内	室外	室内	室外	室内	室外		
		±1.0	±0.1	±1.0	±0.1	±1.0	±1.0		
厚度偏差	板内(mm)	±0.125	±0.125	±0.125	±0.125	±0.125	±0.125		
	板间(mm)	±0.25	±0.125	±0.125	±0.125	±0.125	±0.125		
MOR(MPa)		34.5	24.0	34.5	24.0	31.0	14.0		
MOE(MPa)		3450	2400	3450	2400	31.00	1400		
IB(MPa)		0.75	0.60	0.90	0.55	0.70	0.30		
握钉力	正面(N)	1550	1445	1445	1335	1335	780		
	侧面(N)	1335	1110	1110	1000	1000	670		
甲醛释放量(ppm)		0.30	0.30	0.30	0.30	0.30	0.30		
密度偏差(%)		<±10							
含水率(%)		4~9							

表 15-22 用于干状承载的板性要求（MDF·LA）

性能	测试方法	单位	公称厚度范围(mm)								
			1.8~2.5	>2.5~4.0	>4~6	>6~9	>9~12	>12~19	>19~80	>30~45	>45
24hHS	EN317	%	45	35	30	17	15	12	10	8	6
IB	EN319	MPa	0.65	0.65	0.65	0.65	0.60	0.55	0.55	0.50	0.50
MOR	EN310	MPa	23	23	23	23	22	20	18	17	15
MOE	EN310	MPa	/	/	2700	2700	2500	2200	2100	1900	1700

表 15-23 用于湿状条件下板性要求（MDF·H）

性能	测试方法	单位	公称厚度范围								
			1.8~2.5	>2.5~4.0	>4~6	>6~9	>9~12	>12~19	>19~80	>30~45	>45
24hHS	EN317	%	35	30	18	12	10	8	7	7	6
IB	EN319	MPa	0.70	0.70	0.70	0.80	0.80	0.75	0.75	0.70	0.60
MOR	EN310	MPa	27	27	27	27	26	24	22	17	15
MOE	EN310	MPa	2700	2700	2700	2700	2500	2400	2300	2200	2000
方案1循环试验后，HS	EN310 EN321	%	50	40	25	19	16	15	15	15	15
方案1循环试验后，IB	EN319 EN321	MPa	0.35	0.35	0.35	0.30	0.25	0.20	0.15	0.10	0.10
方案2循环试验后，IB	EN319 EN1087-1	MPa	0.20	0.20	0.20	0.15	0.15	0.12	0.12	0.10	0.10

表 15-24 用于室外 MDF 板性要求（MDF·E）

性能	测试方法	单位	公称厚度范围(mm)								
			1.8~2.5	>2.5~4.0	>4~6	>6~9	>9~12	>12~19	>19~80	>30~45	>45
24hHS	EN317	%	35	30	18	12	108	7	7	6	
IB	EN319	MPa	0.70	0.70	0.70	0.80	0.80	0.75	0.75	0.70	0.60
MOR	EN310	MPa	34	34	34	34	32	30	28	21	19
MOE	EN310	MPa	3000	3000	3000	3000	2800	2700	2600	2400	2200
方案1循环试验后，HS	EN317 EN321	%	50	40	25	19	16	15	15	15	15
方案1循环试验后，IB	EN319 EN321	MPa	0.35	0.35	0.35	0.30	0.25	0.20	0.15	0.10	0.10
方案2循环试验后，IB	EN319 EN1087-1	MPa	0.20	0.20	0.20	0.15	0.15	0.12	0.12	0.10	0.10

表 15-25 附加性能要求

性能		测试方法	单位	公称厚度范围(mm)				备 注
				≤6	>6~19	>19~30	>30	
握钉力	正面	EN320	N	/	1000	1000	1000	厚度<15mm
	侧面	EN320	N	/	800	750	700	不侧
表面结合强度		EN311	MPa	1.2	1.2	1.2	1.2	仅对用于层积板制上
尺寸稳定性 长度 IC(65%~85%)		EN318	%	+0.32	+0.25	+0.18	+0.15	
DL(65%~35%)		EN318	%	−0.18	−0.15	−0.12	−1.0	
厚度 IT(65%~85%)		EN318	%	+7.5	+4.5	+4.0	+4.0	
DT(65%~35%)		EN318	%	−2.5	−1.5	−1.0	−1.0	
表面吸收		EN382-1	mm		150mm(双面)			
含砂量		ISO3340	%		0.05			

表 15-26 家具用 MDF 性能要求

公称厚度 (mm)	相对湿度从35%升至85%时影响				浸泡后的变化				静曲强度 (MPa)		弹性模量 (MPa)		平面抗拉强度 (MPa)		湿循环试验后的变化				甲醛释放量 (ppm)	握螺钉力				含砂量 (%)	表面吸收 (mm)
	长宽增加(%)		厚度增加(%)		吸水率(%)		厚度膨胀(%)								厚度膨胀率(%)		平面抗拉强度(MPa)			侧面		正面			
	平均	最大	平均	最大	平均	最大	平均	最大	平均	最小	平均	最小	平均	最小	平均	最大	平均	最小	最大	平均	最小	平均	最小	最大	最小
t≤6	0.4	0.5	6	7	40	45	15	17	35	30	2800	2500	0.70	0.64	6	8	0.30	0.25	—	N	N	N	N	—	—
6<t≤12	0.4	0.5	6	7	25	30	10	12	30	26	2500	2200	0.65	0.60	6	8	0.30	0.25	—	N	N	N	N	—	—
12<t≤19	0.4	0.5	6	7	18	20	6	8	30	26	2500	2200	0.60	0.35	6	8	0.25	0.20	0.40	850	750	1050	800	0.5	150
19<t≤35	0.35	0.40	5	6	16	18	6	8	28	24	2000	1700	0.55	0.50	5	7	0.15	0.10	0.40	—	650	550	950	800	(双面)
>35	0.35	0.4	5	6	16	18	6	8	25	20	2000	1700	0.55	0.50	5	7	0.1	0.10	—	650	550	950	800	—

注："最大"和"最小"指所测试件中单个试件值。"N"指该项不测

表 15-27 阻燃 MDF 基本性能

指标	数值	板厚 6.0~12.0 mm		14.5~22.0 mm		25.0~30.0 mm		单位
		最小值	平均值	最小值	平均值	最小值	平均值	
平面抗拉强度		0.70	0.95	0.60	0.83	0.60	0.71	MPa
静曲强度		28	46	26	43	24	36	MPa
弹性模量		2500	4100	2500	3800	2000	3200	MPa
握钉力	板面	—	—	1050	1150	950	1220	N
	侧面	—	—	850	900	650	730	N
吸水率		20	18	18	15	16	11	%
厚度膨胀率		8	8	6	3.3	5	3.1	%
尺寸稳定性	线膨胀率	0.40	0.20	0.40	0.20	0.35	0.20	%
	厚度膨胀率	6.0	3.7	6.0	3.3	5.0	3.1	%
含水率		5~6		6~7		7~8		%
密度		750		750		720		kg/m³
硬度		5700		4800		4600		N
厚度偏差		±0.15		±0.15		±0.15		mm

注：1.吸水率和厚度膨胀率测定条件为：20±1℃水中浸泡24h
2.尺寸稳定性测定条件为：相对湿度从35%升至85%下线膨胀和厚度膨胀率

15.4 干法纤维板的用途、贮存加工和施工方法

15.4.1 用途

干法纤维板的用途见表15-28。

15.4.2 堆放与贮存

纤维板不同的制造工艺，厚度不同，含水率不一样，处理不当极易产生变形，下面是几点关于板堆放和贮存的建议。

（1）纤维板的堆放应尽量平整，使用干燥的承载支撑应厚度相同，在其上放置15mm厚的板作隔板，堆积间距不大于800mm。

（2）连续层积，铅垂对准，板堆边缘齐平，边部不可伸出或悬挂拐角。

（3）贮存场地应干燥，避免阳光直射、通风过度的地方，平均相对湿度在50%左右。

（4）在板堆的顶部放置两张废板，短期防止吸湿、退色等的变化是足够的。

15.4.3 可加工性

1. 锯裁

用一般圆锯锯裁 MDF 和 HF 是没有问题的，但大量锯切高密度的HF时，通常应使用锯齿部分镶嵌硬质合金的圆锯片。

锯片锯齿伸出量大小，应根据板厚调整合适，否则会造成板边起毛。板的进给速度不宜过快，增加圆锯的锯轴转速可获得较好的加工质量(见表15-29)。

表15-28 干法纤维板的用途

种类	厚度(mm)	密度(g/m³)	主要用途
中密度纤维板 (MDF)	6	>0.4	建材(内墙、天花板)
	9	>0.8	门板、工业搁板、工作台、地板
	7		
	9	>0.4	家具(橱柜的顶板、面板、门板、搁板、桌子、桌面板、抽屉面板、乐器、箱盒、缝纫机台板)
	12		
	15		
	18	>0.7	运动器具、文具、建具(百页板、条形木地板、横木板条、立筋)
	21		
硬质纤维板 (HF)	3.5		建材(墙板、墙壁衬板、天花板、壁橱)
	5		家具(桌子、椅子、抽屉、床、橱柜、小型手推车、门、书橱)
	7	>0.8	电器(电视机、收音机、音箱、桌面板)
	9		乐器(风琴、钢琴、其他)、汽车、包装、建具
	12		杂货、钟、文具、玩具等
		>0.9	建材(地板、地板衬板、墙壁衬板、檐的底部、护墙板、水泥模板)
	15	>0.8	包装、造船、车辆、广告板、标牌
		>0.8	
	5	1.0左右	建材(外墙、内墙、檐的底部、门斗)
	7		

表15-29 圆锯直径与转数的关系

直径(mm)	锯齿数	适当转速(r/min)
365	80左右	2700~3200
305	70左右	3100~3700
255	60左右	3700~4400
203	50左右	4700~5600

表15-30 纤维板弯曲加工时可获得的曲率半径(常温)

厚度(mm)	风干状态(mm)		水浸透时(mm)	
	光滑表面	网纹表面	光滑表面	网纹表面
3.5	300	250	200	100
5.0	450	300	300	150
6.5	750	550	450	350

2. 边部加工、开槽和弯曲加工

(1) 边部加工、开槽：纤维板用木工手工刨和倒棱刨可以方便地刨削。做成一定棱宽时，则将倒棱刨的刨刀刃口保持45°左右的倾角。曲线倒棱宜用上轴铣床。MDF、HF的板边开槽可用木工开榫机或上轴铣床。上述机床都可用碳钢、工具钢、高速钢。砂轮采用凹圆形为好，砂带磨料粒度36，洛氏硬度9左右的磨具。

(2) 弯曲加工：在室温下弯曲湿润状态纤维板的方法。
① 在常温水中浸泡24h。
② 在50℃左右的温水中浸泡30min。
③ 在弯曲部分涂上溶解有表面活性剂(中性洗涤剂等)的水(0.5%~3%)，堆放10~30min。

用以上方法给予纤维板适当水分后，纤维板贴合被加热(180~230℃)辊筒或成型模具上模压进行弯曲。如果这时在弯曲的外侧包覆薄金属板(0.2~0.4mm厚)或金属网，对防止龟裂有效。

成型时间应根据曲率半径、纤维板厚度和种类等不同而不同(表15-30)，将3.5mm厚的纤维板弯曲成曲率半径为20~25mm时，用辊筒弯曲在20s内即可完成。

3. 钉接合和胶合

(1) 钉接合：MDF和HF都可以使用螺旋圆钉、平头圆钉等各种圆钉，加工成企口的天花板也可以用钉枪。

钉大幅面纤维板时，钉钉子的顺序应该是从纤维板的一角开始沿边缘纤维板拉伸状地把钉子钉入，一开始先钉四角，然后钉中间的方法不好。圆钉之间的间隔，板端间隙为9mm时，四周为120mm，中间为180mm左右较为合适。

(2) 胶合：MDF、HF胶合加工可与其他木质材料完全相同，适用纤维板的胶黏剂示于表15-31。

把较小的纤维板接长，可进行斜面胶合。这时，斜面的长度宜取厚度的3~4倍，用脲醛胶较为适宜。

15.4.4 施工安装

纤维板的安装对于新建造的构筑物，通常是在门窗等的安装结束以后，湿法施工墙面时，要等墙壁和衬里材料很好干燥以后，再进行纤维板的安装。

1. 调湿处理

必须使纤维板具有使用环境的含水率后再行施工，除了

表 15-31 适用于纤维板的胶黏剂

胶黏剂种类 \ 被胶合物	木质材	金属	混凝土	糊墙纸板	乙烯	纸	织物
醋酸乙烯乳液胶	⊙	△	○	⊙	×	⊙	○
丙烯酸乳液胶	⊙	○	△	⊙	○	○	○
乙烯溶剂型胶	⊙	⊙	⊙	○	⊙	×	×
橡胶类胶	⊙	⊙	⊙	○	⊙	△	△
脲醛，酚醛树脂类	⊙	△	△	⊙	×	⊙	⊙
环氧树脂类	⊙	⊙	⊙	○	△	○	○
沥青类	○	○	⊙	⊙	×	○	△
天然胶	○	×	×	○	×	○	○

注：⊙优，○良，△可，×不可

外墙用如油处理纤维板那样耐水性良好的纤维板外，在施工前必须调湿处理，可在使用前1～2d，使纤维板充分浸透水，将纤维板堆积起来，堆放24～48h。也可用湿报纸等夹在纤维板之间，水平堆积。需要快速洒水时，可在水中加2%左右的中性洗涤剂。若用不让水分逸散的薄膜覆盖水平堆放的纤维板，则效果更好。

2. 衬里材料

衬里材料选用充分干燥的材料，中密度纤维板的立档间距取45cm以下；大幅面硬质纤维板时，立档最大间距为40cm。此外，注意纤维板的板边不要落在无档子的空处。

混凝土墙时，安装图15-54状的木砖，做成基底后再进行施工。

3. 安装

纤维板的接缝处不应正好拼严，必须留2～3mm的缝隙（宜留纤维板厚度大小的间隙），或者采用连接件，留出一定的伸缩余量。墙角等的安装方法和一般木材加工大致相同。

安装纤维板可以只用钉子，但最好同时使用醋酸乙烯乳

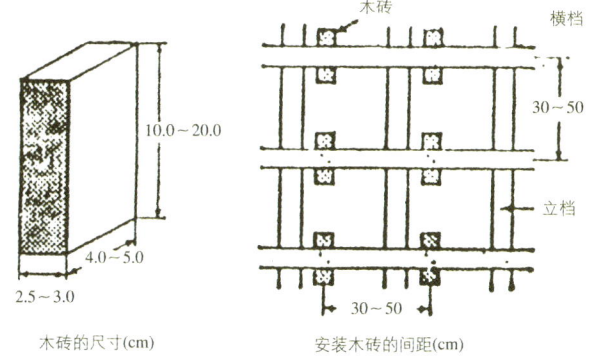

图 15-54 纤维板用木砖及其安装方法

液胶等。在这种情况下不需全面涂胶，只要点状或线状涂胶。

安装有可看见的拼缝沟槽的装饰板时，将垫木贴在拼缝沟槽处，用钉子进行暂时的接合。也有用先钉小钉子，然后修补钉孔的接合方法。

参考文献

[1] F. P. Kollmam, Principles of wood science and technology(Ⅱ)-Wood-based materia, 1997

[2] Otto Suchsland and Georde E Woodson. Woodson, Fiberboard manufacturing practic is in United States, AH-640,1986

[3] 陆仁书主编. 纤维板制造学. 北京：中国林业出版社，1993

[4] Euro MDF Board-MDF Auser's manual, 1994

[5] 徐咏兰主编. 中密度纤维板制造. 北京：中国林业出版社，1995

湿法纤维板

湿法纤维板是以水为介质，以植物为主要原料，经过纤维分离、纤维处理、成型、热压等工序制成的产品。

湿法硬质纤维板产品一般是薄板，通常厚度在 5mm 以下，由于其强度高、弯曲性能好、表面不开裂，所以在建筑、家具制造、车辆、船舶、飞机、家用电器等方面，均可广泛代替一般板材使用。例如用作墙板、地板、门板、水泥模板、天花板、家具用板等。在车辆、轮船制造业中，硬质板被大量用来作内壁板。近年来，小轿车和轻型汽车的内饰板也广泛采用硬质纤维板。

软质纤维板的特点是重量轻、具有多孔性、良好的隔热、保温、吸音性能。一般多用于建筑内部，做墙板、间壁板、天花板，另外也可用作包装行业的防震衬板。

16.1 湿法纤维板的性能

16.1.1 主要物理力学性能

湿法纤维板的性能因板子种类、原料种类、制造工艺不同差异很大，现将主要物理力学性能分述如下：

1. 静曲强度

纤维板作为一种板材使用，最常遇到的受力形式是静载荷，因此，静曲强度是纤维板的主要力学指标。

湿法纤维板的强度与原料种类、密度、含水率、生产工艺及增强剂种类有着密切关系。

一般说来，纤维板的静曲强度随着板子密度提高而明显增大。在密度和其他条件相同的情况下，纤维板含水率的变化对强度有显著的影响。如含水率在 5% 以下时，纤维板的静曲强度最高。含水率在 5%～20% 范围内，每增加 1%，板子静曲强度下降 3%～5%，当含水率超过 30% 时，静曲强度要下降 60% 以上。另外，在纤维板长、宽不同方向上的静曲强度也有差异。

2. 耐水性

纤维板的耐水性，根据国家标准规定，一般由吸水率和吸水厚度膨胀率两个指标来衡量。木材制品在使用时，最大的缺陷是在其含水率变化时产生变形。用植物纤维制成的纤维板同样有湿胀干缩等特点。例如，密度为 $1.05g/cm^3$，厚度为 5mm 的硬质纤维板，从空气中每吸收 1% 的水分时，其长宽方向的膨胀率平均为 0.031%，而厚度膨胀率达 0.73%。纤维板内水分变化时，纤维板收缩和膨胀尺寸变化见表 16-1。

3. 导热性

所谓导热性是指纤维板传导热量的能力。纤维板的导热性多用导热系数（千卡/m·h·℃）表示。导热系数低，

表 16-1 纤维板内水分变化与收缩、膨胀尺寸变化关系

板的类型	水分变化 1% 时，板的尺寸变化(%)		
	纵向	横向	厚度方向
硬质板	0.20 / 0.031	0.19 / 0.030	1.1 / 0.73
中密度板	0.24 / 0.028	0.23 / 0.028	1.7 / 0.65
软质板	0.28 / 0.010	0.26 / 0.010	1.9 / 0.23

注：表中分子系干缩时的数据；分母系湿胀时的数据

说明材料隔热或保温性能好。影响纤维板导热性能的主要因素是密度及含水率。纤维板的导热性能随着板的密度增加而增加。例如，密度为0.20g/cm³的软质纤维板导热系数为0.06；而密度为1.0g/cm³的硬质板导热系数为0.158，也就是说，硬质板的隔热性能仅为软质板的1/3。随着含水率增大，纤维板的隔热性能下降，当含水率由10%增大到40%时，板的导热系数几乎增加一倍。

4. 吸音性和隔音性

吸音性是指材料吸收音量的能力，通常用吸音系数表示。影响纤维板吸音、隔音性能的主要因素是板子的密度。纤维板密度不同，则它的内部空隙率也不同。软质板孔隙率大于60%，而硬质板的体积空隙率仅在30%左右。因此，软质板吸音效果远大于硬质板，而隔音效果则相反，硬质板优于软质板，密度越高隔音性能越好。部分材料的隔音性能指标如表16-2所示。

表16-2 部分材料隔音性能指标

材料名称	材料重量(kg/m²)	隔音性能(dB)
纤维板	3.5	24
纤维板	8	30
胶合板	2	20
砖墙	250	52

5. 硬度

纤维板的硬度与其含水率、密度、胶种、热压工艺等因素有关。密度越大、含水率越低其硬度越大。一般超硬质纤维板(密度大于1.20g/cm³)的布氏硬度为15～17kg/mm²，硬质板为10～12kg/mm²，中密度板5～7kg/mm²。

6. 弹性模量

影响弹性模量的因素主要是板的密度及含水率。

7. 内部胶合强度

影响纤维板内部胶合强度的主要因素有：板子的密度、含水率、胶黏剂的种类等。

8. 握钉力

握钉力反映了纤维板对钉子的握持能力，通常用牛顿(N)表示。从板面拔出钉子需要的外力越大，则纤维板的握钉力越高。

16.1.2 湿法纤维板的生产工艺流程

湿法硬质纤维板的工艺流程通常根据原料、产品种类、质量要求、生产规模等具体条件不同而有所差异。概括起来，其生产工艺流程可分为五个主要工段(图16-1)。

(1) 备料工段：包括原料搭配、削片、筛选、磁选、运输及贮存。

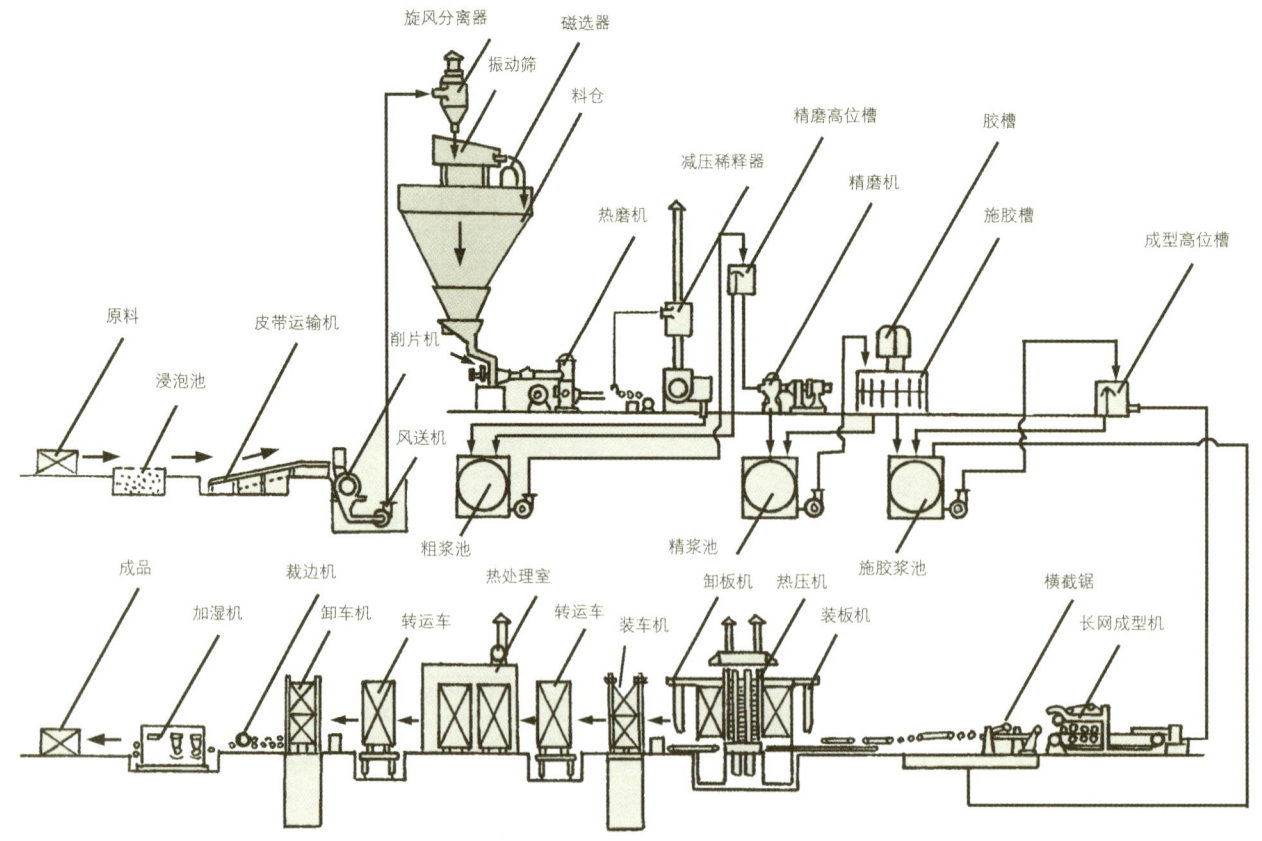

图16-1 湿法硬质纤维板工艺流程

(2) 纤维分离工段：包括软化处理、热磨、精磨、浆料处理。

(3) 成型工段：包括长网(或圆网)成型、板坯纵横锯裁、合板。

(4) 热压工段：包括装板、卸板、热压、分板等。

(5) 后处理工段：包括热处理、湿处理、裁边、二次加工处理等。

16.1.3 湿法软质纤维板生产工艺流程

软质纤维板的生产工艺，除了成型以后工序有所不同外，其他工序与湿法硬质纤维板工艺基本相同，但工艺参数要求有所差异(图16-2)。

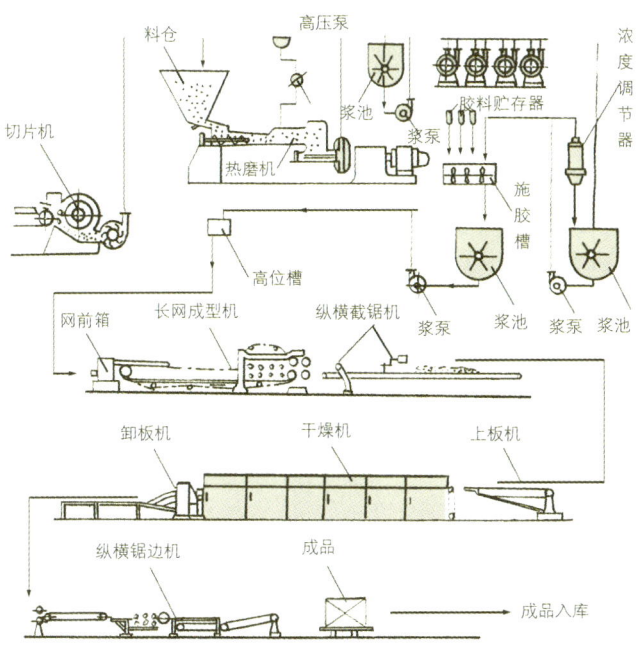

图16-2 湿法软质纤维板工艺流程

(1) 备料工段：包括原料搭配、削片、筛选、磁选、运输及贮存。

(2) 纤维分离工段：包括软化处理、热磨、多次精磨、浆料处理。

(3) 成型工段：包括长网(圆网)成型、板坯纵横锯裁。

(4) 干燥工段：包括装板、板坯干燥、卸板等。

(5) 后处理工段：包括裁边、砂光、二次加工处理等。

16.2 原料及其选择

16.2.1 原料的种类

生产纤维板的原料来源广泛，但从综合因素考虑，主要利用木材，其次为农作物秸秆或禾本科植物的茎秆，因此纤维板生产原料可分为木质纤维原料和非木质纤维原料两大类。

1. 木质纤维原料

木质纤维原料产量大而且集中，受季节影响小，便于运输和价格适宜，是纤维板生产的主要原料。为了提高木材利用率和降低原料成本，木质原料主要以森林采伐和木材加工剩余物为主，枝桠、梢头、小径木、板皮、截头、碎单板、木芯、板边、刨花、锯屑等。

不同地区受地域和环境的制约，生产纤维板所采用的树种不同。我国北方多用红松、落叶松、云杉、桦木、椴木、水曲柳、杨木、榆木、柞木；南方地区多用马尾松、泡桐、柳树、栎木等。随着森林资源的变化，原料种类也逐渐变化，人工林速生木材作为生产原料的越来越多。

2. 非木质纤维原料

某些农作物秸秆及禾本科植物的茎秆可作为纤维板的生产原料，具有价格低廉、节约森林资源的优点，但是收获季节性强，不便于运输和贮存。目前用于生产的种类主要有甘蔗渣、竹类、棉秆和芦苇等。

甘蔗渣是良好的纤维板生产原料，产品性能好，与木材纤维制成品基本具有同等的质量。

但甘蔗渣收获季节性强、不易保存；甘蔗渣中含有大量髓细胞，在湿法纤维板生产中需进行脱髓处理。竹材在我国分布广泛，不受收获季节限制，运输容易，纤维长、形态好，能够生产优质产品，缺点是成本较高。棉秆产量大，纤维形态好，能够生产合格产品。目前存在的问题是棉秆除皮困难，在备料时会产生皮纤维粘联现象。若采用全秆制浆，又由于棉秆芯与棉秆皮在构造和性质上的差异，影响生产工艺，有待进一步研究改进。芦苇作为纤维板生产原料，产品具有较高的静曲强度，但是芦苇产量有限，只能在局部地区使用。

16.2.2 纤维形态及其影响

纤维形态主要指纤维细胞的长度、宽度、长宽比、壁腔比、壁厚等指标。

植物是由细胞构成的，不同植物其组成的细胞种类、形态和数量不同。通常把植物细胞分为厚壁细胞和薄壁细胞两大类，在纤维板工业中，将内腔狭窄、两端尖削细长的厚壁细胞称之为纤维。它包括针叶材的管胞、阔叶材的木纤维、非木质原料中的纤维细胞和韧皮纤维等。

针叶材的主要组成成分是管胞，约占针叶材体积的90%以上。根据我国80种针叶材管胞长度的测定，早材管胞平均长3.247mm，晚材平均3.645mm，总平均长度3.451mm。多数树种的管胞长度在3～5mm，宽度在20～50μm之间，长宽比约为75～200。阔叶材的主要组成是木纤维，约占阔叶材体积的50%左右，木纤维平均长度在1～2mm之间，宽度在10～50μm之间，长宽比约为40～100。

禾本科植物纤维细胞，属于韧皮纤维类，除竹类、甘蔗渣的纤维比较细长外，其他植物纤维都细而短，平均长度在

1～1.5mm之间，平均宽度在10～20μm之间，含量占细胞总量的50%～60%(按面积法测定)。

植物中除纤维以外的细胞，通称为杂细胞。杂细胞壁薄、强度低，在湿法生产中易受破坏随工艺废水流失，不仅影响浆料质量而且会造成环境污染。所以，杂细胞含量的多少是衡量原料质量的一个重要指标。

纤维的形态与纤维板的质量密切相关。以强度为例，纤维板的强度决定于纤维本身的强度和纤维之间的结合强度两个方面。纤维本身的强度高低，对软质纤维板、中密度纤维板的影响较小，而对硬质纤维板的强度影响十分显著。硬质纤维板经破坏试验之后，可在断裂面上见到60%左右的单体纤维被破坏。单体纤维强度取决于原料中纤维细胞固有强度和在生产过程中受破坏的程度。

纤维形态与纤维交织性能之间有密切的关系，是影响纤维之间结合强度的重要因素。第一，长度长、长宽比大的纤维具有较好的结合性能；第二，细胞壁较薄、壁腔比小的纤维可塑性好，具有较大的接触面积；第三，长短、粗细纤维的合理搭配，可以填补板坯内纤维之间的空隙，增加接触面积，提高产品密度和强度。

一般认为，针叶材纤维含量高，纤维本身强度高，长度大，长宽比大，比阔叶材和其他植物纤维原料更适于作为纤维板的原料，表16-3为部分常用原料的纤维形态。

16.2.3 原料的化学成分

植物原料的主要化学成分是纤维素、半纤维素和木素，次要成分有单宁、树脂、脂肪、果胶、色素、淀粉、蛋白质及灰分等。次要成分又称抽提物，一般可以用冷水、热水或中性有机溶剂如乙醇、苯、丙酮、乙醚等溶剂溶解浸出。表16-4为木材化学成分的平均含量值。从表中可以看出，针叶材与阔叶材的纤维素含量相差不大，针叶材的木素含量高于阔叶材，而抽提物的含量低于阔叶材。竹材、棉秆、甘蔗渣的主要化学成分与阔叶材差别不大，草类纤维素含量明显低于木材，而热水抽提物，1%NaOH抽提物却高于木材。在湿法生产中，使用抽提物含量高的原料除对纤维板质量产生不利影响外，还会导致严重的水污染。

16.2.4 原料的选择

在选择原料时，要考虑以下几个方面：原料的质量、原料的数量及原料的成本。

1. 原料质量

原料的质量是影响纤维板成品质量的关键因素之一。质量的优势从它的化学成分、纤维含量及其形态、加工性能等方面综合评定。原料的化学成分最主要的是纤维素含量。纤维素含量高，意味着纤维的得率高，产品的耐水性好，机械强度高。纤维素含量低于30%的原料则对纤维板生产无实用价值。当采用半纤维素含量和水抽提物高的原料生产时，必须考虑到产品的吸湿性和水污染的严重性。

加工性能是指原料在削片和制浆时的难易程度。硬材比软材难于加工，干材比湿材难于加工。用于生产纤维板的木材，密度为$0.14～0.6g/cm^3$较好，含水率应在30%以上，树皮含量应在20%以下。

2. 原料数量

原料的来源必须丰富。生产1t湿法硬质纤维板约需要1.2～1.5t绝干纤维原料，生产$1m^3$的中密度纤维板，约消耗1t的绝干原料。因此，年产量3万m^3的中等规模湿法纤维板厂，每年约需要4万～4.5万t左右绝干纤维原料。建厂前，必须考虑到能够有持续、稳定的原料供应。

3. 原料成本

原料的成本包括收购成本和运输成本。在考虑原料收购价格的同时，还要考虑运输距离远近和运输的难易程度。如果原料产地分散，不易集中收购，则会增加运输成本，对生产不利。因此，厂址应力求接近原料产地，或者建立原料基

表16-3 几种常用原料的纤维形态

原料	纤维长度(mm)	宽度(μm)	长宽比	壁厚(μm)	腔径(μm)	壁腔比
马尾松	3.61	50.0	72	2.8～6.1	—	—
落叶松	3.41	44.4	77	4.0～12.5	—	1.92
云 杉	3.06	51.9	59	5.1～7.6	—	0.82
白 桦	1.27	22.3	56.7	4.3	—	0.62
毛白杨	1.18	21.0	56.2	2.42	—	0.37
毛 竹	2.00	16.2	123	6.6	2.90	4.55
慈 竹	1.99	15.0	133	—	—	—
甘蔗渣	1.73	22.5	77	3.26	17.9	0.36
棉秆芯	0.83	27.7	30	2.7	18.9	0.28
棉秆皮	2.26	20.6	113	5.8	4.3	2.70
玉米秆	0.99	13.2	75	—	—	—
麦 草	1.32	12.9	102	5.2	2.5	4.16

表 16-4 木材的化学成分含量

化学成分	针叶材(%)	阔叶材(%)
纤维素	42±2	45±2
半纤维素	27±2	30±5
木素	28±3	20±4
抽提物	3±2	5±3

地,进行初加工后再运输。

16.2.5 原料和辅料需量计算

1. 原料量计算

若纤维板(裁边板)的产量为 D,则所求原料量可用下式计算:

$$Q = \frac{D}{(1+P)(1+W)(1-K)}$$

式中:Q——原料需要量,t
D——纤维板成品产量,t
P——辅助添加剂比例,%
W——成品板含水率,%
K——各工序原料总损失率,%

各工序原料损失率见表 16-5。

表 16-5 各工序原料损失率

名 称	数 值(%)
原料锯截时锯屑损失	0.5~1
原料剥皮损失	1
备料工段损失	4~5.5
木片风送过程粉尘损失	2~7
木片筛选损失	2~5
木片水洗损失	1.5~3
制浆过程损失	3.5~7
热磨时损失	4~6
成型损失	1~4
热压损失	0.5
裁边损失	4~5.5

2. 辅助材料计算

纤维板生产过程中,需要添加防水剂、增强剂、沉淀剂以及防火防腐剂等辅助材料,其计算通式如下:

$$A = Q \cdot P \cdot K_n$$

式中:A——某种辅助材料年需量,t
Q——绝干纤维年需求量,t
P——某种辅助材料添加率,%
K_n——损失系数,约 1.05

各种辅助材料消耗定额见表 16-6。

16.3 纤维制备

纤维制备是纤维板生产的第一道工段,是将木材或其他含有纤维的原料,分离成单体纤维或纤维束的工艺过程。不同的原料应有不同的制备工艺,较完整的工艺应包括下列工序:锯截、削片、筛选、磁选、水洗或风洗、软化处理和纤维分离等。

16.3.1 削片

纤维板生产对木片规格有一定的要求,木片如果过大,蒸煮时难以软化,或者软化不均匀,纤维分离度小;如果木片过小,纤维被切断变短,导致纤维板强度下降。实践证明,在使用木质原料时,木片长度在 16~30mm,宽度在 15~25mm,厚度在 3~5mm 较适宜,而且要求木片大小基本均匀,切口平整光滑,无毛刺,木片外型呈棱型。经过筛选后木片的规格要求如表 16-7 所示。

木片中纤维的平均长度与木片的长度直接相关,与木片的宽度和厚度几乎无关。木片中的纤维平均长度可按下式计算:

$$m = \frac{M \cdot L}{M + L}$$

式中:m——木片中纤维平均长度,mm
M——原木中纤维的平均长度,mm
L——木片的长度,mm

表 16-7 筛选后木片组成要求

木片类型	木片长度(mm)	组成(%)	备 注
大型木片	大于30	不超过6~8	①不得混入金属物质;
标准木片	16~30	不小于70~76	②经过筛选进入再碎机进行二次粉碎的大型木片,得超过木片总量的10%~20%
小型木片	6~15	不大于8~12	③木片含水率35%~50%
碎木片	5	不大于3~5	

表 16-6 各种辅助材料消耗定额 (kg/t)

板种	松香	苛性钠	石蜡	油酸	氨水	胶	硫酸	硫酸铝
软质板	18~19.5	0.2~0.25	10~15	—	—	—	—	40
中密度板	—	—	9.5~10	1.5~2.2	0.8~1.2	20~50	—	30
硬质板	—	—	6~10	1.4~1.5	0.76~0.8	—	—	20
超硬质板	—	0.15~0.7	—	0.9~1.5	0.48~0.8	15~30	14~28	5~10

显然，当树种一定时，木片愈短，木片纤维的平均长度愈小；当木片长度一定时，较长纤维的原料损伤率较高。

生产木片的设备是削片机，常用的削片机有两种：盘式削片机和鼓式削片机。

16.3.2 原料的软化处理

1. 软化处理的目的

原料里的植物纤维细胞彼此以主价键、副价键和表面交织力牢固地结合在一起。若将这种未经软化处理的原料分离成单体纤维或纤维束，需消耗大量动力，花费很长时间，而且对纤维的机械损伤也较严重，影响浆料质量。因此，不论采用何种方法分离纤维，原料在分离之前均应进行程度不同的软化处理，使纤维中某些成分受到一定程度破坏或溶解，削弱纤维间的结合力，提高原料的塑性。这样可使纤维易于分离，提高浆料质量、减少动力消耗、缩短纤维分离时间。

2. 软化处理的方法

纤维板生产中可采用的软化处理方法很多，基本上分为三种：加压蒸煮、常压热水浸泡和化学药品处理，但最为常用的是加压蒸煮法。

加压蒸煮又可分为蒸汽蒸煮和水蒸煮两种，二者软化原理相同，只是用水量不同。加压蒸煮所加工出的纤维特点是：纤维柔软、纤维强度高，但纤维色泽较深。纤维原料经加压蒸煮后，之所以能被软化，主要原因是原料在水、热作用下，纤维水解的结果。在加压蒸煮过程中，原料会产生以下变化：

(1) 抽提物的溶解：原料接触水、热后，某些抽提物如单糖、单宁、果胶等会首先部分溶解，随着温度的升高，溶解程度越来越大。

(2) 半纤维素水解：随着温度的升高和时间的延长，半纤维素开始水解，生成低聚糖，如木糖、戊糖等。水解的程度与时间成正比关系。但分布在细胞壁内的半纤维素，由于受纤维素的保护，很难水解。

(3) 纤维素水解：由于纤维素聚合度较高，且有结晶区，故不易水解。因此，水、热对纤维素的作用主要表现是聚合度降低，使低聚合度分子链数目增多。

(4) 木素的软化（见表16-8）：木素是抗酸的，在遇水解条件下木素不会溶解，其主要变化是受热软化。木素主要分布在纤维细胞的胞间层，因而软化后的木素有利于纤维之间的分离。水分的存在可大大降低木素的软化温度。

3. 加压蒸煮工艺条件

加压蒸煮时，选择正确的蒸煮温度和蒸煮时间很重要，它

表16-8 木素软化温度和其含水率的关系

含水率(%)	0	3.9	12.6	27.1
软化温度(℃)	195	159	115	90

注：表中所示木素是云杉高碘木素

们将直接影响浆料质量、纤维得率和纤维分离时的动力消耗。

(1) 蒸煮温度对木片塑性、纤维板强度的影响：蒸煮温度越高，木片塑性越好。当蒸煮温度由135℃升至175℃时，木片的塑性一般可提高近50%。当蒸煮温度低于165℃时，随着蒸煮温度提高，制取的纤维板强度明显提高。但若温度过高，纤维本身破坏严重，机械强度急剧下降，导致纤维板强度也随之下降。

(2) 蒸煮时间对纤维板强度的影响：当蒸煮温度不变时，延长蒸煮时间可使纤维板强度提高。然而时间延长，纤维在长时间高温作用下受到严重破坏，从而使纤维板强度降低。一般蒸煮时间不应长于木片温度升至木素软化点所需的时间。

(3) 蒸煮温度对纤维分离时动力消耗的影响：蒸煮温度对纤维分离时的动力消耗影响很大（见图16-3）。温度接近100℃时，动力消耗下降明显。当温度达到160~180℃时，即温度达到木素的热可塑温度时，胞间层被软化，动力消耗急剧下降。此时，木片很容易分离成纤维。因此用热磨机分离纤维时的温度通常在165℃左右。

(4) 蒸煮温度、时间对纤维得率的影响：生产中常常用提高蒸煮温度和延长蒸煮时间来改善浆料质量、减少动力消耗和提高生产效率。然而，温度越高，时间越长，纤维得率就越低。这样不仅提高了纤维板成本，而且过多的水溶物会加重水质污染程度。

总之，选择加压蒸煮参数时，必须根据生产条件、树种、纤维质量要求、纤维得率、动力消耗、纤维板质量及废水处理等因素综合分析，寻求最佳工艺条件。热磨法制浆时，木片蒸煮温度一般在160~190℃，饱和蒸汽压力0.7~1.2MPa，蒸煮时间3min左右，目前国内纤维板企业每生产1t纤维板，热磨机系统消耗蒸汽为0.7~0.9t，电力消耗为180~300kW。

16.3.3 纤维分离

原料经软化处理后，即进入纤维分离阶段，目前多采用机械研磨法分离纤维，即原料在两个磨盘之间的摩擦、挤压、揉搓等作用下，分离成单体纤维和纤维束。该方法又称

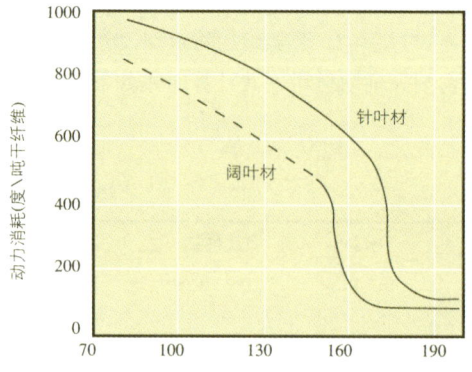

图16-3 蒸煮温度与纤维分离时动力消耗的关系

加热机械法。在磨浆过程中，原料所受到的作用力快速地从零到最大值交替变换着，在这种变动动载荷作用下，原料内纤维胞间层或其他部位"疲劳"松弛，从而达到纤维的分离，这种解释又称为松弛理论。

影响纤维分离的主要因素有以下几方面：

1. 原料的弹塑性

原料的弹塑性决定原料变形后复原所需时间。如果原料富于塑性，其变形后复原所需时间就较长，在外力作用频率相同情况下，就可能来不及恢复原状，原料就很快分离成单体纤维或纤维束。原料的弹塑性与其含水率、温度直接相关。温度越高，含水率越大，原料的塑性就越好。提高原料塑性的主要措施是磨浆前对原料进行软化处理。

2. 外力作用频率

外力作用频率即相邻两次外力作用的时间间隔，是影响磨浆产量和质量的主要因素。外力作用频率小，即相邻两次外力的间隔时间长。原料有可能在受到下一次外力作用以前，就恢复原状，上一次外力所产生的内应力也可能大部分或全部消失。为了使纤维分离，必须重新使原料获得必要的内应力，这样，不仅延长了磨浆时间，而且浆料质量由于纤维横向切断增多而变差。

提高外力作用频率的方法很多，常用的如增加磨盘直径、提高磨盘转速、选择磨盘齿形等。

3. 研磨压力

纤维分离时，原料必须受到一定的研磨压力，即磨盘研磨面上的单位压力。调整磨盘间隙和轴向液压压力就会改变研磨压力。提高研磨压力，可以缩短磨浆时间，但有可能增加纤维的切断量，导致纤维平均长度降低和纤维板强度下降。一般不宜采用提高研磨压力，缩短磨浆时间，而采用增加外力作用频率的方法。磨盘间隙大小应以接近纤维直径的2~4倍为宜，一般调整到0.1~0.2mm，过大或过小，都会影响纤维分离的产量和质量。

热磨机分离的纤维浆料一般较粗，含有较多的粗纤维束、杆状纤维。用于软质纤维板生产时，必须再一次磨浆，即精磨。否则，将严重影响纤维间的结合。生产硬质纤维板时，为了提高制品强度和板面质量，也往往需要精磨。精磨一般是在常压下工作，精磨后纤维的滤水度可提高3~8s，约为20~28s。

16.3.4 纤维质量及测定

原料经软化处理、纤维分离后，所制得的纤维又称浆料，其质量不仅影响后续工序而且最终影响产品质量，必须经常进行检验测定。湿法纤维板生产中通常采用纤维分离度和纤维筛分值衡量纤维质量。

1. 纤维分离度

纤维分离度就是指纤维被分离的程度，纤维分离度越高则纤维越细小，比表面积越大。测定纤维分离度方法有滤水度、叩解度和游离度三种方法，其中在我国主要采用滤水度测定的方法，即以滤水度(s，又称热磨秒)表示纤维分离度。

不同的纤维板生产对纤维分离度要求不同，见表16-9。软质纤维板没有热压工序，纤维板的强度完全依靠纤维之间交织力，因此要求纤维细小，分离度高。硬质纤维板生产时，考虑到热压时板坯排水、排气的需要，纤维分离度要求低一些。

表16-9 各种纤维板的纤维分离度

纤维板类型	密度 (g/cm³)	纤维分离度	
		滤水度(s)	叩解度(°SR)
软质板	<0.3	60~80	18.6~21.0
软质板	0.3~0.4	40~50	15.5~17.5
半硬质板	0.5~0.7	30~35	13.5~14.5
硬质板	0.8~1.0	20~28	11.5~12.5

2. 筛分值

纤维分离度所反映的是纤维质量的平均值，即纤维粗细的平均值，而不能反映不同粗细纤维的组成比例。因此，虽然纤维分离度相同，但若纤维的组成比例不同，则制成的纤维板强度等性能差距很大。纤维粗细的构成比例是用筛分值来表示的。所谓筛分值，就是纤维浆料通过或者留在各种规格筛网的纤维所占的重量百分比。图16-4反映的是浆料筛分值与硬质纤维板性能的关系。

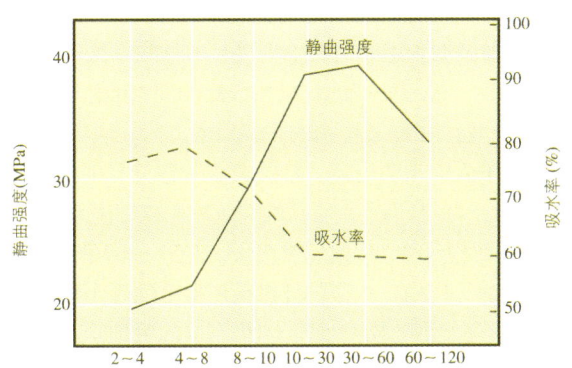

图16-4 浆料筛分与纤维板性质的关系

16.4 纤维处理

不管采用哪种方法生产纤维板，经分离后的纤维均需进行各种处理。湿法生产纤维板，纤维处理又称浆料处理，处理工艺见图16-5，通常包括纤维的防水、增强、防火、防腐处理等。目前，我国的纤维板企业大多只进行防水、增强处理。

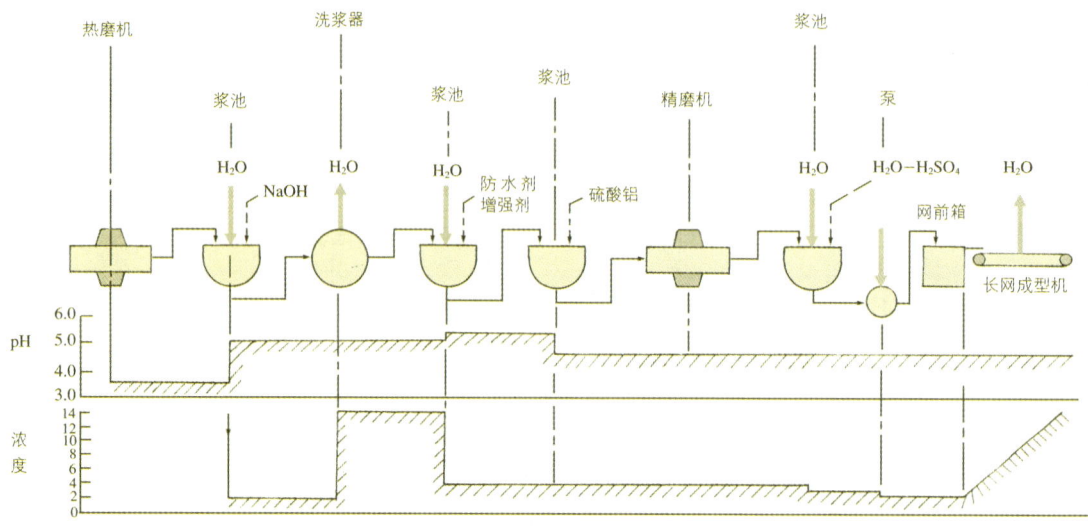

图 16-5 浆料处理工艺

16.4.1 防水处理

植物纤维是一种亲水性材料，由这些纤维制成的纤维板，同样具有很强的吸湿性和吸水性。纤维板吸收水分后会发生变形、强度降低，易腐蚀以及传热、导电能力增强等，从而影响产品的使用范围与使用寿命。因此，作为纤维板生产必不可少的工艺程序之一，就是对纤维进行防水处理，从而提高纤维板的耐水性能。

1. 纤维板吸湿吸水的原因

(1) 纤维表面上游离羟基的存在：纤维表面上游离羟基所吸附的水分又称吸附水。它的吸水特征是，水分仅以汽体的形式进出纤维板。从大气中吸收水蒸气的极限不会超过纤维饱和点(细胞壁中水分的最高容量)。木材的纤维饱和点约为25%～30%，未经处理的纤维板大致相同。吸附水是影响纤维板尺寸变化和制品变形的主要因素。

(2) 纤维表面带负电性：纤维表面带有负电荷，对极性分子具有吸引力，从而产生了纤维表面对水的吸附能力。据报道，纤维表面的电荷，可使纤维表面形成5%～6%的吸附水。

(3) 毛细管作用：中空的纤维会产生毛细管作用，而在纤维板中拥有大量半径大于$5×10^{-7}$cm的毛细管，这些毛细管同样会产生毛细作用。由毛细管作用吸入的水分，虽不影响纤维的体积变化，但吸收水分后，使纤维板变潮，易发生霉变腐朽。

(4) 渗透作用：当纤维板接触液体水时，会发生渗透现象。细胞壁上的纹孔膜，相当于半透膜，原料中的一些水溶物质会形成细胞壁内外的浓度差。这个浓度差所形成的渗透压力是纤维发生渗透现象吸水的原因。

2. 防水剂的种类及防水机理

目前，最常用的防水措施是施加防水剂。防水剂的种类很多，有石蜡、松香、沥青、干性油、合成树脂胶等，其中应用最广泛的是石蜡。对纤维施加防水剂，使其覆盖在纤维表面，能部分堵塞纤维之间的空隙即水分进入的通道；另外使水分不容易润湿纤维表面，从而降低了毛细管吸水作用；再者，防水剂材料可部分遮盖纤维表面的极性功能基(如羟基)及负电荷，降低了纤维表面对水的吸附作用而收到良好的防水效果。这种防水措施存在的主要问题是随着时间的推移，防水剂材料可能脱落、流失，导致纤维板防水性能的下降。

3. 防水剂施加工艺

最常用的防水剂是石蜡。乳液施蜡是湿法纤维板生产的传统方法，另一种是固体石蜡施加法。方法不同，施加工艺也不同。

(1) 浆内破乳：所谓浆内破乳是指石蜡乳液在纤维浆池内破乳，然后附着在纤维表面上。这种工艺，将浓度为1.2%～2%的纤维浆料，用浆泵从浆池送进连续施胶箱，在施胶箱内加入5%或10%浓度的石蜡乳液，搅拌均匀后，再加入沉淀剂硫酸铝调节浆料的pH值为4.5左右，使石蜡乳液破乳沉淀在纤维表面上。硫酸铝施加量约为绝干纤维的4%～7%。这种工艺施加方便，石蜡颗粒分散均匀，被大多数企业所采用。存在的问题是，破乳率与石蜡在纤维上的留着率较低。

(2) 浆外破乳：这种工艺是相对于浆内破乳而言。先将浓度为5%和10%的石蜡乳液在特制的破乳槽中与沉淀剂液混合，使之破乳成为絮状石蜡颗粒，再施入浆料中，让纤维吸附。此工艺具有破乳速度快，石蜡留着率高等特点，可提高产品的防水性能。生产实践证明，这种工艺，设备简单，工人易掌握，可以节省沉淀剂的用量，有利于产品耐水性能的提高，不足之处是石蜡在纤维上的分布不够均匀。

(3) 直接施蜡法：这种工艺是相对于乳液施蜡法而言，是将固体石蜡熔化后直接喷入、淋入纤维上(或木片上)，或者是将固体石蜡切片后直接投入木片料仓。这种方法的特点是：方法简便，不需要繁琐的石蜡乳化过程，可节省乳化剂和乳化水的费用。缺点是：颗粒偏大，施加不很均匀，在纤维板表面容易出现蜡渍缺陷。

(4) 石蜡的施加量：防水剂石蜡的施加量一般在0.5%～2%以内（固体石蜡与绝干纤维的重量比）。纤维板的防水效果随石蜡用量的增加而上升，但同时，由于石蜡会妨碍纤维之间的结合，导致纤维板强度下降。因此，正确的控制石蜡施加量对保证纤维板强度和耐水性能非常重要。

16.4.2 增强处理

湿法纤维板生产可以不加增强剂。但是，如果施加少量增强剂（如合成树脂胶），可以大大提高纤维板的强度，尤其是湿强度，同时又可以降低板的吸水率。这对于原料质量较差，板子密度较低，或未采用热处理工艺的厂家就显得格外重要。常用的增强剂是水溶性酚醛树脂胶，施加量一般是0.5%～2%（固体酚醛胶的重量与绝干纤维重量之比）。

1. 对增强剂(酚醛胶)的要求

(1) 水溶性，以便能直接加入浆料中，且加入后不起泡沫。

(2) 加入浆料后，能被纤维很好的吸附，当浆料pH值为4.5～5h，有最高的留着率。

(3) 能适应纤维板热压工艺的要求。

(4) 相关技术指标：酚醛树脂的固体含量应在40%～50%，黏度400～1400mPa·s，游离甲醛小于0.5%，游离酚含量小于0.5%，含碱量3.0%～5.0%。外观呈红褐色或暗红褐色的透明液体。

2. 酚醛树脂胶的施加工艺

酚醛胶的施加工艺与防水剂石蜡乳液基本相同。施胶前应将胶稀释到5%～10%浓度。

(1) 连续施胶箱施加：这一方法与防水剂在同一工序即都在连续施胶箱中进行。施加顺序是先加防水剂，再加增强剂，最后加沉淀剂。这种方法，增强剂在浆料中分散均匀，但由于是在浆料中施加，胶在纤维上的留着率低，即大部分树脂胶随水流失了，既浪费材料又造成污染。目前这一方法仍被多数企业使用。

(2) 表面喷洒施加：所谓表面喷洒法就是用喷嘴将增强剂均匀喷洒到湿板坯表面。喷胶部位在板坯真空脱水之前，表层喷胶后的湿板坯通过真空脱水箱，预压后使胶液吸入板坯的各部位。这种方法的特点是增强剂在纤维上的留着率高，同连续施胶箱法相比，一般可节省增强剂50%左右。但增强剂在纤维上的分布均匀性稍差。

16.4.3 其他处理

1. 防火处理

纤维的防火处理一般是添加固体或液体的防火剂到浆料里或者在湿板坯表面。防火剂应具备下列条件：耐火性能好、化学稳定性强；不易风化，无腐蚀性，对人畜无害；对纤维板强度和耐水性能影响不大；不影响产品的油漆、胶合及其他加工；货源充足，价格便宜。防火剂的种类很多，目前常用的是铵盐、碱盐和金属化合物。防火剂的作用机理可归纳如下：防火剂在低于木材正常燃烧的温度下融化，覆盖在木材表面，阻止空气接触木材并防止木材热解时的易燃产物扩散；防火剂受热产生大量不燃气体（如氨气、二氧化碳），冲淡了可燃气体的浓度，使之无法燃烧；防火剂的熔融、受热分解和蒸发消耗大量热量，使木材表面温度达不到燃点。

2. 防腐处理

纤维板在使用和贮存过程中，经常受到微生物的危害而腐朽，特别是软质纤维板，在温、湿度适宜的条件下，更容易被真菌、细菌和昆虫破坏。因此，提高纤维板的耐腐蚀性，也是纤维板生产中必须注意的一个问题。

同防火处理的方法类似，在防腐处理时，将防腐剂施加到浆料里或板坯上。通常防腐剂用量在1%左右，因此，对纤维板的强度、耐水性能和成本影响不大。

纤维板防腐剂的种类很多，大致可分为三类，即水溶性防腐剂、油质防腐剂和有机溶剂防腐剂。目前常使用水溶性防腐剂。水溶性防腐剂是指能溶于水的，对微生物、昆虫有毒杀作用的物质。过去多采用单一的化合物，现在多采用几种化合物组成的复方防腐剂，如砷、铬、铜、锌的化合物。水银、铊、氰化物和硼酸盐类化合物对钢铁腐蚀严重，并且对人、畜毒害较大，已弃之不用。

16.5 板坯成型

成型是利用纤维浆料，形成一定规格的板坯的工艺过程，是保证纤维板质量的一道重要工序。板坯的成型过程实质上是一个脱水过程，就是将浓度为1%～2%的纤维浆料，加工成含水率为65%左右的湿板坯的过程。

16.5.1 成型的基本要求

1. 湿板坯含水率尽量低

湿板坯含水率的高低对后面各工序，如湿板坯的输送、干燥和热压都有直接影响。因此，要求在保证纤维可塑情况下，湿板坯的含水率要尽可能减到最低的限度。但是，目前由于成型设备的局限性，所制备的湿板坯含水率一般均超过60%。

2. 板坯中的纤维应交织良好

湿法纤维板的强度主要取决于纤维之间的结合强度，而纤维之间的结合强度又决定于纤维的交织情况。要求成型时，纤维在板面的长度方向和宽度方向上纵横交错排列。影响纤维间交织情况的因素主要有原料种类、纤维形态、浆料的流动状态、浆速与网速的配合以及拍浆板的位置与深度等因素。

在成型机上进行板坯成型时,在成型机速度不变的条件下,只有进入成型机的浆料浓度和数量固定,才能获得单位面积上厚度一致和重量相同的板坯,即密度均匀的板坯。

4. 成型速度与后工序匹配

湿板坯的成型速度取决于热压机或干燥机(软质纤维板用)的产量,即取决于热压机的幅面大小、层数、热压周期和干燥机的干燥能力。影响成型速度的其他因素还有浆料的滤水性能和成型机的结构,浆料滤水性能好,成型速度可加快,反之放慢。带有真空脱水装置的成型机,速度可适当加快。目前,随着热压机压板幅面增大,层数变多和热压周期缩短,要求成型速度进一步提高。

根据以上湿法成型的基本要求,目前国内外普遍采用两种成型工艺:一种是长网成型工艺,其特点是成型面积大,成型的板坯质量好,生产灵活性强,特别适宜于生产薄板。另一种是圆网成型工艺,特点是适应性强,不同种类与不同浓度的浆料均可成型,尤其是成型复杂形状的板坯,如瓦楞板的生产就采用圆网成型。两种成型工艺中,以长网成型工艺应用最广泛。

16.5.2 长网成型工艺

长网成型工艺是湿法纤维板生产中应用最广泛的工艺,我国95%以上的湿法纤维板厂采用这一工艺。该工艺的主要设备是长网成型机(见图16-6)。长网成型机将一定浓度的纤维浆料连续均匀脱水、成型、抄造成一定厚度和一定含水率的连续湿板坯,再经过锯边、横截成所要求的规格,送往热压机或干燥机。长网成型机具有产量高、质量稳定的优点,长网成型的速度一般为2～10m/min,最快可达40m/min。

前面提到,湿法纤维板的成型,实质上是一个浆料脱水的过程,长网成型工艺是通过网案、真空箱和机械压榨三个系统来实现这个过程的。

1. 自重脱水

自重脱水是借助长网和网案上的案辊进行的。案辊的作用:一是支承长网,二是帮助脱水。经过自重脱水阶段后,悬浮液状的纤维浆料变成了湿板坯,板坯的含水率达到85%左右。

案辊帮助脱水的原理是,当长网带动案辊转动时,在案辊离开长网的一瞬间,形成了真空抽吸区,从而将板坯中的水分抽出。真空抽吸区抽吸力的大小与案辊的转速平方成正比,即转速越快、抽吸力越大(图16-7)。

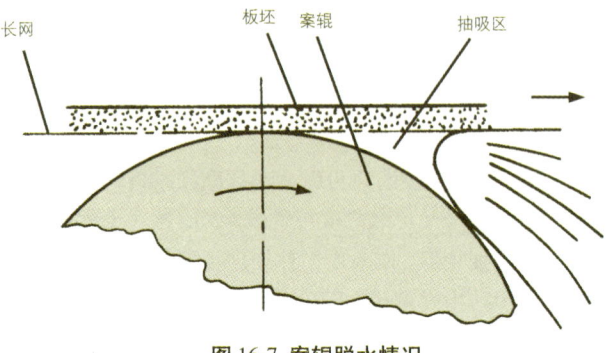

图16-7 案辊脱水情况

加大自重脱水量的措施有:增加案辊的转速;加大案辊直径从而延长抽吸区宽度;案辊表面采用亲水性材料制作,增加对水的吸附力;缩小案辊间距等。

通过自重脱水,浓度为1%～2%的纤维浆料变成了板坯,其后随着板坯内水分的减少,纤维表面对水的吸附作用加强,使脱水缓慢且困难,这就需要借助于其他办法来进一步脱水。一般这时采用真空箱进行强制脱水。

2. 真空脱水

真空脱水后可将板坯的含水率降低到80%左右。真空脱水的工作原理是,利用大气压力和真空箱之间的压力差来克服纤维表面对水的吸附力,克服网孔与水的表面张力,进行强制脱水。真空箱的负压有两个作用:一是在板坯两面产生压力差,使板坯压缩而脱水;二是当空气穿过板坯内部时,将纤维上附着的水分带入真空箱,起到脱水作用。

真空箱最好几个串联,真空度依次递增,逐渐脱水。一

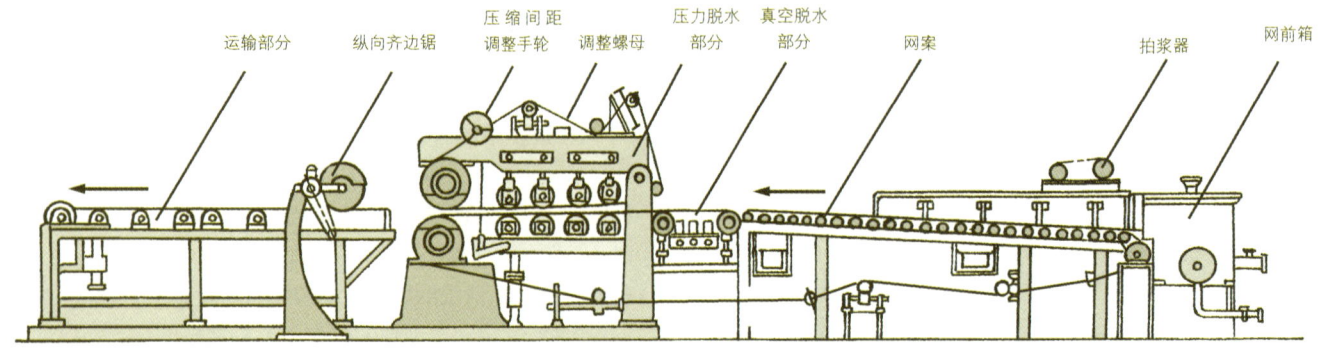

图16-6 长网成型机

般真空脱水初期，由于板坯含水率高，组织松软，此时脱水主要是靠对板坯的压缩作用。后期，板坯水分减少，结构紧密化，这时脱水是以空气流携带作用为主。

真空脱水时常用的真空度是100~500mmHg。并非真空度越高越好，当板坯含水率低时，真空度的增加对板坯脱水量影响很小，相反，对长网的磨损加重、电耗剧增。

3. 压榨脱水

压榨脱水后，可将板坯的含水率降低到65%左右。经过真空脱水，湿板坯的含水率依然很高。这些水分约50%存在纤维细胞壁内，其余水分一部分位于细胞腔中，一部分附着在纤维表面和纤维之间的空隙中。排除这些水分，必须借助机械力量。

压榨脱水系统是由若干对预压辊和1~2对伏辊组成。为了防止突然施加过高压力使板坯破坏，几对预压辊采取逐渐增压的办法，最后到达伏辊时压力约为7N/mm。另外，所有上下压辊的轴心线互相错开一定距离，以使线压力变为面压力。因为线压力着力点很小，如果作用力在一条直线上，则板坯在脱水的同时也被压溃了。错开压力作用线，在长网存在的条件下，可将压辊的线压力变成面压力，有利于脱水。

降低板坯含水率有效的办法是采用单层平面预压机。这种压机一般是上压式，下垫板有排水孔，使用5~7MPa的压力对湿板坯平面加压，其脱水效果比辊压脱水好很多，可将板坯含水率降至50%左右，这是机械脱水所能达到的最大限度。

16.5.3 圆网成型工艺

圆网成型工艺根据使用的圆辊数量又分为单圆网成型工艺和双圆网成型工艺两种。

单圆网成型工艺（图16-8）过程如下：纤维浆料从网前箱出来进入箱槽内，在箱槽内安装一个可转动的真空圆筒，采用真空脱水方法使浆料里的纤维吸附在圆筒网壁上，形成所需要的湿板坯。圆筒转速按板坯厚度的要求进行调整。纤维脱水需要的真空度，由真空系统完成，并在板坯形成后，真空作用逐渐减弱。这种工艺是在较高压力差下成型板坯的，因此板坯质量较好。单圆网成型工艺的主要设备是单圆网成型机。圆筒直径一般1600~4270mm，长度2835~4725mm，成型速度在1.8~18m/mim之间，真空度在380~610mmHg，成型后的湿板坯含水率在60%~70%之间。

双圆网成型工艺（图16-9），该工艺主要通过一台双圆网成型机完成。纤维浆料在重力作用下，自下而上在两个转动的圆网辊筒之间通过，浆料经过网辊的过滤脱水和挤压脱水，排除大部分水分，形成湿板坯，板坯厚度由纤维浓度、圆网辊转速及两圆辊之间的间隙等因素控制。这种圆网成型机一般不用真空脱水装置，设备结构简单。

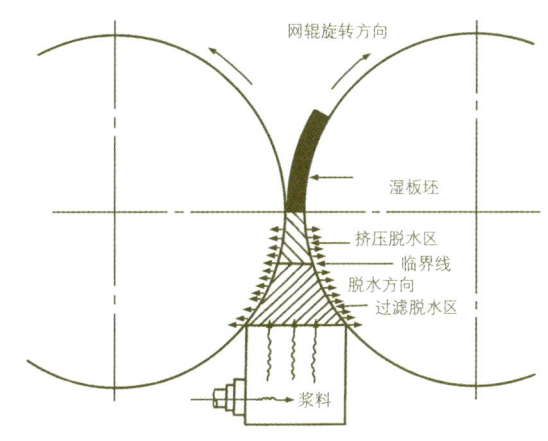

图16-9 双圆网成型工艺

国产双圆网成型机的圆辊直径为1500mm，圆辊长度1070mm，两圆辊之间线压力20~75N/mm，两圆辊可调间隙3~20mm，成型速度1.16~2.34m/min。

双圆网成型机主要有五部分组成：

（1）纤维定量箱：位于网辊前部，箱内有搅拌装置和调整压头的活动隔板。隔板的一侧装有溢流管，将多余纤维浆料排入浆池。出口处装有活动闸门，通过提杆控制纤维浆料流量。

（2）浆管：定量箱的纤维浆料是通过浆管输送到浆箱中去。浆管两端用铸铁管组成，分别采用法兰盘固定在两箱下方。浆管中段部分也可采用橡胶管或塑料管。

（3）浆箱：位于两圆网辊下部，纤维浆料由定量箱通过浆管注入浆箱，经喷口喷向两网辊脱水、成型。喷口处装有两块橡胶衬板紧贴网辊，起密封作用。浆箱两侧壁开有放浆孔及杂物清除孔。

（4）圆网辊：圆网辊表面有沟槽，沟宽4mm，筋宽为6mm，外面包有铜网。每只圆网辊都有一根冲洗网目的喷水

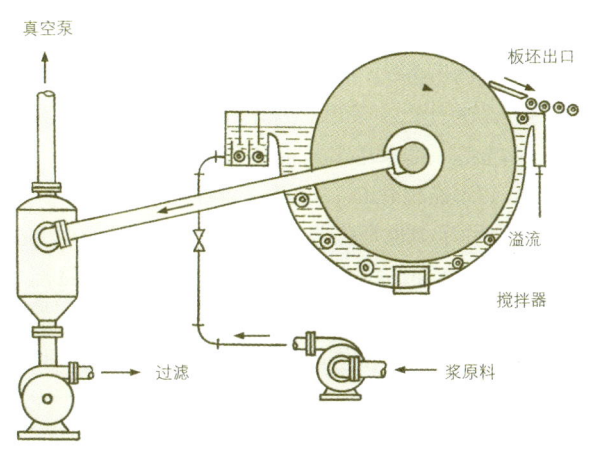

图16-8 单圆网成型工艺

管，以便冲洗附在网上的细短纤维。喷水管带有拉杆，用以疏通被杂质堵塞的喷水孔。

(5) 传动部分：电机经齿轮减速箱和蜗轮、蜗杆两级减速后，驱动两个圆网辊运转。

16.6 热压

热压是生产纤维板的关键工序之一，对产品质量和产量有直接影响。

热压的主要目的是：在热量和压力的联合作用下，使板坯中的水分蒸发，密度增加，防水剂重新分布，胶黏剂固化，原料中的各组分发生一系列物理化学变化，从而使纤维间形成各种结合力，制成具有一定物理力学性能的纤维板。

湿法生产硬质纤维板，热压的方法有两种：一种为湿湿法，即湿成型湿热压；一种为湿干法，即湿成型干热压。前一种方法，从成型机出来的湿板坯直接送到热压机热压，后一种方法，从成型机出来的湿板坯，先经干燥，再送往热压机热压。目前，国内外湿法纤维板生产，广泛采用湿湿法。

16.6.1 纤维结合机理

湿法生产纤维板，一般不加胶黏剂，经过热压后，即可获得较高强度的纤维板，纤维之间的结合主要借助于氢键结合力和木素结合力。

按照氢键结合理论，生产中首先使纤维表面上拥有足够数量的游离羟基，这是形成氢键结合的内因，它主要由纤维分离工序来完成。其次是让纤维表面上的羟基尽可能的相互靠近，这是形成氢键的外因，它主要由热压工序来完成。由此可见，从氢键结合的观点考虑，纤维分离和热压是纤维板生产的两个关键工序。

热磨法分离得到的纤维浆料，由于是在高温条件下进行的，大部分纤维是从胞间层分开的，而胞间层的主要成分是木素和半纤维素，因此纤维的表面被木素含量很高的结壳物质所覆盖。木素是非晶体结构的高分子物质，无固定熔点，一般在160℃开始熔化，温度越高，流展性越好。热压时，在板坯温度达到160℃以上的情况下，纤维表面的木素相互接触后，分子间相互扩散，界面逐渐缩小，加之外力作用，界面最终消失，把相邻纤维粘合起来。冷却后，木素等结壳物质一起形成玻璃状固体，将纤维牢固地粘合起来。纤维板具有平滑而坚硬的表面，就是这种结合的反映。

要充分发挥这种结合力的作用，热压时温度和压力有一定的要求，并且保证足够的时间使板坯中的木素等结壳物质都达到熔化的程度。由于板坯传热阻力大，应该使用比熔点更高的温度。如温度过低、时间不够，结壳物质不能完全熔化。压力不足，相界面也不能很好的融合。

纤维之间的结合力除氢键、木素结合力外，还有纤维间的范德华引力，交织力以及化学键力。正是由于这些力的共同作用，相互补充才使纤维之间形成牢固的结合。当然，起主导作用的仍是氢键和木素结合力。

16.6.2 热压曲线

在热压温度不变的条件下，根据压力和时间的变化关系所绘制的曲线，称谓热压曲线。湿法硬质纤维板热压时，热压温度一般为200℃左右，通常采用三段热压曲线，这三段分别为挤水段、干燥段、塑化段，见图16-10。

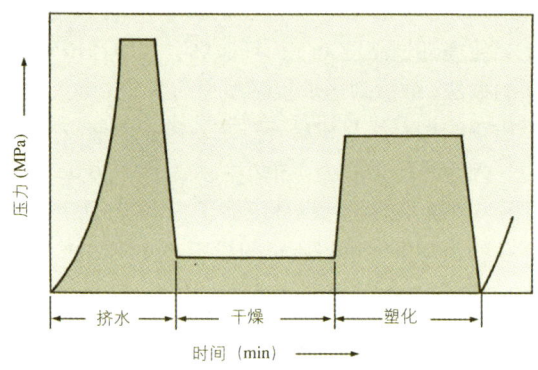

图16-10 热压过程中压力与时间的关系(热压曲线)

1. 挤水段

(1) 作用：从成型机来的湿板坯含水率很高，通常在65%以上，即板坯中的水分和干纤维重量之比2:1左右。在挤水段，板坯借助于压板机械挤压作用，排出大部分水分，使板坯中的含水率快速降低到50%以下，即水分和干纤维重量之比降低到1:1左右。这一阶段，水分以液体状态从板坯中排出，所排出的水是板坯中的自由水，而不是纤维的结合水(纤维中结合水的含量为35%左右)。

(2) 要求：压力要高，一般为5~7MPa。因为挤水段的主要任务是在压力作用下排出板坯中大量水分，此段压力越高、水分排出越多，故采用高压排水，挤水段又称为高压段。那么，为什么不采用比7MPa更高的压力呢？其原因是：压力越高，排水越多是板坯含水率在一定范围内(在50%以上时)才能成立的。一旦板坯的含水率降低到50%左右时，更高的压力也是徒劳的。因为机械压榨作用无法挤去附着在纤维表面的水膜和细胞壁中的结合水。这部分水只能借助于热量排出。

当生产3~4mm厚产品时，挤水段时间一般控制在1~1.5min。

2. 干燥段

(1) 作用：湿板坯经挤压脱水后，含水率仍很高，不能满足工艺要求,而这部分水机械压力又不能排除,需加热蒸发排除。因此,干燥段的主要作用仍为排水,和挤水段不同的是水分是以蒸汽状从板坯中排出。干燥段结束时应将板坯的含水率降到10%左右。

(2) 要求:压力要适当,一般控制在 0.5～1.0MPa,约为挤水段压力的十分之一左右。若压力过高,板坯中空隙减少,水蒸气从板坯中逸出的阻力增加。同时,板坯内部水分的汽化温度将随压力增加而上升,这样将延长水分蒸发的时间。从理论上讲,这个阶段只需要热量,最好在无压下加热,以加速水分蒸发。但应该指出的是,若此段压力过低,低于板坯内产生的蒸汽压力,会导致板坯膨胀而破裂。

干燥段结束时,板坯的含水率应控制在一定范围。湿法生产工艺的主要特点是以水作媒介,水既是输送纤维的载体,又是纤维之间产生结合力的桥梁,有人称为"水桥"。因此,干燥段必须为下面的塑化段保留一定水分。若板坯内保留水分太少,纤维板实际上是在低压下成板的,影响纤维间的结合力,因此,强度不高,密度也达不到要求。若板坯含水率过高,即干燥不足,压出的板面容易出现水迹和鼓泡等缺陷。

干燥段的时间约占整个热压周期的一半左右。因为在这个阶段,板坯要以蒸发形式排出内部大部分水,含水率从50%降到10%左右,时间太短,达不到要求。一般生产3～4mm厚纤维板时,干燥段时间在4min左右。

3. 塑化段

(1) 作用:这个阶段的主要作用是使板坯结构进一步密实,达到产品密度的要求;借保留的水分"水桥"作用,使纤维之间形成氢键结合;纤维中的结壳物质(木素等)重新熔化产生胶粘作用;防水剂重新分布,并固着在纤维表面,使纤维板具有较高的力学强度和耐水性能。这个阶段完成时,纤维板内的水分几乎全部蒸发,板子的含水率不应超过2%。

(2) 要求:压力要高,要达到上述目的其外加因素就是热量和压力的联合作用,而通常热压温度受蒸汽压力和设备所限制,不易提高。压力参数常采用 5～7MPa。

塑化段使用高压力也是建立纤维之间氢键连接的必要条件。因为,纤维板的浆料同纸浆相比很粗,单靠水分子的表面张力无法使纤维之间的距离缩小到产生氢键的程度,再者经过干燥段以后的板坯,含水率降低,弹性增大,必须借助较强外力,使纤维紧密靠拢,再通过热作用使水分蒸发后,氢键才能形成。

纤维表面的胞间层结壳物质,主要是木素,要求热作用使之熔化,借助压力让纤维间的结壳物质的界面消失而结合起来。从这个角度考虑,压力越高,纤维之间接触面积越大,板子强度也越高。

这里还应指出,塑化段结束时的降压速度不能过快,尤其是在热压周期较短的情况。因为若快速将压力从最高压力降为零,纤维板内水分未蒸发完时,这些残留的水分由于压力降低会全部汽化,体积突然膨胀,来不及排出,轻则使产品鼓泡、分层,重则产生"放炮"现象,使整个纤维板破坏。所以,此段卸压速度一定要严格控制,不能超过蒸汽从板中排出速度。

归纳起来,湿法硬质纤维板所采用的三段热压曲线就是按照上述规律来制定的。正确的热压曲线是提高正品率,提高产量的关键。但在实际生产中,各个工序的生产条件,并不是恒定不变的。因此,即使在同一个生产班次里,也要根据产品质量的要求,根据板坯的含水率、纤维的滤水度、热压板温度、压力以及原料种类等具体情况的变化,来适当修改三段加压时间的分配,以保证产品质量。通常可以根据前一车压出板子的质量,来调整、修改热压参数。

16.6.3 影响热压质量的因素

1. 热压温度

在纤维板热压过程中,热压温度的主要作用是:蒸发板坯中的水分;软化纤维和熔化结壳物质;增加板坯内各种功能团的活性。若热压温度低,不仅要大大增长热压周期而且压出的板子强度很低。因此,生产中一定要避免低温操作。但热压温度也不能过高(高于230℃),当温度过高时,板坯中水分汽化速度高于蒸汽溢出板坯速度会导致板坯破坏。同时,若温度过高,由于纤维本身强度遭到破坏,导致板子强度下降。因此,选择合适的热压温度对产品的产量和质量有着十分重要的影响。

2. 压力

又称单位压力,是指板坯表面承受的单位面积上的作用力。压力的作用可快速降低板坯内的含水量,从而缩短水分蒸发时间。压力的另外一个作用,可缩小纤维间距,增加板坯密度,增加纤维之间的接触面积,使之氢键结合点更多、范德华引力更大、木素胶合面积更大,从而提高纤维板的强度。

3. 加压时间

纤维的热压时间受多种因素影响,其中主要是热压温度和板子厚度。一般来讲,温度越高,干燥段、塑化段时间就越短,反之,应相对延长热压时间,这样才能保证热量的传导和压力的传递,使纤维间的各种结合力得以充分发挥。在热压温度不变条件下,板厚是决定因素,板厚越大,热压周期越长。由于湿法生产,板坯的含水率高,热压周期比干法长得多,因此,这种工艺不易生产厚板。一般3mm厚的硬质纤维板热压周期在8min左右。

4. 板坯含水率

水分在板坯热压过程中有着非常重要的作用。若板坯在塑化段没有水分,同时也没施加任何胶黏剂,想压制成合格的硬质纤维板是不可能的。水分的存在可以降低纤维的弹性,由于纤维塑性增加,在压力作用下,板子的密度增大,强度增加,吸水率下降。因此,严格控制不同热压段板坯的含水率对湿法生产来讲,有十分重要的意义。

纤维板车间各工序用汽参数和消耗蒸汽量如表16-10和表16-11。

16.7 后期处理

16.7.1 后期热处理

纤维板的热处理，是热压后的一个工序，它主要用于湿法硬质纤维板生产，其他种类纤维板如：软质纤维板、中密度纤维板等一般不需要进行热处理。

热处理，实质上是热压过程的继续，只是条件有所改变。将纤维板放置在热空气中，常压下加热，使热压过程中未完成的某些物理化学变化在热处理装置内继续完成。

经过热处理后的纤维板，尺寸稳定性明显增强，静曲强度增加，吸水率下降，从而提高了纤维板的物理力学性能。

1. 热处理过程中的物理化学变化

硬质纤维板的热压周期很短，3.2mm厚板热压时间一般不超过10min。一些化学反应来不及进行，纤维之间的结合力还没达到较高的程度，因此影响产品的质量。热处理工序中发生的主要变化如下：

(1) 氢键结合：由于热压时间较短，在热压结束后，板子内有部分氢键尚未形成。通过热处理使板子内残余水分继续蒸发，在水分蒸发的张力作用下，形成更多的氢键结合点，从而提高产品的强度和耐水性能。

(2) 木素缩合：在热处理条件下，板子内木素所含苯酚基与其他半纤维素分解的醛基缩合产生新的物质，这些新的缩合物形成以后，可以提高产品的耐水性能。

(3) 降解反应：在热处理过程中，纤维素和半纤维素物质会产生一定程度的水解、热解作用，这种降解反应的结果会造成纤维强度的下降，同时提高了纤维间的结合强度。也就是在一定范围内，通过牺牲一些纤维本身的强度，换取纤维之间的结合强度。

(4) 其他变化：在热处理时，木材中原有的天然树脂、生产中添加的防水剂受热软化，在纤维表面重新分布，增加了防水覆盖层的面积。但是，如果处理时间过长，会导致防水剂的大量挥发，树脂成分的过量损失，这就是热处理工艺若选择不当，反而造成板子耐水性能下降的原因。

2. 热处理的温度

热处理温度的选择，是影响处理效果的关键因素之一。生产中采用的热处理温度在160～180℃之间。若温度过高(超过180℃时)，由于纤维素过度降解，不仅不会提高板的强度，反而促使强度下降。若温度过低(低于160℃时)，热处理作用很小，并且需要很长的处理时间。

3. 热处理的时间

当温度一定时，选择合理的热处理时间是决定的因素。实际工作时，一般当热处理温度为160～170℃时，处理时间为2～4h。当然，还应根据原料的差异、生产工艺的区别而随时调整处理时间。例如：针叶材原料制造的纤维板，其热处理时间应长一些。加入酚醛胶的纤维板，就应适当缩短热处理时间，否则胶层易老化而变脆，反而降低产品强度。

4. 热处理设备

纤维板热处理的设备有间歇式和连续式两种。间歇式设备主要采用热处理室；连续式设备有悬挂式、辊筒式和栅栏式等。

16.7.2 后期湿处理

后期湿处理又称增湿处理，即提高纤维板含水率的处理。热压后或热处理后的硬质纤维板接近于绝干状态。若直接放置在大气中，它会吸收空气中水分，使其含水率与大气平衡，达到平衡含水率，一般硬质纤维板的平衡含水率在3%～11%之间。这种自然吸湿过程会导致纤维板产生线膨胀、体积膨胀和翘曲变形。尤其是湿法硬质纤维板，两个表面不同，带网痕的一面表面积比光面大，因此吸收水分的程度不同，所产生的膨胀应力也不同，两面应力失去平衡就造成板子翘曲变形。

如将热压后的硬质纤维板立即堆放，则其四周边缘部分与空气接触而快速吸收水分，边缘部分的含水率与外界平衡，而板中间部分仍然保持干燥状态，形成四边膨胀增厚的现象，所以板堆放在一起时总是呈凹曲形，造成产品变形。另外，这种直接堆放，由于板堆中部的热量不易散失，加之纤维板内的某些放热反应继续进行，而导致大量热量的聚积，产生局部过度热解而炭化，甚至燃烧，生产实践中曾出

表 16-10 用汽点与用汽参数

用汽点	热磨机	热压机	热处理	软质板干燥	制备防水剂	采暖
蒸汽压力(MPa)	0.6～1.2	2.0～2.2	1.2～1.5	1.2～1.3	0.1～0.3	0.1～0.2

表 16-11 各工序蒸汽消耗量

工序	热磨	热压	热处理	制胶	软质板干燥
耗量 t/t板	0.7～1.0	3.0～3.5	0.5	0.3	18～19

现过多次这种自燃现象。

因此，热压后或热处理后的硬质纤维板需要采取增湿处理。这样，既可起降温作用，防止高温堆放出现的局部炭化、燃烧现象，又可使纤维板快速地达到与大气平衡的含水率，出厂以后不再大量吸湿，从而增加纤维板尺寸使用稳定性。

一般硬质纤维板经增湿处理后，含水率控制在5%～11%左右。

增湿处理时，应注意高温绝干状的纤维板吸水迅猛，急速膨胀，故应在压力下加湿，防止变形。增湿以后的纤维板需堆放，使纤维板表面的水分向内部渗透，达到全板含水率一致。一般堆放时间至少需要24h。

纤维板的增湿处理设备基本上可分为两大类型：一是加湿处理室，这种加湿室类似纤维板的热处理室，但增加了加湿装置；另一种是强制连续式辊筒加湿机。后一种设备简单，占地面积小，并能达到预期增湿处理的效果，我国一般多采用这种类型。

16.7.3 废水处理

湿法生产纤维板，需要使用大量的水。一般生产1m³硬质纤维板大约需要50～80t水，其中除少部分水循环使用外，其余绝大部分均作为废水排放。在这些废水中含有大量的污染物质，其浓度远远超过国家允许的排放标准，如不作处理就排出，将会给环境带来严重污染。因此，采用湿法工艺生产纤维板时，必须考虑对废水的处理问题。

1. 纤维板废水的水质

纤维板废水中的有机物质、悬浮物含量、pH值、颜色和酸含量等，是表示水质污染情况的重要指标。

(1) pH值：废水的pH值，是指废水呈酸性或碱性的标志。一般水源的pH值均在7～8之间。当水的pH值低于6或者高于9时，水体中有机物污染的生化自净过程将受到抑制，影响水产养殖和生态环境。纤维板废水的pH值一般在3.5～5.5之间。

(2) 悬浮物：悬浮物是水体杂质的一种，通常指水中体积较大的杂质而言。水中所含悬浮物越多，它的浑浊度越大，透明度就越小。悬浮物的计算单位为mg/L，一般江河水的悬浮物均在100mg/L以下。纤维板废水中悬浮物含量很高，一般在550～2000mg/L之间，其中绝大部分是细小纤维。

(3) 化学耗氧量（CODcr）：CODcr是指用氧化剂氧化水中的有机物质时，所消耗的氧气量。该值越高，说明水中的需氧污染物越多，污染程度越严重。一般江河水的CODcr均在10mg/L以下。我国纤维板废水的CODcr一般在2800～6000mg/L之间。

(4) 生化耗氧量（BOD_5）：BOD_5是指用微生物的生化作用，对水中有机物质进行氧化分解，使之无机化或气体化时所消耗水中氧气的总量。此值越高，说明水中有机污染物质越多，污染程度越严重。一般清洁的江河水的BOD_5不超过2mg/L，我国纤维板废水的BOD_5指标一般在700～2500mg/L之间。

(5) 挥发酚：酚类化合物是一种有毒物质，它可使蛋白质凝固。当人畜接触高浓度酚时可引起急性中毒，即使是较低浓度的酚也会对鱼类产生毒害。地面水规定酚的最高允许浓度为0.01mg/L。

为了消除公害和保护环境，我国于1988年颁布了国家标准《污水综合排放标准》(GB8978-88)在该标准中，对湿法纤维板废水排放作出了规定，见表16-12。

2. 废水循环使用系统

废水循环使用是目前纤维板废水治理中，技术要求较简单，投资少，而行之有效的一种方法，国内许多企业采用这种方法降低废水排放量。根据循环系统中有无废水净化设施，循环的形式可分为两类：

(1) 废水直接循环使用：这类循环系统中，废水未经任何净化处理直接回用，可以是全部工艺废水回用的全封闭，也可以是局部封闭。全封闭应用很少，多数企业是回用大部分长网废水，而水质较差的热压水不进入循环系统。这种循环方式特点是：投资少，见效快，可以根据具体条件确定恰当的长网白水回用率。缺点是废水回用后浓度提高、酸性增强、浆温升高，造成设备腐蚀严重，给产品质量带来不利影响。

(2) 废水净化后循环使用：在这种系统中串联有废水净化站，循环水经过净化后全部或部分回用。在净化过程中消除一部分污染物，从而降低循环水的浓度并减少板坯中污染物含量，因此大大降低了废水循环后对产品质量带来的不利影响。这种循环形式显然比废水直接循环形式要好，但需要一套废水净化设施，投资和运行成本提高。

3. 废水处理的方法

(1) 气浮法：气浮处理废水的工作原理是，在一定压力下，将空气溶解在水中，制成饱和溶气水。当饱和溶气水

表16-12 湿法纤维板工业污水排放量及排放浓度

企业性质	最高允许排放量 m³水/t板	pH值	污染物最高允许排放浓度(mg/L)									
			BOD5		CODcr		悬浮物		挥发酚		甲醛	
			一级	二级	一级	二级	一级	二级	一级	二级	一级	二级
新扩改	30.0	6～9	30	90	100	200	70	200	0.5	0.5	1.0	2.0
原有	50.0	6～9	60	150	150	350	100	250	1.0	1.0	2.0	3.0

从浸在废水中的专用释放器排放时,由于突然降压,溶于水中的空气便以极微小的气泡形式重新释放出来,与废水中经过凝聚反应后的污染物质粘附在一起,并随其一起上浮到上面。刮除水面上的浮渣,废水即得到净化。

(2) 活性污泥法:这是一种好氧生化处理的方法。它利用活性污泥在有氧条件下吸附、吸收、氧化分解废水中不稳定的有机物,使之转化为稳定的无机物,从而净化废水。这一方法主要用于除去废水中溶解的有机物,一般作为二级处理,对初级沉淀后的废水进行处理。

(3) 厌氧处理法:这种方法是在无氧条件下,利用厌氧性细菌将废水中有机物转化为甲烷和二氧化碳等稳定物质,使水质得以净化。

(4) 超过滤法:超过滤又叫超滤,是一种通过超过滤膜对废水进行过滤处理的物理方法。它利用超滤膜的截留作用,将废水中的悬浮物与部分可溶高分子物截留。

16.8 软质纤维板

16.8.1 软质纤维板的工艺特点

软质纤维板的生产工艺过程与湿法硬质纤维板基本相同,其主要区别在于软质纤维板生产时,板坯成型后经干燥成板,而不是经热压成板。另外,某些工艺参数略有差异。

1. 纤维分离度要求较高

由于软质纤维板只有干燥工序而没有热压工序,板坯在无压力作用条件下干燥成板,即主要依靠板坯中水分蒸发时所产生的表面张力,使纤维之间形成氢键结合和分子引力结合。因此,要求软质板的纤维比硬质板的纤维更细,一般软质纤维板的纤维滤水度在60~100s。

为了提高纤维分离度,增加纤维之间氢键的数量级,木片在软化处理时,除施加蒸汽外,还需添加某些化学药品,例如添加一定比例的亚硫酸钠、碳酸钠或氢氧化钠等帮助软化。这些化学药品可以单独使用,也可以混合使用,其用量在10%以下。除此之外,热磨后的纤维还需多次精磨。

2. 浆料浓度较低,成型速度慢

生产软质纤维板的纤维浆料比其他品种纤维板浆料都要细,因此浆料的滤水性能较差,这就要求上网浆料浓度应低一些,一般在1%以下,板坯成型速度应慢些(一般12mm厚板,成型速度为1.3~2.5m/min)。这样既有利于在成型时纤维之间的交织,又可以缩短对干燥机长度的要求。因为干燥周期一定时,成型速度越快,需要的干燥机长度越长。

3. 板坯需经干燥处理

硬质纤维板由湿板坯到成品板,是在热压机内完成的,软质板则是在干燥机内完成的。湿板坯在干燥装置内由65%~75%左右的相对含水率,被降低到最终的2%左右含水率,每生产1t软质纤维板,在干燥机内几乎要蒸发2t左右的水分。

根据软质纤维板的干燥规律,所采用的干燥装置内往往分成几个干燥区段,每个区段内部装备有单独的加热系统和热介质循环系统,从而形成不同温度的干燥区域,图16-11即为这种干燥装置(三段)示意图。图16-12显示,一种四段干燥装置内的理论空气温度和实际温度分布情况。在这个例子中,最高干燥温度在第一段,而且在第一段,热空气的运动方向是与板坯前进方向相反,其作用是防止干燥机内的热空气通过干燥机入口泄漏。在其余几个干燥区段,热空气运行方向是与湿板坯相一致的。

4. 干燥方法

为了缩短干燥装置的长度,通常采用多层(2~8层)连续设备,干燥周期一般需要2~4h。传热形式均采用热空气对流换热。按照气流在板坯表面的流动方向,分为平行流动的普通干燥机和垂直流动的喷气式干燥机。

干燥后的软质纤维板,若直接堆放,因板子内部温度仍

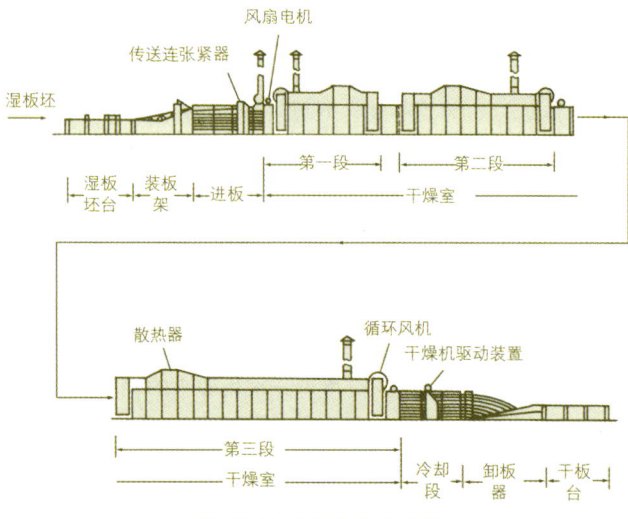

图 16-11 干燥装置示意图

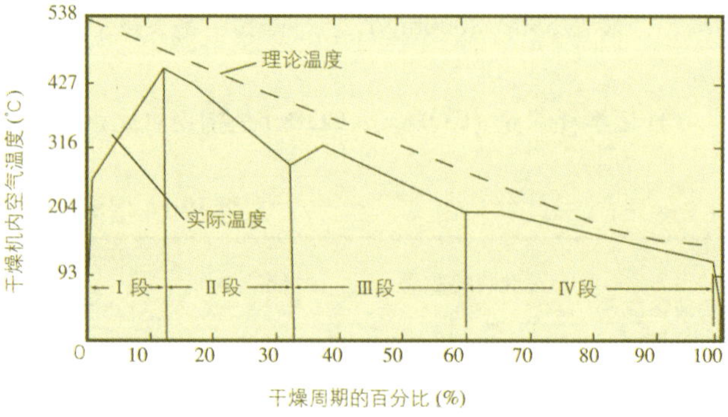

图 16-12 干燥机内温度分布

高达100℃以上，会引起纤维炭化，有引起火灾的危险。因此，由干燥机出来的板子需进行冷却。一般多在干燥机的末端加一段冷却区域，用冷空气循环使板面降温。

16.8.2 软质纤维板的性能特点

软质纤维板的特点是重量轻，多孔性（孔隙率占体积的85%左右），具有良好的隔热、保温、吸音等绝缘性能。通常软质纤维板的密度在0.16~0.40g/cm³之间，静曲强度在1~4MPa之间。

为了增强软质纤维板的吸音效果，同时改善其外观，通常进行打孔加工。打孔后增加了对声波的摩擦及阻尼作用，使声能转换成热能消耗掉，特别是对高频段声波吸收效果更为明显。如声频为1000Hz时，厚度为13mm的打孔软质板，吸声系数为0.45；而19mm的未打孔板，吸声系数却只有0.35。

软质纤维板上的孔径多为4、6、8mm三种，打孔深度根据板子厚度确定，一般为厚度的2/3。各孔间距离在15~20mm。打孔密度每m²可达4000个。软质纤维板的吸音性能随其密度的减少、板厚增加以及表面粗糙度增加而提高，其保温隔热性能，相当于普通木材的2.2倍，相当于混凝土的34倍。

参考文献

[1] 陆仁书主编. 纤维板制造学. 北京：中国林业出版社，1993
[2] 许秀霁主编. 纤维板生产工艺与技术. 哈尔滨：东北林业大学出版社，1988
[3] John Haygreen and Jim L. Bowyer, Forest Products and Wood Science

17 刨花板

刨花板利用各种木材或非木质材料加工成一定尺寸的刨花，与一定量的胶黏剂拌合，再以不同的方法压制而成。目前，刨花板分类方法比较多，如按胶种、产品密度、用途、原料性质和加工方式等分类。

按用途分类有普通用、建筑用和专用刨花板。普通用刨花板在防水和防腐方面没有过高的要求，这种板不适于在受水、潮湿、高温和其他不利因素作用条件下使用，适于在设有供暖设备的房间使用。普通刨花板主要用于制造嵌壁式家具、成件家具和室内装饰等。这种板的制造主要采用脲醛树脂，在刨花板中不加入专用添加剂，在我国刨花板标准(GB/T 4897-92)中分为A和B类刨花板，A类刨花板为家具、室内装修等一般用途刨花板，B类刨花板为非结构建筑用刨花板；建筑用刨花板应具有防水、防腐性能，在个别情况下，还具有防水、隔热和隔音性能。制造这种板主要利用酚醛树脂和无机胶黏剂(波特蓝水泥、氢氧化镁等)，有些也用脲醛树脂，并在刨花中施加专用添加剂(防水剂和防腐剂)；专用刨花板应在尺寸、密度、定向强度、防水、防腐、防火等方面具有特殊性能。

按制造方法分类，可分为平压法、挤压法和辊压法三种。平压法刨花板是指刨花板在制造过程中，压力施加方向和板面垂直，刨花排列的位置与板面平行。其结构形式又分为单层、三层、多层和渐变结构的刨花板；挤压法刨花板是指刨花板制造过程中，压力施加方向和板面平行。其结构形式可分为实心板和空心板。空心板的长度方向有圆形和六角形的孔道，这种板的密度较小；辊压法刨花板，板面受压力方向与平压法相同，但是板坯受压力是逐渐加大的线压力，同时生产是连续的，一般板厚2～6mm。

按照产品的密度分类有以下几种：①高密度刨花板为$0.8～1.2g/cm^3$，主要用于结构用材或制造薄型板(厚度在10mm以下)；②中密度刨花板为$0.5～0.8g/cm^3$，常用于家具、建筑及造船等室内用材；③低密度刨花板为$0.25～0.5g/cm^3$，作为隔声、隔温和绝缘材料或复合材料心材等。

17.1 刨花板产品与性能

17.1.1 普通刨花板生产工艺和方法

普通刨花板一般生产工艺过程如图17-1所示：

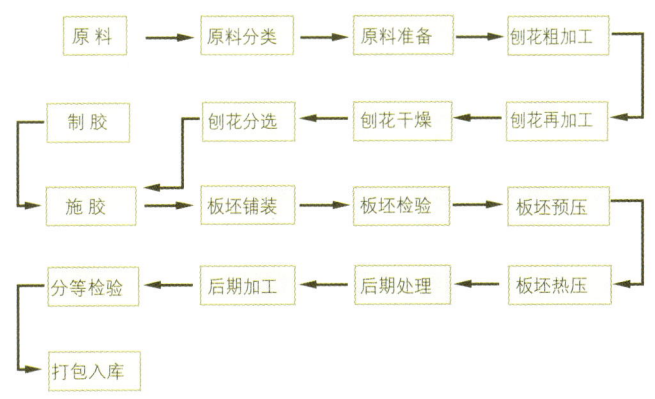

图17-1 普通刨花板一般生产工艺过程框图

一般来说，1m³刨花板需要1.3～1.8m³木材。各个工段原料消耗系数：原木锯断1.01～1.05，刨花制备1.05～1.07，刨花干燥1.02～1.05，运输与热压1.01～1.02，裁边1.0～1.07，砂光1.25～1.35。

17.1.2 刨花板的尺寸

刨花板的最大幅面取决于热压板的幅面。板的幅面习惯用宽度×长度表示，单位为mm。板的宽度为750～2440mm，长度为1500～7000mm。国家刨花板标准推荐尺寸为915×1830，1000×2000和1200×2400（mm）幅面板最为常见。在刨花板销售和生产过程中有时也会用英制，如1220mm×2440mm称为4英尺×8英尺或记为4′×8′平压法刨花板的厚度为2~40mm，挤压法刨花板的厚度为13~100mm，实心挤压板达到22mm，多孔挤压板厚度在25mm以上。国家刨花标准推荐公称厚度为4、6、8、10、12、14、16、19、22、25、30mm等。

17.1.3 刨花板的性质

刨花板的性质分一般性质、物理性质、力学性质、工艺性质、抗损坏性质等。一般性质是指板的尺寸与精度；物理性质有密度，含水率，吸湿性，吸水性，吸水厚度膨胀，对水及其他液体、空气和气体的渗透性以及散发性，热膨胀，比热，导热系数，热辐射，电气性质（电阻、电导率、介电常数）及声学性质（隔音和吸音）等；力学性质包含弹性模量和柔性系数，平行和垂直于板子平面的抗拉强度，平行和垂直于板子平面的抗压强度，平行和垂直于板平面的抗弯强度、蠕变、疲劳强度、平行和垂直于板平面的抗剪强度、扭曲性质、冲击性质、硬度等；工艺性质有表面稳定性、机械加工性能、可加工性、弯曲性能、握钉力、可胶合性、可涂料性等；抗损坏性质有耐腐性、耐磨性、抗虫害性、耐腐蚀性、耐火性等。在我国刨花板基本用于家具、室内装修，而建筑业才开始运用。因此，许多板的指标和测试方法还未形成规范，如板的蠕变性能、抗腐性能等。

17.1.3.1 刨花板的外观性质

1. 刨花板的颜色

刨花板的颜色主要取决于胶、树皮含量和热压工艺等。用酚醛树脂生产的刨花板，因为胶本身颜色较深，因此，刨花板呈深褐色。当刨花中树皮含量较高时，刨花板表面发暗，尤其表面细化板；同时，热压时由于热压温度较高与热压时间较长都会对板的表面色泽产生影响。

2. 外观和板面质量

刨花板的外观要求无边缘缺损、开裂和鼓泡、局部松软等缺陷。板面要求光滑平整，不能有明显的杂物及压痕等，这对表面装饰工艺尤为重要。表17-1为普通刨花板的外观质量标准。

17.1.3.2 刨花板的物理性质

1. 刨花板的密度

刨花板的密度一般指平均密度，沿着刨花板的厚度方向板的密度是变化的。这种变化称为断面密度梯度分布。板的表面密度较低，然后密度增加，当密度达到最大值时，随着尺寸向板的中心增加密度变小。表面部分密度较低是由于胶过早固化造成的。在加压初期，即压机开始闭合时，与压板相接触的板坯表层温度已经很高，接近压板温度。这就造成板坯在未被压缩或压缩很小的情况下，表层的胶就固化了（即预固化），而且越接近表层，胶预固化现象越严重，密度也就越低。影响密度梯度的因素很多，其中主要有压机闭合时间、板坯含水率分布、刨花形态、刨花板的厚度和热压时热板温度等。压机闭合时间越短，板的断面密度越大；表层刨花越薄，其密度梯度越大；板坯表层刨花含水率的变化也对断面密度梯度有影响；热板温度在一定范围内，温度越高，板的表面塑化程度增加，其板的表层密度也增加；但温度的增加，也能导致板表面预固化增加。

板的密度对板的性能影响很大。几乎所有的刨花板性能都与板的密度有关。而了解板的断面密度梯度，就能从加工工艺这一角度，最经济、最有效的改进板的性能。

2. 板的含水率与吸水性质

刨花板的密度是影响膨胀的主要因素之一。密度与膨胀之间的关系比较复杂。一般来讲，中密度刨花板随密度减小而膨胀降低。但是，当密度超过一定限度后，随密度增加而孔隙度减小，这就减少了吸湿途径，吸湿速度也随之减慢。如果吸湿时间较短，则膨胀与密度之间出现相反的关系，密

表17-1 普通刨花板外观质量标准

缺陷名称		A类			B类
		优等品	一等品	二等品	
断痕 透裂		不许有			
金属夹杂物					不许有
压痕		不许有	轻微	不显著	轻微
胶斑、石蜡、油污斑等污点数	单个面积大于40mm²			不计	
	单个面积10~40mm²之间的个数	不许有		2	不许有
	单个面积小于10mm²			不计	
漏砂			不许有		
边角缺损				在公称尺寸内不许有	
在任意400cm²板面上各种刨花尺寸的允许个数	≥10mm²	不许有		3	
	≥5~10mm²	3	不计		
	<5mm²	不计	不计	不计	

度越大，膨胀越小。但是，吸湿时间长时，膨胀也会随密度增大而增加。板中施胶量同样也会对厚度膨胀有着较大的影响。施胶量越高，板的吸水厚度膨胀越小。在生产上一般不宜采用此方法减少板的吸水厚度膨胀，胶的成本远高于刨花。要达到刨花板标准所规定的吸水厚度膨胀率，可以从防水剂和生产工艺等方面来考虑。

3. 板的游离甲醛

测定板中的游离甲醛方法较多，常用的是穿孔萃取法。游离甲醛的计算单位为每100g试件含甲醛mg数（表17-2）。

目前控制或减少游离甲醛的方法是：

表17-2 甲醛容许散发值

散发等级	散发值（ppm）	穿孔值（mg/100g绝干刨花板）
E_1	≤0.1	≤10
E_2	>0.1~1.0	>10~30
E_3	>1.0~1.4	>30~60

注：ppm，每百万分之一量。对于脲醛树脂刨花板而言 1ppm=1.2mg/1m³ 刨花板

(1) 改进合成树脂配方与制胶工艺。采用低摩尔比的脲醛树脂，摩尔比1:1.05~1.2，制胶过程采用多次投料，使甲醛与尿素充分反应，并用计算机控制；

(2) 将适量甲醛捕捉剂掺入胶中，如尿素、氨基盐等；

(3) 适当提高板坯含水率，利用热压时水分蒸发，减少板中游离甲醛；

(4) 加强板的后期处理，如氨水蒸熏、负压抽提、封边处理等；

(5) 改变常压热压条件，采用真空抽提热压方式，改善生产环境。

17.1.3.3 刨花板的力学性质

刨花板的物理力学性能见表17-3。

1. 静曲强度

当刨花板作为结构材使用时，板的静曲强度就是一个重要的力学指标，它表示板抵抗外力而不被破坏的最大能力。

从静曲强度指标本身特点来讲，板的表层受最大的拉力与压力，板的表层性能是决定静曲强度重要因素之一。因此，板的表层结构、表层密度、表层刨花施胶量、表层刨花形态、板的含水率等都直接影响板的静曲强度。如当表层采用薄片刨花时，板的静曲强度会高于表层细化结构板的静曲强度；板的断面密度梯度较大，其静曲强度也较高，在密度和其他工艺相同条件下，一般厚板的静曲强度往往会高于薄板。值得说明的是，施胶量与板的静曲强度呈抛物线关系，只能在一定范围内，随着胶量增加，板的静曲强度会增加。但过多的施胶量不利于提高板的静曲强度，有时还会适得其反。

2. 弹性模量

刨花板的弹性模量是衡量板抵抗在外力作用下弯曲变形的能力，它表示刨花板的刚度指标。

实验证明，刨花板的弹性模量与静曲强度成线性关系。故影响静曲强度的因素，对弹性模量也有同样的影响。

3. 内结合强度

刨花板内结合强度又称平面抗拉强度。它反映了板的内部刨花之间的垂直于刨花表面的胶结强度。

影响板的内结合强度的因素主要有板的密度、施胶量、板的结构、热压工艺、刨花形态、加压方式等。板的密度与板的内结合强度也成正比例，由于板的断面密度梯度存在，正常情况下，在作垂直板面抗拉试验时，破坏发生在芯层部位，因为芯层密度低，刨花之间的胶结力差。由此可见，刨花板密度梯度对抗拉强度影响较大，当平均密度一定时，密度梯度越大，抗拉强度越低。在生产中增加胶量无疑会增加内结合强度，可以加大芯层刨花的尺寸，在同样的施胶量条件下，刨花就可能获得更多的胶量。

4. 蠕变

当板承重时，尽管板不发生断裂破坏，但随着时间的增加，板的变形也逐渐加大。在荷载作用下，随着时间延续，板的变形增加称为刨花板蠕变。

影响刨花板的蠕变因素，不仅与板本身的性质，如密度、胶种、胶量、板的结构、刨花原料、板的含水率等有关，还与使用环境变化、湿度、温度等有关，是一个复杂的综合关系。影响最大的因素应为板的密度、用胶量和环境温度与湿度。

刨花板的蠕变不仅会产生板的永久性变形，最大可达5~6mm，还会造成板的强度损失。考虑到长期荷载，板的静曲强度应为原先的50%~60%。

17.1.3.4 工艺性质

1. 握螺钉力

影响握螺钉力的因素很多，其中刨花板的密度影响最大。对钉子的握持能力随板的密度增加几乎成直线或略成曲线关系增加。其次是钉的直径、钉入深度、钉入方向等。握钉力随钉的直径增大而降低，因为粗钉会使刨花板发生微细开裂。钉入深度越深，握钉力越大，但是不能钉透板面，钉间距离越小，强度越低。当用直径为d的钉子时钉间距离应为10~20d，离板边距离最小应为3d。垂直于板平面的握钉力是平行于板平面握钉力的1~1.5倍。当钉子垂直于板面钉入时，纤维被挤压而分开(指平压法刨花板)，这些被分开的纤维和钉之间产生较大的摩擦，这样使握钉力大大增加。当钉平行于板平面钉入，钉与刨花纤维平行，因此握钉力低。当用螺钉做连接件时，为了增加握钉力，可以在拧螺钉之前先打孔，孔的直径一般为螺钉直径的75%左右，然后在孔中加入少量胶黏剂，然后再将螺钉拧入孔中。

除此外影响板的握螺钉力与握钉力的因素还有刨花尺

表17-3 刨花板物理力学性能

性 质	低密度刨花板	中密度刨花板	高密度刨花板	单位
密 度	0.4~0.59	0.59~0.80	0.80~1.12	g/cm^3
24h 吸水率		10~50	15~40	%
24h 吸水厚度膨胀		5~50	15~40	%
线性膨胀（相对湿度50%~90%时）	0.30	0.2~0.6	0.2~0.85	%
弹性模量	1000~1700	1700~5000	2500~7000	MPa
静曲强度	6~10	11~45	17~50	MPa
平行于板面的抗拉强度		3.5~28	7~35	MPa
垂直于板面的抗拉强度	0.15~0.2	0.25~1.4	0.8~3.0	MPa
平行板面的抗压强度		10~20	25~35	MPa
板面方向剪切强度		0.7~3.0	1.4~5.5	MPa
垂直板面的剪切强度		1.4~12		MPa

表17-4 刨花板的握钉力

刨花板/密度（g/cm^3）	垂直板面的单位握钉力（N/mm^2）	平行板面的单位握钉力（N/mm^2）	垂直板面的握螺钉力（N）
中密度刨花板/0.6	0.078	0.06	1000（为木材0.5~0.58）
中密度刨花板/0.8	0.104	0.08	1333

寸。一般来讲，刨花尺寸大的刨花板其握螺钉力大于刨花尺寸小的刨花板。刨花板的握钉见表17-4。

2. 机械加工性质

刨花板可以用手工工具或机械进行加工，例如钻、铣、刨、锯、开榫、打眼、拼缝、砂光及表面装饰等。但是，由于刨花板结构中有胶黏剂和各种添加剂，板的密度有差异，树种不同，板的厚度也有差异，因此加工难易程度也不一样。刨花板进行机加工时，刀具磨损程度与板的施胶量关系很大。例如，刨花板施胶量为9%~11%时，对刀具的磨损程度差不多是施胶量为5%~8%时的一倍。刨花板的密度对刀具磨损关系也很大，密度越大，对刀具磨损越大。不同树种对刀具的磨损也不一样，例如松木刨花板比杨木刨花板对刀具的磨损大一些。总之，用硬度大的木材做的刨花板比用硬度小的木材做的刨花板对刀具的磨损大。刨花板进行不同机械加工时的要求如下：

(1) 锯：刨花板可以用各种锯进行锯解。为了增加刀具的使用寿命，一般采用钨碳钢齿尖的圆锯，钨碳钢齿尖较厚，刚度较大，加工时不易震动，因此可以提高切削质量。

(2) 刨：在大多数情况下，刨花板板面不用刨切加工，板边可以在普通刨床上进行刨切加工。

(3) 铣：刨花板铣削(开榫)与通常的木材加工相似，用高速钢刀具可以得到满意的加工效果。也可以用钨碳钢刀具。主轴的适当速度为6000~7200r/min，镂铣为24000r/min。

(4) 砂光

(5) 打眼：当用螺钉、螺栓、销钉或横档等组装刨花板构件时，常有手工或机器打眼或钻孔的加工工序，可以用高速钢或硬质合金钢钻头。

锯解刨花板锯片寿命见表17-5。

钻削刨花板条件见表17-6。

3. 拼缝

刨花板一般比木材强度低，所以，刨花板拼缝时大都不用榫簧接合或燕尾榫接合，而是用插条接合。其方法是在板边上开槽，再用涂胶的木条(大都用胶合板条)将板拼接起来。木条要求卡在板槽中直到胶固化。通用的胶种为脲醛树脂，其胶接强度高，而且在长期载荷作用下不易发生蠕变而破坏。为了缩短胶合时间，胶拼时可用高频加热器进行加热，以加速胶的固化。

4. 表面装饰性

刨花板与木材或其他人造板一样，都可以进行表面装饰。例如油漆、贴单板、薄木、塑料薄膜、装饰纸或其他覆面材料

表17-5 锯解刨花板锯片寿命

锯片类型	使用寿命（m/每次使用）
硬质合金镶齿锯片	4560
高速钢锯片	915

表17-6 钻削刨花板条件

钻头直径（mm）	转速（r/min）	切削速度（m/s）
8	18000	7.5
25	3600	4.8

表 17-7 刨花板的表面要求

项目	指标值	单位
密度	0.65~0.8	g/cm³
表层密度	0.8~0.9	g/cm³
厚度误差	≤0.15	mm
表层厚度	≥1.5~2.0	mm
静曲强度	≥17.0	MPa
平面抗拉强度	≥0.35	MPa
含水率	6~8	%
吸水厚度膨胀率	≤20	%
厚度压缩率	≤6	%
表层pH值	5.0~5.5	
表面粗糙度	30~60	mm

表 17-8 刨花板的耐磨性

密度（g/cm³）	厚度磨损量（μm）	参考标准
0.6~0.7	100~140	漆膜测试
0.7~0.8	80~120	同上
0.8~0.9	60~100	同上

表 17-9 刨花板的防腐性能

胶黏剂类型	霉菌类型	平均重量损失（%）
酚醛树脂	地窖粉孢革菌	22
	锦腐卧孔菌	12
脲醛树脂	地窖粉孢革菌	54
	锦腐卧孔菌	7

以及直接印刷木纹纸等。刨花板作为装饰基材要求见表17-7。

17.1.3.5 抗损坏性质

1. 耐磨性

当刨花板用于地板、工作台等台面时，耐磨性是一个重要的指标。磨损是由各种各样无规律的可变因素引起的，如滑动、振动、冲击等变化。

影响刨花板耐磨性因素主要有板的密度以及板的表面密度（表17-8）。通常板的密度与耐磨性成正比。为了提高刨花板的耐磨性能，可以在板的表面涂油、油漆或耐磨材料。

2. 抗生物侵蚀能力

抗生物侵蚀能力应包括抗真菌侵蚀和防虫蛀。实验证明：尽管真菌对脲醛树脂和酚醛树脂的反应不同，仅靠胶黏剂来防止真菌的侵蚀是不可行的，一般情况胶黏剂本身不起防护作用，刨花板的强度由于质量的损失而下降的比例与木材近似。抗虫蛀最主要能够抵抗白蚁的侵害，这方面，胶黏剂没有显著的作用。

刨花板防腐处理大多依靠化学防腐剂。如：硫酸铜、氟化钠、五氯酚钠等。没有防腐剂的刨花板质量损失达48%，有防腐剂的刨花板质量损失仅为1%。

刨花板的防腐性能见表17-9。

3. 耐火性质

一般对刨花板耐火评价采用难燃材料标准，其要求：

(1) 试件没有完全被燃烧；
(2) 没有燃烧的表面平均长度至少应占15%；
(3) 烟气的平均温度应当低于250℃；
(4) 试件不应有不良情况，如火焰蔓延的形式等。

阻燃剂通常有无机材料、有机材料、无机材料与有机材料混合三种形式。一般来讲，无机材料价格较低，但流失性较大，如硼酸类；有机材料流失性小，但价格较高，如聚合磷酸铵和聚氯乙烯树脂；为了降低成本，减少流失性，较多采用无机与有机材料混合。

17.2 刨花制备

17.2.1 刨花板使用的原料

17.2.1.1 木质原料

制造木质刨花板的原料为三大类（表17-10）：①原木类；②加工剩余物；③非木质纤维原料。

17.2.1.2 原料的选择

许多木质材料都能生产刨花板，然而从生产、工艺、质量和经济性方面考虑，材料应满足如下要求：

1. 有足够的供应量，价格低廉

生产1m³刨花板，需要1.3~1.8m³木质原料。在组织生产时，不仅要满足且大于这一比例，而且还要考虑到原料的运输和原料的成本。

2. 选用密度低、强度高的材料

尽可能选用密度低、静曲强度高的树种。在同样制板工艺条件下，低密度的木材制得的刨花板要比密度大的木材制得的刨花板强度高。因为低密度木材，其抗压强度较低，木材压缩率大，热压时，刨花之间接触面积大，如果仅从材料本身的选择性方面考虑，应该选择针叶材或者软阔叶材做刨花板的生产原料。

3. 注意树种的相互搭配

对于针叶材和阔叶材混合时，注意相互搭配使用。如：针叶材：阔叶材>3:7；同时选择相近混合树种作为刨花板生产原料，能够保证刨花板变形小。

4. 树种pH值及缓冲容量、抽提物与胶黏剂相适应

普通刨花板厂大多用脲醛树脂作为胶黏剂。因此原料的pH值和对酸的缓冲容量、对胶黏剂的固化速度影响较大。选用pH值高于6.0的木材时，测其对酸的缓冲容量以及凝胶时间，并与pH值为5.0左右木材进行标定。原料中的抽提物对刨花板生产及产品性能也有影响。在热压过程中，抽

表 17-10 制造刨花板原料

原料			特性	用途	价格与竞争
原木类	无皮木材	间伐材，制材厂针叶材板皮	含水率较高，纤维长，有很高的物理力学性能	高质量的大片刨花和扁平刨花	高，造纸和中密度纤维板
		针叶幼龄材、小径级速生材、胶合板木芯	含水率较高，纤维长度稍短，纹理斜，有较高的物理力学性能	大片刨花和扁平刨花	稍低，造纸用之限制，中密度纤维板
	带皮木材	有皮木材或枝桠材、薪炭材	含水率较高，纤维长度稍短，纹理斜，树皮含量较高，皮与木质部相比占13%～15%，有较高的物理力学性能	扁平刨花或杆状刨花	较低，造纸基本限制，中密度纤维板
加工剩余物	工厂刨花	家具与木工厂的刨铣剩余物	含水率在10%～20%范围，厚度变化大，力学性能差	不宜完全用来制刨花板，可以掺和使用	价格低，燃烧获取能量
	锯屑	家具、木工厂和制材厂锯切剩余物	颗粒状，含水率在10%～15%范围，力学性能差	不宜完全用来制刨花板，可以少量掺和使用或做渐变板的表面料	价格低，燃烧获取能量
	碎单板	胶合板厂的下脚料	干湿单板含水率变化大，刨花厚度大	宜做芯料	较低，中密度纤维板
	阔叶材板皮	制材厂	含水率较高，纤维长，有很高的物理力学性能，材料密度较大	大片刨花和扁平刨花或杆状刨花	稍低，造纸用之限制
	短料	细木工下脚料、制材厂截头	材料规整性差，多为阔叶材，但树种不一，含水率在10%～20%范围	制板时应注意材料合理搭配	较低
非木质纤维类原料	经济类作物：亚麻秆、黄麻秆、豆秸、棉秆、席草、玉米秸、芦苇和甘蔗渣等		一定的物理力学性能，密度低，较多的薄壁细胞，材料有季节性，有的髓心多，有的糖分较高，贮存难度较大	杆状刨花	低，中密度纤维板，其他手工业，一定量的造纸
	一年生植物	壳类：花生、葵花籽、椰子等	纤维长度小，密度较大，材料有季节性，脂肪较高	杆、粒状刨花	低，饲料，填料
		农作物：麦草，稻草等	密度低，较多的薄壁细胞，材料有季节性，淀粉量较高，贮存难度较大	中、低质量刨花板 杆状或丝状	低，饲料 一定量的造纸
	竹类	小直径的竹段、枝、胶合板的下脚料	纤维长，有很高的物理力学性能，密度大	片状、杆状等	较高，造纸、中密度纤维板、建筑、手工艺制品
	藤类	棕榈、藤	纤维长，有很高的物理力学性能，密度大	杆状或丝状	略高，手工艺编织制品

提物因受高压、高温和水分的影响而挥发，严重的引起刨花板分层和鼓泡，选用这类木材时，应充分引起注意，并且在生产工艺中进行改进。这类抽提物含量过高的木材不宜用做刨花板原料。

5. 注意各种形状和不同来源原料的搭配

在选用各种形状和不同来源原料时，必须注意搭配。

(1) 原料含水率应均匀，以便掌握刨花干燥的工艺基准；

(2) 过多的树皮含量会导致普通刨花板的平面抗拉强度和静曲强度降低，同时也增加了板子的吸水厚度膨胀能力。在制造过程中，加强其他无皮木质材料的混合，这样使树皮含量控制在10%以下（普通碎料板）。

(3) 废料的搭配使用过程还必须注意控制碎料（细刨花、锯屑）和工厂废刨花施加量，锯屑含量不宜过多，应低于15%；工厂废刨花使用量可以适当增加，不宜超过30%。

17.2.2 原料贮存和准备

17.2.2.1 原料贮存

原料贮存应按品种分类贮存，以便于原料管理，有利于生产线上的质量控制与调整，保证原料的合理配比。有条件时要按软硬材分开贮存。如果不能分开贮存，则混堆原料中不同密度的原料要保证有均匀的比例。

原料应码成垛分类放在楞场中。码垛时可分成规整条状原料(如小径木、间伐材、薪炭树、原木芯等)；不规整条状原料(如枝丫材、原木截头、板条及废单板等)；块状原料(如工艺木片、工厂刨花、锯屑等)。条状原料应码成垛；块状原料可以用专用料仓贮存；板皮、板条、废单板等原料最好扎成捆，以便于运输和堆垛。

贮料场的总体积设计和垛堆尺寸，一般取决于当地条件，可以根据常规经验和特殊需要来确定。一般垛长为30～

60m，垛高为3~6m。为了减少堆垛的劳动费用，也可以用散堆的方式贮存。料场的大小根据原料贮存量确定。贮木场每平方米面积上约可堆放1.5~2m³木材。料场中应留通道，主通道宽一般不小于4m。此外，还应有防水、防火设施。表17-11为木材原料楞垛充实系数。

表17-11 各种木材原料楞垛充实系数

原料种类	充实系数
直径<30cm的木段	0.6~0.7
直径≥30cm的木段	0.78~0.91
枝桠材	0.3
板皮、板条	0.4~0.6
工厂刨花	0.18~0.25
废单板	0.45~0.55
锯屑	0.32~0.38
木片	0.25~0.35

非木材原料大都受季节限制，贮存量大，不仅需要大量场地，而且需要更多的管理费用，其中蔗渣是最不容易处理的原料。蔗渣贮存时要进行必要的防腐处理。蔗渣贮存一般是打成捆，然后堆成锥形垛，雨季还要将垛用防水层覆盖。垛与垛之间应留有充分空间，垛底要有排水通道。甘蔗去糖以后，立即进行除髓，将除去髓和细粒的蔗渣再打成捆。打捆后再堆垛通风。将除髓的蔗渣进行人工干燥，更利于贮存，不仅可防止腐朽，而且可以防止剩余糖分受菌类侵蚀。

原料贮存量一般不少于30天。但贮存量也不宜过大，一般木材因贮存每周损失在0.75%~3%。

17.2.2.2 原料准备

1. 原料水分要求

从木材切削方面来看，原料含水率不应低于35%。含水率在35%以下时。随着含水率的减少，单位切削功迅速增加，同时细碎刨花的百分比明显增加。因此，为了有利于刨花制备以及刨花干燥，原料的含水率应尽可能控制在40%~60%之间。对密度较大的树种（D>0.60）可在温水中浸泡24h适当增加含水率到70%。

2. 剥皮

对剥皮设备的要求是，生产率高，木质损失少，去皮率高，成本低。表17-12为原木剥皮定额。

3. 原木截断

原木截断和劈裂根据工艺和设备性能的要求，在制造刨花之前，需要把原木按一定尺寸截断。截断可用普通木工圆锯或带锯机。

4. 去除金属

为了在原料中发现金属杂物，可采用金属探测器。金属探测器的传感器安装在带式输送机支架断开处的特制金属底座上。输送带的工作面应通过传感器口，但不得与其壁相接触。金属探测器的灵敏度和抗干扰性能，在很大程度上取决于传感器在带式输送机上的安装是否正确。靠近传感器的活动和振动金属零件会造成金属探测器误动作。因此，金属探测器的安装位置，距输送机的传动装置或张紧轴不得小于2m。

17.2.3 刨花类型与形态

17.2.3.1 刨花类型与特征

生产刨花板可采用表17-13中各种木质刨花原料。刨花的尺寸、形态、刨花长度与纤维方向夹角不同均能影响板的性质。通常将刨花分为特制刨花和废料刨花（表17-13）。

17.2.3.2 刨花形态

刨花板的用途非常广泛，根据用途不同，对质量的要求也就不同。刨花的几何形状在很大程度上影响板的质量。刨花的长、宽、厚对其表面积都有影响，但是其中影响最大的是厚度。一般刨花越薄，板的强度越高，但是过薄的刨花容易碎裂，很难保证刨花板的表面质量和强度要求。可用下式衡量刨花形态：

$$\lambda = \frac{l}{t}, \quad \lambda_b = \frac{b}{t}$$

式中：λ——刨花的长细比，无量纲
l——刨花的长度，mm
t——刨花的厚度，mm
λ_b——刨花的宽细比，无量纲
b——刨花的宽度，mm

值与刨花的抗拉强度和刨花之间的胶合强度等有关。

表17-12 原木剥皮定额

剥皮形式	原木直径(mm)	功率消耗(kW)	人工数	生产能力(m³/h)	水耗(l/min)	木材损耗(%)
普通人工	10~25	~	1	0.2~0.5		0.3~0.5
铣削型	7~30	1.5~5	1~2	4~20		8~15
木材摩擦	5~30	6~22	1~2	1.5~15	50~150	0.5~0.8
刀具与木材摩擦	5~30	12~22	1	36~100		1~2
水力	5~30	310	8	54~60	2300~3000	<0.5

表 17-13 刨花板生产用木质刨花的种类和尺寸

木质刨花种类	厚度(mm)	宽度(mm)	长度(mm)	刨花来源 剩余物	刨花来源 特制	刨花特点	用途	功率消耗
扁平刨花	0.15~0.45	<12	25~100	薄单板或废薄木经长度和宽度加工	利用刨片机加工	薄而平整，厚度比较均匀，保持木材纤维完整	表层材料	中
扁窄刨花	0.3~0.5	0.8~1.5	8~15		利用削片机和刨片机加工	较薄，厚度较均匀，保持木材纤维完整	表层材料	高
棒状刨花	0.8~1.5	0.8~1.5	8~15	木片、碎单板等原料再碎而得		能保持木材纤维长度，具有一定的刨花强度，但厚度较厚	芯层刨花，挤压法刨花板原料	高
细小刨花	0.1~0.25	<2	<8	木片、碎单板等原料		基本保持木材纤维长度，具有一定的刨花强度	表层材料或表面材料	高
微型刨花	0.01~0.2	<1	<5	木片或大刨花用研磨机加工而成		基本保持木材纤维长度	表面材料	高
纤维刨花	0.01~0.25	<0.25	<6	木片经热磨机磨成纤维刨花		保持木材纤维长度	表层材料或表面材料	最高
工厂刨花	0.01~1.45	<35	<12	刨、铣等旋切刀头进行加工时产生的废料		纤维大部分被切断，强度低，大都呈卷曲状，厚度不均	与上述其他材料混合使用	无
锯屑	0.1~2.05	<2.3	<2.3	锯机加工木材时产生的		纤维割断，不具增强作用	同上或表面材料	无
工艺木粉	0.01~0.5	<1	<1			纤维割断，不具增强作用	同上	中到较低
砂光粉尘	0.01~0.5	<1	<1	木粉即砂光粉尘	锯屑用研磨机加工而成	纤维割断，不具增强作用，含其他成分如胶、砂等	同上	无

$$\lambda = 2k\frac{\sigma_{fu}}{\tau}, \quad \lambda_b = (1/30 - 40)\sigma_{fu}$$

式中：k——板子的结构形式系数。k 与刨花排列方向等有关，$k=(0.5~1.0)$，当板子内刨花排列方向与刨花纹理方向一致时，$k=1.0$

σ_{fu}——刨花的顺纹抗拉强度，MPa

τ——刨花之间的胶合强度，MPa

为获得高强度的刨花板，应采用厚度一致的薄型刨花，宽度比厚度大数倍的刨花，用平压法进行生产。如欲获得板面平整，花纹悦目的刨花板，可采用厚度一致的薄型刨花，而且长度与宽度相接近的刨花形态，一般说来，薄刨花比厚刨花生产的刨花板静曲强度大，长刨花比短刨花生产的刨花板强度大，刨花宽度对刨花板强度的影响见表17-14。刨花的厚度也是刨花形态中的一个重要因素。刨花厚度对刨花板静曲强度的影响见表17-15。

选定刨花的尺寸时，需要考虑形状系数，形状系数包含长细比、宽细比和长宽比。选定形状系数的值应大于理想值。经验认为理想长细比100~200，宽细比大于10，而长宽比可根据板的种类与性质而定，这样制得的板子，用胶量少、密度较低、强度较高。形状系数小，加压时边部容易溃散，裁边尺寸要大，否则板的边部强度很低。形状系数大时，

表17-14 刨花的长度和宽度对刨花板的静曲强度关系

刨花长度 (mm)	静曲强度 (MPa)	刨花宽度 (mm)	静曲强度 (MPa)
20	23.2	5	26.0
40	26.4	10	24.8
60	28.2	15	21.8
80	29.0	20	21.0

注：板的用胶量8%

表17-15 刨花厚度与刨花板静曲强度的关系

刨花板的密度 (g/cm^3)	刨花厚度 (mm)			
	0.1	0.3	0.5	1.0
	刨花板的静曲强度 (MPa)			
0.45	20	17	15	11
0.50	24	20.5	18	12
0.60	35	30	23	19
0.70	44	38	30	23
0.80	53	47	38	30
0.90	61	52	46	37

注：原料为针叶材，用胶量8%

给施胶和成型带来一定困难。刨花之间的间隙较大，不容易制得高强度刨花板。此外，生产不同的产品对刨花形态也有不同的要求，刨花加工的难易程度也决定了刨花的尺寸。各种普通刨花板的刨花尺寸如表17-16。

17.2.4 刨花制造工艺过程

制刨花的工艺过程主要有两种形式：一种是直接刨片法，即用刨片机直接将原料加工成薄片状刨花，这种刨花可直接作多层结构刨花板芯层原料或作单层结构刨花板原料。这种刨花也可通过再碎机（如打磨机或研磨机）粉碎成细刨花作表层原料使用。这种工艺的特点，刨花质量好，表面平整，尺寸均匀一致，适用于原木、原木芯、小径级木等大体积规整木材，但由于对原料有一定的要求，生产中有时不得不采用先削后刨的工艺配合使用。制刨花的另一种工艺是先削片后刨片法，即用削片机将原料加工成削片，然后再用双鼓轮刨片机加工成窄长刨花。其中粗的可作芯层料，细的可作表层料。必要时可通过打磨机加工增加表层料的比例。该工艺的特点是，生产效率高，劳动强度低，对原料的适应性强，可用原木、小径级材、枝桠材以及板皮、板条和碎单板等不规整原料，但是刨花质量稍差，刨花厚度不均匀，刨花形态不易控制。图17-2是两种典型的制刨花的工艺过程。

表17-16 普通刨花板刨花尺寸

刨花尺寸 (mm)	三层结构板、表层高质量的单层板或渐变结构板	三层结构板、芯层低质量的单层板	挤压法刨花板精碎	挤压法刨花板粗碎
长度	10～15	20～40	5～15	8～15
宽度	2～3	3～10	1～3	2～8
厚度	0.15～0.3	0.3～0.8	0.5～1	1～3.2

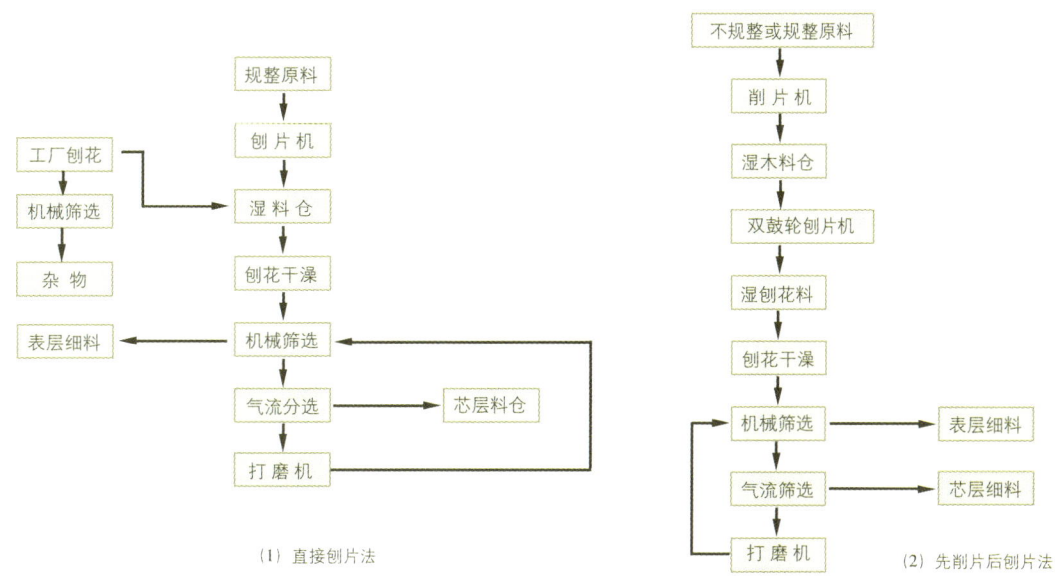

(1) 直接刨片法　　(2) 先削片后刨片法

图17-2 刨花加工流程图

17.2.5 制造刨花的设备

按加工原料的大小分为初（粗）碎型机床、再碎型机床和研磨型机床。初碎型机床指把原料加工成一个方向或二个方向尺寸的机床。如：削片机、刨片机；再碎型机床把初碎的产品作为原料，最终加工成三个方向尺寸刨花的机床。如：双鼓轮刨片机、锤式再碎机等；研磨型机床将原料进行挤压、剪切和摩擦共同作用使原料分裂成细小的刨花。如：纤维刨花，其设备有研磨机等。表17-17为各种刨花加工设备，表17-18到表17-23为各种设备性能参数。

17.2.6 料仓

为了保证自动化作业线能不间断地进行工作，工序之间必须有足够数量的备用材料。刨花堆积时容易出现起拱和架桥现象，其原因是由于刨花的流动难度较大。而且刨花含水率越高，树脂含量越多，刨花越大，料堆体积越大、贮存时间越长，则越容易起拱或架桥。因此，保证刨花在料仓中畅通无阻是对料仓的最基本要求：

表 17-17 刨花制备设备

加工类型	设备	原料形态	产品及尺寸保证	尺寸调整	特 点	产量计算
初碎	削片机 盘式	原木、小径级材、枝桠材以及板皮、板条和碎单板等不规整原料	工艺木片，保证长度、宽度，且相互无关，厚度较大	木片长度由刀伸出量决定，飞刀与底刀之间的间隙原则上要求在0.8～1mm之间	厚度较辊式均匀	$Q=60LZnFK_1K_2K_3/\sin\alpha$ Q，产量，m³/h；L，木片长度，m，一般0.015～0.020m；Z，刀盘上的切削刀数，把；n，刀盘转速，r/min；F，进料槽通过口断面面积，m²；K_1，进料口充实系数，加工薪材时，K_1=0.2～0.4，加工大块废材时，K_1=0.1～0.2；K_2，被加工原料的木材实积系数，加工薪材时，K_2=1.0，加工大块废材时，K_2=0.4～0.5，加工小径原木时，K_2=0.5～0.7；K_3，设备和工作利用系数（平均为0.8），α，进料槽倾斜角（一般α=45°～52°）
	辊式				厚度难以保证	$Q=60vFK_1K_2K_3$ Q，产量，m³/h；v，进料速度，m/min；F，进料槽通过口断面面积，m²；$K_1、K_2、K_3$，同盘式削片机
	盘式				宽，平整	
	刨片机 鼓式	原木、原木芯、小径级木等大体积规整木材	薄型、片状刨花，保证厚度和长度，但宽度不保证	刨花厚度由刀伸出量确定，长度取决于刀长或两割刀口距离 同上	宽度方向有一定卷曲，工艺要求：刨花的边部厚度/中心厚度≥0.71	$Q=60tLDpZnK$ Q，产量，kg/h；t，刨花的厚度，mm；L，木段长度，m；Z，刀鼓上的有效切削刀数，把；n，刀鼓转速，r/min；D，加工木段最大直径，m；ρ，在加工当时含水率条件下的原料密度g/cm³；K，综合设备利用系数（K=0.2～0.3） 长材刨片机 $Q=60tLBHpZn/m$ Q，产量，kg/h；t，刨花的厚度，mm；L，刀轮长度，m；Z，刀鼓上的有效切削刀数，把；n，刀鼓转速，r/min；D，加工木段最大直径，m；ρ，在加工当时含水率条件下的原料密度g/cm³；$B、H$分别为加工木捆的宽度和高度，m；m，每小时刀轮进刀切削周期数（约60）

表 17-17（续）

加工类型	设备	原料形态	产品及尺寸保证	尺寸调整	特 点	产量计算
再碎	双鼓轮式	木片	扁窄，杆状	厚度主要决于刨刀刀刃在刀轮内表面上的伸出量	宽度是随机的	$Q=3600ltvzpK$ Q，产量，kg/h；l，刀长，m；t，刨花的平均厚度，mm；v，相对切削速度，m/s；对于双鼓轮切削速度为叶轮和刀轮速度绝对值之和；z，刀轮内刀数，把；ρ，原料的平均密度，g/cm³；K，综合设备利用系数（$K=0.005\sim0.007$）
	冲击（锤式）	碎单板，木片，以及扁平刨花等	杆状，颗粒	长宽尺寸取决于网眼的尺寸和形状，以及原料的含水率	刨花粒度不均，粗	
研磨	打磨	木片，工厂废料，颗粒以及扁平刨花等	细小，微型，工艺木粉	磨盘之间的间隙、研磨速度、原料形状以及磨片的类型	刨花细、均齐	产量取决于网眼的尺寸以及原料的含水率，粉碎湿原料（MC≥80%）时，产量是干原料（MC≤4%~5%）的1/3~1/2
	热磨机等磨盘设备	木片，杆状	纤维		主要改变原料的直径	

表 17-18 盘式削片机主要参数

主要指标	国产 LX	(前苏联)MPΓ		(日本)CKS 型			(芬兰)Payma
	1200	20H	300	500	700	1000	3000
刀盘直径(mm)	950	1270	1400	3000	1700	2300	3500
进料槽直径(mm)	205×190	220×420	300	750×750	500	700	1000
切削刀数(个)	6	12	20 或 8	28 或 10	22 或 8	31 或 12	
需要功率(kW)	75~110	90	37~55	55~110	75~220	150~220	1000
刀盘转速(r/min)	985	740					300
产量，实积木片（m³/h)	5.5~8	<20					<600
重量(t)	2.8	5.2	4	8	12	22	25
外形尺寸长×宽×高（mm)	2545×1700×1126	2660×1630×1370					

表 17-19 辊式削片机主要参数

型号		国产 BX		(德国)"迈耶"公司		(芬兰)"劳特"
		216	218	600HB800	1200HB800	VIH-10/4
生产能力（实积)(m³/h)		8	15~20	35~45	60~80	24~40
刀辊直径(mm)		650	800	600	1200	1000
刀辊转速(r/min)		450	650			500~700
飞刀数量(把)		2	2			4
喂料方式		强制	强制	强制	强制	强制
喂料口尺寸(mm)		180×500	220×680	200×800	300×800	
喂料速度(m/min)		25	39			50
木片长度(mm)		28	30	30	30	16~25
电机功率(kW)		55+6	115+8	90	200	100+11
主机外型尺寸(mm)	长	4338		5200	6100	
	宽	1760	—	1510	1750	—
	高	1208		1600		
主机重量(t)		约 3.7		5.5	9.7	8.9

表 17-20 鼓式削片机主要参数

参数名称	国产 BX 456	(前苏联) Д С-6	(德国)帕尔曼 PMW 568-3/10	(德国)帕尔曼 PMW 750-3/10	(德国)霍姆巴克 Z-130~55
生产率(kg/h)	约 1000	3000~4000	3000~4000	7000~10000	12000~16000
刀鼓直径(mm)	600	565	680	750	750
刀鼓转速(r/min)	970	985	980	980	980
刨刀数量（把）	12	12 (24)	10(30)	10(36)	10~18（40~72）
加工木段的最大直径(mm)	200~220	400	400	550	550
加工木段的最大长度(mm)	600	1000	1090	1090	1300
电动机功率(kW)	75	200	160~200	250~310	250~400

表 17-21 长材刨片机主要参数

参数名称	国产 BX 445	(德国)霍姆巴克 U 系列 64-8	64-16	74-18	115-26
生产率(kg/h)	1500	2000~2500	3500~4500	4500~6000	7500~10000
刀轴直径×长度(mm)	ϕ 548 × 320	ϕ 620 × 640	ϕ 620 × 640	ϕ 750 × 740	ϕ 1000 × 1120
刀轴转速(r/min)	1300	1150	1150	1000	750
刨刀数量（把）	12	16	32	36	52
加工木段的最大直径(mm)	350	500	500	600	50~800
加工木段长度范围（m）	1.5~6	4.5~10	4.5~10	4.5~10	8~16
电动机功率(kW)	90	90	160~200	250~400	400~800
外形尺寸(m)	7 × 5.9 × 1.9	8 × 4.2 × 3.6	8 × 4.2 × 3.6	9.6 × 6.6 × 4.1	15.2 × 8.6 × 4.9

表 17-22 盘式刨片机主要参数

参数名称	国产盘式刨片机 1	国产盘式刨片机 2
产量（m³/h）	2~3	3.5~5
刨花板产量（m³/年）	3000~5000	7000~16000
刀盘直径（mm）	1200	1520
刀盘转速(r/min)	120~1200	560
刨刀数量（把）	6	10
加工木段最大长度(mm)	300	360
木段直径范围（mm）	130~200	250
电动机总功率(kW)	22.72	47
外型尺寸（mm）	3600 × 2420 × 1450	

表 17-23 鼓式再碎机主要参数

参 数	国产 BX 326	466	468	(德国)帕尔曼 PZ 12P	16	PZK-R 12-375	16-600
刀轮直径(mm)	600	600	800	1240	1240	1200	1600
刀轮刀数（把）	26	21	28	42	42	42	42
刀轮转速(r/min)	1200	50	50	50	50		
刀轮电机功率(kW)	22	7.5	10	10	30	18.5	30
叶轮外径(mm)	597						
叶轮转速(r/min)	1200	1960	1450				
叶轮电机功率(kW)	22	75	135	150	270	200	315~400
生产率(kg/h)	300	1000~1500	1500~2000				

(1) 料仓内不能有死角和原料积存，必须符合先进先出的原则；

(2) 为了防止对空气产生污染，要求料仓特别是贮存木粉的料仓密封性要好；

(3) 不管选用哪种形式的料仓（表17-24），贮存的原料都必须具有一定的缓冲能力。湿刨花料仓贮存量一般以3~5h用量为宜。干刨花料仓贮量以2~3h用量为宜。拌胶以后的刨花料仓以贮存30min用量为宜；

(4) 对干刨花和木粉料仓必须有防火与防爆措施。

17.3 刨花干燥与分选

在刨花板制造过程中，刨花的干燥是一个非常重要的工序，会影响到热压工序。如果含水率过高，容易产生鼓泡、分层等缺陷。所以不断提高刨花板质量的重要因素之一，就是使刨花的终含水率不超过某一个限值。

17.3.1 刨花干燥

17.3.1.1 刨花干燥要求

(1) 保证所有刨花的含水率趋于均匀一致；

(2) 保证刨花的终含水率不超过某一个限值，对于常用合成树脂胶黏剂，表层和中间层3%~6%，芯层2%~4%；

(3) 干燥速率快；

(4) 刨花形态不被破坏；

(5) 对刨花表面不产生污染；

(6) 干燥成本低。

17.3.1.2 刨花含水率对成品及生产工艺的影响(表17-25)

17.3.2 刨花干燥设备

17.3.2.1 刨花干燥机应具备的条件

(1) 全部刨花快速而均匀地干燥到要求的含水率；

(2) 不损伤刨花，需要的热量少；

(3) 可以除去粉尘；

(4) 设防火防爆装置；

(5) 干燥过程连续操作。

为了保证流水线的连续化作业，干燥机的生产能力需与压机的生产能力相配套。常用的燃料有燃油、天然气、煤炭、废木材。前两种燃料发热量大，但成本较高，后两种比较适合我国国情。对于木材加工厂而言，常常是直接利用本厂的加工剩余物和废料等作为干燥设备的燃料。干燥介质和载热体是将热量传递给被干物料，并把被干物料的水分带走的物质，所不同的是载热体不直接与被干物料接触，而干燥介质则可与被干物料接触。常用的载热体有蒸汽、热水、热油，干燥介质有热空气、烟气等。过去干燥设备大部分是热水或蒸汽加热的旋转式干燥机，现在正在发展用烧油或炉气和木粉产生的混合气体加热的连续式干燥机。同时气流式干燥机也在使用。干燥机还应具备防火、防爆装置。防爆装置有防爆窗，当干燥机内的气体压力超过一定界限时，窗口自动打开，让能量在短时间内释放，以保持内外界压力平衡。防火装置有温度报警器、火花探测仪、烟报警器等。其中，火花探测仪最为常用，该装置采用红外敏感元件，在火花识别装

表17-24 刨花料仓的形式与贮存

料仓形式		形　状	刨花运动方向	自然堵塞，架桥现象	占地面积	适宜贮存量
水平料仓	卧式	长度大于宽度和高度	水平输送	少	大	<100m³
立式料仓	矩形料仓	高度大于长度和宽度	重力从顶部落入	有死角，易堵塞		5~10m³
	圆形料仓	高度大于直径	重力从顶部落入	无死角，堵塞少于方料仓		50~3000m³

注：料仓需求量计算：$n=qt/(Vpk)$。
n，料仓需求数，个；q，在该工序每小时刨花需求量，kg/h；t，保证料仓贮存时间，h；V，料仓容积，m³；ρ，刨花的堆积密度，原料密度/充实系数（参考表2-2），g/cm³；K，料仓填充系数（0.9~0.95）

表17-25 刨花含水率与产品性能

刨花含水率	对成品及生产工艺的影响
刨花含水率分布不均匀	1.刨花的含水率分布不均匀，则其收缩变形不一致，从而使刨花板的尺寸稳定性下降； 2.刨花的含水率不均匀，致使每片刨花的弹性模量不一致，也即每片刨花热压后的被压缩程度不一致，而导致刨花板各处应力分布不均等，易产生翘曲变形
刨花含水率过高	1.导致胶合强度下降，刨花板容易产生分层、鼓泡等缺陷； 2.热量消耗有所增加，热压时间延长，热压机效率降低
刨花含水率过低	1.刨花容易吸收胶料，使刨花表面含胶量减少，浪费胶料，降低胶合强度； 2.刨花塑性较差，压缩比较困难，刨花板内部容易形成空隙，降低板的强度； 3.刨花在干燥机中和气流输送中有着火的危险，刨花较轻，在热压工序中当压机闭合时容易将刨花吹离板坯表面

置中能快速扑灭移动的火花。其优点是检测精度高，能在刨花高速输送下探测。另一种是在干燥机出口处的管道中放一根特制的尼龙线，尼龙线的一端固定在固定架上，另一端固定在电器控制器上。干燥后的刨花到达着火状态时，升高的温度使尼龙线断开，电器控制器接通，使干燥运输螺旋反转，排出这部分碎料。

17.3.2.2 几种典型刨花干燥机（表17-26）

17.3.3 刨花分选

刨花干燥后要进行分选。在分选上应用最广泛的是摆动式机械分选设备和气流分选设备。机械分选可按刨花的长度和宽度进行分选；气流分选系从厚度上分选。气流分选的优点是分选质量高，空气污染小，气流分选的缺点是电能消耗多。因此，可以用两步分选法，先用机械分选，然后用气流分选。

17.3.3.1 刨花分选工序的位置设计

根据不同的生产流程，刨花分选工序的位置设计有以下三种形式：

1. 设置于干燥工序之前

分选工序设置在干燥工序以前，由于除去了一定数量的不合格刨花，干燥工序的负荷必然被减轻。其次分选后将尺寸差异较大的刨花分开再进行干燥，干燥工艺参数较易控制，干燥质量必将会有所提高，刨花终含水率的均匀性也能得到保证。这种位置设计的缺点是刨花干燥后总会有部分刨花再度破碎，尺寸形态发生变化，这有可能会给下道工序-施胶带来困难。此外对潮湿的刨花进行分选，工艺控制也会有一定难度，尤其是垂直式气流分选机的气流速度难以控制。因此目前的生产流水线已不再采用这种工序设置。

2. 设置在干燥工序之后

这是目前刨花板生产最常用的工序设计方案。其优点在于：能最大限度地控制刨花的尺寸和形态，使之符合规格要求，并保证施胶的均匀性和足够的着胶量，从而确保刨花板的质量。然而，这种设置方式使干燥工序的负荷大，干燥工艺难以控制，操作难度也大。

3. 干燥分选同步进行

如上节所述的悬浮式气流干燥机就是一种典型的融分选与干燥于一体的设备。从理论而言，采用这种设置比较合理，尤其是采用二级悬浮式气流干燥机，不仅能保证分选的良好效果，还能很好地控制刨花干燥质量。但这样的设备其工艺参数的控制有一定的难度。其中最重要的就是气流速度，既要保证小刨花能上浮，大刨花能沉降，又要能控制刨花在干燥室内停留的时间，而且刨花质量不断发生变化，若控制不当，不但起不到分选作用，还会影响刨花的干燥质量。

17.3.3.2 刨花分选的分类（表17-27）

17.3.3.3 几种典型的分选设备（表17-28，表17-29）

17.4 胶黏剂配制和刨花拌胶

17.4.1 胶黏剂的种类

生产刨花板用的胶黏剂应符合下列要求：

（1）胶黏剂不仅要有一定的胶合强度和耐水性能，还要有充足货源和适宜的价格。因为胶黏剂是构成刨花板生产成本的主要因素。

（2）满足产品的用途和要求。

（3）对于热固性胶黏剂，在室温下，胶黏剂的活性期要长。加热到其要求的固化温度时能迅速固化。

刨花板工业现用各种胶的特点及使用情况见表17-30。

目前生产用刨花板的合成树脂为脲醛树脂胶和酚醛树脂胶，从工艺与外观来看，前者颜色较浅，热压时间较短。后者颜色较深，热压温度要求高，时间长。

17.4.2 刨花板用脲醛树脂物理化学性能

胶黏剂的性能直接影响着胶合效果和板材的性能，所以施胶以前必须严格测定胶黏剂的各项性能指标，包括：固含量、固化时间、pH值、黏度、活性期等。

17.4.2.1 固含量

一般在胶液的配方中含有纯碱、填充剂及水分等物质。纯胶量（已扣除纯胶中含的水分）与各物质合计量的百分比称为树脂总含量，也即固含量。树脂固含量太高则成本高，树脂固含量太低则胶合强度差。制造刨花板用的脲醛树脂胶要求具有较高的固含量，通常以60%～70%为宜。

17.4.2.2 黏度

脲醛树脂胶的黏度一般控制在 $70 \sim 350 \mathrm{mPa \cdot s}$，便于胶液均匀地喷涂在刨花表面。胶的黏度过低时，胶液容易被刨花吸收而渗入内部，易造成表面缺胶，热压后得不到良好的胶合强度。若胶的黏度过高，则胶成本高，而且不利于喷胶操作。

17.4.2.3 酸碱度（pH值）

胶需在一定的酸碱度下才能快速固化。对于脲醛树脂胶一般pH值控制在4.5～5.5之间。pH值低时，胶液的活性期较短，但可缩短热压时间。胶的pH值高则活性期较长，但热压时间长。胶的酸碱度可用固化剂的添加量来调整。

表 17-26 几种典型刨花干燥机

设备名称	技术性能	特　点	应用范围	备　注
辊筒式干燥机	圆筒直径 5~18m 直径与长度之比为 1：4~1：6 圆筒的调速范围为 3.5~25r/min 圆筒内干燥介质流速为 1.5~2.5m/s 入口温度 140~550℃ 排湿口废气温度 80~120℃ 单位电能消耗：20~30kW/h 干刨花 单位煤燃料能消耗：80~100kg/t 干刨花	最早的刨花干燥设备之一，干燥机内装有加热管，刨花系与加热管道接触进行热交换，并靠机械的力量产生运动。结构简单，载热体常为蒸汽、油和热水，刨花易破碎和生成粉尘，维修困难	碎料干燥，适合大、中、小型企业	国产设备（BG）为 5000m³/年以下。国外 H167-66（前苏联）
转子式干燥机	转子直径：2.3~3.0m 转子速度：1~12r/min 干燥介质流速：1.5~2.5m/s 入口温度 140~200℃ 单位电能消耗：20~30kW/h 干刨花 干燥热耗能：3.8~6.2GJ/h 干刨花产量：1500~2500kg/h 消耗190℃的热水，27t 蒸发水份能力：1200~1600kg/h	刨花系与热空气接触进行热交换，并靠机械的力量产生运动，维护方便	碎料干燥，适合大中型企业	国产设备（BG）为 5000m³/年以上
圆筒炉气加热干燥机（喷气式）	圆筒长度：12m 直径：3.2m 产量：6400kg/h 干刨花 蒸发的水分：6200kg/h 循环干燥介质量（烟道气）：60Km³/h 重油需要量：600kg/h 电动机装机容量：181kW 炉气进口温度：300~350℃ 出口温度：120~140℃	刨花系与热空气接触进行热交换，靠干燥介质热空气运动的力量使刨花产生运动。燃料来源丰富，具有辅助的热风送入，热损失小。能耗低，但刨花表面易污染以及易着火	碎料与薄片刨花	国内尚未生产 国外如德 BUTTNER 干燥机
单通道炉气加热	圆筒长度：>20m 直径：3m 炉气进口温度：250~450℃ 出口温度：120~140℃ 气流速度：4~8m/s 干刨花产量：1500~1400kg/h	刨花系与热空气接触进行热交换，靠干燥介质热空气运动的力量使刨花产生运动。燃料来源丰富，干燥效率高。但刨花表面易污染以及易着火，占地面积大	薄片大、长刨花与碎料	国内设备刨花板生产能力小于 15000 m³/年
三通道气流干燥机	入口最高温度：650~760℃ 三通道气流速度依次为：20,8,4m/s 出口温度：120~130℃ 干燥时间：8~20min 干燥能力：2000~12000kg/h 干刨花	刨花系与热空气接触进行热交换，靠干燥介质热空气运动的力量使刨花产生运动，燃料来源丰富，但刨花表面易污染以及易着火。干燥效率高，占地面积小	薄片刨花与碎料	国内设备刨花板生产能力小于 15000 m³/年
悬浮式气流干燥机	生产率：5000~12000kg/h 蒸发水分：5000~7000kg/h 入口温度：350~480℃ 出口温度：110~170℃ 耗热能：20~34GJ/h	刨花系与热空气接触进行热交换，靠干燥介质热空气运动的力量使刨花产生运动。干燥均匀，具有干燥分选多功能，刨花表面污染少，破碎率低	薄片刨花与碎料	国内尚未见产品 国外德国 KELLER 和 BUTTNER 公司等
管道式气流干燥机	入口温度：400~500℃ 出口温度：100℃ 管道长：60m 管道直径：>1..30m	刨花系与热空气接触进行热交换，靠干燥介质热空气运动的力量使刨花产生运动。多采用多级气流干燥，干燥时间短，约25s左右，刨花破损率低，维护方便，热气体回收。但管道长，投资高	薄片刨花与碎料	国内尚未见产品 国外德国 SCHLDE 公司等

表 17-27 刨花分选方式与特点

分选方式		特　性	适用范围
机械分选	振动筛	可以装单层筛网或两层筛网。单层筛网可筛去在干燥过程中形成的木尘，湿刨花可用单层筛网的筛分机筛去过大的刨花。 结构简单，噪音大，投资小，扁平刨花易破碎，使用时必须经常清理筛孔中堵塞的刨花。 产量<1000kg/h	碎料，干、湿刨花
	辊筒筛	结构简单，投资小，刨花破碎率低，保持刨花形态，分选效率低，使用时必须经常清理筛孔中堵塞的刨花。 产量<2000kg/h	长薄片刨花
	三维运动筛分机	这种筛能做三维运动，筒内装有大网眼、中网眼、小网眼三层筛网。分别筛出大片刨花、中等刨花及细刨花，木尘和细小刨花通过小网眼后排出。 刨花分选质量高，噪音较低，产量较高（10000kg/h），但设备复杂	薄片刨花，碎料
气流分选	单级气流分选机	由垂直的机体和倾斜的过渡管、进料管和分散管组成。未分选的刨花，经过密封料阀和进料管进入圆筒气流分选机，落在分选器上，将刨花抛向机体的壁上，从分选机底部进入的空气往上吹，气流的速度小于刨花的悬浮速度，而大于锯屑和木尘的悬浮速度。锯屑和木尘随着气流流动，刨花沉落在底部。可以根据对刨花和木尘的不同尺寸，改变空气的速度。分选后的刨花中还能有1%的木尘。结构上和单层悬浮式干燥机十分相似，除了没有热源和不能进行干燥外，其分选作用基本上与干燥机一样，单级气流分选机将刨花分为合格刨花和大刨花两种	薄片刨花，碎料
	双程气流分选机	能将刨花分为三种组分。第一次在上室内，可将表层细料分选出来；第二次在下室内，可将芯层及过大料分开。这种类型的分选机，空气可循环使用，工作时每次使用的空气量约95%，排出量少。优点是减少车间内空气尘埃的污染，保持已干物料含水率稳定	薄片刨花，碎料
	Z形气流分选机	国外使用较多。由机体、卧式螺旋输送机、松料小轴和Z形道组成。能分选片状刨花、纤维及颗粒状碎料。分级不按刨花长度而按厚度进行，主要用于分选芯层或表层刨花中过大尺寸的刨花。空气循环使用	薄片刨花，碎料
	机械—气流分选	刨花从顶部进入，在出口处有鼓风机，使分选机内形成负压气流，刨花中的木尘和微粒随着气流从一室吹到二室，最后从出口处排出，其他刨花从粗料排出口排出。这种筛选机体积庞大，高约11m	薄片刨花，碎料

表 17-28 机械摆动式分选机技术性能

参　数	国产		(德国)		(前苏联)
	BG2323	BG232	米阿格公司	阿尔加伊尔 Gr900/2d	дрс-2 ARSM-332
产量(kg/h)	1800	3000	5000	10000	8000
功率(kW)	3	4	2.2	6	16.4
筛网尺寸（目）					
上网	5	5	5	5	5
下网	16	16	25	25	25
外形尺寸(长×宽×高)(mm)	φ1880×1760	φ2650×2110	2850×2050×1100	4800×2650×2600	5400×2670×3095
重量(t)	1.15	1.3	4.1	3	4.3

表17-29 气流分选机的技术性能

参 数	国产		(德国)		(前苏联)
	BF212A	BF213	"凯列尔" V型一级分选机(2.0~10.0)	"凯列尔" V型二级分选机(2.0/1.5~6.0/5.0)	дпс-1 两级分选机
产量 (kg/h)	2000	3000	2000~30000	3000~15000	8000
功率 (kW)	20	45	60（产量为8000kg/h）	—	110
分选室内气流速度(m/s)	—	—	0~3	1.5	1.5
上部				3.0	3.0
下部					
外形尺寸(长×宽×高)(mm)	ϕ 1880×1760	ϕ 2650×2110	3840×2400×6050		5400×2670×3095
重量(t)	1.15	1.3	3.5（产量为8000kg/h）	—	4.3

表17-30 普通刨花合板用胶黏剂

种 类		特 点	工业用胶黏剂	使用状况
蛋白胶		来源方便，价格低廉，没有毒性，但耐水性、耐腐性及耐久性较差	血胶、干酪素胶、骨胶、豆胶等	现已基本被淘汰，仅仅在少数用于食品包装箱的刨花板中采用
合成树脂胶黏剂	室内	具有较高的黏结性，但对环境造成一定的污染	脲醛树脂、三聚氰胺、尿素甲醛树脂	制成的刨花板广泛地应用于家具、室内装修等行业
	室外	具有很强的黏结性，但成本高	酚醛树脂、间苯二酚、甲醛树脂、三聚氰胺树脂、异氰酸脂树脂等	室外或结构刨花板
无机胶黏剂		刨花板防火、防虫、防腐、尺寸稳定性好，但生产周期长	水泥、矿渣、石膏	建筑行业，如建筑物的外墙、内墙、屋顶等
木材内胶粘物质		耐水性胶黏剂，具有一定的黏结性，但稳定性随木材特性变化	单宁、木素等	处于研究与推广阶段

17.4.2.4 活性期

调胶的各种物质及固化剂混合均匀后至胶液固化为止所需时间，称为活性期。活性期的长短与固化剂的用量有关，也与车间的环境温度有很大的关系。相同配方的胶液，于低温时活性期较长，高温时则较短。活性期的长短应根据现场操作所需的时间而定（自喷胶、铺装到热压完成所需时间），通常活性期不可低于操作时间的两倍。活性期太短，胶液容易早期固化，热压胶合强度不良，甚至会出现断层现象。对于脲醛树脂胶要求活性期应在6~8h以上。

17.4.2.5 固化时间

胶的固化时间直接决定了板坯的热压时间。对于脲醛树脂胶要求在100℃条件下应具有0.5~1.0min的固化时间（表17-31）。固化时间过短会影响胶合质量，过长会降低压机的生产能力。

17.4.3 刨花板用酚醛树脂物理化学性能（表17-32）

17.4.4 胶黏剂消耗定额

胶黏剂消耗定额(R_c)指胶用量与绝干刨花的百分比，与树种、层别和板的结构类型有关。

$$R_c = G/P_0 \times 100\%$$

式中：G——指干胶用量

P_0——绝干刨花

17.4.4.1 单树种胶黏剂消耗定额（表17-33）

17.4.4.2 混合树种胶黏剂消耗定额

使用混合树种时，胶黏剂的消耗定额作为平均称量(%)可按下式计算：

$$R_{cp} = R_{c1} \times i_1 + R_{c2} \times i_2 + ... + R_{cn} \times i_n$$

式中：R_{c1}，R_{c2}，R_{cn}——各树种的胶黏剂消耗定额

i_1，i_2，$\cdots i_n$——各树种刨花占整个刨花的比例

刨花板中干胶平均含量（%）按下式计算：

$$R_{cp} = R_{cs} \times i_s + R_{cc} \times i_c + R_{ci} \times i_i$$

式中：R_{cs}，R_{cc}，和R_{ci}——分别为表层，芯层，内层的胶黏剂平均消耗定额

表 17-31 刨花板用脲醛树脂胶黏剂参数

参数	三层刨花板		五层刨花板		
	表层	芯层	表层	中间层	芯层
固体含量(%)	49~50	55~56	50~52	54~58	58~60
折光指数	1.433~1.434	1.448~1.449	1.426~1.431	1.436~1.446	1.446~1.451
固化时间(100℃)(s)	110~130	35~55	120~150	70~100	55~70
黏度(B3-4 黏度计)(s)	13~20	13~20	18~23	20~25	25~35
胶黏剂活性期(20℃)(h)	大于10	大于8	大于10	大于10	大于10

表 17-32 刨花板用酚醛树脂胶物理化学性能

参数	指标
固体含量（%）	48~50
凝胶时间（100℃）(min)	28
固化时间（130℃）(s)	45
黏度（涂-4号黏度杯）(s)	20~25
胶黏剂活性期（20℃）周	>2

表 17-33 单树种胶黏剂消耗定额

结构	树种	各层刨花的胶黏剂消耗定额（%）		
		表层	中层	芯层
单层	云杉，松木	9~12		
	桦木	11~13		
	山毛榉	12~14		
三层板	云杉，松木	13.0	—	8.5
	桦木	14.0		9.5
	赤杨，山毛榉	14.0		11.0
五层板	云杉，松木	14.0	13.0	10.0
	桦木	14.0	14.0	11.0
	赤杨，山杨，山毛榉	14.0	15.0	12.0
渐变（平均用胶量）	云杉，松木	10~12		
	桦木	11~13		
	赤杨，山杨，山毛榉	12~14		
挤压法	云杉，松木	7~9		
	桦木	9~11		
	山毛榉	11~12		

i_s, i_c, i_i ——分别为芯，中间，表层质量占板重的比例

17.4.5 刨花用量及施胶后刨花的含水率计量

17.4.5.1 刨花用量

生产中一般以板的密度来确定刨花的用量，计算公式如下：

$$G_0 = \frac{\gamma_0 V}{(1+W_e)(1+p+p_1+pp_2)}(1+K_v W_1)$$

式中：G_0——用于 $V\text{m}^3$ 刨花板耗用含水率 W_1 的刨花质量，kg

γ_0——刨花板要求密度，kg/cm^3

V——刨花板体积，m^3

W_e——刨花板的含水率

K_v——木材的干缩系数

P——刨花板的施胶量

P_1——防水剂消耗率

17.4.5.2 刨花的含水率计量

施胶后刨花含水率可简化按下式计算：

$$W = \frac{W_1 + (\frac{100}{K} - 1)P_R}{100 + P_R} \cdot 100(\%)$$

式中：P_R——施胶量，%

W_1——拌胶前刨花含水率，%

K——胶黏剂固含量

用上式计算所得施胶后刨花的含水率比实际生产中高 1%~3%，因为在刨花施胶过程中有部分水分蒸发。

在同样的热压条件下，施胶后刨花的含水率与成品刨花板含水率有以下关系（表 17-34）：

表 17-34 板坯与成品板的含水率

施胶后刨花含水率（%）	成品刨花板含水率（%）
6	3
7	4
8	4.5
10	6
12	7
13	8
14	8.5
16	10

根据国家标准，成品刨花板的含水率应为5%~11%，所以施胶后刨花的含水率应控制在8%~16%之间，由上式可推算出刨花干燥后应达到的终含水率，由此可控制干燥工艺。

17.4.6 添加剂

合成树脂胶黏剂内除了合成树脂（纯胶）和溶剂（水）之外，所有其他的成分总称为添加剂。归结为两类：一类是为满足刨花板生产工艺要求而施加的，如固化剂、缓冲

等；另一类是为满足刨花板使用需要而施加的，如防火剂、防腐剂、防水剂等。

17.4.6.1 固化剂、缓冲剂

脲醛树脂胶具有较长的贮存期，通常制备好的胶液的酸碱度保持在中性或弱碱性（pH = 7~8），以使脲醛树脂的分子长期处于初期阶段（树脂的可溶可熔阶段）。而在这种酸碱度下不利于脲醛树脂胶的固化。所以需添加固化剂，调节胶液的pH值，以提高固化速度。

脲醛树脂胶常配用强酸弱碱盐类作为固化剂，固化时间可通过调节固化剂用量加以控制，常用固化剂为强酸弱碱盐，如氯化铵、硫酸铵等。其中以氯化铵最为普遍，固体氯化铵用量通常是脲醛树脂质量的0.1%~0.2%。

刨花板坯的各层刨花在热压过程中受热条件不同，各层刨花所用胶黏剂的固化时间和固化剂氯化铵溶液浓度也不一样（表17-35）。

为了减缓胶黏剂在高温下的固化速度，常采用往氯化铵溶液中加少量氨水。质量组成见表17-36。调制成的固化剂工作液各参数见表17-37。

17.4.6.2 各种添加剂（表17-38）

17.4.6.3 刨花与胶黏剂计量方法

在生产中刨花和胶黏剂的计量，可按体积计，也可按质量计。胶料的质量比较稳定，溶液均匀，目前多用体积计量，通过调节流量计来实现。刨花的质量计量是通过连续式带秤或周期式斗秤实现的；有时可将两种计量方法配合使用，采用二级计量法，即先按体积计量进行初步控制，再按质量计量以达到精确计量。

17.4.7 施胶方法

目前生产中最常用施胶方法是喷胶法。此外也有注胶法和甩胶法等（表17-39、表17-40和表17-41）。

17.4.8 施胶设备（表17-42、表17-43）

17.4.8.1 对施胶设备的要求

（1）对所有刨花表面都能均匀涂敷最小厚度的胶液薄层。

表17-35 各层刨花所用固化剂

	芯层刨花	中间层刨花	表层刨花
固化时间（s）	30~60	70~100	110~130
氯化铵溶液浓度(%)	20	3~7	3~7

表17-36 缓冲固化剂（%）

氯化铵	氨水	水
20	20~30	50~55

表17-37 固化剂性质

	用于表，中层	用于芯层
折光指数	1.413~1.414	1.371~1.372
pH值	9.0~9.5	5.5~6.0
密度（20℃）(kg/m³)	1040~1045	1040~1045

表17-38 各种添加剂

功能	种类	添加方式	用量
防水剂	固体石蜡、石蜡乳液、液体石蜡和融熔石蜡。最常用的是石蜡乳液和融熔石蜡	1.固体石蜡是将固体石蜡磨成粉末，用喷管喷散在施过胶的刨花表面即可。操作简单，吸附量小，流失量较大，效率不高； 2.融熔石蜡是将固体石蜡和液体石蜡按比例放入混合器中，由混合器内蒸汽管加热熔解，然后用泵压至喷嘴处。工艺简单，不影响热压时间，效率较高。喷头易被堵塞； 3.石蜡乳液可以直接调配在树脂溶液内，也可以先对刨花喷石蜡乳液，然后再喷胶。石蜡在刨花板内分布均匀，防水效果好，工艺较为复杂，热压周期变长	0.3%~1%（占绝干刨花的重量）
阻燃剂	含有磷、氮元素等的混合物，如磷酸铵、硫酸铵、碳酸铵、盐酸铵等	1.将防火剂与胶黏剂混合后喷于刨花表面。防火剂在刨花板内均匀分布，效果较好，损失少，胶液的流动性变差，易堵塞喷嘴； 2.先对刨花喷胶，再喷散粉状防火剂。这种方法防火剂耗量大，吸附量小，且均匀性较差； 3.先用防火剂溶液处理刨花，后干燥、施胶。工艺复杂，成本也高，防火效果很好； 4.在刨花板表面涂刷防火材料。工艺简单，效果不十分理想	3%~10%（占绝干刨花的重量）
防腐剂	硫酸铜、氟化钠、铬化砷铜、铬化氯化锌、铵化砷酸铜等	1.将粉状防腐剂加到施胶刨花或未施胶的刨花中； 2.在施胶时或施胶后，单独喷洒水溶性或油溶性防腐剂，或与胶黏剂混合后一起喷洒； 3.用防腐剂处理刨花或利用经过防腐处理的木材制成刨花； 4.在成品上刷、喷防腐剂，或将成品放于防腐剂中浸泡	2%~10%（占绝干刨花的重量）

表17-39 施胶方法与特点

施胶方法		特点及应用
喷胶法	空气喷胶法（负压法）	目前刨花板生产中主要采用空气喷胶法，利用压缩空气将胶液吸入喷嘴，在空气压力的作用下通过喷嘴口雾化。优点是胶液雾化粒度小，分散均匀；缺点是工作环境较差
	无空气喷胶法（正压法）	利用胶泵将胶液直接打入喷嘴进行雾化。其优点是可将粘度较高的胶料喷成雾状。缺点是需要使用小容量的喷嘴，而喷嘴小孔容易堵塞因而有时会出现喷雾不均匀的现象
注胶法	自重注入 胶泵注入	优点是刨花之间处于强烈摩擦状态时，能使胶液得到均匀分布，缺点是生产效率较低，且刨花破碎率较高
甩胶法	中心轴甩胶法 离心盘甩胶法	利用离心作用力将胶甩出并得到一定程度的雾化。其胶滴大小介于喷胶法和注胶法之间。雾化程度不十分高，还需依靠刨花间的摩擦使胶液得到分散

表17-40 施胶方法与着胶率

刨花表面被胶液覆盖面积百分率(%)	施胶方法	
	注胶法	喷胶法
100	41.6	66.7
50	16.7	25.8
20	37.5	4.2
0	4.2	3.3
	100.0	100.0

表17-41 施胶方法对胶合强度的影响

施胶方法	松木刨花		桦木刨花	
	静曲强度(MPa)	吸水率(%)	静曲强度(MPa)	吸水率(%)
喷胶法	12.5	18.5	11.6	23.1
注胶法	9.8	20.0	8.6	39.0

表17-42 几种典型拌胶机特性

拌胶机类型	特性
喷雾式连续拌胶机	喷雾式连续拌胶机是目前生产中应用较多的一种拌胶机。由搅拌器、搅拌槽、喷嘴等组成。这种拌胶机属于抛料式拌胶机。刨花被抛出后靠自重下落，在拌胶槽内呈悬浮状态，刨花间的摩擦强度比较低，但因搅拌作用，刨花形态仍会被破坏
快速拌胶机	由拌胶室和调节仓两部分组成。属于环式拌胶机。刨花间的摩擦很大，刨花容易升温，会引起胶的预固化。产量很高，但刨花破碎率也很高。若用螺旋进料器进料，可改善刨花破碎率高这一缺陷
重力式拌胶机	由拌胶槽、喷胶系统、凸轮等组成。刨花破碎率小，刨花间相互摩擦较小，能最大限度地保持刨花原有的形态和尺寸。对胶黏剂的雾化程度要求很高，以保证施胶的均匀性。一般应采用无空气喷胶。但生产能力不太高。比较适合于大片刨花（如定向刨花、华夫刨花）的施胶
直立式拌胶机	刨花由料仓落入筒状的喷胶室，快速搅拌器使刨花进入轴向旋转运动状态。这种施胶均匀性较高。
管道式施胶系统	用气流输送刨花通过管道，管道壁上开有均匀的喷胶孔。系统结构简单，省去了拌胶机，且刨花破碎率较小。但施胶均匀性难以得到保证，胶的耗量较大

表17-43 国产BS系列环式拌胶机主要技术性能

名称	内筒直径(mm)	生产能力(kg/h)	配套规模(m³/a)	电机功率(kW)	主轴转速(r/min)
BS1205-28	280	500	<3000	11	1000
BS16-A	320	1000	5000~7000	11	1000
BS18-A	360	1600	10000~15000	18.5	850
BS122-50	500	2000	15000~20000	18.5	1000
BS25	400	2500	20000~30000	22	850
BS28	480	4500	30000~50000	30	735

表 17-44 铺装方式与特点

方式分类	铺装方法	应用及特点
铺装的工作方式	周期式	个别小厂用周期式铺装方法
	连续式铺装	一般工厂现在都用连续式铺装方法
铺装机械化程度	手工称量和铺装	手工称量和铺装，因质量差和生产效率低，只在个体作坊中才可见到。产量<500m³/a
	手工称量，机械铺装	产量 500～1000 m³/a
	机械称量和铺装	产量 2000～5000 m³/a
	称量、铺装完全机械化、自动化	铺装均匀，生产效率高，易调整铺装层厚度，是重点发展的方向。产量>5000 m³/a
铺装的装置	机械式铺装	机械式铺装和气流式铺装是最常采用的二类
	气流式铺装	
	机械气流混合式铺装	

(2) 生产能力应与其他设备相配套。如果生产渐变结构刨花板，为了保证施胶均匀性，应将表、芯层刨花分开施胶。为了保证生产的连续性，至少需配置两台拌胶机。

(3) 胶液损耗量小。

(4) 刨花破碎率小。

17.5 板坯铺装及输送

板坯铺装及输送是刨花板生产中极为重要的工序之一。根据原料的特性、种类及生产规模不同，可采用多种铺装板坯工艺及输送方式。

17.5.1 铺装的原理和方法（表 17-44）

板坯铺装的方法，因板坯结构的不同而定，但铺装的原理是大同小异的，也即施胶刨花必须经一定的刨花定量系统的严格定量后再进入铺装系统进行机械方式或气流方式的铺装，以达到工艺规定要求的铺装板坯。

一般板坯的厚度是刨花板厚度的 3～4 倍，板坯厚度与刨花板厚度的比例关系见表 17-45。

铺装机生产能力：

$$Q = \frac{60 \cdot \rho \cdot L \cdot B \cdot t_i \cdot (100 + W_i)}{10^3 \cdot (100 + W) \cdot r \cdot n_i} \text{ (kg/min)}$$

式中：ρ——刨花板规定密度，kg/m³

L——板坯长度加上相邻挡板间距离，即运输带长度，m

B——板坯宽度，m

t_i——在刨花板中外层总厚度或芯层厚度，mm

W_i——刨花板的含水率，%

r——主运输机运转时间，s

n_i——铺装 t_i 层时铺装机数量，台

表 17-45 板坯厚度与刨花板厚度的比例关系

刨花尺寸（mm）	胶量（%）	不同密度（g/cm³）的刨花板，每厚 1mm 时板坯的厚度（mm）						
		0.4	0.5	0.6	0.7	0.8	0.9	1.0
5～30	15	6.6.1	7.6	9.3	10.6	11.6	13.6	15.3
	10	6.5	8.1	9.9	11.3	12.6	14.4	16.2
	7.5	6.7	8.3	10.2	11.3	13.0	14.8	16.6
	5.0	6.8	8.5	10.4	11.9	13.3	15.2	17.0
2.6～5	15	3.1	3.8	4.6	5.4	6.1	6.8	7.6
	10	3.3	4.0	4.8	5.8	6.5	7.2	8.1
	7.5	3.4	4.2	5.0	5.9	6.6	7.4	8.3
	5.0	3.5	4.3	5.1	6.1	6.8	7.6	8.5
1.5～2.5	15	2.2	2.8	3.4	3.9	4.5	5.1	5.6
	10	2.3	3.0	3.6	4.2	4.8	5.4	5.9
	7.5	2.4	3.1	3.7	4.3	4.9	5.6	6.1
	5.0	2.5	3.2	3.8	4.4	5.0	5.7	6.3

17.5.2 铺装缺陷及原因分析（表17-46）

铺装是否存在缺陷，需看其是否满足刨花板的铺装工艺要求。最常见的铺装缺陷有以下几类。

17.5.3 铺装设备

17.5.3.1 铺装装置的分类及特点（表17-47）

铺装装置一般分机械式、气流式、机械和气流混合式三种，目前最常用的是机械式或气流式铺装装置。

17.5.3.2 机械铺装机的技术性能（表17-48）

机械铺装机的类型较多，性能各异。这里只简要介绍一些国内外机械铺装机的主要技术参数。

其中分级式机械铺装机是国外目前最新型的机械刨花铺装机。刨花落下的高度一般仅为气流铺装机的1/10，因此，刨花下落的过程中宽度方向的位置变化不大，从而保证了铺装的高精度。另外，由于采用了旋转的"钻石辊"，表层在一定的板厚范围内是均匀的，不同的砂光厚度都不会影响板子的外观。较大的刨花将在"钻石辊"床末端辊子间隙较大处落下，从而在均匀的表层刨花之后形成一层较大的刨花。但只有合格的刨花才能通过这些较大的间隙落下，形成板坯。所有过大的刨花，将通过辊床尾部的废料辊排出。因此，无论硬的或软的过大颗粒都将在最后被分离出来。在运输过程中或计量料仓壁上产生的胶团或掉入刨花内的胶团最终象粉尘球一样被分离出去。

17.5.3.3 气流式铺装机

气流式铺装机是在铺装过程中借助风力作用，对刨花进行分选和铺装，细料落点远，位于表面；粗料落点近，位于中间，板坯断面为渐变结构。一般生产厚度16～19mm板时，细料用量占40%，粗料占60%。生产厚度为8～10mm板时，细料用量占60%，粗料用量占40%。几种典型的国产BP气流铺装机主

表17-46 铺装缺陷分析

缺陷种类	标准要求	原因分析
铺装刨花板坯的均匀度超差	GB5052-85规定铺装板坯横向均匀度公差为±5%，纵向均匀度公差±4%	1.原材料过于混杂； 2.拌胶机拌胶不均匀，部分刨花着胶量多，重量大；部分刨花着胶量少，重量轻； 3.铺装机进料分料不均匀； 4.计量仓均料效果不好； 5.风栅风场不均，未按说明书要求调好
铺装板坯表面平整度超差	GB5052-85规定铺装板坯表面平整度公差为±10%	1.原材料过于混杂； 2.拌胶机拌胶不均匀； 3.计量仓计量带打滑； 4.来料不均； 5.铺装机移动速度不均； 6.板坯输送机未按说明书要求调好
铺装宽度不足	一般应保证板坯宽大于等于1270mm	1.设备宽度不足； 2.计量仓及输送机旁边未调平直
板坯在纵向出现凹槽或凸槽		1.下扫平辊的针缠有软质物； 2.下扫平辊的针被折断； 3.铺装辊上方的挡板凹凸不平； 4.风栅气流速度未调一致； 5.风栅制造质量问题
板坯纵向出现规则的波纹	要求平整	1.铺装机移动时有爬行现象； 2.板坯输送机有爬行现象； 3.铺装辊转速周期变化，速度不稳定； 4.铺装辊偏向与侧面间隙中卡有刨花，铺装辊转动时有阻力
板坯表面会出现大刨花	不允许	1.铺装辊上方的小挡板角度不对； 2.缓冲料仓与出料带的密封不好； 3.风场风力不足； 4.二侧的振动筛网漏或人为的被拆除

表17-47 铺装装置的特点

类型		特点
机械式铺装装置	单辊铺装头	单辊铺装头有很强的分选能力将粗刨花和细刨花分开。用这种铺装头铺装板坯芯层，会产生两种缺陷。一是造成芯层都是粗刨花，缺少必要的细刨花，使芯层过分疏松，强度低。二是木粉和木屑全部抛到芯层的表面，热压时容易出现鼓泡现象
	双辊铺装头	铺装头的铺装长度较长，铺装角度平稳。因为它铺装对称，可用来铺装单层刨花板坯，或作为铺装三层刨花板芯层板坯的单机使用
	三辊铺装头	铺装长度更长，生产效率很高，有轻度分选作用，不会使大刨花露在刨花板表面，特别适用于铺装单种规格的刨花
	纤维状刨花铺装头	纤维状刨花铺装头是专门用来铺装纤维状刨花和热磨后的纤维。梳状辊能防止纤维结球。铺装时有轻微的分选作用
气流式铺装装置		水平气流铺装装置适合于制造渐变结构刨花板
机械和气流混和式铺装装置		一般为两个气流铺装装置和两个机械铺装装置左右对称布置。对于表层和芯层可以分别控制铺装规格不同、施胶量和含水率不同的刨花

表 17-48 机械铺装机的技术参数

参数		国产			(芬兰)			(前苏联)	
		BP3213	BP3113	BP3600 分级铺装	LSKV-1-130	LSKV-1-189	LSKV-1-259	ДФ-1	ДФ-2M	ДФ-6
铺装宽度(mm)		1270	1270	1270	1300	1890	2560	1800	1780～1800	1780～1900
板坯结构		三层	渐变	三层	渐变	多层	多层	多层	三层多层	三层
产量(m³/年)		1.5～3	0.5～1.5	1.5	0.5～1.5	0.8～2.4	1.0～3.0	0.5～2.0	0.8～3.0	1.0～4.5
重量(t)			18.47	9	14.74	4.0	4.5	5.0	5.0	5.7 5.6
耗汽量(m³/h)		—	—	5000	—	—	—	—	—	—
总容量(kW)		21.85	10.45	25	13.5	15.3	15.3	5.3	9.4	9.4
外形尺寸(mm)	高度	4353	4350	4935	2200	2220	2220	4140	2230	3450
	长度	11216	6412	14300	3100	3700	3700	4400	2790	3500
	宽度	2336	2336	2635	2800	2800	2800	2250	3070	3100

表 17-49 国产 BP 气流铺装机主要参数

基本参数	BP3313/30	BP3713/25	BP3713/50	BP3713/55	BP3713/160	BP3725
铺装能力(m³/d)	5～15	18～30	18～50	55	160	110
铺装宽度(mm)	1330	1270	1270	1270	1270	2490
铺装厚度(mm)	24～100	—	—	30～160	15-110	13～130
铺装有效长度(mm)	—	—	—	7380	5229	—
铺装机行程(mm)			6270～8900	8000		
铺装速度(m/min)	—	0.42～8.4	—	0.5～3	1～82	1～8.0
风机总风量(m³/h)	4000～6000		10000	10000		40340
铺装机整机总功率(kW)	27	15	29.9	约29	48	68.37
铺装机总重(kg)		13000	14000	约14000		19000
外形尺寸(mm)	—	9460×3250×4910	11200×3240×4455	11645×3434×5950	11270×4000×5830	14050×5200×6325

要参数及技术性能见表 17-49。

气流铺装机的形式也多种多样,这里也仅对几种典型的结构作一介绍。

17.5.4 板坯输送（表 17-50）

17.5.4.1 各类输送装置的特点分析

目前在工厂中应用有五类板坯输送装置,配置上各有优异。现列表介绍如下:

在垫板上铺装板坯和压制刨花板的各种主输送装置的技术性能:主输送装置的铺装周期35～160s,电动机功率40～60kW;无垫板压制刨花板的各种主输送装置的技术性能:主输送装置的铺装周期15～60s,铺装输送机的速度3.9～13.8m/min,电动机功率（除铺装机）40～60kW。

17.6 板坯预压和刨花板热压

板坯预压及刨花板的热压,是继板坯铺装后对板坯进一步处理的两个工序。其中热压工序是刨花板生产中极为重要且必不可少的,而预压工序则应根据板坯的输送方式及热压机的配备情况而定（表17-51）。

表 17-50 板坯输送装置的特点

输送类型 特 点	在硬质垫板上铺装板坯和压制刨花板的输送装置	在连续带上铺装板坯和压制刨花板的输送装置	在分段钢带上铺装板坯和压制刨花板的输送装置	无垫板压制刨花板的输送装置	在挠性网垫板上铺装板坯带和压制刨花板输送装置
铺装机工作方式	固定式或移动式	移动式	固定式	一般为固定式	固定式
垫板种类	硬质铝合金板	1.连续钢带； 2.分段钢带互连； 3.分段高温尼龙带互连； 4.分段金属编织网带互连；	1.分段钢带； 2.分段金属编织带	无	挠性金属网带
压机形式	一般为多层压机	单层压机	单层压机	一般为多层压机	一般为多层压机
特 点	输送装置庞大，由于垫板厚度的影响，压制刨花板的厚度偏差较大。垫板的预热和冷却增加了能耗，目前已不太采用	输送装置结构简单，占地面积小，但输送带损坏后更换比较困难，尤其是整条连续钢带有一处损坏，会造成整条带的报废，损耗大	输送装置结构比第二种略复杂，但输送带分段后，使之更换简单，并且有一处损坏，只需更换一块	输送装置结构复杂，并需配备预压机，但没有垫板回送线，故占地面积小，热压时无垫板影响，刨花板厚度偏差相应较小，热压周期可适当缩短	输送装置结构比较复杂，但对必须采用有垫板输送与热压的刨花板而言，其克服了第一、四种的某些不足

表 17-51 板坯预压工艺参数

板坯厚度的压缩率	压缩 1/2~1/3 左右
单位压力	1.5~1.8MPa
预压时间	10~30s
板坯压缩率与回弹率	回弹率应控制在 12%~25%

17.6.1 板坯预压

一般而言，无垫板输送铺装板坯及采用多层压机压制刨花板时，板坯预压是不可缺少的。

预压机的技术性能见表 17-52，表 17-53 和表 17-54。

17.6.1.1 预压的工艺要求

压缩率与回弹率的计算公式分别如下：

$$压缩率(\%)=\frac{d_1-d_2}{d_1}\times100\%$$

$$回弹率(\%)=\frac{d_2-d_3}{d_1}\times100\%$$

式中：d_1——板坯铺装厚度，mm

d_2——板坯回增后实际厚度，mm

d_3——板坯压缩到最小厚度，mm

17.6.1.2 预压方式

预压一般可分为以下二种方法：即周期式平压法和连续式压法。

17.6.2 刨花板热压

热压是刨花板生产中关键工序之一，直接影响整个生产线的生产效率和产品质量。热压是将板坯在压机中通过压板的热力和压力的作用，制成一定密度和一定强度的板。

17.6.2.1 热压条件及方式

1. 热压条件

刨花板热压时，有一系列的因素都对刨花板的质量起作用。如树脂胶类型、树脂胶固化剂、加压温度、木材树种、刨花几何形状、含水率及其分布和热交换、压机闭合时间、

表 17-52 板坯预压设备性能

预压方法	特 性	生产能力
周期式预压	采用单层上压式，将板坯带连续不断的送入由上下带传动的预压装置，使之预压密实。预压周期比主运输机速度短 2~3s，一般为 27~28s	$Q=3600LWTK/t(m^3/h)$ L、W 和 T 分别为齐边未砂光板的长度、宽度和厚度，m K，主运输带的利用系数 0.75~0.85； T，压机工作周期，s
连续式预压	可分为连续式辊式预压机和连续式带式预压机，国产多层压机刨花板生产线上，多采用连续式辊式预压机	$Q=60UWTK(m^3/h)$ W 和 T 分别为齐边未砂光板的长度、宽度和厚度，m K，主运输带的利用系数 0.75~0.85； U，铺装机运输带运行速度 m/min

表 17-53 周期式板坯预压机的技术性能

参 数	国产 BY814×18/2	(德国)4270 型预压机 迪芬巴赫	(前苏联) ⅡP-5 型预压机	(前苏联) ⅡP-5 型预压机	(前苏联) Ⅱro 型双层预压机
额定总压力(10^4N)	1500	4263	980	1760	4100
压板尺寸长度(mm)	5800	5700	3700	3700	5900
压板尺寸宽度(mm)	1320	2010	2000	2000	2690
预压板坯长度(mm)		5650	3550	3700	5550
预压板坯宽度(mm)	1300	1850	1880	1850	2490
压机工作间隔(mm)	−	300	400	400	230
加压时间(s)		小于12	4～5	3～4	−
板坯承受的最大单位压力(MPa)	4		1.5	2.45	3
压机最短工作周期(s)		−	28	24	
工作油缸(用于板坯加压)数量	2	10	6	6	6×2
辅助油缸(用于压板提升)数量	−	4	−	−	
工作油缸直径(mm)	230	460	400	460	480
辅助油缸直径(mm)		100			
工作油缸的工作压力(MPa)		25	10	17	20.4
辅助油缸的工作压力(MPa)		15			
油泵电机总功率(kW)	11		86	267	
外形尺寸(长×宽×高)(mm)	5800×2030×2930	−	3830×2760×3425	3830×2760×5080	−
压机重量(t)	23	537	60	−	−

表 17-54 德梅兹公司连续式履带压机的技术性能

压机总压力(10^4N)	1000
板坯带预压段尺寸(长×宽)(mm)	4800×1850
履带的最大运动速度(m/min)	18
板坯带承受的最大单位压力(MPa)	2.5
最大工作间隙(mm)	200
压辊油缸的最大工作压力(MPa)	280
进料传动电动机装机容量(kW)	40×4

压力、刨花板密度分布、加压时刨花板内的蒸汽压力、树脂胶的固化和预固化等。在热压过程中,所有因素相互影响,很难用一个公式来说明。但在生产中往往用压力、温度、时间三者组成的热压条件来说明使板坯压成刨花板的条件。

一个好的或合理的热压条件,往往需满足下列要求,最大限度地强化热压过程。刨花板在热压机内的允许热压时间最短,在预定的密度、施胶量和刨花类型的条件下,保证刨花板的物理力学性能符合标准要求,使刨花板的含水率尽可能地接近平衡含水率,即8±2%。

2. 热压方式 (表 17-55)

17.6.2.2 热压过程

热压过程是指刨花板坯从送入压机到成板出压机的整个工作过程,一般以热压曲线来表示。分为下列几个阶段:

T_1：板坯送入压机时间,T_1结束时,整个压机都装上了板坯。

T_2：从热压机平台升高时起,到压力开始上升止的时间。

T_3：上、下压板全部压紧板坯。使压力升至最大额定压力P_{max}。

T_4：压力保持阶段,板坯被压紧,树脂胶固化,这段时间占整个热压过程的大部分时间。

T_5：压力下降至零,这段时间与T_3不一样,根据需要可分段降压,时间长短亦根据具体情况而定。

T_6：压力从零到热压板完全张开的时间。

T_7：压好的刨花板卸出压机的时间。如采用装卸板机,装板与卸板同时进行时,此段时间与T_1重合。

17.6.2.3 热压温度

现代刨花板车间采用的热压温度一般如下:多层压机为

表 17-55 热压方式与特点

分类方式		特　性
按压力作用于板坯上的方向分	平压法	施加于板坯的压力方向与板坯平面垂直的称为平压法。多层压机和单层压机属于此类。这种方法应用较为普遍
	挤压法	施加于板坯的压力方向与板坯表面平行
按加热板坯的方法分	接触加热	热压板直接与板坯相接触
	高频加热	置于高频电场的板坯,靠本身内部的介质加热。这种方法很少单独使用
	接触与高频混合加热	这种方法是上述两种方法的综合,目前已有应用
按加热、加压时板坯在热压设备中运动方式分	连续式热压	板坯在运动中受热、受压的方式
	周期式热压	板坯在固定状态受热、受压

150～180℃左右,单层压机及连续压机可达180～220℃,并要求同一块压板的各点温度差不应超过±5℃。

热压温度的确定与胶黏剂的种类、原料的因素、板坯含水率的差异及加热时间及压力有密切的关系。

17.6.2.4 热压时间

热压时间直接影响热压机生产能力,缩短热压时间对提高压机生产能力有较大的意义。

1. 缩短加压时间的措施

下列措施可缩短加压时间:①提高热压温度;②采用汽击法;③进行板坯预热;④采用快速固化胶;⑤采用高频接触联合加热。

以上各种措施中,最经济实用的是提高压板温度和采用蒸汽冲击法。

2. 热压时间的确定

确定热压时间时,首先应根据预压的压板温度、板的密度和板的结构查出板的单位热压时间,而后再用这个单位热压时间乘以板的厚度(要考虑砂光余量1.5mm)。表 17-56 为刨花板单位热压时间的参考值。

17.6.2.5 热压压力

热压时,热压板的板面压力大小,与所压制的刨花板的物理力学性能有着极为密切的关系,刨花板生产使用的压力范围为 1.2～4MPa。

下列因素与热压压力有关:
①刨花板的密度;②刨花板所用原料及刨花质量;③热压机的闭合时间;④板坯含水率及含胶量;⑤热压板温度;⑥刨花板的厚度。

生产厚度为 17.5～20.5mm 的刨花板时,可参照表 17-57 选择热压时的最高单位压力值。根据板坯含水率及厚度作适当修正。

热压期间,要分段或者平稳减压。分段减压时,各段时间约占30%。平稳减压工艺较好,因为这种减压方式,能为厚度规格的控制和热压终了时板坯内剩余水分的排除创造更有利的条件。热压机张开之前,刨花板要在压板闭合状态下无

表 17-56 刨花板的单位热压时间

压板温度(℃)	不同密度(g/m³)刨花板的单位加压时间(min/mm)					
	0.55	0.60	0.65	0.70	0.75	0.80
三层结构刨花板						
160	0.31	0.33	0.35	0.38	0.42	0.45
170	0.25	0.27	0.28	0.32	0.34	0.37
180	0.22	0.24	0.25	0.28	0.30	0.32
190	0.20	0.22	0.24	0.26	0.28	0.30
200	—	0.20	0.22	0.24	0.26	0.28
210	—	0.20	0.22	0.24	0.26	0.28
220	—	—	0.20	0.22	0.24	0.26
五层结构刨花板						
160	—	—	0.39	0.42	0.47	0.52
170	—	0.33	0.35	0.39	0.42	0.47
180	—	0.29	0.31	0.33	0.37	0.42
190	—	0.27	0.29	0.31	0.33	0.37
200	—	0.25	0.27	0.29	0.31	0.33
210	—	0.23	0.25	0.27	0.29	0.31
220	—	0.21	0.23	0.25	0.27	0.29

表 17-57 刨花板热压时的最高单位压力

刨花板的单位热压时间(min/mm)	不同密度(g/m³)刨花板热压时的单位压力(10^5Pa)					
	0.55	0.60	0.65	0.70	0.75	0.80
大于0.4	—	—	—	20～22	22～24	24～26
0.4～0.3	—	—	22～24	24～27	27～29	29～31
小于0.3	20～22	22～24	24～27	27～29	29～32	33～35

压保持 30～40s,这样可大大减少刨花板分层和断裂缺陷。

17.6.3 热压缺陷及热压工艺过程的优选

17.6.3.1 热压缺陷种类及原因分析

热压缺陷分析见表 17-58。

17.6.3.2 热压工艺过程的优选

热压工艺过程的优选时推荐使用以下工艺措施:

(1) 各层刨花的含水率都应干燥到13%；

(2) 芯层和表层刨花都应施加高浓度(60%～65%)胶黏剂。具体作法是在树脂供应槽里或者通过连续式加热器将树脂的温度加热至30～35℃，并且在快速拌胶机里进行无气流喷胶；

(3) 作为前两项措施的结果使用含水率比较低的施胶刨花(芯层施胶刨花的含水率为6%，中间层和表层施胶刨花的含水率为10%～12%)，使进入热压机之前的板坯含水率控制在8%～10%范围内；

(4) 采用高温有机载热体，将压板温度先提高到180～200℃，继而再提高220℃；

(5) 芯层刨花要采用快速固化胶黏剂；

(6) 为了避免表层胶黏剂在压板温度高的条件下提前固化，表层刨花不要施加固化剂；

(7) 采用汽击技术，特别在温度比较低(160℃或更低温度)的条件下压制厚板(19mm或者更厚的刨花板)时，必须采用汽击技术。

17.6.4 热压机

17.6.4.1 热压机的分类（表17-59）

17.6.4.2 国产热压压机主要技术性能指标

1. 多层热压机的主要技术性能指标(表17-60)

2. 单层热压机主要技术性能参数(表17-61)

3. 辊式连续压机参数及特点（表17-62）

表17-58 热压缺陷分析

热压缺陷种类		原因分析
刨花板厚度不均		1. 铺装机铺装出的板坯不均匀； 2. 热压机热压板变形； 3. 热压机厚度规上有异物或刨花； 4. 热压曲线掌握不当，高压时间过长，压力过大
刨花板表面缺陷	表面出现压痕、污点及大刨花等缺陷	1. 板坯在输送、装压机的过程受损，尤其是采用无垫板工艺时，更易造成断痕透裂等； 2. 热压机热压板有刻伤、滑碰痕迹，垫板打皱或有缺陷易造成刨花板出现压痕现象； 3. 铺装质量差及细刨花过少，使板坯在输送过程因振动从而使刨花拥向芯层，易造成刨花板表面出现粗大刨花
	表层鼓泡	1. 表层刨花太细； 2. 表层施胶量过大
	表面起灰，碳化	1. 表层胶量过少； 2. 压机闭合时间过长； 3. 压机温度过高
刨花板芯层分层		1. 热压温度过低； 2. 热压时间过长； 3. 芯层刨花施胶量不足； 4. 胶黏剂固化不良
刨花板芯层鼓泡		1. 芯层刨花板含水率过高； 2. 芯层施胶量不足； 3. 胶黏剂固化不良； 4. 热压时间不足； 5. 热压工艺不准确，卸压过快； 6. 芯层刨花太粗大
刨花板翘曲变形		1. 铺装上下不对称； 2. 热压板上下压板温度不均或不等； 3. 使用原材料的材料差异； 4. 施胶不均匀； 5. 刨花板堆放不当
刨花板密度不均匀或未达标		1. 原料差异大； 2. 铺装不均匀； 3. 施胶不均匀； 4. 热压压力过高或过低
吸水厚度膨胀率超标		1. 木材的材性因素； 2. 未加防水剂或防水剂用量不足； 3. 热压后刨花板含水率过高

表 17-59 热压机类型与特点

分 类		特 点	生产能力(m^3/h)	备 注
多层热压机		平压机的一种。生产效率高,产品幅面大,厚度范围广,设备易于控制和调整。但其结构复杂而庞大,必须配备装卸板系统,一般情况下还需配备预压机,投资高且板厚公差大,热压周期长	$Q=60nlbdk/(t_1+t_2)$ 式中: n,压机间隔数; l,锯边后刨花板的长度,m; b,锯边后刨花板的宽度,m; d,刨花板的厚度,m; k,利用系数(0.85~0.9); t_1,热压时间,min; t_2,装卸板,闭合时间,可取1.5~2min	目前在刨花板工业中,尤其是在中小型企业中使用较为广泛
单层热压机		平压法热压的一种。结构简单,无装卸板装置,可省去预压机,便于连续化和自动化控制,投资小,见效快;可采用高温加压,缩短热压时间,提高单位时间的产量;压机可制成大幅面,减少齐边损失,提高了木材利用率;刨花板厚度误差小,有利于进行表面装饰处理		在生产中已越来越受到广泛的使用
连续式压机	履带式	采用通过式的加压方式,不存在加压周期内压机的装卸、闭合和开启等所用时间	$Q=60bdkv$ 式中: v,加压速度,m/min	在国内外刨花板薄板生产中受到重视
	辊 式			
	挤 压	一般生产空心刨花板,具有原料不限,胶料用量少、设备费用低等优点		由于板的使用局限性,已越来越少生产

表 17-60 国产多层热压机的主要技术性能指标

技术性能指标	国产			国外		
	VBY	BY144×8/11	BY144×16/25	(德国)迪芬巴赫的 HPUg-3580	(芬兰)列波特的 R-R2600KP-16	(前苏联) пр-6A
热压板尺寸(长×宽×厚)(mm)	2600×1480×90	2600×1480×90	5150×1650×125	5700×2100×1400	5700×2100×140	3700×2000×140
热压机层数 层	7	5	4	16	16	15
热压板间距(mm)	200	200	200	170	200	90
公称压力(MN)	12.5	11	25	35.74	25.32	19.6
闭合速度(s)	<18	<8	<10	200	200	125
加热介质	饱和蒸汽	饱和蒸汽	饱和蒸汽或热油	热油	热油	热油
油缸数(个)	6	6	12	19	8	6
油缸直径(mm)	φ320	φ320	φ320	300	440	480
液压系统预定工作压力(MPa)	26	~24	26	250	294	196
主机外形尺寸(长×宽×高)(mm)	2900×5000×5931	2980×4000×5550	5280×3460×5300	—	—	—
装机容量(kW)	—	—	—	511	—	295
主机净重(t)	70	62	125	540	468	260

17.7 后期处理

从压机上卸下的刨花板需经过一系列后期处理才可包装入库。后期处理可分为两个阶段:初步处理和表面装饰处理。刨花板的初步后期处理包括:冷却、裁边、砂光等。

17.7.1 冷却

从热压机卸下的刨花板的温度、含水率和胶黏剂的缩聚程度都很不均匀:刨花板的表层温度160~180℃,芯层温度105~130℃;表层含水率2%~4%,芯层含水率10%~13%;表层胶黏剂的缩聚程度比芯层大得多,这些不均匀性会使刨花板产生内应力,而这种内应力正是导致刨花板翘曲变形的最主要原因。因此,从热压机卸下的刨花板必须经过冷却处理,然后送往机械加工生产线。刨花板的冷却处理有三种方法,见表17-63。表17-64为部分冷却装置的技术性能。

表 17-61 单层热压机主要技术性能参数

主要技术性能	BY614X16/22	45Y	BY618×24	BY614×24/25
压机公称压力(MN)	22.3	19.1	64.5	33
压板规格(mm)	5000×1400×90	5100×1400×70	7935×2490×90	7502×1400×90
板面压力(MPa)	3.5		3.5	3.5
上下热压板间距(mm)	250	375	220	250
压力油缸直径(mm)	320	360		
压力油缸数量(个)	10	8		
热压板面温度(℃)	180~200	170~190	200	>180
长(mm)	5300	5500	7445	10300
宽(mm)	3320	3230	5020	3600
高(mm)	4420	3930	7072	5820
机器重量(t)	65	62	278	130
生产厂家	镇江林机厂	西北板机厂	信阳	昆明

表 17-62 辊式连续压机参数及特点

主要技术参数	"西德门"AUMA30	"西德门"AUMA40	特 点
热压辊直径(mm)	3000	4000V	适合于生产薄型刨花板,设备结构不复杂,投资少,维修费低,板子偏差小,质量好,能量利用好,可在热压时直接完成二次加工。其他生产公司如德国的Siempel Kamp,Contipress,Truss-Joit和瑞典Dieffen Bacher等
加热介质	热油或蒸汽	热油或蒸汽	
板厚(mm)	2.5~6.4	3~12	
密度(kg/m³)	750	800	

表 17-63 刨花板的冷却处理方法

方 法	工 序	特 点	备 注
热堆放	直接将热压后的刨花板进行堆放	最大限度缩短热压时间,但需要较大堆放面积;有时刨花板板垛中会发生变色现象	不适宜脲醛树脂胶的刨花板;适宜热压温度低于180℃的酚醛树脂胶刨花板
冷却后堆放	使刨花板表面冷却到40~80℃,然后密堆放或加垫条堆放。刨花板的局部冷却可在卸板机上进行,也可在专用的星形旋转冷却装置上进行	缩短热压时间,利用板中的余热产生进一步缩聚反应,使板中热压应力释放,以及含水率均匀,板的物理力学性能得到提高	适宜脲醛树脂胶的刨花板
强制冷却	使热的刨花板通过专用冷却系统的完全冷却后再堆放	能最大限度减少刨花板的翘曲变形	适宜含水率较高的刨花板

表 17-64 部分冷却装置的技术性能

型式 / 性能	BFJ1312/50	BFJ1313/74	BFJ1325
冷却刨花板尺寸(长×宽)(mm)	4950×1270	7400×1270	7400×2490
旋转一圈的最短时间(min)	4	4	4
格数(个)	6	6	6
装机容量(kW)	4	4	37.5
外形尺寸(长×宽×厚)(mm)	6495×3670×3670	9260×3670×3670	9260×5200×5200
重量(t)	6.9	8.2	10.5

17.7.2 裁边

冷却后的刨花板需要裁边,以使其具有确定的宽度、长度和矩形侧边。在刨花板生产过程中裁边工艺流水线一般有两种设置方式:一种是在热压出板、分板和冷却流水线上进行纵横裁边,然后堆放一定时间再进行砂光;另一种方式是刨花板经热压出板、分板和冷却后堆放一段时间,而后再进行裁边和砂光。按照要求刨花板从热压机卸下以后,需先经冷却使板温达到65℃左右,堆放12~24h后再进行裁边和砂光。但由于毛边板堆放会给生产带来一定困难,因此实际生

表17-65 衡量纵横截锯的指标

衡量纵横截锯的指标	测量方法
长度和宽度测量	用钢卷尺检量，长度在板宽中部检量，宽度在板长中部检量，精确至1mm。根据国家标准规定的板材幅面尺寸的误差范围判断刨花板的等级
边缘不直度测量	用金属直尺对准板材同侧的两个角，用钢尺测板边与尺边最大偏离值，精确至0.5mm。板的四个边都要测量
直角偏差测量	用1m×1m金属直角尺进行测量，精确至0.5mm
两对角线偏差测量	用钢卷尺测量刨花板两对角线的长度，精确至1mm，然后计算出两对角线长度的差值，以衡量板材两侧边是否相互垂直

表17-66 切削速度和锯片直径、锯片转速的关系

锯片直径(mm)	切削速度(m/s) 锯片转速（r/min）							
	1500	2000	2500	3000	4000	4500	5000	6000
225	18	24	30	36	48	53	60	72
250	20	26	33	40	52	59	66	80
300	24	31.5	40	48	63	61	80	96

产中常采用后一种方式，即先裁边后堆放。

17.7.2.1 裁边工艺要求

裁边的目的是为了生产的板子具有确定的宽度、长度和矩形侧面。衡量纵横截锯的指标为刨花板长度、宽度、边缘不直度、直角偏差和两对角线差。表17-65是衡量纵横截锯的指标。

17.7.2.2 裁边设备要求

裁边在圆锯机上进行。在现代生产线上多采用机械进给锯边机。在多层压机生产线上，一般使用双圆锯片纵横锯边机，可一次完成四条边的锯截。生产中通常将纵横裁边锯呈直角布置。板材首先沿长度方向截成规格要求的尺寸，然后板材转90°，横向裁成要求的尺寸。锯截刨花板的圆锯片应该用高耐磨的合金钢制成，或采用硬质合金圆锯片。

锯边机的进料速度一般为4~12m/min，切削速度为50~80m/s。表17-66列出了锯片直径、转速和切削速度的关系。相同直径的圆锯，转速越高切削面越光滑，但锯齿容易变钝；转速越低切削面不光滑，但锯齿不易变钝。当转速一定时，锯片直径越大，切削速度越高，切削面质量越好。故大直径的锯片比小直径的锯片的锯割面质量好，但又不能任意选择，应根据刨花板的厚度和机床的状态来考虑。如厚度在20mm以上的刨花，可用直径300mm以上的锯片。锯截时锯齿应超过被加工板面，最小高度3~5mm，一般以10mm为佳。

纵横锯边机成套设备通常由前输送台、纵截锯、中输送台、横截锯和后输送台五部分连接而成。热压成型的刨花板从装卸机上卸下，由垫板回送机输送至分板器滚台，由分板器将刨花板与垫板分开，再经前输送台把刨花板运至纵截锯，锯片将刨花板宽度上多余的板边锯去，而后经中输送台，锯下的板边自然落地，刨花板继续前进至中输送台的横向输送台，与行程开关挡块接触，由行程开关触发，使横向输送台上链条钩子传动，把刨花板横向推入横截锯，横截锯上两边的锯片将刨花板长度上多余的板边锯掉后经后输送台送至下道工序处。

17.7.2.3 纵横裁边设备及技术性能（表17-67）

17.7.3 砂光

刨花板在铺装与热压过程中，常由于刨花树种的分配和密度分布不均匀、垫板缺陷的影响及刨花板的弹性恢复等因素而产生刨花板厚度不一致及板面不平整光滑等缺陷。因此必须对刨花板表面进行砂光，以提高刨花板表面平整度，去除预固化层，不仅改善了刨花板的外观质量，同时又为板材的二次加工作初期准备。

用于刨花板表面精加工的砂光机有两大类：即辊式砂光机和宽带式砂光机。辊式砂光机一般采用2~4个辊的砂光机，常见的是三辊式砂光机。砂光机的砂辊上顺序覆盖以粗、中、细三种砂纸。宽带式砂光机有单砂架与多砂架之分、单面与双面之分。在刨花板生产线常采用多砂架双面砂光机，使刨花板在一次通过砂光机的过程中完成两个表面的砂削。

17.7.3.1 砂光机的分类及特点（表17-68）
17.7.3.2 砂光机砂带的建议粒度号与速度（表17-69）

在生产线上的刨花板的最大进料速度决定于两面砂光层的总厚度；砂光层的总厚度为0.6，1.0，1.5，2.0，2.4mm时，最大进料速度：24，18~21，13.5~15，105~12.5，7.5~8.5m/min。

17.7.3.3 国产BSC型砂光机性能参数（表17-70）

表 17-67 纵横裁边设备技术性能

参数		国产			贝特赫尔和盖斯奈尔公司 485 型(德国)
		BC3212/49	BC3212/73	BQB3325	
加工刨花板尺寸 (mm)	长度	4885	7330	7330	3500
	宽度	1220	1220	2440	<1950
	高度	4~30	4~30	4~30	<50
锯片数(片)		4	4	4	4
锯片直径(mm)		320	320	320	350
锯片转速(r/min)		—	—	—	3000
电动机功率(kW)		37.5	43	54.7	23.3
机床外形尺寸 (mm)	长度	8245	10695	10340	4320
	宽度	4183	3700	5400	4330
	高度	2018	2018	2273	1900
重量(t)		12	13.5	16	5.8

表 17-68 砂光机的类型及特点

分类	特点及应用
辊式砂光机	将砂布缠卷在辊筒圆柱表面，从而对板材进行磨削加工的。机床可分为单辊筒和多辊筒砂光机、手工进给和机械进给砂光机、单面砂削和双面砂削砂光机。大规模生产中通常采用多辊筒砂光机
宽带式砂光机	冷却、除尘效果好，砂带的磨粒间隙不易被木粉堵塞，生产效率高，能保证大幅面的人造板的表面加工质量与较小的厚度公差，砂带的使用寿命长，更换迅速简便，被广泛地用于人造板工业

表 17-69 砂光机砂带的建议粒度号

加工	特点砂带粒度号		备注
	四砂架双面砂	六砂架双面砂	
定厚粗砂	40~60	40~60	六砂架第一对砂光量为砂光总量的45%~50%,四砂架60%~70%
中砂	—	60~90	六砂架第二对砂光量为砂光总量的30%~40%
净砂	80~100	100~120	六砂架第三对砂光量为砂光总量的15%~20%,四砂架第二对砂光量为砂光总30%~40%

表 17-70 国产 BSC 型砂光机性能参数

技术参数	2813	2713	2713QY	2913	2613GA	2213A
砂架数量	6	4	4	3	2	2
最大加工宽度(mm)	1300	1300	1300	1300	1300	1300
工件厚度范围(mm)	3~200	3~200	3~200	3~200	2~200	2~120
一次砂削量（双面)(mm)	≤1.5	≤1.5	≤1.5	≤1.2	≤1.5	—
加工精度(mm)	±0.08	±0.08	±0.08	±0.08	±0.08	±0.08
进料速度(m/min)	4~30	4~24	4~24	10~30	4~24	4~20
砂带尺寸（长×宽)(mm)	2800×1350	3810×1350	2800×1350	2800×1350	2800×1350	2600×1350
电机总功率(kW)	355.2	351	280.2	172.2	166.2	79.5
吸尘风量(m³/h)	45000	38000	33000	27000	22000	11000
压缩空气压力(MPa)	0.6	0.6	0.6	0.6	0.6	0.6
压缩空气耗量(Nm³/h)	~12	~9	~6	~5	~4	~2
外型尺寸(长×宽×高)(mm)	4780×3400×2819	5610×3300×2786	3627×3400×2891	3627×3400×2891	2310×3700×2891	2687×2310×2420
重量(t)	29.5	39	22.5	20.5	13.5	8
适用生产能力（10⁴m⁴/a)	3~6	3~5	3~5	-	5	1

参考文献

[1] (美) и.A.奥特列夫等. 刨花板手册 诸葛俊鸿等译. 北京: 中国林业出版社, 1988

[2] 林业部林产工业设计院. 碎料板生产工艺计算. 林产工业, 1983

[3] 谭守侠. 德国木材加工机械工业. 北京: 中国林业出版社, 1995

[4] (美) H.A. 米勒. 刨花板制造. 北京: 轻工业出版社, 1984 年

[5] 中国林业科学研究院木材工业研究所. 人造板生产手册. 北京: 中国林业出版社, 1981

[6] (日本) 农林水产省林业实验场编. 木材工业手册. 高家枳等译. 北京: 中国林业出版社, 1991

[7] Franz F.P. Kollmann etc. Principle of Wood Sciece and Technology II Wood based Materials Springer-Verlag Berlin Heideberg New York 1975

18 定向刨花板

定向刨花板是以直径为8~10cm的小径级原木为原料，用专门的刨片机加工成薄长片刨花，经干燥、分选和拌胶后借助特殊的装置实现定向铺装，再进行热压制成的一种结构板材。

与普通渐变结构刨花板相比，定向刨花板刨花定向方向的静曲强度和弹性模量通常是其垂直方向的2~3倍，并且可以人为地进行调节。

从不同的角度出发，可以对定向刨花板作如下分类：

1. 按结构分类

单层定向刨花板——从板子的厚度剖面看，只有一种刨花排列层次的板材，即刨花的长度方向几乎为相同走势。这类产品通常为薄板，大多作为复合胶合板的芯板。单层定向刨花板在制造时仅需要一组同类型定向铺装头。

三层定向刨花板——从板子的厚度剖面看，有三个刨花排列层次的板材，即两个表层按刨花长度方向纵向排列，芯层按刨花长度方向横向排列。市场上出售的定向刨花板大多为三层定向刨花板。三层定向刨花板需通过三个定向铺装头来实施刨花定向铺装，即两个表层纵向定向铺装头和一个芯层横向定向铺装头。三层定向刨花板一般不需进行贴面处理可直接使用，也可以视用途要求先进行贴面再应用。

五层定向刨花板——从板子的厚度剖面看，有五个刨花排列层次的板材，即两个表层为随机铺装的细料，两个中层沿刨花长度方向纵向排列，芯层沿刨花长度方向横向排列。这种产品又称为表面细化的定向刨花板。在三层定向刨花板铺装生产线上，头尾各配备一个气流式或机械式细料铺装头，便可以生产表面细化的定向刨花板。

2. 按用途分类

应用于干燥场所的定向刨花板——这类板子主要用脲醛树脂胶生产，仅具有一般的抗水性，通常用于室内干燥场所，比如，用作内墙板、天花板和家具制造等。用脲醛树脂制造的这类板材存在着游离甲醛释放问题。定向刨花板标准中将这一类板材分成非承重型和承重型两种。

应用于潮湿场所的定向刨花板——这类板子主要用酚醛树脂或异氰酸酯生产，有较好的抗水性。通常用于室内潮湿环境或室外，比如地板、外墙板等。定向刨花板标准中将这一类板材分成非承重型和承重型两种。

18.1 定向刨花板生产工艺

由于所用的原料、机械设备，以及产品的结构有特殊之处，故定向刨花板工艺与设备比普通刨花板复杂，建厂费用相对有所增加。国外生产的定向刨花板几乎都是粗表面（即大刨花直接裸露在外面），国内生产的定向刨花板往往为细表面（即表面细化）。

图18-1为国产化定向刨花板生产流程模式。

定向刨花板的生产过程包括定向刨花制备、定向刨花干燥和分选、定向刨花拌胶、定向刨花铺装和定向板坯热压以及后期处理等工序。

18.1.1 定向刨花制备

18.1.1.1 原料

从理论上讲，制造定向刨花板的原料以针叶材和软阔叶材为宜，如果在工艺上通过改进，也可以用密度较高的阔叶材制造。在选择原料时，应当注意以下因素：

1. 需要量

原料的需要量取决于生产规模及原料消耗率，与原料本身性能、所采取的工艺和设备条件也有密切关系。以速生杨树为例，若制成后的定向刨花板密度为0.7~0.75g/cm³，生产1m³定向刨花板约消耗1.8~2.0m³木材，以一条年生产

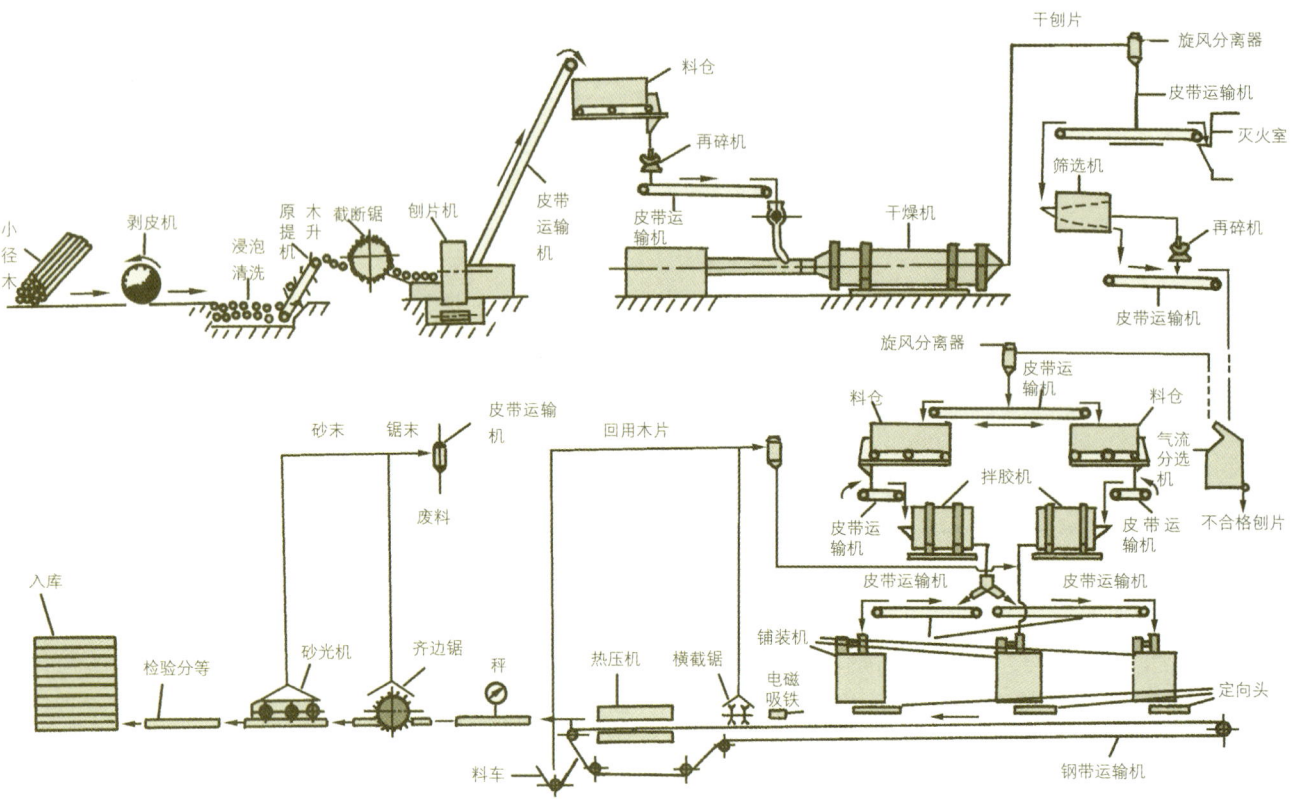

图 18-1 国产化定向刨花板生产流程模式

3 万 m^3 规模的生产线为例，则全年消耗原料 5.4 万～6.0 万 m^3。在选择建厂地点时，应保证在 50km 半径范围内，能正常维持该需要量的供应。

2. 径级

为了获得尽可能高的定向刨花得率，原木应当达到一定径级。对同一种树种来说，原料径级越大，产生的碎料率越低（图 18-2）。生产上所用的原木直径通常在 10～20cm。

3. 含水率

为了防止刨片时产生过多碎料，同时考虑到减轻刨花干燥机的负担和节省能源，刨片前原木含水率控制在某一合理的范围内是必要的，一般以 50%～60% 为宜。在原料贮放时需采取必要的措施，通常要搭防雨棚，垛堆要通风，夏天对过干材要洒水，冬天在寒冷地区要防止木段内部结冰，需配置融冰池。

4. 木材质量

(1) 密度：原料的密度是影响定向刨花形状参数的重要因素。一般以中低密度树种为佳。图 18-3 给出了三种不同树种的刨片效果。结果表明，白杨密度低，其刨花形状破坏系数也较小。从资源、材性和价格等因素综合考虑，目前我国适于制造定向刨花板的树种及其密度如表 18-1 所示。

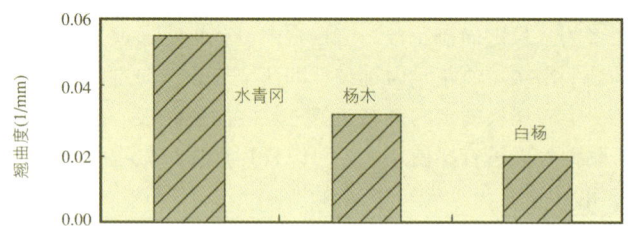

图 18-3 原料密度对定向刨花形状系数的影响

表 18-1 我国适于制造定向刨花板的原料材种

序号	材种	密度 (kg/m³)
1	马尾松	0.54
2	毛白杨	0.53
3	落叶松	0.64
4	意大利杨	0.41
5	桉树	0.68

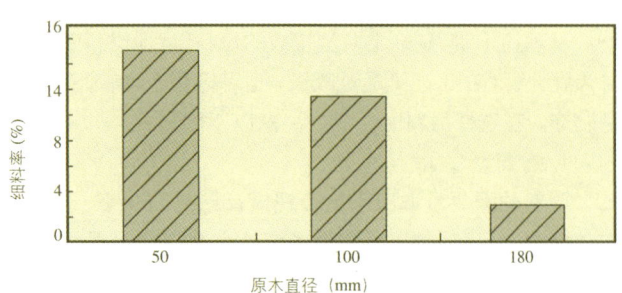

图 18-2 原木直径对定向刨花得率的影响

(2) 腐朽和节疤：原木的腐朽和节疤是影响定向刨花得率的重要因素。如果腐朽严重，则将产生大量碎料，如无腐朽和节子，则将获得较高的定向刨花得率（图18-4）。

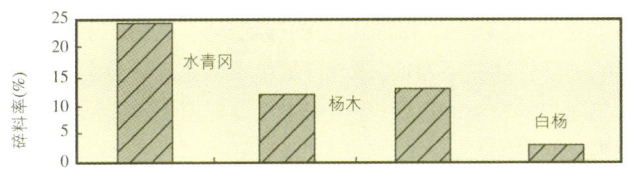

图18-4 腐朽和节疤对定向刨花得率的影响

(3) 树皮：带树皮原木不宜直接用于刨片。在规模较大的定向刨花板生产线上，通常备有剥皮机。在国外许多生产线上，常配有辊筒剥皮机，其结构见图18-5，主要技术参数见表18-2。

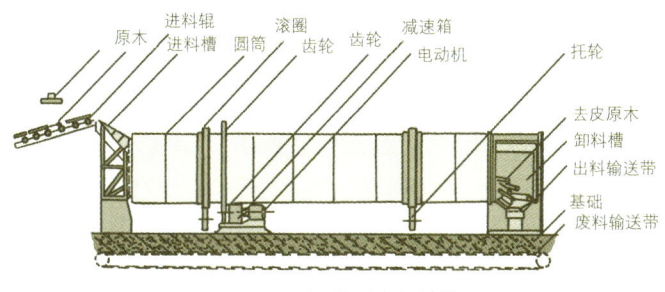

图18-5 辊筒剥皮机结构图

辊筒剥皮机的工作原理如下：木段从入口端进入辊筒，辊筒为一长圆筒，内壁装有带锯齿形的条状或环状剥皮机构。辊筒呈一定倾斜角度安装在托轮上，在电机的驱动下，按一定的速度旋转，木段在辊筒旋转的作用下，被升举到一定高度后落下，掉落在剥皮机构上，并反复进行碰撞，依靠这种机械力的作用，使树皮脱落。木段从入口传送到出口端。需持续一定时间，可以完成剥皮作业。剥皮后的木段由出口端排出，树皮从废料口处被送往指定地点处理。辊筒式剥皮机适合于干状树皮的剥脱，而对新砍伐的原木剥皮效果不理想。

近年来，加拿大CAE公司向市场推出了一种特大型剥皮机，该机包括三种剥皮机构，即剥皮辊、剥皮板和剥皮齿。这种新型剥皮机与辊筒式剥皮机相比具有生产能力大，剥皮效果好，对原木破坏小和对原木直径适应范围广可小至（3.8～7.6cm）等优点。

18.1.1.2 定向刨花形状

1. 定向刨花形状参数

为了有利于刨花定向，必须确保刨花长、宽、厚三个参量符合一定的工艺要求，定向刨花的形状定义如图18-6所示。

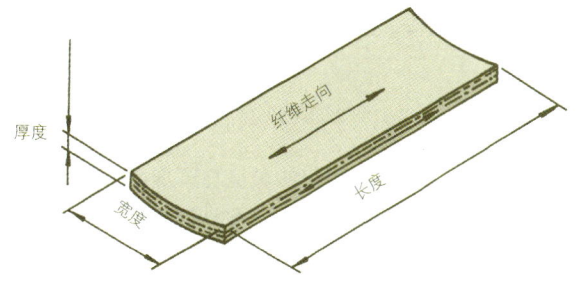

图18-6 定向刨花形状特征

根据大量的研究试验表明，为了获得理想的刨花定向效果和板材的物理力学强度，考虑到原料材种、工艺要求、设备功能和经济成本等方面的因素，一般定向刨花的形状参数为：

长度　　　　　　　　　　$L = 50～100$ mm
宽度　　　　　　　　　　$W = 5～20$ mm
厚度　　　　　　　　　　$T = 0.45～0.60$ mm

表18-2 辊筒剥皮机的结构主要技术参数

技术参数型号	圆筒直径(mm)	圆筒长度(mm)	筒壁厚度(mm)	圆筒转速(r/min)	生产率(m³/班)	总功率(kW)	备注
B	3000	4700		5	54～72	22	周期式
H	2800	9000		7.2	162～216	45	连续式
DB-608	1800	2400	8		608～10	5	周期式
DB-610	1800	3000	9		9.5～13	7.5	周期式
GO-8200	2400	6000	14		40～68	30	连续式
GO-9200	2700	6000	14		67～100	45	连续式
GO-9300	2700	9000	14		95～140	55	连续式
GO-9400	2700	12000	14		130～184	75	连续式
GO-9500	2700	15000	14		160～230	75	连续式
GO-15000	3000	15000	16		184～280	110	连续式
GO-20000	3600	9000	22		150～230	110	连续式
LB	2350	6000	14	15		45	
BNG-1	2000	4500	9	12		40	

在定向刨花板生产过程中，刨花的形状参数是变化的，原因在于加工过程中，机械碰撞损伤往往会引起刨花破碎。图18-7给出了同一种树种的刨花在不同的工序中刨花形状的变化。结果表明，木段刨片后，进入湿料仓，经过干燥机，落在干刨花输送带上，在这一过程中，大刨花的得率逐步下降，碎料的比率逐步上升。

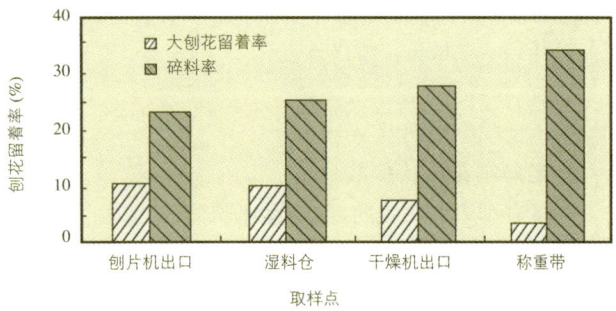

图18-7 在生产过程中定向刨花形状的变化

2. 长细比（I）

又称形状系数，表示刨花的长度与厚度之比。一般说来，I值在120～200范围内。I用下式计算：

$$I = \frac{L}{T}$$

式中：L——刨花长度，mm

T——刨花厚度，mm

3. 单位质量刨花的表面积（A）

该值与刨花拌胶效果、胶合特性以及产品力学强度有密切关系，主要取决于木材密度和刨花厚度。一般说来，产品力学强度随着A值增加而提高。A值用下公式计算：

$$A \approx \frac{2}{\rho \cdot T}$$

式中：A——单位质量刨花表面积，cm²/g

ρ——木材密度，g/cm³

T——刨花厚度，mm

以速生杨树为例，生产定向刨花板的A值一般为5～10 cm²/g。

之所以特别强调定向刨花的形状参数，原因在于其对产品的力学性能关系密切。表18-3给出了刨花尺寸对定向刨花板物理力学性能的影响（包括耐老化处理前后静曲强度和弹性模量的对比）。

18.1.1.3 定向刨花制备

目前，定向刨花板生产中采用的定向刨花制备设备主要有三类，即鼓式刨片机、盘式刨片机和环式刨片机。

1. 鼓式刨片机

鼓式刨片机按照进料机构可分鼓式长材刨片机和鼓式短材刨片机。目前定向刨花板生产线上一般用鼓式长材刨片机。

长材进料鼓式刨片机与目前普通刨花板生产线上所用的鼓式刨片工作原理与机械结构基本相同，区别在于：

① 制备定向刨花需用小径原木，而制备普通刨花也可用枝桠材和加工剩余物；② 制备定向刨花，梳形刀片的槽宽决定定向刨花的长度。图18-8为国产定向刨花板生产线上配套的由镇江林机厂生产的BX445鼓式定向刨片机外形图。

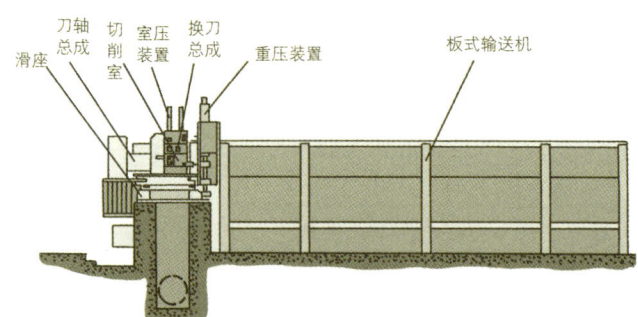

图18-8 BX445鼓式定向刨片机

表18-3 刨花尺寸对定向刨花板物理力学性能的影响

试验号	刨花尺寸（长×宽×厚）(mm)	密度 (kg/cm³)	含水率 (%)	静曲强度 ∥ (MPa)	静曲强度 ⊥ (MPa)	弹性模量 ∥ (MPa)	弹性模量 ⊥ (MPa)	耐老化后静曲强度 ∥ (MPa)	耐老化后静曲强度 ⊥ (MPa)	耐老化后弹性模量 ∥ (MPa)	耐老化后弹性模量 ⊥ (MPa)	平面抗拉强度 (MPa)	握螺钉力 (N)	24h吸水厚度膨胀率 (%)
1	50×0.45×10	0.69	3.5	70.81	25.52	6146	2266	35.59	18.14	2209	0.43	0.63	1375	12.3
2	50×0.60×15	0.65	3.6	64.11	24.82	6686	2346	34.61	21.88	2362	1522	1.02	1457	13.2
3	50×0.75×20	0.64	3.5	60.78	24.64	5793	1848	37.68	20.68	2395	1128	1.05	1535	14.7
4	70×0.45×15	0.67	4.4	105.57	19.26	7265	1381	53.54	13.69	3293	702	1.35	1488	13.5
5	70×0.60×20	0.74	3.5	87.07	21.22	7193	1691	53.42	13.36	3470	881	1.03	1212	14.4
6	70×0.75×10	0.72	4.2	95.72	23.13	7712	1613	46.34	22.49	2962	798	1.37	1373	15.7
7	90×0.45×20	0.74	3.8	104.69	19.85	8354	1588	58.68	8.53	4099	484	0.83	1228	16.2
8	90×0.60×10	0.72	3.8	111.48	13.18	8081	1159	58.90	10.50	4157	628	1.30	1541	18.6
9	90×0.75×15	0.69	3.6	104.53	15.19	7674	1128	42.21	10.08	2870	463	1.17	1753	19.6

主要参数
生产能力（kg/h）	1500
原料要求长度（m）	$1.5 \leqslant L \leqslant 6$
直径（mm）	<400mm
含水率（%）	60～150
刨片厚度（mm）	由刀片伸出量决定
轴尺寸（mm）	$\phi 548 \times 320$
刀片数（片）	12
刀轴转速（r/min）	1300
主电机功率（kW）	90
切削台尺寸（kW）	$420 \times 320 \times 1200$
液压泵站功率（km）	18.5～22
外形尺寸（mm）	$6940 \times 5930 \times 1970$
总质量（kg）	7500
输送机重（kg）	6100

刨花厚度的调节取决于刀刃伸出量和进料速度（表18-4、表18-5）。

表18-4 刨花厚度与飞刀伸出量参数的关系

刨花厚度（mm）	飞刀伸出量（mm）	底刀与刀轴体间间隙（mm）
0.25	0.7	1.2
0.3	0.8	1.3
0.4	1.0	1.5
0.5	1.2	1.7
0.6	1.4	1.9

表18-5 刨花厚度与进料速度

刨花厚度(mm)	每进给500mm所需时间（s）
0.3	18～30
0.4	12～24
0.5	10～20
0.6	8～18

2. 盘式刨片机

盘式刨片机是定向刨花板生产中常见的刨花制备机械。加拿大CAE公司生产的盘式刨片机在定向刨花板生产中应用非常普遍。

与鼓式刨片机相比，盘式刨片机属于纵端向切削，由其制成的刨片厚度均匀性好，碎料少，但生产率稍低。盘式刨片机制备刨花的工作原理见图18-9。

盘式刨片机的功能在于将小径级原木或制材厂加工剩余圆木切削成大片刨花，用于定向刨花板生产。按进料方式可分为长材纵向进料和短材横向进料。加拿大CAE公司生产的纵向进料和横向进料盘式刨片机主要性能如表18-6所示。

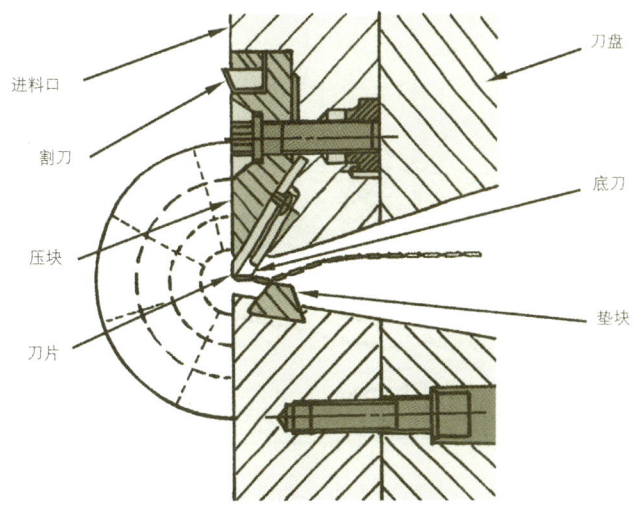

图18-9 盘式刨片机切削原理图

表18-6 加拿大CAE公司纵向进料和横向进料盘式刨片机主要性能

型号	CAE37/118 盘式长材刨片机	CAE34/118 盘式短材进料刨片机
进料方式	长材纵向进料	短材横向进料
进料口尺寸(mm)		
长 度	940	
高 度	1727	635
宽 度	889	785～895
圆盘转速（r/min）	400	380
主电机功率（kW）	550	450
圆盘直径（mm）	2997	2997
刀把数（片）	24	24
刀尺寸（mm）	$470 \times 70 \times 5$	$470 \times 70 \times 5$
刀研磨角（°）	32	32
槽口尺寸	取决于刨花长度，配备制备以下刨花长度的刀片 67.1 mm 78.3 mm 85.4 mm 94.0 mm 104.4 mm 117.5 mm 134.3 mm 156.6 mm	取决于刨花长度，配备制备以下刨花长度的刀片 67.1 mm 78.3 mm 85.4 mm 94.0 mm 104.4 mm 117.5 mm 134.3 mm 156.6 mm
刀轴直径（mm）	210	210
进料方向		右侧
生产能力	见图18-11	见图18-12

3. 环式刨片机

环式刨片机是近年来研制成功的新一代刨片设备，它集中体现鼓式刨片机和盘式刨片机的优点。环式刨片机外形结构和切削原理见图18-10。

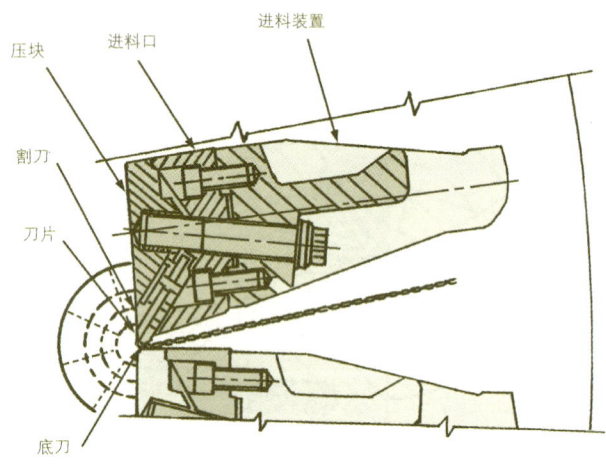

图 18-10 环式刨片机切削工作原理

CAE28/81 环式刨片机主要性能参数

进料口尺寸（mm）	711 × 1143 × 1550
刀环转速（r/min）	370
主电机功率（kW）	900
刀环直径（mm）	2057
刀把数（片）	44
刀尺寸（mm）	725 × 82.6 × 6.4
刀研磨角（°）	33
刀轴直径（mm）	355.6

4. 影响定向刨花质量的因素

(1) 刨花尺寸分布：对同一种条件加工出来的刨花尺寸分别用 William 筛和 Gisson 筛进行分析，可以发现在原料总量中，大刨花得率占主要部分。

(2) 设备因素：取白杨为原料，用 CAE6/36 盘式实验刨片机和 CAE12/48 环式实验刨片机进行试验，结果表明：两种设备的质量效果相似。

同一种类型但参数不同的盘式刨片机产生的刨花厚度不一致。

(3) 刀片参数：刨花长度取决于刀片槽宽，因此，在工厂往往根据产品的工艺要求，配备若干种槽宽的刀片。

刀片的后角和刀片速度，对刨花的宽度有重要的影响。

(4) 刨花厚度：定向刨花厚度主要受进料速度的影响，进料速度按下式计算：

$$v = \frac{t \cdot n \cdot w}{60}$$

式中：t——刨花名义厚度，mm

n——刀片数量，把

w——刀轴转速，r/min

根据上式，可以由刨花的厚度要求推导出进刀速度，为了防止在切削过程中，木段反弹而使进料速度发生变化，故

表 18-7 两种刨片机制备的刨花尺寸和定向板性能对比

形态和性能	指标	盘式刨片机	环式刨片机
刨花厚度（mm）	平均值	0.683	0.676
	标准差	0.069	0.069
	变异系数	10%	10%
刨花宽度（mm）	平均值	14.0	14.5
	标准差	8.9	10.7
	变异系数	64%	74%
内结合强度（MPa）	平均值	0.628	0.629
	标准差	0.064	0.065
	变异系数	10%	10%
静曲强度(24h煮沸)（MPa）	平均值	35	32
	标准差	4.0	3.2
	变异系数	12%	10%

表 18-8 影响定向刨花质量因素一览表

指标	决定因素	变化因素
长度	刀片槽宽	木材质量（损伤、腐朽、节疤、冰冻等）、斜纹、割刀刻痕深度不够等
宽度	刀片后角和垫块角度	木材密度、纤维形态、刀片速度、工序影响（运输、料仓、干燥机、筛选、拌胶机和铺装机）、树种、含水率、温度和原木直径
厚度	进料速度、刀伸出量	刀片调节不均匀，原木进给不连续，切削速度不稳定
产量		木材质量，原木的纹理和部位，刀片的锋利和调节
卷曲	材种	
表面光洁度	刀片的锐利和材种	刀片的调节

在刨片设备进料系统中装有防止反弹的装置。

以白杨为原料，分别用 CAE6/36 盘式刨片机和 12/48 环式刨片机将其加工成长度为 140mm 的刨花，并在相同的条件下制板，二者的刨花形态和板子性能对比见表 18-7。

表 18-8 根据大量试验，给出了影响定向刨花质量的因素。

定向刨花制备后，一般采用皮带或螺旋运输机输送至卧式料仓贮存，所需设备与普通刨花所用设备基本相同。

18.1.2 定向刨花干燥

为了保证拌胶后的刨花含水率控制在 12%~15% 以下，湿刨花应当进行干燥。与传统的碎料干燥相比，定向刨花干燥时必须确保刨花形态不被破坏，在干燥工艺和干燥设备上呈现出独特性，一般干燥后所要求的含水率视所用的胶黏剂类型而异。若用液态胶黏剂，刨花含水率为 3%~5%；若用粉状胶黏剂，则刨花含水率为 8%~10%。

18.1.2.1 热介质

与普通碎料干燥类似,定向刨花干燥常以热空气作为介质,也可用经过净化处理的热烟气作为介质。热空气可以由燃料(煤、天然气、燃油、木废料等)通过燃烧后得到高温烟气再与冷空气换热而得到,也可以采用中密度纤维板纤维干燥系统的方案,用蒸汽或热油经换热而得到。图18-11为国产定向刨花板生产线上所有的干燥介质发生系统。主要技术参数如下,见表18-9。

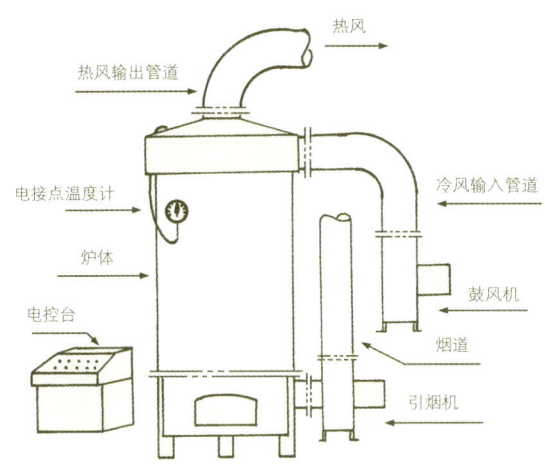

图18-11 定向刨花干燥介质发生装置

在定向刨花板工厂中,也有采用以经过净化的高温烟气作为干燥介质的,德国比松公司提供的这类烟气发生装置结构见图18-12。

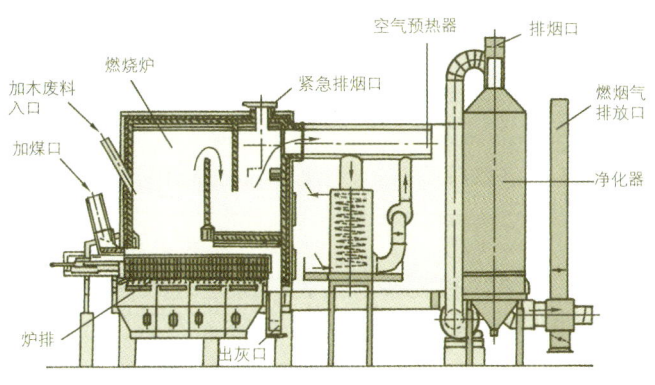

图18-12 烟气发生装置结构

主要技术参数

烟气入口温度	300~500℃
烟气出口温度	120℃

18.1.2.2 干燥装置

定向刨花干燥在工艺上除了要满足普通刨花干燥所需达到的要求外,还必须保证在生产过程中,刨花形态尽可能地不被破坏。带有强烈搅拌和碰撞行为的各种干燥机不适合定向刨花干燥,工业生产中常用的干燥机有单通道干燥机和三通道干燥机两大类。

1. 单通道干燥机

国产BG20单通道干燥机是配备年产15000m³定向刨花板生产线的专用设备,可以将湿刨花干燥到含水率2%~3%。BG单通道干燥机结构见图18-13。

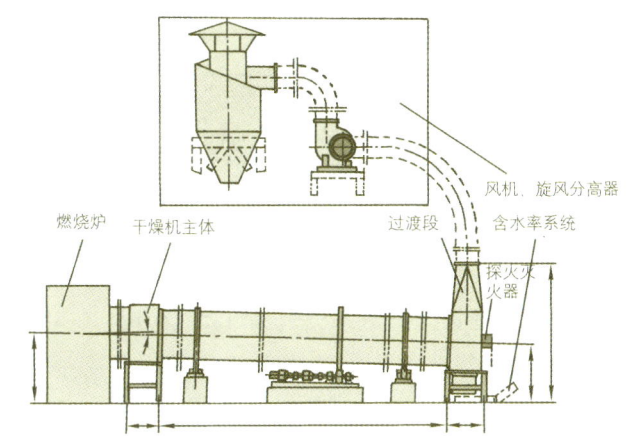

图18-13 BG单通道定向刨花干燥机

主要技术参数

生产能力	15000m³/a
刨花初含水率	<80%
刨花终含水率	2%~3%
干燥机进口温度	250~350℃
干燥机出口温度	100~130℃
干燥筒内气流速度	2~3m/s
辊筒直径	2000mm
辊筒长度	20 m
辊筒安装倾角	1.5°
辊筒转速	5~15r/min

表18-9 干燥介质发生装置性能参数表

参数型号	输出热量(J)	输出风量(m³/h)	输出温度(℃)	耗煤量(Kg/h)	烟气引风型号
JRF5-80	33.4×10⁸	56000~9500	60~350	240~250	GY2-1 7.5kW
JRF5-160	66.9×10⁸	111500~19000	60~350	480~490	GY4-1 18.5kW
JRF5-200	83.6×10⁸	232000~23000	60~350	600~620	GY4-1 18.5kW

主电机功率　　　　　　　7.5kW
耗热量　　　　　　　　　200×10⁴kcal/h
装机总容量　　　　　　　55kW
外形尺寸　　　　　　　　22100×2600×5860（mm）

2. 三通道干燥机

三通道干燥机与单通道干燥机相比具有占地面积小，生产效率高等优点。比松三通道干燥机是在定向刨花板厂用得比较多的干燥设备。其结构外形如图18-14。

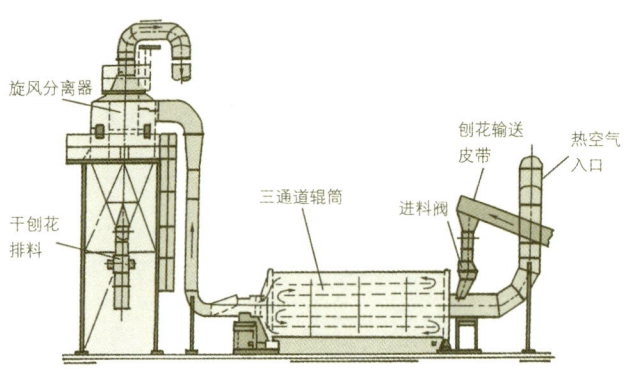

图18-14 比松三通道干燥机系统

主要参数

生产能力　　　　　　　　2900kg/h（绝干）
水分蒸发量　　　　　　　2840kg/h
热消耗量　　　　　　　　2.89kcal/h
刨花初含水率　　　　　　100%
刨花终含水率　　　　　　2%

18.1.2.3 定向刨花分选

为了获得理想的拌胶效率和定向效果，工艺上要求对干燥后的刨花进行分选。在有些定向刨花板工厂，有时也采用普通刨花板生产线常用的气流分选机和振动圆筛进行分选，但需对有关参数（筛网孔眼尺寸，振动强度等）进行修正。从工艺上讲，定向干刨花分选以采用辊筒式分选机为宜，其结构见图18-15。

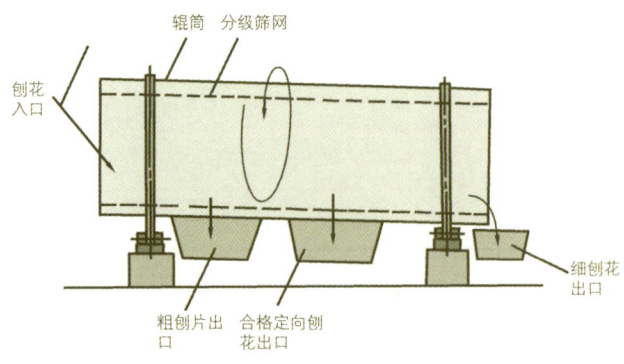

图18-15 辊筒式分选机结构示意图

18.1.3 定向刨花拌胶

18.1.3.1 胶黏剂与添加剂

制造定向刨花板所用的胶黏剂有脲醛树脂和酚醛树脂两大类，每一类又分为液态胶和粉状胶两种形式。所用的防水剂主要为石蜡乳化剂，此外往往还需要添加阻燃剂、防腐剂、甲醛捕捉剂等。这些胶黏剂和防水剂的制备所需设备并无特殊之处，仅化学配方有所不同。

下面列出定向刨花板厂所用胶黏剂和防水剂主要质量指标（实测）：

(1) 脲醛树脂胶性能

固体含量：60%～65%

pH值：7.0～8.0

固化时间：<80s

黏度：17～45s（20℃，4号涂料杯）

游离甲醛含量：<0.5%

(2) 定向刨花板专用酚醛树脂胶性能

固体含量：46%

碱度：4.62%

凝胶时间：9.40min

黏度（cp.25℃）：360

游离酚含量：0.242%

可被溴化物：6.34%

游离醛：0.04%

(3) 石蜡防水剂性能

pH值：7～7.5

浓度：30%～60%

稳定性：20～30d

粒径：2～3μm

黏度（cp）：100～350

固化时间（与UF胶混合）：40～60s

定向刨花拌胶工艺条件一览表见表18-10。

表18-10 定向刨花拌胶工艺条件一览表

添加物	表面非细化	表面细化定向刨花板	
	定向刨花板	表层细料	芯层定向刨花
脲醛树脂胶	9%～10%	10%～12%	8%～10%
酚醛树脂胶	6%～7%	6%～8%	5%～6%
防水剂	1.5%	2.0%	1.0%

由于定向刨花板主要用于建筑，对板子的甲醛散发量要求严格，故在制板过程中和板子生产后应采取相应措施，以便降低产品的甲醛释放量，具体方法见表18-11。

表18-11 降低定向刨花板甲醛散发量方法

方法	工艺措施
采用低摩尔比胶黏剂	改变脲醛树脂胶的摩尔比
	调节脲醛胶制备的投料方案
	用三聚氰胺对脲醛树脂胶进行改性
添加甲醛捕捉剂	在调胶时加入甲醛捕捉剂
	在制胶时加入甲醛捕捉剂，使之参与反应
选用低甲醛或无甲醛的胶黏剂	选用酚醛树脂胶
	选用异氰酸酯胶黏剂
改进制板工艺条件	降低拌胶后刨花含水率
	使热压三要素处于最佳配合状态
制板后进行化学处理	氨处理
封闭处理	贴面封闭处理
	涂饰封闭处理

表18-12 BXL404辊筒式拌胶机技术参数

指标	参数
生产能力	2500 kg/h
辊筒长度	4000 mm
辊筒直径	1500 mm
安装倾角	3°～5°
辊筒转速	5～16 r/min
喷嘴数	4
喷嘴压力	6.0×10^6 Pa
电机功率	5.5 kW
外形尺寸(mm)	5070 × 2936 × 2155

表18-13 CAE10 × 30辊筒式拌胶机参数

指标	参数
生产能力	204 kg/min
内径	3050 mm
长度	9144 mm
安装倾角	2°～6°
功率	22 kW
转速	0～25 r/min
抄板高度	102 mm
抄板厚度	4.76 mm

18.1.3.2 定向刨花拌胶机

拌胶机是用来混合胶黏剂和刨花的专用设备。为保护定向刨花在拌胶过程中形态不被破坏，一般采用温和型拌胶机，主要有辊筒式拌胶机（图18-16）。

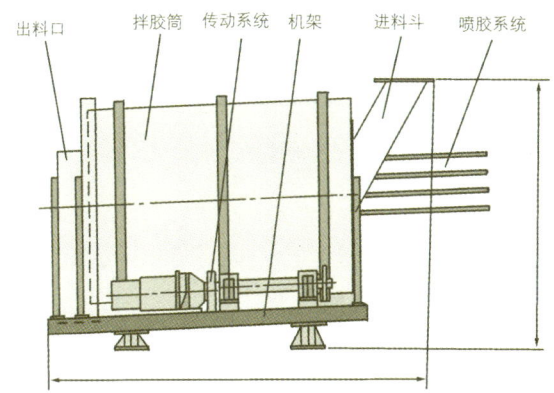

图18-16 辊筒式拌胶机外形

辊筒式拌胶机拌胶时，首先通过压力泵和喷头将胶液雾化，形成微细胶滴，借助辊筒转动使刨花飘洒，使胶滴洒落在刨花表面，达到施胶的目的。如果采用粉状树脂胶，则应采用喷粉装置，在拌胶时，必须通过计算机控制，使胶黏剂用量与被拌胶刨花总用量的比值恒定。

在国产化定向刨花板生产线上配置的BXL404辊筒拌胶机主要性能参数见表18-12。

加拿大CAE辊筒式拌胶机主要性能参数见表18-13。

除了工业生产中采用卧式拌胶机外，在实验室还可以采用立式拌胶机进行定向刨花拌胶。立式拌胶机拌胶时一般不损害刨花形态，立式拌胶机结构见图18-17。

18.1.4 定向刨花铺装

定向刨花板刨花的排列方向称为板子的定向方向，与定向方向呈90°夹角的方向称为板子的垂直方向。

任意一片刨花的长度方向与定向刨花板定向方向之间的夹角θ（θ<90°）称为该片刨花的定向角，刨花定向角大小是表示定向效果的重要标志。

定向铺装是定向刨花板生产中的关键工序。到目前为

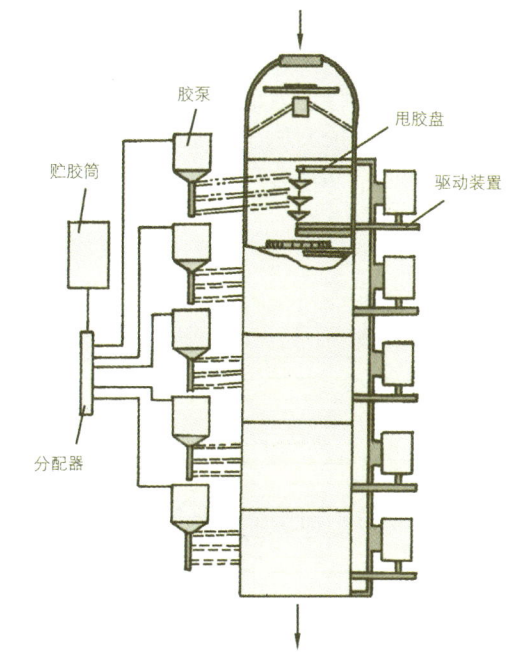

图18-17 立式拌胶机结构示意图

止，已经公布于世的刨花定向方法已有十余种之多（表18-14）。但在定向刨花板生产中常用的主要为机械方法类中的圆盘定向头、插片定向头和星形辊定向头等。

表18-14 刨花定向方法一览

类 别	方 法	特点及用途
静电方法	静电方法	适于纤维定向和小刨花定向
机械方法	流料板定向器	横向定向
	滑辊定向	纵横向定向
	转筒定向	横向定向
	振动栅板	纵横向定向
	履带定向	横向定向
	星形辊定向	横向定向
	圆盘定向	纵向定向
	插片定向	纵横向定向

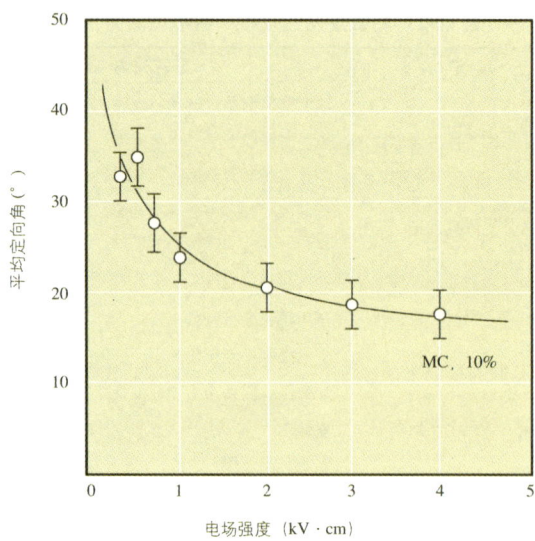

图 18-19 电场强度与平均定向角之间的关系

18.1.4.1 静电定向铺装

电介质处于高压静电场中时，电介质中的极性基团将产生位移，电介质被极化。极化了的电介质带正电荷的一端将受到负电极板的吸引，而电介质中带负电荷的一端将受到正电极板的吸引，从而使极化了的电介质受到一个回转力矩的作用，在电场中取向。木质刨花是一种电介质，若自由落入静电场中，刨花被极化，长轴即顺电力线排列，从而完成定向的过程。

静电定向所使用的装置，目前有三种型式，如图18-18所示：a.电极板置于板坯的上方；b.电极板同时设置在板坯的上下方；c.电极板置于板坯的下方。

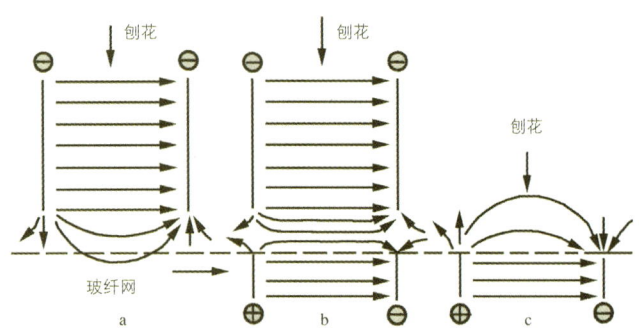

图 18-18 三种静电定向的型式

1. 影响静电定向效果的若干因素

（1）电场强度对静电定向效果的影响：图 18-19 表示电场强度与刨花平均定向角之间的关系，结果表明：电场强度在 0~4kV·cm 之间，定向效果随着电场强度的增加而改善。电场强度为 4kV·cm 时，定向效果最好，平均定向角可达 17°左右。

（2）刨花含水率对静电定向效果的影响：图 18-20 表示刨花含水率对定向效果的影响。结果表明：木质刨花在静电场中的定向效果随含水率的提高而改善，研究表明刨花含水率为 10%~15% 时，定向效果最好。如果刨花含水率过高，则反而影响定向效果。

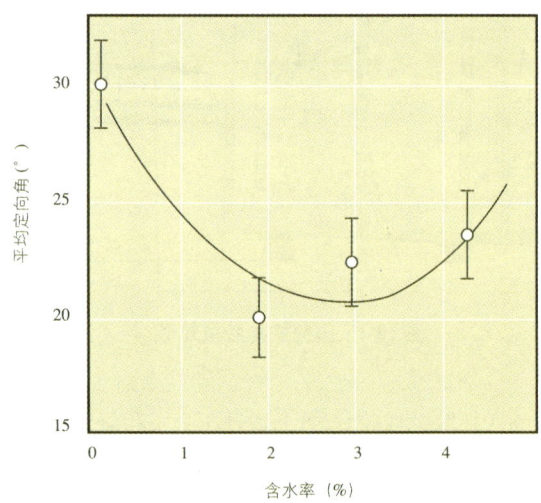

图 18-20 刨花含水率与平均定向角的关系

刨花拌胶后，只要总的含水率保持在 10%~15% 范围内，对静电定向效果没有明显的影响。图 18-21 所示为涂胶刨花平均定向角与未涂胶刨花平均定向角的比较，两条曲线基本一致。

（3）极板高度对静电定向效果的影响：当刨花呈自由落体状进入静电场后，即开始产生极化和转向的动作。用高速摄影观察刨花在静电场定向状态，发现刨花在静电场中呈"Z"字形的轨迹进行移动和下落，同时考虑到刨花实现完全定向需要持续一定的时间，因此保持一定的极板高度是必要

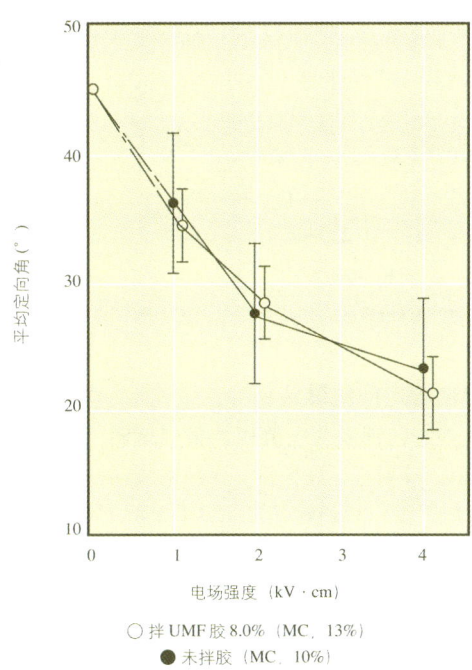

图 18-21 电场强度对涂胶刨花平均定向角的影响

的。通常控制在45cm以内，但是，应当尽可能地缩短极板下端至板坯表面的距离，因为，该距离将严重影响刨花的定向效果。

18.1.4.2 机械式定向铺装头

1. 圆盘定向铺装头

圆盘定向铺装头结构示意图见图 18-22。

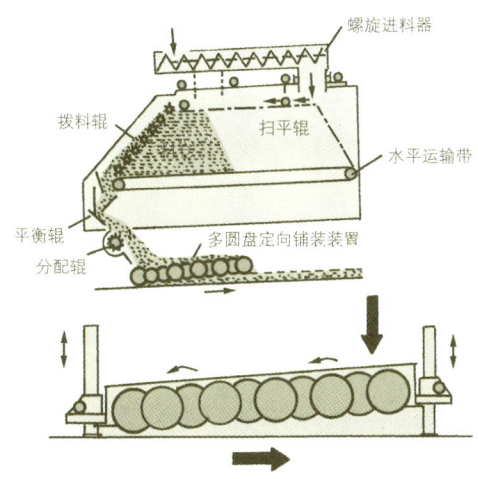

图 18-22 圆盘定向铺装头结构示意图

圆盘铺装头工作原理如下：圆盘定向装置由一系列转轴组成，它们平行安装在同一框架中，框架两端由带升降机构的立柱支承，可以上下运动。每根转轴上排列有若干片彼此保持一定间隔的圆盘。各转轴的圆盘相互局部重叠，形成圆盘筛网。各轴圆盘间距不同，由密到疏，分成数级。所有转轴向一个方向转动，但最后一个转轴反向转动，将少量大刨花抛回重新定向铺装。刨花进入圆盘筛网后，一方面，根据圆盘筛网的疏密进行分选，另一方面，在圆盘间隙的作用下被强制定向，形成从表层到芯层刨花逐渐变小的定向板坯结构。由于铺装过程中存在铺装角，故圆盘的底面要按板坯铺装角的大小倾斜安装。

影响圆盘铺装头定向效果的因素有：圆盘间隔(A)、圆盘转速(B)和刨花下落高度(C)，试验研究结果见图 18-23。

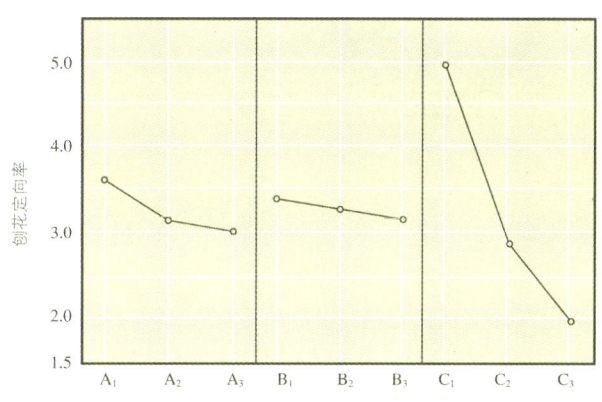

图 18-23 影响圆盘定向效果的因素

国产定向刨花板生产线配置了 BP3813 圆盘定向铺装机，其主要性能参数如下：

生产能力：36m³/d

铺装板坯宽：1340mm

铺装最大坯高：300mm

螺旋进料装置转速：12～58r/min

料耙链线速度：0.4～0.6m/s

抛辊外径×个数：ϕ230×4

料仓输送带线速度：1～11.8m/s

运输带驱动辊直径×带宽：ϕ240mm×1490mm

定向圆盘辊轴转速：60～300r/min

圆盘外径：ϕ172mm

定向星形辊轴转速：3.7～17r/min

星形辊外径：ϕ230mm

总机安装容量：53.1kW

总质量：9233kg

2. 插片式定向铺装头

插片式定向铺装头是工业生产中较常见的定向铺装装置，其结构如图18-24所示。插片式定向铺装头工作原理如下：完成拌胶后的薄长条刨花均匀下落在插片铺装头上。插片分固定插片和运动插片两组。所谓插片乃是带有等边三角形锯齿的特殊锯条。两组插片本身的间隙可以调节，固定插片与运动插片相邻间隔大约相当于薄长条刨花长度的一半。运动插片由安装在机架上的调速电机通过变速装置作往复运

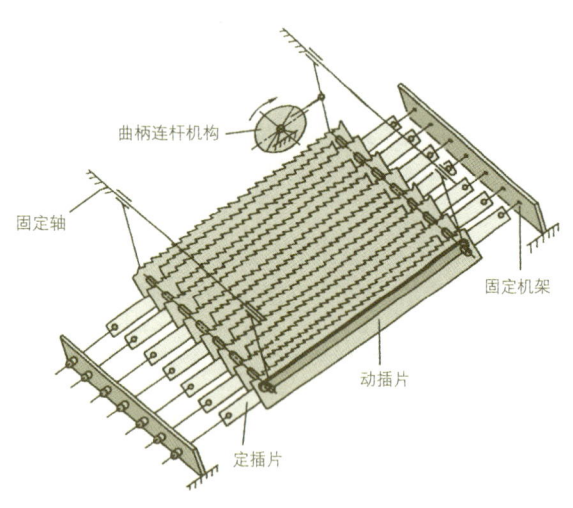

图18-24 插片式定向铺装头

运输带驱动辊直径×带宽：ϕ240mm×1490mm
插片间隔：30～50mm（可调）
插片运动频率：50～60次/min
插片运动行程：30～50mm
定向星形辊轴转速：3.7～17r/min
星形辊外径：ϕ230mm
总机安装容量：60kW
总质量：10000kg

3. 星形辊定向铺装头

星形辊定向铺装头主要用作横向定向，其结构由起落架、导向阀、反射板、分料辊、分料辊传动、滑辊、落料辊、松料辊、检查窗、松料辊传动、落料辊传动等部件组成。

4. 履带式定向铺装头

履带式定向铺装头主要用于横向定向。其结构见图18-26。

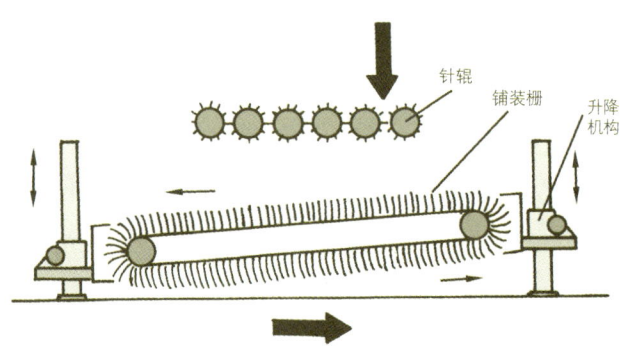

图18-26 履带式定向铺装头结构示意图

动。刨花下落至插片定向区以后被强制从定片与动片的间隙中落到垫板上，形成定向板坯。刨花自下落至插片定向区到从间隙中排出所持续的时间取决于刨花的长度、间隙的大小、插片运动的行程与频率等因素（图18-25）。

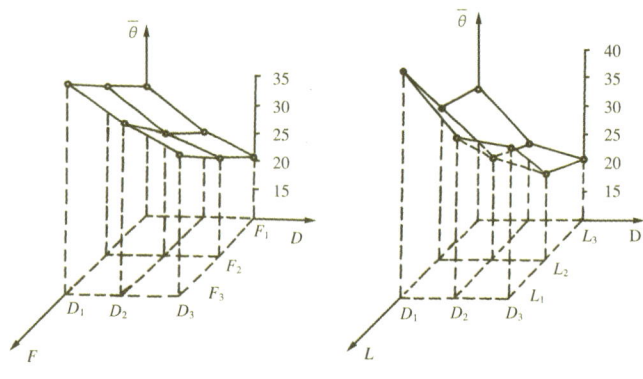

插片间隙 D 和插片运动频率 F 对刨花平均定向角的影响　　插片间隙 D 和插片运动距离 L 对刨花平均定向角的影响

图18-25 影响插片式定向铺装头效果的因素

18.1.4.3 定向板坯铺装角

定向刨花在铺装过程中，会形成一定的铺装角，铺装角的大小取决于板坯的厚度和完成刨花定向铺装所持续的距离（图18-27）。

在刨花定向过程中，板坯的厚度是逐步增加的，在整个

我国自行设计制造的国产化BP3815插片式定向铺装机主要技术参数如下：

生产能力：50m³/α
铺装板坯宽：1340mm
铺装最大坯高：450mm
螺旋进料装置转速：12～58r/min
料耙链线速度：0.4～0.6m/s
抛辊外径×个数：ϕ230mm×4
料仓输送带线速度：1～11.8m/s

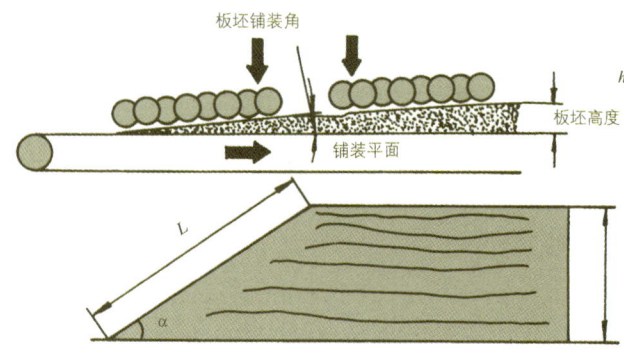

图18-27 定向板坯铺装角示意图

铺装距离内,板坯的表面为斜面,根据大量的研究表明,刨花离开定向装置的高度明显影响定向效果。因此,纵向定向装置应该按铺装角大小倾斜安装,保持定向头底部到板坯表面的距离处处相等。

18.1.4.4 定向铺装头的组合

1. 三层定向刨花板铺装系统的组合

在国外,生产的定向刨花板大多为表面不细化的三层结构板,其定向铺装系统可以按下列方式进行组合:

(1) 圆盘纵向定向+履带式横向定向+圆盘式纵向定向(Siempelkamp 定向铺装系统,见图 18-28)。

(2) 插片式纵向定向+星形辊横向定向+插片式纵向定向(原 Bison 定向铺装系统,见图 18-29)。

2. 五层定向刨花板铺装系统的组合

在我国,表面细化的五层定向刨花板更容易找到市场,因此,国产的定向刨花板生产线都采用气流铺装头和定向铺装头相组合的方式,生产表面细化的五层定向刨花板,也可以用分级式铺装头替代气流铺装头铺装表面细料。南京林业大学(南林)经过长期研究,发明了把纵向铺装头和横向铺装头融为一体的组合式定向铺装头,获得了圆盘加星形器组合定向铺装头和插片加星形器组合定向铺装头两项专利。分别形成了两种五层定向刨花板铺装系统。

(1) 气流铺装头/分级铺装头+圆盘与星形辊组合定向铺装头+圆盘与星形辊组合定向铺装头+气流铺装头/分级铺装头(南林-上海板机定向铺装系统,见图 18-30)。

(2) 气流铺装头/分级铺装头+插片与星形辊组合定向铺装头+插片与星形辊组合定向铺装头+气流铺装头/分级铺装头(南林-镇江林机定向铺装系统,见图 18-31)。

在刨花定向铺装过程中,必须注意下列两个问题:

(1) 铺装表面细化的定向刨花板坯时,铺装底面时,细料直接落在金属垫板上;而铺装表层时,细料落在大片刨花板坯上,因为振动,会有相当一部分细料落到大刨花的空隙中,导致两表面结构不均匀,影响板子尺寸稳定,因此,在铺装上表面前,往往增加一个均平辊,先把大刨花表面压实。

(2) 由于定向刨花在铺装过程中,层面交叉叠放,加之大刨花易翘曲,同样的最终板厚,定向板坯厚度大约是普通板坯厚度的3~5倍。如果热压采用多层压机或单层压机,压板间隙不够大时,则板坯要进行预压,一般可采用周期式预压机或连续式预压机。

18.1.4.5 定向刨花板热压

定向刨花板热压与普通刨花板热压相比,可以概括为以下不同点:

(1) 压机可采用单层压机、多层压机或连续式压机,多层压机要有快速闭合装置和同时闭合装置。

(2) 加热方式可采用蒸汽、热水或热油加热,以热油加热为多。

(3) 由于定向刨花板坯热量传递与水蒸气排放比普通刨花板困难,故同等条件下,定向刨花板的热压时间要比普通刨花板热压时间稍长。

(4) 由于定向刨花板坯的刨花形态特殊且板坯厚度超常,故要达到相同的闭合速度,所需初压力有所增加。

(5) 定向刨花板坯在热压时,水分移动和胶黏剂固化机理无异,故所采用的热压曲线与普通刨花板基本相同。

在热压过程中,定向刨花板坯内部形成的水蒸气难以畅

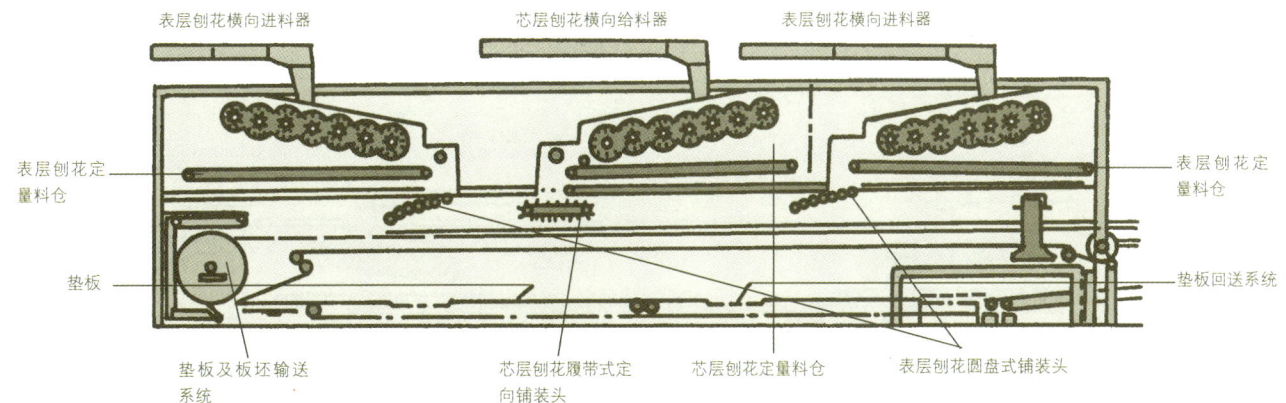

图 18-28 德国 Siempelkamp 公司的定向铺装系统

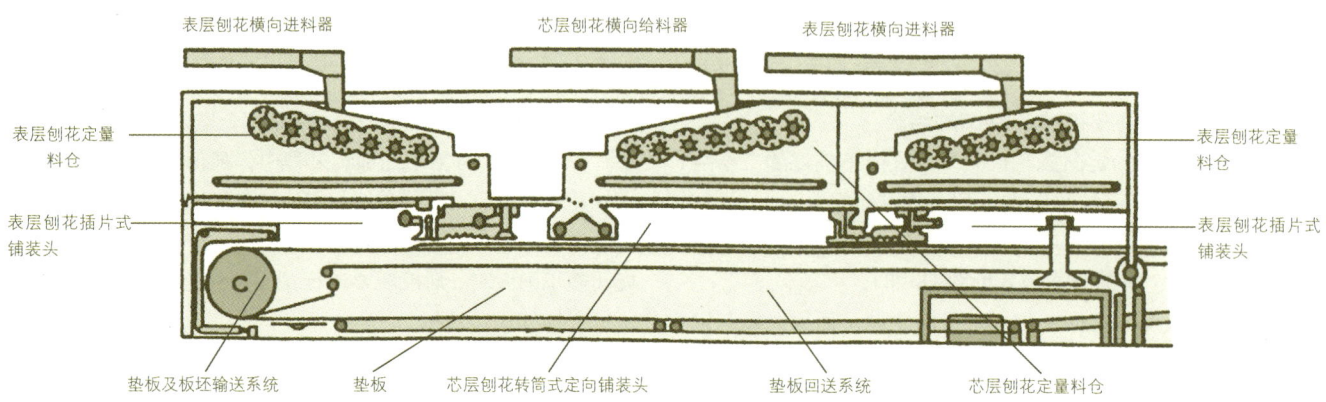

图 18-29 德国 Bison 公司的定向铺装系统

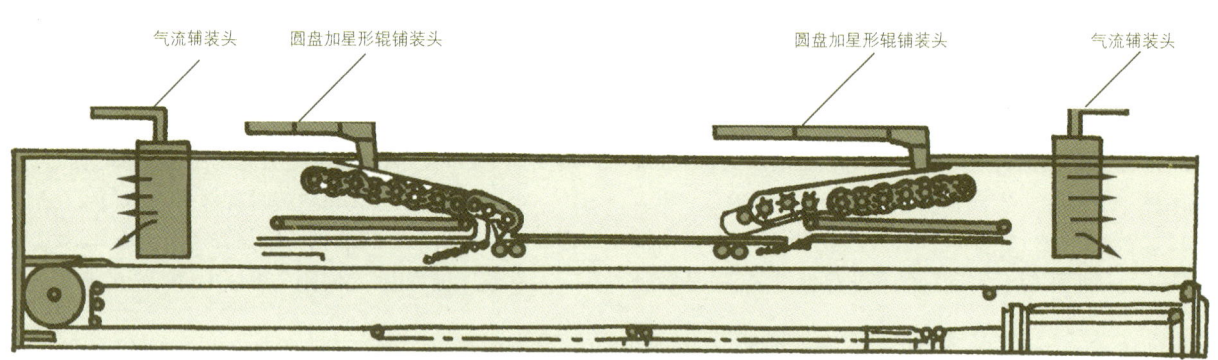

图 18-30 南林—上海板机定向铺装系统

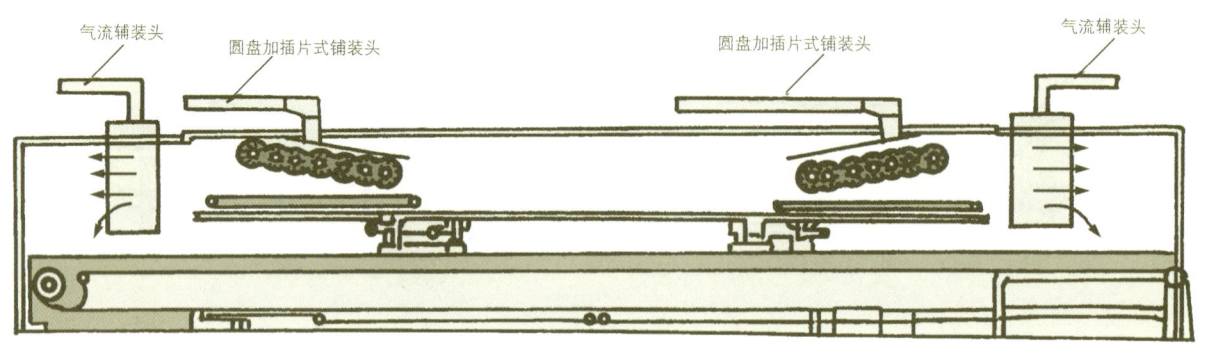

图 18-31 南林—镇江林机定向铺装系统

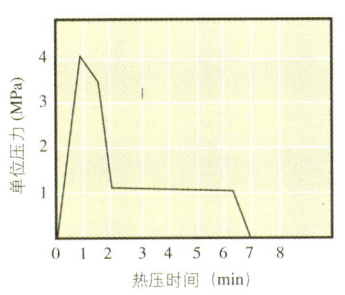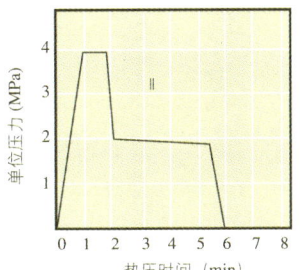

Ⅰ 脲醛胶，温度 160±5℃，板厚 10mm，密度 650kg/m³
Ⅱ 酚醛胶，温度 170±5℃，板厚 10mm，密度 650kg/m³

图 18-32 定向刨花板热压曲线

通地排放，如果降压时速度过快，容易产生鼓泡和分层。

表 18-15 给出了定向刨花板热压参数。

定向刨花板热压曲线如图 18-32 所示。

18.1.2.6 定向刨花板后期处理

定向刨花板的后期处理包括裁边、冷却和砂光，与普通刨花板的工艺基本相同。

定向刨花板定向效果的评价方法尽管多种多样，最常用的有两种：即平均定向角表示法和方向特性表示法。

18.2 定向刨花板性能检测

18.2.1 定向效果评价

定向刨花板定向效果的评价方法尽管多种多样，最常用的有两种，即平均定向角表示法和方向特性表示性。

1. 平均定向角表示法

平均定向角 $\bar{\theta}$ 按下式进行计算（参见图 18-33）：

$$\bar{\theta} = \sum_{i=1}^{n} \theta_i / n$$

式中：$\bar{\theta}$——刨花的平均定向角
θ_i——第 i 个刨花的定向角
n——被测刨花的总个数

如果计算得到的定向角 θ 越小，表示定向效果越好；反之越差。若 $\theta \approx 45°$，则表示此板与刨花任意排列的刨花板相似。

定向系数 f 按下式计算：

$$f = \frac{45° - \theta}{45°}$$

f 值越大（即接近于 1），定向效果越好；
$f \to 0$，定向效果最差，与普通刨花板相似。

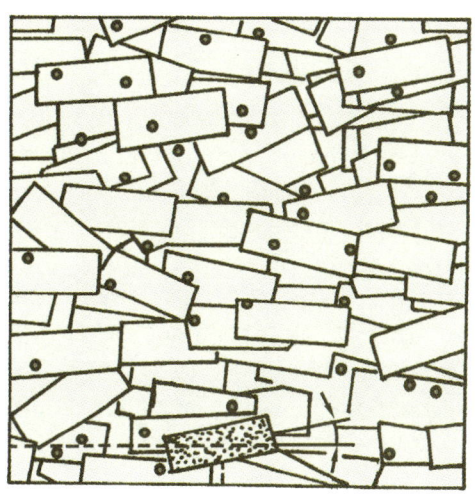

图 18-33 刨花平均定向角示意图

表 18-15 定向刨花板热压参数

指　标	脲醛树脂胶	酚醛树脂胶
温度	160～180℃	180～220℃
压力	0.25～0.30MPa	0.30～0.35MPa
时间	0.3～0.5min/mm	0.5～0.7min/mm

注：1. 热压时应视板子密度、含水率、厚度等影响有所变化
　　2. 热压系统应视所用材种和板子密度而有所变化

2. 方向特性表示法

用下式计算出定向刨花板纵横向静曲强度（或弹性模量）的比值 C，以此可以评价定向效果的好坏。

$$C = \frac{MOE_{\parallel}}{MOE_{\perp}}$$

$$C = \frac{MOE_{\parallel}}{MOE_{\perp}}$$

式中：$MOR_{\parallel}$（或 $MOR_{\perp}$）——纵向静曲强度（或弹性模量），MPa
$MOE_{\parallel}$（或 $MOE_{\perp}$）——纵向静曲强度（或弹性模量），MPa

C 值越大，说明定向效果越好，如果 $C=1$，则意味着为随机结构板，C 值和 $\bar{\theta}$ 之间存在着换算关系。

18.2.2 定向刨花板标准

目前，国际上现有的定向刨花板标准主要有欧共体标准和加拿大标准，我国最近也颁布了定向刨花板行业标准，在该标准中，规定的物理力学性能见表 18-16。

定向刨花板需要进行耐老化测试，用 V_{313} 法和 ASTM 方法对定向刨花板进行老化测试，结果见表 18-17 和表 18-18。

在国产化定向刨花板生产线用意杨生产的定向刨花板物理力学性能测试结果如表 18-19 所示。

表 18-16 定向刨花板标准（物理力学性能）

	指标	单位	名义厚度											
			6～10				>10～18				>18～25			
			OSB/1	OSB/2	OSB/3	OSB/4	OSB/1	OSB/2	OSB/3	OSB/4	OSB/1	OSB/2	OSB/3	OSB/4
必测	静曲强度													
	平行	N/mm²	20	22	22	30	18	20	20	28	16	18	18	26
	垂直	N/mm²	10	11	11	16	9	10	10	15	8	9	9	14
	弯曲弹性模量													
	平行	N/mm²	2500	3500	3500	4800	2500	3500	3500	4800	2500	3500	3500	4800
	垂直	N/mm²	1200	1400	1400	1900	1200	1400	1400	1900	1200	1400	1400	1900
	内结合强度	N/mm²	0.3	0.34	0.34	0.50	0.28	0.32	0.32	0.45	0.26	0.30	0.30	0.40
	24h吸水厚度膨胀率	%	25	20	15	12	25	20	15	12	25	20	15	12
	板内密度偏差	%	±10%				±10%				±10%			
	含水率	%	2%～12%		5%～12%		2%～12%		5%～12%		2%～12%		5%～12%	
	游离甲醛													
	1级	mg/100g	<8				<8				<8			
	2级	mg/100g	8～30				8～30				8～30			
抽测	循环实验后的静曲强度-平行	N/mm²	/	/	9	15	/	/	8	14	/	/	7	13
	选择：													
	1.循环实验后的内结合强度	N/mm²	/	/	0.18	0.21	/	/	0.15	0.17	/	/	0.13	0.15
	2.煮后内结合强度	N/mm²	/	/	0.15	0.17	/	/	0.13	0.18	/	/	0.18	0.13

注：其他性能要求，供需双方可另行商定

表 18-17 V_{313} 快速老化试验对板性能的影响

性能\周期\施胶量	MOR∥(10^5Pa)				MOR⊥(10^5Pa)				MOE∥(10^7Pa)				MOE⊥(10^6Pa)			
	U8	U10	P5	P7	U8	U10	P5	P7	U8	U10	P5	P7	U8	U10	P5	P7
0	336	390	347	475	155	244	192	220	431	469	322	466	167	216	195	230
1	275	294	294	691	119	155	155	161	152	192	223	295	106	121	130	175
2	218	195	272	361	99	144	149	161	125	138	189	248	71	103	108	145
3	169	156	173	292	97	128	102	151	124	110	129	202	59	103	81	121

注：U、P分别代表使用脲醛胶和酚醛胶

表 18-18 ASTM快速老化试验对板性能的影响

性能\周期\施胶量	MOR∥(10^5Pa)		MOR⊥(10^5Pa)		MOE∥(10^7Pa)		MOE⊥(10^6Pa)	
	P5	P7	P5	P7	P5	P7	P5	P7
0	373	511	208	237	366	468	218	246
1	279	442	158	184	133	276	115	160
2	250	307	138	188	142	192	114	139
3	231	276	151	139	120	185	92	117
4	182	267	86	117	120	215	67	125
5	159	233	69	127	122	199	58	107
6	133	212	78	107	119	192	55	105

表 18-19 国产定向刨花板性能测试结果

序号	性能	单位	厚度（mm）		
			6	10	25
1	密度	g/cm	0.83	0.81	0.64
2	含水率	%	7.73	7.56	8.73
3	静曲强度 ‖	MPa	48.37	48.10	29.19
	⊥		23.82	23.82	12.59
4	弹性模量 ‖	MPa	6040	7600	5750
	⊥		1870	2640	1870
5	平面抗拉强度	MPa	0.94	0.83	0.315
6	吸水厚度膨胀率				
	≤13mm	%	14	13	—
	>13mm		—	—	12
7	握钉力 ‖	N	1740	1880	1390
	⊥		2350	2400	1700
8	线性膨胀率 ‖	%	0.027	0.033	0.037
	⊥		0.129	0.146	0.146
9	耐老化 ‖	MPa	29.4	36.2	14.0
	（煮沸2h，MOR）⊥		11.4	14.1	7.8
10	游离甲醛	mg/100g 板	14.2	13.9	11.7
11	抗冲击强度 ‖	kJ/m^2	22.39	25.26	19.7
	⊥		12.25	9.11	
12	导热系数	kCal/m.h.k	0.048	0.047	0.044
13	比热	Cal/g.°C	0.481		
14	动态弹性模量	kgf/cm^2（×10^6）	6.11	3.45	27.0

注：1.板种：定向刨花板（厚度分别为6mm,10mm,25mm）
2.胶种：酚醛树脂胶（PF）

参考文献

[1] 周定国. 定向刨花板物理力学性能的研究. 南林学报, 1983, No: 1

[2] 华毓坤等. 定向刨花板的快速老化试验. 南林学报, 1989, No: 2

[3] S.kawai.等. Praduction of Oriented board with an electrostaticfield. 木材学会志, 1982, vol 28, No: 5

[4] Brinkmann K., OSB-platten, ihre Eigenshaften,Verwendung und Herstellungstechnologie, 1979, Holz als R-W, vol 37, No: 4

[5] H-J. Deppe 等. Tashenbuh der Spanplattentehnik, 2000, DRW

石膏刨花板 19

干法石膏刨花板生产工艺是20世纪80年代初德国弗劳霍夫（Fraumhofer）木材工业研究所所长柯沙茨（Kossatz）教授发明的。因此该工艺又称为Kossatz工艺。

石膏刨花板是一种以无机物石膏为胶黏剂，以刨花为增强筋经搅拌、成型、加压而制成的人造板。石膏刨花板生产时由于采用无机物石膏为胶黏剂。因此无游离甲醛释放的公害，生产中无污水，也不会构成有害的排放物。石膏价格低，因此生产成本低。

石膏刨花板具有较高的机械强度，优良的隔热、隔音、防火性。可进行各种机械加工如锯切、铣切、砂光、钉钉等。还可以进行表面二次加工如贴薄木、贴三聚氰胺浸渍纸和直接涂饰。可以用作框架建筑工程中的内外墙体材料，如天花板、活动房、家具制造和包装、音响材料等。是一种较为理想的新型建筑材料。

19.1 石膏板的种类和特性

19.1.1 石膏板种类

石膏板具有质轻、绝热、不燃、加工方便等性能。石膏板制作的墙面平整，可黏贴各种壁纸，石膏板安装方便，施工速度快。

石膏中掺加轻质填充料如锯屑、膨胀珍珠岩、陶粒等，能减轻石膏板的容重并降低导热性。

在石膏中掺加纤维增强材料，如纸筋、麻、石棉、玻璃纤维、木纤维、木刨花。非木质纤维和刨花能提高石膏板的抗弯强度，减少其脆性。

在石膏中掺加适量水泥、粉煤灰、粒化高炉矿渣粉、或在石膏表面黏贴塑料壁纸、铝箔等，能提高石膏板的耐水性。

调节石膏板板厚、孔眼大小、孔距等，能制成吸音性良好的石膏吸音板，因此，根据制造时所采用的原料，石膏板可分为多种类型，见表19-1。

19.1.2 石膏刨花板

19.1.2.1 主要特性

石膏刨花板具有较为优良的物理力学性能。它克服了石膏本身过于脆的缺点，在纵横两个方向均具有较高的抗弯强度，所以在运输搬运时废品率很低，并具有优良的耐火性、不燃性、吸声性和隔声性。耐烧性可达A_2级（DIN 4102I标准）和B级（中国标准）。吸声性能为30~65dB。对于12mm厚的板材其隔声性能为28dB，若形成复合墙其隔声性能可达45dB，若在复合空腹中填充玻璃棉其隔声性能可达51dB。

19.1.2.2 与几种用途相近的板材比较

将石膏刨花板与几种用途相近的板材作一比较，很容易发现它有许多显著的优点。

1. 与合成树脂胶刨花板相比

由于在石膏刨花板生产中，刨花是水的载体，刨花不需要干燥。制板采用冷压，因此可节省大量能源。

石膏价格比合成树脂胶低廉。因此生产成本低。

无游离甲醛释放公害，无污水，也不构成有害的排放物。

尺寸稳定性和阻燃性能好，比合成树脂刨花板更容易砂光和锯截。

2. 与水泥刨花板相比

石膏的凝固速度比水泥快，甚至可以形成连续性生产，生产效率高，成本低。

不同的树种对石膏刨花板凝固的干扰比水泥刨花板小，而且可用添加剂加以调整和控制，不必进行刨花预处理，因

表 19-1 石膏板种类

种类	生产方法和用途
纸面石膏板	以建筑石膏为主要原料，掺入少量外加材料，如填充料、发泡剂、缓凝剂等，加水搅拌、浇注、辊压，用石膏作芯材，两面用纸护面，即制成纸面石膏板。纸面石膏板的生产工艺简单，生产效率高，主要用于内墙、天花板等处
石膏空心板	以建筑石膏为主要原料，掺加适量轻质填充料或少量纤维材料，加水搅拌、振捣成型、抽芯、脱模、烘干而成。这种石膏板不用纸、不用胶、强度高，工艺简单，生产效率高。石膏空心板可用作住宅和公共建筑的内墙和隔墙等，安装时不要龙骨
石膏装饰板	以建筑石膏为主要原料，加少量纤维增强材料和胶料，加水搅拌制成。装饰板有平板、多孔板、花纹板、浮雕板等多种。主要用于公共建筑，作为墙面和天花板等用
石膏纤维板	以建筑石膏作为无机胶黏剂，加适量纸纤维增强材料而制成的一种石膏板，这种板的抗弯强度高，可用于建筑上的室内装修如内墙和隔墙、天花板等，也可用来代替木材制造防火家具
石膏蜂窝板	以建筑石膏为主要原料，制成蜂窝状材料。可用作绝热板、吸音板内墙和隔墙、天花板等
防潮石膏板	以建筑石膏为主要原料，添加适量防潮原料制成的防潮石膏板。可用作绝热板和地面基层板等
石膏矿棉复合板	以建筑石膏和矿棉为主要原料生产的石膏矿棉复合板，可用作墙板、天花板等
石膏刨花板	以建筑石膏作为胶黏剂，刨花为增强筋而制成的一种石膏板。可用于建筑上的室内装修，如隔墙板、天花板等，是一种较为理想的新型建筑材料

表 19-2 几种板材的主要性能

性能 \ 板种	石膏刨花板	纸面石膏板	石膏纤维板	水泥刨花板	合成树脂胶刨花板
密度(kg/m³)	1100～1300	800～900	1100～1200	1100～1300	650～750
MOR(MPa)	6～10	3～8	5～7	9～15	12～24
MOE(MPa)	2000～3500	2000～4000	2500～3500	3000～6000	2000～3500
IB(MPa)	0.3～0.5	0.2～0.3	0.3～0.5	0.4～0.7	0.5～1.0
平行板面抗拉强度(MPa)	2.5～4	1.5～3	1.5～3	4～5	7～10
吸水厚度膨胀率(%)	3	3	3	1	8
尺寸稳定性(%)(温度20℃，相对湿度30%；20℃，85%)	0.05～0.10	0.03～0.04	0.03～0.05	0.16～0.30	0.3～0.5
阻燃性	好	好	好	好	不好

此原料来源广泛，此外，非木质原料如棉秆等也可用于石膏刨花板生产，板的尺寸稳定性好。

3. 与纸面石膏板相比

石膏不需要形成浆料，用水量大大降低，使干燥过剩水分的能源至少降低50%。

混合物的可分散性使得石膏刨花板在其横截面上可以任意调整其结构和密度分布，从而可以系统地控制板材的性能。

静曲强度和冲击强度有了很大提高，静曲强度比纸面石膏板高2～3倍。改善了石膏板在安装和运输过程中的易碎性。

改善了板材的加工性能，可锯、铣、开槽、打孔、拧螺钉、安装连结方便。板面内各向同性。

4. 与石膏纤维板相比

用水量小，能量消耗低。在石膏纤维板生产中大量喷水使得板材的剖面密度不对称，容易翘曲；而石膏刨花板则可任意改变其密度分布及其结构，从而可以系统地控制其性能。

石膏刨花板的生产成本比石膏纤维板的生产成本低30%左右。板材的表面质量高。几种板材的主要性能见表19-2。

19.2 原料制造、贮存和运输

用于石膏刨花板生产的原料主要为石膏和刨花。

19.2.1 刨花

刨花在石膏刨花板中的作用是作为水分的载体及加强筋，作为混入的加固物质。石膏刨花板生产所用的刨花原料来源与普通刨花板基本相同，即等外材、小径级材及各种木材加工剩余物和非木质材料。

刨花的形态及树种等因素直接影响到石膏刨花板的性能，因此在生产中要合理选择和使用原料。

19.2.1.1 树种

刨花是石膏刨花板中的增强材料，因此树种的选择是很主要的。通常密度大的树种所制的石膏刨花板的静曲强度小，见图19-1。因此应选择低密度的树种。因为在板密度和木膏比相同的条件下，木材密度越大意味着刨花体积越小，作为增强材料，刨花体积的减小将导致板结构松散而强度下降。在板密度相同的情况下，低密度的木材比高密度的木材刨花量多，木材压缩率大，刨花之间的接触面积大，制成的石膏刨花板强度比较高。除此之外，树种本身的强度对石膏刨花板强度也有影响。树种强度高，相对地石膏刨花板的强度也高。所以制造石膏刨花板最好选用密度低而强度高的树种。

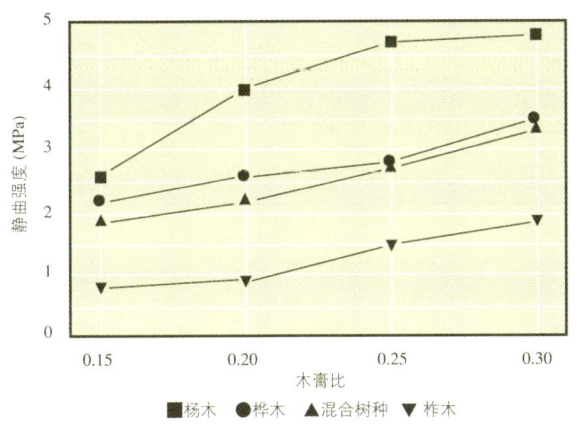

图19-1 树种对石膏刨花板静曲强度的影响

混合树种，尤其是性能差异大的树种的混合会导致石膏刨花板质量不稳定，从而使板的强度受到影响。因此在石膏刨花板生产中最好选用单一树种。

19.2.1.2 树皮含量

石膏刨花板的静曲强度随刨花中树皮含量的增加而下降，见图19-2。这是因为树皮本身的强度低，又在刨花制备过程中被打磨成小块或粉末，从而降低了刨花的增强作用。除此之外，树皮中的抽提物对石膏凝固和强度的影响也极不稳定，因此刨花中的树皮含量应越少越好。树皮含量一般不要超过绝干刨花重的20%。

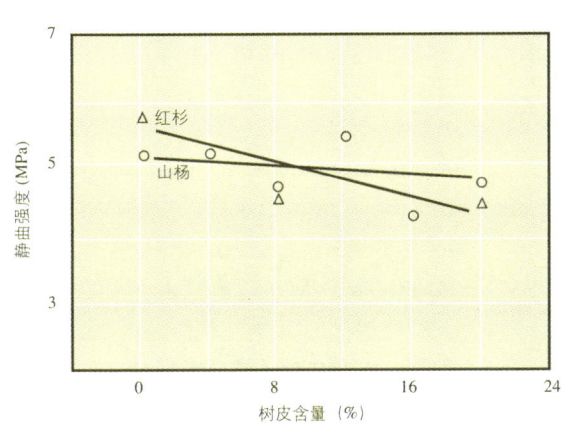

图19-2 树皮含量和静曲强度的关系

19.2.1.3 木材水抽提物

虽然不同树种的水抽提物对石膏浆料的缓凝和抗折强度有不同的影响，但与水泥的缓凝作用相比是微不足道的。水抽提物对石膏刨花板的生产和板的强度没有明显影响。因此只要能制成高质量刨花的树种都能生产石膏刨花板。

19.2.1.4 刨花形态

刨花的不同形态对板的性能影响很大，采用削片→再碎→打磨工艺制成的刨花呈细棒状或颗粒状，用这种形态的刨花制得的石膏刨花板抗弯强度较低。用刨片机制得名义厚度为0.2~0.4mm，名义长度为5~30mm的刨花经锤式粉碎机制成宽度为4~8mm的窄长刨花制造的石膏刨花板，抗弯强度比细棒状或颗粒状刨花制成的石膏刨花板约高20%，见表19-3。刨花的种类见图19-3和表19-4，工艺流程见图19-4。

19.2.1.5 刨花制备的工艺

石膏刨花板的刨花制备与普通刨花板的刨花制备工艺相似，刨花的厚度最好为0.2mm左右。根据目前备料设备情况，以刨片机作为刨花制备的第一道工序为最佳。它们所制出的刨花厚度薄而均匀。用刨片机制成的刨花都要经锤式粉碎机粉碎。用此设备粉碎能保持刨花较高的细长比。粉碎后的刨花经分选，不合格的粗刨花再经双鼓轮打磨机或筛环式打磨机打磨。

木刨花也可以用小径材或废料经削片机和双鼓轮刨片机制备，但用此工艺制得的刨花不但厚度大，厚度差亦大。

表19-3 刨花形态对石膏刨花板性能的影响

刨花形态	木膏比(x)	板材厚度(mm)	静曲强度(MPa)
细长刨花	0.25	12	6.14
颗粒刨花	0.25	12	5.18

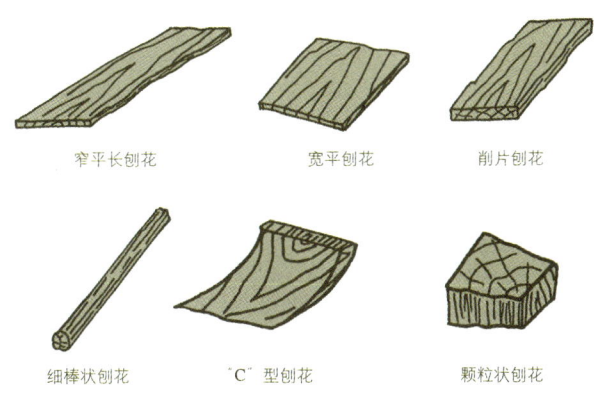

图19-3 刨花种类

表 19-4 刨花的种类

刨花种类		制造设备	特点
特制刨花	窄长平刨花	刨片机	刨花纤维完整,用它生产的石膏刨花板强度大,刚性最大,板的线性稳定性好,刨花尺寸 $l = 25 \sim 100$mm, $t = 0.2 \sim 0.4$mm, $w = 6$mm;需再碎后方可用于石膏刨花板生产。图 19-3
	宽平刨花	刨片机	刨花的长度和宽度基本一致,厚度较小,刨花均匀呈明显的片状,需再碎后使用。图 19-3
	削片刨花	削片机	刨花的宽度和长度接近,长度为 13~40mm,厚度较大,且不均匀,需用双鼓轮刨片机再碎后使用。不是理想的石膏刨花板用料。图 19-3
	细棒状刨花	削片机+锤式粉碎机	刨花的宽度与厚度比较近似,大约 6mm,长度是厚度的 4~5 倍。也称碎料,石膏刨花板生产避免使用。图 19-3
	微型刨花	削片或刨片机+打磨机	刨花长 = 8mm,宽度 ≈ 0.2mm,作石膏刨花板的表层材料
	纤维或纤维素	削片机+热磨机	可作为石膏刨花板的表层用料
废料刨花	"C"型刨花	木工机床铣削加工时的废料	刨花一边厚,一边薄,刨花大部分纤维被切断,刨花强度低,不宜单独使用。图 19-3
	颗粒状刨花	锯机加工木材时产生的锯屑	刨花长、宽、厚基本一致。图 19-3

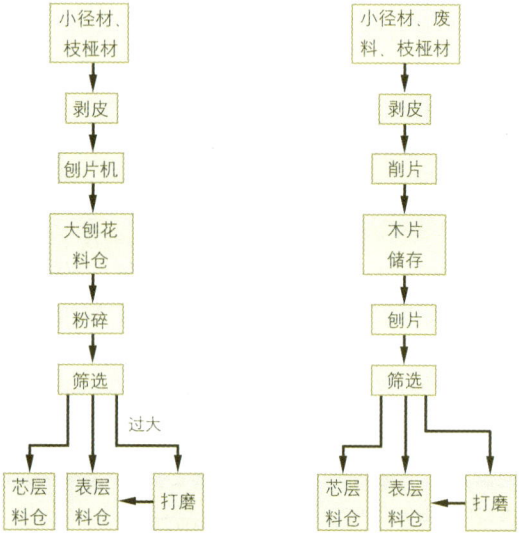

图 19-4 几种制刨花的工艺流程图

1. 剥皮

为了减少刨花中的树皮含量,在刨花制备时的第一道工序为小径材的剥皮。

剥皮时应把树皮全部剥掉,包括韧皮部,损伤木质部越小越好。要求设备应该效率高,动力消耗少,结构简单,不受树种、直径、长度、外形等影响,同时还要节省人力。剥皮方法见表 19-5。

2. 制造刨花的设备

在石膏刨花板生产过程中,刨花的制造是一道重要的工序,刨花质量的优劣,在很大程度上与制造刨花的设备有着直接的关系。

刨花的制造设备较多,根据刀具的工作原理将制刨花设备分为二类:切削型机床、打磨型机床,见表 19-6。

19.2.2 石膏

用于制造石膏刨花板的石膏主要采用天然石膏或化学石膏。天然石膏也称生石膏,它来自自然界的石膏石。化学石膏一般是指各种工业生产中的副产品,是工业废渣,其中含有相当数量的二水石膏,还含有较多杂质。化学石膏的形式很多,如磷石膏、氟石膏、芒硝石膏、脱硫石膏等。国际上应用得越来越多的是以磷石膏形式出现的化学石膏。磷石膏是生产磷铵、磷肥、磷酸、磷酸二铵时的副产品,或者说是生产这些原料过程中排放的废料。

表 19-5 剥皮方法

方法	特 点
人工剥皮	劳动强度大,生产率低,对枝桠材、小径材不适应,适用于大直径原木
摩擦型剥皮	利用木材与木材相互摩擦产生的力或木材与机械间相对运动的摩擦力,或者两者结合剥去树皮的一种机器,适用于小径材或弯曲度较大的木材
冲击型剥皮	利用高压水流(8~12MPa)或其他物质来冲击木段表面进行剥皮,冲击型剥皮机动力消耗大,耗水量大
切削型剥皮	利用切削刀具有旋转运动和原木定轴转动或直线进给运动之间的相对运动,从原木上切下或扒下树皮,这种剥皮方法不适应小径材、枝桠材剥皮

表 19-6 刨花制造设备

设备类型			特点	适用范围和特点
切削型机床	削片机	辊式削片机	刀刃垂直于纤维，并在垂直于纤维的平面内进行切削，即端向切削。刨花长度一定，厚度、宽度不定	小径材、枝桠材、采伐剩余物、板皮、碎单板的加工，刨花初碎设备
		盘式削片机		
	刨片机	辊式刨片机	刀刃平行或接近平行于木材的纤维，并在垂直于纤维的方向上进行切削，即横向或接近横向的切削。切削的刨花厚度不变，可以直接使用，也可再碎后使用	小径材、枝桠材、等外材等长原料不经截断或削片而直接可以用来加工刨花。切削特点为木材纵向进给。当一次纵向进给的木料切完后，再进行二次、三次等纵向进给。切削时进料是间断式的
		盘式刨片机		
		环式刨片机		
	离心式刨片机	双鼓轮刨片机	刨花再碎时，靠刀轮和叶轮旋转时所形成的离心力，使木片通过刀刃完刨刨花切削	将削片机切削出来的木片、碎单板制成一定厚度的刨花，切削出的刨花宽度尺寸差异大，最宽的接近木片厚度，窄的为针状刨花，刨花的厚度也不均匀
		锥形轮刨片机		
打磨型机床	锤式打磨机	单转子锤式打磨机	木片或刨花的再碎，其再碎是靠冲击作用完成的，再碎后的刨花尺寸主要取决于筛板网眼的尺寸，因此刨花的粉碎程度、形状不易控制	适用于削片刨花、刨片刨花、废料刨花的再碎
		双转子锤式打磨机		
	十字型打磨机		再碎原理与锤式打磨机基本相同，但它的打击机构为叶片状，并固定在十字形转子上。此外，在壳体的内壁配有齿纹环，以利于打碎刨花	适用于各种刨花的再碎
	筛环式打磨机		由叶轮和筛网二个主要部分组成。叶轮和筛网可在同一方面或相反方向旋转；也可将筛网固定，只有叶轮旋转。前者工作时不易被堵塞，特别对较湿的物料打磨时，并具有产量高、打磨质量好等优点	适用于刨片刨花等的再碎
	磨盘式打磨机		主要由上下磨盘组成。上、下磨盘带有齿，齿的宽度和高度从盘中心向边缘逐渐减小。刨花或木片是在回转的下磨盘和固定的上磨盘之间被研磨的。上下磨盘间隙，可根据原料情况和对产品的要求调节	适用于刨花的再碎

另外还有一类废石膏是天然二水石膏经加工使用后废弃的石膏，如废模具石膏，这些废石膏经过适当方法处理后，可以代替天然石膏使用。

19.2.2.1 生石膏

天然石膏俗称生石膏，通常是含有两个结晶水的硫酸钙($CaSO_4 \cdot 2H_2O$)为主要成分的矿石，因此又称二水石膏。也有以无水硫酸钙($CaSO_4$)为主要成分所组成的矿石即硬石膏。$CaSO_4 \cdot 2H_2O$其理论化学成分为$CaO-32.56\%$，$SO_3-46.51\%$，$H_2O-20.93\%$。生石膏多与石灰岩的贝岩等合在一起，呈叶片块状、细粒状或纤维状等。白色或无色，有玻璃光泽。有时因含氧化铁等杂质而呈红、黄、灰、黑、褐、青等色。硬度(莫氏)1.2~2，比重约为2.32。在水中溶解度小，而在酸和某些盐类中溶解度大。中国石膏矿藏丰富。诸如云南、湖南、湖北、四川等处，均为石膏主要产地。

生石膏种类较多，可根据其结构状态、结晶水含量、石膏的颜色进行分类，见表19-7；也可根据二水硫酸钙含量分级，见表19-8。

19.2.2.2 熟石膏

生石膏经煅烧制成的石膏为熟石膏，生石膏在<190℃的温度下的煅烧时，约失去3/4水分，即成为半水石膏($CaSO_4 \cdot 1/2H_2O$)。如温度>190℃煅烧时，可失去全部水分而变成无水石膏($CaSO_4$)。半水石膏及无水石膏统称为熟石膏。熟石膏品种很多，建筑上常用的石膏见表19-9。由于石膏的吸湿性，尚能调节室内温度。建筑石膏的价格较石灰高。

生石膏在加热时随温度和压力条件的不同，所得产物的结构和性能均不相同。因此半水石膏又分为α型半水石膏和β型半水石膏。

表 19-7 生石膏的分类

按结构状态分类		按结晶水含量分类		按石膏颜色分类	
品名	结构状态	品名	结晶水含量及结构状态	品名	颜色
纤维石膏	纤维状结晶，有绢丝光泽，一般为白色，含少量杂质者呈黄、灰、红等色	硬石膏	指结晶水含量<5%者，多埋于深部。色灰黑、灰白或乳白。结构为块状、粒状或大理石状。性较硬。局部见黑色板状晶体并常含泥膏岩料块	白石膏	白色
普通石膏	白色者成致密粒状，淡黄者多成片状，黑者多成板状。此外也有针状、雪花状等。晶体大小不一	普通石膏	指结晶水含量>13.6%者，均埋于浅部，是一种颜色、结构均复杂的膏型。其他同左栏"普通石膏"结构状态说明	青石膏	青灰色或深灰色
雪花石膏	细粒块状，白色半透明	混合石膏	指结晶水5%~13.6%者。介于前两者之间过渡带深度内。此类石膏颇似普通石膏，仅其中灰白色致密块状、粒状硬石膏成分较多，结晶程度不及普通石膏，硬度介于前二者之间	黑石膏	黑灰色
透明石膏	片状结晶，无色透明似玻璃				
土石膏	土状，不凝结或稍凝结，不纯净				

表 19-8 石膏的分级和用途

等级	矿物成分(%)		结晶水含量(%)	主要用途
	A型 CaSO₄2H₂O	B型 CaSO₄2H₂O+CaSO₄	H₂O	
1	≥95		≥19.88	艺术品、医用、造纸、油漆的填充料、硅酸盐水泥附加剂等
2	≥85		≥17.79	建筑制品、模型石膏、硅酸盐水泥附加剂等
3	≥75		≥15.70	水泥附加剂、农业肥料、建筑制品
		≥75	≥13.35	
4	≥65		≥13.60	水泥附加剂、农业肥料、建筑制品
		≥65	≥11.96	
5	≥55		≥11.51	水泥附加剂、农业含磷肥料
		≥55	≥10.56	

表 19-9 建筑用熟石膏的分类

品名	说明	主要用途
建筑石膏（墁料石膏）	系以生石膏在150~170℃下煅烧至完全变为半水石膏而成。这种石膏与水调合后，凝固很快，并在空气中硬化	调制石膏砂浆，制造建筑艺术配件及建筑装饰、彩色石膏制品、石膏墙板、石膏砖、石膏空心砖、石膏混凝土、建筑构件等，并可作石膏粉刷之用
地板石膏	系以生石膏在温度400~500℃或高于800℃下煅烧而成。磨细及用水调和后，凝固及硬化缓慢，7天的抗压强度约为10MPa，28天约为15MPa	1.石膏地面：铺墁12h后以木槌捣实，并将表面压平抹光，坚硬耐久，但须保持干燥； 2.石膏灰浆：抹灰及砌墙用； 3.石膏混凝土
模型石膏（塑像石膏）	系以生石膏在温度190℃下煅烧而成。凝结较快，调制成浆后于数分钟至10余分钟内即可凝固	用于作模型塑像、美术雕塑、室内建筑装饰、人造石及粉刷之用
高强度石膏（硬结石膏）	系以生石膏在温度750~800℃下煅烧并与硫酸钾或硫酸铝（明矾）共同磨细而成。这种石膏凝固很慢，但硬化后抗压强度高达25~30MPa，色白能磨光，质地坚硬且不透水	用于制造人造大理石、石膏板、石膏砖、人造石及粉刷涂料用（石膏砖、人造石、石膏板等可用于浴室墙壁及地面等处）

α型半水石膏：二水石膏在0.13MPa压力(相当于1.3大气压，124℃)蒸压锅内蒸炼，制成晶粒粗短，需水量较小，强度较高的α型半水石膏，称为高强石膏。反应式为：

$$CaSO_4 \cdot 2H_2O \xrightarrow[0.13MPa]{124℃} CaSO_4 \cdot \frac{1}{2}H_2O + 1\frac{1}{2}H_2O$$

α型半水石膏硬化后强度可达10～40MPa，因此称之为高强石膏。

β型半水石膏：二水石膏在温度达60～70℃时，开始脱水，但脱水过程非常缓慢。当温度升高到107～170℃时，脱水激烈，水分迅速蒸发，二水石膏转变为β型半水石膏。反应式为：

$$CaSO_4 \cdot 2H_2O \xrightarrow{107～170℃} CaSO_4 \cdot \frac{1}{2}H_2O + 1\frac{1}{2}H_2O$$

β型半水石膏硬化后强度只有2～5MPa，称为建筑石膏。在石膏刨花板生产中主要采用建筑石膏。

建筑石膏的性能：

建筑石膏为白色粉末，比重2.5～2.8，松散密度为800～1000kg/m³，紧密密度为1250～1450kg/m³。

建筑石膏是一种凝结、硬化快的凝胶材料，数分钟至30min左右凝结，在室内自然干燥条件下，一周左右可完全硬化。加入缓凝剂可降低石膏的凝结速度。加入促凝剂，加速石膏的凝固。

建筑石膏凝固时体积有所膨胀(膨胀率为0.5%～1.0%)，且不会开裂。

半水石膏水化反应的理论用水量为18.6%。仅为使用时用水量的 $\frac{1}{3} \sim 1\frac{1}{5}$。但在实际应用时，为了保证可塑性，实际加水量通常为60%～80%。多余的水在硬化后蒸发并在石膏体中留下很多气孔。因此其容重小，强度低，导热性小。

建筑石膏耐水性、耐冻性都较差。在潮湿条件下，制品易变形翘曲，其强度显著下降。若吸水后受冻，制品易遭破坏。石膏粉受潮后不但颜色变黄，而且其强度会大大降低。

石膏及其制品硬化后变形较大，抗弯能力差，因此一般不能用作承重构件。

石膏制品阻燃性好，因石膏中含有大量结晶水，当制品遇火时，首先是结晶水脱水，水分蒸发而阻止火焰蔓延，使温度上升缓慢，起阻燃作用。

建筑石膏技术指标：

用于石膏刨花板的建筑石膏，其质量应符合建筑石膏标准。石膏中半水石膏($CaSO_4 \cdot 1/2H_2O$)的比例应在75%以上。无水相石膏Ⅲ和无水相石膏Ⅱ以及未脱水的二水石膏($CaSO_4 \cdot 2H_2O$)的比例应尽可能少。表19-10为建筑石膏技术指标。

某石膏刨花板厂石膏粉技术指标：

$CaSO_4 \cdot 1/2H_2O \geq 75\%$　　杂质 ≤ 15%
$CaSO_4 \cdot 2H_2O \leq 1\%$　　细度 90～110目
$CaSO_4$ Ⅲ ≤ 3%　　初凝空白 ≥ 7min
$CaSO_4$ Ⅱ ≤ 2%　　加缓凝剂 ≥ 45min

表19-10 建筑石膏技术指标

技术指标		建筑石膏		
项目	指标	一等	二等	三等
凝结时间 (min)	初凝，不早于	5	4	3
	终凝，不早于	7	6	6
	终凝，不迟于	30	30	30
细度 (筛余量 %)	64目/cm²的筛子	2	8	12
	900目/cm²的筛子	25	35	40
抗拉强度 (MPa)	养护1天后 ≤	0.8	0.6	0.5
	养护7天后 ≤	1.5	1.2	1.0
抗压强度 (MPa)	养护1天后	5.0～8.0	3.5～4.5	1.5～3.0
	养护7天后	8.0～12.0	6.0～7.5	2.5～5.0

19.2.2.3 生石膏的煅烧

煅烧：在低于熔点的适当温度下，加热物料，使其分解，并除去所含结晶水、二氧化碳或三氧化硫等挥发性物质的过程。

煅烧二水石膏可选择多种煅烧方法。按原粒的粒度可分为粉料煅烧和块料煅烧；按加热介质与物料接触情况可分为直接和间接煅烧；按生产方式可分为间歇式煅烧和连续煅烧；按物料与加热介质的走向可分为顺流煅烧和逆流煅烧等。

生石膏煅烧时可分为粉料煅烧和块料煅烧。粉料煅烧时生石膏通常首先经破碎(鄂式破碎机、锤式打磨机、辊式压碎机)，把直径300～400mm的生石膏打碎成25mm以下颗粒。颗粒状的生石膏经计量输送到烘干磨(球磨机、辊轮磨等)，在粉碎的同时，生石膏粉被烘干。烘干可利用煅烧炉的废气以及控制好的补充热气，对经烘干磨的生石膏粉进行分选后即可得到符合要求的生石膏粉。含水率1%～20%的生石膏粉经煅烧制成熟石膏。在石膏粉制备中最关键的是石膏粉煅烧设备。此设备是将原石膏粉脱水成半水石膏。煅烧时温度要适宜，过高使石膏过烧而变成无水石膏，过低或时间不够，则石膏脱水不足。石膏粉的煅烧质量对石膏的凝固过程有很大的影响，煅烧温度一般为150～170℃。对煅烧设备的主要要求是生产出稳定的熟料，其三相组成波动范围小，即产品中的可溶性无水石膏、β型半水石膏和残余二水石膏的比例应是稳定的，这对成型工艺、产品质量都有重要意义。

块状煅烧时，生石膏被制成一定尺寸的块状石膏，这些块状石膏煅烧后被研磨成熟石膏粉。

图19-5为回转窑-蒸汽间接煅烧石膏流程图。该工艺为

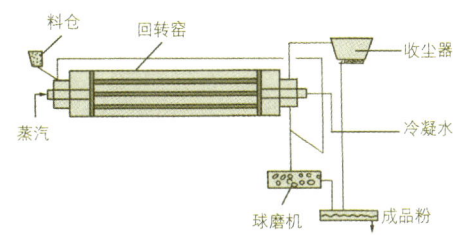

图19-5 回转窑-蒸汽间接煅烧石膏流程

块料煅烧，粒度≤6mm的生料由生料仓，向回转窑连续供料，完成煅烧的石膏在球磨机中研磨，蒸汽压力1.5MPa，该工艺制得的石膏粉料比表面积大，反应活性好，制品强度高。由于采用蒸汽作为热源，温度控制容易，物料过烧现象少。

图19-6为回转窑-热烟气直接煅烧工艺。粒度≤6mm的生石膏由料仓进入回转窑，油燃烧后的热烟气对生石膏进行直接煅烧。块状熟料进入高速磨进行粉碎，粉碎后的粉料由振动筛进行分级，合格粉进入熟料储仓，不合格粉粒返回高速磨。由于热介质对物料直接煅烧，热效率高。高速磨体积小，但产量高。高速磨的电机功率37kW，主轴转速24.5r/min。

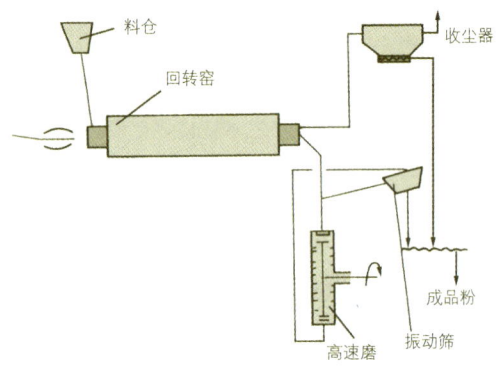

图19-6 回转窑-热烟气直接煅烧工艺流程

图19-7为比得磨直接煅烧系统。块状生石膏(粒度≤60mm)由料仓进入比得磨，在比得磨中进行干燥、研磨和煅烧。热源由燃烧器提供。磨体是空心铸钢球，球体进行慢速公转和自转，对生石膏进行研磨。风机把约600℃的热风送入磨体内腔，对二水石膏进行干燥和煅烧。煅烧过程只有几秒钟。被煅烧后的合格细粉被送到除尘器，成品粉的细度由磨体上部的分级调节器控制。由于从吸尘器出来的熟石膏温度较高约145℃，所以用冷却器对熟料进行冷却。风机吹自然风降温，从冷却器出料的料温大致为70℃。风机将熟石膏送往料仓。这种工艺的特点是占地少，设备投资省，能耗低。

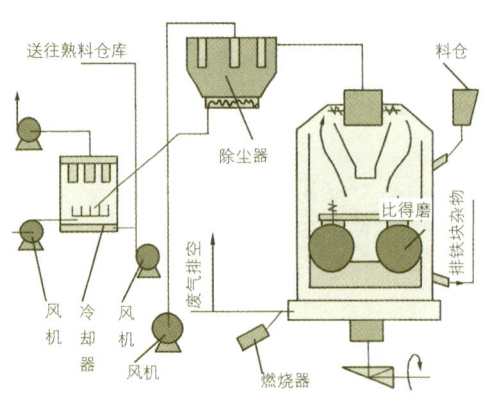

图19-7 比得磨直接煅烧简图

石膏煅烧设备种类较多，目前国内主要的石膏煅烧设备有连续式炒锅、间歇式炒锅、回转煅烧室、流床式煅烧炉、沸腾炉、闪蒸式煅烧炉、箅子炉，其中以连续式炒锅为好。炒锅生产的建筑石膏粉，凝固时间相对较长，而且无水相石膏Ⅱ和无水相石膏Ⅲ的含量较少。还有一类设备把二水石膏的干燥、磨粉和煅烧融为一体，如风扫式磨机和滚子式离心磨、比得磨。

石膏粉的性能取决于矿石质量和制备工艺，石膏粉由半水石膏、二水石膏、无水相石膏Ⅲ和Ⅱ组成。在石膏刨花板生产中，主要利用半水石膏，因为它在较短的时间内水化成二水石膏符合工艺要求。无水相石膏Ⅲ由于在遇水时会突然起水化反应成水石膏，生产时就可能在搅拌机中发生水化而失去胶结作用，因此不能增加产品的强度。无水相石膏Ⅱ通过水化成二水石膏的过程过于缓慢，制成的板经干燥后，没有水供它进一步水化，因此也不能增加板的强度。二水石膏是石膏胶结剂的促凝剂，采用堆积式压机生产石膏刨花板时，石膏不宜快速固化，所以二水石膏含量不宜过高。熟石膏中结晶水的含量影响石膏的成分。当结晶水含量≤5%时，石膏中含有大量的无水相石膏Ⅲ；当结晶水含量>6%时，过多的二水石膏不宜用于生产石膏刨花板。

用于石膏刨花板的熟石膏粉的成分为：

半水石膏含量	≥75%
二水石膏含量	≤1%
结晶水含量	5%~6%
pH值	6~8
无水相石膏Ⅲ	≤3%
无水相石膏Ⅱ	≤2%
石膏粉的细度	≥0.2mm, ≤12%
杂质	≤15%
初凝	≥5min

石膏粉制备主要工艺流程：

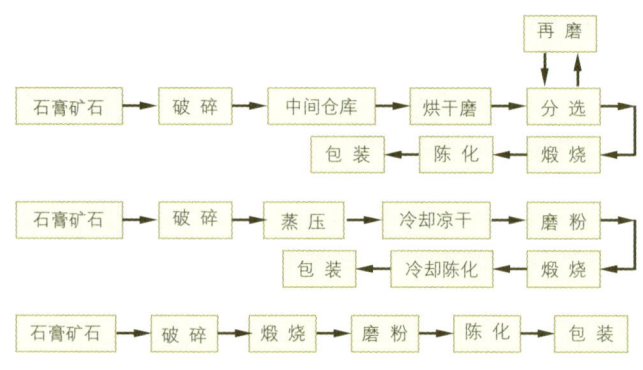

石膏粉煅烧流程图见图19-8。

19.2.2.4 磷石膏

磷石膏是磷酸、磷铵、磷肥生产时产生的副产品，每生产1t 100%的磷酸约排放3t磷石膏。

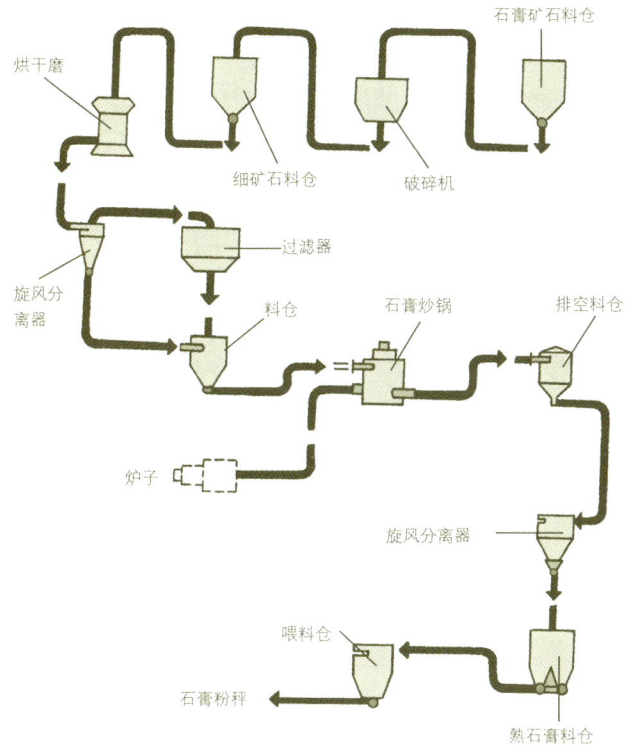

图 19-8 石膏煅烧流程图

原磷石膏含水率20%～30%，外观呈灰白色粉末，略带一点酸臭味，pH值2～3，比重2～2.5。密度800～850kg／m³。磷石膏的化学成分主要为二水硫酸钙。含量85%～90%，其他成分为CaO，SO_3及不洁物质SrO、MgO、K_2O、Na_2O、Fe_2O_3、Al_2O_3、SiO_2、P_2O_5、F以及自由水，对含量的最低要求为CaO：31%，SO_3：45%。如果它们的含量过低，则在焙烧工序中使水化物的强度降低。对于水溶性的不洁物质如P_2O_5、F、MgO、K_2O及Na_2O等必须在石膏焙烧前经过清洗工序使之减少到允许的数量。P_2O_5≤1.5%，F≤1.0%，(MgO+K_2O+Na_2O)≤0.25%。这些不洁物的含量如果过高，会导致石膏在加工时呈粉末状态，这种石膏刨花板在涂饰时呈脱离状态，如贴壁纸时会脱落。非水溶性不洁物氧化锶(SrO)，水洗工序不能使之排除，其允许的临界值为SrO＝0.5%，这种物质的比例过高会阻碍石膏的凝固。

石膏中自由水的含量也应适当控制，过量的水分不仅在运输中产生问题，运输费增加，而且还意味着在磷石膏浆中增加了水溶性的不洁物质，尽管它们已经清洗出来了，但又重新结晶起来。因而自由水含量应≤25%。

原料中的不洁物质，包括能溶解的盐、酸以及不溶解的黏结物，它们或是来自原磷或在制造反应中形成，磷酸是由于次级化学反应形成的，这些物质在焙烧工序以前，必须给予排除或导入非活性的化合中。

19.2.2.5 磷石膏的焙烧

焙烧：在物料熔点以下加热的一种过程，其目的在于改变物料的化学组成和物理性质，以便下一步处理，按其作用分为氧化焙烧、还原焙烧、硫酸化焙烧、氯化焙烧等。按设备和方法，又分为不动层焙烧和沸腾焙烧等。

由运输机将磷原石膏送到一台辊式压碎机，将大块的磷原石膏压碎，压碎后的石膏被贮存在料仓中，经计量输送装置将石膏送到清洗工序，该工序首先将磷石膏与水搅拌成悬浮液并吸入真空过滤器脱水。在该工序可溶解的不洁物质随热水洗出来。

经过上述工序后，将已清洗并脱水的磷原石膏运到干燥工段，在该工段首先将剩余的自由水干燥。使石膏的含水率降到1%～20%，然后将石膏进行焙烧。

原料的干燥及焙烧是以气力输送方法用盐晶工艺完成的。热气体与石膏的混合物沿切线方向进入螺旋形的焙烧炉，由于离心力的作用在该处石膏碎料与热气分开并在炉壁上由悬浮的微粒形成一旋转状(螺旋状)的石膏粉末圈。焙烧段入口的开启大小应满足使热气在其出口处的温度为160℃左右。热气流既承担运输任务，又起传递热量到原料上，实现半水物所需要的化学反应。经过这专门的设备配置，可满足按原料颗粒大小作不同的停留时间，以便获得十分均匀的终产品。

为了获得优质的石膏粉，焙烧时的温度为140～160℃，温度高容易使磷原石膏中的细粒产生被过分焙烧的危险，影响磷石膏质量。例如使半水物成为无水相石膏Ⅲ的可能性很大。

经过焙烧的石膏再送到一台高效旋风分离器中分选，经分选后的石膏粉被送入冷却炉，在冷却炉内进行时效处理。石膏粉在冷却炉中被冷却后直接由气力输送机输送到贮料仓。

磷石膏生产工艺：

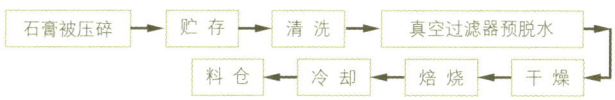

从焙烧装置中出来的废气，通常可用于磷原石膏的干燥，而干燥机中排出的废气则可用于真空过滤器的清洗水的加热。

用于生产石膏刨花板的化学石膏的质量要求：

硫酸钙半水物含量	≥90%
二水化物含量	≤1%
无水硫酸钙AⅢ的含量	≤10%
无水硫酸钙AⅡ可溶物	＜1%
无水硫酸钙AⅢ不溶物	≤1%
有机不溶性不洁物	≤0.05%
有机可溶性不洁物	≤0.1%

结晶水含量 5%~6.5%
pH 值 6~8

大约 1.3t 干原磷石膏，焙烧后可得到 1t 用于石膏刨花板的磷石膏。

19.2.3 刨花、石膏的贮存和输送

石膏刨花板生产通常为连续化、自动化作业，为了保证自动化工艺作业线能不间断地进行工作，工序之间必须有足够数量的备用材料。因此，工艺作业线上需设有料仓，以贮存一定数量的刨花、石膏粉，保证在生产中连续和定量供应。

19.2.3.1 刨花及石膏贮存

刨花和石膏的贮存量，视生产规模和生产具体情况而定，一般为 8h 的生产量。对料仓的基本要求是：要有一定的容积。不起拱架挤，先进先出，仓内没有触动不着的刨花和石膏死角。刨花堆集时容易出现起拱或架桥现象，其原因是由于刨花的流动难度较大。刨花含水率越高，刨花越大，料堆体积越大，贮存时间越长则起拱或架桥现象就越容易出现，当刨花堆料出现起拱或架桥时，造成卸料困难，刨花不能正常输送，使供料不匀或间断，影响正常生产。保证刨花在料仓中畅通无阻是对料仓的一个最基本的要求。

料仓按其材料的流向分为水平料仓和垂直料仓，见表 19-11。

石膏是石膏刨花板的胶黏剂，除了木材，石膏的性能在很大程度上影响着板子基本性能。因此在生产中除使用相同型号和相同质量的石膏外，还应注意石膏的防潮。天然石膏应该贮存在密封的防潮料仓中，以便保持石膏水化功效。如石膏敞开贮存，它将吸收空气中的水分结成团状，使石膏的水化功效受到影响，导致在生产过程中失去水化作用。石膏贮存多采用垂直料仓。

19.2.3.2 刨花及石膏输送

在石膏刨花板生产中，不同的工序使用各种不同形式的输送装置。这些设备的投资费、加工费、检修费以及备件的费用，对产品的成本具有显著的影响，因此应该非常仔细选用合适的输送装置。

表 19-11 贮存料仓的分类

料仓类型		优点	缺点	出料方式和适用范围
水平料仓		堆积高度低，刨花堆积密度均匀，料仓内不会发生由于刨花的过大长细比而形成"架桥"或"起拱"，并可控制从料仓运出的原料量	占地面积大，动力消耗大	适用平刨花的贮存
垂直料仓	圆形料仓	圆形料仓的筒体上小下大，锥度一般为 6°~10°，可适当防止堵塞现象。垂直料仓占地面积小，动力消耗少	垂直料仓刨花、石膏从仓顶装入，从仓底卸出，料仓的高度大于宽度和长度，由于刨花堆积度大，容易"起拱"和"架桥"。料仓中的刨花有时高，有时低，使料堆密度不同，卸料不均匀，易产生堵塞现象，应有卸料装置。	防拱卸料圆形料仓见图 19-9，旋转桨卸料圆形料仓见图 19-10。适用于贮存刨花和石膏粉。

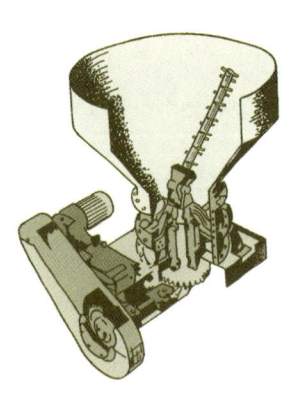

图 19-9 防拱卸料圆形料仓

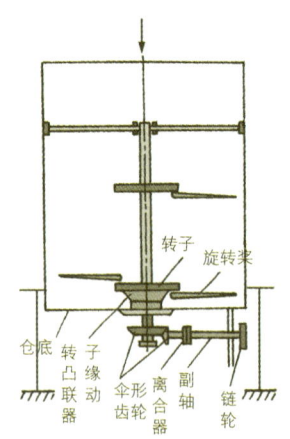

图 19-10 旋转桨卸料圆形料仓

刨花、石膏输送中除了应考虑核算有关的费用外，一个重要的问题就是要考虑在输送中如何防止刨花破碎及石膏在输送中产生的粉尘。刨花、石膏的输送可选用气流输送装置和机械输送装置。表19-12为刨花和石膏的输送设备。

19.3 刨花和石膏分选

经过刨片或削片、再碎后的刨花，由于刨花原料不同，刀具磨损程度不同及操作者熟练程度不一，加工出来的刨花厚薄尺寸和粗细规格不同，总有一部分木粉和一些超过规格要求的大刨花。过量的细木粉混入刨花中会使石膏刨花板性能下降，过大的刨花会降低石膏刨花板质量，特别是对板的平面抗拉强度影响很大。如在石膏刨花板表面出现大刨花，不仅影响石膏刨花板表面质量，影响外观平整度，不利于表面装饰，而且对板的结构强度也有影响，特别是生产细表层石膏刨花板，因此经再碎后的刨花应进行分选。

石膏进入煅烧工序之前，应使生石膏粉有一定的细度，因此也应对生石膏粉进行分选，对细度达不到要求的石膏粉经分选后应重新再碎，方能进入煅烧工序。

因此在石膏刨花板生产中，刨花和石膏的分选是很重要的工序。

分选可分为机械分选和气流分选。这两种分选均可用于刨花的分选，而石膏粉主要用机械分选。

机械分选设备种类较多，一般都是用筛网筛选，因此只能按筛孔尺寸对石膏粉的颗粒大小进行分选。对刨花的平面尺寸进行分选，不能按刨花厚度进行分选。机械分选是将一个或几个筛相互重叠，筛目尺寸渐变的振动筛选机。刨花或石膏粉通过网目大小一定的筛网时，即有一部分刨花或石膏粉由网目筛出，达到分选的目的。机械分选

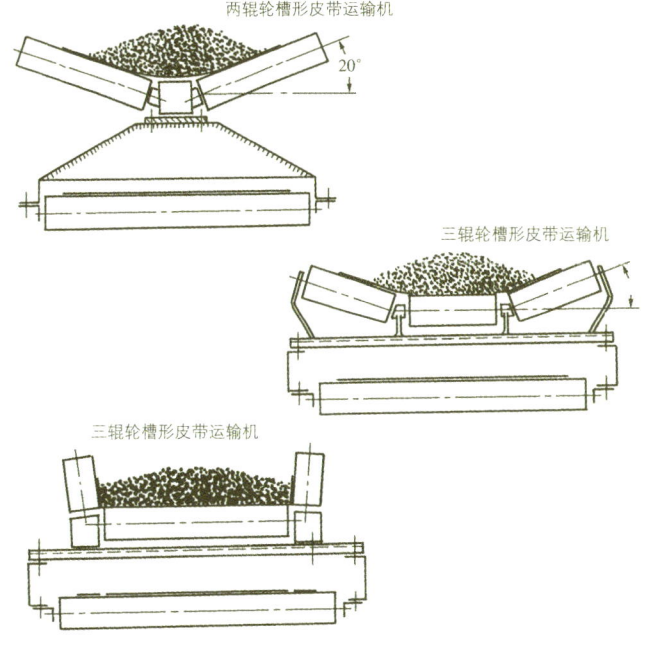

图 19-11 皮带运输机

表 19-12 刨花和石膏的输送设备

运输方式		结构和特点
机械运输	皮带运输机	两辊轮槽形皮带运输机；三辊轮槽形皮带运输机见图 19-11。适用于短距离水平运输，其运输量，根据皮带宽度和输送速度来决定。 优点：结构简单、安装方便、功率消耗比较小，运输平稳无噪音； 缺点：不适用于远距离、倾斜度较大的输送，仅运用于坡度在 20°～30° 以下的运输，占地面积大，输送过程中易产生粉尘污染
	刮板运输机	由平行的两条装在木槽或金属槽中心的循环轴套链和轴套滚柱链构成，链条上装有木制或金属制刮板，刮板间距为 2～4 个链节。这种运输机结构简单，可以在任何场合装卸料，适用于距离较长和倾斜度较大(45°之内)的场合。其缺点是速度慢、生产率低，而且刨花在运输过程中容易被挤碎
	螺旋运输机	适用于短距离运输，运输过程是在密封状态下进行的，螺旋运输机可作为料仓进料和出料装置，能量消耗较大
	气流运输	气流运输装置是由输送管道、风机和旋风分离器三部分组成。 气流输送的特点是适应性强，可以输送各种湿料和干料，此外这种输送方式占地面积小，机器装置简单，投资成本低，可设在室内或室外(如屋顶)，刨花或石膏可以垂直、水平或倾斜越过一定距离，可以降落或上升，甚至在弯曲部件中输送，特别适用于石膏粉的输送。缺点是须驱动大量的高速气流，因此能量消耗大，管道磨损快，当刨花的含水率高、尺寸大时易在窄的弯道处以及风机中产生阻塞，干刨花在运输过程中由于摩擦的作用易破碎。拌过石膏的刨花不宜用气流运输

有振动筛、旋转振动筛、辊筒筛,见图 19-12;图 19-13;图 19-14。

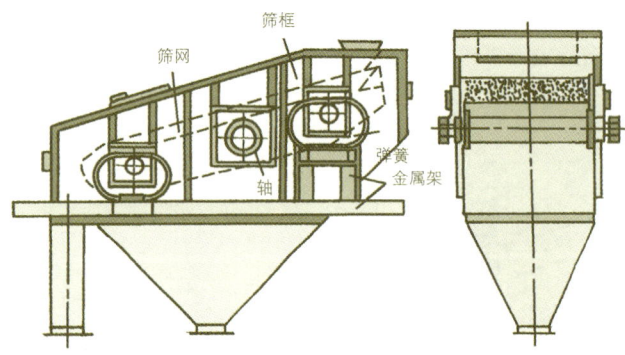

图 19-12 振动筛

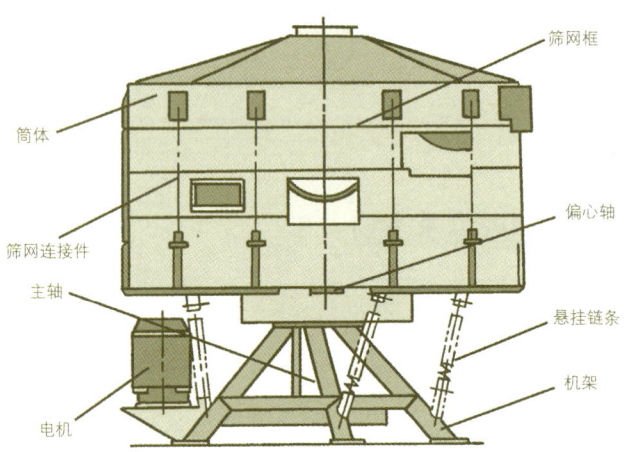

图 19-13 旋转振动筛选机

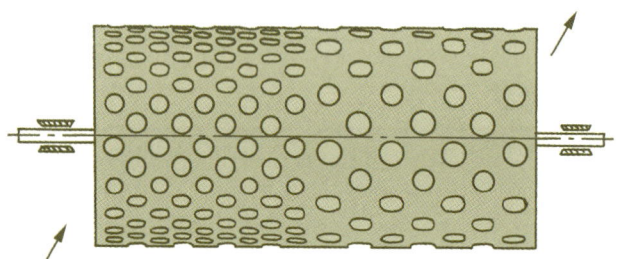

图 19-14 辊筒筛示意图

机械分选只能按筛孔尺寸分出刨花的大小,而气流分选主要按刨花的轻重。如刨花长宽方向尺寸基本一致,可以最大限度地获得规格和厚度较均匀的粗、细刨花。用气流分选出来的微型刨花生产石膏刨花板,其表面均匀而平滑。

气流分选原理是以刨花形态,厚薄、大小、质量的差异和采用不同的悬浮速度,使刨花在一定风速作用下悬浮而进行分选的,见图 19-15。

悬浮速度的计算方法:

$$V_S = 0.14 \sqrt{\frac{P_s}{(0.02+\frac{a}{h})P_a}} \text{ (m/s)}$$

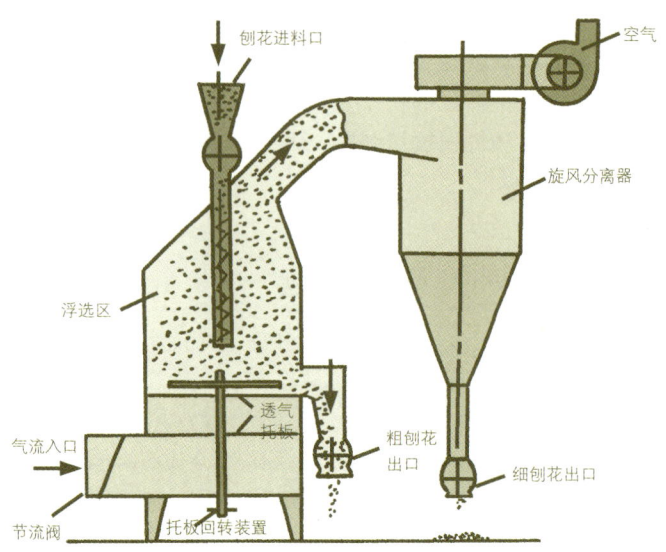

图 19-15 单级气流分选机

式中:V_s——刨花的悬浮速度,m/s

P_s——刨花的密度,kg/m³

P_a——空气的密度,kg/m³

h——刨花的厚度,mm

α——根据刨花的形状而取的系数,对于片状刨花,可取 $\alpha=0.9$;对于厚度 h 与宽度 b 近于相等的刨花,可取 $\alpha=1.1$

刨花厚度和刨花悬浮速度的关系:

刨花厚度(mm)	0.1	0.15	0.2	0.25	0.3	0.35
刨花悬浮度(m/s)	1.37	1.5	1.63	1.7	1.8	1.87

19.4 拌石膏

19.4.1 添加剂

在石膏刨花板生产中,石膏凝固时间的控制是一个重要的环节,控制石膏凝固时间的方法有缓凝和促凝。

缓凝:根据石膏刨花板生产工艺要求,铺装成型后的板坯有一定的存放时间,防止板坯在无压下凝固,从而影响板的强度,为此应加缓凝剂。

促凝:经成型后的板坯在进入压机后要求很快凝固,因此可加促凝剂。

19.4.1.1 缓凝剂

缓凝剂的作用:是使石膏凝固开始的时间按照生产工艺要求进行,通常缓凝时间为 50~60min。

缓凝剂的用量取决于石膏的用量,一般按石膏量的百分比计算。

在石膏刨花板制备中作为缓凝剂的有:

有机酸类、柠檬酸、柠檬酸三钠、柠檬酸钠、葡萄酸、盐酸、碳酸钠、酒石酸等。

硼砂。

角质：鱼角胶、骨胶、动物角胶。

Retardan.P 是氮－多氧亚醛－氨基酸的钙盐物质（德国 Grüenan 公司生产）。

蛋白质。

硫化物及其盐类、亚硫酸盐液。

亚硫酸盐液或盐类虽可作为缓凝剂，但在石膏刨花板生产中不用，因为它们会使得二水石膏的强度下降。

石灰（氧化钙）：虽可作为缓凝剂，但在石膏刨花板生产中很少用来作为缓凝剂。因为它有水化作用，尤其是对终凝时间的影响大，用石灰作缓凝剂时，石膏刨花板容易黏垫板。

在缓凝剂中，柠檬酸三钠及柠檬酸的缓凝效果很强，只要添加少量的柠檬酸三钠或柠檬酸，其缓凝效果十分显著，并随着添加量的增大其缓凝效果加强，碳酸钠和硼砂其缓凝效果与柠檬酸三钠相同之处在于随着添加量的增加，缓凝效果增强，但缓凝效果不及柠檬酸三钠或柠檬酸。

缓凝机理：缓凝剂缓凝机理十分复杂，使用不同的缓凝剂，其缓凝机理也是不同的，其缓凝机理有四种：放慢无水石膏相的溶解速度；降低无水石膏相的溶解度；把离子吸附于正在成长的二水石膏晶体的表面上，并把离子结合至晶格内；形成络合物，限制离子往二水石膏晶体附近扩散。

对于柠檬酸三钠的缓凝来讲，主要是在柠檬酸三钠溶液中，石膏是持续呈过饱和状态，因而妨碍了二水石膏的析出，从而达到缓凝的效果。

缓凝剂可以呈粉末状或颗粒状，在水中溶解后应用，为了保证精确地计量这些极少的缓凝剂，可采用低浓度的溶液或用水稀释后的液态缓凝剂，缓凝剂用量在一定的范围内，随着缓凝剂用量的增加，缓凝效果越好。但随着缓凝剂用量的增加，石膏的强度下降，导致石膏刨花板强度下降。不同的缓凝剂使板强度下降的程度不同，在生产中应加以注意。

19.4.1.2 促凝剂

作用：促使石膏快速凝固。NaCl（氯化钠）、K_2SO_4（硫酸钾）、NaF（氟化钠）、$CaSO_4 \cdot 2H_2O$、矿渣硅酸盐水泥等均可作为促凝剂。

促凝剂作用的机理大体可分为三种：提高半水石膏的溶解度；加快半水石膏的溶解速度；增加二水石膏晶芽的数量。

几种促凝剂对凝结时间的影响见表 19-13。

19.4.2 刨花和石膏的用量

建筑石膏是脆性材料，抗弯、抗拉强度低，在石膏中掺入适当的木刨花能改善石膏的脆性，并大大提高抗弯强度。绝干刨花与石膏的用量之比称为木膏比。在石膏刨花板生产中采用适当的木膏比是很重要的，因为木膏比对石膏刨花板的物理力学性能有较大的影响。

19.4.2.1 木膏比与石膏刨花板物理力学性能

木刨花的掺量对石膏刨花板物理力学性能有较大的影响，木膏比应控制在 0.15～0.35 范围内。木膏比的选择与树种有关，通常密度大的树种木膏比可选择大一些；密度低的树种木膏比小一些，因为木材密度高的树种单位质量刨花的体积比密度低的树种小。作为增强材料，刨花的减少导致板结构松散而使强度下降。

当木膏比低于 0.15 或高于 0.35 时，对石膏刨花板的物理力学性能都有不利的影响。过低的木膏比意味着木刨花掺量过低。刨花的增强效果减小，板的抗弯强度低；木膏比过高时，由于石膏用量不足以包裹刨花表面而形成连续的胶合界面，反而会使强度降低，特别是耐火性能由于木刨花含量的增加而下降。

木膏比影响板的吸水厚度膨胀率，吸水厚度膨胀率随木膏比的增加而增加。木膏比的增加意味着石膏刨花板单位体积内的刨花数量增加，所以吸水厚度膨胀率增加。

19.4.2.2 木膏比与水化时间

木膏比对水化时间的影响较为显著，石膏刨花板的水化时间随着木膏比的增大而延长。这是因为木膏比的增大，意味着木刨花含量的相应增加，从而增加了木材水抽提物对石膏的缓凝作用。

19.4.2.3 石膏和刨花用量

石膏和刨花的用量决定了石膏刨花板的密度，而板的密度又直接影响板的强度，通常在木膏比一定的情况下密度越大板的强度越高。板的密度应根据其产品的用途、生产成本等综合因素来考虑。在保证强度的前提下，应越小越好，石膏刨花板的密度通常在 1100～1300kg/m³。

在生产中一般可根据石膏刨花板的密度来确定石膏的用量。计算公式如下：

$$G = \frac{D \cdot V}{1+x(1+\alpha)+0.186} \times \sigma$$

表 19-13 促凝剂对凝结时间的影响

促凝剂/石膏	NaF			K_2SO_4		$CaSO_4 \cdot 2H_2O$		
促凝时间	0.50%	1.00%	1.50%	0.50%	1.00%	1.00%	2.00%	3.00%
初凝	8′40″	9′30″	9′40″	8′25″	7′50″	5′20″	7′20″	8′40″
水化终点	16′00″	18′00″	19′00″	16′00″	16′06″	6′00″	12′00″	14′00″

式中：G——石膏需要量，g

α——在温度为20℃，相对湿度为65%时木刨花的平衡含水率

0.186——1g石膏在水化时需要的结晶水为0.186g

D——板的密度，g/cm

V——板的体积，cm³

σ——损失系数取1.1

x——木膏比

木刨花需要量计算如下：

$$P = G \cdot x (1+M)$$

式中：P——木刨花需要量，g

M——木刨花称量时的含水率

19.4.3 用水量

用于生产石膏刨花板的胶黏剂$CaSO_4 \cdot 1/2H_2O$由$CaSO_4 \cdot 2H_2O$在160~180℃温度条件下煅烧脱水而得，其反应式为：

$$CaSO_4 \cdot 2H_2O \underset{\text{加水}}{\overset{\text{煅烧}}{\rightleftharpoons}} CaSO_4 \cdot \frac{1}{2}H_2O + 1.5H_2O$$

石膏在结晶水重新结合时凝固，使$CaSO_4 \cdot 1/2H_2O$重新变成$CaSO_4 \cdot 2H_2O$。当$CaSO_4 \cdot 1/2H_2O$加水后，半水硫酸钙和无水硫酸钙在补充水中溶解，形成过饱和溶液，然后硫酸钙就会以细纤维结晶的形式从溶液中结晶出来，重新形成$CaSO_4 \cdot 2H_2O$。

补充的水与石膏粉质量之比称为水膏比，在理论上用于水化的水膏比取决于石膏的纯度，一般为0.14~0.20，半干法生产石膏刨花板的水膏比为：0.3~0.45。工艺要求是经过混料后的原料应是均匀而湿润的，根据这个比例刨花的含水率大约在70%左右。

19.4.3.1 水膏比与板性能

水膏比对板性能有一定的影响，一方面要使石膏能获得足够的水分而充分水化，另一方面使混合物具有良好的分散性。很明显，如果水膏比太小，石膏将不能充分水化，石膏化学反应不完全，使木刨花得不到充分的胶合，卸压后，板的厚度大幅度增加，性能降低，如果水膏比太高，混合物在搅拌中会形成团状或稠状，致使铺装不均匀，甚至无法铺装成板。除此之外，水膏比高，说明用水量多，留在凝固石膏孔隙中的多余的水分经干燥蒸发后，在石膏内部产生孔隙，出现多孔板，致使石膏刨花板的强度下降。在一定范围内，用水量越少，石膏制品就越密实，强度就越高。当水膏比在0.30~0.45范围内时既使混合物具有良好的分散性，又使石膏板的密度和强度达到要求。

19.4.3.2 用水量计算

在石膏刨花板生产中，拌石膏的用水量直接影响到板的性能及生产工艺过程是否能顺利进行，因此应根据工艺要求加入适量的水分，从而保证正常生产和使板的强度达到要求。用水量计算公式如下：

$$W = G(\omega - x \cdot M)$$

式中 W——用水量，g

G——石膏用量，g

ω——水膏比，%

x——木膏比，%

M——刨花称量时的含水率，%

19.4.4 拌石膏和原材料计量

刨花和石膏的拌合是石膏刨花板生产中重要的工艺过程之一，它对石膏刨花板的成品质量及生产成本有着很重要的影响。

石膏、刨花、缓凝剂、水的用量在进入搅拌机之前应进行计量，以保证石膏刨花板各组分的比例正确，使刨花、石膏均匀地拌合在一起，如果刨花和石膏的比例不适当，没有达到预期的木膏比，则对石膏刨花板质量产生严重的影响。刨花和石膏的正确配置可以按容积计量，也可按质量计量，间歇式搅拌机不论是石膏还是刨花均可采用质量计量，连续式搅拌机石膏、刨花可采用容积计量、质量计量。刨花也可采用容积和质量结合起来计量。缓凝剂，水则可采用计量泵和体积计量。

经过计量后的石膏、刨花、缓凝剂、水进入搅拌机中搅拌，搅拌方式可为间歇式或连续式，连续式搅拌机即拌石膏时各组分连续不断地进入搅拌机，经搅拌后不间断地从搅拌机中排出。间歇式又称周期式搅拌机，拌石膏时各组分按一定时间间隔进入搅拌机搅拌，并按一定的时间间隔将拌好的料排出，目前生产石膏刨花板多采用间歇式搅拌机。

石膏、刨花、缓凝剂的搅拌是在一台填料式搅拌机内进行的，见图19-16。在每次搅拌程序开始前，搅拌机应先用部分拌料用水（或水和缓凝剂的混合溶液）将内部清洗一下，然后加入原料。原料的精确计量通过搅拌计量系统和设备中心控制系统监控，这种方法的优点在于原料的配方可按要求很快地进行变更，在很短的时间内改变配方计量。

经分选后的合格刨花被送到定量器中，定量器内装有测

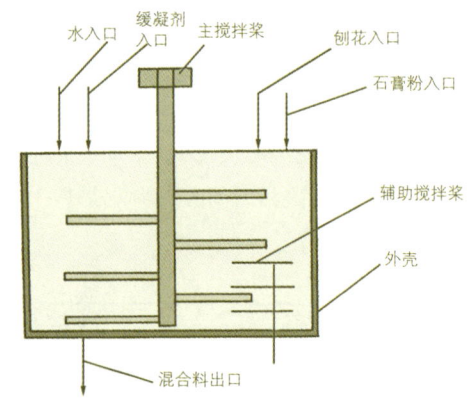

图19-16 搅拌机示意图

含水率的装置和称量带,在称量带上通过连续测定定量刨花的含水率和质量,并自动确定定量绝干刨花的质量,同时确定刨花实际含水率和与定量石膏相反应所需刨花含水率的值,然后在刨花中加入所需的水。

间歇式搅拌机每一次搅拌的绝干刨花量保持不变,因此缓凝剂水溶液和石膏粉的量也保持不变,通过测定刨花含水率由计算机计算出每次搅拌需要的湿刨花量和应加入的水量。加入搅拌机的组分先后次序应是:

(1) 加入水和缓凝剂水溶液,并均匀混合;
(2) 加入湿刨花并进行搅拌;
(3) 加入石膏粉。

自加入石膏开始计时,搅拌时间3~5min。

由于在生产中缓凝剂的量很少,所以首先应制成缓凝剂水溶液,以便缓凝剂能均匀地分布在刨花上。

间歇式搅拌机转速一般在60~80r/min,容量一般为2~4m³,搅拌机搅拌速度虽然较高,但由于刨花含水率较高,搅拌机快速转动时温度升高较小,故搅拌机不需要专门冷却装置。

在石膏刨花板生产中,原材料的定量设备可用皮带秤、斗秤、定量泵等,各种成分在搅拌机中通过强烈搅拌得到充分混合,加入最后一种成分——石膏后,在搅拌机中停留时间应不超过5min,因为湿刨花和熟石膏一经混合,石膏即开始水化,同时应注意混合物在运输设备上的停留时间应受限制,因此运输距离应尽量地短。刨花和熟石膏粉定量料仓的大小要与搅拌机的容积相匹配,搅拌结束后,混合料应从搅拌机中立即排出,然后重新进行下一次的搅拌。

连续式搅拌机经称量的刨花和石膏连续不断地从各自进料口进入搅拌机,装在搅拌机顶盖上的喷嘴向搅拌机内分别喷缓凝剂和水或喷经计算机计算出的水和缓凝剂混合溶液,使刨花与石膏均匀混合,搅拌机有一定倾斜度,使拌好的刨花和石膏往出料口运动,在出料口由皮带运输机将拌好石膏的刨花输送到铺装机料仓。

19.5 铺装

与合成树脂刨花板相同,石膏、刨花经搅拌后,必须铺装成一定厚度和一定尺寸的石膏刨花板板坯,方可压制成所需的石膏刨花板。板坯的铺装质量直接影响到石膏刨花板的物理力学性能,因此在石膏刨花板生产中板坯铺装是很重要的工序之一,设计和选用铺装设备时,必须以原料特性、石膏刨花板的质量要求和生产规模为依据。

19.5.1 铺装工艺要求

板坯的铺装是指加压之前,将拌石膏的刨花用一定的铺装方法,按规定质量铺成一定幅面和厚度均匀的板坯的过程,铺装的工艺要求见表19-14。

19.5.2 铺装方法和铺装机

板坯的铺装方法很多,见表19-15。

表19-14 铺装工艺要求

分 类	特 点
均匀铺装	铺装均匀的板坯密度一致,石膏刨花板内部各部分膨胀和收缩趋于一致。板很少发生翘曲变形
对称层刨花规格相同	对称层刨花规格相同,有利于板内应力相符和板面平整,以免板的内应力引起翘曲变形
铺装角和铺装长度	铺装角的大小与铺装的板坯厚度和铺装长度有关,见图19-16,在保证被铺的刨花在板坯内基本上呈平行排列条件下,确定铺装角。在铺装厚度相同的条件下,铺装长度越大,则铺装角越小。铺装12mm板的铺装角大约为15°,不超过20°
铺装厚度	铺装板坯的厚度应符合石膏刨花板密度的要求,铺装厚度与成品板的比例为4:1~6:1

表19-15 铺装方法

分 类	特 点
周期式铺装	将计量好的石膏刨花铺装成一块板坯后,再重新铺装第二块板坯
连续式铺装	从铺装机出来的板坯是连续的板坯带
手工铺装	将经过称量的石膏刨花倒在垫板上的木柜里,用手推平。 优点:不需铺装设备,生产成本低。 缺点:板坯厚薄、疏密程度不均匀,造成板密度不均匀,对称层两边刨花尺寸不同,靠近垫板面多为细刨花,相对面则为大刨花。板易翘曲变形。效率低,不适于高速生产,适用于小型工厂和实验室
机械铺装	由机械动作完成铺装过程,可铺装单层、多层、渐变结构的石膏刨花板
气流铺装	利用气流作用,使细刨花落点远,粗刨花落点近来完成铺装过程,该铺装方法适合于铺装渐变结构的石膏刨花板。铺装时风量一般为10000~14000m³/h,入口处的风速为3~5m/s,中间风速0.5~1m/s
定向铺装	刨花按一定的纤维方向排列的铺装。定向铺装可分为机械定向和静电定向铺装

表 19-16 各种结构的石膏刨花板

板坯结构	特 点
单层结构	从石膏刨花板的厚度方向看,刨花形状、尺寸大小基本相同,或者说分不出层次来。这种结构的板坯是将石膏刨花随机均匀地铺装而成。见图 19-17(a)
三层结构	石膏刨花板的厚度方向有明显的三个层次,两个表层和一个芯层如图 19-17(b)。两表层是较细小的刨花或纤维,芯层为较大的刨花。这种结构的石膏刨花板静曲强度较高,板面平滑。
五层结构	石膏刨花板的厚度方向有明显的五个层次,刨花的尺寸从芯层到表层逐渐减小,芯层的两面是对称结构,见图 19-17(c)。这种结构的板有三层芯层,铺装时采用五个铺装头,这种结构的板稳定性和强度、均匀性都较三层结构好。铺装头多,投资较大,设备管理费增加。
渐变结构	从石膏刨花板的厚度方向分不出明显的层次,但从板的表面到中心,刨花由细逐渐变粗,见图 19-17(d)。这种结构的板采用两个铺装头,或一个铺装头两次铺装而成。其板面很平滑。
定向结构	刨花按一定的纤维方向,沿板坯的长度或宽度方向排列。这种结构的板其纵向强度和横向强度有一定的差异。

石膏刨花板板坯在铺装时可根据要求铺装成不同的结构,见表 19-16。

有各种各样的铺装机可用于石膏刨花板生产,在确定铺装机时,要考虑流水线中其他部分的相互关系,如原料的类型,石膏刨花板的性能、结构、工人的操作水平。必须在了解板坯铺装中的各种因素和了解铺装机不同的特性以后,再选择合适的铺装机。

铺装机的种类较多,分类方法也较多,可根据产品结构分类,见表 19-17;根据铺装头形式分类,如表 19-18;也可根据铺装机组结构,如分类表 19-19。

不论是机械铺装机,还是气流铺装机,铺装机一般是由小型料仓、计量装置、铺装头组成的综合体。

小型料仓起贮存原料和调节作用,它往往和计量部分结合在一起。

计量装置的任务是将拌了石膏的刨花均匀地送往铺装系统,保证被铺装的板坯密度均匀。

铺装头的作用是打散刨花,将石膏刨花铺装成一定厚

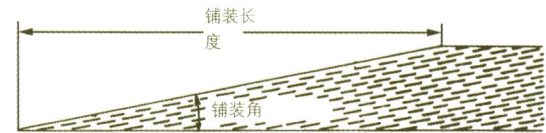

图 19-17 铺装长度和铺装角的关系简图

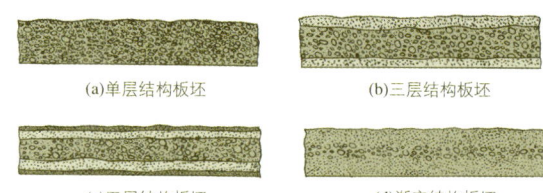

(a)单层结构板坯　　(b)三层结构板坯

(c)五层结构板坯　　(d)渐变结构板坯

图 19-18 板坯结构

表 19-17 根据产品结构分类的铺装机

铺装机类型	产品结构
单层结构铺装机	采用这种铺装机铺装出的产品为单层结构的石膏刨花板
三层结构铺装机	通常由三个铺装头组成的铺装机,铺装出来的产品为三层结构的石膏刨花板
多层结构铺装机	由三个以上的铺装头组成的铺装机,可铺装五层、七层等结构的石膏刨花板
渐变结构铺装机	铺装头以两个相反方向进行铺装,可铺装渐变结构的石膏刨花板
定向结构铺装机	铺装机使刨花纤维按某一方向排列。可铺装单层、三层定向石膏刨花板等

表 19-19 根据铺装机组结构分类的铺装机

铺装机类型	特 点
固定式机组铺装机	铺装时铺装带按照一定的速度向前移动,而铺装机固定
移动式机组铺装机	铺装时铺装机按一定速度往复运动,铺装带固定不动,铺装机的运行速度,可根据加压周期和石膏刨花板板坯的长度进行调整

表 19-18 根据铺装头形式分类的铺装机

铺装机类型	铺装特点
机械式铺装机	利用机械所产生的动力,将大刨花抛得较远,细刨花抛得较近的原理,使石膏刨花均匀地铺装成板坯,机械铺装时多使刷辊、刺辊或光滑辊作回转运动,使落在上面的刨花抛散在运行的铺装带上
气流式铺装机	铺装过程中借助于风力作用,将经计量的刨花向左右两个方向吹送。由于粗细刨花的重量不同,因此在气流中的悬浮速度也不同,从而细刨花落点远,粗刨花落点近,使石膏刨花均匀地铺装成板坯
气流机械式铺装机	适用于大规模生产,这种铺装机是利用气流铺装石膏刨花板板坯的表层,机械铺装板坯的芯层,从而克服了气流铺装出现的板坯表层都是细刨花,芯层全是粗刨花,使芯层过于疏松的缺点,采用气流机械铺装机铺装的板坯,表面细腻平整,密度均匀,压制成板后,石膏刨花板质地优良。

度、宽度，密度均匀的各种结构的板坯。

铺装机的计量装置可采用质量计量和容积计量，质量计量装置通常采用周期式料斗秤和连续式自动秤，见图 19-20 至图 19-22。容积计量装置是根据一定体积的石膏刨花向铺装头供料。容积计量的结构种类繁多，见图 19-21。单纯采用容积计量很难保证每一块板的密度相同，因此可采用质量和容积综合计量，见图 19-19。或在铺装机后侧设置板坯控制秤，如图 19-20 用以检验板坯密度，当板坯密度符合规定时，铺装机即根据控制秤发出的信号进行铺装。如板坯密度不符合规定，则通过调节铺装机运行速度，或调整定量料仓出料体积等办法，对板坯密度进行控制。

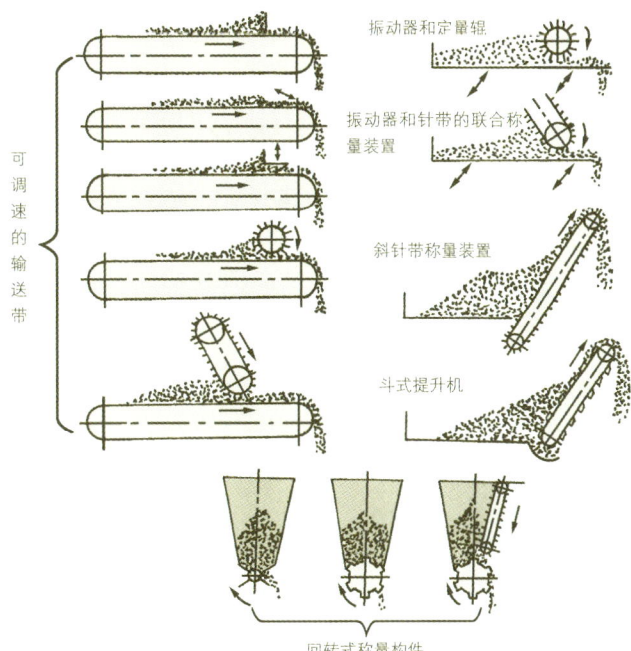

图 19-21 容量计量装置结构图

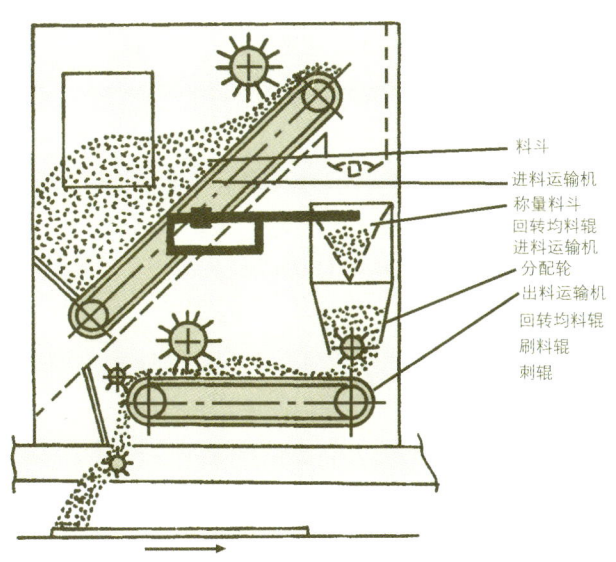

图 19-19 质量和容量综合定量示意图

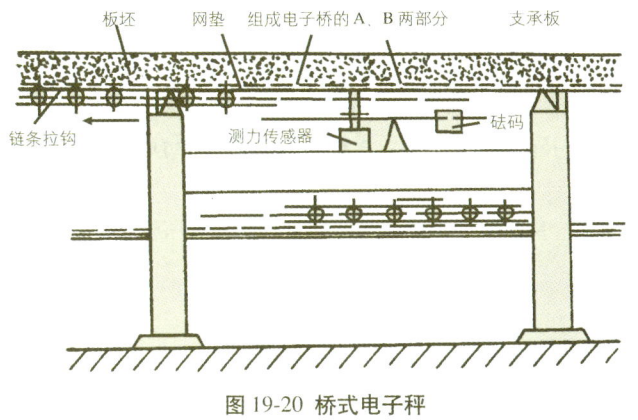

图 19-20 桥式电子秤

石膏刨花板板坯铺装的基本原理与普通刨花板相同，只是由于石膏刨花板的混合料容积较大，含水率较高，因此其设备参数、工艺参数（如风量、风速、或甩料辊转速）应适当调整。

19.5.3 铺装中存在的问题

板坯的铺装质量直接影响板的性能，对铺装过程中存在

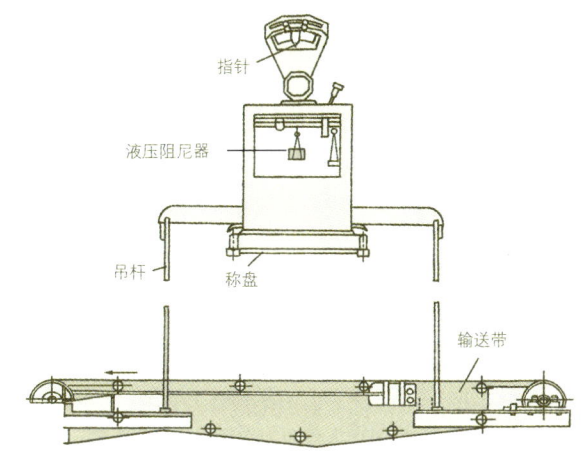

图 19-22 带式自动秤

的问题可通过（表 19-20）有所了解，以便保证铺装质量。

19.5.4 板坯的质量计算

为了得到高质量的石膏刨花板，板坯铺装时，应保证铺装的板坯厚度均匀，密度相同，因此铺装时应对板坯的质量进行计算，从而达到均匀铺装的目的。石膏刨花板铺装时板坯的质量计算公式如下：

$$\text{板坯质量} = \frac{L \times B \times 0.1D \times R}{1020} + \frac{L \times B \times 0.1D \times R}{1020} \times \frac{100+KW}{100+KW+HG} \times \frac{WG-KW}{100}$$

式中：L——板坯的长度，cm

B——板坯的铺装宽度，cm

表 19-20 铺装过程中存在的问题

问题	产生原因和解决的方法
板坯内存在一定的内应力	铺装过程中，刨花实际上并非完全平铺在垫板上而像图 19-23(a)所示，板坯内的刨花和垫板成一定角度，当铺装角越大时，这种现象越明显。因此铺装时应采用两个方向两次铺装 [图 19-23(b)] 和较小的铺装角
刨花的厚度	如采用较厚的刨花生产石膏刨花板，只要几层这样的刨花就能铺成板坯所需的厚度，这种板坯结构中刨花是相互层迭胶合的，所以板的强度低，当层数增加时，相互层迭的机率在板坯结构中便减少，所以最好选用薄片刨花生产石膏刨花板
铺装波动	铺装过程中，由于原料等某些因素的变化和计量的误差，在板的内部以及板与板之间会产生密度偏差。板坯密度波动的测定可采用对板材的连续扫描，或将板材沿宽度方面锯成 100×10(mm)或 50×50 (mm)的样品，用重量法测定其每一样品密度，确定其板的密度波动

(a)一个方向铺装的板坯

(b)两个方向铺装的板坯

图 19-23 一次和两次铺装时板坯内刨花排列的位置

D——板坯的厚度，mm
R——板的密度，g/cm³
KW——结晶水，%
WG——水膏比，%
HG——木膏比，%

19.5.5 板坯运输

石膏刨花板生产，通常采用垫板作为运输板坯的工具，垫板的运输可采用垫板间相互搭接。作为运输机，板坯铺装在这带状的垫板上，在进入压机之前，利用速度差将各垫板分开。另一种运输方式，是利用垫板回送装置，将垫板送入铺装机进行板坯的铺装，不论采用哪种运输方式，垫板在进入铺装机之前，必须经过清扫和喷洒脱模剂以及称量。板坯的称量由毛板秤控制，板坯与垫板一起称量，不合格板坯在运输线上自动清除，合格的板坯由运输机送入堆垛机堆垛，板垛堆到一定厚度后将板垛送入压机锁紧，运输机将板垛运走。当板坯凝固结束后，凝固的板垛再送到压机中拆垛，拆垛后的板垛由分板机将垫板和石膏刨花板分开，石膏刨花板被送去继续加工，垫板送到回送运输机上，送入铺装机进行铺装。

19.6 预压

在石膏刨花板生产中，为了防止板坯在运输过程中松塌和便于堆垛可采用预压工艺，预压是指在室温下，将松散的板坯压到一定的密实程度。

预压的目的：

使板坯密实，输送过程中刨花不会移动，并可避免边部松塌。

预压卸压后，板坯厚度有回弹现象，回弹的大小与刨花的种类、压力大小等有关。

压缩率与回弹率的计算方法：

$$压缩率 = \frac{d_1 - d_2}{d_1} \times 100\%$$

$$回弹率 = \frac{d_2 - d_3}{d_1} \times 100\%$$

式中：d_1——板坯铺装厚度，mm
d_2——板坯回弹后实际厚度，mm
d_3——板坯压缩到最小厚度，mm

在石膏刨花板生产中可采用周期式或连续式预压机。当采用有垫板铺装时，可采用周期式预压机。当板坯是连续带状时，可采用连续式预压机。在连续式预压机中，板坯是在被压缩状态下移动的。板坯直接在铺装带上铺装、预压。因此要求铺装带的速度根据铺装和预压的需要确定后固定不变。预压好的板坯切成一定长度，迅速向前与垫板配合送入压机。

图 19-24 是一种辊筒式连续预压机。预压机由五对小辊

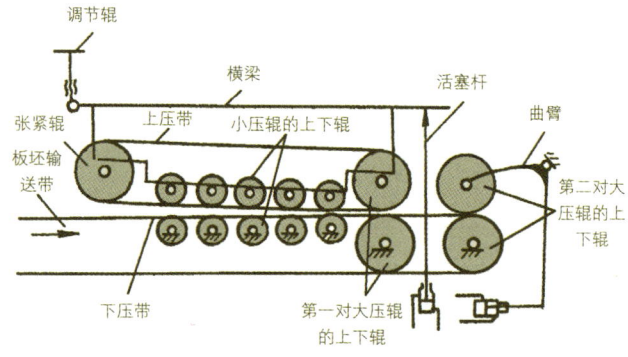

图 19-24 辊筒式连续预压机

筒和两对大辊筒组成。铺装好的板坯带由输送带运入预压机加压区。板坯带两面被上、下压带夹着运行。通过小压辊时，压紧板坯。由于几对压辊的间距从前往后逐渐减小。对板坯的压力逐渐加大。板坯压缩量加大。通过第二对大压辊时，压辊间距最小，受的压力最大，使板坯达到压缩要求。压辊线压力20～60kg/cm。

履带式预压机见图19-25，压机主要工作部件是上下履带，履带由金属板铰接而成。上下履带分别用塑料覆面，可防止刨花和石膏黏在履带表面；同时板坯预压后不会留有压痕。

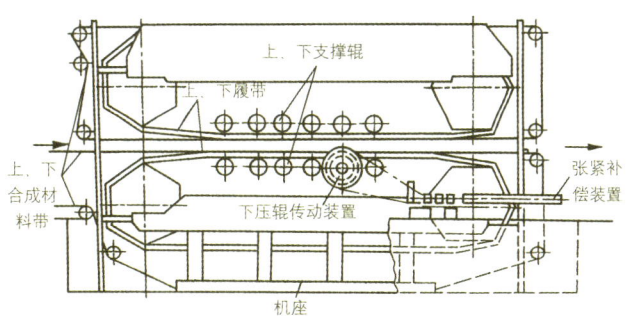

图19-25 连续式履带预压机

19.7 加压

石膏刨花板的生产方法可分为半干法、湿法。半干法是将石膏凝固所需要的水化用水，通过木质材料作为载体均匀地加入并分散到石膏中，形成具有分散性的混合物进行铺装成型。湿法是把石膏做成水浆，然后与刨花拌合而制成一定厚度的板材。湿法生产石膏刨花板凝固时由于自由水蒸发，在板中有孔洞影响板的强度，并且成型困难。因此常采用半干法生产石膏刨花板。

19.7.1 石膏凝固的基础原理

石膏凝固反应是放热反应，放出的热量为126kJ/kg，故石膏刨花板生产时采用的压机是不加热的，压机施加给板坯的压力为2.5～3.5MPa。加压的持续时间取决于石膏的凝固条件，从加水到石膏凝固开始需要一定的时间，而水化作用时间则为2.5倍的加水到石膏凝固时间，如加水后2.4min开始凝固，水化时间则需要6min。由于石膏凝固的开始与板的厚度无关，因此对于任何厚度的板，加压持续时间完全一样。加压结束后，板坯的含水率平均为15%～20%。因此从压机出来的板应送入干燥机内干燥，干燥后板的最终含水率为2%～3%。

石膏之所以成为一种有用的工业原料而得到广泛应用，在于它具有脱水和再水化的性能。煅烧石膏($CaSO_4 \cdot 2H_2O$)时，它就能全部或部分脱水成为硫酸盐胶结料，这种胶结料主要是由半个结晶水的硫酸钙组成。($CaSO_4 \cdot 1/2H_2O$)称为半水石膏，当半水石膏与水相混合，它就溶解形成饱和溶液，与此同时，半水物与水发生了相互作用，再次水化形成二水硫酸钙。而二水硫酸钙会很快形成过饱和溶液，结晶沉淀。随着半水硫酸钙不断转化成二水物，结晶体也随着增长，最后原始的半水物和水的混合物凝固和硬化。所以用半水石膏可制成高强度的石膏刨花板。

半干法工艺生产石膏刨花板以崭新的面貌出现在石膏建材工业中，它完全打破了人们认为制造石膏产品只有在可流动的稠度下才能控制的观念。引入一种新的原理将石膏凝固所需要的水化水，通过木刨花作为载体，均匀地加入和分散到石膏中去，形成具有分散性的混合物，进行铺装成型，然后压制成具有一定厚度的板材，这样可减少过剩水分的70%，干燥能耗至少可降低50%。

19.7.1.1 水化时间

水化时间是指石膏粉与水混合到浆料达到温度顶峰的时间。

水化初期0-B点如图19-26。石膏水化速度很快，基本呈直线变化。到某一时刻，温度时间曲线出现一拐点B，并以B点所对应的时间为水化初期终点。水化进行到B点时，石膏水化已完成大部分。从B点到水化完成终点则进行缓慢。

水—石膏凝固速度取决于石膏的煅烧质量，加入水的数量和水的温度，如石膏中二水石膏含量高，加入水温为40℃左右时，则使凝固速度加快。为了防止板坯在无压下凝固，因此一定要在石膏凝固前，或水和石膏物质凝固开始时进行加压，所以必须限制加压前半成品和混合物的持续时间。通常刨花和石膏混合，即从搅拌—成型—压机的距离不宜太长。混合物在该阶段存放的时间也不宜太长。防止板坯无压条件凝固。因此半干法生产中要加缓凝剂防止混合物无压凝固。缓凝剂的添加量与混合物在该阶段的停留时间及使用缓

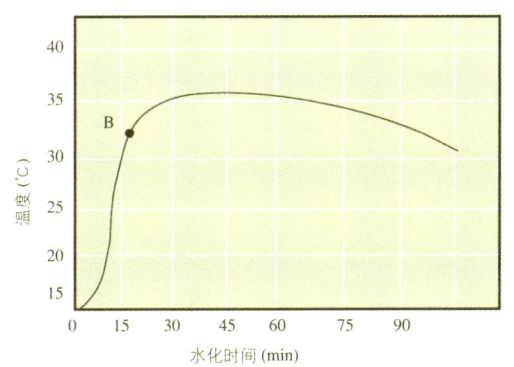

图19-26 石膏浆体水化时间

凝剂的种类有关。时间长加缓凝剂多，反之则少加。使用不同的缓凝剂其添加量也不相同。

19.7.1.2 加压时间

加压时间：板坯被压到最大压力到拆垛的时间。

板坯加压时，其压力必须保持到石膏水化终点为止。加压时间短，由于石膏没有完全凝固，压后刨花会产生回弹作用，致使板的结构受到损害而影响板的性能。半水石膏在常温下达到完全水化时间不到30min，但由于生产时需要加入添加剂—缓凝剂，以及木质刨花中存在阻凝物质使得石膏水化终止时间延长。一般加压时间为2~3h。为了提高压机的生产率，在工艺上当板坯被压到一定厚度后，用特殊的锁紧装置将板垛锁紧。使板垛在一定的压力条件下存放2~3h，石膏水化终止后拆垛，压机加压时必须保证在石膏产生初凝之前，否则会出现无压下凝固现象，从而影响板的强度。

19.7.2 板密度与板物理力学性能

石膏刨花板的静曲强度、弹性模量、内结合强度、握螺钉力、吸水厚度膨胀率，在一定的密度范围内(1.00~1.30g/cm³)，会随着板密度的增加而增加。石膏刨花板按照复合理论应该是一种纤维增强型复合材料，增强材料的强度主要取决于纤维的强度、纤维与基体的黏接强度和基体的剪切强度，石膏刨花板的强度主要取决于刨花和石膏间的黏结强度及石膏、刨花本身的强度。随着板密度的增加，板坯的压缩率增加，一方面刨花和石膏的接触更为紧密，界面性能得到改善，有利于石膏体向刨花传递载荷，使得石膏刨花板的内结合强度增加，另一方面石膏体的密度增加，意味着石膏和刨花混合体的体积随之增加，使板的压缩比增加，从而使板的静曲强度和弹性模量得到提高，在一定的密度范围内硬化石膏体的强度与板密度成四次方正比例提高，这样石膏体的强度必然大幅度提高，使板的握螺钉力提高。当然密度的无限提高也是不经济的，不仅使板子的成本提高，也使运输费用增加，作为室内装修材料则会增加建筑物自重，从而使地基处理费上升，抗震性能下降。此外板密度的增加导致板厚度偏差增大和板回弹率的显著增大，大幅度的回弹会造成石膏刨花板厚度偏差增大，在生产中会增加砂光损失而降低效益。板密度的增加使板中单位体积内的刨花数量增加，导致吸水厚度膨胀率增加。

19.7.3 加压设备

石膏凝固反应是放热，因此生产中采用的压机是不加热的冷压机，半干法生产石膏刨花板采用堆积式加压，故压机为大开档的单层压机。

压机的作用是将板坯按规定压实到一定厚度，然后使板垛以精确的尺寸在夹紧装置中锁紧。板坯凝固结束后，凝固的板垛再送到压机中拆垛。

石膏刨花板加压的压机通常为周期式大开档的单层压机，压机的加压方式可采用上压式压机或下压式压机。上压式压机的上压板作往复运动，下压板固定不动。下压式压机的下压板作往复运动，而上压板固定不动。上压式压机，板坯进板方便，可由辊筒运输机或链条运输机直接将板坯送入压机。上压式压机油缸装在上压板的上方，因此对油缸的密封要求高，密封不好易漏油。下压式压机，板坯进板不方便，但其油缸装在压机的下方，故油缸的密封方便。

图19-27为上压式压机在加压板坯之前将夹紧架上部固定在上压板上，辊筒运输机将夹紧架下部和板坯送入压机，压机加压使之达到规定的尺寸，上下夹紧架将板坯锁紧，压机张开由辊筒运输机将板垛运送到堆放场地，使石膏在加压状态下继续水化。板坯在夹紧装置中保持2~3h后，再送回压机中拆垛。堆积式加压，板垛内的板坯所受的压力从上到下逐渐增加，因此板垛内的石膏刨花板出现密度偏差和厚度偏差。最上层的石膏刨花板密度最小，厚度最大。而最下层板的密度最大，厚度最小。生产中通常采用每一张板均放厚度规，使加压后的石膏刨花板密度、厚度均匀。

压机的幅面可根据生产情况来确定可为4′×8′，也可为4′×10′，压机的单位压力为2.5~3MPa。

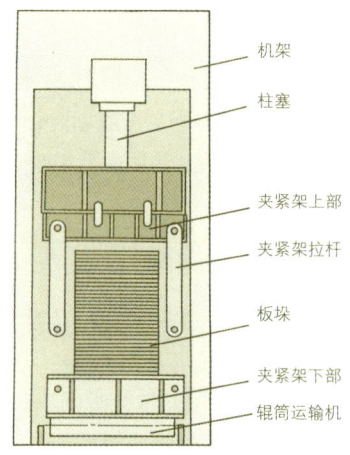

图19-27 压机示意图

19.7.4 板坯凝固和拆垛

为了使板坯在加压的条件下完成水化过程，使板坯既有充分的时间凝固又不影响生产率。因此经压机加压后的板垛被夹紧在特殊的夹紧装置中固定，使之达到所需的加压时间。被特殊夹紧装置固定的板坯运到硬化(凝固)处理场地,经2~3h后方可拆垛。

拆垛在压机中进行,将在夹紧装置中保持了约2~3h的板坯送到压机中,压机加压将夹紧装置松开,凝固后的石膏刨花板具有较高的强度,采用吸盘分板器将板和垫板分开。被分开的石膏刨花和垫板分别由运输机将板和垫板分别送到干燥机中干燥和垫板清扫器中清扫。垫板经钢刷和乳化剂清洗后,再涂以脱模剂,由垫板回送装置送至铺装机再进行板坯铺装。

在石膏刨花板生产中采用的是堆积式压机,堆积式压机应防止板坯松塌和板坯间相互黏结,因而需要垫板起支撑板坯和分开各板坯的作用,使板面平整,光洁度好,便于清扫。

石膏刨花板板坯在进入压机前,应根据板的厚度和夹紧框架的尺寸确定其板坯的堆积数量,当板坯的数量加上垫板的厚度达不到夹紧框架的尺寸时,可用垫板补偿。当夹紧框架的距离960mm,生产不同厚度的板时,板坯的堆积数量和应补偿的垫板厚度见表19-21。

表19-21 板坯堆积数量与补偿的垫板厚度

板厚 (mm)	板坯堆积数量 (张)	板坯高度 (mm)	补偿垫板厚度 (mm)
8	80	960	0
10	68	952	8
12	60	960	0
15	50	950	10
18	43	946	14
22	37	960	0
28	30	960	0

注:垫板厚度为4mm

19.8 干燥和加工

拆垛之后的石膏刨花板其含水率大约15%~20%左右,且湿板强度低,使用过程中会产生收缩变形使板翘曲,因此必须对石膏刨花板进行干燥,使其含水率为2%~3%。所以石膏刨花板干燥的目的是除去板中的残余水分,增加板的强度,消除内应力,减少翘曲变形。

19.8.1 石膏刨花板干燥

19.8.1.1 干燥温度对板性能的影响

干燥温度对板的性能有一定影响,板干燥时其温度不宜太高,以板坯芯层温度达70℃为宜。干燥温度高时,石膏刨花板的静曲强度及内结合强度有所下降,板的吸水厚度膨胀率有所增加,见图19-28。石膏在180℃已进入脱水过程,会造成已形成强度的二水石膏转变成半水石膏,干燥温度高水分蒸发过快过多造成吸湿的刨花迅速蒸发水分和体积膨胀,降低了石膏与刨花表面黏结度。高温使板中水化生成物的结

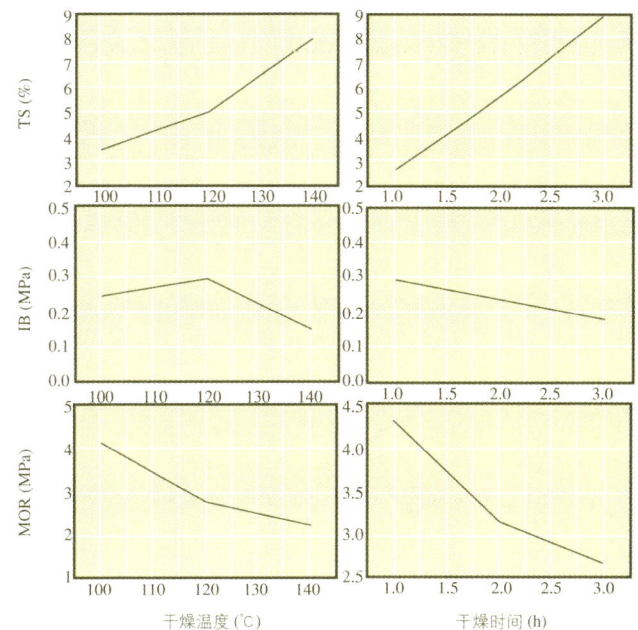

图19-28 干燥温度、时间与板物理力学性能

晶水分解,对板的性能产生不利的影响。

19.8.1.2 干燥时间对板性能的影响

干燥主要目的是除去压制后板中残余水分,当大部分水分被蒸发掉后,在较高温度条件下干燥时间延长会使板中水化生成物的结晶水分解,而对板的性能产生不良影响,见图19-27。从图中可看出,随着干燥时间的延长,石膏刨花板的内结合强度、静曲强度都有所下降,而板的吸水厚度膨胀率则有所增加。这是因为板中水化生成物的结晶水分解,形成的大晶体多、空隙率大的原因。因此,板的干燥时间不宜太长,板的干燥时间以达到板的最终含水率2%~3%为宜。

19.8.1.3 干燥方法及设备

石膏刨花板干燥可采用干燥室和干燥机等各种方法。干燥室可用于生产规模小的工厂;一般工厂可采用各种类型的干燥机。

石膏刨花板干燥可采用空气对流干燥机,由循环流动的热空气把热量传给板。也可用接触式干燥机,由热钢板或热辊筒与板接触直接把热量传给板。或采用联合式干燥机,干燥机的加热源可用对流-接触式、红外线-对流混合式、微波-对流混合式等多种形式。

石膏刨花板干燥机采用类似于胶合板生产的单板干燥机,主要有多层网带式干燥机和辊筒干燥机。也可用梳状式干燥机。由于石膏刨花板的湿强度低,干燥机的辊筒或网带下支撑距离应较小,以防止板翘曲变形。

通常石膏刨花板干燥机是一种连续式干燥板的设备,它主要由预热段、加热段和冷却段组成。预热段是把板预先加热,在对板加热时,为了使板中的温度梯度和含水率梯度很

快相互一致,即温度梯度和含水率梯度均内高外低,预热段采用较高的温度和湿度。其目的是暂时不让板中的水分向空气中蒸发,使板的温度,从中心到表面均匀地提高到一定程度,形成内高外低的温度梯度和含水率梯度,预热段温度为110~130℃,在该阶段高温对板的性能无影响,温度主要使板的温度迅速上升。

干燥段主要是蒸发板中的水分,水分蒸发时带走大量的热量使温度下降。该段温度可采用100~120℃。干燥段越长,则干燥机传送板的速度越快,干燥机的效率也越高,但干燥机长,占地面积大,设备投资高,设备维修费高。

经干燥段干燥后的板温度较高,如板从干燥段出来直接进入大气中,由于板的温度与大气温度相差太大,板易吸湿,使板的含水率增加,板产生变形。冷却段的作用采用较低的温度使板表面温度降低,利用板内高外低的温度梯度蒸发一部分水,减少板与大气温度之差。该阶段石膏刨花板的含水率低,高温会使石膏中的结晶水分解出来,使板的性能受到影响,冷却段温度70~100℃。

干燥机内部要求空气流动合理,温度均匀,排湿装置可根据干燥机内所要求的温度进行调节。干燥机的热介质可以是蒸汽、热油、热水等。

19.8.2 裁边和砂光

石膏刨花板裁边时对锯片的磨损要比合成树脂刨花板小。锯切的板应四角方正,其长宽尺寸误差应满足标准规定的要求,锯切时,锯齿应锋利,防止产生崩边、缺角现象。

从石膏刨花板上锯下的毛边处理方式有两种:一种是将边条收集起来;另一种是在锯边的过程中由铣刀头直接打碎。锯截机的进料速度一般为4~12m/min,切削速度为50~80m/s。

相同直径的圆锯,转速越高切削面越光滑,但锯齿容易变钝,转速低切削面不光滑而锯片不易变钝。当转速一定时,锯片直径越大、切削速度越高,切削面越好。故大直径的锯片比小直径的锯割面好。但又不能任意选择,应根据石膏刨花板的厚度和机床的状态来考虑。如锯截厚度大于20mm的石膏刨花板,可用直径300mm以上的圆锯片。锯截时锯齿应超过被加工板面,最小高度为3~5mm,一般为10mm为佳。

石膏刨花板在铺装与加压过程中,常由于刨花的铺装和板密度分布不均匀,以及垫板缺陷的影响和石膏刨花板的弹性恢复等因素而产生石膏刨花板厚度不一致以及板面不平整光滑等缺陷,因此经过锯边后的石膏刨花板应进行表面砂光,提高板的表面光洁度,以利于使用和饰面加工。

用于石膏刨花板表面精加工的砂光机为宽带砂光机。

宽带砂光机的砂带结构由于用途不同而不同。

根据被加工的对象及产品的用途不同,可将不同或相同的砂架进行组合使用从而构成多种形式的砂光机或砂光机组。

19.9 石膏刨花板生产工艺

半干法石膏刨花板的生产工艺主要为:

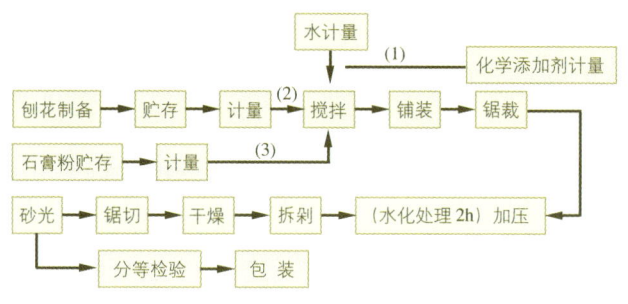

石膏刨花板生产流程见图19-29。

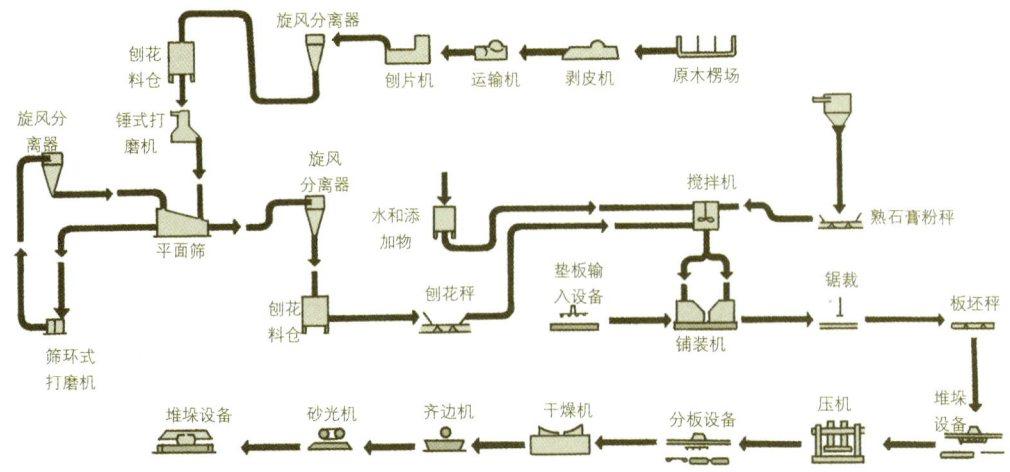

图19-29 石膏刨花板生产流程图

19.10 石膏纤维板

石膏纤维板或称纤维石膏板，该产品除具有纸面石膏板的优点外，还具有很高的抗冲击能力，内部黏结牢固，抗压痕能力强，在防火、防潮方面具有更好的性能，在保温、隔音方面也优于纸面石膏板。

石膏纤维板是一种以建筑石膏粉为主要原料，以各种纤维(主要是纸纤维)为增强材料的一种新型建筑板材，在其中心层加入保温隔热材料(如膨胀珍珠岩)，可作成三层或多层板材见图19-30。在应用方面，可作墙板、墙衬、隔墙板、瓦片及砖的背板、天花板、地板、防火门及车船的内墙。

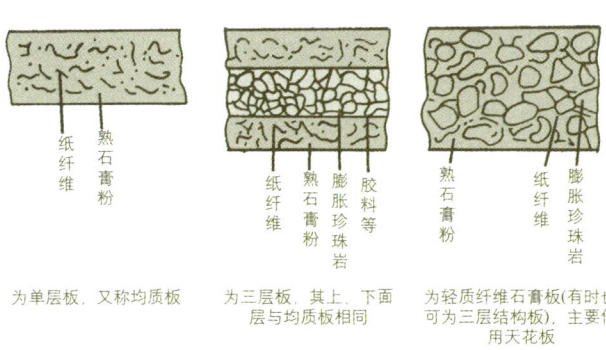

图19-30 石膏纤维板种类

石膏纤维板密度：三层墙板为800～1000kg/m³，均质板和结构板为1100～1200kg/m³，轻质板为450～700kg/m³。其防火性能可达到DIN：A级；BS：O级 ASTM：X级。

原料为建筑石膏、电厂的排烟脱硫石膏及磷石膏。纯度为80%～85%。纸原料为废报纸、废杂志经收集清理后使用。

石膏纤维板生产工艺流程见图19-31。

19.11 质量控制和质量检验

在石膏刨花板生产中，石膏的初凝、石膏的pH值、刨花的几何尺寸、刨花的内含物以及混合原料的pH值等因素，都会影响到石膏刨花板的性能。

为了保证产品质量，在厂内建立一个质量保障体系十分重要，因此要设置专业检验机构，对检验人员要进行岗位培训，检验人员要不间断地进行下面几个方面检验。

原材料进厂检验：包括目测和按标准分析、判断，由此得到的测试值作为质量控制的基础资料。据此分析产生废品原因和优化生产工艺，从而达到质量控制的目的。

中间产品的质量控制和生产监督：在生产过程中，中间产品是下道工序的原材料，因此也要进行质量检验，此外通过对材料性能的分析，不断地以实验数据对生产过程进行监督。用生产线上的原材料，模拟生产条件制成小试件，测定产品的性能。

成品检验：为了避免产生大量废品，必须对成品不断地实行质量检验。

19.11.1 石膏的检测

19.11.1.1 细度测定

石膏的细度是以试样经规定孔径的筛子筛分后，残留在筛子上的余量衡量的。

称取预先在105～110℃的温度下烘干1h的石膏试样50g。用900目/cm²的筛子筛分，筛分应进行至1min内通过量不超过0.1g时为止(为了易于观察，在筛分接近完毕时，可在黑纸上进行筛分)。称出留在筛上之试样质量。石膏的细度按下式计算(精确至0.1%)。

$$W = \frac{G}{50} \times 100\%$$

式中：W——石膏细度，%

G——遗留在筛上的试样质量，g

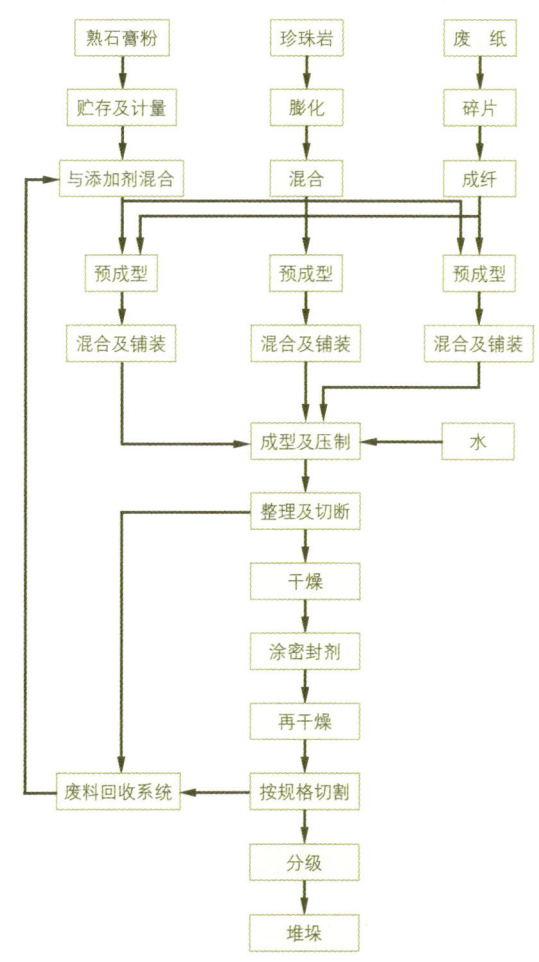

图19-31 石膏纤维板生产工艺流程图

19.11.1.2 凝结时间测定

1. 德国 DIN1165 标准的石膏初凝的检测

实验仪器：250ml 的烧杯；搅拌钢刀，刀刃约 16mm 宽，刀背厚 1.5mm；一台精密天平；一块 150mm × 150mm 的玻璃板；100ml 量筒一只。

检测方法：将 80ml 自来水注入烧杯，在 1min 内将 100g 石膏加入水中，当石膏开始加入时按秒表，将该稠状物静置 30s，然后由搅拌棒充分搅动，在不停的搅拌下将糕状物倒到玻璃板上。制成最大厚度约 5mm 的石膏糕块状体，必要时用搅拌钢刀予以抹平。

余下的石膏糊用搅拌棒继续在量杯中搅拌以测定量杯中的石膏糊是否开始稠化，当可以辨别其凝固时立即用干净的刀刃将其玻璃板上的石膏块状物切开。每切一刀将刀刃浸一下水，如果前一次切口不再凝结闭合，说明凝固已完全开始，凝固开始的时间按 DIN165 标准规定指从水注入石膏起到最后一次切割止的时间。当石膏初凝很快，初凝时间仅为 2～3min，则上述检验方法不太保险，这时应加缓凝剂来检测初凝起始时间。

石膏缓凝性：在石膏刨花板生产中，添加物缓凝剂使石膏起到缓凝的作用。从而保证石膏刨花板坯在加压和夹紧装置夹紧之前不产生凝结。在对石膏的缓凝能力的检测时，首先应对石膏的 pH 值进行测定。

2. 石膏 pH 值的测定

检测仪器：250ml 的量杯；精密天平；玻璃搅拌棒；pH 值测定液，pH 为 5～7。

检测方法：按初凝检验的方法制作一石膏糕（不加缓凝剂），当石膏糕凝固后切出 10g 石膏放入量杯中，加入自来水 10g，用玻璃搅拌棒彻府搅拌后测量 pH 值。石膏的 pH 值应为 6.0～6.5 范围内，当石膏的 pH 值<6.0 时，应对混合原料的 pH 值进行检测。

石膏及木材混合物的 pH 值的测定：为了保证缓凝剂充分发挥作用，必须使混合原料的组合成分的 pH 值在 6～7 之间。pH 在检测石膏性能时已确定其值小于 6.0 时，则对混合物的 pH 值检验应在没有缓凝剂的情况下进行。混合物的 pH 值检验方法与石膏的 pH 值测定方法相同，用 10g 混合原料（可从搅拌机排料口取出）加入自来水 100g，检验其 pH 值。如经检验的混合料 pH 值超出要求的范围（pH=6～7），则应立即增加缓凝剂量。

19.11.2 刨花的检验

石膏刨花板生产中原料刨花的质量直接影响到石膏刨花板的性能，因为刨花在石膏刨花板中起加强筋的作用。

1. 刨花厚度的检验

测量仪器：千分尺

检验方法：任意取 100 片精确至 0.01mm，并按 0.1mm 的间隔分别记录，格式见表 19-22。每一厚度组的刨花数乘以该厚度，然后将这些数值相加除以 100 即是刨花的平均厚度，见下式：

$$T = \frac{t_1N_1 + t_2N_2 \cdots\cdots t_iN_n}{100}$$

式中：T——刨花的平均厚度

t——测得的刨花厚度

N——每一厚度组刨花数量

石膏刨花板所用的刨花厚度应小于 0.3mm，因此厚度大于 0.3mm 的刨花其比例应越小越好。

表 19-22 刨花厚度检验表

刨花厚度(mm)	统计数	数量(N)	tN
0.10	正正一	11	1.1
0.20	正 下	8	1.6
0.30	正	4	1.2
0.40		—	—
0.50		—	—
0.60		—	—
0.70		—	—
0.80		—	—
0.90		—	—
1.00		—	—
1.10		—	—
1.20		—	—
1.30		—	—
1.40		—	—
1.50		—	—

2. 刨花筛分值的检验

筛分值可反映出刨花中不同尺寸的刨花所占的比例，从而提供其加工设备的刀具磨损情况。例如对刨片机刨出的刨花进行检验，如出现大量的细刨花则说明刀具已钝，应另换刀具。对再碎机出来的刨花进行检验，则可反映出刨花被再碎的程度。

检验仪器：摆动筛或振动筛，筛孔大小为 3.15mm，2.0mm，1.0mm，0.595mm，0.297mm。

天平：精度 0.01g。

检验方法：取大约 100g 刨花放入筛分机的最上层，振动时间约 15min，筛选后分别对各层刨花进行称量，精确至 0.1g。并算出各层刨花占总量的百分比，刨花筛分值的检验应每班进行一次。筛分值检验时应注意筛分机的振动频率和振幅应保持不变。

3. 刨花内含物的测定

石膏对刨花内含物质的反应敏感程度比水泥要小，然而木材中的单宁对石膏的凝固性有一定的影响。

4. 单宁含量的测定

测试仪：250ml烧杯一个；200ml量筒一个；玻璃漏斗一个；过滤纸；可调式电炉一只；100℃温度计一只；20ml滴管一只；乙酸铅分析纯$(CH_3COO)_2Pb \cdot 3H_2O$。

测定方法：取相当于5g绝干重的湿刨花，将该刨花放入250ml的烧杯中，加200ml蒸馏水于烧杯中，将其加热到100℃，并保持30min后，进行热过滤。将萃取液自然冷却到20℃。然后在该萃取液中加蒸馏水使之达到200ml。从中取20ml液体放入量杯中(量杯直径16mm)，在杯中加入0.7g乙酸铅分析纯$(CH_3COO)_2Pb \cdot 3H_2O$后静置，单宁分解出来后可按图19-32查得其含量。

5. 刨花pH值和缓冲能力测定

测量用具：4个400ml的烧杯，磁力搅拌器，pH计，2个电炉，2套过滤装置，2个带刻度的200ml烧瓶，2根连着贮液罐的快速滴定管和自动调零装置或2根50ml的滴定管。

化学制品：0.1n盐酸(0.1n HCl)
　　　　　0.1n氢氧化钠(0.1n NaOH)

操作步骤：取15g刨花装入400ml的量杯中，将200ml蒸馏水倒入量杯中，然后将它们放在电热板上沸腾30min(±3min)，趁热过滤，经过滤的萃取液冷却到20℃(±2℃)后将萃取液倒入200ml的烧瓶中，再加蒸馏水使之达到200ml，然后将该溶液倒入烧杯中，把它放在磁力搅拌器上，测定并记录pH值。

当pH值确定后，立即对同一过滤液进行缓冲能力的测定，由精度为0.1ml的滴定管逐步滴入0.5ml的0.1n盐酸(HCl)，充分摇晃后记下pH值，再滴入0.5ml的0.1n盐酸，再记下pH值，直到pH值达到3.0止。0.1n的盐酸用量即为缓冲能力。

例如：用桦木刨花试验，pH值为5.05，第一次滴入0.5ml的0.1n盐酸后，pH值为4.30；第二次滴入后pH值为3.90；第三次滴入后pH值为3.50；第四次滴入后pH值为3.20；第五次滴入后pH值为3.00；则总的输入0.1n的盐酸量为2.5ml，即为其缓冲能力。这个值表示缓冲能力已在酸性范围之内。

若要知道缓冲能力在碱性范围之内，试验过程则完全相同。测定碱性值用的是0.1n的氢氧化钠(NaOH)溶液。第一次滴入0.5ml的0.1n氢氧化钠，摇晃后测定其pH值，再滴入0.5ml的0.1n氢氧化钠用量即为缓冲能力。

测定的数据可用曲线图来表示，见图19-33。

19.11.3 成品石膏刨花板的检验

在生产过程中时刻注意石膏刨花板的质量是非常重要的，对于石膏刨花板质量的检验应根据LY/T1598-2002行业标准进行。LY/T1598-2002的具体技术要求见表19-23至表19-27，其他内容参见该标准细则。

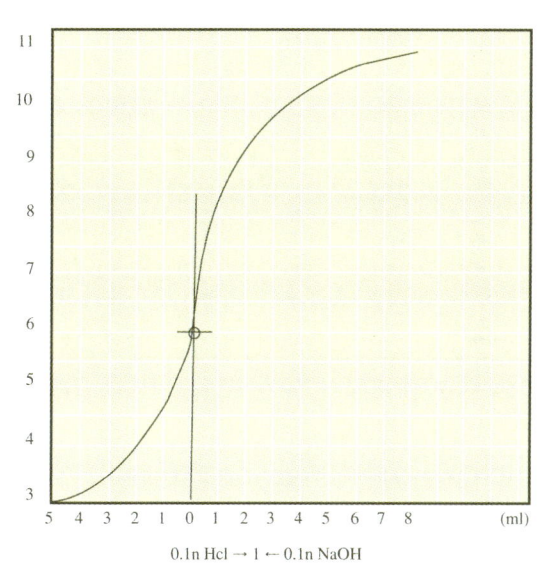

图19-33 缓冲能力图示

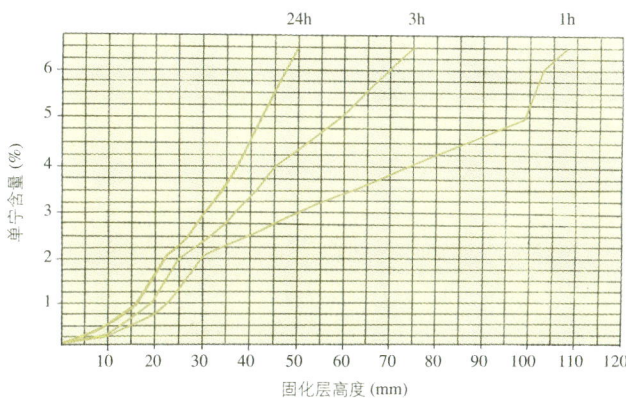

图19-32 单宁含量图

表19-23 石膏刨花板外观质量要求

缺陷名称	缺陷规定	优等品	合格品
断裂透痕	断痕≥10mm	不允许	1处
局部松软	宽度≥5mm，或长度≥1/10板长	不允许	1处
边角缺损	宽度≥10mm	不允许	3处

表19-24 幅面尺寸

宽度	长度					
600	600	1500				
1220			2500	2750	3000	3050

注：经供需双方协议后，可生产其他幅面尺寸石膏刨花板

表19-25 厚度偏差

项目	优等品 厚度		合格品 厚度	
	≤12	>12	≤12	>12
单面砂光	±0.5	±0.6	±0.6	±0.7
两面砂光	±0.3			

注：如未砂光板厚度偏差符合砂光板厚度偏差规定，可不砂光

表19-26 石膏刨花板优等品物理力学性能指标

厚度范围 mm	密度 g/cm³	板内平均密度偏差 %	静曲强度 MPa	弹性模量 MPa	内结合强度 MPa	吸水厚度膨胀率 %	垂直板面握螺钉力 N	含水率 %
≤12			≥7.5	≥3000	≥0.35		≥800	
>12, ≤18	≤1.30	±10	≥7.0	≥2900	≥0.32	≤3	≥740	≤3
>18			≥6.5	≥2800	≥0.28		≥680	

表19-27 石膏刨花板合格品物理力学性能指标

厚度范围 mm	密度 g/cm³	板内平均密度偏差 %	静曲强度 MPa	弹性模量 MPa	内结合强度 MPa	吸水厚度膨胀率 %	垂直板面握螺钉力 N	含水率 %
≤12			≥6.5	≥2000	≥0.30		≥680	
>12, ≤18	≤1.35	±10	≥6.0	≥1800	≥0.28	≤3	≥620	≤3
>18			≥5.5	≥1600	≥0.25		≥560	

参考文献

[1] 东北林学院主编. 刨花板制造学. 北京：中国林业出版社，1981

[2] 杨秉国译. 木材学与木材工艺学原理. 北京：中国林业出版社，1984

[3] 祝君等.《碎料板生产技术问答》. 林业部林产工业设计研究院

[4] 《刨花板生产设备》. 南京林业大学

[5] Wood Preparation Techniques，Pallman

[6] Gypsum Board Plant，Bison

[7] 张奕. 刨花形态、树皮含量及石膏质量与石膏刨花板性能的关系. 木材工业. 1991(5)1

[8] 张奕. 木材水抽提物对石膏刨花板的凝固及其性能的影响. 木材工业. 1990(4)1

[9] 关晶译. 石膏刨花板. 国外林业. 1989(4)

[10] 王恺等. 石膏刨花板生产的新工艺. 林产工业. 1987.2

[11] 蒋延华译. 生石膏的煅烧及石膏刨花板厂的试生产和操作经验. 建筑人造板. 1991.1

[12] 张奕. 几种树种木材制造石膏刨花板的适应性木材工业. 1990(4)4

[13] 陕西省建筑设计院编.《建筑材料手册》(第4版). 北京：中国建筑工业出版社，2005

[14] 何宜业. SS型高效节能石膏煅烧窑. 新型建筑材料. 1990.4

[15] 李晓明等. 石膏刨花板耐水性能的初步研究. 木材工业. 1989(3)4

[16] L. Mehhorn 等. 石膏刨花板生产的工艺设计. 木材工业. 1990(4)2

[17] 陈士英. 石膏刨花板生产的工艺和设备特点

[18] 张奕. 石膏刨花板的密度、木膏比和水膏比与其性能关系的初步研究. 木林工业 1989(3)2

[19] 宋孝金等. 木质石膏刨花板的研制. 福建林学院学报. 1990.10(3)

[20] 张宜行等. 提高石膏刨花板耐老化性能的进一步研究. 木材工业. 1992(6)3

[21] 蒋延华译. 石膏煅烧设备和石膏刨花板生产设备的试运转及操作经验. 建筑人造板. 1994. 2

[22] 唐永裕. 石膏刨花板生产技术. 人造板通讯. 1995. 8

[23] 涂平涛. 浅析石膏刨花板及其生产技术中的有关问题. 建筑人造板. 1992. 1

[24] 陈仝. 我国熟石膏工业状况. 新型建筑材料. 1997. 5

[25] 陈士英等. 非木质植物生产石膏刨花板的适应性

[26] 周贤康等. 石膏刨花板工业性生产工艺参数的研究. 建筑人造板. 1992. 2

[27] 魏超年. 石膏刨花板工业性生产工艺参数的研究. 新型建筑材料. 1997. 2

[28] 许汉锐等. β-半水石膏煅烧及凝结. 新型建筑材料. 1997. 6

[29] 丛钢. 脱硫石膏性能研究. 新型建筑材料. 1997. 12

[30] 凌晓晖. 纤维石膏板. 新型建筑材料. 1998. 2

[31] 年产15000,30000立方米石膏刨花板生产线成套设备. 镇江林业机械厂

[32] A. B 伏尔任斯基著. 吕昌高译. 石膏胶结料剂制品. 北京：中国建筑工业出版社，1980

[33] 何文津. 石膏纤维板. 林产工业. 1988. 2

[34] 胶凝材料学编写组. 胶凝材料学. 北京：中国建筑工业出版社，1980

[35] George T. Venta Gypsum fiberboard a high porfirmance specialty board

[36] Kazuo Takahashi Study on fibrous waste paperpulp gypsum board

[37] 镇江林业机械厂. 新型墙体材料—石膏刨花板

[38] Friedrich Bahner et al Low-cost retrofitting of existing gypsum board eines to produce valueadded gypsum-fiber products

水泥刨花板

水泥刨花板是以水泥为胶凝材料，刨花（由木材、竹材、麦秸、稻草等制成）为增强原料，与适量的水和化学助剂混合均匀后，经铺装、加压、养护、干燥和裁边等工序制成的人造板材。它兼有木材和水泥的优点，与木材相比，它具有良好的耐水、阻燃和耐菌虫侵蚀性能；与水泥制品相比，它有质量轻、机加工性能和表面装饰性能好等优点，并且板内不释放有害物质，不污染环境，是一种较优良的建筑材料。

20.1 水泥刨花板的分类、性能和应用

20.1.1 分类

水泥刨花板按密度高低分为普通水泥刨花板和硬质水泥刨花板两大类。普通水泥刨花板密度较低，约为 500~800kg/m³，作为保温、隔热材料；硬质水泥刨花板密度较大，主要用作结构材料，目前生产的基本为硬质水泥刨花板。水泥刨花板的分类见表 20-1。

表 20-1 水泥刨花板的分类

分类方法	类 别
密度	低密度水泥刨花板：密度为 500~700kg/m³
	中密度水泥刨花板：密度为 750~900kg/m³
	硬质水泥刨花板：密度为 1000~1300kg/m³
板材结构	渐变结构
	三层结构
	定向结构
表面形状	平面型水泥刨花板
	浮雕型水泥刨花板（模压）
原料	木材水泥刨花板
	非木材水泥刨花板（如麦秸，棉秆等加工的刨花为增强材料的水泥板）
加强与否	增强水泥刨花板：用钢筋增强的密度为 500~800 kg/m³ 的加强刨花板
	涂饰增强水泥刨花板：一面涂饰有砂浆的增强水泥刨花板

20.1.2 性能

水泥刨花板的性能，取决于木材和水泥两种基本原材料。水泥是一种良好的胶凝材料，与水混合后能由可塑性体变成坚硬的石状体。水泥具有耐候性好、防火、防腐、防霉等特点，而木材具有相对质量轻、弹性好、加工容易等特点。这两种基本原材料赋予水泥刨花板既有木质材料的良好可加工性，又有耐火、防腐、防虫、防霉、耐候等优良性能。

20.1.2.1 一般性能

(1) 颜色：由于经过高压和干燥，水泥刨花板素板表面通常呈浅灰色。

(2) 外观和板面质量：板材表面木质刨花应均匀分布，没有弯曲、变形、裂隙及影响使用的表面缺陷，表面应光滑而坚硬。

(3) 规格：视设备性能及客户要求而定。

20.1.2.2 理化性能

国内外生产的水泥刨花板理化性能见表 20-2。

20.1.2.3 工艺性质

工艺性质对水泥刨花板的应用非常重要，它关系到如何经济合理并且高质量地将产品加工成所要求的各种制品。

(1) 机械加工性质：因添加了木质或非木质刨花，克服了水泥制品机加工难的缺点，可以采用与木质人造板同样方法和设备进行加工，如锯切、钻孔、铣削、成型和砂光。

(2) 表面装饰性能：可进行各种表面装饰，如喷灰浆、涂

表 20-2 国内外水泥刨花板的理化性能

产地 指标	中 国	德 国	日 本	法 国
幅面,mm	900×2850	1250×2600~3200	910×1820~2730	1250×3200
厚度,mm	12±1	8~40±1	12±1~18±2	10~32
密度,kg/m³	1100~1200	约1200	900以上	1250±5%
含水率,%	10~12	12~15	15以下	6~12
抗折强度,MPa	9.0~12.0	10.0~13.0	10.0	—
抗拉强度,MPa	3.5~5.0	5.0	3.6左右	—
抗压强度,MPa	10.0~15.0	10.0~15.0	10.0左右	15.0
内结合力,MPa	0.4~0.6	0.4~0.6	—	>0.4
弹性模量,MPa	—	4000~5000	3000	>4500
抗冲击性,kg·m	2	—	3	—
吸水率,%	气干~浸水24h:<20; 绝干~浸水饱和:约35	绝干~浸水饱和:40	干~浸水24h:约12	—
吸水（湿）线膨胀率,%	气干~浸水24h:0.10~0.15; 绝干~浸水24h:0.3~0.4	20℃、相对湿度20%~90%：吸湿0.3~0.4	气干~浸水24h:0.12	—
透水性	24h不透水	—	24h不透水	—
抗冻性	50次冻融循环（±20℃）强度不变	150次冻融循环强度不变(±20℃)	100次冻融,强度几乎不变	—
导热系数,W/m·K	0.129~0.138	0.133	0.112	0.22
隔声,dB	12mm厚:31; 复合板（12--中空90--12）: >50（在1000赫时）	12mm厚:32	12mm厚:34（1000赫时） 复合板（12--中空--12）: 49（1000赫时）	12mm:31 37mm:37
阻燃性能	复合板（12-90-12）耐火极限30min	类似不燃性材料	准不燃材料	—

饰、贴纸或装饰布、瓷砖、塑料贴面或粘贴薄木。

20.1.2.4 建筑功能

(1) 形状与尺寸稳定性：水泥刨花板存在胀缩与变形的问题，但通过正确的生产工艺处理，其变形值可控制在国家对墙体材料允许的范围内。

(2) 耐久、耐候性：具有良好的耐久、耐候性及抗老化性。据瑞士的有关报道，利用水泥刨花板制作的建筑构件可长期使用，保持完整，并可拆卸用于新的建筑。

(3) 阻燃性能：为难燃材料，耐火极限大于30min，或类似不燃性材料或准不燃性材料。

(4) 隔热、保温性能：水泥及木材均是热的不良导体，因而水泥刨花板具有优良的隔热保温性能，其导热系数，与木材相近，而仅为混凝土的1/10。

(5) 健康性：不存在合成树脂人造板甲醛散发的问题；也不存在塑料装饰材料由于老化、降解以及层析导致的有害气体散发问题，不存在化学污染因素；隔声性好，可以避免噪声污染；绝缘材料，不吸收静电组合物，故而水泥刨花板是一种健康型的建筑材料。

(6) 耐腐、耐虫蚁性能：白蚁及其他害虫很难完全破坏涂有无机胶黏剂的纤维素材料，此外，一些化学助剂具有矿化作用，使纤维素原料变得具有抗生物、化学和风化等能力。水泥刨花板耐真菌和细菌、虫蚁等侵蚀，其耐腐性可与混凝土相媲美。

(7) 承载能力：水泥刨花板在建筑中用作不承重的内、外墙板与屋面板，其承受的载荷主要为风压、冲击和弯曲载荷。研究表明，当采用12mm厚的水泥刨花板与轻钢龙骨支撑组成双面复合的80mm厚墙板，抗风压强度为55kg/m²，相当于风速为140km/h的热带风暴。同样当采用12mm厚的水泥刨花板组成120mm厚的复合屋面板，能承受1m厚积雪的载荷；在抗冲击强度方面，对厚12mm的水泥刨花板构成的150mm复合墙板进行了试验，以10kg的砂袋，取1m的落差，连续撞击10次，均未能发现破坏现象；一般水泥刨花板的抗弯强度在7~12MPa范围内，均能达到《建筑隔墙用轻型条板（JG/T169-2005）》标准中规定的板材抗弯破坏载荷值不应小于板自重1.5倍的要求。

总之，水泥刨花板与其他建材相比，具有较多优点（表20-3），是一种不可忽视的新型建筑材料。

20.1.3 应用

由于水泥刨花板具有的优良性能，在建筑上得到了广泛的应用。

表 20-3 几种建筑材料性能比较

	密度（kg/m³）	防火	耐候	耐水	防白蚁	耐久	加工性	耐霉性	保温性
黏土砖	1700	+	+	+	+	+	−	0	−
刨花板	600	0	−	−	+	−	+	−	+
木板	700	−	0	−	+	0	+	−	+
水泥预制板	2300	+	+	+	+	+	−	0	−
水泥刨花板	1200	+	+	+	+	+	+	+	+

注："+"为好，"0"为一般，"−"为差，密度为常用材料密度

20.1.3.1 从建筑类型上看，其主要用于

(1) 不承重的多层及高层建筑；
(2) 低层别墅式住宅；
(3) 学校、医院、商店、旅馆、工业厂房和仓库等建筑；
(4) 防火、防潮湿建筑；
(5) 牲口棚、谷物贮存室等农业建筑。

20.1.3.2 从建筑结构上看，其主要用于

(1) 非承重的内外墙：水泥刨花板可与木龙骨、轻钢龙骨或用水泥刨花板制成的龙骨做成10~14cm厚的复合墙板。既可预制，也可在现场制作；
(2) 屋面板和天花板；
(3) 地板；
(4) 封檐板、壁橱、间壁（移动或固定）；
(5) 模板；
(6) 防火门；
(7) 活动房构件；
(8) 通风管道：特别是厨房和厕所的通风管道，可在工厂预制，现场安装；
(9) 挡风和隔音用保护墙板。

20.2 生产工艺

20.2.1 水泥刨花板主要生产工艺

水泥刨花板主要生产工艺有冷压法和CO₂注入法，冷压法工艺较为成熟，产品性能稳定，应用广泛。

20.2.1.1 CO₂注入法生产工艺

常规冷压工艺中，由于木材中糖分对水泥的"阻凝"作用，水泥凝结硬化时间很长，生产中必须配有专用的锁紧装置和加温养护设施，增加设备和厂房的投资，降低生产效率，从而增加成本，并影响到生产规模的扩大。因此，水泥刨花板问世以来，进行了大量缩短水泥固化时间的研究，而CO₂注入法是其中较为成功的一种。它不但缩短了水泥固化时间，有利于水泥刨花板的大规模和快速生产，而且扩大了可利用的树种范围。

1. 快速固化原理

在一定条件下，二氧化碳气体与氢氧化钙发生反应，生成碳酸钙和水，并放出大量的热：

$$Ca(OH)_2 + CO_2 + H_2O = CaCO_3 + 2H_2O$$

快速固化工艺即利用这一原理，在加压时向板坯喷射CO_2，使CO_2与板坯中硅酸盐水泥水化生成的$Ca(OH)_2$（或向水泥、木质刨花的混合料中加入相当于水泥质量约10%的消石灰）产生放热反应，其温度可达120℃，同时生成具有强度和硬度的$CaCO_3$，卸压后板材的强度可达到脱模的要求。

2. 工艺特点

(1) 该法简化了生产流程，缩短加压时间，无需保压夹紧的模具，不要设置硬化养护窑，大大精简了垫板数量和垫板回送及处理装置，无需卸压和脱模设备，缩小了生产场地；
(2) 该工艺可以使大多数树种能被直接用于生产水泥刨花板。由于水泥快速固化，木材中的糖分来不及扩散出来阻碍水泥固化，因而冷压法不能用含糖量较高的原料都有可能用来生产；
(3) 该方法生产的水泥刨花板其性能无异于传统冷压法生产工艺的产品质量，如密度为1250kg/m³的水泥刨花板，其静曲强度不小于9MPa，弹性模量为3000MPa，2h浸水的厚度膨胀率为1%；
(4) 必须具备生产CO_2的相关设备和压力喷射的相关装备，技术较为复杂；CO_2注入法增加板材的生产成本，对产品的推广利用不利；CO_2注入法以CO_2为促媒，同时也能形成碳酸，久之对设备会有腐蚀，同时也增强了板材的碳化度，对水泥刨花板后期强度的形成不利。

20.2.1.2 冷压法（半干法）

冷压法是目前荷兰、德国、法国、芬兰、俄罗斯、日本、瑞士普遍采用的水泥刨花板生产方法，其基本过程如下：水泥、木质材料在混合搅拌中加入除保证水泥水化所要求的水量外，另加入尽可能少的水使水泥和刨花的混合料形成半干性状态料，然后通过铺装机铺装在垫板上，通过堆板机将垫板和坯料堆叠成一定高度的堆垛后整摞送入压机中加压，压到所要求的厚度后用锁紧装置固紧，维持在受压状态下完成水泥与木质材料的固结，也称堆叠式压制。为了缩短硬化时

间，锁紧的板坯要置于温度为60~80℃强化养护窑中硬化，一般需要8h左右(养护温度与时间的乘积为540~640℃·h)，然后卸模，再在保湿状态下自然养护5~7d后进行板材的干燥，干燥温度为70~110℃，使板材的含水率控制在9±4%，以提高尺寸稳定性，减少水泥刨花板使用时的收缩性。然后进行裁切整形和砂光处理以确保板材的尺寸和厚度要求。

冷压法的技术工艺路线成熟可靠，发展至今在生产设备的机电一体化、生产程序控制、准确的计量和厚度控制以及铺装成型质量方面都有很大的提高。但是冷压法生产周期长，即使在60~80℃下加热养护也要5~8h，才能形成脱模初始强度，对木质材料的存放期也有较严格的要求，而且增加了生产辅助设施。冷压法虽然存在不足，但此法目前有较系统的生产设备，能生产质量可靠的产品，是世界各国推行的主要生产方法。

本章中以冷压法为主进行水泥刨花板生产工艺的介绍。其生产工艺流程见图20-1。图20-2是冷压法水泥刨花板生产线示意图，为Kvaerner公司推出的"垂直铺装（Top Laying System）"生产线，可生产模压浮雕形水泥刨花板。

20.3 原辅材料

20.3.1 水泥

20.3.1.1 定义

凡能在物理、化学作用下，从浆体变成坚固的石状体，并能胶结其他物料而具有一定机械强度的物质，统称为胶凝材料，又称胶结料。可分为无机和有机两大类别，沥青和各种树脂属于有机胶凝材料。

广义而言，水泥泛指一切能够硬化的无机胶凝材料。凡细磨成粉末状，加入适量水后成为塑性浆体，既能在空气中硬化，又能在水中硬化，并能将砂石等散粒或纤维牢固地胶黏在一起的水硬性胶凝材料，通称为水泥。而狭义的水泥则专指现代水泥，即具有水硬性的材料。

20.3.1.2 种类

水泥的种类很多，按其用途和性能，可分为通用水泥、专用水泥以及特性水泥三大类。通用水泥为一般土木建筑工程通常采用的水泥，如硅酸盐水泥、普通硅酸盐水泥、矿渣硅酸盐水泥、火山灰质硅酸盐水泥和粉煤灰硅酸盐水泥等。专用水泥则指有专门用途的水泥，如油井水泥、砌筑水泥等。而特性水泥是某种性能比较突出的一类水泥，如快硬硅酸盐水泥、低热矿渣硅酸盐水泥、抗硫酸盐硅酸盐水泥、膨胀硫铝酸盐水泥、自应力铝酸盐水泥等。也可按其组成分为硅酸盐水泥、铝酸盐水泥、硫酸盐水泥、氟铝酸盐水泥、铁铝酸盐水泥以及少熟料或无熟料水泥等几种。目前水泥品种已达100余种。

生产水泥刨花板常用的是硅酸盐水泥和普通硅酸盐水泥。

20.3.1.3 硅酸盐水泥和普通硅酸盐水泥

1. 定义

凡由硅酸盐水泥熟料、0%~5%石灰石或粒化高炉渣土，加适量石膏磨细制成的水硬性胶凝材料，称为硅酸盐水泥（国外通称波特兰水泥，Portland cement）。凡由硅酸盐水泥熟料、6%~15%混合材料、适量石膏磨细制成的水硬性胶凝材料，称为普通硅酸盐水泥（简称普通水泥）。

2. 矿物组成

硅酸盐水泥熟料主要由CaO、SiO_2、Al_2O_3和Fe_2O_3四种

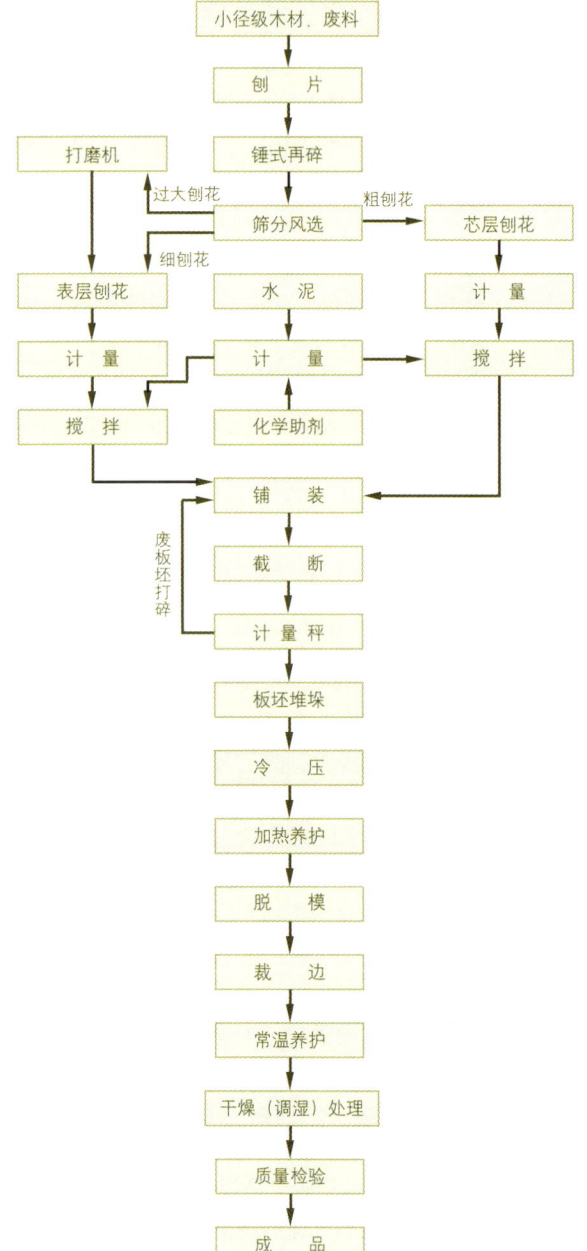

图20-1 冷压法水泥刨花板生产工艺流程图

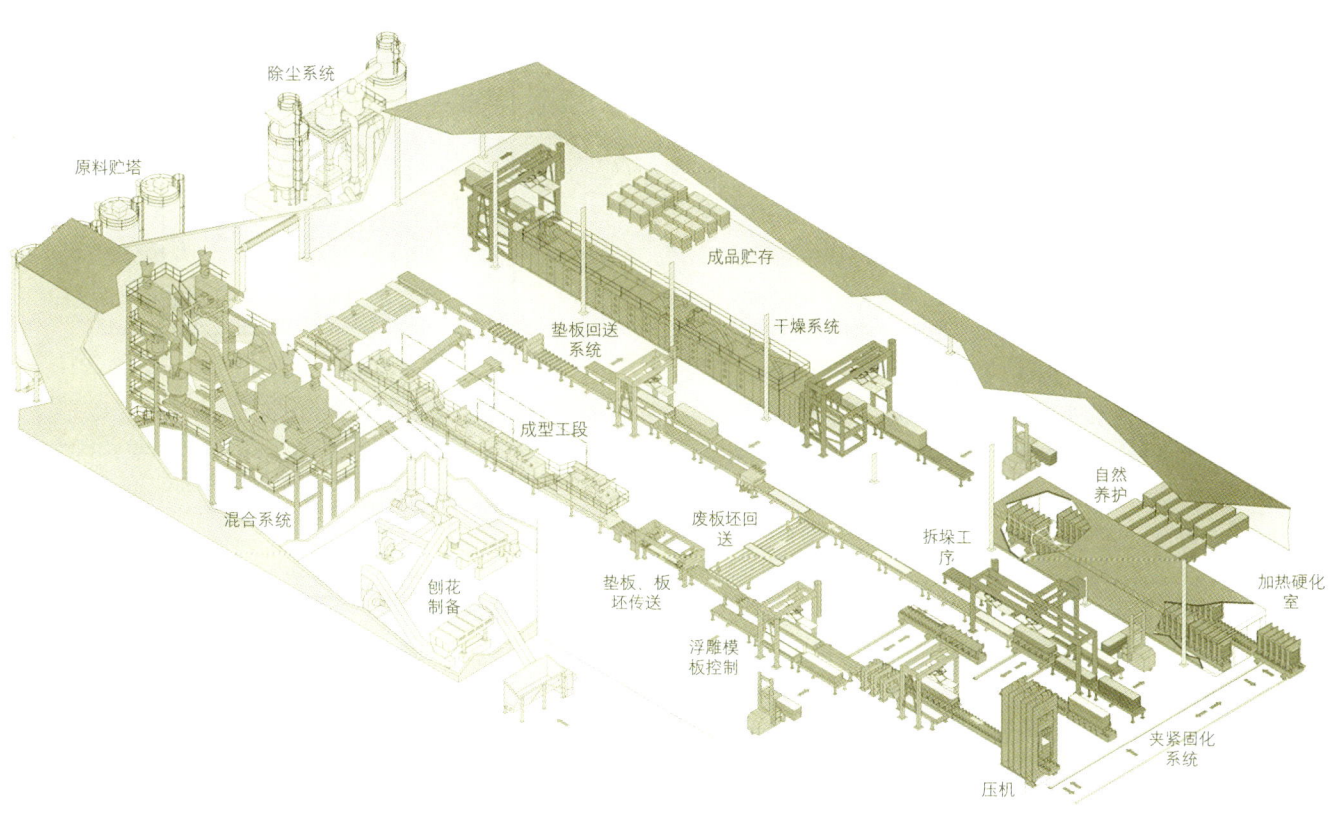

图 20-2 Kvaerner 公司 "Top Laying System" 水泥刨花板生产线示意图

氧化物组成,通常在熟料中占 95% 左右。同时,含有约 5% 的少量其他氧化物。

在水泥熟料中,CaO、SiO_2、Al_2O_3 和 Fe_2O_3 不是以单独的氧化物存在,而是经高温煅烧后,以两种或两种以上的氧化物反应生成的多种矿物集合体形式存在,其结晶细小,通常为 30~60μm。因此,水泥熟料是一种多矿物组成的结晶细小的人造岩石。

在硅酸盐水泥熟料中主要形成四种矿物:

硅酸三钙: $3CaO \cdot SiO_2$,简写为 C_3S,含量 37%~67%。
硅酸二钙: $2CaO \cdot SiO_2$,简写为 C_2S,含量 15%~37%。
铝酸三钙: $3CaO \cdot Al_2O_3$,简写为 C_3A,含量 7%~15%。
铁相固溶体:铁铝酸四钙 $4CaO \cdot Al_2O_3 \cdot Fe_2O_3$ 为代表,简写为 C_4AF,含量 10%~18%。

各种熟料矿物单独与水作用时表现出的特性见表 20-4。改变矿物成分间的比例,可以改变水泥的特性,例如提高硅酸三钙的含量,可以制得高强度水泥。

3. 水化

一种物质从无水状态变成含水状态叫做水化作用。

水泥颗粒与水接触,在其表面的熟料矿物立即与水发生水解或水化作用(简称水化),形成水化物并放出一定热量。水化速度常以单位时间内的水化程度或水化深度来表示。前者是指一定时间内发生水化作用的量和完全水化的比值,而后者是指水泥颗粒外表水化层的厚度。水泥水化速度是影响强度发展的重要因素。

表 20-4 各种熟料矿物单独与水作用时表现出的特性

特 性	$3CaO \cdot SiO_2$	$2CaO \cdot SiO_2$	$3CaO \cdot Al_2O_3$	C_4AF
凝结硬化速度	快	慢	最快	快
28d 水化放热量	多	少	最多	中
强度	高	早期低,后期高	低	低

水化的主要反应如下:

$2(3CaO \cdot SiO_2) + 6H_2O = 3CaO \cdot 2SiO_2 \cdot 3H_2O + 3Ca(OH)_2$
$2(2CaO \cdot SiO_2) + 6H_2O = 3CaO \cdot 2SiO_2 \cdot 3H_2O + Ca(OH)_2$
$3CaO \cdot Al_2O_3 + 4H_2O = 3CaO \cdot Al_2O_3 \cdot 6H_2O$
$4CaO \cdot Al_2O_3 \cdot Fe_2O_3 + 7H_2O = 3CaO \cdot Al_2O_3 \cdot 6H_2O + CaO \cdot Fe_2O_3 \cdot H_2O$

随着水化反应的不断进行,水泥浆体逐渐失去流动能力,转变为具有一定强度的固体,即为水泥的凝结和硬化。水化是水泥产生凝结硬化的前提,而凝结硬化则是水泥水化的结果。水化作用使水泥凝结硬化成坚固的人造石——水泥石。

4. 技术特性

硅酸盐水泥最重要的性质是强度和体积变化以及与环境相互作用的耐久性。此外,水泥拌水后的凝结时间、水泥的粉磨细度和水化热也是水泥的重要性能。

(1) 水泥强度:是决定制品强度的主要性能,它决定于熟料的矿物组成、含量和细度。根据国家标准 GB/T 175-1999

《硅酸盐、普通硅酸盐水泥》和 GB/17671-1999 《水泥胶砂强度检验方法（ISO法）》的规定，水泥、标准砂和水按 1：3：0.5 比例混合后，按规定方法制成试件，养护后，测定其各龄期的强度。

由于水泥在硬化过程中强度是逐渐增长的，常以各龄期的抗压强度和抗折强度，来表示水泥的强度及其增长速率。一般 3d、7d 以前的强度称为早期强度，28d 及其后的强度称为后期强度，也有将 3 个月以后强度称为长期强度。由于水泥到 28d 时强度已大部分形成，以后强度增长相当缓慢，所以通常用 28d 的强度作为水泥质量的分级。

GB/T 175-1999 中水泥强度等级按规定龄期的抗压强度和抗折强度来划分，各强度等级水泥的各龄期强度不得低于表 20-5 中的数值。同一强度等级中，快硬型（R型）对 3d 强度有较高要求，而 28d 的强度指标完全相同。28d 龄期的抗压强度值作为该水泥的强度等级，等级越高，质量越好。

(2) 体积安定性：水泥浆体硬化后体积变化的稳定性。如果水泥硬化后，产生不均匀的体积变化，会使构件产生膨胀性裂缝。国家标准规定，用试饼法（GB/T 1346-2001）检验水泥的体积安定性：水泥净浆试样经养护及沸煮一定时间后，肉眼观察未发现裂纹，用直尺检查没有弯曲，则称为体积安定合格。反之，为不合格证。

(3) 凝结时间：水泥从加水拌合开始到失去流动性，即从可塑状态发展到固体状态所需时间。水泥与水拌合后，熟料矿物进行水化，产生水化物溶胶并析出 $Ca(OH)_2$，水泥浆逐渐减小流动性，但仍具有可塑性，结构还没有固定。随着水化作用的继续进行，水化物增多，游离水减少，水化物溶胶逐渐凝聚，浆体逐渐失去可塑性，形成凝胶，这一过程称为凝结过程。凝结分为初凝和终凝。初凝表示水泥浆开始失去可塑性并凝结成块，此时不具有机械强度；终凝则表示胶体进一步紧密并失去其可塑性，产生了机械强度，并能抵抗外来的压力。初凝时的特征是温度升高，达到终凝时温

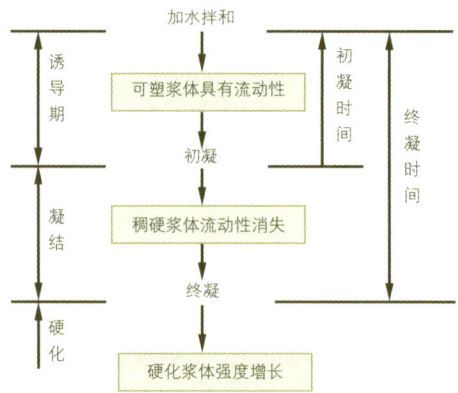

图 20-3 水泥的初、终凝时间示意图

度升至最高。从水泥用水拌和到水泥初凝（水泥浆开始失去可塑性）所经历的时间为初凝时间，到终凝（水泥浆完全失去可塑性并开始产生强度）所经历的时间为终凝时间。水泥的初、终凝时间示意见图 20-3。

水泥应有合理的初、终凝时间，以便完成与刨花原料的搅拌、运输、铺装及压制等操作。

(4) 粉磨细度：水泥颗粒粗细与凝结时间、强度、干缩以及水化放热速率等有密切关系。水泥颗粒粒径一般在 7～200μm（0.007～0.20mm）之间。颗粒越细，与水起反应的表面积就越大，因而水化反应易于进行，水化较快且较安全，早期强度和后期强度都高。硅酸盐水泥的比表面积通常为 2500～3500cm²/g。

(5) 水化热：水泥在水化过程中放出的热量称水泥的水化热。水化放热量和放热速度决定于水泥的矿物成分、水泥细度、水泥中所掺的混合材料和外加剂的品种、数量。水泥细度越细，水化反应较易进行，水化放热量越大，放热速度也越快。

42.5 级 [原 525 号] 普通硅酸盐水泥各项特性指标见表 20-6。

20.3.1.4 水泥刨花板用水泥的要求

水泥类型和品种不同表示其组成元素的数量不同，因此水泥品种就揭示了不同的水化特性和不同产品的性能，选用合适的水泥在水泥刨花板生产中十分重要。

表 20-5 硅酸盐水泥、普通水泥强度等级

品种	强度等级	抗压强度(MPa) 3d	抗压强度(MPa) 28d	抗折强度(MPa) 3d	抗折强度(MPa) 28d
硅酸盐水泥	42.5	17.0	42.5	3.5	6.5
	42.5R	22.0	42.5	4.0	6.5
	52.5	23.0	52.5	4.0	7.0
	52.5R	27.0	52.5	5.0	7.0
	62.5	28.0	62.5	5.0	8.0
	62.5R	32.0	62.5	5.5	8.0
普通水泥	32.5	11.0	32.5	2.5	5.5
	32.5R	16.0	32.5	3.5	5.5
	42.5	16.0	42.5	3.5	6.5
	42.5R	21.0	42.5	4.0	6.5
	52.5	22.0	52.5	4.0	7.0
	52.5R	26.0	52.5	5.0	7.0

表 20-6 普通硅酸盐水泥特性指标

序号	化合物	数量(%)	序号	指标名称	指标值
1	硅酸三钙 ($3CaOSiO_2$)	48	7	细度	3.4%
2	硅酸二钙 ($2CaOSiO_2$)	27	8	初凝时间	2.25hr
3	铝酸三钙 ($3CaOAl_2O_3$)	12	9	终凝时间	3.55hr
4	铝铁酸盐四钙 ($4CaOAl_2O_3Fe_2O_3$)	8	10	3 天抗压强度	30.8MPa
5	MgO	<5	11	7 天抗压强度	40.8MPa
6	SO_3	1.8			

水泥刨花板用水泥除了对体积稳定性、强度、耐冻、耐腐蚀和耐水性等一般要求外，还尚有如下要求：①凝结时间短；②水化热大；③早期强度高。

采用高强度等级水泥或快凝快硬硅酸盐水泥生产水泥刨花板，可获得较高的力学强度，也可缩短生产周期，但水泥价格较高。从生产成本考虑，根据水泥刨花板性能的要求，生产水泥刨花板一般选用普通硅酸盐水泥和硅酸盐水泥，我国制作水泥刨花板常采用水泥强度等级32.5级以上水泥，其性能指标如下：

细度：比表面积 3000～5000cm²/g

初凝时间：> 45min

终凝时间：< 12h

强度：2d 抗压强度 > 20～25MPa，28d 抗压强度 > 42.5MPa

由于生产过程的不稳定性，即使同一等级的同种水泥，其成分也会有较大出入。对每次供货的水泥都必须检验，以保证其性能的稳定性。

20.3.2 木材原料

20.3.2.1 木材原料的影响

木材原料对水泥刨花板的生产工艺和产品性能有非常重要的影响，并非所有的树种都能生产优质的水泥刨花板。因此，正确选用木材树种和处理方法是冷压法水泥刨花板生产的关键。

（1）木材化学成分的影响：在水泥刨花板中，作为胶凝材料的水泥与木材刨花混合，在压力、温度的作用下凝结硬化而使刨花紧密地黏结在一起。然而水泥本身并无黏合作用，只有发生水化反应凝结硬化后才具有了所谓的黏结力和整体强度，因此结晶凝固的好坏直接关系到使用性能。

木材中的某些成分是水泥凝固的主要阻凝物质。单宁，特别是水解型单宁对水泥凝固有明显的阻凝作用。木材中可溶性碳水化合物对水泥固化也有影响，水泥的终凝时间随木材热水浸提物含量的增加而延长。用 525 号（现 42.5 级）普通硅酸盐水泥、蒸馏水和 6 个树种木材的热水浸提液，按国家标准 GB/T 1346-1989 测定标准稠度为 30%，400g 水泥用水量为 120ml，浸提液加量为 20g，用维卡仪测凝结时间。落叶松木材的热水浸提液使水泥终凝时间延长，几乎是水泥净浆终凝时间的 7.5 倍（表 20-7），这也说明了用常规方法不能生产出落叶松水泥刨花板的原因。同时，木材中可溶性碳水化合物对水泥水化热也有影响，与纯水泥的水化过程比较，水泥－木屑混合物的水化过程减慢，即水化时所达到的最高温度值降低，以及达到最高温度所需的时间延长。不同树种木材对水泥水化热的影响各不相同，而且差别很大。

在木材成分中，糖类及其含量是主要影响因素。葡萄糖对水泥的凝固特别不利；腐朽针叶材中的纤维二糖同样具有强烈的抑制作用；落叶松属木材中阿拉伯半乳聚糖影响水泥凝结和固化，若含糖量较高，则对水泥的结晶过程产生严重不良影响（表 20-8）。

表 20-7 6 种树种木材热水浸提液对水泥终凝时间的影响

树种	落叶松	红松	杉松冷杉	杨木	柳木	椴木	水泥净浆
终凝时间 (h)	46	26～28	11～13	16～30	9～16	8～9	6～7
热水浸提物含量（%）	10～14	5～6	—	3～5	2～2.5	3～3.5	0

表 20-8 阿拉伯半乳聚糖对水泥 7d 龄期强度的影响

糖含量占水泥质量（%）	0.5	0.25	0.125	0.0625	0.0312	0.0
水泥强度下降幅度（%）	－31	－27	－9	0	＋14	—

由于木材中的糖分严重阻碍水泥凝结硬化，因此，在相同条件下，高含糖量木材树种生产的水泥刨花板其物理力学性能要比低含糖量的木材树种生产的水泥刨花板差。影响含糖量的因素有：

①树种：含糖量低的树种有云杉、冷杉、圆柏、杨木等，是最适于做原料的树种；含糖量较低的树种有南洋杉、柳、红松、椴木、桦木等，是适于做原料的树种；含糖量高的树种有落叶松、槭木等，未经处理不适于做原料。

②树干部位：心材含糖量高于边材，枝桠材含糖量高于树干。

③采伐季节：春伐材含糖量高于冬伐材。

④运输和贮存方式：水运和水存木材含糖量低于陆运和陆存的木材。

⑤贮存时间：贮存时间长的木材含糖量低于贮存时间短的木材。

因此，原则上只能选用健康的木材，而且需要在秋季或冬季砍伐的，经验证明在该季节采伐的木材中内含物含量较少。如果必须采用非上述季节采伐的木材，则至少需经 3 个月的露天贮存，并经前期检验才能生产。

（2）密度影响：与合成树脂刨花板一样，在相同的工艺条件下，低密度木材制造的水泥刨花板其力学强度优于高密度木材制造的板材。在相同的工艺条件下，采用密度较低、纤维强度较高的木材制成水泥刨花板，其力学强度较好。

20.3.2.2 木材与水泥相适性的检验

由于木材内含物对水泥有阻凝作用，无论取用何种木材，生产者都应测定木材与水泥的相适应性，确定所用材种对水泥的阻凝程度，以选择适宜的化学助剂种类及其添加量。评估木材与水泥相适性的主要依据是木材与水泥混合物的水化温度、水化热、达到最高水化温度的时间和板材的强度性能等。

1. 水化热的测定和评估

（1）试验方法

①将干刨花粉碎成木粉（细度 200 目）。

②取 15g 左右的木粉，按水泥与木粉比例 200∶15 称取水泥。

③按每 g 水泥加 0.25ml、每 g 木粉加 2.7ml 蒸馏水,计算水的用量,然后使三者混合均匀。

④将混合物置于塑料袋内,再将塑料杯(袋)置于保温瓶内,在瓶内四周填充保温材料绝热(如泡沫塑料、锯屑等),插入温度计或测温元件于水泥—木粉混合物中,见图 20-4。

⑤观察和记录温度变化,达到最高温度为止。记下达到的最高温度值和所需时间。

⑥以同样的方法测定纯水泥和水混合物(不加木粉)的水化热,记下最高水化温度值和所需时间。

(2)评估方法

①韦氏抑制系数 I_w(由 Weatherwax 和 Tarcow 所提出)

$$I_w = 100 \times \frac{t' - t}{t}$$

式中:t——水泥与水混合物(即未被抑制的水泥)达到最高水化温度所需时间,h

t'——水泥、木粉与水混合(被抑制的水泥)达到最高水化温度所需时间,h

一般说来,达到最高温度的时间越快,水泥的凝固也就越快。韦氏抑制系数越小,则该树种木材对水泥的水化和阻凝越小,也即说明该树种木材与水泥的相容性越好,适于做水泥刨花板原料,图 20-5 说明了两个例子,一个是未被抑制的水泥,另一个是被抑制的水泥其水化温度及热量变化图。

②莫氏抑制系数 I_m(水化特征系数 I_m)

$$I_m = 100 \times \frac{t' - t}{t} \times \frac{T - T'}{T} \times \frac{S - S'}{S}$$

式中:T、T'——分别为水泥-水、水泥-木材-水混合后所达到的最高水化温度,℃

t、t'——分别为水泥-水、水泥-木材-水混合后达到的最高水化温度所需的时间,h

S、S'——分别为水泥-水、水泥-木材-水混合后反应曲线的最大斜率(℃/h)

$$S = \frac{t - T_0}{t} \qquad S' = \frac{T' - T_0'}{t'}$$

式中:T_0、T_0'——分别为水泥-水、水泥-木材-水混合时的初期温度

同样,I_m 值越小,说明该树种与水泥的相容性越好,越适于做水泥刨花板的原料。

(3)水化温度评估法

德国 Sandermann 等提出,按一定比例的木材与水泥混合物的最高水化温度 T 为评定相适性指标。此法可简单而有效地判断树种对生产水泥刨花板的适用程度,通常划分为三类:在木材原料未预处理或不添加化学助剂的条件下,$T > 50℃$ 者为优质适用材;$30℃ < T < 50℃$,如经水热处理或适当的化学改性后可显著提高水化温度则为适用材;$T < 30℃$,经改性处理后仍提高不大者属不适用树种。

值得指出的是,测试时应分别测定水泥的水化热和加入选定的化学助剂的水泥—木材混合物的水化热,以及不加化学助剂的水泥—木材混合物的水化热,以比较确定所用的树种。换言之,水泥—木材混合物的水化热与单纯水泥的水化热在相同时间内愈接近,说明这种木材与水泥的相容性越好。

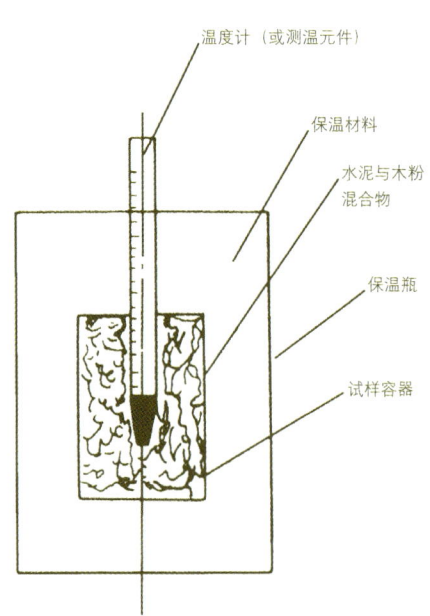

图 20-4 水化热测定示意图

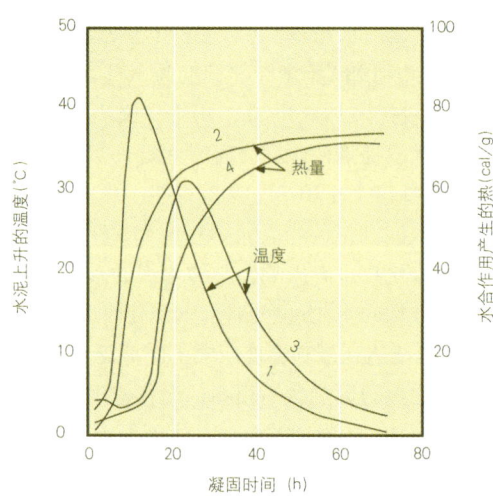

未被抑制的(曲线 1、2)和被抑制的(加有葡萄糖的水泥,曲线 3、4)硅酸盐水泥

图 20-5 水泥水化温度及热量变化

2. 板材性能评估相容性

制造试验板并测定板材的性能来评估相容性。由于测定水化热的方法中，水泥占的比例很大，与实际生产的工艺仍有较大差别。因此，还有必要制造试验板并测定其物理力学性能来验证，同时以制板试验工艺为依据，制订生产工艺。

20.3.2.3 提高木材与水泥相容性的措施

(1) 露天堆放法：木材经一段时间的贮存，特别是露天贮存，经阳光和空气氧化作用，一部分萃取物就会氧化，水溶性糖在细菌作用下发酵和部分氧化，转变成不溶性糖，这样就相应减轻了阻凝作用。因此，水泥刨花板厂要求原料必须贮存两个月，但要特别指出，不能使用腐朽木材，因为它会分解出纤维二糖，具有强烈的阻凝作用。春、秋季采伐的木材应贮存三个月以上，以降低木材中阻止水泥固化的成分，平衡含水率，或在化学及生物分解作用下改变原性质。

(2) 水贮存或浸提法：为了减少木材对水泥凝固的抑制作用，通常采用热水浸提或化学药剂浸提。热水能够浸提木材中糖类和可溶性物质，从而使木材对水泥水化凝结的影响大为减小。木材刨花可以在热水中浸泡一段时间，浸泡时间取决于水温和木材中抑制性萃取物的含量；化学浸提常用浓度10%左右的$CaCl_2$溶液放入水中，将一定量的刨花放入溶液中浸泡一段时间，然后再水洗、干燥。有些树种，如椴木，只要稍加处理，就能制得相当好的水泥刨花板。

(3) 蒸煮法：使阻凝成分溶于热水，此法增加费用，并需处理污水。

(4) 混合法：在与水泥相容性差的原料中添加一些相容性好的树种木材，如栎木等难相容树种材中，添40%松木后，可不经预处理直接加工产品。

20.3.3 化学助剂

20.3.3.1 作用

添加化学助剂可克服木材中某些成分对水泥的阻凝作用，能显著提高木材—水泥混合物的水化温度，缩短水化时间，促进水泥早强快凝，以及提高脱模强度，因此在生产中得到广泛的应用。

20.3.3.2 分类

1. 单一型化学助剂

(1) 早强剂：早强剂就是能明显提高水泥的早期强度，有利于提高水泥刨花板的脱模强度。品种有$NaCl$、$CaCl_2$、$Al_3(SO_4)_3$及三乙醇胺等。但国内对水泥刨花板单一化学助剂的选择中，采用较多的早强剂为$CaCl_2$。

掺入$CaCl_2$可提高水泥中氧化钙的溶解度，促进水泥矿物成分的水解、水化作用，促使水泥凝结。此外，$CaCl_2$可与水泥中的矿物成分化合成氯铝酸钙和氯硅酸钙，加快水泥的硬化。因此，加入$CaCl_2$对水泥有促凝、早强的作用。但是$CaCl_2$掺入水泥刨花板中，其促凝和早强的效果与用于纯水泥比较尚有差距，说明木材中的阻凝成分仍有溶出，影响水泥的水化。此外，采用$CaCl_2$有锈蚀钢垫板，以及使板材的收缩增大的弊端。

(2) 阻溶剂：阻止木材中阻凝成分溶出的阻溶剂有硅酸钠、磷酸酯等。适宜的阻溶剂除了能阻止或减少木材的阻凝成分溶出外，还具有使木质刨花矿化，进而增强水泥与木质材料的结合力。但是单独使用阻溶剂时，存在着水泥刨花板的凝固与脱模时间较长的缺陷，因而降低生产率与垫板的周转率。

2. 复合型化学助剂

由于单一使用早强剂或阻溶剂存在各自的弊端，均不能满足生产的要求，为了取长补短，并满足生产与产品质量的要求，以选用早强剂与阻溶剂的复合型化学助剂为佳。在实际生产中，国内外对水泥刨花板化学助剂的选择，以采用两种或两种以上的复合型化学助剂居多。

20.3.3.3 选择

1. 用于阻凝型木材的化学助剂

适用于较适宜的树种。一般采用复合型化学助剂，常用的品种与掺量（以水泥质量计）为：氯化钙1%~3%，水玻璃2%~8%；硫酸铝2%~6%，水玻璃2%~8%；硫酸铝2%~6%，水玻璃2%~8%，石灰2%~4%。

2. 用于严重阻凝型材的化学助剂

适用于不适宜树种。宜选用的化学助剂与掺量（以水泥质量计）为：氯化铝（或硝酸铝）2%~6%，醋酸钙（或醋酸钡、醋酸铵、醋酸镁）1%~5%；磷酸酯5%（以木材质量计），氯化镁3%~5%。

3. 早强剂化学助剂

适用于要求早期与后期强度均高的板材。选用硫酸盐、醋酸盐与水玻璃并用。适用的硫酸盐有硫酸镁、硫酸钙、硫酸铝、硫酸锌等；醋酸盐有醋酸钙、醋酸钡、醋酸铵、醋酸镁等。其掺量为硫酸盐：2%~6%；醋酸盐：1%~4%；水玻璃：1%~4%。

20.3.3.4 常用种类及技术要求

国产水泥刨花板生产线多采用水玻璃、硫酸铝复合型的添加剂。技术要求如下：

1. 硫酸铝 〔$Al_3(SO_4)_3 \cdot 18H_2O$〕

技术要求：密度约为1060kg/m³左右

Al_2O_3 17%，相当于57% $Al_2(SO_4)_3$

Fe：$\geqslant 0.8 \times 10^{-3}$

Na_2O：0.1%~0.2%

H_2SO_4：$\geqslant 0.1$%

不溶物：$\geqslant 0.1$%

结晶水：约为43%

硫酸铝应为粒状或细晶粉状，应使用纸袋包装，贮存在干燥通风处。在购买时要注意选用相同质量的产品，因其溶液具有腐蚀性，使用中应小心。

2. 硅酸钠〔$Na_2(SiO_3)$，水玻璃〕

提高早期强度及促进水泥固化，它可以对木材质量波动起到均衡和安全作用。

技术要求：品种有灰黄色或蓝黄色，

密度：$1340kg/m^3$左右

浓度：40%

Na_2O：8.2%～8.6%

SiO_2：25.7%～27.0%

克分子比：3.25～3.35

黏度（25℃）：60～120cps

形态：清晰、透明、无色

Fe_2O_3：≥0.1%

pH值：11～12

硅酸钠应贮存在密闭的容器中，否则液态水玻璃在规定的浓度状态下，在空气中会产生结晶。在进货时应注意保证相同的质量及浓度。

水玻璃在商业上也有以粉状固态物质供应的，必须在低温下贮存，因其粉末在40℃即呈液态。

20.3.4 水

水是制造水泥刨花板不可缺少的原料，水泥水化过程中必须有水。所需要的水量与刨花的含水率有关。

性能要求：pH值6～7；水温8～20℃；无有机物的污染，质量接近于饮用水。

20.4 备料

此工序包括生产水泥刨花板所需的各种原辅材料的准备及加工。

20.4.1 刨花制备及加工

20.4.1.1 木材原料贮存与准备

（1）原料贮存：贮存过程中经常对木材原料进行检验，除了进行必要的测定分析外，对腐朽菌虫害也需检查，按照是否符合应用条件进行，对于不符合要求的要予以清除。

在原料堆放场所需将原料按树种分类，并剔除含糖量高的不适用树种。木材应贮存在通风良好的地方，不能直接堆放在地面上，原木与地面间需有50cm左右的距离。材堆顶部最好有遮盖，防止风吹、雨淋，避免木材产生腐朽及霉变。原木贮存的时间不能过长，通常以一年为限，而且对原木的检验一般应离使用时间较近，最多不超过3～5d。

（2）准备：水泥刨花板生产中使用原料有小径材原木、加工剩余物、废料等。树皮约占原木总体积的10%～15%，径级越小，则树皮含量越多，小径材须剥皮后使用，因树皮影响板材的物理力学性能。残留的韧皮和树皮允许不超过原木表面积的3%。此外还需注意对完全剥皮的原木与少量残存树皮的原木混合使用，在原料堆场上，锯掉原木中无用的部分，去掉腐朽，剥去树皮，并注意剔除腐朽的木材。

20.4.1.2 刨花制造

刨花制造目的是加工出满足水泥刨花板生产要求的刨花。刨花的尺寸与形状是非常重要的工艺参数，与水泥刨花板的性能密切相关。刨花不宜采用大、厚尺寸，尤其是刨花的厚度。生产中刨花的规格要求一致，一般长18～25mm，宽4～6mm，厚0.2～0.4mm。

刨花制造包括原料粗加工、削片、刨片、筛选等工序，其制造工艺和设备与普通刨花板生产相同。

（1）粗加工：利用圆锯、截锯、劈木机在上料前把过长的截短，过大的锯开或劈开，去掉腐朽等不适用部分。

（2）刨花制备工艺：视原料的类型不同，刨花制造的工艺各不相同。为获得较好的刨花形态，对于小径材应采用直接刨片再打磨工艺；若是枝桠材或加工剩余物，采用先削片再刨片工艺；若是工艺刨花，采用锤式再碎工艺。

所用刨片、再碎及削片设备与普通刨花板相同。

20.4.1.3 刨花贮存和分选

（1）贮存：为了保证工序之间相互联接和配合，保证生产的连续性，水泥刨花板工艺线上设有若干中间料仓，以贮存一定数量的刨花，使刨花能均匀地供应到下道工序，并当工序发生停歇时起缓冲作用。原料在料仓中的贮存量应至少能满足刨片机一次换刀周期。过多贮存会造成不良的影响，温度过高加上刨花的湿度会造成刨花变质。

（2）分选：利用振动筛将刨花进行筛选，分离出不同规格的合格刨花，去除部分粉尘，过大刨花重新再碎后输送到相应的合格刨花料仓。分选设备同普通刨花板。

水泥刨花板所用木质刨花一般不需干燥，如含水率过高，则需干燥。

20.4.2 水泥贮存

水泥必须贮存在水泥贮仓中，在贮存期间要防止受潮，水泥要避免用敞开的容器贮存，防止空气中的水分及CO_2与水泥接触，以免使水泥结块，致使性能降低。

生产中水泥贮存时间不应超过一个月，否则其强度可能降低。

20.5 混合搅拌

备料工序完成后,即进入搅拌工序。按照工艺要求,湿刨花进入刨花计量料仓计量,水泥从其储存料仓送入水泥计量料仓称量;根据湿刨花含水率的高低由水计量装置对所需水进行计量;而化学助剂则按工艺要求调配成一定浓度后,经计量泵输入计量装置。完成各种成分的定量准备后,按工艺要求将计量后的各成分分别加入搅拌机中混合搅拌均匀。搅拌加料的顺序如下:刨花、$Al_3(SO_4)_3$、$Na_2(SiO_3)$、水、水泥。

因成分配比多少直接影响水泥刨花板的性能,故而搅拌时合理确定各成分间的配比十分重要。

20.5.1 各成分间配比

水泥刨花板主要组分配比有水泥和木材、水泥和水的配合比例。这些配比对板材的密度和其他材性及制造工艺有关。在确定配比时,除了考虑板材的特性、工艺条件和产品用途外,尚需考虑原料消耗和成本问题。

20.5.1.1 灰木比

即水泥和刨花的质量比例。刨花和水泥是水泥刨花板的两种最主要的原料,它们之间要有适当的配比。据研究,水泥与刨花比例在1.6~5:1之间均可成板,而2.5~4.1:1之间板材性能较好。增大灰木比,即增加水泥的用量,可以提高水泥刨花板的耐候性、阻燃性和减小板材的吸水厚度和线性膨胀率。

在同样板材密度和工艺条件下,板材的静曲强度随灰木比的降低而有所提高(表20-9)。在一定范围内,密度不变时,静曲强度随灰木比的增加而下降。当然,在这当中水泥的量必须足够以保证刨花与刨花之间有良好的胶合。当灰木比一定时,静曲强度随密度增加而增加。

若在增加灰木比的同时提高板材密度,会得到各项性能都较为理想的水泥刨花板(表20-9)。当然,灰木比和板材密度增加是有限度的,过大(>3.5)和过高(>1400kg/m³)会使板材成本增加,而且影响铺装和搅拌的均匀性。

因此,可根据原料和使用情况来确定灰木比和板材的密度,如室外用板材,其灰木比可取2.3~3.0:1,板材密度可取1200~1300kg/m³;室内用板材,灰木比可取1.5~2.0:1,板材密度可取1000~1100 kg/m³。

20.5.1.2 水灰比

即水和水泥的比例,是水泥和刨花配比确定后的第二重要配比。

在水泥刨花板中,水泥是作为粘合剂的,但只有加入水后,发生水化反应形成结晶(凝结和硬化后)才具有了所谓的黏结力和整体强度。因此水泥结晶的好坏,直接关系到水泥刨花板性能。由于水在水泥水化和水泥浆料结构形成过程中起着重要的作用,要保证水泥水化的正常进行,水灰比须大于临界值。增大水灰比也就增大了水和未水化颗粒的接触,减小反应物层的阻滞影响,使水化速度增加。

在不同的灰木比(水泥与刨花配比)下,相应有不同水与水泥的最佳比值,见表20-10。水与水泥比的选择一定要慎重,水量一定要合适,以保证水泥的水化作用,并在搅拌过程中使水泥与刨花充分混合。如果水与水泥比值过大,刨花易成团,成型时不易打散而导致铺装不均,并且在水泥硬化时,由于水泥空隙度增大,引起基体强度下降,对板的强度带来不利影响;若水与水泥比值太小,即水量不足,又会造成水泥与刨花粘合不好,铺装时水泥容易飞散,水泥水化不完全,板材强度降低,因此确定水灰比既要考虑水泥能否较好地水化,同时也必须考虑刨花板板坯的铺装难易性和加压时不要挤压出过多的水。水泥水化所需要的水,一般约为水泥质量的25%,在实际生产中,常加入较多的水,以获得必要的流动性,使水泥和刨花能充分搅拌均匀并防止水泥结团。当然,由于过大的水量存在负面影响,生产中常用的水灰比为0.4~0.6。

20.5.1.3 化学助剂的配比

化学助剂用量过小,不能完全起到减弱木材中某些成分对水泥的阻凝作用,达不到加速水泥凝结硬化的目的,难于生产出合格板材。化学助剂用量过大,虽加速水泥固化提高水泥刨花板的早期强度,但却会使板材后期强度增加很少,

表20-9 水泥刨花板密度、灰木比与板材静曲强度的关系

28天龄期MOR (MPa) 密度 (kg/m³)	灰木比 1.0	1.5	1.8	2.0	2.3	2.5
900	5.5	5.3	4.9	4.4	4.0	—
1000	—	8.6	6.6	5.9	6.3	—
1100	11.8	11.2	9.3	8.7	8.9	—
1200	—	—	—	—	11.1	10.2

注:试验条件:树种:桦木;水泥:525号(现42.5级)普通硅酸盐水泥;板厚:12mm;水灰比:0.55;养护条件:75℃,13h

表20-10 水泥与刨花的比值及相应的水与水泥比值

灰木比	1.5:1	2.5:1	3.0:1	4.0:1	5.0:1
水灰比	1:1.5	1:1.6	1:1.7	1:2.0	1:2.25

即板材的最终强度较低，同样难于达到质量要求。选择合适的化学助剂品种和用量，不仅可以加速水泥固化，缩短加热养护时间，而且可以用较低的生产费用生产出合格的产品。

常用化学助剂及其用量如下：

(1) 硫酸铝溶液：用量为水泥质量的2%～5%；
(2) 水玻璃（硅酸钠）：用量为水泥质量的2%～6%；
(3) 氢氧化钙：用量为水泥质量的1%～4%；
(4) 氯化钙：用量为水泥质量的1%～5%。

根据木材与水泥相容性的程度，可参考20.3.3节选择具有针对性的化学助剂。

20.5.1.4 填料

常使用与刨花性质相同的一类材料，使得水泥和刨花间更紧密地结合。可以是振动筛筛出的细料，生产中常用适量的锯屑作为填料，其用量一般不超过合格刨花的三分之一。我国曾进行了用锯屑代替刨花的试验，锯屑掺入量从10%～60%对密度没有明显的影响，但超过70%，密度有所提高，锯屑掺入量增加，吸水率有所降低，静曲强度稍有提高。这说明用部分锯屑代替刨花可以扩大原料来源，充分利用木材，对水泥刨花板的质量并无多大影响。

20.5.2 计量

按工艺配比要求将各种原辅材料计量，其中：填料的比例是按填料的质量比刨花的质量，化学助剂是以水泥的质量为基数。值得指出的是，在这些换算过程中，按绝干刨花质量计算。因混合原料中，总的水分包括刨花自身的水分、混合时的附加水及添加剂液体中的水分，所以在计算水灰比时，还应该考虑刨花中的水分。在刨花含水率较高时，为了保证混合原料中的含水率一定，则加入混合原料中的水就要减少。

原料计算如下：

$$水泥需要量(C) = \frac{D \times V}{0.001(A+1+0.2)} \times K \text{(kg)}$$

式中：A ——木灰比

D ——水泥刨花板的密度，g/cm^3

V ——板的体积，cm^3

K ——各种损失系数

0.2 ——水泥凝固后，结晶水与水泥之比为0.2

刨花需要量（P）：

$$P = C \times A \times (1+M) \text{（kg）}$$

式中：M ——刨花含水率

水的需要量（W）：

$$W = B \times C - P \times \left(\frac{M}{1+M}\right) = C \times (B - A \times M)$$

式中：B ——水灰比

20.5.3 混合搅拌

将刨花、附加水以及添加剂[若为$Al_3(SO_4)_3$和水玻璃，则先加液体硫酸铝、液体硅酸钠]、水泥，分别准确计量，按其各自的比例、质量，定时向搅拌机中进料。

常用搅拌机为周期式，生产周期约为9次/h（Bison），其结构示意如图20-6。

该搅拌机转速约40～45r/min，这样一方面不会破坏刨花，二来不会因过热而致水泥产生初凝现象。

在每一次原料混合终止时，将搅拌机的阀门打开，经混合的原料就落在计量料仓中，计量料仓的出料装置将混合原料送入计量给料器，并且通过运输装置及铺装机上部的分配阀和运输装置，将混合原料送入铺装机上部的相应芯、表层料仓。

经搅拌后的物料其含水率须控制在一定的范围，如用Bison气流铺装机铺装时，要求含水率在40%～43%，如果含水率大于43%时，混合原料在铺装时，会有一部分被甩到已成型的板坯表面上，使铺成的板坯被沾污，影响表面质量；如果混合原料的含水率小于40%时，则板坯在固化时，由于水分不足，使板子开裂，强度下降，严重时可造成生产的中断。

20.6 成型

板坯成型是指在加压前，经搅拌混合后的水泥、刨花按一定数量（如搅拌好的表层料和芯层料可以按3:7～4:6的比例）和一定的铺装方法，按规定的质量铺成一定厚度、幅面的均匀板坯的过程。铺装工序的重要性在于板坯的质量对水泥刨花板性能起着十分重要的影响。在选用铺装设备及设备参数时，除注意设备本身性能外，还必须充分考虑原材料特性、水泥刨花板的质量要求和生产规模。

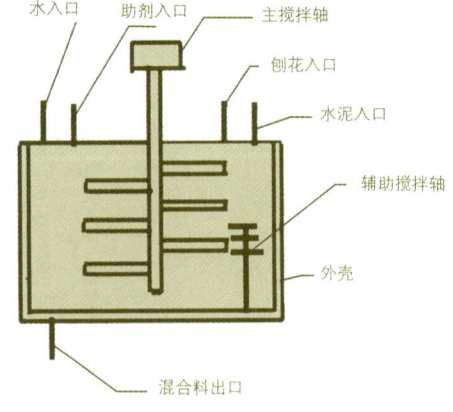

图20-6 搅拌机结构示意图

20.6.1 工艺要求

20.6.1.1 板坯均匀

工艺上要求铺出的板坯长度、宽度、厚度方向均匀。水泥刨花板的成品质量直接取决于铺装板坯的均匀性，铺装均匀的板坯压出的水泥刨花板密度一致，板子各部分膨胀和收缩也较一致，板子很少翘曲变形，稳定性较好。铺装不匀导致板子各处密度的不同，其物理力学性能也不一样，从而造成使用过程中的隐患。

在铺装板坯时，要求铺装机准确定量、均衡供料，以达到均匀铺装的目的。铺装的均匀性也决定于原料合理配比与均匀的混合，尤其是在采用混合树种（如针、阔叶材混合）为原料时应引起注意，同时也应重视水泥与刨花搅拌混合均匀。

20.6.1.2 结构对称

要求铺装后的板坯以板厚中心层为对称平面，对称平面两侧各对称层刨花规格及用量相同，以保证水泥刨花板结构平衡，避免板子翘曲变形。

20.6.2 设备与工艺

常用铺装设备与普通刨花板铺装机基本相同，有气流式和机械式，小型厂可用2个铺装头的铺装机，大、中型厂用3个铺装头，即两个气流式铺装头铺表层，一个机械式铺装头铺芯层。气流铺装机的结构基本上与生产树脂胶刨花板的一样，利用气流分选原理成型。铺装机常为固定式，下面是铺有不锈钢垫板的一条环形钢带，根据生产水泥刨花板的长度，垫板可相互搭接或不搭接。搅拌后的物料通过铺装机均匀地铺在垫板上，形成板坯。为避免粘板，垫板进入铺装机前要进行清洗和表面涂脱模剂处理。板坯从铺装机出来后，板面进行表面处理，使板面更均匀细致和不粘垫板。根据需要将板坯截断成一定的长度，并经计量秤称量或用同位素密度自动控制装置进行检测，可保证密度高度精确。检验合格的板坯连同垫板一起送往加压工序。如不合要求，可将板坯打碎送回铺装机继续使用，垫板则送往清洗机。一般从搅拌到成型时间不宜超过90min。板坯与成品板的厚度比一般为3:1，但准确的值必须依据配方与单位质量进行校定。

机械铺装时，要使抛料辊转速合适，如果过高，则水泥和刨花分离，使水泥集中在表层，虽然外观看来表面平整光滑，而且抗弯强度尚好，但是芯层内结合强度很差。

通过定向铺装可获得定向水泥刨花板。日本梅竹公司和美国ERJ公司所推出的定向水泥刨花板，在特定的定向铺装机上实现定向排列，其板坯的表层木质材料呈纵向排列结构，芯层则为统一的横向排列，这样构成的板材尺寸稳定性和强度较非定向的板材好。该类型的板材所要求的木质材料应是片状，其木片的长度通常为50～70mm，宽度为5～20mm，厚度为0.45～0.6mm。

20.7 板坯堆垛

水泥刨花板采用成摞冷压，因此，在加压之前，需用堆板机将板坯和垫板一起逐张整齐地堆放在夹紧架（模具车）上。Bison系统中，采用装板装置把带有板坯的垫板送入位于辊筒运输机上的夹紧架上并堆成垛。

一般夹紧架的高度是固定的，所装的板子数量应按板子厚度计算，堆垛高度取决于每块成品板的厚度，表20-11举例说明了使用Bison公司高度为960mm夹紧架时不同板子厚度的各种情况，如板子的厚度和垫板之和不等于960mm时，则余下的间隙必须通过备用的垫板放置于下夹紧架上的方法加以补偿。

20.8 加压

铺装后的水泥刨花板板坯需要在一定的压力和时间作用下密实成板子。为了防止板坯中水泥在无压下凝固，因此加压须在水泥凝结前，或开始凝结时进行。通常，从刨花、水泥搅拌→成型→压机加压所经历的时间不宜过长（<1h），否则会导致混合原料因水泥凝固过干而使水泥的粘结能力降低，因此，加压时机和水泥凝结之间必须配合得当。

20.8.1 加压时间

板坯加压时，其压力必须持续一定时间，以确保水泥在有压状态下凝结，较好地发挥其粘结作用。实际上水泥从初凝到终凝硬化需要一段较长时间，生产中为了提高压机的生产率，在工艺上采用"压机加压→夹紧架保压"的方法，即当板坯在压机中加压10～15min后，再由夹紧装置夹紧板垛，在一定温度和压力下存放一段时间，使水泥凝结硬化终

表20-11 夹紧架参数计算（夹紧装置的夹紧尺寸：960mm±0.5mm）

净板厚度 (mm)	板坯堆积数 (张)	板垛高度 (mm)	需补偿垫板厚 (mm)
8	80	960	0
10	68	952	8
12	60	960	0
13	56	952	8
15	50	950	10
16	48	960	0
18	43	946	14
19	41	943	17
20	40	960	0
22	36	936	24
24	34	952	8
28	30	960	0

注：垫板厚为4mm

了。生产中加压时间应根据板子情况如板材的密度、厚度及灰木比而定，加压时间亦与压力大小有关。

20.8.2 压力

压力的作用是将板坯压实到一定厚度，然后使板子以精确的尺寸在夹紧装置中锁紧。压力大小与板子的密度及灰木比有关，一般视工艺情况取 2.5～3.5MPa 左右。

20.8.3 设备

水泥刨花板用压机通常为周期式大开档的单层压机，压机的加压方式可分为上压式和下压式。图 20-7 为 Bison 公司的上压式压机外形图。

夹紧架在装完板坯后，通过辊筒运输机进入压机，在加压板坯之前将夹紧架上部固定在压机的上压板上，辊筒运输机将夹紧架下部和板坯送入压机，夹紧架正确地定位且压机闭合加压，待板堆压缩到规定尺寸时夹紧架锁紧。压机开启后，锁定的夹紧架通过辊筒运输机运出压机，并送入干热养护室。

20.9 干热养护

为使板坯中水泥在加压的条件下完成凝结，起到黏结刨花的作用，经压机加压后的板坯被夹紧在夹紧架中固定，板坯处于锁紧状态下进入养护室养护。通过养护，水泥硬化，板材具有一定强度，才可卸开锁紧装置，否则板材强度将会大幅度下降。干热养护室不供给新鲜空气，以防板坯含水率的流失以及板子边部过干，否则因水分的减小影响板子养护及成品板的强度。通过加热养护必须保证板材形状稳定，达到最终强度的50%以上。

20.9.1 温度、时间

养护条件取决于木材树种、灰木比、水泥品种以及化学助剂类型和用量，主要工艺因子是温度和时间。

图 20-7 Bison 公司的上压式压机外形图

高温养护可以提高板材早期强度，缩短养护时间，但不利于后期强度增长，导致板材终强度降低，这是由于水泥刨花板在高温养护时产生结构粗大的硬化颗粒所致。低温养护对提高板材终强度有利，但需较长时间，增加费用。干热养护的温度约为70～90℃，8～10h，同时水泥固化时产生的水化热，对干热养护室中的热量也给以补偿。生产中采用温度60～80℃时，固化约需8h，它与预定的条件诸如配方及水泥质量有关。

20.10 脱模（拆垛）、卸板

干热养护结束后，夹紧架被送回压机加压拆垛（打开锁紧装置），压力为 2.5～3.0 MPa。在加压的情况下，将夹紧装置的销钉拔掉，缓慢卸压，打开压机压板，卸出板垛，夹紧架上部停留在压机内用作续装有新铺板坯垛的夹紧架上部。

卸板时，可用真空吸盘运输机将毛边板与钢垫板分开。卸板装置交替卸下毛边板及垫板，毛边板的板垛被送往后续辊筒运输机上，由叉车将板垛运到自然养护区；垫板则由垫板回送系统经清理后转移到垫板运输装置，通过一台脱模剂供应装置在其两面涂上脱模剂。

20.11 自然养护

20.11.1 目的

水泥在达到终凝以后，水化作用在继续进行，水泥凝聚体的强度在继续增加。自然养护之目的是为让水泥进一步硬化，使板材强度继续提高，达到终强度80%以上。

20.11.2 工艺

自然养护前，板垛上表面应覆盖薄膜，以防上部板材干燥及由此产生的变形。

板子自然养护阶段直接与水泥凝固阶段相关。按照德国标准 DIN 1164 水泥的终强度在 28d 后形成，但是其绝对的极限强度往往在几个月以后才能达到，只是强度在 28d 后增加甚微，因此，可以忽略。水泥刨花板养护阶段时间确定为 7～14d，一般 10d 后即可，因为此时水泥刨花板的强度已达到安全的要求。

养护在室温下进行。

20.12 干燥（调湿）处理

20.12.1 目的

水泥刨花板在经过自然养护后，含水率在20%～30%范围内，而且含水率分布不均。如果这样的板材直接使用，当气候条件发生变化时，板材容易发生变形和开裂。为使板子含水率降低到与使用地区气候相平衡的平衡含水率（12%～15%），因此，需对水泥刨花板进行干燥（调湿）处理。通过该处理，可使板材强度继续提高，消除板内应力，提高板材的尺寸稳定性，减轻或避免开裂和翘曲变形。

20.12.2 工艺

一般使用窑干法。气干法（自然排湿）一是时间长，一般需要40～60d，二是未加制约，难以均匀排湿，难免会产生翘曲变形，只能作为配合窑干的预处理。

干燥（窑）通道内温度大约70～100℃，具体取决于板子的厚度和初含水率，根据板材厚度不同，干燥时间为4～24h。

20.13 锯边

用纵横裁边锯将水泥刨花板毛板锯成一定规格，并将裁下的边条经过打碎送回料仓，与合格刨花混合后继续使用。该工序也可在调湿（干燥）前进行，因经养护后的水泥刨花板已具有一定的强度，锯成一定规格的板后进入干燥室（调湿机）处理。设备与普通刨花板的生产用相同。

20.14 砂光

作为墙体材料的水泥刨花板，其表面的平整度和厚度都有较严格的要求，否则会影响墙面的二次加工装饰性，因此要求板材的厚度偏差小，如果需要，板材也可砂光。表20-12比较了作为墙体要求的建筑轻质板其厚度偏差要求和ISO8335-1987水泥刨花板的标准中其厚度公差要求。

由表20-12可知，ISO8335的规定未砂光板厚度精度值显然不符合某些场所的要求，必要时应进行砂光处理。此外，铺装成型也会造成厚度偏差，再者，由于水泥刨花板冷压法生产工艺中采用的是堆叠式压制，这就造成底部的板材厚度要小于上部的板材，因此应考虑砂光措施以减小厚度偏差。作为砂光设备应选择双面宽带砂光机，并对砂光机的最大加工宽度、砂削板厚范围和砂光后板材厚度精确偏差范围等指标进行选择，以满足生产的需要。

20.15 检验、分等、入库

锯边处理后，水泥刨花板运往辊台，进行质量检查和分等。板材也可经过电子厚度测定仪，测定厚度偏差。检验、分等按产品标准进行。

我国于1991年正式批准颁布实施行业标准JC411-1991《水泥木屑板》，该标准参照引用国际标准ISO8335-

表20-12 厚度偏差比较　　　单位：mm

墙体对建筑轻质板的要求	ISO8335规定
±0.5(8)*	±1.0(6～12)
±0.6(12)	±1.5(12～20)
±0.6(15)	±2.0(720)
—	±0.3(砂光板)

注*：括号内数值为板厚

1987，适用于以普通硅酸盐水泥和矿渣硅酸盐水泥为胶凝材料，木屑为主要填料，木丝或木刨花为添加材料，加入水和外加剂，经平压成型、保压养护、调湿处理等制成的板材。表20-13简要介绍了ISO8335-1987和JC411-1991两个标准对产品的要求。

检验、分等后的水泥刨花板入库，成品板垛最好也用塑料薄膜覆盖，尽可能不使成品板受到损伤。成品仓库应为有屋顶的干燥建筑物。

以上介绍的以木材为原料冷压法平压水泥刨花板的生产工艺，其常规生产工艺条件见表20-14。

表20-13 水泥刨花板技术要求

	指标	单位	ISO8335-1987	JC411-1991	试验方法
出厂检验项目	1.外观缺陷		—	JC411-5.1. 表1规定	JC411-6.2.1
	2.平直度	mm/m	1	±1	JC411-6.2.3
	3.方正度	mm/m	2	±2	JC411-6.2.4
	4.不平整度	mm/m		±6	JC411-6.2.5
	5.长宽方向尺寸偏差	mm	±5	±5	JC411-6.2.2.1
	8mm	mm		±0.7	JC411-6.2.2.2
	6.厚度偏差　10～20mm	mm	见表20-13	±1.0	
	24～40mm	mm		±1.5	
	7.密度（含水率9%）	kg/m³	1000	≤1300	
	8.含水率	%	6～12	≤12	JC411-6.3.1
	9.浸水24h厚度膨胀	%	≤2	≤2	JC411-6.3.2
	10.自然含湿状态抗折强度	MPa	≥9	≥8	JC411-6.3.3
型式检验项目	1.内结合强度	MPa		≥0.3	JC411-6.3.6
	2.抗冻性（抗冻处理后的强度损失）	—		≤20%	JC411-6.3.7
	3.浸水24h抗折强度	MPa	≥5.5	≥5	JC411-6.3.6
	4.抗折弹性模量	MPa	≥3000	≥3000	JC411-6.3.6
	5.防火性能	—	—	符合国家规定的防火难燃材料要求	GB8625
	6.抗冲击性能	—	—	—	JC411附录A
	7.板面握螺钉力	—	—	—	JC411附录B

表 20-14 冷压法水泥刨花板生产工艺条件

项 目	工艺条件	备注
木材树种	对水泥凝结阻碍少：云杉、冷杉、杨木、桦木、红松、椴木等，均需剥皮	新伐材宜贮存2～4个月再用
水泥	32.5级以上硅酸盐水泥、42.5级普通水泥或早强水泥	水泥贮存期小于1个月
化学助剂	常用复合型化学助剂（占水泥质量）：水玻璃3%～6%；硫酸铝2%～5%；氢氧化钙1%～3%	用早强水泥作原料时，宜减少用量
刨花理想尺寸	长18～25 mm，宽4～6 mm，厚0.2～0.4mm	刨花中树皮含量应小于2%
板材密度	室内用：900～1100kg/m³；室外用：1100～1300 kg/m³	
水泥:木材（灰木比）	室内用：(1.5～2.0):1 室外用：(2.3～3.2):1	为质量比
水:水泥（水灰比）	0.4～0.6	
加压压力、时间	2.0～3.5 MPa，10～15min，视板材密度、树种和水泥与木材的比例确定	
加热养护（干热）	温度：70～90℃ 时间：8～14h 取决于板厚及水泥质量	早强水泥适当缩短时间
自然养护	室温下：7～14d	室温较低时适当延长
干燥（调湿）处理	干燥：温度：70～100℃ 时间：4～24h	视板厚和初含水率选择

20.16 其他水泥制品

20.16.1 其他木材水泥制品

20.16.1.1 模压水泥刨花板

以水泥作黏结剂的人造板制作房屋的构件，使得该产品在市场开发方面取得突破性进展。虽然平面状的水泥刨花板性能良好，但市场的需要促进了水泥模压制品的发展。由于用这种构件建房可以大大缩短建房时间和降低成本，因此很受欢迎。采用各种仿形、浮雕，或在表面粘贴其他材料的办法，可使这些构件具有漂亮的外观，以满足人们美化建筑物要求。图 20-8 为模压水泥刨花制品的压制方法示意图。该产品主要用于生产墙面材料用水泥刨花板和屋顶板。生产时需要在铺装机后面安装模压模具，然后用常规的方法进行压制。

20.16.1.2 水泥木屑板

水泥木屑板属于水泥刨花板范畴，与水泥刨花板不同之处在于水泥木屑板利用了木屑。水泥木屑板对木屑有一定的要求，即大于0.6mm的颗粒应在60%以上，且其掺量在木质材料中占50%以上。这样，水泥木屑板不但充分利用了木材加工中的锯屑废料，而且使板材表面细致平整、致密度高。水泥木屑板的各项物理力学性能见表20-15，均达到了水泥刨花板的指标。

水泥木屑板采用冷压法工艺，其生产过程与冷压法水泥刨花板相似。

20.16.1.3 水泥木丝板

水泥木丝板是无机胶合人造板中最早投入生产和使用的板材，该产品具有多孔性，有良好的声学性质（吸音性）和热学性质。木丝板可作建筑材料，尤其是天花板，该用途的水泥木丝板密度约为576kg/m³。

水泥木丝板的生产过程与冷压法水泥刨花板类似，所不同的是，其增强材料为长而细的木丝（长约250mm以上），而不是窄平的薄片刨花。生产中选用的树种通常为密度低的木材，如杨树、各种南方松，特别是火炬松、湿地松和长叶松均可采用。

加工用木丝机为立式或卧式，均可利用木段或木块。原木的长度不等，首先把原木的树皮剥去，然后按需要长度截短。在有些情况下，把整段长的原木运到车间，进行剥皮截短。大径级原木在截成木段前需先劈开。木材原料的含水率对木丝机的加工质量有直接影响，而适度的含水率取决于树种，如南方松的含水率为32%～35%，北方的阔叶材如杨木为20%～22%。伐倒木在造材以后，应根据不同地区情况气干一段时间。南方松需要8-10周，在北方的气候条件下，轻质阔叶材需要6～12个月。

在水泥木丝板的基础上，日本发明了不燃性水泥木丝板，它的难燃级可达到日本工业标准的1级。用15～150份质量的可溶性氨基磺酸金属盐浸渍处理100份质量的绝干木丝，以100份质量的绝干木丝计，与100～250份质量的水泥

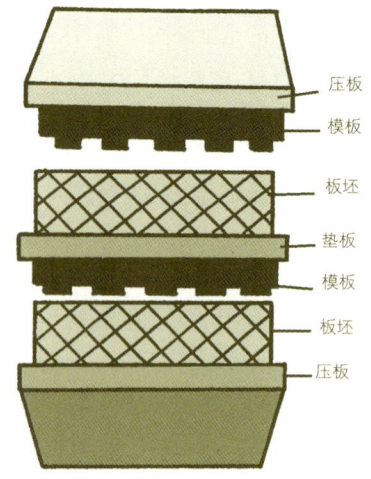

图 20-8 模压水泥制品的压制方法示意图

表 20-15 水泥木屑板的物理力学性能

项 目	指 标
密度	1100～1300kg/m³
含水率	9%～12%
静曲强度	9～12.0MPa
抗拉强度	3～4MPa
抗压强度	10～15MPa
内结合强度	0.4～0.6MPa
吸水厚度膨胀率	1.0%～1.5%
导热系数	0.17～0.23W/M.K

浆混合，加压下成型、养护、干燥。该发明所用木丝可用生产水泥木丝板常用的木丝，其厚度0.1mm，宽4～5mm，长约200～300mm，含水通常为10%左右。

20.16.1.4 水泥纤维板

广州埃特尼特公司、福建三明新型建材厂、江苏爱富新型建材厂利用木纤维、水泥和其他添加材料，采用流浆法生产水泥纤维板和硅酸钙纤维板。哈尔滨林业机械厂已开发利用非木材植物纤维，采用半干法生产水泥纤维板的成套设备，正在积极推广。

20.16.2 其他生物质水泥制品

指用非木材纤维如各竹材、农作物剩余物资源作为纤维原料生产的水泥刨花板，例如竹子、亚麻、玉米秆等，也逐渐得到开发和应用。

20.17 技术进展

水泥刨花板是一种优良的建筑材料，生产该产品是水泥的深加工和木材、农用物植物纤维综合利用的良好途径。水泥刨花板的生产、应用和技术研发得到了重视和关注。近期国内外水泥刨花板的技术研发主要集中在以下几个方面：

20.17.1 扩大利用的原料品种

(1) 研究提高木材与水泥相容性的新技术

由于木材中的某些组分对水泥的凝结固化有不良影响，因此并非所有的木材都能与水泥很好地结合。为此，瑞士的建筑家Hansrued Walter等人发明了一种称为"K-X"处理的专利技术。其过程分为两步：第一步是按照所用木质材料的树种、采伐的季节和所需要的最终产品而选用不同的酸性矿物质水溶液对刨花进行处理，使其含水率达到25%～30%，通过充分搅拌使处理材料散布开来，并在刨花表面形成防护层；第二步，采用稳定的乳化液进行处理。经处理后的刨花需加水，并搅拌大约2min，使其含水率达到3%～40%，其性能不会蜕变，对贮存没有特殊要求。处理后的刨花存放一般2d后再投入生产线。使用K-X处理的刨花生产水泥刨花板或其他类似的产品，其车间的温度不应低于10℃，相对湿度不应低于60%，生产出的产品要在密闭的房间里停放24h。

K-X处理技术实际上是使木材矿化的过程，通过K-X处理，可以使各种木材不受树种和采伐季节的限制，均能用于生产水泥为粘接剂的人造板，这大大地拓宽了可使用材料的范围。

(2) 非木材纤维得到广泛应用

农作物秸秆以前常被烧掉，这不仅不能使其得到利用，而且污染环境。农作物秸秆，如亚麻秆、油菜秆含有丰富的纤维素，可用于生产水泥刨花板。农作物剩余资源的应用，一方面缓解木材资源供应紧张，另一方面充分利用这一生物质资源。

20.17.2 缩短生产周期

如前所述，传统的冷压法水泥刨花板生产工艺，不仅极大地限制了产量，从而影响生产效率和效益，而且也影响产品的质量。从20世纪70年代开始，国外已进行了热压法制造水泥刨花板的研究，以求缩短生产周期，用喷蒸加压及添加异氰酸酯树脂胶，或注入气体CO_2、超临界流体CO_2或添加压制过程中CO_2释放化学物质，以期快速制造水泥刨花板。

20.17.3 采用廉价的无机胶合材料

粉煤灰替代部分水泥被添加用于制造水泥刨花板。粉煤灰加入到水泥中，成为水泥早期固化的一个良好的惰性骨料，在水分存在的状态下，其中的硅石和氧化铝与硅酸盐水泥水化形成的氢化钙逐渐反应。加入粉煤灰有助于木材刨花与水泥充分地拌合和覆盖。对尺寸稳定性没有不良影响，替代30%的水泥不会影响到制品强度。

炉渣被用于生产刨花板。将1500℃的熔融炉渣用水瞬时降温至100℃，这样使炉渣形成细小的玻璃状微粒，然后将其研磨成细粉。炉渣粉末远比波特兰水泥便宜，因此经济效益明显。如果能在炉渣粉末中CO_2加入少量水泥，则可生产出性能好而成本低的产品。

20.17.4 降低产品密度

水泥刨花板的密度较大，几乎是普通树脂刨花板密度的两倍，这给用户带来不便，而且增加运输费用。研究用木质纤维填加硅砂和半膨胀的聚苯乙烯泡沫塑料成功地生产出密度较轻的产品。

20.17.5 改善产品性能

各国研究者致力于改善水泥刨花板的尺寸稳定性。如通过添加含硅材料和增加压蒸工序。或是对刨花板进行预处理，用聚乙二醇或沥青都有助于改善尺寸稳定性。

参考文献

[1] 王恺主编. 木材工业大全·刨花板卷. 北京：中国林业出版社，1998

[2] 涂平涛主编. 建筑轻质板材. 北京：中国建材工业出版社，2005

[3] 中国标准出版社第二编辑室编写. 建筑材料标准汇编－水泥 (2003). 北京：中国标准出版社，2003

[4] 王戈等. 日本水泥刨花板的生产及对我国的借鉴. 林业科技，98，23（2）：41～45

[5] 张久荣. 无机胶合人造板的发展历史及最新技术进展. 世界林业研究，95（6）：29～35

[6] 刘义海，陈士英. 水泥刨花板快速固化工艺的研究. 木材工业，97，11（4）：3～7，20

[7] 唐永裕. 水泥刨花板生产技术. 林业科技通讯，94（10）.12～13

[8] 沈威等. 水泥工业学. 武汉：武汉理工大学出版社，2002

[9] A.A.Moselemi 著. 申宗析等译. 碎料板. 北京：中国林业出版社，1981

[10] 徐鹿鹿. 两种落叶松木材中阿拉伯半乳糖的含量、分子性质及对水泥固化作用的影响. 林业科学，1984，1

[11] 周贤康. 木材与水泥相容性试验方法与评定指标. 建筑人造板，98（2）：9～16

[12] 韦益化等. 水泥刨花板生产中原辅料适应性的评估方法与装置. 木材工业，95，19（1）：5～9

[13] 王玉琳. 比松公司的水泥刨花板. 建筑人造板，93（4）：30～34

[14] 陈冀宇编译. 不燃性水泥木丝板. 建筑人造板，92（2）：44～45

[15] 苏福马股份有限公司. 水泥刨花板生产线成套设备

[16] 中国福马机械集团有限公司镇江林业机械厂. 水泥刨花板生产线成套设备

[17] Kvaerner Panel Sysytem. Cement Board Plants.

[18] 国家行业标准. 水泥木屑板 (JC411-1991). 中国建筑材料工业局

[19] Bison System. Cement-board Plants

[20] F. C. Jorge, C. Pereira and J. M. F. Ferreira. Wood-cement composites:a review. Holz als Roh-und Werkstoff, 2004, Volume 62, Number 5：370～377

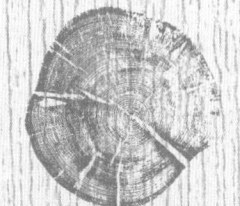
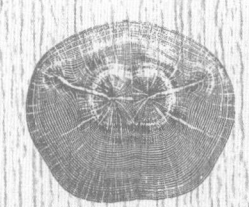
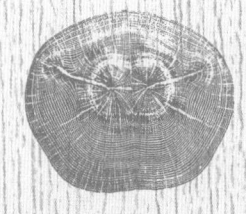

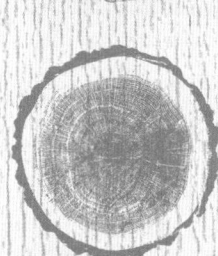

木材工业实用全书·综合卷

"十三五"国家重点图书出版规划项目

木材工业手册 II

主　编／谭守侠　周定国
执行主编／黄润州

中国林业出版社

图书在版编目（CIP）数据

木材工业实用全书. 综合卷 / 谭守侠, 周定国主编. -- 北京：中国林业出版社, 2020.12
（木材工业手册）
ISBN 978-7-5219-0975-3

Ⅰ.①木… Ⅱ.①谭… ②周… Ⅲ.①木材加工工业–技术手册 Ⅳ.①TS6-62

中国版本图书馆 CIP 数据核字 (2020) 第 271480 号

策划编辑：纪 亮
责任编辑：李 顺 陈 惠 王思源

出版发行 中国林业出版社（100009 北京市西城区刘海胡同 7 号）
网　　址 http://www.forestry.gov.cn/lycb.html
电　　话 （010）83143614
印　　刷 河北京平诚乾印刷有限公司
版　　次 2021 年 1 月第 1 版
印　　次 2021 年 1 月第 1 次
开　　本 710mm×1000mm　1/8
印　　张 146.5（全套）
字　　数 3000 千字
定　　价 580.00 元（全套）

本书编委会

主　　编：谭守侠　周定国
执行主编：黄润州
主编助理：朱剑刚

第 1 章 徐魁梧	第14章 梅长彤	第29章 许柏鸣
徐永吉	第15章 徐咏兰	第30章 张彬渊
第 2 章 潘　彪	第16章 王国超	第31章 李　军
第 3 章 徐永吉	第17章 卢晓宁	第32章 周捍东
潘　彪	第18章 周定国	徐长妍
第 4 章 顾炼百	第19章 邓玉和	第33章 倪正荣
李大纲	古野毅	第34章 孙霖芳
第 5 章 石如庚	第20章 金菊婉	孙　军
杨焕蝶	第21章 周晓燕	第35章 梅玉春
第 6 章 曹平祥	第22章 张　洋	徐咏兰
第 7 章 郑雅各	第23章 刘启明	第36章 周定国
童雀菊	第24章 张勤丽	梅长彤
第 8 章 张彬渊	第25章 王卫东	徐长妍
第 9 章 孙友富	第26章 朱一辛	赵　明
第10章 陆肖宝	蒋身学	第37章 陆肖宝
第11章 朱典想	第27章 张晓东	第38章 申利明
第12章 华毓坤	关明杰	第39章 承国义
第13章 徐咏兰	第28章 许柏鸣	第40章 林　晓

21 刨花及纤维模压   *589 / 600*

21.1 种类及特性   *589*
21.2 刨花及纤维模压制品的生产工艺   *592*
21.3 模具   *597*

22 农作物人造板   *601 / 616*

22.1 农作物人造板的类型   *601*
22.2 农作物人造板的原料   *604*
22.3 农作物人造板的生产工艺   *609*

23 胶黏剂   *617 / 682*

23.1 木材胶合原理   *617*
23.2 影响木材胶合强度的因素   *618*
23.3 脲醛树脂胶黏剂   *623*
23.4 三聚氰胺树脂胶黏剂   *642*
23.5 酚醛树脂胶黏剂   *647*
23.6 聚醋酸乙烯酯乳液胶黏剂   *663*
23.7 其他胶黏剂   *667*
23.8 制胶车间   *672*

24 人造板二次加工   *683 / 734*

24.1 人造板二次加工对素板的要求   *683*
24.2 薄木贴面加工   *683*
24.3 装饰纸贴面加工   *706*
24.4 高压三聚氰胺装饰层压板和低压三聚氰胺浸渍纸贴面加工   *710*
24.5 邻苯二甲酸二丙烯酯树脂浸渍纸贴面装饰   *724*
24.6 聚氯乙烯薄膜贴面加工   *726*
24.7 聚烯烃纤维素聚合薄膜贴面加工   *728*
24.8 其他材料贴面装饰   *728*
24.9 转移印刷   *729*
24.10 直接印刷   *730*

25 木材及人造板阻燃处理   *735 / 748*

25.1 木材的阻燃处理   *735*
25.2 阻燃型木质人造板生产工艺   *739*

25.3 防火涂料　743
25.4 木材阻燃产品的检测　744

26 竹材人造板及竹木复合人造板　749 / 772

26.1 竹材胶合板　749
26.2 竹编胶合板　754
26.3 竹席—竹帘胶合板　755
26.4 竹材层压板　757
26.5 竹材刨花板及竹材刨花复合板　758
26.6 贴面竹胶合混凝土模板　762
26.7 竹木复合集装箱底板　764
26.8 竹木复合层积材　766
26.9 竹材人造板加工设备　768

27 其他竹制品　773 / 780

27.1 竹地板　773
27.2 竹木复合地板　776
27.3 竹凉席　777
27.4 竹筷、竹香棒、竹牙签　778

28 木质家具　781 / 798

28.1 家具设计　781
28.2 家具分类　783
28.3 家具结构　784
28.4 家具生产工艺　787
28.5 家具车间的规划与设计　795

29 家具五金配件　799 / 804

29.1 家具五金的技术指标　799
29.2 家具五金的发展趋势　803

30 木材涂装　805 / 848

30.1 涂料　805
30.2 木材与涂装的关系　816
30.3 涂装方法与设备　820
30.4 涂层干燥固化　825

30.5 漆膜修饰 826
30.6 涂装工艺 830
30.7 漆膜缺陷及其对策 838
30.8 涂料及涂饰木制品有害物质限量 845

31 其他木制品   *849 / 864*

31.1 体育用品 849
31.2 家庭用品 853
31.3 娱乐用品 856
31.4 装饰用品 859
31.5 包装用品 863

32 物品输送与物料处理   *865 / 888*

32.1 物料处理与物料特性 865
32.2 成件物品的输送 866
32.3 散碎物料的输送 870
32.4 碎料的仓贮 877
32.5 分离与除尘 878
32.6 气流输送用风机 881

33 木材加工自动化   *889 / 942*

33.1 自动检测 889
33.2 自动控制 925

34 计算机在木材工业中的应用   *943 / 968*

34.1 计算机在材性研究中的应用 943
34.2 计算机在生产控制中的应用 948
34.3 计算机在企业管理中的应用 964

35 木材工业主要能源与节能   *969 / 1002*

35.1 木材工业主要能源 969
35.2 木材工业主要产品的能源消耗指标 973
35.3 工业锅炉与节能 976
35.4 木材工业蒸汽热能的有效利用 980

35.5 热油供热技术在木材工业中的应用　985
35.6 木废料能源及其利用　987
35.7 供、用电系统与节能　994

36 木材工业环境保护　*1003 / 1050*

36.1 木材工业水污染治理　1003
36.2 木材工业噪声控制　1023
36.3 人造板甲醛散发处理　1031
36.4 木材工业空气污染治理　1037

37 木材工业质量管理与控制　*1051 / 1086*

37.1 质量管理基础　1051
37.2 工序质量控制　1062
37.3 抽样检验　1073
37.4 数值修约规则　1083

38 木材工业的劳动保护　*1087 / 1098*

38.1 劳动保护的概念和意义　1087
38.2 我国的劳动保护法规　1087
38.3 劳动保护与木材工业生产　1088
38.4 劳动安全与事故防治　1088
38.5 劳动卫生与健康保护　1093

39 木材工业项目工程设计　*1099 / 1120*

39.1 项目的程序、内容及发展　1099
39.2 项目建议书　1100
39.3 可行性研究报告　1103
39.4 项目工程设计　1110
39.5 "三板"建厂技术经济指标　1116

40 木材工业企业管理　*1121 / 1152*

40.1 木材工业企业的市场营销　1121
40.2 木材工业企业的研究与开发　1135
40.3 木材工业企业的生产管理　1141

HANDBOOK OF Wood INDUSTRY 第 I 卷

1	木材资源	*1 / 28*
2	木材保护	*29 / 48*
3	木材改性	*49 / 86*
4	木材干燥	*87 / 128*
5	木工机械	*129 / 218*
6	木材切削刀具	*219 / 260*
7	制 材	*261 / 306*
8	木质地板	*307 / 336*
9	木质门窗	*337 / 352*
10	胶合板	*353 / 392*
11	细木工板	*393 / 404*
12	集成材	*405 / 414*
13	单板层积材	*415 / 434*
14	木材层积塑料	*435 / 442*
15	干法纤维板	*443 / 474*
16	湿法纤维板	*475 / 492*
17	刨花板	*493 / 524*
18	定向刨花板	*525 / 542*
19	石膏刨花板	*543 / 570*
20	水泥刨花板	*571 / 588*

刨花及纤维模压 21

木质刨花、纤维模压制品系指将木质纤维素原料（包括木材、竹材、甘蔗渣、亚麻屑、棉秆等）加工成一定规格的刨花及纤维，施加一定量的胶黏剂，经成型模具热压制成的饰面或不饰面的、具有制品最终形状和规格的特种人造板。

21.1 种类及特性

21.1.1 种类

刨花、纤维模压制品用途广泛，品种繁多。根据不同用途可分为四大类：

1. 家具部件

主要包括各式桌面、凳椅座背、橱柜门扇、抽屉面板、厨房案板、各式餐盘等。

2. 建筑构件

主要包括室内外墙盖板、天花板、阳台板、裙板、花栏、楼梯扶手、门扇窗台、门框窗格、水泥模板等。

3. 包装部件

最具代表性的产品为各种运货用托盘，其他还包括水果及蔬菜包装箱、专用包装夹板等。

4. 工业配件

泛指上列三类产品以外的制品，如音箱、电视机、冰箱、收录机等电器的壳体；汽车的车体内衬板、仪表板、方向盘、座垫、备用轮胎罩以及梭子、鞋楦和浮雕工艺品等。

21.1.2 特点

1. 对原料适应性强，利用率高

森林采伐剩余物、木材加工剩余物、竹材以及蔗渣、棉花秆、麻秆、豆秸、芦苇等农作物秸秆，都是模压制品的上乘原料。此外，模压制品原料利用率可达85%以上，以家具生产为例，模压家具、板式家具、实木家具三者木材利用率之比为1：0.8：0.4。

2. 加工工效和生产效率高，生产成本低

模压制品生产工艺为一次成型，即可根据制品的使用要求，在压制过程中模具能使制品带有沟槽、孔眼和饰面轮廓等，可省去或减少制品的二次加工，提高生产效率，同时产品质量易于保证，互换性强，标准化程度提高。制品生产成本低，具有很强的市场竞争力。

3. 产品质地优良，性能稳定，美观大方，应变能力强

制品的物理力学性能好，耐磨、耐腐、耐湿，且各个方向基本同性，尺寸稳定，变形小，不开裂，比强度高。由于模压制品特别是家具的特殊成型方法，易于达到家具设计点、线、面、体的完美结合，可实现复杂的几何曲线和自由曲线的家具造型，能做到折线、装饰线、边缘和转角的联接过渡自然流畅，故模压家具既具有板式家具刚劲、力度、简明之感，又有曲线家具柔和、含蓄、圆润之美。通过表面绚丽多变的各种色彩装饰，模压家具从整体到局部，都表现出多元化形态和韵律感。此外，产品款式多样，变化快速，只需更换模具即可获得不同造型的新型制品，应变能力强。

21.1.3 性能

1. 家具部件

家具部件的大宗产品是各种桌面、凳椅座背、橱柜门扇、厨房案板、各式餐盘等约四十种产品。典型家具部件的截面和边缘形状尺寸如图21-1、图21-2。主要产品性能和规格指标见表21-1、表21-2。

2. 建筑构件

建筑构件分为外部建筑构件和内部建筑构件，主要产品

表21-1 典型家具类产品的性能 (GB/T15105.1-94)

项 目	单 位	优等品	一等品	合格品
密 度	g/cm³		0.60~0.85	
含水率	%		5.0~11.0	
静曲强度	MPa	≥20.0	≥18.0	≥16.0
内结合强度	MPa	≥1.0	≥0.80	≥0.70
吸水厚度膨胀率	%	≤0.30	≤6.0	≤8.0
握螺钉力	N	≥1000	≥800	≥600
表面胶合强度	MPa	≥1.0	≥0.90	≥0.90
表面耐磨性能	mg/100r	磨耗值≤80，表面留有50%花纹		
表面耐开裂性能	级	0	0~1	0~1
表面耐开裂性能	-	无开裂、无鼓泡，允许光泽轻微变化		
表面耐水蒸汽性质	-	不允许有突起、变色和开裂		
表面耐香烟灼烧性能	-	允许有黄斑和光泽轻微变化		
表面耐污染腐蚀性能	-	不污染、无腐蚀		

表21-2 常见家具类模压制品规格

产品名称	规格(mm)	边缘形状	贴面纸种数	单件重(kg)	备 注
圆台面	φ60	A	11	3.7	
	φ65	B	3	4.3	
	φ70	A	7	5	
	φ80	A	12	6.7	
	φ90	A	9	8.5	
	φ100	A	7	10.3	
	φ107	D	4	11.5	
	φ120	A	9	16.7	
	φ140	B	3	20.5	
四方台面	60×60	A	9	4.8	
	70×70	A	4	6.8	
	75×75	A	9	7.6	
	80×80	A	9	8.7	
	90×90	B	3	11.2	
长方台面	80×60	C	2	2.8	常见贴面纸花纹和颜色有12种，可根据用户要求选用
	100×70	C	2	3.2	
	110×70	A	5	10.2	
	115×75	A	7	12	
	120×75	B	2	11.5	
	120×80	A	9	14.9	
	120×45	B	3	6.6	
长圆台面	120×65	B	9	8.8	
	145×78	B	9	13.0	
椭圆台面	140×90	D	2	12.8	
	155×105	D	3	16.7	
长六角台面	185×100	D	1	26	
方六角台面	1379.4×1200	E	1	18.6	
	132×96	E	1	16.4	
	120×65	E	1	12.0	
长鼓台面	112×60	E	1	7.6	
	90×60	F	1	5.0	
	82×60	F	1	3.8	
三折圆台面	φ120		3	13.7	
	φ100		3	8.9	
圆凳面	φ34		4	1.25	
	φ30		1	1.0	
茶几板面	120×45		3	6.6	
	65×45		3	3.7	
靠背椅	43/38		3	2.2	
茶盘	φ40		3	55	
	46×35		3	0.7	

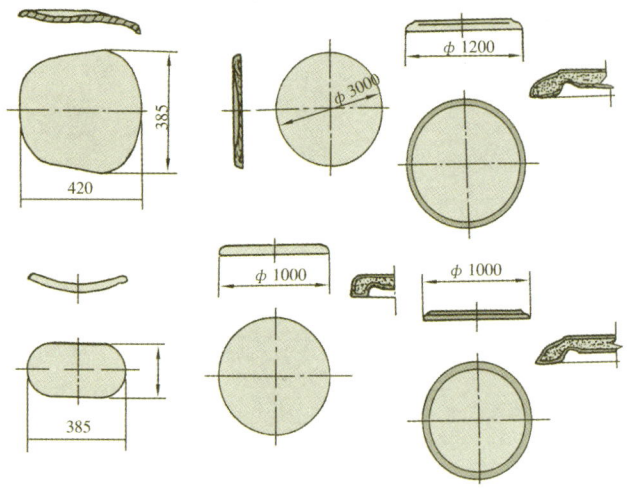

图21-1 典型家具部件截面

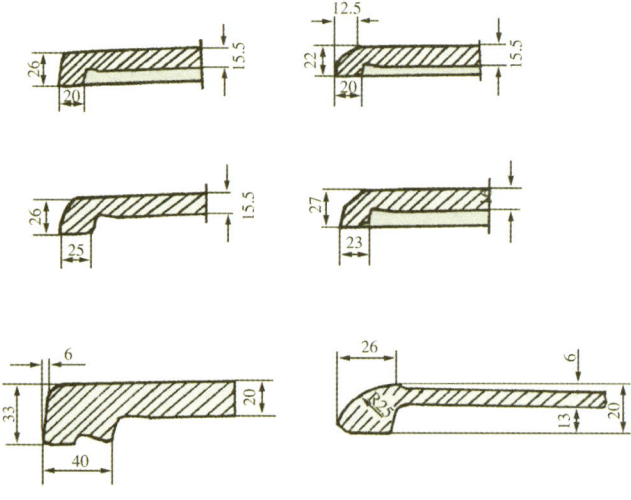

图21-2 典型部件边缘形状及尺寸

有覆盖板、墙板、天花板、裙板、散热器罩、阳台板、门框窗格、楼梯扶手等。制品的性能指标见表21-3，部分构件截面形状见图21-3。

3. 包装部件

模压包装部件最有代表性的产品是各种托盘。常见托盘结构如图21-4，制品性能指标如表21-4、表21-5。

4. 工业配件

模压工业配件种类繁多，主要有电器壳体、汽车部件、竹梭、鞋楦及浮雕工艺品等。由南京林业大学开发的自动换梭式棉织用模压竹梭的尺寸及性能见图21-5和表21-6，模压鞋楦性能见表21-7。

表 21-3 模压建筑构件性能指标

性能指标名称		室内构件	室外用构件	阳台构件	装饰彩板	测试标准
密度 (g/cm³)		0.70~0.80	0.80~0.90	0.80~0.90	0.80~0.90	DIN52361
静曲强度 (MPa)		30~35	40~45	40~45	30~40	DIN52362
弹性模量 (MPa)		4000~5000	4000~6000	4000~6000	4000~6000	DIN52362
平面抗拉强度 (MPa)		1.0~2.0	2.0~3.0	2.0~3.0	2.0~3.0	DIN52365
握螺钉力 (N/mm)		150	150	150	150	werz公司标准
吸水厚度膨胀率(%)	2h	0.3~0.6	0.3~0.6	0.3~0.6	0.3~0.6	DIN52364
	24h	5.0~8.0	4.0~5.0	4.0~5.0	4.0~5.0	
耐温性能 (℃)	长期	−78~+92	−78~+92	−78~+92	−78~+70	
	短期	+180	+180	+180	+180	
阻燃性	一般产品	B_2	B_2	B_2	B_2	DIN4102
	阻燃产品	B_1	B_1	B_1	B_1	
由水分和温度引起的长度变化(mm/m)			1~3	1~3	1~3	1.5
水蒸气渗透率(渗透值折算成空气层厚度, m)		5~15	5~15	5~15	—	DIN52615
耐香烟灼烧		耐	耐	—	—	DIN53799
化学稳定性		好~极好	好~极好	—	—	DIN53799

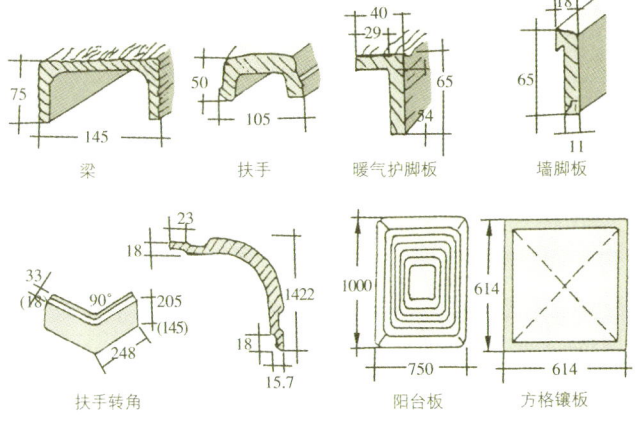

图 21-3 常见模压建筑构件截面形状

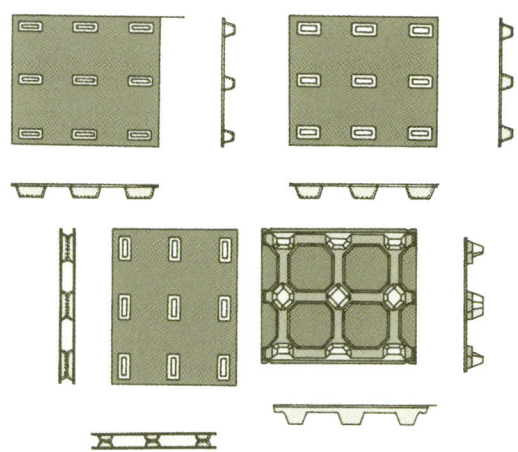

图 21-4 常见托盘结构图

表 21-4 德国 Werzalit 法模压托盘的型号和承载量

型号	规格(mm)	托盘自重(kg)	承载量动力载荷(kg)
F44Displat	400×400	2.4	250
		0	250
F36	600×800	3.5	500
		4.0	650
		4.0	250
F65	600×800	4.5	500
		5.2	650
		5.5	1000
		7.2	250
		7.5	500
F8	800×1200	9.2	900
		11.2	1000
		12.2	1250
		9.6	500
F8/LF	800×1200	10.4	900
		11.5	1000
		14.0	1250
F86/SL		7.0	250
		11.1	500
		14.2	900
F10	1000×1200	2	1000
		17.8	1250
WF10/12	000×1200	15.0	1000
		17.0	1250
A-10	1000×1200	17.0	1000
		18.1	1250
F10BW	1000×1200		500
			900
			1000
			1250

表21-5 美国Haataja法模托盘规格和承载量

类型	规格(mm)		托盘自重(kg)	承载量	
	外形尺寸	承载板厚度		动载荷	静载荷
通用型	1016×1220×102	11	12.3	726	
		12.7	14	862	
		14.3	16	952	
		15.9	17.7	1088	4540
		17.5	19.5	1180	5440
		19	21.3	1270	
双面型	1016×1016×114	9.5	20	1180	
		11	23	1360	
		12.7	26.3	1688	4540
		14.3	29.5	1814	5440
		15.9	33	1996	
吊挂型	1220×1220×146	8	10	680	
		9.5	12	816	
		11	14.5	952	
		12.7	16.3	1043	
		14.3	18.6	1225	4990
		15.9	20.4	1315	5440
		17.5	22.7	1500	6350

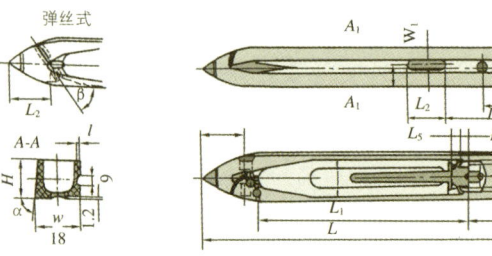

图21-5 自动换梭式棉织用模压竹梭

21.1.4 主要生产方法简介

纤维、刨花模压制品技术自20世纪40年代以来不断发展，产品品种繁多，生产方法各异，其中最具代表性、在工业化生产中应用较广或具有广阔应用前景的生产工艺方法见表21-8。

21.2 刨花及纤维模压制品的生产工艺

模压制品的生产工艺流程大致可分为刨花及纤维制

表21-6 竹梭梭身材料的物理力学性能

项目 指标		气干密度 (g/cm³)	线干缩系数(%)	体积干缩系数(%)	顺纹抗压强度(MPa)	静曲		横纹		冲击韧性(MPa)	硬度(MPa)	抗劈力(N/cm)
						静曲强度(MPa)	弹性模量(100MPa)	抗拉强度(MPa)	抗压强度(局部)(MPa)			
平均值		1.165	0.148	0.569	87.8	80.9	102	21.8	78.6	5.26	210.3	705.6
次数		20	20	20	20	20	20	20	20	20	20	20
统计指标	±σ	0.070	0.029	0.122	43.536	91.823	9.059	22.866	39.9969	0.062	88.896	10.077
	±m	0.016	0.006	0.027	9.735	20.532	2.026	51.13	89.37	0.014	1.9872	22.53
	V%	6.008	19.595	21.441	4.959	11.350	8.881	10.489	5.085	11.546	4.226	14.035
	ρ%	1.35	4.05	4.80	1.11	2.54	1.99	2.35	1.14	2.58	0.95	3.14
条件		按GB－1972-1943-80的要求准备成型模压竹丝胶合木板的试样										
方法		在Amsier4t万能试验机上测定，采用变数统计方法计算结果										

表21-7 模压鞋楦的性能

型号	一次握圆钉力(6号圆钉)kN	一次握螺钉力(4×40)kN		吸水性（%）						湿胀性（%）		
				6h	12h	24h	30h	36h	48h	长	宽	高
模压鞋楦(1号配方)	0.228	3.17	左脚	13.20	21.51	25.09	26.42	26.98	28.30	0.73	1.30	4.26
			右脚	9.21	15.16	17.33	18.59	19.13	20.40	0.64	1.26	4.67
模压鞋楦(2号配方)	0.200	2.80	左脚	9.40	9.76	10.31	10.31	10.31	10.31	0.14	1.22	0.38
			右脚	12.00	13.33	13.52	13.52	13.52	13.52	0.14	1.35	0.30
栲木鞋楦	0.113	3.23	左脚	5.51	8.82	11.76	13.24	15.81	17.65	0.15	2.91	1.72
			右脚	5.86	9.66	12.76	14.14	16.70	18.97	0.13	2.75	1.05

备、干燥、施胶、铺模、热压和定型修饰等工序，其工艺流程如图21-6。

21.2.1 原料

21.2.1.1 基本原料（植物原料）

1. 类型

(1) 木材：小径木、木材加工剩余物（如制材加工废料：板皮、边条、截头等；胶合板生产废料：木芯、碎单板、胶合板板边等；细木工板生产废料：截头、边角料等）、采伐剩余物（如枝桠、造材截头等）。

(2) 竹材：残次毛竹、采伐和加工剩余物。

(3) 农作物秸秆原料：秆类（如棉秆、麦秆、亚麻秆等）、废渣类（如甘蔗渣）。

2. 对木质原料的要求

(1) 树种：通常，适用于普通平压刨花板和纤维板的树种都适用于模压制品，以中等密度($300\sim500kg/m^3$)的针叶材和阔叶材为佳，如松木、花旗松、桦木、冷杉、杨木、枫树、

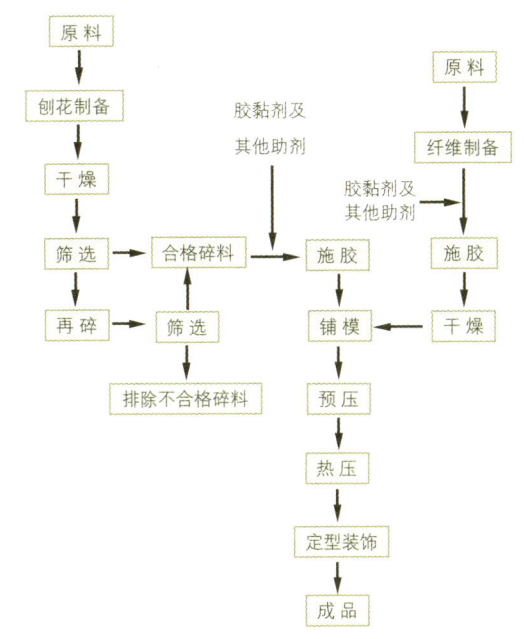

图 21-6 模压制品制造工艺

表 21-8 各种广泛应用的生产工艺方法

名 称	发明人	适用范围	特 点
Werzalit 法（平面加压法）	1956 年由德国 J. F. WerzJrKG 公司发明	适用于各种模压制品，是目前最重要的工业化生产各种刨花模压制品的方法	该法的生产工艺流程与普通平压法刨花板基本相同，所不同的是热压在模具中进行。该技术的难点在于模压时有较多的挥发物和气体产生，且不像普通人造板生产那样在热压时较易于从外露的板边逸出。用该法生产的刨花模压制品的密度稍高于普通刨花板，一般为 $0.7\sim0.9g/cm^3$。根据产品最终用途的要求胶黏剂可采用脲醛树脂、脲醛-三聚氰胺树脂或酚醛树脂及异氰酸酯树脂，施胶多采用间歇式拌胶机。刨花规格大小，施胶量高低均视产品种类、制品表面质量及所需强度等而定。施胶刨花的生活率在环境温度 21°C 条件下最高可达 $50\sim60h$
Thermodyn 法（密封式加热模压法）	1948 年由 Runkel 和 Jost 发明	用于生产以刨花为原料的板状家具、建筑用部件	胶黏剂用量小，一般用 5% 的酚醛树脂，也可有不使用胶黏剂。将含水率为 10%～17% 的施胶或不施胶刨花置于预压模中以 18MPa 的压力冷压，再与浸渍装饰纸组坯置于可加热和冷却的气密模中，在温度 160～290°C，压力 17.2-31MPa 条件下热压，使木质纤维素原料中的木素等组份活化，产生自结合力，制得高密度、高强度的产品
Collipress 法（箱体模压法）		用于生产包装箱	所用刨花规格为长 10.2～12.7mm，宽 2～4mm，厚 0.2～0.4mm。一般施用 5%～15% 的脲醛或酚醛树脂。坯料的含水率必须控制在 8%～18% 范围内，施胶刨花先在预压模中预压，然后再移到热压模中热压。所用热压机由几个方向加压的模具组成，具有一个垂直和几个水平油缸。热压压力为 4.8～10.3MPa，热压温度 160～204°C，加压时间 1～2min。用此法压制家具时，可将压得的模压制品毛坯与饰面用单板等材料组坯，再置于相同的热压模中模压；或用软垫式橡胶袋压机加压，完成贴面作业。此类模压制品亦可采用喷涂或浸渍等方法装饰
Haatajz 法	1980 年由美国 Haatajz 开发	以大片刨花为主要原料制造运输用托盘	该法将木质原料加工成 50～75 × 25.4 × 0.7(mm) 的大刨花，经筛选除去树皮，施以 1%～2% 的石蜡和一定量的胶黏剂，根据产品的用途不同，可施用 8%～10% 的脲醛树脂、4%～7% 的酚醛树脂或 3%～5% 的聚异氰酸酯树脂。热压时间视产品密度、厚度及所用胶黏剂种类而定
Pres-Tock 法	由美国 Weyerhaeuser 公司开发	以施胶纤维为原料生产模压纤维门板	该法将预制的具有一定初强度的施胶板坯截成一定规格，经喷蒸软化处理后置于热压模中热压成型门板。喷蒸处理蒸汽压力不低于 0.41MPa，处理时间 15s，热压温度 175～205°C，压力 1.72～4.14MPa。模具加热方法视成品厚度不同而异
Bison 法	Bison 公司新开发的技术	干法纤维板加工成模压门板	将厚度 5mm、密度为 $0.65\sim0.68g/cm^3$ 的干法纤维板的一面经喷蒸处理后，在 180°C、8MPa 条件下模压成厚度为 3mm、密度为 $1.08\sim1.13g/cm^3$ 的纤维模压门板

橡胶木和桉树等,可单独或混合使用。软质木材与硬质木材相比,模压时热固化时间长,制品强度和表面密度大,但防水性能和表面硬度差。对不饰面的制品,宜选用浅色木材。包装托盘常选用杨木。含天然树脂较多的木材一般不适用于模压制品。

(2) 树种的pH要合适,即需与胶种相适应。如栎木和相似的酸性树种会延缓酚醛树脂的缩合速度,使胶合强度下降。

(3) 含水率:以30~50%为宜。

21.2.1.2 胶黏剂

室内用制品常用脲醛树脂,室内潮湿处使用的制品可添加部分三聚氰胺树脂(3:1~2:1)。室外用制品常用酚醛树脂,也可用脲醛树脂加异氰酸酯(2.5:1)或三聚氰胺树脂。模压制品常用树脂技术指标见表21-9所列。

21.2.2 刨花与纤维制备

21.2.2.1 工艺要求

(1) 小径木、枝桠或木材加工剩余物应清除尘土;

(2) 严格控制树皮含量,不得超过5%;

(3) 刨花形态尺寸:部分建筑构件和家具以薄平刨花为佳,长度为5~25 mm,有些要求为12~20 mm,某些托盘类则为30~150 mm。其他大多采用杆状刨花,规格为6~40目,刨花厚度以0.3~0.5mm为佳,木屑含量小于0.4%。形状复杂和薄壁制品宜用较小尺寸(20~60目)刨花。大型简单制品可采用粗刨花。不饰面的包装类产品可用较大尺寸刨花;

(4) 纤维形态:纤维浮雕制品要求纤维滤水度控制在16~20s内。

21.2.2.2 制备方法及设备

模压制品的刨花与纤维制备方法与设备类似于普通刨花板与纤维板。

(1) 刨花制备方法:削片——刨片(以加工剩余物及采伐剩余物为原料);刨片——再碎(以小径木为原料)。

(2) 刨花制备设备:削片机(包括盘式削片机和鼓式削片机);刨片机(包括盘式刨片机、鼓式刨片机和双鼓轮刨片机);再碎设备(锤式打磨机、齿磨机和筛盘式打磨机)。

(3) 纤维制备方法:削片——纤维分离。

(4) 纤维制备设备:盘式削片机适用于小径木;鼓式削片机适用于加工剩余物;纤维分离采用热磨机。

21.2.3 干燥

21.2.3.1 工艺要求

(1) 干燥后含水率控制在2%~4%范围内;

(2) 干燥要求均匀,否则会引起制品分层、鼓泡和翘曲。

21.2.3.2 干燥设备

干燥设备为普通刨花板及纤维板通用设备。

21.2.4 施胶

21.2.4.1 工艺要求

(1) 施胶量:一般为10%~15%,低于10%时,各项物理力学指标将大幅度下降,超过15%时,不能同比例地提高制品的物理力学性能,为获得预压毛坯必要的强度,避免复杂制品内部产生空洞,加强边缘密实度,提高表面密度、硬度、光泽和抗磨性能,往往用较大的施胶量。此外,根据制品要求可适当加入防水剂、防腐剂、防火剂。

(2) 施胶后含水率:施加脲醛树脂后的含水率控制在6%~12%,施加酚醛树脂后的含水率控制在4%~6%。热压时,刨花中的水分促进物料流动和可塑性。含水率小于4%,物料塑性和流动性差,降低制品强度。含水率高,合模速度快,制品弯曲强度和表面硬度相应提高,吸水率降低,但高含水率在卸压时易引起鼓泡和分层。

21.2.4.2 施胶设备

由于铺模、预压和热压都是间歇式生产,故模压生产线多选用周期式拌胶机。常用型号BS11型拌胶机,其结构和性能见图21-7和表21-10。

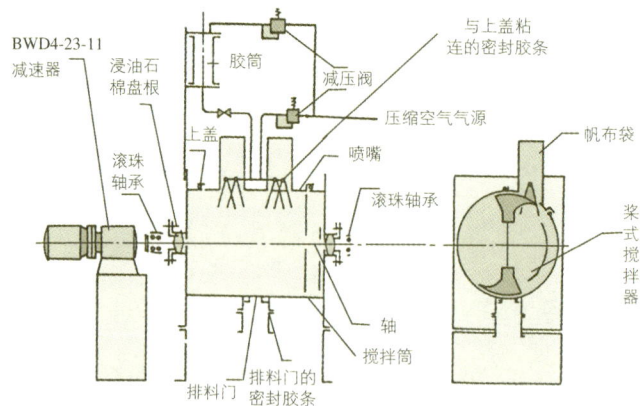

图21-7 BS11型周期式拌胶机结构示意图

表21-9 模压刨花制品适用树脂的技术指标

名 称	黏度 Pa·s×10⁻¹(20℃)	固体含量(%)	密 度(g/cm³)	pH值	游离醛(%)	储存期(月)(20℃)	适用期(h)(20℃加固化剂)
脲醛树脂	950~1000	65±1	1.29	7.5~8	<1.5	1~2	2~6
三聚氰胺树脂	55~100	54±1	1.23~1.24	9.0±0.1	<1	1~1.5	
酚醛树脂	1000~2000	45~50			<2.5	1	

表21-10 BS11型拌胶机主要技术性能

指标名称	单位	性能
搅拌筒容积	m³	0.62
搅拌轴转速	r/min	64
电动机功率	kW	11
中心高	mm	1150
胶筒容积	l	14
压缩空气气源压力	MPa	1.2
减压阀压力（到胶筒）	MPa	0.05~0.06
减压阀压力（至喷嘴）	MPa	0.6~0.8
外形尺寸（长×宽×高）	mm	2750×900×2845
总重量	t	~1.5

胶筒下部管道与喷嘴连接，压缩空气由另一通路同时通往喷嘴。由于压缩空气的作用，胶液成雾状喷入机内。压缩空气经另一管路、减压阀进入胶筒顶部以加快胶液流速。调节进入胶筒和喷嘴的压缩空气压力，可以得到满意的雾化及较高的生产效率。喷嘴数为2~8个。

操作时必须注意：上盖、排料盖和轴承等处密封，防止泄漏。搅拌过程中严禁打开上盖，必须保证安全锁紧，电路正常工作。每班或长期停机时，需用热水清洗胶筒、管道、喷嘴、搅拌筒和搅拌轴等部件。

21.2.5 铺模

21.2.5.1 工艺要求

(1) 拌胶刨花不结团，无胶块；
(2) 毛坯厚度可随产品形状而异，大多数制品要求毛坯各处密度相同、均匀。个别产品要求局部高密度；
(3) 有些制品不分层铺装，也有要求表层和芯层分层铺装，如家具部件表层应用细刨花铺装；
(4) 直接铺进热压模时要求速度快，防止胶料预固化。对于形状复杂的制品，要求铺装的同时预密实；
(5) 边缘及转角部分必须密实；
(6) 大规格刨花要求水平铺于模内。

21.2.5.2 铺模方法

铺模大多为间歇铺装，单件计量。一般多铺于预压模内，预压成型，有些不进行一次饰面的制品，也可直接铺于热压模中。大多采用机械铺装，也有一些产品采用手工铺装。常用的铺模方法有以下几种：

(1) 计量式手工铺装：多用自动秤计量和熟练工人手工铺装。对小型制品，也有用计量斗计量的。手工铺装的缺点是不均匀，效率低。
(2) 振动铺装：结构简单，适应性强。有单层振动筛和双层振动筛。多数为水平振动，也有垂直振动和阶段性的水平和垂直振动。振动频率从数十次到千次以上，振幅在3mm以下。它既可作独立机构，也可作为模具的一部分。振动铺装计量准确、铺装均匀、效率高。可按产品要求，铺装不同层厚的表层细料、芯层粗料的渐变结构，还可铺曲折的或带弧形的上表面。此外，还起初步密实的作用。

(3) 机械铺装：与刨花板铺装机相似，适用于截面变化不大的长条形产品。
(4) 气流铺装：适用于形状复杂的产品，特别是二维、三维薄壁制品。铺装均匀，细料集中于板坯表面，制品表面致密，铺装速度快。

21.2.6 预压

21.2.6.1 工艺要求

(1) 预压后的毛板坯必须具备一定强度，在脱模、运输和热压装模等操作中不会散开。
(2) 要掌握毛坯的回弹，处理好预压毛坯和热压模腔的相关尺寸关系。一般回弹率在10%~25%，与压力、物料形态、含水率、施胶量、树种有关。物料形态好、规格大、含水率低、施胶量小、木材密度小等，回弹率大，反之则回弹率较小。
(3) 预压压力一般为3~5MPa，随制品密度、树种、刨花形态和施胶量而异。

21.2.6.2 设备

模压用预压机应有下述功能：

(1) 上压式，下部有固定工作台，单层。安装后台面距地面500~600mm。
(2) 框架或立柱结构，横向进料，宽边为工作面。
(3) 根据产品用模具的最大开启和闭合高度选定压机活动栋梁的最大行程及其与工作台的距离。
(4) 根据模具的长宽尺寸选择压机工作台尺寸。对于小规格产品，如使用大幅面压机，可平行布置数个产品模具。
(5) 预压机的总压力应大于产品水平投影面积与所需最大预压压力（一般为4MPa）的乘积，并可随产品垂直剖面变化和边缘形状影响而予以增大。模具有厚度控制，压力大小只影响加压速度。

表21-11 常用模压制品预压机主要技术性能

项 目	型 号		
	BY815×7/6 (B405)	BY814×6/3 (B401)	BY814×4/3 (B413)
公称压力 (kN)	6000	3000	3000
压板尺寸 (mm)	2200×1600	2000×1400	1400×1400
柱塞直径及数量 (mm)	ϕ400×2	ϕ280×2	ϕ280×2
层间距 (mm)	1500	1230	1230
压机闭合速度 (mm/s)	10~100	10~100	10~100
压机加压速度 (mm/s)	4	8	8
重量 (t)	25	16	14

(6) 活动横梁运行速度影响预压周期，但闭合速度过高会引起刨花外溢和易损坏模具。因此要求活动横梁应有空程及闭合两个下行速度。

21.2.7 热压

21.2.7.1 工艺要求

有饰面的模压制品的热压过程包括闭合、升压、保压、排汽、模具张开，然后铺装饰纸、再次闭合升压、保压和降压、模具张开两次热压操作；无饰面模压制品的热压过程则只有一次热压操作。常用热压工艺条件如下：

(1) 热压温度 一般为140～190℃，主要取决于胶种和树种。对于一次饰面工艺，热压时还考虑浸胶装饰纸的特点。热压温度高，可缩短热压周期，但水蒸气往往来不及逸出，易引起鼓泡，此外，浸胶装饰纸中的树脂未充分流动即已固化，而导致板面白花、斑点、边缘湿花、龟裂、退光等缺陷；热压温度低，热压周期长，易引起胶黏剂固化不完全，制品强度和耐水性能下降，粘模严重，脱模困难。加热温度均匀是保证制品质量的重要条件，一般要求温度差不超过5℃。

(2) 热压压力为3.0～6.0MPa。热压模具一般采用定位闭合，压力不影响产品的密度，只影响模具闭合时间。闭模时间过短，在毛坯芯层未充分加热和压实前，表层可能已形成预固化层。闭合速度越快，预固化层越薄，密度越大，薄而密实光亮的表层能提高制品的静曲强度，但由于水分不易逸出，热压时间延长，制品胶合强度和耐水性能都会降低。此外，加压速度对浸胶装饰纸有影响，闭合速度过快，装饰纸易撕裂，局部脱胶，但闭合速度过慢，容易造成树脂流动不均，表面产生麻点和裂纹。三聚氰胺浸渍纸要求压力为2.0～3.0MPa。加压要求均匀。卸压要求均匀缓慢。

(3) 热压时间为8～20s/mm，取决于板坯及装饰纸的胶黏剂固化时间。热压时间过长，制品脆性增大，静曲强度和弹性模量都将下降。

21.2.7.2 设备

与预压机配套，结构和尺寸与预压机相似。设计或选用时，应考虑下述要求：

(1) 热压机一般为三层，根据预压时间和热压时间差异，确定热压机和预压机台数。

(2) 热压板内与各热压板间的温度差小于5℃。

(3) 热压时所需最大压力为6MPa，根据产品投影总面积和最大压力乘积计算总压力，并适当增大。

(4) 活动横梁的最大行程及其与工作台的距离应满足热压模开启和闭合的要求。应有快慢两种下行速度。

(5) 升压应迅速，卸压应缓慢，且可调并能分段卸压。

常用压机型号及性能见表21-12。

21.2.8 制品表面装饰

饰面多采用三聚氰胺浸渍的装饰纸，工艺与普通人造板相似。木材含天然树脂较多时应加垫纸。背面可用三聚氰胺及脲醛混合液浸渍的背面纸，也可用酚醛树脂浸渍的背面纸。

饰面也可用单板、塑料薄膜、纺织品等一次或两次贴面。二次贴面可利用原模进行，贴面前应对制品进行砂光、涂胶等处理。

饰面还可采用喷涂各种彩色油漆、或用树脂浸渍等方法。

常用浸渍树脂的技术指标见表21-13。胶膜纸的技术指标见表21-14。

胶膜纸的树脂含量必须保持在一定的范围内，才能在热压后和基材有效地粘接，并具有必要的流动性使制品表面形成均匀的封闭膜，一般控制在90%左右。增大浸渍树脂含量，会提高成品的物理力学性能，降低吸水率，提高表面耐磨性能和光泽度，但超过某临界值，胶膜纸抗弯、抗拉强度反而降低。

挥发物含量对制品性能尤其是表面质量影响很大。挥发物含量太大，胶膜纸发粘，制品表面易产生湿花，光泽度降

表21-12 模压制品适用压机主要技术性能

项 目	型 号		
	BY225×7/6 (B407)	BY224×6/3 (B402)	BY224×4/3 (B412)
公称压力 (kN)	6000	3000	3000
压板尺寸 (mm)	2200×1600	1000×1400	1400×1400
柱塞直径及数量(mm)	ϕ400×2	ϕ280×2	ϕ280×2
层间距 (mm)	410	410	410
压机闭合速度 (mm/s)	10～100	10～100	70～100
压机加压速度 (mm/s)	6	8	8
层 数	3	3	3
重量 (t)	33	20.6	18
加热介质	蒸汽、热油	蒸汽、热油	蒸汽、热油

表21-13 常用浸渍树脂的技术指标

名 称	黏度 Pa·s×10⁻¹(20℃)	固体含量(%)	密度(g/cm³)	pH值	游离醛（酚）	储存期 d(20℃)
三聚氰胺树脂	<50	54±1	1.23～1.24	9.7±0.1	—	30～45
改性三聚氰胺树脂	30～40	40±1	1.05～1.10	8.5～8.7		6
改性三聚氰胺树脂	50	45～46	1.14～1.16		<0.8	10
改性酚醛树脂	50～80	50	1.1		<6.0	30～90

表 21-14 胶膜纸的技术指标

装饰纸种类	原纸类型	原纸重(g/m²)	浸胶量(%)	挥发物含量(%)	浸渍纸总重(g/m²)
装饰纸	纤维素纸彩色印刷木纹、大理石纹理等，或单色，适用于浸渍、热压、浸胶时印刷废料不流失	80	150（无表层纸） 80～100（有表层纸）	6～8 4～6.5	200 145～160
表层纸(用于高耐磨件)	纤维素纸，漂白，灰份为零	20	300	6～8	80
底层纸	再生纤维素纸，浅棕色或白色	80 或 150	80～100	5～7	150～180 270～300
垫纸(用于含天然树脂较多的木材原料)	绉纹纤维素纸	55 或 40	55～65 75	3～5	85～90 70
背面纸	再生纤维素纸，浅棕或深棕色，或碱性牛皮纸	150 或 80	75～120 75～100	5～7	260～330 140～160

低，抗拉及静曲强度也有所下降。挥发物含量过低，胶膜纸发脆，热压时流动性差，制品易分层，表面产生白花。外形多曲折的模压制品，要求胶膜纸柔软，通常要添加改性剂以获得所要求的工艺性能。

21.3 模具

21.3.1 对模具设计的要求

21.3.1.1 模具设计应考虑因素

(1) 压缩率：指松散的拌胶物料与模压制成品的体积比，是衡量物料松散程度的参数，与原料树种、刨花形状和尺寸有关，是决定模具设计中模具加料室容积、凸模尺寸、压机开档和行程等参数的主要依据。一般在3.5～6范围内。木材密度低的、细薄物料的压缩率大。

(2) 物料的流动性：指拌胶物料在模具中受压后，物料充满模具型腔的能力，通常以垂直加压条件下，物料在水平方向产生的压力来计算。与施胶量、物料形态、树种等有关。施胶量越大，物料的流动性越好，但须考虑生产成本，适当控制施胶量。就刨花形态而言，颗粒状的刨花流动性最好，针状次之，片状最差，但从制品的静曲强度和尺寸稳定性等分析，其优劣次序恰好相反。材质坚硬的原料，其物料的流动性较材质松软者好。

(3) 预压回弹：预压后，预压模中的毛坯在垂直方向与水平方向均存在回弹。在垂直方向上，由于模具开启，压力消除，表现为板坯厚度的回弹。在水平方向的回弹表现为板坯对模具侧壁仍有一定压力。回弹率是设计预压和热压模时必须考虑的重要因素。回弹率［模具完全闭合时板坯的厚度 H 与模具开启后一定时间内（尺寸稳定后）板坯厚度 h 之差与 h 的比值］一般在10%～15%之间，与树种、物料尺寸、施胶量和毛坯密度等有关。形态好、规格大、含水率及施胶量低、木材密度小的物料，回弹率较大。

(4) 收缩率：树脂受热固化后使毛坯产生收缩，且在脱模之前就会产生。它不仅与树种、物料尺寸及树脂种类有关，而且受热压条件的影响。毛坯收缩对贴面不利，它使贴面无法压实，需要在热压模具中采取补偿措施。

(5) 水分和挥发物含量：拌胶物料的含水率控制在6%～12%，成品的含水率为4%～6%，如何使水分及时排出是设计模具时必须考虑的问题。

(6) 拌胶后的物料呈酸性，对模具有腐蚀作用，且有轻微粘附现象，因而要选用合适的模具材料。

(7) 饰面材料常采用改性三聚氰胺浸渍纸，要求模具表面光洁。

(8) 模具寿命要求压制50万件以上。

21.3.1.2 对预压模设计的要求

(1) 预压成形状接近成品的毛坯，考虑到回弹的影响，长宽方向的尺寸要略小于成品。一般用冷压，个别采用预热加压。

(2) 要有足够的铺装空间，便于人工或机械进行一次或多次铺装。

(3) 料仓容积要适应刨花松散的特点，一般采用定量加料，模具为不溢料结构。

(4) 为了适应刨花比容率大、流动差的特点和保证毛坯密度均匀，一般都设置弹性活动件，在压制过程中可逐步补偿毛坯厚度方向的不相等的压制行程，保持毛坯上表面为水平铺装面。

(5) 水平加压的模具结构复杂、成本高，应尽量少用，多采用上压式垂直加压的模具。

(6) 要有适宜的留模、脱模装置和适当的脱模斜度及型腔表面光洁度。

21.3.1.3 对热压模设计的要求

热压模多采用溢料结构，典型热压模具都有凹模、凸模、导向、加热、排气、留料脱模等装置，设计应注意以下问题：

(1) 由于毛坯从预压模中取出后会产生回弹，必须根据回弹率决定热压模的型腔细部结构及尺寸。

(2) 要有合适的分型面，在同时完成贴面装饰时，分型面即为面层和背面装饰层的接缝，应保持边缘充满、接缝密实。分型面应避免采用曲面或弯曲面，一般多为水平面。

(3) 为保证合模精度，要设置导向装置。

(4) 为保证加热均匀，应尽量少用活动的、结构复杂的模具。

(5) 一般不设置专用脱模装置，但应有适宜的脱模斜度。

(6) 模具表面光洁度要满足饰面工艺要求。

(7) 要有排汽装置。

21.3.2 模具结构

一个压模主要由如下部分组成：上模部分、下模部分、导向部分、顶出部分、加热部分等。通用压模结构如图21-8所示。

21.3.2.1 平面件

这类制品种类最多，产量最大，如家具类的各种方形或圆形台面、凳面、椅座靠背，建筑类的内部和外部墙板，窗台等。其特征是基本为平面，截面厚度变化小，边缘为曲线斜边，圆弧平滑过渡。

最简单的平面件压模和通用压模相似，由凹模（型腔）和凸模（压块）组成。多采用封闭型腔，型腔上部为加料室，它是型腔的延续，同时也成为凸模的导向套。

这种简单模具的主要缺点是：

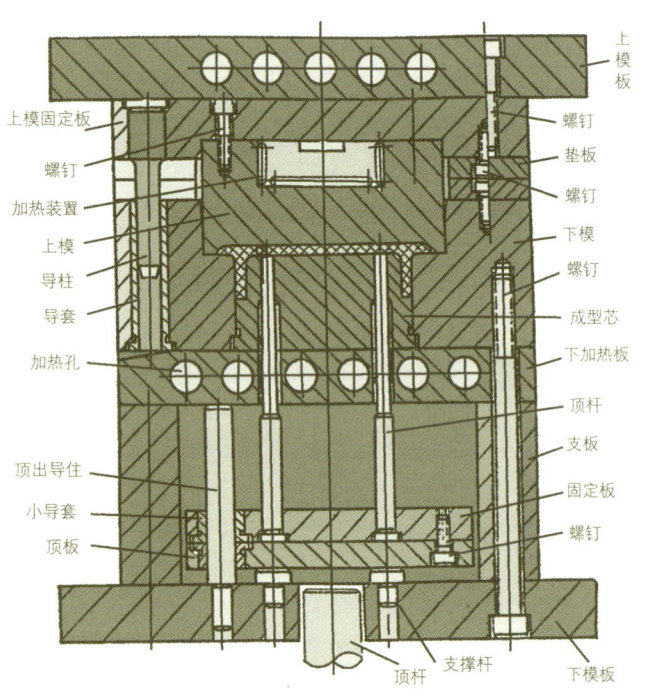

图 21-8 通用压模结构

(1) 截面厚度有变化的制品难以保持密度均匀；厚度变化较大时各部分的松散物料堆积高度相差太大，无法实现正确铺装。

(2) 固定的高加料室增加了料室和凸模的高度，也增大了摩擦面，因而脱模困难，极易造成毛坯破损和料室内壁划伤和磨损，降低了模具使用寿命；增加了压机的开档和行程。料仓容积不能变化。

为了保证毛坯密度均匀，发展了一种带弹性活动件的压模，弹性件可为弹簧、液压蓄能器、油缸、气缸等，在压制过程中逐步补偿毛坯厚度方向和不相等的压制行程，保证了毛坯上表面的水平铺装面。

自动升降加料室不但克服了固定加料室的全部缺点，而且可以不另设置专用脱模机构，这类模具实际上已彻底改变了传统凹凸模的结构形式。

21.3.2.2 槽形件

槽形长条构件是典型的模压建筑构件，它是具有两翼和腹板的薄壁构件，两翼和腹板基本垂直，或有大于90°的夹角。当两翼与腹板间夹角足够大，即发散角超过某值时，模压比较容易，但小于该临界值时便要采用特殊结构的模具。

阶梯摩擦面模比较简单，即将凹模或凸模的相对表面之一做成呈折线的台阶面，在模具相对运动时，使两翼模料基本上静止在台阶面，台阶面包括两个面，一个面与模具相对移动方向平行或成一角度，另一个面相对于第一个面的夹角不超过90°。利用这种模具压制的制品，其外形和厚度有一定的局限性，对物料形态也有特殊要求。

还有两步成型模，第一次先成型部分形状，如棱角转折部分，第二次成型时在不改变已成型棱角的条件下，最终完成毛坯。这种压模对长条构件的长度有一定限制，操作不便。

也可采用组合凸模。凸模分为两件。先向凹模铺装腹板部分的原料，放进凸模组件之一，再铺装两翼，压入凸模组件之二，最后对组件一二共同加压。

还有先压成平板毛坯，然后夹在两层挠性夹板中，在凹凸模中压成槽形件的工艺。

两翼和腹板垂直的制件，模具比较复杂，一般称之为两维模，模具具有侧向水平油缸，凹模带芯模，首先把物料铺装到芯模和凹模所规定的空间，成为两翼，再在模具上表面平铺一层刨花，成为腹板，在压机垂直加压时，水平油缸侧向同时加压。

21.3.2.3 箱体

典型产品为电视机壳和一面敞口内部带隔板的酒瓶箱。

电视机壳形状较复杂，它不仅是一个五面箱体，而且具有凹槽、孔口和不对称部分，比较简便经济的压制方法是首先在预压模内将拌胶刨花冷压出具有一定刚度的机壳各个平面组合件，各平面组件上的凹模、孔口等同时压出，然后在热压模内将上述各预压件按相对位置装配，加热加压，还可同时进行表面装饰。在热压模内，预压件的相邻接合部分，应尽量扩大联接面，可利用加强筋、接合榫等以增强连接处的牢固性。此外，还可在联接处喷涂一层附加胶黏剂。

酒瓶箱为具有五面箱板一面敞口的箱体，箱内有格状隔板。其压机不同于一般模压用的上压式单层压机，这种专用压机设置了两个同轴安装上下同时相向加压的油缸，凹模中有固定的主模芯和多根活动型芯，四周有四个水平侧缸，这类模具称为三维模，该模铺料采用专用的带比例分配阀的喂料装置。其派生模具可生产抽屉、方格天花板等多种产品。

21.3.2.4 托盘

托盘底部具有多个突心支腿，支腿侧壁陡削，要求壁厚均匀，一般模具和铺装方法较难压制出合格的托盘。可利用阶梯摩擦面模来压制，但支腿侧壁的厚度从上至下逐渐增加，支腿底部支撑平面厚度过大，增大了托盘质量和原料消耗。

振动铺装模是较好的托盘成型模具。其关键是具有一定水平振幅的振动筛，在进行振动铺装时同时产生一传递振动，使成型空间的物料初步密实。这类模具的填料和计量是自动进行的，铺料完毕，振动自动停止，立刻进行热压，成品在一次操作中完成。

气流成型模也可用于托盘的压制，物料被子气流吹进模具型腔内，首先填满最远区域。形状复杂的型腔可迅速均匀地填满。模具上表面装有筛板，载料气流经筛板排出型腔。改变气流参数可控制填料密度，经过初步密实的毛坯可用简易的方法进行热压。

参考文献

[1] 涂平涛. 模压木质碎料制品. 新型建筑材料, 1993 (11)

[2] 欧阳琳. 刨花模压技术. 木材加工机械, 1994 (1)

[3] 葛仁滋. 刨花模压制品及其开发. 木材工业, 1987 (1)

[4] 王恺主编. 木材工业实用大全·刨花板卷. 北京: 中国林业出版社, 1998

[5] 陈绪和. 纤维、刨花模压制品技术现状和展望. 世界林业研究, 1992 (3)

[6] 陈绪和. 木质纤维模压制品———种有发展前景的高性能产品. 林产工业, 1990 (1)

[7] 葛仁滋. 刨花模压工艺. 木材工业, 1987 (3)

[8] 何煜章, 徐兆文. 浮雕纤维板试验. 林产工业. 1992 (3)

[9] 马金陵 编, 塑料模具设计. 北京: 中国轻工业出版社, 1984

22 农作物人造板

我国是一个农业大国,在收获和加工农作物时,会产生许多收割剩余物(如稻草、麦草、棉秆等)和加工剩余物(如稻壳、花生壳、甘蔗渣等)。其中大部分剩余物的纤维素含量接近于阔叶树材,少数接近于针叶树材。利用这些农作物剩余物作原料,完全可以生产人造板,使我国人造板工业中木质原料的用量减少,从而有效地缓解木材资源的供需矛盾。

22.1 农作物人造板的类型

22.1.1 农作物人造板的定义

农作物人造板主要是指用各类农作物的剩余物作原料,经过备料、刨花或纤维制造、干燥、施胶、铺装、预压、热压、裁边、砂光等加工工序而制成的刨花板或纤维板。目前,农作物人造板的产品绝大多数为刨花板。

22.1.2 农作物人造板的分类

22.1.2.1 按板材的密度分类

(1) 低密度农作物人造板:密度为 250~400 kg/m³;
(2) 中密度农作物人造板:密度为 400~800 kg/m³;
(3) 高密度农作物人造板:密度为 800~1200 kg/m³;
其中密度为 600~700 kg/m³ 的板子应用较为广泛。

22.1.2.2 按原料的类型分类

按原料可分为:秸秆类农作物人造板、壳类农作物人造板、藤草类农作物人造板及渣屑类农作物人造板等。

22.1.2.3 按板的结构分类

1. 单层结构的农作物人造板

在此类板材的厚度方向上,刨花或纤维的形态及尺寸没有明显的变化。

2. 三层结构的农作物人造板

在此类板材的中层,刨花或纤维的形态及尺寸较大,表层刨花或纤维的形态及尺寸较小。

3. 渐变结构的农作物人造板

在此类板材的厚度方向上,刨花或纤维的形态及尺寸由表层向中层逐渐加大。

22.1.2.4 按加压方式分类

1. 平压法生产的农作物人造板

热压时压力垂直板子平面而压制成的农作物人造板。平压法又可分为间歇式和连续式。间歇式用单层压机或多层压机进行周期式加压;连续式平压法用履带式或钢带式连续热压机进行连续运动热压。

2. 挤压法生产的农作物人造板

以秆状农作物碎料为原料,由冲压设备将秆状碎料连续冲挤成板,若在挤压机中安放一系列金属棒后,则可以生产出空心农作物人造板。

3. 辊压法生产的农作物人造板

板坯成型后,随钢带前进,经过回转的热压辊垂直于板面加压而成的薄型农作物人造板。

22.1.3 农作物人造板的性能

22.1.3.1 农作物人造板的物理性能

1. 密度

农作物人造板的密度是指板材单位体积的质量,可以通过下式计算:

$$D = \frac{G}{V}$$

式中:D——板子密度,g/cm³

G——试件质量，g

V——试件体积，cm^3

由于在不同的含水率条件下，农作物人造板的体积会发生一定的变化，所以板子密度应标明在测定时的板子含水率。农作物人造板的密度主要取决于所选用的原料种类、施胶量、板的结构、热压压力、热压温度和时间等因素。密度的大小对板材的物理力学性能影响较大，在一定范围内，随着农作物人造板的密度增加，板材的静曲强度、弹性模量、内结合强度、握螺钉力都有不同程度的增加。

为了检验农作物人造板密度均匀性，需要测量板子平面方向上的密度差，其计算公式如下：

$$\Delta D = [D_{Max}（或 D_{Min}）- D] \times 100 / D$$

式中：ΔD——同一张板的密度偏差，%

D_{Max}、D_{Min}——最大或最小密度，g/cm^3

D——平均密度，g/cm^3

农作物人造板平面方向密度差的大小主要取决于铺装的均匀性，这种密度差会降低板子强度，同时也影响其他性能。

除了板面方向之外，在农作物人造板的厚度上也存在着密度差，这种密度差可以用密度梯度曲线表示（见图22-1）。

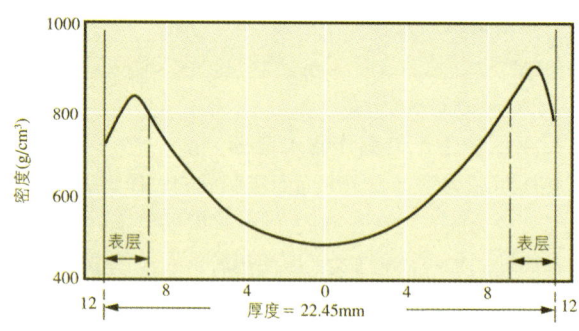

图22-1 密度梯度曲线

影响密度梯度的主要因素有热压温度、装卸板时间、压机闭合速度、板坯含水率及其分布、板子厚度等因素。农作物人造板的密度梯度可以用专门的仪器测量，也可以通过分层称重法来检测。前一种方法精确，但一般厂家无此类仪器。后一种方法存在误差，但简单易行，测量时只要将试件沿厚度方向分成若干层，先测出最初的质量和体积，然后每刨去或砂磨一层后称重，并测量剩余的体积，通过计算相隔两次的质量差和体积差，即可求出每层的密度。

2. 含水率

农作物人造板的含水率是指板材内水分的含量，通常用绝对含水率表示，可以通过下式计算：

$$W = (G - G_0) \times 100 / G_0$$

式中：W——板子含水率，%

G——试件湿重，g

G_0——试件干重，g

板子含水率主要取决于所选用的原料含水率、干燥工艺及设备、施胶量、热压温度和时间等因素。通常，农作物人造板的含水率需控制在4%～9%之间，在此范围内，含水率变化对板材性能影响不大。

3. 吸水厚度膨胀率

农作物人造板与木材相同，当它浸入水中，其形状尺寸会有所变化。农作物人造板的吸水厚度膨胀率可以按下式计算：

$$T_S = (h_2 - h_1) \times 100 / h_1$$

式中：T_S——吸水厚度膨胀率，%

h_1——浸水前试件厚度，mm

h_2——浸水后试件厚度，mm

在测试时，水温及浸水时间根据参照标准决定。从以上公式可知，农作物人造板的吸水厚度膨胀率是衡量其耐水性能的一个指标，反映了板材的尺寸稳定性。它主要取决于原料种类、胶黏剂种类、施胶量、防水剂类型及用量、热压工艺等因素。

4. 吸湿线膨胀率

农作物人造板与木材相同，随着大气湿度的变化，它的形状尺寸会有所变化。农作物人造板的吸湿线膨胀率可以按下式计算：

$$L = (L_2 - L_1) \times 100 / L_1$$

式中：L——吸湿线膨胀率，%

L_1——吸湿前试件长度，mm

L_2——吸湿后试件长度，mm

在测试时，相对湿度的选择需参照有关标准决定。从以上公式可知，农作物人造板的吸湿线膨胀率是衡量其耐湿性能的一个指标，反映了板材的尺寸稳定性。它主要取决于原料种类、胶黏剂种类、施胶量、防水剂类型及用量、热压工艺等因素。

5. 其他物理性能

低密度的农作物秸秆人造板是一种非常好的保温、隔热、隔音材料。其原因是这些秸秆原料具有较大的空腔，如果板材压制的密度较小，则大量的空腔得以保留，使此类板子的保温、隔热、隔音性能提高。而中密度和高密度农作物人造板的热学及声学性能，则与普通刨花板和中密度纤维板相似。农作物人造板也是一种电绝缘体，其绝缘程度取决于它的干湿程度。

22.1.3.2 农作物人造板的力学性能

1. 静曲强度

静曲强度是农作物人造板的一项重要力学性能。当板子承受载荷时，就会产生弯曲应力。要想保证农作物人造板的质量，就要求板子首先必须有足够的抗弯能力，否则在应用时，会产生弯曲变形，甚至破坏。静曲强度的测试装置见图22-2，其计算公式如下：

$$MOR = 3PL/2BH^2$$

式中：MOR —— 静曲强度，MPa

P —— 试件破坏载荷，N

L —— 两支座之间跨距，mm

B —— 试件宽度，mm

H —— 试件厚度，mm

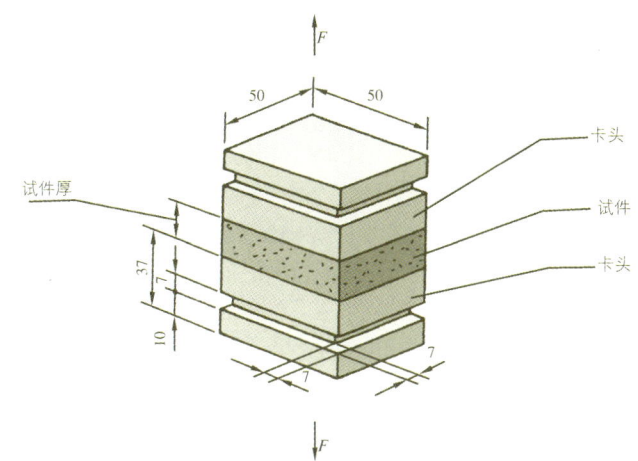

图22-3 平面抗拉强度的测定装置

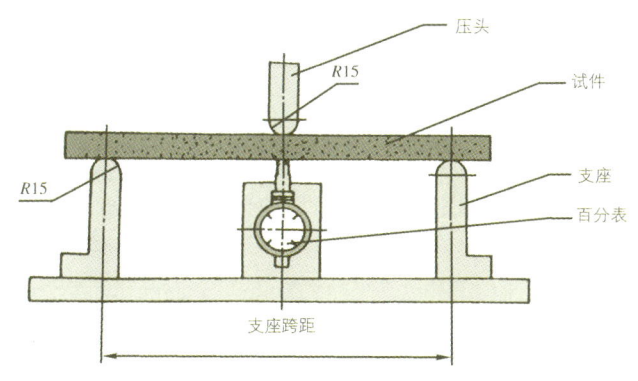

图22-2 测试MOR和MOE的装置

农作物人造板的密度是影响静曲强度的主要因素之一。密度越大，静曲强度就越高。由于试件弯曲时，最大应力值是在试件的表层，所以在平均密度相同的条件下，密度梯度在一定范围内的增大，可以提高板子的静曲强度。

2. 弹性模量

农作物人造板的弹性模量是表示其刚性的性能指标，即在比例极限内应力与应变之间的关系。在不同的受力状态下，可以分别测量出农作物人造板的抗拉弹性模量、抗压弹性模量、抗剪弹性模量、抗扭弹性模量和抗弯弹性模量。由于人造板在应用中主要承受弯曲载荷，所以，一般人造板标准中规定测量的弹性模量是指抗弯弹性模量（测试装置见图22-2）。

其计算公式如下：

$$MOE = L^3 P_i / 4BH^3 Y_i$$

式中：MOE —— 弹性模量，MPa

L —— 两支座间距，mm

B —— 试件宽度，mm

H —— 试件厚度，mm

P_i —— 比例极限上的载荷，N

Y_i —— 相应P_i时的挠度值，mm

3. 平面抗拉强度

平面抗拉强度是检验农作物人造板内刨花或纤维之间胶合能力的一个指标（测试装置见图22-3）。

其计算公式如下：

$$IB = P/ab$$

式中：IB —— 平面抗拉强度，MPa

P —— 试件破坏时的最大拉力，N

a —— 试件长度，mm

b —— 试件宽度，mm

农作物人造板的平面抗拉强度主要决定于刨花或纤维的形态、施胶量、热压工艺、板子密度等因素。

4. 表面结合强度

当农作物人造板进行表面装饰时，需要对其表层刨花或纤维之间的胶合强度有较高的要求，因此，常需要检测板子的表面结合强度，测试时的试件尺寸和卡具形式见图22-4及图22-5。

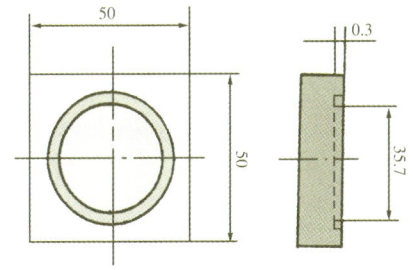

图22-4 表层结合强度试件制作图

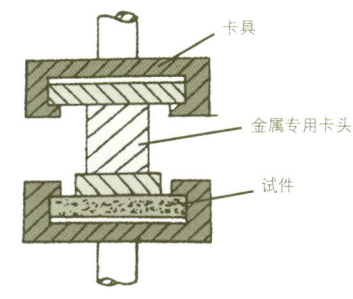

图22-5 卡具夹持示意图

其计算公式如下：

$$B = P/A$$

式中：P——试件表层破坏时的最大载荷，N

A——试件与卡头粘结的面积，mm

农作物人造板的表面结合强度主要取决于板子表面密度、表层刨花施胶量、热压温度和时间。

5. 握钉力

农作物人造板对钉和螺钉的握持能力可以用握钉力表示。测试板子握钉力包括垂直板面握钉力和平行板面握钉力两种。前者为钉子垂直钉入或螺钉垂直拧入板的表面内拔出的力，后者为钉子垂直钉入或螺钉垂直拧入板的侧面内拔出的力（单位为N）。

影响握钉力的因素很多，其中板的密度影响较明显，农作物人造板的密度越大，其握钉力也越大。此外，握钉力随钉的直径增加而降低，因为粗钉会使板子发生细微开裂。在一般情况下，垂直板面的握钉力大约是平行板面握钉力的1.0～1.5倍。其原因是当钉垂直板面钉入时，纤维或刨花被挤压而分开，这些被分开的纤维或刨花和钉之间可以产生较大的摩擦力，使握钉力增加。当钉平行于板面钉入时，钉与纤维或刨花相平行，不能产生很大的摩擦力，使握钉力降低。

22.1.3.3 农作物人造板的其他性能

1. 游离甲醛含量

农作物人造板在生产过程中，常常使用异氰酸酯作为主要胶合材料，使此类板材仅含少量游离甲醛，完全可以达到国外E_1级的标准。如果用普通脲醛树脂生产农作物人造板，其游离甲醛含量与普通刨花板相似。

目前，国标中规定检验游离甲醛的方法是穿孔法，详见第36章。

2. 翘曲变形

农作物人造板经常会出现翘曲变形的缺陷，其主要原因是板坯铺装时结构不对称，或不均匀，热压工艺掌握不当，热压后的板子含水率过低，并且堆放时没有能保持其平整。

通常，农作物人造板的翘曲变形要比木质人造板严重。主要是因为农作物原料的细胞结构与木材细胞有较大的区别。从细胞壁的壁层结构看，农作物原料的细胞壁内纤丝排列方向与细胞轴的夹角明显比木材大，并且排列的规则性也要比木材差得多，从而造成农作物原料本身的尺寸稳定性比木材差。其次，由于农作物原料密度较小、强度较低，需要在较大的压缩率下，才能保证板子一定的强度，这样势必会造成板子内应力较大，容易引起翘曲变形。

3. 外观

农作物人造板的表面颜色主要取决于所用农作物原料及胶料的颜色。用脲醛树脂胶黏剂制造的农作物人造板，由于胶种本身色浅，因此板子基本保持了农作物原料的颜色。酚醛胶呈深褐色，因此制成的板子颜色也较深。异氰酸酯虽然颜色深，但用量少，并且是反应型的胶黏剂，所以用它制成的农作物人造板基本能保持原料的颜色。

由于农作物原料的耐热性能比木材差，所以，热压温度稍高，或热压时间稍长，很容易造成板面的颜色加深（即轻度炭化）。

农作物人造板的外观无木材纹理，使用时通常需要对其进行表面装饰。农作物人造板的表面装饰加工基本可以采用木质人造板的加工方法，即贴面法、涂饰法和机械加工法。

22.2 农作物人造板的原料

22.2.1 原料的类型及来源

22.2.1.1 原料的类型

1. 秸秆型

大部分的农作物原料属于此种类型。其中包括稻草、麦草、芦苇、棉秆、玉米秆、高粱秆、麻秆、豆秸、葵花秆等。

2. 壳型

此种类型的原料主要是一些加工剩余物。例如：稻壳、花生壳、核桃壳、椰子壳等。

3. 藤草型

此种类型的原料主要是指葡萄藤、黄交藤、席草、龙须草等。

4. 渣屑型

此种类型的原料也主要是一些加工剩余物。例如：甘蔗渣、甜菜渣、亚麻屑等。

22.2.1.2 原料的来源

农作物的剩余物主要包括两大类：一类是收割剩余物（例如麦草、稻草、棉秆等），另一类是加工剩余物（例如甘蔗渣、亚麻屑、花生壳等）。表22-1列出了我国主要农作物的剩余物年产量，此外，我国每年的稻草产量大约有1.5亿t，再加上其他一些农作物的剩余物，每年约有6亿t。除去部分用作燃料、饲料、肥料外，估计最少可取其10%用来生产人造板，每年可生产人造板约6000万m^3，按$1m^3$人造板可顶$3m^3$原木使用计算，该产量相当于1.8亿m^3原木。

22.2.1.3 原料的特点

1. 宏观构造

农作物原料在宏观构造方面与木材有所区别。木材通常有较大的径级和长度，树干和树枝包裹有一层较厚的树皮。无论是在同一株树，还是在不同的树中，它们的材性都具有较大的变异性。此外，木材具有天然的花纹和色泽，但也有一些天然的缺陷（如节子、斜纹等）。

表22-1 我国主要农作物剩余物年产量统计表 (单位: ×10⁴t)

谷草比*	2001 产量	2001 秸秆量	2002 产量	2002 秸秆量	2003 产量	2003 秸秆量
稻谷 0.623	17758.0	11063.0	17454.0	10873.8	16065.0	10008.0
小麦 1.366	9387.6	12823.0	9029.0	12333.6	8648.8	11814.0
玉米 2.000	11409.0	22818.0	12131.0	24262.0	11583.0	23166.0
杂粮 1.000	1093.0	1093.0	1184.6	1184.6	1131.5	1132.0
豆类 1.500	2052.9	3079.0	2241.2	3361.8	2127.5	3191.0
薯类 0.500	3563.2	1782.0	3666.0	1833.0	3513.1	1757.0
油料 2.000	2865.0	5730.0	2897.2	5794.4	2811.0	5622.0
棉花 3.000	532.4	1597.0	491.6	1474.8	486.0	1458.0
麻类 1.700	68.1	115.8	96.4	164.0	85.3	145.0
糖料 0.1(叶)	8655.0	865.5	10293.0	1029.3	9642.0	96.4
合计		60967.0		62311.0		59257.0

注：*谷草比采用的是中国农村能源行业协会数据（CAREI,2000,p24）

相比之下，农作物原料一般外形较小，相对匀称，且多为中空结构，外表层有的较坚硬或分布一层蜡质。通常，同一种类的农作物原料性能变异性较小，但不同种类原料的差异性很大。

由此可见，木材和农作物原料由于宏观构造上的差异，决定了两者在加工、储存、运输等方面的不同。并且，农作物原料相互之间的差别也造成了加工工艺变化。例如，农作物原料一般不采用削片设备；稻草、甘蔗渣往往需要按一定规格打捆、打包装运，以减少体积；有些农作物原料还需去髓。另外，农作物原料储存场地要求面积大、地面平坦，注意通风、排水，以防原料腐烂、变质并且要注意留有防火通道。

2. 微观构造

从解剖结构看，农作物原料多为禾本科植物，如稻麦草、芦苇、棉秆等，其纤维细短，非纤维细胞较多。它们主要由维管束组织、薄壁组织、皮表组织等构成，少数品种含有纤维组织带。农作物原料的纤维细胞主要生长在维管束组织和纤维组织带中。对于不同的农作物原料来说，各自维管束的形状与排列方式也有所差别。

从超微结构看，木材与农作物原料之间既有差别也有联系。例如，两者的细胞壁均可分为胞间层、初生壁和次生壁，但农作物原料细胞的层次一般多于三层，且S_1较木材细胞S_1层厚。

3. 纤维形态

农作物原料种类很多，但其纤维形态特征往往大同小异。它们共同拥有的细胞种类有：

(1) 纤维细胞：除龙须草的纤维细胞特别长外，其他各类农作物原料的纤维均较细短，一般为1.0~2.0mm长，10~20μm宽。

(2) 薄壁细胞：此类细胞的胞壁薄，易变形或破碎，细胞形状和大小随农作物原料的种类而变化。一般分为杆状、长方形、正方形、椭圆形、球形等数种。

(3) 表皮细胞：农作物原料的表皮细胞多呈锯齿状，有的一面有齿，有的两面有齿，也有少数无锯齿。锯齿的齿峰、齿距、齿谷的形状大小随原料种类而变化。

(4) 导管细胞：与阔叶材相同，农作物原料的导管细胞是组成导管的基本单位。它们是两端开口的管状细胞，一般较阔叶材长，其底壁平直，管壁上带纹孔，有的类型还具有环形或螺纹加厚。

(5) 石细胞：在形态特征上，石细胞和薄壁细胞相类似，但前者壁厚、层次多，与碘氯化锌染色剂作用后呈蓝棕色。

为了便于比较，表22-2和表22-3列出了一些树种的木材、竹子以及农作物原料的纤维形态。表22-4列出了两种木材、两种竹子以及一些农作物原料的细胞构成。从这些表中不难发现，许多农作物原料的细胞和纤维形态与阔叶材相似，完全可以作为人造板的原料。

表22-2 不同纤维细胞壁和腔的测量

原料与部位	尺寸(μm)	平均	最大	最小	一般值	壁腔比
马尾松 早材	壁厚	3.8	7.0	2.0	3.0~5.0	0.23
	腔径	33.1	50.0	15.0	25.0~40.0	
马尾松 晚材	壁厚	8.7	12.0	6.0	7.0~10.0	1.05
	腔径	16.6	25.0	10.0	13.0~20.0	
落叶松 早材	壁厚	3.5	5.0	2.0	3.0~4.0	0.21
	腔径	33.6	52.0	15.0	28.0~40.0	
落叶松 晚材	壁厚	9.3	14.0	5.0	7.0~10.0	1.48
	腔径	12.6	25.0	6.0	8.0~25.0	
毛白杨	壁厚	4.9	—	—	—	0.81
	腔径	12.1	—	—	—	
意大利杨-214	壁厚	4.0	—	—	—	0.53
	腔径	14.9	—	—	—	
甘蔗渣 节	壁厚	3.26	7.0	1.6	2.0~4.4	0.36
	腔径	17.9	32.0	4.0	10.0~26.0	
甘蔗渣 节	壁厚	3.9	7.0	2.0	3.0~5.0	0.86
	腔径	9.1	16.0	3.0	4.0~12.0	
棉秆 皮	壁厚	5.8	8.0	3.0	4.0~7.0	2.70
	腔径	4.3	12.0	1.0	2.0~8.0	
棉秆 芯	壁厚	2.7	5.0	1.5	2.0~4.0	0.28
	腔径	18.9	42.0	4.0	8.0~30.0	
芦苇	壁厚	3.0	5.0	1.5	2.0~3.5	1.77
	腔径	3.4	12.0	1.5	1.5~6.0	
毛竹	壁厚	6.6	13.0	3.0	5.0~10.0	4.55
	腔径	2.9	7.0	1.0	2.0~4.0	

注：表中数据是由每一种原料横切片上的有代表性部位，测量纤维壁厚及腔径各20个的统计分析结果。壁腔比$=\dfrac{2\times 壁厚}{腔径}=\dfrac{2W}{d}$

表 22-3 不同纤维的长宽比

原料	长宽尺寸部位			长度				宽度				长宽比（倍）
				算术平均	最大	最小	一般	算术平均	最大	最小	一般	
马尾松			全部位	3.61	6.33	0.92	2.23~5.06	50.0	105.4	19.6	36.3~65.7	72
	分部位	秆部	上	4.05	6.11	1.79	2.80~5.30	54.7	100.5	26.5	36.3~72.5	74
			中	3.89	6.02	1.60	2.79~4.89	54.9	95.1	26.5	39.2~71.1	71
			下	2.74	5.19	1.29	1.86~3.61	46.6	92.2	26.6	33.3~60.8	59
		梢部		3.03	5.59	1.26	2.21~3.90	43.5	80.5	24.5	32.3~57.3	70
		早材		3.86	6.27	1.75	2.94~4.78	66.6	105.4	39.2	56.6~75.5	58
		晚材		3.94	5.98	1.38	2.74~5.06	37.0	60.8	19.6	31.4~42.1	103
		枝部		2.39	4.07	1.01	1.80~2.94	36.3	71.1	17.6	27.9~44.1	66
		节部		1.34	2.65	0.55	0.98~1.75	29.9	61.3	18.1	24.5~36.3	45
落叶松			全部位	3.41	5.16	1.60	2.28~4.32	44.4	98.0	21.1	29.4~63.7	77
意大利杨-214			全部位	0.88	—	—	—	23.5	—	—	—	37.5
白皮桦			全部位	1.21	1.58	0.61	1.01~1.47	18.7	27.0	10.8	14.7~22.0	65
	分部位	边材		1.21	1.69	0.52	1.09~1.44	17.9	27.0	10.8	14.7~21.0	68
		心材		1.03	1.56	0.46	0.77~1.27	18.0	25.5	10.8	14.7~22.1	57
甘蔗渣			全部位	1.73	4.97	0.42	1.01~2.34	22.5	78.4	6.8	16.7~30.4	77
	分部位	皮		2.26	4.97	0.72	1.31~3.13	23.8	44.1	9.8	17.6~31.9	95
		筋		1.47	3.40	0.55	0.94~2.13	20.7	41.7	6.8	14.7~2.74	71
		节		0.96	1.88	0.42	0.66~1.29	32.3	78.4	11.8	20.6~44.1	29
棉秆芯			全部位	0.83	2.15	0.29	0.63~0.98	27.7	60.8	11.8	21.6~34.3	30
	分部位	上		0.82	1.83	0.35	0.61~1.01	24.7	47.1	11.8	18.1~31.9	33
		中		0.83	1.92	0.37	0.61~1.00	29.6	55.4	14.7	22.5~36.4	28
		下		0.76	1.69	0.29	0.59~0.94	29.2	60.8	11.8	21.6~36.4	26
		枝		0.78	1.44	0.33	0.53~0.92	22.9	42.6	13.7	16.3~27.6	34
		节		0.74	1.66	0.37	0.57~0.92	27.0	44.1	11.8	19.6~34.3	27
芦苇			全部位	1.12	4.51	0.35	0.60~1.60	9.7	25.2	4.2	5.9~13.4	115
	分部位			1.27	4.37	0.31	0.69~1.75	11.2	30.2	4.2	5.9~16.8	113
		叶		0.58	2.93	0.29	0.54~1.10	13.3	31.5	4.6	7.6~17.6	44
		节		0.48	1.48	0.15	0.31~0.71	10.6	25.2	4.2	5.9~16.8	45
毛竹			全部位	2.00	5.39	0.48	1.23~2.71	16.2	33.3	7.8	12.3~19.6	123
小山竹			全部位	1.69	3.70	0.47	0.92~2.47	13.2	28.9	8.3	8.3~16.5	128
慈竹			全部位	1.99	4.47	0.35	1.10~2.91	15.0	29.4	5.0	8.4~23.1	133
棉秆皮			全部位	2.26	6.26	0.53	1.40~3.50	20.6	41.2	7.8	15.7~22.9	113
亚麻			全部位	18.3	47.0	2.0	8.0~4.0	16.0	27.0	5.9	8.8~24.0	1140
高粱秆			全部位	1.18	3.40	0.24	0.59~1.77	12.1	23.5	4.9	7.4~15.7	109
玉米秆			全部位	0.99	2.52	0.29	0.52~1.55	13.2	29.4	5.9	8.3~18.6	75
烟秆			全部位	1.17	9.51	0.46	0.72~1.29	27.5	63.7	7.4	19.6~34.3	43
麦草			全部位	1.32	2.94	0.61	1.03~1.60	12.9	24.5	7.4	9.3~15.7	102
稻草			全部位	0.92	3.07	0.26	0.47~1.43	8.1	17.2	4.3	6.0~9.5	114
	分部位	茎		1.00	2.13	0.47	0.75~1.17	8.9	20.6	4.3	6.5~12.9	112
		叶		0.64	1.21	0.18	0.39~0.88	6.7	9.3	4.9	5.9~8.3	96
		节		0.33	0.68	0.14	0.20~0.46	9.9	14.7	4.9	7.4~13.7	33

注："一般"的长、宽度系指除去最大长宽度（15%）和最小长宽度（15%）后余下70%的长宽度

表 22-4 不同原料的细胞构成

细胞 原料	纤维细胞	薄壁细胞 秆状	薄壁细胞 非秆状	导管	表皮细胞	竹簧	其他
马尾松	98.5	—	1.5	—	—	—	—
钻天杨	76.7	—	1.9	21.4	—	—	—
慈竹	83.8	—	—	1.6	—	12.8	1.8
毛竹	68.8	—	—	7.5	—	23.7	—
芦苇	64.5	17.8	8.6	6.9	2.2	—	—
棉秆(去皮)	70.5	6.7	3.7	10.7	—	—	3.5
甘蔗渣	64.3	10.6	18.6	5.3	1.2	—	—
稻草	46.0	6.1	40.4	1.3	6.2	—	—
麦草	62.1	16.6	12.8	4.8	2.3	—	1.4
高粱秆	48.7	3.5	33.3	9.0	0.4	—	5.1
玉米秆	30.8	8.0	55.6	4.0	1.6	—	—
蓖麻秆	80.0	—	9.5	10.5	—	—	—
龙须草	70.5	6.7	4.9	3.7	10.7	—	3.5

4. 化学组成

原料化学组成是选择和评价原料质量的又一重要指标,也是制定生产工艺的重要依据。表 22-5 列出了一些树种的木材、竹子及农作物原料的化学组成。从表中可知,木材的纤维素含量明显高于农作物原料,这正是木材强度一般远高于农作物原料的一个主要原因。此外,农作物原料的灰分及一些抽出物的含量较高,这将会影响到农作物人造板的生产工艺。

22.2.2 主要农作物原料的特性

22.2.2.1 麦草

麦草是小麦的副产品,它是由茎秆、叶子、叶鞘、穗轴组成。其茎秆的节间质量约占 50%,叶子约占 30%,节子和穗轴分别约占 10%。麦草的茎秆,即麦秸秆是由节及节间组成,地上节间 4~6 个,一般为 5 个。麦秸秆高度为 29~97cm,直径 2~3mm,髓腔直径 0.9~1.9mm,壁厚为 0.3~0.7mm。麦秸秆壁厚度由下而上变薄,以基部第一节间壁最厚,同一节间基部最厚,顶端薄,中间介于两者之间。节子粗度第一节较细,从第二、三节加粗,最上一节又变细。此外,从麦秸秆的横切面上可见表皮组织、基本薄壁组织和维管组织。麦草表面平滑,有一层蜡状物,会影响胶液的渗透。从细胞组成看,麦草的纤维细胞约占 62.1%,薄壁细胞占 29.4%,导管占 4.8%,表皮细胞占 2.3%,另有 1.4% 其他杂细胞。

麦草自身密度较小,节间的平均密度为 $0.313g/cm^3$($W=8.9\%$),接近根部的节间壁较厚,密度为 $0.316g/cm^3$,节的平均密度为 $0.341g/cm^3$($W=8.9\%$),节鞘的平均密度为 $0.257g/cm^3$($W=8.9\%$)。从节间的横切面看,表皮处坚实,平均密度为 $0.383g/cm^3$,中层为 $0.307g/cm^3$,里层为 $0.298g/cm^3$。

麦草纤维的细胞壁中,外层 S_1 较厚,S_1 与中层 S_2 之间连接紧密。S_1 层微细纤维是交叉的螺旋状排列,而 S_2 层微细纤维是近乎纤维轴向的排列,与纤维轴夹角 30°~40°。麦草纤维长度接近阔叶材纤维,只是宽度较小,麦草纤维的平均长度为 1.5mm,宽 14μm,壁厚 3μm。节间纤维最长,长宽比最大,节的纤维最短,长宽比最小,各部分纤维形态见表 22-6。从表中可见,麦草纤维具有不均一性,长宽变化的幅度较大。

麦草的化学组成随产地而变化(表 22-7),其主要化学

表 22-5 不同原料的化学成分

种类	产地	水分	灰分	抽出物 冷水	抽出物 热水	抽出物 乙醚	抽出物 苯醇	抽出物 1%NaOH溶液	戊聚糖(%)	蛋白质(%)	果胶(%)	木素(%)	半纤维素(%)	纤维素(%)	聚半乳糖(%)	聚甘露糖(%)
马尾松	四川	11.47	0.33	2.21	6.77	4.43	—	22.87	8.54	0.86	0.94	28.42	—	51.86	0.54	6.00
落叶松	内蒙古	11.67	0.36	0.59	1.90	1.20	—	13.03	11.27	—	0.99	27.44	—	52.55	—	—
毛白杨	北京	7.98	0.84	2.14	3.10	—	2.23	17.82	20.91	—	—	23.75	78.85	—	—	—
意杨-214	河北	7.57	0.65	1.56	3.26	—	1.89	23.11	22.64	—	—	24.52	79.91	—	—	—
毛竹	福建	12.14	1.10	2.38	5.96	0.66	—	30.98	21.12	—	0.70	30.67	—	45.50	—	—
慈竹	四川	12.56	1.20	2.42	6.78	0.71	—	31.24	25.41	—	0.87	31.28	—	44.35	—	—
芦苇	河北	14.13	2.29	2.12	10.69	—	0.74	31.51	22.46	3.40	0.25	25.40	—	43.55	—	—
芦苇	江苏	9.63	1.42	—	—	—	2.32	30.21	25.39	—	—	20.35	—	48.58	—	—
甘蔗渣	四川	10.35	3.66	7.63	15.88	—	0.85	26.26	23.49	3.42	0.26	19.30	—	42.16	—	—
蔗髓	四川	9.92	3.26	—	—	—	3.07	41.30	25.43	—	—	20.58	—	38.17	—	—
棉秆	四川	12.46	9.47	8.2	25.65	—	0.72	40.23	20.76	3.14	3.51	23.16	—	41.26	—	—
高粱秆	河北	9.43	4.76	8.08	13.88	—	0.10	25.12	24.40	1.81	—	22.51	—	39.70	—	—
玉米秆	四川	9.64	4.66	10.65	20.40	—	0.56	45.62	24.58	3.83	0.45	18.38	—	37.68	—	—
麦草	河北	10.65	6.04	5.36	23.15	—	0.51	44.56	25.56	2.30	0.30	22.34	—	40.40	—	—
稻草	河北	—	14.00	—	—	—	5.27	55.04	19.80	—	—	11.93	—	35.23	—	—

表 22-6 麦草纤维形态

部位	长度(mm)			宽度(μm)			长宽比
	平均	最大	最小	平均	最大	最小	
全部	1.32	2.94	0.61	12.9	24.5	7.4	102
节间	1.52	2.63	0.66	14.0	27.9	8.3	109
穗轴	1.21	2.39	0.39	11.5	24.5	7.4	105
叶鞘	1.26	3.31	0.44	14.7	34.3	8.8	86
叶子	0.86	1.47	0.24	12.1	19.6	6.4	71
节子	0.47	1.29	0.18	17.8	43.1	8.3	26

表 22-7 不同地区麦草化学成分比较

产 地	灰分(%)	热水抽出物(%)	1%NaOH抽提物(%)	硝酸—乙醇纤维素(%)	聚戊糖(%)	Klason木素(%)
陕西关中	7.84	12.21	40.35	42.20	23.30	18.59
四川梁平	6.45	16.10	38.30	41.54	21.05	19.09
河 北	6.04	23.15	44.56	40.40	25.56	22.34
重 庆	7.07	20.10	44.47	45.83	22.0	15.02

学成分是纤维素、半纤维素和木素。麦草节间纤维素含量最高，节和穗轴基本相同，叶和叶鞘最低。麦草半纤维素中聚戊糖含量相当于阔叶材最高值，其中以穗轴和节含量最高，叶子含量最低。

麦草的次要成分中的灰分含量远高于木材，而灰分中 65% 以上是 SiO_2，多数集中在叶子与穗轴上。麦草的热水抽出物含量也较高，约为 10%～23%，其中果胶质仅为 10% 左右，大部分为淀粉等低聚糖。在麦草中以叶和叶鞘中热水抽出物含量最高，其次为节，节间最低。麦草的 1%NaOH 抽提物含量大约比木材高 1 倍，这说明麦草中，中低级碳水化合物含量较高。

22.2.2.2 稻草

稻是一年生草本植物，秆直立、丛生，高 1m 左右（矮秆稻约 50～60cm），其秆直径约 4mm 左右，秆壁厚约 1mm，髓腔较大。

从稻草秆的横切面上，可见其表皮下面由 4～6 层厚壁纤维细胞组成纤维组织带，向内为基本组织的薄壁细胞。维管束排成两圈；外圈维管束呈扁圆形，嵌埋在脊状突起的纤维组织带内；内圈维管束较大，呈椭圆形，维管束外面有 1～2 层纤维细胞组成的维管束鞘。

在草类纤维原料中，稻草属于纤维较短而细的一种，其纤维平均长度为 1mm 左右，宽度仅 8 μm 左右，胞壁上有明显的纹孔或不明显的纹孔，胞腔较小。稻草的薄壁细胞由于它们在植物体中的部位不同，形状变化较大，大多数为非秆状薄壁细胞。稻草的导管有螺纹、环纹及孔纹三种，纹孔导管平均长 0.4mm 左右，宽约 40 μm。稻草的表皮细胞中的长细胞多为锯齿状。细胞齿端不甚尖削，也有边缘平滑的。

稻草中纤维细胞约占 46%，非纤维细胞含量很大，约占各细胞总面积的 54%，其中以破碎不整的薄壁细胞最多。稻草的草叶、草节、草穗中的非纤维细胞较茎部多，纤维也较短。稻草茎秆壁较薄，结构疏松，而且木素含量较少。以产地河北为例，稻草的木素含量约为 11.93%，纤维素含量是 35.23%，戊聚糖含量 19.80%。在次要成分中，稻草的灰分含量为 14%，乙醚抽出物 5.27%，1%NaOH 溶液抽出物 55.04%，SiO_2 含量 9.8%。

22.2.2.3 棉秆

棉秆是棉花的副产品，其横断面包括髓心、木质部和皮部。以产地河北为例，棉秆的髓心约占 8%，主要是一些薄壁细胞。木质部约占 66.2%，在木质部中，棉秆的管孔甚小，为单管孔及复管孔，多为 2～4 列，靠髓心部位，有的多达十几个径列。棉秆的木射线为单列至多列，其高度有几个至几十个细胞高，且异形明显。棉秆的木薄壁组织发达，但排列类型和组合多不规则，混生在导管的周围及木纤维组织中。木纤维为棉秆中的厚壁组织，起机械支撑作用，此种细胞两端尖削，平均长度约 850～950um，平均中央直径 22.2 μm，平均胞壁厚度 3.1 μm，具有小型单纹孔。棉秆的皮部约占 25.8%，其韧皮纤维平均长度约 1720 μm，平均中央直径 19.8 μm，胞壁平均厚度约 3.8 μm，具单纹孔。

在棉秆的化学组成中，主要成分是纤维素、半纤维素和木素。以产地四川为例，棉秆中纤维素含量约占 41.26%，半纤维素中戊聚糖含量约占 20.76%，木素约 20.76%。棉秆的次要成分中，灰分含量 9.47%，热水抽出物 25.65%，1%NaOH 溶液抽出物 40.23%。

22.2.2.4 甘蔗渣

甘蔗是我国南方制糖工业的主要原料，为多年生草木植物，秆直立，高 2～4m，茎秆直径 3～4cm，实心。茎内含糖 12%～15%。甘蔗渣是甘蔗在糖厂榨糖后所得残渣。蔗渣纤维是农作物原料中较长而宽的一种，其平均长度约 1.7mm，宽度 22.5 μm 左右，壁厚约 2 μm。纤维细胞大多两端尖削，少数也有呈叉形者，胞壁上有明显的螺纹或节纹加厚，有小纹孔，胞腔较大。纤维分布的情况是皮部纤维最长，数量最多，近心部数量减少，而薄壁细胞逐渐增多，节部纤维短而粗。在蔗渣原料中，纤维细胞占细胞总量的 65% 左右。蔗渣的薄壁细胞形状有杆状、枕头状、方形、圆形、椭圆形，胞壁上有明显的纹孔，胞壁极薄容易开裂。表皮细胞呈锯齿形。导管有螺纹、梯纹及孔纹三种，纹孔在导管壁上的孔眼明显，管径较大。蔗渣无石细胞。甘蔗渣中含约 35% 的非纤维细胞，存在于蔗髓中。蔗髓质地松软，具有较强的吸水性。

甘蔗渣的化学成分随产地不同而有所变化。以产地为华南、中南地区为例，其纤维素含量为 42.16%，木素含量

19.30%，多戊糖42.16%，灰分3.66%，热水抽出物15.88%，冷水抽出物7.63%，1%NaOH溶液抽出物26.26%。

22.2.2.5 玉米秆

在玉米秆的横切面上，可以见到有三种组织：表皮组织、基本薄壁组织和维管组织。玉米秆的维管束散生于基本组织中，分布并不均匀，越往外围越小而密集，近中心则大而排列疏松，各维管束中不形成侧生形成层，因而无次生构造。玉米秆的纤维细胞约占30.8%，薄壁细胞含量高，约占63.6%，导管4.0%，表皮细胞1.6%。

玉米秆的化学组成随产地不同而有所变化，以产地四川为例，其纤维素含量为37.68%，木素含量18.38%，戊聚糖24.58%，灰分4.66%，热水抽出物20.40%，冷水抽出物10.65%，1%NaOH溶液抽出物45.62%。

22.2.2.6 高粱秆

高粱秆的茎秆直立，直径比甘蔗细1.5～2.5cm，秆高1～3m。高粱秆的纤维平均长度为1.18mm，形态与一般草类纤维相同，且胞壁较薄，胞腔较明显。在高粱秆的细胞中，杂细胞较多，大部分是杆状。薄壁细胞壁薄，多呈球形，表皮细胞呈锯齿状，齿峰尖削，有的表皮细胞的一侧附有一透明薄膜。

高粱秆的化学组成随产地不同而有所变化，以产地河北为例，其纤维素含量为39.70%，木素含量22.51%，戊聚糖24.40%，灰分4.76%，热水抽出物13.88%，冷水抽出物8.08%，1%NaOH溶液抽出物25.12%。

22.2.2.7 芦苇

芦苇的秆长约2.5～4.5 m，直径一般为0.3～0.8cm（上部细，下部较粗），茎秆壁厚0.3～0.9 mm。芦苇无枝桠，而节部包有鞘叶。芦苇纤维长度、宽度介于稻草与麦草之间，平均长度为1.12 mm左右，宽为9.7 μm左右。芦苇细胞形态与稻草很相似，但芦苇非纤维细胞比稻草、麦草少，形状也有所不同，芦苇的非纤维细胞中，有较多的杆状薄壁细胞。芦苇的导管及表皮细胞都较稻草的粗而长，表皮细胞的一边有锯齿的，也有两边都是锯齿的，齿形均匀，齿端较尖。

芦苇茎部外表皮膜是角质化程度较高的透明体，覆盖在表皮细胞上，与硅质细胞、栓质细胞共同组成表皮组织。维管束组织由纤维、导管、筛管等细胞组成，纤维在导管的周围作环状排列，形成维管束鞘。在维管束中，面向茎髓的导管和其余两个导管不同，在茎成熟后多被挤毁，形成一个明显的空腔。薄壁组织由薄壁细胞组成，在各种组织构造中，薄壁组织所占体积一般比例较大，比重较小，主要生长在里部的维管束周围。在外表皮与纤维组织带之间，也有少数薄壁组织群，细胞直径较小，多为棒状，细胞内常含有色素，这些薄壁组织与最外圈的小维管束交替出现。

芦苇叶部结构组织与茎秆相似，也有表皮组织、薄壁组织、维管束组织等。

芦苇的化学组成随产地不同而有所变化，以产地河北为例，其纤维素含量为43.55%，木素含量25.40%，戊聚糖22.46%，灰分2.96%，热水抽出物10.69%，冷水抽出物2.12%，1%NaOH溶液抽出物31.51%。

22.3 农作物人造板的生产工艺

22.3.1 秸秆类农作物人造板的生产工艺

22.3.1.1 麦草人造板的生产工艺

1. 麦草刨花板的生产工艺

麦草刨花板的生产工艺与普通刨花板基本相似，可采用如下的生产方式：

麦草 → 刨花制备 → 干燥 → 分选 → 拌胶 → 铺装 → 热压 → 冷却 → 裁边 → 堆放 → 砂光 → 分等 → 入库

麦草刨花的制备是制造麦草刨花板工艺中关键工序，直接关系到板材的性能。这种麦草刨花的制备可以采用三种方法：第一种是将麦草直接送入专用粉碎机中，一次性加工成刨花；第二种方法是先将麦草送入切草机，加工成20mm左右的草段，然后经双辊轮刨片机加工成刨花；第三种方法是先削片，再通过磨碎机粉碎一到两次。第一种加工方式产生的刨花比较细碎，由肉眼观察，可见麦草中的节、节间、叶鞘、茎秆基本都在直径方向上破开，叶子基本成纤维状。第二种加工方式产生的刨花形态较好，但由肉眼观察，可见麦草中有的节、节间、叶鞘、茎秆在直径方向上未破开，这种刨花均为中空状，在施胶过程中难以将胶液施入其中；第三种加工方式可以获得三种类型的麦草刨花。由它们生产的麦草刨花板性能也有所差别（表22-8）。

麦草刨花的干燥可以采用木质刨花的干燥设备，但干燥温度不宜过高。刨花的终含水率应控制在3%～5%。干燥后的麦草刨花通常碎屑较多，最好经过一道分选工序，以便控制合适的碎屑比例，生产出质量较好的产品。

表22-8 麦草刨花的制备方式对板子性能的影响

制备方式	粗破碎(PS型削片机)	再粉碎一次(PSKM型磨碎机)	再粉碎二次(PSKM型磨碎机)
密度(kg/m³)	727	726	723
抗弯强度(MPa)	32.93	32.44	33.71
平面抗拉强度 (MPa)	0.39	0.82	0.81
2小时吸水厚度膨胀率(%)	9.0	3.8	2.9
24小时吸水厚度膨胀率(%)	32.0	16.7	14.3

注：胶料配比：6% PMDI；加压时间系数：15s/mm 板厚；板厚：12mm

在麦草刨花板的生产过程中，胶黏剂的选择非常重要。一般使用异氰酸酯（MDI）或脲醛树脂（UF），前者不含游离甲醛，并且可以用来生产高质量的板子，但价格较高；后者价格较低，但只能生产质量要求不高的麦草刨花板，而且要求麦草刨花的比表面积较大，施胶量较高，板子的密度也较高，才能使板子性能达到要求（表22-9和22-10）。麦草刨花拌胶时，可以设计麦草刨花板的专用拌胶机，也可以采用普通刨花板的拌胶设备，但在使用MDI时，需要注意及时清理，因为，MDI容易和空气中的水分起反应，堵塞管道和喷嘴。

表22-9 不同UF施胶量对麦草刨花板性能的影响

施胶量(%)	静曲强度(MPa)	静曲弹性模量(×10²MPa)	平面抗拉强度(MPa)	吸水厚度膨胀率(%)	密度(g/cm³)	含水率(%)
11	8.65	1.55	0.05	14.0	0.628	6.5
14	8.72	1.82	0.06	9.1	0.655	6.5

表22-10 密度对麦草刨花板性能的影响

施胶量(%)	静曲强度(MPa)	静曲弹性模量(×10²MPa)	平面抗拉强度(MPa)	吸水厚度膨胀率(%)	含水率(%)
0.567	5.19	0.917	0.02	15.89	6.5
0.609	5.91	1.089	0.03	15.01	6.7
0.635	6.11	1.092	0.04	10.07	6.4
0.659	6.36	1.102	0.05	9.16	6.8
0.716	7.44	1.247	0.09	6.50	6.9
0.820	17.10	2.103	0.28	4.85	7.1

麦草刨花板的铺装可以用机械式，也可以用气流式。板子结构一般为三层或渐变。由于麦草刨花的堆积密度较低，所以在同样的板子密度条件下，麦草刨花板的成型板坯厚度要比普通木质刨花板的厚很多。如果采用普通刨花板的生产设备，则相应的设备及工艺参数均需要作一定的调整。

麦草刨花板的热压工艺需考虑麦草原料的特性。热压温度一般不宜超过150℃，因为麦草中热水抽出物和半纤维素含量较高，如果，热压温度超过150℃，麦草刨花板的表面很容易变色，发生热解，使板子性能下降。由于热压温度较普通刨花板低，所以热压时间需适当延长。此外，麦草自身结构与木材差异较大，易于压缩，不需采用较高压力，以免造成板子表芯层密度差过大。热压出来的麦草刨花板冷却后裁边。然后经过堆放，自然调湿后，砂光。最后分等入库。

麦草刨花板可以用于一切适合木质刨花板的场所。与普通刨花板相比，用MDI生产的麦草刨花板具有质量较轻，抗水性强，机械加工性能好，没有游离甲醛的污染等特点。

2. 麦草墙体保温材料的生产工艺

麦草墙体保温材料是基于麦草中空、充满空气、热阻大的原理，制造出的一种复合墙体内衬材料。其生产工艺如下：

备料 → 切割 → 施胶 → 铺装 → 热压 → 锯边 → 发泡 → 检验 → 入库

麦草原料运进厂后，首先去除腐朽变质部分，然后用切草机将其切成50mm左右长的杆状单元。再用特制的施胶设备对这些杆状单元的外表面施加异氰酸酯（MDI）胶黏剂，施过胶的杆状单元经铺装后成板坯，再送入压机热压。由于最终板子的密度低于0.5g/cm³，所以，热压压力很低。热压温度可取1500℃左右，热压时间约为0.5min/mm板厚。热压后的毛板经锯边后，即为麦草墙体保温材料。如果需要，也可以用发泡材料将麦草墙体保温材料外表面封闭。

与麦草刨花板相比，麦草墙体保温材料的生产工艺有所不同。在备料工段中，后者需要保持麦草秆的完整性，不用使麦草秆的内表面暴露在外。由于麦草墙体保温材料的密度很低，热压时，水蒸汽很容易从板坯内排出，所以麦草秆可以不经干燥。在胶黏剂选择方面，麦草墙体保温材料必须使用异氰酸酯（MDI），如果使用其他人造板胶黏剂，则不能成板。此外，在拌胶时更需注意保持麦草秆的完整性。铺装时，只要单层结构。热压时，温度可以稍高，时间较短，压力较低。最后成品不需砂光。

麦草墙体保温材料的导热系数低，与泡沫塑料、矿棉板相似（表22-11）。如果将麦草墙体保温材料的密度在某一范围内变化，其导热系数也发生改变（图22-6）。通常将导热系数小于0.2326 W/m·K并能用于绝热工程的叫做绝热材料。麦草墙体保温材料完全可以作为此类材料使用。

表22-11 几种材料的导热系数

	密度(g/cm³)	导热系数(W/m·K)
轻质麦秸板	0.15	0.04284
木质纤维板	0.20	0.06978
水泥刨花板	0.30	0.13956
稻草板	0.30	0.10467
聚氨酯泡沫塑料	0.034	0.040705
聚氯乙烯泡沫塑料	0.19	0.058150
矿棉板	0.322	0.043031

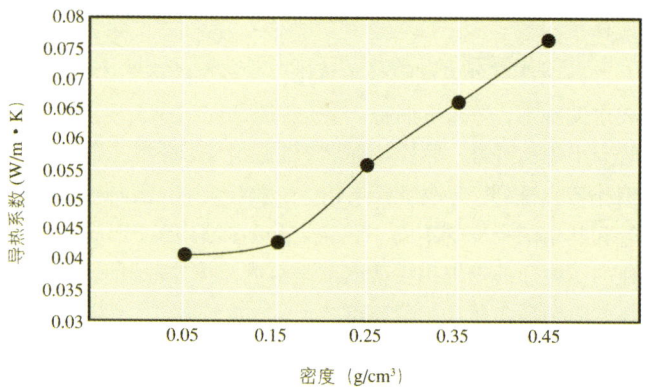

图22-6 麦草墙体保温材料密度与导热系数的关系

22.3.1.2 稻草人造板的生产工艺

1. 纸面稻草板的生产工艺

纸面稻草板的生产可采用如下的工艺：

```
                              纸卷 → 开卷 → 涂胶
                                              ↓
原料草 → 输送 → 开束机 → 步进机 → 输送 → 喂料斗 → 加热挤压
→ 覆纸 → 固化成型 → 输送及冷却 → 自动切割机 → 封边机
→ 成品 → 仓库
```

稻草以打捆形式进厂。草的适宜长度为150～1000mm，长度小于150mm的短草的数量应小于25%，不得有草根、石块等杂物。草的含水量控制在8%～18%之间，不宜过湿或过干。稻草经人工解捆放到输送机上后，生产即自动进行。输送机将解捆后的稻草输送到步进式松解机，在此处稻草被进一步松解，形成大体上的横向排列并除去稻粒、砂石等杂物，然后均匀地送入喂料斗。喂料斗做成透明的，可以随时观察到稻草下落的情况，以便发现可能出现的堵塞或断料情况。稻草在喂料斗的底部由人字形端头的往复式冲头送入"热床"，"热床"的温度为240℃（电加热），稻草在"热床"的腔体中同时受到冲头的挤压和床体的加热，形成密实的板坯，进入"冷床"，并同时引入上下层护面纸。护面纸面向稻草的一面预先涂有粘结剂，在"冷床"中与稻草板趁热粘结固化，出了"冷床"后已是稻草板成品了。根据需要，稻草板的两侧边可以做成楔形、斜坡形或直角形的。只须在"热床"和"冷床"中安放不同形式的"型铁"即可。生产不同厚度的板，需要事先按要求调节"热床"和"冷床"的腔体尺寸。安装"型铁"和调节腔体尺寸必须停机后进行，操作上比较费事，故而通常只在大批量需求时进行调节才是合理的。

稻草板从"冷床"出来后，继续在输送线上运行，先经过切割站。连续的板坯被随动式无齿砂轮按要求长度切断，砂轮机与板同速运动可保证端面的垂直度。切断的稻草板继续前行，到封端站，由自动封端机将稻草板两端的切断口用预先涂有热熔胶的封端纸牢牢地粘住，这样既可使成品板外观整齐、美观，又可使端部的稻草不致于松散，影响板材的使用。至此，稻草板的生产流程即告完成。产品码垛后用叉车送至仓库存放。

目前，纸面稻草板生产线的年产量一般为 $50 \times 10^4 m^3$。其主要原材料用量及动力消耗见表22-12。纸面稻草板的产品规格为：板宽1200mm，板长900～4100mm，板厚58mm或38mm。它主要用作建筑材料，通常用于吊顶的板厚约35mm，用于墙体的板厚约58mm。此类板材的主要性能指标如下（厚58mm板）：

单位面积质量：23 kg/m²

含水率：<15%

表22-12 纸面稻草板的主要原材料及动力消耗

序号	名称	用量（kg/m²）	每年用量（t）
1	稻草	24	12000
2	面纸	0.74	400
3	封边纸	0.03	15
4	脲醛树脂	0.29	150
5	电	2 kW·h	10×10⁴ kW·h
6	压缩空气	1.7m³/min，0.7MPa	

两对角线长度差：<4mm

板面不平度：<1mm

抗冲击强度：75kg砂袋，2m高自由下落冲击，不损坏（2400mm×1200mm板，四边支撑条件下）

破坏载荷：>5500N（2400mm×1200mm板，四边支撑条件下）

导热系数：0.108W/m·K

隔音：30 dB

纸面稻草板还具有良好的阻燃性能。其原因是稻草板中的原料草被挤压密实，加上导热系数很低，有自熄性。用1000℃火焰燃烧此类板材时，耐火极限可达1h。如果纸面稻草板两面复合石膏板，则耐火极限可达2h。

纸面稻草板在生产和使用过程中对环境不产生污染，即使当它完成使用目的被拆除后，仍可回归大自然，是标准的绿色建材。

2. 稻草刨花板的生产工艺

稻草刨花板的生产工艺与普通刨花板相似，可采用如下的生产方式：

```
稻草 → 刨花制备 → 干燥 → 分选 → 拌胶 → 铺装 → 热压 →
冷却 → 裁边 → 堆放 → 砂光 → 分等 → 入库
```

稻草刨花的制备是制造稻草刨花板工艺中关键工序，直接关系到板材的性能。常用的稻草刨花制备方法可以有两种：第一种方法是将稻草直接送入专用粉碎机中，一次性的加工成刨花；第二种方法是先将稻草送入切草机，加工成12～26mm左右的草段，然后经再碎机粉碎。第一种加工方式产生的刨花比较细碎；第二种加工方式产生的刨花形态较好。

稻草刨花的干燥可以采用木质刨花的干燥设备，但干燥温度不宜过高。刨花的终含水率应控制在3%～5%。干燥后的稻草刨花通常碎屑较多，最好经过一道分选工序，以便控制合适的碎屑比例，生产出质量较好的产品。

在稻草刨花板的生产过程中，胶黏剂的选择非常重要。一般使用MDI或UF，施胶量较高，板子的密度也较高，才能使板子性能达到要求（表22-13和表22-14）。稻草刨花拌胶时，可以设计稻草刨花板的专用拌胶机，也可以采用普通刨花板的拌胶设备，但在使用MDI时，需要注意及时清理，因为，MDI容易和空气中的水分起反应，堵

表22-13 不同UF施胶量对稻草刨花板性能的影响

施胶量	物理力学性能指标				
(%)	密度(g/cm³)	静曲强度(MPa)	平面抗拉强度(MPa)	吸水厚度膨胀率(%)	含水率(%)
11	0.83	12.00	0.11	37.8	4.9
13	0.85	13.48	0.14	36.5	4.8

表22-14 密度对稻草刨花板性能的影响

密度	物理力学性能指标			
(g/cm³)	静曲强度(MPa)	平面抗拉强度(MPa)	吸水厚度膨胀率(%)	含水率(%)
0.79	10.30	0.10	38.30	5.0
0.85	13.48	0.14	36.50	4.8

注：1. 施胶量为11%及13%（绝干脲醛树脂重/绝干碎料重）
　　2. 石蜡乳化剂用量为1%（固体石蜡重/绝干碎料重）
　　3. 硬化剂用NH_4Cl量为0.8%～1.5%（NH_4Cl粉/绝干树脂重）

塞管道和喷嘴。

稻草刨花板的铺装可以用机械式，也可以用气流式。板子结构一般为三层或渐变。由于稻草刨花的堆积密度较低，所以在同样的板子密度条件下，稻草刨花板的成型板坯厚度要比普通木质刨花板的厚很多。如果采用普通刨花板的生产设备，则相应的设备及工艺参数均需要作一定的调整。

稻草刨花板的热压工艺需考虑稻草原料的特性。热压温度不宜过高，因为稻草中热水抽出物和半纤维素含量较高，如果，热压温度超过一定值，稻草刨花板的表面很容易变色，发生热解，使板子性能下降。由于热压温度较普通刨花板低，所以热压时间需适当延长。此外，稻草自身结构与木材差异较大，易于压缩，不需采用较高压力，以免造成板子表芯层密度差过大。热压出来的稻草刨花板冷却后裁边。然后经过堆放，自然调湿后，砂光。最后分等入库。

22.3.1.3 棉秆人造板的生产工艺

1. 棉秆中密度纤维板的生产工艺

棉秆中密度纤维板的生产可以采用湿法或干法的工艺。前者是用水作为运输和成型介质，后者是用空气作为运输和成型介质。

湿法棉秆中密度纤维板的生产工艺如下：

棉秆 → 切断 → 筛选 → 水洗 → 热磨 → 精磨 → 浆料处理 → 成型 → 预压 → 热压 → 裁边 → 堆放

棉秆的切断可以采用改进的切草机，其原因是用于造纸行业的刀辊式切草机与木材削片机比，虽较适合棉秆原料的切断，但是它是针对草类植物设计的，如稻草、麦草等，见图22-7，其切削角度太大且向心分力大，削弱了正切削力，在切削棉秆时经常发生闷车现象。同时，它也存在着喂料辊离切线距离太远的问题，还有一个较为突出的问题是，进料器进口两边堵料，当棉秆进入到进料器进口第一对喂料辊时，受到上下料辊的挤压，向两边散开，形成象扫帚头一亲，涌向两边的棉秆被进料器两边的挡板挡住，愈塞愈多，被堵塞的棉秆又起到拨乱和堵塞行进中棉秆的作用，把整个进料顺序搞乱，勉强被送入的棉秆中，有些与切刀形成不同的夹角，有的甚至平行于切刀，这就形成了长短不等超长的棉秆段，使原料中长棉秆段的比例增大，增加了长纤维的形成机会，给以后的工序带来各种障碍，所以切草机仍不适用于棉秆切断。

棉秆切断机的进料器两边增设一对与上下进料辊相垂直的导向辊，由原来上下两面导向进料增加到上下左右四面导向进料，这样就便利所有送到进料口的棉秆无一不被强制按一定方向进给。上面的压紧和导向进料可以是辊式的，也可以是链板式的，只要能起到压紧导向和尽可能缩短切刀与最后一对进料辊之间的无压区。如采用辊式进料，可将上面后两条喂料辊的安装角度前倾5°～10°，也能有效地阻止棉秆的翘起和缩短无压区。同时，还应该在上料时按着首尾相接，尾压头或是头压尾的办法，也有助于避免漏切。根据圆的切线上的正切削力垂直于圆的直径的道理，在设计飞刀切削角时，尽量减小切削角，这样不仅减少了能耗，还有效地提高了切断率。

图22-8是适用于棉秆切断的棉秆切断机示意图。

棉秆的长度控制在20～50mm，切好的棉秆经机械筛

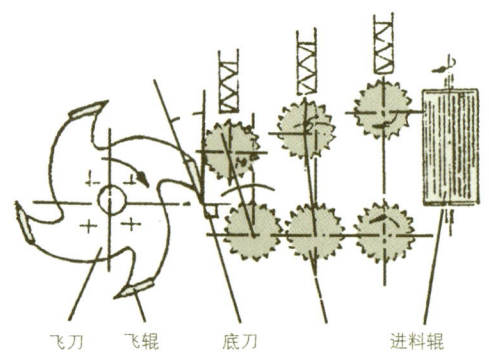

图22-7 切草机

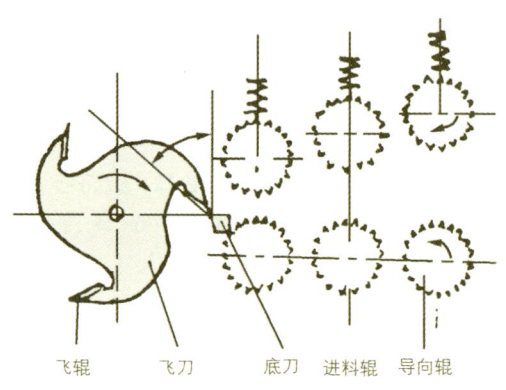

图22-8 棉秆切断机

选，去除棉秆皮等杂物后，送至储存料仓，再经水洗进入热磨机。热磨后的棉秆纤维以3.5%～4.5%的浆料浓度进入精磨机，使纤维的分离度进一步提高。分离好的棉秆纤维以浆料的形式在连续施胶箱中，或者浆池里进行增强和防水处理。常用的增强剂是酚醛树脂，防水剂是石蜡乳液，为了使酚醛树脂和石蜡乳液有效地沉淀在纤维上，还需加入沉淀剂（如硫酸铝），并且要调节合适的pH值。

经过处理后的浆料（浓度约1.5%）被送入高位槽，再经长网成型，预压脱水后送入压机热压。热压工艺为：热压温度取180～210℃，热压时间为2.0～3.5min/mm板厚，热压压力分高压段和低压段，前者取4.0～5.5MPa，后者取0.5～1.0MPa，典型的热压曲线如图22-9所示。热压后的棉秆中密度纤维板经裁边后堆放。

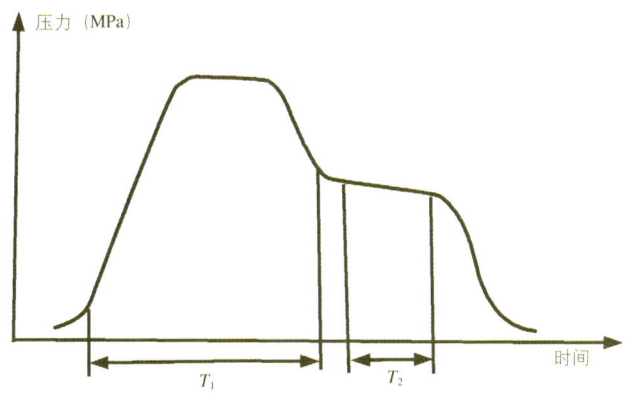

图22-10 典型的干法中密度纤维板热压曲线

2. 棉秆刨花板的生产工艺

棉秆刨花板的生产可以采用如下工艺：

棉秆储存→刨花制备→干燥→分选→拌胶→铺装→预压→热压→冷却→裁边→堆放→砂光→成品

棉秆为一年生，收获季节为9～12月份，在此期间需收购和储存全年需要的棉秆原料。为保证板的质量，棉秆原料在储存前，含水率应均匀、无腐烂，并捆扎成捆。原料场地应具有良好的通风条件，排水、搬运方便，保证棉秆在储存过程中不霉变和腐烂。棉秆刨花的制备可采用三种方法：一种是用切草机将棉秆切成200～250mm长的棉秆段，经分选去掉一部分棉皮后，用锤式粉碎机粉碎成合格刨花；第二种方法是先用削片机将棉秆制成一定长度的棉秆段，然后经分选后用锤式粉碎机粉碎成合格刨花；第三种方法是先用削片机将棉秆制成一定长度的棉秆段，然后经分选后用刨片机将其加工成合格刨花。在这三种方法中，用第一种方法加工的合格刨花得率最高，可以达到72%～75%；用第二种方法加工的合格刨花得率其次，可以达到69%～71%；用第三种方法加工的合格刨花得率为60%～63%。棉秆制备刨花时应尽量排除棉皮，因为在刨花制备中棉皮往往被撕裂成丝带状，易结团架，堵塞风送管道，有时甚至缠绕在风机叶片上，或干燥机的加热管道上引起火灾。

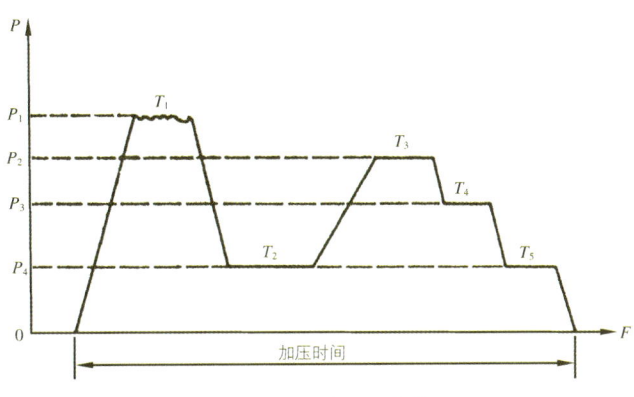

图22-9 典型的热压曲线

干法棉秆中密度纤维板的生产工艺如下：

棉秆→切断→筛选→水洗→热磨→施胶→干燥→铺装→预压→热压→冷却→裁边→堆放→砂光→成品

从以上的工艺路线可以看出，在热磨之前，干法生产可以采用湿法生产的相同路线，但在热磨之后两者完全不同。在干法生产中，热磨后的棉秆纤维在热磨机的喷放口管道内施胶，一般施脲醛树脂。防水剂的施加则采用直施熔融石蜡的形式，可以直接喷入热磨机的磨室体内，也可以在热磨前后进行。热磨后的纤维在气流的作用下，被送入管道式的干燥机内快速干燥，然后进入干纤维料仓。

棉秆纤维板坯的铺装可以采用机械式或气流式的铺装机，铺好的板坯经预压后送入热压机热压。热压工艺为：热压温度取180℃左右，热压时间约0.5min/mm板厚，热压压力2.5～3.5MPa，典型的热压曲线如图22-10所示。热压后的棉秆中密度纤维板经冷却后裁边。裁好边的板子需要堆放一段时间，使其达到自然调湿的目的，然后再进行砂光。

棉秆刨花的干燥可以采用木质刨花的干燥设备和方法，但应注意残余的棉皮缠绕在加热管道上引起火灾，应经常对干燥机进行清扫。棉秆刨花的拌胶及板坯铺装也可以采用普通刨花板的生产设备，但应注意过多的棉皮会产生结团使拌胶不均匀，从而影响到铺装的均匀性和板子胶合强度。铺好的板坯经预压后送入热压机热压。热压工艺为：热压温度取160～180℃左右，热压时间约0.5min/mm板厚，热压压力3.5～4.0MPa，热压后的棉秆刨花板经冷却后裁边。裁好边的板子需要堆放一段时间，使其达到自然调湿的目的，然后再进行砂光。

22.3.1.4 甘蔗渣人造板的生产工艺

1. 甘蔗渣中密度纤维板的生产工艺

甘蔗渣中密度纤维板的生产可以采用如下的工艺：

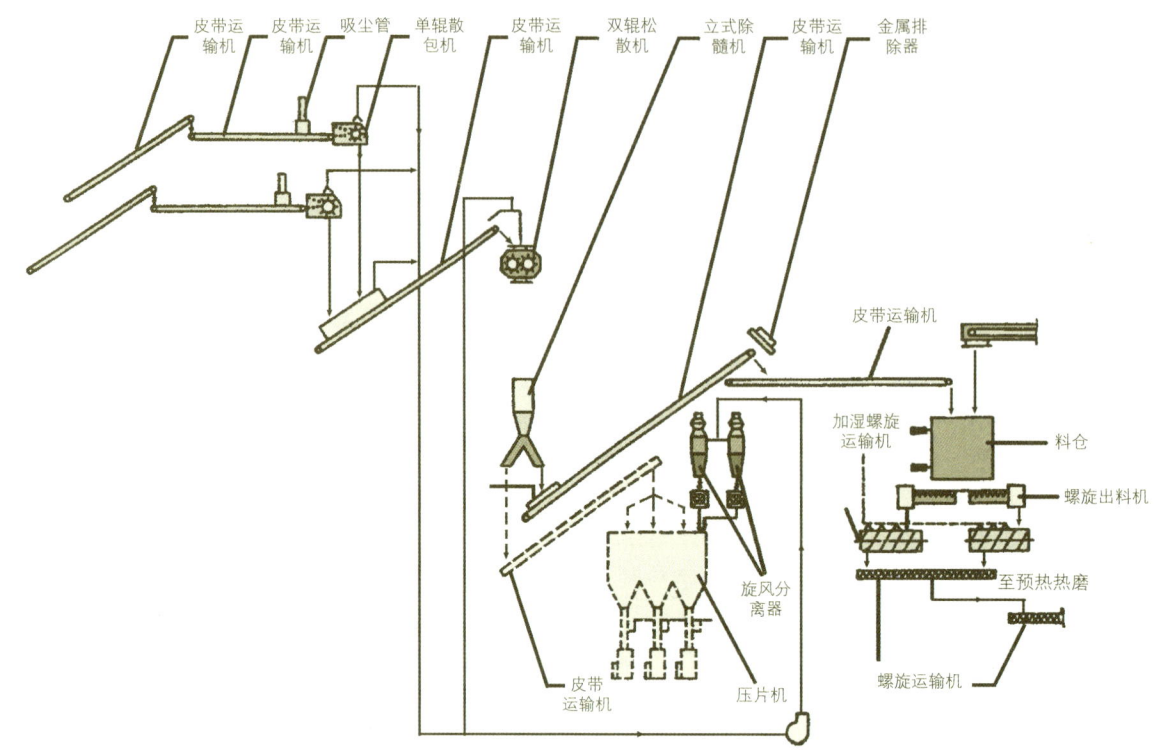

图 22-11 甘蔗渣中密度纤维板的备料工段示意图

蔗渣包→破碎开包→除髓→热磨→施胶→干燥→铺装→预压→热压→冷却→裁边→堆放→砂光→成品

甘蔗渣中密度纤维板的生产工艺流程与其他中密度纤维板的生产工艺主要区别是前期备料工段（图 22-11）。甘蔗渣的除髓可以采用专用设备（图 22-12），除髓率一般为 25%～30%。除髓后的甘蔗渣被送入热磨机进行热磨，热磨机内的蒸汽压力为 0.65～0.70MPa，预热时间 3～5min，纤维得率 65%～75%。热磨后的蔗渣纤维在管道内施胶，施胶量为 10%～14%，石蜡加量 1.0%～1.5%。施胶后的蔗渣纤维在气流的作用下，被送入管道式的干燥机内快速干燥，干燥管道的进口温度 170～175℃，出口温度 70～80℃，干燥时间 3～7 s/100m，干燥后纤维终含水率 8%～10%。蔗渣纤维干燥后进入干纤维料仓，然后进行铺装、预压、热压。热压温度 150～170℃，热压压力 3.0～3.5 MPa，热压时间 30～36s /mm 板厚。

2. 无胶甘蔗渣刨花板的生产工艺

无胶甘蔗渣刨花板的生产是基于蔗渣内的还原糖，经过催化作用，能够转变为一种以呋喃为单元结构的树脂胶，它是属于酚醛、脲醛、异氰酸酯等合成树脂胶范畴以外的另一种胶黏剂，这种不另外添加合成树脂胶的无胶制板工艺，节省了胶黏剂的费用，从而可以降低板子成本。

无胶甘蔗渣刨花板的生产可以采用如下工艺：

蔗渣包→破碎开包→风干→筛选→粉碎→称量→拌料→干燥→铺装→预压→热压→冷却→裁边→堆放→砂光→成品

蔗渣先进行自然干燥，使其含水率达到 15% 左右，然后筛选除去泥土、石块及霉烂物。而后用锤片式粉碎机将蔗渣粉碎，称量后与一定量的催化剂和添加剂相混合搅拌，再进行干燥、铺装。成型好的板坯经预压后送入压机热压，热压

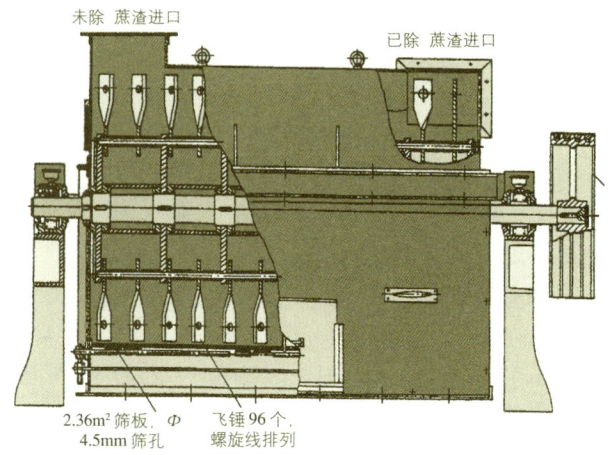

图 22-12 T50601 型锤磨式蔗渣除髓机

温度取 140～220℃，压力为 1.5～4.0 MPa，热压时间约 1.0 min/mm 板厚。

22.3.1.5 玉米秆、高粱秆、葵花秆人造板的生产工艺

玉米秆、高粱秆、葵花秆可以像棉秆一样，先加工成刨花，然后采用类似的工艺生产出刨花板，也可以采用以下工艺（以高粱秆为例）生产出另一种类型的人造板。

高粱秆定尺切断 → 茎秆压缩 → 树脂浸泡 → 茎秆干燥 → 横向拼接 → 涂胶组合 → 热压成型 → 裁边 → 表面砂光 → 成品

首先用切断机将高粱秆按照板子预定尺寸切断，然后将切好的茎秆通过滚轧压缩法压榨。压缩过的茎秆再放入酚醛树脂液中浸泡，通过树脂浸泡后的茎秆要进行风干或用干燥机强制干燥。干燥后，将茎秆相互间按长度对齐平行摆放，然后通过横向编接机用丝线等固定成帘席。再将这些帘席按照一定的组坯方式及成品厚度，层层叠积成板坯，两表面可根据需要放上贴面材料（如单板等）。板坯经热压后裁边，堆放一段时间后砂光。

22.3.1.6 稻壳、花生壳人造板的生产工艺

稻壳人造板可以采用的生产工艺如下：

稻壳 → 备料 → 拌胶 → 铺装 → 预压 → 热压 → 冷却 → 裁边 → 表面砂光 → 成品

首先将含水率为8%以下的船形稻壳通过破碎机加工成条状，使其尺寸为：长 5～8mm，宽 1.5～3.0mm，厚 0.04～0.10mm。然后将稻壳送入拌胶机，与成雾化状态的脲醛树脂充分混合搅拌，施胶量为10%左右。施过胶的稻壳经料斗均匀地送入气流铺装机中，铺装成渐变结构的板坯，板坯厚度约为成品板厚的 7～10 倍。成型板坯经预压后送入热压机中热压，压力取 3.0MPa，温度170～200℃，时间 1min/mm 板厚。热压后的板子经冷却后裁边，然后堆放一段时间后砂光。

花生壳人造板可以采用的生产工艺：

花生壳 → 筛选 → 活化处理 → 施加填充剂 → 铺装 → 预压 → 热压 → 冷却 → 裁边 → 表面砂光 → 成品

花生壳经筛选去除泥沙等杂质后，送入搅拌机中在其表面喷洒活化剂，如 H_2SO_4、HNO_3、H_2O_2、$NaOH$ 等，再施加酸/碱木素、单宁等填充剂。或者，将筛选后的花生壳送入拌胶机，与成雾化状态的改性脲醛树脂充分混合搅拌，然后进行铺装、预压、热压。如果要压制覆面板，则可以在铺装时，在板坯表面覆上施过胶的单板或其他装饰材料。热压后的板子经冷却后裁边，然后堆放一段时间后砂光。

参考文献

[1] 王恺,袁东岩. 积极利用农业剩余物大力发展人造板生产. 木材工业,1990 (2): 35~40

[2] 汪华福. 发展农业剩余物人造板工业是解决木材供需矛盾的有效途径. 人造板通讯,1998 (3)

[3] 恩斯特. 伯林克曼. 以一年生植物作为原料生产刨花板的原料. 木材工业,1990 (3): 40~45

[4] 南京林业大学中密度麦秸板课题组. 中密度麦秸板的生产性试验研究. 林业科技开发,1999 (3): 28~29

[5] 李凯夫等. 麦草特性与制板工艺的研究. 林产工业,1990 (1): 30~35

[6] 陆仁书,汪孙国. 稻草碎料板制造工艺研究. 林产工业,1988 (6): 4~6

[7] 齐维君. 稻草碎料板. 林产工业,1992 (6): 38~40

[8] 吴德茂. 稻草板—一种值得重视的生态建材. 建筑人造板,1998 (4): 3~7

[9] 韩景信,李耀芬. 湿法棉秆中密度纤维板工业性试验. 林产工业,1987 (6): 34~36

[10] 李耀芬,韩景信. 棉秆原料的构造、纤维形态及其理化性质的研究. 林产工业,1988 (2): 20~22

[11] 陆仁书,李华. 棉秆碎料板的制备及其工艺路线的选择. 林产工业,1987 (5): 28~29

[12] 贺亚夫. 人造板新型产品—高粱合板. 林产工业,1997 (3): 26~28

[13] 段梦麟等. 葵花秆胶合人造木材研究. 林产工业,1998 (3): 15~16

[14] 陆仁书,李凯夫. 玉米秆碎料板制造工艺. 林产工业,1988 (2): 45~46

[15] 邢航、徐昌亮. 稻壳板生产技术. 林业勘察设计研究,1990 (1): 14~15

[16] 王天佑、李强. 蔗渣中密度纤维板的研制. 林产工业,1988 (6): 1~4

[17] 谢春良. 稻草板面临新的发展机遇. 新型建筑材,1999 (4): 11~12

[18] 蔡祖善等. 无胶蔗渣碎料板初试成功. 林产工业,1986 (4): 1~4

[19] 徐咏兰等. 花生壳碎料板. 林产工业,1989 (2): 32~35

[20] 徐咏兰. 中密度纤维板制造. 北京:中国林业出版社,1995

[21] 邬义明. 植物纤维化学. 北京:轻工业出版社,1991

[22] 聂勋载等. 常用非木材纤维碱法制浆实用手册. 北京:中国轻工业出版社,1993

[23] 曹国良,张小曳等. 中国大陆秸秆露天焚烧的量的估算. 资源科学,2006 (1): 9~15

23 胶黏剂

胶黏剂在木材工业中是仅次于木材的最重要的材料，特别是对木质人造板的制造更显得重要，因为木质人造板（胶合板，中密度纤维板，刨花板，细木工板，装饰板等）都是靠胶黏剂的粘接作用制成的。到目前为止，木材工业是胶黏剂用量最多的行业。本章对木材胶合理论作相应的介绍，对木材工业常用的胶黏剂及制胶设备等作较为实用的介绍。

23.1 木材胶合原理

23.1.1 木材胶合理论概述

胶合（特别是木材胶合）是一个极其复杂的现象，有机械物理现象，也有化学现象，几种现象交织在一起，到目前为止很难用一种理论能对胶合现象进行合理的解释。其中以下几种理论较有代表性，在此作简要介绍：

1. 机械胶合学说

机械胶合学说又称为胶钉学说，该学说认为当胶黏剂涂到被粘物表面以后，借助胶液的流动性，很容易渗透到木材等材料的孔隙内或深凹处，固化（或硬化）后形成无数个微小"胶钉"，依靠胶钉的作用产生胶合强度。根据这一理论，在胶合过程中渗透性愈好，产生的胶钉愈多，胶合强度也愈大。

2. 吸附胶合理论

该理论认为一切原子或分子之间都存在着相互作用力，即化学力（化学键）和物理力（范德华力），物理吸附（范德华力）是胶黏剂和被粘物体之间产生牢固结合的主要因素。按照吸附胶合理论的解释，胶合过程分为两个阶段。第一阶段是液体胶黏剂分子借助布朗运动向被粘物体表面进行扩散，使二者的分子或基团相互靠近；第二阶段是产生吸附力，当胶黏剂分子与被粘物体表面分子之间距离小于5×10^{-10}m时，两者便产生吸附作用（范德华力），使分子之间处于最稳定状态，完成胶合作用。

3. 扩散胶合理论

该理论又称为分子渗透理论，认为胶黏剂与被粘物体之间由于热布朗运动而进行相互扩散，使胶黏剂与被粘物体表面之间介面消失，形成一个过渡区，过渡区是一个由两种材料的高分子化合物相互交织在一起的网络结构，从而产生很高的胶合强度，其胶合强度随着时间的增加而增至最大值，如果胶黏剂是以溶液的形式涂敷到被粘物材料的表面，而被粘物材料又能在此溶液中溶胀或溶解时，彼此的扩散作用更加显著，获得的胶合强度也就更大。

4. 静电胶合理论

该理论认为，胶黏剂与被粘物的界面之间，由于不同电子亲合力物质的接触，形成了双电层，双电层构成一个电容器，界面的胶黏剂和被粘物体表面相当于电容器的两块极板，它们之间有静电引力存在，胶合强度主要由双电层的静电引力所引起的。

5. 化学键胶合理论

该理论认为胶合强度是由于胶黏剂与被粘物之间产生化学键的缘故。一般化学键比物理力（范德华力）大1~2个数量级（表23-1）。因此这种结合是非常牢固的。但是这种化学键

表23-1 原子或分子间的作用能

作用类型	作用力种类	作用能(kJ/mol)
化学键	离子键	585.76~1046
	共价键	62.76~711.28
	金属键	112.97~347.27
键氢	键氢	50.2
范德华力	偶极力	20.92
	诱导偶极力	2.09
	色散力	41.84

键的形成需要一定的条件，它只限于反应性的特定的胶黏剂品种，不能解释没有化学反应的胶黏剂品种。

例如，用酚醛树脂胶胶合木材时，酚醛树脂与木材中纤维素、木素之间能形成化学键。由于酚醛树脂和木材之间形成化学键的缘故，大大提高了胶合强度和胶合制品的耐水性。

尽管有各种胶合理论，但无论哪一种胶合理论，都只能反映胶合本质的某一个侧面，到现在为止，还缺乏足够的实验手段和实验数据，以建立完整的胶合理论，但是，在进行胶合实践时，把这些机械的、物理的、化学的因素都考虑在内，对提高胶合强度是有益的。

23.1.2 胶合过程

尽管到现在为止，还没有一个完整的胶合理论，不管胶合理论如何，胶合过程都应该是相同的，即木材胶合(或胶接)是由胶黏剂对木材的润湿和胶黏剂的固化这两个阶段所组成的，通过胶层的固化把木材牢固地连接成为一个整体。

1. 润湿

润湿是指在固体表面上一种液体取代另一种与之不相混溶的流体的过程。通俗地说，润湿就是当液滴与平滑固体表面接触时，如果液滴能在固体表面展开，使液滴呈凸透镜形状的一种现象。如图23-1所示。

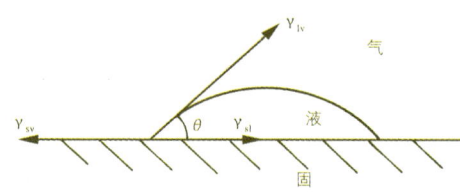

图23-1 液体对固体表面的润湿

从热力学的角度来分析润湿现象，首先在液滴、固体和大气接触的三相界面的交点作力学分析，当液滴和周围大气之间处于平衡状态时，各作用力之间的关系如图23-1所示。图中 θ 是液体和固体之间的接触角，又叫润湿角；γ_{LV} 是液体的表面张力，γ_{SL} 是固液之间的界面张力，γ_{SV} 是固气之间的界面张力。

胶合的实践告诉我们，测定胶黏剂对固体表面的接触角的大小，可以判断胶黏剂能否胶接该种材料。当胶黏剂液体和某种固体材料表面的接触角小于90°时，说明该胶黏剂有可能胶接该种材料；当胶黏剂液体和某种材料表面的接角大于90°时，说明该胶黏剂不能胶接该种材料，除非对该材料表面进行表面处理，直到能被该胶黏剂润湿为止，例如，用脲醛树脂胶或酚醛树脂胶胶接竹材的，如果竹材表面的竹青不去掉，这两种胶黏剂不能润湿竹材表面，难以胶接，当用机械的方法把竹青去掉，则由于这两种胶黏剂能润湿处理过的竹材表面而能很好地胶接。这里还需要说明的是，胶黏剂在充分润湿被粘物表面是获得高胶合强度的必要条件，而不是充分条件，对于不同的材料，也不能用润湿程度来判断胶合强度的大小。例如，桦木和椴木都能被同一种脲醛树脂所充分润湿，但胶合强度却有明显的差异，桦木的胶合强度比椴木的高得多。

2. 胶黏剂的固化

胶黏剂的种类不同，固化方式也不同，主要有以下几种：

第一种是通过溶剂蒸发或被被粘物材料自身吸收，实现胶黏剂的固化。这种胶黏剂主要是溶剂型和乳液型胶黏剂，所用的溶剂大多是有一定挥发性的有机溶剂，采用热塑性高分子化合物作胶黏剂的主胶着成分，当高分子化合物溶于有机溶剂以后，便获得流动性，当该溶液润湿被粘物体表面以后，该物质便吸附在被粘物体表面，当溶剂被挥发完或被被粘物材料自身吸收后，便产生一定的粘附力。例如，将橡胶溶解在有机溶剂中（如甲苯，汽油等）便成为橡胶胶黏剂，可以作橡胶、织物等制品的胶黏剂。木材工业中常用的聚醋酸乙烯酸乳液胶黏剂也属于这种类型。

第二种是熔融冷却方式。这种方式只适用于热熔性胶黏剂，这种胶黏剂也是一种热塑性脂胶，由于不含溶剂，在常温下是固体状态，当受热时，受热温度在软化点以上时，胶便开始获得流动性，即可润湿被粘物固体材料表面，通过冷却方式凝固，产生胶合强度。

第三种是通过化学反应方式，使胶黏剂分子形成网状结构而固化。例如，环氧树脂、脲醛树脂、酚醛树脂等都是通过化学反应而固化的。形成网状结构的反应可以是交联反应(此时在胶黏剂内要加交联剂)，也可以是缩聚反应(在一定的pH值下进行)。为了提高胶黏剂的固化速度，在条件允许的情况下常常采用加热的方式。在上述胶黏剂固化方式中，某些胶黏剂的固化方式常常伴有两种固化方式同时进行。例如，脲醛树脂胶和酚醛树脂胶在固化时既有化学反应，又有溶剂(水份)挥发。从已知的胶合理论可以知道，在完成胶合过程以后，制品的胶接强度应该由机械物理方面引起的胶接强度因素和特征胶接强度因素所组成，由于木材是多孔性材料，因此，机械胶接强度因素也不能忽视。特征胶接强度因素主要是指分子之间的范德华力、氢键、化学键三种合力综合作用的结果，木材胶黏剂中的胶接强度以特征胶接强度因素为主。实验已经证明，当用酚醛树脂胶或脲醛树脂胶胶接木材时，木材组织中的纤维素分子内的羟基和酚醛树脂胶或脲醛树脂胶之间有化学键生成。

23.2 影响木材胶合强度的因素

23.2.1 胶黏剂对木材胶合强度的影响

胶黏剂在实际应用时有许多因素直接影响胶接强度，而且十分复杂。主要与三方面因素有关：即与胶黏剂的组成、性质有关；与被粘物木材的材性、材质有关；与胶合(接)工艺有关。

胶黏剂的品种不同，它们的化学结构(或单元结构)不同，用于胶接后得到的胶接制品的性能也大不相同。例如，用酚醛树脂胶制造的胶合板，其胶合强度、耐沸水性能都很好，而用脲醛树脂胶制造的胶合板，虽然有一定的胶合强度，但制品不耐沸水煮，胶合制品在沸水作用下很快开胶，失去胶合强度，这是因为两种树脂胶的化学结构不同所决定的。胶黏剂的极性和木材胶合强度有着十分密切的关系。由于木材内含有一定数量的羟基等极性基团，属于极性材料，使用含极性基团的胶黏剂有利于提高胶合强度。这是由于含极性基团的胶黏剂对木材的吸附性能好，有利于胶的渗透扩散，胶黏剂分子和木材表面的极性基团可以相互吸引，形成定向排列，进一步增加胶对木材表面的结合力。胶黏剂的极性可以用偶极矩、内聚能及表面张力等参数加以定性地判别。胶黏剂分子内所含的偶极矩越大，表示它的极性也越大。如CH基偶极矩最小，卤素、C＝O、OH，NH$_2$、CH等极性基团的偶极矩最大。各种基团的偶极矩如表23-2所示。

高分子化合物的内聚能的大小和分子的极性也有密切的关系，当线形高分子化合物分子链中不含有极性原子或不含有极性基团时，分子之间作用力较小，则内聚能密度较低；当高分子化合物的分子链中含有极性原子或极性基团时，则由于静电引力或分子之间能形成氢键，使分子之间的作用力增加，内聚能密度增加。部分有机基团的内聚能如表23-3所示。

高分子化合物分子极性大小和表面张力之间也有密切的关系，分子极性大，表面张力也大，而表面张力太大对润湿木材表面不利，影响胶合强度。因此，高分子化合物分子结构中含有极性基团的多少及其极性的强弱，对胶黏剂的内聚强度和胶合强度均有较大的影响。根据吸附胶合理论，极性基团之间相互作用能提高胶合强度，因此，含有较多极性基团的高分子化合物，如脲醛树脂、酚醛树脂、聚醋酸乙烯、氯丁橡胶等常常作为木材胶黏剂的主胶着成分。但是极性基团含量过多，由于聚合物本身分子之间的作用力增加，聚合物分子链节柔性减少，流动性下降，影响对木材表面的润湿，反而使胶合强度下降。聚合物的分子量(或聚合度)不仅影响木材胶合强度，而且对胶的固化速度、胶对木材的渗透速度以及对胶的内聚强度等都有影响。对于热固性树脂，胶合强度不仅与分子量有关，而且和交联密度有关，不能只考虑分子量大小。对于热塑性树脂胶分两种情况：含有支链的聚合物，它的胶合强度除了和分子量有关外，还和支链的数量有关；不含有支链的直链状聚合物，它的胶合强度和分子量(或聚合度)有关。在其他条件相同时，胶合强度在某一范围内最大。在分子量较小时，胶黏剂的流动性好，润湿性也好，但胶固化以后本身内聚强度低，所以胶合强度差，破坏部位发生在胶层，即胶层内聚破坏。随着分子量的增大，胶合强度也增大，当分子量大到一定范围时，胶内聚力和胶合强度可以达到或超过木材自身强度。如果分子量继续增大，由于胶的黏度过大，流动性降低，润湿性差，反而使胶合强度下降。表23-4为高分子化合物具有最大胶合强度时的分子量(或聚合度)范围。

表23-2 原子基团的偶极矩　　　　单位：D

原子基团	偶极矩		原子基团	偶极矩	
	脂肪族	芳香簇		脂肪族	芳香簇
HC—	0.4	—	—N=C	—	3.5
—CF	1.9	1.6	—NCO	—	2.3
—CCL	2.1	1.7	—NCS	—	2.8
—CBr	2.1	1.7	—SCN	—	3.6
—CL	1.0	1.3	—NO$_2$	3.6	4.2
—C=O	2.7	3.0	—NO	—	3.2
—CHO	2.6	2.9	>SO$_2$	4.4	5.0
HO—	1.7	1.4	>SO	—	4.1
H$_2$N—	1.3	1.5	—COC—	1.2	1.3
HN〈	1.0	—	—CSC—	—	1.5
N〈	0.7	—	—COOH	1.7	—
HN〈	1.4	—	COOR	1.8	—
—CN	4.0	4.4	—COCL	2.7	—

表23-3 有机基团的内聚能

基团	内聚能(kJ/mol)	基团	内聚能(kJ/mol)
—CH$_3$	1.78	—COOCH$_3$	5.5
=CH$_2$	1.78	—COOC$_2$H$_5$	6.23
—CH$_2$—	0.99	—NH	3.53
=CH—	0.99	—CI	3.40
—CH	0.38	—CI	2.06
—O—	1.63	—F	4.30
—OH	7.25	—Br	5.04
=CO	4.27	—I	7.20
—CHO	4.70	—SH	4.25
—COOH	8.97	—CONH$_2$	13.20
		—CONH	16.20

表23-4 某些聚合物最适宜的聚合度范围

聚合物	聚合度
聚醋酸乙烯	60～200
氯乙烯-醋酸乙烯共聚物	100～150
聚乙基丙烯酸酯	80～150
聚异丁烯	50～150
聚酰胺	50～100
硝酸纤维素	150～300

为了提高木材胶合强度、耐水性和耐热性,在胶接时进行交联反应,以提高胶黏剂分子的内聚强度和胶合强度。一般来说,聚合物的内聚强度随交联密度的增加而增大。但交联密度也不能过大,否则会使聚合物的分子链过于僵硬,材料热变形性小,脆性增大,胶层的内应力增大,反而使胶合强度下降。增塑剂一般是低分子量的液体或固体有机化合物,主要为酯类,在胶黏剂高分子化合物中加入增塑剂能增加固化体系的可塑性和弹性,改善柔韧性和耐寒性。由于增塑剂黏度低,沸点高,能增加树脂的流动性,有利于润湿木材表面,使渗透速度加快,提高胶合强度。对于某些热塑性树脂胶来说,添加增塑剂可以降低胶黏剂的成膜温度,扩大应用范围。如,不加增塑剂的聚醋酸乙烯酯乳液胶黏剂的成膜温度为20℃左右,当添加一定比例的邻苯二甲酸二丁酯后,使成膜温度下降至0℃附近。增塑剂加量过多反而会使胶合强度下降。蠕变现象严重。

胶层厚度及形成状态同样影响胶合强度。胶合实践证明,在保证胶层连续而不发生缺胶的前提下,胶层愈薄,胶合强度愈大。胶层的厚度和胶黏剂的性质(聚合度、黏度、固化速度等),胶合工艺(涂胶量、陈化时间、压力等),被粘物(木材)的性质(孔隙度、光洁度、含水率等)有关。一般来说,粗糙的木材表面应采用黏度较大的胶黏剂,涂胶量也适当大一些,以保证形成连续的胶层;对于结构紧密又光滑的木材表面,胶黏剂的黏度可适当小些,涂胶量也可适当减少。胶合强度和胶层厚度之间关系如图23-2所示。从图可知,胶层厚度增加,胶合强度显著下降。

胶层的pH值对胶合强度、胶合耐久性有一定的影响。胶层酸性或碱性太强,对木材纤维和胶黏剂本身都有不良的影响,容易使木材或胶黏剂本身发生降解反应,造成胶合强度下降。只要条件允许,应尽量使用pH值适中的胶黏剂,使胶固化后胶层的pH值维持在中性附近。

23.2.2 木材的品质对木材胶合强度的影响

在用胶黏剂胶接木材时,木材的材性、材质对胶合强度的影响主要有以下几个方面:

1. 木材的树种和材质

树种不同,木材的密度一般不同,胶合强度也不同。一般是比重愈大,胶合强度也愈大,密度和胶合强度之间基本呈直线关系,如图23-3所示。但也有例外,密度在0.8以上的重材,这种直线关系不一定成立。被粘物木材如果导管或孔隙多,不易形成薄而连续的胶层,而且胶层厚度也不易均匀,如果孔隙分布不均匀,则上述情况更加严重,容易使胶合制品产生变形。这是由于胶层各部位的内应力不同所致。在胶接木材时还有以下一些规律:不同树种的木材相互胶合时,其胶合强度取决于强度低的木材;边材的胶合强度比心材的胶合强度大,有缺陷部分的木材胶合强度比正常木材的胶合强度低。应力木胶合后的干强度比正常材大,但胶接困难,缩胀大,胶接耐久性差,早晚材之间的胶合强度也有差别,早材与早材的胶合强度最大,早材与晚材的胶合强度其次,晚材与晚材的胶合强度最小。如果木材内含有较多的油脂、蜡、松脂等内含物,由于这些内含物的存在,影响胶黏剂对木材的润湿性,使胶合强度下降。当这些附在表面的内含物用化学方法被除去后,胶合强度又可以得到显著地提高。

2. 木材的表面品质

胶接行为是在木材表面进行的,因此,木材表面品质与胶合强度有着密切的关系。木材被剖开以后,木材分子中的各种活性基团暴露于空气中,由于空气中氧的作用,表面分子发生各种物理化学变化,木材表面颜色变深,这种现象叫作木材表面老化。老化了的木材表面在进行胶接时,其胶接强度比新鲜木材表面进行胶接时的胶接强度低得多。其原因是木材中的内含物移向表面,使木材表面的活性基团被掩

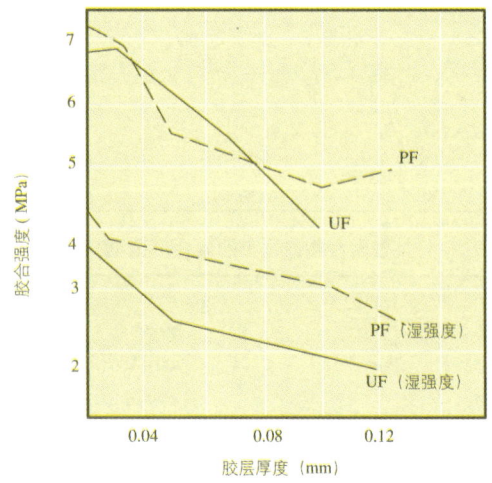

图23-2 胶层厚度与胶合强度

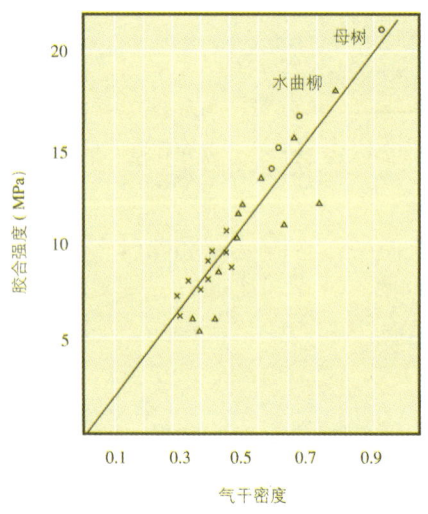

图23-3 木材密度和胶合强度(径切面,脲醛树脂胶)

盖；一部分木材表面活性基团被氧化，另外，木材表面吸附了气体、水蒸气或表面被污染，总之，使木材表面能量下降，润湿性能变差。木材在胶接前一般都要进行干燥，使木材的含水率控制在一定范围内，以保证胶合强度。在进行干燥时，干燥条件不同(特别是干燥温度)将影响木材表面品质，当干燥温度过高，干燥时间过长，将导致木材表面发生钝化。其原因是在高温条件下木材表面分子发生氧化和(或)裂解。钝化了的木材表面润湿性能差，影响胶合强度。木材表面钝化以后只有用机械的方法(如砂磨)除去已经钝化的表面，除此没有别的方法。如果在针叶材单板表面用硼砂溶液(浓度为0.8%～1.0%)作预处理，可以减少单板在高温干燥时发生钝化和过度干燥现象。木材的平整度与胶合强度的关系十分复杂，原则上木材表面应尽量加工得平整光滑。由于木材的自身结构随树种而异，有的材质坚硬，有的材质松软，必须根据不同的材质，采取适当的切削方法和表面处理，加上正确的胶接工艺才能得到理想的胶接强度，不能一概而论。有人用脲醛树脂胶胶接赤松时，对使用各种刀具切削下来的不同粗糙度的木材表面与胶合强度的关系作了研究，所得结果如图23-4所示。

从图中可以看出，刨切面胶合强度最大，剖伤面(有沟痕的表面)的胶合强度最差，对赤松来说，把刨切面再用砂纸精磨以后，胶合强度反而下降。由此可见，木材表面光滑程度和胶合强度的关系十分复杂，它还和胶黏剂的性质，涂胶量，压力等因素有关。经验上是光滑的木材表面，涂胶量少一些，压力低一些，胶合效果较好；材面粗糙时，涂胶量多一些，压力稍高一些，胶合效果较好。而且在胶中可以加适量的填料。

3. 木材含水率

木材含水率和胶合强度有密切的关系。在胶接前，木材含水率过高，涂胶后，胶黏剂被稀释，胶的黏度下降，容易使胶过多地渗透到木材组织中，或在胶压时流失，不易形成薄而连续的胶层，产生缺胶现象，最终使胶合强度下降。另外，木材含水率过高胶接后胶层的内应力较大，影响胶合耐久性，还容易引起制品(板材)变形，产生裂隙等缺陷。一般来说木材的含水率在5%～10%的范围内进行胶接比较理想，同时要求含水率愈均匀愈好。木材含水率过低也会使胶合强度下降。在胶接木材时，木材的含水率应该根据胶种不同而变化，在常用木材胶黏剂中，用酚醛树脂胶压制胶合板时，要求单板含水率在8%～10%范围内；用脲醛树脂胶制胶合板时，则要求单板含水率在12%～15%范围内。胶接后的木材含水率同样影响木材胶合强度，只是程度不同而已。

4. 木材表面纤维走向

木材纤维走向对木材胶合强度有明显的影响，当胶接面和木材纤维走向平行时，即被胶接的两块木板的纤维走向呈0°时，胶合强度最大；当纤维走向呈90°时，胶合强度最小。表23-5列出的是两块木纹方向不同的板材的胶合强度。

23.2.3 胶合工艺对木材胶合

强度的影响在胶黏剂和被粘物(木材)确定之后，胶合工艺成为胶接性能好坏的重要因素。胶合工艺主要指涂胶量、装配时间(生产胶合板时又叫陈化时间)、胶接时的压力和胶压温度及时间等等。

在胶合时，涂胶量对胶合强度的影响往往不被人们所重视，以为涂胶量大一些，胶合强度也大，其实不然。如前所述，涂胶量过大，胶层变厚，胶层内容易产生各种缺陷，胶层内应力也大，反而使胶合强度下降。涂胶量过少，容易产生缺胶现象，不能形成连续的胶层，也会导致胶合强度下降。涂胶量除了与胶黏剂的种类和性质有关外，还和被胶接木材的孔隙大小、多少、分布，材面光滑程度，装配时间，加压方法等有关。一般来说，合成树脂胶黏剂涂胶量比天然胶黏剂少；黏度低的涂胶量比黏度高的少。胶黏剂黏度过高，流动性差，涂胶不易均匀，对木材的润湿性能差；黏度过低的胶黏剂渗透性较强，涂胶后胶黏剂容易渗透到木材内部，造成缺胶现象，或者在胶压时胶液容易流失，在胶接薄单板时胶液容易透到单板表面，造成板

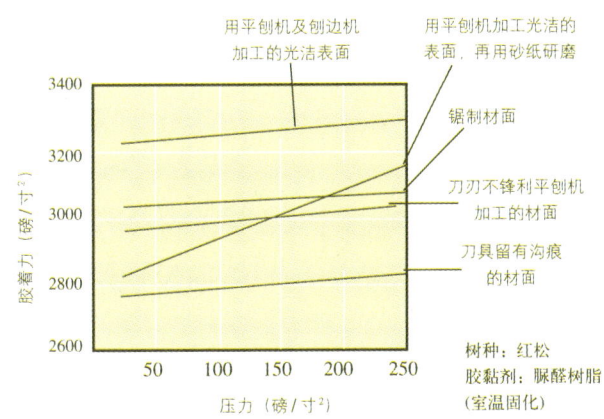

图23-4 各种切削面与胶合强度的关系

表23-5 不同木纹方向(纤维走向)胶接时的胶合强度

树 种	木纹方向所成角度	0°	15°	30°	45°	60°	75°	90°
杉木	胶合强度(MPa)	6.51	5.49	4.06	3.02	2.45	2.04	1.80
	木破率(%)	89	62	54	45	30	24	32
白柳桉	胶合强度(MPa)	8.61	7.34	6.45	5.89	4.45	36.6	33.3
	木破率(%)	89	51	59	67	28	21	51

面污染，胶合强度也差，因此，胶黏剂在胶接木材时应该有适当的黏度，以便控制涂胶量。涂胶量和胶合强度的关系如图23-5所示。

从涂胶到胶压所经历的时间叫装配时间。装配时间长时，涂胶量可适当大一些；装配时间短时，涂胶量可适当少些。为了保证胶合强度，装配时间要适当，不宜过长或过短，否则都会导致胶合强度下降。图23-6给出了装配时间和胶合板胶合强度的关系及由装配时间所引起的胶层厚度的变化。

装配时间和胶黏剂的性质、木材材性、涂胶量、外界气温等有密切的关系，另外，装配时间必须小于胶的适用期；调胶后经过时间较长的胶黏剂，则装配时间必须相应缩短，以防止胶在胶压前出现预固化现象。

对于橡胶类胶黏剂及溶剂型热塑性胶黏剂，在涂胶后应该有充分的晾置时间，以便让胶中的溶剂挥发完全。

胶接木材时常常需要对被胶接木材施加一定的压力。施加压力的目的在于使被胶接木材紧密接触，增加胶黏剂的流动性，以便固化后形成薄而连续的胶层。胶压时压力大小应根据胶黏剂的性质、涂胶量、装配时间以及树种材质、被粘木材界面状态等因素所决定。对于黏度较大、流动性较差的胶黏剂及装配时间较长情况下，胶压时压力应适当提高。常用木材胶黏剂的胶压压力一般在0.5～2.0MPa范围内。早晚材硬度有明显差别的木材，在胶接时压力不宜过大，否则在胶接时，由于压力太大，在胶接界面处木材组织较硬的晚材会凸起，胶液流入木材组织较软的早材内，引起晚材部分缺胶或形成葫芦型胶层，使胶合强度下降。压力大小影响胶层的形成状态，压力大，胶层薄，胶合强度大。但压力过大会使一部分胶液渗透到木材组织深处，另一部分胶液从胶接面流失，造成缺胶现象，使胶合强度下降。同时，压力过大木材压缩变形增大。比较适宜的压力随树种而异，比重小的木材(如泡桐，毛白杨等)约为0.5～0.8MPa，比重大的木材(如栎木，五角枫，粗桦等)在1.5～2.0MPa，一般性树种在1.0MPa左右。胶压时压力和胶黏剂的性质有关。表23-6和图23-5表示用大豆胶和冷固化酚醛树脂胶黏剂对桦木和椴木所加的压力和胶合板的胶合强度及胶层厚度的关系。

加压胶合时，压板各部分的压力应均匀，否则胶层厚度不匀，容易产生局部区域缺胶，降低胶合强度。

温度主要影响胶合强度和胶合速度，通常胶合温度分为常温(又叫冷压)和高温或中温(又叫热压)两类。一般在条件允许的情况下尽量采用热压。与冷压相比，热压胶接有如下优点：①胶接时间短，生产率高。热压胶接时间一般只要几分钟，而冷压需要几小时或十来个小时；②胶合强度高，耐水性好。这是因为冷压胶接时胶层存在孔隙多，固化率低，而热压后胶层孔隙被压实，密度增大，加热使木材的细胞或导管收缩，使渗入细胞或导管内过多的胶液通过热和水

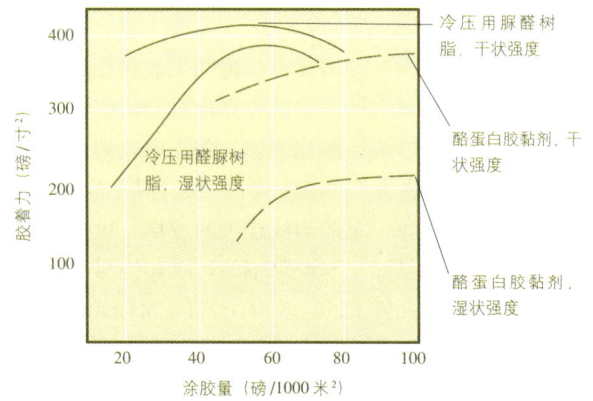

图23-5 涂胶量和胶合强度

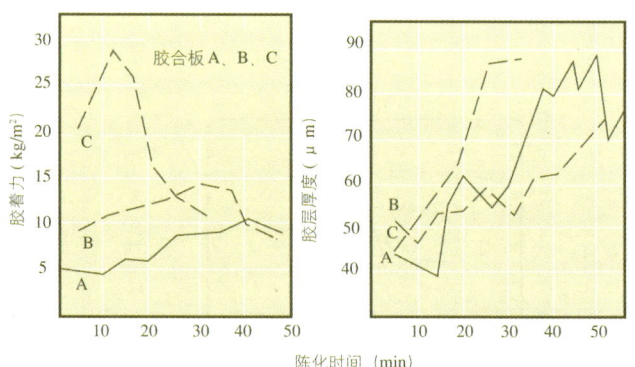

图23-6 装配时间和胶合板胶合强度及胶合厚度

表23-6 压力与胶合板的胶合强度及胶层厚度的关系

树种	压力 (MPa)	大豆胶				冷固酚醛胶			
		胶膜厚(μm)	胶接强度 (MPa)			胶膜厚(μm)	胶接强度 (MPa)		
			最高	最低	平均		最高	最低	平均
桦木	0.5	35.5	1.84	1.12	1.30	22.7	3.04	1.82	2.64
	1.0	32.2	1.92	1.12	1.52	26.6	3.04	1.92	2.80
	1.5	29.0	1.68	1.44	1.60	21.5	3.36	2.40	2.88
	2.0	28.5	1.82	1.36	1.60	17.7	3.28	2.34	2.88
	2.5	24.6	1.60	1.24	1.48	8.5	3.12	2.24	2.64

分的作用而软化并被挤出,向胶黏剂不足的部分扩散,在形成均匀胶层的同时,也增加了胶层的内聚强度。同时采用热压胶接时胶黏剂的黏度变小,流动性变大,润湿性能提高了。由于这些原因,热压胶接的胶合强度一般比冷压胶接的大30%左右;③可节省涂胶量。这是因为胶压时间短,胶液向木材深处渗透少的缘故;④生产胶合板时可以多加填料,降低胶黏剂成本。但热压也有缺点:热压时容易发生放炮、鼓泡等情况。胶层内应力较大,容易翘曲变形,其次,木材压缩率大,尤其是在含水率较高的情况下更明显。冷压胶接时木材的压缩率为0.9%~5.5%,而热压胶接时随着胶压温度的上升,木材压缩率迅速增加,一般在6%~20%范围内,当热压含水率高的软材时压缩率更大。

热压法的热压温度随使用胶黏剂的种类而不同。目前常用木材胶黏剂制造胶合板时的热压温度范围大致如下:

脲醛树脂胶	90~120℃
三聚氰胺树脂胶	100~130℃
间苯二酚树脂胶	70~100℃
常温(中温)固化酚醛树脂胶	80~100℃
高温固化酚醛树脂胶	130~150℃
聚乙烯类胶黏剂	70~90℃

对新研制的胶黏剂的热压温度可用热分析仪对它进行测定,根据热谱图确定热压温度。

热压胶接所需要的时间是由热压板的温度传到胶层所需要的时间及在该温度下胶黏剂固化所需要的时间的总和。热传递速度随热压温度、木材含水率、木材结构而变化。集成材及厚板的胶合可采用高频感应加热,以缩短加热时间。

胶压温度和时间应该相互配合,这和工厂的具体条件有关。

综上所述,要得到较高胶合强度,应该对胶黏剂、木材和胶合工艺这三个方面的因素全面考虑,忽视任何一方面的因素都会影响胶合强度。因此。在生产上必须把握好每个生产环节才能保证胶合性能。

23.3 脲醛树脂胶黏剂

脲醛树脂是以尿素和甲醛或尿素和脲醛预缩液在一定的pH值条件下反应得到的合成树脂。脲醛树脂的发明专利起源于德国,至今已有70多年的历史。我国木材工业大量使用脲醛树脂胶是从20世纪60年代开始的,现在仍然是木材工业中用量最多的胶种。脲醛树脂胶是以脲醛树脂为主胶着物质,在使用前加入适量的固化剂以及其他相关功能材料调制而成。

23.3.1 脲醛树脂的原料

1. 甲醛

甲醛又名蚁醛,分子式:CH_2O,分子量:30.03

(1) 甲醛的性质:甲醛是由甲醇氧化制得,甲醛的沸点为-21℃,熔点为-92℃,在常温条件下呈气体状态,它是一种无色,有刺激性的气体,它能刺激人的粘膜组织,使人流泪,流鼻涕,咳嗽等,严重时会使人失去知觉,空气中含量为$3mg/m^3$时人就有感觉。甲醛气体在空气中最大允许浓度为$5mg/m^3$。甲醛与空气混合能形成爆炸混合物,爆炸极限为7%~73%(体积)。

甲醛能溶于水、醇、醚、丙酮等溶剂,其水溶液的浓度可高达55%,在常温下一般为37%左右,浓度为35%~40%的甲醛水溶液又称福尔马林。甲醛容易氧化成甲酸,特别是在有铝、铁离子存在时氧化更为迅速。反应式如下:

$$2CH_2O+O_2 \rightarrow 2HCOOH$$

甲醛与氨或氯化铵反应可生成六次甲基四胺:

$$6CH_2O+4NH_3 \rightarrow (CH_2)_6N_4+6H_2O$$

$$6CH_2O+4NH_4Cl \rightarrow (CH_2)_6N_4+6H_2O+4HCl$$

甲醛在水中以水合甲醛(甲二醇)形式存在,而两个甲醇分子缩合脱去一分子水,生成二甲醛水合物,在一定条件下进一步缩合成多聚甲醛,其反应式如下:

$$CH_2O+H_2O \rightarrow HOCH_2OH$$

$$CH_2O+H_2O \rightarrow HOCH_2OCH_2OH+H_2O$$

$$HO\text{-}(CH_2)_m\text{-}H+HO\text{-}(CH_2)_n\text{-}H \rightarrow$$

$$HO\text{-}(CH_2)_{(m+n)}\text{-}H+H_2O$$

当甲醛浓度较高时,容易生产多聚甲醛,另外,在低温条件下贮存时间较长时,也容易生成多聚甲醛,甲醛溶液中有白色沉淀出现时,说明已经有聚甲醛生成,严重的会出现分层(上层为清液,下层为白色沉淀)或溶液成白色浆状。聚甲醛聚合度较低时,受热即可解聚,使甲醛溶液重新变为透明溶液,当聚合度较高时,解聚温度要在100℃以上,并加适量的酸,以加快解聚,如果多聚甲醛能完全解聚,变成透明溶液,对合成树脂的品质基本上没有影响。甲醛溶液在碱性较强的条件下容易发生氧化还原反应(又叫歧化反应),生成甲酸和甲醇:

$$2CH_2O \rightarrow CH_3OH+HCOOH$$

(2) 甲醛的保存:为防止甲醛氧化成甲酸,盛装甲醛的容器可用塑料桶或涂锌铁桶,较大型贮罐可用玻璃或玻璃钢作内衬的钢罐,避免使甲醛与铁或铝接触。

为防止甲醛在低温条件下聚合,在保存甲醛溶液时应保持一定的温度,在冬季贮罐底部可以通少量蒸汽,进行间接加热,使溶液保持一定的温度。甲醛保存的最宜温度为10~40℃。另外,甲醛溶液中加少量的甲醇作阻聚剂(用量为6%~12%),以延长它的贮存期。表23-7列出的是避免甲醛聚合所需的甲醇量。

(3) 甲醛的品质标准 (表23-8)

表 23-7 避免甲醛聚合所需的甲醛量

甲醛浓度（%）	温度（℃）	所需甲醇量（%）
37	35	1
37	21	7
37	7	10
37	6	12

表 23-8 甲醛的品质指标

指标名称	指标		
	优等品	一等品	合格品
外观	无悬浮物液体，低温时允许白色混浊		
色度（铂-钴），号 ≤	10	—	—
甲醛含量,%	37.0～37.4	36.7～37.4	36.5～37.4
甲醇含量,% ≤	12	12	12
酸度（以甲酸计）,% ≤	0.02	0.04	0.05
铁含量,mg/m³ ≤	1（桶装） 5（桶装）	3（槽装） 10（桶装）	5（槽装） 10（桶装）
灰分,% ≤	0.005	0.005	0.005

2. 脲醛预缩液

脲醛预缩液是为了克服甲醛在贮存过程中容易发生聚合的缺点而研制的产品。它是高浓度甲醛和尿素缩合而成的低分子化合物，也叫脲醛浓缩液，简写为"UFC"，它是专供合成脲醛树脂的原料。

(1) 脲醛预缩液的性质：脲醛预缩液是由高浓度甲醛和尿素在摩尔比(F/U)4～5∶1，用碱性催化剂低温反应制成的。经分析测定，脲醛预缩液中主要是多羟甲基脲，甲醛，水及少量的甲醇。脲醛预缩液可在 −36～40℃ 温度下保存一年以上不变质，克服了普通甲醛不能在低温下贮存及贮存期短的缺点。此外，脲醛预缩液还有以下的优点：

① 制胶过程中不产生废水，不污染环境。用普通工业甲醛溶液要想得到高树脂含量的脲醛树脂液，必须在制胶过程中增加脱水工序，而脱出的废水中含有 6%～14% 的甲醇和 2%～3% 的甲醛，必须经过处理后才能排放，处理废水需要一定的费用。

② 省去了脱水工序，缩短了操作时间，提高了劳动生产率，对于新建的工厂或车间，可省去脱水设备，节省设备投资。

③ 能耗低。制胶时省去了脱水工序，省去了一部分蒸汽和电力，另外，也省去了冬季加热甲醛贮罐耗用的蒸汽。

④ 脲醛预缩液浓度高，运输费用低。

⑤ 由于脲醛预缩液性质稳定，在制胶过程中省去了脱水过程，因此。生产的脲醛树脂性能也比较稳定。

(2) 脲醛预缩液的品质：脲醛预缩液根据甲醛和尿素的含量不同有几种规格，目前国内常用的是 UFC-60 脲醛预缩液，其品质指标如表 23-9。

表 23-9 UFC-60 脲醛预缩液品质指标

指标名称	指标
外观	无色或淡黄色透明液体
pH 值	6.5～8.0
甲醛含量,%	43.0 ± 0.5
尿素含量,%	17.2 ± 0.5
甲醇含量,% ≤	6.0

3. 尿素

尿素分子式：$CO(NH_2)_2$，分子量：60.06。

(1) 尿素的性质：

尿素是由二氧化碳和氨在高温高压条件下合成的。反应式如下：

$$CO_2 + 2NH_3 \rightarrow H_2NCOONH_4 \rightarrow CO(NH_2)_2 + H_2O$$
缩＝脲

尿素为无色针状结晶体或白色棱状结晶，结晶体大小及结构随制造方法而异，目前工业用尿素大多制成颗粒状。尿素比重 1.335(20℃/4℃)，熔点 132.7℃ 生成热为 79.1kCal/mol，在 20℃ 水中的溶解热为 -3.35kCal/mol，易溶于水，在空气中易吸湿成硬块，水溶液呈现碱性，尿素还溶于乙醇、液氨、苯，微溶于醋酸乙酯，不溶于氯仿、乙醚。

尿素在常温或熔点以下温度时性质比较稳定，在熔点以上会发生分解或二分子尿素缩合生成缩二脲，并放出氨气。

$$2CO(NH_2)_2 \rightarrow H_2NCONHCONH_2 + NH_3$$

尿素在水、稀酸、稀碱溶液中很不稳定，在稀碱溶液中加热到 50℃ 以上时分解放出氨，在稀酸作用下分解放出二氧化碳，在尿素酶作用下分解放出二氧化碳和氨。

$$H_2NCONH_2 + 2NaOH \rightarrow 2NH_3 \uparrow + Na_2CO_3$$
$$H_2NCONH_2 + H_2SO_4 + H_2O \rightarrow (NH_4)_2SO_4 + CO_2 \uparrow$$
$$H_2NCONH_2 + H_2O \xrightarrow{\text{尿素酶}} 2NH_3 \uparrow + CO_2 \uparrow$$

(2) 尿素的品质标准：工业用尿素品质指标 (表 23-10)

表 23-10 尿素品质标准

指标名称	指标		
	优等品	一等品	合格品
颜色	白	色	
总氮(N)含量(以干基计 %) ≥	46.3	46.3	46.3
缩二脲,% ≤	0.5	0.9	1.0
水分含量,% ≤	0.3	0.5	0.7
铁含量（以 Fe 计）,% ≤	0.0005	0.0005	0.001
碱度（以 NH_3 计）,% ≤	0.01	0.02	0.03
硫酸盐含量（以 SO_4^{2-} 计）,% ≤	0.005	0.010	0.020
水不溶物含量,% ≤	0.005	0.010	0.040
粒度（φ 0.85～2.8mm）,% ≤	90	90	90

23.3.2 脲醛树脂的合成原理及制造工艺

尿素和甲醛的反应十分复杂，以致于无法测定出脲醛树脂的化学结构，导致反应复杂的原因是尿素和甲醛的化学结构和反应的多样性，尿素和甲醛反应中既有加成反应，又有缩聚反应。尿素分子内含有两个氨基，四个活泼氢，从化学结构来看，这四个活泼氢的活性相同，具有4官能度，甲醛在水中呈甲二醇状态，具有两个官能度。在反应初期，首先甲醛和尿素反应生成羟甲基脲，而后由生成的羟甲基脲进一步缩聚生成线型脲醛树脂(初期树脂)，继续反应生成支链型脲醛树脂，直到生成具有体型网状结构的脲醛树脂。从尿素和甲醛反应到生成线型脲醛树脂(初期树脂)这个阶段是在反应锅内进行的。脲醛树脂后一阶段的反应是在胶接过程中完成的。

1. 脲醛树脂的合成原理

合成初期脲醛树脂的反应分为两个阶段：第一阶段为加成反应，生成羟甲基脲；第二阶段为缩合聚合反应。

(1) 加成反应(羟甲基化反应)

尿素和甲醛生成羟甲基脲的反应如下：

$CO(NH_2)_2 + CH_2O \rightarrow H_2NCONHCH_2OH$　　　　羟甲基脲

$H_2NCONHCH_2OH + CH_2O \rightarrow HOH_2CNHCONHCH_2OH$

$HOH_2CNHCONHCH_2OH + CH_2O$　　　　二羟甲基脲

$\rightarrow HOH_2CNHCON(CH_2OH)_2$　　　　三羟甲基脲

$HOH_2CNHCON(CH_2OH)_2 + CH_2O$

$\rightarrow (HOH_2C)_2NCON(CH_2OH)_2$　　　　四羟甲基脲

上述反应在弱碱性，弱酸性，中性条件下都可以进行，在中性或弱碱性条件下反应比较缓和，生成的羟甲基脲比较稳定；在弱酸性条件下与前者不同，生成的羟甲基脲不稳定，将继续反应生成次甲基脲，或羟甲基脲之间发生缩聚反应，使分子逐渐变大。尿素和甲醛之间反应时，尿素在短时间内几乎全部参加反应，生成的一羟甲基脲是白色固体，熔点111~113℃，易溶于水，在室温条件下100g水中可溶解40g。由一羟甲基脲继续和甲醛反应的速度比前者慢，较难进行，生成的二羟甲基脲也是白色晶体，熔点为121~126℃，在水中的溶解度比较小，在室温条件下100g水中可溶解15g，可溶于热水。由二羟甲基脲和甲醛反应生成三羟甲基脲的反应速度更慢，反应更难进行，三羟甲基脲也是白色固体，熔点更高，在水中溶解性更小。由三羟甲基脲生成四羟甲基脲的反应几乎很难实现，在甲醛过量很多的情况下才有可能生成。到目前为止，四羟甲基脲还未单独被分离出来。据测定，尿素和甲醛的反应是可逆反应，生成一羟甲基脲，二羟甲基脲，三羟甲基脲的相对速度为9:3:1。

(2) 羟甲基脲的进一步反应(缩聚反应)

尿素和甲醛反应生成的羟甲基脲，仍然是低分子化合物，还不是树脂，必须进一步反应。羟甲基脲的进一步反应主要是羟甲基脲中羟基和尿素(或羟甲基脲)分子中与氮原子连接的活泼氢发生脱水缩合。反应的结果使生成的尿素母体之间以次甲基键(-CH$_2$-)方式连结，因此，又叫次甲基化反应。羟甲基脲之间的反应一般在酸性条件下进行。由于在反应初期有一羟甲基脲，二羟甲基脲及少量的三羟甲基脲存在，因此。后期的缩聚反应就十分复杂。缩聚反应主要有以下几种：

1) 羟甲基脲和尿素之间的反应

$H_2NCONHCH_2OH + H_2NCONH_2$

$\rightarrow H_2NCONHCH_2NHCONH_2 + H_2O$

$HOH_2CNHCONHCH_2OH + H_2NCONH_2$

$\rightarrow HOH_2CNHCONHCH_2NHCONH_2 + H_2O$

由上述反应可知，羟甲基脲和尿素反应生成尿素的二聚体。

2) 羟甲基脲之间的反应

$H_2NCONHCH_2OH + H_2NCONHCH_2OH$

$\rightarrow H_2NCONH-CH_2-NHCONHCH_2OH + H_2O$

$HOH_2CNHCONHCH_2OH + H_2NCONHCH_2OH$

$\rightarrow HOH_2CNHCONH-CH_2-NHCONHCH_2OH + H_2O$

$HOH_2CNHCONHCH_2OH + HOH_2CNHCONHCH_2OH \rightarrow$

$HOH_2CNHCONHCH_2-CH_2O-CH_2-NHCONHCH_2OH + H_2O$

$HOH_2CNHCONHCH_2OH + HOH_2CNHCONHCH_2OH$

$\rightarrow$ HOH$_2$CN-CH$_2$-NH
　　　　|　　　　|
　　　　C=O　C=O+H$_2$O
　　　　|　　　　|
　　　HN-CH$_2$-NH

实验发现，在弱酸性条件下羟甲基不容易和已经被取代过的酰胺基反应；一羟甲基脲中氨基的活性比尿素中氨基的活性小，一羟甲基脲中的羟甲基比二羟甲基脲中的羟甲基活泼。

如果在弱酸性条件下，羟甲基脲继续反应下去，则缩聚产物的分子量不断增加，在宏观上表现为黏度增加和水溶性下降，当反应至一定程度时即形成初期脲醛树脂。初期脲醛树脂为分子量不同的线型聚合物的混合物；平均分子量一般在400~500范围内，聚合度7~8，分子量分布较宽，分子内含有一定量的羟甲基，另外，脲醛树脂分子除端部含羟甲基外，在主链上也有一定比率的羟甲基。初期脲醛树脂中次甲基键、醚键的数量和甲醛与尿素反应时摩尔比有关，甲醛用量大时醚键数量增多，少时次甲基键数量占多数。初期脲醛树脂黏度低，在水中有一定的溶解性，这也是区别于中期和末期脲醛树脂的主要特征。初期脲醛树脂中尿素母体之间的连接主要以次甲基键的连接方式为主；也有少量的次甲基醚键连接；在酸性条件下经过中期树脂最终变为不熔不溶的末期树脂。

从初期脲醛树脂的形成到固化的整个过程中有时也发生

两个羟甲基之间同时失去水及甲醛的反应：

RNCH$_2$OH+HOH$_2$CNHR′→RNHCH$_2$OCH$_2$NHR′+H$_2$O+CH$_2$O

注：式中 R，R′为初期脲醛树脂主链

简单地说，初期脲醛树脂是分子内含有一定数量羟甲基的尿素母体以次甲基键连接为主的，分子量分布较宽的低聚物的混合物，此外还有极少量的未反应的游离甲醛。含有如下的结构：

-NHCON(CH$_2$OH)CH$_2$NHCONHCH$_2$N(CH$_2$OH)CONH-

初期脲醛树脂在酸性条件下可演变为中期树脂，最后变为不溶不熔的末期树脂。从化学结构来看，末期树脂已经具有三维网状的体型结构，受热不熔，对水和溶剂不溶解，有一定的机械强度。当脲醛树脂进入凝胶状态时，说明已经进入末期树脂阶段，处于凝胶状态的脲醛树脂有一部分是网状结构的，还有一部分是未交联的中期或初期树脂，随着时间的推移，这部分未交联的树脂将愈来愈少，直至消失，从宏观上看末期树脂硬度增大。处于末期阶段的脲醛树脂的结构不是稳定不变的，它向两个方向变化，未交联的分子可能继续进行交联(缩聚)反应，已经交联的分子可能发生酸水解反应，产生键的断裂。

末期脲醛树脂结构和其制备时原料配比及制造工艺，固化条件有关。其结构十分复杂，用现代的科学仪器检测手段还不能加以确定。其他参考资料中介绍的只是设想的化学结构，在此不再重复。

2. 脲醛树脂一般制造工艺

脲醛树脂的制造工艺是根据脲醛树脂的合成原理分段实现的。工业上分间歇式、半连续式和连续式三种生产方式。我国目前所生产的脲醛树脂都是采用间歇式生产方式。即从原料投入到生成树脂都是在一个反应釜内进行的。

脲醛树脂在木材工业中具有广泛的用途，可用于制造家具、胶合板、刨花板及中密度纤维板。对于不同用途的脲醛树脂的品质要求也不同。如用于制造胶合板的脲醛树脂必须具有较快的固化速度，初黏度大，预压性能好，而用于制造中密度纤维板的脲醛树脂必须具有黏度小，游离甲醛含量低等特点。如何根据脲醛树脂的合成原理制造符合各种不同要求的脲醛树脂，关键在于制造脲醛树脂时的原料配比，加料时机，尿素和甲醛反应时介质的 pH 值及反应温度等方面。

原料配比是甲醛和尿素的比例关系，一般用摩尔比表示。即把甲醛和尿素的质量比换算成甲醛和尿素的摩尔数之比，范围在 1.05～2.2 之间。

(1) 一般脲醛树脂制造工艺的步骤

1) 原料的检验

按照国家标准检验甲醛和尿素的品质是否符合国家标准。每次都应有化验记录，以备查用。

2) 备料

根据甲醛浓度和尿素纯度，计算工艺配方中甲醛和尿素的质量。先用泵把甲醛打入计量罐内，经计量后送入反应釜内，没有计量罐的可把甲醛称量后直接打入反应釜内。尿素一般用磅称量，甲醛在经过调整 pH 值后加入第一次尿素。

3) 原料混合和升温

经过计量的甲醛加入反应锅后，开动搅拌器，加碱调整甲醛溶液的 pH 值至规定值，同时开蒸汽升温至一定温度后加第一次尿素。由于甲醛和尿素的反应是放热反应，因此在尿素加入后升至一定温度时应及时关汽，靠反应自发热升至规定温度，按工艺要求在规定的温度下保温一段时间。用蒸汽加热时关汽的温度和设备材料、反应液用量、反应温度及蒸汽压力有关。一般小反应釜容量小，反应热小，关汽温度稍高；同样的反应釜采用的蒸汽压力大时，关汽温度应适当低。

4) 反应液介质的 pH 值

pH 值对脲醛树脂的合成是非常重要的条件因素，在工艺规程中都会有明确的规定。在甲醛加入后，一般用碱液调至 7.5～8.5，升温至规定温度后，pH 值一般在 6.5～7.5，保温结束后在 6.0～7.0 之间，保温结束后，一般用氯化铵或弱酸(甲酸、乙酸等)调反应介质的 pH 值至 4～5.2 之间，使前阶段反应生成的羟甲基脲之间进行缩聚反应。一般在此阶段反应 20～80min，最好控制在 30～45min 之间。

5) 反应控制点

反应控制点的控制是制造脲醛树脂性能好坏的关键。在制造脲醛树脂时经常有 3 个控制点。在制造脲醛树脂时随着反应时间的延长，脲醛树脂的黏度逐步增加，在水中的溶解性下降。因此常用涂 4 杯测定反应液的黏度大小，以控制反应的程度，或者用树脂液(反应液)在水中的混浊温度以表示它的反应程度。一般来说在脲醛树脂制造过程中至少有 2 个控制点。第一个控制点在加成反应阶段，用于控制加成反应的程度。这个控制点在许多脲醛树脂的制造工作中常常加以忽略。即规定在多少温度下保温反应多长时间，在保温结束后并不加以检测；第二个控制点在缩聚反应阶段用于控制反应缩聚程度，常用测定树脂液的黏度或树脂液在水中的混浊温度的方法加以控制。第三个控制点有几种情况，对于分次加尿素的工艺中，有的在加了第二次尿素以后需要继续反应一段时间的，则有一个控制点；对于需要脱水处理的则也有一个脱水控制点。

6) 反应后期处理

主要有中和处理。减压脱水、后期添加尿素等工序。在缩聚反应阶段，脲醛树脂的分子量增加至一定数值后(宏观上反应液黏度增大到一定数值)，即第二个控制点到达后，应立即加碱性物质(一般是浓度为 30%的烧碱液)中和至中性或规定的 pH 值，如果中和不及时，等于超出第二个控制点的黏度，最后生成的脲醛树脂的黏度偏大或水溶性差，而有可能影响胶合强度，减压脱水的目的是提高树脂液的固体含量。一般胶合板和中密度纤维板使用的脲醛胶不需再减压脱水，冷固化用的或刨花板用的脲醛树脂都需要进行减压脱水。使树脂固含量达到 55%～70% 之间。由于固含量提高了，脲醛树脂的黏度也增大了,同时在脱水过程中也脱去了部分游离醛和甲醇,降低了胶中的游离醛含量。

在缩聚反应结束后,为了进一步降低脲醛树脂中的游离甲醛,经常再添加一部分尿素,对于有脱水工序的可以在脱水前,也可以在脱水后加,一般以脱水后加的效果更好。添加尿素时的温度以70~65℃为宜,保温10~30min,pH值在7.5~8.0之间较好。

在制造脲醛树脂时只有注意以下几方面的因素,才能得到较满意的产品。

1) 原料的品质和催化剂

制造脲醛树脂的原料是尿素和甲醛及少量催化剂。和制造其他化工产品一样,合格的原料是制造合格产品的关键。工业尿素和工业甲醛溶液都必须是合格产品。尿素纯度应在98%以上,或含氮量在46%以上,其中杂质部分,硫酸盐含量必须在0.01%以下;缩二脲含量在0.8%以下,游离氨含量在0.015%以下。当尿素中缩二脲含量偏高时(大于1%时),将使脲醛树脂在贮存期间由于羟甲基含量明显下降,影响脲醛树脂的贮存稳定性。

尿素中硫酸盐含量对脲醛树脂的合成和贮存都有较大的影响。在合成时,它会使反应介质的pH值不稳定,无论在升温阶段还是保温阶段都会使反应介质的pH值明显下降(如图23-7所示)。有时在保温时就会使反应介质失去透明而变得混浊。这是由于生成了次甲基脲的缘故。图23-8表示某脲醛树脂在反应开始阶段反应介质pH值和尿素中硫酸盐含量的关系。由图23-8可知,当硫酸盐含量在0.02%~0.03%时,树脂贮存24小时后胶接强度就开始下降。如果采用硫酸盐含量偏高的尿素作原料制造脲醛树脂时,在反应一开始应把反应液的pH值适当调高,而且要经常检测反应液的pH值,使反应介质的pH值保持在规定的范围内。制成的脲醛树脂要尽快使用,及时用完。

如果在升温时已经出现不溶性次甲脲沉淀,可作如下处理:用1份次甲脲溶液加2~3份甲醛,调温至40℃,用强酸(HCl)调pH至2~3,再升温至80℃,保温搅拌至溶液透明(约1h左右),再用氢氧化钠溶液调节pH值7~8,冷却后备用,制胶时根据原配方中尿素、甲醛的投入量和转化时加入的甲醛量,补加不足的尿素(补加的尿素可稍少于计算的尿素量。因为在操作时会损失部分甲醛),然后按原来的工艺进行生产。

甲醛溶液的浓度,甲醇、甲酸及铁离子含量对脲醛树脂合成反应及脲醛树脂本身的理化性能都有一定的影响。在相同的原料配比及工艺条件下,甲醛浓度高,反应速度快,所得树脂的固含量也高,反之,甲醛含量低,反应速度慢,所得树脂的固含量低,为了提高树脂的固含量,不得不在反应结束后进行后期减压脱水。如果甲醛浓度很低,则脱水量也大,浪费了能源。一般甲醛浓度不得低于30%,否则难以制成合格的脲醛树脂。最好是使用甲醛含量较高的脲醛预缩液(UFC)。

① 甲醇含量:工业甲醛溶液中含甲醇量一般在12%以下,工业甲醛溶液中的甲醇来源有二部分,一部分是在制造甲醛时甲醇氧化不完全而残留的,另一部分是人工加入的。甲醛溶液中甲醇的存在可以防止甲醛自聚。甲醇对甲醛的阻聚作用可用下列反应式表示:

$$CH_2O + H_2O \rightleftharpoons HOCH_2OH$$

$$HOCH_2OH + CH_3OH \rightleftharpoons CH_3OCH_2OH + H_2O$$

$$CH_3OCH_2OH + CH_3OH \rightleftharpoons CH_3OCH_2OCH_3 + H_2O$$

甲醛水溶液中的甲醛以甲二醇形式存在,它和甲醇结合为半缩甲醛,进一步又变为缩醛,使甲醛自聚的机会大大减少。

甲醛浓度愈高,需要加的甲醇阻聚剂的量也愈多。一般37%浓度左右的甲醛溶液需要加6%~12%的甲醇作阻聚剂。

甲醇含量还影响脲醛树脂的反应速度,甲醇含量低时,树脂反应速度快,反之,甲醇含量高时,树脂反应速度慢,反应容易控制,因此在使用甲醇含量较低的甲醛溶液时,在酸性反应阶段的pH值应该适当调得高一些,以免反应过于激烈而发生意外。

甲醇含量对脲醛树脂的理化性能有如下的影响:首先是固化速度的影响,甲醇含量低,脲醛树脂的固化速度快,而适用期短,反之,甲醇含量高,则树脂的固化速度慢,适用期长;其次是影响脲醛树脂的贮存稳定性,甲醇含量高,树脂的贮存稳定性好,贮存期长,而甲醇含量低的脲醛树脂,贮存稳定性较差,贮存期短。

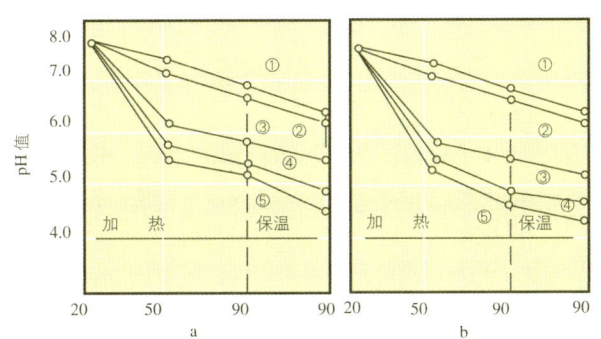

硫酸盐含量:① 0%;② 0.01%;③ 0.02%;④ 0.035%;⑤ 0.05%

图23-7 尿素中硫酸盐含量与反应过程中pH值的变化

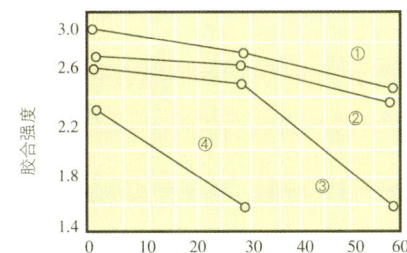

硫酸盐含量:① 0%;② 0.01%;③ 0.02%;④ 0.035%

图23-8 不同硫酸含量树脂的胶合强度与存放时间的关系

甲醇含量还影响脲醛树脂的耐水性。含有甲醇的脲醛树脂的耐水性比不含甲醇的脲醛树脂的耐水性差,而且热水吸水率较高(6%～10%),出现这种异常现象的原因是由于形成了甲基化脲醛树脂,这种树脂在固化时不发生变化,因为它溶于水,使得制品的耐水性下降。另外,由于这部分甲基化脲醛树脂在固化时不发生反应,降低了树脂的交联密度,也影响了树脂的耐水性及胶接强度。

用不同甲醇含量的甲醛溶液制成的脲醛树脂的贮存稳定性和树脂化反应速度的关系如表23-11所示。

表23-11 甲醛溶液中甲醇含量和脲醛树脂化反应速度及贮存期的关系

甲醛质量指标		酸性阶段至反应终点时间(min)	树脂黏度增长情况(格氏、S)			
甲醛含量(%)	甲醇含量(%)		初黏度	48天黏度	120天黏度	145天黏度
36.0	0	25	1.9	3.6	6.6	凝胶
35.9	4.8	30	1.9	2.6	5.0	6.0
36.5	6.3	40	1.85	2.6	3.2	4.0
36.46	10.9	60	1.9	2.5	3.2	4.0

如果不考虑贮存期,甲醛溶液中醇含量低对提高脲醛树脂的性能有利。

②甲酸含量:甲醛溶液中的甲酸是甲醛自身氧化的结果。

$$2CH_2O+O_2 \rightarrow 2HCOOH$$

甲酸对尿素和甲醛的反应起着强烈的催化作用,即使量很少也会使反应无法控制,在这种情况下,反应物升温很快,即使能控制也只能生成松软的白色胶体,并且很快凝胶,造成事故。这种白色凝胶体很快成硬块,很难从反应锅中取出,带来极大的麻烦。因此在和尿素反应之前,必须把甲酸去除,即用碱中和。

甲醛溶液中甲酸含量高,甲醛的pH值低,中和甲酸所消耗的碱量大,对树脂化反应和树脂品质有一定的影响,(主要影响树脂的固化速度)。

③铁离子含量:甲醛溶液中的铁离子主要来源于贮存甲醛的容器,如贮存在铁桶中,由于甲醛中甲酸的腐蚀性,使甲酸中铁离子含量逐渐增长,铁离子大部分以三价铁离子存在。铁离子的影响有以下几个方面:甲醛溶液中含有铁离子时,会加速甲醛的氧化,随着时间的迁移,甲醛溶液的pH值下降,并使甲醛溶液的颜色变深,由原来的无色变成黄色、橙黄色;随着铁离子含量增加,所制成的脲醛树脂也带有颜色,有浅黄色、黄色、棕色、铁离子含量高时甚至变成灰黑色;其次在树脂反应过程中,影响pH值的准确测定。(大多数工厂测定pH值都是用试纸,或指示剂);在升温或脱水操作时容易起泡,特别是脱水操作时,真空度不能高,否则容易"跑胶",使脱水时间加长,能耗大,生产周期长;甲醛中铁离子含量高时,一般甲酸含量也高,中和时消耗碱量大,由于用碱量大,会加速甲醛的氧化还原反应,使反应物中甲醇含量增加,影响树脂的固化速度,另外,脲醛树脂中铁离子的存在会使树脂的贮存期缩短,对于高摩尔比的脲醛树脂尤为明显。

催化剂对脲醛树脂的性能有很大的影响,尤其是酸性催化剂,它将影响脲醛树脂的耐水性。在制造脲醛树脂的加成反应阶段,常用碱性催化剂,主要有氢氧化钠溶液、碳酸钠溶液、氨水、六次甲基四胺、三乙醇胺、硼酸钠等,一般出于经济成本考虑,绝大部分使用10%～30%浓度的氢氧化钠溶液。过高的浓度容易使甲醛发生氧化还原反应,影响生成树脂的性能,使树脂的固化速度下降。六次甲基四胺俗名乌洛托品,是生产脲醛树脂的较好的碱性催化剂,制成的脲醛树脂水溶性好,贮存期长,性能稳定,由于价格的原因,常常和氢氧化钠溶液配合使用。

酸性催化剂有氯化铵、硫酸铵、甲酸、乙酸、氯化锌等,其中氯化铵由于价格便宜用得较多。氯化铵和反应液中的甲醛作用放出盐酸,使反应介质的pH值下降。

$$4NH_4Cl+6CH_2O \rightleftharpoons (CH_2)_6N_4+4HCl+6H_2O$$

甲酸和乙酸属于有机酸,用它作催化剂时制成的树脂稳定性较好,使用时的水溶性较好,容易洗涤,价格也不太贵,使用者也不少。

2)原料配比

其实质是甲醛和尿素的摩尔比,摩尔比的大小对生成树脂的树脂化速度,生成树脂的性质,及使用特性有密切关系。

①对生成树脂性质的影响:在脲醛树脂合成原理部分已阐明,尿素和甲醛反应时生成一羟甲脲比较容易,而生成二羟甲脲就比较困难,当一个摩尔的尿素和一个摩尔的甲醛反应时,其加成反应的产物只能是一羟甲脲,一羟甲脲在进行缩聚反应时能参加反应的官能团是羟基和氮原子上的三个活泼氢,在前面已经提到,羟甲基脲中的羟甲基不容易和已经被取代过的酰胺基上的活泼氢反应,因此实际上一羟甲基脲分子中的羟

$$H_2NCNHCH_2\underset{\substack{头\quad 尾\\ [H_2+OH]}}{\overset{O}{\|}}NCNHCH_2\underset{\substack{头\quad 尾\\ [H_2+OH]}}{\overset{O}{\|}}NCNHCH_2OH+\cdots\cdots$$

$$\rightleftharpoons H_2NCNH\overset{O}{\overset{\|}{-}}CH_2-NHC\overset{O}{\overset{\|}{-}}NH-CH_2-NHCNH\overset{O}{\overset{\|}{-}}CH_2OH+2H_2O$$

基只能和相邻一羟甲基脲分子中的未被取代过的酰胺基上的一个活泼氢反应。用反应式表示看得更清楚。

因此尿素分子中二个氨基有四个活泼氢，可以说是四个官能度，而在生成一羟甲基脲后，实际上变成了二个官能度，只能生成线型结构的脲醛树脂，它们之间的反应是以头尾连接方式组成的，是热塑性脲醛树脂，这种树脂在木材工业中尚无实用价值。

当一摩尔的尿素和二摩尔的甲醛在弱碱性条件下进行反应时，可以形成二羟甲基脲，该分子内有二个羟基可以和相邻分子羟甲基中氮原子上的活泼氢进行缩聚反应，也就是说二羟甲基脲中的二个羟基和二个活泼氢都能参加反应，所以平均官能团为四。因此，二羟甲基脲之间，或二羟甲基脲和一羟甲基脲之间，可以缩聚形成热固性脲醛树脂。由于生成二羟甲基脲比生成一羟甲基脲慢，而且在摩尔比为2，进行加成反应时只能生成一部分二羟甲基脲，还有一部分羟甲基脲及未反应的甲醛。因此在进行缩聚反应时的速度较慢。由于上述的原因，摩尔比大，甲醛用量大，生成的脲醛树脂与甲醛含量高。在实际生产时，甲醛和尿素的摩尔比一般在1.2～2.0范围内变化，有的摩尔比甚至降到1.0～1.05，其原因将在后面阐述。

②对树脂化速度的影响：制备脲醛树脂时摩尔比的大小对树脂化速度有明显的影响。如前所述，摩尔比愈大，在加成反应时生成的二羟甲基脲也就多，而二羟甲基脲的反应活性比一羟甲基脲低，因此缩聚反应的速度反而慢，也就是说树脂化速度慢。在pH值相同的条件下，摩尔比大，即甲醛用量大，树脂化速度慢，反应容易控制；摩尔比低，甲醛用量少，树脂化速度快，反应难控制，这就是低摩尔比脲醛树脂要保持稳定品质比较难的原因之一。

对于低摩尔比(如甲醛和尿素的摩尔比为1.5:1)，如果在制备脲醛树脂时尿素一次全部加入到甲醛溶液中进行加成反应和缩聚反应，结果得到的树脂不但贮存期短(几个小时后即成膏状)而且胶接强度低，耐水性差。原因是在低摩尔比条件下，一次性加尿素后，由于甲醛量不足，只能生成大量的一羟甲基脲。二羟甲基脲生成的数量不足，致使固化时交联密度低，因而胶接强度差。为了使低摩尔比的脲醛树脂胶在胶接时有较高的胶接强度，必须提高低摩尔比脲醛树脂胶在固化时的交联密度，在尿素和甲醛进行加成反应时生成一定数量的二羟甲基脲。在加成反应阶段，提高甲醛和尿素的摩尔比有利于生成大量的二羟甲基脲，因此把尿素分成二次或二次以上加的工艺是一个很有效的方法。尿素分次加时，甲醛和第一次加的尿素的摩尔比大大提高了，这样在加成反应阶段，第一次加的尿素可以生成足够量的二羟甲基脲，这部分二羟甲基脲在生成初期脲醛树脂后，为后阶段固化交联打下了基础。甲醛和第一次尿素之间的摩尔比称为合成摩尔比。合成摩尔比一般不得小于1.6，一般在2或2以上。

生产低摩尔比脲醛树脂时分次加尿素有以下作用：由于采用分次加尿素后，第一次加尿素的量比总量少得多，合成摩尔比大，反应热少，反应速度慢，反应容易控制；在加成反应阶段可生成一定数量的二羟甲基脲，有利于提高脲醛树脂的固化速度和贮存稳定性；使尿素和甲醛充分反应，有利于降低脲醛树脂的游离甲醛。

③对生成的脲醛树脂使用特性的影响：不同摩尔比对脲醛树脂使用特性的影响见表23-12。

分次加尿素对脲醛树脂使用特性的影响在很大程度上取决于第一次加尿素后合成摩尔比的大小。在该阶段的摩尔比愈高，树脂愈透明，树脂稳定性也愈好。表23-13列出的是一次加尿素和分次加尿素对树脂性能的影响。

表23-14列出了酸性阶段摩尔比和树脂性能的关系。

由以上两表可知，改变酸性阶段的摩尔比，可以改变树脂的外观和贮存稳定性，即使摩尔比降低至1.2也可制出性能稳定的树脂，但后期尿素加入量不能过多，当超过尿素总

表23-12 脲醛树脂使用特性与摩尔比关系

使用物性	高摩尔比（≥1.7）	低摩尔比（≤1.7）
外观	随摩尔比增加透明性增加	乳液或暂时透明液体
游离甲醛含量	高	低
适用期	短	长
固化时间	短	长
树脂含量	低	高
胶接强度	大	小
耐久性	好	差
贮存期	长	短

表23-13 一次加尿素和分次加尿素对脲醛树脂性能的影响

摩尔比	加料方式	树脂理化性以指标				树脂贮存性		胶合板剪切湿强度(MPa)
		固含量(%)	游离甲醛(%)	羟甲基含量(%)	次甲基含量(%)	能初黏度(S)	21天黏度(S)	
1.7:1	一次	53.3	1.8	10.23	13.8	33.9	30	1.48
1.7:1 (1.9~1.7):1	二次	54.5	1.33	11.22	13.35	4.4	6.8	1.52
1.7:1 (2.3~1.9~1.7:1)	三次	54.65	1.37	11.72	12.72	4.0	5.6	1.41

表 23-14 酸性阶段摩尔比和树脂性能的关系

甲醛和尿素在不同阶段的摩尔比			树 脂 的 性 能		
总摩尔比	加一次尿素后酸性阶段加	二次尿素后碱性阶段	固含量（%）	外观、贮存稳定性	胶合板剪切湿强（MPa）
1.2	1.6	1.45	61.90	反应过程中即混浊，第二天分层，几天后成膏状	1.24
1.2	1.8	1.45	61.90	树脂冷却后即混浊，贮存期一个月以上	1.04
1.2	2.0	1.45	61.57	透明黏液，第二天即混浊，贮存期一个半月以上	0.90
1.2	2.2	1.45	61.47	透明黏液数日后混浊，贮存期3个月	脱胶
1.2	2.4	1.45	61.98	同上	脱胶

量的25%以上时，由于游离尿素和一羟甲脲占的比例过大，固化时交联密度不够，使湿胶接强度下降，耐水性变差。酸性缩聚阶段的摩尔比最好不要低于1.6，否则影响树脂的贮存稳定性和湿胶接强度。

④摩尔比和胶接耐水性及耐久性的关系：合成脲醛树脂的摩尔比在1.6时耐水性最好。高于1.6和低于1.6耐水性都会下降。当摩尔比高时，脲醛树脂中含有的羟甲基量过多，在树脂固化以后仍有一部分未交联的羟甲基处于游离状态，这部分羟甲基吸水性较强，造成胶接耐水性下降。摩尔比低于1.6时，树脂内二羟甲脲含量不足，没有参加反应的一羟甲脲和游离尿素过多，造成胶在固化时交联密度下降，使胶接湿强度下降。

3) 反应介质的pH值

当尿素和甲醛反应时，反应介质的pH值不同，缩聚反应的初期产物不同，最后形成的树脂结构也不一样。要使尿素和甲醛在反应初期生成较多的二羟甲脲和在反应后期能形成以次甲基键连接为主的初期脲醛树脂，必须了解反应介质pH值对树脂生成反应的影响，以便在不同的阶段控制合适的pH值，合成较理想的脲醛树脂。

在反应初期(羟甲基化反应阶段)，如果在强碱性条件下进行，将使羟甲脲的形成速度降低，这是由于生成的羟甲脲的水解速度增加的缘故，对树脂的生成反应不利；如果在较强酸性(pH<3)条件下进行，容易使生成的羟甲脲向次甲脲转化。

在酸性条件下生成的一次甲脲和二次甲脲都是不溶于水的白色晶体，在合成脲醛树脂过程中，如果一次甲脲和二次甲脲超过一定的数量之后则严重影响胶接强度，甚至会造成大面积脱胶现象。

在反应后期(缩聚反应阶段)，如果在碱性条件下进行，则主要通过羟甲基之间的脱水反应，形成次甲基醚键(-CH$_2$-O-CH$_2$-)连接。

HOH$_2$CNHCONHCH$_2$OH+HOH$_2$CNHCONH$_2$ $\underset{}{\overset{OH^-}{\rightleftharpoons}}$
HOH$_2$CNHCONHCH$_2$OCH$_2$NHCONH$_2$+H$_2$O
HOH$_2$CNHCONHCH$_2$OH+HOH$_2$CNHCONHCH$_2$OH $\underset{}{\overset{OH^-}{\rightleftharpoons}}$
HOH$_2$CNHCONHCH$_2$OCH$_2$NHCONHCH$_2$OH+H$_2$O

上述的几个反应在碱性条件下反应速度较慢，而且生成的次甲基醚键不稳定，受热后又释放出甲醛，重新转为次甲基键。

次甲基醚键比次甲基键长，在使主链横向交联时大分子间的距离增大，降低交联密度，增加分子的柔韧性，改善脲醛树脂固化后的脆性，但过多则会降低胶接强度，同时，在热压时放出大量甲醛，污染环境。

反应后期(缩聚反应阶段)如果反应介质的pH值太低，反应激烈不易控制，容易生成不含羟基的聚次甲基脲不容性沉淀，使树脂溶解性下降，控制不当容易凝胶。

反应介质的pH值不仅影响树脂产物的结构，而且影响树脂化速度。反应介质的pH值和脲醛树脂反应速度的关系如图23-9所示。图中抛物线为加成反应(羟甲基化反应)速度和反应介质pH值的关系，斜线是缩聚反应速度和反应介质pH值的关系，由图可知，在pH为5~7时，加成反应速度较慢，随着pH值的增加或减少，加成反应的反应速度上升，缩聚反应速度和加成反应的情况不同，在碱性条件下树脂化(缩聚)反应很慢，在碱性较大时几乎不发生树脂化反应，随着反应介质的pH值减少，缩聚反应速度呈直线增加，当pH≤5左右时，缩聚反应的速度大于加成反应的速度。

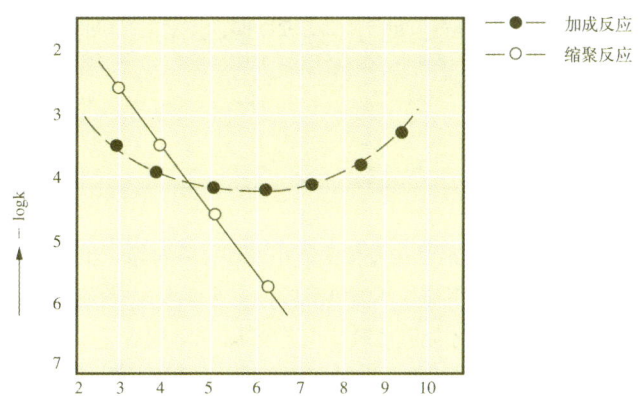

图23-9 反应速度常数(k)与反应介质pH的关系

因此为了控制反应速度，使各个阶段的反应比较充分，常规的脲醛树脂反应的pH值按以下的要求控制：在反应初期反应介质的pH值应该在弱碱性条件下进行，在此阶段使加成反应充分进行，而几乎不发生缩聚反应；反应后期在弱酸性条件下进行，使缩聚反应的速度进行得较快，控制反应介质的pH值，使缩聚反应速度适当。在反应终点以后，再用碱调节反应介质的pH值至弱碱性或中性，将缩聚反应基本停止下来。

最近一段时间以来，在实践中发现，当甲醛用量足够大时(一般甲醛和尿素的摩尔比大于2.8)，在较低温度下，即使反应介质的pH在1~2之间也不发生凝胶，而是生成糖醛型(Uron)结构，发生如下反应：

$$H_2N-\overset{O}{\underset{\|}{C}}-NH_2 + 3CH_2O \xrightarrow[\text{低温}]{pH=1\sim2} HN-\overset{O}{\underset{\|}{C}}-N-CH_2OH + H_2O$$
$$\phantom{H_2N-\overset{O}{\underset{\|}{C}}-NH_2 + 3CH_2O \xrightarrow[\text{低温}]{pH=1\sim2} }\underset{CH_2-O-CH_2}{\underbrace{}}$$

当脲醛树脂中有糖醛型结构存在时，胶的耐水性改善了，贮存期大大延长了，如冷固化的脲醛树脂一般贮存期为3个月，而在强酸条件下制得的脲醛树脂(含糖醛结构)贮存期可达8~9个月，但是含这种糖醛结构的脲醛树脂胶的固化速度稍慢，水溶性较差，胶合强度较低。

4) 制造工艺

在制造脲醛树脂时除了应该注意原料品质、原料配比和反应介质的pH值外，制造工艺也是很重要的环节。制造工艺包括反应温度、升温速度、反应终点的控制、二次加尿素及三次加尿素的时机等等。尿素和甲醛的反应速度随着反应温度的升高而加速，和温度之间基本上呈直线关系，在酸性介质中反应温度的影响更为显著，当反应温度过高时，由于反应速度太快，反应终点难于掌握，容易出次品或其他生产事故；如果反应温度过低，反应速度太慢，树脂化反应不充分，反应时间过长，树脂质量也差。一般脲醛树脂的反应温度应根据原料配比(摩尔比)、甲醛的浓度、甲醛中甲醇的含量等因素决定，大都在80~95℃之间。

在规定升温时间(升温速度)时，应注意尿素和甲醛反应时的反应热，当把尿素加入甲醛溶液中时，尿素的溶解需要吸收大量的热量，此时如果不补充热量，反应介质的温度将下降。此时需要加热，使反应介质的温度升到一定温度后应关汽，停止加热，以后温度上升主要靠反应自发热自动升至规定的温度。用蒸汽加热到什么样的温度即停止加热，没有统一的规定，它和反应物的投料量，反应介质的pH值，摩尔比及蒸汽介质的压力有关，主要靠在实践中总结经验。

二次加尿素和三次加尿素的时机对脲醛树脂的性能影响也较明显，特别是二次加尿素的时机对脲醛树脂的影响更显著。二次加尿素的时机有以下三种情况：在保温结束(羟甲基化反应基本完成)后加；在调酸后缩聚反应一段时间加；在反应终点以后加；第三次加尿素的时机基本上分反应终点后加或脱水以后加二种情况。第二次加尿素的时机不同主要影响脲醛树脂的初粘性，预压性能，固化速度及贮存期。

反应终点的控制是决定尿素和甲醛反应程度的关键，反应终点是否控制适当将影响树脂的品质和使用特性。各种脲醛树脂胶的反应终点都是在进行大量的实验后确定的。脲醛树脂反应终点的测定有以下几种方法：

① 测混浊温度：尿素和甲醛反应生成树脂的过程中，随着生成物分子量的增大，生成物在水中的溶解性逐渐下降。对于同一种树脂在不同的水温下溶解性也不相同，测定树脂的混浊温度就是利用这一原理。如反应进行到某一阶段时，把脲醛树脂滴在某一温度的水中出现混浊时作为反应终点，这时的水温即为混浊温度。如确定混浊温度15℃为反应终点，即把正在反应的脲醛树脂液取样滴在15℃水中，当刚好出现混浊时即为反应终点。树脂的混浊温度愈高，树脂的反应程度愈深，说明树脂的分子量也愈大。

② 测树脂液黏度大小：一般工厂都是测定脲醛树脂液的条件黏度。即用4号涂料杯测定树脂液在某一温度下从杯内全部流出所需要的时间(s)，在同一温度下流出时间愈长，则说明树脂液黏度愈大，也就是树脂的平均分子量愈大。

③ 观察树脂液：在冰水中沉淀的粒子大小当树脂化反应到一定程度时，树脂液倒入冰水中，由于树脂在水中的溶解度小而出现白色沉淀，树脂反应程度不同时，倒入冰水中所产生白色沉淀后的粒子大小不同，分子量大则产生的沉淀粒子大。反之，分子量小则产生的沉淀粒子小。根据肉眼观察的经验判定是否达到终点。目前这三种方法都在使用，而最后一种方法常作为辅助参考的方法，常用前2种方法。

23.3.3 木材工业用脲醛树脂胶介绍

23.3.3.1 木材工业用脲醛树脂胶黏剂的基本组成

脲醛树脂胶的组份中除了脲醛树脂作主胶着成份以外还必须加入固化剂，根据工艺要求有时还需加填料或起泡剂、防水剂、阻燃剂等助剂。脲醛树脂胶的基本组成是脲醛树脂和固化剂。由于脲醛树脂的牌号不同，原料配比不同，制造工艺不同，所得的脲醛树脂的性质也有很大的差别，因此所要求的固化剂的种类或数量也有所不同。除了固化剂以外，其他组成都是根据胶接工艺或产品使用要求而加入的，以满足胶接工艺或产品的使用要求。

1. 固化剂

(1) 脲醛树脂的固化条件：液态的脲醛树脂是脲醛树脂的初级阶段，属于线型分子结构，要使它迅速转变为末期树脂，即变成固体(体型网状结构)，必须加入适量的固化剂才能实现。加入固化剂的作用是使初期脲醛树脂又重新处在酸性状态，让脲醛树脂继续进行快速缩聚反应，使其很快从脲醛树脂的初期树脂经过中期树脂变为末期树脂，完成固化过程，起胶接作用。因此，凡是酸或酸性盐及某种条件下(如加热)能放出酸的物质都可以作脲醛树脂的固化剂。提高胶压时的固化温度可以加速脲醛树脂的固化速度如图23-10。由图知，常温下和高温下的固化时间相差很大，但是在高温下固化时胶层的内应力较大，影响胶接制品的胶接耐久性。

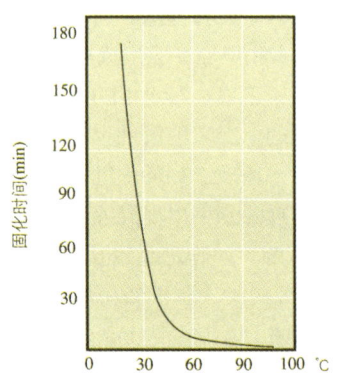

图23-10 固化时间与温度的关系

(2) 固化剂的种类：脲醛树脂固化剂的种类分单组分固化剂、复合固化剂、潜伏性固化剂和微胶囊固化剂等等。

①单组分固化剂：单组分固化剂有硼酸、磷酸、酸式硫酸盐、盐酸化合物、磷酸化铵或聚磷酸铵等等。其中应用最广的是氯化铵或硫酸铵。因为这两种固化剂价格便宜，使用方便，水溶性好。它们的固化机理如下面反应式所示：

$$4NH_4Cl + 6CH_2O \rightleftharpoons 4HCl + 6H_2O + (CH_2)_6N_4$$

$$NH_4Cl + H_2O \rightleftharpoons NH_4OH + HCl$$

由于氯化铵和甲醛及水作用能产生盐酸，使脲醛树脂液pH值迅速下降，加速了脲醛树脂的固化进程。一般氯化铵的加入量(以固体氯化铵计)为树脂液质量的0.1%~2%，加入过量的氯化铵(超过2%)对脲醛树脂的pH值无明显影响。

表23-15是氯化铵用量和脲醛树脂液pH值及适用期的关系。

表23-15 氯化铵用量和脲醛树脂液pH值及适用期的关系

NH_4Cl 用量(%)	pH值变化		适用期 (min)
	10(min)	60(min)	
0.2	4.8	4.0	250
0.4	4.5	3.8	90
0.8	4.4	3.7	70
1.0	4.3	3.6	60

②复合固化剂：在胶接实践中发现，一种单一组份的固化剂在某些条件下往往不能满足胶接工艺要求，必须使用二种或二种以上组份才能满足胶接工艺要求。在下列情况下一般使用复合固化剂：在环境温度较高的夏季，为了延长脲醛树脂胶的适用期，应使用复合固化剂，可用氯化铵和尿素，或氯化铵和六次甲基四胺，或氯化铵和氨水。这里尿素、六次甲基四胺或氨水起缓冲作用，延缓脲醛树脂液pH值下降的速度。

图23-11显示了加与不加缓冲剂的脲醛树脂的pH值与存放时间的关系。氯化铵和尿素(或六次甲基四胺)的比例及复合固化剂的用量要根据气温高低和工艺要求不同，通过实验加以确定。表23-16列出了固化剂组成和脲醛树脂固化时间及适用期的关系。

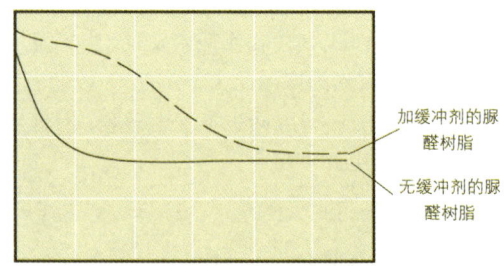

图23-11 脲醛树脂pH值与有效时间的关系

表23-16 固化剂组成和脲醛树脂固化时间及适用期的关系

固化剂种类	用量(%)	固化时间(S)	适用期(min)
NH_4Cl	0.5	22.5	140
NH_4Cl 1 NH_4Cl 1	1.0	26.5	300
NH_4C 1 $(CH_2)_6N_4$ 1	1.0	17.0	420
NH_4Cl 25 H_2O 50 $CO(NH_2)_2$ 30 $(CH_2)_6N_4$ 45	1.0	40.0	7600

注：固化剂种类一栏内，固化剂右边的数字表示重量比例

另一种是在环境温度很低的冬季，在生产胶合板时为了提高胶的预压性能或采用常温固化方式时为加速树脂固化，在氯化铵内加适量的酸组成复合固化剂，它们之间的比例及这种复合固化剂的用量也应根据当地气温和胶合工艺的要求通过实验确定。

③潜伏性固化剂：这是一种在室温条件下不显酸性，在高温下显酸性的固化剂。潜伏性固化剂有游离酸型和热分解型二种。游离酸型固化剂在常温下是固体，不显酸性，在高温溶融时才显示酸性，如酒石酸、草酸、柠檬酸。热分解型固化剂在热分解前为中性，在高温下由于水解而产生酸。属于这类的有过氧化物、酸酐、有机卤代物、酯类等。

④胶囊型固化剂：这种固化剂的细小颗粒表面有一层胶囊保护膜（胶囊熔点一般高于50℃），在常温下固化剂由于胶囊保护膜的保护而不与脲醛树脂液发生作用，而在高温时胶囊保护膜熔化破裂，胶囊的固化剂即与树脂发生反应，使胶固化。

目前潜伏性固化剂与胶囊型固化剂由于价格及性能方面的原因都没有被广泛采用。

(3) 固化剂的选择：脲醛树脂胶黏剂的固化剂应根据人造板及木制品的生产工艺要求和环境温度的高低加以选择。固化剂的种类决定了胶液pH值降低的速度及其可能降低的临界极限值，而胶液pH值降低的速度又受气温的影响，气温（环境温度）影响胶液pH值降低速度，因而影响胶液的适用期及常温固化时的固化时间。这就是说脲醛树脂胶的固化剂不是一直不变的，在不同的季节由于气温（环境温度）不同，固化剂的种类及用量应该有所变化。另外，在满足工艺要求的前提下，能制后胶液pH值不能过低，否则影响胶接耐久性，热压时间也不宜过长，否则也会影响胶接强度。

2. 填充剂

填充剂用量应根据树脂的性能、胶接工艺要求和产品用途来决定。一般用量在5%～30%（以液体树脂质量为基准）。对耐水性要求很低时，填料加入量可加到100%～200%。这种情况常是两种不同性能的填料混合使用。

活性填料（又叫活性增量剂）是填充剂的一种，它和普通填充剂的差别在于调胶时和普遍填充剂一样，基本不影响胶的固化速度，不同的是在胶固化后，活性填料能逐渐吸收（中和）胶层在固化后残留的酸，提高胶层的pH值，由于胶层的pH值上升了，接近中性，从而提高了脲醛树脂胶的耐老化性和耐水性。活性填料以碱性玻璃粉最具代表性。在普通脲醛树脂胶中添加质量为10%～15%碱性玻璃纤维粉(200目以上)，调制后压制的胶合板，其试样在沸水中煮3h以上仍能有1.0MPa以上的剪切胶合强度。由O玻璃纤维比重较大，制成胶合板后，由于胶层硬度大，锯边时易伤锯齿等缺点，应用也不多。

如前所述，填充剂不是脲醛树脂胶的基本组份，只是根据胶合工艺的需要而加入的，在生产时经济因素及产品的后加工性能也必须加以考虑。综合上面种种因素，面粉是生产胶合板时较理想的填充剂，用量一般为脲醛树脂的5%～30%。过去在调制脲醛树脂胶时总是设法多加些面粉，在保证胶合强度的前提下降低胶的成本，现在原料价格变了，面粉的价格已经大于脲醛树脂了，因此，在生产胶合板时不是设法多加面粉，而是设法少加面粉，大多数工厂现在面粉只加15%左右，有的加得更少。

23.3.3.3.2 各种用途的脲醛树脂生产工艺介绍

1. 细木工用脲醛树脂生产工艺

(1) 原料配比（表23-17）

表23-17 原料配比

原料	规格	重量比	摩尔比	备注
甲醛	37%	514.2	2	加水30kg，稀至35%
尿素	含N≥46	190.1	1	加水100kg，溶解至65%左右
氢氧化钠	15%	适量		
甲酸	43%	适量		

(2) 制造工艺

①将定量甲醛和30kg水加入反应釜内，开动搅拌器，测定甲醛溶液的pH值，并用甲酸（或氢氧化钠溶液）调pH值在4.4～4.8范围内；

②将定量尿素预先与100kg水混合加热溶解为溶液；

③通蒸汽加热，待液温上升至80～85℃时开始将尿素溶液缓缓加入反应锅内，约在0.5～1h内加完；

④加完尿素溶液后，釜内温度应控制在90～95℃之间，pH值应在5.0～5.5之间；

⑤在90～95℃下保温10min后，开始抽样测定水混溶性。1份样品和2份水混合后在20℃时出现云雾状不溶物即为反应终点，立即用15%氢氧化钠溶液中和至pH=8；

⑥通冷却水降温，当液温降至80℃左右时，开动真空泵，进行减压脱水，脱水时温度宜保持在75℃左右，脱水量为240kg左右，当反应液黏度(20℃)用4号涂料杯测定达到70s时即为脱水终点。

⑦关蒸汽，放空，使釜内压力恢复正常，同时开冷却水进行强制冷却，当锅内液温为45℃时，停止搅拌，即可放料。

(3) 树脂性能指标

外观：无色或淡黄色，无杂质透明液体

pH值：7.0～8.0

固体含量：55%以上

黏度(20℃)：500～1000cp(1cp = Pa·s)

游离甲醛含量(%)：<3

贮存期(20℃)：3个月以内

该树脂适用于在常温下胶压各种木材制品，热压时固化速度快，缺点是游离甲醛含量较高，对环境有不同程度地污染。

2. 胶合板用脲醛树脂生产工艺

(1) 原料配比

甲醛：尿素(摩尔比)为1.65：1

原料	纯度(%)	用量(质量份)
尿素	98	80，15，5
甲醛	37	218.5
氢氧化钠	30	适量
氯化铵	20	适量

(2) 制造工艺

①将甲醛经计量后加入反应釜内开动搅拌器，用氢氧化钠溶液调节pH至8.5～9.0；

②加入第一次尿素，在40～50min内使内温均匀升至90～94℃，并在该温度下保温30min(保温结束时pH值不得低于6.0)；

③加第二次尿素，继续在90～94℃下保温30min(此阶段pH值不得低于5.6)；

④用氯化铵溶液调节pH值至4.8～5.0(依甲醛溶液性质而定)，每隔5～10min测一次黏度(用10mm×100mm的倒泡管)，当黏度达到1.85s时，立即加碱中和至pH值为7.0～7.5，并通水冷却；

⑤当内温降至80℃时，开真空泵进行减压脱水，当脱水量和黏度达到要求时(脱水量为甲醛投料量的15%，黏度为4.0s左右)。立即停止脱水、放空、通冷却水冷却，同时加入第三次尿素；

⑥内温降至40℃，用氢氧化钠调节pH值为7.5～8.0放料。

(3) 树脂性能指标

外观：乳白色粘稠液体

黏度：300～500cp(20℃)

固体含量：52%～56%

游离醛含量：≤2.0%

pH值：7.0～8.0

3. 刨花板用脲醛树脂生产工艺

(1) 原料配比

甲醛：尿素(摩尔比)=1.2：1

配方中各原料用量

原料	纯度(%)	用量(质量份)
尿素	98	55，28，17
甲醛	37	160
氢氧化钠	30	适量
甲酸	20	适量

(2) 生产工艺

①将甲醛经计量后加入反应釜内，开动搅拌器，用氢氧化钠溶液调节pH值至7.0～7.5；

②加入第一次尿素，在40～50min内使内温均匀升至92±2℃，并在该温度下保温；

③每隔一定时间测一次浑浊点(根据反应速度快慢而定)当浑浊点达到50℃时，立即用甲酸溶液调节pH值至4.6～4.8；

④取样测黏度，当倒泡黏度达到1.5s时，立即用氢氧化钠溶液中和，使pH值控制在7.0～6.5之间，并通冷却水冷却；

⑤当内温降至75℃以下时，加第二次尿素，在55～65℃保持20min；

⑥加第三次尿素，搅拌10min后调节pH值至7.0～7.5；

⑦开启真空泵减压脱水，当脱水后黏度达到3.5s(倒泡时间)时，停止脱水，放空，冷却至40℃放料。

(3) 树脂性能指标

外观：半透明粘液

黏度：250～400cp(20℃)

固体含量：62%～66%

游离甲醛含量：≤0.5%

固化时间：30～50s

水混合性：≥2

pH值：7.0～7.5

这种胶黏剂用于刨花板生产可以达到无臭刨花板的要求，使用时除加固化剂外，还要加石蜡乳化剂，以提高刨花板的耐水性。

4. 低毒刨花板用脲醛树脂生产工艺

(1) 原料配比

甲醛：尿素(摩尔比)=1.05：1

原料配比中各原料用量

原料	规格	用量(质量份)
甲醛	浓度50%，醇含量<1%	100，11.5
尿素	含N≥46%	48.5，9.6，18.5，22.25
氨水	浓度25%	5
氢氧化钠	浓度10%	适量
氯化铵	浓度10%	适量

(2) 生产工艺

①加定量甲醛100份，开动搅拌器，用氢氧化钠溶液调pH值在6.8～7.0之间；

②通蒸汽升温至60℃，加尿素48.5份，继续升温至94℃，反应10min，此时pH值降至6.2，用10%NH_4Cl水溶液调pH值至4.7；

③继续升温至99℃，加第二次尿素9.6份，并反应10min；

④用氢氧化钠溶液将pH值调至5.4，并通冷却水降温；

⑤当温度降至66℃时，加第三次尿素18.5份，并反应22min；

⑥通冷却水降温，当温度降至38℃时，加第二次甲醛11.5份和第四次尿素22.2份，并在此温度下反应30min，用氢氧化钠中和至pH为7.5，加入5份氨水，降至室温出料。

⑦树脂性能指标

固体含量：68%～70%

折射率：1.450～1.456

pH 值：7.5～8.5

黏度：100～200cp

游离甲醛含量：≤0.05%

100℃凝胶化时间：25～55s

羟甲基含量：12%～13%

贮存期：3月

该树脂的特点是游离甲醛含量特别低，而凝胶时间短，适用作刨花板及制造细木工板；缺点是需要甲醛浓度高，而且甲醇含量在1%以下。

5. 用甲醛预缩液(UFC)制刨花板用脲醛树脂

(1) 原料配比

甲醛：尿素(摩尔比)=1.63:1

原料配比中各原料用量

原料	纯度(%)	用量(质量份)
尿素	98	109
UFC	60 {甲醛 43, 尿素 17}	300
氢氧化钠	30	适量
甲酸	20	适量

(2) 生产工艺

①将UFC计量后加入反应锅内，测pH值如在6.5以上就不用加碱，在6.5以下时用氢氧化钠调pH值至7.0；

②加第一次尿素，在30～40min内使锅内温度均匀升至90～94℃，保温30min；

③用甲酸调pH值4.8～5.2；

④保持30min后加第二次尿素；

⑤每隔一定时间测定一次黏度；当黏度达到要求后立即加碱中和至pH为7.5～8.0，通水冷却，并加入第三次尿素；

⑥当内温降至40℃时放料；

(3) 树脂性能指标

外观：半透明黏液

黏度：0.300～0.400Pa·s(20℃)

固体含量：60%～65%

固化时间：30-60s

pH值：7.0～8.0

用UFC作原料代替甲醛生产脲醛树脂时，由于甲醛浓度高，反应较大，应加以注意，在制造过程中省去了脱水工序，节省了时间，使生产周期缩短1h以上，既提高了设备生产能力，又节省了能量，同时解决了制胶脱水时的废水污染问题。而且树脂质量也比用37%浓度的甲醛液制得的树脂稳定。

6. 中密度纤维板用脲醛树脂生产工艺

(1) 原料配比

甲醛：尿素(摩尔比)=1.5:1

原料配比中各原料用量

原料	纯度(%)	用量(质量份)
甲醛	37	700
尿素	98	350
三聚氰胺	99	18
氢氧化钠	10	适量
氯化铵	20	适量

(2) 生产工艺

①将甲醛计量后加入反应锅内，用氢氧化钠溶液调pH值至7.5～8.5。加第一次尿素和三聚氰胺；

②在40～50min内升温至90±1℃，保温30min；

③用氯化铵溶液调pH值至4.8～5.0，反应至终点；

④当反应至终点后立即用氢氧化钠溶液中和至pH值为7.0～7.5，加第二次尿素，并通冷却水冷却；

⑤内温降至40℃放料。

(3) 树脂性能指标

外观：乳白色黏液

黏度：25～50cp

固体含量：(50±1)%

游离甲醛含量：≤1%

pH值：7.0～9.0

该树脂在原料配方中加了三聚氰胺，目的是增强脲醛树脂的湿胶接强度，以满足中密度纤维板品质的要求。

7. 浸渍用脲醛树脂生产工艺

(1) 原料配比

原料	规格	用量(质量份)
甲醛	37%	155
尿素	含N量≥46%	57.5, 42.5
氢氧化钠	10%	适量
醋酸	醋酸：水=1:1	适量

(2) 生产工艺

①将甲醛计量后加入反应锅内，开动搅拌器，用氢氧化钠溶液调pH值至8.5～9.0，加第一次尿素；

②通蒸汽加热至一定温度后关汽，停止加热，靠反应自发热升至78～82℃，在此温度保温10～15min；

③用醋酸调pH为4.5～4.6，在90～95℃保温20～30min；

④用氢氧化钠溶液调pH值为8.7～7.2，同时降温至75℃～70℃，加剩余的第二次尿素。

⑤在65℃～60℃下保温35～40min，调pH至7.5～8.0；

⑥冷却到40℃以下，树脂液用120～200目筛网过滤。

(3) 树脂性能指标

固体含量	48%～50%
黏度	11～14cp
比重	1.20
pH	7.5～8.0
游离醛含量	0.7%～1.0%

该树脂用于浸渍纸张，制造胶膜纸，也可作脲醛树脂与聚酯树脂浸渍液的主要成份。

8. 碱固化脲醛树脂生产工艺

(1) 原料配比

原料	摩尔比	纯度(%)	用量(质量份)
尿素	1	98	61
甲醛	4	37	324
丙酮	0.4	100	23
磷酸三钠	—	100	适量
甲酸		20	适量

(2) 生产工艺

① 将甲醛计量后加入反应锅内，用磷酸三钠调pH值至9.6；

② 加入定量尿素，在30min内将内温升至90℃，并保温30min；

③ 用甲酸溶液调pH值至5.0左右，测浑点，当浑点达到10℃时立即用磷酸三钠调pH值9.0，并通水冷却；

④ 当温度降至50℃时加入丙酮，搅拌20min；

⑤ 升温至80℃，保温30min，用甲酸调pH至7.5，真空脱水；

⑥ 当脱水量达到要求时，停止脱水，降温至40℃放料。

(3) 使用方法

树脂100份加25%的氢氧化钠溶液10份，调匀后即可使用。混合物在100℃时的凝胶时间为2min。

23.3.4 脲醛树脂性能指标及检验

23.3.4.1 脲醛树脂性能指标

木材胶黏剂用脲醛树脂的性能技术指标如表23-18所示。

23.3.4.2 性能指标的含义与胶性能的关系

(1) 黏度：它是反映液体内部流动阻力大小的物理量，用泊表示。黏度还可以用一定体积的液体在某一温度下的流出时间来表示，这是一种条件黏度的表示方法。用4号涂料杯测定的就是条件黏度。

黏度大小与合成反应时的反应终点控制有关。树脂黏度过小是由两种情况造成的，一种是反应时间不足，没有到反应终点就停止反应；另一种是对脱水树脂胶而言，是由于脱水量不够而造成的。对于相同配方、相同制造工艺的树脂而言，黏度的大小反映了树脂的平均分子量大小(在树脂含量相同的条件下)，否则，即使树脂含量相同，比较树脂的黏度大小的实用意义并不大。

表示树脂黏度大小时必须注明测定黏度时的温度，否则失去意义，因为黏度和温度有直接关系，同一种树脂在不同温度下测得的黏度不同，温度高时，树脂的流动性增加，测得的黏度就小。

胶接的对象不同，对黏度有不同的要求。例如，刨花板、中密度纤维板用胶，要求胶的黏度小一些为好，以便施胶均匀，而胶合板、细木工板用胶，则要求胶的黏度适当大些，等等。

总之，树脂胶的黏度应满足胶合工艺的要求，过大或过小，不但影响施胶，而且还影响胶的其他性能指标。

(2) 固体含量：固体含量又叫非挥发份含量。它表示树脂液中非挥发性物质的质量百分数。实际上是反映树脂液中树脂含量的多少。但是对于调制过的树脂胶而言，固体含量相同的胶不等于这两种胶的树脂含量相同。

表23-18 木材胶黏剂脲醛树脂性能指标

指标名称	单位	试验条件	脲醛树脂的类别			
			NQ-L	NQ-BT	NQ-TS	NQ-DQ
外观	—	(25 ± 1)℃	无色、白色或淡黄色无杂质均匀液体			
pH	—		7.0~8.0	7.0~8.0	7.0~8.0	7.0~8.0
固体含量	%	(100 ± 5)℃，60min	55以上	48~52	55~65	60~65
黏度	Pa·s	(20 ± 0.1)℃	0.30~1.00 [300~1000]	0.06~0.18 [60~180]	0.25~1.00 [250~1000]	0.16~0.40 [160~400]
游离甲醛	%	20~25℃	<3.0	<2.0	<1.5	<0.5
水混和性	倍	(25 ± 0.5)℃	2以上	2以上	2以上	2以上
贮存稳定性 (黏度增长率)	h (%)	(70 ± 2)℃	10 (<200)	6 (<200)	10 (<200)	6 (<200)
胶接强度>	N/m² [kgf/cm²]	—	① 197.2×10⁴ [20]	② 137.2×10⁴ [14]	③ 137.2×10⁴ [14]	④ 39.2×10⁴ [4]
固化时间<	s	100℃	40	50	50	50
适用期>	h	(25 ± 0.5)℃	0.8	3.5	1	3.5
树脂沉析温度>	℃				40	40
树脂羟甲基含量>	%		13	10	13	12

注：1. 树脂沉析温度与树脂羟甲基含量两项指标在1988年1月1日前不作为考核项目，按抽测项目定期测定

2. NQ-BT与NQ-TS胶接强度指标，系指桦木胶合板指标。其他树种胶合板应符合GB 738-75《阔叶树材胶合板》与GB1349-78《针叶树材胶合板》的规定指标

树脂液的固体含量与制造树脂时的配方及制造工艺有关，相同的配方及制造工艺相同的树脂液的固体含量基本相同，即使黏度有所差别，其固含量差别不大。制造树脂的配方及制造工艺不同，固体含量有可能相同，也可能不同。

胶接制品不同，对树脂液的固体含量要求也不同。例如，胶合板用胶，对树脂液的固体含量要求并不高，而对调制后的胶的固体含量要求却比较高，这可以用在树脂液中加填料的方法解决。刨花板用胶和胶合板用胶就不一样，它要求胶的固体含量高而黏度却要小，因此，必须在制造树脂液的后期，用脱水的方法提高树脂液的浓度，从而达到提高固体含量的目的。

任何一种树脂胶，只要树脂的黏度满足工艺的要求，树脂液的固体含量愈高对胶接愈有利,但会增加制造树脂时的成本。对于溶剂型热塑性树脂胶而言，在满足工艺要求的前提下，固体含量应该尽量高；而对于象酚醛树脂、脲醛树脂之类的水作分散介质的胶黏剂而言，在满足工艺要求的前提下，有足够的固体含量就可以了。

(3) pH值：pH值表示树脂液中氢离子浓度的负对数值，反映树脂液酸碱性大小的程度。木材工业中常用的胶黏剂的pH值是一个很重要的指标。因为它和树脂液的贮存期有密切关系，如果pH值没有控制好，会使树脂液在贮存过程中黏度很快增大，失去胶合作用。

(4) 适用期与固化时间：适用期是指调制后的胶黏剂能维持可使用性能的时间。

固化时间是指在规定条件(如温度、压力)下，装配件中胶黏剂固化所需要的时间。

适用期和固化时间之间有着密切的关系。适用期愈长，固化时间也愈长。而生产上要求适用期要尽可能长，固化时间愈短愈好。因此，适用期长和固化时间短是一对矛盾的因素。适用期和固化时间的长短都和制造树脂时的配方、制造工艺有关。如脲醛树脂的固体含量高，黏度大，游离醛含量高，则适用期短，固化时间短。另外，它们还和固化剂种类及用量有关，所加固化剂的酸性强，用量多，则适用期短，而固化速度快。环境温度对适用期也有十分显著的影响。夏天气温高，适用期短。

为了使生产流水线能维持正常生产,胶黏剂的适用期应该有足够的时间，在保证胶接制品质量的前提下，尽量提高胶的固化速度。在生产中常常是根据不同的气温、胶黏剂的具体黏度大小来决定固化剂的配方及用量，以保证胶接制品的品质和产量。

(5) 水混和性：水混和性是测定木材工业中常用的酚醛树脂、脲醛树脂与水的亲和性能的指标，表示树脂能用水稀释到析出不溶物的限度。

水混和性能的好坏和树脂制造时的原料配比、催化剂的种类、反应温度、缩聚程度等有密切关系。一般来说，原料配比中甲醛用量大时，所得树脂的水混和性好，反应温度高，缩聚反应速度快，所得树脂的水混和性差，在合成脲醛树脂时，加入少量的氨水或六次甲基四胺，可增加脲醛树脂的水混和性，脲醛树脂中游离尿素含量高，对提高脲醛树脂的水混和性有利。在合成酚醛树脂时，增加配方的碱用量，可以增加酚醛树脂的水混和性。

水混和性好的树脂在使用后容易洗涤，使用方便，洗涤后的废水容易排放，不容易堵塞下水道。因此，对树脂的水混和性有一定的要求，但不能太大，否则会导致胶接强度、耐水性等性能下降。

(6) 贮存稳定性(贮存期)：贮存稳定性是指在室温条件下，树脂能保持操作性能、并能达到规定的胶接强度的存放时间。

树脂的贮存期当然愈长愈好。贮存期长，说明树脂的性能比较稳定。而贮存期的长短和树脂的原料配比、缩聚程度的大小、环境温度等因素有关。一般甲醛用量大的脲醛树脂，贮存期较长，甲醛用量小的脲醛树脂贮存期短；缩聚程度大的树脂，贮存稳定性差，贮存期短；贮存时的温度对贮存期有明显的影响，贮存温度愈高，贮存期愈短。所以树脂应存放在阴凉处，避免日光照射。但是并不是贮存温度愈低愈好，最好在10~20℃之间。

商品胶的贮存期是胶黏剂的很重要的一项性能指标。一般至少在30d以上，否则，不会被用户接受使用。

(7) 游离醛含量：游离醛即树脂中所含的没有参加反应的、呈游离状态的甲醛的质量百分数。

游离醛含量的高低与制造树脂时原料配比、制造工艺、有无脱水工序、缩聚程度等有密切关系。它还影响胶的固化时间。如表23-19所示的是脲醛树脂中游离甲醛含量和固化时间、适用期的关系。

表 23-19 脲醛树脂中游离甲醛含量与固化时间、适用期的关系

游离甲醛含量(%)	固化时间(s)	适用期(min)
1.57	35.4	300
2.00	28.4	265

(8) 树脂沉析温度：它是脲醛树脂的一个重要性能技术指标。脲醛树脂胶的胶接性能除了和缩聚程度有关外，脲醛树脂中羟甲基含量和亚甲基含量之比对胶接性能也有很大的影响，而用化学分析方法测定两者之比非常麻烦，用测定树脂沉析温度的方法既简单又迅速，它可以预测胶接性能的好坏，在制造树脂时可以作为控制树脂性能技术指标的手段。树脂沉析温度高低与树脂缩聚程度有一定的关系,树脂的缩聚程度大，沉析温度也高。

(9) 羟甲基含量：它和脲醛树脂的固化速度、耐水性、贮存稳定性有着密切的关系，一般羟甲基含量高，树脂的水混和性好，贮存期长，固化速度也快，胶接强度也大，但是羟甲基含量太高也不行，胶接强度和耐水性反而下降。

脲醛树脂中羟甲基含量与制造树脂时甲醛用量有关，甲醛用量大，即摩尔比大，羟甲基含量就大。另外，还和合成摩尔比、缩聚程度，工艺条件等有关。

23.3.4.3 脲醛树脂主要技术性能指标的检验方法

1. 外观测定法

(1) 仪器

试管：内径(18±1)mm，长150mm。

(2) 操作步骤：将试样20ml倒入干燥洁净的试管内，静置5min后，用眼睛在天然散射光或日光灯下对光观察。试验应在(25±1)℃下进行。如温度低于10℃，发现试样产生异状时，允许用水浴加热到40～45℃，保持5min，然后冷却到(25±1)℃，再保持5min，进行外观的测定。观察分层现象需要静置半小时后进行。

(3) 外观观察项目：颜色，透明度，分层现象，机械杂质，浮油凝聚体。

2. 密度测定法

(1) 仪器

①密度计

②量筒：500ml

③温度计：0～50℃水银温度计

(2) 操作步骤：测定时预先将试样温度调节至20℃后，将试样沿玻璃棒慢慢地注入干燥的量筒中，不得使试样产生气泡和泡沫，拿住密度计上端，将其慢慢地放入试样中，注意不要接触筒壁(图23-12)。当密度计在试样中停止摆动后，记下液面和刻度柄交接处的读数(精确到0.001)。平行测定3次，计算平均值即为试样的密度，平行测定结果之差不超过0.005。密度单位为g/cm³。

注：当试样量少时，允许用密度瓶或书氏密度天平测定。

3. 黏度测定法

(1) 仪器

①恒温水浴

②温度计：0～50℃水银温度计，分度：0.1℃

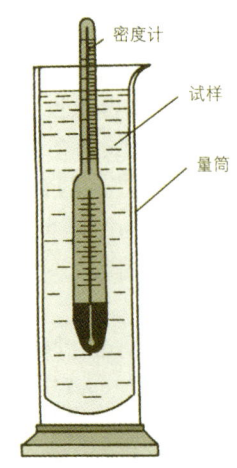

图23-12 密度计放置示意图

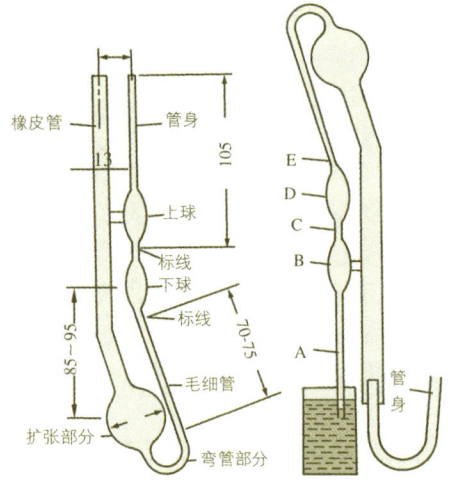

图23-13 改良奥氏黏度计及抽样示意图

③秒表：最小分刻度：0.2s

④改良奥氏黏度计：如图23-13所示，黏度计必须标定其常数。

(2) 操作步骤：测定时黏度计的选用，应根据试样的流动时间而定。试样的流动时间须在50～300s范围内。黏度计应仔细洗涤干净，并烘干。先把水浴的温度调节到(20±0.1)℃(夏季用冰水调温)。将黏度计倒置，使A管上口浸没在试样中(图23-13)用吸气球抽气；使试样升至标线E时停止抽气，立即将黏度计倒转回正常位置。然后将盛有试样的黏度计夹在恒温水浴的夹子上，黏度计上半部分应保持垂直状态，水面浸没黏度计的上球B，保温15min后进行测定。

用橡胶管接到黏度计A管上口，然后吸气球抽气，使试样液面升到标线C以上，当试样液面流至标线C时，按动秒表，液面流至E时，按停秒表，记录时间。在全部操作过程中温度应保持恒定，重复测定三次，平行测定结果之差不大于0.2s，求出平均值。

(3) 计算

树脂黏度按下式计算：

$$\eta = tkd$$

式中：η——黏度，mPa·s

t——时间，s

k——黏度计常数

d——试样密度，g/cm³

注：黏度计常数是用已知黏度的标准油样测定。不同直径的黏度计应选用相应黏度的标准油样。

黏度计常数按下式计算：

$$k = \frac{\eta_{标}}{t}$$

式中：k——黏度计常数

$\eta_{标}$——标准油样黏度

t——时间，s

4. pH值测定法

(1) 仪器

①酸度计

②玻璃电极，甘汞电极

③烧杯：50ml

(2) 试剂

① pH值4.003标准缓冲液：秤取经110℃烘2～3h的苯二甲酸氢钾(优级纯)10.21g，用蒸馏水稀释至1000ml。

② pH值6.864混合磷酸盐标准缓冲液：秤取经110℃烘2h的磷酸二氢钾(优级纯)3.40 g和磷酸氢二钠(优级纯)3.55g，用蒸馏水稀释至1000ml。

③ pH值9.182硼砂标准缓冲液：秤取硼砂($Na_2B_4O_7 \cdot 10H_2O$)(优级纯)3.81g，用蒸馏水稀释至1000ml。

(3) 操作步骤

①玻璃电极，使用之前需在蒸馏水内浸泡一昼夜。

②为保持仪器零点稳定，需预热半小时以上，方可使用。

③取试样40ml于50ml烧杯中，放至室温将酸度计上温度补偿器调节至室温，然后按照酸度计使用说明书操作仪器，读取pH值。

5. 固体含量测定法

(1) 仪器

①瓷皿：直径24mm

②真空烘箱

③分析天平：感量0.1mg

④干燥器

(2) 操作步骤

在预先干燥恒重的瓷皿中，用分析天平称取1～1.2g试样，将瓷皿放入已恒定温度的真空烘箱内，按下表规定的干燥条件干燥，然后取出放入干燥器内，冷却20min秤重。

表23-20 不同胶种的试样干燥情况

胶黏剂种类	试样重(g)	干燥温度(℃)	干燥时间(min)	真空度(mmHg)
脲醛、三聚氰胺树脂	1.0000～1.2000	100±5	60	10～20
醇溶性酚醛树脂	1.0000～1.2000	100±5	120	10～20
水溶性酚醛树脂	1.0000～1.2000	120±5	120	10～20

(3) 计算

固体含量按下式计算：

$$R = \frac{m - m_1}{m_2 - m_1} \times 100$$

式中：R——固体含量，%

m——瓷皿与干燥后树脂的质量，g

m_1——瓷皿的质量，g

m_2——瓷皿与干燥前树脂的质量，g

(4) 允许差

平行测定结果之差不大于0.5%，取其算术平均值作为测定结果。

6. 水混和性测定法

(1) 仪器

①天平：感量0.1g

②锥形烧瓶：容量250ml

③量筒：50ml

④温度计：0～100℃水银温度计

⑤恒温水浴

(2) 操作步骤

在锥形烧瓶中称取5g试样，插入温度计，将锥形烧瓶放入(25±0.5)℃水浴中，使样品达到25℃，再用量筒取预先恒温到25℃的蒸馏水，在搅拌下慢慢地加入锥形烧瓶中，将混和液摇动后，再加水，直到混和液中出现微细不溶物或锥形烧瓶内壁上附着有不溶物时，读取加入的水量。平行测定两次，计算结果精确到小数点后一位，取其平均值。

(3) 计算

水混和性按下式计算：

$$L = \frac{W}{G}$$

式中：L——水混和性，倍数

G——试样的质量，g

W——加入的水量，ml

此法适用于水溶性酚醛、脲醛树脂的水混和性测定。

7. 固化时间测定法

(1) 仪器及装置

①平底或圆底短颈烧瓶：1000ml

②天平：感量0.1g

③秒表

④烧杯：100ml

⑤试管：直径18mm，长300mm

⑥装置：见图23-14

(2) 试剂

氯化铵：分析纯

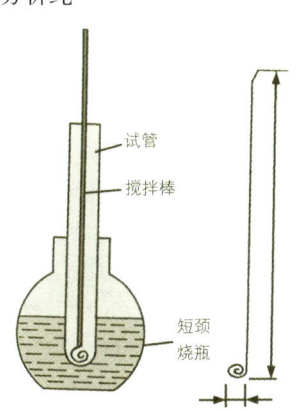

图23-14 树脂固化时间测定装置

(3) 操作步骤

称取 50g 试样(精确到 0.1g)放入烧杯中，在烧杯中加入 0.5g(精确到 0.01g)氯化铵，搅拌均匀后，立即称取试样 2g，放入试管中(注意不要使试样粘在管壁上)，将试管放入有沸水的短瓶中，同时按动秒表，瓶中沸水的水面，比试管中的试样液面高出 20mm，在不断搅拌下，试样逐渐硬化。当搅拌棒突然不能提起的瞬间按停秒表，记录时间。

平行测定两次，取其平均值。平行测定结果之差不应超过 2s。

注：试样应调至 20～25℃，加入 NH_3Cl 后在 10min 内测定。

8. 适用期测定法

(1) 仪器

① 恒温水浴

② 烧杯：容量 100ml

③ 温度计：0～50℃ 水银温度

④ 搅拌棒：直径约 6mm，长约 150mm 的玻璃棒

⑤ 天平：感量 0.1g

(2) 试剂

氯化铵：分析纯

(3) 操作步骤

称取试样 50g(精确到 0.1g)放入烧杯中，加入 0.5g(精确到 0.01g)氯化铵，用玻璃棒搅拌均匀，立即将烧杯置于水温为 25±0.5℃ 的恒温水浴中，同时记下开始时间。试样液面须在水面下 20mm 处。经常观察试样，直到搅拌棒挑起时断丝为终点，记录时间，结果用分钟(min)表示。

9. 贮存稳定性测定法：

(1) 仪器

① 恒温水浴

② 锥形烧瓶：150ml，配有胶塞

③ 试管：外径 18mm，长 150mm

④ 天平：感量 0.1g

⑤ 温度计：0～100℃ 水银温度计，分度值 0.2℃

(2) 操作步骤

① 胶黏剂试样在进行初始黏度测定后，分别称取试样 10g(精确到 0.1g)于试管中与试样 100g(精确到 0.1g)放入锥形烧瓶中。按照下表规定的温度，将试管与锥形烧瓶同时放入恒温水浴中，试样的液面应在水浴液面下 20mm 处，记下开始时间。约 10min 后，盖紧塞子，每小时取出试管观察一次试样的流动性。锥形瓶中试样按表中条件处理完毕，取出冷至 20℃，测定黏度，计算出黏度变化率。直至黏度增长率达 200% 时止，记录处理时间，以小时(h)为单位。

② 贮存稳定性试验按下表规定条件进行处理，当树脂黏度增长率达到 200% 时所需的时间即代表树脂的贮存稳定性，脲醛树脂以 h×10、酚醛树脂以 h×6 所得的数值，即相当于密封包装在温度 10～20℃ 阳光不直射处贮存的天数。处理温度见表 23-21。

表 23-21 不同胶种的处理温度

胶 种	处 理 温 度(℃)
脲醛树脂胶黏剂	70±2
酚醛树脂胶黏剂	60±2

(3) 计算

树脂黏度变化率按下式计算：

$$V = \frac{\eta - \eta_0}{\eta_0} \times 100$$

式中：V——黏度变化率，%

η——贮存后的黏度，$mPa \cdot s$

η_0——贮存前的黏度，$mPa \cdot s$

10. 脲醛树脂游离甲醛的测定

(1) 方法原理

在样品中加入氯化铵溶液和一定量的氢氧化钠，使生成的氢氧化铵和甲醛反应，生成六次甲基四胺，再用盐酸滴定剩余的氢氧化铵。

$$NH_4Cl + NaOH \rightleftharpoons NaCl + NH_4OH$$

$$6CH_2O + 4NH_4OH \rightleftharpoons (CH_2)_6N_4 + 10H_2O$$

$$NH_4OH + HCl \rightleftharpoons NH_4Cl + H_2O$$

(2) 仪器

① 分析天平：感量 0.1mg

② 碘量瓶：250ml

③ 滴定管：10ml(酸式)

④ 移液管：10ml

(3) 试剂

① 0.1% 混合指示剂：两份 0.1% 甲基红乙醇溶液与 0.1% 次甲基蓝乙醇溶液，混合摇匀。

② 溴甲酚绿-甲基红混合指示剂：三份 0.1% 溴甲酚绿乙醇溶液与一份 0.2% 甲基红乙醇溶液，混合摇匀。

③ 10% 氯化铵溶液：称取 10g 氯化铵(分析纯)溶解于 90ml 蒸馏水中。

④ C(NaOH)=1mol/L 氢氧化钠溶液：量取 52ml 氢氧化钠饱和溶液注入 1000ml 容量瓶中，用不含二氧化碳的蒸馏水稀释至刻度。

⑤ C(HCl)=1mol/L 盐酸标准溶液：

a. 配制：量取 90ml 盐酸(分析纯)，注入 1000ml 容量瓶中用蒸馏水稀释至刻度。

b. 标定：称取 1.6g(精确至 0.0001g)于 270～300℃ 灼烧至恒重的无水碳酸钠(优级纯)，溶于 50ml 蒸馏水中，加 10 滴溴甲酚绿-甲基红混合指示剂，用 C(HCl)=1mol/L 盐酸标准溶液滴定至溶液由绿色变为暗红色，煮沸 2min，冷却后，继续滴定至溶液呈暗红色。

c. 盐酸标准溶液摩尔浓度按下式计算：

$$C = \frac{g}{V \times 0.05299}$$

式中：C——盐酸标准溶液摩尔浓度，mol/L

g——无水碳酸钠之质量，g

V——滴定所耗盐酸标准溶液体积，ml

0.05299——1/2碳酸钠之毫摩尔质量，g/mmol

(4) 操作步骤

称取试样10g(精确至0.0001g，树脂中游离甲醛不少于50mg)于250ml碘量瓶中，加入50ml蒸馏水溶解(若样品不溶于水，可用适当比例的乙醇与水混合溶剂溶解，空白试验条件相同)，加入混合指示剂8～10滴，如树脂不是中性，应用酸或碱滴定至灰青色加入10ml10%氯化铵溶液，摇匀，立即用移液管加入氢氧化钠溶液〔C(NaOH)=1mol/L〕10ml，盖紧瓶塞，充分摇匀，在20～25℃温度下放置30min，用盐酸标准溶液进行滴定，溶液由绿色→灰青色→红紫色，以灰青色为终点。同时进行空白试验。

平行测定二次，二次测定结果的差值不应大于0.05，取其算术平均值作为测定结果。

注：在放置过程中塞紧瓶塞，用水封口，以防氨逸出。

(5) 计算

树脂游离甲醛含量按下式计算：

$$F = \frac{(V_1 - V_2) \times C \times 0.03003 \times 6}{G \times 4} \times 100$$

式中：F——游离甲醛含量，%

C——盐酸标准溶液摩尔浓度，mol/L

V_1——空白试验所消耗盐酸标准溶液体积，ml

V_2——滴定试样所消耗盐酸标准溶液体积，ml

0.03003×6/4——1ml量为C(HCl)=1mol/L，盐酸标准溶液相当于甲醛的摩尔质量，g/mmol

11. 羟甲基含量的测定

(1) 原理

树脂中羟甲基($-CH_2OH$)和游离甲醛在碱性条件下与碘反应，再用硫代硫酸钠滴定剩余的碘，测得羟甲基和游离甲醛的总量，而亚硫酸钠法仅能测出树脂中游离甲醛含量，从而可计算出转化为甲醛的量。

$3I_2 + 6NaOH \rightarrow NaIO_3 + 3H_2O + 5NaI$

$3RCH_2OH + NaIO_3 + 3NaOH \rightarrow 3RH + 3HCOONa + NaI + 3H_2O$

$3CH_2O + NaIO_3 + 3NaOH \rightarrow 3HCOONa + NaI + 3H_2O$

(2) 仪器

① 碘量瓶：250ml

② 移液管：10ml、25ml

③ 滴定管：50ml(酸式棕色)

④ 量筒：50ml

⑤ 分析天平：感量0.1mg.

(3) 试剂

① $C(I_2)=0.1$mol/L碘溶液：称取13.0g碘(分析纯)与碘化钾30.0g，先将碘化钾溶解于少量水中，然后在不断搅拌下加入碘，使其完全溶解，注入1000ml棕色容量瓶中，稀释至刻度。

② $C(NaOH)=2$mol/L氢氧化钠溶液：量取110ml氢氧化钠(分析纯)饱和溶液注入1000ml容量瓶中，用不含二氧化碳的蒸馏水稀释至刻度。

③ $C(HCl)=4$mol/L盐酸溶液：量取335ml浓盐酸(分析纯)注入1000ml容量瓶中，用蒸馏水稀释至刻度。

④ $C(Na_2S_2O_3)=0.167$mol/L(0.1N)硫代硫酸钠标准溶液：

a. 配制：称取26.3g(精确到0.0001g)硫代硫酸钠(优级纯)置于500ml烧杯中，加新煮沸已冷却的蒸馏水至完全溶解后，加入1000ml容量瓶中，稀释到刻度，加入0.05g碳酸钠(防止分解)及0.1g碘化汞(防止发霉)，贮存于棕色瓶中，静置14d标定。

b. 标定：称取经120℃烘至恒重的重铬酸钾(优级纯)0.15g(精确到0.0001g)置于500ml碘量中，加入25ml蒸馏水，加2.0g碘化钾及5ml浓盐酸，摇匀，于暗处放置10min，加150ml蒸馏水，用硫代硫酸钠待标定液滴定，接近终点时加3ml 1%淀粉指示剂，继续滴定至溶液由蓝色变为亮绿色。

硫代硫酸钠标准溶液摩尔浓度按下式计算：

$$C = \frac{G}{V \times 0.04904}$$

式中：C——硫代硫酸钠标准溶液摩尔浓度，mol/L

G——重铬酸钾质量，g

V——滴定所消耗硫代硫酸钠待标定液体积，ml

0.04904——质量铬酸钾的毫摩尔质量，g/mmol

⑤ 1%淀粉指示剂：称取2.0g可溶性淀粉，加水20ml，搅拌下注入180ml沸腾蒸馏水中微沸2min，放置待用。

(4) 操作步骤

称取试样0.1g(精确到0.0001g)，置于预先加有50ml蒸馏水的250ml碘量瓶中，摇匀；用移液管加入25ml $C(I_2)=0.1$mol/L碘溶液，再用量筒加10ml [$C(NaOH)=2$mol/L] 氢氧化钠溶液。盖紧瓶塞并摇匀，用水封口，在室温下暗处放置10min后，加入盐酸溶液10ml [$C(HCl)=4$mol/L] 并摇匀，立即用硫代硫酸钠标准溶液[$C(Na_2S_2O_3)=0.167$mol/L(0.1N)]滴定至淡黄色，加3ml 1%淀粉指示剂，继续滴定至蓝色消失。同时作空白试验。平行测定两次，计算结果精确到小数点后两位，取其平均值。

(5) 计算

树脂中羟甲基含量按下式计算：

$$M = 1.03 \times \left[\frac{(V_1 - V_2) \times 0.015 \times C}{G} \times 100 - F\right]$$

式中：M——羟甲基含量，%

V_1——空白试验消耗硫代硫酸钠标准溶液体积，ml

V_2——试样消耗硫代硫酸钠标准溶液体积，ml

C——硫代硫酸钠标准溶液摩尔浓度，mol/L

0.015——1ml 浓度为 C(NaS$_2$O$_3$)=0.167mol/L(0.1N)硫代硫酸钠标准溶液相当于甲醛的毫摩质量，g/m mol

G——试样质量，g

F——游离甲醛含量，%

1.03——羟甲基分子量与甲醛分子量比值

12. 脲醛树脂沉析温度的测定

(1) 仪器

①锥形烧瓶：100ml

②天平感量 0.1g

③温度计：0~100℃水银温度计

(2) 操作步骤

称取含固体树脂为 1.5g 的试样(精确到 0.1g)于 100ml 锥形瓶中，加入蒸馏水，使树脂溶液稀释成 3% 的浓度，插入温度计，将锥形烧瓶浸入沸水中加热并不断摇动，当树脂温度升至 80℃时，从沸水中取出，然后将锥形烧瓶自然冷却或放置冷水中逐渐冷却，冷却时不断摇动锥形烧瓶，同时观察锥形烧瓶中树脂溶液变化情况，当树脂溶液开始变混浊或出现细微不溶粒子时，记下此树脂液的温度。测定两次，取其平均值，即为树脂的沉析温度。

23.4 三聚氰胺树脂胶黏剂

23.4.1 三聚氰胺树脂的原料性质及要求

三聚氰胺树脂的主要原料是甲醛和三聚氰胺。甲醛在前一节已述。

23.4.1.1 三聚氰胺性质

分子式：$C_3H_6N_6$，分子量：126.13

三聚氰胺为白色粉末状结晶，比重 1.578，熔点 354℃，在水中的溶解度与温度有关，在沸水中的溶解度为 5.1%，在冷水(25℃)中为 0.5%，不溶于醚，难溶于乙醇，微溶于甲醇，易溶于甲醛水溶液、液氨、酒精、苯酚、丙酮和烧碱水溶液。能和盐酸、硫酸、乙酸、草酸等作用生成盐。三聚氰胺和甲醛等醛类反应迅速，与甲醛反应生成羟甲基三聚氰胺，进一步反应生成树脂。

23.4.1.2 三聚氰胺技术性能指标见表 23-22(GB9567-1988)

表 23-22 为三聚氰胺技术性能指标

指标名称	指　标		
	优级品	一级品	合格品
外 观	白色粉末，无外来杂质		
三聚氰胺含量，% ≥	99.8	99.5	99.0
水分，% ≤	0.10	0.15	0.20
灰分，% ≤	0.030	0.50	0.10
pH 值	7.5~9.5	7.5~9.5	7.5~9.5
甲醛溶解性试验			
色度(铂—钴)号 ≤	20	30	40
高岭土浊度，度 ≤	20	30	40

23.4.2 三聚氰胺树脂的合成原理及制造工艺

23.4.2.1 三聚氰胺树脂的合成原理

三聚氰胺树脂的合成反应和脲醛树脂极其相似，反应速度比脲醛树脂快，这是由于三聚氰胺分子具有 3 个氨基，6 个活泼氢原子的缘故。它可以和 1~6 个甲醛分子反应，生成 1~6 羟甲基三聚氰胺。但是从合成三聚氰胺树脂交联程度要求出发，三聚氰胺和甲醛的摩尔比(F/M)一般在 2~3 之间即可。三聚氰胺树脂初期产物的形成和脲醛树脂一样，可分成两个阶段：即首先形成羟甲基三聚氰胺，然后是羟甲基三聚氰胺之间进行缩聚反应。

(1) 羟甲基三聚氰胺的形成

在中性或弱碱性条件下，三聚氰胺和甲醛反应生成较稳定的羟甲基三聚氰胺，其反应式如下：

(2) 羟甲基三聚氰胺的进一步反应(缩聚反应)

生成的羟甲基三聚氰胺和羟甲脲不同，在中性或弱碱

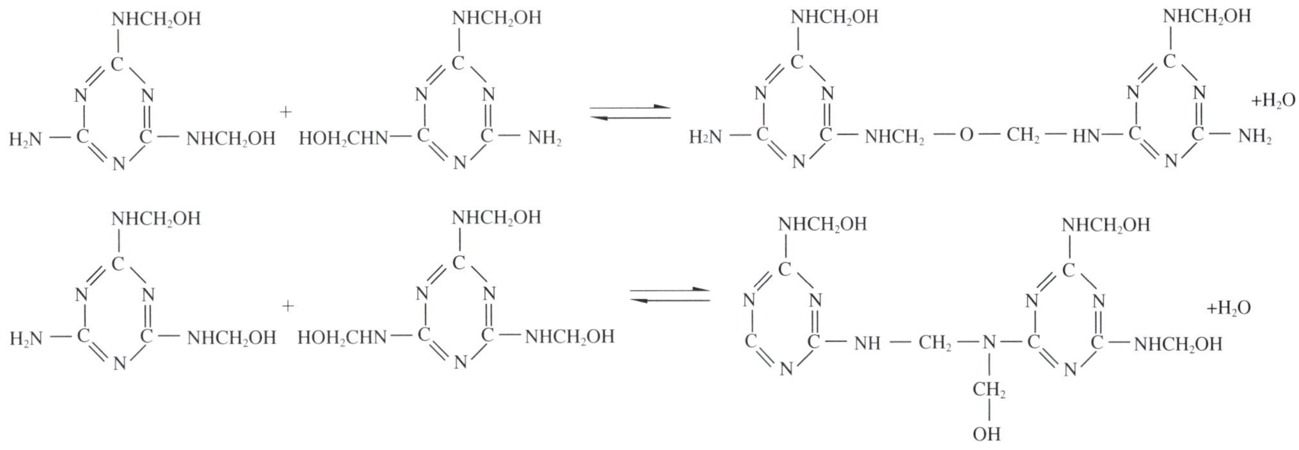

性条件下，能进一步缩聚，生成以次甲基醚键或次甲基键连接的二聚体、三聚体。其反应式有以下两类：

由于形成的三聚氰胺二聚体分子内还含有可反应的羟甲基，因此可以继续反应下去，分子量逐渐增大，最后变成具有不溶不熔的体型网状结构的三聚氰胺树脂。其可能有的结构式如下：

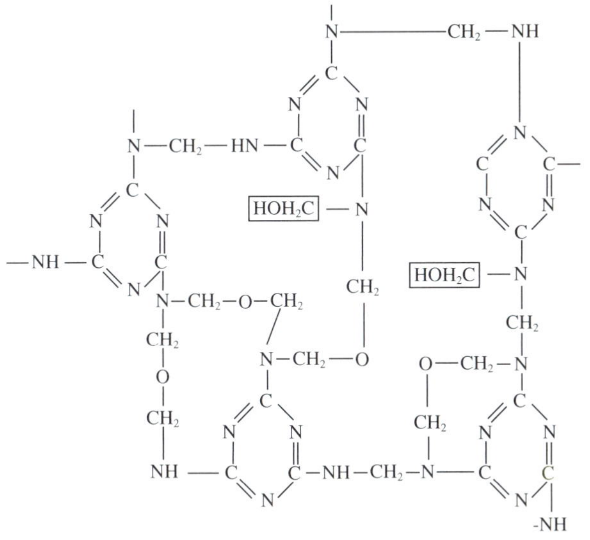

23.4.2.2 三聚氰胺树脂的制造工艺

三聚氰胺树脂的制造工艺和脲醛树脂基本相同，只是三聚氰胺原料是一次加入的，而尿素是分次加入的，详见表23-23。

表23-23 三聚氰胺树脂和脲醛树脂制造工艺比较

项 目		脲醛树脂	三聚氰胺树脂
pH值	加碱阶段	7.0~8.5	8.5~9.0
	缩聚阶段	4.4~5.2	8.0~9.0
	反应终点后	7.0~8.0	8.5~9.5
反应温度(℃)		85~95	85~95
投料方式		尿素分次加入	三聚氰胺一次加入
终点测定方式		测黏度或混浊温度	测溶水倍数

23.4.3 浸渍用三聚氰胺树脂介绍

23.4.3.1 浸渍用三聚氰胺树脂的品质控制

浸渍用三聚氰胺树脂的品质可以从原料的品质，原料配比(甲醛和三聚氰胺的摩尔比)，反应介质的pH值以及树脂制造工艺等方面加以控制，以生产符合品质要求的树脂。

1. 原料品质

原料质量主要是指甲醛和三聚氰胺的品质。

甲醛的品质要求在23.3.1中已经讲述。甲醛溶液中铁离子、甲酸和甲醇的含量将影响三聚氰胺树脂的品质。铁离子含量高，影响三聚氰胺树脂的颜色，使树脂的颜色变深，影响外观品质；在制造树脂时，影响对反应介质pH值的准确判断；加速了甲醛的氧化，甲酸的生成量增加，使反应液的pH值难以稳定。甲醛溶液中甲酸含量高时，在反应开始时所加烧碱用量增加，这样反应介质中甲酸钠的含量增加，当甲酸钠含量超过0.1%时，将使缩聚反应的速度明显加快，使反应后期的终点难以控制。甲醛溶液中甲醇含量的影响和脲醛树脂的情况相似，主要影响次甲基醚键的生成速度，甲醇含量增加，使次甲基醚键的生成速度下降，使树脂反应不完全，影响树脂的品质，还延缓了固化时间。

三聚氰胺的原料品质主要是原料的粒度和纯度。原料粒度愈细小愈均匀，其溶解速度也愈大，因此反应速度也愈快。原料纯度一般在99.0%以上，但是极少量的杂质将影响三聚氰胺的反应速度和树脂的质量。有两种杂质的影响较大：一种是三聚氰胺的水解产物，这是三聚氰胺中的氨基被水解为羟基的结果，生成三聚氰酸二酰胺，三聚氰酸一酰胺及三聚氰酸。

另一种是三聚氰胺的脱氨缩合产物，如密白胺，密勒胺，密弄等。

三聚氰胺水解产物的含量达到一定数量以后，由于使反应介质的pH值下降，从而加速了缩聚反应的速度，还能使反应液变混浊。三聚氰胺的脱氨产物，特别是高次脱氨产物，常常使树脂液带有黄色或茶褐色。当上述杂质含量达某一数值时，常常使三聚氰胺的溶解变慢，缩聚反应速度加快，反应终点难以判断。

2. 原料配比

原料配比即甲醛和三聚氰胺的摩尔比，它将影响树脂的品质和反应速度。在形成羟甲基三聚氰胺时，生成羟甲基的数量随摩尔比增大而增多，羟甲基取代氨基上的活泼氢的速度是随取代基数数量的增多而变慢的。当摩尔比为2～3时，主要生成二羟甲基三聚氰胺和三羟甲基三聚氰胺，反应迅速，而且是放热反应。生成四至六羟甲基三聚氰胺时反应速度显著变慢，而且是吸热、可逆反应，需要的甲醛数量比理论反应式的量大得多。

摩尔比还影响三聚氰胺的反应速度，如图23-15所示。反应温度在40～50℃以下时，反应速度随着摩尔比的增大而增大。当反应温度超过60℃时反应速度随摩尔比增大而有所下降。

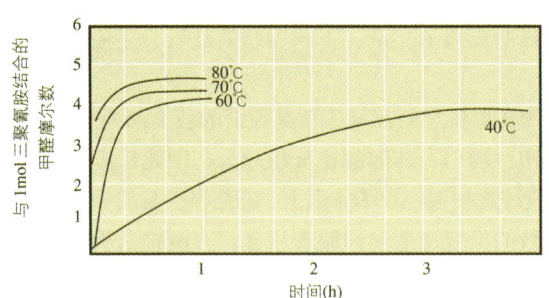

图23-15 在各种温度下三聚氰胺与甲醛反应速度的关系

摩尔比还影响三聚氰胺树脂的结构。三聚氰胺树脂固化时树脂内含有次甲基键和次甲基醚键。

随着摩尔比的增加，固化的树脂内次甲基醚键含量增加，而次甲基键的含量逐渐减少。摩尔比还和三聚氰胺树脂的胶接强度有关，如图23-16所示。

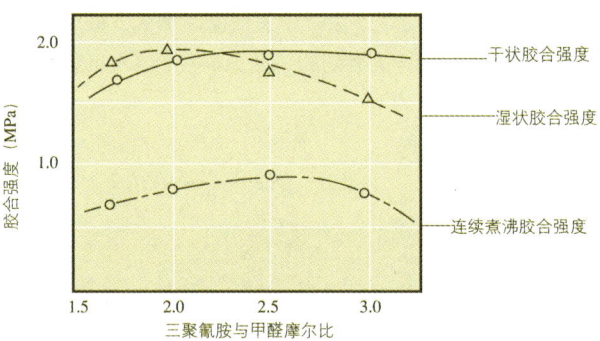

图23-16 三聚氰胺与甲醛的摩尔比与胶合强度的关系

摩尔比在2以下时干状胶合强度下降，湿状胶合强度稍有增加，摩尔比在3以上时，湿状胶合强度下降，因此摩尔比在2～3之间为宜。

3. 反应介质

反应介质的pH值影响反应速度、树脂的结构和树脂的贮存稳定性及水溶性。

4. 制造工艺

在原料配比和反应介质的pH值确定以后，控制反应温度、反应时间和反应终点对树脂的品质的影响显得格外重要。

在中性或弱碱性条件下，三聚氰胺和甲醛反应，则生成树脂的初期仍有水溶性，若在酸性条件下缩聚，则树脂很快失去水溶性。反应介质的pH值对反应速度有明显的影响，如图23-17所示，当pH值在8～10之间时，反应速度较慢，容易控制，在弱酸性条件下反应速度快而且剧烈，生成的树脂稳定性极差，很少采用。当反应介质的pH值大于10时，则反应速度又加快，而且主要以次甲基醚键的结合方式进行缩聚。因此一般制造三聚氰胺树脂时pH值都控制在8～10之间。由于三聚氰胺树脂比脲醛树脂活泼，常温下黏度增长较快，贮存期比较短，为了延长树脂的贮存期，三聚氰胺树脂不宜在中性条件下保存。如图23-17、图23-18所示，三聚氰胺树脂应该在pH9~10之间保存最为合适。

和脲醛树脂的生成反应一样，反应温度增加，反应速度也增加，由于三聚氰胺的反应活性比尿素大，控制好反应温度显得更为重要。温度影响三聚氰胺在甲醛溶液中的溶解性，同时影响两者的反应速度。在低温条件下，三聚氰胺的溶解速度慢，故反应速度也慢，当温度升高时，三聚氰胺在甲醛溶液中的溶解速度增加，反应速度也加快，反应温度愈高，三聚氰胺结合甲醛数量也愈多。反应终点到达之后，也只有采取强制冷却的方法使反应介质的温度尽快降至常温，让反应相对停止。

反应时间和反应温度有关。反应温度高，反应速度快，反应时间相应要短，但是如果反应温度过高，则由于反应过于剧烈，反应不易完全，终点不易控制，影响树脂品质。

反应时间最终取决于树脂液反应终点的判断。正确把握反应终点是控制树脂品质的关键之一。判断三聚氰胺树脂液反应终点的方法有水稀释法和混浊度(Tc)法两种。混浊度测定方法：在有刻度的离心管中加入一定量的水，再加入一定量被测定的反应液，使混合后的水溶液中含树脂浓度为3%左右。不断搅拌，置于水浴中降温，当被测液出现白色浑浊时，再置于热水浴中，使被测定液重新透明，然后再置于冷水浴中，当被测定液出现混浊时的温度即为混浊度，混浊度的测定原理有以下两点：一是把初期缩合的各阶段的反应液稀释成各种浓度，冷却后的初始混浊度在树脂浓度为3%时显示最高点(图23-19)；其二，这种最高点树脂浓度和甲醛用量(摩尔比)、缩合度无关，均为3%(图23-20)。

用混浊度法测定反应终点比较简单可靠，而且在常用的反应范围内，反应时间和Tc(混浊度)呈直线关系。在测定两个Tc之后，可以预测反应终点到达的时间。

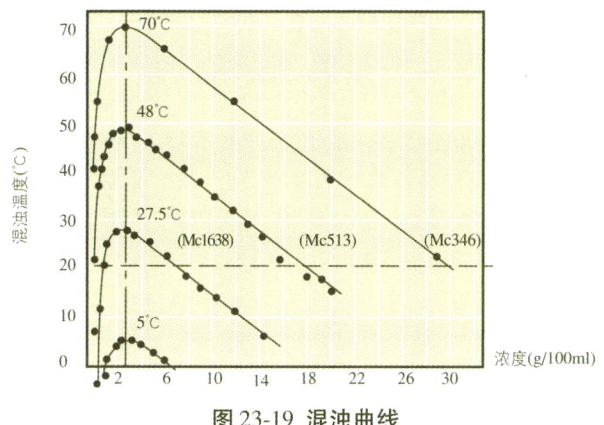

图23-19 混浊曲线

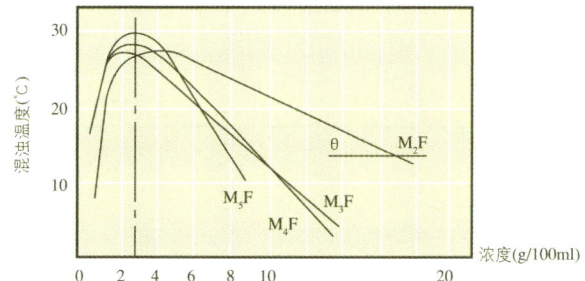

图23-20 反应摩尔比和混浊温度

23.4.3.2 浸渍用三聚氰胺树脂介绍

例1：

(1) 原料配比见下表

原 料	规 格(%)	用量(重量份)(g)
甲醛	37	516
三聚氰胺	≥99.5	320
碳酸钠	10	适量

(2) 制造工艺

①在装有电动搅拌器、温度计和回流冷凝器的1000ml四口烧瓶中加入320g的三聚氰胺，置于60℃的水浴中；

②在另一个烧杯中加516g 37%的甲醛溶液，并用10%Na_2CO_3溶液调pH值至6；

③把调整过pH值的甲醛溶液加入反应烧瓶中，边搅拌边加热。反应初期为浆状，pH值为7.3左右；

④在10~15min内使反应液温度到达80℃，并保温继续反应。不断记录反应温度、pH值。如图23-21；

⑤反应液在反应开始10min后变得清澈透明，保温一段

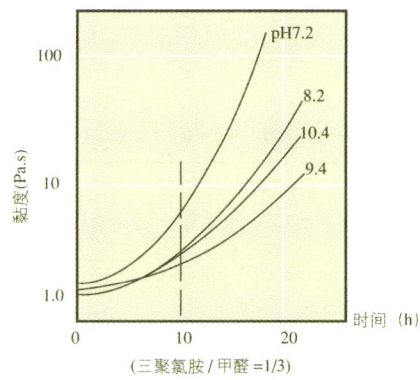

图23-17 各种pH值下树脂黏度的变化(70℃)
(三聚氰胺/甲醛=1/3)

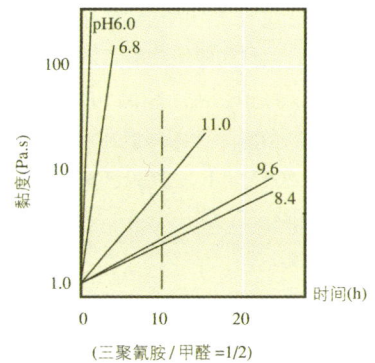

图23-18 各种pH值下树脂黏度的变化(70℃)
(三聚氰胺/甲醛=1/2)

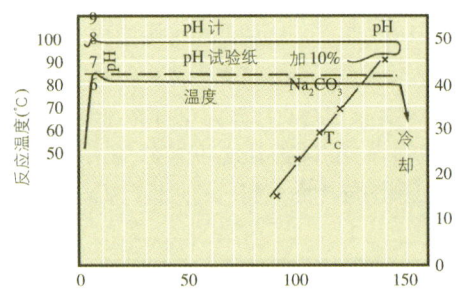

图23-21 三聚氰胺与甲醛缩聚反应

时间后开始测混浊度(Tc)(取1g反应液用18.2g水稀释成3%的树脂液)，反应终点为25℃(Tc)；

⑥当反应达到终点后，立即强制冷却至70℃，加163g乙醇，边搅拌边强制冷却至40℃放料。

例2：

(1) 原料配比见下表

原料	纯度(%)	摩尔比	用量(kg)
三聚氰胺	99.5	1	263.15
甲醛溶液	37	2.52	424.32
乙醇	95	3	315.75
氢氧化钠	30		适量

(2) 制造工艺

①将甲醛计量后加入反应锅，开动搅拌器，用NaOH溶液调pH=8.7～9.0，加三聚氰胺；

②在30～40min内将温度升到沸腾；

③保持沸腾回流并取样测浑浊度，当浑浊度达28～30℃时，加乙醇并通冷却水冷却，用NaOH溶液调pH=9.0～9.5，温度保持在80～85℃进行醚化反应；

④在反应锅中取样测定水混合性，当达到2.0～1.8倍时，立即通水冷却，降温至40℃放料。

(3) 树脂性能指标

外观：无色透明液体

固体含量：40%±2%

pH值：8.5～9.5

游离甲醛含量：<1.5%

黏度(20℃)：0.020～0.027Pa·s

例3：对甲苯磺酰胺改性的三聚氰胺树脂

(1) 原料配方见下表

原料	规格含量(%)	摩尔比	用量(重量份)
三聚氰胺	99.5	1	126
甲醛	37	3	243.2
水			56.8
对甲苯磺酰胺		0.1	17.1
乙醇	95		19.3

(2) 制造工艺

①将甲醛溶液和水计量后全部加入反应锅内，开动搅拌机，用浓度30%的氢氧化钠溶液调pH=8.5～9.0；

②加入定量三聚氰胺，在20～30min内升温至85℃，当温度升至70～75℃时，反应液应变成清澈透明的液体，此时pH值不应低于8.5；

③在85±1℃范围内保温30min后开始测定反应终点。当混浊度达到29～32℃时(夏季为29℃以内，冬季为30℃左右)即为反应终点，立即降温，并同时加入乙醇和对甲苯磺酰胺，并使温度降至65℃；

④在65±1℃范围内保温30min后冷却至30℃，用30%浓度的NaOH溶液调pH值为9.0，即可放料。

(3) 树脂性能指标

外观：无色无沉淀透明液状树脂

固体含量：46%～48%

游离甲醛：≥1%

恩格拉黏度：3～4

pH值：9.0

该树脂用对甲苯磺酰胺改性后，脆性小，柔性增加，而且水溶性好，贮存期也较长。适用于浸渍装饰板的表层纸、装饰纸及复盖纸。

例4：聚乙烯醇改性三聚氰胺树脂

(1) 原料配方见下表

原料	纯度(%)	用量(重量份)	备注
三聚氰胺	≤99.5	126	
甲醛	37	220	
聚乙烯醇	工业级	2.51	牌号1799
乙醇	95	252	

(2) 制造工艺

①将甲醛计量后加入反应锅内，开动搅拌器，用30%浓度的氢氧化钠调pH=8.5～9.0；

②加三聚氰胺和聚乙烯醇，在30min左右使锅内温度上升至(92±2)℃。当锅内温度升至70℃以上时，应变成清澈透明的液体；

③在92℃下保温1h后开始测混浊度(Tc)，当Tc=25～27℃时，立即降温，并同时加乙醇；

④测定反应液的pH值，并调pH=8.5以上，在70～75℃下保温测水稀释度，当达到要求后立即加50%乙醇溶液184kg，降温至30℃以下，调pH=8.5以上，即可出料。

(3) 树脂性能指标

外观：清澈透明液体

固体含量：35%±2%

黏度：15～20cp

游离甲醛：≤2%

用该树脂浸渍的装饰贴面板可以增加装饰板柔韧性,同时可以按热进热出生产工艺操作,生产周期较短,能耗少,但板面光亮度稍差。

例5:用尿素改性三聚氰胺树脂

在制造三聚氰胺树脂时,加入一定量的尿素与之共缩聚,可以大大延长三聚氰胺树脂的贮存期,而且成本也大大下降。

(1) 原料配比见下表

原 料	规格含量(%)	用量(重量份)
尿 素	工业纯,含N>46%	100
三聚氰胺	工业精制	50
甲 醛	37%	275
水	115%~160%	
乌洛托品	工业纯	11.25

(2) 制造工艺

①将甲醛计量后加入反应锅内,开动搅拌器,调pH=4左右;

②依次加入水、乌洛托品、尿素和三聚氰胺,加乌洛托品后pH应为7左右,加入三聚氰胺后pH应为8;

③通蒸汽升温,在10~15min内升温至30~35℃,关蒸汽,依靠反应热使内温上升至70℃(应在10~20min内完成);

④在70℃下保温10min后,再在10min内使内温达到80~85℃;

⑤在此温度下保温7~15min后,强制冷却,在30~50min使内温降至20~25℃,调pH=7.0~7.5,即可出料。

(3) 树脂性能指标

固体含量:38%~40%

游离甲醛:0.3%~0.8%

相对黏度:10~11s(用涂4杯测定)

比重:1.2

pH值:7.0~7.5

23.5 酚醛树脂胶黏剂

23.5.1 酚醛树脂胶的原料性质及要求

1. 甲醛(见23.3.1)

2. 苯酚

苯酚又名石碳酸,分子式:C_6H_5OH,分子量:94.11

(1) 苯酚的性质:苯酚在常温下是无色针状结晶体,有特殊的气味,有毒,对皮肤有腐蚀刺激性,苯酚的熔点为40.9℃,沸点为182.2℃。在常温下,苯酚稍挥发,气体苯酚易燃,空气中允许的最大浓度为5mg/m³,苯酚容易被水蒸气蒸出,在空气中易潮解,当苯酚中含有少量水分时,熔点急剧下降,苯酚熔点和含水率之间的关系如下(表23-24);

当苯酚的含水率超过27%时,则溶液分为二层,上层为酚在水中的溶液,下层为水在苯酚中的溶液,苯酚在水中的溶解度随着温度的升高而增加,如表23-25所示。

表23-24 苯酚熔点和含水率的关系

含水率 %	0	1	5	27
熔点℃	40.9	37	24	均匀液体

表23-25 苯酚在水中溶解度和温度的关系

温度℃	11	35	58	77	84
100g水中溶解苯酚量(g)	4.832	5.960	7.330	11.830	苯酚与水以任何比例溶解

苯酚溶于乙醇、乙醚、甘油、松节油、冰醋酸、脂肪酸、脂肪、氯仿、甲醛水溶液、碱性水溶液。苯酚具有弱酸性,与氢氧化钠作用生成酚盐,当通入二氧化碳气体时,又重新变成苯酚:

$$C_6H_5OH + NaOH \rightarrow C_6H_5ONa + H_2O$$

$$C_6H_5ONa + CO_2 + H_2O \rightarrow C_6H_5OH + NaHCO_3$$

苯酚与卤代烃作用生成醚,与酰氯或酸酐作用生成酯。

苯酚是化学工业中用途最广泛的原料之一,主要用于合成树脂、塑料、油漆、染料、纤维和农药。在木材工业中主要用作合成酚醛树脂的原料,制造胶黏剂和涂料。

苯酚既是有毒又是强腐蚀性物品,储运时应注意密封,容器应储放在通风的库房内,不可与氧化剂共储混运。在搬运时,操作人员应穿工作服,戴口罩,手套,避免与苯酚直接接触。当皮肤接触苯酚时,应立即用酒精擦洗,再用3%的单宁溶液擦洗,涂樟脑油。必要时去医院诊治。

失火时可用砂土、泡沫、二氧化碳灭火机扑救。

(2) 苯酚的品质标准(表23-26)

表23-26 苯酚的品质指标(GB339-1989)

指标名称		指 标		
		优等品	一等品	二等品
结晶点,℃	≥	40.6	40.5	40.0
水中溶解度[(1:20)吸光度]	≤	0.03	0.04	0.14
蒸发残渣,%	≤	0.010	0.010	0.016
水分,%	≤	0.1	-	-

23.5.2 酚醛树脂胶的合成原理及制造工艺

23.5.1.1 酚醛树脂胶的合成工艺路线

根据甲醛和苯酚的原料配比(摩尔比)和反应介质的pH值不同,甲醛和苯酚反应生成酚醛树脂的工艺路线基本上分两种，其示意图如下：

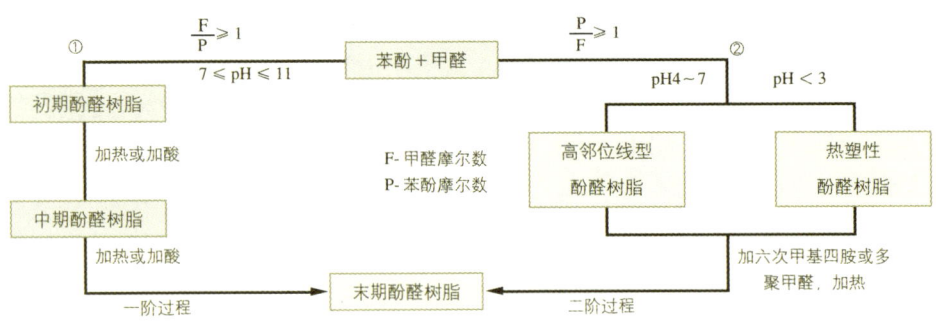

在制胶工艺中一般采用路线①的合成工艺。即在摩尔比大于1，反应介质为碱性的条件下合成酚醛树脂。用碱性催化剂制造酚醛树脂时，树脂的反应程度可以被人们控制在任何阶段，直到最终固化。由于树脂胶从液态(初期树脂)转变为固态(末期树脂)，不需要另行加原料，只要加热到一定程度，即可完成这种变化，这种过程叫一阶过程。若用酸作催化剂，也可以最终制成末期酚醛树脂，但是在由线型热塑性酚醛树脂向热固性(末期)酚醛树脂转化时，必须加六次甲基四胺或甲醛等原料，这种转化过程因为要加二次原料才能完成，又叫二阶过程。

用二阶过程制木材用酚醛树脂胶也有应用，不过到目前为止应用很少，大部分是用在塑料制品方面。

在制备热固性酚醛树脂时，在反应锅内只把形成的酚醛树脂控制在初期树脂阶段。从初期树脂到末期树脂(固化)这一过程是在胶接产品时完成的。

23.5.2.2 酚醛树脂合成的基本原理

1. 热固性酚醛树脂合成的基本原理

热固性酚醛树脂是在碱性条件下甲醛和苯酚的摩尔比(F/P)大于1时，经缩聚反应而制成的。常用的碱性催化剂为氢氧化钠、氢氧化铵、氢氧化钡和氢氧化钙等。和脲醛树脂的形成原理相似，反应分成二个阶段，即苯酚和甲醛首先生成羟甲基苯酚，然后生成的羟甲基苯酚(初期产物)再进一步进行相互间的缩聚反应，生成初期酚醛树脂。

(1) 苯酚和甲醛的加成反应(羟甲基化反应)：甲醛水溶液中的甲醛是以聚甲二醇的形式存在，苯酚实际上和聚甲二醇进行反应：

$$nCH_2O + H_2O \rightleftharpoons HO(CH_2)_nOH$$

$$\text{苯酚} + HO(H_2O)_nOH \rightleftharpoons \text{苯酚}(CH_2)_nOH + H_2O$$

n 值随着甲醛浓度下降而减少。在三官能度的苯酚中，反应活性位置有3个，其中2个邻位，一个对位，邻位和对位的反应性(O/P)随反应条件不同而有很大的差异。从苯酚和甲醛反应生成的邻(或对)羟甲基苯酚后，继续反应至三羟甲基苯酚可以有以下几个途径：

在实验过程中发现，酚羟基对位的反应活性在加成反应中比邻位的活性稍大，以酚羟基的第一个邻位导入羟甲基的相对速度为1，则在对位导入羟甲基的相对速率约为1.07。由于邻位有两个，在实际反应中邻位的羟甲基生成速率比对位大得多，而且，一旦邻羟甲基苯酚生成后，它进一步进行加成的反应活性又超过原料苯酚，容易向生成多羟甲基苯酚转化。由于这个原因，在热固性酚醛树脂中总是含有一定量的游离苯酚。另外，据分析测定，在加成反应中，一旦生成对羟甲基苯酚后，整个分子再进行加成反应的活性大约降至原料苯酚的40%以下。

从一羟甲基苯酚反应过程的相对反应速度比较值如下图：

(2) 羟甲基苯酚的进一步反应(缩聚反应)：在碱性条件下苯酚和甲醛进行加成反应生成羟甲基苯酚以后，将进一步进行加成反应(由一羟甲基苯酚向多羟甲基苯酚转化)和缩聚反应，借助缩聚反应生成线型分子，使生成物的分子量逐渐增大，由于反应体系中既有羟甲基苯酚、多羟甲基苯酚，又有未反应的苯酚和甲醛，所以反应十分复杂。其中有如下几种情况。苯酚和中间产物之间的反应：

生成的一羟甲基苯酚和甲醛继续进行加成反应，使生成物向多羟甲基苯酚转化。

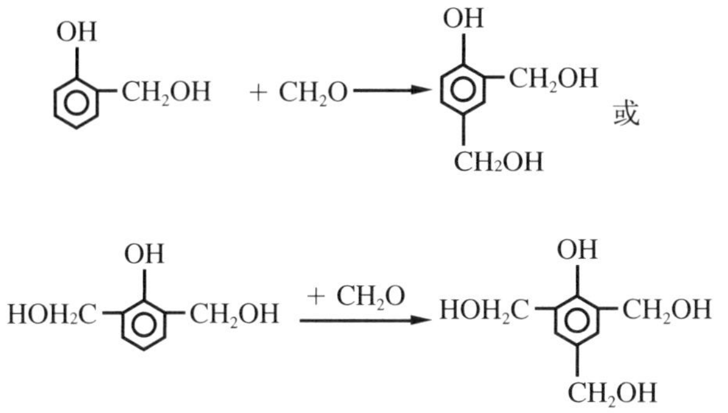

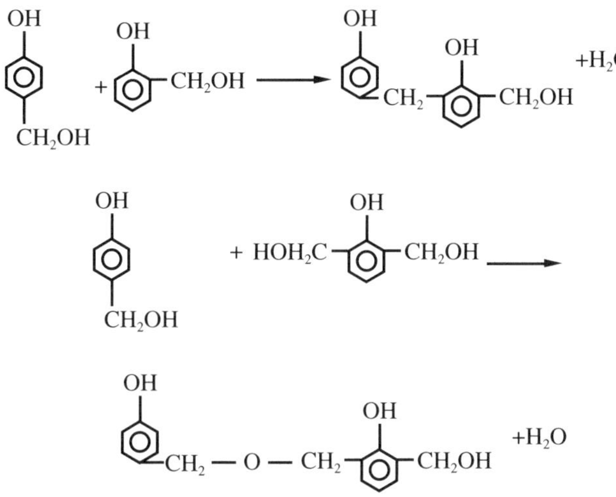

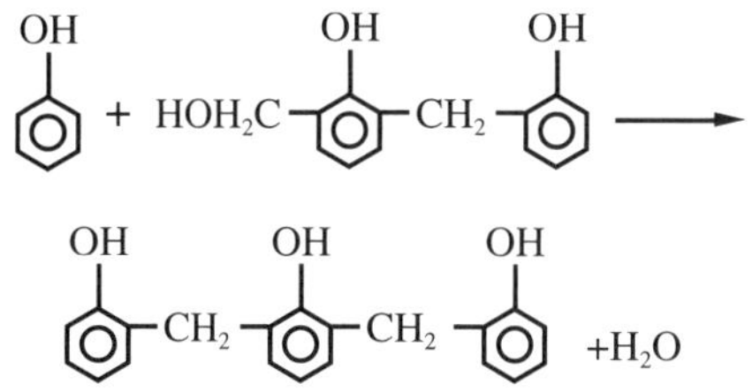

中间产物之间的反应：

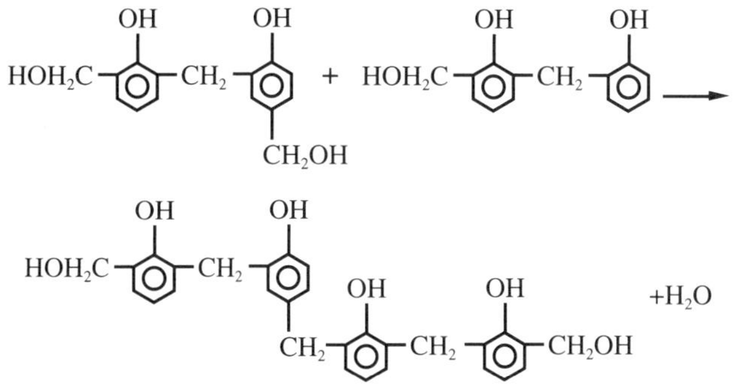

仅仅从上述的几个反应就可以知道，在碱性条件下生成的初期酚醛树脂的反应较为复杂。

实验发现，羟甲基苯酚在进一步进行缩聚反应时，对羟甲基苯酚的反应活性大于邻羟甲基苯酚的反应活性。因此，酚核之间的连接主要靠对位的羟甲基，未反应的游离羟甲基大部分在邻位；酚核之间主要是以次甲基键连接，也有少量的次甲基醚键连接(—CH$_2$—O—CH$_2$—)。而这种连接键往往不稳定，受热作用后部分地形成次甲基键，部分地形成羰基。

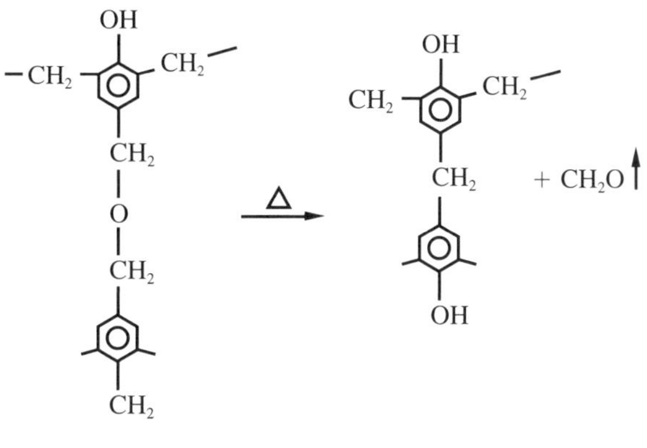

生成的一羟甲基苯酚也可能和苯酚反应生成苯酚二聚体，如：

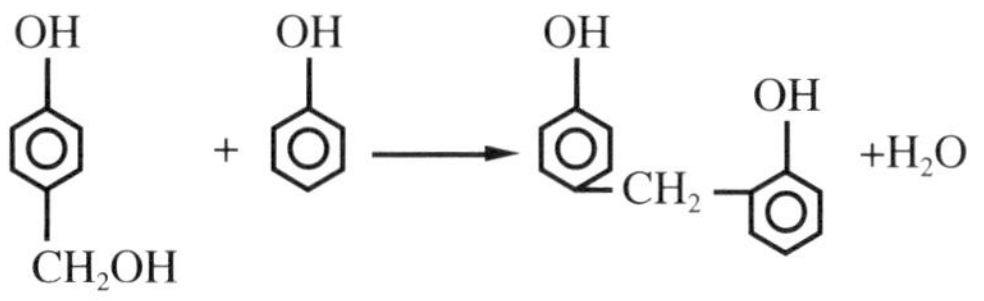

苯酚二聚体

生成的羟甲基苯酚之间的反应：

当缩聚反应进行一定时间后，分子量逐渐增大到一定程度，便形成初期酚醛树脂。初期酚醛树脂是一种分子内富含羟甲基、酚核之间以次甲基键连接为主、有一定分子量、多分散性的聚合物的混合物，此外还包含有未反应的少量游离酚。初期酚醛树脂的结构可以有很多种形式，如：

热固性初期酚醛树脂又叫甲阶酚醛树脂(或 A 阶酚醛树脂)。酚醛树脂胶黏剂就是处于这种阶段的初期酚醛树脂。

(3) 酚醛树脂的演变和末期酚醛树脂结构：如果把初期酚醛树脂存放一段时间或对初期酚醛树脂进行加热处理，则经过中期酚醛树脂(乙阶酚醛树脂)阶段，最后变成末期酚醛树脂(丙阶酚醛树脂)。

初期酚醛树脂是由许多缩聚程度不同的线型分子所组成，平均含有 3~4 个酚核，分子量分布较宽，也存在少量的苯酚、酚醇和甲醛。常温下初期酚醛树脂是液体，即使脱去溶剂(或水)变成固体的酚醛树脂，仍能溶于某些溶剂，这是由于初期酚醛树脂内含酚羟基和羟甲基的缘故。溶解初期酚醛树脂的溶剂主要有水、碱性水溶液、乙醇、丙酮、酯、酚及甲醛，某些初期酚醛树脂能完全溶解在水中。固体状初期酚醛树脂加热到 50~90℃时则熔化为液体，加热至 115~140℃或存放一段时间后就转变成为中期酚醛树脂(乙阶酚醛树脂)。

中期酚醛树脂是处于初期树脂之后，凝胶点之前的阶段。此时平均分子量在 1000 左右，分子结构上开始有支链，仍含有一定数量的羟甲基，不能被碱性水溶液等溶剂溶解，只能部分溶胀。经加热能软化，但软化的时间有限，当它不再软化而变硬时，说明已经进入末期酚醛树脂阶段(C 阶酚醛树脂)。

末期酚醛树脂是乙阶酚醛树脂进行缩聚反应的最终产物。从凝胶点以后开始即酚醛树脂已经进入末期酚醛树脂阶段。处于凝胶状态的酚醛树脂已经具有体型网状结构，由于分子内仍有部分小分子酚醛树脂存在，交联密度不大，机械强度较低，随着反应(缩聚反应)的继续进行，逐渐变成加热不熔、对任何溶剂不溶，也不溶胀的固体酚醛树脂，它具有较高的机械强度，对酸性溶液很稳定，对强碱性溶液不稳定。树脂耐沸水煮，耐热、耐磨，但脆性较大。不耐冲击。在高温条件下，和苯酚作用可降解；当加热至 280℃以上时，树脂开始分解成水、苯酚和碳化物。

末期酚醛树脂的结构还无法正确测定。红外光谱只能测出酚醛树脂内所含的基团，根据所测出的基团和已知的反应机理，Einke 推测末期酚醛树脂的结构如下：

在初期酚醛树脂演变为末期酚醛树脂时，除了发生缩聚反应外，还可能发生下列反应：

次甲基醚键结构在加热条件下脱甲醛转化为次甲基键结构，同时放出甲醛。

次甲基醚键结构脱水变为次甲基醌。

邻次甲基醌

羟甲基酚进行分子内脱水生成次甲基醌。

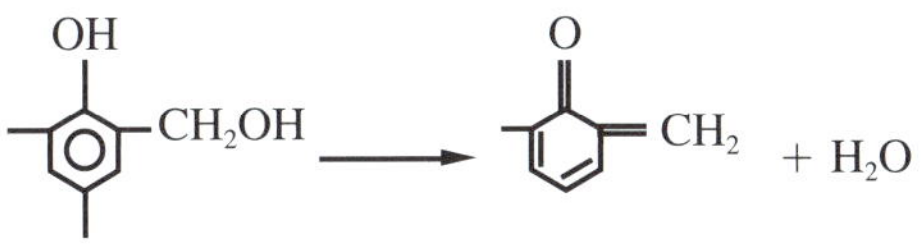

邻次甲基醌

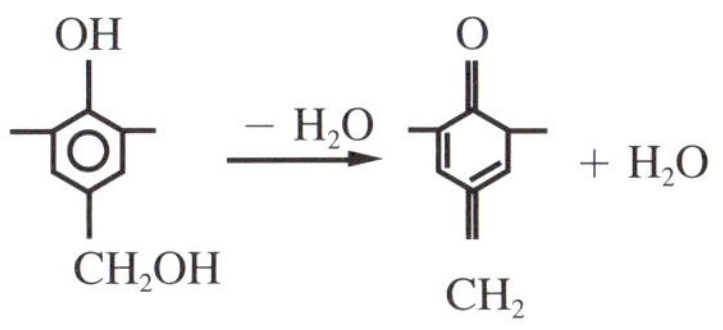

对次甲基醌

生成的次甲基醌很不稳定，容易发生聚合、氧化、氢化等反应生成树脂。

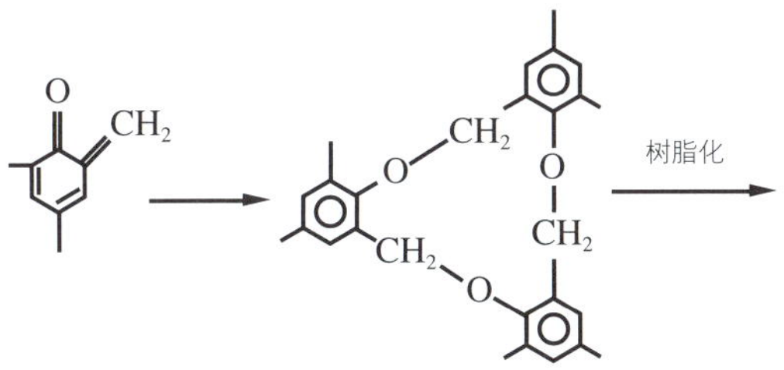

树脂化

2. 热塑性酚醛树脂合成的基本原理

苯酚和甲醛反应时，当甲醛和苯酚的摩尔比(F/P)小于1时，在强酸(如盐酸)催化作用下，可形成热塑性的线型酚醛树脂。它是一种分子内不含羟甲基的可溶可熔的高分子混合物。

用盐酸作催化剂在30～80℃下，甲醛和苯酚反应的次甲基化速度为羟甲基化速度的5～8倍，也就是说，缩聚反应的速度比加成反应的速度快得多，这也是在酸性条件下，当甲醛和苯酚的摩尔比(F/P)小于1时，所得的线型酚醛树脂分子内不含游离羟甲基的原因。

热塑性酚醛树脂的主要特点是具有线型结构，分子内不含羟甲基，受热能熔化，冷却变为固体，在水中的溶解度很小，可溶于有机溶剂。由于酚核内含有未反应的活性氢，可以继续和甲醛、六次甲基四胺等化合物反应，转为具有体型网状结构的热固性酚醛树脂。其固化反应的速度和次甲基的连接位置有关。如表23-27。

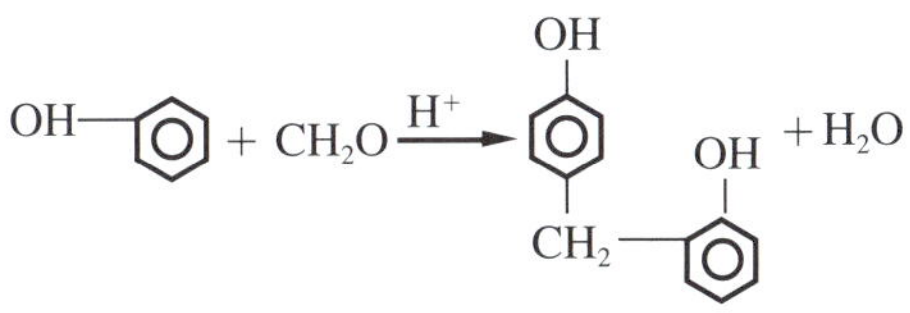

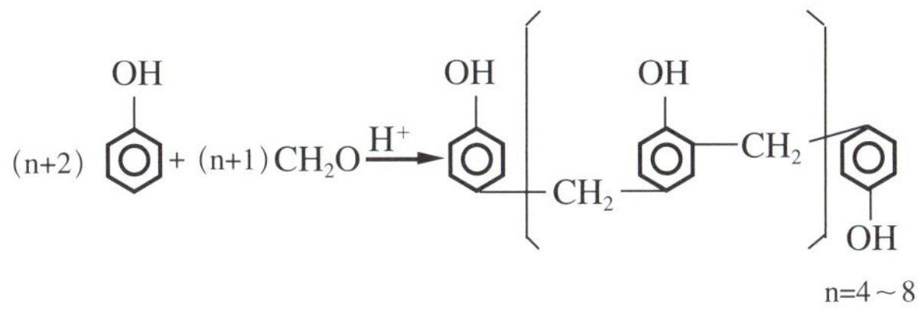

表23-27 热塑性酚醛树脂固化时间和次甲基连接位置

二酚基甲烷	固化时间 s(加15%的六次甲基四胺150℃)
2,2′ 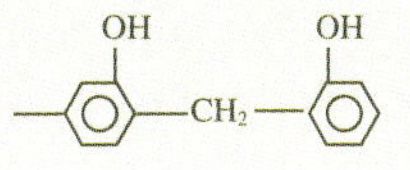	60s
2,4 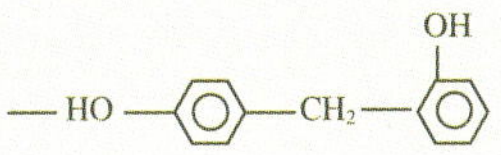	140s
4,4′ 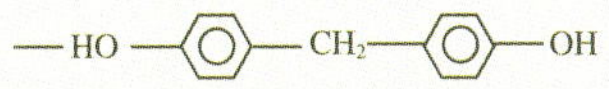	175s

3. 酚醛树脂的制造工艺

酚醛树脂胶是仅次于脲醛树脂胶在人造板工业中应用较广泛的胶种，可用于制造航空胶合板、船舶用胶合板、水泥模板、刨花板、纤维板，产品的用途不同对酚醛胶的性能要求也不同。需要在原料配比及制造工艺上加以调整解决，以满足产品的要求。

(1) 原料配比和反应介质的pH值。

1) 原料配比(原料配方)

原料配比中甲醛和苯酚的摩尔比对所形成的酚醛树脂的性质影响比较大，一般甲醛用量大，由于反应中形成的羟甲基较多，胶的性能较好，固化速度快，游离酚含量也低。由于苯酚和甲醛的反应热较大，当甲醛用量较大时，一般甲醛分次加入。分次加甲醛的工艺不但可以控制苯酚和甲醛的反应热，而且可以使甲醛和苯酚充分反应，提高酚醛树脂的品质，减少酚醛树脂中游离酚含量。

2) 反应介质的pH值

酚醛树脂的形成一般都是在碱性条件下进行加成和缩聚反应的。在反应介质中碱的浓度影响树脂化速度、树脂的固化速度、水溶性等，碱液可以一次加完，也可以分二次加完。目的也是为了控制反应热，使反应较充分而不发生事故。

3) 浓缩处理

不同用途的产品对酚醛的树脂含量要求不同。冷压的酚醛树脂胶要求树脂含量高，合成时一般需要浓缩处理，其他人造板酚醛树脂胶黏剂都是不需要浓缩处理的(醇溶性酚醛树脂除外)。

(2) 一般酚醛树脂工艺规程

1) 原料的检验

和脲醛树脂一样，根据化验的结果，计算工艺配方中甲醛、苯酚和烧碱的用量。

2) 备料

这和脲醛树脂生产的投料顺序不同，生产酚醛树脂时，是先加苯酚和烧碱，后加醛。苯酚的包装和尿素不同，它是装在桶内的，常温下为固体，加料时必须事先把它加热熔化成液体，趁热把苯酚吸入反应锅中。熔化苯酚时可以用蒸汽加热，也可以用蒸汽加热水，用热水把桶内的苯酚加热熔化。切忌用明火直接加热。用水浴加热的方法时间较短，用蒸汽加热的方法时间较长，前者桶的使用寿命较长，后者桶的使用寿命较短。无论哪种方法，在加料时应注意避免和苯酚接触，特别是不能和皮肤接触，因为苯酚对皮肤有腐蚀性。

3) 升温速度与反应温度

苯酚和甲醛进行反应时，其反应热比尿素和甲醛的反应热大。在用蒸汽加热时，应根据反应釜容量的大小，控制好关蒸汽的温度，然后借助反应自发热，逐渐升至工艺规定的温度。苯酚和甲醛的反应温度根据配方不同一般在 90～100℃ 范围内，温度较高时，应该开启冷凝器的进水阀，使反应液的蒸汽回流至反应锅内。

4) 反应终点和测定

反应终点同样是控制酚醛树脂品质的关键。反应终点的测定方法都采用黏度法。测定反应液在一定温度下的流出时间。一般用"涂 4 杯"测定，也有的用倒泡管(规格为 $\phi 10mm \times 100mm$)测定。一般来说用涂 4 杯测定较常见，制得树脂的品质比较稳定。制造浸渍用酚醛树脂时一般采用测混浊度或溶水倍数的方法。

5) 反应终点后的处理

酚醛树脂反应至终点后，和脲醛树脂的处理不同，不能用中和的方法使反应停止，而是采用强制冷却的办法，使反应形成的树脂液温度迅速降至常温，使反应相对停止。因此，此时必须具有充足的冷却水和较低的水温，否则影响冷却速度，使胶的品质不能符合规定品质要求。生产冷固化酚醛树脂时在反应终点后，还有减压脱水工序。

6) 称量和保管

酚醛树脂制成后冷却到规定的温度，即可放料。放料时应过磅计量，记录每一釜的产量。成品酚醛树脂最好贮存在塑料桶内或贮槽内，应低温保存，避免太阳曝晒。

4. 影响酚醛树脂品质的因素

在制造酚醛树脂胶时必须掌握影响酚醛树脂胶的品质的各种因素，认真按工艺要求操作才能得到符合要求的酚醛树脂。这些因素有原料酚的分子结构，甲醛的品质，原料配比，反应介质的 pH 值，制造工艺条件等。

(1) 原料酚的分子结构：首先酚类的官能度决定了酚与甲醛的反应深度，即是生成低分子化合物，还是热塑性树脂，还是热固性树脂。如表 23-28 所示。

由表可以知道，要生成热固性酚醛树脂，酚的平均官能度必须在 2 以上。如在工业酚混合物中，含有三官能度的酚至少有一定的比例，例如，工业甲酚中间甲酚的含量应不少于 40%，工业二甲酚 3，5—二甲酚的含量至少在某一数值以上才可能生成热固性酚醛树脂。

酚的分子结构还影响生成树脂的溶解性。即使是同分异构体也是如此，如用对甲酚、邻甲酚、间甲酚为原料所得的酚醛树脂的溶解性如表 23-29 所示。

表 23-28 酚的分子结构和生成物的关系

官能度	酚的结构类型	反应深度
1	(结构式)	只能生成低分子化合物
2	(结构式)	只能生成线型树脂
3	(结构式)	能生成热固性树脂
4	(结构式)	不能反应

注：* 表示反应活性位置；R 表示取代基

表 23-29 甲酚甲醛树脂的溶解性

酚种类	氢氧化钠		乙 醇		乙 醚		苯		四氯化碳	
	1	2	1	2	1	2	1	2	1	2
对甲酚	−	△	−	1	+	△	+	+	+	+
邻甲酚	+	+	+	+	+	△	△	△	+	+
间甲酚	+	+	+	+	+	+	−	−	−	−

注：+——溶解，△——有限溶解，−——不溶解
1——酸催化的酚醛树脂，2——碱催化的酚醛树脂

由表 23-29 可以知道，甲基的取代位置不同，所得甲酚甲醛树脂的溶解性也不同。另外，同一种酚作原料，如果制造工艺不同(如酸催化或碱催化)所得树脂的溶解性相差不大。

苯酚、甲酚或二甲酚与甲醛缩聚制得的酚醛树脂的极性较强，不溶于植物油，而当苯酚的邻对位上的取代基含 3 个以上碳原子时，可以制得油溶性酚醛树脂。

酚类的取代基除影响生成树脂的性能、树脂的溶解性外，还影响酚的反应活性，影响它与甲醛的反应速度。M.M. Sprung 用三乙醇胺作催化剂，在无水状态和多聚甲醛在 90℃ 条件下反应，测定残留的游离甲醛的含量，以求得酚类的羟

甲基化反应速度，其结果如图23-22所示。未反应的游离甲醛和反应时间呈直线关系。

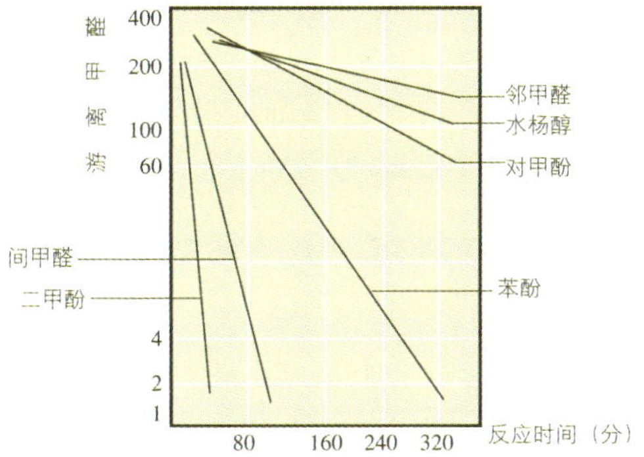

图 23-22 各种酚类的甲醛消耗速度

如果把苯酚和甲醛的反应速度假设为1，则其他酚和甲醛反应的相对速度如表23-30所示。由表可知，酚环上引进甲基以后，甲基的位置不同，和甲醛的反应速度有很大的区别。当甲基进入间位时，反应能力增加，如3，5—二甲酚的反应速度为苯酚的7.75倍，而进入邻位的2，6—二甲酚的反应速度只为苯酚的16%。

表 23-30 酚类的相对反应速度

酚种类	一级反应速度常数	相对反应速度
3，5—二甲酚	0.0630	7.75
间甲酚	0.0233	2.88
2，3，5—三甲酚	0.0121	1.49
苯酚	0.0081	1.00
3，4—二甲酚	0.0067	0.83
2，5—二甲酚	0.0057	0.71
对甲酚	0.0029	0.35
邻甲酚	0.0021	0.26
2，6—二甲酚	0.0013	0.16

酚的分子结构也影响树脂化速度，上述各种酚类和甲醛反应形成羟甲基苯酚以后，进一步树脂化的反应能力和上述顺序有所不同。

(2) 原料配比：生产酚醛树脂的原料确定之后，原料配比是影响酚醛树脂品质很重要的因素。原料配比中以甲醛和苯酚的摩尔比(F/P)最为重要。甲醛与苯酚的摩尔比影响甲醛和苯酚的反应程度、初期反应产物的组成及最终形成酚醛树脂的性质。

从理想的末期酚醛树脂的结构来看，如果甲醛和苯酚在合成时能完全反应，缩聚反应时均以次甲基键（—CH$_2$—）连接，并完全固化，则甲醛与苯酚的摩尔比(量F/P)应为1.5/1。在合成酚醛树脂时如果甲醛的摩尔数小于苯酚的摩尔数，则由于反应中所产生的羟甲基数量不足，使反应产物只能停留在线型阶段，而不能生成热固性酚醛树脂。

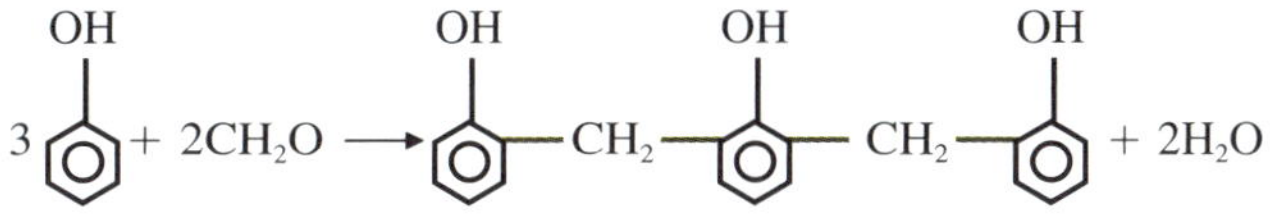

因此，在制造热固性酚醛树脂时，甲醛与苯酚的摩尔比(F/P)必须大于1。

甲醛与苯酚的摩尔比不同首先影响反应初期产物的组成。例如，当甲醛与苯酚的摩尔比为1:1时，初期产物主要是邻羟甲基苯酚和对羟甲基苯酚，其中对羟甲基苯酚的含量较多。当甲醛与苯酚的摩尔比增大至2:1时，主要生成二羟甲基苯酚及三羟甲基苯酚，随着甲醛和苯酚的摩尔比(F/P)的增大，初期产物中三羟甲基苯酚的含量增加，如表23-31所示。

表 23-31 甲醛与苯酚的摩尔比和三羟甲基含量的关系

甲醛与苯酚的摩尔比	0.5:1	1:1	1.5:1	2:1	2.5:1
三羟甲基含量(%)	3.38	9.24	22.16	31.00	40.70

注：在碱性催化剂下反应

甲醛和苯酚的摩尔比影响最终形成的酚醛树脂性能，主要影响酚醛树脂的固化速度、固体含量、游离酚和游离醛的含量及贮存期等等。图23-23所示是甲醛和苯酚的摩尔比不同与酚醛树脂的固化时间和黏度的关系。

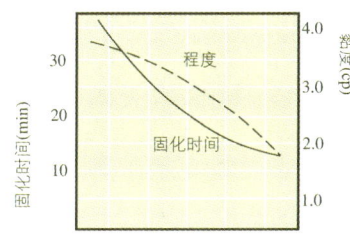

图 23-23 苯酚和甲醛摩尔比与树脂固化时间和黏度关系

由图23-23可知，甲醛用量增加，酚醛树脂的固化时间缩短，即固化速度增大，而树脂的黏度却下降。

甲醛与苯酚的摩尔比(F/P)对酚醛树脂其他性能的影响如表23-32所示。由表可知，随着甲醛用量的增加，树脂内游离酚含量减少固体含量下降。因此，要合成低毒性酚醛树脂时，应该加大甲醛和苯酚的摩尔比。

甲醛与苯酚的摩尔比还影响酚醛树脂的贮存稳定性。一般来说，甲醛用量增加，所得酚醛树脂的黏度增长较快，贮存期相应缩短。

在酸性条件下，制造热塑性酚醛树脂时，原料配比(摩尔比)还影响树脂的平均分子量。即用原料配比大小控制树脂的平均分子量。其摩尔比和所得酚醛树脂的平均分子量的关系如表23-33所示。

(3) 催化剂与反应介质的pH值：大量的实践证明，在合成酚醛树脂时，催化剂对合成酚醛树脂时的反应产物结构、反应速度和所生成树脂的性质有着至关重要的影响。

催化剂分为酸性催化剂、碱性催化剂和金属离子催化剂

表 23-32 甲醛与苯酚的摩尔比和酚醛树脂的性能关系

(甲醛/苯酚) 摩尔比	固含量 %	可被溴化物 %	碱度 %	游离酚 含量%	游离醛 含量%	黏度(s) (BJ-4)
2.0:1	45.6	13.4	7.0	0.174	0.166	30
2.1:1	47.2	13.8	7.7	0.114	0.163	23
2.3:1	45.7	12.9	6.8	0.000	0.118	25
2.5:1	47.6	13.0	7.0	0.000	0.111	17

表 23-33 甲醛和醛酚摩尔比与树脂平均分子量关系

摩尔比(F/P)	0.1	0.2	0.3	0.4	0.5	0.6	0.7
树脂平均分子量	228	256	291	334	371	437	638

注：在酸性条件下

三种，同一种类(碱性或酸性)的催化剂所产生的影响，除了和反应介质的pH值有关外，还和催化剂本身的性质有关。

碱性催化剂常用的有氢氧化钠和氢氧化铵，两者的作用机理不同，催化效果及生成树脂的性质也不相同。氢氧化钠催化剂对苯酚和甲醛的加成反应有强烈的催化效应，反应速度快，反应热大，在进行羟甲基化反应时，如果一旦生成邻羟甲基苯酚以后，其加成反应的活性超过它原来的苯酚，很快向多羟甲基苯酚转化，初期产物在水中的溶解性很大，这对进一步的深度缩聚和干燥时的凝聚过程有抑制作用。用氢氧化钠作催化剂的缺点是树脂碱度大，应用时容易产生透胶现象，污染板面，影响板面品质，树脂内碱的存在降低了耐水性和介电性能，另外，树脂内含有少量的游离酚，树脂的颜色较深。成本较高也是不足之处。

生产水溶性酚醛树脂一般都用氢氧化钠作催化剂，氢氧化钠溶液的浓度一般在30%以上。用量为苯酚的0.5～0.6(摩尔比)。

用氨作催化剂时，由于氨的水溶液是弱碱，催化效果小，反应较缓和，缩聚过程容易控制；从反应机理来看和氢氧化钠催化剂不同，这种催化剂在反应过程中生成了含氮的中间体。如：

用氨、有机胺以及酰胺类催化剂制成的酚醛树脂在水中的溶解性很小，而溶于酒精。氨用量增加时，所得酚醛树脂的熔点高，分子量大，而且不容易发生交联。这些特点都和反应过程中生成的上述含氮基团（—CH_2—NH_2 或—CH_2—NH—CH_2—）有关。

酸性催化剂主要是无机酸，其中最常用的是盐酸，在pH<3时，缩聚反应的速度比加成反应的速度大得多。在用盐酸作催化剂时，苯酚和甲醛反应时，首先生成氯甲基苯酚中间体，然后迅速生成4，4′—二羟基二苯基甲烷。

反应有高度的选择性，并且总是发生在对位。如果苯酚的摩尔数多于甲醛的摩尔数，则生成线型的热塑性酚醛树脂。它是可溶可熔的分子内不含羟甲基的酚醛树脂。结构式如下：

n=4～8

在上述热塑性酚醛树脂中，加入聚甲醛或六次甲基四胺，在加热条件下可以变成热固性酚醛树脂。

如果在酸性条件下，当甲醛的摩尔数多于苯酚的摩尔数时，则由于反应剧烈，难于控制而很少采用。

反应介质的pH值对甲醛和苯酚的反应速度有十分显著的影响。它不仅影响加成反应(羟甲基化反应)速度，而且也影响缩聚反应的速度。pH值对羟甲基化反应和缩聚反应速度的影响如图 23-24 和图 23-25 所示。

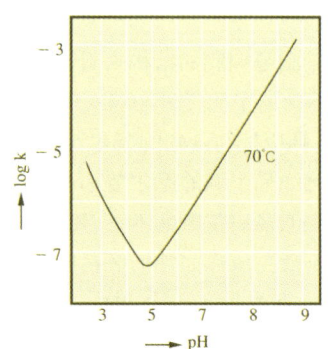

图 23-24 羟甲基反应速度常数(k)与反应介质pH值的关系

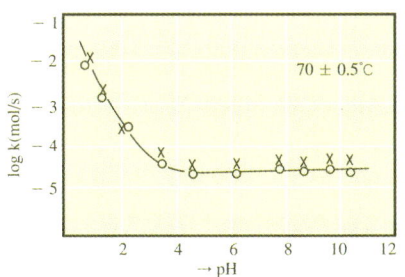

图 23-25 次甲基反应速度常数(k)与反应介质pH值的关系

反应介质的pH值还影响热固性酚醛树脂的固化速度和树脂结构,如图23-26所示。当反应介质的pH值为4左右时,酚醛树脂的固化反应速度最慢。此pH值为中性点,当反应介质的pH值大于4或小于4时,都有使体系固化速度加快的趋势。酚醛树脂在碱性条件下固化时主要通过次甲基键连接,在固化物中基本上没有发现醚键存在;在酸性条件下固化时,醚键和次甲基键均可形成,而在强酸性条件下固化时主要生成次甲基键。

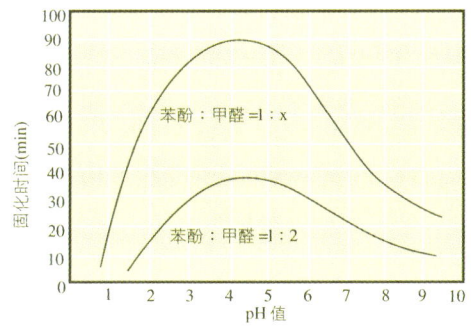

图 23-26 pH值与固化时间的关系(121℃)

(4) 制造工艺条件:在选择恰当的原料配方和反应介质的pH值后,如何使制成的酚醛树脂能满足胶接工艺的要求,必须在制造树脂的过程中严格控制好工艺条件,即制订适宜的温度——时间曲线和准确地判断反应终点是制取合格树脂的又一关键。

如前所述,热固性初期酚醛树脂是酚环上含有羟甲基的低聚体,分子量大小不均匀,如制造工艺不当,这种不均匀性更加严重,对胶接不利。为了使制造的酚醛树脂的分子量比较均匀,控制好反应温度是十分重要的。

提高温度能使反应速度加快,这是一般化学反应的规律。据测定,以氨为催化剂,在60至100℃范围内,用等量苯酚和甲醛反应时,温度每增加10℃,反应速度加快1倍。用氢氧化钠作催化剂时,则反应速度提高1.3倍。温度对反应速度的影响和酚与醛之间的摩尔比(F/P)无关。

在碱性条件下,苯酚和甲醛反应时,在反应的前阶段伴有大量的反应热放出,在反应后阶段的反应热比较小。因此在反应一开始进行通蒸汽加热升温时,要及时关蒸汽,使升温速度不宜过快。否则,由于大量的反应热放出,使反应温度急剧上升,轻者使反应因过于激烈而不均匀,形成的树脂分子量分布较宽,影响胶接性能,严重者可能造成喷胶或溢锅。

升温速度和反应温度随催化剂的种类而不同。采用弱碱性催化剂(如氢氧化铵)时,升温速度可以稍快,因为氢氧化铵的催化效果较小,反应热不大。如果采用强碱催化剂时(如氢氧化钠),则关蒸汽时的温度要低一些,升温速度不能快,因为氢氧化钠的催化效果大,反应热大。

反应时间和反应温度有关,在相同反应温度下,反应时间长,缩聚程度深,树脂的平均分子量大。反应温度不同时,反应时间也不同,在高温条件下,反应速度快,反应时间相应要短。相反,反应时间要适当延长。如果把反应温度迅速下降至室温,可以使反应相对停止。这就是在反应终点到达后采用强制冷却使液温下降的原因。

反应终点判断是否准确合理往往是制造酚醛树脂时最关键的一步。判别反应终点的方法应该简单、迅速。和脲醛树脂一样,测定反应终点的方法有黏度法和水溶性测定法两种。

黏度法也是使用涂4杯和倒泡管,测定的结果是树脂液的条件黏度。涂4杯测定的是树脂液在一定温度时液体从杯中全部流出所经历的时间,黏度愈大,流出的时间就愈长,以流出时间决定是否到达反应终点。用这种方法测定酚醛树脂的反应终点比较可靠,树脂品质比较稳定。

水溶性测定法是测定树脂在水中溶解性的一种方法。主要用于生产浸渍用酚醛树脂时反应终点的测定。由于浸渍树脂黏度较低,测定反应终点时采用黏度法误差较大,品质难以保证,而在此阶段的树脂,它在水中溶解性变化较明显,故用此法测定较多。测定时在一定温度的树脂液中,加同一温度的水,所加水的量(体积)直到出现混浊为止。此时加水的体积和树脂液体积比,即为溶水倍数。以溶水倍数表示反应终点。

23.5.3 木材工业用酚醛树脂胶介绍

23.5.3.1 木材工业用酚醛树脂胶的基本组成和调制

1. 基本组成

酚醛树脂和脲醛树脂不同,酚醛树脂制成后一般在碱性条件下保存,在使用时除了冷固化酚醛树脂外都不需要加固化剂,可直接使用(即涂胶后陈化一段时间热压即可)。因此,酚醛树脂胶的基本组成就是酚醛树脂,在生产胶合板时,根据工艺需要可加适量的填料。

2. 调制

调制是胶在使用前的一道操作工序,对提高胶接强度至关重要。

和脲醛树脂不同,根据产品的不同,酚醛树脂胶有的需要调制,有的可以不调制。

用于生产刨花板和纤维板时一般不需要调制。生产刨花板时通过施胶设备直接施于刨花表面。生产纤维板时(湿法)一般把酚醛树脂稀释至5%～10%浓度后再掺入浆池。

在生产胶合板时一般要调制。由于初期酚醛树脂制成后在碱性条件下保存，而且碱性较大，如果直接使用，对较薄的单板由于渗透性强而造成透胶，污染板面，影响胶接强度，因此在使用时必须加适量的填料，调匀后使用，由于填充剂的填充作用，防止了透胶现象的发生。一般填料为面粉或豆粉，用量为3%～20%。

在进行常温胶接时，酚醛树脂必须进行调制。这和酚醛树脂的固化特性有关。经试验发现，初期酚醛树脂最稳定的pH值和树脂合成时所用的酚的结构有关，例如，用间苯二酚制得的酚醛树脂，其最稳定的pH=3，用苯酚制得的酚醛树脂最稳定的pH值为4.5左右。因而在pH<3时，固化反应由H^+催化，而从pH=5左右开始，则固化反应由OH^-催化。而酸催化效果比碱催化效果大得多。当氢氧根离子浓度大到一定数值后，即使再增加氢氧根离子浓度也不能加速固化反应，而氢离子不同，随着氢离子浓度增加，固化反应速度呈直线增长趋势。普通酚醛树脂胶黏剂都是在碱性下保存的，因此在常温下固化时只有在酚醛胶内加入酸性固化剂，使酚醛树脂胶液的pH值由碱性转为酸性才能在常温下有较快的固化速度。

冷固化酚醛树脂胶黏剂的固化剂有无机酸和有机酸两类，前者为硫酸、盐酸和磷酸等，后者为石油磺酸、苯磺酸、乳酸、对甲苯磺酸等。一般无机酸使用较少，因为无机酸对木材纤维的损伤较大，对胶接强度的耐久性不利。使用较多的是石油磺酸和苯磺酸，其用量为树脂重的10%～20%，气温低时取上限，即接近20%，但是，由于固化剂用量大对木材本身强度有损伤，影响胶接耐久性，因此，一般都采用提高环境温度的办法，而不使用过多的固化剂。

在调制冷固化酚醛树脂胶时，固化剂应在搅拌下缓慢加入树脂中，加完固化剂后，应继续搅拌5min，调成均匀液体，必要时可加适量的填料。

23.5.3.2 木材工业用酚醛树脂胶生产工艺介绍

1. 胶合板用酚醛树脂胶的生产工艺

作为胶合板用的胶黏剂应该有一定的流动性，胶的预压性能好，固化速度快。一般制造这种胶黏剂时甲醛用量较大，都采用二次缩聚，而且用碱量一般也较大。

在树脂制成后，使用前需加少量填料，以防透胶。

(1) 原料配方

原料名称	纯度(%)	摩尔比	用量(质量份)
苯酚	≥98	1	100
甲醛	37	1.98	170.8
氢氧化钠	30	0.624	88.5
水	10.03		22.5
氧化钙	100		0.12

(2) 制造工艺

①将熔化的苯酚，按定量抽入反应锅内，开动搅拌器，加入甲醛总量的19.2%和氧化钙，在15～20min内升温至沸腾，保持回流17min后，降温至50℃。

②加入所余下的全部甲醛和氢氧化钠总量的39%，在40min内升温至沸腾(升温时应注意自发反应热)，回流15min后降温至90～92℃，保持40min。

③再加余下的全部氢氧化钠和水，温度保持在90～92℃；30min左右测定反应液的黏度，当黏度达到要求后，立即通冷却水降温至50℃以下放料。

(3) 树脂性能指标

外观：红棕色透明黏稠液体

固体含量：≤44%

黏度：80～120恩格拉度(20℃)

游离酚含量：≥0.4%

可被溴化物含量：≥11%

碱度：≤6.5%

此种树脂成膜速度快，游离酚含量低，涂胶后的单板陈化一段时间后，胶液迅速成膜，不需要经过干燥可直接热压胶合，可简化生产工艺，节约生产设备，成本较低，适合于生产厚胶合板或水泥模板。

2. 纤维板用酚醛树脂胶的生产工艺

湿法纤维板用酚醛树脂胶应该是在水中的溶解性好，游离酚含量低，对纤维的附着力强。

(1) 原料配方

原料名称	纯度(%)	摩尔比	用量(质量份)
苯酚	98	1	250
甲醛	37	2.14	460
氢氧化钠	30	0.45	160

(2) 制造工艺

①加熔融苯酚250份，开蒸汽，使温度控制在50℃左右，开搅拌机；

②加甲醛(1)，使内温升到60～70℃，关汽，靠反应热自发升至90℃，保温60min；

③保温后，通冷却水降温至70℃，加水115份，氢氧化钠(30%)160份，甲醛(2)，控制内温至90℃，保温15min；

④保温后开始测黏度，当黏度达到要求后(倒泡黏度3s)，立即通冷却水冷却至80℃，当倒泡黏度达到5s时，则为反应终点，继续冷却至40℃以下放料。

(3) 树脂性能指标

外观：棕色透明黏液

固体含量(%)：35～38

游离酚含量(%)：0.1以下

3. 浸渍用酚醛树脂的生产工艺

(1) 醇溶性酚醛树脂生产工艺

1) 原料配方

原料名称	摩尔比	纯度(%)	用量(质量份)
苯酚	1	98	100
甲醛	1.2	37	101
氢氧化铵	0.1	25	7
酒精		95	120

2) 制造工艺

①将熔化的苯酚加入反应釜中，开启搅拌机。同时开冷却水，使内温降至50℃以下。

②加入定量甲醛，使温度保持在40～50℃，加入氢氧化铵；

③在20min内升温至65℃，在65℃保持20min。继续缓慢升温至95℃；

④在(94±2)℃保持回流反应，并注意观察反应锅内情况，当出现乳状浑浊时，即为浑浊点；

⑤浑浊10min后取样测反应终点。取样后迅速把样液冷至25～30℃，分出上层水，当树脂不粘玻璃杯且能拉丝时即为反应终点，反应终点到达后立即通冷却水冷却；

⑥当内温降至80℃以下时，开真空泵进行减压脱水，内温控制在60～75℃；

⑦当脱水量达到要求，且釜内树脂液透明后，停止脱水，放空，开始取样测聚合速度，当聚合速度达到指标范围内时立即加入酒精，当树脂完全溶解后试放料（即将锅底未溶解的树脂放出后，倒回反应锅内继续溶解），然后冷却至40℃放料。

3) 树脂性能指标

外观：棕色透明液

固体含量：50%～55%

游离酚含量：14%以下

黏度：0.015～0.030Pa·s

聚合时间：50～90s

水分含量：≥7%

该树脂可用于纸张或单板的浸渍，用于生产层积塑料及航空胶合板、船舶胶合板。

(2) 水溶性酚醛树脂生产工艺：该树脂在少量氢氧化钠存在下，苯酚与甲醛经高温缩聚而成的水溶性酚醛树脂。分子量较小，渗透性强，主要用于装饰板底层纸的浸渍。由于是水作溶剂，节省大量溶剂，降低了浸渍树脂液的成本。

1) 原料配比

原料名称	规格含量	摩尔比	用量(质量份)
苯酚	98	1	100
甲醛	37	1.5	127
氢氧化钠	30	0.07	9.8
油酸	工业级	—	3.5

2) 制造工艺

①将已熔化的苯酚加入反应锅内，接着加入定量烧碱，开搅拌器和通冷却水冷却；

②当内温降至50℃以下时加入定量甲醛；

③在60～90min内，使内温升至(80±2)℃，并保温；

④保温1h后开始取样测溶水倍数，根据溶水倍数降低情况缩短取样时间，当溶水倍数降至3.5倍时，迅速冷却；

⑤内温降至40℃以下放料（需要加油酸时在内温降至50℃时加入，再继续降温至40℃放料）。

3) 树脂性能指标

外观：红棕色透明液体

黏度：40～50cp(20℃)

固体含量：48%～53%

游离酚含量：≤6%

溶水倍数(25℃)：2～4倍

4) 注意事项

①该树脂反应放热量大，当内温升至50℃左右时，应及时开冷却水冷却，由于反应自发热而升至80℃，如果不及时冷却会引起暴沸造成物料损失或人身事故；

②氢氧化钠计量要精确。因为碱用量多，树脂黏度大，溶水性能增加，用溶水倍数测定反应终点就不准确。用量少，树脂容易出现分层沉淀。

③加入油酸主要用于浸渍底层纸中最底下一层纸，起脱膜作用。

4. 室温固化用酚醛树脂胶的生产工艺

(1) 醇溶性室温固化用酚醛树脂胶生产工艺：该树脂是在少量氢氧化钠存在下，苯酚和甲醛缩聚反应，经减压脱水后用酒精稀释而成的。使用时在树脂内加入适量有机酸即在室温(20℃以上)下固化。是有较高胶接强度、性能优良的木结构用胶，广泛用在建筑、交通、家具等部门的胶合木生产中。

1) 原料配比

原料	规格含量(%)	摩尔比	用量(质量比)
苯酚	≥98	1	100
甲醛	37	1.5	127
氢氧化钠	30	0.05	6.9
酒精	95	—	50

2) 制造工艺

①将熔化的苯酚定量地加入反应锅内，开搅拌器和通冷却水，在40～50℃下加入氢氧化钠，保持10min；

②加定量甲醛，在15min内使内温升至70℃，保持20min后再升温至95～98℃；

③保持沸腾回流30min左右，每隔一定时间取样测黏度或折光指数，当折光指数达到1.478～1.485时即为缩聚终点；

④到达终点后，立即降温至70℃，并进行减压脱水，脱水约30min，取样测黏度，当黏度达到1400Pa·s时停止脱水；

⑤加入酒精，继续搅拌至树脂全部溶解，冷却至40℃以下放料。

3) 树脂性能指标

外观：红棕色透明粘稠液

固体含量：65%以上

黏度：1000～2000cp(20℃)

游离酚含量：≤5%

(2) 水溶性室温固化用酚醛树脂胶生产工艺

1) 原料配比

原料	规格	摩尔比	用量(质量份)	备注
苯酚	98%	1	100	
甲醛	37%	1.25	106	
氢氧化钡	—	2		溶于5倍水中

2) 制造工艺

①将熔化的苯酚定量加入反应锅内，并开搅拌器及通冷却水，在40～50℃下加入氢氧化钡 [Ba(OH)$_2$8H$_2$O] 溶液；

②在30min内，使内温升至65～70℃，保温10～20min，至氢氧化钡完全溶解；

③加入定量甲醛，在20～30min内升温至85℃，停止搅拌，由于放热反应而沸腾，温度达到97～100℃，沸腾10min后开搅拌机搅拌；

④保持沸腾回流1h左右，然后测混浊温度，当混浊温度达到40～50℃时，立即通冷却水降温；

⑤内温降至70℃时开始减压脱水，当脱水量接近理论脱水量时取样测黏度，当黏度达到要求时，停止脱水，冷却至40℃以下放料。

3) 树脂性能指标

外观：红棕色透明黏稠液

固体含量：70%以上

游离酚含量：≤20%

黏度：1000～1500cp(20℃)

水份：不大于20%

4) 应用

用于室温胶接时需要加入适量固化剂。常用的固化剂为苯磺酸或石油磺酸。用量如表23-34所示。

固化剂用量一般为树脂质量的10%～20%，气温高时可以略少，气温低时可多加一些，当黏度较大时可加少量酒精调整其黏度，涂胶后陈化时间不宜过长，否则因提前固化而影响胶接强度。

常温进行胶接时，胶接时间和胶接强度受气温影响显著，在低温条件下固化时间长，胶接强度差。如在10℃下进行胶接时，放置7d后的胶接强度为1.36MPa，而在40℃胶接时，仅15h胶接强度就达到2.72MPa。

该树脂也可热压，热压温度一般80℃即可，固化剂加入量为5%～7%，热压时间与板厚有关，一般为每1mm板厚需要压2min。

在使用该树脂时，除了加固化剂外，还可以加入适量填充剂。如硅藻土、酸性白土、木粉等，用量为树脂重的5%～20%。

(3) 胶接枕木用酚醛树脂生产工艺

1) 原料配比

原料	纯度	摩尔比	用量(质量份)
苯酚	98	1	42.85
甲醛	37	1.55	55.70
氢氧化钠	30±1	1.45	
乙醇	95		适量

2) 制造工艺

①将定量苯酚熔融后加入反应锅中，开动搅拌器和通冷却水，在40℃左右加氢氧化钠溶液，搅拌15min，温度维持在50℃以下加甲醛；

②通蒸汽加热，在15～20min内升温至65℃，开蒸汽，靠自发反应热升到80℃时往反应锅夹套内通冷却水，当温度升至90℃，停止搅拌(注意防止暴沸)；

③保持沸腾回流1h，经常抽样测定发浑点，当达到35～40℃时，为反应终点；

④立即往反应锅夹套通冷却水冷却，使锅内温度下降至60℃，开启真空泵，在60～65℃温度范围内进行减压脱水，真空度以不溢锅为前提；

⑤在脱水过程中，每隔一定时间抽样，滴在清洁的玻璃板上，当冷却至室温而不发浑，即为脱水终点；

⑥脱水后，打开放空阀使锅内压力恢复正常，并立即向夹套内通冷却水冷却，同时加入事先用1/10体积的水冲稀的酒精适量，以调整树脂的黏度(25℃)至100～140s/涂4杯为准。冷却至40℃以下出料。

3) 树脂性能指标

外观：红棕色透明黏度

固体含量：65%以上

游离酚含量：≤5%

黏度(20℃)：1000～2000cp

23.5.4 酚醛树脂胶性能指标的检验

23.5.4.1 酚醛树脂胶性能指标

木材用酚醛树脂胶的技术性能指标如表23-35所示。

23.5.4.2 性能指标的含义及其与胶合性能的关系

除了在脲醛树脂中所涉及的黏度、固体含量等以外，主要还有：

表23-34 酚醛树脂固化剂用量

名称	用量(质量份)	
	室温固化	60℃固化
酚醛树脂	100	100
酒精	10	10
石油磺酸	1400/a	1000/a

表 23-35 木材胶黏剂用酚醛树脂技术性能指标

指标名称	单位	试验条件	酚醛树脂的类别				备注
			FQ-J-1	FQ-J-2	FQ-H	FQ-X	
外 观	—	20±1℃	无机械杂质，金黄或浅红色透明液体	无机械杂质，红褐到暗红褐色的透明液体			必测项目
密 度	g/cm	320±0.1℃	1.03~1.06	1.04~1.06	1.15~1.25	1.15~1.25	必测项目
	—	20~25±25℃	—	<9.5	10~12	10~11	必测项目
黏 度	Pa·s	20±0.1℃	0.12~0.27 [120~270]	0.02~0.09 [20~90]	0.40~1.10 [400~1100]	0.40~1.40 [400~1400]	必测项目
固体含量	%	120±5℃ 120min	48~52	36~42	40~50	40~50	必测项目
聚合时间	s	150±1℃	55~90	—	—	—	必测项目
碱 度	%	—	—	—	3.0~6.5	3.0~5.0	抽测项目
游离苯酚	%	—	<14.0	<6.0	<1.5	<0.5	抽测项目
游离甲醛	%	20~25℃	—	<1.0	<0.4	<0.5	抽测项目
水混和性	倍	25±0.5℃	—	—	20以上	20以上	抽测项目
贮存稳定性 (黏度增长率)	h %	60±2℃	—	10 (<200)	5 (<200)	2.5 (<150)	抽测项目
胶合强度	MPa kgf/cm²	—	—	—	>1.4 [>14]	—	抽测项目
可被溴化物	%	—	—	—	>12	>12	抽测项目
含水率	%	—	—	<7	—	—	抽测项目

注：表中符号含义：FQ——酚醛树脂，J——浸渍用，H——胶合板用，X——纤维板用(硬质)
1——醇溶性，2——水溶性

(1) 游离酚含量：游离酚含量是指酚醛树脂中没有参加反应的苯酚质量占酚醛树脂液质量的百分数。

游离酚含量的高低，与制造树脂时的配方、制造工艺、反应速度的快慢、缩聚程度等有关。制造酚醛树脂时甲醛用量大，即摩尔比大，游离酚含量低，缩聚程度大，即黏度大的游离酚含量低。

(2) 可被溴化物含量：可被溴化物是指酚醛树脂中，可被溴取代的活泼氢原子的数量，它把树脂中的游离酚和能被溴化的活性基团折算成苯酚量，以此代表树脂的可被溴化物含量。它在某种程度上能说明酚醛树脂缩聚度的大小。可被溴化物含量低，说明树脂的平均分子量大，即缩聚度高。

可被溴化物含量除了与树脂的缩聚程度有关外，还和摩尔比有关，摩尔比低，甲醛用量少，生成树脂的可被溴化物的含量就大。

(3) 聚合时间：聚合时间是指醇溶性酚醛树脂(脱水后未加溶剂时的树脂而言)在规定温度下受热凝胶的时间。

聚合时间长，说明树脂分子量小，此时树脂内游离酚含量也高，树脂得率低，而浸渍干燥后压制的胶接强度也差，聚合时间太短也不行，此时树脂分子量太大，对纸张的渗透性差，浸渍纸张后的胶接制品容易产生层间剥离，因此，聚合时间是醇溶性酚醛树脂的一项重要指标，必须控制在规定的指标范围内。

聚合时间长短主要与反应程度、摩尔比有关。反应时间长，缩聚度大，聚合时间就短。

(4) 碱度：碱度是指酚醛树脂液中游离碱占酚醛树脂液的质量百分数。碱度对酚醛树脂的水溶性、贮存期、固化速度都有一定的影响。碱度过大使胶黏剂的渗透性过大，单板涂胶后，容易造成透胶现象，影响板面品质和胶接强度。

23.5.4.3 酚醛树脂主要性能指标的检验

1. 游离苯酚的测定

(1) 方法原理：用水蒸气蒸馏，将树脂中未反应的苯酚与水馏出，收集蒸馏液，用溴量法测定。

$$\text{C}_6\text{H}_5\text{OH} + 3\text{Br}_2 \longrightarrow \text{C}_6\text{H}_2\text{Br}_3\text{OH} \downarrow + 3\text{HBr}$$

(2) 仪器

① 容量瓶：1000ml
② 称量瓶：如液体则用30ml
③ 蒸汽发生器：长颈平底烧瓶，2000ml
④ 圆底短颈烧瓶：1000ml
⑤ 冷凝管：600mm
⑥ 棕色滴定管：50ml
⑦ 移液管：50ml，25ml

⑧量筒：20ml
⑨碘量瓶：500ml
⑩分析天平：感量 0.1mg
⑪电炉：功率 2000W
三角架、夹具等

(3) 试剂与溶液
①盐酸：分析纯
②乙醇：分析纯
③溴酸钾—溴化钾：称取 2.8g 溴酸钾(精确到0.01g，分析纯)，和10.0g 溴化钾(精确至0.01g，分析纯)用适量蒸馏水溶解，加入 1000ml 容量瓶中稀释至刻度。
④ 0.5%淀粉指示剂：称取1.0g可溶性淀粉，加10ml水，搅拌下注入200ml沸腾蒸馏水中，微沸2min后放置待用。
⑤硫代硫酸钠标准溶液：$C(Na_2S_2O_3) = 0.167$ mol/L

(4) 配制：称取26.3g硫代硫酸钠($Na_2S_2O_3$，优级纯)置于500ml烧瓶中，加新煮沸已冷却的蒸馏水至完全溶解后，加入 1000ml 容量瓶中，稀释至刻度，加入0.05g 碳酸钠(防止溶液分解)及0.01g 碘化汞(防止发霉)，贮存于棕色瓶中，静置14d标定。

(5) 标定称取经120℃烘至恒重的重铬酸钾(优级纯)0.15g(精确至0.0001g)置于500ml 碘量瓶中，加入25ml蒸馏水，加2.0g碘化钾及5ml浓盐酸，摇匀，于暗处放置10min，加150ml蒸馏水，用0.1mol/L硫代硫酸钠标准溶液滴定，接近终点时加 3ml 0.5%淀粉指标剂，继续滴定溶液由蓝色变为亮绿色。

硫代硫酸钠标准溶液摩尔浓度按下式计算：

$$C(Na_2S_2O_3) = \frac{G}{V \times 0.04904}$$

式中：C——硫代硫酸钠标准溶液毫摩尔浓度，mmol/L
G——重铬酸钾的质量，g
V——滴定所耗硫代硫酸钠标准溶液体积，ml
0.04904——1/6 重铬酸钾毫摩尔质量，g/mmol

(6) 操作步骤：在分析天平上准确称取试样2g(精确至0.0001g)置于1 000ml 圆底烧瓶内，以100ml蒸馏水溶解，如稀释液pH值超过9.5，则用1:4盐酸水溶液调至9.5以下，醇溶性固体树脂则称取1.000g(精确至0.001g)。用移液管吸取25ml乙醇移入烧瓶，摇动使树脂完全溶解，然后连接蒸汽发生器、冷凝管及容量瓶，蒸馏装置见图 23-27，装好后开始蒸馏，要求在40～50min内馏出液达到500ml，这时取二滴馏出液，滴入少许饱和溴水中，如果不发生混浊，停止蒸馏。取下容量瓶加蒸馏水稀释至刻度。用移液管吸取50ml蒸馏液移入碘量瓶中，再用移液管移入25ml溴化钾—溴酸钾溶液，加入5ml浓盐酸，迅速盖上瓶塞用水封口，摇匀，放置暗处15min。然后加入1.8g固体碘化钾，用少许蒸馏水冲洗瓶口，再放置用10min，硫代硫酸钠标准溶液滴定，滴定至淡黄色时，加3ml淀粉指示剂，继

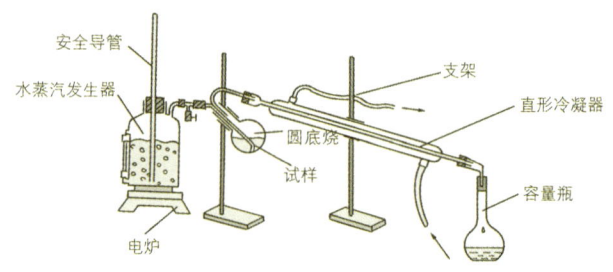

图 23-27 测定游离苯酚装置

续滴定至蓝色消失即为终点。同时进行空白试验(如果测定醇溶性树脂，需要配制2.5%乙醇水溶液，吸取50ml作空白试验)。

平行测定两次，计算结果精确到小数点两位，取平均值作测定结果。

(7) 计算

树脂游离酚含量按下式计算：

$$P = \frac{(V_1 - V_2) \times C \times 0.01568 \times 1000}{G \times 50} \times 100$$

式中：P——游离苯酚含量，%
V_1——空白试验消耗硫代硫酸钠体积，ml
V_2——滴定试样消耗硫代硫酸钠体积，ml
C——硫代硫酸钠标准溶液摩尔浓度，mol/L
0.01568——1ml 浓度为$C(Na_2S_2O_3)=0.167$mol/L，硫代硫酸钠标准溶液相当于苯酚的摩尔质量，g/mmol
G——试样质量，g

2. 可被溴化物含量测定法

(1) 方法原理：用溴量法测定树脂中可被溴化物含量。把游离酚和树脂分子中能被溴化的活性基，折算成苯酚质量，以此代表树脂中可被溴化物含量。

(2) 仪器：和游离苯酚测定法相同。

(3) 试剂和溶液：和游离苯酚测定法相同

(4) 操作步骤：称取0.5g(精确至0.0001g)试样于500ml容量瓶中，并用蒸馏水小心地稀释至刻度，摇匀，吸取50ml试液于500ml碘量瓶中，再加入25ml溴酸钾—溴化钾溶液及5ml盐酸(分析纯)，迅速盖上瓶塞，用水封瓶口，不断地小心地摇匀后放暗处静置15min，加入固体碘化钾1.8g，(注意勿使溴气损失)，再放暗处5min，然后用硫代硫酸钠标准溶液滴定至淡黄色时，加入3ml淀粉指示剂，滴定至蓝色消失。

同时以50ml蒸馏水代替试液进行空白试验。

平行测定两次，计算结果精确到小数点后两位，取其平均值作为测定结果。

(5) 计算

树脂中可被溴化物含量按下式计算：

$$B = \frac{(V_1 - V_2) \times C \times 0.01568 \times 500}{G \times 50} \times 100$$

式中：B——可被溴化物含量，%

V_1——空白试验所耗硫代硫酸钠标准溶液体积，ml

V_2——滴定试样所耗硫代硫酸钠标准溶液体积，ml

C——硫代硫酸钠标准溶液摩尔浓度，mol/L

0.01568——1 ml 浓度为 Na_2SO_3=0.167mol/L 相当于苯酚摩尔质量，g/m mol

G——试样质量，g

本方法适用于水溶性酚醛树脂可被溴化物含量的测定。

3. 树脂中氢氧化钠含量的测定

(1) 方法原理：在酚酞指示剂存在下，以盐酸中和试样中的碱。

(2) 仪器

①烧杯：150ml

②滴定管：25 ml

③量筒：50ml

④分析天平：感量 0.1 mg

(3) 试剂与溶液

① 1% 酚酞指示剂：称取 1.0g 酚酞，溶于乙醇，用乙醇稀释至 100ml。

② 溴甲酚绿—甲基红混合指示剂：三份 0.1% 溴甲酚绿乙醇溶液与一份 0.2% 甲基红乙醇溶液混合均匀。

③ $C(HCl)$=0.1 mol/L 盐酸标准溶液

(4) 配制：用量筒量取 9ml 盐酸(分析纯)，加蒸馏水稀释至 1000ml。

(5) 标定：称取 0.2g（精确至 0.0001 g）于 270～300℃灼烧至恒重的无水碳酸钠(优级纯)，溶解于 50ml 蒸馏水中，加 10滴溴甲酚绿—甲基红混合指示剂，用配制的待标液滴定至溶液由绿色变为暗红色。煮沸2min，冷却后继续滴定至溶液呈暗红色，记录消耗待标液体积。

盐酸标准溶液摩尔浓度按下式计算：

$$C = \frac{G}{V \times 0.05299}$$

式中：C——盐酸标准溶液摩尔浓度，mol/L

G——无水碳酸钠的质量，g

V——滴定消耗盐酸待标液体积，ml

0.05299——1/2 碳酸钠的毫摩尔质量，g/m mol

(6) 操作步骤：准确称取试样2g于150ml烧杯中，加50ml蒸馏水溶解，加2滴酚酞试剂，用 0.1 N 盐酸标准溶液滴定，与同浓度试样溶液对照，以微红色为终点，记录所耗用盐酸标准溶液体积。如试样颜色较深，可适当稀释。(也可用酸度计代替指示剂进行滴定)。

(7) 计算

树脂中氢氧化钠含量按下式计算：

$$S = \frac{C \times V \times 0.040}{g} \times 100$$

式中：S——氢氧化钠含量，%

C——盐酸标准溶液摩尔浓度，mol/L

V——滴定试样所消耗盐酸标准溶液体积，ml

0.040——ml 量浓度为 $C(HCl)$=1 mol/L 盐酸标准溶液相当于氢氧化钠毫摩尔质量，g/m mol

g——试样质量，g

4. 酚醛树脂中游离甲醛的测定

(1) 方法原理：树脂中游离甲醛能与盐酸羟胺作用，生成等当量的酸，然后以氢氧化钠中和生成的酸。

(2) 仪器

①烧杯：150ml

②量筒：50ml

③移液管：10ml

④滴定管：10ml(碱式)，10ml(酸式)

⑤ pH 计

⑥分析天平：感量 0.1 mg

(3) 试剂与溶液

① 10% 盐酸羟胺溶液：称取 10.0g 盐酸羟胺(分析纯)溶解于90ml 蒸馏水中；

② 0.1% 溴酚蓝指示剂：0.1 g 溴酚蓝用 20% 乙醇稀释至 100ml；

③ $C(NaOH)$=0.1 mol／L(0.1 N)氢氧化钠标准溶液。

(4) 配制：将氢氧化钠(分析纯)配成饱和溶液(约 19mol／L)注入塑料桶中密闭放置至溶液清亮，使用前用塑料管吸取上层清液。

量取 5 ml 氢氧化钠饱和溶液，注入 1 000ml 容量瓶中用不含二氧化碳蒸馏水稀释至刻度。

(5) 标定：称取 0.6g（精确至 0.0001 g）经 105～110℃烘至恒重的苯二甲酸氢钾(优级纯)，溶解于50ml 不含二氧化碳的水中，加 2 滴 1% 酚酞指示剂，用氢氧化钠标准溶液滴定至溶液呈粉红色。

氢氧化钠标准溶液摩尔浓度按下式计算：

$$C = \frac{G}{V \times 0.2042}$$

式中：C——氢氧化钠标准溶液摩尔浓度，mol/L

G——苯二甲酸氢钾之质量，g

V——滴定所耗氢氧化钠标准溶液体积，ml

0.0242——苯二甲酸氢钾的毫摩尔质量，g/m mol

(6) 操作步骤：称取试样2g(精确至 0.0001 g)于150ml烧杯中，加50ml 蒸馏水(如为醇溶性树脂可加乙醇与水的混合溶剂或者乙醇)及 2 滴溴酚蓝指示剂，用 $C(HCl)$=0.1 mol/L 盐酸标准溶液滴定至终点，在酸度计上 pH 值等于 4.00 时吸入 10ml 10% 盐酸羟胺，在 20～25℃下放置 10min，然后以氢氧化钠标准溶液滴定至 pH 值等于 4.00 时为终点。

同时以 50ml 蒸馏水或者乙醇与水(或纯乙醇)作溶剂代替试液进行空白试验。

(7)计算

树脂游离甲醛按下式计算：

$$F = \frac{(V_1 - V_2) \times C \times 0.03003}{G} \times 100$$

式中：F——游离甲醛含量，%；

V_1——滴定试样所耗氢氧化钠标准溶液的体积，ml

V_2——空白试验所耗氢氧化钠标准溶液的体积，ml

C——氢氧化钠标准溶液的摩尔浓度，mol/L

0.03003 —— 1 ml 量浓度为 $C(NaOH)=1$ mol/L 氢氧化钠标准溶液相当于甲醛的摩尔质量，g/m mol

G——试样质量，g

5. 聚合时间的测定

(1)仪器

①加热铁板：铁板大小为 150mm × 150mm × 20mm，表面平整光滑，表面中心位置有一个 30mm × 5mm 的凹槽，铁板侧面中部有一温度计插孔，孔的深度应达到铁板中央部分，以供加热时测量温度。如图 23-28 所示。

②控温电炉

③温度计：0～200℃水银温度计，分度值为 0.2℃

6. 醇溶性酚醛树脂含水率的测定

(1)仪器

①水分测定器：烧瓶容量为 500ml

②量筒：100ml

③天平：感量 0.1g

④电炉

⑤角架，夹具等

(2)试剂

①甲酚：分析纯(经过无水硫酸钠脱水)

②苯：分析纯(经过无水氯化钙脱水)

(3)操作步骤：称取试样 10g(精确到 0.1 g)，如是固体，则粉碎成小颗粒或剪成小块，放入水分测定器的圆底烧瓶中，加入 60ml 甲酚使其溶解，如不溶解，可在水浴中(50～60℃)加热溶解后加入少量浮石(使其沸腾均匀)和 80ml 的苯，并接上水分测定器的冷凝管及接收水分的弯管等(装置见图 23-29)。将冷水通入冷凝管中，开始加热至沸腾。起初回流速度每秒 2 滴，大部分水出来后，每秒 4 滴，直至接收管中的水量不再增加时再回流 15 min，量出接收管中水的毫升数，并把水的体积换算成水的质量。平行测定两次，平行测定两次结果之差不大于 0.05 ml。

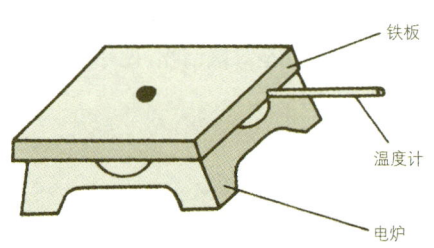

图 23-28 树脂聚合时间测定装置

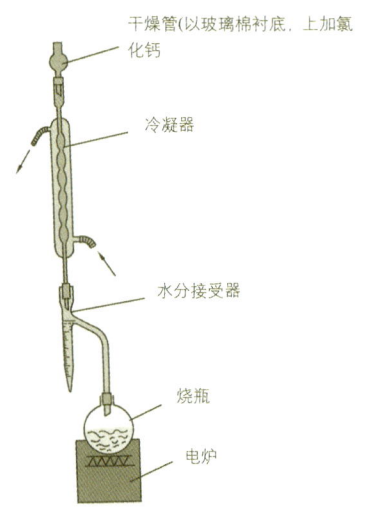

图 23-29 树脂含水率测定装置图

④玻璃棒

⑤天平：感量 0.1 g

⑥秒表

(2) 操作步骤：称取 1 g(精确到 0.1 g)固体树脂的试样，使其均匀地分布预先加热到 150 ± 1℃的铁板中心圆槽内，按动秒表，同时用细玻璃棒不断搅拌，搅拌时注意保持试样在小圆槽内，树脂逐渐变稠，这时用玻璃棒随时向上拉丝，直至拉不成丝时，立即按停秒表，记录时间，即为树脂的聚合时间。用秒表示。平行测定两次，取平均值，平行测定结果之差不超过 2s。

(4) 计算：

树脂含水率按下式计算：

$$W = \frac{G_1}{G} \times 100$$

式中：W——树脂含水率，%

G_1——蒸馏接收管中水的质量，g

G——树脂试样的质量，g

23.6 聚醋酸乙烯酯乳液胶黏剂

23.6.1 聚醋酸乙烯酯乳液胶黏剂的性能、特点和应用

23.6.1.1 聚醋酸乙烯酯乳液胶黏剂的特性

聚醋酸乙烯酯乳液胶黏剂是由醋酸乙烯酯单体在引发剂作用下经乳液聚合方式而得到的高分子乳液。俗称"乳白胶"、"白乳胶"或"白胶"缩写为"PVAc乳液胶"。

聚醋酸乙烯酯乳液胶黏剂属乳液型热塑性胶黏剂，因此，它具有乳液型热塑性胶黏剂的性质，如胶黏剂的分子结构属于线型，因此胶硬化后，胶层的柔韧性好，剥离强度较大，由于胶硬化后仍然是线型结构，没有形成交联网状结构，因此胶的耐热性较差，它在软化点以上的环境温度下将失去胶接强度而不能使用。

聚醋酸乙烯酯乳液胶黏剂的外观是白色或乳酪色的粘稠液体，具有微酸性，略带醋酸气味，能溶于有机溶剂，并能耐稀酸稀碱，但遇强酸强碱会引起水解，而形成聚乙烯醇。

聚醋酸乙烯酯乳液胶黏剂属于非耐水性胶黏剂，胶接制品经冷水作用一定时间后将失去胶接强度而遭受破坏。

聚醋酸乙烯酯胶黏剂属室温固化型胶黏剂。由于胶黏剂分子量较大，而黏度较小，因此适用于胶接多孔性材料，如木材、皮革、纸张、陶瓷等。

23.6.1.2 聚醋酸乙烯酯乳液胶黏剂的优缺点

聚醋酸乙烯酯乳液胶黏剂在木材工业中应用范围较广，是仅次于脲醛树脂胶和酚醛树脂胶的重要胶种，它的主要优缺点如下：

(1) 优点

①具有良好的操作性能。有一定的初黏性。胶黏剂在使用过程中对人体无毒害，无腐蚀性，无臭（略带醋酸气味），无火灾和爆炸的危险，用水容易洗涤；

②常温下可以胶接木材等材料，而且使用方便，不用加热和加入固化剂等，可直接使用，不用调制；

③干状胶接强度大，胶层韧性好，胶合制品进行再加工时对刀具刃口的损伤小；

④性能稳定，贮存期长，一般可达一年或更长时间，只要胶黏剂的黏度和乳液状态正常，即可使用；

⑤胶黏剂分子量较大，流动性较好，不易透胶；

⑥胶层固化后无色透明，不会污染被胶接制品。

(2) 缺点

①耐水性、耐湿性差。胶接试件浸泡在水中一定时间后，胶接强度急剧下降。在空气中容易吸湿，在空气相对湿度65%时，胶吸湿增重1.3%；在相对湿度为95%时，吸湿增重3.5%；

②耐热性差。由于聚醋酸乙烯酯聚合物的软化点较低，在45~90℃之间，当使用的环境温度超过软化点温度时，由于分子热运动，使胶层软化，失去胶接能力；

③在长时间静载荷作用下，胶层会出现蠕变现象，即胶层的形变随载荷作用时间的延长而加大。因此，该胶黏剂不宜作结构用胶黏剂；

④胶接速度受环境温度影响较大，在夏季气温较高时，胶接速度较快，冬季气温较低时胶接速度较慢，有时需要胶接24 h以上。

⑤在冬季较低温度下时可能冻结，处于冻结状态的胶黏剂不能立即使用。

23.6.1.3 聚醋酸乙烯酯乳液胶黏剂的应用

1. 聚醋酸乙烯酯乳液胶黏剂的成膜温度

聚酯酸乙烯酯乳液胶黏剂是属于溶剂蒸发型、非反应型胶黏剂。在进行胶接时，胶层的形成是靠水分蒸发，或被木质材料自身吸收。当胶层内水分蒸发时，乳胶粒发生粘性流动而融合粘连，失去流动性，当水分进一步蒸发时，若胶的温度高于某一温度时，粒子就发生变形融合，而形成连续的胶膜（即胶层）。若温度低于某一温度时，即使水分蒸发，粒子也不发生变形和融合，因而不能形成连续的胶膜。能使乳液胶形成连续的薄膜的最低温度就叫最低成膜温度(MFT)。聚醋酸乙烯酯乳液胶黏剂在不加增塑剂时最低成膜温度为20℃。添加增塑剂或溶剂后最低成膜温度下降至0℃左右。因此，用聚醋酸乙烯酯胶黏剂进行胶接时，其环境温度（或胶接温度）应该高于它的最低成膜温度。

2. 对木材材质的要求

由于聚醋酸乙烯酯乳液胶在完成胶接过程的前后不发生化学反应，仅靠水分蒸发来完成胶接的，而胶黏剂本身又含有较多的水分，因此，要在胶接后有较高胶接强度和在胶接时有较快的胶接速度，对木材含水率应该有所要求。经验表明，用聚醋酸乙烯酯乳液胶黏剂进行胶接时，最佳木材含水率应该在5%~12%范围内。当含水率在12%~17%之间时，会影响胶接的速度，会使胶接时间延长；当含水率超过17%时，则会使胶接强度下降。需要胶接的木材表面应该新鲜、光滑平整。

3. 聚醋酸乙烯酯乳液胶黏剂的调制

聚醋酸乙烯酯乳液胶黏剂一般情况下不需要调制，可以直接使用，不要加任何固化剂或其他助剂。但是，有时为了提高胶接强度，满足胶接工艺的要求，在胶接前还需要进行适当的调制。如当气温较高，胶的黏度过低时，可适当添加增黏剂（如聚乙烯醇、淀粉、羧甲基纤维素等），用量可根据当时的气温及所要求的工作黏度而定。另外，当乳液干燥速度过快，为改善其润湿性能及胶接强度，可加入少量的溶剂，如甲苯、二甲苯、苯甲醇、醋酸丁酯等。为了提高聚醋酸乙烯酯乳液胶黏剂的耐水性可以在该胶黏剂内加适量的脲醛树

脂胶,调匀后,再加适量固化剂再调制均匀后即可使用。

为了缩短胶接时间,可以采用以下胶接方法:

(1) 甲组份

脲醛树脂(固体含量60%以上)	100份重
硼砂	0.5～10份重

(2) 乙组份

聚醋酸乙烯酯乳液胶黏剂	100份重
胺基磺酸(或草酸)	2～20份重

在进行胶接时,把调制均匀的甲组份胶黏剂涂在被粘物的表面,乙组份胶黏剂涂在另一个被粘物的表面,把两个被粘物合拢加一定的压力,沿胶层方向来回先搓动一二下,然后对好胶接位置,加压若干分钟即可有一定的强度。放置几小时后(根据气温而定)则胶接强度进一步增加。

4. 胶接工艺参数

涂胶量	220g/m²
胶接时的压力	0.5 MPa

胶压时间和温度有关,12℃时为2～3h,25℃时为20～90min。若采用热压,并且胶接单板时则热压温度一般为80℃,热压数分钟即可,冷却至40℃以下的温度卸压。

无论是热压还是冷压,卸压后应放置数小时后才能达到较理想的胶接强度。通常夏季要放置6～8 h,冬季需要放置一昼夜。

5. 保存

聚醋酸乙烯酯乳液胶黏剂带有酸性(pH4～6),因此,贮存时不能与铁接触。可存放在玻璃、塑料、陶瓷等容器内,也可以存放在塑料袋内,外面用硬质纤维板卷成桶包装,加以保护。

贮存温度以10～40℃为宜。贮存时应注意防止结冻。若待使用的乳液胶已受冷结冻,在未解冻前不可加水和其他物质,更不能搅动,应将冻结的胶移放到温度高的室内,或把冻结的乳液连同容器一起放在热水浴中(让其受热后自然解冻),待全部解冻后,如乳液胶的黏度和外观恢复正常,则仍可使用。

23.6.2 聚醋酸乙烯酯乳液胶黏剂的合成原理及实施方法

23.6.2.1 聚醋酸乙烯酯乳液胶黏剂的合成原理

聚醋酸乙烯酯乳液胶黏剂中的主胶着物质聚醋酸乙烯酯是以醋酸乙烯为原料单体在引发剂作用下经加聚反应而成的聚合物的混合物。其反应通式如下:

$$nCH_3COOCH=CH_2 \xrightarrow[\triangle]{引发剂} +CH_2-CH+_n \atop \quad | \atop \quad O \atop \quad | \atop \quad C=O \atop \quad | \atop \quad CH_3$$

聚醋酸乙烯酯的生成反应遵循游离基加聚反应的一般规律,需要经过链引发、链增长和链终止三个阶段。现以过硫酸铵作引发剂为例,简述聚醋酸乙烯酯的生成反应过程。

(1) 链引发:过硫酸铵在受热时分解成硫酸根离子型自由基(初级自由基):

$$(NH_2)_2S_2O_8 \xrightarrow{\triangle} 2NH_4SO_4 \longrightarrow 2NH_4^+ + 2SO_4^-\cdot$$

硫酸根离子型自由基再与醋酸乙烯单体结合,形成单体自由基,完成链引发。

$$SO_4^-\cdot + CH_3COOHCH=CH_2 \longrightarrow SO_4^- - CH_2 - CH\cdot$$
$$\quad | $$
$$\quad O$$
$$\quad \|$$
$$CH_3C - O$$

(2) 链增长:单体自由基和单体结合,形成两个单体长度的链自由基,接着再与别的单体结合形成更长的链自由基,如此反应下去,使链自由基的链长不断增加。

(3) 链终止:链自由基和自由基一旦发生碰撞,立即失去活性中心,链增长即告终止。链终止方式有三种:

$$SO_4^- - CH_2 - CH\cdot + CH_2 - CH\cdot \longrightarrow$$
$$\qquad | \qquad\qquad\quad |$$
$$\qquad O \qquad\qquad\quad O$$
$$\qquad \| \qquad\qquad\quad \|$$
$$\quad CH_3C - O \qquad CH_3C - O$$

$$SO_4^- - CH_2 - CH - CH_2 - CH\cdot \longrightarrow$$
$$\qquad | \qquad\qquad\quad |$$
$$\qquad O \qquad\qquad\quad O$$
$$\qquad \| \qquad\qquad\quad \|$$
$$\quad CH_3C - O \qquad CH_3C - O$$

$$\cdots + CH_2COOCH=CH_2 \longrightarrow SO_4^-$$

$$+CH_2 - CH+_x - CH_2 - CH\cdot$$
$$\qquad | \qquad\qquad\quad |$$
$$\qquad O \qquad\qquad\quad O$$
$$\qquad \| \qquad\qquad\quad \|$$
$$\quad CH_3C - O \qquad CH_3C - O$$

① 双基结合终止:两个链自由基之间碰撞,生成链长为两者链长之和的长链分子,在分子两端都有引发剂的成分:

$$SO_4^- +CH_2 - CH+_x +CH_2 - CH]\cdot$$
$$\qquad\qquad | \qquad\qquad |$$
$$\qquad\qquad O \qquad\qquad O$$
$$\qquad\qquad \| \qquad\qquad \|$$
$$\qquad CH_3C - O \qquad CH_3C - O$$

$$+ \cdot [HC - CH_2]_y +CH - CH_2+ SO_4^- \longrightarrow$$
$$\qquad | \qquad\qquad\quad |$$
$$\qquad O \qquad\qquad\quad O$$
$$\qquad | \qquad\qquad\quad |$$
$$\quad O - C - CH_3 \quad O - C - CH_3$$

$$SO_4^- +CH_2 - CH+_{x+1}$$
$$\qquad\qquad |$$
$$\qquad\qquad O$$
$$\qquad\qquad \|$$
$$\qquad CH_3C - O$$

$$+CH - CH_2+_{Y+1} SO_4^-$$
$$\quad |$$
$$\quad O$$
$$\quad |$$
$$O - C - CH_3$$

②双基歧化终止：两个链自由基之间相互作用，一个失去氢变成不饱和端基，另一个得到氢成为饱和端基，二者都失去活性中心，而分子链长度不变：

$$SO_4^- \!-\!\!\!-\!\!\!(CH_2\!-\!CH)_x\!\!-\!\!(CH_2\!-\!CH]\cdot$$
$$\qquad\qquad\quad |\qquad\qquad\quad |$$
$$\qquad\qquad\;\;O\qquad\qquad\;\;\;O$$
$$\qquad\qquad\;\;|\qquad\qquad\;\;\;|$$
$$\qquad\qquad CH_3C=O\quad\; CH_3C=O$$

$$+\cdot[HC\!-\!CH_2]\!\!-\!\!(HC\!-\!CH_2)_Y\!\!-\!\!SO_4^- \longrightarrow$$

$$SO_4^-\!\!-\!\!(CH_2\!-\!CH)_x\!\!-$$
$$\qquad\qquad\quad |$$
$$\qquad\qquad\;\;O$$
$$\qquad\qquad\;\;|$$
$$\qquad\qquad CH_3C=O$$

$$CH_2\!\!-\!\!CH_2\!\!+\!\!CH\!\!=\!\!CH\!\!-\!\!(CH_2\!-\!CH)_Y\!\!-\!\!SO_4^-$$
$$\;\;|\qquad\;\;\;\;\;\;\;\;\;\;\;\;\;|\qquad\qquad\quad |$$
$$\;\;O\qquad\;\;\;\;\;\;\;\;\;\;\;\;\;O\qquad\qquad\;\;\;O$$
$$\;\;|\qquad\;\;\;\;\;\;\;\;\;\;\;\;\;|\qquad\qquad\;\;\;|$$
$$CH_3C\!=\!O\quad\;\; O\!=\!C\!-\!CH_3\; O\!=\!C\!-\!CH_3$$

③链自由基与初级自由基结合终止：链自由基与硫酸根离子型自由基结合形成一个稳定的分子：

$$SO_4^- \!-\!\!(CH_2\!-\!CH)_x\!\!-\!\!(CH_2\!-\!CH]\cdot + SO_4^-\cdot \longrightarrow$$
$$\qquad\qquad\quad |\qquad\qquad\quad |$$
$$\qquad\qquad\;\;O\qquad\qquad\;\;\;O$$
$$\qquad\qquad\;\;|\qquad\qquad\;\;\;|$$
$$\qquad\qquad CH_3C=O\quad\; CH_3C=O$$

$$SO_4^-\!\!-\!\!(CH_2\!-\!CH)_{x+1}\!\!-\!\!SO_4^-$$
$$\qquad\qquad\quad |$$
$$\qquad\qquad\;\;O$$
$$\qquad\qquad\;\;|$$
$$\qquad\qquad CH_3C=O$$

上述反应的三个阶段的反应速度是很快的，一旦引发以后，分子量很快达到定值，不再增大，延长反应时间只是提高生成物的得率。

23.6.2.2 聚醋酸乙烯酯乳液胶黏剂的实施方法

醋酸乙烯酯进行游离基聚合时可以采用本体聚合、溶液聚合和乳液聚合的三种方式。聚醋酸乙烯酯乳液是用乳液聚合方式制成的。在进行乳液聚合时，醋酸乙烯酯单体聚合反应是借助乳化剂和机械搅拌作用均匀地分散在水中进行的。

乳液聚合反应体系中必须有单体、水、引发剂和乳化剂。各组份在水中的状态和分布如图23-30示。乳化剂分子的一端为憎水基团，另一端为亲水基团。当乳化剂浓度在临界胶束浓度(CMC)以上时，在水中有零散的乳化剂分子，还有胶束(50～150个乳化分子的聚集体)和增溶胶束(含有单体的胶束)。引发剂是水溶性的，在水中分解成初级自由基后，其中一部分进入由乳化剂分子形成的胶束内变为增溶胶束，另一部分留在水相中。单体经机械搅拌和乳化剂分子的作用，小部分进入由乳化剂分子形成的胶束内变为增溶胶束。绝大部分被分割成微小的单体液滴，液滴的表面被乳化剂分子包围，乳化剂分子的亲水端朝向水相。当初级自由基进入增溶胶束内时，使单体引发和链增长，单体消耗完后，又从水相中的单体得到补充，单体液滴的一部分又转入水相，这样增溶胶束逐渐扩大变成单体—聚合物反应体系——乳胶粒，单体液滴由于不断地有部分单体分子转入水相中而逐渐缩小，包围液滴表面的乳化剂分子的多余部分经水相转到不断扩大的乳胶粒表面。

在水相中产生的初级自由基一部分使水中的单体迅速引发，形成单体自由基、链自由基，这些短链自由基吸取水相中的乳化剂分子作保护层，使它在水中能稳定存在，从单体液滴中分离出来的单体和水相中的初级自由基又不断地进入乳化剂保护层内，继续进行聚合反应，使乳胶粒逐渐增大，以后的过程和前面增溶胶束内的过程完全相同。随着反应的进行，单体液滴不断向乳胶粒供应单体分子而逐渐趋于消失，乳胶粒内的聚合物数量渐增，而单体则由于链引发和链增长反应而消失。最后变成稳定的由乳化剂分子包围的聚合物胶粒。

23.6.2.3 聚醋酸乙烯酯乳液胶黏剂的生产工艺

1. 聚醋酸乙烯酯乳液胶黏剂的生产工艺

(1) 原料组份及品质要求

单体：

①乙酸乙烯酯：用新蒸馏的产品，最好蒸完后马上应用

品质要求：沸程(常压)71.8～73.0℃

相对密度($d_{20℃}$)：0.9335～0.9450

折光率(n_{20d})：1.3958

酸度(乙酸含量)：不大于0.04

醛含量(以乙醛计)：不大于1.5g/L

②引发剂：过硫酸铵

品质要求：分析纯

③乳化剂：聚乙烯醇

品质要求：平均聚合度900～1700

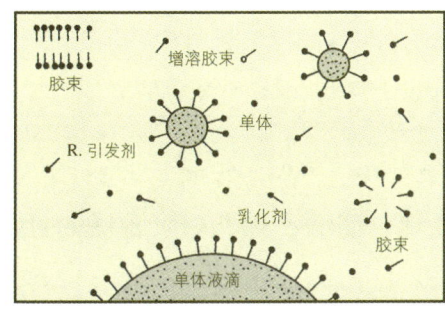

图23-30 各组份在乳液聚合反应体系的分布情况

平均水解度：85%～90%

④分散介质：水

品质要求：工业自来水经离子交换处理

⑤表面张力调节剂：辛基苯酚聚氧乙烯醚(OP-10)

品质要求：工业纯

⑥介质pH值调节剂：碳酸氢钠

品质要求：工业纯

⑦增塑剂：邻苯二甲酸二丁酯

品质要求：工业纯

(2) 原料配方及生产工艺

1) 配方

乙酸乙烯酯：710kg

水：636kg

聚乙烯醇：62.5kg

过硫酸铵(以9倍水稀释)：1.43kg(固体)

OP-10：8kg

碳酸氢钠(以9倍水稀释)：2.2kg(固体)

2) 生产工艺

①把聚乙烯醇和水加入溶解釜内，边搅拌边升温，升温至90℃，直至完全溶解为止；

②将已溶解的聚乙烯醇水溶液过滤后，投入反应锅，加入OP-10及第一批单体100kg(约为总质量的1/7左右)以及浓度10%的过硫酸铵水溶液5.5kg；

③关闭投料口，开搅拌器，开始升温，在30min内升至65℃左右，当视镜出现液滴时，关闭蒸汽阀，靠自发热升至75～78℃；

④回流正常后，开始加单体(在8～9h内加完)，同时每h加过硫酸铵50g(用9倍水稀释)。每10min记录加单体量、回流情况及反应温度和引发剂用量；

⑤加完单体后，观察反应液的温度，若偏高(85℃以上)可分次补加引发剂(为配方不足部分)，待液温升至90～95℃时，保温30min左右，冷却至50℃以下，加碳酸氢钠溶液；

⑥观察乳液外观合格后，加入邻苯二甲酸二丁酯，搅拌1h后出料。

(3) 性能指标

外观：乳白色粘稠液体，均匀而无明显粒子。

固体含量(%)：50±2

黏度(Pa.s)：1.5～4

粒度(μm)：1～2

pH值：4～6

游离单体含量(%)：≤0.5

23.6.3 乙烯-醋酸乙烯共聚乳液胶的性能特点和应用

23.6.3.1 乙烯-醋酸乙烯共聚乳液胶的性能特点

乙烯-醋酸乙烯共聚乳液胶是以乙烯-醋酸乙烯共聚树脂为基本聚合物的。该树脂是由乙烯和醋酸乙烯两种单体按一定比例在引发剂作用下，经加压反应而制得。其分子结构式为：

$$\cdots-CH_2-CH_2-CH_2-CH-CH_2-CH_2-CH_2-CH-CH_2\cdots$$
$$\qquad\qquad\qquad\qquad |\qquad\qquad\qquad\qquad\quad |$$
$$\qquad\qquad\qquad\qquad O\qquad\qquad\qquad\qquad\quad O$$
$$\qquad\qquad\qquad\qquad |\qquad\qquad\qquad\qquad\quad |$$
$$\qquad\qquad\qquad\qquad C=O\qquad\qquad\qquad\quad C=O$$
$$\qquad\qquad\qquad\qquad |\qquad\qquad\qquad\qquad\quad |$$
$$\qquad\qquad\qquad\qquad CH_3\qquad\qquad\qquad\quad CH_3$$

由于在醋酸乙烯基之间增加了乙烯基，使醋酸酯基间的距离加大，分子内旋转空间阻力减小，从而增加了分子链的韧性，使胶的其他性能也得到相应的改变。

乙烯-醋酸乙烯共聚物按产品形式不同可制成以乙烯-醋酸乙烯共聚物为基本聚合物的热熔胶，也可制成乳液胶。

与聚醋酸乙烯酯乳液胶黏剂相比，该共聚物胶黏剂的性能要好得多。首先是胶接的范围较广，它能胶接多种材料，除了能胶接多孔性材料(如陶瓷、纸张、皮革、织物、木材等)外，对PVC材料也有较高的胶接强度；其次是初粘性能好，初期胶接强度大，耐水性也优于聚醋酸乙烯酯乳液胶黏剂。乙烯-醋酸乙烯共聚乳液胶黏剂和其他助剂配合后，在胶接木材后，经过48h的存放，其胶合制品可达到耐沸水煮一定时间(几个小时)也不开胶。

乙烯-醋酸乙烯共聚乳液胶黏剂的胶接性能取决于乙烯和醋酸乙烯两者之间的比例，共聚物的分子量及分子的支化程度。乙烯在共聚物中的含量不同直接影响共聚物的玻璃化温度(T_g)，乙烯含量愈高，玻璃化温度(T_g)就愈低，玻璃化温度(T_g)和胶的性能有很大的关系，它影响胶层的柔韧性，耐水性和胶接强度。表23-36中的三种乳液都是由聚乙烯醇为保护胶体，不同的是乙烯含量(由T_g表示)，所带来的性能上的差别。

分子量对胶接强度和耐水性、耐热性也有较大的影响，一般来说，分子量较大的胶接强度也大，耐热性和耐水性也较好。

23.6.3.2 乙烯-醋酸乙烯共聚乳液胶黏剂的应用

乙烯-醋酸乙烯共聚物在木材工业中应用范围较广，其热熔胶主要用于人造板家具等胶合制品的封边，制成热熔胶黏线用于单板拼接，制成薄膜可用于人造板表面装饰，如胶

表23-36 T_g对三种乙烯-醋酸乙烯共聚乳液性能的影响

性　质	$T_g(℃)$	$T_g(-20℃)$	$T_g(-30℃)$
乙烯含量，%	17	25	31
耐水性	良	一般	差
对PVC胶接力	优	差	差
对纸胶接力	优	良	一般
变定速度	优	良	一般

贴薄木，胶贴PVC薄膜等。乙烯－醋酸乙烯共聚乳液近期应用也较多，主要还是用于胶贴PVC薄膜。把乙烯－醋酸乙烯共聚乳液胶和松香、甲苯等助剂配制后，制成的胶黏剂，由于其初粘性好，胶接强度大，被广泛用于胶贴PVC材料。乙烯－醋酸乙烯共聚乳液胶黏剂在胶接时可以热压，也可以冷压。压制后需存放一定时间才能达到理想的胶接强度。

23.7 其他胶黏剂

23.7.1 热熔树脂胶黏剂

23.7.1.1 热熔树脂胶黏剂的性能特点

热熔胶黏剂是不含溶剂的热塑性胶黏剂，常温下为固体状态。胶接前把它装在专用设备内，加热熔化后涂在被粘物表面，冷却后即凝固，把被粘物胶接在一起。在胶接过程中既没有化学反应，也没有溶剂蒸发，仅仅靠温度的变化来改变胶的物理状态。

热熔胶黏剂的胶接过程和溶剂型及反应型胶黏剂不同，它具有这两类胶黏剂所没有的优点。

(1) 胶接迅速，整个胶接过程只需要几秒或十几秒，有利于生产的自动化、连续化。

(2) 用途广，能胶接多种材料，它除了能胶接木材、纸张等多孔性材料外，还能胶接塑料、玻璃、金属等材料，另外其他胶黏剂难以胶接的蜡纸、复写纸等材料也能进行胶接。

(3) 能进行再胶接。当胶接位置不当，或某种原因未胶接好，只要把它重新融熔后即可进行再胶接。

(4) 不含溶剂，胶层收缩小，没有因胶中溶剂散发后而引起的被粘物的变形、收缩和错动等弊端，也没有中毒和火灾的危险。

(5) 运输、包装、保管方便，贮存期长，不用担心贮运过程中的变质问题。

(6) 化学性质稳定，耐水、耐化学腐蚀和耐霉菌侵蚀。

热熔胶黏剂也存在下列一些缺点：

(1) 耐热性较差：热熔胶的主胶着物质是热塑性树脂，胶的耐热性取决于所用热塑性树脂的软化点的高低。用于封边的热熔胶只耐100℃以下的温度。因此，这种产品不能长期暴晒或接近高温场所。

(2) 热稳定性较差：有些热熔胶加热至200℃以上几小时后就会降解失去胶接性能。因此在使用时加热的温度不宜超过200℃，在允许的条件下温度低一些为宜。

(3) 需要配置专门的设备才能使用，设备投资大。操作时容易发生烫伤事故。

(4) 小面积胶接时体现胶接快的特点，胶接大面积时并不能体现这种胶接快的特点。

(5) 使用时受季节和气候的影响较大。当冬季气温低时，常常需要将工件预热，以改善胶对工件的润湿性。夏季气温高时，胶液冷却凝固慢。风大时，胶的融熔黏度上升快。

23.7.1.2 热熔胶的主要成分

热熔胶的主要成分有基本聚合物，增黏剂，蜡类和抗氧剂等混合配制而成。为了改善其胶接性能，增加胶层的韧性、耐寒性，在配制热熔胶时也可适当加些增塑剂、填料和其他低分子聚合物。

1. 基本聚合物

基本聚合物是热熔胶的主胶着物质。它是决定热熔胶性能好坏的关键性成分。热熔胶的基本聚合物都采用热塑性树脂。常用的有乙烯－醋酸乙烯共聚树脂(EVA)、乙烯－丙烯酸乙酯共聚树脂(EEA)、聚酰胺树脂(PA)、聚酯树脂(PES)、聚氨酯树脂(PU)、聚乙烯醇缩丁醛树脂(PVB)等。有时单一的基本聚合物不能满足胶接要求时，可以采用能满足要求的两种聚合物混合使用。当需要提高热熔胶的耐寒性、柔韧性、抗冲击性及橡胶弹性时，可加入少量的与基本聚合物能互溶的合成橡胶。在我国木材工业中所用的热熔胶的基本聚合物多数是乙烯－醋酸乙烯共聚树脂。

2. 增黏剂

增黏剂的主要作用是降低热熔胶的熔融黏度，提高对被粘物的润湿性和初粘性。从而提高热熔胶的胶接强度。基本聚合物熔融后黏度较高，对被粘物的润湿性差，而且初粘性也不好。只有加了增黏剂后，才能使基本聚合物的黏度降低，润湿性能得到改善，初粘性也好。

增黏剂和基本聚合物必须绝对互溶，而且对被粘物有良好的粘附性，和基本聚合物有同等的热稳定性。增黏剂的用量为基本聚合物的20%～150%。

常用的增黏剂有松香及其衍生物，如氢化松香、歧化松香、聚合松香、松香甘油酯、聚合松香甘油酯等；萜烯树脂及改性萜烯树脂，如萜酚树脂；石油树脂及热塑性酚醛树脂。由于这些物质价格便宜，因此加入增黏剂还可以降低热熔胶的成本。

3. 蜡类

蜡类的作用是降低热熔胶的熔化温度和熔融黏度，改善胶的流动性和润湿性，防止热熔胶结块，提高胶接强度，同时还能降低成本。但是蜡类是非极性材料，因此，用量过多反而会使胶接强度下降。

常用的蜡类有烷烃石蜡(主要成分是C_{20-35}正烷烃，熔点50～70℃)，微晶石蜡(主要成份是C_{35-65}烃类，熔点65～105℃)，合成蜡(低分子聚乙烯蜡，熔点100～120℃)。

微晶石蜡除了防止胶结块性能低于烷烃石蜡外，其他性能均优于烷烃石蜡，但是价格昂贵。合成蜡的使用效果均优于前二者。

蜡类的添加量一般不超过基本聚合物的30%，其中EVA

热熔胶可以加，也可以不加。

4. 填料

填料的作用是降低热熔胶凝固时的热收缩性，防止对多孔材料被胶接面的过度渗透，提高热熔胶的耐热性和热容量，延长可操作时间，降低成本。

常用的填料有碳酸钙、碳酸钡、碳酸镁、黏土、滑石粉等。填料不宜多加，否则会使胶熔融黏度增高，润湿性变差，胶接强度下降，根据基本聚合物的性质不同，填料添加量为基本聚合物的10%～75%。

5. 增塑剂

增塑剂的作用是加快熔融速度，降低熔融黏度，改善对被胶接物的润湿性，提高热熔胶的柔韧性和耐寒性。

常用的增塑剂有邻苯二甲酸二丁酯(DBP)、邻苯二甲酸二辛酯(DOP)、邻苯二甲酸丁苄酯(BBP)。

增塑剂用量不宜过多，否则会降低胶层的内聚强度。另外，增塑剂在使用过程中会散逸，也会降低胶接强度和耐热性。增塑剂的用量一般在基本聚合物质量的40%以下。

6. 抗氧剂

抗氧剂的作用是防止热熔胶在长时间处于高温下发生氧化和热分解。

一般在长时间(10h以上)高温下使用热熔胶时或热熔胶的组份耐热性较差时有必要加抗氧剂。如果使用耐热性好的组份，并且不在高温下长时间加热，则可以不加抗氧剂。

常用的抗氧剂有2,6-二叔丁基对甲苯酚，和4,4′-硫基双(6-叔丁基间甲苯酚)等。用量为基本聚合物的0.1%～3%。

23.7.1.3 热熔胶黏剂的应用

1. 木材工业用封边热熔胶黏剂配方

EVA(熔融指数24，VAC含量32%)：100份重

松香酯：75份重

填料(硫酸钡、碳酸钙、黏土)：75份重

抗氧剂 [4,4′-硫基双(6叔丁基间甲苯酚)]：1.25份重

2. 制备工艺

把上述各组份投入到120～180℃的熔化锅中，加热熔炼成均相浆液，放料、成型、冷却、切片、包装。使用时放入专用设备熔融槽内，加热熔融即可使用。

23.7.2 橡胶类胶黏剂

23.7.2.1 橡胶类胶黏剂的特性

橡胶类胶黏剂是以合成橡胶或天然橡胶为基本聚合物配制而成的胶黏剂。按所用的分散介质分类，橡胶类胶黏剂可分为溶剂型和乳液型。乳液型橡胶胶黏剂分子量大，黏度低，耐高温性能好，无溶剂污染，不要长时间混炼。溶剂型橡胶胶黏剂又分硫化型和非硫化型。硫化型橡胶胶黏剂是在生胶塑炼后加硫化剂、补强剂、抗氧剂等配料进行混炼后，切成碎块，溶于有机溶剂中，完全溶解后即成胶黏剂。非硫化型橡胶胶黏剂是生胶塑炼后，切成碎块，直接溶于有机溶剂，完全溶解即成胶黏剂。溶剂型橡胶胶黏剂虽然使用大量溶剂，操作环境受污染，但是由于这种胶黏剂接触粘附力大，所以目前应用仍然比乳液型广泛。

橡胶类胶黏剂的制造过程大致分三步：首先把橡胶(又称生胶)进行塑炼。塑炼是使生胶从弹性状态变成具有一定塑性的过程。塑炼能显著改变生橡胶的分子量和分子量分布，使橡胶具有适当内聚力和粘附性。塑炼在炼胶机中进行，并要求有一定的温度。第二步是混炼，混炼是把经过塑炼的橡胶和防老剂、硫化剂、填料等组份放在炼胶机内挤压，使其混合均匀的过程。混炼时也要求一定的温度。第三步是溶解，把混炼后的胶料切成小块，放入带搅拌的密封容器内，放入部分溶剂，待胶料溶胀后再搅拌，使之溶解成均匀的胶液，再加入剩余的溶剂即配成所要求的橡胶胶黏剂。

与热固性树脂胶黏剂相比有如下特点：

(1) 胶层弹性好，能胶接柔性材料或热膨胀系数相差较大的两种材料。胶接后剥离强度较大，耐冲击；

(2) 可在低温低压下进行胶接，在常温下靠接触压即可胶接；

(3) 胶接范围广，对多种材料都能胶接；

(4) 用于人造板贴面胶接时，对基材的平整度要求不高(因为贴面时要求的压力小)；

(5) 胶接强度和耐热性不高。但是当橡胶类胶黏剂中加入其他热固性树脂进行改性后，胶接强度和耐热性有了明显提高。

23.7.2.2 氯丁橡胶胶黏剂

该胶黏剂是以氯丁橡胶为主胶着物质，与其他配料、助剂、溶剂均匀混炼而成的胶黏剂。

1. 氯丁橡胶

又称聚氯丁二烯，它是决定氯丁橡胶胶黏剂性质的主要成分；氯丁橡胶的性能和它的分子量及结晶化速度有关。分子量大，在炼胶过程中不易包辊，但过大时，由于溶液黏度太大，涂胶性能差，同时使胶液的贮存稳定性下降。结晶化速度影响胶的初期胶接强度、胶的适用期和胶接制品的品质。结晶速度增大，胶接后初期胶接强度大，胶的适用期缩短，胶接后胶层的韧性差。

2. 硫化剂

在一定条件下能使橡胶(生胶)发生硫化(即交联)的物质称为硫化剂。氯丁橡胶常用的硫化剂为氧化锌和氧化镁。氧化锌在常温下起硫化作用，可吸收氯丁橡胶在老化过程中放出的氯化氢，对被粘物起保护作用。用量为氯丁橡胶的5%。氧化镁在常温下起防焦作用(即早期硫化)，防止胶料在混炼过程中起焦，在高温下(140℃)起硫化作用，也能吸收氯化氢。用量为氯丁橡胶的4%左右。

3. 防老剂

它的作用是防止橡胶老化。常用防老剂丁，用量为氯丁

橡胶的2%，没食子酸丙酯，用量为氯丁橡胶的1%。

4. 填料

它的作用是减少胶层的体积收缩，改善操作性能，同时还可降低成本。常用的填料有白炭黑(轻质二氧化硅)、炭黑、重质碳酸钙、滑石粉。一般多数使用重质碳酸钙。用量为氯丁橡胶的5%。

5. 溶剂

它的作用是使胶液有适宜的工作黏度和固体含量。氯丁橡胶胶黏剂的固含量一般在20%～35%之间。作为氯丁橡胶的溶剂应该是对氯丁橡胶的溶解力大，挥发速度适中，溶剂的毒性小，来源广。一般使用混合溶剂较多，有醋酸乙酯/汽油(2/1)、甲苯/汽油(2/1)、甲苯/正己烷/(7/3)、甲苯/环己烷(7/3)、甲苯/三氯乙烷(7/3)等。

23.7.2.3 氯丁橡胶胶黏剂的应用

由于氯丁橡胶具有较高的极性，因此氯丁橡胶胶黏剂对极性材料有良好的胶接性能，并具有很高的耐水性、耐候性，由于胶层有弹性，胶接制品有很高的抗冲击性能，剥离强度也较大，因此，用途十分广泛。可用于金属、皮革、织物、塑料及木材与塑料的胶接。在木材工业中主要用于地板和金属的胶接，木材与沙发布的粘接，金属薄板和中密度板材用氯丁橡胶胶黏剂胶接后，可以制装饰性极好的轻质建筑装饰材料。把塑料贴面板(热固性树脂装饰层压板)和人造板基材复合在一起，氯丁橡胶也是一种极理想的胶黏剂。

23.7.3 聚氨酯胶黏剂

23.7.3.1 聚氨酯胶黏剂概述

聚氨酯是分子内含有氨基甲酸酯基(=NCOO-)的聚合物。以聚氨酯和多异氰酸酯为主体的胶黏剂统称为聚氨酯胶黏剂。

聚氨酯胶黏剂一般分为两大类型，一类是多异氰酸酯胶黏剂，是以多异氰酸酯单体配制而成；另一类是聚氨酯胶黏剂(分单组份和双组份型)，主要是以二异氰酸酯与聚酯或聚醚、多元醇等原料制成的。

聚氨酯胶黏剂首先是从用二异氰酸酯作胶黏剂开始的。国外从20世纪50年代就尝试用二异氰酸脂制造刨花板，德国从70年代开始用二异氰酸酯进行工业化生产普通刨花板的试验。欧美其他国家也作了大量的研究工作。用二异氰酸酯作木材胶黏剂在胶接强度、耐水性、耐久性等方面可以和酚醛树脂胶相媲美，属于高度耐水性胶黏剂。作室外用胶黏剂在技术上是可行的，从经济上来看，目前异氰酸酯胶黏剂还有许多工作要做，为了降低成本，国外又开发了许多用异氰酸酯改性的木材胶黏剂。如单宁－酚醛树脂－二异氰酸酯胶黏剂，单宁－脲醛树脂－二异氰酸酯胶黏剂，丁苯胶乳－酚醛树脂－二异氰酸酯胶黏剂，聚丙烯酸酯－二异氰酸酯胶黏剂。在这些胶黏剂中加了少量的二异氰酸酯，使胶黏剂的综合性能大大提高，用这些胶黏剂生产的胶合板及刨花板产品的性能可达到室外级制品的使用要求，而成本并不太高，在木材工业中受到普遍关注。

23.7.3.2 聚氨酯胶黏剂的胶接基本原理

1. 异氰酸酯的化学反应

$$nO=C=N-R-N=CO + nHO-R'-OH \longrightarrow$$

$$\underset{\text{聚氨基甲酸酯}}{{\pm}C-NH-R-NH-\underset{\|}{\overset{O}{C}}-O-R'-O\pm}$$

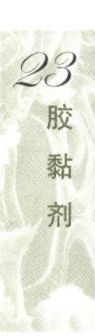

异氰酸酯的反应活泼性极强，其中最重要的化学反应是和含活泼氢化合物的反应。其中主要的化学反应有以下几种：

(1) 异氰酸酯与羟基的反应：异氰酸酯可与多元醇、含端羟基的聚酯及聚醚、带有羟甲基的各种树脂(如PF、UF、MF)、单宁浓缩物、木素磺酸盐及各种带有羟基的聚合物乳液等物质分子中的羟基反应，形成聚氨基甲酸酯。

(R为烷基、芳基，以下相同)

各种羟基与异氰酸酯的反应活性次序如下：

伯羟基＞仲羟基＞叔羟基＞酚羟基

在没有催化剂时，异氰酸酯和含羟基化合物的反应可在室温至100℃温度范围内进行。

(2) 异氰酸酯与羧基的反应如下：

$$R-N=C=O+R'-COOH \longrightarrow [R-NH-\underset{\|}{\overset{O}{C}}-O$$

$$-\underset{\|}{\overset{O}{C}}-R'] \longrightarrow R-NH-\underset{\|}{\overset{O}{C}}-R'+CO_2\uparrow$$

异氰酸酯与有机酸、末端为羧基的聚酯等含羧基的化合物反应，先生成混合酸酐，然后放出二氧化碳气体而生成相应的酰胺。

由于有二氧化碳气体产生，因此，此反应对胶接不利，应尽量避免此反应的发生。

(3) 异氰酸酯与氨基的反应如下：

$$R-N=C=O+R'-NH_2 \longrightarrow$$

$$R-NH-\underset{\|}{\overset{O}{C}}-NH-R' \text{(取代脲)}$$

异氰酸酯与胺类反应生成取代脲。

(4) 异氰酸酯与水的反应：异氰酸酯与水反应生成胺和

二氧化碳，进一步反应生成取代脲。

显然，此反应也应该尽量避免或减少此反应的发生。因为与水混合时会产生大量的二氧化碳。

$$R-N=C=O+H_2O \rightarrow [R-NH-\overset{O}{\underset{\|}{C}}-OH] \rightarrow R'NH_2+CO_2 \uparrow$$

$$R'-NH_2+R-N=C=O \rightarrow R-NH-\overset{O}{\underset{\|}{C}}-NH-R' \text{（取代脲）}$$

(5) 其他反应：除上述四种反应外，还发生下列一些次要反应：

① 异氰酸酯与取代脲反应生成缩二脲：

$$R-N=C=O+R'-NH-\overset{O}{\underset{\|}{C}}-NH-R'' \rightarrow R-NH-CO-\underset{\underset{R'}{|}}{N}-CO-NH-R''$$

② 异氰酸酯与氨基甲酸酯反应生成脲基甲酸酯：

$$R-N=C=O+R'-NH-\overset{O}{\underset{\|}{C}}-O-R'' \rightarrow R-NH\overset{O}{\underset{\|}{C}}-\underset{\underset{R'}{|}}{N}-\overset{O}{\underset{\|}{C}}-O-R''$$

③ 三聚反应

异氰酸酯三聚形成三嗪环，此六元环具有优异的水解及热稳定性。

2. 聚氨酯胶黏剂胶接的基本原理

多异氰酸酯胶黏剂在被粘接材料的界面很容易发生交联反应生成网状结构，有这种交联网状结构的胶黏剂的胶接强度都较高（属于化学键结合）。多异氰酸酯与几种材料的胶接基本原理如下：

(1) 与金属的胶接：金属表面容易吸附水分与异氰酸酯反应生成取代脲。而脲类化合物与金属氧化物螯合，形成酰脲-金属氧化物的络合物而相互连接起来，脲类化合物极性大，可形成牢固的氢键。

(2) 与橡胶的胶接：用多异氰酸酯胶黏剂胶接橡胶时，异氰酸酯会渗入橡胶的组织内，并且异氰酸酯发生自聚反应而形成交联结构。异氰酸酯吸收潮气生成取代脲或缩二脲的交联结构，在高温下可生成碳化二亚胺，这些交联结构都使橡胶之间的胶接具有较高的胶接强度。

异氰酸酯交联结构还可与橡胶分子连接在一起，组成聚合物网络。这种网络称为相互穿透聚合物网络(IPN)，因此，橡胶之间的胶接层具有优良的物理及耐化学药品等性能。

(3) 与塑料的胶接：用多异氰酸酯胶黏剂几乎可以胶接所有的塑料，特别是难以胶接的聚烯烃，可用异氰酸酯作增黏剂或改变聚烯烃材料界面性质后，用一般胶黏剂进行胶接。聚烯烃难胶合的原因主要是材料为非极性，在表面上存在低聚合度的弱界面层。在聚烯烃表面材料上涂上一层多异氰酸酯后，聚烯烃加热熔融时，多异氰酸酯在热的活化烯烃表面进行扩散，使弱界面层强化，因而促使聚烯烃与其他材料的胶接。例如，用此法可制聚乙烯薄膜-铝箔的复合包装材料。

(4) 与木材的胶接：用多（或二）异氰酸酯胶黏剂胶接木材时，它和木材之间发生化学反应，使木材与胶黏剂之间形成化学结合。如二异氰酸酯与木材的反应如下：

① 与纤维素、木素结构中羟基的反应：

木材—OH+OCN—R—NCO →

木材—OCONH—R—NCO →

木材—OCONH—R—NHCOO—木材

② 形成聚脲

$$OCN-R-NCO+H_2O \xrightarrow{慢} H_2N-R-NH_2+CO_2$$

$$nOCN-R-NCO+nH_2N-R-NH_2 \xrightarrow{快}$$

$$OCN\underset{聚脲 n\geq 1}{-[-NHCONH-]-}R-NCO \rightarrow$$

木材—OCONH[—R—NHCONH—]$_n$R—NHCOO—木材

如果体系内水分含量过多，形成的聚脲分子的异氰酸基就会失去活性，体系的粘合性能下降，在木材与胶黏剂之间就不可能形成足够的化学键。

23.7.3.3 聚氨酯胶黏剂的制造

由于聚氨酯胶黏剂的种类很多，有单组份的，双组份的，溶剂型的，乳液型的，热熔型的等等，限于篇幅，在这里只简单地介绍聚氨酯胶黏剂的一般制造方法。

1. 聚酯型聚氨酯胶黏剂制法

聚酯型聚氨酯胶黏剂首先合成含端羟基的聚酯高聚物，然后与多异氰酸酯反应制成聚氨酯预聚体或高分子聚氨酯。在使用时，含端异氰酸基预聚体可用多元醇、多元胺或含端羟基聚氨酯预聚体交联；含端羟基聚氨酯预聚体可用多异氰酸酯或含端异氰酸基聚氨酯交联。

以聚已二酸丁二醇酯为例，其合成方法是将已二酸与1,4丁二醇以摩尔比为1∶1.15投料于反应釜中，加热到已二酸全部溶解，在温度约140℃左右开始搅拌，同时通氮气逐步升温，不断通氮气以带走生成的水和加速反应，控制在

3h内使内温升至240℃，在该温度保温反应约3h，当取样分析所生成的聚酯的酸值在5以下时，关闭氮气，逐步开始减压，保持真空系统压力在2.6kPa以下使反应完全，每半小时测酸值一次，直到酸值在1以下，停止加热，待冷至150℃时，停止抽真空，趁热倒出。该树脂的平均分子量约2000，酸值小于1，羟值约50。

把生成的聚酯(如聚己二酸丁二醇酯等)和二异氰酸反应生成含端异氰酸基聚氨酯预聚体或含端羟基聚氨酯预聚体。反应通式如下：

$$HO{+}ROOCR'COO{+}_n ROH+OCNR''NCO \longrightarrow$$
$$OCNR''NHRCOO{+}ROOCR'COO{+}_n ROOCNHR''NCO$$

端异氰酸基聚氨酯预聚体

或

$$HO[-ROOCR'COO-]_n ROOCNHR''NHCOO[-ROOCR'COO{+}_n ROH$$

端羟基聚氨酯预聚体

2. 聚氨酯乳液胶黏剂的制法

目前，聚氨酯胶黏剂中溶剂型的还比较多。由于溶剂型胶黏剂中的溶剂逸散至空气中对人体有害，同时还有火灾的危险，因此，乳液型聚氨酯胶黏剂的产量在逐年增加。

聚氨酯乳液的制法很多，最初是以丙酮法为代表。首先在低沸点有机溶剂中反应制取高分子量的聚氨酯，然后进行乳化，脱低沸点溶剂。这种方法要得到较高品质的高分子量的聚氨酯，必须消耗大量溶剂，经济效益差，原则上难以得到内交联的聚氨酯乳液。第二种是内乳化法，首先在有机溶剂中使多元醇和过量的二异氰酸酯反应，得到末端含NCO的预聚体，然后用内乳化剂与其反应生成离子聚合物，再加碱中和，使其解离带上电荷，顺利地分散在水中。内乳化剂有磺酸型、羧酸型、阳离子型及非离子型等等。还有一种熔融分散法，把得到的含离子键聚合物和尿素反应，生成末端缩二脲，在180℃把树脂以熔融状态在水中乳化，然后加甲醛在130℃经羟甲基化作用进行链增长。另外，还有采用机械办法进行乳化的强制乳化法，由于这种强制乳化剂制得的乳液粒径大，乳液稳定性差，很少被采用。上述的其他方法目前都在不同程度地被采用着。

3. 多异氰酸酯胶黏剂

多异氰酸酯胶黏剂是聚氨酯胶黏剂的一种。常见的有以下几种：

(1) JQ-1胶黏剂把对三苯基甲烷异氰酸酯用二氯甲烷配成20%的溶液即成胶黏剂。外观为绿黄色易流动的液体，也可以是暗紫色的液体。胶接条件是胶接压力0.2～0.3MPa，胶压温度140℃，时间20～30min。可用于聚氯乙烯塑料与木材的胶接。

(2) JQ-4胶黏剂把三(对异氰酸酯苯基)硫代磷酸盐配成20%的二氯甲烷熔溶液即成胶黏剂。外观为浅柠檬色的清晰液体，不会变色。该胶黏剂溶于二氯乙烯、乙酸乙酯、苯及甲苯等溶剂。在极性溶剂中的溶解性比JQ-1胶黏剂好，贮存稳定性也较好。胶接条件与JQ-1胶黏剂类似。

(3) 二苯基甲烷二异氰酸酯胶黏剂把二苯基甲烷二异氰酸酯溶解在苯或二氯苯中，配制成50%的溶液即成胶黏剂。应在低温下避光保存，注意防潮(常温下容易自聚成二聚体而发生沉淀)，添加少量的亚磷酸酯可增加其稳定性。该胶黏剂的耐热性能比JQ-1胶黏剂好，胶接强度也高。

(4) 刨花板用单宁甲醛改性MDI胶黏剂

组成：

单宁提取物(48%)	175 份(质量)
多聚甲醛(96%)	11 份(质量)
MDI	33 份
乳化石蜡	22 份
水	135 份

把单宁、MDI、多聚甲醛分别喷涂在木片上，木片含水率：芯层为18%，表层为22%，热压工艺条件：压力为2.5MPa，热压温度170℃，12mm厚板的热压时间为7.5min。

压制的刨花板初始内结合强度为0.23N/mm²，试件煮沸2h后内结合强度为0.416N/mm²，可达到室外级刨花板标准。

23.7.4 豆蛋白胶黏剂

23.7.4.1 蛋白质胶黏剂的特性

蛋白质胶黏剂是以动物或植物蛋白质为主胶着物质的胶黏剂。按蛋白质的来源不同可分为动物蛋白胶(如血胶、皮骨胶、干酪素胶、鱼胶)和植物蛋白胶(如豆胶)。其中皮骨胶属于热塑性胶黏剂，血胶和豆胶属于热固性胶黏剂。

蛋白质胶黏剂的特点之一就是组份简单，制造也较容易。如皮骨胶的组成就是从皮、骨中提取的蛋白质和水。血胶和豆胶的组份也只是血粉或豆粉，加上适量的烧碱溶液和石灰乳，在常温下搅拌反应一定时间即成为胶黏剂。

豆蛋白质胶黏剂在使用时无毒，不污染环境，如用豆蛋白胶压制的胶合板可以用于仪器包装、茶叶包装等。

蛋白质胶黏剂不足之处在于胶接制品的耐水性较差，固化后的胶层容易被细菌侵蚀。加上蛋白质胶黏剂数量也有限。目前除了特殊用途以外，已经很少使用。特别是血胶，基本上已经不被采用。这里只是简单地介绍豆胶。

23.7.4.2 豆蛋白质胶黏剂

又称豆胶，它是以大豆为原料而制得的胶黏剂。豆胶按所用原料不同可分为豆粉胶和豆蛋白胶(豆精胶)两种。利用冷榨的豆饼，把它粉碎成粉末作原料所制得的胶为豆粉胶。从含豆蛋白的物质中提取豆蛋白作原料所制得的胶黏剂为豆蛋白胶。豆粉胶和豆蛋白胶在使用前均需要加成胶剂，经调

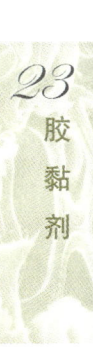

制后才能使用。

1. 豆蛋白胶黏剂的主要成分

(1) 豆粉：蛋白质含量应该在40%以上，粒度大小最好能通过100目筛孔，含水率在7%以下；

(2) 水：主要是调节蛋白质胶的浓度和黏度。一般水量为豆粉的3~4倍；

(3) 氢氧化钙(俗称熟石灰、消石灰)：主要作用是使蛋白质较快地成为黏液，是主要的成胶剂。它能提高胶的耐水性和胶接强度。用量过多，会使凝胶速度过快，而缩短了适用期；

(4) 氢氧化钠(俗称烧碱)：常用浓度为30%的氢氧化钠溶液。它的作用是溶解蛋白质，使蛋白质成为黏液，也是一种成胶剂。但若用量过多，则使胶液黏度下降，同时还降低胶层的耐水性；

(5) 硅酸钠(俗称水玻璃、泡花碱)：其作用是增加胶液黏度，延长胶的适用期，同时使胶液内的杂质不易沉淀，对提高胶层的耐水性也有一定作用；

(6) 氟化钠：它的作用是延长胶的适用期，并具有防腐作用。

其他还有甲醛、聚甲醛、糠醛、六次甲基四胺等，它们可以增加胶液的黏度，提高胶层的耐水性和耐腐性。但是一般情况下很少加。

2. 实用豆胶的配方和调制工艺

(1) 豆胶的配方

原 料 名 称	用量(重量份)		
	I	II	III
豆粉	100	100	—
豆蛋白(干粉)	—	—	100
水	300	300	300
石灰乳(石灰:水=1:4)	20	15	60
氢氧化钠(30%)	20	15	20
水玻璃(40波美度)	40	20	48

(2) 调制工艺：先将水量的一半加入调胶机中，加入全部豆粉，搅拌至糊状(没有颗粒)，再加入剩下的水搅匀，依次加入石灰乳、氢氧化钠、水玻璃，最后搅拌5~10min即可使用。

(3) 豆胶的应用：豆胶属非耐水性胶黏剂，其干状胶接强度可达到1.0MPa以上。在国内主要用于特殊需要的包装胶合板。用热压胶接时，要求单板含水率不大于10%；用于冷压胶接时，要求不大于15%。为提高胶接强度，防止透胶，在涂胶后应陈化一段时间。如果在胶接时发现有透胶现象，则可调整胶的配方，即减少水量和碱量。已经产生碱污染的板面，可用5%~6%的草酸溶液擦除。

23.8 制胶车间

23.8.1 制胶车间工艺流程

制胶车间工艺流程有3种形式：间歇式、预缩合间歇式和连续式。由于我国制胶车间的产量较低，都采用间歇式。

23.8.1.1 间歇式生产方法

现以脲醛树脂间歇式生产工艺流程为例加以说明。脲醛树脂间歇式生产工艺流程如图23-31所示。

间歇式生产方法的特点是将反应所需要的原料加入反应锅内，直到制成树脂(成品)为止，整个生产过程(反应过程)都是在同一个锅内进行的。

利用耐酸泵或空压机或抽真空的方法把甲醛溶液从甲醛贮罐(或甲醛桶内)沿管道送进高位贮罐。然后，甲醛溶液靠自重流入质量计量罐和反应釜。尿素经破碎机破碎后，用斗式提升机送进质量计量槽，而后经漏斗进入反应釜。使用粒状尿素时，无需破碎工序，且可减少生产车间的粉尘。

已经装入反应釜内的甲醛溶液，按照规定的工艺进行中和，使其pH值达到所需要的数值。为此，需要边搅拌边缓慢地施加氢氧化钠溶液或其他碱性溶液。

在接通真空系统和匀速搅拌的条件下，将尿素送进反应釜，然后，关闭真空系统，接通回流冷凝器，并向反应釜夹套内送蒸汽。反应液被逐渐加热到规定的温度，关汽，靠反应自发热升至一定的温度进行反应。反应一定时间后，有的工艺需要补加尿素，有的需要调酸，到达反应终点后需要立即用碱中和，使反应终止，反应结束后，有的还需要脱水处理，这些都是在同一个反应釜内完成的。树脂冷却到一定温度(一般为40℃)后，放入贮罐。

间歇式生产对原料的品质要求不如连续式要求严格，它可以根据原料的差别随时变换操作条件，生产灵活性大，适用于多品种生产。这种生产方法设备投资少，操作简便，易控制，是主要的生产方法。缺点是生产力低，能耗大，设备利用率低。

23.8.1.2 半连续式生产方法

半连续式生产方法可以提高设备的利用率，提高产量。它的基本原理是在进行反应之前多加一个混合溶解釜。还是以脲醛树脂为例。半连续式脲醛树脂生产工艺流程如图23-32所示。甲醛溶液、氢氧化钠溶液及尿素加入反应釜后，不断搅拌反应液，直至尿素全部溶解为止。必要时，可将反应液加热至25~30℃。靠自重将反应液送入反应釜，包括真空脱水在内的主要反应阶段都是在反应釜内完成的。真空脱

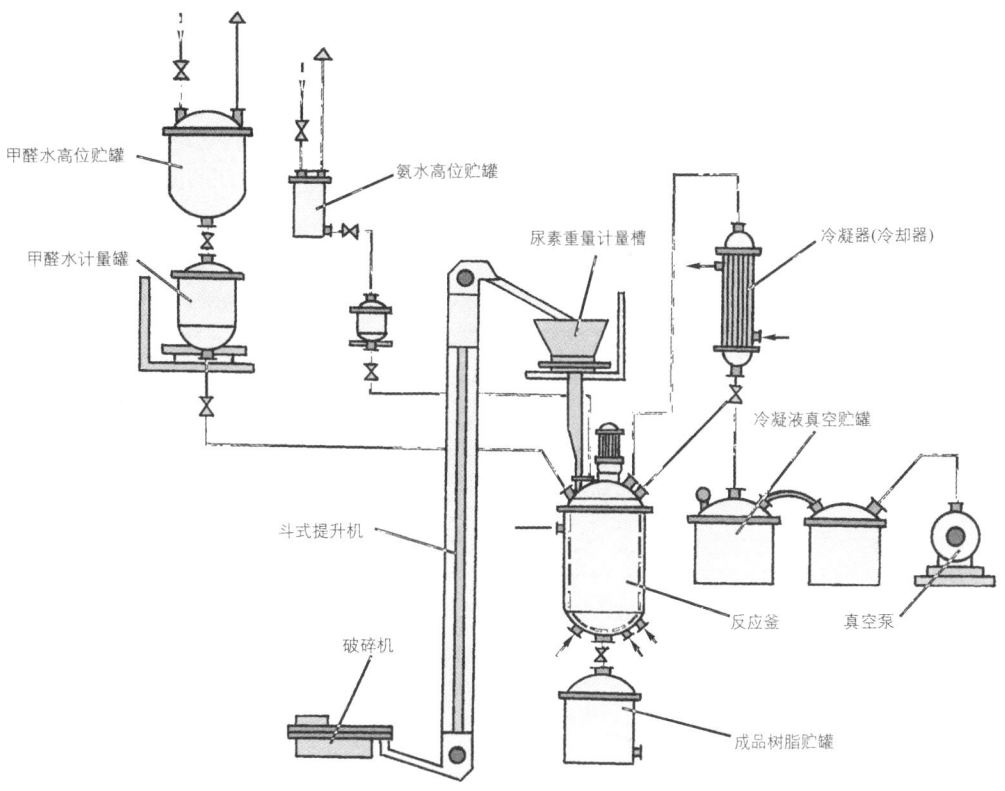

图 23-31 脲醛树脂间歇式生产工艺流程

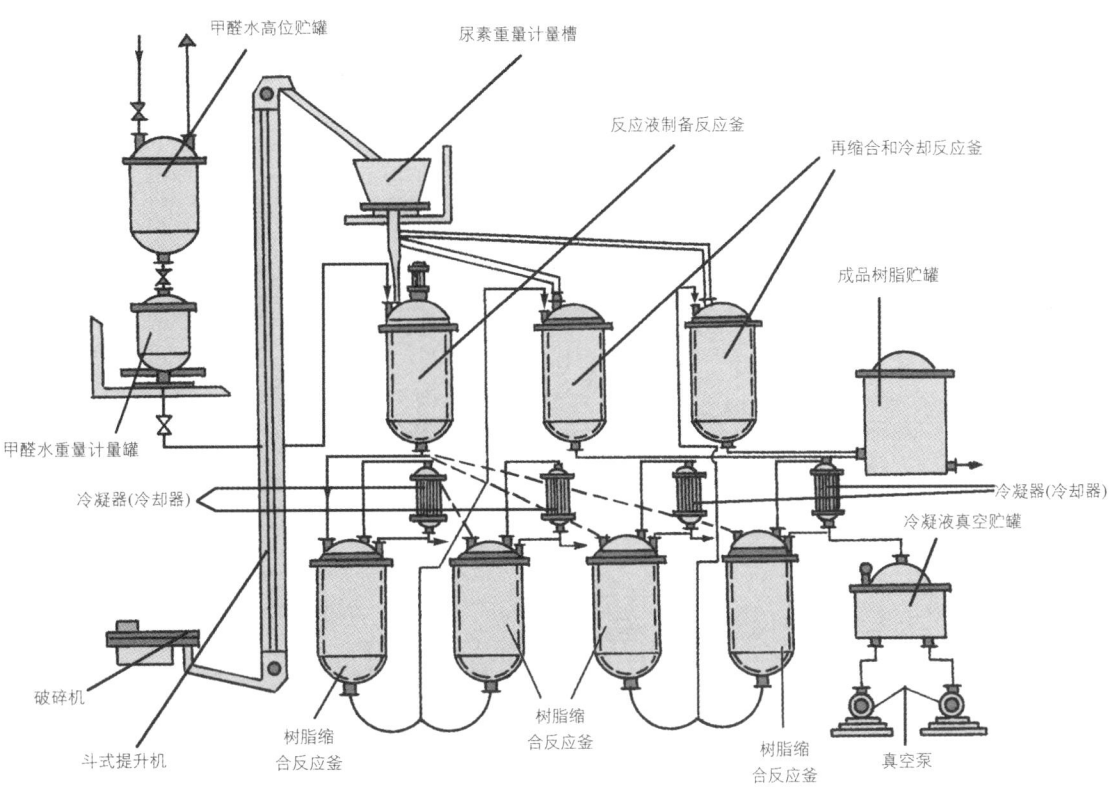

图 23-32 脲醛树脂半连续式生产工艺流程

水结束后,树脂被真空吸入反应釜。补加的尿素也被装入反应釜,进行树脂再缩合,冷却后进入成品树脂贮罐。和间歇式生产方法相比,采用半连续式生产方法可使主要设备的利用系数提高25%～30%。

23..8.1.3 连续式生产方法

脲醛树脂连续式生产工艺分气相法和液相法两种。

用气相法生产树脂时,用气态甲醛代替甲醛溶液。这种方法效率很高,因为它把用甲醇制取的气态甲醛和尿素缩合制取脲醛树脂的两个工艺过程结合在一起,省去了制取甲醛溶液的过程。采用气相法时,含甲醛的气体在高温条件下与尿素溶液反应,生成脲醛缩合液。生产过程的全部工艺参数都应自动控制在所需范围之内。如此制得的缩合液,要在连续作业的反应釜内,通过液相法进一步缩合。

脲醛树脂液相法生产工艺有好几种方案。图23-33所示是一种脲醛树脂液相法连续生产装置的简化流程。整个生产过程是由许多个依次连接的反应釜组成的,反应釜上装回流冷凝器以及反应参数的自动控制仪表和记录仪。

反应液是在间歇式作业的混合罐中制备的。用量桶中的氢氧化钠溶液将装入混合罐的甲醛溶液的pH值中和到规定数值。螺旋运输器将按照配方计算的尿素送进贮罐。泵能够使混合罐中的甲醛溶液经过贮罐循环流动,直到尿素完全溶解为止。在混合罐内装有蛇形管,可通冷却水或蒸汽,反应液的温度保持在30～35℃范围内。为保证连续生产,安装两台混合罐。一台混合罐在制备反应液时,另一台混合罐中的反应液正在被泵连续不断地送入供碱性缩合反应的第一阶式反应釜。碱性缩合时,接通回流冷凝器,并经量桶向反应釜添加氢氧化钠溶液。在90～96℃条件下,不间断地搅拌反应液,反应物在反应釜的停留时间是由工艺规定的,而且是由反应物在阶式反应釜之间的溢流速度来加以控制的。

反应物在第一阶式反应釜完成碱性缩合反应之后,从反应釜的固定高度连续不断溢流到第二阶式反应釜。与此同进,硫酸或盐酸的稀释溶液(约1%)由量桶进入反应釜。在加酸条件下,反应物进行酸性缩合反应。在酸性反应阶段,要不断搅拌反应物,并应接通回流冷凝器。已经缩合的树脂从反应釜出来后,进入循环泵的吸液系统,被送去脱水。为了中和树脂内的酸,应不断向循环泵的吸收系统添加氢氧化钠溶液,使缩合树脂的pH值保持在所需要的范围之内。树脂在蒸发器里进行脱水处理。蒸发器和分离器相连,而分离器的顶部和冷凝器的顶部相连接。脱水是在96～100℃条件下进行的,直至达到所需要浓度为止。含有甲醇和甲醛的水从冷凝器流入冷凝液贮罐。

从蒸发器的分离器出来的树脂经过三个串联的冷却器冷却到60℃之后,进入再缩合反应釜。反应釜还应投放第二次尿素。

液相法连续式生产工艺的全部过程都是由仪器、仪表自动检测、自动调节的。

23.8.2 制胶车间的主要设备

制胶车间的主要设备有反应釜、冷凝器、真空泵、输液

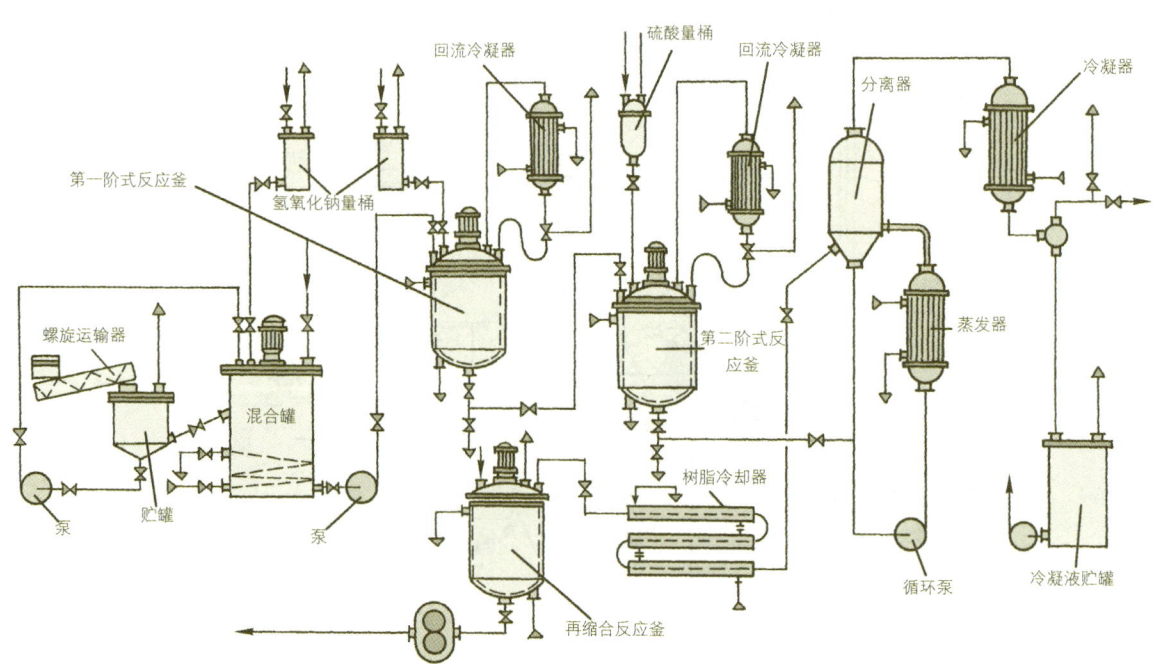

图 23-33 脲醛树脂液相法连续生产工艺流程

泵等。此外还有计量罐、贮水罐、安全罐、原料贮罐等，现逐一介绍如下。

23.8.2.1 反应釜

反应釜是反应物料进行化学反应的场所，一般由以下几个部分组成：容器、搅拌器、轴封、传动装置。如图23-34所示。

1. 容器

容器由锅体、锅盖和夹套三部分组成。锅体是盛装物料进行化学反应的场所。锅体的容积就是反应锅的容积。在实际生产时，为了防止物料从锅内溢出，既不安全，又造成浪费，所装料容积应小于反应锅实际容积。它们之间存在以下关系：

$$V = V_0 \eta$$

式中：V——装料容积

V_0——反应釜容积

η——装料系数(或装载系数)<1

装料系数η是根据实际生产条件或试验结果确定的，若生产脱水树脂，η为0.75～0.8，生产不脱水树脂时，η可高达0.9。

木材工业常用的胶黏剂，如脲醛、酚醛、三聚氰胺树脂等都是在常压下反应的。所以锅体不承受大的压力，锅体壁厚在6～14mm之间。锅底部有出料口。反应锅按制造锅体的材料不同可分为不锈钢、碳钢、搪瓷及带衬里的反应锅4种。过去使用搪瓷反应锅较多，目前许多新建的制胶车间大多使用不锈钢反应锅，从长远的观点来看，使用不锈钢反应锅好处更多。除了一次性投资大一些外，不锈钢反应锅传热快，升温、降温都快，生产周期可以缩短，而且操作上比较安全，当反应温度偏高时，或升温过快，通冷却水可较快地加以纠正。

目前国内木材行业中制胶车间所用的反应锅容积的规格为1000L、2000L的占多数。少数小厂还有500L的。用胶量大的企业也有使用3000L、5000L、12000L及17000L的。容积在5000L以上的反应锅体内应装蛇管，主要增加热交换面积，使反应时的物料的温度容易控制。

夹套是比反应锅体直径大的筒体。夹套壁和反应锅体之间构成一个可供热交换介质流动的空间。夹套壁厚为5～10mm。夹套上部有两个接口，下部有两个接口，底部有一个接口，供加热介质(加蒸汽)或冷却介质(如水)进出用。蒸汽一般从上部接口进入夹套内加热，冷凝水从底部排出；冷却水从底部进入，由夹套上部接口排出。当需要加热时，夹套内的冷却水可从底部排完后，再通蒸汽。

锅体上端圆周有法兰连接。用于和锅盖的法兰叠合把锅内空间密闭。锅盖由封头和法兰组成。锅盖上有许多大小不同、用途不同的孔。锅盖中心位置的孔，用于安装搅拌器轴，

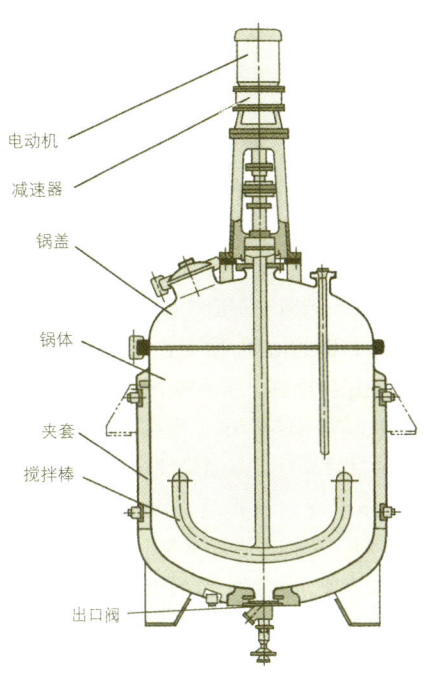

图 23-34 反应釜结构示意图

在其周围有观察孔(装玻璃视镜)、照明孔(同观察孔，也用玻璃封闭)、通冷凝器孔、回流孔、测温孔、固体物体料加料孔(大反应锅用人孔代替)，液体物料加料孔等。

2. 搅拌机

搅拌机由搅拌轴、搅拌器轴封、减速器、电动机组成。

搅拌器根据转速不同、物料不同有多种型式，如桨式、锚式、螺带式、螺杆式等，这些属于慢速搅拌器，圆盘涡轮式、开启涡轮式、推进式等属于快速搅拌器。生产脲醛、酚醛树脂多数用锚式和框式。搅拌器外缘和锅体内壁之间距离为5～10cm。搅拌器底部和锅底之间距离约3～5cm。搅拌器中心的搅拌轴穿过锅盖中心孔，顶端通过联轴节和减速器连接。

搅拌器的作用是在电机带动下以一定的转向和转速作旋转运动。同时带动锅内的反应物料(以液相为主)发生运动，使反应的物料进行化学反应时趋于均匀，如果是物料进行混合时，使其在短时间内混合均匀。当进行加热和冷却操作时，可以加快热量的传递，缩短操作时间，提高生产效力和产品品质。

搅拌器的转速和反应锅容积大小、搅拌器型式有关。锚式搅拌转速以30～90r/min为宜。容积小的反应釜转速可以高一些，容积大的反应釜用低转速。转速过高，容易产生大量泡沫，影响传热效率和反应速率，同时还有溢锅的危险，转速过低，则不能使反应的物料浓度、密度、温度很快达到均匀的目的。

在锅盖中心孔和搅拌轴之间要用轴封装置，使反应液在高温反应时不会从搅拌轴和中心孔之间的间隙逸散出，在进行减压脱水时防止空气泄漏。

轴封的方法有两种：

(1) 填料密封：它的基本结构是在转轴和填料室的空隙中填入软的填料，再用螺栓把填料盖压紧，使填料和轴紧密接触，达到密封的目的。常用的密封填料有油浸石棉盘根、石墨石棉盘根、橡胶夹布填料、软青铝丝、石棉绳浸渍四氟乙烯、耐磨尼龙、聚四氟乙烯等。在反应的物料有毒或易燃、易爆的场合，石墨石棉盘根应用较为普遍。

(2) 机械密封：利用一个固定的带密封圈的静环和一个随轴转动的带密封圈的动环，使二者在与转轴轴线垂直的平面上紧密接触，保持密封，又叫端面密封。

机械密封比填料密封有很多优点，在反应锅内压力小于0.49MPa时，密封效果好，泄漏量比填料密封小得多，甚至可以达到基本不泄漏，磨擦功率消耗也只有填料密封的10%～15%，使用寿命长，无需经常检修。缺点是结构复杂，加工和安装的技术要求较高，价格也较高。

减速器在搅拌轴的上端，通过联轴节和搅拌轴连结。

减速器种类很多，可采用蜗杆减速器和摆线针轮减速器。由于搅拌器要求的转速只有几十r/min，与电动机转速相差很大。故要求用传动比较大的减速器。上述两种减速器均能达到较大的传动比，而且结构紧凑，相对体积小，运动时的噪音小。蜗杆减速器虽然质量、体积比摆线针轮减速器大，传动功率也没有摆线针轮减速器高，但是这种减速器对制备酚醛树脂和脲醛树脂时，即使发生结锅也不容易烧坏电动机。而摆线针轮减速器在遇到不正常事故(如凝胶)发生时，由于锅内物料黏度突然大增，如果此时不及时关闭电动机，就会使电动机烧坏的可能。而用蜗杆减速器时，即使遇到这种情况，锅内阻力大增时，电动机照常运转，只是皮带轮打滑而已。

因此，用蜗杆减速器更为可靠安全，而且价格也便宜。

反应釜的维护保养：应该经常保持清洁，如果是搪瓷反应釜应尽量避免撞击搪瓷，防止搪瓷面受损坏，如果发现损坏要及时补好。减速器是反应釜的重点维护对象，应经常注意减速箱内的润滑油量，使它保持在一定的液面，发现少时要及时补充。另外，要注意轴封是否有泄漏现象，如果有泄漏，要及时维修。

反应釜如果长时间不用时，应把夹套内的冷却水放净。

23.8.2.2 冷凝器

冷凝器位于反应釜上方，一端和反应釜锅盖上的冷凝器孔管道连接，另一端和真空系统连接。

制胶车间内的冷凝器的作用有以下两个：

1. 回流冷凝

在制备合成树脂的过程中，由于温度较高，一些易挥发的原料物质如苯酚、甲醛等随水蒸气一起挥发，如果没有冷凝器，则这些物质散逸到空气内，污染了周围的空气，同时这部分物料的散逸，使树脂得率减少，同时还会影响树脂的质量，当有冷凝器存在时，这些散逸的气体在冷凝器内又冷凝为液体重新回到反应釜内，继续参加反应，减少了物料的损失，使树脂的得率增加，由于物料基本上没有损失，则加料的配方在反应过程中没有因物料损失而改变，因此得到的树脂质量有保障，同时也不会对周围大气造成污染。

2. 加快脱水效率

在制造合成树脂时，有的树脂液需要浓缩到一定的浓度，要进行脱水。当用真空泵抽出水蒸气时通过冷凝器将水蒸气迅速冷凝成水，这样减少了真空泵的抽气量，使脱水速度(效率)大大提高。

冷凝器是热交换器的一种形式，它把某一相蒸汽冷凝为液体。木材工业制胶车间常用的冷凝器有列管式冷凝器和L型搪玻璃冷凝器以及W型蝶片式搪瓷玻璃冷凝器。其中以列管式冷凝器用得最多。其原因是这种冷凝器结构简单、坚固，适应范围广，处理能力大，选材范围广，造价较低。

列管式冷凝器示意结构如图23-35所示。列管式冷凝器由筒体、封头、花板、列管束等主要部件组成。花板有两块，花板上打有许多圆孔，圆孔的中心距一般都是按正三角形排列，列管就插入这些孔内，列管两端和花板之间的连接采用胀管法或焊接法。列管和花板的材料一般用不锈钢，以防止介质对材料的腐蚀。

筒体是冷凝器外壳，把花板紧密封住，在筒体、花板、列管束外表面之间所形成的空间，是冷却水流动的场所。筒体两端有两个接口，供冷却水进出用，这两个接口一般不在同一侧。一般位置低的接口是冷却水进口，高的接口是冷却水出口，另外，筒体还应该有一个排液的小孔，平时用堵头封闭。在花板两端有两个顶盖和筒体相连。顶盖由封头和法兰组成，顶盖法兰和筒体法兰用螺栓栓紧(法兰之间有橡胶垫圈)，封头中心位置有接口，蒸汽从封头一端进入，经过列

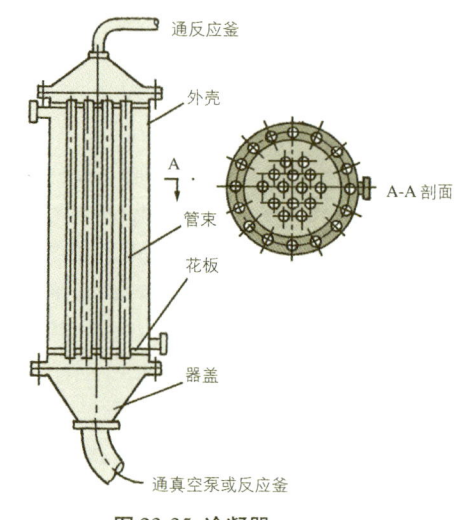

图23-35 冷凝器

管内，和列管外冷却水进行热交换后冷凝成液体，由另一个封头的接口流出。封头的材料一般用不锈钢材料制作。

冷凝器热交换效率决定于热交换面积、列管材料、列管壁厚、列管排列方式、冷却水温度、流量大小以及冷凝器放置方式。其中，热交换面积是冷凝器的主要参数。

冷凝器的热交换面积应该和反应釜的实际容积相匹配。容积大的反应锅液体的蒸发量大，配用的冷凝器的热交换面积也应该大。一般根据经验，1000L的反应釜配用不锈钢冷凝器的热交换面积应不少于$6m^2$，当然冷凝面积大，冷凝效果好，但是一般不超过$10m^2$。过大的冷凝面积没有必要，反而使设备投资加大。2000L的反应锅配用的不锈钢冷凝器有$12\sim15m^2$的热交换面积即可。

相同热交换面积的列管式冷凝器的外形尺寸大小和列管的管径有关，采用管径小的热交换器外形尺寸小，从检修和使用的角度出发，列管管径一般不宜小于20mm，冷凝器的长度一般为直径的$4\sim6$倍比较美观。

列管式冷凝器的安装一般可采用立式和卧式两种。立式安装比较方便，设备排列整齐，比较美观，但是要求的厂房较高；卧式安装时冷凝器的中心轴线和水平线成$5°\sim10°$的夹角即可。较高的一端与反应釜的蒸汽管道相接，另一端和真空系统相接，卧式冷凝器安装不如立式方便，但是冷凝效果好，对厂房的高度不如立式的要求高。从排列整齐美观程度来看，卧式也不如立式。

L型搪玻璃器冷凝器如图23-36所示。该冷凝器又叫套筒式冷凝器。它由两个套筒组成。内套筒外表面涂搪玻璃，外套筒内表面涂搪玻璃，外套筒外面有夹套，供通冷却水用，在内套筒和外套筒之间的空间为蒸汽冷凝通道，蒸汽从蒸汽入口进入，冷凝后从下面冷凝液出口返回反应釜，或进入贮水罐。

套筒式搪玻璃冷凝器只能直立安装，同样的热交换面积，它比列管式冷凝器体积大得多，冷凝效果也不如列管式冷凝器，但它的价格比不锈钢冷凝器便宜。

套筒式冷凝器的热交换面积有$3m^3$、$6m^2$和$10m^2$三种规格。木材行业中制胶车间内小型反应锅(如500L)有时采用这种型式的冷凝器。

搪玻璃片式冷凝器示意图如图23-37所示。图中所示的是W型的片式搪玻璃冷凝器。它是由搪玻璃底、器盖、双面搪玻璃夹层凹凸片及外包"四氟"薄膜的氯丁橡胶垫圈或氟橡胶垫圈、V型胶管和紧固件组成的重迭式组装结构。

该冷凝器和套筒式冷凝器相比有很多优点：首先是冷凝面积比较灵活，根据冷凝面积的多少可以增加或减少中层片数进行组装；体积小，质量轻，结构紧凑。一台面积$10m^2$的片式冷凝器，总高度为1250mm，直径960mm，而同样面积的一台套筒式冷凝器的总高为2260mm，外径为$\phi1020mm$；热气流的冷凝是通过热气流和冷却水的逆相流动进行热交换时完成的。片层间距小而均匀，介质反复地扩散、会合流动有效地提高了冷凝效率，并消除了气流外泄现象。冷凝效率

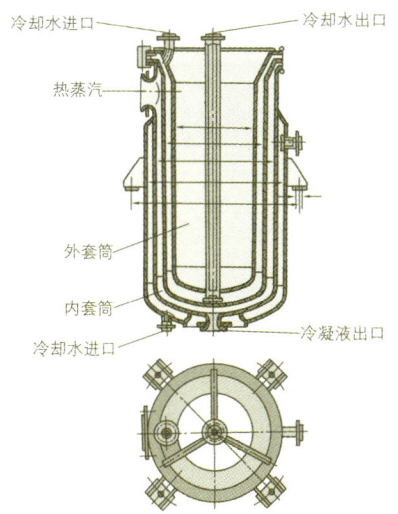

图23-36 搪玻璃套筒式换热器

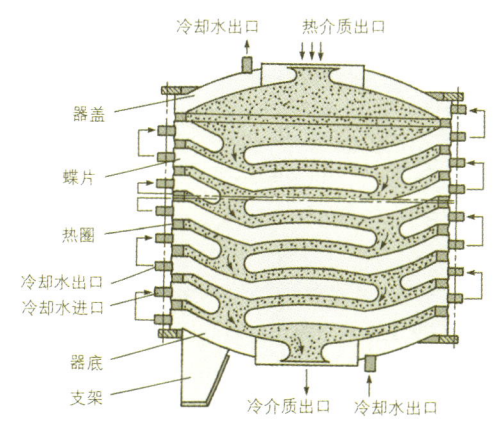

图23-37 搪玻璃片式冷凝器

和套筒式搪玻璃冷凝器相比可提高$1\sim2$倍。这种冷凝器安装时技术要求较高，否则容易泄漏。另外，和套筒式冷凝器一样，只能直立安装，不能横卧。

这种冷凝器在木材行业的制胶车间内也有所应用。

23.8.2.3 真空泵

真空泵按其结构型式分机械泵、喷射泵和分子离心泵。机械泵又分为往复式(又叫活塞式)、回转式(旋片式和滑阀式)、水环式。我国木材工业的制胶车间对这些型式的真空泵都有所应用，其中用得较多的是往复式真空泵和水环式真空泵，喷射式真空泵和旋片式真空泵也有所应用。

真空泵的主要特性参数为极限真空度和抽气速率。

真空度有以下几种表示方法：

(1)以真空度百分数表示(即真空压力与大压力之差值与大气压的比值百分数)：

$$真空度（\%）=\frac{760-P}{760}\times100\%$$

表 23-37 各种泵的极限真空

泵种类		压　力 (mmHg*)							备　注
		10^{-8}	10^{-6}	10^{-4}	10^{-2}	1	100	760	
机械泵	活塞泵					←——→			1 级
					←————→				2 级
	叶片泵		←————————→						
	分子泵	←————————→							
	水环泵						←————→		
喷射泵	水喷射泵					←——→			1 级
	蒸汽喷射泵					←——→			1 级
					←————→				2 级
				←——→					4 级
			←——→						5 级
	油扩散泵	←————————→							
分子离心泵		←————→							

注：*1mmHg=133.32Pa

(2) 以绝对压力 P(mmHg)表示；

(3) 以真空度 P_v 表示：

$$P_v = 760 - P$$

式中：P——真空系统绝对压力值(mmHg)

极限真空度是指真空泵工作时能使真空系统达到的最低的绝对压力。一般以mmHg表示。不同结构型式的真空泵所能达到的极限真空是不同的，各种泵的极限真空如表23-37所示。

抽气速率是指单位时间内由真空泵从真空系统抽出气体体积数，一般以 m³/h 表示。抽气速率和真空系统的操作条件有关。

下面将制胶车间常用的真空泵的工作原理及有关性能作一概要介绍。

1. 往复式真空泵

往复式真空泵又称活塞式真空泵。其作用原理如图23-38所示。由电动机带动一个大飞轮转动并借助大轮上的曲柄连杆机构带动活塞在泵体内作往复运动，使泵体的两侧交替进、排气，达到抽气的目的。

往复式真空泵的优点是抽气效率高，真空度稳定。缺点是占地面积和噪音大，维修不便。往复式真空泵外形及安装图如图23-39所示，主要技术数据和外形安装尺寸如

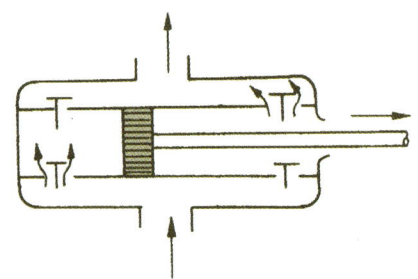

图 23-38 往复式真空泵作用原理图

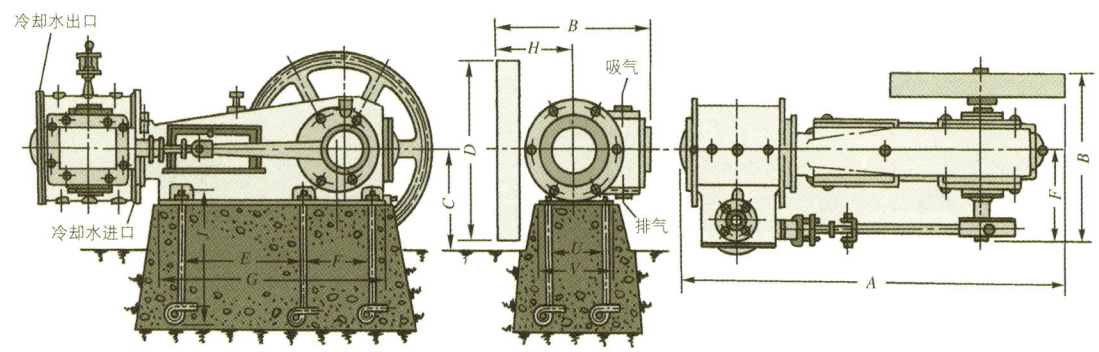

图 23-39 W(V)型真空泵外形及安装图

表 23-38 W 型真空泵主要数据和外形安装尺寸

型号	抽气速率(L/s)	极限真空(Torr)	配用电动型功率(kW)	气管直径 in 进	气管直径 in 出	水管直径 in 进	水管直径 in 出	外形及安装尺寸(mm) A	B	C	J	D	E	F	H	M	重量 kg
W_2	32	20	y132M1-6 (4)	2	2	1/2	1/2	1205	500	735	400	640	360	0	250	180	380
W_3	55	20	y132S-4 (5-5)	2	2	1/2	1/2	1420	615	815	450	640	430	260	280	200	650
W_{4-1}	103	20	y160M-4 (11)	4	4	1/2	1/2	1464	495	815	500	542	430	260	275	200	650

表 23-38 所示。

2. 水环式真空泵

水环式真空泵作用原理图如图 23-40 所示。外壳内有偏心安装的叶轮，叶轮上具有辐射的叶核，泵内充有约一半容积的水。当叶轮旋转时形成水环。此水环有液封作用，使叶板间形成许多大小不同的小室，随着飞轮的旋转，一些小室增大，通过吸入口将气体吸入，还有一些小室的体积缩小，将气体压缩，使气体由压出口排出。这种泵构造简单紧凑，没有活门，很少堵塞，而且安全可靠，噪音小。

水环式真空泵外形及安装图如图 23-41 所示。外形及安装尺寸如表 23-39 所示。性能参数如表 23-40 所示。

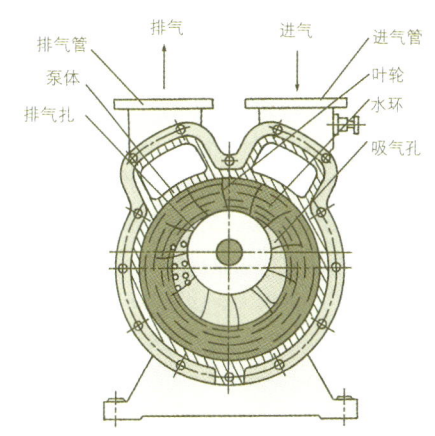

图 23-40 水环式真空泵工作原理

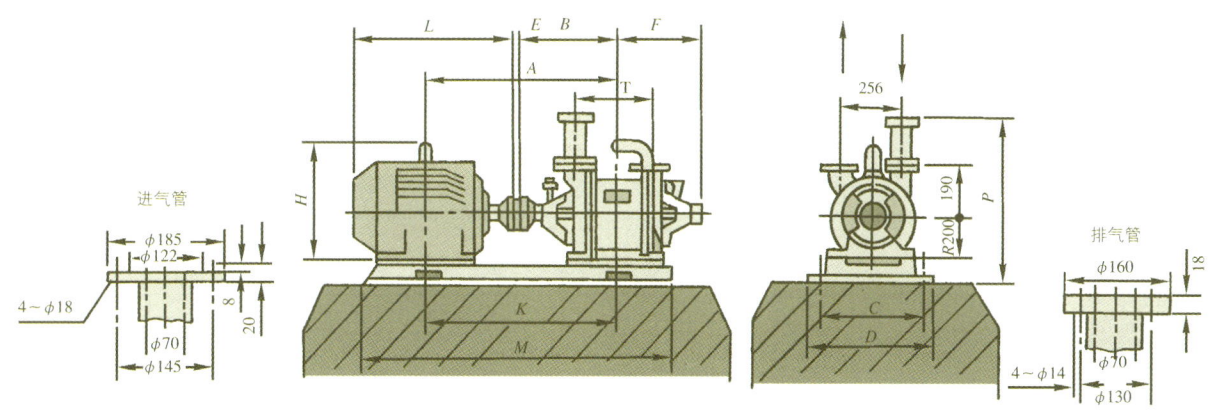

图 23-41 SZ-1、SZ-2 水环式真空泵外形及安装图

表 23-39 水环式真空泵外形及安装尺寸 单位：mm

型号	A	B	C	D	E	F	H	P	R	K	T	M	L	电机
SZ_{-1}	564	313	443	493	2	280	315 / 375	667	75	573	190	889	475 / 505	AJO$_{2-4}$ JO$_{2-41-4}$ BJO$_{2-4}$
SZ_{-2}	686	378	464	524	2	346	370 / 440	692	100	673	320	1085	588 / 613	AJO$_{2-5}$ JO$_{2-52-4}$ BJO$_{2-5}$

表23-40 SZ型水环式真空泵性能参数

型号	排气压力(kgf/cm²)					最大压力 (kgf/cm²)	配带动力 (kW)	转速 (r/min)	水消耗量 (L/min)	重量 (kg)	配带电机型号
	0	0.5	0.8	1	1.5						
	排气量(m³/min)										
SZ-1	1.5	1.0				1	5.5	1450	10	140	JO2-42-4；^B_AJO2-42-4
SZ-2	3.4	2.6	2	1.5		1.4	13	1450	30	150	JO2-61-4；^B_AJO2-61-4
SZ-3	11.5	9.2	8.5	7.5	3.5	2.1	40	795	70	463	JO2-82-6；^B_AJO2-82-6
SZ-4	27	26	20	16	9.5	2.1	80	730	100	975	JR117-8；JS117-8

　　旋片式真空泵的作用原理如图23-42所示。它是依靠偏心轮在气室内旋转,偏心轮中间有一旋片靠中间的弹簧与气室壁贴紧,因此,当偏心轮旋转时,把气室分隔成两部分,一个气室体积逐渐变大,气压变小产生负压,而将气体吸入;另一个气体体积逐渐变小,气体受压缩,气压变大,而被旋片压出气室。泵的主要活动部分浸没于真空泵油内,其绝对真空可达 5×10^{-3} mmHg。这种泵结构简单,体积小。噪音低,安全可靠。但该泵抽气量较小,适用于容积较小的反应锅使用。

　　2X型双级旋片式真空泵其主要性能如表23-41所示。

　　水喷射泵的工作原理是利用离心水泵将水的压力提高,使具有一定压力的水从喷嘴里以高速射流喷出,这时水的能量从压力能转化为动能,射流表面压力迅速降低,由于高速射流对周围气体具有粘滞和卷吸效应,空气便源源不断地被抽吸进来。高速运动的水柱和气流在混合管处形成乳白色的泡沫流到扩散器内。在扩散器中随着截面扩大,流速降低,压力升高,直至高于大气压力而排至大气中去。

　　如果被抽流体是可凝性汽体,则在高速射流表将会有汽体冷凝,此时,水喷射泵就同时具有造成真空和冷凝蒸汽的

图23-42 旋片式真空泵工作原理图

表23-41 2X型双级旋片式真空泵性能参数

性能参数		型号					
		2XZ-0.5	2XZ-1	2XZ-2	2XZ-4	2XZ-8	2XZ-15
抽气速率(L/S)		0.5	1	2	4	8	15
极限真空(Torr)	气镇关	<5 × 10⁻⁴					
	气镇开	<1 × 10⁻²					
转速(r/min)		1400					
电机功率(kW)		0.18	0.25	0.37	0.55	1.1	2.2
进气口直径(mm)		φ15	φ15	φ25	φ25		
油温升(℃)		≥40					
用油量(L)		0.55					
外径尺寸(mm)		445 × 140 × 252	445 × 140 × 252	487 × 167 × 277	527 × 167 × 277		
重量(kg)				20	23		

双重作用，也称为水喷射冷凝器。水喷射泵作用原理及泵内压力和速度变化如图23-43。

水喷射泵由喷嘴、吸入室、混合管和扩散器组成。在水喷射冷凝器中增加挡水板以防止蒸汽流动冲偏水柱和增大换热面积，以及防止倒灌水。

水喷射泵在设计时所选定的排出压力不同。所以其安装高度有高位(11m)和低位(3.5～5m)两种。低位安装水喷射泵可以放在高位安装使用，高位安装的不能放在低位用。

水喷射泵安装图见23-44。图中假想线设备由用户在选用时自行配套。

水喷射泵内无运动部件，所以泵的制造材料可按接触介质性质来决定。一般有铸铁、碳钢、聚氯乙烯、玻璃钢、陶瓷等五种材料。

23.8.2.4 输液泵

制胶车间内除了使用真空泵以外，还经常使用各种输液泵。有的制胶车间有甲醛贮罐，把甲醛输送到计量罐时就需要用泵进行输送。在反应过程中，特别是反应终止后，在冷却阶段，为了使反应锅内的树脂迅速冷却，而水压又不足时，常常用水泵进行加压，加速冷却水的流动，增大流量，使锅内树脂液迅速冷却。大型制胶车间所用的碱液也是用泵输送的。

制胶车间合成的树脂液有的也是通过泵输送到用胶车间的。

选泵时主要考虑所输送的介质的特性、流量大小和扬程高低这三方面的因素。

输送甲醛时可以选用耐酸泵或陶瓷泵，一般选用耐酸泵的比较多。输送冷却水供加压用的可选择清水泵，输送树脂液的可选用齿轮泵。

从泵的特性曲线或产品说明书可以用查到能满足需要的流量和扬程。

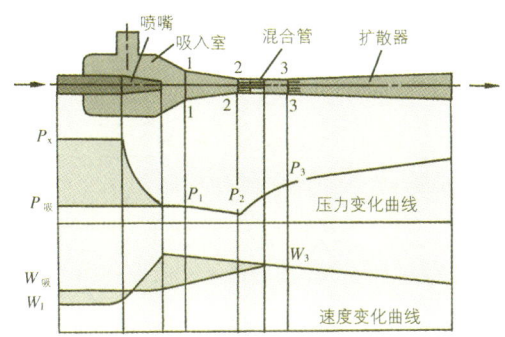

图23-43 水喷射泵作用原理及泵内压力和速度的变化图

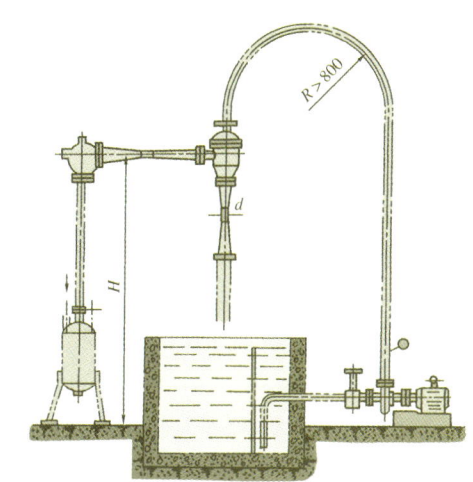

图23-44 水喷射泵安装图

参考文献

[1] 李兰亭主编. 胶黏剂与涂料. 北京：中国林业出版社，1992

[2] 王毓秀. 胶黏剂生产工艺. 北京：中国林业出版社，1989

[3] (苏)ю.Г.多普宁等著. 李庆章译. 木材工业用合成树脂. 北京：中国林业出版社，1984

[4] (南非)A. 皮齐主编. 史广兴等译. 木材胶黏剂化学与工艺学. 北京：中国林业出版社，1992

[5] 王恺主编. 木材工业实用大全. 胶黏剂卷. 北京：中国林业出版社，1996

[6] 国家医药管理局上海医药设计院编. 化工工艺设计手册. 北京：化学工业出版社，1987

人造板二次加工

对各类人造板素板进行贴面、涂饰、模压等再加工，使其表面具有装饰性或功能性的再加工过程称为人造板二次加工。

人造板二次加工分为：薄木贴面加工、装饰纸贴面加工、高压三聚氰胺装饰层压板和低压三聚氰胺浸渍纸贴面加工、邻苯二甲酸二丙烯酯树脂浸渍纸贴面装饰、聚氯乙烯薄膜贴面加工、聚烯烃纤维素聚合薄膜贴面加工等技术。

人造板二次加工方法分类如下：

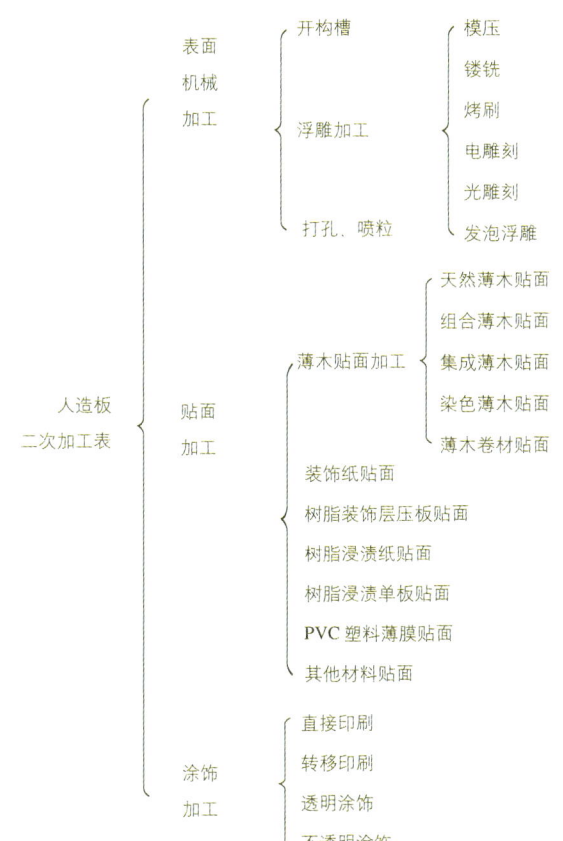

24.1 人造板二次加工对素板的要求

(1) 要求含水率均匀，含水率调整到 6%～12%，一般为 6%～8%；

(2) 要求表面平滑、质地均匀，二次加工前需经 120 号～240 号砂带砂光；

(3) 要求厚度均匀，厚度偏差不大于 ±0.2mm；

(4) 要求结构对称、合理，板面平整无翘曲、变形；

(5) 具一定的强度和耐水性；

(6) 刨花板、中密度纤维板等素板，要求其表面密度大于 $0.9g/cm^3$。

24.2 薄木贴面加工

24.2.1 薄木的制造

24.2.1.1 薄木的分类

随着科学技术的发展，薄木的种类越来越多，将主要产品分类如下：

(1) 按薄木厚度分类

厚薄木——指厚度大于 0.5mm 的薄木，一般厚度为 0.6～0.8mm 的薄木

微薄木——指厚度小于 0.5mm 的薄木，一般厚度为 0.1～0.3mm 的薄木

(2) 按薄木制造方法分类

旋切薄木——用旋切机旋制的薄木，具有弦切面纹理

刨切薄木——用刨切机刨制的薄木，具有径切面纹理或弦切面纹理

半圆旋切薄木——用半圆旋切机旋制的薄木，具有径切面纹理或弦切面纹理

(3) 按薄木形态分类

天然薄木——由天然珍贵树种的木方直接制得的薄木

组合薄木——由一般树种的旋切单板经染色、组坯、胶合成木方后再刨切或旋切制得的薄木，薄木纹理系人工组合而成

集成薄木——由珍贵树种的木材按所需的拼花图案胶合成木方后经刨切制得的整张拼花薄木

染色薄木——将一般树种的薄木按照珍贵树种的材色经染色制得的薄木

薄木卷材——由连续带状的旋切薄木与纸张或无纺布等柔性材料复合后制得的可捲成卷的薄木

24.2.1.2 天然薄木的制造

1. 薄木的树种

天然薄木的花纹是否美丽，色彩是否悦目与制造薄木的树种关系极大，因此也是选择制造薄木树种的首要条件。天然薄木的花纹是由木材的纹理、生长轮、早晚材、导管、木射线、轴向薄壁细胞、节子、树瘤、树叉、材色等形成的，而且在不同的切面其花纹是不同的，因此与制造方法也有密切关系。

早晚材材色明显区分的针叶材如红松、杉木、落叶松等树种，早晚材材质致密程度明显不同的环孔阔叶材如水曲柳、榆木、酸枣、红椿、白蜡木、麻栎、山槐、楸木等树种无论在径切面上还是弦切面上均能形成醒目的花纹。在径切面上为深浅相间的直条纹，在弦切面上为山形纹。早晚材材色区分不明显的针叶材及散孔阔叶材花纹就不明显了，如云南龙脑香、山龙眼等树种。

由于木材纹理交错，成波状纹、皱纹或扭曲，各部分纤维走向不同对光的反射不同而形成各种醒目的花纹，如香樟、枫香、桉树、麻栎、桃花心木、槭木和桦木等树种，其中波状纹常出现在槭木及桦木上，这种薄木常用来制作小提琴的背板，故又称琴背花纹。槭木、樟木、水曲柳等树种由于纤维局部扭曲极易形成鸟眼状花纹，此种花纹称为鸟眼花纹。具有琴背花纹及鸟眼花纹的薄木都是比较名贵的。

木射线对光反射较强，具银光光泽，在弦切面上木射线成纺锤状，在径切面上呈片状，木射线发达的柞木、栎木、山毛榉、光叶榉、悬铃木、山龙眼等树种，木射线粗大、密集，在径切面上常可得到由片状木射线形成形似虎皮的虎斑纹，在弦切面上得到纺锤形的点状花纹。

树干的树瘤部分木纹不规则排列能形成非常美丽的树瘤花纹。槭木、悬铃木、栎木、栗木、核桃楸、胡桃木、香椿、红椿等树种中常可发现。

材色不均在材面上形成深色条纹或斑纹，也可形成花纹，在柚木、胡桃木及陆均松等树种中常具有这种花纹。

薄木的制造方法不同，可得弦切面或径切面，同一根原木，其不同的剖面花纹不同，如虎斑纹只有在径切面上才能形成，山形纹只有在弦切面上才能形成，因此应根据各树种形成花纹的不同特点，采用合适的剖制方法才能制得具有理想花纹的薄木。

选择薄木树种时，除考虑花纹外，还应考虑是否易于进行切削、胶合和涂饰等加工；阔叶材的导管不宜过大，否则薄木易破碎，贴面时易透胶；要有一定的蓄积量等。

比较适于制造薄木的树种如表 24-1 所示。

表 24-1 常用薄木树种

国产材	红松、红豆杉、陆均松、广东松、水曲柳、榆木、檫树、山槐、酸枣、红椿、白蜡木、女贞、桦木、栎木、光叶榉、山龙眼、柞木、钟萼木、王梿果、香樟、麻栎、桉树、云南龙脑香、核桃楸、光皮桦、槭木、栗木、水青冈、法国梧桐、泡桐、椴木、樱桃木、黄樟、华南樟、花梨木、苦槠、米槠、朴树、甜槠、春榆、木荚红豆树、大叶楠等
进口材	桃花心木、花梨木、柚木、沙比利、伊迪南、紫檀木、白栎木、红栎木、胡桃木、枫木、山毛榉等

2. 原木的贮存与保管

用于制造薄木的原木应妥善贮存与保管，保管不善，原木易开裂、腐朽、变色，不仅降低了原木的等级还降低了薄木的出材率，造成浪费。原木的开裂、腐朽、变色与原木的含水率有很大关系。如木材处于饱水状态，腐朽菌及虫类就无法侵蚀木材，因为在饱水状态下木材中的空隙已全部被水份充满，没有空气，菌类及虫类也就无法生存。木材在饱水状态下也不会开裂。一般可采用两种方法保持原木中的水分，一种是把原木贮存在贮木池中，需长期贮存的原木应采取一定措施，使原木沉入水中，以免露出水面部分受菌类或虫类的侵蚀。为防止贮木池中水腐败发臭应采取措施使之变为流水或定期更换池水。第二种方法是在贮木场内铺设水管，利用水压定期对原木喷水，使原木保持必要的水分。在陆地贮存时，可在端头钉入扒钉，防止开裂，也可在原木端头涂布防水剂，避免原木中水分散失，并可防止端头开裂。防水涂料可采用沥青或焦油与黏土的混合物。

其配方如下：

沥青或焦油	约 50%
黏土(细筛)	15%～20%
水	30%～35%

对易受菌类或虫类侵蚀的树种，可在春夏二季适当喷洒杀虫剂或防腐剂，但要注意不能造成木材变色或污染，以免造成出材率降低和影响薄木装饰效果。

3. 薄木刨切

(1) 剖制木方：装饰用薄木一般采用刨切法生产。为获得理想的薄木花纹，提高出材率，便于在刨切机上装夹，需

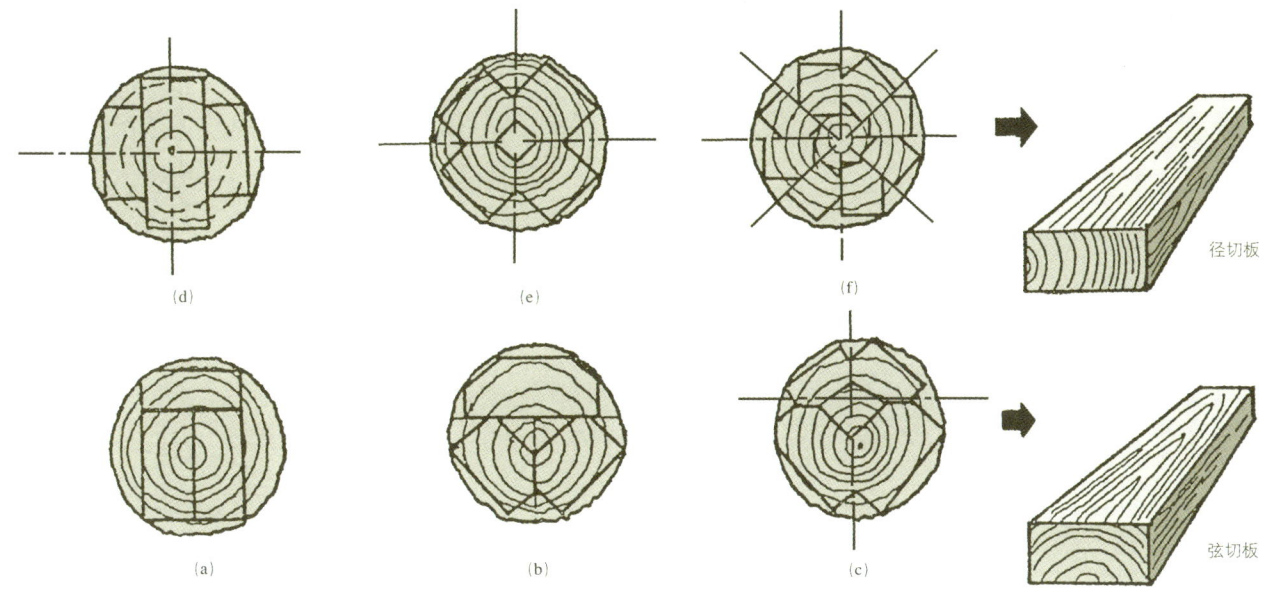

图 24-1 常用木方锯剖图

将原木按薄木长度及加工余量截断成一定长度的木段,并剖制成木方。截断原木时应尽量做到量材下锯,弯曲材应尽量在弯曲处下锯;严重的材质缺陷如死节、腐朽等应截去;一般缺陷应集中;原木截断时的加工余量根据基材的公称长度而定。一般为80～110mm,基材越长,留的余量就越多,如基材为 1220mm × 2440mm,木段长度应为 2550mm。

剖制木方应根据木段的树种、径级、所要得到的薄木花纹及出材率来考虑,一般应多出径切薄木,少出弦切薄木。因径切薄木不仅花纹美丽,而且不易开裂,因此采用合理的锯剖图是十分重要的。图 24-1 所示是常用的木方锯剖图,其中 a、b、c 主要用于剖制弦切薄木而 d、e、f 主要用于剖制径切薄木。栎木等易开裂的树种,在贮存过程中大多已形成端裂,此时应采用 e 锯剖图,以提高出材率,并可多得径切薄木。

扇形锯剖图 e 可采用直径为 1500mm 的带进料及翻转装置的圆锯机进行剖方,其他则可采用带锯机进行剖方。剖方出材率随木段径级、材质及锯剖图不同而不同,一般在 60% 左右。

(2) 木方蒸煮:木方在刨切前应进行蒸煮,蒸煮的目的是为了软化木材,增加木材的可塑性。木材的可塑性受树龄、温度及含水率的影响.当木材温度升高或含水率提高后木材可塑性增加,使木材切削阻力减小,易于切削,薄木背面裂隙也减少;使木材含水率均匀,有利于降低刨切薄木的厚度偏差和薄木干燥后的含水率偏差,使薄木不易变形、翘曲;可除去部分木材中含有的单宁、油脂等浸提物;可杀死木材中的虫和菌,利于薄木的保存。有些树种加热后会变色,如桐木、山毛榉变红色,椴木变黄色,核桃楸变褐色等,

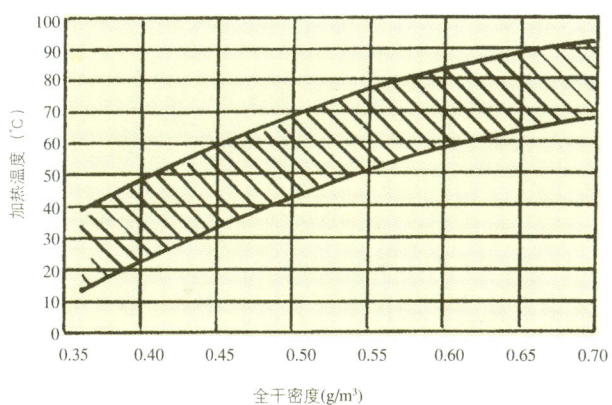

图 24-2 阔叶材的最佳刨切温度

要注意控制。

木方蒸煮通常采用把木方放在蒸煮池内蒸煮的方法,蒸煮池由钢筋混凝土建造,也可内覆不锈钢板或做成铝壳式。池内通入蒸汽管及水管,池底设有排放污水的排放阀,也可用泥浆泵直接抽出污水。

不同密度的阔叶材的最佳刨切温度如图 24-2 所示。针叶材主要是晚材部分密度大,最佳刨切温度可参照图 24-2,略高于图示温度。其交错纹理及硬节的木材最佳刨切温度应略高于图 24-2 所示温度。为使木方芯部达到最佳刨切温度,所需蒸煮的水温及蒸煮的时间与木方的径级、密度、刨切薄木的厚度等均有密切的关系。一般径级大、密度大、刨切薄木的厚度大应适当提高蒸煮温度,延长蒸煮时间。在实际生产

表 24-2 木方蒸煮的基准

蒸煮条件 树种	薄木厚度(mm)	蒸煮时间(h)	蒸煮温度(℃)	常温水中浸泡时间(h)
柚木(径切薄木)	0.25	150	95	2
柚木(径切薄木)	0.8	180	95	0
柚木(弦切薄木)	0.3	190	95	2
柚木(弦切薄木)	0.8	230	95	0
核桃楸(径切薄木)	0.25	2~4	80	2
柞木	0.25	12	90	3
水曲柳	0.25	4	80	2
水曲柳	0.8	12	80	0
榉木(弦切薄木)	0.3	70	90	5
杉木	0.3	10	50	1

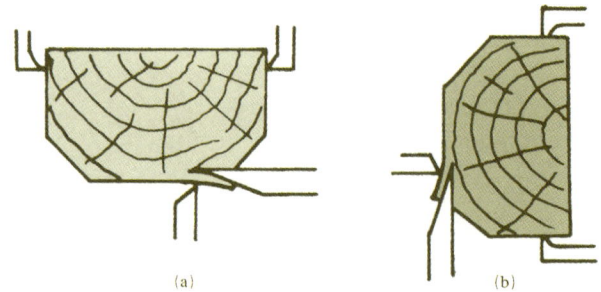

图 24-3 横向刨切示意图

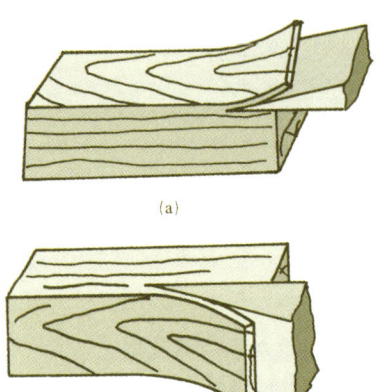

图 24-4 纵向刨切示意图

中通常都是凭经验来确定蒸煮基准的。表24-2所示为某工厂的木方蒸煮基准。

木方蒸煮时应注意：

(1) 木方放入蒸煮池时，水温最好保持室温，以免木方骤然受热产生内应力而开裂；

(2) 升温速度不当易造成木方开裂，在水温达40℃前升温速度为10~15℃/h，达40℃后应降低升温速度，一般为3~5℃/h。

(3) 木方蒸煮时应按树种、径级分别进行蒸煮；

(4) 木方蒸煮过度反而会降低薄木刨切质量，薄木表面易起毛；

(5) 要及时清除蒸煮池中的油脂、树皮、泥沙，定期换水，以免污染木方，降低蒸煮效果；

(6) 蒸煮后木方最好放在温水池中浸泡，等待刨切。温水池水温一般为50~60℃，温度过高会使刨刀变形、薄木表面起毛。

4. 薄木刨切

薄木刨切在刨切机上进行，将木方固定在夹持台上，将刨刀固定在刀架上，两者之中有一方作间歇进给运动，另一方作往复运动，从而从木方上刨切下具有一定厚度的薄木。

(1) 刨切机：目前国内使用的刨切机有多种类型。根据刨切是在水平面内进行还是在铅垂面内进行可将刨切机分为卧式刨切机和立式刨切机。如图24-3中(a)为卧式刨切机刨切示意图，(b)为立式刨切机刨切示意图。根据刨切方向与木方长度方向基本平行还是垂直又可分为纵向刨切机和横向刨切机。图24-4所示为纵向刨切机刨切示意图。图24-3为横向刨切机刨切示意图。目前国内使用的刨切机既有立式的又有卧式的，既有横向的又有纵向的。

① 纵向刨切机：纵向刨切机主要由进料机构、前后工作台、导柱、机座及驱动装置等组成，纵向刨切机如图24-5所示。刨刀和压尺安装在工作台上，木方放在工作台上，由进料橡胶带对木方施加压力并靠摩擦力推动木方前进，由刨刀进行刨切，纵向刨切机刨切沿木方长度方向进行，因此木方长度不受限制，而且刨切薄木表面光滑质量好。但由于进料橡胶带悬臂支承，木方的宽度受到一定限制，目前最宽可达350mm。这种刨切机依靠摩擦力来克服切削阻力送进木方，

图 24-5 纵向刨切机

图 24-6 横向刨切机

因此比较适于刨切松木、杉木等软材。另外由于工作行程长,生产效率较低.不适于大批量生产,较适于家具、木器等工厂小批量生产薄木。

②卧式横向刨切机:卧式横向刨切机由偏心轮连杆机构带动的作往复运动的刀架,由丝杆螺母机构传动的作进给运动的木方装夹台及机架等组成。木方每进给一个薄木厚度,刀架就作一次往复运动从木方上刨下一片薄木。卧式横向刨切机基本上有两种类型。一种是刀架在上,木方在下的形式,图 24-6 所示为这种类型的卧式横向刨切机。这种刨切机的刀架靠自重支承在机架两侧的导轨上,为防止在刨切过程中遇到硬节等切削阻力突然增大时刀架被抬起,刀架必须做成重型的,以保证刨切的精度和薄木质量。因此动力消耗较大。另外为保证薄木输出时松面朝上,紧面朝下薄木需通过一转向装置输出,此转向装置随刀架作往复运动,因此接取薄木时要十分注意。图 24-7 所示为刀架、压尺架与薄木转向导出装置。为观察及接取薄木方便,这类刨切机有的做成倾斜式,向下俯冲一个角度,倾斜角为6°或25°。另一种是木方在上,刀架在下的形式,刀架也支承在机架两侧的导轨上,但木方在刀架上方。木方的进给靠机架两侧的丝杆螺母机构来实现,并靠它对刨刀施加一定的压力。在刨切过程中即使切削阻力突然加大,木方也不会抬起,从而保证了刨切的精度,减小切削过程中刨刀的振动,使薄木表面平滑,并且油刀也十分方便。这类刨切机的刨切示意图如图 24-3 所示。卧式横向刨切机的生产效率远远高于纵向刨切机,可达 62 次/min。而且木方宽度可达 800mm。适合于大量生产时使用。

③立式横向刨切机:立式横向刨切机刀架由丝杆螺母机构传动在水平面内作进给运动,而木方由偏心轮机构带动作上下往复运动。立式横向刨切机一般都有让刀装置,且刀架靠丝杆螺母装置压在木方上,能保证刨切精度,装刀、油刀及上木方均十分方便。当木方由下向上作工作行程时薄木输

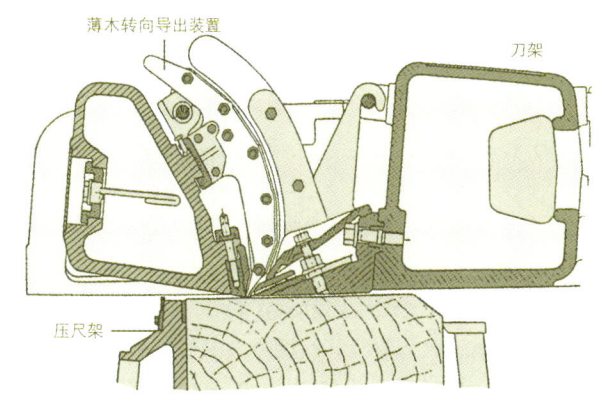

图 24-7 薄木转向导出装置示意图

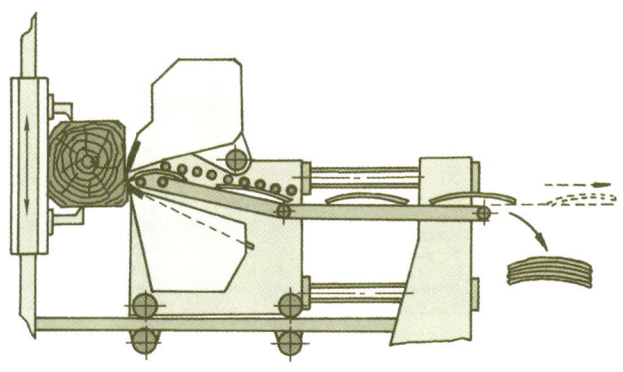

图 24-8 立式横向刨切机示意图

出时松面朝上,有利于连续化生产。当木方由上向下作工作行程时,薄木紧面朝上输出,接取薄木时,必须进行翻转。为便于观察,上冲程立式刨切机也有做成倾斜式的,向上仰起10°。立式横向刨切机切削示意图如图 24-8 所示。立式横向刨切机生产效率很高,可达 95 次/min,木方宽度可达

1000mm。表24-3所示为几种主要的刨切机的技术参数。

表24-3 刨切机的技术参数

技术参数 \ 型号	HVS-90-MS	TN2800	TZ／E3400	SL-25A
刨切机类型	卧式横向（日本）	卧式横向（意大利）	立式横向（意大利）	纵向（日本）
刀长(mm)	2850	2840	—	—
加工木方最大长度(mm)	2800	2800	3400	—
加工木方最大宽度(mm)	1000	800	1000	250
加工木方最大高度(mm)	600	1200	1000	240
薄木厚度(mm)	0.1～2	—	0.1～3.3	—
刨切次数(次/min)	17～50	60	20～90	—
刨刀安装斜角(°)	15	—	—	77
主电动机功率(kW)	19	75	75	11
质量(kg)	26000	23000	94800	4700

(2) 木方的装夹方向：刨切薄木时，木方的装夹方向，即刨切从木方的哪一端，哪一边开始，对薄木的质量有很大影响。由于木材是一种非匀质的材料，早晚材差别较大，纤维、木射线、年轮等都按某一定方向排列，为了得到表面平滑、平整的薄木，刨切时必须注意刨切的方向，要求刨切方向顺年轮、顺纤维、顺木射线。刨切方向的逆顺如图24-9所示。纵向刨切时主要考虑顺纤维刨切。如逆纤维刨切，超越裂缝将进入材面造成表面坑洼不平。横向刨切时主要考虑木射线与年轮的顺逆。针叶材及环孔阔叶材、木射线不发达的树种都宜顺年轮刨切，而木射线发达的树种则应侧重考虑顺木射线刨切。

一般刨切径向薄木时，如图24-10所示，从(a)的装夹状态开始刨切，当刨切至材芯时应放下木方重新按(b)的形式，底朝上地重新装夹，这样虽可保证后半个木方的刨切质量，但薄木花纹与前半部分不连续，如按(c)的方法，不把底面翻上来，仅在水平面内转180°，则可得到花纹与前半部分连续的薄木。

在刨切弦向薄木时，如图24-11所示的左右对称形状的木方，得到的薄木，在宽度方向一半质量好，一半质量差，因为刨切时一半顺年轮，一半却是逆年轮。因此如按(b)所示地剖成非对称形的木方，可保证在宽度方向上大半部分的质量较好。剖制偏芯木方的锯剖图如图24-12所示。

刨刀的安装有两种形式，如图24-13所示，(a)为表刃式，刨切时薄木从刨刀的前面流出，(b)为背刃式，刨切时薄木从刨刀的后面流出。背刃式装刀，在磨刀或改变刨刀研磨角后。切削角可随之而变，因此可适应多种树种的刨切，可制得优质的薄木。刨刀一般厚度为15mm，刀体部分为碳素钢，

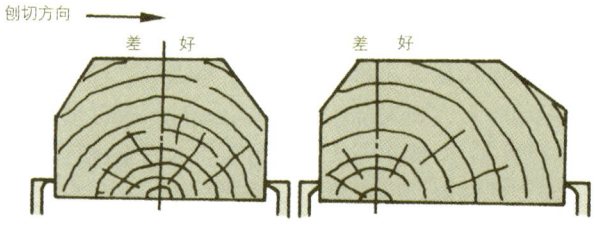

图24-11 刨切弦向薄木时木方的装夹

图24-12 木方的锯剖

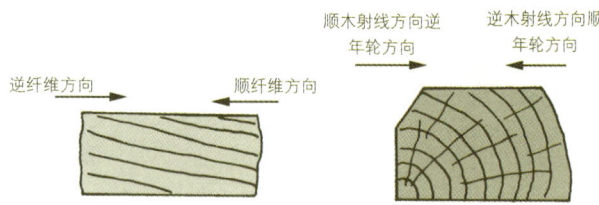

图24-9 刨切方向的顺逆

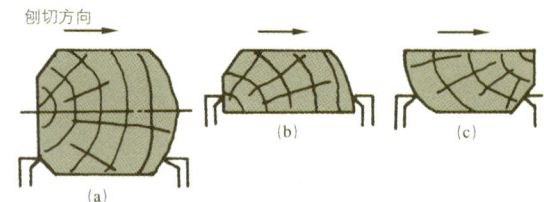

图24-10 刨切径向薄木时木方的装夹

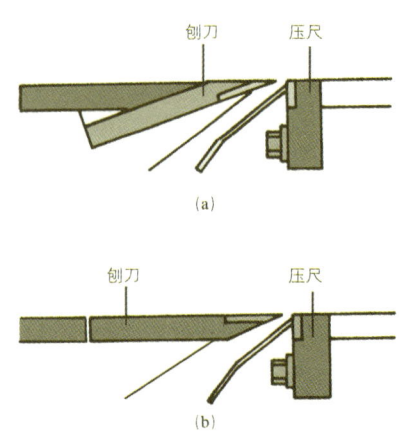

图24-13 刨刀安装形式

而刃口部分为合金钢,表刃式装刀时,研磨角一般为16°~20°,背刃式装刀时。研磨角为21°~26°,图24-14所示为背刃式刨刀刃口形状。研磨角小则刨刀锋利但刃口强度较差,因此针叶材及软阔叶材可用较小的研磨角,而硬阔叶材应采用较大的研磨角。

使用压尺的目的是为了防止薄木背面产生裂隙,提高薄木刨切质量。压尺形状如图24-15所示,一般为单棱压尺,并且斜棱角度较大。

刨刀与压尺之间的相对位置对薄木的质量影响很大,图24-16所示为背刃式装刀时压尺与刨刀的相对位置。图中刀门距离S_0为压尺至刨刀后面的最短距离(表刃式装刀时为压尺至刨刀前面的最短距离)。如薄木的名义厚度为S,通常$S_0 \leq S$。下式中的$\triangle$称为压榨率。压榨率应根据切削角、薄木厚度来决定,表24-4所示为压榨率、切削角、薄木厚度之间的关系。

$$\triangle = \frac{S - S_0}{S} \times 100\%$$

压尺的位置也可根据S_0的垂直分量V及水平分量H来决定,其相互关系如下:

$$V = (0.9 \sim 0.98)S$$
$$H = (0.2 \sim 0.3)S$$
$$\frac{180° - \beta}{2} \leq r \leq 90°$$

式中: S——薄木名义厚度
β——刨刀研磨角

V的大小适度可保证薄木的厚度精度,H的大小适度可

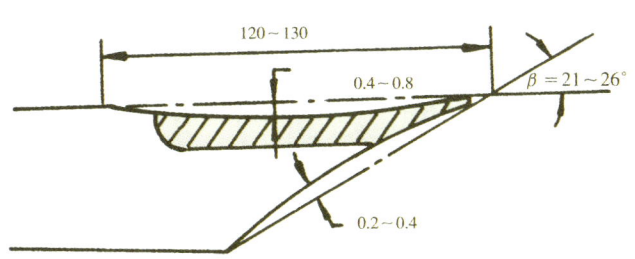

图24-14 背刃式刨刀刃口形状

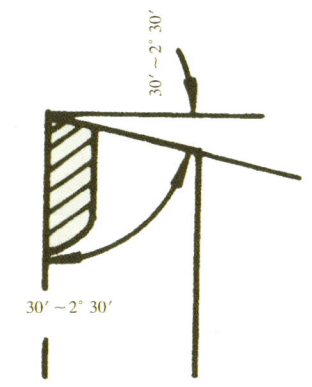

图24-15 压尺形式

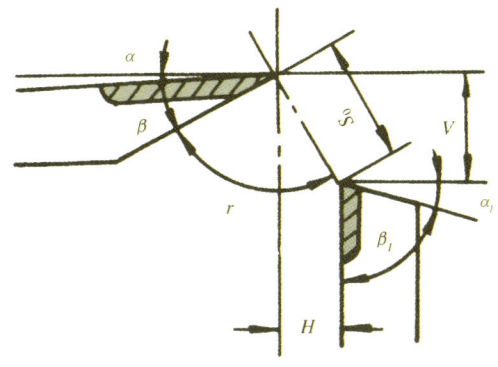

图24-16 刨刀与压尺的相对位置

表24-4 常用薄木刨切厚度采用的压榨率$\triangle$、刀门S_0和压尺水平距C

单板厚度S(mm)	切削角δ°	$\triangle$=0%		$\triangle$=5%		$\triangle$=7%		$\triangle$=10%	
		S_0	C	S_0	C	S_0	C	S_0	C
0.3	18	0.30	0.09						
	19	0.30	0.10						
0.5	18	0.50	0.15						
	19	0.50	0.16						
0.6	18	0.60	0.19						
	19	0.60	0.20						
0.75	18	0.75	0.23						
	19	0.75	0.24						
1.00	19								
	20			0.95	0.29				
1.10	19			0.95	0.32				
	20			1.05	0.34				
1.20	19			1.14	0.37				
	20			1.14	0.39				
1.25	19			1.19	0.39				
	20			1.19	0.41				
1.50	19					1.40	0.46		
	20					1.40	0.48		
1.75	19					1.63	0.53		
	20					1.63	0.56		
1.80	19					1.67	0.54		
	20					1.67	0.57		
2.00	19							1.80	0.59
	20							1.80	0.62

保证薄木表面质量。调整刀门时要求在刨刀全长上保持V、H大小均匀一致，以保证薄木厚度精度及刨切质量。切削后角一般为$30'\sim1°$。

(3) 刨刀安装斜角：为减小刨切开始时的切削阻力，使刨刀无冲击地进入切削状态，减小有效切削角，提高刨切质量，刨切时，刨刀刃口要与木方长度方向成某一角度地安装，如图24-17所示。倾斜角一般为$5°\sim30°$，一般早晚材硬度差别大的针叶材，为避免薄木表面晚材部分凸起。角度应取$25°\sim30°$，而早晚材硬度差别不大的阔叶材可取$10°\sim15°$。

(4) 薄木的堆放及保管：目前国内薄木刨切后均采用人工接板，在人工接板的情况下刨切速度一般只能达到40次／min左右，刨切速度过快不安全，薄木来不及整理，反而造成薄木破损。薄木运输及堆垛时，为使薄木易于展平，防止破损，薄木的松面即有背面裂隙的一面应朝上放置，如图24-18所示。并且为薄木拼花方便，薄木应按刨切的顺序先后依次码堆。每根木方所制得的薄木应做好标记分别码堆，最好上下用薄板夹好用绳子捆好，以免破损。如采用湿贴工艺，薄木不需干燥，为保持薄木水份应用塑料布包好，并且尽快周转，在室温5℃以下可贮存两天。夏天则应随刨随用或采取防霉措施或放入冷库。

为充分发挥刨切机的生产能力应配置机械接板装置，刨切后直接送入干燥机进行干燥，刨切机与干燥机直接连接流水线示意图如图24-19所示。

(5) 残板利用：木方经刨切后剩下的部份称为残板，残板的厚度与刨切机的木方卡紧装置有关。一般采用液压卡紧的刨切机设有大小两套卡爪，当木方厚度减小后大卡爪退回，由小卡爪卡木，以图减小残板厚度。残板厚度一般为15mm左右。

残板如能加以利用，可提高薄木出材率。残板利用可采用两种方法。一种方法是木方在刨切前先用一块厚$20\sim25$mm的普通树种的木板粘在木方上，刨切后剩下的原木方部分的厚度几乎可为零，一般为$3\sim5$mm。另一种方法是将残板相互层积胶合起来组成新的木方再进行刨切。胶合用的胶黏剂耐水性要好并能在高含水率下胶合，一般使用湿固化型的聚氨酯树脂胶黏剂，在常温下加压胶合。

5. 薄木旋切

薄木也可采用旋切的方法生产，旋切需在精密旋切机上进行，旋切所制得的薄木均为弦向薄木，但薄木成连续带状，不需拼接，易于实现连续化生产。需制宽幅薄木也可在木段全长上沿径向开一槽，直接旋制片状薄木，不需再经剪裁。旋切前木段亦需进行蒸煮软化，蒸煮工艺基准可参照木方蒸煮部分。

旋切时旋刀的研磨角越小刃口越锋利，但为了保证刃口强度，一般研磨角为$17°\sim21°$。为了减小旋刀后面与木段的接触面积，减少旋刀在旋切过程中的振动，一般如图24-20所示地将旋刀的后面磨成凹面，凹进的深度一般为$0.1\sim0.15$mm，旋刀硬度为Rc：$58\sim62$。压尺一般为单棱压尺，

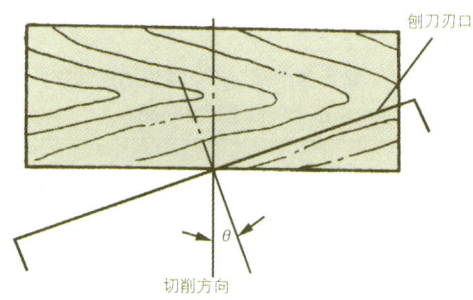

图24-17 木方与刨刀的相对位置

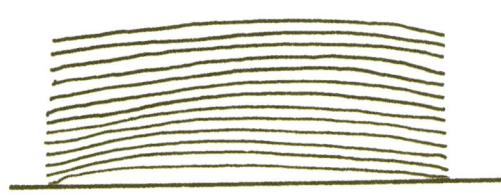

图24-18 薄木堆放

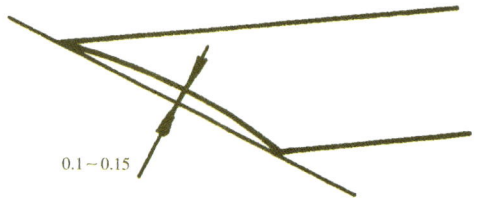

图24-20 旋刀形状

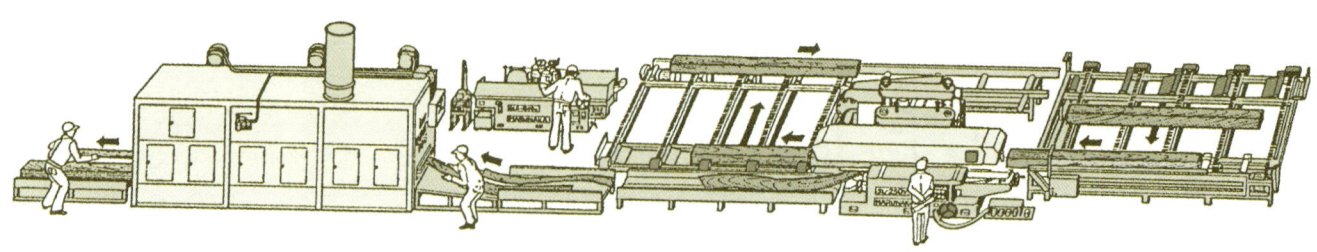

图24-19 刨切机与干燥机连接

研磨角为60°。压尺与旋刀之间的相对位置对旋切薄木质量影响很大,相对位置如图24-21所示。

其相互关系如下:

$$H = (0.9 \sim 0.98)S$$
$$V = (0.2 \sim 0.3)S$$
$$r = \frac{180 - \beta}{2} \text{ 或 } 90°$$

式中：H——压尺至旋刀前面最短距离的水平分量
V——压尺至旋刀前面最短距离的垂直分量
S——薄木名义厚度
β——旋刀研磨角

装刀高度 $h=0$，旋切后角 $\alpha = 1° \sim 2.5°$。

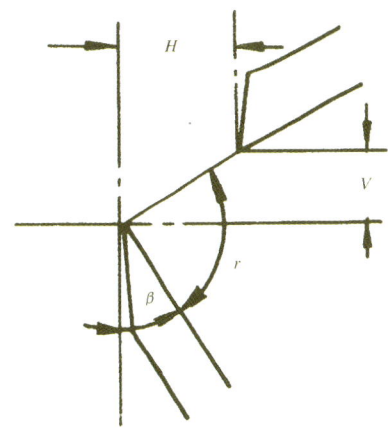

图24-21 旋刀与压尺的相对位置

德国B.S.H公司生产的精密旋切机技术特性如下：

加工原木最大直径(mm)	1000
加工原木最大长度(mm)	加工单板时2700
	加工薄木时2200
加工原木最小长度(mm)	900
木芯最小直径(mm)	加工单板时120
	加工薄木时180
旋刀长度(mm)	2800
厚度范围(mm)	0.05～1.8
厚度公差范围(mm)	±0.03
主轴转速(rpm)	0～240

6. 薄木半圆旋切

半圆旋切是介于刨切与旋切之间的一种旋切薄木的方法。可在普通旋切机上将木方偏心装夹进行旋切，或在专用的半圆旋切机上进行旋切。半圆旋切机示意图如图24-22所示。半圆旋切根据木方夹持位置的不同可制得径向薄木或弦向薄木。如图24-23所示。图中(a)旋切由木方外周开始旋切则得弦向薄木,(b)从木芯开始旋切则得径向薄木。为了连续化生产，要求薄木松面朝上时，可如图24-22所示地将旋刀

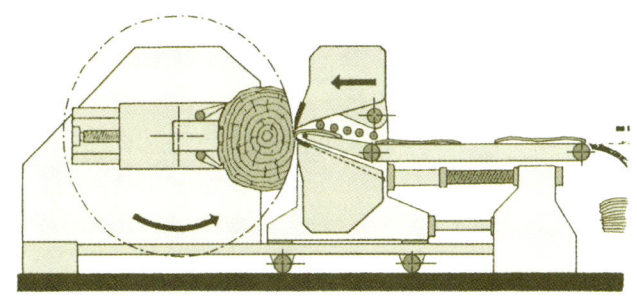

图24-22 半圆旋切机示意图

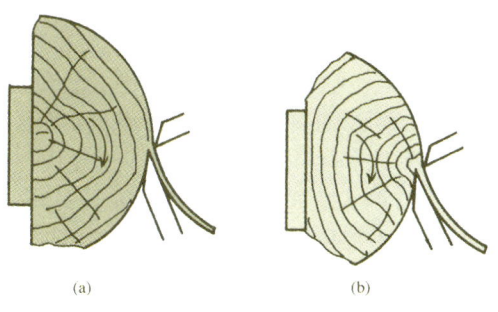

图24-23 半圆旋切

置于上方。木方作逆时针运转。半圆旋切由于木方偏心装夹，卡轴及床身等周期性地受到振动，在非专用的半圆旋切机上旋切时更要注意机床精度的维护和保养。意大利A.克里莫那公司的TR型半圆旋切机的技术参数如下：

最大木方长度(mm)	3300	4000
最大可旋木段直径(mm)	800	800
旋切半径(mm)	900	900
旋刀长度(mm)	3340	4040
旋切速度(次/min)	20～110	20～110
主电动机功率(kW)	132	132
薄木厚度(mm)	0.1～3.3	0.1～3.3
净重(t)	40	42

7. 薄木加工质量

薄木刨切或旋切的加工质量指标主要是厚度偏差、表面光洁度及背面裂隙度。薄木的厚度偏差是指薄木的实际厚度与公称厚度之差，与刨切机本身的精度，刀门调整精度等有关。一般用于薄木加工的刨切机或旋切机的加工精度都为0.025～0.03mm。一般对薄木厚度偏差的要求如表24-5所示。薄木表面光洁度与刨刀的锐利程度、木方的蒸煮程度、压榨率等有关。一般根据目测或手感来判断，不允许存在毛刺沟痕及起毛现象，要求薄木表面光滑不毛糙。背面裂隙是薄

表24-5 薄木厚度偏差

薄木厚度(mm)	≤0.3	0.4～0.6	0.7～1.0	>1.0
厚度偏差(mm)	±0.03	±0.04	±0.06	±0.08

木在旋切或刨切过程中受切削分力的作用使背面受到横纹的拉应力作用而产生的裂纹。背面裂隙是旋切薄木的主要缺陷，刨切薄木背面裂隙比较轻微。

背面裂隙度可用下式表示：

$$背面裂隙度(\%) = \frac{L}{S} \times 100\%$$

式中：L——在薄木厚度方向上的裂隙深度
　　　S——薄木厚度

24.2.1.3 组合薄木的制造

装饰用薄木一般都需用珍贵树种的木材来制造，主要取其木纹的美丽，色彩的悦目、香气的怡人，但珍贵树种木材蓄积量少，近年已近枯竭，供不应求，我国出产极少，一些珍贵树种薄木或木材尚依赖进口。因此需寻找一种代用材料，使其具有珍贵树种的花纹和色彩，而又可用普通木材来制造，组合薄木正是基于这样的设想而开发出来的一种产品。组合薄木是用普通木材的单板经染色，层积胶合后制成木方，再从这种木方上刨切下来的薄木。组合薄木可仿制各种珍贵树种的花纹，可做成弦向薄木或径向薄木，也可做成其他花纹。组合薄木与天然薄木相比有如下优点：

(1) 组合薄木可根据所需尺寸做成宽幅薄木，使贴面工艺大大简化；

(2) 薄木的纹理和色彩可自行设计，不仅可仿制天然薄木，还可创造出天然薄木不可能具有的花纹和色彩；

(3) 可大量生产相同花纹和色彩的薄木，易于满足各种装饰要求；

(4) 原料价格低廉，成本低。

组合薄木的制造工艺流程如下：

木段 → 蒸煮 → 单板旋切 → 单板染色 → 单板干燥 → 配坯 → 胶合 → 刨切(或旋切) → 组合薄木

1. 单板旋切

用来制造组合薄木的木材应具备如下条件：

(1) 纹理不明显，材质均匀；
(2) 密度较小易于切削；
(3) 材色浅，易于染色；
(4) 胶合性能好，涂饰性能好；
(5) 蓄积量多，价格低廉。目前使用较多的树种是杨木与非洲梧桐等树种。软材、新鲜材可不经蒸煮，直接旋切。单板厚度视仿制花纹复杂程度而定，一般为 0.5～1.2mm。

如果某种树种的木材本身已具有比较美丽的花纹，具有一定的装饰价值，就不宜再用这种木材来制造组合薄木，制成的组合薄木的装饰效果也不一定比原来的好。

2. 单板染色

为模仿某种珍贵树种木材的色彩，一般单板都需经过染色。在染色前光要经过配色，以便使新染的颜色与模仿的珍贵树种的颜色一致。配色一般由有经验的技术人员根据新要模仿的颜色选择染料，确定配方，有条件的也可通过电子计算机进行配色。无论哪种方法配色都需进行多次试验，直至满意为止。组成木材的三大主要成分：纤维素、木质素、半纤维素，后者对波长为 400～700 μm 的可见光不吸收，应是白色的，但木质素比较活泼，在阳光照射下易泛黄，因此一般木材均为黄白色。有些木材具有特殊的色彩，这是木材中的浸提物所产生的颜色。浸提物中的酚类及醌类物质常是使木材带特殊色彩的原因。制造组合薄木用的木材一般具有黄白色，比较易于染色。作为木材染色用的染料应具备以下条件：

(1) 耐光性好，在阳光照射下不褪色，坚牢性好；
(2) 透明度高，染色后木理仍很清晰；
(3) 作业性好，染色操作方便；
(4) 能均匀染色；
(5) 不影响涂料涂饰及胶合。

木材常用的染料有直接染料、酸性染料和碱性染料。直接染料虽然价格便宜，染色方便但色彩不鲜明，耐光性差。碱性染料染色力强，色彩鲜明，染料能渗入木材内部，适于木材深层染色但耐光性较差。酸性染料色彩鲜明、耐光性好，染料能渗入木材内部，适于深层染色，但染色力较碱性染料略差。

木材的染色是相当复杂的问题，染色的机理尚不清楚，但可以认为木材染色是染料分子在木材中的扩散，即木材纤维对染料分子的吸附使染料分子固着在木材纤维上的过程。三种染料对木材各组成成份的染色效果各不相同，其对木材主要成份的染色效果如表 24-6 所示。

单板的染色要求整张、全厚度进行染色，而不仅是表面染色。因此要求染料能渗透到木材内部去。染料溶液进入木材内部的途径如图 24-24 所示，染液主要从木材的横断面进

表 24-6 纤维素、半纤维素、木素的染色效果

染料种类	纤维素	半纤维素	木素
直接染料	良好	不太好	几乎不能
酸性染料	不能	不能	良好
碱性染料	难	非常好	非常好

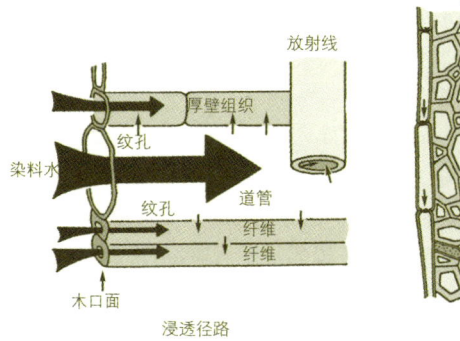

图 24-24 染料渗透途径

入,弦向及径向几乎不能进入。木材中的导管、胞间道、细胞腔、纹孔等都是染液进入木材的通道。在一般木材中这些通道的体积占木材体积的25%～80%,而且染料分子又远比这些通道的直径小,似乎染液进入木材内部不存在什么困难。但是用67种国产酸性染料对意杨、桦木及柳桉单板进行深层染色的结果表明,只有20种染料能对柳桉进行单板全厚度均匀染色,20种染料对意杨单板能进行全厚度均匀染色,7种染料对桦木单板能进行全厚度均匀染色,对三种树种均能均匀染色的染料仅5种。这是因为木材对某些染料的吸附有选择性的缘故。用这类染料染色时,木材对染料的亲和力过大,染料分子被吸附在单板表面通道口而不得进入单板内部,进入木材内部的仅是染液的溶剂(水)。如图24-25中(a)所示。只有选择性吸附比较弱的染料才能随溶剂进入木材内部,如图24-25中(b)所示。试验结果表明:偶氮类的酸性染料对单板深层染色的效果比较好。常用的酸性染料有:酸性嫩黄G、酸性橙Ⅱ(又名酸性金黄Ⅱ)、酸性红G、酸性红B、酸性大红GR、酸性红bB、酸性黑ATT、酸性黑10B、弱酸性绿GS、黑纳粉、黄纳粉等。染色前单板先经漂白处理,染色效果会更好。

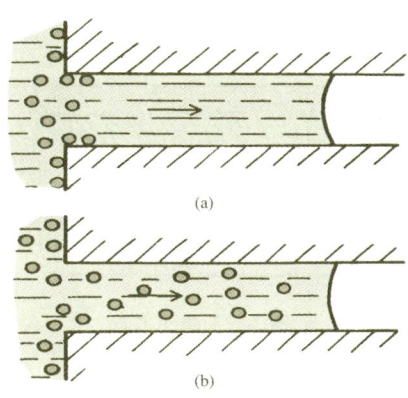

图 24-25 染料的选择性吸附

单板染色的方法有扩散法、减压注入法、减压加压注入法等。扩散法是将单板插入单板架,互相不重叠地浸入染液中,沸染数小时,靠热扩散使染料分子扩散到单板中去的染色方法。单板浸入染液被加热,产生膨胀,各种通道也扩大,尤其是一些原来染料分子通过阻力较大的纹孔膜上的小孔也扩大,减小了染液流通的阻力。另外,染料颗粒在加热情况下,分散,颗粒变小,变得更易通过木材内部的通道。扩散法是最简单、最常用的一种染色方法。

染色的效果与染液的浓度、浴比、沸染的时间有关。一般染液浓度为0.5%～5%,染液浓度大,染的颜色深,但浓度大的染液不易通过木材内部的通道,因此沸染时间应适当加长,否则染色效果反而不好。浴比是单板的体积与染液容积之比,为保证均匀染色一般浴比应小于1:15,并且要经常搅拌染液。沸染时间与单板长度有关,与单板厚度关系不大,一般长度为1～2m的单板沸染时间为1～6h。

强酸性的酸性染料较适于进行单板深层染色。但过低的pH值对单板本身强度及胶黏剂的固化有不利的影响,因此pH值一般取4.5较为合适。

减压注入法是先用5mm水银柱的真空度抽去单板中的水分和空气,然后再将单板放入染液中染色的方法。减压加压注入法是先用真空度抽去单板中的水分和空气,然后再用0.5～0.6MPa的压力将染液注入单板的方法。两种方法比扩散法染色效果好,但需专用染色罐,只有在大量生产时才采用。

盛放染液的染槽要用不锈钢或陶器制造,如用铁制染槽。必须经防锈处理,否则将影响染色效果。

单板染色后要经清水冲洗,然后再干燥至含水率为8%～12%。

3. 单板层积胶合

单板层积胶合时使用的胶黏剂要求有一定的耐水性,胶层固化后要有一定的柔韧性,以免刨切薄木时损伤刀刃。常用的胶黏剂有脲醛树脂胶与聚醋酸乙烯酯乳液胶的混合胶及湿固化型的聚氨酯树脂胶。用脲醛树脂胶与聚醋酸乙烯酯乳液胶主要考虑脲醛树脂胶的耐水性比较好,有一定渗透性,而聚醋酸乙烯酯乳液胶固化后胶膜比较柔软,不伤刨刀。混合胶配比对刨刀磨损的影响如表24-7所示。脲醛树脂胶比例大时胶膜硬而脆,刨刀持续使用率低。综合考虑各方面因素,一般混合胶的配比可取脲醛树脂胶:聚醋酸乙烯酯乳胶=4:6或5:5或6:4较为合适。混合胶使用时要添加固化剂氯化铵,添加量为0.5%左右。为获得所需色彩的木板,在胶黏剂中常需加入少量颜料,使胶层具某种颜色常用的颜料有:锌钡白、钛白粉、炭黑、铁黑、氧化铁红、铅铬黄、氧化铁黄。

采用湿固化型聚氨酯树脂时,染色单板经清洗后凉干即可涂胶胶合,利用单板表面的水份使胶黏剂固化,具体要求可参照集成薄木的制造部分。

使用脲醛树脂胶与聚醋酸乙烯酯乳液混合胶时,单板单面涂胶量为100～200g/m²,单板厚度小,材质致密的可适当少些,而单板厚,材质比较疏松的涂胶量要适当多些。

单板涂胶后,按所需花纹将不同色彩的单板相间,纤维方向平行地层叠配坯,配成一定厚度的板坯。采用冷压胶合,冷压压力为1.0～1.5MPa,冷压时间为24h以上,气温

表 24-7 混合胶配比对刨刀磨损的影响

被刨削材料	刨刀持续使用率(%)
无胶层的椴木	100.0
有UF胶层的椴木	68.8
有UF:PVAc=9:1胶层的椴木	72.5
有UF:PVAc=8:2胶层的椴木	81.3

低时冷压时间应适当加长,气温过低不宜生产。大量生产时可采用高频加热,可大大缩短热压时间,但胶膜较硬。

除压后应将木方四面锯光,最好能粗刨一下,以便装夹在刨切机上刨切薄木。木方的两端头要用聚氯乙烯薄膜封贴,以免刨切成薄木后,水分从薄木的两端散失,造成边部破碎。聚氯乙烯薄膜的增塑剂含量为25%～40%,采用氯丁橡胶胶黏剂封贴。

4. 薄木刨切

由单板胶合组合而成的木方的刨切与普通木方的刨切完全一样,如图24-26所示,可得径切纹理的薄木。使用模具改变木方形状或经多次组合可得到多种多样的花纹。为得到非径切纹理的木纹,模具是关键,模具可根据经验设计,也可通过计算机设计,模具设计得好,压出来的木方经刨切后能得到预期的自然的木纹,且压制过程中单板不破碎。形状复杂的模具一次成型的单板层数不能太多,否则,花纹不会出现。模具一般为钢模具或木模具。

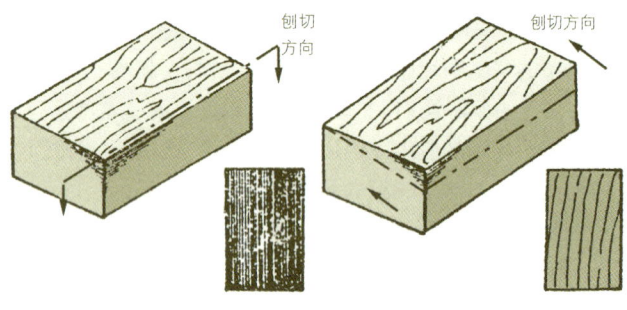

图 24-26 径面纹理薄木的刨切

组合薄木的质量主要从外观质量、单板之间胶层的耐水性、薄木的保色性、薄木与基材的胶合性能等几方面进行鉴定。外观质量主要要求组合薄木的色彩与被仿制的树种的薄木相仿,色彩均匀,薄木表面光滑平整,厚度均匀,无腐朽、虫眼、变色等缺陷。单板之间胶层的胶合强度耐水性及薄木与基材之间胶层的胶合强度耐水性,可通过浸渍剥离试验来鉴定。取75mm×75mm的试件放在(63±3)℃的温水中浸泡3h,然后放在(63±3)℃烘箱中干燥3h,观察每条或每边胶层剥离长度不得超过25mm。保色性主要检验单板染色的牢度,可取150mm×75mm在距400W的水银灯300mm处放置,在水银灯下照射24h,试件色彩与样板无多大差异即可视为合格。也可按GB/T8427-1988标准进行耐人造光色牢度的测定。将试样与一组蓝色羊毛标准一起放在人造光源下按规定条件曝晒,然后将试样与蓝色羊毛标准进行变色对比,评定色牢度。一般应达到4级以上。必要时可检验组合薄木的涂饰性能,应与天然薄木比较无明显差别。

24.2.1.4 集成薄木的制造

利用薄木的木纹可以拼成各种图案。增加美观,提高其使用价值。一般为拼图案需将薄木切成所需尺寸大小,按设计的图案在涂了胶的基材上拼贴。做这项工作需熟练的技术,而且薄木浪费较大。为了根本改革这种复杂的工艺操作,日本、美国等国已研究开发了集成薄木。所谓集成薄木,即先将小木方按照设计图案拼接成集成木方。如图24-27所示。然后再从集成木方上刨下薄木,即为整张拼花薄木,此种薄木就称为集成薄木。

1. 胶黏剂

制造集成薄木的关键在于木方的胶拼。如图24-27所示的集成木方中纹理方向不同的小木方要拼接在一起。木材的各向异性的性质给木方的胶拼带来了很大的困难。已胶拼好的木方会因为各小木方的收缩和膨胀而崩散、翘曲。但是木材的形状、体积的变化仅在含水率低于纤维饱和点时才发生。在纤维饱和点以上含水率的变化并不引起木材的收缩和膨胀。制造集成薄木就是利用了木材的这一特性,在集成木方的拼接、胶合、刨切过程中始终保持木材的含水率在纤维饱和点以上,使各块小木方在集成木方的制造过程中不产生收缩和膨胀。

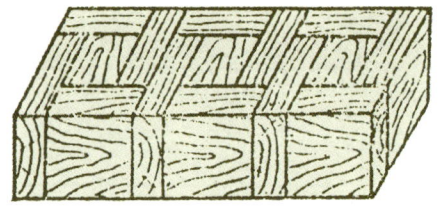

图 24-27 集成木方

由于小木方须在含水率超过纤维饱和点的条件下胶合,而且胶合后的集成木方还须刨切成薄木,对胶黏剂有如下特殊要求:

(1) 能在高含水率条件下胶合木材,并具有一定的胶合强度;

(2) 胶黏剂固化后具有一定的耐水性及耐热性;

(3) 胶黏剂固化后具有一定的柔韧性,刨切时,不伤刨刀;

(4) 常温固化型。

湿固化型的聚氨酯树脂及芳香族酰胺或聚酰胺树脂做固化剂的环氧树脂具备以上条件,可用来胶合集成木方。湿固化型的聚氨酯树脂耐水性、耐热性都很好,并且固化后的胶膜柔软。湿固化型的聚氨酯树脂的固化机理是:聚氨酯树脂中的异氰酸酯基(—NCO)与木材表面的水分起作用,产生氨基甲酸,氨基甲酸进一步起泡化反应,分解成氨基及二氧化碳气。氨基随即与异氰酸酯基起反应产生尿素化合物,尿素化合物再与异氰酸酯基起交联反应,分子量不断增加,形成链状结构的固化物质，其反应式如下：

①加水反应

$$-N=C+H_2O \longrightarrow -N-C-OH$$

异氰酸酯基　　　氨基甲酸

②泡化反应

$$-N-C-OH \longrightarrow -NH_2+CO_2\uparrow$$

③交联反应

$$-NH_2+C=N- \longrightarrow -N-C-N-$$

取代脲

$$-N-C-N+C=N- \longrightarrow -N-C-N-C-N-$$

缩＝脲

日本大鹿振兴株式社会生产的7057、7051型湿固化型聚氨酯树脂胶的技术指标如下：

项 目	7057	7051
外 观	茶褐色黏稠液	淡黄色黏稠液
不挥发分(%)	98～100	79～98
黏度(Pa·s／25℃)	70～130	2～6
凝胶时间(min)	40～60	30～50
异氰酸酯基	甲撑二苯基二异氰酸酯	甲撑二苯基二异氰酸酯
溶剂	—	甲乙酮

2. 集成木方制造

集成木方的整个制造过程及刨制薄木过程中始终要注意保持木材的含水率在纤维饱和点以上，最好在50%以上，以免木方产生干缩而变形。一般小木方的加工及集成木方的胶合等工序应在高湿环境中进行，以免水分的散失，如不具备这样的条件，应注意经常喷水或将小木方浸泡在水中。

（1）备料：根据所设计的集成薄木的图案要求，挑选树种、材色、纹理、材质等，按所需尺寸将小木方配好料。配料时要注意，材性相差太大的树种不宜搭配在一起；易开裂的树种应配置在集成木方的内层，不易开裂的树种配置在外周，以防止刨成薄木后产生裂纹；应选择纹理通直的木材，尽量避免交错纹理及扭曲纹理。配好料的小木方应经蒸煮软化，提高其含水率，然后将拼接面刨光，以使胶接良好。

（2）含水率调整：湿固化型的聚氨酯树脂要靠吸收水分才固化，因此小木方表面的含水率应调整到20%～40%，太湿应抹去多余的水分，太干应喷水。

（3）陈放时间：含水率调整好的木方即可进行涂胶配坯，单面涂胶量为250～300g/m²。陈放时间随气温及胶种的不同而不同，7051及7057胶陈放时间如表24-8所示。

（4）冷压：陈放后木方经冷压胶合。冷压压力为0.5～1.5MPa，加压时间随胶种及气温的不同而不同，7051及7057胶冷时间如表24-9所示。

（5）养生：解除压力后即可进行蒸煮，也可浸泡在水中养生，总之仍然要保持集成木方的含水率在50%以上。

3. 薄木刨切

从集成木方上刨切薄木与一般的薄木刨切相同，只是要保持含水率在50%左右，不能让木方干燥。刨切厚度一般为0.1～0.3mm。薄木刨切后仍要保持高含水率，以免开裂。

用环氧树脂做胶黏剂时，应先将小木方胶拼面刨光，然后再用20号～100号砂纸打磨，使胶拼面成微细的凹凸不平状，以增加接触面。涂胶后，配坯、加压，然后将加压状态下的集成木方(带夹具)进行蒸煮，使胶黏剂固化后，除压，待木方冷却至50℃左右即可进行刨切。

24.2.1.5 染色薄木

为了得到所需色彩的薄木，可将薄木染色或漂白，但这仅仅是色彩上的调整，薄木的质感及纹理不会因为染色或漂白而发生变化，因此如果要仿造某一种珍贵树种的薄木，应选择质感及纹理与该树种相近的的普通树种的薄木通过染色来仿制。

1. 薄木漂白

在浅色流行的时代潮流中，薄木的漂白就很重要了。很多树种心边材颜色不一致。心材深而边材浅。为了使色调统一，可经漂白处理使芯材颜色变浅。薄木经漂白后材色变浅，纹理变得清晰素雅。另外，漂白也可防止由于日晒而造成的变色、青变、霉斑及金属、酸、碱等引起的污染，从而

表24-8　7051及7057胶陈放时间(min)

季 节 胶 种	冬 季	夏 季
7051	10	5
7057	60	40

表24-9　冷压时间

季 节 胶 种	冬 季	夏 季
7051	180min	90min
7057	16h	8h

提高薄木的使用价值。

木材漂白的方法有两种,一种是用有机溶剂将木材中的发色成份浸提出来,这种方法只能使木材的颜色在某种程度上变浅,而不能将发色成份全部浸提出来。另一种方法是利用漂白剂破坏木材中的发色成份中的羰基($-C=O$)及碳原子间的双键结合,以达到浅色效果(使吸收位置向短波方向转移)和淡色效果(使吸收强度减弱)。这种方法比较经济,而且效果较好,所以常用。

木材漂白常用漂白剂如表24-10所示。主要漂白剂的漂白力比较如表24-11所示。表中有效氯及有效氧含量越高,漂白力越强。

为提高漂白效率,加快漂白速度,常需在漂白剂中添加活性剂,使其在酸性条件下或碱性条件下漂白,主要漂白剂添加的活性剂及添加方法如表24-12所示。

有时为充分利用漂白剂。要适当控制其漂白速度,常需在漂白剂中适当加入抑制剂,过氧化氢漂白剂用抑制剂如表24-13所示。

漂白是利用漂白剂的氧化还原作用,漂白剂不同,其漂白机理也不同,即使是用同一种漂白剂,所加助剂(活化剂、抑制剂)、浓度、pH值、漂白时间、漂白液温度不同,漂白效果也不同。要求强烈漂白时可增加活性剂、提高浓度、温度、延长漂白时间或反复漂白。但过度漂白会使木素分解,木材强度降低,使木材失去原有光泽和纹理的鲜明度,色调变得混浊不清。

树种不同,即使采用同一种漂白剂,其漂白效果也有很大差别。如亚氯酸钠对不同树种的漂白效果如下:

漂白效果最好的树种:椴木、楸木、桐木、水青冈、厚朴
漂白效果好的树种:桦木、白蜡木、白柳桉、黄柳桉、花旗松
漂白效果不好的树种:松木、柞木、榉木、连香木、七叶树

不论使用哪一种漂白剂,都是使用的漂白剂的水溶液,因此漂白后薄木水分会增加,必须经干燥,常温下需经24h才能干燥。过氧化氢残留在薄木表面,对涂饰有影响,与聚氨酯树脂反应会引起黄变,对其他涂料也会引起发泡,因此需经水冲洗后再干燥。其他漂白剂残留对涂饰也会产生不利影响,也必须经水洗除去。

氯系漂白剂处理时有有毒的二氧化氯或氯气放出,过氧化氢大量使用也会造成操作人员头发变黄,特别在夏天更易发生。因此这类车间必须注意排气通风。

2. 薄木染色

薄木染色主要是把低级材染成高级材的颜色,以仿制高级材的薄木。在选择制造染色薄木的树种时要注意选择材质与仿制的薄木相近的树种,因为染色只能在色彩上仿制,而木材本身的质感是仿制不了的。例如用柳桉不能仿制榉木,而用楸木或榆木就可能仿制成榉木。

薄木染色属于表面染色,一般采用涂布法或喷涂法进行染色。可采用染料染色或化学染色的方法。染料染色用的染

表24-10 木材用漂白剂、脱色剂

种类		化学名称
氧化漂白剂	无机氯化合物	氯、二氧化氯、次氯酸钙(漂白粉)、次氯酸钠、亚氯酸钠
	有机氯化合物	氯胺B、氯胺J
	无机过氧化物	过氧化氢、过氧化钠、过氧化脲素、过碳酸钠、过硼酸钠
	有机过氧化物	过醋酸、过蚁酸、过氧化苯甲酰、改性甲乙酮过氧化物、t-J基氢过氧化物
	氢化合化物	硼氢化钠
还原漂白剂	含氮化合物	联氨、半脲
	无机硫化合物	次硫酸钠、亚硫酸氢钠、连二亚硫酸漂钠、雕白粉二氢化硫
	有机硫化合物	甲苯磺酸、蛋氨酸、半胱氨酸
	酸类	草酸、次磷酸、抗坏血酸、山梨酸钠
	其他	聚乙二醇、聚乙二醇甲基丙烯酸酯

表24-11 漂白剂及其有效氯有效氧量

漂白剂	有效氯	有效氧
次氯酸钠 NaClO	0.93	0.21
亚氯酸钠 NaClO$_2$	1.57	0.35
二氧化氯 ClO$_2$	2.63	0.59
过氧化钠 Na$_2$O$_2$	0.91	0.21
过氧化氢 H$_2$O$_2$	2.09	0.47
过锰酸钾 KMnO$_4$	1.11	0.23

表24-12 木材漂白的活化剂及添加方法

漂白剂	活性剂及添加方法
过氧化氢	氨水、碳酸氢氨、氢氧化钠、碳酸钠、碳酸氢纳等碱性物质水溶液,调pH至9.5~11,可适当添加乙醇、甲醇
	过氧化氢以1:1比例混入无水醋酸,适当添加草酸,在酸性条件下漂白
	适当添加无水马来酸,适当加入草酸、柠檬酸,在酸性条件下漂白
过碳酸钠 过硼酸钠	可适当添加无水醋酸,在弱酸性条件下漂白
亚氯酸钠	适当添加醋酸、柠檬酸,pH调至3~5
	添加乙基脲素或脲素和次乙基脲素
	添加有机酸、无机酸,或其混合物的铝盐、锌盐、镁盐
	适当添加过氧化氢或过炭酸钠、过硼酸钠,再适当添加脲素
次氯酸钠	适当添加安息香酸水溶液和酞酸水溶液

表24-13 木材漂白剂用抑制剂

漂白剂	抑制剂
过氧化氢	硅酸钠、焦磷酸钠、硫酸镁、乙二胺四醋酸钠、胶态硅

表 24-14 薄木化学染色效果

树种＼着色剂	木醋酸铁 10%	硫酸铁 15%	重铬酸钾 15%	苏木、重铬酸钾 3%	棕儿苯15% 硫酸铁15%	氯化二铁 10%	过锰酸钾 1%
樱桃木	淡茶	淡茶	茶黄	茶黑	茶灰		
白蜡木	灰白	黄白	茶黄	黄黑	茶灰	茶黄	茶白
楸木	灰白	灰白	茶黄	黄黑	茶灰	茶黄	茶白
厚朴	灰白	灰白	淡茶	黑紫	茶灰	灰白	茶白
柞木	兰黑	黄	茶	黑紫	兰黑	兰黑	淡茶
榉木	茶黄	茶	茶黄	茶黑	茶灰	茶紫	茶黄
樟木	灰青	茶绿	茶黄	茶黄	茶灰	茶青	淡茶
七叶树	灰青	灰青	茶黄	茶紫	茶灰	茶青	茶
槭树	灰青	灰青	茶	茶黑	茶灰	青灰	茶白
泡桐	灰青	灰青	黄白	黑紫	茶灰	青灰	茶灰
胡桃木	兰黑	兰黑	茶	兰黑	茶黑	兰黑	茶灰
红柳桉	茶灰	茶灰	茶	黑紫	茶紫	茶灰	茶紫
白柳桉	黄白	黄白	茶黄	黑	茶白	灰白	淡茶

料有酸性染料、碱性染料和直接染料。化学染色是利用一些含金属离子的化合物与木材中的单宁等起化学反应后使木材染色。化学染色效果随木材中含有的单宁的含量的不同而不同，因此用一种化学药品对不同树种的染色效果都不相同。常用的化学药品对各种树种的薄木的染色效果如表24-14所示。另外由于心边材含单宁量不同，因此同一种化学药品对同一种树种的心边材的染色效果也不一样。

24.2.1.6 复合薄木

薄木厚度小于0.3mm时横纹强度很弱，在贴面及搬运过程中极易破碎，但如利用纸张、无纺布等与薄木复合后，不仅可增加薄木的强度、韧性、可挠曲性，还可赋予阻燃性能等优良特性，并且可直接作为商品出售。复合薄木可分为薄木卷材及薄木片材，薄木卷材由旋切薄木与纸张、无纺布、塑料薄膜等柔性材料复合而成，薄木片材由刨切薄木与铝

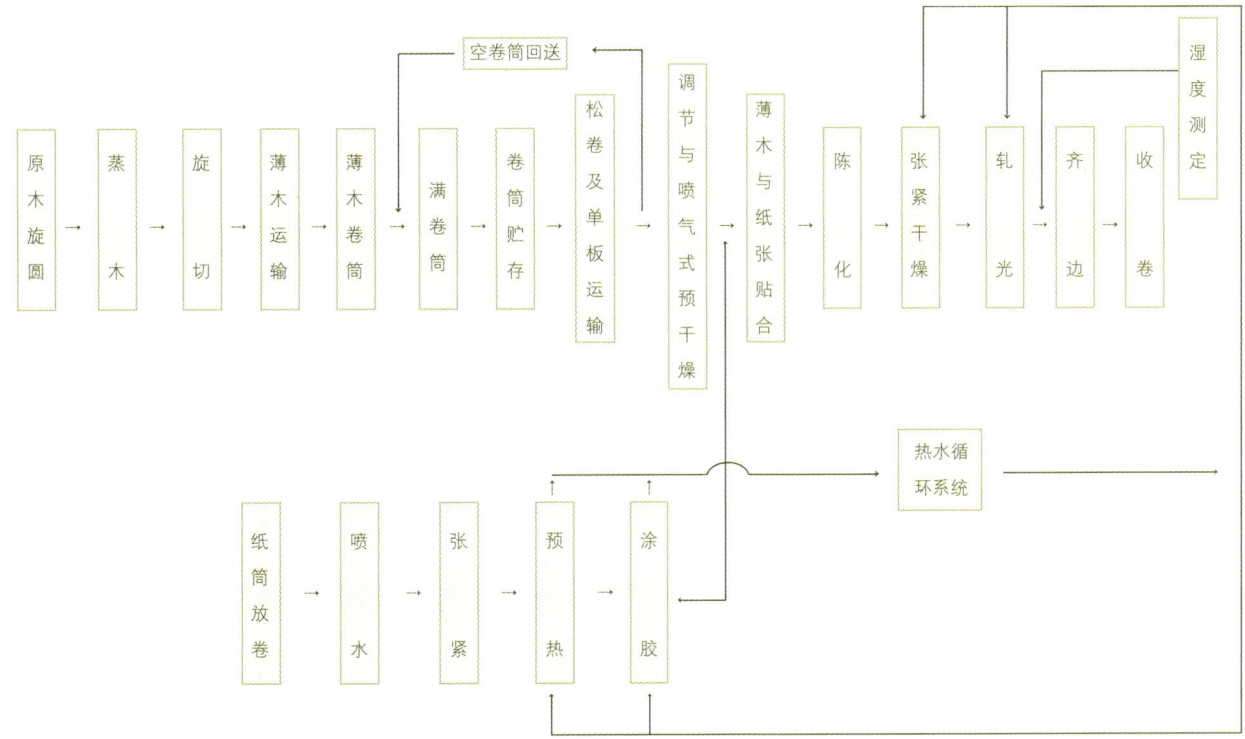

图 24-28 湿法生产薄木卷材工艺流程

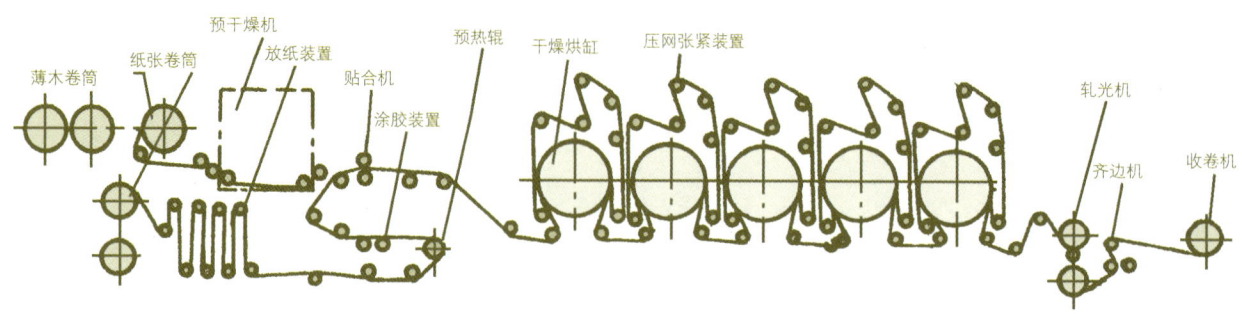

图 24-29 薄木与纸张贴合部分工作原理

箔、纸张等柔性材料复合而成。

1. 薄木卷材

薄木卷材是把旋切制得的连续带状薄木贴在柔韧的纸质或无纺布的基材上制成的可捲成卷的薄木。薄木厚度一般小于0.3mm，复合后薄木卷材厚度一般为0.3～0.5mm。薄木卷材在制造过程中无需拼接等工序，因此适于连续化、自动化生产。这类薄木可作为建筑物室内壁面装饰、车厢内部装饰及家具、乐器等装饰用。

用作基材的纸张要求具有一定的抗拉强度；对胶黏剂要有一定的吸收性能，以便胶黏剂渗入纸纤维中去，防止纸质基材产生层间剥离；要具有一定的柔韧性，适于捲卷，并能缓冲薄木随湿度变化而产生的收缩和膨胀，防止薄木开裂。一般可使用 40～50g/m² 的印刷纸原纸。

薄木与纸张或无纺布等的贴合一般有两种方法，即干法和湿法。干法需将薄木先进行干燥，然后再与涂有热熔性胶的纸卷或无纺布卷加热加压复合。湿法薄木不经干燥或稍经干燥再与涂有热固性树脂胶的纸张、无纺布加热、加压复合。干法复合时薄木含水率变化比较少，薄木表面不易产生裂纹，但纸张涂热熔性胶黏剂设备较为复杂。湿法复合时薄木含水率变化比较大，工艺条件掌握不好，薄木表面易产生裂纹，但工艺简单。

湿法所使用的胶黏剂要求在含水率较高的情况下胶合而不产生透胶；胶膜要具有一定的柔韧性，能随薄木卷曲。能缓冲薄木的干缩和湿胀。胶黏剂可采用脲醛胶、聚乙烯醇缩甲醛或聚乙烯醇与聚醋酸乙烯酯乳液的混合胶。加入聚醋酸乙烯酯乳液主要为防止透胶及使胶膜柔软。

脲醛胶：聚乙烯醇缩甲醛与聚醋酸乙烯酯乳液混合胶的配比为：

脲醛胶：聚乙烯醇缩甲醛：聚醋酸乙烯酯乳液 = 5：5 或 6：4

聚乙烯醇（10%～15%）与聚醋酸乙烯酯乳液混合胶的配比为：

聚乙烯醇：聚醋酸乙烯酯乳液 = 5：5 或 6：4

湿法生产的工艺流程如图24-28所示，薄木与纸张贴合部分工作原理如图24-29所示。

用来制造复合薄木的旋切薄木应在精密旋切机上旋制，并且木段在蒸煮前先经一台专用旋切机旋圆，旋圆后木段即进行蒸煮、旋切和薄木捲卷。旋切机的旋切精度一般要求为 ±0.02～0.03mm。为使薄木在贴合时正面朝上，需将薄木卷在水平面内旋转180°后再放卷。薄木放卷速度应与贴合速度同步，并能根据薄木树种的不同进行微调，以适应其干缩程度的差异。如图24-29所示薄木放卷后进入网带进料的喷气式干燥机进行预干燥。机内温度为40～100℃，可随机速的提高而提高。干燥后薄木含水率为40%～50%。

纸卷的放卷速度应与薄木卷放卷速度相适应，纸卷可沿其轴线方向移动，以调整与薄木贴合后两边所留的余量。纸张在与薄木贴合时应平稳不起皱，并具有一定的含水率，以便与薄木贴合后与薄木有大致相同的干缩率。因此在纸卷放卷后即进行喷水处理，提高纸张的含水率，喷水量约为10～20g/m²，然后经过一组辊筒与弯背辊组成的张紧装置将润湿的纸张展平。纸张展平后包复在直径为500mm的预热缸上进行预热，使纸张变得平整，并调整其含水率。预热辊温度为100～150℃。熨平后的纸张通过辊筒涂胶机进行涂胶，胶槽内设有电加热水套。以调节和保持一定的胶液温度。

薄木和纸张复合后经辊压机使二者贴合。辊压线压力为10～100N/cm，线压力可调。薄木与纸张贴合后经五个直径为1500mm的镀铬干燥缸进行加热，使胶黏剂固化，薄木与纸张牢固胶合；并把复合薄木干燥至规定的含水率。最终含水率要求为8%～10%。干燥缸设有防止薄木跑偏的装置。干燥缸的热源由热水循环系统提供。干燥后的复合薄木经一对轧光辊轧光，使薄木表面平整光洁。轧光辊线压力为400～600N/cm。齐边采用无齿圆锯，齐边后将复合薄木成卷。

薄木卷比较容易产生的缺陷是透胶和薄木表面产生裂纹。适当加大聚醋酸乙烯酯乳液胶的比例有利于防止透胶，也可在混合胶中加一些填料，如面粉，以增加胶的稠度。薄木表面产生裂纹时首先应控制薄木厚度不能超过0.3mm，使用的纸张要与薄木的厚度、干缩等相适应，能随薄木的收缩而收缩、膨胀而膨胀。太厚的纸不能补偿薄木的干缩，薄木易开裂，但太薄的纸，强度太低。胶黏剂要有足够的柔韧性，胶黏剂脆性太大，薄木易产生裂纹。

2. 薄木片材

薄木与纸张、铝箔、PVC薄膜等复合后具有阻燃的性能可用于壁面装饰。薄木一般为刨切薄木，厚0.2mm，铝箔传热快，使热量不易积聚从而起到难燃阻燃的作用。这种复合薄木片材是先将薄木与25～30g/m²的衬纸通过热压复合，然后再与由铝箔、PVC薄膜、牛皮纸复合的复合纸通过热压复合在一起。薄木表面可经砂光后进行涂饰处理。薄木与衬纸的复合采用多层压机复合，每间隔可放入10张复合薄木的板坯。复合前纸张经涂胶、干燥后成卷，再经剪切与薄木复合。复合薄木片材的复合工艺过程如下所示：

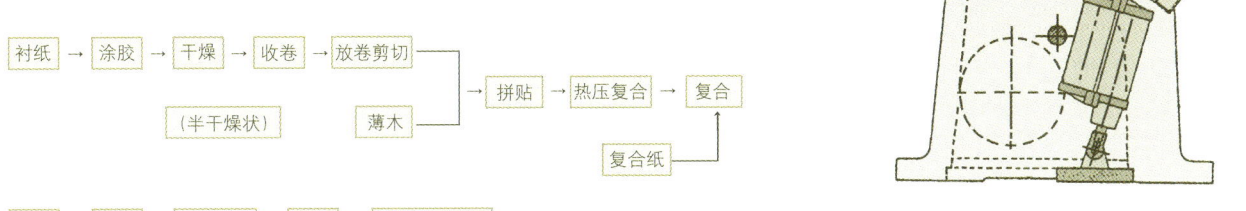

24.2.2 薄木的干燥

薄木的干燥一般采用单板干燥的方法，即采用网带进料或辊筒进料的喷气式干燥机或纵向循环式干燥机。网带进料干燥机薄木横向送进，可与立式或卧式横向刨切机配合使用，中间用传送装置连接可进行连续化作业。辊筒进料干燥机，薄木纵向进给，可与纵向刨切机联合使用，形成流水线。见图24-19。

薄木的干燥工艺条件随薄木厚度的不同而不同。一般厚度较大的薄木(0.6～1mm)的性质与单板相近，可采用单板干燥基准，干燥温度可稍高，可采用100～150℃的干燥温度。最终含水率可控制在8%～12%，但微薄木(0.2～0.3mm)的干燥温度不宜超过100℃，干燥后薄木的含水率应控制在20%～30%。因为薄木厚度小，横纹强度低，干燥温度太高，薄木收缩剧烈易造成薄木开裂。另外薄木含水率较低时极易破碎、开裂，而维持较高的含水率可使薄木具一定的弹塑性，且不易翘曲，易于贴面。但含水率过高，在热压过程中薄木含水率变化剧烈，易引起开裂，因此在满足要求的条件下应尽量减小含水率。

使用刨花板做基材时，薄木含水率不宜大于10%，过大的含水率，将使刨花板表面含水率过高，表面刨花吸湿膨胀而变得高低不平，影响贴面后装饰效果。

在日本、东南亚一些国家和我国，为了简化工序，降低成本，胶合板贴面用0.2～0.3mm的薄木已不经过干燥工序，直接贴面。未经干燥的薄木在保存期间应注意防止水分散失和防霉。因此冬天要用塑料薄膜密封，夏天要放入冷库保存。一般不宜长期存放，在生产中随刨随贴。薄木外销时要注意含水率保持在20%～30%，经防霉处理后用塑料薄膜密封、捆扎。

24.2.3 薄木的胶拼

刨切薄木的宽度一般都比较窄，使用时尚需进行胶拼。胶拼前应先用重型铡刀将层叠后的薄木边铡齐，因薄木边部铡齐后要对拼，因此要求薄木边部铡后平直无毛刺。意大利ANGELO-CREMONA & FIGLIO 公司生产的重型铡刀的性能如表2-15所示。重型铡刀的示意图如图24-30所示。

薄木胶拼可在贴面前进行也可在贴面中进行，厚度小于0.4mm的薄木，横纹强度较弱，含水率又高，不宜先拼后贴，一般采用边拼边贴的方法，边拼边贴有三种做法，一是将需拼接的薄木粘贴在涂过胶的基材上，使拼缝处重叠在一起，用刀将二层薄木沿拼缝割开，然后将多余的二条边条除去，这种方法拼缝严密，但效率较低，也可采用机械化割刀以提高效率。第二种方法是直接在涂过胶的基材上对拼贴，这种方法要求薄木边部平直，对拼时薄木宽度上留有适当收缩余量，即宽度上不能绷紧，以免拼缝干燥后张开，因此需有丰富的操作经验，技术性比较高。第三种方法是拼贴时薄木重

图 24-30 重型铡刀示意图

表 24-15 TM型重铡刀技术特性

	28型	36型	41型	47型	52型
最大剪切长度(mm)	2800	3600	4100	4700	5200
刀长(mm)	2820	3660	4140	4740	5220
每分钟剪切次数(次/min)	25	25	25	25	25
铡刀距工作台台面距离(mm)	170	170	170	170	170
自动刹车马达(hP)	6	6	6	6	6
净重(kg)	3360	3840	4150	4520	4820
顺纤维剪切最大厚度(mm)	80	80	80	80	80
横纤维剪切最大厚度(mm)	50	50	50	50	50

叠约1mm作为宽度上的收缩余量，多余部分贴面后砂光时除去，这种方法拼缝不直，砂光时易造成缺陷，但操作简单。

厚度大于0.4mm的薄木一般采用先拼后贴的工艺，各种胶拼机的适用范围如表24-16所示。无带胶拼机(纵向进料)及横向进料胶拼机一般用于胶合板芯板的胶拼，对于微薄木和翘曲的薄木拼接效果不佳，只适于厚薄木的胶拼。

有带胶拼机是在无带胶拼机无法拼接微薄木的情况下采用的，胶纸带贴在薄木表面，待砂光时砂去。

热熔树脂线横拼机是用外周包有热熔胶的玻璃纤维代替胶纸带，将两张薄木粘连在一起，热熔胶系的粘接方式可以是点状的也可以是犬牙状的，如图24-31所示。犬牙状胶的Kuper胶拼机的技术特性如表24-17所示。这种胶拼机目前广泛用于胶合板表板的胶拼及薄木胶拼。

薄木宽度方向的胶拼可借助胶拼机，但拼接各种花纹图案往往还是采用手工作业，直接在涂过胶的基材上边拼边贴。拼接图案花纹常采用径切薄木，典型的拼花图案如图24-32所示。拼贴时应注意：①胶黏剂初粘性要好，以免图案拼好后因错动而搞坏；②拼贴薄木时在拼缝处应尽量将薄木挤紧，而薄木本身在宽度上要放松不能绷紧，以便留有适当的收缩余量；③薄木含水率要均匀。胶拼时为防止薄木片错动可用胶纸带暂时固定，待热压后砂光除去。

24.2.4 基材准备

胶合板、刨花板、HDF、MDF均可作为薄木贴面的基材，但0.4mm以下的微薄木一般不适于在刨花板上贴面，因刨花板表面虽经砂光，但经涂胶后表面便变得凹凸不平，微薄木遮盖性差，一般需用0.6mm以上薄木进行贴面。

基材的缺陷很容易在贴面后影响表面质量，因此对基材应进行严格的挑选。一般要求基材含水率均匀，在8%～10%范围内；基材厚度要均匀，厚度偏差不能大于±0.2mm；表面平滑，质地均匀；结构对称，不翘曲；表面无孔洞、压痕、叠离芯等影响贴面后表面质量的缺陷存在。外购或存放时间较长的基材，尽管出厂前已经过砂光，但在贴面前仍应进行精细砂光，砂带为120号～240号。

砂光是基材准备必不可少的工序，砂光的目的有：①调整基材厚度，使厚度偏差不大于±0.2mm；②砂去表面的薄弱层，刨花板、HDF、MDF表层密度低，贴面后易剥离，因此要砂去。湿法纤维板表面有石蜡层影响胶合强度应砂去；③得到平滑的表面；④砂去基材表面的各种污染，提高表面的化学活性，以利于贴面。人造板砂光属大面积砂光，一般采用宽带式砂光机进行砂光处理。荷兰SANDINGMASTER砂光机的技术参数如表24-18所示。

当胶合板基材颜色深浅不一致，或颜色较深，而贴面薄木的厚度薄而颜色浅时，贴面后基材的颜色会透出表面，因此胶合板基材在贴面前应先涂布隐蔽剂，以使基材颜色均匀，并不透出表面。隐蔽剂以体质颜料(石膏粉、滑石粉等)、

表24-16 各种胶拼机的适用范围

胶拼机类型	适用薄木厚度
有带胶拼机(纵向进料)	厚薄木，微薄木
横向进料胶拼机	厚薄木(拼缝处涂胶)
无带胶拼机(纵向进料)	厚薄木(拼缝处涂胶)
热熔树脂细横拼机	微薄木(热熔胶点状或犬牙状粘接)

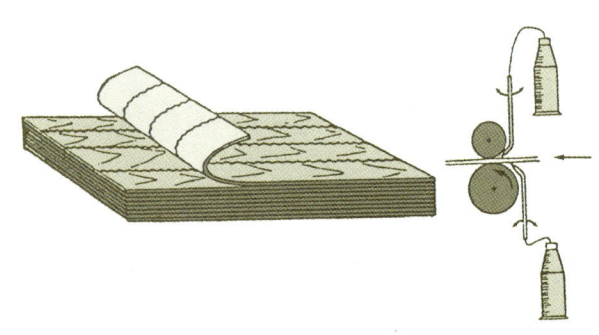

图24-31 FW拼缝机拼接的薄木

表24-17 FW拼缝机技术参数

技术参数	FW1150	FW1700
薄木厚度(mm)	0.3～3	0.3～3
弯臂深度(mm)	1150	1700
进料速度(m/min)	10～30	10～30
制动马达功率(kW)	0.55	0.55
总功率(kW)	1.5	1.5
电压(V，Hz)	380，50	380，50
净重(kg)	525	730

图24-32 薄木拼花图案

表 24-18 SANDINGMASTER 砂光机技术参数

技术参数	SCS-1100	SCSB-1300
加工宽度(mm)	1100	1300
最大加工厚度(mm)	150	150
进料速度(m/min)	7+14	7+14
第一主马达功率(kW)	15	18.5
第二主马达功率(kW)	11	15
净重(kg)	2500	3100
安装尺寸(m³)	9	11

水、着色颜料为主，搅拌、研磨成浆料，采用辊涂方式涂布。为增加隐蔽剂与基材的粘着力，可适当添加聚醋酸乙烯酯乳液或脲醛树脂胶、聚乙烯醇缩甲醛等胶黏剂。

如采用贴纸方式则兼具隐蔽剂及防止开裂的功能。

24.2.5 贴面用胶黏剂

薄木厚度大于0.5mm时一般可采用脲醛树脂胶贴面，但当薄木厚度为0.1～0.3mm。而且薄木不经干燥直接贴面时，就需采用脲醛树脂胶与聚醋酸乙烯酯乳液胶的混合胶。混合胶的配比对薄木贴面后的质量有很大影响，配比选择不当易造成缺陷。考虑混合胶配比时应顾及如下因子：

1. 透胶

薄木不经干燥贴面时含水率过高，水溶性胶黏剂易过份地渗透到导管等空隙中去而造成透胶，影响表面质量，造成缺胶，使胶合强度下降。薄木未经干燥、贴面时含水率在60%以上，如单独使用渗透性强的水溶性脲醛树脂胶，胶黏剂易透出薄木和渗入基材，造成透胶和缺胶；如薄木的导管越粗大，则透胶就越严重，为防止透胶就必须使用黏度很大的胶黏剂。在脲醛树脂胶中混入一些热塑性的、具有分子量大而不溶于水的聚合物粒子的聚醋酸乙烯酯乳液，可增加胶黏剂的黏度，降低其渗透性。再添加一些面粉作填充剂也有增加黏度防止透胶的作用。一般在混合胶中当聚醋酸乙烯酯乳液加面粉的比例大于脲醛树脂胶时就可防止透胶，比例的大小可根据薄木导管的大小作适当调整。

2. 薄木错动

薄木贴面时，宽度上要拼贴或需拼出某种花纹图案。一般是在基材上涂好胶后将薄木拼贴上去，然后经热压使薄木与基材牢固结合。但薄木贴面后在搬运及送进压机时不能错动，否则拼缝将重叠或张开影响质量，因此要求胶黏剂具有较好的初粘性。脲醛树脂胶与聚醋酸乙烯酯乳液的初粘性都较差。但如在混合胶中加入一定量的面粉却能提高胶黏剂的初粘性。因为面粉中含有的谷蛋白能与脲醛树脂胶中的甲醛或羟甲基起反应生成一种粘性极大的物质。使混合胶的初粘性大大提高。当薄木材质较硬或贴面时不平伏应提高脲醛树脂胶与面粉的比例，以提高胶黏剂的初粘性，使操作易于进行。

3. 表面裂纹

薄木湿状贴面经热压后及使用中易产生裂纹。主要是由于薄木在热压过程中干缩使薄木在贴到基材上后受到横纹拉应力造成的。材质较硬的树种，如水曲柳、柞木等应力大，易开裂。但如胶黏剂有很好的耐水性及胶合强度足以克服此应力，薄木就不易产生裂纹。因此对易开裂的树种，应增加脲醛树脂胶的配比，以提高胶层的耐水性及胶合强度。

4. 拼缝不严

薄木贴面后往往出现拼缝不严或使用中拼缝逐渐张开的现象。当然这与贴面时操作技术有关，但薄木贴面后横纹总受到拉应力的作用，如胶层耐蠕变性能差，在此应力作用下拼缝终将张开，为此应在胶黏剂中加大耐蠕变性能好的脲醛树脂胶而减少耐蠕变性能差的聚醋酸乙烯酯孔液胶的比例。

5. 变形

薄木贴面一般仅表面贴面而背面不贴，形成了不对称结构，使得板子在气候变化时易产生变形。但如胶层的弹塑性好，则能补偿部分应力，减小或避免变形。脲醛树脂胶固化后胶膜硬而脆无补偿能力，但混入聚醋酸乙烯酯乳液后胶膜柔软性增加，具有一定的弹性和塑性，可减缓或避免板的变形。冬季气温低，薄木贴面人造板更易变形，因此冬季应适当增加聚醋酸乙烯酯乳液的比例。

6. 胶合强度

薄木贴面人造板虽然一般在室内使用，但也要求胶层具有一定的胶合强度、耐水性及耐久性。脲醛树脂胶胶合强度高、耐水性好但耐久性差，而聚醋酸乙烯酯乳液正好相反，其耐水性很差，胶合强度亦较低，但耐久性好。混合胶的配比对胶合强度的影响如图24-33所示，胶合强度随脲醛树脂

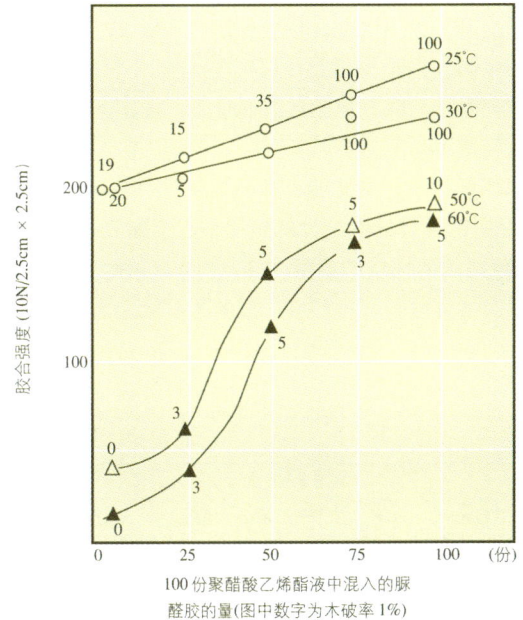

图 24-33 配比与胶合强度的关系

(被胶合材料为柳桉胶合板)

表 24-19 混合胶配比对老化性能的影响

配比 胶合强度	胶合后强度 (kg/cm²)	一年后强度 (kg/cm²)	二年后强度 (kg/cm²)	二年后强度保持率 (%)
UF	11.72(98)	7.98(51)	7.17(50)	61.2
UF : PVAc = 9 : 1	10.35(98.8)	8.4(88)	8.01(77)	77.4
UF : PVAc = 7 : 3	10.58(98)	8.11(83)	8.5(79)	80.3
UF : PVAc = 5 : 5	10.19(99)	9.20(82)	8.68(75)	85.2

注：干状压剪强度，括号中数字为木破率

胶比例增加而增大，温度高时随脲醛树脂胶比例的增加其胶合强度的提高更大，这是因为脲醛树脂胶耐热性较好的缘故。混合胶配比对胶层耐老化性能的影响如表24-19所示。在二者各占50%时两年后胶合强度的保持率可达85.2%。

综上所述，脲醛树脂胶与聚醋酸乙烯酯乳液胶的混合胶的配比对薄木贴面的表面质量、胶合强度、使用寿命等都有影响。一般综合考虑后混合胶的配比可取：

$$UF : PVAc = 1 : 0.2 \sim 5$$

其中 UF : PVAc = 1 : 1 较为常用。面粉的添加量一般为 10%～20%，另外要添加一些与薄木色调一致的颜料，以便在出现透胶时加以弥补。混合胶仍需使用固化剂，添加固化剂可提高混合胶的耐水性、耐热性和胶合强度。因为聚醋酸乙烯酯乳液的pH值为4～6，带酸性，所以固化剂氯化铵的加量通常为0.5%左右。表24-20所示为固化剂添加量对胶合强度及表面裂纹的影响。从表中可看到固化剂添加后胶合强度明显提高，表面裂纹也明显减少。

桐木由于含有较多的抽提物，根据有关研究报告，抽提物pH值越低越容易变色，因此桐木薄木贴面采用聚醋酸乙烯酯乳液胶易引起变色，采用脲醛树脂时固化剂含量大时也易引起变色，一般固化剂含量应控制在0.5%以下。

脲醛树脂胶推荐使用胶合板用脱水胶，市售的聚醋酸乙烯酯乳液胶需经与脲醛树脂胶混合试验，混合物均匀，无起渣现象方可使用。

除脲醛树脂与聚醋酸乙烯酯乳液胶的混合胶外，尚可使用 N- 羟甲基丙烯酰胺改性的聚醋酸乙烯酯乳液——醋酸乙烯 -N- 羟甲基丙烯酰胺共聚乳液。其胶膜的耐水性、耐热性、耐蠕变性及胶合强度均优于聚醋酸乙烯酯乳液。

用薄木进行复杂的拼花，可采用热熔性胶贴面，基材上先涂热熔胶待其冷却后再按设计花样用熨斗加热将薄木逐张贴上去。

胶黏剂在基材上的涂布一般采用图24-34所示三辊式涂胶机进行单面涂布。

涂胶量为120～150g/m²。胶黏剂应黏度大，含水份尽量少。涂胶辊最好为不带沟槽的橡胶辊，以保证涂胶均匀及少量涂布。

24.2.6 热压贴面

厚度在0.4mm以上的薄木在贴面前必须进行干燥，此工艺称为干贴法，厚度为0.4mm及小于0.4mm的薄木可不经干燥直接进行贴面。此工艺称为湿贴法。不论薄木贴面前是否经过干燥，薄木贴面一般都需经热压贴面。

贴面使用的热压机可以是单层的，也可以是多层的。德国 BUERKLE(贝高)公司生产的ODW 型短周期连续进给热

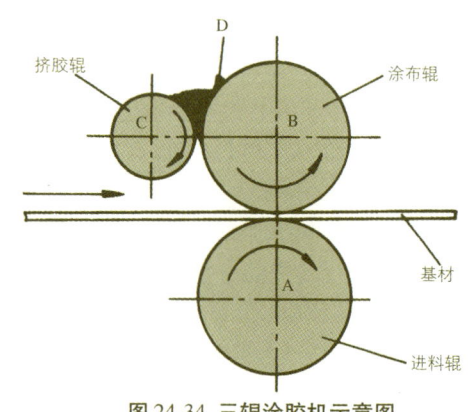

图 24-34 三辊涂胶机示意图

表 24-20 添加固化剂对胶合强度及表面裂纹的影响

序号	混合胶配比					剥离试验				表面裂纹试验			
	PVAc	UF	NH₄Cl	面粉	水	常态	耐温水	耐热水	耐候	常态	耐温水	耐热水	耐候
1	100	30	—	20	10	○	○	△	○	□	○	○	□
2	100	30	0.3	20	10	○	○	○	○	○	○	□	□
3	100	50	—	20	10	○	○	△	○	○	○	□	□
4	100	50	0.5	20	10	○	○	○	○	○	○	○	□

注：○胶合状态非常好，无表面裂纹；△胶合状态稍差，表面裂纹多；□胶合状态良好，有若干表面裂纹

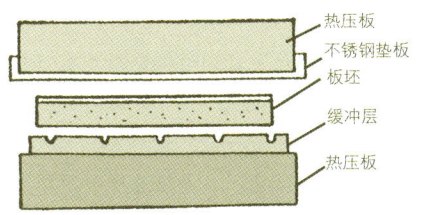

图 24-35 板坯在热压机间隔中的配置

表 24-21 热压工艺条件(湿贴法)

工艺条件 \ 胶种	脲醛树脂胶与聚醋酸乙烯酯乳液胶的混合胶	醋酸乙烯-N-羟甲基丙烯酰胺其聚乳液
温度(℃)	115	60
压力(MPa)	0.7	0.8
时间(min)	1	2

注：基材为3mm厚胶合板或3mm厚中密度纤维板

压机生产线,由气动进料装置将基材推入刷光除尘机再经辊台输送机送入涂胶机,经涂胶后的基材送至贴面台,在此将薄木铺贴到基材上,然后由输送带送入压机热压贴面,贴面后将板坯送出压机并送至堆垛垛进行堆垛。

大量生产时需采用多层压机,但因热压周期短,层数不宜超过15层,一般在10层以下。热压机需带有进出料装置。

贴面用热压机除要求其热压板有很高的厚度精度和表面光洁度外,为使板坯各部分受压均匀,在各层间隔内应固定一层缓冲层。缓冲层应具有耐热性及弹性,一般可用10mm厚的耐热橡胶或夹布橡胶板制成,也可用铜丝编织而成的缓冲垫。为保证板坯表面光泽均匀,上压板上应覆一层不锈钢抛光垫板,厚度为2~3mm。板坯在热压机间隔中的配置情况如图24-35所示。为防止粘板,不锈钢板表面应喷涂脱模剂聚四氟乙烯或常用乳化硅油脱模剂涂刷。每月用100倍水稀释的稀盐酸清洗一次。

薄木湿贴的工艺流程如下：

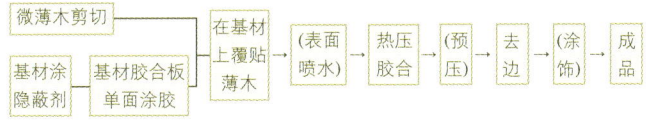

在热压前,夏天气温高薄木中水分易散失造成拼缝张开,板坯进入压机后,闭合前,水分的散失也极快,因此一般要喷些水或5%~10%的甲醛水溶液。冬天气温低,水分蒸发慢可不喷水或少喷水。

热压工艺与基材、薄木厚度、树种、胶黏剂等有关。一般热压温度主要考虑胶黏剂固化所需温度,脲醛树脂胶及脲醛树脂胶与聚醋酸乙烯酯混合胶的固化温度一般为105~120℃,醋酸乙烯-N-羟甲基丙烯酰胺共聚乳液胶的固化温度为60~80℃,过高的温度,加速了薄木中水分的排出,使薄木收缩先于胶黏剂的固化,而易造成薄木开裂、拼缝张开等缺陷。因此薄木贴面不宜采用高温。热压时施加压力主要是为了保证薄木与基材的紧密接触。排除胶层中的气体及水蒸气,保证薄木与基材的良好胶合。过大的压力加速了胶黏剂向薄木及基材的渗透易造成透胶或缺胶,固此在保证达到加压目的的前提下应尽量降低压力,一般取0.7~1.2MPa为宜,前者用于微薄木,后者用于厚薄木。热压时间是指压机热压板闭合后升至规定压力开始至卸压前这段保压的时间。热压时间

与胶黏剂的固化速度、热压温度、薄木厚度、基材等因素有关。薄木贴面仅需保证胶层的温度达到所要求的温度,而不必考虑整个基材加热,因此热压时间一般都较短。以中林-64号脲醛树脂胶与聚醋酸乙烯乳液胶的混合胶为例,在胶合板基材上贴0.2~0.3mm的湿薄木时。热压时间仅需1min。板坯热压前也可先经预压。

湿贴法热压工艺条件如表24-21所示。

热压后为防止表面污染,可随即用2%草酸水溶液喷洗表面,喷洗后将板坯穿过一对辊子挤去表面水份,板坯表面靠热压机余热即可干燥。

板边多余的单板可用60号砂带砂去或用刀割去。

如板面发现有裂纹、虫孔、节孔等轻微的缺陷可用腻子进行嵌补,腻子一般可用聚醋酸乙烯酯乳液加木粉与颜料调制而成,其色彩应与被补薄木一致。

薄木湿贴工艺常用于胶合板基材,刨花板及纤维板基材最好采用干贴工艺,贴面用薄木最好采用0.5mm以上。因刨花板及纤维板表面刨花及纤维经涂胶后,吸收胶黏剂中水分,表面刨花及纤维膨胀而变得如橘皮状粗糙不平,0.5mm以下的薄木难以遮盖此不平度。厚的刨花板及中密度纤维板,需双面贴面。薄木干贴工艺流程如下：

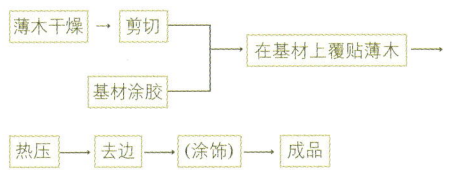

采用0.6~1mm厚的薄木进行干贴时的热压工艺条件如下：

热压温度(℃)   110~120
热压压力(MPa)   0.8~1.2
热压时间(min)   2~5

温度较高时,热压时间应相应缩短;热压温度较低时,热压时间应相应延长。一般热压温度为110~120℃时.热压时间为2~5min；热压温度为130~140℃时,热压时间为2~4min。

24.2.7 表面涂饰

为防止薄木污染及开裂,并使薄木纹理及色彩更加清晰

美观,薄木贴面后需进行涂饰处理。一般作墙面装修的贴面板最好先涂饰后装修。用作家具制造的可制成家具后再涂饰。

薄木贴面后一般采用透明涂饰,涂料采用氨基醇酸树脂、聚氨酯树脂等。涂布方式有辊涂、淋涂及喷涂。涂层的干燥可采用热空气干燥、红外线干燥、紫外线(UV)干燥等。

作墙面装饰的薄木贴面板尚需在纵向开沟槽,以产生阴影效果,使之具立体感,增加空间高度感,使墙面拼接容易。沟槽形状有V型、U型、凵型等多种,沟宽及沟深也有多种,常用沟深为1.5~3mm,沟宽为3~6mm。沟槽间距可为等间距或不等间距,等间距一般为10、15或20cm,不等间隔的可为15~10~15cm;22.5~17.5~22.5cm;15~20~15cm等。沟槽加工可采用一组与沟槽形状相同的铣刀进行铣削,板面沟槽采用一次加工。沟槽内要用沟槽涂布机涂上水色,一般沟槽色彩较板面深,以增加阴影感。

24.2.8 薄木贴面人造板质量评定

薄木贴面人造板的价值主要根据薄木的树种、纹理及色泽来评定,其产品的质量主要根据外观、胶合强度、耐候性等性能来评定。

24.2.8.1 纹理与色泽

有些珍贵的树种,其木材的纹理与色泽是非常美观的,如具鸟眼花纹、琴背花纹、虎皮纹、葡萄花纹等的薄木装饰价值极高。柚木、胡桃木等的色泽很特殊,其装饰价值也很高。一些针叶树种的刨切薄木纹理通直,色彩深浅间隔,也是公认的上好装饰材料。但珍贵树种毕竟有限,而且价格昂贵。随着人们生活水平的提高,已不满足于人造的材料,而希望能欣赏真正大自然的美。虫眼、节子等正是大自然的产物,因此具有虫眼、节子的薄木反而成为珍品,因为他们强调了自然。总之对薄木价值的评价除世界公认的珍品外,各地区、各国的科学水平、风俗习惯、生活水平的不同使各地区、各国都尚有自己的独特的评价方式。

24.2.8.2 外观质量

薄木贴面人造板的外观缺陷除虫孔、死节、腐朽、夹皮、树脂囊、变色等材质缺陷外。还有拼缝缝隙、裂纹、透胶、脱胶、鼓泡、拼缝重叠等加工缺陷。其中裂纹、透胶、拼缝不严是常发生的加工缺陷。

1. 裂纹

薄木贴面人造板,尤其是采用湿贴工艺生产的微薄木贴面胶合板,在热压后或使用中表面常会产生与纤维方向平行的细小的裂纹。产生裂纹的根本原因是热压过程中薄木含水率变化过份急剧或在使用过程中薄木含水率的反复变化。薄木湿贴时,薄木在湿润状态下进入热压机,在热压过程中含水率变化过大,薄木横纤维方向的收缩过大而产生了裂纹。薄木贴面人造板在使用中,如果使用环境的温湿度变化比较大,薄木反复收缩膨胀,超过一定的疲劳极限,薄木表面也会出现裂纹。下列因子对裂纹的产生有较大的影响。

(1) 木材构造上的因子

①树种:一般具有导管的阔叶材比由90%的管胞构成的针叶材更易产生裂纹。并且裂纹产生得早。木射线、薄木表面开口的导管槽均是木材构造上的薄弱环节,裂纹常产生在这些部位。密度大、材质硬而脆的树种比密度小、材质软的树种易产生裂纹。

②纹理:由于木材的弦向收缩率大于径向,因此弦切薄木较径切薄木易产生裂纹。树瘤、树根部分纤维走向交错复杂,制成薄木后也较直纹理的薄木易开裂。

(2) 制造上的因子

①薄木的厚度:薄木的厚度直接关系到薄木本身的横纹强度,厚度太薄,薄木横纹强度差;薄木太厚,在旋切或刨切过程中产生的背面裂隙深度也大,而薄木的表面裂纹往往是由薄木背面的裂隙进一步发展造成的,图24-36所示为薄木厚度与表面裂纹之间的关系。

薄木的背面裂隙如前所述,薄木的背面裂隙易发展成表面裂纹,但在用薄木拼贴图案时往往需对称拼花,因此部分薄木需把背面作为表面贴在基材上。有人做过试验。观察薄木正面(紧面)作表面及背面(松面)作表面贴面后裂纹的发生情况。发现背面作表面的较少产生裂纹,而正面表面的产生的裂纹较多。其原因可能是背面作表面时,薄木膨胀或收缩时的应力在背面裂隙处释放了,而正面作表面时,由于收缩应力的作用背面裂隙却发展成了表面的裂纹。

②薄木含水率:薄木含水率过高。在热压贴面过程中含水率发生急剧变化,如薄木的收缩先于薄木与基材的胶合,

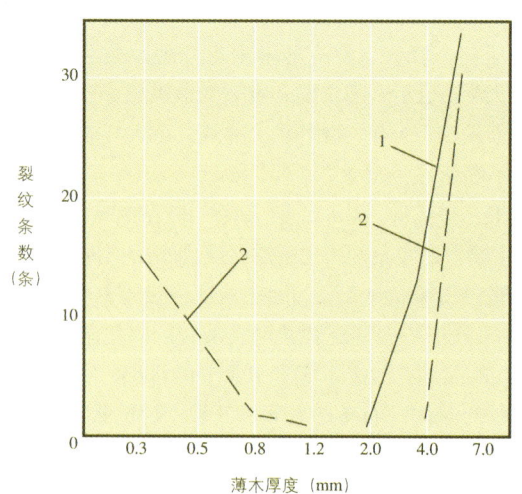

(试件放在70℃水中浸渍2h,然后在60℃条件下干燥3h作为一个周期,共反复处理15个周期)

1.薄木纤维方向与基材表板纤维方向垂直
2.薄木纤维方向与基材表板纤维方向相同

图24-36 薄木厚度与表面裂纹的关系

则热压后表面即出现裂纹。如薄木与基材的胶合先于薄木的收缩则热压后表面无裂纹，但薄木是在膨胀状态下粘贴到基材上去的，当热压后薄木含水率降至平衡含水率以下时，薄木收缩横纹受到拉应力的作用，在使用中也比较容易开裂。因此薄木含水率的控制十分重要，薄木厚度大于0.4mm时，必须先经干燥才能贴面，采用湿贴工艺进行微薄木贴面时，也应尽量降低薄木的含水率。

③热压温度：热压温度过高易造成薄木含水率的急剧降低及薄木收缩先于薄木与基材的胶合，因此易造成表面出现裂纹。

④涂胶量：涂胶量适当多一些，可起到增加薄木横纹强度的作用，从而防止裂纹的产生，但涂胶量过多，易造成透胶，因此只能在不产生透胶的前提下，适当增加涂胶量。

⑤胶层的耐水性：薄木在使用过程中是否产生裂纹与胶层的耐水性关系十分密切。胶层耐水性好，环境中的水气不易从胶层浸入，但如胶层耐水性不好，环境中的水气易从胶层浸入，使薄木膨胀，干燥时则收缩，薄木背面原有的裂隙在反复膨胀收缩作用下易向表面发展。

⑥纤维方向的组合：薄木的纤维方向与基材胶合板表板的纤维方向平行地胶贴还是垂直地胶贴，对表面裂纹的产生也有较大影响。表24-22比较了平行胶贴与垂直胶贴时表面裂纹产生的情况。比较表中数据，薄木厚度为0.3mm时，平行胶贴，在肉眼下即可观察到8种树种的薄木产生了裂纹，而垂直胶贴，则只有1种树种的薄木在肉眼下能观察到裂纹，因此对0.3mm的薄木而言，垂直胶贴是减少裂纹产生的有效方法，但对0.8mm厚的薄木效果不明显。木材纹理垂直的胶合，其胶合强度低于平行胶合，而且生产中操作比较麻烦，因此只有在特殊情况下采用垂直胶贴。

⑦基材特殊处理：有些树种的薄木特别容易产生裂纹，此时基材应作特殊处理。所谓特殊处理就是在基材上先贴一张纸、无纺布等柔韧性比较好的材料，然后再在其上贴薄木。目的是利用纸张等的柔韧性消除部分薄木的横纹收缩应力，使之不致产生裂纹。所用纸张一般为25~40g/m²的不加填料的弹塑性好的纸张。太薄的纸本身强度差，太厚的纸吸收胶液后会失去弹性，起不到应有的作用。

贴纸用胶黏剂一般采用脲醛树脂胶与聚醋酸乙烯酯乳液胶的混合胶，混合配比一般为：脲醛胶：聚醋酸乙烯酯乳液胶=1:0.5~2。

贴纸的方法有两种，即湿法与干法。湿法贴纸是在基材上涂胶后，将纸贴在基材上，不经干燥，仅陈放一段时间后再涂胶将薄木贴上去。这种方法的优点在于纸张两面的胶液成犬牙状交错地渗入纸中，这样增强了纸张纤维间的结合，就不会产生纸张的层间剥离。而干法贴纸是在贴纸后经干燥使胶黏剂固化后再涂胶，贴薄木，在这种情况下，胶黏剂的渗透受到纸中空气的阻碍，纸张就容易产生剥离。

但是如果把薄木纵向纹理与横向纹理交错拼贴，则薄木相互间已有牵制，可防止薄木产生裂纹，在这种情况下，可不作贴纸处理。

使用刨花板做基材时，由于刨花板表面刨花易吸湿膨胀造成表面不平，因此可先贴一层或二层(纤维方向互相交错配置)旋切单板，然后再贴薄木。薄木厚度大于0.6mm时已有较好的遮盖性，可不贴旋切单板。

不论用哪一种人造板做基材，在正面贴了薄木后，就破坏了基材原有结构的对称性，易导致板材变形。因此对平整度要求比较高的厚度较大的板材，在正面贴薄木的同时背面也应贴单板或纸张，使之结构平衡。

2. 污染

薄木在制造过程中常会受菌类、铁、碱的污染而变色，污染板面。

(1) 铁污染：铁污染是由于木材中的单宁、水与铁接触而造成的污染，含单宁多的树种如柞木、水曲柳、山毛榉、桐木、椴木等更容易产生铁污染。薄木刨切(或旋切)时刨刀上滴下的含铁粉的水滴易造成薄木产生点状蓝黑色污点。热压时湿薄木与热压板接触也易造成铁污染。有铁污染的薄木贴面胶合板在运输、保管、施工和使用中，如果因某种原因造成含水率增高，都会导致板面变成蓝黑色。

一般铁污染在薄木尚未干燥时易除去，干燥或经长时间日晒后则不易除去。铁污染除去方法有以下几种：

① 用2%~5%的草酸水溶液涂于污染处，干燥后经水洗，这种方法比较有效；

② 用2%~5%的过氧化氢(pH值约为8)涂于污染处，干燥后经水洗；

③ 用2.5%的次磷酸溶液(pH值约为3)涂布污染处，干燥后经水洗。对光叶榉薄木的铁污染除去比较有效。

(2) 酸污染：薄木与酸接触，在光照下易产生酸污染，酸污染常呈现粉红颜色，椴木、桐木常易发生酸污染。

酸污染可用2%的过氧化氢(pH约为8~9)进行处理，如不理想可增大浓度，但最高不得超过10%，并要随时注意不

表24-22 平行胶贴和垂直胶贴时表面裂纹产生情况比较

纤维方向	薄木厚度(mm)	观察方法	循环次数				
			1	3	5	8	10
平行胶贴	0.3	显微镜(40倍)	0	3	1	0	0
		放大镜(7倍)	1	0	3	3	0
		肉眼	2	4	4	5	8
	0.8	显微镜(40倍)	0	1	2	3	1
		放大镜(7倍)	1	0	0	0	3
		肉眼	0	1	1	1	1
垂直胶贴	0.3	显微镜(40倍)	2	1	3	1	1
		放大镜(7倍)	1	1	2	6	6
		肉眼	0	1	0	1	1
	0.8	显微镜(40倍)	2	1	2	2	2
		放大镜(7倍)	1	2	3	4	3
		肉眼	0	1	1	1	2

注：40℃水中浸渍4h，40℃干燥20h为一次循环，试验用8种阔叶材薄木，表中数据为表面产生裂纹的树种数

能脱色过度，应尽量用低浓度溶液处理，如脱色过度使整张薄木色调不一致，在这种情况下可用0.2%的过氧化氢溶液将未污染部份也涂一遍。

此外，氢化硼酸钠的水溶液、亚氯酸钠也可除去酸污染。

(3) 碱污染：薄木与碱接触发生黄至暗褐色的污染，一般用碱性漂白剂漂白的薄木清洗不净易产生碱污染。

表24-23 薄木贴面中产生的问题及解决方法

问 题	要 求	解决方法
底 色	①基材的色调要求统一；②使干裂纹、拼缝处缝隙、透胶等不显眼，增加涂饰效果	①基材着色，涂隐蔽剂；②用与薄木颜色相同的纸贴在基材上；③胶黏剂中加入少量着色剂
胶黏剂的混合使用法	一般出于各种目的，要求把热固性树脂胶黏剂与热塑性树脂胶黏剂混合使用，取长补短	①以聚醋酸乙烯酯乳液(PVAc)为主，加入脲醛树脂(UF)及填充剂(小麦粉) ·提高胶合强度； ·UF与小麦粉同时使用，提高初粘性； ·改善蠕变性； ·防止薄木表面裂纹，减少拼缝间隙； ·改善胶膜耐溶剂性； ②以脲醛胶为主，加入聚醋酸乙烯酯乳液 ·改善耐老化性，防止胶层龟裂； ·增加孔隙填充性； ·防止胶黏剂的过度渗透； ·改善切削刀具的耐磨性
透 胶	防止透胶	①胶黏剂的配合比例(质量比)以PVAc+小麦粉>UF为原则，黏度要大，树脂含量要高，涂胶量要少；②延长陈放时间；③薄木含水率不宜太高，热压前要少喷水；④用有机溶剂将透胶擦去，或用刀刮去或砂去
表面裂纹	防止表面裂纹	①增加热固性树脂的配合比例，使用固化剂，增加胶黏剂的耐水性；②适当降低热压条件；③薄木纤维与基材胶合板表板的纤维垂直胶贴；④在薄木与基材间夹入一层缓冲层；⑤降低薄木含水率；⑥热压后薄木对薄木地堆放，减缓水分的蒸发；⑦除压后随即喷水；⑧检查基材质量
薄木拼缝不严	要求拼缝严密	①胶贴薄木时，应把拼缝处尽量挤紧，但薄木不可绷紧；②增加UF的配合比例；③降低薄木含水率，使之均匀化

表24-23（续）

问 题	要 求	解决方法
翘 曲	板面平整	①减少UF的配合比例，使胶层柔软化；②降低热压条件；③热压后放平，上压重物；④薄木纤维平行于胶合板表板纤维胶贴
表 面 污 染 或变色	除去污染和变色	①见防止透胶部分；②调整胶液的酸碱度；③使用最小的固化剂量；④排除与铁接触的可能性；⑤除去方法： ·5%草酸溶液冲洗； ·涂双氧水
难胶合的薄木	要求能使含树脂、油脂、单宁、色素多的树种易于胶贴	①溶剂处理，用醇类、酮类、芳香族溶剂擦洗胶合面；②碱处理：用2%的氢氧化钠或碳酸钠清洗胶合面；③改用其他胶种(水性聚氨酯树脂、间苯二酚类等)

碱污染除去可用过氧化氢水溶液，将其pH调至5～7呈酸性状态进行处理，浓度可从低浓度开始，如处理效果不理想可提高浓度。

3. 透胶

透胶影响涂饰，有损表面美观，一般可用提高胶的黏度，延长陈放时间，热压前少喷水，适当降低热压压力等方法来防止透胶的产生。也可在胶黏剂中加入少量颜料，使胶黏剂的颜色与薄木相近。减轻其影响程度。

4. 胶合强度

薄木贴面胶合板的各胶层的胶合强度均应达到一定的要求，否则在涂饰和使用过程中胶层易分层。胶合强度可采用浸渍剥离试验来测定。可将薄木贴面胶合板裁成75mm×75mm的试件，放在(63±3)℃水中浸泡2h，然后再在60℃温度下烘干3h，每边各胶层的分层长度累计不能超过25mm。

薄木贴面中产生的问题及解决的方法如表24-23所示。

24.3 装饰纸贴面加工

用印刷有木纹或图案的装饰纸粘贴在人造板表面，再用涂料涂饰，制成装饰纸贴面人造板。装饰纸贴面人造板广泛用于室内装饰和家具制造，其主要特点为：

(1) 装饰纸印有木纹及图案，真实感强，装饰性好；

(2) 装饰纸连续成卷，贴面工艺十分简单，可采用辊压贴面，实现连续化生产；

(3) 表面不会产生裂纹，表面经涂饰具有一定的耐磨、耐热、耐水、耐污染等性能；

(4) 装饰纸贴面后具有柔感及暖感，适于制造家具及室内装修；

(5) 成本低。

24.3.1 装饰纸

装饰纸按其定量可分为三种类型：

贴面用装饰纸：17～30g/m², 薄页纸；

40～120g/m², 钛白纸

封边用装饰纸：150～200g/m², 钛白纸

装饰纸的定量是指每平方米纸的质量。一般定量大的纸遮盖性也较好。17～30g/m²的原纸是薄页纸，纸质较紧密，但较薄。40～120g/m²的纸，纸质较松，有一定的吸收性，原纸是钛白纸，其厚度为0.25～0.4mm。以上两种装饰纸均用于人造板的贴面装饰。150～200g/m²的装饰纸较厚，主要用于封边。几种装饰纸性能如表24-24所示。

装饰纸按其表面有无涂饰可分为两种类型：

表面未油漆装饰纸

表面预油漆装饰纸：未浸渍树脂

浸渍树脂

表面仅印刷木纹、花纹图案，而没有涂饰的装饰纸为未油漆装饰纸，这类装饰纸在贴面后尚需进行涂饰处理，用不饱和聚酯树脂涂饰的产品，其商品名为保丽板。表面不仅印有木纹、花纹图案，还进行了涂饰的装饰纸为预油漆纸，表面涂饰的油漆有硝基纤维漆、乙酰纤维素漆、氨基树脂漆、丙烯酸树脂漆、聚氨酯树脂等。采用薄页纸做原纸，一般预漆纸仅表面涂油漆，而使用钛白纸做原纸时，纸质松软因此一般需先浸渍少量氨基树脂，加强纸质纤维间的结合，然后表面再涂油漆。用预油漆装饰纸贴面的产品，其商品名为华丽板。用预油漆装饰纸贴面后，为增强其表面物化性能。往往还需进行涂饰。但必须根据产品说明进行。日本产品的预油漆装饰纸一般不能再涂油漆。德国里聂曼公司(Linnemann)的产品，硝基纤维漆预油漆的装饰纸可再涂饰其他油漆，但必须先经试验，而氨基树脂预油漆的装饰纸可再涂硝基纤维漆、氨基树脂漆、聚氨酯树脂漆，但必须先经试验。

装饰纸按其背面是否涂有胶黏剂可分成两种类型：

背面涂有热熔胶的装饰纸(适于干法贴面)

背面未涂胶的装饰纸(适于湿法贴面)

有的装饰纸背面已涂有热熔胶，贴面时加热使之熔化即可贴面。背面未涂胶的，在贴面时，基材人造板必须涂胶。

24.3.2 装饰纸贴面加工

24.3.2.1 基材准备

装饰纸一般用于胶合板、MDF等基材的装饰，对基材的要求，可参考本书24.2.4。

24.3.2.2 贴面用胶黏剂

印刷装饰纸贴面人造板的优点之一是能连续化生产，为适应连续生产的速度要求，应选用快速固化的胶黏剂。一般使用的胶黏剂为聚醋酸乙烯酯乳液与脲醛胶的混合胶，在脲醛胶制造过程中可适量加入一些三聚氰胺，以提高胶黏剂的耐水性。聚醋酸乙烯酯乳液与脲醛胶或三聚氰胺脲醛胶的配比，考虑耐水性、耐热性、挠曲性等各方面的因素，大致的比例为7～8：3～2。有时为了防止基材的颜色透过印刷装饰纸，可在胶黏剂中加入3%～10%的二氧化钛，以提高胶黏剂的遮盖性能。

胶黏剂的涂布采用在基材上单面辊涂的方式。涂胶量在印刷装饰用薄页纸时为40～50g/m²，钛白纸为60～80g/m²，辊筒涂胶分为顺转辊涂胶及逆转涂胶两种。前者涂胶辊筒回转方向与基材进给方向相同[图24-37(a)]，后者则相反[图24-37(b)]。用顺转辊涂胶时，胶液易被胶辊带走，被涂面上胶黏剂呈有规律的条状，这样有的地方涂胶过多，易造成胶层干燥不足，影响胶合强度，并且胶液渗入纸中，使纸发皱。而有的地方涂胶过少，易造成胶层干燥过度，降低胶合强度。逆转辊涂胶，可得到均匀的胶层，但填孔性较差，因此常将这两种形式结合起来，以达到最好的涂胶效果。

刨花板基材为防止表面刨花吸湿膨胀，可先在基材上打一层油性腻子或涂一层底涂料后再涂胶。

涂胶后，基材要经过一低温干燥区(40～50℃)，使胶黏剂达半干燥状态，排除不必要的水分。胶黏剂的干燥一般可

表 24-24 装饰纸原纸性能

项 目	薄页纸(华丽板用)	钛白纸(保丽板用)
定量(g/m²)	24.9	80±4
厚度(mm)	—	0.106±0.008
干状纵向抗拉强度(kg/15mm)	2.27	3.8 以上
湿状纵向抗拉强度(kg/15mm)	0.26	0.3 以上
干状横向抗拉强度(kg/15mm)	0.78	2.5 以上
吸水度(mm/10min)	5～7	30±4
平滑度(5)	588	43～60
灰分(%)	0.72	—

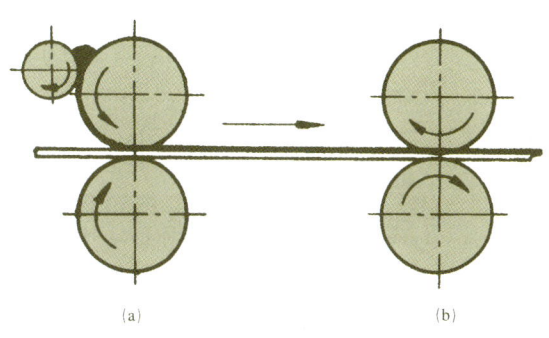

图 24-37 辊筒涂胶机

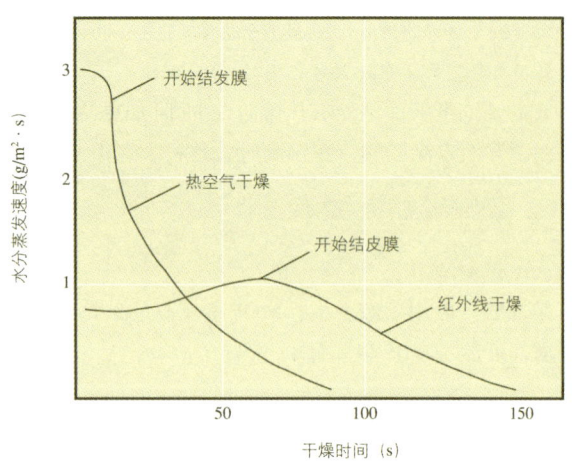

图 24-38 干燥时间与水分蒸发速度的关系

湿法生产：

基材人造材 → 砂光 → 刷光 → 涂胶 → 干燥（半干状）→ 辊压贴合
原纸 → 底涂 → 干燥 → 印刷 → 干燥
→ 开槽 → 面涂 → 干燥 → 成品

干法生产：

基材人造材 → 砂光 → 刷光 → 预热（红外线加热）→ 辊压贴合 → 开槽
原纸 → 涂胶 → 干燥 → 表里反转 → 底涂 → 干燥 → 印刷 → 干燥
→ 面涂 → 干燥 → 成品

采用热空气干燥或红外线干燥。采用热空气干燥时，胶黏剂被加热的同时，表面已接触到了热空气。因此水分蒸发速度快，在加热后很短时间内就可蒸发掉相当数量的水分。但是在胶黏剂尚未全部加热前，胶黏剂的表面已形成了干燥皮膜，阻止了水分的蒸发，因此干燥速度急剧下降。而红外线加热时，胶黏剂要吸收红外线后温度才升高，因此开始时水分的蒸发速度低于热空气加热时的蒸发速度，但是一旦胶黏剂温度升高后就从内部和表面同时蒸发水分，直至表面结了干燥皮膜后干燥速度才慢下来。两种干燥方法的水分蒸发情况如图 24-38。

胶黏剂的干燥，要求表面、内部达到均一的干燥状态，因此红外线比热空气干燥更为合适。但是红外线干燥在胶黏剂涂布不均的情况下是不利的。胶层薄的地方吸收红外线快，干燥快；而胶层厚的地方吸收红外线慢，干燥慢，这样就更加剧了干燥的不均匀性。另外，基材的颜色在红外线干燥时，也会成为影响干燥质量的因子。深色的纤维板易吸收红外线，而浅色的胶合板不易吸收，因此在更换基材时要注意干燥时间的调整。一般在连续辊压机上采用碘钨灯红外线干燥装置。

24.3.2.3 贴面加工

印刷装饰纸贴面一般采用连续辊压法生产，根据使用的胶种是热固性的，还是热熔性的分为湿法生产和干法生产两种。干法及湿法生产的工艺流程如下：

湿法生产是将印刷装饰纸贴在涂有热固性树脂胶黏剂的基材上经辊压贴合。干法生产是将表面涂有涂料，背面涂有热熔性胶黏剂的印刷装饰纸贴在经预热的基材上，辊压贴合。两种方法比较，干法贴面速度快，而且涂胶量少，湿法贴面速度慢，涂胶量多，基材表面吸收水分，不易蒸发，影响胶合强度。因此，在德国等国干法生产比较发达，市场上供应正面涂有涂料、背面涂有胶黏剂的成卷印刷装饰纸。生产装饰纸贴面人造板的工厂只要购买人造板及这种成卷装饰纸，在工厂把二者贴合到一起就行，工艺非常简单。但是在日本等国则湿法生产比较普遍，这些国家认为基材涂胶后经红外线干燥至半干状，胶黏剂中水分已几乎全部蒸发掉了，这样印刷装饰纸吸水后产生皱纹等缺陷是可以避免的。但是在实际生产中，由于胶黏剂涂布不均，胶黏剂量少的地方干燥过度，而胶黏剂多的地方干燥不足，易使装饰纸产生皱纹。

预计干法生产将会有更大的发展，但目前还是湿法生产更为普遍，因此本章主要介绍湿法生产的印刷装饰纸贴面人造板。

湿法生产通常采用热辊压贴面。图 24-39 为辊压贴面生产线示意图。基材人造板通过刷光机，刷去板面的粉尘，然后经辊涂机涂胶，涂胶后基材经一红外线低温干燥区，排除胶层中的部分水分，使胶层达到半干燥状态，干燥温度为 70～80℃。干燥后的板坯即可进入由三对辊子组成的辊压机加压贴面，加压温度为 80～120℃，加压压力为 100～300N/cm。

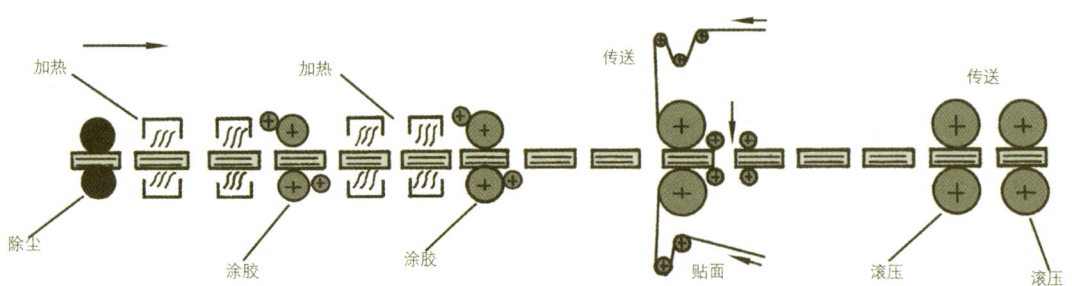

图 24-39 辊压贴面生产线示意图

胶层干燥后的板坯也可由辊覆机将装饰纸覆于基材上，然后送入单层热平压机进行加压、加温，这样贴面效果更好，热压温度为110℃，压力为0.6～0.8MPa，时间为40～60s。

此外，也可将基材先裁成部件尺寸。并铣好异型边，然后再贴装饰纸，平面部分先贴，再连续包覆边部。

24.3.2.4 表面涂饰

为保护装饰纸上的印刷图案，使表面具有一定的耐水、耐热、耐磨、耐污染等性能，装饰纸贴面后还需进行表面涂饰。有的预油漆装饰纸贴面后为提高表面性能，也需再进行涂饰。

涂饰用涂料一般为氨基树脂、硝基纤维素、丙烯酸树脂、聚氨酯树脂和不饱和聚酯树脂。涂料涂布可采用辊涂、淋涂和喷涂的方法。涂层干燥可采用热空气干燥、红外线干燥或紫外线（UV）干燥。

用不饱和聚酯树脂涂饰的装饰纸贴面板一般称为保丽板。由于不饱和聚酯需隔氧固化，因此其涂饰及干燥比较特殊。

不饱和聚酯是由二元醇与不饱和二元酸反应后得到的线型结构的高分子化合物，这种含有双键的不饱和聚酯能溶于苯乙烯单体，在有引发剂的条件下，二者能打开双键进行共聚，变成透明的树脂，这就是不饱和聚酯树脂。

常用的引发剂是各种有机的过氧化物，过氧化物在高温下能分解出游离基，促使不饱和聚酯与苯乙烯聚合。在常温下过氧化物分解的速度太慢，为促进其分解需加入促进剂。引发剂与促进剂要搭配使用才有效果。一般使用过氧化环己酮、过氧化甲乙酮做引发剂时，采用环烷酸钴做促进剂。使用过氧化苯甲酰做引发剂时，采用二甲基苯胺、二乙基苯胺做促进剂。

不饱和聚酯树脂含有双键，溶于苯乙烯单体后，不能长期存放，在常温下亦会因光和氧化物作用而缓慢聚合。使黏度增加。为防止聚合反应的进行，常在溶剂中加入阻聚剂，常用的阻聚剂为对苯二酚。

在不饱和聚酯树脂中加入光敏剂代替引发剂，光敏剂在紫外线（UV）照射下，放出游离基促使不饱和聚酯与苯乙烯进行游离基聚合而固化，常用的光敏剂为安息香乙醚。

不饱和聚酯树脂靠游离基的聚合而固化，但与空气接触，引发剂引发的不饱和聚酯的游离基和苯乙烯的游离基就与空气中的氧起反应，产生一种新的游离基，这种游离基不再继续引发新的不饱和聚酯的游离基和苯乙烯的游离基，因此就阻碍了二者的聚合。为了使不饱和聚酯和苯乙烯在引发剂作用下很好聚合，树脂固化时就要与空氧隔绝。与空气隔绝的方法有两种，一种是在树脂中加入微量的蜡，使其在树脂固化时析出浮在涂层表面形成封闭层，把涂层与空气隔开；另一种方法是在涂布涂料后，用玻璃纸或涤纶薄膜覆盖在上面，并挤去中间的空气，使薄膜紧贴涂层而使涂层与空气隔绝。直到树脂固化干燥后再除去薄膜。这两种不饱和聚酯分别称为浮蜡型不饱和聚酯树脂和非浮蜡型聚酯树脂。

保丽板制造时，使用的涂料一般为非浮蜡型不饱和聚酯树脂，采用涤纶薄膜覆盖与空气隔绝。不饱和聚酯树脂与引发剂、促进剂的添加比例为：不饱和聚酯树脂∶引发剂∶促进剂＝1∶3%～5%∶0.5%～1.5%。每平方米板面的涂布量为100～250g。不饱和聚酯树脂、引发剂、促进剂要充分搅拌均匀后，按所定量倒在已贴好装饰纸的板面上，然后将绷紧在框架上的涤纶薄膜覆盖在上面，使涂层与空气隔绝。再经辊压机将涂料辊涂均匀并除去其中的空气。一般先经红外线干燥1～2min，再放置20～40min，树脂即可固化干燥，此时即可除去聚酯薄膜。

不饱和聚酯树脂涂饰时，装饰纸油墨中的颜料种类、气温、基材含水率、引发剂、促进剂的种类及添加量、涤纶薄膜等对涂饰质量都会产生影响，造成漆膜缺陷。

24.3.2.5 装饰纸贴面人造板质量评定

装饰纸贴面人造板的质量，主要从外观质量(印刷质量、涂饰质量)、漆膜和物化性能及装饰纸与基材的胶合强度等方面来评定。保丽板的质量评定标准及性能测试方法可参照LY/T1070-1071-2004不饱和聚酯树脂装饰胶合板标准。

保丽板生产中产生的主要问题及解决方法如表24-25所示。

表24-25 保丽板生产中产生的问题及解决的方法

问 题	产生原因	解决方法
装饰纸与基材胶合不好	胶黏剂涂布不均	增加涂布量，均匀
	涂布量太少	涂布，降低涂胶
	胶黏剂干燥过度	基材干燥温度
	涂饰温度太低	≥10℃
针 孔	树脂黏度过大	用苯乙烯调稀
	固化过快	调节引发剂
	涂层太厚	促进剂用量
橘 皮	涂层太厚	调节引发剂
	固化太快	促进剂用量
	涂饰温度太高	最好为20～25℃
	涂饰面受风吹	
	涂层太薄	一般0.2～0.3mm
固化不良	树脂、引发剂、促进剂搅拌不均	一般<0.5%不行
	引发剂量不足	
	涂饰温度不合适	>40℃、<10℃不行
	印刷油墨不合适	换装饰纸
	涂饰温度太低	≥10℃
变 色	引发剂量过多	4%以上不行
	促进剂不合适	二甲基苯胺易变色
	涂饰温度太低	≥10℃
白 化	引发剂、促进剂用量不足	凝胶化时间调到
	装饰纸太薄	
	树脂黏度太小	20～30min

24.4 高压三聚氰胺装饰层压板和低压三聚氰胺浸渍纸贴面加工

高压三聚氰胺装饰层压板(俗称防火板,以下简称装饰板)的制造及贴面工艺流程如图24-40所示,低压三聚氰胺浸渍纸贴面人造板的工艺流程如图24-41所示。

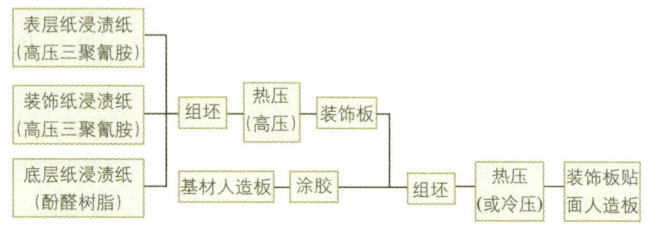

图24-40 高压三聚氰胺装饰层压板的制造及贴面工艺流程

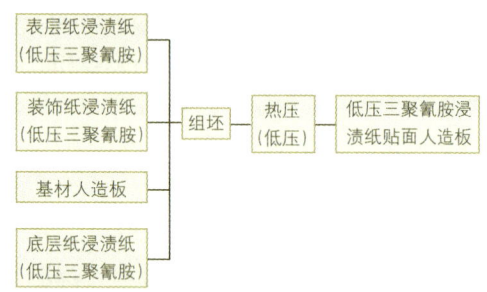

图24-41 低压三聚氰胺浸渍纸贴面人造板制造工艺流程

装饰板贴面人造板及低压三聚氰胺浸渍纸贴面人造板表面光滑、色泽鲜艳,花纹逼真美观,且具有耐热、耐水、耐磨、耐污染等特点。板面可做成有光、柔光、浮雕、高耐磨等多种类型,装饰板还可做成抗静电型和阻燃型。这类产品广泛应用于家具制造(厨房家具、办公家具等)及室内装修(地板、墙板等)。

24.4.1 浸渍用树脂

浸渍用树脂是一种能溶于水且能熔融的初期缩聚物。常用来制造浸渍纸的树脂有三聚氰胺树脂、脲醛树脂和酚醛树脂。浸渍用的初期缩聚物是由三聚氰胺、尿素、苯酚分别与甲醛缩合而成。用初期缩聚物(A阶段)浸渍原纸后,经加热、干燥,树脂变成不溶于水但仍能熔融的状态(B阶段)。浸渍纸组坯热压过程中树脂进一步缩聚变成不熔的状态(C阶段)。用于浸渍的树脂,应具有很好的渗透性能,能在比较低的温度(110～150℃)条件下,迅速干燥。B阶段树脂的软化点应是50～80℃,这样可避免浸渍纸贮存时相互粘连,又可保证在组坯后热压过程中有良好的流展性,固化后能形成连续均匀的胶膜。

24.4.1.1 三聚氰胺树脂

三聚氰胺树脂固化后无色、透明、耐磨、耐热、耐有机溶剂、耐稀酸和耐稀碱,因此常用来浸渍表层纸、装饰纸,用于装饰表面。

三聚氰胺树脂由1摩尔三聚氰胺与2～3摩尔甲醛在(温度为65～95℃)中性或弱碱性条件下生成三聚氰胺初期缩聚物(A阶段)。但这种树脂固化后脆性大,易脆裂。这是由于三聚氰胺树脂本身分子柔性小,拥有大量的氢键,树脂交联密度大的缘故。通常在固化的树脂中仍有未参加反应的羟甲基,因而树脂仍具有吸湿性。在湿度经常反复变化的大气中,树脂吸收或放出水分,膨胀或收缩,最终导致板面产生龟裂。三聚氰胺树脂由于分子大,交联密度大,流动性也比较差。为降低脆性,增加塑性,改善流动性,三聚氰胺树脂必须进行改性后才能使用。

一般采用两种方法来进行三聚氰胺树脂的改性。一种是外增塑的方法,即在三聚氰胺分子链间引入低分子聚合物使刚性分子链变软,易于活动。但加入的改性剂必须与三聚氰胺能很好互溶,并且有良好的稳定性。一般常用的改性剂有聚酯树脂、醇酸树脂、丙烯酸树脂等。另一种方法是内增塑的方法,即在三聚氰胺与甲醛反应过程中加入改性剂,在三聚氰胺分子链中引入改性剂的分子链,从而使分子链增长,变得柔软。改性剂的加入使缩聚进行缓慢,降低了聚合度,提高了流动性能。降低了脆性防止表面产生脆裂。这类改性剂主要是含-NH$_2$和-NH基的化合物,如酰胺、硫脲、谷胺、氨基甲酸乙酯、对甲苯磺酰胺、己内酰胺、低级醇,如乙醇、聚乙烯醇、丙二醇、二甘醇等。

根据改性程度的不同,三聚氰胺可分为高压型和低压型。高压型用于防火板的制造,低压型用于浸渍纸贴面人造板的制造。表24-26所示为乙醇改性的高压型三聚氰胺树脂的配方例,表24-27所示为对甲苯磺酰胺改性的高压型三聚氰胺树脂的配方例,表24-28为用多种改性剂改性的低压型三聚氰胺树脂例,用以上三种配方制得的三聚氰胺树脂的技术指标见表24-29、表24-30、表24-31。在这些配方中,乙

表24-26 乙醇改性三聚氰胺树脂配方例(高压型)

原料	克分子比	含量(%)	质量(份)	备注
三聚氰胺	1	100	126	
甲醛	2.5	37	202	
乙醇	3.0	92	150	
氢氧化钠		30	适量	调pH

表24-27 对甲苯磺酰胺改性三聚氰胺树脂配方例(高压型)

原料	克分子比	含量(%)	质量(份)
三聚氰胺	1	100	126
甲醛	3	37	243.2
水			56.8
对甲苯磺酰胺		工业用	17.1
乙醇		92	19.3

醇、对甲苯磺酰胺、甲基鸟粪胺、糖、硫脲、丙二醇等均为改性剂，其中甲基鸟粪胺还能使树脂均匀浸渍，糖和丙二醇能提高树脂稳定性，增加光泽，三乙醇胺能提高树脂稳定性，延长贮存期。尿素是用来降低游离甲醛的。

表24-28 低压型三聚氰胺树脂配方例

原 料	含量(%)	质量(kg)
甲醛	37	480/500
三聚氰胺	100	312/300
甲基鸟粪胺		15.5/13
糖		44.5/40
硫脲		27/-
尿素		-/14
对甲苯磺酰胺		19.3/18.5
丙二醇		7.5/19.9～30
氢氧化钠		1.6/0.13～0.18
碳酸钠		0.074～61
水		140/140
湿润剂		
三乙醇胺		适量（反应结束后添加）
脱模剂		

表24-29 乙醇改性高压型三聚氰胺树脂技术指标（高压型）

项 目	指 标
外 观	无色，透明，无沉敷物
黏度(20℃)	3～4恩格拉度
固体含量(%)	44～48
游离醛(%)	≥1
密度(g/cm³)	1.165～1.105

表24-30 对甲苯磺酰胺改性高压型三聚氰胺树脂技术指标（高压型）

项 目	指 标
外 观	无色，透明，无沉敷物
固体含量(%)	46～48
游离醛(%)	<1
黏度	3～4恩格拉度
pH	9

表24-31 低压型三聚氰胺树脂技术指标

项 目	技术指标
外 观	无色透明液体(略带乳白色)
黏度(4号 20℃)	18～21s
固体含量	50%～55%
固化时间(100℃)	35～40s
活性期约	5d

24.4.1.2 脲醛树脂

脲醛树脂固化后的耐磨性、耐水性、耐热性等均低于三聚氰胺树脂，但成本较三聚氰胺低。因此当装饰纸浸渍纸的树脂含量要求较高时，可采用二次浸胶的方式，第一次浸脲醛胶，第二次浸三聚氰胺胶，以降低成本。因此脲醛胶只有在采用二次浸胶方式时才使用。

脲醛胶的配方例如表24-32所示，其技术指标如表24-33所示。

表24-32 浸渍用脲醛树脂配方例

原 料	质量百分比(%)
尿素	38.8
三聚氰胺	13.96
甲醛(37%)	39.59
六次甲基四胺	5.54
邻苯二甲酸单酰脲	1.06
对甲苯磺酰胺	0.52

表24-33 浸渍用的脲醛树脂技术指标

项 目	技术指标
固体含量(%)	50～55
黏度(20℃)cp	10～20
游离甲醛含量(%)	不大于3
水溶性	1:1
固化时间(min)	18～22
贮存期(d)	5

24.4.1.3 酚醛树脂

酚醛树脂固化后的耐热性、耐水性及机械强度都很优良，但酚醛树脂颜色较深，作为装饰材料使用受到一定的限制。制造三聚氰胺树脂装饰层压板时，用酚醛树脂浸渍特制的牛皮纸作底层纸，以使装饰层压板有一定的厚度和强度。

酚醛树脂由苯酚与甲醛在碱性条件下缩聚而成，用强碱性催化剂(氢氧化钠)制得的初期缩聚物溶于水，而在弱碱性催化剂(氢氧化铵)条件下，制得的初期缩聚物溶于乙醇而不溶于水。一般浸渍用酚醛树脂为水溶性树脂与醇溶性树脂的混合树脂。可按表24-34所示配方例制成水醇溶性酚醛树脂

表24-34 水醇溶性酚醛树脂的配方

原 料	配 比
苯酚(1)：苯酚(2)	1.0:0.36
苯酚(1)：甲醛(1)	1.0:1.0
苯酚(2)：苯酚(2)	1.0:2.5
氢氧化铵(25%)	苯酚(1)的6.8%(质量比)
碳酸钠(固体)	苯酚(2)的8%(质量比)
乙醇	苯酚(1)+苯酚(2)(质量)

表 24-35 水醇溶性酚醛树脂的技术指标

项 目	技术指标
固体含量	37%～40%
黏 度	6～16 恩格拉黏度（20℃）
游离酚	2%～4%

用于浸渍，表 24-35 为水醇溶性酚醛树脂的技术指标。

24.4.2 浸渍用原纸

浸渍用原纸根据使用目的不同分为四种类型即表层纸、装饰纸、覆盖纸、底层纸。

24.4.2.1 装饰纸

装饰纸在板坯中起装饰作用，因纸内加了钛白粉，又称钛白纸。装饰纸是高强度α纤维素纸，又分素色纸和印刷纸二种，素色纸为单色纸，印刷纸则印刷了木纹或图案。装饰纸原纸应表面平滑，无杂质，印刷性能好；要求有很好的遮盖性，能遮盖酚醛树脂浸渍的底层纸或人造板基材；装饰纸的遮盖性与其定量有关，一般装饰纸定量为 80～150g/m²，定量大，遮盖性好。遮盖性还与灰分含量有关，灰分含量大遮盖性好，一般灰分含量为 15%～40%。要求装饰纸原纸具有良好的吸水性，以便充分、均匀地吸收树脂，使浸渍纸达到规定的树脂含量；原纸的吸收性与吸水高、紧度、匀度、纸纤维种类有关，吸水高大则吸收性好，纸纤维由木纤维和棉纤维组成，则其吸收性就较好。装饰纸原纸应具有一定的抗拉强度，特别是湿状抗拉强度，以免原纸在印刷及浸胶时被拉断；另外还应有一定的耐热、耐压性能，在受热情况下，能保持原有颜色不变，在加压后仍能保持遮盖性。一般高压三聚氰胺要求用定量为 80～150g/m² 的原纸，低压三聚氰胺可采用 70～120g/m² 的原纸，浅色或素色纸应用较高定量的原纸。表 24-36 所示为几种装饰纸原纸的技术指标。原纸凹版印刷，印刷木纹和

表 24-36 装饰纸原纸技术指标

项 目	A	B	C	D
定量（g/m²）	80±³	80±⁴₃	100±5	120
厚度（mm）	0.096±0.01	0.096±0.01	0.12±0.013	0.145±0.015
紧度（g/cm³）	0.83	0.83	0.83	0.83
纵向干状抗拉强度（kg/15mm）	3.0	2.0	2.5	25
纵向湿状抗拉强度（kg/15mm）	0.45	0.40	0.40	0.40
吸水高（mm/10min）	40±7	35±7	35±7	35±7
灰分（%）	22	34	34	34
备 注	木纹纸	白色纸	白色纸	白色

注：原纸经凹版印刷，印刷木纹和其他图案，使用的油墨应耐高温在高温下不变色。原纸印刷后应不改变原有特性

其他图案，使用的油墨应耐高温，在高温下不变色。原纸印刷后应不改变原有特点。

24.4.2.2 表层纸

表层纸是覆盖在装饰纸的上面，用以保护装饰纸上的印刷木纹并使装饰表面具有各种优良特性的纸张，因此表层纸原纸的吸收性应比装饰纸更好，而且要求其热压后在板坯中呈透明状。要求表层纸有一定的厚度，厚度大保护装饰纸的能力强，但透明度会有所下降，因此一般厚度控制在 0.05～0.15mm。另外要求具有一定的湿状抗拉强度。鉴于上述要求，表层纸原纸一般用纤维素含量很高的α纤维素纸浆来抄造。各种不同厚度的表层纸的技术指标如表 24-37 所示。

表 24-37 表层纸原纸的技术指标

项 目	2 密耳	4 密耳	6 密耳
定量（g/m²）	25±1	42±2	60±3
厚度（mm）	0.058±0.004	0.100±0.008	0.150±0.010
干状抗拉强度（kg/15mm）	1.0 以上	1.5 以上	1.5 以上
湿状抗拉强度（kg/15mm）	0.16 以上	0.25 以上	0.35 以上
吸水高（mm/10min）	55 以上	75 以上	100 以上
尘 埃	极少	极少	极少

用于高耐磨防火板或高耐磨浸渍纸贴面人造板（如强化地板）的表层纸是特制的，为提高表层纸的耐磨性，在纸中加有三氧化二铝耐磨材料。美国 Mead 公司生产的高耐磨表层低的定量有 32g/m²、38g/m²、45g/m²、63g/m² 和 75g/m² 等几种。用这 5 种表层纸可生产出 5 种不同耐磨程度的产品。其耐磨转数分别为 2500 转、4500 转、6500 转、10000 转、15000 转。

24.4.2.3 底层纸

底层纸用来做高压装饰板的基材，使装饰板具有一定的厚度和机械强度。底层纸常用不加防水剂的牛皮纸，各种底层纸原纸的技术指标如表 24-38 所示。

24.4.2.4 覆盖纸

为增强装饰纸对底层纸的遮盖性可在装饰纸与底层纸之间夹一层覆盖纸，覆盖纸性能与装饰纸基本相同，但均为素色纸。

24.4.3 浸渍干燥装置

合成树脂的浸渍干燥装置由浸渍部分及干燥部分组成，根据干燥部分浸渍纸是水平运行的还是垂直运行的分为卧式浸胶机和立式浸胶机。原纸通过浸渍部份浸渍树脂，通过干燥部份使之干燥，制成浸渍纸。

24.4.3.1 立式浸胶机

立式浸胶机如图 24-42 所示，由纸卷架、浸胶槽、干燥

表 24-38 底层纸原纸技术指标

项 目	技 术 指 标			
定量(g/m²)	30	100	150	180
厚度(mm)	0.05~0.06	0.17~0.19	0.23~0.26	0.29~0.32
密度(g/cm³)	0.54~0.67	0.55~0.61	0.60~0.63	0.60~0.67
透气性(s/100ml)	7~20	5~20	7~30	8~30
吸水性(mm/10min)	10~30	30~60	35~65	35~65
渗透时间(s)	8~20	15~35	20~55	25~75
干状纵向抗拉强度(kg/15mm)	3.3~4.0	8.1~10.3	13.7~16.4	14.6~17.6
干状横向抗拉强度(kg/15mm)	1.4~1.8	4.7~6.0	6.3~7.9	6.8~8.1
湿状纵向抗拉强度(kg/15mm)	0.5	0.8	1.0	1.0

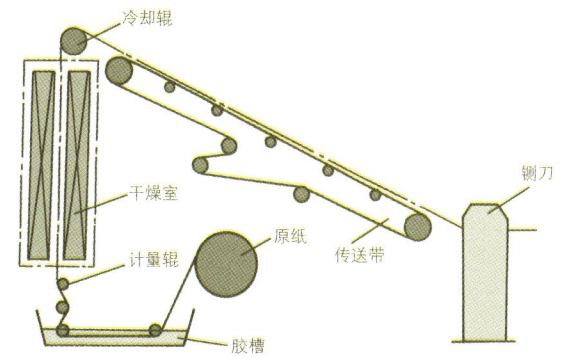

图 24-42 立式浸胶机示意图

室、传送装置及裁剪台五部分部组成，干燥部分的加热器是垂直布置的。原纸纸卷放在纸卷架上，由传送装置牵引原纸通过浸胶槽，由胶槽上方的计量辊刮下多余的树脂胶液，然后浸渍纸垂直地通过干燥室干燥后绕过顶部的冷却辊，使浸渍纸温度冷却至室温再由帆布传送带传送到裁剪台裁成一定的规格。传送带与松卷速度大致同步，但要考虑到浸渍后原纸的伸长及干燥后浸渍纸的收缩。原纸的伸长率及浸渍干燥后的收缩率如下：

原纸浸胶后的伸长率(%)
    纵向   0.3~0.5
    横向   2.0~2.5

浸渍纸干燥后的收缩率(%)
    纵向   0.2~0.3
    横向   0.3~0.6

传送速度可无级调速，以适应纸张的收缩、伸长以及干燥室温度、浸胶量变化的要求。图 24-43 所示为另一种立式浸胶机。

这种浸胶机适用于柔性较好的、浸渍干燥后浸渍纸可以复卷的树脂，如邻苯二甲酸二烯丙酯树脂、鸟粪胺树脂等。立式浸胶机结构简单，占地面积小，但纸带运行速度慢，生产率低，要求原纸的湿强度高并且只能浸渍一种树脂。

BJM2114 型立式浸胶机主要技术参数（苏州林机厂生产）：

工作速度   1~5m/min
浸渍纸最大宽度   1400mm
干燥温度   110~150℃
电动机功率   1.1+0.8kW

24.4.3.2 卧式浸胶机

卧式浸胶机如图 24-44 所示，由松纸器、蓄纸器、浸胶槽、干燥室、切纸机等部分组成。

松纸器上可同时安放两个原纸卷，通过转臂回转，轮流使用。接纸器是在不停车的情况下接纸用的装置。接纸的压铁装在支架上。其内部装有电热元件，加热时表面温度可达200~250℃。原纸的二接头涂胶后在压铁下被加热、加压使胶固化，一般使用脲醛胶在数十秒内达到固化。蓄纸器由几对辊筒组成，下辊筒是浮动的，在不停车接纸时由蓄纸器供纸，蓄纸器必须贮蓄一定长度的原纸，以保证接纸器有足够的时间接纸。蓄纸器的另一个作用是使原纸通过这几对辊筒张紧展平后再进入浸胶槽，原纸通过一导向辊进入浸胶槽浸胶，浸胶时原纸倾斜地进入胶槽。浸渍纸上多余的胶液由一对计量辊及刮刀除去，挤胶辊间隙可调。

浸胶后，浸渍纸被引入干燥室。干燥室是热空气加热的喷气式的。在浸渍纸的上下设有喷嘴，从上下喷嘴同时喷出热空气，调节上下喷射压力可使浸渍纸悬浮在中间使浸渍纸悬浮地、水平地通过干燥室干燥后经冷却器冷却后被导入切纸机，切成一定的规格。这种浸胶机适用于一次浸胶工艺，并且只能浸一种胶。

图 24-45 所示为通用型浸渍装置的两种结构。这种浸渍装置可适应多种浸胶工艺。其工作原理如下：

纸卷松卷正面朝上地经过导向、牵引、张紧后进入浸渍部分，原纸背面与增湿辊接触。增湿辊下部浸在胶液中，其回转方向与原纸前进方向相反，以便更有效地将胶液压入纸内。经增湿辊后，原纸背面被粘湿，并且被辊子压得较为密

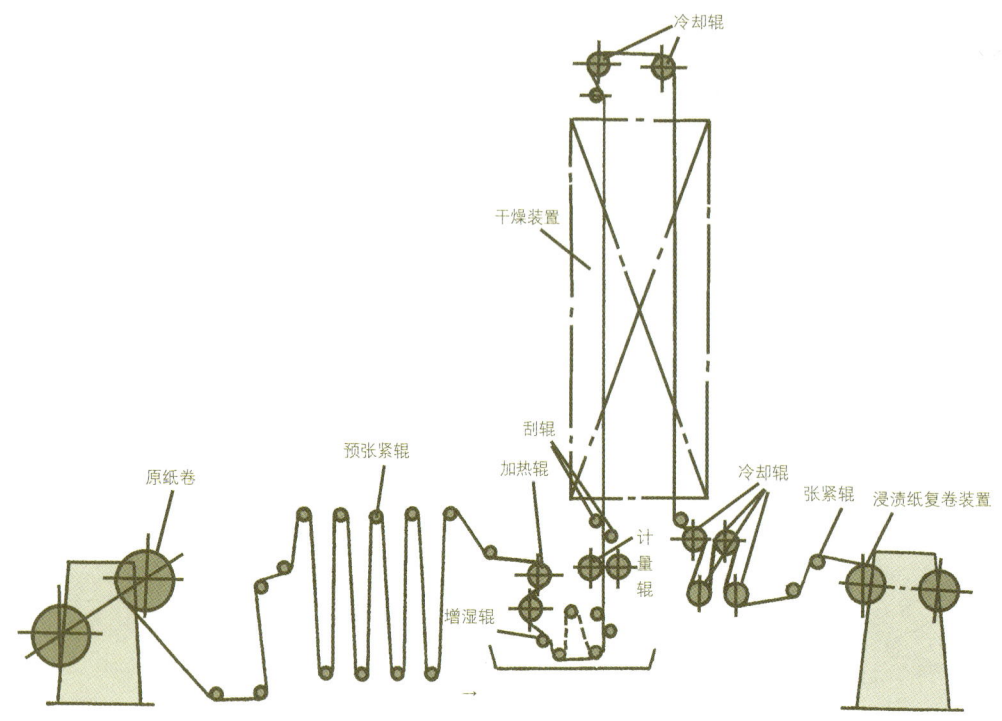

图 24-43 立式浸胶机示意图

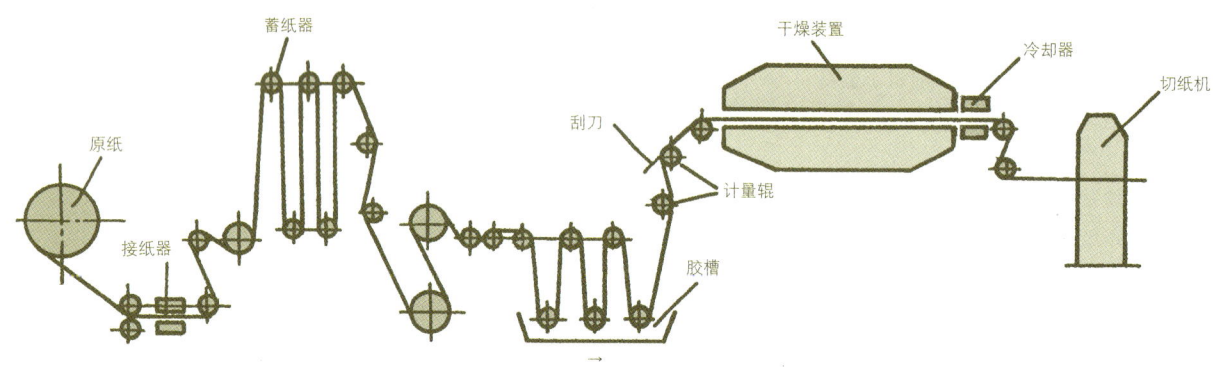

图 24-44 卧式浸胶机示意图

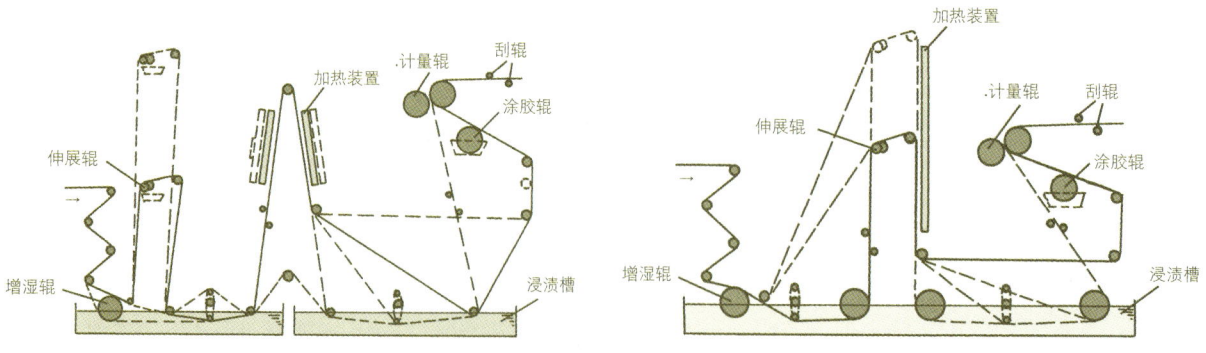

图 24-45 通用型浸渍装置示意图

实，迫使纸中的空气从正面逸出。增湿辊本身转速可调，其两旁的两个加压辊可上下调节，以此来调节原纸包覆在增湿辊上的长度，以适应各种性质的树脂胶液及各种不同性质的原纸的要求。经增湿后的原纸进入第一浸胶槽，浸入胶中的深度可调。第一次浸胶后的原纸经刮辊刮去多余的胶后再经伸展辊及其近旁的排气辊，将原纸张紧、展平，把胶液进一步压入纸内，把纸内剩余的空气压出纸外。伸展辊及排气辊根据树脂性质、原纸及浸渍干燥速度可上下调整。当浸渍干燥速度快而原纸的吸收性欠佳时可适当上调，否则下调。进一步排除原纸中空气后，原纸经红外线干燥装置，排除10%～20%的水分、溶剂及挥发分，以利于第二次浸胶。经红外线干燥后原纸进入第二浸胶槽或直接绕过涂胶辊进行单面涂胶。原纸最后穿过一对挤胶辊，挤去多余的胶液，并经刮辊刮平胶层，然后进入热空气喷气式干燥装置进行干燥。干燥后经冷却装置将浸渍纸冷却至室温，然后成卷或剪裁成一定的规格。放卷和收卷速度应同步，主要依靠浸渍纸的张力来控制收卷速度。

第一浸胶槽与第二浸胶槽中的胶液可以相同，也可以是性质、聚合度、浓度完全不同的两种胶，如第一胶槽可放脲胶，第二胶槽可放三聚氰胺胶。

上述两种结构的浸胶装置可完成如下的浸渍工艺：

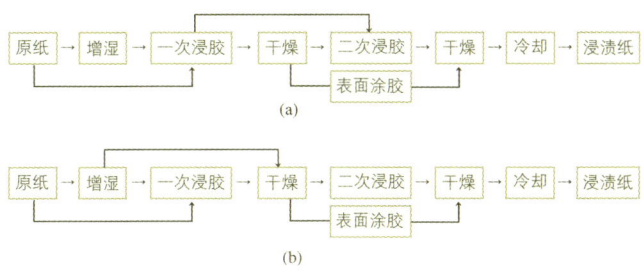

卧式浸胶机运行速度快，生产率高，并且可同时进行二次浸渍干燥，可同时浸渍两种不同的胶种，因此是目前使用最广泛的一种浸胶装置。图24-46为通用型浸渍干燥机示意图。

苏福马生产的通用型的卧式浸胶机的技术特性如表24-39所示。

24.4.4 浸渍和干燥

热固性的三聚氰胺、脲醛、酚醛树脂因分子量低(600～800)，成膜性差，且缩聚时收缩率较大，因此需将树脂浸渍到原纸中，靠原纸做骨架，承受其收缩应力，制成浸渍纸才能形成薄膜。

表 24-39 HB1400B 卧式浸渍干燥机技术特性

项 目	单 位	技术特性
工作宽度	mm	1400
送纸速度	m/min	3～30(无级变速)
工作层数		1
蒸汽压力	Pa	$8 \times 10^5 \sim 12 \times 10^5$
工作介质温度	℃	110～160
干燥段长度	mm	18000
总装机容量	kW	～155
外形尺寸	mm	35500×3240×3800

原纸的浸渍及干燥是树脂浸渍纸及装饰板制造的关键工序。浸渍的目的是把树脂充分、均匀地浸渍到原纸中去，并使之达到规定的树脂含量。干燥的目的是除去浸渍纸中的溶剂并使缩聚进行到规定的程度。干燥后的浸渍纸中仍残留一部分挥发份，树脂加热仍能熔化，并具有良好的流动性。

24.4.4.1 原纸准备及树脂胶液的配制

各种原纸在浸渍树脂前，含水率均应调到7%以下，过高的含水率会降低浸渍纸的树脂含量，延长浸渍纸的干燥时间。

为使浸渍纸达到规定的树脂含量，应根据原纸的定量、吸水高、树脂的固体含量、聚合度、浸胶装置类型、浸胶速度、规定的树脂含量等调节树脂胶液的浓度。一般以1份乙醇加2份水做稀释剂，加入乙醇的目的是为了使胶液在原纸中均匀渗透，加快干燥速度。当原纸的吸收性好时，可适当加大浓度，但浓度过高胶液渗透性差，不易均匀渗透，并且达不到规定的树脂含量。胶液浓度过小渗透性虽好也会造成树脂含量达不到要求。

由于树脂胶液的浓度与密度有关，因此实际生产中常以测定密度来替代测定浓度。表24-40所示为对甲苯磺酰胺改

表 24-40 高压三聚氰胺胶液密度

原纸种类	浸渍胶液密度	
	立式浸胶机	卧式浸胶机
表层纸	1.080～1.085	
装饰纸	1.140	
覆盖纸	1.120～1.135	1.140～1.145
底层纸		1.025～1.030(酚胶)

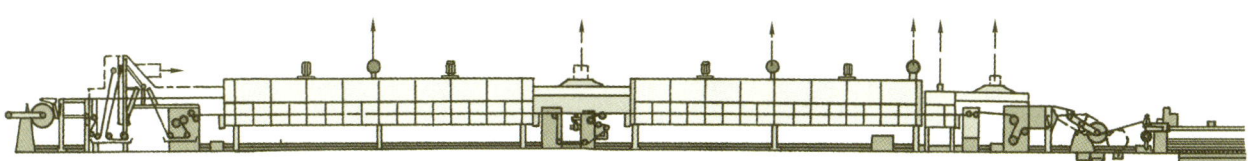

图 24-46 通用型浸渍干燥机示意图

性的高压三聚氰胺胶液的密度要求。

低压短周期贴面工艺用的装饰纸浸渍纸,因所要求的树脂含量高,需采用二次浸胶的工艺。且浸胶速度快,热压时温度高,周期短,因此在浸渍用胶液配置时除加入稀释剂(乙醇加水)外尚需加入固化剂、脱模剂、湿润剂、消泡剂等添加剂。配制好的胶液活性期仅数小时,应随配随用。

为适应短周期的需要,三聚氰胺树脂必须在很短的时间内固化,因此要在胶液中添加潜伏性固化剂。这种潜伏性固化剂一般是盐,在热压温度下能迅速放出酸使树脂很快固化。但固化剂也应具备一定的缓冲能力,加入固化剂后,胶液的活性期至少应为2~4h。常用的固化剂有马啡啉、单三乙醇胺邻苯二甲酸酯等。

湿润剂的作用是增强树脂胶液对原纸的渗透能力,湿润剂可以减少树脂的表面张力,使树脂能更好的渗透到原纸中去,并能均匀渗透。常用的渗透剂有聚氧乙烯酯类、聚氧乙烯脂肪醇醚等。

脱模剂的作用是防止浸渍纸在热压时粘在垫板上,常用的脱模剂为油酸,有机硅乳液。

卧式浸胶机速度可高达25m/min,快速穿过胶槽的原纸,将大量空气带入胶液中,使胶液不能被原纸均匀吸收。造成浸渍纸表面不均,因此需添加消泡剂。

有时为增强原纸的遮盖性。特别是使用白色或浅色原纸时,可在二次浸胶的第一胶槽中适当添加钛白粉。

表24-41所示为各种添加剂的添加比例。

配制好的胶液需测定其固化速度、黏度、密度,在规定范围内才能使用,否则应作适当调整。浸渍胶液的固化速度、黏度、密度要求如表24-42所示。

24.4.4.4.2 浸渍干燥工艺

1. 浸渍工艺

原纸浸胶时要求胶液能充分均匀地浸透到原纸纤维间及纤维中去,因此必须将原纸中的空气挤出去,以便让胶液进入原纸。如原纸浸胶时,纸的两面同时进入胶液,则一部分空气将被堵在纸内,无法排出,因此原纸进入胶液与胶接触采用两种方式。一种是让原纸倾斜进入胶槽,使原纸的背面先接触胶液,胶液从背面进入纸内,使空气从纸的正面逸出。另一种方式如图24-45所示,让原纸先通过下部浸在胶液中的增湿辊,使胶液先湿润原纸的背面,并由增湿辊对原纸背面加压,迫使纸内空气从正面逸出。为保证胶液黏度不变,胶槽内胶液应保持恒温,一般胶液温度应保持在20~30℃范围内。

原纸经胶槽浸胶后,通过一对间隙可调的计量辊,通过调整间隙控制浸渍纸的胶量,从而控制其树脂含量。通过计量辊后,再通过刮刀或一对刮辊,使胶液在原纸上均匀分布。浸胶后的原纸即可进入干燥段进行干燥。

高压三聚氰胺装饰板用各种浸渍纸通过立式或卧式浸胶机一次浸胶即能达到所要求的树脂含量,但低压短周期用装饰纸浸渍纸,因树脂含量要求较高,需采用二次浸胶工艺,第一次浸胶一般浸渍总树脂含量的30%,第二次浸胶浸渍总树脂含量的70%。第一次浸胶可浸渍价格低的脲醛胶,第二次浸渍低压三聚氰胺树脂。第一次浸胶后原纸需经红外线干燥装置干燥,排去10%~15%的溶剂,目的是防止脲醛胶混入三聚氰胺胶中影响装饰表面的性能。

浸渍纸的树脂含量计算公式如下:

$$树脂含量(\%) = \frac{浸渍纸绝干质量 - 原纸绝干质量}{原纸绝干质量} \times 100\%$$

浸渍纸的树脂含量取决于浸渍纸的用途,在板坯中处于表层的表层纸或装饰纸的树脂含量要求最高,因为除满足纸间或纸板间的胶合外,还需在装饰板表面形成连续的树脂层,并使之具有耐磨、耐热、耐水、耐污染等性能。平衡纸或覆盖纸则只需满足胶合的要求。当浸渍纸的树脂含量为120%~140%时。具有最高的胶合强度,树脂含量过高时,树脂收缩应力过大反而降低了胶合强度。树脂含量为120%~150%时,原纸纤维间及纤维内可均匀充满树脂,而且能形成均匀连续的覆盖层。表24-43所示为各种浸渍纸的树脂含量要求。

表24-41 各种添加剂的比例

添加剂种类	第一次浸胶	第二次浸胶
固化剂(%)	0.3~0.8	0.3~0.8
脱模剂(%)	0.1~0.5	0.1~0.5
湿润剂(%)	0.3	0.3
消泡剂	适量	适量
钛白粉	适量	

表24-42 低压短期用浸渍胶液的要求

项 目	第一次浸胶(UF)	第二次浸胶(MF)
固化速度(min)	4~8	4~8
黏度(s)	12~27	12~27
比 重	1.15	1.28

表24-43 浸渍纸的树脂含量要求

浸渍纸种类		树脂含量(%)
高压用	表层纸	120~200
	装饰纸	55~75
	覆盖纸	60~70
	底层纸	35~50
	脱模纸	18~25
低压用	装饰纸	130~150
	底层纸	110~120
高耐磨地板用	表层纸	200~250
	装饰纸	70~100
	底层纸	100~130

2. 干燥工艺

浸过胶液的原纸即可进入干燥室干燥,除去浸胶原纸中的部分溶剂并使树脂缩聚到规定的程度。干燥室由构造相同的若干个干燥区组成,加热介质为热空气,热空气由设置在运行的浸胶原纸的上下方的喷咀喷出,调整上下喷气的压力即可使浸胶原纸处于悬浮状态。上下喷气的压力与原纸定量有关,以原纸处于上下喷咀的中间位置,不颤动,呈正弦状浮动为宜。

原纸悬浮通过各干燥区,进行干燥。各干燥区的干燥温度不能太高,以免造成树脂预固化,一般干燥室内温度以120~150℃为宜。各干燥区的温度分布可先高后低,也可先低后高。浸胶原纸进入干燥室先经过一个低温区,有利于溶剂的挥发。然后进入高温区使树脂进行一定程度的缩聚,最后经过冷却区使树脂缩聚中止。当入口温度较高时。浸胶原纸表层溶剂挥发很快,并开始缩聚而内部溶剂尚未排出,当继续干燥时,内部溶剂蒸发冲破表面已干燥的胶层而使浸渍纸表面产生胶泡或胶粉。这种浸渍纸的树脂流动性较差。当入口温度较高时可在胶液中添加适量的正丁醇,正丁醇的沸点为118℃,当胶液原纸中的水分蒸发完前,正丁醇不会蒸发,可防止树脂过早缩聚。以保证树脂的流动性。

浸胶机的运行速度与原纸定量、树脂的性质、要求的树脂含量、干燥部分长度、干燥室温度、要求达到的树脂缩聚程度(挥发分含量)有关。当挥发分含量要求一定时,树脂含量要求高,则速度应调慢,反之则调快,当树脂含量及挥发含量要求一定时,用高定量原纸则速度应调慢,反之则调快。

表24-44所示为用立式浸胶机时的干燥工艺参数,表24-45所示为用卧式浸胶机时的干燥工艺参数。低压短周期贴面用浸胶原纸的干燥温度分布为150℃-140℃-130℃-120℃,浸胶干燥速度为10~25m/min,相邻干燥区间的温度差不宜超过20℃。

表24-44 立式浸胶机干燥工艺参数 (高压法)

原纸种类	干燥温度(℃)			运行速度
	上层	中层	下层	(m/min)
表层纸	125~130	90~110	70~90	2.10~2.5
装饰纸	130~135	105~115	90~105	1.2~1.8
脱模纸	130~135	105~115	90~105	1.2~1.5

表24-45 卧式浸胶机干燥工艺参数 (高压法)

原纸种类	干燥温度(℃)				上下喷气压比	运行速度(m/min)
	1区	2区	3区	4区		
装饰纸	115	145	145	125	1:3	8~12
覆盖纸	115	145	145	125	1:3	8~12
底层纸		100~140				12~16

浸胶原纸干燥后,树脂的缩聚程度以残留在浸渍纸内的发挥发分的含量和树脂的预固化度来表示。残留挥发分的计算公式如下:

$$挥发分(\%) = \frac{浸渍纸的质量 - 浸渍纸的绝干质量}{浸渍纸的质量} \times 100\%$$

残留挥发分反映了树脂的缩聚程度,也在某种程度上反映了树脂的流动性,当残留挥发分过高时,说明浸渍纸干燥不足,树脂尚未达到规定的缩聚程度,在这种情况下,浸渍纸易吸湿易粘连,在热压过程中有过量的挥发物要逸出造成板面光泽不均,并易产生湿花、鼓泡、翘凹、裂纹、耐污染性差等缺陷。当残留挥发分过低时,说明浸渍纸干燥过度,树脂已过度缩聚,在这种情况下,树脂流动性差,易造成板面光泽差,产生白花、不透明等缺陷,胶合强度也会下降。一般挥发分含量为5.5%~10%,其中6%~7%较为常用。树脂的预固化度也反映了树脂的固化程度,以浸渍纸在40℃蒸馏水中浸泡20min后,不溶于水的树脂的量与浸泡前树脂的绝干质量之比来表示。预固化度的计算公式如下:

$$W_c = \frac{W_e - W_o}{W_d - W_d \cdot W_v - W_o} \times 100$$

式中:W_c——浸渍纸的预固化度,%

W_d——浸渍纸浸泡前的质量,g

W_e——浸渍纸浸泡、烘干后后的质量,g

W_v——浸渍纸的挥发分,%

W_o——原纸的绝干质量,g

树脂的预固化度大,表明浸渍纸干燥过度、缩聚程度过大,预固化度小;表明浸渍纸干燥不足、缩聚程度过小。表层纸的预固化度一般为≤40%,装饰纸(低压)一般为≤70%,高压法装饰纸的预固化度≤30%,底层纸≤70%。

24.4.4.3 浸渍纸保管

浸渍纸的保管是十分重要的,尤其是三聚氰胺浸渍纸吸湿性较大,放在湿度较大的地方易吸湿粘连。放在温度过高的地方,树脂会进行聚缩,造成流动性降低、胶合能力下降。因此需用塑料薄膜密封存放在恒温恒湿室保管,恒温室温度约为20℃,相对湿度约为50%~60%。在保存条件良好的情况下,浸渍纸可保存2个月左右。

24.4.4.4 浸渍干燥中产生的问题及解决方法

浸渍纸的具体质量要术可参数LY/T1143-93饰面用浸渍胶膜纸标准。

浸渍干燥中产生的问题及解决方法见表24-46。

表24-46 浸渍干燥中产生的问题及解决方法

问 题	产生原因	解决方法
挂胶不均	①原纸组织不均匀； ②原纸局部有油污	调换原纸
	③原纸干湿不均	调含水率为4%~6%
	④刮刀或计量辊上有异物	检查计量辊和刮刀
	⑤浸胶后被擦掉	
挥发分太高（纸软）	干燥温度过低	调高
	干燥速度过快	调慢
	胶液密度太大	检查胶液密度
挥发分太低（纸脆）	干燥温度过高	调低
	干燥速度过慢	调快
	固化剂搅拌不均	搅拌均匀，静置片刻
浸渍纸干湿不均	浸渍速度不均，温度不均	调整速度和温度
表面有痕迹及灰尘	计量辊偏斜	调整计量辊
	胶液中有胶渣或混有杂质	滤胶
	干燥室内有灰尘	打扫干燥室
原纸断裂	①原纸湿强度差； ②原纸有裂口	检查原纸
	①浸渍时间过长； ②浸渍速度过快	调整浸胶速度或浸胶长度
	原纸吸收性太差	换原纸
浸渍不均（有暗点）	浸渍不良	加长浸胶长度，降低浸胶速度，提高胶槽温度，降低胶液黏度，增加湿润剂添加量
浸渍纸表面有胶粉和胶泡	胶液中含有大量空气	添加消泡剂
	因浸渍不充分原纸中留有空气	停止浸渍让槽中胶液静置片刻
	第一、第二干燥温度过高	调整增温程改善胶液的渗透调低温度

图24-47 树脂装饰板板坯配置

含有装饰纸和底层纸。

为使装饰板表面具有高光泽、柔光或浮雕花纹，应使用相应的镀铬不锈钢板，镀铬的目的是为了易于脱模、耐磨、耐用。为使底层纸不粘铝垫板，可使用聚丙烯薄膜包覆的铝板。为使板坯在热压过程中板面压力及温度均匀，应使用缓

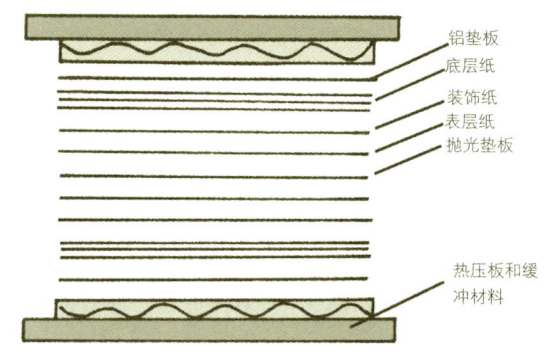

图24-48 每格二张的板坯配置情况

冲材料，缓冲材料可以是耐热橡胶，纸张或铜丝编织的缓冲垫。为提高热压机的使用效率，热压机的每一间隔中一般可放置数张至数十张板坯。每个间隔中配置二张板坯的组坯情况如图24-48所示。

组坯借助真空吸盘配合人工进行，在热压机入口端按图24-49所示组好坯后送入装板架，由装板架送入压机，压好后由卸板架拉出板坯，并经运输装置送至热压机进口端分板台进行分板，各类垫板由真空吸盘送至组坯台，进行组坯。

24.4.5 高压装饰板的压制与贴面

24.4.5.1 组坯

根据产品要求的厚度将多种浸渍纸组成板坯。一般板坯配置如图24-47所示，表层纸、装饰纸、覆盖纸、脱模纸各一张，底层纸根据产品厚度的要求，可适当增减。表层纸、装饰纸、覆盖纸浸渍的是高压三聚氰胺树脂，而底层纸、脱模纸浸渍的是酚醛树脂。

如果装饰纸为单色纸，为降低成本，表层纸可省去。如果装饰纸覆盖能力较强，覆盖纸也可省去。脱模纸是用加有油酸的酚醛胶浸渍的，防止板坯与垫板粘连。但如采用经聚丙烯处理的垫板，则脱模纸也可省去，因此最简单的板坯只

24.4.5.2 热压

热压是装饰板制造的关键工序之一，在热压过程中各层浸渍纸被加热，其所含的树脂首先呈熔融状态，在压力下多层浸渍纸紧密接触，树脂充分流动、渗透，均匀流展，最后树脂固化，将多层浸渍纸牢固胶合在一起成为装饰板。

在热压过程中，热压条件对装饰板质量有很大影响，只有正确掌握热压压力、热压温度、热压时间等工艺条件，才能得到高质量的装饰板。浸渍纸含浸的树脂要在一定温度下才熔融，具有流动性，并使树脂继续缩聚直至固化。因此必须采用热压。一般热压温度为135~150℃，过高的温度使树脂固化

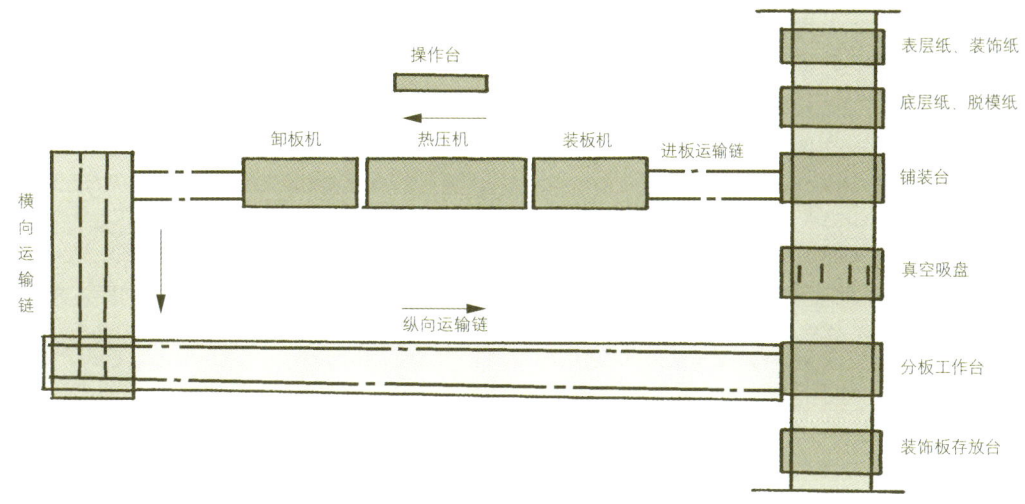

图 24-49 组坯热压工艺布置图

过快,以致树脂不能均匀流展,挥发分来不及挥发而造成白花、湿花缺陷。但热压温度过低往往造成热压时间过长,并且易造成树脂固化不良,产生板面开裂、光泽不好等缺陷。

热压的时间也很重要,要保证树脂在热压温度下能完全固化,需要有足够的时间,热压时间不足易粘板,板面易开裂。

高压三聚氰胺树脂虽经改性,脆性仍然较大,流动性较差,因此热压压力要求较大,一般要在6MPa以上,树脂才能均匀流展。在这么高的压力下,如果直接打开压机解除压力,板坯中的挥发分及水蒸气体积突然膨胀,冲出板面,会造成板面开裂和失光。因此高压装饰板应采用冷—热—冷热压工艺,即板坯进入压机时,热板温度低于50℃,然后压机闭合升温进行热压,在解除压力前先将热板温度降至50℃,然后再降低压力,打开压机。采用冷—热—冷热压工艺压制的装饰板板面光亮,光泽均匀。冷—热—冷热压工艺复杂,消耗能量多,对热压机要求高。冷—热—冷热压工艺用热压机技术参数如表24-47所示。

冷—热—冷热压工艺参数例如表24-48所示,表中装饰板厚度为0.8~1mm。

表24-47 2500T热压机技术参数

项 目	技术参数
总压力(t)	2500
热压板尺寸(mm)	2590×1370×65
压板单位压力(MPa)	7.0
层数(层)	15
热压板间距(mm)	100
蒸汽压力(MPa)	1.0
液压电动机功率(kW)	35.5

表24-48 冷—热—冷热压工艺参数规格压力

规 格	压力(MPa)	热压温度(℃)	热压时间(min)	保压降温时间(min)	冷却温度(℃)
每格2张	6.0~8.0	135~150	20~25	20	50以下
每格6张	6.0~8.0	135~150	20~30	20	50以下
每格6张	6.0~8.0	135~150	30~35	20	50以下

表24-49 双锯片圆锯机技术参数

项 目	技术参数
加工宽度(mm)	1200
锯片转速(r/min)	2800
进料速度(m/min)	9~29
锯片电动机功率(kW)	4.5(2台)
进料电动机功率(kW)	20(2台)

24.4.5.3 锯边及砂毛

热压后的板坯需按规格要求截成2440mm×1220mm或2135mm×915mm板坯裁锯采用双锯片圆锯机,先裁宽度后裁长度。锯片采用300~400mm的硬质合金锯片,裁边时主要控制对角线差和不要蹦边。双锯片圆锯机技术参数如表24-49所示。

板坯裁成一定规格后,背面要用砂光机砂毛,以增加贴面胶合时的胶合面积,提高胶合强度。一般可采用宽带砂光机进行砂毛,砂带为60号。

24.4.6 高压三聚氰胺树脂装饰板质量评定

高压装饰板的质量主要从外观及表面理化性能来评定,评定方法及标准要求可参照该国家标准"热固性树脂装饰层压板",标准号为GB/T7911.1~7911-1999。

在高压装饰板生产中常见的缺陷产生的原因及解决方法见表24-50。

表 24-50 高压装饰生产中常见缺陷产生原因及解决方法

缺陷名称	产生原因	解决方法
板面局部有白花	①表层原纸含胶量不够 ②表层原纸挥发物含量过低 ③原纸在干燥过程中温度过高，局部树脂固化 ④热压时压力不匀 ⑤衬垫材料已失效 ⑥不锈钢板表面不平 ⑦树脂缩合度太大（树脂反应过老）	①提高表层原纸树脂含量 ②适当提高表层原纸的挥发物含量 ③严格控制浸渍纸的干燥温度 ④对热压设备进行检修，改进加压面的均匀性 ⑤及时更换衬垫材料 ⑥不锈钢板定期进行抛光 ⑦对树脂进行检验分析，不符合指标要求，停止使用
板面有湿花（水汽），边缘更为严重	①浸渍纸挥发物含量太高 ②印刷装饰原纸的油墨或染料所用的溶剂不合适 ③浸渍纸回潮（吸湿）	①降低浸渍纸的挥发物含量 ②调换油墨（染料）用的溶剂 ③注意浸渍纸存放，有必要进行回烘
装饰板表面开裂	①树脂缩合度太小 ②树脂硬化不完全 ③表层原纸树脂含量太高	①不合格的树脂停止使用 ②适当提高热压温度或延长热压时间 ③控制表层原纸的上胶量在规定范围之内
装饰板分层	①浸渍纸挥发物含量太低，胶膜纸在干燥时局部树脂硬化 ②浸渍纸树脂含量不够 ③热压时间不够或压力过低 ④浸渍纸中间夹有杂物	①严格控制干燥工艺条件，干燥温度不宜过高，时间不宜过长 ②注意树脂浓度的变化及车速的控制，提高树脂含量 ③在压制过程中，要注意压机的降压及蒸汽压力的变化，要使温度及压力保持在规定范围之内 ④在浸渍纸铺装时要随时注意清洁，如遇有杂物及时清除
装饰板翘曲	板材翘曲的因素较为复杂，除去与装饰板本身组成的各种材料有关外，在工艺上造成的原因如下： ①浸渍纸含胶量不匀 ②在压制过程中保温后，未能进行充分冷却即卸压	①注意保持树脂浓度的均匀，调整挤压筒的间距 ②冷却到50℃以下卸压
水煮出现鼓泡分层	①挥发分含量过低 ②原纸质量差，渗透不够 ③树脂固化不均	①提高挥发分含量 ②换原纸 ③注意胶液调配
粘不锈钢板，粘垫板	①热压时间不够，树脂未完全固化 ②酚醛胶中脱模剂添加量少 ③不锈钢板污染	①延长热压时间 ②增加脱模剂添加量 ③清洗不锈钢板

24.4.7 高压三聚氰胺装饰板的贴面加工

高压三聚氰胺装饰板可以贴在胶合板、刨花板、纤维板等基材表面作装饰用。基材表面应光洁、平整、不翘曲，含水率为6%～10%。一般可采用冷压或热压的方法贴面，热压时含水率取下限值，冷压时可取上限值。冷压采用常温固化脲醛胶，热压采用热固性脲醛胶。可适当添加聚醋酸乙烯酯乳液胶，以增加胶层的塑性。涂胶量为150～200g/m²，贴面时，所需压力为0.5～1.0MPa，冷压时，在20℃以上，加压6～8h，堆放24h。热压时温度为90～100℃，热压时间为10～15min。

24.4.8 后成型高压三聚氰胺装饰板

普通的高压装饰板加热后不会再软化，只会逐渐分解。后成型高压装饰板加热后可软化，利用这一特点，在贴面的同时可连续包覆板件的异型边。作为后成型高压装饰板，其加热软化后弯曲的曲率半径应小于或等于装饰板厚度的10倍。

后成型装饰板在制造工艺上与普通装饰板有五点不同。

(1) 浸渍用树脂摩尔比小：三聚氰胺树脂摩尔比为M∶F = 1∶1.5～2，酚醛树脂摩尔比为P∶F = 1∶1～1.5。

(2) 浸渍用树脂需改性：浸渍用三聚氰胺树脂及酚醛树脂均需改性，增加可塑性，降低脆性。

(3) 浸渍纸树脂含量高：为防止弯曲时各层浸渍纸分层，各浸渍纸的树脂含量比普通型高，表24-51所示为各类

表 24-51 各类浸渍纸的树脂含量

装饰板类型	表层纸(%)	装饰纸(%)	底层纸(%)
普通型	130～150	55～65	40～45
后成型	200～240	100～120	42～67

表 24-52 热压工艺条件

装饰板类型	热压温度℃	热压时间 min	压力 MPa
普通型	135～150	40～45	5.0～7.0
后成型	125～135	20～25	5.0～7.0

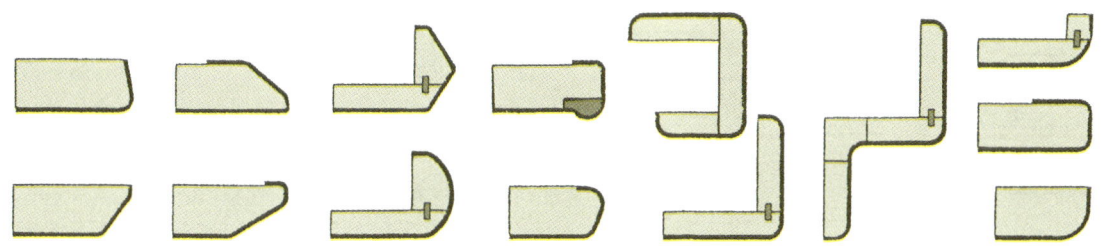

图 24-50 异型板边形状

浸渍纸的树脂含量。

(4) 对原纸要求高:为使装饰板富有可挠曲性,原纸应用长纤维针叶材纸浆抄造。

(5) 热压工艺不同:热压仍采用冷—热—冷热压工艺,但为使装饰板加热后能软化,应降低热压温度,缩短热压时间,使树脂处于尚未完全固化的状态。表24-52所示为热压工艺条件例(每间隔配置8块板坯)。

后成型装饰板的耐水煮、耐磨性、耐冲击性比普通装饰板略差,其他性能基本相同。后成型装饰板应密封包装,贮存在恒温湿室内,贮存时间不宜太长,其挠曲性能会随时间逐渐消失,半年内使用较好。

后成型装饰板在贴面的同时可包覆异型板边,图24-50所示为各种异型板边的形状。平面部分贴面与普通装饰板相同,先贴平面部分,然后用远红外幅射、热空气喷射等方法加热预留的装饰板边部使其软化,一般软化温度为170~190℃。当装饰板边部达到软化温度后应立即将其包覆基材板边。温度过高易造成鼓泡,过低装饰板易折断或产生裂纹。胶黏剂可使用热熔胶或聚醋酸乙烯酯乳液胶。胶黏剂涂布在基材上,涂胶量为150~200g/m²,图24-51为后成型封边机及封边顺序。

24.4.9 低压三聚氰胺浸渍纸贴面

低压三聚氰胺浸渍纸所需成型压力一般为1.5~3.5MPa,与基材人造板制造的压力基本相当,因此可采用与基材直接组坯进行贴面的工艺。根据采用的热压温度的高低及热压周期的长短,贴面工艺可分为低压长周期贴面工艺(冷—热—冷热压工艺)及低压短周期贴面工艺(热—热热压工艺)。

24.4.9.1 基材要求

低压三聚氰胺浸渍纸贴面用基材应符合24.1节所列多项要求。要求基材厚度均匀,表面光洁、平整、不翘曲,含水率均匀,对含水率的具体要求如表24-53所示。采用热—热工艺时基材含水率过高会造成鼓泡、分层、内结合强度下降等缺陷。

采用冷—热—冷热压工艺时,热压周期较长,对基材压缩率较大,因此要求基材密度在0.78g/cm³以上,而热—热热压工艺热压周期短,对基材影响小,可采用密度0.65~0.68g/cm²的基材。但三聚氰胺浸渍纸贴面热压成型时树脂收缩较大,为使基材有一定的承受树脂收缩应力的能力,要求

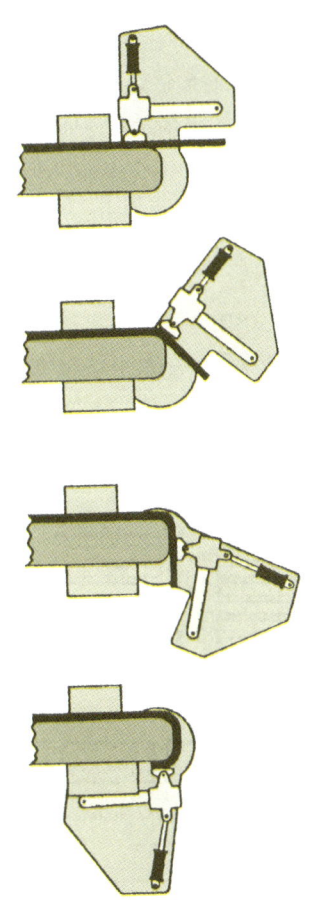

图 24-51 为后成型封边机及封边顺序

表 24-53 对基材人造板含水率的要求(%)

热压工艺	刨花板	胶合板	中密度纤维板
热—热工艺	6~8	6~8	≤6
冷—热—冷工艺	6~12	6~12	6~12

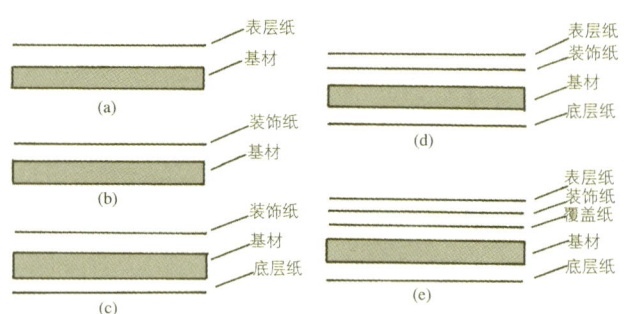

图 24-52 浸渍纸覆面形式

基材的表层密度达到 0.9g/cm³ 左右。采用热—热热压工艺时，要求基材厚度在 8mm 以上，以免打开压机时炸裂。而冷—热—冷热压工艺则可允许基材厚度小于 8mm，两种热压工艺允许的基材厚度如下：

热—热工艺　　　　　　8～40mm
冷—热—冷工艺　　　　3～40mm

24.4.9.2 组坯

根据产品表面性能的要求，组坯形式有多种，如图 24-52 所示为常用的组坯形式。其中(a)适用于表面具美丽木纹的胶合板基材；(b)适用于薄型胶合板、刨花板、中密度纤维板基材；(c)较为常用，可用于刨花板，中密度纤维板基材。当胶合板基材两面均用酚醛胶浸渍纸贴面时常用作混凝土模板。(d)、(e)用于表面耐磨性要求较高的产品，如强化地板等。

24.4.9.3 低压长周期热压工艺

热压的温度主要取决于树脂的熔融及固化所需的温度。温度较低热压周期就较长，当热板温度为 140～155℃时，在压力 2～2.5MPa 情况下，加压 2～4min 树脂即可熔融并固化，再加上冷却(冷却至 40～50℃)时间，及热压板的升温时间等热压周期约需 10～20min。采用这种冷—热—冷热压工艺板面光泽好，而且可对厚度在 8mm 以下的基材进行贴面，但需采用多层压机，这种贴面工艺除在特殊情况下，一般已被低压短周期热压工艺所替代。

图 24-53 所示为采用冷—热—冷热压工艺生产三聚氰胺浸渍纸贴面刨花板的工艺流程图。热压后的板坯送至真空吸板机之前，由真空吸板机将抛光垫板吸离板坯，真空吸板机将成品板吸至裁板机进行裁边，然后送至组坯工位进行堆垛，再由手工将装饰纸铺放在上面，由真空吸板机将抛光垫板放在装饰纸上面，至此组坯结束，板坯被送入装板机。待多层板坯均组坯结束后由装板机将板坯推入热压机进行热压贴面加工。

24.4.9.4 低压短周期热压工艺

当热板温度为 180～200℃时，在 2～3MPa 压力下，树脂熔融及固化时间仅 30～50s，如树脂具足够的流动性和塑性可不经冷却，直接打开压机进行卸板。这样，热压时间加上辅助时间(16～18s)，仅 48～68s，这种热压工艺为低压短周期热压工艺，采用低压短周期热压工艺时，要使用专用的单层低压短周期压机。这种压机的进出板装置是联动的，出板的同时将板坯拉入压机，整个装卸板、压板闭合、升压、卸压、打开压板等辅助时间极短，主要是为了防止树脂的预固化和过度固化。图 24-54 所示为板坯被夹入压机至加压的过程。(a)—二侧夹头将板坯夹入压机；(b)—侧夹头退出；(c)—另一侧夹头退出；(d)—开始加压。整个过程仅需 4s。苏州苏福马及上海人造板机器厂都能生产这种专用的单层的低压短周期热压机。

由于热压板上还固定了缓冲层及不锈钢垫板，因此热压板与板坯间还隔着缓冲层及不锈钢垫板，当热压板温度

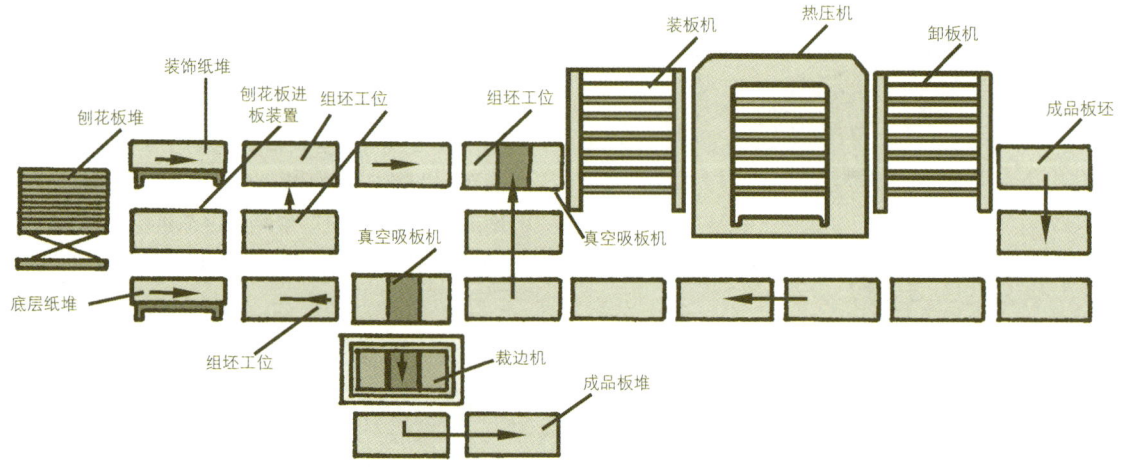

图 24-53 冷—热—冷法生产三聚氰胺浸渍纸贴面刨花板工艺流程图

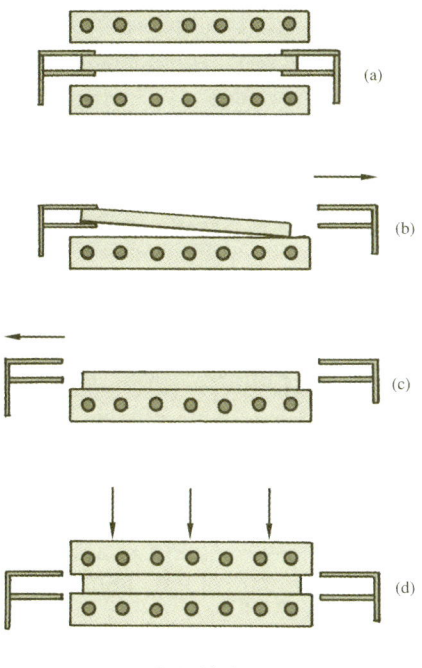

图 24-54 板坯被夹入压机

表 24-54 热压工艺条件

热压工艺条件 热压压力	热压温度 (℃)	板坯结构 (s)	热压时间 (MPa)
对称结构	上热板 180~190 下热板 172~182	30~50	20~40
不对称结构	上热板 180~190 下热板 185~200	30~50	20~40

注：①基材厚度较小(8mm)时，热压时间用较小值
②基材密度较大(>0.8g/cm³)时，热压压力用较大值

为 180~200℃时，在数十秒的热压时间内，板坯表面温度只能达到 150~170℃，因在三聚氰胺树脂内加有热反应性催化剂，使树脂能迅速熔融和固化。一般热压时间为 30~50s，正确的热压时间取决于树脂的固化程度。热压时间过长会使树脂过度固化，造成板面不透明，产生白花，热压时间过短，树脂固化不完全，易粘板，板面易龟裂退光，同时耐热性、耐磨性能也会下降，树脂的固化程度可通过盐酸试验来检验。

由于装板时下热板先接触板坯，为防止预固化及造成板坯变形，在板坯对称时 [图 24-52(c)]，一般下热板温度应较上热板低 8℃。当板坯结构不对称时 [图 24-52(d)(e)]，上热板温度应较下热板低 5~10℃。低压短周期热压工艺条件如表 24-54 所示。

热压工艺条件是否合理，可通过热压后做固化试验、封闭试验和刻画试验来检验。固化试验后达到 2 级，则表示固化程度正好；如低于 2 级表明树脂固化过度，应适当缩短热压时间；如高于 1 级则表明树脂固化不充分，应适当延长热压时间。封闭试验 0 级为最好，表明树脂流动性好，热压工艺条件合适，超过 1 级表明树脂流动性差，应及时调整浸渍干燥工艺调整预固化度和挥发分，调整热压工艺条件，降低热压温度，提高热压压力。刻画试验主要检验浸渍纸基材的胶合情况，如浸渍纸未胶落，表明胶合良好；浸渍纸脱落，背面未粘有纤维（刨花），表明胶合不良，应调整浸渍干燥工艺，降低预固化度，提高挥发分，提高树脂含量，

表 24-55 固化试验、封闭试验、刻划试验方法

试验项目	试验步骤		定级标准
固化试验	①用 4N 的盐酸滴在板面上，覆盖面积直径 20~30mm，用表面皿罩上； ②20min 后洗净，擦干； ③目标表面腐蚀情况，对照标准判定等级	0级 1级 2级 3级 4级 5级 6级	无变化 颜色微变 颜色变化小 颜色变化较大 颜色变化较大，且有小突起 颜色变化较大，且有大突起 突起且表面破坏
封闭试验	①用 2B 铅笔在板面上涂约 20mm×20mm 的面积； ②用水洗净，擦干； ③观察表面黑点分布密度，根据标准定级	0级 1级 2级 3级 4级 5级 6级	无黑点 用 6 倍放大镜看到极少数黑点 用肉眼看到较少数黑点 肉眼看到少数黑点 肉眼看到很多黑点 肉眼看到成团黑点 肉眼看到板面密布黑点
刻划试验	用刀片在板面画格，纵向 5 条，横向 5 条，互相垂直，间隔 4mm，长 30mm，深 1~2mm		①浸渍纸不脱落； ②浸渍纸脱落，背面未粘纤维（刨花）； ③浸渍纸脱落，背面粘有纤维（刨花）

调整热压工艺；如浸渍纸脱落，背面粘有纤维（刨花），表明基材表面结合强度差，基材应再砂光或换基材。固化试验、封闭试验及刻画试验具体试验方法及判定标准如表25-55所示。

热压后的板坯内部应力较大，不能马上锯解，应放置1.2周待应力消除后再进行锯解，否则板坯易呈香蕉状变形。

图24-55所示为低压短周期贴面流程图。

由真空吸纸器将底层纸吸至真空带上。基材刨花板由推板器推进，经刷光机刷光后推至底层纸上面。然后真空吸纸器再将装饰纸吸至刨花板上。组好坯的板坯经静电装置，使纸板吸附，进入组坯台。当压机打开后联动进出板装置的真空吸盘将已热压好的板坯吸离下垫板，其前端的夹板器将板坯夹住拉入压机中，并迅速退出。压板闭合、加压。由真空吸盘吸出的已压好的板坯经齐边装置齐边，经刷光机刷光，经摆动架进行人工质量试验，然后进行堆垛和运出生产线。

24.4.9.5 低压三聚氰胺浸渍纸贴面人造板质量评定

低压三聚氰胺浸渍纸贴面人造板质量主要从外观质量及表面理化性能两方面来衡量，外观质量及表面理化性能指标及检验方法可参照国家标准GB／T15102-1994(浸渍胶膜纸饰面人造板)。GB/T18102-2006（浸渍纸层压木质地板）。

三聚氰胺浸渍纸贴面人造板生产过程中产生的问题及解决的方法如表24-56所示。

24.5 邻苯二甲酸二丙烯酯树脂浸渍纸贴面装饰

24.5.1 邻苯二甲酸二丙烯酯树脂

邻苯二甲酸二丙烯酯树脂是20世纪60年代随着石油化学工业的兴起而发展起来的一种热固性树脂。利用邻苯二甲酸二丙烯酯树脂的初期聚合物(预聚体)的丙酮溶液浸渍的浸渍纸作为人造板的表面装饰材料，在国外已应用得比较普遍，在国内也已试制成功，但因成本太高，尚未投入生产。

邻苯二甲酸二丙烯酯树脂最先是由美国的FMC公司以商品名"DAPON"简称"DAP"供应市场的，因此常被称为DAP树脂。

邻苯二甲酸二丙烯酯树脂兼具有热固性树脂的坚韧性及热塑性树脂的易加工性。由于树脂的流动性好，可在低温低压下贴面；树脂聚合过程中挥发物极少，故可采用热—热工艺，而且能得到很好的表面光泽；树脂浸渍纸柔软，可以复卷；浸渍纸贮存时间长，不需设恒湿室来保存浸渍纸；固化后加工方便。浸渍纸贴面后，表面具有优良的物理性质：有非常优良的电气绝缘性；耐热性超过酚醛树脂、环氧树脂及三聚氰胺树脂；耐化学药品污染，丝毫不受酸、碱和有机溶剂的腐蚀；吸湿性小，尺寸稳定性好；耐候性好，不产生龟裂；耐磨性好，即使是在湿润条件下耐磨性也好；耐冲击性好。

由于邻苯二甲酸二丙烯酯树脂浸渍纸贴面时加工性能好。贴面后表面物理性能良好，可以说是一种最适于人造板表面装饰的合成树脂。

邻苯二甲酸二丙烯酯单体由邻苯二甲酸钠或邻苯二甲酸酐与氯丙烯或丙烯醇在触媒作用下，反应生成。

邻苯二甲酸二丙烯酯单体在引发剂的作用下，打开一侧双键进行游离基的加成聚合反应。在聚合的第一阶段，邻苯二甲酸二丙烯酯单体进行预聚合，形成的初期聚合物有塑性，加热能软化、熔融。能溶于邻苯二甲酸二丙烯酯单体及丙酮等溶剂。在聚合的第二阶段打开另一侧的双键进行交联聚合。形成不溶不熔的树脂。制造浸渍纸用的是邻苯二甲酸二丙烯酯的预聚体。

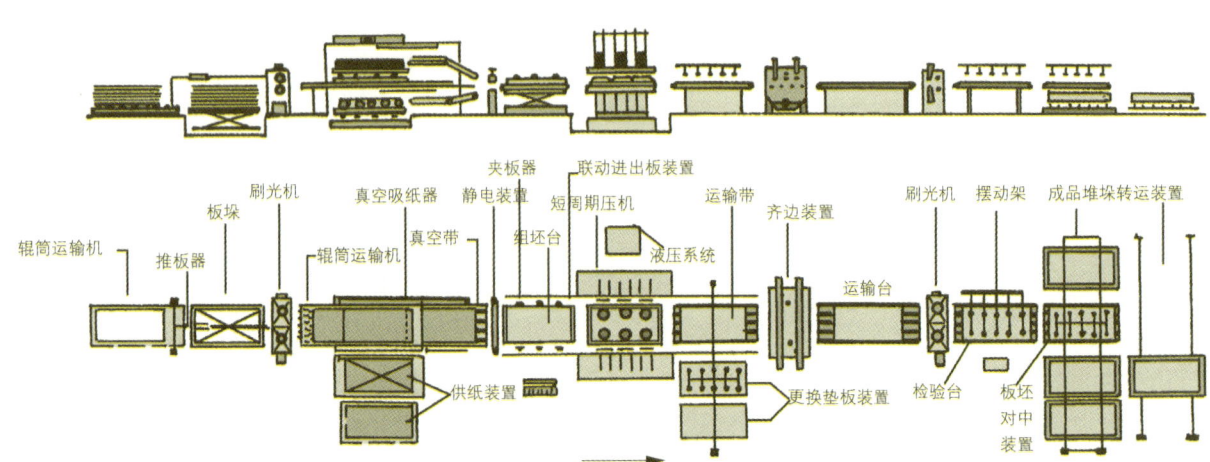

图24-55 低压短周期贴面流程图

表 24-56 三聚氰胺树脂浸渍纸贴面人造板的缺陷及造成的原因、解决的方法

缺 陷	造成原因	解决方法
白花	①压力不足； ②压力不均； ③抛光不锈钢板污染； ④浸渍纸过干燥； ⑤热压机操作错误； ⑥基材砂光不均	①提高压力； ②使用缓冲材料； ③抛光不锈钢板抛光或擦干净； ④调整浸渍纸干燥工艺条件； ⑤正确操作； ⑥调整砂光工艺
湿花(水迹)	①基材水分过多； ②浸渍纸挥发分过多； ③浸渍纸回潮	①调整基材含水率； ②调整浸渍纸干燥工艺条件； ③注意保管浸渍纸
表面开裂	①树脂固化不完全； ②表层纸树脂含量过高	①适当提高热压温度或延长热压时间； ②控制表层纸树脂含量
变 色	①热压温度高，热压时间过长； ②脱模剂不合适； ③基材含油脂多； ④浸渍纸厚薄不均	①降低温度，缩短时间； ②选择合适的脱模剂； ③基材要进行处理(如封底处理)； ④检查、调整浸渍纸质量
内结合强度差(分层)	①基材水份过多； ②基材内结合强度差； ③热压温度高； ④热压时间过长	①控制基材含水率； ②更换基材； ③调整热压温度； ④调整热压时间，贴面后冷却； ⑤延长热压时间，提高热压温度
粘不锈钢板	①树脂固化不充分； ②不锈钢板污染； ③树脂含量过多； ④残留挥发分过多	①适当减少树脂含量； ②不锈钢板擦干净，使用脱模剂； ③调整干燥条件； ④配坯时注意浸渍纸要平整； ⑤使用缓冲材料； ⑥检查浸渍纸质量
皱 纹	①配坯时不注意； ②加压不均匀； ③浸渍纸带垃圾	①调整板坯结构； ②调整上下热板温差，调质处理后使用
翘曲变形	①结构不对称； ②内部应力大	①调整浸渍纸干燥条件； ②加大树脂含量； ③调整压力
光泽不足	①残留挥发分过多； ②树脂含量不足； ③压力太大； ④不锈钢抛光板表面不光洁； ⑤未采用冷—热—冷工艺	①抛光； ②考虑改热压工艺； ③调整压力； ④加缓冲材料； ⑤检查基材
光泽不均	①压力太小； ②温度过低； ③基材厚薄不均； ④脱模不好	①选用合适的脱模剂； ②提高温度，延长热压时间； ③调整浸渍纸树脂含量； ④基材重新砂光或更换基材
表面理化性能差	①固化不充分； ②树脂含量不足	①调整浸渍纸干燥工艺条件
浸渍纸剥离	①基材表面密度太低； ②浸渍纸干燥过度	
缩孔	①树脂流动性差； ②压力过低； ③温度过高； ④树脂过老	①调整挥发分，调整预固化度； ②调整压力； ③调整温度； ④调整制胶工艺
板面雾状	干燥进口段温度过高	调整进口段温度
不耐水蒸气	树脂固化不充分	调整热压工艺
板面有小气泡(小白点)	①油量层太厚； ②热压温度过高	①调整印刷工艺，浸胶工艺； ②调整热压工艺

24.5.2 邻苯二甲酸二丙烯酯树脂浸渍纸的制造

邻苯二甲酸二丙烯酯树脂浸渍纸的制造方法与使用设备大致与浸三聚氰胺树脂相同。因为可采用低压法，装饰纸原纸可使用80g/m²的钛白纸，但装饰纸印刷用油墨要求能耐热不受氧化物和丙酮等溶剂的影响，油墨的粘结剂可采用硝化纤维素或醋酸纤维素。

邻苯二甲酸二丙烯酯树脂浸渍胶液的配制成分如下：

邻苯二甲酸二丙烯酯预聚体　90～95 份(质量比)
邻苯二甲酸二丙烯酯单体　　5～10 份
引发剂　　　　　　　　　　1～3 份
内部脱模剂　　　　　　　　1～3 份
溶剂　　　　　　　　　　　100～150 份

在浸渍胶液中加入一定量的邻苯二甲酸二丙烯酯单体是为了增加树脂的流动性，使浸渍纸比较柔软，易于操作，但加入量过多易使浸渍纸粘连。一般在加入单体的同时加入一些阻聚剂(对氧基苯酚)，以延长凝胶化时间，但加入量过多会延长树脂固化时间。

引发剂一般使用有机过氧化物.如过氧化苯甲酰(BPO)、过氧化苯甲酰叔丁脂(TBP)，引发剂用量可根据浸渍条件及热压条件来定，过多则贴面时热压时间可缩短，但浸渍纸的生活期缩短，树脂的流动性会变差。

内部脱模剂使用月桂酸、硬脂酸等高级脂肪酸及其金属盐。

溶剂一般可用丙酮、甲乙酮或丙酮与甲苯的混合溶剂，溶剂的多少要视所要求的树脂含量来定，浓度过大或过小都会造成树脂含量不足。

邻苯二甲酸二丙烯酯树脂的胶液要用有机溶剂进行配制，有机溶剂的蒸发会造成空气污染，有害人体健康，并且要使用大量的有机溶剂，因此，现在的发展趋势是把溶剂型改为乳液型。应用于浸渍纸的制造。

浸渍用原纸的要求可参考前节有关部分，由于这种树脂流动性较好，可采用80g/m²的装饰纸原纸，树脂含量为55%～65%，表层纸树脂含量为80%(计算树脂含量时。分母为浸渍纸绝干重)。

表 24-57 热压条件

热压条件		基材	胶合板 (3~4mm 厚)	硬质纤维板 (3.5~5mm 厚)	厚胶合板或刨花板 (10~19mm 厚)
	压力(×10⁵Pa)		8~12	10~15	8~12
时间 (min)	热板温度120℃		6~8	7~9	11~15
	热板温度130℃		5~6	6~8	8~11
	热板闭合时间(s)		20以上	20以下	20以下

浸渍纸干燥时入口区温度应低些，在90~100℃范围内，局部可达100℃以上，挥发分为3%~5%，不应超过6%。

24.5.3 邻苯二甲酸二丙烯酯树脂浸渍纸贴面处理

邻苯二甲酸二丙烯酯树脂浸渍纸可贴在胶合板、纤维板和刨花板基材上，一般邻苯二甲酸二丙烯酯树脂浸渍纸贴面可采用热—热工艺，但在表面光泽要求特别高时也可采用冷—热—冷工艺。板坯背面不用贴平衡浸渍纸，因这种树脂柔软性好，单面贴面不会引起板材变形。热压时要使用缓冲材料、抛光不锈钢垫板，外部脱模剂可采用硅酮树脂，可将硅酮树脂涂于垫板上，经180~200℃烘干后即可使用。

对各种基材贴面的热压条件如表24-57。

24.6 聚氯乙烯薄膜贴面加工

聚氯乙烯薄膜是一种热塑性的材料，因此其耐热性比较差，耐热温度约为90℃，表面硬度较低，不耐刻划，燃烧时会放出有毒烟气，胶贴需用价格较高的胶黏剂，因此其用途受到一定限制，但在家具、室内装饰、电视机、音箱壳体方面应用仍比较广泛。其主要特点为：

(1) 聚氯乙烯薄膜表面平滑，印刷性能好。可模压浮雕花纹，真实感强；
(2) 透气性小，贴面后可防止空气中水分对基材的渗透；
(3) 贴面工艺简单。适于连续化生产；
(4) 薄膜柔软，在贴面的同时可进行边部的包覆；
(5) 表面无冷硬感，防水性、耐磨性好。

24.6.1 聚氯乙烯薄膜(PVC 薄膜)

聚氯乙烯薄膜是由聚氯乙烯树脂粉末加增塑剂、稳定剂、润滑剂、着色剂等一起混炼压制而成，一般用作贴面装饰材料的聚氯乙烯树脂的平均聚合度为800~1400。聚氯乙烯树脂的分子式如下：

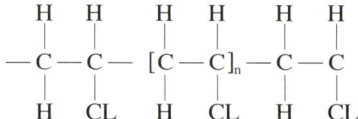

薄膜的柔软程度由添加的增塑剂的种类及多少来决定，一般可根据增塑剂的含量的不同分为硬质、半硬质和软质三

表 24-58 聚氯乙烯薄膜硬度分类

种 类	增塑剂含量（%）
硬 质	<10
半硬质	10~25
软 质	>25

种，其分类如表24-58所示。

人造板贴面用聚氯乙烯薄膜一般增塑剂含量为10%~25%，属于半硬质薄膜，厚度为0.08~0.4mm。

增塑剂的添加使树脂膨润，变成凝胶状的弹性体，也就是说，先用加热的方法，使线型结构的聚氯乙烯紧密结合的分子间内聚力稍稍减弱，使增塑剂挤进变得比较松驰的分子间，这样分子的间隙更加扩大，分子间的内聚力更加减弱，薄膜就变得比较柔软。

在选择增塑剂时主要是考虑增塑剂与树脂的相溶性、增塑效果、挥发性、对光和热的稳定性、迁移性、浸出性、耐寒性(脆化温度)及化学稳定性(对水、油等化学药品的耐腐蚀性)等。其中迁移性对薄膜与基材的胶合强度有很大影响。迁移性大的增塑剂在薄膜贴到人造板表面后。会逐渐往胶层迁移而使胶合强度大大下降，浸出性大的增塑剂会渗出薄膜表面，影响装饰效果。一般常用的增塑剂有邻苯二甲酸二丁酯(DBP)、邻苯二甲酸二辛酯(DDP)，邻苯二甲酸丁基苄基酯(BBP)、磷酸三甲苯酯、癸二酸二辛酯(DOS)等。

稳定剂主要是防止聚氯乙烯树脂在加工和使用过程中，在光、热的长期作用下产生脱氯化氢反应而使树脂分解、裂化、变色、失去柔性。一般使用的稳定剂为铅白即碱式碳酸铅($P_bO \cdot H_2O \cdot 2P_bCO_3$)、三碱式硫酸铅($3P_bO$-$P_bSO_4 \cdot H_2O$)、三碱式亚磷酸铅($2P_bO \cdot P_bHPO_3 \cdot 1/2H_2O$)、金属碱类。

润滑剂的作用主要是增加树脂混炼时的流动性,减少与加工机械热金属表面的摩擦阻力，并防止树脂粘在加工机械的表面。

另外，为了降低成本，并得到所需的颜色，还需添加填料及颜料。

聚氯乙烯薄膜一般都可印刷木纹或图案花纹。印刷层有的在表面，有的在背面，印刷在表面的油墨层易磨损，因此其表面可再用一层透明的薄膜与其复合，以保护印刷层。或印刷在薄膜的背面，但薄膜必须是透明的，而且印刷工艺也比较复杂。近年耐磨性油墨的研制成功，只需在表面印刷即

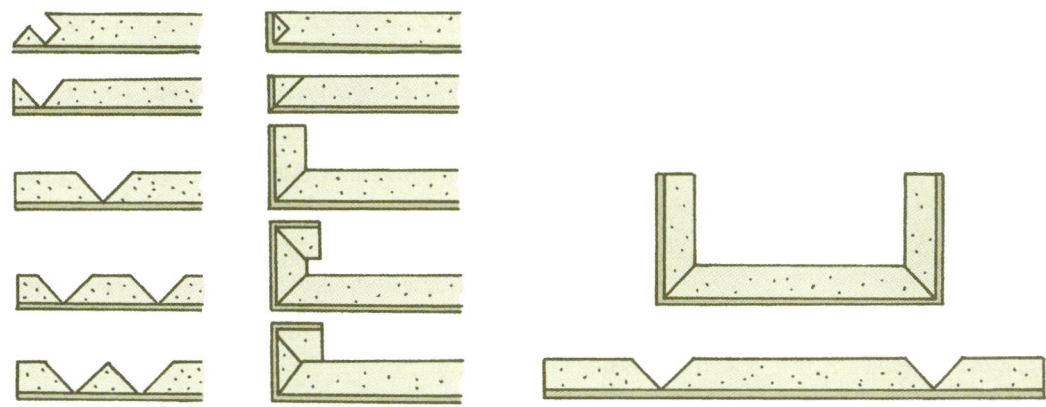

图 24-56 PVC 薄膜包覆的各种形式

可。为了使印刷的木纹更真实,在印刷后还可在薄膜上模压一些导管槽(俗称棕眼)。

24.6.2 胶黏剂

聚氯乙烯薄膜(PVC)贴面用胶黏剂有丁腈橡胶类胶黏剂、聚醋酸乙烯酯乳液、乙烯—醋酸乙烯酯共聚乳液(EVA)、EVA 热熔胶。丁腈橡胶类胶黏剂成本高,胶合强度差。聚醋酸乙烯酯乳液虽成本较低,但耐久性差,胶中增塑剂易析出,成膜温度需在 5℃以上,因此不常用。在聚醋酸乙烯酯乳液的主链中导入乙烯基,使主链变得柔软,成膜温度降低。这种改性后的胶即为乙烯—醋酸乙烯酯共聚乳液(EVA)。乙烯—醋酸乙烯酯共聚乳液对氧、紫外线的稳定性好,适于辊压贴面,因此是聚氯乙烯薄膜贴面的比较理想的胶黏剂。胶黏剂的涂布采用辊涂法,涂布量为 80～170g/cm²。异型面贴面加工时常用 EVA 热熔胶。

24.6.3 贴面加工

贴面采用常温辊压法,辊压设备与装饰纸贴面用设备相同。

冬季可适当加温,以使薄膜软化易于贴面。辊压目的是赶去薄膜与基材之间的空气,使薄膜与基材紧密接触,以利于胶合,辊压压力为 100～200N/cm。聚氯乙烯薄膜不宜用平压法贴面,因为平压法贴面不易将薄膜与基材间空气赶出去,影响胶合质量。贴面后不能立即锯割,应堆放 3d 以上,使胶黏剂充分固化,胶合强度达最高值后锯割较好。

聚氯乙烯薄膜柔韧性很好,可在贴面的同时进行板边的包覆。还可以连同基材一起折转包覆,制成箱体,图 24-56 所示即为薄膜包覆的几种形式。先在贴面后的基材部分用圆锯或铣刀加工 V 型槽,然后再折转包覆。

聚氯乙烯薄膜还可通过加热模压成各种浮雕型图案及花纹,然后再贴面,这种加工方式主要用来制造门皮板。

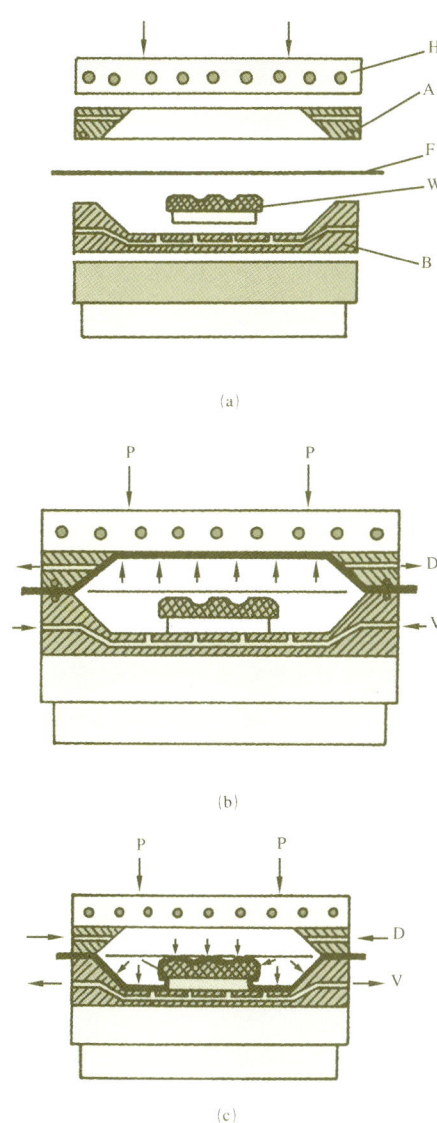

图 24-57 异型压机贴面工作原理

聚氯乙烯薄膜也可在事先已用数控镂铣机镂铣出各种浮雕状花纹或图案的中密度纤维板基材上进行异型面贴面加工。而且聚氯乙烯薄膜可替代施加压力的橡胶膜，而使贴面压机简单化。图24-57所示为用不带橡胶薄膜的异型贴面压机贴覆聚氯乙烯薄膜的过程示意图。这种压机苏州林机厂已有生产，其型号为BY932多功能贴面压机。

图24-57中，H为上热板，C为下热板，F为PVC薄膜，W为表面已镂铣浮雕花纹的中密度纤维板，表面已涂有热熔胶。A、B为附加的导入压缩空气或抽真空的装置，D、V为压缩空气入口(抽真空口)。图中(a)已将基材及PVC薄膜放入压机，但压机尚处于开启状态；图中(b)显示D抽真空，V导入压缩空气，使PVC薄膜紧贴上热板H而被加热软化（c）显示V抽真空而D通入压缩空气，使PVC薄膜紧紧包覆在MDF上与之胶合。贴面时加热温度约为140℃，压缩空气压力约为0.6MPa。

24.6.4 聚氯乙烯薄膜贴面人造板质量评定

聚氯乙烯薄膜贴面人造板质量主要根据外观质量及表面理化性能评定。主要理化性能有剥离力、耐磨性及耐污染性等，其指标值及检验方法可参照林业行业标准聚氯乙烯薄膜饰面人造板，标准代号为LY/T1279-1998。

24.7 聚烯烃纤维素聚合薄膜贴面加工

24.7.1 聚烯烃纤维素复合薄膜

由聚烯烃与纤维素复合的薄膜，其商品名为ALKORCEIL。这种薄膜因不含增塑剂，因此没有毒气体放出，又因含有纤维素而具有一定的透气性，是介于塑料薄膜与纸张之间的一种产品。这种薄膜也可印刷木纹或图案花纹，并可模压浮雕花纹，可用于各种人造板贴面装饰，而且只需使用脲醛树脂胶经冷压即可贴面，使用非常方便。薄膜柔软，贴面的同时可进行边部的包覆。薄膜的主要性能如下：

(1) 能保持形状稳定的温度范围：−30～1500℃；
(2) 耐污染、耐水、耐水蒸气；
(3) 薄膜不分层、不碎裂、使用寿命长；
(4) 遮盖性较好，定量为100～150g/m²。

另有一种聚烯烃（PO）薄膜，性能类似PVC薄膜，但耐热性较PVC高20℃，在110℃温度下使用不会有问题，PO薄膜贴面人造板可用来制造厨房家具，使用中无有害气体放出，是一种环保型材料。

24.7.2 聚烯烃纤维素复合薄膜贴面

聚烯烃纤维素复合薄膜可采用脲醛树脂进行贴面，涂胶量一般为60～80g/m²。贴面方法可采用冷辊压、热辊压或热平压法。为加快脲醛胶的固化速度，在薄膜背面涂有氯化铵，当薄膜与基材贴合时，胶黏剂即能快速固化。但在冷辊压的情况下，贴面后需堆放2～3d后才能使用。热辊压时，温度可达120～130℃。热辊压有利于胶合强度的提高。辊压设备可采用装饰纸贴面用辊压装置。采用热平压法贴面时温度为80～100℃，热压时间约20s。薄膜也可在已有浮雕花纹的基材上进行模压，此时温度为100℃，压力为1～1.4MPa，加压时间为20～30s。PO薄膜的贴面工艺条件与PVC薄膜相同。

24.8 其他材料贴面装饰

人造板表面除用合成树脂浸渍纸、木纹纸、薄木、树脂薄膜等贴面以外，还可以用纺织品、金属薄板、石棉板、竹材等进行贴面处理，以适应各种具有特殊要求的用途。

24.8.1 纺织品贴面

纺织品花色品种繁多，用于人造板贴面的，主要是合成纤维织物及丝绸织物。纺织品贴面人造板主要用于建筑物室内的壁面装饰，使室内具有温暖、豪华的感觉。

使用的胶种一般为聚醋酸乙烯酯乳液或聚醋酸乙烯酯乳液与脲醛胶的混合胶，可采用热压、冷压或辊压。

由于纺织品比较柔软，在人造板表面进行处理的同时，可将纺织品包覆到人造板的四边。进行封边处理。

24.8.2 金属薄板贴面

人造板表面常用薄铝板或不锈钢板进行贴面。金属板贴面人造板轻而强度大；热传导系数较纯金属板小；比金属板的反响性小；耐冲击，能吸收一部分冲击能，不受损伤；防火性能好；不受虫害、菌害；表面易于清洗。因此金属薄板面人造板常用于医疗卫生及厨房家具。

金属薄板的胶贴比较困难，因金属、木材、胶黏剂是三种性质完全不同的材料，即使胶合后，在受外载荷作用时，金属板与人造板基材内产生的应力不同，易在周边部产生应力集中而使二者剥离。

常使用的胶黏剂为环氧树脂及合成橡胶类胶黏剂。

24.8.3 软木贴面

软木保温性、吸音性较好，常用它来装饰人造板后做天花板壁面。软木可切成薄片或粉碎成颗粒状，用脲醛树脂贴在人造板表面，有特殊的装饰效果。

24.8.4 木粉贴面

木粉经染色后，可散布在涂有脲醛胶的基材人造板上作为装饰。木粉可染成各种颜色，混合后粘贴于基材表面可得到颜色富有变幻的装饰效果。

24.8.5 纤维贴面

将羊毛或人造纤维等纤维类切成很短的短纤维，用静电的方法吸附在人造板表面，并使之直立胶黏，产生一种柔软的天鹅绒般的装饰效果。

24.8.6 矿物类贴面

将石英石等矿物粉碎后，散布在涂有胶黏剂的人造板表面，产生一种特殊的装饰效果。常用于建筑物室内的壁面装饰。

24.8.7 竹材贴面

竹材是一种很好的人造板表面装饰材料，竹材贴面人造板具有素雅、朴实的民族风格，常用于建筑物室内及家具的装饰。

竹材贴面材料可以用两种方法来制造，即编织法与旋切法。

24.8.7.1 编织法

将竹材劈成厚度为1.2～1.5mm，宽度为8～15mm的篾条，经染色或漂白后编织成具有各种图案的花席，这种花席经树脂浸渍、干燥后即可用热压法胶贴于人造板的表面。

竹篾的漂白，可将竹篾放入1%的漂白粉溶液中浸泡1～2h，然后再在5%醋酸溶液中浸泡30min左右，然后清洗、干燥；也可将竹篾放入密闭容器中通入二氧化硫气体，经一昼夜，然后取出清洗、干燥。

竹篾的染色一般采用碱性染料较好。染色前先放入碱水中煮沸3～5min，进行预处理，然后再放入染液中煮沸30～40min即可。

竹篾一般采用酚醛树脂胶浸渍，浸渍前要先放入水中或5%碱溶液中煮沸40～50min进行预处理，以提高竹篾的渗透性。

24.8.7.2 旋切法

挑选径大壁厚的竹材，先经10%碱溶液热处理软化后，在竹材专用旋切机上进行旋切，竹材单板一般厚0.1～0.2mm，竹材单板经干燥，含水率达8%～10%即可在涂胶基材上胶贴或拼花胶贴。

24.9 转移印刷

转移印刷是近几年开发出来的一种表面装饰方法，它借助于一张特制的转印薄膜，通过加热、加压将其上的木纹转印到基材人造板上去，因它转印时勿需油墨、涂料及胶黏剂，所以又称为干印。转移印刷自问世以来，发展非常迅速，并且在各个部门都得到了广泛的应用，这主要是由于转移印刷与别的装饰方法相比有如下的优点：

(1) 转移印刷不仅能转印木纹、图案而且能将金属箔转印到基材上去，真实感强；

(2) 印刷时无需油墨、涂料与胶黏剂，因此不存在空气污染问题，无需庞大的污染处理设备；

(3) 工艺简单、加工方便、加工周期短，适于大量生产；

(4) 装饰表面具有耐磨、耐热、耐水、耐污染等优良物化性能；

(5) 能耗小、成本低、占地面积小。

24.9.1 转印薄膜

转印薄膜的构成如图24-58所示。载体为厚19～23μm的聚酯薄膜，耐热，具有足够的柔韧性。载体在转印后要与留在基材上的转印层分离，因此要有脱膜层，该层一般由蜡构成。面涂层起保护油墨的作用，并且要赋于装饰表面以耐磨、耐热、耐水、耐污染等性能，在转印过程中要能耐高温，因此面涂料要完全透明，干燥后能具备以上要求的物化性能，并且不受油墨的载体的浸蚀，与油墨有很好的附着性。底涂层主要起遮盖基材的作用，并且使基材具有某种底色，因此常在底涂料中加入耐热的颜料，底涂层应与油墨及胶层很好附着。油墨层要求能耐高温，保色性好，并与面涂层、底涂层有很好的附着性。底涂料、面涂料及油墨的载体都可利用丙烯酸酯在高度真空的条件下加热可变为蒸气的性质，蒸发到面涂层上去。一般金属箔的厚度仅为20～25μm。胶黏剂为热熔性胶，当胶黏剂受热时迅速熔融，冷却即将面涂层、油墨层、底涂层牢固地粘在基材上。

24.9.2 转移印刷

转移印刷对基材人造板表面平整度的要求较高，因转印薄膜很薄，基材表面的不平度极易造成装饰表面的不平及光泽不均。一般要求基材经180号砂带砂光。

转移印刷的方法有平压和辊压二种，一般辊压适于大面积的转印，人造板表面转印木纹采用辊压较为合适。辊压转印示意图如图24-59所示。转印薄膜放卷后在压印辊下与基材人造板复合，通过远红外加热器加热硅酮橡胶辊，达140～200℃，并由钢辊加压，使胶层活化，将油墨转印到基材上去，此时蜡层亦熔化。使载体聚酯薄膜与转印层分离。转印速度可达10～25m/min，每台转印装置的电机功率为20～50kW。

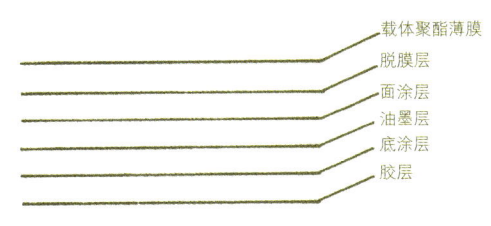

图 24-58 转印薄膜的构成

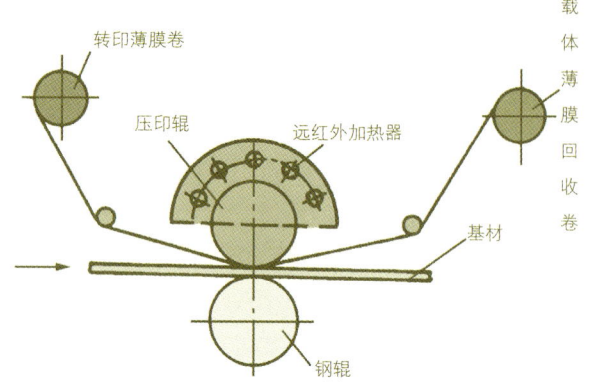

图 24-59 辊压转印示意图

24.10 直接印刷

直接印刷是直接在素板上进行木纹印刷的一种二次加工方法,直接印刷的工艺流程如下:

人造板素板 → 砂光 → 打腻子 → 干燥 → 打腻子 → 干燥 → 砂光 → 涂底涂料 → 干燥 → 印刷木纹 → 涂面涂料 → 干燥 → 成品

直接印刷成本低,能得到美丽多彩的木纹,但与薄木贴面相比,木纹的真实性较差,缺乏立体感,因此只用于中、低档家具及建筑物内部的装饰。

24.10.1 基材人造板

几种人造板表面都可以进行直接印刷,其中刨花板及纤维板更为常用。对基材人造板的要求原则上应符合第2节所述,但可适当放宽,可允许存在某些表面缺陷。

不论哪一种基材在直接印刷前都应进行厚度调整及表面精细砂光。要求厚度偏差小于±0.2mm。要求表面光滑,以保证印刷效果。

24.10.2 打腻子

使用的基材人造板虽经砂光。但表面仍存在一些孔洞或凹凸不平的地方。如柳桉胶合板,导管的直径比较大,板面的导管槽多而宽,为得到平整的印刷表面,防止底涂料的渗透损失,一般都需进行打腻子,找平板面。

腻子由粘结剂、大量的体质颜料及适量的着色颜料等组成。根据使用的粘结剂的不同分为水性腻子、油性腻子及树脂腻子。腻子固化后应不受底涂料溶剂的影响,应具有不可逆性。

水性腻子的粘结剂为骨胶、淀粉胶、酪素胶、聚醋酸乙烯酯树脂等,混入量一般为4%~10%,粘结剂混入量太多,刮腻子比较困难。水性腻子中的水分易被基材吸收,使基材表面膨胀,因此纤维板、刨花板基材不宜使用水性腻子。

油性腻子的粘结剂是干性油、油基清漆等,油性腻子不会使基材表面膨胀,并且与底漆的附着性好。

树脂腻子的粘结剂是氨基醇酸树脂清漆、油改性聚氨酯树脂清漆、硝基清漆、不饱和聚酯树脂清漆等。树脂腻子坚固、不会使基材表面起毛,耐水性、耐热性、耐污染性都好。刨花板基材表面比较粗糙,易膨胀,因此常用光敏树脂腻子。采用紫外线固化。加快干燥速度。避免刨花板表面膨胀。

打腻子采用刮刀式涂布机或顺向辊与逆向辊组合的涂布机,以保证良好的填补性,并得到厚度均一的腻子层。

腻子涂布量根据基材板面光滑程度不同而不同。纤维板基材涂布量最少,刨花板基材及胶合板基材涂布量较多,涂布量一般为120~150g/m²,涂布量太多而造成腻子固化不完全,影响底漆对基材的附着力。

腻子涂布后可进行强制干燥,光敏树脂腻子用紫外线(UV)干燥。其余一般用红外线干燥。

第一道腻子干燥后往往由于收缩而产生裂纹或塌陷,因此,一般要经第二道腻子涂布后才能保证填孔找平的效果。腻子涂布后为得到光滑的表面,一般干燥后都要经过砂光,使用的砂带为180号~240号。

24.10.3 涂底涂料

涂过腻子的基材还应涂一层底涂料,涂底涂料的目的有如下几点:

(1) 遮盖人造板表面,着色,使人造板基材具有某种均一的色调;

(2) 基材人造板对空气中湿度的变化很敏感,易产生收缩或膨胀,而底涂层有缓冲基材的膨胀及收缩对面涂层的影响的作用;

(3) 底涂料渗入人造板基材,固定腻子,形成封闭层,以减少油墨及面涂料对基材的渗透,从而保证油墨的堆砌度及面涂层的厚度;

(4) 改善油墨、面涂层对基材的附着性。

因此,底涂层固化后,漆膜应该比较柔软,具有一定的弹性、遮盖力,形成印刷木纹的底色,并且具有良好的物理机械性能。在底涂料中一般都加有增塑剂、着色颜料和体质颜料。常用的底涂料有硝基纤维素漆、氨基醇酸漆、不饱和聚酯漆、聚氨酯树脂漆等。

底涂一般采用辊涂或淋涂。由于底涂的作用是使底涂料深入渗透进基材,快速干燥,增强基材,形成封闭层,因此并不需要得到很厚的涂层。

底涂层要经充分干燥后才能进入下一工序,否则易造成油墨及面漆的附着不良或龟裂,如涂底涂料后基材有起毛现象可用200号~240号砂带砂光后再进入下一道工序。

24.10.4 木纹印刷

在底涂层干燥后即可进行木纹印刷,如能利用底涂层干燥的余热,则木纹印刷后。油墨很快就能干燥,不需专设干

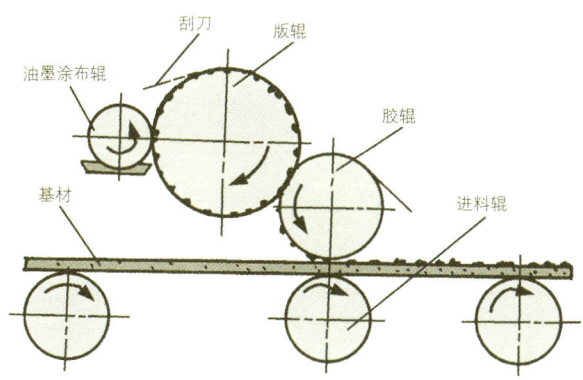

图 24-60 凹版胶印机的工作原理图

燥装置。在人造板基材上进行印刷与在纸上进行印刷是不同的，纸张可挠曲，富有弹性，可以包覆在版辊上进行印刷，而基材人造板是不可挠曲的平板，缺乏弹性，因此直接印刷要采用凹版胶印。

图 24-60 所示为凹版胶印机的工作原理图。印刷油墨先由油墨涂布辊将油墨压入版辊的凹槽中，然后再由版辊将油墨转印到胶辊上，再利用胶辊的弹性将油墨转印到基材上去。凹版胶印印刷木纹清晰，能得到连续无端的木纹，由于版辊表面镀铬，因此经久耐用，可印数十万次。印刷油墨厚度可达 10 μm。为了得到层次分明的富有质感的印刷木纹，可用 2～3 台凹版胶印机连接起来，进行套色印刷。

123 树脂组成如下：

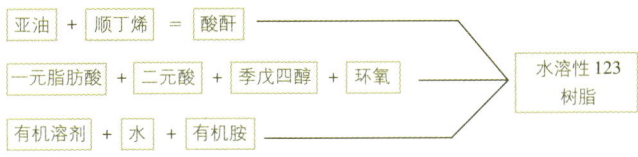

(pH: 7～8.5；细度：300 μm 以下；黏度：100～150cp/35℃；稳定性：密封贮存一年以上)

使用的油墨可以是水性的、油性的或光敏树脂油墨。水性油墨的配方示例如表 24-59 所示。

使用光敏油墨时，可采用紫外线固化，固化速度快，油墨物理性能好。可不用再涂面涂料。

24.10.5 涂面涂料

在木纹印刷后可直接涂面涂料，面涂料一般为硝基清漆、氨基醇酸树脂漆和聚酯树脂漆。涂布方法一般可采用辊涂、淋涂或喷涂。

普通用途的产品，面涂料干燥后即为成品；特殊要求的，还可进行打蜡和抛光。

表 24-60 所示为直接印刷中产生的问题及解决办法。

24.10.6 直接印刷工艺实例

图 24-61 为一套人造板直接印刷的设备，全套共55台设

表 24-59 水性油墨配方示例

原料名称	单色油墨	二套色或三套色油墨		
		铁红色	淡黄色	深黄色
123 树脂	20.24%	23%	32.5%	32.5%
干燥剂	1.28%	3%	3%	2.7%
氧化铁红	6.43%	8%	—	—
氧化铁黄	—	—	10%	10%
F5R 大红	—	—	—	0.27%
碳黑	2.55%	—	—	0.1%
苛化钙	1.23%	10%	5%	5%
乙醇	22.19%	18%	18%	
助溶剂	4.18%	1.5%	1.43%	
水	40.57%	30%	30%	
添加剂	1.18%			

备，该套设备也可用来生产透明涂饰或不透明涂饰人造板。生产能力为每年 400 万 m²。其生产工艺流程如下：

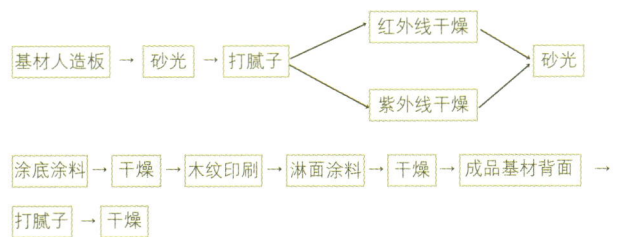

24.10.7 直接印刷人造板质量的评定

直接印刷人造板质量的评定包括外观质量及漆膜的物理性能两个方面。外观质量主要凭肉眼观察印刷质量及漆膜质量，包括印刷不均、颜色不均、光泽不均、剥离、气泡、龟裂、鼓泡、污染等以及来自基材的缺陷，如翘曲等。翘曲严重的应考虑在背面涂腻子。

表 24-60 木纹印刷中出现的问题及解决的办法

问题	产生原因	解决方法
一条横条纹	①基材人造板边角太锐利； ②基材人造板进料速度大； ③对基材人造板加压过大	①基材人造板边角磨圆； ②调整基材进料速度； ③调整对基材的压力； ④调整版辊与胶辊间压力； ⑤研磨刮刀； ⑥调整油墨黏度
横条纹反复出现	①胶辊裂纹、皱纹； ②胶辊不圆； ③胶辊与版辊速度不一致； ④油墨黏度过大	①换胶辊； ②调节胶辊与版辊的速度； ③调整油墨黏度
纵向波状颜色不均	刮刀卷口或夹有垃圾	①清扫刮刀； ②研磨刮刀

表 24-60（续）

问 题	产生原因	解决方法
颜色不均	①刮刀与版辊之间的缝隙不均一； ②版辊上粘有干了的油墨或垃圾； ③版辊损伤； ④版辊不圆； ⑤版辊与胶辊间或胶辊与基材间压力不足	①调整刮刀与版辊间隙； ②清洗版辊； ③调换版辊； ④调整压力
油墨污染	①胶辊硬度太大或老化； ②对基材加压过大或过小； ③刮刀钝化； ④油墨黏度过高； ⑤胶辊滑动，与版辊速度不一致； ⑥基材被胶辊黏起	①检查胶辊硬度； ②调整对基材的压力； ③研磨刮刀； ④调整油墨黏度； ⑤调整胶辊与版辊的转速； ⑥调整进料传送带速度
重叠、模糊	①胶辊刮刀钝化； ②胶辊上油墨太干	①刮刀研磨； ②油墨中增加高沸点溶剂
空 白	①基材上粘有垃圾； ②基材翘曲； ③胶辊磨损； ④版辊磨损或粘有垃圾； ⑤油墨不足	①检查基材，重砂； ②换胶辊； ③换版辊； ④添加油墨
反复出现油墨点或条痕	①版辊损伤或粘有垃圾； ②胶辊上粘有垃圾； ③底涂层粗糙； ④底涂后附着灰土	检查清扫版辊或胶辊

附录

我国现行的有关人造板二次加工产品的国家标准及行业标准。

(1) 船用贴面刨花板 LY／T1057-1991
(2) 模压刨花板制品(家具类)GB／T15105-94
(3) 刨切单板 GB／T13010-2006
(4) 装饰单板贴面人造板 GB／T17657-2006
(5) 饰面用浸渍胶膜纸 LY／T1143-1993
(6) 热固性树脂浸渍纸高压装饰层积板(HPL)GB/T7911-1999
(7) 浸渍胶膜纸饰面人造板 GB／T15102-2006
(8) 不饱和聚酯树脂装饰胶合板 LY／T1070-1071-2004
(9) 聚氯乙烯薄膜饰面人造板 LY／T1279-1998
(10) 人造板及饰面人造板物理力学性能测试方法 GB／T17657-1999
(11) 浸渍纸层压木质地板 GB／T18102-2000
(12) 实木复合地板 GB／T18103-2000

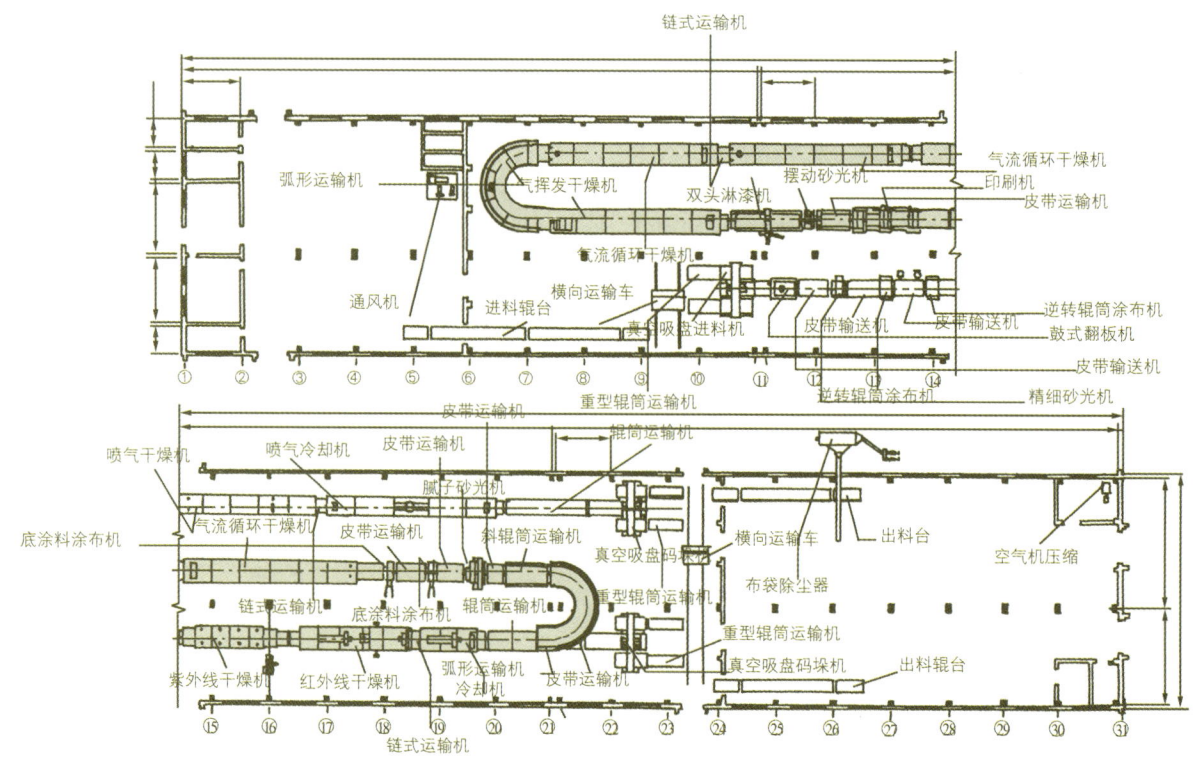

图 24-61 直接印刷车间平面布置图示例

参考文献

[1] 张勤丽. 人造板表面装饰. 北京：中国林业出版社，1986

[2] 柳下正. 特殊合板(日). 森北出版株式会社，1978

[3] 平井信二. 合板(日). 桢书店，1976

[4] 今村博之等. 木材利用の化学(日). 共立出版株式会社，1983

[5] 半井勇三. 木材の接着ろ接着剂(日). 森北出版株式会社，1975

[6] 小四信. 木材の接着(日). 日本木材加工技术协会，1982

[7] 川村二郎. これかりの木材涂装(日). 桢书店，1977

[8] M.Maloney, MODERL PARTICLEBOARD & DRY.PROCESS FIBERBOARD MANUFACTURING. MILLERTREEMAN，1977，P573~625

[9] Horst Brinkman, HPL flooring. new product trents with laminates, Wood Based Panels International.1992

[10] Dr. stoberg, History and Trenas in Laminated Flooring, Asian Timber，1996

[11] [苏]C.H.米罗什尼钦科. 刨花板和胶合板饰面. 林产工业，1982

[12] 微薄木成套进口设备试车情况. 上海木材一厂，1978

[13] 刘承礼等. 后成型装饰板的研制. 北京木材工业，1991

[14] 张勤丽. 关于发展中密度纤维板二次加工的一些看法. 林业科技开发，1997.1.P13~15

[15] [苏]Ю.C.图皮金.何文津译. 人造板饰面过程和设备. 北京：中国林业出版社，1988

[16] 森工科技参考资料. 人造板二次加工,中国林科院情报所,1979

[17] 张勤丽. 家具用人造板的贴面加工，家具，NO.105，NO.106，1998

[18] 重本允. 木工接着の实际シリズ(第一回)~(第六回), 接着，1981.5~1981.11

[19] 于夺福. 装饰板制造与应用. 北京：中国林业出版社，1983

[20] 李庆章. 人造板表面装饰. 哈尔滨: 东北林业大学出版社, 1989
[21] 德国 Walfer. 恩森斯贝格等. 刨花板低压短周期三聚氰胺浸渍纸贴面, 林产工业, 1986, 3, P16~32
[22] 国外人造板饰面技术. 林产工业, 1984
[23] 张勤丽. 装饰纸贴面人造板, 林产工业. 1990.4.P20~22
[24] 张勤丽. 装饰人造板的变形. 林产工业. 1990.1, P18~21
[25] 张勤丽. 脲醛树脂胶与聚醋酸乙烯乳液胶的配比对薄木湿贴质量的影响. 木材工业, 1989
[26] [苏]ю. г .多罗宁等著. 李庆章译. 木材工业用合成树脂. 北京: 中国林业出版社, 1984
[27] 中国林业科学研究院木材工业研究所. 人造板生产手册上册、下册. 北京: 中国林业出版社, 1983
[28] 芬兰人造板二次加工考察组技术报告, 1982
[29] 人造板生产机械化.自动化及表面装饰加工技术考察报告. 中国林业科学研究院木材工业研究所, 1984
[30] 张勤丽. 人造板质量问题分析及解决对策. 人造板通讯, 2001.3, P12~14
[31] 庄启程. 科技木. 北京: 中国林业出版社, 2004
[32] 张一帆. 展望预油漆纸生产技术的发展和应用. 人造板通讯, 2004.12. P17~20
[33] 刘占梅等. 浸渍纸预固化度的控制及对压贴工艺影响的探讨. 林产工业, 2002.6.P22~25
[34] 张勤丽. 浸渍纸层压木质地板的质量状况及基材质量的控制. 木材工业, 2003.7.P21~23

25 木材及人造板阻燃处理

木材是由碳、氢、氧等元素所组成的有机化合物，受热会分解。是一种容易燃烧具有较大危险性的材料，因此对木材进行阻燃处理是当今国内外都在研究的问题。

我国将阻燃建筑材料分为不燃 A 级、难燃 B_1 级、可燃 B_2 级和易燃级，木材属于易燃材料，能够引起火灾或使火焰蔓延扩大。

25.1 木材的阻燃处理

木材阻燃关键是选择合适的阻燃配方和处理工艺，只有配方合适，工艺合理，才能得到较好的阻燃效果。

25.1.1 阻燃处理方法

阻燃处理方法一般有涂刷法和浸渍法。

(1) 涂刷法：将含有阻燃剂的防火涂料涂刷在木材表面，形成一层阻燃保护层。这种方法工艺简单，不改变木材或胶合板的生产工艺，也便于现场施工应用。从生产成本上看是一种理想的方法。该方法的缺点是受木材厚度和种类的限制，此外还必须注意阻燃剂的选择和配比，否则会影响粘结强度。

(2) 浸渍法：把木材浸泡在阻燃剂溶液里，达到阻燃剂进入木材内部的目的。因此，防腐所用的浸渍法也适用于木材的阻燃处理。尽管简单地用阻燃溶液处理木材能达到一定程度的阻燃效果，但是效果不能令人满意。在大多数情况下，把木材放在处理容器里，把系统抽真空至 $1/10 \sim 1/4$ atm，保持 $1/4 \sim 11/2$ h，然后放入处理溶液，加压到 12.3 kg/cm^2，在 65℃下保持 7h。这样处理的木材就可以烘干了。阻燃剂的添加量随木材和阻燃剂种类的不同而变化，一般是每 m^3 木材用 $16 \sim 160$ kg。软松木每 m^3 重 480kg，某些橡木则重 1120kg。这样，阻燃剂的添加范围是 $1.4\% \sim 33\%$。

25.1.2 阻燃机理

使木材具有"阻燃性"的处理方法就是用各种阻燃剂来浸润木材。这些物质或者是在受热时很易熔化而紧密地包围着木材的表面，阻止氧气透入木材；或者在受热时分解，放出大量不燃烧气体，阻止了氧气透入木材。

此外，用盐类物质处理木材，必须考虑到阻燃剂熔化、蒸发和分解所消耗的热量。所以当木材含大量水分时，蒸发这些水分就要从燃烧的木材中取得大量的热。

除了用阻燃剂浸润以外，木材阻燃还可以采用防火涂料。在固定的热源作用下，涂料下层的木材会开始分解。同时由于加热时木材发生的气体压力将复盖层局部崩裂，气体也就通过细孔逸出，并在离木材相当远的地方燃烧，而木材本身只稍为增加一点热度。

25.1.3 阻燃剂

阻燃剂应具有较高的抗火性能、化学稳定性、不易风化并稍有防水性。阻燃剂不应含有对人有毒的物质，对木材和金属不起破坏作用；有时还要求不影响油漆和加工（包括胶合）。此外，阻燃剂应价格低廉。

目前最常用的是：某些铵盐和碱性或碱土性的硫酸、硼酸、磷酸和盐酸的盐类。

有下列碱根或酸根的物质有较强的阻燃性能。

碱根：铝、氨、钴、钙、锂、镁、锰、铜、镍、锌、锡

酸根：砷酸盐或亚砷酸盐、硼酸盐、溴化物、钒酸盐、钨酸盐、钼酸盐、亚硒酸盐、锡酸盐、磷酸盐、氯化物

1. 各类阻燃剂简介：

(1) 硼的化合物：硼砂（$Na_2B_4O_7 \cdot 10H_2O$）是最好的阻燃剂。受热时，硼砂就膨胀放出水蒸汽（$350 \sim 400℃$时失掉全部结晶水）；继续加热至 741℃时，熔化成玻璃状的物质。

硼砂的溶解度在受热时增高：100份水中，在10℃时溶解3份，在30℃时溶解7份，在25℃时以1:1比例配合的硼砂与硼酸的混合物的溶解度为12.5%。硼酸（H_3BO_3）和硼酸铵[$(NH_4)_2(B_4O_7)$]也是良好的阻燃剂。目前用硼砂和硼酸的化合物还很有限。

(2) 磷酸盐磷酸铵[$(NH_4)_2HPO_4$和$NH_4H_2PO_4$]能很好地防止木材发生燃烧（主要减缓燃烧速度）。磷酸盐易溶于水，无吸湿性，很少腐蚀钢铁，使用浸润材较不易风化。盐类在受热时分解，并放出氨气和磷酸，熔化后结成一层保护薄膜覆盖在木材的表面。磷酸氢镁（$MgHPO_4$）是一种良好的阻燃剂。

(3) 氯化物和氢溴酸氯化铵（NH_4CL）能很好地防止木材燃烧，但吸湿性很大，容易风化。受热到385℃以上时，自行升华，形成大量的蒸气（NH_3和HCL）。较大的吸湿性和会腐蚀钢铁的不良性能使它不能得到广泛使用。

氯化锌（$ZnCl_2$）具有相当的阻燃性能，不仅可作阻燃剂使用，而且同时还可作防腐剂用。但氯化锌有吸湿性，此外，还能腐蚀和它接触的金属及显著地降低木材的强度。在365℃时溶化，在730℃时沸腾。

氯化镁也具有相当的阻燃性能。

氯化钙（$CaCl_2 \cdot 6H_2O$）有吸湿性，它在29.5℃熔化，再加热时变成无水化合物，在774℃再熔化，阻燃性能不高。

(4) 溴化铵（NH_4Br）是很好的阻燃剂，但由于价格昂贵和不易得到，所以很少使用。

(5) 硫酸盐硫酸铵[$(NH_4)_2SO_4$]是良好的阻燃剂。易溶于水，比氯化铵难于风化，但能剧烈地使金属腐蚀。在3750时熔化，再加热就分解成氨气和硫酸蒸汽。

在硫酸盐中，实际上常采用硫酸镁（$MgSO_4 \cdot 7H_2O$）和阻燃性能不高的硫酸钠（$Na_2SO_4 \cdot 10H_2O$）。

明矾[$Al_2(SO_4)_3 \cdot K_2SO_4 \cdot 24H_2O$]和钠明矾[$Al_2(SO_4)_3 \cdot Na_2SO_4 \cdot 24H_2O$)]在古代当作阻燃剂来使用。它们的性能彼此接近，防止木材燃烧不能显著。明矾稍溶于水。它们都会腐触金属；会发生风化。

(6) 此外，还可用硫酸钙（石膏）作为不溶的阻燃剂。要在木材内得到硫酸钙，可直接用氯化钙和硫酸或其他容易溶解的硫酸盐溶液来浸润。从物理上来看，硫酸钙的阻燃性能如下：受热到200℃时，开始分解，吸收热量并放出水蒸汽。在火焰的温度（1000℃）下，硫酸钙继续分解成不燃烧的氧化钙和二氧化硫。在这个过程中要吸收大量的热量，但由于要在高温下进行分解，所以实际效用不大。

在有机物中作为阻燃剂的主要有磷酸盐、硫酸盐、醋酸盐的有机化合物，以及单纯的或和无机阻燃剂混合的氯的有机化合物。

现举部分有机化合物（可做防腐剂）为例：氯化萘、氯化橡胶、四氯甲烷等；萘磺酸锌、硫氰二酰胺等；磷酸氰二酰胺、磷酸脲、三苯磷酸等；醋酸锌、醋酸铝、醋酸纤维、乙醛等。

曾经采用的有机酸：草酸、乳酸、水杨酸等，以及尿素、氰二酰胺、甲醛等。

表25-1为氯化铵（NH_4Cl）和硫酸铵[$(NH_4)_2SO_4$]的阻燃性能的试验结果。

实际上通常不是采用一种盐类，而是采用几种盐类的混合物。建议采用10%～20%硫酸铵和氯化铵的混合物（可用3:7到7:3的比例）的水溶液；20%的硫酸铵和5%的硼砂的水溶液；20%的硫酸铵，10%的磷酸钠和2%的氟化钠水溶液。配制各种混合物是为了用一种阻燃剂来弥补另一种阻燃剂的缺点或为了降低价格。

但是，已经知道的阻燃剂，没有一种是十分理想的，因为它们不能满足对阻燃剂所提出的全部要求。

特别是上面所提到的溶于水的阻燃剂，很容易从木材中流失，所以要依靠各种阻燃剂补充浸润，以便在木材中变成具有良好阻燃性能而不溶于水的阻燃剂。

2. 阻燃木材的物理和生物性能简述：

浸润材的性能与阻燃剂的性能和空气的相对湿度的关系见表25-2。

从这些以及上面已经知道的材料可以得出，用铵盐浸润的木材应当用在有遮盖的地方，而用硼砂和硼酸浸润的木材可以用在空气温度接近饱和的地方。对这个结论，塔岛泊金曾浸润了滤纸来作试验，其结果列入表25-3。

空气的相对湿度为100%时，各种阻燃剂浸润的木材对和它相接触的金属的腐触作用列入表25-4。

表25-1 氯化铵及硫酸铵的阻燃性能

试 件	下面开始燃烧所经过的时间	上面冒烟所经过的时间	上面发生火焰所经过的时间	除去加热的本生灯后试件燃烧的时间
未经浸润的胶合板	8	86	96	78
用10%硫酸铵溶液浸润的胶合板	13	154	186	14
用10%氯化铵溶液浸润的胶合板	23	96	159	20

注：试件在试验灯上燃烧的结果，时间为s

表25-2 空气相对湿度为75%和96%时，浸润材的吸湿性与阻燃剂性能的关系

阻燃剂	相对温度=75%，在四个月吸收水分的数量		相对=96%对在一个半月吸收水分的数量	
	试件中含有的盐类(%)	吸收水分(%)	试件中含有的盐类(%)	吸收水分(%)
复分解的磷酸铵	12.6	14.6	12.5	84.1
单分解的磷酸铵	15.9	16.5	15.8	80.6
硫酸铵	16.7	16.7	13.7	77.7
硼砂	13.3	21.1	14.5	77.4
硼砂(45%)+硼酸(55%)	14.0	19.2	19.8	36.4
未浸润材	—		—	

表 25-3 各种阻燃剂浸润的木材吸水量与空气中相对温度的关系

阻燃剂的成分	在下列空气相对湿度(%)时，吸收的水份(%)					
	40	60	75	80	90	200
磷酸铵 50% 硫酸铵 50%	1.44	2.90	3.96	4.10	22.80	39.7
磷酸铵 30% 硫酸铵 70%	1.32	1.31	5.08	5.61	25.7	44.99
未浸润的滤纸	0.32	1.31	1.82	2.00	3.14	5.1

表 25-4 可以看出，在防腐方面硼酸及硼砂和硼酸以 40：60 的混合物最好。同时这种混合物在阻燃方面也是最好的。

在阻燃剂中，只有硼砂具有防腐性能。所以在不仅需要阻燃而且还要防腐时，在阻燃剂中要添加防腐剂，并用这种混合物来浸润。

表 25-4 用 15% 浓度的抗火剂溶液浸润的木材对和它相接触的金属的腐触作用

阻 燃 剂	30天内平均损失的质量（mg/cm²）	
	钢	铜
复分解的磷酸铵	3.6	0.7
单分解的磷酸铵	2.0	0.6
硫酸铵	56.2	3.0
硼砂	2.5	0.1
硼酸	1.0	0.0
以 40：60 比例配制的硼砂和硼酸的混合物	1.1	0.1
浸在水内的未浸润材	9.9	0.4

必须指出在阻燃方面，用硫酸铵加氟化铵浸润木材比单用硫酸铵来得好。

表 25-5 木材的阻燃性和注入材内的阻燃剂量的关系

无水干盐的吸收定额 (kg/m³)	燃烧停止后木材损失的质量（%）	冒烟徐燃的倾向	无水干盐的吸收定额 (kg/m³)	燃烧停止后木材损失的质量（%）	冒烟徐燃的倾向
氯 化 铵			硼 酸		
24.0	66.5	小	16.0	78.2	无
33.7	53.8	小	32.7	75.1	无
50.3	33.2	小	53.2	72.5	无
85.9	24.2	小	86.9	66.8	无
120.8	19.7	很小	109.5	58.4	无
			140.0	29.9	无
复分解磷酸铵			氯化镁（45%）与单分解磷酸铵（55%）的混合物		
14.4	69.4	无	17.5	77.1	无
29.5	43.5	无	35.1	72.0	无
51.8	21.8	无	51.1	67.8	无
82.5	17.9	无	93.8	21.1	无
116.2	17.1	无	134.5	17.4	无
单分解磷酸铵			硫酸铵		
14.6	67.4	无	21.6	70.4	小
29.5	56.9	无	29.8	64.3	小
41.7	26.5	无	50.8	31.6	小
80.0	19.0	无	79.5	25.9	小
116.8	15.7	无	107.4	20.1	小
硼酸（60%）与硼砂（40%）的混合物			氯化镁（44%）与单分解磷酸胺（56%）的混合物		
18.9	69.5	小	18.3	76.9	中
33.3	64.6	小	37.5	73.3	中
49.8	60.3	小	57.2	70.2	小
85.3	28.3	小	92.6	54.2	很小
114.4	19.1	无	141.5	33.2	很小
硼砂（67%）与单分解 磷酸铵（33%）的混合物			氯化锌（54%）与单分解 磷酸铵（46%）的混合物		
17.5	68.6	很小	16.7	75.8	无
35.8	52.9	很小	33.5	69.8	无
54.6	27.2	无	51.9	55.8	无
91.2	16.5	无	86.5	22.9	无
136.1	14.6	无	121.8	18.4	无

除了氯化锌以外，在使用的阻燃剂中还应提到硫酸铜，虽然它的效力较低(试件冒烟徐燃)，但也能延缓木材的燃烧。

25.1.4 阻燃剂溶液的浓度

为了使木材具有阻燃性能而用阻燃剂浸润时，要完全确定溶液的浓度和阻燃剂的用量是不可能的。问题是在于溶液的浓度与木材阻燃的要求有关，而阻燃剂的用量又与溶液浓度、树种和浸润方法有关。

这方面的要求还没完全确定。兹将各种阻燃剂以不同浓度浸润的实验结果列表25-5。

如表中所指出的，木材的阻燃性随着注入木材内部盐类的数量的增高而增长。如要使木材在燃烧时，只损失其重的20%，就需吸收大于80kg/m³的阻燃盐类（吸收磷酸铵时只要大于50kg/m³）。

通常在浸润时多用浓度为10%～20%的溶液。

松木完全浸润时，可吸收100%～120%以上的溶液(按质量计)。但在任何情况下，完全浸润是不必要的。一般，浸润深度达6～10mm时，已能防止木材的燃烧。同时，要根据不同的对象所需获得的阻燃性能来确定注入木材的阻燃剂量，这样做显然是恰当的。

吸收溶液的数量与所浸润的材种的大小有关。最理想的吸收量：松树原木为20%～30%，板材为40%～60%，小的构件为60%～100%（均以质量计算）。

用阻燃剂浸润时，主要的费用都花在液剂上，所以木材都应以成品来浸润。因为任何再加工的废料或用毛坯来浸润都会提高制品的成本。而且浸润以后再经机械加式，那么由于阻燃剂含量最多的表层被刨掉或砍掉，就必须再作表面浸润。也应该指出经阻燃剂浸润的木材都比较不容易加工。

25.1.5 木材阻燃剂浸润方法

阻燃剂是配成水溶液注入木材内部的，因此以水溶性防腐剂所用的浸润方法用来浸润阻燃剂全都合适。最常用的是加压浸润、槽内浸润（热冷槽、热槽、冷槽等浸渍）和毛刷、水压管等喷刷成品构件。

浸润基准与所获得的浸润深度有关。如浸润圆木时，只要求全部边材浸润，加压浸润不用很长时间，浸润基准也不像用水溶性防腐剂浸润干燥松木枕木那么严格。注意：水溶性防腐剂浸润干燥的心材时，浸透的深度很浅（1～5mm）。

用阻燃剂浸润的目的是为了延缓火灾的蔓延。为了这个目的，把建筑材贯穿地浸润是不必要的。

在浸润罐内浸润时注意下列内容：

作阻燃浸润时，必须用比防腐浸润更浓的溶液，通常要接近饱和状态，为了减低溶液的黏度，需将其加热，从另一方面看，某些阻燃剂的热溶液会引起金属的腐蚀。如果浸润过程不是在耐酸装置中进行的话，那么只能延长浸润过程，而不能提高溶液的温度。而且所用的化学药品价格应较低一些；在一般情况之下，为了得到较好的和较深的浸润，延长作业时间是有利的。

用水溶性阻燃剂浸润的木材在其自然干燥时，为防止阻燃剂流失，应放在不会受雨水淋湿的地方。

25.1.6 阻燃剂对木材力学性质的影响

阻燃剂对木材力学性质的影响还未深入研究，根据维琴金的材料，用阻燃剂浸润的松木力学性质减低的幅度不大（5%～15%）。很显然，维琴金的试验中，有一部分是由于阻燃剂的吸湿性提高了木材的湿度，而降低了强度。浸润材力学强度试验的相对结果（以未浸润材为100），列入表25-6。

根据某些材料，浸润材在动态弯曲方面的脆性有所提高。用硼砂和硼酸浸润的木材，顺纹抗压强度和静曲强度都有所提高。用9%～12%和10%～15%的阻燃剂溶液在压力下浸注的松木得到下列结果（表25-7）。

将12%的硼砂溶液浸润的木材强度变化列入表25-8。

因此，从表25-8可以看出，硼砂不仅减低动曲强度，还减低顺纹拉力，但同时增大了抗压、顺纹剪切和静曲的强度。很明显，力学性质变化程度与吸收定额有关。

从上面列举的材料可以看出，对于小型的次要结构和由大材组成的结构，强度的减低并无重要意义。在大料中之所

表25-7 经浸润的松木的力学强度

抗火剂	浸润溶液的浓度（%）	和未浸润材相比的强度（%）		
		抗压	横向静曲强度（弦向）	横向动曲强度（弦向）
磷酸铵	10.0	94.0	91.0	60.0
硼砂	4.6	143.5	124.6	59.0
硼酸	6.3			
硼砂	15.0	132.4	104.4	64.3
硼酸	150	174.5	133.0	70.8

表25-6 浸润材的力学强度（%）

浸润方法	浸润剂	顺纹抗压	剪切		弯曲
			顺纹	横纹	
未浸润材在8个大气压下浸润	—	100	100	100	100
温度为85℃	自来水	98.1	98.5	—	98.0
温度为85℃	20份硫酸铵+80份水	88.0	95.8	95.8	不显著
温度为85℃	15份氯化钠+10份磷酸钠+75份水	87.4	88.7	96.5	93.9
冷槽浸润	20份硫酸铵+5份硼砂+75份水	93.4	92.1	94.5	不显著

以力学性质变化不大，因为大料没必要，也不可能贯穿浸润，仅在木材的表层使强度有所减低。

可以根据使木材得到同等阻燃效果而需注入木材内部阻燃剂的成本来选择最便宜和最合适的阻燃剂。表25-9中列举的材料可供作为计算时参考。

然而，这种计算并未考虑到经各种阻燃剂浸润后的木材的有利（防腐性能）和不利（强度减低）的性能，这些都会影响木材的使用期限。

常用的阻燃剂混合物见表25-10。

25.2 阻燃型木质人造板的生产过程

建筑内部装修设计防火规范GB50222-1995已成为强制性国家标准，自1995年10月1日施行。制造阻燃型人造板可采用成板处理和在生产工序中添加阻燃剂两种方法。成板处理又有浸注和表面涂敷之分。浸注处理方法与木材浸注方法相同，同时需增加成板干燥的工序。成板表面喷涂阻燃涂料的方法简便易行，根据不同用途选择适宜的阻燃涂料即可。

不同阻燃剂对木材及人造板的处理方法见表25-11、表25-12、表25-13和表25-14。

25.2.1 刨花板

添加阻燃剂的途径有三种：

（1）浸渍刨花 此种方法阻燃效果好，但需增添浸渍设备，阻燃剂局限于溶液型。刨花吸收药剂量不易控制而造成浪费并需增加干燥刨花的能力。浸渍刨花后的药液将造成环境污染；

（2）阻燃剂加到胶黏剂中，制成阻燃型胶合剂。所用阻燃剂要与原树脂胶相配合，不能影响胶的固化条件及胶合强度，此方法中阻燃剂添加量受到限制，阻燃效果不高，并使胶的生产变得复杂化；

（3）刨花进入拌胶桶后，边搅拌边喷入适量的阻燃剂，此方法不需增添设备及工序，阻燃剂形态不限，固体、液体、乳液均可。药剂和水份量都可控制，不会造成浪费。不需增加对刨花的干燥能力。喷入阻燃剂的时间选在喷胶前、与胶同时喷入或喷胶后进行都可以。但美国一专利介绍说，用聚磷酸铵固体做阻燃剂，在施胶前喷到刨花中最合适，可防止阻燃剂在胶中结块，胶也能分布均匀。

一张刨花板有表层（用细刨花）和芯层（用粗刨花）之分。用于不同场合的阻燃刨花板，对阻燃的要求有低有高，低者可只在表层中添加阻燃剂，高者在表层、芯层中都添加

表25-8 用硼砂浸润的木材的强度变化

树种	强度变化（%）				
	顺纹压缩	顺纹静曲	顺纹剪切	顺纹拉力	动态弯曲
松	+67	+12	—	−25	−53.5
云杉	+68	+15.5	+16.5	−9	−19
椴木	+32	—	+22.5	−18	−31

表25-9 各种阻燃剂浸润木材的最合理的成本

阻燃剂	每千克木材含有的阻燃剂量(kg)①	比较成本②
$(NH_4)Cl$	0.20	5.0
$ZnCl_2$	0.204	3.8
$(NH_4)_2HPO_4$	0.152	1.5
$(NH_4)_2SO_4$	0.211	1.0
$MgCl_2$	0.204	0.9
$Na_2B_4O_7$	0.15	10.0

注：①防腐剂量(每千克木材内的防腐剂的千克数)是在贯穿木材下，得到相同的、充分达到阻燃作用所需注入木材的液量
②硫酸铵是每千克的价格

表25-10 常用的阻燃剂混合物

化合物	比例	化合物	比例
$(NH_4)_2SO_2$	78	$Na_2B_4O_7$	60～70
$NH_4H_2PO_4$ 或 $(NH_4)_2HPO_4$	19	$NH_4H_2PO_4$	30～33
$(NH_4)_2SO_4$	60	$ZnCl_2$	62
H_3BO_3	20	$Na_2Cr_2O_7 \cdot 2H_2O$	15.5
$(NH_4)_2SO_4$	10	$(NH_4)_2SO_4$	10
NaB_4O_7	10	H_3BO_3	10
$Na_2B_4O_7$	60	$ZnCl_2$	35
H_3BO_3	40	$(NH_4)_2SO_4$	35
$ZnCl_2$	77.5	H_3BO_3	25
$Na_2Cr_2O_7 \cdot 2H_2O$	17.5	$Na_2Cr_2O_7 \cdot 2H_2O$	5

表25-11 不同阻燃剂对木材及人造板的处理之一

阻燃剂	处理条件
$(C_6H_5O)_2\overset{O}{\underset{\|}{P}}-NHCH_2CH=CH_2$	浸渍，用加热聚合物，自由基引发或辐射
$[P(CH_2OH)_4]-X-$、氨基或酰胺、醇酸树脂	用水溶液处理，空气干燥，加热固化
磷—卤组成 $Cl_5C_6OH_4(C_4H_9O)_2PO$ 在芳烃石油中（有或无氯化石蜡均可）	浸渍在矿物油精中
$POCl_3$（有或无氯乙烯均可）	抽真空，用 $CHCl_3$ 的稀溶液浸渍，烘干增重6%～7%
Cl_5C_6OH、$Zn_3(PO_4)_2$、NH_3	两个步骤：先用含氮的磷酸锌溶液，再用含有苯酚的氯化石蜡溶剂
$(ClCH_2CH_2O)_3PO$	浸渍

表 25-11（续）

阻燃剂	处理条件
$(ClCH_2CH_2O)_2PHO$ 或 $(CH_3CH_2O)_3PHO$，有或无氨均可	抽真空，然后用苯溶液浸渍，移去苯（在一种加工过程中用干燥氨处理）
双（2-卤代烷基）烯基膦酸酯 例如：$(ClCH_2CH_2O)_2P(O)$ | $CH=CH_2$	
双（ω-卤代烷基） ω-卤代烷基膦酸脂 例如：$(ClCH_2CH_2O)_2P(O)$ | CH_2CH_2Cl	芳香的矿物油清等，增重至 $40kg/m^3$
含卤膦酸酯聚合物卤系组成	用丙烯酸酯浸渍剂
NH_4Br　$Br-$、BrO_3-(产生Rr_2)或$Br-+Cl_2 \to Br_2$	简单的浸泡处理　于室温下在23%的水溶液中浸一会，在105℃下烘1/2h，然后浸在$(NH_4)_2SO_4$，再浸入5%的硼酸相加水溶液中；增重6%Br
$CaCl_2$	用^{60}Co射线辐射，然后浸清在$CaCl_2$溶液中
$ZnCl_2$ 或 $ZnCl_2$　NH_3	把碱性的$ZnCl_2$溶解在氨水中，稀释到清洗强度（4.5%～30%），应用抽真空，然后加压，再烘干增重16～$128kg/m^3$
$ZnCl_2$、铬酸盐	抽真空，然后在1.23MPa于5%的水溶液加压3～4h，增重$16kg/m^3$
$MgCl_2$ 或 $MgBr_2$ 和 MgO，或它们再加入其他填料	基本上是木屑板的氯氧水泥胶黏剂作为淤浆使用，对木屑板在1.55MPa和120℃下热加压1/4h
$SbCl_3$　$SbCl_3$氯化橡胶或磷酸盐	浸渍在CCl_4、醋酸戊酯、醇等溶液中和木材防腐油一起使用
Sb_2O_3氯化石蜡	用5%～7%Cl，9%～12%Sb_2O_3对木屑作涂层，然后和树脂粘接成木粒或木屑板
Cl_5C_6OH、氯代烷	用$CHCl=CCl_2$加工中的氯代烷残余物替换通常的矿物油精的一半而用作溶剂

表 25-12　不同阻燃剂对木材及人造板的处理之二

阻燃剂	处理条件
磷化物 H_3PO_4、$H_2P_2O_7$、$(HPO_3)n$ H_3PO_4、H_3PO_2 的酯 H_3PO_4、三聚氰胺树脂	简单浸渍
$(C_6H_5O)_3PO$	在水或醇占20%～80%的脂芳烃溶剂中简单浸渍
$(RO)_3P$，其中R是烷基、芳基、含卤烷基和含卤芳基 $CH_2=CH-PO_3-R_2$ $CH_2=CH-CH_2-PO_3R$ $CH_2=CH-CH_2-PO_2R$ 其中R是烷基、卤代烷基或内烯基	木材抽真空，加入单体，浸8h，用钴-60辐照16h，在90℃下放8h，然后在90℃下抽真空16h，增重12%～20%Pa
烷基芳烃次膦酸	在室温下浸24h，在130～160℃下处理1/1～2/3h 用甲基甲酰胺清洗
磷-氮化合物 $NH_4H_2PO_4$、$(NH_4)_2HPO_4$	①把木材浸在NH_3中； ②浸在磷酸盐的水溶液中； ③干燥
$NH_4H_2PO_4$	①蒸木材； ②抽真空； ③加磷酸盐溶液； ④加压； ⑤窑中烘干
$NH_4H_2PO_4$、$(NH_4)_2HPO_4$	①浸渍在热溶液中； ②在磷酸盐的冷溶液中急速冷却
$NH_4H_2PO_4$、$(NH_4)_2SO_4$	用于胶合板；与酚醛胶黏剂相溶；和表面活性剂一起用于木材
$(NH_4)_2HPO_4$	与少量的$NaSiF$和羟甲基纤维素一起浸渍
$NH_4H_2PO_4$、尿素	每份$NH_4H_2PO_4$用于4～10份尿素中；吸收到湿增重100%；干燥熟化至170℃，增重2.5%～3.0%NH_2PO_4也用来处理木屑板

表 25-13 不同阻燃剂对木材及人造板的处理之三

阻 燃 剂	处 理 条 件
$NH_4H_2PO_4$、$(NH_4)_2HPO_4$、脲、CH_2O	在水溶液里浸渍、加热、固化与木头微粒混合，压成板材
$H_2N(C=NH)NH_2$、H_3PO_4、CH_2O	在水溶液里浸渍、干燥和固化
$H_2NC(=NH)NHCN$、H_3PO_4 或 $(NH_4)_2HPO_4$ 或 $(NH_4)_2SO_4$	木材抽真空，用20%的水溶液在 11.3kg/cm² 和 50~60℃ 下干燥处理，在 70~100℃ 下烘干固化 24h，增重的固体占烘干木材质量的 20%
$H_2N(C=NH)NHCN$	表面处理
$NH_4H_2PO_4$、$NH_2(cH_2)_6NH_2$、$H_2N(C=NH)NHCN$、CH_2O、$(NaPO_3)n$	浸渍在水溶液里
$NH_4H_2PO_4$、$(NH_4)_2HPO_4$、尿 C $(CH_2OH)_4$、CH_2O	用水溶液作表面处理，加热到聚合，形成膨胀型的涂层
$H_2NC(=NH)NHCN$ 和 C_2HO 生成的树脂，P-N 聚合物	浸渍在水溶液中
聚磷酸铵（79%P_2O_5）	标准的真空和压力循环，水溶液
磷酸铵盐或 $(NH_4)_2SO_4$、聚乙二醇	抽真空，然后加水溶液，干燥数天，据称能抗浸析
$Zn_3(PO_4)_2$、$Zn_3(AsO_4)_2$、NH_3	用氨络合物的水溶液处理，热固化形成聚磷酸锌和砷酸盐的沉淀物
$Zn_3(H_2PO_4)_2$、$NH_4H_2PO_4$ 或 $(NH_4)_2HPO_4$	用磷酸铵的水溶液处理，在木材中形成不溶解的磷酸锌沉淀物，据称能阻燃 用标准方法浸渍

表 25-14 不同阻燃剂对木材及人造板的处理之四

阻 燃 剂	处 理 条 件
氯化石蜡、Na_2SiO_3	用高度稀释的水溶液制造木质纤维板，在 100~1800℃ 下模压和固化
氯化木质素	用氯化的木质素水溶液（13%Cl）按通常的方法浸渍木材
硼酸-硼砂组成 H_3BO_3、$Na_2B_4O_7$	早期的文献用简单的表面处理，后来的文献使用真空压力循环，15%~21% 水溶液，1/2h，1.02MP，65℃ 增重 80~128kg/m³
H_3BO_3	按 10% 的质量百分比涂敷木屑，用树脂粘合，热压成板
H_3BO_3、$(NH_4)_2SO_4$、重铬酸盐、$CuSO_4$、$(NaPO_3)n$	用 16% 的水溶液浸渍
H_3BO_3、Sb_2O_3	添加木屑以形成木粒板
$Na_2B_4O_7$、$NaCO_3$、镁、锌、铁盐	用硼砂的水溶液处理，然后通过过渡金属元素盐溶液处理使硼酸盐沉淀下来
$Na_2B_4O_7$、Na_2SiO_3	用 $1molNa_2SiO_3$、$0.5molNa_2B_4O_7$ 的水溶液浸渍，然后在 3.52MPa 下二氧化碳加压处理 5min
$Na_2B_4O_7$、HCl	在 750℃ 下把木屑浸泡在水溶液里，在 1210℃ 下烘干，然后用树脂黏合成板
$Na_2B_4O_7$、H_3BO_3、Cl_5C_6OH	用石油的乳溶液处理
H_3BO_3、$ZnCl_2$、$CuSO_4$、$Cl_2O_7^{-2}$	用水溶液处理
H_3BO_3、$HOCH_2CH_2NH_2$ mol 比 1:1	用黏合树脂和阻燃组成的水乳处理木屑，然后模压成板。
$(CH_3O)_3B$	用 0.18MPa 和最高为 65℃ 下用甲醇溶液浸渍 24h；增重 16kg/m³
氮、磷、硼组成磷酸铵盐、H_3BO_3、氯化萘	掺和阻燃剂成纤维板，烘干，用 NH_3 处理
$(NH_4)HPO_4$、$Na_2B_4O_7$、H_3BO_3	用 1:3:1 的质量比（排列顺序如左）的水溶液处理
$(NH_4)HPO_4$、$Na_2B_4O_7$、NH_4Cl	用中性 pH 值的溶液处理
$(NH_4)HPO_4$、$Na_2B_4O_7$、Na_3PO_4	用水溶液喷浸或涂
$NH_4H_2PO_4$、H_3BO_3、苯甲基萘磺酸钠	用 20%~45% 的溶液处理
其他化合物：铬酸盐和其他金属盐，例如 $CuSO_4$	真空-压力循环或与树脂胶黏剂一起涂敷
硅酸钠	在碱性的水溶液中或作为低 pH 值的胶质溶液使用，然后黏合纤维(有或无有机胶黏剂均可能)
$TiCl_2(OAc)_2$	用树脂处理木屑和黏合

阻燃剂。阻燃剂添加得越多，板子强度损失越大。一般阻燃剂添加量占总刨花质量的 5%~20%。

如用 40~100 目聚磷酸铵粉剂添加到表层刨花中，添加量占表层刨花的 16%，施胶量占刨花重的 12%。压成 5/8 英寸厚的刨花板通过加拿大 25 英尺燃烧试验，其火焰蔓延指标为 27，属于该方法所定二级阻燃刨花板。

25.2.2 纤维板

干法和半干法中用干燥的纤维成型热压制板的工艺流程，添加阻燃剂的途径与刨花板类似。湿法生产阻燃纤维板，最好选用与纤维起反应的或能固定在纤维上的阻燃剂，以免在成型、热压过程中阻燃剂随滤去的水分流失掉。

25.2.3 胶合板

在生产过程中施加阻燃剂，制成阻燃型胶合板有以下几个途径：

(1) 单板进行浸渍处理；
(2) 合板成品浸渍处理；

(3) 阻燃剂加到胶黏剂中制成阻燃型胶黏剂;

(4) 对单板进行喷涂处理,阻燃剂采用溶液或乳液均可,此方法与浸渍单板相比不存在处理剩余浸渍液的问题,可减少环境污染,但需增添特殊的喷涂设备。

胶合板是三层或三层以上单板压合而成。和刨花板一样,阻燃型胶合板也有芯板、表板都做阻燃处理及只处理表板之分。

南京林业大学人造板研究所研制的 NF-1、NF-2 复合型阻燃剂采用单板浸润处理和合板成品浸润处理,在国家防火建筑材料质量监督检验测试中心检测都达到难燃B_1级,阻燃胶合板氧指数达50%以上,而选用阻燃剂加到胶黏剂中制成的阻燃胶合板,氧指数只达到37%左右,在此基础上再进行胶合板表面阻燃剂喷涂处理后,氧指数明显提高,达到46%以上。但无论哪种方法都有其优缺点。

无论木材还是人造板,经阻燃剂处理后,按GB8625-88标准要达到难燃B_1级,目前制定的新标准草案中,又增加了

表 25-15 常用建筑内部装修材料燃烧性能等级划分举例

材料类别	级别	材料举例
各部位材料	A	花岗石、大理石、水磨石、水泥制品、砼制品、石膏板、石灰制品、黏土制品、玻璃、瓷砖、马赛克、钢铁、铝、铜合金等
顶棚材料	B_1	纸面石膏板、石膏纤维板、水泥刨花板、矿棉装饰吸声板、玻璃棉装饰吸声板、珍珠岩装饰吸声板、难燃胶合板、难燃中密度纤维板、岩棉装饰板、难燃木材、铝箔复合材料、难燃酚醛胶合板、铝箔玻璃钢复合材料等
墙面材料	B_1	纸面石膏板、石膏纤维板、水泥刨花板、矿棉板、玻璃板、珍珠岩板、难燃胶合板、难燃中密度纤维板、防火塑料装饰板、难燃双面刨花板、多彩涂料、难燃墙纸、难燃墙布、难燃玻璃钢平板、PVC塑料护墙板、轻质高度复合墙板、阻燃模压木质复合板材、彩色阻燃人造板、难燃玻璃钢等
	B_2	各类天燃木材、木制人造板、竹材、纸制装饰板、装饰微薄木贴面板、覆塑装饰板、塑纤板、胶合板、塑料壁纸、无纺贴墙布、墙布、复合壁纸、天然材料壁纸、人造革等

表 25-16 单层、多层建筑内各部位装修材料的燃烧性能等级

建筑物及场所	建筑规模、性质	顶棚	墙面	地面	隔断	固定家具	装饰织物 窗帘	装饰织物 帷幕	其他装饰材料
候机楼的候机大厅、餐厅、贵宾候机室、售票厅等	建筑面积>10000m²的候机楼	A	A	B_1	B_1	B_1	B_1		B_1
	建筑面积≤10000 m²的候机楼	A	B_1	B_1	B_1	B_1	B_1		B_1
汽车站、火车站、轮船客运站的候车(船)室、餐厅、商场等	建筑面积>10000 m²的车站、码头	A	A	B_1	B_1	B_1	B_1		B_1
	建筑面积≤10000 m²的车站、码头	B_1	B_1	B_1	B_1	B_1	B_1		B_1
影院、会堂、礼堂、剧院、音乐厅	>800座位	A	A	B_1	B_1	B_1	B_1	B_1	B_1
	≤800座位	A	B_1	B_1	B_1	B_1	B_1	B_1	B_1
体育馆	>3000座位	A	B_1	B_1	B_1	B_1	B_1	B_1	B_1
	≤3000座位	B_1	B_1	B_1	B_1	B_1	B_1	B_1	B_1
商场营业厅	每层建筑面积>3000 m²或总建筑面积为>9000 m²的营业厅	A	A	A	B_1	B_1			
	每层建筑面积1000～3000 m²或总建筑面积为3000～9000 m²的营业厅	A	B_1	B_1	B_1	B_1			
	每层建筑面积<1000 m²或总建筑面积<3000 m²营业厅	B_1	B_1	B_1	B_1	B_1			
饭店、旅馆的客房及公共活动用房	设有中央空调系统的饭店、旅馆	A	B_1	B_1	B_1	B_1			
	其他饭店、旅馆	B_1	B_1	B_1	B_1	B_1			
歌舞厅、餐馆等娱乐、餐饮建筑	营业面积>100 m²	A	B_1	B_1	B_1	B_1			B_1
	营业面积≤100 m²	B_1	B_1	B_1	B_1	B_1			B_1
幼儿园、托儿所、医院病房楼、疗养院、养老院		A	B_1	B_1	B_1	B_1			B_1
纪念馆、展览馆、博物馆、图书馆、档案馆、资料馆	国家级、省级	A	B_1	B_1	B_1	B_1			B_1
	省级以下	B_1	B_1	B_1	B_1	B_1			
办公楼、综合楼	设有中央空调的办公楼、综合楼	A	B_1	A	A	B_1			
	其他办公楼、综合楼	B_1	B_1	B_1	B_1				
住宅	高级住宅	B_1	B_1	B_1	B_1	B_1			
	普通住宅	B_1	B_1	B_1	B_1	B_1			

表 25-17 高层建筑内部各部位装修材料的燃烧性能等级

建筑物	建筑规模性质	顶棚	墙面	地面	隔断	固定家具	窗帘	帷幕	床罩	家具包布	其他装饰材料
高级旅馆	>800座位的观众厅、会议厅、顶层餐厅	A	B_1	B_1	B_1	B_1	B_1	B_1		B_1	B_1
	≤800座位的观众厅、会议厅	A	B_1	B_1	B_1	B_1	B_1	B_1		B_1	B_1
	其他部位	A	B_1	B_1	B_1	B_1	B_1	B_1	B_1	B_1	B_1
商业楼、展览楼、综合楼、商住楼、医院病房楼	一类建筑	A	B_1	B_1	B_1	B_1	B_1				B_1
	二类建筑	B_1	B_1	B_1	B_1	B_1	B_1				B_1
电信楼、财贸金融楼、邮政楼、广播电视楼、电力调度楼、防灾指挥调度楼	一类建筑	A	A	B_1	B_1	B_1	B_1				B_1
	二类建筑	B_1	B_1	B_1	B_1	B_1	B_1				B_1
教学楼、办公楼、科研楼、档案楼、图书馆	一类建筑	A	B_1	B_1	B_1	B_1	B_1				B_1
	二类建筑	B_1	B_1	B_1	B_1	B_1	B_1				B_1
住宅、普通旅馆	一类普通旅馆高级住宅	A	B_1	B_1	B_1	B_1			B_1		B_1
	二类普通旅馆普通住宅	B_1	B_1	B_1	B_1	B_1					B_1

准不燃级木材阻燃等标准,它是介于不燃级和难燃 B_1 级之间。下面介绍1999年10月11日起执行的《建筑内部装修设计防火规范》几点要求:表25-15、表25-16、表25-17。

25.3 防火涂料

防火涂料和普通涂料一样,涂覆在材料表面具有装饰作用和保护作用。但防火涂料本身具有不燃性或难燃性,不会或不容易被点燃,当发生火灾时,它能阻止火焰蔓延,延缓火势发展,并对基材有较好的保护效果。

目前我国已能生产部分防火涂料,在木材上得到了应用。

防火涂料由于成膜物质、阻燃剂、阻燃机理以及用途等方面的不同,它们的种类非常繁多。尽管如此,仍可将防火涂料归纳分成非膨胀和膨胀型两大类。

25.3.1 非膨胀型防火涂料

非膨胀型防火涂料在受热后能形成一种釉状物,这层釉状物可以对基材起一定的保护作用。不过由于这层釉状物隔热效果较差,因此热传递和热辐射能使可燃性基材较快地炭化并达到燃点温度。现按非膨胀型防火涂料所使用的阻燃剂种类作一简单介绍:

(1) 将40% $NH_4H_2PO_4$ 添加到缩醛树脂、氧化锌和黏土的水性涂料中,制成防火涂料;

(2) $NH_4H_2PO_4$、硼砂、增稠剂和氯代烷烃同树脂一起乳化,制成防火涂料。

(3) 以聚醋酸乙烯酯乳胶为基料的涂料中,添加氨基塑料树脂和 $NH_4H_2PO_4$ 也是防火涂料的一种配方。在这种情况下,$NH_4H_2PO_4$ 的用量一般占涂料总量一半以上。

采用复杂的磷氮化合物作为涂料的阻燃剂,也受到应有的重视。C-氨基己酸和 $(NH_4)_2HPO_4$ 的反应物添加到氨基塑料树脂的甲醇溶液里作为防火涂料已被用于木材中。

25.3.2 膨胀型防火涂料

膨胀型防火涂料依靠难燃树脂或借助于阻燃剂来实现涂层的难燃化。由于涂层中成炭剂、脱水剂和发泡剂等同时相互配合,使涂层在火焰或高温作用下发生膨胀,形成比原来涂料厚度大几十倍的坚韧的炭质泡沫层。该泡沫层不仅能隔绝氧气,而且还能有效地阻挡外部热源对基材的作用,从而阻止燃烧进一步发展,对基材起到保护作用。

25.3.2.1 组成部分

为了使涂料具有良好的膨胀性能,形成坚韧的炭质泡沫层,同时又有令人满意的涂料性能,因此如何选择涂料成分是十分重要的。膨胀型防火涂料主要由以下成分组成:

1. 成膜物质

成膜物质对膨胀型防火涂料的常温使用性、涂料的发泡率都有密切的关系。常用的成膜物质有聚丙烯酸酯乳液、聚醋酸乙烯酯乳液、环氧树脂、聚氨酯、酚醛树脂及环氧-聚硫等。它们和阻燃剂匹配可以使涂层具有良好的难燃性。

2. 成炭剂

成炭剂是形成泡沫炭化层的物质基础。成炭剂主要是一些含碳量高的多羟基化合物,如淀粉、季戊四醇和它的二聚物、三聚物以及含有羟基的有机树脂等。表25-18列出了各种多元醇的含碳量,这些多元醇主要用于保护木材的膨胀型防火涂料中。尽管这些成炭剂的分解温度各不相同,但是在脱水剂的存在下,它们可以在低于木质纤维素燃烧的温度下分解。由此可知,在涂料中发生化学反应并提供隔热作用之前,纤维是不会发生分解的。季戊四醇作为成炭剂,近年来受到相当大的重视。

表 25-18 用于保护木材的膨胀型防火涂料中的成炭碳源

名 称	分子式	含碳量(%)	反应率(份/100g)
糖类			
葡萄糖	$C_6H_{12}O_6$	40	8
麦芽糖	$C_{12}H_{22}O_{11}$	42	2.3
阿拉伯糖	$C_5H_6O_4$	45	3.0
多元醇			
丁四醇	$C_4H_6(OH)_4$	39	3
季戊四醇	$C_5H_8(OH)_4$	44	2.9
二聚物	$C_{10}H_{16}(OH)_6$	50	5
三聚特	$C_{15}H_{24}(OH)_8$	53	2.4
阿糖醇	$C_5H_7(OH)_5$	39	3
山梨醇	$C_6H_8(OH)_6$	40	3.0
环己六醇	$C_6H_6(OH)_6$	40	3.0
多元酚			
间苯二酚	$C_6H_8(OH)_2$	63	8
淀粉	$(C_6H_{10}O_5)n$	44	2.1

表 25-19 部分发泡剂

名 称	气体部分	分解温度(℃)
双氰胺	NH_3、CO_2、H_2O	~210
蜜胺	NH_3、CO_2、H_2O	250
胍	NH_3、CO_2、H_2O	160
甘氨酸	NH_3、CO_2、H_2O	~233
尿素	NH_3、CO_2、H_2O	~130
氯化石蜡（含Cl 70%）	HCl、CO_2、H_2O	190

3. 脱水剂

脱水剂的主要功能是促进含羟基有机物脱水炭化，形成不易燃的炭质层。在脱水反应中，由于脱水剂能够再生并可重复使用，因此也有人叫它脱水成炭催化剂，用得最多的脱水剂是各种磷酸铵盐、磷酸酯和硼酸盐，其他化合物很少使用。

4. 发泡剂

在涂层受热时分解释放出大量灭火性气体，使涂层发生膨胀并形成海绵状细泡结构的化合物叫作发泡剂。发泡剂的分解温度是决定它是否适用的关键，分解温度过低，气体在成炭前逸出起不到作用；分解温度过高，产生的气体会把炭层顶起或吹掉，不能形成良好的炭质泡沫层。因此不同的多元醇和脱水剂，采用的发泡剂也应该有所区别。对于分解温度为147℃的磷酸铵盐和分解温度为325℃的聚磷酸铵就该考虑采用与之相适应的发泡剂，常用的发泡剂有三聚氰胺、双氰胺，氯化石蜡、聚磷酸铵、硼酸铵、双氰胺甲醛树脂等。表 25-19 列出了部分发泡剂的分解温度和产生的气体成分。

大多灵敏膨胀型防火涂料中的成分可能起到多种作用，因此选用涂料成分时必须考虑这些因素。例如有的成分既是发泡剂，又是成膜物质和脱水剂，还有的成分除其他功能外，还可以作为成炭剂。

评价防火涂料好坏要综合考虑各方面的性能，就是说防火涂料不仅要具有良好的阻燃性能，而且还要有满意的涂料性能。诸如贮存稳定性、涂刷性、外观、防水性和打磨性等；涂料的色调、遮蔽能力，能否使用现有工艺设备等都是需要考虑的重要问题。

25.3.2.2 磷化物

在防火涂料中使用磷化物作为脱水剂，大多数是磷酸酯和磷酸的铵盐。只有两个例子比较特殊，一个是在双组分涂料中直接使用磷酸；另一个例子是在油性涂料中，不溶性偏磷酸金属盐（如Zn、Ca、Na或K盐）、胺类树脂、多元醇、氯代烃和锑化物并用。

早期的膨胀型防火涂料采用磷酸铵盐作脱水剂。开始用三聚乙醛、$(NH_4)H_2PO_4$、尿素和淀粉（多元醇）制备木材用的涂料。脲醛树脂作成膜物质，用某些蛋白质增强炭质泡沫层，使这类涂料得到了改进。在此基础上，又制成了一种含有氨基塑料树脂、$(NH_4)H_2PO_4$和淀粉等的乳胶漆，乳胶是氯乙烯—偏氯乙烯的共聚物。问题的关键是寻找一种不受配方中大量的可溶性磷酸铵的影响而凝聚的乳胶。另外，对漆膜的塑性进行了改进，还有的采用山梨醇糊精等化合物作为多元醇使用，也有的使用其他的树脂和发泡剂。将氯化橡胶添加到上述配方中可制成一种耐洗擦的油性涂料。表 25-20 列出了含有$(NH_4)H_2PO_4$的膨胀型防火涂料的配方。

25.4 木材阻燃产品的检测

25.4.1 国家防火建筑材料质量监督检验测试中心组织结构图（见下页图）

25.4.2 检验分类

产品检验因目的和性质不同可以分为下列几种类型：

(1) 监督抽查检验：国家技术监督局和地方监督部门定

表 25-20 含有磷酸二氢铵($NH_4H_2PO_4$)的典型的水性膨胀型涂料

组 成	含 量(%)
水	0.5
表面活性剂	8.5
二氧化钛	25.6
磷酸二氢铵	2.1
蜜胺甲醛树脂	8.5
双氰胺	4.3
季戊四醇	5.1
氯化石蜡（含Cl 70%）	6.4
羧甲基纤维素（2%）	17.6
聚乙烯胶乳（固体60%）	1.0
酞酸二丁酯	100.0

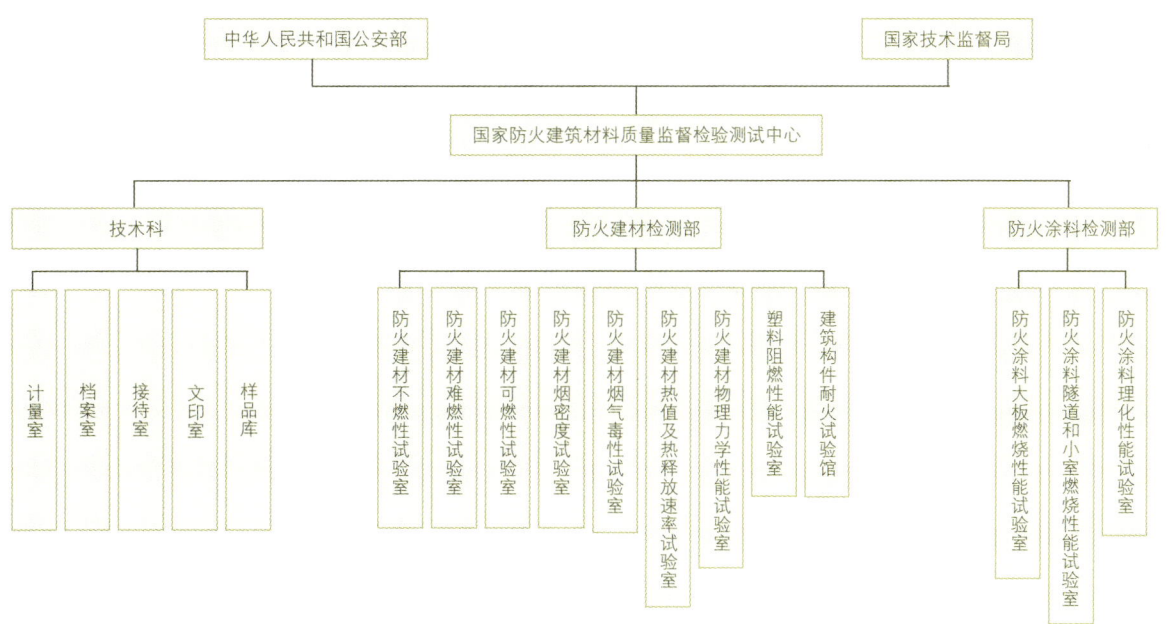

期或不定期的抽检。

(2) 形式检验：产品定期全项性能检验或配方、设计及工艺调整后的全项性能检验。

(3) 许可证检验：产品质量认证检验及发放生产许可证的抽样检验。

(4) 评优检验：地区或行业评优检验。

(5) 仲裁检验：企业与用户间因产品质量发生纠纷或法院安全监督机关为确定产品质量纠纷责任而提出的检验。

(6) 进出口检验：进出口产品质量水平确认或公证性检验。

(7) 新产品鉴定检验：新开发产品、科研成果的全项性能检验（新产品性能检验，系新产品单项或几项性能检验）。

(8) 委托检验：企业、用户等为了解材料、制品特性而直接送样进行的单项或全项性能检测。

25.4.3 检验项目及所需样品数量

25.4.3.1 防火建筑材料

根据GB8624-88《建筑材料燃烧性能分级方法》的规定，建筑材料（含制品）经检验后方能确定其燃烧等级。我国将建材按其燃烧性能分为四个等级：即不燃性建材（A级）、难燃性建材（B_1级）、可燃性建材（B_2级）和易燃性建材（B_3级）。所有未知新型建筑材料，特别是作为内装修使用的各种建筑材料均应经过检验，以保证防火安全。防火建筑材料的其他性能指标，如有机高分子材料燃烧发烟性能，纤维增强塑料的氧指数及炽热燃烧性能，以及一些重要的物理、力学性能可依照其使用特点和标准、规则的有关要求进行检验。防火建筑材料生产单位应有相应的产品标准，并对该产品的燃烧性能等级、阻燃性能指标、物理、力学性能均指标及相应产品的防火性能、物理、力学性能进行检验，并按标准判定产品是否合格或达到某一特性水平。防火建筑材料物理、力学性能检验所需的样品数量应依照检验项目及其方法对试样的要求，并根据标准抽样方法的规定和复验时应留存的样品量来确定。

防火性能检验所需的样品规格及数量如下：

1. 不燃性（A级）建筑材料

许多无机建筑材料，如石膏板、石棉板、矿棉板、珍珠岩板、硅钙板等多属于不燃材料，其不燃性能的确认应按GB5464-85《建筑材料不燃性试验方法》进行检验，样品数量为：

1) 委托检验自制作：

$\phi 45 \times 50 \pm 2$ (mm)   10 件

2) 抽样（制品）检验：

500mm × 500mm × δ （厚度）（δ：材料厚度≤80mm）

δ ≥ 5mm   5 块

δ < 5mm   10～20 块

2. 难燃性（B_1级）建筑材料

纸面石膏板、人造大理石板（聚酯胶结型）水泥刨花板，阻燃刨花板、阻燃木材、硬质PVC门窗、墙板、部分阻燃玻璃钢制品等等，多属于难燃性建筑材料，其难燃性能确认应按GB8625-1988《建筑材料难燃性试验方法》进行检验，高分子合成材料的发烟性能应按GB8627-1988《建筑材料燃烧或分解的烟密度试验方法》进行检验。难燃性能检验所需样品数量不得少于：

1000mm × 190mm × δ   20 块

230mm × 90mm × δ   10 块

3. 可燃性（B_2级）建筑材料

软质PVC板材，纤维板、胶合板、保丽板、稻草板、塑料板材、玻璃钢板材、部分阻燃玻璃钢板材、阻燃塑料板、阻燃壁纸等等，多属于B_2级可燃性建筑材料，其燃烧性能应按GB8626-1988《建筑材料可燃性试验方法》进行检验，以确认其燃烧性能等级。

对某些经过阻燃处理的材料，为了反映其阻燃的程度，可根据材料的特点，对其氧指数，炽热燃烧等性能进行检验、各类化学建材的发烟性能可按GB8627-1988《建筑材料燃烧或分解的烟密度试验方法》进行检验。样品数量不得少于：

500mm × 190mm × δ　　　　　10块

4. 易燃性（B_3级）建筑材料

普通聚苯乙烯、聚氨脂泡沫、薄型有机玻璃及其他一些塑料薄片、某些玻璃棉贴塑天花板，多属于易燃性材料，凡是按GB8626-1988检验达不到B_2级要求的材料均属于易燃性建筑材料。

上面所列的均为建筑材料防火性能检验所需样品规格及数量。

25.4.3.2 防火涂料

(1) 饰面型防火涂料按GB12441-1990《饰面型防火涂料通用技术条件》进行全部性能检验，共计十一项，检验所需样品数量根据其涂复比的情况而定：

涂复比	样品数量（抽样检验）	（委托试验）
500g/m²	10kg	5kg
1000g/m²	15kg	7kg

(2) 钢结构防火涂料按产品规定的耐火性能、物理、力学性能进行检验，并按标准判定产品是否合格或达到某种质量水平。其中，耐火性能按GB9978-1988《建筑耐件耐火试验方法》的规定检验。

钢结构防火性能试验采用钢梁简支试件，支点间距为5630mm，受火跨度为：5170mm，适宜试验的钢梁长度为：6000 mm，最大加载能力为$5 \times 4=20(T)$。

25.4.3.3 建筑构件

防火门、防火卷帘的耐火极限按GB7633-87《门和卷帘的耐火试验方法》进行检验。其他承重或非承重防火分隔建筑构件的耐火极限按GB9978-1988《建筑构件耐火试验方法》进行检验。样品的数量应依照GB7633-1987和GB9987-1988对试样的要求，并根据抽样方法的规定和复验时应留存的样品量来确定。本中心构件耐火试验炉可容纳试件的尺度特性是：

(1) 墙炉最大受火面积为：3000mm × 3000mm，加载能力 200（T）；

(2) 楼板炉最大受火面积为：5200mm × 3000mm，加载能力 40（T）；

(3) 简支梁支点间距离为：5630mm，四点加载能力20 (T)。

25.4.3.4 几点说明

(1) 新产品鉴定，允许在暂无产品标准的情况下，由检测中心参照相关标准进行检验，检验项目协商确定或由委托书确定。凡有国标者按国标执行凡无国标但有行标或地方标准者按相应标准执行。

(2) 单项或多项委托试验，仅对产品的该项性能或委托测试项目负责，试验报告不能作为产品质量水平的正式依据。

(3) 某些单项性能检验所需的样品量可参照试验方法标准确定。

25.4.4 检验报告及检验结果发送范围

(1) 国家抽检：检验报告及结果分析处理意见呈报公安部消防局并报告国家技术监督局质量司，被检产品结果通知单送被抽查企业，并抄送企业所在省、自治区、直辖市公安消防部门、技术监督局（标准计量局）。

(2) 地方抽检、许可证明检验、评优检验、检验报告发产品生产单位、企业所在省、自治区、直辖市消防监督局部门或任务下达部门。

(3) 进出品检验、促裁检验、检验报告发任务下达部门或产品生产单位。

(4) 新产品鉴定检验，型式检验，检验报告发生产单位，生产单位所在省级消防监督部门。

(5) 委托试验仅向委托单位发送报告单一份，试验结果仅对送样负责。不能作为产品质量水平的正式依据。

抽样说明：

(1) 凡要求对整体产品进行质量判断的检验项目，均应进行抽样检验。

凡送样检验的产品，检验结果仅对送样负责，不对整体产品质量作任何评价。

(2) 抽样方法：随机抽样。

样本应在生产单位、销售单位或使用单位已检验合格的库存产品中抽取。特殊情况下，也允许在生产线的终端，在已经检验的合格品中抽取。

抽样前，不得事先通知被检产品生产单位。抽样结束后，样本应立即封存，连同出厂检验合格证一并发往指定地点。

(3) 样本大小的确定

1) 凡产品的技术标准中已明确规定样本大小的，按标准的规定执行；

2) 凡产品技术标准中未明规定样本大小的，破坏性试验（如防火性能、力学性能试验）由检验单位根据相应标准确定。其他性能试验可参照下表确定：

3) 抽样基数：在生产单位的库存中抽样时，抽样基数不得小于样本的5倍；在用户和销售单位抽样时，抽样基数不得小于样本的两倍。

4) 样本确定后，抽样人员应以适当的方式封存，由样本所在部门以适当的方式送检验部门。运输的方式应不损坏样本的外观及性能，样品箱，样品桶、样品包装亦应满足上述要求。

5) 抽样结束后，由抽样人填写抽样清单（格式参阅附表），抽样清单应随同样本送往检验部门批案。

25.4.5 检验所需的文件及资料

送检单位应根据产品的检验类型,办理相应的手续并提供必要的文件和资料。产品检验需办理的手续及所需的文件、资料见下表:

样品基数（N）	N=100	100＜N=1000	N＞100
样本数（n）	n=5	n=10	n=15

检验类型	介绍信或证明文件	抽样清单	产品主要成份	产品标准及产品	企业情况调查表或设计图纸	产品合格证及说明书等技术文件
检测报告					+	0
监督检验	+	+	−	+	+	+
形式检验	+	+	+	+	+	+
许可证检验	+	+	+	+	+	+
评优检验	+	+	+	+	+	+
仲裁检验	+	+	+	+		+
进出口检验	+	+		+		+
新产品鉴定	+	+	+	0	+	−
委托检验	+	−	+	0	−	0

注:"+"表示应用;"−"表示无要求;"0"表示需要但不强求

抽样清单

抽样检验性质
被抽样单位
详细地址
产品批发及生产日期
抽样日期
抽样地点
主持抽样单位
参加抽样单位
抽样记录:

序号	样品名称	规格型号	批量（N）	样本数（n）
1				
2				

抽样人（签字）:

被抽样单位负责人（签字）:

检测单位收件人（签字）:

国家防火建筑材料质量监督检验测试中心对受检产品企业生产和质量控制调查表

企业名称		企业性质	
详细地址		隶属关系	
厂长姓名		技术负责人	
电话		质量负责人	
邮编		职工总人数	

受检产品生产及质量控制状况

名称		规格型号	
年产量（吨）		年产值（万元）	
投产时间		主设备状况（引进,国）	
生产人员数		质检人员数	
有无生产许可证		自检项目数	
备注			

填表人:　　　　　年　月　日

参考文献

[1] [美]罗杰·罗维尔主编.刘正添等译实木化学.北京：中国林业出版社，1988.12

[2] 王宏元.阻燃剂化学及其应用.上海：上海科学技术文出版社，1988.8

[3] 薛恩钰，曾毓修.阻燃科学及应用.北京：国防工业出版社，1988.11

[4] [苏]Ⅱ.H.列克托尔斯基著.木材防腐与抗火处理.北京：中国林业出版社，1960

[5] 王卫东.阻燃型杨大胶合板的初步研究.南京：林业科技开发，1993

26 竹材人造板及竹木复合人造板

竹材人造板是以竹材为原料，借助胶黏剂的作用，压制而成的板状材料。竹木复合人造板是以竹材、木材为原料，根据不同的使用要求进行结构设计，借助胶黏剂的作用，经特定的加工工艺生产的板状材料。

竹材人造板及竹木复合人造板均由下列构成单元组成：①竹篾：竹材经截断、剖开、去除内节和外节而形成竹条，用篾刀或通过劈篾机从竹材的弦线上劈进，使竹条变薄而形成篾片。竹篾的厚度一般为0.5～1.4mm，根据需要，也有厚度达3mm的竹篾。竹篾的宽度一般为10～20mm。②竹片：竹片分为两种，一种是将锯截后的竹段，沿竹段的长度方向锯解而得到的定宽而通直竹片；另一种是将竹段剖分成二或三片，经软化、展开制成的竹片。这两种竹片沿长度方向的厚度不一致，需进行刨削加工，方可达到厚度一样的要求。③竹席：竹篾经纵、横交错，编织成具有一定幅面的整张席子。④竹帘：竹篾同方向排列用机械或手工的方法，用几条线编织成的整幅帘子。⑤竹刨花：采用专用设备将竹材加工成具有一定形状和尺寸的刨花，其表面平滑、尺寸均匀、质量好，这种竹刨花称为特制竹刨花。另一种竹刨花是竹材加工企业刨、铣、钻等加工产生的切屑，称为废料竹刨花，又叫工厂竹刨花（或机床竹刨花），其特点是厚度不均、形状卷曲、长度和厚度的比例小、质量较差。⑥竹单板：由旋切、半圆旋切、刨切或锯制方法生产的薄片状木材。⑦木板：锯割原木所得的板材。⑧木单板：旋切原木所得的薄板材。

目前，竹材人造板及竹木复合人造板一般都是由上述单元的不同组合，严格遵守对称原则而设计、制造出来的。对称原则就是指对称中心平面两侧的各对应层，无论是竹种、厚度、层数、纤维方向、含水率，还是制造方法等，都必须相互对应，即完全相同，也就是对于对称中心平面一侧来说，组成竹材人造板及竹木复合人造板产品各层的材料、厚度及制造方法等可以是相同的，也可以是不同的，但是其对称中心的两侧的各对应层必须完全相同。

竹材人造板及竹木复合人造板相对于木材人造板而言，具有力学性能较高、耐磨损性能较好的特性，目前普遍作为工程结构材料，在各类车厢底板、混凝土模板、包装箱板、集装箱底板等领域里应用。也有少量的经过漂白、防霉、防蛀等防护处理的竹材人造板及竹木复合人造板用于家具和室内装修。

竹材人造板及竹木复合人造板在我国尚为发展中的产业，由于中国有着广阔的市场和极其丰富的竹类资源，目前已成为世界上产量最大的生产国。其中工艺技术较成熟，有一定生产规模的竹材人造板及竹木复合人造板品种有以下几种：竹材胶合板、竹编胶合板、竹席-竹帘胶合板、竹材层压板、竹材刨花板及竹材刨花复合板、贴面竹胶合模板、竹木复合集装箱底板、竹木复合层积材等。

26.1 竹材胶合板

26.1.1 定义及用途

竹材胶合板是一种以"高温软化-展平"核心工艺为主要特征制成的竹片，按照胶合板的构成原则，将竹片涂胶、组坯、热压胶合而成的工程结构材料。

竹材胶合板从根本上改善了竹材直径小、壁薄中空、纵横两向强度差大的缺陷。保留了竹材强度高、刚性好、耐磨损、尺寸稳定的特点，而且还可以进行锯、刨、铣、钻等后期加工，成为各类车厢底板、混凝土模板的较为理想的材料。

26.1.1.1 竹材胶合板在各类车厢底板上的应用

载货汽车、公路客车、公交客车、铁路车辆等车辆的车厢底板大都是全木结构、铁木结构或钙塑板制成，使用条件十分苛刻，要求能经受严寒、酷暑、日晒、雨淋以及一定的承载。因此，作为车厢底板应有足够的强度和刚度及耐老化性能。竹材胶合板由于相邻竹片互相垂直组坯胶合而成，具有胶合性能好、耐老化、强度大、尺寸稳定的特点。因此，能科学、经济、安全地替代木材作为车厢底板。

由于受人造板压机以及竹材本身的限制，竹材胶合板的长度尺寸往往达不到车厢的长度，在长度方向进行对接接长一般是不允许的。可采用铣斜面热压接长的工艺方法，其完整的车厢底板制造工艺流程如下：

竹材胶合板 → 端头铣斜面 → 斜面涂胶 → 斜面搭接 → 热压接长 → 表面涂树脂 → 压网纹、表面树脂固化 → 纵横锯边、铣台阶 → 成品

端头铣斜面：用专用铣床将需接长的端头铣成斜面，斜率约为1∶5。

斜面涂胶：两搭接斜面均涂以与竹材胶合板使用的相同胶黏剂或性能更好的胶黏剂，涂胶量150~175g/m²（单面）。

斜面搭接：两搭接斜面要密合，不得有间隙，搭接斜面板尖可略高出板平面0.5~1mm，为防止斜接面移位，便于搬动，允许用钉子预固定。

热压接长：热压条件与同厚度竹材胶合板热压条件基本相同，但单位压力略小于压制竹材胶合板时的压力。

表面涂树脂：为提高耐腐蚀、耐虫蛀、抗老化性能以及尺寸稳定性，需在竹材胶合板的两表面涂上适量的酚醛树脂保护层。表面酚醛树脂技术指标要求见表26-1。

表26-1 表面酚醛树脂技术指标

项目	技术条件	备注
外观	棕红色透明黏稠液体	
游离酚	<2%	允许在树脂中加入适量的诸如氧化铁红之类的着色剂
固体含量	36%±2%	
黏度	0.1~0.23Pa·s	

压网纹、表面树脂固化：为增加车厢底板的摩擦力，在热固化表面树脂的同时，在竹材胶合板的正面覆上一张铁丝网。送入热压机，在板面压出一定形状和深度的网纹。热压温度130~140℃，单位压力2.5~3.0MPa、热压时间4~5min。

纵横锯边、铣台阶：根据各类车厢板的技术要求，竹材胶合板需纵、横锯边以及铣出规定尺寸的边部形状，适应装车的要求。

26.1.1.2 竹材胶合板在混凝土模板上的应用

竹材胶合板具有强度大、耐磨损、尺寸稳定的特点，非常适合作混凝土模板。可在其表面涂上与车厢底板相同的酚醛树脂，经热固化后形成坚硬的保护层直接作为普通的混凝土模板。也可以竹材胶合板为基材，经定厚处理，在基材上下表面分别覆上木单板和浸渍纸，组坯热压而成"高强覆膜竹材胶合模板"。这种板具有很高的弹性模量和静曲强度，表面光滑、平整、耐磨性好、厚度公差小，能符合框架模板的技术条件，被公认为是一种性能优良的混凝土模板。

26.1.2 生产工艺

竹材胶合板的生产工艺流程为：

竹材 → 截断 → 去外节 → 剖开 → 去内节 → 水煮 → 高温软化 → 展平 → 辊压 → 刨黄 → 刨青 → 预干燥 → 干燥定型 → 铣（锯）侧边 → 组坯 → 涂胶 → 预压 → 热压 → 热堆放 → 纵、横锯边 → 成品

26.1.2.1 原料要求及贮存

竹材胶合板生产用竹子应选用4年生以上、胸径（指从根部往上约1.2m处的直径）9cm以上的毛竹（楠竹）或其他直径较大的竹子，如桂竹、麻竹、巨竹、龙竹等。

由于竹子的砍伐有一定的季节性，为保证竹材胶合板生产的均衡，工厂应有一定量的竹子贮存。竹子堆成垛，可露天存放3~4个月。生产规模大，条件好的工厂，应有平整、并具备排水沟的竹子楞场。楞场应留有车道和装卸竹子的场地，还应设置"楞腿"。"楞腿"之间间距2m左右，竹子应堆垛在"楞腿"上，不直接和地面接触，以便有良好的通风条件；竹子楞垛需借助"立柱"的支撑，以防倒塌，"立柱"长度约2.5~3.0m，间距2~2.5m左右；应尽量使竹子楞垛遮阳避雨；在对竹子加工前，应保证竹子不得有虫蛀、腐朽等缺陷。

26.1.2.2 备料

1. 截断

根据产品的规格，在留足加工余量的前提下将竹子截成一定长度的竹段，通常加工余量取50~60mm。截断的原则："从下至上，截弯取直"，即先截去竹子根部刀砍形成的歪斜端头，从根部至梢部依次截断。竹子弯度较大时，多截锯短竹段，力求锯成的竹段通直或弯度较小。

2. 竹段去外节

为提高后工序的加工质量，需去掉竹段外表面竹节处的凸起部分，使其与竹段表面保持同一高度。外节可用手工或专用的去外节机去除。

3. 竹段剖分

为便于后工序加工，需将竹段剖分成二至三片，采用专用的剖竹机可提高生产效率。

4. 竹片去内节

竹段剖成弧形的竹片后，需去除竹隔（统称为竹内节），使竹片的内壁平滑，专用的去内节机可取得满意的去内节效果。

26.1.2.3 软化—展平

软化—展平是竹材胶合板的核心工艺，将弧形的竹片软化展平后形成平面状的竹片，要求展开的裂缝多且深度浅、宽度小。采用手工预先在弧形的竹片内壁（竹黄面）凿出一定数量的不贯通裂缝，也能展开成平面状的竹片，但生产效率很低，劳动强度也较大。而且展开的竹片由于没有经过软化这道工序，所以裂缝很深，一般都要达到竹青面。这样的竹片在组成竹材胶合板坯时，要用小铁钉固定，使缝隙紧密，压制出的板子在使用上受到一定的限制，高质量的竹材胶合板一定要采用软化展平工艺。

1. 水煮

为便于弧形的竹片软化和展平，需增加竹片的含水率，方法是将竹片放入70~90℃热水中浸泡3h以上，若能将水加热至沸腾则更好。经水煮后的竹片，取出后呈蜡黄色且手感发黏为合格。

2. 高温软化

高温软化的目的是增加竹片的塑性以便于展平。软化温度控制在180~250℃，软化时间4~5min。软化合格的竹片温度一般为140~150℃，在外观上竹青表面发黄并出现油珠滴。

3. 展平与辊压

高温软化后的竹片应立即加压展平。展平的单位压力为0.5~0.8MPa。随后送入专用的辊压成型机辊压。辊压线压力为300~500N。若竹片横断面弧形弦高小于5~8mm，也可不经展平直接辊压。

26.1.2.4 竹片加工

1. 刨削加工

经展平的竹片，要去除竹片表面的青和黄，并加工成一定的厚度。可以在压刨机上加工，为提高竹材利用率，竹片厚度可按0.5mm或1mm级差分类。展平的竹片，尽可能趁热进行刨削加工，以减少功率消耗及刀具的磨损。芯板用竹片，不允许有残留的竹青和竹黄存在。表板用竹片，也不允许有残留竹黄存在；可根据成品的质量标准要求，允许存在少量残留竹青。

2. 竹片干燥

经刨削加工后的竹片，含有大量的水分，需要干燥到一定含水率，再经定型干燥，才能进行后期加工。

干燥过程首先是预干燥，通常采用周期式干燥窑，将竹片干燥至含水率15%左右。由于竹片在展平过程中虽已产生展开裂缝，由圆弧状成为平直状，但它在自然状态中仍具有较大的弹性恢复力，为防止竹片在干燥过程中产生变形，需采用间歇加压干燥工艺。运用一种专用的竹片干燥定型机，即可完成竹片的定形干燥，使竹片终含水率小于8%。

3. 铣（锯）侧边

由于竹段剖开产生的撕裂和干燥过程中的不均匀干缩，干燥后的竹片两侧边是凹凸不平的。为使竹材胶合板的表板拼缝严密，芯板组坯时不产生过大的缝隙。所有的竹片两侧边都要进行齐边加工。

齐边加工可以采用特制的加长工作台面的立轴铣床，手工铣削侧边。此法生产率较低，也可采用履带压紧进料的单锯片圆锯机。

26.1.2.5 胶合加工

1. 涂胶

为了使竹片胶合，其短芯板或长中板必须两面涂胶，所用胶黏剂应视产品的用途而定，通常在室内使用的竹材胶合板可使用脲醛树脂胶黏剂或其他性能相当的胶黏剂。目前大量使用在各类车厢底板或混凝土模板用的竹材胶合板，应使用酚醛树脂胶黏剂。酚醛树脂胶黏剂技术指标要求见表26-2。

表26-2 适用于竹材胶合板的酚醛树脂胶黏剂技术指标

项目	技术指标	备注
外观	棕红色透明黏稠液体	
游离酚	<2.5%	在使用时,可适量加入面粉等填充剂
固体含量	50%±2%	
黏度	0.15~0.32Pa·s	

竹片涂胶一般在辊筒涂胶机上进行,被涂胶的竹片表面必须清洁,涂胶量为350~400g/m²（双面）。

2. 组坯

将表板竹片和涂过胶的芯板竹片组合成板坯的过程称为组坯。根据成品厚度和压缩率来确定板坯的厚度。板坯的压缩率与热压时的温度、压力和竹子的产地、竹龄、竹种等多种因素有关，通常的压缩率为13%~16%。根据产品的使用要求，确定纵向竹片厚度与横向竹片厚度的比例。组坯为手工作业，组坯时，要做到表板竹片竹青面朝外，竹黄面朝内，中心层芯板竹片每张竹片的竹青面、竹黄面的朝向，应依次交替排列；组坯时，相邻竹片的大小头（竹片一般都呈梯形）也应依次交替排列，呈"一边一头齐"。相互成直角。

3. 预压

为使组好的板坯便于运输，防止板坯在向热压机内装板时竹片产生位移而引起叠芯、离缝等缺陷，应将板坯先进行预压，使其预胶合成一整体。预压采用预压机进行，单位压力通常为0.8~1.0MPa，预压时间一般2~3h，时间能长一些，效果则更佳，但也不宜超过24h。

4. 热压胶合

经预压后的板坯要经过热压才能达到预期的胶合强度，热压是在保持压力的过程中对胶层进行加热使其固化。掌握热压条件至关重要，竹材胶合板的热压条件为：

单位压力：3.0~3.5MPa

热压温度：135~145℃

热压时间：1.1 min/mm 板坯厚

卸压应按三段降压法操作，注意在单位压力降至0.5MPa时，降压速度要慢或停留几分钟，防止"鼓泡"现象产生。

5. 热堆放及纵横锯边

从热压机卸出的竹材胶合板，温度较高，需整齐堆放24h以上。一方面利用其余热继续使胶黏剂固化，提高胶层固化程度；另一方面通过整齐的密实堆放，让其缓慢冷却，通过内部匀温，消除内应力，使板子平整，防止产生翘曲变形。

竹材胶合板最终按要求的幅面在纵横锯边机上锯出四角方正、四边平直的成品板。

26.1.3 主要质量指标

26.1.3.1 规格

一般竹材胶合板的幅面尺寸与常规的木质胶合板尺寸相同，其长度和宽度公差为±3mm，两对角线长度之差不得大于5mm。产品的用户也可根据需要，经协议提出幅面的具体尺寸及公差范围。

表26-3 混凝土模板用竹材胶合板的厚度及其公差

厚度（mm）	公差（mm）	
	一等品	合格品
12	±0.9	±1.2
15	±1.0	±1.3
18	±1.0	±1.4

各类车厢底板用竹材胶合板的厚度一般为10、12、15、18、20、22、25、28、30mm，厚度公差在厚度≤15mm时为±1.0mm，在厚度＞15mm时为-1.0~+2.0mm。混凝土模板用竹材胶合板的厚度及其公差见表26-3。

混凝土模板用竹材胶合板的翘曲度一等品不得超过1.0%，合格品不得超过1.5%。

26.1.3.2 外观质量

车厢底板用竹材胶合板的外观质量要求见表26-4，混凝土模板用竹材胶合板的外观质量要求见表26-5。

26.1.3.3 物理力学性能

各类车厢底板用竹材胶合板物理力学性能指标见表26-6，混凝土模板用竹材胶合板物理力学性能指标见表26-7。

26.1.4 主要原材料消耗

竹材胶合板的主要原材料是竹子和胶黏剂。目前各生产

表26-4 各类车厢底板用竹材胶合板的外观质量要求

缺陷种类		正面	背面
残留竹青		宽度≤5mm，允许	宽度≤8mm，允许
		5mm＜宽度≤8mm，允许2处/张	8mm＜宽度≤15mm，允许2处/张
		宽度＞8mm，不允许	宽度＞15mm，不允许
拼接离缝		宽度≤2mm，允许	宽度≤3mm，允许
		宽度＞2mm，不允许	宽度＞3mm，不允许
展开裂缝	表面	宽度≤2mm，允许	宽度≤3mm，允许
		宽度＞2mm，不允许	宽度＞3mm，不允许
	端面	宽度≤5mm，允许	
		宽度＞5mm，不允许	
芯板叠离		单个最大宽度≤3mm，允许	
		单个最大宽度＞3mm，不允许	
面、背板尺寸不足		不允许	≤2mm，允许2处/张
			宽度＞2mm，不允许
芯板尺寸不足		≤2mm，允许2处/张	
		＞2mm，不允许	
鼓泡分层		不允许	
嵌补		宽度≤8mm，允许	宽度≤8mm，允许
		宽度＞8mm，不允许	宽度＞8mm，不允许
表面污染		累计不超过板面积的1%	累计不超过板面积的5%

表 26-5 混凝土模板用竹材胶合板的外观质量要求

缺陷种类	一等品		合格品
	正面	背面	任意面
表面污染	总面积不超过板面的 5%		允许
表面压痕、鼓包	≤50mm²，允许 2 处/m² 压痕深度 1mm 以下，允许		≤400mm²，允许 4 处/m² 压痕深度 1mm 以下，允许
边角缺损	宽度≤5mm，公称尺寸之内允许 1 处/张		宽度≤5mm，公称尺寸之内允许 2 处/张
表面缝隙	允许宽度≤2mm 2mm＜宽度≤3mm，长度≤50% 板长，允许 1 条/张		允许宽度≤3mm 3mm＜宽度≤4mm，允许累计长度≤2000mm
芯层缝隙	≤5mm		≤6mm
叠层	厚度≥2mm 的竹片、竹篾，重叠宽度≤3mm，厚度＜2mm 的竹片、竹篾，允许		
鼓泡、分层	不允许		

表 26-6 各类车厢底板用竹材胶合板物理力学性能指标

试验项目	规格	指标值
含水率（%）	—	≤10
胶层剪切强度（MPa）	—	≥2.5
静曲强度（MPa）	板厚≤15mm	≥100
	板厚＞15mm	≥90

注：①经接长的竹材胶合板，接缝处的静曲强度不得小于表中规定指标值的 70%
②测定方法按 LY/T1055-2002 中 5.3 的规定进行

表 26-7 混凝土模板用竹材胶合板物理力学性能指标

项目			单位	70型	60型	50型
含水率			%		5～14	
静曲强度	干状	纵向	MPa	≥90	≥70	≥50
		横向		≥50	≥40	≥25
	湿状	纵向		≥70	≥55	≥40
		横向		≥45	≥35	≥20
弹性模量	干状	纵向	MPa	≥7.0×10³	≥6.0×10³	≥5.0×10³
		横向		≥4.0×10³	≥3.5×10³	≥2.5×10³
	湿状	纵向		≥6.0×10³	≥5.0×10³	≥4.0×10³
		横向		≥3.5×10³	≥3.0×10³	≥2.0×10³
胶合性能			—		无完全脱离	
吸水厚度膨胀率			%		≤8	

注：①纵向指平行于板长方向，横向指垂直于板长方向
②测定方法按 LY/T1574-2000 中 5.3 的规定进行

厂家的生产水平不完全一致，主要材料毛竹的消耗也不完全一致。通常，生产竹材胶合板的毛竹需胸径 10cm 左右的大径级毛竹。生产 1m³ 竹材胶合板需这样的毛竹 180～200 根，其中每根毛竹长约 7～9m 左右；质量约 25～35kg 左右，每根毛竹将有 1.5～3.5m 长、重约 7kg 左右、大头直径在 6cm 以下的剩余竹梢可作他用。

据统计，每生产 1m³ 竹材胶合板需消耗酚醛树脂胶黏剂 40～45kg，表面用酚醛树脂 13.5～16.5kg。

26.2 竹编胶合板

26.2.1 定义及用途

竹编胶合板是以竹材为原料，经劈篾、编席、涂（浸）胶、热压而制成的一种竹材人造板。

竹编胶合板按耐气候性能和防水性能分为Ⅰ类板和Ⅱ类板。Ⅰ类板以酚醛树脂胶或其他性能相当的胶黏剂胶合而成，能在室外使用。如混凝土模板、各类车厢底板、活动房屋外墙板等；Ⅱ类板以脲醛树脂胶或其他性能相当的胶黏剂胶合而成，一般用于室内家具、天花板或一次性包装板等。

竹编胶合板根据厚度不同分为薄型板和厚型板，厚度在2~6mm的称为薄型板，常用于天花板、家具、包装箱板等，厚度等于或大于7mm的称为厚型板，常用于混凝土模板、各类车厢底板。

26.2.2 生产工艺

竹编胶合板生产工艺流程如下：

竹材 → 制篾 → 编席 → 竹席干燥 → 涂(浸)胶 → 陈化（干燥）→ 组坯 → 热压 → 锯边 → 成品

对于家具或装饰用的竹编胶合板，因对竹席的要求较高，在制篾后，还需对竹篾进行刮光（磨光）、漂白、染色处理，然后再精编成席。

26.2.2.1 原料选择

竹编胶合板所用的竹材，应选用劈篾性能良好的竹材如毛竹、麻竹、慈竹、淡竹、水竹、黄竹等，一般需要三至五年生，幼龄的竹子易于劈篾，但竹篾易断裂，制作出来的产品使用期短。

一般来说，含水率高时易于剖竹和劈篾，因此，最好应选用新鲜、含水率较高的竹材。

26.2.2.2 制篾

竹篾的制作包括截断、去节、剖竹、劈篾。

(1) 截断：根据产品的规格要求，将竹子锯成一定长度的竹段，加工余量一般留200mm左右，为避免竹子在剖竹和劈篾时过节困难，锯口应位于节前30~50mm以上。锯口应尽量平齐、光滑、无毛刺。

(2) 去节与剖竹：竹段应先将外节去除，尽量使竹段无凹凸现象。然后，基本上按宽度1.5cm左右将竹段剖分成竹条，黄面上的内节在剖分后一并去除。去节、剖竹可用手工，也可用剖竹机剖分竹条。

(3) 劈篾：将剖好的竹条用刀或通过劈篾机使竹条变薄，成为竹篾。通常先去除竹黄层，再进行一劈二、二劈四等分劈篾。

(4) 竹篾整理与堆放：要区别不同篾层，即青篾、二黄、三黄、四黄……最好能分开存放，不能混存一起，便于使用。把分层整理好的竹篾，按一定数量分成小把捆扎、晾晒，直到干透后再收藏存放，要注意通风、避雨、避潮。

26.2.2.3 编席

编席是将加工好的竹篾，按有规律的编织方法，编织成具有一定幅面的竹席。竹席的编织目前只有手工编织。竹编胶合板用的竹席通常为人字花型编织，即纵、横方向相互垂直的竹篾，通过相互间"挑"和"压"的交织，构成竹席。纵向篾称"纬"篾，横向篾称"经"篾。在编织工艺上，"挑"就是"纬"篾在"经"篾之下；"压"就是"纬"篾在"经"篾之上。竹编胶合板的粗编席通常为"挑三压三"；精编席通常按"挑一压一"编织，这里挑几压几的意思是挑起几根压几根篾。在一张席子基本编织完成以后，达到规定的幅面时，对四周长出的两层不同方向排列的竹篾要进行包边处理。检查验收合格的竹席，要求编织面平整，是四角成直角的长方形，编织人字线准确无错乱，包边要完整牢靠。

26.2.2.4 干燥

竹席大都为单张加工，原料来源各异，故诸多因素造成竹席的含水率有差异和不均，因此，须对竹席进行干燥使其含水率趋于一致，以满足后续工序的要求。

竹席干燥后含水率范围的确定，应依据竹编胶合板所使用的胶黏剂类型而定，一般控制在6%~12%，脲醛树脂胶可选用偏高一点的含水率值，酚醛树脂胶则较低一点为好。

干燥以人工干燥质量好、产量大，适合工业化生产。目前，人工干燥多采用窑干或干燥机干燥。干燥窑可选用普通的木材干燥窑，热源可选用蒸汽或炉气，窑内温度为50~60℃，干燥时间为24~48h。干燥机可选用木材胶合板用单板干燥机，单层和双层的均可，节数依产量而定。干燥时间一般在10~15min，干燥温度在140~160℃。

没有条件采用人工干燥的，可采用自然干燥，通过晾晒，降低竹席的含水率。但自然干燥，受气候影响，差异较大，制作的产品质量不稳定，并且产量受到限制。

26.2.2.5 涂（浸）胶

对竹席施加胶黏剂的方法通常采用涂胶或浸胶。

一般脲醛树脂胶（固含量48%~65%）采用涂胶法，涂胶量为200~275g/m²（单面）或400~550g/m²（双面），胶液在竹席表面应薄而均匀，遇有缺胶处应用胶刷补涂。

酚醛树脂胶通常采用浸胶法，即将竹席放入胶池中浸泡一段时间后取出沥干或通过上下两对辊筒挤去多余的胶液。一般当胶黏剂固体含量为28%±2%。黏度为0.3Pa·s、竹席含水率为4%~6%时，浸胶时间为2~2.5min；竹席含水率为10%~12%时，浸胶时间为2.5~3.5min，这样即可达到6%~7%的浸胶量。如使用其他种类或固含量及黏度不同的胶黏剂时，则需通过试验来确定浸胶时间。浸胶量是指竹席吸收的干树脂量与竹席的绝干质量之比，浸胶量是衡量浸胶质量的重要指标。原则上认为，在保证胶合的前提下，浸胶量越小越好。一般地，板材的性能随浸胶量的增加而增加，但当浸胶量超过10%时，则影响不明显，因而，工艺要求浸胶量控制在6%~7%这个范围内。

26.2.2.6 陈化或干燥

对涂胶的竹席，为使胶液能充分浸润竹篾的表面，并向编织交叉处渗透，同时蒸发部分胶黏剂所带入的水分，可将涂胶后的竹席放置一段时间，这一过程称为陈化。陈化时间与胶的黏度、室温等因素有关，若黏度大、气温低，陈化时间长些，反之，则可短些。一般陈化时间20~60min。

对浸胶的竹席，可陈化数小时（实质是自然干燥），但不宜超过24h。为提高产量和质量，也可采用人工干燥，一般而言，干燥介质的温度不宜超过80℃，终含水率控制在10%~14%即可。

26.2.2.7 组坯

竹席由竹篾经纬交织而成，其纵横方向力学性能相近，因此组坯时不需像木质胶合板那样一定要奇数层，偶数层也可以。

组坯时，各层竹席的摆放应注意到一个长边和一个短边对齐，俗称"一边一头齐"，以便以后的裁边加工。

板坯的两面应加盖金属垫板，以防止胶黏剂沾污热压板，或热压板表面的异物污染竹编胶合板，尤其是生产装饰用竹编胶合板更应加盖金属垫板。

如金属垫板在出板后发生黏板现象，可在其表面薄薄地涂上一层脱膜剂，以利于金属垫板与竹编胶合板的分离。

26.2.2.8 热压

竹编胶合板热压条件见表26-8。

26.2.2.9 锯边

热压后的板子经12~24h的热堆放后，即可按产品标准或用户给定的规格将板子纵横两个方向锯成边角方正的成品竹编胶合板。

表26-8 竹编胶合板热压条件

胶 种	温度 (℃)	单位压力 (MPa)	热压时间（min）			
			2层板	3层板	4层板	5层板
酚醛树脂胶	140~150	2.5~4.0	3~4	5~7	8~12	10~15
脲醛树脂胶	110~120	2.5~4.0	3~4	5~7	8~12	10~15

26.2.3 主要质量指标

26.2.3.1 规格

竹编胶合板的幅面尺寸同木质胶合板，长度和宽度只允许正偏差5mm，不允许负偏差。对角线长度允许差：公称长度在1830~2135mm时，为小于等于5mm；公称长度在2135~3000mm时，为小于等于6mm。厚度为2、3、4、5、6、7、9、11、13、15mm等，厚度偏差见表26-9。

表26-9 厚度偏差

公称厚度	厚度偏差	每张板内的厚度最大允许偏差
2~6	+0.5 / -0.6	0.9
>6~11	+0.8 / -1.0	1.2
>11~19	+1.2 / -1.5	1.5
>19	±1.5	1.6

厚型板翘曲度：一等品不超过0.5%，二等品不超过1.0%，三等品不超过2.0%。

26.3.3.2 外观质量

竹编胶合板外观质量要求见表26-10。

26.2.3.3 物理力学性能

竹编胶合板物理力学性能见表26-11。

26.3 竹席—竹帘胶合板

26.3.1 定义及用途

竹席—竹帘胶合板是一种以竹席、竹帘为构成单元，根据不同的使用要求进行结构设计，借助胶黏剂，胶合而成的竹材人造板。

竹席—竹帘胶合板通常以竹席为表层，竹帘为芯层。依竹帘厚度的不同可分为"浙江式"和"湖南式"两种竹席—竹帘胶合板。

表 26-10 竹编胶合板外观质量要求

缺陷名称	检量项目	优等品	一等品	合格品
腐朽、霉斑			不允许	
板边缺损	自公称幅面内不得超过（mm）	不允许	≤ 5	≤ 10
鼓泡、分层	—		不允许	
篾片脱胶	单个最大面积（mm²）	不允许	不允许	1000
	每平方米个数	不允许	不允许	1
表面污染		不明显	允许	允许
			允许	允许
面板压痕	单个最大面积（mm²）	不允许	50	200
	每平方米上个数		2	4

表 26-11 竹编胶合板物理力学性能

项目	单位	薄型		厚型	
		Ⅰ类	Ⅱ类	Ⅰ类	Ⅱ类
含水率	%	≤ 15			
静曲强度	MPa	≥ 70	≥ 60	≥ 60	≥ 50
弹性模量	MPa	≥ 5 000			
冲击韧性	kJ/m²	≥ 50			
水煮-干燥处理后静曲强度	MPa	≥ 30		≥ 30	
水浸-干燥处理后静曲强度	MPa	≥ 30		≥ 30	

注：覆面竹编胶合板，应符合相应结构的物理力学指标

"湖南式"采用较薄的竹帘，一般厚度为0.8～1.4mm，产品外观酷似竹编胶合板，与Ⅰ类厚型竹编胶合板的用途相同。

"浙江式"采用较厚的竹帘，一般厚度为2～3mm，产品主要用作对表面要求不高，只需表面基本平整的普通混凝土模板。

26.3.2 生产工艺

竹席-竹帘胶合板的生产工艺流程：

原料 → 干燥 → 浸胶 → 组坯 → 热压 → 锯边 → 封边 → 成品

26.3.2.1 原料

竹席—竹帘胶合板所用的竹席，与竹编胶合板所用的竹席要求相同，"湖南式"竹席—竹帘胶合板所用的竹帘，采用厚度1mm左右的竹篾，用混纺线（涤纶线）作经线，用竹篾编帘机或手工织成的整幅竹帘，经线间的距离一般为200mm，"浙江式"竹席—竹帘胶合板所用的竹帘通常采用2～3mm的竹篾织帘。

一般要求竹帘平整、牢固、不散形，竹篾间紧密而无迭合。

26.3.2.2 干燥

竹席、竹帘在浸胶前后进行干燥，使其含水率在12%以下，干燥方式与竹编胶合板的干燥方式相同。

26.3.2.3 浸胶

由于竹帘的竹篾间有缝隙，采用涂胶工艺，耗胶量很大，因此，一般采用浸胶工艺，浸胶工艺与竹编胶合板浸胶工艺相同，浸胶后也应象竹编胶合板的竹席浸胶后那样，适当陈化或干燥。

26.3.2.4 组坯

竹席—竹帘胶合板板坯的配置，通常竹席作为表层，根据板材厚度以及使用对纵横强度比的要求，合理确定板坯的层数以及纵向竹帘与横向竹帘在板坯中的位置与数量，这就是所谓的结构设计，同时，组坯应使板坯结构具有对称性，以保证板材的形状稳定性。

26.3.4.5 热压

热压条件与竹材胶合板相似，但"湖南式"竹席—竹帘胶合板采用"冷进冷出"工艺，即热压工艺过程分为三个阶段：

（1）升温预热阶段：板坯进入热压机后，开始升温升压，直至达到规定的压力和温度。

（2）固化成型阶段：该阶段按规定的热压条件操作。

（3）冷却阶段：在保持压力的条件下往热压板中注入冷水冷却，当温度降到50～80℃时，再降压将板子卸出。

采用"冷进冷出"工艺，虽然热压周期较长，用水量大，能耗较高，但能保证板材的形状稳定，板面平整，并能有效地防止"鼓泡"现象产生。

26.3.2.6 锯边与封边

热压后的毛边板须经纵、横锯边，为提高防水性能和产品外观，在其边部可涂饰防水涂料。

26.3.3 主要质量指标

"湖南式"竹席—竹帘胶合板的质量指标与竹编胶合板的质量指标相同。作为混凝土模板用的竹席—竹帘胶合板，其质量指标与混凝土模板用竹材胶合板质量指标相同。

26.4 竹材层压板

26.4.1 定义及用途

竹材层压板是一种以竹篾为构成单元，将竹篾或经过整张化的竹篾干燥、浸胶，再经干燥后，以纵向排列为主组坯、热压胶合而成的竹材人造板。竹材层压板亦称竹篾层积材或竹篾积成胶合板。

竹材层压板单向强度大、刚性好，具有显著的定向性，是良好的工程结构材料。目前，主要应用于车厢底板。

26.4.2 生产工艺

竹材层压板的生产工艺流程：

竹篾（或整张化的竹篾）→ 干燥 → 浸胶 → 干燥 → 组坯 → 热压 → 锯边 → 定厚加工 → 成品

26.4.2.1 原料要求

生产竹材层压板的原料主要是竹篾，篾片厚度在 0.8~1.4mm 为宜，宽度通常是 15~20mm，篾片的长度等于产品长度加余量，允许使用少量的短篾片，用量比：长篾片：短篾片=1：0.2~0.3，短篾片的长度最短不得小于 30cm。

竹篾整张化可提高产品质量，并有可能实现生产的机械化、连续化，竹篾整张化的方法有竹席法、黏接法、缝纫法和编帘法，通常可采用编帘法，即将竹篾编织成"经线纬篾"的整张竹帘，竹帘可用于手工或机械编织，竹帘质量要求与竹席—竹帘胶合板所用的竹帘质量要求大致相同。

26.4.2.2 干燥

要求竹篾干燥后的含水率达到 10%~12%，干燥方式可采用自然干燥或干燥窑干燥。

26.4.2.3 浸胶

竹材层压板采用的胶黏剂通常是水溶性酚醛树脂胶黏剂，竹篾的浸胶量控制在 6%~7%。

浸胶量的测定通常采用质量法，即先测出竹篾含水率 W_0 及质量 G_0，再计算出竹篾的绝干质量 G_1，$G_1=G_0(1-W_0)$；然后将竹篾浸胶后取出沥干，烘至绝干后称得此时质量 G_2，则竹篾浸胶量为：

$$\frac{G_2 - G_1}{G_1} \times 100\%$$

26.4.2.4 浸胶后干燥

竹篾浸胶后须先沥去附着在其表面的胶液，然后进行干燥。干燥篾片的终含水率控制在 10%~14%，浸胶后的干燥多采用自然干燥或干燥窑干燥。干燥窑干燥温度必须控制在 65℃左右，以免胶液固化，一般干燥 4~5h 即可。由于竹篾表面及表层均浸有胶液，采用电阻测湿法误差较大，故应采用质量法测量含水率，即称得浸胶后干燥好的竹篾质量 G_1，烘至绝干后称重得 G_0。则含水率为：

$$\frac{G_1 - G_0}{G_0} \times 100\%$$

26.4.2.5 组坯

竹材层压板的组坯目前都是在组坯台上由手工完成，散篾秤量后在型框内组坯，长篾片应分布于板的两表面，短篾片置于板的中层。整张化的竹篾则可直接铺装在垫板上。较之散篾组坯，整张化的竹篾组坯生产效率高，厚度与密度的均匀性均有显著提高。

组坯时的竹篾用量是根据产品的密度、厚度及幅面来确定的。

假设产品的规格为 2440mm×1220mm×30mm，根据竹材层压板的加工特性，其锯边余量为 100mm，厚度加工余量为 2mm，这样计算时采用的规格为 2540mm×1320mm×32mm。产品的密度要求为 1.1g/cm³、浸胶量为 7%，则竹篾的用量为：

(1) 每张容重为 1.1g/cm³ 的竹材层压板重：

$$G_1 = l \times b \times d \times r = 254 \times 132 \times 3.2 \times 1.1$$
$$= 118018.56(g) = 118.02(kg)$$

式中：G_1——为成品板质量

l——板的长度

b——板的宽度

d——板的厚度

r——板的容重

(2) 每张竹材层压板所需的绝干竹篾质量：

$$G_2 = \frac{G_1}{1+W_2+P} = \frac{118.02}{1+0.1+0.07} = 100.87(kg)$$

式中：G_2——所需绝干竹篾质量

W_2——成品含水率，取 10%

P——浸胶量

(3) 每张竹材层压板所需的固体胶量：

$$G_3 = P \cdot G_2 = 0.07 \times 100.87 = 7.06 \text{(kg)}$$

式中：G_3——所需固体胶量

(4) 如果浸胶干燥后的竹篾含水率 W_3 为14%，则每张竹材层压板所需的浸胶干燥后的竹篾需求量 G_4 为：

$$G_4 = (1+W_3)(G_2+G_3) = (1+0.14) \times (100.87 + 7.06) = 123.04 \text{(kg)}$$

或 $G_4 = (1+W_3)(1+P)G_2 = (1+0.14) \times (1+0.07) \times 100.87 = 123.04 \text{(kg)}$

26.4.2.6 热压

竹材层压板热压条件：温度140~150℃，单位压力4.5~6.0MPa，热压时间：1.3min/mm 成品板厚。

竹材层压板的热压采用"冷进冷出"工艺，热压工艺过程同"湖南式"竹席—竹帘胶合板热压工艺过程，通常采用逐步升压或分段升压。

26.4.2.7 后期加工

热压后的竹材层压板半成品，需经锯边后用压刨机刨削或砂光机砂削作定厚处理，再根据汽车车厢底板或铁路货车底板的要求，锯、铣成成品。

26.4.3 主要质量指标

26.4.3.1 规格

竹材层压板规格见表26-12。

表26-12 竹材层压板规格

竹材层压板的长度尺寸（mm）	
长度	公差
400、500	±1
1000、1500、2000、2500	±3
3000、3400、4200、5400	±5

竹材层压板的宽度尺寸及公差（mm）	
宽度	公差
1400、1600、1800……400	±1
500、600、700、800	±2
900、1000、1100	±3

竹材层压板的厚度尺寸及公差（mm）	
厚度	公差
10、15、20	±0.8
25、30	±1.0

边缘不直度（mm）	
边长	边缘不直度
≤400	≤1
400~1000	≤2
>1000	≤3

注：①翘曲度：不得大于2/1000 mm/mm
② 两对角线之差不得大于2/1000 mm/mm
③ 其他规格尺寸及公差按供需双方协议生产

26.4.3.2 外观质量

竹材层压板外观质量要求见表26-13。

表26-13 竹材层压板外观质量要求（mm）

缺陷名称	允许限度	
	一等品	合格品
鼓泡	不允许	不允许
脱胶	不允许	每平方米2处，每处长≤50
边角缺损	不允许	≤5

26.4.3.3 物理力学性能

物理力学性能见表26-14。

表26-14 竹材层压板物理力学性能指标

指标名称	单位	指标值
含水率	%	6~8
静曲强度	MPa	≥120
冲击韧性	kJ/m²	≥110
吸水率	%	≤12
密度	g/cm³	≤1.2
弹性模量	MPa	≥8.0×10³
低温冲击韧性	kJ/m²	≥80
滞燃性能	氧指数	≥28

注：测定方法按LY/T 1072-2002中4.3的规定进行

26.5 竹材刨花板及竹材刨花复合板

26.5.1 定义及用途

竹材刨花板是以小径竹及部分加工剩余物为原料，经机械加工制成针状为主的竹刨花，干燥后施加一定的胶黏剂和少量防水剂（或不加防水剂），铺装成型后在一定温度和压力条件下制成的一种竹材人造板。

竹材刨花复合板是以竹刨花作芯层材料，竹片或竹席为表层材料，竹刨花施胶、竹片涂胶或竹席浸胶，经热压而制成的竹材人造板。根据覆面材料形态，竹材刨花复合板可分为竹席复合板和竹片复合板等。竹片复合板还常采用先制成竹材刨花板基材，再进行竹片贴面加工的二次成型生产工艺。图26-1为竹材刨花复合板结构示意图。

竹材刨花板及竹材刨花复合板通常以水溶性酚醛树脂为胶黏剂，具有较强的耐水性和耐候性，较高的静曲强度和弹性模量（与木质刨花板相比较），较低的吸水厚度膨胀率，可作为工程结构材料使用。目前，竹材刨花板主要用作普通混凝土模板。竹材刨花复合板除了用作混凝土模板外，还可用作地板。

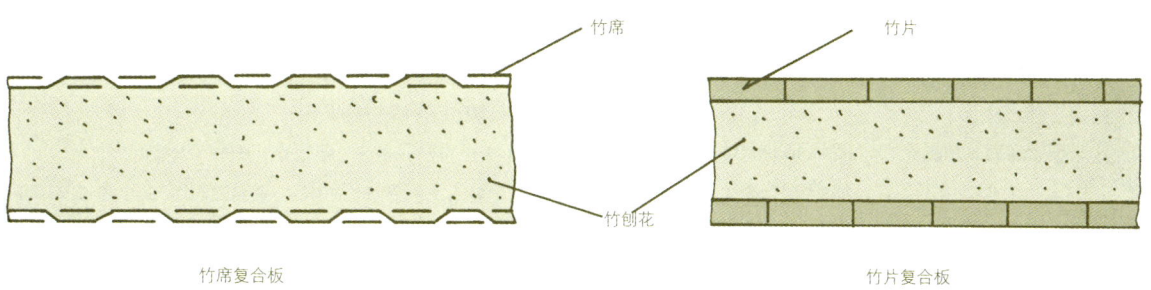

图 26-1 竹材刨花复合板结构示意图

26.5.2 生产工艺

26.5.2.1 竹材刨花板生产工艺流程

竹材刨花板通常为三层结构的高密度板,采用平压法生产,其生产工艺与木质刨花板工艺相似。热压机采用热油炉供热。竹材刨花板生产工艺流程如下:

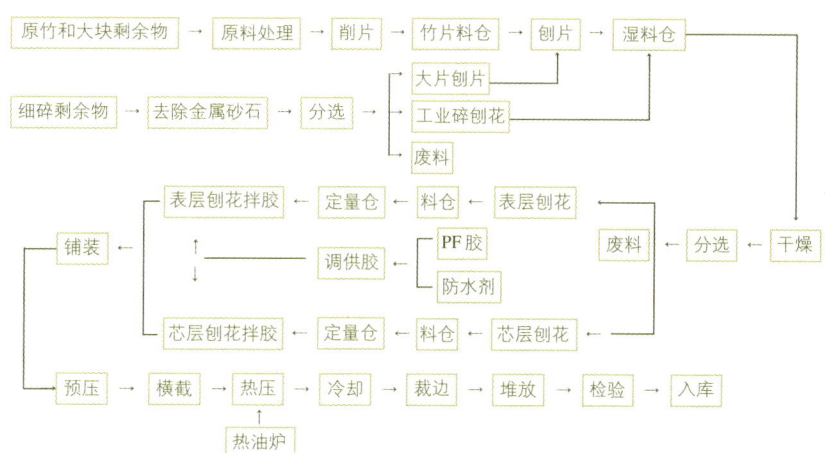

26.5.2.2 竹席复合板生产工艺流程

竹席复合板是在铺装成型机前后分别铺设经过浸胶并干燥的竹席,然后热压及后期加工,其工艺流程如下:

竹席干燥 → 浸胶 → 干燥 → 面层竹席 / 底层竹席
↓
竹刨花制备 → 干燥 → 拌胶 → 铺装 → (预压) → 热压
入库 ← 检验 ← 堆放 ← 裁边 ← 冷却

26.5.2.3 竹片复合板生产工艺流程

竹片复合板常采用二次成型工艺,其生产工艺还与产品用途有关,用作地板的竹片复合板工艺流程如下:

毛竹 → 截断 → 开条 → 粗刨 → 干燥 → 精刨 → 拼板 → 砂胶合面 → 涂胶
竹材刨花板 → 砂光 → 涂胶
横向开榫槽 ← 纵向开榫槽 ← 截头 ← 开料 ← 热压 ← 组坯 ←
砂光 → 油漆 → 检验 → 入库

26.5.2.4 主要生产工序说明

1. 竹原料及其处理

竹原料包括原竹和加工剩余物。原竹是指小径毛竹、杂竹、丛生竹等未经加工处理的竹子。加工剩余物分为两类：一类为竹蔸、竹梢、竹片等大块剩余物；另一类为竹屑、竹丝、竹碎料等细碎剩余物。前者制备特制竹刨花，后者分选或制备成工厂竹刨花。工厂竹刨花在刨花总量中所占的比例必须小于4/10，否则会影响刨花板的强度。

竹原料最适宜加工的含水率为40%~60%。竹原料含水率过低会在刨花制备过程中产生过多的不规则细碎料，影响成品板的性能。含水率过高竹原料本身强度低，且要延长干燥时间，增加动力消耗，影响产量。若含水率低于40%，原竹在冬季用50℃左右的热水进行浸泡处理，其他季节用自来水浸泡即可。浸泡时间随原料含水率而定，一般为2h左右。工厂竹刨花则进行喷洒处理。竹原料含水率高于60%，则延长存放时间，至含水率低于或等于60%再使用。

为保证生产连续进行，应贮备可供15~30d生产的原料，且遵循先进场原料先用的原则，保证原料新鲜，避免霉变。

2. 竹刨花制备

竹材纵向纤维抗拉强度大，横向纤维间结合力小，制成的刨花多数呈宽度大于厚度的针状。原竹和大块剩余物经削片加工后形成公称长度30mm的竹片，再通过刨片机加工成厚度0.3~0.8mm、宽度1.2~2.0mm为主的特制刨花。生产实践证明，镇江林机厂生产的BX21系列鼓式削片和BX46系列环式刨片机适合竹刨花制备的要求，加工出的竹刨花形态较好，细碎刨花所占比重小。

细碎剩余物经清除金属、砂石，分选后按预定配合比与特制刨花同步送入湿料仓，以保证两种刨花混合均匀。配合比应注意细碎刨花不超过总量的10%。

3. 干燥、分选

竹刨花干燥通常采用转子式干燥机。干燥后的竹刨花，其含水率应基本一致，控制在2%~6%为好。

分选的作用是将干燥好的竹刨花筛分出过大刨花，合格刨花和废料。过大刨花经再碎后重新送入生产线。筛分出的表层和芯层刨花经风送系统分别送至表层料仓和芯层料仓待用。废料则送锅炉或热油炉作燃料。

4. 拌胶

竹材刨花板通常使用初粘性较好的水溶性酚醛树脂作胶黏剂。如采用连续式辊筒预压机和无垫板热压工艺，胶黏剂的初粘性尤为重要。

某竹材刨花板厂使用的胶黏剂的质量指标如下：

固含量：47%±2%　黏度（20℃）：0.26~0.3Pa·s
pH值：10~12　游离甲醛：≤0.6%　储存期2个月

竹材刨花板防水剂(石蜡乳液)，配方（质量比）：

石蜡：100　　合成脂肪酸：5~12（酸值≥200）
水：150~200　氨水：4.5~5.5

石蜡乳液质量指标：

pH值：7.0~8.5　　　容积重：0.9~0.94t/m³
石蜡浓度：20%~40%　颗粒度：≤1μ者占90%以上
储存期：三天不分层不凝聚

按调胶配方将酚醛树脂胶和石蜡乳液均匀混合，施蜡量（石蜡乳液中固体石蜡质量与绝干刨花重的百分比）视产品要求而定，通常施蜡量为0.3%~1.0%。

竹材刨花板平均施胶量（胶的固体质量与绝干刨花质量的百分比）为9%~12%。芯层刨花尺寸大，施胶量取小值，表层刨花尺寸小，施胶量应相应增大。施胶量通过输胶泵控制，根据进入拌胶机的刨花质量和预定的施胶量计算出供给拌胶机的胶液质量。

拌胶后竹刨花含水率应控制在9%~16%范围内，芯层刨花含水率略低于表层刨花含水率。拌胶竹刨花贮存时间一般不超过2d。

5. 铺装、预压

竹材刨花板生产常采用气流式铺装或机械式铺装机，保证板坯密度均匀，板面光洁，克服手工铺装板各处密度不一致而易产生翘曲变形的缺点。铺装时应根据成品板的密度、厚度和结构调整供料和计量装置，使之形成厚度均匀的板坯。

如采用无垫板热压，预压工序应采用连续式辊筒预压机与铺装机配合，如采用有垫板热压，则采用周期平板式单层预压机（或不经预压）。预压后的板坯较密实，具有一定的强度，可防止运输过程中发生断裂或塌散。预压还可排除板坯内部分空气，减少板坯厚度，从而缩小热压板的间距。预压的工艺参数为：

辊筒预压机压辊线压力　　　　1000~2000N/cm
平板式单层预压机单位压力　　1.0~1.6MPa
板坯压缩率　　　　　　　　　30%~50%
板坯回弹率　　　　　　　　　15%~25%

$$压缩率 = \frac{h_1 - h_2}{h_1} \times 100\%$$

$$回弹率 = \frac{h_2 - h_3}{h_1} \times 100\%$$

式中：h_1——板坯铺装厚度，mm

h_2——板坯回弹后实际厚度，mm

h_3——板坯压缩到最小厚度，mm

6. 热压

热压是竹材刨花板生产的关键工序之一，直接影响生产线效率和产品质量。热压机可选用大幅面单层压机或多层压机，目前以多层热压机居多。

由于竹材密度比一般木材大，热压时必须施加较大的压力以保证竹刨花相互接触紧密。压力、温度、时间三者之间相互作用、相互影响，如提高热压温度，可加大板坯的温度梯度，加速热传递，缩短板坯加热时间。但是，过高的温度会使板坯在闭合加压前其表层刨花表面的胶黏剂固化，形成表层刨花松散，易脱落。目前竹材刨花板生产线采用的热压条件如下：

热压温度：$T = 160 \sim 180$℃

热压时间：$t = 0.4 \sim 0.7$min/mm 成品板厚（一般取：$t = 0.5 \sim 0.55$min/mm 成品板厚）

单位压力：$P = 4.0 \sim 4.5$MPa

竹材刨花板热压时最终厚度用钢质厚度规控制，并注意清除厚度规上的碎料。

7. 竹材刨花复合板生产工艺要点说明

竹席复合板由于表层用竹席覆面，对铺装机的要求可以低一些，生产中常用两个铺装头的铺装机，铺出渐变结构的板坯。竹席复合板生产中采用有垫板热压工艺，即垫板进铺装机前先铺上 1~2 层浸胶干燥后的竹席，然后在铺装机内铺装一定量的拌胶竹刨花，从铺装机出来后再在板坯上覆盖 1~2 层竹席完成铺装。

竹片复合板可采用先将竹片拼成整张纵向竹片板，再按竹席复合板铺装工序构成板坯，一次热压成型。也可采用先生产出竹材刨花板，再经砂光、涂胶，然后与涂胶后的竹片板组坯，热压成型。

26.5.3 主要质量指标

竹材密度及强度均高于多数木材，故竹材刨花板的密度和力学性能也高于普通木质刨花板。主要质量指标见表26-15。

从表中可以看出，竹席复合板和竹片复合板由于强化了表层材料，力学性能有较大提高。特别是竹片复合板，表面覆有一定厚度的单方向排列的竹片，纵向强度大幅度提高，适合制作地板和车厢底板等，是良好的工程结构材料。竹席复合板强度均匀，适合用作混凝土模板。

26.5.4 主要原材料消耗

26.5.4.1 竹原料用量

竹材及竹材刨花板密度较大，单位体积竹材刨花板消耗的原料大于木质刨花板，在设备选型时应充分考虑这一点。初步考虑竹原料用量时，可以用 1m³ 竹材刨花板消耗 1500~1600kg 竹原料作粗略估计。实际竹原料用量按下列公式计算。

$$G = \frac{\gamma (1+W_0)(1+A)}{(1+W_1)(1+P_{胶})} \text{(kg/m}^3\text{)}$$

式中：G —— 1m³ 竹材刨花板需要的竹原料量，kg/m³

γ —— 板密度，$\gamma = 850 \sim 950$ kg/m³

W_0 —— 竹原料含水率，$W_0 = 40\% \sim 60\%$

A —— 工艺损耗，不考虑砂光，$A = 0.2 \sim 0.25$；考虑砂光 $A = 0.28 \sim 0.32$

W_1 —— 成品板含水率，$W_1 = 6\% \sim 8\%$

$P_{胶}$ —— 施胶量，$P_{胶} = 9\% \sim 12\%$

生产中是以成品板的密度来确定竹刨花用量。一块板的绝干刨花用量为：

$$G_0 = \frac{\gamma V(1+A)}{1000(1+W_1)(1+P_{胶})} \text{(kg)}$$

含水率为 W_2 的刨花用量为：

$$G_w = \frac{\gamma V(1+A)(1+W_2)}{1000(1+W_1)(1+P_{胶})} \text{(kg)}$$

式中：G_0 —— 一块竹材刨花板的绝干刨花用量，kg

G_w —— 一块竹材刨花板的含水率为 W_2 的刨花用量，kg

γ —— 竹材刨花板要求的密度，g/cm³

V —— 热压后一块未裁边板的体积，cm³

W_2 —— 竹刨花含水率，$W_2 = 2\% \sim 6\%$

W_1 —— 竹材刨花板含水率，$W_1 = 6\% \sim 8\%$

A —— 损耗修正值，若不考虑砂光，$A = 3.5\% \sim 4.5\%$；若考虑砂光，$A = 10\% \sim 12\%$

26.5.4.2 胶黏剂用量

1m³ 竹材刨花板耗胶量按以下公式计算：

$$Q = \frac{P_{胶} G_w}{(1+W_2)K_{胶}} \text{(kg)}$$

表 26-15 竹材刨花板、竹材刨花复合板物理力学性能

名称 \ 项目 数值	密度 (g/cm³)	吸水厚度膨胀率 (%)	静曲强度 (MPa)	弹性模量 (MPa)	平面抗拉强度 (MPa)
竹材刨花板	0.85~0.95	≤ 8	27~40	3000~4000	0.7~0.8
竹席复合板	0.85~0.95	≤ 8	40~65	—	—
竹片复合板（h=18，竹片厚4.5）	0.96	2~3	130~150	10000~12000	2.0~3.0

注：竹片复合板的静曲强度和弹性模量为纵向值

式中：Q——耗胶量
$K_{胶}$——胶黏剂固含量
W_2——竹刨花含水率，$W_2=2\%\sim6\%$
$P_{胶}$——施胶量

26.6 贴面竹胶合混凝土模板

26.6.1 定义及用途

26.6.1.1 引言

现代建筑业的大型、高质量现浇混凝土工程越来越多，对混凝土模板提出了更高的要求。建筑业对模板的使用要求表现在以下几下方面：

(1) 要有较高的弹性模量和静曲强度。混凝土浇灌时会产生很大的侧向压力（其压强一般可达 $8t/m^2$），如果模板刚度和强度不够，势必增加支承，这不仅增加模板重量，而且降低施工效率。

(2) 表面要平整、光滑，具有一定的硬度，可多次重复使用。

(3) 要有较好的耐水、耐热、耐碱、耐老化性能。混凝土呈碱性，硬化过程会放热，且户外施工条件恶劣，因此模板必须符合Ⅰ类胶合板的要求。

(4) 幅面要大，以提高施工效率。在众多的模板材料中，贴面竹胶合混凝土模板最能满足以上要求。

26.6.1.2 定义及用途

贴面竹胶合混凝土模板是以竹材为主要原料，酚醛树脂胶为胶黏剂构成基材，板面用酚醛树脂浸渍纸或三聚氰胺浸渍纸进行贴面处理，主要用于"清水"混凝土施工的高质量、高强度混凝土模板。与木材胶合板和普通竹胶合模板相比，贴面竹胶合混凝土模板具有吸水膨胀率低，脱模吸附力小，混凝土表面平滑等优点，可用于大型桥梁、高速公路立交桥、高架路等大型工程一次浇灌成形而表面不再修饰的所谓"清水"混凝土工程。

26.6.1.3 种类

根据板材的构成单元，结构和生产工艺，目前使用的贴面竹胶合混凝土模板可分为二种：①高强贴面竹胶合模板；②贴面竹席—竹帘胶合模板。它们的断面结构示意图如图26-2所示。

26.6.2 生产工艺

26.6.2.1 高强贴面竹胶合模板生产工艺

1. 生产工艺流程

高强贴面竹胶合模板生产工艺流程如下：

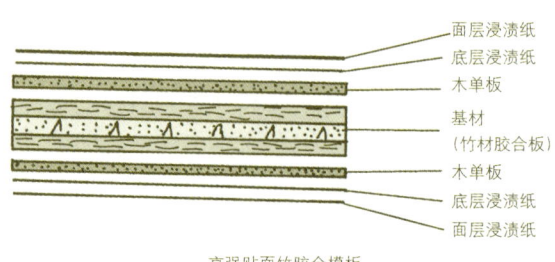

高强贴面竹胶合模板

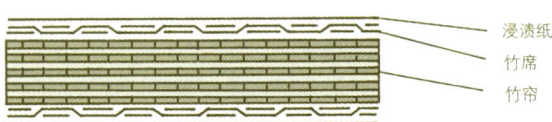

贴面竹席—竹帘胶合模板

图 26-2 贴面竹胶合混凝土模板断面结构示意图

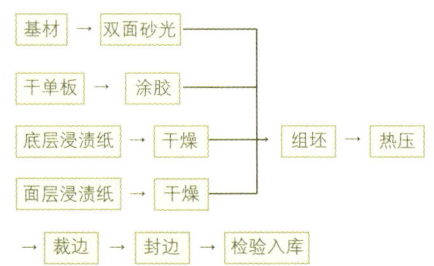

2. 主要工序及材料

(1) 基材：两种结构竹材人造板可作为高强贴面竹胶合混凝土模板的基材，一种是采用"软化－展平"工艺制造的竹材胶合板，另一种是用机械加工成竹篾再用篾帘编织机织成竹帘，然后用这种竹帘制成的竹帘胶合板。

由于采用较高的温度和压力进行浸渍纸贴面，基材上的缺陷会不同程度地反映到表面上来。如基材表面存在较大的缝隙，贴面热压时这些缝隙处承受的压力较小，因而在产品表面出现条状"白花"，它们不仅影响产品外观质量，而且该处面膜易碎。对于用作高强贴面竹胶合混凝土模板基材使用的竹材胶合板来说，生产中必须严格控制面、背板竹片的拼接和芯板竹片的离芯。如出现 >3mm 的缝隙，必须用竹条带胶嵌补。对于机织竹帘胶合板，竹篾不能过厚，特别是用作面、背板的竹帘（厚度 <3mm)，并适当增加编织线的条数，以达到减少篾间缝隙的目的。

(2) 木单板：由于竹材胶合板和竹帘胶合板进行贴面热压时可再压缩性差，浸渍纸也仅有两层，可压缩量很小，因此在它们之间加进一层软材单板（意杨或桦木单板）。木单板的作用之一是减少热压时各种因素可能造成的板面压力不均而引起胶膜表面质量缺陷。实践证明，在浸渍纸和基材之间加一层木单板后，产品表面非常平整、光滑，外观质量大为提高。木单板的作用之二是减少基材纵横向强度差异。竹材胶合板基材多为三层结构，纵向强度和横向强度差异较大（通常横向强度仅为纵向强度的20%～35%）。而高质量的贴面混凝土模板不仅要求强度大而且各方向要比较均匀（横向强度为纵向强度的60%以上）。在靠近表层处加一层横向单板，可大幅度提高产品的横向强度。对木单板的要求是：厚度1.1～1.2mm；含水率＜8%；无脱落死节、孔洞、夹皮、腐朽等缺陷。

（3）浸渍纸：底层纸为80～100g/m²、不加防水剂的硫酸盐木浆纸，浸渍酚醛树脂。浸渍树脂量80%～120%，干燥后挥发份含量10%～12%。底层纸形成的底膜可增加膜的厚度，提高耐磨性。

面层纸为钛白纸，纸质100g/m²，浸渍含有脱模剂的三聚氰胺树脂。浸渍树脂量80%～120%，干燥后挥发份含量10%～12%。三聚氰胺浸渍纸形成的面膜丰满度好，耐磨、耐酸碱，但膜的韧性不如酚醛树脂膜。

（4）热压工艺：贴面热压既可采用冷—热—冷工艺，也可采用热进热出工艺。具体热压条件为，温度135～145℃，单位压力1.5～2.0MPa，时间随板厚而定。

冷—热—冷工艺过程是：①热压板温度60～70℃时板坯进热压机，闭合、升温、升压。②温度升至规定温度后保温、保压。③保温、保压结束后关闭进汽阀门，排出热压板内蒸汽，通冷水降温。④热压板温度降至70℃以下卸板。冷—热—冷工艺的优点是膜面丰满、光亮、板面平整、翘曲变形很小；缺点是能耗和冷却水用量大，热压周期较长。

热进热出工艺是：①热压板加热至135～145℃时进板，升压、保温。②降压前5～10min提前关闭蒸汽进汽阀门和充压泵。③热压时间够了后缓慢分段降压。只要正确掌握操作规程，采用热进热出工艺也可获得符合质量要求的产品，且能耗低、经济性好。

26.6.2.2 贴面竹席—竹帘胶合模板生产工艺

1. 生产工艺流程

贴面竹席—竹帘胶合模板生产工艺流程如下：

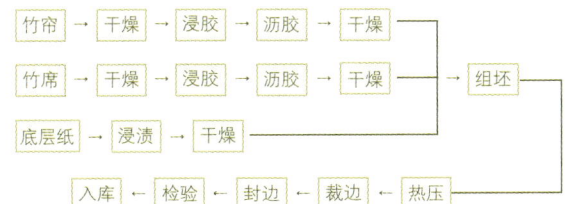

2. 主要工序及材料

（1）竹席、竹帘：目前大多数生产贴面竹席—竹帘胶合模板的工厂都采取向竹产区农户收购竹席和竹帘的方式进行生产。这种方式可减少固定资产投资，加快流动资金周转，提高生产效率，同时，还可提高竹产区农民的收入。通常收购的竹席、竹帘规格为4′×8′加上干缩和加工余量，厚度为1.0～2.0，含水率＜18%，以保证仓贮过程中不发生霉变，如含水率过高，则须干燥后再仓贮。同张竹帘的篾条厚度应均匀一致。

（2）干燥、浸胶：浸胶前、后，竹席、竹帘都必须进行干燥。竹席、竹帘必须干燥到含水率≤12%才能浸胶。通常，竹席和竹帘分别装入吊笼，用电动葫芦吊入特制的浸胶池内，使竹席和竹帘所有表面都均匀浸渍固含量较低的水溶性酚醛树脂胶黏剂，达到设定的浸胶量。浸胶后吊笼移至沥胶槽上空，让多余的胶液顺竹篾滴入沥胶槽再回到浸胶池。沥胶后的竹席和竹帘必须进行低温干燥（一般在网带式干燥机内完成），使浸胶增加的水分全部蒸发，以保证胶合质量。

（3）底层纸：底层纸为一种不加防水剂的牛皮纸，纸质80～120g/m²。胶黏剂为水溶性酚醛树脂或改性三聚氰胺树脂，加入少量脱膜剂。底层纸的浸胶与干燥在浸胶干燥机上完成，使其成为具有一定树脂含量（100%左右）的胶膜纸。

（4）组坯：根据产品厚度和纵、横强度比要求，合理确定板坯层数、纵向竹帘和横向竹帘的数量及在板坯中的位置。组坯时应在板坯上、下表面配置1～2张胶膜纸和一层竹席。同时板坯应一边一头齐，且位于垫板中间。

（5）热压：贴面竹席—竹帘胶合混凝土模板热压工艺具有两个特点：一是采用"一次成型"工艺，即芯层竹帘、面层竹席和胶膜纸组坯后一次热压完成，简化了工序；二是采用"冷—热—冷"热压工艺，以保证质量。一次成型虽然简化了工艺，但由于竹席、竹帘厚度偏差大，因而组坯厚度偏差较大，即使热压时采用厚度规，贴面竹席—竹帘胶合模板的板厚偏差仍远大于高强贴面竹胶合模板。其次，由于贴面竹席—竹帘胶合模板表面材料是竹席和胶膜纸，它的板面光洁度不如高强贴面竹胶合模板。

26.6.3 主要质量指标

26.6.3.1 物理力学性能

贴面竹胶合混凝土模板质量指标主要包含物理力学性能，模板使用特性，以及外观质量、厚度偏差等性能。贴面竹胶合模板物理力学性能见表26-16。

表26-16 贴面竹胶合模板物理力学性能

模板类型 项目	高强贴面 竹胶合模板	贴面竹席—竹帘胶合模板
密度（g/cm³）	0.784	0.80
静曲强度（MPa）	108.5	104.5
弹性模量（MPa）	‖ 10382 ⊥ 7047	11100
胶合强度（MPa）	≥2.5	≥2.5
表面耐磨性	2000次 0.05g/100r	0.05g/100r
吸水厚度膨胀率(%)	2.25（浸泡24h）	

26.6.3.2 使用特性

贴面竹胶合混凝土模板具有以下使用特点：
(1) 脱模后混凝土表面平整光洁，无须粉刷；
(2) 强度高、刚性好、耐磨、重复使用次数多。高强贴面竹胶合模板双面正确使用，重复使用次数可达100次；
(3) 吸水厚度膨胀率低，不易变形、施工性能好；
(4) 幅面大，可进行机械加工；
(5) 耐水、耐热、耐碱、耐老化性能好。

26.6.4 主要原材料消耗

高强贴面竹胶合混凝土模板由竹胶板基材、木单板和胶膜纸进行二次热压而制成。每立方米产品消耗主要原材料见表26-17。

表26-17 每立方米高强贴面竹胶合模板消耗原材料

项　目	单位	用量	备　注
毛竹	根	180~200	眉径=10cm
木单板	m³	0.14~0.16	杨木单板 厚度=1.1~1.2mm
胶黏剂	kg	80~110	固含量45%~50%
纸	kg	24~36	定量100g/m²

注：产品厚度为12~18mm

贴面竹席—竹帘胶合混凝土模板采用"一次成型"热压工艺，每m³产品消耗主要原材料见表26-18。

表26-18 每立方米贴面竹席—竹帘胶合模板消耗原材料

项　目	单位	用量	备　注
竹席	张	38~56	2550×1300×1.2 (mm)
竹帘	张	260~290	2550×1300×1.2 (mm)
胶黏剂	kg	220~240	固含量45%~50%
纸	kg	12~18	定量100g/m²

注：产品厚度为12mm~18mm；面、底层各一张纸

26.7 竹木复合集装箱底板

26.7.1 定义及用途

竹木复合集装箱底板是一种专门用途的竹木复合厚型胶合板，是南京林业大学竹材工程研究中心与香港迪勤国际发展有限公司联合开发的专利产品。竹木复合集装箱底板是以酚醛树脂为胶黏剂，以多层薄竹帘和竹席或等宽等厚竹片为面层材料，马尾松或落叶松旋切单板为芯层材料，按科学的结构组坯，经热压胶合，后期加工而制成的国际集装箱用竹木复合胶合板底板。由于性能卓越，竹木复合集装箱底板得到法国船级社认可，产品开始大批量在集装箱行业应用。图26-3为两种结构的竹木复合集装箱底板断面结构示意图。

26.7.2 生产工艺

竹木复合集装箱底板根据复合材料结构力学原理进行结构设计、充分利用竹材和木材的特性，使产品满足集装箱底板的要求。它的芯层由1.6~2.0mm厚的松木单板按照胶合板构成原则和生产工艺制造，(a)型结构（竹篾型）面层材料生产工艺与竹席—竹帘板前段工序相似，(b)型结构(竹片型)

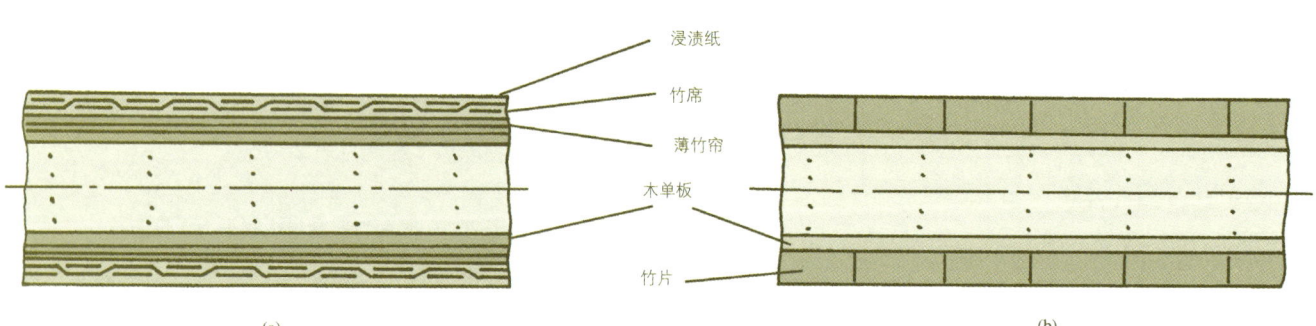

图26-3 竹木复合集装箱底板断面结构示意图

面层材料生产工艺与竹地板前段工序相同。目前生产上采用(a)型结构，其生产工艺如下：

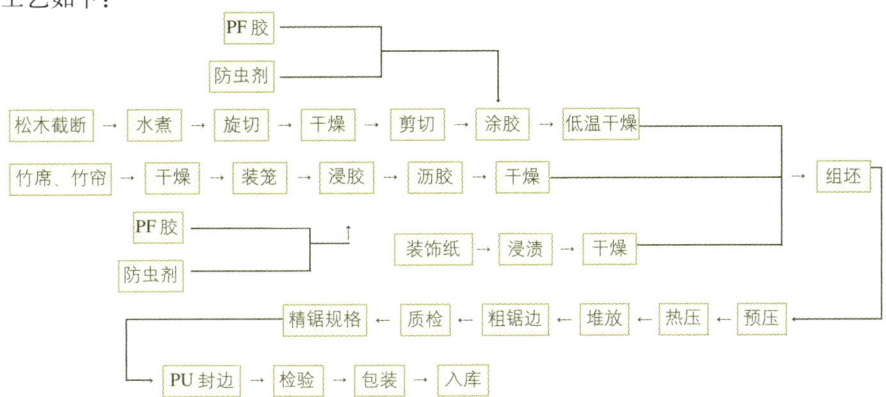

26.7.2.1 主要生产工序及原料说明

1. 竹席、竹帘

由于集装箱底板对产品厚度偏差要求很高，外购竹席和竹帘应严格控制篾条的厚度偏差。一张竹席或竹帘中的篾条厚度偏差应控制在±0.2mm，此外，竹席和竹帘不能有霉变，毛竹要求4年生以上。

2. 干燥

单板、竹席和竹帘在涂（浸）胶前、后都要干燥，以保证竹木复合集装箱底板的质量。

(1) 单板干燥：单板干燥后的含水率与单板涂胶后的处理有关。如涂胶后陈化，单板含水率应为14%~16%；如涂胶后进行低温干燥，单板含水率为8%左右。低温干燥涂胶单板时，干燥温度应≤60℃。

(2) 竹席、竹帘干燥：外购竹席和竹帘含水率不均，极易发生霉变，因此购进后应立即进干燥窑或网带式干燥机干燥。干燥后竹席终含水率≤8%，竹帘终含水率≤10%。竹席、竹帘通过浸胶获得一定的上胶量（通常竹席上胶量大于竹帘），同时也增加了竹席和竹帘的含水率，故竹席竹帘浸胶后必须干燥。结构上竹席紧靠浸渍纸，且竹篾交叉压接点水分不易排除，故要求浸胶竹席具有更低的含水率。一般浸胶干燥后含水率竹席为6%~8%，竹帘为8%~10%。

3. 调胶

根据澳大利亚AQIS规定，集装箱底板内必须要残留一定剂量的防虫剂。由于木单板、竹席和竹帘都很薄，防虫处理采用胶层处理，即将防虫剂加入胶液，搅拌均匀，通过涂胶和浸胶进入板坯。热压时防虫剂产生热扩散渗入木材和竹材起到防虫作用。因此，调胶时必须根据每m³产品需要的防虫剂残留量、每m³产品耗胶量、各种损耗，精确算出防虫剂与胶液的比例，然后按比例调胶。由于耗胶量不同，通常涂胶与浸胶用胶液的防虫剂比例不相同。

4. 预压

由于涂胶单板经过低温干燥或较长时间陈化，浸胶竹席和竹帘也经过干燥，板坯通过预压机冷压并不能初步粘合成型。板坯预压的目的是在压平和消除单板间和竹帘间的空隙，使板坯变薄，便于进入热压机。

5. 热压

集装箱底板对产品的物理、力学性能要求很高，只有采用合适的热压工艺才能生产出合格的产品。生产中，如材料的含水率能得到很好控制，可采用"热进热出"工艺以缩短热压周期，减少蒸汽和冷却水消耗；如无法很好地控制材料含水率，则采用"冷—热—冷"或"热—热—冷"工艺。如采用"热进热出"工艺，由于板坯压缩率较大，水分不易排出，须延长后期卸压排汽时间，避免鼓泡。生产上通常采用的热压条件为：

温度	135~145℃
压力	3.0MPa
"热进热出"热压周期	55min
"热—热—冷"热压周期	80min

26.7.3 主要质量指标

集装箱周转于世界各地港口、陆地和海洋，使用环境多变且苛刻。集装箱底板作为集装箱承载构件，要求具有优异的性能。因此，每批产品都要进行底板强度试验。

26.7.3.1 底板强度试验

根据ISO1161标准要求，底板强度测试由以下几个步骤组成：①用叉车将2R-T（R为集装箱额定装载量，T为空箱质量）质量的钢锭运进集装箱并均匀地铺在底板上，进行箱底提升和箱顶提升试验。②卸出钢锭，使具有特定装备的滚压小车（重7260kg）进入集装箱，在底板各处均往返滚压3次以上，分别检测各试验阶段底板的残余变形，其最大残余变形要求不超过3mm。

26.7.3.2 物理、力学性能

目前广泛使用的集装箱底板为东南亚产的阿必东、克隆等热带硬阔叶材胶合板。竹木复合胶合板底板物理、力学性能指标参照阿必东胶合板底板，其数值见表26-19。

表26-19 竹木复合集装箱底板与阿必东胶合板底板性能

项目		单位	标准值	试验参照标准
含水率		%	≤12.0	GB/T 17657-1999
密度		g/cm³	≤0.85	GB/T 17657-1999
静曲强度 (MOR)	∥	MPa	≥85	GB/T 19536-2004
	⊥	MPa	≥35	GB/T 19536-2004
弹性模量 (MOE)	∥	MPa	≥10000	GB/T 19536-2004
	⊥	MPa	≥3500	GB/T 19536-2004
老化性能（六循环处理）	MOR ∥	MPa	≥37.5	ASTM D 1037-78
	MOR ⊥	MPa	≥15.0	ASTM D 1037-78
	MOE ∥	MPa	≥5000	ASTM D 1037-78
	MOE ⊥	MPa	≥1500	ASTM D 1037-78
胶合强度		MPa	≥0.70	GB/T 19536-2004

26.7.3.3 外观质量

集装箱底板抗油污能力、易清洗程度是考核指标之一。竹木复合集装箱底板表面用浸渍纸进行贴面处理，具有抗油污能力强、易清洗的特点。影响外观质量的主要因素有：浸渍用纸的质量和颜色、浸渍纸挥发份含量、竹席质量（包括竹篾厚度是否均匀、编织紧密程度、有无残留竹青和霉斑等）、热压工艺，以及后期加工及搬运（如锯切毛刺、表面划痕、凹陷、板边缺损等）。生产中应建立质量保障体系，实行全面质量管理。

26.7.4 主要原材料消耗

竹篾型结构竹木复合集装箱底板单位产品原材料消耗如表26-20。

表26-20 每m³竹木复合集装箱底板消耗原材料

项目	单位	用量	备注
松原木	m³	1.9～2.1	直径>24cm
竹席	张	32	1700～2480×1260×1.2(mm)
竹帘	张	96	1700～2480×1260×1.0(mm)
酚醛胶	kg	180	固含量48%～50%
装饰纸	kg	8.2	定量100～120g/m²
防虫剂	kg	1.3	浓度74.2%

26.8 竹木复合层积材

26.8.1 定义及用途

竹木复合层积材是以强度高、硬度大的竹材（竹片或竹帘）作面层材料、马尾松或落叶松板材作芯层材料，以耐候性好的间苯二酚改性酚醛树脂为胶黏剂，经热压胶合而成的复合工程材料。数层（通常3层）松木板与竹片或数层薄竹帘均纵向排列，2～4层木单板或薄竹帘横向排列。产品具有纵向强度大、耐候性好、密度较小的特点，适合作铁路平车地板、船用板材、造船用脚手板等用途。竹木复合层积材结构示意图如图26-4所示。

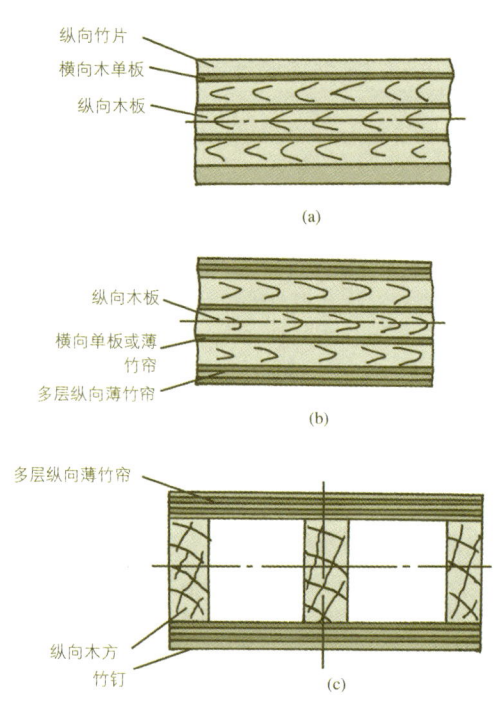

图26-4 竹木复合层积材结构示意图

结构(a)为竹片复合型，结构(b)为竹帘复合型，厚度为45mm，可作为铁路平车地板代替70mm厚的红松地板。结构(c)为竹帘复合空心结构，产品质量轻、强度大、刚性好，主要用作造船用脚手板，其长度为2m、3m和4m、厚度50mm和60mm。

26.8.2 生产工艺

26.8.2.1 竹片复合结构生产工艺流程

竹片复合结构采用"软化—展平"竹片为面层材料，单板涂胶后，与定厚刨削后用气钉连成整张化的松木板材一同组坯。其生产工艺流程如下：

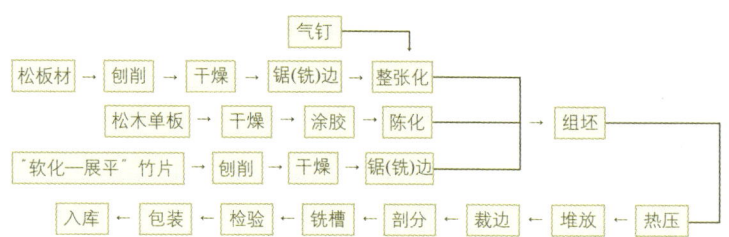

26.8.2.2 竹帘复合结构生产工艺流程

首先将5~7层浸胶薄竹帘热压成板、单面砂（刨）削后再与松木板热压成复合层积材。其工艺流程如下：

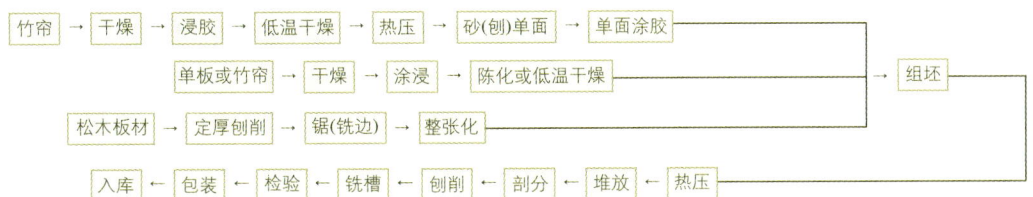

26.8.2.3 竹帘复合空心结构板生产工艺流程

空芯结构板也采用二次成型工艺，其工艺流程如下：

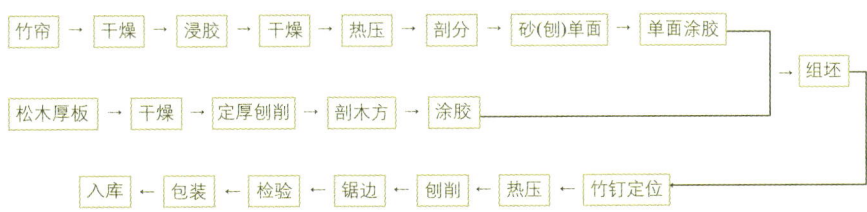

26.8.2.4 主要工序及材料

1. 原料准备

竹片和竹帘应选用4年生以上毛竹作原料。竹帘编织应松紧适宜，竹篾厚度应均匀（1.0~1.2mm），无霉变。用于竹片、竹帘复合结构的松木薄板（厚度15mm），可利用间伐材和小径材剖制，轻微的干燥变形不影响使用。空芯结构所用的厚板（厚度45mm），应选用30年生、节子直径较小、节子数量较少的优质马尾松或落叶松，因为节子对空芯结构板的刚度影响较大。

2. 干燥

一般薄板刨削后干燥，空心结构用的厚板应干燥后再刨削、剖分，以保证小木方直线性及厚度均匀性。板材干燥终含水率≤12%；竹帘浸胶前干燥至含水率≤12%，浸胶后干燥终含水率12%~14%；木单板含水率≤8%。

3. 涂胶和浸胶

木单板涂胶、竹帘浸胶，均须达到规定的上胶量。胶黏剂采用间苯二酚改性酚醛树脂胶，涂胶用的胶黏剂可加入一定比例的面粉和木粉，充分拌胶后用于单板涂胶。浸胶用胶黏剂用水稀释至合适的固含量，不加面粉和木粉。竹帘浸胶后陈化或低温干燥至不粘手才能组坯。

4. 竹帘热压

竹帘复合结构板所用的竹面板采用5~7层薄竹帘热压而成。空心结构板用的面板采用13~15层竹帘热压成板。热压参数为：单位压力4.0~5.0MPa；温度130~140℃；热压时间随组坯厚度、热压工艺（热进热出或冷—热—冷工艺）不同而变化。

5. 胶合面单面砂（刨）削

由于竹帘采用浸胶方式上胶，热压胶合制成的竹帘板，其表面覆有一层固化胶膜，影响二次热压成型。必须利用刨削宽度较大的单面压刨刨除待胶合面上的胶膜。当然，如条件允许，采用宽带砂光机除胶膜，效果更好。

6. 组坯

竹片复合结构板由涂胶单板、竹帘板，以及用气钉连成整张化的薄木板一起组成板坯。

竹帘复合结构板中靠竹帘面层板的薄木板单面涂胶，竹帘板刨削面也可涂上薄薄一层胶，再与涂胶单板一同组坯。空心结构板中的3~4根小木方（4根好）上、下表面涂胶，同时在竹帘面板条相应地方（要与木方胶合处）涂上薄薄一层胶，以保证胶合良好。木方与竹帘面板相对位置确定后，用手提钻打孔，再用削制的竹钉定位。一般沿纵向长度（2~4m）钉入7~12颗带胶竹钉，以便搬运和二次成型热压。

7. 成型热压

竹片复合结构板采用一次热压成型，单位压力较大，一般为2.0~3.0MPa，以保证厚度有差异的竹片和木板良好接触。竹帘复合板和空心结构板的竹帘面板经过刨削或砂削，可采用较低压力，一般为1.0~1.5MPa，即可保证胶合，又可减少压缩率。热压温度130℃，时间0.8min/mm板坯厚。

8. 后期加工

竹片复合和竹帘复合竹木复合层积材如用作铁路平车地板，须剖成宽度为300mm的窄长板，再经表面定厚刨削、铣槽，才能形成可供装车使用的产品。空心结构板也须表面刨削、修边、油漆封端头等后期加工。

26.8.3 主要质量指标

竹木复合层积材主要用作铁路平车地板,空心结构板用作造船用脚手板,因此,对两种结构板的质量要求也不一样。

26.8.3.1 竹木复合层积材质量指标

1. 物理、力学性能

竹木复合层积材作为铁路平车的承重构件,要求有较高的纵向强度,一定的横向强度,较好的冲击韧性和耐老化性能,同时要求入钉较容易和较好的握钉力。竹帘复合型竹木复合层积材物理、力学性能见表 26-21。

表 26-21 竹帘复合型竹木复合层积材物理、力学性能

序号	项目	单位	标准值	试验方法
1	密度	g/cm^3	≤ 0.8	GB/T 17657-1999
2	含水率	%	≤ 12	GB/T 17657-1999
3	静曲强度(纵向)	MPa	≥ 70	GB/T 17657-1999
4	静曲强度(横向)	MPa	≥ 10	GB/T 17657-1999
5	弹性模量	MPa	≥ 6000	GB/T 17657-1999
6	冲击韧性	kJ/m^2	≥ 80	GB/T 17657-1999
7	抗压强度	MPa	≥ 10	GB/T 17657-1999
8	握钉力	N	≥ 1400	GB/T 17657-1999
9	胶合强度		≥ 1.0	GB/T 17657-1999
10	耐酸后静曲强度	MPa	≥ 40	5%HCl 浸泡 7d 后弯曲
11	耐碱后静曲强度	MPa	≥ 40	1%NaOH 浸泡 7d 后弯曲
12	低温冲击韧性	kJ/m^2	≥ 60	−50℃,3h 后观察
13	耐高温性		不开裂,不脱胶	120℃,3h 后观察
14	耐老化处理后静曲强度	MPa	≥ 60	25℃水浸泡 16h,65℃干燥箱干燥 8h 为 1 周期,循环 4 周期后弯曲

注:标准值取自铁道部戚墅堰机车车辆厂与南京林业大学竹材工程研究中心 1997 年制定的企业标准《铁路平车地板用竹木复合层积材》

2. 外观质量和加工质量

竹片复合板外观质量要求参照竹材胶合板标准(LY/T1055-2002),竹帘复合板要求板面平整,缝隙少,尚无相应的外观质量标准。铁路平车地板的幅面及厚度公差:长度公差±3mm;宽度公差±2mm;厚度公差 mm;边缘直线度≤3mm;对角线长度之差≤5mm;翘曲度≤5mm。

26.8.3.2 空心结构板质量指标

1. 强度指标

空心结构板主要用作造船用脚手板,其力学性能包括以下几项:

(1) 刚度试验:规定跨距、质量、于中部集中加载荷后测量挠度。造船用脚手板标准挠度值见表 26-22。

表 26-22 造船用脚手板标准挠度值

载荷(kg) 挠度值(mm) 板长(m)	75	150	225	备注
2	3.5	7.0	10.5	板厚 50mm
3	8	16	24	板厚 50mm
4	12	24	36	板厚 60mm

注:板宽 300mm

(2) 静负荷试验:加极限荷重 450kg,5min 静压试验。卸载后不得有脱胶、开裂及塑性变形等缺陷。

(3) 动负荷试验:将 75kg 重物提升距离脚手架板表面 2.5m 高处作自由落体冲击试验。不允许有脱胶、开裂及表面严重损坏之情况发生。

2. 质量要求

造船用脚手板除了强度要求外,对质量也有较严格的要求。标准质量如下:

长度:L=2m　　　质量:W ≤ 15.5kg
　　　L=3m　　　　　W ≤ 22.5kg
　　　L=4m　　　　　W ≤ 32.5kg

26.8.4 主要原材料消耗

每 m^3 竹木复合层积材消耗原料见表 26-23 和表 26-24。

表 26-23 1m^3 竹木复合层积材消耗原材料(竹帘复合型)

项目	单位	用量	备注
竹帘	张	100~110	3100×1050×(1.0~1.2)(mm)
松木单板	m^3	0.05	厚度 1.6~1.8mm
松木薄板	m^3	1.12	厚度 15~16mm
酚醛胶	kg	50~60	固含量 45%~50%

表 26-24 1m^3 空心结构竹木复合层积材消耗原材料

项目	单位	用量	备注
竹帘	张	130	4100×1050×(1.0~1.2)(mm)
松木厚板	m^3	0.25	板厚 45mm
酚醛胶	kg	62~68	固含量 45%~50%

26.9 竹材人造板加工设备

20 世纪 80 年代以来,竹材工业化利用研究和推广取得了令人瞩目的发展,不同用途的竹材人造板产品和数百家生产企业在中国南方雨后春笋般涌现出来,极大推动了竹材加工设备的发展。部分竹材人造板设备利用木材人造板设备加工竹材,如热压机、干燥机等,但也有相当数量的设备是根据竹材加工特点而设计和制造的。

26.9.1 竹材人造板加工设备分类

竹材人造板加工设备分类如图 26-5。

26.9.2 主要竹材加工设备简介

竹胶板设备和篾帘加工设备使用最广，在竹材人造板设备中具有代表性。因此，将重点介绍这两类加工机械。

26.9.2.1 链式输送软化机与上压式展开机

两台机械组成"软化—展开"生产体系，是竹材胶合板生产的关键设备之一。它们的作用是将水煮后的竹片进行高温软化、展开，使弧形断面的竹片展开成为平面竹片，软化机和展开机的结构和布置示意图 26-6。

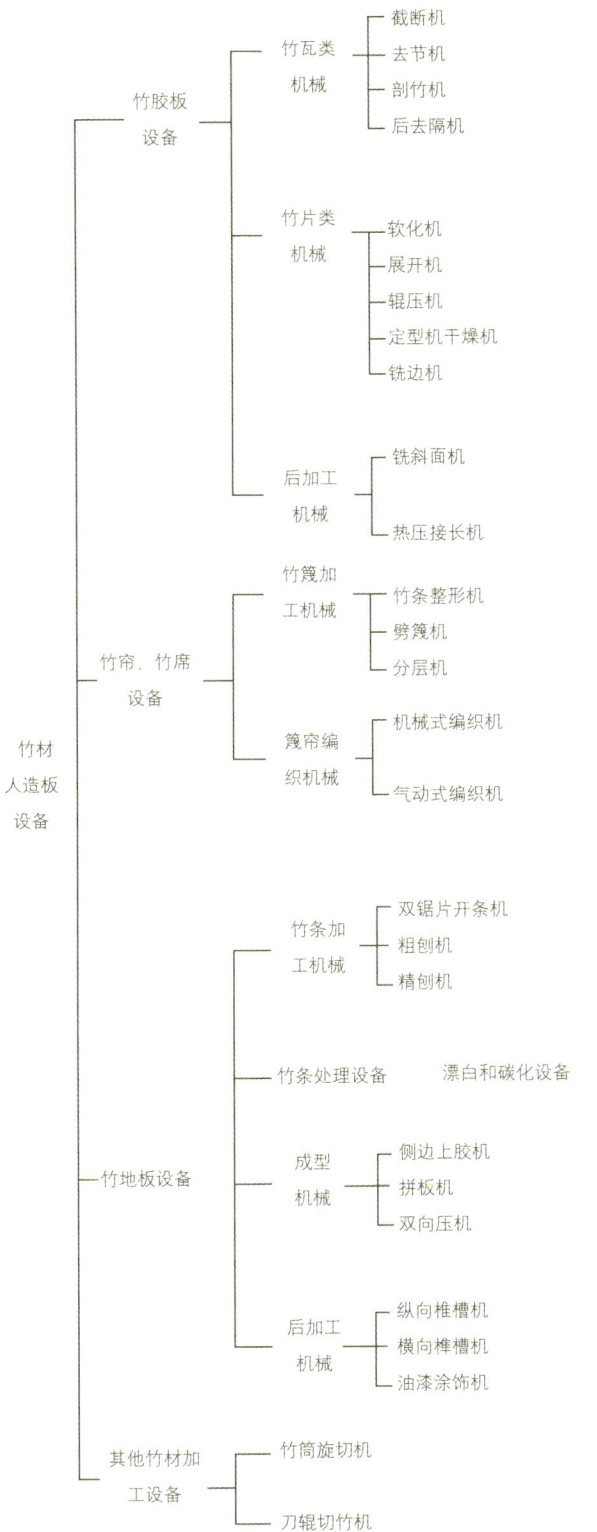

图 26-5 竹材人造板加工设备分类

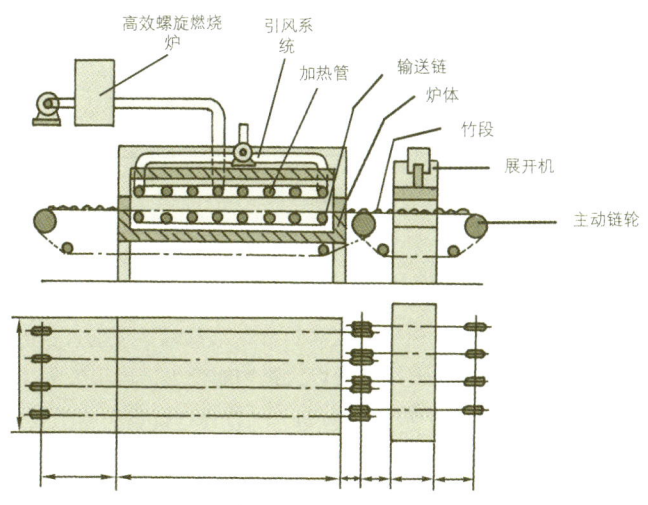

图 26-6 链式输送竹片软化机结构示意图

螺旋燃烧炉以竹加工剩余物为燃料，产生的高温炉气作为软化机的热源。引风系统引导高温炉气进入上、下对称布置的加热管。使用过的废气通过风机排出。高温炉气传热给加热管管壁进而加热软化机内部的湿热空气，使机内湿热空气温度达到160～250℃，极大地增加了竹材的塑性。软化机的机壳为夹层结构，中间填充保温材料。软化机输送链和展开机输送链由一台电机带动，根据展开机工作周期间歇式运行，展开机工作周期由设备生产能力和竹材软化需要的时间决定（一般为25～30s）。展开机采用上压板油压加压，PC机控制，工作周期可调。

"软化—展开"联动线的优点是：① 劳动生产率高。年产2000m³的竹材胶合板厂只需1台软化机，且操作人员每班仅2～3人；② 软化质量好。机体内温度高，弧形竹段在机内连续升温，并且可根据竹壁厚度调节输送链运行频率，保证最佳展开质量；③ 软化温度容易控制。可通过燃烧炉又可通过进气管阀门调节温度；④ 操作简便，劳动强度低。工人仅需进料，软化和展开可自动进行。

26.9.2.2 竹材辊压机

由于展开机保压时间短，又是冷压，竹片从展开机出来后在竹黄面出现3~4条大的展开裂缝，压力解除后竹片弹性恢复成弧度平缓的弧形。因此，必须细化展开裂缝，增加细微展开裂缝数量，从而使竹片平整。竹材辊压机能满足这种工艺要求。竹材辊压成型机的结构示意图如图26-7所示。

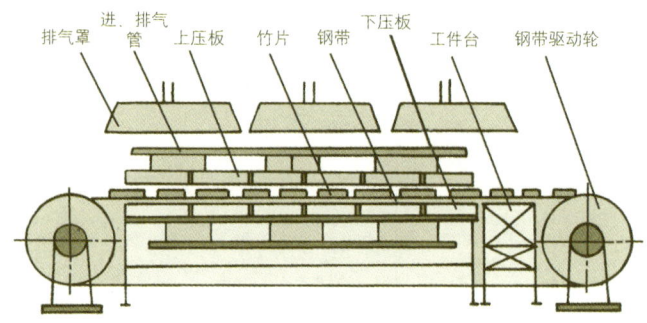

图26-8 竹片干燥定型机

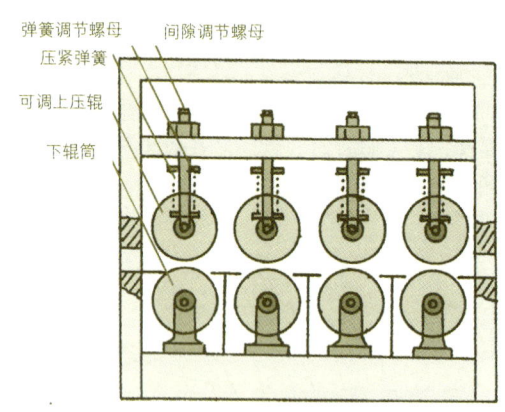

图26-7 竹片辊压成型机结构示意图

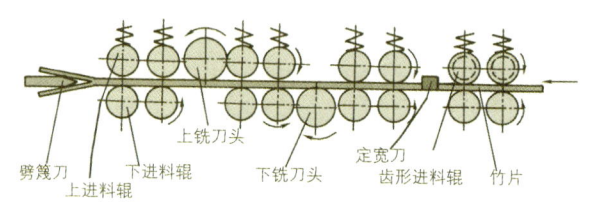

图26-9 竹片加工单刀剖篾联合机工作原理示意图

竹材辊压机由上下4对压辊组成，竹片从压辊间通过，先后4次受压辊平。由于压辊和竹片是线接触，线压力高达300~500N/cm,因此竹片的所有位置均能受力，展平效果十分明显，大大减少了竹片刨削加工时竹青和竹黄的刨削量。

26.9.2.3 竹片干燥定型机

竹材辊压机主要由机架、上、下热压板、钢带进料系统、上热压板张开机构以及进、排汽管道等组成。工作时，竹片依次横向排列在传送钢带上，竹片在进料段排满一定宽度后，上热压板被液压张开机构抬起，即上升一定距离，然后进料系统工作，4条传送钢带载着竹片运行一块热压板宽度距离，将进料段的竹片送入两块热压板之间。传送钢带停止，上热压板下落，以自重压在竹片上，向竹片加压、传热。一段时间(25~30s)后，上热压板张开，排汽，同时传送钢带启动，带动竹片再运行一段距离后停止，上热压板下落闭合再次对竹片加温加压，上述过程反复进行，直至竹片从出料端卸出。这种干燥方式实质上是间隙行进的"呼吸式"接触干燥。干燥定型机（图26-8）的优点是干燥定型"连续"进行，干燥后的竹片平整，进、出料方便。进料速度可调节至需要的速度。

26.9.2.4 劈篾机

目前竹材人造板用的竹篾均为弦向篾，即劈篾时刀刃与竹条的弦向线重合。根据制篾时使用工具和劈篾方式不同，可分为手工劈篾和机械劈篾。机械劈篾又可根据动力源、结构和功率不同分为手摇劈篾机、小型单刀劈篾机、大型单刀劈篾机、多刀劈篾机4种。以下主要介绍大型单刀劈篾机和多刀劈篾机。

1. 单刀竹片加工劈篾联合机

单刀竹片加工剖篾机以台湾锦荣机器厂生产的产品为典型代表，其工作原理如图26-9所示。

该机生产率较高，毛坯竹片一次通过即可完成打隔、定宽和劈篾。竹片进料后，先由铲刀（未画出）去掉竹隔，再由2把定宽刨刀削去毛边定宽，通过上下铣刀头铣去竹青和竹黄，完成定厚加工，最后由劈篾刀将竹条一分为二，加工出二条厚竹篾，厚竹篾再用其他劈篾机加工成薄竹篾。该机上、下进料辊均为驱动辊，其主要技术参数为：

进料速度	85~100m/min
电动机功率	1.5kW×2，0.75kW×2
机器质量	530kg
机器外形尺寸(长×宽×高)	1880mm×560mm×1060mm

2. 多刀劈篾机

竹材多刀劈篾机由南京林业大学木材工业学院研制，并获国家实用新型专利。主要特点是生产率高，竹条一次通过，可劈成6~8层篾片且篾片质量好。同时机床具有切削厚度多刀同步调节，操作安全方便等优点。

多刀劈篾机主要工作原理是多把刀参与切削。多刀布置如图26-10所示。在竹条同一侧多把楔形刀按不同高度安装成阶梯形式，且相邻两把刀具之间的高度差相等。竹条在外力推动下进给，首先被最先接触到的一把刀具切削去一层，接着被随后的第二把刀具再切削去一层，这样依次切削下去，直至安装高度最低的一把刀切削完为止。

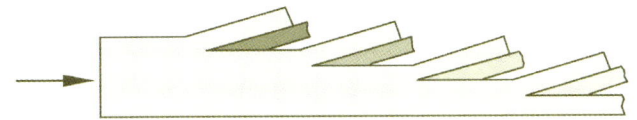

图 26-10 多刀布置方式

图 26-11 双辊筒进给机构

进给机构采用双辊筒进给，每一把刀有一对辊筒。为了增加驱动牵引力，上、下辊筒均为驱动辊筒，上辊筒可沿辊筒架上的滑槽上下移动，其初始高度可调。由压缩弹簧提供的压紧力，大小可调。其结构示意图如图 26-11 所示。

竹材多刀劈篾机主要技术参数如下：

加工篾片宽度	10～30mm
加工篾片厚度	1～3mm
进给线速度（3档）	19.8m/min，35.2m/min，63.3m/min
装刀总数	7 把
电动机功率	3.0kW
外形尺寸	1600mm × 600mm × 1000 mm
质量	700kg

26.9.2.5 篾帘编织机

篾帘编织机的作用是将竹篾编织成一定幅面的工业篾帘（竹帘），即以编织线为经线，篾片横向进入作纬线，将篾片织成篾帘。目前国内使用的篾帘编织机有平织法和绞织法两种加工方法。平织法编织机工作原理与纺织行业织布机类似，编织时相互交织的二根编织线始终上、下交错，篾片横向送入上下交错的编织线之间，由此织成篾帘。采用平织法的编织机使用较为广泛，常用于编织篾帘和日用竹席。平织法编织机结构较为复杂，体积也较庞大。台湾锦荣机器厂生产的 8′ 编织机主要技术参数为：

生产能力	0.45 m²/min
电动功率	1.5kW
机器外形	3404mm × 3734mm × 2540 mm
质量	800kg

交织法编织机的工作原理：竹篾横向送入由叉形绞织器导出两根编织线所形成的张角区域内；绞织时，叉形器上下两根编织线能始终绕叉形器的轴心线以相同方向旋转180°，使两根编织线上下交换位置；当第二根竹篾再次进入张角区域后，上下两根编织线又同向旋转180°，两根互相绞织的编织线将竹篾牢牢地织紧，使所编织的篾帘紧密，不易分开。南京林业大学木材工业学院研制的 ZLZ-126 型气动绞织篾帘编织机采用绞织法编帘，机床由送进装置、叉形绞织装置、篾片打紧装置、传动装置、机架、气路系统和电气系统等组成，为半自动编织设备。篾片的进料由送进装置来实现。送进装置由一微型电机单独带动，篾片的打料与绞织等动作由一气缸推动。机床结构较简单，操作较方便。主要技术参数如下：

篾帘幅面尺寸	1220mm × 2440 mm
篾片厚度范围	1～3mm
篾片宽度范围	10～30mm
叉形编织器数量	20 个
生产能力	6～8 张 / 时
进料电动功率	0.25kW
压缩空气压力	0.7MPa
外形尺寸	3000mm × 1000mm × 1000mm
质量	约 1000kg

参考文献

[1] 张齐生等. 中国竹材工业化利用. 北京：中国林业出版社，1995
[2] 中华人民共和国林业行业标准 LY/T 1055-2002《汽车车厢底板用竹材胶合板》
[3] 中华人民共和国林业行业标准 LY/T 1574-2000《混凝土模板用竹材胶合板》
[4] 中华人民共和国国家标准 GB/T 13123-1991《竹编胶合板》
[5] 中华人民共和国林业行业标准 LY/T 1072-2002《竹篾层积材》
[6] 张晓东. 高强覆膜竹胶合模板的研究. 林产工业，1996，第6期
[7] 蒋身学. 链式输送竹片软化机研究. 南京林业大学学报，1995，第1期，53~58
[8] 王宝全. 竹材多刀劈篾机的研究. 木材加工机械，1997，第1期，15~20
[9] 姚秉辉. 竹篾制备及篾帘编织加工设备. 林业科技通讯，1995.7

说明：26.1~26.5 由朱一辛撰文；26.6~26.10 由蒋身学撰文

其他竹制品

竹子生长快，成材早，产量也较高，但它的外观形态、结构及化学组成与木材相比，都有相当大的差异，因此对竹子的加工及利用也有别于木材。充分利用竹材的特性而合理开发和利用这一重要森林资源有其重要的社会和经济意义。

27.1 竹地板

竹地板是一种竹胶合装饰材料，它充分利用了竹材具有较高的强度、较好的尺寸稳定性及美观的材色这些优点，经一系列特殊的加工工艺制造而成。由于其具有与其他地板迥然不同的装饰效果，而深受一部分人的喜爱。在日本、欧洲及国内有很大的需求量，目前我国的竹地板生产量大约为2000万 m^2/a 左右。竹地板按照不同的色泽处理方式可分为漂白、碳化两大类型，两者的装饰效果有很大的差别。按照竹片的组合方式分为径面竹地板和弦面竹地板两类。

27.1.1 竹地板生产工艺

漂白竹地板的生产工艺流程为：

竹材 → 截断 → 开片 → 粗刨 → 分选 → 蒸煮(防护处理、漂白) → 干燥 → 精刨 → 分选 → 涂胶 → 组坯 → 热压 → 四面刨削 → 横向铣榫槽 → 砂光 → 油漆 → 检验分等 → 入库

碳化竹地板的生产工艺流程为：

竹材 → 截断 → 开片 → 粗刨 → 分选 → 蒸煮(防护处理) → 干燥 → 碳化处理 → 干燥 → 精刨 → 分选 → 涂胶 → 组坯 → 热压 → 四面刨削 → 横向铣榫槽 → 砂光 → 油漆 → 检验分等 → 入库

27.1.1.1 备料

备料段由截断、开片、粗刨等工序组成。首先选择4年以上竹龄，胸径大于10cm新鲜毛竹作为原材料，以保证竹地板的加工质量及竹材的利用率。竹龄短则干缩率很大，影响地板的质量，胸径太小则出材率太低。截断要求按竹地板成品长度加适当的加工余量将竹材锯截成一定长度的竹段，再用双锯片圆锯机将竹段开成一定宽度，经粗刨后就得到具有一定长度、宽度及厚度的竹片。

27.1.1.2 防护及色泽处理

首先按色泽的差异对加工好的竹片进行分选，从而最大程度地减小色泽处理后竹片的色差。选好的竹片需经高温水煮将热水抽提物除去，同时加入防虫剂、防霉剂对竹片进行防护处理，蒸煮时所用防虫剂、防霉剂种类较多，多为不易挥发的物质，如明矾、碳酸、氯化钠、漂白粉、石灰等。

为使竹地板具有较统一的色泽以达到良好的装饰效果，需对竹片进行色泽处理，目前常用的方法为漂白法及碳化法。

竹材常用的漂白剂主剂为过氧化氢，根据不同的工艺可选用焦磷酸钠、连二亚硫酸钠、硅酸钠、碳酸钠等辅剂配制成复合漂白液。漂白液有涂饰用及蒸煮用两种。

竹材的碳化多采用高温、高湿法，其方法为：将含水率为25%左右的竹片放置于一个密封的容器内，通入饱和蒸汽，将温度控制在130℃左右，根据所要求碳化颜色的深浅来决定处理时间，通常为40 min。

27.1.1.3 竹片的干燥、精刨及分选

经漂白或碳化处理后的竹片需进行干燥处理，将其含水率控制在12%左右，以利于胶合。干燥后的竹片经精刨加工使其具有精确的厚度及宽度。精刨后的竹片要按色泽的差异进行进一步分选以保证成品地板在色泽上保持均匀一致，提高成品的等级率。

27.2.1.4 组坯及热压

经干燥、分选后的竹片用手工涂胶的方法将竹片的侧面及芯层竹片的两面均匀地涂上一层胶黏剂，如制造径面竹地板只需将竹片的两面涂胶，涂胶量控制在300g/m²（双面）左右。制造竹地板的胶黏剂通常采用脲醛树脂胶黏剂，要求其固含量在60%以上，黏度30～50Pa·s，游离甲醛含量低于0.5%。也可对脲醛树脂进行改性或使用其他胶种，以增加或提高某些性能。

涂胶后的竹片陈化一段时间后就可进行组坯作业，就径面竹地板而言，应把色泽一致的涂胶竹片按青面对青面、黄面对黄面排列。按所需宽度排好后，两头用细绳捆扎固定好即可。就弦面竹地板而言，应把色泽一致的涂胶竹片置于表层，芯层和底层允许有色差，每层五条竹片共三层，组坯后用细绳捆扎固定好即可。

竹地板的热压胶合通常采用双向单层热压机，其加热方式有蒸汽和高频加热两种。将组好的板坯放入压机内，板坯间用适当厚度的钢条隔开，即可进行热压。采用蒸汽加热热压工艺为正压1.0MPa、侧压1.5～2.0MPa、温度105℃～110℃，时间为每mm板厚1.1～1.2min。采用高频加热时，时间调整为5min即可。

27.1.1.5 刨、铣加工及砂光

热压好的坯料先经平刨加工平面及侧面两个基准面后进入四面刨，将地板的上、下两平面及两侧面的榫槽及倒角一次加工完毕。再经横向锯解开榫后得到具有一定长度、宽度、厚度及纵、横榫槽的竹地板毛坯。

砂光时，先用80目或者100目砂带进行粗砂，而后再用180目或240目砂带进行精砂便得到表面平整、光滑的竹地板，为油漆加工创造了必备的条件。

27.1.1.6 油漆

由于光固化漆在较短的时间内漆膜就可充分固化，减少了灰尘污染漆膜的机会，因此其油漆质量较其他油漆好并可减少油漆固化时所用的车间面积，因此已被广泛地采用，对于竹地板通常采用一道底漆，一道面漆的加工方式，整个油漆过程是在流水线上完成的。

27.1.1.7 检验

按中华人民共和国国家标准GB/T 20240-2006规定的检验规则进行检验。

27.1.2 专用加工设备

由于竹材的外观形态、结构及化学组成与木材相比有较大的差异，因此它的加工设备与木材也有区别。生产竹地板的专用设备主要有：开片机、粗刨机、精刨机、碳化罐、双向压机等，其余加工设备大体上与木材加工相同。

27.1.2.1 开片机

开片机用于将原竹沿纵向直线锯解为一定宽度尺寸的竹片，实际上它相当于一台双锯片圆锯机，它由机架、传动、切削三大部分组成。工件的进给及转动均由手工完成，两锯片的间距可用垫片进行调整以适应加工不同宽度的竹片。

主要技术参数为：

主轴转速（r/min）	3000
加工原竹长度（mm）	1300～2100
加工原竹直径（mm）	70～150
加工竹片宽度（mm）	25，30，35
电机功率（kW）	2.2

27.1.2.2 粗刨机

粗刨机主要用于去除竹片的内、外节，并将其加工成具有一定厚度的竹片。它由机架、传动、进给及切削部分组成，其切削部分由两组上、下铣刀轴构成，第一组将竹片的内、外节去除，第二组用于将竹片加工成一定的厚度。其工作原理较近似于双面木工压刨。

主要技术参数为：

进料速度（m/min）	17
工件最大尺寸（宽×厚）(mm)	45×15
最小加工厚度（mm）	4
总功率（kW）	10.4

27.1.2.3 精刨机

精刨机主要用于对干燥后的竹片进行厚度及宽度加工，使其具有较精确的厚度及宽度尺寸。它由机架、传动、进给、切削部分组成，其切削部分由一对上、下铣刀轴及一对左右立铣刀轴组成。工件进入后，一次将其厚度及宽度加工完毕，其工作原理较近似于木工四面刨。

主要技术参数为：

进料速度（m/min）	17
工件最大尺寸（宽×厚）(mm)	45×15
最小加工厚度（mm）	4
最小加工宽度（mm）	15
总功率（kW）	12

27.1.2.4 碳化罐

碳化罐是用于将竹片经高温、高湿处理后发生碳化从而改变竹片的原有色泽及装饰效果的设备，其主体为一个平卧并固定在支架上的金属罐，一端可开启，罐底部安装有导轨用于进料，罐的上部开有一个进汽孔。下部开有进汽孔及排污（水）孔各一个，罐的上、下部各安装有通直的打有许多小孔的进汽管道，以确保进汽均匀。为使蒸汽不直接喷射到

所需加工的竹条上。进汽管开有小孔的一侧安装有金属挡板。安装时整个罐体向排汽口一侧倾斜一点以利排污。因是压力容器，顶部装有安全阀。

27.1.2.5 双向热压机

双向热压机多为单层，也有双层或多层，其用途是通过加热并双向加压将一定规格的竹片胶拼成一定规格的地板坯料。双向单层压机的加热方式有蒸汽及高频两种，双层或多层压机多为蒸汽加热。

双向热压机是竹地板加工过程中的重要设备，它具有正压及侧压两套液压系统，可同时对竹地板坯料加压，以保证地板坯料的胶合及竹片侧向拼缝的严密。

主要技术参数：

正压力（总压力）（T）	300
侧压力（总压力）（T）	20
幅　面（mm）	1100 × 1100

27.1.3 主要质量指标

为了加强竹地板的生产和质量管理，促进竹地板生产技术的进步，国家制订了竹地板国家标准。

27.1.3.1 竹地板构造尺寸

竹地板构造尺寸见表27-1。

表27-1 竹地板构造尺寸

名　称	符号	尺　寸	允许偏差
地板条长度	l	450、610、760、916	+0.5 / 0
地板条宽度	B	76、91、100	−0.3 / 0
地板条厚度	H	9、12、15、18	±0.2
表层厚度	H_2	4、4.5、5、6	±0.1
榫槽厚度	H_2	3、4、5、6	+0.2 / 0
榫槽深度	B_2	6	+0.3 / 0
榫舌厚度	H_3	3、4、5、6	−0.2
榫舌宽度	B_2	5	+0.3 / 0
背面狭槽宽	S	15～26	±1
背面狭槽高	H_4	1	±0.5
榫及榫槽的圆角半径	R	0.5～1	±0.2
榫侧底层凹进尺寸	F	1	±0.2
榫侧表层斜角	a（°）	3	30′

注：1. 可经供需双方协议生产其他幅面尺寸的竹地板
　　2. S、R、F、a 不作为产品主要检评指标

表27-2 竹地板表面质量要求

名称	允　许　范　围			备注
	优等品	一等品	合格品	
腐朽	不允许			
材色	允许轻微色差	允许色差		
裂纹	不允许	宽度≤0.2mm 长度≤板长的10% 一条	宽度≤0.5mm 长度≤板长的20% 一条	
虫孔	不允许			
波纹	不允许	不明显		
缺棱	不允许			
拼缝不严	不允许		宽度≤0.5mm，长度≤板长的30% 一条	
污染	不允许		≤板面积的5%	
气泡	不允许	不明显	ϕ≤1mm，每块板不超过10个	涂饰竹地板
针孔	不允许	不明显	ϕ≤1mm，每块板不超过10个	涂饰竹地板
皱皮	不允许		≤板面积的5%	涂饰竹地板
漏漆	不允许		≤板面积的5%	涂饰竹地板

27.1.3.2 竹地板表面质量要求

竹地板表面质量要求见表27-2。

27.1.3.3 竹地板背面、侧面质量要求

竹地板背面、侧面质量要求见表27-3。

表27-3 竹地板背面、侧面质量要求

名称	允　许　范　围			备注
	优等品	一等品	合格品	
腐朽	不允许			
材色	色差不限			
裂纹		宽度≤1mm	宽度≤2mm	
虫孔	不允许		ϕ≤2mm	
波纹		允许		
缺棱	≤长度的20% ≤宽度的10% 深度≤1mm	≤长度的30% ≤宽度的20% 深度≤1.5mm	≤长度的40% ≤宽度的30% 深度≤2mm	
拼缝不严	不允许	宽度≤1mm 一条	宽度≤1mm 二条	
气泡	不允许		ϕ≤2mm，每块板不超过10个	涂饰竹地板
针孔	不明显		ϕ≤2mm，每块板不超过10个	涂饰竹地板
皱皮	≤板面积的5%		≤板面积的10%	涂饰竹地板
漏漆	≤板面积的5%		≤板面积的10%	涂饰竹地板

27.1.3.4 竹地板物理化学指标

竹地板物理化学指标见表27-4。

表27-4 竹地板物理化学指标

项　目		单位	指标值
含水率		%	6.0~14.0
静曲强度	厚度≤15mm	MPa	≥98.0
	厚度≥15mm	MPa	≥90.0
浸渍剥离强度		mm	任一胶层的剥离长度≤25
硬度		MPa	≥55.0
表面漆膜耐磨性	磨耗转数	r	400
	表面情况		表面留有50%漆膜
	磨耗值	G/100r	≤0.08
表面漆膜耐污染性			无污染
表面漆膜附着力			割痕交叉处有漆膜剥落，漆膜沿割痕有少量断续剥落
表面漆膜光泽度		%	≥85（有光）
甲醛释放量		mg/100g	≤50

27.1.4 主要原辅助材料消耗

加工制造竹地板的主要原材料是毛竹。主要辅助材料为脲醛树脂胶黏剂及其他类似的胶黏剂。

27.1.4.1 毛竹消耗量

按毛竹胸径为10cm，生产长915mm、宽91mm、厚15mm的竹地板为依据。生产竹地板时产生竹材损耗的因素有很多，自然生长的毛竹，根部虽壁厚但节距短，影响竹地板的美观，接近梢部虽节距较长，但壁薄以致于不能够加工出厚度满足工艺要求的竹片。因此在通常情况下，胸径为10cm的毛竹截去根、梢后，可满足加工要求的竹段长度仅为4~4.5m。这样的竹段在除去锯路损耗后一般可得到长1000mm、宽25mm、厚度大于8mm的竹片35~40片，而1m²竹地板需用这样的竹片182片。由此可知生产1m²地板需用毛竹平均为5根。

27.1.4.2 胶黏剂消耗量

每m²地板的实际涂胶胶合面积约为2.2m²（正面、侧面及加工余量都计算在内），根据工艺要求的涂胶量可得每m²竹地板的耗胶量为2.2×200=440g（不含操作损耗）。

27.2 竹木复合地板

竹木复合地板是以竹材及南方林区大面积杉木人工林为原料加工而成。一方面它解决了地板存在的竹材利用率低，生产效率不高，产品成本高等缺陷，同时也解决了南方林区中小径级杉木的利用问题，使我国南方林区特有的竹子和杉木，相互取长补短，优势互补，为竹子和杉木开辟了新的工业用途，大大地提高了竹子和杉木的附加值。

27.2.1 生产工艺

竹木复合地板生产工艺流程为：

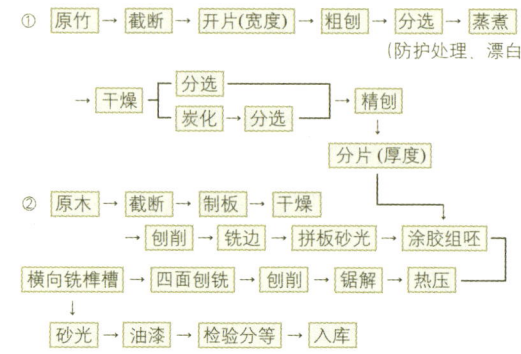

27.2.1.1 竹材原料加工

竹木复合地板中竹材加工的工艺基本同竹地板，只是增加了一道竹片的定厚分片工序。一般可将6mm厚的竹片在厚度上一分为二，从而减少了竹木复合地板中竹材的用量以降低产品成本。

27.2.1.2 木材原料加工

竹木复合地板中木材加工的工艺基本同细木工板芯板的生产工艺。

27.2.1.3 竹、木材的复合

将制好的竹片，杉木拼板经涂胶、组坯、热压工序压制成一定尺寸的竹木复合板，而后经锯解制成一定宽度的竹木复合地板坯料，再经刨削、纵横铣榫槽、砂光、油漆即制成竹木复合地板。

27.2.2 专用加工设备

竹木复合地板生产中为减少竹材的用量采用了将竹片在厚度上一分为二的竹片分离机。该机实际上就是特制的卧式带锯机或是特制的立铣机。通过带锯或立铣刀片将竹片在厚度上分离，并保证分离后各竹片的厚度尺寸相同。

27.2.3 主要质量指标

竹、木复合地板是一种新研制的地板材料，目前尚无国家标准及行业标准。它的主要原材料为毛竹和杉木，在厚度结构上，毛竹片占总厚度的1/3左右，其余均为杉木。由于杉木的静曲强度较低，因此竹、木复合地板的静曲强度约为全竹地板的2/3左右，这种强度完全能够满足地板的使用要求。而其余指标，如地板的尺寸、耐磨性、表面硬度、浸渍剥离强度、表面外观质量等都和全竹地板相同，另一方面其

导温、导热等性能还优于全竹地板。

27.3.4 主要原辅材料消耗

27.3.4.1 毛竹的消耗量

制造竹木复合地板，由于采用了竹片在厚度上1/3的工艺，其毛竹用量仅为全竹地板的三分之一，因此，每m²竹木复合地板的毛竹用量约为1.5～1.8根（详见27.2.4.1）。

27.2.4.2 杉木的消耗量

竹木复合地板所用的木材主要为人工林间伐而产生的小径杉木，用其构成地板的中间部分。按厚度为15mm的常用地板为计算依据，每m²竹杉复合地板成品所用杉木的材积为0.011m³。在加工竹木复合地板时，杉木主要损耗出现在制板工序中的锯解损耗，干燥过程中的干缩损耗，刨削和铣削过程的切削损耗，拼板和热压过程的压缩损耗以及开槽时的切削损耗。经实测其最终的利用率约为40%左右，因此，1m²竹木复合地板实际消耗杉木原木为0.0275m³。

27.2.4.3 胶黏剂的消耗量

由于竹木复合地板同全竹地板的胶合面积及涂胶量基本相同，因此，它们的胶黏剂消耗量也基本一致。即每m²竹木复合地板胶耗量为660g。

27.3 竹凉席

竹凉席是竹制产品中的传统产品，是利用竹材天然特性最充分的产品，深受广大消费者的喜爱。近年来由于工业生产技术的不断进步，出现了机制竹凉席系列产品。本章节重点对机制竹凉席进行介绍。

27.3.1 生产工艺

机制竹凉席主要分为拉丝席及麻将席（商品名）二大种类。其生产工艺有着很大的差别。

27.3.1.1 拉丝席生产工艺

拉丝竹凉席的生产工艺过程为：

原竹→锯断→开片→拉丝→蒸煮及防护处理→干燥→编织→压布→油漆→裁剪→缝边→检验→入库

1. 竹丝的加工

采用4年生以上无腐朽、霉变的毛竹按所需制造竹席的宽度加5cm的加工余量锯解成一定长度的竹段。将竹段剖成宽度为1.5～2cm的竹片，而后进入拉丝机拉丝，一般一片可拉丝三条，拉丝时根据竹丝不同的断面形状而更换不同的刀具。制好的竹丝需经高温蒸煮以除去部分热水抽提物，与此同时，可根据需要对竹丝进行防霉、防蛀、漂白、碳化及染色等处理。处理过的竹丝经干燥后就完成了整个竹丝加工过程。

2. 竹席的编织加工

以尼龙丝线为经线，竹丝为纬线，将竹丝编织成为具有一定宽度而长度为任意长的竹席，然后用压布机（热压机）将竹席的背面胶贴上一层布，胶贴所用的胶液多为脲醛树脂胶或脲醛树脂胶与聚醋酸乙烯酯乳液的混合胶液，将胶液均匀地浸于布上，压制时温度100～110℃，压力0.5MPa，时间2min。贴好布后，将竹席送入淋漆机中进行表面淋漆，油漆采用紫外线光固化漆。最后根据竹席最终产品所需的长度和宽度对整张连续的竹席进行裁剪，并用特制的尼龙布进行缝边后就得到了拉丝竹凉席成品。

3. 拉丝竹凉席的专用加工设备

(1) 拉丝机：拉丝机是将竹片加工成为具有一定断面形状的竹条的设备，它实际上是一台小型的成型铣床。由传动、进给机构、切削及机架等部分组成。传动部分由电机、皮带机、皮带等组成。进给机构由导向块及两对进给辊筒组成。一般进给辊的上辊为齿辊、下辊为平辊。导向块起限位作用，可调整以适应不同尺寸规格的竹丝加工。切削部分由一对上、下成型卧式铣刀构成，一般两刀轴不在一根轴线上，而是错开一定距离以防刀具在工作时发生碰撞或竹片卡在刀具中。根据不同的竹丝断面形状可更换不同的成型铣刀组合。一般一次可由一片竹片铣出三根同形状的竹丝。

(2) 竹席编织机：将成型好的竹丝用线编织成席的设备。工作时，竹丝条由进给装置准确地送入编织位置，由一组拨杆将其向线的根部拨动以保证编织的紧密。同时控制丝线的机构工作将多组线上下翻转打结以固定竹丝。这样不断重复编出宽度等于竹丝长度，席面长度可为无限长的竹席坯料。

主要技术参数为：

生产能力（m²/min）	0.37～0.42
总功率（kW）	1.5
总质量（kg）	1500

(3) 压布机：用于将编好的竹席坯料的背面胶贴上一层布以增加竹席的强度。它实际上就是一台单层上压式热压机，它的送料机构将竹席及浸好胶的布一同送入热压机进行热压胶合，热压机是周期性工作的，而整个竹席及布却是连续的，当热压完成后，送料机构将压好的竹席送出热压机，同时将未热压的竹席及布送入热压机，这样通过多次热压可生产出宽度一定，长度任意的竹席坯料。

(4) 竹席车缝机：用于将一定规格的竹席四周涂缝镶边。它类似于缝纫机。

主要技术参数：

电机功率（kW）	0.25
机器质量（kg）	80

4. 拉丝竹凉席的质量指标及主要原材料消耗

拉丝竹凉席目前还没有正式的国标或行业标准，所执行的标准在实际的生产经营过程中多采用企业标准或合同标准，因而质量差异较大。但主要都是针对外观的标准。例如对尺寸公差、表面色泽、色差、缝边的外观质量都作了一系列的规定，目前在经营活动中多以合同标准为依据。

拉丝竹凉席由于在其制造过程中竹丝断面形状的不同，编织、缝边方式的不同导致其主要材料的消耗量有一定差别。一般来说，每平方米丝席消耗毛竹0.7~1根。线及缝边材料消耗折合人民币为2~4元，胶黏剂及背面的布折合人民币2元，表面油漆折合人民币5~6元。

27.3.1.2 麻将席生产工艺

麻将席的生产工艺流程为：

原竹 → 锯断 → 撞片 → 打子 → 防护处理、磨光、打孔 → 干燥 → 分选 → 编织 → 检验

(1) 原竹：选用4年生以上，无腐朽、无霉变的毛竹中段进行加工，竹根部及梢部由于其壁太厚或太薄不能选用。

(2) 锯断：与其他产品不同的是，制造麻将席时的锯断是按竹节的长度而定的，也就是说在锯断的同时将竹节全部除去。

(3) 撞片：将锯断后无竹节的竹筒按一定宽度打成竹片。

(4) 打子：将撞片后产生的竹片按一定长度锯成小片。

(5) 防护处理：按成品要求进行防霉、防蛀等处理。

(6) 磨光：将处理后的小竹片送入打磨机中，通过竹片之间的相互碰撞及磨擦将小竹片的毛刺去除。

(7) 分选：按色泽一致、厚度差小等项目对小竹片进行分选以保证最终产品在色泽上较一致，且各竹片厚度均匀。

(8) 打孔：用微形钻床在小竹片的长度方向打一对通孔。

(9) 编织：用特制的尼龙条做经线置于小竹片的端头，用细尼龙线做纬线通过小竹片及向尼龙条上的孔将整个竹席编织起来。

(10) 检验：按小竹片间的色泽差进行检验分等。

1. 麻将席专用加工设备

麻将席采用手工作坊式的生产，其加工设备也多是较简单的小型设备，简要介绍如下。

(1) 冲片机：用于将已下料的去节竹筒、竹瓦进行一次冲切加工成断面尺寸为矩形的设备，加工时保留竹青面，只对竹黄及矩形的侧面进行加工。

(2) 打孔机：用于将加工好的小方竹片的长度方向打上一对通孔，由电动机通过皮带同时带动两根轴距一定，装有钻头的轴转动，用于将小竹片靠在基准上推向钻头即加工完毕。

2. 质量指标及原料消耗

同拉丝席一样，麻将席的质量控制也主要是对其外观的要求，主要是根据小竹片的色泽差进行分等检验。

加工麻将席时，由于竹梢、竹根部的竹材厚度过小或过大而不能使用，只能利用竹段中部4m左右长度且要用截锯将竹节部完全去除。加之锯小片时的锯路损耗，分选时将色差过大的竹片除去等，麻将席的毛竹原料利用率在30%左右。根据生产中的统计，一段长4m左右直径为10cm的毛竹可加工一条190cm×150cm的麻将席，同时消耗粗尼龙条100m左右，细尼龙线200m左右。

27.4 竹筷、竹香棒、竹牙签

27.4.1 竹筷生产工艺

竹筷按其产品形式可分为单支竹筷和双支竹筷两大类。单支竹筷可分为圆竹筷和方竹筷两种，双支竹筷统称为卫生筷。传统卫生筷的头部尖削，端部为很短一段矩形作联结部位，手握部位为椭圆柱体杆。

竹筷生产工艺流程为：

原竹 → 锯断 → 剖片 → 削平 → 防护处理 → 干燥 → 成型 → 削尖 → 磨光 → 检验 → 成品

(1) 锯断：按一定长度用截断锯将原竹锯断，要求截出的竹段无竹节。

(2) 剖片：按一定宽度用剖竹机将竹段剖成矩形竹筷坯料。

(3) 削平：用四面削平机经一次冲切，将竹片加工成矩形或圆型坯料。

(4) 防护处理：根据要求可进行防霉、防蛀、漂白等处理。

(5) 干燥：用干燥机将处理好的各种竹筷坯料干燥至一定的含水率。

(6) 成型：根据产品种类要求，各种竹筷都有其相应的成型设备，这些设备大多是成型铣，可加工各种外型尺寸的竹筷。

(7) 削尖：将有些种类的竹筷的头部削成圆锥状。

(8) 磨光：用磨光机将成型的卫生筷磨光，利用竹筷相互磨擦去除竹筷上的毛刺。磨光时可加入少许滑石粉，可使产品更加光滑。

(9) 检验：根据竹筷的外观质量进行分等。

27.4.2 竹筷专用加工设备

竹筷的专用加工设备主要为各种成型机、削尖机，它们主要由机架、传动、进给、切削等部分构成。其中切削部分

安装有各种形状的成型刀具用以加工不同外型尺寸的竹筷，实际上它就是小型的成型铣床。

27.4.3 主要原材料消耗

生产竹筷时竹材的利用率是很低的。这主要是由于竹筷对坯料的要求较高。首先，竹段要具有一定长度（通常大于25cm），且段内无竹节。因此在一般情况下要达到这样的要求，竹材的根部向上1.5m基本上无法使用，这是由于竹材根部竹节较短而造成的。其次，竹段的壁厚要达到一定要求（通常大于8mm），因竹筷的成品厚度均应大于5mm且不能有竹青、竹黄存在。从而使竹材梢头2m长的竹段由于竹壁薄而不能使用。再加上去除竹节时造成的大量浪费、铣削时的损耗等，竹材的实际利用率不足20%。因此在实际生产中竹筷常与竹香棒、竹牙签的生产结合起来。竹香棒、竹牙签在生产工艺及设备与竹筷生产大体一致，只是在外观尺寸上有较大差别。竹香棒、竹牙签由于其尺寸较小，在长度、厚度上远小于竹筷，因此竹筷生产不能利用的竹材根部及梢部就可用来生产竹香棒、竹牙签等。如此生产可使竹材利用率提高至35%左右，大大提高了竹材利用率。

参考文献

[1] 张齐生等著. 中国竹材工业化利用. 北京: 中国林业出版社, 1995

[2] 吴旦人著. 竹材防护. 长沙：湖南科学技术出版社, 1992

[3] 吴旦人著. 竹工机械. 长沙：国防科技大学出版社, 1993

[4] 辉朝茂, 杨宇明主编. 材用竹资源工业化利用. 昆明：云南科技出版社, 1998

[5] 叶诚业, 王幸祥等编. 竹类资源的综合利用. 上海：上海科技文献出版社, 1986

[6] 鼓舜村, 潘年昌编. 竹家具与竹编. 北京：科学普及出版社, 1985

Wood Furniture 28 木质家具

家具，是家用器具之意。英文为 Furniture，出自法文 fourniture，即设备的意思。西语中的另一种说法来自拉丁文 Möbilis，即移动的意思，如德文 Möbel，法文 Meulbe，意大利文 Mòbile，西班牙文 Mueble 等。综合几千年世界各地对家具的描述，可以得到一个较为完整的概念，即家具是可搬移的家用器具。现代家具的概念已呈广义性，如用于公共场所或户外者也可称之为家具，家具也可以固定在建筑物上。本手册所依据的家具概念是传统意义上的家具含义及其合乎逻辑的延伸。

设计，是设想与计划之意。英文为 Design，意指计划、企图、设计、构思、绘制、预定、指定等。

28.1 家具设计

28.1.1 家具设计的概念与任务

家具设计就是对家具进行事先构思、计划与绘制。

家具设计的任务是以家具为载体，为人类生活与工作创造便利、舒适的物质条件，并在此基础上满足人们的精神需求，家具设计应从设计生活的高度来加以认识。

28.1.2 家具设计的特点

28.1.2.1 使用特点

家具首先应具有直接的使用功能，满足人们某一方面要求的特定用途，如床用于睡眠、椅子用于坐、柜子用于存放物品等，家具在使用场所需要与人直接接触，因此不得不考虑以视觉为主导的视觉效果。

28.1.2.2 制作特点

传统家具通常都由手工制作，工业革命后，尤其是第二次世界大战以来，家具制作已逐步实现了工业化，随着世界人口对家具需求的激剧增加，家具制作必须做到高质高效，而要做到这一点唯有依靠工业化生产。因此家具必须成为一种工业产品，家具设计也因此而纳入了工业设计的范畴，这就意味着家具设计必须立足生产，面向市场。

28.1.2.3 构成要素

1. 功能

功能是家具的首要因素，没有功能就无从谈及家具。功能包括直接使用功能和辅助功能，直接功能如坐、卧、收纳等，辅助功能如拆叠等。

2. 材料

不同的家具，以及同一种家具中的不同部件承担着不同的任务，对材料的要求也就不尽相同，现代家具的用材已呈现出多元化趋势，但木材与木质复合材料仍然占有主导地位。

3. 结构

结构直接影响着家具的强度与外观形象，如框式、板式、曲木家具等。同时，结构也将直接影响到制作的难易程度以及生产效率的高低。

4. 外形

外在形态决定着人的感受，人类有五种直接的感觉系统，即视觉、听觉、嗅觉、触觉与味觉。除味觉外，家具对其他四种感觉均有影响，其中视觉占主导地位，所以视觉特性历来都受到人们的普遍重视，美学法则就是建立在视觉基础上的。不过，最新研究表明，其他感觉特性也是不可忽视的，如家具材料的声学特性、挥发物等对环境具有重要影响，而触觉对人的喜厌情绪影响较大。

需要特别注意的是，上述四项要素不是孤立的，而是互相交叉与影响的。

28.1.3 家具设计的原则

优秀的家具设计应当是功能、材料、结构、造型、工艺、文化内涵、鲜明个性与经济性的完美结合。一般而言，设计的价值应当超越其材料或装饰的价值。完美的设计并非制成后靠装饰来实现的，而是综合先天因素孕育而成，并经得起时间与地域变化考验的。

28.1.3.1 实用性
实用性是家具设计的首要条件。家具设计首先必须满足它的直接用途，适应使用者的特定需要。

28.1.3.2 舒适性
舒适性是高质量生活的需要，在解决了有无问题之后，舒适性的重要意义就显示出来了。要设计出舒适的家具就必须符合人体工程学的原理，并对生活有细致的观察与分析。

28.1.3.3 安全性
安全性是家具品质保证的基本要求。要确保安全，就必须对材料的力学性能及可出现的变化有足够的认识，以便正确把握零部件的断面尺寸，并在结构设计与节点设计时进行科学的计算与评估。除了结构与力学上的安全性外，其形态上的安全也是至关重要的，如当表面上存在有尖锐物时就有可能伤及人类，当一条桌腿超出台面时有可能会让我们绊腿而摔跤。

28.1.3.4 艺术性
艺术性是人的精神需求，家具设计的艺术效果将通过人的感观产生一系列的生理反应，从而对人的心理带来强烈的影响。美不是空中楼阁，必须根植于由功能、材料、文化所带来的自然属性中，矫揉造作不是美，美还有永恒的美与流行的美，家具设计应极力追求永恒的美，但流行美的现实意义同样不可忽视。

28.1.3.5 工艺性
工艺性是生产制作的需要，为了在保证质量的前提下提高生产效率，降低制作成本，所有家具零部件都应尽可能满足机械加工或自动化生产的要求。固定结构的家具装配也应考虑是否能实现机械化、自动化；拆装式家具应考虑使用最简单的工具就能快速装配出符合质量要求的成品家具。

家具设计的工艺性还表现在设计时应尽量充分使用标准配件。随着社会化分工合作的深入推广，专业化分工合作生产已成为家具行业的必然趋势，因为这种合作方式可以做到优势互补，为企业在某一领域的深入发展创造条件。使用标准件可以简化生产、缩短家具的制作过程，降低制造费用。

28.1.3.6 经济性
经济性将直接影响到家具产品在市场上的竞争能力，好的家具不一定是贵的家具，但这里所说的经济性也并不意味着一味地追求便宜，而是应以功能价值比，即价值工程为设计准则，这就要求设计师掌握价值分析方法，一方面要避免功能过剩，另一方面要以最经济的途径来实现所要求的功能目标。

28.1.3.7 系统性
家具的系统性体现在两个方面，一是配套性，二是标准化的灵活应变体系。

配套性是指一般家具都不是独立使用的，而是需要考虑与室内其他家具配套使用时的协调性与互补性，因此家具设计的广义概念应该延伸至整个室内环境的感觉效果与使用功能。

标准化灵活应变体系是针对生产销售而言的，旨在为解决小批量多品种的社会需求与现代工业化生产的高质高效之间的矛盾提供设计支持。

28.1.4 家具设计和步骤

28.1.4.1 设计策划
设计策划是在设计前进行调查研究和确定新产品开发方向，主要是通过商业部门和外贸部门了解国内外市场有关产品的销售情况，并调查销售区域的销售对象和购买动机、购买爱好、购买态度，了解现有同类产品的使用性能与使用情况。在此基础上进行市场战略研究，从而作出科学的市场预测。

28.1.4.2 设计输入

1. 明确设计要求

在进行设计之前，须把设计内容确定下来才有依据。无论是接受委托的设计任务，还是自行开发新产品，分析与确定设计内容时应逐项列出自己所设计的家具有哪些要求。

要求的内容可以借5W1H帮助分析，即what, why, who, when, where, how, 其对应的中文意思为何物、为何、何人、何时、何地、如何。籍此方法可以展开思路，通过逐项分析确定设计内容。

2. 资料收集、分析与整理

家具设计有许多资料可以参考，虽然设计忌抄袭，但闭门造车不足取，善于从别人的作品中吸取养料能开阔自己的视野，引发和丰富设计构思的内容。

（1）基础资料：基础资料是个人设计知识体系的元素，它需要逐步积累，其中包括直接资料与间接资料，前者如各地家具设计的经验，国内外家具科技情报与动态，中外设计图集、期刊，市场动态等。后者如美学素养方面的资料、材料、工艺知识、文化背景等。

（2）专门资料：专门资料是那些针对性较强的材料，一般可采用重点解剖典型实例的方式，着重于实体资料的掌握和设计深度的理解，可借助于实地参观或实物测验等多种手段，从多种多样的家具产品中分析它们的实际效果，从中取得各种解决问题的途径，有助于设计构思推敲过程中的借鉴。

28.1.4.3 设计过程

1. 构思与雏形设计

构思与雏形设计是家具设计中的重要过程之一,在动笔前尽管大胆地参考现有资料,一经脑海里整理出有系统的轮廓概念后,即可逐一进行初步设计。设计中,如认为某些地方仍有疑虑时,即应请教有关人员,如加工是否能做到,就可请教制造工程师,某种效果是否能被市场接受,则可与营销人员商讨。待全盘了解后,再继续进行设计,切不可将现有资料不加思索地盲目照搬。

2. 细节研究

细节研究是对家具设计的雏型进行深入分析与细节推敲,一般可按以下项目进行分析:

(1) 尽可能地绘出各部份的结构分解图。
(2) 力学强度的考虑(包括零件本身与接合点)。
(3) 材料的选用是否妥善。
(4) 横挡、直条、框架、面板、背板等零件的尺寸是否正确。
(5) 各构件是否均具相应的功能,该功能是否可有可无。
(6) 与主题是否相符。
(7) 是否符合美学法则,将会具有怎样的感觉特性。
(8) 表面如何处理。
(9) 加工是否便利,是否需要使用特殊的工具来进行制作。
(10) 是否需要考虑与其他家具相配。

3. 模型与实样

(1) 模型:由于某些家具设计方案牵涉到具决定性的空间关系,一些组合或多用式的家具有时在纸面上很难表达其构图和形体之间的空间关系。因此,在初步设计阶段,甚或在最初的草图阶段就用模型来表达它在造型和家具各部分相互位置间的真实效果。实际上,制作家具模型是一种便于改进和发展设计方案的过程,并对发展设计想象力和提高设计水平起着良好的作用。制作模型的方法如下:

① 模型多用简单的材料,花费较短的时间来完成。材料一般有各种厚质纸、吹塑纸、纸板、金属丝、软木、硬质泡沫塑料或其他各种合适的材料,如醋酸酯薄膜、薄铜皮和铅皮、薄木以及印有木纹的纸。最好平时将这些材料的碎小料集中在一起,以便制作时使用。制模用的胶黏剂最好选用适合胶粘木和纸的快干胶,所用工具只是一些剪刀、夹子、钳子、刀之类的东西。

② 模型一般多采用 1:2 或 1:8、1:5 的比例,当然用 1:1 的比例来作细部结构也是十分有用的。

③ 按比例做成的家具模型,一般显得比较单薄,缺乏真实的尺度感。因此,常常将它配成适当的环境模型,照成相片,就显得十分贴切,而且便于收藏。

(2) 实样:模型还不能完全反映家具的真实状态,为了得到设计方案的实际综合的效果和各部件配合的精确关系,在方案最终确认前往往还要制作实样,并将其作为评审甚至试销的基础。

28.1.4.4 设计验证与修改

设计验证有四种方法,即:设计评审、鉴定试验、用其他计算方法来检验及与已证实的设计进行比较。一般要同时应用两种或两种以上。

无论是草图还是模型,仅仅是一种设计方案和设想,总是要通过不同的途径或方式,经过多次反复研究与讨论,加以修正,才能获得最佳的设计方案。

对设计方案提出修改意见的可能是设计人员本人,也可以是使用者或其他设计人员,包括不同范围的专业人员,所以在初步设计阶段要以多种方式,比如座谈讨论或展览评比,听取各方面的意见,加以补充和改进原设计方案,直到这一设计方案达到一个新的、更好的水平。

28.1.4.5 设计输出

设计输出是指设计成果的表达,应当包括外在形态与技术细节。前者主要是为销售系统服务的,而后者的任务是为生产系统提供指引。

输出文件包括:①家具透视效果图;②产品三视图,含局部详图;③零、部件图;④零部件清单;⑤五金配件清单;⑥板式家具要有裁板图;⑦排钻打眼图;⑧加工程序说明;⑨包装图;⑩装配图及说明书。

28.2 家具分类

28.2.1 按材料分

(1) 实木家具:主要由实木构成。
(2) 木质家具:主要由实木与木质人造板构成。
(3) 钢家具:主要结构由钢材构成,如各种型钢、钢板、管材、不锈钢等。
(4) 竹家具:用竹材制成的家具。
(5) 藤家具:用藤条或藤织部件构成的家具。
(6) 塑料家具:整体或主要部件用塑料,包括发泡塑料加工而成的家具。
(7) 玻璃家具:以玻璃为主要构件的家具。
(8) 石家具:以大理石、花岗岩或人造石材为主要构件的家具。
(9) 铸铁家具:整体或主要部件由铸铁构成的家具。

28.2.2 按基本功能分

(1) 支承类家具:指直接支承人体家具,如床、椅、凳、沙发等。
(2) 凭倚类家具:指使用时与人体直接接触的家具,如桌子、讲台等。

(3) 贮藏类家具：如橱、柜、支架等。

28.2.3 按基本形式分

(1) 椅凳类：各种椅子、凳子和沙发。

(2) 桌台类：各种桌子，如写字桌、会议桌、大班台、茶几等。

(3) 橱柜类：各种柜、橱，如衣柜、餐具柜、厨柜、电视柜、文件柜等。

(4) 床榻类：各种床或供躺着休息的榻，如双人床、单人床、双层床、古典家具中的榻等。

(5) 其他类：如衣帽架、花架、屏风等。

28.2.4 按使用场所分

(1) 民用家具：供家庭用的家具，其中又可分为卧室家具、餐厅家具、厨房家具、客厅家具、书房家具及儿童家具等。

(2) 办公家具：办公室用的家具，如文员桌、文件柜、办公椅等。

(3) 特种家具：如商店家具、剧场、会堂用家具、医院家具、学校用家具、交通工具用家具等。

(4) 户外家具：如公园、游泳池、花园用家具等。

28.2.5 按放置形式分

(1) 自由式家具：包括有脚轮或没有脚轮的可以任意交换位置的家具。

(2) 嵌壁式家具：固定或嵌入建筑物或交通工具内的家具，一但固定一般就不再变换位置。

(3) 悬挂式家具：悬挂于墙壁之上，其中有些是可移动的，有些则是固定的。

28.2.6 按风格特征分

(1) 古典风格家具：具历史上某种风格特征的家具。

(2) 现代家具：无明显的历史风格特征，较为简洁明快的家具。

28.2.7 按结构形式分

(1) 固定装配式家具：零部件之间采用榫或其他固定形式接合，一次性装配而成。其特点是结构牢固、稳定，不可再次拆装，如框式家具。

(2) 拆装式家具：零部件之间采用连接件接合并可多次拆卸和安装，可缩小家具的运输体积，便于搬运，减少库存空间。

(3) 部件组合式家具：也称通用部件式家具。是将几种统一规格的通用部件，通过一定的装配结构而组成不同用途的家具。其优点是可用较少规格的部件装配成多种形式和不同用途的家具。还可简化生产组织与管理工作，有利于提高生产率和实现专业化与自动化生产。

(4) 单体组合式家具：将制品分成若干个小单体，其中任何一个单体既可单独使用，又能将几个单体在高度、宽度和深度上相互结合而形成新的整体。其优点是对某一单体而言，由于体积小，所以装配、运输较为方便，而且用户可根据自己的居住条件、经济能力和审美要求来选购家具的单体并进行不同形式的组合。缺点是在高度、宽度上都有重复的双层板出现，所以成本较高。

(5) 支架式家具：是将部件固定在金属或木制的支架上而构成的一类家具。如客车和客轮内的家具，支架的端部可直接与天花板或地板连接。也可固定在墙壁上，使之具有不同形式、不同体量和不同数量的使用功能。这类家具的优点是可充分利用室内空间，制作简单、省料、选型多样化。家具悬挂使清扫工作极为方便，但必须与建筑相协调。

(6) 折叠式家具：能折动使用并能叠放的家具。常用于桌、椅和几类，钢家具尤为常见。便于携带、存放和运输。适用于住房面积小或经常需改变使用场地的公共场所，如餐厅、会场等，也可作为军队与地质队的备用家具。由于考虑能折叠，就必须有折叠灵活的连接件，因此它的造型与结构受到一定限制，不能太复杂。

(7) 多用式家具：对家具上某些部件的位置稍加调整就能交换用途的家具。由于可一物多用，所以适于住房面积小的家庭或单身职工使用。考虑到多用时结构复杂，往往需用金属铰链，一般为两用或三用。用途过多时，结构会过于繁琐，使用时也就不方便了。多用式家具如书柜、沙发床等。

(8) 曲木家具：这是用实木弯曲或多层单板胶合弯曲而制成的家具。优点是造型别致、轻巧美观，可按人体工学的要求压制出理想的曲线型。

(9) 壳体式家具：又称薄壁成型家具。其整体或零件是利用塑料、玻璃钢一次模压成型或用单板胶合成型的家具。这类家具造型简洁、轻巧，便于搬移，工艺简便、省料、生产效率高。塑料薄壳模塑家具还可配成各种色彩，生动、新颖，适用于室内外的不同环境，尤其是室外。

(10) 充气式家具：是用塑料薄膜成袋状，充气后成型的家具。可用彩色或透明薄膜，新颖、有弹性、有趣味，但一旦破裂则无法再使用，使用寿命短暂。

28.3 家具结构

28.3.1 实木家具的结构

28.3.1.1 板材与板材的接合结构

(1) 两块板材侧面之间的接合：板材侧面的接合，主要是一种为展宽板材宽度的接合方法，通称拼板。

(2) 拼板镶端结构：为了避免板端暴露于外部、防止和减少拼接板材发生翘曲等现象，常采用镶端法加以控制，在镶接时均需用胶料配合。

28.3.1.2 平面嵌入连接结构

嵌入连接结构，是以同样厚度的方材各削去 1/2，互相嵌入的装配接合。此法强度较差，适用于家具内部结构和次要结构处。通常用胶、木螺钉、圆钉等配合使用。

28.3.1.3 开口插入榫结构

开口插入榫结构是将方材的厚度作三等分（或以铣刀厚度为榫、槽厚度），竖向中间开槽，横向中间制榫，以插入形式接合。此结构由于强度和外观等均较合理，故广泛应用于木家具框架部件上。

28.3.1.4 榫结构

榫结构是传统家具广泛应用的结构形式。榫结构形式多样，榫头透过接合木材外侧的为贯通榫，榫头不透过接合木材外侧的为不贯通榫。此外还有夹角榫。

28.3.1.5 夹角接合结构

框架部件接合时，为了减少工序，不用榫接合，但又要求外面看不到构造缝隙，常采用 45°木材端向处理。由于不同榫头，强度不高，因此常采用一些补强结构。但这些接合必须与胶黏剂配合使用。

28.3.1.6 纵端面之间的接合

纵端面之间的接合，是在用料很长，需将木材接长或圆弧弯曲接合时采用，并用胶黏剂配合。

28.3.1.7 板件与板件的成角接合

板件之间的成角接合，大多用于箱柜类家具部件，如抽屉、包脚、箱类家具等，一般都与胶黏剂配合使用。采用何种形式，应考虑家具外观与结构强度。

28.3.1.8 方材三向接合结构

(1) 综角接合：此种结构的特点是不露木材的端部，表面美观、工艺性强，是我国古代家具和高级家具上常用的结构工艺。

(2) 普通三向接合：此种结构用于桌、椅类家具的支架三向接合，是现代家具常用的工艺结构。

28.3.1.9 方榫接合的技术要求

家具的破坏常出现在接合部位，对于榫接合，如果设计或加工不正确，就必然不能保证其应有的接合强度。

(1) 榫头的厚度：一般按零件的尺寸而定。为了保证接合强度，单榫的厚度接近于方材厚度或宽度的 1/2，双榫的总厚度也接近于方材厚度或宽度的 1/2。当零件断面积超过 40mm×40mm 时，应采用双榫接合。

(2) 榫头的宽度：当榫头宽度在 25mm 以上时，榫头宽度的增大对抗拉强度的提高并不明显。因此，当榫头宽度超过 40mm 时，应从宽度中间锯切一部分，即分成双榫，这样可以提高榫接合的强度。

(3) 榫头的长度：榫头的长度是根据各种接合形式决定的。当采用明榫接合时，榫头的长度应超过或等于接合零件的厚度或宽度；若用暗榫接合时，不能小于榫眼零件宽度或厚度的 1/2。

试验证明：当榫头长度尺寸为 15～35mm 时，抗拉、抗剪强度随尺寸增大而增加；当榫头长度在 35mm 以上时，抗剪强度随尺寸增大而下降。由此可见，榫头的长度不宜过长，一般在 25～35mm 范围内时，榫接合强度最大。

(4) 榫头厚度与方材断面尺寸的关系：单榫距离外表面一般不小于 8mm；双榫距离外表面一般不小于 6mm。闭口榫的榫头宽度切肩部分一般在 10～15mm。

(5) 榫头与榫眼的配合：榫头与榫眼的配合公差见表 28-1。

28.3.1.10 圆榫的技术要求

(1) 用材：制造圆榫的材质应比重大、无节、无缺陷、纹理直、最好采用中等硬度和韧性的木材。适合的树种有柞木、水曲柳、色木等。

圆榫的含水率应比家具用材低 2%～3%，因为圆榫吸收胶液中水分后将会提高其含水率从而引起膨胀。圆榫应保持干燥状态，用塑料袋密封保存。

(2) 尺寸：圆榫的直径一般等于板材厚度的 2/5～1/2，孔深为板材厚度的 3/4 左右，圆榫长度为直径的 3～4 倍较合适，见表 28-2。

(3) 接合：圆榫接合的施胶方式对接合强度的影响见表 28-3。由实验可知圆榫施胶强度较好，因圆榫沟纹能充满胶液，使其榫头充分膨胀；圆孔施胶强度较差，但易实现机械化施胶；榫头与榫孔两方面施胶接合强度最佳。

圆榫与圆孔的配合应采用过盈公差，过盈量为 0.1～0.2mm 时强度最高。但圆榫用于刨花板部件的连接时，如果端面榫头过大则会引起刨花板内部结构的破坏，应予以注意。

两个相连接的零件孔深之和应比圆榫长度大 0.5～1mm。

表 28-1 榫头与榫眼的配合公差　　　　　　　　　　　　　　　　　　　　　　　单位：mm

树种	榫头厚度	榫头宽度	榫头长度
硬质木材	<0.1～0.2	>0.5	<2
软质木材	>0.5	>1.0	<2

表28-2 圆榫尺寸　　　　　　　　　　　　　　　　　　　　　　　　　　　　　　　　　单位：mm

接合件的厚度	圆榫直径	圆榫长度
10～12	4	16
12～15	6	24
15～20	8	32
20～24	10	30～40
24～30	12	36～48
30～36	14	42～56
36～45	16	48～64

表28-3 施胶方式与胶着力的关系　　　　　　　　　　　　　　　　　　　　　　　　　　　单位：kg/cm²

涂胶方法	胶着力		
	最大	最小	平均
圆榫涂胶	105.1	81.3	92.9
榫眼涂胶	85.8	60.3	76.3
两面涂胶	101.0	89.8	95.4

28.3.1.11 实木家具部件结构

组成家具的每一个部件，其结构变化很大，部件结构形式直接影响家具造型。因此，部件结构的形式与工艺成为木家具设计的一个不可忽视的环节。

1. 门板结构

(1) 实木板结构：实木板结构是用木板拼接或榫槽接合而成的。用天然木材纹理作装饰，接合结构简易，具有简朴的风味，是最原始的门板结构。由于实木门板容易开裂，现代家具已不常使用。

(2) 嵌板门结构：嵌板门结构工艺性甚强，丰富多彩的线型嵌板门立体感强，是古典家具常用的装饰手段。

(3) 包镶门结构：包镶结构门板有双包镶和单包镶两种，现都采用前者，双包镶门板内衬料除木材外，可用多种材料来代替。如纸蜂窝、塑料蜂窝、塑料低发泡材、刨花板等等。

(4) 百页门结构：百页门具有遮挡视线的作用，适用于需要通风的场合。

(5) 卷门结构：卷门加工工艺较为复杂，在一般家具上很少使用，仅在特殊需要的家具上采用。

(6) 铲板门结构：铲板门一般是为了让门芯可以替换，如玻璃、镜子、网纱等，铲板门在家具上应用广泛，常用在大衣柜的镜子门、书柜玻璃门等。

(7) 翻门结构：翻门结构的重点在旋转部分。

(8) 移门结构：移门的形式一般有两类，即板框结构移门和玻璃移门。根据移门形式，其滑道也有所不同。

2. 抽屉结构

抽屉由屉面板、屉旁板、屉后板及底板组成。接合方法可参照板与板的箱柜类接合结构。

在抽屉较宽的情况下，应在抽屉底板下面安装1～2根屉底档，以防止屉底板下垂而影响抽拉。

抽屉面板可用实木板、双包镶板、细木工板、多层胶合板、刨花板和中密度纤维板等。屉旁板及屉后板有实木板、多层胶合板及薄型刨花板、中密度纤维板等。

抽屉的不同结构形式可表达不同的外形，如有平面的、凹凸的、斜面的等。抽屉内部也可通过不同的区划来满足不同的功能要求。

28.3.1.12 实木家具部件之间装配结构

(1) 脚架结构：脚架是由脚和望板构成的框架，用于支撑家具主体的部件，可分为：

①框架式亮脚结构；

②包脚结构；

③装脚式亮脚结构。

(2) 桌腿与望板的接合以及桌(椅)面与支架的接合形式颇多，不一一举例。

28.3.2 板式家具的结构

28.3.2.1 板式家具的结构特点

人造板，尤其是板式家具中所用的主导材料如刨花板与纤维板由于在制造过程中破坏了天然木材的自然结构，许多力学性能指标大为降低，因此不能采用实木家具中的榫卯结构来连接各零部件；与此同时，同样由于结构变化的原因，人造板在幅面方向的尺寸稳定性大为提高。从而为板式家具开辟了良好的途径。因此，板式家具应运而生，并在主要承受静载荷的柜类家具上获得了蓬勃的发展。

失去了榫卯结构支撑的板式构件的连接需要寻求新的接合方法，这就是采用插入榫与现代家具五金的连接。插入榫与家具五金均需在板式构件上制造接口，最容易制造的接口是槽口，但更具加工效率的是圆孔。槽口可用普通锯片开出，圆孔可通过打眼实现，一件家具需要制造大量接口，所以采用圆孔更为多见，加工圆孔时排钻起着重要作用。要获得良好的连接，对材料、连接件(家具五金及插入榫)及接口加工工具都要综合考虑，"32mm系统"就此在实践中诞生，并已成为世界板式家具的通用体系，现代板式家具结构设计被要求按"32mm系统"规范执行。

28.3.2.2 "32mm系统"的基本概念

"32mm系统"是以32mm为模数的，制有标准"接口"的家具设计与制造体系。这个制造体系以标准化零部件为基本单元，可以组装成采用圆榫胶接的固定式家具，或采用各类现代五金件连接的拆装式家具。

"32mm系统"要求零部件上的孔间距为32mm的整倍数，即应使其"接口"都处在32mm方格网的交点上，至少应保证平面直角坐标中有一维方向满足此要求，以保证实现模数化并可用排钻一次打出，这样可提高效率并确保打眼精度。由于造型设计的需要或零部件交叉关系的限制，有时在某一方面上难以使孔间距实现32mm整数倍时，允许从实际出发进行非标设计，因为多排钻的某一排钻头间距是固定在32mm上的，而排与排之间的距离是可无级调整的。

28.3.2.3 "32mm系统"的标准与规范

"32mm系统"以旁板为核心。旁板是家具中最主要的骨架部件，板式家具尤其是柜类家具中几乎所有的零部件都要与旁板发生关系，如顶(面)板要连接左右旁板，底板安装在旁板上，搁板要搁在旁板上，背板插或钉在旁板后侧，门铰的一边要与旁板相连，抽屉的导轨要装在旁板上等。因此，"32mm系统"中最重要的钻孔设计与加工，也都集中在旁板上，旁板上的加工位置确定以后，其他部件的相对位置也就基本确定了。

旁板前后两侧各设有一根钻孔轴线，轴线按32mm的间隔等分，每个等分点都可以用来预钻安装孔。预钻孔可分为结构孔与系统孔，结构孔主要用于连接水平结构板；系统孔用于铰链底座、抽屉滑道、搁板等的安装。由于安装孔一次钻出，供多种用途用，所以必须首先对它们进行标准化、系列化与通用化处理。

目前，国际上对"32mm系统"有如下基本规范：

(1) 所有旁板上的预钻孔(包括结构孔与系统孔)都应处在间距为32mm的方格座标网点上。一般情况下结构孔设在水平坐标上，系统孔设在垂直坐标上。

(2) 通用系统孔的轴线分别设在旁板的前后两侧，一般资料介绍以前侧轴线(最前边系统孔中心线)为基准轴线，但实际情况是由于背板的装配关系，将后侧的轴线作为基准更合理，而前侧所用的杯型门铰是三维可调的。若采用盖门，则前侧轴线到旁板前边的距离应为37(或28)mm，若采用嵌门，则应为37或28mm加上门厚。前后侧轴线之间及其辅助线之间均应保持32mm整数倍的距离。

(3) 通用系统孔的标准孔径一般规定为5mm，孔深规定为13mm。

(4) 当系统孔用作结构孔时，其孔径按结构配件的要求而定，一般常用的孔径为5、8、10、15、25mm等。

有了以上这些规定，就使得设备、刀具、五金件及家具的生产、供应商都有了一个共同遵照的接口标准，对孔的加工与家具的装配而言，也就变得十分简便、灵活了。

28.4 家具生产工艺

28.4.1 家具生产的特点

与其他木材加工企业相比，家具产品要求具有最为精制的式样，同时也需要最复杂的加工工艺和生产技术。家具产品的主要特点是要有良好的外观，以及在市场上有良好的销售竞争能力。

家具还具有流行性与多样性的特点，当产品的种类过于繁多时，很难实现专业化生产，这是家具工业存在的亟待解决的课题。解决这种混乱和低效率的关键还必须依靠专业化生产。也就是说，工厂应当生产单一的几种产品，这样才有利车间的工艺布置和生产安排，这就要求对生产计划按某种方式加以限制。

专业化生产可按如下原则进行划分：

(1) 根据产品的种类划分，例如：椅子专业厂等；

(2) 按家具的用途分类，如：可建立家庭用家具和办公用家具的生产厂或车间等，其专业化水平低于第一种方式。

原料的种类和结构，对家具工业的专业化也有一定的影响。如木材与刨花板的加工工艺是不同的。

还有一种实际上很有效的方法是将某些家具制造工厂生产工艺不适应的零部件让小型承包工厂来加工，而家具工厂主要的工作是组装加工，实际上家具企业成了家具装配厂。这种方式对于实现实具工业的专门化有一定的效率。

工业化生产家具是连续式的，连续生产家具有如下一些主要特点和要求：

(1) 在连续化家具生产车间内，各加工工序之间应有一些中间仓库和库存区，在确定半成品贮放区时应注意加工和运输方便；

(2) 应考虑到生产成本中运输费所占的比例，对生产线的流水作业应有一定的规划设计；

(3) 家具生产车间生产的零件和部件，一般是采用液压提升式运输设备的，这类运输装置在连续生产中有较大的灵活性；

(4) 家具生产中，可用皮带运输机和其他形式的输送设备。由于家具零部件规格品种多，因此，某些运输设备只能在有限的范围内使用，如：家具组装和表面装饰工段。

28.4.2 家具零件的加工精度

家具机械的类型、品牌以及使用时间的长短都会影响设备的加工精度。一般说来，新机器的加工精度较高，工件的加工误差往往能控制到 ±0.05mm。如果将加工过程中由于木材水分含量变化所引起的尺寸变化计算在内，一般线型构件的实际精度能达到 ±0.1 至 ±0.3mm。

家具零件高精度的优点：

(1) 加工精度高的零件，不同系列产品有良好的互换性；
(2) 在进行部件或总装配时，无需进行手工修整就能进行部件之间的精密配合；
(3) 高精度零件的榫接合方便、坚固，且容易装配；
(4) 由于零件精度高，互换性好，因此，易于实现生产过程的连续化与自动化。

保证家具零件精度的措施：

(1) 按机器使用说明和操作要求，对其进行定期的维修保养；
(2) 在生产过程中严格按照标有尺寸的图纸加工，所标出的数值应是需达到的公称尺寸，为此，在各道工序中应严格地控制和检查，以达到标准尺寸的要求；
(3) 为了保证零件和部件的加工精度，在加工过程中应使用量规和样板来控制加工尺寸；
(4) 在机械加工和部件组装时，应当采用各种形式的夹具；
(5) 通过木材干燥及生产车间和仓库相对湿度的控制来严格控制木材的含水率。

28.4.3 实木家具加工工艺

家具零件的加工工序较为复杂，不同的零件有着不同的特点，其一般的加工工序如图28-1所示。

28.4.3.1 家具零件的机械加工

制作家具零件时，须注意以下问题：

(1) 在工艺设计时应考虑到连续化机械加工工艺的应用；
(2) 家具机械应采用一定的保护装置，以确保安全生产；
(3) 为保持车间的环境净化要求，应设计和安装吸尘系统；
(4) 在加工刨花板或特硬木材时，应采用硬质合金钢刀具，在使用中应对刀具进行经常性的维修和保养；
(5) 机械加工时进料速度的选择十分重要，将直接影响到零件的加工精度与表面质量；
(6) 家具机械切削速度高，在设备上安装自动进料器可提高设备的生产能力、改进表面加工质量，并有利于实现安全生产。
(7) 应根据不同的产品特点及生产规模选择不同的生产设备与配置方式，见表28-4。

28.4.3.2 木材的截断和纵向锯解

家具厂的木材横向截断可以用吊截锯、高速截断锯等。操作人员必需有很高的操作技术，以减少木材的损耗。通常，木材损耗率约为5%～20%。木材横截余量和工件的长度有关，一般为10～50mm之间。

经横截加工的木材，装在集材架上，由运输机送至纵解锯上进行纵剖加工，但也可用旋转式圆形选材台；或用其他方式输送。纵剖锯通常是由上向下锯的，锯机上装有进料器和卸料传送带。还可采用光投影划线装置，使其可在木板上看到锯片的下锯位置。

木材的横截和纵解要按照工件加工图表的要求进行，所需的其他原材料可标注在工件图表上，如表28-5所示。

在加工制作各种曲线零件时，例如：圆桌面和椅子腿等零件，必需使用细木工带锯机加工。采用细木工带锯加工时，既可沿用样板划出的线条进行加工，也可用模具来加工。

28.4.3.3 家具零件的刨光和成型加工

家具零件应进行刨平加工，刨平时应先刨基准面，再刨相对面，同时确定厚度。刨削加工时可以在平刨床上刨基准面，而由压刨来定厚与刨相对面，也可在双面刨上一次刨两个面，还可在四面刨上一次刨四个面。功能强大的四面刨还可加工复杂的成型零件。

28.4.3.4 零件最终尺寸的调节加工

在家具工厂里，锯截加工可用下面一些木工机床来完

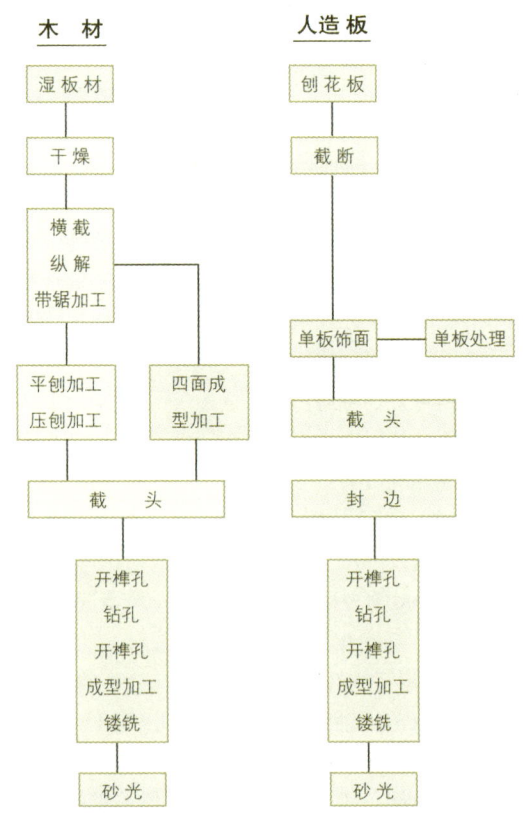

图28-1 家具零件加工工序

表 28-4 生产模式与特点

生产模式	生产线配置	生产线特点
单件生产	手工	生产效率最低，硬件投入少，质量受人为影响大
	通用机械	生产效率低，适用于通用工段或特殊要求
小批量多品种生产	单台通用机械	具一定灵活性，对市场有一定适应能力，效率低
	加工中心，柔性生产	有灵活性，应变能力强，能迅速调整生产，做到即需即供，生产效率高，产品质量好，对人员素质要求高，硬件投入较大
少品种大批量生产	生产流水线	效率高，成本可降低
	刚性自动线	生产效率高，缺乏灵活性，对市场应变能力差

表 28-5 木材横截和纵解加工的工件

工件表									
		产品名称							
		木材或刨花板等			内层单板		外层贴面材		
工件名称	项目	最终加工尺寸			材质	质量	材质		备注
		长度	宽度	厚度				正面	反面

成，如：带有移动式工作台的单锯片圆锯机、双锯片圆锯机或双端开榫机等。

在中、小型家具工厂中，双锯片圆锯的应用是很广泛的，使用效果也很理想，如果圆锯片的角度可以调整，将增加这类圆锯的用途，这种多功能圆锯机适用于截齐板料等加工。双端开榫机可同时完成端头截齐、开榫、成型和其他加工过程，因此其使用范围很广。

28.4.3.5 榫孔和孔眼的加工

家具部件的连接方法很多，其中较广泛使用的是榫头和榫孔的连接法。家具榫孔可以用空心凿、开口式榫槽凿榫机和振动式凿榫机等设备来加工。

空心式凿榫机床，是用于加工榫孔的一种传统的加工设备，这类机床用人工进料，生产效率很低，不能适应现代化生产的要求。

附有振动力头的凿榫机床和空心凿榫机相同，加工出来的是矩形榫孔。将这几种装置合在一起，其生产能力会大幅度提高。

目前，家具工业中已广泛采用圆榫接合，其加工设备有32mm系统排钻及用于窄工件钻孔用的各式主轴头。

28.4.3.6 开榫加工工艺

在加工齿型榫、企口榫和直角榫时，一般可使用带有专用附件的主轴式成型机、单端式开榫机或双端式开榫机等。这类开榫机上装有多刀刀头，能对加工工件进行加工和修整，使之达到所要求的长度。

双端式开榫机的形式很多，除了水平和垂直的加工机头以外，还装有镂铣装置。当工件通过机床时，它可以加工出沟槽。目前，这类机床的结构已得到了很大的改进，可进行程序控制，以加工各种形状的工件和不同形状的榫头。

立轴成型机床，是家具工业使用最广泛的一种加工设备。这种设备可用来加工沟槽和槽口、圆形或复杂外形的工件、榫头、槽缝，还可以作仿形加工。如果使用进料装置，加工能力还可大幅度提高，表面质量有所改善，而且还可以大大减少发生事故的可能性。

28.4.3.7 家具零件的砂光加工

家具零件的砂光加工，是组装前或表面装饰前的最后一道工序。家具表面最终装饰的质量，在很大程度上取决于零件的砂光质量，由此可见，砂光加工是家具生产中的一项重要的加工工序。目前，家具生产中，广泛使用的是带有输送皮带的窄带砂光机或宽带砂光机，以及其他一些特殊结构的砂光机等，如：成型砂光机、曲线型砂光机与轮廓砂光机等，家具中的窄形零件，如：抽屉的边缘和侧面，可以用带垂直皮带的窄带砂光机砂光。带有水平皮带的带式砂光机主要用于砂光单板饰面板或其他大幅面的人造板。

新式宽带砂光机的主要特点是效率高，并具有多种功能，砂光表面的质量好。因此，这类砂光机在家具工业中的使用越来越广泛。宽带式砂光机可用于实材工件砂光，也可以用于砂光单板饰面板。

带式砂带所用的磨料种类很多，氧化铝是最主要的磨料。碳化硅砂光用磨料在砂磨硬质木料方面具有更好的效果。在砂光软材时，可以使用带有疏松结构的砂带。背衬材料可以是纸或布。

砂光过程，最好分成两道工序进行，效果更佳。对于要求高光洁度的家具零件，还可采用第三次砂光处理。

28.4.4 家具装配工艺

通常，家具组装之前，全部零件和部件已完成机械加工工序的操作。也可以在组装之前先进行表面装饰处理。家具的组装过程可以是局部组装，例如：抽屉、框架、底座的装配，也可以是最终的组装加工，如：柜类家具是用局部组装好的部件配起来的。家具组装所用的粘合剂很多，但目前广泛使用的是聚醋酸乙烯酯乳胶，这种胶黏剂的固化速度快，胶结强度高。

家具装配；应尽可能使用装配机床，避免使用人工方法组装，以提高装配质量和效率。

由于组装工段车间面积的限制，组装工作的批量一般不能像机械加工的批量那样大。所以，可按照工厂接收的定货任务量按需要进行小批量的产品装配。然而，可在工厂内部库存一些部件，以加快装配速度，也可以库存一批成品，以满足消费者的急需。即使在大规模的家具工厂，也可以采用这种办法，采用这种方式可缩短交货期，增加在家具市场中的竞争力。

28.4.5 板式家具生产工艺

板式家具可以采用素板或装饰人造板及薄木贴面板加工成零部件后再进行涂饰，无论是哪一种板材，其基本的机械加工程序是一致的，工艺流程为：

28.4.5.1 生产设计

32mm系统板式家具要求也有条件进行细致、周到的预先设计，生产系统分工明确，将工人的精力集中于本岗位的操作，让机器最大限度地发挥效率。

完善的生产设计除常规的产品外型图与三视图外，还应包括零件图、裁板图、封边指示(可在零件图上标识)、排钻调机图、装配图与包装图等。至于零部件加工的工艺流程，对常规构件而言，可采用标准工艺规范，而无需对每个具体零件再行编排，以减少重复劳动。

28.4.5.2 裁板

裁板是将标准工业板材切削成家具零件所需的形状与尺寸规格。对32mm系统板式家具而言，精确的裁板是首要的前提条件，欧美有些资料认为所有的尺寸必须精确到1/64英寸(~0.4mm)，超过这个数值时装配就会出现问题。当然，现代家具机械已能达到0.1mm的加工精度，但采用不同的工艺与机械配置，可以保证的精度是不同的。

锯口质量对板式家具来说也是极其重要的。在锯切过程中，板材上表面与下表面迎刃方向不同。对于上表面，锯刃是由表及里的，切削时边部所受到的挤压力向内，表面就比较光洁；而对于下表面，则切削时边部受到一个向外的推力，因此下表面的锯口会因受锯刃的反向冲击而剥裂，形不成光洁、挺直的锯口线。据此，现有裁板锯均配有引锯(Scoring blades)，以确保下表面锯口的切削质量。这是一种成功的手段，但在调试时必须将两个锯片(主锯与引锯)调到锯路重合的位置，这项工作必须极其精确，否则会使切削面产生"台阶"，这是影响封边质量的致命点。目前，引锯有两种形式，一种是两片式，中间夹放垫片，以得到与主锯一致的厚度，另一种形式是采用梯形齿结构，即在齿尖部较窄，而根部较宽，通过锯片的上下调整引锯锯路的深浅，从而控制锯路的宽窄，使其与主锯锯路完全重叠。此时，可能出现的问题是，如果被锯解的板材在台面上放不平的话，在翘起部分的板面上引锯的槽口将变得很窄，这样，引锯实际上已失去了修整锯口的作用。

根据投资规模大小，裁板有三种常用的设备配置方案。

1. 小型规模

对于小型工厂来说，可用滑动工作台圆锯机(俗称导向锯)来进行裁板。这是小型企业用得最多的方案。导向锯按主要功能分有三种类型，一是只能锯直边，如F-90型；另一种可通过锯片的倾斜来锯出斜边，如F-45型；现在还有专用于锯裁后成型构件的导向锯，其引锯可自动升起，以确保型边下部的切削质量。导向锯要达到足够的裁板精度还需通过熟练的操作工来获得。由于毛板往往缺乏精确的基准，也就难以得到精确的加工尺寸，因此，在锯切时应首先锯掉毛边，得到一条精确的基准边。

2. 中等规模

立式裁板机适合于中等规模的板式家具厂，这种设备具较高的精度、较高的生产能力，而且占地面积小，1人就可操作。

有的立式裁板机装有引锯，而有的没有。未装引锯者需与导向锯等设备配套使用。立式裁板锯通常是纵横双向都可锯裁的。这种设备在价格上比导向锯贵。

3. 大批量生产

大批量生产时的合适配置是电子开料锯与双端铣联合使用。

不少人迷信电子开料锯，一是认为这么昂贵的机器一定很精确，二是认为用电子器件者必然精细。但实际情况并非如此。其实电子开料锯只是用于粗加工的机械，其任务是开料，而不是用来精确地定尺寸的。为什么它不宜用来精裁，原因有二：一是毛板不具备精确基准，二是因为此机采用间歇式加工，生产能力较低，要提高其生产能力，设备制造商配置了大功率装置，可以将多块材料叠起来锯切，尽管锯切时有压梁压紧，但由于各种原因不能完全避免其层间滑移，尺寸精度也就难以保证了。

不过，在双端铣上加工薄而长的零件时，由于工件是两端支撑，中间悬空的，所以往往会出现板子下垂现象，从而影响裁板尺寸以及边与面的垂直度。因此，对三夹板等薄型构件还是应在导向锯或电子开料锯上细心加工。一般对于长度超过2200mm，厚度小于15mm的构件在双端铣上就有可能出现问题了。

在尺寸精度控制过程中，容易忽略的一个问题是量具自身的精度问题。很多量具精度不够，特别是钢卷尺，甚至有误差数毫米的。因此，量具应选择可靠的品牌，同时全厂应使用同一种品牌与型号的卷尺，还要与机器上的标尺核对过，然后确定一把标准量尺。

材料本身也会影响加工精度，原板买回来时一般都是干燥的，但在潮湿环境下贮存时板子会吸湿膨胀，尤其是边部的厚度膨胀。如果将这样的板堆在一起，在压梁下不会平整，因为边部比中心厚，锯切时不仅会影响尺寸精度，而且叠在中间的板子下部边缘会悬空，切削时相当于无引锯状态，产生毛边。所以严格说来，原料板在运输与存放中均应保持干燥。

28.4.5.3 封边

板式家具的边型主要有直边、曲边与型边等3种。封边材料有PVC、三聚氰胺层压纸、木单板及实木条等。

小型家具厂可用价格低廉的曲直线两用封边机或手工封边来解决，此时封边与修边的质量受人为因素的影响较大，对0.8mm以下的薄边尚能取得理想效果。

大、中型规模的工厂可配置自动直线封边机，这种封边机包括几个部分或称作"站"。

1) 仓储区：是储存封边条的，有些机器带有倾斜装置，可封斜边。

2) 涂胶区：它包括胶罐、胶辊或挤压施胶系统。一般热熔胶要有一定的预热时间。胶黏剂可施在工件上、封边条上或两者都施。当用PVAc胶粘厚封边条时，最好在工件与封边条上都涂上胶。

3) 压紧部分：在这一区域的封边材料被胶压在工件上。为使封边条紧贴板边而又不使胶层太厚，压紧是极为重要的。若用热熔胶，压紧系统必须紧靠涂胶处，以免封边条在粘贴之前就冷却。材料和车间气温都应高于15.5℃(60°F)，许多封边的质量问题都出在胶液的提前冷却上。

4) 修边部分：这一区域有时只有前后切刀和上下修边刀头，有时还可能包括一些厚板修圆角的刀头和一些成型修边铣刀。

5) 精加工区域：用来砂磨和抛光。如果厚PVC封边条要修圆角，铣削的痕迹必须去除，所以这时通常要增加1个磨轮，磨削时可能会使PVC材料褪色，所以要用1个小型加热器使PVC稍微有些软化并可使其颜色恢复。

砂光头用于实木条封边，而软膜砂光则可用于清除塑料封边条封边时多余的胶，这类机器较复杂。

由于封边机在板式家具生产系统中是一个非常重要的部分，而且这种设备很贵，所以选择合适的封边机很重要。

在选购封边机时需考虑的一个重要因素是要选择能提供安装调试和人员培训的供应商，供应商还应有能力提供备件，以备不时之需。由于这些大型封边机很复杂，必须安装精确才能获得高质量的效果。人员培训也很重要，它将使你能够充分发挥机器的潜能，并知道如何进行日常维护，有能力的供应商在封边机出现问题时会很有帮助。

另一个重要的问题是要考虑哪一种机器最合适，要选择一种对你想用的材料最适用的封边机。例如，如果只用PVC封边条，就没有必要要求兼有实木条封边功能。

封边时对板材的厚度公差要求极为严格，一般应控制在0.2mm以内。否则，在负公差区域，封边条不能修平而会产生毛边，在正公差处修边时可能会将贴面材料切除而露出芯层材料。

28.4.5.4 钻孔

钻孔是为板式家具制造接口，其中包括结构孔和系统孔。

最简单的钻孔方式是采用普通台钻或手工钻。根据生产规模的大小还可分别配置单排钻与多排钻。对于给定的构件而言，钻孔次数减少，则生产效率提高，同时加工精度越能得到保证。钻孔的质量在于定位是否精确、孔边是否光洁。

28.4.5.5 装配与包装

小型柜体可采用固定式装配结构，大型柜体可采用拆装式结构，以便于搬运和节省运输费用。

固定式装配详见28.4.4，拆装式家具以散件包装，对于自装配家具，还应在包装箱内配上装配说明书、五金件及管装胶水与简易安装工具。

28.4.6 曲木家具生产工艺

曲木家具生产工艺的关键是曲线形零部件的制作，其他加工方法与实木家具制造工艺相似。制造曲线形零部件的方法有锯割和加压弯曲加工两大类。锯割加工是用锯将木材锯成弯曲形状毛料后再进一步加工成弯曲零件的，由于大量的纤维被割断，因此零件强度低，涂饰质量差，出材率低。加压弯曲加工又称弯曲成型加工，是用加压的方法将方材、单板(薄木)或碎料(刨花、纤维)制成各种曲线形零部件。

具体方法有：方材弯曲、方材——锯口弯曲、薄板弯曲胶合、碎料模压成型以及"V"型槽折叠成型等，这里仅介绍方材弯曲和薄板弯曲胶合技术。

28.4.6.1 方材弯曲

方材弯曲是将方材软化处理后,在弯曲力矩作用下弯曲成所要求的曲线形,并使其干燥定型的过程。

1. 弯曲工艺

(1) 毛料选择:制作弯曲构件应选择弯曲性能好的木材,曲率半径越小,则弯曲性能要求越高。

(2) 软化处理:软化处理的目的是使木材具有暂时的可塑性,以使木材在较小力的作用下能按要求变形,并在变形状态下重新恢复木材原有的刚性、强度。处理方法可分为物理方法和化学方法两类。

物理方法——火烤法、水煮法、汽蒸法、高频加热法、微波加热法。

化学方法——用液态氨、氨水、气体氨、亚胺、碱液(NaOH、KOH)、脲素、单宁酸等化学药剂处理。

(3) 加压弯曲:加压弯曲是利用模具、钢带等将软化好的木材加压弯曲成要求的形状。

木材弯曲操作可用曲木机或手工进行,其工作原理见图28-2。

(4) 干燥定型:将弯曲状态下的木材干燥到含水率为10%左右,使其弯曲变形固定下来。不论木材软化方法如何,弯曲木在定型时最好加热,并宜固定在模具上定型,以保证弯曲形状的正确性。按定型方式可分为:

①窑干法定型:将弯曲好的毛料连同金属钢带和模具一起从曲木机上卸下来堆放在小车上,送入定型干燥室。

②自然气干法定型:将弯曲好的毛料放在大气条件下自然干燥定型。此法所需时间长,质量不易保证,除了对一些大尺寸零件如船体弯曲零件、大尺寸弯曲建筑构件外,家具生产中极少采用。

③高频干燥定型:将弯曲木置于高频电场中使其内部发热,干燥定型。

④微波干燥定型:由于微波的穿透能力较强,弯曲木只要在微波炉内经数分钟照射,就能干燥定型,效率高而且定型质量较好。

2. 弯曲木形状的稳定性

弯曲木形状的稳定性与其含水率密切相关。当环境湿度增大时,弯曲木吸湿,已经定型的弯曲木就会产生回弹变形,使其曲率半径增大;当外界条件使弯曲木吸湿时,则其曲率半径又会减少;当弯曲木吸水受热同时作用时,弯曲木甚至会几乎完全恢复伸直状态。

用化学药剂软化后制成的弯曲木,其形状稳定性有很大差异。如用液态氨软化处理后成型的弯曲木,在水分、热量作用下几乎不产生回弹。而气态氨软化成型弯曲木的形状稳定性就不及前者。将水青冈弯曲木进行各种化学后期处理,如用苯乙烯与聚乙醇类单体进行塑合化处理,或涂饰聚氨酯涂料以及浸渍酚醛树脂都能有效地抑制弯曲木吸湿初期的变形回复。用甲基丙烯酸甲酯与聚乙烯醇甲基丙烯酸类单体与弯曲木塑合木化处理以及聚甲基丙烯酸酯浸渍处理,则对抑制弯曲木吸湿后期的变形回复很有效。

28.4.6.2 薄板弯曲胶合

薄板弯曲胶合是将一叠涂过胶的薄板按要求配成一定厚度的板坯,然后放在特定的模具中加压弯曲、胶合和定型制得曲线形零部件的一系列加工过程。

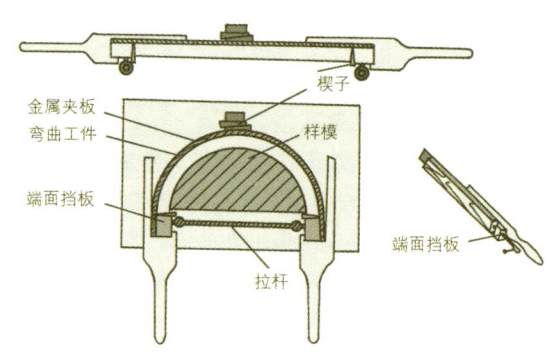

(a) 手工弯曲夹具

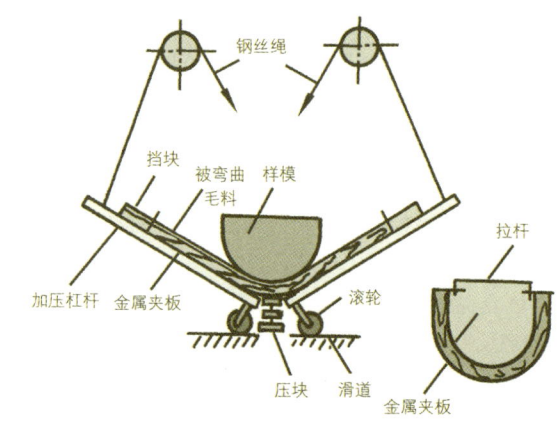

(b) "U" 形曲木机

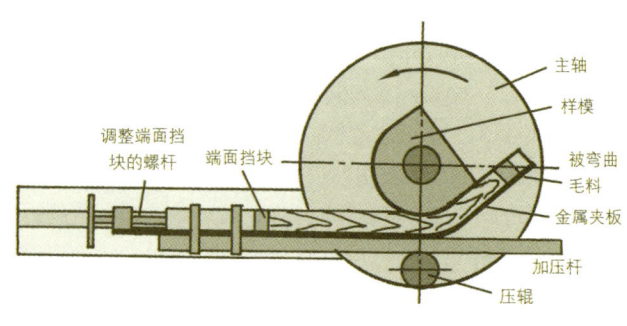

(c) 环形曲木机

图 28-2 木材弯曲工作原理图

1. 薄板弯曲胶合的特点

(1) 可以弯曲胶合成曲率半径小、形状复杂的零部件。弯曲件造型多样，线条流畅，简洁明快，具有独特的艺术美；

(2) 节约木材：与实木弯曲工艺相比，可提高木材利用率约30%左右，凡是胶合板用材均可来制造弯曲胶合构件；

(3) 省工：简化了产品加工过程，可提高劳动生产率；

(4) 具有足够的强度，形状、尺寸稳定性好。制品在湿度变化的环境下能保证不松动、不开裂等；

(5) 可做成拆装式制品，便于生产、贮存、包装运输，有利于流通。

2. 弯曲胶合工艺

(1) 工艺流程：薄板弯曲胶合件的生产工艺可以分为：薄板准备、涂胶配坯、加压成型、部件加工、涂饰和装配等工序。若用单板制造弯曲胶合件，则其工艺流程为：

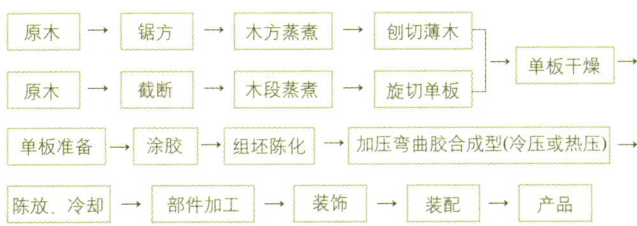

(2) 基本工序

①薄板种类及选择

薄板种类有：单板、竹片、竹单板、胶合板、硬质纤维板等。

一般来讲，芯层单板应保证弯曲件强度与弹性的要求，而表层单板应选用装饰性好，木纹美丽，具有一定硬度的树种。

②薄板制作：薄板分旋切、刨切两种。在切削前均需进行蒸煮软化处理。加工成的单板厚度应均匀，表面光洁。单板的厚度根据零部件的形状、尺寸，即弯曲半径与方向来确定。弯曲半径越小，则要求单板厚度越薄。通常刨切薄木的厚度为0.3～1mm，旋切单板厚度为1～3mm。

③薄板干燥：日本提出干燥后的单板含水率为5%～8%。我国目前一般控制在6%～12%，最大不能超过14%。

④涂胶：用于弯曲胶合的胶黏剂主要有脲醛胶，三聚氰胺改性脲醛胶。

单板涂胶量取决于胶种、树种等因素，一般脲醛胶为120～200g/m²(单板)，氯化铵加放量为0.3%～1%，有时可在脲醛胶中加入5%～10%的工业面粉作填料。

⑤组坯陈化：薄板的层数根据薄板的厚度，弯曲胶合零件厚度及弯曲胶合时板坯的压缩率来确定，通常板坯的压缩率为8%～30%。

用单板时，各层单板纤维的配置方向与弯曲胶合零部件使用时受力方向有关，有三种方法：

a. 平行配置：各层单板的纤维方向一致，适用于顺纤维方向受力的零部件。

b. 交叉配置：相邻层单板纤维方向互相垂直，适用于承受垂直板面压力的部件，如椅座和大面积部件。

c. 混合配置：一个部件中既有平行配置又有交叉配置，适合于复杂形状的部件，如椅背、座、腿一体的部件。

陈化时间是指单板涂胶后到开始胶压时所放置的时间。陈化有利于板坯内含水率的均匀，防止表层透胶。通常采用闭合陈化，时间约5～15min。

⑥弯曲胶合：这是制造弯曲胶合零部件的关键工序，本工序使放在模具中的板坯在外力作用下产生弯曲变形，并使胶黏剂在单板变形状态下固化，制成所需的弯曲胶合件。弯曲胶合时需要模具和压机，以对板坯加压变形，同时还需加热以加速胶黏剂的固化。胶压工艺参数见表28-6。

高频加热时，根据发生器的功率、电压和频率以及负载的大小确定加热时间。高频发生器的高压升动时即为高频加热时间。为防止胶合弯曲件在加热结束后立即卸压而引起鼓泡，脱胶和回弹变形，必须利用板坯中的积蓄热量使胶黏剂充分固化，将弯曲胶合件在热压结束后保压一定时间，一般为10～15min。

⑦陈放：为使胶压后的弯曲胶合件内部温度与应力进一步均匀，减少变形，从模具上卸下的弯曲胶合件，必须放置4～10个昼夜后才能投入下道工序，进行切削加工。

⑧成型切削加工：对弯曲胶合后的成型坯料进行剖切、锯解、截头、裁边、砂磨、抛光、钻孔等，加工成尺寸、精度及表面粗糙度符合要求的零部件。

(3) 弯曲胶合用的设备与模具：弯曲胶合零部件的形状、尺寸多种多样，制时必须根据产品要求采用相应的模具、加压装置和加热方式，这是保证弯曲胶合零部件质量、劳动

表28-6 胶压工艺参数

胶压方式	单板树种	胶种	压力(kg/cm²)	温度(℃)	加热时间	保压时间(min)
冷压	桦木	563冷压脲醛胶	8～20	20～30	20～24h	0
蒸汽加热	柳桉	脲醛胶	8～15	100～120	板坯每1mm厚约加热	10～15
高频介质加热	水曲柳	酚醛胶	8～20	130～150	0.75～1min	
	马尾松	脲醛胶		100～115	75 min	15
	意大利杨			110～125		
低压电加热	柳桉、桦木	脲醛胶	8～20	100～120	板坯每1mm厚约加热1min	12

生产率和经济效益的关键。

①模具：硬模一般用铝合金、钢、木材及木质材料制造。有时也用电工绝缘工程塑料、水泥制作，但不普遍。软模用耐热耐油橡胶成的橡皮袋或弹性囊、胶带。可向囊中压进热油或蒸汽进行加热加压。

设计和制作的模具需满足以下要求：

a.有准确的形状、尺寸和精度，模具啮合精度为±0.15mm；

b.具有足够的刚性，能承受压机最大的工作压力；

c.板坯各部分受力均匀，成品厚度均匀，表面光滑平整，特别是分段组合模的接缝处不允许产生凹凸压痕。

d.加热均匀，能达到要求的温度，板坯装卸方便，加压时，板坯在模具内不产生位移的错动。

②加压装置：

a.单向压机：分为单层压机和多层单向压机。单层压机为一般胶合用的立式冷压机，配一副硬模使用。多层压机的上下压板为一副阴阳模、中间的压板可以是兼作阴模和阳模的成型压板。也可是平板两面分别装上阴模与阳模。这种压机生产效率较高，但制作的弯曲胶合件的形状有限，适用于制造椅背、椅座、带圆角的衣柜旁板、门板等。

b.多向压机：是成型压机，一般为门型结构立式压机(也有卧式的)，有多个油缸，可以从上下和左右两侧加压或从更多方向加压。

③加热方式：在弯曲胶合时，通常采用热压成型。正确地进行加热能加速胶液的固化，提高生产率，也是保证弯曲胶合件胶合质量所必需的。

④加压程序与二次成型：用分段组合模制造复杂的弯曲胶合件时，必须注意模具的加压程序。例如弯曲胶合U型构件时，先进行垂直方向加压，待板坯下压到一定厚度后，再进行侧向水平加压，这样才能保证弯曲部件的形状、尺寸和胶合质量。如果先侧向加压，然后垂直加压，则阳模下移就会受阻而不到位，底部往往胶合不牢，或单板起皱。

对于H型、h型、X型等带填块的复杂形状弯曲胶合件可用一次成型法或二次成型法。一次成型法是将所有的涂胶单板和填块同时装入模具中，一次加压弯曲胶合成型。该法操作麻烦，板坯不易正确定位。二次成型法是先将部分板坯弯曲胶合成型，然后用它与其余单板再次组坯，弯曲胶合成型。

28.4.7 家具产品的工艺设计

28.4.7.1 工艺设计的必要性

在家具工业中，要求进行产品工艺设计有以下一些主要原因：

(1) 需要保持产品在市场上的竞争地位；
(2) 尽可能地研制适于采用新材料、新结构的产品；
(3) 采用新工艺和新设备，以减少工人劳动强度；
(4) 产品设计应满足工业化生产的要求。

目前，不论工厂的规模大小，都力求进行产品设计和新产品的研制，以获得更为广阔的市场。而产品设计应当满足制造工艺的要求，以保证产品的加工质量，提高生产率。

现代工业化生产，要求产品具有下列特性：

(1) 设计的产品必须适于生产工厂的制造工艺流程；
(2) 尽量减少手工操作；
(3) 家具装配前，应先进行部件涂饰；
(4) 节约天然木材，尤其是珍贵材的使用；
(5) 考虑贮运等辅助功能；
(6) 考虑零部件的通用性、互换性；
(7) 产品规格及接合方式应尽量实现标准化；
(8) 设计的产品规格应适应市场上能买到的半成品、原材料规格，尽可能降低加工中产生的废料量。

28.4.7.2 家具产品的工艺设计

产品的生产工艺设计是家具和木制品制造之前的主要步骤之一，它设计的质量直接影响到原材料的有效利用和工厂的生产能力。工艺设计部门的主要任务是编制两类计划：

第一类：原辅材料耗用量的计划，包括各种零件和部件的规格和数量，例如：裁板图、配料工艺卡等。

第二类：零件或部件机械加工、装配、表面装饰及其他加工工序的工艺卡片。这些加工卡片可使某一生产批量的家具产品在整个制造过程中保证产品的加工精度和质量。

工艺卡片应包括下列一些主要内容：

(1) 加工过程中所需要使用的机床及其他设备，在表上应按照加工工序所要求的顺序绘制简图。所使用的机床和其他设备可以用代号方式标明。表28-7介绍了几种主要木工机床的年生产量(加工能力)；

(2) 在加工工艺卡片上应标明加工工艺的详细要求，例如：专用工具、需用砂带的粒度等；

(3) 在生产过程中，卡片经各道加工工序时，对已完成和未完成的加工工序，均应在卡片上详细标明。

家具生产用的主要木工机床的平均加工能力(表28-7)是按加工木材制品量(木材材积)来计算的，但对其他木质人造板同样具有参考价值。

工厂的生产管理对企业和生产能力有很大的影响，企业管理不完善，必然会出现很多问题，使生产无法正常进行。合理的经营管理，可使每一生产批量都能按时完成，这对增强工厂的竞争能力来说是非常重要的。

在涉及到计算工厂生产能力时，应当考虑到以下一些因素的影响：

(1) 有关影响生产流程的因素，以确定单独使用的主要加工机床和设备，应保证工厂的生产能力(见图28-3)；

(2) 机床的生产能力应逐步提高，也就是要达到按单一机床台数的倍数来提高产量(见图28-4)。

表 28-7 某些木工机床的平均加工能力 *

木工机床的类别	加工能力（m³/年）
横向截锯	2300
具链式进料器的齐边锯	2300
平面刨床	1400
压刨床	
四面成型机	2300～4700
截头圆锯机（单锯片）	1400～1900
截头圆锯机（双锯片）	2800～3700
带锯机	2300～4700
立轴成型机	100～1400
镂铣机	2300
开榫机	1400～1900
带式砂光机（卧式）	1900～2800

注：* 上述数据是家具生产的平均有效值，以实材为计算依据

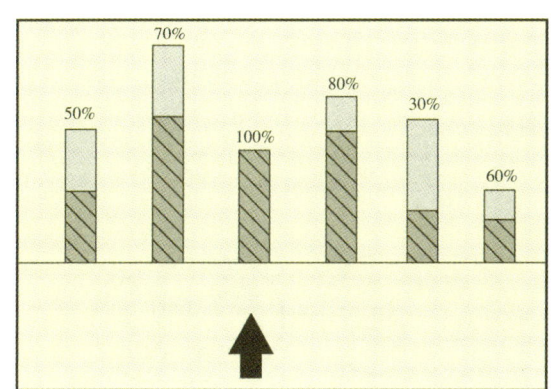

图 28-3 生产线上影响生产流程的因素及形成图解

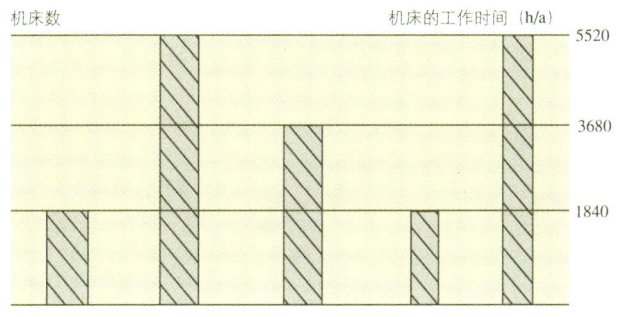

图 28-4 机床系列中的加工能力

28.4.7.3 影响产品生产流程及工艺设计的因素

采用下列方法，可以消除生产中影响生产流程的因素：
（1）增加某些机床设备；
（2）在生产线上增加高效率机床；
（3）提高操作工人的技术水平；
（4）对生产中的薄弱环节，适当增加生产时间；
（5）某些生产工序可采用轮班工作法，提高其生产能力；
（6）某些工作可用承包方式，让有关部门加工，以提高产品的生产速度。

工厂实践表明：某些影响生产流程的因素消除后，往往在生产线上会出现其他一些新的问题和新的影响因素。

家具生产中，影响工艺设计的因素是很多的，其中主要的因素有：
（1）加工工艺中可用机床及设备的数量；
（2）生产批量的大小；
（3）产品的质量；
（4）使用原材料和辅助材料的数量；
（5）工人的技术熟练程度。

生产工艺设计与工艺过程的关系见图 28-5。

28.5 家具车间的规划与设计

家具车间的规划设计，指的是对车间生产的总的工艺组织和规划设计。包括车间内机床设备和工作位置的布置、厂内运输设备的合理安装设计，以及工厂厂房的设计与施工等，以便为家具生产提供现代化的生产条件和制造工艺。

根据设计任务书的要求，可以对生产车间进行规划设计，此项工作可以是重新设计，也可以是原有车间的改造设计。车间规划设计应当被看作是为了整个企业保持竞争能力所必须持续进行革新和改造规划的设计过程。

28.5.1 家具车间规划与设计的任务

家具车间规划与设计的内容如下：
（1）工作方法和工作区域的划分；

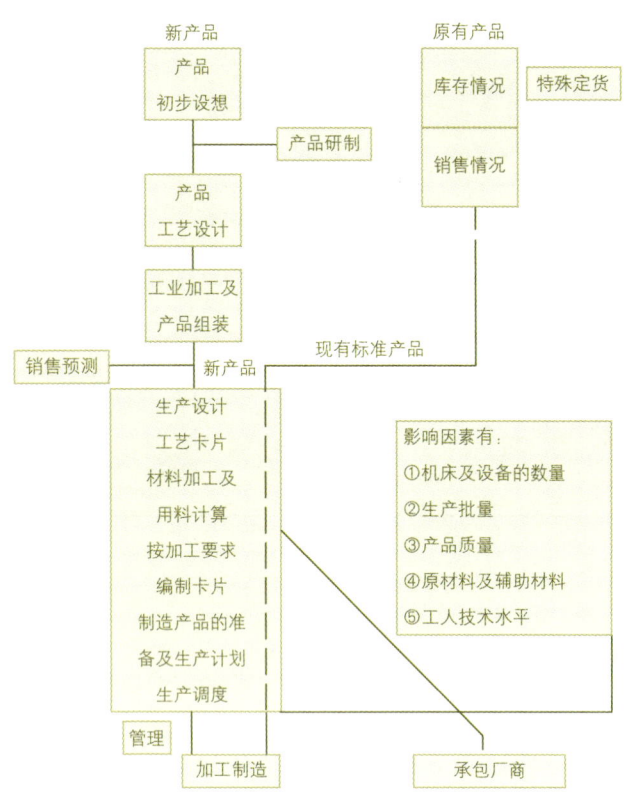

图 28-5 生产设计与生产工艺过程的关系

(2) 确定工艺流程；

(3) 设计和划分机组和工段；

(4) 各工段中机床和工作位置的布置；

(5) 按照选用的机床设备、工艺流程和平面布置进行厂房设计；

(6) 对车间的电路、水路、汽路、压缩空气系统、吸尘系统进行设计和规划；

(7) 为工厂总平面布置设计提供基础。

家具车间规划设计所需要的基本资料如下：

(1) 产品的生产计划；

(2) 产品的类别、结构和主要原材料；

(3) 对产品的质量要求和质量标准。

28.5.2 家具工业生产设计的特点

家具工业中由于下列一些特点，对车间的规划设计有一定的影响，其影响因素如下：

(1) 产品品种的复杂程度；

(2) 生产规模的大小；

(3) 家具式样的流行特性；

(4) 同类产品生产周期的长短；

(5) 使用原材料的种类，例如：除使用木材以外，还可使用各种塑料、金属及其他木质半成品等。

28.5.3 家具生产车间的工艺布置

家具车间可分成一些工段或再细分成一些机组，如图 28-6。

家具车间连续化自动生产线见图 28-7。

一般说来，车间生产流程的设计方式有以下五种：即直线形流程、曲线形流程、U 形流程、环形流程、不规则的交叉形流程等。车间生产工艺流程的设计方式可见图 28-8。

28.5.4 家具车间的规划与设计方法

进行家具车间规划与设计时，最好先在 1mm 的方格坐标纸上绘制厂房建筑的示意平面图，在图上要画出墙壁、支柱、门窗和其他起限止作用的结构物的位置、(图纸绘制的比例常用 1∶50)在绘制的建筑物示意图上，要按比例布置各种机床、设备、传送装置、纵向和横向通道，原料、半成品和成品的贮存区等的位置。

在进行家具车间设计时，最好先按比例制出模型，按顺序排列在图纸上，各机床间的距离均按实际比例放置，用这种方式能更接近实际需要。制作模型可用软木或聚苯乙烯泡沫塑料雕成立体模型。

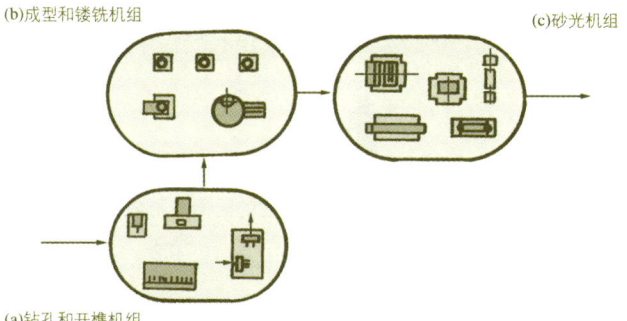

图 28-6 家具工业生产车间的机组布置图例

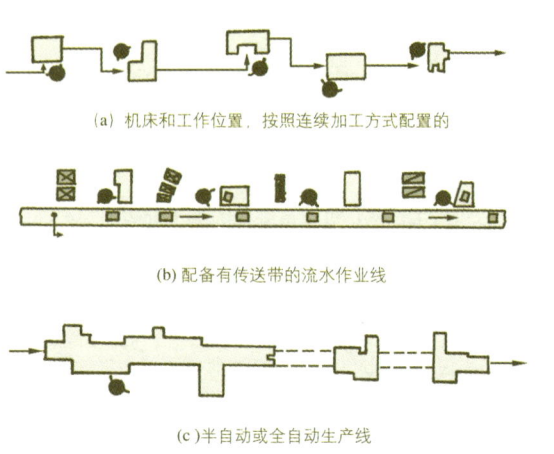

图 28-7 家具工业生产车间连续化自动化生产线图例

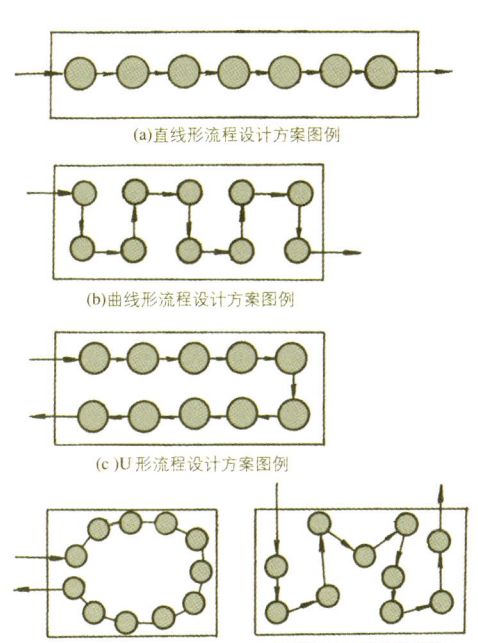

图 28-8 五种车间生产工艺流程设计图例

利用木材为原料的实材加工生产线，主要用于制作椅子、器具、桌腿和横木、抽屉等。板料加工生产线主要用于生产橱柜部件、桌面、板式家具部件等。

为了提高家具车间同类机床的生产能力，可将同类机床组成机组。实践证明，这是一种有一定优点的、值得设计时采用的方法。通常加工车间的机组划分方法如下：

(1) 横截锯和齐边锯机组；
(2) 刨切机机组；
(3) 开榫和打眼机机组；
(4) 立式铣床和镂铣机机组；
(5) 砂光机机组；
(6) 单板饰面设备机组。

家具工业中，车间内部的运输设备为手动式装卸机、升降式运输机。这类输送方式使用比较灵活，也比较适用于家具制造企业使用。饰面生产线，通常使用特殊的传递带，但这类设备都是专用的，没有通用性。

家具生产的车间规划与设计中，要求达到良好生产条件的主要设施有原辅材料的合理运输与使用等等。车间内部设计应尽可能选择标准化的设备，并最大限度地发挥运输设备的效率。车间内的材料运输机、贮料架、工作台的设置应当合理布置。

家具车间原材料和半成品的运输、装载，在车间内应单向运输，避免相反和交叉运输。

在家具工业中，中间仓库往往较大，在某些工厂中甚至占整个工厂总面积的50%。在生产过程中，半成品和成品需要两种不同类型的贮存位置。各种不同工序之间的中间贮存区，应当根据产品的要求来确定。

主要加工工序之间的贮存区用于机械加工后的零件、装配好的产品、表面加工后的零件和表面装饰后产品的贮存等。

在生产家具的工厂中，需要建立不同类型的加工车间，也需要一些原材料供应车间或工段，例如：下列一些项目也需一定的贮存仓库。

(1) 木材干燥窑；
(2) 单板加工工段；
(3) 半成品板、胶合板、塑料贴面板等车间或工段；
(4) 胶黏剂生产车间或工段；
(5) 金属附件和配件及砂光用材料等生产或加工工段；
(6) 包装材料工段等。

原料或半成品的贮存区必须建立在工厂内邻近主车间的地区，以及可以通卡车或铁路车。

电气照明和管道系统一般可设在机床设备的上方，安装在厂房和天花板的构架中，以便今后重新布置时仍可利用，还应考虑安全生产问题。

28.5.5 家具工业中的厂房建筑及设计原则

家具厂建立时应当考虑到厂房建造的一些具体要求，通常要注意以下一些特点。

(1) 设计的厂房最好在同一层上，即最好是单层建筑，这样可避免垂直运输，还可节约基础工程的投资，也有利于将来工厂的扩建。

(2) 厂房的外形结构最好为长方形，这有利于车间建筑面积的合理利用。在厂房中应尽量采用天然照明，光线可通过天窗照进车间内部。但电力照明装置是更为重要的，设计中应当进行计算，以达到良好的照明效果。

(3) 在车间内部、各工段之间尽量不要采用隔墙，但砂光工段应单独隔开，以防木尘飞扬，影响车间的卫生。由于这种原因，厂房中应备有洒水的管路系统。

(4) 为了扩大车间的利用面积，设计厂房时应当尽量避免使用立柱，即尽可能用单跨建筑形式。

(5) 墙的转角应减少，这将便于工艺设计和使车间内部运输方便。

(6) 在设计厂房时，应考虑到厂房扩建的可能性。

家具工厂总体布置是设计时应当充分考虑的问题。在设计中应当认真研究和解决以下问题：

(1) 选择的厂址应当有扩建的可能性，而且扩建厂房和原有厂房应当尽可能接近，减少运输路线，以符合工厂总体规划的要求；

(2) 工厂的贮木场和其他室外贮仓，应设置在工厂内便于运输的地区，使原材料的运送路线缩短；

(3) 对厂区人员流动、原料输送、成品运输方法和线路，均应有所考虑，以避免出现运输混乱现象；

(4) 在总体布置中，应考虑到生活区的建立及合理安排和建设工厂的管理区等。

参考文献

[1] 刘忠传主编. 木制品生产工艺学. 北京：中国林业出版社, 1993
[2] 唐开军编著. 家具设计技术. 武汉：湖北科学技术出版社, 2000
[3] 梁启凡编著. 家具设计学. 北京：中国轻工业出版社, 2000

家具五金配件

家具五金配件在世界各国的应用已有着千百年的历史，然而真正作为现代家具配件的工业产品才30多年。20世纪60年代随着世界经济与科学技术的发展，各种新材料不断开发并被工业界广泛采用。作为家具基材的新材料——刨花板率先被德国、意大利等西欧国家的家具生产企业所采用，制成了板式家具，从而带动了家具设计、制作工艺、木工机械等领域的一系列变革，进而也促进了与其相配套的家具五金工业的发展。也正因为有了欧洲家具业、家具五金业和家具设备制造业的通力合作才开发出了32mm标准孔距的家具工业化生产体系。70年代后，世界家具工业蓬勃发展，欧美的家具工业及其科技开发进一步深化，以瑞典的宜家(IKEA)公司为先开发的拆装式家具及稍后自装配家具的兴起，办公室自动化，厨房家具的变革等外部条件再一次促进和推动了国际家具五金向高层次发展，使家具五金产品在深度和广度上发生了质的飞跃，并因此迎来了家具五金配件的国际化时代。

随着现代家具五金工业体系的形成，国际标准化组织于1987年颁布了ISO8554、8555家具五金分类标准，将家具五金分为以下九类，即：

(1) 锁；
(2) 连接件；
(3) 铰链；
(4) 滑道；
(5) 位置保持装置；
(6) 高度调整装置；
(7) 支承件；
(8) 拉手；
(9) 脚轮。

上述家具五金可按装饰五金和功能五金归为两大基本类别。前者是指安装在家具突出面部位兼具装饰作用的五金配件和各类拉手、捏手、锁孔饰板、装饰线条等。其余则可归入功能五金这一大类里。在工业化生产水平较低的条件下，两者在设计上是各有侧重的。如前者以艺术(造型)设计为主；后者以工程设计为主，但在工业化理论指导下的今天，两者正在逐步走向统一。

29.1 家具五金的技术指标

在装饰五金大类中，拉手和捏手类产品最具代表性；在功能五金大类中，技术难度最大者首推暗铰链(杯型铰)，其次是抽屉滑道，而品种最多、应用最广的则是各类连接件。

29.1.1 拉手

拉手见图29-1。

29.1.1.1 材料及表面处理

基材主要有钢、铜、不锈钢、精炼锌合金、电解铝、锻铁、尼龙、塑料、树脂浇铸、大理石、花岗岩、瓷器、实木、木塑复合材(WPC)等。

表面处理主要有静电喷塑、浸塑、树脂粉末喷涂、镀镍、镀铬、保护涂层、镀金、镀钛、镀银、仿古铜、仿金、金银色系列真空镀膜等。

29.1.1.2 用色

黄、米色、红、深红、白、黑、深蓝、深绿、深橄榄色、烟色、木本色等。

29.1.1.3 品种分类

一般按材料分类，有的再以造型特点或用途作细分，重视工业设计，跟上设计潮流。

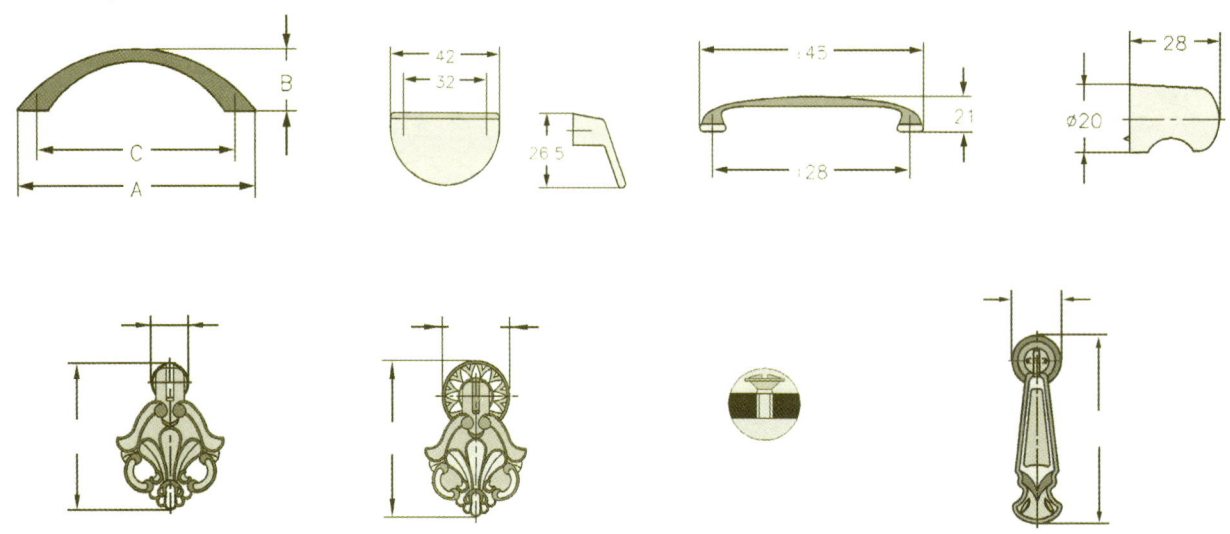

图 29-1 拉手

29.1.1.4 结构特点

有整体式和组合式两种。后者在塑料、尼龙类拉手中多见。跟踪模具技术的新进展，不断提高模具加工质量并致力于"零疵点"加工技术的研究。

29.1.1.5 连接方式

主要采用机螺钉或自攻螺钉连接。金属类拉手以M4机螺钉连接为主，尼龙类拉手配 ϕ 4 自攻螺钉，塑料类拉手配 ϕ 3.5 自攻螺钉或嵌铜螺母配 M4 机螺钉。实木类拉手以嵌铜螺母配 M4 机螺钉为主。重视采用专用螺钉，提高安装速度和连接强度。

29.1.1.6 技术规范与标准

孔距标准都符合32mm系列系统，包括整模数或半模数。

29.1.2 暗铰链

暗铰链见图29-2。

29.1.2.1 材料及表面处理

(1) 铰杯：锌合金压铸，镀镍；钢板冲压，镀镍；不锈钢冲压，尼龙。
(2) 铰臂：与铰杯相仿。
(3) 底座：锌合金压铸，镀镍；尼龙。

29.1.2.2 品种分类

主要按用途分类。品种以常规的直臂、小曲臂、大曲臂、ϕ 35 及 ϕ 26 杯径产品为主。开启角在大于90°，小于180°范围内。欧洲与日本的企业还向用户提供一些特型的暗铰链，以适应门与旁板非 90° 关闭形式(如角框)的设计要求。为适应某些特重门的需要，铰杯直径还有加大到 ϕ 40 的。

29.1.2.3 结构特点

铰结构形式一般为单四连杆机构，现已能使开启角达到130°，当要求更大开启角时，采用双四连杆机构。为实现门的自弹和自闭，现一般均附带弹簧机构，簧的结构形式包括圈簧(采用矩形截面的钢丝)、片簧、弓簧(外装)、反舌簧(内装)等。

29.1.2.4 连接方式

(1) 铰杯与门：除预钻盲孔(ϕ 35 或 ϕ 26)嵌装铰杯外，主要通过铰杯两侧耳片上的安装孔(两孔)与门连接。当门的长度达到要求安装3个或3个以上铰链时中间的暗铰可用不带耳片的塑料铰杯，以降低成本。紧固件为螺钉或带倒齿的尼龙塞。对刨花板或中密度纤维板的门现均采用 ϕ 3.5的刨花板专用螺钉(不预钻孔)或 ϕ 6 的 Euro(欧式)螺钉(预钻 ϕ 5 系统孔)。

(2) 铰臂与底座：有匙孔式(key-hole)、滑配式(slide-on)和按扣式(clip-on)等三种连接方式。

(3) 底座与旁板：同铰杯与门的连接方式相仿，但在采用尼龙倒刺棒塞时，前者配 ϕ 8孔径即可，后者(底座与旁板)须加大至 ϕ 10。

29.1.2.5 技术规范与标准

五金制造厂现在向用户提供的技术规范指导包括：
(1) 给出参量定义；
(2) 给出参量关系值表；
(3) 给出相应的坐标曲；
(4) 除给出门打开后其内面超出旁板内面的距离，同时还给出铰臂最高点超过旁板内面的距离。

一般已不要求用户按公式计算，而是以直观的图表来给出反映参量变化趋势的曲线和明确无误的数据选择，从而使用户感到更方便可靠。安装孔距标准则以32mm系统为主要依据。

29.1.3 抽屉滑道

抽屉滑道见图29-3。

29.1.3.1 材料及表面处理

钢板成型，环氧树脂涂覆，镀锌，ABS工程塑料。

29.1.3.2 品种分类

有各种不同长度、承载量、抽伸量的规格品种，分经济型、普通型和专用型等。其中专用型产品如：

(1) 用于打字机或电唱机的抽盒（或抽板）；
(2) 用于带电视机转盘的滑道组件；
(3) 可将柜门藏入柜旁两侧的铰链—滑道组件；
(4) 用于墙挂式抽柜的；
(5) 用于塑料抽盒的；
(6) 用于抽板的；
(7) 用于带抽面、抽板的；
(8) 藏书用滑道系统；
(9) 厨房用滑道系统；
(10) 办公柜滑道系统。

29.1.3.3 结构特点

主要由尼龙滑轨及滑轮构成。结构形式因满抽或半抽以及不同安装位置而异。传统的安装位置在抽屉旁两侧中间，现在已开发有多种安装结构的产品，如：

(1) 托底安装式；
(2) 在底部两侧安装式；
(3) 在底部中间安装式（简易、单轨）；
(4) 在抽旁两侧的后端安装，可在传统的木条滑道式抽屉下面的隔板（搁板）上滑行。

29.1.3.4 连接方式

滑道的安装精度对其工作性能有直接的影响。现在多已采取预钻孔安装欧式(Euro)螺钉的连接方式，对现场安装的

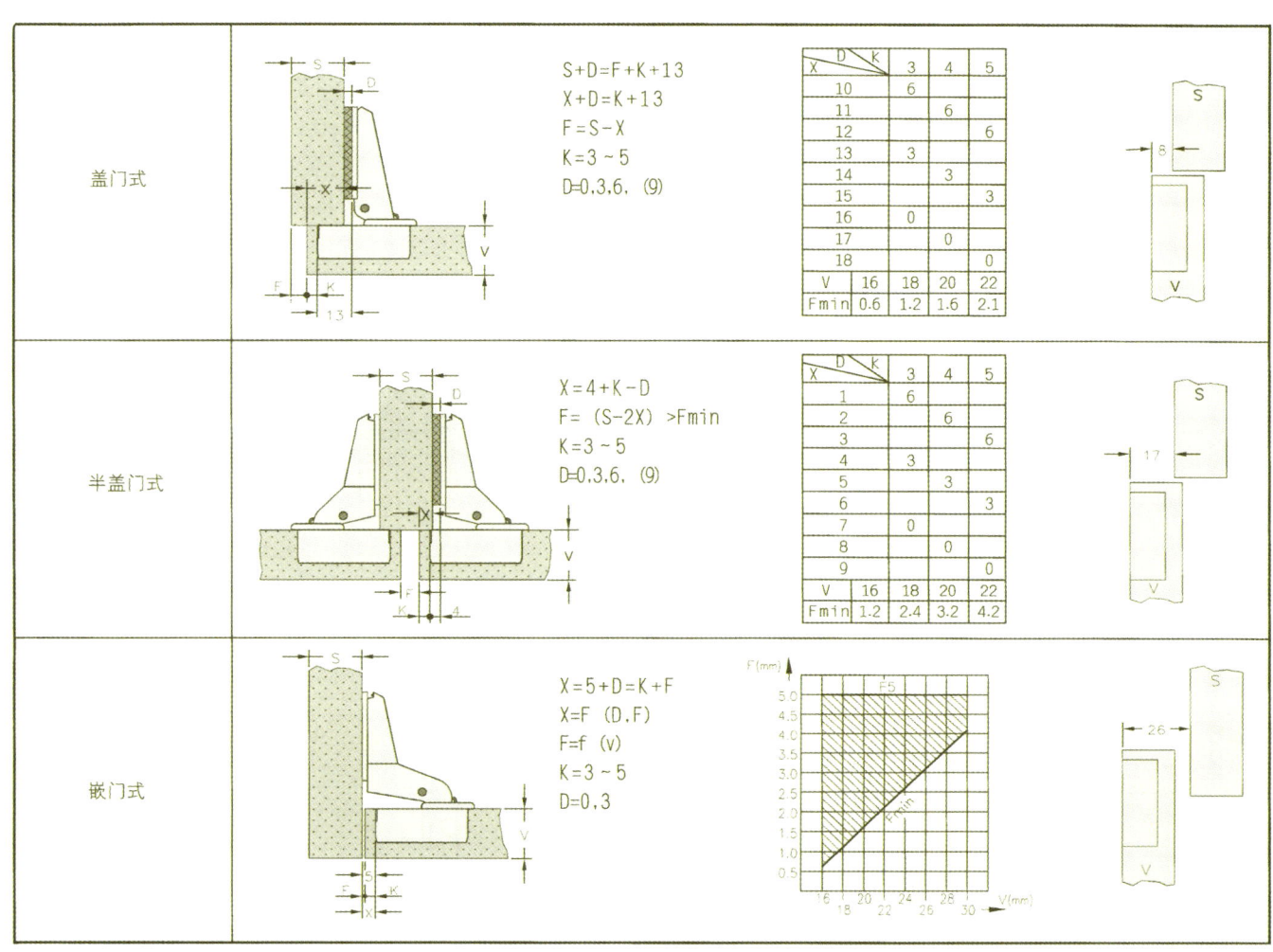

图29-2 暗铰链

用户，配套专用工夹模具，以实现快速准确的钻孔和安装。

29.1.3.5 技术规范与标准

一般均采用公制，也有采用英制的产品。大多数两侧安装的产品，已将抽屉旁及柜旁之间的距离规范为12.5mm(或1/2英寸)。为适应中心线上第一安装孔距前端28或37mm的32mm系列尺寸规范，都采用并列双孔的设计，使第一孔适合28mm靠边距的系统孔安装用，间距9mm处的第二孔适合37mm靠边距的系统孔安装用。

29.1.4 拆装连接件(见图29-4)

29.1.4.1 材料及表面处理

材料有钢、锌合金、工程塑料等；表面处理为镀锌、抛光、镀镍、镀铜、仿古铜等。

29.1.4.2 品种分类

可分为"一次性固定"(如钉与普通木螺钉等)及"可拆装"两大类。可拆装连接件按家具用基材可分为：

(1) 实木家具拆装连接件；
(2) 板式家具拆装连接件；
(3) 金属家具拆装连接件；
(4) 其他家具拆装连接件。

按木家具的类别还可分为

(1) 柜类家具拆装连接件；
(2) 桌类家具拆装连接件；
(3) 椅类家具拆装连接件；
(4) 床类家具拆装连接件；
(5) 附墙家具拆装连接件。

现国际上拆装连接件的门类已扩展到室内，如大空间办公室以及展览馆等室内用的活动隔板拆装连接件已有了相当大的发展。

29.1.4.3 结构特点

"钻孔安装"是现代大工业生产中采用的主要方式，因而使一大部分拆装连接件具有圆柱形外形的结构特点，但一些处在隐蔽部位的拆装连接件则不受此限制。拆装连接件一般由2~4个部件配成一副，其中比例最大的是由2个部件配成一副的拆装连接件，称作"子母件"，子件多为螺钉或螺杆，但带有与母件相配合的各种结构形式的螺杆头。母件多为圆柱体并带有可与子件杆头相配合的"腹腔"，子母件多处在被连接部件的一方。子件首先在甲部件上固紧，然后穿过乙部件进入母件的"腹腔"再将母件或母件腹腔内的部件转动一个角度，两者的配合便进入扣紧状态，从而实现了部件之间的连接。母件腹腔内最初采用的是具有偏心凸轮形状的(蜗线状的)腔道结构设计，故亦称作"偏心连接件"，这类产品现仍在大量使用，但新的结构已在不断开发。如扣紧改母件转动一个角度为螺纹锁紧的四合一连接件，这种连接件体积虽小，扣紧力及自锁力却明显提高，不易松脱。另外还有母件对子件采用自上而下插接的方式并依靠斜面机构获得扣紧的产品。

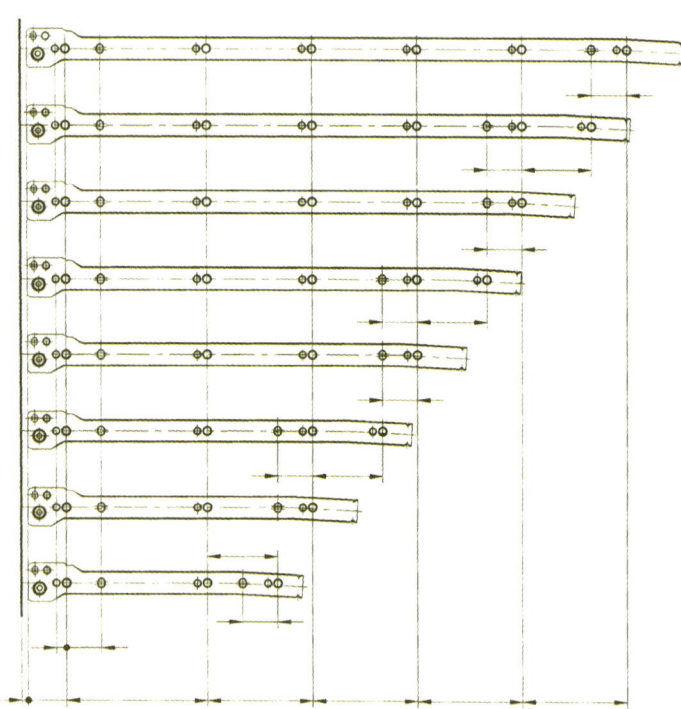
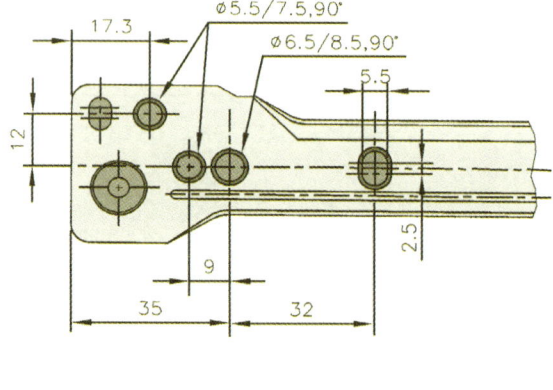
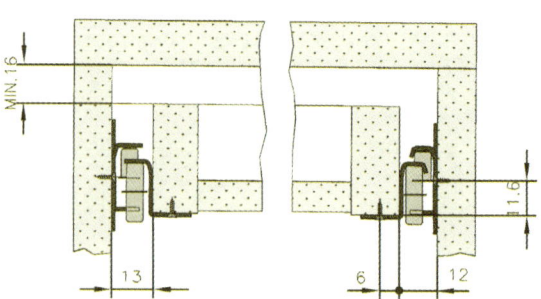

图29-3 抽屉滑道

29.1.4.4 连接方式

(1) 子件：主要通过螺钉(自身结构或另配)与部件连接。在旁板内面以 φ6 螺钉与 φ5 预钻孔直接配合为最常见。

(2) 母件：根据其功能、结构、形状不同而异，可以是自身在部件预钻孔内活嵌、死嵌或另通过螺钉与部件相连接。

29.1.4.5 技术规范与标准

拆装连接件品种结构繁多，新品还在不断地开发，但绝大多数以钻孔安装为主，并且其安装孔径已被规范在如下系列中：

3、5、8、10、15　　(18)、20、25、(28)、30、35　(mm)
子件采用　　　　　　母件采用

29.1.5 其他家具配件

其他家具五金配件包括各种锁，位置保持装置，如内嵌式碰轧、蟹嵌式碰轧、单门磁碰、双门磁碰、塑料碰轧、梯形磁门吸、方形磁门吸、塑料柜门弹簧插销、金属柜门弹簧插销、金属柜门明插销、碰性球形门阻、磁性方形门阻、翻板门撑杆、翻板门吊杆等；高度调整装置，如条形脚垫、可调脚垫、圆脚垫、钢椅脚垫、带钉脚垫等，支承件，如各种衣管托、衣通管、层板托等，脚轮，如四方盘型、牙型、套筒型等。

29.2 家具五金的发展趋势

29.2.1 总的趋势

(1) 以工业设计理论为指导：在此方向上强调功能、造型、工艺技术、内在品质和工效的完美统一。产品不仅给人以视觉上的美感，同时也能通过触觉强烈地感受到产品的精致、灵巧，充分体现出产品的加工美，甚至可当作艺术品加以陈设。

(2) 功能趋向完备，安装使用更加方便：近年来在国际上有一种较为流行的销售方法称为DIY"Do it yourself"(你自己做)，即把成套的组件、工具、安装说明书等用塑壳包装，陈设在专营DIY连锁店或超市上，让顾客买回家去自己动手拼装。因此家具设计时一定要考虑到安装的容易性。

(3) 强调造型设计的风格和个性特点，充分反映时代特征和现代人多层次的精神内涵。

(4) 将高新工艺技术注入到产品中去，以追求创新和高品质，生产中采用"Zero Defect"(零疵点)的生产控制程序。

(5) 将提高工效的设计推向"热点"，把时间设计到产品中去：提倡"Only one-shot，Can arrive into the posibion"(只要一次动作，就能到位)。

(6) 标准化：强调现代家具生产要按零部件标准化的要求去组织实施，应使零部件具有很好的互换性。同时，也相应提出了开发一系列新型RTA五金件的要求，对其标准化、通用化、系列化的要求更高。

29.2.2 典型家具五金件的发展方向

1. 拉手

造型及用色开始强调个性化设计。表面处理趋向高贵，如以镀金、镀钛来强调质感及在金属拉手的捏手部位包覆氯丁橡胶，同时致力于高技术产品的开发。

2. 暗铰链

在增大开启角的难题得到解决以后，开始致力于铰臂与底座之间实现快速拆装的设计研究，如近年来纷纷推出了按扣式(Clip-on)结构铰链。

3. 抽屉滑道

新品开发围绕安装简便、美观耐用、使用舒适、功能延伸等方面进行。如将滑道与暗铰链组合在一起，用于侧藏式柜门的连接组件，在厨房柜和电视柜等须长时间保持开门状态的家具上有广泛用途。

4. 拆装连接件

此类产品的开发目标为：

(1) 减少母件的直径。

(2) 变革传统偏心件的自锁性能。

(3) 变革螺钉连接结构。要求简便、快捷，又能适合 φ5 系统孔及板源的限制。

(4) 解决处在中间的水平结构板与搁板之间功能互换的问题。目的是使柜类家具在垂直方向上获得更大的组合自由度，但又要求小巧灵便，不影响美观。

5. 其他

一方面拓宽适用范围，如向整个室内构件延伸，另一方面积极开发专用五金，以填补家具结构设计上的某些空白。

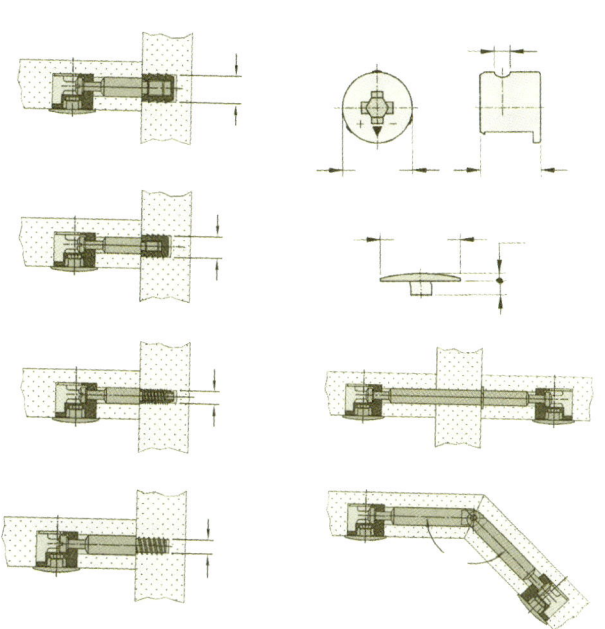

图 29-4 典型安装示意图

参考文献

[1] [德] Hettich mternational. 1999. 技术和应用
[2] [德] HÄFELE. 2000. 产品手册

木材涂装

木材涂装是指对木材表面进行着色、磨光、涂饰涂料等一系列加工，形成一层漆膜，使木材表面具有一定的色彩、质感、光泽以及耐磨性、耐水性、耐化学药品性等理化性能，从而延长制品的使用寿命，提高其附加价值。

木材表面经涂装后形成的漆膜，具有以下作用：

(1) 保护作用：提高了木材表面的硬度、耐磨性、耐候性、耐化学药品性等，能防水湿、防腐朽和防开裂变形，延长木材的使用寿命。

(2) 装饰作用：赋于木材表面各种要求的颜色、光泽，突显木材天然纹理和自然质感，为木材制品增色添辉。

(3) 其他作用：包括易于清洁，手感滑爽，触感良好，标识指示等作用。

木材涂装可以按面漆品种、漆膜透明与否、漆膜的光泽和填孔与否等方面进行分类。如图 30-1 所示。

传统的溶剂型涂料是由多种有机化合物组成。大多数有机涂料在生产过程中都使用了一些对人体、对环境有害的原材料，在生产过程和施工过程中会排放出大量有害的废气和废水，甚至在形成漆膜后，供人使用过程中，还会释放出有害气体。为此，世界各国纷纷制订了一系列技术标准、产品标准，以限制涂料及其涂饰制品中所含的有害物质含量。我国在 2001 年 12 月正式颁布实施了 GB18581-2001《室内装饰装修材料溶剂型木器涂料中有害物质限量》，GB18584-2001《室内装饰装修材料木家具中有害物质限量》等强制性标准。对涂料和漆膜中的有机挥发性化合物、可溶性铅、镉、铬、汞重金属的含量进行了限量规定。这对淘汰对环境和人体有害的原材料，限制传统溶剂型涂料使用，促进涂料的改进、更新换代向无溶剂型、高固体分、水性化方向发展起了极大的推动作用。今后木材涂料将向光固化涂料、粉末涂料、水性涂料和高固体分涂料方向发展，木制涂饰向绿色涂装方向推进。

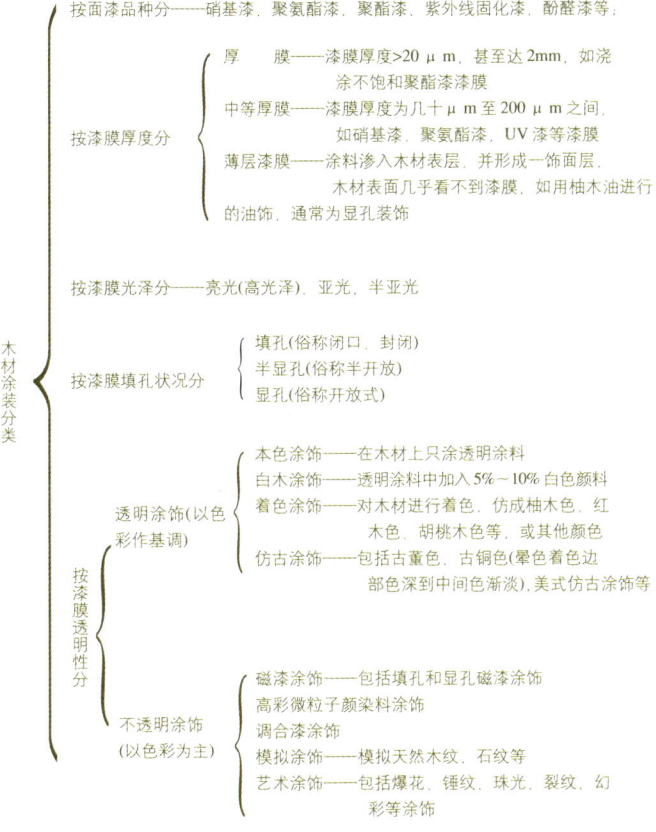

图 30-1 木材涂装的分类

30.1 涂料

30.1.1 涂料的定义及组成

301.1.1 定义

涂料是一种有机高分子胶体混合物的溶液或粉末，将它

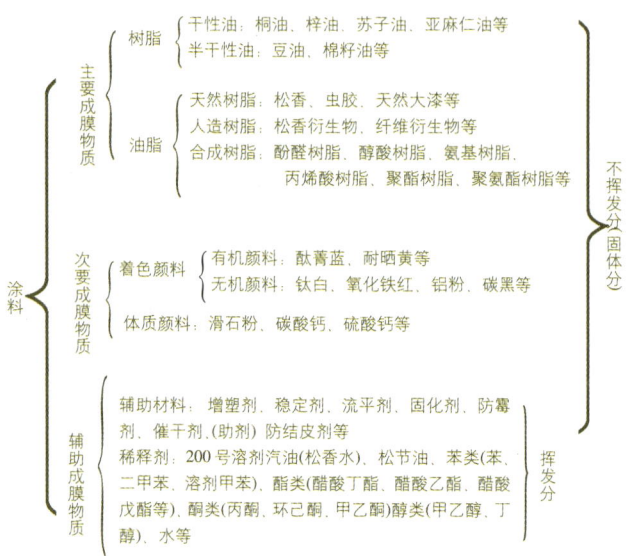

图 30-2 涂料的组成

涂在木材表面后，形成连续的牢固附着且坚韧的固态漆膜，起保护和装饰材料的作用。

30.1.1.2 涂料的组成

涂料通常由不挥发分和挥发分两部分组成。涂在木材表面上的涂料，其挥发分逐渐挥发散失，而不挥发分在木材表面上固结成膜。不挥发的成膜物质称为涂料的固体分。

每种涂料通常由主要成膜物质、次要成膜物质与辅助成膜物质组成。如图 30-2 所示。

301.1.3 木材涂料应有的特性（见表 30-1）

表 30-1 木材涂料应具备的性能

应具备的性能	说　明
优良的亲水性、湿润和适度的渗透性	漆膜对木材有良好的附着性。虽然木材是多孔性结构，但木材是亲水性材料，因此涂料必须是亲水性的，方能形成良好的结合。如疏水性则附着力差。此外涂料应有高度的湿润性和适度的渗透性
漆膜良好的耐水性	因木材是吸湿的材料，漆膜具有良好的耐水性才能阻绝水分进出入木材，这样漆膜才能起保护作用
涂料能低温干燥（<60℃）	要求木材涂料能在常(低)温下干燥。若温度高，木材内水分会蒸发，而产生木材干缩、变形。木材内空气膨胀泄出会造成漆膜起泡
漆膜强韧的可挠性	木材受温湿度变化的影响，会产生干缩湿胀，且有异向性。均质的漆膜方能承受木材的胀缩变形
硬度和韧性良好	具有良好的硬度，以保证承受外来磨擦与碰撞，但硬度高则漆膜往往脆，当木材胀缩变形时易脆裂。故漆膜要有一定韧性
高度透明性，良好的触感	漆膜高度的透明性，利于显现突出木材特殊的颜色、纹理、质感，滑爽柔和的触感，与缓和的质感相协调，更加宜人
优良的施工作业性	木材是多孔性材料，为显现强调木材纹理、颜色质感，涂饰工艺较复杂，分多次进行，黏度要适宜，可调，要避免涂料过度渗透

30.1.2 涂料的种类与命名

30.1.2.1 涂料的种类

涂料的分类方法主要有按涂料功能、装饰性、涂料主要成膜物质、涂料状态、涂料干燥固化特点分类等，详见表 30-2。

30.1.2.2 涂料的命名和型号编制原则

1. 涂料的命名

涂料品种很多，命名时需将涂料的性能、特点和用途反映出来，我国涂料的名称由 3 部分组成。

即涂料全名＝颜色或颜料名称＋主要成膜物质名称＋基本名称

例如：白色硝基磁漆

　　　　聚氨酯亚光透明面漆

基本名称表示涂料的基本品种、特性和专业用途。例如清漆、磁漆、底漆等。木材用主要涂料基本名称、代号见表 30-3。

2. 涂料的型号

涂料的型号由三部分组成，每部分具有不同的含义。

例如：$B_{22}\text{-}1$
- 序号（用于区别同名称漆的不同品种）
- 基本名称，代号（木器漆）
- 涂料类别代号（丙烯酸漆类）

我国涂料以主要成膜物质为基础进行分类，木材常用涂料类别见表 30-4。目前木材用涂料绝大部分是造漆生产的成品涂料。各造漆厂对生产的涂料系列产品均有各自的编号，购漆时应予充分了解。

辅助材料同样也有型号与名称，如 X-20 硝基稀释剂。

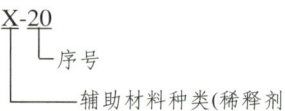

表 30-3 木材用主要涂料基本名称代号表

代号	基本名称	代号	基本名称
00	清油	17	皱纹漆
01	清漆	18	金属漆、闪光漆
02	厚漆	22	木器漆
03	调合漆	23	玩具漆
04	磁漆	28	塑料用漆
06	底漆	55	耐水漆
07	腻子	60	防火漆
09	大漆	61	耐热漆
12	乳胶漆	65	粉末涂料
13	水溶漆	66	光固化漆
14	透明漆	80	地板漆
15	斑纹漆、裂纹漆、橘纹漆	84	黑板漆
16	锤纹漆	86	标漆

表 30-2 涂料的分类

分类方法	种类			特 性	备 注
按涂料主要成膜物质	硝基纤维素漆(NC漆)			单液性干燥较快、装饰性好、易装饰施工修补，但固含量低	俗称蜡克
	不饱和聚酯漆(PE漆)			三个组分按比例调配使用，快干，几乎全部成膜，对环境污染小，适于形成厚漆膜，但活性期短	俗称保丽漆、玻璃漆
	聚氨酯漆(PU漆)			双组分漆，漆膜综合性能好，附着力好，固含量较高，有一定活性期，使用量大，普遍	俗称树脂漆
	氨基醇酸漆(AA漆)			常温固化，干燥较快，固体分高，漆膜坚硬，耐热、耐水、耐药品性均好，有气味，会腐蚀金属件	俗称酸固化漆
	紫外线固化漆(UV漆)			快速固化(以秒计)，近100%成漆膜，对环境污染极小，漆膜性能优良，宜平面涂装	俗称光敏漆
	酚醛漆			附着力、耐候性、耐水性好，价廉，装饰性差，慢干	
	天然大漆			漆膜坚牢、平滑、耐候性好、耐水、耐酸、附着力均好，需阴干、慢干	俗称大漆、国漆
按漆膜装饰性	光泽	亮光(高光)漆		漆膜表面具有镜面光泽	光泽可调整，分不同亚光程度
		亚光漆		漆膜光泽柔和，如蛋壳、丝绸、粉墙表面的光泽感	
	透明性	透明漆		透明漆漆膜透明，可显示基材的纹理、颜色、质感，不含着色颜料，没有遮盖力	又称清漆，通常用于实木家具，木制品
		不透明漆		漆膜有遮盖力，不透明，完全遮住基材的纹理颜色，涂料内含着色颜料和大量体质颜料，有各种颜色	又称色漆，如调合漆，磁漆等
	特种艺术效果	锤纹漆		利用涂料喷涂后不易流平和铝粉的旋转运动，形成锤纹状效果	如自干型的硝基醇酸锤纹漆
		珠光漆		在涂料中加入适量的颜料和闪光物质，使漆膜呈珍珠样的彩虹光泽	属硝基漆类
		裂纹漆		在涂层干燥成膜时，漆膜产生粗大的龟裂花纹，与底漆的颜色相映成美丽的花纹	属硝基漆类
		爆花漆		利用溶剂对已干色粉层的溶解流展作用形成彩色斑烂的焰火纹效果，有金爆花，银爆花，蓝爆花等	
按涂料状态	液态	单液型		涂料单个包装，可直接使用或加稀释剂后进行涂装	如NC漆，酚醛漆等
		两液型		涂料分主剂和固化剂，使用时按一定比例混合后再进行涂装，涂料才会硬化，调配涂料有一定活性期	如PU漆，AA漆
		三液型		涂料分主剂、促进剂、固化剂三个部分，三者按比例，相互混合后才会硬化，活性期短	如PE漆
		水性漆		涂料以水为溶剂和稀释剂	如水性丙烯酸乳液漆
	固体粉末	粉末涂料		呈固体粉末状，不含挥发性溶剂和稀释剂，靠加热融熔流展冷却成膜	如丙烯酸树脂，聚酯树脂粉末涂料
按涂层固化特征	溶剂挥发型涂料			涂料属单液型，靠溶剂挥发后形成固态漆膜，不用固化剂，溶剂可再次溶解固态漆膜	如NC漆，虫胶漆等
	反应型涂料			涂料利用主剂，固化剂混合后，产生化学反应，形成大分子漆膜，理化性能优良，漆膜不会被溶剂再次溶解	如PU、PE、UV漆、电子线辐射固化漆等
	改变物理状态的涂料			在高温下粉末涂料融熔，流展成均匀涂层，冷却后固化成漆膜	如丙烯酸粉末涂料
按涂料功能	按在漆膜中的功能	腻子		用于嵌补虫眼、缝隙、凹陷不平，应快干，易磨平，黏度大，固体分高，干时体积收缩小，颜色可调，因材而异，亦含不透明漆填平腻子	
		填孔剂		用于填平木材表面的导管槽等细胞腔，突出木材纹理，作基础着色	商品名木纹宝，擦色宝等
		着色剂		透明涂饰时，赋于木材表面要求的颜色 擦色精、调色精、色浆等	如水性着色剂，商品名
		底漆		用于封固木材表面，与木材的附着力好，着色均匀，固色	
		中层漆		在封闭底漆和面漆之间，可多次涂饰，用于形成一定厚度的漆膜，且易于磨平	又称二度底漆，砂磨底漆
		面漆		漆膜最上层的涂料，赋于漆膜所需的硬度韧性，触感，光泽等	
	按特种功能	防火漆		具有防火、阻燃功能	
		防虫漆		具有防止白蚁或其他虫类侵蚀功能	
		家具漆		专用于木质家具涂饰用，装饰性好，有不同档次，品种	如PU漆，NC漆
		室内装饰漆		专用于室内木质件涂饰用，干燥较快，易施工修复，对环境污染小	如NC漆(华润ID漆)
		地板漆		专用于木地板涂饰，耐磨性、耐候性，特别优良	如不泛黄的PU漆(商品名水晶地板漆)

表 30-4 木材用涂料的类别代号

代号	涂料类别	主要成膜物质
Y	油脂漆类	天然植物油、鱼油、合成油等
T	天然树脂漆类	松香及衍生物、虫胶、大漆及其衍生物等
F	酚醛漆类	改性酚醛树脂、酚醛树脂
C	醇酸漆类醇酸树脂	甘油醇酸树脂，季戊四醇醇酸树脂，其他改性醇酸树脂
A	氨基漆类	脲醛树脂、三聚氰胺树脂等
Q	硝基漆类	硝酸纤维素，改性硝基纤维素
G	过氯乙烯漆类	过氯乙烯树脂，改性过氯乙烯树脂
B	丙烯酸漆类	丙烯酸树脂，丙烯酸共聚物及其改性树脂
Z	聚酯漆类	饱和聚酯树脂，不饱和聚酯树脂
S	聚氨酯漆类	聚氨基甲酸酯

表 30-5 辅助材料的分类

代号	X	F	G	T	H
名称	稀释剂	防潮剂	催干剂	脱漆剂	固化剂

辅助材料的分类见表 30-5。

30.1.3 常用木材涂料

30.1.3.1 常用木材涂料的性能

常用木材涂料的性质及适用性见表 30-6，常用木材涂料性能比较见 30-7。

30.1.3.2 常用木材涂料的组成

常用木材涂料的组成见表 30-8。

表 30-6 常用木材涂料的性能及适用性

涂料品种	优点	缺点	主要用途
硝基漆(NC漆)	涂层干燥快，单液型易调漆，不受使用时间限制，漆膜修补方便，有良好装饰性，可用多种方法施工，黏度低，固含量小，宜作显孔装饰	固体分含量低，仅 20% 左右，一次无法得到厚的漆膜，漆膜可再次被溶剂溶解，在潮湿环境下施工涂层易发白，漆膜不耐高温，易燃烧，耐药品性、耐热性、硬度、光泽持久性较差	室内木质件、中等质量以上的家具、铅笔、木制工艺品装饰，可做封闭底漆、面漆，宜作显孔装饰
聚氨酯漆(PU漆)	与木材附着力大，漆膜坚韧耐磨、耐冲击；固化的漆膜不会再次溶解，耐药品污染性、耐热性、耐候性好，光泽高，透明性好，装饰性良好，固含量可达 50% 左右，可用多种方法施工	是二液型涂料，调漆不便，并有活性期限制，在高温潮湿条件下施工时，易生针眼、气泡、变色，重涂时应砂光以保证层间附着力，稍具毒性，注意良好排气	是目前应用最广，量最大的漆种，宜作木家具，门窗木地板，文体用品的涂装
不饱和聚酯漆(PE漆)	是无溶剂型涂料，固体分近 100%，涂一次即可得到厚的漆膜，漆膜填平性好，不易缩孔，抛光可得镜面光效果，漆膜硬度高，理化性能均佳。清漆漆膜透明，色浅，保光保色性佳，装饰性好	属三液型涂料，配漆繁杂，可使用时间极短，施工时间受限制，漆膜硬度高，磨光困难，对底漆有选择性，对着色剂有相溶性选择，促进剂与引发剂(固化剂)不可直接接触，否则会爆炸引起火灾，损伤的漆膜不易修补	人造板饰面做保丽板，家具、钢琴等涂饰，可做成腻子，中层漆和面漆使用
酸固化氨基醇酸漆(AA漆)	干燥快，与硝基相仿，漆膜厚实丰满，固含量是 NC 漆的 2 倍，漆膜硬度高，耐溶剂性良好，光泽度高，调好的漆可使用时间达 24h 以上，价格低廉	涂料具有酸性，易腐蚀金属连接件、螺钉等，会引起某些着色剂的变色，不易与其他涂料搭配，而影响附着力，涂料易脆化，耐久性差，会龟裂，有刺激眼鼻的气味，需注意通风排气，重涂时需砂光后再涂漆	一般木家具、木装饰件的涂饰
紫外光固化涂料(UV漆)	固体分近 100%，一次即可得厚漆膜，属无溶剂漆，干燥极快，数秒即可，生产周期短，单液型，高硬度、耐溶剂性、耐磨性、耐水性好，施工场地小，对环境污染低	只适宜于透明涂料，宜平面涂装，不宜立体件涂饰，须慎选着色剂，以免因紫外线而褪色和涂料泛黄，UV 灯管寿命有限，需及时更换，涂料单价较高	适于人造板、板式家具和室内装饰平面型木构件、地板。可做成腻子、底漆、面漆
丙烯酸漆	漆膜丰满，光泽高，色浅，保色性良好，耐候性好，具有一定的耐酸、耐碱、耐化学药品性，耐热性也较高	耐溶剂性差，固体分含量低	用于家具、木制品
水性漆	用水作稀释剂、溶剂，价廉易清洗，是环保型漆，可用多种方法涂饰，施工方便	漆层干燥时间稍长，单价较高	用于家具、室内装饰木构件
大漆	漆膜坚硬，封闭性好，光泽和附着力高，耐水、耐热、耐溶剂性和耐其他化学药品性均良好，耐久性出色，耐磨性高，装饰性较好	漆膜色深，黏度大施工不便，工艺较复杂，涂层需在高湿度和一定温度才能固化，周期较长，漆液会引起皮肤过敏	漆器、中国传统家具、古建筑、室内装饰木件、工艺品、中式乐器、木碗、筷等
酚醛漆	漆膜柔韧，耐候性好，耐水性、耐热性和耐化学药品性良好，附着力高	涂层干燥缓慢，色较深，装饰性差	低档的木家具、室内木构件涂饰用，可做成调合漆、清漆或调制腻子
醇酸漆	漆膜柔韧，光泽较高，耐候性优良，附着力较高，施工性好	涂层干燥缓慢，漆膜耐水性、耐碱性稍差	同上
油脂漆	漆膜柔韧，对木材渗透性好，附着力高，耐大气侵蚀，易施工，价廉	慢干，漆膜软，光泽低，耐水、耐化学药品性较差	低档木质构件和家具涂饰用，包括清油、厚漆调合漆，可调配腻子底漆，面漆

表 30-7 常用木材涂料性能比较

性能	硝基漆(NC)	聚氨酯漆(PU)	不饱和聚酯漆(PE)	氨基醇酸漆(AA)	紫外线固化漆(UV)
涂料稀释固成分	15%～30%	30%～45%	95%以上	30%～45%	95%以上
涂料调合比	1:1	2:1:0.5～1	100:1:1:20～30	10:1:1～3	1:0.3～0.5
喷涂底漆	18～25″	15～18″	30～45″	15～18″	30～40″
黏度面漆	10～15″	10～13″	18～35″	10～14″	15～30″
干燥硬化时间/次	1h	2h	4h	1.5h	30s
涂料可使用时间	无限制	4～8h	30min 以内	24h	无限制
砂光容易度	很容易	容易	砂光较困难	容易	砂光较困难
作业性	很好	好	不好	好	最好
涂料气味	稍好	稍差	不好	刺激眼	一般
漆膜厚实度	较差,易消瘦	不易消瘦	很好,不消瘦	易消瘦	最好,不消瘦
密着性	很好	最好	好	稍差	好
针孔起泡性	起泡	容易起泡	不起泡	不易起泡	不起泡
单次涂布量	130g/m²	120g/m²	220g/m²	130g/m²	120g/m²
涂膜硬度	F-H	H-2H	H-3H	H	3H 以上
耐溶剂性	不耐溶剂	最好	好	稍差	好
耐热性	极低,易燃	很高	高	高	高
涂膜耐久性	较差	很好	好	差	好
面漆鲜度持续性	不持久	很持久	持久	持久	特久
涂料单价	低	中高	中高	低	中高

表 30-8 常用木材涂料的组成

涂料分类	组　成	品种举例
硝基漆类 (NC漆)	硝化棉 树脂　硬树脂：如松香改性醇酸树脂，顺丁烯的酸酐，松香甘油酯等 　　　　软树脂：如不干性油改性醇酸树脂 增塑剂：如苯二甲酸二丁酯等 溶剂(香焦水)：是酯、酮、醇、苯类溶剂混合组成。 助剂：如流平剂，防白剂等。 说明：①以上是硝基清漆的基本组成成分，通过原料种类和配比的变更，可得到不同性能和用途的硝基清漆。包括底漆，打磨底漆，面漆等。②硝基色漆中应加入相应量的体质颜料、着色颜料。③在清漆中加入消光剂和分散剂，防沉剂等助剂，即可制成硝基亚光漆。	Q06-6 硝基底漆 Q22-1 硝基木器漆 Q04-62 各色硝基亚光磁漆 华润涂料公司： NC-100 硝基亮光清面漆 NC6003 硝基亚光特清面漆 NC110 白色硝基亮光面漆 NC1703 黑色硝基亚光面漆 华润产硝基漆施工配比(质量比)，漆：天那水(NX310)=1:1～1.5，天那水(香焦水)用量可根据施工需要调整。
聚氨酯漆类 (PU漆)	聚氨酯漆是聚氨基甲酸酯涂料的简称。在木材上主要使用双组份羟基固化型聚氨酯涂料： 主剂：带羟基(—OH)的聚酯或丙烯酸等树脂 固化剂：含异氰酸基(—NCO)的预聚物 溶剂：醋酸丁酯、环已酮、二甲苯 助剂：流平剂、消溶剂等 说明：①主剂，固化剂的原材料种类不同时，对涂料性能有很大影响。如用芳香族的异氰酸酯树脂为原料制成的 PU 漆膜会泛黄。而用脂肪族的异氰酸酯为原料制成的 PU 漆，保色性特别好，不会泛黄。改变原料种类，配比，可以制造性能有异，适用不同场合的涂料品种。如封闭底漆、打磨底漆、填孔剂、面漆等。②在涂料中加入一定量的体质颜料和着色颜料即可制成各种实色不透明的涂料。③不同品种的 PU 漆应配套使用，即主剂，固化剂、稀释剂要按同一涂料厂提供的配套使用，这样才能保证漆	上海家具涂料厂： 685 聚氨酯木器清漆 8621 各色聚氨酯磁漆 华润涂料公司： PG100 镜面亮光清漆 PG600 耐黄变镜清漆 P12003 PU 亚光清漆(光泽约25%) P28004 PU 耐黄变亚光清漆(光泽约40%) P1221 PU 浅灰色亮光漆 P12105 PU 白色亚光漆 PQ01 水晶地板漆 P60××系列，P60××系列 PU 有色透明亮光面漆

表 30-8（续）

涂料分类	组 成	品种举例
	膜质量。应注意稀释剂还有冬、夏季之分。④双组分PU漆按两组分分开包装市售	P62/P65 系列 PU 有色透明亚光面漆系列 PS900 底得宝 PS800 打磨封闭底漆 PTS××有色封闭底漆系列 PT9 系列是 PU 着色木纹宝系列 其他还有大宝化工制品有限公司生产的大宝 PU 漆 齐齐哈尔油漆总厂生产的北方牌 PU 漆等等
不饱和聚酯漆(PE漆)	不饱和聚酯漆是以不饱和聚酯树脂为主要成膜物质的一类漆，简称聚酯漆。不饱和聚酯漆又分为厌氧型和气干型。前者施工时必须用蜡或薄膜封闭隔氧，否则涂料表层不干。气干型在空气中即能固化，使用方便，宜做打磨底漆。 厌氧型不饱和聚酯漆的组成如下： 线型不饱和聚酯 活性稀释剂(苯乙烯) 引发剂(固化剂，俗称白水)：如过氧化环己酮、过氧化甲乙酮 促进剂(俗称蓝水)：环烷酸钴 助剂：如稳定剂、蜡液等 说明：①不透明漆需加入体质颜料和着色颜料； ②厌氧型 PE 漆如果用薄膜、玻璃等隔氧，则涂料中不需加入蜡液；对于曲面、型面边线类制品则用蜡型 PE 漆； ③PE 商品供应时通常按主剂、引发剂、促进剂三者分别包装供应。主剂是线型不饱和聚酯漆的苯乙烯溶液。蜡型 PE 漆则有四个包装； ④使用 PE 漆时，应该用同一涂料厂供应的各组分配套使用，配比应按涂料厂提供的技术资料执行。注意施工环境温度湿度变化时配比要作相应调整	Z222-1 聚酯木器漆蜡型分四个包装供应 Z22-2 聚酯木器漆 华润牌： EF000 PE 亮光清面漆 ED000 PE 透明底漆 ED0512 PE 灰色底漆 ED0600 PE 透明腻子 易涂宝公司： PE01 透明亮光面漆 PE68 透明底漆 PE37 黑色底漆 PE38 白色底漆
紫外线固化涂料(UV漆)	紫外线固化涂料又称光敏漆，涂层必须照射一定波长的紫外线后才会固化。 光敏树脂：如线型不饱和聚酯、丙烯酸酯环氧树脂聚氧酯丙烯酸树脂等 活性稀释剂：如苯乙烯、丙烯酸单体等 光敏剂：如安息香醚类、蒽醌等 助剂：如流平剂，稳定剂等 说明：①UV 漆也可做成底漆、腻子、面漆、亮光、亚光等不同品种； ②用不同光敏树脂和活性稀释剂制成的 UV 漆性能上有很大差别。如若将苯乙烯改成丙稀酸单体，则 UV 漆的固化速度则大大提高，可以以秒计	华润牌： UV222 UV222A(B、C)紫外线固化面漆 灯塔牌(天津油漆厂)光固化木器清漆 易涂宝公司： 家具用 UV 漆系列 RPS06、RPS08 透明辊涂 UV 底漆 S10 透明喷涂 UV 底漆 CTM900 透明淋涂 UV 面漆 S80 透明喷涂 UV 亚光面漆 木地板用 UV 漆系列 RPS10 透明辊涂 UV 底漆 CTM800、806、808 透明淋涂 UV 亚光面漆 RTM 透明辊涂 UV 亮光面漆
油脂漆类	桐油加入干性油加热聚合后再加入催干剂组成。 加入着色、体质颜料混碾成色漆。 溶剂为 200 号溶剂汽油(松香水)、松节油。	Y007 清油 Y02-1 各色厚漆 Y03-1 各色油性调合漆

30.1.3.3 木材封闭底漆的性能比较

木材底漆分封闭底漆和打磨底漆(二道底漆)，前者起封闭隔离、固色、减少面漆消耗等作用，后者内含一定量的体质颜料起填充加厚漆膜的作用，易砂光，各种木材封闭底漆的性能比较见表30-9。适应面漆的木材封闭底漆和打磨底漆见表30-10。

30.1.4 木材漂白剂和着色剂

要制造出符合设计要求的颜色美丽、均一的木制品及家具,就必须消除同一制品上不同树种木材,心边材等的材色差,以及由于酸碱、菌等污染所引起的变色。在家具等涂装过程中可进行木材漂白和着色等调色处理。

30.1.4.1 木材的漂白剂(脱色剂)

木材的漂白剂及助剂分别见表30-11,表30-12。木材漂白的抑制化助剂见表30-13。

30.1.4.2 木材的着色剂

木材着色剂的种类见表30-14,着色剂的性质及着色方式见表30-15。

表30-10 适应面漆的木材封闭底漆和打磨底漆

面漆	木材封闭底漆	打磨底漆
硝基漆	虫胶,聚氨酯树脂,硝基纤维素	硝基纤维素,聚氨酯树脂
不饱和聚酯漆	聚乙烯醇缩丁醛树脂,聚氨酯树脂,硝基纤维素	聚氨酯树脂
氨基醇酸漆	聚乙烯醇缩丁醛树脂,聚氨酯树脂,硝基纤维素	氨基醇酸树脂
聚氨酯漆	聚乙烯醇缩丁醛树脂,聚氨酯树脂	聚氨酯树脂,不饱和聚酯树脂

表30-9 各种木材封闭底漆的性能比较

性能项目 \ 木材封闭底漆	虫胶	硝基类	聚乙烯醇缩丁醛类	聚氨酯类
干燥性	●	●	●	△
附着力	△	○	●	●
封闭树脂效果	○	×	○	●
透明性	×	○	●	○
耐水性	△	○	●	●
耐热性	×	×	○	●
防漆膜裂纹	×	○	○	●
施工性	○	●	●	○
成本	●	●	△	×

注:●优,○良,△可,×不可

表30-11 木材的漂白、脱色剂

种类		化学药剂名称
氧化型漂白剂	无机氯类	氯、二氧化氯、次氯酸钙(漂白粉)、次氯酸钠、亚氯酸钠
	有机氯类	氯胺B、氯胺T
	无机过氧化物	过氧化氢、过氧化钠、过碳酸钠、过硼酸钠
	有机过氧化物	过醋酸、过蚁酸、过氧化苯甲酰、过氧化甲乙酮
	氢化化合物	硼氢化钠
	含氮化合物	联氨(氨基脲)
还原型漂白剂	无机硫化合物	次亚硫酸钠、亚硫酸氢钠、连二硫酸钠、雕白粉、二氯化硫
	有机硫化合物	甲苯磺酸、蛋氨酸(甲硫基丁氨酸)、半胱氨酸
	酸类	草酸(乙二酸)、次磷酸、抗坏血酸(维生素C)、山梨酸钠
	其他	聚乙二醇、甲基丙烯酸酯

表30-12 木材漂白的活性化助剂

漂白剂类别	活性化助剂的化学名称和添加要点
过氧化氢	①氨水、碳酸氢钠、氢氧化钠、碳酸钠、碳酸胍、水溶性有机氨类等碱性物质的水溶液。为了促进浸透,根据需要适当添加乙醇、甲醇等把pH值调整到9.5~11; ②与无水醋酸用1:1的容积百分比混合,使生成过醋酸,在酸性条件下漂白,适当添加草酸于其中; ③把无水马来酸(顺丁烯二酸)适当溶解,与其混合生成过醋酸。在酸性条件下漂白,适当添加柠檬酸、草酸等有机酸于其中
过碳酸钠 过硼酸钠	其水溶液都是碱性,用其原样呈温和的漂白作用,根据树种不同,有时出现碱烧伤,应适当添加无水醋酸,在弱酸性条件下漂白为好
亚氯酸钠	①适当添加醋酸、柠檬酸等把pH调整到3~5; ②添加次乙基脲素,或尿素和次乙基尿素,使其活性化; ③添加有机酸、无机酸或这些酸混合物的铝盐、锌盐、镁盐,或这些酸的混合物,使其活性化; ④适当添过氧化氢或过碳酸钠、过硼酸钠等和尿素,使其活性化; ⑤添加乙烯碳酸盐、丙烯碳酸盐、二烷等使浸透性变好,这类方法对于过氧化氢作漂白剂时也能适用
次氯酸钠	适当添加安息香酸的水溶液和酞酸(邻苯二酸)的水溶液,使其活性化
氯胺T、氯胺B	添加无机酸或有机酸来增加活性
连二亚硫酸钠,其他亚硫酸化合物	添加醋酸、蚁酸、草酸、柠檬酸等有机酸,或少量次磷酸、盐酸等无机酸调整为微酸性时,若活性化增加,漂白力就得到提高,特别是添加少量次磷酸时,漂白力倍增
次氯酸钙(漂白粉)	在漂白粉的饱和水溶液中,添加硫酸镁调整了次氯酸镁的水溶液,稳定性良好

表 30-13 木材漂白的抑制化助剂

漂白剂类别	抑制化助剂的化学名称和添加要点
过氧化氢	如适当添加硅酸钠、胶态硅、焦磷酸钠、硫酸镁、乙二胺四醋酸钠等，能抑制无助于漂白的无效分解，使漂白力持久。羧甲基纤维素(CMC)的添加，能使漂白液增加黏着性
过醋酸、过马来酸、过乙酸	用有机过酸在酸性条件下漂白时，添加 CMC、硅胶能在很大程度上抑制漂白液的无效分解
硼氧化钠	添加硅胶能抑制活性氢的无效分解
联氨	联氨水合物因碱性强的缘故，根据树种不同有时会着色，为此添加硼酸、草酸、醋酸等弱酸性物质，如 pH 调整到 8.0~10 范围内，能起到具有耐光性的漂白效果

表 30-14 木着色剂的种类

	水性着色剂	油性着色剂	醇性着色剂	不起毛 NGR 着色剂	硝基着色剂	媒染剂(药品着色剂)
主要成分	水溶性染料(酸性染料、直接染料、碱性染料)、动物胶酪素	油溶性染料(磺化染料)、氧化铁红、铬绿、石粉、蛤粉、高岭土、其他无机颜料、干性油、短油度钙酯清漆、油性清漆、合成树脂、杂酚油、松香水(200号溶剂汽油)、汽油、催干剂	醇溶性染料(碱性染料等)、漂白虫胶、甲醇、改性乙醇、丁醇、乙二醇、二乙二醇	酸性染料、醇性染料、部分碱性染料、二乙二醇、单乙醚、溶纤剂(乙二醇—乙醚)、甲苯、甲醇	油溶性染料、颜料、硝化纤维素漆	木醋液、硫酸铁、苏木红、儿茶棕、氧化亚铁、高锰酸钾、氨、重铬酸钾
优点	①无火灾危险；②施工性好；③无臭；④透明度、鲜明度高；⑤便宜；⑥不渗色	①不使基材润胀；②渗透性好；③木纹清晰；④吸收涂料少；⑤能进行有层次的着色；⑥若用颜料则耐光性好	①渗透性好；②干燥快；③发色鲜明；④不产生返色	①不使基材润胀；②不起毛；③染着性好；④不渗色	①不使基材润胀；②起毛少；③着色均匀；④干燥快；⑤工序少	①色调雅致；②耐光性好；③能进行有层次(深度感)的着色；④鲜明地显现木材树种的特性
缺点	①使基材润胀；②起毛；③干燥慢；④需要特殊的基材磨光	①易产生渗色；②染料类着色剂耐光性差；③干燥缓慢；④价格高；⑤颜料类着色剂木纹不清晰	①刷涂易产生颜色不匀；②耐光性差	①难以刷涂；②因涂料而发生变色；③价格高；④干燥缓慢	①刷涂易产生颜色不均匀；②木纹不清晰；③伤痕显眼	①颜色随树种而不同；②难以得到要求的颜色；③工艺复杂；④增加处理废液的费用
备注	可用于所有的木家具；可以使用喷涂、刷涂、浸涂法	适于喷涂、刷涂	用于小工艺品，适于喷涂	用于高级家具，适于喷涂	用于家具、建材、乐器，适于喷涂、逆向辊涂	用于手工用品、民间艺术家具；适于刷涂、浸涂

表 30-15 木材着色剂的性质和着色方式

分类	着色剂的种类			溶 剂	着色方式			性质				颜色的种类
					基底着色	木纹着色	涂膜着色	耐光性	透明性	渗透性	膨润性	
染色染料着色	染料	酸性染料	一般染料	水	适用	—	—	小-中	大	中-大	大	多
			金属铬盐	水	适用	—	—	中-强	大	小-中	大	多
				甲醇，乙醇	适用	—	适用	中-强	大	中	小	多
				二乙氧乙烷+酒精								
				二甘醇+酒精	适用	—	适用	中+强	大	中	小	多
				乙二醇+酒精								
			直接染料	水	适用	—	—	小-中	大	中-大	大	多
			油溶性料	甲苯或甲苯+石油醚	适用	—	—	小	大	中	小	多
颜料着色	颜料	微粒颜料，无机颜料有机颜料		水	适用	—	—	强	小-中	小	大	多
				石油醚+稀释剂	适用	适用	适用	强	小-中	小	小	多
化学着色	发色成分的助剂	金属盐	重铬酸钾，高锰酸钾，硫酸亚铁，氯化铁等	水	适用			中-强	大	—	大	少
		碱	碳酸钠，碳酸钾等	水	适用			—	大		大	少
			氨熏	—	适用			中	大	大	小	少
		盐	硝酸等	水	适用			—	大		—	少
			酸	—	适用			强	—	—		少
	发色成分和助剂	天然色素和化学药品	例①苏木精和铁盐(木醋酸铁)溶于氢氧化钠 例②儿茶和硫酸亚铁	水	适用			中-强	大	中-大	大	少
		二种化学药品	例①盐酸苯胺和硫酸铜，重铬酸钾和盐酸。例②连苯三酚和重铬酸钾	水	适用			中-强	大	中-大	大	少

表 30-16 体质颜料

颜料名称	同义语	成分	原料	性 质
重晶石粉	—	$BaSO_4$	重晶石	白色或浅橙红色，成分为硫酸钡，粒子大小 1~214 μm，密度大 3.9~4.6，吸油量 6.6~8.0，着色力小，耐光、耐风化、耐热性良好，对酸、碱、湿气安定，使用量仅次于白垩
沉降性硫酸钡	沉降性质量石粉 沉降性硫酸钡粉	$BaSO_4$	重晶石	白色，成分为硫酸钡，密度 4.0~4.6，粒子很细，因此其吸油量较重晶石粉大(12~21)，涂料中沉降较少，着色力小。耐光、耐风化、耐药品性良好，安定度高
白垩	碳酸石灰粉，石灰石粉，石粉	$CaCO_3$	石灰石	白色，粒子大小 0.6~12 μm，密度 2.17~3.1，吸油量 11~16。着色力：水溶性白垩时大，油溶性白垩时小，耐光性良，耐风化性不良，可溶于稀酸，对碱性不变，易吸水分。因为活性，故与强酸性展色剂起反应，不可与油性假漆及酒精性假漆混合使用，因廉价应用多
沉降性碳酸钙	轻质碳酸石灰，碳酸钙	$CaCO_3$	石灰与二氧化碳	粒子比白垩较小，轻质纯白，吸油量 31，普通呈弱碱性，其他性质同白垩，涂料中沉降少
贝壳粉	面胡粉，砌粉	$Ca(OH)_2$—$CaCO_3$	牡蛎，蛤蜊等	贝壳白色，碱性，其他性质类似白垩，用于涂料，其可塑性比白垩大，沉降性小
中国黏土	高岭土，黏土，陶土，黏土粉	$Al_2O_3 SiO_2$—H_2O	黏土，白陶土	白色，纯度高者谓高岭土，密度 2.2~2.62，吸油量 21~47，着色力小，耐光耐热性良好，碱性，不溶于酸及碱，以水搅拌即有可塑性，用于水性涂料

表 30-16（续）

颜料名称	同义语（化学记号）	成分	原料	性质
板岩粉		$Al_2O_3 SiO_2 — 2H_2O$	粘板岩	密度 2.6～2.8，吸油量 19～25，着色力小，耐光、耐热、耐酸、耐碱性良好
砥粉	黄土粉	Fe_2O_3，$Al_2O_3 2SiO_2 — 2H_2O$	黄土	粒子细小，密度 2.63，吸油量约 35，着色力小，部分溶于酸，对碱不变
地粉	土灰	包含 $SiO_2 Al_2O_3$，Fe_2O_3 等	黏土，火山灰，瓦(不涂釉)废品	粒子粗，密度 2.22～2.59，着色力小，一部分溶于酸，对碱不变，用于底层涂料
滑石粉	法兰西白垩	$3MgO_4 SiO_2 — H_2O$	滑石	白色，粒子大小 6 μm，密度 2.38～2.85，吸油量 22～38，感觉滑，其他性质类似黏土，用于消光涂料、砂光底漆、水性涂料
藻土		$SiO_2 nH_2O$		粒子大小 7～47 μm，密度 1.93～2.31，吸油量 22，着色力小，耐光、耐风化、耐热性良好，不被酸、碱侵蚀
矽石粉	矽白、白碳、无水矽酸、石英粉	SiO_2	石英质矿石，矽岩	白色，相似玻璃碎粉，坚硬，密度 2.55～2.65，吸油量 20～29，耐碱性良，光线曲折率最低，油中几乎透明，用于填充剂或研磨材等
石骨	结晶硫酸石灰，含水硫酸钙	$CaSO_4$	石膏矿石	白色，密度 2.36～2.63，吸油量 17～27，耐酸、耐热性良，不溶于酸、碱，因迟延油类之干燥，故不适于油性涂料，不可与油性或酒精假漆混合使用
矾土	铝白、氧化铝、白色淀	Al_2O_3	铝，硫酸铝	白色，遇酸性物起反应，用于消光涂料或沉淀性体质剂

表 30-17 常用着色颜料

色调	颜料名称	同义语	成分	性质
红	铅丹	光明丹、红铅、红色氧化铅	Pb_3O_4	红橙色，粒子大小 5～20 μm，密度 8.32～9.93，吸油量小 5.5～11，促进油的干燥，受酸、碱侵蚀，防锈力大，用于防锈涂料有毒
	朱红	银朱，硫化汞	HgS	鲜红～深红，有纯粹朱红及洋朱(以色淀颜料为主要成分)，密度 8，吸油量 5.6～10.0，着色力、隐蔽力大，耐光、耐热性不良，阻碍油之干燥，对酸不变，对碱变黄，有毒，高价
	红氧化铁	红壳，铁丹银朱，血朱	Fe_2O_3	深红～深紫红色，密度 2.5～5.15，吸油量 9.3～54，着色力、隐蔽力大，耐光、耐风化、耐热性优良，可溶于酸，不溶于碱，用于各种涂料
	镉红		红 $CdSCdSe$ 黄 $CdSCdCO_3$ 或 $CdSCdC_2O$	深红～橙～黄色，依其颜色不同称为镉红或镉橙，密度 2.9～4.0，着色力、隐蔽力大，耐光性优良，对碱不变，除石灰或新混凝土以外之面耐风化性大，有时与含有铅、铜等颜料混合使用则变黑，用于高级涂料，高价有毒
黄	铬黄	黄铅	$PbCrO_4$	浅黄～橙黄色，密度 5.3～7.3，吸油量 5.5～30，着色力、隐蔽力大，耐风化性优良，可溶于强酸碱，不得与含有硫黄颜料(如金黄、朱红、翠青、锌钡白)混合使用，浅色铬黄与含碱展色剂混合使用则变红，促进油之干燥，有毒，以前使用较广
	镉黄		CdS	黄～橙黄色，密度 5.3～7.3，吸油量 5.5～30，着色力、隐蔽力大，耐风化性优良，可溶于强酸碱，不得与含有硫黄颜料(如镉黄、红、青、锌白混合使用，浅色铬黄与含碱展色剂混合使用变红，促进油之干燥，有毒，普遍被采用
	群青黄	重晶石黄,银黄	$BaCrO_4$	浅黄色，密度 4，着色力小，耐光性在黄色铬酸盐料中最佳，耐风化性良好，耐热性 120℃以下，可溶于酸，对碱不变，可与所有颜料、展色剂并用，有毒
	黄赭土	赭石	含有含氢氧化铁之黏土，其他含有 CaO、SiO_2、长石,白石,$CaSO_4$、$MgCO_3$ 等	浅黄～深橙黄色，密度 2.9～3.4，着色力、隐蔽力小，吸油量 52～72，耐光性良好，对碱不变，一部分可溶于酸，加热变红
	氧化铁黄	黄氧化铁	$Fe_2O_3 \cdot 3H_2O$	黄～褐黄色，密度 2.0～3.2，着色力、隐蔽力大，耐风化性优良，耐热性 120℃以上，可溶于酸，对碱不变
	铬绿	米洛丽绿	$PbCrO_4 + Fe_7 CN_{18}$ 铬黄与普鲁士	浅绿～深绿色，铬黄与普鲁士青之混合物，一般混合沉降性硫酸钡或重晶石粉，比重 2.3～5.9，吸油重 8.3～42，隐蔽力、着色力大，耐光、耐风化性良好，耐热性 120℃以下，触酸颜色青加重晶石粉等变深，不可与碱并用，促进油之干燥，有毒

表 30-17（续）

色调	颜料名称	同义语	成分	性质
绿	氧化铬绿	氧化铬,铬绿	Cr_2O_3	橄榄色,密度 4.7,吸油量 9.4～17,着色力、隐蔽力大,耐光、耐风化、耐热性良好,对酸、碱不变,可与所有颜料、展色剂并用,用于耐酸耐碱涂料,高价
	锌绿		锌黄($ZnCrO_4$)与普鲁士青(Fe_7CN_{18})之混合物	浅碌～深绿色,密度 3..30～3.35,隐蔽力、着色力大,耐光、耐风化性不良,耐热性120℃以下,遇酸变青,不可与碱并用,含锌,有毒
蓝(青)	普鲁士青	米洛鹿青,青铜青	含 $Fe_4(Fe_3CN_{18}$ 或 Fe_7CN_{18}	粒子甚细 0.3～1.0 μm,密度 1.75～1.9,吸油量 34～74,隐蔽力大,着色力在有彩色颜料中最大,稍透明,耐光、耐风化性良好,耐热性150℃以下,对酸安定,不可与碱并用,普遍被采用
	群青	矽 Ultra Blue	$Na_4Al_3Si_3S_2O_{12}$ 酸铝钠与硫酸钠构成之复杂盐	普通是青色(有的呈红、紫、绿色),粒子大小 1～40 μm,密度 1.9～3.8,吸油量 29～35,隐蔽力在水溶性涂料中大,在油性涂料中小,属于透明性颜料,着色力大,耐光、耐风化、耐热性良好,受酸侵触,对碱安定,青色及绿色群青不阻碍油之干燥,但红色及紫色群青则阻碍油之干燥,白色颜料加微量群青即可强调白色
棕	生褐土 烧褐土		$Fe_2O_3Mn_2O_3Al_2O_3$ — $2SiO_2H_2O$	生褐土呈暗棕色,烧褐土是暗红棕色,粒子极小,8 μm以上者少,比重 2.5～3.6,有隐蔽力大者或透明性者,耐光、耐风化性良好,一部分可溶于酸,对碱不变,促进油之干燥
白	锌白	氧化锌,白锌粉,锌华	ZnO	粒子大小 2～10 μm,密度 5.1～5.7,吸油量 11～27,着色力大,耐光、耐风化、耐热性良好,呈碱性,依酸、碱之浓度而呈不同程度之溶解,不溶解及被侵触程度,与高酸价的熟炼油、假漆混合使用则有时固化,增加涂膜硬度,烧焦现象(变色)较白铅少,不可与石灰性涂料并用
	白铅	铅白,唐土,次碳酸碱性碳酸碱	$2PbCO_3PbZ(OH)_2$	粒子大小 2.5～50 μm,密度 5.9～7.6,吸油量 8～17,耐光、耐风化性良好,碱性,可溶于酸、碱,促进油之干燥,暗处促进烧焦变黄,但在明亮处可复原原来颜色,活性强,形成强韧涂膜,不可与含有石灰性、硫黄者并用,与高酸价油、树脂并用则产生固化,故不可并用,有毒
	钛白	氧化钛	TiO_2 或 $TiO_2+nBaSO_4$	粒子大小 0.2～0.6 μm,密度 3.1～4.5,吸油量 20～28,隐蔽力、着色力最大,中性(不活性),可用于所有涂料
	锌钡白		$ZnS+BaSO_4$	比重 4.1～4.3,吸油量 9～27,可溶于酸,不溶于碱,着色力小,中性,与含铅化合物(如铬黄)混用则产生硫化铅,变暗色
黑	碳黑	瓦斯灯黑	C 纯粹碳,灰分1% 以下	粒子细小,1～3 μm,密度 1.6～2.0,吸油量 100～258,隐蔽力、着色力大,耐光、耐风化、耐热性良好,中性,对酸、碱及其他药品安定,迟延油及涂膜之干燥,被采用最多
	松烟	油烟,灰黑	灯黑油	以油类为原料者称粉油烟,以树脂(如松根树脂)为原料者称松烟或灰黑,比碳黑略带灰色,粒子大小 0.5 μm,比重 1.68～2.10,吸油量 60～158,着色力比碳黑较劣,溶于溶剂,其他类似碳黑,与白色颜料混合则变青灰色
	石墨	黑铅	C	黑～灰色,金属光泽,密度 1.8～2.5,隐蔽力、着色力、吸油量小,有导电性,耐光、耐风化、耐热、耐酸碱性优良,可与所有颜料、展色剂并用,除用于面漆外,因配合于涂料可得良好研磨性,故亦用于底漆
锈紫	氧化铁粉	氧化铁,锈粉	Fe_2O_3	锈色,暗紫～黑紫褐色,粒子略粗,密度 3.9～5.3,吸油量 16～29,耐风化性良好,着色力、隐蔽力比红氧化铁小,含水溶性物多者耐风化性小,且促进铁板之腐蚀,中性,其他性质同红氧化铁,用于油漆,廉价
	铝粉	铝、青铜.银粉	Al	银白色,鳞状片,粒子大小 100～250 号,片厚 0.3～2.0 μm,密度 2.48～2.57,吸油量 15～25,隐蔽力大,耐光、耐风化、耐热性良好,可溶于酸、碱,光线之反射率大,精炼性大
	青铜粉	金粉 金色粉	金色系列:纯合金。银色系列:铜、锌、	金色、银色、铜色及带红、橙黄、黄、绿、青、紫、棕等颜色,比重 2.5～2.51,隐蔽力大,着色力小,耐光耐风化性小,可溶于酸,含有锌者一部分可溶于碱,遇酸、碱变色,阻碍油之干燥。金粉、银粉、铜粉、镍粉、锌粉、铅粉、黄铜粉
	其他		镍之合金	

表 30-18 色淀颜料

色调	颜料名称	性 质
红	甲苯胺红	红(绯)黄色、耐光性优良、隐蔽力大、耐油、耐溶剂性良好、被采用最多
	黄色颜料红	红色、耐光、耐油性不良、隐蔽力稍大
黄	蓝光(酸性)色淀钡红	红青色、耐光性稍良、隐蔽力大、耐油、耐溶剂性良好
	汉撒黄	黄色、耐光、耐水、耐溶剂性良好、隐蔽力大、用于高级涂料
蓝	酞花青	青色、着色力、耐光性优良、完全不溶于水及溶剂、比普鲁士青较优

表 30-19 木材着色常用染料

分类	染料名称	性 质
酸性染料	酸性嫩黄 G(酸性淡黄 G)	黄色粉末、易溶于水和丙酮、溶于酒精时呈黄色、微溶于苯、不溶于其他有机溶剂
	酸性橙Ⅱ，(酸性金黄Ⅱ，俗称金黄粉)	是金黄色粉末、溶于水时呈桔黄溶液、溶于酒精呈橘色溶液
	酸性红 G(酸性大红 G)	红色粉末、溶于水呈大红色、微溶于酒精、不溶于其他有机溶剂
	酸性红 G(酸性紫红、酸性枣红)	暗红色粉状、溶于水呈紫色溶液、溶于酒精时呈红色、微溶于丙酮、用于木材染色
	酸性黑 ATT(酸性毛元 ATT)	红棕色粉末、溶于水呈黑色溶液、可用于木材的染色
	酸性粒子元(酸性粒子元 NBL)	黑色带有闪光的粒状、溶于水呈蓝紫色溶液、溶于酒精呈蓝色溶液、可用于木材染色
	黑钠粉	它是几种酸性染料的混合物、其主要成分是酸性金黄和酸性紫红、酸性黑、此外还含有硼砂、栲胶等。呈红棕色粉末状、能溶于酒精中、也溶于水中、常用于仿红木色着色
	黄钠粉	它也是几种酸性染料的混合物、其主要成分是酸性金黄和酸性淡黄、酸性黑、也含有硼砂、栲胶、呈黄棕色粉末状、能溶于酒精与水、它和黑钠粉都是被广泛应用的染料、常用于仿柚木色着色
	酸性媒介棕 PH(酸性媒棕)	棕色均匀粉末、溶于水和酒精时呈黄至黄棕色、微溶于丙酮、不溶于其他有机溶剂
碱性染料	碱性嫩黄(品黄、水黄)	黄色均匀粉末、可溶于冷水中、易溶于热水及酒精、呈黄色
	碱性橙(俗称块子金黄)	棕红色结晶块或砂状、溶于水时呈橙黄、溶于酒精、微溶于丙酮、不溶于苯、可用于木器着色
	碱性品红(盐基品红)	黄绿色结晶块或砂粒状、溶于冷或热水中呈红紫色、极易溶于酒精、呈红色、遇浓硫酸呈黄棕色、稀释后几乎无色
	碱性艳蓝 BO	棕色膏状物、微溶于冷水、溶于热水、易溶于酒精、均呈蓝色、用于竹、木着色
	碱性艳蓝 B	深蓝色或灰绿色粉末、溶于水及酒精中呈蓝色、可用于竹、木着色
	碱性绿(盐基品绿)	绿色结晶、溶于冷水、热水中呈绿色、易溶于酒精、呈绿色带光泽、用于竹、木着色
	碱性棕(盐基棕 G)	棕色粉末、易溶于水中呈棕黄、微溶于酒精、不溶于丙酮和苯、用于竹木着色
直接染料	从略	

30.1.5 颜料和染料

30.1.5.1 颜料

颜料是一些不溶于水、油、树脂和有机溶剂的固体粉末，按其成分分为无机颜料和有机颜料；按其用途可分为体质颜料和着色颜料。

1. 体质颜料

又称填充颜料，是一种无遮盖力和着色力的无色粉状物。可增加漆膜厚度，加强漆膜体质，使其坚硬、耐磨。主要用于调配腻子、填孔剂、各种色漆。主要体质颜料见表30-16。

2. 着色颜料

着色颜料具有色彩和遮盖力，主要用于木材表面着色，可与油、树脂等调合，制成填孔剂、填平剂、腻子、厚漆、磁漆等各种色漆。常用着色颜料见表30-17。色淀颜料见表30-18。

30.1.5.2 染料

染料是能使木材、纤维材料等染上各种鲜明的牢固颜色的一种着色材料，大多数是有机化合物，可溶于水或某些溶剂中，染料可分天然染料和合成染料两类。用于调配木材着色剂。木材着色处理时常用染料见表30-19。

30.1.6 溶剂

在涂料制造和施工过程中，凡能溶解油类、树脂、硝化纤维素等成份的易挥发的有机物质均称为溶剂。同一种溶剂对于不同的成膜物质的溶解能力是不相同的，因此各类漆所用的溶剂是不同的，必须配套使用。木材涂料的溶剂种类、特性和理化性能见表30-20，表30-21。

30.2 木材与涂装的关系

木材是由多种中空管状的细胞按一定规律大量集合而成的一种天然高分子材料，具有多孔性、各向异性、干缩湿胀的特性，含有水分和空气，具有美丽的颜色和花纹，并

表 30-20 木材涂料的溶剂种类与特性

类别	溶剂名称	特性	应用
萜烯溶剂		无色或呈浅黄色透明液体，对天然树脂和油料的溶解力大于石油溶剂小于苯类，对眼睛和皮肤有刺激	油基漆、酚醛漆、醇酸漆，调配油性腻子
石油烃类溶剂	200号溶剂汽油（松香水）	无色透明液体，有汽油味。有毒性，能溶解油类、长油度改性树脂及松香等	油性漆的溶剂和稀释剂，调配油性腻子
	煤油	无色液体，有臭味，挥发慢	油性填孔料，漆膜抛光
苯类溶剂	苯	无色透明液体，有特殊芳香味，挥发快，有毒，易爆易燃	硝基漆
	甲苯	无色透明液体，有芳香味，挥发速度比苯慢，毒性比苯小	醇酸树脂漆、硝基漆、丙烯酸漆等
	二甲苯	无色透明液体，挥发速度中等，有低毒	醇酸树脂漆、聚氨酯漆等
	苯乙烯	无色透明液体，具辛辣味，易燃，易挥发，有毒	聚酯漆及光敏漆
醇类溶剂	乙醇(酒精)	无色透明液体，有酒气味，易燃，易挥发，能与水混和	调配虫胶漆，硝基漆助溶剂
	丁醇	无色透明液体，有酒气味，挥发速度比乙醇慢，能调节溶剂的挥发速度防止硝基漆膜发白	氨基树脂漆、硝基漆的助溶剂
酯类溶剂	醋酸乙酯	无色透明液体，有水果香味，挥发快，易燃，沸点低	硝基漆、聚氨酯漆
	醋酸丁酯	无色透明液体，有水果香味，挥发速度中等，为中沸点溶剂，对眼及呼吸道有刺激作用	硝基漆、聚氨酯漆
	醋酸戊酯	无色透明液体，具香蕉味，沸点高，挥发速度较慢，能改善涂层的平流性，防止漆膜发白，对眼与结膜有刺激作用，与醋酸乙酯，醋酸丁酯合用可以提高溶解力	硝基漆、聚氨酯漆
酮类溶剂	丙酮	无色透明液体，极易挥发和易燃，溶解力强，对中枢神经有麻醉作用	硝基漆、过氯乙烯漆
	环乙铜	无色或浅黄色透明液体有杏仁气味，沸点高，挥发慢，溶解力强，低毒，能改善涂层的流平性和防止发白	聚氨酯漆

表 30-21 常用有机溶剂的理化性能

序号	溶剂名称	沸点(℃)	闪点(℃)	自燃点(℃)	比重(20℃)	挥发率(min)5ml/25℃	最高允许浓度(mg/m³)
1	苯	81.1	−11	580~650	0.878	12~15	50
2	甲苯	110.6	4	550~600	0.871(15℃)	36	100
3	二甲苯	135~145	29.5	490~550	0.862	81	100
4	200号溶剂汽油	165~200	33	/	0.795	440~450	300
5	松节油	150~170	30	263	0.87~0.89	450	300
6	煤油	160~285	/	227.7	0.800	4000	/
7	乙醇	78.32	14	390~430	0.789	32	1500
8	丁醇	117.75	35	340~420	0.809		200
9	丙醇	56.2	−17	600~650	0.791	5	400
10	环乙酮	156.7	47	520~580	0.948		/
11	甲乙酮	79.57	−7	550~615	0.805		/
12	醋酸乙酯	77.15	−5	480~550	0.902	10.5	200
13	醋酸丁酯	126.5	23	420~450	0.880	65	200
14	醋酸戊酯	142.1	−34.4	560~600	0.876	90	100
15	三氯乙烯	86.7	/	/	1.465		50
16	三氯乙烷	113.65	/	/	1.443		/
17	二氯乙烷	83.7	17	450	1.225		50
18	氯化苯	131.8	28	/	1.107		50
19	石油醚	40~70	−50	246	0.60	/	/

表 30-22 木材构造与涂装之间关系

构造名称	说　明	与涂装之关系
年轮	生长于寒、温、暖带之树木在一年中，因春夏生长较迅速，秋冬生长较慢，生长于热带之树木，因雨季生长较快，干季较慢，所形成之木材有粗细之分，自木材一端横断面观察，有明显圈形可见，即年轮，表示一年之生长期	美观，龟裂
秋材	每一年轮由一层春材与一层秋材所组成，较内一层，系于生长期间早期形成密度较低，细胞较大部分称为春材而较外一层，于生长期间后期形成之密度较高，细胞较小部分称为秋材	涂料吸收差异，附着性不均匀
边材心材	树干中心部分与外周部分之比重，含水量等均有差异，颜色较淡含水量较高者谓边材，颜色较深含水量较低者称心材，而心材常较边材易于发生面裂、蜂巢裂，而耐久性亦大	不同材色，反翘，龟裂
细胞导管	仅存在于阔叶树，具有较大直径之管状细胞，运输树液	陷落，收缩皱纹，龟裂、针孔
管胞	存在于针叶树，呈两端尖形之细长中空管状细胞，细胞膜具纹孔，有导管与木纤维之作用，运输树液及强化树体	陷落，收缩皱纹，龟裂，涂料吸收
木纤维	存于阔叶树，细长两端尖之细胞，膜壁厚，纹孔小且少，赋予强固性	涂料吸收差异
放射组织	在横断面自髓心及其他部分横跨年轮向树皮方向形成放射状之细长细胞组织，起分配及贮存养分作用	美观，涂料吸收差异、龟裂
树脂沟	贮藏或移动树脂的细胞间隙	收缩皱纹、干燥不良

表 30-23 主要阔叶树材弦切面上空隙所占的比例

树种	导管 管孔的排列	V_v(%)	A_v(%)	$A_v/c'\times 100\%$	弦切面上空隙所占的比例(%) c'	c''	R	$c\%$
水曲柳	环孔材	5.6	4.4	10	44.4	60.1	0.52	65.4
麻栎	放射性散孔材	7.2	5.8	29	20.0	32.8	0.84	34.0
白蜡树	环孔材	11.7	8.2	15	52.9	64.2	0.49	67.4
桦木	散孔材	16.5	13.8	32	43.0	51.4	0.68	44.6
椴木	散孔材	28.3	24.9	37	65.7	68.8	0.47	58.7
桑木	环孔材	28.6	25.4	49	51.8	61.8	0.58	51.3
榆木	环孔材	32.3	27.3	58	47.0	58.0	0.61	49.4
山毛榉	散孔材	41.2	36.2	76	48.1	60.3	0.62	48.7
日本七叶树	散孔材	32.9	28.0	48	58.3	65.5	0.48	58.0
连香木	散孔材	51.9	42.0	72	57.7	63.0	0.47	58.7
印度紫檀	不完全环孔材	7.1	6.5	10	68.2	77.1	0.52	65.4
龙头树	散孔材	7.4	6.8	18	37.1	54.1	0.72	42.0
白柳桉	散孔材	17.0	16.0	23	69.6	77.4	0.49	67.4
阿必东	散孔材	23.0	21.6	65	33.4	48.5	—	—
红柳桉	散孔材	25.5	24.5	36	68.3	79.7	0.61	49.4
奥蒙柳桉	散孔材	30.6	29.4	52	56.4	72.3	0.58	51.3
登吉红柳桉	散孔材	34.6	32.3	54	60.1	77.3	0.52	65.4
麻可尔	放射性散孔材	18.7	16.8	39	43.4	58.7	0.67	45.4

注：V_v：导管容积比例；A_v：在弦切面上导管槽面积所占比例
　　c'：在弦切面上木射线组织以外的空隙面所占比例
　　c''：在弦切面上空隙面所占比例
　　R：密度
　　c：空隙率 $= 1 - 0.667R$

表 30-24 磨料(粒度)和组织鲜明度的关系

材面 粒度	水青冈			桦木			光叶榉			大齿蒙栎			日本水曲柳		
	材面纹理	射线	导管	材面纹理	射线	导管	材面纹理	射线	导管	材面纹理	射线	导管	材面纹理	射线	导管
80 号	×	△	×	×	△	×	×	△	△	×	△	△	×	△	△
120 号	×	△	×	×	○	△	×	○	△	×	△	○	×	○	○
150 号	△	○	×	○	○	○	△	○	○	△	○	○	△	○	○
180 号	△	○	△	○	○	○	○	○	○	○	○	○	△	○	○
240 号	○	○	△	○	○	○	○	○	○	○	○	○	○	○	○
280 号	○	○	○	○	○	○	○	○	○	○	○	○	○	○	○

注：○鲜明，△尚鲜明，×不鲜明。在磨削表面上涂一次木材封闭底漆后进行观察

表 30-25 适于涂装的木材含水率

	使用地点	中国台湾(%)	日本(%)	美国(%)	英国(%)	丹麦(%)	中国大陆(%)
家具材	常湿~轻度暖气设备屋内	8~15	10~15	10~15	5~10	≤10	8~15
	有火炉暖气设备屋内	—	—	—	—	8~12	—
	有蒸汽暖气设备屋内	6~8	8~10	—	5~8	—	6~8
建材	窗框材	10~16	13~15	13~15	12~15	—	10~16
	屋外门扉材	—	—	—	12~15	14~18	—
	室内地板	—	—	—	—	8~10	—
	建筑用材	10~16	15~17	15~16	—	—	10~16
年平均温度、湿度		—	27℃ 75%~80%	20℃ 70%~75%	25℃ 60%~65%	—	—

含有单宁、树脂与色素。纤维板、刨花板等木质材料是由纤维、刨花等按一定要求用胶结合压制而成，同样具有多孔性，各向异性，干缩湿胀，含有空气、水分的特点。这些都给涂装带来重大的影响，在进行涂装时，必须了解它并予以充分考虑。

30.2.1 木材构造与涂装的关系

(1) 木材构造与涂装的关系见表 30-22。
(2) 木材表面的空隙：木材表面具有一定的粗糙度和空隙率，木材表面的空隙见表 30-23。
(3) 木材表面组织鲜明度与磨光的关系：木材表面组织结构鲜明度关系到制品涂装后木材质感的呈现，表面组织结构鲜明度与磨光(磨料粒度)的关系见表 30-24。

30.2.2 适于涂装的木材含水率

木材含水率的高低极大地影响涂装的质量和木制品的尺寸、形状的稳定性及牢固度，通常要求被涂饰木材的含水率应低于或等于制品使用环境的年平均木材平衡含水率。适于涂装的木材含水率见表 30-25。

30.2.3 木材在涂装中的变色与阻聚

木材主要由纤维素、半纤维素、木素三种化学成分组成，同时含有微量的抽提成分如单宁、树脂色素、精油等。在木材加工和涂饰过程中，由于接触酸、碱、光、菌、酶，往往引起变色，涂料不干等，严重影响施工及其质量。

表 30-26 木材变色的特性

分类	变色原因	实例
采伐之后		
外界污染 生物因素	微生物繁殖	蓝变色
化学因素	金属离子的结合	铁污迹
	酸的结合	柿树科斑木的红变色
	碱的结合	水泥的胶结
物理因素	受热	垫条污迹
	光照射	太阳光引起的变色
接近污染源	酶	日本柳杉的黑变色
	树脂	树脂的渗漏
在庇荫处	修枝不规范	棕色条纹
	沉积物质	存在污点

30.2.3.1 木材变色

1. 木材变色的特性

木材变色的特性见表 30-26。

2. 铁变色

木材在涂装中用氧化铁红腻子填补孔缝，有时材面会发黑，在铁钉和铁质接件的周围木材也会变黑，这是木材中单宁与铁离子在一定条件下发生化学反应而产生的黑色物质所致。不同树种木材对铁的敏感度不同，如表 30-27。

3. 酸变色、碱变色

各种树种木材对酸、碱变色的敏感性，见表 30-28、表 30-29。

30.2.3.2 木材对不饱和聚酯树脂漆和苯乙烯的阻聚

某些树种木材内含的一些抽提成分对不饱和聚酯树脂和

表 30-27 导致各种木材变色的氯化铁 $(FeCl_3)$ 溶液的最低浓度

木材树种	浓 度
黑核桃、柚木、楝树	0.00005
黄波罗、娑罗双属、樟树、春榆、桃花心木、斑木、日本山毛榉	0.00001
栎木、桦木、椴木、山樱、梨属、日本栗、槭属、光叶榉、日本赤松、金合欢属、日本柳杉、美国扁柏、花旗松	0.000005
日本扁柏、泡桐	0.0000013

表 30-28 各种木材树种对酸变色(污染)的敏感性

变色等级	树 种	单宁含量(%)	色差($\triangle E$)
强	日本赤松	0.1	15.3
	日本山毛榉	0.4	13.3
	金合欢属	—	13.8
	槭属	0.6	10.0
	日本扁柏	0.1	10.6
	日本柳杉	0.3	6.3
	花旗松	0.3	10.9
中	美国扁柏	0.2	7.4
	桦木属	0.3	6.3
	娑罗双属	0.2	5.9
	木兰属	0.4	6.3
	水胡桃	2.1	4.7
	黑核桃	2.0	3.1
	日本栗	—	1.9
弱	日本泡桐	0.6	5.0
	栎	5.6	3.1
	柚木	0.4	1.5

表 30-29 各种树种木材对碱变色(污染)的敏感性

变色等级	树 种	单宁含量(%)	色差($\triangle E$)
强	水胡桃(心材)	2.1	25.6
	栎(心材)	5.6	11.9
	黑核桃(心材)	2.0	9.5
	日本山毛榉(心材)	0.4	20.9
	花旗松(心材)	0.3	15.2
	日本柳杉(心材)	0.3	15.3
	栎(边材)	1.2	18.2
	槭属(心材)	0.6	16.0
	日本泡桐(心材)	0.6	9.3
	美国扁柏(边材)	0.1	12.7
	美国扁柏(心材)	0.2	4.1
中	桦木属(心材)	0.3	7.7
	娑罗双属(心材)	0.2	5.8
	日本赤松(心材)	0.1	3.3
	柚木(心材)	0.4	3.6
	楝属(边材)	0.2	1.5
弱	楝属(心材)	0.4	1.6
	日本扁柏(心材)	0.1	8.2
	日本柳杉(边材)	0.1	3.4

表 30-30 发生阻聚的树种、涂料、起因物质

树 种	起因物质*	受阻聚的涂料**
大绿柄桑	带氢菌素	UPR, St
北美肖楠	羟基百里酚，百里醌等	UPR
婆罗洲铁木	醚抽提物	UPR
鱼鳞松	热水抽提物	氯化乙烯树脂+γ线
铅笔柏	甲醇抽提物	UPR
弓木	羟基白藜芦醇	UPR
落叶松	黄杉素，山奈二氢素，槲皮黄素等	St
柿树	黑条纹的部分	UPR
龙脑香树	香兰素，阿魏酸，没食子酸	UPR, St
巴西黄檀	醚抽提物	UPR
昆士兰内药樟	局部产生不固化	UPR
大花羯布罗香	局部产生不固化	UPR
云南石梓	醚抽提物	UPR
光叶榉	榉黄素，二氢榉黄素，α-萘醌	UPR
柿树科	萘醌类物质	UPR
巴拿马黄檀	黄檀素，Latifoling,$C_{10}H_{14}O_3$	UPR
日本花柏	日本花柏生物碱	St+γ线，UPR
日本罗汉柏	橙皮油素	St+γ线
澳洲黑假山毛榉	黄杉素，儿茶酚鞣花酸	UPR
美国西部侧柏	黄杉素，儿茶酚鞣花酸	UPR
美国花柏	大叶崖柏素	UPR
红桧	稀丙基芸香碱	UPR
美国鹅掌楸	乙醇抽提物	UPR
梧桐	萘醌衍生物	UPR
愈疮木	愈疮木酚，愈疮	UPR
木姜子类	醚抽提物	UPR
娑罗双树属	醚抽提物，产生点状不固化	UPR
黑黄檀	醌类	UPR
交趾黄檀	醌类	UPR
日本柳杉	山达海松酸	UPR, St+γ线
亚杉	木聚糖	UPR
兴安落叶松	丙酮抽提物	St
柚木	二氢柚木焦油，tectol 等	UPR
紫檀	丁酰芪	UPR

注：* 在起因物质中也包括从构造上推定的物质
　　**UPR：不饱和聚酯树酯
　　St：苯乙烯

苯乙烯起阻聚作用，如表 30-30 所示。

30.3 涂装方法与设备

30.3.1 涂装方法的分类

涂装方法的分类见表 30-31。

30.3.2 手工涂装方法与工具

手工涂饰方法与工具见表 30-32。

表 30-31 涂装方法的分类

原理	涂装方法	使用器具、机械	特点	适合工程、被涂物	效率
A 接触	毛刷涂装	用毛刷粘涂料	简便，涂料浪费小	均可	低
	刮涂	用刮刀均匀刮涂	高黏度，厚膜，浪费小	基材填孔，嵌补	低
	擦试涂装	用棉布擦涂料、着色剂	填充木材导管，着色鲜明	涂腻子，着色剂，防止缩孔，基材平坦，可着色	低
	辊筒涂装	利用回转的辊筒将涂料转移到工件表面上	适合平面，大量连续涂装	适合平板涂装	高
B 浸涂	浸渍涂装	在涂料中浸渍，残余部分自然滴下	简便，全面涂装，涂膜均匀，但木毛会浮出	一次可多量浸渍，小型物品可同时着色，均匀	高
B+A	抽涂	通过涂料，拂去多余涂料	涂膜均一，但不易厚涂	细长的圆棒，如钓竿，铅笔等	中
C 流下	淋涂	涂料如帘幕状流下落在工件上	涂膜均一，浪费小，可大量连续涂装。	适合平板涂装	高
C+A	转桶涂装	被涂物倒入涂料桶内加入涂料，回转涂料桶，被涂物与涂料接触	涂料浪费小，适合小型物品	小型大量物品(球型状零件)适合底漆，并可用滚动方式砂光	高
C+E	流涂离心	笼状器内流入涂料，笼状器转动被涂物，离心振动去除残余涂料	涂膜会有不均匀的情形发生	小型大量物品的生产，适合简单的涂装	高
D 雾化喷涂	空气喷枪	压缩空气将涂料雾化喷涂	涂膜平滑均一，需要较多的稀释剂。涂料利用率较低	适用面广，但不适合极细小的网状工件	高
	加温喷涂(热喷涂)	用加温降低涂料黏度，减少涂料内稀释剂用量，适合雾化喷涂	涂膜平坦均一，减少稀释剂的使用，增加涂膜涂布，减少发白现象	适应性广，不适合反应型涂料	高
	无气喷枪	利用高压泵压送涂料于喷头作雾化喷涂	涂膜平滑均一，可厚涂，涂料反弹少	适应性广，但较细小的物品不宜	高
	辅助式无气喷枪	降低无气式雾化不良的缺点	涂膜平滑均一，较无气式喷涂优良	适应性广，较细小的物品不宜	高
D+E	静电涂装	雾化的涂料带负电，被吸引到带正电的被涂物，涂料包覆被涂物	涂料浪费少，涂膜最均匀，适于大量作业	立体面、弯曲面	高

表 30-32 手工涂饰方法与常用工具

种类	工具名称	工具概况	用途
漆刷类	排笔	由4~20支羊毛笔组合而成	用于刷虫胶、硝基漆、聚氨酯漆、丙烯酸漆和水性染色剂等黏度较低的涂料。
	羊毛板刷(底纹刷)	羊毛制的木柄刷子，原用于绘画刷底色	同上
	毛笔	用于写字的大小楷笔，羊毛等制作	同于补色
	油漆刷(扁鬃刷)	用猪鬃制成，刷毛宽度15~150mm多种规格，毛较粗硬，弹性好	涂刷酚醛，醇酸等黏度较高的清漆和色漆
	大漆刷(国漆刷)	用人发或牛尾制成，先将毛发胶成整支，再外包木板，毛口短	刷涂生漆、推光漆和广漆等高黏度大漆
刮刀类	铲刀(油灰刀)	木柄铲刀由薄钢板制作，38、50、75mm等多种宽度，弹性较好	常用于调配嵌刮腻子、填孔剂，铲除旧漆膜、胶迹等
	钢板刮刀	用薄钢板制成，宽度较大	刮涂腻子、填平剂。用于面积较大的工作平表面施工
	橡皮刮刀	用耐油橡胶制成，分装手柄的和无手柄的，前者适于平面施工，后者可用于弧面，曲线施工	刮涂腻子和印刷木纹的底漆，无柄的橡胶板块，可弯曲与工件的曲面(如弯腿、圆柱形档子等)相应后刮涂腻子
	塑料刮板	可用多种合成树脂塑料板制成，弹性、硬度可调节，刮涂腻子、填孔剂等	刮涂腻子、填孔剂等
	嵌刀(脚刀)	长条状，一端平口，一端斜口	将腻子嵌补于制品的虫孔、钉眼、裂缝、榫头接缝等，使表面平整。用于剔除线角等处积聚的腻子、填孔剂的残留物，使线角清晰
	牛角刮刀	用水牛角制成，富有弹性，不易刮伤木材表面	刮腻子和油性填孔剂
揩擦涂具	棉花团	在脱脂棉或旧羊毛绒线、尼龙丝等细纤维团外包细棉布或涤棉布、细麻布等，成团状。可吸收一定量涂料，在揩擦时将涂料敷在工件表面	擦涂虫胶漆、硝基漆等挥发性涂料
	填孔染色剂	有棉纱团、海绵、竹刨花(竹花)等	用于擦揩填孔剂，也可用于揩涂水性染色剂，不起毛着色剂等

表 30-33 国产喷枪的技术参数和特点

型号	喷嘴直径(mm)	压缩空气压力(MPa)	漆雾截面尺寸(mm) 圆形	漆雾截面尺寸(mm) 椭圆形长轴	漆壶容量(kg)	喷涂距离(mm)	质量(kg)	特点
PQ-1	1.0 1.2 1.5	0.28~0.35	38	—	0.6	250	0.4~0.46	涂料损失小适于喷涂小型工件
PQ-2	1.2 1.5 1.8 2.1	0.4~0.5	35	≥140	1.0	260	1.2	操作简便稳定性好，易更换涂料品种，适于中、小喷涂量的涂装

表 30-34 喷枪按供漆方式分类

型式	特点
吸入式	①贮漆罐安装在枪身下方涂料添加和更换容易；②喷出量受涂料黏度影响；③贮漆罐容量小，仅适于小面积喷涂；④喷枪重，不适于长时间喷涂作业；⑤过度倾斜贮漆罐，涂料易溢出
自流式	①贮漆罐安装在枪身上方；②少量涂料也可喷涂；③如贮漆罐换成吊桶，则适于大面积喷涂；④喷出量受涂料液面高度影响；⑤多种涂料要备多个贮漆罐或吊桶；⑥涂料吊桶输料管长，清洗困难
压入式	①适于大面积大批量喷涂；②喷涂量可调；③喷枪方向不受限制；④无贮漆罐，喷枪质量轻；⑤多种涂料要备多个压力漆桶及输料连管；⑥需配空气压缩机，费用高；⑦清洗困难

30.3.3 机械涂饰方法及设备

30.3.3.1 空气喷涂

1. 空气喷涂的工作原理

当压缩空气从喷枪的环状喷嘴喷出时，在喷嘴处形成局部真空，从喷漆嘴流出的涂料一进入真空区，就被后续喷出的高速气流所分散，成雾状涂料微粒射流，并溅落在工件表面，微粒叠落流展形成连续的涂膜。

2. 空气喷涂设备

空气喷涂设备通常由喷枪，空气压缩机，压力漆桶，输漆(气)软管，油水分离器和喷涂柜(室)等组成。

(1) 喷枪：喷枪是将涂料分散形成涂料微粒射流并喷到工件表面上的专用器具。国产的PQ-1型称对嘴式喷枪，PQ-2型称同心式喷枪。同心型喷枪使用广泛。国产喷枪的技术参数和特点见表30-33。喷枪按供应方式分类见表30-34。

(2) 空气压缩机：用以产生压缩空气，供喷枪和压力漆桶，以进行喷涂和将桶中涂料不断输送给喷枪。喷涂时通常用小型往复式空压机。应根据喷枪的空气耗量确定空压机的容量。

(3) 压力漆桶：在喷漆量较大时使用。桶内贮放涂料，当通入压缩空气时，涂料被压送入喷枪，供喷涂。

(4) 油水分离器：压缩空气中通常带有油和水，若油、水进入涂层中，就会产生漆膜发白、针孔、失光等缺陷。故必需用油水分离器。

(5) 喷涂室：主要作用是排除空气中的漆雾和溶剂蒸汽，保护环境。喷涂室的种类很多。按工件装卸和作业方式可分为间歇式和连续两类。间歇式多用于单件或小批量工件的涂装。连续式适于大批量生产。按漆雾过滤方式可分为干式和湿式喷涂室。干式采用折板、垫网进行过滤，结构简单，过滤漆雾不彻底，适于小量喷涂。湿式用水过滤漆雾，效果较好，需要循环系统，定期清除废漆。湿式喷涂室应用广泛。废水需净化处理后，才能排放。

3. 空气喷涂工艺

喷枪操作技术正确与否是影响喷涂质量的最重要因素。如保持喷枪垂直工件表面，喷枪平行移动进行喷涂，相邻涂层应有30%~50%重叠，先喷边线再喷平面，喷涂杆状工件时可边迴转工件，边沿工件轴向移动喷涂等。常用涂料的工艺条件见表30-35。

4. 空气喷涂特点

优点：适应性强，可喷黏度10~60s的涂料。不受制品形状尺寸的限制，设备价格较低，操作较方便。

缺点：涂料损耗大，涂料利用率一般为30%~70%，喷涂椅子等框架制品时仅为10%~30%，污染环境严重，大量有机溶剂逸散到大气中。

30.3.3.2 无气喷涂

1. 无气喷涂的工作原理

无气喷涂又称高压无气喷涂，是利用压缩空气等驱动高压漆泵，使涂料增压到10.0~30.0MPa，经软管送入喷枪，当高压涂料通过喷嘴进入大气时，因失压体积立即剧烈膨胀，

表 30-35 常用涂料喷涂的工艺条件

工艺条件	硝基漆	酸固化漆	聚氨酯漆	聚酯漆
空气压力(MPa)	0.22~0.40	0.25~0.40	0.35~0.40	0.15~0.20
喷嘴直径(mm)	1.5~1.8	1.5~1.8	1.2~1.9	0.8~1.2
涂料湿度(℃)	20~24	20~24	20~24	20~24
涂料黏度(涂-4)(s)	10~20	20~45	11~18	14~30
喷距(cm)	小型喷枪 15~20，大型喷枪 20~25			

表 30-36 喷嘴口径的应用性能

口径(mm)	涂料流动特性	实 例
0.17~0.25	非常稀薄	水、溶剂
0.27~0.33	较稀薄	硝基清漆
0.33~0.45	中等黏度	底漆、油性清漆
0.37~0.77	较黏稠	油性色漆、乳胶漆
0.65~1.80	非常黏稠	沥青漆、厚浆涂料

分散成极细的涂料微粒,被喷到制品表面形成涂层。

2. 无气喷涂设备

无气喷涂有常温无气喷涂、加热无气喷涂和静电无气喷涂三种。常温无气喷涂在生产中使用较普遍,它主要由高压泵(柱塞泵)、蓄压贮漆桶、过滤器、喷枪等组成。压缩空气驱动柱塞泵,吸入涂料并加压后送入蓄压贮漆桶中贮存,喷涂时通过高压软管送至喷枪进行喷涂。常温无气喷涂适于低黏度的涂料。

(1) 喷枪是高压无气喷涂最重要的部件,由枪身、喷嘴、过滤网与管接头等组成,它只有一个涂料通道。喷嘴用蓝宝石、碳化钨等耐磨材料制成,多呈橄榄形,喷嘴孔的几何形状和光洁度要求极高,以保证涂料微粒化,喷涂射流形状等进而保证涂饰质量。

喷嘴的射流角度通常为 30°~80°,常用射流幅度为 200~450mm,使用不同性能的涂料时应选用相应规格的喷嘴,喷嘴口径的应用性能见表 30-36,常用喷嘴的型号和性能见表 30-37。

(2) 高压泵由高压泵赋于涂料高压以实现无气喷涂。按泵结构有柱塞泵和双隔膜泵,驱动泵工作的动力可以是压缩空气、油压和电机。无气喷涂设备型号及性能见表 30-38。

表 30-37 常用喷嘴的型号与性能

中国 6801 厂			美国 craco			日本旭大隈			日本岩田		
型号	流量(l/min)	幅度(mm)	型号	流量(l/min)	口径(mm)	型号	流量(l/min)	幅度(mm)	型号	流量(l/min)	幅度(mm)
008-30	0.8	300	163-615	0.80	0.38	14C13	0.90	330	2507	0.90~1.02	230~280
011-35	1.1	350	163-617	1.02	0.48	18C15	1.16	380	3003	<0.54	280~350
014-35	1.4	350	163-619	1.29	0.48	25C15	1.42	380	3004	0.54~0.72	280~350
017-35	1.7	350	163-621	1.59	0.53				3005	0.72~0.90	280~350
017-40	1.7	400	163-721	1.59	0.53	25C17	1.42	430	3006	0.90~1.08	280~350
020-35	2.0	350	163-623	1.89	0.59	10C15	1.93	380	3007	1.08~1.26	280~350
020-40	2.0	400	163-723	1.89	0.59	0C17	1.93	430	4003	<0.72	350~450

表 30-38 无气喷涂设备型号及性能

型号	压力比或功率	空气压力(MPa)	涂料压力(MPa)	最大输料量(l/min)	生产厂	动力
DGP-1	0.4kW/220V	—	18.0	1.8	上海液压件三厂	电动
GP2A₁	36∶1	0.4~0.6	18.0	10	上海液压件三厂	气动
GPQ2C	64∶1	0.4~0.6	31.4	10	中国 6801 厂	气动
GPQ3C	44∶1	0.4~0.6	21.6	14	中国 6801 厂	气动
GPD-08	0.8kW/380V	—	21.6	1.7	中国 6801 厂	电动
Bulldog	30∶1	0.4~0.7	20.6	11	美国 Craco	气动
King	45∶1	0.4~0.7	27.5	13	美国 Craco	气动
AP1224	25∶1	0.4~0.6	14.7	6.0	日本旭大隈	气动
AP1844	30∶1	0.5	14.7	14.0	日本旭大隈	气动
AP2544	65∶1	0.5	31.9	14.0	日本旭大隈	气动
AP2554	45∶1	0.5	22.1	14.0	日本旭大隈	气动
AP3354	70∶1	0.5	34.3	6.0	日本旭大隈	气动
AM-600	0.6kW/200V	—	17.7	1.8	日本旭大隈	电动
AM-750	0.75kW/100V	—	17.7	3.0	日本旭大隈	电动
ALS-533	32∶1	0.1~0.7	22.0	13.1	日本岩田	气动
ALS-31-C	14∶1	0.4~0.7	0.8	11.4	日本岩田	气动
ALS-453	53∶1	0.4~0.7	36.3	4.0	日本岩田	气动
ALS-543	45∶1	0.4~0.7	30.9	9.6	日本岩田	气动
DAE-07	0.7kW/100V	—	20.6	3.3	日本岩田	气动
Finish104	0.45kW	—	25.0	1.1	德国 Wagner	电动
Finish106	0.85kW	—	25.0	1.6	德国 Wagner	电动
Finish205	1.2kW	—	25.0	2.1	德国 Wagner	电动
Finish207	2.2kW	—	25.0	3.6	德国 Wagner	电动

表 30-39 无气喷涂工艺条件

涂料种类	黏度(涂 -4)s	涂料压力(MPa)	喷距(mm)	喷枪运行速度(cm/s)
硝基漆	25~35	8.0~10.0	以上一般为300~500，太远会使漆面粗糙，损耗涂料；太近可能产生流挂和涂层不匀	一般宜50~80，据喷嘴口径、涂料黏度、压力、喷距和涂漆量决定，以保证漆膜厚度和均匀性
挥发型丙烯酸漆	25~35	9.0~11.0		
醇酸磁漆	30~40	10.0~11.0		
合成树脂调合漆	40~50	9.0~11.0		
热固性氨基醇酸漆	25~35	10.0~12.0		
热固性丙烯酸漆	25~35	12.0~13.0		
乳胶漆	35~40	12.0~13.0		
油性底漆	25~35	12.0		

(3) 高压贮漆桶用于贮存并稳定获得高压的漆料，以保证连续向喷枪供应压力稳定的涂料。

(4) 过滤器用于滤去涂料中的杂质、漆皮、污物，以免堵塞喷嘴，影响喷涂质量。

(5) 高压软管用于输送高压涂料。要求耐高压、耐油、耐腐。

3. 无气喷涂工艺（表 30-39）

4. 无气喷涂的特点

优点：生产率较气压喷涂高，一支喷枪每分钟可涂3.5~5.5m²，一次可喷较厚涂层，涂料利用率高，漆雾损失小，适用性强，可喷高黏度涂料。不受工件形状尺寸限制，拐角凹陷处涂装质量也好。

缺点：喷出量和喷涂幅度不能调节，只有更换喷嘴才能改变装饰质量，表面精细度不及空气喷涂。

5. 空气辅助高压无气喷涂

空气辅助高压无气喷涂（Air Assisted Airlesss Pray，简称 AA 喷涂）是近年在国外兴起的一种新型喷涂方法，它是克服了空气喷涂与高压无气喷涂的缺点（前者涂料损耗大，后者质量不理想）并巧妙将二者结合一起的一种新方法。此法主要保留无气喷涂诸多优点，以无气喷涂为主，但是降低高压无气喷涂的涂料压力，减小喷涂射流的前进速度。无气喷涂时喷涂射流的前进速度过低则使射流造成雾化不均匀的现象，此时加上少量空气帮助改善雾化效果，故称空气辅助高压无气喷涂，其最大特点是涂料失少，喷涂表面质量好。

原高压无气喷涂的喷枪比较简单，只用输漆软管将高压涂料关入喷枪，经小的喷嘴喷出即可，AA 法则在原喷枪喷头上增加空气孔将少量低空气（100kPa左右）送入喷枪经空气孔喷出，帮助雾化使高压涂料的漆雾变得非常的柔软细腻，这样便改善了高压无气喷涂的涂饰质量又保持了低的涂料损耗。此时涂料压力可降至5MPa以下。

AA 喷涂法的优点如下：

(1) 涂料损失少：AA是几种喷涂法中涂料损失较少的一种。根据有关实际测定资料：空气喷涂的涂着率平均20%~40%，高压无气喷涂为40%~60%，AA 为70%~80%，静电喷涂为80%~95%。

(2) 雾化质量好：AA喷涂实际上是将涂料加上一定压力（压力低于无气喷涂），使其涂料自身能够雾化，同时加上较小的空气压力来使用彻底雾化，该过程实际上是二次雾化的过程，因此雾化效果好，喷涂质量比无气喷涂好。

(3) 可以调节喷束形状：由于喷枪上有喷束调节孔，可以根据被涂饰产品形状调节喷束形状以达到最佳效果。

此法应用范围广泛，适于各类高档家具与工艺品的涂饰，在国外家具表面喷涂应用较多，近年在我国家具行业也开始应用起来。

30.3.3.3 静电喷涂

1. 静电喷涂原理

静电喷涂利用电晕放电现象，将喷具接负极作电晕电极，而被涂工件接地作正极，当两者接上直流高压时，被喷具分散的涂料微粒带负电，在电场力作用下，被吸引和附着沉积在工件表面上形成涂层。

2. 静电喷涂装置

静电喷涂装置（表 30-40）有自动涂饰的固定式和手提喷枪的移动式两类。按涂料雾化方法，可以分静电喷雾化、空气喷雾化和液压喷雾化。

转杯式静电喷涂使用较多，它由喷杯、高压静电发生器，运输装置和供漆装置等组成。

表 30-40 静电喷涂装置的组成

序号	主要装置名称	作 用
1	喷涂机	喷具、电机、支架等，用于将涂料微料化，实施喷涂
2	高压静电发生器	提供静电喷涂所需的，输出稳定的高压直流电，电压通常为0~12万 V
3	供漆装置	贮漆桶和定量供漆装置，向喷具供应涂料
4	运输装置	运送被涂制品，如悬挂式运输链等
5	喷涂室	是喷涂实施的空间，排出喷涂时产生的漆雾和溶剂蒸汽，以保护环境

3. 静电喷涂工艺

木材表面静电喷涂的工艺条件如下：

电压：6.0～12kW，常用 8.0～10.0kW；

喷距：20～30cm，当喷距<20cm时，就有可能产生火花放电的危险，当喷距>40cm时，涂料的涂着效率就非常差；

涂料黏度：宜 18～30s。

涂料的电阻率：宜 5～50MΩ·cm，电阻率一般表示涂料的介电性能，它直接影响涂料的荷电性能，喷涂效率。可用二丙酮醇、二甲苯等溶剂或某些助剂来调整涂料电阻率。

木材含水率：宜在 8% 或以上。

4. 静电喷涂的特点

优点：涂料利用率高，可达 85%～90%，涂饰质量好，利于涂饰自动化，减轻劳动强度，改善施工环境，涂饰效率较高。

缺点：设备投资稍高，技术要求高，必须严格操作规程，防止火花放电而引发火灾，对涂料与溶剂有一定要求，形状复杂的制品，如凹陷、尖端、凸出大的部位难以获得均匀厚度的深层。

30.3.3.4 淋涂

1. 淋涂的工作原理

涂料从淋漆机头下部流出，形成一个连续的漆幕，当被涂工件被传送带载送从漆幕下通过时，其表面上就被涂盖上一层涂料。淋涂法被广泛用于板件的涂饰。

2. 淋漆机

淋漆机(表30-41)主要由淋漆机头、贮漆槽、涂料循环装置和输送带等组成。

3. 淋涂工艺(表30-42)

4. 淋涂的特点

优点：生产率高，涂料损失极小，可用于硝基漆、聚氨酯漆、聚酯漆等多种涂料的涂饰，涂饰质量较高。

缺点：只适宜于板件平表面和形状变化极小的工件，只能单面涂饰，更换涂料品种时，清洗费时，宜批量生产。

30.3.3.5 辊涂

1. 原理

辊涂法是先在涂布辊上形成一定厚度的湿涂层，再部分或全部转移到被涂饰工件表面上的一种涂饰方法。

2. 辊涂设备

辊涂机通常由辊筒、工件进给系统、供料系统、涂布辊清理装置(刮刀等)组成。按涂布辊与板件运动方向可分为顺转辊涂机和逆转辊涂机；按功用分为填腻机、着色机、涂底面漆机。辊涂机类型及特点见表30-43。

某些辊涂机技术参数见表30-44。

3. 辊涂机的特点

优点：辊涂机生产效率高，涂料损失极小，可用以低黏度和高黏度的各种涂料的涂装，涂层可厚、可薄，可涂厚度小于 10μm 的涂层。

缺点：只适用于平表面板件的涂装，被涂板件的厚度尺寸精度要求较高，厚度偏差应小于 ± 0.2mm。

30.4 涂层干燥固化

30.4.1 涂层固化机理

30.4.1.1 定义

涂装在木材表面上的液态涂层逐渐转化为固态漆膜的过程称为涂层固化或涂层干燥。

表 30-41 淋漆机的组成

序号	主要组成名称	作　用
1	淋漆机头	形成连续均匀漆幕，目前底缝式机头应用较多
2	涂料循环系统	向淋漆机头连续供应涂料，并回收漆幕未涂在工件上的涂料。漆泵将漆槽中涂料吸出，通过过滤器，调节阀送入淋头，一部分涂料由溢流阀回送到漆槽
3	传送带	输送工件，前后传送带应在同一水平面上，速度相同。输送速度可调，常为 60～90m/min
4	贮漆槽	存放涂料，为保证涂料黏度符合要求，往往装有加热和冷却装置，内置斜板，隔板用以消泡
5	受漆槽	接受未落在工件上的漆幕部分涂料
6	淋头高度调节机构	调整淋头高度到适宜值，以适应工件厚度变化

表 30-42 淋涂工艺条件

项目	工艺参数	说　明
涂料黏度(涂-4)(s)	15～130，常为 25～55	黏度高的涂料流平性差，黏度过低，不易形成良好的漆幕，应根据涂料品种，经试验确定其适宜的施工黏度
传送带速度(m/min)	60～90	传送带速度可无级调速，为 0～150m/min 要求前后传送带速度相同，速度均匀
机头底缝宽(mm)	敞开式 0.2～1 封闭式 0～0.2，常取 0.12 左右	底缝宽度大，涂料带厚，涂层变厚；底缝宽度小，涂层变薄，过小则不成幕，应根据料黏度等确定调节缝宽
机头中涂料的压力(MPa)	0～0.02 常用约 0.01	用以调节封闭式机头涂料的流出量

表 30-43 辊涂机类型及特点

类型	工作简介	特点和适用性
顺转辊涂机	工件由涂布辊和进给辊夹持送给，涂布辊旋转方向与工件运动方向一致，进给中，涂布辊上的涂料转移到工件表面上而形成涂层。涂布辊上涂层厚度由分料辊与涂布辊的间隙大小和转向而定。用泵将涂料送到涂布辊与分料辊之间	A型涂布辊与分料辊同向转动，用刮刀清洁分料辊表面。适于涂装高黏度(100～150s 涂-4杯)涂料 B型，涂布辊与分料辊逆向转动，多用于低黏度清漆的涂饰 涂层厚度可通过涂布辊、分料辊间隙，进给速度，涂布辊对工件的压力和涂料的黏度调节，可涂10～2μm的涂层
逆转辊涂机	工作时，分料辊将涂料转移到刮辊上，再转移到涂布辊上，涂布辊逆工件进给方向转动，将涂料涂在工件表面上	涂布辊对工件不加压，工件进给速度由进料辊的转速决定，分别调节涂布辊与进料辊的转速，即可调节涂层的厚度，适于涂装腻子，起填平作用
精密辊涂机	工作时，分料辊从涂料盘中吸起涂料，涂在网辊上，涂料附着在网纹内，多余涂料用刮刀刮去，涂料再从网辊转移到涂布辊上，然后涂在工件表面上。涂布辊上残余的涂料由刮刀除去，以保证涂饰量	涂层厚度控制较精确，由网辊的网纹槽尺寸结构决定。可用于涂着色剂。涂层厚度可小于10μm
辊式填孔机	进给辊将工件送进时，涂布辊将填孔剂涂敷在工件表面，接着由一组刮刀，将填孔剂压入木材孔槽内并刮掉浮在表面的多余填孔剂	用于填孔

表 30-44 辊涂机技术参数

型号 项目	BN1113辊涂着色机	T/10-2AN辊涂机	DAL1辊涂机	DAL2辊涂机	RC-4.5型辊涂机
加工件宽度(mm)	1250	1400	1300	1300	1250
加工件厚度(mm)	60	0～100			
工件传送速度(m/min)	7～26.7	6～32	6～30	6～30	10～40
涂料辊直径(mm)	200	250	238	238	
送料辊直径(mm)		163.5	174	174	
刷辊直径(mm)		250			
除尘量(m³/h)		1000			
电动机功率(kW)	8	3	5	5	6
第一涂料辊		0.56			
第二涂料辊		0.56			
刷辊		0.75			
漆泵		0.75			
外形尺寸(长×宽)(mm)	3190×1830	3350×2950	1020×1400	2100×1400	1400×3150
生产厂家	信阳木工机械厂	意大利SORBINA公司	德国贝高公司	日本望月机工制作所	

30.4.1.2 涂层固化机理(表 30-45)

30.4.2 涂层固化方法(表 30-46)

30.4.3 涂层的固化规程

30.4.3.1 涂层的固化阶段

(1) 表面干燥：是指涂料表面已干燥到不沾尘土，或手指轻触不留痕迹。

(2) 实际干燥：是指手指掀压不留指痕，涂层达实干阶段，这时漆膜硬度：硝基漆约为0.30～0.35(摆杆硬度)；聚酯约为0.35～0.55。零件可堆放，有的漆膜可以磨光，抛光。

(3) 完全干燥：漆膜硬度基本稳定，停止下陷，已具备保护装饰性能。

30.4.3.2 涂层的固化规程

影响涂层固化速度和漆膜质量的因素，有涂料种类、品种、涂层厚度、干燥固化方法、设备以及固化条件(温度、时间、升温速度、紫外线强度等)。为保证漆膜质量，需确定并控制涂层的固化条件，即制定涂层的固化规程。

涂层的固化规程举例见表30-47。

30.5 漆膜修饰

30.5.1 漆膜修饰的意义

涂层在固化过程中会发生体积收缩，使漆膜表面毛糙不平整，此外，底层不平整，涂饰不均匀，涂料流平性差，干

表30-45 涂层固化机理

分类	种类	机理模型	固化因子	反应的分类	涂料实例
物理性质的干燥固化	蒸发干燥	液态涂层 → 涂剂蒸发 → 连续漆膜；温度	温度；风量；气压	蒸发	各种硝基涂料；乳液类涂料；水性涂料
	融解冷却干燥	固体 → 融解 → 液态 → 冷却 → 连续漆膜；温度	温度	融解、冷却	粉体涂料，道路标志涂料，聚乙烯
	膨润凝胶化干燥	膨润溶液 → 融解 → 连续漆膜；温度	温度	膨润、融解	氯乙烯溶胶
化学性质的干燥固化	聚合干燥	主剂+固化剂 → 溶剂蒸发化学反应 → 连续漆膜；含不饱和基团的涂料 → 金属皂/紫外线 → 连续漆膜	温度；催化剂；附加能量（紫外线，电子线）	游离基；过氧化物；光敏剂；—；缩聚；加聚；加成聚合	不饱和聚酯；紫外线固化型涂料；电子线固化型涂料；醇酸、三聚氰胺、丙烯酸漆；两液型环氧涂料；两液型聚氨酯涂料；氨基涂料，醇酸涂料

表30-46 涂层固化方法

固化方法	含义	特点	固化方式与设备	适用范围
自然干燥	利用自然流通的空气对涂层进行干燥固化	①方法简便，不需任何干燥设备和装置；②应用广泛；③干燥缓慢，占用场面积大；④需控制温湿度，温度不低于10℃，相对湿度不高于80%	①直接在涂饰现场干燥，零部件可放在架子上，制品、零部件间留适当距离；②专门的自然干燥室固化，冬季能采暖达常温（20~25℃）；③通风遮棚下干燥固化	水性涂料、醇性涂料等，快干、无有害气体的涂料；适于硝基漆、聚氨酯漆等，慢干涂料可利用下班后昼夜干燥
热空气对流干燥	用蒸汽、热水等将空气加热，再用热空气加热涂层使之固化	①热空气温度根据涂料品种确定，挥发性涂料40~60℃，非挥发性涂料为40~80℃；②适应性强，制品、工件形状不限，大部分涂料适用；③涂料固化速度较快；④宜分阶段加热，先常温挥发，再逐渐达要求温度，否则漆膜会产生针眼、气泡等缺陷	①周期式干燥室，制品零件放在室内干燥后取出，宜小批量，单件多品种生产用，包括周期式自然循环干燥室；周期式强制循环热空气干燥室；②通过式干燥室，被涂饰制品、零件由输送装置从干燥室一端进入向另一端移动，在移动过程中加热并干燥涂层，室内分几个加热区，传送装置有带式、板式、多层小车、悬挂式等	①可对各种形状、尺寸的家具或零部件表面涂层干燥；②适用各种涂料涂层的干燥，干燥温度可调节范围较大
红外线干燥	涂层吸收一定波长的红外线，红外线辐射能量转化成热能，使涂层从内部加热而干燥固化	①红外线波长为0.72~1000μm，涂料高分子吸收3~50μm的远红外线，并转化为热能，加热涂层；②干燥速度快，热效率较高；③涂层干燥质量较好；④红外线直线传播，未照射到的涂层难以固化	远红外线辐射器分管状、板状、灯状，通常用于通过式涂层干燥装置	①平面型和外型简单的零件；②热固性树脂涂料
紫外线固化	光敏涂料吸收特定波长的紫外线后，光敏剂分解出游离基，引发光敏树脂与活性稀释剂的活性基团化学反应而交联成网状体型结构漆膜	①快速固化，照射紫外线在数秒至数十秒内即可固化；②几乎100%成漆膜，光敏涂料是无溶剂涂料；③不照不干，只宜板式部件的透明涂层；④紫外线对人体有损伤，应避免与它接触	紫外线固化装置，内装2~3支高压泵灯，工件用传送带传送，除工件进出口外，其余部分均用罩壳封闭	光敏涂料，透明清漆平板状工件

表 30-47 涂层的固化规程举例

涂料品种	涂层的固化规程
水性涂料	宜<60℃下固化。若超过60℃可能会引起颜色变化，30℃下固化时，约30~50min，红外线辐射固化时间约12min
油性涂料	宜在80℃以下固化。涂层厚度增大，固化时间将大为延长，故油性漆涂层不宜厚。常温自然干燥，表干为4h，实干
如 Y00-1 清油	<24h，45℃热空气干燥时，需干 6h
Y03-1 油性调合漆	自然干燥时间，表干为 4h，实干≤24h
虫胶漆	常温自然干燥时间，表干为 10~15min，实干 50min
酚醛清漆如 F01-1	常温自然干燥时间表干为 5h，实干≤15h
各色酚醛磁漆如 F04-1	常温自然干燥时间，表干为 6h，实干≤18h
硝基木器清漆如 Q22-1	常温自然干燥时间，表干为≤10min，实干为≤50min，用通过式干燥室时，热空气对流加热，宜分以下三阶段进行：陈放挥发阶段：20~25℃，5~10min；加热干燥阶段：40~45℃，干 15~20min；冷却阶段：20~25℃，5~10min
不饱和聚酯漆(蜡型)	涂层厚宜 150~300μ，起始阶段固化温度为 15~20℃，固化时间 25min
酸固化氨基醇酸漆	固化剂加入量为涂料质量的 5%~10%，在 15℃时，固化剂为 10%，20℃时，为 8%，固化时间 40min。25~30℃时，约 5%。固化时间约 45~50min
聚氨酯漆(685 聚氨酯漆)	常温自然干燥时，表干约 1h，实干为 10~20h
玉莲牌 PU801S (半光聚氨酯清漆)	常温自然干燥，表干为<8min，实干<2.5h
玉莲牌 PU208 (聚氨酯清底漆)	常温自然干燥，表干<10min，可打磨<2h
华润 PU 清面漆	常温自然干燥，表干<20min，实干<24h
华润 PS900 底得宝	常温自然干燥，3~4h，漆膜实干后可打磨
光敏涂料 华润厂产 UA3022 底漆	辊涂 20~25g/m²，三支灯照射 8~10s
UA62225 面漆	辊涂 10g/m²，三支灯照射 8~10s，环境温度 25℃，相对湿度 75%

表 30-48 漆膜磨光的分类

漆膜种类	磨光材料与方法	备注
嵌补的腻子	用 1~1/2 号木砂纸，手工干磨	要磨掉腻子，磨平整
填平的腻子	0号木砂纸，手工或手提磨光机干磨	表面完全磨平整
封闭底漆	00 号木砂纸或 0 号旧砂纸，手工轻轻干磨	去木毛等
打磨底漆	00 号木砂纸手工或手提磨光机打磨，或用带式磨光机磨光，320~600 号砂带	要打磨平整，干磨或湿磨，目前除 NC 漆外，大多用干磨
面漆	用 600~1000 号砂纸磨光，可手工或磨光机磨光	PU 漆等热固性漆可干、湿磨，NC 漆可用湿磨，质量要求不太高时，面漆可以不磨光，亚光涂饰时，也不磨光

燥不良，沾附灰尘等都会造成漆膜不平，光泽欠佳，为了获得装饰性好，平整光滑，手感滑爽的漆膜，在涂层干燥后，必须对漆膜进行修饰加工。

漆膜的修饰加工包括磨光和抛光。通常腻子、底漆和面漆漆膜均需进行磨光，而抛光只对面漆漆膜进行。

30.5.2 漆膜的磨光

30.5.2.1 漆膜磨光的分类(表 30-48)
30.5.2.2 磨光设备

1. 磨具

(1) 砂纸：用皮胶或骨胶等将一定粗细的砂粒粘结在纸上制成，木砂纸不耐水，可用于腻子、底漆、漆膜的干磨，砂粒按粗细分成许多规格，砂粒材质有黑色碳化硅，棕刚玉，白刚玉，玻璃砂和燧石。涂附磨具涂料精度代号对照见表 30-49。砂纸型号规格见表 30-50。

(2) 耐水砂纸：用氧化铝作磨料，用耐水的醇酸水砂纸清漆将磨料粘于纸上制成。

(3) 砂布：用黏结剂将磨料粘于布上制成。强度大而柔软，一般呈棕褐色，可用于硬度较高的漆膜(如PE漆)的研磨。

2. 磨光机

(1) 手持式磨光机，有气动和电动两类。它体积小、轻便、灵活、效率也较高，生产中使用较普遍。规格种类较多。

(2) 带式砂光机：分窄带式和宽带式，窄带式又分为压块手动的水平上带式磨光机及自动水平带式磨光机等，宽带式也有多种结构规格型号,带式磨光机研磨漆膜的效率很高。

(3) 宽带式磨光机：据意大利 DMC 公司分类标准(非国

表 30-49 涂附磨具、磨料精度对照表

涂附磨具、磨料粒度标准 JB3630-84	磨料粒度(目) 国家标准 GB2477-83	干磨砂布粒度代号	耐水砂纸粒度代号	用途
P16	16			
P20	20			特粗磨
P24	22			
	24			
P30	30	—		
P36	36	$3\frac{1}{2}$		粗磨
P40	40	3		
	46	$2\frac{1}{2}$		
P50	54	—		
P60	60	2		
P70	70	—		
P80	80	$1\frac{1}{2}$	80	
P100	90	—	100、120	中磨
P120	100	1	—	
	120	0	180、220	
P150	150			
P180	180	2/0	240、260	
P220	220	3/0	280、330	细磨
P240	240		320	
	W63	4/0	360	
(P280)				
P(320)	W50			
P(360)			400	
P(400)	W40		500	
(P500)		5/0	600	
P(600)	W28		700	
P(700)			800	
P(1000)	W20			
(P1200)				

注：此表取自于中国第二砂轮厂产品样本

表 30-50 砂纸型号规格

种类	砂纸号	粒度(目)	规格尺寸(mm)
木砂纸	00	164	页状：228 × 280
	0	140	
	1/2	120	
	1	100	
	$1\frac{1}{2}$	80	卷状：228 × 5000
	2	60	
水砂纸	240	160	页状：228 × 280
	280	180	
	320	220	
	360	240	
	400	260	卷状：228 × 5000
	500	320	648 × 5000
	600	400	

注：此表取自天津砂纸厂产品样本

标标准分类)，宽带式柔光机和宽带式组合砂光机适用于漆膜磨光。

30.5.3 漆膜的抛光

漆膜抛光是指用抛光材料擦磨漆膜表面以及用溶剂或成膜物质溶平漆膜表面的一种加工方法。面漆漆膜虽经精细研磨，但在面上仍会有微细的不平，采用抛光膏进一步研磨，漆面才能达到很高的光洁度，显出柔和、舒适、稳定的光泽。

抛光处理只用于较硬的漆膜，如 NC 漆、PU 漆、PE 漆等漆膜。

30.5.3.1 擦磨抛光

生产中普遍用抛光膏擦磨漆膜。擦磨抛光可以手工进行，也可机械操作。

1. 手工抛光

手工抛光劳动强度大，效率低，抛光材料见表 30-51 及表 30-52。步骤是擦砂蜡——擦煤油——上光蜡。

2. 抛光机

抛光机又称擦蜡机，有多种，分辊式和盘式。辊式又为单、多辊和卧式、立式，应用最广，生产效率高。部分抛光机的技术参数见表 30-53。

3. 手提式抛光机

有电动与气动式两类。

30.5.3.2 溶平抛光

对挥发性漆膜，可用溶平填补法消除不平，提高光洁度，如在硝基漆膜表面擦除部分溶剂，将漆膜的凸出部分溶解填充到凹处，或擦涂涂料，填平低凹处等，以提高光洁度。

表 30-51 木材漆膜用抛光材料

材料名称	性　能	用　途
抛光膏	用硅藻土、煅制白云石、氧化铝等细磨料粉与矿物油、水等混合而成。机械抛光用的抛光膏为条块状，使用时将抛光膏直接涂于抛光布轮上	硝基漆、丙烯酸漆、聚氨酯漆等漆膜的抛光研磨
上光蜡	由蜂蜡、石蜡等溶于松节油中构成的膏状物，常用的有乳白色(汽车蜡)和黄褐色(地板蜡)两种	对已抛光的漆膜表面上蜡，增加表面光亮度，并起到防水、防尘、保护家具表面的作用

表30-52 抛光上光材料型号规格

产品种类	编号	砂号	应用范围	尺寸(mm)	重量
3MTM	PN2021	1000		40×229	
皇牌砂纸	PN2022	1200	对具有橘皮、尘料等不光滑的漆膜表面研磨	140×229	
	PN2023	1500		140×229	
3MTM 精蜡	PN5955	—			4.6L
3MTM 粗羊毛球	PN6031	—	配合2000转的磨光机,可磨去较深的刮痕和砂痕		4.6L
	PN5701	—		203(直径)	
3MTM 机蜡	PN5928	—			12.7kg
3MTM 粗羊毛球	PN5991	—	配合2000转的抛光机,可将细微砂痕、刮痕除去,达到抛光效果		12.7kg
	PN5705	—		203(直径)	
3MTM 皇牌手蜡	PN5990	—	能除去木材漆膜表面的污垢,使表面洁净光亮获得镜面效果		12.7kg

注:此表取自3M香港有限公司产品样本

表30-53 抛光机的技术参数

项目\类型	BULLO120 平面抛光机	FLADDER300SH 边部抛光机	MC-2000 自动抛光机	HPC081B 自动打蜡机
工件最大长度(mm)	2500		2000	1830	2440
工件最大宽度(mm)			800	915	1220
工件最大高度(mm)	350		200		
抛光辊长度(mm)	1200	300			
抛光辊直径(mm)	350		200~250		
抛光辊转速(r/min)	960	935	900		
抛光辊电机功率(kW)	11	0.45	3	粗抛光辊11.3×2,细抛光辊7.5×2	
工作台移动电机功率(kW)	0.75		0.75	0.75	
工作台升降电机功率(kW)	1.1		0.75		
进料速度(m/min)			8~10		
抛光辊振幅(mm)	30				
生产厂家	意大利AGLA公司	意大利BINI公司	上海亚木工机械厂	中国台湾新百强有限公司	

溶平抛光后装饰效果不及擦磨抛光,而对操作技巧要求又高,故应用不广泛。

30.6 涂装工艺

30.6.1 涂装工艺过程的构成

用涂料涂装木材表面的过程,包括木材表面处理、涂饰涂料、涂层固化和漆膜修整等一系列工序。由于漆膜质量要求的不同,以及基材情况和涂料品种等不同,涂装过程的内容和复杂程度有很大差别。按漆膜能否显现木材纹理的性能,通常可分为透明与不透明两大类。木材透明与不透明涂装工艺过程的构成见表30-54。

30.6.2 涂装的基本工序

木材涂装的基本工序,见表30-55。

30.6.3 涂装工艺举例

表30-54 木材透明与不透明涂装工艺过程的构成

阶段	主要工序	
	透明涂装	不透明涂装
表面处理	表面洁净(去污、去油迹等)、去树脂、脱色、嵌补、磨光白坯	表面洁净、去树脂、嵌补、磨光白坯
涂饰涂料	填孔、着色、修色、涂底漆、涂面漆	填平、涂底漆、涂面漆
漆膜修整	磨光、抛光	磨光、抛光

注:①对某一种质量要求的漆膜来说,可据涂料和基材情况设计多种涂装工艺,各工序的先后顺序,和工序的重复次数也可以调整
②为保证获得平整、光滑的漆膜,通常各涂层均进行干燥和漆膜磨光。但需灵活掌握,区别对待,如在湿涂装时,第一层涂饰的漆层只需表干,也不需磨光,即可涂上第二层涂料。漆膜的磨光与否需根据具体情况而定

30.6.3.1 着色半显孔透明硝基漆(NC)涂装工艺(表30-56)

30.6.3.2 着色半显孔亚光聚氨酯(PU)漆涂装工艺(表30-57)

30.6.3.3 木材本色透明亮光聚氨酯漆涂装工艺(表30-58)

30.6.3.4 **实色聚氨酯漆涂装工艺**（表 30-59）

30.6.3.5 **幻彩、云石效果聚酯漆涂装工艺**（表 30-60）

30.6.3.6 **贴纸透明聚氨酯(PU)漆涂装工艺**（表 30-61）

30.6.3.7 **贴纸透明 PE 涂装工艺**（表 30-62）

30.6.3.8 **木纹涂装工艺**（表 30-63）

30.6.3.9 **本色红木家具涂装工艺**（表 30-64）

表 30-55 木材涂装的基本工序

工序名称	作用	材料及施工方法
表面清净（去污）	将家具白坯面上的尘土、胶迹、油迹等清除干净，确保后续工序的顺利进行	1.用压缩空气喷吹或用笤帚将制品白坯表面和孔槽中的尘土除净 2.胶迹用 50～70℃的热水润湿后再用铲刀铲除。油迹用汽油、酒精或其他溶剂揩擦，待干后用较细的木砂纸顺纹理砂磨，得到滑净表面
去树脂	防止针叶材中的树脂渗到表面上，影响涂装时涂料固化不良，着色不匀，漆膜回黏以及附着力降低等	1.洗涤法：用 5%～6%的碳酸钠(碱)溶液，或用 4%～5%的苛性钠(火碱)溶液涂擦木材表面，然后用热水将表面洗净。此法会使处理后的材色变深。在生产中应用较普遍 2.溶解法：①按丙酮与水 1:3～4 的比例配制，擦涂在有树脂处，可除去树脂，操作时应注意防火。②将火碱液和丙酮液按 4:1 比例配液，去脂效果好 3.铲除法：用烧红的铁铲反复铲熨有树脂的表面以去除树脂，铲除时注意不要烧焦木材表面 4.挖补法：用刀将集中大量树脂的节子、树脂囊部位挖去，并补上相同的木材，注意补木的纹理与材色。 树脂去除后应涂饰虫胶漆或聚氨酯封闭漆进行封闭，使树脂不再渗出表面。
脱色（漂白）	除去木材的天然色素或加工中产生的污染变色，以消除表面上的色斑和不均匀的色调，使制品表面材色均匀一致。仅在透明涂饰中使用	用喷枪或刷子将脱色剂涂于表面，刷涂时需顺木材纹理进行。脱色剂及处理方法举例如下： 1.双氧水脱色：用浓度为 30%～40%的双氧水和 25%～30%的氨水配制而成，其配比为 1:1，涂于表面上后静置，40～50min，用清水洗净 2.草酸脱色：将 75g 结晶草酸、75g 硫代硫酸钠及 25g 结晶硼砂各溶于 1000mL 水中配成三种溶液；使用时先蘸取草酸溶液涂于表面上，干后再涂硫代硫酸钠液，待褪色达到漂白效果再涂硼砂液以中和残留于木材上的酸性物质，最后用清水洗净表面，并进行干燥，此法对色木、柞木漂白效果好 3.亚氯酸钠脱色：3g 亚氯酸钠溶于 100g 水中配成漂白液。使用前再加入 0.5g 冰醋酸和 100g 水，涂于需脱色的木材表面，在 60～70℃下干燥 5～10min 即可漂白，此种脱色剂对泡桐、山毛榉、柞木、白蜡木有较好漂白效果 4.次亚氯酸钠脱色：5g 次亚氯酸钠和 95g 水混合加热后涂于木材表面，或加入少量草酸、硫酸后再涂，此适用于柳桉材的漂白脱色 5.pH 值为 8～9 的 2%的双氧水处理，边观察去污情况，边逐渐提高双氧水浓度，不超过 10%。为避免脱色过度而使颜色不匀，要求未污染部分也涂极稀(约 0.2%)的双氧水溶液 附：①木材脱色、漂白剂、活性化助剂和抑制化助剂分别见表 30-11、表 30-12、表 30-13。 ②处理操作前应将木材表面和管孔槽清理干净。漂白以后须用清水洗去脱色溶液，因漂白剂多属于强氧化剂类化学药品，所以用玻璃或陶瓷容器，施工中要戴防护用具，漂白溶液不能流入胶合的部位，以免发生开胶现象
去木毛	清除已被切削但尚未脱离木材表面的细小木纤维或纤维束，以免产生着色不均，表面粗糙木纹不清和不能将管孔孔槽充分填实等问题	用水、胶液和漆液润湿木材表面，使木毛膨胀竖起，干后砂磨除去： 1.用 40～50℃温水润湿木材表面，木毛吸湿竖起，干后轻轻砂磨掉 2.用 3%～5%皮胶或骨胶溶液润湿木材表面，木毛竖起，干后变硬变脆，再用砂纸轻磨除去 3.用稀的油性漆、虫胶漆、硝基漆或聚氨酯漆等漆液润湿木材曲，木毛竖起，干后硬脆易于磨去 目前生产中普遍用黏度约 10s(涂-4，20℃)左右，固体分 7%～10%的聚氨酯封闭底漆进行去木毛处理
嵌补	将木材表面上的节子、虫眼、钉孔、裂纹、缝隙、切削凹坑等局部凹陷不平用腻子嵌补填平，以保证木制品表面的平整度	根据木制品表面所选用的涂料品种和质量要求等，使用不同的腻子(腻子有涂料厂生产的成品腻子，也有漆工在施工中自行调整配的)。腻子调配及施工方法举例如下： 1.胶性腻子 配比(质量份)： | 碳酸钙 | 着色颜料 | 15%～20%胶液 | 水 | |---|---|---|---| | 90 | 10 | 适量 | 适量 | 调配中应掌握胶水加入量，搅拌中感觉有一定黏度即可，胶水过量会影响制品着色均匀度。胶性腻子强度高于水性腻子。 2.虫胶腻子 配比(质量份)：

表30-55（续）

工序名称	作用	材料及施工方法
白坯磨光 填孔	消除嵌补腻子时造成的不平，构成平整光滑的基础表面，再进入着色和涂饰阶段，它是保证制品涂饰质量的重要一环。 用填孔剂填塞木材管孔(导管槽)，把基材表面填平，同时上底色，并凸显木纹。在此基础上再涂底漆和面漆，能获得厚实平滑的漆膜，提高其丰满度，减少底面漆消耗。本工序用于木材透明涂饰。	<table><tr><td>碳酸钙</td><td>虫胶清漆(15%~20%)</td><td>着色颜料</td></tr><tr><td>75</td><td>24.2</td><td>0.8</td></tr></table> 虫胶腻子干燥迅速，附着力强，易于着色，硬度适中，施工方便，在木材表面着色前后均可用于嵌补缺陷。此种腻子在使用中酒精易挥发，所以不要一次调得过多，腻子过稠时可再加入适量酒精调匀。 3.硝基腻子 配比(质量份) <table><tr><td>石膏</td><td>酚醛或醇酸清漆</td><td>松香水</td><td>着色颜料</td><td>水</td></tr><tr><td>65</td><td>16</td><td>19</td><td>适量</td><td>少许</td></tr></table> 调配时，先将前三种材料，按比例混合加入适量着色颜料搅匀，静置2~4h，按需用量取出放在容器中加入少许水搅拌，待石膏吸水膨胀达适宜稠度方可使用。此种腻子干燥慢，硬度大，不易磨平，但附着力好，可用于局部缺陷的嵌补和不透明涂饰的全面填平。 采用先粗砂后细砂的方法，可用手工和机械磨光，以提高生产效率，降低劳动强度。各种类型的窄带式和宽带式砂光机用于平面型部件的砂磨，盘式砂光机主要用于小平面和零件尖锐棱边的砂磨；刷式砂光机适用于对成型面的砂磨；手提式磨光机适用面较广，具灵活性，表面有雕刻起线等复杂造型则可用手工砂磨。砂磨后应清除尘屑达到平整、光洁、无砂痕的效果。砂磨后发现有些缺陷漏补的应及时再作嵌填腻平，干后砂磨平整 填孔剂及处理方法举例： 1.水性颜料填孔剂(水老粉) <table><tr><td>材料</td><td>碳酸钙(老粉)</td><td>水</td><td>着色颜料</td></tr><tr><td rowspan="2">质量比</td><td rowspan="2">1</td><td>粗孔材1</td><td rowspan="2">微量</td></tr><tr><td>散孔材1.5</td></tr></table> 注：据需要，有时也可加1%左右乳白胶(PVAc胶)以增加附着力。 施工时应根据色板要求选用相应的颜料，正确掌握好色调，用细刨花、竹花、棉纱等擦涂。 此种填孔剂适用于普通、中级家具透明涂饰的基础着色与填孔。 2.油性颜料填孔剂(油老粉) 配比(质量份) <table><tr><td>碳酸钙</td><td>硫酸钙</td><td>油性清漆</td><td>松香水</td><td>着色颜料</td></tr><tr><td>65</td><td></td><td>5</td><td>30</td><td>适量</td></tr><tr><td></td><td>53</td><td>3</td><td>44</td><td>适量</td></tr></table> 调配时，先将体质颜料放入容器中倒入清漆，待松香水加入后再作充分搅拌，按色板加入适量着色颜料，施工操作时，应边搅拌边使用，防止着色颜料沉淀影响颜色均匀度，可擦涂或刮涂。 此种填孔着色剂能保证木质不受水分影响而产生管孔膨胀，着色后表面纹理清晰，色泽纯正，适用于中、高级家具的填孔着色。 3.树脂色浆填孔剂 配比： <table><tr><td>滑石粉</td><td>聚氨酯乙组</td><td>二甲基甲酰胺</td><td>二甲苯</td><td>着色材料颜料、染料</td></tr><tr><td>100</td><td>50</td><td>5</td><td>100</td><td>适量</td></tr></table> 此种混合树脂色浆可填充着色，填孔效果好，色泽纯正，用擦涂法施工。 4.木纹宝(涂料厂供应的填孔剂成品，商品名)。如华润厂生产的PT9系列木纹宝，有多种颜色，若用原色浆与PTA系统调色浆配合使用，可获得所需的颜色。该木纹宝属PU类。使用时应按工厂提供的技术资料进行施工

表 30-55（续）

工序名称	作用	材料及施工方法
填平	在粗管孔的木材表面或刨花板表面进行不透明涂饰时，需做全面填平工作，以获得平整和丰满的表面漆膜	以油性填平剂为例： 配比：（质量份） | 石膏 | 33 | 30.2 | | 清油 | 8 | 40.2 | | 酚醛清漆（或醇酸清漆） | 18 | — | | 松香水 | 14 | 20 | | 水 | 27 | 9.6 | 油性填平剂较稀薄，在已进行表面清洁的基底上满刮2~3遍填平剂，干后细磨平滑，再涂表面色漆。 目前国内一些涂料厂生产的腻子只须刮涂一遍即可，如玉莲PU480填充剂即有此效。 不透明涂饰的家具表面色调取决于色漆的颜色或几种原色漆按色板要求调配成的颜色。
涂层着色	在填孔着色后，用底漆封闭，在此基础上涂各种染料溶液或加入相应染料的有色面漆、有色封闭底漆，进行涂层着色，可以对已涂的底色作加强和修整	木材着色剂基本上是染料着色剂，其色彩鲜明亮丽，不遮盖木纹。可分为水性、醇性、油性、树脂性各种着色剂。水性、油性等着色剂只起着色作用，而树脂性（如PU）和醇性着色剂（如酒色），兼起着色和封闭两种作用。举例如下： 1.水性染料着色剂（水色） 热水溶解一定量的酸性染料（酸性大红、酸性橙等）或成品酸性染料（黄钠粉、黑钠粉等）调制而成，根据产品的色泽要求来选定染料的品种及其配比。 水性染色剂除用于涂层着色外，也可用于基材上底色，其渗透性好，着色力强，色泽鲜艳，木纹清晰，耐晒、耐光。可仿涂贵重木材的颜色，如红木色、紫檀色等效果逼真，适用于中、高档家具，可用浸涂、刷涂、擦涂等方法施工。最好使染溶液温度保持40~50℃，否则影响着色度，为保证着色均匀，可先在被涂面上用30~40℃温水薄薄地刷一遍，并在半干状态下立即刷涂或擦涂着色剂。 2.醇性染料着色剂（酒色） 将碱性染料（品红、品绿等）或醇溶性染料（如醇溶性耐晒黄、醇溶黑等）溶于酒精或虫胶漆中调配而成，根据需要也可使用少量着色颜料或酸性染料。 醇性染料着色剂干燥快，着色力强，渗透性好，色泽鲜艳，木纹清晰，适用于中高档家具，可喷涂和刷涂。 用虫胶漆调配成的醇性染料着色剂，既可着色又可作封闭底漆，起到涂层着色和封闭打底的双重效果。 在调色前，须将各种醇溶性染料用酒精浸泡溶解，然后再根据色板将已溶解的染料液适量调入虫胶液中，也可加入少量颜料后搅匀使用。 3.聚氨酯有色封闭底漆 这是当前普遍使用的涂层着色剂，兼有着色和封闭双重作用，如华润厂生产的PTS系列漆。施工时，可擦、可喷。大面积上擦涂时，可适量加入慢干水。（着色剂详见表30-15）
修色（拼色）	木制品白坯表面经基础着色和涂层着色后，往往色泽不匀，必须进行修色，使漆膜颜色均匀一致	传统的拼色常用的是醇性染料着色剂，根据颜色不匀差异程度适量加入各种染料和着色颜料，在现代木材涂装中常用专门的修色剂。修色剂有各种颜色，可直接加入底漆或面漆中进行中层或面层的修色，调配拼色剂时，加入涂料中的颜色量应视底色深浅而调整，不宜过深，若用颜料时量过多会影响木纹清晰度和装饰效果。拼色常在作好底色和面色后，涂上几遍底漆的基础上对色泽不匀的部位进行。 用排笔、毛笔顺纹理方向作仔细的修拼，现代生产中主要用喷涂进行修色，拼色后待涂层干燥用旧的细砂纸作轻轻打磨，清除浮尘后再涂底漆封闭保护。用有色聚氨酯漆修色时，不需另外涂封闭漆。 拼色修色是透明涂饰工艺中的重要工序，主要用于中高档家具以确保各种基材着色均匀
涂底漆 ①涂封闭底漆	起封闭隔离作用，防止木材中的树脂、抽提成份渗入漆膜中而产生阻聚或变色等不良后果，也起固着、加固填孔剂，防止面漆沉陷，增加漆膜厚度，减少面漆消耗等作用	常用的木材封闭底漆有虫胶漆、硝基封闭底漆、聚氨酯封闭底漆、不饱和聚酯封闭底漆等，要求封闭底漆与基材和面漆有良好的附着力，干燥快，有较好的韧性，体积收缩小，易于施工，可用喷、淋、刷、浸等方式施工。 当前生产中广泛应用聚氨酯封闭底漆，其综合性能良好，施工性好，可与硝基漆、丙烯酸漆、聚酯漆等配套使用。过去封闭底漆主要用虫胶漆，其封闭性好，干燥快，使用方便，污染极小，可与大部分漆配套使用。但不能与不饱和聚酯漆配套使用，因为附着力很差。

表 30-55（续）

工序名称	作用	材料及施工方法
②涂打磨底漆（二道底漆中层漆）	为使漆膜厚实、丰满、面漆无沉陷，减少涂底漆次数而涂饰的，含有一定体质颜料的底漆。	打磨底漆应具有良好的填充性、打磨性、透明性和快干性，目前广泛使用的 PU 透明底漆，有很多品种，自成系列，适用于一般实木家具、贴纸家具、贴薄木高档实木家具等。此外还应用气干型不饱和聚酯底漆。 打磨底漆主要用于填孔装饰，显孔装饰时不用。涂底漆时要根据底漆品种确定涂料黏度，涂布量及干燥时间、次数。
涂饰面漆	涂面漆是整个涂饰涂料阶段的最后工作，面漆品种的选择和涂饰质量决定着家具的档次和产品的价值。面漆漆膜应具有良好的保护性和装饰性。	选用面漆种类取决于产品的等级和使用性能。家具上使用的面漆品种有油性漆、天然树脂漆、酚醛漆、醇酸漆、硝基漆、聚氨酯漆、聚酯漆、丙烯酸漆、光敏漆等。 必须在面漆前的涂饰工序全部完成后再涂饰面漆，以使形成的漆膜能达到装饰和保护效果，充分满足使用要求。 面漆可采用刷涂、喷涂、淋涂、揩涂等涂饰方法施工，涂饰方法的选用取决于现有的生产工艺条件、设备状况及生产工艺的要求。 涂饰时一次涂层不宜过厚，一般分 1~2 遍涂饰，最后形成要求达到的漆膜厚度，这样使每一层涂层干燥快，涂层中的内应力小，不易发生漆膜的各种缺陷。
漆膜修整	漆膜砂光包括：中间漆膜砂光和面漆膜砂光，其作用都是为了消除粗糙不平的部分，使漆膜获得较高的光洁度、平整度，提高制品表面的装饰效果。	砂光的方法：干砂、湿砂、手工、机械砂光(带式砂光)，其砂光要领是都要顺木纹方向砂，不宜横砂、斜砂，以免影响涂饰面漆及面漆抛光效果。 中间漆膜砂光常用干砂法，即木砂纸，手工砂磨，一般用 0 号旧砂纸或 00 号细木砂纸，手砂时用力均匀，机械砂光时，用 320~360 号砂带磨光，注意制品表面的边角线不允许砂露白茬。 面漆膜砂光可用干砂、湿砂，机械砂光时砂纸一般选用 400~1000 号(国产、进口均可)，其操作要领与上述相同，其目的是要达到漆膜抛光前将其表面粗糙不平全部砂磨平整，为漆膜抛光打好基础，亚光效果的涂膜可用 1000 号砂纸砂磨。 涂多道底漆时，磨光的安排视产品质量要求而定，可以每道底漆干后磨光，也可在完成多道漆后，在涂面漆前进行磨光。面漆施工和干燥如在空气净化室内进行，往往可省去面漆磨光工序。
漆膜抛光	提高高档家具制品表面的光洁度、平整度及装饰效果，延长漆膜的使用寿命，还能起到防尘、防水、耐磨作用。	漆膜抛光分手工抛光和，其操作要领是掌握抛光的压力(手工压力、机械压力)及抛光时漆膜的温度，因漆膜经抛光而摩擦生热，易起泡脱落，因此在操作时要用手经常测试一下漆膜温度及光洁度。抛光后漆膜光泽应一致，不能有光泽不均、光度不够的现象。
漆膜修整	保证涂饰后的制品完美，故须对制品在涂饰过程中遗留的缺陷进行检查、修整。	漆膜修整是对涂饰后的制品作检查，发现有边、角线砂磨时露白，或处理时不干净，色、光泽不均等问题须修补后再上光蜡，露白着色常用小毛笔蘸取调配好的着色剂(挥发快的涂料)描涂，着色剂颜色要与制品颜色相同，修整面积大时，可在修整后再重涂面漆、抛光等。

表 30-56 着色半显孔透明硝基漆(NC)涂装工艺

序号	工序	材料与配比	施工要点	备注
1	白坯砂光	240 号砂纸	机械或手工磨光，磨平表面，去除木刺等缺点	
2	胶固着色	着色剂 TcNER,用 NC 香蕉水稀释	喷涂，涂料黏度 9~12s，固化时间 30min	
3	素材着色	NC 擦拭着色剂 GLAZE 或橡木油	擦涂，要全面均匀着色，干燥 5min	
4	涂底漆	NC 二度底漆用 NC 香蕉水稀释	干燥 2h 以上	
5	磨光	320 号砂纸	用手工或机械，轻轻磨光，消除颗粒等不平	
6	涂面漆	NC 亮光(或亚光)面漆，用 NC 香蕉水稀释	喷涂 1~2 次，涂料黏度 10~12s，干燥 8h	

注：①以上取自大宝化工制品有限公司的涂装工艺，施工温度 25℃，相对湿度 75%
②本工艺适用于橡木、橡胶木、水曲柳、柞木等环孔材、半环孔材
③本工艺采用大宝公司的 NC 系统涂料，包括 NC 封闭底漆、二度(砂磨)底漆、NC 面漆(亮光或哑光)以及配套的香蕉水，油性着色剂，色精等

表 30-57 着色半显孔亚光聚氨酯(PU)漆涂装工艺

序号	工序	材料与配比(质量比)	施工要点	备注
1	白坯磨光	320 号砂纸	手工或机械磨光，白坯要磨平，去污迹	
2	涂封闭底漆	PS900：PR50：PX807 1：0.2：0.5～1	喷涂，对基材进行封闭，干燥 3～4h。	或刷涂、擦涂。
3	磨光	320 号砂纸	手工轻轻磨光，去除木毛。	
4	着色	有色士那：PR50，1：0.2	擦涂，要擦到擦匀，可加适量慢干水，干燥 4h。	喷涂着色时工序 2,3 可省去
5	磨光	320 号砂纸	手工轻磨，切忌磨穿，可根据情况不磨光。	
6	涂底漆	PD3000：PR55：PX807 1：0.4：0.5～0.6	喷涂，根据显孔(开放)程度，可再加一次底漆干燥 5～8h。 若涂二次底漆，则中间须磨光，手工或机械磨光，切忌磨穿。	
7	磨光	320 号、600 号砂纸	手工或机械磨光，切忌磨穿。	
8	修色	清面漆(配好)：士那 1：1～1.5	喷涂，可适量加入稀释剂。使家具颜色均匀一致。干燥 5～8h。	
9	磨光	600 号～1000 号砂纸	手工轻磨，只磨去颗粒。	也可省略本工艺
10	涂面漆	P1500 系列：PR800：PX803 1：0.4：1～1.5	喷涂，要喷匀，干燥 8～10h。	

注：①本工艺是华润涂料厂提供的涂装工艺，适用于胡桃木贴面办公家具，也可供其他家具涂装参考。所有涂料详见华润厂有关资料。当贴面薄木树种变更或光泽要求等变化时，所用材料(如有色士那、面漆品种等)和工艺应作相应变化
②涂料按质量比配好后，搅拌均匀过滤静置 15～20min，然后使用
③基材含水率要求干燥到与家具使用环境相当的木材平衡含水率
④若要求进行填孔亚光涂装，则在涂封闭漆后，增加填孔工序，同时增加一次涂底漆工序。将木材表面的孔槽均填满填平，并增加底漆层厚度

表 30-58 木材本色透明亮光聚氨酯漆涂装工艺

序号	工序	材料与配比(质量比)	施工要点	备注
1	白坯磨光	320 号砂纸	用机械或手工磨光，使白坯表面平整、无污迹	
2	涂封闭底漆	PS900：PR50，1：0.2	喷涂，起封闭隔离作用，喷一个十字，干燥 3～4h，即可磨光。	也可刷涂、擦涂、淋涂
3	磨光	320 号砂纸	手工磨光，清除木毛、木刺	
4	刮腻子	PP1500：PR55，1：0.2	刮涂，将木材表面的细胞槽孔、木眼等填平，干燥 3h	
5	磨光	320 号砂纸	手工或机械磨光，要求全面磨平，去除木眼外的腻子(野腻子)	
6	涂底漆	PD1000：PR66：PX807；1：0.5：0.5～1.2	喷涂，湿碰湿一次，要求全面喷涂均匀，无流挂等缺陷，干燥 5～8h	
7	磨光	320 号砂纸	手工或机械磨光，要全面磨平	
8	涂底漆	同 "6"	同 "6"	
9	磨光	300 号、600 号砂纸	机械或手工磨光，要全面磨平	
10	涂面漆	PG200：PR50：PX803；1：1：1～1.5	喷涂，要均匀全面喷涂，干燥 8～10h	
11	磨光	600 号～1000 号砂纸	手工轻轻磨光，除去颗粒，切忌磨穿	
12	涂面漆	同 "10"	同 "10"	

注：①本工艺采用华润涂料厂生产的聚氨酯(PU)系列涂料，底面漆固化剂等相配套，具体涂料品种是 PS900 底得宝，PP1500 双组分透明腻子，PD1000 PU 透明底漆；PG200 PU 亮光清面漆；PR50、PR55、PR66 为固化剂；PX803、PX807 均为稀释剂。详见该厂提供的技术资料
②本工艺所列的涂料配比仅供参考，举例树种为水曲柳，施工场所温度 25℃，相对湿度 70%。当施工场所条件变化或漆膜光泽等要求不同时，涂料的配比、品种要作相应变化。如要求光泽为 45% 亚光涂装时，面漆应改用 P12005 亚光清漆，配比改为 1：0.5：1～1.5，并省去原 11,12 道工序。又如，环境温度低于 20℃时，应选用冬用稀释剂 PX801 或 PX805
③涂料按质量比配好后，搅拌均匀静止 15～20min，然后过滤使用
④基材含水率要求干燥到与家具使用环境相当的木材平衡含水率
⑤面漆喷涂与干燥应在净化的环境内进行

表 30-59 实色聚氨酯(PU)漆涂装工艺

序号	工序	材料与配比(质量比)	施工要点
1	表面准备	240号砂纸	白坯磨光达一定光洁度要求,平整,去除胶迹、污垢,检查被涂表面无碰伤,结构无缺陷
2	涂底漆	PU1633底漆:1V45固化剂 2:1 稀释剂 RS611 加入20%~50%	喷涂,黏度(涂-4),20℃时13~15s 配制后涂料有效期4h,表干时间10~15min
3	涂底漆	同"2"	同"2"用40~45℃热空气干燥2~4h后可进行磨光
4	磨光	400号~600号砂纸	用机械或手工将漆膜砂磨平整
5	涂面漆(PU亚光漆)	PU1010:1V5:RS511实色面漆固化剂 稀释剂 2:1:0.2~0.6。使用PU1010作面漆时可按需加入亚光粉,调成不同光泽度。PU1010B与色浆混合可调成各种颜色	喷涂,喷涂黏度(涂-4)20℃时14s 表干15min,实干1h(20℃),配漆后有效使用期4h(2℃)

注:①以上取自意大利"意菲比"涂装工艺
②本工艺适用于以刨花板、中密度纤维板、胶合板或实木为基材的家具进行不透明聚氨酯(PU)漆涂装

表 30-60 幻彩、云石效果聚酯漆涂装工艺

序号	工序	材料与配比(质量比)	施工要点	备注
1	表面准备	240号砂纸	打磨平整基材,除去表面污迹,并除尘	
2	刮腻子	原子灰(聚酯腻子)	满刮表面,将基材表面整平,干燥4h。或用猪血腻子	
3	磨光	240号砂纸	打磨平整,光滑	
4	涂底漆	①PE底漆:促进剂:引发剂:稀释剂 100:2.0:2.0:30~50 ②PU底漆:固化剂:稀释剂 3:1:2~3	喷涂,一般喷头道底漆干燥后用400号砂纸磨光,再喷第二道底漆,干燥3h 先用400号磨光后再用1000号砂纸打磨平滑	PE、PU底漆可任选一种
5	磨光	400号、1000号砂纸	先用400号磨光后再用1000号砂纸打磨平滑	
6	涂面漆	①PE面漆:促进剂:引发剂:稀释剂 100:2.0:2.0:适量 ②PU面漆:固化剂:稀释剂 2:1:1.5~2	根据装饰要求选用所需颜色的面漆涂料,以做成不同色调的基底漆层。施工场所不宜温度高湿度大,应保证无尘,喷涂	可任选一种PE或PU面漆
7	作幻彩、云石	幻彩珠光浆或云石浆化石水	薄薄喷涂一层幻彩浆(或云石浆),稍干即用化石水洒或喷在其上面使其化开即可,使用不同施工方法可以获得风格迥异的图案	
8	磨光	1200号砂纸	装饰层干透后用1200号砂纸轻轻磨光,除去颗粒	
9	罩光	PU清漆	喷涂在幻彩装饰层上,起保护使用并增加层次感	
10	打磨抛光	1200号砂纸,100、300、500号蜡,羊毛球	用1200号砂纸轻轻磨去颗粒,然后依次用100号、300号、500号蜡作抛光处理,再用羊毛球进行研磨抛光,即可	

注:①以上取自天津德福制漆有限公司的涂装工艺
②工序7也可改作裂纹、珠光、爆花等表面效果装饰

表 30-61 贴纸透明聚氨酯(PU)漆涂装工艺

序号	工序	材料与配比(质量比)	施工要点	备注
1	白坯磨光	320号砂纸	机械或手工磨光,使白坯表面平整,无污染	
2	涂封闭底漆	PS900:PR50=1:0.2	刷涂(或擦涂),对材面进行封闭,干燥3~4h	
3	磨光	320号砂纸	手工轻磨光,去除木毛颗粒	
4	涂底漆各色	PU或PE实色底漆	喷涂,要求全面均匀喷涂无漏底,达一定厚度,颜色遮盖力强	
5	磨光	320砂纸	用手工或机械将底漆砂磨平整,光滑	
6	贴纸	用PVAc胶或PVAc胶与UF胶的混合胶	干贴或湿贴,要求贴面后无气泡、无皱纹等,用预油漆纸,曲面、弧线、角落接缝不易看出	
7	涂底漆	透明PU或PE底漆	喷涂,PU底漆时湿碰湿一次,干燥5~8h,PE底漆涂一次,PU、PE可任选一种,干燥8h	
8	磨光	320号或600号砂纸	手工打磨平整,光滑,无砂迹,无亮点	
9	修色	士那或修色剂漆:颜料=5:2	喷涂,使家具表面颜色一致	
10	磨光	800号或1000号砂纸	手工轻轻磨去颗粒即可	
11	涂面漆	PS20 03(5):PR88:PX803=1:0.5:0.7	喷涂均匀,使漆膜平整,光滑,无流挂,光泽一致,手感细腻	

注:①本工艺可用于办公桌和民用家具装饰。基材为中密度纤维板,如采用刨花板做基材,在贴纸前应注意将基材平整
②本工艺采用华润涂料厂的涂料,详见该厂的技术资料
③油漆按质量比配好后,搅拌均匀过滤静止15~20min,然后使用

表 30-62 贴纸透明PE涂装工艺

序号	工序	材料与配比(质量比)	施工要点	备注
1	表面准备		检查贴纸质量,有无气泡、起皱、划伤等	
2	涂封闭底漆	PU封闭底漆	喷涂一次,干燥1h	
3	涂面漆	PE面漆	喷涂二次,第一次涂后干40min,再涂第二次,干燥8h,涂料黏度30~40s,涂布量250g/m²·次。	
4	磨光	400号砂纸	手工或机械磨光,轻工磨平,去除颗粒	
5	涂面漆	各种PU亚光面漆	喷涂,干燥8h	也可用PU亮光面漆

注:以上取自大宝化工制品有限公司的技术资料

表 30-63 木纹涂装工艺

序号	工序	材料与配比(质量比)	施工要点	备注
1	封边处理	PU封边漆	喷涂2次,涂料黏度20s,干燥2h	
2	磨光	180号砂纸	手工或机械磨光底漆	
3	封边处理	PU指定色封边漆	喷涂2次,黏度20s,干燥8h	
4	磨光	240号砂纸	手工或机械磨光底漆,去除颗粒等	
5	作木纹	木纹用色浆	用毛刷或粗布作木纹,手工操作,干燥5min	
6	修色	PU面漆加修色精	喷涂,使颜色达要求,干燥10min	
7	涂面漆	PU面漆(亮光或亚光)用指定的PU溶剂	喷涂1~2次,涂料黏度10~12s	

注:①以上取自大宝化工制品有限公司的技术资料
②本工艺适于中密度纤维板家具的装饰,常用于边部处理

表 30-64 本色红木家具涂装工艺

序号	工序	材料与配比(质量比)	施工要点	备注
1	白坯磨光	240号砂纸	磨平表面，去除木刺、胶迹等，除尘	
2	补色	HS2047：HR55：HX807=1：0.2：1.2	擦涂，使白坯的颜色基本一致	
3	涂封闭底漆	HS2000：HR50：X807=1：0.2：0.5	擦涂，要涂匀一致，干燥6h，起封闭作用，防油防水	可喷涂或刷涂
4	磨光	240号砂纸	手工轻磨，除去木毛、木刺，要求磨至光滑无亮点	
5	填孔	HP2037抽木色填孔宝	刮涂，要填平木材表面导管槽孔(木眼)、凹孔，起基础或擦涂着色除作用，干燥6h	
6	磨光	240号砂纸	除去孔槽外的填孔剂，使木纹清晰	
7	着色	HS2037：HR50：HX807=1：0.2：0.2	擦涂，使颜色富有层次感，深浅一致，达要求色相，干燥4h	
8	修色	HS2030：HR50：HX807=1：0.2：0.2	喷涂，使制品颜色均匀一致	又称拼色
9	涂底漆	HD2200：HR66(55)：HX807=1：0.5：1	喷涂，采用湿碰湿工艺(一次)，干燥6h，起平整底面，增加丰满度作用	
10	涂面漆	HD2005：HR50：HX807=1：0.5：1	喷涂，干燥24h；要求平整，无流挂等缺陷	漆膜应光滑，光泽一致，手感细腻

注：①本工艺采用的华润涂料厂开发的华润·华彤红木漆，涉及的涂料品种是HS2047华彤栗子色红封宝；HP2037华彤花梨色填孔宝；HS2037华彤柚木色红封宝；HS2030华彤原木色红封宝；HD2200华彤红底宝；HF2005华彤亚光红面宝；HR55、HR50、HR66D华彤红固定；HX807华彤稀释剂。详细可参考该厂提供的技术资料
②涂料的配比仅供参考。树种为花梨木，施工环境温度25℃，相对湿度70%，当施工条件变更或颜色、光泽要求不同时，材料应作相应变化
③涂料按质量比配好后，搅拌均匀静止15～20min，然后过滤使用
④基材含水率要求干燥至与家具使用环境相当的木材平衡含水率
⑤喷底漆、面漆前均需先用压缩空气除尘，应在净化的喷漆间内喷涂，并干燥

30.6.3.10 红木家具深花梨色亚光涂装工艺（表30-65）

30.6.3.11 板式家具UV漆涂装工艺（表30-66）

30.6.3.12 酚醛清漆涂装工艺(用虫胶)（表30-67）

30.6.3.13 调合漆涂装工艺（表30-68）

30.7 漆膜缺陷及其对策

在讨论漆膜缺陷时，首先要充分把握被物白坯处理、涂

表 30-65 红木家具深花梨色亚光涂装工艺

序号	工序	材料与配比(质量比)	施工要点	备注
1	白坯磨光	240号砂纸	磨平表面的粗糙度，去除木刺，除尘	
2	补色	HS2047：HR50：HX807=1：0.2：0.5～1	擦涂，使白坯的颜色基本一致	
3	涂封闭底漆	HS2000：HR50：HX807=1：0.2：0.5	擦涂，要均匀一致，干燥6h，起封闭隔离作用，可喷涂或刷涂，防油防水	
4	磨光	240号砂纸	手工轻磨，除去木毛、木刺，要求磨到光滑无亮点	
5	填孔	HP2074深花梨色填孔宝	刮涂，填平木材表面导管槽孔(木眼)和凹坑，起基础或擦涂着色作用，干燥6h	
6	磨光	240号砂纸	除去孔槽外的填孔剂，使木纹清晰显现	
7	着色	HS2047：HR50：HX807=1：0.2：0.4	擦涂，使颜色达要求色相，富于层次感，深浅一致，干燥4h	
8	修色	HS2047：HR50：HX807=1：0.2：1	喷涂，使家具颜色均匀一致，干燥4h	又称拼色
9	涂底漆	HD2200：HR66：HX807=1：0.5：1	喷涂，湿碰湿一次，干燥6h，起增加丰满度、平整底面的作用	
10	涂面漆	HF2005：HR50：HX807=1：0.5：1	喷涂，要求涂饰均匀，平整，无流挂等缺陷，干燥24h	漆膜应光滑光泽一致，手感细腻

注：①本工艺采用华润涂料厂生产的华润、华彤红木漆，涉及的涂料品种为：HS2047华彤栗子色红封宝；HS2000华彤原木色填孔宝；HP2074华彤花梨色填孔宝；HS2047华彤栗子色红封宝；HD2200华彤红底宝；HF2005华彤亚光红面宝；HR50，HR66华彤红固宝；HX807华彤稀释剂。详细可参考该厂提供的技术资料
②涂料的配比仅供参考，树种为花梨木。施工环境温度25℃，相对湿度70%，当施工条件变更，或漆膜颜色、光泽等要求不同时，涂料品种或配比要作相应变化，如要求亮光涂装时，面漆应改用HF2000华彤亮光红面宝
③涂料按重要比配好后，搅拌均匀静止15～20min，然后过滤使用
④基材含水率要求干燥到与家具使用环境相当的木材平衡含水率
⑤喷涂底漆、面漆前均需先用喷枪的压缩空气除尘，应在净化的喷漆间干燥室内涂饰，干燥
⑥若底漆漆膜有小气泡，颗粒等缺陷，则需用800～1000号砂纸轻轻磨去颗粒

表 30-66 板式家具 UV 漆涂装工艺

序号	工序	材料与配比(质量比)	施工要点	备注
1	定厚砂光	240 号	用宽带式定厚砂光机定厚磨平,并除尘	
2	着色	水性着色剂：水 = 1：0.3	海绵辊涂	
3	干燥		用红外线干燥 2~5min,保证水分充分挥发	
4	涂底漆	UA3002	辊涂,涂漆量 20~25g/m²	若木眼深,则用 VA3812 填充底漆,涂漆量相应增大
5	半固化		用一支紫外线灯固化,使漆膜固化到轻划发粘,有划痕程度	
6	涂底漆	UA3022	辊涂,涂漆量 20~25g/m²	
7	固化		用三支紫外线灯,达完全固化	
8	磨光	320 号砂纸	用机械磨光,要求精细磨光,并除尘	
9	涂面漆	UA62225	辊涂,涂漆量约 10g/m²	
10	半固化		要求同 5	
11	涂面漆	UA62225	辊涂,涂漆量 5~8g/m²,漆膜薄,主要用于板件背侧、内面的表面涂装。用三支紫外线灯,达完全固化	如作家具台面,正表面涂饰则涂漆量要增大

注：①以上取自华润涂料公司资料
②本工艺适用于贴薄木或装饰纸的板件的涂装,如在实木上涂饰或涂饰质量要求变更,则涂饰工艺要作相应变更调整
③木地板 UV 漆涂饰工艺可参考本手册第 8 章

表 30-67 酚醛清漆涂装工艺(用虫胶)

序号	工序	材料与配比(质量比)	施工要点	备注
1	白坯表面处理	1~1½号木砂纸精刨等	除去胶痕、油迹	
2	嵌补虫胶腻子	虫胶 1 份、酒精 6 份、老粉、颜料	用脚刀手工嵌补,干燥 15~25min	
3	砂磨	1 号木砂纸	手工砂磨	
4	揩擦水老粉	老粉、水、颜料	用排笔手工涂擦,干燥 1~2h	
5	刷虫胶清漆	虫胶 1 份、酒精 4 份	用排笔手工刷涂,干燥 7~15min	或稀油
6	砂磨	0 号或 1 号木砂纸	手工砂磨	
7	补油腻子	石膏、酚醛清漆、水颜料	用牛角刮刀,手工刮补,干燥约 4~8h	
8	批油腻子	同上	用牛角刮刀,手工批刮,干燥约 4~8h	
9	砂磨	1 号木砂纸	手工砂磨	
10	刷带色虫胶透明漆	虫胶 1 份酒精 4 份	用排笔手工刷涂,干 7~15min	加入相应的颜(染)料
11	刷虫胶清漆	同上	同上	可同工序 10,也可用清漆
12	拼色	虫胶 1 份、酒精 5 份颜(染)料	用排笔、大小楷笔手工修整,干燥时间 7~15min	清漆
13	砂磨	0 号旧木砂纸	手工砂磨	轻磨,不能把颜色磨掉露白
14	刷酚醛清漆	酚醛清漆	用猪鬃油漆刷手工刷涂,干燥时间 17~24h	

注：①本工艺适用于民用低档普通家具或建筑木构件
②本工艺也适用于醇酸清漆、酯胶清漆
③根据产品质量要求、木质情况,确定白坯表面处理的内容,如椴木的普通产品,就不需专门进行去木毛、去树脂等操作
④根据产品情况,有些工序次数可增减,如做底漆用的虫胶漆可刷一道或二道。做面漆用的酚醛清漆也可刷一道或二道
⑤桌子、茶几一类家具,其面子漆漆膜要求耐热性好,则一般不宜用虫胶清漆做底漆,对普通产品来说,可以刷稀油
⑥满批油腻子,常用于家具的门面部位或漆膜质量要求较高的产品。要求低的部位或产品,也可不做这道工序
⑦涂料的干燥时间,除与涂料本身性质有关外,还与气候、涂料用量等有关。表中仅列入涂料干燥时间的大致范围
⑧工序 5、10 刷虫胶漆可改为刷颜色稀油,即 1：2 适量,本工艺可提高漆膜的耐热性

表 30-68 调合漆涂装工艺

序号	工序	材料与配比(质量比)	施工要点	备注
1	白坯表面处理	凿刀、胶、木砂纸	手工挖补树脂囊等	或用碱洗法
2	刷猪血料水	熟猪血、水	用猪毛油漆刷子手工刷涂，干燥30~60min	
3	砂磨	1号木砂纸	手工砂磨	
4	补油腻子	石膏、酚醛清漆、水	用牛角刮刀，手工刮补，干燥约4~8h	
5	砂磨	1号木砂纸	手工砂磨	
6	批油腻子	同4	同4	
7	砂磨	1号木砂纸	手工砂磨	
8	批猪血腻子	熟猪血、老粉	用牛角刮刀，手工批刮，干燥30~60min	
9	砂磨	1号木砂纸	手工砂磨	
10	复补油腻子	石膏、酚醛清漆、水、颜料	用牛角刮刀，手工嵌补，干燥4~8h	
11	砂磨	1号木砂纸	手工砂磨	
12	刷第一道底漆	白厚漆、酚醛清漆、汽油	用猪毛油漆刷子涂，干燥12~24h	溶剂汽油即松香水
13	砂磨	0号或1号木砂纸	手工砂磨	
14	刷第二道底漆	同12	同12	
15	砂磨	0号木砂纸	手工砂磨	
16	刷调合漆	调合漆	和猪毛油漆刷子刷涂，干燥12~24h	

装环境、涂装工艺、机器设备、干燥条件等事项。了解漆膜是在什么情况下形成的。

30.7.1 漆膜缺陷及其起因

漆膜缺陷及其起因见表30-69。

30.7.2 漆膜缺陷及对策

漆膜缺陷及对策见表30-70。

表 30-69 漆膜缺陷及其起因

发生的时间	主要起因 涂膜缺点	涂料						涂装方法、操作						涂装工程				被涂物		设备		环境		
		组成性能	树脂	颜料	添加剂	溶剂沸点	溶解力	黏度	调合搅拌	不纯物质	涂装方法	涂装器具	作业熟练	膜厚	工序组合	干燥程度	素材处理	形状	材质	换气	空气清净	温湿度	采光	立地条件
涂装时发生者	刷痕		○	○		○		●					○	●										
	橘皮		○		○	●	○	●			○		●									○		
	流挂				○	●	●	●				●	●	●				●						
	喷涂痕							○			●	●	●									○		
涂膜的干燥前后发生者	砂痕	○									●		●			○	○		●					
	鱼眼	○								●			○					○	●		●			○
	吸陷	●	○					○					○	●	●	●	●		○			●		
	针孔	○			○	●		●					○	●		○	●					●		
	气泡	●			○	●		●					○	●		○								
	光泽	○	○	○		●	○	○					○	●								○		
	回粘	●			○	●		○					○			●				●		○		
	皱纹	○	○			●		●					○	●		●						○		
	粗糙							○			●						●		●		●	●		
	不干	○			●	○		○									●		○			●		
	粒状				○			○		●	●	●									●	○		
由于经历时间变化	黄变		●	●																				○
	龟裂	○	○	○	○			○			○			●		○		●						
	变色		●	●										●										
	剥离	○	○	○						○	○					●	○							

注：○：表示有关连；●表示主要原因

表 30-70 漆膜缺陷及其对策

序号	缺陷种类	原因	对策
1	针孔	1.木材表面修整不良，材面起毛，填充困难； 2.底涂的干燥不完全，即进行上层涂装，上层涂膜急速干燥； 3.涂膜中含有尘埃、气泡，黏度过高； 4.涂料与被涂面之温度差异过大； 5.加温干燥时，温度过高，静置时间不够，溶剂未充分挥发； 6.一次厚涂，表面干燥底层仍断续蒸发而凸起； 7.使用不良的涂料稀释剂，或错误的涂料稀释剂	1.白坯木材的修整应彻底，砂光达到要求； 2.多次喷涂时，重涂时拉长待干时间，让底层干燥较充分； 3.涂装时的作业应予彻底清理； 4.被涂物的表面温和环境温度应相同； 5.加热干燥时，涂膜的溶剂充分挥发后(静置时间延长)再施行； 6.避免一次过于厚涂，及调整适当的喷涂黏度，底层与表面干燥一致； 7.使用时确认正确的稀释剂，及选用适当的稀释剂与涂料； 8.按指定的调漆比率正确调漆，并且充分搅拌均匀； 9.设法改善作业环境，并适当地控制温湿度，或适当添加慢干溶剂
2	气泡	1.木材表面导管深，填充困难，发生气泡； 2.使用过高黏度的涂料； 3.喷涂空气压过高，涂料中混入空气过多； 4.预热(加温干燥)过激，或急剧加热； 5.涂装表面附着油分、灰尘、汗水等，这些不洁物周围集结水分； 6.压缩机及空气管内有水分，或设备发生水溅到作业物上面； 7.大部分与针孔发生原因一样	1.导管较深的素材事前作填充后喷涂； 2.调整合适的涂料黏度； 3.调整空气压力，减少空气的混入； 4.加热干燥时，静置时间需控制，充分挥发后施行； 5.注意涂装表面清洁，避免污染不洁物； 6.定时泄掉压缩机水分，装油水过滤器； 7.参考针孔对策
3	鱼眼(后拨、发笑、火山吕、开花、缩孔)	1.被涂物有水分、油分、或油性蜡等； 2.涂料中有水、油分(空压机为主因)； 3.作业场所被污染，或使用油性蜡污染环境，及作业物； 4.使用过多的添加剂，或涂料不良及使用过期涂料； 5.污染的布、抛光场所的油性蜡； 6.底漆或着色剂品质不良，或被污染； 7.充满溶剂气体的场所，作业场所排气不良	1.避免被涂物污染，且需彻底砂光； 2.水墙、流水墙保持清洁，流水顺畅，避免跳水，空压机油水也应注意； 3.作业场所、器具避免污染油分、蜡油等，手、衣物污染应清洗后才可触碰作业物； 4.涂料保存不能超出储藏期限； 5.涂装时远离污染地，应清理污染碎布； 6.注意涂料品质是否含有其他物质； 7.作业环境注意充分排气； 8.旧漆膜在喷漆前用溶剂擦拭干净及再砂光后进行喷涂； 9.严重鱼眼发生时可用鱼眼防止剂
4	沉陷、吸陷、目陷	1.使用不合适的稀释剂(溶解力太强)； 2.底漆涂膜不足，形成多孔的场合； 3.下层涂料未充分干燥，或未干燥即研磨； 4.研磨时使用太粗的砂纸； 5.面漆黏度太低，或涂布量不足； 6.使用品质不良的涂料； 7.被涂物表面附着灰尘，漆粉未清除； 8.素材腻子填充不良，或含有水分过多； 9.底漆一次厚涂，到底层干燥不充分(或重涂时间太快)	1.选用品质良好之稀释剂； 2.底漆涂膜应足够，砂光后应平坦； 3.涂膜应充分硬化或干燥再施予上涂； 4.应选适合面漆细度的砂纸； 5.涂料黏度合适，涂布量均匀、足够； 6.使用品质良好的涂料，喷涂前需清理被涂物表面； 7.涂装前素材处理需确实砂光、填充腻子，木材含水率需中； 8.涂装要领需分多次薄涂且控制间隔时间拉长，使下层漆充分干燥

表 30-70（续）

序号	缺陷种类	原因	对策
5	橘皮	1.喷涂时，雾化的涂料粒子附着在涂装表面不能流展平滑； 2.喷枪调整及喷涂技术问题，空气量多，距离太远； 3.工厂温度太高，干燥过快，不能流展平坦； 4.用喷枪吹干表面，涂料粒子不能充分流展； 5.使用沸点低的稀释剂，涂料粒子抵达涂面前即干燥； 6.涂料黏度过高时，或一次厚涂； 7.涂料未充分搅拌混合，影响其流展性； 8.表面不清洁，附着蜡、油等不纯物； 9.作业环境有风，且风速过大； 10.涂料本身性质不合	1.喷枪性能应保持良好状态。 2.充分熟练喷枪使用方法。 3.改善涂装工场温度，使用适当的稀释剂调漆。 4.不可厚涂，以中程度涂布量，调整适当黏度喷涂。 5.涂膜表面及里面均要充分干燥。 6.调整适当的涂料黏度，过高或过低都不好。 7.涂装前涂料应充分搅拌均匀。 8.防止有风处涂装。 9.选择适当流平性较好的涂料。 10.涂膜处理，改进操作技术，重磨平坦再涂装一次。
6	喷涂漆痕	1.喷枪的喷射幅不良； 2.喷枪的运行技术不佳，喷涂时重叠不充分，不均匀； 3.面漆调整时未充分稀释搅拌； 4.对遮盖力低的面漆，下层的颜色选择不当； 5.使用不当的稀释剂； 6.被涂物的表面太热或太冷	1.正确保养喷枪及调整喷幅； 2.涂装运行方式正确，喷涂重叠均匀； 3.使用良好的稀释剂，调漆时充分搅拌； 4.降低色浓度，或减低一次的涂布量，或选择适当的下层涂料； 5.调整室内温度
7	砂纸伤痕	1.逆木纹砂光或横木纹砂光造成砂痕； 2.使用过粗的砂纸布砂光，或研磨方法错误； 3.涂膜未干燥即以加研磨(尤其两液型涂装较明显)； 4.使用太慢干溶性，致涂膜无法在一定时间干燥； 5.面漆涂膜太薄，黏度过低； 6.砂光后未彻底清洁，涂料无法渗透； 7.砂纸使用时因表面滞留漆粉，某部位已无砂光功用形成移动痕迹	1.选择适合的研磨纸番号，前粗后细； 2.砂光时应按木材纹理方向顺木纹砂光； 3.涂膜应干燥后研磨，除去灰尘漆粉； 4.使用砂光机或手持砂纸研磨； 5.砂纸如滞留漆粉则予更换； 6.研磨的方向、动作要正确； 7.涂料黏度应适当，喷涂厚膜应覆盖砂盖痕； 8.视情形可先一层底漆而再短时间内涂面漆，增加膜厚； 9.使用使涂膜干燥研磨的稀释剂；
8	粗糙漆膜	1.喷涂时黏度过高； 2.使用过低沸点的溶剂稀释剂； 3.喷涂距离不当或过远，喷枪或机器故障； 4.涂装室内温度过高； 5.超喷之半干燥涂膜，涂料附着(在角落或背面侧面此现象较多)； 6.被涂物附着灰尘或环境灰尘太多	1.调整适当的涂料黏度； 2.使用适当的稀释剂与溶剂； 3.熟练喷涂技术与喷枪的正确操作，定期保养机器； 4.调整室内温度； 5.训练操作者的喷涂技术、姿势等； 6.喷涂场所保持清洁，尽量避开污染地
9	流挂(下垂、垂流)	1.稀释剂过多，使涂料的黏度过低； 2.一次喷涂过高的涂布量，尤其是较慢干的涂料，更易发生； 3.喷涂时的距离、角度或重叠不当，使涂料分布不均匀； 4.喷涂时喷枪移动速度不适当，或慢或喷射幅歪斜，空气压力过低，漆量过高与空气量搭配不适； 5.喷枪保养不当，孔道变形，或部分孔道阻塞以致漆形不良； 6.使用过多高沸点的溶剂及香蕉水，因而干燥过慢； 7.湿度高，温度低，干燥迟缓的场合	1.调整适当的涂料黏度，喷涂立面时黏度应有所增加； 2.适度的涂布量，避免一次喷涂过厚，但仍需喷且膜厚均匀； 3.熟练喷枪的调整，其运行方法角度、速度等，及良好保养喷枪； 4.使用适合的稀释剂调释涂料； 5.室内温湿度充分予以考虑； 6.在照明良好的场所喷涂，许多流漆是因为视线不良所引起的

表 30-70（续）

序号	缺陷种类	原因	对策
10	细粒皱	1.涂装时涂黏度过高； 2.使用不当的稀释剂、溶剂(溶解力)； 3.喷涂距离不当，空气压力过大； 4.环境风速过大，或温度过高干燥过快； 5.涂料干燥过快或涂料的问题	1.调整涂料黏度，使延展性达到最佳； 2.使用品质良好的稀释剂溶剂与涂料； 3.调整适当的空气压力，加强涂装技术； 4.充分考虑室内温湿度； 5.在照明良好的场所喷涂
11	变色	1.紫外线直接或其他物质附着； 2.硬化剂添加过量或涂料贮存过久； 3.使用易褪色的着色剂、颜料、染料； 4.高温干燥时变色。(UV紫外线涂料有此变色的)	1.应使用能抗紫外线之涂料； 2.适量正确的硬化剂比率； 3.不用贮藏过久的涂料，用不易褪色着色剂； 4.防止过高温度烘干
12	颗粒(粒子)	1.涂料树脂或添加剂、颜料的固体块； 2.涂料的夹杂物、异状物、硬化颗料等直接涂布、附着在漆膜上； 3.硬化剂添加过多或调合搅拌不均； 4.涂料储藏过久超出安全使用期限，凝胶，或涂料分散不均； 5.尚未指触干燥，空中的飞絮砂粒附着； 6.涂布时被涂物本身污物吹于漆膜中； 7.置物架等不清洁，于漆膜未干时移动或震动，灰尘污物掉落湿涂面； 8.使用溶解力差的稀释剂，无法充分溶解涂料，或错用不当的稀释剂溶剂	1.涂料过期会产生胶固块，应不再使用； 2.彻底清理涂料容器，涂装面漆应过滤； 3.两液型涂料之主剂，硬化剂调配比率需正确，并充分搅拌均匀； 4.应检视涂料品质，有否块或夹杂物； 5.作业场所应经常清扫，并避开污染源； 6.作业的置物架、喷台、排气设备、输送带等应经常保持干净清洁无尘； 7.抽排风设备吸尘良好，减少涂料雾化粒子及灰尘的停留； 8.工件表里在喷涂前应擦拭干净； 9.同一场所避免做其他工作，闲人勿近
13	回粘	1.涂料中过多慢干溶剂，溶剂无法挥发； 2.反应型涂料的硬化剂添加量不足； 3.涂面被污染不洁； 4.空气不流通，受热气侵袭； 5.气候突变，雨季施工，湿度高； 6.性质不同涂料未干即施面漆或共用； 7.面漆涂料硬度不够； 8.涂膜厚涂或多次重涂，漆膜未干燥即行包装重叠； 9.使用品质不良的涂料	1.选择干燥适当的溶剂稀释时，不过量； 2.硬化剂添加比率应正确； 3.保持涂面不被异物污染再涂饰； 4.涂装完全的待干漆膜，置放于通风良好的地方，让溶剂充分挥发； 5.在不良气候下施工时，放置时间应加长，或加温干燥； 6.选择不同涂料时，应待下层充分干燥后再上涂，不同涂料千万不可混用； 7.面漆视需要使用硬度适当的涂料； 8.测试厚膜，待干时间； 9.选用品质良好的涂料
14	不干	1.被涂面含有水分，油分或蜡质等物； 2.酸、碱性硬化剂或颜料、染料合并使用； 3.硬化剂使用错误，或比率不对，以及稀释剂使用错误； 4.涂料中混入水分，油分； 5.温度过低，未达干燥条件	1.保持被涂面之清洁； 2.使用硬化剂前应确认，调合比率要正确和指定稀释剂稀释； 3.不用过期或含有水，油分等杂物涂料； 4.在正常室温内喷漆； 5.调漆时搅拌均匀，使能正确干燥； 6.涂料若无法干燥(加热)则将涂面去除
15	发白(起雾、白化)	1.空气高温高湿，相对湿度高于80%以上时，一般夏天下雨时最常见； 2.被涂物或容器含有水分； 3.稀释剂香蕉水沸点太低，挥发过快，或混入水分； 4.空气压缩机或空气含有水分； 5.涂膜含有水分未清除干净	1.降低室内湿度，避免在高湿度下涂装作业，或适量使用慢干溶剂； 2.容器与涂料避免混入水分，涂料稀释剂避免于露天存放否则会侵入湿气； 3.空压机装水分过滤器，定时排泄水分； 4.湿度高时应避免厚涂； 5.发现发白现象立即停止作业，并予以修正； 6.轻度的发白可以喷涂后加热干燥； 7.注意周围环境及设备等避免涂膜沾水

表 30-70（续）

序号	缺陷种类	原因	对策
16	光泽不良	1.被涂物多孔粗糙，或涂膜不足吸陷，或附有油、水分不纯物； 2.上涂涂膜不足或采用干喷，喷涂的压力过大，黏度过低； 3.干燥室换气不良，溶剂蒸发的气体污染空气，漆膜发白； 4.稀释剂的品质不良，沸点低干燥过快； 5.抛光的漆膜，未充分干燥即研磨抛光，或抛光蜡太粗； 6.在湿度高温度低的场合涂装； 7.超喷的部位或发白的部位； 8.使用品质不良的涂料涂装； 9.砂光粗糙，或漆粉灰尘未除干净	1.被涂物砂平细腻，清除表面不洁物质； 2.控制适当的涂料黏度，以正确的方法喷涂适中厚的膜； 3.在窑干过程中，保持良好的换气； 4.选择干燥适中的稀释剂； 5.涂膜应完全干燥后才可以进行抛光工作，并选择蜡的细度； 6.要有良好的涂装作业温湿度； 7.训练喷涂方法，并熟知工件喷涂方式； 8.注意选用品质好的涂料； 9.用细砂纸砂光，喷涂前应清理表面
17	皱纹	1.表面干燥过快，涂膜干燥不均一； 2.一次厚涂，只在表面急速干燥，不能同时干燥，下层松弛上层绷紧； 3.大热天异常高温，或太阳直射环境； 4.底漆干燥不完全，且面漆强制干燥； 5.底漆及面漆的涂料组合不当，面漆的稀释剂溶解力太强，硬化不完全的PU、AA涂膜上，涂布NC，或在NC涂膜上涂布PU或AA涂料； 6.硬化剂调配不当； 7.第一层涂膜半干或聚合硬化不完全，而施予第二道涂膜时； 8.下涂涂膜无充分研磨，即施予上涂	1.使用慢干稀释剂，和适合溶解的溶剂； 2.调节适量的涂布量； 3.避免在异常高温下涂装； 4.绝对禁止超厚膜，每次喷涂间要让溶剂充分挥发； 5.使用性质相合的涂料； 6.涂装后需静置指触干燥后才加温干燥； 7.二液型或多液型涂料，硬化剂需调配正确及搅拌均匀； 8.在使用不同或同类涂料时，底漆应使其硬化干燥； 9.聚合型干燥涂膜，干燥后砂光应尽量充分
18	黄变	1.涂料不良，未使用非黄变涂料； 2.环境因素，空气、水……等； 3.日晒涂膜老化分解； 4.高热干燥	1.慎选涂料，使用非黄变涂料； 2.对家具应勤予保养，经常打蜡保护； 3.不要直接日照，选择非黄变涂料； 4.加热不可过高
19	龟裂	1.木材含水率过高，致使下底收缩； 2.涂装时一次涂层过厚； 3.底漆未充分干燥，即进行面漆； 4.硬化剂添加过量，或误用硬化剂； 5.上、下层不同种类的涂料、性质不合； 6.涂料不良，缺乏伸张性； 7.已有裂痕的旧涂膜再布上新的涂膜； 8.使用品质不良的稀释剂，或随意添加添加剂、颜料	1.木材含水率应干燥至10%以下； 2.适当的涂布量，少量多次，并充分干燥，间隔干燥充分； 3.调漆硬化剂比率应按要求正确调漆； 4.正确了解不同种类涂料的搭配； 5.选择品质信誉良好的涂料； 6.有裂痕的涂膜需刮除后才可再喷涂； 7.使用适当指定的稀释剂，非专业人员不需另添加其他涂料
20	色分离	1.涂膜过厚，尤其是一次厚涂或下层颜色未干重涂； 2.稀释剂溶解力不足； 3.调合涂料搅拌不充分； 4.加过量稀释剂，黏度过低，延展过度； 5.颜料分散不良	1.适量的涂布量，及底层颜色干燥后再涂布； 2.使用指定的稀释剂； 3.充分搅拌涂料； 4.调整到不会产生颜色分离的黏度； 5.选择良好品质的涂料或着色剂
21	剥离	1.被涂物表面不洁，附着油、水、灰尘、蜡、手垢、清洁液等； 2.涂料性质不良，容易收缩，涂料搅拌不均，使用不良稀释剂	1.被涂物应不受污染，并保证其清洁； 2.慎选涂料，(尤其需厚涂的涂装)涂布前充分搅拌； 3.涂装最好均能事先砂光(尤其需添加硬化剂涂料)充分，增加粗糙度及附着力

表30-70（续）

序号	缺陷种类	原因	对策
21	剥离	3.附着力差，被涂物光滑度高，下层或已喷漆干燥硬化涂膜研磨不充分，即予喷涂。(尤其二液型涂料硬化后未砂光)； 4.涂料中渗有油分、水分； 5.下层涂料与上层涂料性质不合； 6.底漆未充分干燥即予中涂； 7.涂装时未按指定要求进行下涂； 8.使用过期的涂料或添加不当； 9.二液型涂料超出可使用时间过久	4.涂料中严防渗入水、油分等异物； 5.最好不要使用不同性质涂料，使用适合重涂的涂料； 6.充分干燥涂膜再进行中涂； 7.按指定涂装工程施工； 8.二液型涂料硬化剂不可超量，检查过期涂料是否变质； 9.不可再使用已超出可使用时间(二液型混合后的时间)的涂料
22	光泽不均	1.喷射幅重叠不均匀，过多或过少； 2.喷枪、喷嘴有颜料附着，吐出量不均一； 3.喷射幅雾化不完全，喷枪移动不正确； 4.操作不当，技术欠佳； 5.涂料品质欠佳	1.注意喷漆操作，重涂正确； 2.清洗喷枪，平时做好保养； 3.调整及检查喷枪； 4.训练纯熟的喷漆技术； 5.使用良好品质的涂料

30.8 涂料及涂饰木制品有害物质限量

当前，人们重视生态环保，崇尚绿色消费，需求绿色产品，极大地关注商品的"健康、安全性"。我国政府极大地重视环保，人民的健康，为此制订了一系列相应的环保法规，强制性标准。GB18581-2001《室内装饰装修材料 溶剂型木器涂料中有害物质限量》等强制性标准的颁布、实施，为维护消费者的权益，规范木制品市场、涂料市场，造就新的市场空间提供了强有力的保证，这是我国木材加工业的一件大事，做为环保工作，生产绿色木制品，也是我们面临的一项重要的任务。

在涂饰中涉及到的有害物质包括挥发性有机化合物和可溶性重金属，现分别讨论如下：

30.8.1 挥发性有机化合物（VOC）的限量

挥发性有机化合物(VOC)是指可参加气相光化学反应的有机化合物。这类化合物通常在1个大气压下，沸点（或初馏点）在50～250℃，种类很多，如苯、甲苯、二甲苯、环乙酮、丙酮、醋酸丁酯、苯乙烯等。

挥发性有机化合物在浓度低时，人有头痛、恶心、疲劳和腹痛等现象，在浓度较高时对人体神经产生严重刺激性和危害性，有造成抽搐、头晕、昏迷，瞳孔放大等症状。不同的挥发性有机化合物其毒性和临床表现较大差异，如大量吸入丙酮蒸气后，眼和呼吸道出现刺激症状，伴有头痛、头晕、乏力等。苯、甲苯、二甲苯，则会使人引起神经衰弱及植物神经功能紊乱，对骨髓的造血细胞引起损伤，使白血球下降。苯的毒性最高，是甲苯、二甲苯的9倍。当空气中苯含量超过25ppm时，可以引起食欲不振、易倦、头昏、呕吐等症状，也可能导致血液变化，如血小板减少，白血球导常增多以及红血球减少甚至引起白血病。生产车间空气中苯浓度超过1000ppm，可引起急性中毒，超过2000ppm时在短时间内可出现强麻醉症状等。低浓度醋酸丁酯对粘膜有刺激作用，高浓度则有麻醉作用，甚至出现黄疸、血尿症状。而甲苯二异氰酸酯（TDI）会刺激人的呼吸道，诱发气管炎、哮喘等疾病，甚至更严重的后果。

北京化学毒物检测研究所于1998～1999年对北京市94个不同用途建筑的室内环境进行了检测评价，共测了包括甲醛在内的空气浓度，结果显示7种VOC（不含甲醛）的平均水平和总水平比欧美等国的相应数值高出1倍表30-71。鉴于挥发性有机化合物对人们的危害性，国内外进行了大量研

表30-71 各国挥发性有机化合物的限量

项目	VOC平均值（μg/m³）	VOC平均值（μg/m³）
日本信宅8个月（不含甲醛）	19.85	
德国500户家庭53种VOC（不含甲醛）	25	121.8
加拿大757户住宅57种VOC（不含甲醛）	—	
英国100户住宅VOC（不含甲醛）	20	
北京94个住宅场所VOC（不含甲醛）	47.95	335
国际标准	20～50	300

究，并提出了挥发性有机化合物（VOC）和总挥发性有机化合物（TVOC）对室内环境污染控制的规范，我国从规定涂料，胶黏剂中VOC、TVOC的值着手，控制室内VOC、TVOC的值。GB18581-2001《室内装饰装修材料 溶剂型木器涂料中有害物质限量》规定的VOC和苯、甲苯、二甲苯，TDI的限量值见表30-72。GB18583-2001《室内装饰装修材料 胶黏剂中有害物质限量》规定的苯、甲苯、二甲苯和TVOC的限量值见表30-73、表30-74。

家具中挥性的有机化合物（VOC）来源于涂料和胶黏剂和各种助剂，在家具生产中减少源于家具的挥性有机化合物（VOC）的措施如下：

1）使用无溶剂，少溶剂的涂料，如不饱和聚酯漆，紫外线固化涂料等。

2）使用水溶性涂料，溶剂性涂料和胶黏剂时，应采用符合国家标准的涂料和胶黏剂（含水基型、溶剂型），尽可能采用水性涂料和胶黏剂。

3）涂饰好的家具，应放一定时间后再提供给用户。因为涂料的有机溶剂绝大部分在涂料固化过程中逸散出来，少量残留溶剂在几天内亦将继续挥发掉，而不像甲醛释发是缓慢长期的过程。

表30-72 溶剂型木器涂料中有害物质限量值

项目	限量值		
	硝基漆类	聚氨酯漆类	醇酸漆类
挥发性有机物（VOC）a/（g/L）	750	光泽（60°C）≥80，600 光泽（60°C）＞80，700	550
苯 b/% ≤	0.5		
甲苯和二甲苯总和 b/% ≤	45	40	10
游离甲苯二异氰酸酯（TDI）c/% ≤	—	0.7	—
重金属（限色漆）/（mg/kg）≤	可溶性铅	90	
	可溶性镉	75	
	可溶性铬	60	
	可溶性汞	60	

a.按产品规定的配比和稀释比例混合后测定，如稀释剂的使用量为某一范围时，应该照推荐的最大稀释量稀释后进行测定。
b.如产品规定了稀释比例或产品由双组分或多组分组成时，应分别测定稀释剂和各组分中的含量，再按产品规定的配比计算混合涂料中的总量。如稀释剂的使用量为某一范围时，应按照推荐的最大稀释量进行计算。
c.如聚氨酯漆类规定了稀释比例或由双组分或多组分组成时，应先测定固化剂（含甲苯二异氰酸酯预聚物）中的含量，再按产品规定的配比计算混合涂料中的含量。如稀释剂的使用量为某一范围时，应按照推荐的最小稀释剂量进行计算。

表30-73 溶剂型胶黏剂中有害物质限量值

项目	指标		
	橡胶胶黏剂	聚氨酯类胶黏剂	其他胶黏剂
游离甲醛/（g/kg）≤	0.5	—	—
苯/（g/kg）≤		5	
甲苯十二甲苯/（g/kg）≤		200	
甲苯二异氰酸酯/（g/kg）≤	—	10	—
总挥发性有机物/（g/L）≤		750	

表30-74 水基型胶黏剂中有害物质限量值

项目	指标				
	缩甲醛类胶黏剂	聚乙酸乙烯酯胶黏剂	橡胶类胶黏剂	聚氨酯类胶黏剂	其他胶黏剂
游离甲醛/（g/kg）≤	1	1	1		1
苯/（g/kg）≤	0.2				
甲苯十二甲苯/（g/kg）≤	10				
总挥发性有机物/（g/L）≤	50				

4) 家具涂饰应在有喷涂设施的工厂进行,在住宅等室内装修现场涂饰会污染周边环境。

30.8.2 可溶性铅、镉、铬、汞等重金属的限量

铅是一种质地较软、灰白色的金属。铅及其化合物常作为油漆中的颜料,塑料工业的稳定剂等使用。通常使用铅的化合物有一氧化铅(密陀僧)为黄红色,二氧化铅(PbO_2)为褐色,三氧化二铅(黄丹)为橙黄色,四氧化三铅(铅丹、红丹)为鲜红色,铅白 [$Pb(OH)_2 2PbCO_3$]、铬酸铅(铬黄)等。铅及其化合物可以铅烟和铅尘的形式通过呼吸道进入人体,也可因手和食物被污染而通过消化道进入体内,影响中枢神经。铅中毒的典型临床表现为腹绞痛、贫血、麻痹、脑病等,对于神经系统往往以神经衰弱症为多见,并有头痛、头晕、失眠、多梦、记忆力减退等症状;对于消化系统来说,则会发生消化不良、食欲不振、腹疼等症状。国外严禁用含铅的颜料涂装儿童家具、玩具。在制造厨房家具时,也应禁止使用含铅颜料、含铅的玻璃等。此外,筷子、木碗、托盘等制品也应禁用含铅的颜料。

铬是一种银白色有光泽的硬金属,耐腐蚀性强。铬及其化合物广泛用于电镀、油漆颜料等方面,常用的有重铬酸钾、重铬酸钠、铬酸钾等。在工业生产中铬及其化合物主要以烟雾粉尘形态经呼吸道进入体内。铬中毒的临床表现以皮肤和粘膜的局部损害为主,经呼吸道吸入会起鼻炎、咽炎、支气管炎等,长期接触铬化学物,还会出现贫血、消瘦、消化系统障碍等症状。在生产家具的金属电镀配件时,应注意劳动保护。

在国家标准《室内装饰装修材料 木家具中有害物质限量》中规定的重金属含量的限值见表30-75 可溶性重金属含量用火焰原子吸收光谱法或无焰原子吸收光谱法测定。

表30-75 喷嘴口径的应用性能

项目		限量值
甲醛释放量	mg/L	≤1.5
重金属含量(限色漆)	可溶性铅	≤90
	可溶性镉	≤75
	可溶性铬	≤60
	可溶性汞	≤60

参考文献

[1] 涂料工艺编委会. 涂料工艺. 北京：化学工业出版社，1997

[2] 耿耀宗. 现代木器家具漆生产与实用配方. 北京：中国轻工出版社，1999

[3] 邹茂雄. 木材涂装. 中国台湾：淑馨出版社，1987

[4] 徐特雄. 家具涂装. 中国台湾：正文书局，1991

[5] 张广仁，木材涂饰原理. 哈尔滨：东北林业大学出版社，1990

[6] 张彬渊主编. 新编家具油漆. 南京：江苏科技出版社，1990

[7] 任宗发等. 家具油漆. 南京：江苏科技出版社，1981

[8] 刘忠传主编. 木制品生产工艺学. 北京：中国林业出版社，1993

[9] 张勤丽. 人造板表面装饰. 北京：中国林业出版社，1986

[10] 川村二郎. 木材涂装. 桢书店，1977

[11] 华润涂料厂有限公司. 华润家具漆产品说明及技术施工简要，1998

[12] 大宝化工制品有限公司. 木器涂装技术，1997

[13] 张彬渊. 家具的有害物质必须限量. 家具. 2002.NO5

[14] 杨建文等. 光固化涂料及应用. 北京：化学工业出版社，2005

[15] 张广仁等. 现代家具油漆技术. 哈尔滨：东北林业大学出版社，2002

[16] GB18581-2001《室内装饰装修材料 溶剂型木器涂料中有害物质限量》. GB18584-2001《室内装饰装修材料 木家具中有害物质限量》. 北京：中国标准出版社，2002

[17] 张彬渊主编. 家居涂饰技术问答. 南京：江苏科学技术出版社，2005

[18] 张广仁主编. 木材工业实用大全涂饰卷. 北京：中国林业出版社，1998

31 其他木制品

其他木制品涉及体育用品、娱乐用品、装饰用品及家用木制品等几方面。具体从产品的分类、材料、规格、要求、特点、生产工艺以及产品标准等方面进行阐述。

31.1 体育用品

木材在体育用品领域中应用比较广泛,这是由于木材具有质量轻、弹性好、强度高、表面纹理美丽等特点。在繁多的体育用品中,全部木制或部分采用木制的器械有乒乓球台和拍、双杠、平衡木、门球槌、网球拍、羽毛球拍、棒球棒、跳马等等。

31.1.1 乒乓球台(GB7902-1987)

乒乓球台台面主要由天然实木或人造板等材料制成,乒乓球台腿部由木材或金属制成。

(1) 用材树种:槭木、樟科、黄杞和椴木等,或由这些树种制成的细木工板、五夹板,现也用中密度纤维板。腿部用材为:锥属各类商品材。

(2) 用材要求:台面用材应是同一种或材性相近的材料,早晚材不明显,胶合时不应该产生离缝以免影响乒乓球的反弹。其材料尺寸要稳定、无翘裂缺陷。

31.1.1.1 分类和规格

(1) 级别:乒乓球台根据工艺技术、结构、用材和质量的不同,分为高级、中级、普级三种。

高级品:适合于国际和国内重大比赛;
中级品:适合于国内一般比赛;
普级品:适合于训练。

(2) 规格尺寸见表31-1。

表31-1 乒乓球台尺寸表　　单位:mm

分类 项目名称	高级		中级		普级	
	尺寸	偏差	尺寸	偏差	尺寸	偏差
台长	2740	+3 0	2740	+4 0	2740	+5 0
台宽	1525	±2	1525	±3	1525	±3
台高	760	±1	760	±2	760	±2
台面厚	15~30		15~30		15~30	
半张台面对角线误差(≤)	2		3		4	

注:台长可分为两个半张,每半张为1370mm,其公差为台长公差的一半

31.1.1.2 技术参数与要求

技术参数见表31-2。技术要求:

①台腿外边距任何一面的台边应不少于200mm;任何撑档离地面应不小于300mm;
②台腿撑立时应保持稳固,折叠时应灵活方便;
③用木料制做台面,木纹应与台长一致;
④乒乓球台台面的要求比较高,台面应该弹性均匀;
⑤每半张球台的两边轧网处底面应各装上一块轧网铁

表31-2 技术参数表　　单位:mm

分类 性能,指标	高级	中级	普级
弹性	220~250	220~250	220~250
弹性均匀度(≤)	5	10	15
台面光泽度(≤)	6	20	---
球台的稳定性(≤)	7	7	14
半张台面不平整度(≤)	3	4	5
台面与球面的磨擦系数(COF)	0.4~0.6	---	---

板，其长宽度不小于 50mm × 20mm，厚度 1.5～2.0mm。

31.1.1.3 台面外观要求

(1) 台面表面没有裂纹、开胶、伤痕、脱漆等缺陷。

(2) 漆色

①高级：台面应漆成不反光的墨绿色，漆色均匀一致，不脱漆，无斑点，无灰粒、气泡及凸凹痕；

②中级：台面应漆成不反光的墨绿色，漆色基本一致，无明显斑点、气泡及凸凹痕；

③普级：台面应漆成墨绿色，允许有轻微的刷痕，允许有轻微反光及灰粒的缺陷。

(3) 边线和双打线：沿着台面（整副）四边喷（或刷）宽 20mm 的白色边线，在台面中间喷（或刷）宽 30 ± 0.5mm 与边线平行的白色双打线，均不宜喷（或刷）得过厚。

31.1.1.4 工艺过程

实木制乒乓球台的加工与实木家具加工工艺基本相同，人造板制乒乓球台加工过程如下：

选择质量合格的板子 → 幅面裁截 → 铣槽 → 打孔 → 胶合 → 封边 → 涂饰 → 装配 → 包装入库

31.1.1.5 检验方法

(1) 规格尺寸：用毫米尺测定；对于厚度、线及轧网铁板尺寸用游标卡尺。

(2) 弹性和弹性均匀度的测定：用专用声控电子弹性测定仪（系统误差 ≤ 2mm，球底部距台面 300mm 高度自由落下）测定，测半张。台面四角和中间点的弹跳高度，每点测三次取平均值，其值即为弹性。各弹性的极差即为弹性均匀度。

用一只优级的乒乓球放在弹性测定仪上，球由下表面离台面 300mm 处自由落下，测球弹起的高度（指球的下表面）应符合表 31-2 规定。以这一方法，在台面四角和中间各点测台面弹性的均匀度，其最高点与最低点的差应符合表 31-2 规定弹性均匀度的指标。

(3) 台面的光泽度和台面暗度分别用 SS-82 型光电光泽测定和用 TSC-81 型色度仪作样板对比测试（样板的涂饰工艺条件与产品一致）

(4) 不平整度的测定：用 2m 以上的标准直尺（直线度允许误差 0.5mm）平放在台面上，用塞尺测量直尺与台面之间的最大空隙（取绝对值）或两边最大空隙度的平均值。

(5) 产品出厂时，收购部门有权对产品进行抽验，抽验量为 10%。不足十副可任抽一副，按前述的规定进行抽验，满足条件为合格，否则要另抽二倍复验，再不合格时，由生产单位负责整理返修后，重新抽验出厂。

(6) 在合理的贮存条件下，保质期自出厂日起高级为二年，中级、普级为一年。产品保管时应避免受压、受潮，受热。要小心轻放，不得曝晒、雨淋和撞击。

31.1.2 乒乓球拍(GB 9831-1988)

乒乓球拍分比赛用和锻炼身体用二种。主要由底板、手柄、海绵胶片等部分组成。

31.1.2.1 材料

(1) 乒乓球拍主要组成材料有：木材、橡胶或其他材料制成的底板、海绵胶粒片、胶黏剂等。

(2) 底板所用木材要求：材质轻或略轻，结构细致、均匀，加工容易，切削面光洁，弹性好，无缺陷，胶黏及油漆性能好。多用椴木制成的五夹板，次为槭木、桦木、黄桐、樟属等木材制成的五夹板。

(3) 底板要用木材，并且厚度至少 85% 是天然木材。底板的黏合层也可以加增强纤维材料，但不得超过底板厚度的 7.5% 或是 0.35mm。不管哪种计算方法取其数小的一种。

(4) 外柄用槭木、桦木、鸭脚木、核桃木、白蜡木、水曲柳等木材直接胶黏于内柄上。

31.1.2.2 类型、品种、等级、规格

(1) 类型：分成年用拍和少年用拍两类。

(2) 品种：分直拍（包括方拍）和横拍两种。

(3) 等级：分优级品，一级品，合格品三个等级。

(4) 规格：形状部位见图 31-1，规格尺寸应符合表 31-3 规定。

乒乓球拍把顶或把尖下面，用汉语拼音字头和阿拉伯数字组成二位字全国统一代号。

左起第一位字：P——代表乒乓球拍

Y——代表优级品

1——代表一级品

2——代表二级品

3——代表三级品

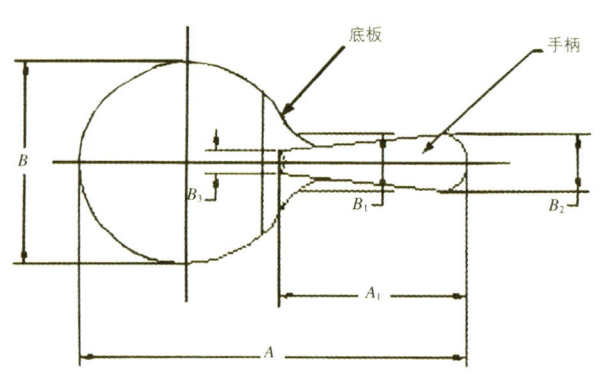

图 31-1 乒乓球拍形状

表31-3 乒乓球拍尺寸　　　　单位：mm

类型		部位 拍长 A	拍宽 B	把长 A_1	虎口 B_1	椭圆形把宽 把顶 B_2	椭圆形把宽 把尖 B_3
成年	直握 椭圆	235	151	78	35	31	25
成年	直握 方拍	255	137	70~100			
成年	横握拍	261/265	151/156	104		31/33	26
少年	直握椭圆拍	226	143	76	30	30	25
少年	横握拍	250	143	100		30/32	25

注：优等品乒乓球拍的两面颜色必须是黑色和国际乒联认可的红色。
　　允许公差：优级品 ±1mm；
　　　　　　一级品 ±1.5mm；
　　　　　　二级品 ±2mm；
　　　　　　握把均为 ±1mm

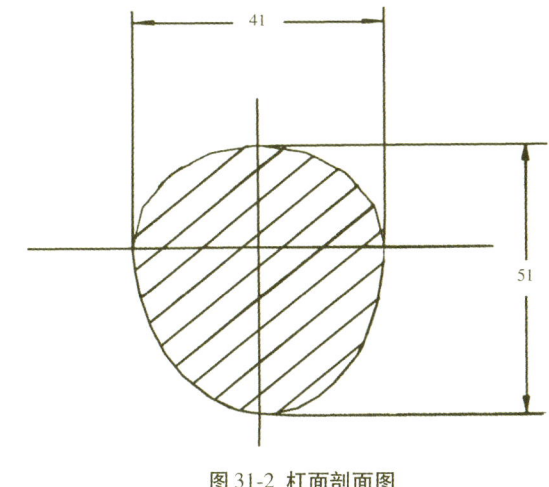

图31-2 杠面剖面图

握把的其他形状规格不限。特别要求不受此限。

31.1.3 双杠（GB8391-1987）

双杠是体操运动器械是体育运动器械之一。主要由杠面、柱脚、支柱和杠柱等组成。

31.1.3.1 材料要求

杠面要求抗弯强度、弹性模量、冲击韧性及硬度较大，耐磨损，纹理直，易车旋，绝对无缺陷，胶黏性好的木材。

双杠的杠面要求：由层压加固的木材制成（至少是木制表面）或具有相同木材功能的任何其他吸湿材料制成（冲击强度、吸湿、对氧化镁呈中性），通常是外用的（一般内夹钢筋，以增加强度）。杠面剖面见图31-2。

主要树种为：白蜡木、水曲柳、山核桃、红锥、黄锥、白青冈、红青冈、麻栎、槲栎、刺槐等。

柱脚、支柱和杠柱由钢或铸铁制成。

31.1.3.2 双杠分类

双杠类型及杠面尺寸见表31-4。杠面的技术参数见表31-5。

31.1.4 平衡木(参照GB8397-1987)

31.1.4.1 材料

主要为针叶材，如冷杉、云杉、红松及杉科商品材。要求木材长、大、无缺陷。

31.1.4.2 基本尺寸(图31-3及表31-6)

31.1.4.3 技术指标见表31-7

31.1.4.4 检测方法

（1）规格尺寸用示值相同的游标卡尺、卷尺或专用量尺测量。

表31-4 双杠杠面的尺寸　　　　单位：mm

项目	竞赛型		普通练习型	
	基本尺寸	极限偏差	基本尺寸	极限偏差
杠长	3500	±10	3500	±10
杠面断面 为卵圆型	短径41 长径51	0 -1.0	短径41 长径51	0 -1.5

表31-5 杠面的技术参数　　　　单位：mm

序号	指标名称	竞赛型	普通练习型
1	杠面弹力	杠面静载荷力1350N；挠度在54~66mm范围内；取消外力残余变形不超过1mm；两杠间挠度差应不超过2mm	杠面静载荷力1350N；不裂不折，取消外力残余变形不超过3mm
2	杠面直度	偏差不超过3mm	偏差不超过8mm
3	表面质量	粗细均匀，无硬棱，无裂缝，无疤节，无腐朽	粗细均匀无硬棱，在中段1.5m以外的杠面两端，直径不大于8mm的活节，一根不得超过3处

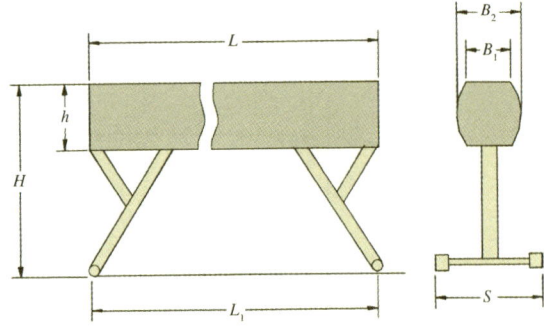

图 31-3 平衡木基本尺寸

表 31-6 平衡木基本尺寸　　　　单位：mm

项目		竞赛型		普通练习型	
		基本尺寸	极限偏差	基本尺寸	极限偏差
高度范围	最低 H_1	700	+3 0	1000	±5
	最高 H	1200	0	1200	
	长 L	5000	±5	5000	±8
横梁	上宽 B_1	100 130	+2 0	100	±2
	中宽 B_2	100		130	
	下宽 B_3	160	+3 0	120	±3
	高 h	50		160	
升降间距		1200	---	50	---
底座横管长度 L_1			+50 0	1200	+50 0
两底腿内侧距离 S		5000	---	5000	---

(2) 横木直度测量用一细绳一头固定在横木顶端，另一端纵向通过横木，并悬挂一定质量的重物，使绳挺直后量出横木直度。

(3) 表面质量用目测检查。

31.1.5 门球棒槌头

门球棒是门球运动的主要器械，主要由槌头、手柄等组成，其中门球棒槌头是决定该器械性能的关键部件。

31.1.5.1 门球棒槌头的分类与用材

(1) 分类：槌头有整体式和组合式两种，组合式的槌头在提高性能的前提条件下能节省材料，易于更换，延长整体门球棒的使用寿命。

(2) 材料要求：槌头要求具有密度大、硬度高、耐磨性好、使用寿命长等特点。所用原料为实木、层积塑料、压缩木、硬质橡胶、浸胶尼龙布等材料，相比之下，层积塑料的性能比较好。

门球棒槌头用桦木等树种木材的单板进行浸渍酚醛树脂后进行层积加工，所得门球棒槌头的密度、端面布氏硬度、静曲强度、冲击韧性等指标均较好。

31.1.5.2 层积塑料槌头制作工艺

(1) 单板：为桦木等树种，一般由旋切制造；胶黏剂：酚醛树脂等。

(2) 单板浸渍：根据胶种的不同，可以采用常温常压法、真空—加压法。真空—加压法即先对单板进行抽真空，然后在该条件下，浸胶加压，使胶能尽快、尽可能多地浸入单板中，后者浸胶的效果比常温常压法较好。

(3) 组坯：大多数单板的纹理方向是一致的，但是，应该增加几层与单板纹理方向互相垂直的单板，减少各向异性的程度。

(4) 分批预压：将少数组好坯的单板进行加压，便于后面再组坯及减少压机的闭合时间，使层积塑料胶合得更好。

(5) 厚板组坯：将预压好的板坯再组坯，然后热压。

(6) 形状加工：对于组合式的槌头，更要加工。

具体尺寸如图 31-4。

31.1.5.3 门球棒槌头技术参数（表 31-8）

表 31-7 平衡木技术指标

序号	指标名称	竞赛型	练习型
1	横木直度	偏差不大于 5mm	偏差不大于 8mm
2	横木受力	静载荷 1350N，弯曲不大于 8mm	
3	配合性	各连接件配合严密，升降灵活，锁紧牢固，底座平稳	各连接件配合严密，升降灵活，锁紧牢固，底座平稳
4	电镀层抗蚀性	耐蚀级别不低于 7 级	耐蚀级别不低于 7 级
5	表面质量	横木上面平整，黏合牢固；喷漆或烤漆色泽均匀一致，不得有起泡、皱纹、脏点、漆缕	横木上面平整，黏合牢固，直径 10mm 以下的疤节不得超过 5 处；喷漆或烤漆色泽均匀一致，无漆缕和露底

表 31-8 门球棒槌头技术参数

	密度（g/cm³）	端面布氏硬度（MPa）	静曲强度（MPa）	冲击韧性（kJ/m³）	24h 吸水率（%）
国家标准	1.3	196	274	78	5

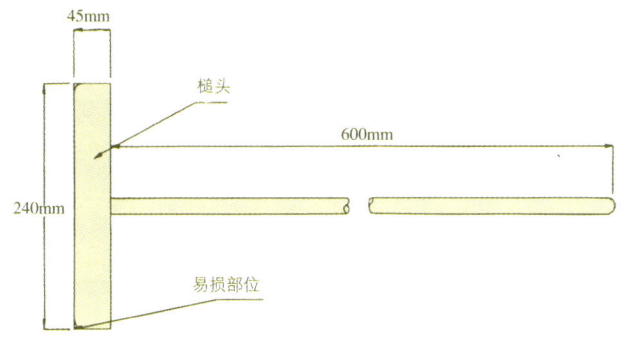

图 31-4 门球棒的结构

31.1.6 其他体育器械

31.1.6.1 网球及羽毛球拍

木材要求：抗弯性能良好，强韧，直纹理，容易切削、胶黏和油漆，中等硬度。

框及柄的外部用白蜡木、水曲柳、山核桃、核桃木、槭木、桦木、柳木、水青冈等木材，内部用楝木、臭椿等，框与柄的相交楔形部分，内面的楔子可用桃花心木与悬铃木等。

拍框和拍柄的总长不得超过 81.28cm，总宽不得超过 31.75cm，拍框内沿总长不得超过 39.37cm，总宽不得超过 29.21cm；工艺过程：主要采用单板胶合弯曲的方法。

31.1.6.2 棒球棒和垒球棒

(1) 用材要求：木材的冲击韧性大，耐劈开，颇重硬，直纹理，车旋性能良好。例如：山核桃、白蜡木、水曲柳和槭木（轻软者除外），其次为榆木、朴木、白青冈、红青冈等。

(2) 棒球棒：可用整块金属或硬木或几条木片胶合制成，呈圆柱形，棒长不得超过 1.07m，最粗直径不得超过 7cm。为了便于握棒，从握棒顶端起至 45.7cm 的长度内，可用布条、胶布带或橡带胶缠绕。

(3) 垒球棒：整块硬木或几块木片按直线纹路胶合制成，也可以用塑料或竹料制成。这类拼合球棒只能胶合，还要完全抛光。棒长不得超过 86.36cm，最大直径不得超过 5.72cm，允许有 0.079cm 的误差，棒重不得超过 1077.30g。握柄应用软木，胶布带或其他混合缠绕，从棒的细端起，长度不得短于 25.40cm 或长于 38.10cm，球棒可用金属制成，但必须是正规球棒厂制品。

31.1.6.3 曲棍球棍

棍的左侧是平面，称为棍面。右侧是椭圆形，称为棍背。球棍上端手握部分称为棍柄，下端弯头部分为棍头。棍头为木制，不得包覆和嵌入任何金属或其他材料，棍头应为圆形，不允许为方形或尖形。球棍长度一般为 0.80～0.95m，质量为 340～790g，球棍的粗细（包括表面缠线或胶布）以能从直径为 5.10cm 的圆圈中穿过为合格。

31.2 家庭用品

31.2.1 木牙签

31.2.1.1 分类和规格

(1) 分类：扁形木牙签（表 31-9）、圆形木牙签（表 31-10）。

(2) 主要原料：桦木、杨木、槭木、黄桐、椴木所生产的产品质量较好，冬青、山香圆、七叶树等次之，也可选取纹理直的荷木。原木料的要求见表 31-11。

(3) 木牙签必须符合食（饮）具消毒卫生标准 GB14934；木牙签的外观为木材本色，手感光滑，长度方向应与木材纤维方向一致；木牙签出厂时含水率为 8%～15%。

31.2.1.2 外观质量

根据木牙签的材质和加工质量分为特等、一等、二等

表 31-9 扁形木牙签规格　　单位：mm

名称	尺寸	极限偏差
长度 L_1	58	±1.0
中间厚度	1.0，1.2	±0.1
大头宽度	2.3，2.7	±0.3
小头宽度	1.3	±0.3
大小头端部厚度	0.7	±0.2
端部倒角	4～8	

表 31-10 圆形木牙签规格　　单位：mm

名称	尺寸	极限偏差
长度 L_1	60,65,68,80,100,105	±0.5
直径 ϕ_1	2.0,2.2,2.4,4.2,2.5,3.0	+0.15 / -0.05
端部平面直径 ϕ_2	0.2～0.4	
小头宽度端部锥角（°）	8～13	

表31-11 原木料的要求

缺陷名称	允许限度		
	特等品	一等品	二等品
腐朽、异味、污染、霉变、虫眼、夹皮、节子	不许有	不许有	不许有
裂纹	不许有	不超过长度的10%	不超过长度的20%
毛刺	不许有	极轻微	轻微
沟痕	不许有	深度、宽度不超过所在部位的1/3	长度不超过10mm
断支	不许有	不许有	不许有
边棱	极轻微	轻微	轻微
虚尖、勾尖、钝尖、劈尖	不许有	极轻微	轻微
棱尖	不明显	较明显	较明显

注：极轻微与不明显是指距产品50cm，肉眼观察不到，用手可感到有缺陷；如距产品50cm用肉眼可观察到，则为轻微和较明显。

表31-12

批量范围	样本数	合格判定数	不合格判定数	样本合格数
10001～35000	50	3	4	47
35001～150000	80	5	6	85
150001～500000	80	5	6	85
≥500001	125	7	8	118

表31-13

批量范围	样本数	合格判定数	不合格判定数	样本合格数
10001～35000	50	7	8	43
35001～150000	80	10	11	70
150001～500000	80	10	11	70
≥500001	125	14	15	111

品。牙签的生产都采用成套设备加工。牙签要经过双氧水漂白、滑石粉磨光等处理后才符合要求。

31.2.1.3 木牙签检验规则

(1) 检验方法：对提交检验成批木牙签实施质量检验时，样本应从提交检查批中随机抽取。在批量较大时，可以把整批产品等量依次分成小批，然后再按小批量范围确定样本数量，在各小批中随机抽取。

(2) 外形尺寸检验

1) 规格尺寸检查：量具

①游标卡尺：长度150mm，精度0.02mm；

②万能角度尺：0°～320°，精度0.02mm；

③钢板尺：长度150mm，精度0.5mm。

扁形木牙签的厚度测定在全长1/2处，宽度测定分别在小头距端部1～2mm处，大头最宽处用游标卡尺测量。圆形木牙签的直径在全长1/2处用游标卡尺测定。扁形木牙签倒角和圆形木牙签锥角用万能角度尺分别在两端测量。

规格尺寸应符合表31-9、表31-10规定，抽样方案按GB2828的规定，采取正常检查一次抽样方案类型，其检查水平为S-4，合格质量水平为2.5。检验其合格与不合格的判定见表31-12。

2) 外观以目测和手感为主。抽样方案按GB2828的规定，采用正常检查一次方案类型，其检验水平为S-4，合格质量水平为6.5。检验其合格与不合格的判定见表31-13。

(3) 含水率测定：按上述方法进行抽样，样本分四组，每组10～20支，检测方法及计算按GB1931进行，各组样本含水率的算术平均值，即为所测样本的含水率，精确至0.1%。

(4) 发酵法的采样检验方法：取木牙签10支约50cm²置于50ml灭菌蒸发皿内，再将15支木牙签并列放于纸片上。之后再将另一张浸湿的纸片覆盖在牙签上，用灭菌的玻璃棒或吸管将牙签的尖端压实使其与纸片充分接触，过30s后，将纸片放入灭菌塑料袋封口，在37℃下培养16～18h观察结果。

经外形尺寸、外观质量、含水率和微生物指标四项检验均合格时，判定该批产品为合格，否则，判定该批产品为不合格。单项不合格时应对单项加倍检验，检验后仍不合格，该批产品为不合格。

(5) 贮存和运输：木牙签在贮存和运输过程中，要注意防潮，防破损，禁止与有毒、有异味的物品混放，并远离火源。

31.2.2 精制卫生筷子

31.2.2.1 分类、原料、规格

(1) 精制卫生筷按其形状可分为A型（锯割型）、B型（径切式）、C型、D型等；

(2) 材料：以桦木、椴木等材质软，纹理较细腻的木材为主。

(3) 分等：精制卫生筷子按木材质量和加工质量分为一、二、三等。

31.2.2.2 卫生筷子的加工工艺

原木截断 → 原木蒸煮 → 木段剥皮 → 旋切 → 刻切 → 干燥 → 初选 → 倒楞 → 精选 → 包装 → 入库

其中木段蒸煮及干燥是关键工序，蒸煮的主要目的是软化木材，由于木段的长度比较短，而旋切的单板又较厚，所以需要的蒸煮工艺与生产胶合板的工艺不同，主要体现在入池前的温度控制，升温速度，保温时间以及出池时间要注

意,主要防止木材开裂。升温过速容易引起变形。产品有时要进行漂白处理。

31.2.3 雪糕棒生产工艺

雪糕棒生产工艺与卫生筷的生产工艺基本相似。

原木截断 → 原木蒸煮 → 木段剥皮 → 旋切 → 冲切 → 干燥 → 磨光 → 分选 → 检验 → 包装 → 入库

(1) 主要原料:桦木等无味、无毒、无嗅、适合旋切或刨切的木材,符合国家食品卫生标准。可供雪糕,热狗等冷饮、食品作为把柄之用;根据具体情况决定是否对雪糕棒进行漂白。尺寸及公差见表31-14;材质缺陷见表31-15。

(2) 蒸煮:要求具有较高的光洁度,较好的颜色,比制造胶合板的单板的质量要求高。蒸煮过度,表面毛糙;蒸煮不足,裂隙多;

表31-14 尺寸及公差 单位:mm

项目	A型		B型	
	尺寸	公差范围	尺寸	公差范围
长度	203、205、210	±0.5	180、205、210、240	±0.5
大端宽度	12.5	+0.5 -0.2	13.5、14.5	+0.3 -0.2
小端宽度	7.5	±0.2	8(7.5)	±0.2
厚度	4.5、5	+0.2 0	4.5、5、5.5	+0.3 0
连体长度	30	0 -2	30	±1.0
斜面长度	---	---	15	+0.5 0
倒角长度	---	---	60	±0.5
侧角高度	0.5	+0.3 0	0.8	+0.2 0
中逢宽度	0.5	±0.2	---	---

表31-15 材质缺陷

材质缺陷名称	筷子等级		
	一	二	三
节子	不许有	A型小端面60内不许有,其外允许φ2的节子1~2个,B型不允有	小端面60内不许有,其外允许φ2的节子1~2个
夹皮	不许有	不许有	不许有
树脂道	不许有	不明显	有细窄条
虫害	不许有	不许有	不许有
色变	不许有	不明显	较轻微
腐朽	不许有	不许有	不许有
气味	不许有	不许有	不许有
露表皮	不许有	不许有	不许有

(3) 剥皮:注意木材的保温和保湿;
(4) 旋切或冲切:决定产品的厚度和形状;

31.2.4 木珠加工工艺

主要采用二种方法:一种是传统的加工工艺;一种是采用先进的圆棒螺旋机进行加工。

(1) 传统的方法如下:

选料 → 加工小方 → 倒棱 → 车珠 → 磨光 → 着色 → 晾干 → 打孔 → 涂漆 → 晾干 → 编织 → 入库

① 材料主要是桦木等纹理比较细腻的树种,桦木最好是当年采伐材;
② 根据木珠的要求加工出一定规格小木条;
③ 倒棱的主要目的是便于在车床加工时,容易固定;
④ 车珠采用半自动车床,加工出17、11、10mm等几种规格。

(2) 螺旋机加工工艺:主要是按要求加工出一定的规格尺寸的木方条,然后螺旋机将其加工成圆棒,再切成木珠。

31.2.5 木盆、木桶

用材主要采用是杉木,因为杉木材质较轻,不容易变形。

习惯用杉木、柏木做水桶,因为有气味,所以不太适合。对于酒桶可用:白青冈、红青冈、麻栎、黄锥、苦槠等侵填体丰富而材质坚硬的木材;对于装干物的桶主要用松木、合欢、椴木、杉、柏等;对于装食品的应选择无气味、无污染食品的树种,例如:鸡毛松(盛蜂蜜等)、悬铃木(盛面粉、食糖)、桦木、杨木(盛肉)、泡桐、刺桐等。

木桶又分为圆口和板口两大类。圆口木桶见图31-5、图31-6。

木桶的结构:壁板、底板、腰箍、脚箍等组成;一般情况下木桶的口径要大于底板的直径,比例为1:0.85。

主要是农村家庭使用的,其制作以手工为主,也可以采用机械加工。常用木制盆桶规格见表31-16。

工艺过程:

材料准备 → 壁板制作 → 拼板 → 桶身刨削 → 底板制作 → 装箍 → 擦缝

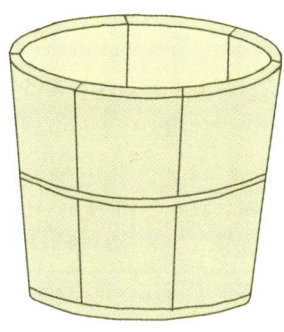

图31-5 圆口木桶

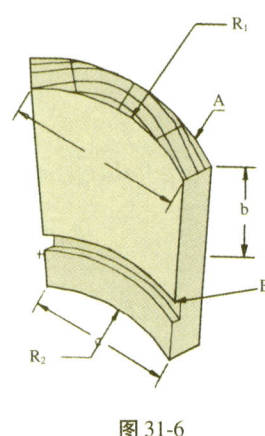

图 31-6

(1) 材料准备：准备与桶身高相等的原木段,制材采用劈的方法（顺纹理）;

(2) 壁板制作：要求壁板是弦切板;根据口径的大小确定所需壁板的块数;确定壁板侧边的角度和尖削度。手工操作时,应该检查角度和尖削度,尖削度可以采用"里口外腰"的方法进行检查,即测桶的顶端里面的宽度应该等于从壁板顶端算起向下（口径与底板直径的比例）处的宽度;

(3) 拼板：准确的定出榫眼的位置,榫眼要与壁板的侧面垂直,用竹榫接合,先使两块壁板的竹榫接合、拆开后,留作最后进行拼合,其他的壁板用锤逐个接合,因为最后一个无法使用锤子。

(4) 桶身刨削：分二步,先粗刨,使其成为圆锥形,然后再刨光;先刨外面,然后再刨里面,将桶的上下口径锯平整,并且互相平行。将木桶的外边缘倒棱,底槽加工。

(5) 底板的制作：杉木弦切板利用竹榫进行接合,主要工序为制板坯、钻孔、拼接、刨光、锯圆、倒棱和嵌板等。

(6) 装箍：可以采用竹箍、铁丝箍、铁皮箍。其中铁皮箍的质量最好。先装腰箍,后装脚箍。

31.3 娱乐用品

31.3.1 钢琴

31.3.1.1 概述

钢琴分为立式钢琴、卧式（三角）钢琴。钢琴是一个结构非常复杂的产品,本文仅就钢琴的规格尺寸、材料、结构和工艺等方面内容进行介绍,主要以立式钢琴为例。

(1) 使用材料

① 共振材：云杉、红松、泡桐;

② 非共振材：红松、云杉、核桃楸、槭木（色木）、水曲柳、黄波罗、椴木、山毛榉、桦木;

③ 琴键板、击弦机板材、弦码材要求是弦向;

④ 其他材料：合成树脂、羊毛制品、革制品、各种涂料、

表 31-16 常用木制盆桶的规格表 　单位：mm

品名	规格					
	口径	高	底径	壁厚	底牙	底厚
1尺3寸木盆	485	225	425	14		14
1尺4寸木盆	525	235	460	16	14	14
1尺8寸木盆	675	260	600	17	15	15
7寸 水桶	260	245	215	13	10	13
9寸 水桶	340	340	300	13	10	13
1尺2寸茶（饭）桶	450	450	385	18		
1尺4寸茶（饭）桶	520	520	432	18		

注：凡1尺5寸以上的木盆要加底横档一条（40×10）;所有茶（饭）桶要有底横档。尺寸加注换算

表 31-17 钢琴规格

规格		尺寸（mm）	琴键数（个）
卧式钢琴	大型	≥2300	≥85
	中型	1700~2300	
	小型	<1700	
立式钢琴	大型	≥1200	≥85
	中型	1100~1200	
	小型	<1100	≥66

各种胶黏剂（动物胶、合成树脂胶）,钢材。

(2) 尺寸：卧式钢琴的规格按长度划分,立式钢琴按高度划分,见表31-17。

白键前端长度为48.0~52.0mm;八度音程的白键中心距宽度为164~166mm;

黑键上端面宽度为9.0~10.5mm,黑键底宽度为11.0~12.5mm,黑键长度为94~96mm。黑键高度前端距白键面12.0~14.5mm,后端距白键面9.5~11.0mm,表面的平整度,间隙为1.1±0.4mm,琴键面两侧要倒角。

(3) 琴壳的平面度

对角线长度	公差
大于1200mm	4mm
1200~500 mm	3mm
小于500mm	2mm

31.3.1.2 钢琴部件名称

钢琴无论是立式还是卧式,其结构原理是相同的,由于其结构比较复杂,所以在此就以立式钢琴为例对钢琴进行一些介绍。立式钢琴结构见图31-7及图31-8。

31.3.1.3 制造工艺

钢琴的制造工艺非常复杂而繁琐。

(1) 背框的支架：一般采用针叶材,但是国外有采用榆木、山毛榉、栎木等阔叶材。为了更好的增加材料的强度,多采用层积材。主要是其所承受的张力很大（约12t）。

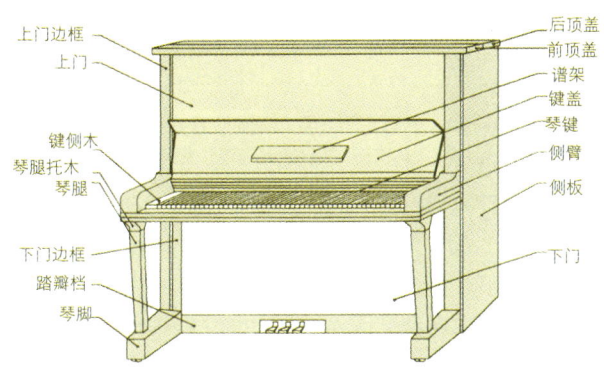

图31-7 立式钢琴

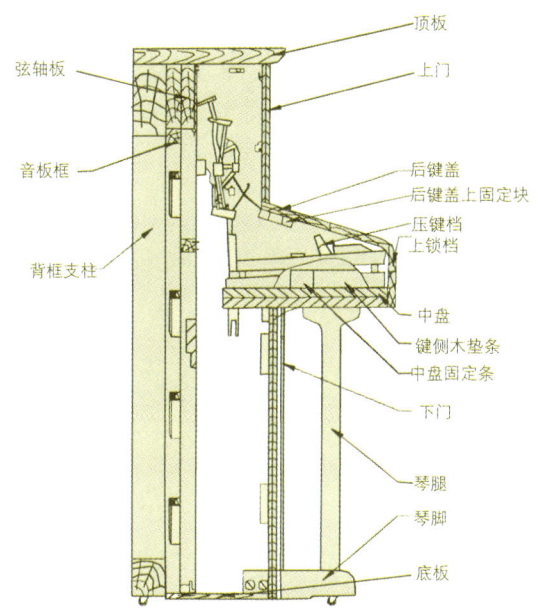

图31-8 立式钢琴结构示意图

(2) 弦轴板：该部件是用于固定琴弦。要求用材结构均匀，纹理直，握钉力强，干后尺寸稳定，强度大，坚硬，耐磨，含水率4%～6%，无腐朽等缺陷。主要为山毛榉、枫木及色木等硬杂木，而且采用是层积材（木材的纤维是互相垂直的，采用合成树脂胶黏剂）。与铁板采用螺钉连接，精度要求较高。

另外弦码、击机用色木、山毛榉等硬木。

(3) 音板与肋木（图31-9）：要求用材的密度小，纹理直，结构均匀（早、晚材细胞壁厚度渐变，相差不大），晚材率平均不大于30%，年轮每厘米4～10轮，宽度均匀一致，共振性能良好，色白、无任何缺陷（包括应力木），径切，含水率4%～6%。

音板、肋木、键盘用云杉、鱼鳞松、红松等树种的木材制作。这部分是钢琴中最重要部分之一，因为钢琴的音质、音量等都与音板与肋木的用料、材质、制造方法有密切的关系。

材料要求充分干燥，在制造音板时所用的材料切向要求大于50°，而肋木要求是弦向，肋木应与音板的木纹方向交叉胶合。

共振材年轮极限宽度不得大于5mm（泡桐除外），疏密度要均匀，晚材率平均不大于30%。贴面材的板面纹理疏密度要均匀，色泽一致。接近原木髓心处（100mm×100mm）不许加工共振材。

1) 音板的尺寸：小型为1000mm×1500mm，大型为1500mm×2500mm音板采用将板条进行横拼、倾斜拼及层积成型等方式，采用的胶黏剂为合成树脂。

2) 肋木：采用实木加工成型，各公司生产的尺寸是相同的。

3) 工作要点：

①材质中的缺陷应该被清除；②音板及音板与肋木的拼接胶合时，应该拼缝完全吻合，胶合完全；③拼板采用的材料应是同一根木材；④音板的拼接胶合加热应该是完全的；⑤肋木的成型加工要认真；⑥对于重要的尺寸部分应该认真研究；音板要形成弧面，四周要安装牢固。

(4) 弦码（图31-10）：

弦码分为中高音弦码和低音弦码。

1) 使用材料：

山毛榉、枫木等，当然也可以采用层积材。

2) 工作要点：

①肋木的成型要与音板形状相吻合；②肋木要与音板完全粘牢；③注意弦码形状设计与其他零件的关系；④肋木成型的拼合要完全吻合。

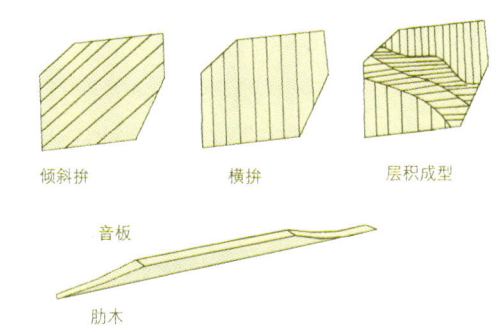

图31-9 音板与肋木示意图

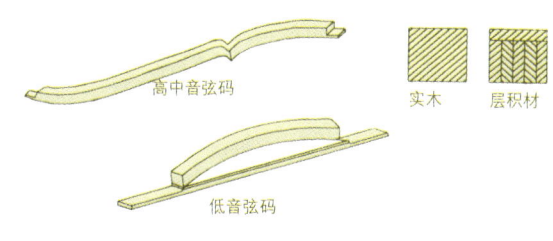

图31-10 弦码示意图

(5) 外观：钢琴的外观要求美丽，具有耐久性，材料应该无特殊气味，加工要精细，精度高尺寸稳定，加工容易，油漆和胶粘性能好。

1) 使用的树种：最好为柚木、麻楝、香红木、核桃木、红木及桃花心木等（这些木材具有较高装饰价值），其次为香樟、桢楠、桦木、桂树等树种，再次为榉木、水曲柳等。具体形式可采用实木拼接，单板贴面，普通胶合板饰面等方法。

2) 工作要点：

①钢琴的外表面处理应该精细，加工精度要高，各部件的互换性要好；②涂饰时，要求白坯及涂料好；③最后砂光要谨慎。

(6) 装配：无论何种品牌钢琴其结构都是相当复杂的，在加工各个零件之后，首先能装配成部件的，先装配成部件；同时按着外形、音箱、键盘等部分分别进行组装，然后再总装，调音，入库。

中盘底面距地面高度570mm以上，（不足85键的钢琴不作要求）；

白键面距地面高度640～750mm（不足85键的钢琴不作要求）。

要求：

琴键应灵敏，不互相磨擦；装配应该结构牢固，缝隙均匀对称；涂饰应光滑平整，无明显划痕碰伤。

(7) 钢琴的平整度的检查方法：将钢直尺放置在试件一对角线上，如两点接触，由塞尺测量试件与钢直尺间的最大平面度公差值；如一点接触，分别测量试件两对角线与钢直尺间的最大平面度公差值。以两次中最大的公差值来评定。

(8) 钢琴主要部件加工工序：钢琴主要部件加工工序归纳见下面的流程图。

31.3.2 小提琴

31.3.2.1 概述

小提琴的基本结构由琴头、琴颈、琴身、琴弓和配件组成，每一部分又有许多零件，见图31-11。

```
制材          顶板（前）→确定尺寸→尺寸加工→砂光→涂饰
 ↓            顶板（后）→确定尺寸→尺寸加工→砂光→涂饰
自然干燥       上    门→确定尺寸→砂光→涂饰
 ↓            前 键 盖→划线→槽加工→修补→确定尺寸→尺寸加工→装锁→涂饰
人工干燥       下 锁 档→截断→打孔→砂光→安锁→涂饰
 ↓            键盖固定块→纵解→锥形加工→截断→砂光→涂饰
配料→         键 侧 木→截断→胶合→确定尺寸→锥面加工→砂光→涂饰
              谱 架 台→横截→确定尺寸→尺寸加工→整型→砂光→涂饰
              中    盘→横截→胶合→纵解→横截→开榫→开槽→打孔→组合→砂光→确定尺寸→开槽→打孔→涂饰
              下    门→确定尺寸→涂饰
              侧 底 座→横截→确定尺寸→尺寸加工→整型→开槽→打孔→砂光→涂饰
              前 底 座→横截→确定尺寸→砂光→涂饰
              底    板→横截→胶合→纵解→横截→确定尺寸→斜边加工→打孔→涂饰
              背    柱→截断→拼接→胶合→截断→确定尺寸→斜面加工→榫加工→孔加工→砂光
              上    梁→截断→胶合→截断→确定尺寸→孔加工→砂光
              下    梁→截断→胶合→截断→确定尺寸→孔加工→砂光
              中    梁→截断→胶合→截断→确定尺寸→孔加工→砂光
              里    板→尺寸加工
              音    板→粗加工→截断→拼接胶合→加热→砂光→  ┐
              肋    木→纵解→确定尺寸→截断→面砂光→斜面加工→侧边砂光→ ┘胶合→砂光
              高中音弦码→截断→拼接→整形→砂光 ┐
              长 中 板→截断→整形→砂光          ├→胶合→砂光
              长    足→截断→胶合→纵解→整形→砂光┘
              高中音弦码→截断→整形→砂光 ┐
              长 中 板→截断→整形→砂光    ├→胶合→砂光
              长    足→截断→确定尺寸→砂光 ┘
```

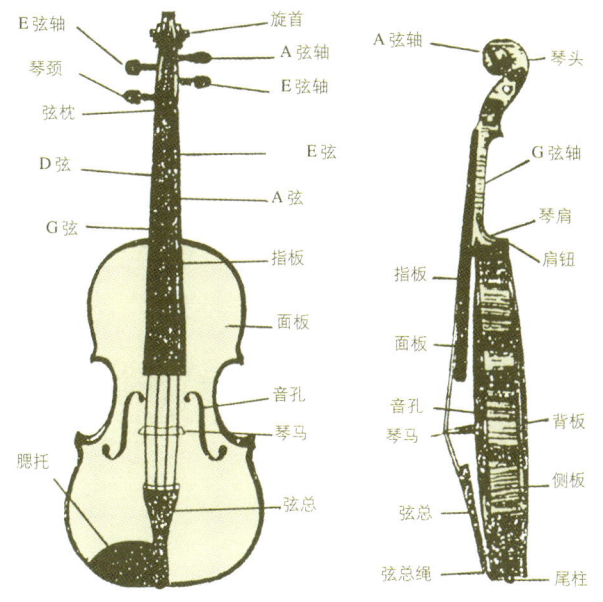

图 31-11 小提琴的构造

小提琴的规格尺寸（成人用、少年用、儿童用和女用、）见表 31-19。

31.3.2.2 材料

面板使用匀直鱼鳞云杉；琴头、背板和侧板的木材是用花纹明显而有规律的槭科的色木、枫木或材性相近的树种，西南云杉的材质仅次于鱼鳞云杉，冷杉适用于练习用小提琴的面板，质坚而轻、纹理顺直、均匀的木材，无缺陷、成龄材，中段木材；含水率控制在4%～6%，一般≤8%。

31.3.2.3 工艺

以手工为主，同时采用了一些专用机床，旋首仿形床和琴颈圆弧铣床；小提琴的木材干燥应该采取自然干燥与人工干燥相结合的方法，木材纹理对音质有重大影响。用动物胶进行胶合的音质最好。

(1) 琴头和琴颈

选材 → 配料 → 绘制样板 → 锯切坯料 → 画线（正面图形、展开图形）

钻弦轴孔 → 开弦轴槽 → 去边 → 旋首 → 粗加工 → 细加工

(2) 面板

选材 → 干燥 → 备料 → 拼合 → 绘制样板 → 画线锯切 →

修边 → 做板面 → 做板里 → 开音孔

1) 低音梁：长×宽×高 =280mm × 8mm × 15mm；四面刨光，用木锉或平铲锉削至280mm × 6mm × 14mm，同时应注意弧度的一致。

2) 音板（面板）：材质要求和树种利用同上述"钢琴"的音板。

(3) 背板

背板、侧板、及琴头所用材料：木材要求结构细致、均匀，油漆和胶粘性能优良，木材强韧并富于弹性，不变形，无任何缺陷，通常用槭木或笔木（水纹笔）。

(4) 弓杆（琴弓）（图 31-12）

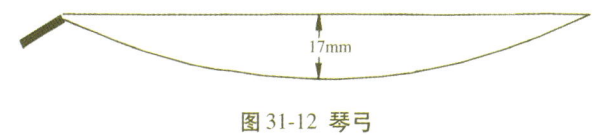

图 31-12 琴弓

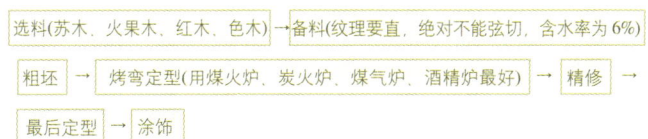

材料：木材富于弹性和韧性，坚硬，不变形，尺寸稳定。高级的琴弓公认用苏木，也用其他可代替如紫檀、红木、香红木、黑紫檀、青皮等树种，但是由于尺寸稳定性差，实际效果较差。普及型琴弓用槭木。对于弓托可用紫檀、红木、乌木、香红木、黑紫檀及蚬木等。

(5) 指板、弦轴、弦总、腮托及马尾库

要求木材结构细致、均匀、耐摩擦，坚硬，不变形，握钉力强，光泽性强，木色美观。常用乌木，也可以采用替代树种：绿心木、紫檀、红木及国产香红木、黑紫檀等，如果产品要求不高可采用铁力木、格木、蚬木及枣木、梨木、柿木等。普及型琴的腮托、弦总用塑料。

琴码：槭木、悬铃木、笔木等。

提琴规格尺见表 31-18。

31.4 装饰用品

31.4.1 木线

31.4.1.1 概述

(1) 主要用于室内装修如：顶棚与墙面的交线、门、门套、窗套、挂镜线、柱、护墙板、梁、踢脚板等部位的装修及家具的装饰等用途。

(2) 使用材料：可用的木材品种繁多，主要有榉木、枫木、水曲柳、椴木、桦木、杨木、泡桐等等。

31.4.1.2 制造工艺

有些木线是用四面创进行加工的，其横断面都是相同的。也有些木线的横断面是不相同的，主要采用电脑刨花机进行加工，或木线机进行加工（采用通过式加工）。

目前也有用烙花的方法进行加工装饰线条，即将木线条

表 31-18 小提琴规格尺寸（成人用、少年用、女用、儿童用）

单位：mm

名称	项目	规格尺寸													允许误差		备注
		355	343	330	317	305	292	279	267	254	241	228	216	203	高级	普级	
	琴体全长	593	576	556	534	513	491.5	469.5	451	429	406.5	386.5	365	345	±2	±4	琴头顶端至尾柱
	有效弦长	328	317	303	292	280	267	257	247	233	222	210	200	189	±0.5	±1	弦枕至弦马
琴头	长	107	102	101	96	92.5	88	84	81.5	77.5	73.5	70.5	66	63	±0.5	±1	顶端至弦枕
	宽	42	38	36	35	34	33	32	31	30	29	28	27	26			
	厚	52	49	47	46	44	42	41	39	37	35	34	33	32			
弦枕	长	24	23	22.5	22	21	20.5	20.5	20.5	20.5	19	18	17.5	16			高出指板1.2～1.5
	宽	5	5	5	5	5	5	4.5	4.5	4.5	4.5	4	4	4			
	厚	8.2	7.9	7.5	7.3	7	6.5	6	5.7	5.7	5.2	5.2	5.2	5.2			
	弦槽距离	7.5	5	5	5	4.7	4.7	4.6	4.6	4.5	4.5	4.2	4.1	4		±0.5	弦枕以下至木榫
琴颈	长	138	132	126	122	116.5	112	107	102.5	97.5	92.5	88.5	83	29			不包括指板
	上宽	13	12.5	12	11.5	11	11	11	11	10	10	9.5	9	9			
	下宽	33	31	30	29	28	27	26	25	24	23	22.5	21.5	20.5			
	两边弧厚	40	39	37	36	35	34	33	32	31	30	29	28	27			
	下边弧高	6	6	6	6	5.5	5	5	4.5	4.5	4.5	4.5	4	4			
指板	下弧高至面板中缝	5.5	5	4.5	4.5	4.5	4.5	4	4	4	4	3.8	3.7	3.7	±0.3	±0.5	
	长	271	260	250	240	230	220	210	200	190	180	170	160	150			
	上宽	24	23	22.5	22	21	20.5	20.5	20.5	20.5	19	18	17.5	16			
	下宽	42	40	39	38	38	36	36	35	35	33	29	28	26	±0.5	±1	
	两边弧厚	5	5	5	5	5	5	4.5	4.5	4.5	4	4	4	4	±0.1	±0.3	
	下端弧高	11.5	11	10	9.5	9.5	9.5	9.5	9.5	8	8	8	7	7			
	下端至面板中缝	21	19.5	19	18	18	17	17	17	15	15	14.5	14	14.5	±0.5	±1	弧度最高处
琴弦	G弦距指板下端高	5	4.5	4.5	4	4	4	4	4	4	4	4	4	4			
	E弦距指板下端高	2.5	2.5	2.5	2.5	2.5	2.5	2.5	2.5	2.5	2.5	2.5	2.5	2.5			
面背板	长	355	343	330	317	305	292	279	267	254	241	228	216	203	±0.3	±1	板下部最宽处
	上宽	168	168	156	150	144	138	132	126	120	116	110	105	100	±0.2	±0.5	板的边厚不计在内
	中宽	110	108	104	100	97	93	89	86	82	78	74	71	67			安放弦马部分
	下宽	210	203	195	187	180	172	164	158	151	143	137	130	125			板四周近边缘处
	中部弧高	12	11	10.5	10	9.5	9.5	9	8	8	7.5	7.5	7	6.5			板中央部分
	面板最厚部分	3.7	3.6	3.4	3.3	3.1	3.1	3	3	3	3	3	3	3			板四周近边缘处
	面板最薄部分	2.5	2.4	2.3	2.2	2.1	2.1	2	2	2	2	2	2	2			
	背板最厚部分	4.7	4.6	4.4	4.2	4	3.9	3.7	3.5	3.5	3.5	3.5	3.5	3.5			
	背板最薄部分	2.5	2.4	2.3	2.3	2.2	2.1	2	2	2	2	2	2	2			
	板的边缘厚度	4	3.8	3.6	3.6	3.6	3.5	3.5	3.5	3.5	3.4	3.4	3.4	3.2			板的一侧相称的上下角
	板上下琴角距离	79	76	73	70	67	64	62.5	60	57	55	53	52	51			下角

表31-18（续）

名称	项目	规格尺寸												允许误差	备注
	背板肩钮长	13	12	12	11	11	11	10.5	10	10	9.5	9	8		
	背板肩钮宽	20	18	17	17	16	15	14.5	14	14	13.5	13	12.5		
音孔	长	70	68	66	62.5	60	57.5	55.5	53	51	49	47	43		
	内缺口至面板上边	195	189	181	174	167	160	153	147	140	132	126	112	±0.5	
	两孔上端距离	41	40	39	38	36	34	33	31	30	29	28	26	±1	
	长	280	270	260	250	240	230	220	210	200	190	180	160		
低音梁	宽	6	5.8	5.6	5.4	5.2	4.9	4.7	4.5	4.3	3.9	3.7	3.4		
	最高部分	14	13.5	13	12.5	12	11.5	11	10.5	10	9	8.5	8	±2	
琴首	长	52	52	50	50	50	50	50	50	48	45	42	40	±1	
木块	厚	15	15	14	14	14	14	14	14	14	12	12	12		
琴尾	长	47	44	40	40	40	36	36	36	36	35	33	32	±2	
木块	厚	14	12	12	12	11	11	11	11	11	10	10	10		
衬条	宽	5	5	5	4	4	4	4	4	4	4	4	4	±1	
	厚	1.5	1.5	1.5	1.5	1.5	1.5	1.5	1.5	1.5	1.5	1.5	1.5		
	长	34	34	34	34	32	32	32	31	30	29	25	25		
尾枕	宽	5.5	5.5	5.2	5	5	5	5	5	4	4	4	4		高出面板3～4mm
	高	7	6.7	6.5	6.2	6	5.7	5.5	5.5	5.5	5.4	5.4	5.2		
饰缘	宽	1.3	1.3	1.2	1.2	1.2	1.2	1.1	1.1	1.1	1	1	1		
	深	2	2	1.5	1.5	1.5	1.5	1.5	1.5	1.5	1.5	1.5	1.5		
	距板边缘	4	4	3.5	3.5	3	3	3	3	3	3	3	3		
音柱	长	56	54	52	50	48	46	44	42	40	38	36	32	±0.5	
	直径	6	5.8	5.6	5.4	5.2	5	4.8	4.51	4.5	4.2	4.1	4		
	厚	1.2	1.1	1.1	1.1	1	1	1	1	1	1	1	1		
侧板	上高	30	29.5	28.5	27.5	26.5	25.5	24.5	24	23	22	20	19.5	±1	面背板突出边框为2.5mm
	下高	31	30.5	29.5	28.5	27.5	26.5	25.5	25	24	23	21	20.5	±1	
尾柱	长	24	24	24	24	24	22	22	22	22	20	20	20		
	钮径	14	14	14	14	14	10	10	10	10	9	9	9		
弦轴	轴长	32～38	32～38	31～36	31～36	30～35	28～32	26～30	26～30	25～28	25～28	24～26	23～25		
	钮长	22	22	21	20	19	18.5	18	17	16	16	15	14		
	上宽	46	44	42	40	40	38	36	34	32	31	29	28		
	底宽	40	37	36	36	34	33	31.5	28	28	26.5	25	24		
弦马	上厚	2	1.9	1.9	1.8	1.7	1.6	1.6	1.5	1.4	1.4	1.2	1.1		
	下厚	4.5	4.3	4.2	4	4	4	4	4	3.7	3.7	3.5	3.5		
	弧高	35	32	31	30	29	27	26	25	24	23	21	20		

表 31-18（续）

名称	项目	规格尺寸													允许误差	备注
弦总	长	110	104	100	96	93	89	85	81	77	73	69	66	62		
	宽	42	42	41	40	38	36	34.5	33	31.5	30.5	29.5	28	28		
	弧高	12	11	11	10	10	9	9	8	8	7.5	7.5	7	7		
	杆长	730	725	695	670	645	615	590	570	550	530	510	495	475		调节螺丝不计在内
	上端直径	5~5.5	5~5.2	5~5.2	5~5.2	5~5.2	5~5.2	5~5.2	5~5.2	5~5.2	5	5	5	5		
	中段直径	8~8.5	8	8	8	8	8	8	8	8	7.5	7.5	7.5	7.5		弓杆最细处
	下端直径	7.7~8.7	7.5~8	8	8	8	8	8	7.5	7.5	7	7	7	7	±3	全长二分之一处
琴弓	弓头高	23	22	22	22	21	21	21	20	20	20	19	19	19		根部
	弓头宽	10	10	9.5	9.5	9.5	9.5	9.5	9	9	9	9	9	9		
	弓毛库长	45	44.5	43	40	40	38	38	36	36	34	34	33	33		
	弓毛库宽	14	13	12.5	12.5	12.5	12	12	12	12	11.5	11.5	11.5	11.5	±5	
	弓毛库高	20.5	19.5	19	19	18	18	18	16	16	15.5	15.5	15.5	15.5		

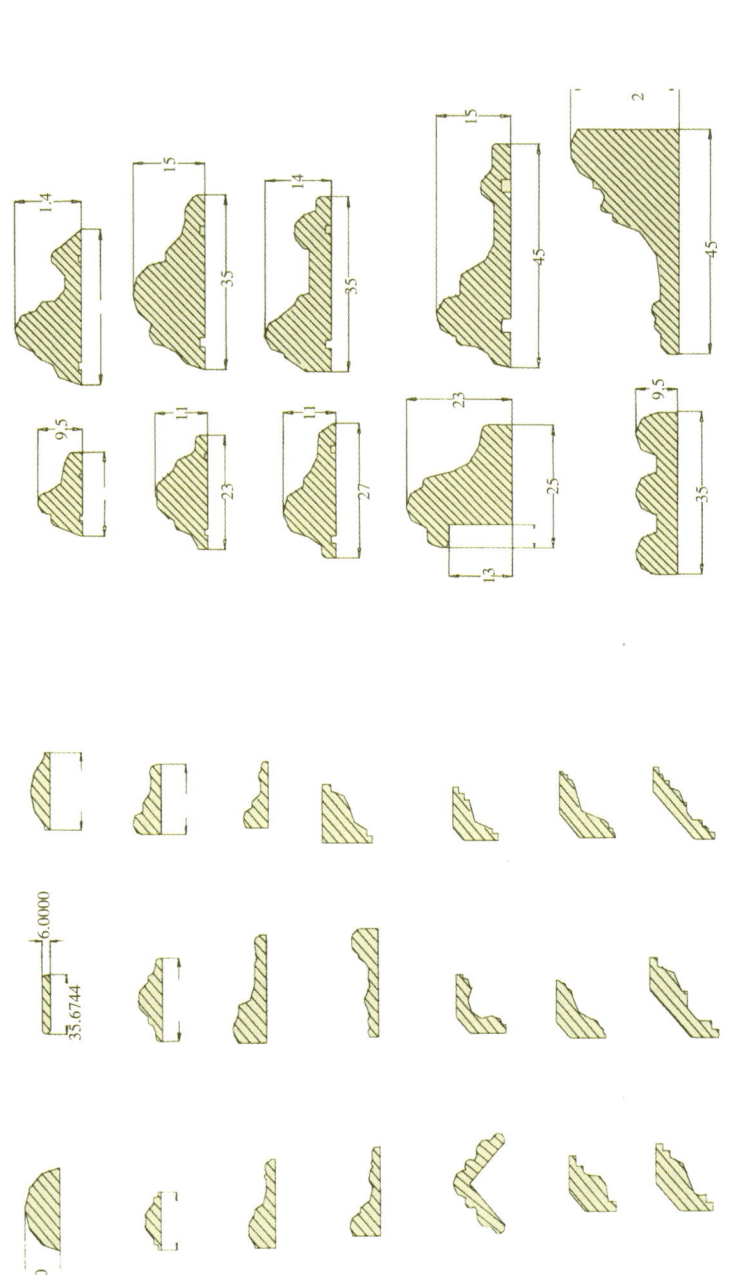

图 31-13 木线线型 I

图 31-14 木线线型 II

加工成一定的形状,然后用一个模具对其短时间内加热,使线条表面有规律的烙焦。

利用圆棒螺旋机采用连续式加工,可以加工各种直径、螺矩的螺旋棒,一般可达 3～5m/min;

利用模具对于单板或薄木进行软化,模压成型。

图31-13 及图31-14 列举木线条的部分种类及图示。

主要设备:四面刨(其中包括5～7轴),圆棒螺旋机,模压冲床,电脑刨花机等。

木线型的加工主要是利用四面刨的水平刀轴所换的成型铣刀进行加工的,而铣刀有整体的及分体的两种,分体铣刀的维修比较方便。

电脑刨花机的加工与普通的机床不同,主要是它能六维加工,即:XYZ三个方向加工和其旋转加工。

31.4.2 装饰画

(1) 材料的选择及工具:

①材料主要是五层椴木胶合板或进口柳桉胶合板,板面要求平整,正面应该砂光。其规格应根据所选取的板材的规格进行统一设计,便于提高出材率;

②单板主要应该是旋切的或刨切的单板,以椴木、桦木和杨木为主。要求材色洁白,材质细腻,具有良好的加工性、装饰性和涂饰性;

③胶黏剂可采用乳白胶,40号或80号强力胶;

④主要工具为刻刀,小油石,压板,胶刷,电烙铁等。

(2) 装饰画的加工工艺:

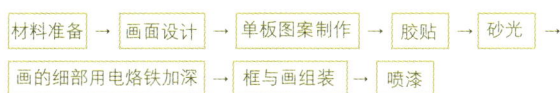

材料准备 → 画面设计 → 单板图案制作 → 胶贴 → 砂光 → 画的细部用电烙铁加深 → 框与画组装 → 喷漆

(3) 要求:在制作刻画时剩余物可作为下次刻画的模具。

砂光要求先用120号木砂纸,然后再用360号水砂纸砂光,达到光洁的效果。

利用电烙铁对于细部进行加深和描绘。电烙铁可完成山、水、瀑布、云、雾等景色,也可以上色,可以借用国画的表现技法。

油漆可用聚氨酯清漆。

当吸胶后单板有翘曲应进行木压板加压直到贴牢为止。

造型设计时,应该抽象一些,以提高装饰效果。

将画好的白稿用复写纸描到单板上,然后用刻刀刻出轮廓,将不需要粘贴的镂空的部分,留作批量生产时使用的模具。

31.5 包装用品

31.5.1 概述

木包装主要用于商品的流通、储运等;可用于大型、重型物品包装,也可用于食品、茶叶、水果、蔬菜、玻璃器皿、精密仪器以及机械产品等。

31.5.2 木包装的种类

按结构分有八种:木框、条板箱、钉板箱、捆板箱、木撑合板箱、木桶、筐篓、托盘。

31.5.3 木包装用材

(1) 要求:一般木材的密度为 400～750kg/m³ 的木材最适用

①便于加工的松木和软杂木(如杨木、桦木等);

②对于尖物如钉子等的握钉力和抗劈力较好的木材;

③对于特殊用的包装材要无气味、抗腐蚀力强;

④木材的含水率为12%～18%;

⑤加工承重的木箱底楞材,其木材纹斜度不超过100°;

⑥箱板厚度容许公差:当木板厚度≥1cm时,允许公差为±0.06cm;当木板厚度<1cm时,允许公差为+0.06cm。

(2) 国内常用的一般包装箱材:红松,樟子松(蒙古赤松、海拉尔松),马尾松,鱼鳞云杉(鱼鳞松),臭冷杉(臭松),杉木,紫椴(椴木),大叶杨(毛白杨),枫杨,白桦,白皮榆,核桃楸,枫香,槐树,黄波罗,拟赤杨,柚木,花桐木,楝树等。

(3) 特殊包装用材

1) 茶叶包装箱用材

要求无气味和污染。公认的枫香属树种最适合包装茶叶,其次有荷木、枫杨、马蹄荷、刺桐、橄榄、桦木、泡桐等。

2) 食品包装箱用材

除同茶叶包装用材要求外,还要求无嗅、无味、色浅。树种除同茶叶包装用材外,还有鹅掌楸、油桐(水果箱)、七叶树、喜树等。

3) 机械等重型包装箱

主要考虑木材的强度。阔叶材如云南龙脑香、白锥、苦槠、水青冈,针叶材的松科和柏木等。

31.5.4 木箱的加工工艺

选材 → 锯解 → 刨光 → 接合 → 加固成型

31.5.5 木箱的种类

木箱的种类有:榫接木箱、钉板箱、条板箱、带底梁木箱、缩角木箱、木撑合板箱、捆板箱。

参考文献

尹思慈主编. 木材学. 哈尔滨：东北林业大学出版社，1996

32 物品输送与物料处理

在木材加工生产过程中,物品的运输和物料的处理在生产工艺操作中占有相当大的比重。相应地,涉及物品及物料处理的机械设备随处可见。如木质成件物品的运输、散碎物料的制备、输送、分选、贮存和气固分离以及车间的除尘。这些成件物品的运输和散碎状物料的处理贯穿了整个木材加工过程。

32.1 物料处理与物料特性

32.1.1 物料处理的对象

在木材工业生产过程中,加工的对象主要为两类:木材成件物品和散碎状物料。散碎状物料主要有工艺原料类碎料和切削废料类碎料。就物料的形态而言,典型的木材碎料有木片、刨花、锯屑、纤维和各类生产性粉尘。

木材散碎物料是由众多颗粒形态各异的单体所构成的颗粒群体,这一颗粒群体构成了一个非常复杂的颗粒系统。这一复杂性主要表现在以下两个方面:①碎料颗粒单体在材质构造及材性方面的变异性和非均质性;②碎料颗粒之间在几何形态及尺寸方面的差异。

木材的材质构造和材性决定了切削碎料形成的机理十分复杂,同时碎料的形态尺寸又受到木材材种及含水率、加工工艺所要求的切削类型及切削参数(包括切削速度、工件进给速度、切削方向、切削量等)和切削刀具及设备等众多因素的影响。因而,木材碎料是由几何形状各异、尺寸大小不等的碎料颗粒混合体。即使在由粗大颗粒占主导构成的散料中,也会存在一定数量的细微或超细微粒子。

构成木材碎料系统的颗粒单体在材种、几何形态和尺寸上存在着一定的差异,因此,无论在物理性质方面,还是在流动堆积性能等力学特性方面存在着较大的差异。故木材碎料颗粒系统是一离散的、非均匀的颗粒系统。

32.1.2 物料特性与处理的关系

木材散碎物料特性是散碎物料处理的技术基础,也是提供碎料处理设备结构设计的重要依据。

从表32-1可见,物料特性与物料操作处理之间关系十分密切,它对散碎物料处理的影响是多方面的。在物料的气力输送、混合气流的分离、碎料的仓贮堆积及出料、运输等方面决定着各类装置能否正常地运行,同时在一定程度上还决定着物料处理设备运行的经济性。

例如:气力输送所要求的气流速度与碎料的这些特性密切相关。在稀相气力输送的气流中,碎料颗粒的重度、形状和大小以及表面状况等还决定了碎料颗粒在气流中呈悬浮状

表32-1 木材碎料特性与碎料处理之间的关系

碎料特性及特性参数		操 作 类 型				
		碎料输送	气固分离	物料分选	气流干燥	仓贮、供料
物理特性	几何形状	✓	✓	✓	✓	✓
	表面状况	✓	✓	✓	✓	✓
	尺寸分布	✓	✓	✓	✓	✓
	空隙率	✓				✓
	密度	✓	✓	✓	✓	✓
	含水率	✓			✓	✓
	体积	✓		✓		✓
	表面积				✓	
力学特性	堆积密度	✓				✓
	堆积角					✓
	内、外摩擦角					✓
空气动力特性	沉降速度	✓	✓	✓	✓	
	悬浮速度	✓	✓	✓	✓	
	颗粒层阻力		✓			

态输送所必需具有一定的气流速度，即不同类型的碎料，这一速度的大小是不同的，而这一气流速度的大小直接决定着输送管路的阻力和气流的压力损失以及输送所消耗的动力。

木材散碎物料在料仓内和出料排料处的表现行为与其动态特性密切相关。掌握这一动态特性，可为料仓和分离装置锥体结构的合理设计提供科学的依据，从而防止物料的搭桥，实现均匀地排料和定量出料。

碎料的大小与形态还决定了被分离难易程度和气流所消耗的能量。即使是在相同的分离动力的作用下，碎料粒径上的差异决定分离难易程度的不同。如在重力或离心力中，大颗粒的碎料易于从气流中分离，10～100μm或以上的颗粒也能被分离，而粒径5～10μm以下的颗粒（尤其是1μm以下的超微粒子）分离就极为困难。随着被分离物料颗粒粒径的减小，需要的能量损耗也随之增加。

研究碎料颗粒在低雷诺数气流场中的阻力特性还是合理选择袋式除尘器的滤料、正确确定运行技术参数的依据。

在各种运输机械运输木材散碎物料时，碎料的堆积和流动特性决定其在运输机上堆积和充填的状态，从而影响到运输机的实际生产能力。在一些运输场合（如倾斜向上运输），被运输碎料的堆积和壁摩擦性能还决定着运输机的性能是否能正常地发挥。

表32-2 带式运输机分类

普通型	特殊型带式运输机
通用带式运输机	钢绳芯带式运输机
轻型固定带式运输机	大倾角带式运输机
移动带式运输机	可弯曲带式运输机
	移植式带式运输机
	吊挂式带式运输机
	压带式带式运输机
	气垫带式运输机
	磁性带式运输机
	钢绳牵引带式运输机
	网带带式运输机

32.2 成件物品的输送

32.2.1 带式运输机

32.2.1.1 主要类型

带式运输机分类见表32-2。

32.2.1.2 基本结构

带式运输机是以带为牵引构件的连续运输机，通常带也是承放物料的工作构件。在木材工业中用于运送板材、方材、板皮、人造板、木制品等。

带式运输机的一般结构形式和组成部分如下。

1. 运输带

在木材工业中广泛使用的输送带有橡胶输送带、塑料运输带和某些特种运输带。

(1) 橡胶输送带：这种带在木材工业中应用最广。它是用棉织物或化纤织物粘胶后叠成的多层带芯材料，四周用橡胶作为覆盖材料。其主要品种和带宽系列见表32-3，普通橡胶输送带规格见表32-4。

胶带的接头方式有机械接头和硫化接头两种。

机械接头采用卡子连接，接头的强度仅为胶带强度的35%～40%，带芯外露易受腐蚀，使用寿命短，仅适用于短距离的或移动式的带式运输机。所谓硫化接头，即将接头部位按衬垫数切成阶梯状，涂胶，在压力50～80N/cm²、温度140～145℃的胶合条件下，保温适当时间，即成为无接缝的硫化接头，其强度可达到胶带强度的85%～90%，且能防止带芯腐蚀，带的寿命效长。

橡胶带的强度安全系数与带中橡胶布层数及接头方式有关，具体参考表32-5。

(2) 塑料输送带：塑料输送带以维尼纶——棉混纺织物编织成整体带芯，用聚氯乙烯塑料作覆面，能耐油、酸、碱，特别适合于温度变化不大的地方。表32-6为常用塑料带的规格。

(3) 特种带：当采用表面光滑的橡胶带倾斜运输木材成件物品时，运输倾角一般不超过18°。为提高运输倾角，可用表面带槽的橡胶带，槽深2～3mm。但此带清刷困难，磨损很快。

当要求有较高的抗拉强度时，可用强力型的橡胶输送带，如用高强度尼龙作衬垫层或之间夹有细钢丝绳的橡胶带。钢丝绳芯输送带的参数见表32-7。

当输送过程要求平稳，输送过程中有加压、加热等工艺要求时，可采用钢带。输送过程中有透气、透水等要求时，可采用金属丝或其他材料编织成的网带。

2. 带的支持机构

(1) 光滑导板：当所运输物品要求运行平稳，在运行过

表32-3 橡胶输送带主要品种和带宽系列

品种	带宽 mm (GB523-74)									强度 kgf/cm（层）	工作环境温度（℃）	各种环境温度（℃）
	300	400	500	650	800	1000	1200	1400	1600			
普通型	✓	✓	✓	✓	✓	✓	✓	✓	✓	56	-10～+40	50
耐热型		✓	✓	✓	✓	✓	✓	✓	✓	56		120
维尼纶芯			✓	✓	✓	✓	✓	✓	✓	140	-5～+40	50

表 32-4 普通橡胶运输带的规格

胶布层数 (i)	上胶+下胶厚度 (mm)	带宽 (mm) 300	400	500	650	800	1000	1200	1400	1600
		每米长的质量 q (kgf/m*)								
3	3.0+1.5	3.01	4.01	5.02	6.53	8.03	13.03			
	4.5+1.5	3.53	4.71	5.88	7.64	9.41	11.76			
	6.0+1.5	4.05	5.39	6.74	8.77	10.79	13.49			
4	3.0+1.5	3.49	4.65	5.82	7.57	9.31	11.64	13.95		
	4.5+1.5	4.01	5.35	6.68	8.70	10.70	13.37	16.05		
	6.0+1.5	4.53	6.04	7.55	9.82	12.10	15.10	18.10		
5	3.0+1.5	3.88	5.31	6.63	8.62	10.60	13.25	15.90	18.55	21.20
	4.5+1.5	4.49	5.98	7.48	9.73	11.98	14.98	17.95	20.95	23.95
	6.0+1.5	5.02	6.69	8.36	10.87	13.38	16.71	20.05	23.40	26.75
6	3.0+1.5			5.94	7.32	9.66	11.80	14.86	17.82	20.80	23.80
	4.5+1.5			6.64	8.30	10.80	13.28	16.59	19.90	23.20	26.55
	6.0+1.5			7.32	9.17	11.95	14.65	18.32	22.00	25.65	29.35
7	3.0+1.5			8.24	10.72	13.18	16.47	19.80	23.10	26.38
	4.5+1.5			9.10	11.85	14.55	18.20	21.85	25.50	29.10
	6.0+1.5			9.97	12.97	15.95	19.93	23.95	27.95	31.90
8	3.0+1.5			9.04	11.75	14.45	18.08	21.65	25.30	28.90
	4.5+1.5			9.92	12.90	15.85	19.81	23.80	27.75	31.70
	6.0+1.5			10.77	14.00	17.22	21.54	25.82	30.10	32.40
9	3.0+1.5				12.80	15.75	19.69	23.60	27.55	31.50
	4.5+1.5				13.95	17.15	21.42	25.70	30.00	32.30
	6.0+1.5				15.05	18.50	23.15	27.80	32.40	37.10
10	3.0+1.5					17.00	21.30	25.55	29.80	32.10
	4.5+1.5					18.42	23.03	27.65	32.25	36.90
	6.0+1.5					19.80	24.76	29.70	32.70	39.60
11	3.0+1.5						22.91	27.50	32.10	36.70
	4.5+1.5						24.64	29.60	32.50	39.50
	6.0+1.5						26.37	31.60	36.80	42.10
12	3.0+1.5							29.40	32.30	39.20
	4.5+1.5							31.50	36.70	41.90
	6.0+1.5							33.60	39.20	44.80

表 32-5 橡胶输送带的强度安全系数

带芯胶布层数 (i)	3~4	5~8	9~12
硫化接头	8	9	10
机械接头	10	11	12

表 32-6 常用塑料带的规格

名称	宽度 (mm)	总厚度 (mm)	上塑料厚 (mm)	下塑料厚 (mm)	整芯厚 (mm)	强度 (kgf/cm)	每米重 (kgf/m)
普通型	400	9	3	2	4	224	4.54
	500						5.67
	650	10			5	336	8.15
	800						10.00
强力型	800	11	3	2	6	500	10.80

*1kgf = 9.8N

程中不产生波动时，带可仅用光滑导板作支持物。

(2) 支持托辊：采用托辊支承带，可减小运行阻力。

托辊可用无缝钢管、塑料、增强尼龙、夹布酚醛树脂等材料制造。当运输成件物品时，常用圆柱形平型托辊。

在输送带的受料处，可采用橡胶圈式的或弹簧板式的缓冲托辊。为防止带跑偏，可采用调心托辊。

3. 承装零件

即辊筒，通常为铸造的，也可用钢板焊接。一般为光面，但为了增加牵引能力，可在表面镶覆皮质、橡胶或覆以木制轮缘。为了防止带跑偏，主动辊筒表面中间略微突起，起对中作用。

4. 张紧装置

带式运输机所用的张紧装置有螺杆式和重锤式两种，其

表32-7 钢丝绳芯输送带的参数

代 号	GX-650	GX-800	GX-1000	GX-1250	GX-1600	GX-2000	GX-2500	GX-3000	GX-3500	GX-4000
强度 σ_d (kgf/cm)	650	800	1000	1250	1600	2000	2500	3000	3500	4000
钢丝直径 (mm)	4.5	6.75	8.1	9.18	10.3					
钢丝结构		7*7*3-0.25			7*7*7-0.25		7*7*7-0.3		7*7*7-0.327	7*7*7-0.38
钢丝破短拉力 (kgf)	1400	3300	4300	5500	6900					
上、下覆盖胶厚 (mm)	6+6	7+7	8+8	8+8	8+8					
带总厚 (mm)	18	22	25	27	28					
钢丝间距 (mm)	20	17	13.5	11	20	16	17	18	15.5	17
每平方米带重 (kgf/m²)	23.54	24.33	24.63	25.33	32.25	33.42	39.93	41.51	43.23	47.10
胶带宽度 (mm)	800	800~1000	800~1200	800~1400	800~1800	800~2000	800~2000	800~2000	800~2000	800~2000

适用功率范围和许可张紧力见表32-8。重锤式张紧装置适用于长度较大、功率较大的情况,其中,垂直安装式的仅用在小车重锤式布置有困难的场合。

5. 驱动装置

带式运输机的驱动装置一般由电动机、减速器、联轴器和驱动辊筒等组成。为了适应满载启动,通常选用Y系列电动机。一般选用JZQ或ZL减速器,如驱动装置的空间位置较小,可采用结构紧凑的WD系列摆线针轮减速器或TD75系列油冷式电动鼓轮。

当采用单辊筒驱动时,为提高牵引能力,可增加辅助导辊,也可采用双辊筒或多辊筒驱动,目的都是为了增加包角。

32.2.1.3 主要参数的确定

1. 带宽 B

运输成件物品时,通常按所运物品的最大宽度 B' 确定带宽: $B=B'+100\sim200$mm,物品对输送带的比压应小于 0.05kgf/cm²。

2. 带速 v

带式运输机的工作速度决定于物料的性质和工作条件,运送大件笨重的物品时速度不宜过快,如运输板材、方材,一般取 $0.6\sim1.2$m/s;运输板皮等装卸条件没有严格要求的可取 $1.5\sim2$m/s;当人工装卸或在运输过程中进行物品分选时,可取 $0.2\sim0.3$m/s;在刨花板或纤维板生产的备料工段,运送小径级材或枝桠材的带式运输机速度应低于 1.5m/s。

带式运输机运输成件物品时,其生产率根据不同的单位,可用下列诸式计算:

$$n = 3600vj/L \quad (件/h)$$
$$Q = 3600vjG/L \quad (kg/h)$$

表32-8 螺杆式张紧装置的功率和许可张紧力

B(mm)	500	650	800	1000	1200	1400
适用功率 (kW)	15.6	20.5	25.2	35	42	58
张紧力 (N)	12000	18000	24000	38000	50000	66000

$$A = 3600vjC/L \quad (m^3/h)$$

式中:v——带速,m/s

L——物品平均长度,m

j——长度充满系数(物品长度与物品之间中心距之比)

G——一件物品的质量,kg

C——一件物品的体积,m³

可见,当生产率要求一定时,可以选取带的工作速度,从而计算带的宽度。

3. 功率

$$N=v(P+P_{主}+P_{惯})/(1000\eta) \quad (kW)$$

式中:P——运行阻力,N

$P_{主}$——带绕过主动轮的阻力,N

$P_{惯}$——在有载情况下启动时由惯性力所产生的阻力,N

η——驱动装置的传动效率

32.2.2 纵向链式原木运输机

链式运输机是以链作为牵引构件的连续运输机。木材工业中用于运输成件物品的链式运输机有纵向和横向原木运输机、原木和板材的横向提升机、悬式运输机、板式运输机等。

32.2.2.1 适用场合

顺着物品长度方向运输称为纵向运输。纵向链式原木运输机其结构设计要适合于运输原木的需要,因而有其专称。它常用于原木楞场中原木的运输和分选,将原木运输到加工车间,将江河运来的原木从水中起运到贮木场(常称为原木出河机),或是从贮木池中将原木起运到制材车间等。

32.2.2.2 基本结构

1. 牵引链条

常用圆环链或板片链,通常是单链式的,也有双链式的。

2. 工作构件

链上固接的通常是钢制的横梁,横梁上固定着托板或托架,以承放原木。水平运输时可用月牙形托板,倾斜运输时可根据斜度的大小和工作条件,选用锯齿形、尖爪形托架,使原木不易脱落。

3. 支承装置

工作构件在导轨上滚动或滑动。滚动式即在横梁两端装上滚轮，滑动式即横梁直接在导轨上滑动。为避免横梁磨损，可在横梁底边与导轨接触处装上垫块。

4. 链轮

分无齿链轮和有齿链轮两种。

32.2.2.3 布置

一台运输机不宜过长，每台运输机的长度按所运原木的直径，一般不超过 120～250m。当运输线路过长时宜设几台运输机联合使用。分段不仅是考虑链的强度和规格问题，也应结合工作条件，如水平运输和倾斜运输的工作构件可能不同；经常开动和不经常开动的区段应分开等。

倾斜运输原木时，倾角一般不超过22°，最大可达25°～27°。

当出河时，下端导向轮沉在水中，距水面的深度不应小于所运原木的最大直径，且出河部分应有一段铰接机架。

32.2.2.4 基本参数的确定

1. 齿数 z

纵向原木运输机的牵引链节距较长，如果链轮齿数较多，则链轮直径大，笨重，但若齿数太少，则动载荷大，故一般取 5～10 齿。

2. 节圆直径 D

$$D=\{[a^2+b^2+2ab\cos(180°/z)]^{1/2}\}/[\sin(180°/z)]\text{（mm）}$$

式中：a，b ——链条的长、短节距，mm

z ——链轮齿数

t ——链条几何节距，mm

3. 工作速度 v

由于纵向原木运输机的牵引链条一般均属于长节距链条，为了减小动载荷，工作速度不能取得太高，通常为 0.5～1.0m/s，具体可根据生产率的要求和运输机的工作条件确定。当根据运输机的工作条件选择速度时，人工卸载时应较慢，机械卸载时可较快；当运输过程中进行原木分等时应较慢，纯粹运输时可较快。

4. 生产率

$$n=3600vj/L\text{（根/h）}$$

或

$$V=3600vjC/L\text{（m}^3\text{/h）}$$

式中：n 和 V ——每小时要运输的原木根数和材积

L ——原木的平均长度，m

C ——原木的平均体积，m³

j ——长度充满系数，一般为 0.7～0.85，有时可达 0.9 以上

v ——工作速度，m/s

5. 功率 N

$$N=vP/(1000\eta)+v_a(P_\text{主}+P_\text{惯})/(102h)$$

式中：v ——工作速度，m/s

v_a ——圆周速度，m/s

P ——运行阻力，N

$P_\text{主}$ ——链绕过主动轮的阻力，N

$P_\text{惯}$ ——有载情况下启动时由惯性力所产生的阻力，N

η ——驱动装置的传动效率

32.2.3 横向链式运输机

32.2.3.1 使用场合

横向链式运输机常用于板材、方材、原木、人造板及其垫板的运输。

32.2.3.2 基本结构

1. 链条

横向链式运输机常用圆环链或板片链。总有两条以上的链条，木材横向放在链条上进行输送。链条的数目和各条链之间的距离决定于所运物品的长度和工作性质，长度规格多，链条数就多，应使物品至少支持在两条链上。

2. 工作构件

当水平运输板材、方材时一般可不用工作构件，当运输原木或倾斜运输物品时，通常在链上固定简单的推钩或挡块。

3. 支承装置

这种运输机通常无特设的支持机构，链条直接在导轨上滑动，其回空边一般不导轨，只装一些固定的支持滑轮。当短距离运输时甚至没有支持滑轮，链条自由悬挂着。

4. 驱动装置和张紧装置

运输机的主动轮可用同一根轴集中驱动。为了便于根据各条链的不同磨损和拉伸情况调节张力，应对从动轮分别单独设置张紧装置。若在回空边中间张紧则诸从动轮也可同轴。当运输机很短、载荷较轻时也可不设张紧装置，利用链条的自重和垂度来调节张力。

32.2.3.3 基本参数的确定

1. 工作速度 v

横向链式运输机的工作速度决定于运输机的工作性质，可参考以下数值：

用于成材或板皮的运输：0.5～1.25m/s

用于原木运输：0.1～0.3 m/s

用于板材分等：0.15～0.3 m/s

用于机床间的传送：0.1～0.3 m/s

2. 生产率

$$n=3600v/a\text{（件/h）}$$

式中：v ——工作速度，m/s

a ——物品的平均中心距，m

32.2.4 悬式运输机

32.2.4.1 概述

悬式运输机是将其运行轨道和支架大部分悬挂在建筑物上的一种连续运输机，在木材加工企业中，常用于木制品的油漆（浸漆或喷漆）、干燥、装配等作业，其主要特点是驱动功率小，占地面积小（地面型除外），能构成立体空间的连续运输线路，实现整个工艺过程的综合机械化和自动化。

根据运输物品的方式，悬式运输机可分为承载式、推动式和拖动式三种。

32.2.4.2 结构特点

悬式运输机的基本结构形式如下。

1. 牵引构件

悬式运输机的牵引链条通常要求可在两个相互垂直的平面内弯曲，圆环链可用，但由于其磨损大，不易装拆，故不常用。可拆链最常用，它不仅装拆方便，而且在销轴的轴向也可适当弯曲。一般的板片式关节链只能向一个方向弯曲，一种特殊的板片式链将链片在水平和垂直两个方向相间排列，中间用一个双向的联接件相连，使链条可在水平和垂直片面上任意弯曲，而且使得运输机不需设置转向轮或其他转向机构，简化了运输机结构。

2. 小车及轨道

根据所运物品的大小和质量，承放物件的吊架可挂在一个或几个小车下面。当吊架之间的距离超过1m时，中间应设空载小车，以限制链的垂度。

轨道形式应根据所运物品的性质、线路结构特点、运送物品的方式等因素进行选择。当采用双铰接链时需用槽形轨道，普通悬式运输机（承载式）多用工字钢作为轨道，推送式悬式运输机有上下两层轨道，且多用角钢。悬式运输机由于线路较长，轨道的接头不应全部固定，应设有可伸缩的活接头，当温度变化时使其有自由伸缩的余地，轨道不易变形。当轨道在直立的平面内向上弯曲时，应在上面设反轨，以防止小车拉起脱轨。

3. 驱动装置

驱动装置通常设于轨道在水平面上拐弯的转角处，使其牵引构件对主动轮有90°～180°的包角。主动链轮或导向链轮通常水平设置，有时也可在直立区段用带式的驱动装置。当运输线路很长时，为了减小链的最大拉力，可在同一台运输机中设置几个驱动装置同时、同步驱动。

4. 张紧装置

多用重锤式的张紧装置。设置张紧装置之处，必须使张紧轮的绕入边和绕出小车的轨道有一段是互相平行的，并使轨道在一定范围内能随张紧轮的移动而伸缩，轨道可伸缩的距离应与张紧装置所要求的张紧行程相适应。

32.2.4.3 基本参数的确定

1. 承载工具的间距 T

T 的最小值应根据承载工具或物品在运行方向的最大宽度 b_{max} 来确定，并留一定间隙，使其不会互相碰撞。为保证悬挂物在倾斜区段能顺利通过，间距 T 应满足以下条件：

$$T \geq T_{min} = (b_{max} + e) / [\cos(\beta_{max})] (mm)$$

式中：T_{min} ——最小间距，mm

β_{max} ——运输线路上轨道的最大倾角

e ——两个承载工具（或物品）间的最小间距，不小于100mm，一般取200～300mm

b_{max} ——承载工具或物品在活动方向上的最大宽度，mm

2. 生产率和牵引构件的速度

悬式运输机的生产率可按下式计算：

$$Q = 3.6 \times G \times v \times j / T \quad (t/h)$$

或

$$n = 3600 \times m \times v \times j / T \quad (件/h)$$

式中：G ——每个承载工具上的物品质量，kg

m ——每个承载工具上的物品件数，件

v ——牵引构件的运行速度，m/s

T ——承载工具间的距离，m

j ——装载后备系数，一般取为 0.8～0.9

可见，牵引构件的速度是根据给定的生产率和选定的承载工具间的距离求得的，如果工艺操作对速度有一定要求，则 v 和 T 决定了生产率。

32.3 散碎物料的输送

32.3.1 带式运输机

32.3.1.1 结构

1. 运输倾角

当采用表面光滑的橡胶带倾斜运输木材散碎物料时，最大运输倾角为25°～27°。为提高运输倾角，可采用具有特殊凸面的橡胶带，它能够在45°～60°的倾角条件下工作，在刨花板、纤维板生产车间中用它运输刨花、木片等散碎物料。

2. 支持托辊

运输散碎物料时，带式运输机的回空边仍然采用平型托辊支持，但为了提高生产率，工作边的上托辊一般采用槽型托辊，一般由2～5个辊子组成，其数目由带宽和槽角决定。槽角的大小由带的成槽性决定，一般可在0°～60°内取值，目前最常用的三节式托辊的槽角为30°。槽角增大，可起到防止跑偏、撒料和提高生产率的作用。

3. 装卸载装置

带式运输机运输成件物品，通常是由工艺性设备或转载装置来给料或是人工装载，运输机本身没有专门的装载机

构；若运输到端头卸载，一般不需设卸载装置，可直接抛落或进入别的转载装置。

散碎物料向带式运输机装载时，一般都设一个装载漏斗；当物料通过容量较大的料斗或贮存的料仓向运输机供料时，需通过一个供料器来避免运输机直接承受料仓中物料的压力，也可有效地控制给料量。散碎物料当用槽型带进行运输时，中间卸载可用双鼓轮卸料小车。

4. 清扫装置

运输散碎物料的带式运输机通常都具有清扫装置，如转动毛刷、刮板等，使没有卸干净的物料能及时被清扫，避免带受到很强的局部挤压或带跑偏。

32.3.1.2 输送参数

散碎物料在带上堆放的断面形状和尺寸决定于带宽、物料的堆积角 β、带的输送速度、托辊的直径等。

1. 带宽 B

带宽 B（m）可按下式计算：

$$B=[360A/(k_d k_v k_b v \gamma)]^{1/2}$$

式中：k_d —— 断面修正系数，见表 32-9

k_v —— 速度修正系数，见表 32-10

k_b —— 物料堆积特性修正的倾角系数，见表 32-11

v —— 带的运行速度，m/s

γ_0 —— 物料的堆积密度，kN/m³

A —— 输送能力，t/h

用以上公式计算带宽时，k_d 用逐次渐进法选取。求得 B 值并根据带宽系列选取后，还需按物料粒度校核。各种带宽所能输送的最大粒度见表 32-12。

2. 运输速度 v

运输散碎物料的带式运输机，其运输速度不能与运输成件物品的相同，一般而言，运输距离较长以及水平运输的运输机可较快，而运输倾角较大或运输距离较短时，应取较低的运输速度。同时应考虑粉尘、锯屑等细小物料不致飞扬。采用离心式卸料器时带速不宜超过2m/s。人工配料称重时带速约为1.25m/s。手选时带速取 0.2～0.3m/s。运输木材散碎物料时运输速度一般可取 0.75～1.5m/s。

32.3.2 刮板运输机

32.3.2.1 概述

刮板运输机利用在牵引构件（链条或钢丝绳）上固结着的工作构件——刮板，沿着料槽运动而使被输送的物料实现在一定输送线路上的运输，用于运输散碎状物料，在木材工业中常用于运输锯屑、刨花、木片等物料。

表 32-9 断面系数 k_d

α		0°					20°					30°					45°				
	γ_d	15°	20°	25°	30°	35°	15°	20°	25°	30°	35°	15°	20°	25°	30°	35°	15°	20°	25°	30°	35°
B (mm)	300	90	110	145	175	205	200	220	250	280	310	240	260	290	320	325	305	320	350	370	395
	400	100	120	160	195	230	225	245	285	315	350	275	295	330	360	390	325	320	370	395	420
	500	105	130	170	210	250	245	265	305	320	375	300	320	355	390	420	355	370	400	430	455
	650																				
	800	115	145	190	230	270	270	300	320	380	415	335	360	400	435	470	400	420	450	480	505
	1000																				
	≥1200	125	150	200	240	285	290	315	360	400	440	355	380	420	455	500	420	440	475	505	535

注：α 为侧辊角，γ_d 为物料的动堆积角

表 32-10 速度系数 k_v

v (m/s)	≤1.0	≤1.6	≤2.5	≤3.2	≤4.5
k_v	1.05	1.0	0.98 0.95	0.94 0.90	0.84 0.80

注：当带速较小，较大 γ_d，粒度较大时 k_v 取大值

表 32-11 倾角系数 k_b

倾角 β	≤6°	8°	10°	12°	14°	16°	18°	20°	22°	24°	25°
k_b	1.0	0.96	0.94	0.92	0.90	0.88	0.85	0.81	0.76	0.74	0.72

表 32-12 最大粒度表

B (mm)		300	400	500	650	800	1000	1200	1400	1600
粒度	已筛分	30	70	100	130	180	250	300	350	400
	未筛分	50	100	150	200	300	400	500	600	700

注：未筛分物料中的最大粒度不超过15%（按质量）

刮板运输机具有结构简单、造价低、装卸载方便等特点，但是，由于工作时刮板和物料都以滑动摩擦的形式在槽底拖动，因而运行阻力较大。另外，刮板运输机的生产率较低，尤其当倾斜运输时，其生产率随着运输机工作倾角的增大而急剧下降。此外，刮板运输机在输送碎料的过程中，因挤压和搓捻作用将造成物料的破碎，故刮板运输机一般不用来输送含水率较低、脆性较大的工艺刨花。

32.3.2.2 基本结构

根据输送要求，刮板运输机可布置成水平式或倾斜式及水平—倾斜组合式。

1. 牵引构件

刮板运输机的牵引构件可采用直片式关节链、圆钢扁钢组合链和钢丝绳。牵引构件类型和规格的选用依据是运输机的工作条件，如使用场合、输送对象、输送距离、生产率等。一般有滚子或滚轮的片式关节链使用较多；在低速、短距离的运输机中有时也用无滚子或滚轮的片式关节链，而钢丝绳则较少使用。当运输较轻的锯屑或刨花时常用圆钢扁钢组合链。刮板运输机中牵引链的根数由刮板的宽度决定，多为单链式的。当运输木片等块度较大的物料时建议采用套筒辊子链，且为双链式。应注意保证链条同步运行，以避免刮板的损坏而影响运输机的工作。

2. 刮板

刮板的形状和尺寸视运输机使用场合、输送对象以及生产率等因素而定。在木材工业中，运输工艺木片、刨花等碎料的刮板运输机，可采用冲压成的梯形或矩形刮板；对于锯屑和木粉的运输，可用木制的矩形刮板或圆盘形刮板（钢丝绳运输机用）。

3. 料槽

料槽由4~6mm厚的钢板焊接或冲压而成。刮板与料槽之间的间隙取3~6mm。整个运输机的料槽由2~3m一节的料槽连接而成。

4. 驱动装置及张紧装置

为防止刮板运输机在偶尔过载的情况下，发生机构损坏，驱动装置最好采用极限力矩联轴节。

刮板运输机一般采用螺杆式或弹簧螺杆式张紧装置，其张紧行程不得小于链条节距的1.6倍，初张力一般最小取1000~3000N。

5. 支承装置

一般采用运行滚轮支承（对于片式关节链）和滑动支承（对于圆钢扁钢组合链）。

32.3.2.3 生产率计算

刮板运输机的生产率可用下式计算：

$$A=360C\phi\gamma vF \quad (t/h)$$

式中：C——考虑运输机倾斜布置对生产率的影响系数，见表32-13；

ϕ——考虑料槽装填程度的充填系数；

γ——物料的堆积密度，kN/m^3；

v——链的工作速度，通常取为0.2~0.5m/s；

F——物料在料槽上运输的断面积，m^2。

在正常情况下，运输块度（粒度）较大、流动性较差的木片或刨花时，通常取$\phi=0.8~0.9$；当运输流动性相对较好的、粒度较小的锯屑或木粉等碎料时，可取$\phi=0.4~0.5$。

表32-13 考虑运输机倾斜布置时的影响系数

输送物料的特性	当倾角为下列数值时的ϕ值					
	0°	10°	20°	30°	35°	40°
流动性好的物料	1	0.85	0.65	0.5	—	—
流动性不好的物料	1	1	0.85	0.75	0.6	0.5

32.3.3 埋刮板运输机

32.3.3.1 输送原理

埋刮板运输机是输送粉尘状、小颗粒及小块状等散碎物料的连续运输机，可水平布置，也可完成倾斜甚至直立提升的运送，输送物料时刮板链条全埋在物料之中，故称为埋刮板运输机。

当刮板的类型和规格以及刮板的间距设计或选用合理时，即可利用物料的散碎特性，使得牵引构件及刮板穿过料槽内的物料层时，物料的切割阻力即物料的内摩擦力大于整个物料层对槽壁和槽底的摩擦阻力，使全部物料、牵引构件和刮板形成一体向前运行。

32.3.3.2 应用特点

埋刮板运输机利用物料的起拱特性来输送物料，除具有刮板运输机的一般特点外，还具有以下特点：

(1) 工艺选型及布置较灵活，可实现水平、倾斜和直立向上的输送；

(2) 设备结构简单、质量轻、体积小；

(3) 物料在封闭的料槽内缓慢输送，无"扬尘"现象，且物料破碎率低；

(4) 料槽和链条易磨损，尤其链关节磨损严重。

32.3.3.3 基本结构

主要由断面封闭的壳体（机槽）、牵引构件、驱动装置及张紧装置等部件组成。

1. 牵引构件

埋刮板运输机有其专用链条，主要有套筒滚子链（GL）、双板链（SL）和模锻链（DL）（如表32-14所示）。套筒滚子链的内外链板、双板链和模锻链的链杆用45号钢或$45Mn^2$，销轴材料用35号钢、45号钢或40Cr钢，均需调质处理。套筒滚子链用15号钢或20号钢表面渗碳淬火。

2. 刮板

刮板由 A_3 扁钢、圆钢、方钢或三角钢热弯曲成型。刮板型式对不同的碎料有不同的适应性。刮板型式选择的主要根据是物料的特性，同时要结合运输机本身的特点。

当运输坡度较大、流动性较差的散碎物料时，可选用 T 型（水平时）或 U_1 型刮板，当物料的流动性较好时，可采用 V_1 型（水平时）、O 型或 O_4 型等刮板。水平运输时，刮板主要克服物料对槽底的摩擦阻力，可采用 T 型或 U_1 型刮板；垂直提升时，主要克服由物料对槽壁的侧向压力所引起的摩擦阻力，因而刮板外廓应设计成沿槽四周的结构，可采用 V_1 型（水平时）、O 型或 O_4 型等刮板。此外，对那些流动性大且不易压实的碎料，为保证物料之间能产生足够的内摩擦力，也可采用结构较复杂刮板，如 H 型刮板等。

3. 驱动装置及张紧装置

埋刮板运输机的驱动装置有定整及变速两种。为防止运输机过载损坏机件，可采用液力联轴节等过载保护装置，最简单的方法是在驱动链轮上装设安全销，过载时安全销被剪断，从而切断动力的传递。

埋刮板运输机的张紧装置多采用螺杆式，其张紧行程 S 一般由料槽宽度 b 决定，S 随着 b 的增大而增大，当 $b=160mm$ 时，$S=150mm$；当 $b=250mm$ 时，$S=200mm$；当 $b=250\sim400mm$ 时，$S=250mm$。

32.3.3.4 输送能力计算

埋刮板运输机的生产率可按下式计算：

$$A=360k_1k_2k_3bh\gamma v \quad (t/h)$$

式中：v——链条的工作速度，m/s

γ——物料的堆积密度，kN/m^3

h——料槽工作部分的高度，m

b——料槽工作部分的宽度，m

k_1——物料速度滞后链条速度的速度系数。若 $v_{平均}$ 表示物料运动的平均速度，v 表示物料运动的速度，则 $k_1=v_{平均}/v$，其值见表32-15。

k_2——链条和刮板在料槽内所占容积的几何系数。对于平型刮板，可取 $k_2=0.95$；对于轮廓刮板的运输机，可取 $k_2=0.86$

k_3——物料在料槽内的填实系数。决定于物料性能，对木片、竹片、工艺刨花、锯屑等可取 $k_3=1.05\sim1.15$

当已知生产率时，可根据料槽的工作宽度与高度的关系求出 b 或 h。

表 32-14 链条节距 t_1 单位：mm

链条型式	链条节距 t_1						
套筒滚子链 GL	80	100	125	160	200	250	300
双板链 SL			125	160	200	250	300
模锻链 DL	80	100	125	160			

表 32-15 速度系数 k_1

物料特性	速度系数 k_1	
	水平或倾斜布置的运输机	垂直或急陡倾斜布置的运输机
小块物料	0.9	0.3
小颗粒物料	0.9	0.6
粉末状物料	0.8	0.45

32.3.4 斗式提升机

32.3.4.1 应用特点及分类

斗式提升机是在牵引构件上连接斗状工作构件的提升机，用于垂直或倾斜提升粉状、颗粒状及小块状物料。木材工业中常用于提升木片、刨花等散碎状物料，也可用于锅炉房上煤。

斗式提升机提升物料的高度可达 30m，一般为 12~20m。输送能力在 300t/h 以下。一般情况下多采用垂直式斗式提升机，当垂直式斗式提升机不能满足特殊工艺要求时，才采用倾斜式斗式提升机。由于倾斜式斗式提升机的牵引构件在垂度过大时需增设支承牵引构件的装置，而使结构复杂，因此一般很少采用。

斗式提升机的优点是：其横断面上的外形尺寸较小，可使输送系统布置紧凑；提升高度大；有良好的密封性等。其缺点是：对过载的敏感性大；料斗和牵引构件较易损坏。

斗式提升机的分类方法很多，见表 32-16。

斗式提升机结构种类的选择，主要决定于其工作条件，即所运物料的性质和装卸方式。

32.3.4.2 基本结构及工作条件

斗式提升机的基本构造是：固结着一系列料斗的牵引构件环绕在提升机的驱动轮与从动轮之间构成闭合轮廓，驱动装置通过驱动轮使提升机获得运转的动力。物料从提升机底部供入，通过料斗提升至运输机顶部，并在该处卸载。

1. 料斗

料斗的形式主要决定于料斗的工作条件，即运输物料的特性和物料的装卸方式。用于木材工业的斗式提升机有三种结构的料斗：浅料斗、深料斗和导向边料斗。浅料斗前壁斜度大、深度小，适宜于运送潮湿的和流动性不良的碎料，如木片、刨花等。深料斗前壁斜度小而深度大，适宜于运输干燥的、流动性好的碎料，如锯屑、木粉等。导向侧边的夹角形料斗绕过驱动轮时，前面料斗的两导向侧边即为后边料斗的卸载导槽，适宜于运输较重的块状物料及有磨损性的物料。浅料斗和深料斗均布置在料斗作稀疏布置的提升机中，而导向边料斗用在料斗作密集布置的提升机中。

2. 牵引构件

斗式提升机的牵引构件有输送胶带和链条。带斗式提升

表 32-16 斗式提升机的分类

按安装方式不同		按卸载特性不同			按装载特性不同		按牵引构件型式不同		按料斗形式的不同	
垂直式	倾斜式	离心式	离心-重力式	重力式	掏取式	流入式	带式	链式	深斗式	浅斗式	鳞斗（三角斗或梯斗形式）

机运行平稳，工作速度可调，一般为0.8～2.5m/s，检修方便，木材工业中常用，但带的强度较低，对比重较大的物料，其提升高度受到一定限制。链斗式提升机所用的链条多为片式关节链，有时也采用圆环焊接链。由于链的强度较高，料斗易牢固地固结，工作可靠，故可用于工作载荷较大的场合。但速度较低，一般为 0.4～1.25m/s。

3. 驱动装置和张紧装置

驱动装置常设在上部。为了防止提升机在有载情况下停止工作时逆向运动，驱动装置上应设置制动器。

张紧装置设在运输机下部、从动轮一端，常用螺杆式，张紧力一般取 1000～1500N。

4. 装卸载装置

斗式提升机的生产率在很大程度上取决于料斗的正确装填和抛卸。斗式提升机在尾部装载，其形式有：

（1）掏取式：由料斗在物料中掏取装载。掏取式主要用于输送粉末状、颗粒状、小块状的散状物料。由于在挖取物料时不会产生很大的阻力，所以允许料斗的运行速度较高，为 0.8～2m/s；

（2）流入式：物料直接流入料斗内。流入式用于输送大块状和摩擦性大的物料。其料斗的布置很密，以防止物料在料斗之间撒落。料斗的运行速度较低，一般不超过 1m/s。

斗式提升机在头部卸载。卸载的形式有三种，即离心式、离心-重力式及重力式。

在离心式卸载中，料斗中的物料主要是通过绕过主动轮所产生的离心力进行卸载，即当料斗以一定速度绕过主动轮时，料斗中物料的离心力须大于物料重力的向心分力，使物料由料斗直接落到运输机上部罩壳的卸料管内。为保证离心力卸载的正常进行及避免物料洒落到底座中，须正确选择料斗的运动速度，并正确布置卸载处罩壳。木材工业中，木片、刨花等碎料的离心式卸载必须满足以下条件：

$$v = (2～2.35) D^{1/2} \text{ (m/s)}$$

式中：D——主动轮直径，m

该式将物料从料斗中利用离心力卸载的条件体现为主动轮直径 D 与工作速度 v 的关系。牵引构件的工作速度可由所要求的生产率和斗的容积及间距确定。当然，还可以适当调节料斗的容积和间距，从而调节 v，使 D 不至于过大或过小。

离心式卸载适用于运送流散性较好的粉粒状物料和块状物料，并适应于料斗稀疏布置的高速提升机，料斗的工作速度可选至 5m/s，而且主要是带斗式的。

重力式卸载适用于料斗作连续布置的提升机或倾斜提升机。当料斗绕过主动轮时，物料主要在重力的作用下从料斗内卸在前一料斗后部的外壁上，并被旁边的两个侧边引导到提升机的卸料管中。在料斗的运动速度为低速的提升机中，常采用该卸料方式来运输块状物料。

32.3.4.3 斗式提升机的生产率及功率计算

1. 生产率计算

斗式提升机的生产率主要取决于物料容重、料斗的填充系数、料斗工作速度、料斗容积及间距等。生产率可按下式计算：

$$A = 360 i \psi \gamma v / a \text{ (t/h)}$$

式中：i——料斗容积，m³

a——料斗间距，m

v——提升速度，m/s

ψ——料斗的平均填充系数。运输木片时可取 0.5～0.7；运输刨花、锯屑时可取 0.7～0.9

γ——物料密度，kN/m³

2. 功率计算

在计算提升机的功率时，须考虑料斗在装载时的附加运行阻力所引起的附加装载功率，这部分功率可近似计算如下：

$$N_f = a \cdot \frac{A}{3.6 \times 10^2} \text{ (kW)}$$

式中：a——克服装填每千克物料的附加阻力所做的功，N·m/kg。装载木材碎料时，可取 a=（10～30）N·m/kg

A——斗式提升机的生产率，t/h

32.3.5 螺旋运输机

32.3.5.1 应用特点

螺旋运输机属于无挠性牵引构件的连续运输机，由固结着螺旋片的螺旋轴在一封闭的料槽内推动物料，物料在本身重力及其对槽的摩擦力作用下，沿着料槽向前运移。在木材工业中，螺旋运输机常用于短距离输送干燥的、潮湿的、黏性的木质或其他植物散碎物料。除了作输送用途外，螺旋运输机还可根据刨花板和纤维板生产的工艺要求，在输送同时完成某些工艺操作，如湿物料的挤压脱水、料仓出料、刨花的均匀给料和定量、碎料意外着火的回火排料等。

与其他输送设备相比，螺旋运输机具有结构简单、横截面尺寸小、密封性能好、可以中间多点装料和卸料、操作安全方便以及制造成本低等优点。其缺点是机件磨损较严重、输送量较低、消耗功率大以及物料在运输过程中易破碎。

螺旋运输机使用的环境温度为-20～50℃；物料温度小于200℃；输送机的倾角$\beta\leq20°$；输送长度一般小于40m，最长不超过70m。

32.3.5.2 基本结构及布置

1. 基本结构

螺旋运输机由螺旋机本体、进出料口及驱动装置三大部分组成。螺旋机本体包括头部轴承、尾部轴承、悬挂轴承、螺旋、机壳、盖板及底座等。

(1) 螺旋：螺旋是螺旋运输机的基本构件，由螺旋轴和螺旋片组成。螺旋的旋向有左旋与右旋两种旋向，可以是单头、双头或三头，单头螺旋常用于运输装置上，多头主要用于工艺搅拌、混合及脱水装置中。物料的输送方向由螺旋旋向和回转方向决定。螺旋直径通常取D=100、120、150、200、250、300、400、500、600mm。

运输用途的螺旋片多由钢板冲压后焊接而成，用于运输木材碎料的螺旋片一般厚2～4mm。当螺旋直径很小且运输距离较短时，螺旋片厚度甚至可在2mm以下。对某些工艺用途（如挤压脱水或强制进料等），较短的螺旋可采用整体铸造。

螺旋运输机的螺旋片的形状可根据输送物料的种类、物理力学特性和特定的工艺要求进行设计和选择，有实体面型、带式面型及叶片面型三种。实体螺旋面称为S制法，其螺旋节距为叶片直径的0.8倍，适用于输送流动性好、含水率低的粉状和小颗粒状物料。带式螺旋面又称D制法，其螺旋节距与螺旋叶片直径相同，适用于输送小块、片状或具有一定粘性的碎料。叶片式螺旋面应用较少，主要用于输送黏度较大的和可压缩性的物料，在输送过程中，同时完成搅拌、混合等工序，其螺旋节距约为螺旋叶片直径的1.2倍。

为了便于制造和装配，螺旋一般制成2～4m的节段。可实心，也可空心。各节段通过穿透螺栓连接起来。

在螺旋运输机工作时，螺旋将受到物料对螺旋面的摩擦力、料槽或嵌入螺旋片与料槽间的物料对螺旋的摩擦力等，为了防止这些作用力使螺旋扭曲、变形、卡死甚至扭断，螺旋除通过首末轴承装于料槽外，还应隔适当距离装设中间轴承。中间轴承一般采用由青铜或巴氏合金等耐磨材料制成的滑动轴承，有时为了减小阻力，也可采用双列向心球面球轴承。中间轴承用润滑油杯润滑。当螺旋直径D=200～300mm时，中间轴承间距$l=2～2.5m$，若螺旋直径较大，则$l=2.5～3.0m$。

(2) 料槽：一般由薄钢板制成，其厚度由螺旋直径和被输送物料的磨搓性决定，通常约为螺旋片的厚度。料槽圆柱部分的轮廓与螺旋片之间应保证适当间隙，它直接影响运输机工作性能的发挥和功耗。较小的间距对减少物料的破碎及功率消耗十分有利，小间距易发生物料咬夹现象。

2. 运输机布置

螺旋运输机的类型有水平固定式螺旋运输机、垂直式螺旋运输机及弹簧螺旋运输机三种。水平固定式螺旋运输机是最常用的一种型式，其输送倾角小于20°。螺旋叶片有实体面型及带式面型两种，输送长度一般在40m以下。垂直式螺旋运输机用于短距离提升物料，输送高度一般不大于6m，螺旋叶片为实体面型，它必须有水平螺旋喂料，以保证必要的进料压力。弹簧螺旋运输机是用挠性的螺旋弹簧代替刚性的螺旋轴输送物料，它的特点是结构简单、安装维修方便，但输送量较小，输送距离较短，一般用于距离不大于15m的水平或垂直方向的输送。

螺旋运输机的驱动装置由电动机、减速器、联轴器、及底座所组成。按装配方法的不同分为Ⅰ型（即右装）和Ⅱ型（即左装）两种，站在电动机尾部向前看，减速器低速轴在电动机的右侧者为Ⅰ型；减速器低速轴在电动机的左侧者为Ⅱ型。

在总体布置时还应注意不要使支撑底座或出料口布置在机壳接头的法兰处，进料口也不应布置在机盖接头处及悬挂轴承的上方。

32.3.5.3 螺旋运输机生产率和功率的计算

1. 生产率的计算

螺旋运输机的生产率可按下式计算：

$$A = 6 \cdot \frac{\pi D^2}{4} \cdot S \cdot n \cdot \psi \cdot \gamma \quad (t/h)$$

式中：D—— 螺旋直径，m

S—— 螺旋的螺距，m

n—— 螺旋的旋转速度，r/min

ψ—— 填充系数

γ—— 物料密度，kN/m³

在木材工业中，对于流动性较好的锯屑，一般推荐物料的充满系数φ为0.30～0.40；对于木片、刨花、纤维等散碎物料，推荐φ为0.5～0.6。

螺旋的转速与物料的特性有关，运输较轻的、磨搓性较小的碎料时，转速可高些；运输质重的、磨搓性较大的碎料，转速应低些。通常按下式推荐选用（D：m）

锯屑、刨花 —— $n=60D^{1/2}$，r/min

运输木片 —— $n=45D^{1/2}$，r/min

运输磨搓性较大的物料 —— $n=30D^{1/2}$，r/min

2. 功率计算

水平运输条件下螺旋运输机所需功率按下式计算：

$$N = CAL\mu / (3.6 \times 10^2) \quad (kW)$$

式中：A—— 螺旋运输机生产率，t/h

L—— 运输机长度，m

μ—— 物料对槽的滑动系数

C—— 阻力修正系数，取3～5

倾斜运输条件下，螺旋运输机所需功率按下式计算：

$$N = (CAL\mu \pm AH) / (3.6 \times 10^2) \quad (kW)$$

式中：H——运输机的上升高度，$H=L \cdot \sin\alpha$，当倾斜向上运输时取正号，反之取负号，m

32.3.6 气力输送装置

32.3.6.1 气力输送的概念

气力输送是一种借助于气流的能量、在沿一定输送线路布置的管路内输送散碎状物料的输送技术。在多相流的范畴内，它属于气固两相流。

由于木材工业散碎物料的特性与其他行业输送对象存在着较大的差别，因此，木材工业的气力输送装置在装置结构、输送参数等方面均有着很大的不同。

32.3.6.2 分类

气力输送装置通常是按照其混合气流的浓度和用途进行分类的，也可按照气流的流动形式或风机最大工作压力分类。

按照多相流的浓度概念，气力输送有密相流和稀相流之分。由于木材碎料的自由堆积容重较小，因此，在绝大多数情况下，木材工业气力输送系统均属于稀相流。对于木粉和锯屑，因其气密性和成栓性较好，也可以密相形式进行输送。

根据气力输送装置的用途，它可分为：气力集尘装置和气力运输装置两类。前者是用于吸集和清除加工车间内各类木材切削废料，如刨花、锯屑、生产性粉尘等；后者则是解决生产工艺过程中各种散碎状木材原料或废料的运输问题。其中，按照其结构及其工作特点，气力吸集装置通常又可分为普通型和通用型两种基本型式。

按照气流在管道内的流动形式，气力输送装置可分为负压式、正压式和混合式。

若按照风机的最大工作压力，系统又可分为低压式（$H<5000Pa$）、中压式（$H=5000\sim20000Pa$）和高压式（$H>20000Pa$）。

32.3.6.3 特点与适用场合

气力输送装置与其他输送散碎物料的设备相比，具有下列特点：

(1) 自动化程度高，且输送能力强；
(2) 结构简单、操作简便、易于维护且费用低；
(3) 输送线路可灵活布置。

32.3.6.4 主要技术参数

1. 混合浓度

混合浓度是指在气流输送管中，单位时间内被输送的物料质量$G_物$与通过的气体质量$G_气$之比，习惯上又称之为固气比。即

$$m = G_物 / G_气$$

通常说来，气力集尘装置的混合气流的浓度较低，一般$u \leqslant 0.2$；气力运输装置所取用的浓度相对较高，一般浓度u在$0.4\sim1.2$范围内。对于气力运输用途而言，混合浓度的取值应视输送对象、运输距离、系统布置等具体输送条件而定。当系统要求混合气流通过风机时，应该考虑物料能顺利地通过风机，所以，所用的浓度一般应小于0.5。

2. 物料输送气流速度

为使木材散碎物料在输送管内呈稳定的悬浮状态下被输送，输送管道内必须具有一定的气流速度。

(1) 在通直的水平管内，为获得稳定输送所要求的最小气流速度，$V_{最小}$由下式计算：

$$V_{最小} = C\mu 0.46 + 0.01\gamma_物 + b$$

式中 $V_{最小}$——碎料输送所需的最小气流速度，m/s

C——碎料的形状系数。细小的碎料（锯屑、切屑）取5.12；杆状碎料取5.53；工艺木片取6.15

μ——混合气流的质量混合浓度

$\gamma_物$——碎料对应的木材密度，N/m³

b——系数。锯屑取$b=7$；刨花取$b=9$；木片取$b=11$

(2) 在非通直水平管内，输送所需最小的气流速度为$V_{最小}'$：

$$V_{最小}' = k(C\mu 0.46 + 0.01\gamma_物 + b)$$

式中：k——管道中的弯管等局部阻力而取的修正系数，$k=0.1\sim0.2$

(3) 在直立上升管内，物料输送所需的气流速度$V_{直立} > V_{悬浮}$：

$$V_{悬浮} = 0.14\sqrt{\frac{g_物}{g_气(0.02+\frac{a}{h})}}$$

式中：$V_{悬浮}$——木材碎料的悬浮速度，m/s

$g_物$——碎料对应的木材密度，N/m³

$g_气$——空气的密度，N/m³

a——碎料截面形状系数，端面为矩形取$a=0.9$，正方形或圆形取$a=1.1$

h——木材碎料的厚度，mm

(4) 气流在直立和水平串联管道内，正常输送所需要的气力速度为$V_{要求}$：

$$V_{要求} = V_{最小} + V_{悬浮}$$

32.3.6.5 气力输送管道系统阻力的计算

气力输送管道的阻力可视为由直管段和局部阻力构件引起。

1. 直管段阻力计算

根据速度压力计算法，当相同流量的纯空气和混合气流通过同一直管道时，其阻力分别由下式计算：

$$H_{直纯} = \frac{\lambda l}{d} \times \frac{g_气 v^2}{2g}$$

$$H_{直混} = \left(\frac{\lambda l}{d} \times \frac{g_气 v^2}{2g}\right) \times (1+ku)$$

式中：$H_直$——管道构件对应的阻力，Pa

V——管道构件内气流的速度，m/s

d——管道的内径，m

g——重力加速度，$g=9.81m/s^2$

k——综合阻力系数，$k=0.7\sim 0.9$

l——直管道的长度，m

λ——管摩擦阻力系数，无因次

u——混合气流的质量混合浓度，无因次

$\gamma_气$——气体的密度，N/m^3

2. 局部阻力的计算

(1) 一般的局部阻力构件：当同流量的纯空气和混合气流流过弯管、三通管、变截面管段、进出口处、阀门等局部阻力构件时，其阻力分别由下式计算：

$$H_局 = \xi \frac{\gamma_气 v^2}{2g}$$

$$H_局 = \xi \frac{\gamma_气 v^2}{2g}(1+Km)$$

式中：γ——综合阻力系数，$K=0.7\sim 0.9$

$H_局$——局部阻力构件对应的阻力，Pa

v——局部阻力处气流的速度，m/s

ξ——管道构件对应的阻力系数，无因次

m——混合气流的质量混合浓度，无因次

(2) 特殊局部阻力的计算：对于一些特殊局部阻力构件（如使物料分开、物料加速等），其阻力可由下列方法计算。

① 在上升管段，由于物料位能增加而产生的阻力，其大小为：

$$H_{位能} = \gamma_气 hu$$

式中：$H_{位能}$——物料上升引起的阻力，Pa

$g_气$——空气的密度，N/m^3

u——混合气流的质量混合浓度，无因次

h——上升管段的垂直高度，m

② 在装料处，使物料加速产生的阻力，这一阻力可按下式计算：

$$H_加 = (u\gamma_气 V_物^2)/2g$$

式中：$H_加$——物料加速引起的阻力，Pa

$V_物$——物料在加速后达到的稳定速度，m/s

$\gamma_气$——空气的密度，N/m^3

u——混合气流的质量混合浓度，无因次

③ 分离装置的局部阻力可作为一般的局部阻力构件进行计算。值得注意的是，旋风分离器在处理纯空气时的阻力比处理同流量混合气流的阻力要大，故计算其阻力时均按纯空气考虑。

32.3.6.6 气力输送系统的评价

气力输送装置的性能不仅决定着系统工作可靠性，同时还决定系统运行的经济性。因此，对于气力输送系统的评价主要为以下两个方面。

1. 系统工作的可靠性评价

具体评价系统工作可靠性主要从以下几个方面：

(1) 系统能满足输送量的要求；

(2) 系统各构件能按照设计的输送参数，进行正常稳定地工作，而不发生物料在管道内堵塞等现象；

(3) 系统能根据输送条件的改变，作相应的调整；

(4) 气力集尘用途的系统对加工碎料及粉尘的吸净率；

(5) 气力输送系统分离装置的分离效率或除尘装置的净化率。

2. 系统经济性评价

气力输送装置的运行经济性评价：

(1) 气力输送装置的一次性设备投资费用；

(2) 输送装置的消耗性费用；

(3) 输送装置的维护及维修费用。

输送装置的消耗性费用和维护维修费用均属于装置的运行费用。

气力输送装置消耗性费用主要包括工作时电能、水、压缩空气等工作介质的消耗。在这些费用中，电能消耗占装置运转费用的95%以上，即气力输送装置运转的主要成本来自能耗费用。

32.4 碎料的仓贮

32.4.1 料仓分类

按照料仓的结构形式可为：立式和卧式；圆形和方形。

按照其出料方式可分为：自流式和强制排料式。

各种不同的散碎物料流动性能不同，从料仓中排出的难易程度不一，因而料仓的结构类型、出料方式也不同。图32-1为生产过程中常见典型木材碎料从料仓中排料时难易程度的比较及适宜的料仓类型和排料方式。

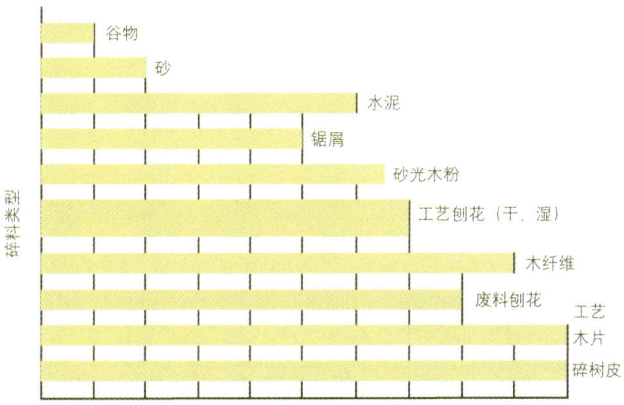

图 32-1 排料难易程度（级）

32.4.2 结构形式及排料方式

对于谷物、砂等排料难易程度为 1~2 级的物料，可使用锥形底的料仓进行自重排料，无需辅助排料装置。而用于贮存锯屑、砂光木粉、工艺刨花这些流动性能稍差的碎料，也可使用锥形底的料仓，但需以振动、喷气等装置进行辅助排料。对于废刨花、碎树皮，因其流动性极差，宜采用锥形或平底的料仓，并配以机械式强制排料设备。工艺木片则宜使用平底料仓和特别的破拱助流的排料设备，避免碎料在料仓内起拱堵塞。

料仓内部产生的"搭拱"现象，会阻碍物料连续稳定的排出。为了消除搭拱，应采用相应的破拱助流措施。根据料仓贮存的碎料对象，从以下几方面采取助流措施：具有破拱结构的料仓；采用一定的装置进行助流。

助流装置有：料仓壁面振动器、机械松散破拱装置、空气喷吹装置。

料仓壁面振动器是一种共振型电磁振动器，专供料仓破拱使用。机械松散破拱则是利用安装转动的松散耙来消除料仓内部物料的对称内力。空气喷吹是以压缩空气为动力，利用气流的冲击力进行破拱助流。

CZ 系列振动器是采用橡胶弹簧或螺旋弹簧作为弹性元件与电磁铁构成，结构紧凑。

料仓助流是否奏效，决定于所采取的助流措施、装置选型和正确安装及操作。当采用振动器助流时，选型应以搭拱部位物料质量的 1/10 作为其振动力。振动器的安装及位置应按产品说明书的要求；振动器应与料仓阀门联锁，即当阀门开启时，振动器方可启动，以免料仓中物料被振实。

CZ 型仓壁振动器主要技术参数见表 32-17。

表 32-18 为物料类型与排料方式。

料仓破拱的另一种方式是使用压缩空气，即利用压缩空气的动力对在料仓中已产生的物料"拱桥"进行破拱。这类装置有自制和定型产品，如 ZJ-019 系列空气炮见表 32-19。

表 32-18 物料类型与排料方式

物料类型	自重	辅助排料			强制排料装置				
		振动	喷气	破拱助流	螺旋	板链+排料辊	拨耙	液压推料器	输送带
砂光木粉	△	△	△		△				
锯屑		△							
木纤维						△			△
废料刨花	△	△					△		
普通工艺刨花		△			△		△		
工艺木片			△	△			△		
特种工艺刨花				△					

表 32-19 料仓的结构与适用场合

料仓型号	料仓结构	排料特点	适用场合
MFC	立式方形	螺旋出料器	木粉、干刨花、废料刨花
BLC	立式圆形	机械推料器	湿刨花、工艺木片
BWC	卧式矩形	链式出料+出料辊组	木质纤维

32.4.3 典型结构及主要性能

在木材工业中，用于贮存木材碎料的料仓有：MFC 系列方形料仓、BLC 系列圆形料仓和 BWC21 系列卧式料仓。在此介绍这三种料仓的主要性能和适用场合（表 32-20 至表 32-22）。

32.5 分离与除尘

32.5.1 概述

在散碎物料处理的范畴中，把诸多相互混合物中颗粒与

表 32-17 CZ 型仓壁振动器主要技术参数

技术参数	CZ10	CZ50	CZ100	CZ250
振动力（N）	100	500	1000	2500
振动功率（kW）	0.008	0.030	0.1	0.06
工作电压（V）	220	220	220	220
工作电流（A）	0.11	0.3	1	1
振动频率（Hz）	50	50	50	50
振动体振幅（mm）	1.5	1.5	1.5	2
适于仓壁厚（mm）	0.6~0.8	1.2~1.6	2.5~3.2	1.0~4.0
外形尺寸（mm）	166×102×62	280×180×110	300×210×145	300×190×242
质量（kg）	2	7.5	22	22

表 32-20 MFC 系列方形料仓主要性能参数

主要性能参数		料仓型号、规格			
		MFC50	MFC75	MFC100	MFC150
有效容积（m³）		50	75	100	150
连续（kg/h）		2.5~12	2.5~12	3.0~15	3.0~15
出料量（m³/h）		500~2400	500~2400	600~3000	600~3000
装机容量（kW）		8.2	8.2	8.2	8.2
外形尺寸	长（mm）	4000	5000	6500	6500
	宽（mm）	3500	3500	3500	4500
	高（mm）	6250	6250	6900	8900
质量（kg）					
适用场合		适用于各种人造板砂光、裁边以及木制品加工所产生的加工废料			

表 32-21 BLC 系列圆形料仓主要性能参数

主要性能参数		料仓型号、规格			
		BLC20	BLC25	BLC30	BLC26150
有效容积（m³）		20	25	30	150
连续出料量（m³/h）		3.0~17.5			9.0~54.0
出料螺旋	出料螺旋转速（r/min）	2.5~25（机械无级调速）			
	螺旋直径（mm）	Φ290			
	螺旋驱动功率（kW）	4.0			7.5
	推料速度（m/min）	700~1000			
液压推料	推料行程（mm）	1000			1400
	驱动功率（kW）	4.0			15
	总装机容量（kW）	8.0			22.5
外形尺寸	料仓直径（mm）	2860			5000
	高度（mm）	11000	12500	14100	11100
	质量（kg）	6050	7200	8569	18150
适用场合		BLC20、25、30 适用于贮存普通刨花板生产用干、湿芯层和表层刨花 BLC26150 适用于年产 5 万 m³ 普通刨花板生产用湿刨花或工艺木片			

表 32-22 BWC21 系列卧式料仓主要性能参数

主要性能参数		料仓型号、规格	
		BLC2130	BLC2150
有效容积（m³）		30	50
连续出料量（m³/h）		4.95~99	8.25~165
驱动功率（kW）	均平螺旋	2×4	4×4
	送料板链（变频调速）	5.5	7.5
	供料辊组	5.5	7.5
总装机容量（kW）		19 31	
外形尺寸	长（mm）	12720	12720
	宽（mm）	1670	2670
	高（mm）	4430	4430
质量（kg）		16500	18500
适用场合		BLC21 系列适用于 5000~15000m³/a 定向结构刨花板生产用干、湿刨花的贮存	

气体分开的操作统称为分离。若分离对象的颗粒粒径是小于 100μm 的微粒，习惯上将这一操作称为除尘。

32.5.1.1 分离装置类型与性能（表 32-23）

根据作用于固体颗粒上使其分离的作用力进行分类，分离装置可分为：重力沉降式、惯性式、离心式、机械过滤式、静电式等。若按照分离过程中是否有液体对固体颗粒进行湿润，分离装置又可分为干式和湿式分离装置两类。

1. 重力沉降式

惯性分离是借助于流动的混合气流中空气和物料颗粒的惯性力的差异，实现颗粒分离的。在惯性分离器中，气流在压差或弯曲气道的作用下，使得气流方向发生改变。由于混合气流中物料颗粒的质量较空气重，因此，惯性较大的物料颗粒基本保持原有的运动方向。而空气则在叶片内外或弯曲管道前后压差的作用下，气流方向发生急剧改变，并从挡板（叶片）间隙或管道排出。在这一过程中固体碎料颗粒就从混合气流中析出达到分离的目的。

惯性分离器的分离效率较低，一般难以有效分离小于 30μm 直径的碎料颗粒，因而常将其用作前置预分离器、粉尘浓缩器或与其他分离方式结合使用。

2. 机械过滤式

从实用的观点，旋风分离器能有效地分离出 X_p=15μm

表 32-23 常用分离装置的类型与性能比较

类型	主要分离作用力	装置种类	适用范围		阻力 (Pa)	不同粒径效率（%） 粒径（μm）		
			颗粒粒径（μm）	颗粒对象	混合度（g/m³）		50	5	1
干式	重力	沉降室	>50	锯屑刨花	>80				
	惯性	惯性分离器	>30	锯屑刨花	>15	200~1000	96	16	3
	离心	旋风分离器	>10	混合碎料	>10	400~2700	94	73	27
	机械过滤	袋式除尘器	>0.1	木粉	<10	800~2000	100	>99	>99
	离心+机械过滤	旋风袋式除尘器	>0.1	木粉或混合碎料	<120	1000~1200	100	>99	>99
	惯性+接写过滤	惯性袋式除尘器	>0.1	木粉或混合碎料	<120	1000~1200	100	>99	>99
湿式	惯性凝集	喷雾洗涤器	<100	细微粉尘	<10	800~10000	100	96	75
		自激式洗涤器	<100	细微粉尘	<10		100	93	40

的木质粉尘等细小颗粒物，也能处理高温气体。

经袋式过滤器处理可达到理想的净化效果。袋式过滤装置对气流流量的脉动不敏感，对高浓度含尘气流总伴随有磨损等不利因素，不适宜处理高湿度含尘气流。

32.5.1.2 分离装置的选型

下列碎料的性质和工艺条件决定了分离装置的选型：
(1) 气体的温度和湿度；
(2) 混合气流的混合浓度；
(3) 散碎物料的种类、形状和密度；
(4) 碎料的分布。

对于较为细小的碎料，为便于区分，特定义如下：

粗粒：$X_p = 100 \sim 1000 \mu m$

细粒：$X_p = 10 \sim 100 \mu m$

微粒：$X_p = 0.1 \sim 10 \mu m$

烟雾：$X_p = 0.001 \sim 0.1 \mu m$

32.5.2 木材工业常用分离装置

32.5.2.1 CFM51系列旋风脉冲袋式除尘器

1. 结构与工作原理

该除尘器（图32-2）由离心预分离室、过滤室、排风室、脉冲清灰装置等部分组成。当含尘气流由进气管进入除尘器时，混合气流首先由旋风预分离室对其进行预分离。气流中较为粗大的碎料或约72%的锯屑和木粉在此被分离。这部分被分离的碎料沿着锥体落入废料料仓，此时未被离心力分离捕获的细微粉尘颗粒随气流上升至过滤室。在机械过滤、碰撞、扩散等作用下，粉尘微粒被阻留在滤料的外表面，而气流在压力差的作用下，透过滤料进入排风室。清灰系统则随着在滤料表面的粉尘积累至一定厚度时进行清灰动作。清灰是采用压力为0.3～0.4MPa的压缩空气，喷吹动作由脉冲控制仪控制的电磁脉冲阀按一定顺序和周期进行。

由于含尘滤袋瞬间在压缩空气静压的作用下实现清灰同时，滤袋整体可获得微振，因而有较好的清灰效果。此外，滤袋由于采用悬挂方式固定，能有效地吸收脉冲气流的脉冲波，不会使滤袋受到机械损伤。由滤袋表面清除的微粒在重力作用下，经过离心分离区，最终由排料口排出。

2. 特点与适用场合见表32-24

CFM51系列旋风脉冲袋式除尘器是旋风分离和袋式过滤双作用的组合式固气分离装置。它根据木材加工与人造板工业中木质碎料的特性，充分利用离心分离和机械过滤这两类分离机理的优点，将旋风分离器和袋式过滤器合为一体。

CFM51系列除尘器不仅克服了传统旋风分离器难以分离10μm以下的细微粉粒的局限，同时也有效地解决了普通袋式除尘器不宜处理高粉尘负荷混合气流的难题，充分发挥了各自的分离优势，使之相互间得以有益的补充。它不仅可处理各类木材加工车间产生的混合碎料（如废刨花、锯屑、木粉），也能分离MDF和刨花板砂光作业所产生的高负荷木粉，且均具有较高的分离除尘效率，能满足严格的工业废气排放标准。此外，该除尘器还具有以下特点：

(1) 此除尘器的离心效应达30，离心预分离率高达62%～80%，因而可有效地减轻滤袋的负荷；
(2) 高达3.5的过滤面积与体积比，使其比同类具有更紧凑的结构；
(3) 合理的结构设计，减少了除尘器的结构阻力；
(4) 旋风分离和袋式过滤二级合一，使其占用较小的场地，也减小分离装置的总阻力；
(5) 有效的清灰方式和经济的清灰参数，充分体现了除尘器的高效和节能的优化设计；
(6) 除尘器内无运转部件，无需特殊机械维护。

3. 规格和性能参数见表32-25

4. 安装与调试

(1) 需为除尘器工作提供压力为0.6～0.7MPa的纯净压缩空气气源；
(2) 在安装前，需对除尘器进行各部位检查，包括运输缺陷、零部件缺少或损坏；如发现除尘器筒体压陷、漏气或滤袋破漏等可修复的缺陷，待修复后方可进行安装；
(3) 整个除尘器安装检查无问题，并经试运转后，方可

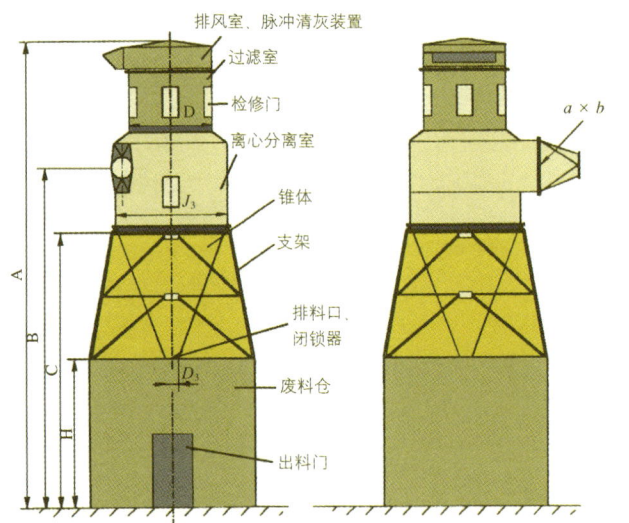

图32-2 CFM51系列除尘器结构与安装示意图

表32-24 CFM51系列除尘器适用场合

适用场合	木材碎料特点	碎料负荷
家具、地板、集成材	锯屑、废刨花、木粉的混合物料	120 g/m³
各类人造板的表面砂光	细微木粉，如锯屑、砂光木粉	40 g/m³
矿山、水泥、煤炭等行业	细微粉料或粒料	60 g/m³

表32-25 CFM51系列旋风袋式脉冲除尘器规格和性能参数

	型号规格	CFM51-61	CFM51-91	CFM51-127	CFM51-169	CFM51-217A	CFM51-217B
性能参数	处理风量 (m^3/h)	12760~14290	19030~21310	26560~31870	35340~42410	45380~54460	56670~68000
	效率（%）	>99.5	>99.5	>99.5	>99.5	>99.5	>99.5
	阻力（Pa）	<1200	<1200	<1200	<1200	<1200	<1200
安装尺寸	D_1（mm）	f1890	f2166	f2616	f2986	f3350	f3350
	A（mm）	7206	11520	12065	12500	13000	14500
	B（mm）	3550	8360	8840	9200	9640	9640
	C（mm）	4200	7018	7560	7990	8490	8490
	H（mm）	4000	4000	4000	4000	4000	4000
	D_2（mm）	f2600	f3110	f3650	f4100	f4600	f4600
	$a \times b$（mm）	350×810	460×920	520×1050	580×1170	640×1280	640×1380
	预留孔尺寸（mm）	f550	f700	f800	f850	f900	f950
	总质量（kg）	2700	2550	3050	3480	3940	4440
	废料仓顶部负荷（kg）	3800	3600	4100	4600	5200	5700

投入正式运行；

(4) 脉冲参数的确定：脉冲参数决定着清灰效果和压缩空气的耗量，因而，经济合理的脉冲参数应视除尘器处理的对象、粉尘的负荷、表观滤速等因素来确定。

5. 维修保养

(1) 除尘器投入运行后，应由熟悉除尘器工作原理和技术性能的人员进行使用管理和维修；

(2) 除尘器下面的贮尘室应定期清灰，严防堵塞除尘器下方的排料口，造成故障；

(3) 排气口如有冒灰现象，应检查滤袋有否脱落，破损等问题；

(4) 每6个月应检查滤袋完好状况。每两年应对除尘器各部位进行刷油漆防锈处理一次；

(5) 脉冲控制仪应有专人负责保养，每天检查运行情况。如发现故障应及时排除，并注意做好控制仪周围的清洁工作。

32.5.2.2 旋风分离器

表32-26为分离器应用及性能。

各种旋风分离器的型号、性能参数及安装尺寸见表32-27至表32-32。

32.6 气流输送用风机

风机是气力输送或气流系统中重要的组件之一。在木材工业中，风机的应用极为广泛。它主要用于各类木材加工和人造板生产车间。

32.6.1 类型

就风机及其系统在生产过程中所起到的作用而言，主要有以下几个方面：

(1) 散碎状生产原料的输送：刨花板和中密度纤维板生产过程中，气力输送装置用于输送散碎状原料，如木片、刨花、纤维等。

(2) 废料的收集输送和生产性粉尘的控制：主要为各类木材加工车间收集和清除木材切削废料及控制生产过程中生产性粉尘污染的气力集尘装置。

(3) 伴随着某些工艺操作的气流系统：在生产过程中，这类系统主要用于完成木材散碎物料的干燥、原料的风选、

表32-26 分离器应用及性能

分离器类型	适用场合及分离对象	性能评价
BFL2型	适用于木片高浓度输送的分离	分离效率为99.5%，分离阻力≤50mmWG
BFL4型	主要用于刨花板干湿刨花气力输送的分离，也可用于木制品、地板、制材车间所产生的木质混合切屑碎料的分离	分离效率为98.0%，分离阻力≤110mmWG
BFL5型	适用于木制品、地板、制材车间所产生的木质混合切屑碎料的分离	分离效率为99.5%，分离阻力≤60mmWG
BFL6型	主要用于刨花板干湿刨花气力输送的分离	分离效率高，阻力较大
BFL7型	适合分离对象为削片机、刨片机及单板粉碎机所产生的较为粗大的木材碎料	分离效率高，阻力较小
BFL8型	主要用于中密度纤维板生产，适合分离对象为干湿纤维	分离效率高，阻力适中

管道施胶、板坯铺装等工艺操作。

(4) 控制生产车间内有害气体的污染。

(5) 木材干燥的干燥介质的强制循环：上述用途的气力输送或气流系统均为生产过程服务，并与生产工艺和设备紧密地联系在一起。此外，在一些场合下，生产工艺还将对风机提出某些特定的要求，如风机的通过能力、风量的稳定性、气流分布的均匀性等，故木材工业的气力输送及气流系统具有行业特点，风机则具有相应的特殊性，而不同于一般行业的通风机。

木材工业常用的风机主要有：叶轮离心式风机、容积式风机和轴流式风机三种类型。

表 32-27 BFL2 尔特阿型

序号	规格	处理风量 (m³/h)	H (mm)	H_1 (mm)	H_2 (mm)	$a \times b$ (mm)	预留口尺寸 (mm)	质量 (kg)	备注
1	1050	4100	3075	1125	1142	225 × 315	380	310	
2	1200	7500	3500	1350	1260	250 × 380	410	380	
3	1350	9500	3945	1575	1372	275 × 455	430	460	
4	1500	12000	4420	1800	1492	300 × 515	480	560	分离对象：干、湿木片
5	1700	14500	4940	2000	1720	350 × 560	520	690	分离效率：99.5%
6	1900	17500	5465	2275	1907	400 × 585	580	850	阻力系数：2
7	2100	20500	6010	2550	2090	450 × 620	620	1020	压力损失：≤ 50mmWG
8	2300	24500	6610	2850	2270	500 × 660	550	1230	
9	2500	28000	7260	3250	2440	550 × 720	700	1450	
10	2800	35000	8000	3600	2650	650 × 800	750	2170	

表 32-28 BFL4 (南林普通型) 性能参数及安装尺寸

序号	规格	处理风量 (m³/h)	H (mm)	H_1 (mm)	H_2 (mm)	$a \times b$ (mm)	预留口尺寸 (mm)	质量 (kg)	备注
1	550	2200	2700	1415	675	140 × 270	270	225	
2	675	3200	3330	1725	787	170 × 325	310	250	
3	800	4000	3980	2080	910	200 × 400	380	330	
4	950	6600	4715	2480	1055	235 × 490	410	440	分离对象：木材切屑混合碎料、干湿工艺刨花
5	1150	9500	5685	2980	1295	290 × 570	500	605	
6	1400	14000	6955	3710	1530	350 × 700	580	905	分离效率：98%
7	1500	16000	7470	4010	1625	370 × 750	630	1050	阻力系数：5
8	1600	17000	8145	4495	1725	370 × 750	670	1285	压力损失：≤ 110mmWG
9	1800	19000	8735	4720	1850	450 × 900	750	1575	
10	2000	24500	9410	5350	2050	500 × 1000	840	1750	
11	2200	29560	10325	5880	2240	540 × 1100	870	2570	

表 32-29 BFL5 (南林I型) 性能参数及安装尺寸

序号	规格	处理风量 (m³/h)	H (mm)	H_1 (mm)	H_2 (mm)	$a \times b$ (mm)	预留口尺寸 (mm)	质量 (kg)	备注
1	550	1800	2930	1415	465	140 × 270	270	290	
2	675	2600	3435	1725	537	170 × 325	310	325	
3	800	3800	4115	2080	650	200 × 400	380	440	
4	950	6000	4825	2480	695	235 × 490	410	605	
5	1150	7500	5735	2980	785	290 × 570	500	810	分离对象：木材切屑混合碎料
6	1400	10500	6850	3710	900	350 × 700	580	1060	分离效率：99.5%
7	1500	13000	7405	4010	925	370 × 750	630	1250	阻力系数：2.5
8	1600	15600	7975	4495	975	370 × 750	670	1495	压力损失：≤ 60mmWG
9	1800	18500	8360	4720	1100	450 × 900	750	1840	
10	2000	24430	9720	5470	1150	500 × 1000	840	2045	
11	2500	33250	11400	6330	1300	600 × 1200	960	2560	
12	2800	38100	12860	7220	1460	750 × 1300	1080	2870	

表 32-30 BFL6 型性能参数及安装尺寸

序号	规格	处理风量（m³/h）	H（mm）	H₁（mm）	H₂（mm）	a×b（mm）	预留口尺寸（mm）	质量（kg）	备注
1	710	3650	3600	2780	1815	125×580			
2	800	4515	4000	3110	2215	140×640			
3	900	5670	4700	3590	2415	150×750			
4	1000	7230	5100	4025	2995	175×820			
5	1120	8620	5800	4550	3095	190×900			分离对象：刨花板工艺碎料
6	1250	11600	6400	5100	3495	230×1000			分离效率：99.5%
7	1400	13100	7050	5680	3895	250×1040			压力损失：≤200~276mmWG
8	1600	16000	8000	6525	4390	275×1150			
9	1800	18750	8650	7150	4990	310×1200			
10	2000	25600	9950	8175	5790	350×1450			
11	2240	32430	11450	9375	6550	390×1650			
12	2500	41000	12850	10475	7450	440×1850			
13	2800	50350	14250	11775	8350	540×1850			

表 32-31 BFL7 性能参数及安装尺寸

序号	规格	处理风量（m³/h）	H（mm）	H₁（mm）	H₂（mm）	a×b（mm）	预留口尺寸（mm）	质量（kg）	备注
1	800	3427	2800	2350	1830	170×480			
2	1000	5290	3500	3010	2290	220×480			
3	1250	8400	4375	3810	2890	285×630			
4	1400	9770	4900	4435	3250	310×630			
5	1600	12870	5600	4998	3730	360×705			分离对象：刨花板工艺碎料
6	1800	16160	6300	5650	4210	400×800			分离效率：99.5%
7	2000	19960	7000	6310	4690	450×880			阻力系数：13.7~14.3
8	2240	24970	7840	7095	5226	500×990			压力损失：≤150~200mmWG
9	2500	31185	8750	7948	5850	560×1105			
10	2800	39115	9800	8935	6570	630×1230			
11	3150	49360	11025	10055	7400	680×1440			
12	3550	62720	12425	11345	8360	750×1660			
13	4000	79830	14000	12685	9440	820×1930			
14	4500	100620	15750	14365	10640	880×2270			
15	5000	144280	17500	15745	11840	950×3010			

表 32-32 BFL8 性能参数及安装尺寸

序号	规格	处理风量（m³/h）	H（mm）	H₁（mm）	H₂（mm）	a×b（mm）	预留口尺寸（mm）	质量（kg）	备注
1	1700	12700	6880	6010	4530	300×840			
2	1900	15870	7330	6375	4815	350×900			分离对象：纤维板工艺纤维
3	2000	20160	7630	6675	5015	400×1000			分离效率：99.5%
4	25000	39150	9140	7940	5690	560×1400			压力损失：≤150~165mmWG
5	2800	50650	10250	8900	6330	640×1570			

32.6.2 叶轮离心式风机

32.6.2.1 典型结构

叶轮离心式风机是由叶轮、主轴、驱动机构、电机、机壳、溢流罩、出口、截流板、机架、支承底座等部件组成。此类型风机的工作特点是：空气沿着叶轮轴向进入，而在叶轮内沿着径向流动，并由蜗壳形机壳的圆周方向的出口排出。以下介绍对风机性能影响较大的风机主要部件。

32.6.2.2 叶轮

叶轮是风机的重要部件之一。叶轮型式对风机的性能有着相当大的影响。它的结构型式等将直接影响风机的输出压力,流量,风机效率和风机对混合气流的许可通过能力等。

叶轮一般由前盘、叶片、后盘和轮毂所构成。而叶轮型式主要的区别在于叶轮中叶片的结构和安装型式及其数量、前盘和后盘的结构型式。

叶片的断面形状有曲叶形、直叶形和机翼形。直叶形叶片制造简单。机翼形断面叶片的强度高、刚性好,同时还具有良好的空气动力性能,因而风机的效率一般较高。但机翼形叶片的缺点是:加工较为复杂;当输送含尘浓度较高的介质时,叶片容易磨损,并且磨损造成的缺陷难以修复。由于这一磨损的不均匀性和杂质一旦进入磨穿后的叶片内将使叶轮失去平衡,从而引起风机振动的加剧。虽然,机翼型断面的叶片有着较多的特点,但目前一般在中、小型风机中较少使用,则较多采用直叶形或曲叶形叶片。

按其出口安装角分,叶轮的叶片有前向、径向和后向三种型式。前向式叶轮一般采用曲叶型叶片。后向式大型离心式风机多采用机翼型叶片。

虽然,机翼形断面的叶片有着较好的气动特性,但加工较为复杂,并且叶片受物料磨损造成的缺陷难以修复,目前一般较少使用。

离心式风机常采用半开式和闭式叶轮。对于闭式叶轮,前盘的形式有平直前盘、锥形前盘和弧形前盘三种。平直前盘因叶片进口转弯后分离损失较大,相应效率较低,但叶轮的制造工艺较简单。弧形前盘叶轮的效率较高,而叶轮制造相对复杂。锥形前盘叶轮的效率和制造的复杂程度均居中。与平直前盘相比较,采用锥形和弧形前盘对前向式叶轮的风机的效率提高并不显著,而对后向式叶轮的效率的提高较为明显。

叶轮可由钢板制成或铝合金铸造。对于钢制结构的叶轮,叶片与前盘和后盘的联结一般采用焊接或铆接。因焊接的叶轮可有光洁的流道,因而焊接优于铆接。

风机的通过能力主要受到叶轮叶片数量、叶形、叶轮直径、叶轮的结构型式等因素的影响。叶片采用优质钢板制成。叶轮经过动静平衡实验。

32.6.2.3 集流器(又称溢流罩)

集流器的作用是保证气流能平稳加速,而后又均匀扩散并充满叶轮,从而减小流动损失。集流器性能的评价主要视气流在其内的流动状态是否理想和集流器的压力损失的大小。集流器对风机的效率有着显著地影响,可影响其效率的5%~8%。

集流器的形状应符合气流在进口处流动状态的流线形。其形状一般为圆筒形、圆弧形、圆锥形和组合曲线形。不同型式的集流器其结构和制造的复杂程度不一。以流动状况理想程度而言,依次为弧形、锥形、筒形。以下介绍一种性能较为理想的组合型集流器——锥弧形集流器。此集流器由三段组成,前段为圆锥形的加速段,中部为圆弧形的喉部,后部为近似双曲线的扩散管。气流进入集流器后,逐步加速,在喉部处形成较高的风速。在其后的双曲线扩散管内气流能均匀地扩散。因此,从集流器流出的气流能均匀地充满整个叶轮的流道。此外,双曲线扩散管能与叶轮的前盘进行较好的配合,减小了气流在风机内的容积损失。故在总体上,这种锥弧形集流器可提高8%左右的风机效率。

32.6.2.4 机壳

机壳的作用是将离开叶轮的气体收集、导流,并将气体的部分动能扩压转变为气流的静压。在动能转变为静压能的过程中,伴随着气流的压力损失。而这一压损大小取决于机壳中气流速度分布和机壳的轮廓线型。目前常用的线型有等进螺线和对数螺线。

蜗壳形的机壳大都采用钢板制造的焊接结构。当输送流体为高浓度的气固两相流体时,往往在易磨损部位采取局部加厚,以防止机壳的磨损或磨穿。

32.6.2.5 扩压器或扩压管

机壳出口处的气流速度,一般均大于其后继管道中的流速。为了减少气流的压损,可在机壳出口处加装扩压器或扩压管。由于气流在沿扩压器横截面上的速度分布是不均匀的,且气流偏斜于叶轮一侧,故扩压器或扩压管也宜制成偏向于叶轮一侧的单边扩压器。扩压器的扩散角通常为6°~8°。

32.6.2.6 叶轮驱动

叶轮离心式风机的原动机通常选用交流电动机。叶轮可通过三角皮带传动或与电动机直联进行驱动。

对于电动机的选型,应根据应用的场合和使用的要求加以正确的选择。在一般气力输送或通风用途的应用场合下,可选用Y系列的电动机。若输送热湿气体或风机在此环境中运行,则必须选择耐温耐湿型的电动机(例如,刨花干燥机排湿排尘所用的风机,木材干燥室中用于干燥介质循环的叶轮离心式风机)。对于木材制品油漆车间,用于排除有害及挥发性气体时,就需采用防爆型的电动机。

为便于生产和维护,主轴的支承一般选用滚动轴承。

32.6.2.7 性能特点

1. **特点**

与容积式风机相比较,此类风机具有以下性能特点:

(1) 能产生较大风量和较低风压:与容积式风机相比较,在提供相同风压条件下,能产生的风量较大。

(2) 工作噪音较小。

(3) 此类风机的H-Q特性曲线相对较平缓:由于H-Q特性曲线相对较平缓,当系统阻力有微小的波动时,其风量将发生相对较大的变化。即风量的稳定性较差,而表现出较软的工作特性。这一特性正与容积式风机相反。

(4) 此类风机的比转速n_s范围较宽:此类风机的比转速范围为$n_s=15\sim73$,基本上包括了按压力分类的低压、中压和高压风机。一般如按比转速 n_s 划分，低压离心式风机 $n_s > 60$；中压离心式风机 $n_s = 30 \sim 60$；高压离心式风机 $n_s = 15 \sim 30$。而容积式风机的比转速为 $n_s < 10 \sim 15$，属于高压风机的范围。

(5) 此类风机的工况可调节性较好：风机的风量范围可调。工况调节的方法将在后面介绍。值得注意的是：风机的工况点调节后，风机仍应在高效区内运行，并避免在非稳定区工作，否则，将引起风机的喘振。

(6) 风机的Q-H特性曲线：在一般转速下，叶轮离心式风机存在一最高效率点。风机在相应于该点的风量、风压的工况下运行称之为最佳工况条件。在风机的选用时，应尽可能选择在最佳工况条件下进行。

(7) 流量与功率Q-N特性曲线：在相同的叶轮转速下，风机的功率消耗N随着风量Q的增加而随之迅速增加。叶片安装型式不同，其功率消耗增加的程度不一。对于前向式，功率消耗与转速的三次方成正比，而对于后向式，几乎成正比关系。

(8) 叶轮离心式风机的通过性能：一般叶轮离心式风机对输送的空气介质中细微颗粒有一定的通过能力，即允许输送的空气中含有一定浓度（$\mu < 150 \text{ mg/m}^3$）的非粘性物质，而且这一浓度的大小取决于风机叶片的数量和叶片形状及安装型式等。作为通风用途的叶轮离心式风机的通过能力通常较低，如4-72离心通风机（十片后向式机翼型叶片）的最大通过能力仅为了 150 mg/m^3，即使是所谓用于排尘意义上的排尘通风机，其最高允许通过混合气流的浓度也仅为 150 mg/m^3。在输送浓度稍高，含有尘埃、木质碎屑、细碎纤维等混合气体时，尤其是硬质颗粒，要求必须在风机进口前加以分离除尘。

在气力运输系统中应特别注意风机的通过性能。在混合气流要求通过风机的场合，应选用对混合气流能力较好的物料输送类型的风机。否则，风机极易损坏。因为物料在通过风机时对叶轮的叶片产生不均的磨损，以及尺寸较大的物料对叶轮的冲击而引起叶轮的变形，均可造成叶轮不平衡的加剧，使风机和系统的振动加剧直至风机完全失去工作能力。

风机对物料的通过能力取决于叶轮中叶片形状、数量、安装型式和叶轮的尺寸等因素。此外，风机的这一通过能力还与物料的特性有关，并影响风机的效率。一般而言，风机的通过能力愈强，效率则愈低。以C4-73和C6-46为例，前者叶轮上装有的10片后向式机翼型叶片，后者有6片前向式弯曲叶片；就通过能力而言，C4-73较C6-46差，但风机最高的全压效率分别为76.8%和61%。因此，气力输送中物料输送类风机具有其特殊性，即既要解决物料通过能力，同时也要考虑效率问题。对于只通过纯空气或稍许含有微粒物质（不超过 150 mg/m^3）的叶轮离心式风机，其叶片数可达到 $12 \sim 44$ 片；而对于通过混合气流的叶轮离心式风机，其叶片数一般选用 $6 \sim 10$ 片。

2. 叶轮离心式风机的应用场合

因叶轮离心式风机具有上述特点，故较为适用以下场合：木材干燥时室内干燥介质的强制循环（常用中、低压式离心式风机）；木材散碎物料的气力运输（当混合气流不通过风机时，一般采用中、高压式风机）；气流运输与气力吸集装置（一般的中、低压风机）。常用的风机有：MQS5-54-11、C6-46、4-72、C4-73、7-40、9-26、8-18、9-19、Y4-73等。

叶轮离心式风机的种类繁多，且国内还没有统一的标准和系列。对于气力输送系统所用风机，目前可供选择的较少，还有待于进一步研制和开发。

在木材加工车间内，车间木屑气流吸集装置大多采用具有较大风量、较小风压，且叶片数较少的叶轮离心式风机。这是因为气流吸集装置要求气流量大，而管路系统的阻力一般也不太大，并往往有混合气流通过风机的要求。用于车间内部的气力吸集装置气流量要求一般在 $2000 \sim 46000 \text{ m}^3/\text{h}$ 范围，风压范围为 $1500 \sim 4000 \text{ Pa}$，通过风机的混合气流浓度一般小于0.2。常用风机有 MQS 5-54-11、4-72、6-46、7-40、C4-73等。

目前国内物料输送用风机品种不多，一些物料气流输送场合常以排尘通风机代替，物料易在风机内堵塞，以致风机的使用时间很短，便产生振动直至损坏。就木材工业气流输送而言，木材碎料尺寸较大，生产过程要求输送量亦较高。目前国内适合木材工业的输送风机 MQS5-54-11 的通过能力最高可达到1.0，是目前较为理想的物料输送风机，在国内木材加工行业中普遍受到欢迎并推广应用。

对于输送木材碎料的气流运输装置，运输距离较短（不超过100m），且运输物料量不太大，有时也可以采用高压的叶轮离心式风机，如 MQS5-54-11、8-18、9-19、9-26 等。

木材工业气力吸集系统十分适宜选用叶轮离心式风机，除它可为系统提供合适的风量和风压外，其主要原因有二：一是气流吸集系统一般要求混合气流通过风机，为简化系统和减少装置的投资费用，气流吸集系统均为混压式系统。物料由吸料口在负压下收集于管道系统内。如不设置中间分离器，混合气流势必通过风机。而叶轮离心式风机一般是允许一定浓度的混合气流通过。其二是气流吸集系统对叶轮离心式风机软特性的适应性较好。离心式风机在外部因素的干扰（如转速、物料量的波动等）下，工况点将会发生偏移，即风机的风量和风压会发生变化。但在气流吸集场合，混合气流的浓度一般较低（$u < 0.2$），且管路输送距离较短，仅因物料量的波动导致风机工况偏移而带来风量减少的程度一般较小，对系统正常地输送影响不大。

用于木材干燥场合下的叶轮离心式风机主要在喷气型干燥室和炉气体直接或间接加热的干燥装置中，风机均安装在干燥室之外。由于干燥介质或热载体需通过风机，尤其是在以木废料燃烧炉气作为热载体的干燥装置中，炉气的输送和烟气的除尘必须考虑风机的介质温度，而选用耐高温的叶轮离心式风机，如Y4-73。

木材干燥场合下风机循环风量和风压的要求依据干燥窑的类型、单窑干燥量而定。一般风量范围为 $6000 \sim 24700 \text{ m}^3/\text{h}$，风压为 $900 \sim 1100 \text{ Pa}$，属于中、低压式叶轮离心式风机。

用于通风换气场合下，一般宜选用中、低压式通风用途的通风机。当输送的气体中含有水蒸气、挥发性易燃气体、腐蚀性和有害气体，在选用风机的类型时须作相应的考虑。

3. 叶轮离心式风机的实际工况点及其调节方法性能比较见表 32-33

(1) 风机的实际工况点：风机运行工况及工况点的概念在前述有关章节中已作介绍。根据管路特性曲线 $R = KQ^2$ 和风机的性能曲线（在某一转速下），可确定其工况点。其中，K（管路系统的总阻力系数）与诸多因数有关。在理论上，若假设管路中的气流量与风机的风量完全相等，即管路系统内外无任何流体交换，则上述工况点为风机理论工况点。但是，在实际管路系统中的风机，往往因外界因素的影响，其实际运行工况点会偏离这一理论工况点。

非人为因素造成工况点偏离主要有三种情况：一般的工况波动、系统密闭性能降低和叶轮失速造成工况点的偏离。

一般的工况波动是指由电网电压、物料负荷等因素的瞬间变化而造成的工况波动。这一偏离仅发生瞬间时段，会在较短时间内引起风机流量、压力、功率等的波动。一旦波动消失，风机又将恢复原来的工作状态。即风机总是可在较稳定的工况状态下运行，这一波动对系统的正常运行一般影响不大。

气流系统的管道及管道部件彼此之间以法兰和石棉绳加以联接和密封，难免因制作、安装不当或日久欠维护而锈蚀，造成系统密封性能的降低。其结果是风机的实际工况点将会偏离理论工况点。

除风机三种直联型传动方式外，其他方式均采用三角带传动。由于传动部件的安装精度较差，传动带张紧程度不足或风机在工作一段时间后传动带发热或磨损引起带的松驰而并未及时予以张紧，破坏了三角带的正常传动条件，最终会导致风机在低于原定设计转速条件下运行。即所谓风机的失速。在上述两种情况下，风机工况点会偏离原设计的工况点较远。如不及时采取相应措施，风机运行的工况愈来愈不稳定，并可长时间地影响系统运行的可靠性和稳定性。为避免生产线气力输送系统中风机的失速，其轴端一般安装一失速保护器。

(2) 风机工况调节方法性能的比较：在确定风机运行参数时，是以气流系统要求的最大气流量或基本气流量和相同流量的气流流经相应管路系统对应的阻力为依据。但在实际运行时，系统实际要求的气流量往往随着生产过程的变化（如产品类型、产量和输送量的改变、机床开起率等）而改变。在木材加工生产过程中，这一情况的发生极为普遍。从系统运行经济性的角度，风机应随着输送要求变化。

这时，应对其工况点加以调整。风机工况点调整的方法较多。各种调节方法的原理、特点和适用的场合不同，因此，工况的调节存在着合理性和经济性的问题。以下针对木材工业气流系统应用特点，就离心式风机各种工况调节的方法，比较和讨论其调节效率、节能效果和适用的场合。

工况调节的方法有：风机出口端节流、风机进口端节流、改变叶轮转速和采用进口导流器四种。

通常，这些方法对于纯气体的气流系统均为适用。但在气力吸集系统或中低混合浓度的气力运输装置中，因混合气流中的物料有通过风机的要求，所以其工况的调节就不宜采用进口导流器。

由上述各种调节方法的调节原理可知：风机工况点的调节是通过改变管路特性或风机的性能曲线或者同时改变两者来实现的。在实现系统相同气流量调节范围条件下，各种调节方法的调节效率和节能效果不同。故在设计气流系统时，风机工况调节方法的选择应根据系统的使用场合、用途、系统气流量的要求，以及所选风机的工况可调节范围等因素进行综合考虑。

32.6.2.8 典型输送用风机

MGS7-30 结构、主要性能参数（表 32-34 至表 32-36）。

32.6.3 容积式风机

容积式风机是另一种木材工业中应用较多的风机。目前，常用容积式风机有：旋转式和往复式二类。而旋转式风机又有转子式、片式和水环式三种。

木材工业应用较为广泛的转子容积式风机（又称罗茨风机），其叶片采用优质钢板制成单根圆弧弯曲型，叶片数按需要为 4～8 片，其安装角度可为 15°、20°、25°、35° 四种，根据叶片数的多少和安装角度可获得不同的风量和风压。

风机的叶轮通过传动机构与电机联接，或电机与叶轮直

表 32-33 各种调节方法的比较

工况调节方法	调节原理	调节效率与调节后稳定性	节能效果	综合评价
出口端节流	增加管路阻力 改变管路特性	最差 趋于不稳定	最差	结构、维护简单，便宜，节能效果差
进口端节流	增加管路阻力 改变管路特性和风机性能特性	较好 趋于不稳定	一般	结构和维护简单，便宜，节能效果稍差，但较出口节流好，最实用
进口导流器	强制改变进口气流方向 改变管路特性和风机性能特性	较好 趋于稳定	较好	结构和维护稍麻烦，调节装置费用稍高，特定使用场合下较实用
变速调节	改变风机性能特性	最佳 调节性能好	最好	调节系统费用高，维养麻烦，调节性能好

表 32-34 MGS7-30（No.7）主要性能参数

主轴转速 (r/p·m)	序号	全压 (Pa)	流量 (m³/h)	电机 型号	电机 功率 (kW)	三角带 型号	三角带 根数
2900	1	7100	2370	Y160M2-2	15	B	5
	2	6900	2850				
	3	6700	4610	Y160L-2	18.5	B	5
	4	6500	5520				
	5	6110	6100	Y180M-2	22	B	6
2450	1	5067	1940	Y160M1-2	11	B	3
	2	4924	2407				
	3	4782	3886				
	4	4639	4646	Y160M2-2	15	B	4
	5	4360	5153				

表 32-35 MQS5-54（No.5）主要性能参数

主轴转速 (r/p·m)	序号	全压 (Pa)	流量 (m³/h)	电机 型号	电机 功率 (kW)	三角带 型号	三角带 根数
2700	1	367	2997	Y132S2-2	15	B	2
	2	357	4571				
	3	343	6141	Y160M1-2	18.5	B	53
	4	329	7710				
	5	315	9280				
	6	299	10847	Y160M2-2	22	B	4
	7	280	12421				
	8	258	13900				
2550	1	328	2831				
	2	318	4318	Y1132S2-2	7.5	B	2
	3	306	5800				
	4	293	7280	Y160M1-2	11	B	3
	5	282	8763				
	6	267	10245				
	7	250	11710	Y160M2-2	15	B	4
	8	230	13213				
2370	1	283	2631	Y132S1-2	5.5	B	2
	2	275	4013				
	3	264	5390	Y132S2-2	7.5	B	2
	4	253	6767				
	5	243	8144				
	6	231	95220	Y160M1-2	11	B	3
	7	215	10905				
	8	199	12280				
2110	1	218	3135				
	2	214	3715	Y132S1-2	5.5	B	2
	3	209	4540				
	4	202	5450				
	5	197	6330	Y132S2-2	7.5	B	2
	6	191	7100				
	7	189	8154	Y160M1-2	11	B	3
	8	180	9133				

联，叶轮装于圆筒内。传动组、圆筒、电机皆固定于支架上，叶轮需经过动静平衡实验若通过传动机构来驱动,则传动机构由主轴、轴承和联轴器组成。

风机经过镀锌（65 μm）之后，风机静止零件得以保护，以防止大气腐蚀。适用于无显著粉尘，温度一般不超过45～60℃，相对湿度小于90%。含尘量及其他固体悬浮物的含量小于100mg/m³的非易燃、低腐蚀性气体。

表 32-36 MQS5-54（No.6）主要性能参数

主轴转速 (r/p·m)	序号	全压 (Pa)	流量 (m³/h)	电机 型号	电机 功率 (kW)	三角带 型号	三角带 根数
2600	1	367	2997	Y132S2-2	15	B	2
	2	357	4571				
	3	343	6141	Y160M1-2	18.5	B	53
	4	329	7710				
	5	315	9280				
	6	299	10847	Y160M2-2	22	B	4
	7	280	12421				
	8	258	13900				
2500	1	328	2831				
	2	318	4318	Y1132S2-2	7.5	B	2
	3	306	5800				
	4	293	7280	Y160M1-2	11	B	3
	5	282	8763				
	6	267	10245				
	7	250	11710	Y160M2-2	15	B	4
	8	230	13213				
2400	1	283	2631	Y132S1-2	5.5	B	2
	2	275	4013				
	3	264	5390	Y132S2-2	7.5	B	2
	4	253	6767				
	5	243	8144				
	6	231	95220	Y160M1-2	11	B	3
	7	215	10905				
	8	199	12280				
2240	1	218	3135				
	2	214	3715	Y132S1-2	5.5	B	2
	3	209	4540				
	4	202	5450				
	5	197	6330	Y132S2-2	7.5	B	2
	6	191	7100				
	7	189	8154	Y160M1-2	11	B	3
	8	180	9133				
2160	1	218	3135				
	2	214	3715	Y132S1-2	5.5	B	2
	3	209	4540				
	4	202	5450				
	5	197	6330	Y132S2-2	7.5	B	2
	6	191	7100				
	7	189	8154	Y160M1-2	11	B	3

参考文献

[1] [苏]B.H.乌索夫等著. 李悦等编译. 工业气体净化与除尘过滤器. 哈尔滨：黑龙江科学技术出版社，1984

[2] 金国淼. 除尘设备设计. 上海：上海科学技术出版社，1985

[3] 卢监章. 粉尘爆炸特性及试验方法. 通风除尘. 1987，(2)，14

[4] 李烈勋，肖开方等. 生产环境粉尘测定. 北京：冶金工业出版社，1990

[5] 杨光任. 木粉尘的分散度分析. 木材工业. 1990, (2), 30~31

[6] [日]小川明著，周世辉等译. 气体中颗粒的分离. 北京：化学工业出版社，1991

[7] 李维礼主编. 木材工业气力输送与厂内运输机械. 北京：中国林业出版社，1993

[8] 赵立. 林产工业环境保护. 北京：中国科学技术出版社，1993

[9] [英]T.艾伦著，喇华璞等译. 颗粒大小测定. 北京：中国建筑工业出版社，1984

[10] 黄标编著. 气力输送. 上海：上海科学技术出版社，1984

[11] 童景山，张克编著. 流态化干燥技术. 北京：中国建筑工业出版社，1985

[12] 化学工业手册编辑委员会. 颗粒与颗粒系统. 化学工程手册第五卷（第一册）. 北京：化学工业出版社，1989

[13] [英]M.E.Fayed ane L. Otten著，卢寿慈等译. 粉体工程手册. 北京：化学工业出版社，1992

[14] 梁庚煌主编. 运输机械手册. 北京：化学工业出版社，1993

[15] 李华富译. 如何节省气力输送系统的能量. 木材工业，1993，(7)，48~49

[16] 李天无主编. 简明机械工程师手册. 昆明：云南科技出版社，1994

木材加工自动化 33

在生产中，常常要使某些物理量（如干燥窑的温、湿度，热压机的压力等）保持恒定或按照某一定的规律变化。要满足这种需要，应对生产机械和设备进行及时控制，以消除外界对它产生的影响。这种控制除了由人工操作外也可由其他设备代替人工进行控制，即自动进行。用来完成这种控制的设备称为控制器，被控制的机械和设备称为被控对象，被控对象和控制器一起，称为自动控制系统。自动进行操作或控制的过程称为自动化。

自动控制是实现自动化的主要手段。自动控制所用的技术手段多种多样，电气方法、机械方法、液压方法、电气液压方法以及气动方法等等均可用来实现自动控制。电气自动控制则是应用最为普遍的方法。

所谓自动检测就是在没有人的直接参加下，利用仪器仪表检查或测量某种工艺或其他过程中参数的方法。

在木材加工生产中，经常要对某一些物理量，如温度、压力、料位、流量等工艺参数进行检测，以便及时掌握生产情况和监视、控制生产过程，为安全经济和自动化生产提供可靠的依据。与此同时，各种参数的自动检测及其仪表的使用对于能源的节约，现代化企业管理和经济效益提高等方面均是非常重要的。

如表33-1所示。

表33-1 温度检测仪表的分类

	温度计的分类	常用测温范围(℃)	主要特点
接触式仪表	膨胀式温度计 ①液体膨胀式 ②固体膨胀式	-200~700	结构简单，价格低廉，一般只用作就地测量
	压力式温度计 ①气体式 ②液体式 ③蒸汽式	0~300	结构简单，具有防爆性，不怕震动，可作近距离传示；准确性低，滞后性较大
	电阻温度计 ①铂电阻 ②铜电阻 ③热敏电阻	-258~900 -200~150 -50~300	准确度高，能远距离传送，适于低、中温测量
	热电偶温度计	0~1600	测温范围广，能远距离传送，适合中、高温测量；需自由端温度补偿，在低温段准确度较低
非接触式仪表	辐射式温度计 ①光学式 ②辐射式 ③比色式	600~2000	适用于不能直接测温的场合

33.1 自动检测

33.1.1 温度检测

33.1.1.1 温度检测仪表的分类

温度检测仪表按测温方式可分为接触式与非接触式两大类。前者检测部分与被测物体直接接触，通过传导或对流达到热量平衡来实现测温；后者检测部分与被测物体互不接触，而是通过其他原理，如辐射热交换来实现测温。其分类

33.1.1.2 膨胀式温度计

膨胀式温度计分为液体膨胀式温度计和固体膨胀式温度计两类。液体膨胀式温度计是应用最早的温度计，最常见的有玻璃管式温度计。温度计中工作液体的选择主要决定于所需的测温范围。

玻璃温度计由于结构简单，读数直观，测量准确，价格便宜等，所以应用相当普遍。其缺点是信号不能远传，不能自动记录。

表 33-2 内标式玻璃温度计品种规格

产品名称	型号	外形	测量范围（℃）	尾长（mm）
内标式工业玻璃（有机液体）温度计	WNY-11 WNY-12 WNY-13	直形 90°角形 135°角形	-100~20, -80~50, -50~50, 0~50, 0~100	60 80 100 120 160 200 250 320 400 500
内标式工业玻璃（水银）温度计	WNG-11 WNG-12 WNG-13	直形 90° 135°角形	-30~50, 0~50, 0~100, 0~150, 0~200, 0~250, 0~300, 0~350, 0~400, 0~450, 0~50060~200	60~2000 110 130 150 170 210 250 300 370 450 530 680 850 1050 1300
带金属保护管内标式水银温度计	WNG-11 WNG-12 WNG-13	直形 90°角形 135°角形	同 上	60~2000 110~1300 110~1500
内标式电接点固定温度计	WXG-11F WXG-12F	直形 90°角形	-30~70, 0~50, 0~100 0~200, 0~300	60~500 110~550
内标式电接点可调温度计	WXG-11T WXG-12T WXG-13T	直形 90°角形 135°角形	-30~70, 0~50 0~100, 0~200 0~300	60~500 110~550 110~300

主要生产厂：北京玻璃研究所、沈阳玻璃计器厂、上海医用仪表厂、常州热工仪表厂、武汉温度计厂、福建南平玻璃器厂、郑州热工仪表厂、温州玻璃仪表厂等

表 33-2 为内标式玻璃温度计品种规模。

33.1.1.3 双金属温度计

双金属温度计是采用膨胀系数不同的两种金属牢固粘合在一起构成的。当温度变化时，一端固定的双金属片，由于两种金属膨胀系数不同而产生弯曲，自由端的位移通过传动机构带动指针指出相应的温度。

为了提高双金属温度计的灵敏度，则希望双金属片具有更大的伸长弯曲程度，因此常把双金属片做成直螺旋形和盘旋形两种结构形式，如图 33-1 所示。

目前，我国生产的双金属温度计的测量范围是 -80~600℃，精度有 1，1.5 和 2.5 级(表 33-3)。

(a) 直螺旋形

(b) 盘旋旋形

图 33-1 螺旋形双金属片

33.1.1.4 热电偶

热电偶是由两根不同的导体（或半导体）材料焊接而成。焊接的一端称为热电偶的测量端，又称工作端、热端；另一端和导线相连，称为参比端，又称自由端、冷端。组成热电偶的两根热偶丝 A、B 称作热电极。最简单的热电偶测温系统如图 33-2 所示。

1. 工作原理

热电偶测温基于热电效应或塞贝克（Thomas Seebeck）

表 33-3 直螺旋形双金属温度计型号规格

型号		外壳名称直径（mm）	精度等级	测量范围（℃）	尾长（mm）	
					插入长度（mm）8, 10	直径（mm）12
轴向型	WSS-301 WSS-401 WSS-501	φ60 φ100 φ1501	1 1.5	-80~40, -40~80,0~50, 0~100 0~150, 0~200,0~300, 0~400 0~500, 0~600,100~500	75, 100, 150, 200, 250, 300, 400, 500 750, 1000	75, 100, 150, 200, 250, 300, 400, 500, 750, 1000
径向型	WSS-411 WSS-511	φ100 φ150	2.5	+200~600		

主要生产厂：常州热工仪表厂、成都温度表厂、天津自动化仪表十六厂、杭州自动化仪表厂等

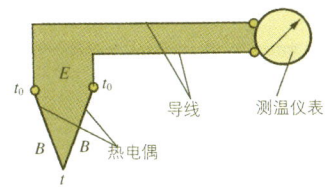

图 33-2 最简单的热电偶测温系统

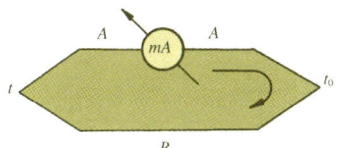

图 33-3 热电偶原理图

效应。如图 33-3 所示。把两种不同材料的导体 A 和 B 的两端连在一起成一闭合回路,将它们的两个接点分别置于温度各为 t 和 t_0（使 $t > t_0$）的热源中,则在该回路中就会产生一个电动势,通常称之为热电势或塞贝克电势。这种现象就称作热电效应或塞贝克效应。

热电偶的热电势由接触电势和温差电势组成。两导体接点处产生的电动势称为接触电势或帕尔帖（Peltier）电势。接触电势是由于两种不同导体的自由电子密度不同（如 $N_A > N_B$）而在接触处形成的。温差电势是沿单一匀质导体的温度梯度产生的电动势,又称汤姆逊（Thomson）电势。温差电势是由同一导体高、低温端的自由电子所具有的能量不同而产生的。一个由 A、B 两种匀质导体组成的热电偶（假设 $N_A > N_B$）,当两接点温度分别为 t 和 t_0 时（$t > t_0$）,其产生的总热电势 $E_{AB}(t, t_0)$,只与组成热电偶的两种热电极材料 A、B 及两接点温度 t、t_0 有关,而与热电极的长度和直径无关。根据物理学的推导,当 A、B 两导体材料一定时,热电偶的总热电势 $E_{AB}(t, t_0)$ 是其两接点温度 t 和 t_0 的函数差,即:

$$E_{AB}(t, t_0) = f(t) - f(t_0)$$

由此可见,若使热电偶的一个接点温度（参比温度）t_0 保持恒定,则 $f(t_0)$ 为常数,热电偶的热电势 $E_{AB}(t, t_0)$ 与另一接点温度（测量端温度）t 成单值函数关系,这样只要测出热电势的大小,就可以求得温度 t 的数值,这就是热电偶测温的工作原理。

热电偶的热电势与温度的关系是依据国际实用温标用实验方法得到的。规定取 $t_0 = 0$℃,将 $E_{AB}(t, t_0)$ 与 t 的对应关系制成表格,就是各种热电偶的分度表,供使用时查阅。

在实际使用时,欲得到热电偶的总电势 $E_{AB}(t, t_0)$,就需要通过连接导线将测量电势值的仪表接入热电偶回路中,只要第三种导线两端温度相同,则热电偶所产生的热电势保持不变,即不受第三种导体引入的影响。

2. 国内常用热电偶种类

国内常用热电偶可分为标准化和非标准化两大类。标准化热电偶是指国家标准规定了其热电势与温度的关系,允许误差,并有统一的标准分度表的热电偶。非标准化热电偶一般没有统一的分度表,主要用于某些特殊场合。

1977 年,国际电工委员会（IEC）对七种热电偶制订了国际标准,称为标准型热电偶。从 1988 年 1 月 1 日起我国热电偶和热电阻全部按 IEC 国际标准生产,停止销售一切淘汰产品,并指定 S、B、E、K、J、T 六种标准化热电偶为我国统一设计型热电偶。六种标准化热电偶的使用特性见表 33-4。

表 33-4 标准化热电偶的使用特性

热电偶名称	型号	分度号	极性	热电极材料 化学成分	测温范围℃	使用气氛	特点
铂铑 10-铂	WRS	S	正 负	90%Pt, 10%Ph 100%Pt	0～1600	氧化、中性短期可用于真空	①测量精度高,稳定性好 ②抗氧化性能好 ③抗还原性气氛差 ④热电势较小,线性差,价贵
铂铑 30-铂铑 6	WRB	B	正 负	70%Pt, 30%Rh 94%Pt, 60%Rh	0～1800	氧化、中性短期可用于真空	①具有铂铑—铂热电偶各种优点 ②在定型产品中测量温度最高 ③在 100℃ 以下热电热很小,冷端可以不用补偿 ④定型产品中热电势最小,线性差,价贵
镍铬—镍硅 （镍铬—镍铝）	WRK	K	正 负	9%～100%Cr, 0.4% Si, 其余 Ni 2.5%～3%Si, Cr≤0.6%, 其余 Ni	-200～1300	氧化、中性	①抗氧化性能好,长期使用稳定性好 ②热电电大,定型产品中线性最好,价贱 ③在含硫气氛中易脆

表33-4（续）

热电偶名称	型号	分度号	极性	热电极材料化学成分	测温范围℃	使用气氛	特点
纯铜—铜镍（康铜）	WRT	T	正	100%Cu	-200~400	任何气氛	①测量精度高 ②抗潮气侵蚀性能好 ③低温时灵敏度高，价贱 ④测温上限较低
			负	60%Cu，40%Ni			
镍铬—铜镍（康铜）	WRE	E	正	9%~100%，Cr，0.4%，Si，其余Ni	-200~900	氧化，弱还原性	①稳定性好，灵敏度高 ②定型产品中热电势最大，价贱
			负	60%Cu，40%Ni			
铁—铜镍（康铜）	WRJ	J	正	100%Fe	-40~750	任何气氛	①稳定性好，灵敏度高 ②定型产品中价格最贱
			负	60%Cu，40%Ni			

3. 热电偶冷端的温度补偿

由热电偶测温原理可知，只有当热电偶的冷端温度保持不变时，热电势才是被测温度的单值函数，在应用时，由于热电偶的工作端（热端）与冷端离得很近，冷端又暴露于空间，容易受到周围环境温度波动的影响，因而冷端温度难以保持恒定。为此采用下述方法处理。

(1) 补偿导线法：为了使热电偶冷端温度保持恒定，可以把热电偶做得很长，使冷端远离工作端，但这种方法要耗费许多贵重的金属材料，因此一般是用一种导线（称补偿导线）将热电偶冷端延伸出来（图33-4）。这种导线在一定温度范围内（0~100℃）具有和所连接的热电偶相同的热电性能，其材料又是廉价金属。在使用热电偶补偿导线时必须注意：

① 和热电偶型号配套；
② 极性不能接错；
③ 热电偶和补偿导线连接处两接头的温度必须保持同温，且温度不应超过100℃。

标准热电偶用补偿导线见表33-5，补偿导线表面都印有标志：G、H表示常温级，耐热级；下标A、B表示精密级、普通级。如SC-HB为配合S分度号热电偶，耐热使用，普通级补偿导线。

(2) 计算修正法：由于热电偶分度表是以冷端温度$t_0=0℃$时分度的，与它配套的显示仪表也是直接按照这一关系曲线进行刻度的，因此当冷端温度不等于0℃时，其输出电势可用计算修正法来修正到冷端$t_0=0℃$时的电势，电势换

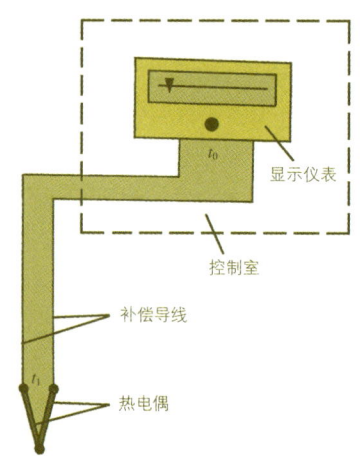

图33-4 补偿导线延伸冷端温度

表33-5 热电偶补偿导线

补偿导线型号	配用热电偶的分度号	补偿导线合金丝		绝缘层着色		100℃时允差（℃）		200℃时允差（℃）	
		正极	负极	正极	负极	普通级	精密级	普通级	精密级
SC	S	SPC（铜）	SNC（铜镍）	红	绿	±5	±3	±5	—
KC	K	KPC（铜）	KNC（铜镍）	红	蓝	±2.5	±1.5	—	—
KX	K	KPX（镍铬）	KNX（镍硅）	红	黑	±2.5	±1.5	±2.5	±1.5
EX	E	EPX（镍铬）	ENX（铜镍）	红	棕	±2.5	±1.5	±2.5	±1.5
JX	J	JPX（铁）	JNX（铜镍）	红	紫	±2.5	±1.5	±2.5	±1.5
TX	T	TPX（铜）	TNX（铜镍）	红	白	±1.0	±0.5	±1.0	±0.5

算的关系式为：

$$E_{AB}(t, 0) = E_{AB}(t, t_0) + E_{AB}(t_0, 0)$$

式中：$E_{AB}(t, 0)$——热电偶工作端温度为t，冷端温度为0℃时的热电势

　　　$E_{AB}(t, t_0)$——热电偶工作端温度为t，冷端温度为t_0时的热电势，即实际测得的热电势

　　　$E_{AB}(t_0, 0)$——热电偶工作端温度为t_0，冷端温度为0℃时的热电势，即冷端温度不为0℃时应补偿的热电势修正值

只要知道热电偶冷端的温度，则通过查表计算就可以求得热电偶工作端的实际温度。

(3) 仪表零点修正法：此法适于现场测量，不需要很精确时。对于具有零位调整的显示仪表而言，如果热电偶冷端温度t_0较为稳定，则可将显示仪表的机械零点调整到t_0，相当于把热电势修正值$E_{AB}(t_0, 0)$预先加到了显示仪表上；当此测量系统投入工作后，显示仪表的示值就是实际的被测温度值。

(4) 当热电偶冷端所处温度波动较大时，一般采用补偿电桥法，其测量线路如图33-5所示。补偿电桥法是利用不平衡电桥（又称冷端补偿器）所产生的不平衡电压来补偿热电偶因冷端温度变化而引起的热电势变化。从而达到等效地使冷端温度恒定的一种自动补偿法。

热电偶经补偿导线接至补偿电桥，热电偶的冷端和电桥处于同一环境中。补偿电桥由电阻温度系数很小的锰铜丝绕制的电阻R_1、R_2、R_3和电阻温度系数较大的铜丝绕制的电阻R_{cu}组成的桥路和稳压电源所组成。使用时，串联在热电偶测温回路中。电桥通常取在20℃时处于平衡。此时桥路对角线电压$U_{ab}=0$，电桥对仪表的读数没有影响。当电桥环境温度变化时，例如高于20℃，热电偶因冷端温度的升高而使热电势减小；但因桥臂电阻R_{cu}是由铜丝绕制的，它的电阻值随温度升高而增加，电桥失去平衡，产生不平衡电压U_{ab}，它与热电偶的热电势迭加，一起送入测量仪表。如果适当选择桥臂电阻和电流的数值，可以使电桥产生的不平衡电压U_{ab}正好补偿由于冷端温度变化而引起的热电势的变化值，仪表即可指示出正确的温度。必须指出，如果电桥是在20℃时平衡，则采用这种补偿电桥时必须把测温仪表的机械零点预先调至20℃处；如果补偿电桥是0℃时平衡的，则仪表零位应调在0℃处。

用于补偿电桥法的装置称热电偶冷端补偿器。

表33-6列出了国产常用冷端补偿器。

冷端温度补偿器通常使用在热电偶与动圈显示仪表配套的测温系统中。由于自动电子电位差计或温度变送器及数字式仪表等的测量线路里已设置了冷端温度补偿电路，故热电偶与它们配套使用时，不必另行配置冷端温度补偿器了，但补偿导线仍旧需要。

除上述几种补偿方法外，科研和实验中还常采用冰浴法。

4. 热电偶的实用测温线路

(1) 利用热电偶测量两点之间的温度差

将两支同型号的热电偶反向串联，如图33-6所示，这样组成的热电偶称之为微差热电偶。其输出热电势ΔE反映了

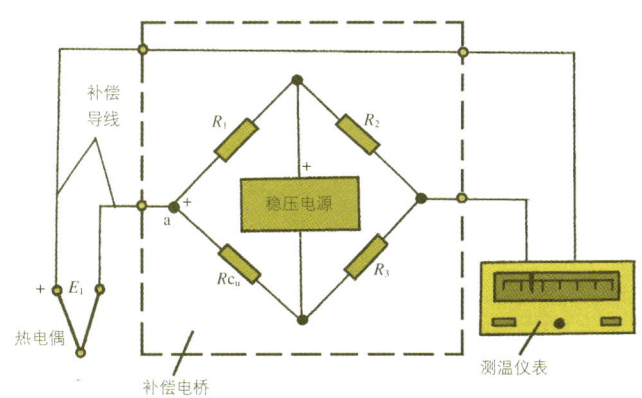

图33-5 补偿电桥法线路

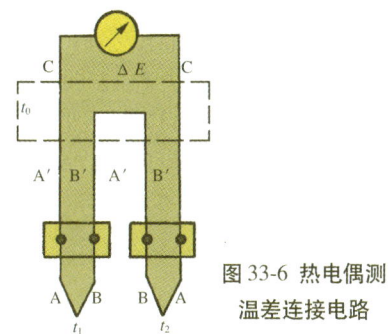

图33-6 热电偶测温差连接电路

表33-6 常用的冷端补偿器

型 号	配用热电偶	补偿范围 (℃)	平衡温度 (℃)	电源 (V)	内阻 (Ω)	功耗	补偿误差 (mV)
WRRB-10（WBC-01）	铂铑10-铂						±0.045
WPRB-20（WBC-02）	镍铬-镍硅（铝）	0~50	20	交流220	1	<8W	±0.16
WPRB-30（WBC-03）	镍铬-考铜	0~50	20				±0.18
WPRB-11（WBC-57-LB）	铂铑10-铂						±(0.015+0.0015·Δt)
WPRB-12（WBC-57-EU）	镍铬—镍硅铝	0~40	20	直流4	1	14~60mA	±(0.04+0.004·Δt)
WPRB-13（WBC-57-EA）	镍铬—考铜						±(0.065+0.0065·Δt)

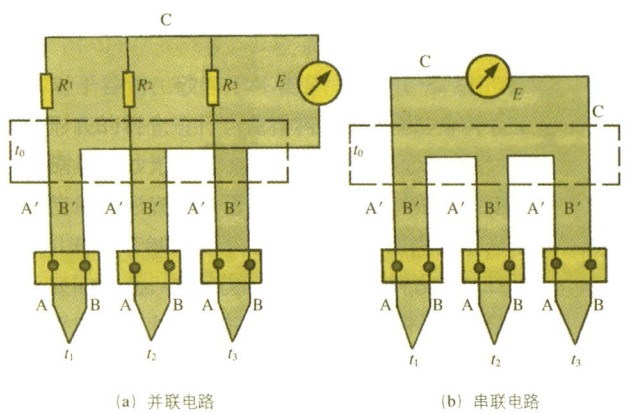

图 33-7 热电偶测量平均温度连接电路

两个测量点（t_1 和 t_2）温度之差。

$$\Delta E = E(t_1, t_0) - E(t_2, t_0)$$
$$= E(t_1, t_2) + E(t_2, t_0) - E(t_2, t_0)$$
$$= E(t_1, t_2)$$

如果两个热电偶的热电特性相同，且线性好，则测量精度可以提高。

(2) 利用热电偶测量设备中的平均温度

利用同型号热电偶的并联或正向串联可测量设备中的平均温度。

图33-7是测量平均温度的连接电路。在图33-7(a)中，输入到仪表两端的毫伏值为三支热电偶输出热电势的平均值，即 $E=(E_1+E_2+E_3)/3$。如三支热电偶均工作在热电特性的线性区间，则可求得三个测量点的平均温度。图中 R_1、R_2、R_3 较热电偶本身电阻大得多。为减少信号损失，显示仪表以采用电位差计为好。

图33-7(b)中输入到仪表两端的热电势为三支热电偶产生的热电势之和，即 $E=E_1+E_2+E_3$。如三支热电偶均工作在热电特性的线性区间，则可按仪表测得的总电势值的 1/3 算出三个测量点的平均温度。此电路的优点是热电偶烧坏可立即知道。而图33-7(a)所示并联电路不易很快觉察出来。

33.1.1.5 热电阻

热电阻是中、低温区最常用的一种温度检测器。它的主要特点是性能稳定、测量精度高。其中铂热电阻的测量精度是所有温度检测器中最高的。因此它不仅广泛用于工业测温，更重要的是制成标准的和基准温度计。

1. 工作原理

热电阻的测温原理是基于金属导体的电阻值随温度变化而变化（大多数金属的电阻在温度升高1℃时，其阻值将增加0.4%～0.6%），再用显示仪表测出热电阻的电阻值，从而得出与电阻值相应的温度值。

在现有的各种金属中，铂、铜和镍是制造热电阻的最合适的材料。

2. 常用热电阻

我国按统一国家标准规定生产的标准化热电阻有铂热电阻（现用型号WZP，原用型号WZB），铜热电阻（现用型号WZC，原用型号WZG）和WZN镍电阻。工业上广泛应用的是铂热电阻和铜热电阻。

(1) 铂热电阻：铂因具有易于提纯，在氧化性介质中具有很高的稳定性和良好的复制性，电阻与温度变化关系近似线性，并具有较高的测量精度等优点，而成为制造热电阻的理想材料。铂的缺点是电阻温度系数较小，在还原介质中使用时易被沾污变脆，此外价格较贵。

我国统一设计的铂热电阻温度特性如下：

在 -200～0℃范围内：

$$R_t = R_0 [1 + At + Bt^2 + C(t-100)t^3]$$

在 0～850℃范围内：

$$R_t = R_0(1 + At + Bt^2)$$

式中：R_t、R_0——分别为温度为 t℃与0℃时的电阻值

A、B、C——常数，其中：

$A = 3.90802 \times 10^{-3}$ [1/(℃)]

$B = -5.802 \times 10^{-7}$ [1/(℃)^2]

$C = -4.27350 \times 10^{-12}$ [1/(℃)^4]

铂电阻和温度的分度关系由上面两式决定，铂热电阻的技术性能详见表33-7。

(2) 铜热电阻：铂热电阻的性能虽优越，但属贵金属，所

表 33-7 常用热电阻的技术性能

名称（代号）		分度号	温度范围（℃）	温度为0℃时电阻值 (R_0, Ω)	电阻比 R_{100}/R_0	主要特点
标准化热电阻	铂电阻 (WZP)	Pt10	0-200～850	10 ± 0.01	1.385 ± 0.001	测量精度高，稳定性好，可作为基准仪器
		Pt50		50 ± 0.05	1.385 ± 0.001	
		Pt100		100 ± 0.1	1.385 ± 0.001	
	铜电阻 (WZC)	Cu50	-50～150	50 ± 0.05	1.428 ± 0.002	稳定性好，价格低廉，但体积较大，或机械强度较低
		Cu10		100 ± 0.1	1.428 ± 0.002	

表 33-7（续）

名称（代号）	分度号	温度范围（℃）	温度为 0℃时电阻值 (R_0, Ω)	电阻比 R_{100}/R_0	主要特点
镍电阻（WZN）	Ni100	−60～180	100 ± 0.1	1.617 ± 0.003	灵敏度高，体积小，但稳定性和复制性较差
	Ni300		300 ± 0.3	1.617 ± 0.003	
	Ni500		500 ± 0.5	1.617 ± 0.003	
低温热电阻 铟电阻		3.4～90K	100		复现性较好，在4.5～15K的温度范围内灵敏度比铂电阻高十倍，但复制性较差，材料软，易变形
低温热电阻 铑铁热电阻		2～300K	20、50 或 100	$R_{4.2K}/R_{273K}$ 约为 0.07	有较高的灵敏度，复现性好，在0.5～20K温度范围内可作精密测量，但长期稳定性和复制性较差
低温热电阻 铂钴热电阻		2～100K	100	$R_{4.2K}/R_{273K}$ 约为 0.07	热响应快，自然小，机械性能好，温度低于30K时灵敏度大大高于铂，但不能作为标准温度计

以在一些测量准确度要求不很高且测温范围较低的场合，广泛使用铜热电阻。铜容易提纯，工艺性好，价格便宜，它的电阻率低但电阻温度系数比铂高，在规定使用温度范围内，铜电阻与温度的关系是线性的。铜易于氧化，不宜在腐蚀性介质或高温下工作。由于电阻率低，制成一定阻值的热电阻时，体积较大，热惯性增大。

在 −50～150℃ 范围内，铜电阻与温度是线性关系，可用下式表示：

$$R_t = R_0 (1+at)$$

式中符号意义同上，其中 $a=4.25～4.28 \times 10^{-3}$ [1/℃]

根据上式可制成铜热电阻的标准化分度表。

(3) 镍热电阻：由于镍的电阻温度系数较大，故用纯镍丝制成的镍热电阻比铜热电阻更为灵敏。我国虽已将其规定为标准化的热电阻，但尚未制定出相应的标准分度表，故目前多用于温度变化范围小，但灵敏度要求高的场合，如精密恒温。

3. 热电阻温度计的组成

热电阻温度计由热电阻，连接导线和显示仪表组成。在组成电阻温度计时必须注意以下两点：

(1) 热电阻和显示仪表的分度号必须配套；

(2) 为消除连接导线电阻的影响，热电阻和显示仪表之间应采用三线制接法。

33.1.1.6 热敏电阻

1. 工作原理

热敏电阻是由镍、锰、钴、铜、钛、镁等金属的氧化物，按技术性能要求经选配、混合，最后经高温烧结而成。

热敏电阻按其基本性能可分为三种类型：负温度系数NTC型、正温度系数PTC型和临界温度CTR型。NTC型热敏电阻常用于测量温度；PTC型和CTR型在一定温度范围内阻值随温度而急剧变化，可用于检测特定温度。

NTC型热敏电阻的阻值随温度上升呈指数关系下降。其电阻值与温度的关系，可用下式表示。

$$R_T = R_{T_0} \cdot exp \left[B \left(\frac{1}{T} - \frac{1}{T_0} \right) \right]$$

式中：R_{T_0}——热敏电阻在温度为 T_0 时的电阻值

R_T——热敏电阻在温度为 T 时的电阻值

T——绝对温度值

B——与热敏电阻材料有关的常数，具有温度的量纲。通常在 1500～5000 之间

2. 热敏电阻的结构

热敏电阻的结构型式常作成棒状、球状、片状等。棒状的保护管外径为 1.5～2mm、长度为 5～7mm；球状的外径为 1～3mm；圆片状的直径在 3～10mm 间，厚度为 1～3mm。

热敏电阻常用于测量 −100～300℃ 之间的温度。我国规定在 −40～150℃ 之间允许误差为 ±2%，其显示仪表常用不平衡电桥。

表33-8为国产热敏电阻元件的特性参数，与金属热电阻相比具有如下优点：

(1) 电阻温度系数大，比金属热电阻约高十倍，灵敏度很高；

(2) 电阻率很大，可以制成极小的测温电阻元件，热惯性小适于测量点温、表面温度及快速变化温度；

(3) 阻值很大，其连接导线电阻的变化可忽略，适用于远距离的温度测量；

(4) 结构简单，价格便宜，使用寿命长，在应用过程中性能稳定。

热敏电阻的主要缺点是元件温度特性离散性大，互换性

表 33-8 国产热敏电阻元件的特性参数

型号	主要用途	标准阻值（kΩ）	材料常数（K）	额定功率（W）	测量功率（mW）	时间常数（s）	耗散功率（mW/C）
RRC$_2$		6.8～1000	3900～5600	0.4	0.1	≤20	
RRC$_5$	测温控温	8.2～1000	2200～3300	0.6		≤20	7～7.6
RRC$_{7B}$		3～100	3900～4500	0.03	0.05	≤0.5	
RRW$_2$	稳定振幅	6.8～500	3900～4500	0.03		≤0.5	≤0.2
MF11		0.01～15	2200～3300	0.5	0.13	≤60	≥5
MF12-0.25		1～1000	3900～5600	0.25	0.04	≤15	3～4
MF12-0.5		0.1～1200	3900～5600	0.5	0.47	≤35	5～8
MF12-1		0.056～5.6	3900～5600	1	0.2	≤80	12～14
MF13	温度补偿	0.82～300	2200～3300	0.25	0.1	≤85	≥4
MF14		0.88～330	2200～3300	0.5	0.2	≤115	7～7.6
MF15		10～1000	3900～5600	0.5	0.1	≤85	≥7
MF16		10～1000	3900～5600	0.5	0.1	≤115	7～7.6

表 33-9 热敏电阻温度计的温度测量范围

类型	A 型	B 型	C 型	D 型	E 型	F 型
测量温度范围（℃）	0～50	0～100	75～150	0～150	-50～50	150～300

差，因此使用维修不方便。同时其温度测量范围较窄（表33-9），这就限制了它在工业生产中的推广应用。不过近年来，随着半导体技术的发展，各生产厂采用了热敏电阻测温元件特性归一化处理工艺，使元件离散性减少，互换性加强，可望热敏电阻的应用将进一步扩大。

33.1.1.7 半导体温度传感器

1. PN 结型温度传感器

PN结的许多电学性质都与温度有关。PN结的正向结压降随温度变化而变化，当正向导通的 PN 结流过恒定工作电流时，在一定的温度范围内，正向压降和 PN 结所处的环境温度之间呈现良好的线性关系。温度每升高 1℃，结压降约减小 2mV，即其温度系数约为 -2mV/℃。呈现这种线性关系的温度区段以半导体材料种类而异。用硅半导体材料制造的 PN 结温度传感器结性工作区大约在 -220～200℃。用砷化镓、磷化镓或磷砷化镓制成的PN结，约为 -196～400℃。PN结温度传感器具有灵敏度高、体积小、质量轻、响应快，在一定温度范围内呈线性变化，具有很强的抗干扰能力特点，近年来在许多领域获得了广泛的应用。国内产品有 2CWM、JCWM、BLTC、ICTS 等系列，以及 HWC、BWG、BHTS 等系列。

2. 晶体管温度传感器

硅晶体管的基极和发射极之间的电压 U_{be} 约有 -2mV/℃ 的温度系数。利用这种现象可以制成高精度、超小型的温度传感器。测温范围在 -50～200℃ 左右。由于这种传感器适于批量生产，又可与放大电路一起制成集成化温度传感器，因此近年来发展很快。

晶体管温度传感器体积小，灵敏度高，具有优良的稳定性及检测精度，在 -50～150℃ 范围内有较好的线性，因而可用于控温仪器或温控系统。

3. 集成温度传感器

将温度传感器与信号放大电路、电源电路，补偿电路等，用集成化技术制作在同一基片上而成的集传感与放大为一体的功能器件。这种传感器输出信号大，与温度有很好的线性关系，同时测量精度高，使用方便。

集成温度传感器按输出方式可分为电压输出型和电流输出型。前者适合于与次级电子线路匹配，后者因为输出的是电流，适合于远距离传输，不会因为电压降而产生误差，可用于各种温度测量及温度控制电路中。

电流输出型集成温度传感器的主要性能参数如下：

灵敏度：1mA/K

测温范围：-55～150℃

测量精度：±1℃

满量程线性偏离：±0.5℃

电源电压：4～30V

该类产品有上海无线电元件16厂生产的SL134型、杭州大学研制的 HTS 型和美国模拟器件公司生产的 AD590。

33.1.1.8 温度显示仪表

热电偶和热电阻仅仅是将被测温度的变化分别转换成热电势和电阻值的感温元件。为了将被测温度显示出来，就必须采用显示仪表与它们配套使用，组成一个测量系统。工业

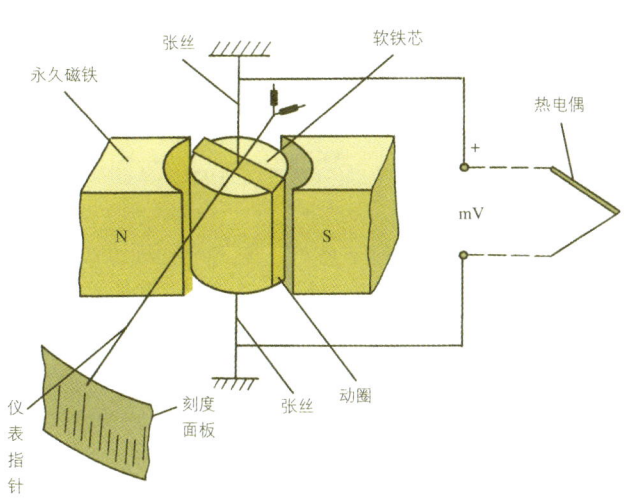

图 33-8 动圈式仪表结构原理图

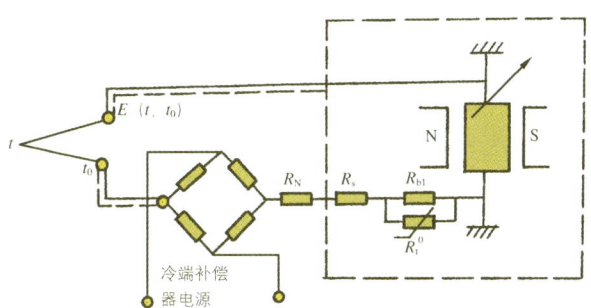

图 33-9 配热电偶的测量线路

上广泛应用的显示仪表有动圈式和自动平衡式两大类型仪表。

1. 动圈式显示仪表

动圈式显示仪表可以对直流毫伏信号进行显示，也可以对非电势信号但能转换成电势信号的参数进行显示。

(1) 组成及工作原理

动圈式显示仪表的组成结构原理如图33-8所示。

动圈式仪表是一种磁电式仪表，动圈中通以电流，在磁场中产生一个偏转力矩。当仪表动圈在偏转力矩作用下产生偏转时，张丝被扭转一个角度，产生一个反转矩，当这两个转矩达到平衡时动圈就停在某一位置上，这时装在动圈上的指针就在面板标尺上指示出被测毫伏或温度的数值。动圈偏转角的大小与流过动圈的电流成正比。

(2) 测量线路

① 配热电偶的测量线路

配热电偶的动圈仪表测量线路如图33-9所示。在使用中需注意冷端温度补偿和外线路电阻两个问题。

a. 冷端温度补偿

与热电偶配套的动圈仪表，是直接按照热电偶的分度号进行刻度的，即热电偶的冷端温度处于0℃条件下刻度的。如果热电偶冷端不为0℃，则动圈仪表的读数便不能真实地反映被测温度值，并产生一个随冷端温度变化而变化的误差，因此在实际测温中，必须考虑冷端温度补偿问题。

b. 外线路电阻

仪表的外线路电阻是热电偶电阻、冷端补偿电桥等效电阻、补偿导线和连接导线电阻以及外线路调整电阻 R_N 的总和。配热电偶的动圈仪表的外线路电阻统一规定为15W，当外线路电阻不足15W时，就借助 R_N 补足15W。

② 配热电阻的测量线路

配热电阻的动圈仪表测量线路如图33-10所示。动圈仪表要求输入是直流毫伏。为此，在动圈仪表内增加一个不平衡电桥线路，把热电阻 R_t 作为电桥的一个桥臂，其电阻值的变化将引起电桥输出端不平衡电压的改变，并将该电压输入动圈表头，进行测量并指示出相应的温度。

图33-10中采用三根导线（阻值均为 R_l）将热电阻 R_t 接入测量线路，是为了抵消环境温度变化对测量结果的影响。按三线制接法，一根导线接到电桥电源的负端，另两根线分别接到电桥相邻的两个臂上，当环境温度变化使连接导线电

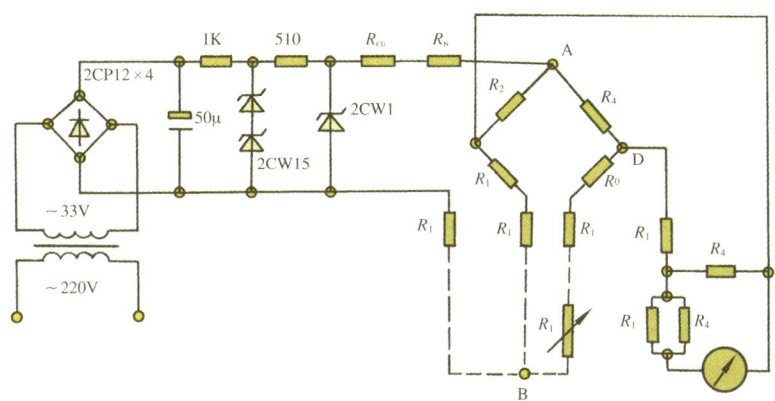

图 33-10 配热电阻的测量线路

表 33-10 动圈式显示仪表测量电路及其技术指标

测量电路	检测元件		分度号	测量范围	单位	外线电阻或外接电阻	一般技术指标
热电偶或其他毫状信号测量电路	热电偶	镍铬—康铜	E	0~300, 0~400, 0~600	℃	15 Ω	安装形式 仪表盘式
		镍铬—镍硅	K	0~600, 0~800, 0~1100, 0~1300	℃		精度等级 1.0 级
		铂铑 10-铂	S	0~1600	℃		刻度弧长 110mm
		铂铑 30-铂铑 6	B	0~1800	℃		
	WFT-202 辐射感温器		T_2	700~1400, 900~1800, 1100~2000	℃	5 Ω	工作环境
	霍尔式压力变送器			输入信号 0~20mV, 分度以压力表部颁标准中 1.5 级分度	100kPa		温 度 0~50℃
							相对温度 < 85%
	CEB 电子式差压变送器			输入信号 0~30mV; 以差压表部颁标准中 1.5 级分度	100kPa mmHg mmH₂O		无腐蚀性气体, 无震动 重 量 < 2kg
热电阻或其他发信电阻测量电路	热电阻	铜电阻	Cu50 Cu100	0~30, 0~50, 0~100, -50~50, -50~100, 0~150	℃	3×5 Ω	安装形式 仪表盘式 精度等级 1.0 级 刻度弧长 110mm 工作环境 温 度 0~50℃ 相对温度 < 85% 无震动, 无腐蚀性气体 重 量 < 2kg
		铂电阻	Pt10 Pt100	0~50, 0~100, 0~150, 0~200, 0~250, 0~300, 0~400, 0~500, -50~50, -50~100, -100~0, 0~30, -100~50, -100~100, -120~30, -150~50, -150~150, -200~50, -200~500, 200~500	℃		
	YCD-150 远传压力计			0~1, 0~1.6, 0~2.5, 0~4, 0~6, 0~10, 0~16, 0~25, 0~40, 0~60, 0~100, 0~160, 0~250, 0~400, 0~600, -1~0.6, -1~1.5, -1~3, -1~5, -1~9, -1~15, -1~24, -760~0	100kPa 100kPa mmHg		

阻变化时,可以互相抵消一部分,从而减少对仪表示值的影响,在规定的导线电阻 (R_1 = 5W) 及环境温度 (0~50℃) 下使用,仪表的最大附加误差不超过 ± 5%。若每根导线电阻不足 5W 时,则须用锰铜丝电阻补足 5W,调整阻值应精确到 5 ± 0.01W。

动圈仪表与热电阻配套使用时,必须注意仪表的分度号应与热电阻分度号相同。

动圈式显示仪表的测量线路及其技术指标如表 33-10 所示。

2. 自动平衡式显示仪表

自动平衡显示仪表。具有较高的准确度。已得到普遍的应用。这一类仪表有两个基本系列:电子电位差计和电子自动平衡电桥。它们分别与热电偶、热电阻及其他器量元件配套后,可以测量显示温度、压力、物位等参数。

(1) 电子电位差计:电子电位差计与热电偶配套使用,指示和记录被测温度。图 33-11 是其原理方框图。热电偶的热电势与测量电路产生的直流电压比较,所得之差值电压(即不平衡电压)由放大器放大,输出足以驱动可逆电机的功率。根据不平衡电压的极性或正或负,可逆电机相应地正转或反转,通过传动系统移动测量桥路中滑线电阻的滑动端,改变测量桥路的输出电压直至与被测电势相等。不平衡电压为零,可逆电机停止转动。滑动端停在一定的位置,同时指示机构的指针也就在刻度标尺上指出被测温度的数值。同步电动机带动记录纸以一定的速度转动,与指示指针同步运动的记录装置在记录纸上画线或打印出被测温度随时间变化的曲线。这就是电子电位差计自动测量、显示、记录被测电势(温度)的主要过程。

图 33-12 所示为 XW 电子电位差计测量桥路原理线路,

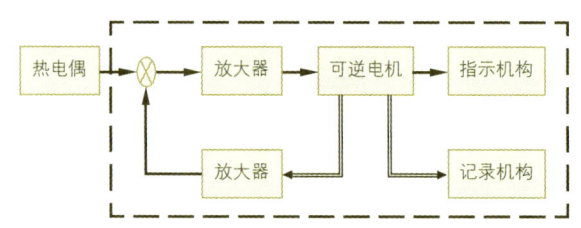

图 33-11 电子电位差计原理方框图

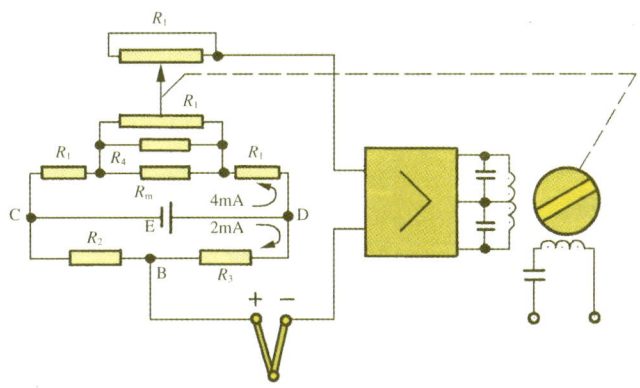

图 33-12 为 XW 系列电子电位差计测量桥路原理

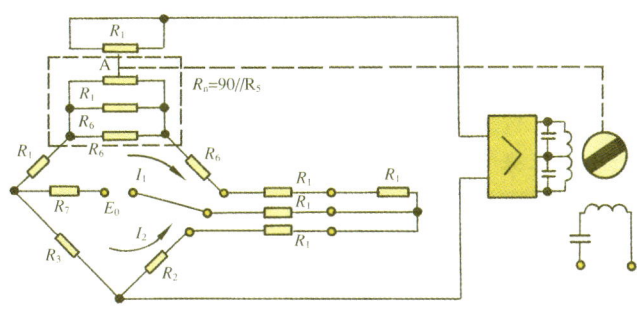

图 33-13 自动平衡电桥测量桥路

电子电位差计是一种测量直流电势或电位差的显示仪表。如果配用热电偶测量温度，则应注意相配套问题，即两者分度号必须一致。仪表的外形尺寸、记录方式、走纸速度，测量范围，应按实际测量要求选择。

(2) 电子自动平衡电桥：电子自动平衡电桥与热电阻配套使用，除了可对被测温度进行指示外，尚能自动记录，且测量准确度较高。它与电子电位差计相比较，除测温元件是热电阻，测量桥路的结构也有所不同外，其原理框图与图33-11 相同。

图 33-13 所示为自动平衡电桥测量桥路。

当被测温度变化时，则 R_t 阻值变化，桥路失去平衡，这一不平衡电压由电桥的对角线引至放大器进行放大，可逆电机带动滑线电阻上的滑动触点移动，使电桥重新平衡，电机停转，仪表指针停留的位置即表达了相应的被测温度值。

必须指出选用自动平衡电桥与热电阻配套使用时，则应注意相配套问题，即两者分度号必须一致。

33.1.1.9 接触式测温仪表的选用

接触式测温仪表的选型可根据实际要求参考表 33-11 进行。

确定了接触式测温仪表的种类后，再选择温度计的类型、保护管类型、安装结构类型等。最后按制造厂的产品样本，确定测温仪表的型号和规格。

选型完成后。还需要针对特定的对象和任务，采用一些应用技术。

表 33-11 接触式测温仪表的选择

要 求	选 择
温度范围*	膨胀类温度计为 −100～300℃ 半导体温敏器件为 −50～150℃ 热敏电阻为 −100～300℃ 工业热电阻为 −200～600℃ 工业热电偶为 −200～2300℃
仅要求现场指示	膨胀类温度计 玻璃水银温度计，精确度高，稳定性好 压力式温度计，近距离远传
简易控制	温度开关，带电接点的膨胀类温度计
气动控制	气动温度仪表
自动调节	工业热电偶，工业热电阻，热敏电阻，半导体温敏器件 稳定性好：铂热电阻；精确度高 热敏电阻，铠装热电偶 热响应快 热敏电阻，半导体温敏器件；灵敏度高

注：* 此处指各类温度计最常用温度范围

33.1.2 压力检测

33.1.2.1 概述

1. 压力及其单位

压力是垂直而均匀地作用在单位面积上的力，用数学式表示为

$$P=F/S$$

式中：P——压力

F——垂直作用力

S——受力面积

在国际单位制中，压力单位是帕斯卡（Pa）。它的定义是在每平方米面积上，垂直作用 1 牛顿的力，即

$$1Pa=1N/m^2$$

2. 各种压力之间的关系及仪表

被测介质作用在容器表面单位面积上的全部压力称为绝对压力 P_j。用来测量绝对压力的仪表，称为绝对压力表。如果将压力表表壳抽成真空，而且加以密封。这样就可制成测量绝对压力的仪表。用来测量大气压力（P_q）的仪表称为气压表。若把压力表弹簧臂或者膜盒抽成真空，即可以制成气压表。大气压力是随地理纬度、海拔高度和气象情况而变化的。通常压力测量仪表所测得的压力值等于绝对压力值与大气压力值之差，称为表压力 P_b。当绝对压力值小于大气压力时，表压为负压值（即负压力）。此负值的绝对值称为真空度 P_z，用来测量真空度的仪表。称为真空表（或负压表）。既能测量压力值，又能测量真空度的仪表，称为压力—真空表。

绝对压力、大气压力、表压力与真空度之间的关系如图 33-14 所示。

工程技术上惯用的压力单位有工程大气压、标准大气压、毫米水柱及毫米水银柱等，这些单位与我国法定计量单位的换算关系是：

1 工程大气压 =1 千克力 / 平方厘米（1kgf/cm²）=98066.5Pa

1 标准大气压 =760 毫米水银柱（760mmHg）=101325Pa

1 毫米水银柱 =13.6 毫米水柱（13.6mmH₂O）=133.322Pa

1 毫米水柱 =1 千克力 / 平方米（1kgf/m²）=9.80665Pa

3. 压力表的分类原理与测量范围（表 33-12）

33.1.2.2 弹性式压力表

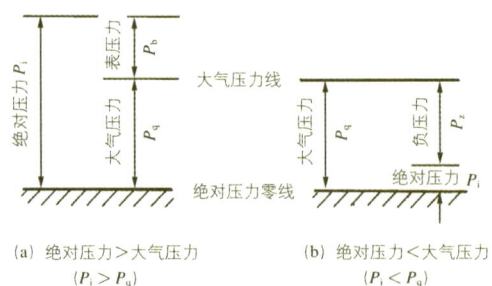

图 33-14 绝对压力、大气压力、表压力与真空度之间的关系

表 33-12 压力检测仪表的分类、测量原理、测量范围与用途

类别	测量原理	分类		测量范围	用途
液柱与压力计	液体静力平衡（被测压力与一定高度的工作液体产生的重力相平衡）		U 形管压力计	$-10^4 \sim 10^4$Pa	低微压测量，高精确度者可用作基准器
			单管压力计	$-10^5 \sim 10^5$Pa	
			倾斜微压计	$-10^3 \sim 10^3$Pa	
			补偿微压力	$-10^3 \sim 10^3$Pa	
			自动液柱式压力计	$-10^4 \sim 10^4$Pa	
弹性式压力表	被测压力使弹性元件产生位移，经传动放大机构指示或记录	弹簧管压力表	一般压力表	-10^5Pa$\sim 10^5$kPa	表压、负压、绝对压力测量，就地指示，报警，记录或发信，或将被测量远传，进行集中显示
			精密压力表	-10^5Pa$\sim 10^5$kPa	
			特殊压力表	$0 \sim 10^4$kPa	
			膜片压力表	-10^5Pa$\sim 10^5$Pa	
			膜盒压力表	-10^4Pa$\sim 10^5$Pa	
			波纹管压力表	$0 \sim 10^5$kPa	
			钣簧压力计	$0 \sim 10^5$kPa	
			压力记录仪	$0 \sim 10^3$kPa	
			电接点压力表	-10^5Pa$\sim 10^5$kPa	
			远传压力表	-10^5Pa$\sim 10^5$kPa	
			压力表附件		
负荷式压力计	被测压力与活塞及加于活塞上的专用砝码的重力平衡	活塞式压力计	单活塞式压力计	$0 \sim 10^5$kPa	精密测量，基准器
			双活塞式压力计	$-10^5 \sim 10^5$kPa	
		浮球式压力计		$0 \sim 10^3$kPa	
		钟罩式微压计		$-10^3 \sim 10^2$kPa	
数字式压力计	将被测压力经模/数转换以数字量显示出来			$0 \sim 10^6$kPa	用于工业流程测试或作基准仪器
压力传感器	①被测压力推动弹性元件产生位移或变开，通过转换部件转换为电信号输出；②利用半导体、金属等的压阻、压电等特性或其他固有物理特性，将被测压力转换为电信号输出	电阻式压力传感器	电位器式压力传感器	-10^5Pa$\sim 10^5$kPa	将被测压力转换成电信号以监测、报警、控制及显示
			应变式压力传感器	-10^5Pa$\sim 10^5$kPa	
		电感压力传感器	气隙式压力传感器	$0 \sim 10^4$kPa	
			差动变压器式压力传感器	$0 \sim 10^5$kPa	
			电容式压力传感器	$0 \sim 10^4$kPa	
			压阻式压力传感器	$0 \sim 10^4$kPa	
			压电式压力传感器	$0 \sim 10^4$kPa	
		振频式压力传感器	振弦式压力传感器	$0 \sim 10^2$kPa	
			振筒式压力传感器	$0 \sim 10^3$kPa	
			霍尔式压力传感器	$0 \sim 10^3$kPa	
压力开关	被测压力使弹性元件产生位移，经放大后控制水银开关，磁钢—开关及触头等的断开及闭合		位移式压力开关	$0 \sim 10^3$kPa	位式控制或发信报警
			力平衡式压力开关	$0 \sim 10^3$kPa	

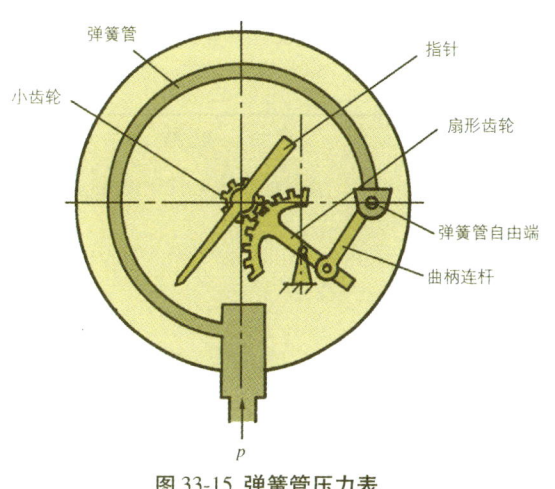

图 33-15 弹簧管压力表

表 33-13 典型数字式压力计的主要技术性能

项 目	内 容
精确度	在 (20±1)℃时为±0.05%、±0.1%
显 示	带小数点和正负号的 LED（发光二极管）显示，有四位或五位
分辨力	1/30000
变换周期	数据显示和数字输出信号为 250ms 最大/最小跟踪存储为 83ms 模拟量输出为连续响应
使用温度(℃)	−7～49
超压能力	为量程上限的 400%（1.6MPa 以下）、100%（2.5MPa 以下）、30%（40MPa 以下）、20%（60MPa 以下）和 10%（200MPa 以下）

(1) 原理：弹性式压力表系基于弹性元件（单圈或多圈弹簧管、膜盒、膜片及波纹管等）受压后产生的位移与被测压力间呈一定关系的原理制成的。图 33-15 所示的弹簧管压力表，被测压力 p 迫使弹簧管自由端位移，经传动机构（由曲柄连杆、扇形齿轮与小齿轮等组成）放大，由指针在度盘上指示被测压力值。

(2) 特点：弹性式压力表是历史悠久、应用广泛的压力检测仪表，其价格低廉、结构简单、坚实牢固，可直接装在各种设备上或露天工作。特殊型压力表，还能在恶劣环境条件（如高温、低温、振动、冲击、腐蚀、黏稠、易堵及易爆等）下工作。但其响应频率低，宜于测量动态压力，由于弹性元件固有的迟滞、后效等影响，多数弹性式压力表的精确度为 1～1.5 级左右。

33.1.2.3 数字式压力计

随着数字技术的发展，压力检测仪表也逐渐由模拟仪表向数字仪表转化。数字仪表的读数精确度高，克服了模拟仪表由视差引起的读数误差。

1. 分类

根据使用场合的不同，数字式压力计可分为以下两大类：

(1) 基准数字式压力计作为基准用的数字式压力计，要求精确度较高，其精确度应比被测压力精确度高 3 个等级。例如，要校验 0.1 级的精密压力表，应用 0.02 级的数字式压力计作校验基准。

(2) 现场指示数字式压力计根据被测系统的精确度要求，可以选择不同精确度的数字式压力计。

2. 功能

带微处理器的数字式压力计，具有单位选择，净压力，高低压力值设定和最大/最小压力值跟踪等多种功能，可单独或同时输出模拟和数字信号。

3. 技术性能

有的数字式压力计的传感器，采用无接触式光电传感器，具有温度自动补偿功能，并用微处理器连续进行修正，保证了仪表有极高的稳定性和重复性。技术性能见表 33-13。

33.1.2.4 压力传感器

压力传感器是压力检测仪表的重要组成部分，它借助于检测元件接受被测压力信号，并转换为电信号输出，供显示和控制之用。

压力传感器由于其频率响应高、抗环境干扰能力强，耐腐蚀、精确度高、体积小、质量轻、高低温环境性能好，并具有良好的过载能力，因而广泛用于工业流程中。

常见压力传感器的性能与特点见表 33-14。

33.1.2.5 压力开关

压力开关是一种具有简单功能的压力控制装置，所以又

表 33-14 常见压力传感器的性能与特点

类 别	电 阻 式				压阻式	电 感 式	
	电位器式	应 变 式				气 隙 式	差动变压器式
		非黏接式	黏接箔式	黏接梁半导体			
测量范围 (MPa)	(−0.1～0)、(0～0.035) 至 (0～70)	(0～0.04) 至 (0～250)	(0～0.035) 至 (0～70)	(−0.1～0)、(0～0.035) 至 (0～70)	(0～0.0005)、(0～0.002) 至 (0～210)	(0～0.00025) 至 (0～70)	(0～0.04) 至 (0～210)
工作温度范围(℃)	−50～150	−200～300	−50～120	−50～130（隔热或强制冷却可达 3000）	−50～130（隔热或强制冷却可达 30000）	−200～300	−30～80

表33-14（续）

类别	电阻式				压阻式	电感式	
	电位器式	应变式				气 隙 式	差动变压器式
		非黏接式	黏接箔式	黏接梁半导体			
精确度(%)	1、1.5	0.25	0.2、0.1	0.25	0.2~0.02	0.5、0.1	1.5、1、0.5
输出信号	电压、电流	mV	mV	mV	mV、mA	mV	mV、mA
输入输出特性曲线	$\Delta R/R$ vs P	U vs P			U,I vs P		U,I vs P
频率响应(kHz)	0~70	0~2	0~12	0~70	0至数百	0~1	0~100
耐振动及冲击性能	差	好	好	好	好	好	差
特点	结构简单，成本低廉，输出信号大，振动条件下寿命短，有电器噪声，体积较大	输出信号小，体积较大	线性好，输出信号小	自然频率高，可做静态、动态压力测量，温度影响大	体积小，精确度高，自然频率高，适于静态、动态压力测量，工艺复杂，一次投资大	结构坚实，输出信号大，交流励磁，对外磁场影响敏感，数据传输导线要求高	结构简单，机械超负荷无影响，在可动环境中易受损伤，精确度不高

类别	电容式	压电式	振频式		霍尔式
			振弦式	振筒式	
测量范围(MPa)	(0~0.00001)至(0~70)	(0~0.0007)至(0~70)	0~0.0012	(0~0.014)至(0~75)	(0~0.00025)至(0~60)
工作温度范围(℃)	-30~450	-260~200	-40~120	-50~150	-10~50
精确度(%)	0.25~0.05	1、0.2、0.06	0.25	0.1、0.01	1.5、1、0.5
输出信号	V、mA	V	Hz、mA	Hz	mV
输入输出特性曲线	U,I vs P	U vs P	U,I vs P	f vs P（f_0）	U vs P
频率响应(kHz)	0~500	0~400	0~100	0~100	0~100
耐振动及冲击性能	好	好	好	好	差
特点	精确度高，灵敏度高，结构坚实，过载能力大，易实现微压，工艺复杂，输出阻抗高，需特殊信号传输导线	自然频率高，不需外加能源，适用于动态压力测量，输出阻抗高，需特殊信号传输导线，不能测静态压力	过载能力强，自然频率低，信号需做线性化处理	精确度高，体积小，自然频率高	结构简单，灵敏度高，寿命长，对外磁场影响敏感，受温度影响大

称压力控制器。它可以在被测压力达到额定值时发出报警或控制信号，以监视或控制被测压力在某一预定范围内。

压力开关按其工作原理可分为位移式和力平衡式两类。其工作原理为：当被测压力达到设定值时，弹性元件自由端位移直接推动（位移式）或经过比较（力平衡式）后推动开关部件。改变开关的通断状态，达到控制被测压力的目的。

压力开关的分类、特点与性能见表33-15。

表 33-15 压力开关的分类、特点与性能

类 别	位移式压力开关	力平衡式压力开关
原 理	当压力达到设定值时,弹性元件自由端位移推动触头板或开关,改变电路的通断状态	当压力达到设定值时。弹性元件产生的力矩和比较装置的力矩进行比较,超过时即推动开关装置,改变电路的通断状态
特 点	①弹性元件为单圈弹簧管、膜片等; ②控制元件多采用触头扳或徽动开关; ③触头形式有常开与常闭两种,触点功率大,有的达380VA; ④可制成密封型1.弹性元件为单圈弹簧管、波纹管等	①弹性元件为单圈弹簧管、波纹管等; ②控制元件多为微功开关; ③压力控制一般为两位式; ④触点功率大,有的达 660VA
精确度	1.5、2.5级	约3~5级
测量范围(MPa)	0.025~0.5、0.6~3、8~16	0~0.2、0~4
用 途	适用于工业流程或控制系统中做压力的位式控制或报警	

33.1.2.6 压力检测仪表的选用

1. 压力表的选择

压力检测仪表的选择与安装使用,是保证仪表正常工作和生产过程中发挥作用的重要问题。如果选用不当,不仅不能正确反映压力的大小,还可能引起生产事故。选择压力表的原则是:根据生产工艺对压力测量的要求,被测介质的性质、现场环境、经济适用等条件合理地考虑压力表的类型、量程、精度和指示形式。

(1) 量程的选择:根据被测压力大小,确定仪表量程。测稳定压力时,最大压力值应不超过满量程的3/4;在测波动较大压力时,最大压力值应不超过满量程的2/3。为了保证测量准确度,最低测量压力值应不低于全量程的1/3。

(2) 精度选择:根据生产允许最大测量误差,以及经济实惠的原则,确定仪表的精度,只要测量精度能满足生产的要求,就不必追求选用高、精、尖的压力表。

一般工业生产用仪表,其精度选 1.5 级或 2.5 级,科研或精密测量用,应选用0.5 级或 0.35 级。

(3) 使用环境及介质性能的考虑:环境条件如高温、腐蚀、潮湿、振动等。介质性能如温度高低、腐蚀性、易结晶、易爆、易燃等。以确定压力表的种类及型号。

如果被测压力数据需保存的,则采用记录式压力计。

(4) 外型选择:现场就地指示一般表面直径为100mm。照明条件差,安装位置高,示值看不清楚的场合,应用表面直径为200~250mm,盘装的表面直径为150mm,或矩形压力表。

2. 压力表的安装使用

压力表的安装是否正确,影响到测量结果的准确性及仪表的寿命。一般应注意以下事项:

(1) 取压点的设置应选在能正确而及时反映被测压力实际数值的地方。例如,设置在被测介质流动平衡的部位,不应太靠近有局部阻力或其他受干扰的地方。取压管内端面与生产设备连接处的壁应保持平整,不应有凸出物或毛刺,以免影响液体的平稳流动。压力表安装见图 33-16。

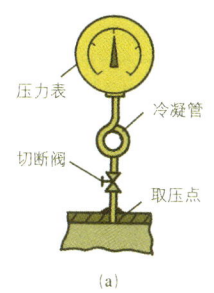
(a)

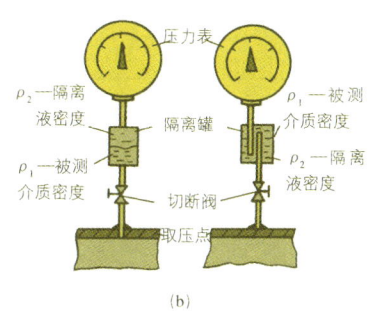
(b)

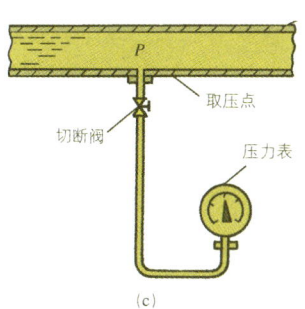
(c)

图 33-16 压力表安装示意图

(2) 测量蒸汽压力时，应加装冷凝管，以避免高温蒸汽与压力表中的测压元件接触，见图33-16 (a)。测量有腐蚀性或黏度较大、有结晶、沉淀等介质，应安装相应的隔离罐，罐中充以中性的隔离液，以防腐蚀或堵塞导压管和压力表（ρ_1为被测介质密度，ρ_2为隔离液密度），见图33-16 (b) 所示。

(3) 取压口到压力表之间应有切断阀，以备检修压力表时使用，见图33-16。切断阀应装在靠近取压口的地方。需要进行现场校验或经常冲洗导压管的地方，可改用三通阀。

(4) 当被测压力较小，而压力表与取压口又不在同一高度上，如图33-16 (c) 所示，对由此液程高度差而引起的测量误差，应按 $\Delta P = \pm H\rho_1$，进行修正，其中 H 为液柱高度差，ρ_1 为被测介质密度。

(5) 当被测压力波动剧烈和频繁（如泵、压缩机的出口压力）时，应装缓冲器或阻尼器。

各类压力测量仪表的性能比较和压力检测仪表的选择见表33-16和表33-17。

表33-16 各类压力测量仪表的性能比较

仪表类别	液柱式压力计	活塞式压力计	弹性式压力计	压力传感器
主要特征及优缺点	① 按其工作原理和结构形式不同，可分为：U型管式、倾斜式、杯式和补偿式等几种； ② 结构简单，使用方便； ③ 测量精度受工作液的毛细管作用、重度及视差等因素影响； ④ 若工作液是水银，则容易引起水银中毒	① 按其活塞的形式不同，可分为单活塞和双活塞式两种； ② 测量精度很高，可达0.05%~0.02%； ③ 测量精度受浮力、温度和重力加速度的影响，故使用时需作修正； ④ 结构较复杂，价格较贵	① 按其弹性元件的不同，可分为弹簧管式（包括单圈和多圈弹簧管）、膜片式、膜盒式、波纹管式和板簧式等种； ② 使用范围广，测量范围宽（可以测量真空度、微压、低压、中压和高压）； ③ 结构简单，使用方便，价格低廉； ④ 若增设附加机构（如记录机构、控制元件或电气转换装置）则可制成压力记录仪、电接点压力表、压力控制报警器和远传压力表	① 按其作用原理不同，可分为电位器式、应变式、电感式、霍尔式、振频式、压阻式、压电式和电容式等； ② 输出信号根据不同的形式，可以是电阻、电流、电压或频率等； ③ 输出信号需要通过测量线路或信号处理装置相配使用； ④ 适用范围广，发展迅速，但品种系列及质量尚需进一步完善和提高
主要用途	用来测量低压力及真空度或作标准计量仪器	用来检定低一级的活塞式压力计或检验精密压力表，是一种主要的压力标准计量仪器	用来测量压力及真空度，可以就地指示，也可以远传、集中控制，或记录或报警发信号。若采取膜片式或隔膜式结构，尚可测量易结晶及腐蚀性介质的压力或真空度	多用于压力信号的远传，发信号或集中控制，如和显示、调节、记录仪表联用，则可组成自动调节和自动控制系统，广泛用于工业自动化和航空工业中
精 度	1.5%；1%；0.5%；0.2%；0.05%；0.02%	一等 0.02%； 二等 0.05%； 三等 0.2%	一般压力表 精密压力表 2.5%；0.4%；0.25% 1.5%；1%；0.6%；0.1%	0.2%~1.5%
测量范围	0~15 至 0~2000 × 133Pa 0~15 至 0~2000 × 9.8Pa (±25~±800) × 133Pa (±25~±800) × 9.8Pa	(−1~215) × 9.8 × 10⁴Pa (50~250) × 9.8 × 10⁴Pa	(−1~0) × 9.8 × 10⁴Pa (±8~±400) × 9.8Pa (0~0.6) × 9.8 × 10⁴Pa~ (0~1000) × 9.8 × 10⁴Pa	(7~10⁻¹⁰~5 × 10⁵) × 9.8 × 10⁴Pa

表 33-17 压力检测仪表的选择

33.1.3 流量检测

33.1.3.1 概述

流量是指单位时间内流经有效截面的流体数量，即瞬时流量。流量有体积流量和质量流量两种表示方法。

当流量以体积计算的称体积流量 Q，单位用 m^3/h、l/h 等表示。

当流量按质量计算的称质量流量 M，单位用 t/h、kg/h 表示，它们之间的关系是：

$$Q = \frac{M}{r}$$

式中：r——流体的密度

总量（累积流量）是指某一段时间间隔内流过管道或通道中某一有效截面的流量。总量也可用体积或质量表示，其单位为 m^3、l 或 t、kg 等。

流量检测仪表可分为体积流量仪表和质量流量仪表两大类。流量检测仪表的分类及仪表输出与流量的关系见表 33-18。

表 33-19 为流量检测方法及仪表性能比较，表 33-20 为流量仪表代号。

表 33-18 流量检测仪表的分类及仪表输出与流量的关系

类别	仪表名称	仪表输出与流量的关系
体积流量仪表	差压式流量计	节流件前、后压差与流量（流速）成平方根关系
	浮子（转子）流量计	浮子所处的位置高度与流量基本成线性关系
	容积式流量计	运动元件的转速与流体的连续排出量成比例
	水表涡轮流量计	转速与流量（流速）成比例
	电磁流量计	感应电动势与流量（流速）成比例
	靶式流量计	靶上所受的冲击力与流量成平方根关系
	旋进旋涡流量计	旋涡进动频率与流量（流速）成比例
	涡轮流量计	旋涡产生的频率与流量（流速）成比例
	超声波流量计	超声波在流体中产生的速度差与流量（流速）成比例
质量流量仪表	冲量式流量计	检测板上冲击力与流量成比例
	科里奥利流量计	动量（动量矩）与质量流量成比例
	热式流量计	测量元件的前、后温差与流量成比例
	推导式质量流量计	体积流量经密度补偿或经温度、压力补偿求得质量流量

表 33-19 流量检测方法及仪表性能比较

检测方式	技术参数类别	被测介质	管径(mm)	流量范围(m³/h)	工作压力(kPa)	工作温度(℃)	精度(%)	最低雷诺数或黏度界限	量程比	压力损失(mm) H₂O	安装要求	体积和质量	价格	使用寿命
差压式	孔板液体	气体蒸汽	500~1000	1.5~9000 16~100000	20000	500	±(1~2)	>500~8000	3:1	<2000	需装直管道	小	低	中
	喷嘴	液体气体蒸汽	150~400	5~2500 50~2600	20000	500	±(1~2)	<20000	3:1	<2000	需装直管段	中	较低	长
	文丘里管	液体气体蒸汽	150~400	30~1800 2400~18000	2500	500	±(1~2)	>80000	3:1	<500	需装直管段	重	中	长
转子式	玻璃管转子流量计	液体气体	4~100	0.01~40 0.016~1000	1600	1200	±(1~2.5)	>10000	10:1	10~700	要垂直安装	轻	低	中
	金属管转子流量计	液体气体	15~150	0.012~100 0.4~3000	6400	150	±2	>100	10:1	300~600	要垂直安装	中	中	长
容积式	椭圆齿轮流量计	液体	10~250	0.005~500	6400~10000	60	±0.5	500	10:1	<2000	要装过滤器	重	中	中
	腰轮流量计	液体气体	15~300	~1000	6400	60	±(0.2~0.5)	500	10:1	<2000	要装过滤器	重	高	中
	旋转活塞流量计	液体	15~100	0.2~90	6400	120	±(0.2~0.5)	500	10:1	<2000	要装过滤器	小	低	中
	皮囊式流量计	气体	15~25	0.2~10	400	40	±2	—	10:1	13	—	小	低	长
速度式	水表	液体	15~600	0.045~3000	1000	40~100	±2	—	>10:1	<2000	水平安装	中	较低	中
	涡轮流量计	液体气体	4~500 10~50	0.04~6000 2~200	6400	120	±(0.5~1)	20	10:1	<2500	有直管段并装过滤器	小	中	较低

表 33-20 流量仪表代号

代 号	名 称	代 号	名 称	代 号	名 称
LG	差压流量计	LL	腰轮流量计	LB	靶式流量计
LZB	玻璃管转子流量计	LH	旋转活塞流量计	LD	电磁流量计
LZ	金属管转子流量计	LX	水 表	LU	旋进旋涡流量计
LC	椭圆齿轮流量计	LW	涡轮流量计	LR	涡列流量计

33.1.3.2 差压流量计

差压式流量计是工业上使用最多的一种流量计,大概有70%以上的流量计是选用这一型式的。它的特点是结构简单,安装方便,使用可靠。节流装置只要按照国家规定标准要求设计加工成形,并按规定安装以后,就可以使用。不作个别标定也能在1%~2%的准确度范围内进行流量测量。

差压式流量计由节流装置和差压测量装置组成。节流装置一般包括节流件、取压装置和符合要求的上下游直管段等。

在管道中放置一个固定的节流装置,当充满圆管的单相流体流经节流装置时,流束将在节流件处形成局部收缩,使流速增加,静压力降低,于是在节流件前后产生压差。压差流量计的原理如图33-17所示。

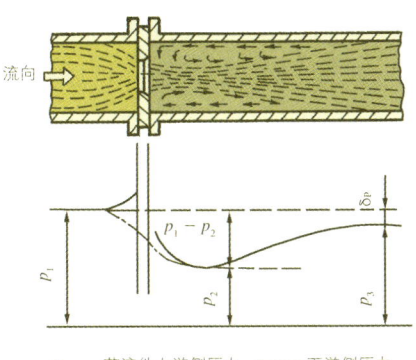

p_1——节流件上游侧压力;p_2——下游侧压力

图 33-17 差压流量计的原理图

压差通过管道引入到差压流量计内,测得压差 Δp,便可求得流过管道流体的体积流量 Q,质量流量 M。压差与流量的关系为

$$Q = \frac{C}{\sqrt{1-\beta^4}} \varepsilon \frac{\pi}{4} d^2 \sqrt{\frac{2\Delta p}{\rho}} \quad (\text{m}^3/\text{s})$$

或 $Q = \alpha \varepsilon \frac{\pi}{4} d^2 \sqrt{\frac{2\Delta p}{\rho}} \quad (\text{m}^3/\text{s})$

$$M = \alpha \varepsilon \frac{\pi}{4} d^2 \sqrt{2\rho\Delta p} \quad (\text{kg/s})$$

$$\alpha = \frac{C}{\sqrt{1-\beta^4}}$$

$$\beta = d/D$$

式中:β——节流件直径比
d——节流件开孔直径,m
D——管道内径,m
Δp——节流件上游侧压力 p_1 和下游侧压力 p_2 之差,Pa
ρ——节流件上游侧一定温度和压力下流体的密度,kg/m³
C——流出系数
α——流量系数,由实验求得
ε——气体膨胀系数(测液体时 $\varepsilon=1$)

节流装置可分为标准节流装置与非标准节流装置两类。

(1)标准节流装置已有国家标准和国际标准,节流件可根据计算结果制造和使用,不必用实际方法进行单独标定。其结构简单,使用寿命长,适用性比较广泛,几乎能测量各种工况条件下的单相流体的高温高压下的流体,范围度(最大测量范围与最小测量范围之比)与差压变送器有关,不小于4:1。但对安装要求比较严格,上下游需要有足够长的直管段,压力损失较大。标准节流装置的主要技术参数与适用范围见表33-21。

表 33-21 标准节流装置的主要技术参数与适用范围

节流件	名称主要技术参数	适用范围
角接取压孔板	流出系数的计算式 $C=0.5959+0.0312\beta^{2.1}-0.1840\beta^8+0.0029\beta^{2.5}\times(10^6/R_{eD})^{0.75}$ C 的不确定度	广泛用于清洁流体,流体必须充满圆管和节流装置,流体必须是单相流体或者可认为是单相流体使用极限范围为

表 33-21（续）

节流件	名称主要技术参数	适用范围
角接取压孔板	当 $\beta \leqslant 0.6$ 时为 $\pm 0.6\%$ 当 $0.6 < \beta \leqslant 0.75$ 时为 $\pm \beta \%$ 流束膨胀系数的计算式 $\varepsilon = 1 - (0.41+0.35\beta^4)\dfrac{\Delta p}{\gamma}P_1^{-1}$ γ——比热比 ε 的不确定度为 $\pm \dfrac{4\Delta p}{P_1}(\%)$ 压力损失估算式 $\Delta\omega = \dfrac{\sqrt{1-\beta^4-c\beta^2}}{\sqrt{1-\beta^4}+c\beta^2}\Delta p$	$50\text{mm} \leqslant D \leqslant 1000\text{mm}$ $d \geqslant 12.5\text{mm}$ $0.20 \leqslant \beta \leqslant 0.75$ R_{ed} 为雷诺数 ① 当采用角接取压方式时 $R_{ed} > 5000$（$0.20 \leqslant \beta \leqslant 0.45$） $R_{ed} \geqslant 10000$（$\beta < 0.45$） ② 当采用法兰取压孔板、D 和 $D/2$ 取压孔板时 $R_{ed} \geqslant 1260\beta^2 D$
法兰取压孔板	流出系数的计算式 当 $D \leqslant 58.42\text{mm}$ 时 $C=0.5959+0.312\beta^{2.1}-0.1840\beta^8+0.0029\beta^{2.5}\times(10^6/R_{eD})^{0.75}+0.039\beta^4$ $(1-\beta^4)^{-1}-0.856\beta^3 D^{-1}$ 当 $D > 58.42\text{mm}$ 时 $C=0.5959+0.0132\beta^{2.1}-0.1840\beta^8+0.0029\beta^{2.5}\times(10^6/R_{eD})^{0.75}+2.286D^{-1}\beta^4$ $(1-\beta)^{-1}D^{-1}-0.856\beta^3 D^{-1}$ C 的不确定度、流束膨胀系数的计算式、ε 的不确定度以及 压力损失估算式均与角接取压孔板的相同	
D 和 $D/2$ 取压孔板	流出系数的计算式 $C=0.5959+0.0312\beta^{2.1}-0.1840\beta^8+0.0029\beta^{2.5}\times(10^6/R_{eD})^{0.75}+0.039\beta^4$ $(1-\beta^4)^{-1}-0.0185\beta^3$ C 的不确定度、流束膨胀系数的计算公式、不确定度以及 压力损失估算式均与角接取压孔板的相同	
ISA 1932 喷嘴	流出系数的计算式 $C=0.9900-0.2262\beta^{4.1}-(0.00175\beta^2-0.0033\beta^{4.15})(10^6/R_{eD})^{1.15}$ C 的不确定度 当 $\beta \leqslant 0.6$ 时为 $\pm 0.8\%$ 当 $\beta > 0.6$ 时为 $\pm (2\beta - 0.4)\%$ 流束膨胀系数的计算式 $\varepsilon = \left[\left(\dfrac{\lambda \tau^{\frac{2}{\lambda}}}{\lambda-1}\right)\left(\dfrac{1-\beta^4}{1-\beta^4 \tau^{\frac{2}{\lambda}}}\right)\left(\dfrac{1-\tau^{\frac{\lambda-1}{\lambda}}}{1-\tau}\right)\right]^{0.5}$ ε 的不确定度为 $\pm 2\dfrac{\Delta p}{P_1}(\%)$ 压力损失估算式与角接取压孔板的相同	压力损失小，适用于测量蒸气流量 使用极限范围为 $50\text{mm} \leqslant D \leqslant 500\text{mm}$ $0.30 \leqslant \beta \leqslant 0.80$ $0.30 \leqslant \beta \leqslant 0.44$ 时 $70000 \leqslant R_{ed} \leqslant 10^7$ $0.44 \leqslant \beta \leqslant 0.80$ 时 $2000 \leqslant R_{ed} \leqslant 10^7$
长径喷嘴	流出系数的计算式 $C=0.9965-0.00653\beta^{0.5}(10^6/R_{eD})^{0.5}$ C 的不确定度为 $\pm 2\%$ 流束膨胀系数的计算式、不确定度均与 ISA1932 喷嘴的计算式 相同。压力损失估算式与角接取压孔板的相同	使用极限范围为 $50\text{mm} \leqslant D \leqslant 630\text{mm}$ $0.20 \leqslant \beta \leqslant 0.8$ $\times 10^4 \leqslant R_{ed} \leqslant 1 \times 10^7$
粗铸收缩段文丘里管	流出系数 $C=0.984$ C 的不确定度为 $\pm 0.7\%$ 流束膨胀系数 ε 的计算式与 ISA1932 喷嘴的相同 ε 的不确定度为 $\pm(4+100\beta^8)\dfrac{\Delta p}{P}(\%)$ 压力损失大约是差压的 $5\% \sim 20\%$	使用极限范围 $100\text{mm} \leqslant D \leqslant 800\text{mm}$ $0.30 \leqslant \beta \leqslant 0.75$ $2 \times 10^5 \leqslant R_{ed} \leqslant 1 \times 10^6$

表33-21（续）

节流件	名称主要技术参数		适用范围
机械加工收缩段文丘里管	流出系数 $C=0.995$ C的不确定度为$\pm 1\%$ 流束膨胀系数的计算式、不确定度以及压力损失均与粗铸收缩段文丘里管的相同	压力损失小，适用于测量脏污流体	使用极限范围 $50\text{mm} \leqslant D \leqslant 250\text{mm}$ $0.40 \leqslant \beta \leqslant 0.75$ $2 \times 10^5 \leqslant R_{ed} \leqslant 1 \times 10^6$
粗焊铁板收缩段文丘里管	流出系数 $C=0.985$ C的不确定度为$\pm 1.5\%$ 流束膨胀系数的计算式、不确定度以及压力损失均与粗铸收缩段文丘里管的相同		使用极限范围 $200\text{mm} \leqslant D \leqslant 1200\text{mm}$ $0.40 \leqslant \beta \leqslant 0.70$ $2 \times 10^5 \leqslant R_{ed} \leqslant 1 \times 10^6$
文丘里喷嘴	流出系数 $C=0.9858-0.196\beta^{4.5}$ C的不确定度为$\pm(1.2+1.5\beta^4)$（%） 流束膨胀系数的计算式、不确定度以及压力损失均同粗铸收缩段文丘里管		使用极限范围 $65\text{mm} \leqslant D \leqslant 500\text{mm}$ $d \geqslant 50\text{mm}$ $0.316 \leqslant \beta \leqslant 0.775$ $1.5 \times 10^5 \leqslant R_{ed} \leqslant 2 \times 10^6$

（2）非标准节流装置 它的工作原理与标准节流装置的工作原理相同。只是由于缺乏足够的试验数据，尚未实现标准化。流出系数与膨胀系数可根据经验公式或者借助图表计算出来。为了提高精确度，对非标准节流装置，可以采用标定方法，确定其流出系数。

33.1.3.3 转子流量计

在流量测量中，转子流量计是量大面广的产品之一。它适用性广，可测液体、气体和蒸汽的流量；宜测中小管径的中小流量；压力损失小且恒定；测量范围比较宽；工作可靠且刻度线性；使用维护方便；对仪表前后直管段长度要求不高；测量精确度为$\pm 2\%$左右，受被测流体的密度、粘度、纯净度以及温度、压力的影响，也受安装垂直度的影响。转子流量计可分为玻璃转子流量计与金属转子流量计两大类。

玻璃转子流量计结构简单，成本低，易制成防腐蚀型仪表。它可直接读数，使用方便，应用最广泛。

金属转子流量计适用于不透明液体，以及高温、高压的场合，并可制成防爆型仪表。金属转子流量计输出标准信号，能实现流量的指示、计算、记录、控制和报警等多种功能。它既能就地指示，又能远传指示。

根据远传方式不同，金属管转子流量计又分为电远传和气远传两种。电远传转子流量计把浮子位移转换成0～10mA或4～20mA直流电流信号，气远传转子流量计把浮子位移信号转换为相应的气压信号输出。

转子流量计的结构如图33-18所示。当流体自下向上流过环隙时，把浮子托起，使锥管壁与浮子之间构成的环隙增大。当环隙对流体节流所产生的压差与浮子的质量相等时，

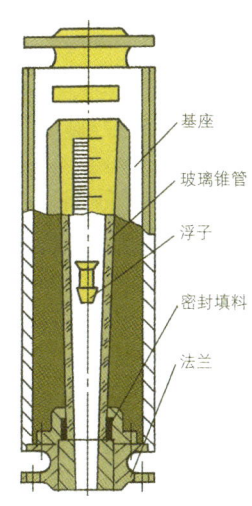

图33-18 转子流量计结构图

浮子即处在一定的平衡位置，这个平衡位置的高度，就代表转子流量计的流量读数。

图33-19为电远传转子流量计原理图，它由流量变送器和转换器两部分组成。浮子随流量的变化产生位移，通过磁钢的磁耦合，传递给杠杆，通过四连杆机构的调整，可以使指针有线性的流量指示。再通过第二套连杆机构的传动，使铁芯相对差动变压器产生位移，从而使差动变压器次级线圈输出相应的电势信号，经电转换单元后输出0～10mA、DE或4～20mA、DC的标准电流信号给显示仪表，以指示记录瞬时流量和累积流量；也可同时输入调节器作控制信号对流量进行自动控制。

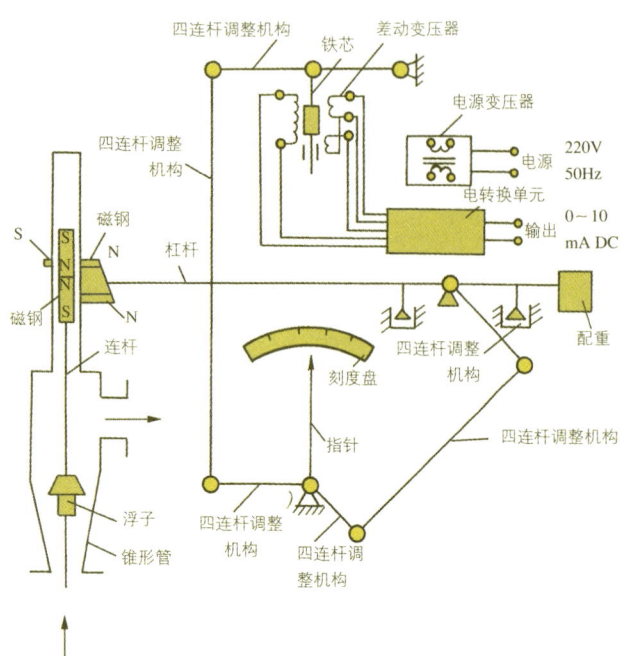

图 33-19 电远传转子流量计工作原理图

33.1.3.4 容积式流量计

容积式流量计主要用来测量不含固体杂质的液体。尤其适宜于测量较高黏度的液体流量和总量。它的测量范围较宽，一般量程比为 10∶1。精度较高，可达 ±0.2%。安装方便，仪表前后直管段要求不高。但仪表结构比较复杂，使用时需要细心维护。

1. 工作原理

容积式流量计测量原理如图 33-20 所示，它类似于一种标准容器，流量计内部的运动构件与壳件形成一个测量室，在仪表的入口和出口压力差的作用下，运动构件不断地将充满在测量室中的流体由入口排向出口，运动构件通过传动机构与计数器连接，计数器的读数即为流体总量。

2. 分类与用途

(1) 分类：容积式流量计有椭圆齿轮流量计、刮板流量计、活塞式流量计、腰轮流量计、伺服流量计、摆盘流量计与膜式煤气表等。

(2) 用途：椭圆齿轮流量计、刮板流量计和活塞式流量计宜测量黏性液体；腰轮流量计和伺服流量计，既可测黏性液体，又可测气体；摆盘流量计宜测量气体；膜式煤气表宜测量煤气。

3. 性能（表 33-22、表 33-23）

表 33-22 容积流量计的技术性能

项　目	内　容
精确度	液体为被测量值的 ±0.5%
	气体为测量上限值的 ±1%
范围度	10∶1
设计压力（MPa）	<9.5
设计温度（℃）	液体 ≤315
	气体 ≤121
管径（mm）	300 以下

表 33-23 椭圆齿轮流量计主要技术数据

型号	口径(mm)	最小流量(m³/h)	最大流量(m³/h)	精度	工作压力	主要生产厂
LC-10	10	0.04	0.4			
LC-15	15	0.15	1.5			合肥仪表厂、辽宁营口市仪表厂、天津花园仪表厂、济南第四仪表厂、上海光华仪表厂、广东湛江仪表厂等
LC-20	20	0.3	3			
LC-25	25	0.6	6	0.5	1.6 MPa	
LC-40	40	1.5	15			
LC-50	50	2.4	24			
LC-80	80	6	60			
LC-100	100	10	100			
LC-150	150	12	120			

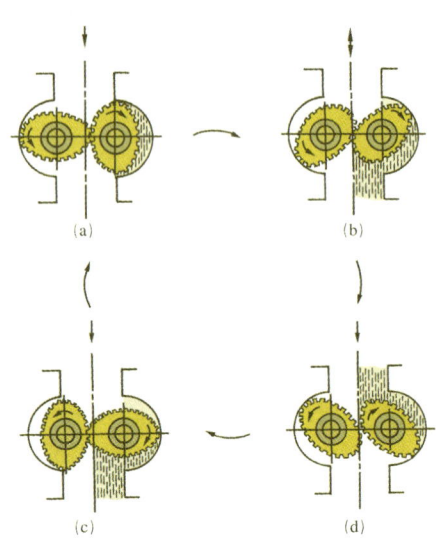

图 33-20 容积式流量计的结构图

33.1.3.5 涡轮流量计

涡轮流量计是将涡轮置于被测流体中，流体流动冲击涡轮叶片转动，用测量涡轮的转速来反应流体的流量，涡轮流量计由变送器和显示仪表两部分组成。应用涡轮流量计，可以实现流量的指示、总量的计算。

涡轮流量变送器的结构如图 33-21 所示。当被测流体冲击涡轮叶片，使涡轮旋转时在规定的流量范围内，和在一定流体黏度下，转速与流速成线性关系。涡轮转动使导磁叶片通过磁钢时，周期地切割磁力线，使磁路的磁阻发生周期性的变化，通过线圈感应出频率与流量成正比的交流信号。该信号经放大、整形，送到十进制计数器或频率计进行计数，显示总的累积流量。同时，将脉冲频率经过频率—电压转换进行瞬时流量指示，其原理方框图如图33-22所示。

表3-24是LW系列涡轮流量变送器的主要参数。

33.1.3.6 电磁流量计

电磁流量计是利用电磁感应原理制成的流量检测仪表。凡是导电液体均可用电磁流量计进行计量。它能测量具有一定电导率的酸、碱、盐溶液，并允许其含有固体颗粒或纤维状杂质。由于电磁流量计有许多特点，目前在工业上得到了广泛应用。

电磁流量计整套仪表由电磁流量变送器和转换器两部分组成。变送器安装在被测介质的管道中，将流经管内的流体流量值线性地变换成感应电势信号，并通过传输线将此信号送到转换器中去。转换器将变送器送来的流量信号进行比较、放大，并转换成统一标准的输出信号（0~10mA直流信号），以实现对被测液体流量的远距离指示、记录、计算或调节。

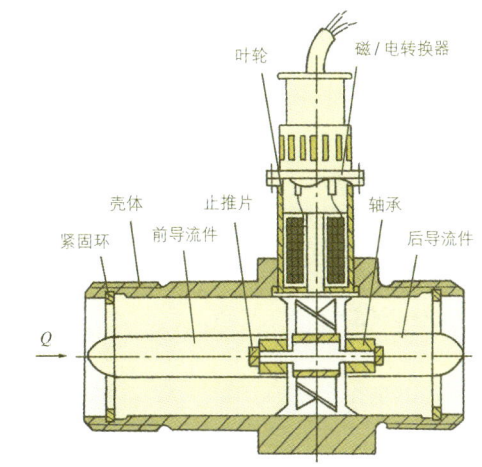

图33-21 涡轮流量变送器的结构

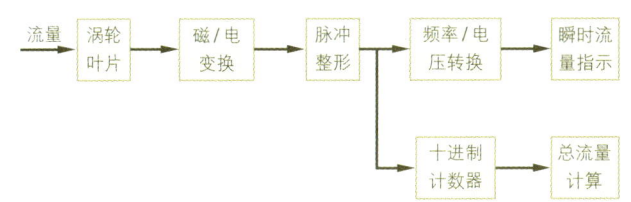

图33-22 涡轮流量计组成方框图

表33-24 LW系列涡轮流量变送器主要技术参数

型号LW		6	10	15	25	40	50	80	100	150	200
口径（mm）		6	10	15	25	40	50	80	100	150	200
测量范围（水）L/s	最小流量	0.028	0.069	0.166	0.44	0.889	1.66	4.44	6.94	13.89	27.77
	最大流量	0.17	0.44	1.11	2.77	5.551	1.112	7.774	4.44	88.89	166.6
承受最大工作压力 MPa			16				6.4			2.5	
最大流量下压力损失 kPa						≤25					

主要生产厂：天津自动化仪表三厂、上海自动化仪表九厂、广东湛江仪表厂

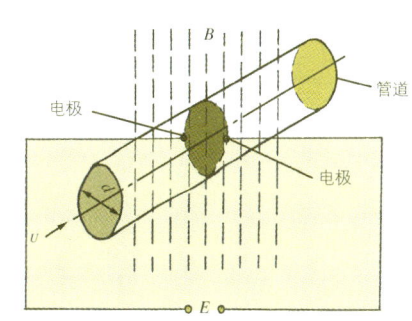

图33-23 电磁流量计原理图

电磁流量计的原理如图33-23所示。它是根据电磁感应定律而工作的，在由非磁性材料制成的管道内，流过导电液体如同无数连续直径为d的导电薄圆盘，它等效于长度为d的导电体，做垂直于磁场方向的运动，液体圆盘切割磁力线，根据电磁感应定律，在与液流方向V和磁力线方向B都垂直的方向上产生感应电动势E，该感应电动势的大小与介质的体积流量成比例。

变送器输出的感应电动势E是一个微弱交流信号，其中包括各种干扰成分。因此要求转换器具有很高的输入阻抗，且能抑制各种干扰成分，图33-24是转换器原理方块图。电磁流量计主要技术数据见表33-25。

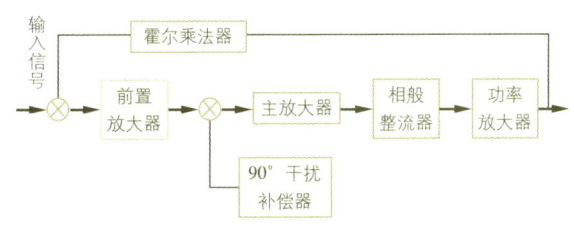

图33-24 电磁流量转换器原理方块图

表33-25 电磁流量计主要技术数据

型号	LD-4	LD-6	LD-8	LD-10	LD-25	LD-50	LD-80	LD-150	LD-400
口径（mm）	4	6	8	10	25	50	80	150	400
满量程的起始值	70l/h	120l/h	270l/h	450l/h	—	—	—		
最大流量	—	—	—	—	60、120、200/min	15、30 m³/h	40、70 m³/h	800 m³/h	5000 m³/h
最小流量为				最大流量的3%				200m³/h	1000m³/h
工作电流（安）		1.4			4	2.5	3		
被测液体的最低电导率				10^{-4}s/cm				10^{-4}s/cm	
介质温度				0～60℃				5～60℃	
最高工作压力（MPa）			0.3			1.6	1.6		
精度				2.5				2.5	
衬里材料	聚四氟乙烯塑料或其他氟塑料				三氟氯乙烯塑料		三氟氯乙烯、耐酸搪瓷或耐酸橡胶	硬橡胶	
电源电压	交流220V、50Hz（附隔离变压器）				交流$220V_{-10\%}^{+5\%}$、50Hz			交流220V、50Hz	
消耗功率			50VA			880VA	550VA	660VA	
重量			约5kg			约32kg	约36kg	约70kg	

主要生产厂：武汉265厂、上海光华仪表厂、开封仪表厂、天津自动化仪表三厂等

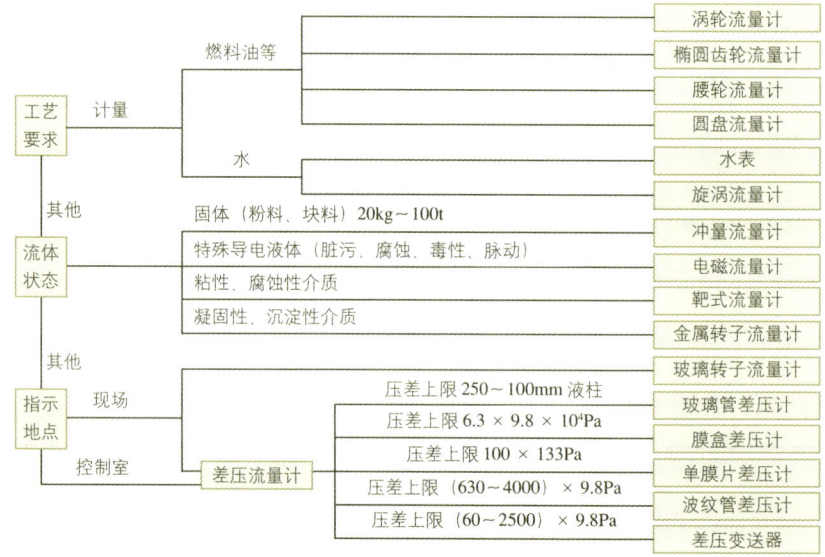

图33-25 流量检测仪表的选用

33.1.3.7 流量检测仪表的选用（图33-25）

33.1.4 物位检测

33.1.4.1 概述

物位检测在现代工业生产中占有重要地位。物位检测的主要目的有两个。一个是通过物位测量来确定容器里的原料、半成品或产品的数量，以保证能连续供应生产中各环节所需的物料或进行经济核算；另一个是通过物位检测，了解物位是否在规定的范围内，以便使生产正常运行，保证产品质量、产量和安全生产。

物位是液位、料位和相界面位置（界位）的总称。

(1) 液位是指液体表面的位置，即液体在容器中的高度。

(2) 料位是指固体块料、颗粒体、粉体等固体物料在各种容器中的高度。

(3) 界位是指两种互不相溶、密度不同的液体之间或固体与液体之间的分界面位置的高度。

测量、指示和控制物位的仪表叫做物位测量仪表。

物体测量仪表按测量方式可分为连续测量与定点测量两大类。

(1) 连续测量测量物位整个变化范围的称为连续测量。

(2) 定点测量检测物位是否到达上、下限等某个特定位置的称为定点测量。

物位检测仪表的分类和主要技术性能见表33-26。

表 33-26 物位检测仪表的分类和主要技术性能

类　别		适用对象	测器范围 (m)	允许温度 (℃)	允许压力 (kPa)	使用特征	测量方式	安装方式
直接式	玻璃管式	液体	<1.5	100~150	常压	直观	连续	侧面、旁通管
	玻璃板式	液位	<3	100~150	<4000	直观	连续	侧面
差压式	压力式	液位、料位	50	200	常压	适用大量程、开口容器	连续	侧面、底置
	吹气式	液位	16	200	常压	适用粘性液体	连续	顶置
	差压式	液位、界面	25	200	4000	法兰式可用于粘性液体	连续	侧面
浮力式	浮子式	液位、界面	2.5	<150	1600	受外界温度、湿度、强光以及灰尘的影响小	定点、连续	侧面、顶置
	翻板式	液位	<2.4	-20~120	<6400	指示醒目，可带信号远传	连续	侧面、旁通管
	沉筒式	液位、界面	3	<200	32000	受外界温度、湿度、强光和灰尘的影响小	连续	内沉筒、外沉筒
	伺服式	液位、界面	40	<100	常压	测量范围大，精确度较高	连续	顶置
机械接触式	重锤式	料位	23	<500	常压	受外界环境条件变化影响小，但可动件易卡死而使仪表失灵	连续、断续	顶置
	旋翼式	料位	由安装位置定	80	常压	受外界环境条件变化影响小，但可动件易卡死而使仪表失灵	定点	顶置、侧置
	音叉式	液位、料位	由安装位置定	120	1000	适用于测量密度较小的非粘滞性物料位	定点	侧面、顶置
新型及其他物位计	电阻式	液位、料位	几十米	200	5000	适用于导电介质的液位测量	定点、连续	侧面、顶置
	电感式	液位	5	100	6400	介质介电常数变化影响不大	连续	顶置
	电容式	液位、料位	几十米	-200~200	32000	使用范围广	定点、连续	侧面、顶置
	超声(声波)式	液位、料位	60	<150	400	不接触介质	定点、连续	顶置、侧面
	核辐射式	液位、料位	20	1000左右	由容器定	不接触介质及容器	定点、连续	侧面
	光学式	液位	由安装位置定	400左右	20000	防爆安全性好	定点	顶置、侧面
	热导式	液位	由安装位置定	200	20000	适用于高粘度或含气液体	定点	顶置、侧面

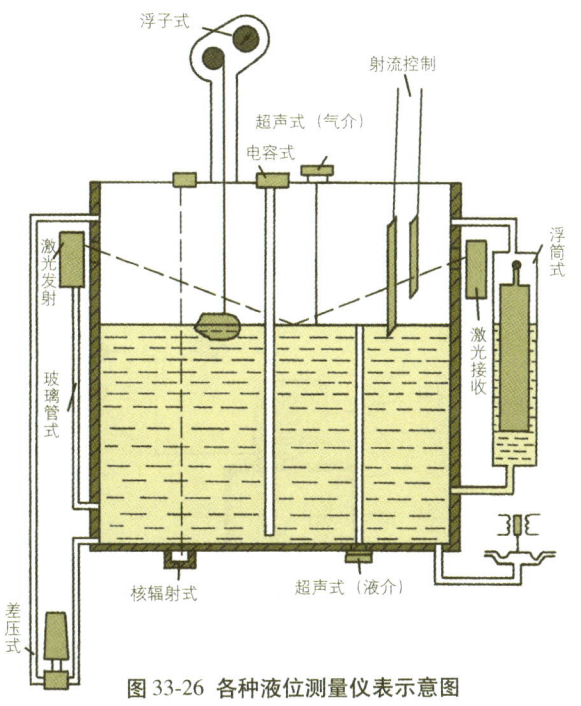

图 33-26 各种液位测量仪表示意图

图 33-26、图 33-27、图 33-28 为部分液位测量仪表、料位测量仪表和界位测量仪表的安装和使用示意图。

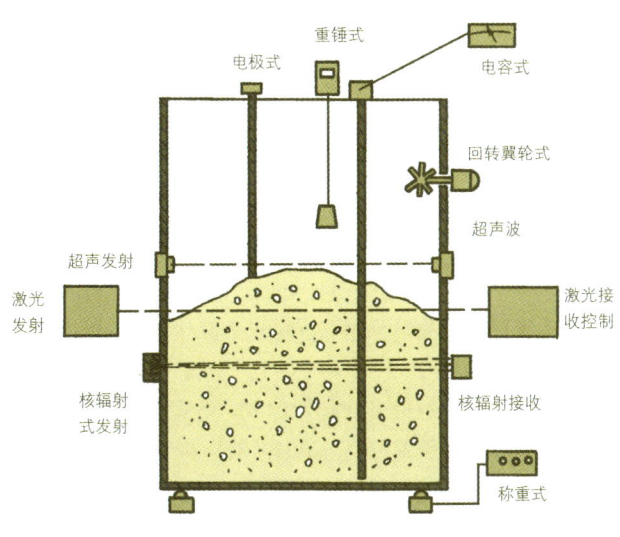

图 33-27 各种料位测量仪表示意图

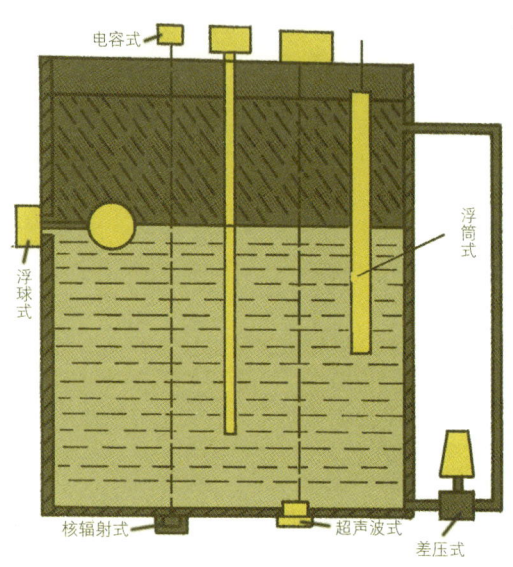

图 33-28 相界面位置的各种测量方法示意图

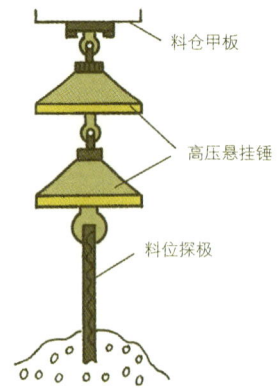

图 33-29 电阻式料位计的探极

33.1.4.2 电阻式料位计

电阻式料位计可用来定点指示导电物料或导电性能虽不很好，但含有一定水分，能弱导电的物料料位。

料位计的探极（图 33-29）可用普通的钢丝绳或圆钢棒料，钢丝绳吊于悬挂锤上，然后装在料仓甲板上。

线路采用射极耦合双稳态触发器，当物料未接触探极时，晶体管 T_1 导通，T_2 截止（图 33-30）。当物料接触探极后，T_1 管的基极经电阻 R_m 接地，基极电位升高，使晶体管 T_1 截止而 T_2 导通，于是继电器 J 吸上，信号灯 D 燃亮。这样，上限料位信号灯亮时应立即停止进料，下限料位信号灯灭表明已低于下限料位，应进料。

33.1.4.3 重锤探测式料位计

1. 结构与原理

重锤探测式料位计是用机械——电子系统模拟人工探测方式来检测料位的。其结构原理如图 33-31。在测量过程开始前，挂在钢缆一端的重锤处于起始位置（最高位置），当定时器（或手动给出）的起动信号到来时，测量过程开始，在清除前次测量值的同时，电动机转动，放下重锤，在重锤下放过程中，测量仪表给出与下放距离成正比的电脉冲信号。当重锤接触至物料面时，钢缆张力突然减小，张力检测元件产生一个失重信号，在停止发出计数脉冲的同时，控制电动机反转，将重锤提升回起始位置，测量过程结束。在计算显示单元中，可预置料仓总高度，然后将所接收脉冲减法计数，这样减去空间部分长度后，显示值即为料仓内的物位。同时可用带寄存器的数模转换器转换成 4~20mA DC 电流信号输出。

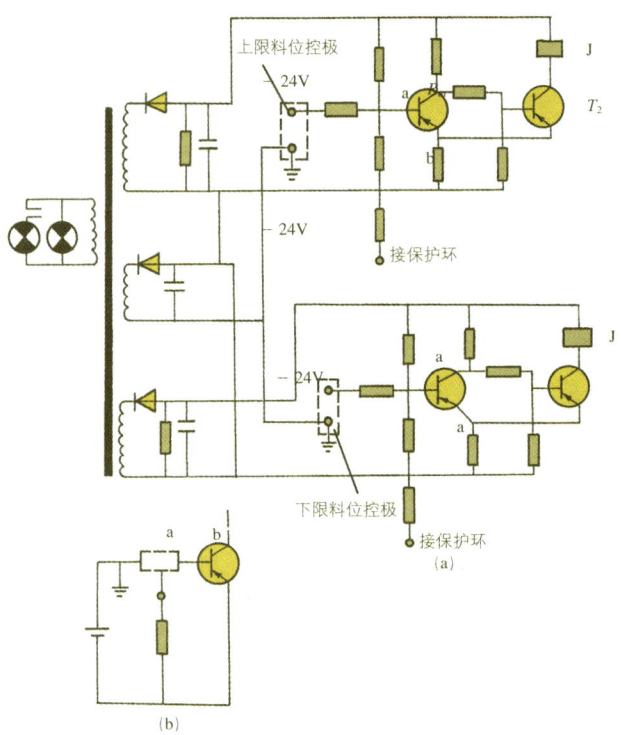

图 33-30 电阻式料位计原理电路图

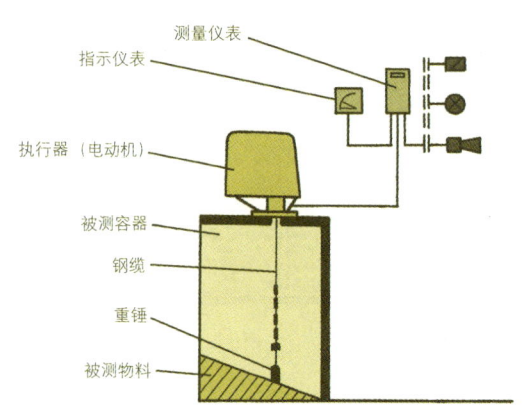

图 33-31 重锤探测式料位计的结构原理图

表33-27 重锤探测式料位计的技术指标

项 目	内 容
测量范围 (m)	30 (最大可达70)
分辨力 (cm)	1~10
输出信号	脉冲信号 (每个脉冲表示1cm)，4~20mA DC

主要生产厂：上海自动化仪表五厂、上海自动化仪表十一厂、大连第五仪表厂、辽阳市自动化仪表厂等

2. 特点

可用于高温及粉尘环境、量程大，可连续测量。但由于是接触式测量。易受物料的影响（如加料时不能测量，因为此时重锤易被覆盖，影响电动机正常工作），机械故障率高，维护量大，大量程时测量周期长。

3. 技术指标 (表33-27)

33.1.4.4 电容式物位计

电容式物位计是直接把物位变化量转换成电容的变化量，然后再转换成统一的电信号进行传输、处理，最后进行显示或记录。

1. 工作原理

电容式物位计的原理如图33-32所示。两个相互绝缘的电极间的电容量由电极的形状、尺寸、相对位置及电极间介质的介电常数决定，若同心圆筒电极间，如果原来存在介电常数为E_1的物质，而下部高度为L部分改变为介电常数为E_2的物质后，则两种场合电容量的变化ΔC可由下式表示：

$$\Delta C = K \cdot \frac{E_2 - E_1}{\lg D/d} L$$

式中：E_1、E_2——两种物质的介电常数

　　　d——电极直径

　　　D——圆筒直径

　　　L——液体高度

当条件不变时，$K(E_2-E_1)/\lg(D/d)$为常数；ΔC与L成正比，测量ΔC即可得知物位L

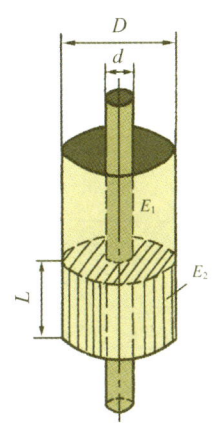

图33-32 电容式物位计的原理

表33-28 电容式物位计的技术指标

项 目	内 容
量程 (m)	50 (最大)
精确度 (%)	±1.0
使用压力 (kPa)	600, 2500
使用温度 (℃)	-40~100 (普通型)，-196~200 (特殊型)
输出信号 (mADC)	4~20

主要生产厂：上海自动化仪表厂、江苏海安自动化仪表厂、银河仪表厂等

2. 特点

电容式物位计一般不受真空、压力和温度等环境条件的影响，安装方便，信号能远传，结构牢固，维护量少，成本低。

工业生产中应用的电容物位计，其电容变化量值很小（一般为PF数量级），直接测量电容变化量有困难，因此需要通过测量电路、放大器和转换器才能作显示和远传。

3. 技术指标 (表33-28)

33.1.4.5 回转翼轮式料位讯号器

图33-33为料位讯号器实例，它主要由同步电机，齿轮，蜗轮-蜗杆，微动开关和回转翼轮等组成。用于料斗或料仓内对料位的上限报警。同步电机通过齿轮对、蜗轮-蜗杆带动回转翼轮，以 1.2r/min 的速度旋转。当翼轮触及物料时，受到阻力停止转动，但在电动机作用下，蜗杆轴继续转动，并沿蜗轮切向向前移动，压缩弹簧，推动微动开关，切断电机电源；同时闭合报警触点，发出讯号。当料位低于回转翼轮时，阻力消除，弹簧力推动蜗杆退到原来位置，微动开关复位，电机重新正常运转，这样就可以进行高料位发讯。同理，根据不同安装也可实现低料位报警。

上述仪表使用于常温常压，与物料接触部分，用不锈钢制成，这样不致产生铁锈，也不致受物料粘染而腐蚀。并且

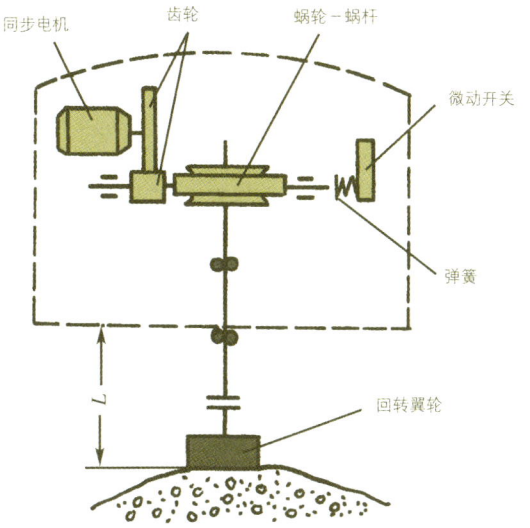

图33-33 回转翼轮式料位讯号器

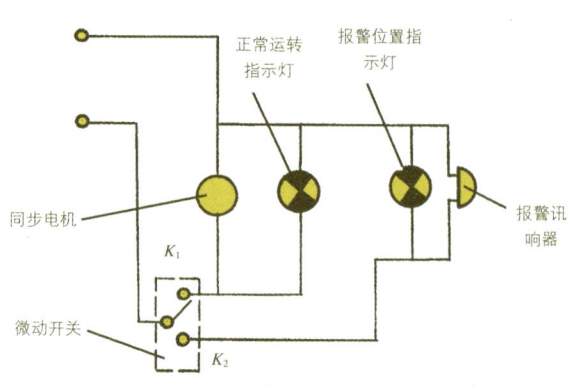

图 33-34 电路原理图

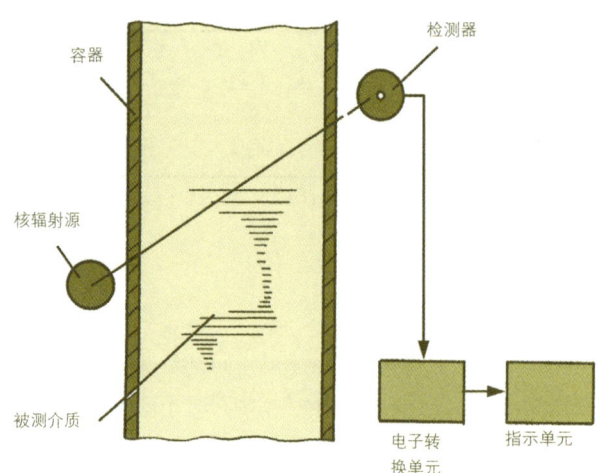

图 33-35 核辐射物位计组成示意图

经常保持蜗轮正反转及蜗杆轴向移动的灵活。翼轮阻力、弹簧推动与摩擦应合理配合。

仪表电路原理示于图 33-34，微动开关位置 K_1 为正常运转，这时指示灯①工作；K_2 为报警位置，报警时指示灯②及讯响器工作。

33.1.4.6 核辐射式物位计

放射线同位素的射线透过某些物质，因物质不同，则对射线的穿透与吸收能力也不等。一般固体吸收能力最强，只有一部分射线能穿透过去，大部分射线被固体介质吸收，穿透过去的射线强度也随着所通过的介质厚度增加而减弱；液体的吸收能力次之；气体最弱。这样利用物质对放射性同位素射线的吸收作用来测量物位的仪表称为核辐射式物位计。

1. 工作原理

射线穿透物质时，被物质的原子散射和吸收，它的强度随着被穿透物质的增加呈指数规律衰减。

$$I = I_0 e^{-\mu d}$$

式中：I——射线穿透物质后的辐射强度

I_0——射线穿透物质前的辐射强度

μ——物质对射线的吸收系数

d——射线穿透物质的厚度

γ 射线比 α 和 β 射线的波长更短，穿透能力更强。因此，在核辐射式物位仪表中所应用的核辐射线以 γ 射线居多。物位仪表所选用的 γ 射线放射源通常为钴-60（CO^{60}）或铯-137（CS^{137}），人造板生产中亦有用镅-241（AM^{241}）的。

2. 组成

核辐射物位计一般由核辐射源（放射源及其防护容器）、检测器（常用的核辐射检测器有：电流离室、盖格计数管、闪烁计数器等）、电子转换单元及指示单元四个部分组成。

核辐射物位计的组成如图 33-35 所示。核辐射源及检测器分别安装在容器的两侧。检测器处的射线强度将根据容器内被测介质物位的变化而改变，并把射线强度转换成电信号，然后通过电子转换单元，由指示单元显示物位值。电子转换单元将检测器所输出的电信号转换成直流信号供指示或报警，也可供常规仪表记录和控制。除放射源和检测器外，仪表的其余部分皆可安装于主控制室或操作台，其间由远传电缆相连。

3. 应用及防护

在使用核辐射式物位计时需经卫生和安全检查部门的批准。实际使用时只要按规范进行操作，并无危险。放射源放在焊接密封的不锈钢容器中，铅制的保护罩使射线只向特定的方向辐射，其余方向均被吸收，任何人接近放射源罐都不会有危险。放射强度的选择保证即使在料仓室的情况下，在接收侧对人身也无危害。同时放射源罐上有一开关控制装置，在仪表停用或检修时，可关闭射线辐射。

图 33-36 为核辐射源安装使用实例。放射源密封于铅罐中，仅在发射一侧的圆柱形铅封上有一偏心小孔，使用时用把手转动铅封头，让射线经偏心小孔透过铝板射出。不用时旋转铅封头，将偏心孔封住。为防止放射源落出，在放射源小孔口用薄层不锈钢芯头封死，为确保安全，可用指针及标记来指示放射源是否处于工作中。

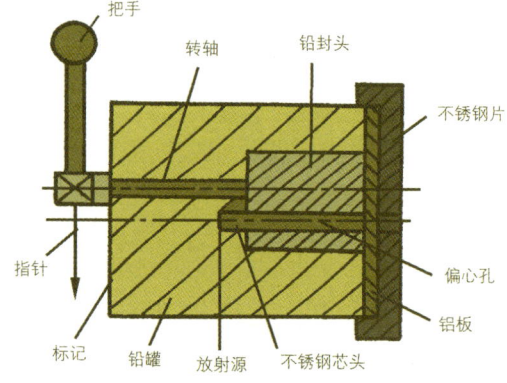

图 33-36 核辐射源安装防护

33.1.4.7 物位检测仪表的选用（图33-37）

33.1.5 位移检测

位移检测仪表是对物体位置移动量进行检测的仪表。它一般采用位移传感器和相应的电路，将直线位移或角位移转换成可测电信号再进行测量，位移传感器在生产过程中应用得很广，它不仅是检测位移和尺寸的传感器，而且也可以作为其他物理量（如力，压力，转矩和振动等）的传感器。因为这些物理量的变化，可以转换为位移量的变化。

位移检测仪表的分类按选用的传感器作用原理，可分为差动变压器、差动电感、自整角机、旋转变压器、转角编码器、感应同步器、光栅、磁尺、电位器、电容和电阻应变式等。

表33-29所列为位移检测仪表的分类、原理、量程范围与特点等。

33.1.6 速度检测

速度测量分为转速测量和线速度测量两类。转速测量的方法有把转速转换为位移（如离心式转速表，磁性式转速表），把转速转换为电压（如测速发电机），把转速转换为脉冲信号（如转速传感器等）。线速度的测量大都是从距离和

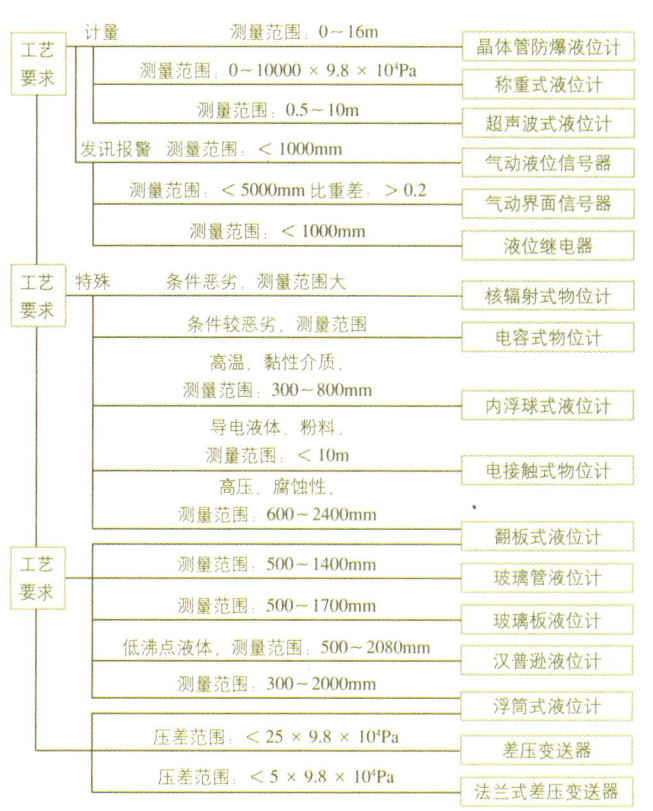

图33-37 物位检测仪表的选择示例

表33-29 位移检测仪表的分类、原理、量程范围与特点

分 类	测量原理	量程范围	特 点	典型产品例
差动变压器式位移测量仪	把位移转换成线圈互感量变化	$0.01\mu m \sim 1500mm$	测量力小，无滞后，线性好（0.05%），输出灵敏度高（0.1~5V/mm），负载阻抗范围宽，但有零点残余电压，有相位差	直线位移测量仪
差动电感位移测量仪	把位移转换成线圈电感量变化	$0.01\mu m \sim 1500mm$	同差动变压器式位移测量仪，但无相位差	直线位移测量仪
感应同步器	把位移转换成两个平面形印制电路绕组的互感量变化	长感应同步器为1050mm，圆感应同步器为$\phi 385mm$	非接触，寿命长，检测精确度及分辨力高（可达$1\mu m$），测量长度不受限制，温度影响小。但测量电路较复杂，输出信号小	圆感应同步器，长感应同步器
磁 尺	把位移转换成用录音磁头沿长度方向录音波长的变化	30m	安装容易，对使用环境无特殊要求。但抗干扰和稳定性较差，需防外磁场影响	液压缸位置测量仪
光栅位移测量仪	将位移转换成随标尺光栅移动而产生的横向莫尔条纹的移动数变化	直线为200mm，圆光栅为$\phi 70 \sim 100mm$	测量精确度高（$0.21\mu m$），输出数字信号，光栅刻度要求高，光电信号夹杂慢变化干扰信号	直线光栅位移测量仪，圆光栅位移测量仪
电容位移测量	将位移转换成极板电容量的变化	250mm	结构强度高，动态响应好，测量精确度高（0.01%），分辨力高（$0.011\mu m$）。但测量电路复杂且杂，输出阻抗高，易受干扰	直线位移测量仪

表 33-29（续）

分类	测量原理	量程范围	特点	典型产品例
增量型轴角编码器	通过编码器将角位移（转角）转换成脉冲信号	6000 脉冲数 / 转	结构简单，易进行零位调整和旋转方向判别。但抗干扰能力差，不能停电记忆	辊间距测量仪
绝对型轴角编码器	通过编码器将角位移（转角）转换成二进制数码信号	2^{14} 位	能停电记忆，抗干扰能力较强，但结构较复杂，不易判别旋转方向	辊间距测量仪

表 33-30 速度检测仪表的分类、原理、量程范围与特点

分类	测量原理	量程范围	特点	典型产品例
透光式速度检测仪	利用两个刻线盘的相对运动，形成明暗的窗口，通过光电作用，把速度变换成频率的脉冲	$(6\sim7)\times10^5$ r/min	能测量极低转速，输出大，加工方便，但寿命受光源的限制	光电转速仪，手持式数字转速表
反射式速度检测仪	利用被测点由反光面到无反光面（或相反变化时），通过光电作用，把速度变换成频率脉冲	$30\sim4.8\times10^5$ r/min	不增加被测轴的负载，但被测轴直径应大于 2mm	光纤转速仪
霍尔元件式速度检测仪	利用磁性元件转动时与霍尔元件交链的磁通发生变化，把速度转变成霍尔电动势的变化	6000 r/min	无触点，频率范围宽，寿命长	霍尔测速仪
激光式速度检测仪	利用多普勒频偏原理	0.01～1000 m/s	能直接测量线速度，测量精确度高，量程宽，频率响应快，实时性能好	激光式线速度测量仪
磁电式速度检测仪	利用感应齿轮与感应齿座相对角位移时，磁路中产生的磁阻变化	30～5000 r/min	环境适应性强，温度变化对测量精确度无影响，结构简单，刚性寿命长（半永久性）。但低速测量性能差	传送带传送速度测量仪

时间间接求得的，即把速度的测量转变为时间的测量，也可把线速度转变为转速后测量。或者用对加速度的积分、对线位移微分等方法测量。

速度检测仪表可分为接触式测量与非接触式测量；按测量方式，可分为直接测量与间接测量；按选用的速度传感器的工作原理，可分为光电、磁电、霍尔元件、激光等型式。在工业上应用得较多的是光电和磁电式。

速度检测仪表的分类、原理、量程范围与特点见表33-30。

33.1.7 水分检测

测量水分的方法有用电阻法、电容法、近红外线吸收法等，表33-31所示为水分计的原理、用途及含水率的范围。

红外水分仪

红外水分仪是利用水分对不同的红外能量吸收和反射而制成的。其特点为非接触式自动测量，可实现在线检测。红外水分仪由测量及信号处理和显示部分组成。测量部分主要

表 33-31 水分计的原理、用途及含水率范围

仪表类型	原理	用途	含水率范围
电阻水分计	利用电阻随水分增减而变化的原理	用于测量谷物、木材、纸张、土壤、烟草、砂糖等物质的含水量	0～50%
电容式水分计	利用比其他物质有更高的介电常数的特点	用于测量谷物、砂、布、木材等物质的水分	0～30% 误差为 ±5%
红外线吸收水分计	利用近红外的四个波长，对水有不同的吸收关系的原理，仪表分透光和反光测量两种类型	用于测量粉状、原板状等固体物质的水分	0～10% 误差为 ±1%
中子水分计	利用放射出来的中子与水分的氢元素相碰撞而减速的原理测含水量	用于测量土壤、矿石、纸张等物质的水分	50%～70% 误差为 ±0.5%～±2%
微波水分计	利用微波在含水的土壤中传输，会产生介质损耗和水的介电常数比干土壤大得多的关系，可从衰减量换算成土壤的含水分值	用于土壤的水分测量	0～70% 误差为 ±0.5%

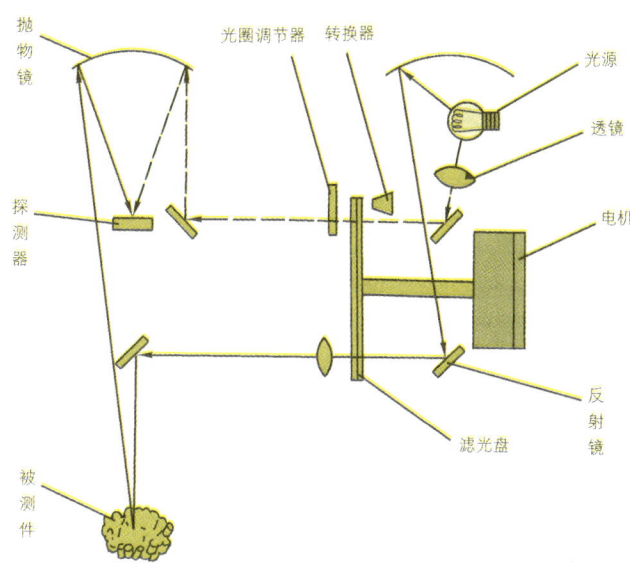

图33-38 红外水分仪

包括红外光源、滤波器、光学系统和用来接收红外光信号的红外探测器等,如图33-38所示。

从红外光源发出的光束一路经滤光盘调制成水分能吸收的波长,此为测量光束,另一路亦经滤光盘调制成不受水分影响的另一波长的参考光束。这两股光束均反射到探测器上(探测器为硫化铅光电池),通过测量这两个光束反映到探测器上的能量的比例,就可得出被测物质所含的水分。

33.1.8 火花探测

在木材加工生产过程中往往因为极小的火星、灼热的微粒和燃烧的薄片而引起火花和爆炸,目前常用探测火灾的方法有热检测和红外检测两种。

1. 热检测器

热检测的方法一般是在干燥滚筒出口处温度升高超过规定值时,就要减少燃烧气体进入炉内或者增加湿刨花的进料量,以降低筒内温度。此外,出现火焰时,调节器接通灭火装置的执行机构,向干燥滚筒出口处喷射蒸汽以制止火灾的发生。但热检测存在的主要问题是响应速度较慢。

2. 红外光检测器

红外光检测是探测木质碎料在燃烧时辐射出的红外光,这种检测器的响应速度极为迅速。我国从德国引进的人造板生产线中采用了Grecon公司的火花探测及灭火技术。该系统由三部分组成:

(1) 火花探测器;
(2) 火花信号处理中心单元;
(3) 自动灭火执行单元。

火花探测器是利用硅光电池感受火花,当干燥系统中出现火花时,探测器迅速探测信号,当火花经过装在探测器上的透光间隙时,光电池接收火花所辐射出的红外光,探测器则将火花的光信号变为脉冲电信号,并送到信号处理中心,根据脉冲的个数多少,认为有发生火灾的危险时,则电控单元发出火灾报警,或自动喷水灭火中断生产过程。

33.1.9 数控机床位置检测元件

33.1.9.1 概述

检测元件是数控机床伺服系统的重要组成部分。它的作用是检测位移和速度,发送反馈信号,构成闭环控制。不同类型的数控机床,对检测元件及由它构成的检测系统的精度要求不同。检测系统的精度直接影响数控机床的加工精度。数控机床对检测系统的主要要求有:

(1) 高可靠性和高抗干扰能力;
(2) 满足精度和速度要求;
(3) 使用维护方便,适合机床运行环境;
(4) 成本低。

常用的位置检测元件,见表33-32。

表33-32 常用的位置检测元件

	增量式	绝对式
回 转 型	增量式脉冲编码器 旋转变压器 圆感应同步器 圆光栅、圆磁栅	多速回转变压器 绝对式脉冲编码器 三速圆感应同步器
直 线 型	直线感应同步器 计量光栅 磁尺激光干涉仪	三速感应同步器 绝对值式磁尺

按工作条件和测量要求的不同,可采用不同的测量方式。

(1) 数字式测量和模拟式测量:数字式测量是将被测的量以数字的形式表示,测量信号一般为电脉冲。模拟式测量是将被测的量以连续物理变量来表示,如电压变化、相位变化等。

(2) 增量式测量和绝对式测量:增量式测量用以测量相对位移量,如测量单位为0.01mm,则每移动0.01mm就发出一个脉冲信号。绝对式测量用于测量绝对位移量。对于被测量的任意一点的位置均由固定的零点标定。

(3) 直接测量和间接测量:直接测量将检测元件直接安装在执行部件上。间接测量通过传动链与执行部件相连。前者不受传动链误差的影响,但受长度限制。

33.1.9.2 旋转变压器

旋转变压器是一种角度测量元件,在结构上和两相绕线式异步电动机相似,由定子和转子组成,分有刷和无刷两

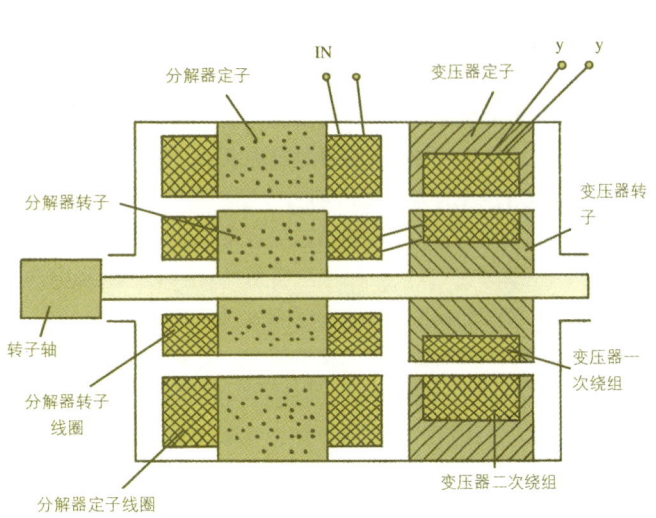

图 33-39 无刷旋转变压器结构示意图

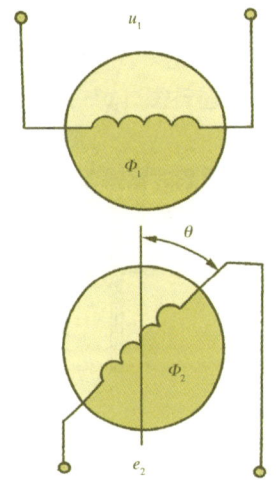

图 33-40 旋转变压器的工作原理（单相励磁）

种。在有刷结构中，定子与转子上均为两相交流分布绕组。绕组轴线分别相互垂直，转子绕组的端点通过电刷和滑环引出。无刷旋转变压器没有电刷与滑环，由两大部分组成，一部分叫分解器，其结构与有刷旋转变压器基本相同；另一部分叫变压器，它的一次绕组绕在与分解器转子轴固定在一起的轴线上与转子一起旋转；它的二次绕组绕在与转子同心的定子轴线上。分解器定子线圈接外加的励磁电压，它的转子线圈输出信号接到变压器的一次绕组，从变压器的二次绕组引出最后的输出信号。

无刷旋转变压器结构见图 33-39。

旋转变压器可靠性高，寿命长，不用维修，输出信号大，已在数控系统中广泛应用。

旋转变压器是根据互感原理工作的。它的结构设计与制造，保证了定子和转子之间的气隙内磁通分布呈正弦规律。当定子绕组加上交流励磁电压（频率为 2～4kHz）时，转子绕组中产生的感应电动势为：

$$e_2 = Ke_1\sin\theta \quad (\text{V})$$

式中：e_1——定子绕组感应电动势（V），它与外加电压大小相等，相位相反

K——电磁耦合系数

θ——定子绕组与转子绕组轴线间的夹角（图 33-40）

旋转变压器的工作原理见图 33-40。

实际上，当转子绕组中接负载时，其绕组中便有正弦感应电流通过。通常，在定子和转子上各安装两组互成 90°、匝数相等的绕组，这两组绕组称为正弦和余弦绕组，见图 33-41。

在图 33-41 中，转子绕组中一个接高阻抗作为补偿，另一作为输出信号。当定子绕组用两个相位相差 90°、幅值

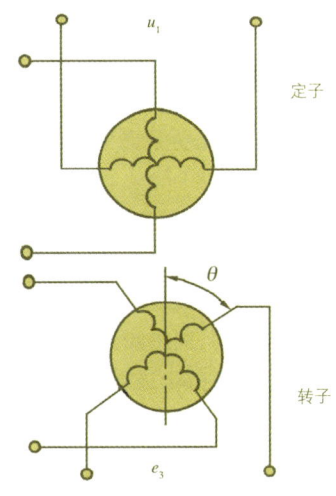

图 33-41 旋转变压器的工作原理（两相励磁）

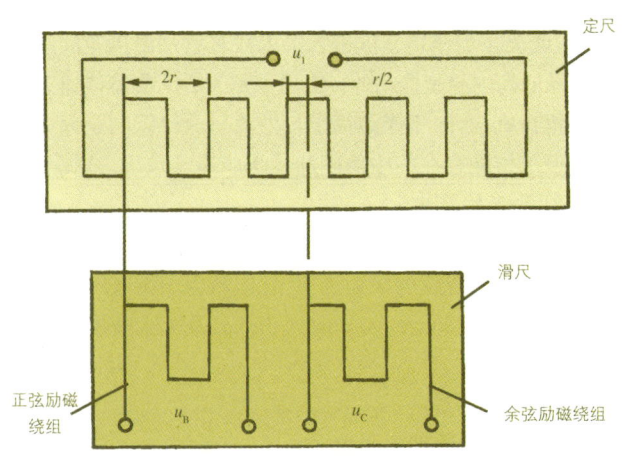

图 33-42 感应同步器工作原理

相等、频率相同的交流电压励磁时，即 $U_1=U_m\cos\omega t$、$U_2=U_m\sin\omega t$，应用叠加原理，转子绕组中的感应电动势为：

$$e_3=KU_m\sin\omega t\sin\theta +KU_m\cos\omega t\cos\theta$$

式中：U_m——外加到定子的最大电压

K——电磁耦合系数

ω——励磁电压的频率

θ——定子绕组与转子绕组之间的夹角（图33-41）

33.1.9.3 感应同步器

感应同步器有回转式（圆盘式）和直线式两种基本结构型式，前者用于转角位置的测量，后者用于直线位移的测量，它们工作的基本原理是相同的。

直线感应同步器由作相对平行移动的定尺和滑尺组成，定尺和滑尺之间保持一定的间隙，标准的感应同步器的定尺长度为250mm，表面制有连续绕组，绕组节距为2mm；滑尺上制有两组分段绕组，构成多组结构，连接成两相绕组，即正弦绕组和余弦绕组，两相对于定尺绕组在空间错开1/4节距，节距用$2t$表示，见图33-42。

当滑尺两个绕组内供以一定频率的交流电压时，由于电磁感应，在定尺绕组中产生感应电动势，感应电动势的大小和相位取决于定尺和滑尺的相对位置，图33-43中，在a点，滑尺与定尺绕组重合，这时感应电势最大，a点处于最高位置。当滑尺相对于定尺作平行移动时，感应电势就慢慢减小，移动到b点时，错开1/4节距，感应电势为零。如果再继续移动1/2节距，即到c点位置，得到的感应电势与a点相同，但极性相反，在3/4节距的d点时，感应电势又变为零，当移动一个节距到e点时，情况又与a点位置相同。这样，滑尺移动了一个节距，感应电势变化了一个余弦波形。感应同步器就是利用这种感应电势的变化，而进行位置检测的。

感应同步器把位移量变成电信号，然后由检测系统对电信号进行检测，从而达到测量位移的目的，根据供给滑尺两个绕组励磁的不同信号，感应同步器的测量方式有以下两种：

1. 鉴相方式

在滑尺的两个绕组中加上频率相同、幅值相同、相位相差90°的交流电压，则从定尺绕组取得的感应电势的幅值不变，但其相位随滑尺位移变化而变化，通过鉴相器测量定尺感应电动势的相位角，即可测量定尺相对滑尺的位移。

2. 鉴幅方式

当滑尺的两个绕组分别供以相位相同、频率相同、幅值不同的交流电压，则从定尺绕组输出的感应电势的幅值随着定尺和滑尺的相对位置的不同而发生变化，通过鉴幅器可以测量位移量。

感应同步器的测量精度高、测量距离长、抗干扰能力强，能直接输出数字信号，以及制造方便，使用寿命长，因此得到广泛应用。

感应同步器的主要性能：

动态范围	0.2～40m
精度	2.51mm
分辨率	0.11mm

33.1.9.4 光栅

光栅是在透明玻璃上或金属镜面反光平面上刻制的平行、等间距的密集线纹。用透明玻璃作基体，使用透射光的称为透射光栅；用金属镜面作基体的称为反射光栅。光栅位置检测装置见图33-44。标尺光栅和指示光栅分别安装在机床的移动部件及固定部件上，两者相互平行，保持0.05mm或0.1mm的间隙。

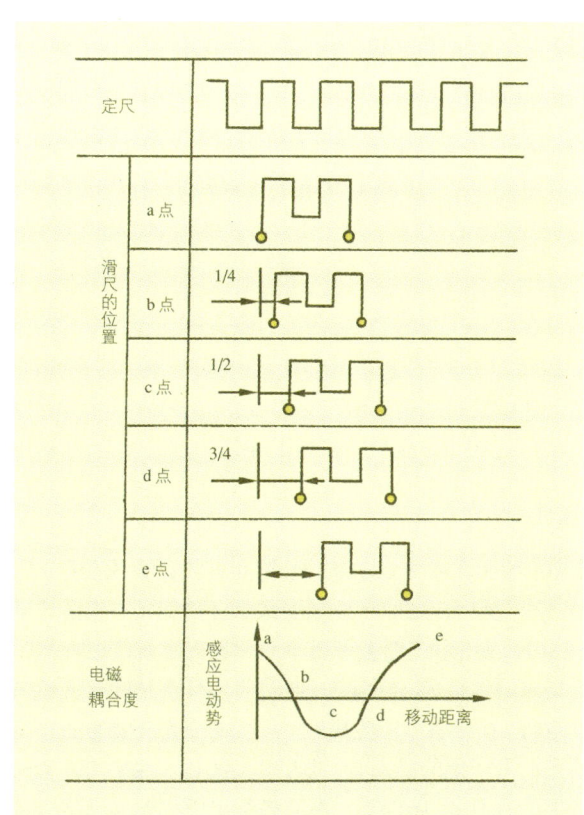

图33-43 感应同步器的工作原理

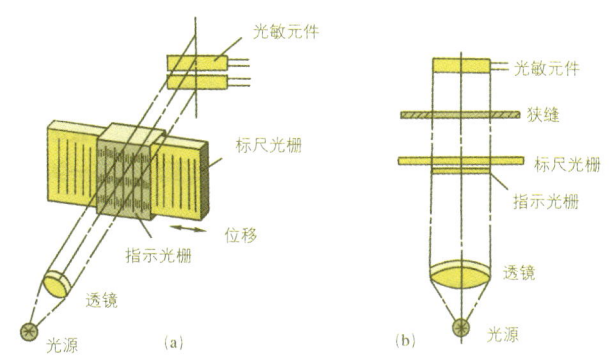

图33-44 光栅位置检测装置

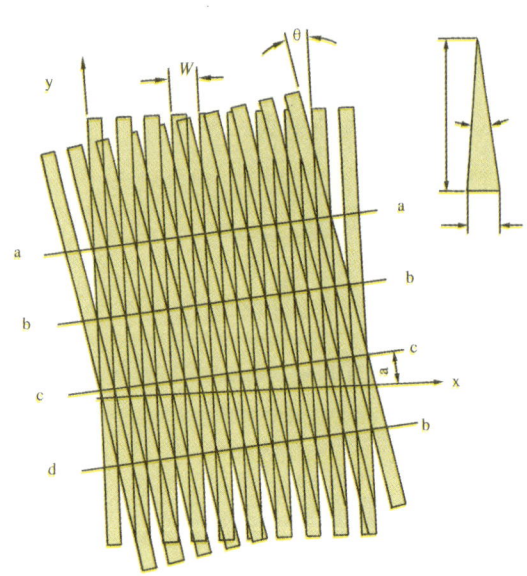

图 33-45 莫尔条纹原理

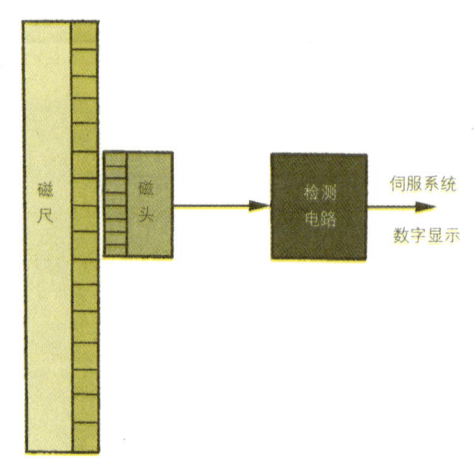

图 33-46 磁尺位置检测系统

下面以透射光栅为例说明其工作原理。若标尺光栅和指示光栅的栅距 W 相等。两块光栅平行安装，并使它们的线纹倾斜一个很小的角度 θ，当光源通过聚光镜呈平行光线垂直照射在标尺光栅上时，在与光栅线纹大致垂直的方向上产生明暗相间的条纹，这些条纹称为莫尔条纹，见图 33-45。

当标尺光栅相对于指示光栅移动时，莫尔条纹也移动，移动的方向与标尺光栅方向垂直。光栅作反方向移动时，莫尔条纹移动方向亦相反。从固定点观察到的莫尔条纹光强的变化近似正弦曲线，光电器件所感应的光电流的变化规律也近似正弦曲线，将光电流经放大、整形及微分处理后，可转换为数字脉冲信号。

每当指示光栅移动一个栅距 W，莫尔条纹则移动一个间距 B_H，相应地产生一个计数脉冲，用计数器来计算脉冲数，则可测得机床工作台移动的位移量。

莫尔条纹的间距 B_H 与光栅栅距 W 以及光栅线纹夹角 θ 有如下关系：

$$B_H = \frac{W}{2\sin\frac{\theta}{2}} \approx \frac{W}{\theta}$$

当 θ 很小时，B_H 将比 W 大许多倍，这就是光栅的放大作用，若 $W = 0.01$mm 时，把莫尔条纹的间距调成 10mm，则放大倍数相当于 1000 倍。

通过对莫尔条纹信号内插细分和辨向，即可检测出比光栅距还小的正、反向位移。

主要性能：

动态范围　　　　　　　　30～1000mm
分辨率　　　　　　　　　0.1～10mm

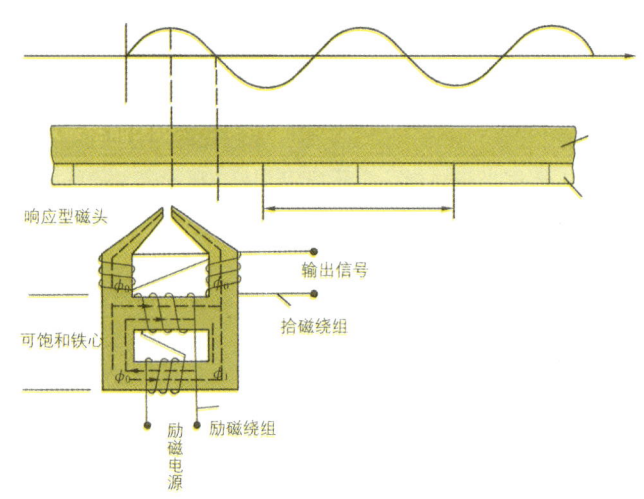

图 33-47 单磁头检测系统

33.1.9.5 磁尺

磁尺（磁栅）位置检测装置是由磁尺、磁头和检测电路组成，该装置的结构见图 33-46。

磁尺是在非导磁材料基体上涂复了磁性薄膜，然后用录磁磁头在其表面录制相等节距的周期性变化的磁化信号。磁头结构见图 33-47，磁头读取磁信号，它是进行磁电转换的变换器，为了在低速运动及静止时也能进行位置检测，采用磁通响应型磁头。这种磁头是用软磁材料制成二次谐波调制器。它由铁心、两个产生磁通方向相反的励磁绕组和两个串联的拾磁绕组组成。将高频（通常为 5kHz）励磁电流通入励磁绕组时，在磁头中产生磁通 ϕ_1。当磁头靠近磁尺时，磁尺上的磁信号产生的磁通 ϕ_0 进入磁头铁心，并被高频励磁电流产生的磁通 ϕ_1 所调制。在拾磁绕组中得到该励磁电流的二次调制电动势。

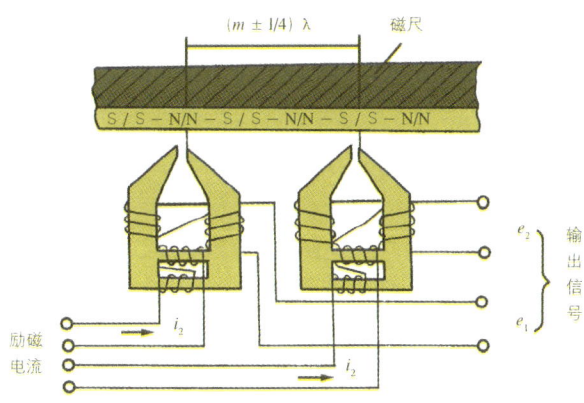

图 33-48 双磁头检测系统

$$e = E_0 \sin\frac{2\pi x}{\lambda} \sin\omega t$$

式中：E_0——感应电动势系数

λ——磁尺上磁化信号的节距

x——磁头相对于磁尺的位移量

ω——励磁电流的角频率

为了辨别磁头在磁尺上的移动方向，通常采用了间距为 $(m\pm1/4)\lambda$ 的两组磁头（其中 m 为任意正整数），见图33-48。图中，i_1、i_2 为励磁电流，在两拾磁绕组中感应的电动势 e_1、e_2 分别为：

$$e_1 = E_0 \sin\frac{2\pi x}{\lambda}\sin\omega t$$

$$e_2 = E_0 \cos\frac{2\pi x}{\lambda}\sin\omega t$$

e_1、e_2 是相位差90°的两个信号，根据它们相位超前或滞后，能确定移动方向。

由磁尺组成的检测系统，根据检测方法的不同可分为鉴幅型和鉴相型两种。

主要性能：

动态范围　　　　　　　　　　$1\sim20$m

分辨率　　　　　　　　　　　$1\,\mu$m

33.1.9.6 脉冲编码器

脉冲编码器是一种回转式脉冲发生器，能把机械转角变成电脉冲，是数控机床上使用很广泛的位置检测装置，脉冲编码器分为光电式、接触式及电磁感应式多种，目前使用较为广泛的是光电式脉冲编码器。

1. 增量式脉冲编码器

增量式脉冲编码器是指旋转的码盘给出一系列脉冲，然后根据旋转方向由计数器对这些脉冲进行加减计数，以此来表示转过的角位移。

光电增量编码器的原理如图33-49所示，在圆盘上刻有

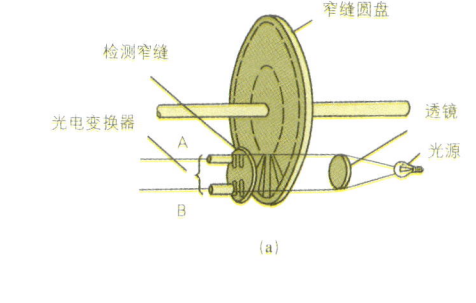

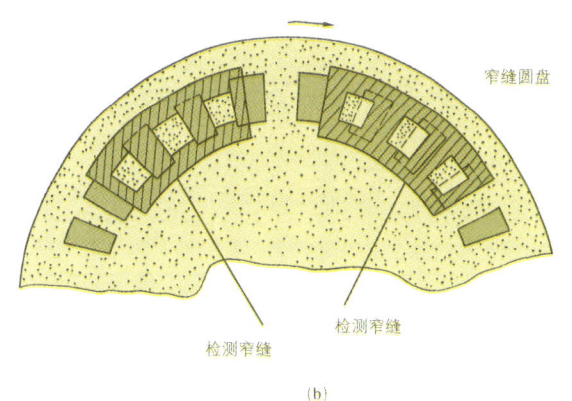

图 33-49 光电增量编码器结构原理图

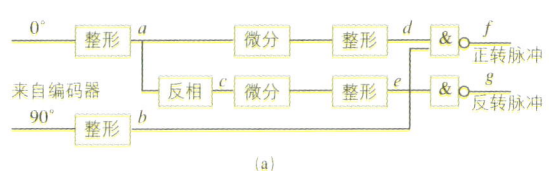

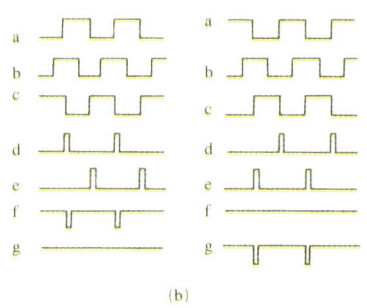

图 33-50 信号处理电路及光电输出波形图

节距相等的辐射状窄缝，与之对应的还有两组检测窄缝，其节距与圆盘的节距相同。

在图33-49a、b 两组检测窄缝错开1/4节距，其目的是使 A、B 两个光电转换器的输出信号在相位上相差90°。测量时，两组窄缝是静止不动的，圆盘与被测轴一起转动，这时在光电变换器 A 和 B 上就输出一个相位差90°的近似正弦波，经逻辑电路处理后用来判别被测轴的转动方向，其原理框图如图33-50（a）所示。

表 33-33 编码器的参数表

类 型	脉冲测速电机式	金属光栅盘式	玻璃光栅盘式		
生产单位	西安微电机研究所	台州无线电厂	长春第一光学仪器厂	南京 3304 厂	江苏张家港市光电仪器厂
型 号	130CYM600	SSJ-2	LEC LFM	B1270 MB1200	BM1 BM2
脉冲数（P/r）	600	1200	LEC：1000 LF：1200	1270 1200	1024
电源电压（V）		12	5	12	5
外形尺寸： 直径ϕ×长度（mm）	$\phi 130 \times 72$	$\phi 30 \times 90$	LFC：$\phi 36 \times 53$ LE：$\phi 30$	$\phi 30 \times 90$	BM<$\frac{1}{2}$ $\phi 70 \times 69$ $\phi 70 \times 73$
轴径尺寸： 直径击ϕ×长度（mm）	$\phi 14 \times 32$	$\phi 8 \times 15$	LFC：$\phi 5 \times 15$ LE：$\phi 15$	$\phi 3$	BM<$\frac{1}{2}$ $\phi 5 \times 19$ $\phi 3 \times 20$
其 他	分 离 式			用 001 线路板	

表 33-34 脉冲编码器主要性能

主要技术指标 \ 生产厂及产品型号	西德海登海茵 ROD426	日本小野测器 RP-432Z	日本东京精机 RIT5
脉冲数（P/r）	50～5000	60～104	40～500
电源（V）	5	5 或 12	5 或 12
最高频响（kHz）	20	50	15
最高转速（r/min）	12000	5000	6000
温度范围（℃）	0～50 或 -30～80	0～50	0～50
外形尺寸（mm）	$\phi 58 \times 72$	H70 × L88	$\phi 55 \times 40$

当圆盘正转时，光电输出波形如图 33-50（b）中左边图形所示。b 超前 a90°，经过逻辑电路处理后，输出脉冲信号 f，即为正转脉冲信号。同理，当圆盘反转时，输出反转脉冲信号 g，见图 33-50（b）右边脉冲序列。把此正转和反转脉冲信号分别输入到双时钟可逆计数器的正、反向计数端进行计数，则可得到被测轴的旋转角度。为了能得到绝对转角，应在起始位置时，对可逆计数器清零。

增量编码器有多种规模型号，每转一圈产生的脉冲数在 100～4000 之间。

表 33-33 和表 33-34 列出部分国产编码器和国外编码器数据。

2. 绝对式脉冲编码器

绝对式脉冲编码器是一种直接编码和直接测量的检测装置，它能指示绝对位置，没有累积误差，电源切除后，位置信息不丢失。绝对式脉冲编码器通过读取编码盘上的图案来表示轴的位置。编码类型有多种：二进制编码、二进制循环码（葛莱码）、二一十进制编码等。编码盘的读取方式有光电式、接触式和电磁式等。

图 33-51 所示为简化的二进制编码盘。图中空白的部分透光，用"0"表示，涂黑的部分不透光，用"1"表示。此

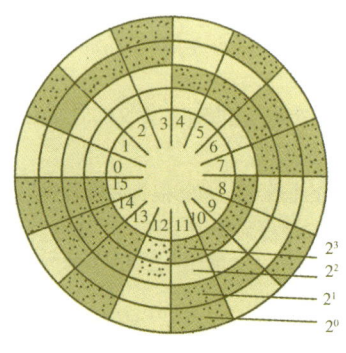

图 33-51 二进制编码盘

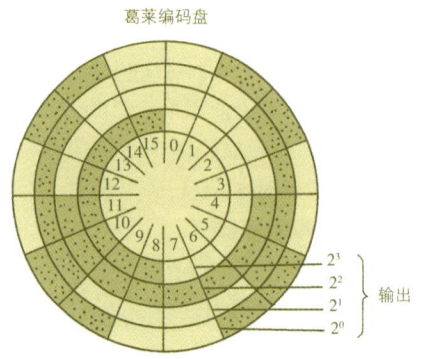

图 33-52 葛莱码编码盘

编码盘共有四环，从里到外按 2^3、2^2、2^1、2^0 配置。如二进制的"1101"对应十进制的13的角度坐标值。此二进制编码器的缺点是图案转移点不明显，容易产生误读。采用图33-52所示的葛莱码编码盘，由于图案的切换，每次只改变一位，因此，能把误读限制在一个数单位内。

目前，光电绝对式编码盘可做到18位二进制。近年来，有将增量式和绝对式的码同时做在一个圆盘上，构成混合式绝对值编码器，更为实用。

33.2 自动控制

33.2.1 常用控制电路典型基本环节（表33-35）

表33-35 常用典型继电－接触器控制线路的基本组成环节

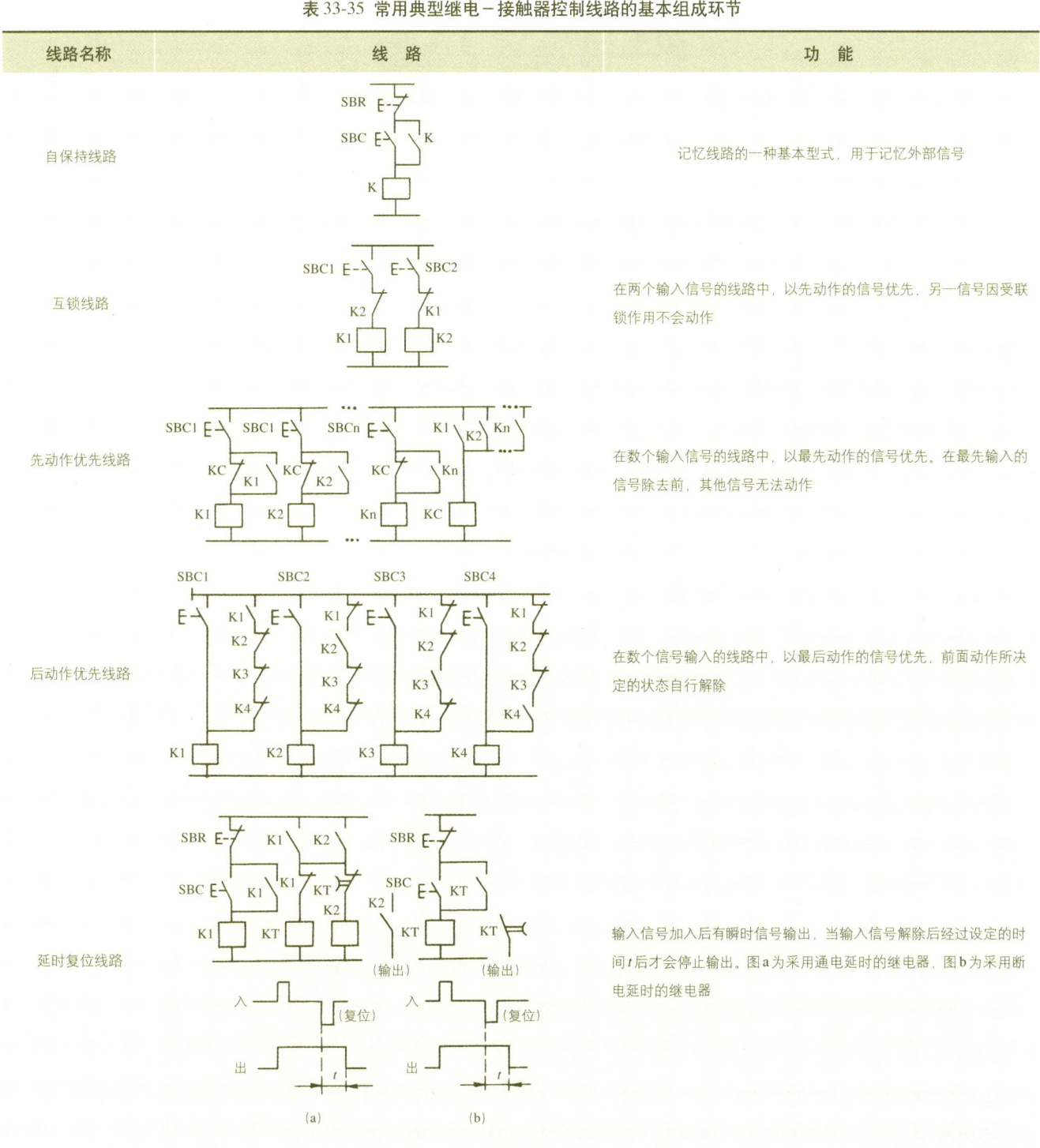

表33-35（续）

线路名称	线 路	功 能
延时复位线路		输入信号加入后，经设定时间t_1后有信号输出，输入信号解除后经设定时间t_2，停止输出信号
同期动作线路		输入信号加入后，产生输出量周期变化
信号发生检测线路		在输入信号发生瞬间产生脉冲输出
信号解除检测线路		在输入信号解除瞬间产生脉冲输出
干扰抑制线路		图a用于交流电源回路，图b用于直流电源回路

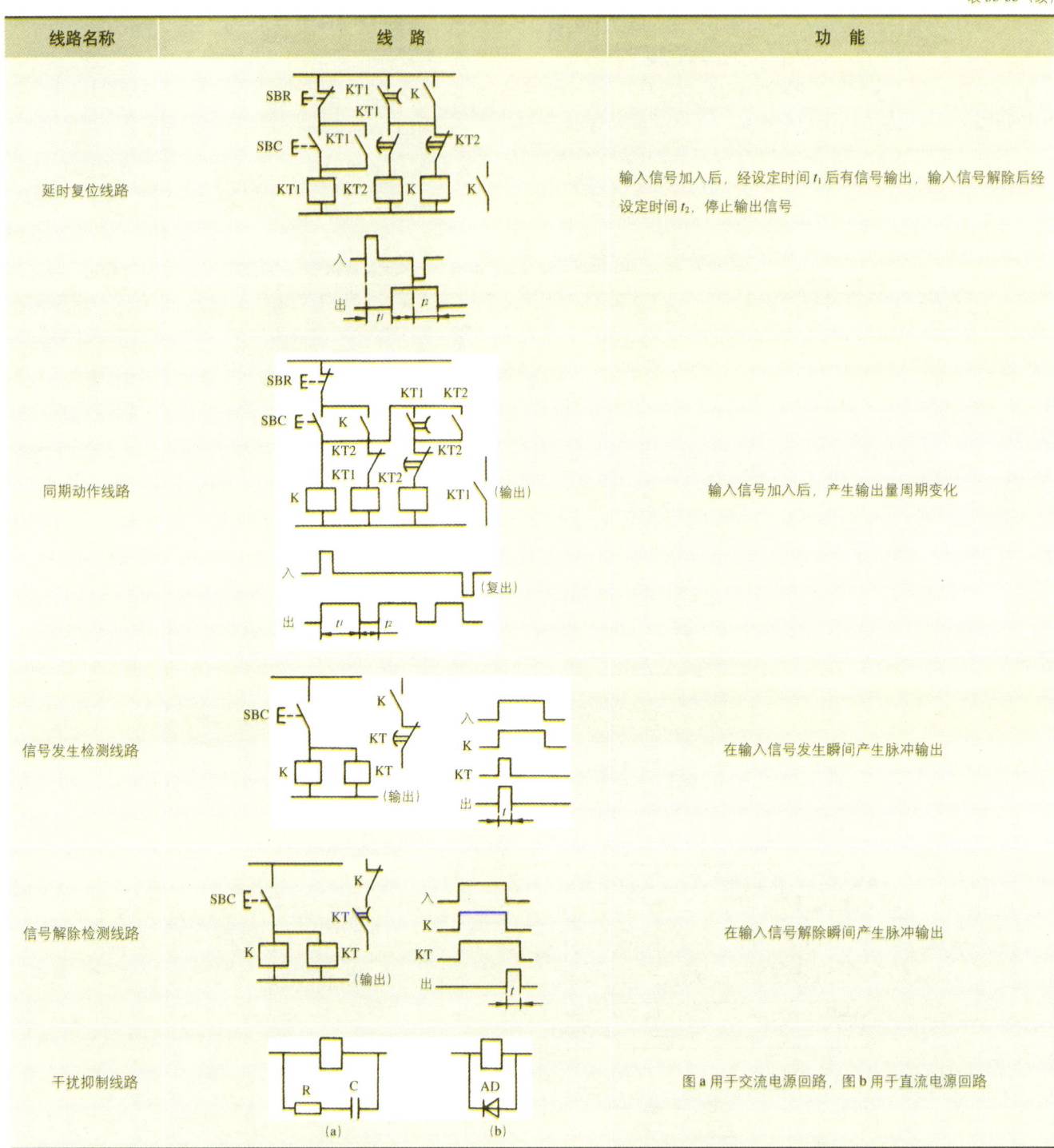

33.2.2 常用控制电器的选择

33.2.2.1 低压断路器的选择

断路器主要用于线路的过载，短路，逆电流，欠电流及漏电保护。按用途的不同，低压断路器的分类见表33-36。

1. 额定电流与额定电压

断路器的额定电流和额定电压应大于或等于线路的计算电流和最大工作电压。

2. 瞬时动作过电流脱扣器整定值 I_{zd}

I_{zd} 应大于尖峰电流，即

$$I_{zd} > KI_s \text{ (A)}$$

式中：I_s——电动机的起动电流（A）

K——考虑整定误差和起动电流容许变化的可靠系数

对动作时间在20ms以内的断路器，不需考虑非周期分量的影响；对动作时间大于0.02s的断路器，K一般取1.2～1.35；对动作时间小于0.02s的断路器，K取1.7～2。

表 33-36 按用途分类的低压断路器

名 称	电流种类和范围*	保护特性		主要用途	可选用的断路器类型
配电用断路器	交流 200~4000A	选择型 B类	两段保护，瞬时、短延时	作电源总开关和靠变压器近电源端支路开关	DW10、DW15、ME系列、AH系列、DZ20系列、DZX10系列
			三段保护，瞬时、短延时、长延时		
		非选择型 A类	限流型	长延时、瞬时	靠变压器近端支路开关	
			一般型		支路末端开关	
	直流 800~8000A	快速型	有极性，无极性	保护硅整流设备	
		一般型	长延时、瞬时	保护一般直流设备	
电动机保护用断路器	交流 60~630A	直接起动	一般型	过电流瞬时动作倍数：(8~15) I_N	保护笼型异步电动机	DZ10系列、DZ20系列、TO、TG系列
			限流型	过电流瞬时动作倍数：12I_N	同上，还可装在Ⅰ近变压器端	
		间接起动		过电流脱扣器瞬动倍数：(3~8) I_N	保护笼型和绕线转子异步电动机	
导线保护用照明用断路器	交流 6~125A 常用 6~63A		过载长延时、短路瞬时	用于生活建筑内电气设备和信号二次电路，多为单极	DZ15、DZ13系列、C45N系列
漏电保护断路器	交流 20~200A	电磁式 集成电路式	漏电动作灵敏度按使用目的不同分档，如 15、30、50、75、100mA，0.1s 分断	确保人身安全，防止因漏电而引起火灾或触电死亡	DZ15L、DZ12L
灭磁断路器	直流 200~2500A		瞬时动作，与发电机组配套	当发电机发生内、外部故障时，切断励磁回路，用作灭磁开关，闭合开关等	DM2、DM3

注 * 电流范围根据需要可以超出

保护电动机用的断路器，其可调式瞬时过电流脱扣器的整定电流调节范围为 3~6 倍或 8~12 倍脱扣器额定电流；其不可调式瞬时过电流脱扣器的整定电流为 5（或 10）倍脱扣器额定电流，动作电流值与整定电流值的误差不大于 ±10%。

3. 长延时动作的过电流脱扣器整定值

$$I_{zd} \geqslant 1.1 I_{js} \text{（A）}$$

式中：I_{js}——线路计算电流（A）

长延时动作的过电流脱扣器在电动机长期过载（<20min）20%时应动作，而在电动机起动时不应动作。

延时可调式过电流脱扣器的整定电流调节范围为 0.7~1.0 倍脱扣器额定电流，返回电流值为其整定值的 100%，不可调式过电流脱扣器的返回电流值亦为 100%。

33.2.2.2 熔断器的选择

熔断器的熔断电流，取决于流过熔体的工作电流，周围介质的温度，熔断器的预热情况和电动机的起动时间等。熔断器一般不作过载保护用，而是长期工作制电动机的起动和短路保护。

表 33-37 K 值

起动时间（s）	K 值
3 以下	0.25~0.35
3~8	0.4~0.5
8 或起动频繁或带反接制动者	0.5~0.6

（1）对于减压起动的交流电动机，选用熔断器熔体的额定电流等于或略大于电动机额定电流。

（2）对于直接起动的鼠笼型异步电动机，若熔断器的熔体选得过小，造成某一相熔断，会发生电动机单相运转烧毁事故。所以熔体额定电流值 I_{RN} 与起动电流及起动时间应适当配合，即

$$I_{RN} = K I_s$$

式中：I_s——起动电流（A）

K——随起动时间而定的系数（表 33-37）

（3）熔断器熔体的熔断时间与起动设备的动作时间要配合好，当短路电流超过起动设备的极限分断电流时，要求熔体的熔断时间小于起动设备的分断时间，以免损坏起动设备。如果不能满足此条件，可以采用下述方法之一：

1) 改用快速动作的低压断路器；
2) 选用较大分断电流的起动设备。

33.3.2.3 接触器的选择

接触器用途广泛，在不同的使用场合，其差别很大，即其额定工作电流或额定控制功率是一个随使用条件（额定工作电压，使用类别和操作频率等）不同而变化的参数。因此，应根据不同的使用条件，正确地选择产品的类型及容量等级，才能保证接触器在控制系统中长期可靠地运行。选用原则如下：

(1) 按使用类别选用，见表 33-38 和 33-39。通常交流接触器的电寿命指标大都是指 AC-3 负载下的参数。由于其电寿命几乎与实际断开电流的二次方成反比，如在 AC-3 下电寿命为 100 万次的接触器用于 AC-4 时，其电寿命降低到不足 3 万次。因此，用于 AC-4 时，必须降容使用。通常视 AC-4 负载所占比重的大小而确定降容的多少。如小于 10% 时降容一个等级，大于 10% 时降容两个等级。

(2) 按电动机的额定功率或负载的计算电流选择接触器的容量等级，并适当留有余量。

表 33-38 交流接触器的使用类别及控制对象

使用类别代号	负载性质	接通条件 电流(A)	接通条件 电压(V)	接通条件 功率因数*	分断条件 电流(A)	分断条件 电压(V)	分断条件 功率因数*	可选用的接触器
AC_1	无感或微感负载，电阻炉	I_N	U_N	0.5	I_N	U_N	0.95	各类接触器均可选用
	绕线转子异步电动机起动和运转中断开	$2.5I_N$	U_N	0.65	I_N	$0.4U_N$	0.65	
AC_2	绕线转子异步电动机的起动，反接制动，反向与密接通断	$2.5I_N$	U_N	0.65	$2.5I_N$	U_N	0.65	CJ12 系列
AC_3	笼型异步电动机的起动和运转中断开	$6I_N$	U_N	$I_N \leq 16A$ 0.55 $I_N > 16A$ 0.35	I_N	$0.17U_N$	$I_N \leq 16A$ 0.55 $I_N > 16A$ 0.35	CJ10、CJ20、CJZB 系列、LCD 等
AC_4	笼型异步电动机的起动，反接制动，反向与密接通断	$6I_N$	U_N	$I_N \leq 16A$ 0.55 $I_N > 16A$ 0.356	I_N	U_N	$I_N \leq 16A$ 0.55 $I_N > 16A$ 0.35	各类接触器均可选用，但应降容使用

注：*功率因数误差为 ± 0.05

表 33-39 直流接触器的使用类别及控制对象

使用类别代号	负载性质	接通条件 电流(A)	接通条件 电压(V)	接通条件 时间常数①(ms)	分断条件 电流(A)	分断条件 电压(V)	分断条件 时间常数①(ms)	可选用的接触器
DC_1	无感微感负载，电阻炉	I_N	U_N		I_N	U_N		
DC_3	起动和运转中断开的并励电动机	$2.5I_N$	U_N	20	I_N	$0.1U_N$	7.5	CZO 等系列
	起动、反接制动、反向与密接通断的并励电动机	$2.5I_N$	U_N	2	$2.5I_N$	U_N	2	
	起动和运转中断开的串励电动机	$2.5I_N$	U_N	15	I_N	$0.3U_N$	20	
DC_5	起动、反接制动、反向与密接通断的串励电动机	$2.5I_N$	U_N	15	$2.5I_N$	U_N	15	CZO 系列，但应降容使用②

注：①时间常数误差为 ± 15%
② 由于直流接触器一般均采用磁吹灭弧结构，存在断开临界电流问题，若电流太小将不能灭弧，故降容后的额定工作电流不应低于产品的临界熄弧电流

表 33-40 主要的保护用继电器的选用

类　型	功能说明	选用方法
热继电器	作长期或间断长期工作制交流异步电机的过载保护和起动过程的过热保护，不宜作重复短时工作制的笼型和绕线转子异步电动机的过载保护	按电动机额定电流MN选择热元件额定电流I_{jN}=（0.95~1.05）I_{MN} 在长期过载20%时应可靠动作，此外，热继电器的动作时间必须大于电动机起动或长期过载时间
过电流继电器	用于频繁操作的电动机起动及短路保护	①继电器额定电流I_{jN}应大于电动机额定电流I_{MN}，即，$I_{jN} > I_{MN}$； ②动作电流整定值，I_{jd}一对交流保护电器，按电动机起动电流I_s，I_{jd}=（1.1~1.3）I_s。对直流继电器，按电动机最大工作电流I_{Mmax} $$I_{jd}=（1.1~1.5）I_{Mmax}$$
过电压继电器	用于直流电动机（或发电机）端电压保护	①继电器线圈额定电压U_{jN}按系统过电压时线圈两端承受的电压不超过继电器额定电压来选择，一般线圈必须串接附加电阻R_f，其阻值计算方法（假定继电器动作电压U_{jd}为额定值U_{jN}的40%及线圈电阻为R_j时）取 $$R_f=（2.75~2.9）\frac{U_{MN}}{U_{jN}} R_j-R_j$$ 式中，U_{MN}—电动机的额定电压； ②过电压动作整定值U_{jd}按电动机额定电压U_{MN}选取， $$U_{jd}=（1.1~1.15）U_{MN}$$

(3) 按主回路的工作电压选择接触器的额定电压。

(4) 根据控制电源要求，选择吸引线圈电压。

(5) 按联锁触头的数目和所需分断的电流大小确定辅助触头。

(6) 用接触器控制电容负载时，必须考虑接通瞬间的浪涌电流峰值，应尽量选用专用于容性负载的接触器。如果用普通接触器，一般应按该电容支路的最大工作电流加大一级容量选用，可以在回路中增加限流电抗或限流电阻来限制涌流。

33.2.2.4 保护用继电器的选择（表 33-40）

33.2.2.5 时间继电器的选择

时间继电器按照其延时原理有：阻尼式、水银式、钟表式、电动机式、晶体管式、热敏电阻式等。必须了解各类时间继电器的特点，并根据使用场合及控制系统的要求，选择合适的时间继电器。

对操作频繁的场合，常采用电磁式时间继电器。

空气阻尼式延时继电器可吸合延时（通电延时），但是其延时精度差，一般常用于延时精度要求不高的控制系统。

对延时精度要求较高，动作频率较高的场合，可用晶体管式时间继电器。

对要求长延时（以 min 或 h 计）的场合，可采用电动机式时间继电器。

对多尘或有潮气的场合，可用水银式时间继电器，或用封闭式或防潮式时间继电器。

33.2.3 可编程序控制器

33.2.3.1 概述

可编程序控制器（Programmable Controller）简称PC，它是以计算机技术为基础的新型工业控制装置。

国际电工委员会（IEC）的定义为："可编程序控制器是一种数字运算操作的电子系统，专为在工业环境下应用而设计。它采用可编程序的存储器，用来在其内部存储执行逻辑运算、顺序控制、定时、计数和算术运算等操作的指令，并通过数字式或模拟式的输入和输出，控制各类机械或生产过程。可编程序控制器及其有关设备，都应按易于与工业控制系统联成一个整体，易于扩充其功能的原则设计。"

早期的可编程序控制器仅具备逻辑控制、定时、计数等功能，当时把它称为可编程序逻辑控制器（Pro-grammable Logic Controller），简称PLC。

为了区别于个人计算机（Personal Computer）的简称PC，也将可编程序控制器简称为PLC，现在，PC和PLC这两个简称都在使用。

由于PC是为工业控制所设计的，所以具有很强的抗干扰能力，它广泛用于各个行业，是用于工业自动化控制领域中的一种通用控制装置，是工业自动化的理想工具。

33.2.3.2 可编程序控制器的特点

PC的设计是以工业现场运行为前提，因此是有以下显著特点。

(1) 具有高度的可靠性。PC的设计考虑了工业现场恶劣的环境，在硬件设计和软件设计上都采取了强有力的措施，

表 33-41 可编程序控制器的分类

分类		特 点	
按处理 I/O 点 规模分	超小型	I/O 点<30，一般无特殊功能模块	这两类的应用量目前占整个 PC 应用台数的 70% 以上
	小 型	I/O 点<128，可扩充各类特殊功能模块	
	中 型	I/O 点在 256～512 之间	可联网通信，构成远程 I/O 站，就地控制站独立使用的大型 PC 将被联网通信的中小型 PC 所取代
	大 型	I/O 点在 1024～2048 点之间	
	超大型	I/O 点在 2048 点以上可扩充各类特殊功能模块	
按用户程序存储容量分	超小型	存储容量在 500～800 步（或字）以下	
	小 型	存储容量在 1000～2000 步（或字）以下	
	中 型	存储容量在 2000～8000 步（或字）以下	
	大 型	存储容量在 8000 步（或字）以上	
按结构分	单元式	将 CPU、I/O 模块、电源做成一体，小型以下 PC 往往设计为单元式。一般 I/O 点为固定搭配，输入点与输出点之比为 3∶2，近年出现 1∶1 的机种，便于在同一 CPU 机型的情况下通过各种扩展单元，达到覆盖更大范围 I/O 点配置，使整个系统的 I/O 点数比由 1∶3～3∶1，更经济地满足不同用户对 I/O 点灵活配置的要求	
	模块式	将 CPU、I/O 模块、特殊功能、电源等做成各种各样的模块，模块以插件形式插在机架（或基板）上，由用户按控制系统的要求和规模自行配置，中型、大型、超大型均为模块式	
按能否联网通信分	独立型	为满足单机自动化要求和降低成本，只有超小型和小型才设计为独立使用型	
	可联网型	可联网型又可分为挂 PC 专有局域网和开放型联网两类	
	集 成 型	近年来推出的新机种，把 PC 与个人微机或其他计算机结合在一起，PC 的 CPU 与计算机的 CPU 通过高速数据通道（如 PC 总线，VME 总线）访问公共存储区，这种新式的体系结构，使它既能运用计算机的信息处理软件，又能以安全可靠方式与 PC 紧密耦合。这是目前 PC 诸机种中销售增长最快的品种	

保证了 PC 在控制系统中的可靠运行。目前 PC 产品平均无故障时间一般都能达到几万小时，甚至有的达到上千万小时。

(2) 功能完善 现代 PC 具有数字和模拟量输入输出、逻辑和算术运算、定时、计数、顺序控制、功率驱动、通信、人机对话、自检、记录和显示等功能，使设备控制水平大大提高。

(3) 编程简单，使用方便。目前大多数的 PC 采用继电控制形式的"梯形图"和指令表的编程形式。采用继电器梯形图形式编程，主要考虑到大多数工矿企业、电气自动化人员比较容易接受，易于掌握，而且清晰直观；指令表的编程形式也很简单。这两种都是面向生产过程的编程方式，电气人员在几天内便可掌握使用。

另外，它所具备的体积小、省电、维修量少等优点，都是非常受用户欢迎的，所以 PC 应用领域非常广阔。有关专家预言，PC 技术将在今后的自动化领域中居于首位。

33.2.3.3 可编程序控制器的分类（表 33-41）

33.2.3.4 可编程序控制器的应用领域

PC 在国内外已广泛用于冶金、化工、机械、汽车、造纸、纺织等所有的工业部门。我国木材工业从国外引进的一些设备和生产线也有不少采用了 PC 控制，国产的一些生产设备，以及对旧设备的技术改造，也已有用 PC 控制替代原先的继电－接触控制。PC 的应用大致分为以下几个领域。

1. 开关量逻辑控制

这是 PC 最基本最广泛的应用。PC 最基本的功能是逻辑运算、定时、计数等，用来进行逻辑控制，可以取代传统的继电器控制。很多机床控制、生产自动线控制都属于这一类。

2. 闭环过程控制

过程控制是指对温度、压力、流量等连续变化的模拟量的闭环控制。大中型 PC 都有多路的模拟输入输出和 PID 控制，甚至有的小型 PC 也带有模拟量输入输出。这样，PC 可以作模拟量控制，用于过程控制。

3. 位置控制

各主要 PC 生产厂家生产的 PC 几乎都有位置控制模块，用于控制步进电机或伺服电机，实现对各种机械的位置控制（运动控制）。

4. 监控系统

用 PC 可以构成监控系统，进行数据采集和处理、监控生产过程。

5. 分布控制系统

近年来，随着计算机控制技术的发展，国外正兴起工厂自动化（FA）网络系统。较高档次的 PC 都有联网功能，通过联网可以将 PC 与 PC、PC 与上位机联接起来，构成多级分布式控制系统。

33.2.3.5 可编程序控制器的组成和工作原理

1. 可编程序控制器的组成

可编程序控制器主要由"中央处理单元（CPU）、存储器（RAM、ROM）、输入/输出部件（I/O 单元）、电源和编程器几大部分组成，其结构框图如图 33-53 所示。

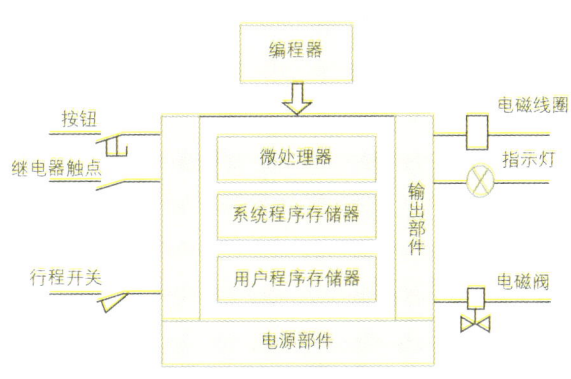

图 33-53 PC 结构框图

(1) 中央处理单元（CPU）：中央处理单元是 PC 的核心部件，指挥整机进行工作。它按系统程序所给的功能，接收并把编程器键入的用户程序和数据存放在存储器中，按扫描方式从存储器中○○○○地址存放第一条用户程序开始，到最后一条程序，不停地周期扫描，将逐条读取的用户程序经过命令解释后按程序指令规定的任务产生相应的操作。如读取输入信号、进行逻辑运算和算术运算、输出控制或制表打印等功能。

不同型号的 PC 使用不同的微处理器芯片，中、小型 PC 一般使用单片机（如 8031、8051、8032 等），中、大型 PC 一般采用位片式微处理器（如 AMD2900、2901、2903 等）。

(2) 存储器 PC：存储器主要存放系统程序和用户程序，另外还存放逻辑变量和其他一些信息。所谓系统程序是指监控程序，用来控制和完成 PC 各种功能的程序，如指令解释，模块化的应用功能子程序，管理程序以及按对应定义（I/O，内部继电器、计时/计数器、移位寄存器等）存储各种系统参数。这些程序都由 PC 制造厂家编写，并固化到只读存储器（ROM）或紫外线可改写只读存储器（EPROM）中。一般情况下，PC 功能越强，系统程序容量越大。所谓用户程序，是用户根据生产过程、工艺要求编写的梯形图或指令表等控制程序，通过编程器输入到 PC 的随机存储器（RAM）中，并采用锂电池做后备供电，以防断电丢失信息。目前大多数 PC 的用户程序在调试中存放在 RAM 中，可随意修改，一旦调试成功，就将用户程序固化在 E^2PROM 或 EPROM 中。

(3) 输入/输出部件（I/O 模块）：I/O 模块是中央处理单元与现场（如按钮、限位开关、传感器、接触器、电磁阀、指示灯等）之间的连接部件。PC 对输入信号进行处理，产生输出信号，对系统进行控制，以达到自动控制的目的。PC 的输入与输出信号的分类一般是这样的：以信号的种类分，有数字信号和模拟信号；以电气的性能分，有直流信号和交流信号。

数字信号（开关信号）有的是取自传感器的开关状态，如光电开关、接近开关、微动开关、干簧开关的输出。作为与 PC 的接口，一般用光电耦合输入的多，与 PC 的接口也比较容易。

模拟信号是在对温度、压力、流量、速度、位移等进行检测时得到的连续信号，一般有电压、电流、频率、电容、电感等。信号的电平在一个从很低到很高的范围内变化，为了使信号统一为电压或电流，信号电平控制在一定范围内，就要有一个合适的接口。

输入模块是从被控对象上取出信号并传递给中央处理单元的接口。

输出模块是输入信号通过中央处理单元等处理后，把结果送出去执行控制过程的工作。

常用 I/O 模块的分类与规格见表 33-42。

(4) 编程器：编程器用作用户程序的编制（程序写入、读出、修改和清除），编辑（插入、删除、搜索），调试和监视，还可通过键盘去调用和显示 PC 的一些内部状态和参数。编程器通过通信端口与中央处理单元联系，完成人机对话。编程器分简易型和智能型两类。小型 PC 常用简易编程器，大、中型 PC 多用智能 CRT 编程器。除上述简易型和智能型这两种编程器外，还可采用计算机作为编程器。

表 33-42 常用 I/O 模块的分类与规格

I/O 分类	规　格	外接器件举例
开关量输入（数字量）	DC24V，DC100V，DC5~24V，(CMOS，TTL 电平)，AC100V，AC200V	按钮、开关、限位开关、光电开关、接近开关、各种接点
开关量输出（数字量）	继电器触点输出（AC200，DC24V）晶体管输出（DC5~24V），双向晶闸管输出 AC100V (AC200V)	继电器线圈、接触器线圈、电磁阀、信号灯
模拟量输入	DC4~20mA，0~10V，1~5V，-10V~0~+10V，热电偶 mV 信号，热电阻信号，mV 信号，其中又分独立通信和多路转换采样	变送器、传感器、热电偶、热电阻、测速发电机
模拟量输出	DC2~20mA，0~10V，1~5V，-10V-0~+10V	执行器、伺服电动机、仪表指示
中断输入	DC12V，24V 响应<0.2ms	限位开关、光电传感器、数据通信总线信息
高速脉冲计数输入	0~2kc/s，0~10kc/s，0~20kc/s，0~50kc/s，0~100kc/s	光电编码器、脉冲发生器、输出脉冲的传感器

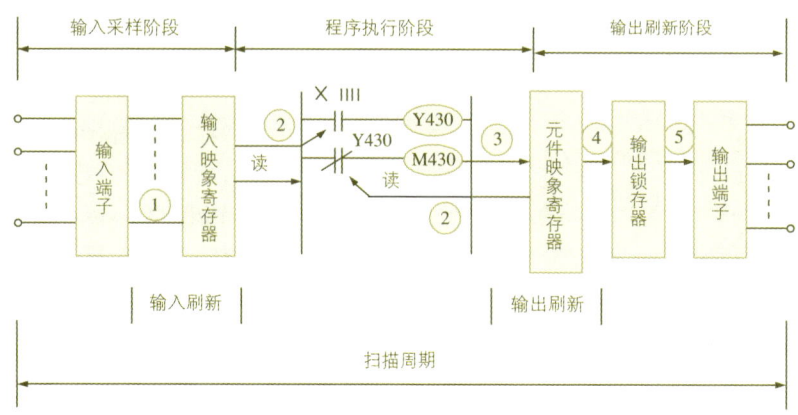

图 33-54 PC 扫描工作过程

2. 可编程序控制器的工作过程

PC 采用周期循环扫描的工作方式，这个过程可分为输入采样、程序执行、输出刷新三个阶段。如图 33-54 所示。

（1）输入采样阶段：在此阶段，PC 首先扫描所有输入端子，并将各输入端的状态（接通/断开）存入输入映象寄存器。此时，输入映象寄存器被刷新。接着进入程序执行阶段，在程序执行期间，输入映象寄存器与外界隔离，即使输入状态如果变化，输入映象寄存器的内容也不会改变，其内容一直保持到下一个扫描周期的输入采样阶段，才重新写入输入端的新内容。

（2）程序执行阶段：PC 在程序执行阶段，按先左后右、先上后下的步序语句逐句扫描。但遇到程序跳转指令，则根据跳转条件是否满足来决定程序的跳转地址。当指令中涉及到输入、输出状态，PC 从输入映象寄存器和其他元件映象寄存器中"读入"有关元件的通/断状态，然后，根据用户程序进行运算，运算结果再存入元件映象寄存器中。

（3）输出刷新阶段：在所有指令执行完毕后，元件映象寄存器中所有输出继电器的状态（接通/断开），在输出刷新阶段转存到输出锁存继电器中，通过一定方式输出，驱动输出负载，这才是可编程序控制器的实际输出。

PC 经过这三个阶段的工作过程，称为一个扫描周期，然后 PC 又重新执行上述过程，周而复始地进行。

33.2.3.6 编程语言

PC 的编程语言最早是作为替代继电器控制电路图而发展起来的，因此，由继电器电路图衍变而来的梯形图目前仍是 PC 编程语言的主流。随着 PC 的发展及要求进行更复杂的运算，又引入了其他一些语言。常见的 PC 编程语言有以下几种。

1. 梯形图

梯形图编程语言与电气控制原理图相似。这种编程语言继承了传统继电器控制逻辑中使用的框架结构、逻辑运算方

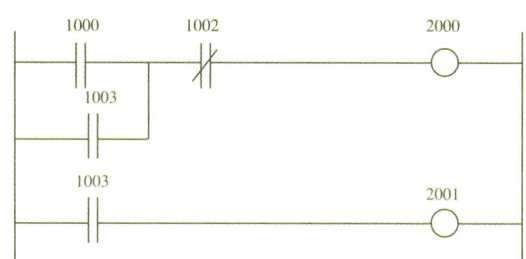

图 33-55 梯形图语言编程方式

式和输入输出形式，使得程序直观易读。当今世界各国的 PC 制造厂家所生产的 PC 大都采用梯形图语言编程。这种梯形图语言编程方式如图 33-55。

在梯形图中继电器常开触点用 ┤├，常闭触点用 ┤/├，线圈用 ─○─ 表示。

2. 语句表

这种编程语言是一种与汇编语言类似的助记符编程方式，不同的 PC，语句表使用的助记符不相同，下列六行指令是以 H 型系列 PC 编程语言对上例的编程。

步序	指令符号	元件号
1	LD	1000
2	OR	1003
3	AND NOT	1002
4	OUT	2000
5	LD	1003
6	OUT	2001

3. 功能图编程

功能图编程是一种较新的编程方法。它的作用是用功能图来表达一个顺序控制过程。目前国际电工协会（IEC）也正在实施发展这种新编程标准。

4. 高级语言

为了增强 PC 的运算和数据处理功能，方便用户的使用，许多 PC 都配备了高级编程语言。采用高级语言编程后，用

户可以像使用普通微型计算机一样操作PC。除了完成逻辑控制功能外，还可以进行PID调节、数据采集和处理以及与计算机通信等。

33.2.3.7 命令语言

在中小型PC中，广泛使用一种命令语言（指令）编程，其助记符号大多是逻辑功能的英文缩写，便于记忆与编程。所使用的编程器也是廉价的便携型。每条命令语句都是由命令部分和数据部分组成的，命令部分主要是指令逻辑功能，数据部分则是指参考号（或称编程地址）。表33-43示出了H型系列PC采用的基本指令及应用指令。

H系列PC除上述基本指令和数据运算指令外，还有逻辑运算指令三条，功能指令六条，它们分别是：

逻辑运算指令

(1) 逻辑"与"指令：ANL
(2) 逻辑"或"指令：ORL
(3) 逻辑"异或"指令：XRL

功能指令

(1) 调用子程序指令：CALL SONP RET
(2) 调用用户宏指令：USER
(3) 暂停运行指令：WAIT
(4) 断电恢复功能指令：HOLD
(5) 中断处理指令：INT～RETI
(6) 通讯指令：COM

表33-43 H系列PC指令一览表

指令	功能说明
\multicolumn{2}{c}{1.基本指令}	
LD	常开触点与母线连接
LD NOT	常闭触点与母线连接
AND	常开触点串联
AND NOT	常闭触点串联
OR	常开触点并联
OR NOT	常闭触点并联
ANDLD	并联电路串联
ORLD	串联电路并联
OUT	输出逻辑运算结果
OUTNOT	输出运算结果的非
SFT	移位寄存器移位操作
KEEP	自保继电器
DIFU	对输入信号上升沿微分，把结果送到指定继电器
DIFD	对输入信号下降沿微分，把结果送到指定继电器
TIM	计时器的延时操作
CNT	计数器的计数操作
IL	在分支处形成新母线
ILC	消除分支的指令，返回原母线
JMP	跳转指令，不执行某段指令
JME	结束跳转指令
FEND	主程序结束
END	全部程序结束
\multicolumn{2}{c}{2.数据运算指令}	
MOV	数据传送
CONST	常数设定
CMP	不同内部继电器的内容比较
BIN	十到二进制转换
BCD	二到十进制转换
ADD	加法
SUB	减法
MUL	乘法
DIV	除法
PID	PID运算

33.2.3.8 可编程序控制器机型的选择

机型选择是应用设计很重要的一步，在选用PC时应主要考虑以下几方面的问题。

1. 结构合理

对于工艺过程比较固定，环境条件较好（维修量较小）的场合，选用整体式结构PC。其他情况则选用模块式结构PC。

2. 功能相当

对于只需要开关量控制的设备，无须考虑其控制速度，一般的小型PC都可以满足要求。

对于以开关量控制为主，带少量模拟量控制的工程项目，可选用带A/D，D/A转换，加减运算、数据传送功能的低挡机。

对于控制比较复杂，控制功能要求更高的工程项目，例如要求实现PID运算、闭环控制、通信联网等，可视控制规模及复杂程度，选用中、高档机。

3. 容量要适当

要确保PC有足够的I/O点数，并留有一定的余地，一般要考虑10%～15%的备用量。

PC的用户程序存储器的容量可按下述经验公式计算。

对开关量输入、输出系统

只有模拟量输入系统中

内存字数 = 开关量（输入 + 输出）总点数 × 10

模拟量输入时：

$$\text{内存字数} = \text{模拟量点数} \times 100$$

模拟量输入输出同时存在时：

$$\text{内存字数} = \text{模拟量点数} \times 200$$

这些经验公式的算法是在10点模拟量左右，当点数小于10时，内存字数要适当加大，点数多时可适当减小。

对存储器总容量，推荐下面的经验计算公式：

总存储器字数 =（开关量输入点数 + 开关量输出点数）× 10 + 模拟量点数 × 150

然后按计算存储器字数的25%考虑余量。

4. 根据输入输出信号进行选择

除了I/O点的数量，还要注意输入、输出信号的性质、参数和特性要求等。例如：要注意输入信号的电压类型、等级和变化频率；注意信号源是电压输出型还是电流输出型；是NPN输出型还是PNP输出型等。要注意输出端点的负载特点（例如负载电压、电流的类型），数量等级以及对响应速度的要求等。

33.2.3.9 常见PC性能简介

目前市场上的PC类型很多，现将下列几种较典型的产品性能作些介绍。

1. F1系列PC性能简介

日本三菱电机公司生产的F_1系列PC性能见表33-44、表33-45、表33-46和表33-47。

表33-44 F_1系列一般技术指标

电源	AC110~120V/220~240V 单相50/60Hz
电源波动范围	AC99~132V/198~264V，电源可瞬间失效10ms
环境温度	0~55℃
环境湿度	45%~96%（无凝露）
防震性能	10~55Hz，0.5mm（最大：2G）
抗冲击性能	10G，在x, y, z三个方向定时
抗噪声能力	1000V峰-峰值，1μs，30~100Hz（噪声模拟器）
击穿电压（绝缘耐压）	AC1500V，1min（接地端与其他端子间）
绝缘电阻	5MΩ，500VDC（接地端与其他端间）
接地电阻	小于100Ω（如接地有困难，可不接地）
环境	无腐蚀性气体，无导电粉末、微粒

表33-45 F_1系列基本单元的功能技术指标

执行方式		存储程序，反复执行，输入输出的集合体
执行速度		平均12μs/步
程序语言		继电器和逻辑符号
程序容量		1000步
指令	基本逻辑指令	20条
	步进指令	2条
	功能指令	87条（包括+、-、×、÷等）
程序存储器		机内RAM，EPROM EEPROM 匣（选件）
辅助继电器	无保持功能	128点
	有保持功能	64点
	特殊辅助继电器	16点
状态寄存器（有保持功能）		40点（可作普通辅助继电器）
数据寄存器		64点
定时器	0.1s定时器	24点延时接通定时器（0.1~999s）
	0.01s定时器	8点延时接通定时器（0.01~99.9s）
计数器（有保持功能）		30点减计数器（0~999）
高速计数器（有保持功能）		1点，加/减计数器（0~999999）最高频率2kHz
掉电保护用电池		锂电池，寿命约5年
自诊断		程序检查（求和检查，语法检查，电路检查）监控定时器，电池电压电源、电压监视等

表33-46 F_1系列的输入技术特性

		直流（24V）	交流（110V）	交流（220V）
额定输入电压		DC24V±4V（内部供电）	AC100/110V $^{+10\%}_{-15\%}$ 50/60Hz	AC200/220V $^{+10\%}_{-15\%}$ 50/60Hz
输入阻抗		约3.3kΩ	约9.6kΩ/50Hz	约21.2kΩ/50Hz
工作电流	断→通	最小4mA DC	最小8mA AC	最小7mA AC
	通→断	最大1.5mA DC	最大3mA AC	最大3mA AC
响应时间	断→通	约10ms	约15ms	约15ms
	通→断	约5ms	约8ms	约8ms
隔离		光耦合隔离		
指示		当有输入时发光二极管亮		

表 33-47 F1 系列的输出技术特性

		继电器输出 AC：100V；200V；DC：24V	可控硅输出 AC：100V；200V	晶体管输出 DC：24V
额定输出电流（电阻负载）		2A/1 点	1A/1 点，4A/8 点合计	1A/1 点，4A8 点合计
最大负载	电感性	80VA	50VA（AC 100A） 100VA（AC 200A）	24W（DC 24V）
	灯泡	100W	100W	3W
	冲击电流	10A/周期	10A/周期	3A DC
最小负载	电感性		1.6VA（AC 200V） 0.4VA（AC 100V）	同 左
	灯泡		1W（AC 200V） 0.5W（AC 100V）	同 左
响应时间	断→通	约 5ms	< 1ms	< 1ms
	通→断	约 10ms	最大 10ms	< 1ms
隔 离		继电器隔离	光可控硅	光耦合
指 示		当继电器接通发光二极管	当可控硅接通发光二极管亮	当光耦合器通发光二极管亮亮

2. FX2 系列 PC 性能简介

FX2 系列 PC 是三菱公司近年来推出的高性能小型机，整体式结构。它由基本单元、扩展单元、扩展模块和特殊适配器组成，系统最大 I/O，点数为 128 点。

FX2 系列的一般技术指标与 F1 系列的技术指标基本相同。只是电源电压为 AC100-240V，FX2 的性能指标见表 33-48，输出技术指标见表 33-49。

表 33-48 FX2 的性能指标

项 目		性能指标	注 释
操作控制方式		反复扫描程序	由逻辑控制器 LSI 执行
I/O 刷新方式		批处理方式（在 END 指令执行时成批刷新）	有直接 I/O 指令及输入滤波器时间常数，调整指令
操作处理时间		基本指令：0.74μs/ 步	功能指令：几十—几百 μs/ 步
编程语言		继电器符号语言（梯形图）+ 步进顺控指令	可用 SFC 方式编程
程序容量 / 存储器类型		2K 步 RAM（标准配置） 4K 步 EEPROM 卡盒（选配） 8K 步 RAM、EEPROM EEPROM 卡盒（选配）	
指 令 数		基本逻辑指令 20 条，步进顺控指令 2 条，功能指令 87 条	
输入继电器	DC 输入	24V DC，7mA，光电隔离	X0~X177（8 进制）
输出继电器	继电器	250VAC，30VDC，2A（电阻负载）	I/O 点数一共 256 点
	双向硅	24VAC，0.3A/ 点，0.8A/4 点	Y0~Y177（8 进制）
	晶体管	30VDC，0.5A/ 点，0.8A/4 点	
辅助继电器	通用型		M0~M499（500 点）	范围可通过参数设置来改变
	锁存型	电池后备	M500~M1023（524 点）	
	特殊型		M8000~M8255（256 点）	
状 态	初始化用	用于初始状态	S0~S9（10 点）	
	通 用		S10~S499（490 点）	可通过参数设置改变其范围
	锁 存	电池后备	S500~S899（400 点）	
	报 警	电池后备	S900~S999（100 点）	

表33-48（续）

项目		性能指标		注释	
定时器	100ms	0.1~3276.7s		T0~T199（200点）	
	10ms	0.01~327.67s		T200~T245（46点）	
	1ms（计算）	0.001~32.767s	电池后备（保持）	T246~T249（4点）	
	100ms（计算）	0.1~3276.7s		T250~T255（6点）	
计数器	加计数器	16bit.1~32.767	通用型	C0~C99（100点）	范围可通过参数设置
			电池后备	C100~C199（100点）	
	加/减计数器	32bit,-2147483648~2147483648	通用型	C200~C219（20点）	范围可通过参数设置
			电池后备	C220~C234（15点）	
	高速计数器	32bit加/减计数	电池后备	C235~C255（6点）（单相计数）	
寄存器	通用数据寄存器	16bit / 16bit	一对处理32bit	通用型	D0~D199（200点）	范围可通过参数设置
				电池后备	D200~D511（312点）	
	特殊寄存器	16bit	D8000~D8255（256点）			
	变址寄存器	16bit	V、Z（2点）			
	文件寄存器	16bit（存于程序中）	电池后备	D1000~D2999，最大2000点，由参数设置	
指针	跳转/调用			P0~P63（64点）	
	中断用	X0~X5作中断输入，计时器中断		I0□□~18□□（9点）	
	嵌套标志	主控线路用		N0~N7（8点）	
常数	十进制	(K)16bit: -32768~32767 32bit: -2147 483 648~2 147 483 647			
	十六进制	(H)16bit: 0~FFFFH 32bit: 0~FFFFFFFFH			

表33-49 FX2系列的输出技术指标

项目		继电器	双向可控硅输出	晶体管输出
外部电源		AC250V，DC30V以下	AC85~242V	DC5~30V
最大负载	电阻负载	2A/点	0.3A/点，0.8A/4点	0.5A/点，0.8A/4点
	感性负载	80VA	15VA/AC100V，30VA/AC240V	12W/DC24V
	灯负载	100W	30W	1.5W/DC24V
开路漏电流		—	1mA/AC100V,2.4mA/AC240V	0.1mA/DC30V
最小负载		—	0.4VA/AC100V,2.3VA/AC240V	—
响应时间	OFF→ON	约10ms	1ms以下	0.2ms以下
	ON→OFF	约10ms	最大10ms	0.2ms以下
隔离方式		继电器隔离	光电可控硅隔离	光电耦合器隔离

3. C系列PC性能简介

日本立石公司（OMRON）生产的SYSMAC-C系列PC，主要有C系列普通型、C系列P型（袖珍型）、C系列H型（高功能型，包括C20H/C28H/C40H）和超小型SP10，其主要技术指标见表33-50、表33-51、表33-52和表33-53。

表33-50 C系列P型机的一般技术指标

C20P/C28P	C40P	C60P
电源电压	AC：100~240V，50/60HZ，或DC，24V	
允许电源波动范围	AC：85~264V；DC20.4~26.4V	
功耗	交流型<40VA，直流型<20W	交流型<60V，直流型<40W
DC24V输出端子	DC24V±10%，最大0.2A	
绝缘电阻	>10MΩ（全部AC外端子与外壳之间）	
绝缘耐压	AC2000V50/60Hz（全部AC端子与外壳间）	
	AC500V50/60Hz（全部DC端子与外壳间）	

表33-50（续）

	C20P/C28P	C40P	C60P
抗噪性		1000V$_{P-P}$脉冲宽100ns~1μs，上升沿Ins的脉冲	
耐震动		10~35Hz 双向振幅2mmX，Y，Z各方向2h	
耐冲击		10G，X，Y，Z各方向三次	
使用环境温度		0~55℃	
使用环境湿度		35%~85%RH（不结露）	
结构		袖珍式箱体结构，分主箱体和扩展箱体	
外形尺寸（mm）	250×110×100（mm）	300×100×100（mm）	350×140（mm）
重量 CPU单元	1.9kg	2.2kg	2.6kg
重量 I/O单元	1.7kg	2.0kg	2.4kg

表33-51 C系列P型机的功能技术指标

项目	C20P	C28P	C40P	C60P
执行方式	存储程序反复执行			
编程方式	梯形图			
指令字长	1步/1指令 6字节/1指令			
指令	37条（基本指令12条，应用指令25条）			
处理时间	平均10μs/1指令（RAM），平均13μs/1指令（ROM）			
用户存储容量	1194步			
I/O点数	20~40点 输入12~24点 输出8~16点	28~56点 输入16~32点 输出12~24点	40~80点 输入24~48点 输出16~32点	60~120点 输入32~64点 输出28~56点
输入方式	开关量			
输出方式	继电器、双向可控硅、晶体管			
内部辅助继电器	136点（1000~1807）			
特殊辅助继电器	16点（1808~1907）			
保持继电器	160点（HR000~HR915）			
暂存继电器	8点（TR0~TR7）			
数据存储器	64字（DM00~DM63），每个字16位，占用一个通道			
定时器/计数器	48点（TIM、TIMH、CNT、CNTR合计48点）；TIM00~47（0~999.98）；TIMH00~47（0~99.98）；CNT00~47（0~9999计数）；CNTR00~47（0~9999计数）			
联网功能用	I/OLink单元与其他C系列PC连接；用Host Link单元与上位计算机连接			
高速计数器	1点高速计数器输入（0000）；最高响应频率2kHz；设定值（0000~9999）			
停电保持功能电池寿命	保持继电器、计数器、数据存储器的内容在25℃条件下为5年。在高于该温度的环境下使用时，寿命会缩短，电池异常显示（ALARM LED）闪烁时，请在一周内更换电池。			
自诊断能力	CPU异常（时钟、监视、定时器）			
程序检查功能	程序检查（只在运行开始时检查，无END指令，指令异常，JMP溢出，除此以外，编程器还有下列检查功能：线圈重复使用、回路错误、IL-ILC错误、JMP-JME错误微分指令数超出。			

33 木材加工自动化

表 33-52 C20H/C28H/C40H 的性能规格

项　目		规　格
控制方式		存储程序方式
输入输出控制方式		采用循环扫描方式与同时中断处理方式
程序格式		梯形图
指　令　长		1Step/一条指令 1～4 字 /1 条指令
指令种类		130 种（基本指令 12 种，应用指令 118 种）
指令处理速度		基本指令 0.75～2.25μs
数据区域	程序容量	2878 字
	输入输出继电器	20～160 点（00000～03915）（C20H：140 点、C28H：148 点、C40H：160 点）
	内部辅助继电器	3472 点（04000～24615）
	特殊辅助继电器	136 点（2.4700～25507）
	保持继电器（HR）	1600 点（HR0000～9915）
	暂时记忆继电器（TR）	8 点（TR0～7）
	辅助记忆继电器（AR）	448 点（AR0000～2715）
	链接继电器（LR）	1024 点（LR0000～6315）
	计时 / 计数器（TIM/CNT）	512（TIM/CNT000～511）
	高速计数器	计时器 0～999.9s，高速计时器 0～99.99s，计数器 0～999，高速计数输入 1 点（00000），硬复位输入 1 点（00001）最大响应频率 2kHz，设定值 0000～9999
	数据存储器（DM）　允许读 / 写	1000 字（DM0000～0999）只有 DM0900～0999 在系统中被使用
	只允许读	1000 字（DM1000～1999）只有 DM1900～1999 在系统中被使用
	停电记忆功能	可以记忆保持继电器（HR），辅助记忆继电器（AR），计数器（CNT），数据存储器中的内容
	电池寿命	在 25℃时为 5 年。在此以上温度下使用时，寿命将缩短，取出电池后，请在 1min 内更换。
	程序检查功能	常在程序开始时检查（无 END 指令，指令异常等） 也可用编程控制器，用图形编程器（GPC）检查。设有 3 级检查。
RS-232C 接口 DSUB9 脚	通信方式	半　双　式
	同步方式	异　步
	传送速度	300/600/1200/2400/4800/9600BPS
	传送距离	最大 15m
计时功能（内有实时时钟时）年，月，日，星期，时，分，秒（对润年也有对应）精度，月差 ± 30s（25℃以下）		

表 33-53 SP10 的性能规格

控制方式		存储程序方式
输出输入控制方式		循环扫描方式
程序方式		梯形图方式
命令字长		1 步 /l 命令 1～5 字 /1 命令
命令的种类		34 种（基本命令 12 种，应用命令 17 种，运算命令 5 种）
处理时间		最小 0.2μs 基本接点命令平均 0.721μs
程序容量		最大 144 字
输出入继电器		10 点（输入 6 点、输出 4 点）
内部辅助继电器		36 点
特殊辅助继电器		20 点
数据保持继电器（DR）		最大 256 点链路继电器（LR）　　　　　256 点 最大 128 点共计
定时器 / 计数器		共计 16 点（其中高速定时器 1 点，模拟定时器 1 点）
停电保持功能		用户存储器：RAM、EEP-ROM 并用数据：RAM 电容器备用（20 天保存，环境温度 25℃）EEP-ROM 可传送
自诊断功能	停止异常	CPU 异常（监视时钟）存储器异常，无 END 命令（LED 显示）
程序检查功能		程序检查（运行开始时常检查）无 END 命令，命令异常
PC 链路		最多 4 台（另需链路适配器）

4. GE-1系列PC简介

美国通用电气公司生产的GE-I系列有GE-I、GE-I/J和GE-I/P三种。GE系列PC机除GE-I/J为整体式结构外,其他机型全部为模块式结构。GE-I系列的性能指标见表33-54。

表33-54 GE-I系列PC的性能指标

特 性	GE-I/J (SR-10)	GE-I (SR-20)	GE-I/P (SR-21)
I/O点数(最大)	50/64/96/ (12)	112	168
存储器			
700字 CMOSRAM	标准	标准	标准
扩展到1724字	NO	Yes (1)	Yes (1)
EPRM	Yes (2)	Yes (2)	Yes (2)
典型扫描时间 0.5K程序	20ms	20ms	5.1ms
1.0K程序	40ms	40ms	10ms
1.7K程序		60ms	17ms
内部功能元件	160	144	144
非停电记忆线圈	96	112	112
停电记忆线圈	59	28	28
特殊功能线圈	5	4	4
定时器/计数器	20 (4位)	64 (4位)	64 (4位)
拨盘接口模块	No	Yes	Yes (3)
定时/计数器设定单元	Yes	No	Yes (3)
移位寄存器	155步	128步	128步
数据寄存器	No	No	128 (8位)
步进器(鼓形控制器)	20 (10000步)	64 (10000步)	64 (10000步)
高速计数器			
内装 (2kHz)	Yes	No	Yes
I/O模块 (10kHz)	No	Yes	Yes
开关量I/O模块	Yes (4, 5, 6)	Yes	Yes
模拟量I/O模块	Yes (4, 7)	Yes (7)	Yes
远程I/O	No	Yes (8)	Yes (8)
远程系统I/O		96	96
I/O扩展模块	Yes (9)	(10)	(10)
扩展系统I/O数	26/40/72 (12)	(10)	(10)
编程语言			
基本梯形图功能	Yes	Yes	Yes
数据操作	No	No	Yes
手提式编程器			
IC610PRG100	Yes	Yes	Yes (11)
IC610PRG105	Yes	Yes	Yes
便携式编程器(液晶显示)	Yes	Yes	Yes
用Workmaster编程	(13)	Yes	(13)
CPU			
IC610CPU101	不用	Yes	No
IC610CPU105	不用	Yes	Yes
经过字保护	No	No	Yes
框架			
IC610CHS110 (5槽) (14)	Yes (扩展)	Yes	Yes
IC610CHS114 (5槽) (15)	Yes (扩展)	Yes	Yes
IC610CHS120 (10槽) (14)	Yes (扩展)	Yes	
IC610CHS124 (10槽) (15)	Yes (扩展)	Yes	
IC610CHS130 (10槽) (14)	Yes (扩展)		Yes
IC610CHS134 (10槽) (15)	Yes (扩展)		Yes
数据通讯单元 CCM100	Yes	Yes	No
CCM105	Yes	Yes	Yes
Rs-232/422适配器	Yes	Yes	Yes
外围设备			
打印机接口单元	Yes	Yes	Yes
PROM写入单元	Yes	Yes	Yes
盒式磁带录音机	Yes	Yes	Yes
附件袋	随机带	Yes	Yes

5. SIMATIC S5U 系列 PC 性能简介

德国西门子公司生产的 SIMATIC S5 自动化系统 U 系列 PC，其较常用的机种型号及其主要技术特性如表33-55所示。

表33-55 为 SIMATIC S5U 系列 PC 技术特性一览表。

H 型系列 PC 性能简介（表33-56，表33-57）。

表33-55 SIMATIC S5U 系列 PC 技术特性一览表

SIMATIC S5—	90U	95U	101U	100U			115U				135U				155U
适配CPU				100	102	103	941	942	943	944	920	922	928	928B	946/947
程序、数据主存储容量(Kb)	4	16	2	2	4	20	18	42	48	96	128	64	64	64	896
数据存储器（磁泡）(Kb)	–	–	–	–	–	256	256	256	256	–	256	256	256	256	256
CP580/CP521	30	30	–	30	30	30	40Mb	40Mb	40Mb	40Mb	–	40Mb	40Mb	40Mb	40Mb
BASIC(Kb)1K 二进制语句扫描时间(ms)	2-5	2-5	70	70	7	1.6	1.6	1.6	1.6	0.8	–	20	1.1	0.6	1.4
IK 典型程序平均执行时间(ms)	5	5	75	75	15	10	10	10	10	1.5	–	20	7.5	0.9	1.75
中间标志位/可扩展标志位	1024	2048	512	1024	1024	2048	2048	2048	2048	2048	–	2048	2048	2048/8192	2048/32768
计数器定时器	32/32	128/128	16/16	16/16	32/32	128/128	128/128	128/128	128/128	128/128	–	128/128	256/256	256/256	256/256
算术功能	+ −	+ −	+ −	+ −	+ −	+ − ×	+ − ×	+ − ×	+ − ×	+ − ×	–	+ − ×	+ − ×	+ − ×	+ − ×
数字量输入/输出	10/6①	16/16②	40/20	128	256	256	512	1024/1024	1024/1024	1024/102	44096/4096	4096/4096	4096/4096	4096/4096	4096/4096
模拟量输入/输出	–	8/1	–	8	16	32	64/64	64/64	64/64	64/64	192/192	192/192	192/192	192/192	192/192
可否使用智能输入输出模块	–	–	–	–	–	–	–	–	–	–	–	–	–	–	–
有否操作员通信、过程显示系统	–	–	–	–	–	–	–	–	–	–	–	–	–	–	–
SINEC 局部网络	L1	L1,L2	L1	–	L1	L1,L2,H	L1,L2,H1	L1,L2,H1	L1,L2,H1	L1,L2,H1	L1,L2,H1	L1,L2,H1	L1,L2,H1	L1,L2,H1	L1,L2,H1
点对点连接	–	–	–	–	–	–	–	–	–	–	–	–	–	–	–

注：① 另可扩展 6 个模块(I/O 最多另加 48 点)
② 另可扩展 32 个模块(I/O 最多另加 256 点)

表33-56 H 型系列 PC 各单元技术规格

类别	型号	技术规格				备注
		开关量输入	开关量输出	模拟量输入	模拟量输出	
基本单元	S40H	DC 输入(24V 电源机内提供)	24 点 继电器 三种 可控硅 晶体管	24 点			高速计数二点，外中断一点，RS～232/485 通讯口各一个；对外提供+24V 服务电源；可带扩展机一台
	S40HA		16 点	16 点	8 点	2 点	
	S60H		32 点	32 点			
	S60HA		32 点	32 点	0～5v 4～20mA 二种	8 点 0～5v	2 点
扩展单元	S40E		24 点	24 点			对外提供+24V 服务电源
	S60E		32 点	32 点			
特殊功能单元	HAE				8 点	2 点	12 位精度
编程器	S40-HP	液晶显示二行16个字迹，配备2m连接电缆，自备储存器和CPU，可8位密码设定。					连机编程，脱机编程
外围设备	模拟调试板 40T	开关量24点输入。					通过指示灯监控
	外置数板 T/CAU	通过主机扩展口连接，可实现多组多位程序外置数和显示。					拨盘或键盘输入
	个人计算机	通过主机 RS-232 口连接，借助于 DOC 软件，在上位机屏幕上梯形图编程、实时监控、强制执行。					推荐386、486兼容机，市售品
	通讯网络 NET	通过主机 RS-485 口连接，可构成多达32台主机通讯网络。					
	打印机	推荐 EPSON 1600K					市售品

表 33-57 H 型系列 PC 基本技术规格

项目	类别名称		基本单元			
			S40H	S40HA	S60H	S60HA
控制部分		控制系统	程序存贮式周期性系统			
		处理速度	6 μs/字平均值(基本指令)			
		程序容量	2048 条			
	存贮器	基本单元	RAM 区 8K			
		存贮单元	EEPROM32K			
指令		指令基本	22 条			
		算术运算指令	10 条			
		逻辑运算指令	3 条			
		功能指令	6 条			
输入/输出处理	外部输入	开关量点数	24	16	32	32
		模拟量点数		8		8
	外部输出	开关量点数	18	16	28	28
		模拟量点数		2		2
		内部输出	640 点			
		特殊内部输出	67 点			
	延时/计数器	点 数	64 点			
		设 定 值	0~9999,(计时单位可选,最小 0.01s			
	高速计数器	点 数	2 点			
		位 数	6 位(1~99, 9999 次)			
		计数速度	30kHz/min			
	中断	外部中断	1 点			
		内部限值中断	2 点			
		内部定时中断	2 点			
		外部输入类型	24VDC（机内电源）			
		外部输出类型	①继电器 AC220V/DC24V2A；②双向可控硅 AC220V2A；③晶体管 DC24 V0.5A			
	通讯	RS-232 口	1 个			
		RS-485 口	1 个			
		外围设备	手持式液晶编程器、个人计算机（DOC 支持软件）、外置数面板、模拟调试开关			
		扩展单元	S40E		S60E	
		自 诊 断	CPU 故障，电池异常，RAM 故障，电源故障			

参考文献

[1] 周春晖主编.过程控制工程手册.北京：化学工业出版社，1993年

[2] 机械工业手册编委会编.电机工程手册(第2版).北京：机械工业出版社，1997

[3] 颜本慈主编.自动检测技术.北京：国防工业出版社，1994

[4] 李良贸等编.常用测量仪实用指南.北京：中国计量出版社，1998

[5] 张是勉等编.自动检测.北京：科学出版社，1987

[6] 常健生编.检测与转换技术机.北京：械工业出版社，1981

[7] 秦永烈编.物位测量仪表.北京：机械工业出版社，1978

[8] 李标荣等编.电子传感器.北京：国防工业出版社，1993

[9] 中国科学技术协会.自动化技术.北京：中国科学技术出版社，1994

[10] 林奕鸿等编.机床控制技术及应用.北京：机械工业出版社，1994

[11] 高钟毓编.机电控制工程.北京：清华大学出版社，1994

[12] 王永章等编.机床的数字控制技术.哈尔滨：哈尔滨工业大学出版社，1995

[13] 林小峰编.可编程序控制器原理及应用.北京：高等教育出版社，1991

[14] 扬长能等编.可编程序控制器（PC）基础及应用.重庆：重庆大学出版社，1992

[15] 王兆义主编.可编程序控制器教程.北京：机械工业出版社，1993

[16] 田瑞庭主编.可编程序控制器应用技术.北京：机械工业出版社，1994

[17] 熊葵容主编.电器逻辑控制技术.北京：科学出版社，1998

[18] 人造板生产自动化.南京林业大学．1993

[19] 上海兰星电气有限公司.H型系列可编程序控制器使用手册

计算机在木材工业中的应用

Utilization of Computer in Wood Industry 34

计算机在木材材性研究方面的应用，包括在热学、电学性质的研究过程中利用计算机建立数学模型、编制程序和分析结果，以及计算机在木材识别检索中的应用；计算机在木材工业过程控制中的应用，包括在制材工业中计算机结合步进电机实现带锯机位置的控制、成材分类归垛、国外计算机技术在木材无损检测的应用现状、人造板生产过程中单板干燥剪切过程控制，板胚成型质量控制，热压过程控制，人造板缺陷检测，制胶过程控制，MDF生产过程控制，计算机软件在家具生产中的应用特点及其优越性；计算机在企业管理中的应用，包括利用网络技术建立企业数据信息系统，计算机在企业财务管理中的应用。

34.1 计算机在材性研究中的应用

34.1.1 材性研究中的计算

34.1.1.1 木材热学性质研究中的计算

在木材热学性质的研究中，往往要了解和标定不同条件下，木材的各项热学性能指标。这些性能指标对各个用材部门是非常有用的，尤其对于建筑行业更是至关重要。

最常用的热性能指标有：导热系数、导温系数、比热系数和蓄热系数。不同树种的木材在上述指标上是有差异的。一般，这几个系数的值是与木材的含水率、木材的密度、外界的温度及木材不同的纹理方向相关的。

下面以研究红松材的导热系数同含水率、密度之间的相关关系为例。研究者取22个试样，在7个不同含水率梯度上(即分为0～2%、7%左右、13%左右、18%左右、21%～26%、28%～40%、68%以上)进行试验。其中小于27%的5个含水率在纤维饱和点以下，大于27%的2个含水率在纤维饱和点以上，共得22×7=154个试验数据(不同含水率梯度的试验做二次)。

根据已有资料及试验结果知道导热系数同木材的含水率及密度这两个变量之间呈显著的线性相关关系。且在纤维饱和点以下及纤维饱和点以上可能有较大差异。研究者试图找到能反映这三个变量之间关系的相关方程式。考虑到纤维饱和点以上及纤维饱和点以下可能产生的差异，需分别拟合回归方程式，同时也要求出总体的相关方程式，进行比较和选用。根据数理统计要求，还要对所求的方程式用复相关系数检验其相关关系的显著性，并比较含水率与密度这两个因素哪个对导热系数的影响更为显著。

1. 数学模型的建立

显然，这是一个二元线性回归分析问题，其数学模型为二元线性回归方程式，即

$$Y = B_0 + B_1 X_1 + B_2 X_2$$

式中：Y——导热系数

X_1——含水率

X_2——密度

只要分别求出对应于纤维饱和点以上和纤维饱和点以下及总体的回归方程的系数B_0、B_1、B_2，便可得到所求的三个相关方程。

2. 程序的编制

考虑纤维饱和点以上和纤维饱和点以下及总体的样本回归计算模型相同，程序可采取循环方式，设置一自动计数器单元M，通过M值的改变，程序自动循环，依次求出纤维饱和点以上和纤维饱和点以下及总体样本的三个回归方程。为了增强程序的通用性，对样本数据的分类数M_0(本例中分为纤维饱和点上、下两类)，每类样本数$N(i)$ $(i=1, 2, \cdots\cdots, M_0)$及样本的总数$N_1$均采用人机对话方式，在程序的运行开始时由键盘输入。这样，一般的二元线性回归问题均可使用此程序。程序中用一个二维数组$X(i,j)$来存放N_1试验数据，用另一个二维数据$L(i,j)$来存放运算中间结果L_{11}、$L_{12}\cdots\cdots$，以备反复使用。

程序中变量分配：

输入变量：M_0——分类数

N_1——样本总数

$N(i)$——每类样本数

Q_1——每一含水率下试样数

Q_2——含水率梯度数

B_0——回归方程常数项

B_1——对应于 X_1 的偏相关系数

B_2——对应于 X_2 的偏相关系数

R——回归方程的复相关系数

P_1——对应于 X_1 的标准回归系数

P_2——对应于 X_2 的标准回归系数

数组变量：$X(i,j)$——存放 N_1 组数据

其中：$X(0,j)$——存放导热系数

$X(1,j)$——存放含水率

$X(2,j)$——存放密度

$L(i,j)$——存放 L_{11}、L_{22} 等中间结果

计数单元：M——循环次数计数

3. 结果分析

(1) 根据查表，在 0.01 水平下，复相关系数 $R_{0.01}$ 的临界值为

在纤维饱和点以上，即 $N(2)=44$ 时，$R_{0.01}=0.454$

在纤维饱和点以下，即 $N(1)=110$ 时，$R_{0.01}=0.297$

总体回归：$N_2=154$ 时，$R_{0.01}=0.244$

与计算结果比较，所拟合的三个相关方程的复相关系数均大于查表所得的临界值，说明所要确定的相关关系是显著的。求出的结果亦符合要求。

(2) 由计算结果可看出

$|P_1|\geqslant|P_2|$ 三个回归方程的检验结果均是如此。这说明含水率(X_1)对木材导热系数的影响比密度(X_2)的影响更为显著。因此，可以说含水率是影响木材导热系数变化的主要因素，而密度相对来说是次要因素。

(3) 从求出的三个相关方程式中可以看出

纤维饱和点上、下两个回归方程差异较大。因此，分别用两个回归方程来拟合更适合于表达变量之间的相关关系。

34.1.1.2 木材电学性质研究中的计算

研究木材的电学性质在木材工业的应用中有着重要的意义。木材的电学性质主要表现为下面三个物理量的变化，即木材的介电常数 ε、损耗角的正切 $\mathrm{tg}\delta$ 和木材的电阻率 γ。这三个量值的大小与一定的条件、因素有关，并且有一定的统计规律。其中，木材的含水率的大小对木材的电学性质影响较大。含水率低时，木材为绝缘体；含水率为一定值时，木材为半导体；含水率很高时，木材将成为导体。因此，若能确定出木材的电学性能参数随含水率变化的关系，那么就可以用测量木材的电性能参数的量值大小来间接获取木材含水率的大小。这对于木材的微波干燥、高频加热以及定向纤维板、定向刨花板的电场定向等方面非常有用。同时也提供了木材进行无损检测的手段。

据有关资料表明，木材的介电常数、损耗角的正切、电阻率与含水率的变化呈指数曲线相关关系。即

$$y=ae^{\frac{b}{x}}$$

为了确切地求出这种指数相关的表达式，要对不同的树种在不同的温度下，做反复大量的试验。在取得大量的原始测量数据基础上，计算出不同树种木材的含水率、介电常数、损耗角正切及电阻率。然后对这些计算值用回归分析的方法进行回归计算，以分别求出介电常数、损耗角正切及电阻率这三者关于木材含水率的指数相关表达式。最后还要检验它的显著性如何。

以上统计分析工作运算复杂，数据量大，可采用微型计算机来完成。

计算实例：由试验取得若干多组样本的原始数据。根据原始数据计算每个样本的含水率 M、介电常数 ε、损耗角的正切 $\mathrm{tg}\delta$ 及电阻率 γ，计算公式为：

$$M=\frac{W-W_0}{W_0}\times 100\%$$

$$\varepsilon=1+\frac{14.4d(C_1-C_2)}{D^2}\times 100\%$$

$$\mathrm{tg}\delta=\frac{14.4dC_0}{\varepsilon D^2}\left(\frac{1}{Q_2}-\frac{1}{Q_1}\right)$$

$$\gamma=\frac{1.8d\times 12^{10}}{f\varepsilon\mathrm{tg}\delta}$$

式中：δ——试件的厚度

D——圆试件的直径

W——湿试件的质量

W_0——试件干燥后的质量

C_0——测量仪开路电容

C_1——以空气为介质时测得电容

C_2——以试件为介质时测得电容

Q_1——空气介质时 Q 值

Q_2——试件介质时 Q 值

f——测试频率

回归采用的数学模型为：

$$y=ae^{\frac{b}{x}}$$

式中：Y——可为介电常数、损耗角正切或电阻率

X——含水率

a、b——曲线回归方程的系数

为了简化计算，对模型做直线化处理，方程两边同时取对数，得出：

$$\ln y=\ln a+\frac{b}{x}$$

令 $Y=\ln y$, $X=\frac{1}{x}$ $A=\ln a$

则得直线化方程：

$$Y=A+bX$$

此方程可采用一元线性回归的方法进行回归运算。

利用最小二乘法，求得线性回归方程的系数 A、b，得：

$$b = \frac{\sum_{i=1}^{n}(x_i - X)(y_i - Y)}{\sum_{i=1}^{n}(x_i - X)^2}$$

式中，X、Y 分别为样本数据的均值。

求出系数 A 后，对 A 求反对数，即得到 a 值，将 a，b 代回原指数方程，便得到了所求的指数曲线回归的方程式：

$$y=ae^{\frac{b}{x}}$$

最后，可用F检验法进行相关方程显著性检验，以判断所得曲线方程拟合的好坏。

本程序的流程图如图34-1所示。

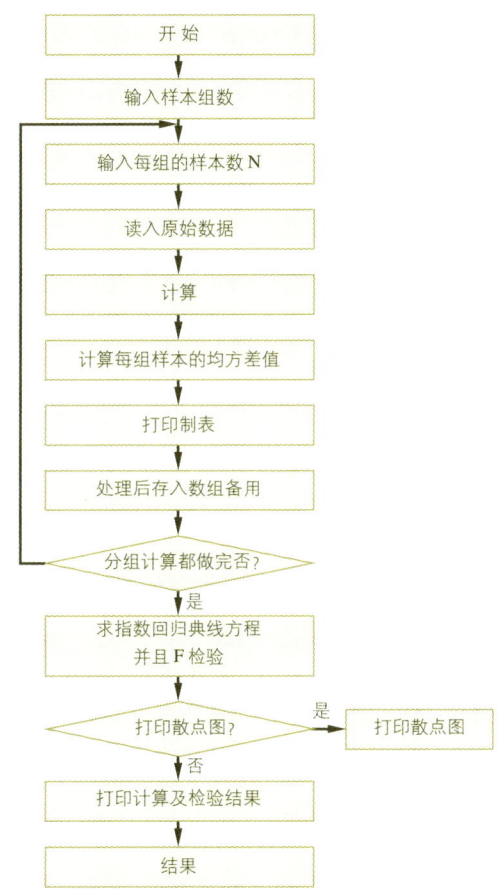

图 34-1 木材电学性质计算流程图

根据程序的框图可以编制具体的用户程序。因篇幅所限，故不赘述。

34.1.2 木材识别检索

木材的识别最早是凭借经验，根据木材的质量、颜色、光滑度、光泽、强度等因素进行判断。以后又发展为"对分法"。它是按木材特性的稳定性主次依次排列，按顺序检索。但当树种很多时，容易出错，检索很慢，若有修改或增加树种都需重新编制检索表。1939年，克拉克发明了穿孔卡片检索法，后来这种方法在许多国家普遍使用。这种方法是首先把木材切片放在显微镜下观察，然后将构造特征（微观构造）依次编号，按1，2，3…顺序印在一张厚纸卡片上。然后在卡片四周每一特征的顶端打一圆孔，对每一树种都制作一张卡片。在这个树种具有特征的圆孔地方剪一个V形缺口。在识别木材时，先按木材切片标本微观构造上的特征，用钢针穿过卡片上相应特征的圆孔，然后轻轻晃动几下，具有该特征的卡片（树种）因有缺口，就从钢针上掉下来。将掉下的卡片收齐，再穿另外的特征的圆孔。如此连续进行，直至剩下一或两张卡片为止，最后剩下的卡片就是识别出的木材树种。穿孔卡片检索的出现，使木材识别不需要按固定顺序而是根据样品的显著特征进行检索，增加树种或修改特征只需重做一张卡片。

但是，随着木材识别研究工作的发展，树种越来越多。人工的穿孔卡片检索已不能满足需要，因而开始了应用计算机识别木材的研究。近年来在一些发达国家已取得了一些进展。我国也在进行这方面的研究工作。计算机检索建立在人工穿孔卡片的基础上。其优越性突出地表现在速度快、可靠性高、灵活方便等方面。计算机检索可以把全部特征一次输入给计算机，一次便可以检索出结果。此外，树种及其特征修改、增删可以通过计算机的软件来实现，因而经济、灵活、方便，杜绝了人工穿孔检索可能出现的错误。

本节将介绍一种用微型计算机进行阔叶树材识别的检索系统。

34.1.2.1 微型计算机检索系统的硬件配置

1. 主机

包括中央处理机和内存。中央处理器可486或586。内存容量16MB。

2. 外部设备

带键盘的显示终端一台，宽行打印机一台。

3. 软件

配有完善的系统软件，即有方便灵活的操作系统，丰富的高级语言，以及诊断故障的能力。

34.1.2.2 数据结构和文件组织

检索系统的数据结构，是以人工穿孔卡片检索表的数据格式为基础，每一张卡片组成一条记录，记录由项组成，树种学名（初等项），树种特征（组合项）。

记录格式举例：

杧果（*Mangifera illdica*）7，14，27，28，29，32，33，39，42，47，59，65，66，82。

特征用1~92整形数值代表，按升序排列。

由以上格式组成的若干记录的集合形成树种的数据文

件。在本检索系统中有以下四种数据文件。

1. 分类文件

这是根据对分法的分类特征,把同属于一大类的树种又分成若干小类。以阔叶树材为例,具有半环孔材(83特征)的为83类,具有环孔材特征(84特征)的为84类,具有散孔材特征(82特征)的为82类。而散孔材类又可分为同形类(具有52或53,54特征),异形类(具有58特征)等等。每类都建立一个磁盘数据文件。每个文件都取个名字。为便于记忆,名字是以分类特征前加一个字母W,再加扩展名DAT组成,例如W83.DAT、W84.DAT等等。各文件中的记录数不一定相等,记录的长度也可不等。每个数据文件的最后一条记录都用字符串END OF FILE作为文件结束标志。

2. 顺序文件

把全部阔叶材树种建立在一个数据文件中,构成文件的记录按其在磁盘上的物理顺序排列,故称为顺序文件。

3. 索引文件

在树种识别检索中,往往所掌握的特征并不能辨别出类别。这时可用顺序文件进行检索,若要检索某一树种必须从文件的第一条记录开始顺序地一一读取到内存中作检查(看是否具有输入的全部特征)。这种办法当然很费时间。如果将文件的记录按其树种特征作关键字,其余记录项是特征所具有的地址(即顺序文件中的记录存取号)即形成一个索引文件。用索引的办法来检索是随机的读取文件中的某条记录,而不必把文件中的记录通读一遍,大大提高了检索的速度。

4. 排序文件

按树种学名的英文字母顺序,从小到大,升序排列成一个文件。

检索系统的管理功能如图34-2所示。

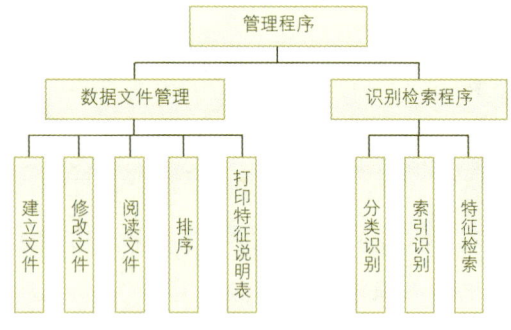

图 34-2 检索系统管理功能

34.1.2.3 识别检索程序

识别检索程序有三种,通过一个引导程序可将它们调入内存。

1. 分类识别

分类识别检索是指对分类数据文件作检索。当被检索的样品的类别特征较明显时,便可选择此识别检索方法。这种方法的优点是缩小了检索范围,因而检索较快。此程序提供了七种功能,用命令号1,2,3,……,7代表。显示器不断显示出这七种功能的说明,供用户参看选择。操作人员只要在键盘上打入一个命令代号,计算机便会执行命令功能。

这七个功能和它们的解释如下:

(1) 第一次检索

如果对某一样品是作初次检索,必须首先用此命令。在执行这条命令时,计算机会给出这样的提示:

请选用以下分类特征输入:

82——散孔材类;

83——半环孔材类;

84——环孔材类。

用户可根据检索的样品具有的分类特征,选择其中之一从键盘打入。如选择83类,则在键盘上打入83。在类别选择后,计算机又显示(在此计算机输出的是英文,下面是译文):

"请输入样品的特征"。

用户可以输入若干个已知的特征。在输入结束时给一个结束符END。然后计算机便把检索结果显示出来:

"从×××个树种中筛选出×个"。

如果输入的特征有错,或者类别有错,有可能检索不出结果。这时计算机给出的信息是:

"没有找到这个树种"。

用户可重新打入新的类别进行以上操作。

(2) 对同一树种继续检索

在第一次检索之后,可能检索出多个树种。这时用户可继续使用2号命令,直至检索出满意的结果为止。每执行一次2号命令,计算机都会给出这样的信息:

"请输入特征"。

在用户输入完特征后,计算机便会给出检索结果:

"从××树种筛选出×个"。

"你曾用过的特征:××,××……"。

如果找不到具有输入特征的树种,便会给出:

"没有找到这个树种"。

(3) 筛选出的树种学名和特征表

在1或2号命令执行完后,如果想要知道筛选出的树种学名和特征,便可使用此命令。这个命令是很有用的。在检索过程中,用户可随时查看检索的情况,并可参考列表作进一步检索。

(4) 检索出的树种学名和特征说明表

当用户在检索到较满意的结果(如只剩下了一个或两个树种时),可用此命令列出检索出的树种学名和特征,以及各特征的解释。

(5) 同一类中检索其他样品

如果要检索的样品不止一个,而又同属一类,便可在检索第一个样品之后,用5号命令接着检索其他样品。这比采用1号命令作第一次检索的速度快。

(6) 在新的一类中检索

同一样品在1号或2号命令检索无结果时,可改换类别再作检索,便可采用此命令。

(7) 重新运行程序

在用户想改换检索方法或是一个新用户时,可用此命令。这条命令的执行使程序返回到引导程序。

2. 索引识别

这种检索方法是通过索引文件作识别检索。但如果对输入的特征全部索引一次也是很慢的,可以从输入特征中挑出一个共同性最少的特征作关键字,到索引文件中找出具有这个关键字的所有记录读取到内存中。然后再输入其余特征依次进行查找。由于是在小范围内的内存查找,能很快地得到正确的答案。

索引识别程序也提供了五种命令功能:

1——第一次检索;

2——对同一样品继续检索;

3——列筛选出的树种名和特征表;

4——列检索出的树种名和特征解释;

5——重新运行程序。

各种功能的解释与前面相同。

3. 特征检索

此检索提供了把树种学名作为检索的关键字检索出该树种所属的全部特征,故称特征检索。

用户在进行某树种的检索时,可以输入树种全名,也可只输入前三个字母或从第一个字母开始的任意个字母。当然检索的结果可能不只一个。可以从打印列表作参考进一步检索。

34.1.2.4 文件管理程序

1. 建立文件

用这个管理程序可以建立新的磁盘数据文件,其程序流程如图34-3所示。

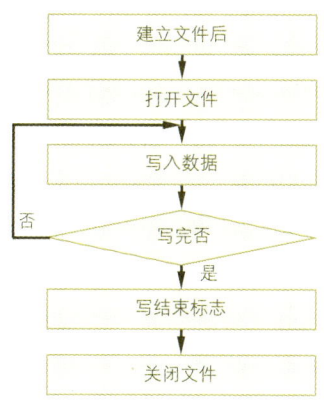

图 34-3 建立数据文件程序流程图

建立文件时所用指令意义如下,

(1) CREATE 指令——建立文件

首先要给文件建立一个名字(即先挂一个号)然后才能读写文件。

格式:CREATE "字符串"。

字符串由一组有序的字符所组成。字符包括数字、字母、符号等,凡是字符串都要加一引号括起来。

例如执行 CREATE "W83.DAT" 这条命令之后,在磁盘文件目录区中建立了一个文件名 "W83.DAT" 的文件,便可以对此文件进行读写。

(2) OPEN 指令——打开文件

一个用 CREATE 指令建立的文件,在对它读或写之前必须要先"打开"。所谓"打开"就是为了开辟一个内存与磁盘之间交换信息的通道,通过此通道才能"读"或"写"。现以某一台微型计算机的 BASIC 语言为例。它提供了5个通道,即通道0、1、2、3、4。其中通道0供系统专用,其余1~4通道用户可以选用。

格式:OPEN/n, p/"字符串"。

n——通道号1,2,3,4之一;

p——文件中记录的长度。若不写表示为128字节。字符串见 CREATE 指令中的解释。

(3) PUT 指令——给文件写入数据

格式:PUT/n, p_1, p_2/表达式1,……表达式k。

n——通道号1,2,3,4之一;

p_1——记录号,不写下标1表示顺序写入方式;

p_2——写记录中某项的开始位置。不写下标2表示从0开始;

表达式——可以是算术表达式、数值变量、数值常数,也可以是字符串或字符串变量。

(4) CLOSE 指令——关闭文件

在一个文件被打开之后就表示某一通道被这个文件所占用,别的文件就不能再用此通道,因此,一个文件在读写完毕之后必须"关闭",以让出通道供别的文件读写用。否则别的文件使用"打开",机器便会给出错误信息。

格式:CLOSE/通道号/。

2. 阅读文件

提供了查看某文件的内容或打印出某文件的全部内容。阅读文件的流程图如图34-4所示。

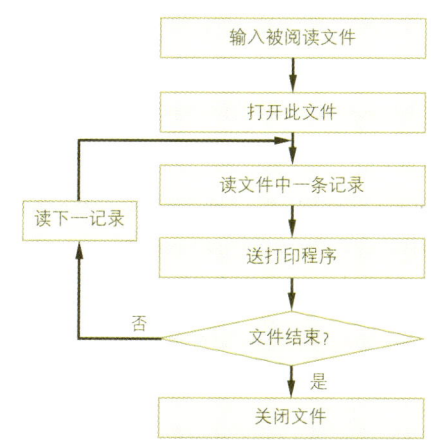

图 34-4 阅读文件程序流程图

阅读文件与建立文件的不同之处是前者从文件中读数据到内存，后者是写数据到文件中。与写命令 PUT 相对应的读命令是 GET。

格式：GET/n，p_1，p_2/变量 1，变量 2，……，变量 k。

n，p_1，p_2 的解释与 PUT 命令解释中的相同。p_1 和 p_2 决定了开始读的位置。读出的内容多少完全由变量来决定。

PUT 与 GET 是一对指令。当然在用法上不是这么简单。详细用法和规定可根据某语言文本而定。

3. 修改文件

要想修改某个树种的特征或要增删树种，可以用此功能。其流程图如图 34-5 所示。

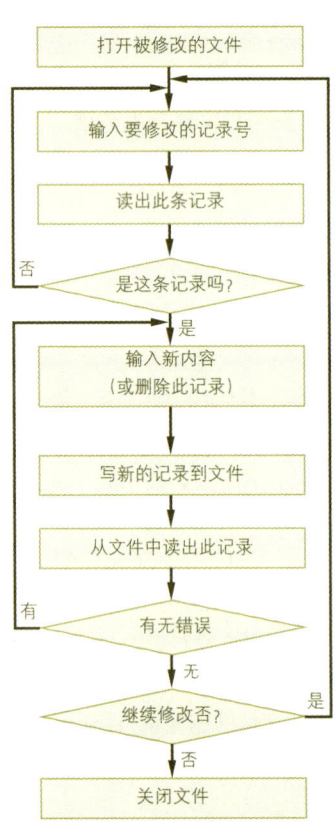

图 34-5 修改文件程序流程图

34.2 计算机在生产控制中的应用

在工业生产过程控制中，一般有两种使用计算机的途径。

一种是用一台容量大、速度快、性能好的中小型计算机控制整个生产过程（可能还需要一些小型或微型计算机做次级计算机）。显然，在微型计算机问世以前，采用这一途径是唯一的途径。当时，计算机的字长一般较长，速度也较快，但价格则很贵。只有用一台计算机控制尽可能多的设备，在经济上才是合算的。但是，这就要求工厂设备的精度高，工艺成熟。否则在使用中会出现许多问题。这一途径的优点是自动化程度高，工作人员少。但是，这一途径所花投资大，妨碍了推广普及。

在微型计算机问世后，许多木材厂采用了另一途径，即采用几台微型计算机，对生产过程实现分段控制。这一途径的优点是投资小，容易实现。待有了使用计算机控制经验后，再考虑购置容量更大、速度更快的微型计算机。由于微型计算机的价格下降得很快，这样做的结果是大大地节省投资总额，提早实现生产过程的计算机控制。

下面我们只讨论用微型计算机对木材工业生产过程中的分段控制。

34.2.1 计算机在制材工业中的应用

有些国家，已在制材生产线的计算机控制方面做了许多研究工作。在美国，虽然制材生产线并未标准化，各厂生产线的布置、所用设备都有很大差异，但控制内容则大致相同。一般均是在把原木树皮剥去之后，用光电扫描方法测定原木两端和中间的直径，然后将这些数据送到计算机里面去，再由计算机控制削片制材联合机、带锯机等设备进行加工。

虽然制材生产线前面部分的工艺和设备的变化很大，但是，制材生产线的结尾部分，即成材分类归垛设备却十分相似。一般这种分类归垛机可用一台微型计算机来控制。下面介绍制材和成材分类归垛的计算机控制。

34.2.1.1 制材带锯位置的控制

计算机用于制材生产线的关键是：精确地控制被加工物和机械设备的位置、转速和直线速度。有些公司，如匹兹堡国际自动控制公司，已经设计和生产了一些用于木材工业的、计算机化的电子自动控制器。ICC3200 就是该公司生产的微型电子计算机控制器。Can Car 和 Superior 公司已采用这种控制器来控制它生产的制材设备。这种控制器采用扩充后的、适用于自动控制的 BASIC 语言，因此使用比较方便。

现在我们就来讨论如何利用微型计算机来控制制材带锯的位置。

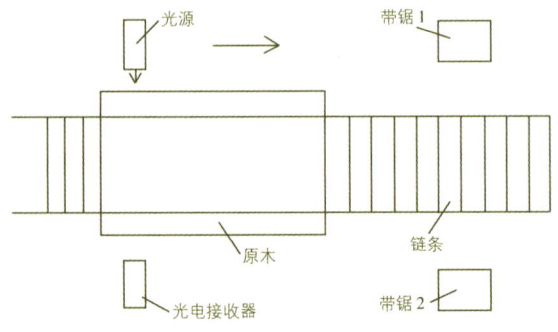

图 34-6 **制材生产线示意图**（局部）

图34-6所示是用两台带锯锯去原木边皮的制材生产线（局部）。两台带锯的原始位置是远离原木的位置。当原木经过G处时，光电式原木尺寸检测器测出原木各部位的尺寸，并将这些数据送入计算机进行计算，得出两台带锯应处的最佳位置。然后，计算机输出驱动信号，使带锯由原始位置移动至各自的最佳位置。在锯完一根原木后，带锯退回原始位置，准备锯下一根原木，这一过程的流程图如图34-7所示。

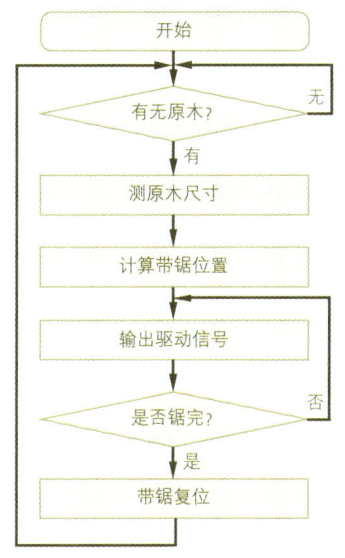

图34-7 原木检测和带锯控制流程图

用功率步进电机来控制带锯位置的方法最为简便。因此，我们首先来讨论步进电机的控制方法。

步进电机的定子实际上是一组电磁铁，而转子则是铣有很多齿的铁芯。定子上也铣有许多个齿。当定子上的某一相线圈通电时，定子就产生磁场，并与转子形成磁路。如果定子与转子的齿没有对齐。转子转动一个角度，使齿对齐。齿对齐后转子就停止转动。如果在这时把原来通电的那一相绕组断电，改通另一相绕组，由于电机结构上的关系，齿又未对齐，转子必须转一个角度；再使齿对齐。如果轮流接通定子上的各组线圈，转子就在磁力的作用下旋转起来。转子转动角度的大小不仅由电机的构造决定，而且由通电方式决定。转子转动的速度和方向则由控制脉冲的频率和定于各相绕组通电次序决定。

对于国产SB-3型或类似的三相步进电机来说，如果按A、B、C，A、B、C的次序给电机通电，则每通一次电，电机正向转动3°。如果按A、C、B，A、C、B的次序通电，则每通一次电，转子转动的角度仍然是3°，但是转动的方向则相反。

对于SB-4型或类似的四相步进电机来说，如按AC、AD、BD、BC的次序通电则为正转，且步距为2°22″；如按BC、BD、AD、AC的次序通电，则步距仍为2°22″，但转动方向则相反。

为了增加控制精度，可以改变定子的通电方式。对于三相步进电机来说，可按A、AB、B、BC、C、CA的次序或CA、C、BC、B、AB、A的次序通电。此时步距减少为原来的一半，即1.5°。

对于四相步进电机，则可按AC、A、AD、D、BD、B、BC、C的次序，或者按C、BC、B、DB、D、AD、A、AC的次序通电。这两种通电方式都使电机的步距减小到1°11″，但两种通电方式的转动方向正好相反。

当用微型计算机控制步进电机时，最好用光电耦合器做隔离器件。图34-8是用光电耦合器把步进电机连接到微型计算机并行输出接口的电气原理图。

由图34-8可见，定子A、B、C三相绕组分别受到并行输出数据b_0、b_1和b_2以及b_3、b_4和b_5的控制。如果此并行输

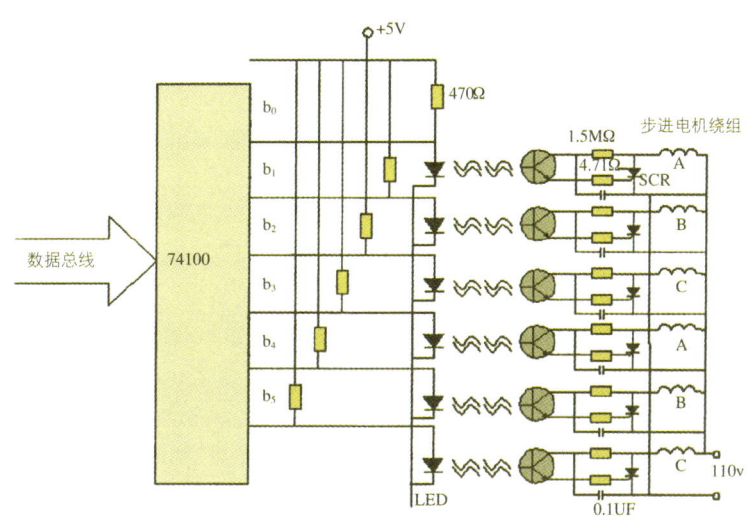

图34-8 步进电机的控制线路

出接口的地址是49315，则命令POKE 49315，1就将A绕组接通，而命令POKE 49315，2则将B相绕组接通，以此类推。

假定根据测得的原木尺寸，已算出带锯1和带锯2分别应从原始位置转动 $N(1)$ 步和 $N(2)$ 步，且每步为3°，才能达到它们的最佳位置。控制这两台电机的程序为：

```
100 I = 0
110 I = I + 1
120 IF N (1) = 0 THEN GOTO 160
130 POKE 49315, 2 (1-1)
140 N (1) = N (1) -1
150 FOR X = 1 TO M: NEXT
160 IF N (2) = 0 THEN GOTO 200
170 POKE 49315, 2^ (I + 2)
180 N (2) = N (2) -1
190 FOR X = 1 TO M: NEXT
200 IF N (1) = 0 AND N (2) = 0 THEN
    GOTO 230
210 IF I = 6 THEN GOTO 100
220 GOTO 110
230 POKE 49315, 0
240 RETURN
```

在这个程序中的 M 为一个不大于255的正整数。$N(1)$ 和 $N(2)$ 也为正整数（或零）。M 的作用是：第一使驱动电机的信号足够长，以使电机转子完成转动一步这个动作；第二用改变 M 的大小的方法，来改变步进电机的平均转速。

因此，M 可根据所需的转动速度而定。程序中的语句130使电机1转动一步；语句170使电机2转动一步。语句230将步进电机的电源切断，因为此时两个电机均已转至最佳位置。至于 $N(1)$ 和 $N(2)$，则是根据原木的径级和所用的数学模型计算出来的。至于带锯复位程序则比较简单，故不赘述。

当然实际上的制材生产线远比这里所讲的复杂，不过，我们可以将它分成一个一个的小问题来处理。

利用微型计算机来控制步进电机，可以省去常规的脉冲分配器，从而节省费用。

34.2.1.2 成材的分类归垛

在现代化制材厂中，成材的分类归垛生产线均已实现自动化。在成材分类归垛机中的传送线上有若干个缺口，相邻两缺口之间的距离相等。在每个缺口的下面有一个放成材的堆位。不同规格的成材从不同的缺口掉到不同的材堆里面去，从而达到成材分类归垛的目的。平时，各缺口之间由一可转动杠杆填平，以便木材能在缺口上面自由通过。成材由带钩爪的链条带动在传送架上滑行。当它们到达预定的存放与它们同规格木材的材堆上方的缺口时，活动杠杆转动，它们就从传送架上滑下，掉到各自的材堆里面去。这些动作都

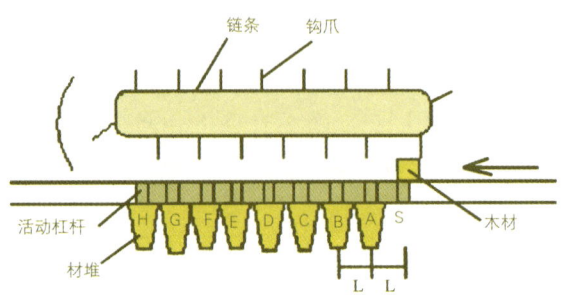

图34-9 成材分类归垛生产线示意图

是在计算机的指挥下完成的。下面我们就来讨论一下怎样利用微型计算机来完成上述的成材分类归垛任务。

设成材的长、宽、厚各有两种尺寸，即一共有 $2 \times 2 \times 2 = 8$ 种规格的木材。这就需要在传送架上设置8个缺口，我们用A、B、C、D、E、F、G、H来表示这8个缺口（图34-9）。假定两相邻缺口之间的距离为L。在距第一缺口A的距离为L的S处，设置检测成材长、宽、厚的检测器各一只。平时，各检测器的输出为"0"，当成材的长、宽、厚超过一定值时，相应的检测器的输出变成"1"。此外，在S处还设有检测有无木材和有无钩爪通过的检测器各一只。平时它们的输出也都是"0"，只有当木块或钩爪通过S处时，相应检测器的输出才是"1"。现在，将检测长、宽、厚以及有无木材经过S，有无钩爪经过S的检测器的输出，通过并行输入接口，分别接到计算机数据总线的 D_0、D_1、D_2、D_3 和 D_4 上面去。这样，二进制的10000就表示只有钩爪通过S；11000则表示有一块规格由000表征的木块通过S；11001表示有一块规格由001表征的木板通过S，以此类推。由于链条上相邻两钩爪之间的距离正好是传送架上两相邻缺口之间的距离，所以钩爪通过S的时刻，也正是木材通过各缺口的时刻。如果这时活动杠杆转动，缺口打开，则正好通过此缺口的木材就会下滑到下面的材堆中去。

下面介绍一种新式自动化制材系统（ALPS Automated Lumber Processing System）。

这种制材系统使用一台由计算机控制的 X 射线层析摄影机来确定原木内部节疤的大小和位置。然后，由计算机根据原木尺寸、节疤的大小和部位等参数，计算出应如何下锯才能使出材率为最大，并使成材的等级为最高。生产线上的各种机械设备也在计算机的控制下，将原木锯成板材。

不过，这样制成的板材，有些还会有各式各样的缺陷，如节疤、开裂、腐朽、虫眼等等。在将这些板材制成家具零件时，必须将这些缺陷去掉。因此，在将前面制得的板材干燥和刨光后，再用光电扫描装置探测板材中的缺陷并将探测结果输入计算机去计算。然后，大功率激光器在计算机的控制下从每块板材上截取尽可能多的家具零件。最后，由零件分类机将截下来的各种零件分类储存到各种零件库里去。

这种新式制材系统的优点是：

(1) 由于计算机根据X射线层析摄影机的数据指挥各种机械的动作，故能做到合理下锯，提高出材率；

(2) 由于计算机指挥激光器根据光电扫描装置（在这里是摄像机）的数据截割板材，所以能截出尽可能多的家具零件；

(3) 由于使用激光器截割板材，锯路狭窄，故而能提高出材率。

如果这种新式自动化制材系统能正式投入生产，必将使家具工业用同样多的原木，生产出更多更好的家具。不过，这种系统还处在研究实验阶段，要投入生产中使用则还需要作许多研究工作。

34.2.1.3 锯材干燥过程的控制

木材干燥窑的温湿度计算机自动控制的研究工作始于20世纪60年代末。美国Madison林产品实验室的E.M. Wengert和P.G. Evans，首先利用电子计算机实现了对木材干燥窑温、湿度的自动控制。他们利用的是放在窑外的称重传感器测量整个材堆的平均含水率。此后许多国家都对成材干燥窑计算机控制进行研究。有的国家还制成了计算机化的木材干燥窑控制器出售。但是这些控制系统有一个很大的缺点，即不能很好地掌握窑内木材的物理状态。Wengert等人的控制系统只能测知窑内木材的平均含水率，而测得窑内个别样品的含水率则更为重要。有的控制系统，如德国制造的Tromatic 410木材干燥窑控制器，则利用电阻式含水率测定器来测量窑内木材样品的含水率。但是，测定含水率的这种方法是不够准确的。

下面介绍一种测量窑内木材质量变化的传感器，并利用这种传感器和微型计算机Apple II Plus组成一个木材干燥窑计算机控制系统。

在这个系统中，用4只称重传感器分别测量四块检验板的含水率，还可增加称重传感器数目；用2只温度传感器分别测量材堆左右两边的干球温度，用另一只温度传感器测量湿球温度；计算机则根据最湿两块检验板的平均含水率，和储存在计算机里的，以含水率为自变量的干燥基准，对窑内的温度、湿度进行自动调节；所用干燥基准可以是常规阶梯式基准，也可以是别的基准，如平滑基准。

用软磁盘储存干燥程序，各种基准，以及测量数据；各种测量数据可以用打印机打印出来，供参考分析之用；荧光屏上可显示干、湿球温度，各检验板含水率的瞬时值，以及上述各参数随时间变化的曲线图。

图 34-10 就是该控制系统所用控制程序的流程图。

在该系统中采用了一种半导体温度传感器测量温度。这类半导体温度传感器的优点是输出信号大，接线长短对测量精度影响很小，输出与温度成线性关系。LMl35就是这类测温传感器中的一种。它的使用温度为-55～150℃。它的输出是10mV/K，在这里"K"是绝对温度。从理论上讲，当温度为绝对零度时，LMl35的输出为零。为了测量25～125℃的温度，可采用图34-11所示的电路，此电路的调整方法很简单。首先调整W_1，使温度传感器两端的电压为：

$$E = (2.732 + 0.010t)\ V$$

式中：t（℃）是LMl35的温度

其次调节零位调节电位器W_2，使LM308的输出为：

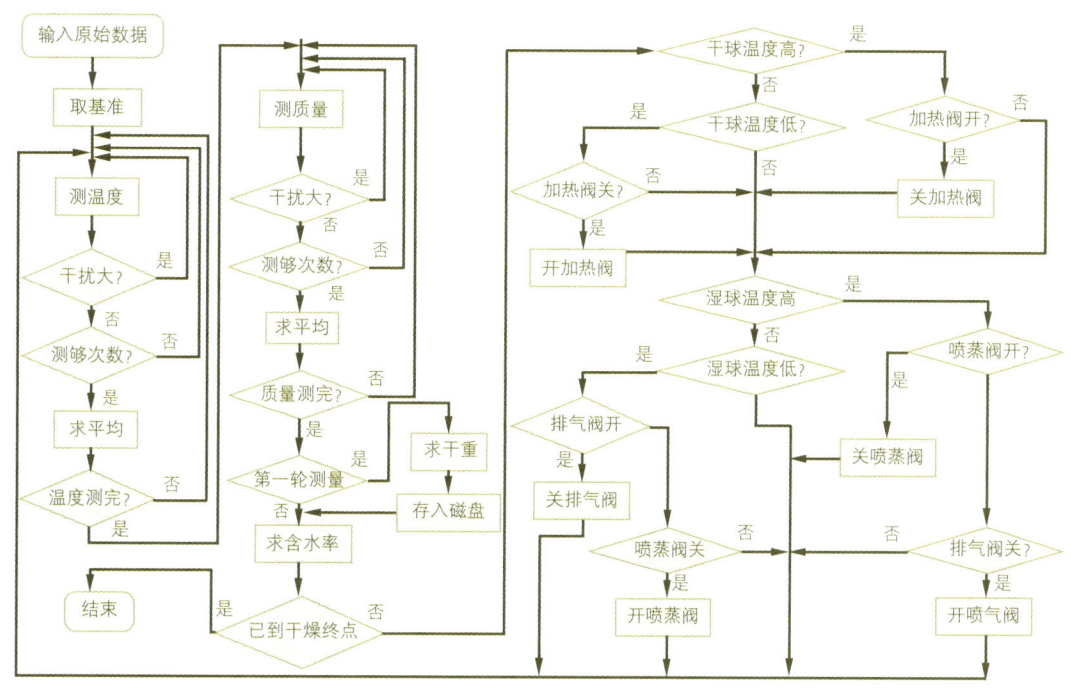

图 34-10 木材干燥窑控制流程图

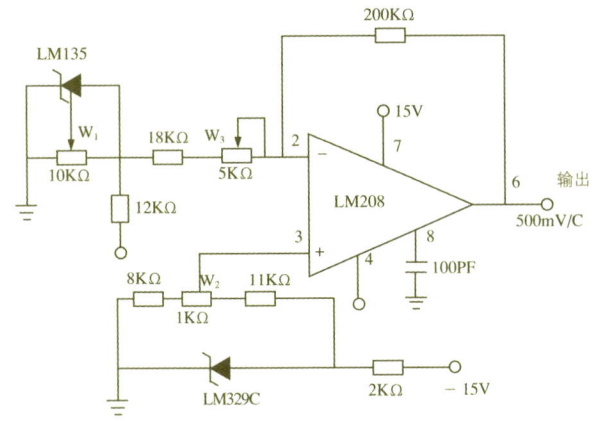

图 34-11 半导体测温电路

$$U = 50\ (t - 25)\ mV$$

例如，当 $t = 25℃$ 时，$E = 2.982V$，$U = 0V$。然后调节输出电位器 W_3，使输出电压真正满足上式。为此可将 $LM135$ 加热至 $100℃$，此时：

$$U_{100} = 3.750V$$

U_{100} 是电路在 $100℃$ 的输出。这样反复地调整几次，即可将电路调整好。

图 34-11 是采用半导体做传感器的测温电路。

利用这一电路和 A/D 变换器测量干燥窑内两个干球温度计和一个湿球温度计的子程序如下：

```
LIST
100 FOR I = 0 TO 2
110 POKE (49312+I), 1
120 A (I) = PEEK (49315)
130 D (I) = PEEK (49315)
140 FOR N = 1 TO 9
150 POKE (49312+I), 1
160 B (N) = PEEK (49315)
170 IF ABS (D (I) -B (N)) > 4 THEN
    GOT0 110
180 A (I) = A (I) +B (N)
190 NEXT N
200 A (I) = A (I) /10
210 T (I) = 100* A (I) +25
220 NEXT I
230 RETURN
```

在这里 $T(I)$ 是两只干球温度计和一只湿球温度计的温度，单位为℃。语句170是用来检验测量过程中有无干扰，当干扰信号大于一定值，则重新测量。如果干扰信号小于上述数值，则取连续测量10次所得的平均值为所需要的温度值。

检验板的质量由应变式荷重传感器测量，称重用的子程序与上面讲的测量温度用的子程序相似，也设置了排除干扰的程序。在此不予赘述。

窑内温度、湿度的控制是这样实现的：由3只电磁阀分别控制加热和喷蒸管路里的气动薄膜阀，以及排气装置中的气动杠杆。而电磁阀则是将计算机的输出控制信号，经达林顿放大器放大后去驱动小型机械式继电器，再用继电器的触点来带动的。

假定把上述3只电磁阀分别接在地址为49320的输出通道的 b_0、b_1、b_2 位置上，并且令 b_0 控制升温阀、b_1 控制喷蒸阀、b_2 控制排气阀，则POKE 49320, 1这条命令将使加热阀打开；而POKE 49320, 3则把加热和喷蒸阀同时打开；POKE 49320, 4则只把排气阀打开等等。由于重新启动程序的设置，在电源断电后，一旦恢复供电，系统能自动地恢复运行，不需人工干预，也不必在硬件上下功夫去搞断电保护。上述系统仅对于燥窑内的温度和湿度进行了控制。在美国，还有人利用计算机调节干燥窑内的风速，可省电50%～70%。

34.2.1.4 计算机在木材无损检测中的应用

原料和产品的检测是生产管理的基础，它对于降低产品成本，提高产品的使用价值，确保产品的安全使用具有重大意义。

在木材工业中，通常由于检测方法与仪器设备比较落后，不够精确，不能迅速得到检测的结果，因而不能满足产品或原料的质量管理的各种要求。例如：测定人造板的主要物理性能（如弹性模量、断裂模量等）的传统方法是从生产线上取一张整板，把它拿到实验室锯成小块试样后才能进行各种试验，测取各种性能数据。当检测完成后，才能够确定此块人造板的性能是否满足质量要求，并存在什么缺陷与问题，但与此同时，生产线上已生产出相当数量的同一质量的人造板。因此这种检测方法和设备不能对连续化、自动化生产及时提供产品质量变化的信息，所以无法对生产工艺与设备进行必要而且及时的调节与控制。亦就无法保证产品质量和进行生产的质量管理工作。

为了克服传统检测方法的缺陷，近年来木材工业使用了无损检测技术。这种检测技术由于应用电子技术与电子计算机，因而得到更进一步的发展，在连续化、自动化生产线上得到较为广泛的应用，并且取得相当可观的经济效益。例如美国在成材生产线上采用无损检测技术之后，提高了成材的等级，因而每生产1000B.F（相当于 $2.3597m^3$）的成材可增加收益约17美元。

计算机（或微处理器）在木材工业无损检测仪器中的主要作用是控制与数据处理。目前在工厂的生产线上或实验室中使用较普遍配有计算机或微处理器的无损检测设备有：

1. 横向振动弹性模量计算机检测仪（简称E—COMPUTER）

该仪器通过对被测材料的横向自由振动的频率和减幅率及材料密度的测定，来确定被测材料的弹性模量。

被测材料的一端安放在一个转动支点上，而另一端放在一个传感器上。向计算机输入被测材料的外形尺寸和被测材料的两个支承点的距离后，给被测材料一个干扰，使之产生横向振动。传感器将振动的数据输入计算机。计算机将数据进行处理后，立即显示与打印出被测材料的弹性模量，检测的速度达到3～4.5m/min。这种仪器已在许多工厂与实验室使用。主要型号为3300型ECOMPUTER。

2. 纵向应力检测系统

该检测系统除用于木材与人造板的主要物理性能检测外，还能检测各种缺陷，而且检测时不受被检测物尺寸与形状的影响和限制，并立即显示检测结果。

该检测系统由微处理器控制测试程序，并对测试数据进行数据处理。该检测系统可安装在热压机的出板端。当人造板从热压机卸出后，该检测系统在被测人造板上产生一个纵向应力波。此时传感器将纵向应力波传经人造板的时间测取并输入微处理器。与此同时，由微处理器控制的红外测温仪将被测试的人造板的温度数值亦输入微处理器。微处理器把全部输入数据进行数据处理之后，即将被测人造板的主要物理性能、缺陷都显示与打印出来，并给被测人造板喷印上质量等级。微处理器亦可输出信号，作为生产过程自动控制的反馈环节。从检测开始到显示打印出检测结果所需要的时间不超过5s。

3. 机械应力锯材分等连续测试设备

该设备在美国与加拿大应用得很广泛，而且收益较为显著。该设备依据锯材的弯曲刚度与锯材的强度之间的相互依从关系，由测试锯材的刚度确定锯材的强度。在检测前将被测材料的横断面的几何尺寸输入该设备的微处理器。当被测锯材进入该设备后形成两个相对方向的挠曲。此时该设备中的传感器测定被测材料的弯曲力，并将此值输入设备的微处理器。微处理器对输入数据进行数据处理后，即将被测材料的弹性模量显示打印出来，并在被测试材表面喷印上该测试材所属等级。该设备的最大生产能力为每min检测365m锯材。

美国农业部林产品实验室研制成功了一台由计算机控制的超声波扫描锯材缺陷探测仪。取名为DEFETOSCOPE。由于使用了计算机控制，超声波锯材检测速度达到了15m/min。超声波发射极沿长度方向移动的精确度达到0.022mm。计算机将检测结果记录在磁带上可供分析，或通过打印机打印出来，亦可操纵绘图机将锯材图形在X—Y方向绘制出来。

我们在前面已经介绍了计算机在木材无损检测中能够做些什么。现在我们就来讨论如何利用计算机来进行木材的无损检测。在测量木材弹性模量的各种无损检测法中，以超声速度法应用最广，也最准确。超声纵波的传播速度与弹性模量的关系是：

$$\varepsilon_u = c^2 \rho$$

式中：ε_u——弹性模量（因为是用超声波测量出来的，所以又叫超声弹性模量）

c——超声纵波的平均速度

ρ——被测木材的平均密度

据J. Kaiserlik介绍，压缩弹性模量的相关系数为0.96，静态弯曲强度的相关系数$\gamma=0.916$，动态弹性模量的$\gamma=0.873$。他还用声阻抗ρc估计抗压强度（$\gamma=0.994$），用ε_u来估计抗拉强度（$\gamma=0.987$）。利用计算机可以求得超声纵波在木材中的平均传播速度c的超声弹性模量ε_u。

测量系统方框图如图34-12所示。

系统中发射和接收超声波的换能器均为钛酸钡陶瓷。发射换能器由可控硅供电，而此可控硅则由光电耦合器与计算机输出通道的b_0相连接。当b_0为"1"时，可控硅导通，发射换能器输出一串振幅递减的超声波。与此同时，计数器开始计数。当接收"换能"器接收到超声波脉冲后，它就产生一串振幅递减的电信号。将此电信号放大和整形后，用以使计数器停止记数，并通知计算机：计数完备，可以开始读数。

这个系统的流程图如图34-13所示。

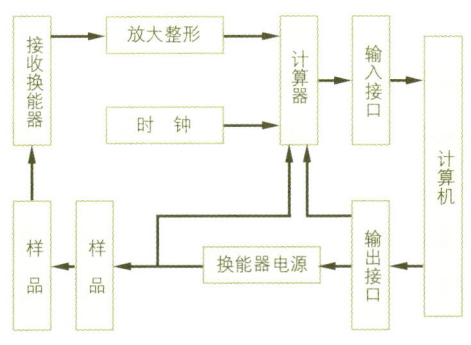

图34-12 弹性模量测量的超声速度法方框图

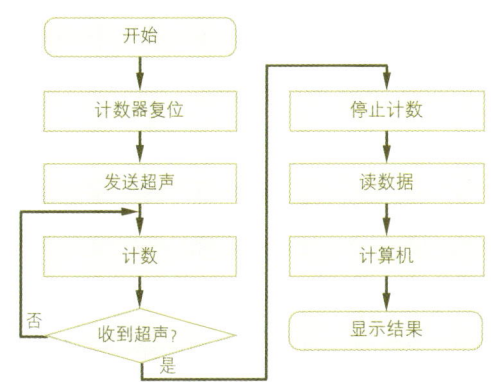

图34-13 超声速度法测量弹性模量的流程图

下面假定：

(1) 输入计数器的时钟频率为 N MH子。

(2) 计数器为 3 只 4 位同步计数器级联的并行进位同步计数器。这一计数器的高 4 位与并行输入接口 49315 的低 4 位相连。而计数器的低 8 位则分别与并行输入接口的 b_0，b_1，……，b_7 相连接，且此接口的地址为 49314。而停止计数信号则接到一位输入接口 49313 上去。

(3) 触发信号和计数器复位信号则接到输出接口 49312 的 b_0 和 b_1 上面去。

在这些假定下，求 c 和 E_u 的程序如下：

```
100 INPUT "L=?"; L
105 REM L = LENGTH OF SAMPLE
110 INPUT "H=?"; H
115 REM H = HEIGHT
120 INPUT "B=?"; B
125 REM B = WIDTH
130 INPT "W=?"; W
135 REM W = WEIGHT
```

注解：L 为试件长度，亦即两个换能器之间的距离。H 和 B 为试件的厚度和宽度，W 为试件的质量。

```
140 POKE 49312, 2 计数器复位
150 POKE 49312, 1 触发
160 IF PEEK (49313) = 0 THEN GOTO 160
170 T = 256* PEEK (49315) +PEEK
       (49314)
180 T = T/ (N*10^6)
190 C = L/T
200 EU = C* C* (W/ (L*B*H))
210 PRINT "C ="; C, "EU ="; EU
```

34.2.2 计算机在人造板生产中的应用

在人造板工业中使用微型计算机，不仅可以提高劳动生产率，而且可以提高质量，降低原材料消耗。下面介绍微型计算机在人造板工业中的几个重要工序过程控制中的应用。

34.2.2.1 单板干燥和剪切过程的控制

喷气式单板干燥机的控制比较简单，可通过固定喷气速度，只改变单板运行的速度即可达到目的。但是，由于原始含水率的变化也会影响单板的最终含水率，因此，在考虑单板运行速度时，应将单板原始含水率和最终含水率的影响都考虑进去。不仅如此，单板干燥机的后面往往还与单板剪截相连。为了不在干燥机和剪截机之间设置单板储存架，当单板干燥机运转速度加快时，剪截机的运行速度也应加快。

采用调节单板运行速度的办法来控制干燥过程的流程图如图 34-14 所示。

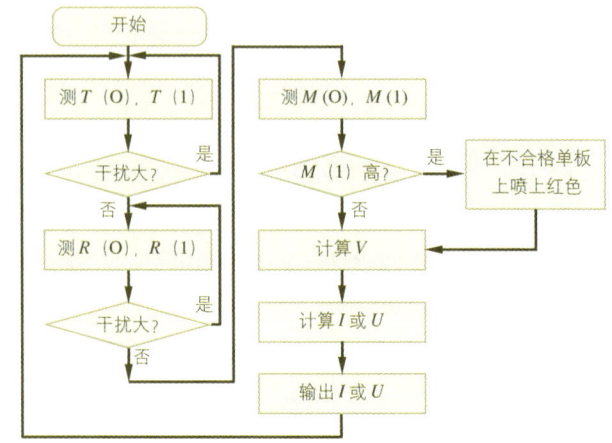

图 34-14 单板干燥过程控制流程图

图中的 $M(0)$ 和 $M(1)$ 分别代表干燥前后单板的含水率；$T(0)$ 和 $T(1)$ 代表干燥前后单板的温度；$R(0)$ 和 $R(1)$ 代表干燥前后单板的电阻；v 为单板运动速度；电流 I 和电压 U 是控制电机转速所需之信号，它们是 U 的函数。

用微型机测量温度的方法已在讨论木材干燥窑的控制时讨论过。测量电阻所用的传感器虽然与测量温度的不同，但是二者所需的软件则相似。拖动单板前进的电动机则可使用直流电动机，其转速由供电电压或电流决定。将计算出来的 I 或 U，通过前面讨论过的 D/A 转换器输出，再将输出信号放大后去控制直流电动机的转速。

由于单板在干燥时会产生收缩，因此对于连续式干燥机来说，单板的运动速度在干燥机内不应是常数。刚进干燥机时，单板的运动速度应当比干燥一段时间后的运动速度快。因此在调速时应分段调速。

由于单板剪切速度与干燥机的运行速度有关，下面我们就来讨论单板剪切过程的控制。

在单板干燥机的速度不太高时，人工控制单板铡刀的方法现已不能满足连续化生产的需要。例如上海某厂的喷气式单板干燥机的最高速度仅 18m/min，该厂所用的常规电动铡刀已不能满足连续生产的要求。现在，现代化的单板干燥机的速度已高达 60～100m/min。采用高速自动铡刀来剪切单板，就是势在必行之事。下面介绍如何利用微型计算机来使单板铡刀自动化。

在铡刀的前方不远处，与单板前进方向成直角的方向上，在单板上方安装一排光电探测器。在单板的下方正对各探测器处安装光源。当单板通过这些探测器时，如果没有缺陷，则光源将被遮住，所有探测器的输出均为 "0"。如果有缺陷，比如有一个洞，则光线将穿过这个洞照到上面的探测器，使该探测器的输出为 "1"。在单板通过光电探测器之后，再被送到铡刀下面去，并由计算机决定是否有缺陷，应在什么地方剪切。当单板无缺陷时，则将单板按需要的宽度进行剪切。因为从光电探测器到铡刀之间有一段距离，所以从探

测到发现缺陷起,再到缺陷移动至铡刀下为止,应当有一段时间延迟。因此,本系统应当有一只实时时钟,为了讨论方便,作如下的一些假定:

(1) 单板从探测器处到铡刀下面需要经过18个时钟周期;

(2) 共有58个光电探测器。如果有3个或3个以上的探测器输出为"1",则可认为单板在此处有缺陷,应铡去。如果光电探测器中有48个或48个以上的输出为"0",则可认为单板在此处无缺陷;

(3) 在每个时钟周期之中,计算机首先决定铡刀是否需要动作,然后对各光电探测器扫描一次,计算机则根据扫描结果确定有无缺陷,并决定是否在经过18个时钟周期后对单板进行剪切;

(4) 在做完上述操作后,计算机转入等待状态,等待下一个时钟脉冲的到来。在下一个时钟脉冲到来后,系统重复上述动作。系统的分辨率为在一个时钟周期里单板所走过的路程。

在单板前进速度不变时,采用上面的方法控制铡刀的动作是可以的。但是,如果单板运行速度随干燥机速度而变化的话,采用上述方法就会遇到麻烦。补救的办法有两种,一种办法是改写软件;另一种办法是用频率与单板运行速度成正比的时钟来代替固定频率的时钟。可以用固定在驱动单板传送带的电机轴上的转盘式光电脉冲发生器做这种时钟。这样就可以不必改写软件了。用计算机控制铡刀,可使线路大为简化,节省投资。

34.2.2.2 板坯成型质量的控制

刨花板和中密度纤维板的板坯成型工序对于产品质量影响很大。因此对板坯成型必须进行检测、控制。目前发达国家中一些刨花板厂和中密度纤维板厂对成型工序均采取了程度不同的控制方式。例如德国 Gre Con 公司生产的利用计算机控制成型工序的5100装置,硬件部分包括0型扫描架、质量传感器、厚度传感器、校准单元、数字显示器、图像显示器、打印机、键盘和软磁盘。该系统功能包括:①确定横向分布曲线并计算平均值;②显示横向分布曲线;③可存储在此之前的400条横向分布曲线,并可随时调用,以便与正在检测中的曲线对照;④根据测得的单位面积质量和厚度计算材料的密度;⑤每隔一定时间自动校准仪器;⑥将单位面积质量的横向分布曲线的最小值与给定值相比较,当低于给定值时,发出脉冲,调整生产线的速度;⑦可以储存10条垫板单位面积质量分布曲线;⑧在CRT上显示生产过程中的一些重要参数。例如干燥刨花的含水率、施胶刨花的含水率、速度、热压周期、刨花和胶的流量等。

以下介绍一种使用 TP-801 单板机对板坯成型进行检测控制的系统方案。在这一系统中,使用同位素仪表作为板坯单位面积质量的传感器,以差动变压器作为扫平辊高度的位置传感器,以步进电机作为执行元件,由程序设定采样时间间隔。达到预定时间后,由CTC发出中断申请,转入服务程序,读入板坯单位面积质量。每8次采样后,计算出平均偏差。根据平均偏差的符号决定步进电机的转向;根据平均偏差的大小决定是否启动步进电机,以及步进电机应当转动的步数。当偏差超出允许范围时,发出声光信号。程序还规定每测试一定次数,例如5次,打印一次平均偏差。

此系统中,点与点之间的延时时间较长。因此采用CTC定时器,并且允许中断。每一点上的数据采用无条件传送方式,所以EDG悬空,步进电机选用的是三相六拍工作方式。以软件代替脉冲分配器,这样做使系统结构进一步简化,节省费用。

由于使用了微处理器,使系统结构简化,可以通过改变程序变换其功能,使用灵活。本系统的流程图如图34-15,方框图如图34-16。

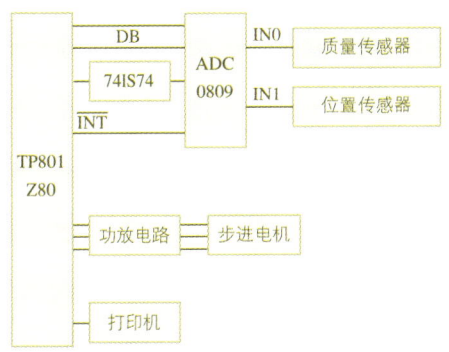

图 34-15 板坯质量控制系统流程图

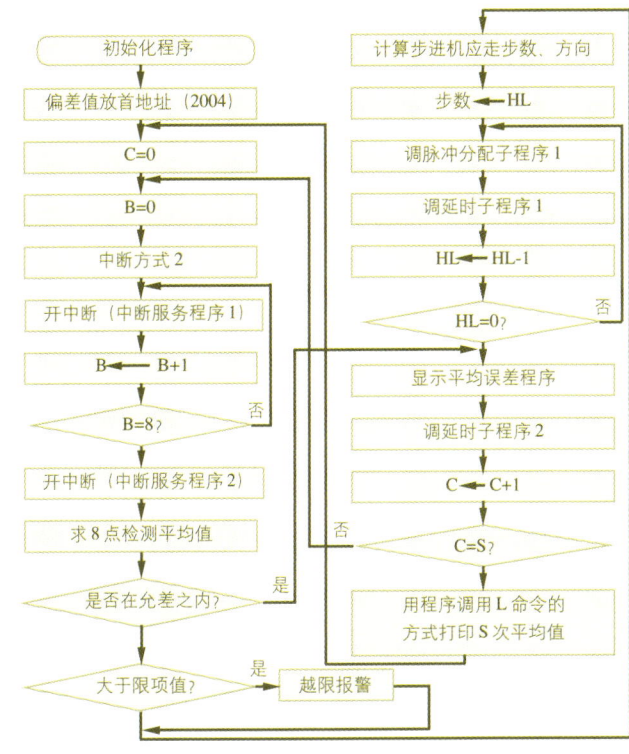

图 34-16 板坯质量控制系统方框图

由于 TF-801 使用的是机器语言，故程序部分从略。

美国威耶豪斯公司在俄勒冈州的一条刨花板生产线上，安装了一套用电子秤做质量传感器的计算机控制系统。该系统使板坯成型不合格率由7%下降到4%；板坯质量的偏差由±2.27 kg下降到±0.45kg；垫板寿命延长了22%。当时，由于计算机价格很贵，所以整个系统花了约20万美元。但是，由于质量提高，也就增加了利润，所以不到两年便将全部投资收回。该系统工作特点是：先称量垫板质量，再称量垫板加板坯的总重，两者相减即可得到板坯的真正质量。合格产品才送入热压机，不合格品则不送去热压。系统根据测得的板坯质量对铺装机进行调节。这个系统还有这样的功能，即如果要改变生产速度或产品规格，只需用一条相应的指令就可完成这种改变。

由于从铺装机到电子秤之间有一段距离，这就有一个时间上的差距。计算机在控制时也考虑到了这种时间上的滞后。此外，在生产中，由于某种原因而停机的时候，施过胶的刨花将变得越来越干。在恢复生产以后，如果仍按原来的计划，根据质量铺装，则铺出的板坯必然过重。因此，该系统设有停机补偿程序，以自动地补偿刨花因停机而变干的效应。此外，在这一程序里还加有反馈。当第一次补偿不合格时，它会自动地变换补偿量，以使其合格。

34.2.2.3 热压过程的控制

热压是人造板生产中的重要工序，热压机的精确控制也就十分重要。因此，有些厂家已在生产计算机控制的热压机。但是，因为热压机价格较贵，所以有些用户就对现有热压机进行技术改造，把机械性能较好的热压机改用计算机控制。热压时，最重要的参数是温度、压力、热压周期。现在人们常用的方法是，根据产品的规格确定上面这些参数。控制这些参数值，既可用常规仪表，也可用计算机。不过，这种只根据产品规格来控制上述参数的方法，并未充分发挥计算机的潜力。使用计算机的时候，还可根据板坯的状况（如湿度）来确定热压工艺条件。德国已在根据板坯的状况来改变刨花板单层热压机热压参数方面取得了一些结果。至于多层热压机，因为情况比较复杂，还需要从事工艺研究的人作大量的研究工作。

单层热压机的控制之所以比较简单，是因为通过热压机的刨花板板坯的物理、化学性能比较一致。对于多层热压机，情况却大不一样。即使在铺装时板坯性能比较一致，但是到装进热压机的时候，性能已不一致了。因此实现最佳控制的难度较大。只有对在各种不同条件下的最佳热压工艺参数作了大量研究工作之后，刨花板热压工序的最佳控制才能实现。

不仅对于刨花板的热压是这样，对于胶合板、纤维板的热压过程的控制也是这样。以湿法纤维板为例，在生产中合理掌握三段加压曲线是提高正品率和劳动生产率的关键。在加压的第一阶段是机械脱水阶段，以便将多余的水从板坯中挤出，并使板坯内部温度接近100℃，但不超过100℃；第二阶段称为气化阶段，使板坯内部温度提高到100～110℃，并将水分减少到10%左右；第三阶段是塑化阶段，在高温高压条件下使板坯中的木质素熔解和黏合成坚固的板材。这三个阶段所需时间的长短，压力和温度的高低，均不是一成不变的。它们应根据材种，板坯的原始含水率，纤维的滤水度和酸度而变。因此，只有从事工艺研究的人对上述这些因素与压力、时间、温度等的关系作了大量研究，得出规律性的结果后，湿法纤维板热压过程最佳控制的实现才有可能。

如果不考虑最佳控制，只考虑程序控制，则可用前面讲过的带模拟量输入的可编程序控制器来实现。不过，即使要实现这种程序控制，对于我国人造板工业来说，也还有两方面的问题需要解决。第一、要提高设备的精度。常见的装、卸板机与热压机对不准等毛病必须克服，否则对自动化生产不利；第二、在工艺上要解决粘板、翘曲等不利于自动化生产的因素。这些不利因素不解决，人造板工业自动化生产也难于实现。

在我国进口的中密度纤维板生产线的热压工序中，PC 与常规仪表并存。这是利用计算机取代常规仪表控制的早期阶段。由于人们熟悉常规仪表，或者是由于生产线中已经有了常规仪表，所以就出现了常规仪表控制与计算机控制并存的局面。在我们实现热压工序计算机控制的开始阶段也可走这条路。但是，这样做不能充分发挥计算机的作用，而且会增加投资，不利于计算机的推广普及，所以要尽量少用常规仪表，以减少设备投资。

34.2.2.4 人造板缺陷的检测

人造板的鼓泡和脱胶分层，是人造板生产中常见的缺陷。下面介绍一种超声鼓泡探测器，其组成如图34-17所示。图中只画出了一个通道。实际的探测系统是由5～12个相同的通道组成的。究竟需要多少通道，视检查对象的尺寸及品种而定。

图34-17中的超声发射器所发射的频率是这样选定的：频率不能太高，太高时超声在空气中的衰减太大；也不能太

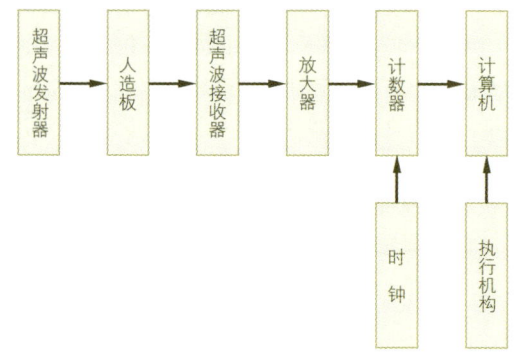

图34-17 超声鼓泡探测器方框图（一个通道）

低，太低时会受到机械噪声的干扰。大约在25kHz左右。超声脉冲重复频率为每秒60次。当人造板在超声发射器下经过时，超声波束在板上的轨迹为一条宽度约38mm的带。由于空气和木材的声阻抗相差很大，当超声波由空气进入人造板时，大约有90%的超声波被反射回来，余下约10%的超声波才能穿过人造板。如果板中有鼓泡，则当超声波由鼓泡中再次进入人造板时，又有90%的超声能量损失了。因此，有鼓泡时，到达接收器的能量就很少了，大约只有发射能量的1%。超声接收器将收到的信号放大后送到比较器去比较。如果信号大于某一值，则认为该处人造板无上述缺陷；如果信号小于某一值，则认为该处有缺陷。即有缺陷时会失落超声信号。失落超声信号时间的长短，可换算成缺陷的大小。当缺陷大到一定程度时，继电器动作，将有缺陷的板子从生产线上剔除出去，并标明其为不合格产品。如果板中的缺陷不够大，但很多，当多到一定程度时，检测器也会发出警告信号，提示人们找寻原因。

早期的这种探测器完全用的是常规电子技术，后来也只在内部加用了一些计算机技术。事实上，要用微处理器来作这种探测器的心脏是不难的。不过，由于生产线的运动速度较高，所用程序最好用机器语言或汇编语言来写。在此，只给出流程图。图34-18就是超声鼓泡探测器的简化流程图。

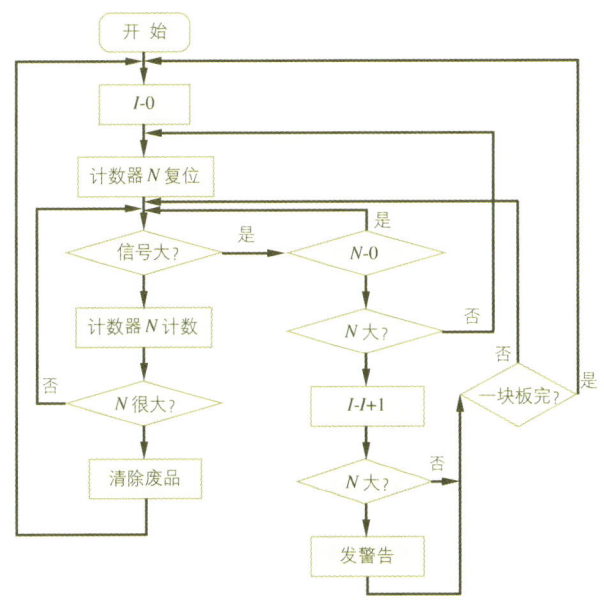

图34-18 超声鼓泡探测器简化流程图

34.2.2.5 制胶过程的控制

在我国已实现了制胶过程的常规继电器控制，现在正用微处理器化的可编程序控制器来取代常规继电器。下面简要说明如何用Micr084可编程序控制器来取代常规继电器。

我国木材厂制胶车间大都用间歇式反应釜进行生产。在制胶过程中，基本上靠人工操作。采用继电器逻辑电路组成的仪表盘集中控制设备后，整个反应釜的生产过程能够做到以自控为主，手动为辅集中控制。如生产脲醛树脂胶的反应釜为实现其继电器逻辑控制电路，则需要使用50个继电器和10个电动时间继电器。为了将这些继电器组成控制电路，得用数百根连接导线。因变更制胶工艺，而更改控制电路的工作量以及故障检修的困难程度是可想而知的。如用M84A-002型PC，加上相应的软件，便可取代50个继电器和10个电动时间继电器与数百根导线。利用PC的软件功能，不但能实现定值控制，还可实现设定值可变的均匀升温控制。Micr084可编程序控制器是美国1981年研制出来的一种以微处理器为基础的控制器。适于在需要6~60个继电器的控制电路中使用。它能执行所有的继电器、计时、计数、运算和顺序功能。设备小巧，成本较低，使用很方便。

现以反应釜通入蒸汽的时间控制电路为例简要说明PC的程序编制步骤。

生产工艺要求：反应釜处于自控工作状态，当一次尿素加完定量值W后，开启蒸汽阀。蒸汽阀工作在全开或全关状态。加完尿素后，根据工艺要求进蒸汽10s，再停止进蒸汽30s。这种间断通入蒸汽的方式要求持续45min后，整个蒸汽加热过程结束。

按照工艺要求设计的继电器控制电路如图34-19所示。

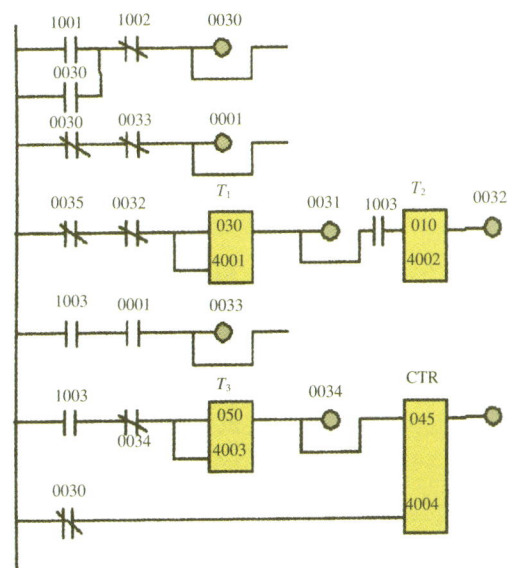

图34-19 制胶过程继电器控制原理图

根据图34-19，按照下列步骤编制程序：

(1) 将控制电路图上的接点、元件进行编号启动按钮QA，选其开关量输入编号为1001；

(2) 将停止按钮TA的开关量输入编号定为1002；

(3) 将一次尿素定量W的开关量输入的编号定为1003；

(4) 将控制蒸汽阀动作的继电器22编号定为0001；

(5) 用梯形图语言组成多节点网络（图34-20）。

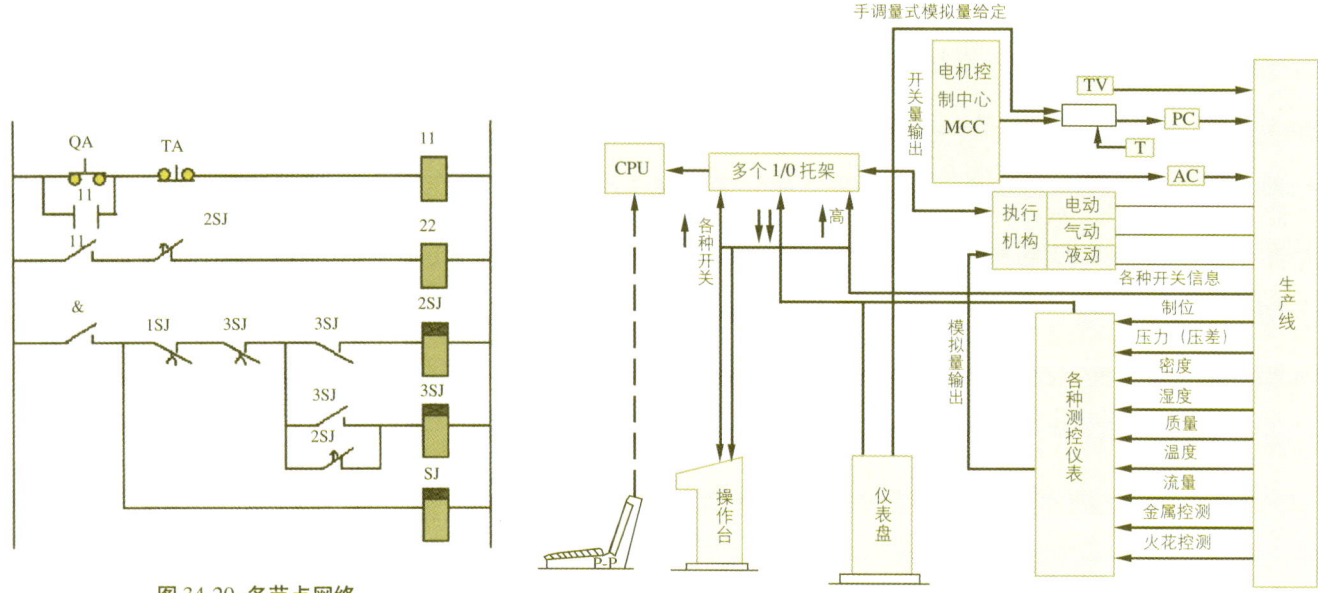

图 34-22 各装置之间和信息传递

图 34-20 多节点网络

在图 34-20 网络图中，功能元件定时器 T_1 相当于时间继电器 3SJ；T_2：相当于 2SJ；定时器和计数器串联运用相当于 1SJ 的功能；内部逻辑线圈是 0030-0035 作网络内部功能转移用。

对比继电器控制电路图和节点网络图可知，继电器控制电路需用 25 根导线、2 个中间继电器、3 个电动时间继电器才能组成，而 PC 的节点网全部是由梯形图语言写成的。上述多节点网络图可划分为三个网络，用编程器输入 PC 的控制器里。自然，它的修改也很容易。

34.2.2.6 中密度纤维板生产过程的 PC 控制

我国从美国引进的某中密度纤维板生产线中，使用了美国通用电气公司的 Logitrol-400 型可编程序控制器系统（图 34-21）。包括一台编程器、两台 CPU 和 4 个 I/O 模块架，在热磨工段（水洗——蒸煮——纤维分离）使用了 2 个 I/O 模块架，输入接点 64 个，输出接点 50 个。成型工段（板坯成型——预压——规格锯）使用 3 个 I/O 模块架，其中输入接

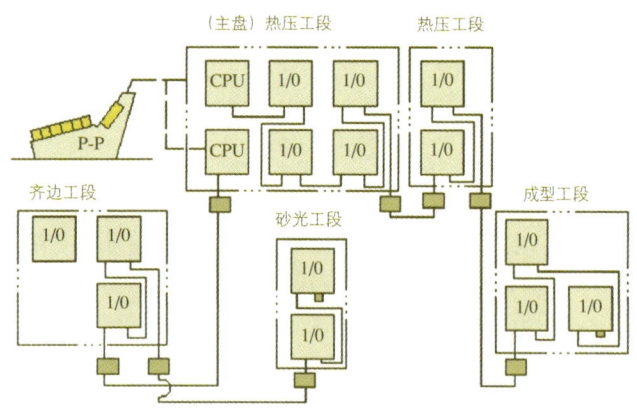

图 34-21 Logitrol-400 型 PC 控制系统

点 152 个，输出接点 86 个。热压工段（板坯中间运输与存储——装板——热压——卸板——冷却——堆垛）使用 4 个 I/O 模块架，其输入接点 90 个。齐边工段使用 2 个模块架，其输入接点 90 个，输出接点 42 个。砂光工段（砂光——分等）使用两个 I/O 模块架，其输入接点 84 个，输出接点 40 个。

各种装置信息的相互传递如图 34-22 所示。输入信息的来源包括：①操作台各个起停按钮和选择开关；②仪表盘的各个高低限位值的开关量；③随机设置的各个行程开关、限位开关、控制按钮、流量开关、压力开关、温度开关和液面开关等等；④各电机启动控制中心（MCC）的各接触器的辅助接点，⑤各可控硅整流装置（SCR）的辅助继电器；⑥PC 系统内存储器中的输出点的信息。

输出信息所作用的对象包括：①操作台的指示灯和报警器等；②仪表盘的故障显示屏及部分继电器；③随机设置的各个液压电磁阀、气动电磁阀和电磁离合器等；④各 MCC 中的接触器；⑤各 SCR 的辅助继电器。

Logitrol-400 可编程序控制器有专用的模拟量 I/O 模块。不过各工艺参数的检测系统均还有专门的仪表装置来进行检测、运算和控制。有的仪表本身就采用了计算机技术。如纤维计量与施胶所用纤维计量电子秤就已包括一个专用的数字计算机系统。热压过程中厚度控制的 LVDT 控制器是一个由运算放大器构成的模拟计算机系统。因此对一些模拟量的过程控制以专用仪表为主。然后将仪表的上下限值作为开关量输入到 PC 系统，而不再在 PC 系统中使用模/数转换器。

PC 系统可以与外存系统直接连接，或通过公用接口直接与数据中心连接。这些连接可以用来在短时间内（如 6min）改变或修改原来存储的逻辑程序和数据。

该机还可通过专用的接口与 MacsymⅡ型监控计算机相

连接。该机采用扩展的BASIC语言。该系统完成后可以对工厂的各种工艺参数进行监控、记录和实时处理等操作。

为了进一步阐明PC在中密度纤维板（MDF）工厂中的应用，下面分四个方面来介绍。

1. 普通组合逻辑与时序逻辑方面的应用

MDF工厂与普通工厂一样，大量采用组合逻辑和时序逻辑来控制生产过程。400型的继电器功能和锁存器功能主要用来解决各种条件组合逻辑的工艺过程的要求。而三种不同的计时器功能则用来解决工艺过程中某些时限或时序的要求。因为各个工段都使用这两种逻辑程序，为此这里仅举一个例子来说明。

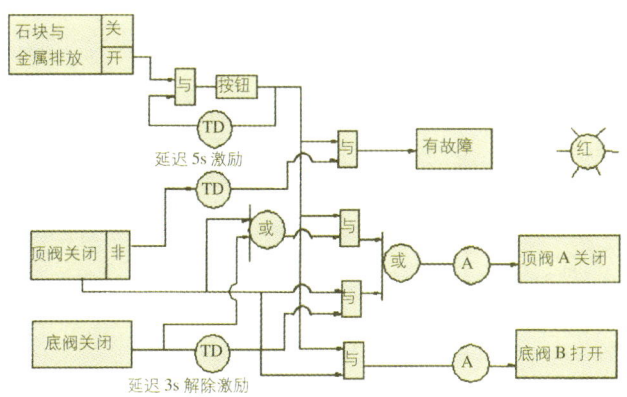

图34-24 石块和金属物自动排放逻辑图

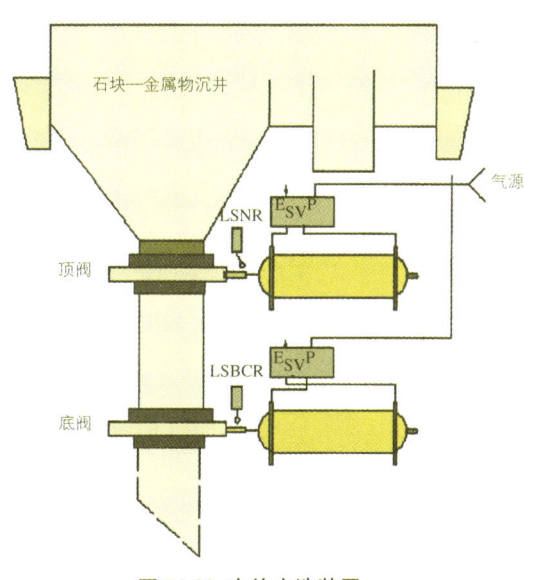

图34-23 木片水洗装置

图34-23所示就是木片水洗最主要的部分。其形状如漏斗，里面充满了水。木片经过这里时，在水的浮力作用下，木片中的泥沙、金属物和石块便下沉。在通常的工作状态下，顶阀开启，底阀能关闭，结果金属物、石块等将沉积在两阀之间的管道中。为了实现自动排放，采用如图34-24所示的逻辑关系。

如图34-24所设定，选择开关（SS）打开（ON），按钮（PB）按一下，便产生下列动作：首先，A电磁阀激磁，顶阀关闭；继而B电磁阀激磁，底阀打开，石块与金属物等排放。10s后AB两电磁阀断电，顶阀开启，底阀关闭。若按钮给出指令5s后顶阀不关闭，故障显示灯亮，通知操作者"线路失灵"。其中底阀关闭信号3s后解除，为逻辑转换所需而安排。上述的过程可用PC系统执行。其硬接线程序如图34-25所示。图中470R也可采用TDK功能——延时解除激励

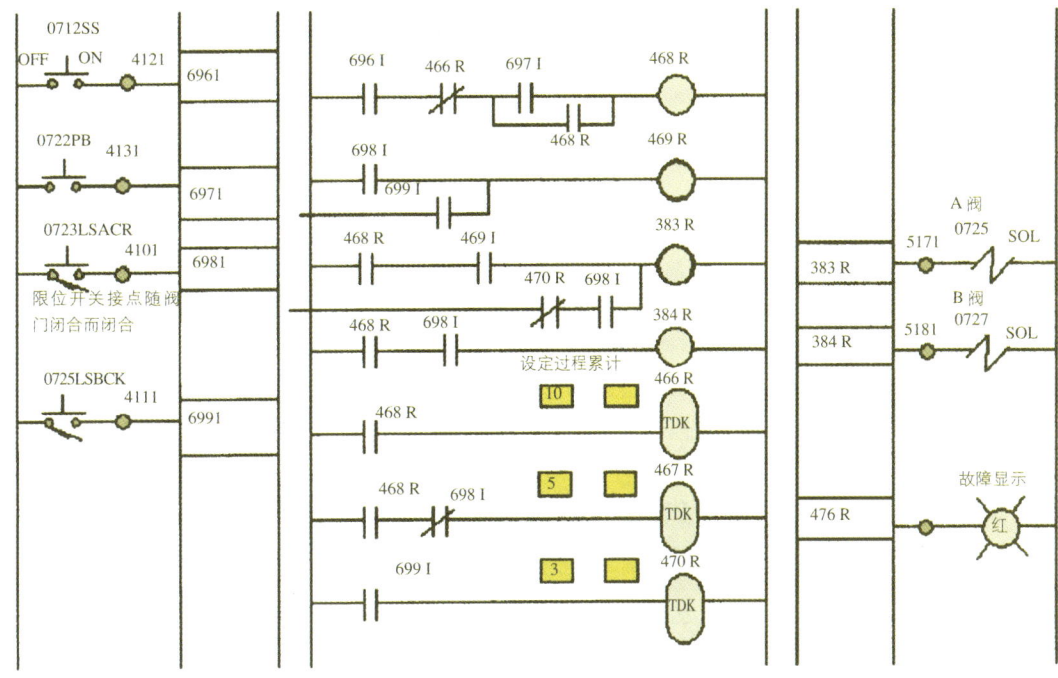

图34-25 石块、金属物自动排放程序图

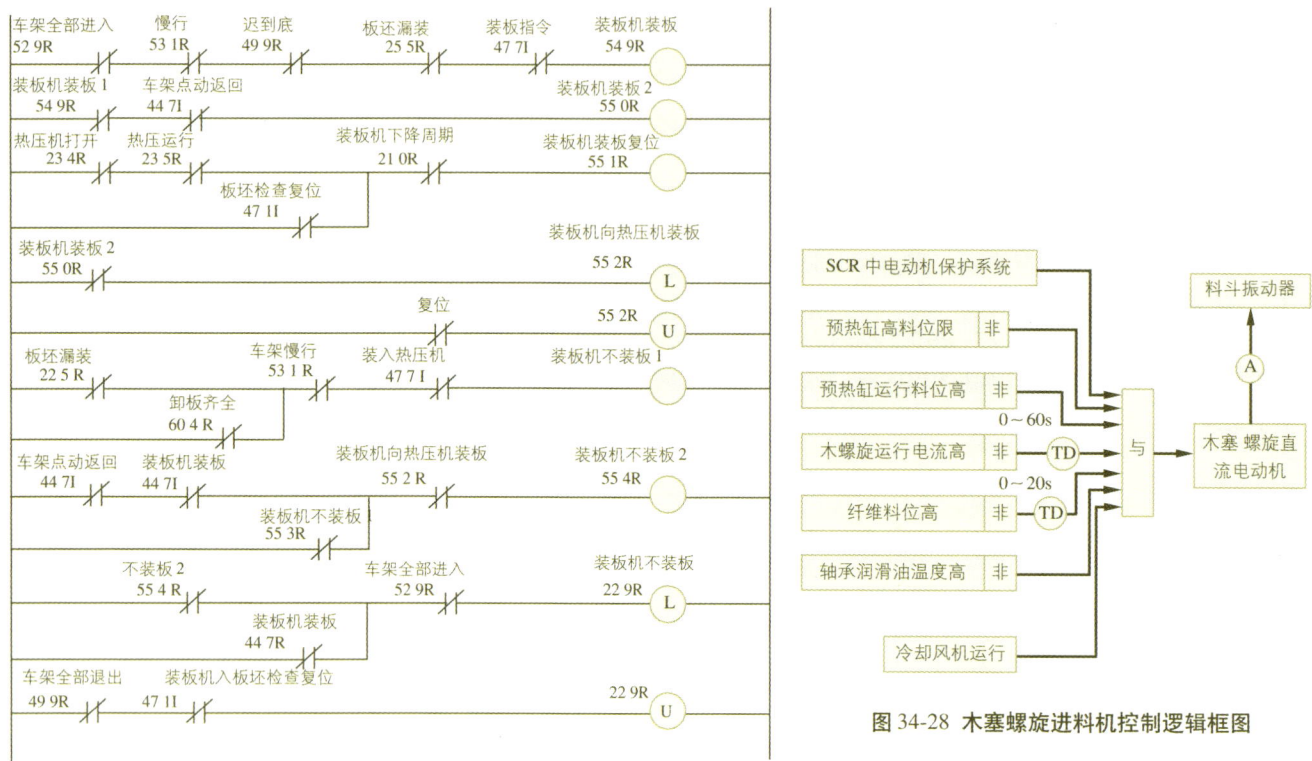

图 34-26 热压工段部分逻辑程序

图 34-28 木塞螺旋进料机控制逻辑框图

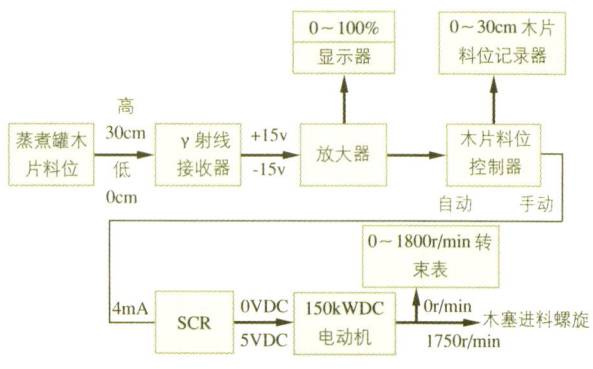

图 34-27 木片料位控制方框图

功能。若采用 TDD，则 383R 的逻辑线中 470R 常闭接点应换成 470R 常开接点（即取正译码）。

工厂也经常采用 PC 的锁存器功能。使用这种功能的好处是生产中一旦电源中断供电，生产过程的执行步骤可以得到记忆。在恢复供电后，生产得以继续进行，而不必从头开始。图 34-26 所示就是热压工段的部分逻辑程序。

在这样的程序中，552R 就是一个举足轻重的锁存器功能程序。图 34-26 仅取热压工段的部分程序，与 552R 有关的二十几条继电功能程序并没有画出。一旦 552R 激励，装板机向热压机装板的过程便开始执行。单层驱动将自动停止；装、卸板隔热门不能关闭；装板机升到顶而不得下降；卸板机升到顶而且保持"升"状态；热压机全部开启而不得启动等等，凡此种种将依其激励而做相应的程序动作。如果此时电源突然中断而后复得，所有的有关程序就不会被打乱，仍然依失电之前情况继续执行。229R 与 552R 相似，但执行的是装板机不装板的过程。

在 MDF 工厂中，PC 的计数功能主要用于成板的堆叠成垛，或板垛卸板以及在齐边、砂光、分等几个工序使用。计数分为"升"计数和"降"计数，正好满足生产要求。

2. 专用仪表、可控硅驱动系统和可编程序控制器的联合使用

这种联合控制的方法是美国人造板行业20世纪七八十年代所采用的一种最常见的手段。模拟量与开关量之间具有各自独立性又有相互联系。这对寻找故障及生产过程灵活应变有一定的好处。

在木片蒸煮软化过程中应有效地控制生产过程中木片料位的高度。为此采用γ射线料位探测器与 PC 控制系统，以使动态的料位能保持在 ±15cm 的偏差范围内。这就要求只要料位稍有偏高，木塞进料螺旋的转速就必须相应降低，相反亦然。这个系统的方框图如图 34-27 所示。

同时，生产过程还要求木塞进料螺旋的直流电机应按相应的逻辑程序来做自动和停机的操作。图 34-28 所示是生产实际要求的逻辑关系。这些逻辑在 400 型 PC 系统得到了妥善的解决（程序从略）。

在 MDF 工厂的整个过程控制中，采用仪表与 PC 联合控制的过程很多，其中最主要的有：

(1) 蒸煮罐蒸汽压力的控制；

(2) 蒸汽流量控制；
(3) 板坯的金属探测与自动翻板剔除；
(4) 板坯湿度探测与自动翻板剔除；
(5) 板坯密度探测与自动翻板剔除；
(6) 板坯热压过程厚薄自动控制。

所有这些过程控制将有效地保证产品的质量，并为高速生产的流水作业提供良好的控制手段。

3. 单层进板装置的精确定位

由于松软而庞大的纤维板坯以 30m/min 左右的速度前进，这就给板坯装板过程中的精确定位带来了困难。采用简单的限位或时限显然不易满足生产要求。为此，这里采用脉冲计数定位方式。

图 34-29 所示为板坯定位装置。高速行走的板坯进入装板机的每个单层托盘时，分为两种运输行程——快速行程和慢速行程。每个行程用脉冲的个数来计量。脉冲产生自与直流电机测速机同轴的脉冲发生器，每转 100 个脉冲。当板坯进入单层驱动区域，SCR 按其应有逻辑条件启动运转。板坯经过光电限位开关(LS_2)，计算机计数器开始计算脉冲个数。板坯以同步高速前进。当计数总和等于预定快速行程量时，计数器发出信号给 PC 系统。由 PC 指令 SCR 转入慢速运行。计数器仍不停地计算脉冲，当计数总和等于预定的总行程量时，计数器再次发出信号给 PC 系统，并且 PC 指令 SCR 停止运行，计数器复位。逻辑程序转入其他动作——如换档等。下一块板坯满足逻辑条件时，再次重复这个过程。这样就能使板坯精确地定位。

4. 采用计算技术的专用仪表

美国 20 世纪 80 年代所出产的一些专用仪表常常采用计算机技术。MDF 生产线上的红外线测湿仪（Anacon 1106），就用 μe14433 大规模集成块来完成计数与数据显示，数据为百分比。它共有三位数。

在纤维施胶工段，THAYER 固体物质皮带电子秤也是一种应用计算机原理来设计的测量系统。

该机采用线性变化的差动变压器（LVDT）作为物料质量检测元件，主要的电子线路分别为两部分：一部分是模拟量运算，主要采用高增益的积分器；另一部分则是数字量的运算，主要由计数器和累加器组成。该机还带有一个小型的 16×4RAM。通过皮带秤的纤维质量经过电子秤可有下列的输出量：

(1) 显示通过的纤维总质量（8 位十进制数）；
(2) 通过纤维的瞬时量（以百分数表示）；
(3) 将纤维的瞬时量、最大值和最小值以 4～20mA 的形式输出，以便其他仪表使用。最大值和最小值可由使用者设定；
(4) 可提供二进制输出，以便监控计算机使用；
(5) 质量不合格时报警。

MDF 生产线的施胶系统则如图 34-30 所示。由电子秤、比例控制器、流量反馈系统及 SCR 驱动系统组成木质纤维按质量比例施胶的控制系统。其中脲醛胶为木质纤维的 8%～12%，依工艺要求可作适当调整。

34.2.3 计算机在家具生产中的应用

家具如同成千上万的其他产品一样，要以市场需求为依据来创造和确定设计方案，然后进行结构设计和零部件的设计和生产。

当今世界处于一个以电子计算机为智能工具的新技术革命的时代，新的科学技术要用来解决和改进旧的工业中存在的问题和落后的技术。为此，一种具有高智力、速度快、精度高、综合性强的新的设计手段——计算机辅助设计 CAD（Computer aided design）技术已在欧美各国的家具工业中开始应用。

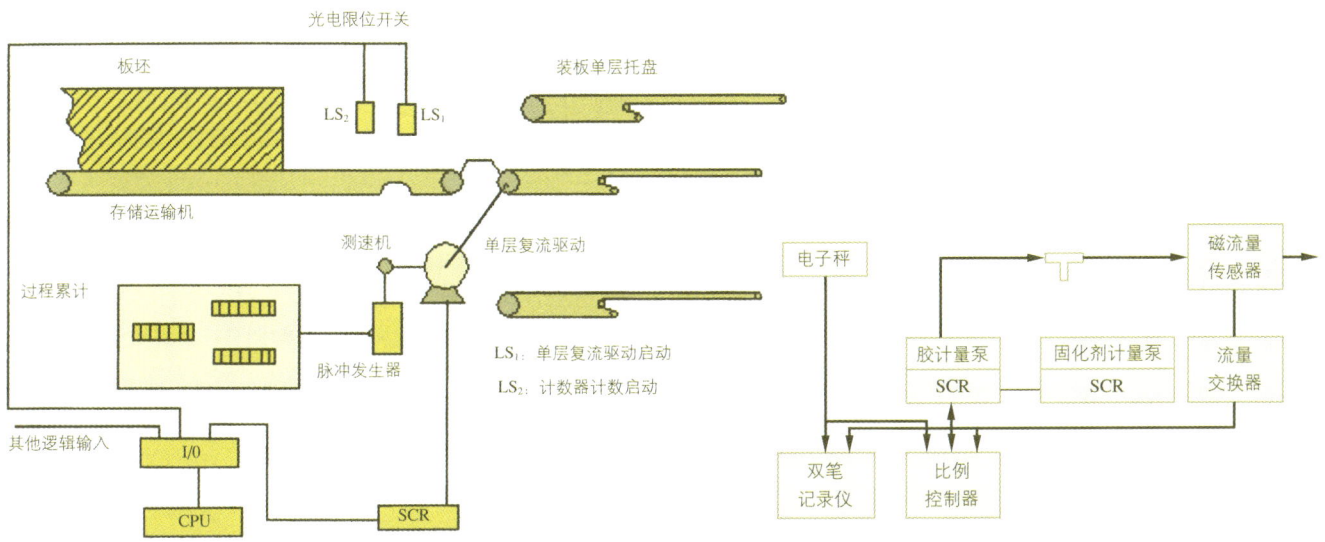

图 34-29 板坯定位装置　　　　图 34-30 施胶系统方框图

目前，在美国已形成专为木材加工和家具企业设计和开发软件的行业，各个家具工厂已把CAD软件看作一种普通工具，根据具体条件选购合适的CAD系统来提高和改进企业的竞争能力。它能设计家具、画透视图、3D图和转换成正视图、平面图。能把用户设计的效果象拍照片一样在屏幕上、纸上或录象中展示出。能计算出家具部件（门或抽屉）的尺寸、贴面和封边余量；开出下料单；计算出五金配件的种类和数量；进行成本核算，作出报价等。

在美国市场上提供的用于家具工业的计算机软件已由处理办公室事务软件，发展到计算机辅助设计家具软件，近年来又进一步与计算机辅助制造（CAM）以及室内设计相结合。用于计算机辅助制造家具零部件以及应用于家具展销市场。

我国对CAD的研究也是从航空工业开始，20世纪80年代中期，进入机械、电子、建筑、宇航及轻纺等部门；研究和开发计算机辅助设计家具的技术是在80年代中期开始的。如：1986年北京木材工业研究所研制成计算机辅助设计家具零部件及结构的系统；接着南京林业大学和南京木器厂共同开发了一套家具结构的计算机辅助设计系统（FCAD）；上海家具公司与上海交通大学开发了室内设计和家具造型设计CAD系统；东北林业大学家具教研组又于1990年先后开发研制成刨花板家具结构强度有限元分析软件（SFCAD）和32系列板式家具CAD系统（DLFD-1）；1992年重庆大学开发了计算机辅助设计家具造型设计系统（FCAD）。

由于各个家具企业对计算机辅助设计家具技术了解不够，往往认为投资大，没有太大优越性，并且觉得计算机应用是高技术，有点高不可攀，至今仍未能广为应用。为推动家具CAD，就家具CAD系统的设备组成、设计方法和使用特点介绍如下。

34.2.3.1 计算机辅助家具设计系统

CAD家具系统由硬件和软件两大部分组成。

1. CAD系统的硬件包括四个部分

(1) 主机：有大型、小型和微型之分，前两种设备的价格十分昂贵，不适于CAD系统，目前计算机辅助设计家具系统中的主机是微型计算机，要求、功能各不相同，通常使用的是486以上的机型，最小内存贮32MB。

(2) 图形输入设备：图形输入板、数字化仪、光笔、鼠标器和键盘等，用来将设计人员向计算机发出的指令和有关数据输送给计算机，在屏幕上的指定位置生成图象并进行各种变换，是人机交互作业的重要组成部分。

(3) 图形显示器：外形如同一台电视机，在绘图软件的支持下，可在屏幕上绘制和显示出各种图形和符号，还可以进行各种处理加工，它与图形输入设备配合起来，以实现操作者和计算机间的交互作用，它的种类可分：高、中、低分辨率和黑白、彩色显示器；CAD中常用的是高分辨率的彩色显示器。

(4) 图形输出设备：有绘图机、打印机、拷贝设备及照相机等，另如近年来出现的喷墨打印机、激光打印机和静电式绘图机等。可使输出的图形速度加快，精度提高。

2. CAD系统软件

计算机辅助设计家具的技术，除了要有硬件外，还必须有相应的软件支持。软件是指各种计算机程序的集合，设计编写CAD软件的人员必须具有较丰富的计算机知识和较高的专业技术水平。而对使用CAD软件的人员的要求条件，将随着软件的发展而愈来愈放松。

一般CAD软件包括：基本程序、功能程序和应用程序三部分，前两部分是通用的CAD系统，后一部分是根据专业需要编写的专业性很强的应用程序，很多是在通用软件的基础上经两次开发而成。

由于目前CAD软件大部分是用高级算法语言编成的，用户掌握和应用十分方便，很多是采用汉字化的屏幕菜单进行人机交互方式，设计人员可以直接从屏幕菜单上选择命令。

国外很多家具CAD软件已经商业化了，如同购买机床和工具一样，在市场上直接购得。好的软件可以充分发挥硬件应有的作用。

34.2.3.2 计算机辅助家具设计过程和方法

计算机辅助家具设计的过程，是由设计人员将有关的设计资料输入计算机，通过CAD系统的图形交互技术和数据库技术，按用户要求迅速地把图形库中的或者是新设计的制品和零部件的二维或三维图形在屏幕上显示出来；通过缩放、移动、旋转及消隐等操作做出修改、增删、选定接合方式，输出图纸（零件图、部件图、结构图和透视图、立体图）和材料清单。

计算机辅助家具设计的方法可分以下三种：

(1) 全新产品开发：全新的产品设计，无法利用系统中已有的图形档案，需从头做起，利用三维造型设计模块绘制出外形图、效果图；利用工程设计模块绘制零部件图和制品结构施工图，以及在数据库管理系统下建立和编制有关的数据库和程序。

(2) 新产品设计：在计算机辅助家具设计系统中找不到合适的定形图纸和资料时，可在基本信息资料库中提取有关国家标准（或部标准、专业标准）等技术资料，在原有的图形库和数据库的基础上加以修改和调整。

(3) 组合设计：根据用户要求，可从计算机辅助家具设计软件的数据库和图形库中取出有关程序、参数和图形（外形图、施工图及零部件图）直接进行组配和确定，或稍加变更后，绘出结构施工图和列出有关下料单及其他工艺文件。

其中，第一种设计花费时间最长，最后的方式所需设计时间最短,第二种设计方法介于两者之间。因为它利用已建立的有关家具设计的各种基本资料,如技术标准,连接件接合方式和节点图及组合设计菜单等。随着CAD系统的使用时间的加长,有关家具设计的基础资料积累愈丰富,设计效率也愈高。

34.2.3.3 计算机辅助家具设计的特点

家具CAD的特点是绘图及设计速度快、精度高,便于推广标准化、系列化和通用化,可成倍地缩短家具设计周期和减少直接设计费;增强企业的竞争力;可提高企业的内部管理(如档案管理体制及情报信息交流等),以及改进销售和广告宣传等对外联系;同时还为计算机辅助制造家具(CAM)奠定了基础。

1.计算机辅助绘图技术在家具CAD中应用的优越性

可在显示屏幕上直接绘制出家具结构草图,如同目前设计人员用铅笔在绘图纸上相仿,但绘图人员不用整天弯着腰趴在图板上用尺一条一条的画,而是坐在计算机前的转椅上用手指轻松地按动键盘或鼠标上的控制键钮,就可按要求绘制出各种线型和不同尺寸的图形。

设计人员徒手绘制的草图可通过图形输入装置(图形输入板、扫描仪、数字化仪等)输到计算机内,由于速度极快,因此在屏幕上看到的效果,如同操作者直接在屏幕上画的一样,而且图形中的线条均匀平直,曲线圆润光滑。根据需要,可直接储存或进行各种加工处理后存入计算机的图形库内,以供其他产品设计时比较、分析和参考。

用计算机辅助设计的家具图形如有更改时,不用将图纸作废重画,只要使用"擦除"、"移动"或"旋转"功能,就可以把图形修改到设计师满意为止,不仅大量地节约设计绘图的劳动量,同时可得到图面整洁,图形正确的高质量的设计图。

可在结构图和零部件图上按家具制图标准标出尺寸和写出技术要求等文字说明,在绘制形状相似而尺寸不一的零部件尺寸时,可以利用图形库中的档案,在"拉伸"功能下1min内就可将图形拉伸,图中所标注的尺寸也立即自动地改动成相应的数字。因此计算机辅助设计家具对由板件组成的板式家具更具有优越性,可提高绘图效率数十倍,使设计绘图人员从极为枯燥冗长的劳动中解脱出来。

储存后的家具图可随时从计算机的图形库中调出,由输出装置(绘图仪或打印机)绘出施工图纸,输出速度每秒钟可达几十到几百毫米。

CAD系统还具有良好的图形转换和显示控制功能,为了便于设计人员对图形进行改进和观察,可以在屏幕上完成正视图与俯视图和侧视图间的转换,二维图和三维图间的相互转换,同时还能从不同角度和以不同比例观察图形。

可以对通用化、系列化的部件或单元体组配成多种款式的组合家具,并能与室内装修和室内设计相结合。随着计算机技术和CAD系统的发展,还可生成不同色泽、浓淡和纹理的图形。

2.提高方案设计质量,加强资料的管理和信息交换

方案设计是家具设计的第一步,设计人员需根据市场需求信息和有关规定(如手册、标准及文献资料),确定产品性能和设计方向;采用计算机辅助设计家具,就可把这些信息资料存放于软盘中。查阅时,只要利用"寻找"功能,在几分钟内就能把所需资料在屏幕上显示和打印出来,供设计人员参考构思,供企业管理人员、工艺技术人员、销售人员及其他有关人员共同参阅讨论;必要时可把存储在CAD系统图形库中的本企业的名牌产品、设计档案立即调出来;或者通过图形输入设备把设计师的初步设想,送入CAD系统中显示出来,供大家归纳总结和做出决策。

由于计算机可把数十万字的文献资料或上百张图纸储存在只有手掌大小的薄薄的一张软盘中,家具设计的有关档案就可以集中存放在抽屉里,调用时,不论是多少年前的档案,也不用翻箱倒柜,而是只要把软盘插入计算机中按动键盘或鼠标,就可将需要的图纸和资料找到,既保险又方便,能使档案管理提高到一个新的水平。

3.增加产品广告和销售功能

采用计算机辅助设计家具的技术可在屏幕上直接显示出彩色或黑白的家具外形图和结构图,可根据需要转换成不同的观察角度的画面,这样就可直接在屏幕上选择和拍摄后作成广告。此外,在销售中也可直接通过屏幕显示,使顾客加深对制品的了解。并可按用户意图选购的家具,为他们做出室内布置方案;通过CAD系统的计算功能,可根据用户选定的家具规格和款式,立即列出所需的部件规格和数量,计算出价格,这将使家具的销售能力及售后服务功能进入一个新的阶段。

4.缩短试制周期,保证结构强度

近年来大量新材料的涌现和新的接合方式的使用,凭经验和采用类比法来确定家具的结构强度的传统的设计方法明显地不能满足要求,必须先进行样品试制,但周期长、效率低。如采用计算机分析软件,只要用几分钟即可进行计算分析和确定部件规格、连接方式、数量及部件等,不仅提高效率,同时也节约了大量的试制材料和工时。

由此可见,在家具设计和生产中采用计算机辅助设计家具系统,不仅可极大地提高家具质量和缩短设计生产周期,并为家具工业开辟了一个新的领域。在当今复杂的社会环境下,计算机的应用不是一个时髦的名词,而已成为一个代表高效率、高精度的新趋向。计算机辅助设计家具的技术将成为改造传统工业的一个有效手段,时代也要求掌握并运用这一技术。

34.3 计算机在企业管理中的应用

34.3.1 计算机网络的介绍

计算机网络技术是20世纪60年代末期出现的一种新技术。它是数据处理和数据传输技术相结合的产物。它把计算机的通信设备结合在一起组成了一个新系统，以达到资源共享和充分发挥计算机效率，扩大计算机的应用范围，提高处理能力的目的。

34.3.1.1 计算机网络的定义

对于计算机网或计算机网络，自问世以来有多种定义，它们从不同的角度对计算机网下定义，主要可以从应用目的和物理结构来考虑。

1. 应用目的的计算机网络定义

把多台计算机通过通讯线路，以相互共享资源的方式而连结起来，并各自具备独立功能的计算机系统的集合体。

2. 物理结构的计算机网络定义

在协议下由一台或多台计算机、若干终端设备、数据传输设备以及便于终端和计算机之间，或计算机与计算机之间进行数据流动的通讯控制机等系统所组成的集合体。

这个定义表明，计算机网络是在协议控制下通过通讯系统来实现计算机之间的连接。协议是指网络中各计算机之间进行数据流动时，所必须遵守的规约。协议是计算机网络的重要概念。有无协议是计算机网与其他多机系统的分界线。

34.3.1.2 计算机网络的功能

计算机网络有以下主要功能和特点：

(1) 实现资源共享计算机网络实现了硬件、软件及数据等资源的共享，这也是建立计算机网络的主要目标之一。

(2) 实现数据信息的快速传输和集中处理。这是计算机网络的最基本功能。如网络化的计划统计系统、股市分析系统、银行管理系统、订票系统、联机检索系统等。

(3) 均衡负载、互相协作、提高使用效率。

(4) 设备分散、安全可靠、使用方便。

(5) 维护方便、系统扩展性好，提高了整个系统的性能价格比。

34.3.1.3 计算机网的分类

计算机网络可以多种角度来划分类型。

(1) 从范围、距离和传输速率来看，有局部网（局域网）和远程网（广域网）；

(2) 从数据传输和转接系统的拥有性，有专用网（内部网）和公共网；

(3) 从网络中主机多少，有单主机网——联机系统和多主机网——计算机网络。

目前，计算机网络技术又有了新的发展，已实现了把多种互不兼容的计算机网互连起来，形成一个国际网Internetwork，即当前使用极广的Internet网络，也称为互联网。

34.3.1.4 Internet 简述

Internet 的前身是一个称之为ARPANET的互连网。而如今它已是一个全球性的网络集合，是当今世界上规模最大的计算机网络，目前已延伸到近两年170个国家和地区，有着丰富的信息资源和应用。网上的用户已达数千万个。

Internet 是一个仍在不断变化、不断发展的网络。不断有新的国家和地区、新的计算机加入到 Internet 中来，网上的应用和资源也在日新月异地发展变化。Internet 被人们看成是信息高速公路的雏形。

Internet的服务是向用户提供的各种功能被称为"Internet 的信息服务"或"Internet的资源"。Internet 提供的服务很多，下面列出主要的几个方面。

1. 电子邮件（E-mail）

E-mail 是一种电子式的邮政服务，采用简单邮件传送协议 SMTP。在 Internet 上开有电子邮箱的（E-mail）地址用户之间，可以互相发送和接收电子信件。与常规的邮政相比，在通常情况下，电子邮政几乎没有时间的延迟，具有很大的时效性和方便性。电子信件可以是任何文本文件。对于非文本文件等，可在发信端将其编码转换成文本文件后送往收信端，而后在收信端将其解码转换成原来形式的非文本文件。如果使用支持 MIME 的电子邮件软件，非文本文件就可以直接传送。E-mail 是 Internet 上最繁忙的应用之一。

2. 远程登录（Telnet）

用户使用这个服务可使自己的计算机，成为 Internet 网络上另一台计算机的远程终端，享用该计算机的各种资源。网络上的超级计算机往往用这种方式供大家共享。

3. 文件传输协议（FTP）

依照文件传输协议FTP，可以直接进行任何类型的文件的双向传输。既可以把自己计算机上的某个文件拷贝到网络上某个计算机中去，也可以从网络上的某个计算机上把某个文件拷贝到自己的计算机中来。文件传输的条件是，用户事先要了解网络计算机的帐号和口令。

4. 匿名 FTP

匿名FTP服务也采用文件传输协议FTP。在FTP上有着数量庞大的匿名FTP服务器。这些服务器中存有大量可供人们自由拷贝的各类信息，例如各类免费或共享软件、技术文档。许多使用 Internet 所必需的客户和服务器软件，都能从匿名FTP服务器中拷贝到。许多正在开发的Internet 软件的中间版本往往由匿名FTP服务器向公众发表，供大家试用。这些服务器构成了Internet的巨大信息资源，是 Internet 最重要的服务之一。

5. Archie 服务

匿名FTP服务器成千上万，并分布在世界各地。若想要拷贝一个文件，但只知道文件名或部分文件名，有时很难找到其所在的匿名FTP服务器，就像大海里捞针或者很费时间。Archie 服务可以根据用户给出的文件名或部分文件名，在匿名FTP服务器中搜索，并向用户报告在哪些匿名FTP服务器中有所需的文件。

6. Gopher 服务

Archie 服务提供了一种查找文件的方法。然而 Internet 还有除文件以外的其他类型的信息资源，为了方便查询，这些信息存储在成千个分布在各处的 Gopher 服务器中，也称为 Gopher 空间。用户使用 Gopher 客户软件连接到 Gopher 服务器上，在一级套一级的菜单引导下，能透明地漫游各个有关的 Gopher 服务器，方便地取得所需的信息。

7. World Wide Web

通常又称为 WWW 服务。采用超文本传输协议 HTTP，是目前发展最快、最热门的 Internet 应用。它采用超文本和超媒体技术，用多媒体向用户展现丰富的信息。超文本和超媒体的链接功能直观地导引用户得到所要的信息。WWW 浏览器是目前得到广泛应用，而且具有极其强大功能的工具。

8. 新闻组（Usenet）

新闻组为用户提供专题讨论的服务。Usenet开辟若干个讨论组，每个专题讨论组都有一个反映其讨论内容的固定名称。用户可根据需要参加某个组的讨论。Usenet 也称为电子论坛。

除以上所列出的服务外，Internet还有许多方面的应用，这里不再多述。

34.3.2 计算机在企业管理中的应用

计算机应用于企业单位，可以涉及很多方面。我们这里只阐述企业管理中的各类大量数据处理问题，不讨论全面的管理信息系统、决策信息系统等进一步的内容。本章，首先概述数据处理的概念；再介绍数据处理的特点，即说明编制数据处理应用软件的重点在于描述数据结构；然后，根据企业管理的职能，介绍这方面的应用领域。

34.3.2.1 数据处理的概念

"数据处理"通常是指用计算机对反映企业内部业务活动的数据进行处理，也就是对数据进行综合分析。在企业管理中，有大量的信息，诸如人员情况、设备情况、资金情况、原料情况、产品情况。这些信息贯穿在企业管理的全过程中，我们常常把信息流认为是和具体产品生产的物流同样重要的，这些信息总是通过"数据"来具体反映其客观特征的。

那么，"数据"这个词的确切含义到底是什么呢？数据可以是一个表示数量、价格、质量、距离、时间等的数字集合；也可以是一个代表人物、地方和事物名字和字符集合。诸如人员情况、设备情况、资金情况、原料情况、产品情况都可以用具体和数据来表述。"数据"就其类型来说也是很多的。可以是数字型的（通常的十进制数或者计算机内部表示的二进制数以及定点、浮点数。对于数量、价格、质量之类的数据就属于这种情况），也可以是字符型的（数据用字符数字串表示，例如人员姓名、物品名称、规格……就是属于这种类型）。作为"数据"的例子是不胜枚举的。正因为"数据"这个词具有这么多的涵义，计算机对于"数据"的处理任务也就显得越来越重要。

计算机完成的数据处理，就是要按照不同的使用要求对数据进行各式各样的加工。大体上说，可以包括以下几个方面：

(1) 数据收集：汇集所需要的信息，将实际企业管理中的数据通过计算机输入设备送入计算机。

(2) 数据检验：计算机对原始数据进行正确性校验。

(3) 数据存贮：将原始数据按一定的结构要求存贮在计算机的外部存贮器上。这里，应用计算机高级语言编制的程序主要只考虑数据的逻辑结构。至于逻辑结构向物理结构的映射，则是由计算机的系统软件——操作系统来自动完成的。

(4) 数据运算：对数据进行各种算术运算和逻辑运算，以得到进一步的信息。

(5) 数据分类排序：将数据按要求排好次序或进行分类，例如将全部人员按工作证编号排定次序或按科室进行分类整理等。

(6) 数据统计：对一批数据进行统计，得出累加和、最大值、最小值、平均值等。

(7) 数据查询：按业务要求，提供有用的信息，例如在全部人员中找出满足某种条件的人员。

归纳起来，我们可把数据处理分成三个阶段：

输入阶段——包括数据收集、数据检验、数据存贮。简单地说，就是将实际描述对象以数据形式表达出来，组织合理的数据结构，存放在计算机里。

处理阶段——对企业管理来说，对数据的处理主要是指计算、分类排序、统计和查询。利用计算机来完成平时靠人们手工进行的业务管理活动。

输出阶段——我们要从计算机里取得业务管理上有用的数据，一定要有输出结果。通常，计算机可用屏幕显示或快速打印来得到结果。这里必须考虑输出的格式，以报表或图表（如对定期生产报表可绘制数据分布曲线）的形式供给用户。

上面所说的一些处理，一般不涉及复杂的数学模型，不使用繁冗的计算公式，主要是对数据进行大量的数字运算和逻辑运算。但是，数据处理却有自身的特点，即数据量大、时间性强。虽然在使用计算机的方法上与数值计算相同，但鉴于其特点不同，故仍把数据处理单独作为一门学科来研究。随着国民经济的发展，数据处理量日益增大，单靠人工来完成不仅时间长，也容易出错。因此应用计算机处理数据已是必然趋势，发展十分迅速。

为了适应数据处理的需要，对计算机系统有一定的要求。

首先，在配件方面，必须配备容量较大的外部存贮器。配备硬盘的容量一般在 1GB 以上。有了这种外部存贮器，数据处理就有了存放数据的基础，而其容量对于中小木材加工企业来说，也是比较适当的。

其次，在系统软件方面，要求有较强的计算机语言功能。目前，系统软件的进一步发展，出现了称为"大众数据库"的计算机 Foxbase、Visual FoxPro 等数据库系统，它们已成为实现数据处理较为理想的一种工具。用它来组织数据和编制应用软件，往往比使用 Basic 语言或 Cobol 语言可更加快周期，容易实现。

此外，对于一些较大的企业，一个单位的信息要在企业的各业务部门流通，数据量又比较大，使用单台计算机不能满足需求。对于这种情况，一种理想的方案是采用计算机网络来建立企业管理信息系统。为了获得国内外同行业的市场信息，可以加入国际互联网。

34.3.2.2 数据处理的特点

计算机内部是根据人们编制的程序按规定的次序工作的。随着计算机技术的发展，现在早已不是停留在只能用机器指令编写程序的阶段，而是普遍采用计算机高级语言来编写程序。

应用计算机语言编写的程序，可以看成是算法和数据结构的综合。即：

程序（一组操作命令）＝算法（信息的加工步骤）＋数据结构（加工对象）

对于数值计算，由于涉及复杂的数学问题，解决算法问题成为它的主要矛盾，这属于计算数学的范畴。数值计算关心的是运算结果的有效数字，通常参与计算的原始数据数量不大，而且数据之间没有多少内在结构联系。此外，数据类型也比较简单，只涉及单精度、双精度的数字型量。故其数据结构也是比较简单的。

数据处理则不然，它的特点是数据量大、数据内部联系密切。所以，与数值计算比较，编制数据处理方面的应用软件有很大的不同，重点是解决复杂的数据结构问题，而算法则相对比较简单，不涉及复杂的数学公式，通常只是一些较为简单的算术运算和逻辑运算。

数据结构，是计算机科学中的一个重要分支。设计好数据结构是完成数据处理的重要一步。因此，要注重数据处理中常用的一些数据结构。

34.3.2.3 计算机在企业管理方面的应用

在企业管理中，要提高管理水平，增加经济效益，关键在于掌握物流和信息流。利用计算机来处理企业中大量存在的信息流，对于企业管理是至关重要的问题。

因为信息是物流的性质、内容与实际状况的反映，一个企业的领导人和管理人员必须有效管理五项基本资源：人、物、财、设备与技术。因此，企业管理就其职能划分来说，可以分为若干子系统来实现。针对上述五项基本资源的管理，一个企业的管理信息系统可以划分为如下子系统：人事系统、生产系统、财务系统、设备系统、库存系统、科研项目管理系统。

一个单位使用计算机进行数据处理，开始阶段就可以按照这些职能划分，一个一个地建立各自的管理系统，应用领域可以逐步加以拓宽。一般，企业管理方面的应用领域是非常广泛的，可以这样说：只要有信息，就可以用"数据"将它表达出来，就可以建立相应的管理子系统。

必须指出，这样逐个按职能来建立子系统的方法是有一定缺点的。实际上，各个子系统内的数据相互之间存在横向联系，因此最好是能统一地将企业的数据存放在计算机里，以达到综合处理的目的。但由于单个计算机受到功能上的限制，要做到这一点是困难的。为克服这一困难，可采用大中型计算机和数据库的方法；或者采用计算机的网络系统，再用数据库方法也可实现。

34.3.3 计算机在账务管理中的应用

对于一个企业的财务科来说，工资发放是比较简单的一项工作。财务科所要处理的各类财务工作是很多的，财务数据来源很多，企业内部外部都有财务来往，每天会有大量的数据处理任务。在各种财务处理中，总账是财务的核心问题，解决好总账的计算机处理是财务管理的重要问题，现就这一问题加以介绍。

34.3.3.1 系统分析

先分析一个单位总账管理的手工处理现状。

1. 收集原始凭证

财务处理的原始数据来自各类原始凭证。一个单位只要发生经济业务就必须填报财务往来的原始凭证，它记录经济业务的执行完成情况。原始凭证所包含的内容是很多的，其基本数据项是：原始凭证编号、凭证的来源（企业外部/企业内部）、名称、日期、接受凭证的单位、经济业务（要能反映该凭证的记账类别以及借贷双方的会计科目，即总账中的分类账号）、金额、实物数量、填制单位、填制人。

2. 建立记账凭证

编辑原始凭证，检验填写是否正确，按记账要求，由原始凭证编制出三种记账凭证，即收款凭证、付款凭证和转账凭证。记账凭证的基本数据项是：

记账凭证编号、记账凭证类别（即付款凭证、收款凭证、转帐凭证）、借方账户编号、贷方账户编号、日期、金额、原始凭证编号。

3. 登记凭证建立分科目的总账

一个企业的总账，是企业会计科目的总分类账，是连续记载和反映整个企业财务活动的记录。应用总分类账，能全面地、概括地反映一个企业的经济活动情况，能够为编制各种会计报表提供所需资料，这是一个企业财务管理的核心。

总账按其经济内容可粗略地划分为四大类：一是反映资金运用的分类会计科目；二是反映资金来源的分类会计科目；三是反映成本费用的分类会计科目；四是反映收入成果的分类会计科目。如果细分的话，各个企业按照各自系统的规定，都有会计科目要求。

总账的基本数据项是：

凭证字号、分类会计科目编号、名称（财会人员根据记账凭证的内容自行填入）、日期、摘要（财务活动的情况纪要）、借方（金额）、贷方（金额）、余额。

这样，就登录凭证建立了各类会计科目下的明细账（会计科目可能有：固定资产、材料消耗、工资、生产费用、企业管理费、库存现金、银行存款、税金、福利事业、上交利润、基建支出、拨付资金、银行借款等）。

4. 登录建立企业内部各个部门的明细账

为了便于经济核算，一个企业内的各个部门都要建立各自的明细账。财务人员要根据记账凭证，在登录总账的同时，登录建立各部门的明细账。

5. 定期汇总统计，做出各种报表

报表的类型是很多的，各种企业都有自己系统的财务报表要求。一般有三类报表：

（1）反映资金来源和运用的报表，如资金平衡表、固定资产和折旧明细表等；

（2）反映企业经营过程中的成本和费用支出的报表，如产品成本计算表、企业管理费明细表等；

（3）反映经营过程中的收入和财务成果的报表，如利润表、营业外损益明细表等。

报表的格式是计算机处理中输出设计的依据，在系统分析中应给予充分重视。根据上述手工处理的流程，即可确定计算机处理方案。此时，一是选定文件的数据结构，二是画出处理流程。这两点说明如下：①确定数据文件种类和格式。处理财务总账涉及总分类明细账以及分部门的分类明细账。我们可统一考虑建立原始文件：总账中的每一条款是一项原始记账凭证，大量的凭证汇总，就建成了这一总账原始文件（此外，原始凭证与记账凭证一并处理，由账务人员进行手工处理，建立总账中的记录）。②用分层输入——处理——输出的分析方法确定流程。这里，与手工处理流程有较大的差别。手工处理时，要分别登录不同账本，进行汇总。计算机处理可以统一登录总账，根据随时发生的经济业务活动，及时在总账文件中增加记录，并可不定期地进行汇总，及时反映当前企业经济状况。这一点，手工处理是办不到的，它只可能定期经很大努力才能作出某一方面的报表。在这方面，计算机处理显示出很大的优越性，便于及时掌握企业的经济活动现状。

34.3.3.2 系统设计

处理流程比较简单，重要的是输入/输出设计。由输出设计开始，设计所要求的种类报表格式。指定报表的表头以及报表包含多少栏目等。处理流程则要确定报表栏目中的数据如何从原始总账文件中获取，即根据原始文件中的数据，采取分类排序、汇总的办法得到需求的结果。另一问题是输入设计，即原始凭证如何输入、输入后存贮，建立总账文件。

34.3.3.3 系统方案

分别按总账管理涉及的数据结构及处理流程介绍如下：

1. 数据结构

原始数据来自每一笔账务，它被看作是一个记录。经过财务人员对原始凭证的检验填写，每笔账务记录的基本数据项包括：

日期、部门、会计科目、摘要、借方、贷方、凭证编号。

可以建立以凭证编号为关键字的索引文件。这个文件是总账的原始根据。

2. 处理流程

简单概括，可分三步来完成：

（1）建立数据文件对经济活动中的每笔账务，按上面数据结构的要求，看作一个记录，贮存在外存文件上。这一部分的模块，除了解决输入贮存以外，应具备增加、删除、修改记录的功能。

（2）分类排序，建立两类明细账，将原始数据文件按会计科目分类，在同一类中又按某个顺序排列（如按账务的日期），建立整个企业的总分类明细账。这个总账除存贮在磁盘上以外也可打印输出。二是将原始数据文件按部门分类，在一个部门内又按会计科目分类，并按某个顺序排列，建立企业内部各个部门的分类明细账。

（3）统计汇总，打印表格按照上级的各种报表要求，完成有关统计汇总。一方面是设计报表格式，例如表头的要求、报表的栏目安排等；另一方面是从总账中取得数据加以统计汇总，由计算机自动填入报表中的相应栏目。因为企业的各类财务报表种类繁多，每一表格中栏目花样又很多。所以这一部分和程序设计工作量是比较大的。要在总的这一打印模块下分设若干子模块，分别完成各类报表的编制。

参考文献

[1] 王建光. 应用微机进行木材检验统计管理. 林业科技资料, 1995 (总48) 30~31

[2] 刘耀麟等. 微型计算机在木材工业中的应用. 北京: 中国林业出版社. 1986

[3] 王克奇. 人造板表面缺陷的自动检测. 林业机械, 1995(15), 37~38

[4] 王晓春. 木材干燥微机控制系统. 自动化仪表, 1995, 16(6), 34~36

[5] 徐忠. 纤维板热压机微机自动控制系统. 吉林林业科技, 1995(2), 44, 19

[6] 朱益民. 木材无损检测的现状和展望. 云南林业科技, 1996(1), 82~84

[7] 金继卿. 提高制材生产经济效益的几个途径. 木材加工机械, 1996 (1), 7~8

[8] 仲斯林. 对人造板生产中应用微机控制的思考与实践. 木材加工机械, 1996, (2), 11~13, 24

[9] 贺永珍. WJK-2型微机木材监控系统中的抗干扰措施. 林业资源管理, 1996(特刊)16~18

[10] 王金满. 计算机视觉技术在木材工业科研与生产中的应用于. 世界林业研究, 1994(3), 49~55

[11] 孙廷才. 微型计算机在工业控制中的应用技术. 北京: 光明日报出版社, 1987

[12] 孙增圻. 计算机控制理论及应用. 北京: 清华大学出版社, 1989.10

[13] 章高建. 过程控制原理. 北京: 化学工业出版社, 1991.11

[14] 王毓银. 脉冲与数字电路. 北京: 高等教育出版社, 1992, 05

[15] 王以和. 微型计算机接口. 上海: 上海科学技术文献出版社, 1985

[16] （美）戴维. 办公室自动化. 北京: 机械工业出版社, 1988.05

[17] 沈钧毅. 微电脑在企业管理中的应用. 西安: 西安交通大学出版社, 1986

[18] 许开发. 人造板企业现代化管理初探. 1994(3), 19~22

[19] 于万钦. 计算机辅助家具造型设计系统FCAD. 家具, 1992(2), 8~10

[20] 王蓝等. 计算机辅助家具设计. 西北林学院学报, 1994, 9(1), 83~86

[21] 李重根. 计算机辅助快速设计板式家具的方法. 家具, 1997(1), 4~5

[22] 杨铁牛. 计算机家具图符研究. 家具 1997(2), 4~6

[23] 蔡士杰. CAD技术应用于家具制图的尝试. 家具, 1988(4), 44~46

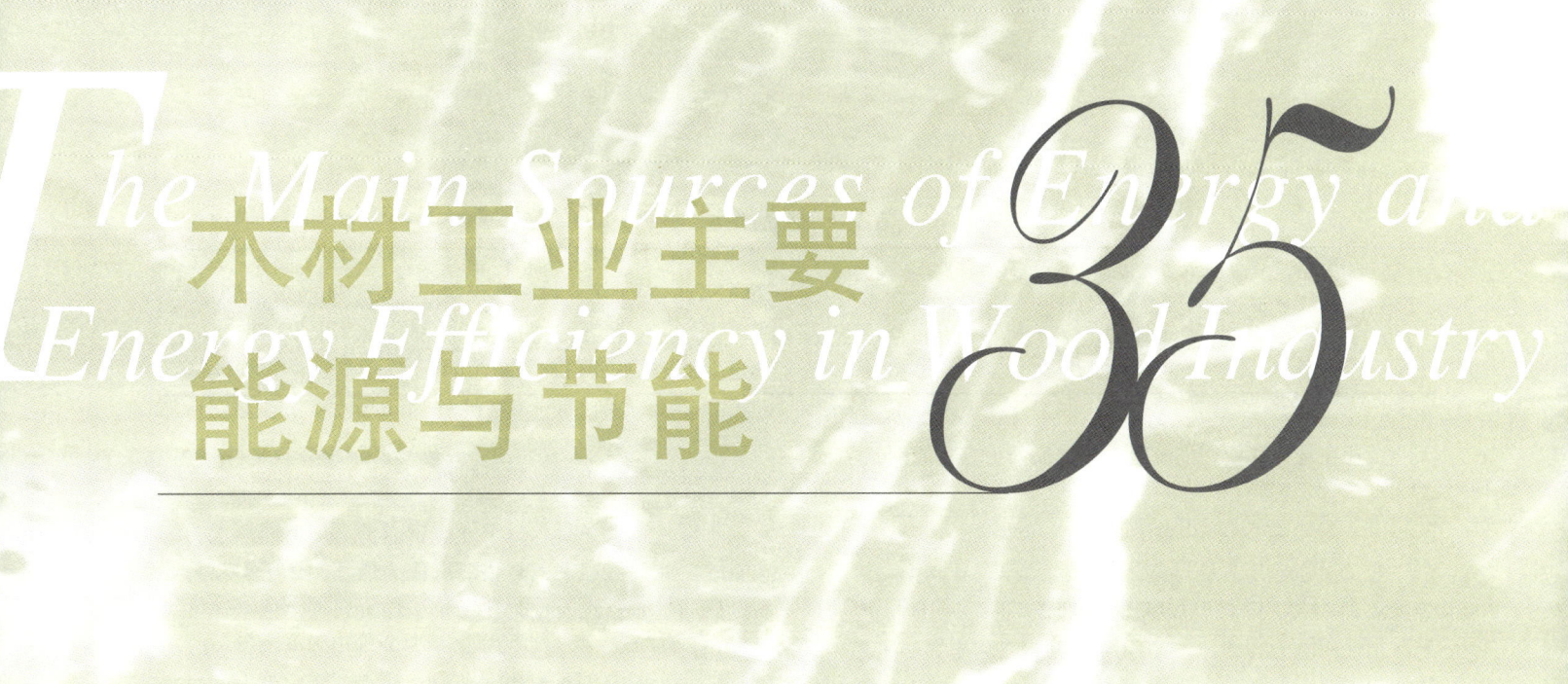

木材工业主要能源与节能

能源是指可以从其获得能量的资源。人们利用这些资源可以获得各种形式的能量（如热能、电能、机械能等），为社会生产和人类生活服务。自然界里存在着的能源有很多种，除了人们熟悉的煤炭、石油、天然气等以外，还有来自太阳的阳光、大气中的风、河里流的水、涨落的潮汐、起伏的波浪、生物质能、地下的热水以及原子核反应时释放出来的核能等等。广义的能源还包括一些载能工质，如蒸汽、压缩空气、新鲜水和锅炉软化水等。

35.1 木材工业主要能源

35.1.1 能源的分类

能源的分类方法一般有下述4种。

1. 按地球上能源的来源分类

（1）来自地球以外天体（主要是太阳）的能源。目前人类所需能量的绝大部分，都是直接或间接来源于太阳能。

（2）地球本身蕴藏的能源，主要有地热和原子核能。

（3）地球和月亮、太阳等天体之间有规律的运动，造成相对位置周期性变化，它们之间的引力使海水涨落形成潮汐能。

2. 按能源资源的再生性分类

（1）可再生能源：上述各类能源中有一些能源是能够再生的，如太阳能和由太阳能转换而成的水力、风能、生物质能等等，它们都可以循环再生，不会因长期使用而减少，所以称它们为可再生能源。

（2）非再生能源：有一些能源是不能循环再生的，如煤炭、石油、天然气、核燃料等等，由于储存量有限，用一些就少一些，所以称其为非再生能源。从可持续性发展的战略考虑，人类社会应高度重视可再生能源的开发利用，尽可能少用越来越短缺的各种非再生能源。

3. 按利用能源的方式分类

（1）一次能源：自然界中天然存在的、可不需要加工或转换而直接加以利用的能源，称为一次能源。如煤炭、石油、天然气、太阳能、水能等。

（2）二次能源：为了满足生产和生活的特定需要，为了便于输送和使用，为了提高劳动生产率和能源利用效率，自然界现成的能源，除有些可直接使用外，通常需要经过加工以后再加以使用。一次能源加工转换而成的能源产品，一般称为二次能源，如电力、煤气、蒸汽及各种石油制品等。随着科学技术的发展和社会的现代化，在整个能源消费系统中，直接使用一次能源的比重不断下降，而二次能源的消费比重日益增大。

4. 按人类利用能源的程度分类

（1）常规能源：有一些能源如煤炭、石油、天然气、水力、核裂变能等，为人类所利用的时间已很长，为人们所熟悉，目前开发技术已比较成熟，生产成本比较低，而且也是当前主要能源和应用范围广的能源，这些能源习惯上称为常规能源。

（2）新能源：是指目前处于试验研究阶段、技术上尚未过关，或价格非常昂贵、目前应用较少的能源，如太阳能、地热能、原子能等。另外，有些能源，如风能、生物质能等，虽然在古代就使用过，但目前又采用现代技术加以利用，也常被列入新能源之列。目前，地球生态环境日益恶化，常规能源渐趋枯竭，开发利用低污染、资源丰富的新能源已成为当务之急。为了便于分析，表35-1列出了各种能源的分类。

35.1.2 木材工业选用能源的基本原则

能源的种类繁多，而且能源的性质、品位、储量、价格各不相同，应用起来差别很大，因此必须根据具体情况合理选择。我国木材工业企业目前使用的能源品种主要有：煤、木材加工剩余物（俗称"木废料"）、电力、蒸汽及少数其他能源品种（如石油产品、天然气、煤气、太阳能等）。木材

表35-1 能源的分类

分类		常规能源	新能源
一次能源	可再生能源	水能	太阳能、风能、生物质能、波浪能、海水温差、潮汐能、地热能、原子核能
	非再生能源	煤炭、石油、天然气、核裂变能	核聚变能
二次能源		焦炭、煤气、电力、氢、蒸汽、沼气、酒精、汽油、柴油、煤油、重油、液化气、电石	

工业企业在选择和使用能源时，应遵循如下基本原则。

35.1.2.1 尽可能少用电加热设备

电力具有应用方便、清洁、没有污染、易于转换和传输等优点，一般用于带动电动机驱动机器，也用于电焊、电镀等必须使用电力的场合。但采用电加热设备将电力转化为热能使用则原则上是不合理的，因为1kW·h（1度）电全部转化为热，仅可得到 3600 kJ 的热能，而我国电站每生产 1 kW·h 电平均需要消耗燃料 0.404 kg（标准煤），如将这部分燃料直接在工业锅炉中燃烧，则可向用热设备提供 7460 kJ 的热能（锅炉效率以 70% 计，管道输送效率以 90% 计），所提供的热能比通过电加热设备多出一倍以上，所以，在需要热能的场合，应尽可能少用电加热设备。

35.1.2.2 在选择燃料时，一般应多用煤，少用油、气

我国煤储量丰富，分布也较广，而石油、天然气资源则相对不足，且主要集中在少数地区，所以我国在相当长的时期内，对大多数地区来说仍将以煤作为主要能源。当然，用油、气比较方便，能量转换效率较高，而且污染小，因此，在一些特殊场合，如在大城市市区、旅游风景区，以及一些能耗较少的设备，也可考虑适当烧油、烧气。

35.1.2.3 应尽可能利用木废料能源

目前由于技术、经济等方面的原因，木材在加工过程中，不可避免地会产生一些加工剩余物（木废料），如树皮、锯屑、截头、刨花、砂光粉等，如不加以利用，则一方面会造成环境污染，甚至火灾、爆炸等事故，另一方面也浪费了大量的生物质能源。据资料表明，综合型的木材加工企业，如能充分利用企业自身的木废料能源，则可减少三分之一以上的燃料消耗，因此利用木废料能源是木材工业的一大优势，也是木材工业能源利用的一个主要特点。

35.1.2.4 选用能源应考虑地区条件

鉴于能源资源在地域分布上的局限性，并考虑到交通运输的限制，因此应当选用能够就近获得的能源，特别是当地生产的能源。例如煤矸石、石煤等劣质燃料，长途运输很不经济，应提倡就地使用；有些地区电力资源（尤其是小水电资源）十分丰富，可以考虑采用电加热设备；有的地区具有丰富的天然气资源，而煤资源较少，在这种情况下，就可以考虑燃用天然气，而不一定机械地考虑非要烧煤。

35.1.2.5 应尽可能减少能源转换环节

根据工艺要求，木材工业中常需要采用不同形式的二次能源，如：热磨工艺需要蒸汽作为热源，热压工艺需要高温热油（或蒸汽）作为热源，干燥工艺需要热空气（或烟气）作为热源，而企业购进的能源则主要为一次能源（如煤等），所以，在企业内部通常都存在一次能源向二次能源的转换环节，这是必要的，也是合理的。但是，所有的转换过程都不可避免地存在能量损失，多一个转换环节，就多一次能量损失，所以，应尽可能减少能源转换环节，尤其要尽可能避免二次能源之间的相互转换。例如：对于干燥工艺来说，应尽可能采用炉烟气作为干燥介质，这样，在燃料与干燥介质之间，仅需要进行一次能量转换[见图35-1（a）]；而目前许多企业采用的是图 35-2（b）所示的能量转换模式，即先在锅炉中产生蒸汽，然后再用蒸汽加热空气，以热空气作为干燥介质，与前一种模式相比较，采用这种模式需要进行三次能量转换，显然，采用前一种能量转换模式更为合理一些。

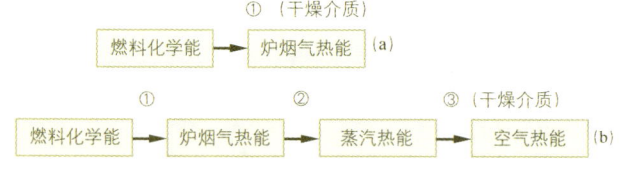

图35-1 能量转换

35.1.2.6 其他方面

选用能源，还要考虑管理上的方便，不宜选用过多品种的能源；要考虑安全生产，在某些场合不允许选用有明火的能源；如果本地区有区域性的集中供热系统，则应优先考虑采用集中供热系统提供的蒸汽作为企业生产和生活的热源。

35.1.3 煤炭

煤炭属化石燃料，是古代植物遗体经过长期复杂的炭化作用而形成的可燃性的岩石状物质。煤炭是我国的主要能源，在能源消费构成中占 60% 以上。在我国的木材工业中，煤炭也是最主要的能源。

35.1.3.1 煤的组成成分

煤是复杂的有机物，不便写出分子式，但可作元素分析，得出元素分析成分。

表 35-2 煤中各成分对煤燃烧过程的影响

成 分	煤中各成分对煤燃烧过程的影响
碳（C）	碳是煤的主要可燃成分，约占可燃成分的70%~95%，它是决定煤发热量高低的主要元素。碳元素的着火温度（着火点）较高，故含碳量越高的煤（如无烟煤），在炉子中越不容易着火燃烧
氢（H）	氢是煤中另一个重要的可燃成分，尽管煤中氢的含量不高（仅占可燃成分的2%~8%），但它易于着火，发热量也很高
硫（S）	煤中硫的含量约占可燃成分的0~8%，它虽能燃烧，但燃烧生成的二氧化硫与水蒸汽结合生成酸，对金属有强烈的腐蚀作用，对人体和动植物也都有害
氧（O）	氧不可燃烧，是煤中的内部杂质
氮（N）	氮不可燃烧，是煤中的内部杂质
水分（W）	水分是煤中的主要杂质之一，其含量越多，燃料的发热量就越低。而且，如水分较多，则将延缓煤的着火（因水分汽化还要吸热），会使炉内温度有所下降
灰分（A）	灰分是煤中最主要的杂质，其含量越多，燃料的发热量就越低。灰分多的煤通常不易燃烧、燃烬，而且会引起受热面的磨损，同时还会造成环境污染。所以，含灰分多的煤，通常称为劣质煤

根据所含元素分析，煤的组成成分主要有碳(C)、氢(H)、硫(S)、氧(O)和氮(N)等元素，此外还包含一定数量的水分(W)和灰分(A)。煤中各成分对煤燃烧过程的影响见表35-2。

煤的组成成分用质量百分数表示。由于煤中的水分和灰分易受开采、运输和贮存条件的影响而变化，即使同一种煤，其各种成分的百分数也会随之变化，因此，单用成分的百分数难以准确鉴别煤的种类和性质，还须同时说明计算这种成分百分数时所用的计算基准。计算基准也即计算成分百分数时采用的分母。燃料常用基准有：应用基、分析基、干燥基和可燃基四种。以实际应用于燃烧设备（如锅炉）的煤的质量作为计算基准的成分称为应用基成分，以符号"y"作为上角标表示。采用应用基成分时，煤的组成可写成：

$$C^y + H^y + S^y + O^y + N^y + W^y + A^y = 100\%$$

以在实验室内按规定条件进行自然干燥后的煤的质量作为计算基准的成分称为分析基成分，用上角标"f"表示。以去除全部水分的完全干燥的煤的质量为基准，就得到干燥基成分，其上角标用"g"。干燥基成分不再随水分变动而变化，因此，干燥基灰分A^g便可确切地表示煤含灰量的多少。如果去掉水分和灰分之后，以剩下的那部分煤的质量作为计算基准，则可得到可燃基成分，可燃基成分以"r"作为上角标。这里，习惯上把元素氮和氧也列入"可燃基"之中。上述各种基准的相互关系，可由图35-2清晰地加以表达。各种基准的成分可以相互换算，其换算关系为：

$$欲求基成分 = 已知基成分 \times 换算系数 K$$

换算系数K见表35-3。

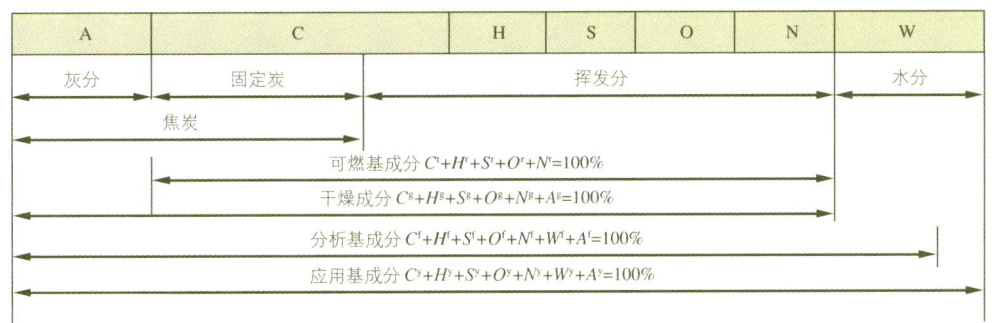

图 35-2 煤的各种基组成

表 35-3 换算系数 K

		欲求成分			
		应用基	分析基	干燥基	可燃基
已知成分	应用基	1	$\dfrac{100-W^f}{100-W^y}$	$\dfrac{100}{100-W^y}$	$\dfrac{100}{100-W^y-A^y}$
	分析基	$\dfrac{100-W^y}{100-W^f}$	1	$\dfrac{100}{100-W^f}$	$\dfrac{100}{100-W^f-A^f}$
	干燥基	$\dfrac{100-W^y}{100}$	$\dfrac{100-W^f}{100}$	1	$\dfrac{100}{100-A^g}$
	可燃基	$\dfrac{100-W^y-A^y}{100}$	$\dfrac{100-W^f-A^f}{100}$	$\dfrac{100-A^g}{100}$	1

35.1.3.2 煤的燃烧特性

煤的燃烧特性是指煤在燃烧过程中起重要作用的某些指标,如发热量、挥发分、水分、灰分、灰熔点以及焦渣的特征等。由于不同的煤种具有不同的燃烧特性,往往需要有不同的燃烧方法和燃烧设备来适应它,因此,了解煤的燃烧特性是很重要的。

1. 发热量

发热量是评价煤质的一项重要指标,它是指每kg煤完全燃烧时所放出的热量,单位为kJ/kg。煤的发热量有高位和低位之分,应用基高位发热量和低位发热量分别以 Q^y_{gw} 及 Q^y_{dw} 表示。高位发热量包括煤燃烧生成物中水蒸气的汽化潜热,低位发热量则不包括这部分汽化潜热。由于烟气在离开燃烧设备(如锅炉)时温度还比较高,水蒸气一般不会凝结,所以,在燃烧设备的热力计算中都以煤的应用基低位发热量为依据,煤炭供应商向用户提供的煤质资料中也应包括煤的应用基低位发热量数据。

煤的发热量通常采用氧弹量热计来测量,当缺少实测数据时,也可根据元素分析成分用门捷列夫经验公式进行近似计算。

$$Q^y_{dw}=339C^y+1030H^y-109(O^y-S^y)-25W^y \text{ (kJ/kg)}$$
$$Q^y_{gw}=Q^y_{dw}+226H^y+25W^y=339C^y+1256H^y-109(O^y-S^y)(\text{kJ/kg})$$

式中:C^y、H^y、O^y、S^y、W^y 分别为燃料中碳、氢、氧、硫、水分的应用基成分。

2. 挥发分

如果将煤干燥后在隔绝空气的条件下加热、干馏,那么它所逸出的气态物质(C_mH_n、H_2、CO 等)称为煤的挥发分,其含量通常用可燃基百分数 V^r 表示。挥发分高的煤(如烟煤)不但着火迅速,燃烧也较稳定,且易于燃烬。因此,挥发分是煤的重要特性指标,也是划分煤种的主要依据之一。

3. 固定碳、焦炭与煤的结焦性

挥发分析出后剩下的固体物质,称为焦炭。它由煤中不挥发的固定碳和全部灰分组成(图35-2)。含固定碳多的燃料(如无烟煤),发热量较高,但不易着火,燃烧也较困难。煤种不同,生成的焦炭的物理性质也各不相同,如有的呈粉状,有的松软,有的则十分坚硬。焦炭呈粉状的煤称为不结焦性煤,焦炭呈坚硬块状的煤称为强结焦性煤,两者之间的煤称为弱结焦性煤。燃用不结焦炭性煤时,焦末、炭屑易从炉排漏落或被气流吹起带走,造成较大的固体不完全燃烧损失;燃用强结焦性煤时,则易结成较大的焦块,增大通风阻力,使燃烧条件恶化,一般来说,层燃炉宜燃用弱结焦性煤。

4. 灰熔点

灰熔点是指使固态灰软化、变形时的温度。灰熔点对燃烧的影响也比较大,低熔点的灰易在炉内结渣,堵塞炉排通风孔隙,熔化的灰渣还会将未燃烬的焦炭裹住,妨碍它继续燃烧。

35.1.3.3 木材工业常用煤种

我国木材工业常用煤种及其主要特点见表35-4。我国木材工业使用的燃煤装置主要是工业锅炉,表35-5列出了我国工业锅炉有代表性的设计用煤种。

表35-4 木材工业常用煤种及其主要特点

煤 种		挥发物 V^r (%)	应用基低位发热量 Q^y_{dw} (kJ/kg)	主要特点
石煤、煤矸石	Ⅰ		≤5440	石煤比重大,硬度高,外观象褐色石头。灰分高达50%~85%,发热量极低,挥发分少,难点燃。煤矸石灰分也很高,发热量很低。煤矸石与石煤一样,均属劣质燃料
	Ⅱ		5440~8370	
	Ⅲ		8370~11300	
褐 煤		>40	8370~14650	外表一般呈褐色,无光泽,质脆易碎,不宜远运,易风化,易自燃,难以贮存。挥发分很高,极易着火。但水分和灰分也很高,发热量较低,属低质燃料
无烟煤	Ⅰ	5~10	14650~20930	俗称白煤,质地坚硬,具有明亮的黑色光泽,其成煤年代最长,挥发分含量很低,所以着火困难。无烟煤的结焦性很差,一般作民用燃料或作为工业原料,锅炉单纯用无烟煤时着火困难,燃烧不稳定
	Ⅱ	<5	>20930	
	Ⅲ	5~10	>20930	
贫 煤		10~20	≥18840	其燃烧特性介于无烟煤和烟煤之间,比较接近于烟煤
烟 煤	Ⅰ	≥20	11300~15490	外表呈黑色,无光泽,质地松软,其挥发分含量较高,一般 V^r=20%~40%,易于着火,发热量也比较高。烟煤是锅炉较理想的固体燃料,其中优质烟煤结焦性强,大多用于冶金工业,锅炉一般燃用劣质烟煤
	Ⅱ	≥20	15490~19680	
	Ⅲ	≥20	>19680	

表 35-5 工业锅炉有代表性的设计用煤种

煤 种		代表性设计用燃料	V^r (%)	W^y (%)	A^y (%)	C^y (%)	H^y (%)	S^y (%)	O^y (%)	N^y (%)	Q^y_{dw} (kg/kg)
石煤、煤矸石	I	湖南株洲煤矸石	45.03	9.82	67.10	14.80	1.19	1.50	5.30	0.29	5033
	II	安徽淮北煤矸石	14.74	3.90	65.79	19.49	1.42	0.69	8.34	0.37	6950
	III	浙江安仁石煤	8.05	4.13	58.04	28.04	0.62	3.57	2.73	2.87	9307
褐 煤		黑龙江扎赉诺尔	43.75	34.63	17.02	34.65	2.34	0.31	10.48	0.57	12288
无烟煤	I	京西安家滩	6.18	8.00	33.12	54.70	0.78	0.89	2.23	0.28	18187
	II	福建天湖山	2.84	9.80	13.98	74.15	1.19	0.15	0.59	0.14	25435
	III	山西阳泉三矿	7.85	8.00	19.12	65.65	2.64	0.51	3.19	0.99	24426
贫 煤		四川芙蓉	13.25	9.00	28.67	55.19	2.38	2.51	1.51	0.74	20901
烟 煤	I	吉林通化	21.91	10.50	43.10	38.46	2.16	0.61	4.65	0.52	13536
	II	山东良庄	38.50	9.00	32.48	46.55	3.06	1.94	6.11	0.86	17693
	III	安徽淮南	38.48	8.85	21.37	57.42	3.81	0.46	7.16	0.93	22211

35.2 木材工业主要产品的能源消耗指标

35.2.1 基本概念

35.2.1.1 节能的基本概念

能源供应紧张是世界各国面临的长期性的、共同性的问题，因此节能工作引起了世界各国的重视。所谓节能是指加强用能管理，采取技术上可行、经济上合理以及环境和社会可以承受的措施，减少从能源生产到消费各个环节中的损失和浪费，更加有效、合理地利用能源。根据节能的定义可知，节能不是简单的能源消费数量的减少，更不应该影响社会活动、降低生产和生活水平，而是要充分发挥能源利用的效果，力求以最少数量的能源消耗，获得最大的经济效益，为社会创造更多财富。也就是说，生产同样数量的产品或产值，要尽可能减少能源消耗量，或者以同样数量的能源，能生产出更多的产品或产值。

35.2.1.2 能耗的基本概念

根据节能的定义，木材工业新建、改（扩）建工程项目的节能设计水平、现有企业的节能管理水平、节能技术改造后的成效等，都可以通过企业产品单位产量的能源消耗（简称"能耗"）来集中体现。下面简单介绍有关"能耗"的一些基本概念。

1. 标准煤与等价折标准煤系数

所谓标准煤，是指人为规定的一种理想煤种，其低位发热量为29308 kJ/kg。计算单位产量能耗时，企业消耗的各类能源和耗能工质均需等价折算成一次能源的消耗量，并采用"kg 标准煤"作为计量单位。折算公式为：

$$B_b = B \times k_z$$

式中：B_b——等价折算成一次能源的消耗量，kg 标准煤

B——能源或耗能工质的消耗量，单位见表 35-6

k_z——折算系数，称为该能源或耗能工质的等价折标准煤系数，单位见表 35-6。企业实际消耗的各种燃料的等价折标准煤系数应按下式求得：

$$k_z = Q^y_{dw}/29308$$

式中：Q^y_{dw}——燃料的应用基低位发热量，kJ/kg

当没有燃料的应用基低位发热量数据时，各种燃料的等价折标准煤系数也可取表 35-6 中的参考数值。

表 35-6 各种能源和耗能工质的等价折标准煤参考系数

序号	名 称	单 位	等价折标准煤参考系数
1	电	kW·h	0.4040（kg 标准煤/kW·h）
2	汽 油	kg	1.4714（kg 标准煤/kg）
3	柴 油	kg	1.4571（kg 标准煤/kg）
4	原 煤	kg	0.7143（kg 标准煤/kg）
5	城市煤气	Nm³	1.1000（kg 标准煤/Nm³）
6	天然气	Nm³	1.3300（kg 标准煤/Nm³）
7	砂光粉	kg	0.5909（kg 标准煤/kg）
8	绝干阔叶材	kg	0.6295（kg 标准煤/kg）
9	绝干针叶材	kg	0.6623（kg 标准煤/kg）
10	蒸 汽	kg	0.1359*（kg 标准煤/kg）
11	新鲜水	t	0.2570（kg 标准煤/t）
12	软化水	t	0.4860（kg 标准煤/t）
13	压缩空气	m³	0.0404（kg 标准煤/m³）

注：锅炉热效率为70%，饱和蒸汽压力为 12.75×10^5 Pa

企业实际消耗的各种二次能源和耗能工质均应按相应的能源等价值折算为一次能源的消耗量〔所谓能源等价值，是指生产二次能源或耗能工质所消耗的一次能源数量（以"kg标准煤"为计量单位）〕，当没有相应的等价值数据时，也可按表35-6所列参考系数进行折算。

2. 单位产量单项能耗与单位产量综合能耗

单项能耗是指单项能源品种的消耗，如：热耗、电耗等。综合能耗是指各种能源消耗的总和，综合能耗有时也简称为能耗。综合能耗可以较为全面地反映能源消耗情况，因而更为常用。单位产量的综合能耗应根据统计期（一般为一年）的统计数据按下式计算：

$$E_{dh} = E_z / M_z$$

式中：E_{dh}——某种产品的单位产量综合能耗

M_z——统计期内产出的某种产品的合格品的数量

E_z——统计期内的总综合能耗

企业的总综合能耗，包括主要生产系统、辅助生产系统和附属生产系统用能；不包括生活用能和批准的基建项目用能。生活用能是指企业系统内的宿舍、学校、文化娱乐、医疗保健、商业服务等方面用能。

35.2.2 刨花板生产及人造板饰面的能源消耗指标

表35-7、表35-8、表35-9、表35-10分别列出了刨花板生产的三个生产系统、刨花板单位产量综合能耗指标、刨花板主要生产工序能耗率、人造板饰面每平方米的的单项能耗及综合能耗指标。

表35-7 刨花板生产的三个生产系统

生产系统	系统范围
主要生产系统	原料准备、刨花制备、刨花干燥、施胶（不含胶粘剂制造）、铺装、热压、后处理
辅助生产系统	三废处理、生产设备维修、压缩空气、生产车间取暖（或降温）、照明
附属生产系统	仓库、与生产相关的公共场所取暖（或降温）与照明

表35-8 刨花板单位产量综合能耗指标 (kg标准煤/m³)

地区	指标级别 一级（进口设备）	二级（国产设备）
南方（即冬季不装设建筑采暖设施的地区）	≤310	≤335
北方*（即冬季装设建筑采暖设施的地区）	≤350	≤390

注：* 对建在黑龙江省、吉林省、内蒙古自治区的企业，其能耗指标在北方的基础上再乘以1.07的系数；辽宁省乘以1.03的系数

表35-9 刨花板主要生产工序能耗率

工序名称	原料准备	刨花制备	刨花干燥	施胶	铺装	热压	后处理	总计
能耗率（%）	0.26	11.19	44.16	9.40	2.07	32.11	0.81	100

表35-10 人造板饰面每m²的的单项能耗及综合能耗指标

能耗 \ 饰面	浸渍纸饰面	木质单板饰面
热（kJ）	5580	15534
电（kW·h）	0.60	1.04
综合能耗（kg标准煤）	0.442	0.95

35.2.3 纤维板生产的能源消耗指标

湿法生产硬质纤维板主要生产系统包括的五个生产工序及其能耗率见表35-11，辅助生产系统和附属生产系统的系统范围与刨花板相同。湿法生产硬质纤维板单位产量综合能耗指标见表35-12。

中密度纤维板主要生产系统包括的八个生产工序及其能耗率见表35-13，辅助生产系统和附属生产系统的系统范围与刨花板相同。中密度纤维板单位产量综合能耗指标见表35-14。

表35-11 湿法生产硬质纤维板主要生产工序能耗率

工序名称	备料	制浆	成型	热压	后处理	总计
能耗率（%）	1.1	33.5	1.1	54.3	10.0	100

表35-12 湿法生产硬质纤维板单位产量综合能耗指标
(kg标准煤/m³)

地区	指标级别 一级（进口设备）	二级（国产设备）
南方（即冬季不装设建筑采暖设施的地区）	≤700	≤750
北方*（即冬季装设建筑采暖设施的地区）	≤700	≤750

注：* 对建在黑龙江省、吉林省、内蒙古自治区的企业，其能耗指标在北方的基础上再乘以1.07的系数；辽宁省乘以1.03的系数

表35-13 中密度纤维板主要生产工序能耗率

工序名称	备料	纤维分离	施胶	纤维干燥	铺装成型	预压	热压	后处理	总计
能耗率（%）	2	30	1	15	3	1	30	18	100

表35-14 中密度纤维板单位产量综合能耗指标
(kg标准煤/m³)

地区	指标级别 一级（进口设备）	二级（国产设备）
南方（即冬季不装设建筑采暖设施的地区）	≤365	≤400
北方*（即冬季装设建筑采暖设施的地区）	≤465	≤515

注：* 对建在黑龙江省、吉林省、内蒙古自治区的企业，其能耗指标在北方的基础上再乘以1.07的系数；辽宁省乘以1.03的系数

35.2.4 胶合板生产的能源消耗指标

胶合板主要生产系统包括的七个生产工序及其能耗率见表 35-15，辅助生产系统和附属生产系统的系统范围与刨花板相同。胶合板单位产量综合能耗指标见表 35-16。

表 35-15 胶合板主要生产工序能耗率

工序名称	备料	旋切	干燥	单板整理	热压	锯边砂光	入库	总计
能耗率（%）	18.5	3.0	61.8	0.7	12.7	1.5	1.8	100

表 35-16 胶合板单位产量综合能耗指标

地区＼指标级别	一级（进口设备）	二级（国产设备）
南方（即冬季不装设建筑采暖设施的地区）	≤320	≤450
北方*（即冬季装设建筑采暖设施的地区）	≤420	≤600

注：* 对建在黑龙江省、吉林省、内蒙古自治区的企业，其能耗指标在北方的基础上再乘以 1.07 的系数；辽宁省乘以 1.03 的系数。

35.2.5 制材生产和木材干燥的能源消耗指标

35.2.5.1 制材生产的的能源消耗指标

表 35-17、表 35-18 分别列出了制材生产的三个生产系统和制材主要生产工序能耗率。

制材生产的单位产量综合能耗与总加工木材株数中针阔叶比例、原木径级、锯材厚度、机械化程度及采暖降温时间有关。对针叶树比例占总加工株数 25%～50%、原木径级为 30～38cm、锯材厚度为 25～30mm、锯割能耗占直接生产能耗 55%～57%、冬季采暖 4 个月或夏季降温 3 个月的制材厂，其单位产量综合能耗指标见表 35-19。

当制材的原料、产品规格、机械化程度等与上述情况不一致时，应对综合能耗进行修正计算。修正公式为：

$$E = E_1 \times K_s \times K_j \times K_h \times K_d$$

式中：E——修正计算后的综合能耗，kg 标准煤/m³

E_1——表 35-19 所列能耗值，kg 标准煤/m³

K_s——树种修正系数，见表 35-20

K_j——原木径级修正系数，见表 35-21

K_h——锯材厚度修正系数，见表 35-22

K_d——机械化程度（锯割能耗占直接生产能耗的比例）修正系数，见表 35-23

表 35-18 制材主要生产工序能耗率

工序名称	卸车	上料	锯割	车间运输	堆垛	装车	总计
能耗率（%）	6.0	6.5	56.4	13.1	10.5	7.5	100

表 35-19 制材生产单位产量综合能耗指标 (kg 标准煤/m³)

地区＼指标级别	一级（进口设备）	二级（国产设备）
南方（即冬季不装设建筑采暖设施的地区）	≤6.1	≤6.7
北方*（即冬季装设建筑采暖设施的地区）	≤6.6	≤7.3

注：* 对建在黑龙江省、吉林省、内蒙古自治区的企业，其能耗指标在北方的基础上再乘以 1.07 的系数；辽宁省乘以 1.03 的系数。

表 35-20 树种修正系数 K_s 表

针叶材比例（%）	0～25	≥25～50	≥50～75	≥75～100
修正系数 K_s	1.07	1.00	0.93	0.87

表 35-21 原木径级修正系数 K_j 表

原木径级（cm）	20～28	30～38	≥40
修正系数 K_j	1.01	1.00	0.99

表 35-22 锯材厚度修正系数 K_h 表

锯材厚度（mm）	12～21	25～30	40～60
修正系数 K_h	1.02	1.00	0.95

表 35-23 机械化程度修正系数 K_d 表

锯割工序能耗率（%）	＜55	55～57	＞57
修正系数 K_d	1.14	1.00	0.95

35.2.5.2 木材干燥的能源消耗指标

木材干燥的综合能耗量包括木材干燥生产过程中用于板院、板垛运输和装卸、干燥室各系统的检查、预热处理、中间处理、终了处理、干木料的贮存、设备维修，以及与生产相关的设施取暖和照明的能耗。木材干燥的单位产量综合能耗指标见表 35-24。

表 35-24 木材干燥的单位产量综合能耗指标

(kg 标准煤/m³)

硬 材	软 材
≤180	≤110

表 35-17 制材生产的三个生产系统

生产系统	系统范围
主要生产系统	卸车（出河）、上料、锯割、车间运输、堆垛和装车
辅助生产系统	锉锯、压缩空气生产、加工剩余物清理、除尘、生产设备维修、生产车间取暖（或降温）和照明
附属生产系统	楞场、板院、仓库、与生产相关的公共设施取暖（或降温）和照明、供电设施损耗

35.3 工业锅炉与节能

35.3.1 工业锅炉的组成

锅炉是将燃料（在木材工业中现阶段主要是煤）的化学能转化为热能，将热能传递给水，从而产生一定温度和压力的蒸汽和热水的设备。木材工业中所采用的锅炉绝大部分为生产饱和蒸汽的工业锅炉，这种锅炉每小时的产汽量一般小于35t，所产生蒸汽的压力一般不高于2.5 MPa。工业锅炉是木材工业企业中最主要的热工设备。图35-3所示为木材工业中使用较多的SHL型（双锅筒、横置式、链条炉）工业锅炉设备简图。以SHL型工业锅炉为例，表35-25列出了工业锅炉的各个组成部分及其主要作用。

35.3.2 工业锅炉的主要类型

工业锅炉用途广泛，使用条件复杂，制造厂众多，因而种类也很多。为了识别，将锅炉按照结构型式、燃烧设备、燃料种类等分成若干类，并用汉语拼音编成适当的代号。例如，图35-3所示的SHL型锅炉，型号中的SH表示该锅炉的结构型式为双锅筒横置式（S、H），L表示燃烧方式为链条炉排（L）。工业锅炉的类型见表35-26。工业锅炉的型号编制方法见图35-4。

图35-4中，符号"Δ"为汉语拼音字母，符号"×"为阿拉伯数字。如图所示，完整的工业锅炉型号由7个部分组成：

① 锅炉结构型式代号（表35-26）；
② 燃烧方式代号（表35-26）；
③ 锅炉蒸发量，单位为t/h；
④ 锅炉出口蒸汽表压力，单位为MPa；
⑤ 锅炉出口过热蒸汽温度，单位为℃，生产饱和蒸汽的锅炉无此部分及前面的"/"线；

图35-4 工业锅炉型号表示方法

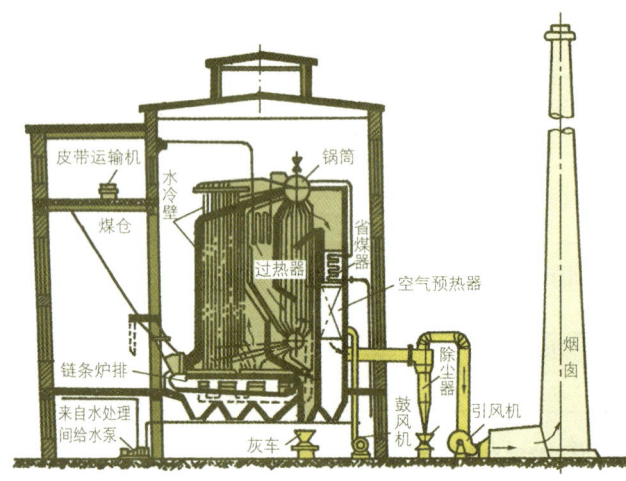

图35-3 工业锅炉设备简图

表35-25 工业锅炉的组成及其作用

	名称	组成	作用
锅炉本体	炉子	由炉排、炉排下的送风室和炉排上方的炉膛等组成	燃料在其中燃烧放热，并生成高温烟气
	汽锅	由炉膛四周的水冷壁、横置的上、下锅筒和连接在上、下锅筒之间的对流管束组成	通过汽锅受热面，锅内的水被高温烟气加热，进而沸腾汽化而产生具有一定压力和温度的蒸汽
	蒸汽过热器	它是辅助受热面，由许多蛇形管组成	从汽锅中引出的饱和蒸汽流过蒸汽过热器时继续从烟气中吸热而变为过热蒸汽
	省煤器	通常由带翅片的铸铁管组装而成，也可用钢管制作。为辅助受热面，因设置在尾部烟道内，故又称为尾部受热面	锅炉给水由给水泵送入省煤器中，吸收排烟余热，使给水温度升高后进入汽锅
	空气预热器	整个结构为数量众多的钢管制成的管箱组合体。作为辅助受热面，因设置在尾部烟道内，故又称为尾部受热面	燃烧所需的空气在管外流过时受到管内烟气的加热，空气温度升高后进入炉膛，可以改善燃料燃烧的条件
辅助设备	运煤、除灰系统	通常包括皮带运输机、煤仓和灰车等	为锅炉运入燃料和排出灰渣
	通风、除尘系统	通常由送风机、风道、烟道、引风机、除尘器和烟囱等组成	向炉子送入空气，并将烟气经除尘后排入大气
	水、汽、排污系统	通常由水处理装置、贮水箱、给水泵、分汽缸、连续排污装置、定期排污装置及必要的管道、阀门等组成	水经水处理装置去除泥砂、钙镁盐物质及溶解的气体后，由给水泵送入汽锅；蒸汽由分汽缸分配、送出；排污装置排出杂质浓度很高的锅筒水
	仪表、控制系统	由蒸汽流量计、水量表、烟温计、风压计及各种自动控制和自动调节装置等组成	监督锅炉设备安全、经济运行

表35-26 工业锅炉的类型

分 类		方法锅炉类型
按锅炉结构型式	火管锅炉	立式水管（LS）、立式火管（LH）、卧式内燃回火管（WN）
	水管锅炉	单锅筒纵置式（DZ）、单锅筒横置式（DH）、单锅筒立置式（DL）、双锅筒纵置式（SZ）、双锅筒横置式（SH）、纵横锅筒式（ZH）、强制循环式（QX）
按燃烧方式		固定炉排（G）、活动手摇炉排（H）、链条炉排（L）、抛煤机（P）、倒转链条炉排加抛煤机（D）、振动炉排（Z）、下饲式炉排（A）、往复推饲炉排（W）、沸腾炉（F）、半沸腾炉（B）、室燃炉（S）、旋风炉（X）
按燃料种类		无烟煤（W）、贫煤（P）、烟煤（A）、劣质烟煤（L）、褐煤（H）、油（Y）、气（Q）、木柴（M）、甘蔗渣（G）、煤矸石（S）
按供热介质		蒸汽、热水及其他介质

表35-27 木材工业常用工业锅炉的蒸发量与参数范围

蒸汽压力（MPa）	蒸汽温度（℃）	给水温度（℃）	蒸发量（t/h）
0.5	饱和	20	0.05、0.1、0.2
0.8	饱和	20	0.4、0.7、1.0、1.5、2、4
1.3	饱和、250、300、350	20、60、105	1、2、4、6、10、20
2.5	饱和、400	20、60、105	1、2、4、6、10、20

⑥ 锅炉燃料种类代号（表35-26）；

⑦ 锅炉的变型设计次序，如为第一次设计，则型号中无此部分。我国木材工业常用工业锅炉的蒸发量与参数范围见表35-27。

35.3.3 工业锅炉能量利用情况分析

35.3.3.1 锅炉能量平衡

锅炉能量平衡又称为锅炉热平衡，主要研究燃料的热量在锅炉中被利用的情况：有多少被有效利用；有多少成为热量损失；这些损失又表现在哪些方面以及它们产生的原因等。研究的目的是为了提高锅炉的热效率，尽可能地减少各项热量损失以节约燃料。锅炉热平衡即是指锅炉在正常运行工况下的热量收、支平衡关系。对燃用固体、液体燃料的锅炉而言，以1kg应用基燃料作为计算基准。在燃煤的工业锅炉中，输入锅炉的热量一般就是煤的应用基低位发热量Q_{dw}^y。锅炉支出的热量则包括两个部分：一是被有效利用于生产蒸汽的热量Q_1，二是各种热损失。热损失包括排烟热损失Q_2、气体不完全燃烧热损失Q_3、固体不完全燃烧热损失Q_4、散热损失Q_5和灰渣物理热损失Q_6五项。因此，锅炉的热平衡方程式可写成：

$$Q_{dw}^y = Q_1+Q_2+Q_3+Q_4+Q_5+Q_6 \quad (kJ/kg)$$

如果把输入热量作为100%，即将上式两边同时除以Q_{dw}^y，则可得：

$$q_1+q_2+q_3+q_4+q_5+q_6=100\%$$

式中各项依次表示有效利用热量和各种热损失占锅炉输入热量的百分数。

35.3.3.2 工业锅炉各项热损失分析

工业锅炉运行时各项热损失产生的原因及其主要影响因素见表35-28。

表35-28 锅炉各项热损失分析

热损失项目（%）	热损失定义	影响热损失的主要因素
排烟热损失q_2	烟气离开锅炉本体时的温度一般还比较高，其中还含有相当数量的热量，随烟气排走的这部分热量就是q_2	q_2是锅炉各项热损失中最大的一项，其值主要取决于排烟的温度和排烟容积。排烟温度越高，q_2越大。工业锅炉的排烟温度一般为160~200℃，q_2约为8%~14%，一般说来，排烟温度每降低13~18℃，q_2将下降1%。当排烟温度一定时，排烟容积越大，q_2也越大
气体不完全燃烧热损失q_3	在排出的烟气中往往含有少量的CO、H_2、CH_4等可燃气体，即有部分燃料的化学能尚未转变为热能，这一部分能量损失就是q_3	q_3的大小与燃料特性、炉子结构、燃烧过程的组织以及运行操作水平等因素有关。在层燃炉中，q_3一般不大，通常约为1%~3%
固体不完全燃烧热损失q_4	在进入炉子的燃料中，有一部分未参与燃烧或未燃烬就被排出炉外所造成的能量损失就是q_4	q_4是燃煤锅炉的主要热损失之一，其大小不仅与燃料特性、燃烧方式、炉子结构以及运行操作水平有关，而且与q_2、q_3之间有着相互制约关系。对于层燃炉，q_4一般在5%~15%之间；煤粉炉q_4较小，约为6%~8%；燃用煤矸石等劣质燃料的沸腾炉q_4较大，约为15%~27%。如锅炉设备状态或燃烧不正常，q_4可高达35%左右

表 35-28（续）

热损失项目（%）	热损失定义	影响热损失的主要因素
散热损失 q_5	锅炉运行时，从炉墙、钢架、管道等的表面以及通过炉门向外散失的热量就是 q_5	影响 q_5 的因素主要有炉墙结构、散热表面积大小、保温材料性能和厚度以及周围空气温度与流动状况等。对蒸发量为 1~20 t/h 的锅炉来说，q_5 一般在 1%~5% 之间
灰渣物理热损失 q_6	灰渣排出炉外时的温度一般都在 600~800℃ 以上，由灰渣带出锅炉的热量就是 q_6	对于层燃炉，q_6 通常在 1% 以下，对于沸腾炉，因燃料的灰分高，q_6 也较高

35.3.3.3 工业锅炉热效率

1. 锅炉热效率定义

锅炉热效率是指锅炉中被有效利用的热量（即水蒸气或热水所吸收的热量）与同一时间内锅炉燃料完全燃烧时所放出的热量之比，用符号"η"表示。

$$\eta = \frac{Q_1}{Q_{dw}^y}$$

热效率越高的锅炉，各种热损失越小，燃料消耗越低，所以，热效率是锅炉运行的最主要的热经济性指标。

2. 锅炉热效率的计算方法

（1）正平衡法：根据上述锅炉热效率的定义式确定锅炉热效率的方法称为正平衡法。对于蒸汽锅炉来说，如果在热平衡测试中停止排污，并测得运行时的实际蒸发量为 D（kg/h），蒸汽和给水的焓分别为 h_q、h_{gs}（kJ/kg），燃料的低位发热量为 Q_{dw}^y（kJ/kg），燃料的消耗量为 B（kg/h），则锅炉热效率 η 就可方便地用下式计算：

$$\eta = \frac{Q_1}{Q_{dw}^y} = \frac{D(h_q - h_{gs})}{B Q_{dw}^y}$$

如锅炉生产饱和蒸汽，则蒸汽可能或多或少带水，这时蒸汽焓值 h_q 可由下式计算：

$$h_q = h'(1-x) + h''x \quad \text{kJ/kg}$$

式中：x——蒸汽的干度

h'、h''——锅炉工作压力下饱和水及干饱和蒸汽的焓值，kJ/kg

（2）反平衡法：正平衡法简便而可靠，是测定工业锅炉热效率常用的方法，但正平衡法仅能求出锅炉热效率，却不可能借以研究和分析影响锅炉热效率的种种因素，以寻求提高热效率的途径。因此，在实际的热工试验中，往往辅以"反平衡法"测出锅炉的的各项热损失，在反平衡法中，在测定计算出锅炉的各项热损失的百分数 q_2、q_3、q_4、q_5、q_6 后，求得锅炉的热效率，即：

$$\eta = q_1 = 100\% - (q_2 + q_3 + q_4 + q_5 + q_6)\%$$

3. 锅炉鉴定热效率与测试热效率

（1）锅炉鉴定热效率：鉴定热效率是锅炉作为产品进行鉴定试验时获得的热效率。选用锅炉时，在燃料符合要求的条件下，锅炉的鉴定热效率应不低于 ZB J98011-1988《工业锅炉通用技术条件》中有关热效率的规定（表 35-29）。

（2）锅炉测试热效率：通过锅炉热平衡（热效率）测试所获得的热效率为测试热效率。

通常在下列情况下需要进行锅炉热效率测试。

1）所用锅炉无鉴定热效率数据，需要了解其额定工况下的效率性能；

2）所用锅炉已陈旧老化，性能下降需要了解现时所能达到的效率性能；

3）所用锅炉经过结构改造，需要了解改造后的效率性能；

表 35-29 工业锅炉热效率标准（%）

燃料品种		应用基低位发热量（kJ/kg）	锅炉蒸发量（t/h）					
			<0.5	0.5~1	2	4~6	10~20	>20
劣质煤	I	6500~11500	55	60	62	66	68	70
	II	>11500~14400	57	62	64	68	70	72
烟煤	I	>14400~17700	61	68	70	72	74	75
	II	>17700~21000	63	70	72	74	76	77
	III	>21000	65	72	74	76	78	79
贫煤		≥17700	62	68	70	73	76	77
无烟煤	I	<21000	54	59	61	64	69	72
	II	≥21000 V^r<5%	52	57	59	62	65	68
	III	≥21000 V^r=5%~10%	58	63	66	70	73	75
褐煤		≥11500	62	67	69	74	76	79

表 35-30 工业锅炉最低测试热效率

蒸发量（t/h）	<1	1~1.5	2	4~6	≥10
η_{min}（%）	50	55	60	65	72

4) 所用锅炉的实际使用工况与设计工况相差甚远（包括热负荷，汽、水参数，煤种等），需要了解实际使用条件下的效率性能；

5) 其他有必要时。

锅炉热平衡（热效率）测试，一般应委托专业节能技术测试机构进行。

现阶段国家规定，在燃用Ⅱ、Ⅲ类烟煤和褐煤的情况下，工业锅炉测试热效率不得低于表 35-30 所列数值。

35.3.4 工业锅炉节能的途径

35.3.4.1 提高炉子的燃烧效率

锅炉首先应保证燃料实现完全燃烧，将燃料的化学能全部转换为热能。但是，由于设计、制造、安装和运行管理等方面水平所限，燃料在锅炉内很难完全燃烧，而产生 q_3 和 q_4 两项不完全燃烧热损失。燃料在锅炉中完全燃烧的程度可用燃烧效率 $\eta_{燃烧}$ 来表示，显然，$\eta_{燃烧}$ 与 q_3 和 q_4 之间的关系为：

$$\eta_{燃烧} = 100\% - (q_3 + q_4)\%$$

提高锅炉的燃烧效率，应主要从以下几个方面着手：

(1) 正确选择锅炉型号：锅炉制造厂制造的每一种型号的锅炉都是针对某一种或几种特定的燃料而设计和制造的，一般说来，任何一台锅炉只有在燃用设计煤种的情况下才有可能达到最大的燃烧效率，因此，木材工业企业在购置锅炉时，应根据本地区能长期稳定供应的燃煤种类来选择锅炉型号。

(2) 合理组织燃料供应：对于企业现有的锅炉来说，应尽可能根据锅炉的设计煤种供煤，如供应设计煤种有困难，也应选择燃烧特性尽可能相近的煤种。

(3) 适当改造炉子结构：如锅炉的长期供应煤种与设计煤种的燃烧特性相差较大，则需要考虑是否应改造炉子结构，改造炉子结构时，应注意以下几点：

1) 如供应煤种的结焦性较差而细末又多，或挥发物含量较高时，应考虑适当增加炉膛尺寸，延长烟气在炉内的流程和停留的时间，使烟气中的可燃气体及飞灰中的可燃物能在炉膛内得到充分燃烧。如增加炉膛尺寸有困难，也可考虑设置二次风，以增加对炉膛烟气的扰动，延长烟气的流程。

2) 如供应煤种的挥发分很少，或挥发分虽高，但水分也较高，或为灰分很多的劣质煤，则应考虑提高炉膛温度，以使燃料能尽快着火燃烧。提高炉膛温度的措施主要有增设空气预热器以提高进入炉膛的空气温度；利用耐火砖或耐火混凝土遮挡一部分辐射受热面以降低炉内水冷程度等。但炉内温度的提高，应以低于燃料灰熔点为极限，否则会引起炉灰熔融结渣，阻碍通风，增加灰渣中可燃物的不完全燃烧损失。

(4) 提高运行操作水平：锅炉运行时，应根据负荷的大小，适时调整供煤量，并根据煤种和供煤量，及时调节供入的风量，使炉膛出口过量空气系数*控制在推荐范围内。如过量空气系数过小，则炉内空气供应不足，不利燃烧，使 q_3、q_4 增大；如过量空气系数过大，则飞灰损失增加，并会引起炉温降低，同样对燃烧不利，同时，过量空气系数增大，还会使排烟热损失 q_2 增加。

层燃炉运行时，应合理控制煤层厚度。若燃料层过厚，则在其上方会产生较厚的还原区，导致一氧化碳等可燃气体增多；若燃料层过薄，则细小煤粒易被气流吹起，导致飞灰损失增加。

应合理控制燃料的应用基水分含量。如煤过干而细屑又多，则燃烧时飞灰损失较大，这时应对炉前燃料适当喷一些水；反之，如煤过湿，则应稍加风干后再燃用。对于移动式炉排锅炉，应注意利用各分段送风挡板，合理调节各风段的送风量。

35.3.4.2 提高受热面的传热系数

燃料燃烧产生的热量，必须通过受热面才能传递给汽锅中的水，而成为有效利用热量。因此，为了提高锅炉热效率，必须提高受热面的传热系数，以降低传热的阻力（热阻）。

为提高受热面的传热系数，在设计、改造锅炉时，则应设置足够的辐射受热面，并合理组织烟气流程，尽可能使烟气以较高的流速横向冲刷对流管束。此外，在锅炉运行时，应采取以下一些措施。

(1) 由于1mm厚水垢的热阻几乎与数厘米厚的钢管壁相当，因此，必须对给水进行处理，使其符合国家标准，防止锅炉受热面内结水垢，对于已结水垢的锅炉，应及时进行酸洗，清除水垢。

(2) 受热面外表面常会积灰，而灰垢对传热的危害更甚于水垢，1mm厚灰垢的热阻几乎是相同厚度钢管的几百倍，因此，灰垢是影响传热的最主要热阻，应及时清除，清除灰垢的方法是用高压蒸汽（或高压空气）对受热面（主要是对流管束）的外表面进行定期吹扫（吹灰），也可在炉膛内添加清灰剂，使灰垢剥离受热面外表面。

---

* 过量空气系数是指实际空气量与燃料完全燃烧所需的理论空气量的比值，通常以符号 α 表示。α 通常应大于 1.1。

35.3.4.3 利用排烟余热

对于没有尾部受热面的工业锅炉，增设省煤器和空气预热器，回收排烟余热，这是提高锅炉热效率的主要途径。

实际上，即使是设置尾部受热面的工业锅炉，为避免结露腐蚀，其排烟温度仍在大约160℃以上，即仍有大量的余热可资利用，但要利用这部分余热，则还有一些技术问题需要解决。对木材工业企业来说，如能有效排除锅炉排烟中的飞灰及酸性气体，并经适当的调温、调湿处理，处理后的洁净烟气则可用于刨花、纤维及单板与成材的干燥，如此可节约大量的能源。

35.4 木材工业蒸汽热能的有效利用

蒸汽作为一种载热体*，具有较好的热力学性质，且无色、无味、无毒、价格便宜、易于获取，可以集中生产，分散使用，距离输送较远，而且易于实现热能的梯级利用，因而在工程上应用相当广泛。目前国内大多数木材工业企业均采用蒸汽作为载热体，因此，蒸汽热能的有效利用是木材工业中有效利用热能的主要内容。

35.4.1 选择合适的蒸汽参数

一般说来，蒸汽不易储存，产汽、供汽与用汽之间是密切相关的，而各种用汽设备对蒸汽流量、压力、温度的要求往往并不一致，因此，对蒸汽参数的选用要统筹考虑，兼顾各种要求，使供汽和用汽两个环节总的效率达到最高。

选择蒸汽参数的基本原则为：

(1) 尽可能采用饱和蒸汽，不用过热蒸汽。与采用过热蒸汽加热相比较，采用饱和蒸汽加热具有放热系数大（凝结放热）、加热时温度恒定不变的特点，因而尤其适用于人造板生产中的热压、干燥等加热工序。另外，饱和蒸汽的汽化潜热相当大，每1kg饱和蒸汽完全凝结时的放热量比1kg过热蒸汽降温所放出的热量要大得多，所以，完成相同的加热任务，所需要的饱和蒸汽量也就比过热蒸汽量要少得多。

(2) 尽可能采用较低的蒸汽压力。木材工业中，绝大多数用汽设备的加热方式都是间接加热，间接加热主要是利用蒸汽凝结时的汽化潜热，压力越低，汽化潜热越大，所以在保证用汽温度要求、足以克服管网阻力和不破坏锅炉水循环的前提下，应当尽可能选用较低的蒸汽压力，以提高蒸汽利用效率。

需要说明的是，锅炉的供汽压力必须大于各用汽点的最高压力，一般应比最高用汽压力大0.05～0.2MPa，用以克服蒸汽的流动阻力。如果现有锅炉的供汽压力比最高用汽压力高很多，则应考虑"压差发电"的可能性。

(3) 尽可能提高蒸汽的干度。所谓蒸汽的干度是指蒸汽中干饱和蒸汽所占的百分数，因此，蒸汽干度越高，蒸汽中能够凝结放热的部分越多。蒸汽中所夹带的水分，其放热量极少，在管网中实际上是作无效流动，既增加了管网设备的负荷，又增加了流动阻力，所以，蒸汽中的水分越少越好。提高蒸汽干度的措施主要有：保持锅炉压力稳定，减少锅炉供汽中的水分；提高管网保温性能，减少管网中由于散热而引起的蒸汽凝结；设置汽水分离装置，及时排除管网中的凝结水等。

35.4.2 提高管网输送效率

提高管网输送效率的主要途径和具体措施见表35-31。

表35-31 提高管网输送效率的主要途径和具体措施

主要途径	具体措施
合理地设计和整顿厂内热网	厂内热网管道的铺设应考虑热负荷的分布、性质，并力求工作安全、经济和省能，特别要注意如下几点： (1) 总长度越短越好，管道直径按饱和蒸汽流速15～30m/s考虑； (2) 锅炉房应设分汽缸，汇集各台锅炉的蒸汽，分送至各用汽场所。装有多台用汽设备的车间最好也装设分汽缸； (3) 主干线应接近主要用汽区，支管最好并联布置，尽量避免串联。管网一般采用树枝状布置，并考虑地形、交通运输及建筑物的影响； (4) 不必要的管道应割除，直角弯头、小月亮弯或十字管接头等都应尽量避免，阀门的选用与安装要考虑降低阻力，方便调节； (5) 应设蒸汽疏水阀和排空气阀； (6) 要加强管理，完善保养，使管道中每一千个接口的泄漏点控制在2处以下，即泄漏率应低于2‰

减少设备和管道的散热损失	(1) 必须重视设备和管道的保温工作。凡有下列工况之一设备、管道及其附件必须保温：
	  1) 外表面温度超过50℃者；
	  2) 工艺生产中需要减少介质的温度降或延迟介质凝结的部位；
	  3) 工艺生产中无需保温的设备、管道及其附件，其外表面温度超过60℃，而又需要经常操作维护，又无法采取其他措施防止引起烫伤的部位。

---

* 传递热能的媒介物质称为载热体，又称为热载体、热媒、介质

表 35-31（续）

主要途径	具体措施
减少设备和管道的散热损失	(2) 采用的保温材料及其制品应具有以下性能： 　1) 在平均温度小于或等于 350℃时，其导热系数应小于 0.14 W/(m·K)； 　2) 密度应小于或等于 500 kg/m³； 　3) 硬质成型保温制品的抗压强度应大于 294 kPa； 　4) 应能承受管内介质温度的反复变化，并具有较好的耐热性； 　5) 化学稳定性好。 (3) 保温层的厚度原则上应按"经济厚度"的方法计算（见 GB4272-1984《设备与管道保温计算通则》）
合理选择、正确安装并经常维护疏水阀	(1) 合理选择疏水阀： 　疏水阀是一种能排除热网管道和用热设备内的凝结水（和空气），又能防止蒸汽泄露的自动阀门。为了适应不同的蒸汽压力和排水温度，并在不同背压条件下满足所需排水量的要求，以及自动排除空气的需要，它有多种不同的型式和规格。通常采用的有钟型浮子式、热动力式、热膨胀式、自由浮球式等。应按各自用汽设备的类型和用汽特点选用合适的疏水阀。应特别注意：不可仅根据管径来套用疏水阀的尺寸，而应根据凝结水的排水量选定，因排量与疏水阀的进出口压差有关，即疏水阀的尺寸不仅与进汽压力有关，也与疏水阀出口背压（回水管路的阻力、管线提升高度和回水箱的压力）有关。同时，产品说明书所列排水量是指连续排水量，且与凝结水温度有关，而设备冷态起动时的排水量比平常运行时多。因此，选择时要考虑备用系数，一般为 2~4。凝结水量较大，选用一个疏水阀有困难时，可并联安装 2~3 只，但不能串联。 (2) 正确安装疏水阀： 　1) 每一个用汽设备单独安装，不允许几台设备共用； 　2) 疏水阀应尽可能接近用汽设备，并装在底部，使凝结水顺利流入； 　3) 疏水阀前一般应装过滤器，其后应装止回阀； 　4) 如装旁通管路，必须与疏水阀装在同一平面上，或装在它上面，切不可装在它下面。 (3) 经常维护疏水阀：疏水阀要定期维修，当漏汽（漏汽率大于等于 3%）或排水不畅时，则应随时维修。企业必须设专人对疏水阀进行维护和管理。疏水阀很多（≥200 只）或凝结水回收量较大（≥10t/t）的企业，应配备专用的疏水阀检测装置。要定期对全厂疏水阀进行巡回检查，重要疏水点的检查每周至少 1~2 次

35.4.3 采用蒸汽蓄热器平衡供用汽矛盾

工业锅炉只有在最佳稳定工况下运行时才能具有最高的热效率，但实际上几乎所有的人造板生产企业的用汽量都是不稳定的，即是随时间变化的，有时变化甚为剧烈（例如热压机工作时），这就使得锅炉经常处于变负荷下运行，锅炉不管是在低负荷、超负荷还是在急剧的变负荷下运行都会降低其热效率，所以，如何使工业锅炉在最佳稳定工况下运行是锅炉节能的一个重要课题。在供热系统中设置蒸汽蓄热器即是解决这一课题的一个重要措施。

35.4.3.1 蒸汽蓄热器的工作原理

蒸汽蓄热器是以饱和水作为介质储蓄热能的压力容器，它连接在锅炉与车间的蒸汽用户之间。当用户用汽量低于锅炉经济蒸发量时，蓄热器能自动地吸收过量的蒸汽热能；而当用户用汽量大于锅炉经济蒸发量时，蓄热器又能自动地放出蒸汽，补充锅炉供汽的不足，以满足用户的需要。所以蓄热器在供热系统中能自动调节锅炉供汽与用户用汽之间的不平衡工况，保证锅炉在最佳工况下运行，实现节能的目的。

蓄热器基本结构见图 35-4。蒸汽蓄热器在冷态启动前，容

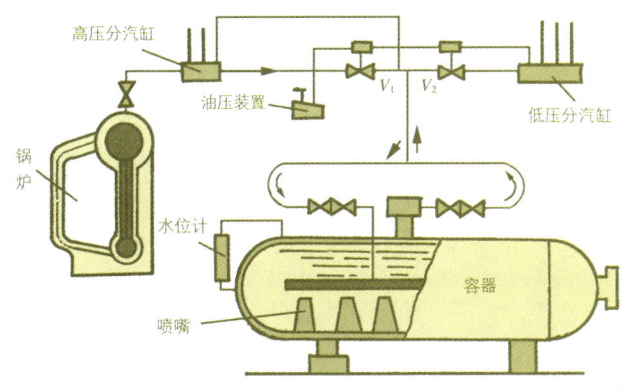

图 35-4 蒸汽蓄热器的基本结构

器内先盛半罐水，然后由进汽蒸汽管徐徐通入蒸汽，水温和压力逐步升高，水容积也不断增多，最后充水容积达到 90% 左右时，压力也升高到蓄热器最高工作压力。这些高压的饱和水蓄积了大量的热能，当用户用汽超过锅炉经济蒸发量时，蓄热器内压力开始下降，引起容器内饱和水降压汽化，向外界供汽。从热工学中可知，饱和水的焓值随着压力的升高而增加，即高压饱和水的焓值比低压饱和水高，当高压饱和水

降压变为低压饱和水时，多余的焓值将成为汽化潜热，使部分饱和水汽化而产生蒸汽。因此，蓄热器在蓄汽时，必然伴随着压力的升高，蓄热器要产生蒸汽，则必须使压力下降。这种借压力变动而发挥蓄热能力的蓄热器也称为变压式蒸汽蓄热器。

35.4.3.2 蒸汽蓄热器的主要热工计算

1. 蓄热器热容量计算

蓄热器热容量一般应根据锅炉房负荷曲线按积分法进行计算*，如锅炉出口未安装蒸汽流量记录仪，则也可按下述高峰负荷计算法进行计算：

$$G_0 = (D_{max} - D) \times \tau$$

式中：G_0——蓄热器热容量，kg 蒸汽

D_3——锅炉房在高峰负荷时的供汽量，kg 蒸汽/h

D——锅炉房在正常负荷时的供汽量，kg 蒸汽/h

τ——高峰负荷的持续时间，h

2. 蓄热器的工作压力

蒸汽蓄热器的工作压力是变化的，压力变化的上限称为蓄热器的充热压力，表示蓄热器充热过程结束时的最高压力；压力变化的下限称为蓄热器的放热压力，表示蓄热器放热过程结束时的最低压力。

蓄热器的充热压力p_1等于锅炉运行压力p减去蓄热器进汽管道、阀门等的阻力损失（通常约为0.05MPa）；蓄热器的放热压力p_2等于用户要求压力p_3加上蓄热器排汽管道、阀门等的阻力损失（排汽管道较短时，可按0.05MPa计算；管道较长时按实际情况计算）。

3. 每 m^3 饱和水能产生的蒸汽量

每 m^3 饱和水能产生的蒸汽量 g。可按充热压力、放热压力的数值查表 35-32。

表 35-32 每 m^3 饱和水能产生的蒸汽量 （kg/m^3）

蓄热器充热压力（表压）(MPa)	0.7	0.8	0.9	1.0	1.2	1.4	1.5	1.6	1.8	2.0	2.2	2.4
蓄热器放热压力（表压）(MPa) 0.2	66	74	81	82	99	110	115	119	127	136	143	149
0.3	48	57	65	71	84	95	99	104	113	121	127	134
0.4	33	42	50	57	69	81	86	91	100	108	116	122
0.5	22	31	39	46	59	70	76	80	90	97	106	112
0.6			28	34	47	59	64	69	78	87	95	102
0.7					38	50	56	61	70	78	86	92
0.8						43	47	53	63	71	78	84
0.9								44	55	63	70	76
1.0									47	56	64	70
1.1										49	57	63
1.2										43	50	56

4. 蓄热器容积计算

蒸汽蓄热器容积按下式计算：

$$V = G_0/(g_0 \beta)$$

式中：V——蒸汽蓄热器计算容积，m^3

β——蒸汽蓄热器的充水系数，一般取0.75～0.95。其他同前

35.4.3.3 蒸汽蓄热器的安装和使用

（1）蓄热器既可与锅炉并联，也可与锅炉串联（见图35-5）。并联或串联方式的选用一般须根据用汽负荷波动情况和用汽参数等因数来决定。在实际使用中，采用并联方式较多。

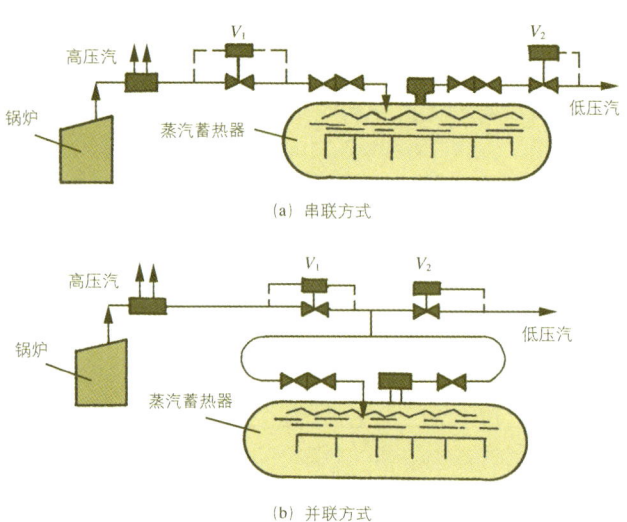

图 35-5 蒸汽蓄热器与锅炉的连结方式

（2）当锅炉向高压和低压两个用汽系统供汽时，蓄热器应串联在低压用汽系统，使"供热"与"放热"两者的压差增大，以提高蓄热能力。

（3）蓄热器是一种受压容器，应按有关规定进行设计、制造和使用。

（4）蓄热器的内压不可能高于锅炉的允许工作压力。如果锅炉工作压力与用汽设备所需压力之差较小，则蓄热能力很低，甚至失去实用价值。

35.4.3.4 蒸汽蓄热器的效用

（1）节约能源

人造板生产企业合理配备蒸汽蓄热器后，锅炉使用热效率一般可提高5%～15%；

（2）能保质保量地供汽；

（3）可减少锅炉房的总容量，减少基建投资；

---

* 详见本章参考文献[7]

(4) 可延长锅炉的使用寿命；

(5) 在锅炉房停电或发生故障时，可延续供汽时间，使生产用汽不致马上中断，也为抢修、排除故障争取了时间；另外，深夜、节假日也可做到停炉供汽。

35.4.4 凝结水的回收利用与蒸汽热能的梯级利用

35.4.4.1 凝结水回收利用的重要意义

蒸汽在用热设备中放出汽化潜热冷凝后，经阻汽排水装置（疏水器等）排出凝结水，再经过室内外凝结水管网送回到锅炉房的总凝水箱中，这一套系统就是凝结水回收系统，简称为凝水回收系统或回水系统。蒸汽供热系统实际上包括供汽管路和凝结水回收系统两部分，在这两部分中，凝结水回收系统对整个蒸汽供热系统能否经济、有效地运行起着举足轻重的作用，这主要表现在以下几个方面：

(1) 凝结水是良好的锅炉补给水，如果不能回收，或回收的凝结水质不符合要求，则会使锅炉补充的新水量增加，从而增加水处理的设备投资和运行费用；

(2) 凝结水具有的热量，通常约占蒸汽本身热量的12%~15%，如果包括疏水器的漏汽、串汽，这一比例则可达20%~50%或更高。凝结水如果不能回收，则一方面浪费了大量的热能，增加了锅炉的燃料费用；另一方面也加大了锅炉的热负荷，增加了锅炉设备的投资；

(3) 由于蒸汽供热系统中用户众多，参数不一，凝结水回收问题解决不当时，会使整个供热系统供热失调，造成部分用汽设备供热不良，所以，为了节约燃料并经济而有效地供热，必须重视凝结水的回收利用。

35.4.4.2 凝结水回收利用的基本要求

(1) 应尽量回收合乎质量的凝结水，对受油等污染的凝结水，必须净化处理后再予以回收（受污染的凝结水量较少时，也可不回收）；

(2) 凝结水的回收率应达到60%~80%，回收确有困难又不经济时，允许暂不回收，但必须就地加以利用；

(3) 应充分利用凝结水的热量，即使不能回收的凝结水也应考虑回收其热量，使其降温以后再排放掉，排放到下水道的凝结水温度，不得高于40℃；

(4) 应合理设计凝结水回收系统，防止空气渗入系统造成管路的腐蚀。

35.4.4.3 凝结水回收系统的分类

1. 按是否与大气相通分类

(1) 开放式凝结水回收系统——凝结水箱与大气相通。

(2) 密闭式凝结水回收系统——凝结水箱与大气不通。

过去许多企业主要采用开放式系统，开放式系统中，凝结水箱与大气相通，凝结水中漏汽、串汽以及凝结水降压后产生的二次蒸汽都通过开放式凝结水箱上的排气管排入大气之中，这不仅损失了大量的热量，也损失了一部分凝结水，同时又由于有空气进入管路系统中，因而会引起管道和附件的腐蚀，所以，近年来开始普遍采用密闭式系统。密闭式系统中的凝结水不和大气接触，管道和附件不象开放式系统那样易于腐蚀，同时，密闭式系统也可以回收利用二次蒸汽及系统的漏汽、串汽，减少热能和凝结水的浪费。

2. 按驱使凝结水流动的动力分类

(1) 重力回水系统——利用凝结水管路始末两端高度差所形成的重力位能差来输送凝结水；

(2) 余压回水系统——利用疏水器出口处凝结水所具有的压力（余压）来输送凝结水；

(3) 加压回水系统——利用水泵或其他加压装置来输送凝结水；

(4) 混合回水系统——利用上述两种或三种动力共同输送凝结水。

单纯的重力回水系统，由于回水动力较小，凝结水流速较慢，因而需要较粗的管径，通常用于回水量较小、压力较低的系统。在单纯的余压回水系统中，当相互并联的各热用户蒸汽压力相差较大时，如设计或调节不当，则各用户的回水会产生相互干扰，常使低压用户的回水受阻，系统不能正常工作，所以，在设计余压回水系统时，对蒸汽压力相差较大的用户，其凝结水可采用专管输送，如采用合管输送，则应根据水力计算中的流量分配定律，仔细计算和调节各用户系统的流量和压力损失，并保证各用户尤其是高压用户的疏水器不能严重漏汽，可见余压回水系统对设计、运行调节和维护都有很高的要求。加压回水系统适用于用热设备较多、用户较为分散且距锅炉房较远的蒸汽供热系统，目前在工程上应用较多。

35.4.4.4 密闭式高温凝结水回收技术

人造板生产工艺中，有的工序需要使用高温高压蒸汽（如纤维板热压机需要的蒸汽压力约为1.8~2.0 MPa，温度超过200℃），蒸汽在用汽设备中放热后，排出的凝结水仍具有较高的压力和温度，如采用传统的凝结水回收系统，则必须将高温高压凝结水扩容降压，使之产生二次蒸汽供低压用户使用，系统只能回收低温低压的凝结水。尤其当系统较大而采用加压回水系统时，为了避免离心泵内产生"汽蚀"现象，通常还要将凝结水的温度降至70℃以下，因而这些回收方式的热能利用率比较低。当没有低压蒸汽用户时，如果将二次蒸汽排空，则造成的热能浪费更加严重。20世纪90年代初期以来，我国先后研制了多种密闭式高温凝结水回收技术，这些技术的基本原理相同，都是将用汽设备排出的高温高压凝结水直接回收返回锅炉利用，没有二次蒸汽排空造成的热能损失，因而节能效果十分显著。这些技术解决的关键问题都是如何防止或避免离心泵在输送高温凝结水时的"汽蚀"现象。目前，下述两种技术已在木材加工行业推广应用。

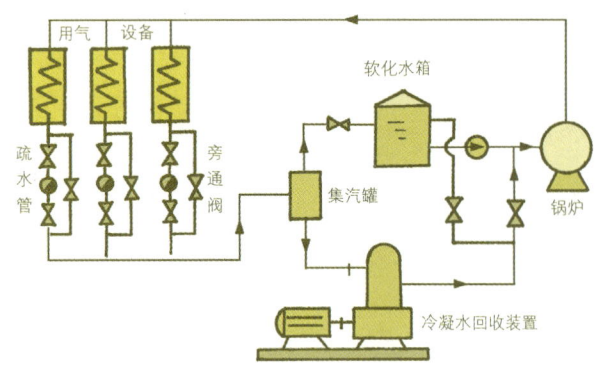

图 35-6 LN 系列密闭式凝结水回收系统及回收装置

A 型：

 回收量：2 t/h

 进出口压差：0.05～0.5 MPa

 最高工作压力：2 MPa

 回收的凝结水温度：≤211℃

B 型：

 回收量：4 t/h

 进出口压差：0.05～0.5 MPa

 最高工作压力：3.5 MPa

 回收的凝结水温度：≤225℃

(1) LN 系列密闭式凝结水回收系统及回收装置：LN 系列密闭式凝结水回收系统及回收装置如图 35-6 所示。该方案的关键设备是高温凝结水回收装置，该装置由喷射泵和离心泵共同组成，离心泵输出的一部分高压水通过喷射泵回流至离心泵进口端，使离心泵进口压力增加，可以有效地防止离心泵出现"汽蚀"现象。

该装置的主要技术参数为：

 凝结水回收量：4～15 m³/h

 扬程：75～275 m

 回收的凝结水温度：≤150℃

(2) YS 型废蒸汽及凝结水回收压缩系统：YS 型废蒸汽及凝结水回收压缩系统如图 35-7 所示。用汽设备排出的高温凝结水和废汽经过集汽筒（起缓冲稳压作用）进入压缩机，由压缩机将汽水混合物直接压入锅炉。装置中的关键设备是回收压缩机，这是一种新型的活塞式往复泵，可以连续交替地将汽水混合物吸入汽缸内，在活塞压力推动下由泵的出口经逆止阀压入锅炉。活塞式往复泵不存在汽蚀问题，可回收高于 200℃ 的高温凝结水。该装置的主要技术参数为：

35.4.4.5 蒸汽热能的梯级利用

以蒸汽作为载热体有一个很显著的优点，这就是易于实现热能的梯级利用。由表 35-32 可知，当高温高压的凝结水降压时，可产生一定量的低压蒸汽（称为二次蒸汽，或闪蒸蒸汽），供企业的低压蒸汽用户使用，低压蒸汽用户产生的凝结水再次降压，还可产生压力更低的蒸汽，如此，可一层一层依次套用下去，实现蒸汽热能的梯级利用。

图 35-8 为蒸汽热能梯级利用的一个示例。某人造板厂湿法硬质纤维板生产车间有两台主要用汽设备：热压机（用汽压力为 1.8～2.0 MPa）与热磨机（用汽压力为 0.8～1.2 MPa）。锅炉供给的蒸汽进入热压机之前，先进行汽水分离（图中未标出），排除夹带的水分，提高进入热压机的蒸汽质量。蒸汽在热压机中释放出大部分热量，其废蒸汽与凝结水一起，经压力调节器进入闪蒸稳压罐，在闪蒸稳压罐中进行汽水分离，产生的二次蒸汽与废蒸汽一起供热磨机使用，闪蒸稳压罐底部的低压凝结水经疏水器、回水管线回到锅炉房的集水罐，由高温凝结水回收装置泵入锅炉。闪蒸稳压罐具有一定的水容量，可以起到类似于蒸汽蓄热器的稳压作用。另外，如果闪蒸稳压罐的压力过低，则可以补充主蒸汽以提高压力，如果闪蒸稳压罐的压力过高，则可通过安全阀排汽降压，以此保证热压机及整个蒸汽系统的正常稳压运行。

以上仅是蒸汽梯级利用的一个局部实例，从图中可以看出，要实现蒸汽的梯级利用，必然要增加一些设备，增加投资和运行费用，而且不同企业供热系统的实际情况千差万别，因此，在实际应用时，必须针对企业供热系统的实际情

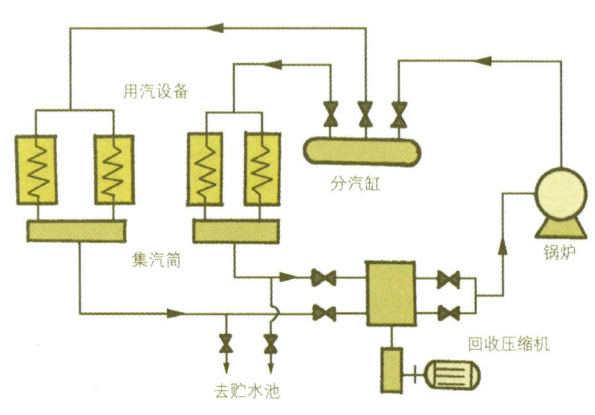

图 35-7 YS 型废蒸汽及凝结水回收压缩系统

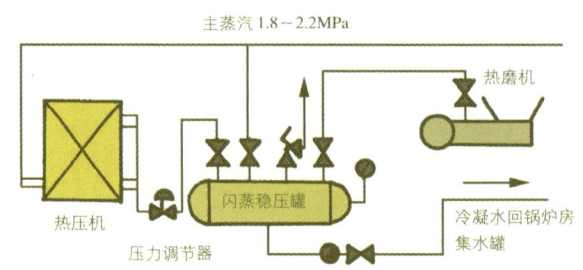

图 35-8 蒸汽热能的梯级利用

· 984 ·

况综合考虑，并应进行必要的技术经济分析。

35.5 热油供热技术在木材工业中的应用

35.5.1 概述

人造板生产工艺中的热压工序过去主要采用蒸汽作为加热的媒介物质（载热体），蒸汽作为载热体尽管具有许多优点（见35.4节），但用于人造板热压工序时，则有一些不易克服甚至难以克服的缺点，这主要表现在以下三个方面。

(1) 热压工序通常需要较高的温度，例如，刨花板的热压温度一般在180~200℃之间，湿法硬质纤维板的热压温度一般在190℃左右，中密度纤维板的热压温度一般以160~170℃（适用于脲醛树脂）或190~200℃（适用于酚醛树脂）为宜，为满足加热要求，通常需要蒸汽温度超过200℃甚至220℃，与此相对应的蒸汽压力为1.6~2.5MPa，因此，需要整个供热系统（包括锅炉、管道及其附件与接头等）具有较高的耐压强度，这就使供热系统结构复杂，投资增大，运行管理不便；

(2) 热压工序需要热压板面温度尽可能均匀一致，以保证热压质量，这就要求载热体在进出热压板时的温度差要尽可能小。饱和蒸汽在凝结放热时温度保持不变，从理论上讲完全能满足热压工序的这一加热要求，但在实际使用时，往往会由于凝结水排放不及时，凝结水在热压板中继续放热而导致较大的进出口温度差，使热压质量降低；

(3) 相对于低压用汽设备来说，高压用汽设备排出的凝结水的回收难度要大得多，若处理不当，则可能造成严重的能源浪费。

为解决这些难题，人造板生产行业已逐步采用热油（又称为导热油）加热来代替传统的蒸汽加热。热油加热具有如下主要优点：

(1) 可以在较低的压力下获得较高的温度。例如，HD系列导热油在常压（0.098MPa）下即可获得330℃的高温（参见表35-34），如考虑系统的压力损失及一定的安全系数，热油系统中的最高压力一般也仅为0.6 MPa左右，因此热油系统结构比较简单，运行、管理也比较方便。这是热油系统的最大的优点；

(2) 热油供热系统中进行的是液相封闭循环流动（图35-9），系统无泄漏，也没有类似于蒸汽供热系统的凝结水及二次蒸汽的热损失；

(3) 热油供热系统向热压机供热时，可以采用"二次循环"技术，使热压板上的导热油进出口温度差控制在10℃以内，热压板面的温度基本均匀一致，可以提高热压质量。

但与蒸汽供热系统相比，热油供热系统具有如下缺点：

(1) 导热油价格比水高得多，加上导热油需要经常添加和定期更换，因此系统运行成本较高；

(2) 与水相比，导热油具有一定的毒性，而且更换下来的废油有可能造成一定的环境污染；

(3) 导热油为可燃物，热油系统如发生泄漏，极易造成火灾事故。

35.5.2 热油供热系统及主要设备

35.5.2.1 热油供热系统的基本组成与工作原理

图35-9为热油供热系统的基本组成与工作原理示意图。循环泵将导热油泵入热油炉中吸热升温，高温导热油经热油管路进入用热设备，放热后进入油气分离器，分离出液态油中夹带的气体和油蒸汽，然后经过滤器，再由热油泵泵入热油炉，如此不断循环。

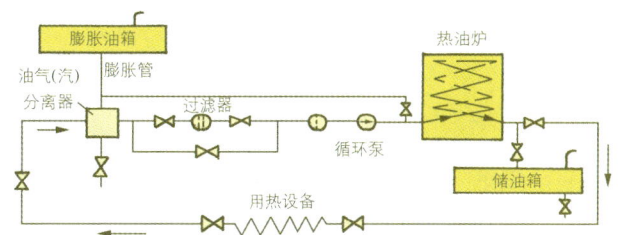

图35-9 热油供热系统基本组成示意图

35.5.2.2 热油供热系统的主要设备

1. 热油炉

热油炉又称为导热油锅炉。热油炉一般不设锅筒，其受热面仅由盘管或蛇形管组成，通常采用循环泵强制循环方式。热油炉大多采用整体快装式，炉体可分为圆筒形（盘管式）和箱形（管架式）两种形式。前者一般为小型炉。目前国内生产的供热量为1700kW的热油炉（约相当于2.5 t /h蒸汽锅炉的供热量），一般采用立式圆筒形炉，其炉体内由2~3层同心圆盘管组成，内层盘管接受炉膛辐射热，外层盘管接受烟气对流换热。大型热油炉一般采用箱形炉体，箱形炉内方形盘管组成辐射受热面，后部蛇形管组成对流受热面。表35-33所示为国产QXL系列箱形热油炉的基本参数。

热油炉按所用能源不同，可以分为燃气（煤气、天然气）炉、燃油（重油、轻柴油）炉、燃煤炉和电加热炉。国产热油炉以燃煤为主，燃煤装置主要为：手烧炉、链条炉和往复炉排炉。

2. 膨胀油箱

膨胀油箱位于整个供热系统的最高处，膨胀油箱不得安装在热油炉的正上方，以防止因膨胀而喷出的导热油引起火灾。膨胀油箱的容积应不小于膨胀油量的1.3倍，其高度应高于热油炉顶部1.5m。

膨胀油箱的主要功能为：

(1) 储存系统加热后的膨胀油量（每升温100℃，导热油体积膨胀约8%）；

表 35-33 国产 QXL 系列箱形热油炉的基本参数

型　号	额定供热能力 kW (10⁴kcal/h)	设计压力 MPa	最高使用温度 ℃	设计循环流量 m³	热效率 %	进出口管直径 mm
QXL－40	465（40）	1	≤330	≥30	≥70	100
QXL－60	695（60）	1	≤330	≥45	≥72	100
QXL－80	930（80）	1	≤330	≥50	≥74	125
QXL－100	1162（100）	1	≤330	≥80	≥74	125
QXL－120	1395（120）	1	≤330	≥90	≥74	125
QXL－160	1860（160）	1	≤330	≥110	≥75	150
QXL－200	2325（200）	1	≤330	≥160	≥75	150
QXL－250	2910（250）	1	≤330	≥200	≥75	200
QXL－300	3490（300）	1	≤330	≥250	≥75	200

(2) 向加热系统补充导热油；

(3) 热油炉启动升温过程中，排除热油炉和加热系统中的气体；

(4) 突然停电时可以利用膨胀油箱中的冷油置换热油炉中的热油，以免油炉中的热油过热；

(5) 在向加热系统注油时，也可把油注入膨胀油箱，由膨胀油箱自流到热油炉及系统。

3. 储油箱

储油箱的容积应不小于热油炉中导热油总量的1.2倍，并应放在加热系统最低位置，以便应付突然停电或其他紧急事故时泄放热油炉中的导热油。

储油箱的主要功能为：

(1) 提供和回收全系统需用的导热油；

(2) 运行中补给全系统需添加的导热油；

(3) 接收膨胀油箱油位超高时溢流的导热油，或当膨胀油箱油位过低时，补给导热油。

4. 循环泵

常采用离心式油泵，需耐高温，通常应配备2台，2台的规格、型号应相同，其中1台为备用，以防循环泵出现故障使导热油停止流动而导致热油炉中的导热油过热、变质。选择循环泵的流量应为设计流量的1.1～1.15倍；循环泵的扬程应为计算阻力的1.1～1.2倍，计算阻力是由热油炉本体管路、输油系统和用热设备三部分的沿程阻力和局部阻力之和。

35.5.2.3 热油供热二次循环系统

当人造板生产工艺中的热压工序采用热油供热时，图35-9所示的系统型式仅能适用于小型系统。而对于比较大型的热油供热系统，如采用图35-9所示的系统型式则会产生以下两方面的问题：

(1) 从导热油在热压板放热的计算公式 $Q = mc\Delta t$ 可以看出，当热负荷 Q 一定时，如要尽可能地减小导热油进出热压板时的温差 Δt，则必须加大导热油的质量流量 m（导热油的比热 c 在放热时变化不大），这导致整个系统的总阻力相

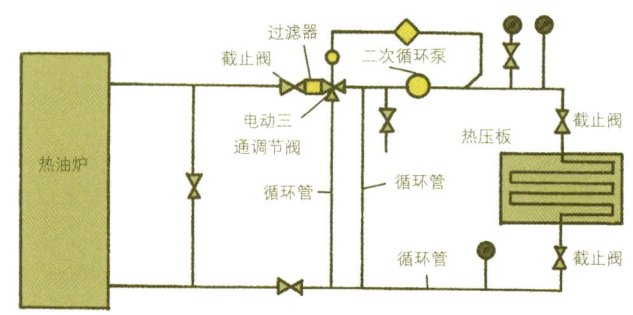

图 35-10 热油供热二次循环系统

应增大，循环泵的扬程要相应增加；

(2) 当热压板的温度高于或低于设定要求时，控制系统可以迅速将温度信号反馈给热油炉，使热油炉出口油温迅速降低或升高，但由于大型系统的热油管线较长，输油管中的导热油不可能迅速改变温度，这就使得热压板的温度偏差难以及时纠正，以至影响热压质量。

为了解决以上问题，工程上设计了热油供热二次循环系统（如图35-10所示）。

与图35-9所示的系统型式相比，热油供热二次循环系统增加了电动三通调节阀、二次循环泵、再循环管及必要的控制仪表等，其中电动三通调节阀是二次循环的关键设备。

热油供热二次循环系统的工作原理如下所述。

系统开始工作时，开电动三通调节阀，开启二次循环泵，来自热油炉的导热油经截止阀、过滤器、电动三通调节阀、二次循环泵、截止阀，进入热压板中，然后通过截止阀、循环管、截止阀回到热油炉中；当热压板的温度或二次循环泵出油口的温度（视测量点位置而定）达到设定值后，电动三通调节阀在控制信号作用下自动关闭，此时导热油流向分为二个部分，第一部分即所谓的一次循环，导热油从热油炉出来经截止阀、滤液器、电动三通调节阀、循环管、截止阀回

到热油炉；第二部分即所谓的二次循环，导热油从二次循环泵出来经截止阀、热压板、截止阀、循环管、再循环管回到二次循环泵；当热压板的温度或二次循环泵出油口的温度低于设定值时，电动三通电动调节阀在控制信号作用下，自动部分开启，此时一次循环路线基本保持不变，而二次循环路线则作了调整，即二次循环泵吸进来自热油炉的部分高温导热油掺入二次循环中，二次循环中由于加入了外部高温导热油而多出来的部分导热油经循环管、截止阀直接回到热油炉加热。为了保证从一次循环获取较少的高温导热油即能稳定二次循环内导热油温度，设计时要求一次循环导热油温度始终比二次循环导热油温度高50℃以上。

由于热油供热系统的热容量较大，故在实际使用中，只要调整好三通电动调节阀的开启量，即能保证热压板始终维持在设定温度下工作，而不必频繁地调节电动三通调节阀。

35.5.3 导热油

导热油一般分为两大类。一类是矿物油型导热油，以矿物油为基油，再添加抗氧剂，如我国目前生产、使用的YD型和HD型等导热油。另一类是合成型的导热油，如联苯混合物等。

国内生产的热油炉主要采用矿物油型导热油，如YD、HD、SD、JD等系列，价格相对于合成型的导热油来说也比较便宜，其最高使用温度可达350℃（一般使用都在300℃以下），在这一范围内，导热油热稳定性好，饱和蒸汽压较低，且基本无毒性，没有难闻的气味，凝固点较低，但在高温下使用易氧化，遇火就燃烧。试验证明，芳烃型导热油，遇到明火就会燃烧，而烷烃型导热油当加热至280℃以上时，洒在水泥地上即使没有明火也会燃烧。

热油炉能否正常运行，与导热油的质量有极大关系。为了保证导热油正常使用，对其质量及性能指标，如最高使用温度、黏度、闪点、残碳、酸值都有规定值。对使用中的导热油每年应进行一次分析，如黏度、闪点、残碳和酸值等四项指标中有两项不合格，或分解产物含量超过10%时，导热油应进行更换或进行再生。

表35-34列出了国内某厂生产的HD系列导热油的主要质量指标。

使用导热油应注意以下事项：

(1) 导热油在高温下运行时，其化学键易断裂分解，因此应注意一定要在最高使用温度以下使用；

(2) 热油炉管中的导热油流速应大于2 m/s，以保证液膜温度不超过导热油允许的液膜最高温度；

(3) 高温导热油禁止与空气长期接触，以免导热油氧化速度加快而缩短其使用寿命；

(4) 除非经试验可行，否则，禁止混合使用不同牌号的导热油；

表35-34 国产HD系列导热油的主要质量指标

项 目	HD-330	HD-320	HD-310	HD-300	HD-280
外 观	淡黄色～深黄色、无浑浊、无沉淀				
闪点（开口）（℃）	≥200	≥195	≥190	≥180	≥175
凝点（℃）	≤-12				
残碳（%）	≤0.015				
酸值（mgKOH/g）	≤0.02				
馏程（5%）（℃）	≥350	≥340	≥330	≥320	≥310
液膜最高温度（℃）	360	350	340	330	310
主流体最高使用温度（℃）	330	320	310	300	280
最高使用温度下的饱和蒸汽压（MPa）	0.098	0.098	0.098	0.098	0.078

(5) 热油炉正常停炉时，必须将油温降到80℃以下，主循环泵才能停止工作；

(6) 如遇突然停电使主循环泵停止工作，则应采取紧急冷却措施，迅速冷却热油炉中油温。可采用以下紧急冷却措施：

① 设置小型汽油机或柴油机驱动的备用循环泵；

② 打开相应阀门，让膨胀油箱中的冷油通过热油炉流至储油箱中。

35.6 木废料能源及其利用

35.6.1 概述

35.6.1.1 作为能源的木废料及其来源

森林采伐和木材加工过程中会产生相当数量的剩余物，如树梢、枝桠、锯屑、树皮、碎木、刨花、板边和砂光粉等，这些剩余物过去常常作为废料处理，故又称为木废料。木废料是一种生物质能源，对大多数木材工业企业来说，如能充分利用企业自身的木废料能源，则可减少1/4～1/3的外购能源量，对于处于林区的企业，如能再利用一部分采伐剩余物，则基本可实现能源自给，甚至还有可能外供蒸汽、电力等二次能源；反之，对木废料若不加以利用，则不仅浪费了宝贵的能源资源，而且还会造成环境污染，甚至会导致火灾等恶性事故。

一般来说，对于一棵有代表性的树，经过采伐，只有不到2/3的材积送去进一步加工。经过加工，仅仅有28%的材积变成了板材，其余均成为剩余物（表35-35）。

各类木材加工企业产生的木废料比例各不相同，随着森林资源的逐渐减少和木材加工技术的不断进步，产生木废料的比例将会有逐渐下降的趋势。表35-36列出了各类加工企业产生木废料的平均比例。

制材厂和胶合板厂约产生40%～55%的木废料，可以满

表35-35 一棵有代表性的树变成锯材过程中的剩余物

剩余物与锯材	采伐剩余物			锯切剩余物				锯材	总计
	树梢、树枝和树叶	树根	锯末	板皮、边条和下脚料	锯末和刨花	各种损耗	树皮		
比例（%）	23.0	10.0	5.0	17.0	7.5	4.0	5.5	28.0	100

表35-36 各类加工企业产生木废料的平均比例 （%）

企业类型	制材厂	胶合板厂	刨花板厂	综合加工厂
成品（范围）	45～55	40～50	85～95	65～70
成品（平均）	50	47	90	68
剩余物（燃料）	43	45	5	24
损失	7	8	5	8
总计	100	100	100	100

说明：本表数据为发展中国家的平均值，数据来源于联合国粮农组织1990年发表的专题论述——《木材机械加工领域的节能》

足自身的能源需求而有余；刨花板厂产生的木废料很少，仅有5%～10%，还不足以满足其用热的需求；如果将上述三类工厂综合起来，则企业基本可以实现能源自给。

35.6.1.2 木废料的燃烧特性

将木废料转化为能源的最主要的途径是燃烧，而了解木废料的燃烧特性则是选择木废料燃烧方法和燃烧设备的前提。

1. 木废料的成分

木废料的化学成分（元素分析成分）随树种和树的不同部位而略有差异，其变化范围和平均值见表35-37。

表35-38列出了几种典型树种绝干木材及砂光木粉的工业分析成分。

表35-37 绝干木材的元素分析成分 （%）

元素分析成分	C^g	H^g	O^g	N^g	S^g	A^g
变化范围	48～53	5～7	40～45	0.1～0.7	0～0.1	0.1～5
平均值	50	6	42	0.1	0	1.9

表35-38 几种典型树种绝干木材的工业分析成分 （%）

树种 成分	花旗		马尾松		杨木		砂光木粉
	木质部	树皮	木质部	树皮	木质部	树皮	
挥发分	86.2	70.6	85.2	76.8	86.2	73.1	75.1
灰分	0.1	2.2	0.3	2.0	0.2	4.9	0.4
固定碳	13.7	27.2	14.5	21.2	15.6	22.0	24.5

对比表35-37、表35-38与表35-5可以发现，与常用的煤种相比，木质燃料的挥发分很高，灰分极低，且基本不含氮、硫，其燃烧产物对环境的污染较小，是一种易于燃烧的清洁能源。

2. 木废料的发热量

根据表35-37所示的木材元素分析成分的平均值，可由门捷列夫经验公式近似计算出木材的应用基低位发热量Q^y_{dw}和高位发热量Q^y_{gw}分别为：

$$Q^y_{dw}=(18563-25u)\frac{100}{100+u}=18563-210.63W^y \text{ (kJ/kg)}$$

$$Q^y_{gw}=19919\frac{100}{100+u}=19919-199.19W^y \text{ (kJ/kg)}$$

式中：u —— 木材的含水率，%

W^y —— 木材的应用基水分，%

从上式可以看出，水分是影响木材发热量的主要因素。绝干木材（$W^y=0$）的应用基低位发热量Q^y_{dw}和高位发热量Q^y_{dw}非常高，约相当于II类烟煤的发热量，但随着木材中水分的增加，木材发热量迅速下降，当水分$W^y\leq 50\%$时，$Q^y_{gw}\geq 8031.5$ kJ/kg，这时木废料尚可稳定地燃烧，当$W^y\geq 60\%$时，木废料的燃烧就变得困难了，水分达到68%时，Q^y_{dw}仅有4240.16 kJ/kg，这时，炉子就会出现"熄火"等不正常燃烧现象，可以认为，水分达到65%～70%是燃烧不能继续进行的转折点。上述计算结果与实测值相差不大，实测结果显示，绝干阔叶材木质部的高位发热量平均值为19800kJ/kg，绝干针叶材木质部的高位发热量平均值为20770 kJ/kg，略高于阔叶材。木质本身发热量的变化是很小的，其高位发热量约为19000 kJ/kg，不同树种之间的发热量差异主要是含脂量的不同，也正因为如此，树皮中的树胶和树脂均比木质部多，因此，树皮的发热量也比木质部高。

35.6.1.3 木废料的燃烧

1. 木废料的燃烧过程

木废料的燃烧过程见表35-39。

2. 木废料的燃烧产物

木废料燃烧的产物有灰和烟气。木废料的灰分很低，因而木废料燃烧后残余的灰烬很少，大部分都呈粉末状态。从灰的化学成分来看，木废料灰分中含有较多的碱性化合物，其氧化钙（CaO）、氧化钠（Na_2O）和氧化钾（K_2O）含量都

表35-39 木废料的燃烧过程

序号	炉膛温度	木废料燃烧阶段
1	~100℃	水分开始蒸发
2	150～180℃	挥发份开始析出
3	225℃	挥发份着火
4	400℃	挥发份燃尽
5	500～580℃	木炭着火、燃尽
6	780～850℃	重碳氢化合物燃烧、燃尽

表35-40 木废料能源的主要利用途径与方法

途径	主要方法	主要特点
直接燃烧	将木废料经简单处理后，直接送入锅炉或专用燃烧炉中燃烧	简便易行，投资较少，见效快，适合于木废料的就地转化利用。目前在国内应用较多
压制成固型燃料	将木废料加热加压，使木废料碎屑经挤压、塑化变形后黏结成木片砖、燃料棒、刨花饼、锯木球等固型燃料；如经进一步炭化处理，还可制成木炭	木质固型燃料易于运输，存放，其形状大小可根据不同型号锅炉对燃烧的不同要求而进行选择控制。此项技术比较适合于林区企业应用
转化成气体燃料	在气化炉中，通过木废料的燃烧、热解、还原等过程，生成CO、H_2、CH_4等可燃气体，再将这些可燃气体送入锅炉等燃烧设备中燃烧	1. 由于气体燃料燃烧完全、迅速，所以把木废料转变为气体燃料，可以提高燃料的利用率； 2. 减少对环境的污染。气体燃料的燃烧非常完全，生成的产物主要是CO_2和H_2O，因此无黑烟和尘粒出现，CO极少，污染远低于木材直接燃用； 3. 气体燃料一般不便于长期储存和运输
转化成液态燃料	木废料经水解、液化、发酵等工艺过程，生成重油、甲醇、酒精等液体燃料	液体燃料用途广泛，其燃烧产物不污染环境。但木废料转化为液体燃料的工艺较为复杂，所需的设备较多，因此目前在国内应用尚不多

比较高，这些碱性化合物在高温下能与炉膛耐火材料的某些成分发生化学反应，使耐火材料的耐火性能下降，另外，对木废料和煤混烧的锅炉来说，这些碱性化合物对煤灰起着助熔剂的作用，与煤灰中的某些成分形成共熔体，一般来说，这些共熔体的熔融温度都在800℃以下，这增加了炉膛结渣的可能性。烟气中含着大量的水分、焦油以及木醋酸等，这些成分可使尾部受热面和烟道产生腐蚀。

3. 木废料的燃烧速度

与煤相比，木废料的挥发分很高，密度较低，灰分很低，因而其着火和燃烧速度比煤快得多，也容易燃烬。影响木废料着火和燃烧速度的主要因素是其含水率和尺寸大小，含水率越低，尺寸越小，燃烧速度也越快，因此，在有些情况下，为了加快木废料的着火和燃烧速度，需要对木废料进行破碎和炉外预干。

35.6.1.4 木废料能源的主要利用途径与方法

木废料能源的主要利用途径与方法见表35-40。

35.6.2 木废料的直接燃烧利用

直接燃烧利用是目前利用木废料能源的主要途径，燃烧设备和装置主要有：链条炉排炉、往复推饲炉排炉、旋风炉、木粉燃烧机和链条炉喷砂光粉复合燃烧装置等。

35.6.2.1 DZL4-0.7-M（AⅡ）燃木屑（煤）锅炉

这是国内近年研制的以燃烧木屑为主的锅炉，其主要设备有链条炉排、木屑喷播系统及送风系统，图35-11是该锅炉的示意图。木屑由车间送至木屑贮藏室，然后通过送料风机将木屑送入锅炉内。由于炉膛的风量调节是由鼓风机来控制的，因此要求送料风机在将木屑送入炉膛内时，不能带入过多的冷空气，以使炉膛内保持持续的高温区。在前拱处，设有一个"小燃烧室"，即前拱和距离前拱很近处设置的一花墙

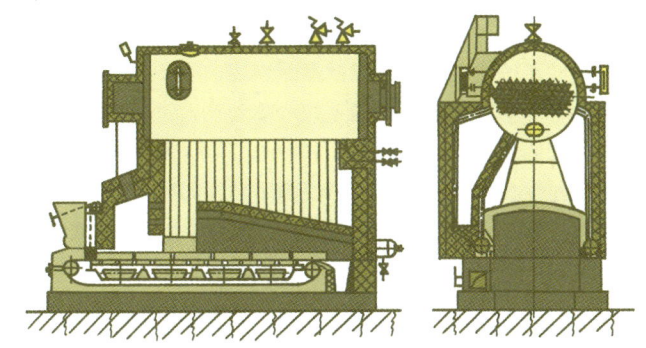

图35-11 DZL4-0.7-M（AⅡ）燃木屑（煤）锅炉示意图

中拱之间的燃烧空间，花墙中拱距离炉排面的高度为500mm。木屑经木屑喷播系统播散在"小燃烧室"内形成半悬浮燃烧，其中的细粉在炉膛内悬浮燃烧。由于小燃烧室的加热作用，使炉排前部产生高温区，木屑进入炉膛内高温区时可以得到充分燃烧。该锅炉锅筒外径为1500mm，锅筒内布置85根φ70×3.5mm的螺纹烟管，锅炉的右侧由20根φ51mm×3.5mm的上升管形成单排水冷壁，而左侧由39根φ51mm×3.5mm的上升管布置成了沉降室（图35-11中右图），使得烟气在经过烟道时，得以沉降灰粒，起到消烟除尘的效果。左右分别布置有φ219mm×6mm和φ159mm×6mm的集箱，同时锅筒内部还布置了锅内省煤器，在解决了锅筒后部温度过高的同时，也降低了排烟温度。该炉的炉膛容积为10.7m³，由于前拱和中拱构成"小燃烧室"，使得木屑在进入锅炉内时得以充分燃烧，因此，前拱布置得较高较长，有利于前拱接受炽热火床和高温烟气的辐射。由于木材废料灰分很少，在炉排末端工作时，过量空气很多，为了适应这种特性，该锅炉设有低而长的后拱，引导多余的空气到需要大量空气、燃烧最激烈的炉排中前部，同时空气将后拱下方炽热的燃烧颗粒带到炉排前部，落在燃料层上加快燃料的干燥过程。

经测试，该锅炉在额定负荷下的热效率为80.81%。

35.6.2.2 链条炉喷砂光粉复合燃烧装置

链条炉是一种结构比较完善的机械化燃烧设备,这种燃烧设备有较好的燃烧稳定性,对负荷变化适应性强,符合人造板企业生产过程中热负荷多变的用热特点,因此,我国人造板企业广泛使用链条炉作为燃烧设备。但是,链条炉中燃料的着火条件较差,主要依靠炉拱热辐射引燃,而且不同燃烧特性的燃料需要有不同型式的炉拱,因此,链条炉对煤种的适应性较差,当煤种改变时,链条炉的燃烧效率和锅炉出力常常会大幅度下降。

要从根本上解决链条炉的着火条件和煤种适应性问题,就必须从改善炉排上煤的着火条件着手,并且要改变链条炉主要依靠炉拱热辐射引燃的状况,对于人造板企业来说,最理想的措施莫过于将生产过程中产生的木废料砂光粉喷入链条炉内,与炉排上的煤共同进行复合燃烧。

所谓复合燃烧,是指在保持链条炉排层式燃烧的基础上,将砂光粉喷入炉膛中进行悬浮燃烧。

将砂光粉通过管道输送系统经喷管喷入链条炉膛后,一遇炉排上的明火,即可进行悬浮燃烧。砂光粉在炉膛内的悬浮燃烧与煤在炉排上的层式燃烧两个过程同时进行,可以起到优势互补、相互促进的作用。砂光粉在炉排上方空间悬浮燃烧形成的高温火焰,可以明显提高炉内温度水平,为炉排上煤层的着火与燃烧提供了大量的辐射热量,同时,大量尚未燃尽的砂光粉颗粒像"火雨"一样落在炉排的煤层上,这就改变了链条炉主要依靠炉拱热辐射引燃的状况,大大改善了新煤的着火和燃烧条件,链条炉的适用煤种不再受炉拱的限制,从根本上解决了链条炉的煤种适应性问题,使同一台锅炉高效燃用不同煤种成为可能。同时,炉温的提高也提高了锅炉受热面的热强度,可以使锅炉出力明显提高。另一方面,炉排上炽热的煤层也为砂光粉的悬浮燃烧提供了长久的旺盛火源,因而不需要设置专门的点火装置,如果设计合理、运行正确,则也不会出现熄火、爆炸事故,可以保证砂光粉燃烧的安全可靠性。

链条炉喷砂光粉复合燃烧装置包括砂光粉除尘系统,锅炉燃烧系统和砂光粉风送、喷燃系统三个组成部分。如果企业已有比较完善的砂光粉除尘系统和锅炉燃烧系统,则仅需在原除尘系统与锅炉之间加装一套砂光粉风送、喷燃系统即可组成链条喷砂光粉复合燃烧装置。砂光粉风送、喷燃系统如图35-12所示,来自除尘系统的砂光粉由送粉风机(图中未标出)输送,经风送管道进入袋式除尘器,分离出的砂光粉经排料器进入砂光木粉料仓,砂光木粉料仓起贮存、缓冲作用,料仓装满时可以提供连续喷燃数小时所需要的砂光粉。链条炉复合燃烧时,启动料仓中的卸料螺旋,将砂光粉从料仓中排出,并经均匀给料螺旋运输机、排料器进入送风管道中,风机产生的高压空气与砂光粉混合形成砂光粉气流,流过风送管道经喷管喷入锅炉

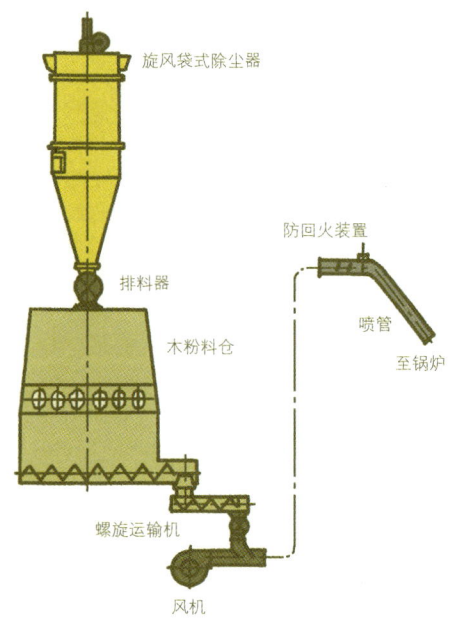

图35-12 砂光粉风送、喷燃系统

炉膛中进行悬浮燃烧,为保证安全,风送管道上还设置了防爆和防回火装置。根据炉膛尺寸和炉外送粉管道布置情况,砂光粉喷管可设置在链条炉前拱中心,也可设置在锅炉侧墙上。

35.6.2.3 旋风燃烧炉

旋风燃烧炉(图35-13)是专为燃烧木粉等散碎木废料而设计的圆筒型燃烧设备,该炉由主燃烧室和相邻的二次燃烧室组成,两个燃烧室连接处可以自由伸缩,用硅酸铝耐火毡密封,炉壁由耐热钢板卷焊成,内砌高铝质耐火砖,外包硅酸铝耐火毡保温层,表面卷覆薄钢板。在进料口下方不远处,设有点火孔。可喷液体或气体燃料点火,正常燃烧时该孔紧闭。在炉体圆周切向有三对喷气管,左右相对地向炉膛喷射空气,以鼓动木粉螺旋式旋转并充分燃烧。木粉由罗茨鼓风机的压气管向下喷入燃烧炉的主燃烧室,木粉进料量的多少由定量料仓下的定量螺旋的转速来调节,喷气量的大小由喷气管上三只蝶阀分别控制。炉子一端的端盖可拆开,以便整修炉膛。另一端设有扼

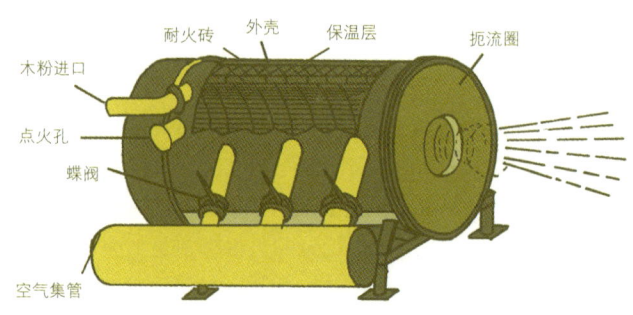

图35-13 旋风燃烧炉

流圈，以阻挡未完全燃烧的火星，直至燃尽为止。

燃气从主燃烧室喷向二次燃烧室。二次燃烧室圆周切向也设有喷气管，以推动气流继续旋转。出口处设有第二道扼流圈，进一步阻挡未烧完的火星。高温烟气经调温调湿处理后，可直接作为干燥纤维、刨花的干燥介质，也可作为间接加热的载热体。

35.6.3 固型燃料的生产工艺与主要设备

35.6.3.1 固型燃料的成型原理

植物细胞中除含有纤维素、半纤维素，还含有木质素（木素）。在绝干阔叶材、针叶材中木素含量约为27%～34%。木素是具有芳香族特性的结构单体为苯丙烷型的立体结构高分子化合物，木素在植物细胞中，有增强细胞壁、黏合纤维的作用。在常温下，木素主要部分不溶于任何有机溶剂，木素属非晶体，没有熔点，但有软化点，当温度为70～110℃时，黏合力开始增加。在200～300℃温度条件下，木素会发生软化、液化，此时若加以一定压力使其与纤维素紧密黏接，并与相邻颗粒互相胶接，冷却后即可固化成型。因此，采用热压法生产固型燃料可不用任何添加剂或黏接剂，这大大降低了加工成本。固型燃料就是利用这一原理将木屑经成型机通过热压制得的。

35.6.3.2 固型燃料的典型生产工艺

尽管固型燃料的种类有多种多样，但其生产工艺基本上都是类似的，下面以生产木屑炭棒为例，说明固型燃料的生产工艺。

木屑炭棒的生产工艺流程如下：

原料 → 削片 → 粉碎 → 筛选 → 干燥 → 压缩成型 → 冷却 → （燃料棒） → 炭化 → 冷却 → （炭棒）

1. 原料

将收集来的原料，如树根、枝桠、树皮、截头、木芯、碎单板、板皮、板条、刨花、锯屑、砂光粉尘等原料送往备料场分类堆放，以便生产时按类生产。一般要求原料的初含水率不得高于50%，如果含水率过高，则将相应地增加了运输及干燥费用。

2. 削片、粉碎、筛选

因压缩成型机对原料长度及颗粒度的要求一般不得超过10mm，所以必须对不符合规格的原料进行削片和粉碎，将粉碎后的原料进行筛选，不合格的原料再粉碎。筛选可用机器筛选，也可用人工筛选，筛选后的原料进行干燥。

3. 干燥

如原料含水率过高，则在挤压成型时会导致不能成型，或受高温而产生的高压蒸汽来不及排出压缩腔，棒料在离机时的瞬间，其所受压力急剧下降，致使高压蒸汽压力也急剧下降，体积急剧膨胀，产生了强大的膨胀力，从而使棒料产生横向裂纹、断裂、炸裂等现象，因此，对原料必须进行干燥。干燥可采用自然干燥或干燥机干燥，鉴于自然干燥受到气候的影响，目前一般均采用旋转式炉气体干燥机或管道气流干燥。由于各种型号的压缩成型机压缩成型的方式各不相同，有的采用螺旋挤压式，有的采用柱塞挤压式，这样在压缩成型时原料中的水分逸出多少也就各不相同，所以，原料干燥后的最终含水率要根据不同型号的压缩机对原料的含水率要求严格控制，一般原料终含水率以在6%～20%为宜。

4. 压缩成型

这是生产木屑炭棒的主要工序，影响压缩成型的主要因素是温度、时间、压力。

（1）温度：给原料加热分为原料预热和成型加热，预热是使原料温度快速上升，排出原料中的部分水分，这一阶段的温度范围一般控制在40～60℃。对成型加热来说，一般温度越高，棒料的强度就越高，但温度过高会使棒料部分炭化，棒料得率下降，因此生产中温度的高低要根据原料性质及生产情况来确定，一般控制在150～300℃内。

（2）时间：成型时间越长，棒内气体被排出的时间也就越长，这样也就减少了棒料离机时由于气体膨胀而造成的缺陷，因此，成型时间是保证棒料质量的一个重要因素，在生产中应根据原料、对棒料质量要求等情况来选定成型时间。

（3）压力：在高压的作用下，原料的细胞被破坏，使其与分解出的粘合剂重新结合成为密实的形体，压力越高，棒料密度越大，质量也越好，但机器所受的磨损也越严重，所以，压力一般以25～140 MPa为宜。

5. 冷却

压制成的棒料出机时的温度较高，强度也较低，并且由于棒料与压缩腔表面接触会出现部分炭化而产生烟雾现象，这些烟雾也必须排除，因此必须对棒料进行冷却以达到使其进一步硬化及排除烟雾的目的。冷却后的棒料密度可达0.7～1.8 g/cm³，抗压强度约1.96MPa，外表光滑，横向裂纹少。这一生产过程即为中间产品——燃料棒的生产过程。

6. 炭化

得到的中间产品燃料棒可作为燃料产品销售，但由于燃料棒未经炭化，挥发物含量高，在燃烧过程中产生的烟尘大、灰分多，会造成较大的污染。同时，燃料棒的发热量也较低，所以，燃料棒的用途也就受到了一定的限制，于是，在燃料棒的基础上发展了另一种产品——炭棒。炭棒是燃料棒炭化后的产物。炭化的方式一般是采用干馏法，即将燃料棒放在特制的干馏釜内密闭，不与空气接触，然后加热，使燃料棒逐渐分解炭化。在干馏过程中，棒料中一部分物质受高温而分解为气体，此种气体是多种成分的混合物，将此混合气体在焦油分离器或列管冷凝器中冷凝，则可得到占棒料重20%～30%的不凝性气体——木煤气、占棒料重40%～

50%的可凝性气体——木醋液和占棒料重5%～6%的木焦油,最后在干馏釜内留下约占棒料重30%左右的固体成份即为炭棒。由此可见,采用干馏法生产木屑炭棒,不仅可以得到炭棒,而且可以得到木煤气、木焦油、木醋液等副产品,木煤气含有50%左右的可燃成分,如一氧化碳、甲烷、氢等。在生产过程中,木煤气可作为干馏时的燃料,也可用来干燥原料,这样可节约大量的燃料,降低生产成本。木焦油和木醋液是很好的化工原料。目前,生产炭棒的企业大都是中小型企业,所采用的干馏釜通常是小型移动式直立干馏釜,这种干馏釜内的温度必须均匀,密封严密,这样才能使棒料均匀炭化。炭化温度过高会使产量降低,故一般炭化温度范围以350～500℃为宜。炭化的速度对产品的质量影响很大,炭化速度过快,则炭棒产生的裂隙增多,强度下降,产品质量差,如炭化速度过慢,则产量较低。生产时必须由低温缓慢升温,逐渐提高温度。当达到最高温度时,须快速冷却,这样才能得到固定碳含量高、挥发份少的高质量炭棒。采用这种干馏釜的炭化时间一般是5～6h。

7. 冷却

在干馏釜中炭化后的炭棒,需送入冷却窑中消火冷却到40～60℃,冷却时间一般在10h左右,冷却后的产品就是木屑炭棒。在冷却过程中,密封必须严密,不能进入空气。否则,炭棒会由于表面吸入大量氧气而大量氧化,使炭棒中的固定碳成份含量下降,产品质量降低。

35.6.3.3 固型燃料压缩成型机

固型燃料压缩成型机是生产固型燃料的关键设备。根据挤压方式,压缩成型机分为螺旋挤压式和柱塞挤压式两种,下面介绍较为常用的螺旋挤压式压缩成型机。

1. 螺旋挤压式压缩成型机的基本结构(图35-14)

挤压螺杆是压缩成型机的心脏,挤压螺杆大致可分为两段,即输送段和压缩段,输送段靠近料斗,采用等深等距螺纹,当木废料碎屑落入料斗后,就进入了螺杆输送段,螺杆旋转时,物料与螺杆表面间的磨擦作用,使其向前进入压缩段。压缩段通常采用等深不等距螺纹,随着木废料向前移动至压缩套筒,螺纹距离逐渐变小,使木废料受到轴向压缩而成型。螺杆头端处的外径逐步减小,这样可以使已成型的固型燃料较顺利地脱离螺杆。螺杆与原料间的磨擦挤压作用,随着压力的由小变大而逐渐强烈,强烈的磨擦作用使绝大部分机械能转化为热能,造成植物质碎料的温升,促进了木素的塑化。但是,由于木废料本身为不良导热体,因此只有在磨擦的区域温度较高,而在外部周围温升不够,所以在成型压缩套筒上还必须采用电加热装置,补充木素塑化所需要的热量。

2. 螺旋挤压式压缩成型机的工作原理

(1) 进入料斗的木废料,靠自重下落进入螺杆输送段;

(2) 主电机的动力与运动,经一对皮带轮减速后传给主轴,主轴再带动螺杆旋转,将原料向前输送,进入压缩套筒;

(3) 连续不断送进的原料在套筒内受到螺杆压缩段的挤压,同时,在电热线圈的加热下,被塑化的物料在套筒内缓慢地前进,逐渐固化成型从套筒口挤出;

(4) 装在压缩套筒内的感温元件,测出温度数值后,直接反馈到温度控制仪表,以使塑化温度稳定保持在正常工作时所需的数值。

35.6.4 木废料能源的气化

木废料能源的气化是一种特殊的不完全燃烧过程,通过不完全燃烧,木废料中的能量被转移到生成的可燃气中,这些可燃气主要包括CO、H_2、CH_4等气体。木废料气化所用的设备称为木废料气化炉。

35.6.4.1 木废料气化炉的工作过程

木废料气化炉的主体通常为一直立的圆筒,一般用钢板做成,里面用耐火材料作为内衬。通过上面的料斗向气化炉

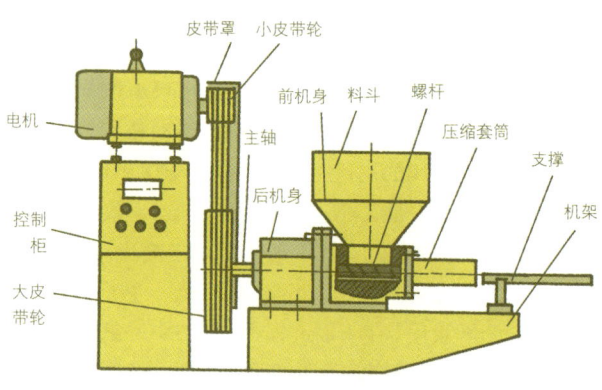

图35-14 螺旋挤压式压缩成型机结构简图

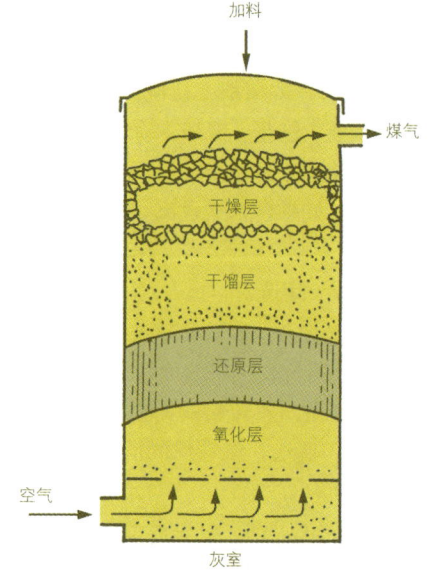

图35-15 上吸式气化炉

添加木废料，木废料落在炉栅上，在炉栅下面进行鼓风（图 35-15）。得到的可燃气体在燃料层上面的出气口引出，灰渣结集在炉栅上，经过炉栅上的缝隙落下去，然后通过炉栅上面及下面的灰渣门把它除去。

气化炉工作时，在炉栅附近的木废料充分燃烧而全部成为灰烬，进入炉子的冷空气经过灰渣层预热后进入燃烧层（氧化层），空气中的氧与燃料中的碳起作用，主要生成 CO_2 和一小部分 CO。燃烧层的上面是还原层，在这里，由于遇到炽热的燃料，CO_2 被碳还原成 CO，水蒸气被还原成 H_2。

炽热的气体继续向上运动，还原层上方的木废料被下部及炽热的气体加热，蒸馏出挥发物，形成干馏层。随着挥发分的不断挥发，干馏层木废料逐渐变成焦碳，干馏产物（即挥发物）与可燃气体混合继续上行。由于可燃气体仍有很高的温度，上方刚落下的木废料与可燃气体接触时被干燥，形成干燥层。

可燃气体中 CO 和 H_2 的含量愈多愈好，而它们主要产生在还原层内，因此还原层是影响可燃气体品质和产量的最重要的地区。试验表明，温度愈高，则 CO_2 还原成 CO 的过程进行得愈顺利，还原区的温度应保持在 700～900℃。另外，CO 与赤热的炭接触时间愈长，则还原作用进行得愈完全，CO 得的获得量也愈多。

35.6.4.2 木废料气化炉的种类

按照鼓风方法不同和可燃气体相对于燃料的流动方向不同，气化炉通常分为上吸式、下吸式、平吸式以及流化床式，这些方式相互结合还可构成复合式气化炉。

1. **上吸式气化炉**（图35-15）

木废料自气化炉上面加入而逐渐下降，空气自炉栅下面进入并逐渐上升，形成的可燃气体由下向上被吸至炉外，故称为上吸式气化炉。由于可燃气体是顺着热气流方向吸出，故运行时动力消耗较小，起动容易；可燃气体中混有干馏出的挥发物，发热量一般较高，可燃物燃烧后产生的灰分落在炉栅下面，不会被出口可燃气体带走，故可燃气体中灰分较少。同时，可燃气体流经上面各层时，实际上已进行了初步过滤，这亦可使可燃气体的灰分减少。

上吸式气化炉一般不宜用于气化油脂较多的木废料，因为富含油脂的木废料气化时，干馏产物会混于可燃气体中，流动时会凝结在可燃气体管道、阀门和燃烧器上，产生腐蚀和污染。

2. **下吸式气化炉**（图35-16）

木废料自上部加入，靠其质量逐渐下降。在炉身的一定高度处，空气自炉壁或炉中央送入，使木废料燃烧，可燃气体流过下面的还原层而从炉栅下吸出。因此，氧化层就位于空气入口处附近，而还原层反而在氧化层下面。因可燃气体是向下流动被吸出的，故称为下吸式气化炉。下吸式气化炉

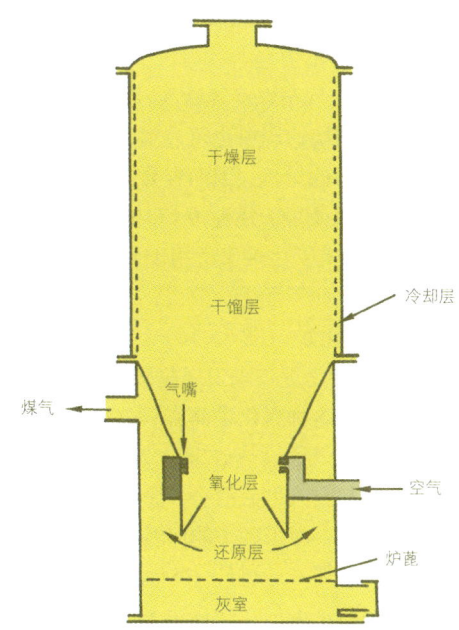

图 35-16 下吸式气化炉

的最大特点是干燥和干馏产物全部经过氧化层。因而焦油就可在高温下被分解，水分亦参加反应形成可燃气体。当气化含油脂较多的木废料时，就常常采用这种气化炉。下吸式气化炉有效层高度几乎不变，工作稳定性好，运行时可随时打开料盖添料。但因可燃气体流动方向与热气流上升方向相反，所以吸出可燃气体的动力消耗较大。另外，由于可燃气体须经灰分层和存灰室吸出，所以可燃气体中灰尘含量较多，可燃气体经高温的有效层流出，也使可燃气体的出炉温度增高。

3. **平吸式气化炉**（图35-17）

空气从位于炉身一定高度处的风嘴以高速送入炉内，所

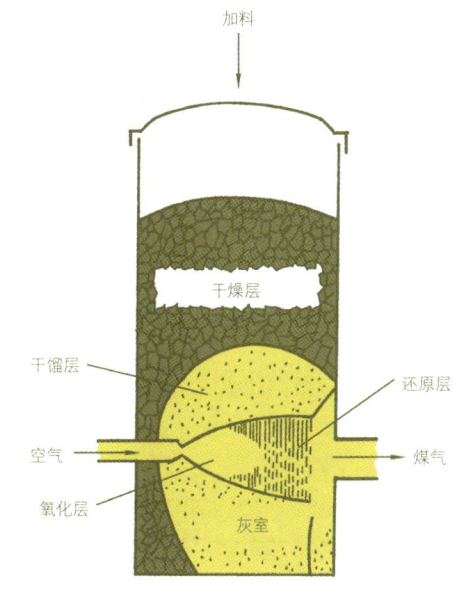

图 35-17 平吸式气化炉

产生可燃气体由对面炉栅处被吸到炉外。因可燃气体水平流动，故称作平吸式气化炉。

此种炉子由于空气是以高速吹入，燃料燃烧层的温度可高达2000℃，较难燃烧的燃料也可应用。但也正因为炉中心温度高，超过了灰分的熔点，因而容易造成结渣。同时，炉子还原层容积很小，使CO_2还原成CO的机会减少，使可燃气体质量变坏。平吸式气化炉仅适用于含焦油很少及含灰分不大于5%的燃料，如无烟煤、焦炭、木炭等。

4. 流化床式气化炉（图35-18）

流化床式气化炉是近年来发展起来的一种型式，它能应用的燃料范围较宽。这种气化炉具有一个热砂床，燃烧与气化在热砂上发生，空气通过热砂床形成泡状，造成一种"流动"作用，使燃料与空气彻底混合，提高燃烧效率，燃烧开始前，砂子需要预热。由于砂子能保温较长时间，故在运行中断后，仍能很快重新开始燃烧。燃料成细粒状与空气一起加到砂床上，燃烧和干馏便在热砂床上发生，所生成的可燃气体中通常含有灰分，因而仅适宜于作锅炉燃料。

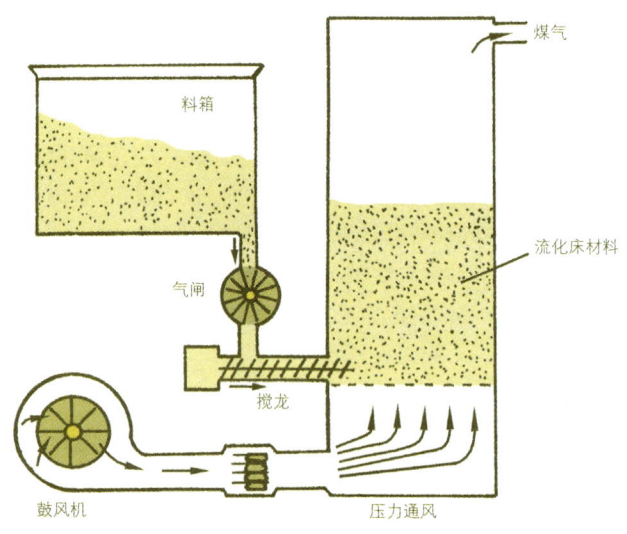

图35-18 流化床式气化炉

35.7 供、用电系统与节能

35.7.1 供、用电系统的一般要求

35.7.1.1 供配电系统

供电系统的设计，应根据技术安全适用，经济合理，节约能源和保护环境的原则进行，确保企业安全、稳定、连续供电和较高的电能利用率。

供电系统的供配电电压等级应根据当地电网和本企业负荷等级、容量和分布等情况，经过经济技术比较后确定。林产工业企业的供电负荷一般为二级和三级。二级负荷一般应有双回路供电，如当地条件有困难或负荷较小时，允许采用一条10kV及以上的专用架空线供电。双回路一般采用同级电压供电，当一路中断供电时，另一路应能供给全部二级负荷的用电。如能减少配变级数，简化接线，节约电能和投资，提高电能质量，则宜采用35kV配电电压。若供电电压为35kV，需降压运行。在进行电压选择时，一般宜采用10kV；若供电电压为35kV，且用电容量较小，没有高压用电设备，则宜采用35/0.4 kV的变压器，以0.4kV的电压供电。

配变电所的位置应尽量靠近负荷中心，以减少低压配电线路的电压及电能损失，提高供电质量。二级负荷具有双回路供电时，通常应选两台变压器，三级负荷在负荷较小时则只选用一台，但根据使用要求或因运行方式变化可以节约电能的，则可增加台数。当厂区较小时，可以实行低压配电；厂区较大，负荷分散，送电距离较远，低压配电不经济时，应根据技术经济比较选定变点。

变压器容量的选择，一般情况下负荷率应选在70%左右为宜。对二级负荷尚需考虑停止运行一台变压器时，另一台应能负担全部二级负荷的供电。对电气设备非连续运行、负荷周期波动大的企业，在对变压器容量和台数进行选择确定时，应对各方案中变压器运行效率进行比较，选择运行损耗小、效率高的方案。多台变压器运行，宜选用随负荷变化自动调整运行台数的装置。变压器型号的选择，应选用低损耗、高效率的节能变压器，如S_6、S_7、S_9、SL_7。

35.7.1.2 电力线路

对1kV以上的高压线路，一般宜先按经济电流密度选择导线截面，然后校验其最高温升和允许的电压损失；对1kV以下的低压线路，一般宜先按发热条件选择导线截面，再验算允许的电压损失和经济电流密度。在380/400V低压架空线路设计中，除按常规选择导线截面外，当负荷较大时，应考虑节能截面，即一般将导线按标称值加大一级，但这种做法不适用于道路照明及负荷容量较小的线路。另外，还应考虑降低企业受电端至用电设备的线损，各次变压的线损率应达到表35-41所列的数值。

表35-41 受电端至用电设备的线损率

一次变压	二次变压	三次变压
<3.5%	<5.5%	<7%

35.7.1.3 功率因数

企业的功率因数应达到国家规定的0.9以上的指标。为达到这一指标，首先应努力提高自然功率因数，如正确选择电动机、变压器等电力设备，减小线路的感抗，有条件的可选用同步电动机。自然功率因数达不到0.9指标时，应安装无功功率补偿装置。对于无功功率补偿，一般宜采用高压、低压集中补偿和大容量电动机就地补偿相结合的形式。

35.7.1.4 电力设备

选择电力设备时，必须选节能型产品，或采取节能措施。如果目前尚无此类产品，设计时应考虑日后改造或更换的可能性。

电动机的类型应在满足其安全、启动、调速等方面要求的情况下，按节能的原则来选择。目前应用Y系列三相异步电动机取代JO$_2$、JO$_3$系列电动机。电动机容量的选择要适当，使其能经常工作在高效率范围内。一般不得使其经常负荷低于额定负荷的40%。

200kW以上的电动机，在条件许可时可选用高压电动机。50kW以上的电动机应配备电流表、电压表、有功电度表等测量仪表，同步电动机还应配备功率因数表，以便监测与计量。经常出现空载的电动机应装设空载自停装置。电动机轻、重载变换时，可采用Y/△自动切换装置。

为提高电能利用率，应选用高效节能的机械设备。一般通风机、鼓风机的效率应大于70%，离心泵、轴流泵效率应大于60%。由于流量调节需要调速的设备，宜采用变频调速或可控硅调速装置。

35.7.1.5 照明

设计照明系统时，首先要求充分利用自然光，降低照明能耗。工业建筑的开窗面积及室内表面的反射系数应符合TJ33-1979《工业企业采光设计标准》的规定。厂房内照明应按工作场所条件和照明的要求，采用不同类型的光源和灯具，确定合理的悬挂高度以提高照明光效，必要时可配备局部照明灯具。各种工作场所的照度标准，应符合GB50034-1992《工业照明设计标准》的规定。灯具悬挂高度在4m以上的高大厂房等场所的照明，宜采用高光效、长寿命的高强气体放电灯（如高压钠灯）及其混光照明。除特殊情况外，一般不宜采用管型卤钨灯、白炽灯、自镇流式荧光高压汞灯。在灯具悬挂高度在4m及以下的场所照明，宜采用荧光灯，一般不宜采用白炽灯。应优先选用配光合理、效率较高的灯具。在保证照明质量的前提下，应优先采用开启式灯具，并应少采用装有格栅、保护罩等附件的灯具。室内开启式灯具的效率不宜低于70%；带有包合式灯罩的灯具，其效率不宜低于55%；带格栅灯具的效率不宜低于50%。功率在40W以上的气体放电光源，可根据具体情况，分散或集中安装电容器，补偿无功功率，补偿后的功率因数应在0.85以上。对集中控制的室外照明宜选用光电自动控制装置，每处集中控制的范围不宜过大。

35.7.2 供、用电系统节电措施

35.7.2.1 电力网节电与变压器经济运行

在电力网中，输、变配电的电能损失与发电厂自用电不同，它是电能在输送及分配过程中自身的损耗。这部分损失由两部分组成，即线路损失和变压器损失。

1. 线路损失

线路损失就是电阻上的有功损耗和电抗（感抗、容抗）上的无功损耗。其计算公式为：

$$\Delta P = (P^2+Q^2) R/U^2$$
$$\Delta Q = (P^2+Q^2) X/U^2$$

式中：ΔP、ΔQ——为有功损失和无功损失，kW、kVar

U——线电压，kV

R、X——为电阻和电抗，Ω

上式表明，有功损失和无功损失与电压平方成反比。因此，电压降低，则损失增大。从三相电路$P=\sqrt{3}UI\cos\varphi$、$Q=\sqrt{3}UI\sin\varphi$可以看出，当输送功率和功率因数$\cos\varphi$一定时，增大输送电压，可减小输送电流，降低有功损失和无功损失。所以，电力网的输电电压等级应尽量选择高一级，以减小输电网的线路损失。

若电力网的功率因数（亦称力率）低，无功功率则大，损失也将增大。另外，电力网的电抗总是大于电阻，在输送功率一定条件下，无功损失将比有功损失大得多。

电力网的基本功能就是输送功率。要想多送有功功率，减小无功输送容量，就必须提高力率，以降低功率损失，节约电能，这是提高输电能力的重要措施。一般可通过采用无功分段补偿等方法来减小无功输送容量。

2. 变压器功率损失

变压器的功率损失，也就是在电阻和电抗上发生的有功功率和无功功率损失。只是变压器有功损失，可以分成两部分，一部分在绕组上的损失，称为电损（亦称铜损）。它是随着变压器负载变化的，与负载电流平方成正比。另一部分是建立磁场的有功损失，称为磁损（亦称铁损）。

当变压器处在额定负载时，电损比磁损大，一般大2～4倍。对于一台具体的变压器而言，磁损是不变的恒定损失，只要变压器一投入电力网，就有这部分损失，其大小称为空载损失。而电损是变压器有载后，增加的损失。变压器容量越大，磁损也越大；容量相同时，电压等级越高，磁损也越大。所以，根据负荷情况调整变压器容量，避免"大马拉小车"，减少不必要的磁损；或者采取装设多台变压器随着负荷需要进行运行，是减少变压器损失的重要措施。

变压器的输出功率和输入功率之比，称为变压器的效率，用公式表示即为：

$$\eta = \frac{P_1}{P_2}\times100\% = \frac{P_2}{P_2+P_{Cu}+P_{Fe}}\times100\% = \frac{\sqrt{3}\,U_2I_2\cos\varphi}{\sqrt{3}U_2I_2\cos\varphi+P_{Cu}+P_{Fe}}\times100\%$$

式中：η——变压器的效率，%

P_1、P_2——变压器的输入、输出功率，kW

P_{Cu}、P_{Fe}——变压器的铜损、铁损，kW

U_2、I_2——变压器的二次侧输出电压、电流，kV、A

$\cos\varphi$——变压器二次侧功率因数

由上式可知，在变压器轻载运行（此时I_2较小）或二次侧（低压侧）功率因数降低时，都将引起变压器效率的降低，

从而降低整个电网的运行效率,这是不利于节约电能的。

3. 变压器的经济运行

变压器的经济运行是不可忽视的。就变压器运行节电而言,在最高效率下运行省电,三相变压器比单相变压器省电。当容量相等时,变压器台数愈少愈省电。变压器最高效率时的负载率,对不同系列、不同容量的变压器不完全一样。一般出现在45%～60%左右。在选择变压器时要充分注意到最高效率时的负载率,但这并不是唯一的考虑原则。变压器容量和台数的选择与企业的生产班次、负荷分布、配电系统的灵活性,以及企业性质等因素有关。同时,变压器容量的等级是阶跃式的,不可能只考虑最佳负载率。但总的来说,变压器的最佳负载率不可低于30%,一般也不宜超过80%。

4. 调荷节电

送变电系统中的各个环节(线路、开关、变压器等)都有电阻和电抗,负荷电流通过这些环节时,就会造成有功和无功损耗。在输送总电能不变的情况下,通过调节负荷,努力做到均衡用电,是降低其损失的有效手段之一。

在全部用电时间内负荷应力求均衡。实际负荷偏离平均负荷的程度越大,或偏离的时间越长,线变损和波动系数就越大。在总用电量不变的情况下,当用电峰值一定时,高峰宽度(用电时间)越大的线变损越大;高峰宽度一定时,峰谷悬殊越大,线损越大。绝对均衡用电是不可能的,但降低用电峰值,减窄高峰宽度却是可以做到的。个别特大设备应力求避峰运行,以达到节电目的。避峰运行后的线路电流越小,用电设备越趋于用电低容时,节电效果就越显著。

三相负荷也应力求均衡。有的企业在增添一些单相用电设备时,有时只考虑施工方便,而忽略三相均衡用电问题。如果三相负载不均衡,有一相过载,将会烧毁变压器。对一个三相四线制线路,如果其中一相负荷为平均负荷的0.75,另一相为0.8,则可以计算其线损将增加25%。实际上,三相四线制线路中的零线一般比火线细,所以线损的增加率比计算值还要大一些。

综上所述,无论是从用电的全部时间来说,还是从三相线路来说,负荷都应当均衡。否则,线损都将增加,甚至是大幅度增加。而将特大型设备避峰填谷运行,使日用电负荷曲线趋于平坦,是达到节电目的的有效方法之一。所以,企业在实际生产中应注意到调荷节电这个问题。

35.7.2.2 改善功率因数

企业使用的大量电力设备,都是由电阻、电感、电容性元件组成的。其中白炽灯、电阻炉等可看成电阻性负载;电容器是电容性负载;而使用量占绝大部分的电动机(包括风机、水泵、压缩机等)、变压器(包括电焊机)等是电感和电阻性负载组合而成的感抗性负载,它们的用电量很大,而且不仅要消耗有功功率,还要消耗一定的无功功率。为了达到节电的目的,可以通过改善功率因数来实现。

首先,功率因数低限制了发、供、配电设备的容量利用率。因为电网电压一般比较稳定,所以功率因数越低,流过设备的电流就越大,这样就使输送的功率不能全部用于有功功率部分,还要为设备提供部分无功功率。因此,改善功率因数就可使供用电设备的容量利用率提高,相应地可增加供电用户,或在选择这部分设备容量时,可以选择得小一些,减小设备的投资。

其次,功率因数低,增加了线路损耗。在输送功率一定时,功率因数低,电流就要加大,而线路损耗与电流平方成正比,故线损将会随之增加。所以,改善功率因数可减少电力系统的线路损耗,从而直接节电。

第三,功率因数低,电流增大,使线路和电器设备上的电压降增加,影响供电电压质量。所以改善功率因数,可以提高供电电压的质量,从而也减少由于电压质量差这个因素对设备的寿命、产品产量和质量带来的不利影响。

第四,功率因数低要增加用户的电费支出,而改善功率因数则可以减少用户的电费支出。

总之,改善功率因数可以达到不可忽视的节电效果,不管是对供电部门,还是对用户都有好处。改善功率因数的方法有很多种,但归纳起来不外乎有两大类。一类是采用自然调整的办法;另一类就是人工补偿法。

1. 采用自然调整法

采用自然调整的主要方法有:合理选择电动机、变压器等设备的容量规格;适当提高电动机、变压器的负载率;减少电动机、变压器的空载时间。

对变压器的节电就是通过合理选择变压器的容量,提高负载率,减少空载时间,以提高功率因数达到节电效果。对电动机采用上述自然调整,改善自然功率因数,同样可达到节电的目的。

2. 人工补偿法

通过自然调整法可以改善功率因数,但改善的幅度不是很大,改善功率因数更为有效的方法是人工补偿法。人工补偿的方法及其特点见表35-42。

3. 移相电容器补偿法的选择

移相电容器补偿方式有许多种,表35-43列出了不同补偿方式的适用场合及其特点,可根据实际情况选择合适的补偿方式进行无功功率的补偿。

在实际补偿中,也可采用功率因数自动补偿控制器。移相电容器补偿无功功率,若采用人工调节补偿容量大小,虽然简单、经济,但由于负载昼夜不停变化,仅靠人工操作来改变投入电网的电容器容量,既麻烦又不及时,经常会出现过补偿或欠补偿。为此可采用功率因数自动补偿器。该装置常由测量、控制、可逆计数器、执行部件,以及稳压电源组成。测量部分通过连续测量电网功率因数的变化,然后将电流与电压间的相位变化转换为直流电压变化,输出给控制部分,并在无功指示仪表中显示出来。控制部分根据测量部分

表 35-42 人工补偿的方法及其特点

功率因数人工补偿方法	特 点	适用场合
采用同步电动机作调相运行	优点是在不影响电动机正常工作的情况下,得到额外的无功功率,并可调节无功功率输出的大小;缺点是在得到无功功率的同时,一般还要消耗较多的有功功率	一般适用于电力系统,投资高,维修不便
异步电动机同步化	可达到同上述一样的可提供无功功率	此法有时需要改造设备,一般适用于特定场合使用,投资高,维修不便
利用电缆和高压架空线路	3~35kV 的电缆线路和电压在 110kV 以上的架空输电线,在带电运行时,都可以提供一定的无功功率。这是一种不需要任何额外投资的无功补偿装置,但是它们所提供的无功功率大小是无法调节的,且补偿量较小	适用于所有的工矿企业
并联移相电力电容器	由于并联移相电力电容器能为电感线圈提供在相位上超前电压的无功电流,所以可提供无功功率。这种无功补偿的主要优点是:造价低,使用材料来源方便;属于静止装置,维修方便;而且损耗小	适用于所有的工矿企业

表 35-43 移相电容器补偿方式的比较

补偿方式分类		电容器接入方式	特 点
安装方式	集中补偿法	将电容器组集中装设在变压器高压或低压母线上,用单独的开关与一定容量的电容器组连接	利用率更高,这种方式主要用来补偿电网和主变压器的无功功率,但对各馈出线路不起补偿作用
	分组补偿法	将移相电容器装设在各分配电盘处	利用率比单独补偿高,运行管理也较为方便。它主要对配电变压器和至车间分配电盘电路进行无功补偿,对车间内部各支线路和用电设备不起补偿作用
	单独补偿法	将单台或数台电容器并联在用电设备端	这种补偿方式多用在补偿异步电动机上,能使无功负载得到较为彻底的补偿。缺点是投资大,利用率低
电路接入方式	并联补偿法	电力电容器与用电设备,如电动机按并联关系安装	并联补偿法最常用
	串联补偿法	电力电容器与输电线路串联,以减少线损	在采用串联补偿法时,有时在电容器旁并接有开关,必要时可将电力电容器短路

输出信号的不同极性,发出加法(投入电容器)或减法(切除电容器)的计数信号,并按一定的时间间隔发出脉冲信号,供给可逆计数器做加法计数或减法计数,按二进制数控方式控制执行部分动作,执行部分则由继电器通过接触器自动将电容器分组逐步投入或切除运行。合理选择每步投入或切除电容器的容量,既能保证具有一定的功率因数整定范围,又能避免补偿时出现过补偿或欠补偿,以达到所需要的恰当补偿。通常工厂的配电室都装有这种功率因数自动补偿控制器,以使企业的功率因数达到较佳的值。

必须指出,目前国内生产的无功功率自动补偿装置皆为三相电容器联动投切方式,它不可能把三相不平衡负载的各相功率因数都补偿到最佳状态,因而对发掘变压器容量潜力的可靠性并无把握,有时甚至可能造成个别相过补偿电流反而增大,所以对三相不平衡负载应选择相控式无功自动补偿装置。

35.7.2.3 电动机节电

对电动机的节电,一方面是要降低电动机本身的损耗,提高电动机的效率,即从电动机本身来节电;另一方面就是要改进电动机的运行状况,使其运行得更加合理、高效,从而达到节电的目的。

1. 改善电动机的功率因数

异步电动机运行时,必须从电网吸收无功励磁功率,从而将使电网的功率因数降低。它是电网无功功率的主要来源,因此改善电动机的功率因数具有重大意义。通过改善电动机的功率因数,使它从电网吸收无功功率降低,从而提高电网的功率因数。提高电网的功率因数,不仅可降低线路和变压器的损耗,而且还可提高用电设备的利用率。

提高异步电动机的功率因数,可采用电力电容器个别补偿的方法来实现。个别补偿即是将单只或数只电容器并联在电动机的接线端,使功率因数提高到 0.95~1 之间为佳。补偿电容量应根据电动机的空载电流或负载工作电流来计算。

2. 异步电动机降压节电

在配套选用电动机时,其容量往往大于实际需要的容量,因此在某些加工设备中普遍存在着负载不足的情况。对于经常在轻负载下运行的△形接法电动机,适当降低电动机运行电压可以明显节约电能。因为电动机的效率随负载减小而减小,所以电动机在轻载运行是不合理的。如果在轻载时把电压降低，则电动机的空载电流降低，损失减小，达到节电目的。

降压的最简单的办法就是采用Y/△切换。当电动机处于满载时仍按电动机原来的△形接法工作，在电动机轻载时由△接法切换成Y接法，则电动机每相绕组上的电压从380V降到220V，即电压降低到原来的$1/\sqrt{3}$。此时电动机的功率减小到原来的1/3。所以，对于经常在1/3负载下运行的△接电动机，适合推广Y/△自动转换器，一般可节电17%左右。

但是，使用中值得注意的是，Y/△转换方法简单，效果较好。但只有在电动机负载率小于三分之一额定值时，将△接法改Y接法才有节电效果。当负载增大时，必须切换回△接法。如果不注意这一点，仍用Y接法，不但不节能，反而会增大损耗，而且还可能烧坏电动机，这必须引起注意。

3. 减少电动机空载运行

电动机是无功负荷的主要设备，根据电力系统的统计，电动机耗用的无功负荷占整个电力系统无功负荷的60%。而经测定，电动机空载时的无功负荷又占电动机额定负荷的60%~80%。因此，必须千方百计地限制和减少电动机的空载运行。

减少电动机空载运行的节电效果是显著的。一般中、小型电动机的铁损几乎占全部损耗的30%。以一台15kW电动机为例，其铁损为0.85kW，假如每天累计空载运行1h，全年以300天计算，耗电可达255kW·h。当电动机功率越大，台数越多，则由铁损引起的损耗是不可忽视的。所以，应尽量减少电动机的空载运行。

减少电动机空载运行的方法最常见的有两种：一种是顺序控制。对于断续负载，电动机如果在空载时还连续运行，则可采用顺序控制，使电动机在空载时停止运转，或直接使用空载自停装置。另一种是运行台数控制。为了同一目的使用数台生产机械时，如果按照负载容量控制运行台数，可以缩短空转时间，获得节电效果。

4. 用小容量的电动机代替轻载负荷的大电动机

该措施可使功率因数提高20%~25%，并能充分利用电动机的容量，提高设备利用率。大部分机械设备在电动机选型时，都留有较大的保险系数。有时还会放大一级选容，造成电动机容量过大，欠载运行严重。如果采用小容量电动机能满足负载要求的话，既可节约用电，又可提高功率因数。

5. 合理选择电动机的容量、型号和规格

在电动机容量相同的情况下，转速高的电动机，功率因数也高；开启式、防护式的电动机比封闭式电动机的功率因数高；电动机容量、转速基本相同时，鼠笼式电动机比绕线式转子电动机的功率因数高4%~5%。因此，只要负载允许应尽可能选用较高功率因数的电动机。

对某些设备可以采用同步电动机，以提高功率因数。虽然一次性投资较多，维护较复杂，但与用补偿同样容量无功的电力电容器相比，经济上是合适的。维护问题随着可控硅技术的普及和电子技术水平的提高已不成问题，因此值得推广。

6. 加强电动机的日常维护和管理

即使采用高效率的电动机，但如果不加强电动机的日常维护和管理，也还是不能达到使其高效运行。电动机的旋转部分较多，如果不搞好检查和维护，会加大损耗且还可能会发生故障。所以进行日常必要的维护保养是必需的。此外，除进行日常检查、加油和清洁工作外，还应注意定期进行详细检查和大修，以便使电动机能高效运行。

35.7.2.4 风机与泵类机械的节电

据1995年普查，风机与泵类机械耗电总量约为3200亿kW·h，约占当年全国电力消耗总量的1/3强。而且据统计，风机与泵类机械配套使用的电动机容量约占全国生产用电动机总容量的一半左右。然而我国风机、泵的效率平均仅为75%（比国外低10%左右），实际运行效率更低，仅为30%~40%，比发达国家低15%~20%。所以若能对其进行技术改造和实行节电措施，那么就可以节约大量的电能。如采用先进的调速节电技术进行系统改造，节电率普遍可提高20%~30%，按25%计算，一年就可节电800亿kW·h。

淘汰低效、费能风机泵类产品，推广高效、节能风机泵类产品（如高效节能风机、水泵），是重要的节能措施之一。但值得注意的是，工业中应用较广泛的风机、泵类机械与电动机的关系是密不可分的，对风机、泵类机械的节电当然将牵涉到电动机，但是它们又具有自身的特点，所以对其进行节电措施又具有独特性。

对于风机、泵类机械的耗能有一个最突出的特点是与机组的转速有关。风机、泵的流量Q、压力H，需要的轴功率P和转速N之间有以下的关系：流量（风量、输出量）$Q \propto N$；压力（扬程、压头）$H \propto N^2$；轴功率$P \propto Q \cdot H$，所以$P \propto N^3$。说明风机、泵类机械的耗能是和转速的三次方成正比的。因此，如果用阀门、挡板等设备控制流量，在流量控制较低时，就会产生较大的阻尼损耗，造成电能的浪费。而且流量越低，损耗越大。但是，如果采用转速控制流量，则可大为减小这种损耗。亦即通过对电动机的速度控制，在低流量时，速度相应成比例地降低，而电动机的输出功率从理论上则与转速的三次方成正比地减小，从而实现大幅度的节电效果。这对减少白白浪费的阻尼损耗是十分有利的。

实现调速节电的方案很多。常用的调速节电方案及其特点见表35-44。

交流调速传动装置按其效率高低，可以分为低效和高效两类，如上述的转子串电阻控制、液力偶合器控制、电磁滑差离合器控制都属于低效控制方式；而变极数控制、变频变压控制、串级控制等都属于高效控制方式。其中变频调速效率高，可以说是最为理想的，例如对三相鼠笼式电动机，或同步电动机，采用晶闸管无源逆变技术（即将直流电转换成交流电后，直接对负载供电的一种再生技术）变压变频，

表 35-44 常用的调速节电方案及其特点

调速节电方案	调速原理	特 点
改变极数调速	交流电动机的旋转磁场的转速 $n=60f/p$，式中 f 为电流频率，p 为极对数。所以，改变极对数 p 就可以改变电动机的转速。它需要可变接线的多绕组或单绕组抽头的特殊电动机，通过改变电动机定子绕组的接法，获得几档不同的速度	其为有级调速。这种调速的控制设备简单，仅需要开关电器，维护方便，对于不要求连续但需频繁调节流量的风机、泵类设备是比较合适的。目前国内已有这类电动机的成型产品
用滑差离合器调速	用滑差离合器实现调速的电动机，常被称为"电磁调速异步电动机"。它是通过改变通入电磁离合器的励磁电流来改变离合器的输出转速	其为无级调速。国内亦有电磁调速异步电动机的成型产品，用这种电动机和风机泵类机械配套，可以获得相当好的节电效果
异步电动机变频调速	它是通过电流型、电压型、脉宽调制型变频器，连续改变频率以改变电动机的转速	从节能的角度来看，对交流电动机进行变频调速可以说是最为理想的。因为在变频的情况下，电动机的旋转磁场的转速随着频率而变化，电动机的转速也随之变化，而转差率始终保持在较小数值，因此不存在转差功率的消耗问题。所以它的效率是较高的
转子串接电阻调速	转子串接电阻就是改变转子电阻，从而改变电动机的机械特性，实现转速调节	转子串接电阻调速仅用于线绕型电动机。其调速范围较宽，一般为有级调速。用线绕型异步电动机转子串接电阻的方法，对风机泵类机械进行调速，节能效果较好，但由于转差功率主要消耗在电阻上，所以主要用于大功率机组
异步电动机串级调速系统	它是将转差频率的转子能量利用可控硅逆变器逆变成交流电，经逆变变压器回送到电网，逆变能量的大小可以控制可控硅的开放角，从而控制转速的大小	线绕型异步电动机转子串接电阻调速方法简单，节电效果也较好，但串联的转子电阻消耗能量，对大功率机组，这部分能量浪费，仍十分可观。可以把这部分能量回收利用，使其变成交流电能回送到电网，这就是所谓的异步电动机串级调速系统。这种调速节电率普遍达 20%～30%

实现无触点无级调速，这是目前交流调速效率最高的一种，总效率可达 85%～90%，节电率达 10%～20%。异步电动机串级调速系统的节电效果也是很好的，例如西安电力整流器厂生产的 RGJF 系列晶闸管串级调速装置，可供 100～500kW 线绕式电动机调速用，调速范围 2:1 为宜，其设备投资可在 1～1.5 年间收回。

从取得最大节电效果的观点出发，当然应选用高效控制装置，但在实际选用时还应考虑实际因素，寻求最优方案。例如，有些企业考虑到调速精度和范围不要求太高、很宽，且希望传动系统简单，操作运行可靠，更希望对原设备不作过大的变动，则常常采用电磁调速电动机作为风机泵类机械的调速节电传动系统。

35.7.2.5 照明节电

电气照明是一门综合性的技术，它不仅要应用光学技术和电学技术，而且还涉及到建筑学和生理学等方面。电光源和灯具是电气照明的重要组成部分。照明技术的发展趋向是：电光源方面，要求提高光效、延长寿命、改善光色、增加品种和减少附件；在灯具方面，要求提高效率、配光合理，并满足不同环境和各种光源的配套需要，同时采用新材料、新工艺，逐步实现灯具系列化、组装化、轻型化和标准化。概括地说，就是要求提高照明质量，节约用电，减少购置和维护费用。

我国现在主要的几种照明光源有：白炽灯、卤钨灯、荧光灯、荧光高压汞灯、金属卤化物灯、高压钠灯和低压钠灯。其性能参见表 35-45。

对于光源的选择主要是应考虑到场所，以及对光色、照度的要求，再加以选择。从节能的角度来说，则应选择高效率的光源。新建建筑的照明设施应尽量不用效率低的白炽灯和管形卤钨灯；对现有照明实施，应逐步用气体放电灯替换普通的白炽灯和管形卤钨灯，用发光效率高的气体放电灯替换发光效率低的气体放电灯。

目前普遍作为照明光源的仍是白炽灯、荧光灯、汞灯和高压钠灯。各种金属卤化物灯中，日光色的镝灯是一种具有高光效，显色性能好的新型气体放电灯。它利用加入放电管中的碘化镝、碘化汞等物质，发出其特有的光谱，从而使灯的发光效率大为提高，可达 80Lm/W。它的光色十分接近于日光，所以常称为日光色镝灯。由于其节电效果较好，深受用户欢迎，是一种很有发展前途的照明光源。

对照明节电，一方面可通过改进照明技术，提高照明效

表 35-45 常见灯种性能表

性 能	灯种					
	白炽灯	卤钨灯	荧光灯	汞 灯	钠 灯	镝 灯
发光效率 (Lm/W)	7～15	20	30～40	40～50	100	80
寿命 (h)	1000	1000	3000	5000	1000	1500
显色指数	95～98	95～98	50	30～35	20～25	90

注：① Lm 是光通量的单位"流明"。光源在单位时间内，向周围空间辐射并引起视觉的能量，称为光通量
② 显色指数是光源反映物体本来颜色的能力，太阳光的显色指数为 100

率；另一方面就是采用电子技术进行照明节电。常见的节电措施及节电效果见表35-46。

35.7.2.6 电焊机节电

1. 各种电焊机电耗比较

影响电焊机电耗的主要因素有：焊接设备的效率、空载损耗、电焊功率，以及焊条熔化系数等。熔化系数是指在单位时间内金属的熔化量。它与焊接电流、焊条伸出长度、电弧电压、焊接速度、工件热容量及散热条件等因素有关。

若以直流发电机手工焊接耗电为100%计，则硅整流手工焊接为76.5%，交流手工焊为53%，自动埋弧焊为45.5%，二氧化碳焊接为31%。可见二氧化碳焊的能耗最低，应大力推广。交流焊接和二氧化碳焊接适用于占我国钢产量80%的结构钢的焊接，可大量取代直流焊接。目前我国直流焊接仍占38%，交流焊接只占42%，二氧化碳焊接只占1%。所以，应积极推广二氧化碳焊接。

2. 电焊机节电措施

电焊机也是一种感抗性负载设备，对它的节电方法常见的有：加装电力电容器改善功率因数；对老式接触焊机采用晶闸管电子技术；减小或消除电焊机空载等方法都可达到节电的目的。各种节电措施及节电效果见表35-47。

表35-46 照明节电措施及节电效果

照明节电方法		采取的措施及节电效果
改进照明技术	采用效率更高的光源	工业厂房采用85W、125W大功率荧光灯比白炽灯效率高80%，可节电50%；室外对光色要求不高的场所，可采用100W、250W、400W、1kW的钠灯比高压汞灯光效高50%，可节电25%；生产区、办公室采用3W、8W、20W、40W荧光灯代替白炽灯，可节电50%左右。荷兰菲利浦公司销售的一种新型节能灯，功率为18W，但其发光效率效果相当于75W，寿命比普通灯泡长5倍，灯光的颜色和白炽灯相似。若全国5000万乡镇家庭中，每家用一个这样的新型灯泡，一年就可节电约36亿kW·h
	重新布置合理的照明点	采用非均匀照明亮度，可节电10%~40%；改变按每个设备为独立单元布置灯具，而按照设备群联合布置灯具，可节电50%；严格控制照度，非生产区、走廊处的特大灯泡换成小灯泡，可节电80%；增设必要的分开关，便于按需要开闭照明
采用电子技术进行照明节电	电子镇流器	将扼流线圈式、漏磁变压器式的镇流器（损耗约为灯输入功率的9%）改为电子式（或称半导体式）镇流器，可减少损耗15%~20%。我国目前采用的是由直流变换电路和滤波器组成的简易电子镇流器，造价较低，比普通荧光灯用的镇流器可节电20%~30%。如再加装一只开关，切换配用电容的容量，还可获得调光效果
	调 光 器	根据不同需要适当调整照度，不但可节电，还可大大延长灯泡的使用寿命。调光器可采用晶闸管作为调整元件，通过调整晶闸管的导通角达到调压、调光的目的。从家庭的台灯、壁灯到企业用的大型灯具；从白炽灯到荧光灯，只要设备的功率能满足负荷的要求，都可进行适当的亮度调整
	照明自动控制器	夜间照明主要存在两个问题。一个是夜间电网电压偏高，有时会超过额定值的10%~15%。这不但浪费了电力，而且还会缩短灯具的使用寿命；另一个问题是照明关闭不及时，有时天亮灯还亮着，造成额外的浪费。对第一个问题，有条件的单位可以采用晶闸管限压器或稳压器来解决；第二个问题，则可以通过采用自动照明控制器来解决。亦可以将二者做成一个控制器统一解决。使用这种控制器一般可节电20%，一年即可收回投资费用
	提高灯的功率因数	大多数工矿企业均采用荧光灯、高压汞灯和钠灯进行照明，这些灯自然功率因数均较低。为提高其功率因数，减小无功功率，应对其加装电力电容器。许多单位采用集中或分组补偿，而最理想的还是单灯分别安装电容器。高压汞灯、钠灯的补偿容量较大，效果尤为显著

表35-47 电焊机节电措施及节电效果

电焊机节电方法	采取的措施及节电效果
加装电容器改善电焊机功率因数	电焊机的功率因数是较低的，一般在0.5左右，同提高电动机功率因数可加装电容器一样，亦可对电焊机加装电容器，以改善电焊机的功率因数。加装电容器后，使其功率因数由0.5提高到0.95，可节电29%~75%，节电效果明显。例如，BX1-300型电焊机就带7档40μF电容器，共280μF，以供其选择补偿电容器的容量
使用空载自动断电装置	通常交流电焊机在使用过程中，空载时间约占总运行时间的50%以上。以一台10kVA的交流电焊机为例，其空载损耗功率约为1kW，而且空载时的功率因数仅为0.4左右。消除或缩短电焊机空载运行，节电率一般可达到15%~20%。在一般场所，电焊机在不焊接时，操作者可切断电源，以限制空载损耗。当在高空作业时，操作者不能方便地切断电源以限制电焊机的空载损耗，可以用空载自动断电装置，使电焊机在空载时自动断电，可节约电能。例如带有空载自动断电装置的BX1-330型28kW交流电焊机，按一年300天，每天8h，利用率为40%计算，一年则可节电近1000kW·h
对老式电焊机进行技术改造	用晶闸管或硅整流管接在交流电焊机的二侧就可变成直流弧焊机，以此代替直流旋转式弧焊机，效率可提高30%。无铁芯晶闸管电焊机不仅可省掉普通电焊机的大变压器，而且效率还可以提高到44%，功率因数可达到1.0。所以，该技术有明显的节电效果，在允许的条件下，应大力加以推广

参考文献

[1] 陈学俊等. 能源工程概论. 北京：机械工业出版社，1985

[2] 孙恩召. 企业节约能源技术. 北京：国防工业出版社，1984

[3] 国家计划委员会《企业热平衡》组. 节能技术. 北京：机械工业出版社，1984

[4] 姚锡棠等. 工业企业能源的利用与节约. 北京：北京出版社，1988

[5] 同济大学等. 锅炉与锅炉房设备(第二版). 北京：中国建筑工业出版社，1990

[6] 陈秉林等. 供热、锅炉房及其环保设计技术措施. 北京：中国建筑工业出版社，1989

[7] 程祖虞. 蒸汽蓄热器的应用与设计. 北京：机械工业出版社，1986

[8] 吴相淦等. 农村能源. 北京：中国农业出版社，1988

[9] 葛永乐. 实用节能技术. 上海：上海科学技术出版社，1993

[10] 荣秀惠等. 实用供暖工程设计. 北京：中国建筑工业出版社，1987

[11] 孙军. 热工理论基础. 北京：中国林业出版社，1995

[12] 孙军. 砂光粉运动轨迹的初步研究. 南京林业大学学报，1997(3)

[13] ZB B 60003-89 胶合板生产综合能耗. 北京：中国林业出版社，1989

[14] ZB B 60002-88 湿法硬质纤维板生产综合能耗. 北京：中国林业出版社，1989

[15] 林业部节能技术服务中心等. 林产工业设计节能技术规定. 北京：中华人民共和国林业部，1996

[16] 冯正中等.密闭式高温蒸汽凝结水回收技术与装置系列化研究.农村能源，1997(2)

[17] 马隆龙等.密闭式蒸汽冷凝水回收技术及其应用.中国能源，1995(9)

[18] 杨延洲.高效节能的高温冷凝水回收技术.中国能源，1994(6)

[19] 冯正中等.蒸汽梯级利用和密闭式高温蒸汽凝结水回收系统.节能，1994(9)

[20] 张荣其.导热油加热二次循环系统浅析.木材加工机械，1997(2)

[21] 俞建洪等.导热油锅炉及其设计运行中的若干问题.福建能源开发与节约，1996(12)

[22] 刘诚等.有机载热体加热炉在刨花板热压机中的应用.林业节能，1995(3)

[23] 顾炼百等.利用砂光木粉的燃气干燥纤维.林产工业，1990(2)

[24] 吴创之.木材废料气化利用.林产工业，1993(1)

[25] 陈图瑛.循环硫化床气化新技术的应用.木材工业，1996(5)

[26] 宋辉等.DZL4-0.7-M(AⅡ)燃木屑(煤)锅炉的研制.工业锅炉，1998(4)

[27] 张大雷等.林产加工废弃物的综合利用技术.林产工业，1998(6)

[28] 牛庆年等.相控无功自动补偿是降耗节能的有效措施.节能，1999(3)

[29] 胡景生.电网改造节电技术综述.节能，1999(4)

[30] 夏纯玉.提高自然功率因素的重要措施.节能，1985(10)

[31] 王云林.风机水泵设备的节电措施.节能，1985(10)

[32] GB50034-92 工业企业照明设计标准.1993

[33] 日本照明学会.照明手册.北京：中国建筑工业出版社，1985

36 木材工业环境保护

木材工业环境保护是研究木材工业污染的特征、处理方法、工艺流程、净化效果等技术学科。本章介绍了木材工业水污染及其治理技术、木材工业噪声控制、人造板甲醛散发、木材工业空气污染及其治理技术等。

36.1 木材工业水污染治理

木材工业中，由于原料、生产过程和产品的不同，会产生不同性质和成分的工业废水。某些废水仅需简单处理，即可循环使用，或直接排入水体；而另一些工艺废水，污染程度严重，必须对其进行严格处理后，才能使用或排放。

本节仅就工业废水治理的有关基本技术以及木材工业中常见工业废水污染和控制（治理）技术作简单论述。

36.1.1 工业废水处理技术概述

36.1.1.1 工业废水来源及分类

不同工业部门，由于原料、产品不同，相应产生不同工业废水，即使同类工业部门，也会因加工流程和工艺条件不同，产生性质和成分不同的工业废水。根据水中所含成分不同，又可分为下列四类：

第一类：主要含无机物的废水，来自钢铁厂和建筑材料厂等。

第二类：主要含有机物的废水，来自食品工业、纤维板工业和制胶、塑料等相关工厂。

第三类：同时含有大量有机物和无机物的废水，来自制药、氮肥等工厂。

第四类：含有放射性物质的废水，主要来自有关工业和使用部门。

36.1.1.2 废水对水体的污染及其危害

含有各种污染物的工业废水排入水体后，不但使水中原有物质的组成发生变化，而且污染物还参与了能量和物质的转化及循环过程。当水中污染超过允许浓度时，就破坏了水体，甚至危及原有的生态系统。

水体遭到污染，对人类健康、工农业生产和鱼类生存及自然环境都能造成危害，危害的程度取决于废水中污染物的浓度、特性等多种因素。常见的主要几种污染物有：固体悬浮物、油类、酸或碱、酚或氰化合物、重金属（汞、镉、铬、铅、砷、铜……）、有机物、营养物质以及热污染等等。

36.1.1.3 废水处理的主要原则

废水处理应符合我国制定的环境保护法规和方针政策。在废水处理的规划设计中，必须把生产工艺和环境保护联系起来考虑。其主要原则为：

(1) 改革生产工艺，抓源治本：废水是生产工艺过程中的产物，改革生产工艺过程，尽可能做到不排放或少排放废水，降低污染物浓度，从根本上消除或减轻废水的危害。例如纤维板干法生产替代传统湿法生产的方法。

(2) 提高水的循环利用率：进行废水处理时，必须考虑废水循环利用或重复使用，提高水的循环利用率，尽量减少废水的排放。

(3) 回收利用综合治理：工业废水中的污染物，都是在生产过程中进入水中的原材料、辅料等物质，排放这些废水，就会污染环境，造成危害。但若加以回收，便可变废为宝，化害为利，综合治理，就可节省水处理费用。比如制胶废水中，回收化学药品，重新用于胶料制备。

36.1.2 废水处理的基本方法

36.1.2.1 废水处理程度

通常把废水处理按其处理程度划分为：一级处理、二级处理和三级处理三种。

一级处理：主要为预处理，用机械方法或简单化学方法，使废水中的悬浮物或胶体物质分离出来，或初步酸碱中和。

二级处理：又称生物处理，用来降低废水中的溶解性有机污染物。一般能去除90%左右可被生物降解的有机物，可大大改善水质。

三级处理：又称深度处理。采用物理化学法处理经过二级处理后的废水。三级处理可以除去可溶性无机物、除去不能被微生物分解的有机物、除去各种病毒、病菌以及其他物质，最后达到水质标准。

36.1.2.2 基本方法与原理

工业废水处理的基本方法一般分为：物理法、化学法、物理化学法及生物法四大类。

1. 物理法

又称机械处理法。优点是简单、经济。主要是分离废水中的悬浮物质。一方面回收废水中有用物质，另一方面可以使废水得到净化。常用的方法有：重力分离法，是使废水中的悬浮物在重力作用下与水分离；离心分离法，是使废水中的悬浮物或乳化油在离心力作用下与水分离的方法；过滤法，是使废水通过带孔的过滤介质，大于孔眼尺寸的悬浮颗粒被截留。常用的过滤介质有格栅、筛网、石英砂、微孔管等材料。由于材料不同，过滤效果也就大不一样；反渗透法，用在废水处理的主要目的是浓缩回收有用物质，减轻污染，同时使处理后的废水重复利用。

2. 化学法

主要是分离废水中的胶体物质和溶解性物质，达到回收有用成分、降低废水中的酸碱度等目的。常用的化学方法有：混凝法，它是在废水中投加电解质作混凝剂，混凝剂水解后在废水中形成胶团，使废水中原有胶体物质失去稳定而凝聚成絮状绒粒，分散的固体颗粒被絮绒吸附，形成较大絮状颗粒一起沉降。常用的混凝剂有硫酸铝、硫酸亚铁、三氯化铁、石灰、硫酸、聚合氯化铝、聚丙烯酰胺等。应根据废水性质、当地材料来源，经济效果等条件进行选用。另外还有中和法和氧化还原法。

3. 物理化学处理法

主要是分离废水中的溶解性物质，回收有用成分，使废水得到深度处理。现用得较广的为气浮法：就是在废水中通入空气，有时也加入混凝剂，使废水中粒径为 $0.5 \sim 25\mu m$ 的细小固体粘附在空气泡上，随气泡一起上浮到水面，使污染物以浮渣形式排除，同时净化了废水。一般气浮设备有加压气浮、曝气气浮、真空气浮等。

4. 生物法

是利用微生物的作用处理废水的方法。主要是用来除去废水中的胶体和溶解性的有机物质。生物法处理废水的基本原理是利用微生物的活动，将复杂的有机物分解成简单物质。生物处理根据微生物对氧气要求不同可分为好氧处理和厌氧处理两大类。

以上各种处理与利用的方法，都有它的特点和适用条件，有时也往往需要配合使用。对于某一种废水来说，究竟采用何种方式或几种方法联合使用，必须根据废水的水质和水量、回收的经济价值、排放标准、处理方法的特点等，通过调查、分析、比较后决定，必要时要进行试验研究。调查研究和科学试验是确定处理方法的重要途径。

36.1.3 工业废水水质指标、水质污染的控制标准

36.1.3.1 工业废水的水质指标

评定某一水质的好坏，判定污染物含量、判定污水的排放标准，必须选用一些标准、规范的指标，确实能较准确反映水质的本质。表征废水污染程度的水质指标，可以概括为物理指标、化学指标、生物指标和生理指标几种。

1. 物理指标

主要有浊度、色度、温度、总固形物、悬浮物、溶解物、电导率、放射性等。

总固形物，是水样在一定温度下蒸干后所残余的固体物质总量。

悬浮物（SS），是把水样过滤，截留物蒸干后的残余固体量。是反映水中固体含量的一个常用水质指标。

2. 化学指标

主要有pH、生化需氧量、化学需氧量、溶解氧、总有机物、有机氮、有机毒物（酚、多环芳烃、有机汞等）、无机毒物（氰、硫化氢、铬、砷等）。下面重点对某些指标说明一下：

生物需氧量（BOD），表示生物氧化水中的有机物所需要的氧气量，单位以 mg/l 表示。通常以20℃培养5d后水中消耗溶解氧的 mg 数来表示，亦称五日生化需氧量（BOD_5）。BOD是反映水中有机物含量的主要指标之一。生化需氧量越高，表示水中有机物越多，污染就越严重。

化学耗氧量（COD），表示用重铬酸钾作氧化剂氧化水中有机物所需要的氧气量，单位 mg/l 表示。由于COD_{cr}反映的需氧量接近于水中有机物的总量，所以一般用于表示有机物含量高的工业废水。

酚是芳香烃苯环上的氢原子被羟基（－OH）取代而成的化合物，按照能否与水蒸汽一起挥发，而分为挥发酚与不挥发酚。酚的含量是目前最常用的水质毒物指标之一。

3. 生物指标

主要有大肠菌数、细菌总数、病毒等。如细菌总数，指

1ml水中所含各种细菌的总数。

4. 生理指标

主要指嗅、味、外观、透明度等。

36.1.3.2 水质污染的控制标准

为贯彻执行中华人民共和国《环境保护法》和《水污染防治法》，控制水污染，保护水资源，分别制定有国家标准《地面水环境质量标准》（GB3838-1988）和国家标准《污水综合排放标准》（GB8978-1988），见表36-1、表36-2。

GB8978-1988标准将排放的污染物按其性质分为二类。

第一类污染物，指能在环境或动植物体内蓄积，对人体健康产生长远不良影响者，含有此类有毒污染物质的污水，

表36-1 第一类污染物最高允许排放浓度

序号	污 染 物	最高允许排放浓度（mg/l）
1	总汞	0.05
2	烷基汞	不得检出
3	总镉	0.1
4	总铬	1.5
5	六价铬	0.5
6	总砷	0.5
7	总铅	1.0
8	总镍	1.0
9	苯并（a）芘	0.00003

表36-2 第二类污染物最高允许排放浓度

标准值 污染物	标准分级 规模	一级标准		二级标准		三级 标准
		新扩改	现有	新扩改	现有	
1	pH值	6~9	6~9	6~9	6~9	6~9
2	色度	50	80	80	100	—
3	悬浮物	70	100	200	250	400
4	生物需要氧量（BOD₅）	30	60	60	80	300
5	化学需氧量（COD_cr）	100	150	150	200	300
6	石油类	10	15	10	20	30
7	动植物油	20	30	20	40	100
8	挥发酚	0.5	1.0	0.5	1.0	200
9	氰化物	0.5	0.5	0.5	0.5	1.0
10	硫化物	1.0	1.0	1.0	2.0	2.0
11	氨氮	15	25	25	40	—
12	氟化物	10	15	10	15	20
		—	—	20	30	—
13	磷酸盐	0.5	1.0	1.0	2.0	—
14	甲醛	1.0	2.0	2.0	3.0	—
15	苯胺类	1.0	2.0	2.0	3.0	5.0
16	硝基苯类	2.0	3.0	3.0	5.0	5.0
17	阴离子合成洗涤剂（LAS）	5.0	10	10	15	20
18	铜	0.5	0.5	1.0	1.0	2.0
19	锌	2.0	2.0	4.0	5.0	5.0
20	锰	2.0	5.0	2.0	5.0	5.0

表36-3 水质指标检测方法

序 号	项 目	测定方法	方法标准编号
1	苯并（a）芘	纸层析－荧光分光光度计	GB 5750－1985
2	pH值	玻璃电极法	GB6920－1986
3	色 度	稀释倍数法	
4	悬浮物	滤纸法	
		石棉坩埚法	
5	生物需氧量（BOD₅）	稀释与接种法	GB 7488－1987
6	化学需氧量（COD_cr）	重铬酸钾法	
7	石 油 类	重量法	
		非分散红外法	
8	动植物油	重量法	
9	挥 发 酚	蒸馏后用4－氨基安替比林分光光度法	GB 7490－1987
		蒸馏后用溴化容量法	GB 7491－1987
10	氰化物	异烟酸－吡唑啉酮比色法	GB 7487－1987
		碘量法（高浓度）	
11	硫 化 物	对氨基二甲基苯胺比色法（低浓度）	
		蒸馏－中和滴定法	GB 7478－1987
12	氨氮（NH₃－N）	纳氏试剂比色法	GB 7479－1987
		水杨酸分光光度法	GB 7481－1987
		氟试剂分光光度法	GB 7483－1987
13	氟化物	离子选择电极法	GB 7484－1987
		茜素磺酸锆目视比色法	GB 7482－1987

表36-3（续）

序号	项目	测定方法	方法标准编号
14	磷酸盐	钼蓝比色法	
15	甲醛	乙酰丙酮比色法	
16	苯胺类	重氮偶合比色法或分光光度法	
17	硝基苯类	还原—偶氮比色法或分光光度法	GB 7449－1987
18	阴离子合成洗涤剂	亚甲蓝分光光度法	
19	铜	原子吸收分光光度法	GB 7475－1987
		二乙基二硫化氨基甲酸钠分光光度法	GB 7474－1987
20	锌	原子吸收分光光度法	GB 7475－1987
21	锰	原子吸收分光光度法	
		过硫酸铵比色法	
22	有机磷农药		
23	大肠菌群	数发酵法	GB 5750－1985
24	样品采集与保存	采样方法	

不分行业和污水排放方式，也不分受纳水体的功能类别，一律在车间或车间处理设施排出口取样，其最高允许排放浓度必须符合表36-1的规定。

第二类污染物，指其长远影响小于第一类的污染物质，在排污单位排出口取样，其最高允许排放浓度和部分行业最高允许排水定额必须符合表36-2和表36-3的规定。

36.1.4 工业废水水质分析及监测技术

工业废水水质分析与监测，是废水处理和利用的一个重要组成部分。对工业废水进行水质分析的目的是，监测废水水质指标，鉴定废水的处理效果，保证水处理设备能够正常工作（GB3838－1988和GB8978－1988两标准中各参数的检测分析方法按表36-3执行）。

36.1.5 湿法纤维板工业水污染及其控制

36.1.5.1 湿法纤维板生产废水的水量与水质

湿法纤维板生产过程是用水作为工作介质的，所以有许多用水点与相应的排水点，见表36-4。

从上表可看出，湿法纤维板生产主要废水是热磨机的木塞废水、成型废水和热压废水。木塞废水与木片含水率和进料螺旋转速有关；成型废水水量最大，与浆料上网浓度、排水回用率有关；热压废水去除冲缸水则水量不大，主要决定于板坯含水率以及热压板闭合速度、热压温度等因素。

湿法纤维板生产排出大量高浓有机废水，其污染物质大体有以下几类：细胞碎片；随水流失的细小纤维；木材中的胶体物质；可溶性胶体物；生产过程中施加的各种化学物质如防水剂、增强剂等。在多数情况下，湿法纤维板废水不含剧毒物质，污染环境主要是有机物造成的。废水中的污染物，以溶解态的占80%（质量比），其中70%～80%为各类低分子的糖类物质；悬浮物质及胶体物质占20%。表36-5为湿法纤维板废水水质示例。

工艺废水的组成和污染程度，主要决定于生产原料和工艺条件，表36-5是1983～1984年对全国34个厂家进行调查结果的平均值。

对照前面所列我国对湿法纤维板行业排放标准与生产实际，表明该工业废水污染浓度高，废水量大，因此必须进行控制和治理，绝不能直接排放，造成对水体的污染。

表36-4 湿法纤维板生产用水点、排水点与水量情况

序号	用水点、排水点	用水量（m³/t板）	排水量（m³/t板）
1	热磨机设备用水（冷却密封）	2.0	2.0
2	热磨机木塞废水		0.2～0.4
3	浆料稀释	60.0～65.0	
4	成型冲网	8.0	4.0
5	成型真空泵	2.0	2.0
6	成型废水		60.0～62.0
7	热压机冲缸	2.0	2.0
8	热压板坯挤出水		1.0～1.5
9	化学添加剂用水	0.5	
10	小 计	75.5～79.5	71.2～73.9

表36-5 纤维板工业废水水质情况

指标	单位	长网	热压机	排水口
pH值	/	4.36	4.60	5.14
SS	mg/l	2129	1347	1007
COD_{cr}	mg/l	2977	6234	3314
BOD_5	mg/l	958	1416	563
游离酚	mg/l	10.7	9.1	3.57
游离醛	mg/l	9.7	/	3.69

36.1.5.2 湿法纤维板废水治理途径

在湿法纤维板废水治理中同样存在着"在源改变"和"终端处理"两种途径。"在源改变"即内部治理;"终端处理"即外部净化处理。而"内外结合"更有可能完全消除污染。国外对湿法纤维板废水声称做到的"零排放",在技术上是可行的,而在经济上是否合理值得探讨。

纤维板车间内部治理途径。

1. 减少污染物发生量

减少污染物发生量是防治污染的治本措施。如前所述,污染物发生量取决于原料性质(树种、树皮及枝桠材含量等)以及热磨条件(预热温度和时间)。

对于原料质量尽可能合理选择与搭配。

改进热磨工艺,采用减少污染的"高得率浆法"。显然,热磨过程中浆料得率越高,产生的污染物越少,废水的污染程度越小。例如:当预热的蒸汽压力从1.2MPa降到0.6MPa时,木浆的得率从92%提高到96%,木材的损失减少一半,废水中的BOD_5从79kg/t板下降到37kg/t板。又如:当预热蒸汽的表压为0.98MPa,预热时间2min,此时BOD_5的发生量为65kg/t板;如将预热时间延长到5min以后,BOD_5上升到110kg/t板,增加40.9%。因此,应将预热蒸汽压力控制在0.7MPa和时间在2~3min之内。若蒸汽压力过低,木片未充分软化导致电耗上升,磨浆质量下降。为此,必须全面衡量。

提高得浆率的另一个措施是在制浆时喷入少量的碱液,可以调节pH值,减缓酸性水解的程度。但用量过多将引起新的污染。

2. 提高工艺废水的回用率

对废水必须做到"清浊分流",将工艺废水与设备用水分开;热压水与长网水分开。因各种废水的水质不同,应分别处理。纤维板工艺废水治理的核心方案是循环使用长网水。但是,长网水长期循环使用引起水中的污染物累积,浓度比敞开用水时提高10倍以上。随之会出现粘网、粘板和产品吸水率上升等工艺故障。轻则使产品降等,重则使生产无法进行。为了排除故障,应对工艺和设备进行改造,使其适应废水回用新工艺。因此,应该在全面核算的基础上选择适当的废水回用率。这是一个值得研究的课题(将在下一节中详述)。

3. 减少设备用水量

设备用水量很大,当自由排放时,高达15kg/t板。在设备用水量中,长网冲洗水数量最大,通常在8~9t左右。采取以下措施可以减少冲网水:①定期清洗长网;②用真空吸去长网上粘附的细纤维;③冲网水循环使用。其次,用白水代替真空泵的循环水和改进压机结构,降低活塞温度,从而取消压机缸芯冷却水。

采取上述有效措施可将设备用水减少到3~4t。

36.1.5.3 湿法纤维板废水封闭循环

1. 循环形式和流程

"封闭系统"的涵义:"封闭系统"的严格定义是全部工艺废水循环使用,整个系统不排出任何废水,达到所谓"零排放"。而生产实践中所采用的"封闭循环"并非指"零排放"。较好的情况只能做到长网水的全部回用,甚至仅大部分长网水回用。为了区别这些具有不同封闭程度的体系,将全部工艺废水(包括长网水和热压水)回用的系统叫"全封闭";没有达到全部回用的系统叫"局部封闭"。

两种循环形式:根据循环系统中有无净化设施,将其归为两类,如图36-1所示。

未经净化的废水直接循环使用(内循环)这种循环系统中,废水未经任何净化处理,直接回用,可以是全封闭,也可以是局部封闭。全封闭应用较少,多数是回用大部分长网废水。热压水不进入循环系统,以免恶化水质。长网水全封闭系统中,循环水的COD_{cr},浓度一般在$(3~4)\times 10^4$mg/l以上,最高可达10×10^4mg/l。在这种状态下,除采取一系列工艺和设备改造之外,还要求工人有很高的技术素质,以保持系统的稳定平衡和正常运转。

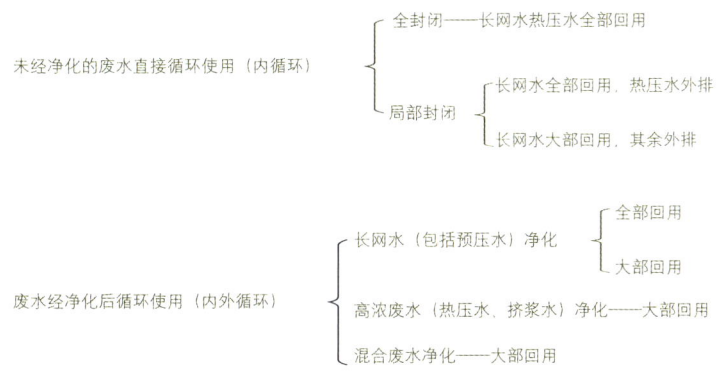

图36-1 废水循环形式

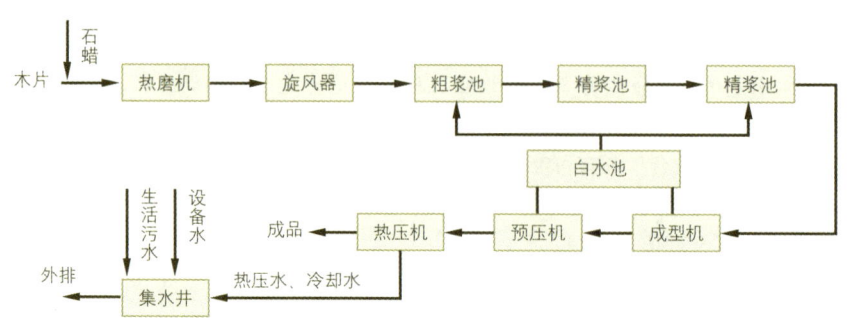

图 36-2 长网水、预压水直接循环

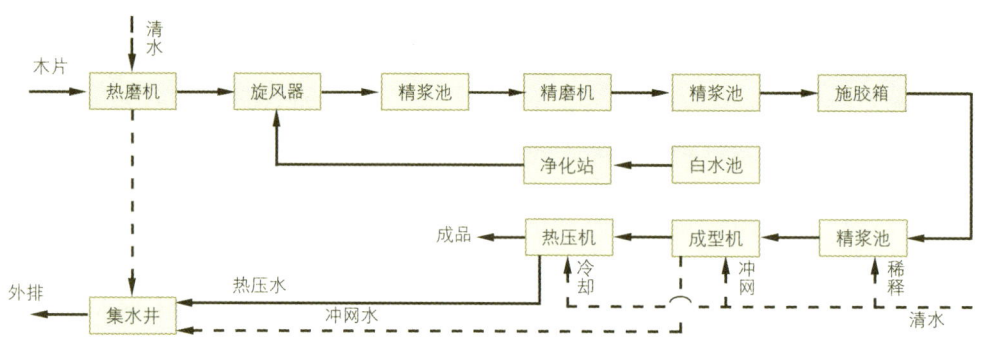

图 36-3 长网水经净化后再循环

在直接局部循环系统中,所排出的废水如不采取适当措施净化,而仅靠设备水和生活污水稀释,很难达到排放标准。

2. 废水经净化后循环回用（内外循环）

在这种系统中串联有废水净化站,循环水经过净化后全部或部分回用。在净化过程中消除一部分污染物,以降低循环水的浓度并减少板坯中污染物含量。经净化后的废水可能达不到排放指标,需要排放的那一部分和热压水混合后用设备水冲淡方可排出。

高浓度水的数量不大,最好与综合利用相结合进行处理。

混合废水净化就是将各种需要排放的废水（包括工艺水、设备水和生活污水）混合后送入净化设施（如好氧处理构筑物、氧化塘）,经处理后返回车间使用。

工艺流程举例。

长网水直接循环或长网水和预压水直接循环,见图36-2。

长网水未经净化直接回用,热压水和其他废水混合后排放。如不能达到排放标准,则需另行净化处理。也有增加了预压工序,以减少进入热压机的水量,从而提高回用率和改善板面颜色。由于热压水数量减少,经其他水稀释后有可能达到排放指标。

长网水经净化后再循环见图36-3。

长网水经净化处理（气浮法或其他方法）后回用大部或

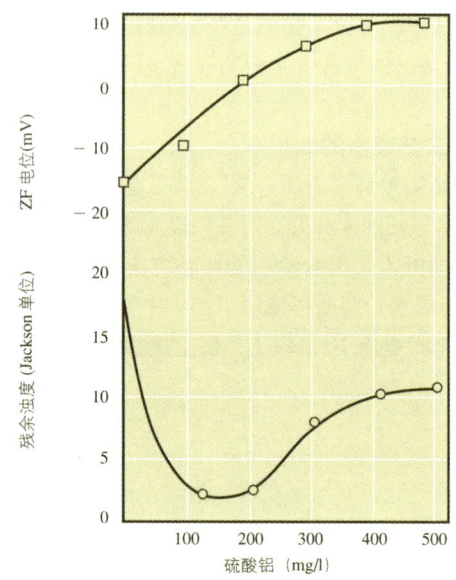

图 36-4 硫酸铝用量与沉淀效果的关系

全部,根据产品质量适当调节。

硫酸铝用量与沉淀效果的关系见图 36-4。

水量、污染量及热量平衡：在废水封闭循环系统中,保持水量、污染物含量和热量的稳定平衡是维持正常生产的必要条件。水量和污染物含量的变化都会引起废水浓度的变化，导致板坯内污染物含量的增减，从而引起产品质量的改变。系统内热量的变化将影响水温和浆温。浆温升高使效果降低和浆料发酵起泡，从而出现浮浆和成型脱水困难等工艺故障。同时加剧设备的腐蚀，循环水腐败。保持三个参数的平衡就是使进入系统中的量必须等于送出系统的量，达到"收支平衡"。

保持平衡措施：保持水量平衡措施有：①清浊分流；②严格控制用水量；③热磨机出口后增加热空气干燥器，除掉部分水分；④增加长网重力脱水面积，提高脱水量；⑤增加真空脱水；⑥用高压水冲洗长网，改善长网脱水效果；⑦增加预压机脱水；⑧增设白水池，保持稳定供水量；⑨投入一定数量的阳离子高分子絮凝剂，提高脱水速度。

降低板坯内污染物含量的措施有：①原料去皮，可降低废水内木材可溶物40%；②低压热磨，可降低污染物45%～50%；③热磨时投加少量碱液，减少酸性水解的破坏；④热磨前低温软化木片，以利于低压制浆。

降低浆温措施有：①以旋风分离器代替减压稀释器，可将热磨后纤维浆料热量的70%散失掉（主要靠蒸发高温水）；②冷却循环水；③向白水池鼓风，搅拌降温，并能保持水的新鲜。

36.1.5.4 湿法纤维板废水的净化处理

废水净化作为封闭循环的补充措施，净化方法很多，对纤维板废水的净化方法有以下几种：

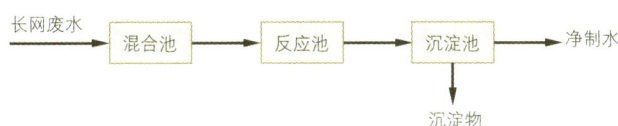

图 36-5 混凝沉淀工艺流程图

1. 混凝

混凝亦称絮凝，是指在液体中加入化学药品，使液体中颗粒不稳定而发生附聚现象。根据所用混凝剂不同，凝聚和混凝过程的作用亦不同。混凝效果与用量有关，对每种液体都有最佳用量，最佳用量应是浊度最小如图 36-4，ZP电位接近零（示例中用量为100～200mg/l）。对于纤维板废水以600～800mg/l为宜。

湿法纤维板废水中的溶解物或胶体，经混凝处理，由于混凝剂种类不同，絮聚体将会出现沉淀或上浮的不同现象，所以废水混凝处理后，就有两种净制措施。

混凝沉降图 36-5 为某纤维板厂处理流程图。

废水汇集在混合池，池内有鼓风搅拌，加入混凝剂，混合后送入反应池，在反应池内絮凝反应，最后送入沉淀池分离。在混凝剂和助凝剂作用下，SS去除率64%～98%，平均为78%；COD_{cr}去除率68%～82%，平均为71.9%。

混凝气浮：在一定的压力下，将空气溶解在水里，作为工作介质，然后通过浸在水中的释放器，骤然减压释放出

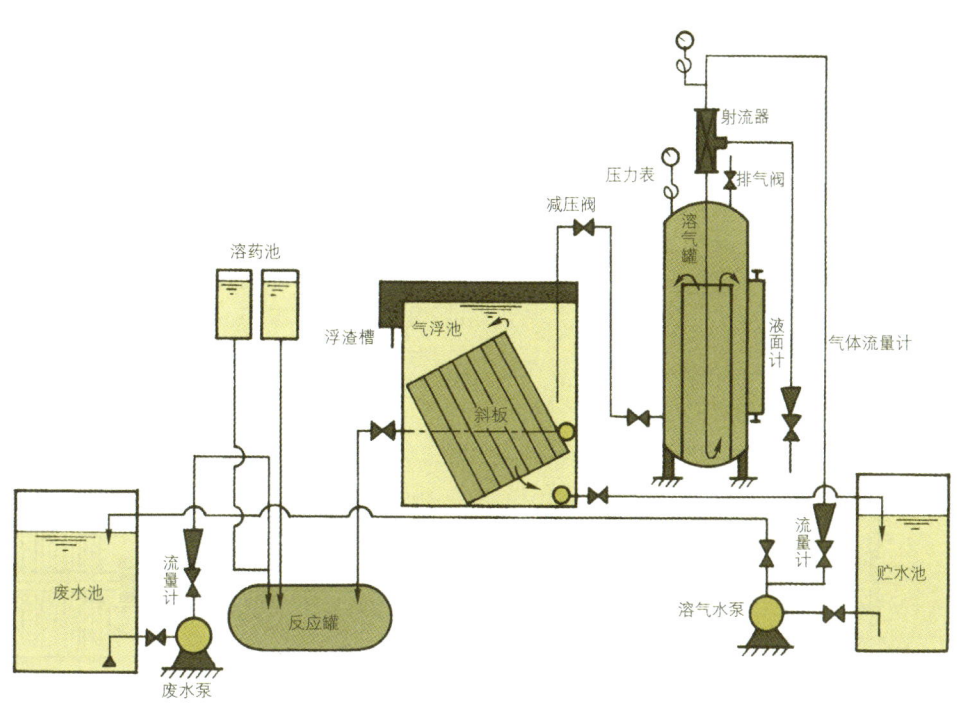

图 36-6 热压废水气浮处理工艺流程示意图

来,使其产生无数的微细气泡,与废水中经过凝聚反应后的杂质颗粒黏附在一起,使其密度小于水,从而浮于水面成为浮渣而被除掉。

图 36-6 为某厂气浮处理流程示意图。

保证好的气浮处理效果,对溶气水的要求有:气泡直径小于500μm,溶气压力大于0.2～0.25MPa,气泡保留时间大于3min,水温小于32℃;溶气水量不少于处理水量的30%,处理效果见表36-6。

2. 好氧生物处理

好氧生物处理是利用好氧微生物的生命活动过程把废水中的有机物转化为简单无机物形式。好氧微生物又叫需氧微生物,它的活动是一个复杂过程,如图36-7所示。

纤维板废水采用需氧微生物处理常用方法有活性污泥法、生物转盘法等。

(1) 活性污泥法:活性污泥是指一群菌胶团属的好氧细菌和原生动物为主体所组成的微生物集团与废水中有机物、无机性悬浮杂质所构成的絮状体。该法是利用活性污泥在有氧的条件下吸附、吸收、氧化分解废水中的有机物,使之成为稳定的无机物。这一方法主要除去溶解性的有机物,一般作为二级处理。曝气池是活性污泥法的核心构筑物,是生物氧化过程的反应器,图36-8 为混合曝气池装置原理示意图。

曝气池必须控制好正常工艺参数:供氧量、废水浓度、污泥浓度、营养盐添加量、pH值和水温等。对于纤维板废水,可采用下列参数:水气比1:89,废水浓度(COD_{cr}计) <2500mg/L,污泥平均浓度9.8g/L,污泥回流率约50%;营养盐投加比按BOD_5:N:P=100:5:1;pH值在6.0～6.5;水温为20～30℃,按以上处理条件,经18h处理:SS去除率为81.5%;COD_{cr}去除率为83.6%,出水可达排放标准。

此法不足之处是电耗大,管理比较复杂,占地面积大等。

(2) 生物转盘法:是固定生物膜处理中最常见的方法,转盘是由一系列间距1.5～3cm转动圆盘组成。圆盘材料可用硬质塑料、玻璃钢、木材等制作。圆盘直径1～3m,一半浸在废水槽中,一半暴露在大气中,在水平轴的带动下慢速转动(见图36-9)。在圆盘表面生长一层固定的生物膜。浸在水中时,生物膜吸附废水中的有机物,离开水面后生物膜从空气中吸氧,并进行氧化分解。如此反复循环,使废水中的有机物得到氧化分解。

生物转盘工艺条件为:进水浓度COD_{cr},2250mg/L;流量$1m^3/h$,9>pH>6～6.5;进水量$0.035m^3/m^2·d$;水中溶解氧3～4mg/L;营养物为尿素和磷酸;一般净化效果:COD_{cr}去除率为74%～79%,BOD_5去除率为85%～90%。此外,若适当投入混凝剂和提高水温都可提高净化效果。

3. 厌氧生物处理

厌氧处理原理是在无氧的条件下,利用厌氧菌将其中有机物转化为甲烷和二氧化碳等稳定物质,使水质得到净化。对大多数基质来说,厌氧过程分为两个阶段,首先借助于产酸菌群转换为挥发性有机酸,而后这些有机酸在甲烷菌的作用下,转换为甲烷和二氧化碳。

厌氧处理的构筑物有接触消化池、厌氧滤池、澄清消化池和厌氧污泥床等。上流式厌氧污泥床反应器在我国已用于处理纤维板废水,其结构原理如图36-10,高浓废水pH调到

表 36-6 混凝气浮与沉淀处理效果比较

指　标	混凝沉淀	混凝气浮
COD_{cr}去除率, %	>50	>80
SS去除率, %	~90	>95
酚去除率, %	差	>50
处理时间, h	2～5	0.25～0.35
处理池容积, m^3	800～1000	120～150

图 36-7 需氧生物氧化示意图

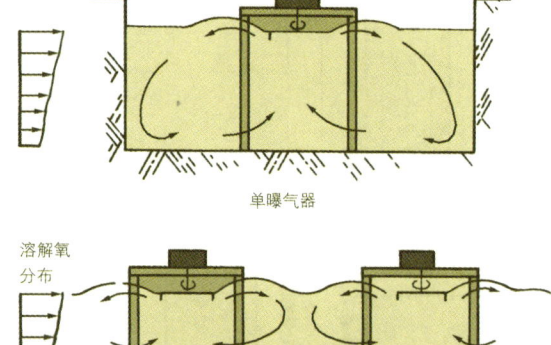

图 36-8 混合型曝气装置示意图

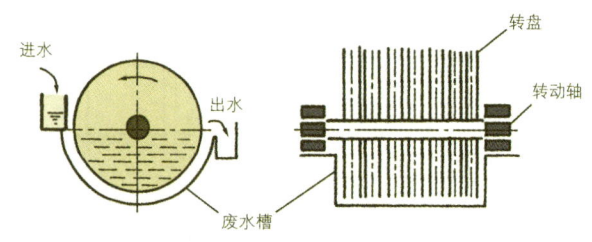

图 36-9 生物转盘工作原理

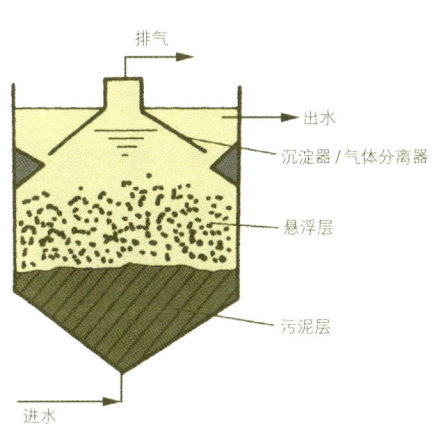

图36-10 上流式厌氧污泥床反应器

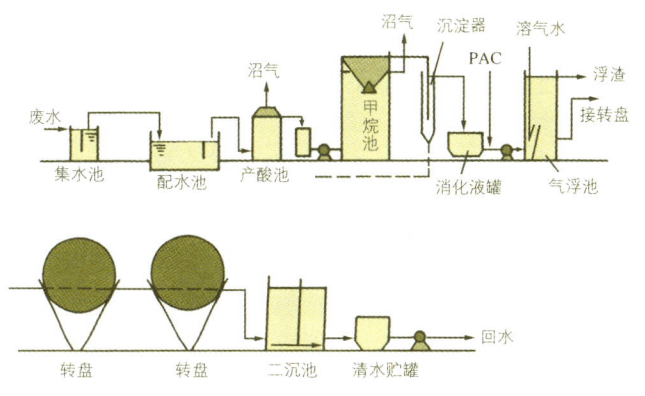

图36-11 厌氧—气浮—好氧处理流程示意图

中性,并配入营养物(按BOD_5:N:P=100:2.5:0.5),逐渐加入反应器中,待整个容器充满水,产气正常后方可连续加料,转入正常工作。在正常运转期间,必须控制下述条件:

(1)温度:甲烷发酵有中温(30~45℃)和高温(50~55℃)两种。

一般中温反应比较容易控制,故常用38~40℃;

(2)pH值:正常发酵的pH值为6.8~7.2,此时反应速率最大。

(3)反应器负荷:以每m^3容器内部所容纳的COD_{cr}或BOD_5物质的数量来衡量。一般COD_{cr}平均负荷在5~7kg/m^3·d为宜。

(4)废水的组成及营养平衡:废水中氮的最低含量应为有机碳含量的2.5%,磷为0.5%。

(5)污泥浓度:污泥浓度越高,可以承受的负荷越大。反应中生成活性活泥量,通常是废水的3%~5%。

厌氧处理产生的气体中50%~70%为甲烷,30%~45%是二氧化碳。甲烷产量与废水中COD_{cr}有关。

厌氧处理的优点之一,是适合高浓度废水处理,进水浓度可高达20000mg/l(以COD_{cr}计),但经处理后的出水浓度也很高,因此,一般厌氧与好氧生化处理结合起来加以应用(图36-11)。最后出水浓度BOD_5降至30~50mg/l,COD_{cr}350~600mg/l。

通过图36-11流程的处理效果见表36-7。

当进水COD_{cr},为30000mg/l时,每m^3废水产气量为6~8m^3,甲烷池甲烷含量为63%左右。

36.1.6 胶合板工业水污染及其控制

胶合板工业中的水污染,已越来越为人们所重视。胶合板生产的主要水污染有:木段水力剥皮、木材的水热处理、单板干燥机冲洗,以及调胶及涂胶设备的冲洗等。自20世纪80年代以来,国内外特别是国外胶合板工业采取了一系列控制污染措施,达到各国排放要求。表36-8为美国胶合板工业主要工序废水水质和排放量(按一百万m^2产量计)。

36.1.6.1 木段水力剥皮废水控制

胶合板生产用原木,可用机械或水力等剥皮方式去除树皮。水力剥皮是用高压水冲击木段表面树皮,达到去皮目的,据有关资料统计,1m^3木材水力剥皮排放废水量达5~12m^3,废水的BOD_5在50~250mg/l,且SS较多,为胶合板工业主要废水源之一,对此废水的有效处理,是废水的循环回用。具体可采用如图36-12所示处理途径。

由于水力剥皮会产生大量废水,增加了水处理费用,因此,现已广泛开发其他剥皮方式,从而使剥皮废水量显著减少。

36.1.6.2 木材水热处理废水控制技术

单板和胶合板生产中,通常需对木材进行水热处理(即软化处理)。常用的方式有水煮、汽蒸或水浸渍等方法。不论采用那种方式,均会产生一定量的废水,其污染物主要有:有机水溶物和悬浮物。不同材种在煮木条件下水质也不同(表36-9)。

煮木池的废水量较大,废水处理比较困难,一般采用改进设备或改进蒸煮工艺条件,进而采用全封闭的循环回用系统的方式。比如用间接加热的热水喷淋处理木材,喷淋水入回收系统,重复使用,可减少废水量。再有处理工艺的改进,即由煮木法改为蒸木法能大幅度降低废水排放量,污染量可

表36-7 联合生化处理结果

指 标	进 水	出 水	去除率(%)
pH值	4.5	7	
COD_{cr}(mg/l)	28317.4	231.4	99.2
SS(mg/l)	3285.2	68.2	97.9
挥发酚(mg/l)	8.7	0.23	97.4

表 36-8 胶合板工业主要工序废水水质和排放量

主要工序	COD_{cr} (mg/l)	酚类 (mg/l)	SS (mg/l)	总固体 (mg/l)	重金属	排放量 (l/周)
原木剥皮	/	/	1450	/	/	/
木材水热处理						
(1) 蒸汽处理	4900	0.44	661	3388		87540
(2) 水热处理	7293	<0.70	935	2660		/
干燥机冲洗	3140	2.06	1855	2883		6122
涂胶设备冲洗						
PF 胶	32650	25.7	15252	19850		5747
蛋白胶	8850	90.5	5900	8850		5747
UF 胶	21050	/	10200	27500		5747
防腐处理	50～8000	10～300	200	1200	1～10	215～6445

表 36-9 不同树种在煮木条件下的水质

树种	煮木条件		项目				
	温度 (℃)	时间 (h)	COD_{cr} (mg/l)	BOD_5 (mg/l)	pH	色度	单宁 (mg/l)
柳桉木	85	48	498	159	7.6	200	21
花梨木	90	168	715	70	8.5	250	24
桦木	85	36	610	117	8.2	250	69
落叶松	85	48	1290	415	6.4	800	/
水曲柳	85	36	687	228	7.7	350	150
椴木	40	24	153	43	7.4	50	150

图 36-12 水力剥皮废水处理流程示意图

相应减少 40%～80%。

	煮木法	蒸木法
COD_{cr} (kg/m³)	1.02	0.2
BOD_5 (kg/m³)	0.306	0.127

木材水热处理的废水治理，主要采用物理法及化学法。物理法设备结构简单、成本低、管理方便、效果稳定。它能较容易地去除 SS、COD_{cr}、色度和单宁等。处理方法有沉淀或气浮等。一般在废水排放口使用 100 目/英寸（1 英寸 =25.4mm）尼龙网过滤。

煮木池废水则需利用化学作用，处理溶解物、胶体物、无机物、色素、植物营养素等，即主要除去废水中的 COD_{cr} 和色度。研究表明：硫酸铝、硫酸亚铁和碱式氯化铝等有明显效果。硫酸亚铁对 COD_{cr} 与单宁去除率最高，铁质与单宁生成单宁铁盐，呈黑色沉淀，成本较低，并可用作生物处理混凝沉淀剂，但必须注意正确把握用量。

物理及化学法处理煮木废水，可取得较好的效果，但还达不到排放要求。为此，对需排放的工厂则要设置二级生化处理。具体处理流程见图 36-13。

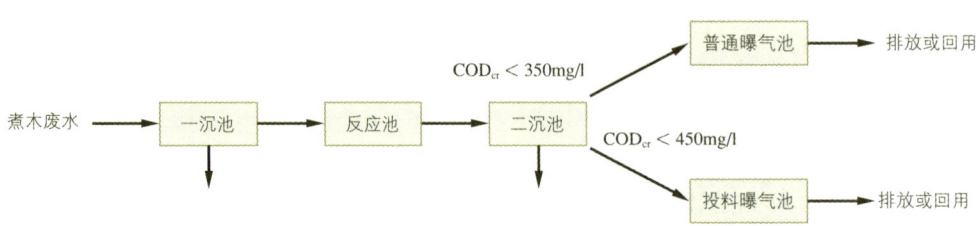

图 36-13 煮木废水处理流程示意图

36.1.6.3 单板干燥系统清洗废水的治理

胶合板的单板干燥机上,往往堆积着碎木屑和粘附着各种合成树脂,为此应定期用水或水与去污剂将这些脏物冲洗掉。冲洗排水量与下列因素有关:耗水量、干燥机运转条件、单板树种等。若在冲洗前,先刮除污物并吹掉,则可节水达75%以上。单板干燥机冲洗废水,一般与胶合板厂其他废水(如上述煮木废水)一并贮存,采用综合废水治理,并尽可能回收及综合利用。

36.1.6.4 调胶和涂胶系统废水的治理

胶合板工业所用的胶种根据产品用途不同主要有：UF、PF及蛋白胶等几种。随着胶种不同,在调胶机、涂胶机及管道输送系统中清洗水的水质是不同的,水量也是可观的。目前,不少生产单位是循环使用,或回收用于调胶和制胶系统,若仍有多余,必须进行处理后再排放。

在胶合板工业的调胶和涂胶工序中,含有高浓有毒废水的治理,应给予足够的重视,现主要治理方法有：贮存、蒸发焚烧以及循环利用等,在后续的合成树脂工业废水处理中将有进一步叙述。

36.1.7 合成树脂水污染及其治理

36.1.7.1 合成树脂废水水质及排放要求

随着人造板工业的迅速发展,合成树脂在该工业中得到了广泛的应用。由于不同树脂的原料、配比、生产工艺、调胶方式等的不同,因此,树脂在制造和使用过程中排放的废水水质、水量有很大的差异。

对于生产和使用UF、三聚氰胺树脂(MF)为主的车间,所排放的废水中主要含有：尿素、甲醛、氯化铵、聚醋酸乙烯、羧甲基纤维素、小麦粉等。

PF制造车间,在树脂脱水浓缩过程中会产生具有多种有机物含酚废水,其中,污染物含量与原材料、配比、反应程度、脱水情况等因素有关。据有关资料表明,每生产1t热固性PF约产生0.6~0.9m³废水,其中含酚17~83g/l,甲醛20~51g/l,以及其他有机物等。废水外观为暗黑色或红棕色,带有刺激味,悬浮物较多,有时还带有少量木屑以及其他飘浮物。据有关资料介绍,合成树脂真空脱水水质情况见表36-10。

表36-11为国外胶黏剂工业废水主要有害物质的控制标准。

36.1.7.2 合成树脂含酚废水的治理

制胶车间废水的危害性较大,无论是排入水体、回收利用,还是灌溉农田,都必须进行处理。高浓度的含酚废水(酚浓度>1000mg/l),应尽量进行回收与综合利用。浓度较低的含酚废水,则经过适当浓缩处理,重新用于生产系统。如果要排放,必须进行有效的处理,达到无害程度才向水体排放。

含酚废水的处理方法甚多,下面介绍几种常用的方法。

1. 生物氧化法

含酚废水种类繁多,各种工业含酚废水的特性也不尽相同,但其中绝大部分有机污染物是可生物降解的。利用微生物将酚氧化,分解为二氧化碳和水,其反应式为：

$$C_6H_5OH+7O_2 \rightarrow 6CO_2+3H_2O - \triangle H \text{(能量)}$$

根据生物氧化处理构筑物的不同,可分为吸附再生曝气池、完全混合曝气池、生物转盘、生物滤池、塔式滤池等。图36-14为吸附再生曝气生物处理流程图。

吸附再生曝气池处理含酚废水是将废水与回流污泥一并从曝气池一端流入,在曝气池中,废水中的有机物被活性污泥吸附并氧化,再进入二沉池,出水排放,污泥部分回流,部分排放。

吸附再生曝气池处理效果好,处理技术成熟,进入废水

表36-10 UF、PF树脂脱水水质 单位：mg/l

树脂种类	项目				
	COD_{cr}	BOD_5	游离酚	游离醛	甲醇
UF	74000	18330		30000	50000
PF	64400		767	431	

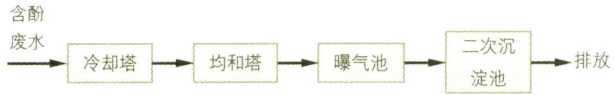

图36-14 吸附再生曝气处理流程图

表36-11 胶黏剂工业废水中主要有害物质控制标准

标准及要求	游离酚 (mg/l)	游离醛 (mg/l)	SS (mg/l)	pH	BOD_5 (mg/l)	COD_{cr} (mg/l)
世界卫生组织标准	0.001	/	/	/	/	/
美国工业废水排放控制标准	<3.0	/	≤200	6.0~8.5	/	/
日本废水国家排放标准	<5	/	/	5.0~9.0	<120	<120
俄罗斯农业灌溉水质标准	125	/	总固体<1700	/	/	/
英国向内陆河道排放废水标准	<1	<1	/	/	<20	/

含酚浓度接近500mg/l，出水含酚浓度小于1mg/l，去除率达99.5%，此法适于含酚废水的处理。

吸附再生曝气池是方形池，它是用压缩空气充氧；完全混合曝气池是圆形或方形的，它是用叶轮旋转充氧的，然而两者的处理机理是相同的。完全混合曝气池的构筑物较紧凑，不足之处是耗电量稍大，运转管理较复杂。采用表面加速曝气池时，其脱酚效率可达98%以上，曝气池出水含酚浓度小于0.3mg/l。

采用生物转盘处理含酚废水，有多种处理流程，有时单独使用，有时与其他处理方法组合使用，见图36-15。一般可以先从高浓度废水中回收有用物质，而后再用生物转盘处理排低浓度含酚废水。

实验表明，采用生物转盘处理酚、甲醛废水的效果，与其负荷值和停留时间等因素有关。而停留时间一般小于1.8h。处理时水的温度对COD_{cr}，去除率影响较大，而对酚的去除率影响不明显。表36-12为生物转盘法处理酚、醛废水的效果。

2. 化学氧化法

化学氧化法处理含酚废水包括：氯化处理、过氧化氢处理、臭氧处理等。

氯化处理是一种使用较普通的低浓含酚废水处理法。酚废水进行氯化处理时，必须对投氯量、pH值、反应时间进行严格的控制。为了防止产生氯酚，pH值应控制在7～10范围内。例如，使酚浓度从118mg/l降低到3mg/l，反应时间为10～60min，有效投氯量6000mg/l。

酚完全被氧化所需的投氯量为酚的6倍左右。除了酚以外，还有一些耗氯物质，如氨、氰等。所以，实际需氯量还

要大得多。甚至可达到理论值的4～5倍，它与水质状况以及预处理条件等因素有密切关系。

二氧化氯是一种良好的酚氧化剂，采用二氧化氯处理含酚废水，比氯的反应时间短，而且不易产生氯酚。在室温和酚类物质初浓度0.2～1.0mg/l条件下，分解酚所需二氧化氯的用量为5.0～8.4mg/mg酚，在低温条件下处理时，二氧化氯用量较多。一般含酚废水经生物氧化处理，再用二氧化氯作三级处理，酚的浓度可降低到0.02mg/l。由此可见，二氧化氯用于废水最终处理是比较适宜的。

过氧化氢是一种氧化剂，它使酚氧化所需的反应时间短，不产生氯酚，且后处理容易。如果用过氧化氢与亚铁盐联合氧化，不但能氧化苯酚、对苯二酚、邻苯二酚，而且能氧化苯、硝基苯等。若先采用次氯酸盐对含酚废水进行预处理，不但可减少过氧化氢的用量，还能降低水的COD_{cr}值，但在多数情况下，由于产生很多副产物，妨碍了联合氧化剂的氧化作用。

臭氧氧化法是处理含酚废水的一种有效方法。臭氧氧化能力强，没有二次污染问题，不产生氯酚臭味，臭氧对去除废水中的酚、硫化物、氰、COD_{cr}、BOD_5、油类以及杀菌及脱色等有明显效果。研究得知，在酚浓度较高条件下，易被臭氧分解，而在低浓度下则不易被氧分解。臭氧处理法具有工艺简单、安全可靠、不产生污泥等优点，但耗电较多，处理费用较高。

3. 物理化学氧化法

该法是根据物理化学氧化作用使酚降解破坏，以达到处理酚类和其他有害物质的目的。目前，使用较多的方法有：燃烧法、电解法、纯氧氧化法等。

燃烧法：木材工业生产中排放的废水，有时不仅含酚，而且含多种高浓度有机污染物，对这些物质进行回收利用是很困难的，也是不经济的。直接排放又不允许，因为它会造成环境污染。在这种情况下，采用燃烧法处理比较适宜。尤其在有多余热量和廉价燃料条件下，此法更实用。研究表明，废水中的有机物（包括酚含量0.5%～3%）和矿物盐（含量为2.8%～15.7%）时，当废水在800～1000℃温度条件下在燃烧炉内雾化后，一般均可达到破坏的目的。

燃烧法的主要优点是投资较少，可使有机物全部破坏，

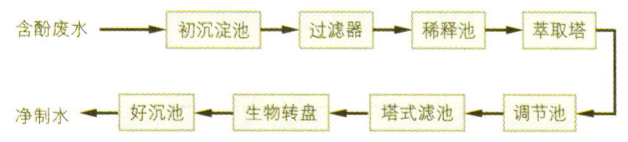

图36-15 生物转盘与塔式滤池处理含酚废水流程图

表36-12 生物转盘法处理酚、醛废水的效果

名 称		进水水质	出水水质				去除率（%）
			一级	二级	三级	四级	四级平均
停留时间 4.2h	挥发酚	40～320	7～60	4～35	0.5～4	0～4	73～100
	COD_{cr}（mg/l）	390～1031	200～580	110～450	110～320	84～283	41～80
	甲 醛	160～240		≤15			>90
	氨 氮	10～15		1～2			80～94
	pH	5～7		5～7			
	水温（℃）	3～14					
停留时间 2.8h	挥发酚（mg/l）	170～200	100～160	70～85	0.25～20	0.15～3	85～99.5
	COD_{cr}	974～1620	697～1185	559～981	308～691	114～539	67～89

不足之处是废水中的酚类物质不易被破坏，而且不能回收，且消耗热量大。

电解法：向含酚废水中加入适量电解质，利用氧化铅或石墨等作阳极，铁或钢板作阴极，在一定的电压、电流条件下电解，藉助于阳极形成的氧与氯将废水中的酚氧化的方法。

通常，电解过程是在投加食盐后进行的。由于含酚废水的浓度及BOD_5值等水质状况的不同，食盐的投加量也各不相同。研究表明，在电化学氧化反应中，酚转化为多羟基苯、醌，再经苯环破裂，绝大部分转化为有机酸等产物，仅6%～17%的酚氧化成二氧化碳。

36.1.7.3 人造板工业含胶废水的治理

人造板工业含胶废水的治理，不但要考虑单项指标，而且还应根据水量、水质的特点，制定对COD_{cr}、BOD_5、酚及醛等有害物质的治理方法，主要处理措施有：

废水经稀释后直接排入水体；排放到工厂自建的污水池，经适当处理后，再进入生化处理系统；排入城市下水道或进入公共的废水处理构筑物；经沉淀处理后，再按稀释比排入水体；锯末吸附焚烧；调节pH值，按一定比例使酚与甲醛重新生成酚醛类树脂；重复使用于调胶或冲洗工序等。

凝聚沉淀处理法：凝聚沉淀处理法是一种比较简单的胶黏剂废水治理方法。对于胶合板生产中残留的脲醛树脂胶黏剂，可用10倍清水洗涤，稀释配成不挥发成分低于4%～5%的含胶废水。采用凝聚沉淀法处理含胶废水具有一定作用。处理后的各项指标中以SS及透明度的变化较大，而COD_{cr}仍相当高，有10000～13000mg/l，但如果重复于调胶工序时，COD_{cr}去除率即使仅5%，对胶合质量仍无影响。

研究表明，对于pH>11的酚醛树脂废水，采用此法处理时，如冲洗水中酚和甲醛以甲基酚的形式存在，在投加矾以后，可去除酚类树脂10%～20%；COD_{cr}50%。当pH=9时，即可沉淀；pH=5时效果更显著。废水再经石灰中和后即可排出。此法对处理酚醛树脂废水有一定效果。

酸化处理法：在含酚和甲醛的废水中添加酚达1:1.02～1.12的酚—甲醛克分子比，加入盐酸到0.1～0.15N酸度，在80～85℃条件下加热48h，经沸腾脱水，即可完全净化。

原水含酚浓度达40000mg/l，除含酚外还含甲醛的条件下，可加入硫酸并加热，在酚与甲醛的克分子比为1:3，水温90～99℃，硫酸浓度3%，反应2～4h，可使酚含量降低到800～850mg/l。

研究表明，采用草酸处理，调节废水pH<6，处理后的废水中不挥发部分小于1/3；COD_{cr}7mg/l，上部为澄清透明液，这种方式的处理效果较佳，成本也较低。

吸附处理法：活性炭吸附处理含酚胶废水，工艺流程见图36-16。

含酚胶废水排入天然的废水池，先用硫酸将pH调至4.2，沉淀后悬浮物降至50mg/l以下，而后流入活性炭吸附塔进行吸附处理。活性炭失效后用苛性钠溶液洗涤，使酚转变为酚盐后回收。处理后的废水送入澄清池澄清。净化后废水中酚浓度为1mg/l，可直接排入河流。

以液体树脂胶生产人造板车间的含胶废水，主要是洗涤污水，用水量不大，可以重复作调胶用水，尽可能使其平衡。例如，先用胶黏剂废水粗洗调胶机、涂胶机或拌胶设备，而后再用净水清洗；利用贮槽使洗涤水再次用于粗洗调胶设备等，采取这些措施来减少含胶废水量。胶黏剂洗涤水重复使用流程如图36-17所示。

胶黏剂废水内部重复使用不能完全平衡或在回收利用后排出低浓度含胶废水时，可采用生化处理法处置。低浓度胶黏剂废水的生化处理流程如图36-18所示。

采用活性污泥法去除COD_{cr}、BOD_5、酚及甲醛等，其中，

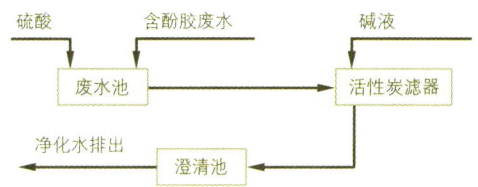

图36-16 活性炭处理工艺流程

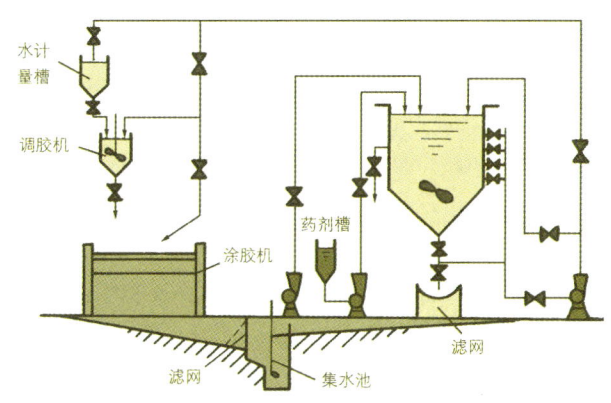

图36-17 胶黏剂废水重复使用流程图

图36-18 低浓度胶黏剂废水的生化处理流程图

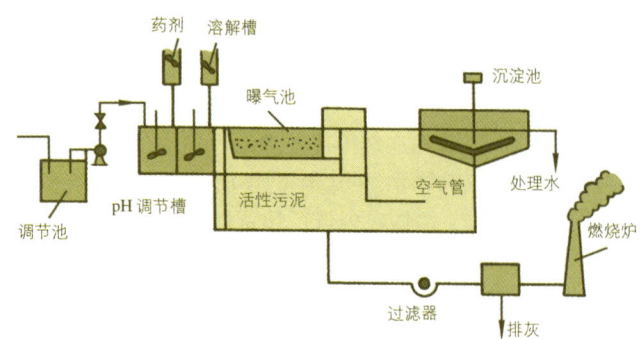

图 36-19 低浓度胶黏剂废水活性污泥法处理流程

生物滤池较好，但运行费用较高，操作管理也较复杂。图 36-19 为低浓胶黏剂废水活性污泥法处理流程。

36.1.8 家具工业电镀水污染及其治理

36.1.8.1 家具工业电镀水污染

随着钢木结构家具工业的发展，家具厂的电镀车间规模也日益扩大，则同时产生电镀废水的污染问题。国内外对电镀废水的治理，主要有以下几方面：电镀工艺实行机械化连续操作；电镀后的清洗采用多级逆流洗涤；浓洗涤水蒸发浓缩后回用于电镀液；酸洗水用钛或玻璃蒸发器蒸发浓缩后回用；用离子交换树脂或活性炭吸附重金属离子后，再回用或排放等方法。

在电镀工艺上采用无氰电镀、低铬钝化、多槽逆流漂洗等新技术，使处理工艺简化，而且废水量也有所减少。低铬钝化新工艺不仅能改善产品质量，而且钝化液铬酐含量由 250g/l 降为 5g/l，硫酸由 20mg/l 降至 0.5～15mg/l，这不但降低了成本，尤其使废水中铬浓度降低 50～160 倍，减轻了铬污染。

低浓度镀铬新工艺，可节省铬酸 50%～60%，减少废水排放浓度 8～10 倍，废水六价铬含量由原来的 150～180mg/l 降至 15～20mg/l，还降低了车间内空气中铬的含量，有利于工人健康及环境保护。

由于无氰电镀新工艺的发展，所以含铬废水的污染成为最突出的问题。含铬废水的处理方法很多，如化学还原法、离子交换法、电解法、铁氧体法、钡盐法、活性炭吸附法等。含铬废水在厌氧条件下与生活污水一起进行生物净化，是目前去除废水中六价铬最简单和最廉价的新方法。采用这种方法，不需要向废水投加专用药剂，也无需特殊的防腐设备，处理过程中仅耗电，因此是最有发展前途的新技术。

电镀废水的成分比较复杂，其中主要有剧毒的氰化物（NaCN、KCN）、铬酸酐（CrO_3）、H_2SO_4、HNO_3、HCl 等毒物。

36.1.8.2 电镀含铬废水的治理及回用

化学还原法用还原剂将六价铬还原成三价铬的硫酸盐，然后提高 pH 值使铬盐沉淀。如硫酸亚铁—石灰法是将含铬废水中投加硫酸亚铁，将 Cr^{6+} 还原成 Cr^{3+}，再投加石灰，使三价铬生成难溶于水的氢氧化铬沉淀。此法化学药品价格低廉，处理效果较好，缺点：占地面积大，污泥体积大，出水色度较高。此法处理流程见图 36-20。

电解法该法处理含铬废水，是用普通铁板作阴阳极，在废水中投加食盐，电解时阳极使铁变为 Fe^{2+}，将六价铬还原成三价铬；阴极氢离子将 Cr^{6+} 还原成 Cr^{3+}。随着电解过程的进行，消耗大量氢离子，产生大量 OH^-，当被电解的废水由酸性过渡到碱性时，金属离子生成氢氧化物沉淀。废水无色透明，出水可以达到排放标准。图 36-21 为间歇式电解法处理含铬废水工艺流程。此法适于处理浓度变化大，而流量较小的含铬废水。

铁氧体法目前国际上广泛应用于处理重金属离子废水。该法在含铬废水中投加硫酸亚铁溶液，使 Cr^{6+} 还原成 Cr^{3+}，再通过加碱、加热、通空气使铬离子成为铁氧体的组成部分，并转化成类似于尖晶石结构的铁氧体晶体而沉淀。三价铬被铁离子包在晶体里面，因而比较稳定，不会对环境造成二次污染。

铁氧体法的主要优点是，设备较简单，处理效果好，投资少，污泥可综合利用。图 36-22 为铁氧体法处理含铬废水工艺流程图。

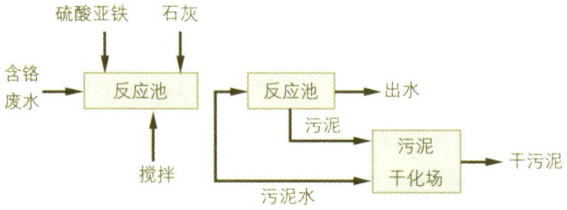

图 36-20 "$FeSO_4 - CaO$" 法处理含铬废水工艺流程图

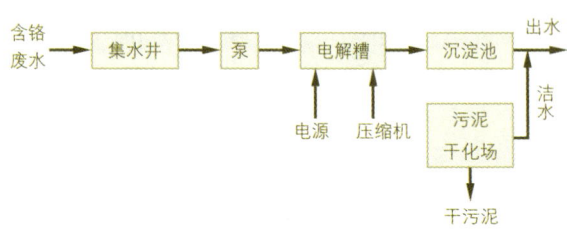

图 36-21 间歇式电解法处理含铬废水工艺流程图

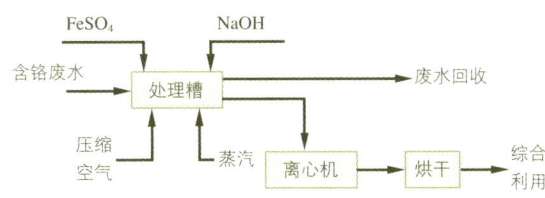

图 36-22 铁氧体法处理含铬废水工艺流程图

表 36-13 常用染料的染色废水主要成分

染料类别	废水的主要成分
直接染料	染料、元明粉、纯碱、食盐、表面活性剂
酸性染料	染料、硫酸铵、元明粉、醋酸、硫酸、表面活性剂
碱性染料	染料、硫化碱、元明粉、纯碱
金属络合染料	染料、硫酸、醋酸钠、硫酸铵、元明粉、表面活性剂

36.1.8.3 含铬废水的生物净化处理

来自电镀车间的废水，应先调整pH值和测定Cr^{6+}含量，池内先投放从城市污水处理厂来的剩余活性污泥，进行8h左右搅拌混合，促使嗜铬细菌大量繁殖，然后将处理的含铬废水放入净化池内，并不断搅拌。

含铬废水采用生物净化法，与通常的化学净化法相比，含Cr^{6+}废水用生物处理的设备投资费用可节约3～5倍。由于生物法无需添加化学药剂，因此处理费用仅为化学法的1/5～1/7。图36-23为含铬废水的生物处理工艺流程图。

36.1.9 木材染色废水的治理

木材染色包括处理纤维、刨花、单板、成材以及木制品等范围。染色所用的染料很多，其中用得较多的人造染料有：酸性、碱性以及直接染料等。

36.1.9.1 木材染色废水的污染

木材染色像其他化学工业一样，在生产时要产生废水、废气及废渣，而其中废水量很大，成分也很复杂，危害相当严重。

染色工业废水中，常含有磺酸基、硝基、氨基、氰基、氯等的芳烃衍生物和染料，不同的酸或碱，以及无机盐等，且废水颜色深。

由于树种不同，需要不同的染料、助剂和染色方法，而染料本身的性能、染液浓度、染色设备和规模的不同，染色废水的变化很大、污浊度的差异也很大，表36-13为常用染料染色废水的主要组成成分。

从上表中可看出：不同染料废水中有毒物质不同。染料中除β-苯酚外，本身的生化需氧量较小，一般最高也仅有几百mg/l，但化学需氧量却高得多。主要是木材染色废水中悬浮物的数量变化很大，一般说来，除含纤维屑以外，还含有某些树脂、甲醛以及其他一些浸出物质等。

任何工业废水治理，从根本上讲都应是以防为主，所以新的染色技术则在很大程度上从废水防治方面考虑，首先是改变加工工艺，尽量采用用水量少的染色方法，减少废水量。同时，在工艺流程中采用循环回用，有效处理剩余废水，达到无污染排放。目前，新的染色工艺有溶剂染色法、气相染色法、微粒染色法等。

36.1.9.2 染色废水的治理方法

木材染色废水成分复杂，根据去除污染物的要求不同，常需用几种方法进行综合治理。一般先用絮凝、中和等方法去除一部分有机悬浮物；调整pH值，而后再进行生化处理，去除有机物；剩下的无机盐类，再采用厌氧脱氮法、离子交换树脂法、反渗透法等处理。

1. 絮凝处理

此法是借助絮凝剂的作用，使废水中的悬浮粒子凝聚成粗大粒子，达到分离悬浮物。它有利于降低某些染色废水的色泽、COD、BOD等；但对含有酸性染料、活性染料以及某些直接染料的废水脱色效果不显著。常用的无机絮凝剂见表36-14。

当絮凝物不易沉降时，可加入少量助凝剂。目前使用的无机助凝剂有活性硅酸，应用广，效果好。有机助凝剂中，天然的有淀粉、琼脂、动物胶等；高分子助凝剂，根据电荷分为：阴离子型、阳离子型、非离子型等几种。

絮凝法的主要处理步骤是，调节废水的pH值，加入絮凝剂或助凝剂，搅拌、沉降除渣，调节清液pH值，出水待

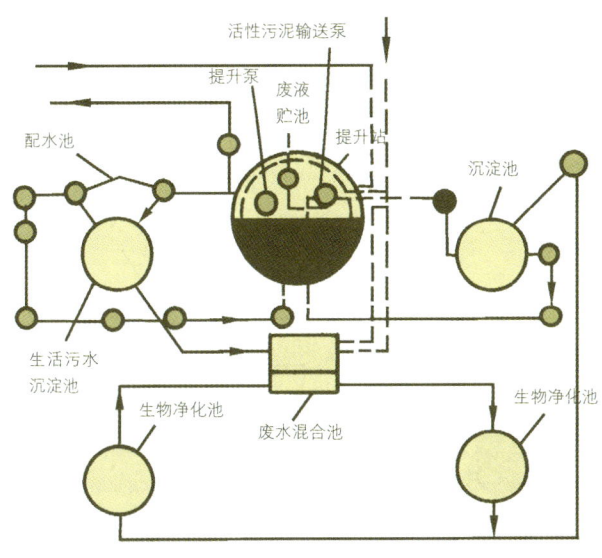

图 36-23 含铬废水生物净化工艺流程图

表 36-14 常用的无机絮凝剂

名称	处理时最佳 pH 值	特性及处理效果
硫酸铝	5.5~8.0	凝聚速度快，可脱色，但需一定量
碱硫酸亚铁	5.5~8.0	沉降速度快，脱色效果差，需碱量大
硫酸铁	5.0~11.0	凝聚速度快，脱色效果好，pH 范围大
氯化锌	8.5~11.0	凝聚速度快，脱色效果较好
三氯化铁	8.5~11.0	凝聚速度快，脱色效果一般，腐蚀性强
铝酸钠	5.0~8.5	凝聚速度快，可脱色，但水中会残留铝离子

表 36-15 絮凝剂对各种染料的凝聚效果

染料种类	絮凝剂的用量（g/l 废水）及处理效果							pH 值变化	脱色率（%）	附注
	明矾	石灰	硫酸亚铁	三氯化铁	硫酸铁	氯化钙	硫酸			
苯胺黑	0.11	0.05	—	—	—	—	—	6.5→7.0	83.8	
	—	0.07	0.27	—	—	—	—	6.5→6.9	80.0	
	—	0.07	—	0.18	—	—	—	6.5→7.7	83.8	
	—	0.76	—	—	—	—	—	6.5→11.7	80.8	
显色染料	—	0.25	1.39	—	—	—	—	3.3→5.6	85.0	
	—	1.26	2.19	—	—	—	—	3.3→7.0	65.0	
直接染料	—	—	—	—	0.34	—	—	10.8→3.6	75.0	
	0.89	—	—	—	—	—	—	10.8→4.3	75.0	
	—	—	—	0.41	—	—	—	10.8→3.5	85.0	
	—	6.27	0.42	—	—	—	—	10.8→11.9	90.0	
靛黑	—	0.84	—	—	—	—	—	10.5→11.8	65.0	
	—	1.53	0.70	—	—	—	—	10.5→11.5	94.5	
	1.20	—	—	—	—	—	—	10.5→4.2	65.0	
	—	—	—	—	—	18.48	—	10.5→8.2	94.0	
冰染染料	—	—	—	—	—	—	2.62	11.6→4.5	99.0	
	—	—	—	3.34	—	—	—	11.6→6.0	99.5	
	6.69	—	—	—	—	—	—	11.6→4.5	99.5	
	—	—	—	4.06	—	—	—	11.6→5.6	99.5	
硫化染料	—	—	—	—	—	—	4.38	11.7→3.5	99.0	
	6.69	—	—	—	—	—	—	11.7→3.5	99.0	生成 H_2S
	—	—	25.68	—	—	—	—	11.7→5.0	99.5	生成 H_2S
还原染料	—	1.50	—	111.36	—	—	—	11.7→11.1	85.0	
	—	—	13.92	—	—	—	—	11.7→11.0	87.5	
	27.90	—	—	—	—	—	—	11.7→6.3	87.5	

处理。各种絮凝剂对染色废水的凝聚效果见表 36-15。

2. 染色废水的生化处理

对染色废水的生化处理（图 36-24），主要是对废水的脱色作用。这是因为微生物生长过程中要产生大量胶体凝聚物，对有机物有良好的吸附作用，从而对有色废水起到一定脱色作用。研究表明，活性污泥法和生物滤池法具有较好的处理效果。

生化法处理染色废水对经过絮凝处理后的废水，去除悬浮物 95% 以上，接着用小于 10 倍的循环水稀释，调节浓度后，再进行生化处理。

生化处理可分为一次处理及二次串联处理。废水经二次串联生化处理，一般都可达到排放标准。

采用加速曝气法处理染色废水时，负荷在 $0.5 \sim 1.0 BOD_5/$

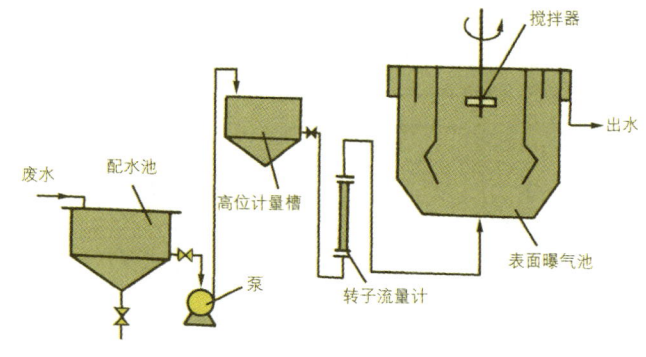

图 36-24 染色废水的加速曝气法生化处理流程

$m^3 \cdot d$，曝气时间7~10h，废水的COD_{cr}去除率为82%~86%，BOD_5去除率达94%~96%，脱色效率为30%~60%。

生物滤池法处理染色废水此法占地面积大，设备投资多，需要一定时间处理才能稳定，故处理效果低。它的最大优点是：不易受废水中药剂量影响；对废水数量与质量上的变化不敏感，容易管理，运行费用低。废水处理能力可达$10t/m^3 \cdot d$。

经过絮凝预处理后的染色废水进行生物处理的结果如表36-16所示。

表36-16 染色废水生化处理效果

废水水质	沉淀后的原废水	2/3沉淀原废水+1/3絮凝沉淀处理水
pH		
处理前	7.9	7.0
处理后	8.0	7.9
COD_{cr}		
处理前 (mg/l)	817	729
处理后 (mg/l)	197	176
去除率 (%)	76	72
BOD_5		
处理前 (mg/l)	353	288
处理后 (mg/l)	46	57
去除率 (%)	87	80

国外某厂木材染色废水处理流程见图36-25。

36.1.9.3 木材染色废水综合利用

染色工业废水中，染料、助剂的回收利用率不是很高的，回收利用设备投资很大，经济效益较低，但由于环境保护的要求，因此水的循环回用还是首先应考虑的。

染色废水综合利用的途径很多，如废水中产生各种废酸，其中含有有机、有害的污染物，通常可先采用萃取、吸附、氧化等方法进行处理，而后再进行蒸发浓缩、回收利用。回收利用方法有：蒸发浓缩法、循环回用法、超滤以及用于农田、草地灌溉等。

染色废水的深度处理染色废水经生化处理后，出水仍有较深的色泽，这对于生产回用或排放都是不利的，要求进一步脱色，降低BOD，则需进行深度处理。

目前，对染色废水的深度处理用得较多的有：光氧化法、臭氧氧化法、活性炭催化氧化法、活性硅藻土吸附法等。

光氧化是向废水中投加氧化剂，吸收光能，从而产生新生态氧。新生态氧具有强烈的氧化作用，可把废水中有机物以及残留染料氧化，从而使废水脱色和进一步得以净化。

常用的氧化剂有：氯、二氧化氯、臭氧、过氧化氢等。通常用紫外线作为照射光源。如光照40min，控制加氯点，余氯在30mg/l时，废水的耗氧量与色度可降低90%以上。

臭氧处理是基于染色废水中的染料发色光团，如偶氮基、羟基、乙烯基、硝基、氧化偶氨基等，这些基团中均含有不饱和键，臭氧能把不饱和键打开，使染料氧化与分解，生成分子量较小的有机酸、醛类等物质，从而失去发光能力。

将硅藻土进行酸化处理成为活性硅藻土其有较强的吸附能力，用于染色废水的脱色。活性硅藻土对不同染色废水处理效果存有差异。主要是pH值对脱色效果有影响，pH值在5~7范围效果较好，见表36-17。

36.1.10 木材防腐工业废水的治理

木材防腐处理已从煤焦油处理枕木，发展到用水溶性和油溶性防腐剂来处理电杆、细木工板材、人造板材和建筑工业用材等方面。现主要类型的防腐剂是：油质性、油溶性和水溶性防腐剂。

木材防腐厂废水主要来源是生产废水，其次还有实验及生活污水等。生产废水主要为车间真空泵冷凝水、机动罐排出水、贮油罐排水、残渣收集槽排水等组成。排水量及水质情况与木材含水率、防腐工艺等有关。

对于一个用常规木材防腐剂的防腐厂排出的废水中，主要污染物质是油、酚类物质，其他还有硫、氰、砷、氟等污染物。当生产中使用五氯酚及其钠盐时，废水中相应含有五

表36-17 活性硅藻土对染色废水的脱色效果

染料类别	色度（稀释倍数）	pH	平均脱色率（%）
活性、还原、分散		9.5~11.2	51.9
酸性直接、阳离子	75~900	6.6~8.4	69.8
还原、硫化	20~200	7.9~10.8	77.8
硫化	20~600	9.2~11.2	87.7

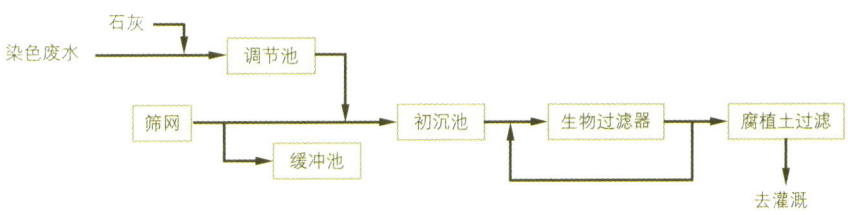

图36-25 染色废水处理流程图

氯酚或五氯酚钠。从总体看来，酚、油、BOD_5 及 COD_{cr} 值均大大超过排放标准，必须处理才能排放。

36.1.10.1 木材防腐废水的治理技术

随着木材防腐剂品种的不断增加，废水危害日趋严重，废水的治理日益引起关注，处理工艺要求有新的发展。木材防腐废水处理的典型工艺流程如图36-26所示。

木材防腐废水处理工艺使用最多的有"隔油浮选—曝气池"及"隔油浮选—生物转盘"两个流程。

隔油浮选—曝气池实践证明，用曝气池作二级处理设备，系统完善，处理效果好。对于高浓含酚废水，采用不回收酚，而用曝气吸附再生法处理。表36-18为某木材防腐厂废水水质与水量。

生化处理中的曝气设备，对于中、小型木材防腐厂，最好用表面曝气装置，动力消耗及占地面积都比较节省。大型木材防腐厂常利用煤焦油、防腐油等有毒化学药剂处理，废水中含油量高，因此，必须采用隔油、浮选、混凝沉淀等工序进行处理，图36-27为某大型木材防腐厂生化处理工艺流程。

上述流程处理效果见表36-19。

隔油浮选—生物转盘对木材防腐厂含油、含酚、含五氯酚的废水采用"隔油浮选—生物转盘"处理系统可取得良好的效果，图36-28为其处理流程图。

上图处理流程中，隔油池除油用作一级处理，生物转盘脱酚作为二级处理，再经二次沉淀后，即可排放。

36.1.10.2 含油木材防腐废水的过滤处理

过滤处理，可作为曝气处理后的补充处理或活性炭深度处理的预处理。因此这里的过滤是深度处理一部分，作为木

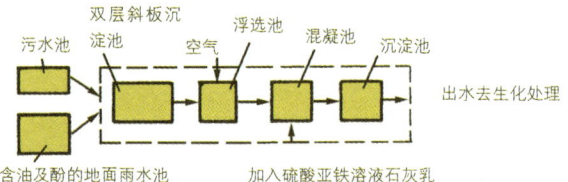

(a) 生产废水除油处理系统

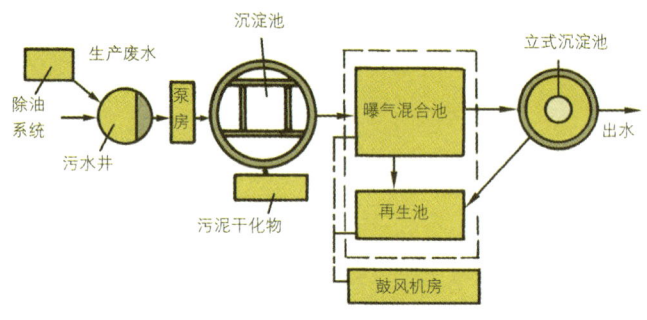

(b) 含酚废水生化处理系统

图36-27 某大型厂生化处理流程

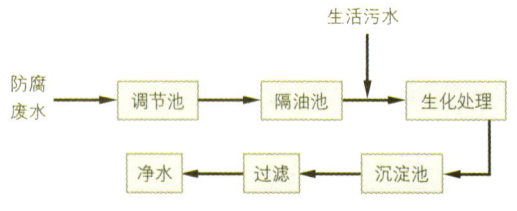

图36-26 防腐废水典型处理工艺流程

表36-19 某木材防腐厂废水生化处理效果

项目	处理前含量 (mg/l)	处理后含量 (mg/l)	去除率 (%)
含酚量	100	0.1	99.9
含油量	10000	1	99.9
COD_{cr}	300	15	95
BOD_5	300	10	96.6

表36-18 某厂防腐废水水质与水量

废水来源	水量（m³/d）	可溴化物 (mg/l)	酚 (mg/l)	COD (mg/l)	BOD_5 (mg/l)
真空泵冷凝水	6.0	2000	1800	6800	3500
机动罐排水	5.0	2500	1500	10000	2700
室内地沟排水	—	2000	1800	6800	3500
贮油罐排水	3.5	2500	1500	10000	2700
油泵排气冷凝水	18.0	12.5	12.5	47	25
主车间到泵房段的滴油雨水	65.0	100	90	350	180
蒸制罐蒸汽回水	47.5	—	—	—	10
残油收集槽	—	2000	1800	6800	3500
室外工业地沟雨水	31.4	150	140	530	280
油槽车油泥雨水	11.5	200	180	680	350
油槽车地区污染雨水	8.2	150	140	530	280

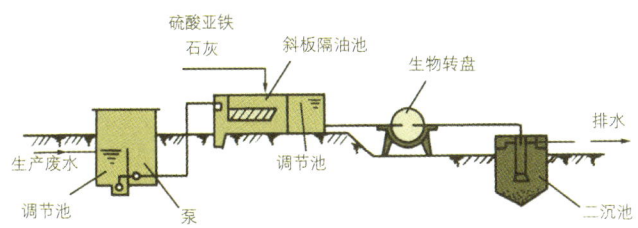

图 36-28 木材防腐厂"隔油浮选—生物转盘"
废水处理流程图

材防腐含油废水完整处理流程是：隔油→浮选→曝气→过滤→活性炭。研究证明，过滤处理废水中的油和悬浮固体的去除率为60%～70%，如果投加助滤剂后可使去除率提高到95%。过滤对酚、BOD_5等也都有一定的去除效果。

高分子絮凝剂的投加量通常仅为0.02～0.05mg/l。投加量加大，过滤效果会有所改善，但过滤水压损失也相应增加。

过滤技术进步，出现了许多自动操作新型滤池，下面介绍几种常用滤池。

重力式快速滤池 图36-29为快速滤池的标准型式。

此种过滤池滤出水堰位于滤料面上，可避免滤床的事故脱水，避免滤池内产生负水头；设有进水堰箱，故保证运行中滤池流量的平均分配，过滤速度不变；便于反冲洗和反冲洗后再次运行；过滤水头损失可由滤池中的水位判定，当达最高水位时即需反冲洗。

由于过滤是三级处理构筑物，滤池的处理效果与进水水质密切相关。在正常情况下，对油和悬浮物的去除率约60%～70%。

重力虹吸滤池 它是利用简单的水力学原理达到自动反冲洗，省去了真空泵及自动控制系统。图36-30为重力虹吸滤池结构示意图。

自动反冲洗过程包括过滤和反冲洗两个步骤。随着滤料中截污量的增加，过滤水压损失加大，滤池内水位提高，而

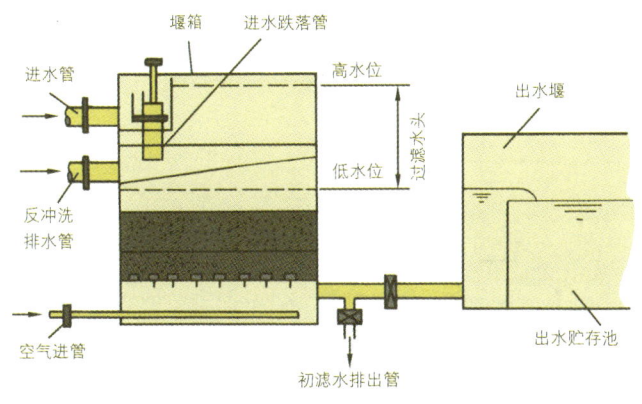

图 36-29 典型快速滤池结构及流程图

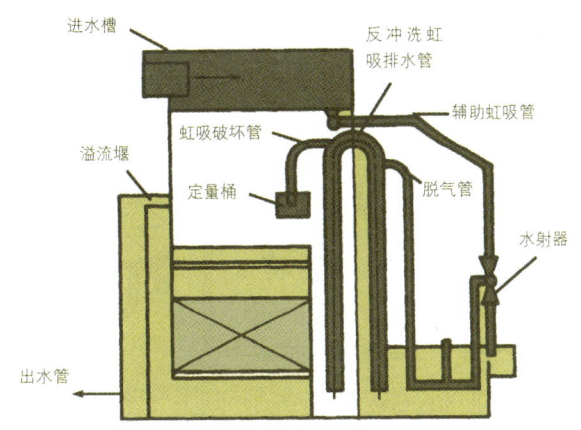

图 36-30 虹吸滤池结构示意图

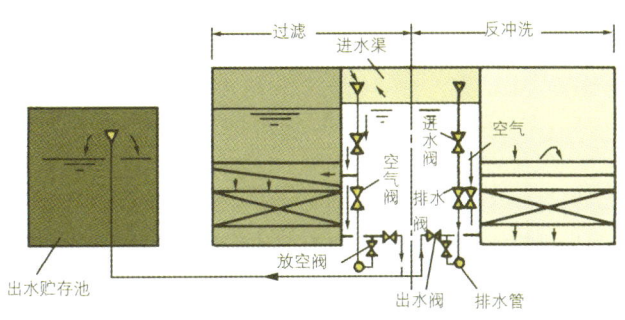

图 36-31 联合式过滤池

反冲洗虹吸管的另一端在水封槽中，被水封着，所以虹吸管中空气被压缩。当滤池内的水位快要达到辅助虹吸管的喇叭口顶时，反冲洗虹吸管处于平衡状态。反冲洗时间，可通过改变定量桶底小阀门的开启度来控制，也可在虹吸破坏管上设置伐门来调节。滤池可在辅助虹吸管中，通入压力水进行人工反冲洗。

联合式过滤池是应用快速过滤和虹吸过滤池特点的一种新型过滤池（图36-31）。

该池的特点是：操作灵活，由于是小阻力的集水系统，还可利用虹吸滤池一格滤池的反冲作用，及其他滤格正常过滤出水的特点。即一格滤池检修，其他滤池仍正常工作。同时省去反冲洗水贮存池和其他辅助设施，因此是一种值得推广的过滤池。

循环再生高速滤池 它是采用形状和粒径均一的合成滤料，其截污物的能力大，过滤周期长，反冲洗水量小，图36-32为循环再生高速过滤池。

应用上述循环再生高速滤池处理废水，在以30m/h高速过滤条件下，处理出水悬浮物固体含量小于5mg/l。

前面已介绍几种滤池形式，在选择滤池设计方案时应考虑下面一些因素：废水流量，操作需要水压，滤池布置的要

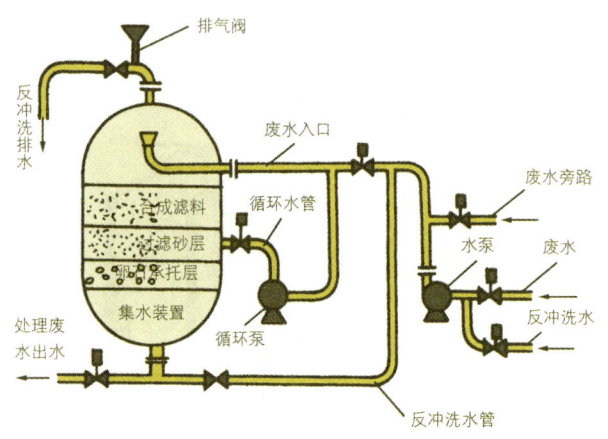

图 36-32 循环再生高速过滤池

求,过滤装置费用,木材(包括滤料)的来源等,既保证处理效果又要考虑经济成本。

36.1.10.3 含砷木材防腐废水的治理方法

三氧化二砷(As_2O_3)作为木材防腐剂,在治理白蚁危害方面有良好的效果。代表性配方铜-铬-砷(CCA)是使用很广泛的木材防腐剂。但CCA在处理过程中会造成环境的污染,有较大的危害性。

含砷废水的处理方法很多,常见的有石灰法、硫化法、二氧化锰法、铁盐法等,下面分别作简单介绍。

1. 石灰处理法

此法一般用于砷含量较高的酸性废水。投加石灰乳,使之与砷酸根或亚砷酸根反应生成难溶的砷酸钙或亚砷酸钙沉淀。

$$3Ca^{2+}+2AsO_3^{3-} \rightarrow Ca_3(AsO_3)_2 \downarrow$$
$$3Ca^{2+}+2AsO_4^{3-} \rightarrow Ca_3(AsO_4)_2 \downarrow$$

含砷废水与回流沉渣混合,分离后的清液再投入石灰乳混合沉淀。含砷废水的石灰处理工艺流程如图36-33所示。

研究表明,如果不先用回流沉渣混合,而直接用石灰处理出水,含砷达不到排放要求。石灰投加量在$50\sim60kg/m^3$时,出水达到排放标准。本处理工艺及操作简单,费用低;不足之处:产生大量沉渣,且对三价砷的处理效果较差。

2. 含砷废水硫化法处理

此法处理含砷废水是极其有效的。但硫化物沉淀需在酸性条件下进行,即在酸性条件下,砷以阳离子形式存在,加入硫化剂后,则生成难溶的As_2S_3沉淀。

硫化法处理工艺设备简单,主要由混合槽和沉淀池组成。废水进入混合槽后,向槽内投放硫化钠1g/l左右,搅拌$10\sim15min$;然后进入沉淀池并投加高分子絮凝剂,以加速沉淀分离。如若进口废水含砷量为121mg/l,经硫化处理后,出水含砷量仅为0.05mg/l。采用此法处理,每m^3含砷废水消耗工业硫化钠$0.7\sim0.8kg$高分子絮凝剂0.005kg左右。

3. 含砷废水二氧化锰法处理

此法采用粉碎的MnO_2(含量78%~80%)粉末作处理药剂,使As^{3+}氧化成As^{5+},而后投加石灰乳,生成砷酸锰沉淀。

$$H_2SO_4+MnO_2+H_3AsO_3 \rightarrow H_3AsO_4+MnSO_4+H_2O$$
$$3H_2SO_4+3MnSO_4+6Ca(OH)_2 \rightarrow 6CaSO_4\downarrow+3Mn(OH)_2+6H_2O$$
$$3Mn(OH)_2+2H_3AsO_4 \rightarrow Mn_3(AsO_4)_2\downarrow+6H_2O$$

MnO_2处理含砷废水的工艺流程如图36-34所示。

进入处理系统的含砷废水,先加温至$75\sim80℃$,曝气60min左右;接着按含砷量加入MnO_2,氧化$2.5\sim3.0h$,再投放10%浓度的石灰乳,调节pH至$8\sim9$,最后沉淀30min以上,出水含砷量可降至$0.02\sim0.05mg/l$。

4. 含砷废水铁盐处理

铁盐法用于含砷量较低接近中性或弱碱性的废水处理。它是利用砷酸盐、亚砷酸盐能与铁、铝等金属形成稳定的络合物,并被铁、铝的氢氧化物吸附共沉而达到除砷的目的。研究表明,$Fe(OH)_3$吸附As^{5+}的pH值范围要求较As^{3+}大得多,所需铁砷也比较少。而当pH>10时,砷酸根、亚砷酸根离子与氢氧根置换,使一部分砷反溶于水中,故pH值不宜超过10。含砷废水铁盐处理法工艺流程见图36-35。

含砷废水先经沉淀后,送入混合槽,接着向槽内投加石灰乳调整pH值至14,搅拌$15\sim20min$后,用压滤机脱水,此

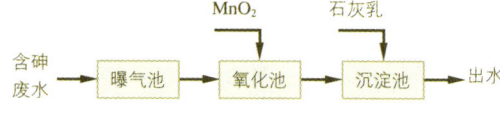

图 36-34 MnO_2处理含砷废水流程

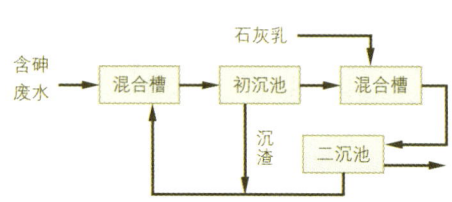

图 36-33 含砷废水石灰法处理工艺流程图

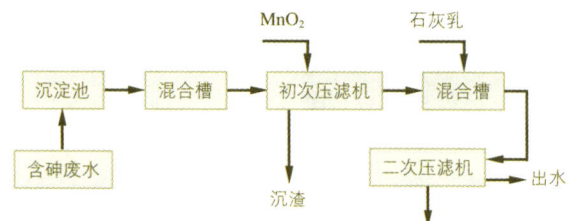

图 36-35 含砷废水铁盐处理流程

时砷去除率在95%以上。然后进入第二个混合槽，投加三氯化铁，并搅拌20min左右，而后再次压滤。研究表明，在含砷量460mg/l，pH=3～5条件下的废水，经铁盐处理后，出水的含砷量约为0.45mg/l以下。此法流程简单，所需设备少，操作也较方便，而且除砷效果好，是有效的处理方法之一。

36.1.10.4 含氟木材防腐废水的治理

氟是木材防腐剂的元素之一，特别是氟化合钠已用作多种复盐防腐剂的一个组成部分。水体中的氟能与各种阳离子结合成钾、钠、钙、镁、硼、铁、铝等的氟化合物或络合物，含氟化合物对人类健康、农业和渔业生产均有危害。

含氟废水的处理方法，可分为混凝沉淀法及吸附法两类，其中前者用得较为普遍。根据所用药剂不同，分为石灰法、"石灰—镁盐"法、"石灰—铝盐"法、"石灰—过磷酸钙"法等。吸附一般用于深度处理。含氟废水经混凝沉淀后，含氟量已降至10～20mg/l，再用吸附法进一步处理，使废水达到净制目的。下面简要介绍几种较好的处理方法。

(1) "石灰—镁盐"法先对含氟废水中投加石灰乳，调整pH至10～11，而后投放镁盐，生成$Mg(OH)_2$絮凝体，吸附水中氟化镁及氟化钙，沉淀除去。镁盐加入量一般为F：Mg=1：12～18。镁盐可采用氯化镁、硫酸镁等。此法工艺流程简单，操作比较容易，沉降速度较快；不足之处，管道容易结垢，生产成本稍高，出水硬度大。

(2) "石灰—铝盐"法此法处理流程见图36-36。

研究表明，除氟效果与投加铝盐量成正比关系。对含氟4.8mg/l的废水投加$Al_2(SO_4)_3$ 57.48mg/l、水玻璃53.6mg/l后，可使氟含量降至0.6mg/l左右，效果非常好。

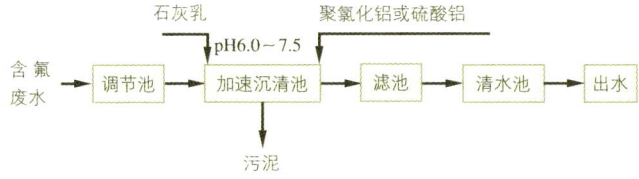

图36-36 含氟废水"石灰—铝盐"法处理流程

36.2 木材工业噪声控制

36.2.1 噪声及其危害

噪声是声音的一种，具有声波的一切特性。从物理学的观点来看，噪声是指声强与频率变化都无规律的杂乱无章的声音。图36-37是噪声与乐音的波形比较。

噪声污染与其他方面的环境污染不同。噪声污染面积大，到处都有，高低不等，有时低到不易被察觉。噪声一般是不致命的，它直接作用于人的感观。噪声源发出噪声时，一定范围内的人们立即会感受到噪声污染；而噪声源

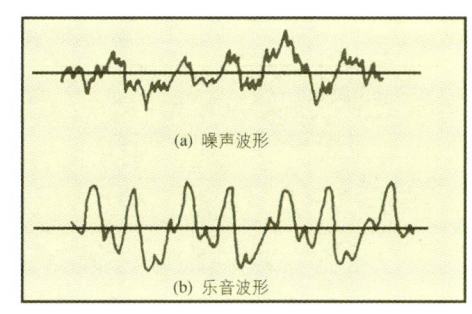

图36-37 噪声与乐音的波形比较

停止发声时，则噪声污染立即消失。由于噪声污染的特殊性，它的危害常常不会被一般人理解，因而也容易被忽视。其实，随着近代工业的发展，噪声已成为危害人们身体健康和污染环境的重要因素。噪声污染与大气污染、水污染一起，被称为是当代世界的三大污染。因此日益引起各方面的注意和重视。

噪声污染对人的危害相当严重，是多方面的，主要表现在以下几个方面。

(1) 对听力的影响：噪声对听力的影响与噪声的强度、频率及作用时间等因素有关。噪声强度越大，频率越高，作用时间越长，危害就越大。噪声对听力的影响，轻则是暂时性的听阈迁移，重则引起听力损失，甚至造成耳聋。表36-20是对各声级各工龄组听力损失的调查结果。

(2) 对人们正常生活的影响：噪声影响人们的正常生活，它妨碍人们休息、睡眠，干扰语言交谈和日常社交活动，使人们烦躁异常。一般40～50dB的噪声就开始对正常人的睡眠发生影响，据研究40dB的连续噪声级使10%的人受到影响；70dB即可影响到50%的人；突然噪声在60dB时可使70%的人惊醒。噪声除影响人们的休息、睡眠外，对谈话、听广播、打电话等都会带来一定的影响。噪声对谈话的干扰程度如表36-21所示。

(3) 对工作的影响：在嘈杂的环境中人们心情烦躁，工作容易疲劳。强噪声会妨碍人们的注意力集中，影响思考问题，致使工作发生差错。由于噪声的心理作用，分散人们的注意力，容易引起工伤事故。表36-22列出了噪声对工效影响的结果。

(4) 对身体健康的危害：长期暴露在强烈的噪声环境中还会引起其他心理作用，如恶心、呕吐、视觉模糊、胃部不适、血管扩张等等。但这些现象都是在产生噪声性耳聋的声级以上很多才能产生，所以如果能做好听力保护工作，其他生理作用就不会发生。

36.2.2 噪声的测量仪器与方法

36.2.2.1 噪声测量仪器（表36-23）
36.2.2.2 噪声测量的基本方法（表36-24）

表 36-20 各声级各工龄组 6 个频率听觉损失的百分率

噪声级 dB(A)	能进行正常交谈的最大距离 (m)	电话通话质量
45	10	很 好
55	3.5	好
65	1.2	较困难
75	0.3	困 难
85	0.1	不可能

表 36-21 噪声对谈话的干扰程度

来源	国际统计 ISO			国内统计		
耳聋百分率（%） 噪声级 dB(A) \ 工龄（年）	10	20	30	10	20	30
80	0	0	0	0.2~2	1.5~7.9	0.9~7.9
85	3	6	8	0.2~2.6	0.3~8	3.3~11.3
90	10	16	18	0.5~3.1	0.5~3.7	4.0~13.6
95	17	28	31	0~2.1	9.2~18	13.4~34.2
100	29	42	44	8.8~18	42~59.8	65.5~83.1
105	42	58	62	22.1~50.5	78.9~89.5	73.8~93

表 36-22 噪声对工效影响的研究结果

噪声效应	各声级 dB(A) 下的平均反应等级		
	50, 55, 60	65, 70, 75, 80	≥ 90
对精神集中程度的影响	2.3	2.75	3.1
对动作准确性的影响	1.85	2.1	2.8
对工作速度的影响	2.0	2.3	2.8

表 36-23 噪声测量仪器

仪 器	用途与特点	基本原理
声级计	声级计是一种用来测量现场噪声级大小的基本测试仪器。声级计是由传声器、放大器、计权网络、指示表头等部分组成。其体积小、重量轻，便于携带。可应用于环境噪声、机械噪声、车辆噪声等测量。若将电容传声器换成加速度计，还可用来测量振动的加速度、速度和振幅	声压信号通过传声器被转换成电压信号，馈入放大器成为具有一定功率的电信号，再通过具有一定频率响应的计权网络，经过检波则可推动以分贝定标的指示表头
频率分析仪	频率分析仪是用来分析噪声频谱的仪器，它主要由测量放大器和滤波器组成。工厂噪声测量一般常用的滤波器有倍频程和 1/3 倍频程的，如果对噪声源的频率成分进行更详细的分析以便加以控制，可用窄带频率分析仪	测量放大器的原理大致与声级器相同；滤波器是将复杂的噪声成份分成若干宽度的频带，测量时只允许某个特定的频带声音通过，表头指示的读数是该频带的声压级
自动分析仪	在现场测量中为了迅速而准确地测量、分析和记录噪声频谱，分析仪与自动记录仪联用可将噪声频谱自动记录在坐标纸上	

表 36-23（续）

仪　器	用途与特点	基本原理
磁带记录仪	磁带记录仪又称录声机。在现场测量中如果没有频谱仪与自动记录仪，或在测量现场噪声时，往往不能直接使用频谱分析仪。可先用磁带记录仪把被测试的噪声记录下来，然后在实验室内用适当的仪器进行频谱分析。利用示波器还可以对录制在磁带上的脉冲声和间歇声进行波形观察	声压信号通过传声器被转换成电压信号，馈入放大器成为具有一定功率的电信号，再通过具有一定频率响应的计权网络，经过检波则可推动以分贝定标的指示表头

表 36-24 噪声测量的基本方法

测量条件	在进行噪声测量的过程中，要考虑测量的条件不受干扰。 本底噪声　本底噪声是指被测量的噪声源停止发声后的周围环境噪声。本底噪声应低于所测噪声10dB以上，否则应对所测噪声源值进行修正。 现场反射声的影响　在传声器或声源附近如有较大的反射物时，会因反射声的加强而产生测量的误差。因此在噪声测量选点时，要将传声器尽量放在远离反射物的地方。 其他外界因素　如风、气流、温度、湿度、电磁场等都会影响噪声测量的准确性。当室外风或气流吹向传声器时，使传声器膜上的压力涨落而产生一种不正常的低频噪声，就会引起读数不准。在这种情况下，必须用防风罩将传声器罩起来。
测点选择	传声器与被测噪声源的相对位置对测量结果有显著影响，对于不同的测量目的选点的要求也不相同，测点选择的一般原则如下： 测量机械设备噪声时，一般宜选距机械表面1m。若机械本身尺寸较小（<0.5m），则测点应距机械表面较近，如≤0.5m。对于大型机械设备、有危险的设备或噪声源强度大的设备，则测点位置可远点。 若现场条件复杂，如果反射声与本底噪声较强时，传声器可离机器近些。 当机械系统的各个噪声源相距较近时，如小型液压系统中的液压泵及其驱动电机是相邻很近的两个噪声源，测点宜距所需测量的噪声源很近（如0.2或0.1m）。 测点应在所测机械的规定表面的四周均布，一般不应少于4点。如相邻测点测出声级相差5dB（A）以上，应在其间增加测点，机械的噪声级应取各测点的算数平均值。 测点的高度一般以机器半高度为准，但最小要求距地面0.5m高，测量时传感器要对准机器表面。 测量空气动力设备的进排气噪声：进气噪声的测点应选在进气口轴向，与管口平面距离等于管口直径；排气噪声测点应放在排气管轴线45°方向上，与管口平面上外壳表面的距离等于管口直径。 为了研究机械噪声对操作人员的影响，可将测点选在工人经常所在的位置。传声器放在操作人员的耳位，以人耳的高度为准，选择数个测点，如工作台、机械旁等位置。 对于工厂附近的环境噪声，如果要了解某一设备对环境噪声的干扰，即从环境保护的观点测量噪声，则把测点选在需要了解的地点。为了防止反射声的干扰，选择距离墙面2m，高度1.2~1.5m的位置，取数点进行测量。测量工作要在工厂机器正常运行时进行
测量的量与读数方法	工厂噪声测量的数据应以A声级为主要依据，同时把C声级记录下来作参考。如果为了控制噪声还要进行倍频程频谱分析，对于明显呈中低频特性的噪声及有调噪声，一般也应进行倍频程频谱分析。测量中心频率为63、125、250、500、1000、2000、4000、8000八个倍频程的声压级就够了。 读数方法，对于车间噪声测量一般使用慢档，环境噪声测量可使用快档。对于恒定的或随时间变化较小的稳态噪声应以观测时间内电表指针的平均偏转读出，观测时间一般为2~5s，对于稳态噪声的偶然变化可以不考虑。对于不稳定的噪声，可按等效连续声级方法取读数
数据记录	现场测定后，应做好资料的记录工作。 噪声源的声级及各频带的声压级； 测量所用仪器的名称和型号； 测试对象的型号、功率等主要参数； 环境噪声及频谱，测试位置，测试环境（包括房间大小、室内吸声情况、周围机器大体分布情况）等； 气象条件，如风速、温度、湿度、气压等情况

36.2.3 木材工业中的噪声源

向外辐射噪声的振动物体被称为噪声源,声源有固体的、液体的和气体的。在木材工业中噪声源主要有机械性噪声与空气动力性噪声两大类。

36.2.3.1 机械性噪声源

木材加工企业有多种机械噪声,如削片机切削木材时的冲击声、锯机工作时的切削声、木工机械运转时零部件之间的撞击声等。当机器的零部件受到诸如撞击力、摩擦力、交变机械力或电磁力等的作用时,这些零部件就会形成一个振动系统,并向空间辐射噪声。这些机器的振动部分如外壳、轴杆、机架等,都可以看作是机械噪声源。

(1) 机械噪声(表 36-25)。
(2) 电磁噪声(表 36-26)。
(3) 液压系统的噪声(表 36-27)。

表 36-25 机械噪声

种类	特点	例子
撞击噪声	利用冲击力做功的机械会产生较强的撞击噪声	削片机切削木材时切削刀与木头的冲击
周期性作用力激发的噪声	旋转机械的作用力主要是周期性的,常见的周期力是由于转动刀轴、飞轮等转动系统的静、动态不平衡所引起的偏心力。不平衡的转动系统当其转速达到临界转速时,该系统自身便产生极大的振动,并将振动力传递到与其相连的其他部分,激起强烈的机械振动和噪声	若风机叶轮不平衡或某些叶片粘附有潮湿的木屑,当叶轮高速旋转时产生振动,并带动机壳发出噪声。铣床刀轴上的刀片若是安装不正确,由于不平衡,刀轴运转时带动机架振动产生噪声
摩擦噪声	物体在一定的压力下相互接触并作相对运动时,则物体之间产生摩擦,摩擦力以反运动方向在作用面上作用于运动物体。摩擦会激发物体振动并发出噪声	木工带锯机工作时,锯条在下锯轮的带动下运转,其工作边受到拉力,非工作边受到压力。因锯条为弹性物体,所以锯条与锯轮之间产生弹性滑动,即主动下锯轮的运动速度高于锯条的运动速度,被动上锯轮的运动速度低于锯条的运动速度。锯轮与锯条之间相对滑动便产生摩擦噪声
结构振动辐射的结构噪声	机械噪声是由于机械振动系统的受迫振动和固有振动所引起的,其中主要的是固有振动。这种噪声以一个或多个固有振动频率为主要组成成份。振动系统的固有频率与其结构性质有关,故简称这种噪声为结构噪声	木工圆锯机工作时由于高速转动的锯片周期性冲击与自激,引起锯片弯曲振动,从而产生噪声。特别当锯片的固有频率与锯片涡流分离的频率一致时,产生共振噪声
机械零件之间接触产生噪声	固体之间接触,如滚动接触、滑动接触和敲击接触,相互作用发出的声音。零件接触时,接触点上的噪声表现为高频,并且当接触振动传递到附近结构中的共振点时,往往表现为极尖锐的噪声	由于滚动轴承圈表面波纹而引起噪声。皮带轮机构的轮子与皮带之间存在不同的表面结构或形状误差产生噪声;啮合的齿轮对或齿轮组由于互撞和摩擦引起齿轮体的振动而辐射齿轮噪声

表 36-26 电磁噪声

种类	特点
直流电机的电磁噪声	不平衡的电磁力使电机产生电磁振动并辐射电磁噪声。如旋切机的直流调速电动机发出的电磁噪声
交流电机的电磁噪声	同步交流电机的电磁噪声特点与直流电机相同;异步交流电机的电磁噪声是由于定子与转子各次谐波相互作用而产生的,也称槽噪声,它的大小取决于定子与转子的槽配合情况
变压器的电磁噪声	变压器在运行中发出的"嗡嗡"声,是由于铁芯在磁通的作用下产生磁致伸缩性振动所引起的

表 36-27 液压系统的噪声

种类	特点
液压泵噪声: (1) 流体动力性噪声 (2) 泵的机械噪声	液压泵工作时连续出现动力压强脉冲,从而激发泵体和管路系统等部件振动,由此而辐射噪声。 由于泵体内传递的不平衡运动,形成部件间冲击力或摩擦力,引起结构振动而发声

表36-27（续）

种 类	特 点
阀门噪声	带有节流或限压作用的阀门是液体传输管道中影响最大的噪声源 当管道内流体流速足够高时，若阀门部分关闭，则在阀门入口处形成大面积扼流。在扼流区域流体流速提高而内部静压降低，当流速大于或等于介质的临界速度时，静压低于或等于介质的蒸发压力，则在流体中形成气泡，气泡随流体流动，在阀门扼流区下游流速渐渐降低，静压升高，气泡相继被挤破，引起液体中无规则压力波动，这种特殊的现象称为空化，由此而产生的噪声称空化噪声
管路噪声	液压系统的泵体噪声和阀门噪声主要沿管体传播并透过管道壁辐射出去，管道愈长愈粗，这种辐射也愈强 液体流经管道时，由于湍流和摩擦激发的压强扰动，也会产生噪声 管路设计不当，也能产生空化噪声

36.2.3.2 空气动力性噪声

高速气流、不稳定气流以及由于气流与物体相互作用产生的噪声，称为空气动力性噪声。

36.2.4 噪声控制的原理与基本方法（表36-29）

噪声对环境的污染和废水、废气、废渣有所不同，它是声源向空气中以弹性波的形式辐射出来的一种压力脉动，在环境中不积累、不持久，也不远距离扩散。对人的干扰是局部性的，当声源停止发声时噪声立即消失。只有当声源，声音传播的途径和接收者三因素同时存在，才对听者形成干扰。因此控制噪声必须从这三个方面去考虑，既要对其分别进行研究，又要将其当作一个系统综合考虑。既满足降噪量的大小，又符合技术经济指标合理性，权衡利弊研究一个比较合理的解决方案。空气动力噪声见表36-28。

表36-28 空气动力噪声

	特 点	例 子
风机噪声： (1) 旋转噪声 (2) 涡流噪声	旋转噪声是由于风机的旋转叶片周期性地打击空气质点，引起空气压力脉动产生的噪声 风扇叶片在旋转时，使周围气体在叶片后面产生涡流，形成压缩与稀疏过程而产生涡流噪声	木材工业气力输送与除尘设备中大量使用的风机和带有各种结构形式冷却风扇的设备（如电动机）
喷射噪声	气流从管口以高速喷射出来，由此而产生的噪声	如气动控制设备中使用的空压机等
周期性排气噪声	当气缸排气时，气体以脉冲形式迅速经排气口冲入大气，产生能量大，成分多的排气噪声	人造板贴面生产线中的真空吸盘

表36-29 噪声控制原理与方法

方 法	措 施
降低声源噪声	1. 对机械噪声源 　研制和选用低噪声的机械设备； 　改进生产加工工艺； 　提高机器的加工精度及装配精度，平时注意检修，减少撞击与摩擦。 2. 对气流声源 　根据发生机理采用适当的消声措施； 　高压、高速管道的辐射噪声要从降低压差和流速或改变高温、高速、高压气流喷嘴的形状去考虑； 　一般风机应从改进结构形式，选择最佳叶型，确定合理转速，提高加工精度和装配质量等办法减低声源噪声强度。
在传播途径上控制噪声	1. 在总体设计上要布局合理 　在规划上尽量把高噪声的工厂或车间与居民区分隔开，防止相互干扰。 　在厂址的选择上，把噪声级高、污染面积大的工厂、车间或作业场所建立在比较边远的偏僻地区，使噪声最大限度地随距离自然衰减； 　将工厂车间内部的强噪声设备与其他一般生产设备分隔开来，或将各车间同类型的噪声源如空压机集中在一个空压机房内，这样不仅防止声源过于分散、扩大噪声的污染面，同时也便于采取声学技术措施进行集中处理。

表 36-29（续）

方　法	措　施
在传播途径上控制噪声	2. 利用屏障阻止噪声传播 可以利用天然地形如山岗、树木、草丛或已有的建筑屏障等有利条件，阻断或屏蔽一部分噪声的传播； 如把噪声严重的工厂、施工现场或交通道路的两旁设置足够高度的围墙或屏障，可以减弱声音的传播。 3. 利用声源的指向性来控制噪声 对于环境污染面大的高声强声源，如果在传播方向布置得当，也会有显著的降噪效果。如①将车间内小口径高速排气管道引出室外，向上空排放，可改善室内的噪声环境，②工厂中使用的各类风机的进、排气噪声大都有明显的指向性，如果把排气管道与烟道或地沟连接起来，可以减少噪声对环境的污染
常用的声学技术措施	1. 吸声处理 采用吸声材料如玻璃棉、泡沫塑料、木丝板等布置室内或制成悬挂空间的吸声体，可将室内的反射声吸收，降低室内噪声，适用于高频噪声。 对于低频噪声，可采用多孔板共振吸声结构或微孔板吸声结构，有较好的吸声效果 2. 消声处理 消声是消除空气动力性噪声的方法。将消声器安装在空气动力设备的气流通道上，就可以降低这种设备的噪声。如各种风机、空压机、内燃机的进排气消声器 3. 隔声处理 在许多情况下，可以把发声物体或需要安静的场所封闭在一个小的空间中，使它与周围环境隔绝，这种方法叫隔声。典型的隔声措施有隔声罩、隔声间、隔声屏。 4. 隔振与阻尼 为了减小机器振动通过基础传给其他建筑物，通常的办法就是防止机械基础与其他结构的刚性连接，这种方法叫基础隔振。主要措施有： 在机器基础与其他结构之间铺设具有一定弹性的软材料，如橡胶板、软木、毛毡、纤维板等； 在机器上安装设计合理的减振器； 在机器周围挖设一定深度的隔振沟
对接收者的防护	当在声源传播途径上无法采取措施，或采取了声学措施仍不能达到预期效果时，就要对工人进行个人防护：1. 限制工作时间；2. 配带防护用品，如耳塞、耳罩、头盔等

36.2.5 典型木材加工设备

36.2.5.1 木工圆锯机

木工圆锯机是目前应用最为广泛的一种木工机床，但其噪声响度大、频率高、声音刺耳，是制材、木材加工车间的主要噪声源。其空载噪声一般在 76～96 dB（A），负载噪声达 90～107 dB（A）。见表 36-30。

表 36-30　木工圆锯机的噪声控制

产生噪声的主要原因	噪声控制的途径
锯片高速旋转时扰动周围空气，形成疏密变化的弹性波，从而产生空气动力性噪声。主要有三种类型： 1. 高速旋转的锯片上的锯齿周期性地拍击周围空气质点，引起空气压力波动，从而产生齿间噪声 2. 锯片高速旋转时在锯片边缘形成不规则界面层分离而产生涡流，这些涡流的产生与分裂引起锯片振动及空气振动，从而产生涡流噪声 3. 锯片高速旋转时，使每一个齿尖产生单源辐射流，并周期性地通过工作台上的锯缝向外排放，气流压力发生变化，从而产生排气噪声	1. 选择合理的锯片结构参数 在不影响锯切性能的条件下，尽量减小齿高； 合理设计齿槽面积； 在一定范围内减少锯齿数量； 在满足切削工艺要求的情况下，尽量减小锯片直径，降低切削速度，确定最佳锯片厚度。 2. 在锯片的两侧或一侧装设"制流控制板"，其作用是限制锯齿边的空气涡流的形成，吸收锯片的振动并起到吸声作用。可使圆锯机降噪达 20～25 dB（A）之多。 3. 在圆锯机工作台面的锯缝两侧的盖板上开设齿形扩压孔，可降低气流噪声。降噪量达 15 dB（A）左右

表 36-30（续）

产生噪声的主要原因	噪声控制的途径
锯片振动噪声 由于高速旋转的锯片周期性冲击与自激，引起锯片弯曲振动，从而产生噪声。特别是当锯片的固有频率与锯片涡流分离的频率一致时产生共振噪声	1. 在锯片上开减振槽，可使锯片的固有频率改变并减弱锯片的振动。使用减振槽可获降噪 2~4dB（A）的效果。 2. 在锯片的一侧粘接金属阻尼片，锯片高速旋转时产生的振动使阻尼片弯曲变形，锯片与阻尼片之间便产生剪切应力，这种剪切力使阻尼片与锯片之间产生摩擦与位移。这样就把一部分振动机械能转变为阻尼材料的分子热运动，以热能的形式向四处耗散。于是阻尼片就从锯片上吸收了振动能，从而降低了噪声。 3. 采用阻尼锯片夹盘并适当加大夹盘直径，有利于抑制锯片振动，提高锯片刚度，达到降噪目的。 4. 在锯机上安装具有吸振材料或具有吸振性能的锯片振动抑制器，可控制锯片振动的噪声。这种抑制器有磁力、水力、气力和机械压力式等多种形式
机械噪声 由于高速旋转的主轴不平衡引起整机振动，激发周围空气，从而产生机械振动噪声 由于整机结构刚度不足，声源振动通过一定传递路线诱发具有较大辐射面的构件向外发出二次噪声	1. 校正主轴动平衡； 2. 调整主轴承，使径向跳动及轴向窜动在 10 μm 以内； 3. 采用减振基础
圆锯机负载的情况下锯齿与木料的撞击及木料断裂引起周围空气振动从而产生冲击噪声与断裂噪声	在不影响圆锯机工作与工人操作的前提下进行吸声与隔声处理。圆锯机的隔声罩通常是以钢板制成罩壳，内衬以 20~30 mm 的聚氨酯泡沫塑料。隔声罩分上、下两部分，为了适应锯切不同厚度的工件，上部隔声罩应做成可调式。通过吸声、隔声处理，可使整机降噪 6 dB（A）左右

36.2.5.2 木工带锯机

木工带锯机是制材加工的主要设备，也是木材加工企业的主要噪声源之一。一般锯轮直径在 1000 mm 以上的木工带锯机，其空转噪声达 94~97dB(A)，负载时噪声高达 101~106dB（A）。通过降噪综合治理后，空转噪声可控制在 70~80dB(A)，负载噪声可控制在 81~85dB(A)。木工带锯噪声控制见表 36-31。

表 36-31 木工带锯的噪声控制

产生噪声的主要原因	噪声控制的途径
幅条式上锯轮高速回转时产生的空气动力性噪声，即锯轮幅条搅动空气产生的气流旋转噪声、涡流噪声等	1. 将带锯机的幅条式上锯轮改制成幅板式锯轮（整体铸造式或盖板式结构），可使整机降噪 3 dB（A）左右。 2. 在上锯轮进、出气口安装微孔共振器，利用共振吸声原理吸收噪声，可使整机降噪 2~3 dB（A）
锯机运行时，锯条的横向振动产生噪声，其主要原因是： 1. 锯条的紧边、松边受力不均匀使其振动； 2. 锯轮与锯条的加工精度不高，使锯条在运行时产生振动； 3. 高速运转锯条的锯齿产生空气涡流和涡流分裂，造成空气对锯条的压力变化，而使其振动	1. 在锯条紧边采用阻尼锯卡，即将原来的硬木导向锯卡改用阻尼锯卡，如磁性锯卡、气动锯卡、毛毡锯卡等。 2. 在锯条紧边采用移动式阻尼导板。 3. 在锯条松边采用弹性压紧式阻尼控制器或阻尼导板。 通过以上方法可以有效抑制锯条的横向振动，使整机降噪 2~4 dB（A）
锯条与锯轮的接触、摩擦、冲击产生的噪声	在锯轮的绕带表面加工出螺旋槽，将由高分子材料制成的高强度圆形带绳缠绕在锯轮表面的螺旋槽内，带绳略突出锯轮表面形成排气槽。这种结构可降低锯条与锯轮的摩擦与冲击，同时还能减小锯条的振动与锯轮旋转时的排气强度。可使整机降噪 4~6 dB（A）
在锯机噪声的传播途径上采用声学技术措施	目前使用的锯罩多数是由薄钢板内衬木板制成的，隔声效果差。若改用内衬为 30~50 mm 厚的泡沫塑料并处理好周边缝隙，可达到整机降噪 6 dB（A）的效果；若改用双层穿孔板结构的锯罩，在穿孔板与底板之间填充超细玻璃丝棉，可使整机降噪 10~20 dB（A）

36.2.5.3 木工平刨床

木工平刨床是木制品车间的主要生产设备，其空载噪声一般为80～93dB（A），负载噪声达90～104dB（A）。通过处理后可降至空载为76dB（A）左右，负载时82～85dB（A）。木工平刨床的噪声控制见表36-32。

36.2.5.4 木材工业中的气力输送装置（表36-33）

表36-32 木工平刨床的噪声控制

产生噪声的主要原因	噪声控制的途径
平刨床的空气动力性噪声主要包括下面三个方面： （1）刀轴高速旋转时，由于伸出刀轴体的刀片周期性搅动周围空气，引起空气压力波动，产生气流噪声； （2）高速旋转刀轴形成的气流沿着后工作台刀口端部斜面与旋转刀片之间形成的缝隙排除，高速、高压的气流在此部位形成排气噪声； （3）对于普通的直刀片刀轴，其压块与刀轴体之间存在一狭长的凹槽，刀轴旋转时，凹槽内便形成空气涡流，由此而产生涡流噪声	1. 适当降低刀轴转速，增加刀片数量。 2. 平刨床的前后刀口板开消音槽、消音孔或适当加大工作台面刨口的开口量，可降低排气噪声。 3. 将刀轴改成螺旋装刀片结构或整体螺旋刀轴，可降噪15～20dB（A）。 4. 将装刀后压块在刀轴体上留下的凹槽封闭或填实，可降低由此产生的涡流噪声
平刨床的结构振动噪声的主要振源有： （1）高速旋转的刀轴在运转过程中由于刀轴部件的振动而直接辐射出噪声，同时刀轴的振动是按一定的路线传递给其他构件如工作台等，引起这些构件的振动而间接辐射出噪声； （2）在切削过程中，刀片周期性地接触工件表面时产生碰撞与冲击，引起工件振动而产生噪声	1. 将刀轴部件整体动平衡处理，同时提高轴承精度和机床安装精度。 2. 将吸声材料（如毛毡、泡沫塑料或其他粘弹性阻尼材料）粘贴在刀口板下方，或用橡胶板制成挡屑板，可以起到吸声与减振的作用，一般可降噪2dB（A）左右

表36-33 气力输送装置的噪声控制

产生噪声的主要原因	噪声控制的途径
风机的噪声： 在气力输送装置中，风机是最主要的噪声源，一般风机噪声的声功级都要超过100dB（A），有的甚至超过120dB（A）。风机产生的气流性噪声主要表现为旋转噪声和紊流噪声两种形式。在木材工业气力输送系统中，物料与叶片及机壳的撞击仍为风机的一个很重要的噪声源	首先要正确选用风机，在木材工业气力输送系统中，要求叶轮结构型式对物料通过性能好；参数选用时尽可能选择较低转速的风机。对于风量、风压高，噪声严重的风机，应综合治理。如风机安装时采用弹性减振基础，在风机的进出口上管道的连接处加装减振套管；整台风机封闭在一个隔声室中，隔声室的内壁填以吸声材料
管路系统的噪声： 管路系统中产生的噪声主要是气动噪声，即不稳定的混合气流对管路系统形成的脉动作用力使管路振动引起噪声，以及由于管路截面变化和流动方向改变造成紊流产生噪声。在气力输送系统中一些构件（如三通、弯管、聚集器、旋风风离器等）选用不合理，也会加大噪声	1. 管径：一般地说，管径大些，管中的气流速度低，噪声就会小些。但管径的选择主要从输送物料的工艺性及造价上综合考虑。原则上讲，要减少噪声应保证管道中混合气流的流速均衡。一种较为有效的方法是采用变截面管道来保证气流速度一致，减少管道中紊流，起到降噪作用。 2. 管长：为了防止管路振动，在系统设计时应避免选用共振管长，或确定合理的管道支承位置以避开共振管长。 3. 弯管：为了减少弯管内壁产生的涡流，弯管的折片数应等于6片，弯管的内壁应光滑，弯管半径对于吸尘系统 $R=2d$，对于输送系统 $R=5～12d$。 4. 三通管：为避免气流在三通中汇合时的强烈冲击，三通的两支管汇合角度要小于8°。支管到汇合点要保证过渡长度≥3d，合流后管长应≥2d。 5. 旋风风离器：应根据所输送物料的种类、浓度、气流量等正确选用分离器，应控制分离器的进口流速在12～25m/s的范围内

36.3 人造板甲醛散发处理

36.3.1 人造板甲醛

36.3.1.1 甲醛的应用与危害

甲醛，又称蚁醛，化学分子式为：HCHO，分子量30.03，有刺激性气味。易溶于水、醇和醚。其35%~40%的水溶液称福尔马林，此溶液在室温下极易挥发，加热更甚。

甲醛是化学上最简单而工业上最重要的脂肪族醛。一百多年来人们生产并在工业上广泛使用甲醛，尤其因为甲醛的化学反应性强，而且价格便宜，所以它在有机合成中起着重要的作用，在无数工业分支中被广泛用作化学试剂。

甲醛在人体内可转化为甲醇，甲醛与蛋白质反应生成不溶的物质，而且该反应是不可逆的，因而甲醛对人体有较大的毒害。长期大量的研究表明：甲醛对人体的许多器官（如视觉、嗅觉、呼吸、消化和中枢神经等）有影响。甲醛对皮肤和黏膜有强烈的刺激作用，长期接触低浓度甲醛会出现眼睛干涩、鼻炎、气管发炎、头痛、恶心、软弱无力、皮肤干燥以及哮喘等症状；长期在较高浓度甲醛环境中生活和工作的人，会出现丧失食欲、体重减轻、持久性头痛、心悸和失眠等症状，有时甚至会引起肺癌和肝癌。尤其对老人、小孩以及曾经患有哮喘、过敏和肺部疾病的人危害性更大。

36.3.1.2 人造板甲醛散发产生的原因

人造板生产过程中，甲醛的来源有两个：一个是木材原料本身含有少量甲醛，另一个就是甲醛系胶黏剂中未参与化学反应的那部分游离甲醛。其中，木材原料中所含甲醛量很少，并随树种不同而有所差异，穿孔法测试一般不超过3mg/100g，所以对产品的甲醛散发影响不大，可以忽略不计。人造板产品中的甲醛主要来源于生产人造板所使用的胶黏剂中所含的游离甲醛，因此，胶黏剂中游离甲醛的含量对于人造板产品的甲醛散发起着至关重要的作用，尤其当使用较高摩尔比配方的脲醛树脂时，树脂溶液中的游离甲醛含量也会很高，这些游离的甲醛虽然在人造板生产过程中会挥发掉一部分，但仍有相当一部分会残留于最终产品中，成为人造板产品的甲醛散发源。由于脲醛树脂具有价格便宜、固化速度快、胶合性能好等特点，已成为人造板工业最为常用的一种胶黏剂。目前，我国绝大多数的人造板产品都是采用脲醛树脂生产的，因此，我国人造板的甲醛散发问题不容忽视。

36.3.1.3 有关甲醛散发的国内外标准

1. 国内标准

我国目前在室内装饰装修用人造板（刨花板、中密度纤维板、胶合板、细木工板）及其制品（包括地板、墙板等）中甲醛释放量的指标值、试验方法和检验规则均有明确的规定（GB18580-2001）。具体详见表36-34。尤其对胶合板、细木工板的最低甲醛释放限量增加了E_0（≤0.5mg/l）的规定。

2. 国际标准

（1）欧洲标准：在欧洲，依照板子甲醛散发量的高低，通常将人造板划分为二个等级（E_1~E_2），划分的标准见表36-35。德国有关部门规定，E_1级板可以直接用于建筑和室内装修，E_2级板必须经过专门处理后使其甲醛散发等级达到E_1级后方可用于室内，测试方法一般采用穿孔法。

（2）日本标准：采用干燥器皿法进行测试，标准规定值如表36-36所示。

表36-35 欧洲中密度甲醛散发量标准

等 级	甲醛散发允许值	
	穿孔值（mg/100g）	气体分析值（mg/m³）
E_1	<8	≤0.124
E_2	≤30	>0.124

表36-36 日本人造板甲醛散发标准

等 级	平均值（mg/l）	最大值（mg/l）
F☆☆☆☆	<0.3	<0.4
F☆☆☆	<0.5	<0.7
F☆☆	<1.5	<2.1
F☆	<5.0	<7.0

表36-34 人造板及其制品中甲醛释放量试验方法及限量值

产品名称	试验方法	限量值	使用范围	限量标志[①]
中密度纤维板、高密度纤维板、刨花板、定向刨花板等	穿孔萃取法	≤9mg/100g	可直接用于室内	E_1
		≤30mg/100g	必须饰面处理后才允许用于室内	E_2
胶合板、装饰单板贴面胶合板、细木工板等	干燥器法	≤1.5mg/l	可直接用于室内	E_1
		≤5.0mg/l	必须饰面处理后可允许用于室内	E_2
饰面人造板（包括浸渍纸层压木质地板、实木复合地板、竹地板、浸渍胶膜纸饰面人造板等）	气候箱法[②]	≤0.12mg/m³	可直接用于室内	E_1
	干燥器法	≤1.5mg/l		

注：① 仲裁时采用气候箱法
　　② E_1为可直接用于室内的人造板，E_2为必须饰面处理后允许用于室内的人造板

36.3.2 人造板甲醛散发的测试方法

目前在世界范围内,有关人造板甲醛散发的测试方法分为试验室法和测试室法两大类,共10余种方法(表36-37),这些方法中,有的已被某些国际组织或国家列为官方标准,有的仅作为科技人员的研究手段。现主要介绍几种在国际上具有权威性而又较常用的测试方法。

36.3.2.1 穿孔法

1. 概述

穿孔法是当今世界上应用最为普遍的测试人造板甲醛散发的基本方法。在许多国家已经将穿孔法列为国家标准测试方法。我国颁布的刨花板和中密度纤维板检测标准中都规定用穿孔法进行甲醛散发量的测试。

穿孔法的基本原理如下:将溶剂甲苯与试件共热,通过液—固萃取使甲醛从试件中分解出来混合于甲苯之中,继而将溶有甲醛的甲苯再通过穿孔器与蒸馏水进行液—液萃取,把甲醛转溶于水中。将溶有甲醛的水溶液用碘量法定量分析。以 mg/100g 板表征穿孔法的测试结果。

2. 操作步骤

(1) 测试仪器:穿孔法的测试装置如图36-38所示。该仪器由专门机构监制和指定的玻璃仪器厂生产。

(2) 试件截取:被测板子必须是热压后冷却的产品。试件包括用穿孔法测甲醛散发和测含水率的两部分试件。尺寸

表36-37 人造板甲醛散发量的测试方法

方法名称	提出人或出处	备注
1. 实验室法		
穿孔法	FESYP	世界各国通用
WKI法	WKI木材研究所	德国标准
Roffael法	Roffael	荷兰标准
气体分析法	FESYP	德国标准
缝隙抽吸法	H·R Mohl	
干燥器法	JIS A 5908-2003	日本标准
Stoger法	Stoger	
微量扩散法	Pluth	
风道法	Kazakevics etc.	
Fahrni法	Brunner	
TNO气体分析法	CHR丛书78-4	荷兰标准
双缸法	Skiest	美国标准
空气循环法	周定国等	
2. 测试室法		
1m³测试室法	WKI木材研究所	
20m³测试室法	BAM木材研究所	
3. MEST法		
20m³测试室法	美国胶合板协会	美国标准
40m³测试室法	德国建筑统一技术委员会	德国标准

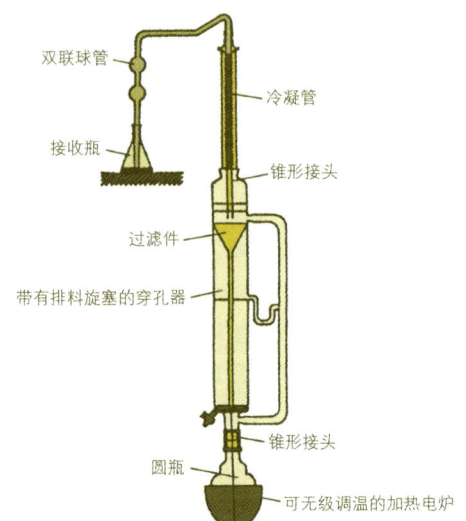

图 36-38 穿孔法甲醛散发测试装置

均为25mm×25mm×厚度。试件应当在距板子边缘500mm范围内截取。试件截取后要尽可能立即进行试验,或者用塑料袋密封起来存于室温下。穿孔测试和含水率测试所需的试件总量约400g。

(3) 穿孔测试:取100g(精确到0.1g)左右试件放入容量为1000ml的烧瓶中,再往瓶中倒入600ml甲苯(分析纯),将装有甲苯和试件的烧瓶与穿孔仪器的接头相连。为保证密封,通常在接头磨口处涂上润滑剂。把烧瓶落入可无级控温的圆形电炉中,使瓶底与炉壁稳妥接触,既不能悬空也不可压得过紧。在萃取器内加入1000ml蒸馏水,保持液面与穿孔器的回流管有10~20mm的间距。冷凝器通上自来水。为了尽可能收集到逸出的甲醛气体,须在接收瓶中加入100ml的蒸馏水,并将气体接收管置于蒸馏水液面以下。

接通加热电炉的电源开始升温,烧瓶内甲苯逐步加热至沸腾形成甲苯蒸汽。从试件中分解出来的甲醛混合于甲苯蒸汽中,并沿着穿孔器外侧的支管上升,到达冷凝区后又变成液体并滴入穿孔器杯口内,通过玻砂过滤进入萃取管的蒸馏水中,甲醛溶解于水中,甲苯因比重比水小而浮于水面,当甲苯液面到达溢流管位置时开始回流。整个回流过程持续2h。一般当发现冷凝管上第一滴甲苯滴下时作为萃取的开始时间,通常在加热后20~25min时出现。及时调整电炉温度,使回流速度保持稳定。在整个抽提过程中不允许气体接收器前置瓶中的水倒流进入穿孔器,并要保持烧瓶内甲苯在一定液位线上。

萃取结束后停止加热,移开电炉,让测试仪器迅速冷却,此时三角烧瓶中的液封水会通过冷凝管回到穿孔器中,起到洗涤仪器上半部的作用。待穿孔器中的蒸馏水冷却至20℃后,从下部的排放旋塞将溶有甲醛的蒸馏水放入2000ml的容量瓶中,放液时切勿将浮于水面的甲苯混入容量瓶中,如不慎误入,可用吸管小心地将甲苯吸去。用200ml蒸馏水分两次洗涤仪器,将洗涤液倒入甲醛溶液瓶中,最后在甲醛溶液

的容量瓶中加入蒸馏水至刻度线，加盖后置于阴暗处待测。

将穿孔器中的甲苯和烧瓶中的甲苯一起倒入废甲苯收集容器，因甲苯对人体和环境有害，切不可随意倾倒，应将其全部回收后集中进行处理，亦可经蒸馏脱水后重复使用。萃取后的废试件也应统一进行妥善处理。

用蒸馏水反复冲洗试验仪器，连接磨口要涂上润滑油，按照顺序放置好各个零部件，以便下次使用。

(4) 含水率测试：按照穿孔值表示法（每100g绝干试件中所含的甲醛mg数），必须测出被测试件的含水率。此项测试根据刨花板或中密度纤维板标准中含水率的测试方法进行。

(5) 甲醛定量分析：用碘量法对甲醛进行定量分析，具体操作程序如下。

从2000ml容量瓶中，准确吸取100ml萃取液于500ml碘量瓶中，从滴定管中精确加入0.01mol/l的碘标准溶液50ml，立即倒入1mol/l的氢氧化钠20ml，摇匀加塞密封后静置暗处15min，取出并加入1:1硫酸10ml，即以0.01mol/l的硫代硫酸钠标准溶液滴定到棕色褪尽至淡黄色，加0.5%淀粉指示剂1ml，继续滴定至溶液变为无色为止，记录下0.01mol/l硫代硫酸钠标准液的用量。同时用同样体积的蒸馏水进行空白试验，并记录下空白试验所消耗的0.01mol/l硫代硫酸钠标准液的量。每种吸收液须滴定两次，平行测定结果所用的0.01mol/l硫代硫酸钠标准液的量，相差不得超过0.25ml，否则需重新吸样滴定。

如果板子的甲醛散发量高，则滴定时吸取的萃取液的用量可以减半，但必须加蒸馏水补充到100ml后进行滴定。

(6) 穿孔值计算：穿孔值用以下公式计算（精确到0.1mg）

$$E = \frac{0.003(B-A)(100+U)}{M}$$

式中：E——被测试件的甲醛散发量，mg/100g

B——空白试验所消耗的0.01mol/l硫代硫酸钠标准液的量，ml

A——萃取液试验所消耗的0.01mol/l硫代硫酸钠标准液的量，ml

M——试件的湿重，g，精确至0.1

U——试件含水率，%

36.3.2.2 光度法

标准曲线：标准曲线是根据甲醛溶液绘制的，其浓度用碘量法测定（图36-39）。标准曲线至少每周检查一次。

(1) 甲醛溶液标定

把大约2.5g甲醛溶液（浓度35%~40%）移至1000ml容量瓶中，并用蒸馏水稀释至刻度。甲醛溶液浓度按下述方法标定：

量取20ml甲醛溶液与25ml碘标准溶液（0.1mol/l）、10ml氢氧化钠标准溶液（1mol/l）于100ml带塞三角烧瓶中混合。静置暗处15min后，把1mol/l硫酸溶液15ml加入到混合液中。

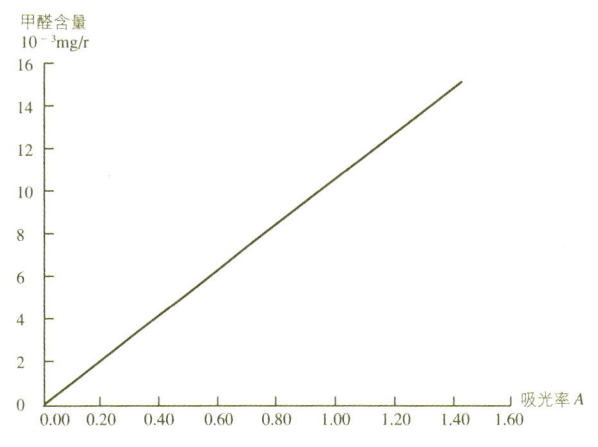

图36-39 标准曲线

多余的碘用0.1mol/l硫代硫酸钠溶液滴定，滴定接近终点时，加入几滴0.5%淀粉指示剂，继续滴定到溶液变为无色为止。同时用20ml蒸馏水做平行试验。甲醛溶液浓度见下式：

$$c_1(\text{HCHO}) = (V_0 - V) \times 15 \times c_2 \times 1000/20$$

式中：c_1——甲醛浓度，mg/l

V_0——滴定空白液所用的硫代硫酸钠标准溶液的体积，ml

V——滴定甲醛溶液所用的硫代硫酸钠标准溶液的体积，ml

c_2——硫代硫酸钠溶液的浓度，mol/l

15——甲醛（$\frac{1}{2}\text{CH}_2\text{O}$）摩尔质量，g/mol

注：1ml 0.1mol/l硫代硫酸钠相当于1ml 0.1mol/l的碘[$c(\frac{1}{2}I_2)$]溶液和1.5mg的甲醛。

(2) 甲醛校定溶液

按(1)中确定的甲醛溶液浓度，计算含有甲醛15mg的甲醛溶液体积。用移液管移取该体积数到1000ml容量瓶中，并用蒸馏水稀释到刻度，则1ml校定溶液中含有15μg甲醛。

(3) 标准曲线的绘制

把0、5、10、20、50和100ml的甲醛校定溶液分别移加到100ml容量瓶中，并用蒸馏水稀释到刻度。然后分别取出10ml溶液，按上述方法进行光度测量分析。根据甲醛浓度（0~0.015mg/ml之间）吸光情况绘制标准曲线。斜率由标准曲线计算确定，保留四位有效数字。

量取10ml乙酰丙酮（体积百分浓度0.4%）和10ml乙酸铵溶液（质量百分浓度20%）于50ml带塞三角烧瓶中，再准确吸取10ml萃取液到该烧瓶中。塞上瓶塞，摇匀，再放到(40±2)℃的恒温水浴锅中加热15min，然后把这种黄绿色的溶液静置暗处，冷却至室温（18~28℃，约1h）。在分光光度计上412mm处，以蒸馏水作为对比溶液，调零。用厚度为0.5cm的比色皿测定萃取溶液的吸光度A_s。同时用蒸馏水代替萃取液作空白试验，确定空白值A_b。

甲醛释放量按下式计算（精确至0.1mg）

$$E = \frac{(A_s - A_b) \times f \times (100+H) \times V}{M_0}$$

式中：E——每100g试件释放甲醛毫克数，mg/100g

A_s——萃取液的吸光度

A_b——蒸馏水的吸光度

f——标准曲线的斜率，mg/ml

H——试件含水率，%

M_0——用于萃取试验的试件质量，g

V——容量瓶体积，2000ml

一张板的甲醛释放量是同一张板内二个试件甲醛释放量的算术平均值。精确至0.1mg。

36.3.2.3 气体分析法

1. 概述

气体分析法最早是由欧洲刨花板工业联合会（FESYP）提出来的，经过不断的完善和改进，现已被列入德国的检测标准（DIN52368）。联邦德国材料研究所（BAM）和WKI木材研究所在测试人造板的甲醛散发量时都经常用到气体分析法。穿孔法和气体分析法是欧洲国家应用最普遍的测量人造板甲醛散发量的两种方法。

气体分析法对被测产品的适应性比较广，一些不适于用穿孔法或其他方法测试的人造板往往可以用气体分析法来检测。胶合板、刨花板、中密度纤维板以及三聚氰胺浸渍纸均可用气体分析法来测试其甲醛散发量。

气体分析的工作原理如下：

将预热至60℃的稳定空气流（60L/h）持续送入金属圆管中，管内放有试件，从试件中散发出来的甲醛混合于热空气中。含有甲醛的热空气通入4组并联的洗瓶中，每1h自动切换一次。用碘量法或光度分析法定量分析吸收液中的甲醛。考虑到第1h因温度等因素导致散发出来的甲醛量波动较大，计算时舍弃不用。以第2~4h的3组气洗瓶收集到的甲醛除以试件的表面积和3个h，按每单位试件表面积每小时散发的甲醛[mg/(h·m²)]作为气体分析法的测试结果。

2. 操作步骤

(1) 仪器：气体分析法测试仪器如图36-40所示；

(2) 试件截取：试件应当在距板子边缘500mm范围内截取。试件尺寸为400mm×50mm×厚度（最厚不超过60mm）。另有25mm×25mm×厚度的小块试件用于含水率测定。每次气体分析法测试，需大尺寸试件3块，小块试件6块，板子试样切割后应立即裁割成试件，并用塑料袋封好存于室温下。

(3) 气体分析测试：将试件置于测试室内的试件架上，开启加热通风电源，测试室温度逐步升高直至达到60℃。热风（60L/h）持续地流经试件，并通过装有蒸馏水的串接的两个洗瓶排入大气（共有并联的4组洗瓶，每组洗瓶包括两只串联的洗瓶，每只洗瓶容量为100ml，内装20ml蒸馏水作为吸收液）。

空气进入测试室前先经过净化和硅胶干燥器除湿。由一

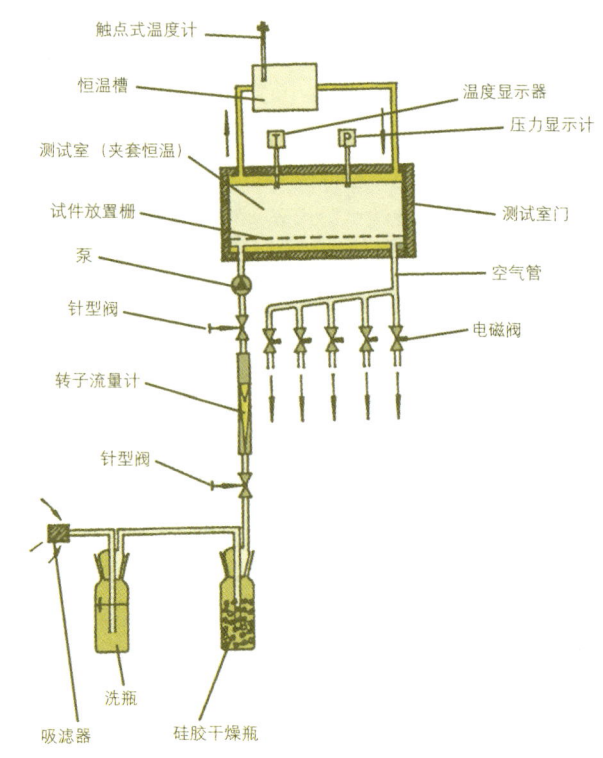

图36-40 气体分析法测试仪器

个热水环流的反应管负责加热作为介质的空气。与此同时，热水也使测试室夹套内保持加热状态，这样做的结果可以确保在60℃条件下，反应管表面温度与热空气载体温度之间的平衡误差在0.5K左右。

测试过程为4h，由试件中散发出来的甲醛混合于热空气中经过洗瓶时为蒸馏水所吸收，每1h由电磁阀自动切换到另一组洗瓶。

试验结束后，把每1h收集到的蒸馏水吸收液准备好进行甲醛定量分析。

(4) 甲醛定量分析：气体分析法的甲醛定量方法可以用碘量法，也可以用光度分析法，比较而言后者更为合理一些。

将每组的吸收液（共40ml）倒入250ml的容量瓶中，然后加蒸馏水至刻度线，用光度分析法测定其甲醛含量。因第1h的测试条件还未稳定，其结果不具代表性，故应舍去，仅将2~4h的3组吸收液中的测定结果纳入计算范围。

(5) 气体分析值计算：气体分析值的计算根据甲醛光度分析法的标定曲线进行，具体步骤如下

$$C = a + (b \cdot E)$$

式中：C——甲醛含量，mg

E——在412nm处的消光值

b——在412nm处标定曲线的斜率

a——空白试验的结果，mg

则每h试件散发出来的甲醛量为

$$C' = 25[-a + (b \cdot E)] \quad (\text{mg})$$

计算出2～4h的3组吸收液的甲醛量，取其平均值后，再除以参与试验的试件表面积，便得到了气体分析法的测试结果。

$$C'' = \frac{1}{S} \cdot \frac{1}{3}(C'_2 + C'_3 + C'_4) \quad [\text{mg}/(\text{h} \cdot \text{m}^2)]$$

式中：C''——单位表面积的试件单位时间内甲醛散发量，mg/(h·m²)

S——被测试件的表面积，m²

C'_2、C'_3、C'_4——分别为第2、3、4h的吸收液中的甲醛含量，mg

36.3.2.4 干燥器法

1. 概述

干燥器法是一种已列入日本工业标准（JIS-A-5908-1986）的测试方法。在我国对日本的进出口人造板贸易中，经常有用于干燥器法测试甲醛散发量的合同条文。干燥器法在国际上也是一种比较普遍使用的甲醛测试方法。

干燥器法的测试装置如图36-41所示。

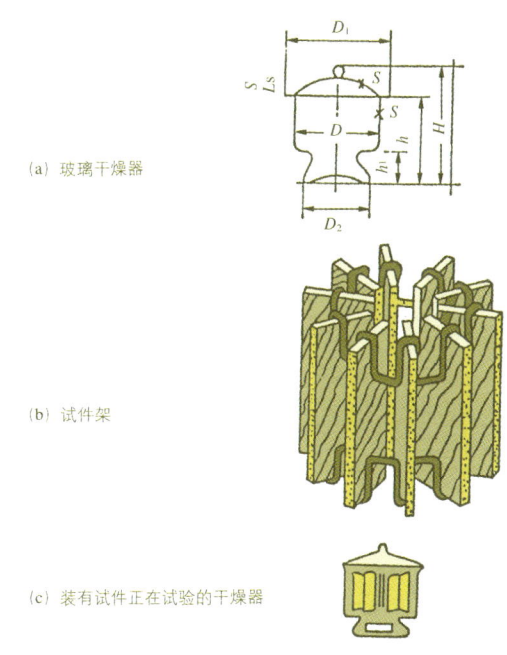

图36-41 干燥器法测试装置

2. 操作步骤

取尺寸为50mm×50mm×厚度的试件7～10块，放在试件架上，再将试件架放入干燥器中。干燥器内径为240mm，容量为9～11L。干燥器标准编号为JIS-R3503。在干燥器底部放一只直径为120mm、高度为60mm的结晶皿，皿内装有300ml蒸馏水作为甲醛吸收液。将干燥器在20℃条件下放置24h，从试件中散发出来的甲醛为结晶皿中的蒸馏水所吸收。试验结束后，取出结晶皿，然后用光度分析法测定其甲醛含量，进而就可计算出被测试件的甲醛散发量。

36.3.2.4 测试室法

1. 概述

测试室方法测试人造板甲醛散发量是在试验室方法基础上的一大进步，两者最主要的区别在于测试室法所测试件的规格尺寸比较大，而且是在一定的温度、湿度、通风和装载度的条件下进行测试，测试条件更接近被测产品在实际使用中的环境条件，因此，测试结果更具科学性和合理性。

测试室法根据测试室的容量规模又分为小型测试室法（1m³）和大型测试室法（20m³和40m³），其中1m³测试室法主要供科学研究用，在欧洲一些国家的工厂也有应用但不普及。20m³（实际为22.6m³）和40m³（实际为43m³）测试室法都属于大型测试室方法，前者已被美国列为正式的检验标准，后者为德国建筑用人造板甲醛散发量的标准测试方法，两者在测试条件和操作步骤等方面基本相同。

2. 1m³测试室法

1m³测试室法是由欧洲国家提出并加以发展的一种测量人造板甲醛散发量的方法。这种方法适合于胶合板、中密度纤维板和刨花板及其他用氨基类树脂胶合的人造板材的甲醛散发量的测试。除了常见的测量人造板平面的甲醛散发量外，用1m³测试室法还可以测量板材端面的甲醛散发特性。

1m³测试室法的工作原理如下：

在一个容积为1m³（1000mm×1250mm×800mm）的测试室内，放入待测的人造板试件。测试室内保持给定的工作条件，比如，温度、相对湿度、换气数和装载度等。分"静态"（测试室内空气不与外界交换）和"动态"（测试室内空气与外界交换）两种状态测量测试室内空气中的甲醛浓度，直到达到平衡。确定"平衡浓度"的方法是从测试室内抽取一定量的包含有被测试件散发出的甲醛的空气，将其通入装有蒸馏水的洗瓶，甲醛为蒸馏水所吸收，再用光度分析法确定吸收液的甲醛含量并换算成测试室中的甲醛浓度。当测试室内空气中的甲醛浓度不再发生有统计意义的变化或者测试时间已超过240h，此时测出的甲醛浓度就被视为"平衡浓度"，最后以每m³室内空气中的甲醛量（mg）表征1m³测试室法的测试值。

3. 大型测试室法

20m³和40m³都属于大型测试室方法。20m³和40m³测试室在德国均有。前联邦德国卫生局1977年提出了一项把居住室内的甲醛浓度容许值限定在0.1mg/m³以下的建议，1980年前联邦德国统一技术建筑协调委员会制定了一个空气中游离甲醛含量的的标准，以规范和约束刨花板在建筑上的应用。标准规定，测试值应当在一个容积为40m³的可供大幅面人造板测试甲醛散发的测试室内产生。用这种方法得到的测试结果和被测试件在实际应用中所产生的结果应当是比较吻合的。正因为如此，用20m³和40m³测试室法给出的测试结果及相应文件在国际上有很高的权威性。

大型测试室法具有以下特点：

(1) 试件的幅面可以尽可能地大，4′×8′或4′×16′的板子可以不加切割地直接放入测试室内进行测试，从而使得出的结果与实际结果更加吻合；

(2) 整个测试过程完全可以模仿被测材料的真实使用条件，测试结果可信度高；

(3) 大型测试室法作为一种最有权威性的方法，可以以其为目标值，在测试室法和任一种其他方法之间建立一定的关系。但大型测试室的建造费用和测试费用也相对较高。

大型测试室法的工作原理如下：

在一个容积为20m³或40m³的测试室内直接放入若干块大幅面的人造板（也可以放入用人造板做成的制品，如家具等），使室内装载度达到1m²/m³。然后按照一定的测试条件（温度、相对湿度和换气数等）进行操作。从被测试件中散发出来的甲醛混合于测试室内的空气中。按照一定的时间间隔从测试室内抽取一定量的空气试样，通过洗瓶将空气中所含的甲醛溶于洗瓶内的吸收液中，再用光度分析法确定其甲醛浓度。一般情况下，依照被测材料的种类不同，达到平衡浓度所需的时间约5～10d，达到平衡浓度时的甲醛浓度即为测试值。

40m³测试室的技术参数如下：

内部尺寸：	高 2400mm
	宽 2800mm
	深 6400mm
门尺寸：	高 2000mm
	宽 1000mm
温度范围：	±5～50℃
误差：	±0.5K
湿度范围：	30%～90%
误差：	±2%
换气量：	200m³/h (max)

德国ETB条例中规定的测试室工作条件如下：

室内温度（℃）：	23±1
相对湿度（%）：	45±5
装载度（m²/m³）：	1
换气数（次/h）：	1±0.1
气流速度（m/s）：	0.3±0.1

36.3.3 影响人造板甲醛散发的若干因素

人造板的生产原料、生产工艺、后期处理方式以及人造板的使用环境条件都会对人造板的甲醛散发产生一定的影响。

36.3.3.1 木材原料

穿孔法实际测试，证明木材本身确实含有一定数量的甲醛，并且不同树种的木材，其甲醛释放量也不尽相同，表36-38中列出了几种常见的人造板生产原料树种的穿孔法测试值。

表36-38 5种木材甲醛释放量的测试结果

树种	含水率（%）	甲醛释放量穿孔值（mg/100g）
马尾松	16.7	2.55
水曲柳	34.3	3.28
杉木	43.2	2.01
杨木	12.8	1.17
柳桉	20.4	1.43

36.3.3.2 胶黏剂

脲醛树脂是尿素与甲醛在一定的反应条件下进行加成反应和缩聚反应而得到的。制胶过程中未参与反应的那部分甲醛称为游离甲醛，游离甲醛含量的高低与制胶工艺和配方有关。游离甲醛含量与制胶时F/U摩尔比成抛物线关系（图36-42），制胶过程中采用高摩尔比，其游离甲醛含量明显提高。反应速度与反应混合物中甲醛浓度成正比，反应温度过高会造成反应速度过快，反应不完全，使得游离甲醛含量增高。树脂未经脱水比脱水后的游离甲醛含量高。尿素加入次数越多，甲醛与尿素的反应越完全，游离甲醛含量越低。制胶时加入共聚物和甲醛捕捉剂可降低游离甲醛含量。

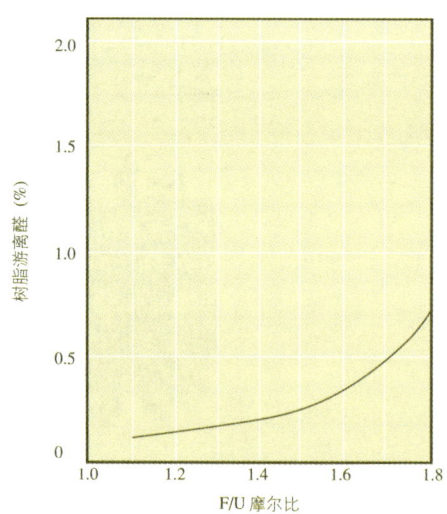

图36-42 脲醛树脂的摩尔比与树脂中游离甲醛含量的关系

36.3.3.3 固化剂

各种不同的固化剂和用量对人造板的甲醛散发起着不同的作用。曾有人使用不同的固化剂对板子甲醛散发量的影响进行过研究，认为氯化铵与氯化镁和氯化铝相比，用氯化铵作固化剂的板子甲醛散发量较小。而在使用同一种固化剂时，板子的甲醛散发量随着固化剂用量的增加而增大。

36.3.3.4 热压工艺条件

不同的热压工艺条件对人造板的甲醛散发量也会产生一定的影响。延长热压时间可以使板子的甲醛散发量直线下降，热压时间的长短随着胶的摩尔比的不同而对降低板子游离甲醛所产生的作用也不同。胶的摩尔比越高，延长热压时间所产生的效果就越好。每延长 1min 板子的甲醛散发量穿孔值可降低 5.23mg/100g。热压温度的高低对板子的甲醛散发量影响很大，随着热压温度的升高，热压过程中甲醛散发量直线增加，而成板中的甲醛散发量明显降低。板材的甲醛散发量随热压温度的升高而显著地降低，热压温度每升高 10℃，甲醛释放量降低 3.34mg/100g（穿孔值），但会影响板子的吸水厚度膨胀率。

36.3.3.5 施胶量

一般而言，人造板的甲醛散发量随着施胶量的增大而提高。施胶量对甲醛散发量的影响程度主要取决于所用胶黏剂的摩尔比，使用低摩尔比的脲醛胶时，施胶量的影响较小。

36.3.3.6 板材堆放

甲醛散发量随着堆放时间的延长而逐渐减少。板材在堆放时的甲醛散发与堆放环境的空气中甲醛浓度有关，板材堆放期间甲醛散发量的下降速率与环境空气中的浓度成反比。另外，在通风环境下堆放的板材比在密闭环境下堆放的板材甲醛散发量大得多。

36.3.3.7 后期处理

实践证明，经过后期处理可使人造板的甲醛散发量大幅度地降低。后期处理所采用的方法和处理时间对降低板材的甲醛散发量有较大的影响。

36.3.3.8 使用环境

使用环境的温度、相对湿度和空气流动情况等都会对人造板的甲醛散发产生影响。随着环境温度和相对湿度的提高，人造板的甲醛散发量会增加。在通常气候条件下，温度提高 5~8℃，空气中的甲醛浓度将提高一倍；相对湿度增加 12%，甲醛散发量将增加 15%~20%。

36.3.4 降低人造板游离甲醛的措施

从影响人造板甲醛散发的因素来看，胶黏剂和后期处理是两个最主要的因素，因此，针对这两个方面可以采取以下方法来有效地降低人造板的甲醛散发量。

36.3.4.1 从胶黏剂入手

1. 采用无毒胶黏剂

随着胶黏剂制造技术的不断进步，使用无毒胶黏剂（如异氰酸酯和丹宁胶）进行人造板生产已成为可能。用这种无甲醛胶黏剂制造的人造板，甲醛散发量极低，德国已用于生产 E_1 级刨花板。

2. 采用低摩尔比脲醛树脂胶或改性脲醛树脂胶

脲醛树脂胶的摩尔比对胶黏剂中游离甲醛的含量起着决定作用。胶的摩尔比高，一般来讲成品板的甲醛散发量也大。因此，在对人造板的其他性能影响不大的前提下，应尽量使用低摩尔比的脲醛胶。用其他聚合物改性的脲醛树脂生产人造板也可以有效地降低其甲醛散发量。

3. 添加甲醛捕捉剂

实践证明，在树脂中或热压前加入适量的甲醛捕捉剂（如间苯二酚、尿素等）可以大大降低人造板的甲醛散发量。添加的甲醛捕捉剂可以在热压中以及热压后与游离的或分解出来的甲醛起化学反应，从而达到降低游离甲醛的目的。

36.3.4.2 从板子后期处理入手

对生产出来的人造板进行后期处理是降低人造板甲醛散发量的一个行之有效的方法。

1. 热处理

实践证明，对刨花板和中密度纤维板进行热处理，可使板子的甲醛散发量明显减少，同时对板子的物理力学性能略有改善。热处理温度 120~170℃ 为宜，在此范围内温度每升高 10℃，甲醛释放量平均减少 2.3mg/100g（穿孔值）；热处理时间一般不超过 45min，在 0~45min 范围内，时间每延长 15min，板子的甲醛释放量约降低 8mg/100g 左右。

2. 氨处理

用氨对人造板进行后期处理可以显著地降低板子的甲醛散发量。在处理过程中，氨可以和被处理人造板中的游离甲醛反应生成六次甲基四胺（乌洛托平），同时还能提高板子的抗水性能。目前常用的氨处理方法除了氨熏和表面涂布的方法以外，还有气体穿透式处理机。氨处理的缺点是处理后的板子颜色较深并带有氨的气味。

3. 表面处理

众所周知，经过各种各样的表面处理可以降低人造板在使用中的甲醛散发量。表面涂饰和贴面是表面处理的最主要的方法。

表面涂饰：采用涂饰法能有效地降低甲醛散发量，而且适用于各种人造板，如果与甲醛捕捉剂同时使用效果更好。

贴面处理：贴面是降低刨花板和中密度纤维板的甲醛散发的最有效的方法之一，该方法是通过封闭的方式来阻止板子中的游离甲醛向外界散发。目前较常用的是浸渍纸贴面、微薄木贴面和各种薄膜贴面。

36.4 木材工业空气污染治理

36.4.1 木材工业空气的污染源

木材工业是以木材为主要原料的工业体系，每一个工业部门在生产过程中都会排出危害环境的污染物质，归纳起来，主要有粉尘、有害气体、废水、废渣等。

36.4.1.1 生产性粉尘

生产性粉尘又称原生粉尘，是指在生产过程中产生的或人为排放物中的粉尘。它们是能较长时间悬浮于空气中的固体粒子，如木粉尘、游离二氧化硅粒子，等等。在木材工业部门，完成木材加工的木工机床种类很多，规格不一，这些机床在加工木材的过程中，会产生大量木材碎料，这些木材碎料一般为刨花、锯屑、碎木片、小木块、木纤维及木粉等。这些木材碎料如处理不当，会造成相当程度的空气污染。木材工业生产性粉尘的产生过程可以概括为两类，即机械过程和物理化学过程。

1. 机械过程

通过机械过程产生木碎料空气污染物的加工过程和工序主要包括：

(1) 锯剖、刨削、铣削、磨削在木材加工车间中，各种锯机、刨床、铣床及砂光、磨光机使用最广泛。这些机床在加工木材过程中所产生的木材碎料的数量和性质，随木材树种、材质构造、材性、加工木材的温度和湿度、木工机床种类、所用刀具机加工工艺（如切削速度、工件进给速度、切削方向、切削量）等众多因素而异。例如，一台中型四面刨床在工作中所排出的碎料量约为300kg/h，而一台宽带双面四砂架砂光机在强行连续砂光中所产生的木粉达1000kg/h以上。又如，在切削加工中所产生的木粉尘的飞散率随所加工木材容重的增大而增大；在木材锯剖加工中所产生的粉尘的飞散率和粉尘浓度随所用锯齿的增长及切削量的增大而降低；同样条件下进行砂光加工，阔叶树材所产生的粉尘量高于针叶树材；砂光粉尘与锯剖粉尘也明显不同，前者本身具有很强的亲水性，而且容易沉降，后者往往是颗粒状粉末和木尘的混合体系。

(2) 露天贮存仓库中的碎料由于风力的作用呈粉尘飞扬，一般称这种粉尘为扬尘。

(3) 木片、刨花、纤维、锯屑、木粉等木质碎料在贮运、装卸、混合、筛选及包装过程中都会产生相当数量的粉尘污染。

(4) 在木工车间及人造板车间内，对材料或半成品进行干燥、喷雾或油漆以及对木质材料的清洗工序，也会产生相当程度的粉尘污染。

2. 物理化学过程

(1) 加工剩余物在焚烧处理过程中，形成一定数量的固体粒子，以及由燃烧所产生的气体形成的粒子，一般称其为烟或熏烟。

(2) 蒸汽或其他动力发生系统排放大量烟及烟雾。

(3) 木粉爆炸会产生一定程度的空气污染。

(4) 大气中物理与化学变化而生成的粉尘。

36.4.1.2 化学废气

在木材机械加工、合成树脂制造、油漆及装饰加工、木材及其半成品干燥和热处理、动力车间等处，都会产生大量的化学废气，如二氧化硫、氟化氢、甲醛、铬、碳氢化合物、三氧化硫、氮的化合物，等等。这些化学废气直接危害人体健康，污染大气环境。

一般来说，木材工业中产生化学废气的生产过程和工序可概括为以下几个方面：

(1) 家具油漆和人造板装饰工艺过程中挥发出来的溶剂蒸汽。

(2) 在人造板车间中，采用脲醛树脂、酚醛树脂等甲醛类树脂作胶黏剂时，在热压工序中将逸出大量具有刺激性的游离甲醛、游离苯酚等有毒气体，污染车间和大气环境，危害人体健康。

(3) 木材、单板、木片、刨花、纤维在加热过程中，由热分解产生的有害气体，如在木材蒸煮，单板、纤维、刨花干燥，人造板热压等工序或加工过程中，都会产生相当数量的有害气体。

(4) 在动力车间内，物质燃烧产生大量烟雾，污染大气环境。

(5) 在刨花、纤维的气流运载中，偶有爆炸现象产生，也会产生有害气体。

(6) 大气中物理和化学反应而生成的气态污染物。

36.4.1.3 其他污染物

1. 固体废弃物污染

木材工业中的固体废弃物一般可分为两类：即木材废料和工艺废料。木材加工过程所产生的木材废料如表36-39所示。工业废渣如表36-40所示。

表36-39 木材废料

生产部门	木材废料
制材工业	原木截头、成材截断剩余物、板院作业中的剩余物、树皮、板皮、板条、锯屑等
家具工业	锯材加工剩余物、各种人造板裁边剩余物、层压板裁切剩余物、锯屑、刨花、木粉等
胶合板工业	原木剥皮剩余物、旋切及侧切剩余物、单板剪切剩余物、胶合板齐边废料、砂光木粉尘
刨花板工业	粉碎和分选剩余物、刨花板齐边废料、砂光木粉尘、刨花板加工废料
纤维板工业	贮木场作业剩余物、粉碎过程剩余物、纤维板齐边废料、纤维板加工废料

表36-40 工艺废渣

生产工序废渣	辅助工序废渣
树皮、腐朽材、木材加工剩余物、锯屑、木粉	废水处理浮渣、沉淀污泥、活性污泥、炉（灰）渣
废填料、油泥渣、腐浆、塑料废物、电石渣	废弃处理收集物
废有机物、铬渣、废磨料、其他废渣	其他残渣

2. 电磁污染

随着科学技术的发展，电子、电气设备在木材工业中的应用越来越广泛，由此引起的电磁污染也越来越严重。电子、电气设备的电磁漏泄以及长期的高频电磁辐射严重危害厂区操作管理人员和厂区附近居民的身体健康，它可引起神经衰弱、植物神经功能失调，严重的甚至可能使血液中的白细胞和红细胞数量减少，并缩短血凝时间。

36.4.2 生产性粉尘及化学废气的污染特征

36.4.2.1 生产性粉尘的污染特征

木材工业生产性粉尘的发生过程，可概括为两类：一是机械过程，包括木材的锯剖、刨削、铣削及磨削等加工，以及粉末状或散粒状物料的混合、筛选、输送、包装等。二是物理化学过程，包括物质的不完全燃烧或爆炸，以及物质被加热时产生的蒸汽在空气中凝结或被氧化等。

1. 生产性粉尘的分类（表36-41）

表36-41 粉尘分类

分类方法	粉尘名称	特　点
按粉尘起因分	工业粉尘	在生产工艺过程中散发出来的，可人工控制
	自然飘尘	由风吹起的大地上的粉尘，随地球和气候条件决定，人工很难控制
工业粉尘按其形成的特性分	生产性粉尘	在生产过程中产生并能漂浮在空气中，粉尘形成时无物理或化学变化，多为常温状态下的粉尘
	烟尘	在形成过程中伴随物理或化学变化，如由氧化、还原、升华、蒸发及冷凝过程而形成的固体微粒。多为高温炉烟气中的粉尘
按粉尘颗粒大小分	尘埃	粒径一般大于10mm，在静止空气中呈加速沉降状态。肉眼可见，又称可见粉尘
	尘雾	粒径一般在10~0.25mm之间，在静止空气中呈等速沉降状态。用普通显微镜可观察到，又称显微粉尘
	尘云	粒径在0.25mm以下，在静止空气中不沉降或非常缓慢、曲折地降落，受空气分子的冲撞而作布朗运动，扩散能力很强。用超倍显微镜才能观察到，又称超显微粉尘
按粉尘的理化性质分	无机粉尘	包括矿物性粉尘、金属粉尘和人工无机粉尘（如金刚砂、水泥、玻璃等）
	有机粉尘	包括植物性粉尘和动物性粉尘（如兽毛等）
	混合粉尘	无机与有机粉尘同时存在
从粉尘的卫生学角度分	无毒粉尘	如木粉、棉尘、铁矿石粉尘等
	有毒粉尘	如铅、锰、敌敌畏粉尘等
	放射性粉尘	如铀矿物粉尘
按粉尘的燃烧和爆炸性质分	易燃易爆粉尘	如煤粉、木粉、硫磺、火炸药粉尘等
	非燃非爆粉尘	如石灰石粉尘等

2. 生产性粉尘的性质

粉尘具有许多不同的特性，与环境保护技术密切相关的粉尘性质有：形态及其大小、密度（或比重）、粒径及其分散度、安息角或滑动角、粘附性、润湿性与水硬性、磨损性、溶解度、比电阻、荷（带）电性以及粉尘的化学成分等。

（1）粉尘的形态、粒径及分散度：木材工业中生产性粉尘的形态多种多样，大小不一，非常复杂。考虑到木材生产性粉尘的复杂性及受多种因素的影响，可粗略地将其分为四大类，即微细粉末、粉粒、颗粒、块状或不规则形状的物料。其中微细粉末是指粒径小于0.147μm的物料，粉粒的粒径小于3.3μm，颗粒的粒径小于12.7μm，块状是指那些在任意方向上的尺寸均大于12.7μm的物料，而不规则形状则包括纤维状、绳带状和其他异形的物料。

木材加工过程中产生的微细粉末主要来自于对木材、木构件及人造板的磨削和砂削加工，通常将其中粒径不超过0.1μm的木材细碎物料称为木粉灰。木粉灰在空气中可长时间地处于悬浮状态，对人体健康十分有害。

木材粉尘的单一粒径表示方法通常有三种形式，即：投影粒径、几何当量粒径和物理当量粒径。可一般的木材生产性粉尘并非都是均匀的尘粒，而是由各种不同尺寸的粒子所组成的尘粒群体，一般采用算术平均粒径来表示。在通风除尘技术中，通常把粉尘的粒径分布称为粉尘的分散度，即在某一粉尘群体（样本）中，不同粒径的尘粒在样品总数中所占的比例，通常以百分数表示。不同粒径的尘粒如以质量表示，则称为计重分散度；如以颗粒数表示，则称为计数分散度。

对木材微细粉末和粉粒一般通过筛分分析来确定其分散度，有时还要通过普通光学显微镜或电子显微镜来观察粒体的形状、大小、粒度。普通的筛子用平织的金属网制成，我国常用泰勒标准筛。

粉尘的形状、粒径及分散度直接影响粉尘的流动性能，对于除尘方式的确定、除尘装置的选型以及除尘器工作性能的评价十分重要。另外，它对了解粉尘对环境的影响和对人体的危害程度也具有积极意义。

（2）粉尘密度：粉尘密度是指单位体积粉尘的质量，有堆积密度和真密度之分。自然堆积状态下单位体积粉尘的质量称为堆积密度（或容积密度），密实状态下单位体积粉尘的质量称为真密度（或尘粒密度）。粉尘在空气中的扩散程度、粉尘的贮运设备和除尘器灰斗的设计、机械类除尘器的工作和效率等都与粉尘的密度有关。

（3）粉尘的安置角：将粉尘自然地堆放在水平面上形成圆锥体，该圆锥体母线与水平面的夹角称为安息角，也称静止角、堆积角、休止角或自然倾角。

粉尘的安息角是评价粉尘流动性的一个重要指标，它与粉尘的粒径、形状、粒子表面粗糙度、粘性及含水率等多种因素有关，对于合理设计料仓和除尘器灰斗的锥度，确定粉

表 36-42　几种常用工业粉尘的安息角

粉尘名称	静安息角（°）	动安息角（°）
白云石粉	—	35
黏土	—	40
高炉灰	—	25
烧结混合料	—	30～40
烟煤粉	37～45	30
无烟煤粉	37～45	27～30
飞灰	15～20	—
生石灰	45～50	25
水泥	40～45	35
吹氧平炉灰尘	43～48	—

状物料输送管道和除尘管道的倾斜度具有重大意义。表 36-42 是几种常见工业粉尘的安息角。

(4) 粉尘的荷电性与比电阻：粉尘在产生及运动过程中，由于相互碰撞、摩擦、放射线照射、电晕放电及接触带电体等原因而带有一定电荷的性质称为粉尘的荷电性。电除尘器就是专门利用粉尘能荷电的特性从含尘气流中捕集粉尘的。

粉尘的比电阻则是关系到电除尘器的选用和净化效果的一个重要指标，它除了表示本身的电阻外，还包含粉尘颗粒表面和电阻荷颗粒之间所含气体的电阻，与粉尘本身的理化性质、含尘气体温度和湿度等因素有关。

(5) 粉尘的粘附性：粉尘之间或粉尘与器壁、管壁等固体表面之间的粘附性质称为粉尘的粘附性。粉尘相互凝并、粉尘在器壁或管壁上的堆积都与粉尘的粘附性质有关，前者会使尘粒增大，易于被除尘器捕集；后者易使除尘设备和管道发生故障或堵塞，因此，了解粉尘的粘附性对选择合适的除尘设备具有积极意义。粉尘的粘附性除与尘粒的组分特性及物理性质有关外，还与尘粒的荷电量、含水率及粒径有关。若按粉尘层的断裂强度分类，锯末、泥煤粉灰属中等粘性，而棉纤维、毛纤维及纤维尘等则属于强粘性。

(6) 粉尘的润湿性：粉尘的润湿性是指粉尘粒子被液体湿润难易程度，其中容易被水湿润的称为亲水性粉尘；很难被水湿润的称为憎水性粉尘。了解粉尘的浸润性（亲水性），对于正确选择除尘设备具有现实意义。

(7) 粉尘的磨损性：粉尘的磨损性通常是指粉尘在流动过程中对器壁或管壁的磨损程度，它与粉尘本身的硬度、密度、表面形状及粗糙度、粉尘浓度、含尘气流速度等诸多因素有关。了解粉尘的磨损性对正确选择除尘设备、选定除尘管道及气流速度、确定器壁厚度以及为除尘系统中的易磨损部件采取防磨措施，具有重要意义。

(8) 粉尘的溶解度：粉尘溶解度的大小与对人体危害程度的关系，因粉尘性质的不同而异。毒性粉尘随着溶解度的增加，有害作用增加；对人体仅起机械作用的粉尘，粉尘溶解得越迅速、越完全，危害性越小。

(9) 粉尘的燃烧、爆炸性：悬浮在空气中的某些粉尘，达到一定浓度时，在外界高温、明火、摩擦、震动、碰撞及电火花等火源作用下，会引起燃烧和爆炸，这类粉尘称为爆炸危险性粉尘。可见，粉尘的爆炸决定于粉尘的性质、表面积及其在空气中的浓度，另外还需要一定的引爆源。一般而言，粉尘的粒径越小，其表面积越大，越容易起火。对粉尘爆炸来说，最危险的粉尘粒径是 570 μm，若粉尘的粒径大于 150 μm，其危险性很小；若粒径大于 420 μm，一般在空气中不发生爆炸。对于木材散碎物料，特别是砂削或磨削出来的木粉尘，粒径一般都大于 100 μm，小于 70 μm 的木粉尘在总数中的比例不及 10%，所以，木材工业气力输送装置在一般情况下不会发生爆炸现象。但在木刨花或木纤维的气力干燥系统中，干燥介质温度较高，如果刨花或纤维在系统中某部位停留时间过长，以至被局部烤焦，当局部温度超过木材碎料燃点时，将引起燃烧或爆炸。发生燃烧或爆炸的另一个原因是由系统中的机械摩擦或金属零件发生猛烈撞击而引起的。因此，在进行系统设计时，应考虑防燃烧和爆炸的安全措施。例如，在管道内装设火星探测仪，当出现火情时能自动报警并及时喷洒惰性气体或喷水灭火，或者在管道及分离器顶部等部位开设几处泻爆口，当管道内着火时，马上停止装料并停止风机运转，以防发生爆炸。在这类具有爆炸危险性的通风除尘系统中，最好采用防爆风机。

(10) 粉尘的化学成分：粉尘的化学成分及含量，直接决定粉尘对人体的危害程度，也是确定工业企业设计的卫生要求及粉尘回收利用方法的主要依据之一。

3. 粉尘的危害

在木材加工企业内，粉尘污染问题十分突出，它不仅危害人体健康，污染大气环境和生态环境，而且影响产品质量，降低设备使用寿命。粉尘危害的严重程度取决于散发的粉尘量、粉尘的物理化学性质及尘源周围的情况。

(1) 对人体的危害：粉尘污染是引起工人职业病的一个主要原因。研究结果表明，人体呼吸系统的不同部位对不同粒径粉尘的滞留、沉积作用不同，一般而言，落尘（粒径大于 10 μm 的粉尘）在空气中的停留时间很短，不易被人体吸入，即使被吸入呼吸道，也容易被鼻腔、鼻咽及气管的黏膜或纤毛所阻留。飘尘（粒径小于 10 μm 的粉尘）可较长时间地悬浮在空气中，易于被人体吸入，可通过呼吸系统到达肺泡管，其中被呼吸道黏膜颤毛粘附或阻留的大部分是 5～10 μm 的粉尘，通过颤毛的生理活动逐渐推移至咽喉部，最终经咳嗽、喷嚏等保护性反射作用，随痰咯出。小于 5 μm 的粉尘，尤其是小于 3 μm 的微细粉尘，几乎可全部深入人体肺脏，引起弥漫性纤维病变。木纤维长而柔韧，可附着在粘膜或皮肤上，引起某些呼吸道疾病（如鼻炎、咽喉炎、支气管炎等）、眼病（如结膜炎等）、皮肤病（如皮肤瘙痒、毛囊炎、脓皮病、粉刺等）。英国海威克姆家具公司的有关研究结果表明，长期在木纤维和木粉尘飞扬的环境中工作，操作工人患恶性肿瘤的几率明显增加。

（2）对生产的影响：如果木材加工车间内粉尘飞扬，势必加剧木工刀具的磨损，这不仅降低设备使用寿命，增加设备维护费用，而且降低产品质量。另外，操作工人若长期处于粉尘飞扬的环境中，不仅影响身体健康，而且影响工作情绪，降低工作效率。

在木材、木制品的砂磨过程中，尤其是人造板砂光作业，一方面产生大量木粉尘，另一方面砂轮高速旋转，飞扬的木粉尘遇砂轮火星即可发生燃烧，甚至引起除尘系统爆炸，严重影响正常生产。

（3）对大气环境的污染：木材工业在加工过程中产生的大量木粉尘严重污染大气环境，给厂区附近的居民日常生活带来极大不便。飘尘会降低大气的可见度，并可促使烟雾的形成，从而影响太阳辐射能的传递。

（4）对植物和农作物的影响：大量粉尘飘浮在大气环境中，并长期掉落在植物和农作物的叶片表面上，对其呼吸道造成堵塞，加上对太阳辐射能传递的影响，从而减弱绿叶植物的光合作用能力，影响植物和农作物的生长发育。

36.4.2.2 化学废气的污染特征

木材工业中的化学废气种类繁多，除36.3所述的游离甲醛外，还有含苯的氨基、硝基、烷基、卤素元素、磺酸化合物及其他有机溶剂，铅、汞、铬及其他金属、类金属有毒物，氯、氯化氢、氟化氢、二氧化硫、氨、光气、硫酸二甲酯、溴甲烷、磷化氢、甲酸等刺激性有害气体，一氧化碳、氰化物、硫化氢等窒息性有毒气体以及合成树脂类有毒气体，等等。

众多木材工业化学废气对环境的危害表现并不完全一样，其毒性也不完全相同，如多数苯的氨基、硝基、卤素元素、磺酸及烷基化合物可经皮肤吸收，或经口腔进入人体，引起中毒现象；家具和人造板装饰工艺过程中挥发出来的溶剂蒸汽，若浓度较高，可严重危害人体神经，引起抽搐、头晕、昏迷、瞳孔放大等病症。低浓度的溶剂蒸汽也能使人头痛、疲劳、腹痛。

工业生产中铅及其化合物可以铅烟和铅尘的形式通过呼吸道进入人体，或经手及被污染的食物通过消化道进入人体内。铅中毒可引起腹绞痛、贫血、麻痹、脑病、神经衰弱、头痛、头晕、失眠、多梦、记忆力减退、消化不良、食欲不振、恶心等症状。

汞及其化合物（氯化汞及其他无机化合物、有机化合物）为剧毒物质，可以蒸汽和粉尘形态经呼吸道侵入人体，也可经消化道和皮肤侵入。汞中毒的主要症状为头晕、头痛、无力、嗜睡、失眠、记忆力减退及神经精神症状。

铬及其化合物广泛用于电镀、油漆、颜料、染色、印刷及木材工业中的家具工业部门。铬对人体的危害多发生于电镀铬作业以及使用重铬酸盐的作业工序。它主要是以烟雾、粉尘的形态经呼吸道进入人体。铬中毒的临床症状主要表现为对皮肤和黏膜造成的局部刺激和腐蚀，可引起鼻炎、咽炎、支气管炎、贫血、消瘦、肾脏损害及消化系统障碍。

36.4.3 卫生标准和排放标准

36.4.3.1 粉尘的卫生标准和排放标准

1. 卫生标准

一般而言，非毒性粉尘对人体的危害程度主要取决于粉尘中游离二氧化硅的数量。1979年颁布的国家标准 工厂企业设计卫生标准（简称卫生标准）(GB36-1979)就是根据粉尘中游离二氧化硅含量的不同来制定的。该标准对车间空气中粉尘的最高允许浓度做了具体规定。对于毒性粉尘则是根据不同有毒物质的毒性，作不同规定。

木材加工和人造板工业企业中，空气污染物的排放方式及其治理措施，取决于排放物的毒性、颗粒大小、分布状态及实际排放量等。

2. 粉尘的动力学特性

研究粉尘在空气中的动力学特性对研究粉尘的扩散非常重要。我们通常所说的含尘气体是指悬浮着固体微粒或液体微粒的气体介质，这种含有微粒的气体介质统称为气溶胶。一般情况下，由于气体介质的流动作用和扩散作用（分子扩散和紊流扩散等），以及微小尘粒间的布朗扩散、静电效应和各种外力作用，悬浮在气体介质中的微粒呈碰撞、凝聚、沉降等状态。促使尘粒在气体介质中运动的力主要有尘粒自重、空气介质对尘粒的浮力、尘粒运动时空气介质与它的摩擦阻力、外界施加的机械力（如机械设备运转部件的挤压冲击力、其他颗粒对它的碰撞力等）。

3. 尘粒在静止空气中的悬浮与沉降

尘粒在静止空气中受其自重、空气浮力和空气摩擦力的作用。其自重可用下式来表示

$$G = V_c \times \gamma_c$$

式中：G——尘粒自重，kg

V_c——尘粒体积，m^3

γ_c——尘粒的真比重，kg/m^3

根据阿基米德定理，尘粒在空气中的浮力可用下式表示

$$P_c = V_c \times \gamma$$

式中：P_c——空气对尘粒的浮力，kg

γ——空气的比重，kg/m^3

尘粒在其自重的作用下向下运动，而尘粒一旦开始向下运动，空气即对其产生摩擦阻力，该摩擦阻力与尘粒的运动方向相反。按照空气动力学理论，该摩擦阻力的大小可用下式表示

$$H = f \times A \times \gamma \times V^2 / (2g)$$

式中：H——空气对尘粒的摩擦阻力，kg

V——尘粒在空气中的运动速度，m/s

A——尘粒在其运动方向上的投影面积，m^2

f——空气介质与尘粒间的摩擦阻力系数

γ——空气的比重，kg/m³

尘粒在空气中作沉降运动时所受到的合力为

$$F = G - H - P_c = V_c \times \gamma_c - V_c \times \gamma - f \times A \times \gamma \times V^2/(2g)$$

对于球形尘粒，其体积 $V_c = (\pi D^3)/6$，其中 D 为尘粒直径（m）。

$$F = (\pi D^3)(\gamma_c - g)/6 - f \times A \times \gamma \times V^2/(2g)$$

由于尘粒的真比重比空气的比重大得多，所以上式可表示为

$$F = \pi D^3 \gamma_c/6 - f \times A \times \gamma \times V^2/(2g)$$

于是，处理在空气中作沉降运动的运动方程式为

$$F = ma = mg - f \times A \times \gamma \times V^2/(2g)$$
$$a = dv/dt = g - f \times A \times \gamma \times V^2/(2G)$$
$$dt = dv/[g - f \times A \times \gamma \times V^2/(2G)]$$

式中 m——尘粒的质量，$m = G/g$ (kg·s²/m)

a——加速度，m/s²

t——运动时间，s

如果尘粒在其运动方向上受到一个与它方向相反、流速与尘粒沉降速度相等的空气流作用，此时尘粒还受到一个空气动力 P 作用，如果 P 和上述 F 处于平衡时，该物料即悬浮在空气中，不上也不下，此时的气流速度称为该尘粒的悬浮速度。可见，悬浮速度和沉降速度的定义是不同的，但其数值相等，于是，如果用 V_c 表示尘粒的沉降速度，当 $F=0$ 时，可推导 V_c 的表达式：

$$V_c = [4gD\gamma_c/(3f\gamma)]^{1/2} \quad (m/s)$$

可见，对一定的尘粒，V_c 仅取决于摩擦系数 f。按照空气动力学的概念，f 随气流的运动状态而异。气流的运动状态一般用雷诺数 Re 来表征。

$$Re = 惯性力/粘性力 = D^2v^2\rho/(Dv\mu) = Dv\rho/\mu = Dv/\gamma$$

式中：μ——空气的绝对黏度（kg·s/m²）；$\gamma = \mu/\rho$

可见，Re 是尘粒运动的函数，当尘粒达到沉降速度时，其相应的雷诺数为：

$Ret = Dvt\rho/\mu$，于是有：$= Re t \mu / D\rho$ (m/s)

4. 粉尘作业危害程度分级标准

这是国家标准《生产性粉尘作业危害程度分级》（GB5817-86）的简称，是确定生产作业场所内工人接触粉尘危害程度大小的依据。该标准根据生产性粉尘中游离二氧化硅含量、工人接尘时间肺总通气量（指工人在一个工作日的接尘时间内吸入含尘气体的总体积，以升/日（人表示）和生产性粉尘浓度超标倍数三项指标将接触生产性粉尘作业危害程度分为五级，即：0级、Ⅰ级危害、Ⅱ级危害、Ⅲ级危害和Ⅳ级危害，如表36-43所示。表中的生产性粉尘浓度超标倍数是指在工作地点测定空气中粉尘浓度超过该种生产性粉尘的最高允许浓度的倍数。由于石棉粉尘对人体具有致癌性，所以标准将其列入游离二氧化硅含量大于70%这一类。另外，该标准不适用于放射性粉尘和能引起化学中毒的粉尘。

5. 粉尘的排放标准

排放标准的规定主要是以居住区大气中污染物最高允许浓度作为依据，即从烟囱排除的污染物质经过大气的混合、扩散和稀释作用后，落到地面的污染物浓度仍能满足卫生标准对居住区最高允许浓度的要求。1973年由国家颁布的《工业"三废"排放试行标准》对13种有害物质的排放量或排放浓度作了具体规定。表36-44为其中有关粉尘的排放浓度，表中的排放浓度是指经局部通风除尘后所允许的排放浓度。

表36-44 有关粉尘的排放浓度

排放有害物名称	排放浓度（mg/m³）
工业及采暖锅炉排放物	200
水泥粉尘	150
含10%以上游离二氧化硅或石棉的粉尘、玻璃棉和矿渣棉粉尘、化物粉尘等	100
含10%以下游离二氧化硅的煤粉及其他粉尘	150

表36-43 生产性粉尘作业危害程度分级表

生产性粉尘中游离二氧化硅含量	工人接尘时间肺总通气量（t/d·人）	生产性粉尘年度超标倍数						
		0	~1	~2	~4	~8	~16	~32	~64
≤10%	~4000								
	~6000								
	>6000	0	Ⅰ		Ⅱ		Ⅲ		Ⅳ
>10%~40%	~4000								
	~6000								
	>6000								
>40%~70%	~4000								
	~6000								
	>6000								
>70%	~4000								
	~6000								
	>6000								

1996年国家环境保护局根据《中华人民共和国大气污染防治法》的有关规定，在原有《工业"三废"排放标准》废气部分和有关其他行业性国家大气污染物排放标准的基础上，制定并发布了《大气污染物综合排放标准》（GB16297-1996），作为国家强制性标准，于1997年1月1日实施。该标准规定了33种大气污染物的排放极限值。国家还修订并发布了若干行业性排放标准。

目前，国家修订并执行的、与木材工业通风除尘密切相关的若干行业大气污染物排放标准主要有：

《锅炉大气污染物排放标准》（GB13271－1991）

《工业炉窑大气污染物排放标准》（GB4915－1996）

36.4.4 木材工业空气污染物的控制方法和技术

36.4.4.1 综合措施

木材工业空气污染的治理工作非常复杂，实践证明，在多数情况下，单靠某一种方法难以解决木材工业的空气污染问题。目前，国内外的木材工业部门大都综合采用行政措施和技术措施来解决空气污染问题。

1. 行政措施

包括制定有关法律法规、建立污染标准、设置管理机构、进行污染监控等。一个企业或其管理部门在组织生产的同时，必须加强对防污工作的领导和管理，加强防污教育，实施卫生保健措施。

2. 技术措施

一般而言，防止或清除大气污染的技术措施包括两个方面，一是对已经产生的污染设法减轻或排除，如废水的处理、废气和粉尘的收集和治理等等；二是设法消除或减少污染源。归纳起来，防止或清除大气污染的技术措施有以下内容：

(1) 采用新型技术，改革生产工艺，甚至改变产品的结构和加工过程，形成新的工艺路线。

改革设备和操作方法，采用新技术，是消除或减少木材工业空气污染的根本途径。在改革中，首先应当采取使生产过程不产生空气污染物的治本措施，其次才考虑产生空气污染后如何治理的治标措施。

(2) 湿法作业，水力消尘 这是一种简便、经济而有效的防污染措施。在生产和工艺条件许可的情况下，应首先考虑采用这种方法。

(3) 密闭空气污染源，使生产过程管道化、机械化、自动化。

密闭污染源是防止污染物外逸的有效途径，它常和通风除尘措施配合使用。

(4) 通风除尘或空气净化 这是目前应用较广、效果较好的防污措施，在木材工业的粉尘处理、废气处理中已发挥积极作用。

36.4.4.2 木材工业有害废气的防治措施和技术

木材工业的生产过程散发出大量废气，严重危害人体健康和大气环境，其治理过程较为复杂，治理方法也不完全一样。一般地，应根据废气的产生过程、性质、数量、危害程度等诸多因素，选择不同的方法对生产过程中排放的有害气体进行处理和治理。

目前，木材工业有害气体的防治措施有以下几个方面：

(1) 研制并推广使用低毒性的胶黏剂和涂料：在木材工业的木制品加工、家具、人造板、油漆、二次加工等生产部门，广泛使用合成树脂胶黏剂（如脲醛树脂胶、酚醛树脂胶、三聚氰胺树脂胶、环氧树脂胶等）和涂料。这些合成树脂胶本身即具有一定毒性，在制造、贮存和使用过程（尤其是人造板的热压过程）中还会散发出大量有毒气体，如游离甲醛、游离酚等，这些刺激性的有毒气体弥漫在空气中，将严重污染车间和大气环境，危害人体健康，降低生产效率，降低产品质量。目前大量使用的木工涂料大多含有相当数量的有机溶剂，而且这些有机溶剂多具有挥发性，在其制造、贮存和使用过程中所造成的污染更为严重。为了防治这类污染，目前木材工业用树脂胶黏剂和涂料正朝着所谓的"三化"（粉末化、水性化、无溶剂化）方向发展。

对胶黏剂而言，木材科学研究人员和企业都试图采用低甲醛含量的胶黏剂来代替现在大量使用的甲醛类树脂胶黏剂，如单宁树脂胶、异氰酸酯树脂胶等。

对于涂料的污染防治，首先考虑使其粉末化，即涂料不含有机溶剂，以革除传统涂料在成膜过程中以有机溶剂为媒介所带来的弊端，这不仅有利于涂料的贮存和运输，而且可减少甚至消除涂料在使用过程中的易燃问题和有毒气体逸出问题。水性涂料和无溶剂涂料在涂料工业中具有广阔的发展前景。水性涂料以合成树脂代替植物油，不仅可提高涂料性能，而且可有效防治涂料的污染问题，目前使用较为广泛的当属乳胶漆和水溶性涂料。无溶剂涂料的成膜物质采用不含溶剂的低黏度合成树脂，所以在其固化、结膜过程中无溶剂挥发，属于无污染涂料。

(2) 生产设备的密闭化、管道化和机械化：这在工业生产中广泛用来减少或消除生产过程中的跑、冒、滴、漏现象。在不妨碍生产操作的前提下，尽量将会产生有害气体等有害物质的设备或某些敞口设备围罩起来，以防止有害物质外逸进入工作地点的空气中，使操作人员与有害物质脱离接触。如在胶黏剂车间，如有条件可尽量使将树脂反应釜处于密闭状态，将敞口的人工投料、出料改为使用高位槽、管道和机械操作，并尽可能实行管道化、机械化作业。另外，为了提高密闭效果，应尽可能使设备内部保持真空负压状态。

(3) 通风：将房间内不符合卫生要求的污浊空气排除，并将新鲜空气或经过专门处理的空气送入房间内代替排除的空气，使房间内保持良好的空气环境的方法称为通风，在工业上称为工业通风。

通风系统具有以下几种分类方法：①根据作用范围分为全面通风和局部通风；②根据工作动力分为自然通风和

机械通风；③根据气流流向分为进（送）风、排（抽）风和循环风。

在实际设计中，应根据生产工艺的特点、有害物质的性质及其散发情况，适当选择通风方法，综合解决车间的通风问题。

1) 自然通风

依靠室外风力造成的风压或室内外空气温度差所造成的热压使空气流动进行通风，它不需要专设动力，结构简单，经济实效。

2) 机械通风

依靠风机产生的风压或其他动力对室内进行通风。

3) 局部送风、局部排风、循环风

局部送风即是将经过处理的空气送到局部工作地点，使局部地区形成良好的空气环境，这对那些作业人员较少的大面积车间的环境改善既经济又有效。局部排风是在粉尘或有害物质产生的地点直接将其捕集并排出室外，从而减少甚至消除粉尘和其他有害物质在室内的扩散。局部排风系统在较小风量下可达到较好的通风效果，设计时应优选加以考虑。循环风（又称回风）是将排风系统排除的污染气体净化后再送回车间循环使用。使用循环风可节省费用，但必须保证回风的含尘浓度符合卫生标准的要求。

4) 全面通风

是对整个车间进行通风换气，即用新鲜空气将整个车间内的有害物质浓度冲淡到卫生标准所规定的最高允许浓度以下。全面通风所需的风量大大超过局部排风系统，设备投资及其所耗动力也较大。当局部排风系统受生产条件限制不能采用，或者即使采用了局部排风系统后，室内的有害物质浓度仍然超过卫生标准的要求，此时即需采用全面通风系统或辅之以全面通风。

全面通风的效果取决于通风气流量和气流组织等因素。所谓气流组织是指在系统设计中合理安排气流流向，使气流在管网中流动时尽可能减少涡流，提高风效。一般而言，全面通风的送风口应尽可能接近工作地点，并设在有害物质浓度较低的区域，而排风口应尽可能接近粉尘和有害气体发生源，设在有害物质浓度较高的区域，这样可以使新鲜空气尽量先流经操作工人的操作位置，改善操作条件。

全面通风所需要的换气量计算如下：

(1) 稀释室内有害物质所需要的换气量

$$L = m/(C_y - C_j) \text{ m}^3/\text{h}$$

式中：m——室内有害物散发量，mg/h

C_y——室内空气中有害物质的最高允许浓度，mg/m³

C_j——进入室内空气中有害物质的浓度，mg/m³

(2) 消除室内余热所需要的换气量

$$L = Q/c\rho(t_p - t_j) \text{ m}^3/\text{h}$$

式中：Q——余热量，kJ/h

c——空气的比热，1.01kJ/kg·℃

ρ——进入室内空气的密度，kg/m³

t_p——排出空气的温度，℃

t_j——进入室内空气的温度，℃

(3) 消除室内余热所需要的换气量

$$G = G_{sh}/d_p - d_j \text{ kg/h}$$

式中：G_{sh}——余湿量，g/h

D_p——排除空气的含湿量，g/kg

D_j——进入空气的含湿量，g/kg

当车间内同时散发有害物质、余热和余湿时，全面通风换气量应取三者中的较大值。当散入室内的有害物质数量不能确定时，全面通风换气量可根据类似房间的实测资料或经验数据按房间的换气次数确定。当有专业标准时，应按有关专业标准执行。

4. 隔离控制法

隔离控制法是将操作位置和生产设备隔开，即将生产设备放在隔离室内，并用排风系统使隔离室保持负压状态，隔离室边上或周围做成走廊式操作间。隔离室的设置主要依据生产设备和工艺操作等具体条件。在工业生产中采用隔离操作法，可有效防止有害物质侵入人体，使操作安全、卫生。

5. 个人防护

个人防护是综合防污染措施的一个重要方面，一般包括皮肤防护和呼吸防护两大类。皮肤防护就是采取一定措施来防止有害物质侵入人体，如在皮肤上涂抹防护油膏、身穿防护服、带防护手套等等。呼吸防护就是采用各种防护用具来防止有害气体和粉尘从呼吸道侵入人体。目前，个人防护用具主要包括送风面盔、过滤式防毒面具、口罩和氧气呼吸器等。

36.4.4.3 木材工业有害气体的净化技术

以气态存在的大气污染物，通常可采用各种气体净化技术进行治理。气体净化处理的方法很多，目前使用比较广泛的有吸收净化法、吸附净化法、化学催化法和燃烧处理法。

吸收净化法即采用适当吸收剂处理气体混合物，以除去气体中的一种或几种组分的方法。目前，工业中广泛用于气体净化处理的设备有填料塔、筛板塔和喷洒塔。

气体吸附净化法是使气体通过固体吸附剂，从而使气体中的杂质被吸附在固体表面上以达到净化目的的一种方法。目前，工业中广泛采用的气体净化吸附器包括固定填充床吸附器和流动填充床吸附器两大类，所用吸附剂的种类也很多，如活性炭、活性土、氧化硅、酸盐、硅凝胶等，尤其是活性炭的使用尤为广泛。

在气体净化中，化学催化法有其独特性，即气体中的有害物质不是通过物理方法得以清除，而是通过各种催化剂将其转化为无毒物质，可以继续留在气相中，也可以是易于除去的物质。目前，工业气体净化所用的化学催化剂大多为金属或金属盐类,其所用载体通常为氧化铁、矾土、石棉、陶土、活性炭等。

通过燃烧净化气体的方法包括直接燃烧法和触媒燃烧法两类。前者系将含有毒物质的气体或有机溶剂加热,使其直接燃烧,氧化分解成二氧化碳和水;而后者系将含有机溶剂的气体加热,并通过触媒层进行氧化反应,所以可以在较低温度下燃烧,热能消耗较少。

36.4.4.4 通风除尘技术

所谓通风除尘通常是指在尘源处或其近旁设置吸尘罩,利用风机作为动力,将生产过程中产生的粉尘连同运载粉尘的气体吸入罩内,并经管道送至除尘器进行净化,达到有关排放标准后,再排入大气或回收利用。通风除尘系统在木材工业的粉尘和有害气体防治中发挥了巨大作用。一般来说,只要密切配合生产工艺,合理设计通风除尘系统,就能起到改善车间环境、保护工人身体健康、减少大气污染、维护正常生产、提高产品质量、防火防爆安全生产的作用,另外,设置通风除尘系统还可以回收有价值的工业原料,降低生产成本,增加经济效益。

在木材加工行业中,一般称通风除尘装置为气力吸集装置。

通风除尘系统一般包括吸尘罩、除尘器、管道和风机等设备。在木工车间的气力吸集装置中,吸尘罩又称为木工机床吸料器或吸料口。

1. 木材工业气力吸尘装置的类型

在工业通风除尘中,一般根据工艺设备配置、生产流程和厂房结构的不同,将通风除尘系统分为就地式、分散式和集中式。

就地式通风除尘系统就是将除尘器或除尘机组直接设置在产尘设备上,就地捕集或回收粉尘。该系统布置结构简单、紧凑,维护管理方便,能同时起到防止粉尘外逸和净化含尘气体两个目的。在木材工业部门,就地式通风除尘系统常用在人造板生产车间,如运输木材碎料的皮带运输机转运点、碎料仓等处。

分散式通风除尘系统是将一个或数个产尘点作为一个系统,除尘器和风机安装在产尘设备附近,一般由操作工人看管。该系统特别适用于产尘设备比较分散,而且厂房比较宽阔的场合。这种布置在木制品车间、装配成型车间都有采用,尤其是单机吸尘(即每台木工机床配置一套除尘机组,含尘气体经过净化后直接排入车间内部)的应用比较广泛。

集中式通风除尘系统是将多个产尘点或整个车间甚至全厂的产尘点全部集中为一个系统,设置专门的除尘室,由专人负责管理。

在木材工业的通风除尘系统中,就地式、分散式和集中式都有采用,一般地,除家具和木制品油漆车间的"喷漆棚",干、湿去除漆雾装置,以及上述单机吸尘等装置以外,我们常将木材工业通风除尘装置分为普通型气力吸尘装置、通用性气力吸尘装置两大类。

2. 吸尘罩

(1) 吸尘罩的作用与分类:吸尘罩是通风除尘系统中的一个重要部件,对于木工机床而言,又称为吸料器或吸尘口。其作用是将尘源散发的粉尘予以捕集,以防粉尘扩散到工作环境中。吸尘罩的设计和安装是否合理,直接关系到整个通风除尘系统工作的可靠性和经济性。一般根据其工作原理,将吸尘罩分为密闭罩、外部罩、接受罩和吹吸罩。

密闭罩将扬尘点或产尘设备包围在罩内并尽可能地密闭起来,使粉尘的扩散被限制在较小的空间内,一般只在罩上留出必要的工作孔或物料进出口以及不经常开启的观察门和检修门。由于密闭罩的开口面积较小,故用较小的排风量即可有效防止粉尘外逸,所以在设计时只要条件允许,应首先考虑采用密闭罩。

当受到生产设备或工艺条件限制,不能将尘源全部或局部密闭时,可将罩子设在尘源近旁,依靠罩口外吸气流的运动把尘源散发出来的粉尘吸入罩内,这类吸尘罩称为外部罩。根据尘源情况和工艺过程的不同,可将外部罩设在尘源的上部、下部或侧面,分别称为上吸罩、下吸罩和侧吸罩。

有些生产过程或设备本身会产生或诱导一定气流,带着粉尘一起移动,如热源上部的对流气流、砂轮磨削工件时抛出的磨屑和大颗粒粉尘所诱导的气流等。此时,常将吸尘罩设置在含尘气流的上方或前方,使其开口迎着含尘气流的运动方向,以使该气流直接进入罩内。这类吸尘罩称为接受罩。

吹吸罩利用吹风口吹出的射流,将尘源散发的含尘气流吹向吸风口(排风罩的罩口),在吸风口前汇流的作用下被吸入罩内。当由于受到生产和工艺条件限制,既不能将尘源密闭,又不能在尘源近旁设置外部罩,在采用接受罩后由于设置高度太高排风量很大时,可考虑采用吹吸罩。

在木工机床的通风除尘系统中,吸尘罩大多采用外部罩和接受罩。

(2) 吸气口的气流特征:吸气口的气流特征与送风口的气流特征是完全不同的。在送风口处,气流是在一个比较有限的圆锥形范围内逐渐扩大,流速消失得比较缓慢,因此气流能够作用到离送风口较远的地方;而在吸气口处,气流系从四面八方汇集而来,流速消失很快,因此气流只能在离吸气口较近的范围内产生作用。所以说,在吸气口处的气流速度急剧衰减现象是吸气口的一个很重要的特点。一般地,在离吸气口仅一个直径远的地方,气流速度就只有进口处的5%左右;而在送风口处,往往在离送风口20~30个直径的地方,气流速度还能保持出口时的10%左右。由此可见,吸气口的气流作用范围,远比送风口小。这一基本特点,是任何形状的吸气口所共有的,只是不同结构的吸气口,其速度衰减情况不同而已。

(3) 吸尘罩的设计和安装:这里主要介绍木工机床吸料口的设计和安装注意事项。

木工机床吸料口的结构和形状取决于木工机床的构造及制品的加工方式。由于木工机床的结构及制品的加工方式很多，设计时应认真进行调查研究，根据实际情况进行具体考虑。考虑到吸气口附近的气流速度急剧衰减的特性，以及加工时碎料扩散的方式，木工机床的设计与安装应符合所谓的六字原则，即近、顺、通、封、便、兼。

近——吸料器尽量接近尘源。

顺——根据碎料的扩散情况，吸料器要尽量顺着碎料散发的主方向，使吸料器充分利用碎料散发的原有动能，尽量避免较多碎料在进入吸料器时发生速度方向的急剧改变。

通——吸料器的轮廓应尽可能光滑，以减少气流阻力。吸料器后尽可能不要直接接弯管等局部阻力构件。

封——吸料器应尽可能把尘源封闭起来。如果吸料器能将尘源有效封闭，不仅除尘效果好，而且可以减少所需要的吸气量。

便——吸料器的结构和安装要便于工人操作，便于装、拆。

兼——只要条件允许，应尽可能使吸料器兼作机床刀具的防护罩。

在通风除尘系统的设计中，为系统中的每一个吸料器确定合理的吸气量是非常重要的环节，这不仅关系到吸料器甚至整个系统的工作可靠性，而且直接关系到系统工作的经济性能。吸料器的吸气量可按下列公式进行计算

$$Q = 3600vA \quad (m^3/h)$$

式中：v——吸料口处的平均风速，m/s
A——吸料器的料口面积，m^2

为了解吸料器工作的经济性能，并为改进吸料器的结构型式、安装方式及位置等积累必要数据，有必要对吸料器的吸气量和阻力进行测定。

吸料器的吸气量一般可根据以下两种情况得到：

一是通过测定吸料口的平均风速得到。测定吸料口风速所用的仪器有翼型风速计、杯型风速计等。当吸料口面积很大时，可将其分成若干相同面积的小块，分别测定每块的风速，然后取平均值。当吸料口面积不大时，可将风速计沿整个断面徐徐移动，所测结果即认为是该断面上的平均风速。测得吸料口的平均风速和吸料口的面积之后，即可根据上式计算出吸料口的吸气量。

二是利用动压法测定吸料口的吸气量，即通过测定接管中的风量来代替吸料口的吸气量。这要求在接管处无漏气现象，且要在气流比较稳定的断面进行测定。当测得吸料器接管处的平均动压后，按下式计算吸料器的吸气量

$$Q = 3600A'(2gP_d/\gamma)^{1/2} \quad (m^3/h)$$

式中：A'——测点处管道的断面积，m^2
g——重力加速度
γ——空气的重度，N/m^3
P_d——吸料器接管处的平均动压，N/m^2

由于吸料器吸气口处的气流全压为零，吸料器的局部阻力为

$$H = P_q - 0 = P_q$$

P_q为在与吸料器紧相连的连接管内测得的气流全压值。

通常采用局部阻力系数ξ来表示吸料器的压损情况。ξ的表达式为

$$\xi = H/P_d$$

式中：P_d——吸料器连接管处的平均动压，N/m^2

3. 除尘设备（分离设备）

(1) 除尘设备的作用与分类：在通风除尘系统中，除尘设备的作用是将混合气流中的空气与碎料分离开来，使干净气体排入大气中，而碎料则被集中到指定地点，以回收有用物料，获得干净气体，或净化废气，保护环境。除尘装置的工作效果直接关系到整个通风除尘系统的工作性能。

除尘装置的分类方法很多，最常见的是按其分离捕集尘粒的机理来划分。按这种分类方法可将除尘器分为六个大类，即机械式除尘器、过滤式除尘器、电力除尘器、洗涤式除尘器、音波除尘器和热除尘器。

1) 机械式除尘器

根据作用于除尘器内含尘气流的作用力，可将机械式除尘器分为重力除尘器、惯性力除尘器和离心力除尘器。重力除尘器利用物料的重力沉降方法分离捕集混合气流中的物料。当混合气流的速度小于其中物料的均势速度时，物料即在其重力作用下沉降下来。沉降室或沉降槽就是典型的重力除尘器。重力除尘器的结构简单，造价低廉，但气流速度小，故设备轮廓大，而且只能分离100μm以上的粗颗粒。若利用惯性效应使颗粒从气流中分离出来，则可大大提高气流速度，使设备紧凑，这就是惯性沉降或动量沉降。在惯性除尘器中，混合气流中物料的质量越大，或混合气流的速度越高，转弯半径越小，就越有利于物料从混合气流中分离出来。惯性除尘器常作为高含尘量的气体预处理之用。

利用离心力作用使物料从混合气流中分离出来的分离设备称为旋风分离器。气流在旋风分离器内作高速旋转，所受离心力几千倍于重力，所以可分离出10μm左右的细粒，高效的还可将5μm的细粒分离出来。这是木材工业中应用最广泛的一种分离方法。其结构简单，制作容易，占地面积小，对5~10μm的细粒具有较高的分离效率。

总体而言，机械式除尘器结构较简单，造价较便宜，压损较低，管理维护较方便，工作条件限制较松，所以应用最广泛，但不能有效分离5μm以下的微粒。

2) 过滤式除尘器

含尘气流与过滤介质之间借助于惯性碰撞、扩散、截留、筛分等作用，将颗粒从混合气流中分离出来的装置称为过滤式除尘器。根据所采用的过滤介质和结构的不同，可将这类除尘器分为袋式除尘器（或布袋除尘器）和颗粒层过滤器。过滤分离可将1~0.1μm的微粒从混合气流中有效捕集

分离出来，常用于末级分离等要求较高的场合，如在木材工业木粉的分离捕集处理中，袋式除尘器使用很广泛，它包括各种织物过滤器。近年来发展出各种颗粒层过滤器，并向高温方向发展，其应用范围越来越广。

过滤式除尘器的分离效率很高，其中颗粒层除尘器还具有耐磨、耐腐蚀、耐高温的特点。但其压损较大，且大型结构较复杂，占用空间大，排料清灰较难，其投资及维修成本也较高，故一般仅在必要时用来分离很细微的物料，尤其是颗粒层除尘器。

3) 电力除尘器

依靠静电力为外力作用于混合气流上，使颗粒从混合气流中分离出来的除尘器称为静电除尘器，简称电除尘器。

静电除尘器对于 0.01～1μm 的微粒具有很高的分离效率，动力消耗小，但要求颗粒的比电阻在 10^4～2×10^{10} Ω·cm，所含颗粒浓度一般在 $30g/Nm^3$ 以下为宜。另外，电力除尘器结构复杂，造价高，操作管理要求高，而且对于混合气流中的木粉灰而言，静电收尘还存在木粉灰发生燃烧的问题，所以在设计和使用这类通风除尘系统时需特别谨慎。在木材工业中，尤其在我国，应用较少。

4) 洗涤式除尘器

以水或其他液体为捕尘介质的除尘器称为洗涤式除尘器，又称湿洗除尘器。其工作原理是使混合气流穿过液层、液膜或液滴，使其中的颗粒粘附在液体表面上而被分离出来。根据设备能耗的高低，可将现有的洗涤式除尘器分为低能洗涤式除尘器和高能洗涤式除尘器，包括水浴除尘器、自激式除尘器和文丘里除尘器。

洗涤式除尘器可有效分离出 5～1μm 的细粒，效率高，工作可靠。但由于气体内需夹带液雾，而且只能在低温条件下使用，设备庞大，液体回收及循环系统庞大，所以应用不多。在木材工业中，水浴式除尘器因其结构简单，除尘效率高，投资费用低而时见使用，但泥浆的后处理仍是一个没有得到很好解决的问题。

5) 音波除尘器

音波除尘利用音波使含尘气流获得振动，该振动可使混合气流中的细粒随之发生振动，于是细粒相互碰撞并发生团聚凝并，从而使尘粒增大，易于被各种除尘器所捕集，利于分离。为了使尘粒发生有效团聚凝并，要求混合气体内的颗粒浓度大于 $10g/m^3$，若使用喷雾，效果更好。音场强度至少要在 160dB 以上。混合气流中的颗粒越小，所需音频也越高。对于 10μm 的细粒，常用超声波，如 Siens 超声波发生器。

在音波除尘器的工作中，尘粒的凝并起重要作用。尘粒凝并因其产生过程中所受力的不同有其不同称谓，仅由尘粒的布朗运动（热扩散）而产生的凝并称为热凝并；尘粒受流体的紊流运动、速度梯度、重力、电力等的作用而发生的凝并分别称为紊流凝并、梯度凝并、重力凝并和电凝并。尘粒凝并可使微细尘粒的粒径增大，易于被除尘器捕集，同时可大大节省能量。

6) 热除尘器

热除尘是在有温度梯度条件下实现的。在温度梯度场内，颗粒受到热致迁移力的作用，可从高温侧移向低温侧。在实验室内应用该原理可做成热沉降器，进行采样分析。目前，在木材工业的通风除尘中还未见使用。

表 36-45 为上述主要分离方法总评价。

在实际应用中，往往将几种除尘机理结合起来，例如目前木材工业中广泛使用的南林Ⅳ旋风袋式除尘器，即结合了旋风分离器和袋式除尘器的工作机理；卧式旋风水膜除尘器即结合了旋风分离器和水膜除尘器的工作机理等等。为了提高分离器的工作效率，具有多种除尘机理的分离器相继问世，如静电袋式除尘器、静电颗粒层除尘器等。

(2) 除尘设备（分离设备）的性能指标：除尘设备的分离性能有多种表示方法，如表示分离效果的全分离效率或穿透率或净化指数及粒级效率；表示能耗指标的压降；表示生产能力的处理气流量。这三类指标都属于技术性能指标。除此之外，还经常使用耗钢量、一次性投资、运转费用、维修费用、占地面积或占用空间体积、使用寿命等，这些都属于经济性指标。在设计和选择除尘器时，必须综合考虑这些因素，但总体而言，低阻、高效仍是评价除尘器

表 36-45 除尘装置的分离方法

分 类	机械力分离			静电分离	过滤分离	湿洗分离
主要作用力	重 力	惯 性 力	离 心 力	静电场力	惯性碰撞 拦截 扩散 静电力	惯性碰撞 拦截 扩散
分离介面	流动死区	器 壁	器 壁	沉降电极	滤料层	液滴表面
排料	重 力	重力、离心力	重力、气流曳力	振打、人工	脉冲、反吹振打	液体排走
器内气速 (m/s)	1.5～2	15～20	20～30	0.8～1.5	0.01～0.3	0.5～100
压降	很 小	中 等	较 大	很 小	中 等	中等到较大
经济除净粒径 (μm)	≥100	≥40	5～10	≥0.01～0.1	≥0.1	≥1～0.1
温度	不限，取决于器壁材料			对温度敏感	取决于滤料材质	常温
气体含尘浓度 (g/m^3)	不限	<100		<40	袋式除尘器：<5～50 颗粒层除尘器：<70	水浴除尘器：<20 自激式除尘器：<20 文丘里除尘器：<5～50

性能的主要指标。

1) 全分离效率 η

对每台分离设备而言，全分离效率的定义如下

$$\eta = G_1/G_2$$

式中：G_1——单位时间内分离器捕集并排出的粉料质量，kg

G_2——单位时间内进入分离器的粉料质量，kg

有时因为分离效率很高，不便比较，且主要目标是要控制分离器出口浓度时，可采用另一些指标如穿透率或净化指数来表示分离效果。

穿透率或带出率 P 的定义如下

$$P = G_3/G_1 = 1 - \eta$$

式中：G_3——单位时间内从分离器排气口排出的粉料量，kg

η——分离器的全分离效率

净化指数的定意如下

$$D.I. = \lg(1/P)$$

分离效率、穿透率和净化指数的对应关系如表36-46示。

表36-46 η、P 和 $D.I.$ 的对应关系

η	99%	99.9%	99.99%
P	1%	0.1%	0.01%
$D.I.$	2	3	4

当几个分离器串联使用时，若处理的气流量相同，则该系统的总分离效率可按下式计算

$$\eta = 1 - (1-\eta_1)(1-\eta_2)(1-\eta_3)\cdots$$
$$= 1 - P_1 \times P_2 \times P_3 \cdots$$

式中：η_1，η_2，$\eta_3 \cdots$——分别为第一级、第二级、第三级，…分离器的分离效率

P_1，P_2，$P_3 \cdots$——分别为第一级、第二级、第三级，…分离器的穿透率

2) 粒级效率

在进入某一台分离器的整个粉料群中，分离器对某一粒径的粒子具有的捕集效率称为粒级效率。

从以上定义可见，全分离效率是针对进入分离器的整个粉料群而言的，不仅随分离器的不同而不同，而且就同一台分离器而言，还随进入分离器入口的粉料的粒径而变化。所以，不宜采用全分离效率来比较分离器本身性能的高低，除非分离器入口的粉料的粒径相同。而粒级效率是针对粉料群中的某一粒径而言的，与进入分离器入口的粉料的粒径无关，仅取决于分离器本身的性能及单个颗粒的性质，所以采用粒级效率来衡量分离器的性能比较合适。

3) 压降

即分离器的流体阻力损失，它是分离过程必须损耗的能量。分离器的压降不仅取决于分离器的结构，而且与分离器的操作条件（如进入分离器入口的气体黏度、密度、气流速度等）有密切关系，很难用一个统一的公式来表示，一般按下列公式进行计算

$$\Delta p = K\gamma t v^2/2g \quad (\text{Pa})$$

式中：γt——当温度为 t℃ 时分离器入口处的空气重度，N/m³

v——分离器的入口速度，m/s

g——重力加速度，$g=9.81$m/s²

K——分离器的阻力系数，与分离器的结构型式、尺寸、表面粗糙度及雷诺数 Re 等因素有关

一般在层流区，K 与 Re 成反比，所以 Δp 近似与气流速度 v 的一次方成正比；在湍流区，K 与 Re 的关系不是很密切，所以 Δp 近似与气流速度 v 的二次方成正比。

(3) 除尘器的选择原则：选择除尘器时，首先应根据处理对象的特性（如物料种类、颗粒大小、含水率、混合气流的浓度和流动速度等等），并结合投资费用、运转费用、维修费用等因素，合理选择除尘器的种类。

通风除尘系统正常工作的关键之一是除尘器必须与系统所用风机相匹配，所以选择除尘器时，在确定除尘器的种类之后，接着应根据系统所要求的气流量，正确选择除尘器的规格（或大小）。

表36-47 为各种除尘器的选择标准。

表36-47 国外除尘装置的选择标准

除尘器类别	捕集粉尘的浓度 (mm)	压力损失 (mm 水柱)	最适宜风速 (m/s)	设备费用
惯性除尘	20~50	30~100	(30)	小
离心除尘	5~15	100~200	15~20	小
布袋除尘器	0.1~1	100~250	0.01~0.1	大
充填层过滤器（片式）	0.1~10	10~100	0.1~3	中
洗涤式除尘器	0.1~10	50~1000	5100	中
电器除尘	0.1~1	20~50	1~3	大

注：1mm 水柱 =9.81Pa

(4) 旋风分离器：旋风分离器是木材加工和人造板生产企业通风除尘系统中使用最广泛的一种分离装置，其结构简单，占用空间小，使用维护方便，阻力适中，属于干式收尘，便于粉状物料的回收处理，可有效地用于粒径为 10μm 以上的粉状物料的分离，也可用作多级分离工作中的第一级分离装置。

1) 旋风分离器的结构及工作原理

旋风分离器是一种使混合气体作旋转运动，借助物料的离心力，使物料从气流中分离出来的设备，其结构形式很多，从分离颗粒的方式可分为切流式和旋流式两大类，在木材工业中以前者为主，这里主要介绍切流式旋风分离器的结构和工作原理。

典型切流式旋风分离器主要由筒体、锥体和排气管组成。

混合气流从圆筒体上部切向入口，自上而下作螺旋形旋转运动，通常称这部分气流为外涡旋。外涡旋中的物料在离

心力作用下被甩向外筒壳体的内壁，并在重力和气流的带动下沿内壁而下从排料口排除。在外涡旋逐渐到达圆锥体下部的过程中，由于受器壁的限制，所受阻力越来越大，当该阻力大于气流向分离器上方的排气口排出的前进阻力（通常出现在外涡旋到达圆锥体底部时）时，空气便会在分离器轴心部位的低压区内以相同方向折转向上，形成通常称之为内涡旋的上升气流，并从分离器上部的排气管口排出，物料由此经过第二次分离。另外，由于上涡旋的形成，分离器顶部出现倒空现象，故也存在少量气流旋转向上，形成所谓的上涡旋。由于旋转离心力的作用，排气管外壁处于低压区，从而使上涡旋最终会沿着排气管的外壁旋转向下，并入内涡旋。上涡旋夹带的物料同样受离心力的作用得到分离，但由于尘粒的下降出路受上涡旋的阻挡，结果出现了所谓的上灰环，它在分离器顶部兜圈子，随着其处理浓度的增大，最后迫使尘粒降落。

由于内涡旋的存在，即使那些处于正压状态工作中的旋风分离器，其下部的中心部位仍可能出现负压，而那些处于负压状态下工作的旋风分离器就更加不容置疑了。因此在设计通风除尘系统时，一般都要求分离器的下部处于密闭状态，完成这一工作的装置称为旋风分离器的锁气器或排料器。

由于上升气流中心负压区的影响，含尘气流在旋转向下的过程中，也会有少量粉尘被内涡旋带走，这种现象称为"返混"。"返混"现象在分离器的设计和使用中是应该避免的。另外还需避免的一个现象就是"二次飞扬"，即由于种种原因，在分离器下部的排料口处，较多气流冲入灰箱，形成激烈的涡旋，并将已汇集的粉尘重新扬起，夹带到上升气流中的现象。这一般是由于排料口的直径过大所致。

旋风分离器工作时其内部气流的速度、压力及运动非常复杂，这里不加叙述。

2）影响旋风分离器性能的主要因素

通过理论分析和试验研究，影响旋风分离器性能的因素主要有：

①进口风速：在旋风分离器内，物料颗粒主要依靠离心力的作用与空气分离。增加进口风速，可以增加物料所受的离心力，从而有利于分离效率的提高，同时也可增加分离器处理的风量，但是，如果进口风速太大，不仅造成分离器处理的分量超过其许可处理风量，出口风速也会超过许可范围，从而导致分离效率下降。另一方面，进口风速越大，分离器的压损也越大。一般取其进口风速为 12~25m/s，多数取 14~20m/s。

②筒体直径 D 与排气管直径 d：筒体直径越小，在相同进口速度下，物料颗粒所受的离心力越大，分离效率得到提高，但是，当分离器高度一定时，筒体直径越小，则其处理的风量也越小，同时还增加了物料颗粒从排气口逸出的机会。一般木材工业用的旋风分离器的外筒体直径 D 不得小于 250mm。

排气管直径过小，使分离器的压损增加。一般取 $d/D=0.5~0.6$。

③进口型式：旋风分离器具有三种型式的进口：内旋型（水平切向进口）、下旋型（切向进口）和外旋型（涡壳式）。

内旋型进口采用沿外筒内壁切线进入的直入式。分离效率低，阻力系数随筒体直径的增大而增大。

下旋式进口的旋风分离器的外圆筒上部呈螺旋形（一般取螺旋角为 10°左右），使混合气流进入后能够自然地形成向下的趋势，以减少上涡旋和上灰环的产生。分离效率较高。阻力系数与分离器筒体直径关系不大，通常可取其阻力系数为 $K=2.0~5.7$。

外旋型进口采用从圆筒外侧旋入的涡壳式，又称为渐开线进口，可减少进入气流对内部气流的干扰和对排气管的冲击，涡角以 180°为好。其分离效率较高。阻力系数随分离器直径的增大而增大。

④排气管的插入深度：排气管的插入深度直接影响分离效率。过浅，上灰环中的尘粒可直接从排气管排出，从而降低分离效率；过深，干扰内涡旋中颗粒的分离。最合适的排气管插入深度与分离器的具体结构型式有关，一般采用实验方法求得。

⑤圆柱筒体和圆锥筒体的高度：适当增加筒体和锥体的高度，有利于提高气流在分离器内的旋转圈数，从而使气流中的物料颗粒获得更多的分离机会，但由于"返混"现象的存在，过高的筒体和锥体高度，并无什么实际意义。实验表明，一般取分离器的总高度以低于 5 倍筒体直径为宜。一般认为，取 $H_1=1.5D$（H_1 为筒体高度），$H_2=2.5~3D$（H_2 为锥体高度），可以获得较满意的分离效率。

⑥排料口直径：排料口的直径过大，易形成"二次飞扬"。实际设计中，一般取 de=0.3~0.5D（为排料口直径）。

参考文献

[1] 赵立. 林产工业环境保护. 北京：中国科学技术出版社，1993
[2] 陆仁书主编. 纤维板制造学. 北京：中国林业出版社，1993
[3] 环保工作者实用手册编写组. 北京：冶金工业出版社，1984
[4] 魏先勋等. 环境工程设计手册. 长沙：湖南科学技术出版社，1990
[5] 杨玉致. 机械噪声控制技术. 北京：中国农业机械出版社，1983
[6] 王国才. 木工机械噪声及其控制. 北京：中国林业出版社，1990
[7] 陈秀娟. 工业噪声控制. 北京：化学工业出版社，1980.4
[8] 方丹群. 噪声控制与室内声学. 北京：中国工人出版社，1981
[9] 方丹群. 噪声控制. 北京：北京出版社，1986
[10] 徐克生. 木工机床噪声控制的途径和趋向. 林业机械，1991(3) P.40~42
[11] 刘利民. 国内木工机床噪声水平现状与噪声标准讨论. 木工机床，1979(2)P.1~11
[12] 丘湘荣. 浅谈木工机床噪声的控制. 木工机床，1979(2) P.12~21
[13] 王国才. 木工圆锯机噪声控制的途径. 林业机械，1992(1)P.30~33
[14] 花军，冯琪. 木工带锯机噪声控制的有效方法. 林业机械，1992(5)P.40~42
[15] 丘湘荣. 木工平刨床的降噪研究. 木工机床，1987(4)P.8~14
[16] 王瑞玲，程岩. 降低压刨床噪声的措施. 林业机械与木工设备，1998(9)P.29
[17] 李莹. 木材工业气力输送装置噪声源分析及降噪途径. 木材加工机械，1995(1) P.24~27

37 木材工业质量管理与控制
Quality Control in Wood Industry

质量是指产品或工作的优劣程度，产品质量是产品使用价值的体现。而衡量产品质量优劣的尺度则是一系列的标准。为了保证产品的质量，所以在生产过程中必须有一种质量控制手段，以保证最终产品质量达到要求。

本章中概要地对"标准"、"质量"、质量管理及生产中常用的一些质量控制方法作简要的介绍，还收入了试验和计算结果的数值修约规则。

章节中还简要地介绍了 ISO 9000 系列标准与我国等同转化的 GB/T 19000 之间的对等关系，以便利企业根据市场情况、产品特点、市场需要等来选择相对的体系要素，以确立适用的质量体系。

37.1 质量管理基础

37.1.1 基本概念

37.1.1.1 标准的分类、代号与编号

根据 GB 3935.1 中所下的定义，标准是："对重复性事物或概念所作的统一规定。它以科学、技术和实践经验的综合成果为基础，经有关方面协商一致，由主管机构批准，以特定形式发布，作为共同遵守的准则和依据"。

由主管机构批准，以特定形式发布，这是标准必须履行的法定手续，标准从制定到发布有一系列必须的工作程序。

1. 标准的分类

（1）按标准的约束性可分为强制性标准和推荐性标准：涉及人体健康，人身、财产安全的标准和法律以及行政法规所规定强制执行的标准都是强制性标准。

强制性标准是指令性标准。标准一经批准发布就是法规，必须以强制手段加以实施。任何单位和个人都无权擅自更改或降低标准。对因违反标准而造成不良后果以至重大事故者，要根据情节予以处理，直至追究法律责任。

推荐性标准是指导性标准，这种标准具有指导性、参考性，无法律的强制性。在生产、交换、使用等方面，通过经济手段或市场调节而自愿采用；违反这方面的标准不构成法律责任，但一经采用，并纳入经济合同之中，就成为共同遵守的技术依据，具有法律上的约束性，必须严格贯彻执行。木材工业行业所采用的标准多为推荐性标准。

（2）按标准化对象的性质和作用，可分为技术标准、管理标准和工作标准：技术标准又按标准化对象的特征和作用分为：基础标准；产品标准；检测方法标准；零件、部件标准；原材料标准；工艺及工装标准；设备标准；能源标准；安全、卫生及环境保护标准等。

管理标准按管理对象分为：技术管理标准；生产管理标准；质量管理标准和经营管理标准等。

2. 管理标准的代号与编号

标准的代号有：国际标准（ISO）、国家标准（GB，GB/T）、行业标准（用汉语拼音，如林业用 LY）、地方标准（DB）和企业标准（QB）等，以上介绍的代号是标准代号的一部分。

我国实施《标准化法》以后使用的标准代号与编号如下：

（1）国家标准的代号与编号：国家标准代号由大写汉语拼音字母组成，强制性能家标准代号为"GB"，推荐性国家标准代号为"GB/T"。

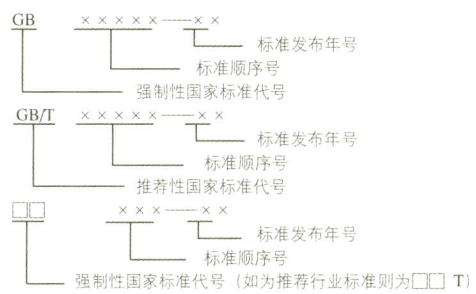

国家标准的编号由国家标准的代号、国家标准发布的顺序号和国家标准发布的年代号(即发布年份的后两位数字)构成。

(2) 行业标准的代号与编号：行业标准代号由国务院标准化行政主管部门规定、行业标准的编号由行业标准代号、标准顺序及年号组成，林业标准代号为"LY"。

国家及行业强制性和推荐性标准编号格式见上页。

(3) 地方标准的代号与编号：地方标准的代号为"DB"加上省、自治区、直辖市行政区划代码前两位数再加上斜线，组成强制性地方标准代号；在此代号后再加"T"，即组成推荐性地方标准代号。即：

DB××/ 及 DB××/T

地方标准的编号由地方标准代号、地方标准顺序号和年号组成，格式如下：

(4) 企业标准的代号与编号格式如下：

企业代号可用汉语拼音字母或阿拉伯字或两者兼用而组成。企业代号，按中央所属企业和地方企业，分别由国务院有关行政主管部门和省、直辖市政府标准化行政主管部门会同同级有关行政主管部门作出规定。

37.1.1.2 中华人民共和国法定计量单位

我国的法定计量单位包括：

(1) 国际单位制的基本单位（表37-1）；
(2) 国际单位制的辅助单位（表37-2）；
(3) 国际单位制中具有专门名称的导出单位（表37-3）；
(4) 国家选定的非国际单位制单位（表37-4）；
(5) 由以上单位构成的组合形式的单位；
(6) 由词头（表37-5）和以上单位构成的十进倍数和分数单位。

表37-1 国际单位制的基本单位

量的名称	单位名称	单位符号
长度	米	m
质量	千克（公斤）	kg
电流	安[培]	A
热力学温度	开[尔文]	K
物质的量	摩[尔]	mol
发光强度	坎[德拉]	cd

表37-2 国际单位制的辅助单位

量的名称	单位名称	单位符号
平面角	弧度	rad
立体角	球面度	sr

表37-3 国际单位制中具有专门名称的导出单位

量的名称	单位名称	单位符号	其他表示式例
频率	赫[兹]	Hz	s^{-1}
力；重力	牛[顿]	N	$kg \cdot m/s^2$
压力；压强；应力	帕[斯卡]	Pa	N/m^2
能量；功；热	焦[耳]	J	$N \cdot m$
功率；辐射通量	瓦[特]	W	J/s
电荷量	库[仑]	C	$A \cdot s$
电位；电压；电动热	伏[特]	V	W/A
电容	法[拉]	F	C/V
电阻	欧[姆]	Ω	V/A
电导	西[门子]	S	A/V
磁通量	韦[伯]	Wb	$V \cdot s$
磁通量密度；磁感应强度	特[斯拉]	T	Wb/m^2
电感	亨[利]	H	Wb/A
摄氏温度	摄氏度	℃	
光通量	流[明]	lm	$cd \cdot sr$
光照度	勒[克斯]	lx	lm/m^2
放射性活度	贝可[勒尔]	Bq	s^{-1}
吸收剂量	戈[瑞]	Gy	J/kg
剂量当量	希[沃特]	Sv	J/kg

表37-4 国家选定的非国际单位制单位

量的名称	单位名称	单位符号	换算关系和说明
时间	分	min	1 min=60s
	[小]时	h	1h=60min=3600s
	天（日）	d	1d=24h=56400s
平面角	[角]秒	(″)	$1″=(\pi/64800)$ rad
	[角]分	(′)	$1′=60″=(\pi/10800)$ rad
	度	(°)	$1°=60′=(\pi/180)$ rad
旋转速度	转每分	r/min	$1r/min=(1/60)\ s^{-1}$
长度	海里	n mile	1n mile=1852m（只用于航程）
速度	节	kn	1kn=1n mile/h=(1852/3600)m/s（只用于航行）
质量	吨	t	$1t=10^3 kg$
	原子质量单位	u	$1u \approx 1.6605655 \times 10^{-27} kg$
体积	升	L,(l)	$1L=1dm^3=10^{-3}m^3$
能	电子伏	eV	$1eV \approx 1.6021892 \times 10^{-19} J$
级差	分贝	dB	
线密度	特[克斯]	tex	1tex=1g/km

表 37-5 用于构成十进倍数和分数单位的词头

所表示的因数	词头名称	词头符号
10^{18}	艾[可萨]	E
10^{15}	拍[它]	P
10^{12}	太[拉]	T
10^{9}	吉[咖]	G
10^{6}	兆	M
10^{3}	千	k
10^{2}	百	h
10^{1}	十	da
10^{-1}	分	d
10^{-2}	厘	c
10^{-3}	毫	m
10^{-6}	微	μ
10^{-9}	纳[诺]	n
10^{-12}	皮[可]	p
10^{-15}	飞[母托]	f
10^{-18}	阿[托]	a

37.1.1.3 质量与质量特性

1. 质量

质量通常是指产品或工作的优劣程度。广义的质量概念包括产品质量、工作质量和生活质量。

质量的概念不是绝对的，质量的"优"、"劣"、"完善"都是相对于某一标准而言的，所谓质量，实际上是指产品或有关的各项工作相对于某一标准的符合程度。

2. 质量特性

产品质量是通过一系列的质量特性表现出来的，质量特性可表现为以下几方面：

(1) 适用性指产品适合使用的性能。如刨花板刨强度、密度、防水性和隔音性。

(2) 可靠性是指产品在规定使用条件下和规定的时间内，完成任务的概率。此性能一般指的是耐久性、安全可靠性。如胶合板水泥模板的使用次数及耐老化性能等。

(3) 环保性是指产品在生产和使用过程中应对环境与人体无害。如刨花板、中密度纤维板的游离甲醛含量；家具的结构尺寸必须适应人体的结构等。

(4) 美观性指产品在外观上满足用户审美要求的能力。影响外观的因素很多，主要是色彩、外形和材质三要素。

(5) 工艺性主要是指产品应便于加工，便于实现连续化、机械化生产，以及便于采用典型工艺规程等的性能。

(6) 经济性指产品在设计、制造和使用过程中的耗费以及使用的经济效果。

(7) 安全性指产品在流通和使用过程中保证安全的程度。

不同时期、不同用户对产品质量特性的侧重点往往各不相同。

37.1.1.4 质量管理与全面质量管理

1. 质量管理及其发展

质量管理是一门新兴的管理学科，它经历了三个发展阶段：质量检验阶段、统计质量控制（SQC）阶段和全面质量管理（TQC）阶段。

质量检验阶段中质量检验被作为一项专门职能或工种，从生产操作中分离出来，是社会生产发展中专业分工的必然结果。开始时，产品的质量主要依靠工人的实际操作经验来保证，工人既是操作者又是检验者、管理者。质量管理仅处于萌芽状态。随着生产的发展、市场竞争的不断加剧、产品结构的日趋复杂，质量要求越来越高，就出现了专职的检验人员和机构。开始出现了统一的质量检验标准。这些是质量管理中的重大进展。

质量检验阶段的特点是强调事后的终端把关，作为把关性质的质量检查，至今在工厂中仍是不可缺少的，但它没有考虑检验费用和质量保证问题，对预防废品出现等方面的作用比较薄弱，因此，一般把这阶段称为质量管理的初始阶段。

统计质量控制阶段是质量管理发展的第二阶段。由于质量检验是事后把关，虽然把合格品与不合格品进行了分离，但废品已产生，已造成了浪费。积极的做法是把废品消灭在产生之前，由事后的把关变为事前的预防，从质量管理看这是一大进步。随着生产的发展，生产效率的提高，每分钟都可能出现大量废品，因此，积极的预防显得越来越重要。

1924 年美国贝尔电话研究所应用数理统计的原理，提出了用"6σ"法控制生产过程中产品的质量。建立了第一张工序质量控制图，作为预防生产过程中出现废品的重要工具，根据数理统计方法所建立的工序控制图，是在生产过程中对产品进行定期抽样检查，并把检查结果当成一个反馈的信号，通过控制图发现或检定生产过程是否出现不正常情况，以便及时消除不正常因素，做为防止废品的发生，整个过程称为工序控制。它可用图 37-1 来表示。

全面质量管理的理论是 20 世纪 50 年代由美国学者提出的。他们认为要生产出用户满意的产品，单纯靠数理统计的

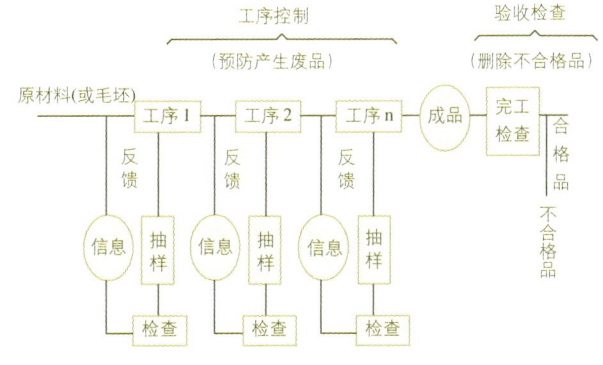

图 37-1 工序控制示意图

方法对工序进行控制是不够的。质量控制应从产品设计开始,直到产品到达用户手中,使用户满意为止。它包括市场调查、设计、研制、制造、检验、包装、销售、服务等各个环节都要加强质量管理,使企业所有职工都负有质量管理的责任。

我国在1978年引进和试行了全面质量管理,近年来不断推广应用,在部分企业中开始取得了良好的效果。全面质量管理的内容和意义正逐步为人们所认识。

2. 全面质量管理

通常所说的质量是狭义,它仅指产品的技术性能,如精度、耐用度、安全性等。而全面质量管理中的质量概念是广义的,它除了技术性能外还包括服务质量和成本质量。全面质量管理的另一个含义是:产品质量是企业的一切工作质量和工序质量的结果。企业抓质量管理应该首先抓原因,变单纯地管理结果为首先管理原因或管理因素。这是全面质量管理的一条重要经验。

全面质量管理认为,产品质量决定于设计质量、制造质量和使用等全过程。必须在市场调查、产品选型、研究试验、设计、制造、检验、运输、贮存、销售、安装、使用和维修等各个环节中都把好质量关。在全过程的质量管理中,除了基本生产过程外,还要重视辅助生产过程的质量管理。如工具、动力、机修等生产中的质量,这些都是保证工序质量的重要条件,它们常影响到产品质量。

全过程中各个环节的配合和信息反馈是非常重要的,及时把各种信息反馈到有关部门,是现代企业质量管理中的重要环节,是不断提高产品质量的重要条件。

全面质量管理是全员参加的质量管理工作,这是一个重要的特点。

3. 全面质量管理的基础工作

全面质量管理是一种科学的质量管理体系,必须做好以下基础工作:标准化工作;质量教育工作(包括质量意识教育、全面质量管理知识和方法教育、技术培训);建立质量责任制;计量工作;做好质量信息工作;建立质量管理组织。

4. 全面质量管理的基本方法

全面质量管理的基本方法,可以概括成一个PDCA循环和为实现这一循环所必需的管理方法。

PDCA循环是指在全面质量管理中用以解决问题和改进工作的一种科学的工作程度,它是由美国质量管理专家戴明提出的,因此又称戴明循环。该循环的意思是:任何一个管理过程,从确定方针目标到贯彻执行,再通过了解及分析研究,最后提出下一步的措施,都是按计划(Plan)、执行(Do)、检查(Check)和总结(Action)四个阶段进行的。这四个阶段不断地循环才能实现目标。如图37-2所示。

这四个阶段的具体内容如下:计划阶段——在调查研究的基础上确定目标,通过设计、试验、试制,最后选定方案,制定标准,并提出实施计划的具体方法、步骤。

执行阶段——实施计划,进行生产活动。

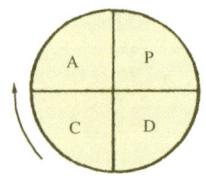

图37-2 PDCA循环

检查阶段——检查计划执行的情况,了解实施效果,及时发现问题。

总结阶段——总结经验找出遗留问题,继续循环。每通过一个PDCA循环,就要修订工作标准,再进入下一个循环。每通过一个循环,质量就提高一步。

PDCA工作方式有两个主要特点:

(1) 大环套小环,小环保大环,推动大循环,如图37-3所示。

(2) 管理循环每转一周就提高一步,不断转动,不断提高,如图37-4所示。

PDCA循环可以具体化为图37-5中的四个阶段8步骤。

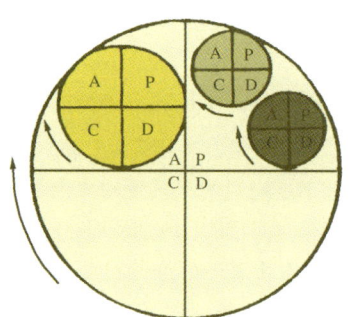

图37-3 大环套小环

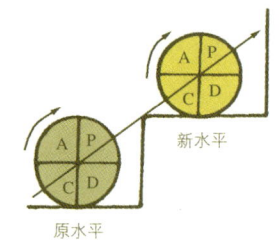

图37-4 循环升级图

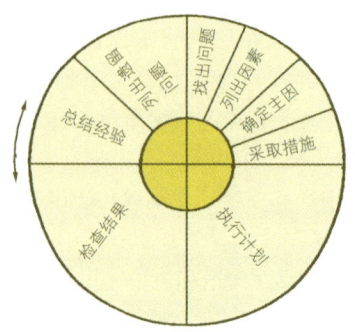

图37-5 四阶段8步骤

37.1.1.5 质量检验

一种工业产品从原料进厂到合格成品出厂,其中每一道工序,每一步操作及每一个管理步骤均受到许多主客观因素的影响。因此,不可避免地在产品形成过程中会带来质量波动,甚至出现废品。为及时发现不合格品并将其剔除,防止不合格品混入下道工序或流入市场,就必须建立质量检验制度。它是质量管理和质量保证的重要内容。

1. 检验的定义与功能

检验是指对产品或服务的一种或多种特性进行测量、检查、试验、度量,并将这些特性与规定的要求进行比较,以确定其是否符合的一种活动,它包含七大功能:

(1) 明标——明确检验标准(即依据),定检验方法。

(2) 抽样——随机抽取样品,全数检验时不存在。

(3) 度量——用试验测量、化验、分析及感官检验方法,度量产品的质量特性。

(4) 比较——将测定结果与质量标准要求作比较。

(5) 判定——通过比较来确定是否符合标准。

(6) 处理——对不合格的半成品或成品进行处理,采取相应措施。

(7) 记录——记录数据,出具报告,及时反馈信息。

为保证产品的质量,企业对产品的原材料、毛坯、半成品、成品以及外购件、外协件、包装、标志等必须进行全面检验。

2. 检验的方式与方法

检验方式按程序、目的、数量、方法等十四种不同的划分方法可列出三十多种。

按检验方法分,基本上可分为物理、化学检验和感官检验两大类。

3. 检验机构

随着工业化程度的日益提高和科学技术的发展,产品结构趋向复杂化、多样化,用户对产品质量的要求也越来越高。这就要求企业建立更严格的质量检验和控制网络,健全质量检验工作体系,设置专职检验机构。

按生产流程分工的检验组织体系见图37-6。

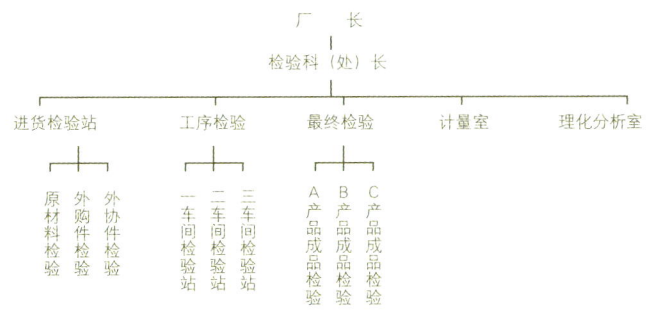

图37-6 检验组织体系图

37.1.1.6 质量检验程序

1. 进货检验

企业采购的物资包括原材料、辅助材料、外购件、外协件和配套件等均需作进货检验。检验程序如下:

(1) 核对采购的物资在数量、品种和规格上是否与合同及生产计划部门下达的采购任务单相符,货物有无合格证。

(2) 收货部门填写检验委托单交检验部门。

(3) 检验部门完成检验过程,若对某质量特性有疑问,可复检。

(4) 对外协作、外购件、检验部门可直接参加供货方的工序检验或成品检验。

2. 工序间检验

企业自制的产品在生产过程中应进行质量控制,这种控制包括工序质量控制和工序间质量检验。工序间质量检验包括:

(1) 首件检验:它是指对每个班次刚开始加工的第一个(批)半成品进行的检验。如人造板生产中对刚开机时的纤维浆料、刨花尺寸、单板厚度进行检验,对制材生产中刚开锯机时的板、方材尺寸和几何形状等进行检验。

无论如何,如首件检验不合格,不得继续加工或作业。

(2) 巡回检验:工序质量控制点(管理点)是巡回检验的重点,对质量控制点进行定时、定量的检查,将结果标在控制图上,以便及时发现问题并解决。如刨花板板坯重量的检验、干法中密度纤维板生产中纤维含水率的测定、胶合板生产中单板含水率的测定等均采用这种程序。

(3) 完工检验:完工检验是最终检验之一,是对全部加工活动结束后的半成品或完工的产品、零件进行的检验,人造板生产的成品检验过程属于完工检验。对于机械制造行业,靠模具或专用工装加工的零件,当批量加工完成后,对最后一件或几件零件还要进行"末件检验"。

3. 成品出厂检验

成品检验可分为成品完工检验和包装入库检验两个阶段。前者是按出厂检验标准进行的检验活动,包括外观检验、理化性能检验等;后者则是包装、打印等活动的过程。通过检验可以发现产品在设计、工艺、原料、质量控制方面存在的问题。通过对这些问题的调查分析,可以制订出相应的改正措施,改进设计、完善工艺、加强工序质量控制,保证不合格产品不重复出现。

一般来说,产品检验的依据是技术标准、产品图样和技术工艺。有些特殊要求的产品或出口产品,供需双方还应在合同中明确质量检验依据。质量检验离不开标准,标准是保证和提高产品质量的一项重要措施。

37.1.2 质量管理的统计方法

在质量管理中,用统计方法对质量进行控制称为质量统计控制。具体说就是通过对具有代表性的局部进行调查研究（检验测试），然后利用统计推理的方法来预测、推断总体的质量。也就是以子样的统计特征来推断母体的统计特征。以数理统计学的概率作为理论基础。

本节介绍的统计方法，是指生产现场经常使用，易于掌握的统计方法，包括直方图、排列图、因果图、波动图、工序能力指数、散布图等。

37.1.2.1 质量数据

1. 质量数据的特点

质量数据具有波动性：在生产过程中，产品的质量状态是波动的。即在同一生产条件下，生产同样的产品，其产品的质量特性不是一个定值，而是在一定的范围内波动。如表37-6中的数据是从生产现场随机抽取的100张未砂光的刨花板厚度尺寸，虽然名义厚度为16mm，但从表中可见其实际尺寸是有差异的。这种差异就反映了质量数据具有波动性，也称之为质量数据的分散性，如果质量数据总是一个定值，在大多数情况下，可以认为数据是不真实的，应加以分析。造成质量数据波动的原因很多，大致可分为偶然性和系统性的两类。

(1) 偶然性原因：也称随机性原因。它是指设备、工具、材料、操作、环境等因素的细微变化和差别，这是经常起作用的，而又不易察觉，不易测量、不易消除也不必消除的因素。这种偶然性因素造成的质量波动是允许的。公差就是承认和允许这种波动的程度和范围。如果生产中只是偶然性因素起作用，那么我们就认为生产过程是处于被控制状态，生产正常。

(2) 系统性原因：又称非偶然性因素，它是指设备、工具、材料、操作、环境等的重大变化。如刀具磨损过度，原材料品种的变化（树种的变化等），设备、刀具、夹具的安装和调整不当，测量的误差等等。系统性原因对质量的波动影响很大，容易识别，能设法避免。系统性原因是造成质量波动的不正常原因，必须密切注意，严加控制。质量控制图的主要任务就是控制系统性原因造成的质量波动。

从质量数据波动产生的原因来看，能从技术上控制的因素只占很少一部分。因此它的波动是客观的、必然的。对质量数据波动的过高限制，势必要使用更好的原材料和设备，提高操作技术水平，而这往往会增加产品的成本，使企业的经济效益下降。

2. 质量数据的规律性

当消除了系统性原因所造成的质量波动而只存在偶然性

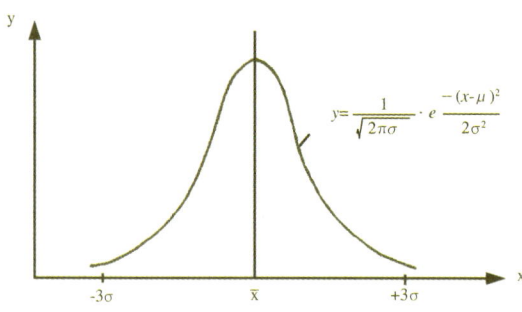

图 37-7 正态分布曲线

原因造成的质量波动时，可以发现质量数据的波动并不是杂乱无章的，而是有一定的规律性。如表37-1中的数据，其中间值为16.75mm。在这中间值附近数据出现的次数最多，其分布一般近似服从正态分布，经验证明人造板的厚度分布，近似正态分布。

正态分布的概率密度曲线（图37-7）也称高斯曲线，其数学方程如下

$$y=\phi(x) = \frac{1}{\sqrt{2\pi}\sigma} \cdot e^{-\frac{(x-\mu)^2}{2\sigma^2}}$$

式中：π ——圆周率

e ——自然对数的底

σ ——曲线中 x 值的均方差

表 37-6 未经砂光的刨花板厚度尺寸   单位：mm

序号	厚度									
1	16.52	16.72	16.50	16.81	16.58	16.70	16.61	16.62	16.58	16.70
2	16.73	16.67	16.68	16.95	16.74	16.97	16.80	17.51	17.15	17.10
3	17.71	17.13	16.67	16.83	16.87	16.31	16.72	16.98	16.96	16.51
4	16.66	16.63	16.33	16.09	16.49	16.84	16.77	16.25	16.64	16.57
5	16.70	16.45	16.71	16.88	17.15	17.02	16.29	17.33	17.12	17.08
6	16.45	16.93	16.16	16.19	16.91	16.72	16.78	17.62	16.87	16.98
7	16.60	16.75	16.47	16.69	16.62	16.82	16.89	16.87	16.72	16.55
8	16.80	16.81	16.60	16.73	16.71	16.74	16.75	17.09	16.80	17.01
9	16.66	16.85	16.99	16.81	16.71	16.69	16.54	16.69	16.67	16.53
10	16.78	16.73	16.91	16.87	16.48	16.52	16.78	16.90	16.72	16.58

表 37-7 正态曲线分布表

界限（±）	0.674s	1s	1.645s	2s	2.576s	3s	4s
累计概率（%）	50	66.25	90	95.45	99	99.73	99.99

μ——总体分布的中心值

σ 表明了大量测量数据的变异集中程度，在这里它反映了厚度尺寸的波动程度，它决定了曲线形状的"胖""瘦"。

μ 值通常用样本的算术平均值 $\overline{x}$ 来估计，它表明了曲线对称轴的横座标位置。

正态分布曲线有下述数学性质：

(1) 以 $\overline{x}=\mu$ 为对称轴，左右对称分布，两半边曲线所围的面积相等。

(2) 曲线以下与横轴所围的面积恒等于1，即所有各种事件出现的概率为1。在一定范围内出现的概率值是一定的，见表 37-7。

(3) 在相同的区间内靠近对称轴的概率大，远离对称轴出现的概率小，在 $\mu+3\sigma$ 以外只有 0.27% 的概率；

(4) 正态曲线的分布中心 μ 是出现概率是最大的位置，μ 通常用样本平均值 $\overline{X}$ 来表示

$$\mu = \overline{X} = \frac{X_1+X_2+\cdots\cdots X_n}{n} = \frac{1}{N}\sum_{i=1}^{n} X_i$$

式中：$X_1, X_2+\cdots\cdots X_n$——质量特性的测量值

　　　n——样品数

(5) 总体的均方差（或称标准差）σ 表明了偏差的分布情况，通常用样本标准差 S 来估计

$$\sigma = S = \sqrt{\sum_{i=1}^{n}(X_i-\overline{x})^2}$$

式中符号意义同前。

当 μ 相同，σ 不同时，曲线中心位置不变，但形状的"胖""瘦"各不相同。如图 37-8 所示。σ 小，说明质量特性数据分布集中，产品精度高。这时的正态分布曲线就"瘦"；反之，σ 大，说明质量特性数据分布离散，产品精度低。但在生产中不能不顾现有的生产条件和忽视成本去盲目追求过高的加工精度，而只需保证 $3\sigma \leq 1$ 允许偏差1 就行了。

3. 质量数据的种类

根据测定的对象和数据来源的不同，数据可分为计量值

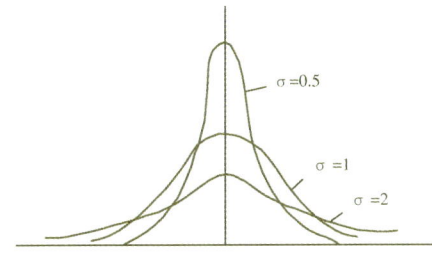

图 37-8　μ 相同而 σ 不同的正态分布曲线

数据和计数值数据两大类。

(1) 计量值数据：这种数据可连续取值，即可以有小数。它们可以用测量工具直接测量出，如长度、重量、温度、强度等。这种数据无论两个数值之间的范围多么小，总可以找到一系列数值落在这个范围内，以长度为例，在1m和2m之间，可连续取 1.1m、1.2m、1.3m 等，在1.1m和1.2m之间又可连续取 1.11m、1.12m、1.13m 等等。

(2) 计数值数据：这种数据不能连续取值，一般没有小数，只能用整数表示，它们一般不能用测量工具测量。计数值数据还可以分为计件数据和计点数据，前者如一批产品中的不合格品件数等，后者如纤维板表面上的油污、压痕的个数等。

4. 数据的搜集

(1) 母体和子样：也称为总体与样本，因为通常在收集质量数据时，不可能针对所有的产品，而往往只能针对其中某个部分，从中抽取若干个代表进行研究，研究对象的全体称为母体，也可称为总体。总体是由若干个体构成，从总体中抽取的一部分进行研究的个体称为子样，也称样本。

构成总体的个体应该是同类性质的事物。如两台不同型号的机床，它们加工两批同种零件，一般应属两个不同的总体。一个总体中所含的个体数量没有一定的限制。

在质量管理中，表达样本统计性质的度量值称之为统计量。如样本的平均值、中位值、极差等。表示母体统计性质的度量值为总体量。质量管理的方法通常是通过统计量的分析，再对总体量进行推测。

(2) 数据的用途：收集数据的目的决定了数据的用途，其用途分以下三项：

1) 分析用数据。为了改善生产工序条件，提高产品质量，减少不良品及缩小偏差而采集的数据。

2) 管理用数据。这种数据是用来研究和推测生产过程是否处于稳定状态，从而对制造过程的质量进行预防性的控制和管理。

3) 检验用数据。为了检验产品是否合格而收集的数据。

(3) 抽样的方法：抽样也叫取样，就是从总体中抽取样本，抽样有两种方法。一种是按一批产品随机抽样，这时的样品代表该批产品的状态，多用于产品验收；另一种方法是按工艺过程进行的时间顺序，随机抽样，这样的样本代表这个时间的工序情况，多用于工序质量控制。

(4) 收集数据时的注意事项：

1) 明确收集数据的目的。目的不同，数据的收集方法和过程也不同；

2) 收集的数据应尽可能做到真实、准确、可靠；

3) 收集完数据后，应按一定的标志进行分层；

4) 记下收集数据时的条件。

37.1.2.2 分类法

分类法又称分层法，就是按不同的使用目的，将收集到的数据加以分类，把性质相同，在同一条件下搜集到的质量数据归到一起，这样可把性质不同的数据和错综复杂的影响因素分析清楚。使数据所反映的事物更突出、更明显，以便找出问题的症结所在，并予以解决。

分类法一般与其他工具联用，一般先对数据分类整理，然后再用其他工具把这些数据加工整理成图表，如分层排列图、分层直方图、分层散布图和分层控制图等。

数据分层通常按下列原则进行：

(1) 按时间分：可按不同班次、不同日期分类。

(2) 按操作人员分：如可按不同姓别、年龄、班次等来划分。

(3) 按设备分：可按设备的不同型号和新旧程度来分。

(4) 按操作方法分：如按不同的操作条件、操作环境和工艺等来分类。

(5) 按原材料分：如按不同的供应单位，不同的材质来分类。

(6) 按检测设备、检测手段、取样方法的不同来进行分类。

37.1.2.3 图表法

在质量管理中使用图表能引起人们的注意，使人们迅速地、正确地理解事物，因为在质量管理中，即使是有目的地收集数据，若仅作数字罗列，也很难理解其中含义，难以发现其规律性，如果把数字图表化，就能迅速、正确地掌握现状，作出正确判断。图表直观醒目、制作简单。可广泛用于说明、解析、管理、计划、计算等用途。

根据图表的表现形式有下列 6 种图形：柱形图、折线图、圆形图、带形图、z 形图和雷达图。

37.1.2.4 直方图法

大量计量值数据进行整理加工时，适合采用直方图，以从中找到统计规律，对数据的分布特征进行推断，直方图的图形为直角坐标中一些顺序排列的柱形（矩形）。这些矩形底边相等，即为数据的区间，矩形的高为该区间内质量特性数据的出现频数。

1. 直方图的作法

现举例说明直方图的作法。表 37-8 中的 100 个数据是实测得到的某厂生产的 16mm 厚刨花板厚度，从 100 张未砂光刨花板测得，作图步骤如下：

(1) 收集数据：数据可采集 50~200 个，通常取 100 个，即总频数 $N=100$。

(2) 找出数据中的最大值 X_{max} 和最小值 X_{min}，表 37-8 中的最大值 $X_{max}=17.71$，最小值 $X_{max}=16.09$。

(3) 确定组距 h 和组数 K：当质量数据为 50~100 时，组数一般采用 6~10（本例采用 $K=10$），组距按下式确定：

$$组距\ h = \frac{X_{max} - X_{min}}{K} = \frac{17.71 - 16.09}{10} = 0.162$$

为使所有数据都落入分组范围和计算方便起见，将组距适当扩大并圆整，取 $h=0.18$。

(4) 确定各组分界点，第一组的上、下界限值用下式决定：$X_{min} \pm h/2$，其余各组依次按组距确定其分界点。

本例中第一组的上、下界限值为：$16.09 \pm 0.18/2 = 16.09 \pm 0.09$，即为 16.00~16.18，其余各组的分界点为 16.18、16.36、16.54、16.72、16.90、17.08、17.26、17.44、17.62、17.80。

(5) 作频数分布表，列表（表 37-8）将各组组界值和 N 个数据分别记入各对应组中。统计出各组的频数。各组频数之和应等于总频数。

(6) 作直方图：在平面直角坐标系中，纵坐标为频数，横坐标为数据测量值，依次画出一系列矩形，矩形底等于组距，高等于频数，即得到刨花板厚度分布的直方图（图37-9），同样的方法可用于制材成材尺寸、细木工机加工零件的尺寸等场合。

表 37-8 频数统计表

组号	分组	组中值	频数统计	频数
1	16.00~16.18	16.09		2
2	16.18~16.36	16.27	正	5
3	16.36~16.54	16.45	正正	10
4	16.54~16.72	16.63	正正正正正	28
5	16.72~16.90	16.81	正正正正正正	32
6	16.90~17.08	16.99	正正	12
7	17.08~17.26	17.17	正	7
8	17.26~17.44	17.35		1
9	17.44~17.62	17.53		1
10	17.62~17.80	17.71		2

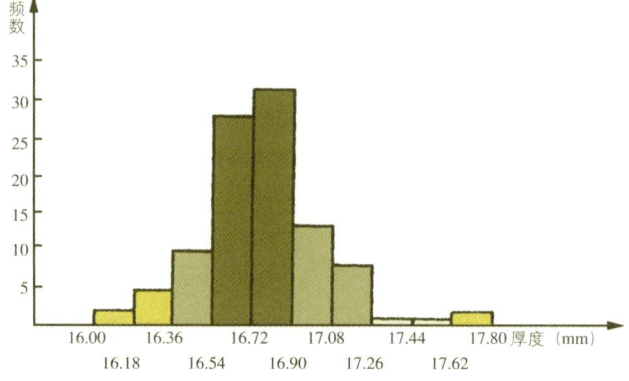

图 37-9 刨花板厚度直方图

2.直方图的观察与分析

从直方图中可看出产品质量特性的分布形态，便于判断生产是否处于控制状态，从而可采取相应的处理措施。可通过观察图形本身的形状，并与标准中规定的允许偏差相比较，从而得出结论。

(1) 判断图形的分布类型，直方图的分布类型有正常型和异常型两种：正常型是表示工序处于统计控制状态的图形，即生产处于稳定状态，它的形状是"中间高、两边底、左右近似对称"。主要看整体形状，局部略有参差无妨。如图 37-10 即为正常型直方图。

如图形为异常型，还需进一步判断它属于异常型中的哪种类型，以便针对问题，加以处理。

常见的异常型有下列几种：

1) 孤岛型又称小岛型：(图 37-11)，当工序中有异常因素出现时，会形成这种异常直方图，例如，原料发生变化，在短时期内由不熟练工人操作，测量有错误等。这时应查明原因，及时采取必要措施。

2) 双峰型：双峰型直方图 (图 37-12) 出现两个峰，而正常状态只有一个峰，出现双峰是由于观测值来自两个总体、两个分布，若将它们混合在一起就会出现这种现象。例如，把有一定差别的两台设备或两种原料生产的产品混在一起，就会出现这种现象，这时应对检测对象进行分层。

3) 折齿型：折齿型直方图 (图 37-13) 出现凹凸不平的现象，这是由于作图时数据分组过多，或测量仪器误差过大，或观测数据不准确等因素造成的。出现这种情况应重新搜集和整理数据。

4) 陡壁型：直方图 (图 37-14) 像高山上的陡壁，向上边倾斜，通常在严品质量较差时，为得到符合标准的产品，需要进行全数检查，以剔除不合格品，当采用剔除了不合格品的产品数据作直方图时容易产生这种图形。这是一种非自然形态，有时用虚假的数据作直方图，也会出现这种状态。

5) 偏态型：直方图 (图 37-15) 的顶峰偏向一侧，有时偏左，有时偏右。

由于某种原因，使特性数据的允许偏差下限受到限制时，容易发生"偏左型"。例如，用标准值控制下限；不纯成分接近于零；疵点数据接近于零；或由于加工习惯（如：孔加工时尺寸往往偏小），这些因素都会造成偏左型。

由于某种原因使上限受到限制时，容易发生"偏右型"。例如，用标准值控制上限；纯度接近 100%；合格率接近 100%；或由于加工习惯（如：轴外圆加工往往偏大），都会形成"偏右型"。

6) 平顶型：直方图 (图 37-16) 没有突出的顶峰，呈平顶状，一般可能由以下三种原因造成：

① 与产生双峰型时类似，由于多个总体，多种分布混在一起。

② 由于生产过程中某种缓慢的倾向在起作用，如工具的磨损、操作者的疲劳等。

③ 质量指标在某个区间中的均匀变化。

(2) 与公差进行比较来观察直方图：当工序处于稳定状态时，直方图为正常型。这时还需进一步将直方图与规格标准进行比较，以判断工序满足要求的程度，比较的结果有以下类型：

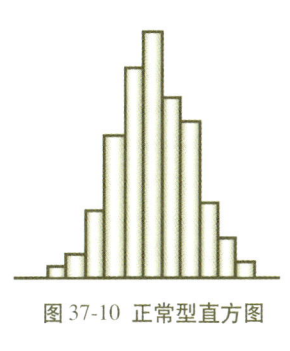
图 37-10 正常型直方图

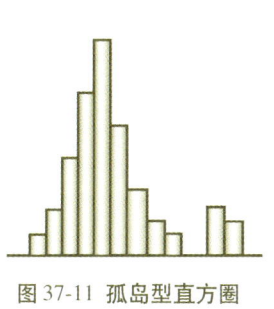
图 37-11 孤岛型直方图

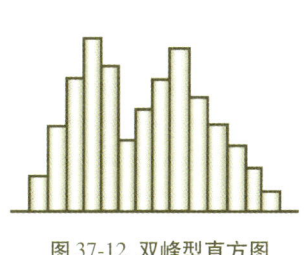
图 37-12 双峰型直方图

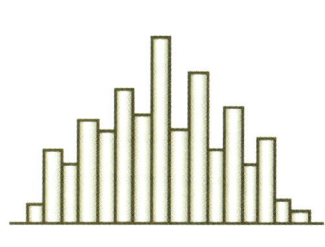
图 37-13 折齿型直方图

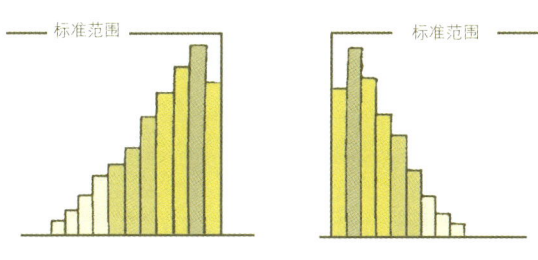
图 37-14 陡壁型直方图

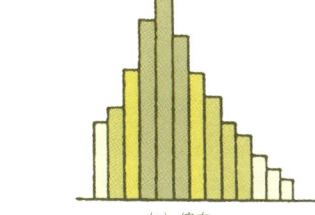
(a) 偏左

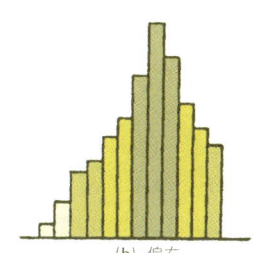
(b) 偏右

图 37-15 偏态型直方图

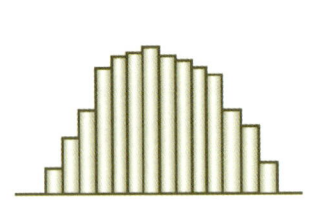
图 37-16 平顶型直方图

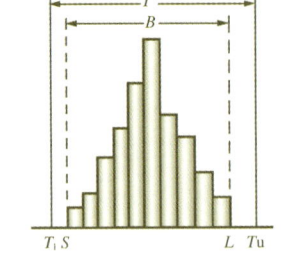
图 37-17 理想直方图

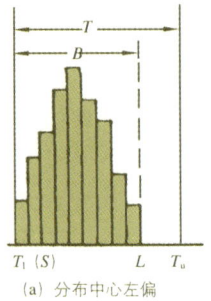
(a) 分布中心左偏

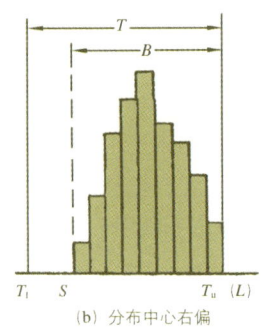
(b) 分布中心右偏

图 37-18 偏移直方图

1) 观测值分布符合规格的直方图有以下几种情况：

① 散布范围 B 在规格范围 T 内，$T=[T_1, T_u]$，两边略有余量，是理想的直方图，如图 37-17 所示（图中 T_u 为公差上限，T_1 为公差下限）。

② 散布范围 B 在规格范围 T 内，一边重合，一边有余量。分布中心偏移规格中心，这时应采取措施把分布中心纠正过来，使两者重合，否则会由于一边无余量而很易超差，造成产品不合格，如图 37-18 所示。

③ 散布范围 B 与规格范围 T 完全重合，这时两侧无余量，很容易出现不合格品，应该加强管理，设法提高工序能力，这种情况如图 37-19（a）所示。

2) 观测值不符合规格的直方图有以下几种情况。

① 分布中心偏移规格中心，一侧超出公差范围，出现不合格品，如图 37-19（b）所示。这时应找出原因，减少偏移，使两中心重合，以消除不合格品。

② 散布范围 B 大于规格范围 T，两侧均超出公差范围，出现不合格品，如图 37-19（c）所示。这时应提高加工精度，缩小产品质量散布范围。

③ 散布范围 B 完全不在规格范围 T 内，如图 37-19（d）所示，产品全部不合格，这时停产检查原因。

37.1.2.5 检查表法

在质量管理中数据是不可缺少的决策依据，但往往由于来不及搜集或整理数据，人们只能靠直觉或经验去处理问题，因而失去采取措施的好时机。此外，工厂里每天（周、旬、月、年）需检查的项目很多，也很复杂。稍有不慎，发生漏查就会造成生产上的损失。

检查表能使人们轻易地搜集到数据，很快地进行整理，检查表是根据需要检查或核实的项目而预先设计的表格或图表。格式有多种，可按不同的检查目的来设计，常用的有以下几种：

(1) 不良项目检查表：不良项目是指一个工序或一件产品中不能满足标准要求的质量项目，也就是不合格项目。使用此表时，可在表中直接画标记，随时统计出现的不良品，如表 37-9 的胶合板生产中的单板（面板）不良项目调查表，检查中每当发现某种不良项目时，检查者就在相应的项内画

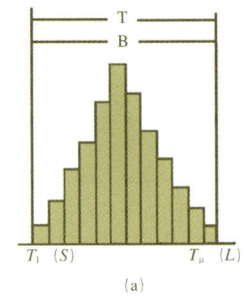
(a)

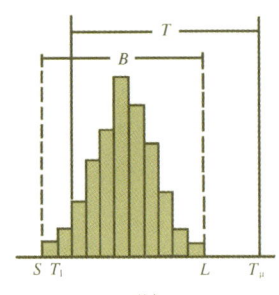
(b)

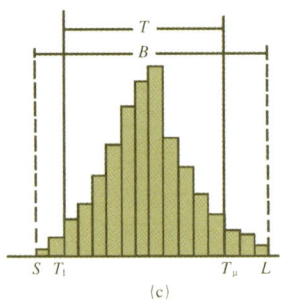
(c)

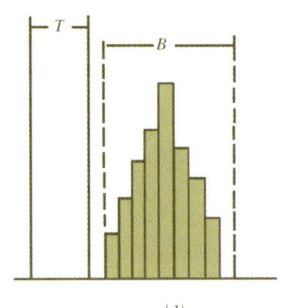
(d)

图 37-19 观察值的几种分布形状

上一个标记。这样当检查过一批单板后就可知道不良项目及发生的频次，根据表就可知道问题出在哪道工序。

(2) 缺陷位置调查表：当检查产品外观缺陷时，采用此表可取得较好的效果，其做法是检查产品缺陷时，将其产生缺陷的位置标在产品的结构、形状示意图或展开图上，不同的缺陷可用不同的符号或颜色标出，以示区别。如胶合板的边角开胶、刨花模压制品的边缘撕裂等缺陷，根据此记载可分析找出热压板及模压模具的问题，以便改进。

(3) 频数分布调查表：频数分布调查表是对某个质量特性现场调查的有效工具，这种表是根据以往的资料，将质量特性的分布范围分成若干区间，制成表格来记录和统计产品质量特性值落在各个区间的频数。

表 37-10 是中密度纤维板生产中检查板的厚度时所用。

表 37-9 单板不良项目调查表

日 期 不良项目	9月2日 (周一)	3日 (周二)	4日 (周三)	5日 (周四)	6日 (周五)	合 计
单板过长或过短	正正	正正	正正	正	丨丨	19
单板过宽或过窄	正正正	正正	正正	正正	正丨	31
单板斜角（对角线不等）	正正	丨丨	丨丨	正正	丨丨	18
单板拼接板端不齐	丨	丨丨丨	丨	丨丨	丨	8
含水率过高或过低	丨	丨丨丨	丨丨	正	丨	11
单板拼接离缝	丨丨丨	丨丨丨	丨	丨丨丨	丨丨丨	13
单板拼接叠层	丨丨丨丨	丨	丨丨丨	丨丨丨	丨	12
计	31	25	21	23	12	112
检查单板张数	650	700	540	600	800	3290

表 37-10 中密度纤维板厚度检查表

表格：1200×2440×6 (mm)	时间：
6±0.3 (mm)（一级）	车间：
检查数：85	班组：
总数：	测量者：

以上所举三种只是调查表中的一些例子。

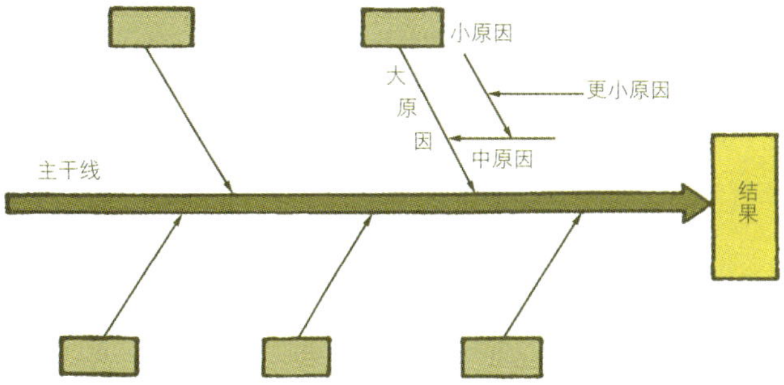

37.1.2.6 因果分析图法

因果分析图又称要因分析图或特性因素图。它是由日本质量管理专家石川馨于1953年提出的，故又称石川图，又因其形状像鱼刺和树枝，所以又称为鱼刺图或树枝图。它无深奥的原理，只是一种寻找主要问题的形象化的图解方法。

在产品生产过程中往往会出现一些不正常的因素（即系统性因素），造成工序反常或不稳定，如果不能把这些不正常的因素找出来加以调查或剔除，则制造过程永远无法稳定，产品质量也就无法控制，为了能找出这些不正常因素，技术上常借助于因果分析图。

工业产品缺陷的产生，一般有很多原因，其中有主要的大原因和次要的小原因，还有一些无关紧要的更小原因。在实施质量管理时，应集中精力把影响程度较大的主要原因控制住。

因果分析图是按照由大到小，由粗到细的顺序，运用因果逻辑关系，把对结果有影响的因素按类逐层加以分析，最后寻求质量问题主要原因的一种图解方法，其根据是：

(1) 影响质量的因素很多，其间关系错综复杂，通过因果分析，把极少数的主要原因从众多的因素中分离出来，控制了要因即能稳定产品质量。

(2) 尽管影响质量的因素关系复杂，但归纳起来无非是平行关系和因果关系，通过排列图可找出属于同一层次有关因素的主次关系。要找出因素间纵向的因果关系，就需要构

图 37-20 因果图格式

思一种能同时整理出这两种关系的方法，因果图就有这种功能，它既能平面展开，又能纵深挖掘，是一张因果关系的立体网络图，格式如图 37-20。

1. 因果分析图的作法

图 37-20 指向主干线的箭头表示造成质量问题的原因，原因一般有五大方面：原材料、制造工艺、操作人员、设备及测量。因果分析图大多以这些因素作为大原因，分析时可先把这五个因素列入五个箭尾指向的方格内，然后把分析出的原因用带箭头的线条按层次记录下，就形成了一张因果图。

2. 因果分析图的类型

(1) 问题分解型：这种图的要点就是沿着"为什么发生这问题"一追到底。凡是存在质量问题的地方，就一定要设法解决。

(2) 工序分类型：作这种分析图时，应先画上工艺流程，而后按每个工序记入原因，作这类图时的基本想法是质量问题产生于制造过程中。它的优点是作图简单，易于理解，缺点是相同原因有时重复出现，并且几个原因同时影响质量的情况不太容易表现出来，图 37-21 是胶合板生产中单板干燥后产生开裂的因果分析图。

(3) 原因罗列型：这种类型的图是把所有原因都罗列出来，先找大原因再逐级找中、小原因，它们之间必须成因果关系。它的优点是原因都罗列出来了，不太可能遗漏。缺点是作图较复杂。

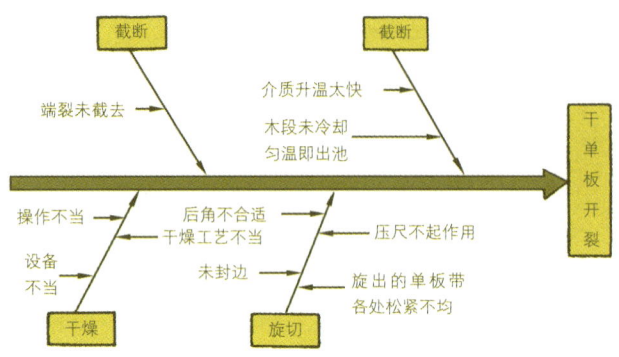

图 37-21 单板干燥后开裂的因果分析图

37.1.2.7 排列图法

排列图的全称是主次因素排列图,又称巴雷特图,这是一种找出影响质量的主要问题,确定质量改进项目的有效方法。

排列的作用是:找到关键因素,抓住主要矛盾,集中主要力量,投入少,收效大。

1. 排列图的作法

巴雷特图是由两个纵坐标、一个横坐标、几个直方图和一条曲线所组成,左边的纵坐标表示频数(或件数、金额数),右边的纵坐标表示频率(以百分率表示),横坐标表示影响质量的各个因素,按影响程度的大小,从左往右顺序排列,直方图的高度表示某个因素对质量影响的大小,曲线表示各影响因素大小的累积百分率,它称为巴雷特曲线,作图步骤如下:

(1) 确定坐标的标度内容(项目)。一般纵坐标的标度内容可取:金钱(可把不良品折算成经济损失金额)、不良品数、不良品率、时间或工时等。横坐标的分类项目可按不良项目、缺陷项目、作业班组、设备、产品等来标定。

当分类项目确定后,按此来搜集有关的数据。为了能对不同时期的排列图进行比较,搜集数据需在规定的时间内,可为一天、一周⋯⋯甚至一年。时间范围可自行决定。

(2) 统计出各项目的损失金额或频数,再算出各项目占全部项目的百分比及累计金额或累计百分比。

(3) 在横坐标上,按照数据大小,从左到右列出各个分类项目。

(4) 作出各个项目的直方图。

(5) 对应于右纵坐标,按各项的累计百分比在相应直方图的右上方描点,并标出相应的累计百分比值,最后用一根折线连接各点,即成巴雷特曲线。

(6) 从右纵坐标百分比为80%、90%处分别向左引出平行于横轴的虚线,虚线与巴雷特曲线相交,找出累计百分比在0~80%之间的项目,即为所找的关键因素,称为A类因素;80%~90%者为次要因素,称为B类因素;90%~100%者称为一般因素,即C类因素。

2. 制作排列图的注意事项

(1) 一般来说主要因素最好是一、二个,至多不超过三个,否则就失去了"找主要原因"的意义,要考虑重新进行原因的分类。

(2) 当不太重要项目过多时,可将若干一般因素归并为"其他"项,一般将它排在横轴的最末端。因此,"其他"项直方高出它的前项是允许的。

(3) 同一问题在采取措施前后都要作出排列图,以验证措施的效果。最后是定期制作排列图,随时进行比较。

下面以胶合板缺陷与经济损失为例作巴雷特图(图37-22),数据整理如表37-11。

37.2 工序质量控制

产品制造过程中的质量管理是产品质量的重要保证,而工序控制是重点。

37.2.1 基本概念

37.2.1.1 工序质量控制与工序质量控制点

1. 工序

人们常提及的工序是指一个或一组工人,在一个工作地点对同一个或同时对几个工件所连续完成的那部分工艺过

表37-11 胶合板各类缺陷及造成损失的统计

缺陷种类	每张合板因缺陷所造成的损失金额(元)	上月份生产的缺陷张数(张)	因缺陷损失的金额(元)	累计损失金额(元)	占总损失金额的百分比(%)
1. 胶着不良	9.00	1282	11538.00	11538.00	51.3
2. 局部鼓泡	6.00	869	5214.00	16752.00	23.2
3. 叠芯、离缝	4.00	598	2392.00	19144.00	10.7
4. 厚度不均	3.50	361	1263.50	20407.50	5.6
5. 压痕	3.00	204	612.00	21019.50	2.7
6. 撞伤	3.00	181	543.00	21562.50	2.4
7. 斜角	2.50	185	462.50	22025.00	2.1
8. 砂透	2.50	199	250.00	22275.00	1.1
9. 其他	1.00	200	200.00	22475.00	0.9
总 计		3980	22475.00		100

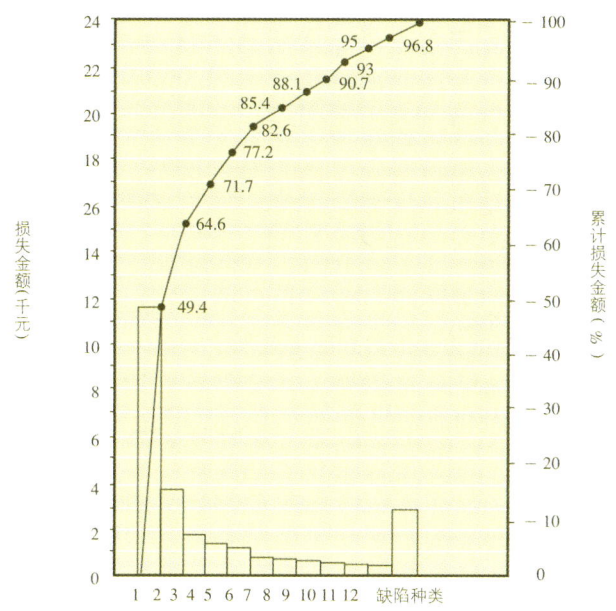

图 37-22 胶合板缺陷经济损失巴雷特图

程。如胶合板生产的旋切、制材生产中的带锯剖料、细木工生产中的开榫……。

2. 工序质量控制

为了把工序质量的波动限制在所要求的界限内而进行的质量控制活动。

3. 工序质量控制点

为了保证工序质量处于受控状态,在一定时间和一定条件下,产品制造过程是需要重点控制的质量特性、关键部件或薄弱环节,如刨花板生产中板坯质量的称重,纤维板生产中纤维滤水度的测定,这些均是需要经常检查的,这些即是生产过程中的质量控制点。

37.2.1.2 影响工序质量的因素

根据工业产品的特点,一般将影响工序质量的因素归纳为下列 6 个方面:

人——主要是操作者;

机——主要指生产设备、装置及工模夹具;

料——指产品的原材料和生产中用的辅助材料;

法——指操作方法和生产工艺流程;

环——指工序所在地点的环境条件;

测——指测量仪器和测量工具。

现在随着科学技术的进步,电子计算机技术已应用于工序操作,因此计算机软件也应列入影响工序质量的因素中,这应当予以重视。

37.2.1.3 工序质量控制方法

工序质量控制方法并非只局限于某一种,凡能够有效地对影响产品质量的因素进行控制的方法均可选择采用。不是非采用现代管理方法不可而对传统管理方法加以摈弃,工序质量控制有以下三种情况:

(1) 一般工序的工序质量控制:各企业都有自己的好方法,如编制合理的"操作规程"等工艺文件来用以指导生产操作;实行"自检"、"互检"、"专检"及"首检"、"巡检"和"完工检"这两个"三检"制度等,不论用什么方法,都是为了将工序质量稳定在要求的水平上。

(2) 设置工序质量控制点:设立工序质量控制点有下述的前提条件:

1) 设计部门已对质量特性的重要程度进行了分级,已承送了相应的文件;

2) 工艺部门已对工序进行了分析,确定了关键工序、重要工序及特殊工序;

3) 已形成了产品质量信息的反馈系统,获得了产品质量的信息;

4) 靠单纯的检验把关和一般工序的质量控制方法不能有效地控制工序质量状态的时候;

5) 已对全厂有关部门和人员,进行了有关质量控制点的知识教育。

凡符合下列条件之一者可设置工序质量控制点:

1) 对产品的性能、寿命、安全性等有重大影响的质量特性和部位;

2) 工艺上有特殊要求或对下道工序有较大影响的质量特性和部位;

3) 质量信息反馈中发现问题较多的质量特性和部位。

在木材工业生产中同样根据这三个原则来选择合适的工序质量控制点。

(3) 由法令来规定产品的工序质量控制方法:有些产品如压力容器、军工产品、航空航天产品等,企业凡从事上述产品生产时,就需要严格按照规定的工序质量控制方法进行控制,有相应的文本规定具体的方法。

37.2.2 工序能力和工序能力指数

37.2.2.1 工序能力

工序能力是指生产工序处于控制状态(即人员、机器、材料、方法、测量和环境充分标准化,并处于稳定状态)时所表现出来的保证产品质量的能力。

一般来说,质量波动越小,工序能力越高;质量波动越大,工序能力越低。通常用产品质量指标的实际波动来描述工序能力。对于控制状态下的工序,用质量指标分布标准偏差(σ)的 6 倍数来表示工序能力(B),即 $B=6\sigma$。

正态分布的均值为 μ,标准差为 σ,则由正态分布的性质可知,质量特性值 X 落在 $\mu \pm 3\sigma$ 范围内的概率为 99.7%,因此 6σ 几乎包括了质量特性值的整个变异范围,这正代表了该工序可达到的质量水平。6σ 值越大,工序能力越低;6σ 越小,工序能力越高。由此可知,要提高工序的能力,关键在

于减小 σ 的数值。

37.2.2.2 工序能力指数

工序能力仅仅表示工序固有的加工能力或加工精度，还没有考虑到产品或工序的质量标准，要顾及这方面的要求，就必须引入工序能力指数的概念。

工序能力指数是产品质量标准中规定的质量要求(指公差或其他质量特征允许的偏差范围)与工序能力之比。用下式表示

$$\text{工序能力指数}(C_p) = \frac{\text{公差}(T)}{\text{工序能力}(6\sigma)}$$

1. 工序能力指数的计算方法

工序能力指数的计算要分清两种情况：

(1) 当标准中心值（M）与实际数据分布中心（$\overline{X}$）一致时，采用下式计算

$$C_p = \frac{T}{6\sigma}$$

(2) 当标准中心值（M）与实际数据分布中心（$\overline{X}$）不能达到一致而有偏移时，采用以下公式计算

$$C_{pk} = (1 - K_\varepsilon) = \frac{T}{6\sigma}$$

式中：K_ε——相对偏移系数，$K_\xi = \frac{|M - \overline{X}|}{T/2}$

M——标准中心值

$$M = \frac{\text{上限标准值} + \text{下限标准值}}{2}$$

工序能力指数 C_p、C_{pk} 的具体计算例子见表 37-12。

2. 工序能力指数的判断与处理

在计算出工序能力指数后，应该对工序能力指数进行评价、判断和处理，并及时反馈给有关部门，以便他们采取相应措施。判断和处理的内容汇集于表 37-13。

考虑到设备不可避免的调整误差和设备的磨损等因素，工序能力指数应留有 15%～25% 的余量。这样，对才材加工生产的 C_p 值一般取 1.18～1.33 为宜。但当 C_p 值很接近 1.18 时，则有超差产生的可能，因此必需加强控制，而 C_p 值太高的话保证产品质量的能力固然高，但通常会导致生产成本的增加。

表 37-12 工序能力指数 C_p、C_{pk} 的计算举例

公差特点	分布图	计算公式	举例
双向标准时	M 与 $\overline{X}$ 一致时	$C_p = \dfrac{T_u - T_L}{6\sigma}$	$T_u=50$，$T_L=49$ $\overline{X}=50$，$\sigma=0.24$ $C_p = \dfrac{51-49}{6 \times 0.24} = 1.38$
双向标准时	M 与 $\overline{X}$ 不一致时	$K_\varepsilon = \dfrac{|M - \overline{X}|}{T/2}$ $C_{pk} = (1 - K_\varepsilon) = \dfrac{T_u - T_L}{T/2}$ 当 $K_\varepsilon > 1$ 时 $C_{pk} = 0$	$T_u=50$，$T_L=49$ $\overline{X}=50$，$\sigma=0.24$ $K_\varepsilon = \dfrac{|(51+49)/2 - 50.1|}{(51-49)/2} = 0.1$ $C_{pk} = (1-0.1)\dfrac{51-49}{6 \times 0.24} = 1.24$
单向标准时	仅规定公差上限时	$C_p = \dfrac{T_u - \overline{X}}{3\sigma}$ $T_u \leq \overline{X}$ 时 $C_p = 0$	$T_u=51$，$\overline{X}=50.1$，$\sigma=0.24$ $C_p = \dfrac{51-50.1}{3 \times 0.24} = 1.25$
单向标准时	仅规定公差下限时	$C_p = \dfrac{\overline{X} - T_L}{3\sigma}$ $T_L \geq \overline{X}$ 时 $C_p = 0$	$T_L=49$，$\overline{X}=50.1$，$\sigma=0.24$ $C_p = \dfrac{50.1-49}{3 \times 0.24} = 1.53$

表 37-13 工序能力指数判断

图 形	工序能力指数	工序等级	评 价	处 理
	C_p (C_{pk}) > 1.67	特级	过高	可考虑放宽管理或降低成本，高精度设备可更换为低精度设备，或收缩标准范围，提高质量要求。
	$1.33 < C_p$ (C_{pk}) ≤ 1.67	一级	理想	关键特性不变，非关键特性可降低管理要求，可考虑简化检验，改全检为抽检，或减少抽样频次。
	$1 < C_p$ (C_{pk}) ≤ 1.33	二级	正常	当C_p值为1.33时，工序处于理想状态；当C_p值接近1时，应加强管理，一般不能简化检验。
	$0.67 < C_p$ (C_{pk}) ≤ 1	三级	不足	分析标准差大的原因，制定措施，加以改进，加强检验，实行全数检查。
	C_p (C_{pk}) ≤ 0.67	四级	严重不足	停止加工，立即追查原因，采取措施，实行全数检查加经筛选，或考虑放宽标准范围。

37.2.3 工序质量控制图

产品质量特性的波动是不可避免的，但却是可以控制的。

工序质量控制的实质是运用制作图（管理图）等统计方法检查工序中有无造成质量特性异常波动的系统性原因存在，使工序处于仅有随机性原因作用的控制状态之下。

表征质量特性值的数据有计量和计数两种形式，对应有计量控制和计数控制。

生产正常时计量数据的出现服从正态分布。计数数据的典型分布为二项分布，且以正态分布为其极限形式；木材加工生产中出现的质量特性值数据主要为计量数据。因而控制图主要讨论计量控制图。

37.2.3.1 质量控制图

质量控制图是指用于分析和判断工序是否处于稳定状态所使用的带管理界限的图。

1. 控制图的主要用途

（1）判断生产过程是否处于控制状态，可称之为分析用控制图。

（2）使生产过程中产品质量得到控制，预防不合档品产生，可称之为控制用控制图。

（3）提供异常原因存在的信息，便于查明异常原因并采取措施。

（4）为评定产品质量提供依据。

2. 控制图的基本格式

控制图有两部分内容，分别为标题部分（如表 37-14 所示）和控制图部分。控制图的基本格式如图 37-23 所示。

横坐标为样本序号，纵坐标为产品质量特性，三条横坐标的平行线分别为：

表 37-14 控制的标题

控制图名称：×××控制图

产品名称	工作令编号	收集数据
质量特性	车间	期间
质量特性		
质量特性	规定日产量	设备编号
规定界限（或要求）	抽样 间隔 数量	操作员
规范编号	观察仪器编号	检验员
生产过程质量要求		

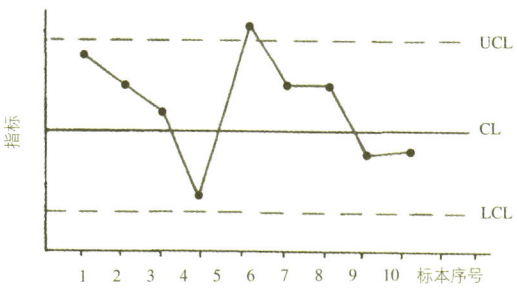

图 37-23 控制图的格式

(1) 实线 CL——中心线；

(2) 虚线 UCL——上控制界限；

(3) 虚线 LCL——下控制界限。

生产过程中需要定时抽取样品，把测得的质量特性数值以点的形式——描绘在控制图上，完成控制图后进行判断分析。

37.2.3.2 制订质量控制图

根据产品质量特性，控制图可分为计量值控制图和计数值控制图。前者适用于长度、重量、时间、强度和成分等连续度量，常用的计量值控制图有：均值——极差（$\bar{X}\text{-}R$）控制图、均值——标准差（$\bar{X}\text{-}S$）控制图、中位值——极差（$\tilde{X}\text{-}R$）控制图和单值——移动极差（$X\text{-}R_s$）控制图四种。计数值控制图有：不合格品率（P）控制图、不合格品数（Pn）控制图、单位缺陷数（u）控制图和缺陷数（c）控制图四种。此处以均值——极差（$\bar{X}\text{-}R$）控制图为例介绍控制图，使用其他控制图时可参阅国家标准 GB 4091·2—83、GB 4091·4～9—83

制订控制图的准备工作：

1. 选择需控制的质量特性原则

(1) 能定量的质量特性；
(2) 与使用和生产关系重大的特性；
(3) 对下道工序影响较大的质量特性；
(4) 经常出问题的质量特性。

总之此质量特性应该是影响产品的关键特性，且在技术上是可加以控制的。

2. 生产过程的分析

(1) 了解规范对所选择的质量特性提出的要求；
(2) 研究每一生产步骤和各个特性间的关系，以说明生产过程可能发生异常的地点及起因；
(3) 研究所选择质量特性的检查方法，特别要注意产生测量误差的因素；
(4) 确定控制点。

3. 选择控制图类型

不同的控制图适用场合不尽相同，可根据需要选择。下面介绍两种常用的控制图。

(1) $\bar{X}\text{-}R$ 图和 $\bar{X}\text{-}S$ 图：当预备数据可合理分组时，为分析或控制生产过程的均值和离散程度，可选（$\bar{X}\text{-}R$）图或（$\bar{X}\text{-}S$）图，因为 X 图的检出功效高，S 图的检出功效虽高于 R 图，但计算量较大。当样本大小（n）小于或等于10时可用 R 图；当 n 大于10时可用 s 图。详细内容可参阅 GB4091·1-1983《常用统计图总则》。

(2) $X\text{-}R_s$ 图：当预备数据不能分组，如下述情况时可使用此图。

一次只能得到一个测量值，如生产率、消耗定额等；
生产过程质量均匀，不需抽取多个样品，如液体浓度、调胶粘度等；
取得测量值既费时，成本又高。如复杂的化学分析，安全性检验等。

预备数据合理分组时，为了提高检出功能，可将 X 图与 $\bar{X}\text{-}R$ 图联合使用。

4. 搜集数据及分组列表

搜集近期数据，最好在100个或100以上。将收集的数据按测量顺序或批次分组，每组内含的数据个数以 n 表示，称之为样本大小或样本容量，一般取 $n=4\sim5$，组的数目以 K 表示，称之为样本个数或样本数，一般取 $K=24\sim25$。

数据合理分组的原则：尽量使一个组内的数据来自大体相同的生产条件，亦即组内的质量特性的波动只是由随机因素造成。所以组内不应包含不同性质的数据。应把同一批、同一天或同一班组得到的数据分在一个组内，而组与组之间的质量特性波动则可能是系统性原因造成的。

5. 数据计算

根据收集到的数据求出总平均值，极差平均值，控制图中心线 CL，控制图上、下控制界限 UCL 和 LCL。

6. 绘制控制图

作出纵横坐标，横轴表示组号（或子样），纵轴表示质量特性值（R），用计算值画出控制界限（以虚线表示）和中心线（以实线表示），同时在线的右侧注上 CL、UCL、LCL 等字母；在线的左侧标上相应的数值，控制图作图实例如下：

例：某中密度纤维板厂生产的中密度纤维板，砂光后的厚度要求为 15 ± 0.3mm，今从某制造过程中按时间顺序随机抽取 $n=5$ 的20组子样（中密度纤维板），测得的厚度值列于表 37-10 中。试作出 $\bar{X} - R$ 控制图。解：

(1) 确定以中密度纤维板的砂光厚度值为需控制的质量特性。

(2) 用随机抽样方法从砂光工序中收集100个数据（根据产品国家标准取样测量），记在表 37-15 中。

(3) 计量各组平均值

$$\bar{X}_1=\frac{15.12+15.04+14.90+14.92+15.00}{5}=14.996$$

$$\bar{X}_2\cdots\cdots$$

$$\vdots$$

$$\bar{X}_{20}=\frac{15.00+15.13+14.94+15.10+15.015}{5}=15.036$$

将计算结果列在表 37-10 中。

(4) 计算各组极差值

$$R_1=15.12 - 14.90=0.22$$

$$R_2 = \cdots\cdots$$

$$\vdots$$

$$R_{20}=15.13 - 14.94=0.19$$

将它们分别记入表 37-10 的对应行中。

(5) 计算总平均值

$$\bar{X}=\frac{\sum_{i=1}^{K}\bar{X}_i}{K}=\frac{14.99+\cdots\cdots+15.036}{20}+15.044 \text{（mm）}$$

(6) 计算极差平均值

$$\bar{R} = \frac{\sum_{i=1}^{K} R_i}{K} = \frac{0.22 + \cdots\cdots + 0.19}{20} = 0.2045 \text{ (mm)}$$

(7) 计算中心线和控制界限

$\bar{X}$ 图：$CL = \bar{\bar{X}} = 15.044$ (mm)

$UCL = \bar{\bar{X}} + A_2\bar{R} = 15.044 + 0.577 \times 0.2045 = 15.159$ (mm)

$LCL = \bar{\bar{X}} - A_2\bar{R} = 15.044 - 0.577 \times 0.2045 = 14.929$ (mm)

R 图：$CL = \bar{R} = 0.2045$ (mm)

$UCL = D_4\bar{R} = 2.115 \times 0.0245 = 0.42$ (mm)，LCL 无意义

计算公式及 A_2、D_4 等系数可查阅表37-16。

(8) 绘制控制图，画出中心线及上、下控制界限，见图 37-24。

(9) 打点、连线。

(10) 分析工序是否处于控制状态。这是后面要讨论的问题。

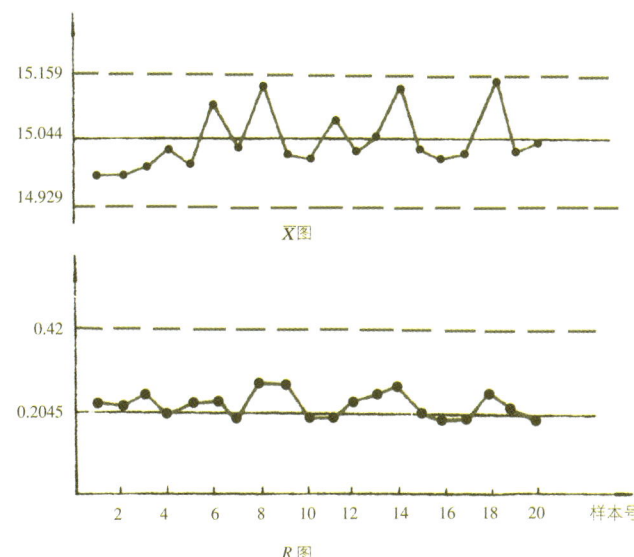

图 37-24 中密度纤维板厚度的 $\bar{X} - R$ 控制图

表 37-15 $\bar{x}$-R 控制图数据表

产品名称：中密度纤维板		操作者：×××		测量工具：0.01mm 百分尺			
质量特性：15±0.30mm		测量者×××		测量单位：0.01mm			
工序：砂光							

子样品	抽样时间	测定值					$\bar{X}_i$	R	备注
		X_1	X_2	X_3	X_4	X_5			
1	6月1日	15.12	15.04	14.90	14.92	15.00	14.996	0.22	
2	2日	15.08	15.10	14.90	14.92	14.96	14.99	20.20	
3	3日	15.00	14.86	15.10	15.02	15.06	15.008	0.24	
4	4日	14.94	15.13	15.02	15.08	15.00	15.034	0.19	
5	5日	15.15	14.98	14.94	15.00	14.96	15.006	0.21	
6	6日	14.96	15.17	15.10	15.12	15.08	15.086	0.21	
7	7日	15.00	14.98	15.15	15.15	15.02	15.030	0.17	
8	8日	15.30	15.08	15.10	15.05	15.13	15.132	0.25	
9	9日	15.02	15.01	14.92	15.15	15.00	15.020	0.25	按中密度
10	10日	15.10	15.00	14.92	15.03	15.04	15.018	0.18	纤维板国
11	11日	15.00	15.03	15.19	15.13	15.05	15.080	0.19	家标准取
12	12日	14.95	15.00	15.16	15.02	15.01	15.028	0.21	样测定
13	13日	15.00	15.03	14.96	15.05	15.18	15.044	0.22	
14	14日	15.10	15.23	15.21	14.98	15.09	15.122	0.25	
15	15日	15.00	14.92	15.11	15.04	15.06	15.026	0.25	
16	16日	14.98	15.00	14.95	15.02	15.11	15.012	0.16	
17	17日	15.02	14.96	15.04	14.98	15.11	15.022	0.15	
18	18日	15.00	15.10	15.23	15.21	15.12	15.152	0.23	
19	19日	15.05	14.98	15.02	15.08	15.00	15.026	0.20	
20	20日	15.00	15.13	14.94	15.10	15.01	15.036	0.19	
						合 计		300.88	4.09
						平 均 值		15.044	0.2045
						系 数			
						n			
						4		0.729	2.282
						5		0.577	2.115

$\bar{x}$ 图

$\bar{x} = CL = 15.044$

$UCL = 15.159$

$LCL = 14.929$

$\bar{R}$ 图

$\bar{R} = CL = 0.2045$

$UCL = 0.42$

LCL 无意义

表 37-16 控制图系数表

样本大小 n	极差 R 系数		$\bar{X}$-R			X 图	X 图（成组）	$\bar{X}$-S 图		
			$\bar{X} \pm A_2\bar{R}$	$D_3\bar{R}$	$D_4\bar{R}$	$\bar{X} \pm m_3A_2\bar{R}$	$\bar{X} \pm E_2\bar{R}$	$\bar{X} \pm A_1\bar{S}$	$B_3\overline{XS}$	$B_4\overline{XS}$
	d_2	d_3	A_2	D_3	D_4	m_3A_2	E_2	A_1	B_3	B_4
2	1.128	0.853	1.880	—	3.267	1.880	2.659	2.659	—	3.267
3	1.693	0.888	1.023	—	2.575	1.187	1.772	1.954		2.568
4	2.059	0.880	0.729	—	2.282	0796	1.457	1.628		2.266
5	2.326	0.864	0.577	—	2.115	0.691	1.290	1.427	—	2.089
6	2.534	0.848	0.483	—	2.004	0.549	1.184	1.287	0.030	1.970
7	2.704	0.833	0.419	0.076	1.924	0.509	1.182		0.118	1.882
8	2.847	0.820	0.373	0.136	1.864	0.432	1.054	1.099	0.185	1.815
9	2.970	0.808	0.337	0.184	1.186	0.412	1.010	1.032	0.239	1761
10	3.038	0.797	0.308	0.223	1.777	0.363	0.975	0.975	0.284	1.716
11								0.927	0.321	1.679
12								0.886	0.353	1.646
13								0.850	0.382	1.618
14								0.817	0.406	1.594
15								0.789	0.428	1.572
16	0.763	0.448	1.552							
17								0.739	0.466	1.534
18								0.718	0.482	1.518
19								0.698	0.497	1.503
20								0.680	0.510	1.490
>20							$\dfrac{3}{\sqrt{n}}$ $(1+\dfrac{1}{4n})$		$1-\dfrac{1}{\sqrt{2n}}$	$1+\dfrac{3}{\sqrt{2n}}$

X-R_3 图
UCL=$\bar{X}+2.66\bar{R_2}$;   UCL = $3.27R_2$
CL=$\bar{X} - 2.66R_2$;   LCL < 0

37.2.3.3 控制图的观察分析

绘制出的质量控制图对质量管理来说只是一种工具，重要的是利用它来观察分析问题。一旦生产过程中出现系统性误差影响时，控制图上的点就会出现异常状态；点超出界限，或是点的排列出现异常。这时生产过程就处于非控制状态。因此，利用控制图直观地发现问题，尽快分析原因，予以解决。把产生不合格品的因素消灭于萌芽状态，以实现对产品质量的控制。

1. 分析用控制图的判别准则

判断生产过程是否处于控制状态有如下规则：

规则 1：

绝大多数点子在控制界限内，即：

(1) 连续 25 点中没有一点在界限外；

(2) 连续 35 点中最多只有一点在界限外；

(3) 连续 100 点中最多有两点在界限外；

规则 2：

点子排列无下述异常现象：

(1) 链：若干点连续出现在中心线 CL 同一侧时，这些点子所连成的折线称为链（图 37-25）。

1) 出现 7 点或 7 点以上链时，生产处于非控制状态；

2) 出现 6 点链时应开始调查原因；

3) 出现 5 点链时应注意操作方法与工序的动向。

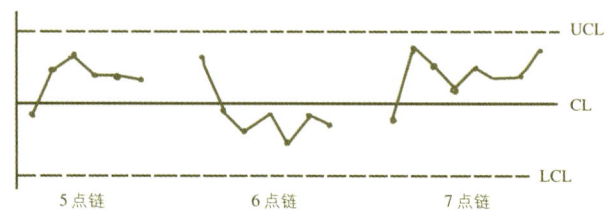

图 37-25 链

(2) 单调链：若干点连续上升（或连续下降）时，这些点子的连续折线称为单调链（图37-26）。

若出现连续7点或更多点的上升或下降趋势，则认为生产过程不是处于统计控制状态中。

(3) 多数点子在中心线的一侧，出现以下情况之一时，则认为生产工序处于非统计控制状态。

1) 连续11点中至少10点在中心线同侧（图37-27）；
2) 连续14点中至少12点在中心线同侧；
3) 连续17点中至少14点在中心线同侧；
4) 连续20点中至少16点在中心线同侧。

(4) 接近控制界限线（图37-28），如果在最外侧1/3带形区域内存在以下情形，则生产上处于非控制状态：

1) 连续3点中有两点在带形区域内（两虚线之间，即1_1与UCL和1_2与LCL之间）；
2) 连续7点中至少有3点在带形区域内。

2. 控制用控制图的判别准则

控制用控制图上的点子出现下列情况之一时，生产过程判为异常。

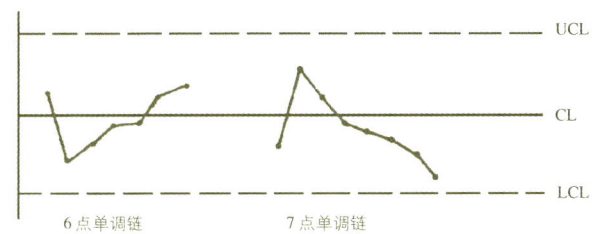

图37-26 单调链

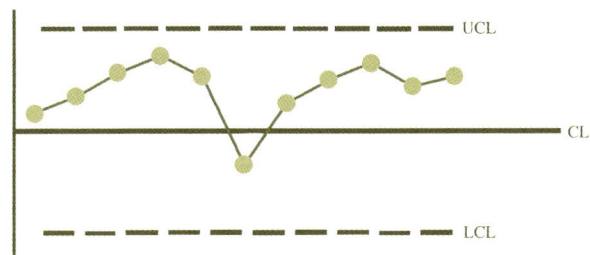

图37-27 连续11点中有10点在中心线一侧

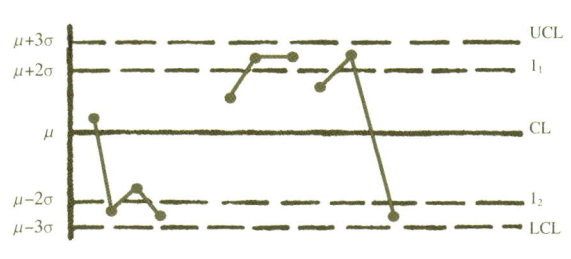

图37-28 接近控制界限线

(1) 点子落在控制界限外（或界限上）；
(2) 控制界限内点子的排列出现上述规则2中所列的异常现象。

37.2.3.4 使用控制图的全过程

使用控制图的全过程可归纳为以下几个步骤：

(1) 确定产品质量特性，选择合适的控制图：最常用的是$\bar{X}$-R图。

(2) 搜集预备数据，作分析用控制图：若经分析（如前述的判断准则），生产过程处于非统计控制状态，则应采用以下措施：

1) 消除降低质量的异常原因，去掉异常数据点，重新计算中心线和控制界限。异常数据点比例过大时，应改进生产过程，再次搜集预备数据，计算中心线和控制界限。

2) 重新计算中心线和控制界限时，不能去掉对提高质量有利的或虽使质量降低但未能消除异常原因的数据。

当采取上述措施后，制定出新的控制图，直到达到正常。

(3) 分析用控制图转化为控制用控制图：利用分析用控制图计算工序能力指数C_p，判断生产过程质量是否满足要求。若满足，则可将分析用控制图转化为控制用控制图。否则应调整有关工艺参数，对生产过程加以改进，重新收集数据，作控制图，直至满足$C_p > 1$。

如图37-24的例中可算出

$$C_p = T/6\sigma \quad T = (15+0.30) - (15-0.30) = 0.60$$

$\sigma = \bar{R}/d_2$，而$1/d_2 = 1/2.326$（表37-11），代入得$C_p = 1.14 > 1$

由此可见对板厚而言，生产工序处于统计控制状态，又因C_p满足工序质量要求，所以图37-29可以作为控制用控制图。

(4) 用控制用控制图对生产过程进行控制，将测定的数据点画在控制图上，根据判断规则来分析生产过程是否处于统计控制状态。

(5) 修改控制图：控制用控制图不是一直不变的。在使用一段时间后，应根据实际质量水平对中心线和控制界限进行修改，此时须重复1、2步的内容。

例1. 某胶合板工厂利用单值控制图（X控制图）（图37-29）以管制调胶黏度，规定检验周期为每小时一次，并将早

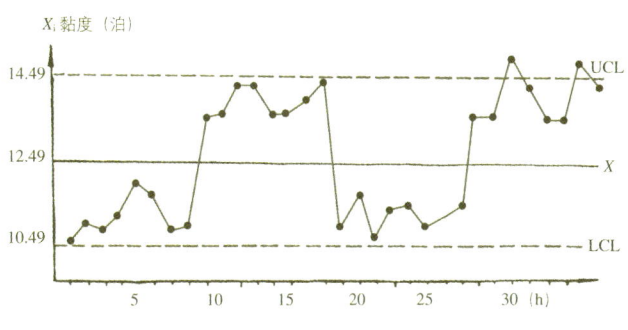

图37-29 调胶黏度X值控制图

表 37-17 调胶黏度检测数据记录表

时间	样本序号	X_j（泊）	R_{sj}	时间	样本序号	X_j（泊）	R_{sj}
7:00	1	10.50	—	23:00	17	10.9	3.5
8:00	2	11.0	0.5	24:00	18	11.8	0.9
9:00	3	10.8	0.2	1:00	19	10.5	0.3
10:00	4	11.2	0.4	2:00	20	11.4	0.9
11:00	5	11.8	0.6	3:00	21	11.6	0.2
12:00	6	11.4	0.4	4:00	22	10.9	0.7
13:00	7	10.8	0.6	5:00	23	11.2	0.3
14:00	8	10.9	0.1	6:00	24	11.4	0.2
15:00	9	13.2	2.3	7:00	25	13.8	2.4
16:00	10	13.8	0.6	8:00	26	13.2	0.6
17:00	11	14.2	0.4	9:00	27	14.8	1.6
18:00	12	14.0	0.2	10:00	28	14.2	0.6
19:00	13	13.4	0.6	11:00	29	13.2	1.0
20:00	14	13.5	0.1	12:00	30	13.1	0.1
21:00	15	13.9	0.4	13:00	31	14.6	1.5
22:00	16	14.4	0.5	14:00	32	14.2	0.4

中班的检验结果（如表 37-17 中所列数据）依次点入管制图中，试计算控制上、下限及中心线，并判定其波动是否正常？若不正常则分析其造成原因。

计算：$\overline{X} = \dfrac{\sum\limits_{i=1}^{32} X_j}{N} = \dfrac{399.6}{32} = 12.49$（CL）

$\overline{R_s} = \dfrac{\sum\limits_{i=2}^{32} 23.1}{N} = \dfrac{23.1}{31} = 0.75$

UCL=$\overline{X}$+2.66$\overline{R_s}$=12.49+2.66×0.75=14.49

UCL=$\overline{X}$－2.66$\overline{R_s}$=12.49－2.66×0.75=10.49

R_s 图：CL=$\overline{R_s}$=0.75（R_s 值控制图见图 37-30）

UCL=3.27$\overline{R_s}$=2.45　　　LCL 不考虑

由上面两图中可见第 17、27 和 31 号三个数据超出控制上限，说明生产过程未处于控制状态，且点子周期性波动，属于非正常状态。这种不正常的原因可能是由于两班调胶人员操作方法不同或称量不一致而造成的，以致使一班的胶粘度偏高，另一班则偏低。这就是分析控制图的作用。在查明生产异常原因后，去掉不正常因素，再重新测量并计算作出新的分析用控制图。若这时所有的点子都落在控制范围内，则该图表明生产过程处于统计控制状态，此图还可转为控制用控制图。

例 2. 为设立厚度为 12mm 旋切单板的管制标准，在正常的操作条件下开始收集数据。数据共 25 组（即样本数为 25），每组中有 5 个数据（即样本大小为 5）。数据如表 37-18 所列。试作出 $\overline{X} - R$ 控制图，并判定是否可用此图作出初步的控制图？如不能则如何修订中心线和控制界限？修正后的

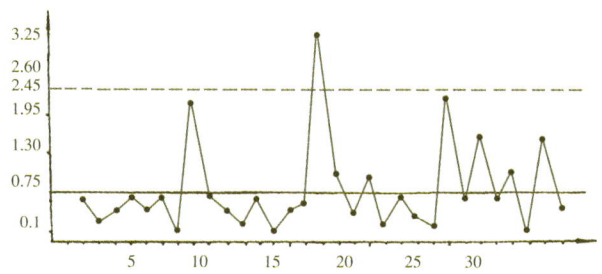

图 37-30 调胶黏度 R_s 值控制图

$\overline{X}$-R 图能否用作控制图？

计算：$\overline{X}$ 图 $\sum\limits_{i=1}^{25} \overline{X}_i = \dfrac{30.53}{25} = 1.221$

CL=$\overline{X}$=1.221，$\overline{R} = \dfrac{\sum R_j}{N} = \dfrac{1.24}{25} = 0.0496$

UCL=$\overline{X}$+$A_2\overline{X}$ = 1.221+0.579×0.0496 = 1.25

UCL=$\overline{X}$－$A_2\overline{R}$ = 1.221－0.579×0.0496 = 1.19

R 图 $\overline{R}$ = 0.0496

UCL = $D_4\overline{R}$ = 2.115×0.0496 = 0.105，LCL 不考虑

根据以上计算结果，作出 $\overline{X} - R$ 图（图 37-31，图 37-32）并将 25 组样本点入图中。

由图中可见到有两处点子出现异常：一是 8 号数据超出上控制界限（UCL）；二是第 23 数据正好落在下控制界限（LCL）上。因而判定此图不能用作初步控制图。

现剔除第 8 和第 23 号数据，重新计算中心线和控制界限。

表 37-18 单板厚度样本检测数据记录表

样本号	观测值					$\sum_{j=1}^{5} X_{ij}$	$\overline{X}_i$	R_i
	X_{i1}	X_{i2}	X_{i3}	X_{i4}	X_{i5}			
1	1.22	1.24	1.20	1.23	1.21	6.10	1.220	0.04
2	1.231	2.3	1.26	1.20	1.23	6.15	1.230	0.06
3	1.28	1.20	1.24	1.28	1.20	6.20	1.240	0.06
4	1.22	1.20	1.20	1.20	1.23	6.05	1.210	0.03
5	1.26	1.25	1.22	1.21	1.21	6.15	1.230	0.05
6	1.24	1.20	1.20	1.24	1.20	6.08	1.216	0.04
7	1.19	1.24	1.24	1.25	1.25	6.17	1.234	0.06
8	1.30	1.26	1.28	1.24	1.32	6.40	1.280	0.08
9	1.24	1.24	1.23	1.24	1.20	6.15	1.230	0.04
10	1.20	1.24	1.20	1.20	1.24	6.08	1.216	0.04
11	1.24	1.23	1.24	1.20	1.22	6.13	1.226	0.04
12	1.22	1.20	1.23	1.23	1.18	6.06	1.212	0.05
13	1.25	1.12	1.26	1.22	1.24	6.09	1.218	0.04
14	1.16	1.22	1.24	1.24	1.24	6.10	1.220	0.08
15	1.18	1.19	1.23	1.20	1.20	6.00	1.200	0.05
16	1.24	1.24	1.23	1.22	1.20	6.13	1.226	0.04
17	1.23	1.23	1.22	1.21	1.21	6.10	1.220	0.02
18	1.25	1.24	1.20	1.25	1.20	6.14	1.228	0.05
19	1.22	1.29	1.19	1.20	1.20	6.10	1.220	0.03
20	1.21	1.18	1.23	1.20	1.20	6.02	1.204	0.05
21	1.22	1.19	1.21	1.22	1.21	6.05	1.210	0.03
22	1.20	1.20	1.26	1.24	1.22	6.11	1.224	0.05
23	1.20	1.19	1.16	1.18	1.21	5.94	1.190	0.05
24	1.26	1.20	1.18	1.22	1.24	6.10	1.220	0.08
25	1.19	1.20	1.28	1.22	1.26	6.05	1.210	0.08

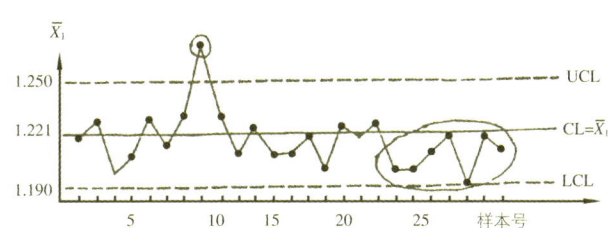

图 37-31 单板厚度 $\overline{X}$ 值控制图

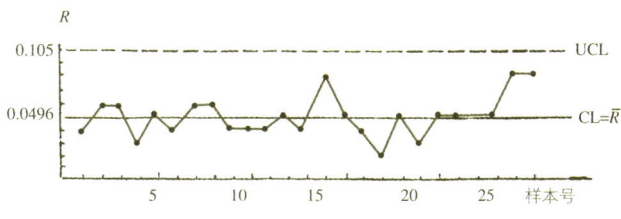

图 37-32 单板厚度 R 值控制图

$\overline{X}$ 图：$\sum_{i=1}^{23} \overline{X}_i = 28.06$，$\overline{\overline{X}} = \dfrac{28.06}{23} = 1.22$（CL）

$\sum_{i=1}^{23} R_i = 1.11$，$\overline{R} = \dfrac{1.11}{23} = 0.048$

UCL $= \overline{\overline{X}} + A_2 \overline{R} = 1.22 + 0.579 \times 0.048 = 1.247$

LCL $= \overline{\overline{X}} - A_2 \overline{R} = 1.22 - 0.579 \times 0.048 = 1.192$

R 图：$\overline{R} = 0.048$（CL）

UCL $= D_4 \overline{R} = 2.115 \times 0.048 = 0.102$，LCL 不考虑

图 37-33 修正后可采用的单板厚度值控制图。

根据计算结果，作出如下控制图；并将剔除第 8 和第 23 号数据后的 23 组数据点入 $\overline{X} - R$ 图中（图 37-33、图 37-34）。这时可见控制图内各点的波动正常，没有点子超出控制界限和分布异常。所以可把此图作为质量控制的初步用图。

若已知旋切单板的厚度允许偏差为 ±0.07mm，现在来计算其工序能力指数

$C_P = \dfrac{T}{6\sigma}$，$T = 1.27 - 1.13 = 0.14$

$\sigma = \dfrac{\overline{R}}{d_2} = \dfrac{0.048}{d_2}$，$d_2 = 2.36$（见附录）

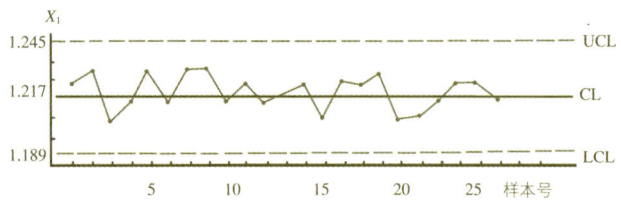

图 37-33 修正后可采用的单板厚度 $\bar{X}$ 值控制图

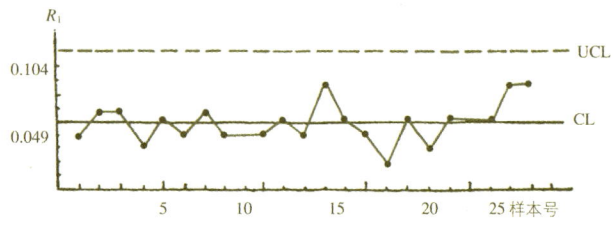

图 37-34 修正后可采用的单板厚度 R 值控制图

代入 C_p 式中得 $C_p=1.15>1$，所以此图可由分析用控制图转为控制用控制图，若不能满足 $C_p>1$，就应调整有关工艺参数，对生产过程进行改进，重新收集数据作控制图，直至 $C_p>1$。

37.2.4 质量管理和质量保证系列标准

37.2.4.1 概述

世界性贸易竞争的日益激烈，使产品质量竞争成为贸易竞争的重要因素。为适应国际贸易往来与经济合作的需要，国际标准化组织（ISO）于 1987 年颁布了 ISO9000《质量管理和质量保证》系列标准，使世界质量管理和质量保证活动有可能统一在 ISO 9000 系列标准的基础上，而 1994 年又对该系列标准进行了重新修订，形成了 ISO 9000-1994 版的系列国际标准。我国与它相应的标准是 GB/T 19000-94。

37.2.4.2 ISO 9000 标准的产生

任何标准都是为了适应科学、技术、社会经济等宏观因素发展变化的需要而产生的。标准涉及的范围及其深度总是处于发展之中。ISO 9000 系列标准也是这样。

(1) 企业生存和发展的需要是产生系列标准的重要原因

20 世纪以来，企业的质量活动已形成了一种世界的趋势，许多国家纷纷编制和发布了质量管理标准，例如 1979 年美国标准化协会发布了 ANSI Z-1·15《质量体系通用指南》，1980 年法国发布了 NFX50-110《企业质量管理体系指南》，美国发布了 GS5750《质量保证指南》等，这些质量管理体系标准为质量和质量保证系列标准的诞生奠定了基础。

(2) 科学技术的进步和社会生产力水平的提高是产生系列标准的重要技术基础

产品的质量由技术标准来体现，但对于现代产品来说，由于产品结构和制造工艺复杂，仅对成品按技术标准验证显然不够，因为当技术标准和生产方的组织体系不完善时，标准本身就不能保证产品质量始终达到要求，因而必须在产品质量的形成过程加强管理和实施监督，要求生产方建立相应的质量保证体系，提供能说明该质量符合要求的客观证据。

而企业为了避免因产品缺陷而追究的巨额赔款，宁可"先花少量的钱，来避免今后赔更多的钱"。开展质量保证活动，加强质量管理，企业为提高信誉和加强竞争力，还向权威机构申请对其质量体系进行认证，这就形成了 ISO 9000 系列标准产生的客观条件。

(3) 质量保证活动的成功经验为 ISO 9000 系列标准的产生奠定了坚实的基础

(4) 国际贸易发展需要是产生系列标准的现实要求

质量管理和质量保证标准是生产力发展的必然产物，也是质量管理科学发展的成果和标志，它既适应了国际商品经济发展的需要，又为企业加强管理提供了指导。

37.2.4.3 ISO 9000（GB/T 19000）

系列标准简单介绍：

(1) ISO 9000 系列标准：1987 年 3 月，ISO 正式公布了 ISO 9000～9004 等 5 个标准，也就是通常所称的"ISO 9000 系列标准"。

ISO 9000：1987《质量管理和质量保证标准——选择和使用指南》；

ISO 9001：1987《质量体系——设计，开发，生产，安装的质量保证模式》；

ISO 9002：1987《质量体系——生产和安装的质量保证模式》；

ISO 9003：1987《质量体系——最终检验和试验的质量保证模式》；

ISO 9004：1987《质量管理和质量体系要素指南》。

国际标准化组织 TC176 在 1994 年对 ISO 9000～9004-1987 系列标准进行了修订，形成了 ISO 9000—1994 版的系列国际标准。使世界主要工业发达国家的质量管理和质量保证的原则、方法和程序，统一在国际标准的基础上，它标志着质量管理和质量保证走向了规范化、程序化的新高度。

(2) GB/T19000 标准的制定：1994 年我国及时等同转化了修订后的 ISO 系列标准（94 版），国家标准编号为 GB/T19000-1994 系列标准。目前已转化为国家标准化质量管理物质量保证标准有 15 个。

GB/T6583-1994（idt ISO 8402：1994）《质量管理和质量保证——术语》；

GB/T19000.1-1994.(idt ISO 9000-1：1994)《质量管理保证第一部分：选择和使用指南》；

GB/T19001-1994（idt ISO 9001：1994）《质量体系——生产安装和服务的质量保证模式》；

GB/T19002-1994（idt ISO 9002：1994）《质量体系——生产安装和服务的质量保证模式》；

CB/T19003-1994（idt ISO 9003：1994）《质量体系——最终检验和试验的质量保证模式》；

GB/T19004.1-1994（idt ISO 9004-1：1994）《质量管理和质量体系要素 第1部分：指南》；

GB/T19004.2-1994（idt ISO 9004-2：1991）《质量管理和质量体系要素 第2部分：服务指南》；

GB/T1900.4.3-1994（idt ISO 9004-3：1993）《质量管理和质量体系要素 第3部分：流程性材料指南》；

GB/T1900.4.4-1994（idt ISO 9004-4：1993）《质量管理和质量体系要素 第4部分：质量改进指南》；

GB/T1900.2-1994（idt ISO 9002-2：1993）《质量管理和质量保证标准 第2部分：GB/T19001、GB/T19002、GB/T19003的实施通用指南》；

GB/T19000.3-1994（idt ISO 9000-3：1993）《质量管理和质量体系要素 第3部分：GB/T 19001-ISO 9001在软件开发、供应和维护中的使用指南》；

GB/T19021.1-1994（idt ISO 1001 1-1：1991）《质量体系审核指南 第1部分：审核》；

GB/T19021.2-1994（idt ISO 10011-2：1991）《质量体系审核指南 第2部分：质量体系审核员的评定准则》；

CB/T19021.3-1994（idt ISO 10011-3：1991）《质量体系审核指南 第3部分：审核工作管理》；

GB/T19022.1-1994（idt ISO 10012-1：1992）《测量设备的质量保证要求 第1部分：测量设备的计量确认》。

GB/T19000标准系列是等同采用ISO 9000标准系列的一套国家标准，它技术内容与ISO 9000完全相同，不作或稍作编辑性修改。采用国际标准的程度仅表示我国标准与国际标准之间的异同情况，而不表示技术水平的高低。

37.2.4.4 GB/T19000系列标准的作用

我国企业实施GB/T19000系列标准，对已初具质量管理基础的企业可促进其质量管理水平向国际水平靠拢，实现质量管理国际化。对我国企业参与国际经济活动消除了不必要的障碍，使质量管理的术语得到统一认识，概括起来有下列现实意义。

（1）实施GB/T 19000-ISO 9000系列标准有利于保护消费者的利益

由于企业建立了完善的质量体系，使影响产品质量的因素始终处于受控状态，能稳定地生产满足需要的产品，这无疑是对消费者利益最有效的保护。

（2）为发展外向型经济提供国际通用语言

由于在国际经济技术合作中，ISO 9000系列标准被作为相互认可的技术基础，因此在合作开发、合作生产、相互转让、产品贸易、技术交流、质量仲裁等国际经济活动中有了质量保证能力的确认依据。

（3）为我国开展质量体系认证和加速产品质量认证工作提供标准

国家认证办公室把GB/T19000-ISO 9000系列标准作为企业质量体系的认证标准，便于企业根据市场情况、产品类型、生产特点以及用户需要等具体情况，选择相应的体系要素，以确立适用的质量体系。

（4）贯彻GB/T19000-ISO 9000系列标准是提高质量，发展品种，增加效益的有效措施。

37.3 抽样检验

37.3.1 抽样检概述

生产中判定一件（台）产品是否合格，可按产品图样或产品标准所规定的技术要求，并用规定的检测方法，对产品进行逐项检查，若产品符合规定的各项技术要求则判定该件（台）产品合格；反之若有一项（或一项以上）技术指标不符合规定，则该件（台）产品为不合格。

通常采用的检验有两种：一种是全数检验，另一种是抽样检验。对于大批量的产品或破坏性的检验项目，用全数检验显然是不现实的，因而只能用抽样检验。

37.3.1.1 什么是抽样检验

抽样检验就是只从提交检查的产品批中抽取一部分产品（样本），按产品图样或产品标准所规定的技术要求，用规定的检测方法，对这一部分产品逐只逐项进行植查，然后根据对抽样部分产品的检查结果，利用数理统计的方法，对提交检查的产品批的质量作出判断。其用途主要有：

（1）生产方的成品、半成品交库检验，使用方的入库复验等：这类检验一般是按产品技术标准所规定的检验规则进行。主要的目的是防止不合格品出厂，以减少使用方因接收了不合格批的产品而造成的经济损失。

（2）为了决定产品的制造过程是否稳定、是否需要边行调整而进行的抽样检验称之为"抽样控制"：如生产方的质量管理点上的定期抽样检验，产品技术标准规定的型式（例行）检验等。其目的是防止不合格批出现，以提高产品质量的稳定性。它是比抽样验收更为有效的一种抽样检验。

37.3.1.2 抽样检验的特点

检查批产品合格与否，一般来说可用全数检查或抽样检验两种方法。由于全数检查是对批中产品逐件（台）进行检查，因此在某些情况下有一定的局限性。

（1）对于破坏性检查项目，不能采用；

（2）对于检查费用昂贵的检查项目或批量大、价格低的产品不宜采用；

(3) 全数检查有"错检"或"漏检"，不可迷信。

抽样检验仅从批中的抽检一部分产品，它与全数检查相比，大大减少了检验工作或产品的损坏数量。因此它有如下特点：

(1) 对于产品的各种检查基本上都适用；

(2) 节约检验费用；

(3) 有助于提高企业成员的质量意识。抽样检验将产品制造质量的责任公正地归于操作者（生产方），能避免操作者（生产方）不负责任的粗制滥造，否则他就将承受处理、拒收批而付出的巨大经济损失。

当然，抽样检验不能完全代替全数检验，对某些产品的某些性能（如压力容器的承压能力、防毒面具的通话膜是否穿孔）还必须采用全数检查。

合理选用抽样方案能减少错误判断的风险，使生产方和使用方的利益都获得合理的保护。

37.3.1.3 抽样检验方案的分类

抽样检验方案有很多种，可从不同的角度进行分类。

(1) 按产品质量指标来分：有计数抽检方案与计量抽检方案。

(2) 按制定原理来分：有标准型抽检方案，挑选型抽检方案和调整型抽检方案。

(3) 按抽检的程序来分：有一次抽检方案、二次抽检方案、多次抽检方案和序贯抽检方案。

37.3.1.4 随机抽样法

在抽样检验时应使抽出的用于检验的样本能反映出这一批产品的质量，即样本质量对于质量应有代表性，要做到这一点就必须采用随机抽样法。它使批中所有产品被抽到的可能性都相等。

常用的随机抽样法有：简单随机抽样、系统随机抽样和分层抽样。

(1) 简单随机抽样：样本在批中有同样被抽到可能的抽样过程称之为简单随机抽样。

为确保抽样的随机性，通常的办法是首先给批中的每个产品编号，然后按随机数抽取样品，获取随机数一般有两种方法，可用乱数表或掷骰子法。

(2) 系统随机抽样：对整批产品进行简单随机抽样有困难时，可采用每隔一定空间或时间间隔进行取样的方法，称为系统随机抽样，所得样本称为系统随机样本。

例1 从批量 $N=3000$ 的产品中抽取 $n=50$ 的样本。

解：(1) 按生产顺序将产品编号；

(2) 在流水线上每隔60个产品取样（$3000 \div 50 = 60$）；

(3) 起始抽样号码则用简单随机抽样法获得，如用骰子法得到随机数为12；

(4) 产品编号则取12、72、132、192、……2952等共50个产品，合起来即组成系统随机样本。

例2 从批量 $N=500$ 的产品中，抽取 $n=5$ 的样本。

解：(1) 将整批产品分成5组（盒、箱、排）；

(2) 从每组中用简单随机抽样法，抽取一件；

(3) 每组中抽得的一件合起来即组成系统随机样本。

系统随机抽样特别适用于流水线生产，系统随机抽样易产生较大的误差，使用时必须加以注意。

(3) 分层随机抽样将一批产品按某种原则（设备、操作者、班次、原材料批号等）分成若干子批（层），然后从各子批中抽取子样本。子样本的大小与子批的批量成正比，子样本用随机抽样从子批中抽取，最后将各子样本合起来，这种方法称为分层随机抽样。

例3 某设备一昼夜生产了批量 $N=1000$ 的产品，其中早班生产了400件，中班与夜班各生产了300件。如需抽取20件作样品检查，则应该如何的抽取。

解：一般若

$$N=N_1 + N_2+\cdots\cdots+N_i$$

$$n=n_1+n_2+\cdots\cdots+n_i$$

则：$n_i=\dfrac{N_i}{N} \cdot n$

式中：N——待检产品的批量大小

N_i——子批的批量大小

n——需从待检批中抽取的样品（样本大小）

n_i——每子批中应抽取的样品数（子批的样本大小）

所以早班制造的400件产品应抽取

$$n_1=\dfrac{400}{1000}\times 20=8 \text{ 件}$$

中班和夜班分别应抽取

$$n_2=n_3=\dfrac{300}{1000}\times 20=6 \text{ 件}$$

37.3.1.5 获取随机数的方法

1. 随机数（乱数）表法

随机数表有两种：六张表式与二张表式（表37-19），每张随机数表均由阿拉伯数0~9随机编排而成，这两种格式的表仅是决定表号的方法有所不同，而使用方法与步骤均相同。

(1) 决定页码：

1) 六张表式随机数据表：掷一下正六面体随机数骰子，骰子正面所示的数字作为表的页码数。

2) 二张表式随机数表：闭上眼睛，用铅笔尖轻指任一张表，若笔尖落在奇数上则取第一页表，若为偶数（00作为偶数）则取第二张随机数表。

(2) 决定起点行：闭眼，用铅笔尖轻指所定页码的随机数表，笔尖所指两位数即为起点行数，因随机数表是由50行、50列组成，而两位数是从00~99，所以当该数大于50时则减去50，以其差数作起点行数。如随机数为00则作为100。

表37-19 随机数表（Ⅰ）

03	47	43	73	86	36	96	47	36	61	46	98	63	71	62	33	26	16	80	45	60	11	14	10	95
97	74	24	67	62	42	81	14	57	20	42	53	32	37	32	27	07	36	07	51	24	51	79	89	73
16	76	62	27	66	56	50	26	71	07	32	90	79	78	53	13	55	38	58	59	88	97	54	14	10
12	56	85	99	26	96	96	68	27	31	05	03	72	93	15	57	12	10	14	21	88	26	49	81	76
55	59	56	36	64	38	54	82	46	22	31	62	43	09	90	06	18	44	32	53	23	83	01	30	30
16	22	77	94	39	49	54	46	54	82	17	37	93	23	78	87	35	20	96	43	84	36	34	91	64
84	42	17	53	31	57	24	55	06	88	77	04	74	47	67	21	76	33	50	25	83	92	12	06	76
63	01	63	78	59	16	95	55	67	19	98	10	50	71	75	12	86	73	58	07	44	39	52	38	79
33	21	12	34	29	78	64	56	07	82	52	42	07	44	38	15	51	00	13	42	99	66	02	79	54
57	60	86	32	44	09	47	27	96	54	49	17	46	09	62	90	52	84	77	27	08	02	73	43	28
18	18	07	92	64	44	17	16	58	09	79	83	86	19	62	06	76	50	03	10	55	23	64	05	05
26	62	38	97	75	84	16	07	44	99	83	11	46	32	24	20	14	85	88	45	10	93	72	88	71
23	42	40	64	74	82	97	77	77	81	07	45	32	14	08	32	98	94	07	72	93	85	79	140	75
52	36	28	19	95	50	92	26	11	97	00	56	76	31	38	80	22	02	53	53	86	60	42	04	53
37	85	94	35	12	83	39	50	08	30	42	34	07	96	88	54	42	02	87	98	35	85	29	48	39
70	29	17	12	13	40	33	20	33	26	13	89	51	03	74	17	76	37	13	04	07	74	21	19	30
56	62	18	37	35	96	83	50	87	75	97	12	25	93	47	70	33	24	03	54	97	77	46	44	80
99	49	57	22	77	98	42	95	45	72	16	64	36	16	00	04	43	18	66	79	94	77	24	24	90
16	08	15	04	72	33	27	14	34	09	45	59	34	68	49	12	72	07	34	45	99	27	72	95	14
31	16	93	32	43	50	27	89	87	19	20	15	37	00	49	52	85	66	60	44	38	68	88	11	80
68	34	30	13	70	55	74	30	77	40	44	22	78	84	26	04	33	46	09	52	68	07	97	06	57
74	52	25	65	76	59	29	97	68	60	71	91	38	67	54	13	58	18	24	76	15	54	55	95	52
27	42	37	86	53	48	55	90	65	72	96	57	69	36	10	96	46	92	42	45	97	60	49	04	91
00	35	68	29	61	66	37	32	20	30	77	84	57	03	29	10	45	65	04	26	11	04	96	67	24
29	94	98	94	24	68	49	69	10	82	53	75	91	93	30	34	25	20	57	27	40	48	73	51	92
16	90	82	66	59	83	62	64	11	12	67	19	00	71	74	60	47	21	29	68	02	02	37	03	31
11	27	94	75	06	06	09	16	74	66	02	94	37	34	02	76	70	90	30	86	38	45	94	30	38
35	24	10	16	20	33	32	51	26	38	72	78	45	04	91	16	92	53	56	16	02	75	50	95	98
38	23	16	86	39	42	38	97	01	50	87	75	66	81	41	40	01	74	91	62	48	51	84	08	32
31	96	25	91	47	96	44	33	49	13	34	86	82	53	91	00	52	43	48	85	27	55	26	89	62
66	67	40	67	14	64	05	71	95	86	11	05	65	09	68	76	83	20	37	90	57	16	00	11	66
14	90	84	45	11	75	73	88	05	90	52	27	41	14	36	22	98	12	22	08	07	52	74	95	80
68	05	51	18	00	33	96	02	75	19	07	60	62	93	55	59	33	82	43	90	49	37	38	44	59
20	46	78	73	90	97	51	40	14	02	04	02	33	31	08	39	54	16	49	36	47	95	93	13	30
64	19	58	97	79	15	06	15	93	20	01	90	10	75	06	40	78	78	89	62	02	67	74	17	33
05	26	93	70	60	22	35	85	I5	13	92	03	51	59	77	59	56	78	06	83	52	91	05	70	72
07	97	10	88	23	09	98	42	99	64	61	71	62	99	15	01	51	29	16	93	58	05	77	09	51
68	71	86	85	85	54	87	66	74	54	73	42	08	11	12	44	95	92	63	16	26	59	24	29	48
26	99	61	65	53	58	37	78	80	70	42	10	50	67	42	32	17	55	85	74	94	44	67	16	94
14	65	52	68	75	87	59	36	22	41	26	78	63	06	66	13	18	27	01	50	15	29	39	39	43
17	53	77	58	71	71	41	61	50	72	12	41	94	96	26	44	95	27	36	99	02	96	74	30	83
90	26	59	21	19	23	52	23	33	12	96	93	02	18	39	07	02	18	36	07	25	99	32	70	23
41	23	52	55	99	31	04	49	69	96	10	47	48	45	88	13	41	43	89	20	97	17	14	49	17
60	20	50	81	69	31	99	73	68	68	35	81	33	03	76	24	30	12	48	60	18	99	10	72	34
91	25	38	05	90	46	58	28	51	36	45	37	59	03	09	90	35	57	29	12	82	62	54	65	60
34	50	57	74	47	98	80	33	00	91	09	77	93	19	82	74	94	80	04	04	45	07	31	66	49
85	22	04	39	43	73	81	53	94	79	33	62	46	86	28	08	31	54	46	31	53	94	13	38	47
09	79	13	77	48	73	82	97	22	21	05	03	27	24	83	72	89	44	05	60	35	80	39	94	88
88	75	80	18	14	22	95	75	42	49	39	32	82	22	49	02	48	07	07	37	16	04	61	67	87
90	96	23	70	00	39	00	03	06	90	55	85	78	38	36	94	37	30	69	32	90	89	00	76	33

表 37-19 随机数表（Ⅱ）

53	74	23	99	67	61	32	28	69	84	94	62	67	86	24	98	33	41	19	95	47	53	53	38	09
63	38	06	86	54	99	00	65	26	94	02	82	90	23	07	79	62	67	80	60	75	91	12	81	19
35	30	58	21	46	06	72	17	10	94	25	21	31	75	96	49	28	24	00	49	55	65	79	78	07
63	43	36	82	69	65	51	18	37	88	61	38	44	12	45	32	92	85	88	65	54	34	81	85	35
98	25	37	55	26	01	91	82	81	46	74	71	12	94	97	24	02	71	37	07	03	92	18	66	75
02	63	21	17	69	71	50	80	89	56	38	15	70	11	48	43	40	45	86	98	00	83	26	91	03
64	55	22	21	82	48	22	28	06	00	61	54	13	43	91	82	78	12	23	29	06	66	24	12	27
85	07	26	13	89	01	10	07	82	04	59	63	69	36	03	69	11	15	83	80	13	29	54	19	28
58	54	16	24	15	51	54	44	82	00	62	61	65	04	69	38	18	65	18	97	85	72	13	49	21
34	85	27	84	87	61	48	64	56	26	90	18	48	13	26	37	70	15	42	57	65	65	80	39	07
03	92	18	27	46	57	99	16	96	56	30	33	72	85	22	84	64	38	56	98	99	01	30	98	64
62	95	30	27	59	37	75	41	69	43	86	97	80	61	45	28	53	04	01	63	45	71	08	64	27
08	45	93	15	22	60	21	75	46	91	98	77	27	85	42	28	88	61	08	84	69	62	03	42	73
07	08	55	18	40	45	44	75	13	90	24	94	96	61	02	57	55	66	83	15	73	42	37	11	61
01	85	89	95	66	51	10	19	34	88	15	84	97	19	75	12	76	39	43	78	64	63	91	08	25
72	84	71	14	35	19	11	58	49	26	50	11	14	17	76	86	81	57	20	18	95	60	78	46	75
88	78	28	16	84	13	52	53	94	53	75	55	69	30	96	73	89	65	70	31	99	17	43	48	76
45	17	75	65	57	28	40	19	72	12	25	12	74	75	67	60	40	60	81	19	24	62	01	61	16
96	76	28	12	54	22	01	11	94	25	71	96	16	16	88	68	64	36	74	45	19	59	50	88	92
43	31	67	72	30	24	02	94	08	63	38	32	36	66	02	69	36	38	25	39	48	03	45	15	22
50	44	63	44	21	66	06	58	05	62	68	15	54	35	02	42	35	48	96	32	14	52	41	52	48
22	66	22	15	86	26	63	75	41	99	58	52	36	72	24	58	37	52	18	51	03	37	18	29	11
96	24	40	14	51	23	22	30	88	57	95	67	47	29	83	94	69	40	06	07	18	16	36	78	86
31	73	91	61	19	60	20	72	93	48	98	57	07	23	69	65	94	39	69	58	56	80	30	19	44
74	60	73	99	84	43	89	94	36	45	56	69	47	07	41	90	22	31	07	12	78	35	34	08	72
84	37	90	61	56	70	10	23	98	05	85	11	34	76	60	76	48	45	34	60	01	64	18	39	96
36	67	10	08	23	98	93	35	08	86	99	29	76	29	81	33	34	91	58	93	63	14	52	32	52
07	28	59	07	48	89	64	58	89	75	83	85	62	27	89	30	14	78	56	27	86	63	59	80	02
10	15	83	87	60	79	24	31	66	56	51	48	24	06	93	91	98	94	05	49	01	47	59	38	00
55	19	68	97	65	03	73	52	16	56	00	53	55	90	27	33	42	29	38	87	22	13	88	83	04
53	81	29	13	39	35	01	70	71	34	62	33	74	82	14	53	73	19	09	03	56	54	29	56	93
51	86	32	68	92	33	98	74	66	99	40	14	71	94	58	45	94	19	38	81	14	44	99	81	07
35	91	70	29	13	80	03	54	07	27	96	94	78	32	66	50	95	52	74	33	13	80	55	62	54
37	71	67	95	13	20	02	44	95	94	64	85	04	05	72	01	32	90	76	14	53	89	74	60	41
93	66	13	83	27	92	79	64	64	72	28	54	96	53	84	48	14	52	98	94	56	07	93	89	30
02	96	08	45	65	13	05	00	41	84	93	07	54	72	59	21	45	57	09	77	19	48	56	27	44
49	83	43	48	35	82	88	33	69	96	72	36	04	19	76	47	45	15	18	60	82	11	08	95	97
84	60	71	62	43	40	80	81	30	37	34	39	23	05	38	25	15	35	71	30	88	12	57	21	77
18	17	39	88	71	44	91	14	88	47	89	23	30	33	15	56	34	20	47	89	89	82	93	24	98
79	79	10	61	78	71	32	76	95	62	87	00	22	58	50	92	54	01	25	25	43	11	71	99	31
75	93	36	57	83	56	20	14	82	11	74	21	97	90	65	96	42	68	63	86	74	54	13	26	94
38	30	92	29	03	06	28	81	39	38	62	25	06	84	63	61	29	08	93	67	04	32	92	08	09
51	29	50	10	34	31	57	75	95	80	51	97	02	74	77	76	15	48	49	44	18	55	63	77	09
21	31	38	86	24	37	79	81	53	74	73	24	16	10	33	52	83	90	94	76	70	47	14	54	36
29	01	23	87	88	58	02	39	37	67	42	10	14	20	92	16	55	23	42	45	54	96	09	11	06
95	33	95	22	00	18	74	72	00	18	38	79	58	69	32	81	76	80	26	92	82	80	84	25	39
90	84	60	79	80	24	36	59	87	38	82	07	53	89	35	96	35	23	79	18	05	98	90	07	35
46	40	62	98	82	54	97	20	56	95	15	74	80	08	32	16	46	70	50	80	67	72	16	42	79
20	31	89	03	43	38	46	82	68	72	32	14	82	99	70	80	60	47	18	97	63	49	30	21	30
71	59	73	05	50	08	22	23	71	77	91	01	93	20	49	82	96	59	26	94	66	39	67	98	60

(3) 决定起点列：用上述同样方法决定起点列。

(4) 决定随机数

1) 如取一位数，则从所定页码之行、列数起，并在该数所在行向右依次取数；若到右端还不够，则移到下一行的左端继续往右取，直到取足为止。

2) 如取二位数，由从所定页码、行、列所指的数及其右侧数组成的二位数开始，然后从该数所在列向右依次取数；若到右端还不够，则移到下一行的左端继续往右取，直到取足为止。

3) 如取三位数或三位以上的数，则从所定页、行、列之数及右侧数添足位数，然后从该数所在列竖着向下依次取数，若到下端还不够，则移到下一列的上端继续往下取，直至取足为止。

(5) 决定样本数码：按以上规定，取出随机数后，必要时可除以批量数，取其余数，而后去掉重复的数码，直到所需的样本数码为止。

例1 从批量 $N=100$ 的产品中，抽取样本大小为 $n=8$ 的样本。

解：(1) 将被检产品编号；

(2) 定随机数表页码：设铅笔尖所指数为07，因是奇数，故用第一页随机数表；

(3) 定起点行：设铅笔尖所指数是第一页中的"79"，因大于50，故起点行为第29行（79 − 50=29）；

(4) 定起点列：设铅笔尖所指数为随机数表第一页中的"48"，因小于50，故起点列就为第48列；

(5) 决定样本数码：由上述方法所定的起点数码为"83"，向右并移至下一行取数，去掉重复的数码，即得83、23、19、62、59、14、79、64等共8个样本数码。

例2 从批量 $N=1000$ 的产品中，抽取 $n=20$ 的样本。

解：第(1)至(4)步同上例，现若起点行为第36行，起点列为第25列。则所定的起点数为5，与其右侧之15组成三位数据515，此即为起点数码，竖着向下直取到783，这还不够就移到下一列162，继续往下取，并去掉重复的数码，即得515、629、081、506、630、949、021、484、330、590、931、468、272、822、783、162、732、853、315、990等20个样本数码。

2.随机数骰子法

随机数骰子有正六面体和二十面体两种。

(1) 正六面体随机数骰子是一个匀质的立方体，在六个面上分别标以1~6六个阿拉伯数字，利用这骰子可得到1~6共六个随机数，六张表式的随机数表中决定页码时就可用它。

(2) 正二十面体随机骰子是一个匀质的正二十面体，它的每一面是一个正三角形，在二十个面上标以0~9的数字各二次，掷一下骰子就得到一个随机数。如要取二位随机数，可用这种骰子掷两次，若规定第一次掷得的随机数码为个位数，第二次掷得的随机数码为十位数，二者合起来就组成一个二位随机数，余则类推。

用掷随机数骰子的方法来获得随机数，这方法简便可行，值得推广应用。

37.3.2 计数调整型抽样方案

大概地讲，调整型抽样检验就是在实施抽样检验的过程中，不总是采用一个固定的抽样方案，而是根据以往已检验批的质量变化情况，依据事先设计好的转移规则在正常检查抽样方案加严检查抽样方案和放宽检查抽样方案之间进行调整。其特点是：在产品质量达到所谓合格质量水平（AQL）时提交检验的产品批将以高概率接收，其接收概率均控制在80%以上，对生产方提供了足够的保护；当产品质量变坏或生产不稳定时，转移规则就会指导你换用一个严一些的抽样方案。如果产品质量稳定地优于合格质量水平，转移规则就会指导你换用一个宽一些的抽样方案，通过抽样方案之间的不断调整，达到既有效地保证产品的检验质量，又充分地节约检验费用的目的。

一般而言，这类抽样检验仅适用于连续批，不适用于对孤立批的验收。对孤立批转移规则不起作用。

目前世界各国都采用计数调整型抽检方案。

37.3.2.1 基本概念

1. 单位产品

为实施抽样检查的需要而划分的基本单位，称为单位产品。例如：单件产品，一对产品，一组产品，一个部件或一定长度、一定面积、一定体积、一定重量的产品。它与采购、销售、生产和装运所规定的单位产品可一致，也可不一致。

2. 检查批（简称批）

为实施抽样检查汇集起来的单位产品，称为检查批，简称批。通常每个检查批应由同型号、同等级、同种类（尺寸、特性、成分等），且生产条件和时间基本相同的单位产品组成。应将批质量相同的小批尽可能地混成大批。

3.连续批

待检批可利用最近已检批所提供质量信息的连续提交检查批，称为连续批。

4. 批量

批中所包含的单位产品数，称为批量。

5. 样本单位

从批中抽取用于检查的单位产品，称样本单位。

6. 样本

样本单位的全体，称为样本。

7. 样本大小

样本中所包含的单位数，称为样本大小。

8. 不合格

单位产品的质量特性不符合规定，称为不合格。不合格按质量特性表示单位产品质量的重要性来分，或按质量特性不符合的严重程度来分，一般将不合格分为A类不合格、B

类不合格、C类不合格。

9. A类不合格

单位产品的极重要质量特性不符合规定,或者单位产品的质量特性极严重不符合规定,称为A类不合格。这通常是指产品的安全、卫生、环境保护及能耗方面的特性。如车辆刹车不灵、压力容器耐压能力不符规定、电气绝缘性能不良、食品中大肠杆菌超标、发动机标定功率的燃油消耗超标等等。

10. B类不合格

单位产品的重要质量特性不符合规定,或者单位产品的质量特性严重不符合规定,称为B类不合格。这通常指严重影响产品实用功能的质量特性。如电视机清晰度差、成衣脱线等等。

11. C类不合格

单位产品的一般质量特性不符合规定,或者单位产品的质量特性轻微不符合规定,称为C类不合格。这通常是指对产品实用功能仅有轻微影响或几乎没有影响的那些质量特性。如机电产品的外观质量等。

12. 不合格品

有一个或一个以上不合格的单位产品,称为不合格品,按不合格类型一般可分为:A类不合格品、B类不合格品、C类不合格品。

13. A类不合格品

有一个或一个以上A类不合格,也可能还有B类和(或)C类不合格的单位产品,称为B类不合格品。

14. B类不合格品

有一个或一个以上B类不合格,但不包含C类不合格的单位的产品,称为B类不合格品。

15. C类不合格品

有一个或一个以上C类不合格,但不包含A类和B类不合格的单位产品,称为C类不合格品。

16. 每百单位产品不合格品数

批中所有不合格总数除以批量,再乘以100,称为每百单位产品不合格数。

17. 每百单位产品不合格数

批中所有不合格总数除以批量,再乘以100,称为每百单位产品不合格数。

18. 批质量

单个提交检查批的质量(用每百单位产品不合格品数或每百单位产品不合格数表示),称为批质量。

19. 过程平均

一系列初次提交检查批的平均质量(用每百单位产品不合格品数或每百单位产品不合格数表示),称为过程平均。

20. 合格质量水平(AQL)

在抽样检查中,认为可以接受的连续提交检查批的过程平均上限值,称为合格质量水平。

21. 检查

用测量、试验或其他方法,把单位产品与技术要求对比的过程,称为检查。

22. 计数检查

根据产品技术标准规定的一组或一项技术要求,确定单位产品是合格品还是不合格品,或者计算单位产品的不合格数,称为计数检查。

23. 逐批检查

为判断每个提交检查批的批质量是否符合规定要求,所进行的百分之百或从批中抽取样本的检查,称为逐批检查。

24. 合格判定数

作出批合格判断,样本中所允许的最大不合格品数或不合格数,称为合格判定数。

25. 不合格判定数

作出批不合格判断,样本中所不允许最小不合格品数或不合格数,称为不合格判定数。

26. 判定数组

合格判定数和不合格判定数或合格判定数系列和不合格判定数系列结合在一起,称为判定数组。

27. 抽样方案

样本大小或样本大小系列和判定数组结合在一起,称为抽样方案。

28. 抽样程序

使用抽样方案判断批合格与否的过程,称为抽样程序。

29. 一次抽样方案

由样本大小 n 和判定数组 (A_c, R_c) 结合在一起组成的抽样方案,称为一次抽样方案。

30. 二次抽样方案

由第一样本大小 n_1,第二样本大小 n_2 和判定数组 (A_1, A_2, A_1, A_2) 结合在一起组成的抽样方案,称为二次抽样方案。

31. 五次抽样方案

由第一样本大小 n_1,第二样本大小 n_2,第三样本大小 n_3,第四样本大小 n_4,第五样本大小 n_5 和判定数组 (A_1, A_2, A_3, A_4, A_5, R_1, R_2, R_3, R_4, R_5) 结合在一起组成的抽样方案,称为五次抽样方案。

32. 正常检查

当过程平均接近合格质量水平时所进行的检查,称为正常检查。

33. 加严检查

当过程平均显著劣于合格质量水平时所进行的检查,称为加严检查。

34. 放宽检查

当过程平均显著优于合格质量水平时所进行的检查,称这放宽检查。

35. 特宽检查

由放宽检查判为不合格的批,重新进行判断时所进行的检查,称为特宽检查。

36. 检查水平

提交检查批的批量与样本大小之间的等级对应关系，称为检查水平。

37. 样本大小字码

根据提交检查批的批量与检查水平确定的样本大小字母代码，称为样本大小字码。

37.3.2.2 一般步骤

1. 规定产品的质量标准

在产品技术标准或订货合同中，必须严格规定区分产品是合格品、不合格品的标准，或者用以判断各种缺陷的标准。

2. 规定合格质量水平（AQL）

在抽样检查中，认为可以接受的连续提前检查批的过程平均上限值，称为合格质量水平，这里的"认为可以接受"显然应该是订货方和供货方共同认为可以接受才行。

原则上按不合格的分类分别规定不同的合格质量水平，对A类规定的合格质量水平要小于对B类规定的合格质量水平，对C类规定的合格质量水平大于对B类规定的合格质量水平。

在产品技术标准和订货合同中，应对产品的各项技术要求按它们对产品质量的重要性或它们与标准值的差异程度分类，然后对各种不合格类别分别规定不同的合格质量水平。其原则是：对重要的技术要求或与标准值差异大的技术指标规定较小的合格质量水平；反之，对次要的技术要求或与标准值差异小的技术指标，规定较大的合格质量水平。

GB2828-87对于合格质量水平的规定，只是给出了一个原则，对于某种特定的产品，要精确地确定各种不合格所对应的合格质量水平，就目前来说尚难办到。因此就现有的水平来说，只能通过协商或凭经验来确定产品的各类合格质量水平值。常用的办法有：

(1) 定性地确定合格质量水平：所谓定性即是在下面几个方面进行比较，综合地确定合格质量水平。

1) AQL（A类不合格）＜ AQL（B类不合格）＜ AQL（C类不合格）；

2) AQL（检验项目少）＜ AQL（检验项目多）；

3) AQL（电气性能）＜ AQL（机械性能）＜ AQL（外观质量）；

4) AQL（价格高）＜ AQL（价格低）；

5) AQL（军用）＜ AQL（民用）。

(2) 定量地确定合格质量水平。

1) 统计过程平均法：对于稳定连续的批量产品，生产厂通过统计近期的过程平均值，并以它们的上限值圆整到GB2828-87抽样表中AQL系列中的较大值，该值即为所求的AQL值。

以这种方法确定AQL值，生产方是十分赞同的，因为它生产产品一般来说都能通过验收。但没有考虑使用方的利益，而迁就了生产方现有的生产、管理水平。结果是社会效益差。

2) 经验数据法：按GB2828-1987中第4.3条中的规定，表37-20和表37-21中小于或等于10的合格质量水平数值，可以是每百单位产品的合格数，大于10的那些合格质量水平仅仅是每百单位产品的不合格数。因此，若产品技术标准或订货合同中引用GB2828-1987来验收批量产品，可参考下面的一些经验数据来确定新产品的AQL值。

3. 规定检查水平

检查清单指提交检查批的批量与样本大小之间的等级对应关系。

根据GB2828-1987的规定，表37-22的样本大小字码中给出三个一般检查水平：Ⅰ、Ⅱ、Ⅲ和四个特殊检查水平：S-1、S-2、S-3、S-4。同时GB2828-87还规定："除非另有规定，通常采用一般检查水平Ⅱ。当需要的判别力比较低时，可规定使用一般检查水平Ⅲ。特殊检查水平仅适用于必须使用较小的样本，而且能够或必须允许较大的误判风险。"

七种检查水平中S-1为最低水平，Ⅲ为最高水平。检查水平越低，样本大小越小，检查费用也越少，生产方和使用方的风险性也越大。检查水平Ⅰ、Ⅱ、Ⅲ的差异在于它们对使用方的保护不同。检查水平Ⅲ对使用方的保护能力最强，检查水平Ⅱ次之，Ⅰ则最差。特殊检查S-1~S-4在抽样检验中仅适用于产品的破坏性检查项目和检查费用特别昂贵的检查项目。

a. 按产品的最终使用要求，参考下表确定 AQL 值

使用要求	特 高	高	中	低
AQL	≤0.1	0.15~0.65	1.0~2.5	≥4.0
适用范围举例	导弹、卫星、宇宙	飞机、舰艇等飞船等重要军工产品	一般军用品和重要民用品	一般民用产品

b. 按产品的性格，可参考下表确定 AQL 值

质量特征	电气性能	机械性能	外观性能
AQL	0.4~0.65	1.0~1.5	2.5~4.0

c. 按产品检查项目的数量确定 AQL 值

B类不合格		C为不合格	
检查项目数	AQL	检查项目数	AQL
1~2	0.25		
3~4	0.4	1	0.65
5~7	0.65	2	1.0
8~11	1.0	3~4	1.5
12~19	1.5	5~7	1.5
20~48	2.5	8~18	4.0
＞48	4.0	＞18	6.5

d. 按不合格品或不合格种类确定 AQL 值

使用对象	检查类别	不合格品或不合格种类	AQL
一般工厂	原料、成品件 入厂检查	B类不合格品	0.65~2.5
		C类不合格品	4.0~6.5
	成品出厂 检查	B类不合格品	1.5~2.5
		C类不合格品	4.0~6.5

表 37-20 正常检查一次抽样方案

样本大小字码	样本大小	合格质量水平 (AQL)																									
		0.010	0.015	0.025	0.040	0.065	0.10	0.15	0.25	0.40	0.65	1.0	1.5	2.5	4.0	6.5	10	15	25	40	65	100	150	250	400	650	1000
		$A_c R_e$	$A_c R_e$	$A_c R_e$	$A_c R_e$	$A_c R_e$	$A_c R_e$	$A_c R_e$	$A_c R_e$	$A_c R_e$	$A_c R_e$	$A_c R_e$	$A_c R_e$	$A_c R_e$	$A_c R_e$	$A_c R_e$	$A_c R_e$	$A_c R_e$	$A_c R_e$	$A_c R_e$	$A_c R_e$	$A_c R_e$	$A_c R_e$	$A_c R_e$	$A_c R_e$	$A_c R_e$	$A_c R_e$
A	2	↓																									
B	3											↓					0 1	↑	1 2	2 3	3 4	5 6	7 8	10 11	14 15	21 22	30 31
C	5														0 1	↑		1 2	2 3	3 4	5 6	7 8	10 11	14 15	21 22	30 31	44 45
D	8													0 1	↑		1 2	2 3	3 4	5 6	7 8	10 11	14 15	21 22	30 31	44 45	
E	13												0 1	↑		1 2	2 3	3 4	5 6	7 8	10 11	14 15	21 22	30 31	44 45	←	
F	20										0 1	↑		1 2	2 3	3 4	5 6	7 8	10 11	14 15	21 22						
G	32									0 1	↑		1 2	2 3	3 4	5 6	7 8	10 11	14 15	21 22							
H	50								0 1	↑		1 2	2 3	3 4	5 6	7 8	10 11	14 15	21 22								
J	80							0 1	↑		1 2	2 3	3 4	5 6	7 8	10 11	14 15	21 22									
K	125						0 1	↑		1 2	2 3	3 4	5 6	7 8	10 11	14 15	21 22										
L	200					0 1	↑		1 2	2 3	3 4	5 6	7 8	10 11	14 15	21 22											
M	315				0 1	↑		1 2	2 3	3 4	5 6	7 8	10 11	14 15	21 22												
N	500			0 1	↑		1 2	2 3	3 4	5 6	7 8	10 11	14 15	21 22	←												
P	800		0 1	↑		1 2	2 3	3 4	5 6	7 8	10 11	14 15	21 22	←													
Q	1250	0 1	↑		1 2	2 3	3 4	5 6	7 8	10 11	14 15	21 22	←														
R	2000	↑		1 2	2 3	3 4	5 6	7 8	10 11	14 15	21 22																

注：——使用箭头下面的第一个抽样方案，当样本大小大于或等于批量时，执行 GB2828—1987 中 4.11.4b 的规定
——使用箭头上面的第一个抽样方案，A_c——合格判定数；R_e——不合格判定数

表 37-21 加严检查一次抽样方案

样本大小字码	样本大小	合格质量水平 (AQL)																									
		0.010	0.015	0.025	0.040	0.065	0.10	0.15	0.25	0.40	0.65	1.0	1.5	2.5	4.0	6.5	10	15	25	40	65	100	150	250	400	650	1000
		$A_c\ R_e$	$A_c\ R_e$	$A_c\ R_e$	$A_c\ R_e$	$A_c\ R_e$	$A_c\ R_e$	$A_c\ R_e$	$A_c\ R_e$	$A_c\ R_e$	$A_c\ R_e$	$A_c\ R_e$	$A_c\ R_e$	$A_c\ R_e$	$A_c\ R_e$	$A_c\ R_e$	$A_c\ R_e$	$A_c\ R_e$	$A_c\ R_e$	$A_c\ R_e$	$A_c\ R_e$	$A_c\ R_e$	$A_c\ R_e$	$A_c\ R_e$	$A_c\ R_e$	$A_c\ R_e$	$A_c\ R_e$
A	2	↓																		1 2	2 3	3 4	5 6	8 9	12 13	18 19	27 28
B	3		↓																1 2	2 3	3 4	5 6	8 9	12 13	18 19	27 28	41 42
C	5			↓														1 2	2 3	3 4	5 6	8 9	12 13	18 19	27 28	41 42	←
D	8				↓												1 2	2 3	3 4	5 6	8 9	12 13	18 19	27 28	41 42	←	
E	13					↓										1 2	2 3	3 4	5 6	8 9	12 13	18 19	27 28	41 42	←		
F	20						↓								0 1	↓		1 2	2 3	3 4	5 6	8 9	12 13	18 19	←			
G	32							↓						0 1	↓		1 2	2 3	3 4	5 6	8 9	12 13	18 19	←			
H	50								↓				0 1	↓		1 2	2 3	3 4	5 6	8 9	12 13	18 19	←				
J	80									↓		0 1	↓		1 2	2 3	3 4	5 6	8 9	12 13	18 19	←					
K	125										0 1	↓		1 2	2 3	3 4	5 6	8 9	12 13	18 19	←						
L	200									0 1	↓		1 2	2 3	3 4	5 6	8 9	12 13	18 19	←							
M	315								0 1	↓		1 2	2 3	3 4	5 6	8 9	12 13	18 19	←								
N	500							0 1	↓		1 2	2 3	3 4	5 6	8 9	12 13	18 19	←									
P	800						0 1	↓		1 2	2 3	3 4	5 6	8 9	12 13	18 19	←										
Q	1250					0 1	↓		1 2	2 3	3 4	5 6	8 9	12 13	18 19	↑											
R	2000				0 1	↑		1 2	2 3	3 4	5 6	8 9	12 13	18 19	↑												
S	2000			1 2																							

注：
- ↓ ——使用箭头下面的第一个抽样方案。当样本大小大于或等于批量时，执行 GB2828—1987 中 4.11.4b 的规定
- ↑ ——使用箭头上面的第一个抽样方案；A_c——合格判定数；R_e——不合格判定数

表 37-22 样本大小字码

批量范围	特殊检查水平				一般检查水平		
	S-1	S-2	S-3	S-4	I	II	III
1~8	A	A	A	A	A	A	B
9~15	A	A	A	A	A	B	C
16~25	A	A	B	B	B	C	D
26~50	A	B	B	C	C	D	E
51~90	B	B	C	C	C	E	F
91~150	B	B	C	D	D	F	G
151~280	B	C	D	E	E	G	H
281~500	B	C	D	E	F	H	J
501~1200	C	C	E	F	G	J	K
1201~3200	C	D	E	G	H	K	L
3201~10000	C	D	F	G	J	L	M
10001~35000	C	D	F	H	K	M	N
35001~150000	D	E	F	H	K	M	N
150002~500000	D	E	G	J	M	P	Q
≥50001	D	E	H	K	N	Q	P

表 37-23 检查转换表

转换方向	转换条件
正常检查→加严检查	若在不多于连续五批中有二批经初检查（不包括再次提交检查批）不合格，则从下一批检查加到加严检查
加严检查→正常检查	当进行加严检查时，若连续五批经初次检查（不包括再次提交检查批）合格，则从下一批检查转到正常检查
加严检查→放宽检查	当进行正常检查时，若下列条件均满足，则从下一批转到放宽检查 (1) 连续10批（不包括再提交检查批）正常检查合格； (2) 连续10批或多于连续10批所抽取的样本不合格（或缺陷）总数，小于或等于表37-15中所列的界限数LR； (3) 生产正常； (4) 质量部门同意转到放宽检查
放宽检查→正常检查	在进行放宽检查时，若出现下列任一情况，则从下一批检查转到正常检查 (1) 有一批放宽检查不合格； (2) 生产不正常； (3) 质量部门认为有必要回到正常检查
加严检查→暂停检查	加严检查开始后，不合格批数（不包括再次提交检查批）累计到五批（不包括以前转到加严检查出现的不合格批数）时暂时停止按本标准进行的检查

原则上应按不合格的分类分别规定检查水平，不合格的等级越高，规定的检查水平的等级也应越高。如A类不合格对应一般检查水平Ⅱ，B类不合格对应一般检查水平Ⅰ等等。

规定检查水平时，必须注意与检查项目所规定的合格质量水平之间的协调一致，特别是规定特殊检查水平S-1~S-4时，应避免检查水平同所规定的合格质量水平之间的矛盾。

例如，某种产品批量为N=1000，标准规定其某项技术指标的合格质量水平为AQL=0.25，因该技术指标为破坏性检查，主观上希望样本大小尽可能小，于是规定检查水平为S-1，由表37-22查得所用的样本大小字码为"C"，再查表37-20（"正常检查一次抽样文字"，）得到抽样方案应为n=50、$A_c=0$、$R_c=1$，与样本大小字码"C"所对应的样本大小5相差甚远。这说明在规定AQL=0.25情况下，不能规定使用特殊检查水平S-1来检查破坏性项目，也就是说所规定的检查水平与合格质量水平不协调，应根据需要再设计抽样方案。

4. 规定抽样方案的严格性

如无特殊规定，开始一般应使用正常检查抽样方案，在特殊情况下，开始可使用加严检查或放宽检查抽样方案。严格性调整按表37-23中的转移规则进行。

5. 规定方案的类型

GB2828-1987规定的抽样方案类型有一次抽样方案、二次抽样方案和五次抽样方案，不论使用该标准的何类抽样方案进行检查，只要规定的检查水平和合格质量水平相同，其对批质量的判别能力基本相同。

6. 提交产品

单位产品的提交应按批的形式进行。提交检查批可以与投产批、销售批、运输批相同或不同。提交检查批的组成应便于实施抽样检查。一个提交检查批可以由若干小批组成，但每个提交检查批应由具有基本相同的设计和材料、基本相同的条件和一定时间内制造的产品所组成。

7. 查抽样方案

由提交检查批的批量和检查水平确定样本大小字码，字码可从表37-22中查得。

根据样本字码大小及所要求的合格质量水平，抽样方案的严格性和类型，查表确定所需的抽样方案。

如批量为N=1000，检查水平为Ⅱ，合格质量水平AQL=4，由查表37-22得样本大小字码为J。由J和AQL=4查表37-20可得合格判定数$A_c=7$和不合格判字数$R_c=8$，并在样本大小栏中给出了相应的样本大小n=80。

同样的方法也可查另外一些表来得到不同的一次抽样方案、二次抽样方案和五次抽样方案。

8. 抽取样本

样本应从提交检查批中随机抽取。方便时最好把整批产品按某种合理方法分成若干小批或几部分，然后按各小批或各部分与整个批的百分比，按总样本大小成比例地在各小批或各部分中随机抽取。在使用二次或五次抽样方案时，每次取样都要从整批中随机抽取，抽样时间可在批的形成过程中，也可在批组成之后。

9. 检查样本

样本的检查是按产品技术标准或订货合同规定的试验项目和顺序，根据所规定的产品质量标准，逐个对样本单位进行检查，并累计样本不合格总数或缺陷总数。

10. 判断批合格或不合格

根据检查结果,若在样本中发现的不合格品数小于或等于合格判定数,判断该批为合格;若在样本中发现的不合格品数大于或等于不合格判定数,则判断该批为不合格。

11. 批的处理

合格批被接受,不合格批原则上全批退给生产方或供应方。但是合格批中已发现的不合格品(指样本中的)也要退还给生产方或供应方。

生产方或供应方再次提交退回的不合格批时,必须是已全数换成的合格品或缺陷已经过全部修正的批。

37.3.3 计数一次抽样检查和多次抽样检查

37.3.3.1 计数一次抽样检查

最简单的计数抽样方法是一次抽样方案。它是从提交检查的一批产品(即总体N)中随机地抽取n件产品(即样品)进行检测。根据样品中的不合格品数(或不合格数)d与预先规定的合格判定数c进行比较,从而判定该批产品是否合格。若样本中发现的不合格品数大于合格判定数(即$d>c$),则判该批产品为不合格。计数一次抽样方案只有两个参数,一个为样本大小n,另一个是合格判定数c。通常用记号$(n\mid c)$来表示计数一次抽样方案。其抽样程序框图如图37-35所示。

37.3.3.2 计数二次抽样检查

计数二次抽样检查方法是在一次抽样检查方法的基础上发展起来的,它常比一次抽样更为准确的判断产品检验批的质量水平,减少错判所造成的损失。

计数二次抽样检查方法是对提交检验的批量为N的产品,随机抽取两个样本n_1和n_2对应有两个合格判定数A_{c1}和A_{c2};两个不合格判定数R_{e1}和R_{e1};又如两个样本中的不合格品数分别为d_1和d_2;其抽检和判断过程如下:

先抽取第一个样本n_1,若检验后不合格品数小于或等于第一合格判定数,即$d_1 \leqslant A_{c1}$,则判定该批是合格批。若在第一样本n_1中发现的不合格品数大于或等于第一不合格判定数,即$d_1 \geqslant R_{e1}$,则判该批为不合格批。

若在第一样本中发现的不合格品数大于第一合格判定数,但小于第一不合格判定数,即$d_1 < A_{c1} < R_{e1}$这时需抽第二样本n_2进行检查。如在第一样本和第二样本中发现的不合格品总数小于或等于第二合格判定数,即$d_1+d_2 \leqslant A_{c2}$,则判该批是合格批。若在第一和第二样本中发现的不合格品数的总和大于或等于第二不合格判定数,即$d_1+d_2 \geqslant R_{e2}$,则判该批为不合格批。其抽样程序框图如图37-36所示。

计数二次抽样方案可查阅GB2828～2829-87 37.3.3.3 计数五次抽样检查

计数多次抽样方案的类型很多,现根据GB2828-2829-87中介绍计数五次抽样方案,作框图(图37-37)如下:抽样的程序和判定方法与计数二次抽样类似,抽样方案参阅GB2828～2829-1987。

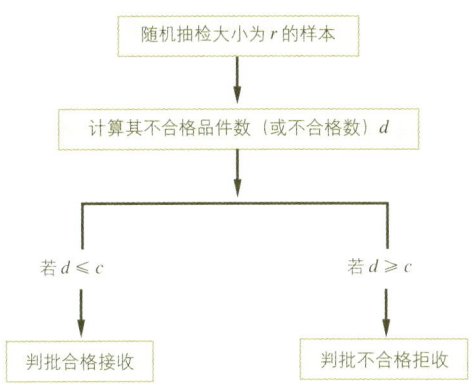

图37-35 计数一次样方案抽样程序框图

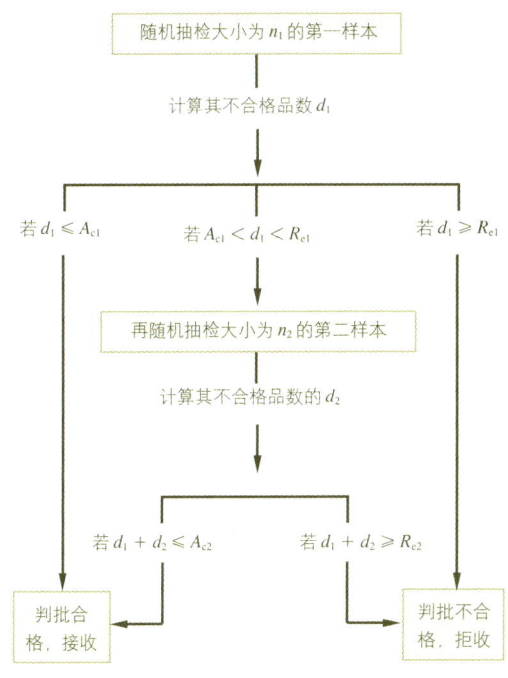

图37-36 计数二次方案抽样程序框图

37.4 数值修约规则

在科学技术和生产活动中,因进行试验测定和计算而得出了一系列数值,对这些数据需进行修约,修约时除另作规定者外,其余都应按国家标准GB8170-87《数值修约规则》的要求来进行。

37.4.1 术语

1. 修约间隔

这是确定修约保留位数的一种方式。当修约间隔的数值一经确定后,修约值应为该数值的整数倍。

例1. 如指定修约间隔为0.1,修约值即应在0.1的整数倍中选取,相当于把数值修约到一位小数。

例2. 如指定修约间隔为100,修约值即应在100的整数倍中选取,相当于把数值修约到"百"数位。

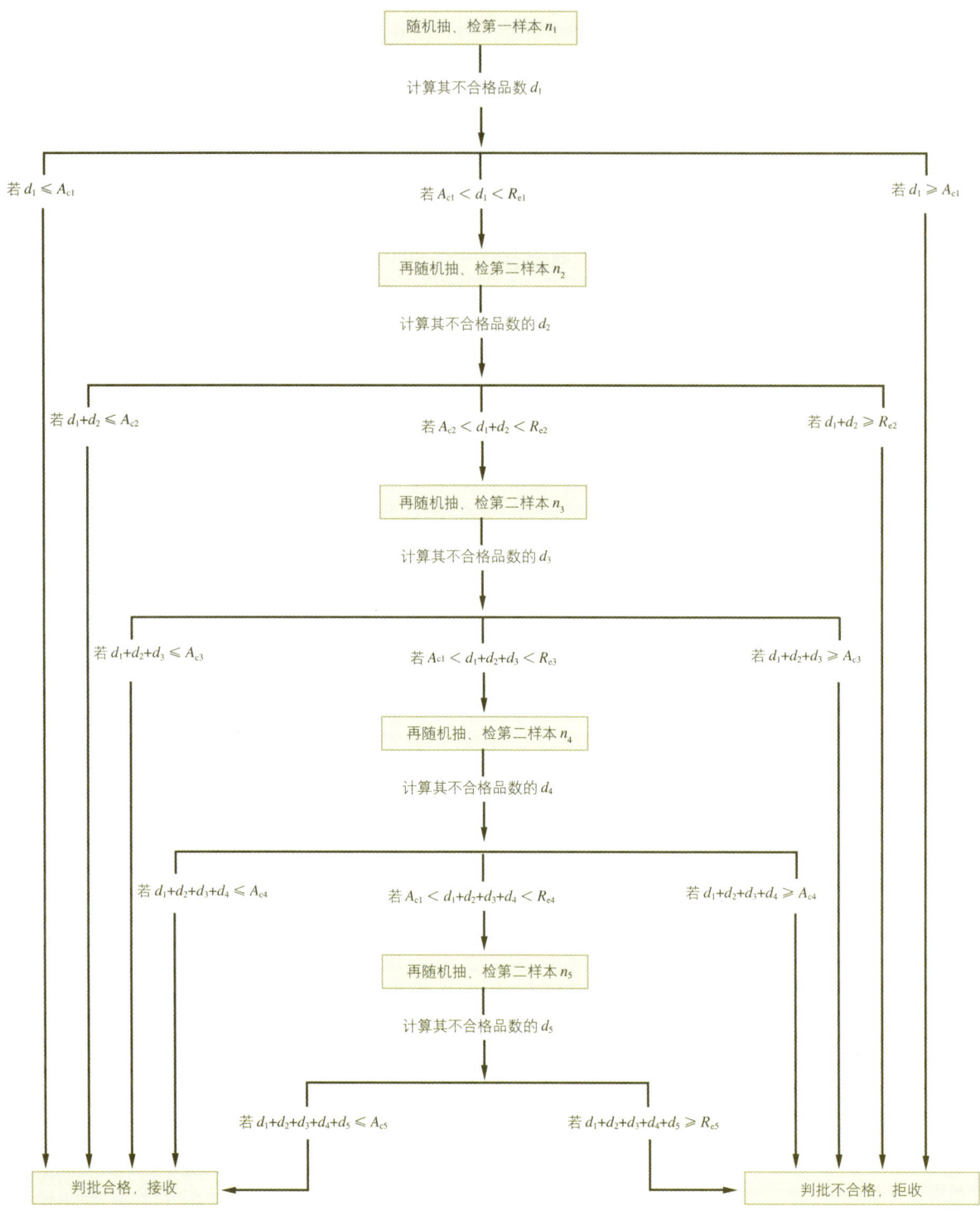

图37-37 计数五次抽样方案抽样程序框图

2. 有效位数

对没有小数位且以若干零结尾的数值,以非零数字最左一位向右数得的位数减去无效零(即仅为定位用的零)的个数;对其他十进位数,从非零数字最左一位向右数而得到的位数,就是有效位数。

例1. 35000若有两个无效零,则为三位有效位数,应写为350 × 10^2;若有三个无效零,则为两位有效位数,应写为35 × 10^3。

例2. 3.2、0.32、0.0032均为两位有效位数;0.0320则为三位有效位数。

例3. 12.490为五位有效位数;10.00为四位有效位数(例如有的试验数据处理要求精确到小数点后三位,而算得的结果为12.49,这时应将结果写成12.490,同样道理,若数据处理要求精确到小数点后两位,而测量或计算的结果是10,则应将它写成10.00)。

3. 0.5 单位修约（半个单位修约）

指修约间隔为指定位数的 0.5 单位，即修约到指定数位的 0.5 单位。

例如：将 60.28 修约到个数位的 0.5 单位，得 60.5。

4. 0.2 单位修约

指修约间隔为指定数的 0.2 单位，即修约到指定位数的 0.2 单位。

例如：将 832 修约到"百"数位的 0.2 单位，得 840。

37.4.2 确定修约位数的表达方式

(1) 指定数位

1) 指定修约间隔为 10^{-n}（n 为正整数），或指明将数值修约到 n 位小数；

2) 指定修约间隔为 1，或指明将数值修约到个数位；

3) 指定修约间隔为 10^n，或指明将数值修约到 10^n 数位（n 为正整数），或指明将数值修约到"十"、"百"、"千"……数位。

(2) 指定将数值修约为 n 位有效位数。

37.4.3 进舍规则

(1) 拟舍弃数字的最左一位数字小于 5 时，则舍去，保留的各位数字不变。

例 1：将 12.1498 修约到一位小数，得 12.1。

例 2：将 12.1498 修约到两位数，得 12。

(2) 拟舍弃数字的最左一位数字大于 5，或者是 5，而其后跟有并非全部为零的数字时，则进一，即保留末位数加 1。

例 1：将 1268 修约到"百"位数，得 13×10^2（特定时可写为 1300）。

例 2：将 1268 修约成三位有效数，得 127×10（特定时可写为 1270）。

例 3：将 10.502 修约到个位数，得 11。

(3) 拟舍弃的最左一位数字是 5，而后面无数字或皆为零时，若所保留的末位数是奇数（1、3、5、7、9）则进一；为偶数（2、4、6、8、0）则舍弃。此法概括成一句话即："四舍六入，五单进双舍"。

例 1：修约间隔为 0.1（或 10^{-1}）

拟修约数值	修约值
1.050	1.0
0.350	0.4

例 2：修约间隔为 1000（或 10^3）

拟修约数值	修约值
2500	2×10^3（特定时可写为 2000）
350	4×10^3（特定时可写为 4000）

例 3. 将下列数字修约为两位有效位数

拟修约数值	修约值
0.0325	0.032
32500	32×10^3（特定时可写为 32000）

(4) 负数修约时，先将它的绝对值按上述规定修约，然后在修约值前面加上负号。

37.4.4 不许连续修约

(1) 拟修约数字应在修约位数后一次修约，获得结果，而不得多次按上述规则连续修约。

例如：修约 15.4546，修约间隔为 1。正确的做法是 15.4546 → 15；不正确的做法是 15.4546 → 15.46 → 15.5 → 16。

(2) 在具体实施中，有时测试与计算部门先将获得的数值按指定的修约位数多一位或几位报出，而后由其他部门判定。为避免产生连续修约的错误，应按下述步骤进行。

1) 报出数值最右的非零数字为 5 时，应在数值后面加（"+"）或（"-"）或不加符号，以分别表示已进行过舍、进或未舍、未进。

例如：16.50（+）表示实际值大于 16.50，经修约舍弃成为 16.50；16.50（-）表示实际值小于 16.50 经修约进 1 成为 16.50。

2) 如果判定报出值需要进行修约，当拟舍弃数字的最后一位数字为 5，而后面无数字或皆为零时，数值后面有（+）号者进 1，数值后面有负号者舍去，其他仍按前述的规则进行。

例如：将下列数字修约到个位数后进行判定（报出值多留一位到一位小数）。

实测值	报出值	修约值
15.4546	15.5（-）	15
16.5203	16.5（+）	17
17.5000	17.5	18
-15.4546	-15.5（-）	-15

37.4.5 0.5 单位修约与 0.2 单位修约

1. 0.5 单位修约

将拟修约值乘以 2，按指定位数依前述规则修约。所得数值再除以 2。

例如：将下列数字修约到个位数的 0.5 单位（或修约间隔为 0.5）。

拟修约数值	乘 2	2A 修约值	A 修约值
60.25	120.50	120	60.0
60.38	120.76	121	60.5
-60.75	-121.50	-122	-61.0

2. 0.2 单位修约

将拟修约值乘以 5，按指定位数依前述规则修约，所得数值再除以 5。

例如：将下列数字修约到百数位的 0.2 单位（或修约间隔为 20）。

拟修约数值 (A)	乘 5 (5A)	5A 修约值（修约间隔为 100）	A 修约值（修约间隔为 20）
830	4150	4200	840
842	4210	4200	840
-930	-4650	-4600	-920

参考文献

[1] 质量管理和质量保证国家标准实施指南. 北京：中国标准出版社，1995
[2] 中华人民共和国国家标准 GB2828-8～2829-87
《逐批检查计数抽样程序及抽样表》（适用于连续批的检查）
《周期检查计数抽样程序及抽样表》（适用于生产过程稳定性的检查）中国标准出版社
[3] 郎志正编著. 标准化与质量管理. 北京：中国标准出版社，1999
[4] 陈树兰编著. 工业企业标准化. 济南：山东人民出版社，1991
[5] 简瑞聪编著. 胶合板制造工业全面质量管理. 林业部林产工业公司

38 木材工业的劳动保护

劳动保护是一门综合性的边缘学科。它研究生产过程及作业环境中一切有害因素对劳动者的不良影响，寻找消除或预防这些因素作用于人体的手段和途径。劳动保护，在国际劳工组织和某些国家也被称为"职业安全卫生"，或"劳动安全卫生"。

由于生产条件和技术水平的限制，在生产过程中，存在着各种不安全因素和潜在的职业危害，如不及时采取保护措施，防止和消除危险因素，就有发生工伤事故和职业病的可能。劳动保护就是要采取有效措施为劳动者创造安全、卫生、舒适的劳动条件，预防伤亡事故和职业病。

38.1 劳动保护的概念和意义

38.1.1 劳动保护的概念

根据我国职业安全卫生术语、国家标准 GB/T15236-1994，劳动保护是指"以保障职工在职业活动过程中的安全与健康为目的的工作领域及在法律、技术、设备、组织制度和教育等方面所采取的相应措施"。

38.1.2 劳动保护工作的意义

保护劳动者在生产过程中的安全与健康，是我国的一项基本方针。"加强劳动保护，改善劳动条件"，是载入我国宪法的神圣规定。我国政府历来重视劳动保护工作。早在1956年，国务院就发布了《工厂安全卫生规程》、《建筑安装工程安全技术规程》和《工人职员伤亡事故报告规程》。在全国人大七届四次会议上通过的国民经济第八个五年计划纲要中，明确规定了要"加强劳动保护，认真贯彻'安全第一，预防为主'的方针，强化劳动安全卫生监察，努力改善劳动条件，大力降低企业的工伤事故率和职业病发病率"。目前，国家正在不断通过健全劳动保护立法、强化劳动保护监察和安全生产管理，推进安全技术、职业卫生技术与有关工程等措施，来保证宪法所要求这一基本政策的实现。

劳动保护不仅具有社会意义，而且也是促进国民经济发展的重要条件。探索和认识生产中的不安全和不卫生因素，采取有效措施，减少和避免各类事故和职业危害的发生；创造舒适的劳动环境，可以激发劳动者的劳动热情，提高劳动生产率。加强劳动保护，还可以减少因伤亡事故和职业病造成的工作日损失和救治伤病人员的各项开支；减少由于设备损坏、财产损失和停产造成的直接或间接经济损失。

劳动保护也是我国社会主义物质文明和精神文明建设的一项重要内容。社会主义的生产目的，是为了满足人民日益增长的物质和文化生活的需要，让人们能过上安居乐业，幸福美满的生活。如果在生产过程中劳动者的安全和健康得不到保障，就会给劳动者及其家庭带来不幸。这就违背了社会主义的生产目的。

38.2 我国的劳动保护法规

劳动保护法规是调整劳动关系以及劳动中人与自然的关系，搞好安全生产和工业卫生，保护劳动者在生产过程中的生命安全和身体健康的行为规范。我国现行的劳动保护法规，可大体概括为三个方面的内容，即安全技术、工业卫生和劳动保护管理。如各种安全技术规程；工业卫生标准；对女工特殊保护的规定；关于劳动者工作时间、休息时间的规定等等。

当前我国的劳动保护法规，主要有以下几种形式：

1. 有关劳动保护的各种法律

它们是国家立法机构以法律形式颁布实施的。例如，自1995年5月1日实施的《中华人民共和国劳动法》，其中第六章对劳动安全卫生作了专门的法律规定。共分六条（第五十二条至第五十七条）。第五十二条规定："用人单位必须建立、健全劳动安全卫生制度，严格执行国家劳动安全卫生规程和标准，对劳动者进行劳动安全卫生教育，防止劳动过程中的事故，减少职业危害"。第五十六条规定："劳动者在劳动过程中必须严格遵守安全操作规程。劳动者对用人单位管理人员违章指挥、强令冒险作业，有权拒绝执行；对危害生命安全和身体健康的行为，有权提出批评、检举和控告。"第五十七条规定："国家建立伤亡事故和职业病统计报告和处理制度。县级以上各级人民政府劳动行政部门、有关部门和用人单位应当依法对劳动者在劳动过程中发生的伤亡事故和劳动者的职业病状况，进行统计、报告和处理"。除此之外，《中华人民共和国宪法》、《中华人民共和国刑法》和《中华人民共和国全民所有制工业企业法》等法律中，都有关于改善劳动条件，加强劳动保护的条款。

2. 有关的制度和规定

它们是国家或国务院有关部门以行政法规的形式发布的。例如《工厂安全卫生规程》、《工人职员伤亡事故报告规程》、《尘肺病防治条例》、《女职工劳动保护规定》和《禁止使用童工规定》等等。

3. 劳动安全与卫生的技术法规

劳动安全与卫生的技术法规主要是指劳动安全卫生标准。它们是由政府主管标准化工作的机构批准并以特定的形式发布的。到目前为止，国家已公布的劳动安全卫生标准有160多个。按内容可将这些标准分为四类。

(1) 基础性、分类性、通用标准：如《安全色》、《安全标志》、《体力劳动强度分级》、《企业职工伤亡事故分类标准》等。

(2) 生产设备和工具的安全技术标准：如《生产设备安全卫生设计总则》、《起重机械安全规程》和《木工平刨床的结构安全标准》等。

(3) 劳动卫生技术标准：如《工业企业设计卫生标准》、《工业企业噪声卫生标准》、《职业性接触毒物危害程度分级》、《生产性粉尘作业危害程度分级》等等。

(4) 劳动防护用品的产品标准：如《安全帽》、《安全鞋》和《安全网》等。

38.3 劳动保护与木材工业生产

切实保护劳动者的安全和健康，是当今企业经济发展中的一项重要任务。木材工业生产由于受材料加工特性、设备安全技术以及生产组织管理等多种因素影响，在劳动安全卫生方面存在的问题尤其突出。主要表现在两个方面。

(1) 事故危险性大，工伤事故多发。

(2) 在生产过程、劳动过程以及作业环境中存在多种职业性有害因素，如噪声、振动、木粉尘、化学有害有毒物或气体和作业时可能出现的劳动强度过大和强制体位等。

已有资料显示，即使在欧美许多工业发达国家（如德国、英国、加拿大和美国等），木材工业行业的工伤事故率也普遍高于其他一般行业。已经查明的与木材工业生产相关的常见职业病有：听力缺损、尘肺、毛囊炎、皮脂炎、粉尘性支气管炎、脊椎病和腺癌。

与工业发达国家相比，我国木材工业生产在设备安全技术、劳动安全卫生条件以及生产组织管理等方面还存在许多差距，生产中的劳动安全卫生状况更为严峻。一些企业工伤事故发生频繁。尤其是一些传统的木材加工设备，如圆锯机、木工平刨和木工铣床，事故危险性很大。

生产过程中产生的噪声、木粉尘在一些作业位置和生产企业经常超过国家卫生标准。有关资料显示：平刨床空转噪声一般在90dB（A）以上，切削噪声高达100～110dB（A）；带锯机空转噪声102dB（A），切削噪声105dB（A）；削片机的噪声常处在95～108dB（A）之间。严重的生产性噪声，不但会直接损害劳动者的健康，而且对周围的环境造成噪声污染。空气中木粉尘浓度在一些企业的车间作业位置超标严重。根据《工业企业设计卫生标准》的规定，空气中木粉尘浓度不得超过10mg/m³。实际生产中有的高达100mg/m³。据一项对十五家工厂的实测调查，超标设备率在胶合板和刨花板企业分别为60%和75%。在家具和细木工分别为100%和38%。木粉尘粒度小，浮游于空气中，长期接触高浓度粉尘，就会对人体健康造成危害。

38.4 劳动安全与事故防治

38.4.1 劳动安全系统

劳动安全是一个复杂问题，它不仅涉及许多专业领域，而且本身又具有多重性。因此，要对其多种形态的问题进行系统化就比较困难。但是，为了建立有效的方法和措施提高劳动安全性，有必要对一些个别问题根据其意义和互相关系作归纳分析。

38.4.1.1 劳动体系

劳动安全问题是劳动科学的一个部分。它涉及人与劳动之间关系的整个领域。而劳动科学的目标就在于：从考虑人和经济的角度优化这一关系。对于人来说，劳动不应该造成健康上的危害。从经济角度应该使劳动创造出尽可能高的价值。

图38-1展示了劳动过程中人与物之间的联系，用投入——劳动过程——结果这一因果作用系统表示。在这一劳动过程中存在着有一定特性的人和物。物的概念在这里指的是广义的物质环境的组成部分。它不仅包括了机器和加工物，而且包括了所有环境物质，如地板、台阶、粉尘、气体等。

这一劳动过程可以区分为三种不同情况。

(1) 人与物质劳动环境之间的流动关系最佳，这就意味着劳动者的安全和健康以及物质环境的可靠性。

(2) 人与物质劳动环境之间的互相适应性欠佳，例如：

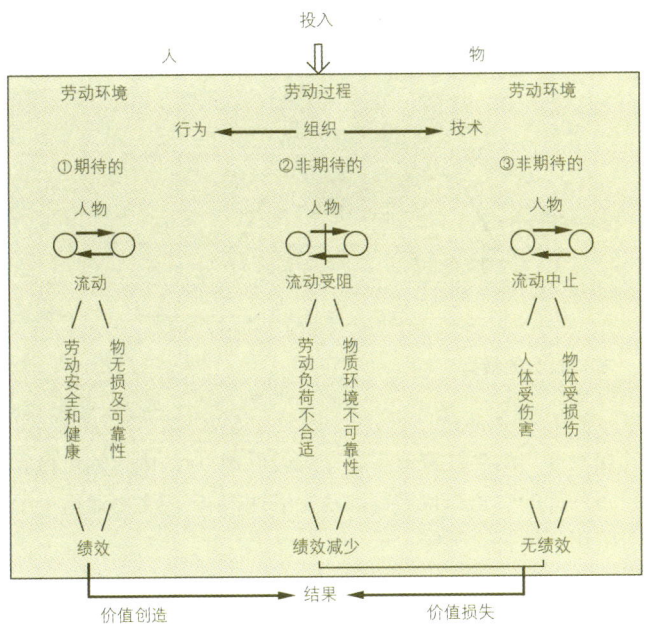

图 38-1 劳动过程中的人—物系统

由于人的能力欠缺，或者是因为设备工具的形态设计不合理，由此造成流动受阻。相应出现人的工作负荷过高或过低，以及物质系统部分缺少可靠性，结果使绩效减少。

(3) 流动关系完全中断，出现故障，造成人或者物的受损，结果是无绩效。

由此可见，工作结果可以是价值创造，也可能是价值的损失。

劳动体系的这一关系显示，人体受伤害以及非期待的劳动负荷事实上是价值创造过程中人与物质劳动环境互相作用而产生的一种非人们所意愿的副现象。第二种情况是人体工程学研究的问题。第三种情况则是劳动安全涉及的问题。这两种情况都涉及到劳动保护问题。

38.4.1.2 劳动安全工作的目标

为了实现劳动安全，劳动系统必须借助于相应的组织达到下列这些符合安全规则的目标（图 38-2）。

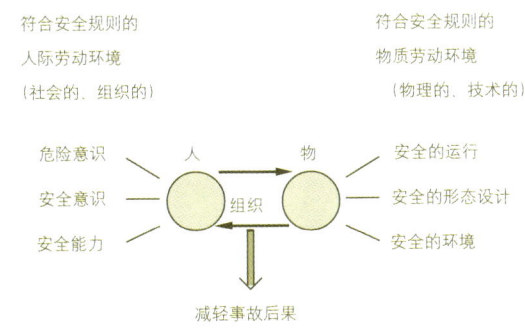

图 38-2 保障劳动安全的目标系统

(1) 劳动者必须了解危险，即要有危险意识，例如通过教育可以达到这一目标。

(2) 对符合安全规则的行为要给予鼓励，即培养安全意识，例如通过奖励措施实现这一目标。

(3) 劳动者必须有能力适应符合安全规则的行为。这可以通过选拔、训练和教育的方法达到。

(4) 人际劳动环境必须符合安全规则，例如通过相应的组织。

(5) 设备机械必须运行可靠，例如通过技术安全装置。

(6) 设备器具的形态设计必须符合安全规则。例如通过设计符合人体特性的机械操作构件。

(7) 设备器具等物件对工作环境和外部环境不构成有害物污染，例如不产生有害的粉尘污染。

(8) 物质劳动环境必须符合安全规则，例如通过充分的照明条件。

(9) 必须减轻事故的后果，例如通过建立良好的急救措施。

以上这九条目标，同样适用于劳动系统危险分析的检查内容。

38.4.1.3 事故

事故这一概念在职业领域是指一种基于外部作用而产生的、突然的、非意愿的、并造成人体损伤的事件。这一基于外部作用的事件是通过人与物的相互作用而发生。物在这里指的是一种广义的与作业者相关的物质环境。图 38-3 显示了事故这一概念的思维模型。

事故与职业病的区别在于它是突发性的。而与自残的区别在于事故是非意愿的一种事件。事故原因既可以是因为受伤者的问题（如能力欠缺），或者是事故物（如外露的钉子），也可以是由于其他的人（例如必要安全指导没有执行）和其他的物（例如爬梯子时因梯子踏板损坏而坠入地面）。

38.4.1.4 危险、危急和事故风险

危险是指有潜在的伤害性的能量以及具有潜在的伤害性能量的物体和物质。从事故发生机理分析，在一个系统内，如果人与物互相隔离，使它们彼此不能接触，那么，系统中的危险就不能发生作用，这样就能避免事故发生（图 38-4）。例如，吊有货物的起重机对于在它下面工作的人来说是一种危险，但当人们不处在吊杆货物的作用范围内时，这一危险

图 38-3 事故概念的模型

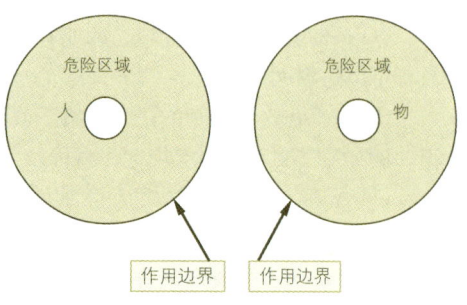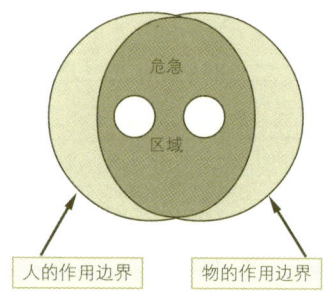

图 38-4 危险（左）和危急（右）概念的模型

不会对人构成伤害。

而当人处于起重机吊杆货物的作用范围内时，人就处在一种危急状态。这时人与货物有可能相互作用而导致事故。这个在空间及时间上人与物有可能相互作用的区域称为危急区域。在危急区域就存在事故发生的可能。

如对危急进行量化，就需要使用风险这个概念，风险大小是由伤害发生频率以及伤害程度决定的。因此事故风险大小事实上取决于事故发生频率以及事故的伤害程度。

事故发生频率的计量单位用风险时间里发生的事故数目表示。例如，事故发生数/每百分工时。事故严重程度可以用停工时间、受伤程度等级，受伤害的种类或者用事故的经济损失来表示。了解和确定事故风险的大小可以从过去、现在和将来三方面进行。风险数据可以采用实证调研或者是理论估测的方法获取。

事故风险大小取决于下列三个方面：

(1) 人与技术出错频数的期望值，例如每百万工时中出错的次数。

(2) 出错事件导致事故发生的概率，即事故数与出错事件数的比率。

(3) 事故的可能伤害程度。这取决于很多方面，如事物的能量和形状，受伤部位和衣着等。

事故风险在社会生活的不同领域以及同一领域的不同方面都有很大差别。例如，当今社会在道路交通领域承受很大的事故风险，但在核技术领域并非如此。

劳动过程中的事故风险是可以避免的。劳动安全工作的目的就在于：建立一个良好的人与劳动之间的关系，使事故风险最小。

38.4.1.5 事故防治途径

事故防治的目的在于：消除存在于人或物中间的各种危险，或者是减少这些危险的作用。根据其在劳动安全保障方面的有效程度可以将事故防治分为下列四种途径（图38-5）。

(1) 排除危险：排除危险是事故防治的最有效最根本措施。通过排除危险就消除了危害的可能。例如把信号设备器件上的高压电改成用低压电就可以避免触电事故。再如，把连接物件用的尖铁钉改用螺栓或胶黏剂，对厂内运输机械和设备外部的尖角锋口进行圆角光滑处理；厂内主要通道上的台阶用斜坡替代等等。

(2) 隔离危险＝排除危急：这种情况下虽然危险依然存在，但不会构成危害，因为人与物的相互作用区被隔离，因此不可能导致事故。例如使用带机械进料装置的木工平刨床可以避免操作者的手进入刨刀切削危险区；再如对危险的作业过程进行自动化改造等等。

(3) 防治危险＝减少危急：这种情况下虽有危急存在，但通过对危急区进行危险防治，可减少发生事故的可能性。例如用防护门隔离敞开式的电流设备；机械设备的活动构件用防护罩屏蔽；搬运货物时脚穿安全鞋、使用手套这些个人防护用品等等。

(4) 适应危急：这种情况下人处于危急状态，为避免或减少事故的发生，必须采取措施使人适应这种危急状态。例如，使作业者了解所处的危险；激励作业者的行为符合安全规则；对作业者进行必要的安全教育，安全技术训练以及必要的人员挑选。

以上四条事故防治途径所产生的效果是不一样的。一般说来，与人行为关系越密切的措施，效果就越差。如第三条途径"防治危险"，只有在一定的条件下才起作用。因为这时如果作业者不遵守安全行为，"防治危险"的措施就不起作用。例如装好的电器防护门被打开；设备安全防护罩拆除；或者是不使用已有的个人防护用品。

仅依靠影响人的行为的安全措施往往不能达到好的效果。因为人的期望行为只能达到一定限度。符合安全规则的行为往往需要人们作出额外的努力，对此人们会有意或无意地产生一种抵抗心理。

图 38-5 事故防治途径

38.4.2 木材工业生产中的工伤事故

38.4.2.1 木材加工工艺特点

作为木材工业生产主要原料和加工对象的木材是一种性质比较特殊的材料。具有不均匀性和各向异性，使它在不同的方向具有不同的性质和强度；由于切削力与木材纤维方向的夹角不同，木材的应力和破坏载荷也不同，它在加工过程中表现出许多复杂的机械和理化现象，如弹性变形、弯曲、压缩、开裂和起毛等。此外，多数木材硬度不高，机械极限强度低，容易切削加工。

从原木到成品的生产过程中，使用着各种木材加工设备，如带锯机、圆锯机、平刨床、铣床、削片机、裁边机和砂光机等，以完成木材的多种加工工艺。这些木材加工设备与金属切削机床相比，具有不同的特点。主要表现在：①木材加工机械在切削加工时，刀具对工件的切削速度比较高，噪声大；②木材加工设备的制造精度比较低；③木材加工设备的刀轴转速高，惯性大、制动困难；④在加工过程中手工操作的密度大。

38.4.2.2 工伤事故及其分类

工伤事故是指企业职工为了生产和工作，在生产区域中，由于生产过程中存在的危险因素的影响，或虽不在生产和工作岗位，但由于企业生产条件、设备条件、劳动条件或管理制度不良，人体受到伤害，部分地、暂时地或长期地丧失劳动能力的事故。

工伤事故根据伤害程度不同可分为以下五种：

(1) 轻伤事故：指一次事故只有轻伤的事故。
(2) 重伤事故：指一次事故只有重伤无死亡的事故。
(3) 死亡事故：指已有职工死亡的事故。
(4) 重大死亡事故：指一次事故死亡3~9人的事故。
(5) 特大死亡事故：指一次事故死亡10人以上的事故。

有关轻伤事故与重伤事故的划分标准可参见中华人民共和国国家标准《职业安全卫生术语》GB/T15236-1994。

38.4.2.3 事故分析

事故的发生与机械设备和物质环境的安全状况、作业者的安全行为以及企业的劳动安全措施等紧密相关。通过事故分析方法可以掌握多种事故相关信息。如事故的危险源，事故多发的作业和事故致伤形式等。下面以江苏某一木材工业企业的92起工伤事故资料为依据进行分析。

这92起事故中，死亡事故1起，重伤4起，其余87起为轻伤事故。统计结果显示：61%的工伤事故发生于家具生产车间，23%的事故发生于刨花板制造车间，而胶合板和油漆车间的事故发生比例分别占12%和4%。

事故危险源：引发这些事故的危险源共有14种，引发4次事故以上的危险源有7种（表38-1）。机械切削刀具是引发事故最多的一种危险源，相关事故26起，占事故总数的28%。其次是木质加工材料，共导致事故17起，占18%。最多发的这类事故形式是，切削过程中的木料或木片出现反弹使作业者受伤。

人体伤害部位：这92起事故的人体伤害部位分布情况显示，最易伤害的部位是手，占事故总数的63%。事故分析显示，在木工平刨、圆锯机以及木工铣床上发生的断指事故在伤手事故中占很大比例。加强这三类设备的安全防护措施对于有效减少伤手事故具有重要作用。其他的伤害部位还有：脚16%、头11%、手臂4%、胸3%、眼3%和背1%。

事故相关的作业：与事故相关的作业主要有以下5种：机械操作、机械辅助、机械维修、物料运输和手工作业。最常发生事故的作业是机械操作，共计事故46起，占事故总数的50%。事故分析显示，与机械操作事故相关的机械设备有12种，但65%的机械操作事故集中于圆锯机、木工平刨床和木工铣床这三种传统木材加工设备。其中，圆锯机上发生的事故最多，占28%；其次是平刨，占24%；木工铣床占13%；其余9种设备上的事故占35%。

38.4.3 木工机械的安全技术

木工机械刀轴转速高，木材切削速度快，由于木材各向异性、软硬不匀、且有种种木材缺陷等特性，加工过程中的事故危险性很大。操作人员若不熟悉设备性能和安全操作技术，就很容易发生工伤事故。下面介绍几种常用木工机械的安全操作技术。

38.4.3.1 带锯机的防护装置和安全操作

1. 防护装置

带锯机常见的伤害事故有：①操作者在操作过程中手触及锯条；②锯条折断、崩出伤人。因此，对于带锯机必须有良好的防护装置，通常是利用防护罩。为确保人身安全，带锯机的防护罩应达到以下两项要求：一是将高速运动的锯条及其传动件遮住，外露部分尽量减少；二是防护罩要有足够的强度，使断裂的锯条不致于弹出伤人。

带锯机的传动部位通常是用封闭式防护罩，但在锯条加

表38-1 事故相关的危险源

危险源名称	事故数（起）	百分比（%）
机械切削刀具	26	28
木质加工材料	17	18
可活动机械构件	12	13
劳动工具	10	11
地面障碍物	7	8
热物	6	7
玻璃	4	4
其他	10	11
共计	92	100

工部位则应用网状防护罩，以便于观察。防护罩及工作台面的间隙，应小于操作者手指，确保手指不进入危险区域。

2. 安全操作要点

(1) 开机前做好全面的检查工作。机械各种部件及安全防护装置必须完好无损，锯条无损伤和裂口，木料上无铁钉或其他杂物等。

(2) 开机后，须待锯条达到最高转速时，方可进料。进料速度应根据木质硬软和有无节子、裂纹以及材料厚度等加以控制。进料时手要平放在锯切区域以外的工件表面上，手指要并拢。入锯时要稳，要慢，以防锯条损坏伤人。

(3) 锯割中如发现锯条前后窜动，发出破碎声及其他异常现象时，应立即停机。

(4) 锯割时，不允许回拉，不得边锯割、边调整导轨；锯条运行时不能调锯卡，以防发生事故。

(5) 当工作台上有碎木等阻塞时，应用器具消除。锯割中若出现夹锯现象，应由下手排除，以防锯条脱落。

38.4.3.2 圆锯机的防护装置和安全操作

1. 防护装置

圆锯机伤人的原因：一是由于操作者的手触及锯片；二是由于在锯解中遇到木材过湿，有节子或是锯片磨损变钝等原因，使木料弹出伤人。为防止这类事故的发生，可在圆锯机上装置防护罩。防护罩的作用是遮住圆锯片，防止手触及圆锯片。分离刀的作用是把锯开的木料连续分离，以免木料夹锯造成事故。

2. 安全操作要点

纵解圆锯机：纵解圆锯机主要用于纵向锯解剖分木材。操作时应注意以下几点：

(1) 开机前，应检查锯片是否有断齿或裂口现象，安装锯片应牢固。

(2) 锯台、锯片周围要保持清洁，上面的碎木等杂物要及时清理，以免碰到转动中的锯片而弹出伤人。切不要用手清除杂物，以防伤手。

(3) 锯解长料时，要两人配合进行。上手推料入锯，下手接拉锯尽。上手推料时，距锯片30cm处就得松手。下手回送木料时，要防止木料碰撞锯片，以免弹射伤人。

(4) 入锯要稳而且慢，进料速度应根据木料硬度、尺寸以及是否有节子等灵活掌握。木料夹锯时应关机后排除。

(5) 在一人锯解窄料（锯下部分宽度小于120mm）时，在木料接近锯片时，要用助推杆推进木料。

横截圆锯机：横裁圆锯机主要用于横向锯割木材。操作时应注意以下几点：

(1) 开机前检查锯片是否装牢，锯片由锯轴上的法兰、螺母紧固。螺纹的旋转方向应与锯片的旋转方向相反。

(2) 开机前应清理工作场所、工作台面上的碎木及其他杂物。

(3) 使用带有推车的横裁圆锯机时，操作者应一手按木料，一手推车匀速进料。身体站立不要正对锯口。

(4) 当锯完一个锯程时，应使剩余木料离开锯口，防止倒车时木料碰撞锯片。

(5) 锯片两边的碎木、树皮等杂物，要用木棒清除，不能直接用手，以防伤手。

38.4.3.3 木工平刨床的防护装置和安全操作

1. 防护装置

木工平刨床是一种使用非常广泛的木工机械，它用于木材零部件基准面或基准边的加工，能把凹凸不平或是翘曲的表面迅速刨平。但是，木工平刨床的安全问题十分突出。许多事故统计资料表明，在木工平刨床发生的工伤事故占有很高比率，事故形式主要为刨刀伤手。

解决平刨床生产安全问题，应从两个方面着手。一方面在刀轴表面设置防护装置，使手在刨切时与刀轴隔离。另一方面，采用机械进料机构，从根本上解决平刨床的安全问题。

2. 安全操作要点

手工进料的平刨床应注意以下几点：

(1) 操作前应认真检查机械各部件及安全装置是否良好，刨刀是否锋利，料面上砂灰和钉子必须消除。

(2) 根据刨削平面的要求，调整工作台，刨削厚度一般控制在1～2.5mm。试车正常后才能加工。

(3) 操作时，人要站在工作台的左侧中间，两手一前一后，左手压木料，右手均匀推送木料，当右手离刨刀口15cm左右时应脱离料面，靠左手推送。

(4) 刨削过程中遇有节疤、纹理不顺或材质坚硬时，应放慢进料速度，一般进料速度控制在4～15m/min。

(5) 当刨削短料和薄料时，要用推板送料，以免伤手。

(6) 刨刀磨损变钝时要及时更换，刨刀不锋利时刨削木材振动大。易造成伤手事故。

38.4.3.4 木工铣床的防护装置和安全操作

1. 防护装置

木工台铣的用途相当广泛，可对直线或曲线零部件的表面进行平面或型面的铣削加工。由于木工台铣刀轴转速高，刀头又经常外露，因此事故危险性很高。常见的事故有：刀头伤手；加工时工件弹出伤人。为防止这类事故发生，在安全防护措施方面可考虑以下几点：

(1) 使用机械进给装置，这可以从根本上避免刀头伤手事故。辅助式机械进料装置安装时在进料方向上略倾斜，使工件在进给过程中紧靠导尺。

(2) 铣削长而窄的工件时，在切削区域的工件上方及外侧安装弹性压紧器。避免直接用手进给通过铣刀头。

(3) 铣削直线和外弧形工件时，前后导尺尽可能靠近刀头，使刀头开口最小。刀头上部要使用安全罩。

2. 安全操作要点

(1) 开机前必须对安全装置、铣刀头和导尺等重要机械部位认真检查。安全装置和导尺必须安装牢固；铣刀必须锋利、刚性好；铣刀应由有经验的工人安装，安装间隙要适当，与刀轴配合应牢固。

(2) 进料速度不能太快，要与铣刀回转速度、切削量大小及材质软硬相适应。铣削过程中，遇到工件局部逆纹或节子时，应将木料压紧，减慢进料速度，以防工件打回伤人。

(3) 铣削工件过程中，不能随意将工件退回，否则很容易发生事故。刀头旋转时，不能调整导尺，以免伤手。

(4) 当使用样模铣削曲线型工件时，若工件较大，挡环最好安装在刀头上方，以确保操作安全。

(5) 铣刀在加工中损坏，从刀轴上飞出是很危险的，因此在铣削过程中，除必须选用质量好的刀具之外，还需要注意铣刀的工作状态。发现异常现象立即停车检查，以免发生意外。

38.5 劳动卫生与健康保护

38.5.1 职业性有害因素

劳动条件包括生产过程、劳动过程和生产环境三个方面，每个方面都是由许多因素组成的，这些与生产有关的因素称为职业性因素。职业性因素对于劳动者身体健康来说，有的起着无害的作用，有的起着有害的作用。这主要取决于职业性因素的性质和数量（强度）。对劳动者的健康和劳动能力可能产生有害作用的，称为职业性有害因素。

职业性有害因素按其来源和性质可分为：

(1) 生产过程中的有害因素，如木材工业生产中产生的噪声、振动和木粉尘就属这类；

(2) 劳动过程中的有害因素，如劳动强度过大或劳动安排不当，劳动时间长和休息时间不合理，劳动者长时间处于某种强制体位使个别器官或系统过度紧张等等；

(3) 生产环境中的有害因素，如生产场所建筑设施不符合设计卫生标准要求；缺乏适当的机械通风、人工照明等安全卫生技术设施。缺乏防尘、防毒、防暑降温和防寒保暖等设施。

38.5.2 职业病

职业病系指工人、职员在生产环境中，由于工业毒物、不良的气象条件等化学因素、物理因素和生物因素，不合理的劳动组织，以及一般劳动条件的恶劣等职业性危害而引起的疾病。职业病的术语在劳动保险和劳动保护立法上有重要意义。职业病具有一定范围，通常是指政府主管部门明文规定的法定职业病。目前我国由国家卫生部、劳动与社会保障部认定的职业病有九类，共96种。这九类职业病是：①职业中毒；②尘肺；③职业性皮肤病；④职业性耳鼻喉疾病；⑤职业性肿瘤；⑥物理因素引起的职业病；⑦职业性传染病；⑧职业性眼病；⑨其他职业病。与木材工业中的职业性有害因素相关的职业病种类主要有：噪声聋、局部振动病、职业性肿瘤（例如由粉尘引起的腺癌、由苯类化合物所致的白血病）、职业性皮肤病（如接触性皮炎、毛囊炎)，和职业中毒（如二甲苯中毒和甲醛中毒等）。

38.5.3 噪声危害及其防治

噪声对人的听觉系统、神经系统、消化系统和心血管系统等均可构成危害。企业生产过程中产生的严重噪声，不仅直接危害职工健康，同时也对周围环境和附近居民造成噪声污染，噪声性听力损伤在木材工业生产中相当严峻。国外一些研究已经显示，在与木材工业生产相关的各种职业病中，听力损失的发病率高居首位。而且与其他行业相比，平均高出一倍以上。

木材工业生产中的噪声属于生产性噪声，它不同于生活噪声和环境噪声。下面就生产性噪声的特点和形态、噪声对人体的影响、木材工业企业中的主要噪声源以及防治噪声的途径和措施进行论述。

38.5.3.1 生产性噪声

生产性噪声就其产生的来源可分为：①机械性噪声，它是由于机械的撞击、摩擦、转动而产生，如削片机、热磨机、圆锯机等各种机床设备。②流体动力性噪声，它是由于气体压力的突变或液体流动而产生，如通风机、空压机、喷射器等发出的声音。③电磁性噪声，它是由于电机中交变力相互作用而产生，如电动机和变压器等发出的嗡嗡声。

生产性噪声根据持续时间和出现的形态，可分为连续声和间断声；稳态声和非稳态声（包括波动声和脉冲声）。声音持续时间小于0.5s，间隔时间大于1s，声压有效值在0.5s以内变化大于40dB者称脉冲噪声；声压波动小于5dB称稳态噪声。根据频率特性和频谱特征，又可将噪声分为低频（主频率在300Hz以下）、中频（主频率在300~800Hz）、高频（主频率在800Hz以上）、窄频带和宽频带噪声。

已有资料显示，木工平刨空载噪声特性呈中低频特性，噪声峰值250Hz附近。压刨空载噪声呈中高频特性，整机噪声以500Hz附近最大。圆锯机切削噪声则呈明显的高频特性，峰值一般在2000~4000Hz。削片机的切削噪声呈中高频特性，切削时最大噪声的中心频率是500~1000Hz。热磨机的噪声则呈明显的高频特性，其中心频率为1000~2000Hz。热磨机发出的高频声连续而稳定，其声压级最高达90~100dB（A）。

38.5.3.2 木材工业生产中的噪声现状

木材工业企业使用的许多设备在生产过程中产生强烈噪声。一些研究资料显示，木工平刨床的空载噪声达90dB（A）以上，切削噪声达110dB（A）。带锯机的空载噪声达102分贝（A），切削噪声达106dB（A）。圆锯机的空载噪声和切削噪声分别达100和106dB（A）。刨花板企业中使用的削片机、刨片机、裁边机和砂磨机的噪声都高达100dB以上。

作业工人的噪声负荷同时受到噪声强度、噪声工作时间以及个人防护措施等多种因素作用。根据一项对16个木材加工企业劳动安全卫生状况的调查研究，被评估为噪声负荷"严峻""十分严峻"的11类作业位置是：旋切机、砂光机、打孔机、圆锯机、裁边机、木工平刨、木工铣床、削片机、圆木截断锯机、单板分选和刨花施胶工位。这些作业位置的噪声负荷指标的特征值见表38-2。

38.5.3.3 噪声对人体的影响

噪声对人体的影响可分为对听觉系统的影响和对其他系统的影响两类。

1. 噪声对听力的损伤

噪声对听力的影响和损伤程度是由噪声强度及噪声暴露时间两个条件决定的。听力损伤有一个发展过程，即由生理反应（功能性改变）到病理改变。

(1) 听觉适应：短时间暴露在噪声中而引起的听力短时间的缺损，这种现象称听觉适应，它属于一种暂时的保护性的生理反应，离开噪声几分钟即可恢复。听觉适应的表现为：在离开强噪声环境后的短时间内，听阈提高了10~15dB。所谓听阈提高，就是工作人员在噪声暴露前作听力检查，给他一个强度较小的声音就能听到，接触一定时间的噪声后，再作听力检查，就需要给他一个强度较大的声音才能听到。两个声音的声压级之差，就是提高的分贝数，或称为听力损失。

(2) 听觉疲劳：较长时间停留在强烈噪声环境中，听力明显下降，听阈提高超过15dB，甚至高达30dB以上，离开噪声环境后，需要经过几小时甚至十几小时、二十几小时的休息，听力才恢复原状。这种暂时性的听阈变化现象称听觉疲劳，听觉疲劳仍属生理性功能改变。如不采取措施，听觉疲劳继续发展，可导致病理性永久性听力损失。

(3) 噪声性耳聋：长期在强烈噪声环境下工作，听觉疲劳加重以致听力不能恢复原状，听力下降呈永久性改变。例如原来能听见声压级为10dB的声音，噪声影响后，对声压级提高到40dB的声音才能听见。这时原来是60dB的普通谈话声，听起来感到只有原来30dB那么响，跟耳语相当。永久性听力损失最初都在3000~6000Hz高频段发展迅速，所以很多患者主观上无耳聋感觉，因为语频段500~2000Hz未受大的影响，能正常交谈。但随着噪声暴露时间的延续及噪声强度的增加，语频段的听力损失也随之增加（图38-6），这时患者开始出现语言听力困难，这种现象称噪声性耳聋。有关资料表明：噪声的耳聋一般在20年接噪工作以后才有明显表现。根据听力损失程度可将噪声性耳聋分下列几级：25~40dB为微聋；41~55dB为轻度聋；56~70dB为中度聋；71~90dB为重度聋；90dB以上为全聋。

2. 噪声对人体其他系统的影响

噪声除损伤人耳的听力外，对人体的生理功能也会产生不良影响，长期接触强烈的噪声会使人的健康水平下降，容易诱发其他一些慢性疾病。

(1) 神经系统：噪声作用于人的中枢神经系统，会使人的基本生理过程——大脑皮层的兴奋和抑制过程平衡失调，导致条件反射异常。在强噪声刺激下，会使人烦燥难忍，注意力不能集中，容易疲劳，以致产生头痛、头晕、耳鸣、心悸、多梦失眠、乏力等症状。

(2) 消化系统：噪声作用于中枢神经系统还会间接影响人体其他器官的功能。在噪声影响下，会使胃功能紊乱，胃液分泌减少，蠕动减慢，往往引起消化不良，食欲不振、消瘦、恶心呕吐，从而导致消化系统疾病发病率增高。

(3) 心血管系统：噪声对心血管系统也会产生不良影响。噪声会使交感神经紧张度增加，表现为心跳加快，心律不齐，血管痉挛，血压升高等症状。有调查报告，在高噪声环境下工作的人员，高血压、动脉硬化和冠心病的发病率比低噪声条件下要高2~3倍。

(4) 内分泌系统：噪声还会对肾上腺皮质功能产生影响，引起新陈代谢紊乱，内分泌失调等内分泌系统疾病。

38.5.3.4 工业噪声卫生标准

目前国际上工业噪声防护标准制订的依据，大都从保护听力出发，使劳动者在该强度的噪声条件下反复接触不会使语言听力有明显影响，标准只能保护大多数人，不包括敏感者。我国自1981年1月1日起实施《工业企业噪声卫生标准》（试行）是根据A声级制订的，以语言听力损伤为主要指标并参考其他系统的改变。规定生产车间或作业场所的工作地点噪声容许标准，对新建企业为85dB（A），现有企业暂时达不到的可放宽到90dB（A）。对每天接触噪声不到8h的工

表38-2 噪声状况较严峻的11类作业位置的噪声负荷指标特征值及评价结果

作业位置	平均特征值（dB）	评价结果	作业位置（个）
旋切机	100	很严峻	5
砂光机	88	很严峻	8
打眼机	88	很严峻	2
圆锯机	84	很严峻	22
裁边机	83	很严峻	3
木工平刨	78	严峻	15
木工铣床	77	严峻	15
削片机	75	严峻	3
圆木截断锯	75	严峻	2
单板分选	75	严峻	2
刨花施胶	63	严峻	2

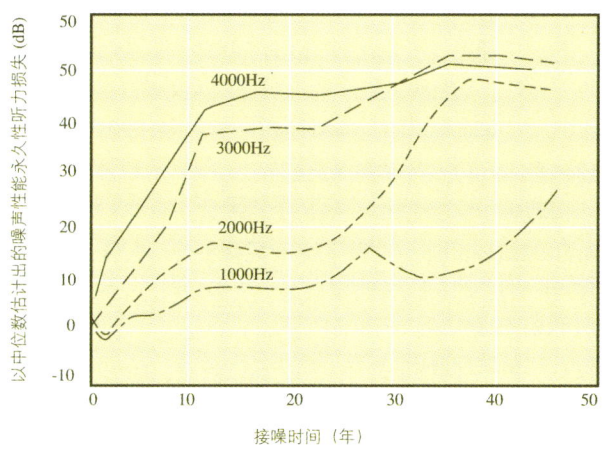

图 38-6 永久性听力损失与接噪时间关系

表 38-3 新建、扩建、改建和现有企业允许噪声标准

每个工作日接触	允许噪声 dB（A）	
噪声时间（h）	新建、扩建和改建企业	现有企业
8	85	90
4	88	93
2	91	96
1	94	99
最高不得超过 115dB（A）		

注：* 该标准自 1981 年 1 月 1 日起实施

种，根据企业种类和条件，噪声标准可按表 38-3 放宽。但噪声强度最大不得超过 115dB（A）。该标准只适用于连续稳态噪声，不包括脉冲噪声。对于间断的或随时间变化的噪声，应该用等效声级进行评价。工业噪声卫生标准是控制噪声危害的重要依据，它适用于我国所有木材工业企业生产车间或作业场所。

38.5.3.5 防止噪声危害的措施

各种噪声问题，基本上都可以概括为噪声源、传播途径和接受者三部分。确定防止噪声危害措施也必须从这些环节着手。

1. 降低和消除噪声

通过改进设备结构，改变操作工艺方法，提高加工精度和装配质量使噪声源发声降低或消除噪声源是防止噪声危害的根本措施。由于噪声源的多样性及其与生产条件的密切性应根据具体情况采取各种不同的方式解决。例如通过使用低噪声结构的木工平刨床、压刨床可以有效地降低作业位置噪声。国内已有研究显示，通过提高刨刀轴的动平衡精度以及改进刀轴压紧器的结构等技术措施，可以使木工平刨床的噪声级降为 70.4dB（A），压刨床降为 69.4dB（A），降噪量均在 20dB 以上。另有资料显示，通过使用圆锯非金属阻尼片，把它粘贴在锯片上，可使木工圆锯的噪声降低 4~15dB（A）。

2. 控制噪声传播途径

在噪声传播的途径中采取控制措施也是一种积极、有效的办法，其包括吸声、消声、隔声、隔振和减振等一些常用的技术。

（1）吸声：用吸声材料或吸声结构装置在车间的壁面上或空间内，以吸收辐射和反射出来的声能，从而达到降低噪声的目的。吸声材料和结构的品种很多，按吸声原理可分为多孔材料和共振吸声结构两大类，前者以吸收高、中频声音为主，后者主要吸收低、中频声音。因此应根据所需的各频带噪声降低量，合理地选择吸声材料和结构。常用的吸声材料有玻璃棉、矿渣棉、泡沫塑料、毛毡、棉絮等。

（2）消声：消声是防止空气动力学噪声的主要措施，用于风道、排气管。利用滤波原理，使声波在传播途中改变方向或形态，或在消声器内装设吸声材料，达到消耗声能降低噪声的目的。常用的有阻性消声器、抗性消声器、阻抗复合消声器。

（3）隔声：用厚实材料和结构隔断噪声传播的途径，使噪声不能自由地传播出去，从而达到降低噪声的目的。常见的有隔墙、隔声门窗、隔声室、隔声罩、隔声屏等。所有隔声结构应严密无间隙且有一定质量不致产生共振，否则影响隔声效果。

（4）隔振：为了防止通过固体传播的振动性噪声，应在机器或振动体的基础和地板、墙壁联接处设隔振式或减振装置或防振结构。

以上各项降噪措施各有其特点，相互之间也有一定联系，在进行噪声治理时往往需要根据具体情况，分清主次配合使用，进行综合治理才能达到较好的降噪效果。

3. 卫生保健措施

在采用技术措施不能有效地控制和降低噪声的情况下，可以通过合理的生产组织、采取个人防护等卫生保健措施减少或减轻噪声对职工的危害。

（1）生产组织措施：通过作业位置的合理布局可以减少一些不必要的噪声作业。已有研究显示，在国内一些木材加工企业中，许多本身不产生噪声的作业位置（如单板分选、单板涂胶，家具零部件的手工修整和装配等）由于紧靠布置在高噪声设备附近而受到不必要的噪声干扰。对于一些强噪声作业位置如削片机、砂磨机和裁边机等，可以通过灵活机动的生产组织、控制和限定噪声作业时间，减轻职工的噪声负荷。

（2）个人防护：在高强度噪声岗位上，可以通过配戴个人防护用具减轻或避免对听力的损伤。常用的听力防护用具是耳塞和耳罩。有关资料显示，这类用具能有效地减少在损伤听力的频率区域的噪声负荷。隔声效果可达 20~30dB。这类用具可以用在噪声强度低于 105dB（A）的作业场所。当噪声强度超过 105dB（A）的，必须使用防噪帽，以免噪声对颅盖的损伤。在极端的噪声负荷（噪声强度＞130dB）的情况下，则必须戴防噪衣，以避免人体内脏受到损伤。

(3) 卫生保健：定期对接触噪声的工人进行健康检查，特别是听力检查，发现听力损伤应及时采取有效防护措施。进行就业前体检，对患有明显听觉器官、心血管及神经系统器质性疾病者，禁止其参加强噪声工作。

38.5.4 振动危害及其防治

振动对人体的影响与振动的频率、振幅、加速度有直接关系。人体能感受的振动频率自1Hz至1000Hz以上。一般认为有致病影响的频率大致在30～300Hz之间，人体对不同频率振动的反应也不相同。不同频率的振动对人体各器官系统的作用也不同，一定频率的振动对人体的危害随着加速度和振幅的增大而增大。

38.5.4.1 生产性振动

在生产环境中，运转中的设备机械，由于旋转部件各部分质量分布的不平衡，或是由于支承轴和轴承座的不同心以及零部件接合松动等原因而引起的振动属生产性振动。按生产性振动对人体的作用方式，可分为局部振动和全身振动。振动只局部地作用于如手、足等特殊部位时，称为局部振动。有意义的频率范围约在8～1500Hz之间。当振动通过某种支撑结构，如坐椅或楼板而传递分布人的全身时，称为全身振动。其有意义的频率范围约为2～100Hz。木材工业生产中，有些工种所受的振动以局部振动为主，如在圆锯机和砂光机工位的作业。有的以全身振动为主，如胶合板车间的旋切机工位、制材车间中的跑车控制工位和厂内运输用的铲车工位。有的同时受到两种振动的作用，如某些木工平刨床工位和削片机工位。

38.5.4.2 振动对人体的影响

振动是以振动波的形式向周围传播，而对人体的组织产生交替压缩与拉伸作用，或者使人体以及内脏产生共振。人体整个组织都会感受振动，但以神经系统和骨骼系统为主。振动能量是通过对末梢神经的冲击，传入人体内部，再由脊髓传至大脑皮层。骨骼系统是振动物体良好的传导体和共振体。

1. 全身振动

低强度短时间的振动对人体有良好作用，可增强肌肉活动力，减少疲劳，提高代谢水平，增加神经、组织的营养供应。但强度过大或作用时间过长，则会对身体有不良影响，可以引起不适感，甚至不能承受。振动可以干扰发音，影响手眼配合，影响注意力集中，引起空间定向障碍，降低工作效率和影响作业能力。大强度剧烈的振动还可引起内脏移位或某些机械性损伤，如挤压、出血、甚至撕裂，但这类情况并不多见。长期慢性作用可能引起下列一些症状，如眩晕、恶心、血压升高、心率加快、疲倦、睡眠障碍、胃肠分泌功能减弱、食欲下降、胃下垂患病率增高，和内分泌系统调节功能紊乱等等。

2. 局部振动

局部振动通过振动工具、振动机械或振动工件传向操作者的手和臂。长期接触强烈的局部振动，又未得到合理的劳动保护，就可能产生职业性振动病。常见的振动病通常是由于长期手持振动工具作业而引起的。

振动病的早期症状，一般是手的感觉异常和疼痛，工作时手无力，往往还出现情绪不稳定，睡眠不好、头痛、头昏等。如继续从事振动作业，就可发展为中度振动病，除上述症状外，以手部疼痛和痉挛为主。重度振动病大都发生在接触振动工龄长的工人中间，其特征是手对寒冷比较敏感，遇冷时，手指出现明显的缺血发白，出现"白指"现象。医学上称"职业性雷诺氏征"。患者手指麻木、发僵、疼痛，手指往往握不牢工具。

38.5.4.3 预防措施

1. 隔振、减振技术措施

为防止全身振动，在建设厂房时地基应注意防振，产生强烈振动的机器设备应安装在单独隔离的基础上。设备的基础与建筑物的地基之间可利用钢弹簧、橡胶减振器、树脂胶结的玻璃纤维板、软木等隔开。具有振动源的车间不应安排在楼上。机械的撞击部件应加阻尼衬垫，以减少振动。

改进设备的防振技术，减少振动对人体的危害。通过改革工艺过程，加强生产过程自动化，取消或减少手臂受局部振动的作业。

2. 劳动休息制度

制订合理的劳动制度，工作日中应安排适当的工间休息。应按振动的频率和加速度对工人接触振动的时间给以一定的限制。

3. 个人防护及卫生保健

发放隔振、防寒手套，防寒工作服，以减振和保暖。提高室温和加强室外作业时保温措施，避免寒冷是防止诱发雷诺现象的重要措施。

对接触振动作业的工人进行就业前和工作后的定期体检。处理有职业禁忌症者。早期发现受振动损伤的作业工人，采取适当措施。及时治疗振动病患者。

38.5.5 粉尘危害及其防治

木材工业生产中，一个非常突出的劳动卫生问题就是粉尘污染。根据国家颁布的工业企业设计卫生标准的规定，车间空气中木粉尘浓度不得超过10mg/m³。然而，实际生产中相当一部分企业的粉尘污染状况远远超标。据一项实测调查，超标设备率在胶合板和刨花板企业分别为60%和75%，在家具和细木工分别为100%和38%。粉尘不但对空气环境产生污染，且直接影响和危害操作工人的健康。

38.5.5.1 生产性粉尘

生产性粉尘是指在生产中形成的，并能够较长时间浮游在空气中的固体微粒。它是污染环境，影响劳动者健康的职业性有害因素之一。生产性粉尘来源很广，许多工农业生产过程均可产生粉尘。粉尘分类方法很多，按粉尘的性质可分为：无机粉尘、有机粉尘和混合性粉尘三类。木粉尘属于植物性有机粉尘。

粉尘对人体危害的性质和严重程度主要决定于其化学成分和作业场所空气中粉尘浓度。粉尘的游离二氧化硅含量是其化学成分的一个重要指标。游离二氧化硅含量愈高，对人体危害愈大。木粉尘的游离二氧化硅含量在10%以下。

38.5.5.2 粉尘对人体健康的影响

粉尘对人体的危害，在于它在产生之后，随气流向四周扩散并长时间浮游在空气中，含尘气流通过人的呼吸道，使直径小于5mm的尘粒沉降在细支气管和肺泡壁上。粉尘粒子分散度愈高，其在空气中浮游的时间愈长，被人体吸入的机会就越多。人体对粉尘具有一定的清除功能，但是，如果长期吸入粉尘可使人体防御功能失去平衡，清除功能受损，而使粉尘过量沉积，酿成肺组织损伤，形成疾病。

木粉尘可以引起多种呼吸系统疾病，如支气管哮喘，慢性非特异性阻塞性肺病和矽肺等。长期在细小纤维、粉尘环境下工作的职工，慢性呼吸道病的发病率明显增加。细小的木纤维尘粒可以对皮肤和粘膜造成化学和机械的刺激，从而引起某些刺激性症状或炎症，如咽喉炎、支气管炎、鼻炎、毛囊炎、浓皮病和粉刺等。

长期暴露于木粉尘的作业可以导致恶性鼻肿瘤。

38.5.5.3 预防措施

防止生产性粉尘对工人健康的危害，是职业卫生工作的重要任务之一。要做好防尘工作，需要各方面的努力。

1. 组织措施

要做好防尘工作，关键在于加强领导，企业负责人对单位的治尘防病工作负有责任，应采取措施，不仅要使本单位作业场所粉尘浓度达到国家卫生标准，而且要建立健全粉尘监测、安全检查、定期健康监护制度。加强防尘教育宣传工作。

2. 技术措施

防止木粉尘危害的技术措施可概括为密闭、吸风和除尘六个字。所谓密闭就是首先要对产生粉尘污染的设备或作业位置通过适当的密闭装置将粉尘密闭，以免外逸。吸风就是指通过选用和安装合适的通风机和吸尘管道将粉尘有效吸出。除尘就是在含尘空气排向大气之前通过使用合适的除尘装置除去木粉尘，以免污染大气。一个良好的密闭吸风除尘系统必须满足下列基本要求。

(1) 密闭装置密闭设备的体积应尽量小，而又便于观察和操作；如不可能完全密闭而必须设置操作口时，则在不影响操作的情况下，操作口应尽量小；操作口应保持一定的控制风速，不使粉尘外逸，控制风速的大小决定于粉尘的密度，一般应为2~5m/s。吸尘口应接近粉尘发生源，排尘方向应与粉尘运动方向一致。

(2) 通风管管道不宜水平安装，要有一定的倾斜度，管内应维持一定的风速，以防粉尘沉降阻塞管道；管道不宜过长和弯头过多，或过于复杂，一般以4~5个吸尘口连在一起比较合适。

(3) 通风机要保证具有足够的风量和风压。为了保证通风排尘效果，风机的风压要比通风排尘系统的阻力大10%，风量也应比所需风量大10%。

(4) 除尘设备品种很多，需根据粉尘的浓度、颗粒度及对除尘的要求合理选择。例如粉尘沉降室适用于除去粗大粉尘。离心式除尘器适用于除去20μm以上的尘粒，除尘效率为80%左右。布袋式除尘器可用于清除细小的尘粒或作为二级除尘之用。除尘效率达90%~98%。此外还有湿法除尘器、静电除尘器和超声波除尘器等等，在国内外木材工业生产中都有研究和应用。

3. 个人防护与卫生保健措施

采用口罩防尘是一个辅助措施。但在特定生产条件下，粉尘浓度尚不能降到容许浓度以下时，佩带口罩就成为重要的防尘措施。防尘口罩要求滤尘率和透气率高、质软。此外，从事粉尘作业应注意个人卫生，勤换工作服，保持皮肤清洁。进行就业前的体检和就业后的定期检查。处理有职业禁忌症者。依据《粉尘作业工人医疗预防措施实施办法》的规定，不满18岁以及有下列疾病者不得从事粉尘作业：活动性结核病；严重的上呼吸道和支气管疾病；显著影响肺功能的肺或胸膜病变（如弥漫性肺纤维化、肺气肿等）；严重的心血管系统疾病。

38.5.6 其他职业性有害因素

除噪声、振动和木粉尘以外，木材工业生产中还存在一些其他的职业性有害因素。如人造板生产过程中产生的游离甲醛，家具制造企业油漆车间空气中的苯和二甲苯气体，劳动过程中的强制体位，劳动强度过大和劳动休息制度不合理以及不良的作业环境等等。对这些有害因素如不进行有效控制，都会影响和损伤职工的健康。例如若职工长期接触高浓度的苯和二甲苯气体，就可能引起职业中毒，对人体的神经系统，呼吸系统和血液系统均可构成损害。再如，劳动过程中的各种强制体位可以导致脊柱弯曲、下肢静脉曲张、和腰肌累积性劳损等病症。

木材工业生产中存在着多种职业性有害因素。一个生产企业若要有效地改善它的劳动卫生条件，必须全面了解和分析企业生产过程和作业场所中产生的各种有害因素。根据问题存在的性质和特点，结合采用多种不同的方法和措施，如生产技术措施、劳动组织措施、个人防护和卫生保健措施，有计划、有重点地处理和解决各个劳动卫生问题，从而减少或避免职业性有害因素对职工健康的影响。

参考文献

[1] Shen L.M., Untersuchung von Arbeitsbedingungen ir Betrieben der chinesische Holzindustrie mit dem Ziel der Verbesserung der Arbeitssicherheit, Hamburg: Verla Dr. Kovac, 1988

[2] Hauptverband der Gewerblichen Berufsgenossenschaften, Arbeitssicherheit und Gesundheitschutz: System und Statistik, Reheinbreibach, Druckerei Plump KO, 1991

[3] International Labour Office, General report-Report I, Geneva: International Labou Office, 1991, 92-107

[4] Skiba. A., Taschenbuch Arbeitssicherheit, Bielefeld: Erich Schmidt Verlag, 1997

[5] Luczak H., Arbeitswissenschaft, Berlin: Springer Verlag, 1998

[6] 沈培康. 劳动保护工作指南. 南京：南京大学出版社，1991

[7] 阮崇武，李伯勇. 安全知识实用大全. 北京：文汇出版社，1990

[8] 《当代中国》丛书编写委员. 当代中国的劳动保护. 北京：当代中国出版社，1992

木材工业项目工程设计

木材工业项目工程设计是木材工业中一个重要环节，它对加快建设进度，保证质量，节约投资和获得经济效益，起着主导作用。设计是科研成果转化为生产力的纽带，是消化吸收引进技术，搞好国产化的关键。也是带动本国设备、材料、劳务进入国际市场的先遣队。

设计是一门涉及科学、技术、经济和方针政策等各方面的综合性的应用技术科学。它是设计人员运用基础知识、先进技术、科研成果、实践经验进行的创造性活动。木材工业企业设计是以木材加工工艺为主体，以非工艺设计（土建、电气、动力、暖通、给排水、总图）相配合形成的综合性技术成果。它所创造的价值体现于木材加工企业的经济效益和社会效益上。

39.1 项目的程序、内容及发展

39.1.1 木材工业项目建设程序

木材工业建厂，是属于基本建设。国家规定："凡固定资产扩大再生产的新建、改建、扩建、恢复工程及与之连带的工作为基本建设"。新建、改建、扩建及恢复工程都是形成新的固定资产的经济活动，但不是零星的（从实物量上看）、少量的（从货币额上看）固定资产的建设，而是具有整体性的固定资产的建设，例如一个胶合板车间，一个综合性的木材加工厂等的工程建设，以及与此相连带的机械设备的添置和安装。

木材工业建厂，也必须严格遵守规定的基本建设程序。现行的基本建设程序为如下的七个阶段：

(1) 项目建议书阶段（包括立项评估）；
(2) 可行性研究阶段（包括可行性研究报告评估）；
(3) 设计阶段；
(4) 开工准备阶段；
(5) 施工阶段；
(6) 竣工验收阶段；
(7) 后评价阶段。

基本建设涉及面广，内外协作配合的环节多，完成一项建设工程，需要进行多方面的工作，其中有些是前后衔接的，有些是左右配合的，有些是互相交叉的。这些工作必须按照一定的程序，依次进行，才能达到预期的效果。

从我国木材工业建厂正反两方面的经验充分证明，严格按照基本建设程序办事，投资效果就好；违反基本建设程序办厂，投资效果就差，给经济建设造成很大损失，如拖长建设工期、降低工程质量、增加事故、加大工程造价以及使一些工程无法建成，建成了也不能投产，或在经济上很不合理，长期亏损。

39.1.2 木材工业项目工程设计内容

木材工业项目工程设计要根据党和国家规定的方针、政策，从技术上和经济上对既定建设企业进行全面的规划。它是根据批准的项目建议书和可行性研究报告进行的。一般木材工业项目工程设计采用两段设计，即初步设计和施工图设计。对于技术复杂、新的科研成果等还缺乏经验的项目，经主管部门指定，需增加技术设计阶段。对一些木材加工的大型联合企业，为解决总体部署和开发问题，还需要进行总体规划设计或总体设计。

本节在介绍木材工业项目工程设计两阶段，即初步设计和施工图设计的同时，也根据基本建设程序内容，向读者介绍项目建议书的编写和项目可行性研究报告的编制。

39.1.3 木材工业项目工程设计现状与发展

从改革开放以来，我国木材工业项目工程设计的整体实力和水平有了长足的进步。通过引进、消化、吸收国外先进技术设备及与国外合作,将国内成熟的科技成果应用于工程设计,高速的、连续的、自动的、节能的大型设备如高效率、高精度的带锯机,削片机,连续式热压机,蒸汽喷注式热压机,大型节能型热磨机等被设计采用,设计出一批高度机械化、自动化的人造板生产厂、制材厂、家具厂。我国木材工业设计技术水平的提高,加速了引进项目国产化的进程。我国自行设计的一些木材加工项目在工艺方面已经接近国际先进水平,但在设备方面受到国产材料、零部件质量和金属加工水平的限制,在总体上与国外还有较大差距。

我国木材工业项目工程设计需要进一步做好工程项目的可行性研究和技术经济分析,采用先进、适用的生产工艺与机械设备,注意提高质量、效率;降低消耗,降低成本,减少污染;节约投资,力求整体最优,以实现工程项目最优的经济效益和社会效益。

现代设计方法及计算机辅助设计(CAD),目前已在我国木材工业项目工程设计中得到了应用,发挥了积极作用。根据建设部规划,我国在2000年主要设计单位计算机绘图率达到90%,实现计算、分析、绘图一体化。目前CAD在设计中的应用还只侧重于绘图及有限的计算、分析,很少用于整体化设计,与真正意义的CAD尚有一段距离。工艺设计应用CAD的程度低于建筑结构设计和设备设计。家具与室内装饰设计的CAD应用程度相对较高。

我国现行的设计程序,是初步设计—施工图设计组成的设计阶段程序,与国际通行的方法不一致。初步设计必须经过审批,然后才能开展下一步的工作。这种静态的、阶段性的程序导致设计与施工、预算与决算间有较大的出入。我国拟定中的设计程序将对此做出修改,采用多版次出图和多次估算费用的动态的程序,使设计完善、准确,并且与国际方式接轨,有利于开辟木材工业事业的国际市场。

39.2 项目建议书

39.2.1 项目建议书的意义和作用

木材工业项目的新建、扩建是根据国民经济和社会发展的需要,根据国家、地区、行业规划或企业的要求,有政府部门、企事业单位、家庭(个人)形成投资主体(主管部门),根据可获得的资源、建设条件、资金筹措等因素,进行调查研究、预测、分析,产生投资意向。投资意向实际上是投资时机和方向的初步选择。项目建议书是投资分析人员根据投资主体(主管部门)的意向用书面形式把投资项目分析的结果表现出来的,它相当于投资机会研究和初步可行性研究,是建厂程序中最初阶段的工作,是投资主体(主管部门)选择项目、确定是否进行下一步详细的项目可行性研究工作的依据。

项目建议书虽然只是选择项目的初始文件,但能提高投资决策的科学性,有利于控制基本建设规模,有利于国民经济的综合平衡。项目建议书经审查通过后,纳入工程建设的前期工作计划,可开展可行性研究,选择厂址,联系协作配套条件,签订意向性协议书等。

39.2.2 项目建议书的基本内容

木材工业新扩建项目的项目建议书编写是以同类项目作参考,用类比的方法进行,其投资额一般根据类似工程估算。它只是提供一个可能进行建设的投资项目。要求时间短,花钱不多。它在编写过程中应包括以下基本内容:

(1)建设项目提出的必要性和依据(引进技术和进口设备,还要说明国内、外技术差距和概要以及进口的理由);

(2)产品方案、拟建规模和建设地点的初步设想;

(3)资源情况、建设条件、协作关系和引进国别、厂商的初步分析;

(4)投资估算和资金筹措设想(利用外资项目要说明利用外资的可能性,以及偿还贷款能力测算);

(5)项目进度安排;

(6)经济效果和社会效益的初步估计。

39.2.3 项目建议书编写实例

为使木材工业企业项目投资人员进一步了解项目建议书的内容、要求及如何编写,现模拟木材工业项目举例《新建年产3万m³中密度纤维板项目建议书》,以供编写时作参考。

×××人造板有限公司

新建年产3万m³中密度纤维板项目建议书

1. 项目名称、性质

项目名称:×××人造板厂

建设单位:×××人造板有限公司

负责人:×××

建设性质:新建

企业性质:国营

2. 项目内容

拟新建年产3万m³中密度纤维板生产线一套;

配套年产4000t脲醛树酯胶(干)车间;

配套相应的动力车间和检修车间;

配套相应的辅助生产车间和部分生活福利设施。

3. 建设依据和市场预测

充分利用林区的采伐、间伐和木材加工剩余物,发展人造板产品,是综合利用森林资源,繁荣林业经济的一项重大战略措施。生产1m³中密度纤维板,可代替3m³木材,生产3万m³中密度纤维板,相当于节省9万m³木材的采伐量。我公司所处的地区每年有大量的间伐材、小径材、木材加工剩余物被遗弃在山区和加工场地,没有充分利用。为变废为宝,提出年产3万m³中密度纤维板项目,生产高档的人造板来发展地区的林业经济。

在过去的二十年间，全世界人造板产量增加了75%，年平均增长3%。到1996年已达1.49亿 m^3。中密度纤维板是人造板中发展最迅速的品种，产量达到865万 m^3，消耗量以每年13%速度增长。主要原因是这种板材内部结构均匀、强度高、稳定性好、耐水、耐燃、防虫，特别适合建筑、家俱用材。

从国内市场的情况来看，我国中密度纤维板生产历史不长，与国际相比起步晚了十余年，但发展速度更快。1985年从国外引进第一条中密度纤维板生产线以来，相继在上海、北京、广东、广西等地又引进了多条生产线。十多年来，生产中密度纤维板的厂已增至几十家，产量达到160万 m^3。随着我国现代化建设和人民生活的需要，中密度纤维板还远远不能满足市场的需要。

4. 承建企业的现状

我公司位置××省×××市，下属两个国营林场、一个苗圃和五个木材加工厂。现有森林总面积16万 hm^2，总蓄积量达813万 m^3，其中可采伐蓄积量达86万 m^3，针叶树种占70%，阔叶树种占30%，每年销售商品材15万 m^3，销售收入9200万元，上缴国家税收1500万元。

公司现有职工1300人，专业技术人员150人。

前年世行贷款造林10万 hm^2，为我公司新建本项目奠定了充足的原料基地。

5. 建设条件

(1) 原料：建设年产3万 m^3 中密度纤维板厂年需木材原料4.8万 m^3（每生产1 m^3 中密度纤维板耗木材原料1.6 m^3），拟采用我公司两个林场采伐的小径材、采伐造材的木截头和木材加工的剩余物。其数量（表39-1）已能足够满足原料用量的要求。

(2) 交通运输：厂址选在我市东面，厂门面向×××国道，林场到工厂都有乡镇公路相通，所以原材料的公路运输十分方便。我市有铁路通过，铁路货站在市东5km处，成品和辅助材料的铁路运输也十分方便。

(3) 电力供应：工厂供电由市供电局变电站用10kv供电线路供电。该工程设备装机容量4000kW，可在厂区设独立变配电站，能满足年产3万 m^3 中密度纤维板生产的电力供应。

(4) 水源：厂区供水水源可采用地表水。可从距厂址南约300m处的××河取水，水质无污染，可作为本工程的水源。厂区设水处理设施一套，设高位水池一座，以满足生产、生活、消防用水。

(5) 燃料：生产过程中用的燃料可以是煤和生产过程中产生的木粉、木屑混合燃料。煤可从位于我市西南的××煤矿得到供应。

(6) 劳动力来源：该项目的产品生产、原材料运输等劳动力可以从我公司的年轻职工中挑选一部分，余下再向社会招工。操作工人进行技术培训，同时要招聘专业技术人员、管理人员，保证正常生产。

6. 厂址方案

拟建3万 m^3 中密度纤维板厂的厂址，预选两个方案：

第一方案选在市东3km处，面临×××国道，距××河约300m，是我公司的贮木场和一木材加工厂的地址。场地可扩大到8万 m^2，基本上可满足新建项目对用地面积的要求。其总平面布置如图（略）。

实施此方案的优点是：距公路和水源近，给公路运输和供水带来方便；可利用现有厂房5000 m^2 作仓库和一些公用设施用房，以节省投资；由于是贮木场，地质条件比较好；距市区近，厂区可不设职工宿舍，以减少生活设施的投资。但它的缺点是：拆迁工程量大，需要移地新建贮木场和木材加工厂；现建筑物会给新厂的布局带来困难；地势较低，要增加防洪设施。

第二方案选在市东10km处，距205国道3km，距金东河约400m，是我公司的林木培植场所。占地10万 m^2，能满足新建厂的要求。

实施此方案的优点是：场地没有固定建筑物，可按现代化工厂的要求合理规划布置；位于小土山坡区，地质条件好，基础工程小；地势高，不受洪水威胁；但其缺点是：距市区较远，要建一定的职工宿舍，增加投资；距205国道建3km厂外运输公路；土地平整工程量大。

上述两个厂址方案，公司倾向于第二方案，它可保留我公司的贮木场和木材加工厂。此项工作待今后进行该项目的可行性研究时，进行经济技术对比和论证后再作确定。

7. 产品方向和生产规模

(1) 产品方向：中密度纤维板 幅面：长×宽=2400mm×1200mm 厚度：8~25mm。

(2) 生产规模：年产3万 m^3 中密度纤维板。

8. 生产工艺和设备

中密度纤维板生产采用多层压机平压法生产工艺。生产原料为小径木、造材截头和木材加工剩余物。为保证产品质量，原料削片后木片要清洗，以清除泥沙、控制树皮含量和保证含水率。为减少游离甲醛含量，拟采用改性脲醛树脂胶。全套设备在国内配套，多层压机要有同时闭合装置，保证板坯受热受压均匀。生产的板子经锯边、砂光质量达GB11718~1999的要求。

表39-1 可供木材原料统计表

项目	数量（万 m^3）	备 注
小径材	10.32	按采伐蓄积量12%计
造材木截头	0.45	按商品材3%计
木材加工剩余物	0.50	
总 计	11.27	

9. 环境保护

(1) 所在地区的环境现状：所选厂址均为林木山区和农田区，无工业污染。林区工人和周围农民均取山间小溪流水为耕作和饮用水。

(2) 生产过程中产生的"三废"及治理措施：根据环境保护法、工业"三废"排放标准及工艺设计卫生标准的规定与要求，对新建中密度纤维板厂"三废"治理措施采取如下办法：

1) 废水

中密度纤维板生产过程中产生的污水，主要来自制胶车间的清洗水和热磨机的挤压水。制胶清洗水可用混凝、沉淀、瀑气方法处理，澄清水循环回用。热磨机挤压水量少，可与煤混合后一起燃烧处理。

2) 废渣

锅炉每日约排出15t灰渣，可作为市郊一制砖厂的原料。

3) 木粉

中密度纤维板生产过程中产生的锯屑和砂光木粉每天约15t，可与煤混合作锅炉燃料。

4) 游离甲醛气体

中密度纤维板热压过程中产生的微量甲醛气体，采用通风、风罩、管道等措施排放到室外。

5) 噪音

中密度纤维板生产过程中产生的噪音主要来自削片工段，可采用局部封闭和隔开的办法解决。

10. 建筑工程量

该项目建筑面积约10150m²，其中生产车间、辅助车间、仓库的建筑面积为8550m²，生活设施建筑面积为1600m²。

11. 资金估算与来源

根据同类型工厂收集到的资料和我公司建设场地等情况估计总投资3776.5万元（表39-2），资金由我公司自筹1800万元，其余向我市中国农业银行贷款，年利率为7%。

12. 经济效益预测

(1) 总产值（销售收入）

产品名称	年产量（m³）	售价（元/m³）	年销售收入（万元）	备注
中密度纤维板	30000	1600	4800	

(2) 生产成本

产品名称	年产量（m³）	单位成本（元/m³）	总成本（万元）	备注
中密度纤维板	30000	1150	3450	

(3) 税金和利润

产品名称	年销售收入（万元）	销售税金（万元）	利润总额（万元）	所得税额（万元）	净利润（万元）	备注
中密度纤维板	4800	280.5	1369.5	451.9	917.6	

(4) 投资回收期

用企业净利润和折旧偿还投资，回收期3.1年，百元投资利税49.9元。

表39-2 年产3万m³中密度纤维板厂投资估算表

项目	第一方案（加工厂）						第二方案（苗育场）					
	工程量m²	建设投资（万元）					工程量m²	建设投资（万元）				
		计	建筑	设备	安装	其他		计	建筑	设备	安装	其他
总计	8550	3214.5	667	2157	174	216.5	10150	3776.5	1217	2163	180	216.5
中纤板车间	6000	2444	400	1800	144	100	6000	2444	400	1800	144	100
制胶车间	600	66.2	30	32	3.2	1	600	66.2	30	32	3.2	1
成品备品库	800	32	32				800	32	32			
变配电站	400	147.8	20	120	4.8	3	400	147.8	20	120	4.8	3
锅炉房	350	190	15	150	15	10	350	190	15	150	1516.5	10
煤场							400	16	16			
供水设施	100	35.5	5	25	4	1.5	100	35.5	5	25	4	1.5
机修	300	49	15	30	3	1	300	49	15	30	3	1
食堂							400	24	16	5		3
浴室							100	9	5	1		3
车库							200	8	8			
宿舍							500	25	25			
厂区工程		150	150				200	200				
厂外工程								80	80			
其他费用		100				100		100				100

经以上分析，我公司新建3万 m³ 中密度纤维板厂在3.1年时间内就能回收全部投资。项目的投资效益是好的，应下定决心，加快建设步伐，争取早日投产。

13. 附图（略）

39.3 可行性研究报告

39.3.1 可行性研究报告的含义

可行性研究是运用多种科学研究成果，在建设项目投资决策前进行技术经济论证的一门综合性学科。可行性研究的主要任务是研究新建或改扩建某个建设项目在技术上是否先进、适用、可靠，在经济上是否合理，在财务上是否赢利。所以可行性研究报告是建设项目投资决策的基础。是一个进行深入技术、经济论证的阶段，必须深入研究有关市场、生产纲领、厂址、建设条件、工艺技术和设备、土木工程、管理机构等各种可能的选择方案以及资金筹措的情况，以便使投资费和生产成本减到最低限度，取得显著的经济效果。

一份可行性研究报告，一般要回答以下几个问题：
(1) 项目在技术上是否可行；
(2) 经济上效益是否显著；
(3) 财务上是否赢利；
(4) 需要的人力、物力和资源；
(5) 需要多少长时间建设；
(6) 需要多少投资；
(7) 能否筹集到资金等。

39.3.2 编制可行性研究报告的依据和作用

39.3.2.1 编制可行性研究报告的依据

(1) 国家经济建设的方针、政策和市场的需求

编制一个项目的可行性研究报告必须从国家的经济建设方针、政策和市场的需求来考虑。所以对产品的选择、协作配套条件等都要从这些因素来设想和安排。

(2) 项目建议书及有关批准的文件与协议

项目建议书是进行各项准备工作的依据。项目建议书经项目主管部门批准后，才可以开展可行性研究工作。委托单位在委托编制可行性研究报告时要把项目建议书、有关批准的文件与协议以及对建设项目的设想说明（包括目标、要求、市场、原料、资金来源等）交给可行性研究单位。

(3) 经国家有关单位审核的资源报告、土地征用报告以及地区规划等资料

木材工业项目的建设要有原材料作保证，所以要有准确的资源报告，同时要有地区综合规划和土地使用报告等。

(4) 可靠的自然、地理、气象、地质、经济、社会等基础资料

这些资料是可行性研究进行厂址选择、项目和技术经济评价必不可少的基础资料。

(5) 有关的工程技术方面的标准、规范、指标等

这些工程技术方面的标准、规范、指标等都是项目设计的基本依据。承担编制可行性研究报告的单位都应具有这些资料。

(6) 国家公布的用于项目评价的有关参数、指标等

可行性研究在进行评价时，需要有一套参数、数据和指标，如基准收益率、折现率、折旧率、社会折现率、调整外汇率等。这些参数一般都是由国家公布实行的。

39.3.2.2 编制可行性研究报告的作用

(1) 作为建设项目最终投资决策的依据

是否投资一个木材工业企业的建设项目，最终依据是可行性研究报告得出的结论。它为投资决策提供科学依据，防止和减少决策失误，为提高投资效果起着重要作用。国家规定，凡是没有经过可行性研究论证的建设项目，不能进行设计建设。可行性研究报告经批准后，即为建设项目投资决策文件。

(2) 作为筹集资金和向银行申请贷款的依据

中国投资银行明确规定，根据企业提出的可行性研究报告，对贷款项目进行全面、细致的分析评价后，认为经济效益好，具有偿还能力，不会担太大风险时，才能同意贷款。

(3) 作为项目建设单位与各协作单位签订合同和有关协议的依据

一个建设项目的用地、原料、辅助材料、燃料、供电、供水、运输、通讯等很多方面需要由有关部门供应、协作，这些供应、协作的协议、合同都需要根据可行性研究报告签订。有关技术引进和设备进口项目，国家规定，项目可行性研究报告经过审查批堆后，才能据以同外国厂商正式签订合同。

(4) 可作为开展设计工作的依据

我国建设程序规定：建设项目应严格按批准的可行性研究报告的内容进行设计，不得随意变更可行性研究报告已确定的建设规模、产品方案、工程标准、建设征地范围和总投资等控制性指标；设计中采用新技术、新设备也需在可行性研究中经过试验研究认为可行，才能纳入设计；项目在初步设计中需要大量基础资料，有时资料不完整，需要补充地形、地质勘测工作和补充工业性试验，一般也要根据可行性研究报告中提出的要求进行

(5) 可作为安排项目的计划和实施方案，进行项目所需的设备材料订货等工作的依据

(6) 可作为环保部门审查项目对环境影响的依据

可行性研究报告有环境保护章节，提出建设项目产生的污染物、污染量、性质等，同时提出治理方案及预期效果，可作为环保部门审查的依据。

(7) 可作为国家各级计划部门编制固定资产投资计划的

依据

39.3.3 编制可行性研究报告的步骤和要求

39.3.3.1 编制可行性研究报告的步骤

建设项目可行性研究报告涉及的内容很广，有国家方针、政策问题，有工程技术问题，有经济财务问题。所以编制可行性研究报告，要选择技术力量强，有实践经验的工程咨询公司和设计院承担。木材工业建设项目编制可行性研究报告可按以下步骤进行。

(1) 组织准备工作：编制木材工业建设项目可行性研究报告一般应包括工业管理、工业经济、市场分析、财会、工艺、机械、土建、水、电、汽等专业。编制可行性研究报告的单位首先要确定项目负责人，组织以上各专业人员了解项目情况，明确建设项目的范围、界限，摸清主管部门的目标和意见。分工负责，明确各自的任务和职责。

(2) 调查研究：各编制人员根据自己的专业，深入实际，调查研究，搜集必要的基础资料，搞清与项目建设有关的基本条件。一般要进行产品的需求量，产品价格，产品在市场上的竞争能力，原、辅材料，动力供应，工艺要求，设备供应，运输条件，厂址，劳动力，环境保护等各种技术经济条件的调查研究。每项调查研究都要分别作出评价。

(3) 详细研究：在本阶段内要对选出的最佳方案进行更详细的分析、研究，明确建设项目的范围、投资、运管费、收入估算，对建设项目的经济和财务情况作出评价。经过分析研究应表明所选方案在设计和施工方面是可以顺利实现的，在经济上、财务上是值得投资建设的。为了检验建设项目的效果，还要进行敏感性分析，表明成本、价格、销售量等不确定因素变化时，对企业收益会产生的影响。

(4) 编制可行性研究报告：本阶段要编制出可行性研究报告，它的形式、内容、深度在下节详细介绍。

39.3.3.2 编制可行性研究报告的要求

(1) 坚持实事求是，保证可行性研究报告的科学性

编制可行性研究报告，必须在调查研究的基础上，实事求是地作出多方案比较后，按客观实际情况进行全面分析、论证和评价。按科学规律、经济规律办事。绝不能先定调子，搞唯意志论。必须保持编制单位的客观立场，以保证可行性研究报告的独立性、准确性，不受任何单位和个人的干扰。

(2) 内容、深度和质量要达到的要求

木材工业建设项目的可行性研究报告视不同项目在内容、深度上有所侧重，但基本内容要完整，文件要齐全，质量要保证，要符合国家的政策法令、本行业的标准、定额、规定。要能满足确定项目投资决策的要求和作为设计工作的依据。

39.3.4 编制可行性研究报告的内容及深度

按国家规定，不同行业的建设项目其可行性研究报告有不同的侧重。木材工业建设项目要侧重市场需求、生产工艺、经济效益等。随着规模大小、产品不同，编制时也有所差异。但各类项目要研究的基本内容是大致相同的。一般来说，木材工业建设项目的可行性研究报告可按以下内容和深度编制。

1. 总论

(1) 项目的名称及承办单位

1) 项目名称

企业或工程的全称（应和项目建议书所列一致，如有变动则需说明变更原因）。

2) 项目承办单位或建设单位

承办单位的全称、法人代表。中外合资、合作经营项目需注明合营各方名称、注册国家、法定地址、法人代表与国籍。

3) 项目的主管部门

项目的主管部门或有关集团、公司的全称。

4) 项目拟建地点

5) 项目可行性研究报告编制单位

单位的全称，承担可行性研究的资格证书编号，委托编制任务合同号；由若干单位协作承担可行性研究的项目，需注明总负责单位的全称，参加单位及具体分工，并说明分担的单项工程名称，说明各自的职责和合作关系。

(2) 项目提出的背景、投资的必要性和经济意义。

(3) 研究工作的依据列举所依据的重要文件名称、文号、日期。如项目建议书及其审批文件，可行性研究委托书，环境影响报告书，厂址选择勘察报告，有关生产性试验报告，批准的资源报告，收集提供的自然、地理、气象、地质、经济、社会等基础资料，技术引进项目的考察及询价等文件、资料。

(4) 项目构成范围：生产车间、辅助生产车间及其他民用建筑。

(5) 项目的主要技术经济指标（表39-3）（根据工程情况、内容可适当增减）。

(6) 研究报告的结论。

(7) 存在的问题及解决办法的建议。

2. 市场需求预测与拟建规模

(1) 国内现有生产能力的调查：根据拟定的产品方案、质量标准、规格与品种，作现有生产状况的调查。

(2) 产品在国内、外市场需求情况：说明本项目生产的产品，目前在国内市场上的流通方向、社会需求与供给情况，消费者对产品的要求。产品出口、在国外市场需求情况

表 39-3 项目的主要技术经济指标

序号	项目名称	单位	指标	备注	序号	项目名称	单位	指标	备注
1	产品产量				7	管理人员	人		
	工作制度					技术人员	人		
2	年工作日	日	8		8	全厂占地面积			
	日工作班次	班	9			全厂建筑面积			
	班工作小时	h			9	其中：工业建筑			
3	年原料消耗量					民用建筑			
4	年辅助材料消耗量				10	建设总投资	万元		
	水、电、汽耗量				11	投资利润率	%		
5	平均用水量	t			12	内部收益率	%		
	平均用汽量	t			13	投资回收期	年		
	装机总容量	kW			14	贷款偿还期	年		
6	年耗煤量	t			15	净产值现值	%		
7	职工总定员				16	净产值内部收益率	%		
	其中：生产人员	人							

及其进入国外市场优劣势分析。

(3) 销售预测：预测本项目产品在市场上竞争的有利和不利条件；分析产品品种、质量、价格在市场上的竞争能力；本项目销售额变化趋势、占需求量的比例。

(4) 拟建项目的规模：说明产品方案、建设规模和它的发展方向；论述在技术经济上的合理性。

3. 建厂条件与厂址方案

(1) 资源：落实的森林资源储量、树种、等级、可采伐利用的评述。

(2) 原材料、辅助材料、燃料的种类、数量、来源和供应条件。

(3) 厂址地区的交通运输、水电汽供应、社会经济现状及公用设施，可利用的条件及其发展趋势。

(4) 厂址的地理位置、地形、地貌、气象、水文及工程地质等条件。

(5) 报告对厂址优缺点的评述，并提出存在问题及处理意见。

4. 总平面布置与运输

(1) 厂址概况：阐明厂区地理位置、占地面积、厂区地势及场地整理和开拓、地区周围的环境和交通条件等情况。

(2) 厂区总平面布置的依据和原则，厂区总平面布置的要点说明。

(3) 厂区总平面设计指标（表 39-4）。

(4) 厂内外运输：全厂运输量分析并计算运输量，说明运输方式和选择货物运输设备，列出运输设备表。

(5) 仓贮与堆场方案：说明原辅材料、产品、半成品的贮（堆）存期、贮（堆）存量、贮（堆）方式；估计仓库和堆场面积，选择贮堆设备并列设备表。

(6) 防洪、排洪方案说明。

(7) 场地平整、土石方工程量估计和处理说明。

(8) 附件：总平面布置简图和主要设备表。

5. 生产工艺与设备选择

(1) 生产纲领：主要说明产品的品种、规格、质量标准、生产方法、生产规模及物料消耗计算等。

(2) 车间工艺技术和设备选择：说明方案比较和选择依据，采用新技术、新材料、新设备的情况，如系引进技术要说明来源，提出设备分交或合作制造的设想。

表 39-4 总平面主要设计指标

序号	项目	单位	指标	备注
1	生产区占地面积			
1.1	其中：占耕地			
	占林地			
	占荒地			
1.2	其中：原料堆场			
	生产区			
2	生产区建筑占地面积			
3	生产区建筑系数			
4	生产区场地利用系数			
5	厂外占地面积			
	其中：生活区			
	道路			
	……			
6	生活区建筑占地面积			
7	生活区建筑系数			

(3) 生产工艺流程。
(4) 车间工艺布置及生产工艺简述。
(5) 岗位定员（表39-5）。
(6) 车间主要设备清单（表39-6）。
(7) 车间主要技术经济指标（表39-7）。

6. 辅助设施与公用工程

(1) 辅助设施

1) 辅助生产车间：其编写可参照第5章的内容和深度进行，有些可按实际情况简化。

2) 维修车间、化验室、计量室等说明拟采用的方案、主要设备选择。

3) 设有煤气、空压站等设施项目视具体规模和要求，作专题叙述。

(2) 公用工程

1) 给、排水工程

全厂用水量（列用水量表），水源、取输水工程及净化设施方案说明；全厂总的排水量及需要处理的污水量（列排水量表），生产污水、生活污水总排出口地点、位置以及有关排出方式的说明；消防给水及应急设施设置说明；主要设备选择、编制设备明细表。

2) 供电

说明电源、电源设备及外部条件；列表说明全厂装机容量、用电负荷、负荷等级和供电参数；总变（配）电所的布局、位置；全厂供电系数选择；防雷设施说明；主要设备选择列表并附总变（配）电所位置简图和供电主接线简图。

3) 供热

说明热源的选择，全厂热负荷及供热要求；供热方案选择，热能综合利用要求；渣灰处理方案及除尘措施选择；主要供热设备选择并列表。

4) 采暖通风和制冷

说明室外气象参数；全厂采暖通风、空气调节方案选择；制冷方案选择；采暖通风和制冷的主要设备选择并列表。

5) 自控测量仪表

概述全厂各关键生产部位自控测量拟采用的装配水平；计算机过程方案说明；自动控制及测量仪表选择；拟选仪表、计算机对环境的要求与适应性等。

7. 环境保护

国家在对建设项目环境保护设计的通知中规定，在可行性研究报告中，应有环境保护的专门论述，其主要内容应包括：

(1) 建设地区环境现状：说明厂址周围及四邻环境现状，包括水、大气、土壤、噪音等；如是改、扩建项目，说明改、扩建前厂址环境现状。

(2) 主要污染源和污染物：说明污染源的名称，在厂区的分布位置；污染物名称、种类，如废气、废水、废渣、噪音等经处理后排出的数量、有害成份及排放浓度和排放方式。

(3) 资源开发引起的生态变化。

(4) 设计中采用的环境保护依据，包括国家和地区的有关规定和设计标准。

(5) 污染防治措施及效果：说明废气、废水、噪音的防治措施和废渣利用和处理以及治理结果的分析评价。

(6) 环境保护投资估算：列表说明各项污染物的治理投资及约占总投资的百分数。

(7) 环境管理机构及专职人员

8. 职业安全卫生与消防

(1) 职业安全卫生

1) 主要设计依据

表39-5 岗位定员表

序号	岗位	班次（班）	每班人数（人）	小计（人）	备注
1	备料工段				
2	………				
合计					

表39-6 车间主要设备表

序号	设备名称	规格与型号	单位	数量	备注
1	2	3	4	5	6
1					
2					
3					

表39-7 车间主要技术经济指标

序号	项目内容	单位	指标	备注
1	产品产量			
2	工作制度			
	年工作日	日		
	日工作班次	班		
	班工作小时	h		
3	年原料消耗量			
4	年辅助材料消耗量			
5	水、电、汽耗量			
	生产用水量：最大	t/h		
	平均	t/h		
	生产用汽量：最大	t/h		
	平均	t/h		
	车间装机容量	kW		
6	车间定员			
	其中：生产工人	人		
	技术人员	人		
	管理人员	人		
7	车间建筑面积	m²		
8	劳动生产率（按生产工人计）			

说明国家和地区的有关规定和设计标准。
2) 主要危害因素分析及对人体的影响
分析主要危害因素如气候、粉尘、热辐射、电器设备、压力容器、机械振动等的不安全因素,估计对人体的影响和危害。
3) 采取的安全防护措施及预期的效果
说明在工艺上、设备选择上采取的措施;工程技术方面的控制;采取的其他辅助安全设施和女工特殊保护等。说明上述各类措施的预期效果。
4) 职业安全卫生投资估算
5) 职业安全卫生机构设置和专职人员
(2) 消防
1) 设计依据
说明国家和地区的有关规定和设计标准。
2) 工程环境
说明工程的火灾危险性,民用建筑类别,四邻环境对项目安全的影响因素,当地消防部门的意见和建议。
3) 主要防火措施
说明消防水源、电源、通讯等的安排和消防站(队)、监视措施等消防配套工程的方案。
4) 消防设施的投资和消防在职人员

9. 节能

(1) 能耗指标及分析
1) 项目能耗指标及计算
说明项目生产产品的能耗指标,计算该项目生产产品的单位产量综合能耗,或项目生产时的总综合能耗。
2) 能耗分析
项目的单位产量综合能耗与国际、国内企业能耗的对比分析,设计指标应达到国内先进水平,有条件的重点产品应达到国际先进水平。
(2) 节能措施综述
1) 采用的新技术、新工艺对节能的效果。
2) 一律不得选用已公布淘汰的机电产品以及国家产业政策限制的产业序列和规模容量。
3) 生产过程中产生的废水、废渣的回收利用和生产剩余物(如裁边余料、锯屑、粉尘等)作为燃料等措施。
4) 单台容量 10t/h 及以上,年运行 4000h 及以上的工业锅炉采用热电联产。
(3) 单项节能工程
1) 凡不纳入主导工艺流动(如热电联产,集中供热)的节能项目,应在设计中单列节能工程。
2) 单列节能工程应单列节能量计算,单位产量节能量、造价、投资预算以及投资回收期等。

10. 生产组织劳动定员与人员培训

(1) 企业组织及工作制度:根据需要可按不同管理方法,列出企业组织机构示意图。

表 39-8 全厂定员及人员构成表

序号	部门	生产工人	技术人员	管理人员	合计	备注
1	生产车间………					
2	辅助车间………					
3	厂部					
4	其他					
5	总计					

表 39-9 工程项目总表

序号	项目名称	建筑面积 m²	结构类型	耐火等级	备注
1	主车间				
2	………				
:	………				

(2) 劳动定员:根据企业的生产规模、产品、机械化程度和管理要求,以及国家的有关规定分别编制生产工人、技术人员、管理人员(含服务人员)的构成表(表 39-8)。
(3) 人员培训:根据建厂地区的条件及生产技术复杂程度,拟定人员培训计划,说明分类培训人数、要求、培训地点、时间和方式。需去国外培训的,应详细说明其去向、目的、时间、必要性和费用估算。

11. 工程项目组成与实施规划

(1) 工程项目组成:工程项目组成其包括单项工程,阐明全厂土建工程量及主要建(构)筑物的建筑特征和结构类型,并编列出工程项目总表(表 39-9)。
(2) 项目实施规划
1) 项目实施时期各阶段的进度安排建议。建议进度系自项目的可行性研究报告被批准日起,至投产止的工程建设进度。
2) 计划安排。说明实施准备工作,勘察设计预计进度,施工准备与施工计划的预计进度等。
3) 设备供应,设备验收、安装、调试、试生产等工作的可能进度说明和要求。
4) 有引进技术和设备的项目,应列出涉外工作的安排建议。
5) 编制实施计划进度表。进度表可用横道线或网络图形的方法表示,简单项目可用文字说明。
6) 提出为了实现实施计划,必须注意的问题和建议。

12. 投资估算与资金筹措

(1) 投资估算依据及说明
1) 国家和国家林业局颁发的林产工业建设项目固定资产投资估算的有关规定;

2) 固定资产投资估算范围；

3) 投资估算所采用的设备、材料价格依据。建筑安装工程估算指标；地区差价，价格上浮率等调整系数以及其他工程和费用的计算依据；

4) 如有引进技术及进口设备的项目，要说明价格来源，外汇换算率和日期，税、费的计算内容和依据；

5) 改扩建项目要说明原有固定资产的利用价值及拆除损失估计；

6) 中外合资、合作经营项目，要说明中外各方协议中有关技术经济要点；

7) 其他。

(2) 总投资及其估算范围

1) 总投资估算额：　　　　　　万元（含外汇　　　万美元）；

2) 总投资估算范围：固定资产投资（其中含固定资产投资方向调节税、建设期价格变动引起的投资增加额、建设期借款利息、汇率变动部分等动态变化）和流动资金；

3) 工程投资构成分析见表 39-10。

(3) 固定资产投资估算：固定资产投资估算一般应包括：生产工程、辅助生产工程、公用工程、厂区总图工程、厂外工程、生活福利设施工程以及其他费用(投产前资本支出)如土地征购费、拆迁费、建设单位管理费、联合试车费、工人进厂费、职工培训费、技术考察费、可行性研究费、工程设计费、厂地勘察费、指标费、设计联络费、来华专家接待费、国外设备材料检验费、各类手续费、不可预见费、与本项目有关的外部协作配套工程费（如供电增容费）等。编制固定

表 39-10 总投资构成分析表

序 号	投资内容	投资金额	占项目总投资额 %
1	项目总投资（2）+（3）		
2	固定资产投资		
	其中：		
2.1	价格变动引起的投资增加额		
2.2	固定资产投资方向调节税		
2.3	建设期借款利息		
2.4	其 他		
3	流动资金		

注：引进项目、合资项目工程加外汇栏

资产投资估算参见表 39-11。

(4) 固定资产投资方向调节税：说明应缴纳固定资产投资方向调节税的单位工程内容，建设内容和适用税率。

(5) 建设期借款利息：根据分年用款计划和资金来源计算固定资产投资建设期利息，并说明建设期利息的计息方式，支付条件和支付利息资金来源。编制固定资产投资建设期借款利息估算表（略）。

(6) 价格变动引起的投资增加额：说明项目建设期间的建筑安装工程费、设备和工程器具购置费，由于价格变动引起的投资增加额。

(7) 流动资金：需要测算全额流动资金（包括定额流动资金和非定额流动资金）；说明铺底流动资金比例及金额；流动资金来源及筹措；编制流动资金估算表（略）。

(8) 资金筹措：根据工程进度及其他有关事项编制资金

表 39-11 固定资产投资估算表　　　　　　　　　　　　　　　　　　　　　　　　　　　　　　　　　单位：万元

序 号	工程或费用名称	建筑工程	设备购置	安装工程	运 杂 费	其他费用	总 值
1	固定资产投资						
1.1	第一部分 工程费用						
1.1.1	生产工程项目						
1.1.1.1	………						
1.1.2	辅助生产工程项目						
1.1.2.1	………						
1.1.3	公用工程项目						
1.1.3.1	动力工程项目						
1.1.3.2	给排水工程项目						
1.1.4	厂区工程项目 ………						
1.1.5	厂外工程项目 ………						
1.1.6	生活设施工程项目 ………						
	第一部分小计						
1.2	第二部分 其他工程和费用						
1.2.1	工程筹建费用 ………						

表 39-11（续）

序 号	工程或费用名称	建筑工程	设备购置	安装工程	运 杂 费	其他费用	总 值
1.2.2	生产准备费用						
	………						
	其他工程和费用						
1.2.3	第二部分费用小计						
	第一、二部分费用合计						
2	不可预见的工程和费用						
3	价格变动引起的投资增加额						
4	固定资产投资方向调节税						
5	建设期借款利息						
6	其 他						
	合 计（1+2+3+4+5+6）						

注：引进工程、中外合资项目加外汇栏

用款计划；说明资金来源，各项借款的利率和有关费用以及偿还条件。编制资金来源和分年用款计划表（略）

(9) 投资指标

1) 每百元销售收入占用总投资；

2) 每百元销售收入占用固定资产投资；

3) 单位产品的固定资产投资；

4) 每百元销售收入占用流动资金。

13. 财务分析与经济评价

(1) 财务分析条件：贷款利息、税金及税率、折旧及残值、还款来源及还款期企业留利比、项目建设期、经营期及达产期等。

(2) 产品单位成本和总成本：按成本项目分类计算出产品单位成本，并编制产品单位成本估算表（略）；按生产要素分类计算出产品总成本，是在生产达到设计能力后，项目正常生产年份的工厂成本、总成本、经营成本。编制总成本估算表（略）。

(3) 产品成本估算依据：说明主要原材料、燃料、动力的价格及消耗定额；产品出厂价；职工工资及附加；折旧和摊销；各种提取费用、利润分配及其他费用。

(4) 销售收入：说明产品的销售价格，如有外销，说明其外销产品所占比例、外销量、外销价格及外销方式。编制销售收入及税金估算表（略）。

(5) 利润估算：说明项目正常生产年份的利润总额，计算投资利润率、投资利税率。编制利润估算表（略）。

(6) 财务现金流量分析：计算逐年财务现金流量和财务评价指标：财务内部收益率；财务净现值；静态投资回收期。编制财务现金流量表（略）。

(7) 项目清偿能力分析

1) 借款偿还能力

说明项目还款资金来源，包括可用于还款的利润、折旧、摊销及其他收益。编制可供还款资金估算表（略）。

2) 借款偿还平衡

根据各种借款偿还条件（包括偿还方式及偿还期限）确定借款偿还次序。编制固定资产投资借款偿还平衡表（略）。

3) 财务平衡分析

根据项目的资金来源及资金运用，测算计算期内各年的资金盈余或短缺情况，进行清偿能力分析，计算固定资产借款偿还期（从借款日起）。编制财务平衡表（略）。

4) 中外合资项目编制外汇收支平衡表。

(8) 不确定性分析

1) 盈亏平衡点计算

根据正常生产年份的产品产量或销售量、产品的固定成本或可变成本、产品价格、销售税金，计算以产量、生产能力利用率表示的盈亏平衡点，绘制盈亏平衡图，并加以分析。

2) 敏感性分析

根据项目特点选取与财务评价有关的主要因素，进行敏感性分析，编绘敏感性分析表（图）。

(9) 经济评价结论：编制国民经济评价的项目，应综合财务评价与国民经济评价结果，提出经济评价结论。不编制国民经济评价的项目，以财务评价结果，作为经济评价结论。

14. 附件与附图

(1) 附件

1) 项目建议书及批复文件

2) 编制可行性研究报告的委托书

3) 有关主管部门对资金的安排文件

4) 有关主管部门对厂址的安排意见

5) 有关主管部门对主要物料（原材料、辅料、燃料、供水、供电等）和交通运输等安排的文件

6) 有关主管部门对环境保护、消防、劳动安全、卫生设

施和地震及地质等说明的文件

7) 中外合资企业各方的资信证明、法定代表及所在国（或地区）政府主管部门发给的营业执照副本

8) 有关主管部门对产销和外汇收支的安排意见

9) 有关主管部门对设备分交及其他配件的安排意见

(2) 附图

1) 厂址地形及区域位置图

2) 总平面布置简图

3) 工艺流程简图

4) 主要车间布置方案简图

5) 其他

39.4 项目工程设计

39.4.1 工程设计在木材工业基本建设中的地位和作用

设计是基本建设程序中必不可少的一个重要组成部分。设计文件是安排建设项目和组织施工的主要依据。在规划、项目、厂址已定，项目可行性研究报告已审批的情况下，设计是建设项目能否实现多、快、好、省的一个带决定性的环节。

一个木材工业建设项目，在资源利用上是否合理，厂区布置是否紧凑、适度，设备选型是否得当，技术、工艺、流程是否先进，生产组织是否科学、严谨，是否能以较少的投资，取得产量多、质量好、效率高、消耗少、成本低、利润多的综合效果，在很大程度上取决于设计质量的好坏和水平的高低。

39.4.2 工程设计的的基本任务和指导思想

木材工业项目工程设计的基本任务是体现国家有关的方针、政策；结合国情，合理确定设计标准；做到切合实际、技术先进、经济合理、安全适用；使项目能达到预期的经济效益、社会效益和环境效益。

此外、在设计中，还必须体现以下基本原则：

(1) 积极开发、采用和推广新技术。采用的新技术必须经过试验、试用和鉴定或经生产实践证明是成熟可靠的。

(2) 节约用地、因地制宜提高土地利用率。

(3) 节约并综合利用资源。根据需要、技术可能和经济合理原则，充分考虑资源的综合利用。要节约资源，提高资源利用率。

(4) 保护环境。贯彻"以防为主、防治结合治理"和"三同时"方针，应采用先进、适用的技术和设备，使污染物尽可能地消除在生产过程中。经综合治理和利用后最终排出的污染物，应符合规定的排放标准。

(5) 节约能源。在设计中要采用耗能少的先进工艺和设备，要合理利用能源，采用节能措施，提高能源利用率。

(6) 有利生产，有利生活。

39.4.3 工程设计的依据和主要技术条件

木材工业项目工程设计是根据批准的可行性研究报告的要求，进一步收集准确的设计基础资料，对建设项目的建设方案、工艺路线、产品方案、设备、建筑、资金等进行统盘的研究、设计和计算，作出合理的总体安排。所以在设计过程中要有以下文件和资料作为依据。

(1) 文件依据：可行性研究报告和评估报告；投资主体（主管部门）对项目建设的要求；与建设有关各方签订的合同文件和协议文件，如委托设计合同、研究试验合同、土地使用证及原材料供应、给排水、供电、供热、通讯、城市规划等协议。

(2) 资料依据：资料依据也称为设计的技术条件，包括区域构造、地震烈度、水份地质情况、气象条件、勘察资料、工艺技术标准、主要设备型号、规格、性能和价格、"三废"处理要求、职工生活区的安置方案等。

39.4.4 工程设计阶段的划分

按我国目前的建设规定，可行性研究按一个阶段进行，其内容深度只需满足投资主体（主管部门）审批和确立项目的要求即可。根据这个要求，设计阶段作如下划分：

(1) 一般建设项目，按两阶段设计，即初步设计和施工图设计；

(2) 对技术复杂而又缺乏经验的项目由主管部门指定实行三阶段设计，即初步设计、技术设计和施工图设计；

(3) 对于一些大型木材加工联合企业，为解决统筹规划、总体部署和开发问题，一般还需进行总体规划设计或总体设计。

39.4.5 工程设计各阶段的设计内容和要求

39.4.5.1 总体设计的内容和要求

总体规划设计是对一个大型木材加工联合企业内每一个单元工程根据生产运行上的内在关系，在相互配合、衔接等方面进行统一的规划、部署和安排，使整个工程在布置上紧凑、流程上顺畅、技术上可靠、生产上方便、经济上合理。但它本身并不代表一个单独的设计阶段。

总体设计的内容一般应包括以下文字说明和必要的图纸：① 建设规模；② 产品方案；③ 原料来源；④ 工艺流程概况；⑤ 主要设备配置；⑥ 主要建筑物、构筑物；⑦ 公用、辅助工程；⑧ "三废"治理和环境保护方案；⑨ 占地面积估计；⑩ 总图布置及运输方案；⑪ 生产组织概况和劳动定员估计；⑫ 生活区规划设想；⑬ 施工基地的部署和地方材料的来源；⑭ 建设总进度和进度配合要求；⑮ 投资估算。

总体设计应满足：① 初步设计的开展；② 主要大型设备、材料的预安排；③ 土地征用谈判。

39.4.5.2 初步设计的内容和要求

对需要进行总体设计的建设项目，其初步设计应在总体设计的原则指导下进行。

初步设计的内容，一般应包括下列说明和图纸：① 设计主要依据；② 设计指导思想；③ 建设规模；④ 产品方案；⑤ 原料、辅料、燃料、动力的用量和来源；⑥ 工艺流程及说明；⑦ 主要设备选型及配置；⑧ 总图布置和运输方案；⑨ 主要建筑物、构筑物；⑩ 公用、辅助设施；⑪ 外部协作条件；⑫ 综合利用、"三废"治理、环境保护措施及评价；⑬ 职业安全卫生与消防；⑭ 节能、占地面积和场地利用情况；⑮ 生活区建设；⑯ 地震及人防设施；⑰ 生产组织及劳动定员；⑱ 建设工期；⑲ 设计总概算；⑳ 主要经济指标及分析。

初步设计应满足以下要求：① 设计方案的比选和确定；② 主要设备、材料订货及生产安排；③ 土地征用；④ 基建投资的控制；⑤ 施工图设计；⑥ 施工组织设计的编制；⑦ 施工准备和生产准备。

39.4.5.3 技术设计的内容和要求

技术设计是为重大项目和特殊项目进一步解决某些具体技术问题，或确定某些技术方案而进行的设计。它是针对在初步设计阶段中无法解决而又需要进一步研究解决的问题所进行的一个设计阶段，它主要解决类似以下方面的问题：① 特殊工艺流程的试验、研究和确定；② 新型设备、材料、部件的试验、制作及确定；③ 大型建筑物、构筑物对某些关键部位的试验、研究及确定；④ 某些技术复杂、需要慎重对待的问题的研究及确定。

技术设计的具体内容，需视工程项目的具体情况、特点和需要而定。但其深度应能满足上述各个方面的要求。

39.4.5.4 施工图设计的内容和要求

施工图设计是工程设计的最后阶段，根据批准的初步设计（或技术设计）确定的设计原则和设计方案进一步具体化、明确化，绘制出正确、完整和尽可能详尽的建筑、安装图纸。它应满足以下要求：① 设备、材料的安排；② 各种非标设备的制作；③ 施工图预算的编制；④ 土建、安装工程的要求。

39.4.6 木材工业企业工艺设计的具体内容和深度要求

39.4.6.1 初步设计

木材工业工程设计的初步设计阶段其文件由以下部分组成：第一卷，设计说明书（包括设计总说明及各专业的设计说明，项目经济分析与评价）；第二卷，设计图纸；第三卷，设备、材料清单；第四卷，工程概算。工艺设计应按以上四项内容编制文件，其深度要求如下：

1. 工艺设计说明书

(1) 设计依据：设计总说明中所列批准的项目建议书、可行性研究报告等文件和依据性资料中与专业有关的内容（如生产规模、产品方案、原料及辅助材料供应、生产标准等。

(2) 设计范围及原则

1) 设计的指导思想及原则

2) 设计规范和标准

3) 设计的内容（包括原材料及成品贮存库场，备料及生产工艺，设备选型和检修、化验等）及对以后发展或扩建的考虑。

4) 改建、扩建工程应说明对原有厂房和设备的利用情况。

5) 生产协作关系的说明。

6) 关于"三废"治理、综合利用的设施方案、节能、工业卫生、劳动保护和环保措施。

(3) 工艺设计的特点：采用新技术的内容、效益及试验鉴定情况。

(4) 车间组成：说明车间（或工段）的划分，各车间（工段）的联系等。

(5) 工作制度：车间的年工作日、班次、班工作时间、班有效工作时间。

(6) 车间定员：按生产岗位分类列表，工人中分生产工人和辅助生产工人。见表39-12。

(7) 原料、成品及中间产品的品种、规格及主要物理化学常数，有国定标准者应列标准名称和编号。

(8) 工艺流程简述：从原材料的贮存、制备开始说明，物料经过各工序的前后次序和生成物的方向直至成品入库，并说明主要操作条件（如温度、浓度和压力等）。

(9) 设备选型及配置：主要设备的工艺计算及选型，非标设备的尺寸、性能和辅机配置情况等。

(10) 物料平衡计算和说明：以主要设备或工序为单元（或以小时、天为基准；在非连续生产时可以批为基准），作出物料平衡计算，根据计算结果列出物料平衡图表或进行说明。

表 39-12 车间定员表

工 段	工 序	班/日	人／班	合计（人）	备 注
………	………				
技管人员					
辅助人员					
合 计					

(11)"三废"的产生量及治理:如对加工废弃物及粉尘的处理方法及达到的标准,噪音指标及其防护措施等,并说明对环境保护影响的评价。

(12) 车间化验、测试室的设置和主要设备选择。

(13) 各项技术经济指标,可列表,按表 39-13 说明。

(14) 需提请在设计审批时解决或确定的主要问题。

(15) 在设计中要做大量的内部作业,如有关计算书(包括物料平衡、能量消耗量、排出物量、设备选型和设备管道及其他技术经济指标的计算等),以及绘制的依据性草图,都要妥善保管,以备施工图设计时查阅。计算书中的主要数据和计算结果应列入设计说明的有关条文中。

2. 图纸

(1) 工艺流程图

1) 应按设备总图或产品样本所示,绘出车间工艺过程所需设备。

2) 按图例绘出主要管道及阀门、温度计、压力表,并以箭头表示介质、物料流向。

3) 在图的右下角图签上面应附设备一览表(或单独列出设备一览表),并可在专业图纸统一的位置书写必要注明。

(2) 设备平、剖面布置图

1) 设备平、剖面布置图应与建筑图相一致,并示出门、窗、楼梯、平台及地坑位置,注明房间名称、建筑物轴线尺寸及标高等。

2) 设备布置、定位尺寸及设备编号。

3) 在图的右下角图签上面应附设备一览表,并在专业图纸统一的位置书写必要的说明。

3. 设备、材料清单

(1) 设备清单:包括生产设备、检修设备、试验(化验)设备及仪器、工具等。

(2) 主要材料汇总表:包括管道材料、保温材料和设备、管道安装材料。

4. 初步设计概算

39.4.6.2 施工图设计

1. 设计文件组成

施工图设计一般由下列文件组成: 设计文件目录;设计说明;设备一览表;材料汇总表;设备布置图;工艺流程图;工艺管道布置图;工艺安装图;制作图。

2. 设计文件应达到的深度要求

(1) 设计文件目录:目录中先列新绘制图样,后列选用的标准图、通用图或重复利用图。

(2) 设计说明

1) 说明车间的设计年产量、产品规格及所能达到的质量标准。

2) 生产工艺设计说明:生产工艺过程简述;说明对于批准的初步设计内容所作的变动和补充,并叙述变动的根据和理由;施工图设计遗留的问题及其他有关说明。

3) 工艺安装说明:对主要设备安装的特殊说明;设备与管道和土建配合要求以及与到货设备尺寸的核对要求;设备、管道的安装坡度、试压、防腐、保温及涂色的要求;安全防护要求和环境保护、"三废"治理说明;设计采用的图例说明。

(3) 设备一览表

1) 设备一览表是设备订货的依据,其内容和深度必须满足订货要求,要反映出设备的主要技术特性、规格性能和主要材质。为便于订货,可在备注栏内注明生产厂家。

2) 施工图设计中与初步设计有变更的设备应说明变更理由,提出名称、规格和型号。

(4) 材料汇总表:材料汇总表应填写管道、阀门、管件、设备和管道的保温材料和保护材料及其他材料的名称、代号、型号、规格、单位、数量和质量。施工图设计中与初步设计有变更的材料应说明变更理由,提出名称、规格和型号等。

(5) 工艺设备布置图

1) 工艺设备布置图应反映车间全貌及空间利用情况,绘制出设备的平、剖面布置以及堆场、半成品贮存场、仪表操作间、配电间、维修间、化验室、办公室和生活用房等。

2) 设备均应按比例,用粗实线绘出外形轮廓,标明定位轴线及安装高度。

3) 工艺设备布置图应按建筑图绘出外形,标注主要尺寸如长度、跨度、轴线柱距、标高等。

表 39-13 车间主要技术经济指标

序号	名称	单位	指标	备注
1	年生产量			
2	产品品种规格			
3	年原料消耗量			
4	年辅助材料消耗量			
5	每小时最大及平均用水量			
6	每小时最大及平均用汽量			
7	压缩空气耗量			
8	设备装机容量			
9	每小时电耗量			
10	定员: 管理人员 生产人员 辅助生产人员			
11	工作制度: 年工作日 日工作班次 班工作小时			
12	劳动生产率(按生产工人计)			
13	车间建筑面积			

4) 设备用粗实线标注编号，并在图签上方列出设备编号、名称、规格、性能、数量等。

(6) 工艺流程图

1) 工艺流程图反映工艺生产过程和控制测量的全部情况。图样应表示出工艺介质系统、公用工程和辅助介质系统的全部管道、阀门及控制测量仪表。

2) 图中的设备应按大致比例和相对标高，根据生产工艺过程顺序用细实线画出其简略外形及全部设备接口。在设备位号线上方注明设备位号，下方注明设备名称。位号与名称应与设备一览表中一致。

3) 图样应用规定符号表明工艺介质及流向。

4) 图样所有管道应标出管内介质代号、管道材料代号、管道规格、管内物料流向以及管道上的阀件和仪表，并注明阀件和仪表的型号、图号、规格及代号。

5) 图样绘出的各种进出车间的管道应注明来源和去向。

(7) 工艺管道布置图

1) 工艺管道布置图必须与工艺流程图相一致。按比例绘出汽、水、压缩空气、风送、液压等管道系统平、剖面安装位置及仪表、阀门、管件和支架的定位图。管道用粗实线表示。

2) 根据相应的建筑施工图用细实线简单绘制出建构筑物的墙、柱、门、窗、楼梯、孔洞、地坑等外形，并注明建筑物轴线编号、尺寸及标高。所有设备也用细实线画出其外形并标注设备位号。

3) 绘出的管道要标有：管内介质代号，管道材料，管道管径尺寸，规格，管道安装坡度、坡向及中心标高。

4) 图纸上列出材料表。

(8) 工艺安装图：工艺安装图可用单机安装图和工段安装图绘出设备外形及相关联的设备组成生产系统，标明相互安装定位关系尺寸。

1) 绘出建筑物外廓。按比例绘入设备外形，标出主机定位尺寸及安装标高。标出辅机以主机为准的定位尺寸和安装标高。

2) 图样表示出：控制箱、操作台位置安装标高；设备活动极限及风送、供电、供水、供汽的位置；物料输送设备间的连接、特殊支架与非标准的管件等。

3) 绘出设备基础平面总图、预留孔、预埋件尺寸及二次灌浆尺寸。

4) 在图签上方分别列出安装材料表及设备编号、型号、性能表。

(9) 制作图

1) 凡原设备所规定的安装形式，设备接口方位，个别结构在工程上采用需要修改时，均需绘设备制作图。

2) 制作图的图样画法应符合机械制图规定。

3) 制作图中与安装有关的部分，应绘出与其连接部分的大样，标出尺寸。

39.4.7 设计概、预算

39.4.7.1 设计概、预算的含义和作用

1. 初步设计概算和它的作用

初步设计概算是根据初步设计或技术设计编制的工程造价的概略估算，是设计文件的组成部分。经批准的初步设计概算是控制工程建设投资的最高限额。建设单位据以编制投资计划，进行设备订货和委托施工；设计单位作为评价设计方案的经济合理性和控制施工图预算的依据。初步设计概算文件主要有建设项目总概算、单项工程综合概算、单位工程概算以及其他工程和费用概算。

初步设计概算的作用有四个方面：

(1) 它是确定拟建项目总投资，编制固定资产投资计划，签订投资贷款合同，工程总承包合同，实行投资包干制确定投资包干额，控制拨款和结算的依据。

(2) 它是控制技术设计、施工图设计等下阶段设计工作和技术设计修正概算和施工图预算的依据。

(3) 它是进行各种施工准备、组织工程施工、设备供应、加工订货及落实各项技术经济责任制的依据。

(4) 它是控制项目投资、考核建设成本、提高项目实施阶段工程管理和经济核算水平的必要手段。

2. 施工图预算和它的作用

施工图预算又称工程设计预算，简称预算。它是施工图设计阶段根据施工图纸、预算定额、费用定额、设备和材料预算价格、工资标准等资料编制的较为详尽的技术资料文件。

施工图预算的作用有三方面：

(1) 施工图预算是确定工程造价的依据，它通过对工程分项精细估价，核实投资及各种费用，并计算工程应含的盈利，从而确立出工程预算价格，即计划价格。

(2) 它是施工企业编制施工计划，进行施工准备，组织劳动力和材料的依据。

(3) 经审定后的预算又是招投标和签订施工合同，进行工程结算的依据。

39.4.7.2 设计概、预算费用组成

设计概、预算按费用性质，可分为建筑安装工程费，设备及工器具购置费及工程建设其他费用。

1. 建筑安装工程费

(1) 建筑工程费：生产及非生产性工程建设的土建工程、给排水、采暖、电气照明、防雷接地等工程费用。

(2) 安装工程费：木材加工、人造板、制胶、锅炉房、机修等生产工艺安装、工艺管道、自动控制、变配电、电气动力、通讯设备、空调安装等工程费用。

2. 设备及工器具购置费

这部分费用指购置设备、工器具的一切费用，包括产品

原价、供销部门手续费、包装费、运输费、采购和保管费。

3. 工程建设其他费用

这部分费用指上述两项费用以外的其他非生产性费用，包括工地使用费、建设单位管理费、研究试验费、勘察设计费、供电贴费、生产准备费、引进技术和进口设备其他费、施工机构迁移费、联合试运转费、固定资产投资方向调节税、建设期投资贷款利息、预备费。

39.4.7.3 建设项目的构成

为便于设计概、预算的编制，需对建设项目进行分类。建设项目一般划分为以下几类：

1. 建设项目

一个建设项目，是指在一个总体设计或初步设计的范围内，由一个或几个单项工程组成，经济上实行统一核算，行政上有独立组织形式的基本建设单位。如一个木材加工或人造板的加工企业。

2. 单项工程

单项工程是指具有独立的设计文件，建成后能够独立发挥生产能力或效益的工程。单项工程是建设项目的组成部分。工业建设项目的单项工程一般是指能够生产出设计规定的主要产品的车间或生产线。如一个胶合板车间等。

3. 单位工程

单位工程是指具有独立的设计、可以独立组织施工的工程。单位工程是单项工程的组成部分。

单位工程仍然是一个复杂的综合体，不便于进行分析和估价，因此有必要再做以下的分解。

4. 分部工程

分部工程是单位工程的组成部分。这类工程一般是按建筑物的主要部位、工程的结构、工种和材料的结构来划分的。如建筑工程中的土石方工程、砖石工程、桩基础工程、混凝土工程、木结构工程、道路及排水工程、围墙及绿化工程等等均属分部工程。

5. 分项工程

分项工程是指通过较为简单的施工过程就可以生产出来，并且可以用适当的计量单位进行计算的建筑或设备安装工程。如单位体积的砖基础工程、钢筋工程、抹灰工程、木屋架制作与安装工程、一台机床的安装工程等等。

39.4.7.4 设计概、预算文件的内容和组成

1. 设计概、预算文件的内容

(1) 设计概、预算与各个设计阶段的关系：设计概、预算是设计上对工程项目所需全部建设费用计算成果的一个笼统名称。实际上，它随着设计阶段的不同而有不同的叫法，包含的内容和组成也不完全一样。

一个建设项目，在进行总体设计时计算出来的全部费用叫做估算，在初步设计阶段叫做总概算，在技术设计阶段叫做修正概算，在施工设计阶段叫做预算。

(2) 设计概、预算内容与工程项目分类的关系：根据我国现行的作法，一个建设项目的概、预算，叫总概、预算；一个单项工程的概、预算，叫综合概、预算；一个单位工程的概、预算，叫单位工程概、预算。

2. 设计概、预算文件的组成及表格

(1) 设计概、预算文件的组成：编制说明，总概、预算表，单项工程综合概、预算表，单位工程概、预算表，其他工程和费用概、预算表及主要设备和材料表。

1) 编制说明包括以下主要内容：

——工程概况：说明建设项目的生产规模，内容，产品品种，工程性质（新建或改、扩建），工程总建筑面积，总投资，钢材、木材、水泥总消耗量等（如引进工程，尚需注明外汇额度和汇率依据）。

——编制依据：主管部门批准的各阶段的设计文件、设计图及说明书，有关规定、合同、协议书、委托书、会议纪要，采用定额（指标），费用标准，人工工日单价，材料、设备价格的依据，国家及工程所在地区主管部门颁发的有关调价文件。

——资金来源及利率；

——其他需要说明的问题。

2) 总概、预算是一个独立的工程建设项目总投资文件。该文件是由单项工程的概、预算和工程建设其他费用组成。

3) 综合概、预算是单项工程的建设文件，它是总概、预算的组成部分之一，是根据各单位工程概、预算汇总编制而成。

4) 单位工程概、预算是单项工程内各专业设计的建设费用文件，它是综合概、预算的组成部分，是各概、预算的基础。

(2) 概、预算的主要表格

1) 概、预算表1甲、乙为编制总概、预算或综合概、预算的专用表格。

2) 概、预算表2是汇编各专业主要设备的表格。

3) 概、预算表3是汇编各专业主要材料的表格。

4) 概、预算计表1甲、乙是计算各专业分部、分项工程量的专用表格。

5) 概、预算计表2甲、乙，计表3甲、乙是编制建筑安装工程概、预算专用表格。

6) 概、预算表4是编制工程建设其他费用概、预算专用表格。

39.4.7.5 设计概、预算文件的编制与程序

1. 设计概、预算文件的编制

设计概、预算文件的编制，是按照由小到大，由简到繁的原则进行的。一般先由一个单位工程的某些分部、分项开始，然后分别算出单位工程、单项工程和整个建设项目的全

概、（预）算表

(概、预算表 1 甲)

建设名称								设计编号				
概（预）算总值								实际概（预）算总值				
回收金额												

序号	设计编号	工程或费用名称	概（预）算费用（元）				经济指标 概（预）算价值	占投资%	单位	工程量	指标
			建筑工程	设备	安装工程	工器具购置	其他费用					
1	2	3	4	5	6	7	8	9	10	11	12	13

(概、预算表 1 乙)

序号	设计编号	工程或费用名称	概、(预)算费用（元）					经济指标 概（预）算价值	占投资(%)	经济指标		
			建筑工程	设备	安装工程	工器具购置	其他费用			单位	工程量	指标
1	2	3	4	5	6	7	8	9	10	11	12	13

设备清单

(概、预算表 2)

序号	设备名称	型号规格	单位	数量	设备重量（t）		配套电机				每台设备电机数	备注
					单重	总重	型号	电压(V)	转数（转/分）	功率(kW)		
1	2	3	4	5	6	7	8	9	10	11	12	13

人工、材料汇总表

(概、预算表 3)

序号	名称	规格	单位	数量	备注

分项工程量计算表

(概、预算表 1 甲)

序号	定额编号	工程项目名称	计算单位	工程数量	算式	备注
1	2	3	4	5	6	7

(概、预算表 1 乙)

序号	定额编号	工程项目名称	计算单位	工程数量	算式	备注
1	2	3	4	5	6	7

建筑工程概（预）算表

（概、预算表2甲）

序号	定额编号	分项工程或费用名称	工程量		概（预）算价值（元）		其中（元）						工日	
							人工费		材料费		机械费			
			单位	数量	单位	总值	单价	金额	单价	金额	单价	金额	定额	数量
1	2	3	4	5	6	7	8	9	10	11	12	13	14	15

（概、预算表2乙）

序号	定额编号	分项工程或费用名称	工程量		概（预）算价值（元）		其中（元）						工日	
							人工费		材料费		机械费			
			单位	数量	单位	总值	单价	金额	单价	金额	单价	金额	定额	数量
1	2	3	4	5	6	7	8	9	10	11	12	13	14	15

部建设费用来。即先编制单位工程概、预算，然后逐步编制、汇总成单项工程综合概、预算和项目总概、预算。

2. 设计概、预算文件的编制程序

(1) 广泛收集必要的基础资料，主要包括：

1) 工程类别、承包方式、资金来源、利率标准；

2) 工程所在地区的林区津贴标准，施工单位基地距施工现场的距离；

3) 当地养路费、牌照税的征收标准及其有关规定；

4) 调查工程建设其他费用标准，如工地征购费、居民动迁费、旧有建筑（构筑）物的拆除费等；

5) 当地人工工日单价及建筑材料预算、市场价格及外汇排价等；

6) 施工期安排；

7) 各阶段主管部门审批文件。

(2) 全面熟悉设计文件、图纸、定额及有关费用标准等，制定概、预算编制的计算程序。

(3) 准确计算工程量。

(4) 编制单位工程概、预算，进行工料分析、材料汇总，列出主要设备清单。

(5) 编制单项工程综合概、预算。

(6) 计算工程建设其他费用，编制建设项目总概、预算。

(7) 编写编制说明书。

(8) 审核、签字、打印装订成册。

39.5 "三板"建厂技术经济指标

"三板"指的是胶合板、纤维板、刨花板三个板种。

改革开放以来，我国"三板"工业有了很大发展，在节约木材、代用木材和满足社会需求等方面，正发挥着越来越大的作用。为协助从事木材加工行业的有关领导和工程技术人员了解"三板"工业现状，现收集编制了"三板"建厂技术经济指标，以期在对企业筹建、改建、扩建时能进行技术经济多方案比较、论证，做到心中有数，使企业收到预期的良好经济效益。

"三板"建厂，影响技术经济指标的因素很多，如建厂地区，设计基数，工艺流程，原料品种和类型，设备选型，热源，水源供应，生产管理水平等。因此，建厂时一定要根据本地区、本企业的实际情况，因地制宜地选取数据。这里收集编制的"三板"建厂技术经济指标供参考使用。

设备及安装工程概（预）算表

(概、预算表3甲)

序号	定制编号	设备及安装工程名称	单位	数量	设备重量（t）		概（预）算价值（元）						
							定额单价			总价		
					单重	总重	设备	安装工程		设备	安装工程	
								基价	其中工资		基价	其中工资
1	2	3	4	5	6	7	8	9	10	11	12	13

(概、预算表3乙)

序号	定制编号	设备及安装工程名称	单位	数量	设备重量（t）		概（预）算价值（元）						
							定额单价			总价		
					单重	总重	设备	安装工程		设备	安装工程	
								基价	其中工资		基价	其中工资
1	2	3	4	5	6	7	8	9	10	11	12	13

工程建设其他费用计算表

(概、预算表4)

序号	工程或费用名称	计算依据	计算式或说明	概（预）算价值（元）
1	2	3	4	5

39.5.1 刨花板建厂技术经济指标

序号	项目	单位	不同规模刨花板厂技术经济指标			备注
			15000 m³/a	30000 m³/a	50000 m³/a	
1	原料消耗（木质）	m³/a	23000	43200	71000	
2	主要辅助材料					
	脲醛树脂	t/a	1700	3750	5700	固含量62%
	石 蜡	t/a	60	120	200	固体
	氯化铵	t/a	15	30	50	纯度97%
3	动力消耗					
	用水量（平均）	t/h	10	18	22	
	其中：生产用水	t/h	4	7	9	
	冷却循环用水	t/h	6	11	13	
	电	kWh/m³	170	170	165	
	用汽量（平均）	t/h	5～6	8～10	13～15	
	生产线设备装机容量	kW	1450	2500	3700	含锅炉、制胶
4	工作制度					
	年工作日	d	280	280	280	
	日工作小时	h	22.5	22.5	22.55	
5	全厂定员	人	95	110	120	
	其中：生产工人	人	85	90	106	
6	主车间建筑面积	m²	约4000	约5100	9950	

注：以上资料取自上海人造板机器厂

39.5.2 中密度纤维板建厂技术经济指标

序号	项目	单位	不同规模中密度纤维板厂技术经济指标			备注
			15000 m³/a	30000 m³/a	50000 m³/a	
1	原料消耗（木质）	t/a	19000	35000	65000	
2	主要辅助材料					
	脲醛树脂	t/a	2600	6400	10500	固含量50%
	石 蜡	t/a	160	320	530	固体
	氯化铵	t/a	40	80	145	纯度97%
3	动力消耗					
	用水量（平均）	t/h	30	38	50	
	其中：生产用水	t/h	6	8	12	
	冷却循环用水	t/h	24	30	38	
	电	kWh/a	600×10⁴	1000×10⁴	1420×10⁴	
	用汽量（平均）	t/h	8.5～9.0	15.8	24	
	生产线设备装机容量	kW	约2500	约2700	约5100	含锅炉、制胶
4	工作制度					
	年工作日	d	280	280	280	
	日工作小时	h	22.5	22.5	22.55	
5	全厂定员	人	98	110	150	
	其中：生产工人	人	86	96	120	
6	主车间建筑面积	m²	约5000	约5500	约6000	

39.5.3 胶合板建厂技术经济指标

序号	项目	单位	不同规模胶合板厂技术经济指标		
			10000m³/Times	20000m³/Times	50000m³/a
1	原料消耗：原木	m³/a	25000	50000	125000
2	脲醛树脂固含量60%~64%	t/a	1200	2000	5000
3	氯化铵（固体）	t/a	6	12	40
4	电耗	kWh/m³	195	140	130
5	生产用水量	t/h	25	30	40
6	生产用汽量	t/h	8	14	28
7	装机总容量	kW	1100	1500	2500
8	工作制度 年工作日	d	280	280	280
	日工作小时	h	22.5	22.5	22.5
9	主车间定员	人	190	360	900
	其中：生产工人	人	175	343	875
10	主车间建筑面积	m³	8000	13000	28000

注：该资料取自原林业部林产工业公司办公室编《三板生产建设咨询资料汇编》

参考文献

[1] 中国城乡建设经济研究所主编.基本建设工作手册.北京：中国建筑工业出版社，1983

[2] 蔡金墀，温兆民主编.建设工程监理工程师知识手册.北京：中国计划出版社，1994

[3] 中国轻工总会.轻工业建设项目可行性研究报告编制内容深度规定.1992

[4] 中国轻工总会.轻工业建设项目初步设计编制内容深度规定.1991

[5] 中国轻工总会.轻工业建设项目施工设计编制内容深度规定.1993

木材工业企业管理 40

在市场经济条件下，由于科学技术日新月异，顾客需求快速变化，产品寿命周期越来越短，如何使企业在激烈的市场竞争中立于不败之地，是每个企业家都要思考的重大问题。企业管理的任务就是为了满足顾客的需要，有效组织生产与运作过程，提供高质量、低成本的产品和服务，获得竞争优势。在这部分中，主要介绍木材工业企业的有关市场营销、研究与开发、生产管理等新概念、新工具、新方法。对于企业来说，市场营销是龙头，决定着企业的发展方向；研究与开发是潜力，决定着企业未来发展和成长的潜力；生产管理是基础，决定着企业能否为市场提供高质量、低成本，从而获得竞争优势的关键。

40.1 木材工业企业的市场营销

40.1.1 企业与市场营销

企业是一个以盈利为目的的法人组织。木材工业企业与任何一个工商企业一样，都有五个基本职能：市场营销、研究与开发、生产管理、人力资源开发和财务管理。市场营销是其首要职能，它决定着企业的发展方向，商品价值的实现，以及在市场上的竞争力。

40.1.1.1 企业与市场

企业是市场主体，市场是企业活动的环境和舞台，企业与市场的关系体现为主体与环境的关系；一方面企业必须不断调整自身以适应市场环境；另一方面企业的活动也对市场产生一定的影响。企业对市场的影响大小，取决于企业所占有的市场份额。

企业作为市场主体，同市场内在地联系在一起，是市场体系中的一个单位，接受市场调节，以主体的身份自主地参与市场经济活动，不断进行物质、劳务、信息交换，在市场中求得生存和发展。市场作为政府宏观调控和企业微观运行的中介，引导、调节着企业的生产经营活动；市场有经济联系功能，是企业与外界建立协作关系、竞争关系的媒介，是企业获取市场信息、销售产品、实现利润目标的场所，是企业生产经营活动成功与失败的评判者。

40.1.1.2 市场结构

企业必须认识、把握竞争环境中市场的基本模式及特点，自己在市场竞争中的优势。从竞争态势来看，市场可归纳为以下四种基本模式。

(1) 纯粹垄断市场（完全垄断市场）；

(2) 寡头垄断市场；

(3) 垄断性竞争市场；

(4) 纯粹竞争市场（完全竞争市场）。

木材工业一方面由大量从事家具、制材、人造板等生产经营的民营小企业，另一方面又由从事木材综合加工利用的企业集团所构成，所以其市场特征是垄断性竞争与纯粹竞争同时并存，市场竞争十分激烈。

企业不但要正确认识自己的市场属于何种模式，而且要分清自己的市场是买方市场还是卖方市场。买方市场和卖方市场是根据由供求关系决定的买卖双方在市场中的支配地位划分的。卖方市场是指卖方处于支配地位，由卖方左右的市场。买方市场是指买方处于支配地位，由买方左右的市场。

随着知识经济的到来，生产效率不断提高，技术进步越来越快，少数人生产了大量的物质财富，买方在市场中处于支配地位。目前，我国的经济已处于过剩经济，市场已不可逆转地由原来的卖方市场变为买方市场。竞争在生产者之间展开，消费者在市场中完全占有主动权。木材工业企业如何更好地满足顾客的需要，从而赢得竞争优势是整个企业管理的中心。

40.1.1.3 市场营销的含义

市场营销是在变化的市场环境中，企业以顾客的需求为出发点，研究如何适应市场需求而提供商品和服务、实现企业目标的整个商务活动过程，包括市场调研、选择目标市场、产品开发、产品定价、渠道选择、产品促销、产品储存和运输、产品销售、提供服务等一系列与市场有关的企业经营活动。这些活动不仅在流通领域里进行，而且向上延伸至生产领域的产前活动，向下延伸至流通领域结束后的售后服务活动。

要正确地理解和掌握市场营销的含义，必须弄清以下几个关键要点。

(1) 市场营销是企业以满足用户和消费者的需要为中心来进行的一系列活动。在市场经济条件下，任何企业要在激烈的市场竞争中求得生存和发展，必须深入细致地调查、分析和研究市场上用户和消费者的需要。根据用户和消费者的需要，结合企业营销环境的分析及企业本身的情况，来选择企业的目标市场，并且制定适当的营销计划以及产品、价格、渠道、促销等营销策略，使企业的产品能在市场上顺利地销售出去。就是说，企业通过较好地满足用户和消费者的需要而获得较好效益（包括企业经济效益和社会效益）。可见，企业的营销活动必须紧紧围绕"满足用户和消费者需要"这个中心来进行。否则，企业难以生存下去，这已被许多企业的实践所证明。

(2) 市场营销是一种有始有终的、动态的管理过程。企业进行市场营销活动的过程，实际上也是企业对市场营销进行管理的过程。企业的市场营销过程是一项系统管理工程。要使这个系统能高效地运营，必须做好营销调研、营销环境分析、市场细分与目标市场选择、产品开发、产品商标与包装的确定、产品服务、价格制定、渠道决策、广告宣传、公关促销、商品推销等各个环节的管理工作，同时还应当明确，市场营销不是一种静态的管理过程，而是一种动态的管理过程。这是因为，企业在进行市场营销活动的过程中，外在营销环境会发生变化，用户和消费者的需要会发生变化，市场竞争会发生变化，内部的某些因素也会发生变化，企业必须根据营销战略规划与营销目标的要求，根据企业内外的变化及其发展趋势，适时地、不断地调整企业营销系统，以保证企业目标的实现。因此，企业市场营销过程，不是一种简单重复的、静态的管理过程，而是一种不断地进行自我调节、自我完善的、动态的螺旋上升的管理过程。

(3) 市场营销不同于商品推销。早期的市场营销与商品推销是同义语。如今，仍有不少人将市场营销等同于商品推销，就是在营销很发达的美国，也有很多人理解错误。实际上，现代市场营销与商品推销存在着以下的区别：① 市场营销是一项系统管理工程，而商品推销只不过是其中的一个环节；② 市场营销是以满足用户和消费者的需要为中心，而商品推销是以销售企业现有产品为中心；③ 市场营销的出发点是市场，而商品推销的出发点是企业（卖方）；④ 市场营销采用的是整体市场营销手段，而商品推销主要采用广告宣传、人员推销等手段；⑤ 市场营销是通过满足用户和消费者需要来获取利益，而商品推销是通过增加销售量来获取盈利。由此可见，市场营销不能等同于商品推销。美国市场营销学权威菲利普·科特勒认为：商品推销不是市场营销最重要的部分，商品推销只是"市场营销冰山"的尖端。如果企业搞好了整个市场营销工作，那么商品就能轻而易举地推销出去。

40.1.1.4 市场营销观念的演变

市场营销观念就是企业在开展市场营销的过程中，在处理企业、顾客和社会三者利益方面所持的态度、思想和观念。菲利普·科特勒把指导企业进行经营活动的思想观念归纳为五种，即生产观念、产品观念、推销观念、市场营销观念和社会市场营销观念。它们是随着社会经济的发展、随着市场形势的变化而发展变化的。

1. 生产观念

生产观念也称之为生产导向，是19世纪末到20世纪20年代这段时期占支配地位的一种传统的、古老的观念。

生产观念实质上是一种"以生产为中心"的经营哲学。它不是从市场需要出发来指导企业的营销活动，而是从企业本身出发，"我能生产什么，就卖什么"。

目前，生产观念仍是支撑我国木材工业企业的主要经营哲学。例如，我国家具工业企业目前致力于引进国外成套流水生产线，进行大量生产，殊不知随着生活水平的提高，人们对家具的需求已变得多样化了。大量生产不能满足多样化、个性化的需求，结果企业效益下降，甚至被迫破产。生产观念之所以在我国很流行，是因为目前我国的经济仍是计划经济向市场经济转变的过渡时期。计划经济是一个短缺经济，商品供不应求，只要提高生产效率，降低成本，产品的销售是不成问题的。现在尽管已由计划经济向市场经济转变，商品已供过于求，但指导企业经营活动的指导思想并没有根本的变化，结果导致了我国木材工业企业的低水平的激烈竞争。

2. 产品观念

产品观念认为：消费者最喜欢高质量、多功能和具有某种特色的产品，企业应致力于生产高价值产品，并不断加以改进。

这种观念从表面上看是正确的，其实企业仍从自身的角度武断地认为消费者最喜欢高质量、多功能和具有某种特色的产品，而没有注意到消费者的需求可能已经发生变化。许多经理就深深地迷恋上了自己的产品，以至于没有意识到产品可能并不那么迎合时尚，甚至市场正在朝不同的方向发展。

当企业发明一项新产品时，最容易滋生产品观念。此时，企业最容易患上"市场营销近视症"，即不适当地把注意力放在产品上，而不是放在市场需要上。

3. 推销观念

推销观念是20世纪20年代末到二次世界大战结束这段时期占支配地位的观念。在这一时期，由于科学技术的进步，科学管理和规模生产的推广，社会产品数量日益增加，花色品种增多，而需求的增长缓慢，市场上商品逐渐出现供过于求的现象。企业所面临的首要问题再不是如何提高生产效率、扩大生产规模，而是如何将产品销售出去。在这种形势下，企业开始重视销售工作，采用发展销售网点、改进销售制度、培训销售人员、开展广告促销宣传、研究销售技术等方法与手段，千方百计地销售自己的产品，期望通过大量销售来获取较多的利润。

推销观念实际上是生产观念的发展和延伸。两种观念的不同点在于，生产观念是以生产为中心，通过提高生产效率、扩大产量、降低成本来获取利润；而推销观念是以销售为中心，通过加强销售、加强促销、扩大市场、增加销售来获取利润。可以讲，销售观念基本上仍属于"以产定销"的范畴。尽管如此，从生产观念转变为销售观念，应该说是企业经营哲学上的一大进步。推销观念在我国的木材工业企业中也很盛行。

4. 市场营销观念

市场营销观念也称之为市场营销导向、顾客导向，是20世纪50年代中期才正式形成的一种新的企业经营哲学。

市场营销观念认为，实现企业各项目标的关键，在于正确确定目标市场的需要和欲望，并且比竞争者更有效地传送目标市场所期望的物品和服务，进而比竞争者更有效地满足目标市场的需要和欲望。市场营销观念实质上是一种"以用户和消费者需要为中心"的经营哲学，它重点考虑的是"用户和消费者需要什么，我就生产什么"，它以整体市场营销的手段来满足用户和消费者的需要，从而实现企业长期的合理的利润。市场营销观念的重点是顾客导向、整体营销手段和顾客满意度。

市场营销观念是企业经营哲学上的一次根本性的变革。市场营销观念与销售观念有着本质的区别。销售观念是"由内向外"，着重考虑的是"卖方需要"。它以工厂为起点，注重企业现有的产品，采用销售与促销手段，通过追求大量的销售来获得利润。而市场营销观念是"由外向内"，着重考虑的是"买方的需要"。它以市场为起点，注重用户和消费者的需要，采用整体市场营销手段，通过满足用户和消费者的需要来获取利润。

5. 社会市场营销观念

社会市场营销观念，也称之为社会市场营销导向，是20世纪70年代所形成的一种企业经营哲学。

社会市场营销观念认为，企业的任务是确定各个目标市场的需要、欲望和利益，并以保护或提高消费者和社会福利的方式，比竞争者更有效、更有利地向目标市场提供能够满足其需要、欲望和利益的物品或服务。社会市场营销观念要求市场营销者在制定市场营销政策时，要统筹兼顾三方面的利益，即企业利润、消费者需要和社会利益。

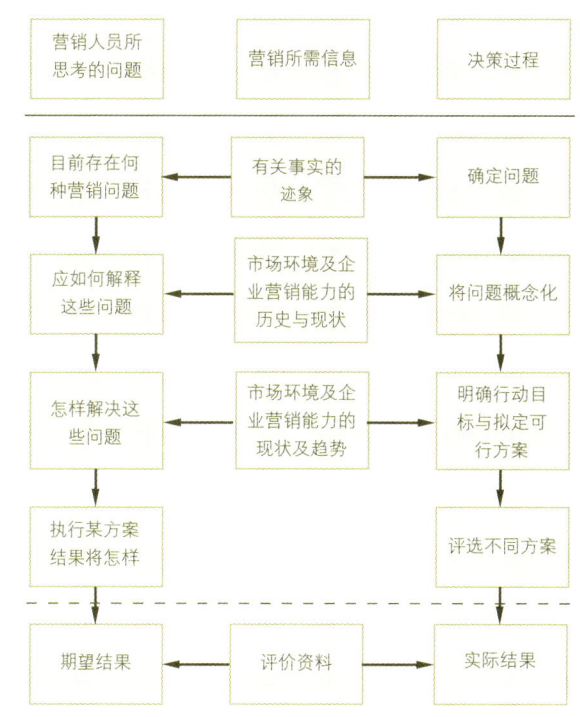

图 40-1 营销信息是决策基础

40.1.2 市场营销信息系统

40.1.2.1 市场营销信息的含义和作用

市场营销信息是社会经济生活中与企业营销有关的某种事物的现状或运动所产生的消息、数据、事件的总称。企业为了寻找市场机会和预见营销中的问题，经理们必须收集全面和可靠的信息。这些信息主要包括顾客、竞争者、经销商以及企业本身的销售和成本数据。

在现实中，营销信息是决策的基础，其作用表现为：①有利于企业正确认识市场环境，及时发现营销机会与风险，规划企业营销战略；②有利于正确认识企业营销能力，统一筹划各种营销手段，制定可行的营销方案；③有利于加强营销方案的执行与控制，提高营销效益。营销人员所思考的问题、营销所需信息与决策过程的关系如40-1所示。

尽管市场营销信息是营销决策的基础，但现实的问题是：合适的营销信息不足，错误的营销信息太多；营销信息在公司里过于分散，以致为了核实一些简单的事实，也要作很大的努力。正因为如此就需要建立一个营销信息系统（MIS）。

营销信息系统是一个由人、机器和程序组成的系统，它收集、挑选、评估和分配恰当的、及时的和准确的信息，以用于营销决策者对他们的营销计划工作的改进、执行和控制。营销信息系统如图40-2所示，左边的方框表示营销经理必须注意观察的营销环境的组成要素，营销环境的趋势是通

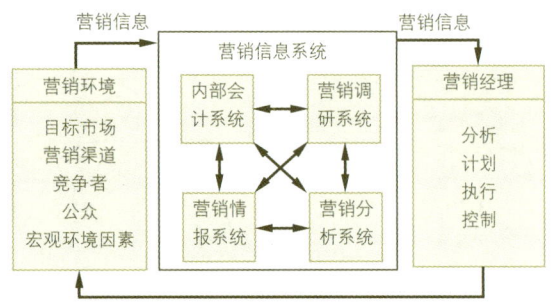

图 40-2 营销信息系统

过组成营销信息系统的四个子系统的整理和分析得出的,这四个子系统是由内部会计系统、营销情报系统、营销调研系统和营销分析系统等子系统组成的。

40.1.2.2 内部会计系统

营销经理使用的最基本的信息系统是内部会计系统。这是一个订单信息、销售额、存货水平、应收帐款、应付帐款等组成的系统。通过分析内部会计信息,营销经理能够发现重要的机会和问题。内部会计系统的核心是订单—装运—开出收款帐单的循环,如何提高销售报告的及时性是这一系统的主要问题。为了设计一个先进的销售信息,公司高级管理人员必须对表40-1中的问题进行分析。

40.1.2.3 营销情报系统

营销情报系统是公司高层管理人员获得日常的关于营销环境发展变化信息的一整套程序或系统。内部会计系统为管理人员提供结果数据,而营销情报系统则为管理人员提供正在发生的数据。

许多公司为提高营销情报的质量和数量,往往采用以下的方法:

(1) 鼓励销售人员去发现和报告新发展的情况。这样就应为销售人员提供填写方便的表格,而销售人员应该知道他们的公司哪一个经理需要哪一种信息。

(2) 公司鼓励分销商、零售商和供应商把重要的情报,特别是竞争对手的情报报告公司,而公司安排专业人员收集、分析营销情报。获得竞争者情报的一般方法是:购买竞争者的产品;参加公开的商场和贸易展销会;阅读竞争者的出版物;和竞争对手的以前雇员、目前雇员、经销商、分销商、供应商、运输代理商交谈;收集竞争者的广告。

(3) 公司收集各种日报、年鉴以及向营销服务公司购买信息。如收集《中国统计年鉴》、《经济日报》、《人民日报》等;向剪报公司购买关于竞争者的广告、广告费用和广告媒体组合的报告等。

(4) 建立信息中心收集和传送营销情报。建立信息中心的主要优点是公司编纂一张一览表,表上指出档案上存在着什么数据以及存在何处。信息中心一般具有如下功能:数据评价、数据转换成信息、数据传递、数据积累、数据分析等。

40.1.2.4 营销调研系统

企业为研究特定的问题如产品上市方案,产品偏好试验,广告效益研究等,就需要营销调研。营销调研就是根据公司所面临的特定的营销状况,系统地设计、收集、分析以提供有关特定营销问题的调查研究结果。

目前企业比较普遍进行的调研活动是:市场特性的确认、市场潜力的衡量、市场份额分析、销售分析、企业趋势研究、竞争产品研究、短期预测、新产品接受程度分析、长期预测、价格研究等十类。

现在营销调研的方法已广泛地应用于各行各业,如工商企业、医院、学校等。有效的营销调研包括五个步骤:确定问题和研究目标、制定调查计划、收集信息、分析信息、提出结论。

1. 确定问题和研究目标

有效的营销调研首先必须对问题作出清晰的定义,否则收集信息的成本可能会超过调研得出的结论价值。

2. 制定调研计划

营销调研的第二个阶段是要求制定一个收集所需信息的有效计划。在制定调研计划时,要求作出的决定有:数据来源、调研方法、调研工具、抽样计划和接触方法,如表40-2所示。

表 40-1 关于确定营销信息需要的调查分析表

1	哪些类型的决定是你经常作出的?
2	作出这些决定时,你需要哪些类型的信息?
3	哪些类型的信息是你经常得到的?
4	哪些类型的专门研究是你定期所要求的?
5	哪些类型的信息是你现在想得到而未得到的?
6	哪些杂志和贸易报导是你得到而未得到的?
7	哪些信息是你想要在每天、每周、每月、每年得到的?
8	哪些特定问题是你希望经常了解的?
9	哪些类型的数据分析方案是你希望得到的?
10	对目前的市场营销信息系统,你认为可以实行的四个最有助于改进的方法是什么?

表 40-2 制定调研计划所需考虑的因素

制定调研计划			
数据来源	第二手资料	第一手资料	
调研方法	观察法	调查法	实验法
调研工具	调查表	机械设备	
抽样计划	产品抽样	抽样范围	抽样程序
接触方法	电话	邮寄	个人

3. 收集信息

在制定了调研计划以后,调研人员必须承担起资料收集工作或将此工作外包出去。利用现代信息技术使收集信息工作已变得较为容易。

4. 分析信息

营销调研过程中的下一个步骤分析所收集的信息,从数据中提炼出恰当的调查结果。这需要把数据列成表格,对主要变量计算其平均数和标准差。在营销分析系统中,调研人员应努力采用一些先进的统计技术和决策模型。

5. 提出调查结论

营销调研人员根据分析的资料,提出有用的调查结论。

40.1.2.5 营销分析系统

营销分析系统是由分析市场营销数据和问题的先进技术所组成,它包括一个统计库和模型库,如图 40-3 所示。

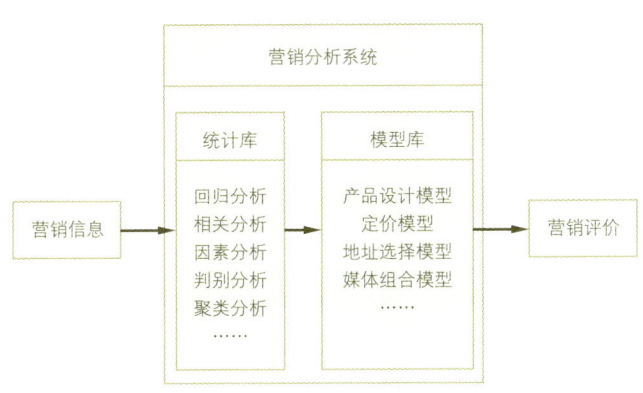

图 40-3 营销分析系统

统计库是用统计方法从数据中提取有意义信息的一个集合。比较常用的统计分析技术有:多元回归分析、相关分析、因素分析、判别分析、聚类分析等。对于如何使用这些统计技术可参阅有关统计学的专门著作。

模型是用来表述某些真实的系统或过程的一组变量和它们之间的相互关系。而模型库是一个能够帮助营销人员作出比较好的市场营销决策的许多模型的集合。目前,管理科学家已建立了许多模型,营销人员必须了解各种模型的中心概念,并且能判断出与他们工作上的关系,表 40-3 列出了营销中常用的模型类型。

40.1.3 市场细分及目标市场选择

现代企业面对的是一个十分复杂的市场,存在着各种不同的需求与爱好,任何一个企业即使是大企业,也不可能全面予以满足,不可能为所有购买者提供有效的服务。因此,企业在对市场营销环境进行调研分析的基础上,通过市场细分,进而选择目标市场和定位,是获得企业竞争优势的关键。

表 40-3 营销中常用的模型分类

模型的分类			
根据目的划分		根据技术划分	
描述性模型	马可夫过程模型	文字模型	
	排队模型	逻辑流程模型	
	微 分 学	网络计划模型	
决策模型	数学规划	图形模型	因果模型
	统计决策理论		决策树模型
	博弈理论		函数关系模型
			反馈系统模型
			线性与非线性模型
		数学模型	静态与动态模型
			确定性与随机性模型

40.1.3.1 市场细分的概念和意义

1. 市场细分的概念

市场细分是指企业按照消费者的一定特性,把原有市场划分成两个或两个以上各有相似欲望和需求的分市场或子市场,用以确定目标市场的过程。

市场细分的概念是由美国著名市场学家温德尔·斯密于 20 世纪 50 年代中期提出来的。其研究和操作的思路是将整个市场划分成不同的或相同的小市场群,即"异质市场"和"同质市场"。所谓"同质市场"是指消费者对产品的需求大致相同,如板材、胶合板、纤维板、刨花板等,因此,企业可用一种产品和一种营销策略加以满足。而"异质市场"是指消费者对产品的需求差异很大。对于大部分产品,如家具,购买者对它们的各项特性(质量、款式、花色品种、价格)的要求各不相同。企业根据消费者对产品的需求和欲望的偏好不同,划分为几个消费者群,这样就把该产品市场细分为几个子市场,并采用不同的营销策略加以满足。

2. 市场细分的意义

市场细分是一种把整体市场区分为多个具有显著需求特征的消费者群体的过程,它要求各细分市场之间具有明显的需求差异,而各细分市场内部消费者的需求特点大体一致。市场细分的意义主要体现在以下几个方面:

(1)有利于企业发现新市场的机会,开拓新市场。在了解不同细分市场需求特征及市场上已有商品的基础上,很容易发现消费者尚未得到满足的需求,根据竞争对手市场占有情况,巩固现有市场,充分利用市场机会,开拓新市场。

(2)有利于企业发挥竞争优势。由于资源所限,每一个企业的生产能力对于整体市场来说都是微小的。尤其是对于中小型企业,通过市场细分,把企业的优势力量集中在企业选定的细分市场上,变整体市场上的相对劣势为局部市场上绝对优势,从而提高企业竞争能力。

(3)有利于企业集中使用力量。一个企业不可能满足所有的市场需求,因而必须在细分市场中作出取舍。在一个细分市场中占据较大的市场份额,往往比在整体市场中获取较小的市场份额更为有利。企业应该将其人力、物力和财力准确地投放到所选定的目标市场上去,才能取得稳固的市场地位。

(4) 有利于企业根据市场变化,调整营销策略。顾客的需求是企业制定正确营销策略的出发点,由于各细分市场具有明显的需求特征,企业易于把握,并依此作出反应,准确地调节营销策略的各个方面,使细分市场中的消费者需求得到充分的满足,企业也因此获得更高的盈利。

40.1.3.2 市场细分变数和步骤

市场细分是为企业选择目标市场而进行的战略步骤,对于不同行业、不同类型的企业来说,实行市场细分必须考虑细分市场的可衡量性、可盈利性、可进入性、可操作性或可影响性。在此基础上,依据某些变量或标准将整体市场划分为若干个子市场。

1. 市场细分变数

市场细分变数就是那些能够充分反映市场需求不同特征的诸多因素,企业应根据所经营产品及其需求特点,在这些因素中选择使用。不同类型的市场,其市场细分的变数也有所不同,下面我们分别讨论消费品和工业品市场细分变数。

(1) 消费品市场细分变数

消费品市场是由为个人消费而购买或取得商品和劳务的全部个人和家庭组成的。家具常被消费者家庭购买,是属于消费品。消费品市场细分变数一般分为四大类,即:地理变数、人口变数、心理变数、行为变数。这四种变数要根据消费者需求差异综合运用,如需求差异大的产品,要运用较多的变数;需求差异小的产品,可运用较少的变数。

1) 地理变数:按消费者所处的地理位置进行市场细分,是一种最早的方法。因为同一地区的消费者在需求方面往往类似,尤其是当信息沟通和供销方法受到限制时,地区市场之间的需求差异极为明显。实际上,在市场经营中,市场潜力和经营成本常随地理位置的不同而变更。人口密度大的地区,市场潜力相对较大,而经营成本则相对较低。企业按地理变数细分市场时,在经营策略上要做到区别对待,因地而异。

2) 人口变数:人口变数就是指人口调查统计的项目等,这些变量往往易于辩识和衡量,不同的产品、不同的市场所采用的变量有所不同。但在实际营销过程中,许多企业是按照两个或两个以上的人口变量来细分市场的,通过综合分析就可估计每一个细分市场或子市场的潜在价值,然后权衡得失,选择其中一个或几个自己力所能及和最有利的分市场作为企业的目标市场。

3) 心理变数:消费者的购买行为往往受个人生活方式、动机和性格等心理因素的影响,因此可根据心理变数来细分市场。心理变数包括相关群体、生活方式、个性等。消费者的心理是多种多样的,有的求新、有的求质、有的求廉、有的求名等。因此,企业在根据消费者的心理变数细分市场时,必须要深入调查,切实掌握消费者不同的心理特征及其变化趋势。

4) 行为变数:行为变数是企业根据消费者对产品属性所具有的知识、态度、使用和反应状况来细分市场。

上述四种因素对消费者来说,往往相互影响,不能截然分开。因此,细分市场不能只考虑某一方面的因素,也并非依据所有的因素,而是要根据产品特点,选择使消费者之间产生明显差别的若干因素结合起来进行市场细分,才能选出比较理想的目标市场。

(2) 工业品市场细分变数

工业品市场是指这样的个体和组织,他们购买商品不是为了个人消费,而是为了加工盈利。工业品市场的购买行为的特点是:购买者数量少、地理位置较集中、商品的需求缺乏弹性、属于专业化购买等。各种木材和人造板商品常常是作为原材料或半成品被采购的,属于工业品。

细分工业品市场的主要依据有用户要求、用户规模和用户地点。

1) 用户要求:不同用户采购一种产品的使用目的往往互不相同。同是木材,有的用作生产家具,有的用于建筑等。基于不同的使用目的,不同的最终用户又对产品的规格、型号、质量、功能、价格等等方面提出不同的要求。

2) 用户规模:在工业品市场上,大量用户、中量用户、少量用户的区别,要比消费品市场远为普遍,也更为明显。用户的规模不同,企业的营销组合方案也应不同。例如,对于最终用户中的大客户,宜于直接联系,直接供应,销售经理亲自负责;对于最终用户中的众多小客户,则宜于使产品进入商业渠道,由批发商甚至零售商去组织供应。

3) 用户地点:任何一个国家或地区,由于自然资源、气候条件、社会环境、历史等方面的原因,以及生产的相关性和连续性的不断加强而要求的生产力合理布局,都会形成若干产业地区。企业按用户的地理位置来细分市场,选择用户较为集中的地区作为自己的目标市场,不仅联系方便、信息反馈较快,而且可以更有效地规划运输路线,节省运力与运费,同时也能更加充分地利用销售力量,降低推销成本。

同细分消费品市场一样,许多企业也往往根据需要将多种细分变数组合在一起作为细分工业品市场的依据。

2. 目标市场

(1) 选择目标市场

目标市场是指企业在市场细分的基础上,从满足现实的或潜在的目标顾客的需求出发,并依据企业自身经营条件而选定的一个或为数不多的特定市场。简单地说,目标市场就是企业产品或劳务的消费对象。

企业目标市场的选择是否适当,直接关系到企业的市场占有率和盈利。因此,选择目标市场时,必须认真评价细分市场的营销价值,分析研究是否值得去开拓,能否取得最大的营销效果。一般说来，从细分市场中选择目标市场至少应把握以下标准：

1) 该市场具有足够的发展潜力，有较大的获利可能。
2) 有利于发挥企业的内在优势，企业的营销手段有较大的竞争能力。
3) 有可靠的资源作后盾，保证对市场的充分供应。

(2) 目标市场的策略

企业确定细分市场作为经营和服务目标的决策，称为目标市场策略，目标市场策略是市场定位和营销组合策略的有机结合。企业确定目标市场的方式不同，采取的营销策略也就不一样。一般说来，可供企业有效地选择目标市场的策略有三种，即无差别营销策略、差别营销策略和集中营销策略。

1) 无差别营销策略：企业把整个市场当作自己的目标市场，是一种整体化进入的市场定位策略。这种策略忽视需求的差别，使用大规模生产方式，广泛的销售渠道，单一的广告宣传方式。旨在树立企业形象，通过大规模经营取得盈利，而成本支出较低。但是，在目前的经济形势下，无需求差别的产品是极为少见的，消费者有差别的需求得不到满足，因而这种策略使用范围不广，经营风险很大。

2) 差别营销策略：企业把整体市场中的部分甚至所有细分市场作为目标市场。企业为不同的目标市场生产不同的产品，运用不同的定价方式和广告宣传方法，力求满足所有目标顾客。它的最大长处是充分地满足了所有消费者，使他们对企业更为偏爱；多样化经营减少了市场风险，增强了竞争能力，但生产与经营管理成本相应增大，对企业的管理能力和资源提出了更高的要求。

3) 集中营销策略：这是一种不追求在整体市场上占有较小的市场份额，而是收缩战线，以求在一个或有限几个目标市场中占有较大的以至支配性的市场份额的营销策略。这种策略可以使企业很好地满足消费者需求，同时只付出较少的经营成本。但经营风险随目标市场的多寡而有所不同，目标市场越少，风险越大，所以市场多样化是解决这一问题的有效途径。

对于木材工业企业来说，究竟应当采用上述哪一种目标市场策略，这取决于企业、产品、市场等多方面的条件。

1) 企业资源：企业实力雄厚，可考虑采用差别或无差别市场营销策略；资源有限，则宜于选择集中性市场营销策略。

2) 产品性质：这是指产品是否同质、能否改型变异。有些产品，主要是某些初级产品如原木、板材、方材及各种人造板，宜实行无差别营销；而许多加工制造产品如家具宜采用差别或集中市场营销策略。

3) 市场是否同质：如果顾客的需求、购买行为基本相同，对营销方案的反应也基本一样，亦即市场是同质的，在此情况下可实行无差别营销。反之，则应采取差别或集中市场营销策略。

4) 产品生命周期：处于导入期和成长前期的新产品，竞争者不多，宜于采用无差别市场营销策略，产品一旦进入成长后期或已处于成熟期，市场竞争加剧，就改为实行差别市场营销策略，以利于开拓新的市场，扩大销售；或者实行集中营销策略，以设法保持原有市场，延长产品生命周期。

5) 市场供求趋势：如果一种产品在未来一个时期内供不应求，消费者或用户的选择性大为弱化，企业就可以采用无差别营销策略；相反，则应采取差别或集中市场营销策略。

6) 竞争对手的市场营销策略：假如竞争对手采用无差别营销策略，企业就应当采用差别市场营销策略，以提高产品的竞争能力；假如竞争对手都采用差别营销策略，企业就应进一步细分市场，实行更有效的差别营销和集中营销策略；但若竞争对手力量较弱，也可考虑采用无差别营销策略。

企业选择目标市场策略时应综合考虑上述诸因素，权衡利弊方可做出抉择。

40.1.3.3 市场定位策略

企业一旦选定了目标市场，就要研究在目标市场上进行产品的市场定位。所谓市场定位，就是根据竞争者现有产品在市场上所处的位置，针对消费者或用户对企业产品某种特征或属性的重视程度，强有力地塑造出本企业产品与众不同的个性或形象，并把这种形象传递给顾客，从而使该产品在市场上确定适当的位置。

市场定位实际上是一种竞争策略，它显示了一种产品或一家企业同类似的产品或企业之间的竞争关系。通常有三种定位方式可供选择：一是避强定位。这是一种避开有力的竞争对手的市场定位。其优点是：能够迅速地在市场上站稳脚跟，并能在消费者或用户心目中迅速树立起一种形象。由于这种定位方式市场风险较小、成功率较高，常常为多数企业所采用。二是迎头定位。这是一种与在市场上占据支配地位的竞争对手"对着干"的定位方式。这种方式使自己的产品与竞争对手的产品处在相同的市场位置上，相互竞争。迎头定位不一定试图压垮对方，若能平分秋色就已是巨大成功。三是重新定位。通常是指对销路少、市场反映差的产品进行二次定位，旨在摆脱困境，重新获得增长与活力。

40.1.4 市场营销组合

40.1.4.1 市场营销组合的概念和内容

市场营销组合是现代营销中一个十分重要的新概念。所谓市场营销组合是指企业为了占领目标市场，有计划地综合运用各种可能的市场营销策略和手段，组成一个系统化的整体策略，以达到销售产品并取得最佳的经济效益。

市场营销组合强调从市场整体营销出发，以目标市场的现实需求与潜在需求为中心，运用系统工程的方法，把影响市场营销的各种因素与开拓市场的各种手段进行适当的组合，使之最佳地发挥综合作用。

市场营销组合主要包括产品（Product）策略、价格（Price）策略、地点（渠道）（Place）策略、促销（Promotion）策略。由于这四个词的英文字头都是"P"，因而市场营销组合策略通常简称为"4Ps"。

1. 产品策略

这是指作出与产品有关的计划与决策。产品是为目标市场而开发的、满足顾客需要的有形物质产品与各种相关服务的统一体，包括产品实体、形状、质量、特性、牌号、包装以及维修、安装、退货、指导使用、产品担保等方面。

2. 价格策略

这是指为产品选定一种吸引顾客、实现市场营销组合的价格决策。包括商品价目表所列价格、各种折扣、支付期限付款方式、信用条件等。

3. 地点策略

这是指如何选择产品从制造商转移到消费者的途径，包括销售渠道和方式、各种中间环节及供货的区域、方向和商品实体的转移路线和条件等。

4. 促销策略

这是指通过各种形式与媒介宣传企业与商品、与目标市场进行有关商品信息的沟通的所有活动，包括人员推销、营业推广、广告、公共关系等。

市场营销组合具有以下的特点：

第一，市场营销组合的因素是企业可以控制的因素。影响企业营销活动的因素有企业可控制的和不可控制的两类。政治、经济、社会文化、法律等环境方面的影响因素是企业所不能控制的因素，企业只能适应环境的变化，这类因素称为营销不可控制因素。而"4Ps"则是企业可以控制的变量，市场营销组合就是企业可以控制的各个变量的组合。

第二，营销组合是动态的组合。"4Ps"中每个子因素的变化都会引起整个组合的变化。

第三，营销组合是复合组合。"4Ps"是大组合，每个P又是包括许多因素的次组合。

第四，营销组合的作用是整体作用，不是每个构成因素作用的简单相加。企业的营销优势取决于营销组合的优劣而不是单个策略的优劣。

40.1.4.2 产品策略

1. 产品整体概念

顾客购买产品绝不是为了取得产品本身，而是为了满足某种特定的需要。这就表明，产品的本质是人们通过交换而获得的需求的满足。因此，产品不仅是指有形的物质产品，也指无形的服务产品；而有形产品也往往与或多或少的必要的服务相组合，构成满足某种需要的系统。

"产品整体概念"是指产品由三个层次构成：核心产品、形式产品、扩大产品（延伸产品）。其中，核心产品就是产品的使用价值，为顾客提供基本的效用和利益，是满足消费者需求的中心内容。形式产品就是核心产品的外部特征，是消费者需求的不同满足形式，包括品牌、包装、特色、款式、品质等。扩大产品就是附加服务（通常指各种售后服务），给购买者带来的各种附加利益，如免费送货、安装、维修技术、培训保证等。

产品整体概念的三个层次均以满足消费者需求为标准，体现以顾客为中心的现代营销观念。它告诉人们，"产品"是由多种因素集合而成的，核心产品与其他多种因素的不同组合，可以满足消费者对一种产品的多样化的需求。

2. 产品组合及其策略

产品组合是指一个企业经营的各种产品的组合方式。为分散经营风险，绝大部分工商企业都不会经营单一的产品，而是需要同时经营多种产品，由此产生了产品组合的问题。

产品组合通常是由若干产品线组成的。产品线是指同类产品的系列。一条产品线就是一个产品类别，是由使用功能相同、能满足同类需求而规格、型号、花色等不同的若干个产品项目组成的。一个产品项目则是指企业产品目录上开列的每一个品种。

产品组合包括广度、深度和相关性这三方面的内容。产品组合的广度，是指产品组合中包含的产品线的多少，包含的产品线越多，广度就越宽。产品组合的深度，是指每一条产品线包括的产品项目的多少，包含的产品项目越多，产品线的深度就越大。产品组合的相关性，是指各类产品线之间在最终用途、生产条件、销售渠道或其他方面互相关联的程度。不同的产品组合存在着不同的相关程度。

上述三方面内容的差异，会构成不同的产品组合。企业应当根据市场需求、自身条件和企业目标，按照有利于扩大销售和增加企业总利润的原则，寻求并实现最佳产品组合。

产品组合策略是企业对产品组合的广度、深度和相关性诸方面的选择。有以下策略：

(1) 扩大产品组合：包括开拓产品组合的广度和加强产品组合的深度，即增加新产品线和在原有产品线内增加新的产品项目。

(2) 缩减产品组合：包括减少产品线和在产品线中减少产品项目，即缩小经营范围。

(3) 产品线延伸：指全部或部分地改变企业原有产品的市场定位，具体有向上延伸、向下延伸和双向延伸。向下延伸是把原来定位于高档市场产品线向下延伸，在高档产品线中增加低档产品项目。向上延伸是在低档产品线内增加高档产品项目。双向延伸是将产品线向两个方向延伸，同时增加高档产品和低档产品。

(4) 产品线现代化：指对已过时的产品线进行现代化改造。

3. 产品生命周期

产品生命周期是指企业产品从进入市场到退出市场的全

过程，它是指产品的市场寿命，而不是产品的使用寿命。产品生命周期划分为以下四个主要阶段：

第一阶段，投入期（或称介绍期）。是指产品投入市场的起始阶段。这一阶段的主要特点是：生产批量小，制造成本高，推销费用大。企业通常无利可图，甚至还要赔钱。

第二阶段，成长期。是指产品销路打开、并迅速扩大的阶段。这一阶段的主要特点是：设计已经定型，大批量投入生产，成本大幅度下降；产品已为顾客所了解，销售量迅速上升；仿制企业陆续出现，利润额迅速增长。

第三阶段，成熟期。是指产品已经普及，需求量已经趋于饱和的阶段。这一阶段持续的时间比前两个阶段长得多。该时期的特点主要是：销售额增长缓慢，并逐步趋于下降；新的竞争者继续进入市场，生产能力渐趋过剩；利润额稳中有降。

第四阶段，衰退期。是指产品逐渐被淘汰的阶段，新产品逐步取代老产品。这一阶段市场特点主要是：销售量、价格、利润继续下降；价格竞争更加激烈，逐步压到很低的水平；这一趋势持续的过程中，企业因利润太少或无利可图而停止该产品的生产和经营。该产品的生命周期也就结束了。

在产品生命周期的不同阶段，其市场营销策略是不同的。

(1) 投入期营销策略：这一时期的营销策略，大致有如下四种：

1) 快速掠取策略，即以高价格和高促销费用推出新产品；
2) 缓慢掠取策略，以高价格低促销费用将新产品推入市场；
3) 快速渗透策略，以低价格高促销费用推出新产品；
4) 缓慢渗透策略，以低价格和低促销费用推出新产品。

(2) 成长期营销策略：在产品方面，要不断提高产品质量，努力发展产品的新款式、新型号，增加产品的新用途；在渠道上，要巩固原有渠道，增加新销售渠道，尽可能提高市场占有率；在促销上，要树立强有力的产品形象，建立品牌偏好；在价格上，要选择适当时机降价。

(3) 成熟期营销策略：这一时期的营销策略大致有三种：

1) 市场改良策略。即开发新市场，如通过寻找新的细分市场，刺激现有顾客，增加使用频率；重新树立产品形象，寻找新买主等；
2) 产品改良策略。是对产品整体的任一层次进行改进，以使"产品再推出"。可通过品质改进、特性改进、式样改进、服务改进来实现；
3) 营销组合改良。通过改变定价、渠道及促销方式来延长产品成长期和成熟期。

(4) 衰退期营销策略：这一时期的营销策略大致也有三种：

1) 维持策略。即继续沿用过去的营销组合策略；
2) 集中策略。即把资源集中在最有利的细分市场、渠道和畅销品种上；
3) 榨取策略。即大力降低销售费用，精减推销人员，增加眼前利润。

4. 品牌与包装

品牌是整体产品概念的重要组成部分，是用来识别卖主产品的名称、符号或它们的组合，包括品牌名称（品牌的听觉识别）和品牌标记（品牌的视觉识别）。品牌经过法律注册程序后就称为"商标"。商标是品牌的法律用语，其专用权受法律保护。品牌有助于建立顾客偏好和新产品销售，是广告促销和控制市场的有力武器，是企业市场竞争的重要手段。

企业进行品牌决策时，有以下几种策略选择：

(1) 使用品牌还是不使用品牌：使用品牌对绝大多数产品来说有着积极作用，但并非所有产品都必须使用品牌，绝大多数未经加工的原料产品就不用品牌，如原木一般不采用品牌；

(2) 采用制造商的品牌还是采用中间商的品牌，或者这两种品牌并用；

(3) 使用统一品牌还是采用个别品牌决策：这是指同一生产者生产的不同产品是分别使用不同品牌还是全部使用一个统一的品牌。这里又有四种不同的选择：一是个别品牌，即企业的每一种产品分别使用不同的品牌；二是统一家族品牌，即企业生产的全部产品都使用统一的品牌；三是分类家族品牌，即各条产品线分别采用统一的品牌；四是企业名称与个别品牌并用，即在每一种个别品牌前边冠以公司名称；

(4) 品牌扩展策略：即企业利用已出名的品牌推出改进型产品或全新产品；

(5) 多品牌策略：即企业在同一种产品上设立两个或以上相互竞争的品牌；

(6) 品牌再定位策略：即全部或局部调整或改变品牌在市场上的最初定位。

包装也是整体产品的重要组成部分。包装的重要意义已经远远超越了作为容器保护商品的作用，而是成了区分产品、树立企业形象、促进产品销售的重要因素之一。企业可选择的包装策略有同类型包装、异类型包装、相关性包装、复用型包装、等级包装、不同容器包装、不断更新包装等包装策略。

40.1.4.3 价格策略

1. 定价的依据

价格是影响市场需求和顾客选购行为的决定性因素之一，企业定价要从实现企业战略目标出发，选择恰当的定价目标，综合分析产品成本、市场需求、市场竞争等影响因素，运用科学的方法、灵活的策略，去制定顾客能够接受的价格。

(1) 定价目标

定价目标是指企业凭借价格产生的效应所要达到的具体目的。可供选择的企业定价目标主要有：

1) 实现预期利润：这又有两种情况：其一追求利润最大化，即追求一定时期内所能获得的最多盈利总额。盈利最大化取决于合理价格所推动的销售规模,因而,这并不等于要制定最高售价。其二实现预期的投资收益率。投资收益率是指一定时期内企业所实现的利润额与投资额的比率,它反映着企业的投资效益。以一定的投资收益率为定价目标,要求定价时在总成本费用之外加上一定数额的预期盈利。

2) 提高或维持市场占有率:市场占有率是指企业产品销售量(额)占同一市场上同类产品同期销售量(额)的比重,是企业经营状况和产品竞争力状况的综合反映。因而,提高市场占有率比短期高盈利意义更为深远。正因为如此,提高或维持市场占有率通常是企业普遍采用的定价目标。

3) 适应价格竞争:价格竞争是市场竞争的重要方面。处于激烈竞争环境中的企业,常常要以适应竞争的定价目标,有意识地通过定价去应付或避免竞争。经济实力雄厚的企业往往利用价格竞争来排挤竞争者;实力弱小的企业,则应追随主导的竞争者价格定价,以求在避免竞争、缓和竞争中保存、发展自己。

4) 维持营业:以能够继续营业为定价目标,通常是企业处于不利营销环境中的一种缓兵之计。为避免企业倒闭,企业往往以微利低价、保本价,甚至亏本价格出售产品,以求收回资金,维持营业,并为调整营销策略(如开发新产品等)争取时间,以图东山再起。显而易见,这一定价目标只是一种应急性、过渡性目标。

5) 稳定价格,维护企业形象:有些行业的市场供求变化频繁,行业中的大企业往往通过稳定价格、不随波逐流降价来给顾客以财力雄厚的可靠感觉。

(2) 影响定价的因素

影响产品价格的各项因素可以分为两类:一类是生产经营方面的因素,包括成本费用、销售数量、资金周转等;一类是需求竞争方面的因素,包括需求价格弹性、同类产品竞争状况、产品生命周期等。

1) 成本费用:成本费用是产品价格的主要构成部分,成本费用得到补偿是企业获利的前提,通常情况下平均成本费用(即总成本费用与总产量之比)也就成为定价的最低界限。由于成本费用由固定成本费用、变动成本费用两部分构成,前者不随产品及数量的变化而变化(如折旧费、管理人员工资、市场调研费用等),后者则相反,即随着产品及数量的变化而变化(包括原材料、燃料、储运方面的支出以及生产人员工资、部分营销费用等),因而定价时应当考虑到它们对价格水平的不同影响。

2) 销售数量:价格的制定,应当实现价格与销售量的最佳组合以利于实现最高盈利。在一般情况下,价格会影响销售量的变动,价格高,销售量下降,反之则会增加;而利润总额=销售量×(单位商品价格-平均成本费用),所以盈利状况并不只是取决于单位商品价格的高低,而是取决于价格与销售数量之间的不同组合。

3) 资金周转:资金周转速度影响企业年利润水平。高价会延缓资金周转速度,低价促销会加速资金周转。通常选择较低的机会成本来确定定价方案。所谓机会成本是指利用一定资源获得某种收入时所放弃的另一种收入。机会成本低,意味着放弃的收入低于获取的收入。通过比较机会成本来定价,可给企业带来更多的盈利。

4) 市场供求状况:定价必须考虑供求规律的要求。一般供不应求的产品,价格可以定得高些;反之,则可定得低些。

5) 需求价格弹性:需求价格弹性是指因价格变动而引起的需求变动程度,反映需求对价格变动的敏感程度,其大小以需求价格弹性系数 E_p 表示(E_p=需求量变动%/价格变动%,取绝对值)。$E_p=1$,说明两者等比例变化,表明价格变动对销售收入影响不大,定价时即可选择预期盈利率的价格或通行的市场价格。$E_p>1$,说明需求弹性大,价格的升降会引起需求量较大幅度变化,定价应取薄利多销政策为宜;如要提价,则应谨防销量锐减。$E_p<1$,说明需求弹性小,价格变动对需求量的影响不大,定价时则可适当取高价以增加盈利;如取低价,则薄利并不能多销。对于木材产品(如板材、胶合板、刨花板、纤维板等),由于其属于原材料范畴,故其需求价格弹性较弱,降价策略对其不利;而家具产品,由于其属于耐用消费品,故其需求价格弹性较强,采用薄利多销的策略较为有利。但由于顾客的购买行为是一个非常复杂的黑箱系统,影响因素很多,不能机械的简单的用降价或提价来分析价格问题。

6) 同类产品竞争:在竞争激烈的市场上,价格的最低限度受成本约束,最高限度受需求约束,介于两者之间的价格水平确定则以竞争为依据。一般情况下,如果不是居于竞争主导地位的企业,就不能忽视竞争对手的价格,特别是当竞争对手调整价格时,企业必须仔细分析竞争形势,调整本企业的产品定价,以应付竞争。另外,还要考虑潜在竞争对手加入市场的可能性。

7) 产品生命周期:产品处于生命周期的不同阶段,应有不同的价格决策。一般说来,投入期的定价应以补偿成本费用而不以盈利为主要依据,有时甚至还可亏本定价;成长期的定价应有利于提高市场占有率和实现预期利润目标,尽管此时销售量迅速扩大,成本大幅度下降,也不一定价格下调;成熟期的定价要增强价格的竞争性,有利于维持已有的市场份额;衰退期的定价应以尽快收回占用的资金为目标,可以大幅度降价,甚至可只与平均变动成本相一致。

2. 企业定价方法

定价要考虑成本、需求、竞争三方面的因素,对于这三方面的不同侧重上,定价也有成本导向型、竞争导向型、需求导向型等定价方法。

(1) 成本导向定价法

这是企业常用的定价方法。具体应用又有三种方法:

1) 成本加成定价法:这是以成本为中心的传统定价方

法。具体做法是首先按总成本估算出一个单位产品的平均成本，然后加上一定比率的预期利润。这一定价方法的优点是计算简单，简便易行；它的局限性在于忽视了供求状况和竞争状况，有可能与市场需求脱节，并难以适应竞争的变化。这种定价方法一般适用于卖方市场条件下的产品。

2) 盈亏平衡点定价法：由于可变成本随销量而变化，固定成本却相对稳定，便会出现一定销量以下发生亏损、一定销量以上产生盈利的情况，而不盈不亏的点即为盈亏平衡点或称保本点。按盈亏平衡点定价，就是利用盈亏平衡点先求出保本时的价格。保本价格再加上预期利润，即为实际价格。

3) 可变成本定价法，又称目标贡献定价：如果企业以变动成本作为定价的最低界限，则由此价格实现的收入必定等于或超过变动成本，超过的部分即为对企业的贡献。这一贡献首先用来补偿固定成本，只是当一贡献达到盈亏分界点之后，才形成现实的盈利。由于补偿固定成本是获取盈利的前提，在这个意义上，所有产品销售收入扣除变动成本后的余额不论能否真正为企业盈利，都是对企业的贡献。这就表示，可以按变动成本加上贡献的方法制定产品价格，计算公式是：

单位产品价格 = 单位变动成本 + 单位产品贡献

应用变动成本定价，富有竞争性，它给企业降低价格提供依据，即销价必须高于单位变动成本，并争取以产品贡献补偿固定成本。

(2) 竞争导向定价法

这种定价法以市场上相互竞争的同类产品的价格为定价的基本依据，并随竞争状况的变化进行调整。有三种情况：与竞争对手价格完全一样；高一点；低一点。究竟哪一种情况有利，要根据产品特征、生命周期、企业目标等来决定。具体做法有三种：

1) 通行价格定价法：即本企业产品与同行业竞争产品的平均价格即现行市场价格水平保持一致，这是一种最简单的方法。这样做，易为消费者接受，能与竞争产品"和平共处"，也能带来合理、适度的利润。这种方法主要应用于竞争激烈的均质产品，如胶合板、刨花板、纤维板等属于原材料的价格确定。

2) 主动竞争定价法：与上述"随大流"的情况相反，它不是追随竞争者的价格，而是根据本企业产品的实际情况及竞争对手的产品差异状况来定价。一般为实力雄厚或产品独具特色的企业所采用。

3) 密封投标定价法：这种定价方法适用于投标交易方式（大型成套设备订货、承包公共事业工程等）。投标定价，应预测对手的报价，做出本企业的费用和预期利润，然后提出自己的报价。

(3) 需求导向定价法

这是一种根据消费需求特征、消费者对价格变化的心理反应来确定产品价格的新型定价方法，为越来越多的企业所采用。在具体应用上又有两种做法。

1) 理解价值定价法：该方法以消费者对商品价值的感受及理解程度作为定价基本依据。消费者对产品价值的理解不同，愿意支付的价格限度也不同。这个限度就是消费者宁愿付出货款而不愿失去这次购买机会的价格。如果价格刚好定在这一限度内，消费者就会顺利购买。为此，企业定价时要采取有效的营销措施突出产品的特征，加深消费者对价格的理解程度，使消费者感到购买这些产品能获取更多的相对利益，从而提高其愿意支付的价格限度。

2) 需求差异定价法：这种定价法以销售对象、销售地点、销售时间等条件变化所产生的需求差异作为定价的依据，尤其是需求强度差异作为定价基本依据，而不是以成本差异为基本依据。即使产品的成本相同，企业也可以区分不同的顾客、不同的款式、不同的销售地点、不同的销售时间拟定不同的价格。采用这种定价方法，其前提条件是企业对市场能够根据需求强度的不同进行细分，如高档家具与低档家具是两个完全不同的市场，前者的价格当然高于后者。

3. 定价的技巧

定价技巧是具体定价中科学性与艺术性相结合的体现。在根据适当的定价方法确定了基本价格后，运用灵活的定价技巧对基本价格进行修改，有利于扩大产品销售量。

(1) 心理定价策略

心理定价策略主要有以下几种方法：

1) 尾数定价：保留价格尾数，采用零头标价。一般消费者往往认为尾数价格是经过精密计算的，因而产生一种真实感、信任感和便宜感，从而有利于扩大销售。

2) 整数定价：高档名贵、优质名牌产品宜用整数定价。把产品价格定成整数，会使消费者感到档次高、价值大，满足某些消费者追求高消费或显示身份的心理。

3) 声望定价：针对消费者"价高质必优"的心理，对在消费者心目中享有声望，具有信誉的产品制定较高的价格。这一策略主要适用于质量不易鉴别的高档商品。

4) 习惯定价：按照消费者习惯进行心理定价。日常消费品的价格通常在消费者心目中已形成一种习惯性标准，符合其标准的价格被顺利接受，偏离其标准的价格则易引起疑虑。

5) 招徕定价：这是招徕顾客的定价技巧。顾客对于低于一般市场价的商品往往有很大兴趣。利用这一心理，零售商往往故意把少数几种商品价格标低，甚至低于成本，借此吸引顾客，连带购买其他商品。

(2) 新产品定价

新产品投入期价格的高低，关系到该产品的市场占有率和企业效益，企业应根据不同情况采取不同策略。

1) 取脂定价策略：即高价投放新产品。这是指新产品投放市场之际，针对部分消费者追求时髦、猎奇的求新心理，把价格定得尽可能高些。其优点很明显：可尽快收回投资，取得较大利润；为今后调低价格提供了较充分的余地。缺点是价高利厚，会引来竞争者加入；也有可能影响及时打开销路。这种方法一般适用于竞争者不易仿制的新产品定价。

2) 渗透定价策略：即低价投放新产品。新产品刚上市时定价低一些，在建立声望、打开市场后，再逐步提高价格。它的优点是能尽快地开拓市场；能有效地排除竞争者；即使以后有竞争者加入，本企业也会由于成本下降而有条件再降价挤出竞争对手，从而保持较高的市场占有率。这种方法一般适用于易仿制、市场容量大的新产品定价。

3) 合理定价策略：此策略介于上述两者之间，特点是价格适中，易于被普遍接受。这种方法一般适用于日用小商品。

(3) 折扣定价策略

灵活运用折扣定价技巧，有利于吸引顾客、扩大销售。具体做法有：

1) 现金折扣：这是指顾客按约定日期付款或提前付款，可按基本价格享受一定折扣。目的在于鼓励顾客按期或提前付款，减少企业利率风险，加速资金周转。

2) 数量折扣：即给那些大批量购买的顾客以价格折扣。有两种形式：一种是一次折扣，应用于一次购买行为，数量越多，折扣越大；另一种是累计折扣，规定一定时期内购买量达到一定数量级时给予折扣，数量越大，折扣越多。这种策略的目的在于鼓励购买，以扩大销售、加速资金周转；累计折扣还有利于建立长期固定的销售关系，减少卖方的经营风险。

3) 交易折扣：这是指生产企业根据批发商、零售商在营销活动中所执行的职能不同，分别给予一定的额外折扣。目的是为了调动中间商的推销积极性。

4) 季节折扣：这是指给那些购买过季产品的顾客所提供的价值优惠。如宾馆、航空公司在旅游淡季给顾客以季节折扣。目的是为了均衡生产，均衡上市，减少闲置和仓储费用。

40.1.4.4 渠道策略

1. 分销渠道

分销渠道是指产品从制造者手中传至消费者手中所经过的、参与商品买卖活动的各中间商连接起来形成的通道。分销渠道的起点是生产者，终点是消费者或用户，中间环节包括参与了商品交易活动的批发商、零售商、代理商和经纪人。只要是从生产者至最终用户或消费者之间，任何一组与商品交易活动有关并相互关联的营销中介机构，均可称作一条分销渠道。

2. 分销渠道的结构

消费品分销渠道的基本类型如下：

(1) 生产者——消费者。即生产者直接将产品销售给个人消费者或社会集团。一般表现为制造商自设门市部，顾客向生产者直接邮购、电话购货，以及企业推销员走访推销等方式。

(2) 生产者——零售商——消费者。即生产者先将产品出售给零售商，零售商再将产品转售给消费者或社会集团。

(3) 生产者——代理商——零售商——消费者。即制造商通过代理商将产品售给零售商，再通过零售商将产品推销给消费者。

(4) 生产者——批发商——零售商——消费者，它是制造商先将产品出售给批发商，批发商可以有一个或一个以上，多少视需要而定。

(5) 生产者——代理商——批发商——零售商——消费者，这是消费品分销渠道中最长的一种模式。

工业品分销渠道的基本类型有：

(1) 生产者——用户。具体表现为：生产者与用户建立稳定的供销联系。用户在生产者举行的订货会上看样成交；生产者携样品走访推销等。

(2) 生产者——经销商——用户。这种模式很普遍，许多生产资料采购供应企业充当着制造商与用户的媒介。

(3) 生产者——代理商——用户。

(4) 生产者——代理商——经销商——用户，这种模式与第二种模式的区别是：制造商先委托代理商，通过代理商将产品销售给经销商，然后由经销商将产品销售给用户。

3. 分销渠道策略

(1) 影响分销渠道选择的因素

企业在进行分销渠道决策时，应当认真研究影响渠道选择的各种因素，这些影响因素主要是：

1) 顾客特点：一般说来，顾客多而分散、每位顾客需求量小或购买频繁的产品，宜于采用间接渠道、长渠道、宽渠道销售，顾客集中、需求特殊、宜于采用直接渠道、短渠道、窄渠道销售。

2) 产品特性：一般说来，易腐的、操作技术复杂的、用途专一的、附加服务多的产品，往往采用直接渠道、短渠道、窄渠道销售；产品特性与上述相反的其他产品，包括大量的大众商品，则主要采用间接渠道、长渠道、宽渠道销售。

3) 生产企业自身的状况：企业的财务能力决定了哪些市场营销职能可由自己执行，哪些应交给中间商执行。财力薄弱的企业，一般都会尽量利用中间商。企业的规模大、声誉高、财力雄厚、经营能力强、管理经验丰富，在选择中间商、控制销售渠道方面就会有更大的主动权，甚至有可能建立自己控制的渠道系统。

4) 市场环境影响：从微观环境来看，企业要尽量避免和竞争者使用相同的销售渠道。从宏观环境看，经济形势有较大的制约作用。在经济萧条阶段，通货紧缩，市场需求下降，生产企业的策略重点只能是控制和降低产品的最终价格，因此必须尽量减少流通环节，尽量采用较短的销售渠道。

(2) 渠道选择

一般说来，企业的分销渠道选择主要是就以下问题进行决策。

1) 直接渠道与间接渠道：生产者将产品直接卖给消费者

或用户，形成的是直接渠道；经过中间商转卖而形成的销售渠道则为间接渠道。大多数消费品的销售主要采用间接渠道，而直接渠道在工业品销售中占有重要地位。对于一个生产者来说，同时采用这两类渠道销售产品（当然有主有次）则是常见的。

2) 长渠道与短渠道：在产品向消费者运动的流通过程中，经过的买卖环节或层次越多，销售渠道越长；反之，渠道越短。销售渠道的"长短"只是相对的，渠道长度决策的关键点是选择适合自身特点的渠道类型。实际上，往往采取多渠道推销某种产品，提高市场渗透程度。

3) 宽渠道与窄渠道：如果生产者选择间接渠道销售产品，则应考虑到间接渠道还有宽窄之别。销售渠道的宽窄取决于渠道的每个层次（环节）中使用同种类型中间商数目的多少。多者为宽渠道，意味着销售窗口多，市场覆盖面大；少者则为窄渠道，市场覆盖面也就相应较小或很小。

4) 对代理商的利用：采用代理商，对制造商来说有许多好处。代理商一般通晓市场行情，联系范围宽。利用代理商，有利于疏通销售渠道，开拓市场；有利于推销新产品和滞销品，因为代理商的经营不必垫支资金，亦不承担风险，只是在代理业务完成后收取一定比例的佣金，这样，无论是市场销路不明的新产品，还是滞销品，代理商都会积极代销。利用代理商，也会在一定程度上节省费用。不过，利用代理商，占用自己的资金，风险也由自己承担，所以是否利用代理商也就成为渠道策略中又一个需要决策的问题。

(3) 分销渠道管理和中间商的职能

渠道管理包括三方面的内容。首先是选择渠道成员，即具体选择哪些中间商作为自己的渠道伙伴；二是如何激励中间商并处理好与他们的日常关系；三是适时对渠道成员的工作成果做出评估，并进行调整。下面着重介绍各类中间商的职能，以便于企业选择自己的渠道伙伴。

中间商是专门从事商品流通经营活动的企业和个人。它们能以较低的成本为生产企业完成市场营销职能，并在生产和消费之间起到沟通信息和调节矛盾的作用。

随着社会分工的发展，商业内部的分工也不断发展，批发与零售商业相互分离。前者面向专业化大批量生产的企业，后者则面向需求多样化、购买零散的个人消费者。而后，代理商又从批发商业中分离出来，形成直接转移商品所有权的独立批发商和间接转移商品所有权的代理商。代理商不直接买卖商品，但它介入渠道之中，在买主与卖主之间传递信息，使委托企业节省用于推销业务上的时间、精力和人力、物力、财力。

40.1.4.5 促销策略

1. 促销及其作用

销售促进，简称促销，是企业所进行的向目标顾客传递产品信息、激发顾客购买欲望、促成顾客购买行为的全部活动的总称。

销售促进是企业整体市场营销活动的重要组成部分。它的主要作用概括起来有以下四个方面：

(1) 提供产品信息，引导顾客购买；

(2) 引起购买欲望，扩大产品需求；

(3) 建立产品形象，加强竞争地位；

(4) 维持和扩大企业的市场份额，巩固本企业的市场地位。特别是由于心理因素、时尚因素、宣传失误、服务不周等原因而导致产品销售下降时，强有力的有的放矢的促销活动往往能够重新激发出对这些产品的消费需求，使销售重新回升，有时甚至还能超过原有的销售水平。

2. 促销方式

企业进行促销活动的基本方式分为两类四种：一类是人员推销，一类是非人员推销，包括广告、营业推广、公共关系三种方式。由于企业的促销工作包括上述四种工具的组合运用，所以这四种工具也称促销组合。

(1) 广告策略

广告是企业通过支付费用，借助一定的媒体，把产品的有关信息传递到目标顾客，以达到增加信任和扩大销售目的的一种广泛宣传形式。

企业的广告决策可分为两大步骤：一是确定广告目标，二是选择广告媒体。

1) 确定广告目标：可供选择的广告目标有三类：第一以告知为目标，即只说明有何种类型的产品、产品性能、企业名称，并不强调牌名或与其他牌号产品比较的特点，目的在于使顾客产生初步的认识和需求。这种广告目标常用于产品生命周期的导入阶段。第二以说服为目标。产品进入市场后，企业为了扩大销售，以增强和巩固市场地位，其广告通常以说服为目标。这类广告往往强调特定牌号的产品与竞争产品的差异，突出该产品的优点，目的在于使顾客产生偏爱，并试图改变他们对竞争产品特性的重视程度，从而不断争取新顾客。这种广告目标常在产品生命周期的成长期与成熟期运用。第三以提醒为目标。这又有两种情况：一是产品已经畅销，做广告是为了加深印象、提醒购买；二是季节性产品，在迎季或落令时做广告提示消费者不要忘记该产品。

2) 选择广告媒体：企业进行广告媒体选择时，应考虑下列因素：

①目标市场的媒体习惯。不同的目标顾客通常会接触不同的媒体。例如，对于青少年，广播、电视是最有效的广告媒体。②产品。选择广告媒体，应当根据企业所推销的产品或服务的性质与特征而定。因为各类媒体在展示、解释、可信度、注意力与吸引力等各方面具有不同的特点。③广告内容。广告媒体选择要受到广告信息内容的制约。如果广告内容是宣布某日的销售活动，报纸、电视、广播媒体最合适。而如果广告信息中有大量的技术资料，则宜登载在专业杂志上或邮寄广告媒体上。④广告传播范围。选择广告媒体，必须将媒体所能触及的影响范围与企业所要求的信息传播范围

相适应。⑤媒体成本。企业的广告活动是一项投资活动,并非所有的产品都要大张旗鼓地进行广告宣传。广告宣传的重点应是新产品、有可能进一步开拓市场的产品、竞争激烈的产品、降价销售产品、某些传统名牌产品等。

(2) 人员推销

1) 人员推销及特点:人员推销包括访问推销和售货现场推销两种形式。前者是指企业派出或委托推销人员亲自上门向目标顾客对产品进行介绍、推广、宣传和销售;后者则由售货员、供货员进行。这里介绍的主要是前者。人员推销决不仅仅是为了销售现有产品,还必须善于发现顾客的需求,把市场动向、顾客要求反馈回来。

2) 人员推销的组织结构:人员推销的组织结构可依企业的市场区域、产品、顾客以及这三个因素的结合进行调整和组织,以产生最高的工作效率。

区域推销结构是一种最简单的推销组织,它规定每一个推销员专门负责某一区域的推销。这种推销结构具有以下好处。①推销人员的责任明确,有利于鼓励推销员努力工作;②有利于推销员与当地商界及其他公共关系部门建立联系,加强协作往来,便于推销业务的连续进行;③相对节省往返旅途费用开支。

产品推销结构是按产品线来组织的推销结构,推销员负责一种或一类产品的推销工作。通常产品技术性强,生产工艺复杂,不同产品线的推销员应有专门知识的情况下采用此种推销组织结构较为适宜。

顾客推销结构是企业按顾客的类别分配推销人员。这样安排的最大好处是推销员易于深入了解特定用户的需求,有利于在推销中有的放矢,提高工作效率。它的缺陷是:如果用户分散在不同地区,不仅推销工作很不便利,也会相应增加推销费用。

复式推销组织结构是当企业在广泛地区向很多不同类型的顾客推销产品时,就需要采用复式推销组织结构。它通常是上述三种推销组织结构的混合运用。可以按区域—产品、区域—顾客、产品—顾客,甚至按区域—产品—顾客来分派推销人员。

3) 人员推销方法:人员推销方法主要有以下几种:①单个推销人员对单个顾客进行一对一的推销活动;②单个推销员对一个购买群体进行推销活动;③推销小组对某一购买组织进行推销活动。推销小组通常由企业有关部门的主管人员、推销人员、工程技术人员等组成;④推销会议。即推销人员会同企业其他部门人员与有关买主以业务洽谈会的形式来推销产品;⑤推销研讨会。这是由企业的部分工程技术人员以技术研讨的形式向买方的有关技术人员介绍某项最新技术及其在企业产品中的应用,其目的不只在于达成交易,更重要的在于使用户了解某项新技术,培养用户对本企业的信心与偏好。现代企业的推销工作越来越需要集体的力量,往往需要不同部门人员的协调配合。

(3) 营业推广

营业推广是在促销过程中为配合广告宣传和人员推销而开展的一些刺激中间商和消费者购买的活动。作为一种辅助性的促销方式,其基本特点:一是招徕顾客,各种营业推广方式对顾客会产生一定的吸引力,招徕顾客购买;二是短期效果,这是一种短期刺激购买的推广方式,时间一长就会失去推广效力。

(4) 公共关系

公共关系是指企业为取得社会的信任和支持,树立良好的企业形象,增进企业与社会各界的相互了解,争取公众与社会的合作所付出的努力,以及为此进行的一系列活动。

公共关系包括企业与大众媒体(新闻机构)的关系,与社会团体(如消费者协会、行业协会)的关系,与政府机构的关系,与社会名流的关系,与其他社会公众的关系等。公共关系本质上是企业形象在社会公众中的反映。企业开展公共关系的主要目的是以非付费的方式通过第三者在报刊、电台、电视、会议、信函等传播媒体上发表有关企业产品的有利报道、展示或表演,以利于扩大销售。

企业建立良好的公众关系的基础是维护公众利益,提供良好的产品与服务。在此基础上,企业要采取有力措施,加强与社会的联系。这些措施包括:通过多种方式向有关各方及时提供信息,及时处理或接待来信来访,邀请参观,参加有关研讨会、联谊会、组织学术研究活动,寄发刊物,参加社团活动和公益活动等等。企业通过这些方式向各个方面介绍企业的经营状况和产品特点,说明企业对国家、社会、消费者的贡献,然后通过他们的宣传、报道形成良好的社会舆论,提高企业的知名度,扩大企业的影响。

3. 促销组合决策

广告、人员推销、公共关系、营业推广这四种促销方式,各具特色。在合理选择的基础上,将四种促销方式中的多种促销手段有目的、有计划地配套组合、综合运用,就是促销组合。同市场营销组合的道理一样,它体现了整体决策的思想,形成的是完整的、多种促销手段有机结合的促销决策,有利于提高促销效果。

企业制定促销组合方案时,应综合考虑下述各主要因素:

(1) 促销目标:促销目标不同,促销组合必定会有差异。例如,迅速增加销售量、扩大企业的市场份额,与树立或强化企业形象,为赢得有效的竞争地位,就是两种不同的促销目标。前者强调近期效益,属短期目标,促销组合往往更多地选择使用广告和营业推广;后者则较注重长期效益,需要制订一个较长远的促销方案,建立广泛的公共关系和强有力的广告宣传显得相当重要,但这里的广告宣传从手段到内容与前者都会有很大差别。

(2) 产品特点:不同性质的产品,需要采用不同的促销策略。一般来说,生活消费品的技术结构较简单,购买人数众多,可以较多地使用广告,但对中间商则宜采用人员推销。大宗生产资料的购买者多为专门用户，宜采用人员推销方式，以便向用户作详细说明，并解释疑问，提供咨询。

(3) 产品生命周期：产品在生命周期的不同阶段，促销的目标不同，因此要相应地选择、编配不同的促销方式。在导入期，促销的主要目标是使消费者认识新产品，因而多用营业推广和各种广告；而到了成长期、成熟期，促销目标则应调整为增强消费者或用户对产品的兴趣或偏爱，这就需要改变广告形式，利用公共关系。

(4) 市场特点：不同特点的市场需要采用不同的促销组合。一般说来，市场范围小、产品专用程度高的市场，宜于开展人员推销；而对于无差异市场，因其顾客分散，范围广大，则应以广告宣传为主。

(5) 竞争环境：即考虑到竞争对手的促销策略，扬长避短地制订自己的促销方案。

(6) 企业资源：企业应根据自己的实力和信誉的状况，来确定促销活动的开展程序和采取哪几种促销手段。

此外，制订促销组合方案，还应考虑到企业所要采取的产品策略、价格策略、渠道策略，从更高的层次上配套组合，以期收到更好的促销效果。

设计促销组合还应考虑推、拉策略的运用。对于需求比较集中、技术含量较高、销售批量较大的产品，宜于采用推的策略，多用人员推销；对于需求分散、销售批量小的产品，宜于采用拉的策略，多用广告、营业推广等促销方式。

设计促销组合，开展促销活动，应当遵循下列主要原则：第一，宣传内容的真实性。第二，促销活动的时效性。第三，促销手段的文明性。第四，促销费用的经济性。

40.2 木材工业企业的研究与开发

企业的研究与开发（Research and Development，简称R＆D）是指企业所作的新产品和产品生产技术的研究与开发。对于现代木材工业企业来说，这已经成为一项经常性的工作。因为在当今市场需求迅速多变、技术进步日新月异的环境下，新产品开发能力和相应的生产技术开发能力是企业赢得竞争的最根本保证。

40.2.1 企业研究与开发的分类和特征

关于研究与开发的分类方法，在国际上并无定论。但一般说来，可以分为三类：基础研究、应用研究和开发研究。

基础研究又可以分为纯基础研究和目的基础研究。纯基础研究以探索新的自然规律、创造学术性新知识为使命，与特定的应用、用途无关。纯基础研究主要在大学、公共机关的研究所中进行。目的基础研究是指为取得特定的应用、用途所需的新知识或新规律而运用基础研究的方法所进行的研究，一般来说，企业中所进行的研究大都属于此类。

应用研究是指为探讨如何将基础研究所得到的自然科学上的新知识、新规律应用于产业而进行的研究，即运用通过基础研究所获得的知识，为创造新产品、新方法、新技术、新材料的技术基础而进行的研究，所以也有人把应用研究称为产业化研究。

开发研究即指利用基础研究和应用研究的结果，为创造新产品、新方法、新技术、新材料或改变现有产品、方法、技术而进行的研究。这种研究具有明确的生产目的。也就是说，在应用研究和产业化研究阶段，还没有具体的产品意识，而在开发研究阶段，开始与具体的新产品、新技术联系起来。因此，也有人把开发研究称为企业化研究。

如果进一步考虑开发研究的话，还可再细分为用途研究、新产品研究、工艺研究、改良研究等等，这些区分随产业类型以及企业的规模而异。

40.2.2 企业R＆D的性质和主要内容

企业内部与企业外的R＆D是不同的。如果单从脑力劳动和探索、创造性活动这一角度来说，二者有相似之处；但是二者要实现的最终目标，以及要达到这一目标的动机是完全不同的。其主要表现为：企业作为一个经济实体，其R＆D是从属于经济活动的，而企业外的R＆D则多属于非经济性活动。因此，一方面，企业的R＆D可以一般地理解为一种利用自然科学的知识进行有特定目的的探索或创造性行为；另一方面，从R＆D的经营职能的角度来说，又可以将其理解为一种为实现企业经营目标的经济性行为。

企业的R＆D主要包括两大内容：新产品开发和新技术开发。新产品开发在企业经营中具有极为重要的意义。可以这么说，新产品开发应该是现代企业生产运作战略和竞争策略的核心。对于现代木材工业企业来说，R＆D的主要目的是为保持长期的竞争优势而不断创造出能够带来高额利润的新产品。也就是说，企业的产品战略应从制造产品向创造产品改变。随着市场变化的日益频繁，产品寿命周期的日益缩短，产品开发将决定企业经营的基本特征，成为企业一切经营计划的出发点。

另一方面，新产品开发在企业中的重要地位也就决定了新技术，即新生产工艺技术开发的重要性。众所周知，技术是企业经营的基本要素之一，技术具有将企业所拥有的资源转换为产品和服务的机能。新产品的竞争力除了产品本身的功能、性能特性以外，还需要有优异的质量和低廉的价格来保证，而后者与生产工艺技术有着密切的关系。一项技术的功能会随着时间和环境的变化而减弱，在技术进步日新月异的今天，技术的寿命周期与产品的寿命周期一样，正在日益缩短。因此，企业需要不断地开发，采用新技术来取代老化了的技术。对于企业来说，产品开发和技术开发二者是相辅相成，缺一不可的。

现代R＆D以第二次世界大战为转机，其主要特点是从以偶然发现为主转变到以有计划地进行为主。在R＆D的历史上，偶然发现和灵感曾经起了很大的作用。但现在，有计划、有组织地进行探索与开发已成为现代R＆D的主流。这一特点体现在企业内部，就是说企业有计划的技术革新和新产品开发已成为企业经营战略和生产运作战略中不可缺少的一部分，成为企业基本活动中不可缺少的一部分。

40.2.3 企业研究与开发中的基本决策问题及其管理

企业R＆D中的基本决策问题主要包括R＆D领域的选择、R＆D方式的选择、R＆D投资规模和费用范围的确定以及R＆D评价四个方面。R＆D的管理主要从R＆D的组织、成本控制、人员、日程安排以及信息等方面去进行，以下分别论述这些问题。

40.2.3.1 R＆D领域的选择

R＆D领域选择的目的是发现能够最适度发挥企业资本收益、提高企业竞争力的事业领域，是决定如何对新产品、新事业的各种机会进行探索的基本方针。如图40-4所示，从企业目前的现有技术和现有市场向新事业领域的探索可以分为四种类型：

(1) 在现行事业领域，依靠现有的技术开发多种产品，

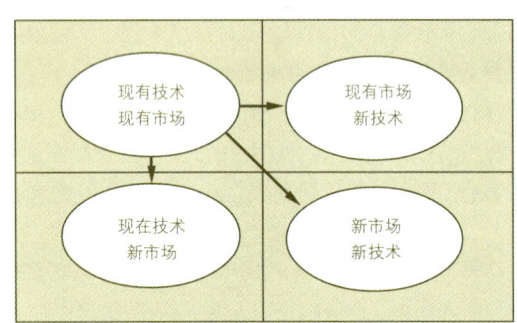

图40-4 R＆D领域选择的类型

以扩大现有市场；

(2) 向原有市场推出用新技术开发的新产品；

(3) 将利用原有技术的产品打入新市场；

(4) 用新技术开发新产品，并加入新市场。

在这四种类型中，类型1通常只是现有产品的改进或同系列产品的开发，技术和市场的风险都很小。类型2的技术风险较大，对R＆D的依赖程度也较高。类型3的重点应是对原产品进行改进以适应新市场，因此市场风险较大，R＆D部门的研究侧重点也与类型2有明显不同。类型4一般是要开发全新产品投放到新市场，因此技术风险和市场风险都很大，R＆D起着关键性的作用。这四种类型有着不同的特点或性质，企业在进行新事业领域选择的决策时，必须首先分析不同市场条件下的不同产品的特点，采取不同方式来进入新事业领域，还需从生产的角度分析新产品的工艺可行性和经济性。R＆D在制定基本研究策略和选择研究方式时，也就必须相应地视情况而定。

40.2.3.2 R＆D方式的选择

选定R＆D领域以后，接下来的问题是：采取什么方式进行R＆D？这需要根据所选定的开发内容、企业自身的开发能力以及可利用资源的情况而定。一般来说，有以下几种方式：

(1) 独立研究开发方式：这是在本企业技术力量范围内可能实现目标的基础上选择的方式。这种方式的有利方面是R＆D活动完全可以独立进行与管理，由R＆D所带来的全部经济效益也可以独自享用，不利方面是必须独自承担R＆D投资的全部风险。在今天市场竞争日趋激烈的环境下，很多大企业，甚至一些中型企业都采取这种方式来进行R＆D，以保持在新产品、新技术开发上的主动权。不言而喻，采取这种方式需要有较强大的企业基础。

(2) 委托开发方式：即部分或全部地借助外来技术进行开发。实际上是一种R＆D的替代方法。很多中小企业，自身没有足够的研究和开发能力，但是有可能对市场需求变化有敏锐的捕捉能力，对新产品有基本的构想。它们往往会借助于外部力量使它们的想法变成产品，或实现生产系统的技术改造。也有一些企业，只将部分实验、研究委托给别人。采用这种方法的有利方面是开发周期较短，风险小，见效快。不利方面主要是没有主动权，容易受制于他人，而且从长远的观点来看，对企业的持续发展不利。

(3) 共同研究开发方式：即利用本企业和其他企业或公共研究机关各自不同的研究基础和特长，共同或合作进行R＆D的方式。采取这种方式一般有三个原因，一是为达到开发目标仅依靠本企业的力量有困难，只有依靠外部合作者的专长才有可能实现；二是为了通过与其他企业或机构的合作，取得开发成果利益之外的其他经营利益，如合作营业、建立承包关系或长期交易关系、人才培养等；三是为了缩短开发周期，以尽快抢占市场。共同研究也可以有多种形态，例如，同行业企业的水平合作，产、官、学的共同合作等。"敏捷制造"理论中提出的"虚拟公司"（Virtual Company）的概念，实际上也是一种共同研究开发的方式。所谓虚拟公司，是指从不同企业调集开发某种产品或技术所需的各种资源（人员、技术、设备及方法等），组成一个临时的组织，使其像一个公司似的运行，以完成既定的开发目标。一旦目标实现，该组织即刻解散，不复存在，这样的组织即称为虚拟公司。虚拟公司与以往共同开发方式的不同之处在于，它是建立在高度信息技术基础之上的组织。采取共同研究开发方式要解决的关键问题是如何根据各个企业、机构所投入的资源和分担的责任来分配今后可能带来的利润。

40.2.3.3 R&D 规模和费用范围的决定

R&D 领域和方式确定之后，下一步该考虑的问题是：需要投资多少进行 R&D？也就是说，需要确定 R&D 的规模。

R&D 规模是指企业投入 R&D 活动中的资源的数量或比率。R&D 资源主要是指研究费用和研究人员。研究人员现在被认为是"现代经济最重要的资源"。研究人员作为资源，随企业的事业内容和行业的不同而不同，既有数量的区别，也有质的差异，不大具有可比性。因此，这里所述的企业 R&D 规模，主要是以 R&D 的费用为主要内容。

企业进行 R&D 活动，不可能无限制地投入资源，必须从企业整体经营的角度和生产战略的角度分配资源。这就需要从市场竞争的必要性和企业能力的可能性两方面来考虑。关于前者，不仅要考虑与同行其他企业的竞争，也应考虑到与其他行业可能有的竞争。关于后者，不仅要考虑向 R&D 供给的资金，还应考虑人力资源的可能性。在此基础上，再参照企业长期经营目标、发展规划以及速度计划等，确定适当的研究费用规模。以下是几种决定 R&D 费用的常用方法。

（1）定率法：根据企业实际采用的指标（如销售总额、利润、投资额、流动资金等）中 R&D 费用所占的一定比率来决定，一般多以销售总额为准。这种方法因容易与其他企业比较而被广泛采用，但也会出现由于基准值下降而 R&D 费用也随之下降的情况。

（2）定额法：即以固定金额决定 R&D 费用的方法。这种方法有利于维持 R&D 的稳定性，但反过来也容易被一次所决定的范围所束缚，使 R&D 缺乏灵活性，因此，即使采用这种方法，也应根据企业的发展而增加 R&D 费用。此外，为了保证研究计划的切实执行，还应考虑通货膨胀的因素而补齐实际减少的部分。

（3）比较法：即调查竞争企业的 R&D 投资，在此基础上制定本企业能与其对抗的 R&D 费用的方法，又称为"竞争者对抗法"。在这种方法中，一般使用同行业其他企业的平均值，或领先企业或有直接竞争关系的企业的实际数值或比率。如果需要考虑国际竞争的情况，还需要选择发达国家的有关企业加以比较。需要注意的是，这种方法是以掌握竞争对手 R&D 规模为前提的，但由于企业可以采取各种方法来使用 R&D 费用，单从面上并不一定可了解竞争对手的实际 R&D 规模。因此，有必要根据竞争对手的研究机构的规模、研究人员、所公布的专利件数等加以验证。

（4）经济评价法：这种方法对每个 R&D 项目进行经济性评价，将其综合起来，预测 R&D 可能带来的全部收益，以此来决定 R&D 的费用。

40.2.3.4 R&D 的评价

如何评价 R&D 的结果？这需要从两个方面去考虑，评价标准和评价的实施方法。

1. 评价标准

每项 R&D 项目都可以从性质不同的两个方面去评价，一是显在的企业效益，二是潜在的技术储备，即经济性评价和技术评价。技术储备能够促进企业的发展，但它的作用只是在将来才能显示出来，而在现阶段，它只不过作为一种潜力而存在。这就是说，只有到了一定的时侯，技术储备才有可能构成明确的评价对象，才能用企业效益这个标准加以衡量。有些人因此而否定对 R&D 进行评价的必要性，但是为了有效地进行 R&D，使企业的有限资源得到最优配置，对 R&D 进行评价仍是不可欠缺的。

R&D 评价的复杂性还表现在它的评价标准难以量化上面。假如某种新产品的问世完全可以归功于某项研究的成功，那么由此带来的利润即可代表这一贡献的程度。但许多产品是靠以往的种种研究和技术的积累才得以形成和存在的，在产品化的过程中还有工艺部门和制造部门的大量努力。因此，即使通过 R&D 开发出了新产品，创立了新技术，实现了某种改进或提高了某种性能，也难以甚至几乎不可能用数字来表示其贡献程度。所以，对 R&D 的评价，有些是只可以用定性方式来表示的。

总而言之，R&D 的评价是一个很复杂的问题，首先要明确评价标准，而评价标准随企业的指导思想和方针的不同而不同。企业在选择并确定 R&D 项目之后，应从经济性和技术性两个方面出发，综合考虑定性因素和定量因素，制定出较具体的评价标准。一般可以从表 40-4 所示的几个方面具体考虑。

2. 评价的实施方法

按照 R&D 的阶段顺序，评价可分为以下四种。

（1）R&D 开始前的评价：这种事前评价也可称作预测，

表 40-4 R&D 的评价标准

标准类别	具体内容
技术评价标准	成功的可能性，可靠性，操作性能，结构，技术的前向和后向联系
生产评价标准	合理的制造工艺，材料的有效利用，大规模生产的可能性，标准化的可能与限度
财务评价标准	研究和生产成本，潜在的发展，与 R&D 相关的投入资本和经济效益等
市场评价标准	产品的独创性和新颖性，价格，质量，性能，预期的市场规模与竞争，市场的稳定性等
管理评价标准	产品的预期寿命，对企业经营目标的贡献度，所需的人才，设备等其他资源，整个 R&D 战略计划的平衡等

即事先对研究结果可能为企业作出多大贡献及其成功率进行估计，以此为依据考虑是否有投入的价值和如何投入。事前评价一般是在方案提出后进行，可以由提案者和项目承担者进行，也可以由企业的R&D管理部门和有关机构进行。不管某一提案能否被采用，对其的评价都应记录在案，以作为以后进行技术预测和市场预测的参考。

(2) R&D过程中的评价：这种中间评价是R&D随进行到某种程度时，定期或到一定阶段所作的评价。中间评价的内容主要有两个：先评价实际成绩，然后对未来作出新的安排。中间评价要检验到目前为止，R&D与最初的评价是否有差距，特别是在R&D开始后外部环境发生了重大变化的情况下，要对R&D计划是否需要变更、研究人员是否应该增减、研究时间是否可以缩短或应该延长、研究预算是否应该变更等事项做出判断。

R&D的中间评价是非常重要的。因为通常R&D项目在未开始之前或初始阶段是有很多不明朗的因素，很难在一开始分出优劣。通过中间评价可及时修正原来的一些不切合实际的计划或其他决策内容。在一个项目的几个替代方案同时进行的情况下，可通过中间评价加以淘汰，这样不仅可以缩短研究时间，还可提高成功概率。

(3) R&D结束时的评价：这种评价主要是为了检验和预测R&D的结果和效益。从研究人员来说，研究结束、研究成功就等于取得了研究成果。但是对企业来说，研究成功只是取得了预期的结果，只有研究结果为企业带来效益，构成对企业的实际贡献之后，才能称之为成果。这实际上是对研究结果从技术性角度和经济性角度进行不同评价的结果。

这种评价的内容应包括研究项目的完成情况、费用使用情况、目标实现的程度、研究报告书、专利、新技术等。

(4) 跟踪评价：跟踪评价是在R&D结束以后的数年进行的，评价该结果对企业经营发展、研究费用的回收以及研究人员的成长等所起的作用。这种评价的主要目的是为了更有效地考察在R&D过程中资源配置的合理性，研究机构规模的适度性以及研究成果对企业产品和生产工艺技术的影响程度等。另一个主要目的是，根据R&D所耗费用及其给企业带来的利润计算R&D费用是否已经回收或能够回收。

40.2.3.5 R&D的管理

由于R&D活动本身所具有的创造性特点和不确定性特点，企业的R&D管理与其他管理相比较，更复杂，更困难，更具独特性。R&D管理的主要内容是其费用管理、组织管理等。

1. R&D费用的管理

R&D费用的管理是对R&D活动以货币或价值为基准所进行的一项间接管理。从一般的管理周期模式来考虑，可以分为事前计划、中间控制、事后分析三个阶段。

(1) 事前计划：事前计划是要制定R&D费用计划。R&D费用通常由材料费用、设备费用以及流动费用构成。制定费用计划时，首要问题是R&D规模的确定。其次是R&D费用的分配，即向R&D各要素的分配，包括向新产品开发、产品改良、新设备、新工艺开发、质量改善、成本降低等不同目的的分配；向基础研究、应用研究、开发研究等不同阶段的分配；向内部研究、委托研究等不同方式的分配等等。无论从哪个角度进行分配，共同的一点是尽力避免风险和损失，把最有前景的项目和最重要的环节作为分配重点。

(2) 中间控制：R&D作为一种探索未知事物的活动，事先很难确定什么是"有前景的"项目。在决定分配方式前，当然应该对R&D项目进行预测，即进行事前评价，但在项目进行过程中必须随时监控费用的适当使用，在经济、技术和企业的状况发生较大变化时，及时修改原定计划。

(3) 事后分析：事后分析的主要目的是考察R&D结果的经济性。不言而喻，这一点应该用收益来评价，但必须是用企业的"长期收益"来评价。企业只有在不断追求长期收益的同时才能得到发展，而R&D正是为了这样的目的才开展的活动。现代R&D通常需要较长的时间，R&D结果转变为企业的实际效益需要一定的时间，所以必须以一种长远的眼光来看待R&D的结果。由于急于得到所预期的结果就过早地对研究结果进行评价，往往容易得出"缺乏经济性"的错误结论。

在分析R&D结果的经济性时还应该注意的一个重要问题是，经过长期的R&D努力而创造出来的企业经济效益不能只认为是R&D的单独产物，而是经营、制造、销售、财务等不同部门经营活动的共同成果。这种意识在促进企业内部的协调关系上具有非常重要的意义。另一点是R&D费用经济性的定量化分析问题。由于R&D的效果不一定全部能够用数字来表示，这是由研究本身的性质所决定的。在技术进步日新月异的今天，与其说注重定量地分析评价R&D费用的经济性，不如说以企业的整体业绩为重点，把R&D的成果作为综合评价的一环，这样对企业的整体经营效果来说更有效。

2. R&D的组织

传统的R&D主要是依靠研究者个人的能力和天才，但在科技迅猛发展的今天，R&D中多种学科的交叉与渗透、研究规模的不断扩大都使个人的能力和天才已无法适应。因此，依靠集体的共同努力，由各个领域的专家共同组成"聚合式的天才"就成为当代科技发展和企业R&D活动的必要条件，这也就是R&D组织化的目的之一。另一方面，R&D的组织化是提高R&D效率的重要手段之一。

企业R&D组织机构的设置取决于企业的规模和管理体制。对于企业组织机构来说，最基本的问题是集中还是分散，是采取纵向组织还是横向组织的问题。相应地，企业的R&D组织机构的设置也有分散与集中、纵向与横向之分。所不同的是，无论企业组织机构是集中型还是分散型，企业的R&D组织可以是集中型，也可以是分散型，还可以既有集中型，又有分散型。例如，在一个企业里，可以既有按产品开发划分的组织，也有按专业划分的组织。如果从企业的规模来看，中小型企业大多采用集中型组织，而大型企业一般以分散型组织为主，现在一种更为灵活的研究组织是团队（Team Work），这种组织由来自不同部门，不同专业的人员组成，有较明确的研究目的，在工作过程中，与以往的一长制不同，团队成员有较大的自主决策权，强调发挥每一个成员的积极性和创造性。一旦目的达到，团队即解散，成员返回各自的原所属部门，或参加其他团队。这种组织具有较浓厚的机动部队色彩，适于对重点研究任务进行集中工作。尤其在缩短R&D周期的要求变得越来越迫切的情况下，采用团队方式是达到这一目的的一种有效组织形式，这已经为许多企业的实践所证明。

40.2.4 新产品的研究与开发

40.2.4.1 新产品的概念

何谓新产品？从不同的角度出发，可对新产品的概念作出不同的描述。一般来说，新产品应在产品性能、材料性能和技术性能等方面（或仅一方面）具有先进性或独创性，或优于老产品。新产品一般可以分为以下几种：

（1）全新产品：即具有新原理、新技术、新结构、新工艺、新材料等特征，与现有任何产品毫无共同之处的产品。全新产品是科学技术上的新发明，在生产上的新应用。

（2）改进新产品：对现有产品改进性能，提高质量，或求得规格型号的扩展，款式花色的变化而产生的新品种。

（3）换代新产品：主要是指适合新用途、满足新需要、在原有产品的基础上，部分地采用新技术、新材料、新元件而制造出来的产品。

（4）本企业新产品：即相对本企业来说是新的，但对市场来说并不新的产品。但通常企业不会完全仿照市场上的已有产品，而是在造型、外观、零部件等方面作部分改动或改进后推向市场。

在当今的环境下，市场竞争日益激烈，顾客需求日益多样化，企业在选择新产品发展方向时必须有更多的考虑，新产品的发展方向可以有如下多个方面：

（1）多能化：即扩大同一产品的功能和使用范围，在扩大产品功能时还应注意提高产品的效率和精度。

（2）复合化：即把功能上相互关联的不同单体产品发展为复合产品。

（3）小型化、轻便化：即改革产品的结构，减少产品的零部件，缩小产品的体积，减轻其质量，使之便于操作、携带、运输以及安装。这样还可以大量节省资源和能源，降低成本，有利于在低成本条件下开发多种品种，扩展产品功能，从而在差别需求中寻找市场机会，打开市场缺口，进而扩大市场。应该指出的是，产品的小型化、轻便化需要新技术、新材料的支持，例如，轻、薄、高强度的合金钛、合金钢、工程塑料等材料，电脑设计、精密机床、激光切割、亚微米刻蚀等技术。

（4）智能化、知识化：即把一般人需要长期学习才能掌握的知识和技术转化到产品中去，使产品功能"傻瓜化"。这可以使许多专业性产品发展成大众产品，从而大大扩大这些产品的市场。

（5）艺术化、品味化：即从产品的造型、色彩、质感和包装等方面使产品款式翻新，风格各异，体现独特的艺术品味。当今对产品艺术化、品味化的研究已经成了产品研究与开发中的重要组成部分。

40.2.4.2 新产品开发的动力模式

新产品开发有两种动力模式：技术导向型和市场导向型。所谓技术导向型，是指按照被称为Seed Theory的方式进行新产品开发，也就是说，从最初的科学探索出发开发新产品，以供给的变化带动需求的产生和变化。而市场导向型是按照所谓Need Theory方式，从市场需求出发进行新产品开发，也就是说，首先通过市场调查来了解市场需要什么样的新产品，然后对其作为商品来说在生产技术、价格、性能等方面的特性进行研究，进而再通过该新产品商品化后的销售预测来决定是否开发。

技术导向型的产品是以技术—生产—市场的模式出现，即"将研究结果推向市场"。市场导向型的产品则是以市场—研究与开发—生产—市场的模式出现，即"把市场需求带入研究"。

企业的新产品开发是以技术导向型来创造市场为主，还是以市场导向型产品适应市场为主，还是二者同时并举，并无定论，而是需要在对企业能力和企业基础的仔细考察之后制定一个基本策略。大型企业由于市场覆盖范围广，产品种类多，面临的市场形势复杂，可能常常需要容纳不同的新产品开发模式；而中小企业因各方面力量有限，往往需要集中一两个主要方向。

40.2.4.3 新产品开发策略

采取正确的新产品开发策略是使新产品开发获得成功的前提条件之一，在制定新产品开发策略时，应借鉴科技发展史以及产品发展史上的宝贵经验，分析、预测技术发展和市场需求的变化，还应做到"知己知彼"，即不仅知道本企业的技术力量、生产能力、销售能力、资金能力以及本企业的经营目标和战略，还应了解竞争对手的相应情况。

制定新产品开发策略时，除以上所述，还可以从以下几种不同的侧重点出发。

（1）从消费者需求出发：满足消费者需求是新产品的基本功能。即使是技术导向型产品，虽不是从市场的现实需求出发的，但也仍然必须考虑市场可能的潜在需求。

（2）从挖掘产品功能出发：所谓挖掘产品功能，就是赋予老产品以新的功能，新的用途。

(3) 从提高新产品竞争力出发：新产品的竞争力除了取决于产品的质量、功能以及市场的客观需求外，也可采取一些其他策略来提高新产品的竞争力。例如，抢先策略，在其他企业还未开发成功，或未投入市场之前，抢先把新产品投入市场。采用这种策略要求企业有相当的开发能力以及生产能力，并达到相应的新产品开发管理水平和生产管理水平。又如紧跟策略，即企业发现市场上出现有竞争能力的产品时，就不失时机地进行仿制，并迅速投入市场。一些中小企业常采用这种策略，这种策略要求企业有较强的应变能力和高效率的生产组织。再如低成本策略，即采取降低产品成本的方法来扩大产品的销售市场，"以廉取胜"，这种策略从某种意义上来说并不是真正的开发产品，而是"开发"产品的某一特点，采取这种策略要求企业具有较高的生产技术开发能力和较高的劳动生产率。

40.2.4.4 新产品开发程序

了解新产品开发，对于加强对新产品开发的管理，尽力缩短开发过程，尽量避免开发过程中的无谓反复和浪费具有重要意义。否则的话，一个很好的新产品方案，也有可能由于开发过程管理上的问题而削弱甚至丧失其竞争力。

新产品开发的程序可概括为"构想及方案的产生—方案选择—开发—设计—生产"。关于方案产生之后的选择，并不存在绝对的好与不好之分，主要是从企业能力、企业整体经营以及生产战略出发来考虑的。新产品开发程序中的其他几个步骤如下：

1. 新产品构想及方案的产生

获得新产品构想的来源有多种，如来自企业内部、企业管理人员、职工、研究开发部门等，又如来自企业外部，其他企业、发明家的产品或新公布专利等。无论是来自何处，其构想的源泉可以分为以下几种：

(1) 人的创适性：人的创造性取决于三个基本条件。

1) 知识和智力。存储信息并回忆信息的能力，正确理解、思考事物之间内在联系、因果关系的能力。

2) 想象力。能够将许多要素、过程结合组成与众不同的内容的能力。

3) 进取心。愿意并且能够做到在很长一段时间内集中注意一件事情，不气馁。人的这种创造性是可以被激发的，其关键在于所受的教育和在创造力培养上所受的训练。因此企业应重视这方面的工作，在培养和激励人的创造性上制定一些具体的措施。

(2) 技术预测：除了创造性之外，技术预测也是产生新产品构想的一个重要手段。其目的在于预测未来的产品会采用什么技术，这些产品通常是与新技术息息相关的产品。技术预测中常用的一种方法是"德尔菲法"（Delphi），这种方法将专家意见与程序化的步骤相结合，能够得到一个较为大家公认的预测。

(3) 有组织的 R&D 工作：有很多新产品的构想是来源于研究机构和研究人员长期持续的、有目的的研究活动。

2. 新产品的开发与设计

产品构想及方案确定以后，就进入新产品开发阶段，在这一阶段，首先要对新产品的原理、构造、材料、工艺过程以及新产品的性能指标、功能、用途等多方面作仔细的研究，然后对其中的关键技术课题进行研究和试制，进一步确认和修改技术构思。

接下来进入设计阶段，确定新产品的基本结构、参数和技术经济指标，制定产品技术规格等。在这一阶段，产品将基本定型。值得提出的是，产品的可靠性、产品未来的制造成本取决于设计阶段，因此对设计阶段必须有足够的重视和严格的管理措施。

3. 新产品的生产准备及生产

这一阶段首先要对开发设计阶段的结果进行评价，决定投产后开始进行生产准备，进行工艺设计、工夹具设计和技术文件准备等。必要时还应该进行样品试制或批量试生产以及市场试销。然后进入生产阶段，进入这一阶段实际上就意味着开发的结束，但也有一种观点，是把新产品投放市场、对初期市场进行跟踪调查、将调查结果反馈到有关部门也包括在新产品的开发程序内，从新产品开发管理的角度来说，这也是很有意义的。

40.2.4.5 产品与生产工艺技术的同时开发

研制出的新产品一旦成功，应尽快使其进入正式生产，以缩短从新产品开发直至进入市场的整个全过程。由于产品寿命周期的普遍缩短，要求新产品开发周期也相应缩短。而研制一旦完成，生产工艺技术就成为关键的一环。为此，在进行新产品开发设计的同时，也应相应地同时展开对生产工艺技术的研究。此外，除了产品性能和适时性以外，产品的竞争力还需要高质量、低成本来保证，而高质量、低成本在很大程度上靠生产工艺技术来实现。这两方面都要求在新产品开发管理中应使产品开发设计人员和生产工艺技术人员密切配合，建立一种合作开发的体制，使得在进行产品构思和设计时就考虑到制造的可行性和经济性，在对新产品做出正式生产的决断时，已经有一批生产工艺技术人员对该新产品的生产方法和程序有透彻的思考和预先计划，能够使生产迅速开始。采取这样的体制不仅能够缩短新产品开发周期，也可以节约 R&D 资金，并行工程、团队工作方式等都是近些年来企业实现产品开发和生产工艺技术开发同时进行的好方法。

最后还需要提到的一个问题是，对某些产品来说，在产品开发结束、进入稳定生产以后，生产工艺也可能仍然需要更新，因为在这个阶段，产品上市后会在市场上展开成本价格大战，迫使企业在更新工艺、更新生产过程上下工夫，以降低成本。

40.3 木材工业企业的生产管理

生产是企业一切活动的基础,生产管理是企业管理中的一项重要职能,是木材工业企业获得竞争优势的基本保证。

生产管理的对象是生产过程。生产过程是指围绕完成产品生产的一系列有组织的生产活动的运行过程。所以生产管理就是对生产过程进行计划、组织、指挥、协调、控制和考核等一系列管理活动的总称。现代木材工业企业生产管理的任务是通过合理组织生产过程、有效利用生产资源,在不破坏环境的条件下,以期实现以下目标:

(1) 实现企业的经营目标,全面完成生产计划所规定的任务,包括完成产品的品种、质量、产量、成本和交货期等各项要求。

(2) 不断降低物耗,降低生产成本,缩短生产周期,减少在制品,压缩占用的生产资金,提高企业的经济效益。

(3) 提高企业生产系统的柔性(应变能力)。为适应市场需求的不断变化,要求生产系统能适应市场需求变化,迅速更换产品品种,并能保持生产过程的平衡过渡和正常运行。

40.3.1 生产类型及企业竞争优势的确立

40.3.1.1 合理组织生产过程的基本要求

生产过程组织是指对生产系统内所有要素进行合理的安排,以最佳的方式将各种生产要素结合起来,使其形成一个协调的系统。这个系统的目标是使作业流程最短、时间最省、耗费最小,又能按市场的需要,提供优质的产品和服务。合理组织生产过程,应考虑以下基本要求:

(1) 生产过程的连续性:生产过程的连续性是指在生产过程各阶段物流处于不停的运动之中,且流程尽可能短。连续性指时间上的连续性和空间上的连续性两个方面。时间上的连续性是指物料在生产过程的各个环节的运动,自始至终处于连续状态,没有或很少有不必要的停顿与等待现象。空间上的连续性要求生产过程各个环节在空间布置上合理紧凑,使物料的流程尽可能短,没有迂回往返现象。

增加生产过程的连续性,可以缩短产品的生产周期、降低在制品库存、加快资金的周转、提高资金利用率。为保证生产过程的连续性,首先要合理布置企业的各个生产单位,使物料流程合理。其次,要组织好生产的各个环节,包括投料、运输、检验、工具准备、机器维修等,使物料不发生停歇。

(2) 生产过程的比例性:生产过程的比例性是指生产过程中,基本生产过程和辅助生产过程之间,基本生产过程中各车间、工段和各工序之间,以及各种设备之间,在生产能力上保持符合产品制造数量和质量要求的比例关系。如果破坏了生产过程的比例性,就会产生生产过程中的薄弱环节,也称"瓶颈",或者造成生产过程中某些环节的能力不能充分利用。生产过程的比例性并不是固定不变的。由于生产技术的改进,产品品种、产量、原材料构成的变化,厂际协作条件的变化,以及工人熟练程度的提高等原因,某些环节的生产能力总会发生变化,从而改变原有的比例关系。因此,生产管理工作的任务就是及时发现各种因素对生产能力变化的影响,把不平衡的生产能力重新加以调整,建立生产能力新的平衡,使生产过程的比例性得以保持。

(3) 生产过程的均衡性:生产过程的均衡性是指产品在生产过程中各个阶段,从投料到最后完工入库,都能保证按计划、有节奏均衡地进行,要求在相同的时间间隔内,生产大致相同数量或递增数量的产品,避免前松后紧,月初完不成任务、月末加班加点突击完成任务的不正常现象。均衡性有利于最充分地利用企业及其每个环节的生产能力。

保持生产过程的均衡性,主要靠加强组织管理。它涉及原材料供应,设备管理、生产作业计划与控制,以及对职工的考核办法。

(4) 生产过程的准时性:生产过程的准时性是指生产过程的各阶段、各工序都按后续阶段和工序的需要生产。即在需要的时候,按需要的数量生产所需的产品和零部件。准时性将企业与市场紧密联系起来。企业生产过程应做到准时,只有当各工序都准时生产,才能准时地向市场提供所需的产品又能达到生产过程中库存量少的目的。

准时性是市场经济对生产过程提出的要求。从市场角度来审视连续性、比例性与均衡性,可以看出它们都有一定的局限性。不与市场需求相联系,追求连续性、均衡性是毫无意义的。在市场多变情况下,比例性也只是一种难以达到的目标。

(5) 生产过程的柔性:现代企业生产组织必须适应市场需求的多变性,要求在短时期内,以最少的资源消耗,从一种产品的生产转换为另一种产品的生产。所谓柔性也可称为适应性,就是加工制造的灵活性、可变性和可调节性。在整个生产过程中,必须全面地遵循柔性原则,即加工设备能力要求具有柔性;制造工艺、生产作业计划、厂内运输、库存管理、操作人员以及生产管理等诸方面都要具有柔性,在多品种、小批量生产条件下,达到产品更新快、生产周期短、产品质量好、成本低的目的。

40.3.1.2 生产类型

木材工业企业一般按生产的专业化程度划分生产类型。生产的专业化程度可以用产品的品种多少、同一品种的产量大小和生产的重复性衡量。产品的品种越多,每一品种的产量越少,生产的重复性越低,则生产的专业化程度就越低;反之,生产的专业化程度越高。按生产专业化程度的高低,可划分为大量生产、成批生产和单件生产三种生产类型。

(1) 大量生产:大量生产单一产品,产量大,生产重复程度高;

(2) 单件生产：单件生产品种繁多，每种仅生产一台（套），生产重复程度低。

(3) 成批生产：成批生产介于大量生产与单件生产之间，即品种不单一，每种都有一定的批量，生产有一定的重复性。现在，单纯的大量生产和单纯的单件生产都比较少，一般都是成批生产。由于成批生产的范围很广，通常将它划分成"大批生产"、"中批生产"和"小批生产"三种。

木材工业中的人造板企业由于其品种单一，产量较大，故大多属于大量生产类型；而家具企业由于其品种较多，产量较小，大多属于成批生产类型。有的家具企业根据顾客的要求进行订制生产，则属于单件生产类型。

根据合理组织生产过程的要求，实行大量生产类型的企业可以采用高效率的专用设备，甚至全自动生产线，从而比较容易地实现生产过程的连续性、比例性、均衡性和准时性，使其单位产品成本比较低，但生产过程的柔性较差；实行成批或单件生产类型的企业只能采用通用设备，实现生产过程的连续性、比例性、均衡性和准时性的难度较大，生产管理比较复杂，单位产品成本较高，但生产过程的柔性较好。

随着科学技术的进步和人们生活条件的不断改善，消费者的价值观念变化很快，消费需求多样化，从而引起产品的寿命周期相应缩短，多品种小批量的生产类型将成为未来生产方式的主流。这就要求木材工业企业在生产组织与管理上作出相应的变革。以多品种、小批量生产为特征的现代生产，使生产组织、计划、协调和控制工作变得更为复杂和重要。在生产管理上怎样使规模效益与多样化需求相结合，就成为现代生产管理中的一个突出问题。

为有效地组织多品种小批量生产，国内外理论界和实际部门专家已总结出不少对策，按其特点可以归纳如表40-5所示。

表40-5 多品种小批量生产的对策

分 类	方 法
概念更新方面	工业工程、成组技术、并行工程、精益生产
计划创新方面	制造资源计划、批量进度计划、模式生产
实施创新方面	柔性自动化、计算机集成制造系统
控制创新方面	准时化生产方式、联机生产管理
组织更新方面	柔性多变的动态组织、虚拟的组织结构

40.3.1.3 企业竞争优势的确立

在市场经济条件下，所有木材工业企业都面临一个极重要的问题，这就是如何在自由和公平的市场条件下生产经得起市场考验的产品和服务，创造附加价值，从而维持和增加企业实际收入的能力。这是企业经营成功的根本所在。

现代企业的竞争优势可归纳为五个方面：

(1) 价格竞争力；

表40-6 竞争重点

项 目	内 容
成 本	1.低成本
质 量	2.设计质量
	3.恒定的质量
时 间	4.快速交货
	5.按时交货
	6.新产品开发速度
柔 性	7.顾客化产品与服务
	8.产量柔性

(2) 灵活性（柔性），包括迅速改变产品设计、生产数量及产品组合能力等；

(3) 质量，包括产品的次品率、高功能、耐用性、可靠性等；

(4) 交货期，包括快速或按时交货的能力；

(5) 服务，包括有效的售后服务及产品支持能力、提供方便的服务网点、产品定制，以满足顾客特殊需要的能力。

企业根据自己所处的环境和所提供的产品、生产组织方式等自身条件的特点，可将竞争重点放在不同方面。表40-6表示常见的4组8个竞争重点。

首先是成本。价格低廉的产品总是有竞争优势的。但价格一低，利润也随之变少，有时需要以大数量来弥补，但更重要的是应该努力降低成本。降低成本的途径有多种，一种是采用自动化程度更高的设备，这种方法需要较昂贵的投资。在多数情况下，可以通过工作方式的改变，排除各种浪费来实现。

其次是质量。产品质量是企业的生命线。有两点可以考虑：高设计质量和恒定的质量。前者的含义包括卓越的使用性能、操作性能、耐久性能等，有时还包括良好的售后服务支持，甚至财务性支持。产品和服务的设计，包括质量设计是不能割裂开来考虑的。后者指质量的稳定性和一贯性。例如，家具产品的质量稳定性用符合设计要求（尺寸、光洁度等）的产品的百分比来表示。

再次是时间。20世纪90年代的企业给了时间竞争更重要的位置。因为当今世界范围内的竞争愈演愈烈，仅以传统的成本、质量方面的竞争不足以使企业与企业之间拉开距离，于是很多企业开始在时间上争取优势。时间上的竞争包括三方面：一是快速交货，指从收到订单到交货的时间要短。对于木材工业企业来说，可以采用库存或留有余地的生产能力来缩短交货时间。二是按时交货，指只在顾客需要的时候交货。三是新产品的开发速度，它包括从新产品方案产生至生产出新产品所需要的全部时间。当今，由于各种产品的寿命周期越来越短，所以新产品开发速度就变得至关重要，谁的产品能最先投放市场，谁就能在市场上争取主动。

最后是柔性。所谓柔性，是指应对外界变化的能力。它包括两个方面：一是顾客化产品与服务，即适应每一顾客的特殊要求，经常不断地改变设计和生产方式的能力，这对于家具企业特别重要。以此为竞争重点的企业所提供的产品或服务具体到了每一个顾客的特殊要求，因此产品的寿命周期非常短，产量很小。最极端的情况下是一种产品只生产一件（套）。这种竞争主要是基于企业提供难度较大的、非标准产品的能力。另一方面是产量的柔性，指能够根据市场需求量的变动迅速增加或减少产量的能力。对于其产品或所提供的服务具有波动性的企业来说，这是竞争中的另一个重要问题。

总而言之，木材工业企业竞争优势四个最重要的方面都与生产管理密切相关，因此，搞好生产管理为确立企业的竞争优势提供了保障。

40.3.2 生产能力管理

在产品选定和确定工艺路线后，就是进行生产能力设计，确定生产规模，按照目标市场的需要，提供足够的产品和劳务，以达到预期的目的。生产能力管理的基本问题是：在给定的生产组织方式下，现有的生产能力能否满足生产或提供服务的要求？如果不能，如何扩大生产能力等。生产管理人员必须考虑提供足够的能力，以满足目前及将来的市场需求，否则就会遭受机会损失。但反过来，如能力过大，又会导致设施闲置，资金浪费。

40.3.2.1 生产能力管理基本概念

所谓生产能力是指一个设施的最大产出率。这里的设施，可以是一个工序，一台设备，也可以是整个企业组织。

从木材工业企业来说，生产能力就是指生产系统在一定时期内所能达到一定产品的最大产量，或能够处理的一定数量原材料的最大转换能力。其计量单位是实物单位，木材—m^3；纤维板—t；家具—套或件等。

实际的生产能力大小是一个相对的概念，常随资源条件（劳动力的技术水平，机器设备的技术水平，原材料质量高低，资金的多少以及组织管理水平）不同而变化，特别是人员、设备和管理能力对生产能力有很大的影响。人员能力是指人员数量、实际工作时间、出勤率、技术水平等诸因素的组合；设备能力是指设备和生产面积的数量、水平、开动率和完好率等因素的组合；管理能力包括管理人员经验的成熟程度与应用管理理论和方法的水平以及工作态度。总之，企业可以通过资源投入的改变来调整生产能力，从而形成许多变更生产能力的策略适应市场变化的需要。

生产能力常分为正常和最大生产能力，长期需求和短期需求的生产能力。

正常生产能力是指在一定的资源条件下经济效益最佳时的生产能力，也称最优能力。最大生产能力也就是在市场需求急剧增加时，为了及时满足需要，能够最大限度利用的生产能力。这时常需要加班加点。一般说来，加班不是好办法，它需要超额成本，导致单位产品成本上升。

长期需求的生产能力是指为了满足市场未来一段较长时期的需要而设计和拥有的生产能力，它是与未来的市场需求相适应的。短期需求的生产能力是指针对当前的需要而考虑的生产能力，过去我们也称为现有能力或计划能力。

40.3.2.2 影响生产能力决策的因素

影响生产能力决策的因素主要有：市场需求、资源条件和规模经济性等。

1. 市场需求

市场需求是决定企业生产规模的主要因素，它从产出方面限制了企业的生产规模的大小。主要考虑的因素：① 市场的短期和长期需求（预测），现有和潜在需求；② 企业需求量，也就是根据企业竞争力和可能有的市场占有率，即顾客购买本企业的产品量；③ 估计市场需求变化可能出现的不同状态，预计不同状态可能发生的概率；④ 市场需求的时间性，即分阶段预计市场需求的增减变化状况。如近几年市场需求可能达到多少？几年后达到多少？可能达到的最高需求是多少？⑤ 产品寿命周期分析，即分析产品寿命周期的大体时间，目前该产品处于产品寿命周期的哪一个阶段等。

2. 资源条件

这是从投入方面对企业生产规模的制约，包括自然资源，如原材料及能源、技术装备、劳动力以及财力资源等。

3. 规模经济性

生产规模常常受到规模经济界限的制约。所谓规模经济是指企业达到什么规模才能取得合理的经济效益。规模经济可划分为三个界限：① 最佳的规模经济，即在这一规模下经济效益最大，成本最低，利润最大；② 最低规模经济，即企业的生产规模起码要达到的规模，低于这个规模，企业就没有盈利甚至亏本；③ 最大的规模经济，企业超出这个规模，就没有盈利了。

40.3.2.3 生产能力计划

生产能力计划工作主要的内容是：目前企业的生产能力有多少？由于市场需求的变化，企业的生产能力将是多少？企业应通过什么方法扩充或缩减生产能力？

1. 能力利用率

能力利用率是指设施、设备、人员等生产能力被利用的平均程度，其基本表达式为：能力利用率＝平均产出率／生产能力。

平均产出率和生产能力必须用相同的单位表示才有意义。例如，一个家具厂的生产能力为年产家具1万套，平均产出率为年平均8千套，则利用率为80%。

生产能力利用率一般不应该是百分之百而应留有一定的富余量，该富余量被称为能力的缓冲。用式子表示如下：

能力缓冲＝1－能力利用率。

缓冲量的大小随产业和企业的不同而不同。在资本集约度较高的企业中（如人造板企业），设备造价昂贵，因此能力缓冲量通常较小，通常小于10%。而在家具企业，由于需求变化很快，并且劳动力对生产能力影响较大，要求有较大的缓冲量。一般说来，当需求的波动在某种程度上可以利用库存来调节，或可以通过加班、倒班等来调节生产能力，缓冲量可相对小一些。但当需求的不确定性较大，而生产系统资源的灵活性又较小时，较大的缓冲就是必要的。

2. 预测未来的生产能力需求量

对企业未来生产能力需求量的估计决定于产品的市场需求量，一般通过对产品市场需求预测的方法，来估计生产能力的需求量。

(1) 短期需求量：可以利用时间序列分析方法预测短期的产品需求量。然后，再把这些需求量和现有的生产能力作比较，并查明应在何时进行生产能力的调整工作。

(2) 长期需求量：生产能力的长期需要量更难确定，因为未来的市场需求和工艺技术都是不一定的。所以长期需求量的预测，主要在于产品（或产业）寿命周期分析，计划人员应力图弄清各种产品在它们的生命周期中所处的阶段，从而明确产品未来的需求情况。

根据产品市场需求量的预测以及企业的销售计划，就可确定企业生产能力在今后一年或更长期的需求量。另外，生产能力的预测还必须预计到工艺技术的变革，即使产品在今后一段时间内不变，但生产的方法可能会发生急剧的变化。例如，计算机的发展使企业在不改变基本产品的情况下提高生产能力。

3. 变更生产能力的策略

在计算了现有生产能力和估计了未来的需求量之后，必须进而明确变更生产能力的各种策略。

(1) 短期的应变措施：就一年的短期来说，生产系统的能力规模是固定的。在正常生产过程中，很少启动新的和撤除现有的主要设施。但是，仍有可能进行许多短期的调整，以增加或减少生产能力。这种调整取决于生产系统是劳动密集的还是资本密集的，也取决于产品能否储存起来。

资本密集的生产过程（如人造板企业）主要是依靠机械设施、工厂和设备等要素来实现生产的作业。只要使上述这些设施比在正常情况下的运转强度大或小些，就可变动短期的生产能力。在需求淡季，生产部门可暂时关闭这套生产系统而不必每天开一个班次。因而潜在生产能力的作用发挥不出来，直至需求回升才能改变这种情况。在需求高峰时期，这套生产系统就可发动起来，昼夜运转。用这种方式可以暂时变动短期的生产能力，但问题在于费用很大。生产能力的这种变动，能使生产系统的组织安排、变更、维护、原材料采购、人力招聘、生产进度安排和库存管理等方面的费用增加。

劳动密集的生产过程（如家具企业）主要取决于人们的技艺而不是厂房设备等这些物质资源。在劳动密集的生产过程中，可用解雇和招聘职工的办法，或是加班加点和减少劳动时间的办法来改变短期的生产能力。这些办法也都很费钱的。因为这样做必须支付招聘和解雇费，必须支付奖励工资，同时增加了丧失熟练工人的风险。

如果产品是可以储存的，那么可以在淡季储存起来以待旺季销售。但式样日新月异的产品是不宜储存的；非标准化的产品或按客户订单加工而事先不知道规格的产品也不宜储存。

(2) 长期的变更措施：长期的生产能力变更措施涉及扩充和收缩生产能力，由于这往往涉及投资的变更，决策应非常慎重。

在扩充生产能力决策时，常用决策树法进行。其决策的典型问题是，估计到未来产品需求量的增加，生产能力一下子增加到一个较大的水平；还是先增加一小部分生产能力，待将来需求真正增加时，扩大生产能力。在实际工作中，还常应用现值法进行投资评价，估计各种生产能力扩充方案中的利益和风险。如果预期的产品需求量持续不断地增长，那就应当去扩充生产能力，以获取大型厂所能提供的经济利益。一般说来，生产能力的扩充最好是分期分批地进行，而不要集中于一次投资。

如果生产能力的预测表明，未来的生产能力需求量低于当前正在运转的现有生产能力，那么减少生产能力最常用的办法是卖掉现有的设施、设备、存货和解雇职工。在进行生产能力收缩的决策时，企业同样应该采用现值分析法和决策树法，研究各种方案的费用、利益和风险。一般说来，公司长期缩减生产能力或关闭工厂是一种最不得已的解决办法，他们最好寻求新的出路来维持和利用现有的生产能力。企业可以通过不断地开发新产品或换代产品以确保生产能力的充分利用，这种新老产品的更替不是偶然发生的，它要求有计划地进行。这需要研究开发部门和市场营销部门的密切合作。

40.3.3 后勤管理

后勤管理是对物料（包括原材料、零部件、半成品和成品）的获得、移动和存储所进行的全面管理，它是从传统的物料与库存管理中发展起来的一个新概念。在当今市场竞争日益激烈的环境下，企业越来越意识到，加强后勤管理是提高竞争力的重要途径之一。

40.3.3.1 后勤管理概述

1. 后勤管理概念

后勤管理包括了企业历来的物料管理、库存管理、配送管理以及运输管理的内容。

2. 后勤管理活动

一个完整的后勤运作过程是从供应商的最初运输开始，以成品交到顾客手中结束。在这个过程中，共包括5种主要的后勤管理活动：

(1) 采购：采购是对货物从供应商到组织内部物质移动的管理过程。它要考虑每个产品需要多少供应商及供应商所处的位置（本地的、国内的、国际的），为减少内部库存，组织应该对供应商控制到怎样程度；应该选择什么样的运输工具、信息传递方式和人力资源；组织是否要确保物料采购的绩效；如果需要，应该采用什么标准来评价绩效。

(2) 物料与库存管理：物料与库存管理是对组织内部原材料，在制品和成品的移动和存储的管理过程。它与生产计划与控制联系非常紧密。主要的问题是：维持适当的库存以满足需求，同时减少资金占用量；监控库存水平和组织内部、配送中心的需求量；个别货物短缺或低于安全库存可能会导致的库存危机；恰当的机械化物料搬运方式；自动仓库是否适用；是否能像准时生产那样，将生产系统组织成不需要库存的方式；什么技术或方法可以用来降低库存等。

(3) 配送：配送是对成品从工厂到顾客的移动的管理过程。一般分为两大部分：企业组织内部的地区配送和企业组织外部、通过营销渠道或批发商的配送，最后到达最终顾客手中。它主要考虑和处理的问题是：有关设施的地理分布以及各个设施的活动；为减少配送成本和扩大客户服务，仓库集中还是分散布置；在不降低客户服务水平的前提下，如何在库存减少与运输增加之间寻求平衡，以使总配送成本最小；什么样的信息系统能帮助提高客户服务水平，尤其是订单处理系统和运输、仓储、发票管理系统。

(4) 运输：运输是对产品在生产地点、流通渠道及消费者之间的位置变换进行管理的过程。这一功能主要包括选择运输方式、制订运输计划、选择运输路线和运费支付等。除了管理公司的运输活动之外，还负责监控货运的绩效，改善运输服务水平以及降低总成本。运输管理还包括运用计算机信息管理系统制定计划，处理单据通讯与其他运输者联合和进行货物贮存。运输活动也负责对运输公司（或其他第三方服务提供者）所提供的服务进行监控和对加入到价值链中的新的服务方式进行评价。

(5) 维修：维修主要是对后勤系统内的有形部分（如仓库、卡车等）和信息处理能力（如程序、计算机）等的维护。所有这些必须保持在最佳的功能状态，其损坏或时间延误应控制在允许的范围内，不应影响系统的正常功能。

40.3.3.2 采购管理

1. 采购管理的意义

采购是对物料从供应商到组织内部物理移动的管理过程，是企业后勤管理的基本活动之一。采购管理在企业经营管理和生产管理中是一个十分重要的环节。它的重要性首先体现在企业经营生产中的中心作用上。任何一个组织，其生产运作所需的投入中都离不开物料。在企业经营中，物料采购成本占很大比重，而且在很多行业，这种比重有上升的趋势。对于大多数企业来说，物料成本几乎占其销售收入的一半左右。

采购管理重要性的另一个表现是它与库存之间的关系。采购管理不当，会造成大量多余的库存。而库存会导致占用企业的大量资金和发生管理成本。此外，采购管理本身的好坏还会影响到供货的及时性、供货价格和供货质量，而这些都与企业最终产品的价格、质量和及时性直接相关。

2. 采购管理的一般程序

采购管理通常包括以下几个步骤：

(1) 接受采购要求或采购指示：采购要求的内容包括采购品种、数量、质量要求以及到货期限，在木材工业企业中，采购指示来自生产计划部门，而生产计划部门又是根据既定的自制、外协策略来决定采购什么，根据生产日程计划的安排决定何时采购。但反过来，企业在制定自制、外协策略时，采购部门有很大的发言权，因为它们最清楚从外部获得各种所需资源的可能性，清楚各个供应商的供应能力。

(2) 选择供应商：一个好的供应商是确保供应物料的质量、价格和交货期的关键。因此，在采购管理中，供应商的选择和如何保持与供应商的关系是一个主要问题。选择好的供应商首先是调查供应商提供所需品种的能力，汇总该供应商所能提供的物料种类，并就这些物料的供货要求进行商谈，评价多个候选供应商（使用定性、定量多个标准），最后确定供应商。

(3) 订货：订货手续有时可能很复杂，例如，昂贵的一次性订货物品；有时也可能很简单，例如，常年使用的、有固定供应商的物品。

(4) 订货跟踪：主要是指订单发出后的进度检查、监控、联络等日常工作，目的是为了防止延误到货或出现数量、质量上的差错。这些工作较琐碎，但却是非常重要的，因为物料供应的延误或差错将影响生产计划的执行，它有可能导致生产中断，进而失去顾客信誉和市场机会。

(5) 货到验收：这也是采购管理部门的责任。

3. 供应商的选择基准

企业总是在不断地寻求更好的供应，即物美价廉、时间有保证的供应商，而采购部门在这种寻求中起了关键作用。这种寻求，首先是从供应商的选择开始的。很多企业建立了详细的供应商评价标准，用来帮助进行供应商的选择或定期评价已有的供应商，这样的评价标准、评价重点随企业而不同，同企业的竞争重点也紧密相关。但一般来说，价格、质量和交货期总是最关键的要素。

4. 与供应商的基本关系

供应商是企业外部影响企业生产系统运行的最直接因素，也是保证企业产品的质量、价格、交货期和服务的关键要素之一。因此，现代企业已经认识到了供应商对企业的重要影响作用，并把建立和发展与供应商的关系作为企业整个经营战略，尤其是生产战略中的一个必不可少的重要部分。

传统的企业与供应商的关系是一种短期的、松散的、两者之间作为竞争对手的关系。在这样一种基本关系之下，买方和卖方的交易如同"0-1"对策，一方所赢则是另一方所失。与长期互惠相比，短期内的优势更受重视。买方总是试图将价格压到最低，而供应商总是以特殊的质量要求、特殊服务和定货量的变化等为理由尽量抬高价格，哪一方面能取胜主要取决于哪一方在交易中占上风。在 20 世纪五六十年代，这种与供应商的竞争为主的关系模式曾经是企业采用的主要模式。

这种模式的一般特征可概括如下：

(1) 买方以权势压人来讨价还价。买方以招标的方式挑选供应商，报价最低的供应商被选中。而供应商为能中标，会报出低于成本的价格。

(2) 供应商名义上的最低报价并不能带来真正的低成本。供应商一旦被选中，就会以各种借口要求买方企业调整价格，因此，最初的最低报价往往是暂时的。

(3) 由于买方和供应商之间是受市场支配的竞争关系，因而双方的技术、成本等信息都小心加以保护，不利于新技术、新管理方式的传播。

(4) 由于双方关系松散，双方都会用较高的库存来缓解出现需求波动或其他意外情况时的影响，而这种成本的增加，实际上最后都转嫁到了消费者身上。

(5) 不完善的质量保证体系。以次品率来进行质量考核，并采取事后检查的方式，造成产品已投入市场，要不断地解决问题。

(6) 买方的供应商数目很大，每一种物料都有若干个供应商，使供应商之间竞争，买方从中获利。

20 世纪 80 年代以来，一种新的企业与供应商的关系模式受到企业界的重视。在这种模式中，买方和卖方互相视对方为伙伴，双方保持一种长期互惠的关系。这种模式的主要特征如下。

(1) 买方将供应商分层，尽可能地将完整部件的生产甚至设计交给第一层供应商，这样买方企业的零件设计总量则大大减少，有利于缩短新产品的开发周期。这样还使买方可以只与数目较少的第一层供应商发生关系，从而降低了采购管理费用。

(2) 买方与卖方在一种确定的目标价格下，共同分析成本，共享利润。目标价格是根据对市场的分析制定的，目标价格确定以后，买方与供应商共同研究如何在这种价格下生产，并使双方都能获取合理的利润。买方还充分利用自己在技术、管理、专业人员等方面的优势，帮助供应商降低成本。由于通过降低成本供应商也能获利，因此调动了供应商不断改进生产过程的积极性，从而有可能使价格不断下降，在市场上的竞争力不断提高。

(3) 共同保证和提高质量。由于买卖双方认识到不良产品会给双方都带来损失，因此能够共同致力于提高质量，一旦出现质量问题，买方会与供应商一起通过"五个为什么"等方法来分析原因，解决问题。由于双方建立起了一种信任关系，互相沟通产品质量情况，因此买方甚至可以对供应物料不进行检查就直接使用。

(4) 信息共享，买方积极主动地向供应商提供自己的技术、管理等方面的信息和经验，供应商的成本控制信息也不再对买方保密。除此之外，供应商还可以随时了解买方的生产计划、未来的长期发展计划、生产现场所供应物料的消耗情况等，据此制定自己的生产计划、长期发展计划以及供货计划。

(5) JIT 式的交货即只在需要的时候，按需要的量供应所需的物品。由于买卖双方建立起了一种长期信任的关系，不必为每次采购谈判和讨价还价，不必对每批物料进行质量检查，而且双方都互相了解对方的生产计划，这样就有可能作到 JIT 式的交货，而这种作法使双方的库存都大为降低，双方均可受益。

(6) 买方只持有较少数目的供应商，一般一种物料只有 1~2 个供应商，这样可以使供应商获得规模优势，采用产品对象专业化的生产组织方式，从而实现大批量、低成本的生产。当来自买方的订货量很大，又是长期合同时，供应商甚至可以考虑扩大设施和设备能力，并考虑将新设施建在买方附近，这样几乎就等于买方的一种"延伸"组织。

显而易见，"合作"模式比"竞争"模式具有更多的优势。在当今市场需求日益多变、市场竞争日益激烈的环境下，合作模式更有利于企业竞争力的提高。但是，合作模式也有一定的不利之处：如果一种物料只有 1~2 个供应商，那么供应中断的风险则增加；保持长期合同关系的供应商缺乏竞争压力，从而有可能缺乏不断创新的动力；JIT 式的交货方式随时有中断生产的风险等。因此，有必要根据企业的具体情况，结合两种基本模式的优点，制定自己的供应商关系模式。

40.3.3.3 库存管理

1. 库存的作用和库存管理的意义

库存是每一个生产产品和提供服务的企业或组织生产管理的重要组成部分。一般认为，库存的存在有利有弊。它一方面能有效地缓解供需的矛盾，使生产尽可能均匀，有时甚至还有奇货可居的投机功能，为企业盈利；另一方面它占用了大量资金，减少了企业的利润，掩盖了企业管理不善的各种矛盾，使企业效益低下甚至导致企业亏损。

库存可以按不同的作用分为以下四种类型。

(1) 周转库存：当生产或订货是以每次一定批量而不是以一次一件的方式进行时，这种由批量周期性地形成的库存就称为周转库存。按批量进行生产或订货的主要原因：一是为了获得规模经济性。由于设置成本（在生产中是更换批量时机器或生产装置的调整成本，在订货过程中为处理每份订单和发运每批订货的成本）较高，故存在一种经济的规模。二是为了享受数量折扣。比如在价格方面或运费方面的数量折扣。周转库存的大小与订货的频率有关，故如何在订货成本和库存成本之间作出选择，是决策时主要考虑的因素。

(2) 安全库存：又称为缓冲库存。是生产者为了应付需求的不确定性和供应的不确定性，防止缺货造成的损失而设置的一定数量的存货。如果生产者能够预先知道未来的需求变化或者可以确定供应的交货日期和数量，则无设立安全库存的必要。安全库存的数量除受需求和供应的不确定性影响外，还与企业希望达到的顾客服务水平有关。这些是制定安全库存决策时主要考虑的因素。

(3) 运输库存：它是处于相邻两个工作地之间或是相邻两级销售组织之间的库存，包括处在运输过程中的库存，以及停放在两地之间的库存。运输库存取决于输送时间和在此期间的需求率。

(4) 预期库存：由于需求的季节性或是采购的季节性特点，必须在淡季为旺季的销售或是在收获季节为全年生产储备的存货为预期库存。预期库存的设立除了季节性原因，还出于使生产保持均衡的考虑。故决定预期库存的因素除了脱销的机会成本，还应考虑生产不均衡的额外成本（如生产设备和工人闲置时必须支出的固定成本以及加班的额外支出费用等）。

库存虽有上述作用，但是库存要占用大量资金，包括物品本金及利息、场地费、管理费等各种库存维持费用，物品过期损耗、报废等，减少了企业利润。同时，库存作用在传统管理中被不适当地夸大，掩盖了企业生产经营中存在的严重问题。

(1) 库存可能被用来掩盖经常性的产品或零部件的制造质量问题。当废品率和返修率很高时，一种很自然的做法就是加大生产批量和在制品或产成品库存。

(2) 库存可能被用来掩盖工人的缺勤问题、技能训练差问题、劳动纪律松懈和现场管理混乱问题。

(3) 库存可能被用来掩盖供应商或外协厂家的原材料质量问题、外协件质量问题、交货不及时问题。

(4) 库存可能被用来掩盖或弥补企业计划安排不当问题、生产控制制度不健全问题、需求预测不准问题、产品齐套性差问题等。

此外，如产品设计不当、工程改动、生产过程组织不适当等问题，都可以用高库存量将问题掩盖。总之，是生产与作业管理不善，最终导致库存水平居高不下。

2. 库存的ABC分类管理法

ABC分类法又称为重点管理法，其基本原理是处理问题要分清主次，区别关键的少数和次要的多数，根据不同情况进行分类管理，帮助人们正确地观察问题并作出决策。

库存ABC分类法，就是按存货单元的年利用价值对其进行分类的方法。所谓存货单元是指因其用途，或因其款式、大小、颜色甚至存放地点的不同而被区别对待的存货项目。

通常，可以按20%，20%~50%，50%~100%三个百分比区间将存货单元分为A类、B类和C类。按照一般规律，A类存货单元所对应的年利用价值累积百分比为80%左右，C类存货单元所对应的年利用价值累积百分比为5%左右，其余为B类存货单元对应的年利用价值累积百分比。换言之，数量上仅占20%的存货单元其年利用价值达到80%，显然应对A类存货单元给予优先考虑。而C类存货单元，其年利用价值充其量仅占5%左右，在控制上，可以采用较粗略的方法。

3. 库存控制基本模型

(1) 独立需求与相关需求：独立需求是指对库存货物的需求独立，即对一项物资的需求与其他项的需求无联系。如用户对企业产品或用作备品备件的零部件的需求。独立需求最明显的特征是需求趋向于连续或由于随机影响而波动，需求量不确定但可以通过预测方法粗略地估算。

相关需求也称非独立需求，它依附于独立需求，可以根据对最终产品的独立需求精确地计算出来。相关需求可以是垂直方向的，也可以是水平方向的。产品与其零部件之间垂直相关，与其附件和包装物之间则水平相关。

独立需求和相关需求库存问题是两类不同的库存问题。相关需求库存控制模型可用物料需求计划（MRP）或制造资源计划（MRPⅡ）解决；独立需求库存模型一般用定量订货模型与定期订货模型解决。

(2) 定量订货模型：定量订货模型也称为固定订货量系统，其主要特点是每次订货的订货量相同，订货点相同，需求率固定不变，瞬时送货，是一个理想的抽象模型，如图40-5所示。

由图可见，系统的最大库存量为Q，最小库存量为零，不存在缺货。当库存降到订货点库存时，就按固定的订货量Q发出订货。经过一固定的订货提前期后，新的一批订货到达（订货刚好在库存变为0时到达）。平均库存量为Q/2。

对定量订货系统而言，确定合理的订货量Q是十分重要的。经济订货（生产）批量的方法，是在保证生产正常进行的前提下，以支出最低的总费用为目标，确定订货（生产）批量的方法。

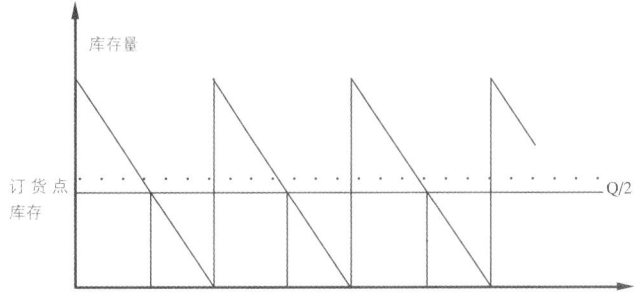

图40-5 确定型定量订货库存模型

在不允许缺货的情况下，每年维持库存的总成本可用下列公式表示：

年总成本=货物成本（生产成本）+订货成本（生产准备费用）+储存成本，即：

$$TC = CD + (D/Q)S + (Q/2)H$$

式中：TC——总成本

C——购买单位货物的成本（单位生产成本）

D——年总需求量

Q——一次生产批量或订货量

S——每次订货发生的费用（每批生产的生产准备费用）

H——单位货物每年的储存成本

为求出使得总成本（TC）最小的订货量（Q），可用导数求极值的方法，得到：

$$EOQ = \sqrt{\frac{2DS}{H}}$$

就是经济订购或生产批量。在已知EOQ和提前期的情况下，其他有关变量如年平均订货次数、两次订货时间间隔、订货点库存量都可以求出。

(3) 定期订货模型：确定型定期订货模型也称为固定订货间隔期系统，它是以时间为基础的库存系统。其模型图与定量订货模型相似，只是当订货到达时，系统达到最高库存水平，然后库存按一定的需求率减少。系统每经过一个固定的间隔期，便发出一次订货，经订货提前期之后，新的订货到达，库存量又达到最高水平。

在确定型定期订货系统中，最主要的是确定经济订货间隔期（EOI），其数学原理与求EOQ相似。

40.3.4 综合计划与主生产计划

企业生产计划是根据市场需求和企业生产能力的限制，对一个生产系统的产出品种、产出速度、产出时间、劳动力和设备配置以及库存等问题所预先进行的考虑和安排。

40.3.4.1 三种生产计划

木材工业企业的生产计划一般说来可分为三种：综合计划、主生产计划和物料需求计划。这是三种不同层次的计划，其作用和主要内容如下。

1. 综合计划

综合计划又称为生产大纲，它是对企业未来较长一段时间内资源和需求之间的平衡所作的概括性设想，是根据企业所拥有的生产能力和需求预测对企业未来较长一段时间内的产出内容、产出量、劳动力水平、库存水平等问题所作的决策性描述。

综合计划并不具体制定每一品种的生产数量，生产时间，每一车间、人员的具体工作任务，而是按照以下的方式对产品、时间和人员作安排：

(1) 产品：按照产品的需求特性、加工特性、所需人员和设备上的相似性等，将产品综合为几大系列，以系列为单位来制定综合计划。

(2) 时间：综合计划的计划期通常是年，因此有些企业也把综合计划称为年度生产计划或年度生产大纲。在该计划期内，使用的计划时间单位是月、双月或季。

(3) 人员：综合计划可用几种不同方式来考虑人员安排问题，例如，将人员按照产品系列分成相应的组，分别考虑所需人员的水平；或将人员根据产品的工艺特点和人员所需的技能水平分组等等。综合计划中还需考虑到需求变化引起的对所需人员数量的变动，决定是采取加班，还是扩大聘用等基本方针。

2. 主生产计划

主生产计划（MPS）要确定每一具体的最终产品在每一具体时间段内的生产数量。这里的最终产品，主要是指对于企业来说最终完成、要出厂的完成品，它可以是直接用于消费的消费产品，也可以是作为其他企业的部件或配件。这里的具体时间段，通常是以周为单位，在有些情况下，也可能是旬、日或月。

3. 物料需求计划

主生产计划确定以后，生产管理部门下一步要做的事是：保证生产主生产计划所规定的最终产品所需的全部物料（原材料、零件、部件等）以及其他资源能在需要的时候及时供应。这个问题看似简单，但做起来却并不容易。因为一个最终产品所包括的原材料、零件、部件的种类和数量可能是相当大的，而且零部件之间的关系相当复杂（如家具产品）。所谓的物料需求计划，就是要制定这样的原材料、零件和部件的生产采购计划：外购什么、生产什么、什么物料必须在什么时候订货或开始生产，每次订多少、生产多少，等等。

也就是说，物料需求计划要解决的是与主生产计划规定的最终产品相关物料的需求问题，而不是对这些物料的独立的、随机的需求问题。这种相关需求的计划和管理比独立需求要复杂得多，因为只要在物料需求计划中漏掉或延误一个零件，就会导致整个产品的完不成或延误。

40.3.4.2 综合计划的制定

1. 综合计划所需主要信息和来源

综合计划的制定必须依据企业生产经营有关的多种信息，这些信息需要企业不同的部门来提供，如表40-7所示。

2. 综合计划的制定程序

综合计划是企业的整体计划，它的主要目标可概括为：用最小的成本，最大限度地满足需求。具体说来，综合计划要达到以下六个有时相悖的目标：① 成本最小或利润最大；② 顾客服务最大化（最大限度地满足顾客要求）；③ 最小库存水平；④ 生产速率的稳定性（变动最小）；⑤ 人员水平变动最小；⑥ 设施、设备的充分利用。

表40-7 综合计划所需信息及其来源

所需信息	信息来源
新产品开发情况	
主要产品和工艺改变（对投入资源的影响）	技术部门
工作标准（人员标准和设备标准）	
成本数据、企业的财务状态	财务部门
劳动力市场状况、现有人力情况、培训能力	人事管理部门
现有设备能力、劳动生产率、现有人员水平、新设备计划	制造（生产）部门
市场需求预测、经济形势、竞争对手状况	市场营销部门
原材料供应情况	
现有库存水平	
供应商、承包商的能力	物料管理部门
仓储能力	

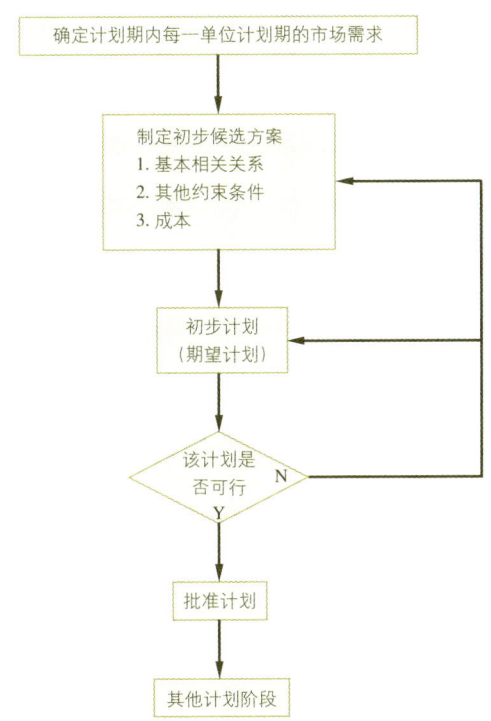

图40-6 综合计划的制定程序

为了实现上述目标，综合计划的制定必须依据一定的程序来进行。图40-6表示一个综合计划的制定程序。由该图可以看出，这样一个程序是动态的、连续的，计划需要周期性地重新被审视、更新，尤其是当新的信息输入和新的经营机会出现的时候，更需如此。

步骤1：确定计划期内每一单位计划期的市场需求

确定计划期内每一单位计划期的需求的方法有多种。对于制造业企业的生产大纲来说，需求通常是以产品的数量来表示的，需求信息来源包括：对产品的未来需求预测；现有订单；未来的库存计划；来自流通环节（批发商）或零售环节的信息等。根据这些信息，就可大致确定每一计划单位的需求。

步骤2：制定初步候选方案，考虑相关关系、约束条件和成本

(1) 基本相关关系：在评价、审视初步候选方案时，有两个基本关系需要考虑：第一，在给定时间段内的人员关系式；第二，库存水平与生产量的关系式。第一个关系式的基本表述是：

本期人员数＝上期末人员数＋本期初聘用人员数－本期初解聘人员数

上述关系式中的"人员解聘数"有时可以是人员的自然减少。在每一时间段内（计划单位内），所发生的聘用和解聘行为均影响可用人员数，这是显而易见的。在制定综合计划时，如果人员安排是分成几个独立的组（单位），需要对每一组都作类似的考虑。

第二个关系式的基本表述是：

本期末库存量＝上期末库存量＋本期生产量－本期需求量

一个计划期内的生产量计划对本期末的库存有直接的影响作用或决定作用。

(2) 其他约束条件：这些约束条件可分为物理性约束条件和政策性约束条件。前者是指一个组织的设施空间限制、生产能力限制等问题，例如，某工厂的培训设施有限，一个计划期内所新聘的人员最多不得超过多少；设备能力决定了每月的最大产出；仓库面积决定了库存量的上限等。后者是指一个组织经营管理方针上的限制，例如，企业规定订单积压时间最长不能超过多少；一月的最大加班时数；外协量必须在百分之多少以下，最小安全库存不得低于多少等等。

(3) 成本：制定综合计划时所要考虑的成本主要包括：正式人员的人员成本；加班成本；聘用和解聘费用；库存成本（持有库存所发生的成本）；订单积压成本和库存缺货成本。

步骤3：制定可行的综合计划

这是一个反复的过程，如图40-6所示。首先，需要制定一个初步计划，该计划要确定每一计划单位（如月或季）内的生产速率、库存水平和允许订单积压量、外协量以及人员水平（包括新聘、解聘和加班）。该计划只是一个期望的、理想的计划，尚未考虑其他约束条件，也尚未按照企业的经营目标、经营方针来严格检查，如果通过对这些因素的考虑，证明该计划是不可行的、或不可接受的，那么必须修改该计划或重新制定，反复进行，直至该计划可被接受。

步骤4：批准综合计划

企业综合计划需要最高管理层的认可，通常是组成一个专门委员会来审查综合计划，该委员会中应包括各有关部门的负责人。委员会将对综合计划方案进行综合审视，也许会提出一些更好的建议，以处理其中相悖的若干目标。最后计划的确定并不一定需要委员会全体成员的一致同意，但计划一旦确定，就需要每个部门都尽全力使之得以实现。

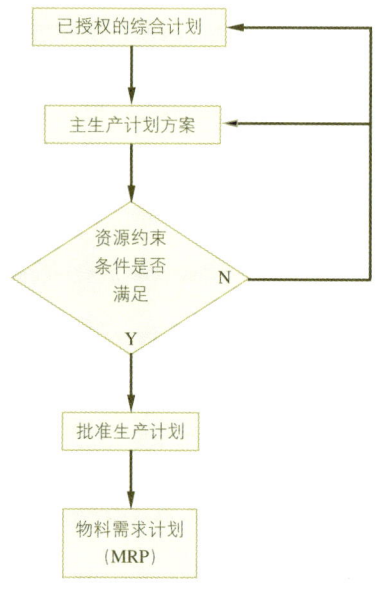

图40-7 主生产计划的制定程序

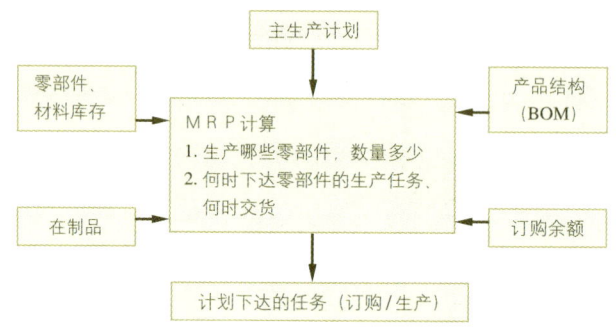

图40-8 基本物料需求计划

40.3.4.3 主生产计划（MPS）的制定

主生产计划的制定程序如图40-7所示。首先，它是从综合计划开始的，是对综合计划的分解和细化。MPS方案的制定也是一个反复试行的过程。当一个方案制定出来以后，需要与所拥有的资源作对比（设备能力、人员、加班能力、外协能力等），如果超出了资源限度，就须修改原方案，直至得到符合资源约束条件的方案，或得出不可能满足资源条件的结论。在后者的情况下，则需要对综合计划作出修改，或者增加资源。最终，方案需要拿到决策机构去被批准，然后作为物料需求计划的输入（或前提条件）来制定主生产计划。该计划将确定每一零部件生产和装配的具体时间。

MPS所需满足的约束条件主要有两个，首先是MPS所确定的生产总量必须等于综合计划确定的生产总量；其次是在决定产品批量和生产时间时必须考虑资源的约束。

40.3.5 物料需求计划和制造资源计划

物料需求计划和制造资源计划是一种多品种、多级制造装配系统的、具有代表性的管理思想、管理规范和管理技术。在木材工业企业中，家具企业比较适合于采用物料需求计划和制造资源计划。

40.3.5.1 物料需求计划（MRP）

物料需求计划（MRP）是一种将库存管理和生产进度计划结合为一体的计算机辅助生产计划管理系统。自20世纪20年代以来在生产计划和库存管理方面一直流行的是订货点法。1965年美国的J.A.奥里奇博士提出了独立需求和相关需求的概念，并指出订货点法只适用于独立需求项目。基于这一理论随后就出现了按时间段来确定物料的相关需求，这就是物料需求计划——MRP。

基本的MRP处理过程如图40-8所示。它是根据产品结构、各种物料（产成品、零部件库存、在制品、在途情况）数据，自动地计算出构成这些成品的部件、零件，以至原材料的相关需求量，生产进度日程或外协、采购日程。

MRP的目标是：

（1）及时取得生产所需的原材料及零部件，保证按时供应用户所需产品；

（2）保证尽可能低的库存水平；

（3）计划生产活动与采购活动，使各部门生产的零部件、采购的外购件与装配的要求在时间和数量上精确衔接。

MRP的计算是根据反工艺路线的原理，按照主生产计划规定的产品生产数量及期限要求，利用产品结构、零部件和在制品库存情况，各生产（或订购）的提前期、安全库存等信息，反工艺顺序地推算出各个零部件的出产数量与期限。由于它采用计算机辅助计算，因此具有以下三个主要的特点。

（1）根据产品计划，可以自动连锁地推算出制造这些产品所需的各部件、零件的生产任务；

（2）可以进行动态模拟，也就是说它不仅可以计算出零部件需要数量，而且可以同时计算出它们生产的期限要求；不仅可以算出下一周期的计划要求，而且可推算出今后多个周期的要求；

（3）计算速度快，便于计划的调整与修正。

基本MRP能根据有关数据计算出相关物料需求的准确时间与数量，对于制造业物资管理有重要意义。但是它还不够完善，其主要缺陷是没有解决如何保证零部件生产计划成功实施的问题。它缺乏对完成计划所需的各种资源进行计划与保证的功能，也缺乏根据计划实施实际情况的反馈信息对计划进行调整的功能。因此，基本MRP主要应用于订购的情况，涉及的是企业与市场的界面，而没有深入到企业生产管理的核心中去。

在基本MRP的基础上，引入资源计划与保证，安排生产、执行监控与反馈等功能，形成了闭环的MRP系统。

40.3.5.2 闭环的 MRP

闭环的MRP与原来的MRP相比在以下几个方面有新的发展：

(1) 编制能力需求计划（CRP）：根据运行MRP得到的进度表，计算未来各时间段对能力的需求，以便和计划期企业实有的能力进行对照。通过编制能力需求计划，对生产能力进行规划与调整，包括合理搭配计划期生产的产品与零件，采取外协、分包、加班等措施使能力适应生产负荷的需要。只有能力与生产负荷平衡时，所编的MRP计划才是可行的。

(2) 扩大与延伸MRP的功能：在编制零件进度计划的基础上把系统的功能进一步向车间作业管理和物料采购计划延伸。

(3) 加强对计划执行情况的监控：通过对计划完成情况的信息反馈和用派工、调度等手段来控制计划的执行，以保证MRP计划的实现。

通过编制能力需求计划，进行能力与负荷的平衡，加强对计划执行情况的监控，当计划实施过程中出现问题时，及时进行反馈，以便调整计划和控制计划的执行，以上形成一个由计划、反馈和控制等环节组成的闭环系统，称为闭环MRP。

20世纪70年代末随着闭环MRP的应用和发展，系统的范围和功能进一步扩展，把生产、库存、采购、销售、财务、成本等子系统都联系起来，逐渐发展成为一个覆盖企业全部生产资源的管理信息系统。它不仅编制产品和零部件的生产进度计划、物料采购计划，而且还可包含经营计划，把完整的企业经营管理的全部内容都纳入到系统之内。1977年美国著名的生产管理专家奥列弗·怀特（Oliver W.Wight）为此倡议给MRP一个新的名称：制造资源计划（MRPII），意为第二代MRP。

40.3.5.3 制造资源计划（MRPII）

制造资源计划（MRPII）的系统组成如图40-9所示。在闭环MRP解决了企业生产作业计划有效性问题后，财务人员完全可以直接利用作业计划中的数据来及时反映和控制企业的资金流。

同时，闭环MRP的有效实施也需要制造企业其他部门的支持。例如，主生产计划是编制MRP的主要依据，它必须正确反映市场需求，市场营销部门应与计划部门一起确定即将下达的主生产计划的详细内容，才能对市场变化更敏捷地作出反应。又如精确的工程数据（BOM、工艺文件等）是MRP准确运行的基础，工程部门必须保证其准确性。实践证明，闭环MRP的扩展是一种必须趋势。MRPII将企业的生产制造，财务会计、市场营销、工程管理、采购供应以及信

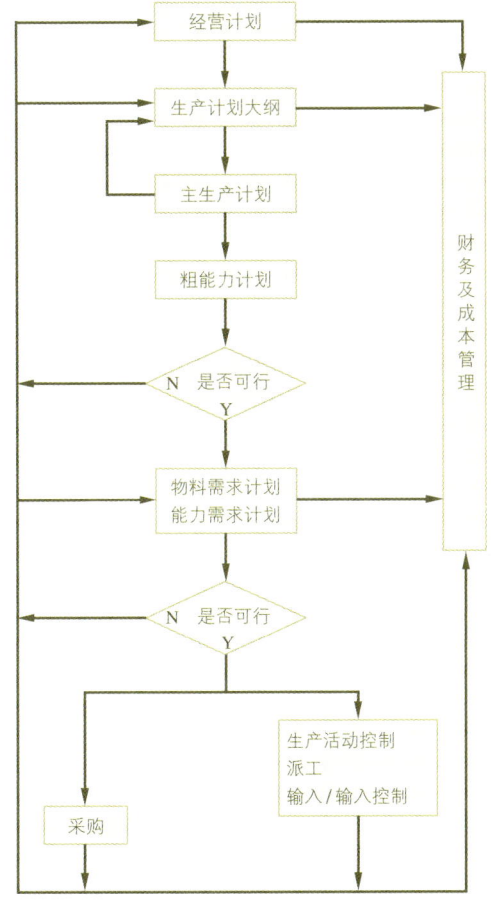

图 40-9 制造资源计划（MRPII 系统）

息管理等各个部门纳入整体管理之中。部门之间的协作水平达到新的高度。

MRPII的新功能和特点可概括如下：

(1) 生产作业和财务系统整合在一起，使用同一套数据，同步处理各种管理事务。财务数据是生产作业数据的扩展。

(2) 具有"模拟能力"。这是MRPII系统对管理决策支持的重要特征。所谓模拟能力，就是利用MRPII系统中现有的运作数据来分析某种方案或决策的可能后果，依此作出决策或方案选择。因为MRPII中的数据具有极高的可信度，因此利用这些数据进行模拟得出的结论是非常可靠的。

(3) MRPII是整个企业的运作系统。它不再是生产作业人员的专有工具，而变成了整个企业的规则，所有部门、所有人员都要根据MRPII的规则来开展自己的业务。企业运作过程中的各种管理事务一般会涉及多个部门的职能，MRPII系统使他们能够更紧密地协作起来。

参考文献

[1] [美]菲利普·科特勒著. 梅清豪译. 营销管理. 上海：上海人民出版社，1999

[2] 潘家轺等. 现代生产管理学. 北京：清华大学出版社，1991

[3] 任启芳，林晓等. 现代企业管理理论与实务. 北京：中国林业出版社，1999

[4] [美]Norman Gaithen. Production and Operations Management. 大连：东北财经大学出版社，1998